NR. 18
REFERAT 0001—2983
SEITE 1—304

1964
6. MAI

CHEMISCHES ZENTRALBLATT

1830 gegründet
1897—1945 von der Deutschen Chemischen Gesellschaft fortgeführt

Herausgegeben im Auftrage
der Deutschen Akademie der Wissenschaften zu Berlin,
der Chemischen Gesellschaft in der DDR,
der Akademie der Wissenschaften zu Göttingen
und der Gesellschaft Deutscher Chemiker
von Prof. Dr. HEINRICH BERTSCH und Prof. Dr. Dr. h. c. WILHELM KLEMM

Chefredakteure
Dr. EUGEN KLEVER und Prof. Dr.-Ing. EBERHARD LEIBNITZ

135. JAHRGANG
1964

AKADEMIE-VERLAG GMBH · BERLIN · VERLAG CHEMIE GMBH · WEINHEIM · BERGSTRASSE

Inhalt

Namenregister

Ein vollständiger oder gekürzter Abdruck der Referate ist ohne Genehmigung der Redaktion und des Verlages verboten!

Patentregister

Amerikanische Patente (A.P.)

Nr.	Ref.-Nr.
2039854	1979
2926204	2183
2931799	1625
2945884	1614
2946823	2739
2947647	2094
2948736	1616
2951845	1618
2952599	2004
2953474	2070
2953578	1613
2956891	2069
2961325	2071
2969357	1638
2973366	2151
2977362	1619
2979437	1612
2982615	1970
2987448	2767
2987516	1620
2988511	2867
2990337	2766
2992167	2758
2996562	1918
2997424	2763
2999051	2765
3000791	2764
3001882	2091
3002040	1919
3006752	2161
3007806	2099
3011950	2740
3013035	2869
3013036	2869
3017408	1628
3019220	1609
3019236	1631
3021336	2154
3021337	2154
3023254	2354
3023505	2863
3024261	2177
2025182*	2318
3025304	2374
3026337	1632
3027397	2155
3028312	2827
3030370	2442
3030400	2001
3031418	1994
3031443	2170
3031506	2171
3032407	1978
3032467	2187
3032542	2560
3032564	1633
3033748	1627
3033755	2742
3033860	1634
3034966	2744
3034989	2866
3035988	2743
3036103	2011
3037043	2162
3037842	1967
3038786	1962
3038867	2899
3038877	2571
3038878	2529
3038884	2605
3038892	2524
3038899	2347
3038904	2380
3038911	2361
3038921	2164
3038925	2160
3038936	2344
3038937	2349
3038949	2710
3039147	2557
3039847	1986
3039864	2918
3039972	1924
3039979	2593
3039982	2594
3039983	2594
3039984	2594
3039985	2594
3039989	2543
3039992	2544
3039993	2530
3039994	2582
3039996	2583
3039999	2592
3040000	2584
3040001	2588
3040007	2564
3040010	2573
3040011	2562
3040052	2378
3040056	2441
3040057	2376
3040058	2567
3040059	2359
3040060	2360
3040062	2372
3041145	1975
3041180	2738
3041270	2979
3041273	2978
3041304	2702
3041311	2542
3041313	2601
3041316	2547
3041321	2532
3041346	2613
3041347	2444
3041351	2375
3041353	2527
3041362	2615
3041368	2363
3041370	2366
3041377	2370
3041385	2341
3042607	2972
3042623	2870
3042633	2704
3042644	2558
3042645	2708
3042646	2595
3042648	2565
3042649	2528
3042650	2587
3042651	2597
3042662	2701
3042682	2377
3042694	2568
3042698	2351
3042701	2350
3042702	2351
3042719	2367
3043645	2439
3043647	2440
3043650	2438
3043656	2008
3043659	2018
3043769	2981
3043781	1923
3043786	2712
3043788	2575
3043791	2549
3043792	2551
3043793	2541
3043794	2611
3043795	2556
3043796	2578
3043799	2589
3043804	2621
3043806	2590
3043808	2591
3043809	2603
3043817	2537
3043886	2369
3043890	2371
3044859	1974
3044896	2906
3044913	2596
3044953	2980
3044978	2598
3044982	2616
3044983	2577
3044986	2617
3044988	2586
3044990	2606
3044998	2620
3045000	2545
3045009	2381
3045048	2346
3045055	2982
3046078	2566
3046079	2919
3046101	2872
3046172	2610
3046186	2900
3046222	2977
3046234	1977
3046237	2553
3046241	2619
3046246	2599
3046247	2550
3046248	2614
3046253	2612
3046255	2600
3046256	2604
3046263	2546
3046282	2443
3046286	2862
3046295	2921
3046313	2355
3046317	2340
3046318	2983
3047062	2976
3047354	2437
3047359	2009
3047514	2339
3047515	2579
3047518	2574
3047524	2581
3047527	2618
3047533	2554
3047534	2706
3047536	2585
3047537	2576
3047539	2580
3047548	2535
3047550	2555
3047552	2533
3047553	2523
3047558	2525
3047564	2348
3047583	2373
3047586	2379
3047606	2353
3047608	2352
3047612	2362
3047613	2358
3047614	2365
3047620	2357
3047621	2364
3047624	2159
3047630	2345
3047642	2342
3047644	2343
3048100	2904
3048225	2975
3048266	2531
3048511	2561
3048554	2917
3048557	2570
3048558	2548
3048560	2602
3048568	2705
3048572	2526
3048573	2536
3048598	2569
3049406	1982
3049455	2534
3049466	2920
3049490	2973
3049491	2974
3049500	2703
3049507	2539
3049508	2540
3049512	2563
2049513	2608
3049514	2607
3049519	2695
3049520	2552
3049525	2538
3050543	2158
3050467	2864
3051757	2173
3051763	2168
3052651	2696
3054754	2699
3057804	2871
3057811	2905
3057840	2698
3057864	2169
3057681	1999
3057897	2012
3058859	2711
3060050	2709
3060096	2741
3060158	2707
3061504	2898
3061596	2700
3062701	2901
3062703	2902
3072610*	2644
3072697*	2409
3072723*	2408
3073662*	2446
3073696*	2310
3073801*	2645
3074894*	2655
3075015*	2413
3076006*	2410
3076847*	2393
3078257*	2924
3078266*	2460
3078281*	2462
3079349*	2664
3079370*	2635
3079398*	2464
3080367*	2426
3080425*	2394
3081275*	2715
3081304*	2406
3082189*	2624
3082218*	2463
3082259*	2390
3084150*	2628
3084152*	2453
3084166*	2449
3915567	2830

Australische Patente (Austr.P.)

Nr.	Ref.-Nr.
224576	2762
233121	2101
234444	2829
234446	2010
235890*	2319
235922*	1672
235923*	1673
235974*	2312
236082	2182
236694	2013
237209	1969
237211	2005
238016	1991
238056	2865
239543*	1653
239573*	1667

Belgische Patente (Belg.P.)

Nr.	Ref.-Nr.
548323	1624
555059	1622
561173	1623

Dänische Patente (Dän.P.)

Nr.	Ref.-Nr.
88876	1610

Auslegeschriften der Patentanmeldungen des Deutschen Patentamtes München (D.A.S.)

Nr.	Ref.-Nr.
1090645	1970
1106077	2559
1124048	1645
1134014	2076
1136869	2179
1137896	2167
1138978	2153
1139111	2171
1140944	2356
1141993	2368
1145179	2172
1145421	2178
1145624	1646
1146052*	1691
1147007	2165
1147438	2180
1148544*	1686
1149938	2166
1149961*	2315
1150990	1621
1151405	2176
1152591*	2322
1153744	2174
1154083*	2403
1154094*	2198
1154101*	1693
1155124*	1688
1155767*	2395
1156080*	1652

Deutsche Patente [München] (D.B.P.)

Nr.	Ref.-Nr.
976375*	2323

Englische Patente (E.P.)

Nr.	Ref.-Nr.
312953	1966
809691	1624
806692	1624
813971*	2873
834354*	2195
844216*	2455
856261	2097
864399*	2304
867268	2170
874414	1640
874416	1641
877323	1642
878253	1920
880359	1970
880392	1617
881248	2759
882335	1643
882987	2150
885425	1644
885747	2764
886737*	2321
888337	1922
889731	2703
891009	2609
893286*	2305
894461	1918
898097	1996
898774*	2320
901269	1976
901567	2156
901624	2745
902023	1964
902082*	2316
902228*	2460
902726*	2457
902827*	2314
902888	2748
904411	1997
904871	1987
905844*	1686
905845*	1686
907355*	2317
907356	2868
907358	2868
907459	1973
907497	2157
907910	1995
908022	1963
908193	1961
908348*	2306
908768*	2309
909126*	1679
911062	2007
911066*	2307
911130	1965
911209	2185
911210	2749
911214	2746
911820	2903
911833	1989
913413	2152
913589*	1705
913594	2175
913688*	2017
914023	1988
914426*	2647
914579*	2658
915263*	2922
915510*	2399
915711*	2459
915787*	2663
916000*	2713
916089*	2640
917450*	2659
917454*	2451
917611*	2447
917788*	2401
917847*	2641
917974*	2412
918283*	2415
918292*	2456
918723*	2665
918736*	1685
918960*	1700
918969*	2422
919109*	2718
919244	2697
919406*	2660
919439*	1681
919830*	1703
919861*	2651
920394*	2656
920421*	1704
920503*	1687
920639*	1697
920715*	2308
920730	2186
920975	1919
921041*	2653
921319*	2452
922382*	2637
922400*	2622
922829*	2450
923059*	1660
923341*	2402
923403*	2657
923404*	2654
923734*	2421
924044*	2197
924085*	2923
924624*	2646
924878*	2667
924933*	2454
928494*	2424

Finnische Patente (Finn.P.)

Nr.	Ref.-Nr.
31181	2090
31193	2079

Französische Patente (F.P.)

Nr.	Ref.-Nr.
75159*	1661
75260*	1662
1172876*	1953
1173270*	2874
1180351*	2750
1185534*	2661
1188635*	2383
1189049*	2629
1189134*	2873
1192291*	2414
1193281*	2385
1207825*	2666
1211532*	2484
1214439*	2714
1216038*	2649
1219902*	1674
1220200*	2638
1221362*	2636
1221888*	2716
1226270*	2639
1226850*	2630
1233177*	2650
1233872*	2717
1234328*	2634
1234534*	2925
1234951	1972
1235156*	2662
1235327	1611
1239540*	2642
1241746*	2648
1244186*	2190
1245291*	2191
1246362	2181
1248429*	1668
1250065*	2429
1250164*	2428
1250287*	2423
1250298*	2400
1250416*	2388
1250425*	2425
1250453*	2416
1250705*	2386
1250707*	2384
1250749*	2418
1250862*	2420
1250929*	2392
1251646*	2397
1251841*	2387
1251891*	2643
1251994*	2391
1252252*	2405
1252260*	2396
1252416*	2382
1252474*	2417
1252494*	2398
1253178*	2411
1253501*	2014
1254188*	1954
1255238*	1952
1255318*	2016
1255726*	1955
1256242*	2194
1256969*	2015
1261856*	1648
1261865*	1659
1261866*	1664
1261873*	1676
1261878*	1670
1265442*	1689
1266453*	1675
1266457*	1666
1266459*	1656
1266461*	1649
1266464*	1669
1269586*	1704
1272487	1630
1272499*	1684
1274420	1629
1275197*	1682
1275570*	1701
1277866	2077
1278265	2074
1278467	2081
1278769	2084

Nr.	Ref.-Nr.
1279335	2093
1280460	2096
1280582*	1677
1281017	1635
1281233*	1692
1281471	2073
1283829*	1690
1283830*	1695
1284054	2102
1287019*	1694
1287303*	2752
1287305*	2754
1287310*	2753
1288489*	2751
1288720*	1683
1290559	2006
1295364*	1699
1297411*	2313

Indische Patente (Ind.P.)

Nr.	Ref.-Nr.
58264	1990
65063	2766
66787	1626
68381	1639
68624	1615
68785	1993
69049	1968
69393	2861
69433	1921
69562	2000
69627*	1663
69827*	1671
69921	2860
70318	2859
70632*	2193
71731	1636
73397*	1647

Italienische Patente (It.P.)

Nr.	Ref.-Nr.
532546*	2324
551515	2098
553428	2086
553448	2072
556514	1971
558414	2100
558415	2080
559166	2082
559325	2083
560736	2075
560763	2078

Japanische Auslegeschriften (Jap.A.S.)

Nr.	Ref.-Nr.
3385/1961	2572

Niederländische Patente (Niederl.P.)

Nr.	Ref.-Nr.
103884*	2632
103885*	2625
103886*	2626
103896*	2445
103899*	2652
103998*	2633
104123*	2631
104124*	2623
104127*	2627
104128*	2627
104129*	2461
104136*	2427
104147*	2448

Norwegische Patente (Norw.P.)

Nr.	Ref.-Nr.
97467	1637
98199	2747

Österreichische Patente (Oe.P.)

Nr.	Ref.-Nr.
204038*	1665
205487*	1657
205488*	1658
205492*	1654
205495*	2419
210893	1611
212246	2761
214880	2760
214941	2163
216005*	1650
219053*	2192
219055*	1655
219561*	1651
221550*	2189
225858*	1696
225948*	2111
226384*	1698

Schweizer Patente (Schwz.P.)

Nr.	Ref.-Nr.
356952	2188
362402	1981
364768	2003
365815*	2457
367823*	2196
367824*	1697
368163*	1678
368166*	1702
368795*	1680
369533*	2453
369840*	2455
369841*	2458
369844*	2460
370094*	2407
370762*	2404

SowjetischePatente (UdSSR.P.)

Nr.	Ref.-Nr.
129192	1983
129528	2092
129648	1984
129649	1998
133464	1980
133470	2002
133868	1985
134260*	2389
140989	2184
142014	2087
142015	2088
142016	2089
148345	2085

Tschecho-slowakische Patente (Tschech.P.)

Nr.	Ref.-Nr.
99843	2828

Ungarische Patente (Ung.P.)

Nr.	Ref.-Nr.
143742	2095
150839	1992

CHEMISCHES ZENTRALBLATT

Nr. 18 · 6. Mai 1964
Referat 0001—2983
Seite 1—304

A. Allgemeine, physikalische und anorganische Chemie

0001 **Kristalle, Mineralien und die Chemie.** Duncan McConnell und Frank H. Verhok. (J. chem. Educat. **40,** 512—15, 1963; Columbus, Ohio, State Univ.; engl.) — Kurze Übersicht über die Beziehungen zwischen Kristallographie, Mineralogie u. Chemie. — 21 Literaturangaben. A. Blaschette 10◇

0002 **Physikalische Wissenschaft im 20. Jahrhundert.** K. A. G. Mendelssohn. (Contemporary Physics **4,** 422 bis 434, 1963; Oxford, Univ.; engl.) H. Liepack 10◇

0003 **Diskussion einer normierten WKB-ähnlichen Wellenfunktion.** W. Macke und P. Rennert. (Ann. Physik [7] **12,** 32—44, 1963; Dresden, TU, Inst. für Theoret. Phys.; dt.) — Näherungs-Verf. zur Berechnung der Wellenfunktion eines Teilchens im gegebenen Potential, das zu einer WKB-ähnlichen Lösung (Wentzel, Kramers u. Brillouin [1926]) führt. Herbert Weber 10◇

0004 **Über die quantenmechanische Behandlung von Vielteilchensystemen in WKB-ähnlicher Näherung.** W. Macke und P. Rennert. (Ann. Physik [7] **12,** 84—105, 1963; dt.) — Vgl. vorst. Referat. — Berechnung der Dichte eines Syst. vieler unabhängiger Teilchen im gemeinsamen, gegebenen Potential. Herbert Weber 10◇

0005 **Stabilitätsbedingungen für Fermionensysteme.** Zygmunt Galasiewicz. (Nuclear Physics [Amsterdam] **44,** 107—15, 1963; Wroclaw, Poland, Univ. of Wroclaw, Inst. of Theoret. Phys.; engl.) — Neue Formulierung des verallgemeinerten (Bogoljubow-)Hartree-Fock-Variationsprinzips. Herbert Weber 10◇

0006 **Starrheit des Trägheitsmomentes großer wechselwirkender Viel-Fermionen-Systeme in der Störungsrechnung.** Ronald M. Rockmore. (Physic. Rev. [2] **124,** 27—33, 1961; Waltham, Mass., Brandeis Univ., Dep. of Phys.; engl.) — Es ergibt sich, daß die Wechselwrkg. auf das Trägheitsmoment eines großen Viel-Fermionen-Syst. mit period. Randwertsbedingungen in der zweiten Ordnung der Teilchen-Teilchen-Kopplung verschwinden. Dies Ergebnis ist unabhängig von der Gestalt des Potentials. Es wird bewiesen, daß sich dies Ergebnis über alle Ordnungen erstrecken läßt. H. Laue 10□

0007 **Über kollektive Anregungen bei der Paarung mit einem Drehimpuls ≠ Null.** W. G. Wax, W. M. Galitzki und A. I. Larkin. (J. exp. theoret. Physik [UdSSR] **42,** 1319—25, 1962; Moskau, Ing.-physik. Inst.; russ., Auszug: engl.) — In einem Syst. von Fermi-Teilchen, zwischen denen die Anziehung in einem Zustand mit mit einem von Null verschiedenen Impuls überwiegt, bestehen außer Schallanregungen auch andere kollektive Anregungen, die keine Lücken im Energiespektrum haben. Die Geschw. dieser Anregungen werden durch die Lücke im Spektrum von Anregungen eines Teilchens ausgedrückt. Die von Anderson u. Morel (C. **1961,** 13096) angegebene Lösung für die Funktion des Grundzustandes ist instabil. R. K. Müller 10◇

0008 **Die Theorie linearer Transportkoeffizienten in der Quantenstatistik.** Shi-Kang Chen. (Acta physica sinica **19,** 456—65, 1963; chin., Auszug: engl.) — Die Kubosche Formel für die Transportkoeff. (Kubo, C. **1958,** 9684) wird nach der van Hoveschen Meth. (van Hove, Physica [Utrecht] **23,** [1957], 441) untersucht. Die erhaltenen Ergebnisse der dynam. Theorie werden mit der Lösung der Boltzmann-Gleichung verglichen. In den hochfrequenten Erscheinungen eines Syst. mit starker Wechselwrkg. sind Phaseninterferenzeffekte zu erwarten; diese werden nicht durch makroskop. Messungen linearer Transportprozesse bei hoher Frequenz zerstört. H. Liepack 10◇

A_1. Kernphysik und Kernchemie

0009 **Messung der μ^--Einfangrate in ^{3}He.** Leonhard B. Auerbach, Robert J. Esterling, Roger E. Hill, David A. Jenkins, Joseph T. Lach und Norman H. Lipman. (Physic. Rev. Letters **11,** 23—26, 1963; Berkeley, Calif., Univ. of California, Lawrence Radiat. Labor.; engl.) — Unter Benutzung von ^{3}He-Gas als Target u. als Scintillationsdetektor für das Rückstoßtriton wurde die Myoneinfangrate für den Prozeß $\mu^- + {}^3He \rightarrow {}^3H + \nu$ gemessen; sie stimmt sehr gut mit der Theorie der universellen Fermi-Wechselwrkg. überein. Herbert Weber 90◇

0010 **Durch hochenergetische μ-Mesonen erzeugte Elektron-Photon-Schauer.** E. W. Gedalin. (J. exp. theoret. Physik [UdSSR] **43,** 1697—1700, 1962; Akad. der Wiss. der GrusinSSR, Phys. Inst.; russ., Auszug: engl.) — Die integralen Spektren von Schauerelektronen u. -photonen in dicken Absorbern wurden unter Berücksichtigung der direkten Bldg. von Elektron-Positron-Paaren u. der Bremsstrahlung durch hochenerget. μ-Mesonen berechnet. P. Sliwinski 90◇

0011 **Analyse der Photoerzeugung positiver und neutraler Pionen.** Ph. Salin. (Nuovo Cimento [10] **28,** 1294—1317, 1963; Bordeaux, Fac. des Sci.; engl.) — Aufstellung einer kovarianten Streuamplitude. Herbert Weber 90◇

0012 **Bestimmung von Kernabmessungen aus den differentiellen Querschnitten der Photoerzeugung von π^0-Mesonen.** B. B. Goworkow, Ss. P. Denissow und Je. W. Minarik. (J. exp. theoret. Physik [UdSSR] **44,** 1780—86, 1963; Akad. der Wiss. der UdSSR, Phys. Lebedew-Inst.; russ., Auszug: engl.) — Vff. bestimmten die Winkelverteilung (9 Winkel) der durch Photonen erzeugten π^0-Mesonen bei einer mittleren Energie der primären γ-Quanten von 182 MeV. Diese u. früher bestimmte Verteilungen für γ-Energien von 154 MeV dienen zur Best. der Verteilung der Nucleonen in den Kernen *Be, C, Al, Cu, Cd, Ta* u. *Pb*. Registriert wurden die γ-Quanten der Umkehr-Rk. $\pi^0 \rightarrow \gamma + \gamma$. Das Experiment wird mit theoret. Verteilungsberechnungen verglichen. Eine Übereinstimmung zeigt sich, wenn bei Be von einem modifizierten Exponentialmodell, bei C von einem Schalenmodell u. bei mittleren u. schweren Kernen von einem Trapezmodell ausgegangen wird. G. Ewald 90◇

0013 **Über die Beziehung zwischen den Zerfällen $\pi^0 \rightarrow 2\gamma$ und $\pi^+ \rightarrow e^+ + \nu + \gamma$.** V. F. Müller. (Z. Physik **173,** 438—40, 1963; La Jolla, Calif., Univ. of California at San Diego; engl.) — Vgl. C. **1964,** 14-0008. — Ein bereits von Vaks u. Ioffe (C. **1959,** 16528) entdecktes Ergebnis wird unter der alleinigen Verw. des Red.-Verf. u. der G-Invarianz neu abgeleitet. H. Schroeder 90◇

0014 **Die realen Teile der hochenergetischen $\pi^\pm$-p-Vorwärtsstreuamplituden.** P. G. O. Freund. (Physics Letters [Amsterdam] **5,** 341—43, 1963; Chicago, Ill., Univ. of Chicago, Enrico Fermi Inst. for Nucl. Stud.; engl.) — Die Ergebnisse liefern eine weitere Stütze für die Regge-Natur der Vektormesonen. Gerhard Schmidt 90◇

0015 **Das komplexe Diagramm der Pion–Nucleon-Vorwärtsstreuamplitude.** G. Höhler und G. Ebel. (Nuclear Physics [Amsterdam] **48,** 470—91, 1963; Karlsruhe, TH, Inst. für Theoret. Kernphys.; engl.) — Die Pion–Nucleon-Resonanzen u. der nichtresonante Teil der Streuung werden durch Verw. der Diagramme für den Isospin 3/2; 1/2 u. der Ladungsaustausch-Streuamplitude diskutiert. Nahe 900 MeV hat die Kurve für den Isospin 1/2 eine Form ähnlich der zur ersten Resonanz gehörigen u. deutet einen beinahe elast. J = 5/2-Zustand für die dritte Resonanz an. Bei den anderen Maxima

der totalen Wirkungsquerschnitte ist das Verhalten mit der Existenz von Resonanzen vereinbar, aber es gibt keine Anzeige für eine T = 3/2-Resonanz bei dem totalen π^+p-Wirkungsquerschnitt nahe 875 MeV.
P. Sliwinski 90◇

0016 **Regge-Fermion-Pole und asymptotisches Verhalten der Meson–Nucleon-Streuung bei großen Winkeln.** W. N. Gribow. (J. exp. theoret. Physik [UdSSR] **43,** 1529–34, 1962; Akad. der Wiss. der UdSSR, Phys.-Techn. Joffe-Inst.; russ., Auszug: engl.) — Es wird gezeigt, daß die eine Gruppe von Fermionen beschreibenden Trajektorien der Regge-Pole eine Anzahl von Eigg. besitzen, die von früher diskutierten stark abweichen. Die Pole der Streuamplituden $f_+^j(u)$ u. $f_-^j(u)$ in den Zuständen mit Drehimpuls j u. Parität $(-1)^{j\pm 1/2}$ würden übereinstimmen, wenn das Quadrat der Energie u im Schwerpunktsystem nach Null geht, u. würde für n < o konjugiert komplex werden. Damit kann der Charakter der Amplituden elast. Mesonen–Nucleonen-Streuung im Winkelbereich nahe 180° beschrieben werden.
P. Sliwinski 90◇

0017 **Die Pion–Deuteron-Dispersionsrelationen in der Impulsnäherung.** F. Kaschluhn. (Nuclear Physics [Amsterdam] **48,** 451–69, 1963; Berlin, Humboldt-Univ., Inst. für Theoret. Phys.; engl.) — Dispersionsrelationen für die Pion–Deuteron-Vorwärtsstreuung ($\pi + D \rightarrow \pi + D$) werden unter Verw. der Impulsnäherung für den Beitrag des Absorptionsprozesses $\pi + D \rightarrow N + N$ im unphysikal. Bereich diskutiert. Die durch Impulsnäherung gefundenen Werte der Spin-umkehr-Amplitude in dem beobachtbaren Bereich der Dispersionsrelation stimmen mit 10% mit denen überein, die aus der entsprechenden Pion-Nucleon-Dispersionsrelation folgen. P. Sliwinski 90◇

0018 **π^--D-Streuung bei 142 MeV.** E. G. Pewitt, T. H. Fields, G. B. Yodh, J. G. Fetkovich und M. Derrick. (Physic. Rev. [2] **131,** 1826–32, 1963; Pittsburgh, Pa., Carnegie Inst. of Technol., Dep. of Phys.; engl.) — Mit einer Blasenkammer in einem 12,7-kG-Feld wurden die Winkelverteilungen für elast. u. unelast. Streuung gemessen. Der totale Querschnitt für neutrale Prodd. (2n, 2n + γ, 2n + π^0) ergab sich zu 37,2 ± 2,8 mb.
Herbert Weber 90◇

0019 **Elastische Pion–Deuteron-Streuung bei 142 MeV und die Formfaktor-Approximation.** Hugh N. Pendleton. (Physic. Rev. [2] **131,** 1833–44, 1963; Waltham, Mass., Brandeis Univ.; engl.) — Vgl. vorst. Referat. — Berechnung des differentiellen Querschnittes für die Streuung geladener Pionen in einer Formfaktor-Approximation. Herbert Weber 90◇

0020 **Das optische Modell bei der π-Kern-Streuung.** E. Leader. (Nuclear Physics [Amsterdam] **26,** 177–92, 1961; London, Univ. Coll.; engl.) — Das opt. Potential für die Pion-^{12}C-Wechselwrkg. im Bereich 60–150 MeV wird berechnet unter Verw. der vollen Energieabhängigkeit der π-Nucleon-Phasenverschiebung. Vf. kommt zu dem Ergebnis, daß das Modell nur allg. Aussagen machen kann. H. Schroeder 90□

0021 **Zerfallsraten neutraler Mesonen.** M. Gell-Mann, D. Sharp und W. G. Wagner. (Physic. Rev. Letters **8,** 261–62, 1962; Pasadena, Calif., California Inst. of Technol.; engl.) — Für verschiedene Zerfallsarten des ω^0, nämlich nach 3π, $\pi^0 + \gamma$, $\pi^+ + \pi^-$, $e^+ + e^-$, $\mu^+ + \mu^-$ werden die Raten abgeschätzt. Die möglichen Zwischenstufen wie $\omega \rightarrow \varrho + \pi$; $\varrho \rightarrow 2\pi$ werden ebenfalls erörtert.
M. Wiedemann 90□

0022 **$\varphi\omega$-Mischung.** S. L. Glashow. (Physic. Rev. Letters **11,** 48–49, 1963; Berkeley, Calif., Univ. of California, Dep. of Phys.; engl.) — Unters. der Möglichkeit, daß die 9 bekannten stark wechselwirkenden Vektormesonen („Vektonen") ein unitäres Oktett u. ein unitäres Singulett (ω_1) einschließen. Infolge Mischung sind die Teilchen-Eigenzustände ω u. φ Linearkombinationen von ω_1 u. ω_8, dem T = Y = 0-Glied des Oktetts.
Herbert Weber 90◇

0023 **Unitäre Symmetrie und Zerfall von η-Mesonen.** Susumu Okubo und Bunji Sakita. (Physic. Rev. Letters **11,** 50–52, 1963; Rochester, N. Y., Univ. of Rochester, Dep. of Phys. and Astronomy; Madison, Wis., Univ. of Wisconsin, Dep. of Phys.; engl.) — Unters. verschiedener Zerfallsarten des η-Mesons in Verbindung mit dem Modell unitärer Symmetrie, wobei (π, η, K, $\bar{K}$) ein unitäres Oktett bilden. Herbert Weber 90◇

0024 **τ-, τ'- und $\eta \rightarrow 3\pi$-Zerfälle und unitäre Symmetrie.** S. Hori, S. Oneda, S. Chiba und A. Wakasa. (Physics Letters [Amsterdam] **5,** 339–41, 1963; Kanazawa, Japan, Kanazawa Univ., Dep. of Phys.; engl.) — Vers. einer Erklärung der Abweichung von der konst. Amplitude bei der näheren Unters. der τ-, τ'- u. $\eta \rightarrow 3\pi$-Zerfälle. Gerhard Schmidt 90◇

0025 **Vergleich der η-, τ- und τ'-Zerfälle.** D. Berley, D. Colley und J. Schultz. (Physic. Rev. Letters **10,** 114–16, 1963; New York, N. Y., Columbia Univ.; engl.) — Analysiert wurden 2246 τ-, 119 τ'- u. 511 η-Zerfälle. Beim Vgl. der Pionenspektren wurde angenommen, daß die 3 Endpionen den Isotopenspin 1 haben.
M. Wiedemann 90◇

0026 **Photoerzeugung und neutrale Zerfallsarten des η-Teilchens.** C. Bacci, G. Penso, G. Salvini, A. Wattenberg, C. Mencuccini, R. Querzoli und V. Silvestrini. (Physic. Rev. Letters **11,** 37–42, 1963; Roma, Univ., Ist. di Fis.; Roma, Sez. di Roma, Ist. Naz. di Fis. Nucl.; Roma, Frascati, Labor. Naz. del Comit. Naz. per l'Energia Nucl.; engl.) — Photoerzeugung von η wurde bei 978 u. 939 MeV unter Benutzung des Frascati-Elektronensynchrotrons beobachtet. Das Verzweigungsverhältnis der γ-γ-Zerfallsart relativ zu anderen neutralen Zerfallsarten ($3\pi^0$; $\pi^0 + \gamma + \gamma$) u. der differentielle Erzeugungsquerschnitt $d\sigma/d\Omega$ für den Prozeß $\gamma + p \rightarrow \eta + p$ wurden abgeleitet. Herbert Weber 90◇

0027 **Experimentelle Bestimmung des Verzweigungsverhältnisses $\Gamma(\eta \rightarrow \pi^+\pi^-\gamma)/\Gamma(\eta \rightarrow \pi^+\pi^-\pi^0)$.** Earle C. Fowler, Frank S. Crawford jun., L. J. Lloyd, Ronald A. Grossman und LeRoy Price. (Physic. Rev. Letters **10,** 110–14, 1963; Durham, N. C., Duke Univ.; Berkeley, Calif., Univ. of California, Lawrence Radiat. Labor.; engl.) — η wurden in der Blasenkammer nach $\pi^+ + p \rightarrow \pi^+ + p + \eta$ erzeugt u. der Zerfall $\eta \rightarrow \pi^+ + \pi^- + X^0$ bestimmt. Die π^+ hatten 1170 MeV/c, analysiert wurden 4500 vierzackige Sterne. Für das Verzweigungsverhältnis $(\eta \rightarrow \pi^+ + \pi^- + \gamma)/(\eta \rightarrow \pi^+ + \pi^- + \pi^0)$ wurde 0,26 ± 0,08 erhalten.
M. Wiedemann 90◇

0028 **Eigenschaften und Einflüsse von η-Zerfällen.** Riazuddin und Fayyazuddin. (Physic. Rev. [2] **131,** 2840–41, 1963; engl.) — Berichtigungen zur C. **1964,** 5-0033 referierten Arbeit. Herbert Weber 90◇

0029 **$\varkappa$-Meson [K*(725)] und die strangenessändernden Ströme unitärer Symmetrie.** Yoichiro Nambu und J. J. Sakurai. (Physic. Rev. Letters **11,** 42–45, 1963; Chicago, Ill., Univ. of Chicago, Enrico Fermi Inst. for Nucl. Stud. and Dep. of Phys.; engl.) — Diskussion der möglichen Beziehung zwischen dem vermuteten Skalarmeson u. dem experimentell beobachteten $\varkappa$-Meson (dem K*-Meson von 725 MeV). Herbert Weber 90◇

0030 **Über Resonanzwechselwirkungen von K-Mesonen.** Ja. I. Granowski und A. A. Pantjuschin. (J. exp. theoret. Physik [UdSSR] **43,** 1684–87, 1962; Akad. der Wiss. der KasachSSR, Kernphys. Inst.; russ., Auszug: engl.) — Es werden aus der $K\pi$-Resonanzwechselwrkg. (K*-Meson) resultierende Effekte in der Physik der seltsamen Teilchen behandelt. P. Sliwinski 90◇

0031 **Pion–Pion-Wechselwirkung und $K_{2\pi}$-Zerfall.** P. Stichel, G. Roepstorff und G. Kramer. (Z. Physik **173,** 361–73, 1963; Hamburg-Bahrenfeld, Physik. Staatsinst.; engl.) — Die Steigerung des $K_{2\pi}^+$-Zerfalls im Vgl. zum $K_{2\pi}^0$-Zerfall wird auf der Grundlage der $|\vec{\Delta I}|$ = 1/2-Regel diskutiert. Der Steigerungsfaktor wird mit Dispersions-Meth., die zu einem Ausdruck führen, der nur von der Phasenverschiebung des 2-Pionen-Systems im Zustand $J = 0$, $I = 0,2$ abhängt, berechnet.
H. Schroeder 90◇

0032 **Experimentelle Untersuchung von K_{e4}^+-Zerfällen.** R. W. Birge, R. P. Ely, G. Gidal, G. E. Kalmus,

A. Kernan, W. M. Powell, U. Camerini, W. F. Fry, J. Gaidos, R. H. March und S. Natali. (Physic. Rev. Letters **11**, 35–36, 1963; Berkeley, Calif., Univ. of California, Lawrence Radiat. Labor.; Madison, Wis., Univ. of Wisconsin, Dep. of Phys.; Bari, Italy, Univ. di Bari, Ist. di Fis.; engl.) — Mit der C_3F_8-Blasenkammer, die einem K^+-Bündel ausgesetzt wurde, wurden 11 Zerfälle des Typs $K^+ \rightarrow \pi^+ + \pi^- + e^+ + \nu$ beobachtet, die der Erhaltung der Auswahlregel $\Delta S = \Delta Q$ entsprechen. Herbert Weber 90◇

0033 **K_{e5}-Zerfallsart durch die Approximation des virtuellen η-Pols.** A. Gaffur. (Nuovo Cimento [10] **29**, 302–05, 1963; Ankara, Middle East Techn. Univ.; engl.) — Ein Mechanismus für $K \rightarrow \pi^+ + \pi^- + \pi^0 + e + \nu$ wird vorgeschlagen u. durch Berechnungen untermauert. H. Schroeder 90◇

0034 **K^-–2 N-Wechselwirkungsmechanismus.** M. D. Warty. (Nuovo Cimento [10] **29**, 309–10, 1963; Delhi, Univ. of Delhi, Dep. of Phys. and Astrophys.; engl.) — Vf. führt Beweise dafür an, daß im Gegensatz zur Meinung anderer Autoren ein Resonanzzustand für K^--2N-Wechselwrkg. verantwortlich sein kann, z. B. bei K^--^4He-Reaktionen. H. Schroeder 90◇

0035 **Hyperon-Resonanzzustände und K^--Meson-Einfang durch komplexe Kerne.** N. Kwak und J. Schneps. (Nuovo Cimento [10] **28**, 1200–13, 1963; Medford, Mass., Tufts Univ., Dep. of Phys.; engl.) — Unters. von möglichen Hyperon-Resonanzzuständen, die in $\Sigma^\pm$-$\pi^\mp$ oder $\Lambda\pi^-$ zerfallen, nach dem K^--Einfang durch komplexe Kerne (Kernemulsionen). Es wird gefunden, daß ca. 30 bis 40% der (Σ, π)-Ereignisse durch den Y_0^*-Resonanzzustand verlaufen. Herbert Weber 90◇

0036 **Der Effekt des harten Cores und Dreikörperkräfte bei der Λ–Nucleon-Wechselwirkung.** L. F. Abou-Hadid. (Nuovo Cimento [10] **28**, 1169–76, 1963; London, Univ. Coll.; engl.) — Berechnung zur Λ-N-Wechselwrkg. in $_\Lambda{}^3H$. Herbert Weber 90◇

0037 **Bestimmung des Spins von $_\Lambda{}^7Li$ aus nuclearen Endzustands-Wechselwirkungen.** T. D. Sanders. (Nuovo Cimento [10] **30**, 622–43, 1963; Saint Louis, Mo., Washington Univ.; engl.) — Der Zerfall von $_\Lambda{}^7Li \rightarrow \pi + N + {}^6Li$ kann durch eine scharfe $5/2^-$-Resonanz im Endzustands-N + ^6Li-Syst. stark beeinflußt werden, wobei N ein Nucleon darstellt. Die theoret. Schätzungen des Einfl. dieser Resonanz auf die Winkel- u. Energieverteilungen der Zerfalls-Prodd. gründen sich auf die Annahme, daß ein komplexes quadrat. Muldenpotential verwendet werden kann, um die N + ^6Li-Rk. bei der Resonanzenergie darzustellen. Gerhard Schmidt 90◇

0038 **Zwei Beispiele von seltenen Zerfallsarten von Hyperfragmenten.** S. N. Ganguli, N. Kameswara Rao und M. S. Swami. (Nuovo Cimento [10] **28**, 1258–71, 1963; Bombay, Tata Inst. of Fundament. Res.; engl.) — In einem Stapel von Kernemulsionen, die den 23-GeV/c-Protonen des CERN-Synchrotrons ausgesetzt worden waren, wurden 2 Ereignisse beobachtet, die als $^{7(8)}{}_\Lambda Li \rightarrow {}^4He + {}^{3(4)}He + \mu^- + \bar{\nu}$ bzw. $_\Lambda{}^4He \rightarrow \pi^+ + {}^1H + 3n$ interpretiert werden. Herbert Weber 90◇

0039 **Teilchen und Felder.** B. Schroer. (Acta physica austriaca **17**, 72–84, 1963; Hamburg, Univ., Inst. für Theoret. Phys.; engl.) — Quantenfeldtheoret. Unters. über den Zusammenhang des Konzeptes der Teilchen mit dem Konzept der Felder. Herbert Weber 90◇

0040 **Detektive Theorie über Elementarteilchen.** Taizo Muta. (Progr. theoret. Physics [Kyoto] **30**, 223–35, 1963; Tokyo, Univ. of Tokyo, Dep. of Phys.; engl.) — Vorschlag einer „detektiven" Meth., die eine Antwort auf die Frage geben kann, wieviel Elementarteilchen in der Natur existieren. Die Meth. wird an einem feldtheoret. Modell (sog. „Doppel-Lee-Modell") illustriert. Herbert Weber 90◇

0041 **Ein Modell von Elementarteilchen.** Seibun Sasaki, Hiroshi Segawa und Hiroshi Yamamoto. (Progr. theoret. Physics [Kyoto] **30**, 214–22, 1963; Fukui, Fukui Univ., Dep. of Appl. Phys. and Fac. of Liberal Arts; engl.) — Vorschlag eines Elementarteilchenmodells, das 2 Neutrinos einschließt, wobei hohe Symmetrie zwischen den Teilchen angenommen wird. Zur Darst. dieser Symmetrie wird eine neue Ladung, die sog. s-Ladung („strange charge" s), zusätzlich zu den früheren ε- u. B-Ladungen angenommen. Herbert Weber 90◇

0042 **Ladungen.** Pierre Renson. (Physica [Utrecht] **25**, 809–24, 1959; Liège, Univ.; franz.) — Theoret. Abhandlung über die Eigg. von Ladungen, bes. über die Raum- u. Neutrinoladung. C. Gottfried 90

0043 **Massen und Ladungen angeregter Zustände im Fermi-Yang-Modell.** W. G. Wax. (J. exp. theoret. Physik [UdSSR] **43**, 1885–96, 1962; russ., Auszug: engl.) — Die Fermi-Yang-Gleichung mit einer rechteckigen Mulde wurde für beliebige Drehimpulse u. Parität gelöst. Für die Eigenwerte der Massen der ersten angeregten Zustände (Drehimpuls ganzzahlig) u. auch für die Ladungen der Wechselwrkg. mit den Bosonen werden Gleichungen abgeleitet. P. Sliwinski 90◇

0044 **Über die statischen und sphärisch symmetrischen Lösungen des Yang-Mills-Felds.** Mineo Ikeda und Yoshihiko Miyachi. (Progr. theoret. Physics [Kyoto] **27**, 474–82, 1962; Matsumoto, Shinshu Univ., Fac. of Liberal Arts and Sci., Dep. of Phys.; Takehara, Hiroshima Univ., Res. Inst. for Theoret. Phys.; engl.) — Das von Yang u. Mills vorgeschlagene b-Feld wird vom klass. Gesichtspunkt untersucht. Die Lösung ist zur kanon. Form reduzierbar u. danach ist die Masse des b-Quants vermutlich Null, trotz der Nichtlinearität der Feldgleichungen. M. Wiedemann 90◇

0045 **Neues Baryon–Lepton-Symmetrieprinzip für leptonische schwache Wechselwirkungen.** R. E. Marshak, C. Ryan, T. K. Radha und K. Raman. (Physic. Rev. Letters **11**, 396–99, 1963; Rochester, N. Y., Univ. of Rochester, Dep. of Phys. and Astronomy; Madras, India, Inst. of Math. Sci.; engl.) — Aufstellung einer Korrespondenz zwischen Baryonenoktett u. Oktett von Leptonen u. Antileptonen. Herbert Weber 90◇

0046 **Spontaner Zusammenbruch der Oktettsymmetrie.** S. L. Glashow. (Physic. Rev. [2] **130**, 2132–34, 1963; Berkeley, Calif., Univ. of California, Phys. Dep.; engl.) — Ableitung der Gell-Mann-Massenformel für die physikal. bedeutsamen Lsgg. des Symmetrieaufbrechens. Gerhard Schmidt 90◇

0047 **Über die Massen-Eich-Invarianz.** Akira Inomata. (Progr. theoret. Physics [Kyoto] **28**, 569–71, 1962; Troy, N. Y., Rensselaer Polytechn. Inst.; engl.) — Die Konsequenzen der Maßstabs-Invarianz werden untersucht unter der Annahme, daß die Massenphase eines Elementarteilchens nicht experimentell bestimmt ist. M. Wiedemann 90◇

0048 **Über eine innere Bewegung der Materie.** Nguyen Hoang Phuong. (An. ştiinţ. Univ. „Al. I. Cuza" Iaşi, Secţ. I [N. S.] **8**, 181–90, 1962; Hanoi, Univ.; russ.) — Aus der Einstein-Gleichung $E = mc^2$ ergibt sich, daß die Materie auch im Ruhezustand eine Energiemenge besitzt, die auf einer „inneren Bewegung" beruht. Dieser neue Bewegungstyp hängt mit der wahrscheinlichen Beziehung zwischen der Gleichheit der Massen verschiedener Multipletts u. der Symmetrie des Isotopenraumes zusammen. Die auf Grund dieser Vorstellungen entwickelten Gleichungen für ein diskretes Massenspektrum für die Elementarteilchen stimmt innerhalb 10% mit dem experimentellen Spektrum überein. Eine Begrenzung des Massenspektrums der Elementarteilchen ist durch die nichtlinearen Ausdrücke gegeben. R. K. Müller 90◇

0049 **Methode zur Messung von Kopplungskonstanten.** Marc Ross. (Physic. Rev. [2] **131**, 2678–81, 1963; Bloomington, Ind., Indiana Univ.; engl.) — Theoret. Diskussion der Möglichkeit zur direkten experimentellen Best. von bestimmten Kopplungskonstanten oder partiellen Breiten. Als Beispiele werden die Prozesse $p \rightarrow N + \pi$, $\omega \rightarrow \varrho + \pi$, $Y_0^* \rightarrow \bar{K} + N$ (zur Best. des Y_0^*-Spins) u. $\Sigma \rightarrow \Lambda + \pi$ behandelt. Herbert Weber 90◇

0050 **Eine Bemerkung über die Regge-Trajektorie in $\lambda\varphi^4$-Theorie.** P. Y. Pac. (Progr. theoret. Physics [Kyoto] **30,** 201—06, 1963; Urbana, Ill., Univ. of Illinois, Dep. of Phys.; engl.) — Unters. zu einer führenden Regge-Trajektorie der Bethe-Salpeter-Streuamplitude unter Einführung einer Spektralfunktion für Dispersionsbeziehungen für eine unendliche Summe von Kettendiagrammen. Herbert Weber 90◇

0051 **Störungsentwicklungen von Regge-Pol-Trajektorien für Yukawa-Potentiale.** M. Cassandro, M. Cini, G. Jona-Lasinio und L. Sertorio. (Nuovo Cimento [10] **28,** 1351—74, 1963; Roma, Univ., Scuola di Perfezion. in Fis., Ist. di Fis., Sez. di Roma, Ist. Naz. di Fis. Nucl.; engl.) — Herbert Weber 90◇

0052 **Regge-Pol-Methode und Einmesonenapproximation.** D. S. Chernavsky, I. M. Dremin, E. L. Feinberg und I. I. Royzen. (Nuclear Physics [Amsterdam] **44,** 116—22, 1963; Moscow, USSR, Acad. of Sci., P. N. Lebedev Phys. Inst.; engl.) — Unters. zur Frage, ob die Regge-Pol-Meth. u. die Einteilchenapproximation verschiedene Aspekte des gleichen Phänomens sind. Die Beziehungen zwischen den totalen Querschnitten für verschiedene Arten von Teilchen werden behandelt. Herbert Weber 90◇

0053 **Über mögliche beobachtbare Effekte von Singularitäten auf der linken Halbebene Re $l < -1$.** T. Yoshimura. (Nuovo Cimento [10] **29,** 291—94, 1963; Trieste, Sottosezione, Ist. Naz. di Fis. Nucl.; engl.) — Betrachtungen zu einer Streuamplitude (Beispiel: Streuung von spinlosen Teilchen gleicher Masse). H. Schroeder 90◇

0054 **Über die analytische Fortsetzung der Streuamplitude durch einen Dreiteilchenschnitt.** D. I. Olive. (Nuovo Cimento [10] **28,** 1318—36, 1963; Cambridge, Univ. of Cambridge, Dep. of Appl. Math. and Theoret. Phys.; engl.) Herbert Weber 90◇

0055 **Impulsapproximation und verzerrte Wellen.** Larry Zamick. (Physic. Rev. Letters **10,** 117—19, 1963; Princeton, N. J., Princeton Univ., Palmer Phys. Labor.; engl.) — Für die Amplitude der unelast. Streuung eines Nucleons durch einen Kern hoher bei Energie wird im Rahmen der Impulsapproximation u. unter Verw. des Verzerrungspotentials eine einfache Beziehung abgeleitet. M. Wiedemann 90◇

0056 **Neutrinos, alt und neu.** Frederick Reines. (Science [Washington] **141,** 778—83, 1963; Cleveland, Ohio, Case Inst. of Technol., Dep. of Phys.; engl.) — Überblick über die Neutrinoforschung mit Literaturangaben. Herbert Weber 90◇

0057 **Streuung von γ-Strahlen des ^{137}Cs in Blei.** Ja. Alksniss und U. Ulmaniss. (Nachr. Akad. Wiss. LettSSR **1960,** Nr. 3, 71—76; Physik. Inst. der Akad. der Wiss. der LettSSR; russ., Auszug: lett.) — Zur Messung der spektralen Verteilung der Streuung der γ-Strahlung von ^{137}Cs in Pb wird ein Scintillationsspektrometer mit NaJ(Tl)-Kristall eingesetzt. Als γ-Quelle für alle Messungen dient ^{137}Cs (662 keV) mit einer Aktivität von 0,56 Val Ra. Die Ergebnisse der Experimente mit Einfallswinkeln von 20—150° werden graph. dargestellt. R. Teichmann 90◇

0058 **Die mögliche Anwendung Compton-gestreuter γ-Strahlen für Kernanregungsversuche.** G. Bäckström. (Nuclear Instruments Methods [Amsterdam] **23,** 218—24, 1963; Uppsala, Inst. of Phys.; engl.) — Eine ausreichende Zählrate läßt sich mit γ-Quellen erreichen, wenn ein geeignet gekrümmter Streuer verwendet wird. Die Energiestreuung der sek. Strahlung wird experimentell durch Vgl. mit monoenerget. γ-Strahlen untersucht. Die Meth. ermöglicht die Messung von Niveaulebensdauern $< 10^{-13}$ s. Gerhard Schmidt 90◇

0059 **Untersuchung der Polarisationseigenschaften der Synchrotronstrahlung von hochenergetischen Elektronen.** F. A. Korolew, O. F. Kulikow und A. Ss. Jarow. (J. exp. theoret. Physik [UdSSR] **43,** 1653—56, 1962; russ., Auszug: engl.) — Die zu den Verhältnissen aus den Intensitäten u. der Winkelverteilung der Synchrotron-Strahlung gehörenden Daten wurden kinematograph. für beide Polarisationskomponenten der strahlenden Elektronen (beschleunigt im 680-MeV-FIAN-Synchrotron) erhalten. Die Beziehung zwischen der realen Winkelverteilung der Strahlung für die π-Polarisationskomponente u. den Amplituden der axialen Elektronenoscillation wurde aufgestellt. P. Sliwinski 90◇

0060 **Über Elektronenstreuprozesse bei großen Energien.** Ss. Ss. Ssannikow. (J. exp. theoret. Physik [UdSSR] **40,** 237—45, 1961; Physikalisch-technisches Inst. der Akad. der Wiss. der UkrainSSR; russ.) — Ein Verf. zur Berechnung der Wrkg.-Querschnitte für die verschiedenen Streuprozesse wird entwickelt, an welchen schnelle polarisierte Elektronen beteiligt sind. Für extrem energiereiche Elektronen genügt eine Beschreibung durch zweikomponentige an Stelle von vierkomponentigen Spinoren, was die Berechnung der Wrkg.-Querschnitte stark vereinfacht. Besonderheiten der Helizitätseigg. der Elektronen werden diskutiert. Der Wkrg.-Querschnitt für Paarbldg. bei Elektron–Positron-Zusammenstößen wird berechnet. F. Lenz 90◇

0061 **Über die Yvonsche Approximationsmethode.** H. Kellner. (Atomenergie **6,** 441—43, 1961; Wien, Atominst. der Österr. Hochschulen; dt.) — Das durch Zerlegung der Winkelverteilung in $\psi^+(x, \mu)$ und $\psi^-(x, \mu)$ für $\mu > 0$ bzw. $\mu < 0$ durch die Yvonsche Meth. aus der Transportgleichung entstehende Differentialgleichungssystem der N-ten Approximation wird gelöst; daraus werden die Winkelverteilung, der Neutronenfluß u. der Neutronenstrom berechnet. O. Jansen 90◇

0062 **Ein ALGOL-Programm für die Behandlung der Neutronenstreuung eines Flüssigkeitsscintillators nach der Monte-Carlo-Methode.** Peter Läuchli. (Z. angew. Math. Physik [Basel] **14,** 315—26, 1963; Zürich, ETH, Inst. für angew. Math.; dt.) Herbert Weber 90◇

0063 **Zur Berechnung des thermischen Nutzfaktors einer zylindrischen Zelle aus mehreren konzentrischen Zonen.** A. Müller und E. Linnartz. (Nukleonik [Berlin] **5,** 23—27, 1963; Erlangen, Siemens-Schuckertwerke AG, Abt. Reaktorentwicklung; dt.) — Das Verf. von Amouyal u. Benoist zur Berechnung des f-Faktors der therm. Nutzung eines zylindr. Reaktorzelle wird von zwei auf n Zonen verallgemeinert. Die Entkommwahrscheinlichkeiten werden in Form von Tabellen u. von Näherungspolynomen angegeben. H. Schroeder 90◇

0064 **Über den Einfluß der Anisotropie der Streuung auf die kritischen Bedingungen einer multiplizierenden Kugel.** Ju. Ss. Ssigow. (Nachr. Moskauer Univ., Ser. III **15,** Nr. 4, 79—85, 1960; Lehrstuhl für Atomkern; russ.) — Die Meth. von Carlson u. Bell (1958, S_N-Meth.) für die zahlenmäßige Lsg. der Gleichung der Neutronenübertragung wird auf den Fall der anisotropen Streuung ausgedehnt. In Eingruppennäherung wird der krit. Radius u. die räumliche Verteilung des Neutronenstroms für einen sphär. Reaktor mit schnellen Neutronen ohne Reflektor erhalten. Die nach dieser Meth. bei genauer Berücksichtigung der Streuungsanisotropie u. bei Verw. der Transportnäherung erhaltenen Ergebnisse werden verglichen. Auf Grund einiger elektron. errechneter Varianten wird versucht, die Grenzen der Anwendbarkeit der Transportnäherung zu ermitteln. R. K. Müller 90◇

0065 **Schwelleneffekte bei elastischer Neutronenstreuung.** J. T. Wells, A. B. Tucker und W. E. Meyerhof. (Physic. Rev. [2] **131,** 1644—60, 1963; Stanford, Calif., Stanford Univ., Dep. of Phys.; engl.) — Im Hinblick auf die Beobachtung des Phänomens der Wigner-Cusps bei elast. Neutronenstreuung nahe unelast. Schwellen wurden mit T(p,n)-Neutronen die differentiellen elast. u. totalen Querschnitte von *Li, Fe, Zr, Ba* u. *Ce* nahe der Schwellenenergie für Anregung der ersten angeregten Zustände der vorherrschenden Isotope dieser Elemente gemessen. Herbert Weber 90◇

0066 **Totale Wirkungsquerschnitte von Phosphor für Neutronen mit 830 bis 1200 keV.** Jean Cabe, Michel Laurat und Pierre Yvon. (C. R. hebd. Séances Acad. Sci. **257,** 1073—74, 1963; franz.) — Protonen werden mit einem Van de Graaff-Generator beschleunigt u. nach der Rk. T(p,n)^{3}He Neutronen mit Energien zwischen 830 u. 1200 (± 10) keV erzeugt. Die Verteilung der ge-

streuten Neutronen wird mit einem Stilben-Scintillator bestimmt. Aus der Energieabhängigkeit des Gesamtwirkungsquerschnitts können mehrere deutlich aufgetrennte Niveaus abgeleitet werden (Target: rotes P).
Herbert Müller 90◇

0067 **Resonanzniveaus der Erbium-Isotope.** M. F. Wlassow, W. P. Wertebny und A. L. Kiriljuk. (Atomenergie [UdSSR] **15,** 247—49, 1963; russ.) — Nach der Flugzeit-Meth. wurden unter Verwendung eines mechan. Neutronenunterbrechers u. von BF_3-Zählern sowohl an den getrennten Isotopen ^{166}Er u. ^{167}Er als auch an der natürlichen Mischung der Er-Isotope die totalen Neutronenquerschnitte gemessen. Die Durchlässigkeitskurven sind wiedergegeben, die Energieniveaus u. Resonanzparameter ermittelt. M. Wiedemann 90◇

0068 **„Effektive Targetmasse" bei unelastischen Wechselwirkungen von 26,7-GeV/c-Protonen mit Nucleonen.** Y. K. Lim. (Nuovo Cimento [10] **28,** 1228—37, 1963; Urbana, Ill., Univ. of Illinois; engl.) — Die „effektive Targetmasse" ist die Masse desjenigen Teils des Targetnucleons, der an der Wechselwrkg. teilnimmt. Die Verteilung der „effektiven Targetmasse" wurde aus einer Reihe von unelast. Wechselwrkg. von Protonen mit gebundenen Nucleonen u. freien Protonen (G-5-Emulsion) erhalten. Sie zeigt, daß mindestens die Hälfte der Ereignisse als zentrale Stöße zu interpretieren sind.
Herbert Weber 90◇

0069 **Wechselwirkungen von 25-GeV-Protonen mit Protonen und schweren Kernen in Kernemulsionen.** H. Meyer, M. W. Teucher und E. Lohrmann. (Nuovo Cimento [10] **28,** 1399—1411, 1963; Hamburg, Univ., II. Inst. für Experimentalphys.; Dt. Elektronen-Synchrotron; engl.) — In Kernemulsionen wurden 1226 Wechselwrkg. von 27-GeV- u. 20,5-GeV-Protonen gefunden. Die mittlere freie Weglänge ist 35,1 $\pm$ 1,5 cm bei 27 GeV u. 35,6 $\pm$ 1,5 cm bei 20,5 GeV. Eine Liste der Typen aller Wechselwrkg. (N_h, N_s) wird wiedergegeben. Die Daten werden mit der hydrodynam. Theorie der multiplen Mesonenerzeugung u. Berechnungen unter Annahme einer intranuclearen Kaskade verglichen.
Herbert Weber 90◇

0070 **Dreifachstreuung von 660-MeV-Protonen.** 3. Mitt. **Winkelabhängigkeit des Parameters R.** Ju. P. Kumekin, M. G. Meschtscherjakow, Ss. B. Nuruschew und G. D. Stoletow. (J. exp. theoret. Physik [UdSSR] **43,** 1665—71, 1962; russ., Auszug: engl.) — 2. vgl. C. **1961,** 15275. — Im Anschluß an l. c. wurden weitere Protonen-Dreifachstreuungen ausgeführt. Die Meßergebnisse des Parameters R bei Winkeln von 54, 72, 90, 108 u. 126° (Schwerpunkt-Syst.) werden wiedergegeben. Die Ergebnisse sind in Termen der pp-Streuungsmatrixamplituden dargestellt. Werte der modulierten u. relativen Phasenwinkel der Matrixelemente wurden für den Winkel 90° gefunden. P. Sliwinski 90◇

0071 **Phasenverschiebungsanalyse der elastischen p-^{4}He-Streuung bei circa 40 MeV.** S. Suwa und A. Yokosawa. (Physics Letters [Amsterdam] **5,** 351—52, 1963; Argonne, Ill., Argonne Nat. Labor.; engl.) — Verw. komplexer Phasenverschiebungen zur Wiedergabe von Polarisationsdaten. Gerhard Schmidt 90◇

0072 **Polarisation von durch ^{7}Li nahe der 441-keV-Resonanz elastisch gestreuten Protonen.** J. R. Rook. (Nuclear Physics [Amsterdam] **27,** 606—11, 1961; Manchester, Univ., Dep. of Theoret. Phys.; engl.) — Vf. zeigt auf Grund von Berechnungen, daß Polarisationseffekte bei der elast. Streuung von Protonen an ^{7}Li nahe der 441-keV-Resonanz weniger als 5% betragen.
H. Schroeder 90□

0073 **Polarisation der 40-MeV-Protonen durch komplexe Kerne.** C. F. Hwang, G. Clausnitzer, D. H. Norby und J. H. Williams. (Physic. Rev. [2] **131,** 2602—10, 1963; Minneapolis, Minn., Univ. of Minnesota, School of Phys.; engl.) — Die Polarisation der an *He, Li, C, Al, Ni* u. *Pb* gestreuten 40-MeV-Protonen wird unter Verw. einer polarisierten Protonenquelle in Verbindung mit einem Linearbeschleuniger gemessen. Die Messungen der Bündelpolarisation, der Bündelintensität sowie der echten u. unechten Asymmetrien werden beschrieben. Die Messungen der p-α-Polarisation werden mit den theoret. Voraussagen von Gammel u. Thaler (C. **1958,** 13681) verglichen. Gerhard Schmidt 90◇

0074 **Elastische und unelastische Streuung von Protonen durch ^{22}Ne-Kerne.** P. W. Ssorokin, A. I. Popow, W. Je. Storishko und A. Ja. Taranow. (J. exp. theoret. Physik [UdSSR] **43,** 749—51, 1962; Akad. der Wiss. der UdSSR, Physikal.-Techn. Inst.; russ., Auszug: engl.) — Aus der Energieabhängigkeit der γ-Quantenausbeute u. der Winkelverteilung der bei der Rk. ^{22}Ne(p,pγ) gestreuten Protonen wurden die angeregten Niveaus des ^{23}Na-Kerns ermittelt. H. Liepack 90◇

0075 **Interferenz zwischen Coulomb-Anregung und unelastischer Resonanzstreuung in ^{23}Na + p.** A. S. Figuera, J. C. Armstrong und J. B. Marion. (Nuovo Cimento [10] **29,** 281—84, 1963; College Park, Md., Univ. of Maryland, Dep. of Phys. and Astronomy; engl.) — Anregungsfunktionen für γ-Quanten mit E $>$ 400 keV aus der Rk. ^{23}Na(p,p'γ) wurden an Targets verschiedener Dicke gemessen (NaCl: 6 keV bzw. 4 keV dick). E_p betrug 850—910 keV. Ähnliche Ergebnisse wurden mit NaOH als Targetsubstanz erhalten. Die Werte wurden mit theoret. Berechnungen von Griffy u. Biedenharn (C. **1963,** 4586) verglichen u. lassen erkennen, daß Interferenzeffekte vernachlässigt werden können.
H. Schroeder 90◇

0076 **Elastische Streuung von 5,45-MeV-Protonen durch Mg-Isotope.** A. P. Kljutscharew und N. Ja. Rutkewitsch. (J. exp. theoret. Physik [UdSSR] **43,** 775—76, 1962; Akad. der Wiss. der UkrainSSR, Phys.-Techn. Inst.; russ., Auszug: engl.) — Im Gegensatz zu schwereren Isotopen wurde für den ^{24}Mg-Kern eine Anomalie in der Winkelverteilung beobachtet. H. Liepack 90◇

0077 **Unbestimmtheiten beim optischen Potential für stark absorbierte Projektile.** R. M. Drisko, G. R. Satchler und R. H. Bassel. (Physics Letters [Amsterdam] **5,** 347—50, 1963; Oak Ridge, Tenn., Oak Ridge Nat. Labor.; engl.) — Berechnungen der Parameter des opt. Modells für die Deuteronenstreuung führen zu dem Schluß, daß die Beschreibung der Streuung komplexer Teilchen nach dem opt. Modell von Einzelheiten des Inneren der Potentialmulde abhängt. Gerhard Schmidt 90◇

0078 **Elastische Streuung von Deuteronen an Chrom- und Zinkisotopen.** A. K. Walter, A. P. Klujtscharew, O. F. Nemetz und W. W. Tokarewski. (J. exp. theoret. Physik [UdSSR] **44,** 1765—69, 1963; Akad. der Wiss. der UkrainSSR, Inst. für Phys.; russ., Auszug: engl.) — Vff. bestimmten mit Hilfe eines Teleskopes aus zwei Scintillationsspektrometern die Winkelverteilung von elast. an den Kernen ^{50,52,53,54}Cr u. ^{64,68,70}Zn gestreuten 13,6-MeV-Deuteronen unter den Winkeln 2,5—150°. Die Abhängigkeit R/Streuungswinkel (R = $\sigma_{exp}/\sigma_{coul}$ = Verhältnis des experimentell gemessenen Querschnitts zum Querschnitt der Coulomb-Streuung) hat Beugungscharakter. Mit dem Anwachsen der Neutronenzahl verlagern sich die Maxima zur Seite der kleinen Winkel hin. Der Querschnitt verringert sich in diesem Falle schneller mit dem Anwachsen des Winkels. G. Ewald 90◇

0079 **Streuung von ^{3}He durch Alphateilchen.** Y. C. Tang, E. Schmid und K. Wildermuth. (Physic. Rev. [2] **131,** 2631—41, 1963; Upton, N. Y., Brookhaven Nat. Labor.; Tallahassee, Fla., Florida State Univ.; engl.) — Theoret. Unters. nach der Meth. der Resonanzgruppenstruktur in der Einkanalapproximation für den Energiebereich 0—20 MeV. Winkelverteilungen u. Phasenverschiebungen bis zu l = 6 werden berechnet. Außer dem ^{3}He-α-Kanal sind die p-^{6}Li-Kanäle mit ^{6}Li im Grundzustand u. ersten angeregten Zustand von Bedeutung.
Herbert Weber 90◇

0080 **Zur Antisymmetrisierung der Wellenfunktionen von Nukleonensystemen.** 1. Mitt. Kh. Müller. (Nuclear Physics [Amsterdam] **44,** 1—21, 1963; Rossendorf, Zentralinst. für Kernphys.; dt.)
Herbert Weber 95◇

0081 **Statistische Mechanik einer suprafluiden Kernmaterie.** 1. Mitt. **Kernniveaudichte.** P. Brovetto und V. Canuto. (Nuclear Physics [Amsterdam] **44,** 151—63.

1963; Torino, Ist. Naz. di Fis. Nucl., Sez. di Torino; Univ., Ist. di Fis.; engl.) — Vgl. C. **1964**, 6/7-0056.
Herbert Weber 95◇

0082 **Core-Anregung in ^{65}Cu.** J. Vervier. (Nuovo Cimento [10] **28**, 1412—26, 1963; Mol, Centre d'Etude de l'Energie Nucl.; engl.) — Das Modell von Lawson u. Uretsky (C. **1958**, 7946) für die Energieniveaus von ^{65}Cu wird verbessert, indem eine Mischung des $^3/_2{}^-$-Grundzustands mit dem $^3/_2{}^-$-Niveau, das aus der Kopplung des ungeraden $p_{3/2}$-Protons mit dem ersten angeregten Zustand 2+ des geraden ^{64}Ni-Cores resultiert, zugelassen wird. Herbert Weber 95◇

0083 **Über kooperatives Verhalten äußerer Nucleonen im Oscillator-Modell mit Quadrupolwechselwirkung.** Siegfried Seyfferth. (Z. Naturforsch. **18a**, 1049—58, 1963; Göttingen, Univ., Inst. für Theor. Phys.; dt.) — Es wird die Frage diskutiert, ob das Elliot-Kernschalenmodell einen rotierenden Kern beschreiben kann. Über die quantenmechan. Behandlung des Elliotschen Modells, in der die unitäre Gruppe U_3 eine wesentliche Rolle spielt, wird berichtet. Gerhard Schmidt 95◇

0084 **Numerische Methoden für D.W.B.A.-Berechnungen an (n,p)-Reaktionen.** A. Agodi, R. Giordano, G. Schiffrer und M. Giannini. (Nuovo Cimento [10] **30**, 644—55, 1963; Catania, Univ., Ist. di Fis.; Milano, Olivetti, Div. Elettron.; engl.) — Im Rahmen dei Born-Approximation der verzerrten Welle (D.W.B.A.) werden Meth. zur numer. Best. der Winkelverteilungen der Protonen aus (n,p)-Rkk. angewandt. Die Berechnungen werden für 2 bes. Formen der n–p-Wechselwrkg. (Nullbereichspotential u. Yukawa-Potential mit Majorana-Austausch) durchgeführt.
Gerhard Schmidt 103◇

0085 **Querschnittsverhältnisse der Bildung des isomeren Zustands und des Grundzustands des Kernes für die (p,n)-Reaktion im Energiegebiet vom Schwellenwert bis 20 MeV.** W. T. Grinzyna, A. P. Kljutscharew, W. W. Remajew und L. N. Reschetowa. (J. exp. theoret. Physik [UdSSR] **44**, 1770—74, 1963; Akad. der Wiss. der UkrainSSR, Physikal.-Techn. Inst.; Charkow, Univ.; russ., Auszug: engl.) — Mit dem Ziel der Unters. des Mechanismus des Ablaufs der (p,n)-Rk. wurden bei Protonenenergien vom Schwellenwert bis zu 20 MeV folgende Kern-Rkk. untersucht: $^{89}Y(p,n)^{89m}Zr$; ^{89}Y(p,n)^{89g}Zr; $^{191}Pr(p,n)^{141m}Nd$; ^{141}Pr(p,n)^{141g}Nd; $^{197}Au(p,n)^{197m}Hg$ u. ^{197}Au(n,p)^{197g}Hg. Bestrahlt wurde ein entsprechendes Folienpaket in Ggw. eines Al-Absorbers in einem Linearbeschleuniger. Die γ-Strahlung wurde mit einem Scintillationszähler registriert u. die γ-Aktivität nach der Monte-Carlo-Meth. berechnet. Die Abhängigkeit der bestimmten Relationen der Querschnitte des Grundzustandes u. des isomeren Zustandes von der Protonenenergie folgt den Gesetzmäßigkeiten der statist. Theorie für die Bldg. eines Compound-Kernes. Jedoch wurden auch einzelne erhebliche Abweichungen aufgefunden.
G. Ewald 103◇

0086 **Zerfall von Isomeren im Millisekundenbereich.** W. W. Remajew, Ju. Ss. Korda, A. P. Kljutscharew und A. M. Smirnow. (J. exp. theoret. Physik [UdSSR] **43**, 1649—52, 1962; russ., Auszug: engl.) — Durch Bestrahlung von ^{71}Ge, ^{88}Y, ^{90}Nb u. ^{141}Pm mit 20-MeV-Protonen wurden isomere Zustände dieser Nuclide erhalten, die Energiespektren des isomeren γ-Zerfalls u. der inneren Konversionselektronen wurden gemessen. Ein genauerer Wert der mittleren Lebensdauer des isomeren Zustands von ^{90}Nb wurde erhalten (6,5 ± 0,5 ms).
P. Sliwinski 103◇

0087 **Über die Theorie der Stripping-Reaktion.** Ju-Tai Zsjan und O. M. Koroljew. (Ukrain. physik. J. **7**, 470 bis 475, 1962; Kiew, Inst. für Phys. der Akad. der Wiss. der UkrainSSR; ukrain., Auszug: engl.) — Der differentielle Wrkg.-Querschnitt der (d,p)-Rk. an gerade-gerade sphär. Kernen wird in der Bornschen Näherung für ein einfaches Einteilchen-Kernmodell berechnet. Der Beitrag der D-Welle wird bes. berücksichtigt, er kann bei großen Winkeln den Wrkg.-Querschnitt um 16% erhöhen. M. Wiedemann 103◇

0088 **Restwechselwirkungsglieder in (d,p)-Reaktionen.** M. Tanifuji. (Physics Letters [Amsterdam] **6**, 276—78, 1963; Chiyoda, Tokyo, Hosei Univ., Dep. of Phys.; engl.) — Es wird gezeigt, daß die restlichen Wechselwrkgg. des Neutrons in (d,p)-Rkk. (z. B. Stripping) in der „post"-Form abgeleitet werden können: sie werden mit denen in der „prior"-Form verglichen.
M. Wiedemann 103◇

0089 **Die Reaktionen D(d,n)^{3}He und D(d,p)T bei 25,3 MeV.** W. T. H. Van Oers und K. W. Brockman jun. (Nuclear Physics [Amsterdam] **48**, 625—46, 1963; Amsterdam, Inst. voor Kernphys. Onderz.; engl.) — Die differentiellen Querschnitte obiger Spiegel-Rkk. werden gemessen. Die Winkelverteilungen der beiden Rkk. sind prakt. ident. mit der möglichen Ausnahme bei sehr kleinen Winkeln. Die Rk. D(d,n)^{3}He kann durch Anwendung der Butler-Born-Näherungs-Strippingtheorie wiedergegeben werden. Gerhard Schmidt 103◇

0090 **Analyse der Reaktion ^{6}Li(d,α)^{4}He.** M. El-Nadi, A. Rabie und H. Sherif. (Nuclear Physics [Amsterdam] **48**, 569—77, 1963; Cairo, Atom. Energy Establ.; engl.) — Experimentelle Daten für obige Rk. werden theoret. auf der Grundlage des Zweikörpermodells (α–d) u. des Schalenmodells für ^{6}Li analysiert. Beide Modelle liefern befriedigende Übereinstimmung.
Gerhard Schmidt 103◇

0091 **Die Reaktion ^{10}B(d,α)^{8}Be und der 2,94-MeV-Zustand in ^{8}Be.** K. H. Purser und B. H. Wildenthal. (Nuclear Physics [Amsterdam] **44**, 22—33, 1963; Lawrence, Kans., Univ. of Kansas; engl.) — α-Teilchen aus ^{10}B(d,α)^{8}Be wurden mit Festkörperdetektoren u. einem 256-Kanal-Impulshöhenanalysator untersucht. Differentielle u. totale Querschnitte wurden im E_d-Bereich von 1,0—1,8 MeV gemessen. Die Linienform des 2,94-MeV-Zustands wurde mit einem Koinzidenz-Verf. erhalten. Die Ergebnisse scheinen zu zeigen, daß im untersuchten Energiebereich der Wechselwrkg.-Radius von zwei α-Teilchen relativ groß ist (5—6 fm).
Herbert Weber 103◇

0092 **Übergänge auf das 6,06-MeV-Niveau von den nach ^{15}N(p,γ)^{16}O angeregten Zuständen von ^{16}O.** S. Gorodetzky, W. Benenson, P. Chevallier, D. Disdier und F. Scheibling. (Physics Letters [Amsterdam] **6**, 269 bis 271, 1963; Strasbourg, Inst. de Rech. Nucl.; franz.) — Die Anregungskurven wurden aufgenommen. Verzweigungsverhältnisse der Übergänge vom angeregten Ausgangszustand zum Grundzustand u. zum 6,06-MeV-Zustand wurden gemessen; Dreifachkoinzidenzen γ–e^-–e^+ wurden nachgewiesen. Für $R = (X \to 6{,}06\,MeV)/(X \to 0)$ wurden folgende Werte erhalten: Für das Niveau 13,10 MeV mit $J^\pi = 1^-$, $T = 1$, $(8 \pm 2) \cdot 10^{-3}$; für 16,22 MeV, $J^\pi = 1^+$ $(1{,}6 \pm 0{,}5) \cdot 10^{-1}$; für 17,13 MeV, $J^\pi = 1^-$, $(1{,}6 \pm 0{,}5) \cdot 10^{-1}$ u. für 17,30 MeV, $J^\pi = 1^-$, $T = 1$, $1{,}3 \cdot 10^{-2}$. M. Wiedemann 103◇

0093 **Untersuchung der durch 15—29-MeV-Protonen induzierten Zerfälle von Kohlenstoff- und Sauerstoffkernen.** Ss. Ss. Wassiljew, W. W. Komarow und A. M. Popowa. (J. exp. theoret. Physik [UdSSR] **43**, 737 bis 748, 1962; Moskau, Univ., Inst. für Kernphysik; russ., Auszug: engl.) — Unters. des Zerfalls von ^{12}C u. ^{16}O in α-Teilchen bei Protonenbeschuß. Die Energieverteilungen der Zerfallsprodd. der Rkk ^{12}C(p,p′3α) (I) u. ^{16}O(p,p′4α) (II) werden mitgeteilt sowie die Anregungsenergien der Zwischenkerne ^{12}C, ^{9}B u. ^{8}Be, die wahrscheinlich bei I gebildet werden. Der Hauptmechanismus bei I ist wahrscheinlich der Zerfall des ^{13}N-Syst. u. bei II der des ^{17}F-Syst. in α u. 1 Proton. H. Liepack 103◇

0094 **Lebensdauermessungen der ersten angeregten Zustände von ^{17}O und ^{18}F.** J. Lowe und C. L. McClelland. (Physic. Rev. [2] **132**, 367—71, 1963; Upton, N. Y., Brookhaven Nat. Labor.; engl.) — Mit einer gepulsten Van de Graaff-Bündeltechnik wird die mittlere Lebensdauer des ersten angeregten Zustandes von ^{17}O bei 871 keV zu $\tau_m = (0{,}263 \pm 0{,}008)$ ns gemessen. Analoge Messungen am ersten angeregten Zustand von ^{18}F liefern eine obere Grenze für die mittlere Lebensdauer; $\tau_m < 0{,}2$ ns. Gerhard Schmidt 103◇

0095 **Die Anregungsfunktion der Reaktion $^{31}P(n,\alpha)^{28}Al$ bis zu 5 MeV Neutronenenergie.** P. Cuzzocrea und G. Pappalardo. (Nuclear Physics [Amsterdam] **48,** 686–89, 1963; Catania, Italy, Univ., Ist. di Fis.; engl.) — Obige Anregungsfunktion wird im Neutronenenergiebereich von 2,5–5 MeV unter Verw. der Aktivierungs-Meth. bestimmt. Die experimentelle Kurve zeigt ein Oscillations-Verh. um den gemittelten Wert. Der Peak bei $E_n = 3,75$ MeV scheint in Beziehung zu dem bei den Querschnittskurven für $\sigma(n,p)$ u. σ_T bei der gleichen Neutronenenergie gefundenen Peak zu stehen.
Gerhard Schmidt 103◇

0096 **Energiespektrum der beim Elektroneneinfang von ^{55}Fe ausgelösten Bahnelektronen.** J. G. Pengra und B. Crasemann. (Physic. Rev. [2] **131,** 2642–48, 1963; Eugene, Oreg., Univ. of Oregon, Dep. of Phys.; engl.) — Der Verlauf des Energiespektrums der Bahnelektronen wird von 28–190 keV gemessen. Die Elektronen werden in einem Proportionalzähler oder in einem Halbleiter-Teilchendetektor in Koinzidenz mit den *Mn*-K-Röntgenstrahlen nachgewiesen. Die Emissionswahrscheinlichkeit der Elektronen nimmt um einen 10^3 über dem untersuchten Energiebereich ab. Der Verlauf des gemessenen Spektrums weicht etwas von den theoret. Vorhersagen ab. Gerhard Schmidt 103◇

0097 **Kernstrukturuntersuchungen an Isotopen von Nickel und Eisen.** R. H. Fulmer und A. L. McCarthy. (Physic. Rev. [2] **131,** 2133–40, 1963; Pittsburgh, Pa., Univ. of Pittsburgh; engl.) — Vgl. Cohen u. Mitarbeiter, C. **1963,** 20664. — In Erweiterung früherer Unterss. (l. c.) werden die Niveaus von ^{55}Fe, ^{58}Fe, ^{62}Ni, ^{63}Ni u. ^{65}Ni mit (d,p)-Rkk. untersucht; Winkelverteilungen u. abs. Querschnitte werden mit Hilfe von Näherungsberechnungen der verzerrten Welle analysiert. Nahezu sämtliche Niveaus in den ungeraden Isotopen bis ca. 1 MeV Bindungsenergie werden einem Schalenmodellzustand zugeordnet, deren red. Breiten werden gemessen. Die Ergebnisse für ^{55}Fe sind $p_{3/2} \gtrsim 0,1$ MeV, $f_{5/2}$ 1,4 MeV, $p_{1/2}$ ca. 3,2 MeV, $g_{9/2}$ 3,8 MeV, $d_{5/2}$ ca. 6,7 MeV u. $s_{1/2}$ ca. 7,3 MeV. Die Schalenmodellzustände in den Ni-Isotopen folgen der gleichen Energiereihe mit der Ausnahme, daß der $f_{5/2}$-Zustand mit der Energie abnimmt, um Grundzustand von ^{65}Ni zu werden.
Gerhard Schmidt 103◇

0098 **Untersuchungen der Kernreaktionen vom Typ (p,xn) und (p,2pxn) an separierten Tellurisotopen.** N. G. Saitzewa, M. Ja. Kusnetzowa, Min Nam Buk und W. A. Chalkin. (J. exp. theoret. Physik [UdSSR] **43,** 1672–77, 1962; russ., Auszug: engl.) — Eine radiochem. Unters. der Anregungsfunktionen obiger Rkk. wurde an den Isotopen ^{125}Te u. ^{126}Te bei Beschußenergien zwischen 120 u. 660 MeV durchgeführt. Beim Anwachsen der Energie von 120 auf 300 MeV nimmt der Querschnitt für Rkk. vom Typ (p,xn), $1 \leq x \leq 4$, merklich ab u. bleibt dann bis 660 MeV innerhalb des experimentellen Fehlers konstant. Ebenfalls konst. bleibt der Querschnitt für (p,2pxn)-Rkk. für $1 \leq x \leq 6$ über den untersuchten Energiebereich. Der Querschnitt für die (p,2p)-Rk. ist prakt. konst. für Energien zwischen 120 u. 480 MeV u. nimmt bis 660 MeV annähernd auf den 1,5fachen Wert zu. P. Sliwinski 103◇

0099 **Analyse des 2,3-MeV-β-Übergangs des ^{144}Pr.** G. Schwiderski. (Physics Letters [Amsterdam] **6,** 271–73, 1963; Münster, Inst. für Kernphys.; engl.) — Die verfügbaren experimentellen Daten über den 2,3-MeV-β-Übergang werden analysiert, sie sind sowohl mit $I = 1^-$ als auch mit $I = 0$ verträglich. Die Spinzuordnung zum Grundzustand von ^{144}Pr ist also noch nicht eindeutig. M. Wiedemann 103◇

0100 **Die Zerfälle von ^{143}Pm, ^{144}Pm und ^{146}Pm.** I. M. H. Pagden, R. Jakeways und F. C. Flack. (Nuclear Physics [Amsterdam] **48,** 555–60, 1963; Exeter, Univ. of Exeter; engl.) — Scintillationsspektrometr. Unterss. ergeben Grundzustands-Halbwertszeiten von ^{143}Pm zu 265 ± 10 d, von ^{144}Pm zu 377 ± 16 d u. von ^{146}Pm zu 1600 ± 80 d. Eine zusätzliche Halbwertszeit von ca. 60 d wird in der ^{144}Pm-Quelle festgestellt. Verss., Halbwertszeiten einiger angeregter Zustände nachzuweisen, ergeben, daß diese Halbwertszeiten $< 2 \cdot 10^{-10}$ s sind.
Gerhard Schmidt 103◇

0101 **Untersuchung angeregter Zustände stark deformierter Kerne von Seltenerdmetallen. 3. Mitt. Zerfall von ^{160}Tb.** Pli-kum Wun, Go-guan Jan, Schan-gen Tschshu, Schu-pin Tschen, Soen Shoe, Schu-fan Wan und Lin-schen Tschshen. (Acta physica sinica **19,** 524–37, 1963; chin., Auszug: russ.) — Mittels magnet. β-Spektrometer mit zwei Linsen bzw. mit doppelter Fokussierung (mit Eisen) u. mittels Scintillatoren wurde der Zerfall von ^{160}Tb (72 d) untersucht u. 5 β-Gruppen mit den folgenden Maximalenergien gefunden: 274 keV (9%), 464 keV (14%), 562 keV (42%), 868 keV (34%) u. 1740 keV (0,4%). Ferner wurden 20 γ-Übergänge gefunden. Aus den γ-γ-Koinzidenzen wurden 14 angeregte Zustände in ^{160}Dy abgeleitet mit den folgenden Energien: 86,6 (2+), 283,5 (4+), 965,7 (2+), 1048 (3+), 1198 (1−), 1264 (2−), 1287 (3−), 1358 (3−), 1398 (3−), 1566, 1591, 1658, 1696 u. 1721 keV.
M. Wiedemann 103◇

0102 **Angeregte Energieniveaus in ^{160}Dy.** W. Michaelis. (Nuclear Physics [Amsterdam] **44,** 78–92, 1963; Karlsruhe, Kernforsch.-Zentrum, Inst. für Neutronenphys. u. Reaktortechn.; engl.) — Die Übergänge u. Niveaus von ^{160}Dy, die beim β-Zerfall von ^{160}Tb besetzt werden, wurden nach den Meth. der Summenkoinzidenz, γ-γ-Koinzidenz, Winkelkorrelation u. Polarisation-Richtung-Korrelation untersucht. Die Ergebnisse bestätigen das Zerfallsschema, das von Ewan u. Mitarbeitern (C. **1962,** 5922) vorgeschlagen worden war. Herbert Weber 103◇

0103 **Die Lebensdauern angeregter Zustände von deformierten ^{160}Dy-, ^{175}Lu-, ^{177}Hf- und ^{191}Ir-Kernen.** E. Je. Berlowitsch, Ju. K. Gussew, W. W. Ilin und M. K. Nikitin. (J. exp. theoret. Physik [UdSSR] **43,** 1625–35, 1962; russ., Auszug: engl.) — Vff. bestimmten die mittleren Lebensdauern von den 86,5-; 283- u. 966-keV-^{160}Dy-Niveaus, den 113- u. 321-keV-^{177}Hf-Niveaus, den 114- u. 396-keV-^{175}Lu-Niveaus u. von dem 129,6-keV-^{191}Ir-Niveau. Die Eigenquadrupolmomente u. *g*-Faktoren wurden abgeleitet. Der an der oberen Grenze des Deformationsbereiches lokalisierte *g*-Faktor von ^{191}Ir war viel größer als der in der Mitte des Deformationsbereiches lokalisierte *g*-Faktor von ^{177}Hf u. ^{175}Lu.
P. Sliwinski 103◇

0104 **Winkel- und Energieverteilungen von Photoneutronen aus Wismuth, Gold und Tantal.** G. N. Satzepina, W. W. Igonin, L. Je. Lasarewa und A. I. Lepesstkin. (J. exp. theoret. Physik [UdSSR] **44,** 1787–99, 1963; Akad. der Wiss. der UdSSR, Phys. Lebedew-Inst.; russ., Auszug: engl.) — Die entsprechenden Proben wurden mit einer γ-Bremsstrahlung von 14 bzw. 19 MeV bestrahlt. Die Neutronenspektren wurden nach der Meth. der Registrierung von Rückstoßprotonen in Kernemulsionen bestimmt. Bei Bi werden, bes. bei 19 MeV, starke Abweichungen der Energieverteilungen vom Verdampfungsmodell gefunden. Nach Abzug der „direkten" Neutronen ergibt sich Übereinstimmung. Für Au u. Ta ist diese Übereinstimmung sofort vorhanden. Gegenüber der theoret. Verteilung zeigt das Experiment eine erhöhte Ausbeute von hochenerget. Neutronen.
G. Ewald 103◇

0105 **Verzögerte Neutronen aus ^{233}U bei der Spaltung mit 15-MeV-Neutronen.** B. P. Makssjutenko. (Atomenergie [UdSSR] **15,** 321–22, 1963; russ.) — Eine 3,63-g-Probe von ^{233}U mit 30 mm ∅ wurde mit 15-MeV-Neutronen bestrahlt; mittels 10 parallel geschalteten BF_3-Zählern im Paraffinblock wurden die verzögerten Neutronen untersucht. Es wurden 5 Gruppen mit Halbwertszeiten von 55, 24, 15,5; 5,2 u. 2,2 s u. Ausbeuten (relativ) von 1,00; 0,78; 1,89; 1,20 bzw. 8,04 gefunden.
M. Wiedemann 103◇

0106 **Feinstruktureinflüsse bei der Spaltung von ^{235}U.** Edward L. Cooperman und R. R. Roy. (Physic. Rev. [2] **132,** 371–73, 1963; University Park, Pa., Pennsylvania State Univ., Nucl. Phys. Labor.; engl.) — Ionisationskammermessungen der kinet. Energie-, Masse- u. Winkelverteilung der Spaltfragmente aus der therm. Spaltung von ^{235}U werden in Koinzidenz mit relativ hochenerget. prompten Spalt-γ-Strahlen durchgeführt, wobei sich ausgeprägte Struktureffekte in der Energieverteilung u. im Massenverhältnis zeigen. Der mag. Kern mit N = 82, Z = 50 emittiert vorzugsweise γ-Strahlen höherer Energie. Gerhard Schmidt 103◇

0107 **Radiochemische Untersuchung der Ausbeuten an Elementen der Seltenerdmetalle bei der Photospaltung von ^{238}U.** K. A. Petrshak und R. W. Ssedletzki. (Atomenergie [UdSSR] **15**, 308—13, 1963; russ.) — Durch radiochem. trägerfreie Abtrennung der Spalt-Prodd. u. mittels der Meth. der Isotopenverdünnung wurden bei der Photospaltung von ^{238}U durch Bremsstrahlung von maximal 14 MeV folgende Ausbeuten bestimmt: ^{93}Y, ^{103}Ru, ^{105}Ru, ^{111}Ag*, ^{113}Ag*, ^{141}La, ^{143}Ce (Referenzwert), ^{145}Pr, ^{147}Nd, ^{149}Nd, ^{151}Pm. Die Abhängigkeit der Ausbeuten von der Massenzahl wurde untersucht, das „schwere Maximum" lag bei 141, das „leichte" bei 94. Die Ergebnisse werden mit denen der Photospaltung mit 8—12 MeV u. mit denen der spontanen Spaltung verglichen. M. Wiedemann 103◇

0108 **Energieverteilungen der Photospaltfragmente aus ^{238}U-Kernen für verschiedene Spitzen-Bremsstrahlungsenergien.** B. A. Botschagow, A. P. Komar und G. Je. Ssoljakin. (J. exp. theoret. Physik [UdSSR] **43**, 1611—15, 1962; russ., Auszug: engl.) — In einer Doppelionisationskammer wurden die durch Photospaltung (Bremsstrahlung $E_{\gamma_{max}}$ = 17,5; 30 u. 50 MeV) erzeugten Fragmente nachgewiesen u. ihre Energieverteilung bestimmt. Es wurde gezeigt, daß bei symm. Spaltung die Fragmente mit konst. Energie (3 MeV) emittiert werden, während sich die mittlere Anregungsenergie der sich spaltenden Kerne ändert. P. Sliwinski 103◇

0109 **α-Zerfall der Isotope ^{245}Cm und ^{246}Cm.** L. M. Below, B. Ss. Dshelepow, R. B. Iwanow, A. Ss. Kriwochatski, W. G. Nedowessow und W. P. Tschetschew. (Radiochemie [UdSSR] **5**, 394—95, 1963; russ.) — Das α-Spektrum wurde von ^{245}Cm u. ^{246}Cm wurde mit einem Magnetspektrometer aufgenommen. Es wurden folgende Übergangsenergien (MeV) u. Intensitäten (in %) gefunden: ^{245}Cm: ca. 5,532 (< 2%); 5,461 (berechnet) (> 8%); ca. 5,409 (1,2%); 5,362 (80%); 5,306 (7%) u. 5,246 (2%); — ^{246}Cm: 5,387 (78%) u. 5,345 MeV (22%). Die Energien der einzelnen Niveaus u. die Niveaucharakteristiken werden angegeben. G. Ewald 103◇

0110 **Der elektrostatische Druck-Beschleuniger „Lech".** L. Bobrowski, Z. Wilhelmi, W. Górski, A. Marcinkowski, A. Soltan und M. Jaskóla. (Nukleonika [Warszawa] **8**, 1—28, 1963; Warschau, Inst. für Kernunterss.; russ., Auszug: engl.) — Der elektrostat. Beschleuniger „Lech", der mit Luft bis zu 6 Atm. oder einer Mischung aus 70% N_2 + 30% CO_2 mit bis zu 16 Atm. arbeitet, u. 3 MeV erreicht, wird genau beschrieben u. durch Abb. erläutert. M. Wiedemann 112◇

0111 **Nichtglühende Ionenquelle für Cyclotrons.** I. Ss. Trosstin, Je. G. Ssawinow und B. M. Stassewitsch. (Versuchsgeräte u. Versuchstechn. [UdSSR] **6**, Nr. 3, 22—35, 1961; russ.) — Es wurde eine Ionenquelle mit kalter Kathode konstruiert, bei der eine Bogenentladung mit oszillierenden Elektronen entlang dem Magnetfeld stattfindet. Die Quelle wurde zur Gewinnung von D^+ sowohl im kontinuierlichen als auch im Impulsbetrieb benutzt. Es konnten Stromimpulse von 2 mA bei 11,7 MeV erzielt werden. M. Wiedemann 112◇

0112 **Magnetische Zone zur Messung des Ionenstroms aus einem Cyclotron.** Ju. W. Korschunow und Je. A. Meleschko. (Versuchsgeräte u. Versuchstechn. [UdSSR] **6**, Nr. 6, 24—26, 1961; Inst. für Atomenergie der Akad. der Wiss. der UdSSR; russ.) — Zur Messung der Ionenströme eignet sich, falls das Target (dünn oder gasförmig) nicht als Stromempfänger dient, eine magnet. Zone mit Ferrit-Kern. Die erzeugte elektromotorische Kraft wird verstärkt. M. Wiedemann 112◇

0113 **Fokussierung geladener Teilchen in einem zylindersymmetrischen Feld proportional r^{-1}.** G. E. Lee-Whiting. (Canad. J. Physics **41**, 496—532, 1963; Chalk River, Ontario, Atomic Energy of Canada Ltd., Phys. Div.; engl.) — Berechnung der Aberrationen im magnet. Ablenkfeld eines β-Spektrometers, die geneigt gegen die Medianebene des Feldes einlaufende Teilchen erleiden. Das Magnetfeld wird dabei über weite Bereiche variiert u. es fällt mit r^{-1} ab. Bes. untersucht werden die Verhältnisse bei endlicher Ausdehnung der Strahlenquelle u. es wird gezeigt, daß das r^{-1}-Feld einen starken Abfall der Auflösung mit wachsender Größe der Strahlenquelle u. damit steigender Transmission zeigt. Meth. zur Erzeugung von eisenhalt. u. eisenfreien r^{-1}-Feldern werden behandelt. W. Reusse 112◇

0114 **Ein eisenfreies doppelfokussierendes β-Spektrometer vom Siegbahn-Edvarson-Typ.** C. de Vries und A. H. Wapstra. (Nuclear Instruments Methods [Amsterdam] **8**, 121—45, 1960; Amsterdam, Inst. of Nucl. Res.; engl.) H. Roschkowski 112◇

0115 **Physik und Technik der massenspektroskopischen Analyse.** 3. Mitt. Hans Voshage. (Kerntechn., Isotopentechn. u. -chem. **3**, 374—79, 1961; Mainz, M.P.I. für Chem.; dt.) — 2. vgl. gl. J. **3**, [1961], 326; 1. vgl. C. **1963**, 9180; 5. vgl. C. **1964**, 2-0108. — Zusammenfassender Bericht über die Elektronenstoßionenquelle für Gase u. feste Stoffe u. ihre Verw. im Massenspektrographen. Darstellung des Zerfalls des $C_3H_8^+$-Ions in einer solchen Quelle als Beispiel. W. Reusse 112◇

0116 **Berechnete Formen für durch Phasenchopper-Geschwindigkeitsselektoren erzeugte Neutronenimpulse.** Norman H. Tolk und Robert M. Brugger. (Nuclear Instruments Methods [Amsterdam] **8**, 203—10, 1960; Idaho Falls, Idaho, Phillips Petrol. Co., Atomic Energy Div.; engl.) — Impulsformen u. Durchgangswahrscheinlichkeiten für Neutronen, die einen Chopper des beschriebenen Typs durchlaufen, werden zusammengestellt. Ein Kreisschlitzchopper kann nach den Ergebnissen bei nur geringen Abweichungen anstatt eines Choppers mit parabol. Schlitz eingesetzt werden. H. Roschkowski 112◇

0117 **Die Theorie und Wirkungsweise des rotierenden Kristallchoppers für langsame Neutronen.** D. A. O'Connor. (Nuclear Instruments Methods [Amsterdam] **8**, 244—48, 1960; Warsaw, Inst. of Nucl. Res.; engl.) — Auflösung u. Wirkungsgrad des rotierenden Kristallchoppers werden theoret. als Funktionen der Kristall- u. Kollimatorparameter abgeleitet. Die Grenzauflösung der Anordnung entspricht der eines Kristallmonochromators. Ein Modellgerät wird beschrieben u. seine beobachtete Auflösung mit der Theorie verglichen. H. Roschkowski 112◇

0118 **Auflösungsbreite eines Kristall-Neutronenspektrometers mit ebenem Kristall.** Shuan-tschao Tschshan. (Acta physica sinica **19**, 477—82, 1963; chin.) — Berechnungen zur Auflösungsbreite, zum Divergenzwinkel des Kollimators u. zur Halbbreite des Kristallmonochromators. M. Wiedemann 112◇

0119 **Automatische Apparatur zur Messung lokaler Neutronenflußgradienten in einem Reaktor.** P. Mulot, R. Poussot, A. P. Schmitt und C. P. Zaleski. (Nuclear Instruments Methods [Amsterdam] **8**, 185—94, 1960; Saclay, Gif-sur-Yvette, C.E.N., Commissariat à l'Energie Atom., Dep. de Rech. Phys., Groupe d'Etude de Piles Rapides; franz.) — Auf der Aktivierung von Streifen beruhendes Verfahren. H. Roschkowski 112◇

0120 **Probenwechsler für 100 Folien mit Lochstreifen-Steuerung.** Curtis G. Chezem und Herbert H. Helmick. (Nucleonics [New York] **21**, Nr. 3, 83, 1963; Los Alamos, N. Mex., Los Alamos Sci. Labor.; engl.) — Um bis zu 100 aktivierte Folien aus Meßreihen über den Neutronenfluß in einem Reaktor nach einem vorgegebenen Programm zur Messung zu bringen, wurde eine Musikbox umgebaut, in die die Folien an Stelle der Schallplatten eingesetzt werden. Die Programmsteuerung wird mit Hilfe eines Lochstreifens vorgenommen. W. Reusse 112◇

0121 **Messung schneller Neutronenflüsse in gemischten Neutron-Gamma-Feldern.** Stanley Kronenberg. (Nucleonics [New York] **21**, Nr. 3, 78, 80, 82, 1963; Fort Monmouth, N. J., U. S. Army Signal Res. and Developm.

Labor.; engl.) — Vf. beschreibt eine aus 3 Platten bestehende Meßkammer (Triode) für schnelle Neutronen bei Ggw. von γ-Strahlung. Die beiden zwischen den Platten entstehenden Kammern sind so geschaltet u. die korrespondierenden Plattenoberflächen sind so präpariert, daß die durch γ-Quanten ausgelösten Impulse beider Kammern sich aufheben u. Neutronen nur in einer der Kammern Impulse erzeugen (Wandbelag aus H-halt. Material). Beide Kammern sind evakuiert, zur Messung gelangen ausschließlich die an den Platten ausgelösten Sekundärelektronen bzw. Rückstoßprotonen. Eine Zweiplattenkammer aus H-freiem Material wird entsprechend für neutronenunempfindliche γ-Messung vorgeschlagen. Es wird über Versuche mit 250-kV-Röntgenstrahlen u. mit schnellen Neutronen aus der Rk. $^{9}Be(d,n)^{10}B$ berichtet. W. Reusse 112◇

0122 **Proportionalzähler-Protonenrückstoßspektrometer mit γ-Diskriminierung.** E. F. Bennett. (Rev. sci. Instruments **33**, 1153—60, 1962; Argonne, Ill., Argonne Nat. Labor.; engl.) — Es wird ein Proportionalzähler mit 2 atm CH_4 + 0,5 atm N_2 beschrieben, der die Diskriminierung der bei Einfall von Neutronen entstehenden Rückstoßprotonen von den begleitenden γ-Quanten bzw. den von diesen erzeugten Konversionselektronen erlaubt. Die Diskriminierung basiert auf dem Umstand, daß die von den Protonen erzeugte Ionisation auf engem Raum konzentriert auftritt, während die der Konversionselektronen geringer ist u. auf größeren Raum verteilt erscheint. Daraus resultieren verschiedene Impulsanstiegszeiten, auf deren Analyse die Diskriminierung aufgebaut wird. W. Reusse 112◇

0123 **Ein Spaltzähler für thermische Neutronen für kernphysikalische und analytische Messungen.** James Gray jun. und French Hagemann. (Rev. sci. Instruments **33**, 1258—64, 1962; Argonne, Ill., Argonne Nat. Labor., Chem. Div.; engl.) — Es wird eine Spaltungs-Ionisationskammer beschrieben, die aus 2 gleichen Hälften besteht. In jeder Kammerhälfte befindet sich als eine Elektrode eine dünne Pb-Folie, auf die zu untersuchendes spaltbares Material aufgetragen werden kann. Die Gasfüllung besteht aus 90% Ar + 10% CH_4 bei Atm.-Druck, die Kollektorspannung beträgt 150 bis 500 V. Die Doppelkammer wird zum Vgl. unbekannter Spaltquerschnitte mit bekannten, ferner zur Best. des unbekannten Geh. einer Probe an spaltbarem Material u. ähnliche Probleme eingesetzt. W. Reusse 112◇

0124 **Theoretische und experimentelle Untersuchung des Einflusses des Hilfskreises auf die Impulsform und die Auflösungszeit von Funkenzählern nach Rosenblum.** P. Laborie und D. Blanc. (Nuclear Instruments Methods [Amsterdam] **24**, 22—30, 1963; Toulouse, Fac. des Sci., Centre de Phys. Nucl.; franz.) — Der Strom durch den Zähler, die Spannung zwischen seinen Begrenzungen u. die Gesamtzahl der durch einen Funken hervorgerufenen Ionen wird als Funktion der Zeit berechnet. Durch Benutzung von n parallelen Anodendrähten kann die Auflösungszeit um das n-fache herabgesetzt werden. Experimentelle Verifizierung der Ergebnisse. P. Detje 112◇

0125 **Kleiner Kernstrahlungsdetektor mit linearer Anzeige über einen breiten Meßbereich.** T. A. Rabson. (Nuclear Instruments Methods [Amsterdam] **16**, 37—38, 1962; Houston, Tex., Rice Univ.; engl.) — Zum Nachweis von γ- oder Teilchenstrahlen wurde eine Sonde entwickelt, in der ein Stilben-Scintillationskristall in opt. Kontakt mit einem CdS-Photowiderstand angeordnet ist. Infolge der Ansprechträgheit des CdS kommt es zu einer zeitlichen Integration der Scintillationsimpulse. Der CdS-Widerstand liegt in Reihe mit einer 150-V-Gleichspannungsquelle u. einer Neon-Diode, die die Analoganzeige in digitale Zündimpulse umsetzt, deren Anzahl pro Zeiteinheit als Maß für den Strom durch den Photowiderstand u. damit die zu messende Strahlungsintensität bestimmt wird. Die Anordnung besitzt eine lineare Eichkurve. W. Reusse 112◇

0126 **Homogene Kristallzähler der Kernstrahlung.** B. M. Golowin, B. P. Ossipenko und A. I. Ssidorow. (Versuchsgeräte u. Versuchstechn. [UdSSR] **6**, Nr. 6, 5—13, 1961; Verein. Inst. für Kernforsch.; russ.) — Übersicht. Die Bildung der Impulse im Dielektrikum wird behandelt. Unter den geeigneten Materialien werden Halogenide, Diamant, CdS u. Si erörtert. M. Wiedemann 112◇

0127 **Zähldioden und Zähltransistoren.** Werner Czulius. (Festkörperprobleme **2**, 216—44, 1963; Erlangen, Siemens-Schuckertwerke AG., Forsch.-Labor.; dt.) — Vgl. C. **1963**, **4591**. — Übersicht (Arbeitsweise, Eigg., Herst.-Probleme). — Ca. 35 Literaturangaben. H. Roschkowski 112◇

0128 **Möglichkeit der Anwendung von Halbleiter-Detektoren großer Fläche für die α-Spektrometrie.** W. F. Kuschniruk, E. S. Ryndina, Ss. M. Ssolowjew und I. I. Tschuburkowa. (Atomenergie [UdSSR] **15**, 324, 1963; russ.) — Detektoren aus *Si* vom n-Typ konnten bis zu einer Fläche von 5 cm^2 hergestellt werden. Die Abhängigkeit des Rückstroms von der Spannung wurde untersucht. Das Verhältnis von Signal zu Rauschen konnte bis zu 50 erhöht u. dadurch die Auflösung verbessert werden, so daß diese Detektoren auch zur Spektrometrie von α-Teilchen verwendbar sind. M. Wiedemann 112◇

0129 **Oberflächenkompensierte, oxidpassivierte Silicium-übergangs-Strahlungsdetektoren.** William L. Hansen, Frederick S. Goulding und Robert P. Lothrop. (J. appl. Physics **34**, 1570—71, 1963; Berkeley, Calif., Univ. of California, Lawrence Radiat. Labor.; engl.) — Halbleiter-Detektoren für Kernteilchen werden aus p-Si-Plättchen hergestellt, die bei 1000° in BJ_3-Dampf mit B dotiert werden. Auf der Frontfläche wird das B weggeätzt u. bei 900° hier Ga eindiffundiert. Dann erfolgt zweistünd. Oxydation bei 1000°, u. zwar so, daß soviel Ga unoxydiert verbleibt, daß die Ga-Acceptor-Zentren die Donatorzentren in der Si/SiO_2-Grenzschicht kompensieren. Schließlich wird die erneut angeätzte Vorderfläche durch Diffusion mit P dotiert. Der Detektor wird dann mit einem Schutzring montiert. W. Reusse 112◇

0130 **Die Bahnen geladener Partikel in Glas.** R. L. Fleischer und P. B. Price. (J. appl. Physics **34**, 2903—04, 1963; Schenectady, N. Y., Gen. Electr. Res. Labor.; engl.) — Durch Ätzen (HF) u. Metallabscheidung (Ag) konnten opt. u. elektronenmkr. die Spuren von ^{252}Cf-Spaltprodd. in Gläsern beobachtet werden. K. Jaeger 112◇

0131 **Einfache logarithmische Impulshöhen-Analysatoren.** J. C. Barton und A. Crispin. (Nuclear Instruments Methods [Amsterdam] **16**, 39—43, 1962; London, Northern Polytechnic.; engl.) — Es wird ein mit Transistoren bestückter 2^n-Kanal-Diskriminator beschrieben, bei dem die Multiplier-Ausgangsimpulse auf einen je Impuls exponentiell abklingenden aperiod. Schwingkreis gegeben werden. Gezählt wird die Anzahl Amplituden dieses Kreises bis zum Abklingen auf einen vorgegebenen Wert. Man erhält in Verbindung mit einer geeigneten Auswertung logarithm. Diskriminierung der Eingangsimpulse. W. Reusse 112◇

0132 **Vereinfachter Speicher mit linearer Selektion für Kernimpulsanalysatoren.** K. S. Kuchela und A. Prasanna Kumar. (Nuclear Instruments Methods [Amsterdam] **24**, 57—60, 1963; Trombay, India, Atom. Energy Establ.; engl.) — Durch Verw. von Zweiwegtransistoren u. „slow-recovery"-Dioden konnte die Zahl der benötigten Komponenten stark herabgesetzt werden. P. Detje 112◇

0133 **Universelle Zählapparatur.** O. W. Lebedew und W. W. Timofejew. (Versuchsgeräte u. Versuchstechn. [UdSSR] **6**, Nr. 6, 57—59, 1961; russ.) — Es wurde ein handliches, mit Dekatrons bestücktes Zählgerät für $0-2 \cdot 10^6$ Impulse/Min. konstruiert, das eine Leistung von 40 W hat. M. Wiedemann 112◇

0134 **Strahlenschutzmessungen bei einer 2000-Curie-^{60}Co-Bestrahlungsanlage.** P. Koeppe. (Nuclear-Med. [Stuttgart] **3**, 109—17, 1962; Berlin, Städt. Krankenhaus Westend, Strahleninst. u. -klinik der Freien Univ.; dt.) — Es wird die Unterbringung der Strahlenquelle an Hand eines Gebäude-Grundrisses gezeigt, u. es werden Meßergebnisse über die Dosisleistungen außerhalb des direkten Strahlenkegels sowie eine Unters. des Energiespektrums der Streustrahlung mit Hilfe eines Einkanal-Analysators mitgeteilt. W. Reusse 112◇

0135 **Die Möglichkeit zur Untersuchung von Abschirmproblemen in Modellversuchen.** Sven A. E. Johansson. (Nuclear Sci. Engng. **14,** 196—201, 1962; Lund, Univ., Dep. of Phys.; engl.) — Vf. erörtert die Schwierigkeiten der Vorausberechnung von Strahlenschutzwänden für nucleare Großanlagen u. diskutiert die Möglichkeit, experimentell durch Modell-Unterss. mit schwachen Strahlquellen die erforderlichen Schutzwandstärken zu ermitteln. Dabei wird auch die Möglichkeit behandelt, an Stelle der in der geplanten Anlage zu erwartenden Strahlenhärte für die Verss. weichere Strahlen zu verwenden. Die auf diese Weise zu erreichende Approximation an die tatsächlichen Verhältnisse wird herausgestellt u. durch Verss. mit 7-MeV-γ-Quanten aus der Rk. $^{19}F(p,\alpha\gamma)^{16}O$ verifiziert. W. Reusse 112◇

0136 **Über die Gewichtssparmaßnahmen bei der Quellenabschirmung.** E. Beymann. (Atomkernenergie **6, 443** bis 444, 1961; Bremen; dt.) — Durch geeignete Wahl der Form der Abschirmschichten (z. B. für Linien- oder Scheibenquellen) kann das Gew. derselben reduziert werden. Theoret. Behandlung des Problems. O. Jansen 112◇

0137 **Strahlenschutzbetrachtungen zur Beseitigung von Stücken nichtangereicherten Urans durch Verbrennen.** M. Sanders. (Health Physics **8,** 553—54, 1962; Oak Ridge, Tenn., Union Carbide Nuclear Comp., Y-12 Plant, Rad. Safety Dep.; engl.) — Die Beseitigung u. Lagerung von industriellen U-Abfällen in Form von Stücken oder Drehspänen ist infolge der pyrophoren u. radioakt. Eigg. ein Problem. Vf. diskutiert 3 Möglichkeiten: 1. U-Abfälle in Brikettform pressen u. mit metall. U umhüllen, 2. Vergraben der U-Abfälle u. 3. Verbrennen des pyrophoren Materials. Letzteres ist nach Meinung des Vf. die gegebene Methode. Es wurden Unterss. über die U-Kontamination der näheren Umgebung des Verbrennungsortes durchgeführt. Die Ergebnisse erweisen die prinzipielle Anwendbarkeit einer kontrollierten Verbrennung pyrophorer U-Abfälle. D. Ertel 112◇

A$_2$. Optisches Verhalten der Materie

0138 **Entwicklung der Sterne.** Chushiro Hayashi, Rêun Hōshi und Daiichiro Sugimoto. (Suppl. Progr. theoret. Physics [Kyoto] **1962,** Nr. 22, 1—183; Kyoto, Kyoto Univ., Dep. of Nucl. Sci.; engl.) — Überblick mit 150 Literaturangaben. Herbert Weber 113◇

0139 **Emission von Photoneutrinos und Paarvernichtungsneutrinos aus Sternen.** Hong-Yee Chiu und Robert C. Stabler. (Physic. Rev. [2] **131,** 2839, 1963; engl.) — Berichtigung zur C. **1962,** 7779 referierten Arbeit. Herbert Weber 113◇

0140 **Untersuchung des Rekombinationsspektrums N III in den Hüllen von Sternen und Nebeln.** 4. Mitt. **Die stationären Gleichungen für die niedrigen angeregten Niveaus von C II, N III, O IV.** A. A. Nikitin und O. A. Jakubowski. (Astronom. J. [UdSSR] **40,** 245—56, 1963; Leningrad, Staatsuniv., Astronom. Observ.; russ.) — Vgl. C. **1963,** 8796. — Die im Labor. sowie die für die Hüllen von Sternen erhaltenen Spektren von C II, N III u. O IV werden diskutiert. Die Gleichungen des statist. Gleichgewichts für die unteren angeregten Niveaus werden aufgestellt u. der Einfl. der Interkonfigurations-Effekte erörtert. Die Übergangswahrscheinlichkeit $2s\,2p^2\,{}^2S$, PD-$2s^23\,p^2P$ wird berechnet. M. Wiedemann 113◇

0141 **Einfluß der relativistischen Änderung der Elektronenmasse auf Harmonische bei der Streuung von Licht an freien Elektronen.** N. C. Rastogi und Vachaspati. (Indian J. pure appl. Physics **1,** 311—13, 1963; Lucknow, Univ. of Lucknow, Phys. Dep.; engl.) — Theoret. Untersuchung. Herbert Weber 114◇

0142 **Elektronische Zustände in einem eindimensionalen periodischen Kastenpotentialfeld mit einer Fehlstelle.** Hiroshi Watanabe. (Sci. Rep. Tôhoku Univ., Ser. I **46,** 36—44, 1962; Utsunomiya Coll. of Engng.; engl.) — Eine Lösung der Schrödinger-Gleichung für ein Elektron in einem eindimensionalen period. Kastenpotentialfeld mit einer Fehlstelle u. Berechnungen der Eigenwerte u. Eigenfunktionen werden angegeben. Vgl. der Ergebnisse mit denen von Hayasi u. Okada sowie Hayasi u. Sagawa. J. M. Spaeth 114◇

0143 **Korrelationseffekte in Atomsystemen.** M. Cohen und A. Dalgarno. (J. molecular Spectroscopy **10,** 378 bis 380, 1963; Gainesville, Fla., Univ. of Florida, Dep. of Chem.; Bedford, Mass., Geophys. Corporat. of America; engl.) — Unters. zur Wechselwrkg. zwischen entarteten Konfigurationen, die eine Änderung (in nullter Ordnung) der Erwartungswerte für Atom-Syst. erzeugen. Als Beispiel wird der ^1S-Zustand der Be-Folge behandelt. Herbert Weber 114◇

0144 **Tabellen der Parameter der analytischen Wellenfunktionen von Atomen und Ionen.** 3. Mitt. **Überlagerung einer Konfiguration.** I. W. Kirillowa, M. G. Wesselow und W. F. Bratzew. (Optik u. Spektroskopie [UdSSR] **15,** 145—47, 1963; russ.) — 2. vgl. gl. J. **15,** [1963], 3. — Präzisierung der l. c. mitgeteilten Ergebnisse für einige Terme der Konfiguration $1s^22s^22p^k$ mit Hilfe einer Überlagerung der Konfiguration $1s^22p^{k+2}$. H. Roschkowski 114◇

0145 **Neue Deutung der spektralen Eigenschaften des Wasserstoffatoms.** I. Ss. Arshanych. (Nachr. Akad. Wiss. UsbekSSR, Ser. physik.-math. Wiss. **6,** Nr. 5, 86, 1962; Inst. für Math. der Akad. der Wiss. der UsbekSSR; russ.) — Bei der Bewegung eines Elektrons im Feld eines Kerns treten beim Vorliegen eines elektromagnetischen Felds weitere elektromagnet. Felder auf, die das Spektrum des H-Atoms bestimmen. M. Wiedemann 114◇

0146 **Energieabsorption und -emission durch die negativen Molekülionen von Sauerstoff und Wasserstoff.** Theodor V. Ionescu. (Comun. Acad. Republ. Populare romîne [Bucureşti] **11,** 181—86, 1961; rum.) R. K. Müller 114◇

0147 **Anharmonische Korrekturen für dreiatomige Moleküle, die den Renner-Effekt aufweisen.** J. T. Hougen und J. P. Jesson. (J. chem. Physics **38,** 1524—25, 1963; Ottawa, Canada, Nat. Res. Council, Div. of Pure Phys.; engl.) — Es wird der Einfl. der Anharmonizität auf lineare dreiatomige Moll. in Π-Elektronenzuständen betrachtet. Ausdrücke für anharmon. Korrekturen für die Schwingungsenergie werden für solche Moll. mitgeteilt, die einen sehr kleinen Renner-Effekt u. eine geringe Spin-Bahn-Wechselwrkg. zeigen. Gerhard Schulze 114◇

0148 **Spur-Formeln für einen Hamilton-Operator vom Typ des starren asymmetrischen Rotators.** James D. Louck. (J. molecular Spectroscopy **10,** 263—77, 1963; Auburn, Ala., Auburn Univ.; engl.) — Unters. zu Eigenwerten, die für die Interpretation von Mol.-Spektren von Bedeutung sind. Herbert Weber 114◇

0149 **Einige Energieniveaus und Matrixelemente des quartischen Oscillators.** Sunney I. Chan und David Stelman. (J. molecular Spectroscopy **10,** 278—99, 1963; Riverside and Berkeley, Calif., Univ. of California, Dep. of Chem.; engl.) — Im Hinblick auf die Mechanik einer Mol.-Schwingung wird die Bedeutung des quart. Oscillators als Basis für Energieniveau-Berechnungen von Oscillatoren mit großen Anharmonizitäten untersucht. Herbert Weber 114◇

0150 **Pseudoklassische Wellenfunktionen des Morseschen Oscillators und ihre Anwendung auf die Berechnung der Franck-Condon-Faktoren.** 1. Mitt. **Aufstellung der Schwingungsfunktionen des anharmonischen Oscillators aus den Hermiteschen Polynomen.** N. I. Shirnow. (Optik u. Spektroskopie [UdSSR] **15,** 166—75, 1963; russ.) H. Roschkowski 114◇

0151 **Über Interferenzerscheinungen der Compton-Streuung von Diamant.** Yasuharu Yoneda. (J. physic. Soc. Japan **16,** 1570—74, 1961; Fukuoka, Japan, Univ., Fac. of Engng., Dep. of Appl. Phys.; engl.) — Vgl. C. **1963,** 4991. — Gedeutet wird die Divergenz der Compton-Streuung von Diamant, die sogar noch an sehr kleinen Kristallen beobachtet wurde. Grundlage der Deutung ist ein Röntgenfluorescenzmechanismus (Intensitätsberechnung). K. Jaeger 116◇

0152 **Messung der Übergangswahrscheinlichkeiten, Halbwertsbreiten und Verschiebungen von He I-Linien.** W. Bötticher, O. Roder und K. H. Wobig. (Z. Physik **175,** 480—89, 1963; Kiel, Univ., Inst. für Experimentalphys.; dt.) — Die Strahlung aus der Säule eines stationären Heliumlichtbogens, der bei Atmosphärendruck brennt, wird spektroskop. untersucht. Die relativen f-Werte der He I-Linien u. der Absorptionskoeff. der Seriengrenzkontinua werden gemessen. Die Temp. u. die Elektronendichte ergeben sich aus den Absolutintensitäten der Linien. Die bei verschiedenen Elektronendichten von $3-30 \cdot 10^{15}$ cm^{-3} gemessenen Halbwertsbreiten u. Verschiebungen der Linien werden mit den Werten verglichen, die sich aus den entsprechenden Theorien ergeben. W. Pump 118◇

0153 **Absorption von Krypton im fernen UV.** Anne Pery-Thorne und W. R. S. Garton. (Proc. physic. Soc. **76,** 833—43, 1960; London, UK, Imp. Coll., Phys. Dep.; engl.) — Gemessen (photograph.-photometr.) wurden die Oscillatorstärke der zwischen den Seriengrenzen $^2P_{3/2}$ u. $^2P_{1/2}$ liegenden diffusen Linien von Kr. Die f-Werte betragen 0,04 für die stärkste Linie u. 0,10 für die Summe aller Linien. Sie sind sehr viel kleiner, als aus Diffusionsmessungen zu erwarten war. Gemessen wurde ferner die Absorption des Kr-Kontinuums von der $^2P_{1/2}$-Seriengrenze in Richtung 500 Å. Die Absorption dieses Kontinuums, der diffusen Linien u. der Resonanzlinien kommen nur für etwa $^2/_3$ des im Quarz-UV gemessenen Brechungsindex auf. K. Jaeger 118◇

0154 **Isotopieeffekt in den Bandenspektren von Magnesiumoxid.** D. S. Pešić. (Proc. physic. Soc. **76,** 844—48, 1960; Belgrad, Jugoslavia, Inst. of Nuclear Sci.; engl.) — Gemessen wurde das Bogenspektrum von Mg in $^{18}O_2$ u. $^{16}O_2$—$^{18}O_2$-Gemischen von $\sim$ 10 Torr. Mitgeteilt u. diskutiert werden die Isotopenverschiebungen im Grünen u. im UV. K. Jaeger 118◇

0155 **Oscillatorstärken der Spektrallinien von Sn I und Pb I.** N. P. Penkin und I. Ju. Ju. Slawenass. (Optik u. Spektroskopie [UdSSR] **15,** 154—65, 1963; russ.) — Der Absolutwert der Oscillatorenstärke der Resonanzlinien von Sn I ($f_{2863} = 0{,}230 \pm 0{,}005$) u. Pb I ($f_{2833} = 0{,}212 \pm 0{,}003$) wurde bestimmt u. mit Hilfe dieser Werte die Verhältniszahl f für 29 Sn I- u. 17 Pb I-Linien aus p^2–ps- u. p^2–pd-Übergängen erhalten.
H. Roschkowski 118◇

0156 **Über die Anregung der spontanen Fluorescenz synthetischer CaF_2: U^{3+}-Kristalle.** P. Görlich, H. Karras und G. Kötitz. (Physica Status solidi [Berlin] **3,** 1935—40, 1963; Jena; engl.) — Nach einer Übersicht über aus der Literatur bekannte experimentelle Ergebnisse zur magnet. Resonanz, der opt. Absorption, Fluorescenz u. induzierten Emission von CaF_2:U-Kristallen wird über Verss. berichtet, die eine Abhängigkeit der spektralen Intensitätsverteilung der spontanen Fluorescenz von der Wellenlänge des Anregungslichtes ergaben. Zwei Typen von Emissionsspektren mit deutlichen Unterschieden wurden gefunden. — 13 Literaturangaben.
H. Roschkowski 118◇

0157 **Kristallfeldaufspaltung in CaF_2:Nd^{3+}.** Zoltan J. Kiss. (J. chem. Physics **38,** 1476—80, 1963; Princeton, N. J., RCA Labor.; engl.) — Aus den Fluorescenz- u. Absorptionsspektren werden die Niveaus der Kristallfeldaufspaltung der Zustände $^4I_{9/2}$ u. $^4I_{11/2}$ von CaF_2:Nd^{3+} bestimmt. Die Werte werden mit den Ergebnissen einer Energieniveauberechnung für den Fall eines schwachen kub. Feldes unter Berücksichtigung der Terme vierter u. sechster Ordnung verglichen. Es zeigte sich, daß beide Spektren stark konzentrationsabhängig bei relativ kleinen Konzz. (0,01 Mol %) sind.
Gerhard Schulze 119◇

0158 **Reflexions- und Absorptionsspektren von LiF im fernen UV.** Riso Kato, Kaizo Nakamura, Atsuo Matsui und Yoichi Uchida. (J. physic. Soc. Japan **15,** 2105—06, 1960; Kyoto, Univ., Fac. of Sci., Dep. of Phys.; engl.) — Vgl. C. **1963,** 11893. — Gemessen wurde das Reflexionsspektrum von LiF-Einkristallen bei Zimmer-Temp. im Bereich 800—1200 Å. Daraus wurde das Absorptionsspektrum im Bereich 1050—1200 Å berechnet. Das Reflexionsspektrum zeigt ein Maximum bei 12,7 eV („exciton-peak") u. ein Minimum bei 13,8 eV (Beginn der Band–Band-Übergänge).
K. Jaeger 119◇

0159 **Absorptionsbanden in LiCl-haltigen KCl-Kristallen.** Shinichi Nakashima. (J. physic. Soc. Japan **16,** 2586, 1961; Takatsuki, Osaka, Japan, Matsushita Electronics Co.; engl.) — LiCl-haltige KCl-Kristalle wurden nach der additiven Färbung mit F-Bandlicht bestrahlt. Bei der Temp. des fl. N_2 zeigte die Probe nur die reine KCl–F-Bande. Beim Erwärmen auf Zimmer-Temp. verschwindet die F-Bande u. es tritt ein deutlich getrenntes Doppelmaximum (5600 u. 6350 Å) auf, das seinerseits beim Erwärmen auf 200° verschwindet u. einem einzelnen Maximum (5000 Å) Platz macht. Dieses Maximum wird als kolloidale Bande der K–Li-Leg. gedeutet.
K. Jaeger 119◇

0160 **Absorptionsspektren von Kaliumbromid–Thallium-Phosphoren.** Tokumichi Tamai. (J. physic. Soc. Japan **15,** 2116—17, 1960; Takatsuki, Osaka, Japan, Matsushita Electronics Co., Res. Labor.; engl.) — Gemessen wurden die Absorptionsspektren von KBr-Einkristallen mit 0,001; 0,01 u. 0,1 Mol-% Tl^+ bei 78°K u. Zimmer-Temp. im Bereich 200—300 mμ. K. Jaeger 119◇

0161 **N-Banden in Alkalihalogenidkristallen.** Sadao Hattori. (J. physic. Soc. Japan **15,** 2117—18, 1960; Nagoya, Japan, Univ., Dep. of Nat. Sci.; engl.) — Untersucht wurden die N_1-, N_2- u. M-Bande in additiv gefärbten u. F-gebleichten *KCl-*, *NaCl-*, *KBr-*, *KJ-* u. *LiF*-Kristallen. Die N_1- u. N_2-Bande wurden für NaCl genauer untersucht (Abhängigkeit vom Bleichen, Temp.-Verhalten). K. Jaeger 119◇

0162 **Lichtabsorption und -dispersion in einem $EuCl_3 \cdot 6H_2O$-Kristall am Übergang $^7F_0 \rightarrow {}^5D_0$.** N. K. Belski. (Optik u. Spektroskopie [UdSSR] **15,** 245—48, 1963; russ.) — Die Absorptionskurven u. die Dispersion der Linie 17258,80 cm^{-1} wurden an einem $EuCl_3 \cdot 6H_2O$-Kristall nahe der Lorentz-Kurve bestimmt. Aus den Werten wurde die Oscillatorstärke berechnet. Die Form der Linien stimmt mit der Annahme einer schwachen Wechselwrkg. des Elektronenübergangs mit Gitterschwingungen überein. H. Roschkowski 119◇

0163 **Zerlegung der Absorptionskurven in Teilbanden mittels der Methode der Streuungsverminderung.** L. Lehotai. (Acta chim. Acad. Sci. hung. **25,** 25—32, 1960; Szeged, Univ., Inst. für Allg. u. Phys. Chem.; dt.) — Zur Zerlegung von Absorptionskurven in Teilbanden verwendet Vf. die von Doetsch u. Medgyessy vorgeschlagene Meth. der Kurvenanalyse, vergleicht dieses Verf. der Streuungsverminderung mit dem früher benutzten Verf. u. gibt eine krit. Bewertung.
Gerhard Schulze 119◇

0164 **Durch Licht erzeugte Doppelbrechung in mit ionisierender Strahlung gefärbten Kaliumchloridkristallen.** J. Z. Damm und K. Łukaszewicz. (Physica Status solidi [Berlin] **3,** 1857—64, 1963; Wroclaw, Pol. Acad. of Sci., Inst. of Structural Res.; engl.) — An mit γ-Strahlen von ^{60}Co oder Röntgenstrahlen gefärbten KCl-Kristallen wird nach Bestrahlung mit polarisiertem oder unpolarisiertem Licht Doppelbrechung beobachtet. Durch geeignete Belichtungsbedingungen können sowohl opt. einals auch zweiachsige Kristalle mit den opt. Richtungen parallel zu den Würfelkanten u. negativem oder positivem opt. Vorzeichen erzeugt werden. Dabei ist nur Belichtung mit Wellenlängen zwischen 625 u. 750 nm wirksam, ebenso tritt die Doppelbrechung nur für Licht derartiger Wellenlängen auf. Einige Eigg. der für den Effekt verantwortlichen Defekte u. ein möglicher Mechanismus des Effekts werden besprochen.
H. Roschkowski 119◇

0165 **Hochbrechende Substanzen für dielektrische Spiegelsysteme.** G. Honcia und K. Krebs. (Z. Physik **165,** 202—12, 1961; Berlin, TU, II. Phys. Inst.; dt.) — Vgl. C. **1962,** 1500. — Beschrieben werden die opt. Eigg. von *Sb_2O_3*, *Bi_2O_3* u. *TeO_2*, die sich als aufdampfbares, hochbrechendes Schichtmaterial für dielektr. Spiegel-Syst. für das Sichtbare u. UV eignen. K. Jaeger 119◇

0166 **Aufdampfverhalten und optische Eigenschaften verschiedener dielektrischer Substanzen.** G. Honcia und K. Krebs. (Z. Physik **165,** 213–17, 1961; Berlin, TU, II. Phys. Inst.; dt.) — Beschrieben werden Aufdampf-Verh. u. opt. Eigg. (Absorptions-Koeff. u. Brechzahl) von Ga_2O_3, GeO_2, Nb_2O_5, As_2O_3, MoO_3, $Pb_3(PO_4)_2$, $PbSO_4$ u. $Zn_3(PO_4)_2 \cdot 4H_2O$. Erfolglos blieben Aufdampf-Verss. mit Hg_2Cl_2, $HgBr_2$, $BaSO_4$ u. $Ca_3(AsO_4)_2$. K. Jaeger 119◇

0167 **Zur Instabilität der Erzeugung monochromatischen Lichts in optischen Festkörper-Quantengeneratoren.** T. I. Kusnetzowa und Ss. G. Rautian. (Festkörperphysik [UdSSR] **5,** 2105–15, 1963; Moskau, Akad. der Wiss. der UdSSR, Phys. Inst.; russ.) — Für den Fall negativer Absorptions-Koeff. werden ebene Lösungen der Wellengleichungen diskutiert. Eine der Lösungen wird als monochromat. u. „stark" (bzgl. ihres Sättigungsvermögens) betrachtet. Die anderen Lösungen werden als „schwach" angenommen, so daß ihr Einfl. auf die dielektr. Permeabilität vernachlässigt werden kann. Die Einschwingbedingungen der „schwachen" Lösungen zeigten, daß die Erzeugung monochromat. Strahlung nur instabil sein kann. Dieser Prozeß wird stark durch die Inhomogenität des Stoffes beeinflußt, die durch die Sättigung erzeugt wird. Die Vernachlässigung dieser Inhomogenität (in allen Fällen von prakt. Interesse) führt zum Verschwinden aller „schwachen" Lösungen. Das spezif. Kriterium der Instabilität hängt von der Beziehung zwischen der mittleren Lebensdauer der oberen u. unteren Niveaus ab, die zur Strahlungserzeugung dienen. K. Jaeger 119◇

0168 **Halbleiter-Laser.** Benjamin Lax. (Science [Washington] **141,** 1247–55, 1963; engl.) — Überblick über Grundprinzipien u. magneto-opt. Maser (*GaAs*-Dioden). — 26 Literaturangaben. Herbert Weber 119◇

0169 **IR-Absorption freier Ladungsträger in Ionenkristallen.** Toshio Tanaka. (J. physic. Soc. Japan **15,** 2121, 1960; Tokyo, Univ., Dep. of Appl. Phys.; engl.) — Berechnet werden Absorptionsquerschnitt u. Photonenfrequenzabhängigkeit der IR-Absorption von freien Ladungsträgern in Ionenkristallen. K. Jaeger 120◇

0170 **Über Verunreinigungseffekte im IR und bei Ultrahochfrequenzen in Festkörpern.** B. Szigeti. (Arch. Sci. [Genève] **13(165),** Sonderh. 9–10, 1960; Liverpool, UK, Univ., Dep. of Theoret. Phys.; engl.) — Berichtet wird über die Theorie der Störstelleneffekte (Verunreinigung $\lesssim 1\%$ in *Diamant, Si, Ge*) bei der IR- u. Hochfrequenzabsorption. K. Jaeger 120◇

0171 **Eine Untersuchung der Schwingungsrelaxation in Kohlenmonoxid durch Stoßwellen und Infrarotemission.** M. Windsor, N. Davidson und R. Taylor. (VIIth Sympos. [int.] Combust., London and Oxford **1958,** 80–86, 1959; engl.) — Das Besetzungsverhältnis des zweiten Schwingungsniveaus ($\nu = 2$) von CO wird aus der Zeitabhängigkeit der Emission der ersten Obertonstrahlung ($2 \to 0$) bei 2,335 μ nach rascher Aufheizung des Gases durch den Durchgang einer Stoßwelle bestimmt. Die Vers.-Temp. betragen 1400–3000°K bei Drücken von 1 bis 3,5 atm. Daneben wird der Einfl. geringer Mengen von CO_2 u. H_2O im Ausgangsgas kurz untersucht. H. Roschkowski 120◇

0172 **Jahn-Teller-Effekt für die E_g-Schwingung von Hexafluoridmolekülen. Das Infrarotspektrum von RuF_6 und RhF_6.** Bernard Weinstock, Howard H. Claassen und Cedric L. Chernick. (J. chem. Physics **38,** 1470–75, 1963; Dearborn, Mich., Ford Motor Co., Sci. Labor.; Argonne, Ill., Argonne Nat. Labor.; engl.) — Das IR-Spektrum von RuF_6 u. RhF_6 wird mitgeteilt u. im Hinblick auf eine reguläre oktaedr. Struktur der Punktgruppe O_h interpretiert. Das RuF_6-Spektrum weist weniger Banden als das jedes anderen bekannten Hexafluorids auf, das vermutlich auf einen Jahn-Teller-Effekt zurückzuführen ist. Die Grundschwingungen des RuF_6 liegen bei 675 (cm^{-1}) (ν_1), 735 (ν_3), 275 (ν_4) u. 262 (ν_5), die das RhF_6 bei 634 (ν_1), 595 (ν_2), 724 (ν_3), 283 (ν_4), 269 (ν_5) u. 192 (ν_6); ν_2 für RuF_6 wird zu 573 abgeschätzt. Außerdem wird für RuF_6 eine durch einen Elektronenübergang bedingte breite Bande mit Maxima bei 1950 u. 1400 cm^{-1} beobachtet. Die Symmetrieforderungen für einen Jahn-Teller-Effekt werden zusammengestellt. Für die F_{2g}-Schwingung wurde kein entsprechender Effekt beobachtet, obwohl er von der Symmetrie her erlaubt ist. Ein Vgl. der Bandenbreiten für ($\nu_1 + \nu_3$) u. ($\nu_2 + \nu_3$) gestattet folgende Berechnungen für Jahn-Teller-Aufspaltungen der E_g-Schwingung: TcF_6 80 (cm^{-1}), ReF_6 25 u. OsF_6 54. RhF_6 zeigt wie IrF_6 einen Jahn-Teller-Effekt vergleichbarer Größe, vermutlich wegen des „Spincharakters" des Γ_8-Elektronengrundzustandes. Der entsprechende Effekt für RuF_6 ist größer, kann aber auf diese Weise wegen der Bandenverbreiterung von ($\nu_2 + \nu_3$) nicht berechnet werden. Gerhard Schulze 120◇

0173 **Über die Störung der Schwingungs-Gleichgewichtsverteilung reagierender Moleküle durch chemische Reaktionen.** K. E. Shuler. (VIIth Sympos. [int.] Combust., London and Oxford **1958,** 87–92, 1959; engl.) — Theoret. Untersuchung. H. Roschkowski 120◇

0174 **Anwendung der Phasendiskriminierung als Nachweismethode zur Untersuchung des Spektrums von HO-Radikalen in einer Sauerstoff-Acetylen-Flamme.** F. P. Dickey und J. M. Hoffman. (VIIth Sympos. [int.] Combust., London and Oxford **1958,** 938–41, 1959; Ohio State Univ.; engl.) — Vgl. C. **1959,** 9169. — Die Anwendung der C. **1957,** 2388 beschriebenen Meth. erlaubt die Unters. des IR-Spektrums (10–23 μ) von HO in O_2–C_2H_2-Flammen ohne Störung durch das intensive Untergrundspektrum des Wasserdampfs. Die Identifizierung der HO-Linien wird erleichtert u. es wird eine größere Anzahl von Linien als nach den konventionellen Meth. beobachtet. Die Rotationslinien $K'' = 11$ bis $K'' = 29$ werden zugeordnet, u. es wird eine Rotationsanalyse am Beispiel der hochaufgelösten Linie $K'' = 14$ durchgeführt. A. Blaschette 120◇

0175 **Einfluß von sekundären Absorptions- und Emissionsprozessen auf die Intensität und Polarisation der Luminescenz. 2. Mitt. Abhängigkeit der Luminescenz und des Polarisationsgrades von den Eigenschaften der Probe und der Beobachtungsrichtung.** K. Ss. Adsericho und A. M. Ssamsson. (Optik u. Spektroskopie [UdSSR] **15,** 226–36, 1963; russ.) — 1. vgl. gl. J. **14,** [1963], 798. — Theoret. Untersuchung. H. Roschkowski 125◇

0176 **Über die Form der langwelligen Cu-Bande von ZnS in Abhängigkeit von der Anregungswellenlänge.** H. Treptow. (Physica Status solidi [Berlin] **3,** K 359–K 363, 1963; Liebenwalde b. Berlin, Dt. Akad. der Wiss., Phys.-techn. Inst., Bereich Luminescenzforsch.; dt.) — Aus Anregungs-Verss. der langwelligen grünen Luminescenzbande von ZnS : Cu mit Licht der Wellenlängen 313, 366, 405 u. 436 nm wird auf die Existenz eines gemeinsamen Emissionszentrums sowohl für die langwellige als auch für die kurzwellige blaue Emission geschlossen. Theorien einer Reihe weiterer Autoren werden diskutiert. — 7 Literaturangaben. H. Roschkowski 125◇

0177 **Ein nach einer elektrolytischen Methode erhaltener orangefarbig luminescierender ZnS:Cu-Phosphor.** T. I. Wosnessenskaja und M. W. Fok. (Optik u. Spektroskopie [UdSSR] **15,** 249–52, 1963; russ.) — Durch Durchgang eines Gleichstroms durch eine Schichtpackung von ZnS/ZnS : Cu, Cl oder ZnS : Cu/ZnS bei 1060° während 12–15 Std. konnte ein orangefarbig luminescierender ZnS : Cu-Phosphor erhalten werden. Die Einfl. der Zusätze auf die Bldg. der Zentren der orangefarbigen bzw. grünen Luminescenz wurden untersucht. H. Roschkowski 125◇

0178 **Luminescenz und Energieübergang innerhalb des Komplexes von Uranyl mit Phthalocyanin.** G. N. Ljalin und G. I. Kobyschew. (Optik u. Spektroskopie [UdSSR] **15,** 253–61, 1963; russ.) — Phthalocyanin (H_2Phc bildet mit UO_2^{2+} eine Komplexverb. der Zus. UO_2Phc. Das Luminescenzspektrum der Verb. in Dioxan- bzw. Nonan-Lsg. wurde aufgenommen. Aus der Feinstruktur der Spektren wird auf eine schwache Einw. von UO_2^{2+}

auf die energet. Niveaus des Phc-Restes geschlossen. Eine anomale Temp.-Abhängigkeit der Luminescenz von UO_2·Phc wird festgestellt. Auf Grundlage der Abhängigkeit des Luminescenzspektrums von der Wellenlänge des anregenden Lichts wird auf die Ggw. von zwei Luminescenzzentren geschlossen, die mit Elektronenübergängen aus einem angeregten Singulettzustand des Komplexes in den Grundzustand bzw. mit einem Elektronenübergang von UO_2^{2+} zum aromat. Syst. des Phc zusammenhängen.
H. Roschkowski 125◇

0179 **Zur Theorie der Elektroluminescenz.** N. F. Kowtonjuk. (Optik u. Spektroskopie [UdSSR] **15,** 262–65, 1963; russ.) H. Roschkowski 125◇

0180 **Beziehungen zwischen der Stromphase, der absorbierten Energie und der Helligkeit bei der Elektroluminescenz.** A. N. Georgobiani, Je. Ju. Lwowa und M. W. Fok. (Optik u. Spektroskopie [UdSSR] **15,** 266 bis 268, 1963; russ.) H. Roschkowski 125◇

0181 **Über die Elektroluminescenzausbeute eines aufgedampften ZnS:Mn-Phosphors.** R. F. Kodshesspirow und Ss. A. Kosstylew. (Optik u. Spektroskopie [UdSSR] **15,** 269–73, 1963; russ.) — Die Abhängigkeit der Luminescenzausbeute eines ZnS:Mn-Phosphors von der Vorspannung (ca. 0–150 V) u. der Temp. (120–500°K) wird untersucht. Aus den Daten wird auf den Mechanismus der Injektion von Minoritätsladungsträgern geschlossen. H. Roschkowski 125◇

A_3. Elektrizität, Magnetismus, Elektrochemie

0182 **Analytischer Entwurf einer Elektronenkanone mit temperaturbegrenzter Kathode.** Eizi Sugata, Masazumi Terada, Hiroshi Hamada und Hyongui Pack. (Technol. Rep. Osaka Univ. **12,** 73–80, 1962; Osaka, Japan, Univ., Dep. of Electronic Engng. and Dep. of Communication Engng.; engl.) — Beschrieben wird der Entwurf einer Vorrichtung zur Erzeugung eines rechtwinkligen, bandförmigen Elektronenstrahles. Die Elektrodenformen werden analyt. bestimmt.
K. Jaeger 131◇

0183 **Nichtlineares Hochfrequenzverhalten von Elektronenbündeln mit Geschwindigkeitsverteilung.** 1. Mitt. **Allgemeine Untersuchung.** S. P. Yu und T. G. Mihran. (J. appl. Physics **34,** 2972–75, 1963; Schenectady, N. Y., Gen. Electr. Comp., Res. Labor.; engl.)
H. Liepack 131◇

0184 **Nichtlineares Hochfrequenzverhalten von Elektronenbündeln mit Geschwindigkeitsverteilung.** 2. Mitt. **Anwendung auf rechteckige Geschwindigkeitsverteilung.** T. G. Mihran und S. P. Yu. (J. appl. Physics **34,** 2976 bis 2983, 1963; engl.) — 1. vgl. vorst. Referat.
H. Liepack 131◇

0185 **Messung der Elektronenbeweglichkeiten in Argongas in einer Nebelkammer mit reinem Dampf.** R. P. Caren. (Physic. Rev. [2] **131,** 1904–06, 1963; Columbus, Ohio, Ohio State Univ., Dep. of Phys. and Astronomy; engl.) — Die Elektronenbeweglichkeiten wurden im E/P_0-Bereich von 7,9–11,4 V/cm · Torr gemessen (P_0 auf 296°K korrigiert). Sie waren im angegebenen Bereich angenähert konst. mit einem k_0-Wert von ca. $3{,}0 \cdot 10^5$ $cm^2/V \cdot s \cdot Torr$. H. Liepack 131◇

0186 **Der Stand der Untersuchungen über kontrollierte thermonucleare Reaktionen.** L. A. Arcimovič. (Fortschr. Physik **10,** 681–90, 1962; dt.) — Vortrag.
Ch. Weiske 131◇

0187 **Anmerkungen zu Plasma-Elektronen-Schwingungen.** K. G. Emeleus und A. Garscadden. (Suppl. Nuovo Cimento [10] **26,** 40–49, 1962; Belfast, Queen's Univ., Phys. Dep.; engl.) — Vff. berichten über Unterss. über Elektronen- u. Ionenschwingungen in durch mit Elektronenstrahl gesteuerten Niederspannungsentladungen in He, Ne u. Hg. Unter bestimmten Bedingungen können danach die Schwingungen von der Anode gesteuert werden. Spektroskop. Unterss. zeigen, daß beim Passieren der Schwingungsfront die Elektronen des Strahls einer elektr. Modulation $U \rightarrow U + W$ unterliegen u. derart höher energet. Linien des Gases anregen können, woraus z. T. die sichtbare Struktur der Entladung resultiert. Die Elektronen benötigen zur Bewegung zwischen Schwingungsfront u. Elektrodenfläche ca. 2–3 Plasmaperioden. Dieses Schwingungswachstum ist mit dem Auftreten eines Konz.-Gradienten längs des Strahles (Konz.-Kurven) im Plasma verbunden. — Es wird eine Elektronenenergieverteilung aufgestellt u. diskutiert.
W. Sobieski 131◇

0188 **Stoßwellen in einem Plasma.** H. J. Pain. (Contemporary Physics **4,** 401–21, 1963; London, Imperial Coll., Phys. Dep.; engl.) H. Liepack 131◇

0189 **Über die Beschreibung des Elektronen-Ionenplasmas.** L. Ja. Kobelew. (Metallphysik u. Metallkunde [UdSSR] **6,** 754–56, 1958; Gorki-Ural-Univ.; russ.) — Mathemat. Darst. der Wechselwrkg. von Plasmateilchen in SCF-Näherung. (Aufstellung der Greenschen Funktion eines Syst. mit zwei Teilchenarten, z. B. Ionen u. Elektronen.) J. Tůmová 131◇

0190 **Über elektrostatische Plasmabegrenzung.** 1. Mitt. O. A. Lawrentjew. (Ukrain. physik. J. **8,** 440–45, 1963; Charkow, Akad. der Wiss. der UkrainSSR, Phys.-Techn. Inst.; ukrain., Auszug: engl.) — Behandelt wird das ebene u. sphär. Langmuir-Problem eines bipolaren Stromes mit beliebiger Geschw.-Verteilung der Partikel. Die Bedingungen für die Existenz eines Potentialschachtes im Driftraum werden aufgestellt. Gefunden wird eine Abhängigkeit zwischen der Dichte der Ionen, die in dem Potentialschacht eingeschlossen sind, u. der Größe des durch äußere Felder reflektierten Elektronenstrahles. K. Jaeger 131◇

0191 **Über die Reflexion eines Plasmas durch eine magnetische Feldschicht.** 2. Mitt. O. A. Lawrentjew. (Ukrain. physik. J. **8,** 446–51, 1963; ukrain., Auszug: engl.) — 1. vgl. vorst. Referat. — Vf. bestimmt die Größe des Magnetfeldes u. die Breite des magnet. Schlitzes für die die Bedingungen einer Hochtemp.-Plasmabegrenzung durch ein Syst. äußerer elektr. u. magnet. Felder erfüllt sind. K. Jaeger 131◇

0192 **Energie und Dichte der Ionen in einer elektromagnetischen Falle.** 4. Mitt. O. A. Lawrentjew, L. I. Owtscharenko, B. G. Ssafronow, W. O. Ssidorkin und B. A. Nemaschkalo. (Ukrain. physik. J. **8,** 542–59, 1963; ukrain., Auszug: engl.) — 2. vgl. vorst. Referat. — Untersucht wurden die Bedingungen für die Begrenzung eines Plasmas niedriger Dichte in einer elektromagnet. Falle. Die Elektronendichte in der Falle im Moment der Bldg. der Raumladung wurde durch den Injektionsstrom der Elektronen bestimmt, während die Dichte der Elektronen nach der Elektroneninjektion durch den Ausfluß beim Öffnen des achsialen elektrostat. Ventils bestimmt wurde. Die mittlere Energie der Ionen, die aus der Falle austraten, wurde über das Verzögerungspotential bestimmt. Die wirkliche Energie der Ionen ist die Summe dieser mittleren Energie u. der Potentialschachtenergie, die durch die Flugzeit von Kr-Ionen durch die inneren Bereiche der Falle ermittelt werden konnte. K. Jaeger 131◇

0193 **Einige Probleme der Topologie des Magnetfeldes.** G. V. Skornyakov. (Nuclear Fusion [Wien] **2,** 121–24, 1962; Leningrad, Akad. der Wiss. der UdSSR, physikotechn. A. F. Ioffe-Inst.; russ., Auszug: engl.) — Diskussion der allg. Forderungen an die Topologie von Feldern für magnet. Fallen zur Realisierung einer andauernden therm. Isolierung eines Plasmas. Die topolog. Struktur von Magnetfeldern wird untersucht, deren Kraftlinien die Grenzen eines beschränkten Vol. nicht verlassen. Eine notwendige Bedingung für die Existenz eines solchen Feldes ist das Vorhandensein einer glatten, einem Torus homöomorphen Oberfläche im Innern der Integralflächen des Feldes, derart, daß die magnet. Feldstärke in keinem Punkt dieser Oberfläche verschwindet. Solche Felder können im Prinzip mit Hilfe eines Supraleiters realisiert werden, der den toroidalen Hohlraum begrenzt. Eine notwendige u. hinreichende Bedingung für die Stabilität der Topologie des Magnetfeldes gegen kleine Störungen wird angegeben. Eine magnet. Falle wird vorgeschlagen, in der die magnet. Feldstärke zur Peripherie hin zunimmt.
F. Lenz 131◇

0194 **Magnetfeld- und Temperaturänderungen in einer toroidförmigen Pinch-Entladung.** S. Svennerstedt, S. Berglund und S. Westerlund. (Nuclear Instruments Methods [Amsterdam] **17**, 231–47, 1962; Uppsala, Univ., Dep. of Phys.; engl.) — Die Abhängigkeit der Stabilität von Spannung, longitudinalem Magnetfeld u. Anfangsdruck wurde untersucht. H. Liepack 131◇

0195 **Die positive Säule der Argon-Niederdruckentladung im Übergangsbereich.** K. Wojaczek. (Mber. dtsch. Akad. Wiss. Berlin **3**, 5–9, 1961; Dt. Akad. Wiss., Phys.-Techn. Inst., Forsch.-Gemeinschaft; dt.) — Vgl. C. **1964**, 5-0212. — Untersucht wurde die positive Säule der Niederdruckentladung in Ar im Puppschen Übergangsbereich von den laufenden Schichten zur homogenen Säule. Die Beobachtungen (Trägerbilanz, Elektronen-Temp.) lassen sich nur durch die Annahme deuten, daß die Verteilungsfunktion der Elektronengeschw. im Bereich hoher Energien merklich von einer durchgängigen Maxwell-Verteilung abweicht. Die Elektronen großer Geschw. verlieren ihre Energie durch unelast. Atomstöße schneller, als andere Elektronen durch Wechselwirkung der Elektronen untereinander in das betreffende Geschw.-Intervall hineingestreut werden können. Da mit steigender Entladungsstromstärke die Abweichungen von der Maxwell-Verteilung geringer werden müssen, wird vermutet, daß der Puppsche Übergangsbereich gerade dadurch charakterisiert wird, daß die Abweichungen von der Maxwell-Verteilung bei der Grenzstromstärke einen gewissen Grad zu unterschreiten beginnen. K. Jaeger 131◇

0196 **Townsend-Entladung und subnormale Glimmentladung.** 2. Mitt. Makoto Hayashi und Yasunori Miyoshi. (Bull. Nagoya Inst. Technol. **13**, 339–45, 1961; jap., Auszug: engl.) — Gemessen wurden die Charakteristiken der Townsend-Entladung u. der subnormalen Glimmentladung in Ne (1–20 mm Hg). Die Frequenz der oscillierenden subnormalen Glimmentladung ist hauptsächlich durch den Ausdruck $R(C_{\|} + C_{\perp})$ bestimmt (R = Widerstand, C = Kapazität). K. Jaeger 131◇

0197 **Stromaufbau in Neongasentladungen.** Makoto Hayashi und Yasunori Miyoshi. (Bull. Nagoya Inst. Technol. **14**, 387–91, 1962; jap., Auszug: engl.) — Vgl. vorst. Referat. — Für Ne-Niederdruckentladungen in planparallelen Entladungsröhren mit beweglichen Elektroden wurde die zeitliche Verzögerung u. die Geschw. des Stromaufbaues untersucht. Die Verzögerung der Stromausbldg. ist eine Funktion des Kathodenmaterials, Gasdruckes, Elektrodenabstandes, der Überspannung u. des Serienwiderstandes. Bei bestimmten Elektrodenabständen u. Strombedingungen wurde eine Stufenentladung beobachtet, die als Übergang von der Townsend- zur Glimmentladung gedeutet wird. K. Jaeger 131◇

0198 **Untersuchung von Elektronenlawinen mit einem mehrstufigen Bildverstärker.** K. H. Wagner und H. Raether. (Z. Physik **170**, 540–44, 1962; Hamburg, Univ., Inst. für Angew. Phys.; dt.) — Mit Hilfe eines mehrstufigen Bildwandlers wurde die Elektronenlawine in einem Funkenkanal durch das von ihr emittierte Licht sichtbar gemacht. Messungen in N_2 ergaben bei $E/p \sim 100-150$ V/cm · Torr Elektronendriftgeschw. u_- von $\sim 3-4{,}5 \cdot 10^7$ cm/s u. eine therm. Elektronenenergie u_{th} von 3–4,5 eV. Vorläufige Messungen in Ar ergaben bei $E/p = 38$ V/cm · Torr $u_- \sim 1 \cdot 10^7$ cm/s u. $u_{th} \sim 3{,}5$ eV. Die Empfindlichkeit des Verf. wird diskutiert. K. Jaeger 131◇

0199 **Untersuchung über die Emission positiver Sekundärionen und die Reflexion von Edelgasionen an Festkörperoberflächen.** V. Walther und H. Hintenberger. (Z. Naturforsch. **18a**, 843–53, 1963; Mainz, MPI für Chemie; dt.) — Vgl. C. **1963**, 9191. — Targets aus *Graphit, Al, Fe, Cu, Ag, Ta, W, Pt* u. *Au* wurden mit He^+, Ne^+, Ar^+, Kr^+ u. Xe^+ mit kontinuierlich variierender Energie von 100–30000 eV beschossen u. die Sekundärionen in einem Parabelspektrographen analysiert. Die mit einer Photoplatte aufgenommenen Spektren bestanden a) aus dem Massenspektrum der Sekundärionen aus dem Targetmaterial u. der Ionen der Oberflächenverunreinigungen u. b) aus dem Spektrum der reflektierten Edelgasionen. Die Ionen von a) erschienen bei einer Energie entsprechend der Nachbeschleunigung des Parabelspektrographen. Von den monoenerget., reflektierten Edelgasionen wurde ein scharf definierter Bereich der Parabel geschwärzt, dessen Länge mit abnehmender Primärionenmasse m_1 u. zunehmender Masse der Targetatome m_2 zunahm. Bei $m_1 > m_2$ konnten keine reflektierten Ionen beobachtet werden. Der den reflektierten Edelgasionen entsprechende Bereich war von einem scharfen Intensitätsmaximum überlagert, dessen Lage sich mit zunehmendem m_1/m_2 zum niederenerget. Ende des Parabelstücks verschiebt. Die Ausbeute an positiven Sekundärionen von Graphit, Cu u. Au nahm — beginnend bei 4 keV — langsam mit zunehmender Primärenergie zu u. zeigte eine systemat. Abhängigkeit von m_1. Bei Primärenergien zwischen 1 u. 2 keV hatten die Ausbeutekurven ein Maximum, dessen Höhe von der Vorbehandlung des Targets abhing. H. Liepack 131◇

0200 **Untersuchungen der durch Ionenbeschuß induzierten Reemission von Argon in einer Ionenpumpe.** L. H. James und G. Carter. (Brit. J. appl. Physics **14**, 147–54, 1963; Liverpool, Univ., Dep. of Electr. Engng.; engl.) — Vff. untersuchten die Reemission von Ar in einer Glasdiodenionenpumpe beim Beschuß mit *He, Ne, Kr* u. *Xe*. Es wurde gefunden, daß mit zunehmender Energie des beschießenden Ions die Wirksamkeit der Entfernung bis zu einer scheinbaren Sättigung zunimmt, daß es aber auch bei der höchsten verwendeten Beschußenergie von 1 keV niemals möglich war, alles sorbierte prim. Gas wiederzugewinnen. Auf Grund der Meßergebnisse wird in Übereinstimmung mit Carter u. Leck (vgl. Proc. Roy. Soc. [London], Ser. A **261**, [1961], 303) angenommen, daß das Ar wahrscheinlich dicht unter der Glasoberfläche sorbiert wird u. sicherlich durch einen Gaszerstäubungsmechanismus in Freiheit gesetzt wird. C. Gottfried 131△

0201 **Winkelverteilung zerstäubter Kaliumatome.** R. P. Stein und F. C. Hurlbut. (Physic. Rev. [2] **123**, 790–96, 1961; Sunnyvale, Calif., Lockheed Aircraft Corp., Missiles and Space Div.; engl.) — Frische K-Oberflächen wurden im Vakuum mit Ionen von He, Ne, Ar, Kr u. Xe im Energiebereich von 0–450 eV beschossen. Oberhalb von 15 eV trat Zerstäubung ein. Die Winkelverteilung für Ionen > 50 eV zeigt gute Übereinstimmung mit derjenigen, die aus dem Zweierstoß-Mechanismus der Zerstäubung folgt. P. Detje 131◇

0202 **Unterschied der Energieübertragung zwischen Edelgasionen mittlerer Energie und neutralen Edelgasatomen bei dem Beschuß von Metalloberflächen.** P. Mahadevan, J. K. Layton, A. R. Comeaux und D. B. Medved. (J. appl. Physics **34**, 2810–12, 1963; San Diego, Calif., Gen. Dynamics/Astronautics; engl.) — Untersucht wurden Ne- u. Ar-Atome u. -Ionen im Energiebereich von 500–2500 eV, die auf eine Pt-Oberfläche auftrafen, deren Rückseite mit einem Chromel-Konstantan-Thermoelement verschweißt war. Die auftreffenden Ionen erzeugten dabei unabhängig von ihrer Auftreffenergie stets die gleiche EMK, wogegen auftreffende Atome eine mit ihrer Auftreffenergie monoton steigende, jedoch stets geringere EMK als die Ionen erzeugten. Diese Erscheinung wird qual. durch stärkere Reflexion der Atome gedeutet, die nachgewiesen werden konnte. K. Jaeger 131◇

0203 **Zerstäubung polykristalliner Metalle durch Inertgasionen niedriger Energie (100–1000 eV).** C. H. Weijsenfeld, A. Hoogendoorn und M. Koedam. (Physica [Utrecht] **27**, 763–64, 1961; Utrecht, Nederland, Univ., Phys. Labor.; engl.) — Mitgeteilt werden die Ausbeuten der Kathodenzerstäubung von polykristallinem *Cu, Ni, Fe* u. *Mo* durch Ne^+-, Ar^+-, Kr^+- u. Xe^+-Beschuß (100 bis 1000 eV). K. Jaeger 131◇

0204 **Einflüsse eines Schutzringes auf die niederenergetischen Zerstäubungsausbeuten von flachen Goldeinkristalltargets.** W. C. Kreye. (J. appl. Physics **34**, 2897–2902, 1963; Wright-Patterson Air Force Base, Ohio, Electronic Res. Branch; engl.) — Spektrometr. gemessen wurden die

Zerstäubungsausbeuten von (100), (110) u. (111) von Au-Einkristallen (Ar-Träger-Plasma), deren Seitenflächen bei einem Teil der Verss. in einen dicht anliegenden, mit der Oberfläche abschließenden Cu-Ring gespannt waren. Die Ausbeuten waren für alle drei Flächen ohne Schutzring größer als mit Schutzring, was auf die Ausbldg. einer gekrümmten Langmuir-Schicht bei fehlendem Schutzring zurückgeführt wird. K. Jaeger 131◇

0205 **Mittlere kinetische Energie diffundierender Teilchen in Entladungs- und Elektronenröhren.** M. A. Cayless. (Brit. J. appl. Physics **12**, 523—24, 1961; Rugby, Warwickshire, Associated Electrical Industrial Ltd., Research Laboratory; engl.) — Vf. untersucht die Angaben verschiedener Autoren über die Elektronenenergie, die teils 2 kT_e, teils 5/2 kT_e (T_e = Elektronen-Temp.) gesetzt wird. G. Ruban 131◇

0206 **Raumladungsinstabilitäten in Elektronendioden.** 2. Mitt. William B. Bridges und Charles K. Birdsall. (J. appl. Physics **34**, 2946—55, 1963; Malibu, Calif., Hughes Res. Labor.; Berkeley, Calif., Univ. of California, Dep. of Electr. Engng.; engl.) — 1. vgl. Birdsall u. Bridges, gl. J. **32**, [1961], 2611. H. Liepack 131◇

0207 **Geometrie der Erdalkalimetalldihalogenide.** L. Wharton, R. A. Berg und W. Klemperer. (J. chem. Physics **39**, 2023—31, 1963; Cambridge, Mass., Harvard Univ., Chem. Dep.; engl.) — Vff. bestimmten die Ablenkung von Mol.-Strahlen der gasförmigen Erdalkalimetalldihalogenide durch inhomogene elektr. Felder. Während BaF_2, $BaCl_2$ (I), $BaBr_2$, BaJ_2, SrF_2, $SrCl_2$ u. CaF_2 permanente elektr. Dipolmomente aufweisen, besitzen $CaCl_2$, $CaBr_2$, $SrBr_2$ u. SrJ_2 keinen polaren Charakter. I, das durch homogene magnet. Felder nicht abgelenkt wird, besitzt kein elektron. magnet. Moment. G. Gattow 132◇

0208 **Atompolarisierbarkeiten in III-V-Verbindungen.** Frank Matossi. (J. Physics Chem. Solids **24**, 706—07, 1963; Freiburg i. Br., Univ.; engl.) — Mit einem klass. Modell effektiver Ladungen e* von homöopolaren zweiatomigen Moll. zeigt Vf., daß in III-V-Verbb. e* der Differenz der Atompolarisierbarkeiten $\alpha_V-\alpha_{III}$ direkt proportional ist. Die angebene Beziehung ist auf Ionen-Verbb. nicht anwendbar Herbert Müller 132◇

0209 **Dielektrische Theorie der Plasmaschwingungen und ihre Erweiterung auf das Excitonproblem.** C. Horie. (Canad. J. Physics **41**, 1470—81, 1963; Toronto, Ontario, Univ. of Toronto, Dep. of Phys.; engl.) — Ableitung einer neuen Form des mkr. Ausdrucks für die DK u. Anwendung auf die Dispersionsbeziehung für Plasmaschwingungen. Durch Einführung einer nichtlokalen Ladungsdichte wird die Theorie auf das Excitonproblem erweitert. H. Liepack 132◇

0210 **Über den Einfluß der Fluktuationen auf die Dielektrizitätskonstante homogener Systeme.** M. I. Schachparonow. (J. physik. Chem. [UdSSR] **32**, 1414—15, 1958; Moskau, Lomonossow-Univ.; russ.) — Der Einfl. von Konz.-Fluktuation infolge Wärmebewegung auf die DK wird betrachtet u. für eine Lösung aus 2 Komponenten eine aus 2 Termen bestehende Gleichung abgeleitet, in der der 1. Term den Einfl. der Dichtefluktuation, der 2. den der Konz.-Fluktuation beschreibt. Die abgeleitete Beziehung gilt nicht für das krit. Gebiet, sie macht jedoch die Existenz der Maximalwerte für ε dort sehr wenig wahrscheinlich. G. Rudakoff 132□

0211 **Messung der Dielektrizitätskonstante von Jod-Einkristallen in den verschiedenen kristallographischen Richtungen.** M. Simhony. (J. Physics Chem. Solids **24**, 1297 bis 1300, 1963; Jerusalem, Israel, Hebrew Univ., Dep. of Phys.; engl.) — Messungen der DK bei Raumtemp. in den kristallograph. Hauptachsen von J_2-Einkristallen ergeben $\varepsilon_a = 6$, $\varepsilon_b = 3$, $\varepsilon_c = 40$. Zwischen 180 u. 330°K ändern sich diese Werte im Verhältnis zu den Raumtemp.-Werten zwischen 0,9 u. 1,3. Mit steigender Temp. nimmt ε ab, um bei bestimmten Temp. wieder anzusteigen. Diese Temp. liegen bei 260, 290 u. 310°K für die a, b bzw. c-Achse. K. H. Härdtl 132◇

0212 **Dielektrische Susceptibilität von Metallen des Wismut-Typs im Infrarotgebiet.** A. A. Abrikossow. (J. exp. theoret. Physik [UdSSR] **44**, 2039—57, 1963; Akad. der Wiss. der UdSSR, Inst. für physikal. Probleme; russ., Auszug: engl.) — Auf der Basis einer früher (gl. J. **43**, [1962], 1089) mitgeteilten Theorie für das Elektronenspektrum der Metalle vom Bi-Typ werden die dielektr. Susceptibilitäten dieser Metalle berechnet. Über einen breiten Frequenzbereich besitzt der Tensor der dielektr. Susceptibilität reale positive Hauptwerte von der Größenordnung 100, wobei diese Werte frequenzunabhängig sind. Daraus ergibt sich gleichzeitig, daß die Werte bei einigen Hundertstel oder Zehntel eV komplex werden. Bei bestimmten Frequenzen weisen die ε_{ik}-Komponenten Singularitäten auf. Eine große dielektr. Susceptibilität resultiert in einer merklichen Abnahme der Wechselwrkg. zwischen den Elektronen sowie zwischen Elektronen u. Phononen. Demzufolge läßt sich das Gasmodell auf die behandelten Metalle anwenden. D. Noack 132◇

0213 **Einfluß von Zusätzen an Nickel auf die Eigenschaften von Bariumtitanat-Einkristallen.** A. Ju. Kudsin. (Festkörperphysik [UdSSR] **4**, 1369—70, 1962; Dnepropetrowsk, Univ.; russ.) — Einkristallen von $BaTiO_3$ wurde Ni bis zu etwa 5 Mol-% in Form von NiO oder $NiTiO_3$ zugefügt. Die bei 1 MHz gemessene DK änderte sich hierdurch, das Maximum verschob sich zu tieferen Temp. u. sein Wert sank. Ferner sank die Curie-Temp.; die Tetragonalität der Elementarzelle nahm bei Zugabe von bis zu 1,5 Mol-% Ni von 1,01 auf 1,006 ab, danach wurde eine rhomboedr. Verzerrung mit sehr kleinem Winkel α beobachtet. M. Wiedemann 132◇

0214 **Durch ionisierende Strahlen erzeugte Strukturänderungen im ferroelektrischen Rochellesalz.** Henri Boutin, B. C. Frazer und Franco Jona. (J. Physics Chem. Solids **24**, 1341—47, 1963; Upton, N. Y., Brookhaven Nat. Labor.; Yorktown Heights, N. Y., IBM Res. Center; engl.) — Es ist bekannt, daß γ- u. Röntgenstrahlen die ferroelektr. Eigg. von Rochellesalz schon bei relativ niedrigen Dosen beeinflussen. Vff. untersuchen mit Hilfe von Neutronenbeugung die Intensitätsänderungen gewisser empfindlicher Bragg-Reflexionen bei ^{60}Co-γ-Bestrahlung mit einer Dosisleistung von 2,5 · 10^5 rep/h. Nach einer Bestrahlungszeit von wenigen Std. treten starke Intensitätsänderungen auf. Aus den Messungen wird geschlossen, daß durch die Bestrahlung gleichmäßig verteilte Fehlstellen erzeugt werden. Darüber hinaus beobachtet man eine Ansammlung dieser Fehlstellen an Versetzungen u. Domänengrenzen. K. H. Härdtl 133◇

0215 **Nachweis einer gehemmten Rotation der BeF_4-Ionen im ferroelektrischen** **$(Glycin)_3H_2BeF_4$.** R. Blinc und I. Zupančič. (J. Physics Chem. Solids **24**, 1379—80, 1963; Ljubljana, Yugoslavia, Nucl. Inst. „J. Stefan"; engl.) — Die kernmagnet. Resonanzabsorption von ^{19}F in einkristallinen u. gepulverten Proben von $(Glycin)_3H_2BeF_4$ wird zwischen — 175 u. + 100° gemessen. Aus der Temp.-Abhängigkeit der Resonanzlinienverbreiterung kann auf eine verminderte Rotation u. auf ein „Einfrieren" der BeF_4-Ionen in der ferroelektr. Phase geschlossen werden. K. H. Härdtl 133◇

0216 **Einige Anmerkungen zur phänomenologischen Theorie der Ferroelektrizität.** Shozo Sawada und Ikushi Yoshida. (J. physic. Soc. Japan **16**, 1322—27, 1961; Tokyo, Japan, Inst. of Technology; engl.) — Die Freie Energie eines Ferroelektrikums wurde in der herkömmlichen phänomenolog. Theorie der Ferroelektrika in eine Reihe entwickelt. Untersucht wird die Anwendung dieser Entw. auf Übergänge erster u. zweiter Art. Ähnliche Ergebnisse wurden für Antiferroelektrika erhalten. K. Jaeger 133◇

0217 **Beobachtungen des Feldemissionsoberflächenrauschens.** T. Janusz und W. Fies. (Appl. Physics Letters **3**, 131—32, 1963; Menlo Park, Calif., Stanford Res. Inst.; engl.) — Über Magnetbandspeicherung u. Analyse des Spektrums wurde das durch Adsorption bedingte Funkelrauschen einer *W*-Feldemissionskathode untersucht. Bei 1 · 10^{-9} Torr, 0,4 μA u. einem Krümmungsradius von ca. 3000 Å wurde im $1/f^{\alpha}$-Rauschen gefunden mit $\alpha = 0{,}9$ für eine relativ saubere Kathode u. $\alpha = 1{,}5$ nach 15 Min. Adsorptionszeit.

H. Liepack 134◇

0218 **Die thermodynamische Aktivität von Halbleitern.** Walter W. Harvey. (J. Physics Chem. Solids **24,** 701, 1963; Lexington, Mass., MIT, Lincoln Labor.; engl.) — Aus dem Gleichgew. der Eigenionisation folgt, daß ein Defektelektron in der Weise als Abstraktion aufzufassen ist, daß seine thermodynam. Aktivität als implizite Funktion der Aktivität der betrachteten Halbleiter-Verb. auftritt. Herbert Müller 135◇

0219 **Galvanothermomagnetische Effekte in Halbleitern und Semimetallen.** 3. Mitt. **Das Standard- und das Kanesche Bandmodell.** T. C. Harman, J. M. Honig und B. M. Tarmy. (J. Physics Chem. Solids **24,** 835—50, 1963; Lexington, Mass., MIT, Lincoln Labor.; engl.) — 2. vgl. **1964,** 1-0241. — Theoret. Arbeit, in der Ausdrücke für die 6 galvanothermomagnet. Transportkoeff. als Funktion der Bandstruktur angegeben sind.

K. H. Härdtl 135◇

0220 **Lawinenhafte Bildung von Excitonen in Halbleitern.** W. L. Gurewitsch. (Festkörperphysik [UdSSR] **4,** 1380—82, 1962; Leningrad, Inst. für Halbleiter der Akad. der Wiss. der UdSSR; russ.) — In einem Halbleiter wird ein starkes elektr. Feld angenommen. Das lawinenhafte Anwachsen der Excitonen wird mathemat. behandelt, dabei werden akust. u. piezoelektr. Schwingungen bes. berücksichtigt. M. Wiedemann 135◇

0221 **Optische Eigenschaften kleiner Polaronen im Infraroten.** H. G. Reik. (Solid State Commun. **1,** 67—71, 1963; Braunschweig, T. H.; Aachen, Philips Zentrallabor.; engl.) — Theoret. Arbeit über die Beweglichkeit kleiner Polaronen als Funktion der Temp. u. Frequenz. Die Frequenzabhängigkeit ist ähnlich derjenigen von freien Leitungselektronen. Bei konst. Frequenz nimmt die Beweglichkeit der kleinen Polaronen im Gegensatz zu freien Leitungselektronen mit der Temp. stark zu.

K. H. Härdtl 135◇

0222 **Ladungsträgerinjektion in Störstellenhalbleiter.** G. G. Roberts und R. H. Tredgold. (J. Physics Chem. Solids **24,** 1263—70, 1963; Bangor, Caernarvonshire, Univ. Coll. of North Wales, Phys. Dep.; engl.) — Es wird ein n-Typ-Halbleiter zwischen 2 Metallelektroden betrachtet. Die gebildeten Ohmschen Kontakte ermöglichen die Injektion von Elektronen in den Halbleiter. Mit Hilfe einer nichtlinearen Differentialgleichung wird die Konz. der Leitungselektronen im Kristall als Funktion vom Elektrodenabstand bestimmt. Diese Gleichung wird für den stromlosen Fall exakt gelöst. Bei Strombelastung werden numer. Lösungen angegeben. Die Ergebnisse werden mit den an $BaTiO_3$ gefundenen verglichen. K. H. Härdtl 135◇

0223 **Mikrowellenmessung der Ladungsträgerbeweglichkeit: Apparative Analyse.** S. H. Liu, Y. Nishina und R. H. Good jun. (Rev. sci. Instruments **32,** 784—89, 1961; Ames, Iowa, Univ., Inst. for Atomic Res. Dep. of Phys.; engl.) — Untersucht wird der Einfl. der Feldverteilung im Hohlraum u. der Wellenfortpflanzungsgeschw. in der Probe auf die Best. der Ladungsträgerbeweglichkeiten in Halbleitern nach der Mikrowellenmethode. K. Jaeger 135◇

0224 **Mikrowellenmessung der Hall-Beweglichkeit: Experimentelle Methode.** Y. Nishina und G. C. Danielson. (Rev. sci. Instruments **32,** 790—83, 1961; Ames, Iowa, Univ., Inst. for Atomic. Res. and Dep. of Phys.; engl.) — Gemessen wurden die Hall-Beweglichkeiten von *Ge*-Einkristallen bei 9000 MHz im Temp.-Bereich 30—300°K. Beschreibung der Apparatur. Gute Übereinstimmung der theoret. u. experimentellen Werte.

K. Jaeger 135◇

0225 **Ein Instrument zur Messung des Magnetomikrowellen-Kerr-Effektes in Halbleitern.** Morris E. Brodwin und Ronald J. Vernon. (Rev. sci. Instruments **34,** 1129—32, 1963; Evanston, Ill., Northwestern Univ., Dep. of Electr. Engng.; engl.) — Beschrieben wird eine Vorrichtung zur Messung der Transport-Eigg. sehr gut leitender Halbleiter. Mitgeteilt werden Verss. an *Ge* bei Zimmertemperatur. K. Jaeger 135◇

0226 **Langzeitiges Abklingen der Photoleitung als Methode zur Parameterbestimmung.** K. W. Böer und H. Wantosch. (Abh. dtsch. Akad. Wiss. Berlin, Kl. Math. Physik Techn. **1960,** Nr. 7, 225—37; Berlin, Humboldt-Univ., IV. Phys. Inst.; Dt. Akad. der Wiss., Phys.-Techn. Inst., Bereich elektr. Durchschlag; dt.) — Vff. zeigen, daß das langzeitige Anklingen der Photoleitung bei schwacher Anregung im Ausläufer wesentlich von Kontaktrandschichten oder inneren Übergangsschichten beeinflußt werden kann. Durch Abtasten des Potentialverlaufs zwischen den Elektroden können diese Rand- oder Übergangsschichten qual. nachgewiesen werden. Um aus den Meßkurven des langzeitigen Anklingens die Konz. ausgeprägter Hafttermgruppen u. deren Anhaftkoeff. für den Elektroneneinfang berechnen zu können, müssen Kristalle mit starken Kontaktrandschichten oder nichtgeradlinigem Verlauf des Potentials zwischen den Kontakten von der Auswertung ausgeschlossen werden. Der Einfl. derartiger Kontaktrandschichten oder innerer Übergangsschichten auf den Verlauf des Anklingens der Photoleitung wird diskutiert.

G. Ruban 135◇

0227 **Einrichtung zur Untersuchung der Spektren und Kinetik der Photoleitfähigkeit in Halbleiterkristallen.** A. F. Plotnikow, W. Ss. Wawilow und B. D. Kopylowski. (Versuchsgeräte u. Versuchstechn. [UdSSR] **7,** Nr. 3, 183—87, 1962; Phys. Inst. der Akad. der Wiss. der UdSSR; russ.) — Es wurde eine Anordnung konstruiert zur Messung kleiner Beträge der Photoleitfähigkeit an Halbleiter-Einkristallen mit hohem Widerstand (10^{12} Ohm) sowohl im Gleich- als auch im Wechselstrom.

M. Wiedemann 135◇

0228 **Tunneldioden.** V. I. Fistul und N. Z. Švarc. (Fortschr. Physik **10,** 617—79, 1962; dt. — C. **1963,** 19107.) Ch. Weiske 135◇

0229 **Einfluß von Chlorbeimengungen auf die elektrischen Eigenschaften von Selen.** G. M. Alijew und G. B. Abdullajew. (Nachr. Akad. Wiss. AserbaidshanSSR, Ser. physik.-techn. chem. Wiss. **1958,** Nr. 4, 23—30; russ.) — Die Proben mit einem abgestuften Cl-Geh. bis zu 0,5% wurden durch Schmelzen von reinem Se (99,996%) mit $SeCl_4$ u. Kristallisieren bei 130°/40 Min. u. 200°/40 Min. hergestellt u. die elektr. Leitfähigkeit σ mittels der Sondenmeth. bei verschiedenen Temp. bestimmt. σ steigt mit ansteigendem Cl-Geh. u. erreicht bei 0,125% Cl ein Maximum ($2{,}1 \cdot 10^2 \Omega \cdot$ cm). Es handelt sich stets um Lochleitfähigkeit. Zwischen 25 u. 95° befolgt σ bei reinem Se u. bei den Cl^--haltigen Proben das van't Hoffsche Exponentialgesetz. Die Ionisationsarbeit geht mit steigendem Cl-Geh. bei 0,06% Cl (0,11 eV) durch ein Minimum (reines Se 0,373 eV). Der Koeff. der Thermokraft steigt mit steigender Temp. u. sinkt mit steigendem Cl-Geh. u. Verringerung der Ionisationsarbeit. Der Cl-Geh. steigert weiter die Konz. u. effektive Beweglichkeit der Ladungsträger. J. Tůmová 135◇

0230 **Über das Spektrum der Strahlungsdefekte in Silicium.** W. M. Malowetzkaja, G. N. Galkin und W. Ss. Wawilow. (Festkörperphysik [UdSSR] **4,** 1372—74, 1962; Moskau, Physik. Lebedew-Inst. der Akad. der Wiss. der UdSSR; russ.) — Si-Kristalle vom p-Typ mit verschiedenem Sauerstoff-Geh., der aus der IR-Bande bei 9,1 μ ermittelt wurde, wurden bei 17° mit Elektronen von 1 MeV bestrahlt. Aus dem Hall-Effekt wurde die Temp.-Abhängigkeit der Konz. der Ladungsträger bestimmt. Bei Kristallen mit $(2-3) \cdot 10^{17}$ (Sauerstoffatomen/cm³) liegen Defekte mit Energieniveaus $E_v + 0{,}27$ eV vor, bei solchen mit $5 \cdot 10^{15}$ Defekte mit $E_v + 0{,}21$ eV. Die letzteren sind wesentlich weniger stabil als die ersteren. Das Verschwinden der letzteren im Bereich 17—120° erfolgte mit einer Aktivierungsenergie von 0,72 eV. Die ersteren dürften mit gelöstem Sauerstoff zusammenhängen. M. Wiedemann 135◇

0231 **Einfluß des Sauerstoffs auf die Lebensdauer von Nichtgleichgewichtsträgern im Silicium.** E. L. Nolle, W. M. Malowetzkaja und W. Ss. Wawilow. (Festkörperphysik [UdSSR] **4,** 1374—76, 1962; Moskau,

Physik. Lebedew-Inst. der Akad. der Wiss. der UdSSR; russ.) — p–Si-Einkristalle wurden durch Zonenschmelzen erhalten. Die Lebensdauer der Nichtgleichgewichts-(Strom)träger wurde nach einer Phasenmeth. bestimmt. Sie stieg mit zunehmendem Sauerstoffgeh. (Bereich 10^{15}—10^{17} Atome/cm^3) stark an u. lag im Bereich 10 bis 100 μsec. Auch die Temp.-Abhängigkeit der Lebensdauer wurde untersucht. M. Wiedemann 135◇

0232 **Hochdotiertes Silicium mit Hilfe energiereicher Cäsium-Ionen.** J. O. McCaldin und A. E. Widmer. (J. Physics Chem. Solids **24,** 1073—80, 1963; Canoga Park, Calif., North American Aviat. Sci. Center; engl.) — p-leitendes Si wird bei 500° in 110-Richtung mit 10 keV-Cs-Ionen beschossen. Dadurch werden in die Si-Oberfläche Cs-Ionen als Donatoren mit Konzz. um 10^{20} cm^{-3} eingebaut, obwohl die Löslichkeit von Cs in Si $< 10^{15}$ cm^{-3} ist. Diese Übersättigung inmmt bei 500° nur sehr langsam ab, die durch den Beschuß entstehende Fehlordnung heilt dagegen aus. Daraus wird geschlossen, daß die Diffusionskonst. von Cs in Si $< 10^{-15}$ cm^2/s ist. Feldeffektsmessungen legen nahe, daß der Konz.-Verlauf der Cs-Ionen einer Oberflächenschicht mit nur schwach abnehmender Konz. entspricht, der ein exponentiell abfallender Schwanz folgt. K. H. Härdtl 135◇

0233 **Korrekturen zur Energie des Grundzustandes flacher Donatoren in Silicium und Germanium.** P. Csavinszky. (J. Physics Chem. Solids **24,** 1003—10, 1963; Dallas, Tex., Texas Instruments, Inc.; engl.) — In Si u. Ge ergab die bisher gültige Theorie für Donatoren der V. Gruppe Donatorenniveaus von 29 meV bzw. 9,2 meV. Die bisher beschriebene neue Theorie verfeinert die alte, indem Nahordnungseffekte als Korrektur eingeführt werden. Sie liefert als Ergebnis für Si mit den Donatoren P: 31 meV (45 meV experimentell), As: 35 (53), Sb: 39 (43), Bi: 45 (69) u. für Ge mit den Donatoren P: 8,9 (12,8), As: 9,3 (14,0), Sb: 9,6 (9,8), Bi: 10,0 (12,5). K. H. Härdtl 135◇

0234 **Maximum der Löslichkeit im festen Zustand und Verteilungskoeffizient von Verunreinigungen in Germanium und Silicium.** Horst Statz. (J. Physics Chem. Solids **24,** 699—700, 1963; Böblingen, IBM Labor.; engl.) — Vf. gibt eine theoret. Deutung der von Fischler (C. **1963,** 14191) beobachteten Beziehung $x_M = 0{,}1 \cdot k$ an, die den Zusammenhang zwischen dem Maximum der molaren Löslichkeit x_M im festen Zustand u. dem Verteilungskoeff. k zwischen fester u. fl. Phase am F. für Verunreinigungen in Ge u. Si beschreibt. Herbert Müller 135◇

0235 **Beweglichkeit der Majoritätsladungsträger auf Germaniumoberflächen.** N. B. Grover und R. Oren. (J. Physics Chem. Solids **24,** 693—97, 1963; Jerusalem, Hebrew Univ., Dep. of Phys.; engl.) — Polierte Flächen von n- bzw. p leitenden Ge-Einkristallen mit $3{,}2 \cdot 10^{13}$ bis $1{,}8 \cdot 10^{14}$ bzw. 10^{14}—10^{15} Ladungsträgern/cm^3 werden bei 35° mit wss. Lsgg. von HF, HNO_3, CH_3COOH u. teilweise mit KJ-Zusätzen 0,5—1 Min. lang geätzt u. anschließend wird in einem lichtgeschützten Kryostaten das Verhältnis der Majoritätsladungsträger-Beweglichkeiten von Grenzschicht u. Vol. in Abhängigkeit von der Höhe der Sperrschicht bei 80, 185 u. 257°K bestimmt. Durch den Einfl. der Ätz-Verf. auf die Oberflächenbeweglichkeit werden Einfl. unterschiedlicher Verunreinigungs-Konz. nahezu überdeckt. Die Übereinstimmung der Meßergebnisse mit theoret. Werten ist befriedigend, jedoch liegt bes. in n-Ge kein vollständig diffuser Streumechanismus vor. Herbert Müller 135◇

0236 **Hohe PME-Empfindlichkeiten durch optisches Polieren von Germaniumoberflächen.** Arthur Boatright, Walter A. Merkl und Herbert Mette. (Rev. sci. Instruments **33,** 1281—82, 1962; Fort Monmouth, N. J., U. S. Army Signal Res. and Dev. Labor.; engl.) — Vff. fanden, daß man empfindliche Zellen mit niedrigen Rekombinationsfrontoberflächen durch opt. Polieren von Ge mit Diamantpaste erhalten kann u. daß diese Zelle gewisse Vorteile gegenüber chem. geätzten Zellen hat. Das Polierverf. wird genau beschrieben. Die gemessene Empfindlichkeit einer solchen Zelle bei 25° gegenüber der einfallenden Lichtintensität ist graph. wiedergegeben. C. Gottfried 135△

0237 **Elektrische Eigenschaften hochdotierten n-Germaniums.** Yoshitaka Furukawa. (J. physic. Soc. Japan **15,** 1903—04, 1960; Musashinoshi, Tokyo, Japan, Electr. Communicat. Labor.; engl.) — Vgl. C. **1963,** 20288. — Gemessen wurden Strom-Spannungs-Charakteristiken von Dioden aus (As + Sb)-dotiertem n-Ge. Alle Proben zeigten bei 4,2°K Tunneleffekte. K. Jaeger 135◇

0238 **Elektrische Leitfähigkeit von Germanium bei starker Legierung mit Phosphor.** W. I. Fisstul und Je. M. Omeljanowski. (Festkörperphysik [UdSSR] **4,** 1370—72, 1962; Moskau, Forschungsinst. u. Inst. der Ind. der seltenen Metalle; russ.) — Der spezif. Widerstand von Ge-Proben mit Zusätzen an P wurde bestimmt, er nahm im Bereich von 10^{19} bis 10^{20} Atomen P/cm^3 linear mit log [P] ab. Ein ähnliches Verh. zeigte Ge bei Zusätzen von As. Auf Unterschiede zwischen den einzelnen Proben wird kurz eingegangen. M. Wiedemann 135◇

0239 **Einfluß des Elektronenbeschusses auf Germanium. 1. Mitt. Änderungen der spezifischen Leitfähigkeit.** Ryoitiro Huzimura und Yasuro Ato. (Rep. Government ind. Res. Inst., Nagoya **9,** 185—91, 1960; jap., Auszug: engl.) — Die Wrkg. des Beschusses mit 1-MeV-Elektronen auf die Leitfähigkeit von dünnen Ge-Einkristallen folgender Typen werden untersucht: ca. 10 Ohm · cm, n-leitend; 1,8 Ohm · cm, p-leitend; 40 Ohm · cm, undotiert. Beim n-Ge wird als Anfangswert für die Ladungsträgerabnahme 0,12 cm^{-1} u. bei p-Ge 0,43 cm^{-1} beobachtet. Beim undotierten Ge wird eine Zunahme der Ladungsträger nachgewiesen. Bezieht sich die Zunahme auf die Anzahl der Löcher, so gilt als Zunahmewert: 0,0045 cm^{-1}. Dieser Wert stimmt mit dem für die Einführung von Löchern in n-Ge überein. Mit Hilfe des Modells von Seitz u. Koehler (vgl. Solid State Physics **2,** [1956], 305) wird die Anzahl der aus ihrer Normallage verschobenen Atome berechnet. Die Energieniveaus der Defekte, die durch den Beschuß hervorgerufen wurden, bestehen aus einer Elektronenhaftstelle 0,11 eV unter dem Leitungsband, einer Löcherhaftstelle 0,10 eV über dem Valenzband u. einem Acceptorniveau 0,29 eV über dem Valenzband. H. Schibilla 135◇

0240 **Ausheilen von γ-bestrahltem n-Germanium.** Shiori Ishino, Fumiko Nakazawa und Ryukiti R. Hasiguti. (J. Physics Chem. Solids **24,** 1033—41, 1963; Tokyo, Univ. of Tokyo, Dep. of Metallurgy; engl.) — Sb- u. As-dotierte n-leitende Ge-Proben mit einem Raumtemp.-Widerstand von 20 Ω cm werden mit ^{60}Co-γ-Strahlen bei 20° bestrahlt. Anschließend werden die Proben bei verschiedenen Temp. getempert u. die Änderung der Trägerdichte während der Wärmebehandlung durch Messungen des Hall-Effekts u. der elektr. Leitfähigkeit bestimmt. Die Trägerdichte ändert sich stufenförmig bei Tempertemp. von 370, 430 u. 530°K mit den entsprechenden Aktivierungsenergien von 0,7—0,8 bzw. 1,2—1,3 u. 2,2 (As-dotiert)—2,5 eV (Sb-dotiert). Den einzelnen Stufen werden bestimmte Fehlstellen bzw. Fehlstellenpaare zugeordnet. K. H. Härdtl 135◇

0241 **Leitfähigkeit im Verunreinigungsband in n-GaAs.** M. Sch. Giterman, L. Ja. Krol, W. A. Medwedew, M. P. Orlowa und G. Ss. Pado. (Festkörperphysik [UdSSR] **4,** 1383—85, 1962; Moskau, Forschungsinst. für funktechn. Messungen; russ.) — Spezif. Widerstand, Hall-Koeff. u. magnet. Widerstandsänderung von n-GaAs mit Verunreinigungen von 10^{16}—10^{17} Atomen/cm^3 wurden bei 300, 78 u. 1,7°K bestimmt. Einkristalle zeigten unter 55°K eine Leitfähigkeit im Verunreinigungsband. M. Wiedemann 135◇

0242 **Polaritätsbestimmung von GaAs-Plättchen.** G. R. Cronin. (Rev. sci. Instruments **34,** 1151—53, 1963; Dallas, Tex., Texas Instruments, Inc.; engl.) — Beschrieben wird eine Meth. zur schnellen Unterscheidung von Ga- u. As-Flächen in GaAs auf Grund der Reflexionsmuster u. ihrer Orientierung zur Probensymmetrie. K. Jaeger 135◇

0243 **Darstellung und Eigenschaften von $CdSnAs_2$.** A. J. Strauss und A. J. Rosenberg. (Physics Chem. Solids **17,** 278—83, 1961; Lexington, Mass., MIT, Lincoln Labor.; engl.) — n-Kristalle von $CdSnAs_2$ (F. 590 bis

600°) werden durch Abkühlung aus der Schmelze gewonnen. Die höchste beobachtete Hall-Beweglichkeit bei Zimmertemp. betrug $1,2 \cdot 10^4$ cm²/V · s für eine Probe mit einer Konz. freier Elektronen von $5,5 \cdot 10^{17}$ cm^{-3}. Aus IR-Absorptionsdaten wird der Bandabstand auf ca. 0,23 eV bei Zimmertemp. geschätzt. Die Absorptionskante verschiebt sich mit wachsender Elektronenkonz. zu kürzeren Wellenlängen hin. Die opt. u. elektr. Daten zeigen, daß das Leitungsband von $CdSnAs_2$ charakterisiert ist durch eine niedrige effektive Elektronenmasse in der Größenordnung von einigen Hundertsteln der Masse des freien Elektrons. G. Ruban 135◇

0244 **Die Verteilung von Zink zwischen festem GaSb und Ga–Sb-Schmelzen.** U. Merten und A. P. Hatcher. (J. Physics Chem. Solids **24,** 1064–66, 1963; San Diego, Calif., Gen. Atomic Div. of Gen. Dynamics Corp.; J. J. Hopkins Labor. for Pure and Appl. Sci.; engl.) — Der Verteilungskoeff. von Zn zwischen GaSb u. Ga–Sb-Schmelzen liegt für Zn-Konz. $< 2 \cdot 10^{19}$ cm^{-3} zwischen 1,3–0,7. Er ist zwischen 40–60 Atom-% Ga nur schwach vom Ga-Geh. der Schmelze abhängig. Für Zn-Konzz. $> 2 \cdot 10^{19}$ cm^{-3} sinkt der Verteilungskoeff. steil ab bis auf 0,3 für einen Zn-Geh. von $2 \cdot 10^{20}$ cm^{-3}. K. H. Härdtl 135◇

0245 **Eine neue Art der Zweistrom-Plasmainstabilität.** S. Tosima und R. Hirota. (J. appl. Physics **34,** 2993 bis 2996, 1963; Tokyo, Labor. RCA, Inc.; engl.) — Die Stabilität einer der niederfrequenten Plasmaschwingungen wird auf Grund der Zwei-Fl.-Theorie untersucht. Bei hinreichend kurzer Streuzeit entsteht bei der Frequenz einer der akust. Schwingungen eine Dichtestörung. In diesem kurzen Streuzeitbereich kann die Phasendifferenz zwischen Elektron- u. Loch-Störungsgeschw. zu einer Zunahme der Störung führen. Wenn dieser Mechanismus die Dämpfungseffekte der Diffusion u. die Rekombination der Überschußträger überwiegt, dann folgt eine anwachsende Instabilität. Die Ergebnisse sind anwendbar auf gasförmige u. Festkörper-Plasmen. Zum Nachw. dieses Effekts ist InSb am besten geeignet. H. Liepack 135◇

0246 **Hysteresis in der schraubenförmigen Instabilität in einem Elektron-Loch-Plasma.** Betsy Ancker-Johnson. (Appl. Physics Letters **3,** 104–06, 1963; Seattle, Wash., Boeing Sci. Res. Labor.; engl.) — Oscillograph. nachgewiesen wurde die Hysteresis eines Elektronen-Loch-Plasmas in p-*InSb* bei 77 °K. K. Jaeger 135◇

0247 **Messungen der magnetischen Widerstandsänderung an Corbino-Scheiben von InSb.** Milton Green. (J. appl. Physics **32,** 1286–89, 1961; Fort Monmouth, N. J., U. S. Army Signal Res. and Developm. Agency; engl.) — Gemessen wurde bei 77, 203 °K u. Zimmer-Temp. die magnet. Widerstandsänderung einer „Corbino-Scheibe" von n-InSb ($N_D - N_A \sim 7 \cdot 10^{15}$ cm^{-3}). Die Ladungsträgerbeweglichkeiten wurden bestimmt. Sehr geringe Änderungen der magnet. Widerstandsänderung mit der Strompolarität wurden beobachtet u. gedeutet. K. Jaeger 135◇

0248 **Temperaturabhängigkeit der BeO-Tunnelstrukturen.** C. K. Chow. (J. appl. Physics **34,** 2918–19, 1963; Paoli, Pa., Burroughs Co., Labor.; engl.) — Berechnet u. gemessen wurde die Temp.-Abhängigkeit der Tunnelstromdichte in Be-BeO-Au-Schichten; $\gamma = \Delta I(T)/I(0) =$ 0,237 (experimentell). K. Jaeger 135◇

0249 **Änderung des elektrischen Widerstandes von Al_2O_3-Kristallen während des Kriechens.** Roger Chang. (J. appl. Physics **34,** 1564–65, 1963; Canoga Park, Calif., Atomics Internat.; engl.) — Unterss. nach der Zwei-Sonden-Meth. zeigen, daß der elektr. Widerstand von Al_2O_3-Kristallen während des „transient"-Kriechens zunächst abnimmt u. dann im Bereich des „steady-state"-Kriechens linear mit der Spannung zunimmt. G. M. Neumann 135◇

0250 **Elektrische Leitfähigkeit von Bleititanat–Zirkonat-Keramik.** R. Gerson und Hans Jaffe. (J. Physics Chem. Solids **24,** 979–84, 1963; Cleveland, Ohio, Clevite Corp., Electron. Res. Div.; engl.) — In Luft gesinterte ferroelektr. Pb(Ti, Zr)O_3-Keramik ist p-leitend. Die p-Leitung wird durch Pb-Leerstellen verursacht. Folgende Meßergebnisse sprechen für diese Annahme: Der spezif. elektr. Widerstand nimmt sowohl mit steigendem O_2-Partialdruck, als auch bei Dotierung mit donatorenbildenden Ionen (Nb) ab. Ein Übergang zur n-Leitung bei hohen Nb-Dotierungen wird allerdings nicht gefunden. K. H. Härdtl 135◇

0251 **Über die Alterung und Regenerierung titanhaltiger Keramik.** Ja. N. Perschitz. (Festkörperphysik [UdSSR] **3,** 3495–3502, 1961; Peskowsk, Pädagog. Kirow-Inst.; russ.) — Übersicht über Meth. zur Charakterisierung von Alterung u. Regenerierung. Die Änderung der elektr. Leitfähigkeit durch Alterung titanhaltiger Keramik bei vergleichsweise tiefen Temp. wird durch die Aufnahme von Elektronen durch Anionenleerstellen erzeugt. Erst bei höheren Temp. entstehen aus diesen gebildeten F-Zentren freie Elektronen u. Gitterleerstellen. Durch Regenerierung werden die F-Zentren in den einzelnen Kristallzonen gegeneinander versetzt. W.-D. Heußner 135◇

0252 **Photoleitungs- und Leitfähigkeitsmessungen an Borsäure und Chromoxid-Kristallen.** G. Schultz und M. Bober. (Tag.-Ber. physik. Ges. DDR, Greifswald 1959, Physik Chem. Kristallphosphore **1,** 316–20, herausgeg. 1960; Berlin, Humboldt-Univ., I. Phys. Inst.; dt.) — Prismat. nadelförmige H_3BO_3-Kristalle (I) wurden bei raschem Abkühlen heißer Lsgg. gewonnen. Ihre Dunkel- u. mögliche Photoleitfähigkeit wurde nach einem bes. beschriebenen Kompensations-Verf. gemessen. Die Dunkelwiderstände von **I** betrugen $1 \cdot 10^{15}$–$3 \cdot 10^{15}$ Ω. Die Messungen wurden im Vakuum oder in wasserdampffreier Luft durchgeführt. Bei Bestrahlung tritt ein Leitfähigkeitsanstieg ein, der jedoch nicht auf einen echten Photoeffekt, sondern auf einen äußeren Photoeffekt an den Au-Elektroden zurückzuführen ist. Eine von anderer Seite früher festgestellte Photoleitfähigkeit wird auf den Einfl. von W. in der umgebenden Atmosphäre zurückgeführt. Gemessen wurde nach dem gleichen Verf. der elektr. Widerstand von Cr-Oxidkristallen u. -Kristallpulver. Die Werte liegen zwischen $5 \cdot 10^{13}$ Ω cm für Kristalle u. $9 \cdot 10^5$ Ω cm für das Kristallpulver. Photoleitfähigkeit konnte bei Bestrahlung mit UV nicht nachgewiesen werden. H. Roschkowski 135◇

0253 **Untersuchung der elektrischen Eigenschaften der Uranoxide.** 1. Mitt. **Die spezifische elektrische Leitfähigkeit von α-U_3O_8.** A. M. George und M. D. Karkhanavala. (J. Physics Chem. Solids **24,** 1207–12, 1963; Trombay, Bombay, Atomic Energy Establ. Chem. Div.; engl.) — Die spezif. elektr. Leitfähigkeit σ von α-U_3O_8 wird zwischen 50 u. 850° bzw. zwischen 150 u. 10^{-2} Torr O_2 gemessen. σ läßt sich in der Form $\sigma = \sigma_0 \exp(-E/kT)$ mit einer Änderung von E oberhalb 450° wiedergeben. E beträgt $0,64 \pm 0,03$ eV oberhalb bzw. $1,10 \pm 0,02$ eV unterhalb 450°. Die p_{O_2}-Abhängigkeit von σ wird proportional zu $p_{O_2}^{-1/6}$ gefunden. Dies läßt auf n-Leitung schließen. K. H. Härdtl 135◇

0254 **Die elektrischen Eigenschaften von α-Eisen(III)-oxid.** 1. Mitt. **Das verunreinigte Oxid.** R. F. G. Gardner, F. Sweett und D. W. Tanner. (J. Physics Chem. Solids **24,** 1175–81, 1963; Stevenage, Hertfordshire, England, Warren Spring Labor., Dep. of Sci. and Ind. Res.; engl.) — Die spezif. elektr. Leitfähigkeit σ u. die Thermokraft η von gesinterten, polykristallinen. α-Fe_2O_3-Proben, die aus verschiedenen Ausgangssubstanzen hergestellt wurden, werden zwischen 20 u. 1350° gemessen. Die hochreinen Proben zeigen ein nichtlineares $\log \sigma = f(1/T)$. Dies wird dem Vorhandensein kleiner Mengen Fe^{2+}-Ionen zugeschrieben, die durch O-Verlust entstehen. Ihr Einfl. wird in verunreinigten Proben unterdrückt. Deshalb zeigen letztere Proben eine lineare Abhängigkeit $\log \sigma = f(1/T)$. η reagiert sehr empfindlich auf das Vorhandensein von Fremdionen. Mn- u. Cr-Dotierungen führen zu n-Leitung, Mg u. Ni zu p-Leitung. Aus den Ergebnissen wird geschlossen, daß die elektr. Eigg. von α-Fe_2O_3 entweder durch Verunreinigungen oder in den hochreinen Proben durch Abweichung von der Stöchiometrie in Richtung auf Metall-Überschuß bestimmt werden. Oberhalb 800° tritt Eigenleitung auf. K. H. Härdtl 135◇

0255 **Die elektrischen Eigenschaften von α-Eisen(III)-oxid.** 2. Mitt. **Eisen(III)-oxid von hoher Reinheit.** R. F. G. Gardner, F. Sweett und D. W. Tanner. (J. Physics Chem. Solids **24,** 1183—96, 2 Tafeln, 1963; engl.) — 1. vgl. vorst. Referat. — Die spezif. elektr. Leitfähigkeit σ u. die Thermokraft von einigen hochreinen α-Fe_2O_3-Proben wird zwischen 20 u. 1350° gemessen. Unterhalb 1000° ist die Ladungsträgerdichte konstant. Hier zeigt σ eine Aktivierungsenergie von 0,1 eV, die von einer Beweglichkeit $\mu = 232/T \cdot \exp(-0{,}1/kT)$ herrührt. Bei Temp. unter 450° treten Korngrenzenwiderstände auf, die die Aktivierungsenergie auf 0,7 eV ansteigen lassen. Oberhalb 1000° nimmt die Ladungsträgerkonz. mit der Temp. infolge Eigenleitung stark zu. σ hat hier eine Aktivierungsenergie von ca. 1 eV. Dem entspricht ein Bandabstand von 2 eV. K. H. Härdtl 135◇

0256 **Der Einfluß von Mangan auf die elektrische Leitfähigkeit von Nickelferrit.** D. Elwell, R. Parker und A. Sharkey. (J. Physics Chem. Solids **24,** 1325—31, 1963; Portsmouth, Coll. of Technol., Dep. of Phys.; engl.) — Die spezif. elektr. Leitfähigkeit σ wird zwischen 20 u. 400° für $NiFe_2O_4$ mit Ni:Fe-Verhältnissen von 1:2 bis 1:1,88 u. mit Mn-Zugaben bis zu 2% gemessen. Die Proben werden mit der üblichen Sintertechnik mit Sintertemp. zwischen 1100 u. 1250° u. O_2-Partialdrücken zwischen 3 u. 456 Torr hergestellt. Bei Mn-Zugabe nimmt σ stark ab. Aus den Meßergebnissen wird gefolgert, daß Mn^{3+}-Ionen auf Fe-Plätzen Fe^{3+}-Ionen ersetzen u. daß ein Ni-Überschuß bis ca. 3% in $NiFe_2O_4$ löslich ist. K. H. Härdtl 135◇

0257 **Negativer Photoeffekt im Ausläufer der Absorption am Kupfer(I)-oxid.** E. Klier. (Abh. dtsch. Akad. Wiss. Berlin, Kl. Math., Physik Techn. **1960,** Nr. 7, 199 bis 207; Prag, Karls-Univ., Math.-Phys. Fak., Kath. für Festkörperphys.; dt.) — An Cu_2O wird unter definierten Bedingungen ein trägheitsarmer negativer Photoeffekt beobachtet u. nach einem Rekombinationsmechanismus gedeutet, dessen Gesetzmäßigkeiten dadurch mit anderen Beobachtungen der Leitfähigkeit in Einklang gebracht werden können. Hierbei wird die Rolle der Anionenleerstellen hervorgehoben. G. Ruban 135◇

0258 **Thermoelektrischer Effekt in Kupfer(I)-oxideinkristallen bei hohen Temperaturen.** Moshe H. Zirin und Dan Trivich. (J. chem. Physics **39,** 870—75, 1963; Detroit, Mich., Wayne State Univ., Dep. of Chem.; engl.) — Im Temp.-Bereich 500—1130° bei O_2-Partialdrücken von 160 bis $2 \cdot 10^{-6}$ Torr ist Cu_2O p-leitend. Die thermoelektr. Kraft Q gegen 1/T aufgetragen ergibt für die verschiedenen P_{O_2} parallele Geraden mit der Steigung 0,75 V. Q gegen P_{O_2} aufgetragen ergibt näherungsweise Geraden mit Steigungen $\sim -2{,}3\,k/8q$ (k = Boltzmann-Konst., q = elektron. Ladung). Diese Ergebnisse stehen mit den bekannten Modellen für Cu_2O im Einklang. K. Jaeger 135◇

0259 **Löcherinjektion in CdS aus Cu_2S.** P. N. Keating. (J. Physics Chem. Solids **24,** 1101—06, 1963; Templefields, Harlow, England, Assoc. Electr. Ind. Ltd.; engl.) — Es werden Dioden durch Aufdampfen von Cu_2S auf dünne CdS-Einkristalle hergestellt. Ihre Strom-Spannungskennlinien u. die auftretende Elektrolumineszenz werden gemessen. Bei Polung in Vorwärtsrichtung steigt oberhalb einer Schwellenspannung U_{Th} der Strom abrupt an u. es tritt Elektrolumineszenz auf. U_{Th} ist proportional zum Quadrat der Kristalldicke. Die Elektrolumineszenz ist bei hohen Strömen dem Strom proportional. Die Lebensdauer der Löcher wird zu $(1-2) \cdot 10^{-8}$ s berechnet. K. H. Härdtl 135◇

0260 **Einige Besonderheiten der Dunkelleitfähigkeit von CdS-Photowiderständen.** I. Ja. Kutscherow, A. S. Shmudski und W. I. Schijanowski. (Festkörperphysik [UdSSR] **4,** 1376—78, 1962; Kiew, Univ.; russ.) — Der mit der Zeit vorlaufende Anstieg der elektr. Dunkelleitfähigkeit bei CdS-Photowiderständen mit Ga-Elektroden wurde mit Hilfe eines elektrometr. Verstärkers verfolgt. Untersucht wurden 20 Proben mit verschiedener Dunkelleitfähigkeit. Die Erscheinung war von der angelegten Spannung (1,4—15,5 V) abhängig. M. Wiedemann 135◇

0261 **Zum Einfluß der Wärmebehandlung auf photoleitende Schichten aus gesintertem Cadmiumsulfid.** Saburo Kitamura. (J. physic. Soc. Japan **15,** 1697, 1960; Osaka, Japan, Matsushita Electr. Ind. Co., Central Res. Labor.; engl.) — CdS : Cl : Cu-Schichten wurden vor u. nach einer Temperung bei 160° im Vakuum untersucht. Durch Tempern erniedrigt sich die Aktivierungsenergie der elektr. Leitfähigkeit dieser Schichten um das zwanzigfache. Die Temp.-Abhängigkeit der Photoleitfähigkeit zeigte als Folge der Temperung eine Steigerung der Haftstellen auf das Zwanzigfache. K. Jaeger 135◇

0262 **HgTe-MnTe-Legierungen.** 2. Mitt. **Elektrische Eigenschaften.** R. T. Delves. (J. Physics Chem. Solids **24,** 885—97, 1963; Wembley, England, Gen. Electr. Co. Ltd., Central Res. Labor., Hirst Res. Centre; engl.) — 1. vgl. C. **1963,** 21086. — In $Hg_{1-x}Mn_xTe$-Legg. mit $x < 0{,}13$ überlappen sich Valenz- u. Leitungsband, so daß Ladungsträger beiderlei Vorzeichen zur Leitung beitragen. Mit Hilfe der Abhängigkeit des spezif. elektr. Widerstandes u. der Hall-Koeff. vom Magnetfeld können die Beweglichkeiten, die Ladungsträgerdichten u. effektiven Massen einzeln bestimmt werden. Verf. findet für 77°K eine Elektronenbeweglichkeit zwischen $(2-4) \cdot 10^4$ cm²/Vs mit $m^* = 0{,}005-0{,}012$ u. für Löcher eine Beweglichkeit von 100 mit $m^* = 0{,}3$. K. H. Härdtl 135◇

0263 **Elektrische Eigenschaften von aus Zinn–Quecksilberlegierungen gewachsenen Einkristallen von grauem Zinn.** H. Bokhout und P. H. van Lent. (J. Physics Chem. Solids **24,** 704—06, 1963; The Hague, Nat. Defence Res. Organizat., T. N. O., Phys. Labor.; engl.) — Aus zonengeschmolzenem bzw. 99,990%ig. Sn werden Leg. mit 1, 3 u. 10% Hg hergestellt, aus denen zwischen Glasplättchen bei $-9{,}0 \pm 0{,}2°$ mit Abkühlungsgeschw. von 0,3 u. 0,5 mm/24 Std. Einkristalle von grauem Sn wachsen, die 0,2—1% Hg enthalten. Von den Proben werden zwischen 80 u. 250°K Hall-Koeff. R_H u. spezif. elektr. Leitfähigkeit bestimmt. Aus dem Vorzeichen von R_H folgt n-Leitung, u. die reine Donator-Konz. beträgt $N_d - N_a = 10^{17}$ cm⁻³. Die Hall-Beweglichkeiten sind in Einkristallen größer als in polykristallinen Proben. Herbert Müller 135◇

0264 **Kann zusätzliche Elektronenstreuung den Widerstand herabsetzen?** S. Simons. (Proc. physic. Soc. **82,** 638—40, 1963; London, Univ., Queen Mary Coll.; engl.) — Vf. beweist, daß auch in anisotropen Medien eine zusätzliche Elektronenstreuung den elektr. Widerstand erhöht. Der Beweis gilt nicht in Ggw. eines magnet. Feldes oder bei Grenzflächenstreuung. P. Detje 136◇

0265 **Streuung von Elektronen durch die thermische Bewegung von Verunreinigungsionen.** Shigeharu Koshino. (Progr. theoret. Physics [Kyoto] **24,** 484—94, 1960; Kyoto, Kyoto Univ., Dep. of Phys.; engl.) — 2. vgl. C. **1963,** 13443. Die Streuung von Elektronen durch die Wärmebewegung des überschüssigen Elektronenpotentials von Verunreinigungsionen wird theoret. untersucht. Das Überschußpotential wird als abgeschirmte Coulombsche Wechselwrkg. von Elektronen mit überschüssigen Ladungen der Verunreinigungsionen angesehen. Die Änderung des elektr. Widerstands nichtmagnet. u. durch Substitution verd. Legg., die durch diesen Effekt bedingt ist, wird für hohe Temp. berechnet. Die berechneten Ergebnisse werden mit den experimentell ermittelten Abweichungen des elektr. Widerstands von Legg. auf Cu-, Ag- u. Au-Grundlage von den nach der Mathiessenschen Regel zu erwartenden Werten verglichen. Die Übereinstimmung ist im allg. gut. H. Roschkowski 136◇

0266 **Transporteigenschaften von Wismut-Einkristallen.** C. F. Gallo, B. S. Chandrasekhar und P. H. Sutter. (J. appl. Physics **34,** 144—52, 1963; Pittsburgh, Pa., Westinghouse Res. Labor.; engl.) — Der abs. Seebeck-Koeff., der spezif. elektr. u. therm. Widerstand werden an reinen (99,999%) Bi-Einkristallen verschiedener Orientierung bei 80°K u. 300°K gleichzeitig gemessen. Mit Hilfe des Zweibänder-Mehrtal-Modells werden Temp.-Abhängigkeit u. Anisotropie folgender Parameter berechnet: Überlappungsenergie, Fermi-Energie, Dichte effektiver Elektronen- u. Lochmassen, die elektron. u.

Gitterwärmeleitfähigkeit sowie der thermoelektr. Wrkg.-Grad. In Bi tritt bei der elektron. therm. Leitfähigkeit durch bipolare Diffusion ein zusätzlicher Term auf.

I. Zoll 136◇

0267 **Zur elektronischen Struktur von Kristallen des Wismuttyps.** 2. Mitt. Shoichi Mase. (J. physic. Soc. Japan **14,** 584—89, 1959; Nagoya, Univ., Dep. of Gen. Education; engl.) — 1. vgl. C. **1962,** 3722. — Berechnet werden die Energien in verschiedenen kristallograph. Richtungen für Kristalle des Bi-Typs. Diskutiert werden die Lokalisierung der Elektronen u. Defektelektronen in der Brillouin-Zone u., an Hand des abgeleiteten Modelles, magnet. u. elektr. Eigg. von *Bi* u. *Sb*.

K. Jaeger 136◇

0268 **Die Struktur des 3d-Bandes von Cr.** M. Asdente und J. Friedel. (Physic. Rev. [2] **126,** 2262, 1962; engl.) — Berichtigung von Einheiten u. eines Diagrammes in der C. **1963,** 12295 referierten Arbeit.

Herbert Weber 136◇

0269 **Der Einfluß der Legierungsstruktur auf den Stoffübergang.** W. Merl. (Brit. J. appl. Physics **12,** 447—49, 1961; Pforzheim, Dr. E. Dürrwächter-DODUCO-KG., Res. Labor.; engl.) — Untersucht wurde der Einfl. der elektr. Leitfähigkeit auf den Materialübergang bei Kontaktunterbrechungen (6 V; 4,3 A; 0,06—20 μH) für abscheidungsgehärtete *Pd–Cu-*, *Au-Co-* u. *Au–Ni*-Legg. mit Überstruktur (Überstruktur-Legg. besitzen eine sehr viel größere elektr. u. therm. Leitfähigkeit als ungeordnete Legg.). Für die Au-Legg. nimmt der Materialübergang mit steigender elektr. Leitfähigkeit stark ab im Bereich des Restüberganges u. normaler Abrißbogenlänge, ist für den Bereich kurzer Abrißbögen jedoch von der elektr. Leitfähigkeit kaum abhängig. K. Jaeger 136◇

0270 **Supraleiter mit Schichtstruktur.** E. Revolinsky, E. P. Lautenschlager und C. H. Armitage. (Solid State Commun. **1,** 59—61, 1963; Milwaukee, Wis., Allis-Chalmers Res. Labor.; engl.) — $NbSe_x$ mit $1{,}90 \leqq x \leqq 2{,}25$ hat ein hexagonales Schichtgitter u. ist unterhalb 5,15—5,62 °K supraleitend. $NbSe_x$ ist die erste Verb. des NbS_2-Typs, die supraleitend ist u. die zweite supraleitende Verb. (nach $PdTe_2$ vom CdJ_2-Typ) mit Schichtgitterstruktur überhaupt. K. Jaeger 136◇

0271 **Wechselstromverluste in Supraleitern zweiter Art.** H. London. (Physics Letters [Amsterdam] **6,** 162—65, 1963; Harwell, A.E.R.E.; engl.) — Für „harte" Supraleiter zweiter Art [Widerstand für $H_e < H < H_u$ bei der Stromdichte im Supraleiter $I \geqq I_{krit.}$ mit relativ großem $I_{krit.}$] wird die Größenordnung des Energieverlustes durch Wärmeeffekte abgeschätzt. Der effektive elektr. Widerstand u. damit der Energieverlust im Supraleiter sind von der Frequenz der Änderung des äußeren Magnetfeldes abhängig. Diese Energieverluste werden phänomenolog. als Hysteresiseffekte bezeichnet.

K. Jaeger 136◇

0272 **Die Methode der magnetischen Suspensionswaage zur Messung des elektrischen Widerstandes von Metallen.** Titus Pankey. (Rev. sci. Instruments **34,** 1082—85, 1963; Washington, D. C., Howard Univ., Phys. Dep.; engl.) — Beschrieben wird eine einfache Meth. zur Messung des elektr. Widerstandes von Metallen u. Legg. auf Grund des Arago-Effektes. Für Proben von 2,85 cm Durchmesser u. einem spezif. elektr. Widerstand von 10^{-4} bis $10^{-5}\ \Omega \cdot$ cm wurden bei < 1 Hz Genauigkeiten von $\sim 2\%$ erreicht. K. Jaeger 136◇

0273 **Der de Haas–van Alphen-Effekt bei Antimon.** Yoshitami Saito. (J. physic. Soc. Japan **18,** 452, 1963; Sendai, Tohoku Univ., Res. Inst. for Iron, Steel and other Metals; engl.) — Die Unterss. wurden bei 4 °K u. bei Magnetfeldern bis zu 23 kOe an Einkristallen in bestimmten Kristallebenen durchgeführt. Dabei wird die Theorie Shoenbergs (C. **1953,** 4647) bestätigt. Daneben werden die Schwingungen einer neuen Ladungsträgerart beobachtet, deren Massenparameter m_1, m_2 u. m_3 folgende Werte besitzen sollen: $0{,}005 \cdot 10^{-12} E_{02}^{-1}$; $0{,}2 \cdot 10^{-12} E_{02}^{-1}$ u. $0{,}03 \cdot 10^{-12} E_{02}^{-1}$.

H. Fahlenbrach 137◇

0274 **MO-Berechnung der Hyperfeinaufspaltungskonstante des NH_3^+-Radikals.** G. Giacometti und P. L. Nordio. (Molecular Physics **6,** 301—04, 1963; Padua, Univ., Inst. of Phys. Chem.; engl.) — Unter Verw. von SCF-Mol.-Zuständen aus Atomzuständen von Hartree-Fock-Typ werden durch eine ausführliche CI-Berechnung die N- u. H-Hyperfeinaufspaltungskonst. des NH_3^+ erhalten. Die Ergebnisse werden mit den aus ESR-Spektren erhaltenen verglichen.

A. Blaschette 137◇

0275 **Paramagnetische Fehler in γ-bestrahltem Ammoniumhypophosphat.** J. R. Morton. (Molecular Physics **6,** 193—99, 1963; Ottawa, Nat. Res. Council, Div. of Appl. Chem.; engl.) — Die durch γ-Strahlung in $(NH_4)_2H_2P_2O_6$ hervorgerufenen Strahlungsschäden werden auf Grund ihrer ESR-Spektren (Hyperfein-Wechselwrkg. mit zwei P-Kernen) als im Kristallgitter eingefangene Radikale $O_2P{-}PO_3^{3-}$ (I) charakterisiert. Beim Erwärmen der Kristalle auf 120° tritt Spaltung der P–P-Bindung nach I → PO_3^{2-} (II) + PO_2^- (?) ein. **II** ist paramagnet.; sein ESR-Spektrum ist bekannt. A. Blaschette 137◇

0276 **Das Elektronenspinresonanz-Spektrum von $NH \cdot (SO_3)^-$ in mit γ-Strahlen bestrahltem Kaliumamidosulfat.** J. R. Rowlands. (Molecular Physics **5,** 565—71, 1962; Teddington, Nat. Phys. Labor., Basic Phys. Div.; engl.) — Das ESR-Spektrum von eingefangenen $NH \cdot (SO_3)^-$-Radikalen wird analysiert u. die Hyperfeinkopplung der H- u. N-Kerne angegeben. Das Radikal ist eben gebaut. Das ungepaarte Elektron besetzten einen Zustand mit π-Symmetrie, der hauptsächlich als 2 p-Zustand des N anzusehen ist. G. M. Neumann 137◇

0277 **Paramagnetische Elektronenresonanz von ^{15}N und ^{33}S natürlicher Häufigkeit im Nitrosodisulfonat-Ion $[NO(SO_3)_2]^{2-}$.** J. J. Windle und A. K. Wiersema. (J. chem. Physics **39,** 1139—40, 1963; Albany, Calif., Western Reg. Res. Labor.; engl.) — Im X-Band-Spektrum des $[NO(SO_3)_2]^{2-}$ in verd. wss. Lsg. (H_2O oder D_2O) wurden zusätzlich zum bekannten ^{14}N-Hyperfeintriplett zwei Liniengruppen beobachtet u. den Wechselwrkgg. mit ^{15}N bzw. ^{33}S zugeschrieben.

A. Blaschette 137◇

0278 **Die Struktur, Elektronenresonanz und die optischen Spektren eingefangener CO_3^-- und NO_3-Radikale.** G. W. Chantry, A. Horsfield, J. R. Morton und D. H. Whiffen. (Molecular Physics **5,** 589—99, 1962; Teddington, Nat. Phys. Labor.; Basic Phys. Div.; engl.) — Vgl. C. **1963,** 6103. — In Kristallen von $KHCO_3$ bzw. $CO(NH_2)_2 \cdot HNO_3$, die mit γ-Strahlen von 1 MeV bestrahlt wurden, konnten CO_3^- u. $CO_2(H)$- bzw. NO_3-Radikale beobachtet werden. Die Elektronenresonanzspektren sowie die opt. Absorptionsspektren zeigen, daß die CO_3^-- u. NO_3-Radikale eben gebaut sind, aber keine dreizählige Achse besitzen. Eine Diskussion der Wellenfunktionen läßt vermuten, daß diese Radikale verzerrt sind (im Gegensatz zu CO_3^{2-} u. NO_3^-).

G. M. Neumann 137◇

0279 **Paramagnetische Resonanz des Ni^{2+}-Ions in einem MgO-Kristall unter einachsigem Druck.** A. M. Germanier und R. Lacroix. (Helv. physica Acta **34,** 401—03, 1961; Genève, Inst. de Phys. Théor.; franz.) — Unters. der ESR-Spektren von Ni^{2+}-Ionen in einem MgO-Kristall, der längs [100] senkrecht zum stat. Magnetfeld einem einachsigen Druck ausgesetzt wird. Der Druck verursacht eine Verdoppelung der Resonanzlinie. Der Abstand der beiden Linien wird als Funktion des Druckes angegeben. Das Punktladungsmodell für das kristallelektr. Feld ist adäquat, sofern man ein effektives $\langle r^4 \rangle$ einführt, das durch den experimentellen Wert von Dq gegeben ist. Das gefundene Verhältnis $\langle r^4 \rangle$ (effektiv)/$\langle r^4 \rangle$(theor.) = 4 zeigt, daß das Ionenmodell nur näherungsweise gilt u. die Kovalenz bei Dq eine wichtige Rolle spielt.

J. M. Spaeth 137◇

0280 **Untersuchung der Kristallfeldinhomogenität im Rubin.** A. A. Manenkow, A. A. Popowa und W. Ja. Chaimow-Malkow. (Festkörperphysik [UdSSR] **5,** 1643—48, 1963; Moskau, Akad. der Wiss. der UdSSR, Phys. Lebedew-Inst.; russ.) — Gemessen wurde die inhomogene Verbreiterung der ESR-Linien von Rubin (0,05% Cr^{3+}). Aus den Ergebnissen wird die Inhomogenität des Rubinkristallfeldes abgeleitet. Die mittleren relativen

Abweichungen betragen $1 \cdot 10^{-3}$ bis $6 \cdot 10^{-3}$. Ferner werden die Fehlorientierungen der trigonalen Achse des Kristallfeldes, die auf Fehlordnungen der Mikromosaikblöcke zurückzuführen sind, mit Hilfe der ESR untersucht. Für große Kristalle kann die Fehlorientierung dieser Achse bis zu 10° betragen. Diskutiert wird der Einfl. dieser Fehlorientierungen auf die Funktion von Masern u. Lasern. K. Jaeger 137◇

0281 **Der Einfluß der magnetischen Anisotropie auf das Spinwellenspektrum.** Ssjan-tschshen Men. (Festkörperphysik [UdSSR] **5,** 1611–19, 1963; Leningrad, Akad. der Wiss. der UdSSR, Halbleiter-Inst.; russ.) — Abgeleitet werden allg. Ausdrücke für das Spinwellenspektrum in ellipsoid., kub. u. einaxialen Kristallen unter Druckeinwirkung. Es wird gezeigt, daß die Koeff. der Magnetostriktion λ_{100} u. λ_{111} eines kub. Kristalles aus Messungen an einer einzigen Probe erhalten werden können, wenn diese allseitiger, gleichförmiger Kompression oder Dilatation unterworfen wird. K. Jaeger 137◇

0282 **Zum Einfluß mechanischer Spannungen auf die thermoelektrischen Eigenschaften ferromagnetischer Stoffe. 3. Mitt.** Tutomu Inoue. (Bull. Nagoya Inst. Technol. **14,** 17–23, 1962; jap., Auszug: engl.) — Gemessen wurde die thermoelektr. Kraft von Ni, Ni – 17,93(%) Cu, Ni – 1,71 Cu u. Ni – 30,22 Fe als Funktion eines äußeren Druckes u. Magnetfeldes. Der Einfl. des Druckes auf die thermoelektr. Kraft der Proben wird durch das Vorzeichen der Konst. der Magnetostriktion bestimmt. Starke äußere Magnetfelder verringern den Einfl. des Druckes auf die thermoelektr. Kraft auf 1/10 bis 1/100. Die Ergebnisse werden durch eine druckabhängige Domänenreorientierung gedeutet. K. Jaeger 137◇

0283 **Magnetische Susceptibilität im Hochfrequenzbereich eines ferromagnetischen Dielektrikums in einem longitudinalen Magnetfeld.** R. N. Gurshi und W. M. Zukernik. (J. exp. theoret. Physik [UdSSR] **43,** 977–83, 1962; Akad. der Wiss. der UkrainSSR, Phys.-Techn. Inst.; russ., Auszug: engl.) — Ableitung einer quantenkinet. Gleichung für Spinwellen in einem Ferrodilektrikum in einem longitudinalen magnet. Wechselfeld. Die Dispersion der magnet. Susceptibilität bei hohen Frequenzen wird berechnet. H. Liepack 137◇

0284 **Einfluß des Druckes während der Verdampfung auf die magnetischen Eigenschaften von Nickelfilmen.** C. D. Graham jun. und J. M. Lommel. (J. physic. Soc. Japan, Suppl. B-I **17,** 570–74, 1962; Schenectady, N. Y., Gen. Electr. Res. Labor.; engl.) — In einem Druckbereich von 10^{-5} bis $2 \cdot 10^{-10}$ Torr wurden Ni-Filme bei zwei stark voneinander verschiedenen Verdampfungsgeschw. aufgedampft, um den Einfl. des Druckes auf die magnet. Eigg. zu untersuchen. Eine detaillierte Beschreibung der Vers.- u. Meßanordnung wird mitgeteilt. Unter den besten Vers.-Bedingungen wurden Filme erhalten, in denen die Konz. eingefangener Gasatome nur 10 ppm betrug. Alle untersuchten Filme zeigten eine einachsige Anisotropie zwischen 1 u. $3 \cdot 10^3$ erg/cm³, die durch Temperung in einem Feld reorientiert werden kann. Aus dem ähnlichen Verh. der Ni-Filme mit unterschiedlichem Geh. an eingeschlossenen O-Atomen schließen Vff., daß die verunreinigenden Gasatome für die einachsige Anisotropie in Ni-Filmen nicht verantwortlich sind. D. Noack 137◇

0285 **Magnetische Eigenschaften dünner, im Ultrahochvakuum aufgedampfter Filme.** S. Methfessel, A. Segmüller und R. Sommerhalder. (J. physic. Soc. Japan, Suppl. B-I **17,** 575–80, 1962; Zürich, IBM Corp. Res. Labor.; engl.) — Eine NiFe-Leg. mit 80% Ni wurde bei 10^{-9} bzw. 10^{-5} Torr auf geheizte u. polierte Glasunterlagen aufgedampft. Die Eigg. beider Filme wurden verglichen, um den Einfl. des Restgases auf die Koerzitivkraft der Wandbewegung H_c u. die Anisotropiefeldstärke H_k zu ermitteln. H_c setzt sich aus zwei voneinander unabhängigen Anteilen zusammen: 1. aus einem schwach von der Temp. abhängigen „Rauhigkeitsanteil" u. 2. aus einem „Verunreinigungsanteil", für den die gleiche Temp.-Abhängigkeit wie für das kompakte Material gilt. Die für H_k der im Vakuum aufgedampften Filme ermittelte Temp.-Abhängigkeit sowie das Temper-Verh. entsprechen dem des kompakten Materials. Die bei 10^{-5} Torr aufgedampften Filme zeigen eine durch eingeschlossene Gasatome bedingte zusätzliche Anisotropie, die sich reversibel durch schwache Temp.-Behandlung ändert. D. Noack 137◇

0286 **Einfluß untergeordneter Bestandteile in ferromagnetischen Filmen.** R. J. Prosen, J. O. Holmen, B. E. Gran und T. J. Cebulla. (J. physic. Soc. Japan, Suppl. B-I **17,** 580–84, 1962; Hopkins, Minn., Minneapolis-Honeywell Res. Center; engl.) — Es wurde der Einfl. geringer Mengen Sauerstoff auf die einachsige Anisotropie in dünnen Permalloy-Filmen untersucht. Die mit Hilfe elektronenphotomikrograph. Meth. beobachteten Effekte an geätzten Filmquerschnitten können durch Annahme einer säulenartigen Struktur des Filmes erklärt werden. Danach diffundiert Sauerstoff von der Filmunterlage aus zwischen den Säulen entlang u. bildet eisenoxid- u. nickelreiche Bezirke. Mit Hilfe dieses Modells läßt sich der Ursprung der bei der Magnetisierung induzierten Anisotropie deuten. Abschließend wird über einige andere Verss. berichtet, die das vorgeschlagene Modell bekräftigen sollen. D. Noack 137◇

0287 **Der Einfluß von elektrolytisch abgeschiedenem Wasserstoff auf die magnetischen Eigenschaften dünner Nickelschichten.** W. Andrä. (J. physic. Soc. Japan, Suppl. B-I **17,** 585–88, 1962; Jena, Dt. Akad. der Wiss., Inst. für Magnet. Werkstoffe; dt.) — Vgl. C. **1962,** 2634. — Durch Messung in Feldern bis zu 10 kOe wurde sichergestellt, daß die Sättigungsmagnetisierung von elektrolyt. mit H_2 beladenen Ni-Schichten bis nahezu Null absinken kann. Ein einfacher Zusammenhang zwischen Magnetisierung u. H_2-Geh. konnte jedoch nicht gefunden werden. Die Beladung verursachte eine einachsige magnet. Anisotropie senkrecht zur Schichtebene ($K_\perp \leq 2 \cdot 10^5$ erg · cm⁻³) mit demselben Vorzeichen wie die Formanisotropie. Die induzierte Anisotropie (K^*) parallel zur Filmebene sinkt während der Beladung auf Null u. wächst während der H_2-Desorption monoton an, womit angezeigt wird, daß diese Anisotropie nicht durch den bei der Filmherst. eingebauten H_2 verursacht wird. Die Beziehung zwischen K^* u. Sättigungsmagnetisierung ist annähernd linear. Demnach kann K^* auch nicht durch irgendeine Formanisotropie hervorgerufen sein. D. Noack 137◇

0288 **Spinwellenresonanz in magnetischen Filmen.** P. E. Tannenwald. (J. physic. Soc. Japan, Suppl. B-I **17,** 592–99, 1962; Lexington, Mass., MIT, Lincoln Labor.; engl.) — Kurze Übersicht (Spinwellenresonanz; Austausch-Konst.; Austauschwechselwrkgg. zweiter Ordnung; Spinwelle–Phonon-Wechselwrkgg. u. Spinwellenresonanz in Antiferromagneten). — 29 Literaturangaben. D. Noack 137◇

0289 **Spinwellenresonanz in Nickel- und Nickellegierungs-Filmen.** R. Kimura und H. Nosé. (J. physic. Soc. Japan, Suppl. B-I **17,** 604–06, 1962; Tokyo, Tokyo Metropolitan Univ., Fac. of Sci., Dep. of Phys.; engl.) — An Ni-Filmen zwischen 1000 u. 3000 Å Dicke wurde die Spinwellen-Resonanzanregung untersucht. Diese trat nur bei solchen Filmen auf, die auf nicht erwärmten Glasunterlagen hergestellt wurden, u. war von der inneren Kristallstruktur der Filme abhängig. Für die Austausch-Kopplungskonst. A in Ni-Filmen wurde der Wert $0{,}75 \cdot 10^{-6}$ erg/cm u. für das Austauschintegral J $9{,}4 \cdot 10^{-14}$ erg bestimmt. Ähnliche Messungen wurden an Cu–Ni- u. Pd–Ni-Filmen verschiedener Zus. durchgeführt. Durch Elektronenbeugungsaufnahmen konnte festgestellt werden, daß diese Filme eine nahezu ideale Struktur aufweisen. Mit steigendem Cu- u. Pd-Geh. steigt der Wert für A monoton schwach an. Die Austauschintegrale der Legg. besitzen einen fast konst. Wert. D. Noack 137◇

0290 **Austauschverengung der d-Bänder ferromagnetischer Stoffe.** Thomas Wolfram und Joseph Callaway. (Physic. Rev. [2] **127,** 1605–11, 1962; Riverside, Calif., Univ. of California, Dep. of Phys.; engl.) — Mit Hilfe der verallgemeinerten Hartree-Fock-Gleichungen mit Zweikomponenten-Lösungen wird eine halbphänomenolog. Hamilton-Funktion entwickelt, die die Wechselwrkg. eines Elektrons im d-Band mit den ferromagnet. Spinwellen beschreibt. Diese Wechselwrkg. führt zu einer d-Band-Verengung, die durch einen Faktor $e^{-\zeta}$ beschrieben wird, der dem entsprechenden Faktor in der Theorie von Yamashita u. Kurosawa (C. **1960,** 17026) analog ist. ζ nimmt mit zunehmender Temp. zu u. strebt im ferromagnet. Zustand bei tiefen Temp. gegen eins. H. Fahlenbrach 137

0291 **Eine neue Methode zur Bestimmung der ferromagnetischen Austauschkonstanten.** S. Methfessel, S. Middelhoek und H. Thomas. (J. physic. Soc. Japan, Suppl. B-I, **17,** 607—09, 1962; Zürich, IBM Corp. Res. Labor.; engl. — C. **1963,** 8811.) D. Noack 137◇

0292 **Betrachtungen zum Curie-Punkt dünner Nickelschichten.** B. Goureaux. (J. physic. Soc. Japan, Suppl. B-I **17,** 610—13, 1962; Caen, Univ. of Caen, Fac. of Sci.; engl.) — Der ferromagnet. Curie-Punkt dünner Ni-Filme zwischen 20 u. 1000 Å Dicke wurde durch Messung der elektr. Leitfähigkeit, des Hall-Effektes u. der drei Effekte der magnet. Widerstandsänderung bestimmt. D. Noack 137◇

0293 **Durch Elektronenbeugung nachgewiesener Magnetismus von elektrolytisch abgeschiedenen Filmen.** S. Yamaguchi. (J. electrochem. Soc. **107,** 55—56, 1959; Tokyo, Inst. of Phys. and Chem. Res.; engl.) — Elektrolyt. niedergeschlagene Ni-Schichten wurden magnetisiert u. mit Elektronen durchstrahlt. Die so erhaltenen Debye-Scherrer-Diagramme wurden mit denen von Au durch Doppelbelichtung verglichen. Aus der Exzentrizität der Beugungsringe wurde die magnet. Induktion abgeschätzt. Ähnliche Abschätzungen wurden für auf Goldfolien elektrolyt. abgeschiedene Fe-Schichten durchgeführt. Für die Induktion ergaben sich beim Ni $7 \cdot 10^3$ Gauß u. beim Fe $3 \cdot 10^4$ Gauß. G. Lehmpfuhl 137◇

0294 **Über zur leichten Achse in dünnen ferromagnetischen Filmen geneigte Domänenwände.** J. R. Garrood und C. W. B. Grigson. (J. physic. Soc. Japan, Suppl. B-I **17,** 614—17, 1962; Cambridge, Univ. of Cambridge, Engng. Labor.; engl.) — Es wird mathemat. u. experimentell an NiFe-Drähten (79:21) gezeigt, daß sich die Theorie des Hysteresisverlaufs in einachsigen dünnen Filmen zur Best. des Winkels zwischen den Domänenwänden u. der Richtung des angelegten Feldes verwenden läßt. Man erhält eine Funktion zwischen Feld u. leichter Achse. D. Noack 137◇

0295 **Beobachtungen der Feinstruktur von Domänen und der reversiblen Rotation der Magnetisierung in dünnen Permalloy-Filmen mit Hilfe des Faraday-Effektes.** A. L. Houde. (J. physic. Soc. Japan, Suppl. B-I **17,** 618—21, 1962; New Port Beach, Calif., Ford Motor Co., Aeronutronic Div.; engl.) — Es wird ein Faraday-Mikroskop zur Beobachtung der Feinstruktur von Domänen-Anordnungen in dünnen Permalloy-Filmen beschrieben. Die Magnetisierungsrichtung in gekreuzten Domänenwänden u. anderen Konfigurationen läßt sich aus den beobachteten Helligkeitsunterschieden u. den bekannten Polarisierungswinkeln ableiten. Die Anwendung des Faraday-Mikroskops zur Beobachtung der reversiblen Rotation der Magnetisierung in kleinen Flächen bei 50 Hz wird gezeigt. Die über eine Fläche von 1 mm² bestimmte Anisotropie-Konst. besitzt den Wert $K = 1600 \text{ erg} \cdot \text{cm}^{-3}$. D. Noack 137◇

0296 **Struktur der Domänenwände in dünnen Filmen.** Yasuo Gondō und Zenya Funatogawa. (J. physic. Soc. Japan, Suppl. B-I **17,** 621—24, 1962; Yokohama, Yokohama Nat. Univ.; engl.) — Vgl. C. **1962,** 13665. — Mit Hilfe der Bitter-Streifen-Meth. wurden die Domänenwände in einkristallinen Fe-Filmen, die durch Aufdampfen auf die (100)-Spaltfläche von MgO hergestellt wurden, untersucht. In den kub. Einkristallfilmen bilden die Wände das gleiche einfache Muster wie in den kompakten Kristallen, gekreuzte Wände wurden nicht beobachtet. Elektronenmkr. Beobachtungen gaben Aufschlüsse über Details ferromagnet. koll. Ndd. auf der Filmoberfläche. Mit Hilfe dieser Meth. wurden die Dicken der 180° u. 90° Néel-Wände bestimmt. D. Noack 137◇

0297 **Eine Bemerkung über eine elektronenmikroskopisch in magnetischen Domänenstrukturen beobachtete Erscheinung.** G. W. Wilson. (Brit. J. appl. Physics **14,** 160, 1963; Newcastle-upon-Tyne, Internat. Res. and Developm. Co. Ltd.; engl.) — Vf. berichtet über elektronenmkr. Beobachtungen der Konfigurationen von magnet. Domänen in etwa 500 Å dicken, auf dünne C-Filme aufgedampften Filmen von *Siliciumeisen* mit 3,25% Si. Die Domänenwände werden unter Verw. der von Hale u. Mitarbeitern (vgl. C. **1960,** 9461) vorgeschlagenen Defokusierung des Objektivs photographiert. Es wurde beobachtet, daß die Domänenwände abwechselnd heller u. dunkler als der Untergrund sind. Außerdem wurden in dem Film Löcher beobachtet. Es wird angenommen, daß die Begrenzungen, die die dunklen u. hellen Bereiche trennen, die Richtung der Magnetisierung des sie umgebenden Bereichs angeben. Es wird eine Erklärung dieses Effektes versuchsweise vorgeschlagen. C. Gottfried 137△

0298 **Beobachtung von Ummagnetisierungsvorgängen in dünnen Nickel–Eisen-Schichten mit Hilfe des magnetooptischen Kerr-Effekts.** M. Prutton. (Brit. J. appl. Physics **11,** 335—38, 1960; Stevenage, Herts., Internat. Computers and Tabulators Ltd., Res. and Design. Div.; engl.) — Schichten mit 81% Ni u. 19% Fe wurden im homogenen Magnetfeld von 80 Oe in einer Dicke von 1500 Å auf Glas aufgedampft. Mit Hilfe des Kerr-Effekts wurden die Ummagnetisierungsvorgänge untersucht, wenn die Filme einem äußeren Feld im spitzen Winkel zur leichten Achse des Films ausgesetzt wurden. Die Ummagnetisierung erfolgt in drei Stufen: a) kohärente Drehung bis nahe zu dem Winkel, bei dem ein nichtstetiger Sprung der Magnetisierung eintritt; b) Bldg. u. Wachstum von Domänen sowie Wandbewegungen; c) weitere kohärente Drehung, bis die gesamte Magnetisierung in Richtung des äußeren Feldes liegt. P. Detje 137◇

0299 **Magnetisierungsumkehrung in Permalloy-Filmen.** Eiji Tatsumoto, Kaizo Kuwahara und Mitita Goto. (J. physic. Soc. Japan, Suppl. B-I **17,** 628—31, 1962; Hiroshima, Hiroshima Univ., Fac. of Sci., Dep. of Phys.; engl.) — Vff. untersuchten die Magnetisierungs-Umkehrung an 80 Ni–20 Fe-Permalloy-Filmen in elektr. Wechselfeldern von $60—700 \cdot 10^3$ Hz bei monotoner Änderung der Feldstärke. Gleichzeitig wurde die magnet. Widerstandsänderung gemessen, um zu klären, ob die Umkehrung auf eine Wandbewegung oder auf Rotation zurückzuführen ist. Dabei wurde festgestellt, daß alle beobachteten Umkehrungen auf Wandbewegungen zurückgehen. Es wurde ferner der Zusammenhang zwischen H_b, dem Schwellenfeld für die Umkehrung, u. dH/dt untersucht. Aus dem Kurvenverlauf läßt sich das Schwellenfeld für nichtgleichförmige Rotation bestimmen. D. Noack 137◇

0300 **Kornstruktur und Eigenschaften von Ferriten.** Max Paulus und Charles Guillaud. (J. physic. Soc. Japan, Suppl. B-I **17,** 632—40, 1962; Bellevue, S.-et-O., Labor. de Magnét. et de Phys. du Solide; franz.) — Die magnet. u. elektr. Eigg. von Ferriten sind stark von der Kornstruktur abhängig. An polykristallinen Mn–Zn- u. Ni–Zn-Ferritproben wurde deshalb das Kristallwachstum untersucht. Es kann gezeigt werden, daß alle Ferrite mit Spinellstruktur unabhängig von der Zus. die gleiche Wachstumsgeschw. besitzen, vorausgesetzt, daß die Korngrenzenwanderung nicht durch Löcher oder Einschlüsse behindert wird. Es wird ferner der Einfl. von Kantenströmen auf die Kornstruktur von Mn–Zn-Ferriten sowie die Beeinflussung der Korngrenzen durch Ca untersucht. Durch die Ggw. von Ca nimmt die Dichte der Ferrite ab, außerdem wird das Ca bevorzugt an den Korngrenzen abgelagert. Im Zusammenhang mit diesem doppelten Struktureffekt des Ca steht ein doppelter ion. Effekt, der eine Abnahme des Fe-Ionengeh. an den Korngrenzen zur Folge hat. Diese experimentellen Ergebnisse werden durch einen Vgl. mit den physikal.-chem. Eigg. der Kristalle u. der Kristallgrenzen unter verschiedenen Bedingungen gesinterter u. abgekühlter Ferrite bestätigt. D. Noack 137◇

0301 **Relaxation des Ytterbium-Ions bei der ferrimagnetischen Resonanz.** R. W. Teale und K. Tweedale. (Physics Letters [Amsterdam] **1**, 298–300, 1962; Salfords, Surrey, Mullard Res. Labor.; engl.) – Die Unterschiede in der magnet. Kristallanisotropie, die zwischen den stat. Drehmomentmessungen im Magnetfeld u. den Mikrowellen-Resonanzuntersuchungen an Granaten mit Yb-Geh. beobachtet worden sind, konnten durch die Relaxation der Yb-Ionen erklärt werden. Dabei soll die Besetzung der Dublett-Niveaus nach Störungen mit einer Relaxationszeit τ erfolgen, die bei tiefen Temperaturen sehr groß ist. Dieses Modell ähnelt dem van Vleckschen (Conf. on Magnetism and Crystallography, Kyoto 1961) u. erklärt die erwähnten Unterschiede in der Kristallanisotropie befriedigend.
H. Fahlenbrach 137◇

0302 **Verlustmechanismen bei Spinell-Ferriten.** J. K. Galt und E. G. Spencer. (Physic. Rev. [2] **127**, 1572 bis 1576, 1962; Murray Hill, N. J., Bell Telephone Labor.; engl.) – An Ni–Fe-Ferrit: $(NiO)_{0,75}(FeO)_{0,25}Fe_2O_3$ wird die Linienbreite der ferrimagnet. Resonanz bei einer Frequenz von 9200 MHg gemessen. Das Ergebnis wird mit einem älteren Ergebnis (vgl. Galt, Yager u. Merritt, C. **1955**, 1444) am gleichen Ferrit, gemessen bei 24000 MHz, verglichen. Aus den Unterschieden werden Angaben über die Verlustmechansimen (Valenzaustausch zwischen Fe^{2+} u. Fe^{3+}, Dämpfungseffekt magnet. Verunreinigungen im Spinellgitter) gezogen, die beide beteiligt sind. H. Fahlenbrach 137◇

0303 **Sättigung der ferrimagnetischen Resonanz mit parallelem Pumpen.** P. Gottlieb und H. Suhl. (J. appl. Physics **33**, 1508–14, 1962; Malibu, Calif., Hughes Res. Labor.; La Jolla, Calif., Univ. of California; engl.) – Aus der Sättigungsamplitude der instabilen Spinwellen wird die Mikrowellen-Susceptibilität für die ferrimagnet. Nebenresonanzen mit parallelem Pumpen berechnet. Die Begrenzung dieser Runaway-Magnonen ist durch Wechselwrkg. zwischen drei, vier oder mehr Magnonen verursacht. Diese Wechselwrkg. können zu einer nichtlinearen, ebenso wie zu der üblichen linearen Relaxationsgeschw. führen. Diese Relaxation konnte durch Näherungsrechnung ermittelt werden. Die Hauptergebnisse der Theorie stimmten mit dem Experiment überein. H. Fahlenbrach 137□

0304 **Flußumkehrung in Ferritkernen mit rechteckiger Hystereseschleife.** R. F. Elfant und F. J. Friedlaender. (J. physic. Soc. Japan, Suppl. B-I **17**, 640–43, 1962; Lafayette, Ind., Purdue Univ.; engl.) – Es wird ein kurzer Überblick über die verschiedenen Mechanismen für die Umkehrung der Magnetflußrichtung in Mg–Mn-Ferritkernen gegeben. Es wird eine Doppel-Impuls-Meth. eingeführt, um das geeignete Modell experimentell auszuwählen. Auf der Basis der experimentellen Ergebnisse kann gezeigt werden, daß sich mit Hilfe des Modells der Domänenwandbewegung allein der Flußumkehr-Prozeß über den untersuchten Feldstärkenbereich von 0–20 Oe nicht erklären läßt. Es ist vielmehr erforderlich, ein Modell einzuführen, in dem bei niedrigen Feldstärken die Domänenwandbewegung, bei mittleren Feldstärken inkohärente Rotation u. für große Feldstärken kohärente Rotation angenommen wird. Unter Verw. eines modifizierten Haynes-Modell für die Domänenwandwanderung wird ferner ein Verf. zur Best. der Goodenough-Menyuk-Dämpfungskonst. β angegeben. Daraus wiederum läßt sich die modifizierte Landau-Lifshitz-Dämpfungskonst. α berechnen. Mit Hilfe von α wurden die Schaltkonst. für die Domänenwandbewegung u. -rotation berechnet.
D. Noack 137◇

0305 **Eingeengter Hysteresisverlauf in polykristallinem $NiFe_2O_4$ nichtstöchiometrischer Zusammensetzung.** S. Takasu, S. Chiba, Y. Hirose und K. Kurihara. (J. physic. Soc. Japan, Suppl. B-I **17**, 644–47, 1962; Kawasaki, Tokyo Shibaura Electric Co., Central Res. Labor.; engl.) – Bei Unterss. an den Syst. $Ni_{1-x}Co_x \cdot Fe_2O_4$–$Fe_2O_3$ u. $Ni_{1-x}Co_xFe_2O_4$–$BeO \cdot Fe_2O_3$ wurde festgestellt, daß die Form der Hystereseschleife durch den Geh. an CoO u. Fe_2O_3 beeinflußt wird. Der eingeengte Verlauf der Hysteresisschleife dieser Syst., bes. der Perminvar-Charakter, scheint durch Ausscheidung von magnet. hartem Material auf der {111}-Fläche des Ni-Ferrits als Gastsubstanz hervorgerufen zu werden. Kleine Zusätze von BeO lassen den eingeengten Hysteresisverlauf früher einsetzen. D. Noack 137◇

0306 **Domänenstruktur und magnetische Eigenschaften von Mn_5Ge_3.** S. E. Szczeniowski und A. Wrzeciono. (J. physic. Soc. Japan, Suppl. B-I **17**, 647–50, 1962; Poznán, Polish Acad. of Sci., Inst. of Phys., Labor. of Ferromagnetics; engl.) – Durch Beobachtung der Anordnung eines aufgestreuten magnet. Pulvers wurde die Domänenstruktur mechan. polierter Oberflächen von Mn_5Ge_3 untersucht. Ferner wurden die Koerzitivkraft u. die Anisotropie dieser Leg. gemessen.
D. Noack 137◇

0307 **Magnetisierungsprozeß und Domänenstruktur in dünnen Nickeldrähten aus Messungen der magnetischen Widerstandsänderung.** A. A. Hirsch, N. Friedman und G. Gorodetsky. (J. physic. Soc. Japan, Suppl. B-I **17**, 651–53, 1962; Haifa, Technion-Israel Inst. of Technol., Dep. of Phys.; engl.) – Die Messungen wurden bei der Temp. der fl. Luft sowie bei Zimmertemp. an 0,02 cm dicken Drähten in Einzel- u. gekreuzten Magnetfeldern zwischen O u. 3 kOe durchgeführt. Für die theoret. Analyse der Hysteresekurven wird ein einfaches Modell der Einzeldomänenstruktur angenommen. Diese Annahme ist erfüllt, wenn sich die magnet. Anisotropie aus einer einachsigen u. einer magnetokristallinen Komponente zusammensetzt. Bei tiefen Temp. werden Magnetisierungskurven erhalten, die sich aus zwei oder drei geschlossenen Kurvenzügen zusammensetzen (sog. triple-loops). D. Noack 137◇

0308 **Die Analyse magnetothermischer Messungen.** L. F. Bates und A. J. Pacey. (J. physic. Soc. Japan, Suppl. B-I **17**, 654–58, 1962; Nottingham, Univ. of Nottingham; engl.) – Es wird ein kurzer Überblick über die Theorie magnetotherm. Effekte gegeben. Ferner werden die Meth. zur Identifizierung der wichtigsten Magnetisierungsprozesse in schwachen Feldern diskutiert. Bes. wird gezeigt, daß unter bestimmten Bedingungen eine Konst. b_2 sowohl aus magnet-therm. Messungen als auch aus Meßdaten der Koerzitivkraft bestimmt werden kann. Es werden einige b_2-Werte angeführt, die es ermöglichen, die Magnetisierungsprozesse in *Si–Fe, Ni, Co, Gd* u. *Ni-Ferrit* mit von Goodenough angenommenen Prozessen zu identifizieren. D. Noack 137◇

0309 **Die elektronenmikroskopische Untersuchung von kleinen ferromagnetischen Niederschlägen.** P. Gaunt und J. Silcox. (J. physic. Soc. Japan, Suppl. B-I **17**, 665–69, 1962; Sheffield, Univ., Dep. of Phys.; Cambridge, Univ., Cavendish Labor.; engl.) – Mit Hilfe einer elektronenmkr. Dünnschicht-Meth. werden feine Co-Teilchen, die in einer *Au–Co*-Leg. mit 1,5% Co bzw. einer *Cu–Co*-Leg. mit 2,4% Co nach Temperung niedergeschlagen werden, untersucht. In der Au-Leg. sind die Nd.-Teilchen auf den als Scheibchen auf den {100}-Flächen der Au-Matrix angeordnet. In der Cu-Leg. dagegen sind die Teilchen ungefähr kugelförmig. Auf Grund dieser Beobachtungen wird angenommen, daß die in der Au-Leg. beobachteten Koerzitivkräfte nicht allein durch die Teilchenform u. Teilchenwechselwrkg. erklärt werden können. Diese können jedoch in der Cu-Leg. den Hauptanteil an der schwachen Koerzitivkraft bestimmen.
D. Noack 137◇

0310 **Kleinteilchen-Magnetspeichermittel.** E. D. Daniel und E. P. Wohlfarth. (J. physic. Soc. Japan, Suppl. B-I **17**, 670–72, 1962; Santa Clara, Calif., Memorex Corp.; London, Imp. Coll., Dep. of Math.; engl.) – Auf der Basis der Theorie für kleine Teilchen werden die von verschiedenen Vff. angegebenen Kurven für die Koerzitivkräfte sowie das Speichervermögen von γ-Fe_2O_3-Teilchen, wie sie als Beschichtung für magnet. speicherndo Bänder Verw. finden, diskutiert. – 27 Literaturangaben. D. Noack 137◇

0311 **Magnetische Methode zur Bestimmung der Anisotropieverteilung in ferromagnetischen Pulvern.** P. J. Flanders und S. Shtrikman. (J. physic. Soc. Japan,

Suppl. B-I **17,** 673—75, 1962; Philadelphia, Pa., Franklin Inst. Labor.; engl.) — Es wird eine Meth. für einachsige Teilchen beschrieben, die eine modifizierte Torsionsmeth. nach Berkowitz u. Flanders darstellt. Die Meth. läßt sich auf orientierte u. nicht orientierte Proben anwenden, u. eliminiert die Einfl. inkohärenter Rotationen. Es wird über Messungen an γ-Fe_2O_3-Pulvern berichtet. D. Noack 137◇

0312 **Magnetische Eigenschaften kleiner antiferromagnetischer Teilchen: Superparamagnetismus und Superantiferromagnetismus.** Louis Néel. (J. physic. Soc. Japan, Suppl. B-I **17,** 676—85, 1962; Grenoble, Fac. des Sci.; franz.) — Vgl. C. **1963,** 2340. — Theoret. Unters. über Teilchen verschiedener Stöße. Zwischen Teilchen < 50 Å ⌀ u. größeren von einigen Hundert Å ⌀ besteht ein Unterschied im magnet. Verhalten. Bei kleinerem ⌀ ist eine zufällige Verteilung der Atome zwischen den beiden antiferromagnet. Untergittern u. damit eine Art schwacher Ferrimagnetismus anzunehmen. Oberhalb einer bestimmten Temp. zeigen derartige Körner einen Superparamagnetismus mit einer Curie-Konst., deren Wert den für freie Zonen knapp unterschreitet. Beim Abkühlen unter diese Temp. im Magnetfeld erhalten diese Körner eine thermoremanente Magnetisierung hoher Stabilität. Bei Körnern mit ⌀ > 100 Å treten gut entwickelte Kristallflächen auf. Wenn die Atome auf den Kristallflächen zum gleichen Untergitter gehören, treten neue Eigg. auf, die von der Anzahl der Gitterebenen parallel zu diesen Flächen im Korn abhängen. Ist diese Anzahl ungerade, so tritt Superparamagnetismus auf. Ist diese Anzahl gerade, so nimmt die antiferromagnet. Susceptibilität einen Wert an, der doppelt so groß wie der des entsprechenden massiven Antiferromagneten ist. („Superantiferromagnetismus".) Mit Hilfe dieser Vorstellungen lassen sich experimentelle Ergebnisse an NiO-Teilchen zwischen 20 u. 600 Å gut erklären. D. Noack 137◇

0313 **Magnetische Eigenschaften feinkörniger antiferromagnetischer Substanzen.** J. Cohen, K. M. Creer, R. Pauthenet und K. Srivastava. (J. physic. Soc. Japan, Suppl. B-I **17,** 685—89, 1962; Grenoble, Labor. d'Electrostat. et de Phys. du Métal; franz.) — Vgl. vorst. Referat. — Es wurden die magnet. Eigg. feiner Körner der antiferromagnet. Oxide *NiO*, Cr_2O_3 u. α-Fe_2O_3 von 20—400 Å ⌀ untersucht. Mit kleiner werdendem ⌀ wird die magnet. Susceptibilität größer. Bei Körnern mit > 80 Å ⌀ kann thermoremanente Magnetisierung auftreten. D. Noack 137◇

0314 **Einige magnetische Eigenschaften feinzerteilter Eisen(III)-oxide und -hydroxide.** K. M. Creer. (J. physic. Soc. Japan, Suppl. B-I **17,** 690, 1962; Newcastle-upon-Tyne, Univ. of Durham, King's Coll., Phys. Dep.; engl.) — Nach der Magnetwaagenmeth. wurden Magnetisierungsmessungen zwischen 20 °K u. Zimmertemp. an α-Fe_2O_3 u. α-, β- u. γ-*FeOOH* durchgeführt. Es wird speziell die Magnetisierung in Abhängigkeit von der Korngröße (80—4000 Å) untersucht. D. Noack 137◇

0315 **Magnetismus in ultrafeinen Oxid-Teilchen.** T. Takada und N. Kawai. (J. physic. Soc. Japan, Suppl. B-I **17,** 691—94, 1962; Kyoto, Univ. of Kyoto, Fac. of Sci.; engl.) — Mit Hilfe der Torsionswaage wurden im Temp.-Bereich zwischen 100 u. 300 °K an den antiferromagnet. Oxiden α-Fe_2O_3, *NiO*, *CuO* u. V_2O_4 Susceptibilitätsmessungen durchgeführt. Die Oxid-Proben wurden durch Calcinieren aus $Fe(NO_3)_3 \cdot 9\,H_2O$, $NiSO_4$ + NH_4OH, $CuSO_4$ + Na_2CO_3 bzw. $VOCl_2$ + NaOH hergestellt. Die Teilchengröße variierte zwischen 50 u. 1000 Å. Die für α-Fe_2O_3, NiO u. CuO erhaltenen Susceptibilitätskurven ähneln denen für NiO u. α-Fe_2O_3 anderer Autoren. Proben mit Oxid-Teilchengrößen > 1000 Å ergeben die für antiferromagnet. Stoffe typ. Susceptibilitäten, während Teilchen < 300 Å steigende Susceptibilitäten mit fallender Temp. selbst unterhalb des Néel-Punktes aufweisen. Der Wert für χ steigt ebenfalls mit abnehmender Teilchengröße. In dem untersuchten Temp.-Bereich wurden keine Susceptibilitätsmaxima beobachtet. D. Noack 137◇

0316 **Magnetisierungs-Blockierungs-Prozeß durch Volumenvergrößerung ferromagnetischer feiner Teilchen.** Kazuo Kobayashi. (J. physic. Soc. Japan, Suppl. B-I **17,** 695—98, 1962; Tokyo, Univ. of Tokyo, Geophys. Inst.; engl.) — Durch Anwachsen der Korngröße ferromagnet. Ausscheidungen in einer alternden Cu–Co-Leg. ändert sich das magnet. Verh. vom superparamagnet. Zustand über stabile Einzeldomänen zum Multidomänenzustand. Es wird gezeigt, daß durch den Übergang vom superparamagnet. in den stabilen ferromagnet. Zustand eine remanente Magnetisierung erreicht wird, die infolge der Bldg. von Domänenwänden abnimmt, sobald die Größe der Ndd. eine krit. Einzeldomänen-Korngröße überschreitet. Die experimentellen Ergebnisse lassen sich mit Hilfe der therm. Fluktuations-Theorie von Einzeldomänenkörnern u. der Domänenstruktur-Theorie der Ferromagnete von Néel erklären. Die entwickelten Gedanken wurden mit Erfolg auf das Phänomen der chem. remanenten Magnetisierung in synthet. u. natürlichen ferromagnet. Mineralien (γ-Fe_2O_3, α-Fe_2O_3, Fe_3O_4, Titanomaghaemit) angewendet. D. Noack 137◇

0317 **Über die Unterscheidung magnetisch selbstumgekehrter von feldumgekehrten Gesteinen.** P. M. S. Blackett. (J. physic. Soc. Japan, Suppl. B-I **17,** 699 bis 706, 1962; London, Imp. Coll., Phys. Dep.; engl.) — Betrachtung zur Magnetisierung der Erdgesteine verschiedenen Alters. Aus der Feldrichtung der magnetisierten Gesteine lassen sich Aussagen über das Magnetfeld der Erde sowie über Kontinentverschiebungen machen. D. Noack 137◇

0318 **Die Magnetisierung fester Lösungen von Ilmenit in Haematit.** Charles M. Carmichael. (J. physic. Soc. Japan, Suppl. B-I **17,** 711—13, 1962; London, Canada, Univ. of Western Ontario, Dep. of Geophys.; engl. — C. **1963,** 1558.) D. Noack 137◇

0319 **Umgekehrter thermoremanenter Magnetismus im System $FeTiO_3$–Fe_2O_3.** Yoshikazu Ishikawa und Yasuhiko Syono. (J. physic. Soc. Japan, Suppl. B-I **17,** 714—18, 1962; Tokyo, Univ. of Tokyo, Inst. of Solid State Phys.; engl. — C. **1963,** 19113.) D. Noack 137◇

0320 **Temperatur- und Verformungsabhängigkeit der Anfangspermeabilität und der Koerzitivkraft bei hexagonalen Kobalteinkristallen.** Otmar Boser, Helmut Kronmüller, Alfred Seeger und Hermann Träuble. (Z. angew. Physik **15,** 200—01, 1963; Stuttgart, MPI für Metallforsch.; dt.) — An Co-Einkristallen werden bei Temp. zwischen — 150° u. 400° Anfangssusceptibilität χ_0 u. Koerzitivkraft H_c gemessen. Dabei wird zwischen — 150° u. + 100° eine quant., oberhalb + 100° eine qual. Übereinstimmung mit der Kronmüllerschen Theorie (vgl. C. **1963,** 21061) erreicht. Messungen der Abhängigkeit von χ_0 bei 20° von der Verformung konnten durch Orientierungsänderungen u. Zunahmen von Wandreibungen erklärt werden. H_c war $\sim \sqrt{\tau - \tau_0}$ bei 20°, wobei τ die angelegte Schubspannung bei der Verformung u. τ die krit. Schubspannung im Gleitsyst. ist. H. Fahlenbrach 137◇

0321 **Untersuchung der magnetischen Eigenschaften der Legierung MnBi nach Wärmebehandlung unter verschiedenen Bedingungen.** Wen-din Tschshun und Tschshen Jan. (Scientia sinica **11,** 1323—32, 1962; Peking, Univ.; Lantschou, Univ.; russ.) — Durch Erhitzen von Preßkörpern aus Mn- u. Bi-Pulver auf 280 bis 300° wird die Leg. MnBi hergestellt. Ihre Eigg. sind vor (nach) Glühen bei 400°: Magnetisierbarkeit bei H = 10300 Oe 212 (139) Gauß, spezif. Widerstand 152 (291) $\Omega \cdot$ cm, spezif. Gew. 7,86 (7,48). Die Änderung der Magnetisierbarkeit in Feldern von H = 0—16000 Oe, der Koerzitivkraft bei — 200 bis — 50° u. des magnet. Moments bei — 200 bis + 350° wird graph. dargestellt. Diese Änderungen lassen sich durch die Annahme erklären, daß die Leg. aus 2 Phasen mit verschiedenen magnet. u. elektr. Eigg. besteht u. daß die Kinetik der Phasenumwandlung auf einem Wechsel von Ordnung u. Unordnung beruht. R. K. Müller 137◇

0322 **Eine neue Methode zur Messung absoluter magnetischer Susceptibilitäten.** P. K. Ghosh. (Indian J. Physics Proc. Indian Assoc. Cultivat. Sci. **35**(44), 319—20, 1961; Calcutta, India, I. A. C. S., Dep. of Magnetism; engl.) —

Beschrieben wird eine elektromagnet. Kompensationsmeth. zur Messung absoluter magnet. Susceptibilitäten. K. Jaeger 137◇

0323 **Über die Bestimmung der Nulladungspunkte durch die Methode der gekreuzten metallischen Fäden.** T. N. Woropajewa, B. W. Derjagin und B. N. Kabanow. (Nachr. Akad. Wiss. UdSSR, Abt. chem. Wiss. **1963,** 257—63; Akad. der Wiss. der UdSSR, Inst. für physik. Chem.; russ.) — Vff. beschreiben ein Verf. zur Best. des Nulladungspotentials, das auf der Messung der Energieschwelle zwischen polarisierten Metalldrähten in einem Elektrolyten beruht. Mit Pt wurden Messungen in 0,001—0,1 n KCl; 10^{-4}—10^{-2} n $MgSO_4$; 10^{-3} u. 10^{-2} n H_2SO_4; mit Au in 0,001 n KCl; 10^{-4} u. 10^{-3} n $La(NO_3)_3$ u. mit Fe in 0,01 n NaOH u. 10^{-3}—10^{-1} n HCl durchgeführt. Für das Nulladungspotential wurden folgende Werte ermittelt: Pt 0,20 (V); Au 0,05; passives Fe 0,34 u. akt. Fe —0,4. E. Winkler 138◇

0324 **Über die Möglichkeit der Benutzung eines oscillographischen Polarographen für die Bestimmung von Nulladungspotentialen.** B. B. Damasskin und O. A. Petri. (J. physik. Chem. [UdSSR] **35,** 1862—64, 1961; Moskau, Lomonossow-Univ.; russ., Auszug: engl.) — Mit Hilfe eines Oscillographen wurde der Nulladungspunkt einer 10^{-3} n Na_2SO_4 zu ca. —0,49 V (gegen SCE) bestimmt. Vorbedingungen dieser Meth. sind eine ideal polarisierbare Elektrode u. Nichtadsorption des Elektrolyten. Die Anwendung auf Festelektroden erscheint möglich. W. Pötsch 138◇

0325 **Elektromigrationsmethode zur Bestimmung der physikalisch-chemischen Konstanten von sich im Zustand unendlicher Verdünnung befindlichen Verbindungen.** 1. Mitt. **Bestimmung der Ionenwege und des Charakters der Elektrolytbewegung bei kontinuierlicher Elektrophorese auf einem porösen Füllstoff.** W. P. Schwedow und K. W. Kotegow. (Radiochemie [UdSSR] **5,** 369 bis 374, **1963;** russ.) — Bei der Elektrophorese kann man anstelle von Papier poröse Füllstoffe verwenden u. die Spannung unter 90° zu dem das poröse Medium durchströmenden Elektrolyten anlegen. Vff. leiten einen Ausdruck für die Ionenbeweglichkeit bei Elektrophorese auf einem Füllmittel ab· $U = d \cdot l\,[\gamma + \alpha\,(1 - \gamma)^2]^2/t \cdot E$. Dieser Ausdruck unterscheidet sich von der entsprechenden Formel für die Papierelektrophorese um den Faktor $[\gamma + \alpha\,(1 - \gamma)^2]^2$. γ charakterisiert die Form der Teilchen der Füllmittel u. kann durch geometr. Ausmessung oder durch Best. einer tabellar. bekannten Beweglichkeit ermittelt werden (z. B. für Quarzpulver mit d = 0,35 mm; α = 2,06). γ kann durch Vgl. der Ausfluß-Geschw. bestimmt werden, α ist ein Proportionalitätskoeffizient. Vff. bestimmten die Beweglichkeit U für Na^+ (^{22}Na) u. Cs^+ (^{137}Cs) in Abhängigkeit von der Konz. u. verglichen sie mit tabellar. Angaben. Die Übereinstimmung ist gut. Es wurde ein mittlerer Porenradius für Quarzpulver mit d = 0,15 mm zu r = 30 μ u. die Reinhold-Zahl zu R = 0,00013 bestimmt. G. Ewald 138◇

0326 **Elektromigrationsmethode zur Bestimmung der physikalisch-chemischen Konstanten von sich im Zustand unendlicher Verdünnung befindenden Verbindungen.** 2. Mitt. **Bestimmung einer Reihe physikalisch-chemischer Größen von Tc- und Re-Verbindungen.** W. P. Schwedow und K. W. Kotegow. (Radiochemie [UdSSR] **5,** 374 bis 378, 1963; russ.) — 1. vgl. vorst. Referat. — Verwendet wurde das Nuclid ^{99}Tc (HWZ = 6,7 h), das aus der Rk. ^{98}Mo (n, γ) $^{99}Mo \rightarrow {}^{99}Tc$ erhalten wurde. Die Beweglichkeiten der Ionen TcO_4^- u. ReO_4^- wurden nach der l. c. beschriebenen Meth. in KNO_3- u. $NaNO_3$-Lsgg. verschiedener Konz. bestimmt u. auf unendliche Verdünnung extrapoliert. Sie betragen bei 18° für $U^0_{TcO_4}$ 53,0 · 10^{-5} ($cm^2/V \cdot s$) u. für $U^0_{ReO_4}$ = 48,4 · 10^{-5}. Vff. bestimmten die Überführungszahlen für $NaTcO_4$ u. $NaReO_4$ zu 0,537 u. 0,525, die Radien der solvatisierten Anionen zu 4,6 u. 5,0 Å u. den Dissoziationsgrad zu 1,00 u. 1,01. Die Werte zur Ionenbeweglichkeit werden zur Berechnung der Dissoziations-Konst. von $KTcO_4$, $CsTcO_4$, $KReO_4$ u. $CsReO_4$ benutzt. Sie betragen bei 18°: 0,122; 0,231; 0,063 u. 0,095. G. Ewald 138◇

0327 **Experimentelle Überprüfung der die Elektrodiffusion in Metallegierungen beschreibenden phänomenologischen Gleichungen.** Ss. I. Drakin und G. M. Frolowa. (J. physik. Chem. [UdSSR] **37,** 1521—26, 1963; Moskau, Chem.-Technolog. Inst.; russ., Auszug: engl.) — Vff. überprüfen die Gültigkeit der von Fürth u. de Groot (1927 bzw. 1942) empir. abgeleiteten Gleichungen für die Kinetik der Elektrodiffusion in einem Bombenrohr mit konst. Durchmesser mit einer Na–K–Hg-Legierung. Die Gleichung von Fürth stimmt gut mit den Vers.-Ergebnissen überein, während die Näherungsgleichung von de Groot beträchtlich abweicht. A. Kumm 138◇

0328 **Wechselwirkung Ion–Lösungsmittel.** 2. Mitt. **Partielles molares Volumen und Elektrostriktion: Thermodynamische Näherung.** J. Padova. (J. chem. Physics **39,** 1552—57, 1963; Israel Atom. Energy Comm., Soreq Res. Establ., Radiochem. Dep.; engl.) — Die Theorie über das Verh. von Fll. in einem elektrostat. Feld wird für die thermodynam. Berechnung der partiellen mol. Voll. (MV) von Elektrolyten in wss. Lsgg. bei unendlicher Verdünnung angewendet. Die Elektrostriktion, die als Differenz zwischen innerem Vol. u. MV definiert ist, läßt sich als Funktion von allg. Solvatisierungszahlen beschreiben. Unter der Annahme, daß J^- nicht hydratisiert ist, wurden die Radien von 56 Kationen u. Anionen berechnet; die Werte sind tabelliert. G. Gattow 139◇

0329 **Bestimmung der Oberflächendichte der Anordnung von Wassermolekülen in der ersten Koordinationsschicht von Ionen aus Daten der Aktivitätskoeffizienten.** A. Ss. Ssolowkin. (J. physik. Chem. [UdSSR] **36,** 2219—22, 1962; russ.) — Vf. gibt eine Meth. an zur Best. der Oberflächendichte φ' der Anordnung von Wasser-Moll. in der ersten Koordinationssphäre von Ionen aus den Aktivitäts-Koeff. u. überprüft sie an den 1–1-Elektrolyten *LiX*, *NaX*, *KX*, *RbX*, *CsX*, (X = *Cl*, *Br*, *J*, NO_3) u. *HCl*, *HJ*, HNO_3, $LiClO_4$, $NaClO_4$ u. den 1–2-Elektrolyten $CaCl_2$, $SrCl_2$, $BaCl_2$, $Ca(NO_3)_2$ u. $UO_2(NO_3)_2$. Die Werte von φ' sind für die Anionen Cl^- (0,035) u. Br^- (0,034) (in der Reihe der Kationen Li^+–Cs^+), J^-(0,033) (in Lsgg. von RbJ u. CsJ) u. NO_3^- (0,0165) (in Lsgg. von KNO_3, $RbNO_3$ u. $CsNO_3$) unabhängig von Kation. Bei Kationen mit kleinerem Radius (Li^+, Na^+ u. bes. H^+) verändert sich φ' für J^-, NO_3^- u. ClO_4^- mit Veränderung des Kations. φ' vergrößert sich mit Verkleinerung des Radius u. Vergrößerung der Ladung des Kations des Elektrolyten. H.-J. Lunk 139◇

0330 **Neue Entwicklungen im physikalisch-chemischen Laboratorium.** 6. Mitt. **Verwendung von Borax-Mannit-Systemen als Puffer.** S. Lewin. (Lab. Pract. **8,** 271—75, 1959; London, South-West Essex Techn. Coll., Phys. Chem. Labor.; engl.) — 5. vgl. C. **1963,** 20658. — Puffer-Lsgg. aus Borax (**I**) u. Mannit (**II**) im pH-Bereich ca. 5 bis ca. 9 behalten bei Lagerung (ca. 3 Monate bei 20 oder 1 Monat bei 40°) konst. pH-Wert u. zeigen keine Braunfärbung. Durch Verw. von **I**-Borsäure-Gemischen vom pH 8—10 läßt sich mit **II** der Wrkg.-Bereich auf pH 4—10 erweitern, wobei eine konst. Ionenstärke durch Zusatz von Inertelektrolyten erreichbar ist. Diese Syst. haben jedoch keine konst. Pufferkapazität, u. Verdünnen ändert den pH-Wert. Lsgg. von **I** u. Glucose (**III**) sind als Puffer weniger geeignet wegen relativ hoher Rk.-Fähigkeit von **III** u. Gelbfärbung nach 2 Wochen bei 40°. Vf. hält das Syst. **I**–**II** als Lehrbeispiel für Komplex-Bldg. im physikal.-chem. Praktikum für sehr geeignet. R. Junge 139◇

0331 **Über die Zunahme der Wasserstoffionenkonzentration bei der Bildung von Komplexverbindungen des Acetylens und des Vinylacetylens.** 4. Mitt. A. L. Klebanski, I. M. Dolgopolski und S. F. Dobler. (J. angew. Chem. [UdSSR] **33,** 716—23, 1960; russ.) — 3. vgl. gl. J. **33,** [1960], 283. — In salzsauren wss. Lsgg. von CuCl + NH_4Cl wird die Zunahme (ΔC_H) der H^+-Konz. bei Zusatz von C_2H_2 u. Vinylacetylen (**I**) nach verschiedenen Meth., u. a. durch potentiometr. pH-Best., untersucht. Bei einer Lsg. von 2,5 (Mol) CuCl, 5 NH_4Cl u. 40 W. (Lsg. A) wird ΔC_H durch 1 Mol C_2H_2 um 1 g-Ion H^+/Mol, durch 1 Mol **I** um 0,5 g-Ion H^+/Mol erhöht. Bei einer Lsg. (B) mit 5 CuCl, 5 NH_4Cl u. 40 W. sind die entsprechenden Werte 2 bzw. 1. Mit der C_2H_2- bzw. der I-Konz. nimmt ΔC_H linear zu, bei B mehr als bei A. Die Zunahme kann also nicht auf der Hydrolyse von CuCl beruhen, sondern ist auf die Bldg. von Komplexverbb. zurückzuführen. Der größere Wert von ΔC_H bei Lsg. B im Vgl. mit Lsg. A wird damit erklärt, daß bei Lsg. A Cl^- in größerem Umfang mit Cu koordiniert ist als bei Lsg. B mit dem kleineren Verhältnis NH_4Cl: CuCl, wodurch die Bindung zwischen C_2H_2 u. Cu geschwächt u. die Ionisierung von C_2H_2 bzw. I herabgesetzt wird. R. K. Müller 139□

0332 **Ein thermisch regenerierbares galvanisches Element mit Elektroden aus geschmolzenen Metallen.** B. Agruss. (J. electrochem. Soc. **110,** 1097—1103, 1963; Indianapolis, Ind., General Motors Corp., Allison Div.; engl.) — Vf. führte theoret. u. prakt. Unterss. an galvan. Elementen mit fl. Metallelektroden durch, bei denen die Prodd. der stromliefernden Rk. therm. zersetzt werden. An der Kette $Na/Glas/Na_xSn$ wurden bei 470—702° u. Molenbrüchen des Na von 0,136—0,4 in der Leg. EMK-Messungen durchgeführt; die Meßwerte lagen zwischen 0,44 u. 0,28 V. Die aus der Temp.-Abhängigkeit der EMK ermittelten $\Delta\bar{S}_{Na}$-Werte zeigen bei $\gamma_{Na} = 0,225$ (0,263) eine Übereinstimmung von 50 (10)% mit den Literaturdaten für 500°. Bei niedriger Konzz. sind die Abweichungen größer. Bei Regenerierungs-Verss. wurde festgestellt, daß Na–Sn-Legg. bei 1000—1100° in reines Na u. eine Leg. mit 15 Mol-% Na zerlegt werden können. In einem Vers.-Element wurde ein in porösem Al_2O_3 enthaltenes eutekt. Gemisch von NaCl u. NaJ als Elektrolyt verwendet. Die Zelle arbeitete bei 625—650°, das Regenerations-Syst. bei 1000°. Das Element lieferte 15 Min. lang 0,1 A bei 0,3 V, dann versagten die Dichtungen. E. Winkler 140◇

0333 **Über ein Volta-Element mit festem PbO-Elektrolyten.** Kenneth L. Laws. (J. chem. Physics **39,** 1924 bis 1942, 1963; Bryn Mawr, Pa., Bryn Mawr College; engl.) — Pb wird anod. in H_2SO_4-Lsg. mehrere Tage bis Wochen bei einem Potential von 1,21 V bezogen auf die H_2-Elektrode in H_2SO_4-Lsg. der Dichte 1,180 oxydiert. Die Oberflächen-Sulfatschicht wird entfernt u. ein Ag-Film aufgebracht. Die offene Spannung des Elements beträgt 0,5 V. Der Kurzschlußstrom liegt in mit Wasserdampf gesätt. Luft bei 1 μA. Es wird ein Modell für den Mechanismus des Elements entwickelt u. versucht, dessen Eigg. zu deuten. E. Winkler 140◇

0334 **Über die Impedanz von Leclanché-Elementen und -Batterien.** Ralph J. Brodd und Harold J. DeWane. (J. electrochem. Soc. **110,** 1091—97, 1963; Washington, D. C., Nat. Bur. of Stand.; engl.) — Vff. führten Messungen der Impedanz, der offenen Spannung, des Kurzschlußstromes, der Kapazität u. des inneren Widerstandes an industriell u. labormäßig hergestellten Leclanché-Elementen u. -Batterien durch. Bei den im Laboratorium hergestellten Elementen wurden Depolarisationsmischungen mit einem MnO_2-Ruß-Verhältnis von 4:1, 5:1, 8:1, 11:1 u. 14:1 untersucht. Es wird eine Deutung der Ergebnisse der Impedanzmessungen an Hand der Relaxationstheorie gegeben u. dabei festgestellt, daß das Verh. der Elemente durch drei Elektrodenvorgänge, zwei an der MnO_2- u. einen an der Zn-Elektrode, bestimmt wird. Die Übereinstimmung der aus der Impedanzanalyse ermittelten Kurzschlußströme für frische u. entladene Elemente mit dem Experiment ist gut. E. Winkler 140◇

0335 **Elektrochemische Oxydation von Kohlenwasserstoffen in einer Festelektrolyt-Brennstoffzelle bei Temperaturen von 900—1000°.** H. Binder, A. Köhling, H. Krupp, K. Richter und G. Sandstede. (Electrochim. Acta [London] **8,** 781—93, 1963; Frankfurt/M., Battele-Inst. e.V.; dt.) — Vff. untersuchten die elektrochem. Verbrennung von H_2, CO, C_3H_8 u. Hexan in einem Festelektrolyt-Brennstoffelement bei 900—1000°. Als Elektrolyt wurden 1 mm dicke Scheiben (⌀ 12 bzw. 22 mm) aus stabilisiertem, bei 1600° gesintertem kub. Ca–Zr-Oxid verwendet. Die KW-Stoffe wurden zur Vermeidung des Crackens mit W. u./oder CO_2 in einem Konverter zu CO u. H_2 umgesetzt. Die in Abhängigkeit von der Temp. gemessenen EMK-Werte wichen um höchstens 1% von den theoret. ab. Die Klemmenspannung in Abhängigkeit von der Belastung wurde bis zu Stromdichten von 100 mA/cm² untersucht. Bei den KW-Stoffen u. CO wurde bei hohen Stromdichten Konz.-Polarisation festgestellt. Die Belastbarkeit der Elemente ist, außer bei Verw. von CO, im wesentlichen von der Leitfähigkeit des Elektrolyten abhängig. Sie betrug 0,020 Ω^{-1} cm^{-1} bei 1000°. E. Winkler 140◇

0336 **Ein direktes Kohlenwasserstoff/Luft-Brennstoffelement.** H. G. Oswin, A. J. Hartner und F. Malaspina. (Nature [London] **200,** 256—57, 1963; Great Neck, N. Y., Leesona Moos Labor., Div. of Leesona Corp.; engl.) — Vff. führten Unterss. zur Oxydation von KW-Stoffen an Elektroden mit Pt-Metallen als Katalysatoren durch. Während mit einem H_2SO_4-Elektrolyten unter 100° bei sehr niedrigen Spannungen nur Stromdichten von 10 oder 20 (mA/cm²) zu erzielen sind, gelang es mit H_3PO_4 die Stromdichte auf 100—200 zu steigern. Für Propan als Brennstoff wurde bei 160° in 85%ig. H_3PO_4-Lsg. das Potential einer Pt-Schwarz-Elektrode bei einer Stromdichte von 150 zu ∼0,5 V bezogen auf die H_2-Elektrode in der gleichen Lsg. ermittelt. Als Hauptprod. der Oxydation von C_3H_8 u. höheren KW-Stoffen wurde CO_2 gefunden. Da bei offenem Stromkreis die Bldg. von CH_4 begünstigt ist, wird angenommen, daß es sich bei dem Prozeß um einen heterogen-katalyt. Vorgang handelt, wobei sich durch Cracken aus dem KW-Stoff Carbidkomplexe auf der Oberfläche u. CH_4 bilden. Die elektrochem. Bldg. von CH_4 ist dagegen bei Potentialen von 0,3—0,4 V thermodynam. nicht wahrscheinlich. E. Winkler 140◇

0337 **Über das Zustandsdiagramm des Systems Eisenverbindung–wäßriges Medium in den Koordinaten φ_{redox}–pH-Wert.** O. N. Laptewa. (J. angew. Chem. [UdSSR] **31,** 1300—03, 1958; Leningrad, Pädagog. Hertzen-Inst.; russ.) — Das Zustandsdiagramm des Syst. Fe(II)–Fe(III) in wss. Medium bei 25° in den Koordinaten Redoxpotential ϱ-pH-Wert wird aufgestellt. Folgende Gleichgew. werden ermittelt: 1. $Fe^{2+} \rightleftharpoons Fe^{3+} + e$; 2. $Fe^{2+} + 3H_2O \rightleftharpoons Fe(OH)_3 + 3H^+ + e$; 3. $3Fe^{2+} + 4H_2O = Fe_3O_4 + 8H^+ + 2e$; 4. $Fe_3O_4 + OH^- + 4H_2O \rightleftharpoons 3Fe \cdot (OH)_3 + e$; 5. $3Fe + 8OH^- \rightleftharpoons Fe_3O_4 + 4H_2O + 8e$. Fe_3O_4 ist im alkal. Medium thermodynam. stabil, falls O_2 nicht zutritt. A. v. Wilpert 140□

0338 **Aktivierungsenergie des Prozesses der Kontaktreduktion von Kupfer aus einer Lösung durch Nickelpulver.** B. W. Drosdow. (J. angew. Chem. [UdSSR] **33,** 633—35, 1960; russ.) — Die Kontakt-Red. von Cu durch Ni-Pulver wird in einem Elektrolyt mit 200 (g/Liter) $NiSO_4 \cdot 7H_2O$, $40Na_2SO_4$, $20H_3BO_3$, 5NaCl u. $3,9CuSO_4 \cdot 5H_2O$ bei 22—101° untersucht. Die nach der Gleichung ln K = ln z — (E/RT) berechnete Aktivierungsenergie E der Rk. zeigt bei 4 untersuchten Ni-Proben eine Abnahme mit Zunahme von T (°K). Die Kurve für ln K in Abhängigkeit von 1/T zeigt einen mehr oder weniger deutlichen Knickpunkt, der mit dem Übergang der Rk. aus dem kinet. in das Diffusionsgebiet erklärt wird. Aus dem Potential der Cu-Elektrode errechnet sich E bei 20° zu 15300 (cal/Mol), bei 40° zu 15800, bei 70° zu 8950, bei 80° zu 5700. R. K. Müller 140□

0339 **Verkupferung von Aluminium durch Kontaktreduktion.** N. Ss. Zwetkow und O. Ss. Saretschnjuk. (J. angew. Chem. [UdSSR] **33,** 636—44, 1960; Ukrain. polygraph. Fedorow-Inst.; russ.) — Für die Ausarbeitung eines Verf. zur Herst. von „chem." bimetall. Offsetdruckformen wird die Kontakt-Red. von Cu auf Al untersucht. Al-Platten werden in $CuCl_2$-Lsgg. verschiedener Konz. (C_{Cu}) in A. von verschiedenem Wassergeh. (C_w) eingetaucht. Die durch die Dicke x des Cu-Überzugs ausgedrückte Red.-Geschw. nimmt mit C_w linear zu. Bei $C_w = 4,5\%$ nimmt x mit C_{Cu} auf ein Maximum zu, dann ab. Bei Lsgg. mit $C_w > 2,15\%$ erreicht x ein Maximum u. bleibt dann konst., unabhängig von C_{Cu}. Das Maximum von x wird mit der Bldg. von Cu^+ als Zwischenstufe in Zusammenhang gebracht. Mit der Kontaktdauer nimmt x zu. Bei 0—30° nimmt x linear mit der Temp. zu, noch rascher bei > 30°.

R. K. Müller 140□

0340 **Beziehung zwischen den Spannungen in ähnliche elektrische Felder aufweisenden Elektrolyseuren.** N. P. Gnussin. (J. angew. Chem. [UdSSR] **33**, 613—15, 1960; russ.) — Die Badspannung in Elektrolyseuren kann aus dem Ohmschen Spannungsabfall im Elektrolyten, der anod. u. kathod. Polarisation (η_a, η_k) u. der Zers.-Spannung E des Elektrolyten berechnet werden. Die Gleichungen, die einen Vgl. zwischen Elektrolyseuren mit verschiedenem, aber ähnlichem elektr. Feld ermöglichen, werden durch Einführung der Ähnlichkeits-Konst. u. konst. Größen umgeformt u. am Beispiel der Elektrolyse eines Bades mit 50 (g/Liter) $NiSO_4$, 200 $Na_2 \cdot SO_4$ u. 20 H_3BO_3 nachgeprüft. R. K. Müller 141□

0341 **Oscillographische Modellkonstruktion elektrischer Felder in Elektrolyten.** N. P. Gnussin. (J. angew. Chem. [UdSSR] **33**, 616—22, 1960; russ.) — Vgl. vorst. Referat. — Die Bedingungen für die Modell-Darst. des elektr. Feldes bei der Elektrolyse mittels eines Oscillographen werden entwickelt. Der Vgl. mit dem Vers. in einem Diagramm für die Verteilung der Stromdichte in Abhängigkeit vom Abstand von dem entferntesten eingetauchten Rand der Kathode ergibt Übereinstimmung der Kurven. R. K. Müller 141□

0342 **Experimentelle Prüfung der Methode der elektrolytischen Reinigung eines Elektrolyten von Beimengungen.** A. L. Rotinjan und G. Ss. Ssemikosow. (J. angew. Chem. [UdSSR] **33**, 622—27, 1960; russ.) — Vgl. C. **1958**, 12891; **1959**, 2273. — Aus der Ausgangs-Konz. C_{ia} u. der jeweils erreichten Konz. C_{iw} einer Verunreinigung kann der Grad ihrer Beseitigung durch eine Vorelektrolyse aus der Gleichung $C_{ia}/C_{iw} = 1 + (K_dS/Q)$ berechnet werden, wobei K_d = Konst. der konvektiven Diffusion, S = Kathodenoberfläche, Q = Durchlauf-Geschw. (ml/s) ist. Die Beziehung wird am Falle der Entfernung von Cu aus einem $NiCl_2$-Elektrolyten nachgeprüft. Bei pH = 1—4 u. 10—50° erfolgt die Entfernung des Cu unabhängig vom pH-Wert u. von der Temp., wenn ständig mit Luft gerührt wird, u. unabhängig von der kathod. Stromdichte; sie nimmt linear mit der Rührintensität, mit S u. mit 1/Q zu. Bei allen Verss. ist K_d prakt. konstant. R. K. Müller 141□

0343 **Über Gesetzmäßigkeiten bei der Bildung elektrolytischen Eisenpulvers.** A. T. Wagramjan und W. N. Kudrjawzew. (Nachr. Akad. Wiss. UdSSR, Abt. chem. Wiss. **1963**, 263—68; Akad. der Wiss. der UdSSR, Inst. für physik. Chem.; russ.) — Vff. untersuchten durch Ermittlung von Potential-Stromdichte-Kurven unter Verw. oscillograph. Meth. die Bedingungen für die Bldg. elektrolyt. Fe-Pulvers in Lsgg. die 70 (g/Liter) $FeSO_4 \cdot 7H_2O$; 120K_2SO_4 u. teilweise 12 Ascorbinsäure enthielten bei 20° sowie pH 3 u. 4,6. Es wurde festgestellt, daß sich elektrolyt. Fe-Pulver bei Strömen unter- u. oberhalb des Grenzstromes bildet. Unterhalb des Grenzstromes hängt der Effekt mit der Entstehung von Fe(III)-Hydroxid in der elektrodennahen Schicht zusammen. Bei Zusatz von Ascorbinsäure wird die Oxydation von Fe^{2+}-Ionen u. die Bldg. von pulverbildenden Ndd. verhindert. E. Winkler 141◇

0344 **Elektrokristallisationsspannungen in Wismutniederschlägen.** M. Ja. Popereka, O. I. Awramenko und W. A. Sacharowa. (J. physik. Chem. [UdSSR] **37**, 1165—67, 1963; Krassnojarsk, Polytechn. Inst.; russ.) — Vff. ermittelt die inneren Spannungen in bei verschiedenen Stromdichten erhaltenen Bi-Niederschlägen. Als Elektrolyt diente eine wss. Lsg. von 64 (g/Liter) $NaBiO_3$ u. 206HCl (D. 1,17). Während der Abscheidung von Bi erfolgt eine Vol.-Zunahme des Nd., nach dem Ausschalten des Stromes schrumpft der Niederschlag. Die Primärspannung des Nd. beträgt 25—75 kg/cm², die Sekundärspannung (nach Beendigung der Abscheidung) 5—20 kg/cm². Die Ursachen dieser Änderungen der inneren Spannung in Bi-Überzügen sind Rekristallisation, Freisetzen des bei der Elektrolyse adsorbierten Wasserstoffs u. im geringen Maße die Abkühlung des Niederschlags. E. Gey 141◇

0345 **Irreversible Prozesse in der Elektrochemie.** 3. Mitt. **Die Thermodynamik von Strukturveränderungen des Wassers.** A. W. Pamfilow, A. I. Lopuschanskaja und A. M. Balter. (J. physik. Chem. [UdSSR] **37**, 1481—86, 1963; Tschernowitz, Univ.; russ., Auszug: engl.) — Aus früheren experimentellen Unterss. der Polarogramme von $CrCl_3$, $Cr(NO_3)_3$ u. $Cr_2(SO_4)_3$ u. thermodynam. Daten aus der Literatur wird abgeleitet, daß Strukturveränderungen des W.-Mol. im Temp.-Bereich um 40° keine Phasenübergänge zweiter Ordnung sind. Die Temp.-Abhängigkeit der Freien Energie u. der Logarithmus der Rk.-Geschw.-Konst. ebenso wie die Koeff. in den Gleichungen für die Entropieerzeugung u. die Ggw. eines Minimums der $(\Delta\sigma_{1/2}/\Delta T)$–t°-Kurve bestätigen die Vermutung, daß die Kinetik des Elektrodenprozesses durch Strukturänderungen des W. beeinflußt wird. W. Pump 142◇

0346 **Die Untersuchung der Kinetik von Elektrodenprozessen durch Wechselstrom-Messungen an der rotierenden Scheibenelektrode.** W. A. Kirjanow und W. Ju. Filinowski. (J. physik. Chem. [UdSSR] **37**, 2122—24, 1963; Akad. der Wiss. der UdSSR, Inst. für Elektrochem.; russ.) — Vff. untersuchten theoret. den Einfl. der erzwungenen Konvektion auf die Faraday-Impedanz einer polarisierten Scheibenelektrode. Es wird gezeigt, daß für $(\nu/\omega)^{1/2} \approx (\eta/D)^{1/6}$ (ν = Winkel-Geschw. der rotierenden Scheibe, ω = Frequenz des Wechselstroms, η = kinemat. Viscosität) der Einfl. der Konvektion merklich wird. E. Winkler 142◇

0347 **Nichtstationäre Elektrodenprozesse in Medien unter Rührung.** 1. Mitt. **Volt-Amperometrie bei konstantem Potential.** Ju. G. Ssiwer. (J. physik. Chem. [UdSSR] **33**, 2586—2600, 1959; Moskau, Forschungsinst. für Stromquellen; russ., Auszug: engl.) — Vf. untersucht theoret. nichtstationäre Elektrodenprozesse in Medien unter Rührung für völlig reversible, teilweise reversible u. irreversible Fälle. Es werden Gleichungen für die Abhängigkeit der Stromdichte von der Elektrolysedauer erhalten u. Beziehungen für den Zusammenhang zwischen Anfangsstromdichte, Grenzstromdichte u. stationärer Stromdichte angegeben. Eine der angegebenen Beziehungen kann als Kriterium für den Grad der Reversibilität eines in einem Medium unter Rührung ablaufenden Elektrodenprozesses verwendet werden. E. Winkler 142◇

0348 **Nichtstationäre Elektrodenprozesse in Medien unter Rührung.** 2. Mitt. **Volt-Amperometrie bei konstanter Stromstärke.** Ju. G. Ssiwer. (J. physik. Chem. [UdSSR] **34**, 577—84, 1960; russ., Auszug: engl.) — 1. vgl. vorst. Referat. — Vf. untersucht theoret. Fragen der Elektrodenprozesse in unter Rührung befindlichen Medien u. leitet Beziehungen für die Abhängigkeit des Elektrodenpotentials von der Zeit bei konst. Stromstärke für reversible u. irreversible Vorgänge ab. Es ergibt sich, daß die Abhängigkeit verschieden ist, je nachdem ob der Strom größer oder kleiner als der Grenzstrom ist. Es wird eine Beziehung zwischen der Stromstärke i u. der Übergangszeit τ für reversible u. irreversible Rkk. gefunden. Die gefundene Abhängigkeit wird durch experimentelle Werte aus der Literatur bestätigt. E. Winkler 142◇

0349 **Poröse Elektroden in Elektrolytlösungen.** R. de Levie. (Electrochim. Acta [London] **8**, 751—80, 1963; Amsterdam, Holland, Univ., Electrochim. Labor.; engl.) — Theoret. werden Effekte der Doppelschichtkapazität u. des Faraday-Prozesses bei Wechselstrommessungen modellmäßig erfaßt u. diskutiert. Grundlage ist eine poröse Elektrode mit gleichen Poren kreisförmigen Querschnitts mit halbunendlicher Tiefe. Ersatzschaltbilder werden angegeben. Durch mathemat. Ableitung werden explizite Gleichungen für den Faraday-Prozeß bei Diffusion u. gekoppelter Elektronenrk. erster Ordnung gewonnen. T. Sand 142◇

0350 **Die Kinetik der Redox-Reaktionen an oxydierten Elektroden.** 3. Mitt. **Der Widerstand der oxydierten Zirkonium-Elektrode bei Gleichstrom-Polarisation.** N. G. Bardina. (J. physik. Chem. [UdSSR] **37**, 1532—37, 1963; Akad. der Wiss. der UdSSR, Inst. für Elektrochem.; russ., Auszug: engl.) — 2. vgl. gl. J. **37**, [1963], 1008. — Kapazität u. Widerstand einer oxydierten Zr-Elektrode in 0,2n H_2SO_4 u. in den Redox-Syst. Fe^{2+}/Fe^{3+} u. $[Fe(CN)_6]^{4-}/[Fe(CN)_6]^{3-}$ wurden unter Verw. eines äußeren

Polarisationsstromes gemessen. Es wurde gezeigt, daß bei einer Potentialverschiebung zum Negativen der Elektrodenwiderstand fällt u. die Kapazität steigt. Gleichstromdurchgang durch den Film in einem Redox-Medium verursacht irreversible Veränderungen im Film. Die Werte von Kapazität u. Widerstand bei einem gegebenen Potential in Abwesenheit eines äußeren Polarisationsstromes fallen nicht mit den Werten bei Ggw. des Stromes zusammen, aber nähern sich einander um so mehr, je größer der Austauschstrom im Medium ist.

W. Pump 142◇

0351 **Polarisationskurven der anodischen Auflösung von Germanium mit endlicher Dimension.** W. A. Mjamlin. (Ber. Akad. Wiss. UdSSR **140**, 870—73, 1961; Akad. der Wiss. der UdSSR, Inst. für Elektrochem.; russ.) — Die Polarisationserscheinungen bei der anod. Auflösung von Ge werden theoret. untersucht u. Beziehungen für den Grenzstrom abgeleitet. E. Winkler 142◇

0352 **Elektrodenprozesse an Germanium in Schwefelsäurelösungen in Gegenwart von Oxydationsmitteln.** Je. N. Paleolog, A. S. Fedotowa und N. D. Tomaschow. (Ber. Akad. Wiss. UdSSR **129**, 623—26, 1959; Akad. der Wiss. der UdSSR, Inst. für physik. Chem.; russ.) — Vff. untersuchen die Kinetik der Elektrodenprozesse an Ge mit p- (**I**) u. n-Halbleitungsmechanismus (**II**) in H_2SO_4-Lsg. in Ggw. von Fe^{3+} bzw. H_2O_2. Mit u. ohne Belichtung werden an geschliffenen Ge-Einkristall-Elektroden Polarisationskurven anod. u. kathod. Prozesse aufgenommen. Als Kathode zeigt **II** wie die Metallelektrode selbst eine erhebliche H_2-Überspannung. Die Höhe des Diffusionsgrenzstromes bei Ggw. von Oxydationsmitteln ändert sich gesetzmäßig mit deren Konz. in der Lösung. Bei **I** werden schon bei einer Stromdichte von 1,8 mA/cm² beginnende Hemmungserscheinungen für die H_2-Abscheidung u. für die Red. von Fe^{3+} u. H_2O_2 festgestellt. Die anod. Auflösung von **I** hängt unter den gegebenen Bedingungen weder von der Art noch der Konz. der Zusätze ab. Bei **II** hingegen kann ein bestimmter Grenzstrom der anod. Auflösung nicht überschritten werden. Der Wert des Sättigungsstromes wird durch Zugabe von H_2O_2 nicht geändert, während Fe^{3+} zu einem Anstieg führt. Eine Belichtung der Elektrode erhöht den Grenzstrom um das 17fache. Aus den Ergebnissen wird geschlossen, daß die Kathoden-Rk. an **II** wahrscheinlich unter Beteiligung freier Elektronen abläuft u. daß die Rk.-Hemmungen bei **I** auf einen Mangel an freien Elektronen zurückzuführen sind. Die Erhöhung des anod. Grenzstromes für n-Ge in Ggw. von Fe^{3+} wird durch eine spezif. Adsorption dieser Ionen an der Ge-Oberfläche erklärt. E. Winkler 142◇

0353 **Eisen als mehrfache Elektrode.** Z. Pavlović und T. Marković. (Werkstoffe u. Korrosion **14**, 458—64, 1963; Tuzla, Technol. Fak., Lehrst. für phys. Chem. u. Elektrochem.; dt.) — Das elektrochem. Verh. des Syst. Fe—wss. Lsg. wurde unter Berücksichtigung 27 möglicher Elektroden-Rkk. theoret. untersucht. Berechnet wurden die elektrochem. Affinitäten der Elektroden-Rkk. u. der chem. Rkk. bei verschiedenen pH-Werten u. bei verschiedenen Konzz. der die jeweilige Rk. bestimmenden Ionen. Das Ausmaß der anod. u. kathod. kontrollierten Vorgänge wurde aus den Überspannungen berechnet u. in einem Korrosionsdiagramm wiedergegeben. Die Bldg.-Möglichkeit von Korrosions-Prodd. wird in einem Affinitäts-Überspannungs-Diagramm zusammengefaßt. Ein Vgl. der relativen Größe der einzelnen Gebiete in diesem Diagramm ergibt die Stabilität der Verbb. Fe_3O_4, $Fe(OH)_3$, Fe_2O_3 u. FeO_4^{2-} in Abhängigkeit vom pH-Wert.

H. Roschkowski 142◇

0354 **Elektrochemisches Verhalten des Nickels in Schwefelsäure in Anwesenheit verschiedener Oxydationsmittel.** N. Ja. Bune und Ja. M. Kolotyrkin. (J. physik. Chem. [UdSSR] **35**, 1543—50, 1961; Moskau, Phys.-Chem. Karpow-Inst.; russ., Auszug: engl.) — Vff. untersuchten die Abhängigkeit des Elektrodenpotentials u. der Auflösungs-Geschw. von Ni in 1 n H_2SO_4 von der Konz. verschiedener Oxydationsmittel [$Fe_2(SO_4)_3$, $Ce(SO_4)_2$, $KMnO_4$, $K_2Cr_2O_7$, H_2O_2]. Die Vers.-Anordnung bestand aus vier Zellen, die die Haupt-, Hilfs- u. Vgl.-Elektroden sowie die Elektrode für die Reinigung der Lsg. enthielten. Die Verss. wurden unter N_2 durchgeführt. Für die Unterss.-Elektroden wurde spektralreines Ni verwendet. Die Auflösung des Metalls wurde durch Kontrolle des Gew.-Verlustes der Proben u. durch colorimetr. Analyse des Elektrolyten verfolgt. Die Vers.-Dauer betrug je nach der Auflösungs-Geschw. 1—100 Stunden. Die Abhängigkeit der Auflösungs-Geschw. u. des Elektrodenpotentials von der Konz. des Oxydationsmittels werden graph. dargestellt. Bis zu einer krit. Konz. c_K des Oxydationsmittels ist das Ni akt. u. es ergibt sich für die Abhängigkeit der Auflösungs-Geschw. v (g/h · cm²) von der Konz. des Oxydationsmittels c (Val/Liter) eine lineare Beziehung. Eine weitere Erhöhung von c führt zu einer Verringerung der Auflösungs-Geschw. verbunden mit einer Verschiebung des Elektrodenpotentials nach positiveren Werten. Der Verlauf der entsprechenden Kurven ist abhängig von der Art des verwendeten Oxydationsmittels. Aus den Verss. schließen Vff., daß die Oxydationsmittel direkt an der Bldg. von Passivschichten nicht teilhaben u. daß die Passivierung des Ni ihre Ursache in einer Chemisorptions-Rk. zwischen den Oberflächenatomen des Metalls u. dem O_2 des. W hat. Das Oxydationsmittel wirkt als Inhibitor u. verursacht eine Verschiebung des Elektrodenpotentials. Die Inhibitor-Wrkg. hängt von den elektrochem. Eigg. der betreffenden Verb. ab, so z. B. vom Redoxpotential, der Austauschstromdichte sowie von der Abhängigkeit der Red.-Geschw. des Oxydationsmittels vom Elektroden-Material. E. Winkler 142□

0355 **Über die Untersuchung der Kinetik der anodischen Auflösung von Nickel in sauren Sulfatelektrolyten mit verschiedenem pH-Wert.** W. I. Krawzow und Pien-Tschshao Jan. (Nachr. Leningrader Univ. **17**, Nr. 10, Ser. Physik Chem. Nr. 2, 107—16, 1962; russ., Auszug: engl.) — Es wurde die anod. Auflösung von Ni (Geh. an Verunreinigungen $< 1 \cdot 10^{-4}$%) im Syst. $(1 - x)$ n$Na_2SO_4 + xnH_2SO_4$ mit x = 1; 0,3; 0,1; 0,03; 0,01 u. 0,003 bei pH-Werten von 0,40—3,25 durch Aufnahme galvanostat. φ-lg i-Kurven untersucht. Die Neigung der nichtstationären φ-lg i-Kurven ist unabhängig vom pH der Lsg. u. liegt bei 87 ± 5 (mV), die der stationären Kurven bei **39**. Es wurde festgestellt, daß die anod. Auflösung des Ni bei konst. Potential im Bereich pH 1,75 bis 3,25 mit steigendem pH-Wert ansteigt, während bei niedrigeren Werten kein Einfl. beobachtet wurde. Es wird angenommen, daß die Auflösung entsprechend den Beziehungen $Ni + H_2O \rightleftharpoons NiOH + H^+ + e$; $NiOH \rightarrow NiOH^+ + e$ u. $NiOH^+ + H^+ \rightleftharpoons Ni^{2+} + H_2O$ abläuft.

E. Winkler 142◇

0356 **Der Einfluß von Quecksilber, Arsen und von Cyanidionen auf die Eigenschaften der Pd-Elektrode.** A. W. Schaschkina und I. I. Kulakowa. (J. physik. Chem. [UdSSR] **37**, 1966—72, 1963; Moskau, Lomonossow-Univ., Chem. Fak.; russ., Auszug: engl.) — Der Einfl. von atomarem Hg u. As in 0,1 n H_2SO_4 u. von Cyanidionen in 0,1 n KOH auf die Ladungskurven der Pd-Elektrode wurde untersucht. Es wurde gezeigt, daß bei Verunreinigungen bis zu 0,1—0,5% diese Stoffe die Bindungsenergie von adsorbiertem Wasserstoff erniedrigen, ohne den Gesamtwasserstoffgeh. an der Oberfläche beträchtlich zu erniedrigen. Die Menge des adsorbierten Wasserstoffs sinkt stark bei Verunreinigen bis zu 1—10%. Bei weiterer Verunreinigung desorbiert Hg den Wasserstoff völlig von der Elektrode, während As die Menge an adsorbiertem Wasserstoff beträchtlich verringert u. die Cyanidionen nur den adsorbierten Wasserstoff desorbieren. Beginnend mit 1—2% Verunreinigung erhöhen Cyanidionen u. bes. As die Bindungsenergie H_{ads}–Pd. Bei beträchtlicher Verunreinigung der Pd-Elektrode verringern Hg, As u. CN^- die Geschw. der Hydroxoniumionen-Entladung u. der Ionisation von adsorbiertem Wasserstoff. Quecksilber u. Arsen erhöhen die Geschw. der Umwandlung von absorbiertem zu adsorbiertem Wasserstoff, während sie durch Cyanidionen verringert wird, die die Austrittsstellen für den Wasserstoff blockieren. Es wurde beobachtet, daß Hg u. As in das Palladiumgitter eindringen. W. Pump 142◇

0357 **Oscillographische Untersuchung der Kinetik der kathodischen Wasserstoffentwicklung an der amalga-**

mierten Kupferelektrode in konzentrierten Chlorwasserstoff- und Perchlorsäure-Lösungen. Ja. W. Durdin und Je. G. Zwentarny. (Nachr. Leningrader Univ. **17,** Nr. 10, Ser. Physik Chem. Nr. 2, 117—28, 1962; russ., Auszug: engl.) — Vff. ermittelten aus oscillograph. erhaltenen φ–t-Kurven einer amalgamierten Cu-Elektrode in 1; 3; 5; 7 u. 9 n HCl- u. 1; 3; 4,7 u. 6,9 n $HClO_4$-Lsgg. die Kapazität der elektr. Doppelschicht. Nur in 1 n HCl- u. 6,9 n $HClO_4$-Lsg. ist die Doppelschichtkapazität im gesamten untersuchten Potentialbereich konstant. Für 1 n HCl wird ein mittlerer Wert von 18 $\pm$ 1 (F/cm^2) ermittelt. Bei genügend negativen Potentialen werden in 3 u. 5 n HCl u. 1; 3 u. 4,7 $HClO_4$ Kapazitäten der gleichen Größenordnung festgestellt. Bei Verschiebung des Potentials nach positiveren Werten wird für 3 u. 5 n HCl u. 1 u. 3 n $HClO_4$ eine Erniedrigung der Kapazität auf 13—15, bei 4,7 n $HClO_4$ auf 8—9 u. bei 6,9 n $HClO_4$ auf 4—5 beobachtet. Die Abweichungen werden auf die spezif. Adsorption von Anionen u. Dipolmoll. zurückgeführt. E. Winkler 142◇

0358 **Die anodische Entwicklung von Sauerstoff an Cadmium in konzentrierten Laugen.** L. A. Lwowa. (J. physik. Chem. [UdSSR] **37,** 2114—17, 1963; Saratow, Univ.; russ.) — Vf. untersuchte die anod. O_2-Entw. an Cd-Elektroden in 2,95; 6,25; 10,2 u. 13,2 n NaOH bei 25, 40, 60, 80 u. 95° durch Aufnahme potentiostat. Polarisationskurven im Potentialbereich 0,5—1,3 V. Die Vers.-Elektroden wurden z. T. einer vorhergehenden elektrolyt. Oxydation unterworfen. Die Stromdichte dieser Oxydation u. damit die Schichtdicke der Oxydations-Prodd. hat einen erheblichen Einfl. auf den Verlauf der Kurven bis 1,0 V. Je dicker die Schicht ist, um so höher liegt die Kurve im Bereich 0,5—1,0 V; bei genügend dünnen Schichten durchlaufen die Kurven ein Maximum. Für Potentiale $>$ 1,0 V ist der Kurvenverlauf unabhängig von der Oxydationsstromdichte. Die Messungen bei 25° ergaben, daß die Schicht dann so dünn ist, daß ihr Einfl. in den Bereich des Meßfehlers fällt. Aus den Ergebnissen wird geschlossen, daß die O_2-Entw. bei Potentialen $>$1,0 V mit einer Oxydation des Cd verbunden ist. E. Winkler 142◇

0359 **Die anodische Entwicklung von Sauerstoff an Cadmium in konzentrierten Laugen.** L. A. Lwowa und A. W. Fortunatow. (J. physik. Chem. [UdSSR] **37,** 2118—21, 1963; russ.) — Vgl. vorst. Referat. — Vff. untersuchten die anod. Abscheidung von O_2 an Cd in konzentrierten Lsgg. von NaOH bei 25—95° durch Aufnahme galvanostat. Polarisationskurven u. durch Messung der entwickelten O_2-Mengen. Es wurde festgestellt, daß die O_2-Abscheidung zu einer beträchtlichen Oxydation des Cd führt. Der geschwindigkeitsbestimmende Schritt der Elektroden-Rk. ist die Entladung der OH^- Ionen. Für den Elektrodenvorgang wird folgendes Schema angegeben: $OH^- \rightarrow OH_{ads} + e$; $OH_{ads} + OH^- \rightarrow H_2O + O^-_{ads}$; $O^-_{ads} \rightarrow {}^1/_2 O_2 + e$ bzw. $O^-_{ads} + Cd \rightarrow CdO + e$. E. Winkler 142◇

0360 **Einfluß von Kationen auf die Sauerstoffüberspannung.** A. N. Frumkin, R. I. Kaganowitsch, Je. W. Jakowlewa und W. W. Ssobol. (Ber. Akad. Wiss. UdSSR **141,** 1416—19, 1961; Moskau, Lomonossow-Univ.; russ.) — Vff. führten Unterss. über den Einfl. von Kationen (Cs^+, K^+, Na^+ u. Li^+) auf die Überspannung von O_2 an Pt in H_2SO_4 u. $HClO_4$ durch. Für die Aufnahme der Stromstärke-Potential-Kurven wurde eine Pt-Draht-Anode (⌀ 95 μ, Fläche 10^{-2} cm^2) u. eine H_2-Elektrode als Bezugselektrode verwendet. Die Messungen in 1,34 n $HClO_4$ unter Zusatz verschiedener Mengen Cs^+ u. K^+ ergaben eine Beeinflussung des Verlaufs der Polarisationskurve hauptsächlich im Bereich des sprunghaften Potentialanstiegs, wobei in Ggw. der Kationen der Sprung nach geringeren Stromdichten hin verschoben wird. Die Aktivität des Cs entspricht dabei etwa der Aktivität des K. Bei Erhöhung der Kationen-Konz. erfolgt der Übergang vom unteren zum oberen Teil der Polarisationskurve allmählicher. Bei Messungen mit zeitlich konst. Potentialänderung wird im Potentialbereich von 2,5—2,9 V für die untersuchten Lsgg. ein Rückgang des Stromes festgestellt. Der Zusatz der Kationen bewirkt eine Verringerung der Stromstärke bei gegebenem Potential. Bei der Aufnahme der Kurven in umgekehrter Richtung werden Hystereseerscheinungen beobachtet. Mit Ba^{2+}-Zusätzen wurden im Prinzip die gleichen Effekte festgestellt. Mit Erhöhung der $HClO_4$-Konz. verringert sich der Einfl. der Kationen auf die O_2-Überspannung. In 5,8 n $HClO_4$ konnte selbst mit Cs^+ kein Effekt mehr festgestellt werden. Ähnliche Ergebnisse wurden in H_2SO_4 erhalten. E. Winkler 142◇

0361 **Untersuchung der Elektrodenprozesse an Amalgamen mit Hilfe radiochemischer und elektrochemischer Messungen.** 4. Mitt. G. M. Budow und W. W. Lossew. (J. physik. Chem. [UdSSR] **37,** 1461—66, 1963; Moskau, Akad. der Wiss. der UdSSR, Inst. für Elektrochem.; Phys.-chem. Karpow-Inst.; russ., Auszug: engl.) — Unter der Annahme von schrittweisen Entladungs-Ionisationsprozessen an Metallelektroden wird aus den Beziehungen der Überführungs-Koeff. von Zink- u. Indiumamalgamen geschlossen, daß die Geschw. der Entladungs-Ionisations-Rk. durch die Entfernung (Zugabe) des letzten Elektrons $M^{(u-1)+} \rightleftharpoons M^{u+} + e$ begrenzt wird. Es wurde vorgeschlagen, daß die Austauschstöme u. Aktivierungsenergien der Entladungs-Ionisations-Rk. des Kations von Metallen mit verschiedener Wertigkeit mit dem Unterschied der Freien Hydratisierungsenergien der oxydierten u. der red. Form des Metalls verbunden sind, die beide am Grenzzustand des Prozesses teilhaben. — 2. vgl. ibid. **37,** [1963], 1023. W. Pump 142◇

0362 **Über die Analyse polarographischer Wellen.** Ju. K. Delimarski und A. W. Gorodysski. (J. physik. Chem. [UdSSR] **35,** 687—90, 1961; Akad. der Wiss. der UdSSR, Inst. für allg. u. anorg. Chem.; russ.) — Es werden die Anwendungsgebiete der von verschiedenen Vff. gegebenen Gleichungen zur Analyse polarographischer Wellen, die an festen Elektroden erhalten wurden, diskutiert. W. Pötsch 142□

0363 **Einfluß der Struktur der Doppelschicht auf die polarographischen katalytischen Oberflächenwellen des Wasserstoffs.** Ss. G. Mairanowski, L. D. Kljukina und A. N. Frumkin. (Ber. Akad. Wiss. UdSSR **141,** 147—50, 1961; Akad. der Wiss. der UdSSR, Inst. für Elektrochem.; russ.) — Der Einfl. von Li-, Na-, K-, Rb- u. Cs-Chlorid verschiedener Konz. auf die 2. Welle des Chinins in Boratpuffern (pH = 9,5) wurde untersucht. Die Höhe der Welle nimmt mit steigender Chlorid-Konz. ab (Ausnahme CsCl). Der unterdrückende Einfl. der Alkalimetallchloride nimmt mit steigendem Mol.-Gew. zu. W. Pötsch 142□

0364 **Untersuchung der Kinetik der Elektroreduktion von Eisen an der Quecksilber-Tropfelektrode.** W. F. Iwanow und S. A. Iofa. (Ber. Akad. Wiss. UdSSR **137,** 1149—51, 1961; Moskau, Lomonossow-Univ.; russ.) — Vff. untersuchen mit polarograph. Meth. u. a. den Einfl. der Konzz. von Fe^{2+} u. H^+ auf den Verlauf der Elektro-Red. von Fe^{2+} an der Hg-Tropfelektrode. Die Unterss. wurden bei 25° mit einer Normal-Kalomelelektrode als Bezugselektrode durchgeführt. Bei Fe^{2+}-Konzz. von 10^{-4}—10^{-2} n im neutralen bzw. schwach sauren Gebiet (pH $>$ 4,5) ergibt sich der Grenzstrom I_d aus der Ilkovic-Gleichung. Im pH-Bereich 4,5—2,8 werden die Grenzströme in Bezug auf Fe^{2+} u. H^+ vergleichbar. Der diffusionsbegrenzte Strom ist bei pH 7—2,8 gleich der Summe der Ströme für Fe^{2+} u. H^+. Das Halbstufenpotential der gleichzeitigen Entladung von Fe u. H_2 (pH 4,5—2,8) ist positiver als das Halbstufenpotential des H_2, aber negativer als das der Entladung von Fe^{2+} bei pH $>$ 5. Bei Verringerung des pH-Werts findet eine Annäherung an das H_2-Halbstufenpotential statt. Aus den Meßergebnissen wird geschlossen, daß an der Hg-Tropfelektrode der Komplex $[FeOH(H_2O)_{n-x}]^+$ reduziert wird, der im Gleichgew. mit der Verb. $[Fe(H_2O)_n]^{2+}$ steht. Die Bldg. des Komplexes ist der geschwindigkeitsbestimmende Vorgang. Das Gleichgew. zwischen beiden Verbb. wird durch den pH-Wert beeinflußt. E. Winkler 142◇

0365 **Abschätzung des Grades der Irreversibilität der Reduktion von Eisen an der Quecksilber-Tropfelektrode.** W. F. Iwanow und S. A. Iofa. (J. physik. Chem. [UdSSR] **37,** 2132—35, 1963; russ.) — Vgl. vorst. Referat.

— Vff. untersuchten die Kinetik der Red. von Fe^{2+}-Ionen an der Hg-Tropfelektrode in 1,0 n KCl-Lsgg., die 10^{-3} n an Fe^{2+}-Ionen waren. Es wurde festgestellt, daß der Red.-Vorgang nicht reversibel u. daß der gehemmte Rk.-Schritt die Entladung der Fe^{2+}-Ionen ist. Der Red.-Prozeß stellt eine Rk. 1. Ordnung dar.
E. Winkler 142◇

0366 **Polarographische Bestimmung der Zusammensetzung der unmittelbar am Elektrodenprozeß teilnehmenden und in der Lösung vorherrschenden Komplexe sowie die Berechnung des Stromaustausches und des Gleichgewichtspotentials in anorganischen Oxydations-Reduktions-Systemen.** A. G. Stromberg und A. I. Kartuschinskaja. (J. physik. Chem. [UdSSR] **35**, 1058 bis 1063, 1961; Tomsk, Polytechn. Inst.; russ., Auszug: engl.) — Vff. leiten theoret. Beziehungen ab zur Berechnung der Redox-Komplexe, die direkt am Elektrodenvorgang teilnehmen u. der Komplexe, die in der Lsg. vorherrschen. Es werden Gleichungen zur Berechnung der Austauschstromdichte u. des Elektroden-Standardpotentials in Redox-Syst. angegeben. Die Abhängigkeit der anod. u. kathod. Halbstufenpotentiale von der H^+- u. Cl^--Konz. im Syst. Ti(IV)/Ti(III) in salzsaurem Medium wird experimentell untersucht. Die Messungen werden im Gemisch HCl + KCl einmal mit konst. Cl^--Konz. (1 m) in Abhängigkeit von der H^+-Konz. u. mit konst. H^+- (0,054 m) in Abhängigkeit von der Cl^--Konz. durchgeführt. Die Ti(IV)—Ti(III)-Konz. betrug $4{,}3 \cdot 10^{-3}$ m. Die anod. u. kathod. Halbstufenpotentiale sind lineare Funktionen von log a_H bzw. log a_{Cl^-}. Es wird gezeigt, daß in der Lsg. Ti^{3+} u. $Ti(OH)_2Cl_2$ vorherrschen, während am Elektrodenvorgang direkt die Komplexe $[TiOHCl]^{2+}$ u. $[TiOHCl]^+$ teilnehmen. Für das Standard-Elektrodenpotential des Syst. $Ti(OH)_2Cl_2/Ti^{3+}$ gegen die gesätt. Kalomelelektrode gilt die Beziehung $\varphi = -0{,}455 \pm 0{,}005$ V u. für den Austauschstrom $j_0{}^0 = (5{,}3 \pm 0{,}8) \cdot 10^{-5}\,\mu A \cdot cm^{-2} \cdot mMol^{-1} \cdot$ Liter.
E. Winkler 142◇

A₄. Thermodynamik, Thermochemie

0367 **Fokker–Planck-Gleichung.** Edward A. Desloge. (Amer. J. Physics **31**, 237—46, 1963; Tallahassee, Fla., Florida State Univ.; engl.) — Für die Bewegung einer Testpartikel in einem Gas wird auf verschiedenen Wegen die Fokker–Planck-Gleichung abgeleitet u. diskutiert u. die Koeff. für harte Stöße u. für Coulomb-Stöße werden ausgerechnet. W. Ebeling 146◇

0368 **Statistische Theorie der Systeme von Partikeln mit Ionen-Dipol-Wechselwirkungen.** I. R. Juchnowski. (Ukrain. physik. J. **6**, 333—39, 1961; Lwow, Franko-Univ.; ukrain., Auszug: russ. u. engl.) — Unter Benutzung der Meth. der kollektiven Variablen erhält Vf. einen Ausdruck für die Freie Energie des gemischten Ionen-Dipol-Systems. Im Vgl. zum Ionen-Syst. wird eine neue Übergangsfunktion vorgeschlagen. K. Jaeger 146◇

0369 **Kinetische Theorie nicht kugelförmiger Moleküle.** 5. Mitt. C. F. Curtiss und J. S. Dahler. (J. chem. Physics **38**, 2352—62, 1963; Madison, Wis., Univ. of Wisconsin, Theoret. Chem. Inst.; Minneapolis, Minn., Univ. of Minnesota, Dep. of Chem. and Chem. Engng.; engl.) — 4. vgl. C. **1961**, 2525. — Es wird eine verallgemeinerte Boltzmann-Gleichung für fluide Syst. mit beliebigen inneren Freiheitsgraden u. nichtzentralen Paarwechselwrkg. der Moll. abgeleitet. Weiter werden die hydrodynam. Gleichungen hergeleitet u. es wird ein Weg zur Berechnung der Transportkoeff. angegeben. W. Ebeling 146◇

0370 **Kinetische Theorie beschwerter Kugeln.** 1. Mitt. John S. Dahler und Norman F. Sather. (J. chem. Physics **38**, 2363—82, 1963; Minneapolis, Minn., Univ. of Minnesota, Dep. of Chem. Engng.; engl.) — Vgl. vorst. Referat. — Eine verallgemeinerte Boltzmann-Gleichung, ein H-Theorem u. Transportgleichungen werden abgeleitet für fluide Syst. kugelförmiger Moll., deren Schwerpunkt außerhalb des Mittelpunktes liegt. Nach der Meth. von Enskog-Chapman werden explizite Integralausdrücke für die Transportkoeff. gefunden.
W. Ebeling 146◇

0371 **Freie Energie eines Systems mit Zufallselementen.** Robert M. Mazo. (J. chem. Physics **39**, 1224—25, 1963; Eugene, Oreg., Univ. of Oregon, Inst. of Theoret. Sci.; engl.) — Haben die zufälligen Komponenten ein festes Verteilungsgesetz, so wird gezeigt, daß die Freie Energie durch den Erwartungswert des Logarithmus der Verteilungsfunktion Q gegeben ist, wenn letztere als zufällige Größe aufgefaßt wird. W. Ebeling 146◇

0372 **Zum Schmelzen führende kooperative Bewegung harter Scheiben.** B. J. Alder, W. G. Hoover und T. E. Wainwright. (Physic. Rev. Letters **11**, 241—43, 1963; Livermore, Calif., Univ. of California, Lawrence Radiat. Labor.; engl.) — Das Zellenmodell wird dadurch modifiziert, daß eine gleichsinnige Bewegung von linearen Reihen von Partikeln angenommen wird. Dieses korrelierte Zellenmodell liefert eine Zustandsgleichung, die die feste Phase im Grenzfall dichter Packung korrekt beschreibt u. die bei etwa den richtigen Drücken u. Dichten einen Phasenübergang zeigt. Letzterer erfolgt, wenn das Verhältnis Gitterabstand/Partikeldurchmesser $> \sqrt{4/3}$ wird u. ist durch die Möglichkeit eines Gleitens der Reihen von Scheiben relativ zueinander gekennzeichnet.
W. Ebeling 146◇

0373 **Brownsche Bewegung in Vielteilchensystemen.** George Woodbury und Stephen Prager. (J. chem. Physics **38**, 1446, 1963; Minneapolis, Minn., Univ. of Minnesota, Dep. of Chem.; engl.) — Durch Variationsmeth. wird eine Differentialgleichung für die räumliche Verteilungsfunktion von N wechselwirkenden Teilchen, die unter dem Einfl. schwacher äußerer Kräfte diffundieren, aufgestellt. Für bin. Lsgg. werden obere Schranken für die relative Diffusionsgeschw. angegeben.
W. Ebeling 146◇

0374 **Zustandsgleichung für einen zweidimensionalen Elektrolyten.** Allan M. Salzberg und Stephen Prager. (J. chem. Physics **38**, 2587, 1963; engl.) — Vgl. vorst. Referat. — Vff. finden durch eine elementare Separation der Volumabhängigkeit des Zustandsintegrals die exakte Zustandsgleichung für ein Syst. mit logarithm. Wechselwirkungspotential. W. Ebeling 146◇

0375 **Über die nichtlineare Thermodynamik irreversibler Prozesse.** I. F. Bacharewa. (Ber. Akad. Wiss. UdSSR **135**, 350—53, 1960; Ssaratow, Tschernyschewski-Univ.; russ.) — Die Bewegungsgleichungen von Onsager, auf denen die phänomenolog. Theorie der Thermodynamik irreversibler Prozesse beruht, gelten in ihrer linearen Form in der Nähe des Gleichgewichts. Wenn man für die kinet. Koeff., die bei dieser „linear-linearen" Form $L_{ik} = L_{ki}$ sind, $L'_{ik} = L_{ik}$ setzt u. die thermodynam. Kraft X_k bei adiabat. Isolierung des Syst. als Funktion der thermodynam. Parameter ausdrückt, erhält man eine „linear-nichtlineare" kinet. Gesetzmäßigkeit, die das gesamte kinet. Gebiet erfaßt. Als Anwendungsbeispiel wird ein Syst. behandelt, in dem chem. Rkk. stattfinden. Für 2 reversible bimol. Stadien $2\,B_1 \leftrightarrows 2\,B_2$ u. $2\,B_2 \leftrightarrows 2B_3$ mit den Geschw.-Konst. k_i der i-ten Hin- oder Rück-Rk. u. $x_i = c_i - c_i{}^0 = \Delta c_i$ (c_i = Konz. der Komponente i im gegebenen Moment, $c_i{}^0$ Konz. im Gleichgewicht ergibt sich, in Übereinstimmung mit dem Massenwirkungsgesetz $^1/_2\,(dc_1/dt) = -k_1c_1{}^2 + k_2c_2{}^2$ u. $^1/_2\,(dc_3/dt) = k_3c_2{}^2 - k_4 \cdot c_3{}^2$. Diese Form der Gesetzmäßigkeit umfaßt das gesamte kinet. Gebiet der Rk. von ihrem Beginn (bei t = 0, $c_1 = c_0$, $c_2 = c_3 = 0$) bis zum Gleichgewicht.
R. K. Müller 146□

0376 **Erreichung von negativen Temperaturen durch Erhitzen und Abkühlen eines Systems.** N. G. Bassow und A. N. Orajewski. (J. exp. theoret. Physik [UdSSR] **44**, 1742—45, 1963; Akad. der Wiss. der UdSSR, Phys. Lebedew-Inst.; russ., Auszug: engl.) — Es wird gezeigt, daß während der Einstellung des thermodynam. Gleichgew. als Folge unterschiedlicher Relaxationszeiten für verschiedene Energieniveaus eine schnelle Änderung der Temp. des Syst. zum Auftreten eines negativen Temp.-Zustandes bei bestimmten Kombinationen der Energieniveaus führen kann. D. Noack 146◇

0377 **Spezifisches Volumen wässeriger Elektrolytlösungen bei hohen Temperaturen.** I. M. Rodnjanski, W. I. Korobkow und I. Ss. Galinker. (J. physik. Chem.

[UdSSR] **36,** 2216—19, 1962; Charkow, Dokutschajew-Inst. für Landwirtschaft; russ.) — Vff. bestimmten in einem bes. Autoklaven die spezif. Voll. von KCl, KNO_3, K_2CO_3, K_2CrO_4, $CaCl_2$ u. $Ca(NO_3)_2$ bei 25, 100, 150, 200, 250, 300 u. 340° in wss. Lsgg. der molalen Konzz. 0,25, 1,0, 1,5, 2,0, 2,5 u. 3,0. Mit Hilfe dieser Ergebnisse wurden die Kontraktionen der Lsgg. u. die scheinbaren molaren Vol. der gelösten Salze berechnet. Das spezif. Vol. nimmt mit Konz.-Erhöhung bes. bei den 1—2-Elektrolyten ab. Mit Temp.-Erhöhung wächst die Kontraktion bes. stark bei 1—2-Elektrolyten. Die molare Kontraktion ist für die untersuchten Salze in verd. Lsgg. größer als in konz. Lösung. Die scheinbaren molaren Voll. der gelösten Salze werden für 25—340° durch $\varphi = \varphi^* + K\sqrt{c}$ befriedigend beschrieben. (φ^*, K = Konst., c = Vol.-Konz.) Je größer die Kontraktion der Lsg. ist, um so stärker wird die spezif. Wärme der Lsg. im Vgl. mit der Summe der spezif. Wärmen der Ausgangsstoffe erniedrigt.
H.-J. Lunk 148◇

0378 **Wärmeausdehnung von Graphit über verschiedene Temperaturbereiche.** W. H. Martin und F. Entwisle. (J. nuclear Mater. [Amsterdam] **10,** 1—7, 1963; Calcheth, Warrington, Lancs., UKAEA, Reactor Mater. Labor., Reactor Technol. Branch; engl.) — Es werden Ausdehnungsmessungen an verschiedenen Graphitproben in den Bereichen — 196 bis 20°; 20—120° u. 100—700° vorgenommen u. mit theoret. sowie Literaturwerten Vgl. gezogen. H. Roschkowski 148◇

0379 **Zustandsgleichungen von Aluminium, Kupfer und Blei im Gebiet hoher Drücke.** L. W. Altschuler, Ss. B. Kormer, A. A. Bakanowa und R. F. Trunin. (J. exp. theoret. Physik [UdSSR] **38,** 790—98, 1960; russ., Auszug: engl.) — Vgl. C. **1960,** 12594. — An Al, Cu u. Pb wird die dynam. Kompression durch Stoßwellen aus einer Explosion gemessen, die auf Stahlringe oder Al- u. Stahlscheiben als Stoßüberträger einwirkt, wobei Drücke von $(2-4) \cdot 10^6$ atm erhalten werden. Wenn P der Druck, φ u. φ_0 die Dichte hinter bzw. vor der Wellenfront, $\sigma = \varphi/\varphi_0$ die relative Kompression ist, besteht die adiabat. Beziehung $P = \Sigma a_k (\sigma - 1)^k$. Die Werte für a_k (in 10^{10} bar) für k-Werte von 1—7 werden für Al, Cu u. Pb u. für k = 1—5 für Fe tabellar. mitgeteilt. Vff. leiten eine theoret. Zustandsgleichung ab, die sich von derjenigen von Mie u. Grüneisen dadurch unterscheidet, daß sie die therm. Elektronenkomponenten bei Energie u. Druck berücksichtigt. R. K. Müller 148□

0380 **Die Kompressibilität homogener Gemische von Helium und Äthylen bei hohen Drücken.** D. Ss. Zikliss, A. I. Kulikowa und A. N. Kofman. (J. physik. Chem. [UdSSR] **37,** 1613—16, 1963; Inst. der Stickstoffind. u. Prodd. der organ. Synth.; russ.) — Die Kompressibilität von Gemischen des Syst. He-Äthylen für He-Molenbrüche von 0 bis 1 u. 100—400 atm. bei 18° wird bestimmt u. tabellar. angegeben. Helmut Schäfer 149△

0381 **Die Schallgeschwindigkeit in flüssigem normalen und Parawasserstoff als Funktion des Drucks.** A. Van Itterbeek, W. Van Dael und A. Cops. (Physica [Utrecht] **29,** 965—73, 1963; Leuven, België, Inst. voor Lage Temp. en Techn. Phys.; engl.) — Mit Hilfe eines Impulsverf. wurde bei etwa 3 MHz im Temp.-Bereich von 14 bis 20,5°K bei Drücken bis zu 240 kg/cm² die Schallgeschw. gemessen u. daraus die adiabat. Kompressibilität u. das Verhältnis der spezif. Wärmen berechnet. Die Schallgeschw. steigt mit dem Druck sowohl bei normalem als auch bei Parawasserstoff an.
H. U. Borgstedt 149◇

0382 **Ionen in rotierendem flüssigen Helium II.** G. Careri, W. D. McCormick und F. Scaramuzzi. (Physics Letters [Amsterdam] **1,** 61—63, 1962; Frascati, Italia, C. N. E. N., Labor. Nat.; engl.) — Gemessen wurden die Strom-Spannungscharakteristiken eines Strahles therm. He-Ionen (^{210}Po-Quelle) beim Durchgang durch rotierendes He II. Das rotierende He zeigt nur negativen Ionen gegenüber starke Anisotropie. K. Jaeger 149◇

0383 **Über den Verlauf der Kurven mit konstantem Gehalt der Komponenten im Dampf nahe den Binodalkurven ternärer Lösungen.** N. P. Markusin. (Nachr. Leningrader Univ. **17,** Nr. 10, Ser. Physik Chem. Nr. 2, 129—34, 1962; russ., Auszug: engl.) — Mit Hilfe isothermer Daten der Zus. der koexistierenden fl. u. dampfförmigen Phasen kann nach einem rechner. Verf. der Kurvenverlauf für konst. Geh. der Komponenten im Dampf in Nähe der binodalen Kurven tern. Lsgg. bestimmt werden. Als Beispiel wird das Syst. sek. Butylalkohol-Isobuttersäure-W. bei 20° beschrieben.
H. Roschkowski 150◇

0384 **Zur Bestimmung des Dampfdruckes von Metallen aus der Verdampfungsgeschwindigkeit.** G. P. Kowtun, A. A. Kruglich und W. Ss. Pawlow. (Ukrain. physik. J. **6,** 386—89, 1961; Charkow, Akad. der Wiss. der UkrainSSR, Phys.-Techn. Inst.; ukrain., Auszug: russ. u. engl.) — Durch Verdampfung aus einem zylindr. Tiegel wurde der Dampfdruck von Metallen bestimmt. Für *Ag* wird mit dieser Meth. zwischen 800 u. 960° $\log P = -14030/T + 8{,}8860$ erhalten. Eine allg. Formel wird abgeleitet. K. Jaeger 150◇

0385 **Zusammensetzung des Gleichgewichtsdampfes von Antimon.** G. F. Woronin und A. M. Jewssejew. (J. physik. Chem. [UdSSR] **37,** 1616—18, 1963; Moskau, Univ.; russ.) — Vff. untersuchen mit Hilfe der Geschw. der aus einer Effusionskammer austretenden Gas-Moll. die Zus. von gesätt. Sb-Dämpfen bei 870—970° u. beweisen, daß Sb-Dämpfe in diesem Temp.-Intervall nur aus vieratomigen Moll. bestehen. Die nach dem gleichen Verf. bestimmten Aktivitätswerte von Sb in Legg. mit Sn stimmen mit Literaturwerten aus EMK-Daten gut überein. Wolfram Köhler 150◇

0386 **Thermodynamische Untersuchungen bei tiefen Temperaturen.** 12. Mitt. **Molwärme des Wismuttellurids zwischen 1,4 und 65 °K. Enthalpie von Bi_2Te_3 bei 298,15 °K.** Je. Ss. Itzkewitsch. (J. phys. Chem. [UdSSR] **35,** 1813—15, 1961; Inst. für Hochdruck-Phys. der Akad. der Wiss. der UdSSR; russ., Auszug: engl.) — 9. vgl. C. **1961,** 14190. — Die spezif. Wärme von Bi_2Te_3 wurde zwischen 1,4 u. 65°K gemessen. In Verb. mit Daten zwischen 80 u. 300°K wurden hieraus Enthalpie u. Entropie berechnet: $S_{65}{}^0 = 84{,}76 \pm 0{,}32$, $S_{298,15}{}^0 = 260{,}6$ Joule/Grad Mol; $H_{65}{}^0\text{-}H_0 = 3263 \pm 12$ u. $H_{298,15}{}^0\text{-}H_0 = 30908$ Joule/Mol. M. Wiedemann 151□

0387 **Das thermische Verhalten der Manganminerale in kontrollierten Atmosphären.** W. M. Dressel und H. Kenworthy. (U. S. Dep. Interior, Bur. Mines, Rep. Invest. **1961,** Nr. 5761, 1—35; Rolla, Mo., Bur. of Mines; engl.) — Unters. der therm. Umwandlung der häufigeren Mn-Minerale in Luft, He, CO_2, CO u. H_2 bis 1000°. Untersucht wurden *Hausmannit*, *Bixbyit*, *Braunit*, *Pyrolusit*, *Lithiophorit*, *Kryptomelan*, *Hollandit*, *Manganit*, *Rhodochrosit* u. *Rhodonit*. H.-J. Bautsch 156◇

0388 **Anwendung der calorimetrischen Impulsmethode zur Bestimmung der Lösungsenergie des Sauerstoffes in Silber.** W. O. Perwakow und W. G. Chotkewitsch. (Ukrain. physik. J. **6,** 408—11, 1961; Charkow, Akad. der Wiss. der UkrainSSR, Phys.-Techn. Inst. u. Univ.; ukrain., Auszug: engl.) — Bestimmt wurde die Gesamtenergie der Lsg. von O in Ag bei verschiedenen Abschreck-Temp. u. die Lsg.-Energie pro Atom (12000 cal/Atom) durch Best. der beim Tempern abgegebenen Wärme von durch Abschrecken mit O gesättigtem Ag. Die abgegebene Wärme wurde durch eine differentielle, calorimetr. Impulsmeth. gemessen. K. Jaeger 156◇

0389 **Theorie der Zündung und Selbstentzündung.** C. H. Yang. (Combust. and Flame **6,** 215—25, 1962; engl.) — Für ein gegebenes chem. Syst. werden Temp.-, Druck- u. Zus.-Abhängigkeiten der Selbstentzündung, Zündung durch äußeren Anlaß u. möglicher Nichtentflammbarkeitserscheinungen theoret. untersucht, wobei auch Einfl. der Geometrie des Syst.-Behälters berücksichtigt werden. Die minimale Zündungsenergie u. die Selbstentzündungs-Temp. werden berechnet. Grundlage der Betrachtungen ist eine früher für die Flammenlöschgrenzen verwendete nicht adiabat. Theorie. H. Roschkowski 157◇

0390 **Messung der Temperatur von Flammen kondensierter Systeme.** L. N. Galperin, W. M. Malzew und P. F. Pochil. (Ber. Akad. Wiss. UdSSR **127,** 131—34, 1959; Akad. der Wiss. der UdSSR, Inst. für chem. Phys.;

russ.) — In einem Blockschema wird eine Anordnung gezeigt, die zur Ermittlung der Flammen-Temp. aus dem Verhältnis der Helligkeiten einer blauen u. einer roten Wellenlänge verwendet werden kann (Rot-, Blau-, Pt-Filter, Biprisma), wobei als Lichtquelle eine Xe-Lampe dient. Mit Hilfe von 2 Kollimatorspalten werden schmale Flächen der Flamme erfaßt u. ihre zeitliche Veränderung unter Bezugnahme auf die Flammen-Geschw. beobachtet. Bei einer Flamme aus Nitroglycerinpulver wird bei 50 atm eine maximale Temp. (T_{max}) von 2200°K erreicht, die sich bis 150 atm nicht ändert. Mit steigendem Druck nimmt der Abstand von T_{max} von der Pulveroberfläche ab. Das Anfangsstadium der Verbrennung in der kondensierten Phase führt zur Bldg. eines heißen Rauch-Gas-Gemischs (RGG) mit hoher Konz. an Rauchteilchen u. starker Lichtabsorption. Mit zunehmender Entfernung von der Pulveroberfläche nimmt die Durchsichtigkeit des RGG zu. Gleichzeitig steigt die Temp. mit der Zonenhöhe des RGG u. die Menge der C-reichen Aerosolteilchen (Ruß) nimmt zu. Beide Faktoren führen zum Vorliegen eines Maximums der Durchsichtigkeit der Flamme in einem bestimmten Abstand von der Pulveroberfläche, dessen abs. Größe sich bei verschiedenen Drücken ändert.

R. K. Müller 157□

0391 **Kontrolle der Reaktionsgeschwindigkeit in Staubflammen.** J. M. Beer und R. H. Essenhigh. (Nature [London] **187,** 1106—07, 1960; Sheffield, Univ. of Sheffield, Dep. of Fuel Technol. and Chem. Engng.; engl.) — Theoret. u. experimentell wird gezeigt, daß die Rk.-Geschw. in Kohlestaub-Flammen nicht durch die Geschw. der Andiffusion des O_2 sondern durch die chem. Oberflächen-Rk. (Chemisorption) bestimmt wird.

K. Strenge 157◇

0392 **Verbrennung in turbulenten Gasströmen.** H. Iida. (VIth Sympos. [int.] Combust., New Haven, Conn. **1956,** 341—50, 1957; engl.) — Die Verbrennungsvorgänge in derartigen Strömen werden eingehend theoret. behandelt. Experimentell wurden die Verbrennungsgeschw. von Propan-Luft-Gemischen (Zus. der Brennstoffphase C_2H_6 5,9(%), C_3H_8 75, C_4H_{10} 15,5, C_5H_{12} 3,6) gemessen u. mit der Theorie verglichen.

H. Roschkowski 157◇

0393 **Zündung im laminaren Sog einer flachen Platte.** S. I. Cheng und A. A. Kovitz. (VIth Sympos. [int.] Combust., New Haven, Conn. **1956,** 418—27, 1957; engl.) — Theoret. Unters. der Verbrennungsvorgänge beim Zusammentreffen eines Stroms heißer Verbrennungs-Prodd. u. eines Stroms der kalten Brennmischung im Sog eines Ablenkkörpers, der in den heißen Gasstrom eingeschaltet ist. H. Roschkowski 157◇

0394 **Grenzschichteffekte auf die Stabilitätscharakteristik von Ablenkkörper-Flammenstabilisatoren.** G. C. Williams, P. T. Woo und C. W. Shipman. (VIth Sympos. [int.] Combust., New Haven, Conn. **1956,** 427—38, 1957; engl.) — Vff. untersuchen theoret. u. experimentell mit nicht näher definierten Brennstoffgemischen die Verbrennungsvorgänge (bes. Flammenstabilisierung u. möglicher „blowout") in Düsentriebwerken, bei denen die Flamme durch Ablenkkörper stabilisiert wird unter bes. Berücksichtigung der Einfl. der Grenzschichten zwischen unverbrauchtem u. verbranntem Brenngemischstrom.

H. Roschkowski 157◇

0395 **Einige Einflüsse der Reaktivität des Brennstoffs und des Wärmeverlusts auf die Flammenstabilisierung.** Malcolm A. Weiss, James C. Rohrer und John P. Longwell. (VIth Sympos. [int.] Combust., New Haven, Conn. **1956,** 439—47, 1957; engl.) — Verss. mit Isopropylchlorid, Isooctan, Heptan, Tetralin, Bzl., Propylenoxid, CS_2 u. H_2 zeigen, daß der Mechanismus der Flammenstabilisierung u. a. von der Reaktivität des Brennstoffs abhängig ist. Die Ergebnisse zeigen, daß der Stabilisierungsmechanismus mit der Annahme homogener chem. Rkk. im Flammenkern übereinstimmt. Wärmeisolierung der Verbrennungskammer zeigt nur einen geringen Einfl. auf die Stabilität der Rezirkulationszone.

H. Roschkowski 157◇

0396 **Der Einfluß der Anfangstemperatur einer brennbaren Mischung und des umgebenden Drucks auf die Stabilisierungsgrenzen.** L. N. Khitrin und S. A. Goldenberg. (VIth Sympos. [int.] Combust., New Haven, Conn. **1956,** 448—51, 1957; engl.) — Theoret. Unters. zur Flammenstabilisierung. H. Roschkowski 157◇

0397 **Eine Analyse der instabilen Verbrennung vorgemischter Gase.** H. J. Merk. (VIth Sympos. [int.] Combust., New Haven, Conn. **1956,** 500—12, 1957; engl.) — Theoret. thermodynam. Unters. der instabilen Verbrennung auf Grundlage des Prinzips der dynam. Stabilität einer Strömung eines Gases durch ein Strömungssystem. H. Roschkowski 157◇

0398 **Die Entflammbarkeitscharakteristiken des Systems H_2–NO–N_2O-Luft.** F. E. Scott, R. W. Van Dolah und M. G. Zabetakis. (VIth Sympos. [int.] Combust., New Haven, Conn. **1956,** 540—45, 1957; engl.) — Die Entflammbarkeitsgrenzen des Syst. H_2–NO–N_2O-Luft werden bei 1 atm u. ca. 28° bestimmt. u. tabellar. u. graph. mitgeteilt. Einige Grenzkurven befolgen das Le Chateliersche Gesetz für Grenzmischungen, andere zeigen starke Abweichungen. Die maximalen Abweichungen auf den Kurven der oberen u. unteren Entflammbarkeitsgrenze werden bei H_2–NO-Luft-Mischungen festgestellt, wobei sich maximale Mengen von NO_2 u. N_2O_4 in der Verbrennungs-Rk. bilden. Beim Erreichen dieser Punkte mit maximaler Abweichung wechselt die Flammenfärbung von weiß nach orange. Die Flammen-Geschw. der Grenzmischungen lagen zwischen 24 u. 100 cm/s.

H. Roschkowski 157◇

0399 **Lösen von Problemen der heterogenen Verbrennung durch Mitteln von Gleichungen.** O. A. Tsukhanova. (VIth Sympos. [int.] Combust., New Haven, Conn. **1956,** 573—77, 1957; engl.) — Die Verw. der Näherungs-Meth. der Mittelung von Gleichungen zur Lösung von Gas-Bldg.-Problemen wird besprochen. Mit dieser Meth. kann das Syst. partieller Diffusions-Integralgleichungen 2. Ordnung auf ein Syst. gewöhnlicher Differentialgleichungen zurückgeführt werden, die mittlere Konz. Querschnitte der reagierenden Gas enthalten. Die Lösung erbringt eine Verteilung der mittleren Konzz. entlang der Länge der Rk.-Zone, die von den hydrodynam., physikal. u. chem. Parametern u. Konst. abhängig ist. Der Wert dieser Konst. kann näherungsweise nach Analog-Meth. bestimmt werden.

H. Roschkowski 157◇

0400 **Anwendung der Onsager-Theorie auf die Überführungserscheinung in Verdampfungs- und Verbrennungsprozessen.** A. V. Luikov. (VIth Sympos. [int.] Combust., New Haven, Conn. **1956,** 675—84, 1957; engl.) — Theoret. Unters. von Wärme- u. Massenübergangsprozessen auf Grundlage der Thermodynamik irreversibler Prozesse. H. Roschkowski 157◇

0401 **Anwendung optischer Methoden auf die Verbrennungsforschung.** F. J. Weinberg. (VIth Sympos. [int.] Combust., New Haven, Conn. **1956,** 765—70, 1957; engl.) — Übersicht (Schlieren- u. Schattenphotographie, Meth. zur Messung der Parameter einer Flammenfront durch Best. der Verteilung des Brechungsindex im Querschnitt der Front). — 8 Literaturangaben.

H. Roschkowski 157◇

0402 **Ionisationsuntersuchung von bei schnellem Fließen stabilisierten Flammen. Messung der Ionendichte in der Flamme.** G. Matton. (VIth Sympos. [int.] Combust., New Haven, Conn. **1956,** 770—73, 1957; engl.) — Eine Anordnung zur Best. der Ionendichte im Bereich von Flammen oder ihrer Umgebung mit Hilfe von Sondenelektroden wird beschrieben. Als Beispiel wurden stabilisierte Flammen von schnell fließenden Luft-Kerosin-Mischungen untersucht. H. Roschkowski 157◇

0403 **Einige flüssigkeitsdynamische Aspekte laminarer Diffusionsflammen.** H. N. Powell und W. G. Browne. (VIth Sympos. [int.] Combust., New Haven, Conn. **1956,** 918—22, 1957; engl.) — Theoret. Untersuchung.

H. Roschkowski 157◇

0404 **Physikalische Methoden zur Verbesserung der Verbrennung.** Yukichi Asakawa. (VIth Sympos. [int.] Combust., New Haven, Conn. **1956,** 923—29, 1957; engl.) — Es wird experimentell nachgewiesen, daß der Charakter einer Flamme unabhängig von ihrer Umgebung durch Anlegen eines magnet. oder elektr. Feldes verändert werden kann. Es wurden derart Steigerungen der Verbrennungs-Geschw. von Bzn. um das 3—4fache, von Kerosin u. Petroleum um das 2—3fache erreicht. Das Verf., die App. u. einzelne Meßergebnisse werden eingehend beschrieben. H. Roschkowski 157◇

0405 **Neuere Untersuchungen der Oxydations- und Zersetzungsflammen von Hydrazin.** P. Gray und J. C. Lee. (VIIth Sympos. [int.] Combust., London and Oxford **1958,** 61—67, 1959; engl.) — Die Flammen-Geschw. u. -Temp. sowie die Brenngeschw. von N_2H_4–O_2-, N_2H_4–N_2O- u. N_2H_4–NO-Gemischen wurden untersucht. Daneben werden die Zers. stöchiometr. überschüssiger Rk.-Teilnehmer u. der Übergang von Oxydations- zu Zers.-Flammen bei hydrazinreichen Gemischen verfolgt. Die Oxydationsflammen sind exothermer, heißer u. schneller als die Zers.-Flamme von reinem Hydrazin. Die Gesamt-Rk. in der Zers.-Flamme von N_2H_4 verläuft nach 2. Ordnung, die Gesamtaktivierungsenergie ist ca. 35 kcal/Mol. Bei der Zers. von N_2H_4 in der Flamme werden größere Mengen NH_3 neben N_2 u. H_2 gebildet. H. Roschkowski 157◇

0406 **Untersuchungen der Induktionszeit an der ersten Grenze von CS_2–O_2-Explosionen.** F. R. Taylor und A. L. Myerson. (VIIth Sympos. [int.] Combust., London and Oxford **1958,** 72—79, 1959; engl.) — Explosionen von CS_2–O_2-Mischungen wurden durch Einführen der gut gemischten Rk.-Partner in thermostatierte Pyrex- oder Quarz-Behälter erzeugt u. die Zeit bis zum Auftreten der sich durch ein violettes Aufblitzen zeigenden Explosion photoelektron. gemessen. Auf Grund der Messungen werden Beziehungen zwischen Induktionszeit u. Temp. bzw. Druck für Gemische mit $CS_2:O_2 = 1:1$ bis $1:6$ u. verschiedene Voll. des Rk.-Gefäßes abgeleitet. H. Roschkowski 157◇

0407 **Flammenstrukturuntersuchungen. 4. Mitt. Verbrennung von vorgemischtem Kohlenmonoxid.** R. Friedman und R. G. Nugent. (VIIth Sympos. [int.] Combust., London and Oxford **1958,** 311—16, 1959; engl.) — 3. vgl. C. **1957,** 6960. — Mit Hilfe der l. c. beschriebenen App. wurden Temp.- u. Zus.-Querschnitte von Flammen magerer CO–O_2-Gemische mit geringen Zusätzen von H_2O oder H_2 untersucht. Bei einem Gesamtdruck von 30 Torr besteht die Flammen-Rk. aus einer schnellen Stufe mit intensiver Leuchterscheinung, die von einem langsameren Prozeß bei völligem Verbrauch des CO verfolgt wird. H_2 u. H_2O verhalten sich als Zusätze nicht austauschbar, obgleich H_2 in der ersten Stufe zu H_2O verbrennt, erzeugt es eine höhere Brenn-Geschw. u. eine schneller ablaufende zweite Rk.-Stufe. Die Brenn-Geschw. verhält sich innerhalb einer 20fachen Änderung von $[O_2]$ wie $[CO]_u^{0,5} \cdot [H_2O]_u^{0,5}$, sobald die gleiche Flammen-Temp. eingehalten wird. H. Roschkowski 157◇

0408 **Messungen der Brenngeschwindigkeit durch die Methode einer Bombe mit konstantem Druck.** W. A. Strauss und R. Edse. (VIIth Sympos. [int.] Combust., London and Oxford **1958,** 377—85, 1959; engl.) — Die Brenn-Geschw. von *CO*–*O_2*-, *CO-Luft*-, *CH_4-Luft*-, *CH_4*–*O_2*-, *H_2*–*O_2*- u. *H_2*–*NO*-Flammen wurde mit Hilfe einer bes. beschriebenen Bombenapp. gemessen. Der Einfl. des Drucks auf die Brenn-Geschw. der vorgemischten Gase wurde untersucht. Er läßt sich durch die Wrkg. auf die Diffusions-Geschw. freier Radikale, auf die Geschw. der Wärmeübertragung von verbranntem auf unverbranntes Gas u. in Fällen, bei denen eine chem. Rk. geschwindigkeitsbestimmend ist, durch deren Druckabhängigkeit erklären. Bis zu einem gewissen Ausmaß hängen alle diese Vorgänge voneinander ab. H. Roschkowski 157◇

0409 **Das Löschen einer Flamme durch Drahtnetze.** K. N. Palmer. (VIIth Sympos. [int.] Combust., London and Oxford **1958,** 497—503, 1959; engl.) — Messing-, Stahl- u. Phosphorbronzenetze verschiedener Maschenweite u. Drahtstärke wurden auf ihre Löschwrkg. auf Flammen von Propan, Äthylen u. Leuchtgas untersucht. Im allg. besteht eine krit. Flammenannäherungs-Geschw. an das Drahtnetz oder Drahtnetzbündel, oberhalb der die Flamme durchschlägt u. unterhalb der Löschung eintritt. Eine Theorie, nach der die Löschung vom Ausmaß der Wärmeabführung durch das Netz abhängt, stimmt im allg. mit den Ergebnissen für Propanflammen überein. H. Roschkowski 157◇

0410 **Flammenturbulenz.** A. G. Prudnikov. (VIIth Sympos. [int.] Combust., London and Oxford **1958,** 575—82, 1959; engl.) — Eine einfache Meth. zur Best. der Turbulenz von Luftströmen u. Flammen unter Verw. photograph. Aufnahmen von Rauch oder NaCl-Teilchen im Gasstrom wird beschrieben. H. Roschkowski 157◇

0411 **Berechnung der Flammengeschwindigkeit im turbulenten Strom.** E. S. Shetinkov. (VIIth Sympos. [int.] Combust., London and Oxford **1958,** 583—89, 1959; engl.) — Theoret. Untersuchung. H. Roschkowski 157◇

0412 **Einfluß des Drucks auf die Geschwindigkeit der Flammenfortpflanzung im turbulenten Strom.** S. A. Goldenberg und V. S. Pelevin. (VIIth Sympos. [int.] Combust., London and Oxford **1958,** 590—94, 1959; engl.) — Der Einfl. des Drucks auf die Verbrennung von Bzn.-Luft-Gemischen bei Drücken von 760—100 Torr im turbulenten Strom wurde untersucht. Die Ergebnisse zeigen, daß bei Druckveränderung der die Flammenfortpflanzung bei turbulentem Strom bestimmende Faktor die Dichte des Mediums ist. H. Roschkowski 157◇

0413 **Theorie der Ausbreitungsgeschwindigkeit begrenzter turbulenter vorgemischter Flammen.** D. B. Spalding. (VIIth Sympos. [int.] Combust., London and Oxford **1958,** 595—603, 1959; engl.) — H. Roschkowski 157◇

0414 **Das Wachstum und Ausbrennen einer Flammenoberfläche in einem turbulenten Strom.** B. Karlovitz. (VIIth Sympos. [int.] Combust., London and Oxford **1958,** 604—08, 1959; engl.) — Theoret. Untersuchung. H. Roschkowski 157◇

0415 **Eine theoretische Analyse von durch Mehrstufen-Reaktionsgeschwindigkeiten bestimmten Systemen.** J. W. Hardcastle. (VIIth Sympos. [int.] Combust., London and Oxford **1958,** 697—704, 1959; engl.) — Theoret. Unters. an Hand experimenteller Daten zur Verbrennungs-Rk. von Isooctan in Luft. H. Roschkowski 157◇

0416 **Zur „Spindetonation".** A. S. Predvoditelev. (VIIth Sympos. [int.] Combust., London and Oxford **1958,** 760—65, 1959; engl.) — Theoret. Untersuchung. H. Roschkowski 157◇

0417 **Über Eigenmodell-Prozesse in chemisch aktiven Medien.** A. S. Predvoditelev. (VIIth Sympos. [int.] Combust., London and Oxford **1958,** 773—78, 1959; engl.) — Vgl. vorst. Referat. — Mathemat. Analyse von „selbstmodellierenden" Vorgängen (physikal. Erscheinungen, die durch Funktionen beschrieben werden, die in keiner Form die Zeit enthalten) in Zusammenhang mit bei der Verbrennung ablaufenden Prozessen (Gesetze der Wärmefortpflanzung u. -strahlung, verbrennungsbestimmende Faktoren). H. Roschkowski 157◇

0418 **Theoretische Untersuchung der Schwingungsbewegung der Flammenfront in geschlossenen Gefäßen.** A. S. Predvoditelev. (VIIth Sympos. [int.] Combust., London and Oxford **1958,** 779—82, 1959; engl.) — Vgl. vorst. Referate. H. Roschkowski 157◇

0419 **Die verallgemeinerte Hugoniotsche adiabatische Kurve.** Ya. K. Troshin. (VIIth Sympos. [int.] Combust., London and Oxford **1958,** 789—98, 1959; engl.) — Theoret. Unters. zur Verbrennung von Gasen. — 13 Literaturangaben. H. Roschkowski 157◇

0420 **Über die der Detonation vorangehende Periode der Flammenfortpflanzung.** V. A. Popov. (VIIth Sympos. [int.] Combust., London and Oxford **1958,** 799—806, 1959; engl.) — Theoret. Untersuchung. H. Roschkowski 157◇

0421 **Über die Entwicklung der Gasdetonation. — Analyse von Wellenerscheinungen.** A. K. Oppenheim und R. A. Stern. (VIIth Sympos. [int.] Combust., London and Oxford **1958,** 837—50, 1959; engl.) — Eine Analysen-Meth. zur Bewertung der Folgen der Wellenfortpflanzung u. Wechselwrkg.-Erscheinungen, die während des Über-

gangs einer Deflagration zur Detonation in einem Rk.-Rohr mit konst. Fläche auftreten, wird entwickelt. Es werden frühere experimentelle Ergebnisse zur Detonation von Propan-O_2-N_2-Gemischen herangezogen.
H. Roschkowski 157◇

0422 **Die Bildung und Struktur von Gasdetonationswellen.** F. J. Martin und D. R. White. (VIIth Sympos. [int.] Combust., London and Oxford **1958**, 856—65, 1959; engl.) — Die Ergebnisse photograph. Unterss. der Bldg.-Mechanik von Detonationswellen in Acetylen-O_2-Gemischen in glattwandigen Röhren sowie von interferometr. Unterss. der Struktur von Detonationswellen in H_2–O_2-Gemischen u. des Stromfeldes kurz vor der Detonation von H_2-Luft-Gemischen werden zusammengestellt u. eingehend theoret. besprochen.
H. Roschkowski 157◇

0423 **Gaszündung hinter der Stoßwelle.** T. V. Bazhenova und R. I. Soloukhin. (VIIth Sympos. [int.] Combust., London and Oxford **1958, 866**—75, 1959; engl.) — Zusammenstellung von Schlieren- u. Hochgeschw.-Photographien der Verbrennungsvorgänge in durch Stoßwellen gezündeten H_2–O_2-, H_2–Luft- u. Erdgas–Luft-Gemischen. H. Roschkowski 157◇

0424 **Flammenfrontstrukturen von mageren Diboran–Luft- und Diboran–Kohlenwasserstoff–Luft-Gemischen.** P. Breisacher, D. Dembrow und W. G. Berl. (VIIth Sympos. [int.] Combust., London and Oxford **1958**, 894 bis 902, 1959; engl.) — Im Syst. Diboran–Luft–KW-Stoff wurden drei Typen von Flammenstrukturen festgestellt. Magere Diboran–Luft-Flammen besitzen eine leuchtende Rk.-Zone, in der sich B_2O_3 quant. bildet, während H_2 nur teilweise zu W. umgesetzt wird. Zusatz von KW-Stoffen (CH_4, C_3H_8) zu derartigen Flammen führt zu Crackerscheinungen u. Auftreten von CO. Bei stärkeren Diboran–Luft-Mischungen oder Verw. einer Funkenzündung bildet sich eine zweite Rk.-Zone, die sich von der ersten bei genügender Senkung der Diboran- oder KW-Stoffkonzz. abheben kann. H. Roschkowski 157◇

0425 **Einige Übergangseigenschaften elektrisch erhitzter Wolframfäden.** K. C. Gupta und M. Satyam. (J. sci. Instruments **40, 244**—46, 1963; Bangalore, Indian Inst. of Sci., Dep. of Electr. Commun. Engng.; engl.) — Unterss. des Temp.-Zeit-Verh. von W-Fäden, die bei konst. Spannung im Vakuum elektr. auf 300—2500°K erhitzt werden, zeigen, daß die Temp.-Zeit-Beziehung exponentiell ist. Die Zeit-Konst. ist dem Fadendurchmesser u. $T_f^{-4,2}$ (T_f = Faden-End-Temp.) proportional.
W. Wesly 158◇

0426 **Bemerkungen zur Ausbreitung von Ultraschallwellen in der Nähe des kritischen Zustands.** Antoni Śliwiński und Piotr Szweykowski. (Poznańskie Towarzystwo Przyjaciół Nauk, Wydział mat.-przyrodniczy, Prace Komisji mat.-przyrodniczej **8**, Nr. 3, 119—29, 1961; Poznań, Univ. A. Mickiewicza, Kat. Akust. i Teorii Drgań; pol.) — Am krit. Punkt hat die Ultraschall-Geschw. eine bestimmte, definierte Größe. In der Nähe des krit. Punktes verhält sich Ultraschall anomal. Zwischen theoret. u. experimentellen Ergebnissen bestehen bisher Differenzen. Vff. nehmen an, daß mit Hilfe der Zustandsgleichung von Himpan [1952] eine bessere Übereinstimmung erzielt werden kann.
F. Urban 159□

0427 **Quarzresonatoren aus geschlitzten Piezoelementen.** I. G. Wassin, P. G. Posdnjakow, L. W. Chramow und M. I. Jarosslawski. (Kristallographie [UdSSR] **7**, 150—52, 1962; russ.) — Gegenüber den üblichen massiven Piezoelementen zeichnen sich solche, die in der Mitte ihrer Längsseite mit einem Spalt versehen sind (Abb.) durch geringe Temp.-Abhängigkeit der Frequenz, hohe Leistung, niedrige Impedanz u. breiten Resonanzraum aus. Infolge ihrer verminderten Biegefestigkeit sind ihre Frequenzkoeff. etwas kleiner; ihre Frequenz kann aber durch gekurvte Führung der Spalte stark herabgesetzt werden. R. K. Müller 159◇

0428 **Der Einfluß einer koppelnden Flüssigkeitsschicht auf die Eigenschaften eines Quarz-Wandlers mit X-Schnitt und Feststoffbelastung.** Leszek Filipczyński. (Poznańskie Towarzystwo Przyjaciół Nauk, Wadział mat.-przyrodniczy, Prace Komisji mat.-przyrodniczej **8**, Nr. 3, 89—107, 1961; Warszawa, PAN, Inst. Podstaw. Probl. Techn.; pol.) — Es wird theoret. u. experimentell bewiesen, daß dünne koppelnde Ölschichten die Wrkg. eines X-geschnittenen SiO_2-Wandlers mit Feststoffbelastung beeinflussen. Der Wandler erhält dadurch einen niedrigen Eingangswiderstand u. eine deformierte Frequenzcharakteristik. Während die erste Eig. Vorteile hat, muß die zweite durch Kompensation der Gegenseite mit einem entsprechenden Medium beseitigt werden.
F. Urban 159□

A$_5$. Kolloidchemie, Grenzschichtforschung

0429 **Messung der Oberflächenspannung geschmolzener Metalle mittels Aufheizung durch Elektronenbeschuß.** Susumu Namba und Takehiro Isobe. (Sci. Pap. Inst. phys. chem. Res. [Tokyo] **57**, 51—54, 1963; engl.) — Die Basisfläche eines Metallstabs wird mit einem Elektronenstrahl beschossen. Aus dem Gew. des Tropfens des geschmolzenen Metalls im Moment des Abfallens läßt sich die Oberflächenspannung ermitteln. Diese Tropfengew.-Meth. ist die genaueste Meth. zur Bestimmung von Oberflächenspannungen bei hohen Temperaturen. Ergebnisse (dyn · cm^{-1}; bei $2 \cdot 10^{-5}$ Torr; Fp. in Klammern): *Ta* 1910 (2996°), *Mo* 2080 (2622), *Zr* 1390 (2127), *Ti* 1460 (1727), *Fe* 1510 (1535), *Ni* 1670 (1455).
K.-D. Schubert 166◇

0430 **Anordnung zur Untersuchung der Diffusion von wenigloslichen Gasen in nichtflüchtigen Flüssigkeiten.** W. G. Mansheli und A. M. Tolkatschow. (Ukrain. physik. J. **5, 431**—33, 1960; Charkow, Univ.; ukrain.) — Die beschriebene App. zur Messung der Diffusion beruht darauf, daß beim Kontakt der Fl. mit einem bestimmten Vol. Gas beim Fehlen von Konvektionsströmen die Menge des gelösten Gases aus der Druckveränderung über der Fl. als Folge der Diffusion ermittelt wird. Die Unters. der Diffusion von Ar, H_2 u. N_2 zeigt, daß der Fehler 10% nicht übersteigt. O. Lebtag 171△

0431 **Die Stabilität des viscosen Fließens zwischen rotierenden Zylindern.** 2. Mitt. S. Chandrasekhar und Donna D. Elbert. (Proc. Roy. Soc. [London], Ser. A **268**, 145—52, 1962; Chicago, Ill., Univ.; engl.) — 1. vgl. Proc. Roy. Soc. [London], Ser. A **246**, [1958], 301. — Es wird eine gegenüber der in der 1. Mitt. entwickelten Berechnungsmeth. für viscoses Fließen zwischen rotierenden Zylindern verbesserte Behandlung dieses mathemat. Problems dargelegt. Die sich für ein Radienverhältnis von 1:2 ergebenden numer. Werte werden tabellar. mitgeteilt. D. Forst 173◇

0432 **Klassieren nach Teilchengröße durch Adhäsion.** John H. Burson, Koichi Iinoya und Clyde Orr jun. (Nature [London] **200, 360**—61, 1963; Atlanta, Georgia, Inst. of Technol.; engl.) — Durch Adhäsion u. Wegblasen der größeren Teilchen mit einem Luftstrom läßt sich eine Abtrennung von Teilchen mit einem Durchmesser $< 50\ \mu$ erreichen (Glas an Messing, Talk an Glas). Das Pulver wird entweder durch direktes Reiben der kompakten Substanz mit der Unterlage oder durch Aufstäuben aufgebracht. Die relative Feuchte wird auf 60% konst. gehalten. K.-D. Schubert 175◇

0433 **Partielle Adsorption und Desorption von Restgasbestandteilen im Ultrahochvakuum an Germanium- und Silicium-Einkristalloberflächen.** N. D. Morguliss und R. I. Martschenko. (Ukrain. physik. J. **6**, 376—85, 1961; Kiew, Schewtschenko-Univ.; ukrain., Auszug: russ. u. engl.) — Untersucht wurden (massenspektrometr. Analyse) die Adsorption u. Desorption von N_2, *CO* u. H_2 an reinsten Ge- u. Si-Einkristalloberflächen bei $\sim 10^{-9}$ Torr. K. Jaeger 176◇

0434 **Photosorption von Wasserstoff an Titandioxid.** W. L. Rapoport und Ju. P. Ssolonitzyn. (Ber. Akad. Wiss. UdSSR **143**, 1149—51, 1962; Leningrad, Shdanow-Univ.; russ.) — Vff. untersuchen die Photosorption (P) von H_2 an TiO_2 bei Drücken von 10^{-3} Torr, die allmählich zur Sättigung der Oberfläche an H_2 führt. Wird bei einer solchen Probe H_2 bei 20° abgepumpt u. erneut zugesetzt, so setzt P erst dann wieder ein, wenn die Probe kurzzeitig auf 400° erhitzt wurde. Unterss. an TiO_2, welches mit monochromat. Hg-Licht von 313—577 mμ belichtet wurde, zeigen, daß in der spektralen Charakteristik von P ein Maximum bei 400 mμ existiert u. das TiO_2 dabei die Aufgabe eines Sensibilisators erfüllt. Mit Erhöhung der Temp. von 0—200° verringert sich die Geschw. der Photosorption. Diese Änderung der Sorptions-Geschw. läßt sich durch Widerstandsänderungen (von $4 \cdot 10^7\ \Omega$ auf $1 \cdot 10^{11}\ \Omega$) messen, der bedeutende Verminderung der Konzz. freier Elektronen, aber keine Änderung des Sorptionscharakters entsprechen. Daraus kann geschlossen werden, daß die Änderung des Elektronenzustandes der Oberfläche P nicht beeinflusst u. P des H_2 nicht als photochem. Rk. des H_2 mit adsorbiertem O_2 anzusehen ist. Diese Unabhängigkeit von P vom Elektronenzustand der Oberfläche wird durch die Theorie der Photoadsorption erklärbar. W.-D. Heußner 176◇

0435 **Über die Dehydratation und Rehydratation der Quarzoberfläche.** Ss. P. Shdanow. (Ber. Akad. Wiss. UdSSR **123,** 716—19, 1958; Inst. für Silicat-chem. der Akad. der Wiss. der UdSSR; russ.) — Vf. untersucht die Dehydration von Quarzpulver (spezif. Oberfläche 5,4 m^2/g) u. von Bergkristall (0,58 m^2/g) im Vakuum sowie die Rehydratation der Bergkristall-Oberfläche nach Erhitzung auf 1150°. Daneben werden die Adsorption-Eigg. der Ausgangs-Prodd. (Sättigungshydratation), der oberflächendehydratisierten u. -rehydratisierten Proben über ihr Wasser-Adsorptionsverhältnis verglichen. Die Daten zeigen, daß Daten der therm. Dehydration von Quarzoberflächen nur sehr bedingt zur Best. der Anzahl der Hydroxidgruppen an der Quarzoberfläche herangezogen werden können. A. v. Wilpert 176□

0436 **Adsorption organischer Verbindungen an der Grenzfläche Metall/Lösung: Thioharnstoff an Goldelektroden.** Halina Wroblowa und Mino Green. (Electrochim. Acta [London] **8,** 679—92, 1963; Philadelphia, Pa., Univ. of Pennsylvania, Electrochem. Labor.; engl.) — Die Adsorption von mit ^{14}C u. ^{35}S markiertem Thioharnstoff an Au (Trägerelektrolyt Na_2SO_4/H_2SO_4) wird in Abhängigkeit von der Konz. u. vom Elektrodenpotential untersucht. Die Potentialverteilung in der Doppelschicht u. die die Adsorption beeinflussenden energet. Faktoren (Bindungsenergie, Feld/Dipol-Wechselwrkg., Verzerrung der Doppelschicht u. seitliche Wechselwrkg.) werden ermittelt u. erörtert. P. Frenzel 176◇

0437 **Adsorptionseigenschaften oxydierter Ruße.** 2. Mitt. **Oxydation des Kanalrußes in Gas-Medium.** A. W. Kisselew, N. W. Kowalewa, M. M. Poljakowa und P. A. Tessner. (Kolloid-J. [UdSSR] **24,** 195—200, 1962; Moskau, Inst. für physik. Chem. der Akad. der Wiss. der UdSSR; russ.) — 1. vgl. C. **1964,** 11-0756. — Es wird festgestellt, daß die allg. Adsorptionskapazität des mit Luftsauerstoff bei 450° oxydierten Uchtinsker Kanalrußes für n-Hexan-, Bzl.-, Methanol- u. W.-Dämpfe annähernd zweimal so groß, wie die des nicht oxydierten Rußes ist. Die beobachtete Vergrößerung der Adsorption (A) von gasförmigen KW-Stoffen ist mit einer Verstärkung des A-Potentials in Mikroporen des Rußes verbunden. Die Oxydation von Ruß in fl. Medium führt dazu, daß die Zahl von Sauerstoff enthaltenden Gruppen zunimmt u. A von polaren Stoffen sich bedeutend vergrößert. C. Kozák 176◇

0438 **Einfluß des pH-Werts auf die Sorption von ^{60}Co an Torf.** A. I. Berdnikow und W. F. Oreschko. (Radiochemie [UdSSR] **5,** 390—92, 1963; russ.) — Vff. untersuchten die Adsorption von ^{60}Co als $CoCl_2$ durch Torf im pH-Bereich 1-12. Das Maximum liegt im Bereich pH 5—8. Bei einer 2stündigen Berührungsdauer beträgt die Adsorption im Maximum 100%. Vff. vermuten, daß Co im stark sauren u. im stark alkal. Medium mit den Sulfogruppen bzw. mit den Hydroxycarbonsäuren des Torfes Komplex-Verbb. bildet. G. Ewald 176◇

0439 **Über die Verwendung der Reaktionsisotherme in der Elutionschromatographie.** G. L. Starobinetz und M. P. Ssednew. (Ber. Akad. Wiss. BelorussSSR **6,** 172—76, 1962; Inst. für allg. und anorg. Chem. der Akad. der Wiss. der BelorussSSR; russ.) — Vff. untersuchen die Möglichkeit einer theoret. Berechnung der Zus. des bei der Trennung eines mehrkomponentigen Ionengemischs an einem Austauscher verwendeten Eluenten auf Grundlage der Rk.-Isothermen der Austausch-Reaktionen. Eine entsprechende Gleichung wird angegeben. Die Verteilungs-Koeff. der Ionen können danach aus einem Einzelvers. bestimmt werden. J. v. Schroeder 177◇

0440 **Verwendung von Ionenaustauschharzen als Träger der wäßrigen Phase in der Verteilungschromatographie. Die Trennung von Zn, Cd und Hg.** L. N. Mosskwin, B. K. Preobrashenski und L. N. Rshanitzyna. (Radiochemie [UdSSR] **5,** 299—304, 1963; russ.) — Vff. verwenden den Kationit KU-2 als Träger der stationären wss. Phase. Durch Verss. zur Best. der durch den Kationit zurückgehaltenen HBr-Menge in Abhängigkeit von der Korngröße wurde festgestellt, daß die Kapazität der Kolonne hauptsächlich durch die äußere Hydrathülle der Kationitteilchen bestimmt wird. Die Fraktion 20—30 μ zeigt die besten Resultate. Zn, Cd u. Hg wurden aus neutraler wss. Lsg. mit einem Dithizon/Chlf.-Gemisch extrahiert. Die Dithizonat-Lsg. wurde auf die Kolonne aufgegeben. Als stationäre wss. Phase diente 1 n HBr. Hg wurde mit Ae., gesätt. mit W., eluiert; Zn wurde mit an HSCN gesättigtem Ae. u. Cd mit 1 n HBr eluiert. G. Ewald 177◇

0441 **Homogenität von Kationenaustauscherharz.** W. D. Moseley jun. und D. H. Freeman. (J. physic. Chem. **67,** 2225—26, 1963; Pullman, Wash., Washington State Univ., Dep. of Chem.; engl.) — Unterschiede in den Quell-Eigg. u. der Austauschkapazität von Körnern verschiedener Größe eines Harzes konnten nicht festgestellt werden. 7 Körner Dowex SOW-X8 mit 0,24 bis 0,66 mm ⌀ wurden mit 0,1 m HCl ins Gleichgew. gebracht. Mit 6,8 m HCl wurde ein Schrumpfen um 20% ± 1% beobachtet. Einzelne Körner Dowex 50W-X8 wurden mit ^{42}K beladen, nach Waschen in 1,0 m HCl gegeben u. die Aktivität mit einem Bohrlochscintillationszähler bestimmt. Messungen an 17 Körnern streuten willkürlich. Die Standardabweichung betrug 2,8%, der Streubereich für die Austauschkapazität/Einheits-Vol. 8%. Die Austauschkapazität, korr. auf das Harz-Vol. in W., betrug 3,22 mVal/ml. R. Krämer 177◇

0442 **Untersuchung der Einwirkung der ionisierenden Strahlung von einem Strahl beschleunigter Elektronen auf den Kationenaustauscher KU-2.** 1. Mitt. Je. D. Kisselewa, K. W. Tschmutow und W. N. Krupnowa. (J. physik. Chem. [UdSSR] **35,** 1816—21, 1961; Moskau, Inst. für physikal. Chem. der Akad. der Wiss. der UdSSR; russ., Auszug: engl.) — Der Austauscher KU-2 in H^+-Form mit 15—20% Feuchtigkeit u. einer Austauschkapazität von 4,9 mVal/g wurde mit Dosisleistungen von $1,1 \cdot 10^{19}$; $2,2 \cdot 10^{19}$ u. $4,4 \cdot 10^{19}$ eV/s · g an der Luft mit Elektronen bestrahlt. Die bestrahlten Proben wurden dunkel, später schwarz; es trat S u. freie H_2SO_4 auf. Bei einer Bestrahlung mit der Dosis $0,2 \cdot 10^{23}$—$11 \cdot 10^{23}$eV/g sinkt die Austauschkapazität bei der SO_3H-Gruppe, die Quellfähigkeit u. das Gewicht. Es erscheinen Austauschgruppen mit verschiedenen scheinbaren Dissoziationskonst. K_D; bei $1,2$—$5 \cdot 10^{23}$ eV/g erscheint eine Gruppe mit $K_D = 7,3$, bei Erhöhung der Dosis auf $5 \cdot 10^{23}$ erscheint eine weitere Gruppe mit $K_D = 4,4$. Wird die Dosisleistung gesenkt, sind die Wrkg. deutlicher. Neben einer Zerstörung des Austauschergitters verläuft eine weitere Vernetzung. Die Quellfähigkeit steigt bei einer Dosis von $0,2 \cdot 10^{23}$ eV/g, bei hohen Dosen fällt sie. Ein Teil der Abbau-Prodd. geht in Lösung. G. Ewald 177◇

0443 **Einwirkung der ionisierenden Strahlung von einem Strahl beschleunigter Elektronen auf den Kationenaustauscher KU-2.** 2. Mitt. **Bestrahlung von KU-2 in wäßrigen Säurelösungen und bidestilliertem Wasser.** Je. D. Kisselewa, K. W. Tschmutow und W. N. Krupnowa. (J. physik. Chem. [UdSSR] **35,** 1822—27, 1961; russ., Auszug: engl.) — 1. vgl. vorst. Referat. — Vff. untersuchen die Wrkg. der Elektronenbestrahlung auf KU-2 in bidest. W., in 0,25 m Ammoniumlactat, in 0,5 n HNO_3 u. in 0,5 n Essigsäure. Die Austauschkapazität betrug 4,9 mVal/g, die Quellfähigkeit in W. 125%. Bei der Bestrahlung von KU-2 in W. u. in

Säuren wurde das Harz dunkel, in den wss. Lsgg. wurden SO_4^{2-}-Ionen gefunden, im Lactat wurde Brenztraubensäure u. Acetaldehyd, in HNO_3 das Nitrit-Ion gefunden. Bei Dosen von 0,05—1,5 · 10^{23} eV/g zeigt sich eine Abnahme der Austauschkapazität der SO_3H-Gruppen, eine Veränderung der Quellfähigkeit u. ein Gew.-Verlust. Die Veränderung der Austauschfähigkeit ist nur eine Funktion der Dosis. Es traten neue Austauschgruppen vom Phenol- u. Carboxyl-Typ auf, deren Erscheinen vom Bestrahlungsmedium abhängt. Die meisten neuen Gruppen erscheinen bei der Bestrahlung in Wasser. Die Quellfähigkeit nimmt bei kleinen Dosen zu, bei großen Dosen verringert sie sich; in Säuren war diese Verringerung jedoch sehr klein. G. Ewald 177◇

A_6. Strukturforschung

0444 **Neutronenstreuung an Kristallen mit Verunreinigungskernen und das Problem der Rekonstruktion des Schwingungsspektrums.** Ju. Kagan und Ja. Iossilewski. (J. exp. theoret. Physik [UdSSR] **44,** 1375—95, 1963; russ., Auszug: engl.) — Die Streuung von Neutronen an Kristallen mit beliebiger Symmetrie durch isolierte Fremdatome wird mathemat. behandelt. Die Wirkungsquerschnitte für kohärente u. nicht kohärente Streuung, die Anregungen einzelner Quanten im Syst. entsprechen, werden berechnet. Es wird ferner das Problem untersucht, wie sich der auf die Streuung an Fremdatomen u. auf den umgebenden Störungsbereich zurückzuführende Anteil an dem Wirkungsquerschnitt für die nicht kohärente Streuung berechnen läßt. Es kann gezeigt werden, daß gerade dieser Anteil direkte Aussagen über das Schwingungsspektrum der Fremdatome sowie über die Verteilungsfunktion der Frequenzdichte des Phononspektrums eines Idealkristalls ermöglicht. D. Noack 181◇

0445 **Der Durchtrittsstrahl im Fall anomaler Röntgenabsorption.** L. B. Sagari und W. M. Kardonski. (Kristallographie [UdSSR] **8,** 263—64, 1963; Zentr. Forsch.-Inst. für Eisenmetallurg., Inst. für Metallographie u. Metallphys.; russ.) — Deutlich getrennt vom ungebeugten Durchtrittsstrahl wird für *Ge* (d = 0,8 mm, Cu-K_α) die „nullte" Reflexion u. ihre Aufspaltung für $(hkl)_1$ u. $(hkl)_2$ [z. B. $(1\bar{1}0)$ u. $(\bar{1}01)$] nachgewiesen. K. Jaeger 181◇

0446 **Abstrakte Definition und Darstellungen einer Raumgruppe.** K. Olbrychski. (Physica Status solidi [Berlin] **3,** 1868—75, 1963; Warsaw, Pol. Acad. of Sci., Inst. of Phys.; engl.) — Eine Meth. zur Best. der irreduziblen Darst. einfacher u. doppelter Raumgruppen auf Grundlage ihrer abstrakten Definition wird beschrieben. H. Roschkowski 181◇

0447 **Kenngrößen der einwertigen, nicht reduzierbaren Darstellungen der Raumgruppen der rhomboedrischen und hexagonalen Klasse.** 1. Mitt. O. W. Kowaljow. (Ukrain. physik. J. **6,** 353—65, 1961; Charkow, Akad. der Wiss. der UkrainSSR, Phys.-Techn. Inst.; ukrain., Auszug: russ. u. engl.) — Behandelt werden alle 52 Raumgruppen des hexagonalen Syst. (Γ_{rh} u. Γ_h). Die Kenngrößen werden als $\hat{\tau}(h)$ angegeben, deren Ableitung aus den herkömmlichen Darst. angegeben wird. Für jede Raumgruppe werden sämtliche $G_{\vec{k}}$ diskutiert. K. Jaeger 181◇

0448 **Kenngrößen der zweiwertigen, nicht reduzierbaren Darstellungen der Raumgruppen der rhomboedrischen und hexagonalen Klasse.** 2. Mitt. O. W. Kowaljow. (Ukrain. physik. J. **6,** 366—75, 1961; ukrain., Auszug: russ. u. engl.) — 1. vgl. vorst. Referat. — Behandelt werden wieder alle 52 Raumgruppen des hexagonalen Systems. Die Kenngrößen der Darst. werden als $\hat{\pi}(h)$ (Ableitung aus $\Pi(g)$) angegeben. Diskussion sämtlicher $G_{\vec{k}}$ für jede Raumgruppe. K. Jaeger 181◇

0449 **Streuversuche an Molekularstrahlen und zwischenmolekulare Kräfte.** H. Pauly. (Fortschr. Physik **9,** 613—87, 1961; Bonn, Univ., Phys. Inst.; dt.) — Übersicht. — 182 Literaturangaben. E. Klever 182◇

0450 **Quantentheorie der Valenz.** L. M. Yeddanapalli. (J. Annamalai Univ., Part B **22,** 17—46, 1960; Madras, Loyola Coll., Chem. Dep.; engl.) — Mathemat. Einführung; Ableitung der Schrödinger-Gleichung u. Anwendung auf H u. H-ähnliche Atome; M. O.- u. V. B.-Meth.; Vgl. u. Anwendung auf H_2, He_2, Li_2, N_2, O_2, F_2, Ne_2, HCl, CO, NO; Erklärung von Atomorbitalen u. Hybridisierung am Beispiel von S, Se, O, Be, B, C sowie CH_4, Äthylen, Acetylen u. Benzol. H. Peter 182◇

0451 **Korrektur höherer Ordnung für die Abschirmkonstante.** Yukio Osaka. (J. physic. Soc. Japan **17,** 547—65, 1962; Sendai, Tôhoku Univ., Dep. of Phys.; engl.) — Berechnet wurden Korrekturen für die Abschirm-Konst. u. für den Dispersions-Koeff. für die Plasmaenergie in einem entarteten Elektronengas. Bes. bei hohen Temp. wird die Abschirm-Konst. stark durch Elektronenwechselwirkungen („Leiterwechselwirkung") beeinflußt. Der Korrekturfaktor für den Dispersions-Koeff. ist > 1 Größeneinheit für $r_s > 1$ (r_s = Elektronenabstand/Bohr-Radius). K. Jaeger 182◇

0452 **Über die Relaxation intramolekularer Schwingungen in Gasen und Flüssigkeiten.** W. A. Ssolowjew. (Ukrain. physik. J. **7,** 854—60, 1962; Leningrad, Univ.; russ., Auszug: engl.) — Mathemat. Behandlung des Problemes der therm. Relaxation von Moll. mit zwei inneren Freiheitsgraden. Diskutiert werden die Bedingungen dafür, daß nur eine Relaxationszeit in einem solchen Syst. beobachtbar sein sollte. Es wird angenommen, daß der Mechanismus, der für die Inaktivität einer der beiden Relaxationsprozesse sorgt, einen Übergang zwischen koinzidierenden Quantenniveaus zweier Schwingungen darstellt. K. Jaeger 182◇

0453 **Ein Versuch zur Charakterisierung der Stabilitätsbeziehungen von tetraedrischen Oxoanionen durch ihre komplexen Anionenpotentiale.** Gy. Grasselly. (Neues Jb. Mineralog., Abh. **94,** 1075—92, 1960; Szeged, Univ., Inst. für Miner. u. Petrograph.; engl.) — Die Komplexanionenpotentiale sind zum Vgl. der Stabilitätsverhältnisse besser geeignet als die Ionenpotentiale ihrer Zentralionen. Bei den Silicaten ändert sich der numer. Wert der ψ/SiO_4-Potentiale in Abhängigkeit vom Strukturtypus. Das Abnehmen dieser Werte in der Richtung von den Neso- zu den Tektosilicaten bedeutet ein Zunehmen der Stabilität der Silicatanionen. J. Heinze 182◇

0454 **Über die Zerreißfestigkeit von Flüssigkeiten.** W. W. Tarassow. (Hochschulnachr. [Iwanowo], Chem. u. chem. Technol. **4,** 520, 1961; Moskau, Chem.-technol. Mendelejew-Inst.; russ.) — Vgl. C. **1955,** 2139 u. C. **1956,** 11347. — Die von Gromow u. Baranajew (vgl. gl. J. **4,** [1961], 320) mit der Annahme von Mol.-Schwärmen erklärten Unterschiede zwischen den auf Grund des Verh. bei allseitigem Zug u. den nach der Verdampfungswärme u. auf anderem Wege erhaltenen Festigkeitswerten von Fll. lassen sich besser mit der quasikristallinen Struktur der Fll. nach Stuart erklären. R. K. Müller 186◇

0455 **Antwort auf die Bemerkung von W. W. Tarassow.** L. A. Gromow und M. K. Baranajew. (Hochschulnachr. [Iwanowo], Chem. u. chem. Technol. **4,** 520, 1961; russ.) — Vgl. vorst. Referat. — Der von Tarassow (l. c.) herangezogenen Vorstellung von der quasikristallinen Struktur der Fll. widersprechen die Ergebnisse der Vff. nicht. Die Energie der Defekte der quasikristallinen Struktur u. die Oberflächenenergie der Nahordnungsgruppe sind im wesentlichen dasselbe. R. K. Müller 186◇

0456 **Elektronographische Untersuchung der Struktur der flüssigen Legierungen des Systems Al–Sn.** A. I. Bublik und A. G. Buntar. (Metallphysik u. Metallkunde [UdSSR] **6,** 692—99, 1958; Charkow, Gorki-Univ.; russ.) — Vgl. C. **1959,** 14646. — Die Ergebnisse elektronograph. Unterss. von dünnen (3 · 10^{-6} cm) im Vakuum aufgedampften geschmolzenen Schichten von Al-Legg. mit 20; 40; 60 u. 80% Sn bei Temp. bis zu 750° werden zusammengestellt. Die graph. Darst. zeigen in der Verteilung der Atome in der Schmelze gewisse Dichtemaxima, die in der Nähe des F. der Anordnung in der festen Leg. nahekommen. Beim Erhöhen der Temp. kommt es zu einer steigenden Durchmischung der Atome. Die ermittelten Koordinationszahlen sinken bei Al u. steigen bei Sn mit ansteigender Temperatur.

J. Tůmová 186◇

0457 **Kristallzüchtung in dem System Lithiumoxid–Bortrioxid–Eisen(III)-oxid.** J. C. Anderson und M. Schieber. (J. physic. Chem. **67**, 1838–40, 1963; London, Imp. Coll. of Sci. and Technol., Dep. of Electr. Engng.; engl.) — Untersucht wurden Phasengleichgew. u. -stabilitätsbereiche im Syst. Li_2O–B_2O_3–Fe_2O_3 im Temp.-Bereich 950–1200°. Die Abkühlgeschw. betrugen bis 800° 2°/h. Mitgeteilt werden die optimalen Bedingungen zur Züchtung von $LiFeO_2$-, $LiFe_5O_8$- u. α-Fe_2O_3-Einkristallen.

K. Jaeger 190◇

0458 **Versetzungen in Siliciumeinkristallen.** Takashi Furuoya. (Jap. J. appl. Physics **1**, 135–43, 1962; Kawasaki, Nippon Electric Co. Ltd., Fundament. Res. Labor.; engl.) — Vf. untersuchte die Versetzungen u. die Schichtstrukturen in Si-Einkristallen, die mit Hilfe der Meth. von Czochralski in Ar gezogen waren, u. zwar mit Hilfe von Cu-Dekorierung u. durch Anätzen mit der Ätzfl. von Dash. Die Ziehrichtung war eine [111]-Achse. Von dem gezogenen Kristall wurden Schnitte parallel der Ziehachse u. parallel zur (110)-Ebene hergestellt. Die Ätzdauer betrug 12 Std. bei Zimmertemperatur. Die beste Dekorierung erhielt man bei einer Diffusionstemp. von 850° während 1 Std. u. Abschrecken der Probe auf Zimmertemp. innerhalb einiger Sekunden. Es wurde beobachtet, daß sich in der Nähe der Grenzfläche zwischen dem Impfkristall u. dem gewachsenen Kristall ein Versetzungsnetzwerk bildet. Einige der Versetzungen wandern von dem Netzwerk in den gewachsenen Kristall, wobei ihre Dichte unter bestimmten Wachstumsbedingungen abnimmt. Es wurden ferner 2 Arten von Schichtstrukturen beobachtet, ein Typ in versetzungsfreien Kristallen u. ein anderer Typ, der in Kristallen auftritt, die Versetzungsnetzwerke enthalten. Diese Schichtstrukturen werden sicherlich im ersten Fall durch schichtweise Anhäufung von O-Atomen in Form von Haufen verursacht, im zweiten Fall durch schichtweises Ausscheiden von O-Atomen an den Knoten des Versetzungsnetzwerks. Besprochen wird noch kurz das Gleiten der Versetzungen.

C. Gottfried 190△

0459 **Bestätigung des Störstellencharakters in Calciumfluorid-Yttriumfluorid-Mischkristallen.** James Short und Rustum Roy. (J. physic. Chem. **67**, 1860–61, 1963; University Park, Pa., Univ., Coll. of Miner. Ind.; engl.) — In CaF_2 mit 0–40 Mol% YF_3 ist F^- auf Zwischengitterplätzen der vorherrschende Fehlordnungstyp (Dichte-Vgl. pyknometr.-röntgenograph.). Das Phasendiagramm CaF_2–YF_3 wird bestimmt. Beschrieben wird eine neue hexagonale Phase der Zus. $CaF_2 \cdot 4\,YF_3$ mit a = 6,77 Å u. c = 6,98 Å.

K. Jaeger 190◇

0460 **Das Problem der strahlungsinduzierten Phasenänderungen.** Ulrich Gonser und Boudewyn Okkerse. (Physics Chem. Solids **7**, 55–57, 1958; Urbana, Ill., Univ., Dep. of Phys.; engl.) — Vf. diskutieren die Bedingungen für Phasenänderungen durch Bestrahlung im Bereich therm. Spitzen. Je nachdem, ob dV/dT stets positiv ist oder anomal, läßt sich eine Einteilung in zwei Kategorien vornehmen: Auftreten von Frenkel-Paaren oder Bldg. einer dichter gepackten Phase.

G. Ruban 190◇

0461 **Oberflächenreaktionen von Graphiteinkristallen.** Gerhart R. Hennig. (J. Chim. physique Physico-Chim. biol. **58**, 12–19, 1961; Lemont, Ill., Argonne Nat. Labor.; engl., Auszug: franz.) — Vgl. C. **1963**, 16089. — An Graphiteinkristallen wurde als Funktion der Oberflächengestalt (elektronenmkr. u. opt. Beobachtung; abgeschreckt, neutronenbestrahlt, glatt) die Oxydationskinetik > 900° gemessen. Bes. neutronenbestrahlte Oberflächen haben gegenüber unbehandelten Oberflächen eine bedeutend geringere Aktivierungsenergie. Die Oxydations-Geschw. wird durch ein kurzzeitiges Benetzen bei Zimmertemp. mit W. stark erhöht.

K. Jaeger 190◇

0462 **Einfluß schneller Hitzebehandlung auf die Eigenschaften von Kohlenstoff.** I. Okada, A. Sekiguchi und T. Ishii. (Proc. Vth Conf. Carbon, University Park, Pa. **1**, 497–502, 1962; Nagoya, Japan, Tokai Electrode Manuf. Co; engl.) — Bei 1200° vorgetemperte C-Quader wurden mit 1000°/min von Zimmertemp. auf 2800° aufgeheizt u. 15 Min. lang bei 2800° getempert. Die Werte für die tatsächliche u. die scheinbare Dichte, für die elektr. Leitfähigkeit u. den therm. Ausdehnungs-Koeff. sind sehr viel kleiner, als diejenigen für normal getemperte Kohle. Prakt. unverändert bleiben durch das schnelle Erhitzen die Gitter-Konst. c u. die Kristallitgröße. Die durch schnelles Erhitzen erzeugten Eigg. bleiben durch nachfolgendes Tempern mit normalen Aufheiz-Geschw. unverändert erhalten. Das schnelle Erhitzen scheint zwar die einzelnen Kristallite nicht zu beeinflussen, sich jedoch erheblich auf die polykristalline Struktur auszuwirken; es wird ein prozentual größerer Porenschluß erreicht.

K. Jaeger 190◇

0463 **Neue dichte Modifikation von Siliciumdioxid.** Ss. M. Stischow und Ss. W. Popowa. (Geochemie [UdSSR] **1961**, 837–39; Moskau, Univ., Lehrstuhl für Geochem. u. Inst. für Phys. hoher Drücke der Akad. der Wiss. der UdSSR; russ., Auszug: engl.) — Eine neue dichte Modifikation von SiO_2 wurde bei Drücken über 160000 kg/cm² u. Temp. von 1200–1400° erhalten. Die Dichte wurde zu 4,35 g/cm³, der Brechungsindex N_g zu 1,826, N_p zu 1,799 bestimmt. Die Härte ist anisotrop u. variiert zwischen 2080 u. 1700 kg/mm². Ergebnisse der röntgenograph. Unterss. werden gegeben (d-Werte).

H. Noack 190△

0464 **Röntgenographische und optische Untersuchungen der Al_2O_3–Cr_2O_3-Mischkristallreihe.** G. Schultz. (Tag.-Ber. physik. Ges. DDR, Greifswald 1959, Physik Chem. Kristallphosphore **1**, 219–22, herausgeg. 1960; Liebenwalde b. Berlin, Dt. Akad. der Wiss., Phys.-techn. Inst., Bereich Luminescenzforsch.; dt.) — Die Gültigkeit von Hypothesen von Thilo (Z. anorg. allg. Chem. **279**, [1955], 2) bzw. Brenner u. Neuhaus (Z. Dt. Ges. Edelsteinkunde, Sonderheft Juli [1957], 105) zur Ursache der Farbverschiebung von rot über grau nach grün, die Al_2O_3–Cr_2O_3-Mischkristalle mit steigendem Cr_2O_3-Geh. zeigen, wird auf Grund röntgenograph. Best. der Gitter-Konst. im Syst. u. von Best. der opt. Absorption angezweifelt.

H. Roschkowski 190◇

0465 **Orientierte Einlagerungen von organischen Leucht- oder Farbstoffen in Kristalle, insbesondere in Blei-, Cadmium- und Bariumacetat-Trihydrat.** H. Hartmann. (Tag.-Ber. physik. Ges. DDR, Greifswald 1959, Physik Chem. Kristallphosphore **1**, 136–49, 2 Tafeln, herausgeg. 1960; dt.) — Mischkristalle aus $Pb(CH_3COO)_2 \cdot 3H_2O$ (**I**), $Cd(CH_3COO)_2 \cdot 3H_2O$ (**II**), $Ba(CH_3COO)_2 \cdot 3H_2O$ (**III**) als Wirtssubstanzen u. *Fluorescein, Eosin, Rhodamin B, Rhodamin stand., Auramin, Fuchsin* (**IV**), *Kristallviolett, Methylenblauchlorid* (**V**), *Äthylgrün, Naphtholgelb, Wasserblau, Safranin* u. *Methylrot* als orientierten Einlagerungen wurden aus wss. Lsg. gezüchtet. Die Mischkristalle zeigen den charakterist. Sanduhrbau, der auf der spezif. Einlagerung der Gastpartikel in den Anwachspyramiden bestimmter Flächen [(010) bzw. (100)]. Die Wirts- u. Mischkristalle wurden röntgenograph. untersucht. Die Gitter der Wirtskristalle werden durch die Gastkomponenten nicht verändert, ebenso wirken Änderungen der Konz.-Verhältnisse oder der pH-Werte der Lsgg. nicht auf Habitus u. „Sanduhrbau" der Kristalle ein. Die drei Wirtsverbb. sind isotyp. **III** zersetzt sich jedoch unter der Einw. von Röntgenstrahlen. **I** krist. mit (a =) 16,06; (b =) 7,33; (c =) 9,09; (β =) 109°48′ in 2/m, **II** mit 14,8; 8,02; 8,66; 101°25′30″. Es werden zur Erklärung der orientierten Einlagerungen einige Beispiele für Strukturanalogien zwischen Gast- u. Wirtskristallen (**I** mit **IV** u. **V**, **II** mit **V**) genannt, die bei schräger Überlagerung der Teilgitter entstehen können. **IV** ist rhomb. bipyramidal mmm mit a = 10,1; b = 12,0 u. c = 27,5 Å, **V** monoklin-prismat., 2 m mit a = 9,5; b = 31,3; c = 6,9 Å, β = 97°. Weiterhin wurden die Lumineszenzspektren von **I** u. **II** mit eingelagertem Eosin sowie von **I** mit Fluorescein sowie von wss. Lsgg. von Eosin u. Fluorescein aufgenommen. Aus den Verschiebungen der Bandenmaxima durch die Einlagerung kann ebenfalls auf den Einbau in das Kristallgitter geschlossen werden.

H. Roschkowski 190◇

0466 **Kristallchemie von Wismut-Mischoxiden mit Schichtstruktur.** E. C. Subbarao. (J. Amer. ceram. Soc. **45,** 166—69, 1962; Pittsburgh, Pa., Westinghouse Electr. Corp., Res. Labor.; engl.) — Durch Sintern aus den entsprechenden Oxiden u. Carbonaten wurden Verbb. der allg. Zus. $(Bi_2O_2)^{2+}(Me_{m-1}R_mO_{3m+1})^{2-}$ mit m = 2, 3, 4 oder 5 erhalten, wobei R = Ga^{3+}, Ti^{4+}, Zr^{4+}, Nb^{5+} u. Ta^{5+} sowie Me = Li, K, Na, Rb, Cu(I), Ag(I), Tl(I), Ca, Sr, Ba, Cd, Pb(II), Bi^{3+}, Th^{4+}. Die Verbb. wurden in verschiedenen Darst.-Stadien röntgenograph. untersucht. Die nachst. Verbb. sind einphasig mit orthorhomb. Schichtstruktur: Bi_3TiNbO_9, Bi_3TiTaO_9, $CaBi_2 \cdot Nb_2O_9$, $CaBi_2Ta_2O_9$, $SrBi_2Nb_2O_9$, $SrBi_2Ta_2O_9$, $BaBi_2Nb_2 \cdot O_9$, $BaBi_2Ta_2O_9$, $PbBi_2Nb_2O_9$, $PbBi_2Ta_2O_9$, $Bi_4Ti_3O_{12}$, $CaBi_4Ti_4O_{15}$, $SrBi_4Ti_4O_{15}$, $BaBi_4Ti_4O_{15}$, $Bi_5Ti_3GaO_{15}$, $Na_{0,5}Bi_{4,5}Ti_4O_{15}$, $K_{0,5}Bi_{4,5}Ti_4O_{15}$, $Sr_2Bi_4Ti_5O_{18}$ u. $Pb_2 \cdot Bi_4Ti_5O_{18}$. a beträgt in der gleichen Reihenfolge $5,40_6$; $5,39_6$; $5,39_8$; $5,42_8$; $5,50_6$; $5,51_2$; $5,55_4$; $5,55_6$; $5,48_8$; $5,49_6$; $5,41_4$; $5,41_8$; $5,42_8$; $5,46_1$; $5,43_7$; $5,40_8$; $5,42_7$; $5,44_6$; $5,46_1$ u. $5,46_1$ Å, c = $25,1_0$; $25,1_5$; $25,1_5$; $24,9_0$; $25,0_5$; $25,0_0$; $25,6_0$; $25,5_0$; $25,5_5$; $25,4_0$; $32,8_8$; $40,7_5$; $40,9_5$; $41,8_5$; $41,3_5$; $41,0_5$; $40,6_5$; $41,1_5$; $48,8_0$ u. $49,7_6$ Å. Das Verhältnis b/a schwankt zwischen 1,000 u. 1,007. Die Elementarzelle enthält perowskitähnliche Einheiten. Mehrphasige Gemische wurden bei den Zus. $ThBi_2Ti_2O_9$, $PbDy_2Nb_2O_9$, $PbBi_4Zr_4O_{15}$, $CdBi_4Ti_4O_{15}$, $Me_{0,5}Bi_{4,5}Ti_4 \cdot O_{15}$ (*Me* = *Li*, *Rb*, *Cu*, *Ag*, *Tl*), $Ba_2Bi_4Ti_5O_{18}$ u. $Me'Bi_5 \cdot Ti_5O_{18}$ (*Me'* = *Li*, *Na*, *K*, *Rb*, *Ag*, *Tl*) erhalten. Für $Pb_2 \cdot Bi_4Ti_5O_{18}$ u. $Sr_2Bi_4Ti_5O_{18}$ kann keine Abweichung von der Tetragonalität festgestellt werden. Ein Ersatz von Bi durch andere Metalle in den $(Bi_2O_2)^{2+}$-Schichten des Gitters ist offensichtlich ohne Zerstörung der Schichtstruktur nicht möglich. H. Roschkowski 195◇

0467 **Eine metallographische und Röntgenuntersuchung des Systems UO_2–ZrO_2.** I. Cohen und B. E. Schaner. (J. nuclear Mater. [Amsterdam] **9,** 18—52, 1963; Pittsburgh, Pa., Bettis Atomic Power Labor.; engl.) — Das Zustandsdiagramm ZrO_2–UO_2 wird im Bereich 1200 bis 2350° röntgenograph. u. metallograph. untersucht. Zwischen 2300 u. 2550 verläuft eine ununterbrochene Reihe von kub.-raumzentrierten Mischkristallen zwischen den Komponenten. Damit wird die Existenz einer kub. Modifikation des ZrO_2 bestätigt. Weiterhin wird ein 2-Phasenbereich bei ca. 1600 gefunden, der Bereich liegt im ZrO_2-reichen Teil des Zustandsdiagramms. Das Zustandsdiagramm wird angegeben.
H. Roschkowski 195◇

0468 **Oktaedrische Koordination durch vierzähnige Liganden.** R. H. B. Mais, H. M. Powell und L. M. Venanzi. (Chem. and Ind. **1963,** 1204—05; Oxford, Univ., Chem. Crystallography Labor. and Inorg. Chem. Labor.; engl.) — Vgl. C. **1962,** 16967. — Röntgenograph. wurde festgestellt, daß in [$RuBr_2 \cdot A$], A = Tris-[o-(diphenylarsinophenyl)]-arsin, alle 4 As-Atome koordiniert sind u. die Koordination des Ru-Atoms leicht verzerrt oktaedr. ist. Die interatomaren Abstände u. die Bindungswinkel wurden tabelliert. G. Heller 195◇

0469 **Oxydation von Eisenwhiskers bei hohen Temperaturen.** J. V. Laukonis und R. V. Coleman. (J. appl. Physics **30,** 1364—68, 1959; Warren, Mich., Gen. Motors, Res. Labor.; engl.) — Elektronenmkr. untersucht wurde die Oxydation an {100} u. {110} von α-Fe-Whiskers im Temp.-Bereich 400—700° bei Luftdrücken von 10^{-6} Torr bis 1 atm. Es wurden spezif. morpholog. Unterschiede der an {100} u. {110} gebildeten Oxide festgestellt, die jedoch nicht mehr auftraten, wenn die Fe-Flächen bereits durch eine voraufgegangene Nieder-Temp.-Oxydation verunreinigt waren. K. Jaeger 196◇

0470 **Oberflächenfilme auf Edelmetallkontakten.** H. C. Angus. (Brit. J. appl. Physics **13,** 58—63, 1962; Acton, London, Internat. Nickel Co. [Mond] Ltd., Dev. and Res. Dep.; engl.) — Das Auftreten u. Verh. von dünnen Oberflächenfilmen auf *Pt*, *Pd*, *Rh*, *Ir* u. *Ru* wurde im Vgl. zu Au durch Best. des Kontaktwiderstandes bei Belastungen von 1—5000 mg untersucht. Reproduzierbare, einer Schichtdicke von 5 Å entsprechende Ergebnisse können dabei erzielt werden. Die Oberflächen-Eigg. scheinen mehr von der Bearbeitung des Metalls als von seiner Art abhängig zu sein. H. Roschkowski 196◇

0471 **Elektronische Eigenschaften kleiner metallischer Partikel.** Ryogo Kubo. (Physics Letters [Amsterdam] **1,** 49—50, 1962; Tokyo, Univ., Dep. of Phys.; engl.) — Die Elektronenniveaus kleiner, endlicher, metall. Partikel werden quantisiert. Der Niveauabstand nimmt mit abnehmender Partikelgröße zu (10^{-4} eV für Partikelradien 50—100 Å u. $\sim 10^5$ Atome). K. Jaeger 197◇

0472 **Zum Kornwachstum in Chrom.** A. A. Kruglych, W. Ss. Pawlow und G. P. Tichinski. (Ukrain. physik. J. **6,** 394—97, 1961; Charkow, Akad. der Wiss. der UkrainSSR, Phys.-techn. Inst.; ukrain., Auszug: russ. u. engl.) — Zwischen 900 u. 1100° wurde das Kornwachstum in reinem Cr metallograph. untersucht. Die Aktivierungsenergie des Kornwachstums wurde zu 53 ± 5 kcal/Mol gefunden. K. Jaeger 197◇

0473 **Anisotropie von Oberflächeneigenschaften von α-Uran.** 1. Mitt. **Anisotropie des kathodischen Ätzvorgangs.** Yu. N. Sokurski, F. P. Butra, O. L. Fufaeva und K. A. Ustavshikova. (J. nuclear Mater. [Amsterdam] **9,** 59—64, 1963; Moscow, Acad. of Sci. of the USSR; engl.) — Die kathod. Ätzung von α-U in Ar-Atmosphäre (3500 V, 2 mA, Gasdruck 8 · 10^{-3} Torr) wurde untersucht. Die Anisotropie der Ätzung wurde nach dem Relief beurteilt, das auf den Oberflächen polykristalliner Proben entstand. Die kristallograph. Ebenen (100) u. (110) zeigen den kleinsten, (021) den größten Angriff. Die relative Differenz zwischen den Extremwerten beträgt ca. 40%. Die experimentellen Ergebnisse werden auf der Basis fokussierender Zusammenstöße, einer bevorzugten Verteilung eines Impulses im Gitter entlang der dicht gepackten Richtungen u. der geringen Wahrscheinlichkeit einer Umkehrung dieses Impulses erklärt u. auch in Verss. an Cu bestätigt.
H. Roschkowski 197◇

0474 **Über die Herstellung von großen versetzungsarmen Kupfereinkristallen ohne Substruktur.** U. Bonse, E. Kappler und W. Uelhoff. (Physica Status solidi [Berlin] **3,** K355—K358, 1963; Münster, Westf., Univ., Phys. Inst.; dt.) — Cu-Einkristalle wurden nach dem Bridgman-, Czochralski- oder Zonenschmelz-Verf. hergestellt u. ihre Versetzungsdichte durch Ätzen u. röntgenograph. bestimmt. Während die nach dem Bridgman- oder Zonenschmelz-Verf. hergestellten Kristalle Versetzungsdichten von ca. 10^6 cm^{-2} bzw. 10^4cm^{-2} u. zahlreiche Subkörner besitzen, werden Kristalle ohne Kleinwinkelkorngrenzen u. mit Versetzungsdichten von (1—5) · 10^2 cm^{-2} nach dem Czochralski-Verf. gewonnen. H. Roschkowski 197◇

0475 **Röntgenuntersuchungen der epitaktischen Elektro-Kristallisation von Kupfer.** P. E. Lighty, D. Shanefield, S. Weissmann und A. Shrier. (J. appl. Physics **34,** 2233—39, 1963; Nutley, N. J., ITT Federal Labor.; engl.) — Mit Röntgenbeugung u. Ätzgrubentechnik werden die Gitterfehler in elektrolyt. auf Cu-Einkristallen abgeschiedenem, epitakt. aufgewachsenem Cu mit den Fehlern der Unterlage verglichen. Die Güte des abgeschiedenen Kristalls wird durch die Fehler u. Verunreinigungen im Substratkristall beeinflußt. Durch spezielle Reinigung der Elektrolyt-Lsg. konnte man einen hinsichtlich der Unterlage fehlerlosen Auflagekristall erhalten. P. Sliwinski 197◇

0476 **Untersuchung des Einflusses kleiner Blei- und Antimonbeimengungen auf die Volumen- und Grenzflächendiffusionsparameter dieser Beimengungen in Kupfer.** Ss. D. Gerzriken und A. L. Rewo. (Ukrain. physik. J. **6,** 398—407, 1961; Kiew, Schewtschenko-Univ.; ukrain., Auszug: russ. u. engl.) — Untersucht wurde zwischen 300 u. 900° mit Hilfe von Leitisotopen die Diffusion von Pb u. Sb in reines Cu u. in Cu mit geringen Beimengungen ($\sim$ 0,1 Atom-%) der eindiffundierenden Elemente. Die Beimengungen ändern die Aktivierungsenergie der Vol.-Diffusion um $\sim$ 5 kcal/Mol., beeinflussen die Grenzflächendiffusion jedoch prakt. nicht. Die Aktivierungsenergien der Vol.- u. der Grenzflächendiffusion liegen im Bereich 0,45—0,6. K. Jaeger 197◇

0477 **Untersuchung des Kriechens von Metallen und Legierungen. 2. Mitt. Über den Einfluß der Aufhebung von Verzerrungen auf die Kinetik des Anfangsstadiums des Kriechens von Metallen mit deformiertem Kristallgitter.** Ja. Je. Gegusin. (Metallphysik und Metallkunde [UdSSR] **6**, 825—31, 1958; Charkow, Gorki-Univ.; russ.) — 1. vgl. C. **1957**, 9302. — Das Kriech-Verh. von *Cu* wird an gepresstem Cu-Pulver, plast. verformtem Cu-Draht u. verschieden verformtem Elektrolyt-Cu untersucht. Bei 10^{-2}—10^{-3} Torr u. Temp. bis 980° beginnt das Kriechen von Cu-Pulver bei einmaligem Erhitzen bei 210°; nach Erhitzen auf 450°, Abkühlen u. Wiedererhitzen bei 375°, nach einem dritten Erhitzen bei 540°; dieses Verh. wird auf allmähliche Beseitigung von Gitterverzerrungen zurückgeführt. Bei Cu-Draht tritt das maximale Kriechen schon beim ersten Erhitzen ein; auch hier nimmt die Temp. des Kriechbeginns bei wiederholtem Erhitzen zu, ebenso bei Elektrolyt-Cu. Zerstörung des Gittergefüges tritt in allen 3 Fällen bei 940° ein, u. zwar intergranular durch Anreicherung von Leerstellen. Mit abnehmender Erhitzungs-Geschw. (EG) nimmt das Kriechen zu. Bei kaltverformten Cu können Verzerrungen mit verschiedener Stabilität angenommen werden: mit zunehmender Stabilität nimmt die zu ihrer Beseitigung erforderliche Temp. u. Zeit zu. Die Zunahme der Dehnung ist der EG nicht proportional. Mit zunehmender EG nimmt das effektive Fließen bei der erreichten Temp. zu. Röntgen-Unterss. während des Kriechvorgangs zeigen, daß die Rekristallisation die Ursache der Beschleunigung des Kriechens nicht völlig beseitigt. Bei kaltverformtem oder Elektrolyt-Cu kann man ein Netz von Mikrorissen annehmen, die während des Kornwachstums bestehen bleiben u. die Zunahme der Kriech-Geschw. begünstigen. — 12 Literaturangaben. R. K. Müller 197□

0478 **Züchtung von GaAs-Kristallen aus Ga nach der Methode des wandernden Lösungsmittels.** A. I. Mlavsky und Martin Weinstein. (J. appl. Physics **34**, 2885 bis 2892, 1963; Waltham, Mass., Tyco Labor., Inc.; engl.) — Beschrieben wird ein erweitertes Zonenschmelz-Verf., bei dem eine Ga-Zone durch einen rohen GaAs-Kristall gezogen wird. Die so gezüchteten GaAs-Kristalle sind von großer Reinheit (elektr. Eigg.). Durch Wandern dotierter Ga-Zonen lassen sich scharfe p-n-Übergänge darstellen. K. Jaeger 197◇

0479 **Untersuchung der kristallographischen Orientierung und Ätzung von Galliumarsenid mit der Lichtfigurenmethode.** A. P. Wassiljew und A. P. Wjatkin. (Kristallographie [UdSSR] **8**, 248—54, 1963; Tomsk, Univ., Sibir. Physikotechn. Forsch.-Inst.; russ.) — Bestimmt wurden die optimalen Bedingungen zur Erzeugung optimaler Lichtfiguren (charakterist. Intensitätsverteilungen in einem reflektierten Lichtstrahl) an GaAs. Es wird gezeigt, daß mit dieser Meth. (111) (Ga-besetzt) u. ($\bar{1}\bar{1}\bar{1}$) (As-besetzt) unterschieden werden können. K. Jaeger 197◇

0480 **Nachweis von Versetzungen in den (111)- und ($\bar{1}\bar{1}\bar{1}$)-Ebenen von Galliumarsenideinkristallen durch die Ätzmethode.** R. L. Petrussewitsch und Je. Ss. Ssollertinskaja. (Kristallographie [UdSSR] **8**, 243—47, 1963; Forsch.- u. Planungs-Inst. für die Ind. der Nichteisenmetalle; russ.) — Beschrieben werden Ätzagenzien u. -Meth. zum Nachweis von Versetzungen in (111) u. ($\bar{1}\bar{1}\bar{1}$) von GaAs. K. Jaeger 197◇

0481 **Durch ^{60}Co-γ-Strahlen erzeugte punktförmige Störstellen in Bi_2Te_3.** M. J. Smith. (J. appl. Physics **34**, 2879—84, 1963; Oak Ridge, Tenn., Nat. Labor., Solid State Div.; engl.) — γ-Bestrahlung (^{60}Co-Quelle) erhöht den Hall-Koeff. in n-Bi_2Te_3 u. erniedrigt ihn in p-Bi_2Te_3. Die effektive Abnahme der Ladungsträger beträgt bei 10^{18} Photonen/cm^2 $\sim 10^{-1}$ Ladungsträger/Photon. Diskutiert werden ein Störstellenmodell u. das Ausheilen der Störstellen. Bei tiefen Temp. wurde ein Einfl. der Bestrahlung auf die Fremdionenbandleitung in n-Bi_2Te_3 festgestellt. K. Jaeger 197◇

0482 **Gitterkonstanten bei Raumtemperatur von Legierungen von Plutonium in α-Uran.** A. F. Berndt. (J. nuclear Mater. [Amsterdam] **9**, 53—58, 1963; Argonne, Ill., Argonne Nat. Labor., Metallurg. Div.; engl.) — Die Gitter-Konst. von Pu-α-U-Mischkristallen wurden bei 25 ± 2° u. Pu-Konzz. von 0 bis 21,70 Gew.-% ermittelt. a u. c steigen mit dem Pu-Geh., b nimmt ab, bis ein Pu-Geh. von 15 Gew.-% erreicht ist. Die Leg. mit 15 Gew.-% Pu hat a = 2,8625, b = 5,8562, c = 4,9631 Å. H. Roschkowski 197◇

0483 **Über die Natur der Ätzfiguren in Al–Cu-Legierungen.** W. G. Rakin und N. N. Buinow. (Metallphysik u. Metallkunde [UdSSR] **6**, 686—91, 1958; Inst. für Metallphys. der Ural-Zweigstelle der Akad. der Wiss. der UdSSR; russ.) — An einer Reihe von Ätzfiguren an Al–Cu-Legg. (steigender Cu-Geh. bis 4%, elektronenmkr. Unters.) wird gezeigt, daß die Ätzfiguren eng mit der Versetzungsform zusammenhängen (z. B. der Form der Schraubenversetzungen) u. somit den Subkernen u. Mosaikblöcken entsprechen. Außerdem besteht eine Abhängigkeit der Form der Ätzfiguren vom Zerfallsgrad, der Cu-Konz. u. der Neigung zur Alterung. J. Tůmová 197◇

0484 **Kristallstruktur der Verbindung $MgInCu_4$.** M. Ju. Tessljuk und P. I. Kripjakewitsch. (Ber. Akad. Wiss. UkrainSSR **1961**, 1039—41; Lwow, Univ.; ukrain., Auszug: engl.) — $MgInCu_4$ (I) krist. nach Röntgendaten kub. mit a = 7,059 ± 0,006 Å in T_d^2 — F $\bar{4}$ 3 m. Angabe der Atomparameter. In I besitzen die Mg- u. In-Atome die Koordinationszahl (KZ) 16, die Cu-Atome haben KZ = 12. Die Abstände zwischen den Atomen mit gleicher KZ (d_{Mg-In} = 3,06 Å; d_{Cu-Cu} = 2,49 Å) sind geringer als die Summe der Atomradien (Σ_r). Der Abstand d_{Mg-Cu} bzw. d_{In-Cu} ist größer als Σ_r von Mg u. Cu bzw. ca. gleich Σ_r von In u. Cu. O. Lebtag 197△

0485 **Die ternäre Laves-Phase im System Mn–Co–Be.** P. I. Kripjakewitsch. (Ber. Akad. Wiss. UkrainSSR **1961**, 1042—44; ukrain., Auszug: engl.) — Vgl. vorst. Referat. — Nach Röntgenstruktur-Unters. des Syst. Mn-Co–Be existiert eine tern. Laves-Phase der Zus. $MnCo_{0,8} \cdot Be_{1,2}$, sie krist. kub. mit a = 6,20 Å in O_h^7–Fd3m ($MgCu_2$-Typ). Die Atomabstände zwischen Co u. Be sind viel geringer als die Summe der Atomradien; die Abstände zwischen den Mn-Atomen sind größer. O. Lebtag 197△

0486 **Über die Ursache des verschiedenen Verhaltens kubischer Metalle bei cyclischer Wärmebehandlung.** A. A. Botschwar und A. A. Suikowa. (Nachr. Akad. Wiss. UdSSR, Abt. techn. Wiss., Metallurg. Brennstoffe **1959**, Nr. 5, 54—56; Moskau; russ.) — Vgl. C. **1959**, 12474, 13092; **1963**, 2751. — An zylindr. Proben von *β-Messing* (I) mit Längsbohrung wird das Verh. bei der cycl. Wärmebehandlung (abwechselndem Erhitzen auf 600° u. Abkühlen auf 20°) untersucht. Bis zu 400 Cyclen erfolgt eine Ausdehnung der Proben, während massive Zylinder nach ca. 140 Cyclen Rekristallisation u. beginnende intensive Kompression zeigen. Platten aus I werden ebenfalls einer cycl. Wärmebehandlung unterworfen, wobei von 600° auf 20, 100 oder 200° abgekühlt wird. Es zeigt sich, daß zwischen 100 u. 200° die Längenänderung ihr Vorzeichen ändert, was vor allem damit zusammenhängt, daß bei 200° die Diffusionsprozesse sich verstärken u. die Fließgrenze des I in den Oberflächenschichten abnimmt. Bei Al-Platten wird unter analogen Bedingungen keine Vorzeichenänderung des Effektes beobachtet. R. K. Müller 197◇

0487 **Der Einfluß des Druckes auf die Alterungshärtungseigenschaften einer Kupfer–Beryllium–Nickel-Legierung.** V. A. Phillips. (Acta metallurg. [New York] **9**, 216—24, 1961; Schenectady, N. Y., Gen. Electr. Res. Labor.; engl.) — Die opt. Mikrostruktur u. Mikrohärte einer Leg. aus handelsüblichem Cu mit 2,1% Be u. 0,4% Ni zeigt bei Drücken von 69—75 katm während einer Alterung bei ca. 390° verringerte Wachstumsgeschw. der inhomogen ausgeschiedenen Knötchen um einen Faktor von ca. 18, während die allg. Ausscheidung um einen Faktor von ca. 5 veringert wird; die maximale Härte ändert sich kaum. Bei Alterung unter hohem Druck tritt ausgesprochen lokale Ausscheidung auf. Anwendung der gleichen Drücke während einer Lösungsbehandlung bei ca. 825° verringert die Löslichkeit von Be in Cu wesentlich, in Übereinstimmung mit der theoret. Voraussage;

infolge verhinderten Kornwachstums tritt dabei eine ungewöhnlich feinkörnige Struktur auf.

G. Ruban 197◇

0488 **Neue Verbindung im System Rhenium-Eisen.** N. W. Agejew und W. Sch. Schechtman. (Ber. Akad. Wiss. UdSSR **143,** 1091–93, 1 Tafel, 1962; Baikow-Inst. für Metallurg.; russ.) — Im Syst. Re–Fe wurden neben der bekannten η-Phase (20–60 Gew.-% Re; bei hohen Temp. bis 1200° stabil) u. der ε-Phase (70 Gew.-% Re; Kristallstruktur wie bei der σ-Phase) durch metallograph. u. röntgenograph. Meth. Legg. mit 40, 50 u. 60 Gew.-% Re untersucht, die nach dem Zustandsdiagramm bei Temp. unter 900° zum Zweiphasengebiet $\alpha + \varepsilon(\sigma)$ gehören. Die Unterss. wurden an Legg. von Fe u. Re mit 99,9% Reinheit nach Anlassen bei Temp. von 750, 800, 950 u. 1050° in He-Atmosphäre u. anschließender Härtung bei 1200 u. 1300° durchgeführt. Das Röntgenogramm (Co_k-Strahlung) der bei 1050° angelassenen Probe läßt eine feste Lsg. von γ-Fe (Austenit) u. σ-Phase erkennen. Die anderen Proben zeigen keine Linien der σ-Phase, wohl aber die der α-Phase (Anlassen bei 750 u. 800°) u. der γ-Phase (Anlassen bei 950°). Daneben treten Linien einer neuen Phase auf. Durch Vgl. der Linienintensitäten ist eine Zunahme der Menge dieser Phase mit vergrößertem Re-Geh. zu erkennen. Die Phase wurde genauer an einer Leg. mit 60 Gew.-% Re nach Anlassen bei 750 u. 1000° untersucht. Sie ist vom α-Mn-Typ, kub.-raumzentriert mit a = 8,960 kX. Für die Charakterisierung wurden die Dubletts (941, 853, 770) unter den Winkeln $\Theta_{\alpha1}$ = 80°36′ u. $\Theta_{\alpha2}$ = 81°30′ ausgewertet. Die Dichte wurde pyknometr. zu 12,92 g/cm³ bestimmt.

W.-D. Heußner 197◇

0489 **Einfluß einer vorhergehenden plastischen Verformung auf die Martensitumwandlung in einer Fe–Cr–Ni-Legierung.** G. W. Kurdjumow, O. P. Maximowa, A. I. Nikonorowa, S. D. Pawlenko und A. M. Jampolski. (Metallphysik u. Metallkunde [UdSSR] **6,** 95–105, 1958; Zentr. Forsch.-Inst. für das Eisenhüttenwes.; russ.) — Der Einfl. einer plast. Verformung des Austenits auf die nachfolgende Umwandlung zu Martensit wird an Fe–Cr–Ni-Legg. vom 18–8-Typ, die einen hohen Verformungswiderstand besitzen, untersucht. Die Verformung mit unterschiedlichem Abnahmegrad wurde bei 20, 100 u. 175° durchgeführt. Die Unters. der Umwandlung unterhalb der Raumtemp. wurde sowohl unmittelbar nach der Verformung als auch nach einer Glühung der verformten Legg. bei verschiedenen Temp. durchgeführt. Die kristalline Feinstruktur des nach Verformung u. Anlassen erhaltenen Austenits wird über die Breite der Röntgenbeugungslinien bestimmt. Hierbei zeigt sich, daß die plastische Verformung auf die Martensitumwandlung eine fördernde u. hemmende Wrkg. in Abhängigkeit von den Verformungs- u. den Glühbedingungen ausüben kann. Kleine Verformungsgrade aktivieren die Umwandlung: sie verbreitern den Temp.-Umwandlungsbereich, erhöhen die Anfangsgeschw. der isotherm. Umwandlung u. erhöhen die Gesamtmenge der martensit. Phase. Bei einer Erhöhung des Grades u. der Temp. der Verformung wird in größerem Maße eine hemmende Verformungswrkg. auf den Austenit ausgeübt. Glühung bei 100 bis 400° führt zur Beseitigung der aktivierenden Wrkg. der voraufgegangenen Verformung. Die hemmende Wrkg. der Verformung verschwindet hierbei nicht; nach dem Glühen der aktivierten Proben bei 400° werden die Effekte der Umwandlung bedeutend geringer als für eine unverformte Legierung. Bei durch eine relativ hohe Verformung „stabilisierten" Proben führt eine Glühung bei 100–400° zu einer Erhöhung des Stabilisierungseffektes. Die hemmende Wrkg. der Verformung wird allmählich bei einer Temp.-Erhöhung über 400° abgebaut. Die Breite der Röntgen-Interferenzlinien der verformten Proben bleibt beim Glühen bis 400° unverändert u. nimmt erst bei höheren Temp. ab. Auf Grund dieser Unters.-Ergebnisse wird eine Vorstellung über die Natur des Einfl. der plast. Verformung auf die Martensitumwandlung erörtert.

H. Hochstein 197◇

0490 **Einfluß einer Kaltverformung und Alterung auf die Dichte und den linearen Ausdehnungskoeffizienten von austenitischen Chromnickel-Stählen.** B. Je. Neimark. (Metallphysik u. Metallkunde [UdSSR] **14,** 465–70, 1962; russ.) — Verschiedene austenit. Cr–Ni-Stähle mit unterschiedlichen Cr/Ni-Verhältnissen von 18 : 8, 14 : 14 u. 15 : 20, die mit Ti, Nb, W, Mo u. Si legiert sind, werden in W. von 1050–1150° abgeschreckt u. nach einer 500std. oder 2000stdg. Alterung bei 700° oder nach einer Kaltverformung durch Ziehen mit Abnahmen von 10, 30 u. 50% auf ihren linearen Ausdehnungskoeff. u. auf ihre Dichte im Temp.-Bereich von 20–900° untersucht. Die Dichte hängt von der Zus. des Stahles ab. Stähle, die in ihrer Zus. Elemente mit großem Atomgew. enthalten, haben eine größere Dichte. Stahl EJ 851 mit bis 2% W hat die höchste Dichte (8116 kg/m³ bei 20°), die geringste Dichte dagegen (7732 kg/m³) besitzt der Stahl EJ 850 mit 4% Si. Der Einfl. der Alterung u. der Verformung auf die Dichte der untersuchten Stähle ist unbedeutend; der maximale Unterschied der Dichte der gealterten Proben zu den abgeschreckten beträgt 0,3% u. bei der Dichte der verformten Proben 0,5%. Die Werte der mittleren linearen Ausdehnungskoeff. der untersuchten Stähle nehmen mit Ausnahme des verformten α-Stahls EJ 850 eintönig mit der Temp. zu.

H. Hochstein 197◇

0491 **Einfluß der Erhitzungsgeschwindigkeit auf die Erscheinung der Übertragung der Austenit-Struktur in vorgehärteten Chromstählen.** W. G. Gorbatsch und W. D. Ssadowski. (Metallphysik u. Metallkunde [UdSSR] **6,** 106–09; 2 Tafeln, 1958; Inst. für Metallphys. der Uraler Zweigstelle der Akad. der Wiss. der UdSSR; russ.) — Die sich bei der Erhitzung gehärteter Stähle mit ca. 0,4 (%) C u. 3,47 oder 6,22 oder 12,22 Cr bildende Austenitstruktur hängt wesentlich von der Erhitzungsgeschw. ab. Bei schneller Erhitzung der gehärteten, unangelassenen Stähle nimmt die Austenitkorngröße ab, wobei die hierzu erforderliche Erhitzungsgeschw. um so geringer ist, je höher der Cr-Geh. im Stahl ist. Bei langsamer Erhitzung des gehärteten u. angelassenen Stahles wird ebenfalls eine Verfeinerung des Ausgangskornes festgestellt, wobei die hierzu erforderliche Erhitzungsgeschw. um so geringer ist, je höher der Cr-Geh. im Stahl ist.

H. Hochstein 197◇

0492 **Über eine selektive Verdampfung einiger Metalle von einer Stahloberfläche beim Erhitzen im Vakuum.** Ss. F. Jurjew und S. I. Kusnitzina. (Metallphysik u. Metallkunde [UdSSR] **6,** 157–66, 1958; Zentr. Forsch.-Inst. der Schiffsbau-Ind.; russ.) — Die Erhitzung von aus mehreren Bestandteilen bestehenden metall Legg. u. bes. aus legiertem Stahl im Vakuum wird von einer selektiven Verdampfung der Metalle begleitet, infolge derer die Oberflächenschicht stark ihre Zus. verändert. Unter den untersuchten Elementen Mn, Cr, Fe, Ni u. Mo als Legierungskomponenten von Stahl besitzt Mn vor Cr u. Fe die größte Fähigkeit im Vakuum (10^{-4} Torr) zwischen 700 u. 1200° zu verdampfen; Ni u. bes. Mo nehmen bei solchen Bedingungen prakt. an der Verdampfung nicht teil. Die relative Intensität der Anteilnahme der Komponenten an der Verdampfung aus einem Vielkomponenten-Syst. im Vakuum bei hohen Temp. stimmt prinzipiell mit den relativen Werten des Dampfdruckes der reinen Komponenten bei den Vers.-Bedingungen überein. Die Verdampfungsintensität der flüchtigen Komponenten aus Stahl hängt außer von der Temp., dem Druck über der Verdampfungsoberfläche u. bes. von dem Dampfdruck der Komponenten auch von deren Anfangskonz. in der Anfangsleg. ab; sie nimmt mit einer Konz.-Erhöhung der Komponente zu. Die Veränderung der Zus. der Oberflächenschicht eines legierten Stahles infolge einer Verdampfung wird von einer wesentlichen Veränderung ihrer Eigg. u. bes. von einer sehr starken Veränderung der Korrosionsbeständigkeit begleitet; die Richtung dieser Veränderung wird durch die Flüchtigkeit der Leg.-Elemente u. durch ihren Einfl. auf entsprechende Stahleigg. bestimmt. Die Angaben von der Veränderung der Zus. der Stahloberfläche während der Verdampfung ermöglichen die Feststellung der Zus. des sich aus der Stahloberfläche ausscheidenden Dampfes, wenn nur in dem Syst. wenigstens ein Element vorhanden ist, welches entweder nicht an der Verdampfung teilnimmt oder dessen Anteilnahmegrad an der Verdampfung hinlänglich bekannt ist. Die Anforderungen an die für die Durchführung solcher Verss. geeigneten Vorr. werden erörtert. H. Hochstein 197◇

0493 **Rekristallisationstexturen in gewalzten Transformatorenblechen.** Dietmar Aurich und Klaus Detert. (Z. angew. Physik **15,** 238–42, 1963; Berlin, TU, Inst. für Metallkunde; dt.) – Grobkörnige Fe–Si-Transformatorenbleche (ca. 3% Si, < 0,01% C) wurden von 0,3 mm auf 0,09 mm kalt gewalzt u. geglüht. Die Rekristallisationsvorgänge, Textur-Bldg. u. die magnet. Eigg. wurden nach verschiedenen Glühbehandlungen untersucht. Bei niedrigen Rekristallisations-Temp. entstehen nach der Primärrekristallisation Vorzugsorientierungen, die der Würfellage nahe liegen. Bei höheren Temp. liegen die Vorzugsrichtungen der Goss-Lage näher. Bei Glüh-Temp. von 900–1000° tritt eine starke Kornvergrößerung schon nach Glühzeiten von 1 Min. auf. Verlängerung der Behandlung bei 900–1000° führt zu einer Sekundär-Rekristallisation. Glühbehandlung mit rascher Aufheizung auf 950° u. 1 Min. langer Dauer ruft die beste Texturgüte hervor. Bei einer Aussteuerung auf 15 kGauß werden dann die Ummagnetisierungsverluste bes. niedrig. Sehr niedrige Koerzitivkräfte u. hohe Maximalpermeabilitäten werden nach Rekristallisation bei 650° u. Glühung bei 950° gefunden. H. Roschkowski 197◇

0494 **Einfluß des Siliciumgehaltes auf das kristallographische Gleiten in Einkristallen von Eisen–Silicium-Legierungen.** S. Libovický und B. Šesták. (J. appl. Physics **34,** 2919–21, 1963; Prag, Akad. der Wiss. der ČSSR, Phys. Inst.; engl.) – Untersucht wurden das kristallograph. u. nichtkristallograph. Gleiten von Fe-5,5(%) Si- u. Fe-7,5 Si-Einkristallen in Abhängigkeit von der Deformationsgeschwindigkeit. Druck- u. Spannungsseite der gebogenen Proben zeigten unterschiedliches Gleitverhalten. Entgegen den bisherigen Annahmen, Fe- > 4% Si bilde nur {110}-Gleitebenen aus, wurde auch {$\bar{1}\bar{1}$2} als Gleitebene beobachtet. K. Jaeger 200◇

0495 **Die Eigenschaften der intermetallischen Phasen im System Au–Sn.** M. B. McNeil. (J. electrochem. Soc. **110,** 1169–70, 1963; Dallas, Tex., Texas Instrum. Inc., Mat. Res. and Dev. Labor.; engl.) – Für Temp. zwischen 77 u. 535°K werden für *AuSn*, $AuSn_2$ u. $AuSn_4$ Härtewerte nach Brinell tabellar. zusammengestellt. AuSn zeigt eine Diskontinuität bei ca. 200°. H. Roschkowski 200◇

0496 **Die mechanischen Eigenschaften von α-Plutonium unter Druck.** S. E. Bronisz. (J. nuclear Mater. [Amsterdam] **9,** 101–06, 1963; Los Alamos, N. Mex., Univ. of California, Los Alamos Sci. Labor.; engl.) – Der Einfl. der Temp., der Vers.-Geschw. u. der Reinheit auf das mechan. Verh. von α-Pu unter Druck wurde untersucht. Die Fließgrenze von α-Pu nimmt mit steigender Temp. ab u. mit der Vers.-Geschw. zu. Pu hoher Reinheit verzwillingt sich leichter als Proben kommerziellen Reinheitsgrades. H. Roschkowski 200◇

0497 **Bestimmung des Grenzwertes der Debye-Temperatur für supraleitendes und normales Indium aus den Tieftemperaturwerten der Elastizitätskonstanten.** B. S. Chandrasekhar und J. A. Rayne. (Physic. Rev. Letters **6,** 3–4, 1961; Pittsburgh, Pa., Westinghouse Res. Labor.; engl.) – Gemessen wurden an 99,999%ig. In-Einkristallen die Elastizitäts-Konst., deren auf 0°K extrapolierte Werte C_{11} = 5,39; C_{12} = 3,87; C_{13} = 4,51; C_{33} = 5,16; C_{44} = 0,797 u. C_{66} = 1,68 · 10^{11} dyn cm^{-2} betragen. Daraus wurde der Grenzwert der Debye-Temp. zu $\theta = 111{,}3\,°K \pm 1\%$ berechnet. Für supraleitendes In hat θ bis T ≦ 0,7°K den gleichen Wert, weicht für T > 0,7°K jedoch davon ab. Diese Beobachtung konnte noch nicht gedeutet werden. K. Jaeger 200◇

0498 **Mechanische und technologische Eigenschaften von Beryllium.** Hans-Richard Meininghaus. (Atomkernenergie **4,** 231–32, 1959; Hannover, TH, Lehrst. für Schiffsmaschinenbau; dt.) – In einem kurzen Überblick werden Festigkeits- u. Dehn-Verh., Verformbarkeit, Schweißbarkeit u. Korrosionsbeständigkeit von Be behandelt. H. Roschkowski 200◇

0499 **Einflüsse nichtzentrischer Kräfte und eines Elektronengases auf die Cauchy-Beziehung in Metallen.** Masao Shimizu und H. Niu. (J. physic. Soc. Japan **17,** 577–78, 1962; Nagoya, Univ., Fac. of Engng., Dep. of Phys.; Tokyo, Tokyo Metropolitan Univ., Fac. of Sci., Dep. of Phys.; engl.) – Theoret. abgeleitet wird die Cauchy-Beziehung zwischen den Elastizitäts-Konst. C_{12} u. C_{44} in kub. Metallen. Statt $C_{12} = C_{44}$ wird für kub.-innenzentrierte Metalle $C_{12} - C_{44} = K_e - 4\,\alpha'/a$ u. für kub.-flächenzentrierte Metalle $C_{12} - C_{44} = K_e - 8\,\alpha'/a$ gefunden (K_e = Elektronengasmodul, α' = Winkelkraft-Konst., a = Gitter-Konst.). K. Jaeger 200◇

0500 **Zur Theorie der Ultraschallabsorption in Metallen.** W. P. Ssilin. (J. exp. theoret. Physik [UdSSR] **38,** 977 bis 983, 1960; Akad. der Wiss. der UdSSR, Physik. Lebedew-Inst.; russ., Auszug: engl.) – Vf. behandelt die Schallabsorption im Gebiet niedriger Temp., bei denen die Absorption durch Elektronen bestimmt wird u. für genügend hohe Frequenzen, bei denen die Wellenlänge des Schalles im Vgl. zur freien Weglänge klein ist. Dabei wird die Anisotropie der Fermi-Oberfläche u. die durch das elektromagnet. Feld u. die Energieänderung des Elektrons infolge Gitterdeformation bedingte Wechselwrkg. berücksichtigt. Bei Wellenlängen von der Größenordnung der Tiefe der anomalen Skinschicht, die der Schallfrequenz entspricht, wird bei zunehmender Frequenz eine Abnahme des Verhältnisses Absorptionskoeff./Frequenz festgestellt. R. K. Müller 200□

A_7. Gleichgewichte, Kinetik

0501 **Anwendung der Methode der kontinuierlichen Variation auf gemischte Ligandkomplexe.** K. O. Watkins und M. M. Jones. (J. inorg. nuclear Chem. **24,** 809–19, 1962; Nashville, Tenn., Vanderbilt Univ., Dep. of Chem.; engl.) – Vgl. C. **1963,** 10382. – Vff. überprüften die Anwendung der Meth. der kontinuierlichen Variation auf Komplexe mit zwei verschiedenen Ligandenarten u. zeigten, daß das Molverhältnis, bei dem die Konz. eines Gemischtligandenkomplexes ein Maximum erreicht, im allg. sich vom Molverhältnis der Reaktanten im Komplex unterscheidet. Für diesen Unterschied werden Gleichungen entwickelt, die experimentell an den Syst. Cu/Äthylendiamin/Pyridin, Cu/Propylendiamin/Pyridin, Cu/Glycin/Äthylendiamin, Cu/Glycin/Propylendiamin u. Cu/Glycin/Pyridin nachgeprüft werden. Weiterhin wird eine Meth. zur Best. der Gleichgew.-Konst. einiger der Syst. mitgeteilt. Die so bestimmten Konst. liegen nahe bei den Werten, die auf Grund einer statist. Verteilung der Liganden über die Koordinationsplätze erwartet wurden. Gerhard Schulze 223◇

0502 **Experimentelle Überprüfung einer mehr verallgemeinerten Formulierung der Methode der kontinuierlichen Variation.** K. O. Watkins und M. M. Jones. (J. inorg. nuclear Chem. **24,** 1607–16, 1962; engl.) Vgl. vorst. Referat. – Eine Analyse der Meth. der kontinuierlichen Variation wird für Syst. mit einkernigen Komplexen mit einer einzigen Ligandenart mitgeteilt. Die abgeleiteten Gleichungen gestalten die Festlegung der Bedingungen, unter denen irgendein Komplex eines Syst. mit mehreren Komplexen eine maximale Konz. erreicht. Der Vgl. mit experimentellen Werten zeigt, daß das Verf. bes. dann von Wert ist, wenn zwischen mehreren möglichen Komplexen AB_n mit großen n-Werten unterschieden werden muß. An den Syst. Cu^{2+}/Cl^- u. Cu^{2+}/SCN^- werden die Verhältnisse im einzelnen nachgeprüft. Gerhard Schulze 223◇

0503 **Ermittlung der Stabilitäten von Komplexen zweiwertiger Übergangsmetalle und Abweichungen von der Irving-Williams-Reihe.** D. L. Leussing. (Talanta [London] **4,** 264–67, 1960; Madison, Wis., Univ. of Wisconsin, Dep. of Chem.; engl.) – Die Freien Energien der Komplexbldg. einer Reihe von Liganden mit Mn(II), Fe(II), Co(II) u. Zn(II) wurden mit der Feldstabilisierung der Liganden in Verbindung gebracht. Auf diese Weise ist aus theoret. Gründen eine Voraussage über Abweichungen von der Irving-Williams-Reihe möglich. E. Miessgang 223◇

0504 **Zinkchlorid- und Zinkbromidkomplexe.** 3. Mitt. **Strukturen der Komplexarten in Lösung.** D. F. C. Morris, E. L. Short und D. N. Waters. (J. inorg. nuclear Chem. **25,** 975–83, 1963; London, Brunel Coll., Dep. of Chem.; engl.) – 2. vgl. C. **1963,** 5377. – Die Raman-Spektren von ZnA_2 (A = Cl, Br) in wss. Lsg. oder in Lsg. von Tri-n-butylphosphat (TBP) beweisen tetraedr. Struktur (T_d) für die Ionen $[ZnA_4]^{2-}$ u. lineare Konfiguration ($D_{\infty h}$) für die Moll. ZnA_2; wahrscheinlich haben die Ionen $[ZnA_3]^-$ planartriangulare Struktur (D_{3h}). Wasser- u. TBP-Moll. sind in der inneren Koordinationssphäre der Zn-Atome vermutlich in den verschiedenen Komplexarten verschieden angeordnet, z. B. beim Zn^{2+}-Ion in W. als $[Zn(H_2O)_6]^{2+}$. Die TBP-Extrakte von ZnA_2 in saurer Lsg. enthalten vermutlich die Komplexart $[H \cdot TBP \cdot 3\,H_2O]_2 \cdot [ZnA_4]$. G. Heller 223◇

0505 **Einfluß der Alkalimetallkationen auf die Komplexbildung von Pb^{2+} mit Br^-.** W. Je. Mironow. (J. anorg. Chem. [UdSSR] **6,** 897–903, 1961; Leningrad, Technol. Lensowjet-Inst., Lehrst. für allg. Chem.; russ.) – Vgl. C. **1962,** 18389. – Vff. führten potentiometr. Unterss. an komplexen Pb-Bromiden bei 25° in Lsgg. mit konst. Ionenstärke von 4 m ($LiClO_4$) u. pH = 3 in Ggw. von Kationen aller Alkalimetalle durch. Bei Einführung von LiBr im Konz.-Intervall 0–800 m in Pb-Lsgg. bilden sich die komplexen Ionen $[PbBr]^+$, $PbBr_2$, $[PbBr_3]^-$ u. $[PbBr_4]^{2-}$, deren Stabilitätskonst. bei 25° 35 ± 5, 450 ± 30, $(2{,}1 \pm 1{,}1) \cdot 10^3$ u. $(5{,}2 \pm 2{,}0) \cdot 10^3$ betragen. In Lsgg., deren Ionenstärke mit LiBr auf 4 m konst. gehalten wurde, führt die Ersetzung von Li durch andere Alkalimetalle zur Verkleinerung der gemessenen Konz. an freien Pb-Ionen in der Reihe Li–Cs. Der abs. Einfl. von Alkalimetallkationen auf die Komplexbldg. des Pb^{2+} wächst in der Anionenreihe NO_3^-, Br^-, Cl^-, der relative in der Reihe NO_3^-, Cl^-, Br^-. Der relative Einfl. verkleinert sich mit der Vergrößerung der Stabilität der komplexen Ionen. Einige allg. Aspekte über den Einfl. von inerten Kationen auf den Prozeß der Komplexbldg. in Lsgg. werden dargelegt. Kurt Winkler 223◇

0506 **Komplexe von Wolframat- und Molybdat-Ionen mit zwei organischen Liganden.** D. H. Brown und J. D. McCallum. (J. inorg. nuclear Chem. **25,** 1483–86, 1963; Glasgow, Royal Coll. of Sci. and Technol., Chem. Dep. engl.) – Liegen in wss. Lsg. gleichzeitig Wolframat bzw. Molybdat, ein o-Diphenol u. eine α-Hydroxycarbonsäure vor, so bildet sich aus den drei Komponenten im Molverhältnis 1:1:1 ein Komplex. Dies wurde für die opt. akt. Hydroxysäuren *D-Weinsäure* u. *L-Mandelsäure* sowie die Diphenole *1.2-Dihydroxybenzol-3.5-disulfonsäure* (Tiron), *Brenzcatechin* u. *3.4-Dihydroxybenzoesäure* nachgewiesen durch Messung der opt. Drehung der Komplex-Lsgg. u. ihrer Absorption im sichtbaren Bereich. E. Steinrücke 223◇

0507 **Uranylion–Na-Alizarin-3-sulfonat-Chelat.** 2. Mitt. **Spektrophotometrische und elektrische Leitfähigkeitsuntersuchungen über Zusammensetzung und Stabilität des Chelats.** Suresh C. Srivastava und Arun K. Dey. (Indian J. Chem. **1,** 200–02, 1963; Allahabad, Allahabad Univ.; engl.) – Vff. arbeiten nach 2 Meth.: 1. konst. Menge Reagens, ansteigendes Molverhältnis Metall: Reagens; 2. werden wechselnde Mengen Alizarin S zu einem konst. Überschuß an Metallionen gegeben u. umgekehrt. Sie finden eine Vereinigung von UO_2^{2+}-Ionen mit Alizarin S im Verhältnis 1:1 unter Chelat-Bldg.; Absorptionsmaximum bei 560 nm. Der Komplex ist zwischen pH 3 u. 7 stabil. log K (Stabilitätskonst.) beträgt 4,5 ± 0,1; die Freie Bldg.-Energie 6,3 ± 0,2 kcal bei pH 5, 30° u. Ionenstärke 0,15 m. Der violett gefärbte Chelatkomplex wird von Amberlite IR-45 (OH^-) vollkommen adsorbiert. Vff. schlagen daher einen Anionenkomplex vor. Messungen deuten auf Komplexbldg. an den beiden Phenolgruppen hin.

Versuche: Als Salz wurde UO_2SO_4 verwandt. Das Lsg.-Vol. betrug stets 50 ml, der pH-Wert 5,0 ± 0,2. Die Ionen-Konz. wurde mit $NaClO_4$ konst. 0,15 m gehalten. Dextrin-Lsg. verhinderte eine Nd.-Bldg. bei gewissen Konzz.; die Messungen wurden in einem klimatisierten Raum von 30 ± 1° durchgeführt, alle Lsgg. vor der Messung 1 Std. lang im Thermostaten bei 30 ± 0,01° aufbewahrt. K. Bencker 223◇

0508 **Spektrophotometrische Untersuchungen von in der analytischen Chemie verwendeten metallorganischen Komplexen.** 8. Mitt. **Zusammensetzung und Bildungskonstante der Uranyl–Flavonol-Komplexe.** Takuji Kanno. (Sci. Rep. Res. Inst. Tôhoku Univ., Ser. A **14,** 50–56, 1962; Res. Inst. of Min. Dressing and Metallurg.; engl.) – 7. vgl. C. **1962,** 17870; 5. vgl. C. **1963,** 17066. – Zus. u. Bldg.-Konst. des Uranyl–Flavonol (FlH)-Komplexes wurde spektrophotometr. nach der Meth. von McConnell untersucht. Danach müssen 2 Arten des Komplexes mit der Zus. $[UO_2Fl]^+$ u. UO_2Fl_2 vorliegen. Die Bldg.-Konst. des 1. Komplexes beträgt $2{,}20 \cdot 10^{10}$, die des 2. $9{,}1_7 \cdot 10^8$, die Gesamtbldg.-Konst. $2{,}0 \cdot 10^{19}$. Die Dissoziations-Konst. von Flavonol beträgt nach den spektrophotometr. Beobachtungen $5{,}6_2 \cdot 10^{-11}$. Der UO_2–Flavonol-Komplex kann mit TBP unter Bldg. von $UO_2Fl_2 \cdot n\,TBP$ extrahiert werden. F. Vier 223◇

0509 **Die amphotere Natur der Äthylendiamintetraessigsäure und ihre Bedeutung bei der Stabilität der EDTA-Metallkomplexe.** M. T. Beck und S. Görög. (Acta chim. Acad. Sci. hung. **22,** 159–72, 1960; Szeged Univ., Inst. für anorg. u. anal. Chem.; engl.) – Es wurde die Löslichkeitsänderung der EDTA mit Abnahme des pH-Wertes durch Zusatz von Perchlorsäure untersucht. Bei der Berechnung der Komplexstabilitätskonst. im stark sauren Medium müssen die Existenz der H_6Y^{2+}- u. H_5Y^--Ionen, sowie die 6 sauren Dissoziationskonst. der EDTA berücksichtigt werden. Es wurden die Stabilitätskonst. der Komplexe FeY^-, FeHY u. FeH_2Y^+ auf Grund der partiellen Zerlegung ermittelt. H. Schroth 223◇

0510 **Komplexbildung zwischen Eisen(III) und Chromazurol S.** F. J. Langmyhr und K. S. Klausen. (Analytica chim. Acta [Amsterdam] **29,** 149–67, 1963; Blindern, Univ. of Oslo, Chem. Inst. A; engl.) – Mit Hilfe photometr., konduktometr. u. potentiometr. Meth. wurde die Komplex-Bldg. zwischen Fe^{3+} u. 3″-Sulfo-2″.6″-dichlor-3.3′-dimethyl-4′-hydroxyfuchson-5.5′-dicarbonsäure (Chromazurol S, H_4A) untersucht. Aus dem unreinen Trinatriumsalz wurde die reine vierbasige Säure durch Auflösen in W. u. Ausfällen mit konz. HCl sowie zweimaliger Wiederholung dieses Verf. dargestellt u. die Dissoziations-Konst. bei 20 ± 1° in 0,10 m KCl-Lsg. zu $pk_1 < 0{,}0$, $pk_2 = 2{,}25 \pm 0{,}05$, $pk_3 = 4{,}71 \pm 0{,}03$ u. $pk_4 = 11{,}81 \pm 0{,}03$ bestimmt. Im Bereich von pH 2–4 wurden folgende vier Komplexe nachgewiesen (abs. Stabilitäts-Konst. für 20 ± 5° u. $\mu = 0{,}10$ m in Klammern): ein ringförmiger dimerer Komplex $[Fe(H_2O)_2]_2A_2^{2-}$ ($\log k_{2,2} = 36{,}2$) ein monomerer Komplex der Zus. $[Fe(H_2O)_4]HA$ oder $[Fe(H_2O)_4]A^-$ ($\log k_{1,1} = 15{,}6$), ferner $[Fe(H_2O)_4]_2A^{2+}$ ($\log k_{2,1} = 20{,}2$) u. schließlich $[Fe(H_2O)_2]H_xA_2^{x-5}$ (x unbekannt). Bei höheren pH-Werten bilden sich außerdem Hydroxokomplexe des Dimeren. Gerhard Schulze 223◇

0511 **Untersuchung der Chlorokomplexe des Rhodiums durch die Methoden der Elektrophorese und Papierchromatographie und der Methode der Ionenaustauschchromatographie.** M. Lederer. (J. anorg. Chem. [UdSSR] **3,** 1799–1803, 1958; Paris, Radium-Inst.; russ.) – Vf. führt qual. Stabilitäts-Unterss. durch Elektrophorese u. Chromatographie an Lsgg. von $Na_2[RhCl_5]$ durch u. vermutet die Bldg. der Komplexe $[Rh(H_2O)Cl_5]^{2-}$, $[Rh(H_2O)_3Cl_3]$ u. $[Rh(H_2O)_4Cl_2]^+$, die sich durch ihre verschiedenen Ionenbeweglichkeiten unterscheiden lassen. Die gelb gefärbte Lsg. von $[RhCl_6]^{3-}$, die man durch Lösen von $Rh(OH)_3$ in HCl erhalten kann, enthält Rh nur in Kationenform. Der Zerfall nach einigen Std. läßt wahrscheinlich 6 Komplex-Verbb. entstehen, von denen bislang $[Rh(H_2O)_6]^{3+}$ in Spuren nachgewiesen werden konnte, während $[Rh(H_2O)_4Cl]^+$ u. $[Rh(H_2O)_5Cl]^{2+}$ durch Ionenaustausch isoliert wurden. Die Instabilität der $[RhCl_6]^{3-}$-Lsg. in HCl, deren R_f-Wert in Butanol–HCl gleich 0 ist, wird vom Vf. durch die Existenz einer kation. Mehrkern-Verbb. erklärt, die OH-Gruppen enthalten muß. W.-D. Heußner 223◇

0512 **Chemie von Lösungen in heißem Wasser.** A. J. Ellis. (J. New Zealand Inst. Chem. **26**, 165—69. 1962; Petone, Dominion Labor.; engl.) — Übersicht über die Chemie wss. Lsgg. bei Temp. > 100° bis zur krit. Temp. von W. (374,15°). Zum Teil an Hand von Literaturangaben werden größtenteils ohne Angabe numer. Werte behandelt die Löslichkeiten von Salzen: Anstieg mit der Temp. bei *KCl, NaCl,* Cs_2SO_4, K_2CO_3; Abfall mit der Temp. bei *NaF,* Li_2SO_4, K_2SO_4, Na_2CO_3, $CaCO_3$; weiterhin die Verteilung von Feststoffen (SiO_2) zwischen Dampf- u. fl. Phase im überkrit. Fl.-Gebiet, die Löslichkeit von Gasen, das Verh. schwacher Säuren u. Basen, die Möglichkeit experimenteller Unterss. sowie einige Ergebnisse zum Verh. vulkan. Gesteine (*Basalt, Andesit, Dacit, Rhyolith*) in einem natürlichen Mineralwasser bei Temp. von 260°.
H. Roschkowski 224◇

0513 **Positives Astation in salpetersaurer Lösung.** Fu-Zsjun Wan, Ju. W. Norssejew, W. A. Chalkin und Tao-Nan Tschao. (Radiochemie [UdSSR] **5**, 351—55, 1963; russ.) — Vff. untersuchten die Elektromigration von At-Ionen (Darst. von At durch Th-Spaltung, chromatograph. Anreicherung) zu Pt-Elektroden in At-Lsgg. bei Ggw. von 0,005 m $H_2Cr_2O_7$ u. 0,3—1,25 nHNO_3 sowie den Ionenaustausch zwischen diesen Lsgg. u. dem Kationit Dowex 50x 8. Die At-Ionen wandern zur Kathode. Stationäre Bedingungen des Ionenaustausches geben keine Resultate. Die unter dynam. Bedingungen (0,02—0,04 ml/min) erhaltenen Resultate mit 50—60 mg Kationit erlaubten es, die Austausch- u. die Nichtaustauschformen der Sorption zu unterscheiden u. den Verteilungs-Koeff. K_d zu berechnen. Die Ladung z wurde nach der Strickland-Formel $\log 1/K_d = z \lg [H^+] + k$ durch Auftragung des Verhältnisses $\log 1/K_d/\log [HNO_3]$ über den Steigungswinkel der Geraden bestimmt. Aus Vgl.-Verss. zur Best. der Ladung von Cs, Sr u. Lu nach dem gleichen Verf. ergibt sich für die wahrscheinliche Ladung des At-Ions der Wert + 1, die chem. Zus. des Ions kann jedoch nicht bestimmt werden.
G. Ewald 224◇

0514 **Untersuchung des Systems NaCl–RNH$_2$–CO$_2$–H$_2$O bei 25°.** Je. A. Raschkowskaja, T. W. Mosharowa und L. T. Ussenko. (Ukrain. chem. J. **28**, 162—67, 1962; Charkow, Forsch.-Inst. für Grundlagenchem.; russ.) — Vff. bestimmen die Löslichkeit von NaCl in Lsgg. von Mono- u. Diäthanolamin bei Temp. von 25 u. 50° u. beobachten, daß mit 206—250 g NaCl/Liter die Löslichkeit in Monoäthanolamin sehr viel besser ist als in Diäthanolamin. Durch Unterss. im 4-Komponenten-Syst. 2 Na^+, $C_2H_5OHNH_3^+$/2 HCO_3^-, 2 Cl^--H_2O bei 25° läßt sich zeigen, daß hier eine Möglichkeit zur Darst. von Na_2CO_3 aus NaCl u. Monoäthanolamin besteht, da deren theoret. Na-Ausnutzungsgrad mit 98—100% bedeutend höher ist als beim Solvay-Verf. mit 84%.
W.-D. Heußner 224◇

0515 **Löslichkeit einiger Calcium- und Magnesiumsalze in Gegenwart von Komplexonen.** A. W. Nikolajew, L. I. Starosstina und Ss. N. Eiche. (Nachr. sibir. Abt. Akad. Wiss. UdSSR **1961**, Nr. 9, 53—58; Nowosibirsk, Inst. für anorgan. Chem. der Sibir. Abt. der Akad. der Wiss. der UdSSR; russ.) — Die Löslichkeit von $NH_4MgPO_4 \cdot 6\,H_2O$ u. $Ca_3(PO_4)_2$ wird in Trilon B bei pH 5, die von $Ca_3(PO_4)_2$ (pH 5 u. 8), $Mg_3(PO_4)_2 \cdot 4\,H_2O$ (pH 5,5), $CaCO_3$ (pH 5 u. 8) u. $CaC_2O_4 \cdot H_2O$ (pH 5 u. 8) in Komplexon IV bei 37° untersucht. Für 5%ig. Komplexon-Lsgg. erhält man folgende Löslichkeit: in Trilon B: $NH_4MgPO_4 \cdot 6\,H_2O$ 3,6%; $Ca_3(PO_4)_2$ 1,6%; Komplexon IV: $Ca_3(PO_4)_2$ 1,2%; $Mg_3(PO_4)_2 \cdot 4\,H_2O$ 1,34%; $CaC_2O_4 \cdot H_2O$ 0,21% (pH 5) u. 1,5% (pH 8); $CaCO_3$ 1,15%. Bei $NH_4MgPO_4 \cdot 6\,H_2O$ ist die Löslichkeit in Trilon B 720mal größer als in W., bei $CaC_2O_4 \cdot H_2O$ in Komplexon IV-Lsg. sogar 20000mal.
R. Teichmann 224◇

0516 **Löslichkeit im System Calciumchlorid–Kaliumdichromat–Wasser.** S. I. Konopkina. (J. angew. Chem. [UdSSR] **31**, 1310—18, 1958; russ.) — Das tern. Syst. $CaCr_2O_7$–$CaCl_2$–H_2O wird bei 0,25 u. 50° untersucht. Weder in diesem noch im quatern. Syst. $CaCl_2$–$K_2Cr_2O_7$–H_2O bilden die Komponenten Doppelsalze oder feste Lösungen. Unter den Salzen $CaCr_2O_7$, $K_2Cr_2O_7$, $CaCl_2$ u. KCl besitzt bei 0 u. 25° $K_2Cr_2O_7$ mit 95% der Gesamtfläche das größte Kristallisationsfeld. In gesätt. $CaCl_2$-Lsg. sind nur 1,7—2,5% $K_2Cr_2O_7$ löslich.
A. v. Wilpert 224□

0517 **Einfluß der radioaktiven Strahlung von ^{90}Y und ^{91}Y auf die Löslichkeit von Yttriumhydroxid.** Wikt. I. Spitzyn und I. Je. Simakow. (Ber. Akad. Wiss. UdSSR **138**, 130—32, 1961; russ.) — Vff. untersuchen die Löslichkeit von Y_2O_3 unter Einfl. von ^{90}Y-β-Strahlung mit einer spezif. Aktivität von 0 bis 260 (m Curie/g) u. von ^{91}Y von 0 bis 4,6 bei 25°. Nur im Bereich < 0,1 mCurie zeigt sich keine Strahlenwirkung. Oberhalb 0,1 mCurie bis etwa 20 mCurie erfolgt Abnahme der Löslichkeit, wobei ^{90}Y-Strahlung diese etwa doppelt so stark herabsetzt wie ^{91}Y u. erst oberhalb 20 mCurie ist eine starke Zunahme der Löslichkeit erkennbar. Unterhalb dieses Schwellenwertes soll die Löslichkeit zurückgehen, weil die durch Strahlung oberflächlich gebildete positive Ladung an Y_2O_3 die negativen OH-Gruppen im Sinne einer unvollständigen Ionisierung des $Y(OH)_3$-Mol. in der Lsg. beeinflußt. Bei stärkerer Bestrahlung werden die Y^{3+}-Ionen gebildet, die in Wechselwirkung mit den positiven Ladungen an Y_2O_3 Löslichkeitserhöhung bewirken.
G. Pretzschener 224□

0518 **Mechanismus der Extraktion von Cäsiumdipikrylaminat aus wäßriger Lösung mit Nitrobenzol.** M. Kyrš und S. Podešva. (Collect. czechoslov. chem. Commun. **27**, 289—302, 1962; Řež bei Prag, Tschechoslow. Akad. Wiss., Inst. für Kernforsch.; dt.) — Bei der Extraktion von Na-Dipikrylaminat aus wss. Lsgg. mit Nitrobenzol (**I**) spielt seine Dissoziation eine wesentliche Rolle. Um die Voraussetzung zu überprüfen, daß bei der Extraktion von Cs-Dipikrylaminat (**II**) (Kyrš u. Mitarbeiter, C. **1962**, 767; Kyrš, Tschech. P. 97586 [1960]) das Prinzip der analogen Gleichgew. beteiligt ist u. um die entsprechenden Gesetzmäßigkeiten abzuleiten, wurde der Einfl. der Menge von Dipikrylamin (**III**) im Syst., des pH u. der Kationen Li^+, Ca^{2+}, Mg^{2+}, Na^+, Sr^{2+}, NH_4^+ u. K^+ in der wss. Phase untersucht. Auf Grund der ermittelten Verteilungsquotienten wurden die Dissoziations-Konst. von **III** u. **II** in der Nitrobenzolphase u. die der Gleichung $Cs_a^+ + DPA_a^- = CsDPA_o$ entsprechende Gleichgew.-Konst. ermittelt. Dabei beziehen sich die Indeces a u. o auf die wss. bzw. die organ. Phase. **II** u. **I** in der Nitrobenzolphase wird prakt. nicht hydratisiert. Durch Unters. der Cs-Verteilung zwischen einem Kationenaustauscher u. der Lsg. u. durch Extraktions-Verss. wurde bestätigt, daß **II** in wss. Lsg. prakt. vollständig dissoziiert ist.
L. Matoušek/Prag 224

0519 **Verteilung von Molybdän und Wolfram im System Bromwasserstoffsäure–organisches Lösungsmittel.** F. G. Sharowski und A. G. Ssachno. (Ukrain. chem. J. **28**, 145—50, 1962; Kiew, Schewtschenko-Univ.; russ.) — Unter Anwendung von *Ae., Butanol* (**I**), *Isobutanol* (**II**), *Amylalkohol* (**III**), *Isoamylalkohol* (**IV**), *Propylacetat* (**V**), *Isobutylacetat* (**VI**) u. *Isoamylacetat* (**VII**) wurde die Verteilung von *W* u. *Mo* (angewandt als Wolframat bzw. Molybdat) zwischen HBr u. dem organ. Lsgm. in Abhängigkeit von der HBr-Konz. untersucht u. festgestellt, daß aus 0,1—0,5 n Lsgg. von HBr W zu 95—75% extrahiert wird. Mit steigender Acidität der wss. Lsg. nimmt die Extraktion ab. Bei Mo steigt die Extraktion mit der HBr-Konz.; aus der 5—6 n Lsg. werden 86—97% Mo extrahiert. Diese Gesetzmäßigkeiten sind unabhängig von der Art des organ. Lösungsmittels. Nach der Fähigkeit, aus der 1,0 n HBr-Lsg. W zu extrahieren, bilden die untersuchten Lsgm. folgende Reihe: **VII** < **II** < **I** < **IV** < Ae. < **III** < **VI** < **V**. Für die Extraktion von Mo gilt die Reihe: Ae. < **VI** < **V** < **VII** < **IV** < **III** < **II** < **I**. In Verss. mit **VII** als Lsgm. wird gezeigt, daß die durch **VII** extrahierten Komplexe von W u. Mo dem mol. Verhältnis Me:Br = 1:2 entsprechen. Für die Komplexe gelten wahrscheinlich die Formeln $H_2[WO_3Br_2]$ u. $H_2 \cdot [MoO_3Br_2]$.
O. Lebtag 224△

0520 **Bedingungen der Extraktion des Thiocyanatopyridinkupfer-Komplexes mit Chloroform.** M. M. Tananaiko. (Ukrain. chem. J. **27**, 813—17, 1961; Kiew, Schewtschenko-Univ.; russ.) — Mit Hilfe spektrophotometr. Unterss. bestimmen Vff., daß der in Chlf. allg.

unlösl. $[Cu(SCN)_2Py_2]$-Komplex nur dann mit Chlf. extrahiert werden kann, wenn ein geringer Überschuß an Pyridin (2—3%) vorhanden ist. Unterss. der Zus. der extrahierten Phase erlauben den Schluß, daß überschüssiges Pyridin als Lsgm. im Gemisch mit Chlf. wirkt u. die Extraktion fördert, ohne die Zus. des Komplexes zu verändern. W.-D. Heußner 224◇

0521 **Vielseitiger Temperatursprungapparat zur Verfolgung chemischer Relaxationen.** Georg Czerlinski. (Rev. sci. Instruments **33, 1184—89, 1962**; Philadelphia, Pa., Univ., Johnson Found.; engl.) — Vf. beschreibt einen App. für die Beobachtung chem. Relaxation bei schneller Temp.-Erhöhung, 2—4°, innerhalb einiger Mikrosekunden. Der App. ist speziell gedacht zur Unters. biolog. Systeme. C. Gottfried 225△

0522 **Eine Suche nach Schwingungsenergieeffekten bei der Dissoziation von H_2^+-Ionen durch Wasserstoffgas.** A. C. Riviere und D. R. Sweetman. (Proc. physic. Soc. **78, 1215—17, 1961**; Aldermaston, Atomic Weapons Res. Establishment; engl.) — Vgl. C. **1962**, 2993. — Mit Hilfe der von Sweetman (vgl. C. **1961**, 16366) beschriebenen Meth. maßen Vff. den Dissoziationswirkungsquerschnitt für H_2^+-Ionen mit hoher u. niedriger Schwingungsanregung bei der Wechselwrkg. mit Wasserstoffgas u. mit Energien zwischen 280 u. 670 keV. Es wurde eine Zunahme von 7 ± 4% für den Wrkg.-Querschnitt für einfache Dissoziation im Falle der stärker angeregten Ionen gefunden. Für eine Dissoziation in 2 Protonen wäre der Unterschied zwischen den Wrkg.-Querschnitten sicherlich niedriger. C. Gottfried 225△

0523 **Eine Untersuchung der Kinetik von Dicyan-Flammen.** K. Scheller und W. E. McKnight. (VIIth Sympos. [int.] Combust., London and Oxford **1958**, 369—76, 1959; engl.) — Die Brenn-Geschw. von C_2N_2–Luft-Gemischen werden bedeutend durch Ersatz von N_2 durch CO erhöht. Der Effekt ist bei mageren Mischungen am stärksten. Die Analyse der beobachteten Ausdehnungsverhältnisse zeigt, daß in trockenen, ziemlich reichen C_2N_2–O_2–N_2-Mischungen C_2N_2 nicht zu CO_2, sondern zunächst zu CO oxydiert wird, auch wenn genügend O_2 vorhanden ist. Der Einfl. von CO-Zusätzen wird durch die Steigerung der Flammen-Temp. u. damit der Einleitung der Weiterverbrennung von aus C_2N_2 gebildetem CO zu CO_2 erklärt. Die Brenn-Geschw. der Mischungen hängt stark vom O_2-Geh. ab. Geringe Mengen von W. oder H_2 scheinen auf die Weiterverbrennung von CO den gleichen Einfl. zu besitzen wie CO-Zusätze. H. Roschkowski 225◇

0524 **Isotopentrennung von Stickstoff und Sauerstoff in einem Tieftemperatur-Austauschsystem.** 1. Mitt. **Über Koordinationsverbindungen von Stickstoffmonoxid mit Chlorwasserstoff.** Ryohei Nakane und Shohei Isomura. (Sci. Pap. Inst. physic. chem. Res. [Tokyo] **56**, 164—66, 1962; Isotope Labor.; engl.) — 2. vgl. C. **1964**, 15-0575. — Es wurde gefunden, daß bei — 140 bis — 160° die Mischung von NO, HCl u. $CHClF_2$ eine stabile, tief purpurn gefärbte Lsg. bildet. In der fl. Phase scheint der Mol.-Komplex *NO · HCl* zu existieren; für den einstufigen Isotopenaustausch zwischen NO-Gas u. NO(fl.) bei — 160° wurden die Werte 1,040 für Stickstoff u. 1,06 für Sauerstoff gefunden, wobei sich in der fl. Phase ^{15}N u. ^{18}O anreichern. B. Schmitt 225◇

0525 **Reaktionen von atomarem Sauerstoff und atomarem Stickstoff mit Stickstoffoxiden.** F. Kaufman und J. Kelso. (VIIth Sympos. [int.] Combust., London and Oxford **1958**, 53—56, 1959; engl.) — Atomarer Sauer- bzw. Stickstoff wurden in einer Mikrowellenentladung erzeugt, mit dem zweiten Rk.-Partner hinter der Entladungszone in Berührung gebracht u. Ausmaß sowie Geschw. der Rkk. durch das Abklingen der mit den atomaren Gasen verbundenen Chemiluminescenz bestimmt. In O–NO_2-Gemischen verläuft die Rk. $O + NO_2 \rightarrow O_2 + NO$, in O–NO-Gemischen verlaufen zwei Rkk. nach $O + NO \rightarrow NO_2 + h\nu$ mit einer Geschw.-Konst. von $k = 10^7$ (cm^3 Mol^{-1} s^{-1}) u. die Rk. $O + NO + M = NO_2 + M$ ($M = O_2, N_2$, Ar) u. einer Geschw.-Konst. von $(2-3) \cdot 10^{16}$ u. von $4 \cdot 10^{16}$, wenn $M = CO_2$ oder N_2O. N_2O reagiert nicht direkt mit O. Die Rk. $N + NO \rightarrow N_2 + O$ verläuft sehr schnell mit $k = 10^{11}-4 \cdot 10^{12}$. Für die summar. Rk. $N + NO_2 \rightarrow N_2O + O$ werden Einzelschritte diskutiert. N u. N_2O reagieren nicht miteinander. H. Roschkowski 225◇

0526 **Einfluß von Sauerstoff auf die thermische Zersetzung von Stickstoffmonoxid bei hohen Temperaturen.** F. Kaufman und L. J. Decker. (VIIth Sympos. [int.] Combust., London and Oxford **1958**, 57—60, 1959; engl.) — Die therm. Zers. von NO wird bei Temp. bis zu 1690°K in einem stat. Syst. bei anfänglichen $[O_2]/[NO]$-Verhältnissen von 0 bis 40 untersucht. Angegeben werden die scheinbaren Geschw.-Konst. zweiter Ordnung. Die Kinetik der Rkk. wird eingehend behandelt. H. Roschkowski 225◇

0527 **Der Mechanismus der photochemisch initiierten Verbrennung von H_2S.** A. P. Zeelenberg. (VIIth Sympos. [int.] Combust., London and Oxford **1958**, 68—71, 1959; engl.) — Aus dem Absorptionsspektrum der Rk.-Teilnehmer u. einer kontinuierlichen Lichtemission des Gemischs nach Blitzlichtbestrahlung wird ein Mechanismus für die Verbrennungs-Rk. von H_2S in O_2 abgeleitet. H. Roschkowski 225◇

0528 **Deuterium-Austausch zwischen Diboran-(^2H) und Aluminiumtetrahydridoborat.** P. Calvin Maybury und Joseph C. Larrabee. (Inorg. Chem. [Washington] **2**, 885—90, 1963; Quincy, Mass., Eastern Nazarene Coll., Dep. of Chem.; engl.) — Der D/H-Austausch wurde im Temp.-Bereich — 7° bis + 20° gemessen. Er ist eine reine Gasphasen-Rk. mit einer Aktivierungsenergie von 14 ± 1 kcal/Mol. Die Ordnung der Rk. ist abhängig vom relativem Verhältnis $B_2D_6:Al[BH_4]_3$. Die direkte Beteiligung von B-Atomen am Austausch wurde mit ^{10}B-angereichertem B_2D_6 nachgewiesen. Als Mechanismus wird die therm. Dissoziation beider Substanzen u. als geschwindigkeitsbestimmender Schritt die Stoßrk. zwischen B_2D_6 u. Boranradikalen diskutiert. H. H. Stamm 225◇

0529 **Gleichgewichtspolymerisation unter Druck: Der Fall Schwefel.** Adi Eisenberg. (J. chem. Physics **39**, 1852—56, 1963; Los Angeles, Calif., Univ. of California, Dep. of Chem.; engl.) — Aus der bekannten Theorie der Gleichgew.-Polymerisation bei Normaldruck werden Gleichungen abgeleitet, die Vorhersagen über ein unter Druck polymerisierendes Syst. gestatten, wenn die Werte für ΔV, Kompressibilität u. Gleichgewichts-Konst. bei Normaldruck bekannt sind. Vf. wendet die Gleichungen auf das ausführlich untersuchte Polymerisationsgleichgew. von Schwefel an. Dieser besitzt im Gegensatz zu organ. Polymeren, die nur unterhalb einer bestimmten Temp. beständig sind, eine Minimumtemp., oberhalb der Polymerisation eintritt. Diese beträgt bei Atmosphärendruck 160° u. wird durch Druck nach niedrigeren Werten verschoben. Bei ca. 850 atm wird die Schmelzkurve geschnitten, so daß bei höheren Drücken eine Schmelze aus S_8-Ringen u. diradikal. Ketten entsteht. ΔV erhält Vf. aus dem Vgl. zwischen spannungsfreien Ringparaffinen u. linearen Alkenen. Druckabhängigkeit von Polymerisationsgrad u. S_8-Gleichgew.-Konz. werden behandelt. K. Bencker 225◇

0530 **Potentiometrische, polarographische und Elektronenspinresonanz-Untersuchungen alkalischer Lösungen von Natriumdithionit.** B. Milićević und G. Eigenmann. (Helv. chim. Acta **46**, 192—97, 1963; Basel, CIBA AG, Zentrale für Applikationstechnik; dt.) — Die Unterss. zeigen, daß das SO_2^--Radikal für das niedrige Redoxpotential alkal. Dithionit-Lsgg. verantwortlich ist. Die kathod. Stufe im Polarogramm zeigt die Red. des Radikals zum HSO_2^--Ion, die anod. Stufe die Oxydation zum SO_3^{2-} an. Der Verlauf der potentiometr. Kurven wird durch das Gleichgew. zwischen $S_2O_4^{2-}$-Ionen u. SO_2^--Radikalen erklärt. R. Krämer 225◇

0531 **Chromatographische Untersuchungen über die Hydrolyse von Phosphorverbindungen.** 8. Mitt. **Die saure Hydrolyse von Natriumtrimetaphosphimat unter Berücksichtigung der Ringstabilisierung.** F. H. Pollard, G. Nickless und A. M. Bigwood. (J. Chromatogr. [Amsterdam] **11**, 534—41, 1963; Bristol, Univ. Dep. of Chem.; engl.) — 7. vgl. gl. J. **11**, [1963], 383; 6. vgl. C. **1963**, 20328. — Vff. beschreiben die Darst. von Na-Trimeta-

phosphimat (I) u. dessen Hydrolyse-Prodd. Na-Diimidotrimetaphosphat (II) u. Na-Monoimidotrimetaphosphat (III), sowie die Kinetik der Hydrolyse dieser Verbb. in saurer Lsg. (pH = 3,62, Temp. = 52 u. 65°). I wird aus $(PNCl_2)_3$ u. NaOH in Dioxan–W. erhalten, II wird als Hydrolyse-Prod. von I mittels Anionenaustauschersäule isoliert, während III aus I durch Behandlung mit Wasser–Eisessig, Fällung mit A. u. Reinigung durch Anionenaustausch dargestellt wird. Die unter Anwendung der Anionenaustauscherchromatographie durchgeführten kinet. Unterss. haben ergeben, daß die hydrolyt. Beständigkeit mit der Anzahl der durch O ersetzten –NH–-Gruppen, also in der Reihenfolge I < II < III < Trimetaphosphat zunimmt. (Rk.-Geschw.-Konst. 1. Ordnung bei 65° in min^{-1}: I 8,91 · 10^{-3}, II 1,02 · 10^{-3}, III 2,30 · 10^{-5}. Aktivierungsenergien in kcal/Mol: I 19,5, II 20,95, III 22,5, Trimetaphosphat 24,0).
W. Feldmann 225◇

0532 **Abhängigkeit der Stabilität einiger sauerstoffhaltiger anorganischer Verbindungen vom pH-Wert des Mediums.** P. A. Epik und A. I. Orotschko. (J. anorg. Chem. [UdSSR] **3**, 1855—64, 1958; Kiew, Polytechn. Inst.; russ.) — Die Beständigkeit von 0,1 n (iodometr. Äquivalente) wss. Lsgg. von *$KMnO_4$*, *KJO_3*, *$K_2Cr_2O_7$*, *$KClO_3$*, *$KBrO_3$*, *NaClO* u. *$NaClO_2$* in Ggw. von H_2SO_4 verschiedener Konz. wurde bei Zimmertemp. u. bei Siedetemp. durch Analyse der entstandenen Red.-Prodd. untersucht. Kurven der Zeitabhängigkeit u. pH-Abhängigkeit der Zers. sind wiedergegeben. Im allg. nimmt die Zers.-Geschw. mit steigender H_2SO_4-Konz. zu, bei $KMnO_4$ erreicht sie ein Maximum bei Ggw. von etwa 23 n H_2SO_4 u. ein Minimum bei etwa 30 n Säure. Die Zers.-Geschw. sind bei Zimmertemp. im allg. klein. Die Beständigkeit der Oxoanionen nimmt in der oben angegebenen Reihenfolge ab (mit Ausnahme von MnO_4^-, das wegen seines komplexeren Verhaltens nicht einzuordnen ist). Die unterschiedliche Beständigkeit kann durch Kochen der Lsgg. unter Änderung des pH-Wertes zur Analyse von Gemischen der Oxoanionen verwendet werden, z. B. bei Gemischen von JO_3^-, BrO_3^- u. ClO^- (ClO_2^-); ClO_3^-, BrO_3^- u. ClO^- (ClO_2^-); $Cr_2O_7^{2-}$, BrO_3^- u. ClO^- (ClO_2^-). Die beobachtete Reihenfolge der Beständigkeit der Halogenationen wird an Hand der thermodynam. Daten dieser Verbb. u. der Ionenradien der Halogene gedeutet. Bei allen in saurem Medium schneller u. scheinbar pH-unabhängig verlaufenden Redd. von Oxoanionen sind H^+-Ionen wahrscheinlich sowohl thermodynam. als auch katalyt. wirksam. G. Winkhaus 225◇

0533 **Kinetische Untersuchung der Reduktion von Vanadin(V)-cupferronat durch Chloroform.** P. Crowther und D. M. Kemp. (Analytica chim. Acta [Amsterdam] **29**, 97—102, 1963; Pelindaba, Südafrikan. Republik, Atomic Energy Board, Chem. Div.; engl.) — Extrahiert man den durch Zusatz von Na-Cupferronat zu einer Lsg. von V(V) in HCl in Form eines roten Nd. erhaltenen V-Komplex mit Chlf., so beobachtet man ein allmähliches Verblassen der roten Farbe, das auf die Red. von V(V) durch Chlf. zurückzuführen ist. Durch spektrophotometr. Meth. wurde die Red. kinet. untersucht. Die Geschw.-Konst. der Rk. 1. Ordnung wurde bei 20° zu k_A = 9,154 · 10^{-2}, die Aktivierungsenergie zu 11,45 kcal/Mol bestimmt. Es zeigte sich, daß die Farbänderung nur z. T. auf einer Red. des V(V) zu V(IV) beruht; daneben nehmen Vff. den Ablauf einer noch nicht aufgeklärten Rk. an.
Gerhard Schulze 225◇

0534 **Spektrophotometrische Untersuchung der Reaktion zwischen Acetylacetonatochrom(III) und Aluminiumtriäthyl.** Guido Sartori, Elena Cervone, Anita Furlani und Ines Collamati. (Ric. sci., Parte II, Sez. A [2] **2**, 385—97, 1962; Roma, Univ., Ist. di Chim. Gen.; ital.) — Vff. untersuchten spektrophotometr. im UV die Rk. zwischen Acetylacetonatochrom(III) (I) u. Aluminiumtriäthyl (II) in Bzl.-Lsg. bei Al/Cr-Verhältnissen zwischen 1 u. 100, verschiedener Konzz. der Komponenten u. verschiedenen Rk.-Dauern. Bei Al/Cr-Verhältnissen zwischen 1 u. 3 wird im UV das Absorptionsmaximum des I bei 335 nm schwächer, ohne jedoch ganz zu verschwinden. Gleichzeitig entwickelt sich ein Maximum bei 290 nm, das charakterist. für das erste Rk.-Prod. ist. Bei dieser Konz. enthält das Rk.-Prod. Al u. Cr im Molverhältnis 3:1, wobei das Zentralatom zur Oxydationszahl Null red. wird u. 3 II-Reste an 3 O-Atome der Acetylacetonatgruppen koordiniert sind. Bei weiterer Erhöhung des Verhältnisses Al/Cr ist aus den Spektralkurven das Auftreten eines zweiten Rk.-Prod. ersichtlich, in dem wahrscheinlich 6 II-Moll. pro Cr gebunden sind, wobei die 3 weiteren II-Moll. eine koordinative Bindung zu den restlichen O-Atomen der Acetylacetonatogruppe bilden sollten. Bei dem dritten Verb.-Typ, der bei noch weiterer Erhöhung des Verhältnisses Al/Cr auftritt, findet eine zusätzliche labile Anlagerung weiterer II-Moll. an die vorher gebildeten Additionsprodd. statt. Dieselben Beobachtungen wurden bei der Rk. zwischen *Acetylacenatoaluminium(III)* u. II gemacht.
C. Gottfried 225△

0535 **Kinetik der Oxydation von Eisen(II)-Salzen in wäßrigen Lösungen durch Sauerstoff unter dynamischen Bedingungen.** 2. Mitt. **Einfluß der Temperatur auf die Oxydationskinetik von Eisen(II)-sulfat.** B. Matzejewski und L. Lepin. (Nachr. Akad. Wiss. LettSSR **1960,** Nr. 10, 91—94; russ., Auszug: lett.) — 1. vgl. C. **1963,** 5378. — Die Oxydations-Rk. von $FeSO_4$ wurde in 2 Vers.-Reihen bei 20, 30, 40, 50 u. 60° untersucht: 1. in 1 m $FeSO_4$-Lsg., 2. in einer Lsg., die zusätzlich 1 Mol H_2SO_4 enthielt. Die Menge des bei der Oxydation verbrauchten O_2 wurde über der Zeit aufgetragen, es ergibt sich eine Geschw.-Konst. scheinbar 2. Ordnung, die für die verschiedenen Temp. bestimmt wird. Die scheinbare Aktivierungsenergie wird berechnet u. beträgt 19,8 kcal/Mol für Rk. 1 u. 18,0 kcal/Mol für Rk. 2. Der mittlere Temp.-Koeff. beträgt entsprechend 2,7 bzw. 2,5. Der verlangsamende Einfl. des H_2SO_4 auf die Rk.-Geschw. nimmt mit steigender Temp. zu. G. Engelhardt 225□

0536 **Kinetik der Oxydation von Eisen(II)-Salzen in wäßrigen Lösungen durch Sauerstoff unter dynamischen Bedingungen.** 3. Mitt. **Oxydation von Eisen(II)-chlorid.** B. Matzejewski, A. Wlassowa und L. Lepin. (Nachr. Akad. Wiss. LettSSR **1960,** Nr. 12, 85—89; russ., Auszug: engl.) — 2. vgl. vorst. Ref.; 4. vgl. C. **1963,** 6506. — Vff. untersuchen die Rk.-Ordnung der $FeCl_2$-Oxydation sowie den Einfl. der Temp. u. von KCl auf die Rk.-Kinetik. Die Rk. wurde durch Messung des absorbierten Sauerstoffs verfolgt (vgl. 1. Mitt., C. **1963,** 5378), die Rk.-Geschw. läßt sich durch eine Gleichung scheinbar 2. Ordnung beschreiben. Zusatz von KCl erhöht die Rk.-Geschwindigkeit. Die scheinbare Aktivierungsenergie beträgt 17,2 kcal/mol. Als Ergebnis der Unterss. läßt sich feststellen, daß das Fe-Ion mit Sauerstoff in Form von Aquo-, Hydroxo- u. Acido-Komplexes reagiert.
G. Engelhardt 225□

0537 **Nucleophile Substitution an einem oktaedrisch koordinierten Metallatom.** 2. Mitt. **Die basische Hydrolyse von cis- und trans-Isothiocyanatonitro-bis-[äthylendiamin]-kobalt(III)-Salzen.** A. Rogers und P. J. Staples. (J. chem. Soc. [London] **1963,** 4749—53; Bradford, Yorks., Bradford Inst. of Technol, Dep. of Chem. Technol.; engl.) — 1. vgl. Staples, gl. J. **1963,** 3226. — Die Hydrolyse von cis- u. trans-$[CoNO_2(NCS)en_2]^+$ (I) zu cis- u. trans-$[Co(OH)_2en_2]^+$ (II) wurde in alkal. Lsg. bei 25,0, 35,0 u. 45,1° untersucht. Sie ist 1. Ordnung bzgl. [I]. Die Parameter der Temp.-Abhängigkeit nach $k = A \cdot \exp(-E/RT)$ wurden zu E_{cis} = 30,2, E_{trans} 31,9 kcal/Mol, log A_{cis} = 18,73 u. log A_{trans} = 20,04 bestimmt. Durch Best. des freigesetzten NCS^- mit Ag^+ wurde festgestellt, daß zuerst die NCS-Gruppe u. dann die NO_2-Gruppe substituiert wird. trans-I gibt 85—90% trans-$[CoNO_2(OH)en_2]^+$, cis-I 45—55% der entsprechenden cis-Verbindung. Die Hydrolyse-Konst. (35°) des NO_2^- von I (Konkurrenz-Rk.) wurde zu $10^4 \cdot K_s$ = 14,8 (cis) u. 2,0 (trans), die der Isothiocyanatohydroxo-Verbb. zu 160 (trans) u. 4,33 (cis), die der Nitrohydroxo-Verbb. zu 2,45 (cis) u. 0,346 (trans) Liter/Mol · s bestimmt. Eine Umlagerung der Salze war bei pH 11 nicht zu beobachten. H. Bürger 225◇

0538 **Untersuchung der Reaktion einer Metallkomplexverbindung.** 1. Mitt. **Die oxydative Decarboxylierung von Phenylessigsäure und Zimtsäure.** Koichiro Shinra, Kenichi Sakurai und Katsuhiko Kikuchi. (Sci.

Rep., Coll. gen. Educat., Osaka Univ. **11**, 9—12, 1962; Osaka Univ., Coll. of Gen. Educat., Inst. of Chem.; engl.) — Das Haupt-Prod. bei der Oxydation von Phenylessigsäure mit $K_2S_2O_8$ in wss. Lsg. ist in Ggw. von Ag^+ Diphenyläthan u. in Ggw. von Cu^{2+} u. Fe^{3+} Benzaldehyd. Bei der Oxydation von Zimtsäure in Ggw. von Cu^{2+} entsteht in alkal. Lsg. Benzaldehyd, in saurer Lsg. vermutlich Phenylglyoxal bzw. sein Monohydrat. Als Zwischen-Prodd. werden Cu-Chelate formuliert.
G. Heller 225◇

0539 **Die Oberflächenoxydation von Holzkohle bei gewöhnlichen Temperaturen.** Balwant Rai Puri. (Proc. Vth Conf. Carbon, University Park, Pa. **1**, 165—70, 1962; Chandigarh, Panjab Univ., Dep. of Chem.; engl.) — Es wurden die Oberflächen-Rkk. von nichtentgaster u. entgaster Zucker- u. Kokosnußschalen-Kohle mit O_2 u. wss. Lsgg. oxydierender Substanzen wie $K_2S_2O_8$, $KBrO_3$, KJO_4, KNO_3 u. Bromwasser untersucht. Ein Teil des O_2 wird als CO_2 durch die Holzkohle chemisorbiert. Einige Proben liefern CO_2-Komplexe, die sich nicht gegen Alkalien titrieren lassen. D. Noack 225◇

0540 **Die Verbrennung von Titan und Zirkonium.** P. L. Harrison. (VIIth Sympos. [int.] Combust., London and Oxford **1958**, 913—18, 1959; engl.) — Unterss. der Verbrennungsvorgänge an Ti- bzw. Zr-Drähten in Gasgemischen mit verschiedenen O_2-Geh. zeigen, daß die Verbrennung ohne wesentliche Verdampfung des Metalls an seiner geschmolzenen Oberfläche abläuft. Andere, die Verbrennung bestimmende Faktoren sind die FF. der Oxide u. die Wärmetransportbedingungen. Einige Gleichungen für die Einzelvorgänge werden angeführt.
H. Roschkowski 225◇

0541 **Oxydation von Magnesiowüstit-Einkristallen.** 1. Mitt. **Optische und kinetische Daten.** W. L. Schaefer und G. W. Brindley. (J. Physics Chem. Solids **24**, 919—25, 2 Tafeln, 1963; University Park, Pa., Pennsylvania State Univ., Coll. of Mineral Ind.; engl.) — Einkristalle von *Magnesiowüstit* (**I**) werden durch Glühen von in FeO bzw. Fe eingebetteten MgO-Einkristallen bei 1250° in CO–CO_2-Gemischen (Verhältnis 1:4) hergestellt u. nach mechan. Polieren bei Temp. zwischen 1200 u. 1400° homogenisiert. Die **I**-Kristalle sind nach röntgenograph. Unterss. homogen u. enthalten 20, 36 bzw. 67 Kation-% Fe. Die Proben werden 0,33 bis 13 Std. lang bei 800—1200° an Luft oxydiert u. mikrograph. mit reflektiertem Licht sowie röntgenograph. untersucht. Die Oxydation von **I** mit 20 u. 36% Fe erfolgt über Oberflächenoxydation durch extern gebundene O-Ionen u. über innere Oxydation, bei der innerhalb der Struktur das Verhältnis Kation/Anion geändert wird. Die an der Oberfläche gebildete Schicht von *Magnesioferrit* (**II**) wächst mit konst. Geschw. u. einer Aktivierungsenergie E_a von ca. 30 kcal/Mol. Die konst. Rk.-Geschw. wird der Bldg. von Mikrorissen zugeschrieben. An **I** mit 67% Fe wird die Bldg. einer oxydierten Schicht beobachtet, die mit $t^{1/2}$ (t = Zeit) wächst. Offenbar wird die Rk.-Geschw. durch Diffusion von O-Ionen durch die **II**-Schicht bestimmt; E_a beträgt 18 kcal/Mol. Der Wert von E_a u. die parabol. t-Abhängigkeit stimmt mit Daten für die Oxydation Wüstit → Magnetit überein. Herbert Müller 225◇

0542 **Kinetik der Gasborierung von Nickel.** M. L. Rutkowski, N. A. Anufrijewa, O. M. Kopjewa, N. W. Potapowa und I. W. Kasakow. (Metallphysik u. Metallkunde [UdSSR] **12**, 217—22, 1961; russ.) — Aus dem Zustandsdiagramm des Syst. Ni–B sind im Bereich von 75—95 Gew.-% Ni die Phasen Ni_3B, NiB, Ni_3B_2 u. Ni_2B bekannt. Vff. untersuchen den Prozeß der Borierung von Ni mit Hilfe von gasförmigem BCl_3 im Gemisch mit H_2 (1:4) bei Temp. von 900° u. bestimmen die Einfl. von Rk.-Dauer, Mischungsverhältnis u. Gemischdurchsatz. Die an der Ni-Oberfläche nach kurzzeitigem Erhitzen (5—10 Std.) gebildeten Boridfilme von ~ 0,8 mm Dicke bestehen aus 3 verschiedenen Schichten, die sich durch eine Mikrohärte von jeweils 1700, 1500 u. 1150 kg/mm^2 auszeichnen u. den Phasen NiB, Ni_3B_2 u. Ni_2B entsprechen. Die Stärke der Boridschicht ist linear von der Zeit abhängig. Bldg. von $NiCl_2$ wird nicht beobachtet. Der die Borierung bei 900° bestimmende Prozeß ist die Diffusion des borierenden Gemischs an die Probenoberfläche. W.-D. Heußner 225◇

0543 **Über die Ursachen linearer Abhängigkeit zwischen den Schichtstärken und der Zeit bei der Borierung des Nickels.** M. L. Rutkowski, N. A. Anufrijewa, O. M. Kopjewa und N. W. Potapowa. (Metallphysik u. Metallkunde [UdSSR] **12**, 292—94, Aug. 1961; russ.) — Vgl. vorst. Referat. — Allg. läßt sich die Kurve der Geschw. eines Diffusionsprozesses bei parabol. Abhängigkeit durch $y^2 = f \cdot \tau$ wiedergeben. Wenn der an der Oberfläche gebildete Film mechan. Defekte zeigt, an welchen bevorzugte Diffusion stattfindet, kann eine lineare Abhängigkeit zwischen Schichtstärke u. der Zeitdauer möglich sein. Vff. vergleichen die Boridfilmstrukturen auf Ni u. Co durch elektrolyt. Anätzen in CH_3COOH–HNO_3–H_2O-Gemischen bei Ni u. chem. Anätzen mit $CuCl_2$ in Königswasser. Die Borierungs-Geschw. (BG) von Co ist parabol. u. die des Ni linear abhängig von der Zeit. Wird der Einfl. der Temp. auf die BG beim Ni bestimmt, so läßt sich bei Temp. oberhalb 900° ein größerer Temp.-Koeff. der BG als erwartet feststellen, der einer exponentiellen Abhängigkeit des Diffusions-Koeff. von der Temp. entspricht. Bei Temp. um 1000° wurde die Bldg. eines Eutektikums der Zus. NiB–Ni_3B_2 (F. 990°) beobachtet. Bei dem exothermen Charakter der Borid-Bldg. auf Ni ist die damit verbundene lineare Abhängigkeit zwischen Schichtstärke des Boridfilmes u. der Rk.-Dauer am F. des Eutektikums dadurch zu erklären, daß auf der Probenoberfläche Stellen mit unterschiedlichen Konzz. zu lokalen Temp.-Erhöhungen in der Probe u. damit zur Bldg. des Eutektikums führen. Der Diffusions-Koeff. wird an diesen Stellen augenblicklich u. damit im allg. rasch vergrößert. Der Kurvencharakter wird so in eine lineare Abhängigkeit für Schichtstärke u. Rk.-Dauer verändert. Im Fall der Borierung von Co wird eine parabol. Abhängigkeit dadurch bestimmt, daß die Bldg.-Temp. des entsprechenden Eutektikums im Syst. Co–B (F. 1150°) die Borierungs-Temp. von 900° weit mehr übersteigt als im Syst. Ni–B. W.-D. Heußner 225◇

0544 **Über die Kinetik der Reduktion von Bleiferrit durch Kohlenoxid.** D. M. Tschishikow und T. Je. Konyschkowa. (Ber. Akad. Wiss. UdSSR **142**, 1346 bis 1349, 1962; Baikow-Inst. für Metallurg. der Akad. der Wiss. der UdSSR; russ.) — Unter Drücken von 50 bis 200 mm CO bei Temp. von 300—700° bestimmen Vff. die Zus. erhaltener Phasen, deren Red.-Grad je nach den Bedingungen 11—75% betragen kann. Die Aktivierungsenergie bestimmt sich für diese Rk. zu 15—16 kcal/Mol (300—400°) u. 5—6 kcal/Mol (400—700°). Der Einfl. des CO-Partialdruckes auf die Red.-Kinetik für $PbFe_2O_4$ läßt sich in der Phasenzus. gut erkennen, wo neben primär entstandenem Pb u. Fe_3O_4 auch Fe oder FeO als Folgeprodd. in Abhängigkeit von der Temp. nachgewiesen wurden. W.-D. Heußner 225□

0545 **Hochtemperaturverhalten von Wismutoxidchlorid.** O. Antonsen und H. G. Plust. (Nature [London] **198**, 582—83, 1963; Baden, Switzerland, Brown, Boveri & Co., Ltd., Phys. Labor.; engl.) — Aus dem Verh. von BiOCl bei Erhitzen im H_2- u. N_2-Strom (400—900°) ermitteln Vff. den Rk.-Ablauf $BiOCl + (2-x)/2\ H_2 \rightarrow (2+x)/3\ Bi + H_2O + (1-x)/3\ BiCl_3 + x HCl$ als Rk. 1. Ordnung mit $k = 3{,}61 \cdot 10^{-5}$ (400°), $2{,}37 \cdot 10^{-4}$ (500°) bzw. $7{,}98 \cdot 10^{-4}\ s^{-1}$ (600°), wobei x mit steigender Temp. geringer wird [$-0{,}78$ (400°), $-0{,}58$ (500°), $-0{,}35$ (600°)]. Gleichzeitig gewinnt die Rk. $3\ BiOCl \rightarrow Bi_2O_3 + BiCl_3$ an Einfluß. Bei 700—900° red. Bi ist spektralrein.
F. M. Friedrich-Anderseck 225◇

0546 **Über die Temperaturabhängigkeit der Geschwindigkeit der polymorphen Umwandlungen von Ammoniumnitrat.** G. W. Ssakowitsch. (J. physik. Chem. [UdSSR] **33**, 636—41, 1959; Tomsk, Kuibyschew-Univ.; russ., Auszug: engl.) — Für die Temp.-Abhängigkeit der Umwandlungs-Geschw.-Konst. $NH_4NO_3\ IV \rightleftharpoons NH_4NO_3\ III$ bzw. $NH_4NO_3\ III \rightleftharpoons NH_4NO_3\ II$ wurden die Gleichungen $K = B \cdot \exp\ [-E/R(T - T_U)]$ bzw. $K = B \cdot \exp.\ [-E/R(T_U - T)]$ (T_U Umwandlungs-Temp.) vorgeschlagen. Die Umwandlungs-Geschw. der Hochtemp.-

Modifikation in die Niedertemp.-Modifikation bei $T \geqq T_U$ ist gleich Null, aber bei $T < T_U$ nimmt sie bestimmte Zahlenwerte an, die mit steigender Versuchstemp. wachsen. Die Analyse der Vers.-Ergebnisse zeigt eine Übereinstimmung der vorgeschlagenen Gleichungen mit dem Experiment. Die Anwendung der zweiten Gleichung wird begrenzt durch das Gebiet der Temp., die an die Umwandlungs-Temp. grenzen. H. Matern 225□

0547 **Thermographische und röntgenographische Untersuchungen des Dehydratisierungsprozesses und des thermischen Zerfalls eines basischen Magnesiumcarbonats.** Const. Gh. Macarovici und Dan Macarovici. (Studii Cercetări Chim. [Cluj] **11,** 281–87, 1960; Cluj, Acad. R.P.R., Inst. de chim.; rum.) — Die chem. Analyse ergibt für das bas. Mg-Carbonat die Zus. $5MgO \cdot 4CO_2 \cdot 5H_2O$ (**I**). Die röntgenograph. Unters. weist auf eine Mischung von Verbb. mit der Struktur von **I** u. von $MgCO_3 \cdot 3H_2O$ (**II**) hin. Die thermograph. Kurve stellt nur einen ununterbrochenen Gew.-Verlust bis 520° fest. Die Kurve der DTA ist ident. mit der von $(MgCO_3)_4 \cdot Mg(OH)_2 \cdot 5H_2O$. Die röntgenograph. Analyse bei 320 bis 520° beweist eine ständige Umwandlung der Kristallstrukturen von **I** u. **II** in die des MgO, die bei Temp. > 470° auftritt. J. Lehmberg 225◇

0548 **Kinetik der Zersetzung des Silber(II)-oxids.** Blahoslav Stehlík. (Chem. Zvesti **15,** 469–73, 1961; Brno, Univ., Kat. teor. a fys. chem.; slowak.) — Die Zers.-Geschw. des AgO zu Ag_2O wächst zuerst nach einer Potenzbeziehung an, später sinkt sie entsprechend einer Rk. 1. Ordnung. Es wurden folgende Geschw.-Konst. bestimmt: bei 153° 0,029 min^{-1}, bei 164° 0,073 min^{-1}; Aktivierungsenergie 31 kcal/Mol. E. Kisà 225

0549 **Kinetik der Zersetzung des Silber(III)-oxids.** Blahoslav Stehlík. (Chem. Zvesti **15,** 474–78, 1961; slowak.) — Vgl. vorst. Referat. — Ag_2O_3 zersetzt sich im trockenen Zustand zu Ag_2O, anfangs unregelmäßig u. sehr rasch, später aber mit einer Rk.-Geschw. 1. Ordnung. Die Aktivierungsenergie beträgt 22 kcal/Mol. In W. u in KOH-Lsg. zersetzt sich Ag_2O_3 zu AgO mit einer Rk.-Geschw. 1. Ordnung (vom pH-Wert unabhängig) u. zwar mit derselben Aktivierungsenergie. Die Bldg. von AgO erklärt Vf. durch Ionenreaktion. E. Kisà 225

0550 **Untersuchung der Kinetik der thermischen Zersetzung von festen Stoffen.** 2. Mitt. **Thermische Zersetzung von Silbercarbonat.** O. Kadlec und M. M. Dubinin. (Nachr. Akad. Wiss. UdSSR, Abt. chem. Wiss. **1961,** 390–96; Praha, ČSAV, Úst. fys. Chem.; russ.) — 1. vgl. gl. J. **1958,** 1031. — In einem an einer Glasspirale aufgehängten Schälchen wird eine Probe von Ag_2CO_3 auf die Unters.-Temp. gebracht. Über eine Falle besteht Verb. mit akt. Kohle, die in einem Schälchen an einer Glasspirale 3facher Empfindlichkeit hängt. Mit dieser App. wird die Kinetik der therm. Zers. von Ag_2CO_3 bei 280–340° verfolgt. Je nach der Herst. werden 2 im therm. Verh. verschiedene, chem. u. kristallograph. aber gleiche Typen von Ag_2CO_3 festgestellt. Durch Fällung von $AgNO_3$-Lsg. mit $Na_2CO_3(NaHCO_3)$-Lsg. von 0,005 bis 1,0 m (0,015–1,0 m) Konz. erhaltenes Ag_2CO_3 zersetzt sich bei höheren Temp. als aus stärker verd. Lsgg. erhaltenes, dessen Zers. schon bei < 200° beginnt u. bei 167–270° untersucht wird. Es wird angenommen, daß der zweite Typ größere Defekte der Kristallstruktur aufweist. R. K. Müller 225□

0551 **Zum thermischen Zerfall von Silberoxalat.** D. Trandafelow. (J. angew. Chem. [UdSSR] **31,** 198 bis 203, 1958; Sofia, Univ.; russ.) — Therm. Zers.-Prozesse in Syst. Kristall–Kristall–Gas werden in Gleichgew.- u. Nichtgleichgew.-Prozesse unterteilt. Bei einem Gleichgew.-Vorgang verlangsamt sich die Geschw. mit der Zeit, u. der Prozeß geht nicht durch ein Maximum. — Nach Unters. der Zers. von Ag-Oxalat (**I**) weisen die Zerfallskurven Maxima auf. Die Zers.-Geschw. zeigt Unterschiede hinsichtlich der Herst.-Art der Proben; **I,** das durch Fällen von $AgNO_3$ mit $Na_2C_2O_4$ gewonnen wurde, zersetzt sich bei 120° rasch, bei 135° explosionsartig, während bei Fällung mit $H_2C_2O_4$ die Zers. erheblich langsamer erfolgte. Obgleich die allg. Zus. der Präpp. die gleiche war, enthielten sie jedoch geringe Mengen absorbierter Na^+- bzw. H^+-Ionen, die durch Diffusion gegeneinander ausgetauscht werden konnten. Die Zers.-Geschw. stieg etwa proportional dem Geh. an absorbierten Na^+-Ionen. A. v. Wilpert 225□

0552 **Thermogravimetrische Untersuchungen.** 4. Mitt. **Thermische Stabilität einiger Anthranilate zweiwertiger Metalle.** Paavo Lumme. (Suomen Kemistilehti B **32,** 253–55, 1959; Helsinki, Univ., Dep. of Preliminary Chem.; engl.) — 3. vgl. C. **1962,** 10765. — Die therm. Stabilität von $Me^{II}X_2$ (X_2 = *Anthranilat*) mit Me^{II} = *Zn* [344° (Beginn der Zers.)], *Ni* (335°), *Cd* (332°), *Co* (332°), *Cu* (283°) u. *Pb* (260°) nimmt in obiger Reihenfolge ab, während die Temp., bei denen das Metalloxidniveau erreicht wird, gemäß Cd (497°) < Ni < Zn < Co < Cu < Pb (592°) zunehmen. Die Thermolysekurven werden mitgeteilt. A. Grohmann 225◇

0553 **Thermogravimetrische Untersuchungen.** 5. Mitt. **Thermische Stabilität von Salicylaldoximaten einiger zweiwertiger Metalle.** Paavo Lumme. (Suomen Kemistilehti B **32,** 261–65, 1959; engl.) — 4. vgl. vorst. Referat. — Die therm. Stabilität von $Me^{II}X_2$ (X = *Salicylaldoximat*) mit Me^{II} = *Ni* [259° (Beginn der Zers.)], *Cd* (230°), *Cu* (229°), *Pb* (157°), *Zn* (148°) u. *Co* (40°), nimmt in obiger Reihenfolge ab, wogegen die Temp., bei denen das Oxidniveau erreicht wird, gemäß Ni (475°) < Cd < Co < Zn < Cu < Pb (565°) zunehmen. Die Thermolysekurven werden mitgeteilt u. mit denen der früheren Unterss. (l. c.) verglichen. A. Grohmann 225◇

0554 **Kernphysikalische Chemie.** T. Gäumann. (Chem. Ind. [Solothurn] Jahrb. **1962/63,** 54–56; dt.) — Kurze Übersicht über physikal.-chem. Aspekte der Strahlungschemie u. der Komplikationen bei der Unters. der Kinetik von radiolyt. Spaltungsreaktionen. — 4 Literaturangaben. E. Klever 226◇

0555 **Daten zur Rekombination von Radikalen aus verschiedenen Reaktionsbahnen bei der Radiolyse und homogenen Katalyse.** 3. Mitt. **Bereiche der Konzentration und der Intensität der Bestrahlung, in denen das vereinfachte Radiolysemodell anwendbar ist.** W. M. Bjakow und B. W. Erschler. (J. physik. Chem. [UdSSR] **37,** 2016 bis 2021, 1963; russ., Auszug: engl.) — 2. vgl. gl. J. **36,** [1962], 1597. — Die nach $I^{1/2}$ (I = Bestrahlungsintensität) verlaufenden Beziehungen bei der Radiolyse gewisser Lsgg. deuten auf die Rekombination auf verschiedenem Wege entstehender akt. Teilchen (Radikale). Eine Betrachtung ihrer Wechselwrkg. zeigt, daß ihre Konz. innerhalb der Lsg. über einen großen Bereich von Acceptoren-Konzz. u. I-Werten konst. ist. Die Konz. der Radikale ist in einem sehr kleinen, von Rk.-Sporen besetzten Teil der Lsg. um einige Größenordnungen höher. Berechnungen auf Grund dieser Annahmen zeigen, daß die Radiolyse wss. Lsgg. durch harte γ-Strahlen u. schnelle Elektronen quant. mit Hilfe eines vereinfachten Modells beschrieben werden kann, nach dem Radikale u. mol. Prodd. mit konst. Ausbeute im Gesamt-Vol. der Lsg. erzeugt werden. Die akt. Teilchen derartiger Lsgg. sind auf Grund der $I^{1/2}$-Beziehung eher Radikale als angeregte Wassermoleküle. H. Roschkowski 226◇

0556 **Rekombination und Beweglichkeit der durch radioaktive Strahlung erzeugten Ionisierung in flüssigem Wasserstoff.** N. Zessoules, J. Brinkerhoff und A. Thomas. (J. appl. Physics **34,** 2010–14, 1963; Waltham, Mass., Tracerlab, A Div. of Labor. for Electronics, Inc.; engl.) — Es wird die Entw. der Geräte u. Meth. beschrieben, mit denen die Ionisation in einem Strom fl. Wasserstoffs gemessen wird. Die Rekombinationsrate ist dem Quadrat der Ionendichte, die Ionengeschw. ist dem angelegten Feld proportional. Die Werte für den Rekombinations-Koeff. α u. die Ionenbeweglichkeit μ können aus denen für Gas unter atmosphär. Druck extrapoliert werden. Beide Werte erfüllen das Langevin-Kriterium $\alpha \leqq 8\pi e\mu$; es wurde $\alpha \sim 4\pi e\mu$ gefunden. Ferner wurde der Bruchteil ε der volumetr. Ionisationsrate bestimmt, der die gemessene Rekombination u. die Ionenströme verursacht. Die gefundenen Werte sind: $\alpha = 1{,}12 \cdot 10^{-8}$ cm^3/Ionenpaar · s, $\mu = 8{,}45 \cdot 10^{-3}$ cm^2/V · s u. $\varepsilon = 1{,}7 \cdot 10^{-4}$. S. Krause 226◇

0557 **Wirkung der γ-Strahlung auf wäßrige Ammoniak- und Natriumnitratlösungen.** W. A. Scharpaty, A. A. Sanssochowa und W. D. Orechow. (J. physik. Chem. [UdSSR] **32**, 1686—87, 1958; Moskau, Karpow-Inst. für Physikal. Chem.; russ.) — Vff. untersuchen den Oxydationsmechanismus von NH_3 in wss. Lsg. bei Bestrahlung mit γ-Strahlen in Abhängigkeit vom pH-Wert in Ggw. von NO_3^- u. bei Sättigung mit O_2, N_2 oder Argon. Die Oxydation von NH_3 ist auf die Wechselwrkg. mit OH-Radikalen (die durch Radiolyse des H_2O entstehen) zurückzuführen. Das vorhandene mol. O_2 fungiert lediglich als Acceptor für H-Atome. Für die Oxydation von NH_3 wird folgende Summenformel angegeben: $9\,OH + 1{,}5\,NH_3 + 1{,}5\,OH^- = 1{,}5\,NO_2^- + 7{,}5\,H_2O$.
G. Rudakoff 226□

0558 **Die Strahlenchemie von Stickstoffmonoxidlösungen.** W. A. Seddon und H. C. Sutton. (Trans. Faraday Soc. **59**, 2323—33, 1963; Edinburgh, Univ., Natural Phil. Dep.; engl.) — Die durch geringe Dosen von γ-Strahlen ($3 \cdot 10^{17}$ eV/Liter · s aus ^{60}Co; 30 Curie) an wss. Lsgg. von NO bewirkten chem. Effekte können durch die Gleichungen $H_2O + 4\,NO \rightarrow 2\,HNO_2 + N_2O$; $2\,H_2O \rightarrow H_2 + H_2O_2$ ausgedrückt werden. Bei pH 4,5 werden folgende G-Werte gefunden: G(HNO_2) 6,1; G(N_2O) 3,2; G(H_2O_2) 0,55; G(H_2) 0,38; G(— NO) 12,3. Auf Grund dieser Beobachtungen wird ein Rk.-Mechanismus mit den Zwischenprodd. e_{aq}^-, H, OH u. HNO vorgeschlagen. Aus Unterss. über den hemmenden Einfl. des NO_2^--Ions ergibt sich das Geschw.-Verhältnis $k(e_{aq}^- + NO)/k(e_{aq}^- + NO_2^-)$ zu ca. 4,7, d. h. O_2 u. NO reagieren mit annähernd gleicher Geschw. mit e_{aq}^-. N_2O hat nur geringen Einfl. auf die Rk., d. h., es reagiert nur sehr langsam mit e_{aq}^-.
M. Schenk 226◇

0559 **Strahlungsumwandlung eines Gemisches von Fe^{2+}- und Fe^{3+}-Ionen in sauren, unter Druck mit Wasserstoff gesättigten Lösungen.** W. N. Schubin und P. I. Dolin. (Ber. Akad. Wiss. UdSSR **138**, 169—72, 1961; russ.) — Untersucht wird der G-Wert der Oxydation von Fe^{2+} zu Fe^{3+} bei verschiedenen Geh. an Fe^{3+}, Fe^{2+} u. H_2 unter den Anfangsbedingungen in 0,8 n H_2SO_4-Lsg. unter der Wrkg. von ^{60}Co-γ-Strahlung. Bei $p(H_2) = 100$ atm beträgt der G-Wert für 10^{-3} Mol/Liter Fe^{3+}-Lsgg. + 5,8; für $8{,}6 \cdot 10^{-1}$ Mol/Liter Fe^{3+} — 5,8. Für $8{,}6 \cdot 10^{-3}$ Mol/Liter Fe^{3+}-Lsgg. beträgt der G-Wert bei $p(H_2) = 100$ atm — 1,05, bei 10 atm + 0,85 u. bei 1 atm + 2,9. Sinkende Fe^{2+}-Konz. unter den Anfangsbedingungen erniedrigt den G-Wert nur wenig. Es wird darauf hingewiesen, daß die Ergebnisse in H_2SO_4-Lsgg. wegen erfolgender Komplexbldg. nicht allg. auf andere Säuren übertragbar sind, da bei Komplexbldg. die effektive Fe^{3+}-Konz. geringer ist.
G. Pretzschner 226□

0560 **Die Bedeutung freier Radikale bei der Photooxydation von Fe^{2+}-Ionen in sauren Hexacyanoferrat(II)-Lösungen.** R. P. Mitra, D. V. S. Jain, A. K. Bannerjee und K. V. Raghavachari. (Nature [London] **200**, 163—64, 1963; Delhi, Univ., Phys. Chem. Labor.; engl.) — Mit UV-Licht bestrahlte neutrale $K_4[Fe(CN)_6]$-Lsgg. reagieren alkal., saure Lsgg. verfärben sich blau (Bldg. von Berliner Blau). Drei Gleichgew.-Rkk. stellen sich vor der Bestrahlung ein: $H_4[Fe(CN)_6] \leftrightharpoons 4\,H^+ + [Fe(CN)_6]^{4-}$; $[Fe(CN)_6]^{4-} \leftrightharpoons Fe^{2+} + 6\,CN^-$ u. $CN^- + H^+ \leftrightharpoons HCN$. Bei der Photork. bilden sich zunächst aus HCN die Radikale H u. CN. Das CN-Radikal oxydiert Fe^{2+} direkt zu Fe^{3+} unter Bldg. von CN^- oder reagiert mit H_2O nach $CN + H_2O \rightarrow HCN + OH$ u. $OH + Fe^{2+} \rightarrow Fe^{3+} + OH^-$. Das H-Atom bildet mit gelöstem O_2 HO_2 u. dieses oxydiert ebenfalls Fe^{2+}. Insgesamt ergibt sich die Gleichung $8\,H_4[Fe(CN)_6] + O_2 \rightarrow 4\,HFe[Fe(CN)_6] + 2\,HCN + 2\,H_2O$. Titrationen ergeben eine kleinere Menge HCN. Während der Bestrahlung entweicht jedoch HCN, auch die Bldg. von $(CN)_2$ ist möglich.
W. Pruss 226◇

0561 **Beugungsuntersuchungen über die photochemische Zersetzung von Aziden.** 1. Mitt. **Durch Röntgenstrahlen und UV hervorgerufene Änderungen der Gitterkonstanten in TlN_3.** Brigitte H. Krause. (J. chem. Physics **39**, 1706—13, 1963; Fort Belvoir, Va., U. S. Army Engineer Res. and Dev. Labor., Bas. Res. Group; engl.) — Für die meisten Verss. wurden Röntgenstrahlen zur Bestrahlung verwendet. TlN_3 ist nicht völlig ion. aufgebaut u. zeigt so relativ große Gitterkonst.-Änderungen bei Röntgenbestrahlung. a- u. b-Richtung ändern sich kaum, c-Richtung ändert sich deutlich; man kann die Betrachtungen auf diese Richtung beschränken. Die Abhängigkeit der Gitterkonst.-Änderung von der Intensität zeigt, daß zwei verschiedene Vorgänge stattfinden: Einer läßt den Gitterparameter anwachsen, ein anderer wirkt dem entgegen. Bei der Röntgenbestrahlung färben sich die Proben dunkelbraun, was der Bldg. von amorphem Tl-Metall zugeschrieben wird. Die Umkehrbarkeit der Erscheinungen wurde durch Erhitzen der Proben in Luft u. He untersucht. An der Luft auf 100° erhitzt erhalten die Proben ursprüngliche Farbe u. Gitterkonst. zurück, während in He oder Hochvakuum zwar die Gitterkonst. sich normalisieren, aber die Dunkelfärbung bestehen bleibt. Das Verh. der Proben bei Wiederbestrahlung hängt von ihrer vorherigen Behandlung ab (Bestrahlungs- u. Erhitzungszeit, sowie Gasatmosphäre). Zum Vgl. durchgeführte Bestrahlung mit UV zeigte Veränderungen des Gitters in höherem Maße u. bei weit geringeren Intensitäten als bei Röntgenbestrahlung. Vf. nimmt an, daß die Änderungen der Gitterkonst. eng mit chem. Zers. verbunden sind u. stellt als Ursachen die Bldg. von Anionenlücken, von zwischendurch auftretenden Metallatomen sowie Diffusion von N_2 durch das Gitter zur Diskussion.
K. Bencker 226◇

0562 **Vorläufige Untersuchung des chemischen Verhaltens von Stickstoff-13-Rückstoßatomen.** J. J. Point. (Bull. Cl. Sci., Acad. roy. Belgique [5] **47**, 123—33, 1961; Mons, Inst. Interuniv. des Sci.; franz.) — Durch Bestrahlung von $NaHCO_3$, Na_2CO_3, $KHCO_3$, K_2CO_3 u. $K_4[Fe(CN)_6] \cdot 3\,H_2O$ (I) mit Protonen (600 keV) bzw. Deuteronen (1 MeV) wurden gemäß $^{12}C(p, \gamma)^{13}N$ u. $^{12}C(d,n)^{13}N$ Stickstoff-Rückstoßatome gebildet. Während die durch (p,γ)-Rk. entstehenden ^{13}N-Atome weitgehend monoenerget. sind, überstreichen die bei der (d,n)-Rk. gebildeten ein breites Energiespektrum. In jedem Fall liegen jedoch die Rückstoßenergien weit oberhalb der Bindungsenergie des Stickstoffs im Molekül. Nach der Bestrahlung wurden die Proben unter Zusatz von NH_4Cl-, $NaNO_3$-, $NaNO_2$- u. CN^--Träger in HCl gelöst. Die Lsgg. wurden darauf alkal. gemacht u. das Ammoniak abdestilliert. Den als NO_2^- vorliegenden Stickstoff trennte man als Diazofarbstoff ab u. den in Form von CN^- gebundenen fällte man als AgCN. Bei der Bestrahlung von $NaHCO_3$ wurde folgende Verteilung der ^{13}N-Aktivität gefunden: $NH_4^+ = 24{,}4\%$, $NO_3^- = 35{,}4\%$ u. $NO_2^- = 24{,}4\%$ (bezogen auf die Aktivität der Ausgangs-Lsg.). Für die anderen Substanzen werden keine quant. Angaben gemacht, jedoch wird mitgeteilt, daß auch hier ^{13}N in Form von NH_4^+, NO_3^- u. NO_2^- nachgewiesen werden konnte. Dagegen konnte ^{13}N als CN^- nur nach der Bestrahlung von I bestimmt werden. Hier war die Retention $> 90\%$.
W. Wiechmann 226◇

0563 **Katalytische Zersetzung von H_2O_2 unter dem Einfluß von $Ni(OH)_2$.** G. A. Bogdanow und N. A. Korotschenko. (J. physik. Chem. [UdSSR] **35**, 1616—21, 1961; Moskau, Inst. für Textilien; russ., Auszug: engl.) — Die Geschw. der katalyt. Zers. von H_2O_2 unter dem Einfl. von $Ni(OH)_2$ in Abhängigkeit von den Konzz. des Katalysators u. des OH^-, der Anfangskonz. von H_2O_2 u. der Temp. wird erörtert. Die Bldg. unstabiler Verbb. von einem Mol. NiO_2 mit 1, 2 bzw. 3 Moll. H_2O_2 wurde festgestellt. Die Abhängigkeit der Zers.-Geschw. dieser Verbb. von der Temp. wurde ermittelt.
S. Baryschnikow 227△

0564 **Oxydation von Arsenverbindungen durch den Sauerstoff der Luft unter Beteiligung von Stickstoffoxiden und Salpetersäure an aktivierter Kohle.** D. Ja. Jewdokimow. (J. angew. Chem. [UdSSR] **23**, 2435—39, 1960; russ.) — Bei der Unters. der kombinierten Oxydation von wss. oder alkal. Lsgg. von As_2O_3 durch Luftsauerstoff in Ggw. von Stickstoffoxiden an Aktivkohle unter dynam. Bedingungen zeigten Vff., daß auf der Kohleoberfläche außer der Adsorption auch eine katalyt. Oxydation der Arsenite stattfindet. Dieser Prozeß setzt sich aus der heterogenen Oxydation an Kohle durch O_2 u. der homogenen Oxydationsrk. des As(III) durch H_2NO_2

(unter Teilnahme von Stickstoffoxiden) oder HNO_3 zusammen. Verss. unter Gegenstrombedingungen ergaben, daß der Prozeß der kombinierten Oxydation von As_2O_3 durch O_2 u. HNO_3 an Holzkohle bei niedrigen Temp. (20–30°) mit genügender Geschw. abläuft.
Kurt Winkler 227◇

0565 **Über die Austreibung von Jod aus Lösungen bei der katalytischen Oxydation von Arsen(III)-Verbindungen mit Luftsauerstoff in Gegenwart von Stickstoffoxiden.** D. Ja. Jewdokimow. (J. angew. Chem. [UdSSR] **34**, 1152–64, 1961; russ.) — Die Geschw. der Austreibung von J aus der fl. Phase bei der katalyt. Oxydation von As(III)-Verbb. in Ggw. von Stickstoffoxiden ist abhängig von der Oxydationsstufe des Jods (J_2 oder J^-) u. der H^+-Ionenkonzentration. Eine hohe Austreibungsgeschw. wird erst nach der vollständigen Oxydation des Jods erzielt. Lsgg. von Na- u. NH_4-Arsenit lassen sich wie wss. Lsgg. von As_2O_3 glatt mit einem Gemisch von Luftsauerstoff u. Stickoxiden oxydieren, wobei Jod als Katalysator fungiert. — Vgl. C. **1961**, 16397.
G. Engelhardt 227◇

0566 **Katalytische Einflüsse auf die Umwandlung von Graphit in Diamant.** H. M. Strong. (J. chem. Physics **39**, 2057–62, 1963; Schenectady, N. Y., Gen. Electr. Res. Labor.; engl.) — Obgleich Pb u. Sb das gleiche Lösungsvermögen für C wie Cu-reiche Legg. des Syst. Cu–Ni zeigen (< 0,06 Atom-% C), katalysieren Pb u. Sb jedoch nicht die Umwandlung Graphit → Diamant. Vf. untersuchte die Löslichkeit von C in Cu–Ni-Legg. mit 86 Gew.-% Cu (kub.; a = 3,5962 ± 0,0001 Å), 90 (3,6023) u. 95 (3,6083) bis 60 kbar u. den katalyt. Einfl. dieser Legg. auf die Bldg. von Diamant bei 70 kbar u. 1440°; Rk.-Dauer: 3 Minuten. Über die katalyt. Wrkg. wird diskutiert. G. Gattow 227◇

0567 **Über die Beziehung zwischen der Aktivität und Stabilität von Nickel-Tonerde-Katalysatoren und der Makrostruktur des Trägers.** L. Ch. Freidlin, A. A. Balandin, N. W. Borunowa und A. Je. Agronomow. (Nachr. Akad. Wiss. UdSSR, Abt. chem. Wiss. **1958**, 923–28; Akad. der Wiss. der UdSSR, Inst. für organ. Chem.; russ.) — Es wird die Aktivität von Ni–Tonerde-Katalysatoren u. deren Abhängigkeit von der Porenstruktur des Trägers mit Hilfe der Cyclohexandehydrierung untersucht. Für die Aktivität ist nicht die Größe der Oberfläche, sondern deren Porosität maßgebend. Weitporige Al-Oxide sind hochakt. u. beständig, während kleinporige nur wenig akt. sind. G. Engelhardt 227□

0568 **Die Einwirkung der Spinellbildung auf die katalytischen und elektrischen Eigenschaften des Systems NiO–Cr_2O_3.** István Batta, Frigyes Solymosi und Zoltán Szabó. (Magyar Kémiai Folyóirat [Ung. Z. Chem.] **69**, 261–65, 1963; Szeged, Univ., Lehrst. für anorg. u. anal. Chem.; ung.) — Es wurden bei verschiedenen Temp. gesinterte NiO–Cr_2O_3-Gemische auf ihre magnet. u. elektr. Eigg. untersucht, sowohl an der Luft wie auch nach Behandlung mit Ameisensäuredampf. Die magnet. Susceptibilität zeigt von 700° an einen scharfen Anstieg; dagegen sinkt der elektr. Widerstand von dieser Temp. an bedeutend. Es wurde die Aktivität beim Ameisensäurezerfall bestimmt. Ein besonders akt. Zwischenzustand entsteht während der Spinell-Bldg. nicht. Die geringste Aktivierungsenergie beim Ameisensäurezerfall wurde für Ni auf bei 800° geglühtem NiO–Cr_2O_3 gemessen. Das zeigen die extremen Eigg. des Zustandes beim Beginn der Spinellbildung. I. Náray-Szabó 227△

0569 **Beiträge zur Untersuchung der durch Zersetzung von Mischsalzen hergestellten Katalysatoren.** 7. Mitt. **Über die thermische Zersetzung von Kupfer(II)-formiat und Calciumformiat sowie ihrer Gemische.** E. Kálalová und V. Růžička. (Collect. czechoslov. chem. Commun. **27**, 424–29, 1962; Prag, TH für Chem., Inst. für anorgan. Chem.; dt.) — Vff. untersuchten die therm. Zers. von $Ca(HCOO)_2$ (**I**), $Cu(HCOO)_2$ (**II**) Cu · $(HCOO)_2 \cdot 4H_2O$ (**III**) u. mechan. Gemischen von **II** bzw. $Cu(HCOO)_2 \cdot 2H_2O$ (**IV**) bzw. **III** mit **I** im jeweiligen Verhältnis 1 : 2. **I** zersetzt sich bei 450° unter Bldg. von $CaCO_3$ (Calcit). Aus **II** bilden sich bei 190° an der Luft Cu u. Cu_2O, unter CO u. H_2 nur Cu. **III** geht bei Raum-Temp. allmählich in **IV** über, das im Bereich von 45–70° beständig ist. Bei ca. 200° bildet sich aus **IV** Cu neben wenig Cu_2O, bei höherer Temp. CuO. Das Gemisch **II–I** (1 : 2) zersetzt sich bei 600° zu einem Gemisch von $CaCO_3$ u. CuO. In der gleichen Weise zerfällt das 1 : 2-Gemisch von **IV** mit **I**. Durch Stehenlassen eines feucht verriebenen Gemisches von **IV** mit **I** (1 : 2) u. durch Kristallisation aus wss. Lsg. oder durch Verdampfen von **I–II**-Lsgg. (Mol.-Verhältnis 1 : 1) oder schließlich durch Stehenlassen eines angefeuchteten Gemisches von **II** mit **I** (1 : 2) bildet sich ein Doppelsalz der Zus. $Ca_2Cu(HCOO)_6$, dessen therm. Zers.-Prod. (in $CaCO_3$ fein verteiltes CuO) ein viel wirksamerer Dehydrierungskatalysator ist (A. → CH_3CHO) als das Zers.-Prod. der rein mechan. Gemische von **I** mit **II**.
A. Emr/Prag 227

0570 **Über die Möglichkeit einer langen Arbeitsdauer des Platin–Palladiumkatalysators (1 : 3).** D. W. Ssokolski und M. Ss. Jershanowa. (Ber. Akad. Wiss. UdSSR **125**, 101–03, 1959; Inst. der chem. Wiss. der Akad. der Wiss. der KasachSSR; russ.) — Unter Verw. der Angaben von Twerdowski u. Stetzenko (1952) wurde ein homogener Katalysator mit einem Gew.-Verhältnis Pd : Pt = 3 : 1 hergestellt: Auf ein Pt-Blech (50 cm²) wurde elektrochem. eine Pt–Pd-Leg. aus einer Lsg. von $PdCl_2$ + $PtCl_4$ (im Verhältnis Pd : Pt = 3 : 1) niedergeschlagen. Das Pt-Blech war vorher bei 70° mit Königswasser (1 : 5) sorgfältig gereinigt, gewaschen, anod. u. kathod. je 1 Std. lang bei 0,5 A polarisiert worden, danach wurde mit bidest. W. nachgewaschen. Das Niederschlagen erfolgte, bis ein homogener Nd. von samtschwarzer Farbe erschien, u. zwar bei einer Stromdichte von $1{,}44 \cdot 10^{-2}$ A/cm². Der Nd. wurde sorgfältig mit bidest. W. gewaschen, 1 Std. lang bei 0,5 A kathod. polarisiert, nachgewaschen u. an der Luft getrocknet. Das Gew. des Nd. betrug 0,074 g, die aus der Ladekurve berechnete Oberfläche betrug 13513 cm². — Mit diesem Katalysator wurde Cyclohexen in 0,1n H_2SO_4 in 50° A. bei 25° hydriert. Nach 77 solchen Verss. deckten sich die Beladungskurven der Leg. prakt. vollständig (sie waren der Form der Pd-Kurve näher als der Pt-Kurve). Die kinet. Hydrierkurven für Cyclohexen hatten sich zwar nach 26 Verss. verschoben, die Aktivität der Elektrode blieb jedoch prakt. dieselbe, auch nach 100 Verss., jedoch nur in saurer Lsg.; in alkal. Medium sank die Aktivität bereits nach 15 Verss. scharf ab.
A. v. Wilpert 227□

A_8. Präparative anorganische Chemie, Komplexverbindungen, Metallorganische Verbindungen

0571 **Das kontrollierte Schmelzen und Erstarren: Eine neue Methode zur Ultrareinigung von leicht erstarrenden Feststoffen und Flüssigkeiten.** J. O. Pascual. (Afinidad 20(42), 243–46, 1963; span.) — Übersicht über Grundlagen, Durchführung u. Anwendung des Zonenschmelzens.
P. Kurzmann 228◇

0572 **Über die Gewinnung von Schwefel hoher Reinheit.** M. W. Paschkowski, R. W. Lutziw und I. W. Ssawitzki. (Ukrain. physik. J. **5**, 418–19, 1960; Lwow, Franko-Univ.; ukrain.) — Durch Vakuumdest. mit anschließendem Zonenschmelzen wird aus dem Ausgangsmaterial mit einem relativ hohen Geh. an Al, Ca, Mg, Mn, Cu, Fe, As, Si u. organ. Substanz ein S-Präp. gewonnen, dessen Reinheit nach den spektralanalyt. Daten den Normen für das S-Prod. „bes. hoher Reinheit" entspricht u. nach dem Geh. an Al, Mg u. Cu dieses sogar übertrifft. O. Lebtag 253

0573 **Assoziation in cyclischen Boronaten und Boraten.** A. Finch und P. J. Gardner. (J. inorg. nuclear Chem. **25**, 927–32, 1963; Egham, Surrey, U. K., Univ. of London, Royal Holloway Coll., Chem. Dep.; engl.) — Kryoskop. Molgew.-Best. in Bzl. oder Nitrobenzol an cycl. B-Verbb. der Form $\overline{O(CH_2)_2OB}X$ (X = *Cl*, *n-C_4H_9O* u. *$ClCH_2CH_2O$*), $\overline{O(CH_2)_3OB}Y$ (Y = *Cl* u. *$ClCH_2 \cdot CH_2O$*), $\overline{S(CH_2)_nSB}Z$ (n = 2 u. 3, *Z* = *Cl* u. *C_6H_5*) zeigen, daß bei den fünfgliedrigen Dioxaborolanen u. in geringem Maße bei 2-[2'-Chloräthoxy]-1.3.2-dioxaborinan eine konz.-abhängige Assoziation erfolgt, die über B–O-Brücken verläuft. Bei sechsgliedrigem 2-Chlor-1.3.2-dioxaborinan u. -dithioborinan wird konz.-unabhängige Assoziation (Assoziationsgrad 1,1), die über Cl-Brücken erfolgt, u. bei den übrigen Thio-Verbb. keine Assoziation festgestellt.

Versuche: *2-Chlor-1.3.2-dioxaborolan* (I), Kp.$_{0,05}$ 35–40°; aus BCl_3 u. Äthylenglykol. — *2-Chlor-1.3.2-dioxaborinan* (II), Kp.$_{0,05}$ 22–24°; analog. — *2-[2'-Chloräthoxy]-1.3.2-dioxaborolan*, Kp.$_{0,05}$ 59–60°, aus I u. $ClCH_2CH_2OH$. — *2-[2'-Chloräthoxy]-1.3.2-dioxaborinan*, Kp.$_{0,05}$ 57–58°, analog mit II. — *2-[n-Butoxy]-1.3.2-dioxaborolan*, Kp.$_{0,05}$ 58–60°; aus I u. n-Butanol. — *2-Chlor-1.3.2-dithioborolan*, Kp.$_{0,05}$ 24–25°; analog I. — *2-Chlor-1.3.2-dithioborinan*, Kp.$_{0,1}$ 52°; analog I. — *2-Phenyl-1.3.2-dithioborolan*, Kp.$_{0,05}$ 90–92°; aus Phenylbordichlorid u. Äthandithiol-(1.2). — *2-Phenyl-1.3.2-dithioborinan*, Kp.$_{0,05}$ 110–111°; analog.

G. Heller 258◇

0574 **Eine neue Schwefel–Phosphor–Stickstoff-Verbindung.** J. C. Van De Grampel und Aafje Vos. (Recueil Trav. chim. Pays-Bas **82**, 246–47, 1963; Groningen, Rijksuniv., Labor. voor Structurchem.; engl.) — Durch Erhitzen von Cl_3PNSO_2Cl (I) lassen sich nicht nur in geringer Ausbeute die α- u. β-Isomeren von Sulfanurchlorid $(NSOCl)_3$, gewinnen, sondern auch eine Verb. der Zus. $S_2PN_3O_2Cl_4$ (II), Kp. 80–100°, F. 94,9–94,9° (unkorr.), D. 2,14 (ber. 2,13 für Z = 4); Raumgruppe P 2_1/n, a = 11,6$_3$, b = 7,7$_2$, c = 11,0$_5$ Å, β = 101,3°. II wird dargestellt durch 1,5std. Erhitzen von I unter UV-Bestrahlung, Destillation des gelb-orangefarbenen Öls (Kp.$_7$ 100–125°), Behandlung des Destillats mit Eiswasser u. Umkristallisation der ausgefallenen weißen Kristalle aus Petroläther.

H. Kuckertz 264◇

0575 **Der Mechanismus der Reaktion zwischen Carbonylchlorid und Estern des fünfwertigen Phosphors.** M. Green und R. F. Hudson. (J. chem. Soc. [London] **1963**, 1004–08; Cologny-Geneva, Switzerland, Cyanamid European Res. Inst.; engl.) — An der Rk. von Benzylmethylphenyl(^{18}O)-phosphinat mit $COCl_2$ in CCl_4 zu Methylphenylphosphinylchlorid ist ausschließlich das Phosphoryl-O-Atom beteiligt. Für die Rkk. zwischen Estern des 5wertigen P u. $COCl_2$ wird ein Mechanismus vorgeschlagen. Während Acetylchlorid in CCl_4 mit Phosphinsäureestern in 24 Std. bei Raum-Temp. nicht reagiert, findet bei 24std. Kochen in Abwesenheit von Lsgm. eine langsame Rk. statt; man erhält hohe Ausbeuten an Benzylchlorid u. das entsprechende Pyrophosphat. Bis-[L-1-methylheptyl]-methylphosphonat ergibt unter Umkehrung der Konfiguration stereospezif. das D-Chlorid; eine ähnliche Inversion wird bei der Rk. mit PCl_5 beobachtet.

Versuche: *Methylmethylphenylphosphinat*, $C_8H_{11}O_2P$, Kp.$_{0,6}$ 104–106°, nach der Meth. von Dostrovsky u. Halmann (C. **1950/54**, 9532 S) aus Dichlorphenylphosphin; n_D^{24} 1,5265; 44% (Ausbeute). — *Methylphenylphosphinylchlorid*, C_7H_8ClOP, Kp.$_{0,5}$ 98°, durch Zutropfen vorst. Verb. in CCl_4 zu einer gesätt. Lsg. von $COCl_2$ in CCl_4 unter Eiskühlung u. Durchleiten von $COCl_2$; n_D^{20} 1,5595; 79%. — *Benzylmethylphenylphosphinat*, $C_{14}H_{15}O_2P$, Kp.$_{0,5}$ 152–154°, durch Zutropfen vorst. Verb. in abs. Ae. zu Benzylalkohol u. Triäthylamin in Ae. unter Eiskühlung; 67%. — *(+)-1-Methylheptylmethylphenylphosphinat*, $C_{15}H_{25}O_2P$, Kp.$_{0,6}$ 113°, analog vorst. Verb. aus (–)-Octanol-(2); n_D^{20} 1,4945; $[\alpha]_D^{22}$ +4,46°; 75%. — *(+)-1-Methylheptylchlorid*, $C_8H_{17}Cl$, Kp.$_{10}$ 55 bis 56°, aus vorst. Verb. in CCl_4 u. gesätt. Lsg. von $COCl_2$ in CCl_4; n_D 1,4269; $[\alpha]_D^{22}$ +29,3; 90%. — *Methanphosphonsäuremethylesterchlorid*, Kp. 164–165°, aus 2 g Dimethylmethylphosphonat in Bzl. u. $COCl_2$ bei 0°; n_D^{20} 1,4343; 1,5 g. — *Isopropylchlorid*, Kp. 37°, analog aus 10,0 g Diisopropylmethylphosphonat; 4,3 g. Daneben *Methanphosphonsäureisopropylesterchlorid*, Kp.$_1$ 38–40°; 8,0 g. — *Methanphosphonsäure-1-naphthylesterchlorid*, Kp.$_{0,1}$ 144°, F. 45–46°, durch 1std. Kochen von Methyl-1-naphthylmethylphosphonat mit PCl_5. — *Benzyl-(^{18}O)-alkohol*, Kp.$_1$ 49°, aus Dichlordiphenylmethan u. W., das 1,7 Atom % überschüssiges ^{18}O enthält, zu ^{18}O-Benzophenon (F. 47–48°), Rk. mit Benzopersäure u. anschließend Red. mit $LiAlH_4$; n_D^{20} 1,5400. — *Methylphenylphosphinsäure*, F. 133–134°, durch Rk. von Benzylmethylphenyl-(^{18}O)-phosphinat mit $COCl_2$ zum Chlorid, Lösen in W. u. mehrstd. Stehen. — *Di-p-tolylharnstoff*, $C_{15}H_{16}N_2O$, F. 268–269°, aus vorst. Verb. in Dioxan u. Di-p-tolylcarbodiimid in abs. Äther.

P. Scharner 264◇

0576 **Darstellung von Erdalkalimetallboriden durch Reduktion der Oxide mit Kohlenstoff.** L. Ja. Markowski und N. W. Wekschina. J. angew. Chem. [UdSSR] **31**, 1293–99, 1958; Inst. für angew. Chem.; russ.) — Ein 2facher stöchiometr. Überschuß von CaO, SrO bzw. BaO im Gemisch mit B_2O_3 wird mit Elektrographit (<0,1% Asche) bei 1900–2000°, BaO + B_2O_3 bei 2200–2300° (10 Min. lang beim Temp.-Maximum) reduziert. Die Roh-Prodd. enthalten Verunreinigungen (vorwiegend Carbide), die nur sehr schwer zu entfernen sind. Bei Behandlung der Rohprodd. mit W. u. Säuren entstehen organ. Stoffe nicht völlig geklärter Zusammensetzung. Durch Sintern der Rohprodd. mit B_2O_3 (5 bis 10 Min. lang bei 1800–1900°), ferner durch Ausglühen der organ. Stoffe an der Luft bei 500–600° oder durch Auslaugen der Prodd. mit konz. Basen kann der Hauptanteil des C aus dem Rohprod. entfernt werden, es bleiben jedoch nach jedem der 3 Reinigungsverff. noch ca. 1–2% elementares C bei CaB_6 u. SrB_6, bei BaB_6 5% C in der sonst reinen Verb. zurück. Die Reinheit der End-Prodd. wird röntgenograph. bestätigt. Einen Überschuß an B_2O_3 bei der Herst. anzuwenden empfiehlt sich nicht, da dann andere Verunreinigungen entstehen, die ebenfalls schwer zu entfernen sind (C, B_4C). Durch organ. Lsgm. (Bzl., Aceton, Toluol, Tetrahydrofuran) konnten die organ. Verunreinigungen der Rohprodd. nicht restlos entfernt werden. Bei Anwendung des gleichen Verf. zur Herst. von TiB_2 u. ZrB_2 entstehen sofort die reinen Verbb., die nur 0,7 bzw. 0,3% elementaren C enthalten.

A. v. Wilpert 280□

0577 **Über die Verbindungen von Berylliumoxidacetat mit Äthylamin und Butylamin.** A. I. Grigorjew, A. W. Nowosselowa und K. N. Ssemenenko. (J. anorg. Chem. [UdSSR] **3**, 1599–1604, 1958; russ.) — Vgl. C. **1963**, 5009. — Bei der Rk. von Berylliumoxidacetat (I) mit Äthyl- (II) bzw. Butylamin (III) werden feste, kristalline Substanzen vom Typ $Be_4O(CH_3COO)_6 \cdot nRNH_2$ (R = C_2H_5 bzw. C_4H_9) erhalten, in denen n = 3, 4 u. 8 bzw. 1, 3, 4 u. 8 sein kann. Alle Verbb. sind stark hygroskop. u. therm. wenig stabil u. zersetzen sich bei Zimmertemp. (n = 4) bzw. bei ca. 110–120° (n = 3). Die Zers. wird von einem starken endothermen Effekt begleitet, was als Beweis dafür angesehen wird, daß die Wechselwrkg. zwischen den Komponenten größer sind als bei den sog. Einschlußverbindungen. Die Kristalle der Zus. I : II = 1 : 3 u. 1 : 4 sowie I : III = 1 : 3 werden röntgenograph. untersucht.

Versuche: $Be_4O(CH_3COO)_6 \cdot 8(C_2H_5)NH_2$: 4 g I werden in 12 ml II gelöst, bei 0° bilden sich nadelförmige Kristalle. — $Be_4O(CH_3COO)_6 \cdot 8(C_4H_9)NH_2$, analog vorst. Verb. aus 3 g I u. 15 ml III, bei – 5 bis – 10° nach einigen Tagen rhomb. Prismen. — $Be_4O(CH_3COO)_6 \cdot 4(C_2H_5)NH_2$: 4,0 g I werden im Verlauf von einigen Stunden in 11 ml II gelöst, bei Raum-Temp. bilden sich rhomb. Prismen. Die Verb. ist monoklin mit a = 20,54, b = 14,40, c = 8,12 kX, α = γ = 90°, β = 70°. — $Be_4O(CH_3COO)_6 \cdot 4(C_4H_9)NH_2$, analog aus 3 g I u. 12–13 ml III. Die Verb. ist triklin mit a = 24,10, b = 14,90, c = 8,40 kX, α = 110, β = 76, γ = 88°. — $Be_4O(CH_3COO)_6 \cdot 3(C_2H_5)NH_2$, aus 4 g I u. 9–10 ml II, bei Raum-Temp.; feinkrist. Niederschlag. — $Be_4O(CH_3COO)_6 \cdot 3(C_4H_9)NH_2$, analog aus 3 g I, 8–9 ml III.

G. Engelhardt 281◇

0578 **Anwendung der Emanationsmethode zur Untersuchung der Calciumsilicathydrate.** K. B. Saborenko, R. Thätner und L. L. Melichow. (Radiochemie [UdSSR] **5**, 360–69, 1963; russ.) — Vff. untersuchten die Emanationsfähigkeit von Calciumsilicathydraten der mol. (Gew.-)Zus.: CaO : SiO_2 = 0,25 : 1; 0,535 : 1; 2 : 3; 1,07 zu 1; 1 : 1; 3 : 2; 2,15 : 1 u. 3,22 : 1 beim Erhitzen der Proben auf ca. 1400°. Als Ausgangsaktivität diente ^{228}Ra (MsThI) u. ^{226}Ra. Die Silicate wurden durch Rk. von $Si(OC_2H_5)_4$ mit $CaCl_2$ erhalten. Es bildeten sich homogene Gele. Die α-Aktivität von Thoron bzw. Radon wurde diskontinuierlich alle 1—3 Min. in einer Ionisationskammer gemessen. Als Transportgas diente Luft (0,6 Liter/min). Die Erhitzungs-Geschw. betrug 7°/min. Die erhaltenen Polythermen zeigen die gleichen Veränderungen wie sie auch mit anderen Meth. gefunden wurden (Thermographie). Die Alterung der Präpp. führt zu einer Verringerung der Emanationsfähigkeit bei 50—70°. Bei einem Verhältnis CaO : SiO_2 < 1 (Proben, bei denen sich beim Übergang zu Wollastonit freies SiO_2 bildet) ist der bei hoher Temp. auftretende Übergangseffekt von Wollastonit (β-$CaSiO_3$) in Pseudowollastonit (α-$CaSiO_3$) um 150° im Vgl. zu $CaSiO_3$ verschoben. Das bei 50—100° auftretende starke Maximum bei allen Gew.-Verhältnissen ist mit der Zers. von Prodd. der teilweisen Hydrolyse von $Si(OR)_4$ verbunden. Bei Proben ohne Ca-Überschuß sind die Maxima nicht stark ausgeprägt. Vff. untersuchten eingehend die Emanation bei einem Verhältnis CaO : SiO_2 = 2 : 1: bei 850° Übergang von der γ- in die α'-Modifikation, bei 670° (Abkühlung) Übergang von der α- in die β-Modifikation, bei 675° (nochmaliges Erhitzen) Übergang von der β- in die α-Modifikation ohne Maximum bei 850°. G. Ewald 283◇

0579 **Über die Verwendung solvatisierter Organozink-Komplexe zur Darstellung gemischter Organoquecksilber-Verbindungen.** Marcel Gaudemar. (C. R. hebd. Séances Acad. Sci. **254,** 1100—02, 1962; franz.) — Organo-Zn-Tetrahydrofuran-Komplexe u. $HgCl_2$ bzw. $HgBr_2$ werden zu gemischten *Organo-Hg-Derivv.* umgesetzt. Diese Umsetzung erzielt mit Allyl-, Propargyl- u. Benzylverbb. bessere Ergebnisse als die Rk. über Organo-Mg-Verbindungen.

Versuche: Organyl-Hg-Bromide: (Organyl=) *Allyl,* F. 125°, aus Allylbromid u. Zn über Allyl-ZnBr u. $HgBr_2$; 69% (Ausbeute); *Benzyl,* F. 118°; 75%; *3-Phenylpropin-(2)-yl-(1),* F. 114°, aus 3-Phenylpropin-(2)-ylbromid über 3-Phenylpropin-(2)-ylzinkbromid bzw. 1-Phenylallenyl-(1)-zinkbromid; 68%. — *1-Phenylbutadien-(1.2)-yl-(1),* F. 129°, aus 1-Phenyl-3-brombutin-(1) über 1-Phenylbutadien-(1.2)-yl-(1)-ZnBr; 53%. — Organyl-Hg-Chloride: (Organyl=) *Allyl,* F. 111°; 83%; *Benzyl,* F. 110°; 83%; — *3-Phenylpropin-(2)-yl-(1),* F. 108°; 77%; *1-Phenylbutadien-(1.3)-yl-(1),* F. 123°; 60%. H. Gleinig 290□

0580 **Einige Untersuchungen an anorganischen Komplexen. 11. Mitt. Metalle der Gruppe 2 B mit 2-Picolylamin und o-Phenylen-bis-[dimethylarsin].** G. J. Sutton. (Austral. J. Chem. **14,** 545—49, 1961; Granville, Univ. of New South Wales, Granville Coll., School of Chem.; engl.) — 10. vgl. gl. J. **14,** [1961], 37; vgl. auch C. **1964,** 10-0631. — Die Verbb. $[ZnX_2L]$ (**I**), $[ZnL_2](ClO_4)_2$, $[ZnX_2pic_2]$ (**II**), $[Znpic_2](ClO_4)_2$, $[CdX_2L]$ (**III**) u. $[CdL_2]\cdot(ClO_4)_2$ [L = o-Phenylen-bis-(dimethylarsin) (**IV**); pic = 2-Picolylamin (**V**); X = *Cl, Br, J*] lassen sich durch direkte Rk. der entsprechenden Salze mit den Liganden in äthanol. Lsg. darstellen; $[HgX_2L]$, $[HgL_2](ClO_4)_2$, $[HgX_2\,pic]$, $[Hg\,pic_2](ClO_4)_2$ u. $[Hg\,pic_2](NO_3)_2$ erhält man aus 50%ig. wss. A., die pic-Verbb. auch aus wss. Lösung. In Methanol (**VI**) u. Nitromethan (**VII**) verhalten sich die Perchlorate u. Nitrate wie 2:1-Elektrolyte, während die Hg(II)-Halogenid-Verbb. nahezu undissoziiert sind. **I** u. **III** besitzen in **VII** nur eine geringe Leitfähigkeit u. scheinen vierfach koordiniert zu sein; in **VI** erleiden sie Zersetzung. **II** besitzen in **VII** Leitfähigkeiten, die nur halb so groß sind wie die von 1:1-Elektrolyten; in **VI** sind sie wie 2:1-Elektrolyte dissoziiert. Die Absorptionsspektren der Komplexe von **IV** u. **V** zeigen im nahen UV-Bereich eine allg. Absorption unterhalb 2200 Å, die mol. Extinktions-Koeff. bei 2200 Å zeigen eine gewisse Periodizität.

Versuche: *Dihalogeno-o-phenylen-bis-[dimethylarsin]-zink:* (Halogeno=) *Chloro,* $C_{10}H_{16}As_2Cl_2Zn$, aus 0,68 g wasserfreiem $ZnCl_2$ in A. u. 1,43 g **IV** in Ae. nach 3tägigem Stehen; Kristalle; 1,5 g (Ausbeute). — Analog: *Bromo,* $C_{10}H_{16}As_2Br_2Zn$, in Ggw. von 1 g LiBr; 2,1 g; *Jodo,* $C_{10}H_{16}As_2J_2Zn$, in Ggw. von 2 g LiJ; 2,4 g. — *Bis-[o-phenylen-bis-(dimethylarsin)]-zinkperchlorat,* $C_{20}\cdot H_{32}As_4Cl_2O_8Zn$, F. 257°, aus 5 mMol $Zn(ClO_4)_2$ u. 2,68 g **IV**; feine Mikrowürfel; 3,1 g. — *Dihalogeno-o-phenylen-bis-[dimethylarsin]-cadmium,* (Halogeno=) *Chloro,* $C_{10}H_{16}As_2Cl_2Cd$, F. 292° (Zers.), aus 1,14 g $CdCl_2 \cdot 2,5H_2O$ in A. u. 1,43 g **IV** in Ae. (Rühren) nach 2tägigem Stehen; hexagonale Prismen; 1,9 g; — *Bromo,* $C_{10}H_{16}As_2Br_2Cd$, F. 238° (Zers.), aus 1,72 g $CdBr_2 \cdot 4H_2O$; hexagonale Prismen; 2,2 g; *Jodo,* $C_{10}H_{16}As_2CdJ_2$, F. 188° (Zers.), aus CdJ_2 in A.; monokline Prismen; 2,9 g. — *Bis-[o-phenylen-bis-(dimethylarsin)]-cadmiumperchlorat,* $C_{20}H_{32}\cdot As_4CdCl_2O_8$, F. 245°, analog in Ggw. von 2 g $NaClO_4$; mikrokristallines Pulver; 4,0 g. — *Bis-[2-picolylamin]-zinkhalogenid,* (Halogenid=) *Chlorid,* $C_{12}H_{16}Cl_2N_4Zn$, F. 230°, aus 1,36 g wasserfreiem $ZnCl_2$ in A. u. 2,16 g **V**; Mikrokristalle; 3,1 g. — *Bromid,* $C_{12}H_{16}Br_2N_4Zn$, F. 236°, analog vorst. Verb. in Ggw. von 2 g LiBr; Mikrokristalle; 3,4 g u. *Jodid,* $C_{12}H_{16}J_2N_4Zn$, F. 250°, analog in Ggw. von LiJ; Prismen; 3,7 g. — *Bis-[2-picolylamin]-zinkperchlorat,* $C_{12}H_{16}Cl_2N_4O_8Zn$, aus $Zn(ClO_4)_2$; farblose Kristalle; 4,2 g. — *Dihalogeno-o-phenylen-bis-[dimethylarsin]-quecksilber(II),* (Halogeno=) *Chloro,* $C_{10}H_{16}As_2Cl_2\cdot Hg$, F. 226°, aus 1,36 g $HgCl_2$ in 50%ig. A. u. 1,43 g **IV**; mikrokristalliner Nd.; 2,3 g; *Bromo,* $C_{10}H_{16}As_2Br_2Hg$, F. 218°, aus 1,8 g $HgBr_2$; mikrorhomb. Kristalle; 2,9 g; *Jodo,* $C_{10}H_{16}As_2HgJ_2$, F. 184°, aus 2,27 g HgJ_2 in LiJ in 50%ig. A.; Prismen; 3,4 g. — *Bis-[o-phenylen-bis-(dimethylarsin)]-quecksilber(II)-perchlorat,* $C_{20}H_{32}As_4Cl_2\cdot HgO_8$, F. 293° (Zers.), in Ggw. von $LiClO_4$ aus 2,86 g **IV**; Mikrowürfel; 4,4 g. — *Dihalogeno-2-picolylaminquecksilber(II), Chloro,* $C_6H_8Cl_2HgN_2$, aus 1,36 g $HgCl_2$ u. 0,54 g **V** in 50%ig. A.; Mikrokristalle; 1,1 g; *Bromo,* $C_6H_8Br_2Hg\cdot N_2$, aus 1,80 g $HgBr_2$; mikrorhomb. Kristalle; 1,7 g; *Jodo,* $C_6H_8HgJ_2N_2$, aus 2,3 g HgJ_2 in LiJ in 50%ig. A.; rhomb. Mikrokristalle; 2,2 g. — *Bis-[2-picolylamin]-quecksilber(II)-perchlorat,* $C_{12}H_{16}Cl_2HgN_4O_8$, F. 203° (Zers.), aus 2,16 g **V** in Ggw. von 2 g $LiClO_4$; Prismen; 2,6 g. — *Bis-[2-picolylamin]-quecksilber(II)-nitrat,* $C_{12}\cdot H_{16}Cl_2HgN_6O_6$, F. 187°, aus 1,62 g $Hg(NO_3)_2$ in W. u. 1,08 g **V** (Rühren); Tafeln; 2,3 g. P. Scharner 290◇

0581 **Flammenschmelzsynthese von Smaragd.** A. L. Gentile, D. M. Cripe und F. H. Andres. (Amer. Mineralogist **48,** 940—44, 1963; Malibu, Calif., Hughes Res. Labor.; engl.) — Eine Mischung von 16,0 (g) *BeO,* 18,0 Al_2O_3, 67,0 SiO_2 u. 0,5 Cr_2O_3 wurde 8 Std. in einer Kugelmühle gemahlen u. 5 Tage lang bei 1050° gesintert, nochmal vermahlen u. mit Hilfe der Verneuil-Schmelzmeth. zwei Smaragdbirnen erhalten. Das Material wurde röntgenograph. u. mkr. identifiziert. Die Brechungsindices betragen ω = 1,561 — 1,562, ε = 1,566 — 1,567 u. werden mit denen anderer Smaragde verglichen. Ernst Schulte 294◇

0582 **Hydrothermalsynthese von Andalusit aus Cyanit.** D. F. Weill. (Amer. Mineralogist **48,** 944—47, 1963; Berkeley, Calif., Univ. of California; engl.) — Andalusitkristalle wurden einmal mit 50 mg gepulvertem Cyanit u. 50 mg W., zum anderen mit der gleichen Menge *Sillimanit* u. W. in Pt-Kapseln eingeschlossen u. bei 3 kbar u. 700° 75 Tage lang gehalten u. dann abgeschreckt. Beim ersten Vers. wurde eine Gew.-Zunahme um 3,2% (Bldg. neuer Andalusitkristalle auf dem Keim) u. beim zweiten Vers. 1,2 Gew.-% Verlust (jedoch Bldg. kleiner *Korund*-Prismen in dem Pulveransatz) beobachtet. Die Synth. Cyanit → Andalusit gilt als gesichert, die Rk. Andalusit → Sillimanit als wahrscheinlich. Ernst Schulte 294◇

0583 **Neuere Beiträge zur Bestätigung der Existenz des Metakaolinitzustands.** B. Löcsei. (Acta chim. Acad. Sci. hung. **38,** 59—88, 1963; Veszprem, Univ. for Chem. Ind., Dep. of Silicate Chem.; engl.) — Durch Röntgenaufnahmen an *Kaolinit,* der bei Temp. von 300—600° mit AlF_3 reagiert hatte, wurde auf Grund diffuser Banden eine bisher unbekannte, amorphe Phase, der *Supermetakaolinit,* festgestellt. Der Massenverlust, der beim Erwärmen der Proben auftritt, entspricht nachst. Rk.-Schema: $Al_2Si_2O_5(OH)_4 + 4AlF_3 \rightarrow Al_2Si_2O_5(OAlF_2)_4 + 4HF$, $Al_2Si_2O_5(OH)_4 + 4AlF_3 + 2H_2O \rightarrow Al_2Si_2O_5\cdot(O_2Al_2OF_2)_2 + 8HF$. Verläuft diese Rk. bis zum Gleichgew., dann bildet sich bereits bei 480° *Mullit* (**I**), ist die Rk. unvollständig abgelaufen, bilden sich je nach Rk.-Fortschritt *Topas* (**II**) u. **I**, tritt keine Rk. ein, dann entsteht bei Temp. von 600—1000° nur **II**, der sich bei Temp. über 1000° infolge größerer Rk.-Geschw. in I umwandelt. Für die Unterss. wurde Zettlitz-Kaolin, getrocknet bei 105°, u. AlF_3, getrocknet bei 300°, in bestimmtem Verhältnis gemischt, gepreßt u. der Massenverlust nach bestimmten Zeiten u. bei verschiedenen Temp. bestimmt. DTA-Unterss. an auf 300—600° vorerhitzten Proben zeigten endotherme Rkk. bei 670 u. 760° sowie eine exotherme Rk. bei 840°. Die 1. Rk. bedeutet Abbau der OH-Gruppen, die 2. Rk. Hydrolyse von AlF_3 u. Übergang in die Metakaolinstruktur. Bei 840° beginnt die **I**-Bildung. Ohne Zusätze tritt **I**-Bldg. bei 960° auf. Infolge der Rk. von Kaolin mit AlF_3 nimmt die Aktivierungsenergie der **I**-Bldg. ab, weil die Diffusion der Kieselsäure jetzt gehemmt ist. W. Pruss 294◇

0584 **Das System $NaAlSi_2O_6$–H_2O–Argon: Gesamtdruck und Wasserdruck bei der Metamorphose.** H. J. Greenwood. (J. geophys. Res. **66**, 3923—46, 1961; Washington, D.C., Carnegie Inst. of Washington, Geophys. Labor.; engl.) — Vf. berichtet über Unterss. der Rk. *Analcim* → *Albit* + *Nephelin* + *W.* in Ggw. von W. sowie in Ggw. von W. u. Ar. Die Verss. ohne Ar wurden bei Drücken von 126—2000 bar u. Temp. von 430—577° durchgeführt, wobei die Vers.-Dauer bis zu 528 Std. betrug. Die Vers.-Ergebnisse sind tabellar. wiedergegeben. Vor den Verss. in Ggw. von Ar wurde das Syst. *W.–Ar* bei 500° u. Drücken zwischen 500 u. 2000 bar untersucht; aus den erhaltenen P–V-Daten wurde die Fugazität des W. in den Gemischen berechnet. Die Isothermen des Syst. sind tabellar. u. graph. wiedergegeben. Bei der Unters. des obigen Syst. in Ggw. von Ar waren die physikal. Eigg. der synthetisierten Phasen ident. mit denen, die ohne Ar erhalten worden waren. Aus den Röntgenaufnahmen ergab sich ferner, daß auch strukturelle Änderungen in den Phasen bei Zugabe von Ar nicht aufgetreten waren. Vf. bespricht ausführlich die Anwendung der Beobachtungen auf geologische Fragen. C. Gottfried 294△

0585 **Eigenkomplexe von Äthyläthoxyaluminiumchlorid.** H. Scherer und G. Seydel. (Angew. Chem. **75**, 846—51, 1963; Frankfurt/M.-Höchst, Farbwerke Hoechst A.G.; dt.) — Aus Diäthylaluminiumchlorid (**I**) u. C_2H_5OH dargestelltes *Äthyläthoxyaluminiumchlorid* (**II**) liegt zuerst dimer als

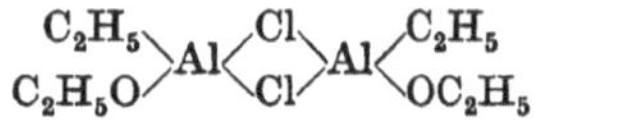
(**IIa**)

vor u. geht mit der Zeit in ein cycl. Trimeres (**IIb**) mit [-Al-O-]$_3$-Struktur über. Durch unvollständige Oxydation von **I** erhaltene Prodd. halten die μ-Dichloro-Struktur von **I** aufrecht. 3 **IIa** ⇋ 2 **IIb** besitzt eine Umwandlungsenthalpie von —2,15 kcal/Mol (bezogen auf Monomeres). Die Gleichgew.-Konst. beträgt bei 120° ca. 1. Bei höheren Temp. scheint sich zusätzlich ein cycl. Dimeres mit [-Al-O-]$_2$-Struktur auszubilden. Der Gleichgewichtszustand stellt sich in Lsgm. in 3—4 Tagen ein, in Substanz wesentlich langsamer. Die Dichten von **IIa** u. **IIb** betragen 1,035 bzw. 1,128 bis 1,139. Die IR-Spektren von **I**, **IIa** u. **IIb** sowie eines partiell oxydierten Prod. werden im Bereich von 1410 bis 380 cm^{-1} mitgeteilt (Tabelle). H. Bürger 294◇

0586 **Über die Bildung fester Lösungen im System Y_2O_3–Sc_2O_3 durch thermische Zersetzung isomorph gefällter Yttrium- und Scandiumoxalate.** Ja. Ss. Ssawitzkaja, M. A. Gurewitsch, Ss. W. Kalabuchowa und Ss. I. Ssitnikowa. (J. anorg. Chem. [UdSSR] **5**, 2300 bis 2306, 1960; russ.) — Mit Hilfe thermogravimetr. u. röntgenograph. Analysen wurde die Bldg. fester Lsgg. im Syst. Y_2O_3–Sc_2O_3 durch Zers. der entsprechenden Oxalate nach der Rk.-Gleichung $(Y,Sc)_2(C_2O_4)_3 \cdot nH_2O \rightarrow (Y,Sc)_2O_3 + CO + CO_2 + nH_2O$ untersucht. Vff. finden eine ununterbrochene Reihe fester Lsgg. mit a = 10,61 kX für reines Y_2O_3 bis a = 9,85 kX für reines Sc_2O_3. Die therm. Zers. beginnt für $Y_2(C_2O_4)_3 \cdot 9H_2O$ bei 380°, für $Sc_2(C_2O_4)_3 \cdot 6H_2O$ bei 320° u. ist bei 750° bzw. 600° vollständig.

Versuche: Y_2O_3 bzw. Sc_2O_3 werden in verd. HCl 1:1 gelöst, dann die Lsgg. zur Vermeidung der Bldg. von Oxidchloriden auf dem Wasserbad vorsichtig eingedampft, bis die Chloridkonzz. 0,1 m betragen. Nach Zusammengeben der Y- bzw. Sc-Chloridlsg. im gewünschten Mengenverhältnis wird auf 95° erwärmt u. tropfenweise unter Rühren 0,7 m $H_2C_2O_4$ im Überschuß zugesetzt. Der weiße Oxalat-Nd. krist. nach 2std. Stehen bei 95° u. 10—12 Std. bei Zimmertemp. u. wird dann ausgewaschen, filtriert u. bei 100° getrocknet. R. Teichmann 300◇

0587 **Untersuchung der Bildungsbedingungen von Lanthancarbid.** M. Ss. Kowaltschenko, W. Ss. Neschpor und G. W. Ssamssonow. (J. angew. Chem. [UdSSR] **31**, 1427—29, 1958; russ.) — *LaC_2* wurde durch Red. eines La_2O_3-Ruß-Gemischs in einem Graphitrohrofen durch Erhitzen auf 900—2000° in 1—2 Std. erhalten. Das Carbid bildet sich aus dem festbrikettierten Gemisch ab 1700°, optimal bei 1850° bei 2std. Glühdauer. Die Probe ist danach angeschmolzen u. mit einer grauen 1—2 mm dicken Kruste bedeckt. LaC_2 ist gelb u. zersetzt sich rasch an der Luft mit C_2H_2-Geruch. Pulveraufnahmen ergeben in Übereinstimmung mit der Literatur a = 3,95, c = 6,54 Å. A. v. Wilpert 301□

0588 **Chemie der Seltenerdmetalle.** 12. Mitt. **Antipyrin- und Pyridinkomplexe der Seltenerdmetalle mit einem organischen Komplexanion.** N. K. Dutt und N. Goswami. (Sci. and Cult. [Calcutta] **29**, 156, 1963; Calcutta, Indian Assoc. for the Cult. of Sci., Inorg. Chem. Labors.; engl.) — Durch Zugabe einer Lsg. von Reineckes Salz zu einer Mischung aus $LnCl_3$ oder $Ln(NO_3)_3$ u. Antipyrin (**I**) oder Pyridin (**II**) wurden gewonnen: $LnA_6 \cdot [Cr(SCN)_4(NH_3)_2]_3$ (A = **I** bzw. **II**, Ln = *La*, *Ce*, *Pr*, *Nd*). Infolge ihrer geringen Löslichkeit sind sie nicht für gravimetr. Best. geeignet. G. Heller 303◇

0589 **Chemie des Zirkoniums in wäßrigem Medium.** 3. Mitt. **Die Systeme dialysiertes Zirkoniumoxidchlorid–Neutralsalze.** V. V. Subbanna und A. K. Bhattacharya. (Indian J. Chem. **1**, 198—99, 1963; Saugar, Univ.; engl.) — 2. vgl. ibid. **1**, [1963], 149. — Zusatz von Neutralsalzlsgg. zu dialysiertem Zirkoniumoxidchlorid erhöht den pH-Wert, wobei Citrat sogar einen Umschlag (alkal.) bewirkt. Die Wrkg. ist wie folgt: Citrat > Oxalat > Malat > Malonat > Succinat = Glutarat = Adipinat = Maleinat > Tartrat > Fumarat > Glykolat = Lactat > Formiat = Acetat > Sulfat > Nitrat = Chlorid. Vff. betrachten die funktionellen Gruppen der zugesetzten Anionen (Monocarboxylate, Hydroxycarboxylate, etc.) u. entsprechend die Dissoziationsstärke der Säuren. Sie folgern, daß das Ansteigen des pH-Wertes bei Zugabe organ. Anionen eine Funktion der Hydrolyse des zugesetzten Salzes ist. K. Bencker 322◇

0590 **Spektrophotometrische Untersuchung der Bildung und Beständigkeit einiger Sn(IV)-Komplexverbindungen mit organischen Liganden in Nitrobenzollösung.** 1. Mitt. **Sn(IV)-Komplexe mit Dithizon.** M. Vancea und Maria Voluşniuc. (Studii Cercetări Chim. [Cluj] **11**, 233—40, 1960; Cluj, Acad. R.P.R., Inst. de chim.; rum.) — Durch Rk. von $SnCl_4 \cdot 5H_2O$ in $C_6H_5NO_2$ mit Dithizon (Dz) entsteht die beständige Komplex-Verb. *$SnCl_3Dz \cdot SnCl_4$* in Form von rötlichvioletten Mikrokristallen, lösl. in $C_6H_5NO_2$ u. unlösl. in CS_2. J. Lehmberg 327◇

0591 **Spektrophotometrische Untersuchung der Bildung und Beständigkeit einiger Sn(IV)-Komplexverbindungen mit organischen Liganden in Nitrobenzollösung.** 2. Mitt. **Komplexverbindungen von Sn(IV) mit Hämatoxylin.** M. Vancea und Maria Voluşniuc. (Studii Cercetări Chim. [Cluj] **11**, 241—47, 1960; rum.) — 1. vgl. vorst. Referat. — Durch Rk. von Hämatoxylin (A) mit $SnCl_4 \cdot 5H_2O$ in $C_6H_5NO_2$ entsteht die Komplex-Verb. *$SnCl_4A \cdot 5C_6H_5NO_2$* in Form von rotvioletten Mikrokristallen, die in $C_6H_5NO_2$, A. usw. unlöslich sind. J. Lehmberg 327◇

0592 **Über Thiogermanate des Bleis: Das System PbS–GeS_2.** Mario Elli und Angelo Mugnoli. (Atti Accad. naz. Lincei, Rend., Cl. Sci. fisiche, mat. natur. [8] **33**, 315—19, 1962; Milano, Univ., Ist di Chim. Fis.; Consortio

per la Laurea in Chim. Ind., Labor. L. Cambi; ital.) — Im Syst. PbS–GeS_2 treten die beiden Verbb. *2 PbS · GeS₂* (rot, Ep. 621°) u. *PbS · GeS₂* (gelb, Ep. 593°) auf, die Verb. 3 PbS · 2 GeS_2 existiert nicht. Die Verbb. werden thermoanalyt., mkr., u. röntgenograph. untersucht.
W. Holland 328◇

0593 **Herstellung und einige kristallographische Angaben über Dekavanadate der Erdalkalimetalle.** F. Hanic und L'. Žúrková. (Chem. Zvesti **15**, 486—89, 1961; Bratislava, Slowak. Akad. der Wiss., Inst. für anorg. Chem.; slowak.) — Aus den Lsgg. der Sr- u. Ba-Peroxovanadate wurden nach Zers. der Peroxoverbindung durch Einw. von Essigsäure die Dekavanadate $Sr_3V_{10}O_{28} \cdot 24H_2O$ u. $Ba_3V_{10}O_{28} \cdot 24H_2O$ als orangefarbige Kristalle erhalten. Röntgenograph. wurden die Parameter der Elementarzelle des monoklinen $Sr_3V_{10}O_{28} \cdot 24H_2O$ bestimmt: a = 18,63 Å; b = 12,61 Å; c = 18,50 Å; β = 109°24'; Z = 4; D_R = 2,528. K. Dostál 330

0594 **Die Darstellung des 1:2-Molybdän(VI)–Brenzcatechin-Chelates und sein Infrarotspektrum.** Jaakko Halmekoski. (Suomen Kemistilehti B **36**, 60—62, 1963; Helsinki, Univ., Dep. of Chem.; engl.) — $(PyH)_2 \cdot [MoO_2(C_6H_4O_2)_2]$ (**I**, Py = Pyridin) wurde dargestellt u. ein Mechanismus für die Chelat-Bldg. vorgeschlagen. Das IR-Spektrum von **I** wurde mit denen von Brenzcatechin u. MoO_3 verglichen. G. Heller 336◇

0595 **Untersuchung der Darstellung von reaktivem Urandioxid aus metallischem Uran auf trockenem Weg.** Karel Seidl. (Jaderná Energie **8**, 363—66, 1962; Řež u. Prahy, Úst. jad. výzk. ČSAV; tschech.) — Metall. U wird mit Luft bei 400° zu U_3O_8 oxydiert. Optimal erfolgt dessen Red. zu reakt. UO_2 mit H_2 bei 650°. Die Reaktivität des UO_2 wird durch Überführung in UF_4 u. F-Best. ermittelt. R. K. Müller 339◇

0596 **Urannitride.** P. E. Evans und T. J. Davies. (J. nuclear Mater. [Amsterdam] **10**, 43—55, 1963; Manchester, Univ., Fac. of Technol., Dep. of Metallurg.; engl.) — Nach einem Überblick über Arbeiten aus der Literatur zur Darst. u. zu den physikal. Eigg. von U-Nitriden wird ein Verf. zur Darst. von *UN* beschrieben. U-Drehspäne werden bei 225° hydriert u. das Hydrid bei 240—400° in N_2 oder unter Vakuum zersetzt, danach in N_2 nitriert u. das entstandene höhere Nitrid bei Temp. bis zu 1150° zu UN umgesetzt. Die Verb. kann bei ca. 22500 psi kalt zu grünen, festen Körpern mit ca. 60% der theoret. Dichte verpreßt werden (D. 14,315 g/cm³). Die Verb. ist kub.-innenzentriert mit a = 4,8894 ± 0,0004 Å, ihre Mikrohärte u. Härte werden angegeben. — 28 Literaturangaben. H. Roschkowski 339◇

0597 **Uranyl–Harnstoff und –Acetamidverbindungen.** W. P. Markow und I. W. Zapkina. (J. anorg. Chem. [UdSSR] **7**, 2045—53, 1962; russ.) — Übersicht auf Synth. von Verbb. der Zus. $UO_2C_2O_4 \cdot CO(NH_2)_2$; $UO_2C_2O_4 \cdot 3\,CO(NH_2)_2$; $UO_2(NO_3)_2 \cdot 5\,CO(NH_2)_2 \cdot H_2O$; $UO_2(NO_3)_2 \cdot 6\,CO(NH_2)_2$; $UO_2Cl_2 \cdot 4\,CO(NH_2)_2$; $UO_2 \cdot C_2O_4 \cdot CH_3CONH_2$; $UO_2(NO_3)_2 \cdot 2\,CH_3CONH_2$; $UO_2Cl_2 \cdot 2\,CH_3CONH_2$; $UO_2SO_4 \cdot CH_3CONH_2 \cdot 2\,H_2O$; $UO_2SO_4 \cdot 2\,CH_3CONH_2$ u. $UO_2SO_4 \cdot 3\,CH_3CONH_2 \cdot H_2O$. Die Anzahl angelagerter neutraler Moll. ist vom Anionencharakter dieser Verbb. in der Reihenfolge $NO_3^- \leqq Cl^- < SO_4^{2-} < C_2O_4^{2-}$ abhängig, wobei für Acetamid-Verbb. die kleinere Rk.-Bereitschaft des Acetamids die maximale Ligandenzahl begrenzt.

Versuche: Durch Zugabe von festem Harnstoff (Acetamid) zu $UO_2(NO_3)_2$-, UO_2Cl_2- oder UO_2SO_4-Lsgg. in Methanol oder A. bei Verhältnissen 1:1 bis 1:35 lassen sich die genannten Verbb. als krist., meist grün gefärbte Ndd. isolieren, deren Löslichkeits-Eigg. sowie die Ergebnisse therm. Unterss. angegeben werden. — 16 Literaturangaben. W.-D. Heußner 339◇

0598 **Komplexe Oxalat–Halogenid-Verbindungen des Uranyls der Pentacido-Reihe.** I. I. Tschernjajew und R. N. Schtschelokow. (J. anorg. Chem. [UdSSR] **8**, 1530 bis 1531, 1963; Kurnakow-Inst. für allg. u. anorg. Chem. der Akad. der Wiss. der UdSSR; russ.) — Vff. untersuchen die Verdrängungs-Rk. der Aquogruppen aus $[UO_2(C_2O_4)_2(H_2O)_2]^{2-}$ durch Cl^-, Br^- u. J^-. Die stabilsten Komplexe werden mit dem Kation $CN_3H_6^+$ gebildet. Die Cl^-- u. Br^--Verbb. sind kristallin, die entsprechende J^--Verb. konnte nicht erhalten werden.

Versuche: $(CN_3H_6)_3[UO_2(C_2O_4)_2Cl]$, durch Einw. von Guanidiniumchlorid auf wss. Lsgg. von $(CN_3H_6)_2 \cdot [UO_2(C_2O_4)_2(H_2O)_2] \cdot H_2O$, prismat. Kristalle; $(CN_3H_6)_3 \cdot [UO_2(C_2O_4)_2Br]$, analog mit Guanidiniumbromid, ebenfalls prismat. Kristalle. Die Brechungs-Indices der synthetisierten sowie der Ausgangs-Verbb. u. von $(CN_3H_6)_3 \cdot [UO_2(C_2O_4)_2F(H_2O)]$ werden tabellar. angegeben.
Kurt Winkler 339◇

0599 **Infrarotspektren und thermogravimetrische Messungen von Uran(IV)-oxalat und Kaliumtetraoxalatouranat(IV) in kristallinem Zustand.** Franco Cappellina, Vittorio Carassiti und Gianfranco Fabbri. (Ann. Chimica **50**, 615—29, 1960; Bologna, Univ., Ist. Chim. „G. Ciamician", CNR, Centro di Chim. fis.; ital.) — Nach dem IR-Spektrum bis zu 450° hat $U[(COO)_2]_2 \cdot 5\,H_2O$ (**I**) die Symmetrie D_{2h}, $K_4\{U[(COO)_2]_4\} \cdot 4\,H_2O$ (**II**) C_{2v}. Durch thermogravimetr. Messungen wird der Kristallwasser-Geh. wie angegeben bestimmt. **I** ist < 40° als $U[(COO)_2]_2 \cdot 4{,}6\,H_2O$, von 40—135° mit 2,7 u. von 135—230° mit 1,9 H_2O beständig. Die Entwässerung von **II** beginnt bei 50° u. ist bei 180° abgeschlossen.

Versuche: $U[(COO)_2]_2 \cdot 5\,H_2O$ (**I**), durch Red. von $UO_2(NO_3)_2 \cdot 6\,H_2O$ mit Na-Dithionit, Lösen in HCl u. Fällen mit Oxalsäure. — $K_4\{U[(COO)_2]_4\} \cdot 4\,H_2O$ (**II**), durch Lösen von **I** mit K-Oxalat. W. Holland 339◇

0600 **Einige Daten zur Darstellung und zu den Eigenschaften komplexer Uran(IV)-nitrate.** A. D. Gelman, N. N. Krot und N. P. Jermolajew. (J. anorg. Chem. [UdSSR] **7**, 2034—44, 1962; Inst. für physikal. Chem. der Akad. der Wiss. der UdSSR; russ.) — Komplexe Hexanitratouranate(IV) in krist. Form der Zus. $Me^{n}_{3-n}[U(NO_3)_6]$ (Me = Cs; NH_4; Rb; Mg; Zn; Pyridin-, Chinolin-, α-Aminopyridin- u. α.α'-Dipyridyl-Kation) werden durch Zusammengeben sirupöser UCl_4-Lsgg. mit den bei 0° gesätt. Lsgg. des Nitrats des betreffenden Kations in HNO_3 dargestellt. Einige Eigg., (bes. die Löslichkeiten) der erhaltenen Verbb. sowie deren therm. Zers.-Prodd. werden bestimmt.

Versuche: $Cs_2[U(NO_3)_6]$ (**I**), hexagonale weißgraue Prismen, lösl. in W., verd. HNO_3, unlösl. in Methanol (M); A.; Ae.; Chlf.; CCl_4; Tributylphosphat (TBP); Bzl.; konz. HNO_3; therm. leicht zersetzbar, wird bei 100° an Luft oxydiert zu $Cs_2[UO_2(NO_3)_4]$, dessen Kristalle im UV fluorescieren. $Rb_2[U(NO_3)_6]$ (**II**), hexagonale Prismen, unlösl. in M.; A.; Aceton u. TBP; Zers. in diesen Lsgm.; in Ae., Chlf., CCl_4 u. Bzl. wird keine Zers. beobachtet, bei Oxydation von **II** bildet sich bei 95—110° analog zu **I** $Rb_2[UO_2(NO_3)_4]$, das oberhalb 250° zu $RbNO_3$ u. UO_3 zersetzt wird. $(NH_4)_2[U(NO_3)_6]$ (**III**), eine an Luft unbeständige Verb., die in Aceton, A., M leicht lösl. ist, in Lsgg. von TBP u. Kerosin unter Bldg. von $U(NO_3)_4$ (organ. Phase) u. NH_4NO_3 als amorpher Nd. leicht zersetzlich ist. Diese Rk. eignet sich zur Extraktion von U^{4+} mit TBP aus fester Phase. **III** ist unlösl. in Ae.; Chlf.; CCl_4 u. Bzl. u. wird von diesen nicht zersetzt. $K_3H_3U(NO_3)_{10} \cdot 3\,H_2O$, dunkelgrüne, in W. u. verd. HNO_3 gut lösl. Kristalle, die mit M; A.; Aceton; TBP u. Kerosin Zers. erleiden, in Chlf.; CCl_4 u. Bzl. wird keine Lsg. oder Zers. beobachtet, schmilzt bei 240° zweiphasig u. bildet bei höheren Temp. KNO_3 u. UO_3. $(C_5H_5NH)_2[U(NO_3)_6]$ (**IV**), Pyridiniumhexanitratouranat(IV), bildet sich in Form rhomb. hellgrüner Kristalle, gut lösl. in W.; Aceton, M, A.; in Ae.; Chlf.; CCl_4 u. Bzl. erfolgt weder Lsg. noch Zers., beim Erwärmen schmilzt die Verb. bei 79° unter gleichzeitiger Abscheidung von UO_3 u. Bldg. von $(C_5H_5NH)_2[UO_2(NO_3)_4]$. Bei Temp. um 150° erfolgt Umlagerung in $C_5H_5NH[UO_2(NO_3)_3]$, das sich ab 160° vollständig zersetzt. $(C_9H_7NH)_2[U(NO_3)_6]$ (**V**), Chinoliniumhexanitratouranat(IV), grau-grüne lange u. spitzwinklige Plättchen, die im Vgl. zu **IV** eine größere Stabilität besitzen. Bei 90—110° oxydiert sich **V** rasch unter UO_3-Abscheidung u. Bldg. von $(C_9H_7NH)_2[UO_2 \cdot (NO_3)_4]$, deren gelb-rote Kristalle sich bei 120° in $C_9H_7 \cdot NH[UO_2(NO_3)_3]$ umlagern, welche sich bei 150° langsam zersetzen. $(H_2NC_5H_4NH)_2[U(NO_3)_6]$, α-Aminopyridiniumhexanitratouranat(IV), gelb-grüne Tetraeder mit ähnlichem Löslichkeitscharakter wie **IV**. Die Zers.-Prodd. beim Erwärmen auf ~ 114° sind nicht eindeutig identifiziert. *$C_{10}H_8(NH)_2[U(NO_3)_6] \cdot 2{,}5\ H_2O$, α.α'-Dipyridyliumhexanitratouranat(IV)*, feinkristalliner nadelförmiger Nd., der sich in organ. Lsgm. bedeutend schlechter löst als **IV**. Eine Zers. in organ. Phase wird nicht beobachtet. Beim Erwärmen auf 60—70° wird Kristallwasser abgegeben, bei 85—100° erfolgt Bldg. von $C_{10}H_8(NH)_2[UO_2(NO_3)_4]$, das sich über das gelb-rote $C_{10}H_8(NH)_2[UO_2(NO_3)_3]_2$ bei 200° vollständig zersetzt. *$Mg[U(NO_3)_6] \cdot 8\ H_2O$*, glänzende nadelförmige Kristalle, unlösl. in W., lösl. in M; A.; TBP, während mit Ae. Zers. eintritt. In Chlf., CCl_4 oder Bzl. wird keine Veränderung der Lsgg. beobachtet. Bei ~ 50° Abgabe von W. u. Bldg. von $Mg[UO_2(NO_3)_4] \cdot 4\ H_2O$, das sich bei 130° in das rote, gut in W. lösl. $Mg[UO_2(NO_3)_4]$ umlagert. Diese Verb. ist bis 170° unzersetzlich. *$Zn[U(NO_3)_6 \cdot 8\ H_2O$*, zersetzbar beim Erwärmen nach stufenweisem Wasserabbau zu $Zn[UO_2(NO_3)_4] \cdot 2\ H_2O$, das bei 150—170° unter Bldg. von UO_3 abgebaut wird. In der Kristallform u. ihren Bldg.-Bedingungen aus wss. Lsgg. sind die Verbb. von Th^{4+}, U^{4+} u. Pu^{4+} nach Unterss. der Vff. isomorph. — 18 Literaturangaben.

W.-D. Heußner 339◇

0601 **Stickstoffbasen als Brückenliganden in Cyclopentadienylmangantricarbonylderivaten.** Walter Strohmeier und Johann Friedrich Guttenberger. (Chem. Ber. **96**, 2112—15, 1963; Würzburg, Univ., Inst. für Phys. Chem.; dt.) — Vgl. C. **1961**, 8954. — Durch photochem. Rk. von bifunktionellen Elektronendonatoren (L) mit $C_5H_5Mn(CO)_3$ erhält man mit L = Urotropin nur *$C_5H_5Mn(CO)_2L$*, mit L = Piperazin u. Triäthylendiamin je nach Rk.-Bedingungen sowohl diesen einkernigen Typ als auch die zweikernigen Verbb. *$C_5H_5 \cdot Mn(CO)_2L(CO)_2MnC_5H_5$*, in denen der Donator als Brückenligand symm. (Dipolmoment ca. 1 BM) zwei $C_5H_5Mn(CO)_2$-Gruppen bindet. Alle Verbb. sind sehr gut lösl. in Bzl., Aceton u. Dioxan. Die koordinativ nicht gebundenen Donatoratome reagieren bas.; die entsprechenden Hydrochloride werden isoliert.

Versuche: *Cyclopentadienyldicarbonylpiperazinmangan* (I), $C_5H_5Mn(CO_2)C_4H_{10}N_2$, F. 145—147°; durch Bestrahlung von $C_5H_5Mn(CO)_3$ u. überschüssigem Piperazin in Methanol u. Abtrennung von der zweikernigen Verb.; gelbe Kristalle (aus Methanol/H_2O); 40% (Ausbeute). — Analog: *Cyclopentadienyldicarbonyltriäthylendiaminmangan* (II), $C_5H_5Mn(CO)_2C_6H_{12}N_2$, F. 140°; in Heptan; ziegelrote Substanz (aus Methanol); 45%; *Cyclopentadienyldicarbonylurotropinmangan* (III), $C_5H_5 \cdot Mn(CO)_2C_6H_{12}N_4$, Zers. 150°; in Methanol (5 Std.); feine orangefarbene Nadeln (aus Methanol); 60%. — *μ-Piperazin-bis-[cyclopentadienyldicarbonylmangan]*, Zers. 170°; durch 2std. Bestrahlung von $C_5H_5Mn(CO)_3$ u. Piperazin in Ae. u. Abkühlen auf —40°; gelbe Substanz; 20%. — *μ-Triäthylendiamin-bis-[cyclopentadienyldicarbonylmangan]*, Zers. 170°; wie vorst. Verb.; orangerote Substanz; 39%. — Darst. der *Hydrochloride* von **I**, **II** u. **III** durch Einleiten von N_2/HCl in die Lsg. der Grundsubstanz in entlüftetem Dioxan. G. Heller 350◇

0602 **Die Suche nach dem Technetium in der Natur.** B. T. Kenna. (J. chem. Educat. **39**, 436—42, 1962; Fayetteville, Ark., Univ. of Arkansas; engl.) — Geschichte der Entdeckung des Tc, die künstliche Herst. von Tc, Tc in Kernen, Vers. zur Isolierung des Tc. — 98 Literaturangaben. Ch. Weiske 351◇

0603 **Die Herstellung von FeO(OH) und Fe_2O_3 aus Eisenschrott auf nassem Wege.** M. Hollnagel. (Abh. dtsch. Akad. der Wiss. Berlin, Kl. Chem. Geol. Biol. **1961**, Nr. 3, 77—84; Berlin, Dt. Akad. der Wiss., Phys. Chem. Inst.; dt.) — Vf. untersucht die Parameter der Fe_2O_3- u. FeO(OH)-Bldg. (Rk.-Ordnung, Temp.-Einfl., Einfl. der Keim-Konz. auf das Teilchenwachstum, Einfl. der Luftmenge auf die Ausbeute u. den pH-Wert, Abhängigkeit der Ausbeute von der $FeCl_2$-Konz. u. der verwendeten Keimmenge) am Syst. Fe/0,12 m $FeCl_2$–1,88 m NaCl–W. (1 Liter Luft/Min. bei 63°, 250 cm² Schrottoberfläche, γ-FeOOH-Keim-Lsg.) u. den Einfl. der Vers.-Bedingungen auf die Struktur u. Morphologie der Proben.

A. Kumm 354◇

0604 **Über den Einfluß hohen Druckes auf Wüstit.** W. I. Archarow und D. K. Bulytschew. (Metallphysik u. Metallkunde [UdSSR] **6**, Nr. 1, 186—88, 1958; Inst. für Metallphys. der Uraler Zweigstelle der Akad. der Wiss. der UdSSR; russ.) — Vgl. C. **1960**, 5423. — Bei einem Druck von 50 atm bildet sich Wüstit im Zunder bei der Oxydation von Fe in Luft annähernd bei Temp. zwischen 570 u. 450°. Bei 440° bildet er sich bei 50 atm schon nicht mehr. Die Textur dieses Hochtemp.-Typs, welche die verstärkte Fe-Diffusion durch den Zunder auf dessen äußere Oberfläche widerspiegelt, wird in der äußeren Zunderschicht des bei normalem Druck oxydierten Fe im Temp.-Bereich, wo sich schon anerkanntermaßen Wüstit bildet, festgestellt. Dieselbe Textur tritt bei 50 atm Druck unter 570° auf. Die Entstehung von Wüstit im Zunder, die ein notwendiger Faktor für die Beschleunigung der Diffusion des Metalles nach außenhin während der Oxydation ist, bedingt die Wrkg. bei hohem Druck im Temp.-Bereich unter 570° auf Grund desselben Mechanismus der Fe-Oxydation, wie er auch bei der Oxydation bei normalem Druck im Temp.-Bereich wesentlich über 570° auftritt. Es wird gefolgert, daß die Erhöhung des äußeren Drucks bis auf 50—100 atm die untere Temp.-Grenze der Wüstitbeständigkeit nach unten verschiebt, u. zwar von 570° bis auf 450—400°. — 7 Literaturangaben. H. Hochstein 359◇

0605 **Einige Untersuchungen an anorganischen Komplexen.** 12. Mitt. **Mangan(II) und Eisen(II) mit 2-Aminomethylpyridin (2-Picolylamin).** G. J. Sutton. (Austral. J. Chem. **14**, 550—54, 1961; Granville, Univ. of New South Wales, Granville Coll., School of Chem.; engl.) — 11. vgl. C. **1964**, 18-0580; 13. vgl. C. **1963**, 10395. — Bei der Rk. von Mn(II)-Halogeniden mit 2-Picolylamin (**I**; pic) im molaren Verhältnis 1:2 entstehen Verbb. der Zus. *$[Mn\ X_2\ pic_2]$* (X = *Cl*, *Br*, *J*). Leitfähigkeitsmessungen in Nitromethan (**II**) zeigen, daß die Verbb. sechsfach koordiniert sind. In A. sind die Verbb. sehr labil; bei Verw. eines großen Überschusses an **I** wird farbloses *$[Mn\ pic_3]^{2+}$* gebildet, das als blaßgelbes Jodid (**III**) oder als farbloses Perchlorat (**IV**) isoliert werden kann. Mit Br^-- oder Cl^--Ionen kristallisieren bevorzugt die *Bis-[2-picolylamin)-mangan*-Komplexe. **III** u. **IV** verhalten sich in **II** u. Methanol (**V**) wie 2:1-Elektrolyte. Mit überschüssigem $MnCl_2$ entsteht farbloses *$[MnCl_2pic]$*, das sich in **II** wie ein Nichtelektrolyt verhält, in **V** jedoch dissoziiert ist. **I** red. wasserfreies $FeCl_3$ in A.–Ae.-Gemischen in Ggw. von Br^- zu Fe(II), das mit **I** zu braunem *Tris-[2-picolylamin]-eisen(II)-bromid* reagiert. Letztere Verb. sowie das analog darstellbare *Jodid* sind in **II** u. **V** 2:1-Elektrolyte. Auf Grund ihrer magnet. Susceptibilitäten besitzen alle dargestellten Verbb. spinfreie Metallatome.

Versuche: *Dichloro-[2-picolylamin]-mangan(II)*, $C_6H_8Cl_2MnN_2$, F. 270°, aus 1,98 g $MnCl_2 \cdot 4\ H_2O$ in A. u. 1,08 g **I** (Rühren; 48std. Stehen); μ 5,97 (B. M.); mikrokristalline Prismen; 1,8 g (Ausbeute). — Analog: *Dihalogeno-bis-[2-picolylamin]-mangan(II)*, (Halogeno =) *Chloro*, $C_{12}H_{16}Cl_2MnN_4$, F. 218° (Zers.), aus 2,16 g **I**; μ 5,91; blaß rosafarbene Rhomboeder; 2,7 g; *Bromo*, $C_{12}H_{16}Br_2MnN_4$, F. 209° (Zers.), in Ggw. 3 g LiBr; μ 5,93; blaß rosafarbene Rhomboeder; 3,6 g; *Jodo*, $C_{12}H_{16}J_2 \cdot MnN_4 \cdot {}^1/_2\ H_2O$, in Ggw. von 4 g LiJ; μ 5,94; blaß rosafarbenes mikrokristallines Pulver; 4,3 g. Wasserfreie Verb., F. 203° (Zers.), durch Entwässerung bei 110°. — *Tris-[2-picolylamin]-mangan(II)-jodid*, $C_{18}H_{24}J_2MnN_6$, F. 211° (Zers.), analog vorst. Verb. aus 3,42 g **I**; μ 5,87; blaßgelbe Würfel; 6,6 g. — *Tris-[2-picolylamin]-mangan-(II)-perchlorat*, $C_{18}H_{24}Cl_2MnN_6O_8$, F. 277° (Zers. > 300°), in Ggw. von 4 g $LiClO_4$; Würfel; 4,6 g. — *Tris-[2-picolylamin]-eisen(II)-bromid*, $C_{18}H_{24}Br_2FeN_6$, aus 1,61 g wasserfreiem $FeCl_3$ in abs. Ae. u. 5,4 g **I** u. 4 g LiBr in abs. A.; 5,19; aus abs. A. braune mikrokristalline Würfel; 3,8 g. — *Tris-[2-picolylamin]-eisen(II)-jodid*, $C_{18}H_{24}Fe \cdot J_2N_6$, aus 3,1 g wasserfreiem $FeCl_3$ in abs. A. u. 3,24 g **I**; 5,13; aus abs. A. Kristalle; 5,5 g. P. Scharner 354◇

0606 **Einige Alkylisocyanideisenkomplexe.** S. C. Malhotra. (J. inorg. nuclear Chem. **25**, 971—74, 1963; Wilmington, Del., E. I. du Pont de Nemours and Co., Explosives Dep., Exp. Stat.; engl.) — Durch kontrollierte Alkylierung von $[Fe(CN)_2(CH_3NC)_4]$ (**I**), das durch therm. Zers. von $[Fe(CH_3NC)_6]Br_2 \cdot 2\,H_2O$ (II) erhalten wurde, mit CH_3J wurde *$[FeCN(CH_3NC)_5]J \cdot H_2O$* (III) dargestellt. Ein neuer Weg zur Herstellung von *$[FeCN \cdot (C_6H_5CH_2NC)_5]Br \cdot H_2O$* (IV) u. *$[Fe(CN)_2(C_6H_5CH_2 \cdot NC)_4]$* (V) ist die Umsetzung von II mit $C_6H_5CH_2Br$ in Phenylacetonitril (VI); I gibt bei dieser Rk. mit $C_6H_5 \cdot CH_2Br$ nur V, III dagegen eine amorphe Verb. mit $C_6H_5 \cdot CH_2$-Gruppen.

Versuche: *Hexakis-[methylisocyanid]-eisen(II)-bromid-2-Wasser* (II), F. 196–198° (Acetonitril); aus $K_4[Fe(CN)_6]$ u. CH_3Br (6–8 Std., 100°, Autoklav) in Acetonitril. — *Dicyano-tetrakis-[methylisocyanid]-eisen(II)* (I), Zers. 255–257° (Chlf.); aus II (8 Std., 140°; 0,1 Torr, Einschlußrohr); 88% (Ausbeute). — *Cyano-pentakis-[methylisocyanid]-eisen(II)-jodid-1-Wasser* (III), F. 137 bis 139° (Chlf.); aus I u. CH_3J in Acetonitril (4 Std., 80–90°, Autoklav) u. Abtrennung von $[Fe(CH_3NC)_6]J_2$ (F. 198°); 70%. — *Dicyano-tetrakis-[benzylisocyanid]-eisen(II)* (V), F. 230,0–231,6° (Chlf.); aus II u. $C_6H_5 \cdot CH_2Br$ in VI; Rückstand der Extraktion mit Methyläthylketon. — *Cyano-pentakis-[benzylisocyanid]-eisen(II)-bromid-1-Wasser* (IV), F. 106–110,8° (Methyläthylketon); wie vorst. aus der in Methyläthylketon lösl. Fraktion.

G. Heller 354◇

0607 **Trennung von Spurenmengen radioaktiver Isotopen. 2. Mitt. Gezielter Ionenaustausch. Abtrennung von ^{58}Co aus mit Neutronen bestrahltem Nickel.** Antoni Pasternak und Krystyma Zelemay. (Nukleonika [Warszawa] **7**, 52–53, 1962; Warszawa, Inst. Badań jądr. PAN, Zakł. Technol. Izotop. promien. i Związk. znaczon.; pol.) — Zur Abtrennung des bei der Neutronenbestrahlung von Ni nach $^{58}Ni(n,p)^{58}Co$ entstandenen ^{58}Co nach der papierelektrophoret. Meth. eignet sich als komplexbildendes Lsgm. am besten Nitrilotriessigsäure (I). Auch Citronen- u. Weinsäure können als Komplexbildner verwendet werden, Komplexon III ist ungeeignet. Die optimalen Bedingungen sind: 0,2 m I-Lsg., pH 10, 320 V, Konzentrierungszeit 15 Min., Co:Ni = 1:1 (je 58 μg). Eine gute Trennung läßt sich noch bei 10 μg Co auf 0,2 mg Ni erreichen, bes. wenn eine bekannte Menge Co als Träger zugesetzt wird. R. K. Müller 355◇

0608 **Untersuchungen an NO-Verbindungen.** 2. Mitt. **Über die Eigenschaften des schwarzen $[Co(NH_3)_5(NO)]Cl_2$.** Ole Bostrup. (Acta chem. scand. **17**, 1029–33, 1963; Hillerød, Denmark, Frederiksborg Statsskole; engl.) — 1. vgl. gl. J. **12**, [1958], 24. — Das beim Behandeln einer Lsg. von $CoCl_2 \cdot 6\,H_2O$ in wss. NH_3 mit NO unter N_2 gewonnene schwarze $[Co(NH_3)_5(NO)]Cl_2$ (I) muß als Pentaminnitrosylkobalt(II)-chlorid formuliert werden, wie die folgenden Unterss. bestätigen. Zugabe von 2 m H_2SO_4 zu I gibt fast quant. NO, Zugabe von verd. H_2SO_4 oder HNO_3 Lsgg. von $[Co(H_2O)_6]^{2+}$, Zugabe von konz. HCl blaue Lsgg. von $[CoCl_4]^{2-}$, Zugabe von NH_3 rote Lsgg. von $[Co(NH_3)_6]^{2+}$, Zutritt von Luft, Oxydation zu Co(III) u. Zugabe von KCN $K_3[Co(CN)_5(NO)]$. Magnet. Messungen zeigen, daß I keine ungepaarten Elektronen enthält; das IR-Spektrum u. die pyknometr. D. von I bei 22° (1,65 g/ml) werden mitgeteilt. G. Heller 355◇

0609 **Gemischte Dihalogeno-bis-[dimethylglyoximato]-kobalt(III)-säuren.** A. W. Ablow und N. M. Ssamuss. (J. anorg. Chem. [UdSSR] **5**, 852–60, 1960; Kischinew, Univ.; russ.) — Co(III)-Komplexe mit 2 Dimethylglyoxim-Ionen u. 2 verschiedenen Halogenionen als Liganden wurden synthetisiert, u. die relative Stärke des trans-Effektes der Halogene wurde studiert. Die Säuren bzw. Anionen *$H[Co(DH)_2ClBr]^-$* (I) (DH = Dimethylglyoxim-Anion), *$[Co(DH)_2ClJ]^-$* (II) u. *$[Co(DH)_2BrJ]^-$* (III) sowie Salze dieser Verbb. mit den komplexen Kationen $[Co(Amin)_2(DH)_2]^+$ (Amin = Anilin; p-Anisidin) u. Austauschprodd. der Zus. $[Co(A)(DH)_2X]$ (A = H_2O; Ammoniak; Pyridin; X = Cl; Br; J) wurden dargestellt. I wird durch Rk. von HCl mit $[Co(H_2O)(DH)_2Br]$ erhalten. Mit heißem W. sowie mit Ammoniak oder Pyridin wird 1 Halogen-Ligand in I ausgetauscht, wobei $[Co(A)(DH)_2Cl]$ u. $[Co(A)(DH)_2Br]$, letzteres in größerer Menge, entstehen. Die überwiegende Bldg. der Br-Verb. wird durch den im Vgl. zu Cl etwas stärkeren trans-Effekt von Br erklärt. Mit dieser Deutung stimmt auch überein, daß durch Rk. von selbst kleinen Mengen HBr mit $[Co(H_2O)(DH)_2Cl]$ die Verb. I nicht rein, sondern zusammen mit *$H[Co(DH)_2Br_2]$* erhalten wird. Mit 5–10 Molen Überschuß HBr entsteht hauptsächlich letztere Verb., während mit 10–12 Molen Überschuß an HCl aus $[Co(H_2O)(DH)_2Br]$ hauptsächlich I u. nur wenig *$H[Co(DH)_2Cl_2]$* erhalten wird. Auch die Beobachtung, daß beim Erwärmen alkohol. Lsgg. von I mit HCl oder HBr im 1. Fall der Nd. hauptsächlich aus I, im 2. Fall aus einem Gemisch von I u. der Dibromo-Verb. bestand, spricht für stärkeren trans-Effekt von Br. Beim Erwärmen einer äquimol. Mischung von $H[Co(DH)_2Cl_2]$ u. $H[Co(DH)_2Br_2]$ entsteht I, wie durch Fällung mit $[Co(Amin)_2(DH)_2]^+$ gezeigt wurde; in der Kälte fällt das schwerer lösliche Salz $[Co(Amin)_2(DH)_2] \cdot [Co(DH)_2Br_2]$ aus; dies zeigt, daß die Austausch-Rk. langsam verläuft. 1 Mol KJ reagiert in wss. Medium mit $[Co(H_2O)(DH)_2Cl]$ unter Bldg. von $[Co(H_2O)(DH)_2J]$, in Aceton-Lsg. unter Bldg. von II, das mit $[Co(Amin)(DH)_2]^+$ fällbar ist. Mit $[Co(H_2O)(DH)_2Br]$ entsteht unter gleichen Bedingungen die Br-Verb. III. Mit der doppelten Menge KJ entsteht in beiden Fällen $H[Co(DH)_2J_2]$. Diese Rkk. beweisen den im Vgl. zu den übrigen Halogenen stark ausgeprägten trans-Effekt von J. Acetonlsgg. von II u. III geben mit W., Pyridin oder Anilin unter Austausch von Cl (Br) die Verbb. $[Co(A)(DH)_2J]$; nur mit überschüssigem Amin u. unter Erwärmen wird auch J ausgetauscht u. $[Co(A)_2[DH)_2]J$ erhalten.

Versuche: *$H[Co(DH)_2ClBr]$* (I); grüne Kristalle; Zu 4 g $[Co(H_2O)(DH)_2Br]$ werden 75 ml A. u. 1 ml konz. HCl gegeben, u. die Mischung wird auf dem Wasserbad erwärmt, bis die Farbe des Bodenkörpers von braun nach grün umgeschlagen ist; die Kristalle werden mit A. u. Ae. gewaschen; Ausbeute fast quant.; I ist eine starke Säure. *$[Co(Anilin)_2(DH)_2][Co(DH)_2ClBr] \cdot 3\,H_2O$*; zur Lsg. von 4 g I in 100 ml A. werden 5,4 g $[Co(Anilin)_2(DH)_2]Cl$ in 35 ml W. u. 40 ml A. gegeben; die Verb. fällt nach einiger Zeit mit einer Ausbeute von 70% aus; wenig löslich in W., etwas besser in Methanol. *$[Co(p\text{-}Anisidin)_2(DH)_2] \cdot [Co(DH)_2ClBr]$*; braune Prismen; Darst. analog vorst. Präp.; 80%. *$[Co(p\text{-}Anidisin)_2(DH)_2][Co(DH)_2ClJ]$*; gelbbraune Prismen; durch Rk. von äquimolaren Mengen $[Co(H_2O)(DH)_2Cl]$ u. KJ in Aceton in der Wärme mit $[Co(p\text{-}Anisidin)_2(DH)_2]Cl$ in A.; 70%; schwer lösl. in W., A., Aether. *$[Co(Anilin)_2(DH)_2][Co(DH)_2ClJ] \cdot 3\,H_2O$*; braune Prismen; 75%. *$[Co(Anisidin)_2(DH)_2][Co(DH)_2 \cdot BrJ]$*, gelbbraune Platten; aus $[Co(H_2O)(DH)_2Br]$ u. KJ in Aceton in der Wärme unter Zugabe von $[Co(p\text{-}Anisidin)_2(DH)_2]Br$ in A.; schwer lösl. *$[Co(Anilin)_2(DH)_2] \cdot [Co(DH)_2BrJ] \cdot 3\,H_2O$*; braungelbe Prismen. *$H[Co(DH)_2 \cdot Cl_2]$* u. *$H[Co(DH)_2Br_2]$*. Cl-Verb. durch Erwärmen von 23,8 g $CoCl_2 \cdot 6\,H_2O$ u. 23,2 Dimethylglyoxim in 150 ml W. mit 30 ml Perhydrol u. Zugabe von überschüssiger HCl; dunkelgrüner Nd.; 90%; Bromverb. analog; 85%.

C. Winkhaus 355□

0610 **Komplexe von 2-Imidazolidinon (Äthylenharnstoff) mit Metallionen.** R. J. Berni, R. R. Benerito, W. M. Ayres und H. B. Jonassen. (J. inorg. nuclear Chem. **25**, 807–18, 1963; New Orleans, La., Tulane Univ., Dep. of Chem. u. Southern Regional Res. Labor., US Dep. of Agric.; China Lake, Calif., US Navy Ordn. Test Stat., Chem. Div.; engl.) — Aus den wasserfreien Chloriden u. 2-Imidazolidinon (Äthylenharnstoff, $C_3H_6 \cdot N_2O$, L) wurden die Komplexsalze *$CuCl_2 \cdot 2\,L$* (I; μ = 1,89 BM), *$FeCl_3 \cdot 2\,L$* (II; μ = 5,91 BM), *$ZnCl_2 \cdot 2\,L$* (III), *$CdCl_2 \cdot 2\,L$* (IV) u. *$CoCl_2 \cdot 3\,L$* (V; μ = 4,35 BM) hergestellt. Nach den IR-Spektren ist in allen Komplexen mit Ausnahme von IV, in dem L als zweizähniger Ligand fungiert u. die Koordination über ein π-Bindungs-Syst. erfolgt, das Metall an O gebunden. Nach den IR-Frequenzänderungen nimmt die Beständigkeit der Komplexe in der Reihe III = II > I > V, nach den ersten endothermen Maxima der DTA in der Reihe III > II > V > I = IV ab. Nach den Pulveraufnahmen sind die Kristalle aller Komplexe nicht miteinander isomorph. Die Messung der magnet. Momente zeigt, daß II u. V fünffach koordiniert (trigonal-bipyramidal) sind u. I eine verzerrt planare Konfiguration besitzt. Nach der DTA sind im Komplex V alle drei L fest koordiniert.

Die Reflexionsspektren zeigen folgende Banden: **I** 900 (nm) u. < 400; **II** < 500; **V** 680 u. 525.

Versuche: *Bis-[äthylenharnstoff]-metallchlorid,* (metall=)-*kupfer(II)*, $CuCl_2C_6H_{12}N_4O_2$, F. 144—145° (Zers.); aus wasserfreiem $CuCl_2$ u. L (12 Std., 4°); hellgrüne Kristalle. — Analog: *-eisen(III)* (**II**), $FeCl_3C_6H_{12} \cdot N_4O_2$, F. 181—182°; 12 Std., — 10°; orangebraune Kristalle; *-zink(II)* (**III**), $ZnCl_2C_6H_{12}N_4O_2$, F. 188—189°; 12 Std., 4°; farblose Kristalle; *-cadmium(II)* (**IV**), $CdCl_2 \cdot C_6H_{12}N_4O_2$, F. 262—265°; 12 Std., Raumtemp.; weißes kristallines Pulver, u. *Tris-[äthylenharnstoff]-kobalt(II)-chlorid* (**V**), $CoCl_2C_9H_{18}N_6O_3$, F. 160—161°, 2—3 Tage, — 10°; dunkelblaue Kristalle. G. Heller 355◇

A₉. Mineralogische und geologische Chemie

0611 **Was ist ein Mineral?** D. P. Grigorjew. (Schr. mineralog. Allunions-Ges. [UdSSR] [2] **90**, 431—37, 1961; Leningrad, Berginst.; russ.) M. Hähnert 370◇

0612 **Das Wachstum des Erdkerns.** S. K. Runcorn. (Nature [London] **197**, 992, 1963; Newcastle, King's Coll., Phys. Dep.; engl.) — Vf. begründet seine von Stacey (Nature [London] **197**, [1963], 582) abgelehnte Ansicht eines graduellen Wachsens des Erdkerns zur versuchsweisen Erklärung der Kontinentaldrift. Eine Berechnung der therm. Geschichte der Erde ist in Vorbereitung. Sie berücksichtigt die Annahme, daß Konvektion im Erdmantel möglich ist. Ernst Schulte 378◇

0613 **Mineralvergesellschaftungen in einer Modellmantelzusammensetzung.** D. H. Green und A. E. Ringwood. (J. geophys. Res. **68**, 937—45, 1963; Canberra, Australian Nat. Univ., Dep. of Geophys.; engl.) — Vff. nehmen Bezug auf eine Unters. von Ringwood (vgl. ibid. **67**, [1962], 4473; C. **1963**, 19168 u. **1964**, 4-0616), wonach die prim. chem. Zus. des nicht differenzierten oberen Erdmantels einem Gemisch von 3 Teilen Dunit u. 1 Teil Basalt entspricht, wobei für diese Modellzus. der Name „Pyrolith" vorgeschlagen wurde. An Hand von Analysen aus der Literatur untersuchten Vff. die mineralog. u. geolog. Umgebung von natürlich vorkommenden „Pyrolithen." „Solche Gesteine treten als Xenolithe in den Kimberliten u. Basalten u. auch in einigen intrusiven Peridotiten auf. Diese Gesteine können beim Kristallisieren 4 verschiedene Mineralarten bilden, u. zwar Olivin + Amphibol + akzessor. Chromspinell oder Olivin + Plagioklas + Enstatit + Klinopyroxen + akzessor. Chromspinell oder Olivin + Al_2O_3-enthaltendem Enstatit + Al_2O_3-enthaltendem Klinopyroxen + Spinell oder schließlich Olivin + Pyrop + Pyroxene. In allen Fällen ist der Olivin das vorherrschende Material. Diese 4 Mineralarten stimmen mit denen überein, die Ringwood (vgl. l. c.) in seinem Modellmantel angenommen hatte. C. Gottfried 378△

0614 **Über einige Untersuchungen der Oxydation von Basalten.** Jean Babkine und Joseph Bolfa. (C. R. hebd. Séances Acad. Sci. **256**, 5164—66, 1963; Nancy, Fac. de Sci., Labor. de Minér. Cristallographie; franz.) — Es wird über thermomagnet. Unterss. an zwei Proben des Monistrol-d'Allier-Massif-Central berichtet. Danach ist es möglich, gleiche Kurvenscharen im Labor. zu erzeugen, wie sie bei der Analyse von Lavaergüssen gefunden wurden u. die mit der Oxydation von Fe im Titanomagnetit zusammenhängen. J. Heinze 378◇

0615 **Eine paläomagnetische Untersuchung von roten Lagen des Perm-Trias und von Andesiten der spanischen Pyrenäen.** E. J. Schwarz. (J. geophys. Res. **68**, 3265—71, 1963; Toronto, Univ., Dep. of Geol. Sci.; engl.) — 14 Proben von Andesit u. 8 Proben von „roten Lagen" (Perm-Trias) wurden im oberen Aragón Subordan Tal gesammelt. Die Sedimente erlangten in nachalpiner Zeit eine starke, stabile Magnetisierung. Die ursprüngliche Richtung dieser Magnetisierung konnte nicht festgestellt werden. Die Magnetisierung der Andesite wurde wahrscheinlich durch einen thermoremanenten Magnetismus bewirkt. Die Natur des magnet. Felds in Europa zur Permzeit u. die Kontinentaldrift werden diskutiert. Ernst Schulte 378◇

0616 **Umgekehrter und normaler remanenter Magnetismus in hydrothermalen Gängen.** Miroslav Krs. (Nature [London] **199**, 365—66, 1963; Praha-Smíchor, Inst. of Appl. Geophys.; engl.) — Auf Grund der magnet. Messungen muß der Geschieber Gang, der hydrothermale Füllung aufweist, bei Iáchymor (ČSR) dem Tertiär zugeschrieben werden. Er enthält Haematit-Quarz-Knollen mit erdigem Haematit. Ebenso sind die Gänge von Krušné Hory jünger als bis jetzt angenommen wurde. F. Ensslin 378◇

0617 **Über die Diffusion von radiogenem Argon in Sylvinen.** Ch. I. Amirchanow, Ss. B. Brandt, Je. N. Bartnitzki und Ss. N. Woronowski. (Geochemie [UdSSR] **1959**, 538—45; Machatschkala, Dagestan. Abt. der Akad. der Wiss. der UdSSR; russ., Auszug: engl.) — Vgl. C. **1960**, 9153; C. **1961**, 8592. — Von 2 Sylvinproben werden zwischen 200 u. 700° die Diffusionskonst. von radiogenem Ar u. die elektr. Leitfähigkeit zwischen 0—20 MHz bestimmt. Der Diffusionsvorgang des radiogenen Ar entspricht nicht der Ionenleitfähigkeit u. der Selbstdiffusion von K^+. Die Aktivierungsenergie E der Diffusion ist größer als E der Leitfähigkeit bei gleichen Temperaturen. D, auf 300 °K extrapoliert, beträgt 10^{-30} cm^2/s. Die Ar-Diffusion ist wahrscheinlich eine Diffusion über assoziierte Leerstellenpaare u. Schottky-Defekte. Für eine der Proben wurden Tieftemp.-Desorptionsverluste des radiogenen Ar infolge einer Mosaikstruktur des Kristalls festgestellt. H. Noack 378△

0618 **Die Schwankungen der Schwefelisotopen in der Natur.** 9. Mitt. **Ein Vergleich des Neu-Seeland-Schwefelstandards mit dem Schwefelstandard der Meteorite.** J. R. Hulston und Jeanette Beauchamp. (New Zealand J. Sci. **6**, 157—62, 1963; Lower Hutt, Nucl. Sci. Inst., Dep. of Sci. and Ind. Res.; engl.) — Die von Hulston u. Shilton (New Zealand J. Sci. **1**, [1958], 91) angegebenen $^{32}S/^{34}S$-Verhältnisse für den Neu Seeland-Standard sind falsch. Der Troilit von Canyon Diablo hat ein Verhältnis von 22,21, was mit der für die Meteorite konst. Zahl von 22,20 bis 22,24 übereinstimmt u. 1,7‰ mehr ist als früher berichtet. Die früheren Ergebnisse werden berichtigt. F. Ensslin 378◇

0619 **Die geochemische Verteilung von Zn und Mo in einigen intrazonalen und azonalen Böden der Moldau.** V. Ababi und D. Olaru. (An. ştiinţ. Univ. „Al. I. Cuza" Iaşi, Secţ. I [N. S.] **8**, 541—612, 1962; rum.) — Der Zn-Geh. der untersuchten Böden (9 Profile) beträgt $3{,}10 \cdot 10^{-3}$—$1{,}17 \cdot 10^{-2}$%, im Mittel $6{,}84 \cdot 10^{-3}$%, der Mo-Geh. $4{,}60 \cdot 10^{-5}$—$8{,}30 \cdot 10^{-4}$%, im Mittel $2{,}29 \cdot 10^{-4}$%. In den oberen Horizonten ist der Geh. an beweglichem Zn $1{,}14 \cdot 10^{-4}$%, an beweglichem Mo $3{,}6 \cdot 10^{-5}$%. Die höchste Frequenz des Zn(Mo)-Geh. beträgt $7{,}5 \cdot 10^{-3}$ $(2 \cdot 10^{-4})$%. Die Beziehungen zwischen Zn- u. Mo-Geh. u. Bodentyp bzw. Untergrundgestein wird erörtert. R. K. Müller 378◇

0620 **Geochemie von Ni und Co in den Gesteinen von Japan.** 4. Mitt. **Ni und Co in metamorphen Gesteinen.** 1. Mitt. Hiroshi Hayashi. (Rep. Government ind. Res. Inst., Nagoya **8**, 434—39, 1959; jap., Auszug: engl.) — 7. vgl. C. **1963**, 19544. — In den metamorphen Gesteinen von Ryoke, Mitsue-Mura, Halbinsel Kii, wurden in den Metamorphiten aus Schieferton 40,4 ppm Ni u. 6,3 ppm Co, in denen aus Sandstein 3,8 ppm Ni u. 1,5 ppm Co, in denen aus Hornstein 13,2 ppm Ni u. 1,0 ppm Co u. in denen aus Eruptivgesteinen 10,8 ppm Ni u. 14,6 ppm Co festgestellt. In den Amphibolen überwiegt teils der Ni-, teils der Co-Gehalt. In den aus Schiefertonen entstandenen Metamorphiten ist das Verhältnis Ni/Co fast konst., während in den aus Porphylliten entstandenen Gesteinen der Ni-Geh. konst. ist. In den Metamorphiten aus Eruptivgesteinen ist das Verhältnis Co/Ni > 1 u. der Co-Geh. am höchsten. In den Vulkaniten nimmt der Ni-Geh. im Verlauf der Metamorphose ab. F. Ensslin 378◇

0621 **Geochemie von Ni und Co in den Gesteinen aus Japan.** 5. Mitt. **Ni und Co in metamorphen Gesteinen.** 2. Mitt. Hiroshi Hayashi. (Rep. Government ind. Res. Inst., Nagoya **8**, 533—35, 1959; jap., Auszug: engl.) — 4. bzw. 1. vgl. vorst. Referat. — Aus der Unters. der metamorphen Gesteine von Sambagawa-Mikabu geht hervor, daß der Ni- u. Co-Geh. derselben von dem des Ausgangsgesteins abhängt. Grünschiefer enthalten mehr Ni als Co, während bei Schwarzschiefern mehr Co als Ni vorhanden ist. In den Grünschiefern ist das Ni in den Chloriten angereichert. F. Ensslin 378◇

0622 **Vergleichende Uran- und Thoriumanalysen von basischen und ultrabasischen Gesteinen.** J. F. Lovering und J. W. Morgan. (Nature [London] **199,** 479—80, **1963**; Canberra, Australian Nat. Univ., Dep. of Geophys.; engl.) — Mit Hilfe der Neutronenaktivierungsanalyse u. Isotopenverdünnungsmeth. wurden von Eklogiten (bas. Gesteine), Peridotiten u. Duniten (ultrabas. Gesteine) die *U*- u. *Th*-Geh. neu bestimmt. Ernst Schulte 378◇

0623 **Natürliche Strahlenschäden in uranführenden asphaltischen Materialien.** 1. Mitt. **Der Asphaltsandstein von Mas Alary (Hérault-France).** J. Jedwab. (Bull. Soc. belge Géol. Paléontol. Hydrol. **71,** 487—96, 1962; franz.) — Die Asphaltteilchen mit schwacher opt. Reflexion enthalten keine Einschlüsse von Pechblende, während Körner mit hoher Reflexion sehr häufig Pechblendeeinschlüsse aufweisen. Die opt. Verhältnisse um die Einschlüsse sind sehr komplex u. konnten nicht erklärt werden. Es treten Lichthöfe mit doppelten Konturen u. plast. Strukturen um die Einschlüsse auf. F. Ensslin 378◇

0624 **Gamma-Radioaktivitätsmessungen einiger Gesteine von Israel.** E. Mazor. (Bull. Res. Council Israel, Sect. G **11G,** 155—59, 1963; Israel Atomic Energy Commiss.; engl.) — Die γ-Strahlung in den Eruptivgesteinen ist am höchsten bei den durch Differentiation entstandenen sauren Gesteinen, die die höchsten U, Th u. K-Geh. aufweisen. In den Sedimenten nimmt die Strahlung mit dem Tongeh. wegen der höheren U u. K-Geh. zu. Die höchsten Werte bis 200 ppm U wurden in Fe-reichen u. normalen Phosphoriten gefunden. F. Ensslin 378◇

0625 **Feststellung der Zeitfolge von zwei Pb+Zn±Ag-Hauptformationen in der Böhmischen Masse.** Jan H. Bernard. (Věstnik ústředniho Ústavu geologického **38,** 261—63, 1963; Prag, Ústředni ústav geol.; dt.) — Vgl. C. **1963,** 10786. — Aus einer Durchkreuzung eines Erzgangs vom Kutná-Hora-Typ durch einen pluton. Erzgang bei Bábanek kann geschlossen werden, daß zwischen der Entstehung beider Gangtypen ein mehr oder weniger großer zeitlicher Zwischenraum liegt, wobei der Kutná-Hora-Typ, dessen zeitliche Mineralfolge bestimmt wurde, der ältere ist. F. Ensslin 378◇

0626 **Der Zeitpunkt der Turmalinbildung während der Entstehung einiger Zinnlagerstätten Trans-Baikaliens.** N. I. Tichomirow und Sh. N. Rudakowa. (Schr. mineralog. Allunions-Ges. [UdSSR] [2] **92,** 257—68, 1963; Leningrad, Allunions-Forsch. Inst. für Geol.; russ.) — Es werden Cassiterit-Scheelit- u. Zinnerz-Lagerstätten beschrieben, die beide genet. mit oberflächennahen Intrusionen verbunden sind. Erstere hat unregelmäßige Erzkörper aufzuweisen, während letztere gangförmig längs der Störungszonen angeordnet ist. Es bestehen Unterschiede in der Form der Veränderung umliegender Gesteine u. in der Cassiterit-Bildung. Das abschließende Stadium der Bldg. beider Lagerstätten ist das erzleere Turmalinstadium. H. Kelch 378◇

0627 **Zur Charakteristik der Hypergenese der quaternären Sedimente von Nord-Kasachstan.** W. W. Dobrowolski. (Geochemie [UdSSR] **1959,** 178—90; 1 Tafel; Moskau, Allunions-Inst. für mineral. Rohstoffe; russ., Auszug: engl.) — Die quatern. Ablagerungen Nord-Kasachstans, entstanden durch hypergene Umbldg., sind eine Folge der in der Steppenzone herrschenden Bedingungen. Die verschiedenen genet. Typen der Sedimente unterscheiden sich durch die Mineralzus. in Abhängigkeit vom Bodentyp. Als Folge geochem. Prozesse treten hypergene Neubldg. auf (Konkretionen, Inkrustationen u. a.). In den Mineralneubldg. sind kryptokrist. *Calcit* u. feinkörniger *Gips* vorherrschend. *Halit, Epsomit, Astrakanit,* Minerale der *Halloysite* treten in geringen Mengen auf, ebenfalls *Hydrogoethit* u. *Wad.* In einigen Neubldg. sammeln sich Spurenelemente in selektiver Weise (Ni, Cu, Sr, Ba u. a.). Fe-, Mn- u. Carbonatformationen zeigen die variabelste Zus. der Elementbeimischungen. Der größte Teil der Spurenelemente ist an eine koll.-disperse Masse gebunden. (Hydroglimmer verschiedenen Hydratationsgrades). H. Naock 378△

0628 **Das Phänomen der Feldspatisierung im Erzfeld des Granitmassivs von Kuu (Zentralkasachstan).** M. M. Powilaitiss. (Geol. d. Erzlagerstätten [UdSSR] **1961,** Nr. 2, 66—78; Moskau, Inst. für Geol. der Erzvork.; russ.) — Die Bedingungen für die Entstehung u. Einlagerung des Feldspats in Graniten im Greisen u. wolframhaltigen Gangquarz des zentralen Erzfeldes im Massiv von Kuu wurden beschrieben. Der Vorgang beim Zugang u. der Abtragung der Gesteinskomponenten während der Greisen-Bldg. bzw. Feldspatisierung wurde untersucht. W. Kundorf 378◇

0629 **Über die Bildung aderiger und breccienartiger Formen der Mineralisation außerhalb der Spalten.** G. L. Posspelow. P. I. Kauschanskaja und Ss. Ss. Lapin. (Geol. d. Erzlagerstätten [UdSSR] **1961,** Nr. 2, 45—56; Sibir. Abt. der Akad. der Wiss. der UdSSR; russ.) — Ergebnisse von Modell-Verss. zur Mineral-Bldg. in verschiedenen chem. neutralen Umgebungen bei gegenseitiger Diffusion reagierender Lsgg. [$Hg(NO_3)_2$ bzw. $Pb(NO_3)_2$ mit KJ, $CuSO_4$ mit $Pb(NO_3)_2$] werden beschrieben. Es wurde eine Absonderung von Mineralen in Form von Adern bzw. Adersyst. außerhalb von Spalten u. an den Stellen ohne Spalten der Diffusionsgefäße beobachtet. W. Kundorf 378◇

0630 **Die Strontiumgehalte der fba-Baryte des Freiberger Lagerstättenbezirkes.** Rainer Starke. (Bergakademie [Freiberg] **14,** 282—86, 1962; Freiberg, Bergakad., Inst. für Miner. Lagerstättenlehre; dt.) — Vgl. C. **1964,** 11-0659. — Unters. der Baryte der fluorbaryt.-Bleierz-Formation (fba). Die Analysen des Owo-Spats von Brand auf seinen Geh. an $SrSO_4$ schwanken zwischen 1 u. 6% $SrSO_4$. Der Einbau des $SrSO_4$ in das Barytgitter ist sowohl abhängig von der Bildungstemp. als auch von dem Verhältnis Ba:Sr in den Lösungen. Mit Zunahme der Temp. bilden sich bei gleichem Ba:Sr-Verhältnis $SrSO_4$ reichere Mischkristalle. Es lassen sich beim Owo-Spat 4 Zonen unterscheiden, die durch wechselnde Sr-Geh. gekennzeichnet sind. Die Kalk-Baryte des Drei-Prinzen-Spats wurden aus koll. Lsgg. gebildet, wobei ebenfalls 6 Zonen unterschieden werden, die keine einheitlichen Sr-Geh. aufweisen. F. Ensslin 380◇

0631 **Eine neue Abart von Cyanotrichit-Carbonatcyanotrichit.** Je. A. Ankinowitsch, I. I. Gecht und R. I. Saitzewa. (Schr. mineralog. Allunions-Ges. [UdSSR] [2] **92,** 458—63, 1963; russ.) — Carbonatcyanotrichit (**I**) tritt als Hohlraumfüllung in der Verwitterungsrinde V-haltiger Schiefer auf. Er bildet radialstrahlige oder plättchenartige hellblaue Aggregate. Spezif. Gew. 2,65—2,67; starker Pelochroismus von hellblau (N_g) nach farblos (N_p). Die Effekte der DTA-Kurven liegen gegenüber Cyanotrichit bei tieferen Temperaturen. Spektralanalyse ergab: Ni 0,01(%), Mo 0,001, Ba 0,001. Kristallchem. Formel: $(Cu_{3,70}Al_{2,30})_{6,00}[OH]_{12}[C_{0,67}S_{0,33}][O_{2,98} \cdot (OH)_{1,02}]_{4,00} \cdot 2H_2O$. Die Bldg. von **I** verläuft im späteren Stadium der hypergenen Umbildung V-haltiger Schiefer, in einem schwach alkal. oder neutralen Medium. Sie ist mit dem Einfl. schwefelsaurer Wässer in einem stark gestörtem Schieferhorizont verbunden. Angabe der röntgenograph. d-Werte. H. Kelch 380◇

0632 **Ergänzende Mitteilungen über die Chromite von Kasai.** P. Herman und P. Raucq. (Bull. Soc. belge Géol. Paléontol. Hydrol. **70,** 336—57, 1961; franz.) — Vgl. C. **1963,** 7684. — In den Massiven von Lutshatsha u. N Konko wurde in den Serpentinen der ultrabas. Gesteine Chromit verschiedener Zus. gefunden. Durch Verwitterung der Gesteine entstanden Anreicherungen an Chromit, der fein verteilt in Gestein vorkommt, mengenmäßig u. aufbereitungstechn. dürfte eine Gewinnung kaum in Frage kommen, da der Cr_2O_3-Geh. des Gesteins nur 0,12—1,10% beträgt. Die Cr_2O_3-Geh. der isolierten Chromite schwanken zwischen 34,8 u. 51,0%. F. Ensslin 380◇

0633 **Beiträge zur Mineralogie Norwegens.** 16. Mitt. **Danburit aus dem Kragerø Distrikt.** Ivar Oftedal. (Norsk geol. Tidsskr. **43**, 73–74, 1963; Oslo, Inst. of Geol.; engl.) — Ein Teil der als Topas beschriebenen Kristalle erwiesen sich bei der röntgenograph. u. spektrograph. Unters. als Danburite ($CaB_2Si_2O_8$). Das Mineral ist in CaO-reichen Pegmatiten anstelle des Turmalins gebildet worden. F. Ensslin 380◇

0634 **Einige Angaben über Fergusonit aus Granitoiden vom polarnahen Ural.** B. A. Goldin und G. A. Markowa. (Schr. mineralog. Allunions-Ges. [UdSSR] [2] **92**, 353–54, 1963; Ssyktywkar, Komi-Abt. der Akad. der Wiss. der UdSSR; russ.) — Das Vork. von Fergusonit (I) ist an albitisierte, muskovitisierte, chloritisierte u. verkieselte Biotit-Granite gebunden, die zwischen metamorphen Schiefern u. Gabbro-Diabasen liegen. Neben I konnte im Ergebnis metamorpher Prozesse auch eine Anhäufung folgender akzessor. Minerale beobachtet werden: *Zirkon, Monazit, Fluorit, Yttro-Orthit, Xenotim, Ilmenit, Thorit, Ilmenorutil, Molybdänit.* Stufenförmiges Flächenwachstum ist für I charakterist., die Kristalle sind isotrop; N = 2,00. Spektralanalyse ergab: Nb, Ta, SE, Mn, Pb, Fe, Ti, Cu, Ni, Zr. Röntgenograph. Daten werden angeführt. H. Kelch 380◇

0635 **Ein neuer Korundfund in der Ukraine.** B. I. Goroschnikow und F. W. Schrubowitsch. (Schr. mineralog. Allunions-Ges. [UdSSR] [2] **92**, 359–63, 1963; Akad. der Wiss. der UkrainSSR, Inst. für Mineralvork.; russ.) — Korundhaltige Biotit–Sillimanit–Plagioklas- u. Biotit–Sillimanit–Mikroklin-Gneise liegen in metamorphen Gesteinen (Migmatite) u. gehören genet. zu diesen. Die Korund-Geh. sind in beiden Gneistypen unterschiedlich. Er enthält Einschlüsse von Spinell, Biotit u. Mineralien. Opt. Daten: N_0 = 1,767; N_e = 1,760; Spezif. Gew. 3,973; Härte 9,3. Dem Al_2O_3 sind ca. ~ 6% Eisenhydroxide, Magnetit u. Biotit mechan. beigemengt. Die Bldg. korundhaltiger Gesteine ist mit erhöhten Temp der Metamorphose u. Granitisationserscheinungen der Gesteine verbunden. Der Vgl. der chem. Zus. beider Gneistypen zeigt, daß im Ergebnis der Metamorphose eine K-, Na- u. Al-Zufuhr u. eine Ca-, Mg-, Fe-, Si- u. OH-Ionen-Abfuhr stattgefunden hat. Entsprechend der Kieselsäureverarmung fand eine Tonerdeanreicherung statt. H. Kelch 380◇

0636 **Über eine ungewöhnliche Form des Magnetits in den Eisenerzen des Unteren Ordovizium der Bretagne.** Jean-Jacques Chauvel. (C. R. hebd. Séances Acad. Sci. **257**, 187–88, 1963; Rennes, Fac. des Sci., Labor. de l'Inst. de Géol.; franz.) — In den Schichten wurde reichlich zu *Maghaemit* verwitterter Magnetit gefunden. In den Maghaemitkristallen findet man Inseln von unverwittertem Magnetit, der opt. anisotrop ist u. im Anschliff eine gelbliche Farbe im Gegensatz zu der rosa Färbung des normalen Magnetits zeigt. Diese anisotrope Form kommt auch in Form unregelmäßiger Zonen im normalen Magnetit vor. Es wird angenommen, daß sie das erste Stadium der Verwitterung des Magnetits zu Maghaemit darstellt. F. Ensslin 380◇

0637 **Skelettartige Magnetitbildungen der sibirischen Plattform.** W. N. Ssergejew. (Schr. mineralog. Allunions-Ges. [UdSSR] [2] **92**, 365–68, 1963; russ.) — Nach der Struktur u. dem Bldg.-Charakter der Magnetite können drei genet. Etappen mit verschiedenen physikal.-chem. Bedingungen unterschieden werden. Die Magnetitadern, deren innerer Bau beschrieben u. dargestellt wird, bilden eine Zone, die beiderseitig von einer Quarz-Granat-Aktinolith-Calcit-Zone u. einer sich daran anschließenden Hornsteinzone begrenzt wird. H. Kelch 380◇

0638 **Magnetit und Pyrrhotinerze in der Yanahara Grube, Praefektur Okayama.** Sadao Higashimoto. (J. geol. Soc. Japan **68**, 603–08, 1962; jap., Auszug: engl.) — Rund um den sehr gleichförmigen Pyriterzkörper treten in Spalten kleinere Partien von Magnetit u. Pyrrhotin auf. Sie werden von Quarzporphyrschichten durchkreuzt. Das Pyrrhotinerz enthält als Nebenbestandteile *Calcit, Epidot, Chlorit, Sericit* u. *Quarz* in großer Menge. In dem Magnetiterz tritt viel *Hornblende, Calcit, Biotit, Epidot, Granat* u. *Albit* auf, während der Pyrit nur sehr wenig Quarz, Sericit, Chlorit u. *Baryt* enthält. Die Pyrrhotine u. Magnetite haben sich wahrscheinlich aus dem Pyrit durch hydrothermale aszendente Lsgg. gebildet. F. Ensslin 380◇

0639 **Die wahrscheinliche Identität von Magnioborit mit Suanit.** Mary E. Mrose und Michael Fleischer. (Amer. Mineralogist **48**, 915–24, 1963; Washington, D. C., U. S. Geol. Surv.; engl.) — Röntgenograph., opt. u. DTA-Unterss. ergaben, daß das von Nefedov (1961) beschriebene Mineral Magnioborit wahrscheinlich mit Suanit ident. ist. Die opt. Eigg. u. die d-Werte sind zum Vgl. von Suanit (monoklines $Mg_2B_2O_5$), triklinem $Mg_2 \cdot B_2O_5$ (synthet.) u. von Magnioborit nach Nefedov angegeben. Ernst Schulte 380◇

0640 **Über einige Defekte von Muskovitkristallen.** A. Ss. Nikanorow. (Schr. mineralog. Allunions-Ges. [UdSSR] [2] **90**, 391–99, 1961; Leningrad, Wiss. Allunions-forschungsinst. für Geol.; russ.) — Die in natürlichen Muskovitkristallen auftretenden Defekte sind die Folge verschiedener Ursachen: Einmal können sie auf den Einfl. von Fremdbeimengungen (Mikrokristalliten von Biotit, kleineren Quarzkörnern) auf den wachsenden Kristall zurückgeführt werden, andererseits können Al- u. K-Ionen des Gitters während des Kristallwachstums durch Fe oder seltene Alkalimetalle ersetzt werden. M. Hähnert 380◇

0641 **Pyritkügelchen in den silurischen Schiefern von Belgien.** F. Corin. (Bull. Soc. belge Géol., Paléontol. Hydrol. **71**, 507–14, 1962; franz.) — Die Pyritkügelchen in den Schiefern sind radialstrahlige Gebilde mit 2–10 μ, maximal bis 170 μ, die wahrscheinlich durch organ. Rkk. entstanden sind u. sich in bestimmten Schichten des Schiefers angereichert haben. Ihre Struktur ist himbeerartig aufgebaut. F. Ensslin 380◇

0642 **Riesenspiralen auf Pyrit-Oberflächen.** Ss. A. Borodin. (Schr. mineralog. Allunions-Ges. [UdSSR] [2] **92**, 341–43, 1963; Moskau, Akad. der Wiss. der UdSSR, Vernadsky-Inst. für Geochem. u. anal. Chem.; russ.) — Bei den beobachteten spiralförmigen Gebilden auf Oktaeder-Flächen von Pyrit handelt es sich offenbar nicht um Lösungserscheinungen, sondern um Wachstumsformen. H. Kelch 380◇

0643 **Pyroaurit aus Kimberliten von Jakutien.** W. Ss. Rowscha und Ss. I. Futergendler. (Schr. mineralog. Allunions-Ges. [UdSSR] [2] **92**, 354–59, 1963; russ.) — Pyroaurit (I) u. *Sjögrenit* (II) sind dimorphe Mineralabarten mit gleicher chem. Zus.; I entspricht $Mg_{18}Fe_6^{3+} \cdot (OH)_{48}(CO_3)_3 \cdot 12H_2O$ u. krist. trigonal mit a = 6,19, c = 46,54, N_o = 1,564 ± 0,003, N_e = 1,543 ± 0,003; II entspricht $Mg_6Fe_2^{3+}(OH)_{16}CO_3 \cdot 4H_2O$ u. ist hexagonal mit a = 6,20, c = 15,57, N_o = 1,573 ± 0,003, N_e = 1,550 ± 0,003. I wird in Kimberliten plättchenförmig bzw. asbestartig in Form faseriger Aggregate gefunden. Die Brechungsindices N_o bzw. N_e variieren bei beiden Arten u. betragen für faserige Aggregate 1,560–1,565; 1,545 u. für plättchenförmigen I 1,567–1,570; 1,538–1,540. DTA-Aufnahmen u. Röntgen-Unterss. zeigen für beide Abarten von I nur unbedeutende Unterschiede. H. Kelch 380◇

0644 **Röhrenachat und seine Bildungsbedingungen.** B. N. Scharonow. (Schr. mineralog. Allunions-Ges. [UdSSR] [2] **92**, 281–91, 1963; Leningrad, Bergbau-Inst., Lehrst. für Geol. der Lagerstätten u. Mineralverwert.; russ.) — Kieselsäureabscheidungen in Hohlräumen mit nachfolgender Dehydration u. Vol.-Verringerung führte zur Bldg. verschiedener Achatformen. Rekristallisation ergab mannigfaltige Strukturen. Einige Fakten für die direkte Chalcedon-Kristallisation in Form faseriger Aggregate werden angeführt. H. Kelch 380◇

0645 **Orientierte Pseudomorphosen des Rutils nach Ilmenit.** K. P. Janulow und I. W. Tschulkowa. (Ber. Akad. Wiss. UdSSR **140**, 215–17, 1961; Komi, Zweigstelle der Akad. der Wiss. der UdSSR, Geol. Inst.; russ.) — Bei der Unters. der mineralog. Zus. von Leukoxenen wurden Pseudomorphosen von Rutil nach Ilmenit beobachtet. Die Orientierung ist: [001]//[10$\bar{1}$0]

u. {100}//{0001}. Der Vorgang wird als eine diffusive Abtrennung von Fe^{2+}-Ionen unter Erhaltung des Gitters angesehen. Als Zwischenstadium wird ein Ilmenit mit Defektstruktur angenommen. Als Beweis gilt der Unterschied zwischen gemessener (~ 3,3 g/cm³) u. röntgenograph. ermittelter (4,26 g/cm³) Dichte. Danach bestehen die Pseudomorphosen zu rund 1/4 aus Mikroporen mit Dimensionen in Gitterbereichen.
H.-J. Bautsch 380□

0646 **Sepiolith aus Kungur-Sedimenten der Kama-Region.** N. P. Starkow. (Schr. mineralog. Allunions-Ges. [UdSSR] [2] **92, 479–84, 1963**; russ.) — Wachsähnliche Stoffe carbonat. Ablagerungen des unteren Perm wurden als Mg-Silicate, einem Gemisch aus α- u. β-Sepiolith bestimmt. Chem. Zus. (in Gew.-%): SiO_2 50,23; Al_2O_3 5,19; MgO 20,73; CaO 0,69; H_2O^+ 9,88; H_2O^- 13,52. Das mol. Verhältnis $RO:SiO_2:H_2O^+$ = 1:1,57:1,03 entspricht fast dem theoret. Verhältnis 1:1,5:1. Kristallchem. Formel: $(Ca_{0,06}Al_{0,47}Mg_{2,42})_{2,95}\cdot(Si_{3,91}O_{10})(OH)_2$ 5,07 H_2O. Das Fehlen exotherm. Effekte ist auf Carbonat-Beimengungen zurückzuführen. Bei 770–790° erfolgt die Zerstörung des Gitters. Ein exothermer Effekt bei 420° entspricht der Verbrennung organ. Stoffe. Da Sepiolith Dolomit-Oolithe, Gips u. Anhydrit zementiert, kann auf eine diagenet. Herkunft geschlossen werden. Sedimentation erfolgte im ariden Klima mit freier Kieselsäure in den Lösungen.
H. Kelch 380◇

0647 **Bemerkung über das Vorkommen von Siderit in dem Diestien der Campine.** H. Jans und P. van Calster. (Bull. Soc. belge Géol., Paléontol. Hydrol. **71**, 545–50, 1962; franz.) — Bei Westerlo wurden bei einer Bohrung im Diestien Glaukonitsande mit Korngrößen von 50 bis 175 μ gefördert, die neben 40% *Glaukonit* als Schwermineralien *Granat, Turmalin* u. Epidot enthalten. Daneben treten reichlich Sideritkörner, die mit einer Verwitterungsschicht von *Limonit* umgeben sind, auf.
F. Ensslin 380◇

0648 **Strontiumbaryt-Adern aus dem südwestlichen Donezbecken.** Ss. W. Netschajew. (Schr. mineralog. Allunions-Ges. [UdSSR] [2] **92**, 363–65, 1963; Kirower Exped. des Ministeriums für Geol. u. Schutz von Mineralvork. der UdSSR; russ.) — Baryt mit bedeutendem Sr-Geh. (I) bildete sich im Endstadium breiter hydrothermaler Mineralisation. I besitzt gerade Auslöschung; ist opt. 2achsig positiv; $N_g = 1,643 \pm 0,002$, $N_p = 1,631 \pm 0,002$, Spezif. Gew. 4,465. Die endotherm. Effekte der DTA-Kurven liegen bedeutend tiefer als die vom reinen Baryt. Chem., spektralanalyt. u. röntgenograph. Unterss. bestätigen die Existenz der isomorphen Reihe Baryt–Coelestin in der Natur.
H. Kelch 380◇

0649 **Gediegen Wismut, das sich aus varistischen Gängen nach Einwirkung tertiärer Basalte ablagerte.** Ju. M. Dymkow. (Schr. mineralog. Allunions-Ges. [UdSSR] [2] **92**, 334–41, 1963; russ.) — Morphologie u. Struktur der Bi-Abscheidungen zeugen von Bldg. aus schmelzfl. Lösungen. Die Einw. hoher Temp. mittels hydrotherm. postbasalt. kohlensaurer Lsgg. begünstigte diese Bildungen.
H. Kelch 380◇

0650 **Über Zinnober-Kristalle der Tib-Lagerstätte (Kaukasus).** N. N. Mosgowa und N. G. Demidowa. (Schr. mineralog. Allunions-Ges. [UdSSR] [2] **92**, 348–51, 1963; russ.) — Pseudohexagonale Zinnober-Kristalle fand man im Dickit vorwiegend in Rißzonen der Erzgänge, die im Kieselschiefer auftreten. Neben säulenförmigen Kristallen wurden pseudodipyramidale Kristalle beobachtet. Gesetzmäßige Zwillinge nach {10$\bar{1}$2} sind häufig. Es wird auf die Abhängigkeit des Habitus von den Bldg.-Bedingungen hingewiesen.
H. Kelch 380◇

0651 **Ein neuer Zinnober-Kristalltyp der Nikitow-Lagerstätte.** B. Ss. Panow. (Schr. mineralog. Allunions-Ges. [UdSSR] [2] **92**, 351–52, 1963; Donezer polytechn. Inst.; russ.) — Nach der Z-Achse gestreckte, prismat. Kristalle hexagonaler Formen werden beschrieben. Spektralanalyt. konnten folgende Beimengungen beobachtet werden: Fe, Mg, Pb, Ti, Ga, Cu, Bi, Sb u. a. Beimengungen von Seltenerdmetallen sind nur für neue Zinnobergenerationen der Lagerstätte charakteristisch.
H. Kelch 380◇

0652 **Ein zweiter Fund von Calciumuranylmolybdat in der UdSSR.** O. W. Fedorow. (Schr. mineralog. Allunions-Ges. [UdSSR] [2] **92**, 464–65, 1963; russ.) — In oberflächennahen Teilen einer Oxydationszone fand man zwei Typen dieses Minerals in Assoziation mit Uranophan bzw. mit Uranospinit. Es ist opt. zweiachsig negativ mit gerader Auslöschung, $N_g = 1,856 - 1,863$; $N_m = 1,816 - 1,827$; $N_p = 1,770$; $N_g - N_p = 0,089$. Nach der chem. Analyse ergab sich folgende Zus.: $Ca(UO_2)_3[MoO_4]_3(OH)_2\cdot 11H_2O$. Alle Angaben stimmen bis auf höhere Wassergeh. mit dem früher beschriebenen Mineral überein.
H. Kelch 380◇

0653 **Wismutminerale in Kupfer–Pyrrhotin-Erzen vom Kasbegsk-Bezirk.** S. W. Otchmesuri. (Mitt. Akad. Wiss. GrusinSSR **30**, 171–74, 1963; Tblissi, Grusin. Akad. der Wiss., Geol. Inst.; russ.) — Bei Unterss. der Kupfer–Pyrrhotin-Erze, bes. auf den Geh. an seltenen Mineralen wurden folgende Bi-Minerale nachgewiesen: *Bismuthin* als kleine Kriställchen an der Korngrenze von Chalkopyrit u. Pyrrhotin, gediegen *Bi* sowie *Klaprotolith* in geringster Menge mit Cubanit u. Chalkopyrit u. *Wittichenit* auf Pyrit u. Chalkopyrit. Die Minerale werden kurz nach opt. Eigg. u. Habitus charakterisiert.
Iris Berger 380◇

0654 **Mineralogische und paragenetische Untersuchungen an einigen Sulfiden des Kobalts und Nickels.** Arthur Grimmer. (Bergakademie [Freiberg] **14**, 296–302, 1962; Freiberg, Bergakad., Inst. für Miner. u. Lagerstättenlehre; dt.) — In den metamorph veränderten Sedimenten der Katangaserie kommen Kobaltpyrite ohne Ni mit 19,4 bis 20,5% Co als homogene Mischkristalle vor, die ähnlich wie Magnetkies aussehen. Paragenet. Begleitmineralien sind *Carrollit, Bravoit, Cattierit, Pyrit, Bornit* u. *Neodigenit*. Daneben tritt eine Kupfervererzung auf. In dem nicht gefalteten Sediment tritt das Co nur im Carrollit u. untergeordnet im Bravoit u. Linneit auf. In Carrollit schwankt das Verhältnis Cu : Co sehr stark (19–40% Co). Manche Kristalle enthalten nur 0,5–8% Cu, also prakt. Linneit. Unter dem Einfl. der Dynamometamorphose entsteht aus diesem Kobaltpyrit u. Cattierit. Der Bravoit in der Pyritzone dürfte durch die Verwitterung von Co- u. Ni-Mineralien entstanden sein. Der Vaesit (NiS_2) mit 43,8–44,3% Ni enthält nur 0,3–0,35% Fe, 0,1–0,4% Cu u. Spuren von Co.
F. Ensslin 380◇

0655 **Über Mineralien der Natrolith-Gruppe.** N. W. Logwinenko, L. I. Karjakin, M. G. Berger und G. I. Kulessko. (Schr. mineralog. Allunions-Ges. [UdSSR] [2] **92**, 269–80, 1963; Charkow, Univ.; Ukrain. Forsch.-Inst. für feuerfeste Stoffe; russ.) — Natrolith, Mesolith u. Skolezit verschiedener Lagerstätten wurden vorwiegend hinsichtlich ihrer unterschiedlichen Wassergeh. untersucht. Skolezit u. Mesolith geben bis 300–350° W. mit zeolith. Charakter; bei 350–500° Kristallwasser u. bei Temp. > 500°C Konstitutionswasser ab. Natrolith gibt bei 300–450° zeolith. u. Hydrat-Wasser ab. Als Formel wird angegeben für Mesolith $Na_2Ca_2(OH)_2\cdot[Al_2Si_3O_{10}]_3\cdot 6H_2O$; für Skolezit $Ca_3(OH)_2[Al_2Si_3O_{10}]_2\cdot 4H_2O$. Es werden die möglichen kristallchem. Bindungen der OH-Gruppen in Skolezit u. Natrolith diskutiert. Obwohl alle Strukturen ähnlich sind, besteht keine direkte Beziehung zwischen ihnen. Deshalb ist Isomorphie in der Reihe Natrolith–Skolezit auch nicht möglich.
H. Kelch 380◇

0656 **Umfassende Untersuchung einiger Mineralstoffe.** M. I. Kuadshe. (Nachr. Akad. Wiss. UdSSR, Abt. chem. Wiss. **1962**, 948–59; Inst. für Geol. u. brennbare Mineralien der Akad. der Wiss. der UdSSR; russ.) — Vf. berichtet über die Unters. einer größeren Reihe von natürlichen Alumosilicaten (Kaolinite, Halloysite, Montmorillonite, Monothermite, Askangele, Gumbrin, Giliabit, Beidellit, Nontronit, Diatomite u. a. unbezeichnete Ton- u. Lehmminerale) sowjet. Fundorte. Mitgeteilt werden Dichte, Quellvermögen in W., pH-Werte des wss. Auszugs, analyt. Zus., Aufheizkurven u. elektronenmikr. Aufnahmen. Außerdem wurden die katalyt. Eigg. dieser Stoffe im natürlichen u. im aktivierten Zustand (Benzinisomerisation, Cumolcrackung, Umwandlung von $C_2H_5\cdot OH$) untersucht.
H. Jäger 380◇

0657 **Über neuaufgeschlossene mineralisierte Verwerfungen im Gebiet des nordwestlichen Geraer Vorsprungs.** Peter Krüger. (Bergakademie [Freiberg] **14,** 286—88, 1962; Freiberg, Bergakad., Inst. für Miner. u. Lagerstättenlehre; dt.) — In den Verwerfungen von jungpaläozoischen Schichten des Oberrotliegenden gegen Konglomerate, Kalke u. Mergel des Unteren Zechensteins treten Vererzungen auf, die außer *Baryt* u. *Kalkspat, Chalkosin,* 2 Generationen *Kupferkies, Bornit* u. *Neodigenit,* sowie als Verwitterungsprodd. der Oxydationszone *Malachit, Kupferlasur, Limonit* u. *Mn-Oxide* enthalten. F. Ensslin 380◇

0658 **Titanhaltige Ablagerungen in Süd-Texas.** A. D. Hahn, W. C. Miller und M. M. Fine. (U. S. Dep. Interior, Bur. Mines, Rep. Invest. **1961,** Nr. 5712, 1—84; Bartlesville, Okla.; Rolla, Mo.; Minneapolis, Minn., Bur. of Mines; engl.) — Durch die Unters. der Ilmenit-haltigen Sande in Süd-Texas zur Ermittlung der potentiellen Ti-Reserven u. der erzielbaren Konzentrate von *Ilmenit, Zirkon* u. *Monazit* wurde festgestellt, daß die Titanhaltigen Schichten Sandsteinglieder der Jackson-Gruppe eozäner Formationen darstellen, die das Liegende der Golfküstenebene bilden. R. F. Haar 380◇

0659 **Schwermineralien und Zirkon in dem „Gairome-Ton".** Kiyoshi Morita und Kenichi Fukuo. (Rep. Government ind. Res. Inst., Nagoya **9,** 390—401, 1960; jap., Auszug: engl.) — Die Ton-Vork. in Fujioka u. Akazu sind die bekanntesten „Gairome-Tone" Japans. Mkr. u. röntgenograph. wurde 8—9% Zirkon nachgewiesen. Da der Zirkon von der gleichen Qualität ist wie im angrenzenden Granit wird angenommen, daß der Ton durch Verwitterung des Granits entstanden ist. F. Ensslin 380◇

0660 **Über die Sulfidvererzung in den Zinklagerstätten von Vihanti, Finnland.** Aimo K. Mikkola. (Bull. Commiss. géol. Finlande **1963,** Nr. 205, 1—44; Helsinki, Inst. of Technol.; engl.) — Die Erze liegen in einer kleinen Schieferschicht, die von jungen Graniten umgeben ist. Sie bilden mehrere Erzkörper, die in 2 Typen eingeteilt werden. Die erste besteht vorwiegend aus *Pyrit* u. *Pyrrhotin,* der letztere aus den Zn–Cu-Erzen mit *Zinkblende,* etwas *Kupferkies* u. *Bleiglanz,* sowie Pyrit, Pyrrhotin, *Tetraedrit, Gudmundit,* Sulfosalzen u. *Pyrargyrit.* As-haltige Mineralien sind *Arsenkies, Tennantit* u. *Niccolit.* Weitere Cu-Mineralien sind *Cubanit, Valleriit* u. *Bornit.* Die Erze sind später gefaltet worden u. teilweise rekristallisiert, teilweise zertrümmert. Aus der Bleichung des Nebengesteins, dem Vork. von Turmalin, Baryt u. Apatit wird auf eine hydrothermale Entstehung geschlossen. F. Ensslin 380◇

0661 **Die Blei–Zink–Kupfer-Lagerstätten von Buchans, Mittel-Neufundland. (Kritische Anmerkungen zu der Arbeit von E. A. Swanson und R. L. Brown und Versuch einer Umdeutung der Genese).** Gerh. Anger. (Neues Jb. Mineralog., Mh. **1963,** 126—36, Clausthal, Bergakad., Inst. für Mineral., Petrogr. u. Lagerstättenk.; dt.) — Aus den Daten von Swanson u. Brown (Canad. Mining metallurg. Bull. **55,** [1962], 618) über die Lagerstätten des Buchans-Gebietes geht beim Vgl. mit den deutschen u. norweg. Schwefelkieslagern hervor, daß diese in die Gruppe der marinen hydrothermalen Lagertypen von der Art Rammelsberg-Meggen-Mt.-Isa einzuordnen sind. F. Ensslin 380◇

0662 **Blei- und kupferführende Sandsteinerze in der Umgebung des Berges Isdremec (Nordwestbalkan).** Johannes Rentzsch. (Bergakademie [Freiberg] **14,** 288—95, 1962; Freiberg, Bergakad., Inst. für Miner. u. Lagerstättenlehre; dt.) — Die Stratigraphie u. die Tektonik der paläozoischen Diabas-Phyllitoid-Formation u. der untertriass. u. unterliass. Sandsteine mit ihrer Pb–Cu-Vererzung wird beschrieben. Die Vererzung besteht neben *Quarz* aus *Bleiglanz, Kupferkies, Zinkblende, Pyrit, Markasit, Siegenit, Haematit, Bornit, Neodigenit, Chalkosin* u. *Stromeyrit.* In den Sandsteinen fehlt Zinkblende, dafür wurde *Covellin* gefunden. Diskussion der Bildungsmöglichkeiten. F. Ensslin 380◇

0663 **Beobachtungen über die Primärstruktur und Chromerzmineralbildung im ultrabasischen Massiv von Librazyd-Pogradec.** Petro Çili. (Bul. Univ. Shtetëror Tiranës, Ser. Shkencat Natyrore [Bull. Inst. Sci. Tirana, Sér. Sci. natur.] **1960,** Nr. 1, 10—20; alb., Auszug: franz.) — Die ultrabas. Gesteine des Massivs von Shebenik bestehen aus Peridotiten mit Gängen von Chromiten parallel zu dem Streichen der Gesteine. Bei der Erstarrung des Magmas kam es zu Spannungsrissen, in die das Cr-reiche Restmagma eindrang u. unter Kristallisation eine weitere Erzgruppe schuf. F. Ensslin 380◇

0664 **Die Bohnerz-Funde in den Tiefbohrungen von Limberg (Küsnacht, Kt. Zürich) und Eglisau II.** Willfried Epprecht (unter Mitarbeit von Ulrich Büchi, Franz Hofmann und Theodor Hügi). (Schweiz. mineralog. petrogr. Mitt. **43,** 313—38, 1963; Zürich, Neuhausen u. Bern; dt.) — Die Bohrung Limberg traf unter Süßwassermolasse in den Wangenerkalken autochthones Bohnerz aus Haematit- u. Goethit-Bohnen u. -Knollen in einem Bohnerzton aus dunkelroter bis violetter Kaolinit-Haematitmasse. Mkr. Unters. ergab nicht geschichtete u. geschichtete ockergelbe Knollen u. Bohnen von Goethit mit Kaolinit u. gelartige Knollen von Haematit. Neben anderen Spurenelementen sind 360 (ppm) Cr, 75 Nb, 130 Ni, 60 Pb, 410 Sr, 6750 Ti, 260 Y u. 470 Zr bemerkenswert. Das Vork. von Eglisau ist nicht autochthon, sondern aufgearbeiteter, bohnerzhaltiger Malmkalk. Es enthält vornehmlich ockerfarbene Goethit-Kaolinitbohnen, in geschichteter u. ungeschichteter Form. F. Ensslin 380◇

0665 **Anwendung der Thermoluminescenz in der Geologie.** Ronald Chessex. (Bull. Soc. vaudoise Sci. natur. **68,** 1—13, 1962; Lausanne, Univ.; franz.) — Übersicht über Ursachen der Thermoluminescenz u. ihre Messung (visuell, spektral, Aufnahme der Intensität der Glowkurve). In der Geologie kann dieses Verf. in der Stratigraphie zur Charakterisierung einer Formation, zur Erkennung des Beginnes u. des Endes einer Abscheidung, zur Unterscheidung von Kalkschichten u. zur Feststellung von Erosionsschichten verwendet werden. Ebenso kann es die Alterbest. wesentlich erleichtern. F. Ensslin 382◇

0666 **Luminophore und Radioisotope im Dienste der Küstenforschung.** Helmut Griesseier. (Forsch. u. Fortschr. **36,** 326—30, 1962; Berlin; dt.) — Beschreibung und Anwendungsmöglichkeit der radioakt. Meth. (C. **1963,** 5403) zum Studium litoraler Materialbewegungen. Als Leuchtstoffe werden verwendet: Anthracen, Tetracen, Phenanthren, Blaugrün F, Gelb F, Orange F, Gelbgrün F. Als Binde- u. Lsgm. dienen bei der Luminophoren-Meth.: Wasserglas, Nitrokombilack, Polystyrol, Zaponlack, Geiseltallack, Agar–Agar, Knochenleim, Stärke. Bei der radioakt. Meth. gelangen zur Anwendung: ^{198}Au, ^{140}Ba, ^{140}La, ^{32}P, ^{86}Rb, ^{51}Cr, ^{59}Fe, ^{58}Co, ^{192}Ir, ^{46}Sc, ^{182}Ta, ^{65}Zn, ^{110}Ag. I. Zoll 382◇

0667 **Geologie und Geochronologie der Seychellen-Inseln und die Struktur des Bodens des arabischen Meeres.** B. H. Baker und J. A. Miller. (Nature [London] **199,** 346—48, 1963; Nairobi, Kenya, Geol. Surv.; Cambridge, Univ., Dep. of Geodesy and Geophys.; engl.) — Während die Mehrzahl der Inseln aus Korallenatollen bestehen, besteht die Mahé-Praslingruppe aus präkambr. Hornblendegraniten, die Inseln aus porphyrit. Metadoleriten u. Epidoleriten präkambr. Alters u. Olivin-Alkalidoleriten tert. Alters enthalten. Auf der Silhouette-Insel treten tert. Syenite, Diorite u. Mikrogranite auf. F. Ensslin 382◇

0668 **Gedanken über die Klassifikation der Kalksteine.** Bernard Mamet. (Bull. Soc. belge Géol., Paléontol. Hydrol **70,** 48—64, 1961; franz.) — Die Kalksteine werden nach contemporärer Zementation, sek. Zementation, diagenet. Umkristallisation u. nach Dolomitisierung klassifiziert. Als weitere Merkmale der Klassifizierung werden Trümmergesteinsanteil, Anteil an makrokrist. u. mikrokrist. Calcit, Charakter der biolog. Entstehung u. Größe der Trümmerbeimengungen ausgewertet. R. F. Haar 385◇

0669 **Differentiation von basaltischen Gesteinen.** Brewster Baldwin. (Science [Washington] **132,** 48, 1960; Middlebury, Vt., Middlebury Coll., Dep. of Geol. and Geography; engl.) — Vgl. Walton, C. **1963,** 16494. — Auch

Sedimente, wenn sie unter Bedingungen von hohen Temp. u. Drücken gelangen, sind sehr reaktionsfähig u. können zur Bldg. von Graniten führen, obwohl das Ausgangsmaterial ein basalt. Magma darstellt.
F. Ensslin 385◇

0670 **Über das Diabasvorkommen von Mellenbach im Schwarzburger Sattel (Thüringen).** Rudolf Voigt. (Neues Jb. Geol. Paläontol., Abh. **116,** 255—68, 1963; Aachen, TH, Forschungsstelle für regionale u. angew. Geol.; dt.) — Das neu kartierte Diabasvork. besteht aus einer älteren Intrusion, die auf einer in der Schieferungsebene gelegenen Spalte aufstieg u. seitwärts in den flach einfallenden Phykodenschiefer abbog. Der jüngere Diabas blieb in der Schieferspalte u. durchdrang teilweise den älteren unter Breccienbildung. Beide sind durch intensive Verformung sowohl strukturell als auch chem. umgewandelt. Die Pyroxene sind uralitisiert, die Plagioklase albitisiert u. die TiO_2-haltigen Erze in Leukoxen verwandelt. Die Verformung war am stärksten in den geringmächtigen Gängen, in denen Albit, Chlorit u. Calcit vorherrschen. F. Ensslin 385◇

0671 **Charnockite und Granulite in dem Südsockel des französischen Zentralmassivs.** Robert Brousse. (C. R. hebd. Séances Acad. Sci. **254,** 328—30, 1962; Paris, Sorbonne, Labor. de Petrographie; franz.) — In den Lavenkanälen, die mit Basalt der späteren Eruptionen ausgefüllt sind, treten Einschlüsse von Charnockit u. Granulit auf, die aus dem tiefen Untergrund von dem basalt. Magma mit hochgerissen wurden u. aus krist. Schiefern entstanden sind. Es treten Granat-, Granat-Sillimanit- u. Granat-Rutil-Granulite, sowie Granat-Hypersthen- u. Hypersthen-Charnockite auf.
F. Ensslin 385◇

0672 **Die Differentiation und Metamorphose der Dolerite West-Norwegens.** Tore Gjelsvik. (Kgl. norske Vidensk. Selsk., Skr. **1960,** Nr. 3, 1—11; engl.) — Die Dolerite West-Norwegens sind homogene Gesteine, die als troctolyt. Dolerite mit *Olivin* u. *Plagioklas* als Haupt- u. *Augit* als Nebenbestandteil, als Olivindolerite mit überwiegendem Plagioklasanteil, Augit u. Olivin, sowie als olivinfreie Dolerite mit Plagioklas, Augit u. kleineren Anteilen Hypersthen vorkommen. Der metamorphe Charakter der Dolerite kann durch die Theorie der gleichzeitigen Rekristallisation u. Metamorphose von H. Carstens nicht besser erklärt werden als durch die Theorie der Regionalmetamorphose. R. F. Haar 385◇

0673 **Über das Auftreten von Nephelinsyenit im mittleren Dnepr-Gebiet.** I. D. Zarowski und O. D. Timoschenko. (Schr. mineralog. Allunions-Ges. [UdSSR] [2] **92,** 474—76, 1963; russ.) — Die Hauptabart dieser ersten Funde nephelinhaltiger Gesteine sind Amphibol-Foyaite. Alle anderen Abarten können aus Gemischen von Foyaiten u. grobkörnigen Syeniten abgeleitet werden. Foyaite enthalten folgende Hauptminerale: Mikroklinperthit, Nephelin, Amphibol, Biotit u. Fluorit. Gesteine der Syenitformation gehören dem Vordevon an u. sind nach der Best. des abs. Alters 1200—1500 Mill. Jahre alt.
H. Kelch 385◇

0674 **Ngurumanit, ein neuer hypabyssischer, alkalischer Gesteinstyp von Kenia.** E. P. Saggerson und L. A. J. Williams. (Nature [London] **199,** 479, 1963; Nairobi, Geol. Surv. of Kenya; engl.) — Die Unters. von kleinen alkal. Intrusionen in Laven des Oberen Tertiär des Nguruman Escarpment, 70 Meilen südwestlich von Nairobi, führt zur Entdeckung eines neuen Gesteinstyps, Ngurumanit. Das mittel- bis grobkörnige Gestein enthält viel Pyroxen u. gealterten Nephelin u. gleicht in gewisser Weise einigen Melteigiten.
Ernst Schulte 385◇

0675 **Die räumlichen Beziehungen zwischen den Pegmatiten und Graniten in Zentralafrika und Madagaskar.** Nicolas Varlamoff. (Bull. Soc. géol. France [7] **11,** 711—22, 1961; franz.) — Nach ihrer Vergesellschaftung werden zwei Typen von Pegmatiten mit unterschiedlicher Genese unterschieden. R. F. Haar 385◇

0676 **Die präkambrischen Granite von Madagaskar.** Léon Delbos. (Bull. Soc. géol. France [7] **11,** 790—95, **1961**; Serv. géol. Madagaskar; franz.) — Vf. unterscheidet nach Formation, petrograph. u. chem. Zus. u. Geochronologie zwischen stratoiden Graniten, reich an Orthit, entstanden vor $550 \cdot 10^6$ Jahren, Graniten des Ambatofinandrahana-Vavavato-Komplexes, metamorphe Entstehung vor $1100 \cdot 10^6$ Jahren, u. Graniten der Anosyennes-Kette, entstanden vor $900 \cdot 10^6$ Jahren aus Plagioklasen. R. F. Haar 385◇

0677 **Petrographie und Genese der Green Beds of Chui Hill, Jabalpur, M. P.** Sukomal Kumar Chanda. (Sci. and Cult. **26,** 236—38, 1960; Calcutta, Jadavpur Univ., Dep. of Geol. Sci.; engl.) — Die etwa 30 ft. starke Grünsandsteinschicht stellt das Liegende der Lametta Beds dar u. ist mit Carbonaten durchsetzt. Darin auftretende Calcite, Glaukonite u. Mikrostylolithe deuten nach mineralog. Unterss. auf die Entstehung dieser Schichten aus kontinentalen Schelfs während einer Periode tekton. Ruhe hin. R.-G. Kaiser 385◇

0678 **Glaukophanführende, metamorphe Gesteinstypen des Cazaderogebiets, Kalifornien.** R. G. Coleman und D. E. Lee. (J. Petrology **4,** 260—301, 1963; Menlo Park, Calif., U. S. Geol. Surv.; engl.) — Vgl. C. **1964,** 6/7-0649. — Aus Basalten u. Sedimenten sind ohne Stoffwanderung durch Metamorphose 3 Typen von glaukophanführenden Schiefern entstanden. Die 3 Typen unterscheiden sich nach dem Grad der Metamorphose innerhalb der Glaukophanschieferzone. F. Ensslin 385◇

0679 **Bodensedimente der Antarktis.** A. P. Lisitzin. (Nat. Acad. Sci.-Nat. Res. Council, Publ. Nr. **1036,** 81—88, 1962; Moskau, Akad. der Wiss. der UdSSR, Ozeanolog. Inst.; engl.) — Über 400 Bodensedimente aus dem antarkt. Meer wurden kartiert u. chem. untersucht. Außerdem werden dem Meeresboden bis 16 m lange Bohrproben entnommen. Es wird unterschieden zwischen Sedimenten aus Gestein u. organ. Sedimenten, die in solche aus SiO_2 reichen Diatomeen u. als kalkigen Foraminiferen unterteilt werden. Angabe von Analysenwerten. F. Ensslin 385◇

0680 **Beiträge zur Petrologie der Basalte von Hawaii.** 2. Mitt. **Die tholeiitischen Basalte von Mauna Loa und Kilauea.** I. D. Muir und C. E. Tilley. (Amer. J. Sci. **261,** 111—28, 1963; Cambridge, England, Univ., Dep. of Miner. and Petrology; engl.) — 1. vgl. C. **1958,** 7409. — Es werden eine große Anzahl neuer Analysen von prähistor. bis zu den jüngsten Laven (1921) u. der in ihnen enthaltenen Pyroxene angegeben. Daraus läßt sich eine deutliche Neigung zur Pyroxenfraktionierung erkennen. Mit zunehmender Kristallisation des Magmas tritt eine begrenzte Anreicherung der Geh. an Fe u. Alkalimetallen in der Restschmelze ein. F. Ensslin 386◇

0681 **Der Vulkan der Insel Matthew (Neue Hebriden).** Jean-Marcel Remy. (C. R. hebd. Séances Acad. Sci. **257,** 198—200, 1963; Montpellier, Fac. des Sci.; franz.) — Die Insel besteht aus Andesiten aus 3 zeitlich verschiedenen vulkan. Phasen. Der Hypersthen-Augit-Andesit enthält zonar gebaute grobe Plagioklase mit feinen Einschlüssen von Klinopyroxen sowie abgerundete Hypersthene u. etwas korrodierte Augite. Die Hauptmasse ist feinkörniger Plagioklas mit 55—30% Anorthit u. Glas. Analysen des Gesteins. F. Ensslin 386◇

0682 **Die Konzentration kosmischer Kügelchen in Sedimenten als Maßstab für deren Bildungsgeschwindigkeit.** Karl Utech. (Neues Jb. Geol. Paläontol., Abh. **116,** 325—33, 1963; Braunschweig, T. H., Inst. für Geol. u. Miner.; dt.) — Von den Meteoriten haben sich während des ganzen Erdalters beim Eintritt in die Luftatmorsphäre der Erde unter Aufglühen Stoffteilchen abgetrennt, die in Form von angeschmolzenen Kügelchen in Sedimente eingebaut wurden u. die Zus. der Steinmeteorite oder der Meteoreisen besitzen. Beschreibung der Isolierungsmethoden. Unter der Annahme, daß die Menge zeitlich konst. war, kann aus der Häufigkeit in den Sedimenten auf die Sedimentationsgeschw. der einzelnen Sedimente geschlossen werden. F. Ensslin 388◇

0683 **Die Eismenge auf dem Planeten Erde.** Edward C. Thiel. (Nat. Acad. Sci.-Nat. Res. Council, Publ. Nr. **1036,** 172—75, 1962; Minneapolis, Minn., Univ., School of Mines and Metallurg.; engl.) — Die Vermessung der Eisflächen in Verbindung mit seism. Dickenmessungen ergab eine Eismenge auf der Erde von 26,7 · 10^6 km³ entsprechend 24 · 10^6 km³ W., von denen 89,4% in der Antarktis liegen. Die Wassermenge würde ausreichen den Meeresspiegel um 66,3 m zu erhöhen. F. Ensslin 393◇

0684 **Illit in den Ablagerungen des Atlantischen Ozeans.** W. A. Jeroschtschew-Schak. (Ber. Akad. Wiss. UdSSR **137**, 951—53, 1961; Meereshydrophysikal. Inst. der Akad. der Wiss. der UdSSR; russ.) — Röntgenograph. u. DTA-Unters. der Fraktion < 1 μm u. Darst. der regionalen Beteiligung des Illits an der Zus. der marinen Ablagerungen des Atlantischen Ozeans. H.-J. Bautsch 393□

0685 **Mangan im Wasser des Schwarzen Meeres.** W. W. Mokijewskaja. (Ber. Akad. Wiss. UdSSR **137**, 1445 bis 1447, 1961; Akad. der Wiss. der UdSSR; Inst. für Ozeanologie; russ.) — Der Gesamt-Geh. an Mn kann bis 0,5 mg/Liter betragen, was einem Anreicherungsfaktor von z. T. über 100 entspricht. Eine Abhängigkeit des Mn-Geh. von der Tiefe ist kennzeichnend. In größeren Tiefen (500—1500 m) ist der Mn-Geh. gewöhnlich am höchsten. Die starke Mn-Anreicherung mit zunehmender Tiefe wird bes. deutlich aus dem Verhältnis Mn:Fe. In den oberen Regionen ist es 1:6 (gegenüber 1:10 in den Ozeanen), kann aber in größeren Tiefen bis auf 6:1 ansteigen. H.-J. Bautsch 393□

0686 **Ein antarktischer Salzsee.** J. C. F. Tedrow, F. C. Ugolini und H. Janetschek. (New Zealand J. Sci. **6**, 150—56, 1963; New Brunswick, N. J., Rutgers Univ., Dep. of Soils; engl.) — Der Salzsee von South Fork, Wright Valley, Antarktis, enthält (bei einem pH-Wert von 5,1) 31,40% Salze, die aus 34,68% Ca, 60,60% Cl, 3,47% Na, geringen Mengen Li, Mg, K u. SO_4 bestehen. Der F. ist — 57 ± 2°. Das Salz wurde durch Verwitterung von Gesteinen unter kalten Wüstenbedingungen geliefert. Es muß dabei eine sehr starke Verdampfung stattgefunden haben. F. Ensslin 393◇

0687 **Beiträge zur Beurteilung der chemischen Verhältnisse des Donauwassers.** Zsuzsa T. Dvihally. (Hidrol. Közlöny [Z. Hydrol.] **43**, 268—71, 1963; Budapest, Ungar. Donauforsch.-Station; ung.) — Zwischen Wasserertrag u. dem Geh. an HCO_3^-, Cl^-, Ca^{2+}, Mg^{2+} u. der Gesamthärte besteht ein inverser korrelativer Zusammenhang. Die Strenge der Korrelation ist mit Ausnahme des Mg-Ions bei jedem Ion > —0,5. G. Csajághy 393△

0688 **Geochemische Untersuchung über Grubenwasser.** Rensaku Suzuki, Norihisa Hayakawa, Junzo Shimoiizaka, Shozō Miyasaka und Hayao Umetsu. (J. Mining metallurg. Inst. Japan **78**, 797—802, 1962; jap.) — Die Unters. der Wässer aus den Gruben von Kamikita u. Tatemata ergab, daß der pH-Wert der Lsgg. aus Pyriten, der zwischen 2,5 u. 4,5 schwankt, um so höher liegt, je höher die Bldg.-Temp. der Pyrite war, unabhängig vom gelösten S-Gehalt. Die Kupferkiese können in 2 Gruppen eingeteilt werden, solche die bei höherer Temp. entstanden sind, u. solche, die bei niedriger Temp. gebildet wurden. Nach der Löslichkeit in verd. H_2SO_4 u. der DTA sind die ersten leichter oxydierbar als die letzteren. Die Zus. der Grubenwässer hängt nicht nur von dem Mineralbestand der Erze u. des Nebengesteins ab, sondern auch vom chem. u. physikal. Verh. der Erzmineralien. F. Ensslin 393◇

0689 **Die Verteilung von organischen Säuren in Untergrundwässern.** N. T. Schabarowa. (Sowjet. Geol. **4**, Nr. 8, 83—97, 1961; Wiss. Allunionsforschungsinst. für geol. Erdölerkundung; russ., Auszug: engl.) — Die gelösten organ. Substanzen in Untergrundwässern bestehen bes. aus Salzen organ. Säuren (hauptsächlich Carbon-, Fettsäuren). Salze derartiger Säuren bilden in Cl-Ca-Wässern echte Lösungen. M. Hähnert 393□

0690 **Über Grundwässer vom Chlor-Calcium-Typ mit erhöhtem $CaSO_4$-Gehalt im Ural-Wolga-Gebiet.** Je. F. Stankewitsch. (Ber. Akad. Wiss. UdSSR **124**, 919—21, 1959; Geol. Inst. der Kasaner Zweigstelle der Akad. der Wiss. der UdSSR; russ.) — Bei Zusammenfassung der Daten zur Hydrochemie der unterird. Gewässer in der TatarSSR erwies es sich, daß Salzwässer vom Typ der $CaCl_2$-Wässer meist einen Geh. an $CaSO_4$ aufwiesen, der die Löslichkeit des $CaSO_4$ weit übersteigt. Vf. gibt an, daß NaCl die Löslichkeit des $CaSO_4$ um mehr als das 4fache steigert (0,853 g $CaSO_4$ in 100 ml Lsg. in Ggw. von 1,30 Mol NaCl/Liter). Na_2SO_4 senkt die Löslichkeit des $CaSO_4$ bis 1,4 g/Liter bei 16,36% NaCl-Lsgg., in Ggw. von 222,6 g NaCl/Liter lösen sich 2,6 g $CaSO_4$/Liter. $MgSO_4$ senkt die Löslichkeit des $CaSO_4$ auf 0,5 g/Liter. $MgCl_2$ steigert die $CaSO_4$-Löslichkeit. $CaCl_2$ senkt die Löslichkeit (1,3 g $CaSO_4$ in Ggw. von 7,3 g $CaCl_2$/Liter). Bei 50 bzw. 200 bzw. 280 g $CaCl_2$ je Liter sinkt die Löslichkeit des $CaSO_4$ auf 1,0 bzw. 0,5 bzw. 0,2 g $CaSO_4$/Liter. — Bei komplizierten Salz-Lsgg. läßt sich die Löslichkeit des $CaSO_4$ nicht mehr berechnen, da entsprechende Daten fehlen. Vf. gibt 24 Analysen von Wasserproben, die relativ hohe Mengen von $CaCl_2$ (0,4—26,2 g/Liter) enthalten. A. v. Wilpert 393□

0691 **Über die Herkunft und die Anreicherung von Salzen in dem Grundwasser und den Böden von Israel.** D. H. Yaalon. (Bull. Res. Council Israel, Sect. G. **11 G**, 105—31, 1963; Jerusalem, Univ., Dep. of Geol.; engl.) — Die Salze im Grundwasser u. in den Böden stammen vorwiegend aus durch Wind zugeführtem Meerwasser. Ihre Menge wird auf 100000 t NaCl/Jahr geschätzt. Beim Durchfluß durch die Böden findet ein Ionenaustausch unter gleichzeitiger Verwitterung statt. Das Maximum der Versalzung der Böden wechselt mit der Höhe des Grundwasserspiegels u. jahreszeitlich mit den Niederschlags- u. Verdunstungsmengen. Der aus Wüstensand gebildete Löß von Beersheba war ursprünglich nicht versalzt. Der heutige Salz-Geh. stellt ein Gleichgew. zwischen der durch die Luft zugeführten Salzmenge u. der ausgelaugten Menge dar. F. Ensslin 393◇

0692 **Neue Daten über Kohlendioxidquellen in Transbaikal.** W. M. Stepanow. (Sowjet. Geol. **4**, Nr. 8, 113—15, 1961; russ.) — Zusammenstellung neuerer (ab 1957) größerer CO_2-Quellen. Die chem. Zus. der CO_2-Wässer wird z. T. tabellar. wiedergegeben. Spektralanalyt. wird nachgewiesen, daß unter den weitverbreiteten Elementen (Si, Al, Ca, Mg, Fe usw.) in bemerkenswerten Mengen Ti (0,3%), Zn (0,1%), Cu u. Ba (0,03%) u. La (0,01%) vorhanden sind. M. Hähnert 393□

0693 **Über die Eisen(II)-Ionen in den warmen Quellen von Beppu.** Keisuke Tachibana. (Mem. Fac. Sci., Kyushu Univ., Ser. C **4**, 247—56, 1961; Kyushu Univ., Fac. of Sci., Dep. of Chem.; engl.) — Die Menge der Fe^{2+}-Ionen nimmt mit steigendem pH-Wert ab, bes. auf der bas. Seite. Es bestehen Korrelationen zwischen dem Fe^{2+}-Geh. u. dem Geh. an Gesamt-Fe, sowie dem Geh. an V, Cl^- u. Hydrogencarbonat. Keine Zusammenhänge konnten mit dem Geh. an Mn, Co u. SO_4^{2-} festgestellt werden. Ein Teil des Fe ist in dem W. als Fe^{3+} Ion oder in koll. Form vorhanden. In den einzelnen Quellen schwankt der Geh. an Fe sehr stark. F. Ensslin 393◇

0694 **Untersuchungen über die Radioaktivität der Luft und der Niederschläge.** Hubert Garrigue. (C. R. hebd. Séances Acad. Sci. **257**, 204—05, 1963; Orcine, Puy de Dôme, Observ. du sommet de Puy de Dôme; franz.) — Die β-Aktivität in den Ndd. auf dem Puy de Dôme in Curie/Liter schwankte im März bis Juni 1963 zwischen 20,8 · 10^{-10} (Regen) u. 162 · 10^{-10} (Firn). Die Staubteilchen eines Sonnenschirms aus den ersten 4 Monaten 1963 bestanden aus einem schwarzen Rückstand mit einer β-Aktivität von 25 · 10^{-11} Curie/m², Staub aus Fenstervorhängen desselben Zeitraums ergab 62 · 10^{-11} Curie/m². F. Ensslin 396◇

0695 **Radioaktive Stoffe in der Luft.** 7. Mitt. Yoshihiro Asano und Takeshi Kanki. (Sci. Rep., Coll. gen. Educat., Osaka Univ. **1961**, 27—29; Osaka, Univ., Inst. of Phys.; engl.) — Die Radioaktivität der Ndd. in Osaka wurde vom 1. Oktober 1960 bis 30. September 1961 sowohl bezogen auf 1 Liter Nd. als auch auf die Gesamtniederschlagsmenge gemessen bzw. berechnet. Es ergibt sich eine Abnahme der Aktivität zu normalen Werten, die nur durch die Atombombenexplosion in der Sahara am 25/1. 1961 unterbrochen wurde. Es wurden dabei 154,5 c_p m/Liter gemessen. F. Ensslin 396◇

0696 **Messungen der Radioaktivität in Luft, Niederschlägen und Wässern während Katastrophenhochwasser im Nordalpengebiet.** Reinhold Reiter. (Atomkernenergie **4**, 490—92, 1959; München, Univ., Inst. für Gesteinskunde; Phys.-Bioklimat. Forschungsstelle; dt.) — Während der starken Niederschläge sank die künstliche Radioaktivität der Luft durch Auswaschung fast auf Null, während die natürliche Aktivität stark anstieg, da Radon u. Thoron durch Grundwasseranstieg aus dem Boden ausgetrieben wurde. 7% der spezif. Aktivität der Niederschläge finden sich in Spaltquellen u. im Flußwasser wieder. Im Trinkwasser ist etwa 1% der spezif. Aktivität zu finden, ohne daß damit die zulässige Aktivität für ein unbekanntes Gemisch von β-Strahlern erreicht würde. L. Roth 396◇

0697 **Cäsium-137 in der Luft und im Niederschlag in Norwegen während des Oktobers 1957.** T. Hvinden und A. Lillegraven. (Nature [London] **199**, 366—67, 1963; Kjeller, Norwegian Defence Res. Establ., Div. of Phys.; engl.) — Während des Oktobers 1957 war in Bergen der ^{137}Cs-Geh. der Luft u. der Ndd. mit ^{90}Sr 0,016 pc/m^3 bzw. 11,7 pc/Liter sehr hoch. Diese Verunreinigung kann nicht aus atomaren Explosionen stammen, da der Geh. nicht erhöht war. Sie stammte wahrscheinlich von dem Unfall des Reaktors in Windscale (England). F. Ensslin 396◇

0698 **Fortgesetzte Röntgen-Mikroanalyse radioaktiver Fallout-Teilchen während 1962.** Manfred F. Rajewsky. (Nature [London] **199**, 162—63, 1963; Frankfurt/Main, MPI für Biophys.; engl.) — Vgl. Rajewsky u. Mitarbeiter, Atompraxis **7**, [1962], 8. — Wiedergabe der Charakteristika von 11 Teilchen mit einem mittleren maximalen Durchmesser von 4,4 μ u. β-Aktivitäten von 3 · 10^{-10} bis 1 · 10^{-8} c. Gerhard Schmidt 396◇

B. Allgemeine und theoretische organische Chemie

0699 **Mittlere quadratische Schwingungsamplitudenmatrizen.** 16. Mitt. **Ebene Normalkoordinaten und mittlere Amplituden der Schwingung in Benzolmolekülen.** W. V. F. Brooks und S. J. Cyvin. (Acta chem. scand. **16**, 820—26, 1962; Trondheim, Norway, Norges tekn. Høgskole, Inst. for teoret. Kjemi; engl.) — 15. vgl. C. **1963**, 19179. — Theoret. Untersuchung, C. Gottfried B 114△

0700 **Das Fluorescenzspektrum von Naphthalin-Kristallen zwischen 2° und 100°K.** A. Pröpstl und H. C. Wolf. (Z. Naturforsch. **18a**, 724—34, 1963; Stuttgart, TH, II. Phys. Inst.; dt.) — Vff. untersuchten das Fluorescenzspektrum von durch Zonenschmelzen gereinigten *Naphthalin*(**I**)-Kristallen zwischen 2° u. 100°K, wobei das spektrale Auflösungsvermögen etwa 10^4 betrug. Auch in den Spektren der reinsten Kristalle sind noch schwach die Linien von β-Methylnaphthalin(**II**) zu erkennen, das sich mit Hilfe der obigen Meth. nicht entfernen läßt. Das erhaltene Spektrum ließ sich in 5 Serien gliedern, wobei die Serie 1 mit Ursprung bei 31474 bis 31476 cm^{-1} zum reinen **I**-Kristall gehört. Die Serie 2 hat ihren Ursprung bei 31444 cm^{-1}, verschwindet beim Erwärmen zwischen 4° u. 20°K, gehört zu flachen Fallen (mit X_1 bezeichnet) u. verschwindet fast vollkommen bei intensivem Zonenreinigen. Ihre Schwingungsstruktur ist ident. mit denjenigen der Serie 1, d. h. die Serie 2 entsteht aus Serie 1 durch eine Rotverschiebung von ca. 30 cm^{-1}. Die Natur dieser Fallen X_1 ist noch nicht bekannt. Serie 3 beginnt mit 31059 cm^{-1} u. gehört zu **II**. Die Serien 4 u. 5 verhalten sich wie Serie 2 bei Reinigung u. Änderung der Temperatur. An Hand der Serie 1 wurde hierauf die Eigenfluorescenz von **I** analysiert. Hierbei wurde gefunden, daß der Ursprung der Serie 1 genau mit der langwelligen Davydov-Komponente in Absorption bei 31475 oder 31476 cm^{-1} übereinstimmt. Fast alle intensiven Linien u. sehr viele schwache Linien ließen sich eindeutig als Kombinationen bekannter Raman-Frequenzen analysieren u. umgekehrt erscheinen alle Raman-Frequenzen als Mol.-Schwingungsterme des Fluorescenzspektrums. Mit steigender Temp. ändern sich die Halbwertsbreite der Banden, ihre Form, ihre Intensität u. die Lage der Kante der Eigenabsorption. Bei der Diskussion der Bandenbreite kommen Vff. zu dem Schluß, daß sie sich wenigstens qual. mit der Excitonentheorie erklären läßt. Ganz allg. kann man das Temp.-Verh. dadurch erklären, daß bei tiefster Temp. die Emission vom unteren Rand des Excitonenbandes, d. h. von der tieferen Davydov-Komponente ausgeht. Mit zunehmender Temp. werden die Niveaus unscharf u. zusätzlich erfolgt auch Emission aus höheren Bereichen des Excitonenbandes. Außerdem gibt es entsprechend einem Boltzmann-Gleichgewicht auch eine Emission aus dem höheren Davydov-Niveau. Die Quantenausbeute der Fluorescenz von **I** nimmt beim Erwärmen zwischen 2 u. 20°K linear mit der Temp. zu u. bleibt dann mehr oder weniger unverändert. Die grüne Phosphorescenz der Kristalle wird mit zunehmender Reinigung immer schwächer. Bei den reinsten Kristallen war auch bei der tiefsten Temp. prakt. keine Phosphorescenz mehr zu beobachten. C. Gottfried B 118△

0701 **Die spektrale Feststellung der s-cis- und s-trans-Isomeren des 2-Vinylanthracens.** A. Ss. Tscherkassow. (Ber. Akad. Wiss. UdSSR **146**, 852—55, 1962; russ.) — Es wurden die Absorptions- (20—140° in A.) u. Fluoreszenzspektren (18—85° in A.) von *2-Vinylanthracen*(**I**) untersucht. **I** liegt im Grundzustand überwiegend in der s-trans-Form vor. Diese geht im angeregten Zustand oder bei genügend hoher Temp. in die s-cis-Form über. Die Umwandlung läßt sich spektroskop. durch Zugabe von KJ u. p-Toluidin verfolgen, die die Fluoreszenz der s-cis-Form stärker als die der s-trans-Form löschen, so daß die Fluoreszenzspektren sich dem Spektrum der s-trans-Form angleichen. Helmut Schäfer B 118△

0702 **Fluorescenz von Naphthacen-Dampf.** R. Williams und G. J. Goldsmith. (J. chem. Physics **39**, 2008 bis 2011, 1963; Princeton, N. J., RCA Labor.; engl.) — Das Absorptionsspektrum von *Naphthacen*-Dampf ist dem von Lsgg. sehr ähnlich; es tritt eine Bande mit ausgeprägter Schwingungsstruktur bei 5000—3500 Å auf, eine andere von 2700 Å nach kürzeren Wellenlängen. Das Fluorescenzspektrum des Dampfes wurde untersucht bei niedrigen Drucken, bei denen die Moll. keine Zusammenstöße während der Lebensdauer des angeregten Zustands erleiden. Durch selektive Anregung mit der 3650- oder 2537 Å-Linie einer Hg-Lampe ist es möglich, Moll. auf den ersten oder zweiten angeregten Singulettzustand anzuheben. Die Fluorescenzemission scheint in beiden Fällen vom ersten angeregten Singulettzustand aus zu erfolgen, obwohl keine zwischenmol. Zusammenstöße im angeregten Zustand stattfinden. G. Pötzscher B 118◇

0703 **Spektroskopische Untersuchungen der Kresole.** 3. Mitt. **Emissions- und Absorptionsspektren von m-Kresol im nahen Ultraviolettgebiet.** P. Ramakoteswara Rao. (Proc. Indian Acad. Sci., Sect. A **55**, 300—10, 1962; Banaras, Banaras Hindu Univ., Dep. of Spectroscopy; engl.) — 2. vgl. ibid. **55**, [1962], 247. — Das Emissionsspektrum von *m-Kresol*(**I**)-Dampf bei der elektr. Entladung (1800—2050 V, teilweise Zers. zu CO) besteht aus 15 Banden zwischen 2270 u. 2920 (Å), die einem bei 2770 beginnenden u. sich über 3100 ausdehnenden Kontinuum überlagert sind. Der Elektronenübergang (0-0-Bande 35983 cm^{-1}) im diskreten Bandensyst. wird einem $^1A'-^1A'$-Übergang ($^1B_{2u}-^1A_{1g}$ beim Bzl.) zugeschrieben. Die Schwingungsanalyse ergibt die Schwingungsfrequenzen 200, 401, 735 u. 1003 (cm^{-1}) für den Grund- u. 116, 188 u. 251 für den angeregten Zustand. Das Absorptionspektrum von **I**-Dampf bei 0—30° besteht aus ca. 55 Banden bei 2580—2810 (Å). Folgende Schwingungsfrequenzen (0—0-Bande bei 35985 cm^{-1}) werden dem Grund- bzw. angeregten Zustand zugeordnet:

200, 248, 401 bzw. 116, 188, 251, 469, 696, 964 u. 1031 cm^{-1}. G. Pötzscher B 118◇

0704 **Das Emissionsspektrum von Phenetol im nahen Ultraviolett.** P. Ramakoteswara Rao und Nand Lal Singh. (Proc. Indian Acad. Sci., Sect. A **55**, 178–84, 1962; Varanasi, Benares Hindu Univ., Spectroscopy Dep.; engl.) — Das Emissionsspektrum von strömendem *Phenetol*-Dampf durch eine elektr. Entladung (1800 bis 1900 V) besitzt ein Bandensyst. bei 2750–3400 Å, das dem des Absorptionsspektrums im nahen UV-Gebiet entspricht. Eine Schwingungsanalyse des Syst. (0–0-Bande bei 36367 cm^{-1}) wird durchgeführt.
G. Pötzscher B 118◇

0705 **Die Absorptionsspektren einiger aromatischer Phosphine und Phosphinoxide im nahen Ultraviolett.** H. Schindlbauer. (Mh. Chem. **94**, 99–105, 1963; Wien, TH, Inst. für chem. Technol. organ. Stoffe; dt.) — Die Elektronenspektren von *Tribenzyl-*, *Phenyl-bis-[β-cyanäthyl]-*, *Diphenyl-[β-cyanäthyl]-* u. *-[β-carboxyäthyl]-*, *Phenyl-bis-[n-butyl]-* u. *-[isobutyl]-*, *p-Tolyl-bis-[isobutyl]-*, *Triphenyl-*(**I**), *Phenyldimethylphosphin*, *p-Bis-[diphenylphosphino]-benzol*, *7.27-Bis-[p-tolyl]-7.27-diphosphatritriakontan*, *Phenylphosphindichlorid*, *Triphenyl-*, *Tribenzyl-*, *Diphenylmethyl-bis-[β-cyanäthyl]-*, *Phenyl-bis-[β-carboxyäthyl]-phosphinoxid*, *p-Tolylphosphin*, *p-Äthylphenylphosphin*, *Phenylphosphin*, *Diphenylphosphin* wurden untersucht. Die Intensität der Banden nimmt mit der Anzahl der Phenylgruppen zu, ihre Lage wird mehr von den übrigen Substituenten bestimmt. Prim. u. sek. aromat. Phosphine zeigen nicht, wie erwartet, ein dem Anilin ähnliches Verh., sondern zeigen vielmehr eine Parallele zum Thiophenol. Die $-PH_2$-Gruppe kann als schwaches Auxochrom bezeichnet werden. Als Lsgm. wurde A. verwendet, bei **I** auch Hexan, Cyclohexan u. konz. HCl.
O. Jansen B 118◇

0706 **Bemerkungen zur Darstellung und Absorption im mittleren UV der Nitroanthranilsäuren und einiger N-acylierter Derivate.** Panos Grammaticakis. (C. R. hebd. Séances Acad. Sci. **253**, 1585–87, 1961; Paris, Labor. de Chim. organ. I; franz.) — Es wurden folgende Verbb. dargestellt u. ihre Spektren im mittleren UV aufgenommen (1. F langsam; 2. F auf Maquenne-Block). Anthranilsäuren: *3-Nitro-*(**I**), F. 203°; 204° (Ae./Ligroin); *N-Acetyl-***I**, F. 196°; 208° (Methanol/W.); *N-Benzoyl-***I**, F. 213°; 227° (Ae./Ligroin); *4-Nitro-*(**II**), F. 263°; 269° (Ae./Ligroin); *N-Acetyl-***II**, F. 223°; 227° (A.); *N-Benzoyl-***II**, F. 252°; 268°; *5-Nitro-*(**III**), F. 273°; 280° (Ae./Ligroin); *N-Acetyl-***III** F. 225° (A.); *N-Benzoyl-***III**, F. 235°; 250° (Essigsäure); *6-Nitro-*(**IV**), F. 196°; 203° (Ae./PAe.); *N-Acetyl-***IV**, F. 215°; 230° (A.); *N-Benzoyl-***IV**, F. 221°; 235° (Methanol). Der Vgl. der Spektren mit denen der Anthranilsäure, der Nitroaniline u. ihrer N-Acyl-Derivv. zeigt, daß die Carboxylgruppe allg. die grundsätzlichen spektralen Beziehungen qual. nicht verändert. Sie bewirkt jedoch bei **I** u. **IV** einschließlich N-Acyl-Derivv. eine hypsochrome Verschiebung der „Nitrobande" u. eine bathochrome Verschiebung der intensivsten „Benzolbande", ausgenommen N-Benzoyl-**III** sowie **II** u. seiner N-Acylderivate. Im bas. Medium wird die Absorption von **I**, **III** u. **IV** stark beeinflußt, weniger die von **II**. Saures Medium bleibt dagegen ohne Effekt auf die Spektren. — Die Nitroanthranilsäuren wurden u. a. durch Oxydation der entsprechenden N-Acetylnitrotoluidine mit $KMnO_4$ in wss. Lsg. bei 90 bis 94° u. nachfolgender Hydrolyse dargestellt. Die N-Acylierung erfolgte in siedendem Xylol. Hierbei entstanden außerdem folgende Verbb.: *Anhydro-N-acetyl-3-* F. 145°; *Anhydro-N-benzoyl-3-*, F. 180°, *-4-*, F. 181°, *-5-* F. 194° u. *-6-nitroanthranilsäure*, F. 185°.
H. G. Henkel B 118◇

0707 **Der Einfluß der chemischen Konstitution auf die Rotationsfähigkeit von optisch-aktiven Verbindungen.** 6. Mitt. **Rotationsdispersion von Brucinsalzen der Brom- und Jodbenzoesäuren (o-, m- und p-).** Maghar Singh Manhas und Sakti Prasad Banerjee. (J. Indian chem. Soc. **36**, 669–73, 1959; Sagar, Univ. of Saugar, Chem. Dep.; engl.) — 3. vgl. Proc. nat. Acad. Sci., India, Sect. A **26**, [1957], 285; 7. vgl. C. **1962**, 8921. — Es wird die Rotationsdispersion folgender Salze des Brucins in Chlf., Pyridin (Py), A. u. Methanol bei 30° bestimmt: *o-* (F. 140–142°), m- (F. 127–130°), *p-Brombenzoat* (F. 162°), *o-* (F. 148°), *m-* (F. 120°), *p-Jodbenzoat* (F. 163°), u. mit den von Banerjee (Diss. [1957] Saugar, Univ.) gefundenen Werten für o-, p-Amino-, o-, m-, p-Nitro-, o-, m- p-Hydroxy-, o-, m-, p-Chlorbenzoat verglichen (Tabellen). Die Werte gehorchen der Drudeschen Gleichung u. den Regeln von Frankland u. Cohen. Die opt. Drehung nimmt danach mit fallender DK des Lsgm. ab, wird durch J-Substituenten in allen 3 Stellungen erniedrigt u. durch Cl erhöht. Beim Vgl. von $[\alpha]_{5461}^{30}$-Werten u. der Rotationskonst. K gilt für o-Verbb. in Chlf. die Reihe: $OH < NH_2 < J < H < Br < Cl < NO_2$, in Py: $OH < J < H < Br < NO_2 < Cl < NH_2$. Für m- u. p-Verbb. gilt in Chlf.: $NO_2 < J < Cl < Br < H$ u. in Py: $OH < H < J < Br < NO_2 < Cl$.
Hans-Dieter Jacobi B 119

0708 **Raman-Spektrum von flüssigem 1.3-Butadien.** Ju. N. Pantschenko, Ju. A. Pentin, W. I. Tjulin und W. M. Tatewski. (Optik u. Spektroskopie [UdSSR] **13**, 857–59, 1962; russ.) — Das Raman-Spektrum von fl. 1.3-Butadien wurde aufgenommen. Die beobachteten Linien werden tabellar. angegeben u. den einzelnen Schwingungen der trans-Form zugeordnet. Einige neu beobachtete, schwache Linien können möglicherweise einer zweiten isomeren Form zugeschrieben werden.
U.-L. Rau B 120◇

0709 **Über die „freie" Valenzschwingung ν(OH) sekundärer Äthylenalkohole in der IR-Absorption.** Paul Arnaud und Yves Armand. (C. R. hebd. Séances Acad. Sci. **253**, 1547–49, 1961; Grenoble, Fac. des Sci., Labor. de Chim. organ.; franz.) — Vgl. C. **1962**, 4474. — Zur Unters. der ν(OH) der freien OH-Gruppe sek. Äthylenalkohole wurden die IR-Spektren folgender Verbb. aufgenommen: *Buten-(3)-ol-(2)*, *3-Äthylbuten-(3)-ol-(2)* (**I**), *Penten-(3)-* (**II**) u. *-(4)-ol-(2)*, *3-* u. *4-Methylpenten-(3)-ol-(2)* (**III**), *4-Methylpenten-(4)-ol-(2)*, *cis-* (**IV**) u. *trans-5.5-Dimethylhexen-(3)-ol-(2)* (**V**). Die α.β-ungesätt. sek. Alkohole zeigen alle 2 Banden bei 3625 ± 2 (Bande II) u. 3615 ± 2 cm^{-1} (Bande III), wobei II immer intensiver bleibt als III u. das Verhältnis A_{II}/A_{III} größer als bei den entsprechenden gesätt. Alkoholen. Daraus wird geschlossen, daß hier eine durch Wechselwrkg. zwischen der Hydroxylgruppe u. den π-Elektronen stabilisierte Konformation vorliegt. Eine Substitution am C_α (**I**) führt zu einem beträchtlichen Anstieg von A_{II}/A_{III}. Auch eine Substitution am C_β (**II**) ergibt einen wenn auch geringeren Anstieg von A_{II}/A_{III}, wogegen eine 2. Substitution (**III**) zu einer Abnahme führt. Diese Effekte können dadurch erklärt werden, daß bei **II** mit trans-Konformation die Annäherung der OH-Gruppe an die Doppelbindung durch die Methylgruppe nicht gehindert wird, wogegen das bei **III** der Fall ist. Ein ster. Effekt gleicher Art ist bei **IV** u. **V** zu beobachten. Eine gleichzeitige Substitution an C_α u. C_β bewirkt keinen wesentlich stärkeren Effekt als die an C_β allein u. einen weniger bedeutenden als die an C_α allein. Die β.γ-ungesätt. sek. Alkohole zeigen neben den Banden II u. III noch eine weitere, IV. Während die Lage der Banden II u. III von der Struktur unabhängig zu sein scheint, wird A_{II}/A_{III} durch die Einführung von Gruppen in der Nachbarschaft der Doppelbindung stark beeinflußt. Die Lage der Bande IV dagegen ist nicht konst. u. wird z. B. durch eine Methylgruppe am C_β um 13 cm^{-1} bathochrom verschoben, wobei die relative Intensität ansteigt. Diese gut zu beobachtende Bande kann jedoch zur Unterscheidung der β.γ-ungesätt. sek. Alkohole von den α.β-ungesätt. Isomeren dienen.
H. G. Henkel B 120◇

0710 **Physikalische Untersuchungen ungesättigter Aryläther und ihrer Derivate.** 1. Mitt. **Spektren der Vinyläther substituierter Phenole.** Ju. L. Frolow, A. Ch. Filippowa, A. W. Kalabina, L. K. Pogodajewa und N. A. Tjukawkina. (J. Strukturchemie [UdSSR] **3**, 676–79, 1962; Irkutsk, Univ.; russ.) — Die Raman- u. UV-Spektren folgender *Arylvinyläther* wurden aufgenommen: *Phenyl-* (n_D^{20} 1,5224), *p-Fluorphenyl-* (1,4962), *p-Chlorphenyl-* (1,5404), *p-Bromphenyl-* (1,5662), *p-Jodphenyl-* (1,5765), *2-[2-Phenyläthyl]-phenyl-* (1,5660), *1-Methylnaphthyl-(2)-* (1,6105), *o-Kresyl-* (1,5164), *o-Bromphenyl-*

(1,5675) *2.4-Dichlorphenyl-* (1,5668), *2.4.5-Trichlorphenyl-* (1,5771), *2.4.6-Trichlorphenyl-* (1,5602), *2.4.5.6-Tetrachlorphenyl-* (F. 48°), *2.4.6-Tribromphenyl-* (F. 70°), *2.4.6-Trimethylphenyl-* (n_D^{20} 1,5095). Aus der Gegenüberstellung der Frequenzen u. integralen Intensitäten (I) der Doppelbindung (~ 1640 cm^{-1}) u. der Benzolringschwingung bei ~ 1580 cm^{-1} sowie der Extinktionen der Absorptionsbanden (~ 280 mμ) ergeben sich nachstehende Schlußfolgerungen: 1. Das p-ständige Halogen übt nur einen geringen Einfl. auf I der ν(C = C) der Vinylgruppe aus, während die Frequenz unverändert bleibt. 2. Die Einführung eines o-Substituenten ruft eine I-Verringerung der ν(C = C) hervor, was durch ster. Hinderung der Konjugation gedeutet wird. 3. Substituenten in Stellung 2 u. 6 des Phenylrestes bedingen eine Aufspaltung der Frequenzen 1640 u. 1310 cm^{-1} der Vinylgruppe. Dies wird der Ggw. zweier Rotationsisomerer zugeschrieben, die durch die ster. Hinderung der freien Rotation um die C–O-Bindungen entstehen. U.-L. Rau B 120◇

0711 **Infrarotspektren cyclischer Organosilazane.** G. W. Zitzischwili, G. D. Bagratischwili, K. A. Andrianow, L. M. Chananaschwili und M. L. Kantarija. (Nachr. Akad. Wiss. UdSSR, Abt. chem. Wiss. **1962,** 1197–98; Akad. der Wiss. der GrusinSSR, Inst. für Chem. u. Inst. für chem. Feintechnol.; russ.) — Die IR-Spektren der CCl_4-Lsgg. (Konz. 0,1 Mol/Liter) von *Hexamethylcyclotrisilazan* (**I**) u. *Oktamethylcyclotetrasilazan* (**II**) wurden aufgenommen. Den Si–N–Si-Gruppierungen entsprechen bei **I** die Banden 930 u. 1169, bei **II** 939 u. 1183 (cm^{-1}). Die ν(NH) liegen bei 3416 (**I**) u. 3399 (**II**). Der $Si(CH_3)_2$-Gruppe wird eine Bande bei 1249 cm^{-1} zugeordnet. Die $\nu(CH_3)$ liegen bei 2956 u. 2895, die $\delta(CH_3)$ bei 1408. U.-L. Rau B 120◇

0712 **Raman- und Infrarotspektren von Aminen. Toluidine und p-Aminoacetophenon.** P. G. Puranik und K. Venkata Ramiah. (Proc. Indian Acad. Sci., Sect. A **54,** 146–54, 1961; Hyderabad, Osmania Univ., Univ. Coll. of Sci., Dep. of Phys.; engl.) — Die Raman- u. IR-Spektren von *o-*, *m-* u. *p-Toluidin* sowie *p-Aminoacetophenon* als Fl. u. in Lsg. werden aufgenommen, Zuordnungen der NH-Valenz- u. Deformationsfrequenzen getroffen. Die Änderung der ν(NH) in Pyridin-Lsg. wird auf NH···N-Bindungen zurückgeführt. Die empir. Formel von Bellamy u. Williams (C. **1959,** 7728) für die ν(NH) wird von den Aminen u. ihren Lsgg. in CCl_4, Chlf. oder Dioxan befolgt, nicht jedoch von Lsgg. in Pyridin, was auf die Ausbldg. asymm. H-Brücken zurückgeführt wird. G. Pötzscher B 120◇

0713 **Einfluß des Lösungsmittels auf die Frequenz und Intensität der C≡N-Linie im Raman-Spektrum.** Ju. A. Kuschnikow u. L. P. Krassnomolowa. (Nachr. Akad. Wiss. KasachSSR, chem. Ser. **1962,** 54–58; russ.) — Die Frequenz der C≡N-Linie im Raman-Spektrum von *Acetonitril* ist gegenüber Hexan als Lsgm. in Ae., Triäthylamin, Pyridin, Bzl., CCl_4 u. $SiCl_4$ um – 1,0; – 3,0; – 3,5; – 1,5; 0 bzw. + 3 (cm^{-1}) verschoben. In der gleichen Reihe beträgt die relative Intensität 100; 104; 111; 115; 123; 107 bzw. 96. Die Zunahme der Intensität unter Verminderung der Frequenz wird durch eine intermol. Beeinflussung der Polarisierbarkeit der C≡N-Bindung u. durch Modulation der Polarisierbarkeit der Moll. des Lsgm. durch die Schwingungen der C≡N-Bindung erklärt. Helmut Schäfer B 120△

0714 **Infrarotspektren von Carbonylverbindungen in Alkoholen.** Hiroshi Minato. (Bull. chem. Soc. Japan **36,** 1020–25, 1963; Cambridge, Mass., Harvard Univ., Dep. of Chem.; engl.) — Vf. untersucht die Carbonylbande in den IR-Spektren nachst. Verbb. in CCl_4, CH_3OH bzw. tert.-Amylalkohol (**I**): *Kohlensäure-di-n-* u. *-tert.-butyl-*, *-di-o-* u. *-m-kresyl-*, *-diäthylester*, *Äthylen-* u. *Methyl-tert.-butylperoxycarbonat* (aus $ClCO_2CH_3$ u. tert.-C_4H_9OOH), *Benz-* u. *p-Anisaldehyd*, *Aceton*, *Heptanon-(2)* u. *-(4)*, *2.6-Dimethylheptanon-(4)*, *Diaceton-* u. *Triacetonalkohol*, *Benzophenon*, *Fluorenon*, *γ-Butyro-* u. *γ-Valerolacton*, *Methyl-3.5-dinitrobenzoat* u. *-benzoat*, *Phenyl-* u. *Äthylbenzoat*, *Äthylbutyrat*, *Methyl-* u. *Isopropylacetat*, *Äthylsalicylat*. Mit wenigen Ausnahmen zeigen die untersuchten Verbb. in CH_3OH u. **I** entweder 2 Carbonylbanden im Abstand von ca. 15–27 cm^{-1} oder eine breite Bande, die um ca. 9–19 cm^{-1} gegenüber derjenigen der Verbb. in CCl_4 verschoben ist. Die relativen Intensitäten der beiden Banden des Dubletts sind unabhängig von der Konzentration. Die doppelte Carbonylbande wird den durch einfache u. zweifache H-Brücken gebundenen Carbonylgruppen zugeordnet. Hubertus Zimmer B 120◇

0715 **Raman-Spektrum von γ-Glycin.** K. Balasubramanian, R. S. Krishnan und Yoichi Iitaka. (Bull. chem. Soc. Japan **35,** 1303–05, 1962; Bangalore, India, Indian Inst. of Sci., Dep. of Phys.; engl.) — Von einem Einkristall von *γ-Glycin* (*γ*–**I**) wird das Raman-Spektrum aufgenommen. 39 Frequenzen werden beobachtet, die durch Vgl. mit dem IR-Spektrum von *γ*-**I** u. dem Raman-Spektrum von *α*-**I** den inneren Schwingungen u. denen des Kristallgitters zugeordnet werden können. G. Pötzscher B 120◇

0716 **Raman-Spektrum von l-Asparaginmonohydrat.** K. Krishnan und R. S. Krishnan. (Proc. Indian Acad. Sci., Sect. A **55,** 153–60, 1962; Bangalore, Indian Inst. of Sci., Dep. of Phys.; engl.) — Von den 53 Raman-Frequenzen eines Einkristalls (bei 2537 Å-Anregung) werden 8 dem Gitterspektrum, 3 niedrigfrequenten Schwingungen von H-Bindungen u. die restlichen 42 den inneren Schwingungen des Mol. zugeschrieben. Entsprechende Zuordnungen werden getroffen. G. Pötzscher B 120◇

0717 **Zur Deutung der IR-Spektren von asymmetrischen Diacylperoxiden der aliphatischen Reihe.** A. N. Ssewtschenko und I. P. Sjatkow. (Ber. Akad. Wiss. BelorussSSR **6,** 697–701, 1962; Beloruss. Lenin-Univ.; russ.) — Die IR-Spektren von *Acetylpropionyl-* (**I**), *Acetyl-n-butyryl-* (**II**), *Propionyl-n-valeryl-*, *Propionyl-n-butyryl-*, *Acetylönanthoyl-*, *Acetylisovaleryl-*, *Diacetyl-*, *Dipropionyl-* u. *Dicaprinylperoxid* wurden aufgenommen. Zur Best. der charakterist. Banden der Peroxidgruppierung wurden die IR-Spektren der Ausgangsgemische für **I** u. **II**, *Acetanhydrid* u. *Propionaldehyd* bzw. *Butyraldehyd* in CCl_4 vor u. im Verlauf der Oxydation untersucht. Damit konnten in den Spektren der Peroxide folgende charakterist. Banden zugeordnet werden: ν(C = O) 1800 bis 1775 u. 1830–1800; -CO–O–O–CO–Gruppierung: 880 bis 850 u. 1075–1050 cm^{-1}. Ferner zeigte sich, daß bei der Rk. neben den Diacylperoxiden die entsprechenden gemischten Säureanhydride gebildet werden. U.-L. Rau B 120◇

0718 **Reine Chlorquadrupolresonanz in Festkörpern.** V. Nagarajan. (Current Sci. [Bangalore] **31,** 233, 1962; Waltair, Andhra Univ., Phys. Dep.; engl.) — An Kristallen von *4-Chlor-1.3-dinitrobenzol* (**I**), *3.4-* (**II**), *2.5-* (**III**) u. *2.3-Dichlornitrobenzol* (**IV**) werden die Quadrupolresonanzen von ^{35}Cl- u. ^{37}Cl-Kernen bei 28° gemessen (Tabelle). Während man von **II** u. **III** zwei verschiedene ^{35}Cl-Quadrupolresonanzen erhält, zeigt **IV** aus ungeklärten Gründen nur eine Resonanzlinie. A. Zschunke B 121◇

0719 **Molekularstruktur und Konformation von einigen Dihalogendioxanen.** C. Altona, C. Romers und E. Havinga. (Tetrahedron Letters [London] **1959,** Nr. 10, 16–20; Leiden, Univ., Labor. of Organ. Chem.; engl.) — Durch Messung der Dipolmomente, IR-, Raman- u. Röntgenspektren wurden Molekularstruktur u. Konformation von *Monochlor-*, *trans-* (F. 31°) u. *cis-2.3-Dichlor-* (**I**, F. 54°), *trans-2.3-Dibrom-* (F. 74°), *trans-2.5-Dichlor-* (F. 124°), *trans-2.5-Dibrom-* (F. 86–100°, Zers.) u. *2.3.5.6-Tetrachlordioxan* untersucht. Im Gegensatz zu den Cyclohexan-Analoga sind bei den trans-substituierten Dihalogendioxanen die Dipolmomente nahezu unabhängig vom Lsgm. u. die IR- u. Raman-Spektren in Lsg. ident. mit den im krist. Zustand gemessenen. Die trans-2.3- u. trans-2.5-Dihalogendioxane besitzen diaxiale Sessel-Konformation, während **I** äquatorial-axiale Konformation hat. K. Zieloff B 123△

0720 **Epoxyketone. 4. Mitt. Stereostruktur, Absorptionsspektren und Dreiring-Carbonyl-Hyperkonjugation.** Norman H. Cromwell, Franklyn H. Schumacher und Jules L. Adelfang. (J. Amer. chem. Soc. **83,** 974–78, 1961; Lincoln, Nebr., Univ. of Nebraska, Avery Labor.;

engl.) — 3. vgl. C. **1955,** 8139; 6. vgl. C. **1963,** 10837. — *trans-4'-Phenylchalkonoxid* u. *4-Phenylacrylophenonoxid* wurden nach je zwei verschiedenen Meth. dargestellt. Der Epoxidring in mehreren Arylaroyläthylenoxiden (AAEO) erwies sich als beständig gegen Amine. Eine stereochem. Erläuterung der Rk. mit trans-Chalkonoxiden wird gegeben, um die Konfiguration von Aminadditionsprodd. des *α-Bromchalkons* zu bestimmen. Eine Prüfung gesammelter u. neu gemessener spektroskop. Daten zeigt: im festen Zustand haben Aroyläthylenoxide (AEO) u. cis- u. trans-AAEO eine nichtkonjugierte gauche-Konformation; in CCl_4-Lsg. existieren AEO u. trans-AAEO als Mischungen der gauche- u. der cisoid-Formen; der Äthylenoxidring übermittelt einen elektr. Effekt einer *β*-Phenylgruppe, aber p-Substituenten in der *β*-Phenylgruppe erweitern die Konjugation nicht; *α-Methoxy-4-phenylacetophenon* zeigt, ähnlich wie *α*-Halogen- u. *α*-Aminoketone, in CCl_4-Lsg. eine Konformations-Isomerisierung (untersuchte Verbb. im Vers.-Teil).

Versuche: *trans-4'-Phenylchalkonoxid,* F. 137 bis 138,5° (Bzl., PAe., Chlf., Methanol), a) durch Mischen von trans-4'-Phenylchalkon in Dioxan u. sek. Amylalkohol mit 30%ig. H_2O_2 u. KOH in CH_3OH, 6,5 Std. bei 20°, Verdünnen mit W., u. weiterem 12std. Stehen bei Raumtemp., 98,1% (Ausbeute). b) durch Darzens-Kondensation von Benzaldehyd, *α*-Brom-4-phenylacetophenon u. CH_3ONa in Dioxan u. CH_3OH bei 18°, Ansäuern mit Eisessig bis pH 6 u. raschem Eindunsten bei 50°; 49,5%. — *4-Phenylacrylophenonoxid,* $C_{15}H_{12}O_2$, F. 121—122,5° (PAe.), analog vorst. Verb. aus Phenylacrylophenon mit 15%ig. wss. NaOH bei 9—10°; 89%. b) durch Oxydation einer Suspension des Jodmethylats nachst. Verb. in Aceton mit 30%ig. H_2O_2 u. wss. NaOH 30 Min. bei 25°, 82%. — *β-N.N-Dimethylamino-4-phenylpropiophenonhydrochlorid,* $C_{17}H_{20}ClNO$, F. 186 bis 187° aus A., a) durch Mannich-Reaktion von 4-Phenylacetophenon, Paraformaldehyd, Dimethylaminhydrochlorid u. 3 Tropfen konz. HCl in A., 12std. Stehen bei Raumtemp., Zugabe von Paraformaldehyd, Dimethylaminhydrochlorid u. A., 8std. Kochen u. 12std. Stehen bei Raumtemp., 75%. b) durch 58std. Stehen von *β*-Chlor-4-phenylpropiophenon u. H_2O-freiem Dimethylamin im geschlossenen Rohr bei 25°; 60%. — *β-N.N-Dimethylamino-4-phenylpropiophenon,* $C_{17}H_{19}NO$, F. 80 bis 81°, durch Behandlung von 2,0 g vorst. Verb. mit wss. Soda-Lsg.; 1,52 g. *Jodmethylat,* $C_{18}H_{22}JNO$, F. 234 bis 236°, durch 15 min. Stehen von vorst. Verb. u. CH_3J in Ae. im Kühlschrank; 87%. — *trans-2-Nitrochalkonoxid,* F. 112—114°, durch 70std. Stehen von 0,5 g des cis-Isomeren (F. 174—176°) u. CH_3ONa in CH_3OH u. Isopropanol bei Raumtemp., Neutralisieren, Aufkonzentrieren u. Chromatographieren an Al_2O_3; 0,175 g. — *α-Methoxy-4-phenylacetophenon,* $C_{15}H_{14}O_2$, F. 87—89° aus wss. CH_3OH, durch 1std. Stehen von *α*-Diazo-4-phenylacetophenon u. BF_3-Ätherat in CH_3OH bei 5—15°, Ansäuern mit verd. HCl u. Reinigen mit Aktivkohle in CH_3OH, 57%. *α-Methoxy-4-phenylacetophenondimethylketal,* $C_{17}H_{20}O_3$, F. 52—53° (PAe.), durch Gießen der Rk.-Mischung von vorst. Verb. in wss. Soda-Lsg., Chromatographieren in Bzl. an leicht bas. Al_2O_3; 13%.

H. Zorn B 123△

0721 **Stereochemie der Stickstoffheterocyclen.** 12. Mitt. **Isomerisierung von 2-Methyl-4-hydroxydekahydrochinolin mit dem Schmelzpunkt 128° durch Natriumisoamylat.** D. W. Ssokolow, G. Ss. Litwinenko und M. N. Akimowa. (Nachr. Akad. Wiss. KasachSSR, chem. Ser. **1962,** 59—66; russ.) — 4. vgl. C. **1964,** 10-0879. — Die Hydrierung von 20,0 g *α*-2-Methyl-4-oxodekahydrochinolin (F. 62—63°) in 130 ml 5%ig. abs. Na-Äthylat in 3 Std. an Raney-Ni (aus 20 g Legierung) liefert *2-Methyl-4-hydroxydekahydrochinolin* (**I**), das in Form von *α*-**I** (F. 128°, Aceton; 70,2% Ausbeute), *β*-**I** (F. 189°, Aceton; 2,1%) u. *α*-**I** (F. 134°. *Hydrochlorid,* F. 269—270° abs. A.; 8,6%) erhalten wird. *α*-**I** vom F. 128° wird durch 20std. Kochen in Na-Isoamylat (15 g Na, 300 ml abs. Isoamylalkohol, 25 g **I**), Eindampfen u. fraktionierte Kristallisation der Basen aus Aceton u. der Hydrochloride aus abs. A. zu *β*-**I** vom F. 189° (20,8%) u. *α*-**I** vom F. 134° (51,6%) isomerisiert. Das **I**-Isomere mit F. 128° hat trans-verbundene Ringe mit axialer (polarer) Stellung der 4-OH-Gruppe. In den **I**-Isomeren mit F. 189° bzw. 134° sind die Ringe cis- bzw. trans-verbunden, die OH-Gruppe hat äquatoriale Stellung.

Helmut Schäfer B 123△

0722 **Ein gespanntes cyclisches Diacetylen.** Masazumi Nakagawa und Fumio Toda. (Chem. and Ind. **1959,** 458; Nakanoshima, Osaka, Osaka Univ., Fac. of Sci., Dep. of Chem.; engl.) — Durch Rk. von o-Hydroxyphenylacetylen mit den entsprechenden Disäuredichloriden zu den Dicarbonsäure-bis-[o-äthinylphenylestern] u. deren oxydativer Kupplung wurden *o.o'-Dihydroxydiphenyldiacetylen-O.O'-glutarat* (**I**, F. 135—136°, 20% Ausbeute), *-O.O'-adipat* (**II**, F. 123,5°, 40%) u. *-O.O'-pimelat* (**III**, F. 120,5—121,5°, 21%) dargestellt. Neben **II** entstanden 25% *Bis-[benzofuryl-(2)]*. Im Gegensatz zu **II** u. **III** ist **I** sehr photosensibel. Aus Mol.-Modellen folgt, daß **II** eben ist u. in **III** die beiden Phenylringe nicht koplanar angeordnet sein können, während in **I** durch Biegung der Diacetylenbindung eine koplanare Lage dieser Ringe erzwungen wird. Das wird durch die UV-Spektren der Verbb. (in A.) bestätigt, für die die *ε*-Werte des langwelligen Maximums (290—340 m*μ*) in der Reihe **II** > *o.o'-Diacetoxydiphenyldiacetylen* > **I** > **III** abnehmen u. die *ε*-Werte des Minimums bei ca. 260 m*μ* bei **I** u. **II** nur $^1/_{10}$ des Werts von **III** betragen.

G. Pötzscher B 123◇

0723 **Massenspektrometrie in der Borchemie.** Isadore Shapiro, C. O. Wilson, J. F. Ditter und W. J. Lehmann. (Advances Chem. Ser. Nr. **32,** 127—38, 1961; Pasadena, Calif., Olin Mathieson Chem. Corp., Res. Labor.; engl.) — Es werden die Massenspektren (MS) von *Diboran* (**I**), *Tetraboran* (**II**), *Pentaboran-9* (**III**) u. *-11* (**IV**), *Hexa-* (**V**), *Octa-* (**VI**), *Nona-* (**VII**) u. *Decaboran* (**VIII**) sowie von *Methyl-*, *Äthyl-*, *unsymm.-Dimethyl-*, *unsymm.-Diäthyl-*, *Triäthyl-*, *Tetraäthyldiboran*, *Trimethylboran* u. deren ^{10}B- u. Per-$D_{(B)}$-Derivv. mitgeteilt. Die MS von **III** mit $^{11}B/^{10}B$ 4,0 bzw. 0,43 ergeben jeweils gleiche relative Intensitätsverteilungen für jede Fragmentart. Aus den MS der isotopenreinen Verbb. **I–VIII** geht hervor, daß mit Ausnahme von **I** zunächst aus den Boranen H paarweise u. aus diesen Fragmenten dann H einzeln abgespalten wird. Die Spektren von **VII** u. **VIII** ähneln sich stark. Die MS der nach Schlesinger [1935] aus **I** u. Trialkylboran dargestellten Äthyl- u. Methyldiborane lassen sich durch Vgl. mit den MS der an ^{10}B angereicherten oder deuterierten Formen auswerten. Die MS der Äthyldiborane ähneln sich stark. Zur Überführung des MS der Verb. mit natürlichem Isotopenverhältnis in das der isotopenreinen Form ist bei Trimethylboran für $^{11}B/^{10}B$ 4,12, bei Triäthylboran 4,13 einzusetzen. Die Spektren der Methyldiborane enthalten wegen der relativ geringen Massendifferenz zwischen CH_3 u. B entweder Überlappungen oder komplexe Serien. Bei Mischung von mit ^{10}B angereichertem **I** mit isotop. normalem 1.1-Diäthylboran findet rascher Austausch hauptsächlich derjenigen B-Atome statt, die nicht an C_2H_5 gebunden sind.

R. Junge B 131◇

0724 **Dipolmomente und Struktur einiger fluorsubstituierter Styrole.** W. N. Wassiljewa, K. A. Kotscheschkow, T. W. Talalajewa, Je. M. Panow, G. W. Kasennikowa, R. Ss. Ssorokina und O. P. Petri. (Ber. Akad. Wiss. UdSSR **143,** 844—46, 1962; Physikal.-chem. Karpow-Inst.; russ.) — Es wurden die Dipolmomente *μ* folgender Verbb. bestimmt: *1.1-Difluoräthylen*, *μ* 1,96 (D); *1.1.2-Trifluorhexen-(1)* (Kp. 70°; n_D^{20} 1,3481) 1,82; *1.1.2-Trifluorocten-(1)* (Kp. 120°; n_D^{20} 1,3751) 1,97; *1.1.2-Trifluordecen-(1)* (Kp.$_{90}$ 91°; n_D^{20} 1,3928) 1,90; *1-[β-Fluorvinyl]-naphthalin* (n_D^{20} 1,5901) 1,36; Styrole: *β-Fluor-* (Kp.$_{50}$ 76—76,5°; n_D^{20} 1,5257) 1,36; *β-Chlor-* 1,4; *β-Brom-* (Kp. 199°, n_D^{20} 1,6094) 1,56; *α.β-Difluor-* 2,36; *α.β.β-Trifluor-* (Kp.$_{75}$ 62—63°; n_D^{20} 1,4760) 1,98; *p-Methyl-α.β.β-trifluor-* (Kp.$_{70}$ 91,5°; n_D^{20} 1,4810) 2,31; *o-Methyl-α.β.β-trifluor-* (Kp.$_{75}$ 79°; n_D^{20} 1,4688) 1,95; *α.β-Difluor-β-chlor-* (Kp.$_{20}$ 71°; n_D^{20} 1,5220) 2,05; *p-Methyl-α.β-difluor-β-chlor-* (Kp.$_7$ 71°; n_D^{20} 1,5190) 2,63; *β.β-Dichlor-* 2,0. — In den *β.β*-disubstituierten Styrolen sind Bzl.-Kern u. Äthylengruppierung nicht in einer Ebene angeordnet.

Helmut Schäfer B 132△

0725 **Molekülpolarisierbarkeit. Die molare Kerr-Konstante und die Konformation von Diphenyläther als gelöstem Stoff in Benzol.** R. J. W. Le Fèvre, A. Sundaram und K. M. S. Sundaram. (Bull. chem. Soc. Japan **35**, 690–92, 1962; Sydney, N.S.W., Australia, Univ. of Sydney, Chem. School; engl.) — Vff. bestimmten die mol. Kerr-Konst. von *Diphenyläther* (I) in Bzl. u. geben nachst. Werte an: $_\infty P_2$ = 80,29 cm³; R_D = 52,68 cm³; $_D P$ = 55,31 cm³; μ = 1,1 O5 D; $_\infty(_m K_2)$ = 22,4 · 10^{-12}. Aus ihren Ergebnissen schließen Vff., daß I weder als planares Mol. noch mit nur einem um 90° gegen die Mol.-Ebene (bestimmt durch $C_{(4)} \cdots C_{(1)}$–O–$C_{(1)}' \cdots C_{(4)}'$) verdrehten Phenylring vorliegt. Auch die Mol.-Form mit beiden Phenylringen um 90° gegen die Mol.-Ebene verdreht glauben Vff. ausschließen zu können. Sie halten eher eine Mischung der verschiedenen Formen für möglich oder eine einzige Form, in der die Phenylringe um ca. 37° gegen die Mol.-Ebene geneigt sind.
Ch. Zechel B 132◇

0726 **Molekül-Konfiguration von Diphenyläther, wie sie aus der dielektrischen Relaxationszeit und der molaren Kerr-Konstante hervorgeht.** Keniti Higasi. (Bull. chem. Soc. Japan **35**, 692–96, 1962; Sapporo, Hokkaido Univ., Res. Inst. of Appl. Electricity; engl.) — Vgl. vorst. Referat. — Aus Ergebnissen von Messungen der dielektr. Relaxationszeit u. der mol. Kerr-Konst. (vgl. l. c.) schließt Vf., daß die von Morini [1938] angegebene Konfiguration von *Diphenyläther* (I) nicht genau zutrifft. Man muß vielmehr annehmen, daß in I zwar ein C_6H_5-Ring um 90° zur Ebene des anderen gedreht ist, daß jedoch andererseits beide Ringe eine gewisse Rotationsfreiheit um die C–O-Achse besitzen. Es läßt sich zeigen, daß diese Annahme gut mit der l. c. gefundenen mol. Kerr-Konst. in Übereinstimmung zu bringen ist.
Ch. Zechel B 132◇

0727 **Die Dipolmomente von gewissen Methoxyverbindungen.** T. Devanathan. (Proc. Indian Acad. Sci., Sect. A **56**, 242–46, 1962; Tambaran, Madras Christian Coll., Dep. of Chem.; engl.) — Die Dipolmomente μ folgender Verbb. als Fll. u. in Lsg. von Bzl. wurden nach der Onsager-Gleichung ermittelt: *Anisol* (Fl. μ 1,27 D; Lsg. 1,25 D), *o*- (Kp. 225°, D_4^{35} 1,0450, n_D^{35} 1,5681; 1,48; 1,68), *m*- (Kp. 251°, D_4^{30} 1,08122, n_D^{30} 1,5717; 1,89; 1,99), *p-Anisidin* (1,89; 1,99), *o-Methoxybiphenyl* (F. 29, Kp. 273,5°, $D_4^{30,5}$ 1,0409, $n_D^{30,5}$ 1,6052; 1,29; 1,38). Die μ-Werte der Lsgg. sind stets größer als die der Fll.; der Einfl. der Konstit. u. der Möglichkeit der Ausbldg. von H-Bindungen auf die μ-Werte werden diskutiert.
G. Pötzscher B 132◇

0728 **Untersuchung der Struktur der Derivate von Nitroaminobutadien nach der Methode der Dipolmomente.** W. N. Wassiljewa, Ss. M. Kwitko und W. W. Perekalin. (J. allg. Chem. [UdSSR] **32**(**94**), 1768–71, 1962; Leningrad, Pädagog. Hertzen-Inst.; russ.) — Es wurden die Dipolmomente (μ in D) folgender Verbb. bestimmt: *β-Methylamino-* (μ 5,82 in Dioxan), *β-Anilino-α-nitroacrolein* (I; μ 5,0 in Bzl.; 5,25 in Dioxan), sein *Anil* (II; μ 4,84 in Bzl.; 4,75 in Dioxan), *1-Anilino-2.4-dinitrobutadien-(1.3)* (III; μ 7,50 in Dioxan), *1-Methylamino-* (IV; μ 4,60 in Bzl.), *1-Anilino-2-nitro-4-cyan-4-carbäthoxybutadien-(1.3)* (V; μ 4,3 in Bzl.) u. *1-Anilino-2-nitro-4.4-dicyanbutadien-(1.3)* (VI; μ 3,59 in Bzl.; 3,97 in Dioxan). Aus den μ u. IR-Spektren folgt für I u. II eine ebene Struktur mit in cis-Stellung angeordneter Amino- u. Nitrogruppe u. innermol. H-Bindung. IV, V u. VI haben eine nichtebene Struktur mit in cis-Stellung angeordneter Amino- u. Nitrogruppe u. schwacher innermol. H-Bindung. Für III ist cis-Stellung von Nitro- u. Aminogruppe sowie der beiden Nitrogruppen anzunehmen, wobei die Koplanarität des Mol. aus ster. Gründen ebenfalls gestört ist.
Helmut Schäfer B 132△

0729 **Piezoelektrischer Effekt in Photoelektreten.** I. Ss. Sheludew und W. M. Fridkin. (Kristallographie [UdSSR] **3**, 315–21, 1958; Moskau, Akad. der Wiss. der UdSSR, Inst. für Kristallogr.; russ.) — Es wird die Ladung u. der piezoelektr. Modul von photopolarisiertem *Anthracen*-Einkristallen (10 · 10 · 10 mm) u. der Abfall der Ladung u. des Piezomoduls bei der Dunkeldepolarisation bestimmt. Es wird weiter gezeigt, daß der Piezoeffekt bei Photoelektreten durch Änderung der Größe der elektr. Polarisation als Folge der durch mechan. Spannungen hervorgerufenen Änderungen der geometr. Struktur des Kristalls erklärt werden kann. — Die erhaltenen Werte betragen: d_{33} = 4,7 · 10^{-9} el. stat. Einh.; d_{32} = –2,2 · 10^{-9} u. d_{31} = –2,5 · 10^{-9}; Ladungsdichte an der Oberfläche 6 · 10^{-7} Coulomb/cm²; s_{33} = 0,23 · 10^{-11} dyn/cm²; c_{33} = 1,30 · 10^{-11}.
J. Tůmová B 133◇

0730 **Dickenabhängigkeit des Keimbildungsfeldes von Triglycinsulfat.** H. F. Kay und J. W. Dunn. (Philos. Mag. [8] **7**, 2027–34, 1962; Bristol, Univ., H. H. Wills Phys. Labor.; engl.) — Vff. nehmen Bezug auf Messungen von Pulvari u. Kuebler (vgl. C. **1962**, 3767) an *Triglycinsulfat* (I), die festgestellt hatten, daß das scheinbare Koerzitivfeld E_c eine Funktion der Amplitude E_0 u. der Frequenz f des angelegten Feldes, aber nicht abhängig von der Dicke der Probe war; diese Abhängigkeit des E_c von E_0 u. f war als ein Beweglichkeitseffekt erklärt worden. Da jedoch der Knick der Hysteresisschleife beim Beginn des Umschaltens sehr scharf war, ist nach Ansicht der Vff. die Möglichkeit eines Keimbildungsprozeßes für die Bldg. neuer Domänen nicht auszuschließen. Zur Klärung dieser Frage wiederholten Vff. in etwas abgeänderter Form die Verss. an (010)-Spaltflächen von I, wobei das Wechselstromfeld parallel der ferroelektr. [010]-Achse angelegt wurde. Die verschiedenen Dicken d der Proben wurden mikrometr. gemessen. Gemessen wurde das angelegte elektr. Feld E_n beim Einsetzen der Polarisationsumkehr während des Umschaltens als Funktion der Dicke des Kristalls. Im Gegensatz zu Pulvari u. Kuebler (vgl. l. c.) wurde gefunden, daß dieses Feld von der Frequenz unabhängig, dagegen abhängig von der Dicke des Kristalls ist. Man erhält eine lineare Beziehung, wenn man E_n graph. gegen $d^{-2/3}$ aufträgt. An Hand eines einfachen Modells werden die Ergebnisse als eine Keim-Bldg.-Erscheinung erklärt. Eine Abschätzung der Oberflächenenergie der Domänengrenze ergaben einen größenordnungsmäßigen Wert von 1 Erg/cm².
C. Gottfried B 133△

0731 **Der äußere Photoeffekt von der Oberfläche organischer Halbleiter.** F. I. Wilessow, A. A. Sagrubski und D. S. Garbusow. (Festkörperphysik [UdSSR] **5**, 2000–06, 1963; Leningrad, Univ.; russ.) — Gemessen wurde die Energieverteilung von Photoelektronen, die von der Oberfläche von *Anthracen* (I), *Pentacen*, *Naphthacen* u. *Phthalocyanin*, *Cu-*, *Al-*, *Fe-*, *Mg-Phthalocyanin*, *Indanthrengoldorange* u. *-gelb*, *Aurin* u. *Chlorophyll a* emittiert werden. Die Werte der Austrittsarbeit sind konst. (ca. 5 eV) für verschiedene Energiequanten. Für I wird das Energiespektrum in Verb. mit der Bandstruktur diskutiert. Es wird darauf hingewiesen, daß Messungen der äußeren Photoeffekte ganz allgemein zur Unters. der Bandstruktur organ. Halbleiter dienen können. Mechanismen des Energieverlustes werden diskutiert.
K. Jaeger B 134◇

0732 **Photoleitfähigkeit in metallfreien Phthalocyanin-Einkristallen.** George H. Heilmeier und George Warfield. (J. chem. Physics **38**, 897–901, 1963; Princeton, N. J., Princeton Univ., Dep. of Electric. Engng.; engl.) — Vgl. C. **1964**, 9-0683. — Zwischen 2500 u. 25000 Å wurde eine Photoleitfähigkeit erreicht mit denselben Abgrenzungen wie im optischen Absorptionsspektrum. Vff. leiten ein Modell für die Photoleitfähigkeit in metallfreien Phthalocyanin-Kristallen ab, das eine direkte Erzeugung von Ladungsträgern durch geeignete Bestrahlung einschließt. Ferner wird ein Ausdruck für die effekt. Lebensdauer eines photoangeregten Trägers in einem Kristall mit endlicher Oberflächenrekombinationsgeschw. angegeben. Die Lebensdauer beträgt ca. 0,9 · 10^{-8} sec, die Diffusionslänge der Elektronen 5 · 10^{-6} cm. Aus dem Vgl. der Diffusionslänge mit dem reziproken Extinktionskoeff. wird geschlossen, daß die freien Träger, die durch die Bestrahlung bei 7300 Å angeregt werden, weiter als um eine Diffusionslänge von der Oberfläche entfernt erzeugt werden.
K. H. Birr B 135

0733 **Magnetische Anisotropie und kristalline Struktur von p-Dichlorbenzol.** Bernard Lemanceau. (J. Chim. physique Physico-Chim. biol. **56,** 933—35, 1959; Bordeaux, Fac. des Sci., Labor. de Chim.-Phys.; franz.) — Während die Ermittlung der diamagnet. Anisotropie der Moll. aus den diamagnet. Kristall-Anisotropien bei monoklinen Syst. allg. mit großen Schwierigkeiten verknüpft ist, gelingt sie auf Grund der leichten Bestimmbarkeit der Cl-Positionen beim *p-Dichlorbenzol* mit hinreichender Genauigkeit. Vf. bestimmt aus den bei — 140° gemessenen Kristallanisotropien ($\chi_1-\chi_2$ = (38,0 ± 0,4) · 10^{-6}, $\chi_1-\chi_3$ = (9,54 ± 0,1) · 10^{-6}) folgende mol. Anisotropien: K_1-K_2 = (11,4 ± 0,2) · 10^{-6}, K_1-K_3 = (54,3 ± 0,6) · 10^{-6}. W. Haberditzl B 137◇

0734 **Dynamische Kernpolarisation alkoholischer Semichinonlösungen im mittleren Feld (78 Gauß).** Robert Battut, Ginette Berthet und Jean-Pierre Imbaud. (C. R. hebd. Séances Acad. Sci. **253,** 638—40, 1961; Clermont-Ferrand, Fac. des Sci., Labor. de Radioélectricité; franz.) — Es wird eine Meth. mit akust. Signalangabe beschrieben, die es ermöglicht, bei 78 Gauß die Protonenkernresonanz einer alkohol. *Benzosemichinon*(**I**)-Lsg. zu beobachten, indem das Signal durch dynam. Polarisation verstärkt wird. Die Ergebnisse bzgl. der beobachteten dynam. Polarisation von Protonen des Alkohols in m/400 **I**- u. Lsgg. von *Cl-substituierten* **I** sind qual. gleich. Mit der verwendeten Anordnung ist es nicht möglich, gleichzeitig das Signal der paramagnet. Elektronenresonanz zu erhalten. H. G. Henkel B 137◇

0735 **Die photoinduzierten Signale der paramagnetischen Elektronenresonanz im kristallinen Chlorophyll und die Infrarotspektren.** W. Je. Cholmogorow, A. N. Ssidorow und A. N. Terenin. (Ber. Akad. Wiss. UdSSR **147,** 954—57, 1962; russ.) — Aus den Unterss. über die photoinduzierte u. paramagnet. Dunkel-Elektronenresonanz (PER) in Abhängigkeit vom O_2-Druck u. von der Ggw. von H_2O sowie über die IR-Spektren von amorphem u. krist. *Chlorophyl a* (**I**) ist zu schließen, daß im krist. **I** das H_2O-Mol. mit einem H an ein N-Atom des Pyrrolrings gebunden ist, wodurch die Symmetrie des H_2O-Mol. gestört wird. Seine Valenzschwingungen zerfallen in die Schwingungen der assoziierten u. der nichtassoziierten OH-Gruppe. Im amorphen **I** reagieren beide H-Atome des H_2O-Moleküls. Die Entstehung der PER beruht nicht auf der Bldg. von Mol.-Verbb. zwischen **I** u. O_2, sondern auf der Übertragung eines Excitons. Beim Zerfall des Excitons wird das Elektron vom O_2-Mol. eingefangen, das an der Oberfläche des Monokristalls chemisorbiert ist. Dies ist gleichbedeutend mit der Bldg. der Oberflächen-Verb. **I** · O_2. Bei erhöhter Temp. wird das eingefangene Exciton freigesetzt. Nach dem IR-Spektrum tritt das H_2O-Mol. in das Kristallgitter von **I** ein u. gewährleistet so die Bewegung des Excitons u. die Überführung des Stromträgers bei der Lochleitfähigkeit. O. Lebtag B 137△

0736 **Kernmagnetische Resonanzspektren hoher Auflösung von Acetylenverbindungen.** 2. Mitt. **Untersuchung von Pentin-(2).** Bernard Braillon. (J. Chim. physique Physico-Chim. biol. **58,** 495—99, 1961; Caen, Calvados, Univ., Labor. de Chim. Structurale; franz.) — 1. vgl. C. **1961,** 13485. — Das gemessene kernmagnet. Resonanzspektrum von *Pentin-(2)* (**I**) wurde mit einem nach einer exakten Auflösung der entsprechenden Säkulargleichung berechneten verglichen. Die fünf Parameter dieser Gleichung konnten so angeglichen werden, daß eine Reproduktion des experimentellen Spektrums möglich war. Daraus wurden die chem. Verschiebungen der drei Protonengruppen von **I**, bezogen auf Tetramethylsilan u. Cyclohexan als inneren Standard abgeleitet. Diese Meth. liefert auch die Spin-Spin-Kopplungs-Konst. zwischen den Protonen der Methylengruppe u. denen der einzelnen Methylgruppen, die gleiche Vorzeichen haben. H. G. Henkel B 137◇

0737 **Chemische Verschiebungen der NMR-Spektren von Jod-Aromaten-Komplexen.** Shin-ichi Matsuoka und Shuzo Hattori. (J. physic. Soc. Japan **17,** 1073—74, 1962; Kanazawa, Univ., Fac. of Sci.; Nagoya, Univ., Fac. of Engng.; engl.) — Die Chem. Verschiebungen der Ring- u. Methylprotonen von *o-*, *m-*, *p-Xylol*, *Mesitylen* (**I**) u. *Pseudocumol* bei verschiedenem Jodgeh. wurden gemessen (Tabelle). Als innere u. äußere Referenzsubstanz wurde CH_2Cl_2 benutzt. Nur die **I**-Jod-Lösungen zeigen deutliche Differenzen der chem. Verschiebungen bei Variation der Jod-Konzentration. A. Zschunke B 137◇

0738 **Hochaufgelöste NMR-Spektren einiger trisubstituierter Benzole.** S. S. Dharmatti, G. Govil, C. R. Kanekar, C. L. Khetrapal und Y. P. Virmani. (Proc. Indian Acad. Sci., Sect. A **54,** 331—40, 1961; Trombay, Bombay, Tata Inst. of Fundament. Res. and Atom. Energy Establishm.; engl.) — Die hochaufgelösten protonenmagnet. Spektren von *2.4-Dinitrophenol*, *1-Chlor-2.4-dinitrobenzol*, *2-Chlor-6-nitrotoluol* u. *3-Nitro-5-sulfobenzoesäure* werden an Hand der exakten Lsgg. der Aufspaltung der NMR-Linien von Jha (ibid. A **54,** [1961], 13) für ein 3-Kernsyst. von ABC-Typ analysiert. Die beobachteten u. theoret. Spektren stimmen gut überein. G. Pötzscher B 137◇

0739 **Chemische Verschiebung und Aktivität des Dienophils in der Diensynthese.** B. A. Arbusow, A. I. Konowalow und Ju. Ju. Ssamitow. (Ber. Akad. Wiss. UdSSR **143,** 109—10, 1962; Kasan, Univ.; russ.) — Aus den kernmagnet. Resonanzspektren (24,458 MHz) von *Acrolein*, *Acrylsäure*, *-methylester*, *-nitril*, *Methacrylsäure*, *-methylester* u. *Styrol* wurden für die mittlere chem. Verschiebung τ der endständigen H-Atome die Werte 3,65; 3,77; 3,91; 3,95; 4,00; 4,22 u. 4,54 ermittelt. In der gleichen Reihe nimmt die Rk.-Fähigkeit bei der Dien-Synth. ab. Bei der Synth. mit *Isopren* (bzw. *2.3-Dimethylbutadien*) betrugen die unter gleichen Rk.-Bedingungen erzielten Ausbeuten an den entsprechenden *Addukten* (in %) 95 (97); 81 (90); 65 (79); 63 (69); 60 (74); 28 (34) bzw. 0 (0). Helmut Schäfer B 137△

0740 **Die Hammett-Aciditätsfunktion und deren Nichtanwendbarkeit auf Amide.** A. R. Katritzky, A. J. Waring und K. Yates. (Tetrahedron [London] **19,** **465** bis 469, 1963; Cambridge, Univ. Chem. Labor.; Toronto, Univ. of Toronto, Dep. of Chem.; engl.) — In Anlehnung an frühere Unterss. über die Gültigkeit der Hammett-Säurefunktion H_0 bei Uracil-Derivv. (vgl. J. chem. Soc. [London] **1962,** 1540) wird das Verh. von *Benzamid* [**I**, F. 127,5—128,5° (W.)] u. *p-Nitrobenzamid* [**II**, F. 201,5 bis 202° (nach Sublimation bei 10^{-3} mm)] spektrophotometr. im Übergangsgebiet von Kationen (BH^+) zu Neutralmoll. (B) in schwefelsaurer Lsg. untersucht (Kurven). Vff. leiten unter der Annahme, daß Lsgm.-Effekte zu H_0 in linearer Beziehung stehen (vgl. Extinktionskurven), mathemat. die Beziehung pK = H_0 + n $\log_e$ · [BH^+]/[B] ab, in der eine Hammett-Base den Wert n = **0,434** aufweist. Für folgende Benzamide werden die 0,434/n-Werte aus der ε/H_0-Beziehung bestimmt, die pK-Werte errechnet u. mit den nach der klass. Meth. $\log_{10}$ [B]/ · [BH^+]–H_0 erhaltenen Anstieg bzw. pK-Werten verglichen (Tabelle): **I** (pK — 2,1), **II** (— 3,8) u. aus früheren Unterss. (vgl. Edward u. Mitarbeiter, C. **1963,** 6539), *m-* u. *p-Brom-*, *p-Chlor-*, *N-Methyl-*, *o-*, *m-* u. *p-Methyl-*, *m-* u. *p-Methoxy-*. Die Unters. zeigt, daß die Mehrzahl der vorst. Amide keine Hammett-Basen sind. G. Kirsten B 139◇

0741 **Anwendung der Hammett-Gleichung auf die Theorie tautomerer Gleichgewichte.** 2. Mitt. **Tautomerie von α-Arylsulfaminopyridinen.** T. A. Mastrukova, Yu. N. Sheinker, I. K. Kuznetsova, E. M. Peresleni, T. B. Sakharova und M. I. Kabachnik. (Tetrahedron [London] **19,** 357—72, 1963; Moscow, USSR Acad. of Sci., Inst. of Organo-Element Compounds u. Inst. of Chem. of Natural Products; engl.) — Vgl. C. **1961,** 6809. — Vff. untersuchen die allg. Grundlagen in der Anwendung der Hammett-Gleichung auf tautomere Gleichgew. u. zeigen, daß die pK_a–σ-Kurve (K_a = effektive Dissoziationskonst. des tautomeren Gleichgewichtsgemisches) der Dissoziationskonst. tautomerer Säuren, $HA_1 \leftrightharpoons HA_2$, durch Abweichungen von der linearen Hammett-Abhängigkeit charakterisiert wird, wenn genau definierte Bedingungen vorliegen. Die Abwei-

chungen von der linearen Abhängigkeit sind mit K_a durch die Beziehung $K_T = 10^a - 1 = 1/10^b - 1$ verknüpft, wobei K_T = tautomere Gleichgewichtskonst. u. a bzw. b die Abweichungen der Kurve $pK_a = f(\sigma)$ von den Asymptoten vorstellen. Es werden eine Anzahl *α-Arylsulfonaminopyridine* (**A**) bzw. *Arylsulfanilide* (**B**) sowohl potentiometr. als auch spektrophotometr. auf die Anwendbarkeit der abgeleiteten Prinzipien hin untersucht. Für die **B** gelten unter Benutzung der genaueren σ^0-Werte von Taft u. Mitarbeitern (vgl. J. Amer. chem. Soc. **81**, [1959], 5352) in 50- bzw. 80%ig. A. die Beziehungen pK = 10,23 − 1,726 σ^0 bzw. pK = 10,86 − 1,757 σ^0. Die **A** liefern in 80%ig. A. für die HA_1-Gerade pK_1 = 9,34 − 1,895 σ^0, für die HA_2-Gerade pK_2 = 9,45 − 1,114 σ^0 sowie log K_T = 0,11 + 0,781 σ^0. Analog gelten in 80%ig. Dioxan pK_1 = 10,24 − 2,235 σ^0, pK_2 = 10,02 − 0,713 σ^0 u. log K_T = − 0,22 + 1,522 σ^0, wobei die Korrelationskoeff. in allen Fällen nur wenig unter 1,0 liegen. Aus den Ergebnissen werden quant. Rückschlüsse auf die vorherrschenden tautomeren Gleichgewichtsformen der **A** in 80%ig. A. bzw. Dioxan gezogen (Tabelle). Bezüglich der Phenylsubstituenten in der untersuchten **A**-Reihe ergibt sich, daß das tautomere Gleichgew. durch Donatorgruppen zur Aminoform, durch Acceptorgruppen zur Iminoform hin verschoben ist. — Die UV-Spektren von **I** u. **II** sowie deren N-Methylderivv. in verschiedenen Lsgm. sind abgebildet. Folgende α-Arylsulfamidopyridine (**A**) werden nach der Meth. von Phillips [1941] aus α-Aminopyridin u. den entsprechenden Arylsulfochloriden in Pyridin erhalten (in Klammern FF. der durch Methylieren nach der Meth. von Shepherd u. Mitarbeitern [1942] erhaltenen N-Methyl-α-pyridonimin-Derivv.): *p-Dimethylaminophenyl-*, F. 218—220° (F. 180 bis 182°); *p-Aminophenyl-*, F. 191—192° (F. 225°); *p-Methylphenyl-*, F. 213—214° (F. 139—140,5°); *p-Methoxyphenyl-* (**I**), $C_{12}H_{12}N_2O_3S$, F. 182—184° (F. 164—165°); *p-Acetylaminophenyl-*, F. 224—225° (F. 231°); *Phenyl-*, F. 172—173°; *p-Phenoxyphenyl-*, $C_{17}H_{14}N_2O_3S$, F. 163,5 bis 165° (F. 118—119°); *p-Fluorphenyl-*, F. 151—152° (F. 141—142°); *p-Bromphenyl-*, $C_{11}H_9BrN_2O_2S$, F. 199 bis 201,5° (F. 154—155°); *p-Chlorphenyl-*, F. 190—191,5° (F. 150—151°); *p-Cyanphenyl-* (**II**), F. 194—195,5° (F. 191 bis 192°); *m-Nitrophenyl-*, F. 227—228° (F. 198—200°); *p-Nitrophenyl-*, F. 163—165° (F. 202—204°). — Folgende Arylsulfanilide (**B**) werden nach der Meth. von Shepherd [1947] erhalten: *p-Dimethylaminophenyl-*, F. 174—176°; *p-Aminophenyl-*, F. 198—199°; *p-Tolyl-*, F. 102°; *p-Methoxyphenyl-*, F. 109—110°; *p-Acetamidophenyl-*, F. 211—213°; *Phenyl-*, F. 110°; *p-Phenoxyphenyl-*, F. 86—88°; *p-Fluorphenyl-*, $C_{12}H_{10}FNO_2S$, F. 109 bis 111°; *p-Bromphenyl-*, F. 116—117°; *p-Chlorphenyl-*, F. 103—104°; *m-Nitrophenyl-*, F. 125—126°.
G. Kirsten B 139◇

0742 **Potentiometrische Bestimmung von Basizitätskonstanten in wasserfreier Ameisensäure.** A. I. Popov und J. C. Marshall. (J. inorg. nuclear Chem. **24**, 1667 bis 1674, 1962; Iowa City, Iowa, Univ. of Iowa, Chem. Dep.; engl.) — Mit Hilfe der elektrochem. Zelle Pt/ 0,25m Na-Formiat, 0,05 m Chinhydron in Ameisensäure/ Base, 0,05m Chinhydron in Ameisensäure/Pt wurden die pK_p-Werte in [ ] folgender Basen in wasserfreier HCOOH bestimmt: *Coffein* [F. 232—235° (abs. A.), 0,55], *Theobromin* [F. 333—334° (W.), 1,22], *Harnstoff* [1,75], *Na_2SO_4* [1,92], *Metrazol* (*Pentamethylentetrazol*, F. 60—61°, 2,03), *8-tert.-Butyl-* [2,08], *8-Isobutyl-* [2,07], *7-Methyl-8-isopropyl-* [2,27], *7-Methyl-* [2,07] u. *8-Isopentylpentamethylentetrazol* [2,18], *1-Cyclohexyl-5-äthyl-* [1,98], *1-Isobutyl-5-methyl-* [2,18], *1-Cyclohexyl-5-methyl-* [1,89] u. *1-Methyl-5-cyclohexyltetrazol* [2,24] sowie *W.* [ca. 3,9].
Gerhard Schulze B 139◇

0743 **Spaltung der aktivierten Kohlenstoff-Stickstoff- und Kohlenstoff-Schwefel-Bindungen.** 2. Mitt. **Polarographische Reduktion der β-Aminoketone.** P. Zuman und V. Horák. (Collect. czechoslov. chem. Commun. **27**, 187—98, 1962; Prague, Czechoslov. Acad. of Sci., Polarograph. Inst.; Charles Univ., Dep. of Organ. Chem.; engl.) — 1. vgl. C. **1962**, 4479. — Die Unters. von *β-Piperidinopropiophenonmethojodid*, *-hydrochlorid*, *β-Piperidinoäthylmethylketonmethojodid*, *-hydrochlorid*, *2-Piperidinomethylcyclopentanonhydrochlorid* u. *Propiophenon* hat ergeben, daß die polarograph. Red. der β-Aminoketone an der Carbonylgruppe stattfindet. Die protonierte Form wird durch die Aufnahme von zwei Elektronen zum entsprechenden Alkohol reduziert. Der Einfl. der Struktur der Ketone vom $R–CO–CH_2–CH_2–NH^1R^2R^{3(+)}$-Typ wird diskutiert. Bei höheren pH-Werten erfolgt eine Eliminierungsreaktion. Das durch diese Rk. entstehende α.β ungesättigte Keton ergibt eine eigene polarograph. Stufe. Die Abhängigkeit der Halbstufenpotentiale in Britton-Robinson-Puffer-Lsg. wurden tabellar. u. graph. dargestellt.
L. Matoušek/Prag B 142

0744 **Polarographie der Pterine.** 3. Mitt. **4-Hydroxypteridin, 2-Aminopteridin und Pteridin.** J. Komenda und D. Laskafeld. (Collect. czechoslov. chem. Commun. **27**, 199—211, 1962; Brno, Purkyně-Univ., Inst. für theoret. u. phys. Chem.; dt.) — 2. vgl. C. **1961**, 7171. — *4-Hydroxypteridin* (**I**) liefert auf den polarograph. Kurven eine diffusionsbedingte 2-Elektronenstufe, die der Red. des Pyrazinkerns entspricht. *Pteridin* (**II**) unterliegt polarograph. Red. nur im mittleren pH-Bereich. In sauren u. alkal. Medium beobachtet man die Stufen des N-[3-Formylpyrazinyl-(2)]-formamidins (**III**), die der Red. des Pyrazinringes entsprechen. Die Bldg. von **III** wurde spektrophotometr. im UV-Gebiet nachgewiesen. Die Einstellung des Gleichgew. zwischen **II** u. **III** ist pH-abhängig, sauer u. bas. katalysiert. Bei pH 6,3 ist k 1,8 · 10^{-4} (**II** → **III**); k 6,3 · 10^{-4} s^{-1} (**III** → **II**) u. K 0,29. Die protonierte Form von **III** steht in saurer Lsg. in einem langsam sich einstellendem Gleichgew. mit der polarograph. inakt. Form: k 2 · 10^{-4}; k 5,4 · 10^{-5} s^{-1}. Stufen der cycl. Form des *2-Aminopteridins* (**IV**) sind nur im mittleren pH-Bereich meßbar. In sauren u. alkal. Lsgg. werden die Stufen der Formamidin-Form beobachtet. Das Gleichgew. stellt sich hier schnell ein, jedoch die Stufen sind diffusionsbedingt u. der Konz. der beiden Formen proportional. Ein Gleichgew. zwischen der protonierten Form des Formamidins u. der polarograph. inaktiven Form in sauren Lsgg. wurde bei **IV** nicht beobachtet.
P. Zuman/Prag B 142

0745 **Polarographie der Pterine.** 4. Mitt. **Beziehungen zwischen der polarographischen Reduzierbarkeit und ihrer Struktur sowie anderer physikalisch-chemischer Größen.** J. Komenda. (Collect. czechoslov. chem. Commun. **27**, 212—19, 1962; dt.) — 3. vgl. vorst. Referat. — Zur Verfolgung der Konstitut.-Einfl. auf die polarograph. Red. wurden folgende Werte der Halbstufenpotentiale HP (in V) der Red. des undissoziierten Pteridin-Mol. bei pH 5 gewählt: *Pteridin* − 0,26; *2-Amino-* − 0,28; *4-Hydroxy-* − 0,46; *6-Methylpterin* − 0,52; *Pterin-6-carbinol* − 0,51; *-6-aldehyd* − 0,38; *-6-carbonsäure* − 0,44; *Folsäure* − 0,56; *6-Methylisoxanthopterin* − 0,91; *7-Methylxanthopterin* − 0,74; *Leukopterin* − 1,13. Zwischen den HP u. den Dissoziations-Konst. der Hydroxylgruppe in Stellung 4 wurde eine lineare Beziehung gefunden. Aus den Dissoziations-Konst. der 4-OH-Gruppe wurden die polaren Konst. für verschiedene Substituenten in den einzelnen Stellungen des Pteridinskeletts berechnet. Eine lineare Abhängigkeit wurde auch zwischen den HP u. den Wellenzahlen der zweiten π → π-Bande in UV-Spektren gefunden.
P. Zuman/Prag B 142

0746 **Elektroosmotische Untersuchungen an ionenfreien Flüssigkeiten.** K. Lothar Wolf und Edelbert Bischoff. (Farbe u. Lack **63**, 60—65, 111—18, 165—71, 1957; Kirchheim-Bolanden, Pfalz, Labor. für Phys. u. Chem. der Grenzflächen; dt.) — Zur Unters. des Verh. elektr. Doppelschichten an Grenzflächen wurde an Diaphragmen aus Glasfritte, Quarz, Schamotte, Kunststoff oder Ton bei Zimmer-Temp. der elektroosmot. Effekt an folgenden reinen Fll. sowie bei ~60, 120, 240, 360 u. 480 V an folgenden binären Fl.-Gemischen nach der stat. Meth. gemessen: *Tetrahydrofuran* (**I**), *Methylacetat* (**II**), *Aceton* (**III**), *Butylamin* (**IV**), *Aceto-* (**V**), *Butyronitril* (**VI**), *Methanol* (**VII**), *A.*, *Butandiol* (**VIII**), *W.*, *Formamid* (**IX**), *Propanol* (**X**), *Bzl.* u. *Dioxan* (**XI**) sowie *Bzl.*-**III**, *Bzl.*-**II**, *Bzl.-A.*, *CCl_4*-**V**, **XI**—**IX**, **XI**-*W.*, **II**—**III**, **III**—**V**. Die Kurven Steighöhe h gegen Spannung steigen bei den reinen Fll. teils linear u. gehen durch den Nullpunkt (**I**, **II**, **IV**, **VI**, **VIII**, **III** u. A.) oder verlaufen nicht linear (**VII** u. **X**) bzw.

anfangs nicht linear (**V**, **IX**, u. W.). PAe., Cyclohexan, Bzl. u. **XI** zeigen bis 240 V keinen feststellbaren, Ae. einen unmeßbar kleinen elektroosmot. Effekt. Bei binären Fll. mit stark polarer Komponente wurde ein „Umpoleffekt" beobachtet, der mit wachsender Konz. zunimmt. Dabei ist das bei jeder Spannung erreichte maximale h erst dann zeitlich nahezu konst. u. reproduzierbar, wenn durch vorübergehendes Umpolen die Einstellung h = 0 erzielt worden ist. In Fl.-Gemischen tritt „Überhöhung" ein, d. h. h nimmt mehr als proportional der Spannung zu. Diese Zunahme wächst mit steigender Konz. des polaren Anteils. Im Syst. **XI**-W. tritt bei ca. 0,5 Mol-% ein Maximum von h auf, das auch bei der Kurve ς-Potential (nach Helmholtz-Smoluchowski)-Konz. in Erscheinung tritt. Diese Kurven stimmen mit bekannten ς-Werten aus Messungen von Strömungspotentialen qual. überein, die ς-Werte sind hier etwa doppelt so groß. Die Meßergebnisse lassen sich mit keiner bekannten Theorie der elektrokinet. Erscheinungen in Einklang bringen. Die Coehnschen Gesetze für Dielektrika werden weder durch die reinen Fll. noch durch die Gemische erfüllt (Tabellen, Diagramme). R. Junge B 168◇

0747 **Die Viscosität von n-Pentan im flüssigen und Gaszustand bei hohem Druck und verschiedenen Temperaturen.** N. A. Agajew und I. F. Golubew. (Gas-Ind. [UdSSR] 8, Nr. 5, 45–50, 1963; russ.) — Bei 25–275° u. 1–500 at wird die Viscosität von *n-Pentan* untersucht u. mit den Literaturwerten verglichen. Es zeigt sich, daß bei jeder Temp. u. jedem Druck zwischen dem Viscositäts-Koeff. u. der Dichte eine Beziehung besteht. O. Lebtag B 172△

0748 **Der Rheochor von binären Mischungen, Viscositäten und Dichten der binären Systeme aus Dimethylsulfoxid und Alkoholen.** J. Johan Lindberg. (Finska Kemistsamfundets Medd. **71**, 77–85, 1962; Helsingfors, Finland, Univ., Dep. of Chem.; engl.) — Für die bin. Syst. aus *Dimethylsulfoxid* (**I**) mit *A.*, *Methyl-* u. *n-Propylalkohol* werden die Viscositäten u. Dichten bei 25, 35 u. 45° über den gesamten Mischungsbereich gemessen. Die Struktur der Assoziate aus **I**-Moll. allein u. der aus **I**- u. den Alkohol-Moll. werden an Hand dieser Eigg. u. der Enthalpie des viscosen Fließens diskutiert. Der von Friend u. Hargreaves definierte Rheochor wird auf Mischungen erweitert u. ein Überschußrheochor definiert, der die Strukturänderungen in bin. Syst. u. ihre Beziehung zur Zus. charakterisiert. G. Pötzscher B 173◇

0749 **Wärme und Entropie der Adsorption von Benzol- und n-Hexandämpfen an Magnesiumhydroxid.** A. W. Kisselew und D. P. Poschkuss. (Kolloid-J. [UdSSR] **22**, 25–30, 1960; Moskau, Lomonossow-Univ., Fak. für Chem.; Akad. der Wiss. der UdSSR, Inst. für physikal. Chem., Labor. für Sorptionsprozesse; russ., Auszug: engl.) — Vgl. C. **1963**, 22230. — Aus den bei 10 u. 30° aufgenommenen Isothermen der Adsorption an $Mg(OH)_2$ mit schwach dehydratisierter Oberfläche u. den daraus ermittelten Kurven der Differentialwärme Q_a u. der Differentialentropie ΔS_a der Adsorption geht hervor, daß bei der Adsorption von *Bzl.*-Dämpfen die Standardwärme $Q_a°$ größer ist als bei der Adsorption der Dämpfe von *n-Hexan* (**I**). Aus den Verss. mit $Mg(OH)_2$, Silicagel, MgO u. graphitiertem Ruß geht hervor, daß an polaren Adsorbentien der Wert von $Q_a°$ für Bzl. größer oder fast gleich dem Wert für **I** ist; an unpolaren Adsorbentien ist $Q_a°$ für Bzl. viel geringer als für **I**. Diese Unterschiede erklären sich in der Hauptsache damit, daß bei den Bzl.-Moll. die Wechselwrkg. mit dem elektr. Feld über der Oberfläche des polaren Adsorbens stärker ist als bei den Moll. von **I**. O. Lebtag B 176△

0750 **Eine Modifizierung der LCAO–MO-Methode für die Anwendung auf nichtalternierende Moleküle.** Yoshito Amako. (Sci. Rep. Tôhoku Univ., Ser. I **40**, 36–39, 1956; Tôhoku, Japan, Univ., Fac. of Sci., Dep. of Chem.; engl.) — Vf. gibt eine Modifizierung der LCAO–MO-Meth. an, die für den Fall nicht vollständiger trigonaler Hybridisierung der C-Atome in nichtalternierenden aromat. KW-Stoffen (wie *Azulen* bzw. *Fulven*) die vereinfachende Annahme gleicher Coulomb-Integrale für alle C-Atome aufgibt. Die Berechnung der Coulomb-Integrale erfolgt über die mittleren Atom-Polarisierbarkeiten nach Coulson u. Longuet-Higgins (Proc. Roy. Soc. [London], Ser. A **191**, [1947], 39). Damit wird die bisherige Diskrepanz zwischen berechnetem u. gemessenem Dipolmoment im Fall des Fulvens beseitigt. W. Haberditzl B 182◇

0751 **Organische Schwefelradikale.** 2. Mitt. **Isolierung des Phenylschwefelradikals.** Ulrich Schmidt und Asmus Müller. (Angew. Chem. **75**, 299, 1963; Freiburg/Brsg., Univ., Chem. Labor.; dt.) — 1. vgl. C. **1961**, **3615**. — Bei Bestrahlung von verdampfendem *Diphenyldisulfid* mit kurzwelligem UV bei 1 Torr u. hoher Trägergasgeschw. (N_2) konnten 10 cm hinter der Bestrahlungszone Phenyl-S-Radikale (Ph-S) als Thiophenol nachgewiesen werden. Bei —200° kondens. sich Ph-S_x als roter Belag, der bis — 100° beständig ist. ERP-Messungen bei — 200° ergaben, daß das ungepaarte Elektron weitgehend am S isoliert ist. U.-L. Rau B 182◇

0752 **Untersuchung der Struktur einiger quarternärer Ammoniumverbindungen.** 4. Mitt. **Beitrag zur Untersuchung der semipolaren N → O-Bindung in einigen aromatischen Aminoxiden.** Georges Tsoucaris. (J. Chim. physique Physico-Chim. biol. **58**, 619–24, 1961; Bellevue, Seine-et-Oise, C. N. R. S., Labor. de Cristallogr. Appl.; franz.) — 3. vgl. C. **1963**, **843**. — Es wurden die IR-Spektren u. Dipolmomente von *Chinolinoxid* (**I**, μ **4**,07 ± 0,02 D) u. *Isochinolinoxid* (**II**, μ 4,47 ± 0,03 D) gemessen u. mit den bekannten von Pyridinoxid (**III**) u. Trimethylaminoxid (**IV**) verglichen. Unter der Annahme, daß sich das gemessene Dipolmoment aus einem mesomeren, einem σ-Bindungs- u. einem induktiven Anteil des N-Atoms zusammensetzt, wurde das mesomere Moment von **I** zu 2,31, **II** zu 2,52 u. **III** zu 2,45 (alle in D) ermittelt u. daraus der Doppelbindungscharakter der N → O-Bindung für **I** zu 18%, **II** u. **III** zu 19% errechnet. Es wird ferner eine Beziehung zwischen den FF. u. den Dipolmomenten aufgezeigt. Ferner wurden die Spektren der *Chlorhydrate* u. *Dihydrate* von **I**, **II** u. **III** aufgenommen. Die aus der von Shindo (vgl. C. **1964**, 6/7-0701) der N–O-Bindung zugeordneten Bande bei 1250 cm^{-1} berechneten N–O-Abstände für **I** u. **IV** stimmen mit den aus Röntgenstruktur-Unterss. erhaltenen gut überein. **II** u. **III** zeigen dagegen im Bereich 1250–1350 cm^{-1} ein komplexes System von Banden, die sich beim Chlorhydrat u. Dihydrat etwas unterscheiden. H. G. Henkel B 182◇

0753 **Elektronographische Untersuchung der Molekularstruktur von Verbindungen des dreiwertigen Stickstoffs. Dimethylformamid und N-Methylpyrrol.** L. W. Wilkow, P. A. Akischin und W. M. Pressnjakowa. (J. Strukturchem. [UdSSR] **3**, 5–9, 1962; Moskau, Lomonossow-Univ.; russ.) — Mittels der Elektronenbeugungsmeth. wird auf Grund der visuellen Auswertung der Intensitäten die Struktur von *Dimethylformamid* (**I**) u. *N-Methylpyrrol* (**II**) im gasförmigen Zustand ermittelt. Es wurde eine annähernd ebene Konfiguration der Bindungen –C–N= in **I** festgestellt; in **II** liegt eine exakt ebene Konfiguration vor. Der Unterschied der Bindungslängen N–C bei HCO–N u. N–CH_3 in **I** beträgt ca. 0,1 Å. E. Gey B 182◇

0754 **Die kristalline Form von 1.3.5.7-Tetranitro-1.3.5.7-tetrazacyclooctan (HMX).** M. Bedard, H. Huber, J. L. Myers und George F. Wright. (Canad. J. Chem. **40**, 2278–99, 1962; Toronto, Ontario, Univ. of Toronto, Dep. of Chem.; engl.) — *1.3.5.7-Tetranitro-1.3.5.7-tetrazacyclooctan* (HMX, $C_4H_8N_8O_8$) tritt in 4 polymorphen Formen *HMX I*, *HMX II*, *HMX III* u. *HMX IV* auf. HMX I wurde durch Abkühlen einer heiß gesätt. Lsg. von HMX in Aceton oder Acetonitril erhalten. Zur Darst. von HMX II wurde HMX in 70%ig. HNO_3 auf einer Heizplatte bis zur leichten Rauch-Bldg. erhitzt u. hierauf sehr langsam auf Zimmertemp. abgekühlt. HMX III wurde dargestellt durch Auflösen von fein gepulvertem HMX I in 50%ig. wss. Essigsäure u. sehr schnellem Abkühlen in Eiswasser unter Rühren. Es bildeten sich gut entwickelte dreieckige Plättchen. Eine weitere Darst.-Meth. besteht darin, aus einer heiß gesätt. Lsg. von HMX in mit W. gesätt. Cyclohexanon das Lsgm. durch Dampf-Dest. zu entfernen. HMX IV schließlich, von dem im Gegensatz zu den 3 anderen

Formen nur Röntgen-Pulveraufnahmen u. keine Einkristallaufnahmen hergestellt wurden, wurde durch Sublimation von HMX I bei 180° auf kalte Glasplättchen erhalten. Von den Formen HMX I, II u. III wurden die IR-Absorptionsspektren untersucht u. die DK gemessen. Die Unterschiede in den Absorptionsfrequenzen waren sehr viel ausgeprägter als man sie sonst bei den meisten polymorphen Verbb. findet, was durch Unterss. der Spektren von α- u. *β-Resorcin, Triphenylguanidin* u. den beiden Formen von *5↑-Hydroxy-6↓-chlormercuri-1.4↑↑-methylencyclohexan-2↑.3↓-dicarbonsäure* mit den FF. 183 bis 184° u. 221—222° bestätigt werden konnte. Auch die Störungspolarisationen, die mit Hilfe der Meth. von Podleschka u. Mitarbeitern (vgl. C. **1963, 6467**) bestimmt wurden, waren deutlich verschieden, während z. B. für Störungspotentiale der polymorphen Alkalihalogenide ident. Werte gefunden wurden. Die Störungspolarisationen von HMX I, II u. III sind außerdem auch beträchtlich temperaturabhängig, obwohl diese elektr. Eig. temperaturunabhängig sein sollte. Infolge dieses einzigartigen Verh. der drei Formen wird die Annahme vertreten, daß die sog. polymorphen Formen von HMX tatsächlich Gitter–Käfig-Konformationsmodifikationen sind. C. Gottfried B 190△

0755 **Kinetik der Bildung von Kristallisationszentren unterkühlter organischer Flüssigkeiten an den Teilchen von Zusätzen.** G. L. Michnewitsch. (Kolloid-J. [UdSSR] **21,** 69—79, 1959; Odessa, Univ., Fak. für Mol.-Phys.; russ., Auszug: engl.) — In Verss. über die Kinetik der Bldg. von Kristallisationszentren in den langsam krist. unterkühlten Lsgg. von *Salol, Piperin* u. *Betol* wird nachgewiesen, daß die Kristallisationszentren auf den Teilchen der akt. Beimengungen entstehen. Jene Teilchen, deren Größe die aus der Fluktuationstheorie folgende krit. Größe übersteigt, wachsen monoton u. bilden sichtbare Kristallisationskörner; eine Bldg. von Kristallisationszentren findet hier nicht statt. Die übrigen Teilchen werden als Folge der Fluktuation in Kristallisationszentren umgewandelt. Dieser Prozeß gehorcht den Gleichungen für Rkk. 1. Ordnung. Bei genügend hoher Temp. erfolgt ein Fluktuationswachstum, bei niedriger Temp. ein monotones. Bei Zwischentempp. entspricht der Anfangsabschnitt der kinet. Kurve dem Wachstum der Teilchen überkrit. Größe, der Abschnitt nach dem Knickpunkt der Rk. 1. Ordnung. O. Lebtag B 190△

0756 **Die Strukturen der Krokonsäure.** N. C. Baenziger, J. J. Hegenbarth und D. G. Williams. (J. Amer. chem. Soc. **85,** 1539—40, 1963; Iowa City, Iowa, Univ., Chem. Dep. u. Appleton, Wis., Inst. of Paper Chem.; engl.) — Vff. untersuchten die Kristallstrukturen des *Mono-* [**II**; $(NH_4)HC_5O_5$] u. *Diammoniumsalzes* [**I**; $(NH_4)_2C_5O_5$] der *Krokonsäure*. Weißenberg-Aufnahmen ergeben für beide Salze monokline Symmetrie u. die Zellendimensionen für **I**: a = 7,45 (Å); b = 13,32; c = 3,56; β = 97°; Raumgruppe ist Cm; Z = 2 u. für **II** a = 7,71 (Å); b = 10,50; c = 7,82; β = 102°; Raumgruppe ist C_{2h}^5-$P2_1/c$; Z = 4. Die vorläufige Struktur-Best. von **I** mit Hilfe einer zweidimensionalen Elektronendichteprojektion ergab, daß die Struktur aus NH_4^+-Ionen besteht, die in Säulen parallel der c-Achse an den Ecken eines angenähert hexagonalen Netzes angeordnet sind. Die Krokonationen sind gegen die ab-Ebene 13° geneigt ü. übereinander angeordnet, u. zwar in den Hohlräumen der hexagonalen Säule. Das Krokonation selbst ist vollkommen eben. Die N–O-Abstände liegen zwischen 2,80 u. 3,10 Å. Der kleinste intermol. O–O-Abstand beträgt 2,79 Å. Der C-Ring selbst ist ein vollkommenes Fünfeck. In dem Gitter von **II** sind die Krokonationen durch H-Bindungen zu Ketten verknüpft, die parallel zu den (10$\bar{1}$)-Ebenen liegen. Die Ionen selbst sind innerhalb der Fehlergrenzen vollständig eben. Es war erwartet worden, daß das HC_5O_5-Ion eine Spiegelebene haben sollte, die durch die C–O–H-Bindung senkrecht zu der Ebene des Ions gehen sollte. Diese Symmetrie ist aber anscheinend z. T. durch die starke H-Bindung zu nur einem der benachbarten O-Atome gestört. Die Doppelbindung ist so teilweise zwischen den 2 C-Atomen lokalisiert, deren O-Atome bei der H-Bindungsbildung beteiligt sind. C. Gottfried B 195△

0757 **Strukturuntersuchung des freien Radikals Tris-[p-nitrophenyl]-methyl.** Per Andersen und Bernt Klewe. (Acta chem. scand. **16,** 1817—18, 1962; Blindern-Oslo, Norway, Univ., Chem. Inst.; engl.) — Durch Eintauchen eines Zn-Stabes in eine Lsg. von *Tris-[p-nitrophenyl]-methylbromid* in einem Gemisch von Bzl. u. etwas Aceton bildeten sich auf dem Zn-Stab gut entwickelte Einkristalle des Radikals, dessen Identifizierung mittels Elektronenspinresonanz durchgeführt wurde. Die Kristalle mit D. 1,5 kristallisieren rhomb. u. haben die Zellendimensionen a = 11,50 (Å); b = 7,80; c = 18,60; Raumgruppe ist $Pca\,2_1$; Z = 4. Aus der [010]-Patterson-Projektion ist die dreizählige Symmetrie des Mol. deutlich erkennbar. Auf Grund einer Fourier-Projektion parallel der b-Achse wird ein flaches Modell angenommen mit den Abständen 1,5 Å von dem zentralen C-Atom zu den nächsten Ring-C-Atomen. Die Ebene des Ringes scheint um etwa 30° aus der Ebene des Mol. herausgedreht zu sein, wobei die NO_2-Gruppe in der Ebene des Ringes liegt. Die Verdrehung der Benzolringe aus der Ebene braucht nicht für alle 3 Ringe dieselbe zu sein. C. Gottfried B 195△

0758 **Kristallstruktur der festen Lösung von 91,3% p-Dijodbenzol und 8,7% p-Dibrombenzol.** Dun-tschai Ljan und Ju. T. Strutschkow. (Nachr. Akad. Wiss. UdSSR, Abt. chem. Wiss. **1960,** 1010—14; Akad. der Wiss. der UdSSR, Inst. für elementorg. Verbb.; russ.) — Aus Röntgenbeugungsanalysen ergeben sich für die rhomb. Zelle die Parameter: a = 17,04 ± 0,01; b = 7,428 ± 0,002; c = 5,900 ± 0,002 Å; V = 746,76 Å³; Pccn; Z = 4. Mittels Elektronendichteprojektionen u. geometr. Analyse werden die Atomkoordinaten ermittelt. Die C–J-Bindungslänge beträgt 2,01 Å. Die kürzesten zwischenmol. Abstände u. Packungskoeff. werden bestimmt. G. Pötzscher B 195◇

0759 **Die Kristallstruktur vom Kaliumsalz des o-Nitrophenolhemihydrats.** J. P. G. Richards. (Z. Kristallogr., Kristallgeometr., Kristallphysik, Kristallchem. **116,** 468 bis 481, 1961; Cardiff, Wales, Univ. Coll. of South Wales and Monmouthshire, Viriamu Jones Labor.; engl.) — *o-$C_6H_4 \cdot NO_2 \cdot OK \cdot {}^1/_2 H_2O$* krist. monoklin u. hat die Elementarzelle a = 24,73; b = 5,21; c = 11,96 Å; β = 105,15°; z = 8. Die Struktur wurde nach der Schweratom-Meth. bestimmt u. über Fourier- u. die kleinste-Quadrate-Synth. verfeinert. Das Gitter baut sich aus von van-der-Waals-Kräften zusammengehaltenen Doppellagen auf, innerhalb derer ein kompliziertes Syst. von elektrostat. Kräften u. H-Bindungen vorliegt. Ein K-Atom wird von 7 O-Atomen koordiniert, die paarweise drei verschiedenen Resten u. eines einem Wassermol. angehören. Die Abstände K–O betragen 2,69—2,94 Å, die Symmetrie des Koordinationspolyeders ist 1. Je zwei Reste sind auf zweizähligen Achsen über Wassermoll. so durch H-Bindungen verknüpft, daß die Bindungen u. die elektrostat. Kontakte um jedes Wassermol. herum etwa tetraedr. angeordnet sind. Die Reste sind eben, zwischen zwei nichtgebundenen O-Atomen liegt ein kurzer Abstand. R. Uttech B 195◇

0760 **Thermische Effekte im Harnstoff: Die Kristallstruktur bei —140° und bei Raumtemperatur.** Natalie Sklar, Michael E. Senko und Ben Post. (Acta crystallogr. [Copenhagen] **14,** 716—20, 1961; Brooklyn, N. Y., Polytechn. Inst.; engl.) — Von *Harnstoff* wurde röntgenograph. auf Grund von (h0l)- u. (hk0)-Interferenzen durch Fourier-Synth. die Kristallstruktur bei — 140° u. Raumtemp. bestimmt. Die Ergebnisse stimmen mit denen von Vaughan u. Donohue (C. **1955,** 8583) überein, jedoch unterscheiden sich einige Temp.-Faktoren beträchtlich von denen, die Worsham, Levy u. Peterson (C. **1958,** 6207) über Neutronenbeugungsmessungen erhielten. Vff. geben eine graph. Darst. der Temp.-Abhängigkeit der Gitter-Konst. im Bereich — 160 bis 28° u. Tabellen der Atomkoordinaten, Strukturfaktoren, Bindungslängen u. -Winkel bei beiden Temp. an. Mit sinkender Temp. nimmt die Länge der zwischenmol. H-Brücken ab, woraus eine Abnahme der Dimensionen der Einheitszelle resultiert.

R. Uttech B 195◇

0761 **Die Kristallstruktur des Additionsproduktes aus Acrolein und Natriumbisulfit.** You-Chi Tang, Jen-Yung Ho und Kung-Du Chou. (Acta chim. sinica **22,** 391—408, 1956; Peking Univ., Chem. Dep.; Acad. Sinica, Inst. of Appl. Phys.; chin., Auszug: engl.) — Die Kristallstruktur des Additionsprod. aus Acrolein u. $NaHSO_3$ hat eine orthorhomb. Elementarzelle mit a = 18,24 Å, b = 7,05 u. c = 4,77 Å, die 2[CH_2=CH–CHO · 2$NaHSO_3$ · 4H_2O] enthält. Die Raumgruppe ist sehr wahrscheinlich D_{2h}^{13}–$P^{21}/_m{}^{21}/_m{}^{2}/_n$, jedoch ist die verwandte Raumgruppe C_{2v}^7 nicht ganz ausgeschlossen. Die Parameter der SO_3-Gruppen u. Na-Atome wurden hauptsächlich durch Patterson-Funktionen abgeleitet. Um die leichteren Atome zu lokalisieren, wurde die Fourier-Meth. angewandt. Die so erhaltene Struktur zeigt, daß das Additionsprod. rac. 1-Hydroxypropan-1.3-disulfonat ist. Die Bindungen innerhalb eines Disulfonations sind kovalent. Wasser-Moll. sind untereinander u. mit 2RSO_3^--Ionen durch H-Brückenbindungen verbunden. Die Na-Ionen sind oktaedr. von O-Atomen umgeben. Im Falle der Raumgruppe C_{2v}^7 oder D_{2h}^{13} erfordert die Theorie, daß die asymm. Sulfatonionen auf einer bzw. zwei gemeinsamen senkrechten Spiegelebenen sitzen müssen. Die gefundene Anomalie wird durch Unordnung erklärt.

R. Henning B 195◇

0762 **Kristall- und Molekularstruktur des p-Bromphenylhydrazons der Arabinose.** Sven Furberg und Cherry Schiander Petersen. (Acta chem. scand. **16,** 1539—48, 1962; Blindern-Oslo, Univ., Inst. of Chem.; engl.) — Das *p-Bromphenylhydrazon der Arabinose* $C_{11}H_{15}BrN_2O_4$, F. 155—160°, wurde durch Mischen äquivalenter Mengen p-Bromphenylhydrazin u. β-D-Arabinose mit Essigsäure oder 60%ig. A. als Lsgm. in nach der b-Achse gestreckte Nadeln erhalten. Weißenberg-Aufnahmen ergaben monokline Symmetrie u. die Zellendimensionen a = 7,12 (Å); b = 6,15; c = 14,09; β = 96°; Raumgruppe ist $P2_1$; D. 1,70; Z = 2. Die Struktur wurde mit Hilfe der Schweratomtechnik, Patterson- u. Fourier-Projektionen bestimmt u. mit Hilfe der Meth. der kleinsten Quadrate weiter verfeinert. In diesem Gitter tritt der Zucker in seiner normalen cycl. Pyranose-Sesselform auf. Die Bindung $C_{(1)}$–$N_{(1)}$ ($C_{(1)}$ im Zucker) ist äquatorial u. die Konformation 1e 2e 3e 4a. Die Verb. ist daher ein Deriv. der α-Arabinose. Die Bindungslängen u. Valenzwinkel sind tabellar. angegeben. In dem Hydrazonteil des Mol. beträgt der Winkel zwischen den Ebenen N–N–$C_{(6)}$ ($C_{(6)}$ ist das an N gebundene C des Phenylringes) u. N–N–$C_{(1)}$ 90°. Die Bindungslängen sind $N_{(2)}$–$C_{(6)}$ = 1,42 Å; $N_{(1)}$–$C_{(1)}$ = 1,36 Å u. $N_{(1)}$–$N_{(2)}$ = 1,38 Å, während im Hydrazin der N-N-Abstand 1,46 Å beträgt. In dem Zuckerteil des Mol. ist nur der Winkel an O mit 116° auffällig, während er in der krist. Arabinose 113° ist. In dem aromat. Teil des Mol. beträgt der mittlere C-C-Abstand 1,40 Å, u. alle Ringatome sowie $N_{(2)}$ u. das Br-Atom liegen in einer Ebene. Der Abstand C–Br beträgt 1,91 Å. C. Gottfried B 195△

0763 **Die Kristallstruktur von Ba-Ribose-5-phosphat.** Sven Furberg und Arvid Mostad. (Acta chem. scand. **16,** 1627—36, 1962; Blindern-Oslo, Univ., Inst. of Chem.; engl.) — *Ba-Ribose-5-phosphat* mit der Zus. $C_5H_9O_5 \cdot PO_3 \cdot Ba \cdot 5H_2O$ wurde durch langsame Zugabe von A. zu einer wss. Lsg. erhalten. Weißenberg-Aufnahmen ergaben monokline Symmetrie u. die Zellendimensionen a = 15,38 (Å); b = 8,56; c = 12,86; β = 118,6°; Raumgruppe ist C 2; D · 2,05; Z = 4. Die Struktur wurde mit Hilfe von Patterson- u. Elektronendichteprojektionen bestimmt u. mit Differenzsynth. weiter verfeinert. In dem Gitter ist der fünfgliedrige Ring nicht eben, da $C_{(2)}$ außerhalb der Ebene der anderen Atome liegt. Die OH-Gruppen an $C_{(1)}$, $C_{(2)}$ u. $C_{(3)}$ stehen alle in cis-Beziehung, was besagt, daß die Verb. das α-Anomere ist. Die P–O-Esterbindung (P–$O_{(5)}$) mit 1,67 Å ist bedeutend länger als die Bindungen von P zu den anderen Phosphat-O-Atomen $O_{(6)}$, $O_{(7)}$ u. $O_{(8)}$ mit 1,52; 1,51 u. 1,51 Å. Die Phosphatgruppe zeigt von dem Ribosering weg, die P–$O_{(8)}$-Bindung liegt nahezu parallel zu den Bindungen $C_{(5)}$–$O_{(5)}$, P–$O_{(5)}$ u. $C_{(4)}$–$C_{(5)}$; dadurch erhält das Mol. eine möglichst ausgedehnte Form. Die Bindung $C_{(5)}$–$C_{(4)}$ ist in gauche-Stellung mit Bezug zu den Ringbindungen nach $C_{(4)}$. Jedes Ba-Ion ist von 12 O-Atomen umgeben, von denen 3 OH-Gruppen des gleichen Mol. sind. In der Struktur sind gewellte Schichten von hydratisierten Ba-Ionen in Abständen von etwa 11 Å vorhanden. Die H_2O-Moll., die Phosphat-O u. die Zucker-OH-Gruppen sind alle bei der H-Bindungsbildung beteiligt. Die 3 OH-Gruppen der α-Ribose bilden ein nahezu gleichseitiges Dreieck mit Kantenlängen von 2,8 Å; die 3 freien Phosphat-O bilden ein weiteres gleichseitiges Dreieck mit einer Kantenlänge von etwa 2,5 Å. Alle diese Dreiecke liegen angenähert in Ebenen parallel zu der ab-Ebene bei Z ∼ 0,25 u. ∼ 0,75. Jedes der Dreiecke ist durch H-Bindung mit 3 anderen Dreiecken des anderen Typs in der gleichen Ebene verknüpft. C. Gottfried B 195△

0764 **Untersuchung über Wasserstoffbrückenbindung. 7. Mitt. Wasserstoffbrücken-Assoziation von Phenol und Pentachlorphenol mit Carbonylverbindungen und Äthern.** Thor Gramstad. (Spectrochim. Acta [London] **19,** 497—508, 1963; Kjeller, Norwegian Defence Res. Establishm., Div. for Toxicol.; engl.) — 6. vgl. C. **1963,** 21097. — Nach der beschriebenen Meth. werden die *1:1-Assoziationskomplexe* (**A**), die durch H-Brücken-Bldg. zwischen folgenden Protonenacceptoren (**B**) u. *Phenol* (**I**) zustandekommen, IR-spektrophotometr. untersucht u. die Valenzgrundschwingungen ν_{CO} der **B**, die Valenzschwingungsverschiebungen $\Delta\nu_{OH}$ u. $\Delta\nu_{CO}$ der **A** sowie die Assoziationskonst. K_{ass} der **A** bei 20° u. 50° in CCl_4 bei **B**-Konzz. von 0,012—0,06 u. einer **I**-Konz. von 0,006 Mol/Liter bestimmt (4 Tabellen; in Klammern $K_{ass}^{20°}$ in Liter/Mol): *p-Nitrophenylacetat* (2,53), *Benzoesäureäthylester* (6,45) u. *-phenylester* (4,60), CH_3COOCH_3 (8,41), *Essig-* (**III**, 9,81), *Chloressig-* (4,31), *Propionsäure-* (8,80) u. *p-Nitrobenzoesäureäthylester* (5,21), *Propionyl-* (0,72), *n-Butyryl-* (0,67) u. *Benzoylfluorid* (0,50), $(CH_2Cl)_2CO$ (2,71), $(C_6H_5)_2CO$ (7,82), $[(CH_3)_3C]_2 \cdot CO$ (9,20); $CH_3COCH(CH_3)_2$ (9,31), $CH_3COC_2H_5$ (10,30), $CH_3COC(CH_3)_3$ (9,12), $CH_3COC_6H_5$ (8,32), *Campher* (9,53), $C_6H_5COCH{=}CHC_6H_5$ (10,90), $CH_3COCH_2CH_2 \cdot CH_3$ (12,12), $(CH_3)_2CO$ (**IV**, 12,31), *2-Methylcyclohexanon* (11,01), *Cyclohexanon* (**V**, 16,83), *Cyclopentanon* (18,12), $CH_3COCOCH_3$ (3,91), $CH_3COCH_2COCH_3$ (5,41), *o-* (2,24), *m-* (2,10) u. *p-Nitro-* (2,12) sowie *o-* (3,61) u. *p-Chlor-* (5,20) u. *p-Dimethylaminobenzaldehyd* (20,9), C_6H_5CHO (4,85), C_2H_5CHO (4,51), $CH_3(CH_2)_6CHO$ (4,41), $CH_3(CH_2)_2CHO$ (5,13), $CH_3(CH_2)_8CHO$ (5,12), *Naphthaldehyd-(2)* (4,90), *Cuminaldehyd* (5,60), $C_6H_5CH{=}CHCHO$ (12,58), *Cumaron* (0,6), *Furan* (0,70), *2.5-Dimethylfuran* (0,85), *Diphenyl-* (1,20), *Methylphenyläther* (1,01), *Nerolin* (1,32) *Dihydropyran* (2,52), *Tetrahydrofuran* (12,90), *Tetrahydropyran* (**VI**, 13,81), *Phenetol* (1,12), *Dibenzyl-* (4,61), *Di-n-propyl-* (7,01), *Di-n-butyl-* (9,42) u. *Diisopropyläther* (9,51), *Ae.* (9,60). Ferner die **A** aus folgenden **B** u. *Pentachlorphenol* (**II**) (Tabelle; in Klammern $K_{ass}^{20°}$ in Liter · Mol^{-1}, ΔH u. ΔF in kcal · Mol^{-1} u. ΔS in cal/Grad · Mol): **III** (5,41; −4,50; −0,98; −12,01), **IV** (9,11; −4,71; −1,29; −11,67), **V**, (10,0; −4,64; −1,34; −11,28); **VI** (7,81; −5,32; −1,20; −14,06). Für die Syst. Ester(**C**)/**I**, Ketone(**D**)/**I**, Aldehyde(**E**)/**I** u. Äther(**F**)/**I** sind die log K_{ass} der Frequenzverschiebung $\Delta\nu_{OH}$ sowohl bei 20° als auch bei 50° direkt proportional u. die Geraden der einzelnen Syst. untereinander parallel (Kurven). Die Fähigkeit, ein Proton von **I** zur H-Brücken-Bldg. zu übernehmen, folgt bezüglich $\Delta\nu_{OH}$ der Ordnung Organo-P-Verbb. > N.N-disubstituierte Amide [**H** (vgl. Gramstad u. Fuglevik, Acta chem. scand. **16,** [1962], 1369 u. früher) > **C** > **D** > **E** > **F** > Pyridine (**J**) u. tert. Amine (**K**). **I** geht mit gleichen **B** stärkere H-Brücken ein als **II** (Tabelle). Für alle untersuchten Syst. ist $\Delta\nu_{OH}$ den Größen ΔF, ΔH u. ΔS linear proportional (Kurven) u. die Assoziationsentropie der **B** mit **I** nimmt in der Reihenfolge **G** < **H** < **C** < **D** > **E** < **F** < **J** u. **K** zu. Der Einfl. induktiver u. mesomerer Effekte auf die H-Brückenassoziation wird eingehend diskutiert.

G. Kirsten B 223◇

0765 **Untersuchung über Wasserstoffbrückenbindung. 8. Mitt. Wasserstoffbrückenassoziation zwischen Phenol und Sulfoxiden und Nitrosoverbindungen.** Thor Gramstad. (Spectrochim. Acta [London] **19,** 829–34, 1963; engl.) — 7. vgl. vorst. Referat. — In Fortführung früherer Unterss. (vgl. l. c.) werden für die H-Brücken-Assoziation zwischen *Phenol* (**I**) u. Sulfoxiden (**A**) bzw. Nitrosoverbb. (**B**) analoge lineare Beziehungen zwischen $\log K_{ass}$ u. ΔH, ΔF, ΔS, $\nu_{1/2}$ bzw. $\Delta\nu_{OH}$ gefunden (Kurven). Die Fähigkeit von **A** bzw. **B**, mit **I** eine H-Brücke zu bilden, liegt zwischen der von Amiden u. Estern bzw. Ketonen u. Aldehyden (l. c.). Analog werden für folgende **A** bzw. **B** die ν_{SO} bzw. ν_{NO} der Komponenten (fl. Film, KBr, bzw. CCl_4) sowie die $\Delta\nu_{OH}$, $\Delta\nu_{SO}$ bzw. $\Delta\nu_{NO}$ u. die K_{ass} der **I**-*Komplexe* bei 20° u. 50° bestimmt (Tabelle; in Klammern $K_{ass}^{20°}$ in Liter · Mol^{-1}): *$(C_3H_7O)_2SO$* (6,9); *$(C_2H_5O)_2SO$* (7,9); *$(C_4H_9O)_2SO$* (8,2); *$(C_6H_5)_2SO$* (70,4); *$(CH_3C_6H_4)_2SO$* (105,1); *$(C_6H_5CH_2)_2SO$* (131,4); *$(CH_3)_2SO$* (**III**, 230,2); *$[(CH_3)_2CH]_2SO$* (209,7); *$(C_4H_9)_2SO$* (264,3); *$(CH_3)_2NNO$* (14,7); *$(C_6H_5)_2NNO$* (3,2); *Tetramethylensulfoxid* (233,5) u. *Pyridin-N-oxid* (371,3). Der Komplex aus *Pentachlorphenol* (**II**) u. **III** weist $K_{ass}^{20°}$ = 163,8 Liter · Mol^{-1} auf, was auf geringere Tendenz von **II** zur H-Brücken-Bldg. im Vgl. zu **I** analog den bei Organophosphorverbb. u. Amiden gefundenen Verhältnissen hinweist. Der Einfl. von Konjugation auf die Valenzschwingungen u. auf die Befähigung von P=O-, S=O- u. C=O-Gruppen, H-Brücken zu bilden, sowie der Einfl. von S in Gruppen wie RS–P=O u. RS–C=O wird diskutiert.

G. Kirsten B 223◇

0766 **Untersuchung der Wechselwirkung zwischen NO_2-, OH- und NH_2-Gruppen in aromatischen Verbindungen durch IR-Absorptionsspektren.** W. I. Danilowa und S. A. Schmakowa. (Hochschulnachr. [Tomsk], Physik **1962,** Nr. 2, 91–97; Tomsk, Kuibyschew-Univ., Sibir. physikal.-techn. Inst.; russ.) — Die IR-Spektren im Bereich 2–10 μ der Lsgg. von *o-* (**I**), *m-* (**II**) u. *p-Nitrophenol* (**III**) u. *o-* (**IV**), *m-* (**V**) u. *p-Nitranilin* (**VI**) in Bzl., Dioxan u. CCl_4 im Konz.-Bereich 0,1–1 Mol/Liter wurden aufgenommen. Die Gegenüberstellung der erhaltenen Daten [$\nu_{as}(NO_2)$, $\nu_s(NO_2)$, $\nu(OH)$, $\nu_{as}(NH_2)$, $\nu_s(NH_2)$, Benzolringschwingungen] mit den UV-Absorptions- u. Raman-Spektren führt zu nachstehenden Schlußfolgerungen: In Bzl. bildet **I** innermol. H-Bindungen zwischen OH- u. O_2N-Gruppe, die durch Wechselwrkg. zwischen dem phenol. O u. dem N stabilisiert werden. **III** zeigt in Bzl. eine zwischenmol. Wechselwrkg.

H·······O

vom Typ R–O·········N(O)R, bei **II** wurden keine Anzeichen einer Assoziation beobachtet. In Dioxan bilden **I**–**III** zwischenmol. H-Bindungen mit den Lsgm.-Molekülen. Die höhere Lage der $\nu_{as}(NH_2)$ von **IV** (3525) gegenüber **V** (3490) u. **VI** (3490) in CCl_4 wird durch eine innermol. Wechselwrkg. (o-Effekt) zwischen den beiden N-Atomen u. eine innermol. H Brücke–HNH...ON(O)– erklärt. In Dioxan bilden **IV**–**VI** zwischenmol. H-Bindungen mit den Lsgm.-Molekülen. Die Frequenzen der Benzolring- u. NO_2-Valenzschwingungen sind gegenüber den beschriebenen Wechselwrkg. wenig empfindlich.

U.-L. Rau B 223◇

0767 **Molekülkomplexe aromatischer Nitrile.** A. S. Bailey, B. R. Henn und Janet M. Langdon. (Tetrahedron [London] **19,** 161–67, 1963; Oxford, Dyson Perrins Labor.; engl.) — Die Assoziationskonst. K der 1:1-Komplexe von *1.3.5-Tricyan-* (**I**), *1.2.4.5-Tetracyanbenzol* (**II**), *Tetrachlorphthalonitril* (**III**), *2.4.6-Tricyan-symm.-triazin* (**IV**), *1.3.5-Trinitrobenzol* (**V**) u. *Tetrachlorphthalsäureanhydrid* (**VI**) mit den aromat. „Donator"-Moll. *Pyren* (**A**), *Dimethylanilin* (**B**) u. *Durol* (**C**) werden spektrophotometr. in Chlf. bei Raumtemp. bestimmt (in Klammern K in Liter/Mol): **II–A** (12,4); **IV–A** (8,4); **V–A** (8,1); **III–A** (5,7); **VI–A** (6,1); **I–B** (0,4); **II–B** (2,5); **III–B** (0,8); **II–C** (0,3); **V–B** (1,3). In den **B**-Komplexen 3fach substituierter Acceptor-Moll. erweist sich die CN-Gruppe im Vgl. zur NO_2-Gruppe als weniger wirksam. Die coplanare Struktur von o-Dinitrilen sowie die Ggw. von Heteroatomen im Ring fördert die Komplex-Bldg., obwohl sich die Anhydrid-Gruppierung im Vgl. zu ersterer als besserer Acceptor erweist. Einfl. der Akzeptorstruktur u. des Lsgm. werden diskutiert (Tabelle).

Versuche (FF. korr.): *1.3.5-Tricyanbenzol* (**I**), F. 254–258° [Zers., Methyläthylketon (MEK)], a) durch Dehydratisieren aus Trimesinamid (**VII**) mit P_2O_5; 3,8% (Ausbeute); b) nach der Meth. von Lawton u. McRitchie (C. **1959,** 8852) durch Zufügen von $SOCl_2$ zu einer Lsg. von **VII** in Dimethylformamid innerhalb 1 Std., 7std. Rk. bei 60° u. Eintragen in verd. HCl; 38%. — *1.2.4.5-Tetracyanbenzol* (**II**), F. 270–272° [MEK, dann Essigsäure (HAc)], aus Pyromellitamid nach vorst. Meth.; 35%. — *Tetrachlorphthalonitril* (**III**), $C_8Cl_4N_2$, F. 251–253° (HAc oder MEK), aus 28,6 g **VI** durch Einleiten von NH_3 in Pyridin, Vertreiben des NH_3 mit N_2 bei 75°, Zufügen von $POCl_3$ zur heißen Lsg., Eintragen in Eiswasser, Ansäuern mit 4 n H_2SO_4, Extrahieren des Nd. mit Bzl. u. Chromatographieren des Extraktes an Al_2O_3; 2,2 g. — *2.4.6-Tricyan-symm.-triazin* (**IV**), F. 120° (Bzl.), durch Trimerisieren von Cyanameisensäureäthylester zu *2.4.6-Triäthoxycarbonyltriazin* (F. 170–172°; 40 g), Sättigen der Lsg. in Dimethylsulfoxid mit NH_3 bei 40°, mehrtägigem Stehen, Erhitzen des so erhaltenen *Triazintricarbonsäureamids-(2.4.6)* ($C_6H_6N_6O_3$; 5 g) mit P_2O_5 u. Sand auf 220–260° bei 0,5 Torr, dabei Sublimation; 0,45 g. — Folgende Tetracyanbenzol(**II**)-Komplexe werden aus äquimol. Mengen der Komponenten im angegebenen Lsgm. erhalten: *Durol-*, $C_{20}H_{16}N_4$, F. 267–270° (bei 180° Erweichen, bei 220° Entfärbung); aus 2-Methoxyäthanol (MA) HAc gelbe Stäbchen. — *Anthracen-*, $C_{24}H_{12}N_4$, F. 277–280°; aus MA/HAc orangefarbene Stäbchen. — *Pyren-*, $C_{26}H_{12}N_4$, F. 268–270°; aus HAc orangefarbene Stäbchen. — *β-Naphthol-*, $C_{20}H_{10}N_4O$, F. 265–270°; aus HAc orangefarbene Nadeln. — *2.7-Dimethoxynaphthalin-*, $C_{22}H_{14}N_4O_2$, F. 268–270°; aus HAc leuchtend gelbe Nadeln. — *Dimethylanilin-*, $C_{18}H_{13}N_5$, F. 266–268°; aus Dioxan purpurfarbene Würfel. — *1.5-Diaminonaphthalin-*, $C_{20}H_{12}N_6$, F. > 360°; aus MA braune Nadeln. — *Chinolin-*, $C_{19}H_9N_5$, F. 262–265° (bei 213° Erweichung); aus MA cremefarbene Nadeln. — *Isochinolin-*, $C_{19}H_9N_5$, F. 194–196°; aus MA schmutziggelbe Nadeln. — Analog folgende Tetrachlorphthalonitril(**III**)-Komplexe: *Naphthalin-*, $C_{18}H_8Cl_4N_2$, F. 203–205°; aus HAc Nadeln. — *Anthracen-*, $C_{22}H_{10}Cl_4N_2$, F. 170–171°; aus MA gelbe Nadeln. — *Pyren-*, $C_{24}H_{10}$ · Cl_4N_2, F. 274–276°; aus MA gelbe Nadeln. — *β-Naphthol-*, $C_{18}H_8Cl_4N_2O$, F. 205–210°; aus HAc gelbe Nadeln. Analog: *Tetrachlorphthalsäureanhydrid–Pyren-Komplex*, $C_{24}H_{10}Cl_4O_3$, F. 290–292°; aus HAc gelbe Nadeln. *2.4-Dicyan-6-[2'-methoxyäthoxy]-symm.-triazin–Pyren-Komplex*, $C_{24}H_{17}N_5O_2$, F. 119–120°; aus MA gelbe Nadeln. — *2.4.6-Tricyan-symm.-triazin–Pyren-Komplex*, $C_{22}H_{10}N_6$, F. 172–174°; aus Toluol purpurfarbene Blättchen.

G. Kirsten B 223◇

0768 **Extraktion von Dipikrylamin und seinem Natriumsalz aus wässerigen Lösungen mit Nitrobenzol.** M. Kyrš. (Collect. czechoslov. chem. Commun. **27,** 155–65, 1962; Řež (Prag), Tschech. Akad. Wiss., Inst. für Kernforsch.; dt.) — Vf. untersucht den Mechanismus der Extraktion von *Dipikrylamin* (**I**) u. seinem Na-Salz aus wss. Lsgg. mit Nitrobenzol. In einer vorangegangenen Arbeit (C. **1962,** 767) wurde angenommen, daß **I** u. seine Salze in Nitrobenzol-Lsgg. praktisch nicht dissoziieren. Leitfähigkeitsmessungen, Papierelektrophorese u. Elektrolyse der Nitrobenzol-Lsgg. von **I** u. seinem Na-Salz deuteten auf Dissoziation hin. Es wurden deshalb auch die Dissoziationsgleichgewichte in Nitrobenzol-Lsgg. in Betracht gezogen u. eine Beziehung für die Abhängigkeit der Verteilung der an den untersuchten Rkk. teilnehmenden Teilchen zwischen die zwei Phasen von dem Volumenverhältnis beider Phasen, dem pH-Wert der wss. Phase, der Konz. der Na-Salze in der wss. Phase u. der Gesamtmenge von **I** im Syst. abgeleitet. Die entsprechenden Dissoziationsgleichgew.-Konst. u. die Verteilungskoeff. wurden bestimmt. Die Werte sind graph. dargestellt u. beweisen erneut (Rosen u. Mitarbeiter, Ber. Akad. Wiss. UdSSR **131,** [1960], 883), daß die Extrahierbarkeit einer Verb. aus der wss. in eine organ. Phase nicht immer durch die Bldg. nichtdissoziierter oder wenig dissoziierter Teilchen bedingt ist, sondern daß sie bei Anwendung von mehr polaren Lsgm. durch vollkommene

Dissoziation in wss. Phase u. überwiegende Dissoziation in organ. Phase begleitet sein kann.
L. Matoušek/Prag B 224

0769 **Untersuchung des Mechanismus der Oxydation von Hydroxybenzaldehyden durch Peroxide mit Hilfe von ^{18}O.** N. A. Wyssotzkaja. (Ber. Akad. Wiss. UdSSR **143,** 847—48, 1962; Akad. der Wiss. der Ukrain-SSR, Pissarshewski-Inst. für physikal. Chem.; russ.) — Mit Hilfe von ^{18}O-Markierung wurde die Oxydation von *Salicylaldehyd* u. *m-Methoxysalicylaldehyd* in alkal. u. saurem Medium mit H_2O_2 u. Perbenzoesäure zu Brenzcatechin (F. 104°) bzw. 2.2'-Dimethoxy-4.5.4'.5'-tetrahydroxydiphenyl (F. 264—265°) untersucht. Der bei der Oxydation mit H_2O_2 eingeführte Sauerstoff der OH-Gruppe, die die Aldehydgruppe substituiert, stammt nur aus dem Peroxid, so daß ein Mechanismus unter Beteiligung freier Radikale auszuschließen ist.
Helmut Schäfer B 225△

0770 **Kinetik der Reaktion von Benzoylchlorid mit primären aromatischen Aminen in Nitrobenzol.** L. M. Litwinenko und N. M. Oleinik. (J. allg. Chem. [UdSSR] **32(94),** 2290—98, 1962; Charkow, Univ.; russ.) — Es wurde die Kinetik der Benzoylierung von *Anilin, p-, m-Chlor-, m-Nitroanilin, Sulfanilamid* u. *p-Nitroanilin* durch *Benzoylchlorid* in Nitrobenzol bei 6—70° untersucht. Für die Geschw.-Konst., log A-Werte u. Aktivierungsenergien wurden für die genannte Reihe der Amine folgende Werte berechnet: $k^{25°} \cdot 10^2$ (Liter/Mol · s): 134; 33,7; 9,30; 1,27; 0,81; 0,063. log A 4,89; 4,45; 4,70; 4,66; 5,05; 4,94. E_A (kcal/Mol): 6,5; 6,7; 7,8; 8,9; 9,8; 11,1. Zwischen lgk u. σ der Hammett-Gleichung besteht eine lineare Abhängigkeit. Gegenüber der Acylierung in Bzl. ist die Rk.-Geschw. in Nitrobenzol ca. 20mal größer, E_A ist kleiner, die Aktivierungsentropie nur wenig verändert. Die größere Rk.-Geschw. in Nitrobenzol gegenüber Bzl. als Lsgm. wird auf einen höheren Solvatisierungsgrad des Übergangskomplexes durch das polare Lsgm. zurückgeführt. Die ϱ-Konst. sind in Bzl. u. Nitrobenzol (ϱ = —2,63) fast gleich, was die gleichartige Wechselwrkg. zwischen Substituenten u. NH_2-Gruppe in beiden Lsgm. zeigt.
Helmut Schäfer B 225△

0771 **Kinetische Untersuchungen über Solvolyse.** 6. Mitt. **Kinetischer Beweis für die bedeutende Rolle des Wasserstoffatoms von hydroxylhaltigen Lösungsmittelmolekülen als Angriffszentrum in der ersten Ionisationsstufe.** Kunio Okamoto und Haruo Shingu. (Bull. chem. Soc. Japan **34,** 1131—37, 1961; Sakyo-ku, Kyoto Univ., Fac. of Engng., Dep. of Fuel Chem.; engl.) — 5. vgl. C. **1962,** 84. — In CH_3COOH–CCl_4 (1:3) wurden bei 70° die Katalysekonst. (in 10^5 s^{-1} m^{-1}) u. die Rk.-Geschw.-Konst. (in 10^6 s^{-1}) von *Phenol* (Kp. 180—181°, 2,53; 11,8), *p-* (F. 33—34°, 4,44; 15,5) u. *o-Kresol* (F. 30—31°, 2,90; 12,5), *p-* (F. 41—42°, 5,34; 16,7) u. *o-Chlorphenol* (Kp. 175—176; 2,52; 11,7), *p-* (F. 113—114°, 11,75; 30,1) u. *o-Nitrophenol* (F. 44—45°, 0,925; —), *Hydrochinon* (F. 172,0°, 10,8; 12,1), *Brenzcatechin* (F. 104—105°, 8,34; 25,5), CCl_4 (Kp. 76,0°, —0,100; 6,52), *Dioxan* (Kp. 101,0°, —0,745; 6,23), *Aceton* (Kp. 56,0°, 1,38; 9,48), *Essigsäure* (Kp. 117,0°, 1,15; 7,87), *W.* (5,41; 17,6), *Methanol* (Kp. 64—65°, 2,63; 11,5), *A.* (Kp. 78,0°, 1,41; 9,32), *Äthylenglykol* (Kp. 197—198°, 7,69; 22,3), *Cyclohexanol* (Kp. 161,0°, 0,90; 8,52), *cis-* (F. 97,5—98,0°, 3,04; 12,4) u. *trans-Cyclohexandiol-(1.2)* (F. 103,5—104,0°, 3,09; 12,5), *Bzl.* (Kp. 80,0°, 0,440; 7,60), *Toluol* (Kp. 110,0°, 0,370; 7,47), *Chlor-* (Kp. 132,0°, 0,810; 8,34) u. *Nitrobenzol* (Kp. 210—211°, 0,955; 8,62) bei der Acetolyse von *tert.-Butylbromid* (I) in Ggw. von Na-Acetat gemessen. Ortho-substituierte Derivv. geben kleinere Konst. als die entsprechenden p-Derivate. Dihydroxylierte Verbb. ergeben Konst., die etwa doppelt so groß sind, wie die der monohydroxylierten Verbindungen. Aus den Messungen ergibt sich, daß das H-Atom der OH-Gruppe das Angriffszentrum in der ersten Ionisationsstufe der Solvolyse darstellt, wobei zwei benachbarte OH-Gruppen in dihydroxylierten Verbb. ster. zusammenwirken. An der Solvolyse-Geschw. von I in C_6H_5OH–CCl_4-Gemischen bei 20° wird gezeigt, daß mit steigendem Assoziationsgrad der Phenol-Moll. die Solvolyse-Geschw. zunimmt. Die gemessenen Konst. sind tabellar. zusammengefaßt. Harro Zimmer B 225◇

0772 **Kinetische Untersuchungen über Solvolyse.** 7. Mitt. **Über die kinetische Lösung der ersten Stufe der S_N1-Solvolyse von α-Phenäthylchlorid in optisch aktiven Carbonsäure-Lösungsmitteln.** Kunio Okamoto, Kenichi Takeuchi und Haruo Shingu. (Bull. chem. Soc. Japan **34,** 1137—43, 1961; engl.) — 6. vgl. vorst. Referat. — Vff. untersuchen die Solvolyse von (±)-*α-Phenäthylchlorid* (I) mit *Triäthylammonium*(II)-(—)-*pinonat* in (—)-Pinonsäure bei 80,0 (±0,1)° mit k_1 6,72 [10^{-4} min^{-1}], mit **II**-(+)-*α-Methylcamphorat* in (+)-α-Methylhydrogencamphorat bei 98,0° mit k_1 7,03, mit *Anilinium-*(—)-*pinonat* in Acetonitril bei 85,0° mit k_1 2,66 [10^{-3} min^{-1}], mit *Anilinium-*(+)-*α-methylcamphorat* in Acetonitril bei 85,0° mit k_1 2,39 sowie mit **II**-(—)-*Pinonat* u. **II**-(+)-*α-Methylcamphorat* bei 70° in Dioxan. Die Solvolyse verläuft in diesem Syst. nach dem S_N1-, die Rkk. in Dioxan nach dem S_N2-Mechanismus. Die Ausbeuten an opt. aktivem **I** u. Phenäthylalkohol sowie die Konfigurationen der Verbb. wurden bestimmt. Die erhaltenen Ergebnisse werden mit den Voraussagen aus den kinet. Vorstellungen verglichen u. zeigen eine gute Übereinstimmung. Harro Zimmer B 225◇

0773 **Eine neue Isochinolin-Ringschlußreaktion.** 5. Mitt. **Untersuchung des Reaktionsmechanismus.** D. Beke, K. Harsányi und D. Korbonits. (Acta chim. Acad. Sci. hung. **20,** 407—14, 1959; Budapest, TU, Inst. für Organ. Chem.; dt.) — 4. vgl. ibid. **19,** [1959], 267; 3. vgl. C. **1963,** 5462; vgl. auch C. **1961,** 2240. — Die Rk. von 2-Vinyl-4.5-methylendioxy-6-methoxybenzaldehyd (**III,** Kotarnon) mit Anilin führt in alkohol. alkal. Lsg. je nach Rk.-Bedingungen zu der Schiffschen Base Kotarnonanil (**I**) u. *1-Äthoxy-2-phenyl-6.7-methylendioxy-8-methoxy-1.2.3.4-tetrahydroisochinolin* (**II**). Zur Entscheidung, ob **I** Zwischenprod. bei der **II**-Bldg. ist, wurden Proben des Rk.-Gemisches nach verschiedenen Rk.-Zeiten hydriert. Aus dem H_2-Verbrauch konnte geschlossen werden, daß **I** nicht Zwischenprod. bei der **II**-Bldg. sein kann.

Versuche: *1-Äthoxy-2-phenylnorhydrokotarnin* (**II**), F. 120—121° (A.), a) durch 3tägiges Stehen von **III** mit Anilin in A. in Ggw. von 60%ig. KOH bei Raumtemp., 2 Tage im Eisschrank, Absaugen des **I** (40%) u. 1wöchiges Stehen der Mutterlaugen bei Raumtemp.; 10% (Ausbeute); b) analog a) durch 40tägiges Stehen bei Raumtemp. u. 3—5 Tage im Eisschrank; 74%.
W. Hampel B 225△

0774 **Kontrolle des sterischen Verlaufs der Wittig-Reaktion. Stereochemische Untersuchungen und synthetische Anwendungen.** L. D. Bergelson und M. M. Shemyakin. (Tetrahedron [London] **19,** 149—59, 1963; Moscow, USSR Acad. of Sci., Inst. for Chem. of Natural Products; engl.) — (Übersicht über eigene Arbeiten.) Eine Untersuchung der Stereochemie u. des Mechanismus der Wittig-Rk. zeigte, daß man deren ster. Verlauf kontrollieren kann, wenn man die Rk.-Bedingungen u. die Konstit. der Ausgangsstoffe in geeigneter Weise auswählt. So kann man aus Alkyliden- oder Aralkylidentriphenylphosphoranen u. Aldehyden in Ggw. von Lewis-Basen stereoselektiv cis-Olefine synthetisieren; dabei werden optimale Ausbeuten in $HCON(CH_3)_2$ in Ggw. von J⁻ erhalten, wobei ein Komplex mit den Phosphoryliden entsteht. Diese Meth. wurde zur Synth. verschied. natürlicher cis-äthylen. u. polyen. Säuren verwendet. — trans-Olefine entstehen selektiv, wenn am Ylid-C-Atom des Phosphorylid-Mol. eine elektronenanziehende Gruppe steht. So führt die Rk. von α-Carbäthoxyalkylidentriphenylphosphoranen mit Aldehyden unabhängig von den Rk.-Bedingungen zu den entsprechenden trans-ungesätt. Verbindungen. J. Rothe B 225◇

0775 **Einfluß äußerer Faktoren auf den Mechanismus und den sterischen Verlauf der Wittig-Reaktion.** L. D. Bergelsson, W. A. Wawer, L. I. Barssukow und M. M. Schemjakin. (Ber. Akad. Wiss. UdSSR **143,** 111—14, 1962; Akad. der Wiss. der UdSSR, Inst. für Chem. der Naturstoffe; russ.) — Vgl. vorst. Referat; vgl. auch C. **1963,** 18422. — Das bei der Rk. von n-Butyl-Li mit Triphenylbenzylphosphoniumchlorid in Bzl. erhaltene Triphenylbenzylidenphosphoran (I; Triphenylphosphoniobenzylid) liefert bei weiterer Einw. von Propionaldehyd (20 Std. bei 20°, 3 Std. bei 80°) *Triphenylphosphinoxid* u. ein Gemisch aus 26% *cis-* u. 74% *trans-β-Äthylstyrol* (II). Die relative Ausbeute an cis-II läßt sich durch Zusatz von Aminen, bes. Anilin, Phenylhydrazin u. N.N-Dimethyl-p-phenylendiamin, oder durch Ausführung der Rk. in Ae., Tetrahydrofuran, A. oder Dimethylformamid in Ggw. von Na-Äthylat erhöhen. Bei Ausführung der Rk. in Bzl. in Ggw. von LiBr oder LiJ bzw. in Dimethylformamid in Ggw. von LiJ entsteht ein II-Gemisch, das 91—93% bzw. 96% der cis-Form enthält. Ein analoger Einfl. des Rk.-Mediums wird auch bei der Rk. von I mit Benzaldehyd (III) festgestellt. Dagegen hängt die ster. Richtung der Rk. von Triphenylphosphoniocarbäthoxymethylid mit III nicht von äußeren Faktoren ab, u. auch in polaren Lsgm. u. in Ggw. von Br^- entsteht überwiegend *trans-Äthylcinnamat*.

Helmut Schäfer B 225△

0776 **Untersuchung der alkalischen Spaltung von Isopropylbenzolhydroperoxid. 3. Mitt. Kinetische Gesetzmäßigkeiten des thermischen Zerfalls des Komplexes ROONa·ROOH.** W. A. Beljajew und M. Ss. Nemzow. (J. allg. Chem. [UdSSR] **32(94)**, 3113—22, 1962; Allunions Lebedew-Forschungsinst. für synthet. Kautschuk; russ.) — 2. vgl. C. **1964**, 11-0797. — Der Zerfall des Komplexes $C_6H_5C(CH_3)_2OONa\cdot C_6H_5C(CH_3)OOH$ (I) in Isopropylbenzol erfolgt nach einer kinet. Gleichung der Ordnung >1 (1,35), was durch parallele Zers.-Rkk. von I u. seinem wesentlich reaktionsfähigeren Dimeren erklärt wird. Ein Zusatz von Dimethylphenylcarbinol (u. seinem Na-Salz), Acetophenon, Phenyl-α-naphthylamin beschleunigt die Zers. von I, wobei die Beschleunigung mit dem Dipolmoment der zugesetzten Verb. ansteigt. Wahrscheinlich entstehen durch Dipolassoziation reaktionsfähigere zusammengesetzte Komplexe. Die geringe therm. Beständigkeit von dimerem I ist durch heteropolare Bindungen zwischen den –ONa-Gruppen bedingt. Freies Isopropylbenzolhydroperoxid (II) hemmt die Zers. der Komplexe aus n Moll. I, da es durch Bldg. von weniger reaktionsfähigen Komplexen eine Dipolassoziation verhindert. Der Mechanismus der alkal. Spaltung von II in Ggw. von W. ist dem in wasserfreien Lsgm. ähnlich. Die Aktivierungsenergie des wasserfreien Komplexes aus n Moll. I wurde für 30—50° zu 18 kcal/Mol berechnet.

Helmut Schäfer B 225△

0777 **Einfluß von Ringsubstituenten und zugesetzten Verunreinigungen auf Nitrobenzole.** Anonym. (Ind. Engng. Chem. **51**, 1001—04, 1959; engl.) — Es wurde die therm. Stabilität von reinen Nitroverbb. durch Feststellung der Temp. t, bei der 0,2 cal/Min · kg entwickelt werden, gemessen: *Nitrobenzol* (Aktivierungsenergie der Zers.-kcal/Mol; t > 300°); *m-Di-* (107,5; 275°); *1.3.5-Trinitrobenzol* (56,3; 232°); *o-* (41,7; 190°); *m-* (22,45; 108°); *p-Nitranilin* (59,5; 218°); *o-* (80,4; 278°); *m-* (80,4; 300°); *p-Nitrochlorbenzol* (III, 80,4; 300°); *2.4-Dinitrochlorbenzol* (83,4; 263°); *o-* (56,1; 184°); *m-* (63,9; 220°); *p-Nitro-* (I; 45,9; 166°); *2.4-Di-* (60,6; 158°); *2.4.6-Trinitrophenol* (62,0; 156°); *o-* (II, 49,8; 197°); *m-* (75,4; 239°); *p-Nitro-* (52,8; 220°); *2.4-Dinitrotoluol* (38,9; 162°). Verunreinigungen setzen die Stabilität von Nitroverbb. nur herab, wenn sie leichter oxydierbar sind als diese. So ist Ruß bei I oder II ohne Wrkg. auf die Zers.-Temperatur. Bei III setzt er sie aber erheblich herab. Hingegen wird durch 2-Äthylhexanol u. bes. 2-Äthylhexanal auch die Zers.-Temp. von I herabgesetzt. Anorgan. Stoffe hatten bis auf wenige Ausnahmen (H_2SO_4 u. flüchtige Chloride) keinen Einfl. auf die Zers.-Temp. von I.

Gerhard Günther B 225□

0778 **Über den durch Benzol photosensibilisierten Zerfall von Kohlenwasserstoffen bei tiefen Temperaturen.** B. N. Schelimow, N. W. Fok und W. W. Wojewodski. (Ber. Akad. Wiss. UdSSR **144**, 596—99, 1962; Moskau, Lomonossow-Univ.; russ.) — Bei der Photolyse von C_6H_6 u. C_6D_6 in *Methylcyclohexan* (I) bei der Temp. des fl. N_2 konnte ein ESR-Spektrum erhalten werden, das sich ident. mit dem durch Beschuß von I mit schnellen Elektronen erhaltenen Spektrum des Methylcyclohexylradikals erwies. Photolyse von C_6H_6 u. C_6D_6 in *3-Methylpentan* (II) ergab ein ESR-Spektrum, das infolge seiner Struktur dem 3-Methylpentyl-(3)-Radikal zugeschrieben wird. Neben der Bldg. von substituiertem Hexatrien

$$RH + C_6H_6 \xrightarrow{h\nu} H_2C{=}CH{-}CH{=}CH{-}CH{=}CH{-}R \quad (1)$$

konnte ein durch Bzl. photosensibilisierter Zerfall des KW-Stoffs $C_6H_6^*(C_6D_6^*) + RH \rightarrow C_6H_6(C_6D_6) + R^{\cdot} + H^{\cdot}$ (2) nachgewiesen werden. Für Rk. (2) spricht die Bldg. von H_2 (C_6H_6 bzw. C_6D_6 in II). Der Vgl. der Ausbeuten von Hexatrien, H_2 u. $R^{\cdot}$ bestätigen die Vorstellung von den unabhängig voneinander verlaufenden Rkk. (1) u. (2).

Wolfram Köhler B 226◇

0779 **Die Bildung von Jodwasserstoff bei der Radiolyse von organischen, jodhaltigen Flüssigkeiten: Cyclohexan, n-Hexan, Benzol.** Gisuke Meshitsuka und Milton Burton. (Radiation Res. **10**, 499—506, 1959; Notre Dame, Ind., Univ. of Notre Dame, Dep. of Chem.; engl.) — Die bei der γ-Radiolyse (Dosisleistung 5—7 · 10^{20} eV · $Liter^{-1}$ min^{-1}) von jodhaltigen Lsgg. von *Cyclohexan* (I), *n-Hexan* u. *Bzl.* beobachteten Anfangs-G(HJ)-Werte betragen 2,1; 2,5; 0,5. Die früher gemessenen, geringeren G(HJ)-Werte werden einer schnellen Rk. von HJ mit Strahlungszwischenprodd. zugeschrieben. In allen Fällen erfolgt auch ein Abbau von HJ nach der Bestrahlung. Die Kinetik der Rkk. wird ermittelt. In Bzl. ist $G_2 \approx 0,7$ die Ausbeute eines Prod., das schnell mit HJ reagieren kann. Nach den Ergebnissen wird der früher vorgeschlagene Mechanismus der I-Radiolyse (vgl. Burton u. Mitarbeiter, C. **1961**, 7901) modifiziert.

G. Pötzscher B 226◇

0780 **Strahlungseffekte auf wäßrige Lösungen von S-[2-Aminoäthyl]-thiuroniumsalzen.** Donald R. Anderson und Betty J. Joseph. (Radiation Res. **10**, 507—14, 1959; Randolph Air Force Base, Tex., USAF, School of Aviat. Med., Dep. of Radiobiol.; engl.) — Wss. mit Tris-[hydroxymethyl]-aminomethan gepufferte Lsgg. von *S-[2-Aminoäthyl]-thiuroniumdinitrat, -dibromid, -dichlorid, -diacetat, -sulfat,* in denen sich zwischen diesen Salzen u. *2-[β-Mercaptoäthyl]-guanidin* (I) ein Gleichgew. einstellt, werden ^{60}Co-γ-Strahlen (Dosisleistung 2000 r/min) ausgesetzt. Der durch amperometr. oder spektrophotometr. Titration ermittelte Abbau der SH-Gruppen von I ist der Strahlungsdosis direkt proportional. Die G-Werte variieren zwischen 3,2 bei 10^{-5} m u. 17,1 bei 5 · 10^{-3} m Thiuroniumsalz-Lösungen. Die hohe Ausbeute wird auf eine Kettenrk. zurückgeführt, die für die Strahlungsempfindlichkeit dieser Verbb. verantwortlich ist. In entlüfteten Lsgg. ist die Strahlungswrkg. merklich geringer. Es wird angenommen, daß die Schutzwrkg. der Thiuroniumsalze nicht nur der Strahlungsempfindlichkeit der freien SH-Gruppe, sondern auch der Fähigkeit der Verbb. zuzuschreiben ist, sich mit empfindlichen biolog. Stoffen zu verbinden u. sie dadurch vor der Zers. durch Strahlung zu schützen.

G. Pötzscher B 226◇

0781 **Identifizierung von Polyphenylen, die bei der Radiolyse von Biphenyl gebildet wurden, durch umgekehrte Isotopenverdünnungsanalyse.** Hiroaki Kōyama, Gen-ichi Tsuchihashi und Akibumi Danno. (Bull. chem. Soc. Japan **35**, 696—97, 1962; Tokai, Japan Atomic Energy Res. Inst., Radiat. Appl. Div.; engl.) — Vff. bestimmten durch umgekehrte Isotopenverdünnungsanalyse unter Benutzung ^{14}C-markierter Verbb. die Radiolysen-Prodd. von *Biphenyl* (I, $^{14}C_6H_5$–C_6H_5), das mit γ-Strahlen (2,60 · 10^5r/Std., 150 Std.) im Vakuum bei 100° bestrahlt wurde. Nachst. G-Werte sind angegeben: *o-* 0,0063, *m-* 0,0012, *p-Terphenyl* 0,00083; *o.o'-* 0,0049; *m.m'-* 0,0051 u. *p.p'-Quaterphenyl* 0,0104. Aus den Ergebnissen wird geschlossen, daß die Polyphenyl-Bldg. durch Angriff eines durch Radiolyse aus I entstandenen Phenyl- oder Biphenylyl-Radikals auf I gebildet werden. Das entstandene atomare H rekombiniert zu H_2.

Ch. Zechel B 226◇

0782 **Über die Radiolyse wäßriger Natriumformiatlösungen.** Thomas J. Hardwick. (Radiation Res. **12**, 5—12, 1960; Pittsburgh, Pa., Gulf Res. and Developm. Comp.; engl.) — Vgl. C. **1960**, 45. — Bei der Radiolyse [beschleunigte Elektronen (3,0 MeV)] luftfreier wss. Lsgg. von *Na-Formiat* entsteht Na-Oxalat, H_2, Na-Glyoxalat u. Formaldehyd, die entsprechenden G-Werte (in Mol/

100 eV) sind 1,35; 0,77; 0,64 u. 0,17. Vf. stellt für den radiolyt. Zerfall ein Rk.-Schema auf, das das von Garrison u. Mitarbeitern (vgl. C. **1961**, 8251) ermittelte Gleichgew. H + HCOOH ⇋ $HC(OH)_2$ bestätigt.
W. Sobieski B 226◇

0783 **Eine Bemerkung zur Wirkung von Gammastrahlen auf wäßrige Lösungen von Oxalsäure.** Lj. Josimović und I. Draganić. (Sci. Pap. Inst. physic. chem. Res. [Tokyo] **57**, 29—30, 1963; Vincha, Yugoslavia, Boris Kidric Inst. of Nucl. Sci., Dep. of Radiat. Chem.; engl.) — Vgl. Matsui, C. **1962**, 2325. — Matsui gibt für die Radiolyse wss. Lsgg. von *Oxalsäure* die G-Werte 6, 5,2 u. < 4 an. Vff. finden jedoch einen G-Wert 4,9 u. nach 30%ig. Zers. einen G-Wert $< 4,9$.
B. Schmitt B 226◇

0784 **Entgegnung auf die Bemerkungen von Josimović und Draganić.** Masao Matsui. (Sci. Pap. Inst. physic. chem. Res. [Tokyo] **57**, 31—32, 1963; Syracuse, N. Y., Syracuse Univ., Dep. of Chem.; engl.) — Vgl. vorst. Referat. — Diskussion der G-Werte der Radiolyse von *Oxalsäure* (I) in wss. Lösung. G-Werte über 6 werden bei Beginn der Radiolyse von konz. I-Lsgg. beobachtet.
B. Schmitt B 226

0785 **Chemische Dosimetrie von fluorescierenden Verbindungen: Die Zerstörung der Fluorescenz von Chinin durch Gamma-Strahlen.** Nathaniel F. Barr und Mary B. Stark. (Radiation Res. **12**, 1—4, 1960; New York, N. Y., Sloan-Kettering Inst. for Cancer Res., Div. of Biophys.; engl.) — Durch Absorption ionisierender Strahlung wird die Fluorescenz von *Chinin* (I) in 8n H_2SO_4 völlig zerstört. Vff. bestimmen die Mindest-G-Werte für eine meßbare I-Zerstörung bei ^{60}Co-γ-Bestrahlung in Abhängigkeit von der Konz. u. finden für 0,001 ppm I den G-Wert 0,03, für 0,01 ppm 0,33, für 0,1 ppm 1,6 u. bei höheren I-Konzz. konst. G-Werte um 2,3. Die Meth. wird zur Dosimetrie bei Absorption zwischen 10 u. 1000 rad vorgeschlagen. G. Pretzschner B 226◇

0786 **Untersuchung der Kinetik der Oxydation von Isobutylen an Kupferkatalysatoren.** N. I. Popowa und F. A. Milman. (Nachr. sibir. Abt. Akad. Wiss. UdSSR **1962**, Nr. 11, 59—65; Angarsk, Sibir. Abt. der Akad. der Wiss. der UdSSR, Inst. für erdöl- u. kohlechem. Synth.; russ.) — Es wurde die Kinetik der Oxydation von *Isobutylen* (I) zu Methacrolein (II) am Cu/Silit-Kontakt (0,1; 0,5 u. 1,5% Cu) bei 270—400° unter Variierung des $I/O_2/N_2$-Verhältnisses untersucht. Die Konz. an II u. CO_2 in den gasförmigen Prodd. beträgt höchstens je 1%. Die Aktivierungsenergie am Katalysator mit 0,5—1,5% Cu wurde zu 13—14 kcal, am Katalysator mit 0,1% Cu zu 20—22 kcal berechnet. Die Selektivität der Oxydation von I nimmt bei 340—350° stark ab, da sich der Mechanismus der Oxydation ändert.
Helmut Schäfer B 227△

0787 **Untersuchung der Selektivität und der Stereospezifität bei der Hydrierung von n-Hexinen am Skelett-Nickel-Katalysator.** L. Ch. Freidlin, Ju. Ju. Kaup, Je. F. Litwin und T. I. Ilomets. (Ber. Akad. Wiss. UdSSR **143**, 283—86, 1962; Akad. der Wiss. der UdSSR, Zelinsky-Inst. für organ. Chem.; russ.) — Es wurde die Kinetik der Hydrierung von *Hexin-(1)* (I), -*(2)* (II) u. -*(3)* (III) an Raney-Ni bei 20° untersucht. Die Hydrierungs-Geschw. von II u. III nimmt nach der Aufnahme von 1 Mol H_2 sehr stark ab, die Geschw. der H_2-Aufnahme durch I dagegen etwas zu. Die Zus. der Katalysate in Abhängigkeit von der aufgenommenen Menge H_2 [cis- u. trans-Hexen-(2), cis- u. trans-Hexen-(3), Hexen-(1) u. n-Hexan] wird graph. angegeben.
Helmut Schäfer B 227△

0788 **Oxydation organischer Verbindungen.** 32. Mitt. **Oxydative Ammonolyse von m-Xylol.** Ss. R. Rafikow, B. W. Ssuworow, A. D. Kagarlitzki, B. A. Shubanow, A. A. Ssabirowa und W. A. Swetaschewa. (Nachr. Akad. Wiss. KasachSSR, chem. Ser. **1962**, 67—71; russ.) — 23. vgl. C. **1963**, 14269. — Die Oxydation von *m-Xylol* (I) mit Luft in Ggw. von NH_3 am Sn-Vanadat-Kontakt liefert als Hauptprod. Isophthalodinitril (II; $C_8H_4N_2$, F. 160—161°). Der Katalysator wird durch Verschmelzen von V_2O_5 u. SnO_2 erhalten. Der Einfl. von Temp. (360—420°), Vol.-Geschw. u. Kontaktzeit auf die II-Ausbeute wurde untersucht. Maximale II-Ausbeuten von 60%, bezogen auf eingesetztes I, werden bei 390°, 0,4 Sek. Kontaktzeit u. einem I : Luft : NH_3-Verhältnis von 1 : 80 : 3 erzielt. Als Nebenprodd. werden HCN, CO, CO_2, Isophthalsäure (F. 350°), m-Tolunitril (Kp.$_{14}$ 90—93°; n_D^{20} 1,5270) u. m-Cyanbenzoesäure (F. 217°) erhalten.
Helmut Schäfer B 227△

0789 **Katalytische Alkylierung von Tetralin.** 2. Mitt. **Alkylierung von Tetralin mit Hepten-(1).** N. I. Schuikin, N. A. Posdnjak und W. A. Schljapotschnikow. (Nachr. Akad. Wiss. UdSSR, Abt. chem. Wiss. **1960**, 1254—57; russ.) — 1. vgl. C. **1964**, 16-0819. — Es wurde die Alkylierung von *Tetralin* (I) mit *Hepten-(1)* (II) an einem mit HF behandelten Al_2O_3- u. am Alumosilicat-Katalysator bei 2—40 at/150—300° untersucht. Am Alumosilicat-Kontakt läßt sich 6-Heptyltetralin ($C_{17}H_{26}$, Kp.$_2$ 134—139°, Kp.$_{746}$ 303—304°; D_4^{20} 0,9210) bei 200°/10 at, einem I/II-Verhältnis von 2:1 in 24,3 bzw. 48,7%ig. Ausbeute, bezogen auf I bzw. II, darstellen. Als Nebenprodd. entstehen 6.7-Diheptyltetralin (ca. 3%) u. Alkylnaphthaline. Helmut Schäfer B 227△

0790 **Katalytische Entalkylierung von alkylaromatischen Verbindungen.** 5. Mitt. **Kinetik der Entalkylierung von höheren Alkylphenolen an einem sauren Katalysator.** P. Schneider, M. Kraus und V. Bažant. (Collect. czechoslov. chem. Commun. **27**, 9—16, 1962; Prague, Czechoslovak. Acad. of Sci., Inst. for Chem. Process Fundamentals; engl.) — 4. vgl. Jošt u. Mitarbeiter, C. **1963**, 18420. — Vff. untersuchten kinet. den Einfl. der Lage u. Struktur der Alkylgruppen in höheren Alkylphenolen auf die Geschw. der katalyt. Entalkylierung u. auf die Best. des Mechanismus dieser Reaktion. In einigen Fällen verläuft gleichzeitig auch eine Isomerisierung. Die verwendete Modellreihe besteht aus *2-* u. *4-Propylphenol*, *2-* u. *4-Isopropylphenol*, *2-* u. *3-Butylphenol*, *2-* u. *4-tert.-Butylphenol*. Als Katalysator wurde γ-Al_2O_3 mit 5% Al-Fluoroborat benutzt. Die Resultate der Messungen wurden in eine Gleichung zusammengefaßt, bei welcher vorausgesetzt wurde, daß die Oberflächen-Rk. des adsorbierten Alkylphenols die Geschw. des ganzen Vorgangs bestimmt. Für die gemessenen Stoffe sind die Werte der Aktivierungsenergie der Entalkylierung, der Änderung der Adsorptionsenthalpie der Alkylphenole u. die relative Geschw.-Konst. der Oberflächen-Rk. angeführt. Es wurde ein starker Einfl. der Verzweigung der Alkylgruppen u. der o-Stellung auf die Geschw. der Entalkylierung konstatiert.
K. Setínek/Prag B 227

0791 **Die experimentelle Methodik der Dehydrierung von Isopropanol am Wirbelschicht-Katalysator.** B. W. Jerofejew und R. I. Belskaja. (Kinetik u. Katalyse [UdSSR] **3**, 550—55, 1962; Akad. der Wiss. der BjelorussSSR, Inst. für physikoorgan. Chem.; russ.) — Es wurde eine Labor.-Meth. für die Dehydrierung von *Isopropanol* am Wirbelschicht-Katalysator ausgearbeitet. Die unter verschiedenen Bedingungen festgestellte Verminderung der Aceton-Ausbeute beruht auf dem Austragen des Katalysators aus der Wirbelschichtzone u. seiner Ablage in kälteren Teilen der App., in denen infolge Verschiebung des Gleichgew. Isopropanol ⇌ Aceton + H_2 nach links die Rückrk. erfolgt. Wenn das Austragen des Katalysators aus der Wirbelschicht vermieden wird, lassen sich bei 300° 95% der nach der Lage des Gleichgew. möglichen Ausbeute erzielen.
Helmut Schäfer B 227△

0792 **Dehydratisierung von Isopropanol am radioaktiven Tricalciumphosphat-Kontakt.** W. I. Spitzyn, A. A. Balandin, I. Je. Michailenko und N. P. Dobrosselskaja. (Ber. Akad. Wiss. UdSSR **146**, 1128—31, 1962; Akad. der Wiss. der UdSSR, Inst. für physikal. Chem.; russ.) — Der Dehydratisierungsgrad von *Isopropanol* zu Propylen am ^{45}Ca- u. ^{32}P-markierten $Ca_3(PO_4)_2$-Kontakt (350°) erhöht sich mit zunehmender spezif. Aktivität des Katalysators u. der Strahlungsintensität. Die Erhöhung der katalyt. Aktivität des Katalysators beruht auf der Ausnutzung der Strahlungsenergie durch die katalyt. wirksamen Zentren. Der Grad der Erhöhung der Aktivität ist von der Intensität der Strahlung abhängig. Ein indirekter Einfl. der Strahlung auf die Aktivität des Katalysators durch Vergrößerung der spezif. Oberfläche besteht nicht. Helmut Schäfer B 227△

0793 **Bestimmung der Energie der Bindung der reagierenden Atome organischer Moleküle an die Oberfläche des MoO_2-Katalysators nach der kinetischen Methode.** A. A. Balandin, A. A. Tolstopjatowa und W. W. Naumow. (Nachr. Akad. Wiss. UdSSR, Abt. chem. Wiss. **1962,** 1150—54; Moskau, Univ.; russ.) — Es wurde die Kinetik der Dehydrierung von *Isopropanol* bei 236—303°, der Dehydratisierung von *Trimethylcarbinol* bei 370 bis 427° u. der Dehydrierung von *Tetralin* bei 446—513° am MoO_2-Kontakt untersucht. Die scheinbaren Aktivierungsenergien betragen 14,0; 22,8 bzw. 16,0 kcal/Mol. Für die Energien der Bindung zwischen organ. Mol. u. Katalysatoroberfläche wurden für H–, O– u. C–Katalysator die Werte 62,5; 40,3 bzw. 28,8 kcal/Mol berechnet. Helmut Schäfer B 227△

0794 **Strukturuntersuchung von Vinylacetylenkohlenwasserstoffen nach der Methode der Gas-Flüssigkeits-Verteilungschromatographie.** Ju. P. Arzybaschewa und I. A. Faworskaja. (J. allg. Chem. [UdSSR] **32(94),** 2380—81, 1962; Leningrad, Univ.; russ.) — Die Dehydratisierung von 3.4.4-Trimethylpentin-(1)-ol-(3) bei 230—250° an $MgSO_4$ erfolgt auch unter Isomerisierung des C-Skeletts u. liefert ein Gemisch aus *2-tert.-Butyl-buten-(1)-in-(3)* u. *2.3.3-Trimethylpenten-(1)-in-(4)* im Verhältnis ca. 3:1. Das wird durch Hydrierung an Pt zu einem Gemisch aus *2.2.3-Trimethyl-* (Kp. 110°; $D._4^{20}$ 0,7163; n_D^{20} 1,4031) u. *2.3.3-Trimethylpentan* (Kp. 114,3°; $D._4^{20}$ 0,7261; n_D^{20} 1,4074), deren Chromatographie (bei 75° an Dinonylphthalat als stationärer Phase u. H_2 als Trägergas) u. Vgl. mit den unabhängig synthetisierten Präpp. festgestellt. Helmut Schäfer B 227△

0795 **Untersuchung der Abhängigkeit der Richtung der katalytischen Reduktion von Dinitrilen von ihrer Struktur.** L. Ch. Freidlin und T. A. Sladkowa. (Ber. Akad. Wiss. UdSSR **143,** 625—28, 1962; Akad. der Wiss. der UdSSR, Zelinsky-Inst. für organ. Chem.; russ.) — Es wurde die katalyt. Hydrierung von aliphat. *α.ω-Dinitrilen* (als 50%ig. alkohol. Lsg.) in Ggw. von NH_3 (Dinitril: NH_3 1:3—5 Mol) an Ni u. Co (als Skelett- u. Borid-Katalysatoren; 10—15% der Dinitrilmenge) bei 100 bis 110°/100—120 at untersucht. Die Ausbeute an cycl. Iminen u. α.ω-Diaminen hängt von dem Abstand der Cyangruppen ab. Bei der Hydrierung von *Pimelin-, Azelain-, Sebacinsäuredinitril* u. *α.ω-Dicyandecan* entstehen keine cycl. Imine, sondern in fast quant. Ausbeute die Diamine Heptamethylendiamin ($Kp._{18}$ 110—112°, F. 30°. Pikrat, F. 222°. Azelainat, F. 144—145,5°), Nonamethylendiamin ($Kp._4$ 98—100°, $Kp._{7,5}$ 124°, $Kp._8$ 126°, F. 37°. Succinat, F. 167—169°, Azelainat, F. 186—186,5°), Dekamethylendiamin ($Kp._2$ 102—103°, $Kp._{5,5}$ 116—117°, $Kp._8$ 134°, F. 60,5°. Succinat, F. 190 bis 191°. Azelainat, F. 127—128°) bzw. Dodekamethylendiamin ($Kp._5$ 142—144°, F. 67°. Terephthalat, F. 263°). Die Hydrierung von *Adipinsäuredinitril* an Co bzw. Ni liefert 4—6% bzw. 12—14% Hexamethylenimin u. 90—93% bzw. 74—78% Hexamethylendiamin ($Kp._{18}$ 95°, $Kp._{20}$ 98—100°, F. 40°. Succinat, F. 171—171,5°). Bei der Hydrierung von *Glutarsäuredinitril* an Co wurden 35% Piperidin u. 55% Pentamethylendiamin (Kp. 175 bis 180°. Azelainat, F. 147—148°), bei der Hydrierung von *Bernsteinsäuredinitril* 70% Pyrrolidin u. 5% Tetramethylendiamin erhalten. Der Einfl. des gegenseitigen Abstandes der Nitrilgruppen zeigt sich auch bei *Phthalsäuredinitril,* bei dessen Hydrierung im Gegensatz zu *Iso-* u. *Terephthalsäuredinitril* nicht das Xylidendiamin, sondern lediglich Isoindolin erhalten wird. Helmut Schäfer B 227△

0796 **Hydrierung von Kohlehydraten.** 8. Mitt. **Vergleichende Versuche mit Methylglykopyranosiden.** P. A. J. Gorin. (Canad. J. Chem. **38,** 641—51, 1960; Saskatoon, Saskatchewan, Nat. Res. Council of Canada, Prairie Reg. Labor.; engl.) — 6. vgl. C. **1959,** 13170. — Verschiedene Methylglykopyranoside (**A**) wurden hydriert bei 180° unter Druck an Cu-Chromit als Katalysator, *Methyl-α-D-glucopyranosid* (**I**) bei 240°, *Methyl-β-D-galaktopyranosid* (**II**) bei 200°. Viele der **A** erleiden bei der Hydrierung bei 180° eine OH-Gruppeninversion u. bei höheren Temp.-Entfernung der CH_3O-Gruppe verbunden mit Red. einer CHOH-Gruppe zur CH_2-Gruppe. Einige **A** werden nicht angegriffen: **I,** *Methyl-β-D-glucopyranosid* (**III**), *Methyl-β-D-mannopyranosid* (**IV**) u. *Methyl-α-D-talopyranosid* (**V**), die auch die Hauptendprodd. bei anderen **A** bilden. Bei den Hexosen sind die *β*-**A** stabiler als die α-**A**, die **A** der Hexosen stabiler als die der Pentosen. Ebenso werden **A** der Pentosen leichter zu Dihydroglykalen (**B**, Tetrahydropyrandiolen) hydriert. — Vff. leiten das unterschiedliche Verhalten der **A** von der Form der Ausgangsverbb. u. der Oberfläche des Katalysators ab. Die 6-Hydroxymethylgruppe scheint die OH-Gruppeninversion u. die Red. zu **B** zu erschweren. Bei den stabilen **A** (**I** u. **II**) sind keine weniger behinderten äquatorialen H-Atome vorhanden (C_1-Sesselform), bei **IV** u. **V** werden sie durch die Katalysatoroberfläche behindert, wirksam zu werden. — Ergebnisse der Hydrierungen der **A** bei 180° in Ggw. von 33 Gew.-% Cu-Chromit in 50 Teilen Dioxan, 6 Std. bei H_2-Druck von 600 psi., Trennung der Rk.-Prodd. durch Cellulose- u. Papierchromatographie. — **I** (F. 167—168°, $[\alpha]_D^{25}$ = +161° (c = 3,5 H_2O)) → 98% unverändertes **I**. — **III** (F. 116—117°), $[\alpha]_D^{25}$ = −37° (c = 1,0, H_2O) → unverändertes **III**. — **IV** → 87% unverändertes **IV** (Tetraacetat, F. 161—163°). — **V** $[\alpha]_D^{25}$ = +27° (c = 1,2 H_2O) → unverändertes **V** (D-Talose-1-methylphenylhydrazon, F. 150—152°). — *Methyl-β-D-allopyranosid* (**VI**, F. 157 bis 158°, A.–Äthylacetat; $[\alpha]_D^{25}$ = −52°, c = 1,6, H_2O) → 25% **VI** + **III** u. 35% Polyole (**C**). — *Methyl-α-D-mannopyranosid* (**VII**, F. 192—195°, aus A.–Äthylacetat) → 30% unverändertes **VII**, 27% **V** u. 3% **I**. — *Methyl-α-D-galaktopyranosid* (**VIII**, F. 117—118°) → 33% **I**, 9% **V**, 5% unverändertes **VIII** u. 7% **C**. — **II** (F. 179—180°) → 17,5% unverändertes **II**, 25% **III**, 3% **VI** u. 18% **C**. — *Methyl-α-D-altropyranosid* → 20% **V**, 11% **VII** u. 18% **C**. *Methyl-β-D-altropyranosid* (**IX**) → 24% unverändertes **IX** (Tetraacetat, F. 98—99°), 15% **IV** u. 16% **C**. — *Methyl-β-L-arabopyranosid* (**X**, F. 167—168°, aus A.) → 10% unverändertes **X**, 5% Methyl-α-D-xylopyranosid ($[\alpha]_D^{25}$ = +128°, c = 2,2, H_2O) u. 30% **C**. — *Methyl-α-D-lyxopyranosid* (**XI**, F. 107—109°) → 13% unverändertes **XI** u. Methylribo-, -arabo-, -xylo- u. -lyxopyranosid. — *Methyl-β-D-ribopyranosid* (**XII**, F. 83—84°, Äthylacetat–Skelly F) → 35% **C**, 16% Methylribopyranosid u. 7% Methylxylo-, -lyxo-, -arabopyranosid. — *Methyl-β-D-xylopyranosid* (**XIII**, F. 159—161°, A.–Äthylacetat) → 17% **XII**, 29% **C** u. 12% Methylxylo- u. -arabopyranosid. — *Methyl-α-L-arabopyranosid* → 12% **XII**, 6% Methyl-α-L-lyxopyranosid (F. 109—110°, A.–Äthylacetat, $[\alpha]_D^{25}$ = −57°, c = 1,0, H_2O), 1% **XIII** u. 23% **C**. — Hydrierung von **I** bei 240° → Lyxo-1.5-anhydro-4-desoxy-D-hexit (**XV**, F. 80—81°, $[\alpha]_D^{25}$ = −50°, c = 0,8, H_2O; Tris-p-nitrobenzoat, F. 113—115°; $[\alpha]_D^{25}$ = −83°, c = 1,1, $CHCl_3$) u. Arabo-1.5-anhydro-4-desoxy-D-hexit (**XVI**), $[\alpha]_D^{25}$ = +19°, c = 1,1, H_2O; Tris-p-nitrobenzoat, F. 115—119°; $[\alpha]_D^{25}$ = +59°, c = 1,1, $CHCl_3$). **XV** u. **XVI** ergaben das gleiche offenkettige Polyol ($[\alpha]_D^{25}$ = −20°, c = 2,0 H_2O, Tris-p-nitrobenzoat, F. 103—104° u. $[\alpha]_D^{25}$ = −26°, c = 2,3 $CHCl_3$). Identifizierung auch durch Perjodsäureverbrauch, $NaBH_4$ Red. u. Vgl. mit den nach Hudson berechneten theoret. Werten der spezif. Drehung der 4 möglichen Strukturisomeren von 1.5-Anhydro-4-desoxy-D-hexiten (Tabelle: Ribo-1.5-anhydro-4-desoxy-D-hexit = +46°; **XV** = −31° u. −34°; Xylo-1.5-anhydro-4-desoxy-D-hexit = +106° u. +67°; **XVI** = +20°), Hydrierung von **II** (200 mg) bei 200° → völlige Zerstörung von **II**: 80 mg Dihydro-D-altral (F. 105—106°), 213 mg Dihydro-D-glucal (F. 75—76°) u. 82 mg Dihydro-D-galaktal (F. 130 bis 132°).

Versuche: **VI,** aus β-D-Allose (500 mg) durch 5std. Kochen mit 3%ig. methanol. HCl. — **V**, aus siruposer D-Talose (1,26 g) analog **VI**; Sirup (1,17 g, aus 2 Komponenten) u. Abtrennung von **V**; Sirup, 0,56 g; $[\alpha]_D^{25}$ = +105° (c = 1,0, H_2O). *2.3.4-Tri-O-acetyl-6-O-triphenylmethylderiv.*, F. 177—178°, $[\alpha]_D^{25}$ = +21° (c = 1,3 Pyridin). R. Henning B 227◇

C. Präparative organische Chemie, Naturstoffe

0797 **Hydratisierung von Acetylenverbindungen.** Marcel Miocque, Nguyen Manh Hung und Vo Quang Yen. (Ann. Chimie [13] **8**, 157–74, 1963; Paris, Fac. de Pharmacie, Labor. de Chim. Organ.; École Nationale Supérieure de Chim., Labor. de Rech. de Chim. organ.; franz.) — Übersicht über Geschichte, Grundlagen u. Anwendungsbereich der genannten Reaktion. — 176 Literaturangaben. W. Schreiber 460◇

0798 **Eine neue stereospezifische Olefinsynthese aus 1.2-Diolen.** E. J. Corey und Roland A. E. Winter. (J. Amer. chem. Soc. **85**, 2677–78, 1963; Cambridge, Mass., Harvard Univ., Dep. of Chem.; engl.) — 1.2-Diole können stereospezif. in *Olefine* übergeführt werden, indem man sie zunächst mit Thiocarbonyldiimidazol (in sd. Toluol oder Xylol, 30 Min.) oder durch aufeinanderfolgendes Behandeln in trockenem Tetrahydrofuran mit n-Butyl-Li u. CS_2 (30 Min. bei 25°, dann $^1/_2$std. Kochen) u. CH_3J (30 Min. bei 25°, dann $^1/_2$std. Kochen) in die entsprechenden cycl. *Thionocarbonate* umwandelt u. diese mit überschüssigem Trimethylphosphit (70–80std. Kochen unter N_2) behandelt, wobei CO_2 abgespalten wird u. Trimethylthionophosphat entsteht. Auch Triäthylphosphit ist verwendbar, anscheinend auch Raney-Ni, das mit sd. Aceton vorbehandelt wurde. — Beispiele: meso-Hydrobenzoin → *cis-Stilben*; 92% (Ausbeute). — dl-Hydrobenzoin → *trans-Stilben*; 87%. — cis-Cyclodecandiol-(1.2) → *cis-Cyclodecen*; 84%. — trans-Cyclodecandiol-(1.2) → *trans-Cyclodecen*; 81%. — Pinakol → *2.3-Dimethylbuten-(2)*. J. Rothe 520◇

0799 **Einwirkung von Phosphortribromid auf einige α-Hydroxyallene.** Marcel Bertrand und Jacques Le Gras. (C. R. hebd. Séances Acad. Sci. **257**, 456–58, 1963; Marseille, Fac. des Sci., Labor. de Chim. S.P.C.N.; franz.) — Während α-Hydroxyallene (**A**) mit sek. OH-Gruppe, z. B. 4-Hydroxypentadien-(1.2), 4-Hydroxyhexadien-(1.2) u. 4-Hydroxyheptadien-(1.2), beim Zutropfen ihrer Ae.-Lsg. zu PBr_3 in Ae. bei −10° α-Bromallene [*4-Brompentadien-(1.2)*, C_5H_7Br, Kp.$_{30}$ 40–41°, n_D^{20} 1,5060; $D._4^{20}$ 1,316; 55% (Ausbeute). — *4-Bromhexadien-(1.2)*, C_6H_9Br, Kp.$_{17}$ 47°, n_D^{22} 1,5050, $D._4^{22}$ 1,268; 55%. — *4-Bromheptadien-(1.2)*, $C_7H_{11}Br$, Kp.$_7$ 47°, n_D^{19} 1,5038, $D._4^{19}$ 1,221; 74%] ergeben, entstehen aus **A** mit tert. OH-Gruppe, z. B. 4-Hydroxy-4-äthylheptadien-(1.2)-in-(6) u. 4-Hydroxy-4-äthylheptatrien-(1.2.6) 2-Bromalkadiene-(1.3) [*2-Brom-4-äthylheptadien-(1.3)-in-(6)*, $C_9H_{11}Br$, Kp.$_2$ 40–41°, n_D^{21} 1,5222, $D._4^{21}$ 1,249; 51%; —*2-Brom-4-äthylheptatrien-(1.3.6)*, $C_9H_{13}Br$, Kp.$_1$ 35–36°, n_D^{21} 1,5152, $D._4^{21}$ 1,229; 72%]. Die IR-Banden für die synthetisierten Verbb. sind angegeben. Wolfgang Schreiber 520◇

0800 **Neue Polyacetylendiole und Polyacetylenpolyurethane.** Frank B. Slezak, John P. Stallings, Donald H. Wagner und John H. Wotiz. (J. org. Chemistry **26**, 3137–40, 1961; Painesville, Ohio, Diamond Alkali Co., Res. Dep.; engl.) — Die Darst. von *Dokosatetrain-(2.8.14.20)-diol-(1.22)* (**I**), *Tetrakosatetrain-(3.9.15.21)-diol-(1.24)* (**II**) u. *Hexakosatetrain-(4.10.16.22)-diol-(1.26)* (**III**) aus Eikosatetrain-(1.7.13.19)-diyl-(1.20)-di-MgBr u. CH_2O bzw. Äthylenoxid (**IV**) bzw. Trimethylenoxid (**V**; Oxetan) werden beschrieben; die Diole werden mit C_6H_5NCO zu den entsprechenden *Dicarbanilaten* umgesetzt, zu den entsprechenden *gesätt. Diolen* hydriert u. an *Diisocyanate* zu *Polyurethanen*, deren Eigg. in einer Tabelle aufgeführt sind, addiert. Weiter werden durch Rk. von **I**, **II** bzw. **III** mit Hexamethylendiisocyanat (**VI**) u. Trimethylolpropan (**VII**) *Elastomere* hergestellt, deren Eigg. mit denen von ähnlichen Prodd. aus Polyoxypropylenglykol, **VI** u. **VII** verglichen werden (Tabelle).

Versuche: *Dokosatetrain-(2.8.14.20)-diol-(1.22)* (**I**), $C_{22}H_{30}O_2$, F. 67–68,5° (CCl_4), durch Zutropfen von Eikosatetrain-(1.7.13.19) zu C_2H_5MgBr in Tetrahydrofuran (THF), 2std. Kochen, Einleiten von CH_2O-Dampf (aus Paraformaldehyd durch Erhitzen auf 170–200° u. Überführen mit N_2) bis zur Aufhellung, $^1/_2$std. Kochen u. Gießen in Eis-W./konz. HCl; 61% (Ausbeute). *Dicarbanilat*, $C_{36}H_{40}N_2O_4$, F. 106,5–108° (Toluol), durch $^1/_2$std. Kochen mit C_6H_5NCO in Toluol; 72%. — Analog: *Tetrakosatetrain-(3.9.15.21)-diol-(1.24)* (**II**), $C_{24}H_{34}O_2$. F. 74,5–75° (CCl_4), aus **IV** statt CH_2O; 57%. *Dicarbanilat*, $C_{38}H_{44}N_2O_4$, F. 116°; 78%. — *Hexakosatetrain-(4.10.16.22)-diol-(1.26)* (**III**), $C_{26}H_{38}O_2$, F. 65–66° (CCl_4), aus **V** statt CH_2O (4std. Kochen); 13%. *Dicarbanilat*, $C_{40}H_{48}\cdot N_2O_4$, F. 85°; 69%. — *Dokosandiol-(1.22)*, F. 104–105°, durch Hydrieren von **I** in Essigester in Ggw. von PtO_2 bei 60 lb./sq. in. u. Raumtemp.; 90%. — Analog: *Tetrakosandiol-(1.24)*, F. 106–107,5°, aus **II**; 75%. — *Hexakosandiol-(1.26)*, F. 110–110,5°, aus **III**; 85%. — Polyurethane, durch $^1/_2$std. Schmelzen des entsprechenden Diols bei 30 Torr, Zugabe von 1 Val des Diisocyanats unter Einleiten von N_2 u. Erhitzen: *aus* **I** *u. Tolylendiisocyanat* (**VIII**), Erweichungspunkt (E.) 274 bis 287°, in $^1/_2$ Std. bei 78° (in Bzl.). — *aus* **II** *u.* **VIII**, E. 235–245°, in 12 Std. bei 110° (in Toluol.) — *aus* **III** *u.* **VIII**, E. 226–238°, in 5 Std. bei 110°. — *aus* **I** *u. 4.4'-Diisocyanatodiphenylmethan* (**IX**), E. 133–190°, in 22 Std. bei 98° (Heptan). — *aus* **II** *u.* **IX**, E. 274–277°, in 18 Std. bei 98°. — *aus* **III** *u.* **IX**, E. 136–150°, in 17 Std. bei 98°. — *aus* **I** *u.* **VI**, E. 250–284°, in 20 Std. bei 98°. — *aus* **II** *u.* **VI**, E. 150–280°, in 18 Std. bei 98°. — *aus* **III** *u.* **VI**, E. 126–138°, in 19 Std. bei 98°. — *aus* **I** *u.* 87%ig. *Hexadecadiin-(5.11)-diyl-(1.16)-diisocyanat* (**X**), E. < 50°, in 18 Std. bei 98°. — *aus* **II** u. **X**, E. 70–75°, in 18 Std. bei 98°. — *aus* **III** *u.* **X**, E. 70–80°, in 18 Std. bei 98°. — *aus* **I** *u. Hexadecandiyl-(1.16)-diisocyanat* (**XI**), E. 280–300°, in 72 Std. bei 110° (Toluol). — *aus* **II** *u.* **XI**, E. 335–345°, in 72 Std. bei 110°. — *aus* **III** *u.* **XI**, E. 160–360°, in 72 Std. bei 110°. — *aus* **VI**, **VII** u. **I**, **II** bzw. **III** (7,5:1:5) bei 80–90° ($^1/_2$ Std.) u. 60–100° (3–4 Tage). H. Pagel 570◇

0801 **Pentaerythritderivate.** 5. Mitt. **Darstellung von Diäthern des Pentaerythrits durch Reduktion von Acetalen und Ketalen.** Abdul-Rahman Abdun-Nur und Costas H. Issidorides. (J. org. Chemistry **27**, 67–70, 1962; Beirut, Amer. Univ., Dep. of Chem.; engl.) — 4. vgl. C. **1960**, **9215**. — Vff. stellten durch Einw. von $LiAlH_4\cdot AlCl_3$ oder besser von $LiAlH_4$–BF_3-Ätherat auf die entsprechenden Acetale u. Ketale von Pentaerythrit (**I**) dessen *Dibenzyl-*, *Dicyclohexyl-*, *Dicyclopentyl-* u. *Diäthyläther* bei 0 bis −5° in Ae. dar. Der *Dimethyläther* von **I** konnte auf diesem Wege nicht erhalten werden u. wurde aus 2.6-Dioxaspiro-[3.3]-heptan (**II**) u. Methanol synthetisiert. **II** wurde aus Pentaerythritdibromid durch Zugabe zu einer destillierenden Lsg. von überschüssigem KOH in A. mit 50–60% Ausbeute erhalten.

Versuche: *Pentaerythrit* (**I**), *Dibenzyläther*, F. 72 bis 74° (A.-W.), a) aus dem Dibenzylidenderiv. von **I** durch 1std. Rühren mit $LiAlH_4$–$AlCl_3$ bei 0 bis −5° in abs. Ae.; 80% (Ausbeute); b) analog mit $LiAlH_4$–BF_3-Ätherat; 82%. *Dicyclohexyläther*, F. 57,5–58,5° (A.-W.), a) analog aus der mit $LiAlH_4$–BF_3-Ätherat; 91%; b) mit $LiAlH_4$–$AlCl_3$; 85%. *Dicyclopentyläther*, F. 63–64° (PAe.), a) mit $LiAlH_4$–BF_3-Ätherat; 80%; b) mit $LiAlH_4$–$AlCl_3$; 75%. *Diäthyläther*, Kp.$_5$ 114–116°, a) mit $LiAlH_4$–BF_3-Ätherat; 82%; b) mit $LiAlH_4$–$AlCl_3$; 72%; *Diacetat*, $C_{13}H_{24}O_6$, Kp.$_8$ 142–143°. *Dimethyläther*, F. 33–35° (PAe.), aus **II** durch 2tägiges Rühren in Methanol-konz. H_2SO_4 bei Raumtemp.; 60%; *Diacetat*, $C_{11}H_{20}O_6$, Kp.$_{15}$ 147–148°. — *2.6-Dioxaspiro-[3.3]-heptan* (**II**), F. 89–90° (PAe.), durch Zugabe von Pentaerythritdibromid in abs. A. zu sd. abs. alkohol. KOH innerhalb 10 Min., Aufarbeitung u. Chromatographie an Al_2O_3; 50–60%. D. Kirstein 580◇

0802 **Sulfamoylguanidine.** Joseph G. Lombardino. (J. org. Chemistry **28**, 861–63, 1963; Groton, Conn., Chas. Pfizer & Co., Inc., Med. Res. Labor.; engl.) — Guanidin u. seine Alkyl- u. Dialkylderivv. reagieren mit Sulfamoyldialkylaminen (**B**), z. B. mit N-Sulfamoylpiperidin (**I**), unter Abspaltung des entsprechenden Dialkylamins zu *Sulfamoylguanidinen* (**A**). Die **A** werden auf Grund ihrer Beständigkeit gegen Amine u. ihrer IR-

Spektren, deren Banden angegeben sind, als Zwitterionen formuliert. β-Phenyläthylguanidin u. sein 3.4-Dimethoxyderiv. setzen sich mit **B** nicht um. Ein Mechanismus für die Bldg. der **A** wird vorgeschlagen.

Versuche: 3-Sulfamoylguanidine, durch Einw. von 500 ml 1n äthanol. $NaOC_2H_5$ unter N_2 auf 0,5 Mol Sulfat des entsprechenden Guanidins, Einengen der filtrierten Lsg. im Vakuum, Aufnehmen des Rückstandes in 150 ml Dimethylsulfoxid (DMS), Eintropfen in 0,5 Mol **I** in 100 ml DMS, 2std. Erhitzen auf dem Wasserbad, Abdest. von DMS im Vakuum u. Verreiben des Rückstands mit A., Ae. oder Aceton: *unsubstituiert*, F. 167—169° (A.); 46% (Ausbeute). — *1-Methyl-*, F. 154 bis 155° (A.); 43%. — *1-Benzyl-*, F. 156,5—157,5° (Aceton); 50%. — *1-Amyl-*, F. 83—84° (Methylenchlorid); 16%. — *1.1-Dimethyl-*, F. 132—133,5° (A./Ae.), a) wie vorst.; 52%; b) mit N-Sulfamoyldimethylamin an Stelle von **I**; 53%; daneben *Dimethylamin. Hydrochlorid*, F. 116—118° (A./Ae.); 93%.

Wolfgang Schreiber 600◇

0803 **Anwendung der Wittig-Reaktion zur Synthese von α,β-ungesättigten Säuren und Polyensäuren.** W. F. Kutscherow, B. G. Kowalew, I. I. Nasarowa und L. A. Janowskaja. (Nachr. Akad. Wiss. UdSSR, Abt. chem. Wiss. **1960,** 1512—14; Zelinsky-Inst. für organ. Chemie der Akad. der Wiss. der UdSSR. russ.) — Durch Rk. von Triphenylphosphincarbäthoxymethylen (**I**) mit Aldehyden werden *Ester α,β-ungesätt. Säuren* erhalten.

Versuche: *5-Phenylpentadien-(2.4)-säure*, F. 166 bis 167°, aus dem Ester; 80,7%. *Äthylester*, $Kp._1$ 149 bis 151°, durch 6std. Kochen von 0,046 Mol **I** mit 0,02 Mol Zimtaldehyd in 200 ml Bzl. unter N_2, Abdest. des Bzl. u. Extrahieren des Rückstandes mit PAe.; n_D^{20} 1,5201; 70,5% (Ausbeute). — Analog: *Penten-(2)-säureäthylester*, $Kp._{17}$ 54,5—55°; n_D^{21} 1,4310; 48,5%. — *5-Äthoxypenten-(2)-säureäthylester*, $C_9H_{16}O_3$, $Kp._7$ 73—76°; n_D^{19} 1,4427; 50%. — *Zimtsäureäthylester*, $Kp._{10}$ 138—140°; n_D^{20} 1,5591; 100%. — *β-[Furyl-(2)]-acrylsäure*, F. 139,5 bis 141,5°; 54%. *Äthylester*, $Kp._6$ 100°; n_D^{17} 1,5438; 50,6%. — *5.9-Dimethyldecatrien-(2.4.8)-säureäthylester*, $Kp._{14}$ 152 bis 155°; n_D^{20} 1,5292; 67,5%. — *Pentadien-(2.4)-säure*, F. 72°. *Äthylester*, $Kp._{19}$ 60—61°; n_D^{21} 1,4819; 34,1%. — *Sorbinsäure*, F. 131—133°; 81%. *Maleinsäureanhydridaddukt*, F. 113—115°. *Äthylester*, $Kp._8$ 71—72°; n_D^{21} 1,4940; 80,3%. — *Octatrien-(2.4.6)-säure*, F. 187—191°; 89%. *Äthylester*, $Kp._{0,3}$ 61—63°, F. 39—40°; 87%. — *Decatetraen-(2.4.6.8)-säure*, $C_{10}H_{12}O_2$, F. 226—227° (Hexan). *Äthylester*, F. 93—93,5°; 82%. — *Dodecapentaen-(2.4.6.8.10)-säure*, F. 244—246°; 79%. *Äthylester*, F. 135 bis 136°; 88%. — *4-Brompenten-(2)-säureäthylester*, $C_7H_{11}BrO_2$, $Kp._4$ 74—75°, durch $2^1/_2$std. Stehenlassen von 12 g **I** mit 4,5 g α-Brompropionaldehyd in 200 ml Toluol bei Zimmer-Temp.; n_D^{20} 1,4876; 64,7%.

I. Schade 810△

0804 **Oxamidsäureorthoester.** A. W. Kirssanow und W. P. Molossnowa. (J. allg. Chem. [UdSSR] **29(91),** 1684—87, Mai 1959; Inst. für organ. Chem. der Akad. der Wiss. der UkrainSSR; russ.) — Durch Rk. von Alkoxydichloracetamiden oder N.N-Dimethylalkoxydichloracetamiden mit Na-Phenolaten wird eine Reihe von *[Alkoxy-bis-aryloxy]-* u. *N.N-Dimethylalkoxy-bis-[aryloxy]-acetamiden* (*Oxamidsäure-* u. *Dimethyloxamidsäureorthoester*) dargestellt.

Versuche: *Trimethoxyacetamid*, $C_5H_{11}NO_4$, F. 123 bis 125° (PAe.–Bzl. 1:1), durch Zugabe von 0,06 Mol Methoxydichloracetamid zu 0,12 Mol Na-Methylat in 70 ml Methanol unter Eiskühlung u. 1std. Erwärmen auf 55—60°; Nadeln; 45% (Ausbeute). — Acetamide: *Methoxy-bis-[phenoxy]-*, $C_{15}H_{15}NO_4$, F. 157—159° (Bzl.), durch $^1/_2$std. Erhitzen von 0,04 Mol Na-Phenolat (**I**) in Bzl. mit 0,02 Mol Methoxydichloracetamid auf 90°; Prismen; 60%. — *Äthoxy-bis-[phenoxy]-*, $C_{16}H_{17}NO_4$, F. 113—115° (CCl_4 oder A.–W.), durch $^1/_2$std. Erhitzen von 0,04 Mol **I** in 25 ml Dioxan mit 0,02 Mol Äthoxydichloracetamid auf 60°; Nadeln; 55%. — *Äthoxy-bis-[p-nitrophenoxy]-*, $C_{16}H_{15}N_3O_8$, F. 193—194° (Dioxan–Bzl.), analog vorst. Verb. (90 Min., 70°); Prismen; 28%. — *n-Buthoxy-bis-[phenoxy]-*, $C_{18}H_{21}NO_4$, F. 108—110° (A.–W. u. PAe.), analog (40 Min., 50°); Nadeln; 52%. — *Isobutoxy-bis-[phenoxy]-*, $C_{18}H_{21}NO_4$, F. 122—124° (A.–W. u. PAe.), analog (40 Min., 50°); Prismen; 50%. — N.N-Dimethylacetamide: *Methoxy-bis-[phenoxy]-*, $C_{17}H_{19}NO_4$, F. 81—83° (abs. A.), durch 1std. Erhitzen von 0,04 Mol **I** in 25 ml Dioxan mit 0,02 Mol N.N-Dimethylmethoxydichloracetamid auf 70°; Prismen; 53%. — *Methoxy-bis-[p-nitrophenoxy]-*, $C_{17}H_{17}N_3O_8$, F. 175 bis 177° (abs. A.), analog (1 Std., 100°); Prismen; 20%. — *Äthoxy-bis-[phenoxy]-*, $C_{18}H_{21}NO_4$, F. 71—73° (abs. A.), 40 Min. bei 65°; Prismen; 50%. — *n-Butoxy-bis-[phenoxy]-*, $C_{20}H_{25}NO_4$, F. 73—74° (abs. A.), 1 Std. bei 60°; Prismen; 42%. — *Isobutoxy-bis-[phenoxy]-*, $C_{20}H_{25}NO_4$, F. 70—72° (abs. A.), in 1 Std. bei 60°; Prismen; 40%.

B. Celms 820△

0805 **Kondensation von tert.-Butylestern mit organischen Halogeniden in Gegenwart von Alkaliamiden.** Keiti Sisido, Yositeru Kazama, Hiroshi Kodama und Hitosi Nozaki. (J. Amer. chem. Soc. **81,** 5817—19, 1959; Kyoto, Univ., Fac. of Engng., Dep. of Ind. Chem.; engl.) — 2 Mol Essigsäure-tert.-butylester (**I**) reagieren mit 1 Mol Benzylchlorid (**II**) in Ggw. von 2 Mol $LiNH_2$ in fl. NH_3 mit 80%ig. Ausbeute zu *Hydrozimtsäure-tert.-butylester* (**III**). Die Ausbeute sinkt bei Verw. von Ae. als Lsgm. an Stelle von fl. NH_3. Bei Verw. von $NaNH_2$ an Stelle von $LiNH_2$ isoliert man außer 19% **III** als Hauptprod. der Rk. 61% *Dibenzylessigsäure-tert.-butylester.* Ebenso wie mit **II** reagiert **I** auch mit Äthyl-(**IV**), Isobutyl-(**V**), Isoamyl-(**VI**), Octyl-(**VII**) u. Allylbromid (**VIII**). α-Bromisobuttersäure-tert.-butylester (**IX**) bildet mit **I** in guter Ausbeute *α.α-Dimethylbernsteinsäuredi-tert.-butylester.* Bei der Benzylierung von Propionsäure-(**X**) u. Isovaleriansäure-tert.-butylester (**XI**) sowie von Buttersäure-tert.-butylester (**XII**) mit **II** entstehen *α-Methyl-*, *α-Isopropyl-* sowie *α-Äthylhydrozimtsäure-tert.-butylester.* **I** reagiert mit Alkyldihalogeniden unter Bldg. entsprechender *Dicarbonsäure-tert.-butylester*, die nach der Hydrolyse in Form der *Dicarbonsäuren* isoliert werden. **I** gibt mit 1.2-Dichloräthan (**XIII**) oder 1.2-Dibromäthan (**XIV**) nur geringe Mengen *Adipinsäure* (**XVIII**), mit **XIV** im Überschuß wird dagegen *Bernsteinsäure* erhalten. Durch Umsetzung von **I** mit 1.4-Dibrombutan (**XV**), 1.6-Dibromhexan(**XVI**) u. 1.10-Dibromdecan(**XVII**) in Ggw. von $LiNH_2$ oder $NaNH_2$ synthetisieren Vff. *Korksäure, Sebacinsäure* u. *Tetradecandisäure-(1.14).*

Versuche: *Buttersäure-tert.-butylester* (**XII**), Kp. 135—137,5°, durch Einrühren von 1 Mol **I** in die Lsg. von 1 Mol $LiNH_2$ in fl. NH_3, $^1/_2$std. Rühren, Eintropfen von $^1/_2$ Mol **IV** in Ae., ca. $1^1/_2$std. Rühren bei —40°, Zugabe von NH_4Cl, Verdampfen des NH_3 unter gleichzeitigem Zusatz von Ae., Versetzen mit W. u. Ausäthern; n_D^{12} 1,3939; 87% (Ausbeute). — *Buttersäure*, Kp. 162—164°, durch Hydrolyse von **XII**; 94%. *Anilid*, F. 96°. — *Isocapronsäure-tert.-butylester*, analog **XII** aus **I** u. **V** u. 3std. Rühren bei —40°; 45%. — *Isocapronsäure*, Kp. 194 bis 197°, durch Hydrolyse vorst. Esters; n_D^{25} 1,4124. *Amid*, F. 117—117,5°. — *5-Methylcapronsäure-tert.-butylester*, $C_{11}H_{22}O_2$, $Kp._{13}$ 81—84°, analog **XII** aus **I** u. **VI** u. $2^1/_4$std. Rühren bei —40°; 47%. — *5-Methylcapronsäure*, $Kp._{24}$ 120°, durch Verseifung des Esters; n_D^{25} 1,4199; 92%. *Amid*, F. 101,8—102,2°. — *Caprinsäure-tert.-butylester*, $C_{14}H_{28}O_2$, $Kp._{12}$ 123°, analog **XII** aus **I** u. **VII** u. $1^1/_4$std. Rühren bei —40°; 70%. — *Caprinsäure*, F. 30,4 bis 31,2°, $Kp._{13}$ 148—150°; 95%. — *Penten-(4)-säure-(1)-tert.-butylester*, $C_9H_{16}O_2$, $Kp._{26}$ 68—69°, analog **XII** aus **I** u. **VIII** u. $2^1/_4$std. Rühren bei —40°; n_D^{12} 1,4142; 87%. — *α.α-Dimethylbernsteinsäuredi-tert.-butylester*, $C_{14}H_{26}O_4$, $Kp._{14}$ 114—115°, analog **XII** aus **I** u. **IX** u. 2std. Rühren bei —40°; 71%. — *α.α-Dimethylbernsteinsäure*, F. 134 bis 135,5°, durch Verseifung vorst. Esters. — *Hydrozimtsäure-tert.-butylester* (**III**), $C_{13}H_{18}O_2$, $Kp._{10}$ 119—121°, analog **XII** aus **I** u. **II** u. $2^1/_2$std. Rühren bei —40°; n_D^{11} 1,4950; 80%. — *Hydrozimtsäure*, F. 48,5—49°, durch Verseifung von **III**; 97%. — *α-Methylhydrozimtsäure-tert.-butylester*, $C_{14}H_{20}O_2$, $Kp._{11}$ 121—127°, analog **XII** aus **X** u. **II** u. 2std. Rühren bei —40°; n_D^{10} 1,4730; 90%. — *α-Methylhydrozimtsäure*, F. 37,5—38,5°; 93%. — *α-Äthylhydrozimtsäure-tert.-butylester*, $C_{15}H_{22}O_2$, $Kp._{10}$ 123,5 bis 124°, aus **XII** u. **II** u. $^1/_2$std. Rühren; n_D^{10} 1,4750; 92%. — *α-Äthylhydrozimtsäure*, $Kp._9$ 154°; 92%. *Amid*, F. 114 bis 114,5°. — *α-Isopropylhydrozimtsäure-tert.-butylester*,

$C_{16}H_{24}O_2$, Kp.$_{14}$ 139—142°, aus **XI** u. **II**; n_D^{10} 1,4764; 74%; liefert bei der Hydrolyse *α-Isopropylhydrozimtsäure*, Kp.$_9$ 158°; 93%. *Amid*, F. 93,5—93,8°. — *Adipinsäure* (**XVIII**), F. 150,0—150,5°, a) durch 3std. Rk. von 1 Mol **I** mit $^1/_2$ Mol **XIII** in Ggw. von $LiNH_2$ bei —40°, Aufarbeitung analog **XII**, 2—5std. Kochen des rohen Diesters mit HCl in Dioxan, Ae.-Extraktion, Schütteln der Ae.-Lsg. mit 10%ig. $NaHCO_3$-Lsg., Fällen mit HCl u. Absaugen oder Ae.-Extraktion; 6%; b) analog a) aus 1 Mol **I**, $^1/_4$ Mol **XIV** u. $LiNH_2$; 33%. — *Bernsteinsäure*, F. 181—182° (konz. HNO_3), analog **XVIII** nach a) aus 1 Mol **I**, $^1/_2$ Mol **XIV** u. $LiNH_2$; 41%; daneben geringe Mengen **XVIII**. — *Korksäure*, F. 138,0—139,5°, a) analog **XVIII** nach b) aus 1 Mol **I**, $^1/_4$ Mol **XV** u. $LiNH_2$; 68%; b) analog a) mit $^1/_2$ Mol **XV**; 71%; c) analog a) mit $NaNH_2$ an Stelle von $LiNH_2$; 100%; d) analog c) mit $^1/_2$ Mol **XV**; 44%. — *Sebacinsäure*, F. 131—132°, a) aus 1 Mol **I** u. $^1/_4$ Mol **XVI** mit $LiNH_2$; 100%; b) analog a) mit $^1/_2$ Mol **XVI**; 79%. — *Tetradecandisäure-(1.14)*, F. 124,5 bis 125,0°, a) aus 1 Mol **I** u. $^1/_4$ Mol **XVII** mit $LiNH_2$; 98%; b) analog a) mit $^1/_2$ Mol **XVII**; 73%.

E. Koßmehl 820◇

0806 **Synthese einiger isomerer Heptan- und Octantricarbonsäuren.** K. Schlögl und Kh. Orgler. (Mh. Chem. **90**, 321—29, 1959; Wien, Univ., II. Chem. Inst.; dt.) — Die Darst. von je vier isomeren *Heptan-* u. *Octantricarbonsäuren* wird beschrieben, bei denen die Carbonylgruppen an den ersten vier C-Atomen der n-Heptan- bzw. n-Octankette so verteilt sind, daß alle möglichen Kombinationen von substituierten Bernstein- u. Glutarsäuren entstehen. Zur Synth. werden die Michael-Rk. u. entsprechend modifizierte Malon- u. Cyanessigestersynth. herangezogen. Einige Racemate konnten krist. erhalten werden.

Versuche: *Heptantetracarbonsäure-(1.2.3.3)-tetraäthylester*, $C_{19}H_{32}O_8$, Kp.$_{0,005}$ 137—141°, durch Zugabe von n-Butylmalonsäurediäthylester u. Fumarsäurediäthylester zu Na-Äthylat-Lsg., 15std. Stehen bei Raumtemp., Eindampfen im Vakuum, Zers. mit W. u. Extrahieren mit Ae.; n_D^{20} 1,4435; gelbes Öl; 56% (Ausbeute). — *Heptan-1.2.3-tricarbonsäure* (**I**), $C_{10}H_{16}O_6$, F. 156° (W.), durch 7std. Kochen vorst. Verb. mit äthanol. wss. KOH, Ansäuern mit HCl, 3std. Kochen, Extrahieren mit Ae. u. Eindampfen. — *Octantetracarbonsäure-(1.2.3.3)-tetraäthylester*, $C_{20}H_{34}O_8$, Kp.$_{0,01}$ 156—161°; n_D^{20} 1,4444; 53%. — *Octantricarbonsäure-(1.2.3)*, $C_{11}H_{18}O_6$, F. 149°, aus vorst. Verb. analog **I**. — *1-Chlorpropandicarbonsäure-(2.3)-diäthylester*, $C_9H_{15}ClO_4$, Kp.$_{12}$ 130—133°, durch Sättigen einer Lsg. von Itaconsäure in abs. A. mit HCl, 2wöchiges Stehen bei Raumtemp., Einengen im Vakuum, Zugabe zu W. u. Extrahieren mit Ae.; 83%. — *Heptantetracarbonsäure-(1.2.4.4)-tetraäthylester*, $C_{19}H_{32}O_8$, Kp.$_{0,01}$ 155—162°, durch Zugabe von n-Propylmalondiäthylester zu Na in abs. Toluol, 1std. Stehen bei Raumtemp., Zugabe vorst. Verb., 12std. Stehen bei Raumtemp., 2std. Kochen, Filtrieren, Eindampfen im Vakuum u. Lösen in Ae.; n_D^{20} 1,4477; 50%. — *Heptantricarbonsäure-(1.2.4)*, $C_{10}H_{16}O_6$, F. 156° (W.), aus vorst. Verb. analog **I**; daneben *Isomeres vom F. 181°* (W.). — *Octantetracarbonsäure-(1.2.4.4)-tetraäthylester*, $C_{20}H_{34}O_8$, Kp.$_{0,01}$ 160—165°; n_D^{20} 1,4470. — *Octantricarbonsäure-(1.2.4)*, $C_{11}H_{18}O_6$, F. 164° (W.). — *α-Propyl-α'-cyanbernsteinsäurediäthylester* (**II**), $C_{12}H_{19}NO_4$, Kp.$_{0,01}$ 104—108°, durch Zugabe von 17 g Cyanessigsäureäthylester zu Na-Äthylatlsg., Zugabe von α-Bromisovaleriansäureäthylester unter Kühlung, 12std. Stehen bei Raumtemp., 2std. Kochen, Eindampfen im Vakuum u. Lösen in Ae.; n_D^{20} 1,4403; 58%. — *α-Butyl-α'-cyanbernsteinsäurediäthylester* (**III**), $C_{13}H_{21}NO_4$, Kp.$_{0,01}$ 117—122°, aus α-Bromcapronsäureäthylester analog **II**; n_D^{20} 1,4412; 60%. — *3-Cyanheptantricarbonsäure-(1.3.4)-triäthylester*, $C_{17}H_{27}NO_6$, Kp.$_{0,01}$ 160 bis 163°, durch Zugabe von **II** u. β-Chlorpropionsäureäthylester zu Na-Äthylatlsg. unter Kühlung, 12 std. Stehen, 2std. Kochen, Eindampfen im Vakuum u. Lösen in Ae.; n_D^{20} 1,4522; 80%. — *Heptantricarbonsäure-(1.3.4)*, $C_{10}H_{16}O_6$, F. 187° (W.). — *3-Cyanoctantricarbonsäure-(1.3.4)-triäthylester*, $C_{18}H_{29}NO_6$, Kp.$_{0,01}$ 161 bis 163°, aus **III** analog vorvorst. Verb.; n_D^{20} 1,4520; 80%. — *Octantricarbonsäure-(1.3.4)*, $C_{11}H_{18}O_6$, F. 176° (W.). — *3-Cyanheptantricarbonsäure-(2.3.4)-triäthylester*, $C_{17}H_{27}NO_6$, Kp.$_{0,01}$ 145—150°, durch Umsetzen von **II** mit α-Brompropionsäureäthylester in Ggw. von Na-Äthylatlsg.; n_D^{20} 1,4515; 43%. — *Heptantricarbonsäure-(2.3.4)*, $C_{10}H_{16}O_6$, F. 193° W.). — *3-Cyanoctantricarbonsäure-(2.3.4)-triäthylester*, $C_{18}H_{29}NO_6$, Kp.$_{0,01}$ 150—153°; n_D^{20} 1,4509; 55%. — *Octantricarbonsäure-(2.3.4)*, $C_{11}H_{18}O_6$, F. 173° (W.); daneben *Isomeres vom F. 181°* (W.).

W. Hampel 830△

0807 **Funktionelle Derivate von Malondialdehyd und ihre Reaktionen.** 11. Mitt. **Alkyl-β-acroleylcarbonate.** N. N. Kalinina, W. T. Klimko, T. W. Protopopowa und A. P. Skoldinow. (J. allg. Chem. **32(94)**, 2146—51, 1962; Akad. der med. Wiss. der UdSSR, Inst. für Pharmakol. u. Chemotherap.; russ.) — 10. vgl. C. **1963**, 22683. — Durch Kondens. von K-Malondialdehyd(I) mit Chlorkohlensäureestern wurden *Methyl-*(**II**), *Äthyl-*, *n-Butyl-*, *Benzyl-* u. *Phenyl-[propen-(1)-al-(3)-yl-(1)]-carbonat* dargestellt. Analog wurden *Methyl-[2-methyl-*, *-[2-äthyl-* u. *-[2-isopropylpropen-(1)-al-(3)-yl-(1)]-carbonat* erhalten. Die Rk. von Na-Glutacondialdehyd (**III**) mit Chlorkohlensäuremethylester (**IV**) lieferte *Methyl-[pentadien-(1.3)-al-(5)-yl-(1)]-carbonat.* Durch Disproportionierung von **II** wurde *Bis-[propen-(1)-al-(3)-yl-(1)]-äther*, durch Zers. in Ggw. von p-Toluolsulfonsäure(**V**) *β-Methoxyacrolein* erhalten. Bei der Einw. von Methanol in Ggw. von **V** bzw. bei Einw. von Diäthylamin auf **I** entstanden *1.1.3.3-Tetramethoxypropan* bzw. *β-Diäthylaminoacrolein.*

Versuche: *K-Malondialdehyd* (**I**), $C_3H_3KO_2$, durch Erhitzen von 22 g 1.1.3.3-Tetraäthoxypropan mit 8 ml 1 n HCl u. 20 ml W. auf 50—55° bis zur homogenen Lsg., Zugabe von 5 n KOH bei 20° bis zur alkal. Rk. gegen Phenolphthalein u. Eindampfen bei 40°; 68,6% (Ausbeute). — Analog: *Na-Glutaconaldehyd* (**III**), $C_5H_5NaO_2$, aus 1.1.3.5.5-Pentaäthoxypentan u. NaOH; 55%. — [Propen-(1)-al-(3)-yl-(1)]-carbonate: *Methyl-* (**II**), $C_5H_6O_4$, F. 49—50°, durch Zugabe von **I** in W. in 10 Min. zu 7,2 g **IV** in 100 ml Methylenchlorid u. $^1/_2$std. Rühren oder aus **I** u. **IV** nach nachst. Meth.; 74 bzw. 80% *Semicarbazon*, $C_6H_9N_3O_4$, F. 168—169° (W.–A.). — *Äthyl-*, $C_6H_8O_4$, Kp.$_{1,5}$ 61—63,5°, F. 15—16°, durch $^1/_2$std. Rühren von 5,5 g **I** mit 4 g Chlorkohlensäureäthylester in 50 ml abs. Ae.; $D._4^{20}$ 1,1417; n_D^{20} 1,4623; 76,5%. *Semicarbazon*, $C_7H_{11}N_3O_4$, F. 200—201° (Zers.; A.–W.). — Analog: *n-Butyl-*, $C_8H_{12}O_4$, Kp.$_1$ 85,5—87°; $D._4^{20}$ 1,0926; n_D^{20} 1,4706; 83,0%. *Semicarbazon*, $C_9H_{15}N_3O_4$, F. 155 bis 156° (W.–A.). — *Benzyl-*, $C_{11}H_{10}O_4$, F. 52,5—54°; 71,0%. *Semicarbazon*, $C_{12}H_{13}N_3O_4$, F. 147—148°. — *Phenyl-*, $C_{10}H_8O_4$, Kp.$_2$ 119—120°, F. 41—42°, durch $^1/_2$std. Rühren von 4,4 g **I** mit 4,4 g Chlorkohlensäurephenylester (**VI**) in 40 ml Ae. bei 20°; 77,0%. *Semicarbazon*, $C_{11}H_{11}N_3O_4$, F. 167—168°. — Methylcarbonate: *2-Methylpropen-(1)-al-(3)-yl-(1)-*, $C_6H_8O_4$, F. 64—65°; 70,0%. *Semicarbazon*, $C_7H_{11}N_3O_4$, F. 195—196° (A.–W.). — *2-Äthylpropen-(1)-al-(3)-yl-(1)-*, $C_7H_{10}O_4$, Kp.$_3$ 82—83°, F. 43—44°; 80,0%. *Semicarbazon*, $C_8H_{13}N_3O_4$, F. 163 bis 164° (A.–W.). — *2-Isopropylpropen-(1)-al-(3)-yl-(1)-*, $C_8H_{12}O_4$; $D._4^{20}$ 1,0824; n_D^{20} 1,4600. *Semicarbazon*, $C_9H_{15}N_3O_4$, F. 157—158° (A.–W.). — *Methyl-[pentadien-(1.3)-al-(5)-yl-(1)]-carbonat*, $C_7H_8O_4$, F. 119—120° (Bzl.), durch 1std. Rühren von 4,8 g **III** mit 3,8 g **IV** in 30 ml Chlf. u. 30 ml Ae.; 4,35 g. *Semicarbazon*, $C_8H_{11}N_3O_4$, F. 182 bis 183° (Zers.; Methanol). — *Bis-[propen-(1)-al-(3)-yl-(1)]-äther*, $C_6H_6O_3$, F. 105° (Zers.; Dichloräthan, Bzl., Chlf.). a) durch 1 Monat langes Stehen von 5,7 g **II** über $CaCl_2$; 1,6 g; b) durch 1std. Rühren von 4,4 g **I** mit 4,4 g **VI** in 40 ml Ae. bei 30°; 1,05 g. Daneben *Diphenylcarbonat*, $C_{13}H_{10}O_3$, F. 78,5° (A.); 1,6 g. — *β-Methoxyacrolein*, $C_4H_6O_2$, Kp.$_{1,5}$ 35,5—37°, F. 14—15°, durch Zugabe einiger Kristalle **V** zu 7,8 g **II** in 30 ml Methylenchlorid bei 25—30°; $D._4^{20}$ 1,0306; n_D^{20} 1,4818; 73,4%. — *1.1.3.3-Tetramethoxypropan*, Kp.$_{12}$ 63—66°, durch 48std. Stehen von 2,6 g **II** in 20 ml Methanol in Ggw. von wenig **V**; n_D^{20} 1,4063; 2,4 g. — *β-Diäthylaminoacrolein*, Kp.$_2$ 120 bis 122°, durch Zugabe von 2,7 g Diäthylamin in 10 ml A. bei 10—15° zu 3,9 g **II** in 30 ml A. u. 12std. Stehen bei 20°; $D._4^{20}$ 0,9548; n_D^{20} 1,5550; 76%.

Helmut Schäfer 880△

0808 **Reaktion von Chloroform mit Trimethylamin.** R. Foster. (Chem. and Ind. **1959**, 1492; Dundee, Univ.

of St. Andrews, Queens Coll., Chem. Dep.; engl.) — Durch Einleiten von trockenem Trimethylamin in alkoholfreies Chlf. u. mehrstd. Stehen wird *Trimethyl-[dichlormethyl]-ammoniumchlorid* ($C_4H_{10}Cl_3N$, F. 164°) dargestellt. Bei Verw. von alkoholhaltigem Chlf. ist die Ausbeute geringer. L. Lamza 910△

0809 **Synthesen und pharmakologische Eigenschaften einer Reihe N-substituierter Derivate des 2-Aminoheptans.** Polo Friz L. und Della Bella D. (Boll. chim. farmac. **101,** 527—32, 1962; Milano, Milanese Selvi & C., Reparti Ric. del Labor. Bioterap.; ital.) — Zur Prüfung auf pharmakolog. Wrkg. wird eine Anzahl von *2-N-Alkyl-* u. *2-N.N-Dialkylaminoheptanen* auf verschiedenen Wegen dargestellt.

Versuche: Heptane: *2-Methylamino-*(**III**), $Kp._{40}$ 74—76°, durch Hydrieren äquimol. Mengen Methylamylketon u. NH_2CH_3 in 33%ig. A. an PtO_2 unter Rühren u. Aufarbeitung in der üblichen Weise. *Pikrat,* $C_{14}H_{22}N_4O_7$, F. 103—105° (W.). — *2-[Heptyl-(2)-amino]-*, Kp. 254 bis 255°, analog **III**. *Hydrochlorid,* $C_{14}H_{32}ClN$, F. 139—140° (W.). — *2-Äthylamino-*(**I**), $Kp._{25}$ 67—69°, durch Hydrieren von 2-Aminoheptan (**II**) u. Acetaldehyd in A. an PtO_2. *Hydrochlorid,* $C_9H_{22}ClN$, F. 120—123° (Aceton). — *2-Propylamino-*, $Kp._{25}$ 155—162°, analog **I**. *Hydrochlorid,* $C_{10}H_{24}ClN$, F. 146—148° (Aceton). — *2-Isopropylamino-*, Kp. 181—182°, analog **I**. *Hydrochlorid,* $C_{10}H_{24}ClN$, F. 122 bis 123° (Aceton). — *2-sek.-Butylamino-*, Kp. 194—198°, analog **I**. *Hydrobromid,* $C_{11}H_{26}BrN$, F. 122—122,5° (W.). — *2-Cyclohexylamino-*, analog **I**. *Hydrochlorid,* $C_{13}H_{28}ClN$, F. 161—163° (W.). — *2-Benzylamino-*, analog **I**. *Hydrochlorid,* $C_{14}H_{24}ClN$, F. 138—139° (W.). — *2-Dimethylamino-*, Kp. 160—163°, durch 10std. Kochen von **II** mit HCOOH u. CH_2O, Sättigen mit K_2CO_3 u. Ausäthern. *Hydrochlorid,* $C_9H_{22}ClN$, F. 139—140,5° (Aceton). — *2-Diäthylamino-*(**IV**), $Kp._{25}$ 85—87°, durch 22std. Erhitzen von **I**, Äthylbromid u. K_2CO_3 im Rohr auf 140°, Gießen in W. u. Ausäthern. *Reineckat,* $C_{15}H_{32}CrN_7S_4$, F. 114—115°. — *2-Dipropylamino-*, Kp. 211—217°, analog **IV**. *Reineckat,* $C_{17}H_{36}CrN_7S_4$, F. 121° (Zers.; A.). W. Holland 910◇

0810 **Untersuchungen über die Hydrierung von Aminonitrilen. 1. Mitt. Über die katalytische Hydrierung von N-Acylaminoacetonitrilen.** Antoni Kotełko. (Acta polon. pharmac. **19,** 109—13, 1962; Łódź, Akad. Med., Zakł. Technol. Środków leczn.; pol.) — N-Acylaminoacetonitrile werden schon unter milden Bedingungen in kurzer Zeit zu N-Acyläthylendiaminen hydriert. Aminoacetonitril (**I**) läßt sich wesentlich schwerer hydrieren. Führt man die Hydrierung von N-Benzoylaminoacetonitril statt in NH_3-haltigem Methanol in NH_3-freier Lsg. durch, so wird als Hauptprod. nicht N-Benzoyläthylendiamin, sondern $N^1.N^3$-Dibenzoyldiäthylentriamin gebildet.

Versuche: Durch Red. der N-Acylaminoacetonitrile mit H_2 (60—80 at) in methanol. NH_3 Lsg. (15 bis 20 Min.) in Ggw. von Raney-Ni u. fraktionierte Dest. des Prod. werden nachst. N-Acyläthylendiamine erhalten: *N-Acetyl-*, $Kp._2$ 135—140°, F. 50°, aus *N-Acetylaminoacetonitril* (erhalten durch Acetylierung von **I** mit Acetanhydrid oder Keten); $D._{20}^{20}$ 1,023, n_D^{20} 1,4866; 72%. — *$N^1.N^2$-Diacetyl-*, F. 174°. — *N-Propionyl-*, $Kp._3$ 143—145°, aus *N-Propionylaminoacetonitril* (erhalten aus **I** mit Propionyloxyacetonitril); $D._{20}^{20}$ 1,009, n_D^{20} 1,4811; 80%. — *N-Butyryl-*, $Kp._{33}$ 143—145°, aus *N-Butyrylaminoacetonitril* (erhalten aus **I** u. Butyrylchlorid in Ggw. von Triäthylamin); $D._{20}^{20}$ 0,9841, n_D^{20} 1,4758. — *N-Benzoyl-*, $Kp._3$ 183—185°, aus *N-Benzoylaminoacetonitril* (erhalten nach der Schotten-Baumann-Meth.); n_D^{20} 1,5779; 65%. *Hydrochlorid,* F. 168—169°. — *$N^1.N^3$-Dibenzoyldiäthylentriamin,* $C_{18}H_{21}\cdot N_3O_2$, $Kp._3$ 183—185°, F. 212—213° (Methanol + W. 1:1), durch Hydrierung von N-Benzoylaminoacetonitril in Methanol in Abwesenheit von NH_3. F. Urban 950◇

0811 **Untersuchungen über die Hydrierung von Aminonitrilen. 2. Mitt. Über die Cyanäthylierung des Aminoacetonitrils.** Antoni Kotełko. (Acta polon. pharmac. **19,** 115—20, 1962; pol.) — 1. vgl. vorst. Referat. — Aminoacetonitril (**I**) reagiert mit Acrylonitril (**II**) in Abwesenheit von Katalysatoren nur sehr langsam. In Ggw. von alkal. Katalysatoren (Na-Methylat, Pyridin) bilden sich Harze, in Ggw. von sauren Katalysatoren entstehen weniger Harze u. nur mit neutralen Katalysatoren (W., Methanol, A.) verläuft die Rk. befriedigend. N-substituierte Aminoacetonitrile reagieren mit **II** ebenfalls nur in Ggw. von Katalysatoren. Bei der Umsetzung von **I** u. **II** bilden sich 2 Rk.-Prod.: Cyanäthylcyanmethylamin (**III**) u. ein Additionsprod. 1:2. Die erhaltenen Aminodinitrile bilden keine krist. Hydrochloride, Sulfate oder Pikrate, N-Benzoyl- u. N-p-Tosyl-Verbindungen.

Versuche: Cyanäthylcyanmethylamine wurden durch 20std. Kochen von 1 Mol N-substituiertem Aminoacetonitril u. 1,2—1,5 Mol **II** in Ggw. von 13,5 ml W. dargestellt: *Unsubstituiert* (**III**), $C_5H_7N_3$, $Kp._3$ 156 bis 158°, $D._{20}^{20}$ 1,0471, n_D^{20} 1,4586; 56% (Ausbeute). — *N-Acetyl-Verb.*, $C_7H_9N_3O$, Öl; $D._{20}^{20}$ 1,126, n_D^{20} 1,4741, mit Acetanhydrid in Chlf. bei 10°. — *N-Methyl-*, $C_6H_9N_3$, $Kp._3$ 135—137°, $D._{20}^{20}$ 1,0056, n_D^{20} 1,4560; 83%. — *N-Äthyl-*, $C_7H_{11}N_3$, $Kp._3$ 139—140°, $D._{20}^{20}$ 0,9868, n_D^{20} 1,4578; 76%. — *Bis-[cyanäthyl]-cyanmethylamin,* $C_8H_{10}N_4$, $Kp._3$ 205—210°, F. 43°, aus **I** u. **II** neben **III**; 31%. F. Urban 950◇

0812 **Cyanäthylierung von β-Aminosäuren.** P. F. Butzkuss. (Hochschulnachr. [Iwanowo], Chem. u. chem. Technol. **3,** Nr. 1, 122—23, 1960; Wilna, Kapsukas-Univ., Lehrstuhl für organ. Chemie; russ.) — Durch Rk. von Acrylonitril (**I**) mit β-Alanin (**II**) oder β-Phenyl-β-alanin (**III**) werden die entsprechenden *N-[β-Cyanäthyl]-β-aminosäuren* erhalten. Die Cyanäthylgruppe wird durch längeres Kochen mit 10%ig. NH_4OH oder Hydrazin wieder abgespalten.

Versuche: β-Aminopropionsäuren: *N-[β-Cyanäthyl]-*, $C_6H_{10}N_2O_2$, F. 137° (A.), durch Zugabe von 3,2 g **I** zu 5 g **II** in 25 ml W. u. 5,7 g Triäthylamin (**IV**) in 15 Min., Stehenlassen über Nacht, Eindampfen im Vakuum, Zugabe von 8—10 ml W. u. Fällen mit A. u. Ae.; 69,9% (Ausbeute). — *N.N-Bis-[β-cyanäthyl]-*, $C_9H_{13}N_3O_2$, F. 67—69°, analog mit 7 g **I**, mehrmonatiges Aufbewahren im Vakuumexsiccator bis zum Erstarren; 64,2%. — *N-[β-Cyanäthyl]-β-phenyl-*, $C_{12}H_{14}N_2O_2$, F. 176° (W.), a) durch 1std. Schütteln von 5 g **III** mit KOH in 20 ml W. (bis zu Lsg. des Nd.) u. 1,8 g **I**, Stehenlassen über Nacht u. Neutralisieren mit Essigsäure oder HCl; 97%; b) durch Zugabe von 3,1 g β-Chlorpropionitril zu 5 g **III** u. 4 g KOH in 20 ml W. unter Kühlen; 91%. I. Schade 950△

0813 **Cyclisierung von Peptiden in Gegenwart von Äthoxyacetylen.** Je. A. Morosowa und Ss. M. Shenodarowa. (J. allg. Chem. [UdSSR] **31(93),** 45—50, 1961; Moskau, Univ.; russ.) — Es werden *$N^ε$-Tosyllysin* (**I**), *Cbo-glycyl-$N^ε$-tosyllysin* (**II**), *Cbo-glycyl-$N^ε$-tosyllysylglycin* (**III**), *Glycyl-$N^ε$-tosyllysylglycin* (**IV**), *Cbo-glycyl $N^ε$-tosyllysylglycylglycyl-$N^ε$-tosyllysylglycin* (**V**) u. *Glycyl-$N^ε$-tosyllysylglycylglycyl-$N^ε$-tosyllysylglycin* (**VI**) dargestellt. Die Cyclisierung von **VI** oder **IV** in Ggw. von Äthoxyacetylen (**VII**) liefert *Cycloglycyl-$N^ε$-tosyllysylglycylglycyl-$N^ε$-tosyllysylglycin.*

Versuche: *$N^ε$-Tosyllysin* (**I**), $C_{13}H_{20}N_2O_4S$, F. 217—219° (A.), durch Kochen von Lysinhydrochlorid in 75 ml W. mit überschüssigem $CuCO_3$, Filtrieren, tropfenweise Zugabe von 50 ml 2 n NaOH u. 9,5 g p-Toluolsulfochlorid in 100 ml Aceton bei 0°, 2std. Rühren bei 0° u. 3std. Rühren bei 20°; 69,3% (Ausbeute). *Methylesterhydrochlorid,* $C_{14}H_{23}ClN_2O_4S$, F. 146—147°, aus **I** in Methanol-HCl; 96,7%. — *Cbo-glycyl-$N^ε$-tosyllysin* (**II**), $C_{23}H_{29}N_3O_7S$, F. 139—140° (A.-W.), durch Verseifung von **II**-Methylester mit 1 n NaOH in Methanol; 85,6%. *Methylester,* durch Rk. von 4,35 g Cbo-glycin mit 7,3 g **I**-Methylesterhydrochlorid in 120 ml abs. Chlf. in Ggw. von 2,4 ml Chlorkohlensäureäthylester (**VIII**) u. 6,35 ml Triäthylamin (**IX**); Öl; 92,3%. — *Cbo-glycyl-$N^ε$-tosyllysylglycin* (**III**), $C_{25}H_{32}N_4O_8S$, F. 140—142°, durch Verseifung von **III**-Methylester in Methanol mit 1 n NaOH bei 20°; 91,3%. *Methylester,* $C_{26}H_{34}N_4O_8S$, F. 127—129° (A.-W.), durch Zugabe von 1,1 g Glycinmethylester u. 3 g Dicyclohexylcarbodiimid zu 5,9 g **II** in 30 ml Dioxan u. 24std. Stehen bei 20°; 81,6%. —

Glycyl-N$^{\varepsilon}$-tosyllysylglycin (**IV**), *Methylesterhydrochlorid*, F. 198—199° (Zers.; A.–Ae.), durch Hydrierung von 3 g **III**-Methylester in 60 ml Methanol u. 5,3 ml 1 n HCl an Pd-Schwarz; 85,3%. — *Cbo-glycyl-N$^{\varepsilon}$-tosyllysylglycylglycyl-N$^{\varepsilon}$-tosyllysylglycin* (**V**), $C_{42}H_{56}N_8O_{13}S_2$, durch Hydrolyse von **V**-Methylester in Methanol mit 1 n NaOH bei 20°; amorph; 85,3%. *Methylester, Halbhydrat*, $C_{43}H_{58}N_8 \cdot O_{13}S_2 \cdot 0{,}5H_2O$, F. 92—94°, durch 12std. Stehen von 1,8 g **IV**-Methylesterhydrochlorid mit 2 g **III** in 40 ml abs. Chlf. in Ggw. von 0,4 ml **VIII** u. 1,2 ml **IX**; 86,9%. — *Glycyl-N$^{\varepsilon}$-tosyllysylglycylglycyl-N$^{\varepsilon}$-tosyllysylglycin* (**VI**), $C_{34}H_{50}N_8O_{11}S_2$, F. 195—200° (Zers.; A.–W.), durch Hydrierung von 2,65 g **V** in 100 ml Methanol u. 0,18 ml Eisessig an Pd-Schwarz; 77,1%. — *Cycloglycyl-N$^{\varepsilon}$-tosyllysylglycylglycyl-N$^{\varepsilon}$-tosyllysylglycin, Halbhydrat*, $C_{34} \cdot H_{48}N_8O_{10}S_2 \cdot 0{,}5H_2O$, Zers. > 350°, a) durch 10std. Erhitzen von 250 g **VI** mit 1 ml **VII** in 25 ml W. u. 225 ml Methanol auf 60—70°, 10 Tage langes Stehen u. Reinigung durch Elektrophorese an Cellulosepulver; 24%; b) durch 12std. Stehen von 500 mg **VI** mit 0,55 ml **VII** in 50 ml W. u. 450 ml Methanol, 12std. Erhitzen auf 60—70° u. 12std. Stehen bei 20°; 29,2%; c) durch 10 Tage langes Stehen von 100 mg **IV** mit 0,1 ml **VII** in 25 ml W. u. 70 ml Methanol; 15,8%. Helmut Schäfer 950△

0814 **Cyanhaltige Organosiliciumverbindungen.** W. M. Wdowin und A. D. Petrow. (Fortschr. Chem. [UdSSR] **31,** 793—821, Juli 1962; Zelinsky-Inst. für org. Chem. der Akad. der Wiss. der UdSSR; russ.) — Überblick über Darst., physikal. u. chem. Eigg. sowie Verw. von *cyanhaltigen Organosiliciumverbindungen.* — 157 Literaturangaben. G. Froelich 980◇

0815 **Über die Reaktion von cyclischen Polyalkylaminosilanen mit Alkoholen.** K. A. Andrianow und W. W. Asstachin. (J. allg. Chem. [UdSSR] **32(94),** 2316—18, Juli 1962; Inst. für element-organ. Verbb. der Akad. der Wiss. der UdSSR; russ.) — Die Rk. von 1.1.3.3.5.5-Hexamethylcyclotrisilazan (**I**) u. 1.1.3.3.5.5.7.7-Oktamethylcyclotetrasilazan (**II**) mit A., Propanol, Butanol u. Isobutanol führt zur Bldg. der entsprechenden *Dimethyldialkoxysilane* u. NH_3.

Versuche: Dimethylsilane: *Diäthoxy-*, $C_6H_{16} \cdot O_2Si$, Kp. 110—114° a) durch Erhitzen von 9,2 g **I** mit 11,6 g abs. A. bis zum Aufhören der NH_3-Entw.; n_D^{20} 1,3830; $D._4^{20}$ 0,8431; 74% (Ausbeute); b) analog aus 14,6 g **II** u. 18,4 g abs. A.; n_D^{20} 1,3820; $D._4^{20}$ 0,8438; 52%. — *Dipropoxy-*, $C_8H_{20}O_2Si$, Kp. 152°, aus 14,6 g **II** u. 24 g abs. Propanol; n_D^{20} 1,3950; $D._4^{20}$ 0,8435; 24,8%. — *Dibutoxy-*, $C_{10}H_{24}O_2Si$, Kp. 185—187°, a) aus 10,95 g **I** u. 22,2 g abs. Butanol; n_D^{20} 1,4058; $D._4^{20}$ 0,8465; 80%; b) aus 14,6 g **II** u. 29,6 g abs. Butanol; n_D^{20} 1,4069; $D._4^{20}$ 0,8462; 61,3%. — *Diisobutoxy-*, $C_{10}H_{24}O_2Si$, Kp. 172 bis 173°, aus 14,6 g **II** u. 29,6 g abs. Isobutanol; n_D^{20} 1,4005; $D._4^{20}$ 0,8317; 49,2%. B. Celms 980△

0816 **Synthese einiger Thiophosphorsäureester.** B. A. Arbusow und D. Ch. Jarmuchametowa. (Nachr. Akad. Wiss. UdSSR, Abt. chem. Wiss. **1960,** 1881—83; Kasan, Chem. Arbusow-Inst. der Zweigstelle der Akad. der Wiss. der UdSSR; russ.) — Es wird die Darst. einiger *Thiophosphorsäureester* mit z. T. hoher insekticider Wrkg. beschrieben. Die Struktur wird durch Raman- u. IR-Spektren bestätigt.

Versuche: Thiophosphorsäurediäthylester: *S-Carbomethoxymethyl-*, $C_7H_{15}O_5PS$, $Kp._3$ 129°, analog nachst. Verb.; n_D^{20} 1,4645; $D._4^{20}$ 1,2192; 26% (Ausbeute). — *S-Carbäthoxymethyl-*, $C_8H_{17}O_5PS$, $Kp._3$ 138°, durch 1std. Erhitzen von Na-Diäthylphosphit (aus 50 g Diäthylphosphit u. 8,5 g Na in 250 ml Bzn.) mit 11,6 g S, Zugabe von 60,5 g Bromessigsäureäthylester, 2std. Erhitzen, Filtrieren u. Dest. im Vakuum; n_D^{20} 1,4622; $D._4^{20}$ 1,2192; 71,7%. — *S-[β-Carbomethoxyäthyl]-*, $C_8H_{17} \cdot O_5PS$, $Kp._3$ 137°; n_D^{20} 1,4640; $D._4^{20}$ 1,1867; 30,5%. — *S-Cyanmethyl-*, $C_6H_{12}NO_3PS$, $Kp._3$ 132—135°; n_D^{20} 1,4700; $D._4^{20}$ 1,1970; 24,0%. — *S-Carbäthoxymethylthiophosphorsäure, Diisopropylester*, $C_{10}H_{21}O_5PS$, $Kp._3$ 134°; n_D^{20} 1,4568; $D._4^{20}$ 1,1203; 66,0%. *Dibutylester*, $C_{12}H_{25} \cdot O_5PS$, $Kp._{2,5}$ 150°; n_D^{20} 1,4642; $D._4^{20}$ 1,0984; 40%. — Die Toxizität aller dargestellten Verbb. in 0,5—1% Lsg. gegenüber *Calandra granaria* wird untersucht.
I. Schade 980△

0817 **Phosphororganische Derivate des Äthylenimins. 3. Mitt. Anlagerung von Säuren an die Äthylenamide von Phosphorsäuren.** N. P. Gretschkin und R. R. Schagidullin. (Nachr. Akad. Wiss. UdSSR, Abt. chem. Wiss. **1960,** 2135—39; Chem. Inst. der Kasan. Abt. der Akad. der Wiss. der UdSSR; russ.) — 2. vgl. C. **1959, 11539.** — Durch Rk. von Phosphorsäurediäthylesteräthylenamid (**I**) mit Carbonsäuren werden *β-Acyloxyäthylamidophosphorsäurediäthylester* erhalten. Analog reagiert **I** mit Phosphorigsäurediäthylester (**II**). Die Struktur der erhaltenen Verbb. wird auch durch die IR-Spektren bewiesen, wobei die Bldg. von H-Brücken zwischen NH u. PO bzw. CO festgestellt wird.

Versuche: β-Acyloxyäthylamidophosphorsäurediäthylester: Durch 6—7std. Erhitzen äquimol. Mengen **I** u. Carbonsäure bzw. **II** im Rohr auf 110—120°: *Acetoxy-*, $C_8H_{18}NO_5P$, $Kp._{4,5}$ 152—153°; n_D^{20} 1,4392; $D._4^{20}$ 1,1509; 59% (Ausbeute). — *Propionoxy-*, $C_9H_{20}NO_5P$, $Kp._{2,0}$ 147—150°; n_D^{20} 1,4998; $D._4^{20}$ 1,1245; 58%. — *Butyroxy-*, $C_{10}H_{22}NO_5P$, $Kp._{1,0}$ 145 bis 146°; n_D^{20} 1,4401; $D._4^{20}$ 1,1009; 60%. — *Isobutyroxy-*, $C_{10}H_{22}NO_5P$, $Kp._{1,0}$ 134—136°; n_D^{20} 1,4384; $D._4^{20}$ 1,0935; 58%. — *Isovaleroyloxy-*, $C_{11}H_{24}NO_5P$, $Kp._{1,0}$ 140—142°; n_D^{20} 1,4398; $D._4^{20}$ 1,0727; 56%. — *Caproyloxy-*, $C_{12}H_{26} \cdot NO_5P$, $Kp._{1,0}$ 153—154°; n_D^{20} 1,4418; $D.^{20}$ 1,0660; 58%. — *Benzoyloxy-*, $C_{13}H_{20}NO_5P$, F. 44—47°; 70—80%. — *β-[O.O-Diäthylphosphono]-äthylamidophosphorsäurediäthylester*, $C_{10}H_{25}NO_6P_2$, $Kp._{1,5}$ 168—171°; n_D^{20} 1,4452; $D._4^{20}$ 1,1603; 17,5%; liefert beim Verseifen *β-Aminoäthylphosphonsäurediäthylester.* I. Schade 980△

0818 **Reaktionen von Diäthylchlorphosphit mit Alkalisalzen von Nitroparaffinen.** Teruaki Mukaiyama und Hirohiko Nambu. (J. org. Chemistry **27,** 2201—04, 1962; Tokyo, Tokyo Inst. of Technol., Labor. of Organ. Chem.; engl.) — Die Rk. der Alkalisalze prim. Nitroparaffine mit Diäthylchlorphosphit (**I**) führt zu *Nitrilen* u. *Phosphorsäurediäthylestern.* Aus Na-2-Nitropropan (**II**) u. **I** entsteht *N-Isopropylidendi-O-äthylphosphorylhydroxylamin.* Bei der Rk. von **I** mit K-Diphenylnitromethan (**III**) entsteht infolge Beckmann-Umlagerung *Benzanilid.*

Versuche: *Pb-Diäthylphosphat*, F. 178—179°, a) durch Zugabe von **I** in Ae. zu einer Suspension von K-Phenylnitromethan (**IV**) in sd. Ae., Dest., Lösen des Rückstandes in W., Ansäuern mit H_2SO_4, Verdampfen des W., Extraktion mit A. u. Versetzen mit Pb-Acetat; 35% (Ausbeute); daneben 49% *Benzonitril* (**V**; $Kp._{15}$ 74—75°) u. 27% *Phenylnitromethan* (**VI**, $Kp._4$ 85—86°); b) aus **IV** u. **I** in Ae. unter Kühlen, Waschen mit W. u. Versetzen der wss. Phase mit Pb-Acetat; 25%; daneben aus der äther. Lsg. 86% **V** u. 42% **VI**. — *1-Nitropropylphosphonigsäurediäthylester*, $C_7H_{16}NO_4P$, $Kp._{0,5}$ 85—87°, aus **I** u. Na-1-Nitropropan in Ae. bei 0—5°, 4 Std. Rühren bei Raumtemp. u. Dest.; 13%; daneben *Propionitril, 1-Nitropropan* u. *Phosphorsäurediäthylester*; 13% *Pb-Salz.* — *N-Isopropylidendi-O-äthylphosphorylhydroxylamin*, $C_7H_{16}NO_4P$, $Kp._{0,2}$ 95—97°, a) aus **I** u. **II** bei 0—5° in Ae., analog vorst. Verb.; 68%; b) aus **I** u. **II** bei Raumtemp., 2std. Rühren u. Dest.; 23%; daneben 1% *Acetonoxim*, F. 60°. — *Benzanilid*, F. 160° (A.), a) aus **I** u. **III** in Acetonitril unter Kühlen mit Eis, 2std. Rühren bei Raumtemp., Abtrennen der fl. Phase, 5std. Kochen mit wenig 40%ig. äther. BF_3, Kühlen u. Dest.; 51%; b) aus **I** u. Na-Benzophenonoxim in Acetonitril bei Raumtemp., 6std. Kochen der fl. Phase mit wenig BF_3 analog a), Dest. u. Versetzen des Rückstandes mit W.; 95%. J. Gartzke 980△

0819 **Metallhydrazide. 4. Mitt. Über die Reduktion ungesättigter und mehrkerniger aromatischer Kohlenwasserstoffe mit dem System Natriumhydrazid/Hydrazin.** Thomas Kauffmann, Christian Kosel und Wilfried Schoeneck. (Chem. Ber. **96,** 999—1010, 1963; Darmstadt, TH, Inst. für Organ. Chemie; dt.) — 3. vgl. ibid. **95,** [1962], 2485. — Na-Hydrazid red. in Ggw. von N_2H_4 (**IV**) ungesätt. u. aromat. KW-Stoffe. Am Beispiel des Stilbens (**II**) wird gezeigt, daß die Redd., bei denen jeweils eine farbige Zwischenstufe entsteht, urch Hydrazid-Addition eingeleitet werden. Isolierte C=C-Doppelbindungen werden nicht angegriffen.

Versuche: [α.β-*Diphenyläthyl*]-*hydrazin* (I), Kp.$_{0,04}$ 129—132°, durch Lösen von 0,05 Mol II u. 0,15 Mol $NaNH_2$ (III) in abs. Ae., Zutropfen von 0,1 Mol IV unter N_2 bei 0°, 1½std. Rühren bei 0°, Zugabe von Ae./A. (5:1) u. W., Extrahieren mit Ae., Extrahieren der äther. Lsg. mit n-HCl, Zugabe von festem NaOH bei 0°, Aufnehmen in Ae. u. Dest.; 53% (Ausbeute); daneben durch Eindampfen der Ae.-Lsg. II u. *Benzaldehyd. Monohydrochlorid*, $C_{14}H_{17}ClN_2$, F. 152—154°, aus 2 n HCl Nadeln. *Monopikrat*, $C_{20}H_{19}N_5O_7$, F. 160—161° (Zers.), aus A. Blättchen. *N-Phenylthiocarbamoyl-Deriv.*, $C_{21}H_{21}N_3S$, F. 139°, aus A. Nadeln. — *Bibenzyl*, F. 49—50° (A.), a) analog I aus 0,05 Mol II, 0,17 Mol III u. 0,15 Mol IV in abs. Ae., 1std. Rühren bei 0°, 1 Std. bei 34°, Kühlen auf 0°, Hydrolyse mit A. u. W., Extrahieren mit Ae., Dest. u. 12std. Stehen; 55%; daneben 34% *Toluol* (VI) u. 30% *Benzaldehydhydrazon* [VII; *N-Phenylthiocarbamoyl-Deriv.*, F. 189°. *N-Acetyl-Deriv.*, F. 134°]; b) durch Zugabe von 0,3 Mol IV zu 0,155 Mol III in abs. Bzl. bei Raumtemp., ¾std. Zutropfen von 0,05 Mol II in abs. Bzl. unter N_2 bei 30°, 20 Min. langes Rühren bei 30°, Kühlen auf 0°, Hydrolyse mit A. u. W. u. Extrahieren mit Bzl. (Meth. A); 92%; c) durch Zutropfen von 0,024 Mol I in abs. Ae. zu 0,075 Mol III in abs. Ae. bei Raumtemp. unter N_2, 2std. Rühren, 1std. Zugabe von 0,225 Mol IV unter Rühren u. ½std. Erwärmen auf 35°; 36%; daneben 47% VI u. 39% VII; d) durch Zutropfen von 0,024 Mol I in abs. Ae. zu einer Suspension von 0,048 Mol IV u. 0,036 Mol Na-Hydrazid in Ae. bei Raumtemp. unter N_2 unter Rühren u. 2std. Erwärmen auf 34°; 18%; daneben 42% VI u. 34% VII. — *4-[β-Phenäthyl]-1-styrylbenzol* (VIII), $C_{22}H_{20}$, F. 157°, durch Zugabe von 0,4 Mol IV zu einer Suspension von 0,03 Mol 1.4-Distyrylbenzol (IX) u. 0,2 Mol III in abs. Ae. unter N_2 bei 0° u. 3std. Rühren bei 0°; aus Chlf./A. (3:1) Nadeln; 95,5%. *Dibromid*, $C_{22}H_{20}Br_2$, F. 198—199° (Essigester), durch Zugabe von Br_2 zu VIII in Chlf., ½std. Erwärmen auf 40° u. Eindampfen. — *1.4-Bis-[β-phenäthyl]-benzol*, $C_{22}H_{22}$, F. 90—92°, a) analog VIII aus IV, IX u. III in Diisopropyläther durch 3std. Erwärmen auf 50—55°; aus A./Essigester (5:1) Blättchen; 93%; b) durch Hydrieren von IX in Eisessig/Bzl. (1:1) an PtO_2. — *1.4-Diphenylbutan*, F. 51°, nach A aus 1.4-Diphenylbutadien-(1.3) in Ae./Bzl. (8:3) in 1½ Std. bei 34°; 43%. — *Cyclooctatrien-(1.3.5)*, Kp.$_{11}$ 35—37°, nach A aus Cyclooctatetraen in abs. Ae. in 3 Std. bei 34°; 85%. *Maleinsäureanhydrid-addukt*, F. 143—144°. — *Acenaphthen*, F. 95° (A.), nach A aus Acenaphthylen in V durch 2std. Rühren bei 50°; 81%. — *9.10-Dihydrophenanthren*, F. 34,5—35° (Methanol), Kp.$_{22}$ 174—176°, nach A aus Phenanthren in V (Bzl. (1:1) durch 3std. Rühren bei 50°; 92% [*Disulfonsäuredichlorid*, F. 264—265°]; daneben 6,4% *Bis-[9.10-dihydrophenanthryl-(9)]*, $C_{28}H_{22}$, F. 270—272°; aus Bzl. Nadeln. — *9.10-Dihydroanthracen*, F. 105—106°, nach A aus Anthracen in V Bzl. (1:1) durch 2½std. Rühren bei 50—55°; aus A. blaßgelbe Nadeln; 90%. — *9.10-Dihydrotetracen*, F. 206—207° (Bzl.), nach A aus Tetracen in V Bzl. (2:1), unter 4std. Rühren bei 50—55°; 84%; 1. vgl. C. **1963**, 14284. Roland Gnauck 990△

0820 **Sulfonierung aromatischer Kohlenwasserstoffe mit dem Dioxan-Sulfotrioxid-Komplex.** Ju. T. Gordasch, E. A. Larjutina und R. Ja. Ssemjatschko. (Ber. Akad. Wiss. BelorussSSR **6**, 237—39, 1962; Akad. der Wiss. der BelorussSSR, Inst. für physikal.-organ. Chem.; russ.) — *Toluol, o-, m-, p-Xylol, Mesitylen, α-* u. *β-Methylnaphthalin* lassen sich durch Einw. von Dioxan-Sulfotrioxid (2std. Rühren in Dichloräthan bei 20°) prakt. quant. u. ohne Nebenrkk. u. die entsprechenden *Sulfonsäuren* überführen. Helmut Schäfer 1090△

0821 **Darstellung von Aryldiazoalkanen durch die Bamford-Stevens-Reaktion.** Donald G. Farnum. (J. org. Chemistry **28**, 870—72, 1963; Ithaca, N. Y., Cornell Univ., Dep. of Chem.; engl.) — Bei der Darst. von *Aryldiazoalkanen* (A) durch Erhitzen von p-Toluolsulfonylhydrazonen (B) aromat. Carbonylverbb. (C) in Ggw. von Na-Äthylat in A. nach Bamford u. Stevens (vgl. C. **1955**, 7179) kann man durch Verw. von Na-Methylat an Stelle von Na-Äthylat u. in Pyridin als Lsgm. die Bldg.-Geschw. u. die Ausbeute der A erhöhen. Die Verw. von 2-Nitrobenzolsulfonylhydrazonen an Stelle der B bringt keine Vorteile. B von aliphat. C reagieren nicht zu entsprechenden A. Für einige A sind Absorptionsmaxima für den sichtbaren Bereich angegeben.

Versuche: *p-Toluolsulfonylhydrazone* (B), durch Aufkochen des entsprechenden C mit p-Toluolsulfonylhydrazin in Eisessig, Abkühlen auf 5° u. Abfiltrieren: *Benzaldehyd-* (II), F. 155—158°; 92% (Ausbeute). — *4-Methoxybenzaldehyd-* (III), F. 112—114°; 93%. — *Acetophenon-* (IV) F. 147,5—150°; 82%. — *3-Nitroacetophenon-* (V), F. 176,5—179°; 93%. — *Propiophenon-* (I), F. 122—125°; 96%. — *Cyclohexanon-*, F. 155—158°; 67%. — *Nortricyclenon-*, F. 160—162°; 74%. — *Norcampher-*, F. 206,5—208°; 89%. — 2-Nitrobenzolsulfonylhydrazone, durch 5—10 Min. langes Digerieren des entsprechenden C bei mäßiger Wärme mit 2-Nitrobenzolsulfonylhydrazin in Eisessig, Abkühlen auf 0° u. Absaugen: *Benzaldehyd-*, F. 175—177°; 65%. — *Acetophenon-*, F. 105—107°; 60%. — Diazoalkane (A), durch Erhitzen der Lsg. des entsprechenden B mit 1 Mol $NaOCH_3$ in abs. Pyridin auf die gewünschte Temp. unter Rühren, Gießen in Eiswasser, Extraktion mit Pentan, Waschen mit W. u. gesätt. NaCl-Lsg. u. spektrophotometr. u. gasvolumetr. (N_2-Entw.) Best. der Ausbeute: *Phenyldiazomethan*, a) aus II bei 55—60° in 30 Min.; 65—70%; b) aus II bei 75—80° in 15 Min.; 50—60%. — *4-Methoxyphenyldiazomethan*, a) aus III bei 75—80° in 15 Min.; 63%; b) aus III bei 55—60° in 75 Min.; 33%. — *1-Phenyldiazoäthan*, aus IV bei 75—89° in 40 Min.; 32%. — *1-[3-Nitrophenyl]-diazoäthan*, aus V bei 75—80° in 30 Min.; 48%. — *1-Phenyldiazopropan*, a) aus I bei 60—65° in 60 Min.; 55%; b) aus I bei 75—80° in 40 Min.; 42%. Gisela Schreiber 1090◇

0822 **Synthese von Mercaptalen.** B. M. Michailow und G. Ss. Ter-Ssarkissjan. (Nachr. Akad. Wiss. UdSSR, Abt. chem. Wiss. **1960**, 1886—87; Zelinsky-Inst. der Akad. der Wiss. der UdSSR; russ.) — Es werden Darst. u. Eigg. der *Diäthylmercaptale* von *Zimtaldehyd, 5-Phenylpentadien-(2.4)-al, Citral, β-Cyclocitral, Benzaldehyd* u. *Furfurol* beschrieben.

Versuche: Diäthylmercaptale: Durch Zutropfen von 0,1 Mol Aldehyd zu einem Gemisch aus 0,27 Mol Äthylmercaptan, 2,5 g $ZnCl_2$ u. 2,5 g Na_2SO_4 bei < 0°, 20std. Stehenlassen in der Kälte, Gießen in Eiswasser u. Extrahieren mit Ae.: *Zimtaldehyd-*, $C_{13}H_{18}S_2$, Kp.$_{0,5}$ 134—135°; n_D^{20} 1,5938; D_4^{20} 1,0512; 73,5% (Ausbeute). — *5-Phenylpentadien-(2.4)-al-*, $C_{15}H_{20}S_2$, Kp.$_{2,5}$ 183—187°, F. 49—50,5°; 55,1%. — *Citral-*, $C_{14}H_{26}S_2$, Kp.$_{0,08}$ 98—100°; n_D^{20} 1,5248; D_4^{20} 0,9589; 70,1%. — *β-Cyclocitral-*, $C_{14}H_{26}S_2$, Kp.$_{0,18}$ 106—107°; n_D^{20} 1,5359; D_4^{20} 1,0031; 68,1%. — *Benzaldehyd-*, $C_{11}H_{16}S_2$, Kp.$_3$ 129°; n_D^{20} 1,5725; D_4^{20} 1,0570; 77,5%. — *Furfurol-*, $C_9H_{14}OS_2$, Kp.$_{0,07}$ 80—82°; n_D^{20} 1,5458; D_4^{20} 1,0967; 77,9%. I. Schade 1110△

0823 **Kondensation von Mercaptalen mit Vinyläthyläther.** B. M. Michailow und G. Ss. Ter-Ssarkissjan. (Nachr. Akad. Wiss. UdSSR, Abt. chem. Wiss. **1960**, 1888—91; Zelinsky-Inst. für organ. Chemie der Akad. der Wiss. der UdSSR; russ.) — Durch Rk. von Vinyläthyläther (I) mit Benzaldehyd-(II), Zimtaldehyd-(III) oder β-Cyclocitraldiäthylmercaptal (IV) in Ggw. von sauren Katalysatoren werden *Monothioacetale* von *β-Äthylmercaptoaldehyden* erhalten, deren Kette um 2 C-Atome länger ist als die der ursprünglichen Aldehyde. Mit steigender Rk.-Temp. werden weitere Moll. I angelagert. Die Monothioacetale werden durch Kochen mit Säuren in ungesätt. Aldehyde übergeführt.

Versuche: *1-Äthoxy-1.3-bis-[äthylmercapto]-3-phenylpropan* (V), $C_{15}H_{24}OS_2$, Kp.$_{0,08}$ 113—115°, durch Zutropfen von 0,1 Mol I zu einem Gemisch aus 0,2 Mol II u. 0,5 g BF_3-Ätherat in Äthylacetat bei 0—2°, 40 Min. langes Rühren bei 0—2° u. Extrahieren mit Ae.; n_D^{20} 1,5370; D_4^{20} 1,0305; 42,4% (Ausbeute). — *1-Äthoxy-1.3-bis-[äthylmercapto]-5-phenylpenten-(4)* (VI), $C_{17}H_{26}OS_2$, Kp.$_{0,12}$ 158—160°, analog aus I u. III bei 28—30° in Ggw. von 7 ml 10%ig. $ZnCl_2$ in Äthylacetat; n_D^{20} 1,5591; D_4^{20} 1,0400; 24,1%. — *1-Äthoxy-1.3-bis-[äthylmercapto]-3-[2.6.6-trimethylcyclohexen-(1)-yl]-propan*, $C_{18}H_{34}OS_2$,

Kp.$_{0,09}$ 126—127°, analog aus I u. IV bei 22—24° mit $ZnCl_2$; n_D^{20} 1,5200; $D._4^{20}$ 0,9954; 35,5%. — *Zimtaldehyd*, Kp.$_{35}$ 163—165°, durch 6std. Kochen von 12 g V mit 20 ml Eisessig u. 2 g Na-Acetat unter N_2; 52,1%. *2.4-Dinitrophenylhydrazon* (VII), F. 249—250°. — *5-Phenylpentadien-(2.4)-al*, Kp.$_{0,4}$ 110—115°, analog aus VI; 32%. *2.4-Dinitrophenylhydrazon* (VIII), F. 199—202°. — *3-Phenyl-3-äthylmercaptopropanol-2.4-dinitrophenylhydrazon*, $C_{17}H_{20}N_4O_4S$, F. 100—103° (A.), durch Zugabe von 10 ml 20%ig. alkohol. $HgCl_2$-Lsg. zu 1,1 g V, Filtrieren (Äthylmercaptomercurichlorid) u. Zugabe von 2.4-Dinitrophenylhydrazin; orangefarben; liefert beim Kochen mit alkohol. HCl VII. — *1.3-Diäthoxy-1.5-bis-[äthylmercapto]-5-phenylpentan*, $C_{19}H_{32}O_2S_2$, Kp.$_{0,1}$ 158—160°, durch Zugabe von 2,8 g I zu einem Gemisch aus 22,2 g V u. 0,3 g BF_3-Ätherat bei 20—22° in 30 Min. u. $^1/_2$std. Rühren; n_D^{20} 1,5260; $D._4^{20}$ 1,0254; 17,1%. — *3-Äthoxy-5-äthylmercapto-5-phenylpenten-(2)-al-2.4-dinitrophenylhydrazon*, $C_{21}H_{24}N_4O_5S$, F. 149—151,1° (A.), aus vorst. Verb.; orangefarben; daneben VIII, das auch durch Kochen mit HBr erhalten wird. I. Schade 1110△

0824 **Untersuchungen über die Synthese von p-Nitroacetophenon und die Verwendung ihrer Nebenprodukte.** 1. Mitt. **Darstellung von p-Nitroacetophenon durch katalytische Oxydation.** Takeshi Kimura. (J. pharmac. Soc. Japan [Yakugakuzasshi] **77**, 884—87, 1957; Tokyo, Shinagawa Plant, Sankyo Co., Ltd.; jap., Auszug: engl.) — Für die Darst. von p-Nitroacetophenon (I) wurde ein industriell wirtschaftlich verwertbarer Prozeß gefunden. Es wurden Beobachtungen über die Ausbeute bei der Nitrierung von Äthylbenzol unter verschiedenen Bedingungen, die Synth. von I über die Flüssigphase, die katalyt. Oxydation von 1-Äthyl-4-nitrobenzol (II) durch O_2 unter Normaldruck in Ggw. verschiedener Katalysatoren u. Katalysatorgifte gemacht.

Versuche: *p-Nitroacetophenon* (I), a) durch $8^1/_2$std. Oxydation von 4 g II mit 15 ml O_2/min in Ggw. von ca. 1% V_2O_5 (aus Ammoniumvanadat durch Erhitzen, bzw. saure Zers.) bei 130°; 9,35 bzw. 9,06 Mol.% (Ausbeute); daneben *p-Nitrobenzoesäure* (III); 1,45 bzw. 1,34 Mol.%; b) analog a) durch 6std. Oxydation von II mit Chromhydroxid bzw. Chromtrioxid (aus Chromnitrat) bei 130 bzw. 140°; 21,72 bzw. 10,2 Mol.%; daneben 24,7 bzw. 11,8 Mol.% III; c) durch 6 bzw. $8^1/_2$std. Oxydation von II mit Chromoxid bzw. Chromacetatmonohydrat (aus CrO_3 durch Erhitzen) bei 130°; 12,23 bzw. 20,94 Mol.%; daneben 13,6 bzw. 23,8 Mol.% III; d) durch 6std. Oxydation von II mit Manganhydroxid [aus Mn · $(NO_3)_2$] bei 130°; 0,84 Mol.%; daneben 5,4 Mol.% III; e) mit ca. $^1/_2$ bzw. 1% MnO_2 (aus CH_2O u. $KMnO_4$); 4,4 Mol.% bzw. Spuren; daneben 9,8 bzw. 11,1 Mol.% III; f) mit Manganacetat; 6,7 Mol.%; daneben 7,4 Mol.% III; g) mit Eisenhydroxid (IV); aus Eisennitrat), Eisenoxid (durch Erhitzen von IV) bzw. Cobalthydroxid (V), aus Cobaltnitrat); 4,77, 3,39 bzw. 18,54 Mol.%; daneben 0,53, 0,81 bzw. 3,06 Mol.% III; h) mit Cobaltoxid (aus V), Cobaltacetat, Nickelhydroxid (VI) [aus $Ni(NO_3)_2$], Nickeloxid (aus VI), Kupferhydroxid [II, aus $Cu(NO_3)_2$], Kupferoxid (aus VII), Kupfer- bzw. Zinkacetat; 4,73, 4,03, 3,94, 5,23, 8,01, 8,58, 6,22 bzw. 6,32 Mol.%; daneben 0,77, 0,47, 0,56, 0,67, 1,19, 1,12, 1,98 bzw. 1,38 Mol.% III; i) mit Molybdänoxid (aus Ammoniummolybdat durch Erhitzen bzw. saure Zers.); 13,36 bzw. 13,93 Mol.%; daneben 1,34 bzw. 1,37 Mol.%; j) mit einem Gemisch aus chromhydroxid u. MnO_2 (0,985% Cr u. 0,5% Mn); 5,5 Mol.%; daneben sehr viel III; k) 12 bzw. 19std. Oxydation von II mit Chrom- u. Cobalthydroxid-Katalysator (je 0,5% Cr u. Co); 12,35 bzw. 28,3 Mol.%; l) durch 6, 12 bzw. 19std. Oxydation von II mit Ag_2O-Katalysator (aus $AgNO_3$); 0,32, 7,24 bzw. 18,2 Mol.%; m) durch Oxydation (6 Std.) an Pb-Acetat [aus $Pb(NO_3)_2$] bei 130°; 10,67 Mol.%; daneben 1,13 Mol.% III; n) mit $Pb(OH)_2$ in 6, 12 bzw. 19 Std. bei 130°; 18,3, 20,6 bzw. 22,3 Mol.%; o) mit Wolframsäure (aus Na-Wolframat mit Säure) bei 130° in 6, 12 bzw. 19std.; 0,55, 1,56 bzw. 3,66 Mol-%; p) mit WO_3 (aus Wolframsäure) bei 130° in 6,12 u. 19 Std.; 3,66, 8,88 bzw. 14,1 Mol.%; q) mit Cr–Co-Hydroxid (aus dem Gemisch von $Cr(NO_3)_3$- u. $Co(NO_3)_2$-Lsg.) bei 130° in 6, 12 u. 19 Std.; 21,2, 23,6, bzw. 26,1 Mol.%. — *p-Nitroacetophenon-2.4-dinitrophenylhydrazon*, F. 250—252° (Zers.). — *Äthylbenzol*, Kp. 136—137°. S. Hiller 1160△

0825 **Untersuchungen über die Synthese von p-Nitroacetophenon und die Verwendung ihrer Nebenprodukte.** 2. Mitt. **Verwendung von 1-Äthyl-2-nitrobenzol.** Takeshi Kimura und Shun-ichi Yamada. (J. pharmac. Soc. Japan [Yakugakuzasshi] **77**, 888—90, 1957; jap., Auszug: engl.) — 1. vgl. vorst. Referat. — Es werden Verff. für die leichte u. in guter Ausbeute verlaufende Darst. von *o-Nitrobenzoesäure*, *2.4-Dinitro-6-äthylphenol*, *4-Äthyl-1.3-phenylendiisocyanat* u. *Indol* unter Verwendung von *1-Äthyl-2-nitrobenzol* (II) angegeben.

Versuche: *o-Nitroacetophenon* (I) a) durch 24std. Oxydation von 50 g II in Ggw. von je 0,5 g $Cr(OH)_3$ [aus $Cr(NO_3)_3$], Cr_2O_3 [aus $Cr(OH)_3$], $Co(OH)_2$ [aus $Co(NO_3)_2$] bzw. Co_3O_4 [aus $Co(OH)_2$] bei 130—140°; 18,3 15,7, 6,4 bzw. 14,3 Mol-% (Ausbeute); b) durch 20std. Oxydation von II in Ggw. von Cr_2O_3–MnO_2 analog a); 2,8 Mol-%. — *o-Nitrobenzoesäure*, F. 146—147°, a) neben I nach a); 3,4, 3,8, 0,6 bzw. 4,5 Mol-%; b) neben I nach b; 1,1 Mol-%; c) durch 15 bzw. 14std. Oxydation von II in Ggw. von V_2O_5 bzw. MnO_2 (aus NH_4VO_3 bzw. $KMnO_4$ u. CH_2O); 0,4 bzw. 0,1 Mol-%. — *o-Nitro-ω.ω.ω-trichloracetophenon*, $C_8H_4Cl_3NO_3$, F. 65—66,5°, aus I. — *2.4-Dinitro-6-äthylphenol*, F. 36,5—37,7°. — *1-Äthyl-2.4-dinitrobenzol*, Kp.$_4$ 135—139°, aus II. — *4-Äthyl-1.3-phenylendiamin*, Kp.$_4$ 130—134°, aus vorst. Verbindung. — *4-Äthyl-1.3-phenylendiisocyanat*, Kp. 98—101°, aus vorst. Verbindung. — *Indol*, aus ca. 30 g o-Äthylanilin in Ggw. von TiO_2 (aus $TiCl_4$), Cr–Cu–C, Al_2O_3–C (aus $Al(NO_3)_3$ u. Al_2O_3), V_2O_5–C (aus NH_4VO_3), SiO_2 bzw. C (granuliert) bei 660—680°; 32,3, 53,0, 50,7, 50,3, 46,7, 37,0 bzw. 54,5 Mol-%. S. Hiller 1160△

0826 **Synthese von gemischten Acyloinen.** 4. Mitt. **Struktureffekte aromatischer Ringe auf die Reaktion von Methylmagnesiumjodid mit aromatischen Aldehydcyanhydrinen.** Kenji Kaji. (J. pharmac. Soc. Japan [Yakugakuzasshi] **77**, 851—54, 1957; Gifu, Gifu Coll. of Pharmac.; jap., Auszug: engl.) — 3. vgl. C. **1963**, 19572. — Es werden die Rkk. von o- bzw. m-Brommandelsäurenitril, Furfurol- u. Thiophen-2-aldehydcyanhydrin mit CH_3MgJ (I) beschrieben. Dabei entstehen *o- bzw. m-Bromphenylacetylcarbinol* u. *o- bzw. m-Bromphenylmethylcarbinol*, *α-Furylacetylcarbinol*, *α-Furylmethylcarbinol*, *α-Thienylacetylcarbinol* u. *α-Thienylmethylcarbinol*. Diese Rkk. werden quant. verglichen mit den schon beschriebenen zwischen p-Brommandelsäurenitril, Mandelsäurenitril bzw. o-, m- u. p-Methoxymandelsäurenitril u. I. Daraus ist ersichtlich, daß Br_2 im aromat. Ring des Benzaldehydcyanhydrins die Bldg. von Bromphenylacetylcarbinol begünstigt.

Versuche: *o-Brommandelsäurenitril*, F. 72—73°; 85,6% (Ausbeute). — *o-Bromphenylacetylcarbinol*, Kp.$_5$ 127—131°; 36,3%. — *o-Bromphenylacetylcarbinolsemicarbazon*, $C_{10}H_{12}BrN_3O_2$, F. 181°. — *o-Bromphenylmethylcarbinol*, Kp.$_5$ 115—120°; 15,8%. — *o-Bromphenylmethylcarbinolphenylurethan*, $C_{15}H_{14}BrNO_2$, F. 78—79°. — *m-Brommandelsäurenitril*; 80%. — *m-Bromphenylacetylcarbinol*, Kp.$_6$ 143—145°, F. 53—53,5°; 31,5%. — *m-Bromphenylacetylcarbinolsemicarbazon*, $C_{10}H_{12}BrN_3O_2$, F. 194,5°. — *m-Bromphenylmethylcarbinol*, Kp.$_6$ 125—131°; 20,8%. — *m-Bromacetophenonsemicarbazon*, F. 233°. — *Furfurolcyanhydrin*, aus Furfurol mit KCN. — *α-Furylacetylcarbinol*, Kp.$_9$ 91—92°; 20,6%. — *α-Furylacetylcarbinolsemicarbazon*, $C_8H_{11}N_3O_3$, F. 187°. — *α-Furylmethylcarbinol*, Kp.$_{10}$ 62—66°; 12,6%. — *α-Furylmethylketonsemicarbazon*, F. 149,5°; 65,7%. — *Thiophen-2-aldehydcyanhydrin*, aus dem Aldehyd u. KCN. — *α-Thienylacetylcarbinol*, Kp.$_7$ 110—111°; 11,3%. — *α-Thienylacetylcarbinolsemicarbazon*, $C_8H_{11}N_3O_2S$, F. 180°. — *α-Thienylmethylcarbinol*, Kp.$_7$ 80—83°; 33,9%. — *2-Acetylthiophensemicarbazon*, F. 190—191°; 78,4%. S. Hiller 1180△

0827 **Synthese von gemischten Acyloinen.** 5. Mitt. **Das Verhalten von Methylmagnesiumjodid gegenüber verwandten Verbindungen der Mandelsäure.** Kenji Kaji. (J. pharmac. Soc. Japan [Yakugakuzasshi] **77**, 855—58, 1957; jap., Auszug: engl.) — 4. vgl. vorst. Referat. —

Mandelsäurenitril (V) u. Mandelsäureimidoäthylester (VI) reagieren mit CH_3MgJ (I) unter Bldg. von *Phenylacetylcarbinol* (II) u. *Phenylmethylcarbinol* (III). Bei der Rk. von Mandelsäureamid (VII) mit I entstehen, wie schon früher gezeigt, wurde II u. als Nebenprod. III. Jedoch bildet Mandelsäureäthylester mit I nur 1-Phenyl-2-methylpropandiol-(1.2).

Versuche: *Phenylacetylcarbinol* (IV), $Kp._7$ 107 bis 109°, $Kp._8$ 110—111°, a) durch Zugeben von V zu I, Mol-Verhältnis V:I = 1:3; bzw. 3,1:4,5; 1,1% bzw. 20,5% (Ausbeute); b) durch Zugeben von I zu V (I:V = 3:1); 14,1%; c) durch Zugeben von VI zu I (1:4,5); 35,7%; d) durch Zugeben von I zu VI (4,5:1); 32,7%; e) durch Zugeben von VII zu I (1:4,5 bzw. 1:6; 7,9% bzw. 21,3%; f) durch Zugeben von I zu VII (4,5:1); 10,5%. — *Phenylacetylcarbinolsemicarbazon*, F. 192°. — *Phenylmethylcarbinol*, $Kp._7$ 79—83°, $Kp._8$ 81—85°, a) durch Zugeben von V zu I (1:3 bzw. 1:4,5); 39,3% bzw. 34,0%; b) durch Zugeben von I zu V (3:1); 40,6%; c) durch Zugeben von VI zu I (1:4,5); 28,9%; d) durch Zugeben von I zu VI (4,5:1); 31,1%; e) durch Zugeben von VII zu I (1:4,5 bzw. 1:6); 10,3 bzw. 21,3%; f) durch Zugeben von I zu VII (4,5:1); 7,5%. — *Phenylmethylcarbinolphenylurethan*, F. 91,5°. — *1-Phenyl-2-methylpropandiol-(1.2)*, $Kp._6$ 125—129°, aus Mandelsäureäthylester u. I; 76,5%. S. Hiller 1180△

0828 **Synthese von gemischten Acyloinen.** 6. Mitt. **Das Verhalten von Grignardreagenzien gegenüber alicyclischen Ketoncyanhydrinen.** Kenji Kaji. (J. pharmac. Soc. Japan [Yakugakuzasshi] **77**, 858—62, 1957; jap., Auszug: engl.) — 5. vgl. vorst. Referat. — *Cyclopentanon-*(I) u. *Cyclohexanoncyanhydrin* (II) liefern mit CH_3MgJ *1-Methylcyclopentanol* (IV) u. *1-Methylcyclohexanol*. Das entsprechende 1-Acetylcycloalkanol wird nicht gefunden. Dagegen bildet C_6H_5MgBr (III) mit I u. II *1-Benzoylcyclopentanol* u. *1-Benzoylcyclohexanol*. Aus Grignard-Reagenzien u. aliphat. Ketoncyanhydrinen erhält man im allg. *tert. Carbinole*. Acetoncyanhydrin (V) reagiert mit III zu *2-Benzoylpropanol-(2)*.

Versuche: *Cyclopentanoncyanhydrin* (I), $Kp._{23}$ 122—125°, nach Cook u. Linsted [1934]. — *1-Methylcyclopentanol* (IV), F. 36, $Kp._{100}$ 80—85°, durch Zutropfen einer Lsg. von 5,6 I in Ae. Zu CH_3MgJ (aus 3,65 g Mg, 21,3 g CH_3, u. Ae.), 8std. Kochen, Zers. mit verd. H_2SO_4, Extrahieren mit Ae. u. Dest.; 3,5 g (Ausbeute); daneben *Verb. vom* $Kp._{23}$ *100—105°*; 0,47 g. *Phenylurethan*, $C_{13}H_{17}NO_2$, F. 91°. — *Cyclohexanoncyanhydrin* (II), $Kp._{19}$ 120—123°, nach Shotwell (J. Amer. chem. Soc., **71**, [1949], 3889). — *1-Methylcyclohexanol*, $Kp._{21}$ 60—64°, analog IV; 4,06 g. *Phenylurethan*, F. 105°. — *1-Benzoylcyclopentanol*, $Kp._7$ 140—145°, aus 5,6 g I in Ae. u. III (3,65 g Mg, 23,5 g C_6H_5Br u. Ae.); 5,1 g. *Semicarbazon*, $C_{13}H_{17}N_3O_2$, F. 195°. *2.4-Dinitrophenylhydrazon*, $C_{18}H_{18} \cdot N_4O_5$, F. 164°. — *1-Benzoylcyclohexanol*, $Kp._7$ 150—154°, aus 5 g II in Ae. u. III (2,9 g Mg, 18,9 g C_6H_5Br u. Ae.); 2,7 g. *Oxim*, $C_{13}H_{17}NO_2$, F. 121—121,5°. *Semicarbazon*, $C_{14}H_{19}N_3O_2$, F. 209°. — *Acetoncyanhydrin* (V), $Kp._{63}$ 106—107°, nach Cox u. Stormont (Org. Syntheses, collect. Vol. **1**, [1951] 7). — *2-Benzoylpropanol-(2)*, $Kp._7$ 110 bis 113°, aus 8,5 g V in Ae. u. III (7,3 g Mg), 47,1 g C_6H_5Br u. Ae.); 9,3 g. *Semicarbazon*, $C_{11}H_{15}N_3O_2$, F. 185°. S. Hiller 1180△

0829 **Untersuchungen auf dem Gebiet der Chinone.** 38. Mitt. **Neues Kondensationsprodukt aus p-Benzochinon und β-Methylaminocrotonsäureester.** A. N. Grinew, W. N. Jermakowa und A. P. Terentjew. (J. allg. Chem. [UdSSR] **32(94)**, 1948—51, 1962; Moskau, Lomonossow-Univ.; russ.) — 37. vgl. C. **1963**, **9694**. — Aus p-Benzochinon (I) u. β-Methylaminocrotonsäureäthylester (II) wird neben *1.2-Dimethyl-3-carbäthoxy-5-hydroxyindol* (III) *trans-α-[2.5-Dihydroxyphenyl]-β-methylaminocrotonsäureäthylester* (IV) erhalten, der mit Eisessig u. konz. H_2SO_4 zu *2-Methyl-3-carbäthoxy-5-hydroxybenzofuran*, mit Ag_2O zu *trans-α-[1.4-Benzochinonyl-(2)]-β-methylaminocrotonsäureäthylester* (*trans*-V) umgesetzt wird. trans-V geht beim Lösen in abs. A. in cis-V über. Die Red. von trans-V führt zu IV, die von cis-V liefert III.

Versuche: *1.2-Dimethyl-3-carbäthoxy-5-hydroxyindol* (III), F. 207—208°, durch Zugabe von 107 g II zu 27 g I in 250 ml Dichloräthan, Einengen u. Reinigen des beim Abkühlen erhaltenen Nd. durch Extrahieren mit Aceton in der Wärme; 27 g (Ausbeute); daneben *trans-α-[2.5-Dihydroxyphenyl-]-β-methylaminocrotonsäureäthylester* (IV), $C_{13}H_{17}NO_4$, F. 137—138° (Methanol), durch Eindampfen der aceton. Lsg.; 4 g. — *2-Methyl-3-carbäthoxy-5-hydroxybenzofuran*, F. 137—138° (A.), durch ½std. Kochen von 0,8 g IV in 5 ml Eisessig mit konz. H_2SO_4 u. Verdünnen mit W.; 0,6 g. — *trans-α-[1.4-Benzochinonyl-(2)]-β-methylaminocrotonsäureäthylester* (*trans*-V), $C_{13}H_{15}NO_4$, F. 58—60°, durch 20 Min. langes Schütteln von 0,5 g IV in 400 ml abs. Ae. mit Ag_2O (aus 1,6 g $AgNO_3$), 1std. Stehenlassen u. Eindampfen des nach Abtrennen des Nd. erhaltenen Filtrats im Vakuum; 0,5 g; gibt bei Red. mit $Na_2S_2O_4$ IV [F. 137—138° (A.); 0,07 g aus 0,1 g trans-V]. *Cis*-V, $C_{13}H_{15}NO_4$, F. 146—147° (A.), durch Lösen von 0,5 g trans-V in abs. A.; rot; 0,45 g; gibt bei Red. mit $Na_2S_2O_4$ oder beim Hydrieren an Pd-Kohle in A. III (F. 204—205°). B. Celms 1190△

0830 **Untersuchungen auf dem Gebiet der Chinone.** 39. Mitt. **Über den Mechanismus der Kondensation von p-Chinonen mit Iminen von 1.3-Diketonen.** A. N. Grinew und W. I. Schwedow. (J. allg. Chem. [UdSSR] **32(94)**, 2614—16, 1962; russ.) — 38. vgl. vorst. Referat. — Durch Rk. von 2.3-Dichlorbenzochinon-(1.4) (I) mit 2-Phenyliminohexanon-(4) wird unter Abspaltung von *Anilin* (II) *2-Methyl-3-propionyl-5-hydroxy-6.7-dichlorbenzofuran* (III) erhalten, dessen Struktur durch Methylierung u. Desacylierung zu *2-Methyl-5-methoxy-6.7-dichlorbenzofuran* (VI) bewiesen wird.

Versuche: *Hexin-(2)-ol-(4)*, $Kp._{105}$ 95—98°, aus 225 g 1.2-Dibrompropan, 20 g Mg u. 52,5 g Propionaldehyd; 20,1 g (Ausbeute). — *Hexin-(2)-on-(4)*, $Kp._{50}$ 73—75°, durch Zugabe von 10,3 g CrO_3 in 10 ml W. u. 8,7 ml konz. H_2SO_4 zu der Lsg. von 7,6 g vorst. Verb. in 30 ml Aceton bei 5—10°, ½std. Rühren, Verdünnen mit W. auf 250 ml, Stehenlassen über Nacht u. Extrahieren mit Ae.; n_D^{20} 1,4398; 74%. *2.4-Dinitrophenylhydrazon*, $C_{12}H_{12}N_4O_4$, F. 195—160° (A.). — *2-Phenyliminohexanon-(4)*, $C_{12}H_{15}NO$, $Kp._7$ 151—155°, durch 2std. Stehen von 6 g vorst. Verb. mit 6 g II in 10 ml PAe. bei Zimmertemp.; n_D^{20} 1,5988; 55%. — 2-Methyl-6.7-dichlorbenzofurane: *3-Propionyl-5-hydroxy-*(III), $C_{12}H_{10}Cl_2O_3$, F. 229 bis 230° (Eisessig), durch tropfenweise Zugabe von 4,7 g I in 100 ml Dichloräthan (IV) zu der sd. Lsg. von 5 g vorst. Verb. in 100 ml IV unter gleichzeitigem Abdest. von IV (170 ml) u. Stehenlassen des Rückstandes in der Kälte über Nacht; 44%. — *3-Propionyl-5-methoxy-* (V), $C_{13}H_{12} \cdot Cl_2O_3$, F. 158,5—159,5° (A.), a) durch Zugabe von 8 ml 2 n NaOH u. 6 ml $(CH_3)_2SO_4$ zu einer Suspension von 1,3 g III in 50 ml Dioxan u. 1 Std. Schütteln bei Zimmertemp.; 100%; b) durch tropfenweise Zugabe von 0,67 g $SnCl_4$ in 10 ml Bzl. zu einem Gemisch aus 0,6 g VI, 40 ml Bzl. u. 0,24 g Propionylchlorid bei 0°, Stehenlassen über Nacht u. Gießen in Eis (mit 3 ml konz. HCl); 31%. — *5-Methoxy-* (VI), $C_{10}H_8Cl_2O_2$, F. 104—105° (PAe.), a) durch 3std. Kochen von 0,1 g 2-Methyl-3-acetyl-6.7-dichlor-5-methoxybenzofuran mit 4 ml 85%ig. H_3PO_4; 53,5%; b) analog aus V; 69,5%. I. Schade 1190△

0831 **Beitrag zur Kenntnis primärer Amine mit Acetylenbindung.** Jean-Louis Dumont, Jacques Tohier und Paul Cadiot. (C. R. hebd. Séances Acad. Sci. **256**, 3146—48, 1963; Paris, École Nat. Supér. de Chim., Labor. de Rech. de Chim. organ.; franz.) — Durch Rk. von ω-Bromalkylaminhydrobromiden mit überschüssigem Na-Acetylid in 40% Dimethylformamid (DMF) enthaltendem fl. NH_3 unter 2std. Durchleiten von C_2H_2, Zugabe von NH_4Cl, Abdunsten des NH_3, Ae.-Extraktion u. Dest. des Ae.-Rückstands werden folgende ω-Aminoalkine (A) gewonnen: *4-Aminobutin-(1)* (I), Kp. 99°, a) wie vorst. beschrieben; 50% (Ausbeute); b) analog a) jedoch ohne Zusatz von DMF; 35%. — *5-Aminopentin-(1)* Kp. 124°, a) analog I nach a); 65%; b) analog I nach b); 53%. — *6-Aminohexin-(1)*, Kp. 144°, a) analog I nach a); 5% [daneben *Pyrrolidin* (II); ca. 20%]; b) analog I nach b); 3% (daneben II; 20%); c) durch 70std. Rk. von 4-Chlorbutin-(1) mit fl. NH_3 unter Druck bei 20°; 25%. — *7-Aminoheptin-(1)*, $Kp._{15}$ 67°, a) analog I nach a); 84%; b) analog I nach b) 70%; daneben *Piperidin*; 5%. —

8-Aminooctin-(1), Kp.$_2$ 57°, a) analog **I** nach a) 90%; b) analog **I** nach b); 70%. — *4-Dimethylaminobutin-(1)*, Kp. 108°, analog **I**; 25%. Mit Ketonen reagieren die **A** unter Bldg. von Aminoalkoholen (**B**) mit Acetylenbindung: *5-Amino-1.1-diphenylpentin-(2)-ol-(1)*, F. 135°; 90%. — *5-Dimethylamino-1.1-diphenylpentin-(2)-ol-(1)*, F. 126; 81%. — *6-Amino-1.1-diphenylhexin-(2)-ol-(1)*, F. 156°; 70%. Folgende 2 Acetylenbindungen enthaltende **B** werden aus **A** u. 1-Bromalkinolen nach Chodkiewicz synthetisiert: *7-Amino-1.1-diphenylheptadiin-(2.4)-ol-(1)*, F. 138°; 65%. — *7-Dimethylamino-1.1-diphenylheptadiin-(2.4)-ol-(1)*, F. 128°; 70%. — *8-Amino-1.1-diphenyloctadiin-(2.4)-ol-(1)*, F. 152°; 67%. — *8-Amino-1.1-diphenyloctadiin-(3.5)-ol-(1)*, F. 113; 55%. — *8-Amino-2-methyloctadiin-(3.5)-ol-(2)*; Fl.; 57%. *Saures Oxalat*, F. 145°. — Für die **A** sind die IR-Banden angegeben.

Wolfgang Schreiber 1320◇

0832 **Reaktion von substituierten Benzolen und Chloral. 5. Mitt. Bildungsmechanismus von Chlor-[2-methyl-5-acetylaminophenyl]-essigsäure und Chloralid.** Masaiti Yasue. (J. pharmac. Soc. Japan [Yakugakuzasshi] **77**, 434—36, 1957; Nagoya, City Univ., Pharmac. Fac.; jap., Auszug: engl.) — 4. vgl. C. **1964**, 13-0798. — Bei Rk. von N-Acetyl-p-toluidin mit Chloral u. $POCl_3$ in konz. H_2SO_4 bei 25—35° werden ArCHClCOOH u. wenig $ArCHClCCl_3$ erhalten. Die letztere Verb. erleidet unter diesen Bedingungen keine Zers., so daß die Bldg. der Säure auf die Zers. von Chloral zu einer Säure u. deren Bindung an den aromat. Ring beruhen muß. Dieselbe Rk. liefert bei 70° als Nebenprodd. ArCHO u. $Ar_2CHCOOH$, die sek. aus der aus ArCHClCOOH gebildeten Hydroxysäure entstanden sind. Da dieser Aldehyd u. diese Säure bei niedriger Temp. nicht gebildet werden, muß die bei der Zers. von Chloral entstandene Säure $^+CHClCOOH$ u. nicht $^+CH(OH)COOH$ sein. Es kann angenommen werden, daß Chloral in konz. H_2SO_4 dieselbe Zers. erleidet wie in Ggw. von Alkali, wobei $^-CCl_3$ u. ^+CHO gebildet werden, was die Bldg. von Chloralid durch vorst. Mechanismus verständlich macht. Bei dieser Rk. vereinigt sich $^-CCl_3$ mit $^+CHClCOOH$ zu $CCl_3CHClCOOH$, das sich in die entsprechende α-Hydroxysäure umwandelt u. mit Chloral Chloralid bildet, das entsprechend obiger Annahme bei niedrigeren Temp. kaum entsteht.

Versuche: *2-Methyl-5-aminobenzolsulfonsäure*, durch 30std. Erhitzen von 15 g p-Acettoluodid mit konz. H_2SO_4, Chloralhydrat u. P_2O_5 auf 40—45°; 7,5 g (Ausbeute). — *2-Methyl-5-acetylaminophenylchloressigsäure* (**I**), $C_{11}H_{12}ClNO_3$, F. 226—227° (Zers.), durch vielstd. Erhitzen von p-Acettoluidid mit konz. H_2SO_4, Chloralhydrat u. $POCl_3$ auf 40—45°; aus A. Nadeln. — *2-Methyl-5-acetylaminophenylglykolsäure* (**II**), F. 229° (Zers., W.), durch 12std. Stehen der eingeengten Mutterlauge vorst. Verb. mit 5%ig. Na_2CO_3-Lsg. u. Ansäuern mit HCl. — *2-Methyl-5-acetylaminophenylessigsäure*, $C_{11}H_{13}NO_3$, F. 172—173°, a) durch 1std. Erhitzen von 12 g **I** mit Zn in Essigsäure auf dem Wasserbad, Einengen im Vakuum, Zugabe von heißem W. u. 1tägiges Stehen bei 0°; 9,9 g; b) durch 6std. Kochen von 3 g **II** mit rotem P u. J_2 in verd. Essigsäure, Einengen im Vakuum, Zugabe von $Na_2 \cdot CO_3$, W. u. Essigsäure, Eindampfen zur Trockne u. Ansäuern mit HCl; 2,2 g. — *2-Methyl-5-acetylaminobenzaldehyd*, F. 128°, durch 7std. Erhitzen von **I** mit konz. H_2SO_4 u. Chloral auf 60—70°.

Gottfried Schreiber 1350△

0833 **p-Phenylendiphosphin und verwandte Verbindungen.** Earl M. Evleth jun., LeVern D. Freeman und Ross I. Wagner. (J. org. Chemistry **27**, 2192—97, 1962; Whittier, Calif., American Potash & Chem. Corp., Whittier Res. Labor.; engl.) — Die Rk. metallorgan. Verbb. mit Dialkylaminohalogenphosphinen führt zu *aromat. Diphosphinen* bzw. *Diphosphinsäuren. P.P.P'.P'-Tetrakis-[dimethylamino]-p-phenylendiphosphin* erhält man aus p-Phenylendi-Li (**I**) u. Bis-[dimethylamino]-chlorphosphin (**II**). Aus **I** u. Dimethylaminomethylchlorphosphin (**VI**) u. Oxydation mit H_2O_2 entsteht *p-Phenylen-bis-[methylphosphinsäure]*. IR-Spektren u. pK-Werte verschiedener Phosphinsäuren werden mitgeteilt. —

Versuche: *p-Phenylendilithium* (**I**), durch 22 Std. Kochen von 0,8 Mol Butyl-Li u. 0,385 Mol p-Dibrombenzol in PAe.; 48% (Ausbeute). — *P.P.P'.P'-Tetrakis-[dimethylamino]-p-phenylendiphosphin* (**III**), $C_{14}H_{28}N_4P_2$, F. 146,5—147,5, a) aus 0,208 Mol **I** in PAe. u. 0,68 Mol **II** in PAe. bei —60°, langsames Erwärmen u. Kochen, Einleiten von Dimethylamin, Filtrieren, Eindampfen u. Kristallisieren in Eis; 48%; daneben aus der Mutterlauge *Tris-[dimethylamino]-phosphin*, Kp.$_{20}$ 57—58°; b) aus 131 mMol Butyl-Li, 64,4 Mol p-Dibrombenzol u. 15,5 m Mol PBr_3 in PAe. bei 25°; 71%; c) aus **I** u. $HgCl_2$ über *p-Phenylen-bis-mercurichlorid* (F. > 410°; 70—80%) u. PCl_3; 3—6%. — *P.P.P'.P'-Tetrachlor-p-phenylendiphosphin* (**IV**) $C_6H_4Cl_4P_2$, F. 57—59° (PAe.), durch Einleiten von HCl in eine Suspension von **III** in Ae. bei —78°, Filtrieren u. Eindampfen im Vakuum; 85%. — *p-Phenylendiphosphin* (**V**), F. 69—70,5°, durch Zugabe von $LiAlH_4$ in Ae. zu **IV** in Ae., Versetzen mit Äthylacetat, Ausäthern, Dest. u. Subblimation im Hochvakuum; 23%. — *P.P'-Dimethyl-p-phenylendiphosphin*, $C_8H_{12}P_2$, aus **V** u. Na in fl. NH_3 im Bombenrohr unter Trockeneiskühlung, Rk. des entstandenen *P.P'-Di-Na-p-phenylendiphosphin* mit CH_3Cl unter N_2, lösen in Ae. u. Dest. im Hochvakuum; 84%. — *p-Phenylen-bis-[methyl-phosphinsäure]*, $C_8H_{12}O_4P_2$, F. 231—236°, aus **I** in Pentan u. **VI** in Pentan/Ae. bei —60°, 1,5std. Rühren bei Raumtemp., Dest. im Vakuum, Oxydation der Fraktion vom Kp.$_{0,01\ bis\ 0,02}$ 95—110° in 6 n HCl mit 30%ig. H_2O_2, Eindampfen auf dem Wasserbad u. Kristallisation aus A./Bzl. (2:1). — *Methylphenylphosphinsäure*, $C_7H_9O_2P$, F. 134—136° (A.), durch Oxydation von Methylphenylphosphin in W. mit wss. HJ unter Kühlen mit Eis, anschließendes Kochen bis zur Entfärbung u. Eindampfen der J_2-freien Lsg.; 75%. — *Bis-[dimethylamino]-chlorphosphin* (**II**), $C_4H_{12}Cl \cdot N_2P$, Kp.$_{47-49}$ 93—97°, aus PCl_3 u. Dimethylamin in Ae.; 79%. — *Bis-[dimethylamino]-phenylphosphin*, $C_{10}H_{17}N_2P$, Kp.$_{0,02}$ 40—43°, aus Phenyl-Li u. **II**; 79%. — *Phenyldichlorphosphin*, $C_6H_5PCl_2$, Kp.$_{31}$ 42—46°, a) aus vorst. Verb. u. HCl analog **IV**; 63%. b) aus Phenyl-MgCl, $CdCl_2$ u. PCl_3 in Ae. bei —25°, 2std. Kochen, nach Kühlen Filtrieren u. Dest.; 28%. — *Phenylphosphin*, durch Red. vorst. Verb. mit $LiAlH_4$ analog **V**; 47%. — *Dimethylaminophenylchlorphosphin*, $C_8H_{11}ClNP$, Kp.$_2$ 78°, aus vorvorst. Verb. u. Dimethylamin in Ae.; 73%. — *Dimethylaminomethylphenylphosphin*, $C_9H_{14}NP$, Kp.$_1$ 66 bis 70°, aus vorst. Verb. u. äther. Methyl-Li in Ae. bei —70°; 85%. — *Dimethylaminodi-p-tolylphosphin*, $C_{16}H_{20} \cdot NP$, F. 121,5—122°, aus Dimethylaminodichlorphosphin u. p-Tolyl-MgBr analog **III** in Ae.; 20%. — *Bis-[dimethylamino]-methylphosphin*, Kp.$_{49-50}$ 64—67°, aus **II** u. Methyl–MgBr in Ae. bei —70°. — *Methyldichlorphosphin*, Kp. 81—82°, aus vorst. Verb. in Ae. durch Rk. mit HCl; 43%. — *Dimethylaminomethylchlorphosphin* (**VI**), $C_3H_9Cl \cdot NP$, Kp. 142—142,5°, aus vorvorst. Verb. u. Dimethylamin in Ae.; 53%.

J. Gartzke 1380△

0834 **Untersuchungen über Organophosphor-Insekticide. 2. Mitt. Synthese und Toxizität von Phosphaten und Thiophosphaten mit Phenylacryl- oder Phenylacrylnitrilgruppen.** Yoshihiko Nishizawa. (Agric. biol. Chem. [Tokyo] **25**, 61—65, 1961; Osaka, Labor. of Sumitomo Chem. Co.; engl.) — 1. vgl. Bull. agric. chem. Soc. Japan **24**, [1960], 261. — Durch Rk. von Di-O-alkylchlorphosphaten bzw. -thiophosphaten mit den Na-Enolaten der entsprechenden β-Ketoester (**A**) oder -nitrile oder durch Rk. von Trialkylphosphit mit α-Chlor- bzw. α.α-Dichlor-β-ketoestern oder -nitrilen werden die entsprechenden *Di-O-alkyl-(thio)-phosphorsäure-β-carbalkoxy-* bzw. *β-cyanvinylester* erhalten. Die dargestellten Verbb. wurden durch IR-Spektren, Alkoholyse zu **A** u. *Trialkylphosphat* bzw. *-thiophosphat* u. durch Hydrolyse mit verd. H_2SO_4 zu *Methylbenzylketon* bestätigt. Die Verbb. mit Carboalkoxygruppen sind stärker tox. als solche mit Nitrilgruppen, desgleichen sind die Phosphate mit Phenylvinylgruppen stärker tox. als entsprechende Thiophosphate. Dagegen ändert sich die Toxizität durch die Stellung der Phenylgruppe im Vinylrest nicht. Die Wirksamkeit gegenüber *Ephestia chutella* Walker, *Callosobruchus chinensis* Linne u. *Chilo suppressalis* Walker wurde untersucht.

Versuche: Thiophosphorsäuren: *O-[1-Phenyl-2-carbäthoxyvinyl]-*, *Di-O-äthylester* (**I**), $C_{15}H_{21}O_5PS$,

Kp.$_{0,5}$ 161°, durch Zugabe von Benzoylessigsäureäthylester zu Na-Äthylat in abs. Bz., 1std. Rühren bei 50°, 4sstd. Kochen mit 19 g Di-O-äthylchlorthiophosphat in abs. Bzl. u. Chromatographie an Silicagel (Meth. **B**); $n_D^{23,5}$ 1,5348; DL_{50} 78,0 (mg/kg Maus, oral); 34,9% Ausbeute. *Di-O-methylester* Kp.$_{0,3}$ 156–159°, nach **B** n_D^{25} 1,5488; DL_{50} 275,0; 34,8%. — *O-[1-Methyl-2-phenyl-2-cyanvinyl]-, Di-O-methylester*, Kp.$_1$ 143 bis 147°, nach **B**; n_D^{26} 1,5447; DL_{50} 174,0; 37,1%. *Di-O-äthylester* (**II**), Kp.$_{0,6}$ 150–155°, nach **B**; $n_D^{26,5}$ DL_{50} 145,0; 40,6%. — *O-[1-Methyl-2-phenyl-2-carbäthoxyvinyl]-, Di-O-methylester*, Kp.$_{0,8}$ 150–154°, nach **B**; n_D^{29} 1,5211; DL_{50} 225,0, 21,3%. *Di-O-äthylester*, Kp.$_{0,8}$ 145–150°, nach **B**; n_D^{23} 1,4993; DL_{50} 230,0; 20,0%. — Phosphorsäuren: *O-[1-Phenyl-2-carbäthoxy-2-chlorvinyl]-, Dimethylester*, $C_{13}H_{16}ClO_6P$, Kp.$_{0,8}$ 150–153°, durch Zugabe von Trimethylphosphit zu α.α-Dichlorbenzoylessigsäureäthylester in Ae. bei 0–10° u. 1std. Kochen; (Meth. **C**) $n_D^{25,5}$ 1,5188; DL_{50} 8,8; 59,0%. *Diäthylester*, Kp.$_{0,8}$ 153–158°, nach **C**; $n_D^{25,5}$ 1,5068; DL_{50} 16,0; 64,3%. — *O-[1-Methyl-2-phenyl-2-cyanvinyl]-, Dimethylester*, Kp.$_{0,3}$ 153–160°, nach **C**; $n_D^{26,5}$ 1,5165; DL_{50} 400; 40%. *Diäthylester*, Kp.$_{0,7}$ 143–145°, nach **C**; n_D^{26} 1,5048; DL_{50} 220; 10,3%. — *O-[1-Methyl-2-phenyl-2-carbäthoxyvinyl]-, Diäthylester* (**III**), Kp.$_{0,3}$ 152–156°, nach **C**; n_D^{24} 1,4963; DL_{50} 120; 31%, — *O-[1-Phenyl-2-carbäthoxyvinyl]-, Dimethylester*, DL_{50} 11,7. *Diäthylester* (**V**), DL_{50} 24,0. — *O-[1-Methyl-2-phenyl-2-carbäthoxyvinyl]-, Dimethylester*, DL_{50} 32,0. — *Tri-O-äthylthiophosphat*, $C_6H_{15}O_3PS$, Kp.$_{15}$ 93–95°, durch Zugabe von 17,2 g **I** zu Na-Äthylat in abs. A. bei Raumtemp., 1std. Kochen, Neutralisieren mit Essigsäure u. Dest.; n_D^{23} 1,4475; 6,3 g. — *Benzoylessigsäureäthylesters, Cu-Salz* (**IV**), $C_{22}H_{22}CuO_6$, F. 181–182°, durch Lösen des Dest.-Rückstandes vorst. Verb. in Ä. u. Fällen mit gesätt. Cu-Acetat-Lsg.; aus Bzl. grüne Kristalle; 5,9 g. — *Triäthylphosphat*, $C_6H_{15}O_4P$. Kp.$_{25}$ 100–103°, durch Alkoholyse von 16,4 g **V**; n_D^{21} 1,4055; 6,3 g; daneben 6,3 g **IV**. — *Methylbenzylketonsemicarbazon*, $C_{10}H_{13}N_3O$, F. 194–196°, a) durch 8std. Kochen von 17,5 g **II** in 100 ml A. mit 100 ml 15%ig. H_2SO_4, Einengen, Extrahieren mit Ae., Eindampfen u. Fällen in A. mit Semicarbazidhydrochlorid Na-Acetat; 3,4 g; b) analog aus 33,3 g **III**; 10,9 g. W. Kuhn 1780△

0835 **Pyrolytische Dehydrofluorierung von Undekafluorcyclohexan.** R. E. Banks und A. E. Tipping. (Chem. and Ind. **1959,** 1491; Avonmouth, Imperial Smelting Corp. Ltd., Res. Dep.; engl.) — Durch Pyrolyse von Undekafluorcyclohexan in einem Ni-Rohr wird *Dekafluorcyclohexen* (C_6H_{10}) dargestellt. Die Ausbeuten (30 bis 85%) sind für 12 Temp. zwischen 690–950° u. verschiedene Kontaktzeiten tabellar. angegeben. Beim Vers., analog 1 H.3H- bzw. 1H.4H-Dekafluorcyclohexan zu dehydrofluorieren, findet Zers. der entstehenden Oktafluor-$\Delta^{1.3}$- bzw. -$\Delta^{1.4}$-cyclohexadiene statt.
L. Lamza 1810△

0836 **1.2;3.4-Dibenzocyclooctatetraen.** Emanuel Vogel, W. Frass und J. Wolpers. (Angew. Chem. **75,** 979 bis 980, 1963; Köln, Univ., Inst. für Organ. Chem.; dt.) — Oxydative Bis-decarboxylierung von trans-1.2;3.4-Dibenzocycloctadien-(1.3)-dicarbonsäure-(6.7) mit Pb · $(CH_3COO)_4$ in Ggw. von Pyridin gab *1.2;3.4-Dibenzocyclooctatrien-(1.3.6)* (**I**), das mit Perameisensäure ein Gemisch von hauptsächlich *cis-1.2;3.4-Dibenzocyclooctadien-(1.3)-diol-(6.7)* (cis-**II**; F. 169–170°) u. daneben *trans*-**II** (?) lieferte. cis-**II** entstand auch aus **I** mit OsO_4 u. gab ein *Diacetat* (F. 110–111°), das bei 550° im Vakuum pyrolysiert wurde. Dabei erhielt man *1.2;3.4-Dibenzocyclooctatetraen* (**III**; F. 123–124°; 60% Ausbeute). — 9'.10'-Dihydrophenanthro-[9'.10':3.4]-cyclobutandicarbonsäure-(1.2) gab mit Pb $(CH_3COO)_4$ analog *9'.10'-Dihydrophenanthro-[9'.10':3.4]-cyclobuten* (**IV**) in mäßiger Ausbeute. **IV** isomerisierte sich beim Erhitzen auf 350° zu **III**; daneben entstanden *Phenanthren* u. C_2H_2. Bestrahlte man **III** mit UV-Licht, so bildete sich prakt. quant. **IV** zurück. J. Rothe 1810◇

0837 **Perchlorcyclobutenon. Eine neue Darstellung von Vierringen.** G. Maahs. (Angew. Chem. **75,** 982, 1963; Marl, Kreis Recklinghausen, Chem. Werke Hüls AG.; dt.) — 1-Äthoxypentachlorbutadien-(1.3) geht beim Erhitzen auf ca. 200° in *Perchlorcyclobutenon* [**I**; Kp.$_{760}$ 174–176°, Kp.$_{10}$ 58°, n_D^{20} 1,5303; 85–90% (Ausbeute)] über. Dabei wird C_2H_5Cl abgespalten. In einer Neben-Rk. bildet sich unter C_2H_4-Abspaltung *αH-Tetrachlorcrotonsäure*(**III**)*-Chlorid*, Kp.$_4$ 55°, n_D^{20} 1,5298; 8–10%. — **I** gibt mit 20%ig. H_2SO_4 bei 100° ohne Rühren 57 (Mol%) *3.4-Dioxocyclobutendiol* (**II**; Zers. bei 292°) u. 42 **III**, mit 98%ig. H_2SO_4 unter Zutropfen der berechneten Menge W. unter Rühren bei 110° 90 **II** u. 3 **III**. — Mit 1 Mol Butanol liefert **I** bei 75° *1-Butoxy-2.4.4-trichlorbutenon-(3)* (Kp.$_{2,5}$ 110°, n_D^{20} 1,5101), bei 120° **III**-*Butylester* (Kp.$_3$ 116°, n_D^{20} 1,4952). Mit > 4 Mol Butanol entsteht aus **I** dagegen *1.2-Dibutoxycyclobutendion-(3.4)* (Kp.$_{0,5}$ 139°; n_D^{20} 1,4932), auch erhältlich aus **II** u. > 2 Mol Butanol. J. Rothe 1960◇

0838 **Über die Reduktion von Nitrocyclohexan.** M. F. Abidowa und A. Ss. Ssultanow. (Usbek. chem. J. **1961,** Nr. 4, 67–69; Akad. der Wiss. der UsbekSSR, Chem. Inst. der Polymeren; russ.) — Bei der Red. von Nitrocyclohexan mit Zn/A. in Ggw. von $CaCl_2$ [10:6:10 Mol, 4–8 Std. bei 60° rühren] wird in 31%ig. Ausbeute *Cyclohexanonoxim* [$C_6H_{11}NO$, F. 87–88° (Ligroin)] erhalten. Bei der Red. in Ggw. von NH_4Cl an Stelle von $CaCl_2$ entsteht in 40%ig. Ausbeute *Cyclohexylhydroxylamin* [$C_6H_{13}NO$, F. 132–134°].
Helmut Schäfer 1960△

0839 **Cyclododecanonoxim und Cyclooctanonoxim aus Cyclododecatrien bzw. Cyclooctadien.** Horst Metzger. (Angew. Chem. **75,** 980, 1963; Ludwigshafen am Rhein, BASF AG., Hauptlabor.; dt.) — Rk. von Cyclododecatrien mit NOCl in Ggw. von HCl gab *α-Chloroximinocyclododecadien* (**I**). Geht man von der trans.trans.cis-Verb. aus, so wird vorzugsweise ein trans-Bindung angegriffen. Analog entstand *1-Chlor-2-oximinocycloocten* (**II**) aus Cyclooctadien-(1.5), wobei nur 1 Mol NOCl aufgenommen wurde. **I** u. **II** ließen sich mit sek. Aminen in α-Oximinoamine überführen. Drucklose Hydrierung von **I** bei 40 bis 50° z. B. in CH_3OH lieferte an Pd *Cyclododecanonoxim*, an Pt überwiegend *Cyclododecylamin*. Im Gegensatz dazu erhielt man aus **II** oder auch aus α-Chlorcyclooctanonoxim an Pt oder Pd ein Gemisch aus *Cyclooctanonoxim* u. *Cyclooctanon* neben *Cyclooctylamin, Cyclooctylidenaminocyclooctan* u. Spuren *α-Aminoäthylcyclohexan*.
J. Rothe 1960◇

0840 **Zur Synthese bicyclischer Lactone vom Typ des DL-Iridomyrmecins.** J. Falbe, H. Weitkamp und F. Korte. (Tetrahedron [London] **19,** 1479–82, 1963; Schloß Birlinghoven, Shell Grundlagenforsch. G.m.b.H.; dt.) — Durch Prins-Rk. mit alicycl. β.γ-ungesätt. α.α-Dimethylcarbonsäuren (**A**; vgl. C. **1960,** 13684) entstehen nicht aus einer Verb.; sondern jeweils 2 doppelbindungsisomere β.γ-ungesätt. bicycl. δ-Lactone, deren Konstit. durch NMR-Spektren bestimmt wurde. Die Doppelbindung des einen Isomeren liegt zwischen den beiden C-Atomen der Ringverknüpfung, die des anderen liegt von der Ringverknüpfungsstelle ausgehend im alicycl. Ring u. kann in die erstgenannte Position verschoben werden. Die Trennung der Lactongemische erfolgte durch Gaschromatographie. Weiter wurde das bei der Darst. von DL-Iridomyrmecin (**I**; vgl. l. c.) erhaltene Gemisch erneut gaschromatograph. untersucht, es enthält **I** u. 2-[2-Hydroxymethyl-4-methylcyclopentyl]-propionsäurelacton im Verhältnis 53:47.

Versuche: 2-Methylpropionsäurelactone, durch Prins-Rk. der entsprechenden **A** (vgl. l. c.) u. fraktionierte Dest. der Gemische: *2-[2-Hydroxymethylcyclopenten-(1)-yl]*-(**II**), Kp.$_{0,1}$ 65°. — *2-[5-Hydroxymethylcyclopenten-(1)-yl]*-(**III**), Kp.$_{0,1}$ 62°. — *2-[2-Hydroxymethylcyclohexen-(1)-yl]*-(**IV**), Kp.$_{0,3}$ 117°. — *2-[6-Hydroxymethylcyclohexen-(1)-yl]*-(**V**), F. 49°, Kp.$_{0,3}$ 115°. — *2-[2-Hydroxymethylcyclohepten-(1)-yl]*- (**VI**), Kp.$_{0,3}$ 115°. — *2-[7-Hydroxymethylcyclohepten-(1)-yl]*- (**VII**), Kp.$_{0,3}$ 118°. *Umlagerungen*, durch Kochen in Eisessig/H_2SO_4 (100:1,5), Eindampfen, Dest. im Vakuum u. gaschromatograph. Unters: *von* **V**/**IV** (79:21) in 40 Std. → 96% **IV**. — *von* **VII**/**VI** (80:20) in 65 Std. → 92% **VI**. — *von* **III**/**II** (69:31) in 41 Std. → **III**/**II** (57:43).
J. Rothe 2050◇

0841 **Die säurekatalysierte Zersetzung von Ferrocenylphenylmethylazid.** Abe Berger, William E. McEwen und Jacob Kleinberg. (J. Amer. chem. Soc. **83,** 2274—79, 1961; Lawrence, Kans., Univ., Chem. Labor.; engl.) — Das aus Ferrocenylphenylcarbinol (**I**) u. HN_3 in Bzl. in Ggw. von Trichloressigsäure (**V**) erhältliche *Ferrocenylphenylmethylazid* (**II**) zerfällt in der Lsg. von konz. H_2SO_4-Chlf. unter Abspaltung von N_2 in ein Gemisch von Verbb., aus dem nach sorgfältiger Aufarbeitung **I**, *1.2-Diferrocenyl-1.2-diphenyläthan* [**III**; 2 Diastereomere (**IIIa** u. **IIIb**)], *Ferrocenaldehyd* (**VII**), *Benzoylferrocen* (**IV**), u. *Anilin* (**VI**), jedoch kein Benzaldehyd (**VIII**) u. kein Aminoferrocen isoliert werden. In Lsg. von H_2SO_4-Essigsäure erfolgt die Zers. von **II** je nach Vers.-Bedingungen zu wechselnden Mengen **VII** u. **IV**. Daneben werden **III**, **I** u. *Benzylferrocen* (**IX**) isoliert. Wird die Zers. von **II** in konz. H_2SO_4-Chlf. in Ggw. von **VIII** durchgeführt, so entstehen u. a. *N-Benzoyl-α-ferrocenylbenzylamin* (**XII**) u. **IX**. In Ggw. von Benzhydrylazid (**X**) u. **VIII** führt die Zers. von **II** in konz. H_2SO_4-Chlf. zu *1.1.2.2-Tetraphenyläthan* (**XIII**), **IIIa** u. **IIIb**, *Diphenylmethan* u. Harzen. Vff. schlagen für das Auftreten einiger Verbb. Rk.-Mechanismen vor. Für **II** ist die IR-Bande angegeben. — Vgl. auch C. **1964,** 14-0828.

Versuche: *Ferrocenylphenylmethylazid* (**II**), $C_{17} \cdot H_{15}FeN_3$, F. 49—50° (Skellysolve B), durch $^3/_4$std. Rühren von **I** u. **V** in Bzl. bei 0°, 8std. Rühren mit HN_3 bei Raumtemp., wiederholtes Waschen der Bzl.-Lsg. mit W., Abtrennen der Bzl.-Lsg. von der blauen Waschflüssigkeit (**A**), Einengen der Bzl.-Lsg. auf ein kleines Vol., Chromatographie an Al_2O_3 u. Elution mit Skellysolve B; 90% (Ausbeute); daneben durch Elution mit Bzl. *Benzoylferrocen* (**IV**); 4,7%; daneben durch Red. von **A** mit Zn-Staub unter Rühren, Bzl.-Extraktion, Einengen der Bzl.-Lsg., Chromatographie an Al_2O_3 u. Elution mit Skellysolve B **IIIa**, durch Elution mit Skellysolve B/Bzl. (1:1) **IIIb** (**IIIa** + **IIIb** ca. 2%) u. durch Elution mit Bzl./Ae. (1:3) **XI**; 2,5%. — *α-Ferrocenylbenzylamin* (**XI**), $C_{17}H_{17}FeN$, F. 69—71°, durch Einrühren der Ae.-Lsg. von **II** in $LiAlH_4$ in Ae. bei 0°, 3std. Rühren bei Raumtemp., Versetzen mit Ae. u. W., Einengen der abgetrennten Ae.-Lsg., Aufnehmen des Rückstands in wenig Bzl., Chromatographie an Al_2O_3, Entfernen von geringen Mengen **IX** durch Elution mit Skellysolve B u. Elution mit Ae.; 59%. — *1.2-Diferrocenyl-1.2-diphenyläthan* (**III**), $C_{34}H_{30}Fe_2$, durch $^1/_2$std. Aufbewahren von 10 g **II** in 90 ml $CHCl_3$ mit 25 ml konz. H_2SO_4 u. 25 ml $CHCl_3$ bei 0°, Aufbewahren bei Raumtemp. bis zur Beendigung der N_2-Entw. (ca. 16 Std.), Zugabe von 200 ml W. bei 0°, Abgießen von 2,5 g Harz, Eindampfen der von der wss. blauen Lsg. (**B**) abgetrennten $CHCl_3$-Lsg., Aufnehmen des Rückstands in wenig Bzl., Chromatographie an Al_2O_3, Elution von **IIIa** (F. 218—220°; 1,33 g) mit Skellysolve B u. Elution von **IIIb** (F. 276 bis 278°; 0,13 g) mit Skellysolve B/Bzl. (1:1); daneben *Ferrocenaldehyd* (**VII**), $C_{11}H_{10}FeO$, F. 115—117°, durch Elution mit Bzl.; 0,70 g; daneben durch 2std. Rühren von **B** mit Zn-Staub, Bzl.-Extraktion, Abtrennen der wss. Lsg. (**C**), Chromatographie der eingeengten Bzl.-Lsg. an Al_2O_3, Entfernen von **IV** (0,01) g durch Elution mit Bzl., vor **IIIa** (0,95 g) u. **IIIb** (0,40 g) durch Elution mit Skellysolve B bzw. Skellysolve B/Bzl. (1:1) *Ferrocenyl-phenylcarbinol* (**I**) durch weitere Elution mit Bzl.; 0,03 g; daneben *Anilin* (**VI**), durch Filtrieren von **C**, Ae.-Extraktion der alkalisierten Lsg. u. Eindampfen; 0,79 g. — *Benzylferrocen* (**IX**), a) durch Einrühren von 45 ml einer 5 m Lsg. von konz. H_2SO_4 in Eisessig zu 6,0 g **II** bei 0°, 1std. Aufbewahren bei 0°, 18std. Aufbewahren bei Raumtemp., Zugabe von W. bei 0°, Bzl.-Extraktion, Einengen der von der wss. blauen Lsg. (**D**) abgetrennten, neutral gewaschenen Bzl.-Lsg., Chromatographie an Al_2O_3 u. Elution mit Skellysolve B; 1,38 g; daneben **IIIa** u. **IIIb**, durch Elution mit Bzl. bzw. Skellysolve B/Bzl. (1:1); zusammen 0,09 g; **VII**, durch Elution mit Skellysolve B/Ae. (3:1) u. **I**, durch Elution mit Ae.; 0,09 g; daneben durch Aufarbeitung von **D** **IIIa** (0,79 g) u. **IIIb** (0,15 g); **IV**; 0,03 g; u. **XI**; 0,09 g; b) analog a) aus 15,0 g **II** u. 90 ml einer 10 m Lsg. von konz. H_2SO_4 in Eisessig; 0,7 g; daneben **IIIa**; 0,96 g; **IIIb**; 0,66 g; **VII**; 0,37 g; **I**; 0,15 g; **IV**; 0,18 g; u. **XI**; 0,64 g. — *N-Benzoyl-α-ferrocenylbenzylamin* (**XII**), $C_{24} \cdot H_{21}FeNO$, F. 184—186°, a) durch Benzoylierung von **XI** mit Benzoylchlorid in Pyridin; b) durch Einrühren von 12 g **II** u. 6 g **VIII** in 90 ml $CHCl_3$ zu 25 ml konz. H_2SO_4 u. 25 ml $CHCl_3$ bei 0°, 15std. Aufbewahren bei Raumtemp., Zugabe von W. bei 0°, Abgießen von 3,8 g Harz, Abtrennen der $CHCl_3$-Lsg. von der wss. blauen Lsg. (**E**), Eindampfen der zur Entfernung von **VIII** (1,12 g) mit $NaHSO_3$-Lsg. gewaschenen $CHCl_3$-Lsg., Aufnehmen in Bzl., Chromatographie an Al_2O_3, Entfernung von **IX** (0,28 g), **IIIa** u. **IIIb** (0,50 g) u. **VII** (0,12 g) durch Elution wie bereits vorst. angegeben u. Elution mit Skellysolve B/Ae. (3:2); 0,60 g; daneben durch Aufarbeitung von **E** **IIIa**; 3,90 g; **IIIb**; 1,50 g; **IV**; 0,04 g; **XII**; 0,13 g; u. **VI**; 0,47 g. — *1.1.2.2-Tetraphenyläthan* (**XIII**), F. 213 bis 215°, durch Rk. von 6,0 g **II**, 3,0 g **VIII** u. 4,0 g **X** mit H_2SO_4–$CHCl_3$ analog **XII** nach b), Hydrolyse mit W. bei 0°, Abtrennen der $CHCl_3$-Phase von der wss. Lsg. (**F**), Einengen der $CHCl_3$-Lsg. nach Auswaschen von **VIII** (0,95) g, Aufnehmen in Bzl., Chromatographie an Al_2O_3, Elution von **XIII**-*Diphenylmethan-Gemisch* (2,2 g) mit Skellysolve B, Lösen des Gemisches in Bzl./Skellysolve B (1:3) u. Abkühlen; daneben *Diphenylmethan* u. **XII**, durch Elution mit Ae.; 0,35 g; daneben durch Aufarbeitung von **F** in der üblichen Weise **IIIa**; 0,94 g; **IIIb**; 0,11 g; u. **VI**; 0,34 g. E. Koßmehl 2110◇

0842 **Reaktionen von Cyclohexylisonitril und Isobutyraldehyd mit verschiedenen Nucleophilen und Katalysatoren.** James W. McFarland. (J. org. Chemistry **28,** 2179—81, 1963; Groton, Conn., Chas. Pfizer and Co., Inc., Med. Res. Labors.; engl.) — Cyclohexylisonitril (**I**) lieferte mit Isobutyraldehyd (**II**) u. CH_3NH_2 je nach den Bedingungen *N-Cyclohexyl-α-dimethylaminoisovaleramid* *α-Hydroxy-* (**III**) bzw. *α-Acetoxy-N-cyclohexylisovaleramid* (**IV**) oder *N'-Cyclohexyl-N.N-dimethyl-α-dimethylaminoisovaleramidin.* — Rk. von **I** u. **II** lieferte *N-Cyclohexyl-α-formyloxyisovaleramid* (**V**), **III**, **IV** bzw. Cyclohexylamin (**VI**), die Rk. von **I** u. **II** in Ggw. von CH_3COCl, Acetanhydrid (**VII**) bzw. Formylacetat (**VIII**) gibt ein komplexes Gemisch, **IV** bzw. **IV** u. **V**.

Versuche: N-Cyclohexylisovaleramide: *α-Dimethylamino-*, $C_{13}H_{26}N_2O$, F. 132—133° (Hexan), a) durch $1^1/_2$std. Stehen von je 1 Vol **II**, CH_3COOH, methanol. 2 m $(CH_3)_2NH$-Lsg. u. **I** in CH_3OH, Eindampfen im Vakuum, Lösen in 1 n HCl, Waschen mit Ae., Alkalisieren mit 1 n NaOH u. Extraktion mit Ae.; 35% (Ausbeute); b) analog a) aus je 1 Val **I** u. **II** u. je 2 Val $CH_3 \cdot COOH$ u. $(CH_3)_2NH$; 94%; c) analog a) mit $(CH_3)_2NH \cdot HCl$ statt CH_3OOCH ohne $(CH_3)_2NH$; 32%; in Abwesenheit eines Katalysators findet keine Rk. zwischen **I**, **II** u. $(CH_3)_2NH$ statt. — *α-Hydroxy-* (**III**), $C_{11}H_{21}NO_2$, F. 129—131° (Hexan/Bzl.), a) neben vorst. Verb. nach c); 32%; b) durch 2tägiges Stehen von **IV**, CH_3OH u. 1 n KOH bei Raumtemp.; 76%; c) durch Rk. von je 1 Val **I**, **II** u. $(CH_3)_2NH \cdot HCl$ in abs. A. bei Raumtemp., 35%. — *α-Acetoxy-* (**IV**), $C_{13}H_{23}NO_3$, F. 121—122° (Hexan/Bzl.), a) neben vorvorst. Verb. nach a); 41%; b) neben vorvorst. Verb. nach b); 6%; c) analog **III** mit 2 Val CH_3COOH statt $(CH_3)_2NH \cdot HCl$; 69%; d) durch Rk. von je 1 Val **I**, **II** u. **VII** über Nacht in CH_3OH; 75% (CH_3COCl statt **VII** gibt unter gleichen Bedingungen ein komplexes Gemisch); e) analog d) mit **VIII** statt **VII**. — *α-Formyloxy-* (**V**), $C_{12}H_{21}NO_3$, F. 94—95° (Hexan/Bzl.), a) durch Stehen von je 1 Val **I** u. **II** mit 2 Val HCOOH in CH_3OH bei Raumtemp.; 20% (in Ggw. von HCl statt HCOOH wurden **VI** u. nicht identifizierte Prodd. erhalten); b) neben **IV** nach e). — *N'-Cyclohexyl-N.N-dimethyl-α-dimethylaminoisovaleramidin*, $C_{15}H_{31}N_3$, Kp.$_1$ 102—103°, durch Rk. von je 1 Val **I**, **II** u. $(CH_3)_2 \cdot NH \cdot HCl$ mit 2 m $(CH_3)_2NH$-Lsg. in CH_3OH, Eindampfen im Vakuum, Lösen in W., Waschen mit Ae., Alkalisieren mit 10 n KOH u. Extraktion mit Ae.; n_D^{25} 1,4894; 72%. J. Rothe 2110◇

0843 **Untersuchungen über Organophosphor-Insekticide. 3. Mitt. Synthese und Toxizität von Phosphaten und Thiophosphaten mit Carbäthoxycycloalkenylgruppen.** Yoshihiko Nishizawa. (Agric. biol. Chem. [Tokyo] **25,** 66—70, 1961; Osaka, Labor. of Sumitomo Chem. Co.; engl.) — 2. vgl. C. **1964,** 18-0834. — Durch Rk. von Di-

O-alkylchlorphosphaten bzw. -thiophosphaten mit Na-Enolaten von 2-Carbäthoxycyclopentanon bzw. -hexanon oder durch Rk. von Trialkylphosphiten mit 2-Chlor-2-carbäthoxycyclopentanon (**I**) bzw. -hexanon entstehen die entsprechenden *O-[2-Carbäthoxycycloalken-(1)-yl]-phosphate* u. *-thiophosphate*. Die dargestellten Verbb. werden auf Grund von IR-Unterss. u. Alkoholyse zu cycl. β-Ketoestern u. Trialkylphosphat bzw. -thiophosphat identifiziert. Die Aktivität gegenüber *Callosobruchus chinensis Linné* u. *Chilo suppressalis Walker* wird untersucht, die Toxizität ist geringer als beim Phosdrin, obwohl das Phosphor-Atom zum Carbalkoxyradikal in cis-Stellung steht.

Versuche: *2-Chlor-2-carbäthoxycyclopentanon* (**I**), $C_8H_{11}ClO_3$, Kp.$_1$ 85—89°, durch allmähliche Zugabe von 27 g $SOCl_2$ unter Kühlung zu 31,2 g 2-Carbäthoxycyclopentanon (**II**) in Ae., $^1/_2$std. Rühren bei Raumtemp., $^1/_2$std. Kochen u. Dest.; n_D^{26} 1,4799; 18,0 g (Ausbeute). — Thiophosphorsäuren: *O-[2-Carbäthoxycyclopenten-(1)-yl]-*, *Di-O-methylester* $C_{10}H_{17}O_5PS$, Kp.$_{1,2}$ 140—143° (Zers.), durch allmähliche Zugabe von 0,2 Mol. **II** zur Suspension von 0,2 Mol. Na-Methylat in 300 ml abs. Bzl., 1std. Rühren bei 50°, 6std. Kochen mit Di-O-methylchlorthiophosphat, Dest. u. Chromatographie in Chlf. von Silicagel (Meth. **A**); $n_D^{23,5}$ 1,5348; n_D^{22} 1,4995; DL_{50} 640 (mg/kg Maus; oral); 51,8%. — *O-[2-Carbäthoxycyclohexen-(1)-yl]-*, *Di-O-methylester*, $C_{11}H_{19}O_5PS$, Kp.$_{0,5}$ 138—140°, analog **A** aus 2-Carbäthoxycyclohexanon; n_D^{27} 1,4980; DL_{50} 293; 43,6%. *Di-O-äthylester* (**III**), $C_{13}H_{23}O_5PS$, Kp.$_{0,2}$ 130 bis 131°, nach **A**; n_D^{28} 1,4900; DL_{50} 310; 52,5%. — Phosphorsäuren: *O-[2-Carbäthoxycyclopenten-(1)-yl]-*, *Dimethylester*, $C_{10}H_{17}O_6P$, Kp.$_1$ 133—136° (Zers.), a) nach **A**; n_D^{27} 1,4756; n_D^{25} 1,4567; DL_{50} 32; 41,1%; b) durch allmähliche Zugabe von 5,6 g Trimethylphosphit zur gerührten u. gekühlten Lsg. von 8,52 g **I** in Ae., 1std. Kochen, Dest. u. Chromatographie (Meth. **B**); 46,3%. *Diäthylester* (**IV**), $C_{12}H_{21}O_6P$, Kp.$_1$ 132—137°, a) nach **A**; n_D^{26} 1,4535; DL_{50} 17; 70,4%; b) nach **B**; 76,2%. — *O-[2-Carbäthoxycyclohexen-(1)-yl]-*, *Dimethylester*, $C_{11}H_{19}O_6P$, Kp.$_{0,15}$ 135—140°, a) nach **A**; n_D^{30} 1,4700; DL_{50} 106; 60,8%; b) nach **B**; 70,5%. *Diäthylester* (**V**), $C_{13}H_{23}O_6P$, Kp.$_{0,15}$ 135—140°, a) nach **A**; n_D^{30} 1,4640; DL_{50} 92; 71,2%; b) nach **B**; 72,3%. — *2-Carbäthoxycyclopentanon, Cu-Salz, Äthansolvat*, $C_{16}H_{22}CuO_6 \cdot C_2H_5OH$, F. 181 bis 182° (A.), durch Zugabe von 26,4 g **IV** zu Na-Äthylat, 1std. Kochen, Neutralisieren mit Essigsäure, Eindampfen, Zugabe von Ae. u. W. u. Schütteln der Ae.-Phase mit wss. gesätt. Cu-Acetat-Lsg.; 10,2 g. — *2-Carbäthoxycyclohexanon, Cu-Salz*, $C_{18}H_{26}CuO_6$, F. 177°, a) analog aus **III**, b) analog aus **V**. W. Kuhn 2180△

0844 **Die Reaktion von substituierten Benzolen und Chloral.** 6. Mitt. **Der Einfluß der Substituenten auf die Reaktivität.** Masaiti Yasue und Yosiharu Takai. (J. pharmac. Soc. Japan [Yakugakuzasshi] **77**, 829—32, 1957; Nagoya, City Univ., Pharmac. School; jap., Auszug: engl.) — 5. vgl. C. **1964**, 15-0832. — In Anisol u. Acetanilid wurden verschiedene Substituenten eingeführt. Die Reaktivität der entstehenden Verbb. wurde an der Rk. mit Chloral (**II**) in konz. H_2SO_4 gemessen. Sie nimmt in folgender Reihenfolge der Substituenten ab: $OCH_3 > CH_3 > Cl > NHCOCH_3 > COOH > NO_2$. Die weniger aktivierende Wrkg. der $-NHCO-CH_3$-Gruppe gegenüber Cl wurde durch ansteigende Polarisation in konz. H_2SO_4 entsprechend der Formel $Ar-NH^+ = C(CH_3)-O^-$ erklärt.

Versuche: *1.1.1-Trichlor-2.2-bis-[4-methoxyphenyl]-äthan*, F. 73—74,5° (Propanol), durch tropfenweises Zugeben von konz. H_2SO_4 (**I**) zu einem Gemisch aus Anisol u. **II** bei 5—10°, Entfernen der Säure u. Extrahieren mit Äther. — *1.1.1-Trichlor-2.2-bis-[2.5-dimethoxyphenyl]-äthan*, $C_{18}H_{19}Cl_3O_4$, F. 125,5—126,5° analog vorst. Verb. aus Hydrochinondimethyläther, **II** u. **I**. — *1.1.1-Trichlor-2.2-bis-[2-methoxy-5-methylphenyl]-äthan* (**III**), $C_{18}H_{19}Cl_3O_2$, F. 164 ~ 165°, aus 24,5 g p-Kresol, 16,5 g **II** u. 20 g **I** bei 0—5°; 12,5 g (Ausbeute). — *1.1-Dichlor-2.2-bis-[2-methoxy-5-methylphenyl]-äthen*, $C_{18}H_{18}Cl_2O_2$, F. 119—121°, aus 12,5 g **III** mit KOH; 7,5 g. — *1.1-Bis-[2-methoxy-5-methylphenyl]-äthan*, $C_{18}H_{22}O_2$, F. 157—158°. — *1.1-Bis-[2-methoxy-5-methylphenyl]-äthen*, $C_{18}H_{20}O_2$. — *1.8-Dimethoxy-4.5-dimethylanthracen*, $C_{18}H_{18}O_2$. — *1.1.1-Trichlor-2.2-bis-[2-methoxy-5-chlorphenyl]-äthan* (**IV**), $C_{16}H_{13}Cl_5O_2$, F. 145—146,5°, aus 30 g p-Chloranisol, 17,4 g **II** u. **I** bei 4°; 24,7 g. — *1.1-Dichlor-2.2-bis-[2-methoxy-5-chlorphenyl]-äthen*, $C_{16}H_{12}Cl_4O_2$, F. 167,5 bis 168°, aus 4,5 g **IV** u. NaOH; 2,0 g. — *3-[1-Hydroxy-2.2.2-trichloräthyl]-4-methoxybenzoesäure*, F. 275°, aus 6 g Anissäure, 6,6 g **II** u. **I**. — *2-[1.2.2.2-Tetrachloräthyl]-4-nitroanisol*, $C_9H_7Cl_4NO_3$, F. 133—134°. — *3-Methyl-4-[2.2-dichloräthyl]-acetanilid*, $C_{11}H_{13}Cl_2NO$, F. 129—130°. — *3-Methyl-4-[2-chlorvinyl]-acetanilid* (**V**), $C_{11}H_{12}ClNO$, F. 156°. — *2-Methyl-4-acetamidobenzoesäure*, $C_{10}H_{11}NO_3$, F. 243° (Zers.), aus **V** u. $KMnO_4$. S. Hiller 2260△

0845 **Eine neue Reduktion von 3.5-Dimethyl-4-nitrobenzaldehyd.** R. F. Stockel. (Chem. and Ind. **1963**, 613 bis 614; Clemson, S. C., Clemson College, Dep. of Chem. and Geology; engl.) — Unter den Bedingungen der Benzoin-Kondens. in Isopropanol oder PAe. entsteht aus 3.5-Dimethyl-4-nitrobenzaldehyd (**I**) neben etwas *3.5-Dimethyl-4-nitrobenzoesäure* (**II**) *3.5.3'.5'-Tetramethyl-4.4'-dinitrodesoxybenzoin*. Da das Lsgm. nicht an der Rk. beteiligt ist u. die **II**-Menge nicht ausreicht, um eine Redox-Rk. zu erklären, muß das fehlende Oxydationsäquivalent in den teerigen Neben-Prodd. zu suchen sein.

Versuche: *3.5.3'.5'-Tetramethyl-4.4'-dinitrodesoxybenzoin*, $C_{18}H_{18}N_2O_5$, F. 129—130°, durch 1std. Kochen von 2 g **I** in Isopropanol oder PAe. mit KCN in W.; 1,18 g (Ausbeute). — *3.5-Dimethyl-4-nitrobenzoesäure* (**II**), $C_9H_9NO_4$, F. 222—223° (A.), neben vorst. Verb.; 0,21 g. W. Holland 2360◇

0846 **Anomale Reaktivität von o-Methoxyphenylmagnesiumbromiden.** Gust.-Ad. Holmberg. (Acta chem. scand. **9**, 555—61, 1955; Åbo, Åbo Akad., Inst. för Organ. Kemi; engl.) — Durch Rk. von o-Methoxybenzyl-MgCl (**I**), o-Dimethylamino-(**II**) oder o-Methylmercaptophenyl-MgBr (**III**) mit CO_2 werden neben den *Carbonsäuren* die entsprechenden *Ketone* gebildet; aus β-[o-Methoxyphenyl]-äthyl-MgCl (**IV**) u. γ-Methoxypropyl-MgBr (**V**) entstehen nur die *Carbonsäuren*. Die anomale Reaktivität von **I**, **II** u. **III** wird durch innermol. Ringbldg. gedeutet, wobei anstelle eines Grignard-Ätherat-Mol. die jeweilige funktionelle Gruppe mit einem freien Elektronenpaar am O-, N- oder S-Atom tritt. Die erhöhte Reaktivität ergibt sich dann als Folge der begünstigten Polarisierung der C–Mg-Bindung in den gespannten ebenen Ringen, deren Bldg. bei **IV** u. **V** nicht möglich ist. Allgemein ist die Ketonbldg. aus 2-Methoxyphenylmagnesiumbromiden nicht möglich, wenn diese in 3- oder 6-Stellung Methyl- oder Methoxygruppen enthalten.

Versuche: *o-Methoxybenzylalkohol*, Kp.$_{15}$ 126 bis 127°, durch 5std. Rühren von $LiAlH_4$ mit Ae., Zutropfen von o-Methoxybenzoesäureäthylester in Ae., $^3/_4$std. Kochen, Zugabe von Essigester u. W. u. Gießen in verd. HCl; 77,5% (Ausbeute). *p-Nitrobenzoat*, F. 81—82°. — *o-Methoxybenzylchlorid* (**VI**), Kp.$_{15}$ 108—109°, durch Zutropfen von $SOCl_2$ in Chlf. zu vorst. Alkohol in Chlf. u. Kochen bis zur Beendigung der Gasentw.; 35,5%. — *β-[o-Methoxyphenyl]-äthylchlorid* (**VII**), nach Hill u. Mitarbeitern [1937] aus β-[o-Methoxyphenyl]-äthylalkohol (*p-Nitrobenzoat*, $C_{16}H_{15}NO_5$, F. 58—59°). — *γ-Methoxypropylbromid* (**VIII**), nach der Meth. von Pummerer u. Schönamsgruber [1939]. — *o-Bromdimethylanilin* (**IX**), Kp.$_{11}$ 98°, aus o-Bromanilin nach Gliman u. Banner [1940]; 78,2%. — *o-Methylmercaptobrombenzol* (**X**), Kp.$_{27}$ 145—146°, aus o-Mercaptobrombenzol mit Dimethylsulfat/NaOH; 88,5%. — *o-Methoxyphenylessigsäure*, F. 124—125, aus CO_2 u. **I** (aus 5 g **VI**) nach Holmberg (vgl. C. **1956**, 9429) (Meth. **A**); 0,91 g (*p-Nitrobenzylester*, $C_{16}H_{15}NO_5$, F. 64,5—65°); daneben durch Behandeln der Neutralfraktion mit A. 0,8 g *2.2'-Dimethoxydibenzyl* (F. 85—86°) u. durch Behandeln des Rückstandes mit 2.4-Dinitrophenylhydrazin *1.3-Bis-[o-methoxyphenyl]-aceton-2.4-dinitrophenylhydrazon*, $C_{23}H_{22} \cdot N_4O_6$, F. 157,5—158° (A.); 1,02 g. — *β-[o-Methoxyphenyl]-propionsäure*, F. 88—89°, nach **A** aus 5 g **VII**. *p-Nitrobenzylester*, $C_{17}H_{17}NO_5$, F. 45—46°. — *γ-Methoxybuttersäure*, nach **A** aus 5 g **VIII**. *p-Phenylphenacylester*, F. 79 bis 81. — *2.2'-Bis-[dimethylamino]-benzophenon*, F. 120 bis 121° (PAe.), nach **A** aus 5 g **IX**, Alkalisieren der wss.

Schicht u. Extraktion mit Ae.; 1,94 g; *Pikrat*, F. 150 bis 151°; daneben durch Ansäuern der wss. Phase mit Essigsäure u. mehrstd. Extraktion mit Ae. 0,7 g *N.N-Dimethylanthranilsäure*. — *2.2'-Bis-[methylmercapto]-benzophenon*, $C_{15}H_{14}OS_2$, F. 105—106° (A.), a) nach **A** aus 5 g **X** u. Behandeln der Neutralfraktion mit Bzl.; b) aus **III** u. o-Methylmercaptobenzonitril. — *o-Methylmercaptobenzoesäure*, F. 168—169°, neben vorst. Verb. nach a); 1,1 g. *p-Nitrobenzylester*, $C_{15}H_{13}NO_4S$, F. 122—123°.

L. Lamza 2360△

0847 **Über die Synthese von α.α-disubstituierten Glutaraldehydsäurenitrilen und ihre Oxydation.** Guy Poulain. (C. R. hebd. Séances Acad. Sci. **257**, 703—05, 1963; Rennes, E. N. S. C. R., Fac. des Sci., Labor. de Chim. I; franz.) — Das in 2 Stufen aus Acrolein, HCl u. A. über *1.3-Dichlor-1-äthoxypropan* mit 55%ig. Ausbeute hergestellte *β-Chlorpropanaldiäthylacetal* wird mit den in abs. Ae. oder Bzl. bereiteten Na-Derivv. von α-substituierten Benzylnitrilen zu folgenden 5.5-Diäthoxy-2-phenylvaleronitrilen (**A**) umgesetzt: *unsubstituiert*, $C_{15}H_{21}NO_2$, $Kp._2$ 140°; n_D^{21} 1,4890. — *2-Methyl-*, $C_{16}H_{23}NO_2$, $Kp._3$ 158°; n_D^{21} 1,4485. — *2-Äthyl-*, $C_{17}H_{25}NO_2$, $Kp._1$ 136°; n_D^{20} 1,4880. — *2-Propyl-*, $C_{18}H_{27}NO_2$, $Kp._1$ 142°; n_D^{23} 1,4867. — *2-Phenyl-*, $C_{21}H_{25}NO_2$, $Kp._1$ 178—180°, F. 44°. — *2-Benzyl-*, $C_{22}H_{27}NO_2$, $Kp._1$ 184°; n_D^{20} 1,5330. — *2-Cyclohexyl-*, $C_{21}H_{31}NO_2$, F. 96—97°, $Kp._1$ 182°. — In sd. wss. A. werden die **A** durch H_2SO_4 zu folgenden 5-Oxo-2-phenylvaleronitrilen (**B**) verseift: *unsubstituiert*, $C_{11}H_{11}NO$, $Kp._3$ 144—146°. *Semicarbazon*, $C_{12}H_{14}N_4O$, F. 122—123°. — *2-Methyl-*, $C_{12}H_{13}NO$, $Kp._2$ 142°. *Semicarbazon*, $C_{13}H_{16}N_4O$, F. 144°. — *2-Äthyl-*, $C_{13}H_{15}NO$, $Kp._2$ 146°. *Semicarbazon*, $C_{14}H_{18}N_4O$, F. 151°. — *2-Propyl-*, $C_{14}H_{17}NO$, $Kp._{1,5}$ 146—148°. *Semicarbazon*, $C_{15}H_{20}N_4O$, F. 128—130°. — *2-Phenyl-*, $C_{17}H_{15}NO$, $Kp._{1,5}$ 184—186°, F. 76—77°. *Semicarbazon*, $C_{18}H_{18}N_4O$, F. 148°. — *2-Benzyl-*, $C_{18}H_{17}NO$, $Kp._2$ 208—210°. *Semicarbazon*, $C_{19}H_{20}N_4O$, F. 152°. — *2-Cyclohexyl-*, $C_{17}H_{21}NO$, $Kp._{0,8}$ 170°. *Semicarbazonhydrat*, $C_{18}H_{24}N_4O \cdot H_2O$, F. 95—96°. — Die **A** u. **B** ergeben mit ammoniakal. $AgNO_3$-Lsg. sowie mit $KMnO_4$ die folgenden 4-Cyan-4-phenylbuttersäuren: *4-Methyl-*, $C_{12}H_{13}NO_2$, F. 77—78°. — *4-Äthyl-*, $C_{13}H_{15}NO_2$, F. 92—93°. — *4-Propyl-*, $C_{14}H_{17}NO_2$, F. 63—65°. — *4-Phenyl-*, $C_{17}H_{15}NO_2$, F. 161—162°. — *4-Benzyl-*, $C_{18}H_{17}NO_2$, F. 198°. — *4-Cyclohexyl-*, $C_{17}H_{21} \cdot NO_2$, F. 198°. Wolfgang Schreiber 2410◇

0848 **Die Kondensation von Phenylacetonitril mit trans-1.2-Dibromcyclohexan.** F. Albert. (An. Univ. „C. I. Parhon" Bucureşti, Ser. Ştiinţ. Naturii **6**, Nr. 14, 91 bis 94, 1957; rum.) — Bei dem Vers., aus Benzylcyanid u. trans-1.2-Dibromcyclohexan α-[2-Bromcyclohexyl]-α-phenylacetonitril darzustellen, werden nur geringe Mengen von *Phenylbernsteinsäuredinitril*, *α.α'-Dicyan-1.2-dibenzylcyclohexan*, *ungesätt. Derivv.* des Cyclohexans u. eine unbekannte Verbindung erhalten.

Gottfried Schreiber 2420△

0849 **Untersuchungen über synthetische Analgetica.** 11. Mitt. **Synthese von 2-Äthoxycarbonyl-3.3-diphenylallylaminen.** Norio Sugimoto und Noboru Shigematsu. (J. pharmac. Soc. Japan [Yakugakuzasshi] **77**, 927—28, 1957; Osaka, Osaka Res. Labor., Gohei Tanabe and Co., Ltd.; jap., Auszug: engl.) — 10. vgl. J. pharmac. Soc. Japan [Yakugakuzasshi] **76**, [1956], 270. — Es wurden verschiedene *2-Äthoxycarbonyl-3.3-diphenylallylamine* dargestellt. Sie zeigten keine starke analget. u. antitussive Wirkung.

Versuche: *N-[2-Äthoxycarbonyl-3.3-diphenylallyl]-dimethylamin*, $Kp._1$ 166—167°, durch 2std. Kochen eines Gemisches aus 2-Methyl-3.3-diphenylacrylsäureäthylester, N-Bromsuccinimid, Dibenzoylperoxid u. CCl_4, Abdekantieren des Succinimids, Konzentrieren der Lsg., 3std. Erhitzen des Rückstands mit 4 Mol Dimethylamin unter Druck, Extrahieren mit 10%ig. HCl, Neutralisieren mit K_2CO_3 u. Extrahieren mit Ae.; 86,2% (Ausbeute). *Pikrat*, $C_{26}H_{26}N_4O_9$, F. 145—147°; aus A. gelbe Prismen. — Analog: *N-[2-Äthoxycarbonyl-3.3-diphenylallyl]-diäthylamin*, $Kp._1$ 170—175°; 91%. *Hydrochlorid*, $C_{22}H_{28}ClNO_2$, F. 125—127°; Nadeln aus Aceton. — *N-[2-Äthoxycarbonyl-3.3-diphenylallyl]-piperidin*, $Kp._1$ 190—195°; 78%. *Pikrat*, $C_{29}H_{30}N_4O_9$, F. 152—154°; aus A. gelbe Nadeln. — *N-[2-Äthoxycarbonyl-3.3-diphenylallyl]-morpholin*, $Kp._1$ 193—198°; 84,3%. *Pikrat*, $C_{28}H_{28} \cdot N_4O_{10}$, F. 139—141°; aus A. gelbe Nadeln. — *N-[2-Äthoxycarbonyl-3.3-diphenylallyl]-N'-methylpiperazin*, $Kp._1$ 192—196°; 77,7%. *Dipikrat*, $C_{35}H_{34}N_8O_{16}$, F. 223 bis 224°; aus Essigsäure gelbe Nadeln. — *N-[1-Methyl-2-äthoxycarbonyl-3.3-diphenylallyl]-dimethylamin*, $Kp._1$ 168 bis 170°; 69,1%. *Pikrat*, $C_{27}H_{28}N_4O_9$, F. 162—164°; aus Methanol gelbe Nadeln. — *N-[1-Methyl-2-äthoxycarbonyl-3.3-diphenylallyl]-diäthylamin*, $Kp._1$ 168—173°; 64,1%. *Hydrochloridhydrat*, $C_{23}H_{30}ClNO_2 \cdot H_2O$, F. 105—107°; aus Aceton Nadeln. — *N-[1-Methyl-2-äthoxycarbonyl-3.3-diphenylallyl]-piperidin*, $Kp._{0,8}$ 182—184°; 68,3%. *Pikrolonat*, $C_{34}H_{37}N_5O_7$, F. 193—194°; aus A. gelbe Nadeln. — *N-[1-Methyl-2-äthoxycarbonyl-3.3-diphenylallyl]-morpholin*, $Kp._{1,5}$ 202—205°; 50,5%. *Pikrat*, $C_{29}H_{30}N_4O_{10}$, F. 196—198°; aus A. gelbe Nadeln. — *N-[1-Methyl-2-äthoxycarbonyl-3.3-diphenylallyl]-N'-methylpiperazin*, $Kp._1$ 198—203°; 47,6%. *Dipikrat*, $C_{36}H_{36}N_8O_{16}$, F. 254—255°; gelbe Nadeln aus Essigsäure. S. Hiller 2550△

0850 **Untersuchungen über synthetische Analgetica.** 12. Mitt. **Synthese von 1-Äthoxycarbonyl-3.3-diphenylallylaminen.** Norio Sugimoto und Noboru Shigematsu. (J. pharmac. Soc. Japan [Yakugakuzasshi] **77**, 929 bis 930, 1957; jap., Auszug: engl.) — 11. vgl. vorst. Referat. — Verschiedene *1-Äthoxycarbonyl-3.3-diphenylallylamine* wurden dargestellt. Sie hatten keine bemerkenswerten analget. u. antitussiven Eigenschaften.

Versuche: *N-[1-Äthoxycarbonyl-3.3-diphenylallyl]-dimethylamin*, $Kp._{0,5}$ 185—190°, durch 15std. Kochen eines Gemischs aus 5 g 4.4-Diphenylbuten-(3)-säureäthylester, 3,5 g N-Bromsuccinimid, 0,1 g Dibenzoylperoxid u. 50 ml CCl_4 u. Rk. des bromierten Prod. mit Dimethylamin (vgl. vorst. Ref.); 74,4% (Ausbeute). *Pikrolonat*, $C_{30}H_{31}N_5O_7$, F. 173—175°; aus A. gelbe Nadeln. — *N-[1-Äthoxycarbonyl-3.3-diphenylallyl]-diäthylamin*, $C_{22}H_{27}NO_2$, $Kp._{0,3}$ 182—187°; Öl; 71,6%. — *N-[1-Äthoxycarbonyl-3.3-diphenylallyl]-piperidin*, $Kp._{0,5}$ 207—212°; 77%. *Pikrat*, $C_{29}H_{30}N_4O_9$, F. 144—146°; aus A. gelbe Prismen. — *N-[1-Äthoxycarbonyl-3.3-diphenylallyl]-morpholin*, $Kp._{1,5}$ 230—235°; 71,2%. *Pikrolonat*, $C_{32}H_{33}N_5O_8$, F. 203—205°; aus A. gelbe Nadeln. — *N-[1-Äthoxycarbonyl-3.3-diphenylallyl]-N'-methylpiperazin*, $Kp._{0,5}$ 205—208°; 70%. *Dipikrat*, $C_{25}H_{34}N_8O_{16}$, F. 250—251°; aus A. gelbe Nadeln. S. Hiller 2550△

0851 **Über die Hydroxyäthylierung mehrkerniger Aromaten und einige Abwandlungsprodukte des 2-[2-Hydroxyäthyl]-fluorens.** Elmar Profft und Klaus Steinhaus. (J. prakt. Chem. [4] **22**, 47—58, 1963; Merseburg, TH für Chem., Inst. für organ. Chem.; dt.) — Rk. von Fluoren, Pyren oder Tetralin mit Äthylenoxid (**I**) in Ggw. von $AlCl_3$ führte in mäßigen Ausbeuten zu *[2-Hydroxyäthyl]-Derivv.*, die weiteren Rkk. unterworfen werden; mit Phenanthren war dagegen kein Erfolg zu erzielen.

Versuche: *2-[2-Hydroxyäthyl]-fluoren* (**II**), $C_{15}H_{14} \cdot O$, F. 136—137°, durch Zutropfen von **I** in Tetrachloräthan zu Fluoren u. $AlCl_3$ in Tetrachloräthan bei $\leq 0°$ unter Rühren u. Einleiten von N_2, 2—2½std. Rühren < 10° u. Gießen auf Eis; aus Ligroin Blättchen; 28% (Ausbeute). *Acetyl-Deriv.*, $C_{17}H_{16}O_2$, F. 94—95°, Blättchen aus Ligroin; 82%. *p-Nitrobenzoat*, $C_{22}H_{17}NO_4$, F. 198 bis 199°, gelbes Pulver aus Bzl./Cyclohexan; 67%. *3.5-Dinitrobenzoat*, $C_{22}H_{16}N_2O_6$, F. 184—185°, gelbes Pulver aus Bzl./Cyclohexan; 61%. — *4-[2-Hydroxyäthyl]-fluoren*, $C_{15}H_{14}O$, F. 81—82°, neben **II**; Büschel aus PAe.; 8,7% (*Acetyl-Deriv.*, $C_{17}H_{16}O_2$, F. 52—53° (PAe.); 84%. *p-Nitrobenzoat*, $C_{22}H_{17}NO_4$, F. 132—133°, Nadeln aus Bzl./Cyclohexan; 98%); Oxydation mit 1%ig. alkal. $KMnO_4$-Lsg. (90 Min. bei 80—90°) gab 23,4% (roh) *Fluorenoncarbonsäure-(4)*, $C_{14}H_8O_3$, F. 210—213° (verd. A.). — *2-[2-Bromäthyl]-fluoren*, $C_{15}H_{13}Br$, F. 108—109°, $Kp._3$ 184—187°, durch Zutropfen von PBr_3 in Bzl. zu **II** in Bzl. bei 0°, ½std. Rühren bei 0° u. ½std. Rühren bei Raumtemp.; aus Ligroin Blättchen; 61,6%. — *2-[2-Chloräthyl]-fluoren*, $C_{15}H_{13}Cl$, F. 90—91, $Kp._2$ 170—174°, aus **II** u. $SOCl_2$ in Ggw. von $(CH_3)_2NC_6H_5$ in sd. Bzl. (90 Min.); aus A. Blättchen; 70%. — *N-[2-Fluorenyl-(2)-äthyl]-piperidin*, $C_{20}H_{23}N$, F. 84—85° (verd. A.), aus vorvorst. Verb. u.

Piperidin (1 Std. bei 100°); 90%. — *N-[2-Fluorenyl-(2)-äthyl]-4-äthylpiperidin*, $C_{22}H_{27}N$, F. 89—90° (verd. A.), aus vorvorst. Verb. u. 4-Äthylpiperidin bei 130—150°; 80%. — *3-[2-Hydroxyäthyl]-pyren*, $C_{18}H_{14}O$, F. 57—59°, Kp.$_3$ 230—233°, aus Pyren u. I ähnlich II; 16%. *p-Nitrobenzoat*, $C_{25}H_{17}NO_4$, F. 147—148°, gelbe Nadeln aus Bzl./Cyclohexan. — 54% eines *Gemisch aus 1- u. 2-[2-Hydroxyäthyl]-tetralin*, Kp.$_1$ 124—127°; durch Rk. von Tetralin mit I in Ggw. von $AlCl_3$ unter N_2 bei — 20 bis — 10° (2—3 Std.); n_D^{20} 1,5575; *3.5-Dinitrobenzoat*, F. 125°, Nadeln aus Bzl./Cyclohexan. J. Rothe 2600◇

0852 **Kondensation von Mesitylen mit 1.4-Dichlorbutan in Gegenwart von Aluminiumchlorid.** K. M. Schadmanow. (Usbek. chem. J. **1961**, Nr. 4, 70—72; Taschkent, pädagog. Belinsky-Abendinst.; russ.) — Die Rk. von Mesitylen mit 1.4-Dichlorbutan in Ggw. von $AlCl_3$ [8,1:1: 1,5 Mol; 20°/120 Std.] liefert *5.6.7-Trimethyltetralin* [I; Kp.$_{12}$ 124—128°; D_4^{20} 0,9570; n_D^{20} 1,5402; 37,8% (Ausbeute)], *5.6.8-Trimethyltetralin* [II; Kp.$_{12}$ 130—140°, Kp.$_{727}$ 264—266°, F. 44—46°; D_4^{20} 0,9710; n_D^{20} 1,5458; 18,2%] u. *1.4-Bis-[2.4.6-trimethylphenyl]-butan* [F. 122 bis 124° (A.); Nadeln; 10,0%]. — Bei der Oxydation von I u. II mit HNO_3 [0,5 g mit 12 ml HNO_3 (D. 1,1) 12 Std. im Rohr auf 160—180° erhitzen] entsteht *Benzolpentacarbonsäure* [F. 226—228°; *Pentamethylester*, F. 146 bis 148°]. Die Dehydrierung von I u. II mit S durch 10std. Erhitzen auf 270—290° führt zu *1.2.3-Trimethylnaphthalin* [Kp.$_{12}$ 125—130°, Kp.$_{728}$ 250—253°; D_4^{20} 1,0183; n_D^{20} 1,5910; *Pikrat*, F. 140—142° (A.)] bzw. *1.3.4-Trimethylnaphthalin* [Kp.$_{12}$ 146°, Kp.$_{728}$ 268—270°, F. 47 bis 48°; D_4^{20} 1,0242; n_D^{20} 1,6020; *Pikrat*, F. 146—147° (A.)]. Helmut Schäfer 2700△

0853 **Eine verbesserte Synthese von 2-Bromnaphthalin.** F. A. Vingiello, T. J. Delia, P. Polss und D. Farrier. (J. chem. Educat. **40**, 544—45, 1963; Blacksburg, Va., Virginia Polytechn. Inst.; engl.) — Eine auf dem Ausschluß von Cl^--Ionen beruhende Modifizierung der Darst.-Methode nach Wolfe u. Doukas (C. **1952**, 3321) mit anschließender gaschromatograph. Reinigung des Rohprod. führt in 55,5%ig. Ausbeute zu reinem 2-Bromnaphthalin, F. 54—56°. A. Blaschette 2700◇

0854 **Synthese von in der Seitenkette fluorierten Vinylnaphthalinen.** G. W. Kasennikowa, T. W. Talalajewa, A. W. Simin, A. P. Ssimonow und K. A. Kotscheschkow. (Nachr. Akad. Wiss. UdSSR, Abt. chem. Wiss. **1961**, 835—38, Mai; Karpow-Inst. für physikal. Chem.; russ.) — Durch Kondens. von Naphthyl-Li (I) mit N.N-Diäthyldifluoracetamid (II) wird *Difluormethyl-α-naphthylketon* (III) erhalten. III wird zum *Carbinol* reduziert, das über das *α-[α-Chlor-β.β-difluoräthyl]-naphthalin* (IV) in *α-[β-Fluorvinyl]-naphthalin* (V) übergeführt wird. III gibt mit CH_3Li *α-Naphthyldifluormethylmethylcarbinol*, aus dem mit P_4O_{10} *α-[α-Difluormethylvinyl]-naphthalin* entsteht. I u. Tetrafluoräthylen kondensieren zu *α-[Perfluorvinyl]-naphthalin* (VI). Die IR-Spektren von IV, V u. VI werden diskutiert.

Versuche: *Difluormethyl-α-naphthylketon* (III), $C_{12}H_8F_2O$, Kp.$_2$ 110—115°, durch Zugabe von II zu I (aus n-Butyl-Li u. α-Bromnaphthalin in Ae. unter Ar bei 20°) bei — 75°, 1std. Rühren, Gießen auf Eis u. Ansäuern mit HCl; n_D^{20} 1,5981; 45—55% (Ausbeute). — *α-Naphthyldifluormethylcarbinol*, $C_{12}H_{10}F_2O$, Kp.$_2$ 140°, durch Zugabe von III in Methanol zu einer alkal. wss. Lsg. von $NaBH_4$, 3std. Rühren bei 35°, Zers. mit W. u. Ausäthern; n_D^{20} 1,5910; 83,2%. — *α-[α-Chlor-β.β-difluoräthyl]-naphthalin* (IV), $C_{12}H_9ClF_2$, Kp.$_2$ 111°, durch 1std. Erhitzen vorst. Verb. mit $SOCl_2$ auf 80—85°, Zers. mit W. u. Extrahieren mit Bzl.; n_D^{20} 1,5901; n_D^{25} 1,5878; 69,4%. — *α-[β-Fluorvinyl]-naphthalin* (V), $C_{12}H_9F$, Kp.$_2$ 92—93°, durch 2std. Erhitzen von IV mit Zn-Staub u. wenig Cu in Acetamid auf 150°, Zers. mit Eis u. Ansäuern mit H_2SO_4; n_D^{20} 1,0220; 68%. — *α-Naphthyldifluormethylmethylcarbinol*, Kp.$_{2,5}$ 120°, durch Zugabe einer abs.-äther. Lsg. von III zu CH_3Li in abs. Ae. bei < — 20°, 2std. Rühren bei — 20°, Gießen in Eis u. HCl u. Ausäthern; 88%. — *α-[α-Difluormethylvinyl]-naphthalin*, $C_{13}H_{10}F_2$, Kp.$_2$ 105°, durch 5std. Erhitzen eines Gemisches von vorst. Verb. mit P_4O_{10} in Bzl. unter Rückfluß in Ggw. von akt. Cu-Pulver; n_D^{20} 1,5833; 46%. E. Höft 2700◇

0855 **Synthese von 1.10-Dimethyl-5-oxo-$\Delta^{1,9}$-oktalin.** Soumyendralal Mukherjee. (J. Indian chem. Soc. **39**, 347—52, 1962; Jadavpur, Indian Assoc. for the Cultiv. of Sci., Dep. of Organ. Chem.; engl.) — Die Synthese von *1.10-Dimethyl-5-oxo-$\Delta^{1,9}$-oktalin* durch Dieckmann-Kondens. der entsprechenden Cxylohexen-Derivv. wird beschrieben.

Versuche: *2-Äthoxycarbonyl-3-methylcyclohexanon*, $C_{10}H_{16}O_3$, Kp.$_{10}$ 113—114°, durch Zugabe von 40,2 g Crotonsäureäthylester zu 54,6 g Acetessigsäureäthylester in A. in Ggw. von Na-Äthylat in der Kälte, 3std. Kochen, Eindampfen, Lösen in W., Extrahieren mit Ae., Ansäuern der wss. Lsg. mit 6 n HCl, Extrahieren mit Ae., Eindampfen der Extrakte, Lösen des *2-Äthoxycarbonyl-3-methylcyclohexandions-(1.5)* (F. 89°; 49 g) in Chlf., 3std. Kochen mit PCl_3, Eindampfen im Vakuum, Verdünnen mit W., Extrahieren mit Ae., Dest. des *2-Äthoxycarbonyl-3-methyl-5-chlorcyclohexen-(5)-ons-(1)* (17,1 g) bei Kp.$_{7-8}$ 127—130° u. Hydrieren von 15 g in A. an Pd-Kohle; n_D^{31} 1,4610; 11 g (Ausbeute). — *2-Carboxy-2-[γ-carboxypropyl]-3-methylcyclohexanon*, *Diäthylester*, $C_{16}H_{26}O_5$, Kp.$_{0,2}$ 148°, durch Stehen von 9,2 g vorst. Verb. mit K in Xylol in der Kälte über Nacht, Erwärmen auf 100°, Zugabe von γ-Brombuttersäureäthylester, 8std. Erwärmen auf 100°, 10std. Kochen u. Zugabe von wss. HCl; 5,9 g. *Methyläthylester* (?), $C_{15}H_{24}O_5$, durch 74std. Kochen von 2 g des Diäthylesters mit Eisessig/konz. HCl, Dampfdest. u. Verestern des Rückstandes mit CH_2N_2; 0,8 g; bleibt durch 25std. Kochen mit wss. alkohol. KOH, Ansäuern mit HCl u Verestern mit A. in Ggw. von konz. N_2SO_4 unverändert. — *4-Äthoxycarbonyl-3-methyl-2-[γ-äthoxycarbonylpropyl]-Δ^2-cyclohexenon*, $C_{16}H_{24}O_5$, Kp.$_{0,2}$ 162—176°, durch Zugabe von 85,6 g Hagemanns Ester (Smith, 1943) zu K-tert.-Butylat, $^1/_4$std. Stehen, Zugabe von 130 g γ-Jodbuttersäureäthylester, 12std. Kochen, Ansäuern mit 6 n HCl u. Extrahieren mit Ae.; gelbes Öl; 82 g. — *3-Methyl-2-[γ-äthoxycarbonylpropyl]-Δ^2-cyclohexenon*, $C_{13}H_{20}O_3$, Kp.$_{0,8}$ 153—155°, durch 8std. Kochen von 77 g vorst. Verb. mit 15%ig. alkohol. KOH, Ansäuern mit HCl, Filtrieren, Einengen, Verdünnen mit W., Sättigen mit NaCl, Extrahieren mit Ae.. Eindampfen u. 9std. Kochen mit A. in Ggw. von konz. H_2SO_4; $n_D^{28,5}$ 1,4859; 39,2 g. *2.4-Dinitrophenylhydrazon*, $C_{19}H_{24}N_4O_6$, F. 119°, aus A. rote Nadeln. — *2-[γ-Äthoxycarbonylpropyl]-3-methylcyclohexanon*, $C_{13}H_{22}O_3$, Kp.$_{0,5}$ 140—142°, durch Hydrieren von 32 g vorst. Esters in Essigsäure an Pd-Kohle; 29,7 g. — *1.3-Dimethyl-2-[γ-äthoxycarbonylpropyl]-cyclohexen-(1)*, $C_{14}H_{24}O_2$, Kp.$_6$ 132—134°, durch Umsetzen von 28,2 g vorst. Verb. mit Methyl-MgJ in Ae. bei — 10°, 3std. Stehen bei Raumtemp., Zers. mit verd. HCl, Dest. der äther. Phase bei Kp.$_3$ 140—155° (22,8 g), Lösen in abs. Ae. in Ggw. von Pyridin, Zugabe von $SOCl_2$ bei 0°, 2std. Stehen, 1 Std. bei Raumtemp., Zers. mit verd. HCl, Extrahieren mit Ae., Dest. bei Kp.$_6$ 132—137° (17,4 g) u. 3std. Kochen mit Cu in Bzl.; 17,2 g. — *1.3-Dimethyl-2-[γ-carboxypropyl]-cyclohexen-(1)*, $C_{12}H_{20}O_2$, Kp.$_{0,6}$ 135—137°, durch 6std. Kochen von 17,2 g vorst. Verb. mit äthanol. KOH, Waschen mit Ae., Ansäuern mit HCl u. Extrahieren mit Ae.; 12,7 g. — *Gemisch aus 1.10-Dimethyl-5-oxo-$\Delta^{1,9}$- u. -Δ^8-oktalin*, Kp.$_{15}$ 88°, durch 48std. Stehen von 4 g vorst. Verb. in Acetanhydrid mit einer 5%ig. Lsg. von $ZnCl_2$ in Eisessig bei Raumtemp., 40 Min. langes Erwärmen auf 70—80°, Verdünnen mit Ae., Schütteln mit 5%ig. NaOH u. Dest. der äther. Schicht; 2,1 g. *Semicarbazon* (Gemisch), $C_{13}H_{21}N_3O$, F. 190° (verd. A.); gibt durch 2std. Kochen mit 10%ig. HCl das Ketongemisch. — *1.10-Dimethyl-5-oxo-$\Delta^{1,9}$-oktalin*, Kp.$_8$ 117—119°, durch Zugabe von Na-Äthylat zu 4,26 g 1.3-Dimethyl-2-[γ-äthoxycarbonylpropyl]-3-äthoxycarbonylcyclohexen-(1) in abs. Bzl., 4std. Kochen unter N_2, Ansäuern mit HCl in der Kälte, Extrahieren mit Bzl., Eindampfen, 12std. Kochen mit 7%ig. alkohol. KOH, Ansäuern mit HCl u. Extrahieren mit Ae.; 0,85 g. *Semicarbazon*, $C_{13}H_{21}N_3O$, F. 221—222° (A.). W. Hampel 2700△

0856 **Die Kondensation von 4-Bromacenaphthen mit Na-Benzylcyanid.** G. Vasiliu und N. Bărbulescu. (An.

Univ. „C. I. Parhon“ Bucureşti, Ser. Ştiinţ. Naturii **6**, Nr. 14, 85—89, 1957; rum.) — Der Einfl. der Substitution auf die Verseifung der CN-Gruppe wird untersucht. Durch Rk. von 4-Bromacenaphthen mit Benzylcyanid bzw. α-Phenylbutyronitril u. $NaNH_2$ in Ae. werden *Acenaphthyl-(4)-phenylacetonitril* (**I**, F. 131—133°) bzw. *α-[Acenaphthyl-(4)]-α-äthyl-α-phenylacetonitril* (**II**, F. 115°) erhalten. Hydrolyse von **I** liefert *Acenaphthyl-(7)-phenylessigsäure*, während **II** weder mit Säure noch mit Base hydrolysiert wird. Gottfried Schreiber 2750△

0857 **Cyclische Acetylene. 8. Mitt. Synthese von Dianthryl-(1.1')-tetraacetylen. Eine Modellsubstanz eines cyclischen Oktaacetylens mit Anthracenkernen.** Shuzo Akiyama, Soichi Misumi und Masazumi Nakagawa. (Bull. chem. Soc. Japan **35**, 1826—29, 1962; Nakanoshima, Osaka, Osaka Univ., Fac. of Sci., Dep. of Chem.; engl.) — 4. vgl. C. **1963**, 6960. — Aus Benzanthron stellen Vff. über *1-Carbomethoxy-* (**II**), *1-Formyl-* (**III**), *1-[1.4-Dihydroxybutin-(2)-yl]-* (**IV**) u. *1-[1.4-Dichlorbutin-(2)-yl]-anthracen* durch HCl-Abspaltung u. oxydative Kupplung des erhaltenen *1-Butadiinylanthracens* (**V**) nach Eglinton u. Galbraith (vgl. C. **1960, 6147**) *Dianthryl-(1.1')-tetraacetylen* (**I**) dar. **I** zersetzt sich bei ca. 245° u. bildet eine schwarze Substanz, ohne die Kristallform zu ändern. IR- u. UV-Spektren vgl. Original.

Versuche: *1-Carbomethoxyanthracen* (**II**), F. 104°, aus der Säure durch Kochen mit CH_3OH/H_2SO_4. — *1-Hydroxymethylanthracen*, $C_{15}H_{12}O$, F. 125—126° (A.), durch Red. von **II** mit $LiAlH_4$ in sd. Ae., 1std. Kochen, Zugabe von Äthylacetat u. 5%ig. wss. NaOH zur eiskalten Lsg. u. 1std. Rühren des Ae.-Extraktrückstandes mit 10%ig. wss. NaOH; 96% (Ausbeute). — *1-Brommethylanthracen*, $C_{15}H_{11}Br$, F. 114—115° (gelbe Nadeln aus CCl_4), durch Zugabe von PBr_3 zu vorst. Verb. in eiskaltem Chlf./Pyridin (Py.), 1std. Stehen bei Raumtemp. u. Zers. mit W.; 93%. *Pyridiniumbromid*, $C_{20}H_{16}$ · BrN, F. 225—227° (Zers.; hellgelbe Plättchen). *Pyridiniumperchlorat*, $C_{20}H_{16}ClNO_4$, F. 235—237° (Zers.; hellgelbe Blättchen). — *1-Formylanthracen* (**III**), $C_{15}H_{10}O$, F. 131—132° (A.; gelbe Blättchen), a) durch Einw. von PBr_3 auf vorvorst. Verb. analog vorst. Verb., Zugabe von Hexamethylentetramin in Chlf., 3std. Kochen, Eindampfen, Kühlen, Zugabe von W. zur Lsg. des hellgelben Addukts in Essigsäure, 1std. Kochen, Zugabe von 12 n HCl, 5 Min. langes Kochen u. Gießen in W.; 53%; b) durch Zugabe vorvorst. Verb. in abs. Py. zu einem eiskalten CrO_3/Py.-Gemisch, $^1/_2$std. Schütteln unter Kühlung u. 2 Std. bei Raumtemp. u. Gießen in W.; 88%. — *1-[1.4-Dihydroxybutin-(2)-yl]-anthracen* (**IV**), $C_{18}H_{14}O_2$, F. 204—205° (hellgelbliche Blättchen aus A./Bzl.), durch Zugabe von Tetrahydropyranyl-(2)-propargyläther in Tetrahydrofuran (THF) zu C_2H_5MgBr in THF unter Kühlung, 1,5std. Kochen, Zugabe von **III** in THF unter Kühlung, 10std. Rühren bei 10°, Zusatz von 4 n H_2SO_4, unter Kühlen u. 1,5std. Rühren; 70%. — *1-Butadiinylanthracen* (**V**), $C_{18}H_{10}$, Zers. bei 130° (gelbe Nadeln), durch Zugabe von $SOCl_2$ in THF zu **IV** in eiskaltem abs. Py./THF, $^1/_2$std. Rühren bei 40°, 1,5std. Kochen, Zugabe von Eis, Extrahieren mit Bzl., Eindampfen im Vakuum unter N_2, Zugabe des entstandenen *1-[1.4-Dichlorbutin-(2)-yl]-anthracens* in THF zu $NaNH_2$ in fl. NH_3, 3std. Rühren u. Zugabe von NH_4Cl; 33% (zeigt in verd. Lsg. violette Fluorescenz). — *Dianthryl-(1.1')-tetraacetylen* (**I**), $C_{36}H_{18}$, Zers. bei ca. 245° (goldgelbe Blättchen oder Nadeln aus Bzl.), durch Zugabe von Cu-Acetat · H_2O zu **V** in Py., 4std. Rühren bei 45°, Filtrieren, Lösen der gelben Kristalle in Bzl. u. Filtrieren durch Al_2O_3; 6%. Bernhard Gnauck 2800◇

0858 **Cyclische Acetylene. 9. Mitt. Synthese eines cyclischen Oktaacetylens mit Anthracenkernen.** Shuzo Akiyama, Soichi Misumi und Masazumi Nakagawa. (Bull. chem. Soc. Japan **35**, 1829—36, 1962; engl.) — 8. vgl. vorst. Referat. — Aus 1.8-Dicarbomethoxyanthracen (**I**) wird über *Anthracen-1.8-bis-[carbohydrazid]* (**II**) durch Zers. des Benzolsulfonylderiv. (**IV**) von **II** *1.8-Diformylanthracen* (**III**) gewonnen. **I** liefert **III** besser durch Red. mit $LiAlH_4$ u. Oxydation der *1.8-Bis-hydroxymethylverb.* mit CrO_3 in Pyridin (Py.). Aus **III** wird über das in Lsg. violett fluorescierende *1.8-Dibutadiinylanthracen* (**V**) *cycl. 1.1';8.8'-Bis-[octatetrainylen]-dianthracen* (**VI**) dargestellt. Bei der Eglinton-Oxydation von **V** tritt erhebliche Zers. auf. Die katalyt. Hydrierung von **VI** führt zu *1.1';8.8'-Bis-[oktamethylen]-9.10-di-hydrodianthracen*. UV-Spektren vgl. Original.

Versuche: *1.8-Dicarbomethoxyanthracen* (**I**), C_{18} · $H_{14}O_4$, F. 104—105° (lange gelbe Nadeln aus CH_3OH), durch 8std. Kochen der Säure mit CH_3OH/konz. H_2SO_4; 81% (Ausbeute). — *Anthracen-1.8-bis-[carbohydrazid]* (**II**), $C_{16}H_{14}N_4O_2$, F. 292—293° (Zers.; gelbe Nadeln aus A.), durch 4std. Kochen von **I** in 99%ig. A. mit N_2H_4 · H_2O; 92%. *N.N'-Bis-[benzolsulfonyl]-Deriv.* (**IV**), $C_{28}H_{22}$ · $N_4O_6S_2$, F. 263—264° (Zers.; hellgelbe Kristalle aus Py.), durch 3std. Rühren von **II** mit Benzolsulfonylchlorid in abs. Py. bei 0° u. 5std. Rühren bei Raumtemp.; 92%. — *1.8-Bis-[hydroxymethyl]-anthracen*, C_{16} · $H_{14}O_2$, F. 217—218° (hellgelbe Würfel aus A.), durch Extraktion von **I** mit $LiAlH_4$-haltigem Ae., 3std. Kochen, Zugabe von Äthylacetat zur eiskalten Lsg., Abdest. des Lsgm. u. Zugabe von 6 n HCl; 97%. — *1.8-Diformylanthracen* (**III**), $C_{16}H_{10}O_2$, F. 189—191° (gelbe Nadeln aus Bzl.), a) durch Erhitzen von **IV** in abs. Äthylenglykol auf 165°, Zugabe von abs. Na_2CO_3-Pulver unter starker Kühlung u. Gießen in W.; 15%; b) durch Zugabe vorst. Verb. in abs. Py. zu eiskalter CrO_3-Lsg. in abs. Py., 20 Min. langes Schütteln unter Kühlen, 2 Std. bei Raumtemp., Gießen in W. u. Extraktion des braunen Pulvers mit Bzl.; 75%. — *1.8-Bis-[1.4-dihydroxybutin-(2)-yl]-anthracen*, $C_{22}H_{18}O_4$, Zers. bei 210°, (hellgelbe Blättchen aus Tetrahydrofuran (THF)/Bzl.), a) durch Zugabe von C_6H_5Li in Ae. zu eiskaltem Tetrahydropyranyl-(2)-propargyläther (**VII**) in Ae. unter N_2, $^1/_2$std. Rühren bei Raumtemp., 1std. Kochen, Zugabe von **III** in THF zur eiskalten Lsg., 4,5std. Rühren, Zugabe von 4 n H_2SO_4 unter Eiskühlung u. 3std. Rühren bei 10°; 42%; b) durch 1,5std. Kochen des Hg-Acetylids von **VII** mit einem Li-Überschuß in abs. Dioxan unter N_2, Mischen mit **III** in Dioxan/THF, 4std. Rühren bei 10°, Zugabe von 4 n H_2SO_4 unter Eiskühlung, 1std. Rühren u. Extraktion mit Bzl.; 19%. — *1.8-Dibutadiinylanthracen* (**V**), $C_{22}H_{10}$, Zers. bei 110° (gelbe Nadeln aus Bzl./PAe.), durch Zutropfen von $SOCl_2$, abs. Py. u. THF zu vorst. Verb. in eiskaltem THF, 0,5std. Rühren unter Kühlung, 1,5std. Rühren bei 20°, 10 Min. langes Kochen, Eindunsten im Vakuum unter N_2, Zutropfen zu $NaNH_2$ in fl. NH_3 bei — 70°, 2std. Rühren, Zusatz von NH_4Cl, Abdampfen des NH_3, Ausziehen des Rückstandes mit PAe. u. Filtrieren der Bzl.-Lsg. durch Al_2O_3; 23%. — *1.1';8.8'-Bis-[octatetrainylen]-dianthracen* (**VI**), $C_{44}H_{16}$, Zers. bei ca. 160° (tiefrote feine Nadeln), durch Zugabe von **V** in Py./CH_3OH zu $Cu(CH_3COO)_2$ · H_2O in abs. Py. bei 20°, 1 Min. langes Schütteln, Zugabe von PAe., Abfiltrieren u. Filtrieren der Chlorbenzol-Lsg. durch Al_2O_3; 17%. — *1.1';8.8'-Bis-[oktamethylen]-9.10-dihydrodianthracen*, $C_{44}H_{50}$, F. 122 bis 125° (hellgelbe Kristalle aus Bzl./A.), durch 72std. Schütteln von 0,04 g **VI** in abs. Bzl. unter H_2 in Ggw. von 10%ig. Pd/Kohle, Abfiltrieren, Eindampfen, erneutes 24std. Hydrieren in Bzl. u. Chromatographie an Al_2O_3; 0,01 g. Bernhard Gnauck 2800◇

0859 **Bicyclische Ketone. 1. Mitt. Reaktion von Cyclopentadien mit cis- und trans-Benzalaceton und Acetylphenylacetylen.** J. G. Dinwiddie jun. und S. P. McManus. (J. org. Chemistry **28**, 2416—19, 1963; Clemson, S. C., Clemson Coll., Dep. of Chem. and Geol.; engl.) — Addition von cis-Benzalaceton (**I**) an Cyclopentadien (**II**) gab das erwartete *endo-cis-Addukt* (**VII**), Die Rk. von trans-Benzalaceton (**III**) u. **II** lieferte nicht trennbare Gemische (**G**) der beiden *trans-Isomeren*; die Zus. der Gemische war von der Rk.-Temp. abhängig u. wurde durch oxydativen Abbau zu einem Gemisch (**Z**) der entsprechenden Carbonsäuren u. Überführen der einen ins entsprechende Jodlacton bestimmt. **II** u. Acetylphenylacetylen (**IV**) bildeten das erwartete *Norbornadienderivat*. Die Stereochemie dieser Verbb. wurde ebenfalls durch Haloform-Abbau zu den *Säuren* u. nachfolgende Jodlactonisierung ermittelt. **G** wurde durch 2tägiges Stehen in eine feste Verb. unbekannter Struktur, wahrscheinlich ein Dimeres, übergeführt, das sich nicht hydrieren ließ.

Versuche: *Gemisch* (G) *von endo-2-Acetyl-exo-3-phenyl-* u. *exo-2-Acetyl-endo-3-phenylnorbornen-(5)*, $C_{15} \cdot H_{16}O$, a) aus III u. II in sd. m-Xylol in 20 Std.; gelbes Öl; 64% (Ausbeute); b) aus III u. Dicyclopentadien (V) in sd. C_6H_5Br (10 Std.); c) aus III u. V bei 155° (8 Std.) u. 220° (14 Std.); 35%. — *Gemisch* (Z) *von exo-3-Phenylnorbornen-(5)-endo-* u. *endo-3-Phenylnorbornen-(5)-exo-carbonsäure-(2)* (VI), aus G [nach a), b) bzw. c)] u. NaBrO in Dioxan/W.; ca. 90%. — *exo-3-Phenyl-exo-5-jod-endo-6-hydroxynorbornan-endo-2-carbonsäurelacton*, F. 118 bis 119° (Ae./A.), durch 1/4std. Stehen von Z [nach a), b) bzw. c)] mit J_2/KJ in $NaHCO_3$-Lsg. u. Extraktion mit Ae. 33; bzw. 11,2 bzw. 75%; daneben 35 bzw. 38,9 bzw. 18,3% VI, F. 113—113,5° (Cyclohexan oder Ae./Hexan), durch Ansäuern der wss. Phase u. Ausäthern. — *Verb.* $C_{30}H_{32}O_2$, Zers. bei ca. 170°, durch 48std. Stehen von G u. Auskochen mit C_2H_5OH. — *cis-2-Acetyl-3-phenylnorbornen-(5)* (VII), $C_{15}H_{16}O$, aus I u. II in sd. Toluol (30 Std.); hellgelbes Öl; 55%. *2.4-Dinitrophenylhydrazon* $C_{21}H_{20}N_4O_4$, F. 123—124° (Essigester/A.). — *endo-3-Phenyl-exo-5-jod-endo-6-hydroxynorbornan-endo-2-carbonsäurelacton*, F. 122,5—123,5° (Ae./A.), durch 4std. Rühren von 0,55 g VII u. NaOBr in wss. Dioxan bei 0°, Ansäuern mit verd. HCl, Extraktion mit Ae. Eindampfen, 1/4std. Stehen mit J_2/KJ in $NaHCO_3$-Lsg. u. Ausäthern; 0,10 g. — *2-Acetyl-3-phenylnorbornadien-(2.5)*, $Kp._{0,08-0,1}$ 86—93°, aus IV u. II in sd. m-Xylol (36 Std.); 79% *2.4-Dinitrophenylhydrazon*, $C_{21}H_{18}N_4O_4$, F. 164—165°, aus Essigester/A. rote Kristalle. — *3-Phenylnorbornadien-(2.5)-carbonsäure-(2)*, F. 135—136° (Ae./PAe.), aus vorst. Verb. u. NaOBr in W./Dioxan; 89%. — *endo-2-Acetyl-endo-3-phenylnorbornan*, a) durch Hydrieren von VII in Bzl. in Ggw. von 10%ig. Pd/Kohle 40 lb./sq. in.; gelbes Öl; n_D^{20} 1,5547; b) analog a) aus vorvorst. Verb. in CH_3OH bei 1 atm.; 100%. *2.4-Dinitrophenylhydrazon*, $C_{21}H_{22}N_4O_4$, F. 115—116° (Essigester/A.). — *endo-3-Phenylnorbornan-exo-2-carbonsäure*, F. 138—139° (Ae./PAe.), a) aus vorst. Verb. u. NaOBr in wss. Dioxan (4std. Rühren bei 0°, dann 30std. Rühren bei Raumtemp.); b) aus VI durch Hydrieren. J. Rothe 2950◇

0860 **Untersuchungen auf dem Gebiet der Diacetylenderivate. 7. Mitt. Über die Diensynthese von 1.4-Bis-[äthylmercapto]-butadien-(1.3) mit Cyclopentadien.** M. F. Schosstakowski, A. W. Bogdanowa und G. I. Plotnikowa. (Nachr. Akad. Wiss. UdSSR, Abt. chem. Wiss. **1960,** 1514—16; Zelinsky-Inst. für organ. Chemie der Akad. der Wiss. der UdSSR; russ.) — 5. vgl. C. **1962,** 11529. — Durch stufenweise Addition von 3 Mol Cyclopentadien (I) an 1.4-Bis-[äthylmercapto]-butadien-(1.3) (II) werden *1-[β-Äthylmercaptovinyl]-2-äthylmercapto-3.6-endomethylen-Δ⁴-cyclohexen* (III), *2.2-Bis-[äthylmercapto]-3.6;3′.6′-diendomethylen-Δ^{4.4′}-dicyclohexenyl-(1.1′)* u. *2-[2′-Äthylmercapto-3′.6′-endomethylen-Δ^{4′}-cyclohexenyl]-3-äthylmercapto-1.4;5.8-diendomethylen-Δ⁶-oktalin* erhalten. III reagiert mit alkohol. $HgCl_2$-Lsg. unter Bldg. von *Äthylmercaptomercurichlorid*, was die Anwesenheit einer freien Äthylmercaptovinylgruppe in III beweist. — Vgl. auch C. **1963,** 15386.

Versuche: *1-[β-Äthylmercaptovinyl]-2-äthylmercapto-3.6-endomethylen-Δ⁴-cyclohexen* (III), $C_{13}H_{20}S_2$, $Kp._3$ 149—150°, durch 15std. Erhitzen von 15 g II mit 5,7 g I im Rohr auf 170—180° u. fraktionierte Dest.; n_D^{20} 1,5613; $D._4^{20}$ 1,0677; 25,8% (Ausbeute); daneben die beiden nachst. Verbindungen. — *2.2-Bis-[äthylmercapto]-3.6;3′.6′-diendomethylen-Δ^{4.4′}-dicyclohexenyl-(1.1′)*, $C_{18}H_{26} \cdot S_2$, $Kp._{9,10^{-4}}$ 127—128°; n_D^{20} 1,5709; $D._4^{20}$ 1,0774; 25%. — *2-[2′-Äthylmercapto-3′.6′-endomethylen-Δ^{4′}-cyclohexenyl]-3-äthylmercapto-1.4;5.8-diendomethylen-Δ⁶-oktalin*, $C_{23}H_{32} \cdot S_2$, $Kp._{1,2}$ 192—193°; n_D^{20} 1,5813; $D._4^{20}$ 1,0999; 28,3%. — *Äthylmercaptomercurichlorid*, durch Vermischen von 0,21 g III mit 0,46 g $HgCl_2$ in 2,5 ml A.; 96,5%.

I. Schade 2950△

0861 **Die Synthese von 1′-Fluor- und 1′-Fluor-10-methyl-1.2-benzanthracen.** Melvin S. Newman und S. Seshadri. (J. org. Chemistry **27,** 76—78, 1962; Columbus, Ohio, Univ., Evans Chem. Labor.; engl.) — 7-Brom-1-methylnaphthalin (II) wurde zu *7-Bromnaphthoesäure-(1)* mit $K_2Cr_2O_7$ oxydiert, die durch die Schmidt-Rk. *7-Brom-α-naphthylamin* lieferte, das nach der von Rutherford modifizierten Schiemann-Rk. *7-Brom-1-fluornaphthalin* (I) lieferte. Die Synth. von II (vgl. Fieser u. Seligman [1938]) wurde durch die Verw. von Chloranil zur Dehydrierung von 7-Brom-1-methyl-3.4-dihydronaphthalin verbessert. Die Rk. der Grignard-Verb. von I mit Phthalsäureanhydrid lieferte *o-[8-Fluornaphthoyl-(2)]-benzoesäure* (III), die mit Methyl-MgBr in *3-Methyl-3-[8-fluornaphthyl-(2)]-phthalid* (IV) übergeführt wurde. Sowohl IV als auch III wurden mit Zn/Ameisensäure zu *o-[1-(8-Fluornaphthyl-(2)-äthyl]-* (V) bzw. *o-[8-Fluornaphthyl-(2)-methyl]-benzoesäure* red., deren Red. zu den *prim. Alkoholen* u. nachfolgende CrO_3-Pyridin-Oxydation die entsprechenden *Aldehyde* ergaben, die durch Cyclisierung mit Polyphosphorsäure (PPS) mit 50—55% Gesamtausbeute *1′-Fluor-10-methyl-* (VI) bzw. *1′-Fluor-1.2-benzanthracen* lieferten. V wurde mit Methyl-Li in *o-[1-(8-Fluornaphthyl-(2))-äthyl]-acetophenon* übergeführt, dessen Cyclisierung nicht gelang. Die Darst. von *8-Fluornaphthyl-(1)-MgBr* aus 1-Brom-8-aminonaphthalin gelang nur mit 20—25% Ausbeute.

Versuche: *β-[p-Brombenzoyl]-propionsäure*, F. 142—144°, aus Brombenzol u. Bernsteinsäureanhydrid in o-Dichlorbenzol durch Zugabe von $AlCl_3$ innerhalb 30 Min. u. 6std. Erhitzen auf 80—90°; 80% (Ausbeute). — *γ-[4-Bromphenyl]-buttersäure*, F. 68—70°, durch Wolff-Kishner-Red. in 45 Min. bei 180—190°; 85%. — *7-Bromtetralon-(1)*, F. 71—73° (PAe.), aus vorst. Verb. durch 1std. Erhitzen mit PPS auf 70°; 80%. — *7-Brom-1-methyl-3.4-dihydronaphthalin*, $Kp._5$ 120—125°, aus vorst. Keton u. Methyl-MgBr; 89%. — *7-Brom-1-methylnaphthalin* (II), $Kp._{0,5}$ 105—110°, aus vorst. Verb. durch 18std. Kochen mit Chloranil in Toluol; 85%. — *7-Bromnaphthoesäure-(1)*, F. 231—233° (Essigsäure), aus II durch 18std. Schütteln mit wss. $K_2Cr_2O_7$ bei 235 ± 5° im Rohr; 70%. — *7-Brom-1-fluornaphthalin* (I), $C_{10}H_6 \cdot$ BrF, aus vorst. Verb. u. NaN_3 in konz. H_2SO_4 bei 5—10° u. nachfolgendes Erwärmen auf 40°, dann Einw. von $NaNO_2$ auf das erhaltene Prod. in verd. H_2SO_4 bei 0—5° u. Zugabe von 65%ig. Hexafluorphosphorsäure sowie Zugabe des isolierten *Diazoniumfluorophosphates* [F. 130 bis 132° (Zers.)] bei sd. Xylol; 44%. — *o-[8-Fluornaphthoyl-(2)]-benzoesäure* (III), $C_{18}H_{11}FO_3$, F. 173—175°, aus I u. Äthylendibromid in Ae. durch Zugabe zu Mg in Ae. innerhalb 1 Std. u. nachfolgende Zugabe der Rk.-Lsg. zu Phthalsäureanhydrid in Bzl., dann 2std. Kochen; 69%. — *3-Methyl-3-[8-fluornaphthyl-(2)]-phthalid* (IV), $C_{19}H_{13}FO_2$, F. 144—145° (Bzl.–PAe.), aus III u. 3 Mol Methyl–MgBr in Ae. durch 1std. Kochen; 80%. — *o-[1-(8-Fluornaphthyl-(2)-äthyl]-benzoesäure* (V), $C_{19}H_{15}FO_2$, F. 160—161°, aus IV durch 18std. Kochen mit Zn-Staub u. 85%ig. Ameisensäure in W.; 82%. — *1′-Fluor-10-methyl-1.2-benzanthracen* (VI), $C_{19}H_{13}F$, F. 125—126°, aus V durch 2std. Kochen mit $LiAlH_4$ in Ae., dann Zugabe des erhaltenen Alkohols in Pyridin zu CrO_3 in Pyridin u. 2std. Stehen bei 20° u. anschließendes 1/4std. Erhitzen des isolierten Aldehydes mit PPS auf den Wasserbad u. Chromatographie an Al_2O_3; 56%. *2.4.7-Trinitrofluorenonkomplex*, $C_{32}H_{18}FN_3O_7$, F. 233—234° (Bzl.–Essigsäure; braune Nadeln). — *o-[8-Fluornaphthyl-(2)-methyl]-benzoesäure*, $C_{18}H_{13}FO_2$, F. 146—148° (wss. A.), aus III analog V; 63%. Daneben *3-[8-Fluornaphthyl-(2))-phthalid*, $C_{18}H_{11} \cdot FO_2$, F. 157—158° (Bzl.–PAe.); 17%. — *1′-Fluor-1.2-benzanthracen*, $C_{18}H_{11}F$, F. 113—114° (Bzl.-Methanol; Prismen), aus vorst. Verb. analog VI; 50%. *2.4.7-Trifluorenonkomplex*, $C_{31}H_{16}FN_3O_7$, F. 234—235° (Bzl.-Essigsäure). — *o-[1-(8-Fluornaphthyl-(2)]-äthyl]-acetophenon*, $C_{20}H_{17}FO$, F. 93—95°, aus V u. Methyl-Li in Ae. in 1 Std. bei Raumtemp.; 34%. *2.4-Dinitrophenylhydrazon*, $C_{26}H_{21}FN_4O_4$, F. 180° (Bzl.-Methanol; orangefarbene Nadeln). — *1-Brom-8-aminonaphthalin*, F. 86—88° (wss. A.), aus 1-Brom-8-nitronaphthalin in A. mit Fe-Pulver u. konz. HCl durch 3std. Kochen; 68%.

D. Kirstein 2950◇

0862 **Die Synthese von Azulenderivaten aus Troponoiden.** Tetsuo Nozoe, Shuichi Seto, Shingo Matsumura und Yasuhiro Murase. (Bull. chem. Soc. Japan **35,** 1179—88, 1962; Sendai, Tohoku Univ., Fac. of Sci., Dep. of Chem.; engl.) — Durch Kondens. von 2-Halogen- oder 2-Methoxytroponen mit Cyanessigsäureäthylester (I) bzw. Malonsäuredinitril (XV) in alkal.

Medium werden *2-Amino-* u. *2-Hydroxyazulen-Derivv.* dargestellt. So werden aus der Rk. von 2-Chlortropon (**III**) mit je 2 Val **I** u. C_2H_5ONa (**II**) in abs. A. *2-Hydroxy-1-carbäthoxy-3-cyan-*(**VI**) u. *2-Amino-1.3-dicarbäthoxyazulen* (**VII**) u. daneben *2-Amino-2-[α-cyan-α-äthoxycarbonyl-methyl]-3-äthoxycarbonyl-2H-1-benzopyran,* in abs. Bzl. nur **VI** u. **VII** erhalten. 2-Bromtropon (**IV**) liefert in gleicher Rk. nur **VII**. Der Ersatz von **II** durch tert. Amine führt zu **VII** u. einer nicht definierten *Verb. vom F. >300°.* Die entsprechende Rk. mit 2-Methoxytropon (**V**) liefert nur geringe Mengen an **VII** u. *2-Amino-1-carbäthoxy-3-cyanazulen* (**VIII**) neben überwiegend *2-Hydroxy-1.3-dicyanazulen* (**IX**), dagegen in Ggw. von 1 Val **II** hauptsächlich **VII**. **VII** liefert kein Acetat u. wird mit Isoamylnitrit (**XVI**) zu *1.3-Dicarbäthoxyazulen* (**X**) desaminiert, dessen Verseifung *1.3-Dicarboxyazulen* (**XI**) ergab. Die therm. Zers. von **XI** liefert *Azulen* (**XII**). Durch partielle Hydrolyse von **X** mit alkohol. KOH wird *1-Carbäthoxy-3-carboxyazulen* erhalten, das bei ca. 250° zu *1-Carbäthoxyazulen* decarboxyliert wird. Die Decarboxylierung des durch Hydrolyse von **VII** erhaltenen *2-Amino-1.3-dicarboxyazulens* gibt *2-Aminoazulen* (**XIII**), das in sein *Acetyl-Deriv.* übergeführt werden konnte. Durch partielle Hydrolyse von **VII** mit KOH u. anschließende Decarboxylierung in Pyridin wurde *2-Amino-1-carbäthoxyazulen* dargestellt. Die Rk. von **V** u. **I** in Ggw. von 2 Val CH_3ONa liefert *2-Amino-1-carbomethoxy-3-cyanazulen* u. daneben **VII, VIII** u. **IX**. Durch Kondens. von **III** mit 1 oder 2 Val **XV** in Ggw. von **II** oder Tributylamin wird *2-Amino-1.3-dicyanazulen* (**XIV**) dargestellt, dessen Konstit. durch UV- u. IR-Spektren gesichert wird. Eine Hydrolyse der CN-Gruppe in **VI, IX** oder **XIV** gelingt weder mit Säuren noch mit Alkalien. Bei der Kondens. von α-Cyan-β-aminoglutaconsäureäthylester an Stelle von 2 Val **I** mit **III** oder **V** werden *heterocycl. Azulenoide* erhalten. Ein mehrstufiger Rk.-Mechanismus zur Bldg. der Azulen-Derivv. wird diskutiert. Die UV-Spektren von **VI, VII, IX, XIV, X, XII, XIII** u. dessen Acetyl-Deriv. sowie das IR-Spektrum von **VII** sind abgebildet.

Versuche: Azulene: *2-Hydroxy-1-carbäthoxy-3-cyan-* (**VI**), $C_{14}H_{11}NO_3$, F. 188–189° (Bzl.; orangefarbene Nadeln), aus dem Na-Salz von **I** (aus 27 g **I**) in abs. A. durch Zugabe von 15 g **III** unter Eiskühlung, 4std. Stehen bei Raum-Temp., Waschen des Nd. mit Bzl. u. 1std. Erwärmen des isolierten *Na-Salzes* [$C_{14}H_{10}O_3NNa$, F. >300° (A.); 900 mg (Ausbeute)] mit 6n HCl auf dem Wasserbad; 370 mg. *Acetyl-Deriv.*, $C_{16}H_{13}NO_3$, F. 141 bis 142° (A.; rotorangefarbene Nadeln), durch 3std. Erhitzen von 50 mg **VI** mit Acetanhydrid/Pyridin auf 120–130°; 40 mg. — *2-Amino-1.3-dicarbäthoxy-* (**VII**), $C_{16}H_{17}NO_4$, F. 93–94° (A.; orangefarbene Prismen), a) neben **VI** aus dem in Bzl. lösl. Anteil; 19 g; b) durch Zugabe von 3 g **III** in abs. Bzl. zum Na-Salz von **I** in abs. Bzl.; 1,2 g; daneben **VI**–*Na-Salz*; c) durch Stehen von 500 mg **III** mit 2,7 g **I** u. Tributylamin in abs. A. über Nacht bei Raum-Temp., Aufarbeitung u. Chromatographie an Al_2O_3; 350 mg; daneben 10 mg *Verb. vom F. >300°* (aus Aceton orangefarbene Schuppen); d) aus dem **I**-Na-Salz u. 3 g **IV** in abs. A. durch Stehen über Nacht bei Raum-Temp.; 3,0 g; e) analog d) durch Zutropfen von 3,64 g **V** statt **IV**; 5,5 g. *Pikrat,* $C_{22}H_{20}N_4O_{11}$, F. 125–126°, aus A. rotorangefarbene Nadeln. *Styphnat,* $C_{22}H_{20}N_4O_{12}$, F. 147–150°, aus A. orangefarbene Schuppen. — *2-Amino-1-carbäthoxy-3-cyan-* (**VIII**), $C_{14}H_{12}N_2O_2$, F. 167–168° (A.; orangefarbene Schuppen), a) aus dem **I**–Na-Salz in abs. A. u. **V** durch Stehen über Nacht; 220 mg; daneben 190 mg **VII**; b) neben **VII** nach e); 100 mg. — *2-Hydroxy-1.3-dicyan-* (**IX**), $C_{12}H_6N_2O$, F. >300° (Aceton; orangegelbe Schuppen), a) neben **VIII** nach a); 1,92 g; b) neben **VII** nach e); 500 mg; c) aus **I**, CH_3ONa u. 1,8 g **V** in abs. A.; 2 g; daneben 200 mg **VII** u. 120 mg **VIII** sowie 40 mg *2-Amino-1-carbomethoxy-3-cyan-*, $C_{13}H_{10}N_2O_2$, F. 135–137° (A.). *Acetat,* $C_{14}H_8N_2O_2$, F. 191–192°, aus 50 mg **IX**; rötlich orangefarbene Schuppen; 30 mg. — *1.3-Dicarboxy-* (**XI**), F. 270° (Zers.), durch 1/2std. Erwärmen von 1 g **X** mit 10%ig. wss.-alkohol. KOH auf dem Wasserbad; 800 mg. *Diäthylester* (**X**), $C_{16}H_{16}O_4$, F. 120–121° (A.; rotviolette Prismen), aus 1 g **VII** in A. durch Stehen mit **XVI** u. konz. H_2SO_4 über Nacht bei Raum-Temp.; 400 mg. *Dimethylester,* $C_{14}H_{12}O_4$, F. 171–172° (Methanol; rotviolette Schuppen), aus 100 mg **XI** in CH_3OH u. CH_2N_2 in Ae.; 80 mg. — *1-Carbäthoxy-*, aus 500 mg **X** durch 1/4std. Erwärmen mit wss.-alkohol. KOH auf dem Wasserbad, Isolierung der *Carbonsäure* mit 6n HCl, Sublimation bei 240–250°/100 Torr u. Chromatographie an Al_2O_3; daneben 10 mg **XII** *Pikrat,* $C_{19}H_{15}N_3O_9$, F. 123–124°, aus A. rote Nadeln. — *2-Amino-1.3-dicarboxy-*, F. 158–160° (Zers.), aus 500 mg **VII** durch 3std. Kochen mit wss.-alkohol. KOH; 350 mg. — *2-Amino-* (**XIII**), $C_{10}H_9N$, F. 93–94° (Bzl.-Cyclohexan; rote Nadeln), a) aus 400 mg vorst. Verb. durch 1/4std. Erhitzen mit Pyridin auf 125–130°; 200 mg; b) durch Sublimation von 60 mg vorst. Verb. bei 170 bis 175°/2 Torr; 20 mg. *N-Acetyl-Deriv.*, $C_{12}H_{11}NO$, F. 168 bis 169°, aus Bzl. violette Nadeln. — *2-Amino-1-carbäthoxy-*, $C_{13}H_{13}NO_2$, F. 68–70° (Cyclohexan; rotorangefarbene Nadeln), aus 1,3 g **VII** u. KOH in A./W. (4 : 1) durch 3std. Kochen, Isolieren mit 6n HCl, Erhitzen mit Pyridin auf 120–130°, Aufarbeitung u. Chromatographie an Al_2O_3; 400 mg. *N-Acetyl-Deriv.*, $C_{15}H_{15}NO_3$, F. 140–141,5°, rote Blättchen. — *2-Amino-1.3-dicyan-* (**XIV**), $C_{12}H_7N_3$, F. >300° (Aceton; orangefarbene Nadeln), a) aus 0,014 Mol **XV**–Na-Deriv. in abs. A. durch Zutropfen von **III** in A. unter Eiskühlung u. 1std. Stehen bei Raum-Temp.; 1,2 g; b) durch Zugabe von Tributylamin zu 500 mg **III** u. 460 mg **XV** in abs. A. oder Bzl.; 700 mg; c) analog b) aus 230 mg **XV**; 300 mg. — *Azulen* (**XII**), F. 98–99° (Methanol/W.; blaue Blättchen), durch Sublimation von 500 mg **XI** bei 270–280°/200 Torr; 250 mg. — *2-Amino-3-carbäthoxy-2-[carbäthoxycyanmethyl]-2H-chromen,* $C_{17}H_{18}N_2O_5$, F. 135–137°, neben **VI**; 5 g. H. Gleinig 2950◇

0863 **Über die Reaktion von 3-Aminopropan-1.2-thiocarbonat mit Ammoniak und Aminen.** W. Ss. Etliss und G. A. Rasuwajew. (Ber. Akad. Wiss. UdSSR **143,** 633–35, 21/3. 1962; Gorki, Lobatschewski-Univ., Inst. für Chemie; russ.) — 2-Oxo-5-aminomethyl-1.3-oxathiolan (**I**; 3-Aminopropan-1.2-thiocarbonat) reagiert mit NH_3 oder Dimethylamin unter Bldg. von *3-Hydroxy-1.2-propylensulfid* (**V**). Daneben entstehen *Harnstoff* bzw. *N.N-Dimethylharnstoff.* **V** wird auch durch Verseifung von *Essigsäure-2.3-epithiopropylester* (**III**) oder durch Rk. von 3-Chlor-1.2-propylenoxid (**IV**) mit NaSH erhalten.

Versuche: *Essigsäure-2.3-epithiopropylester* (**III**), $C_5H_8O_2S$, Kp.$_9$ 72–73°, durch 1std. Erhitzen von 155 g 3-Chlor-1.2-propylensulfid mit 140,3 g K-Acetat in 300 ml Eisessig auf 110°; n_D^{20} 1,4880; D_4^{20} 1,1784; 55% (Ausbeute). — *3-Hydroxy-1.2-propylensulfid* (**V**), C_3H_6OS, Kp.$_6$ 75–76°, a) durch 8–10std. Erhitzen von 12 g **I** mit dem 3fachen Überschuß an äthanol. NH_3-Lsg. auf 120–130°; 61% [daneben 5 g *Harnstoff* (F. 132° aus A.); n_D^{20} 1,5415; D_4^{20} 1,2170]; b) analog aus 10 g **I** u. **II** bei 140–150°; n_D^{20} 1,5408; D_4^{20} 1,2170; 2,11 g [daneben 3,5 g *N.N-Dimethylharnstoff* (F. 180° aus A.)]; c) Kp.$_5$ 70–71°, durch 1std. Kochen von 90 g **III** mit 38,2 g KOH in 200 ml A.; n_D^{20} 1,5415; D_4^{20} 1,2155; 81%; d) Kp.$_8$ 78–80°, durch Lösen von 11,5 g Na in 100 ml abs. Methanol, Sättigen der Lsg. mit H_2S u. Zutropfen von 46,25 g **IV**; n_D^{20} 1,54126; D_4^{20} 1,2165; 7 g. *α-Naphthylurethan,* F. 165–166°. B. Celms 3030△

0864 **Untersuchungen über die Aufspaltung des Furanringes. 5. Mitt. Umlagerung des 4-Methoxy-5-hydroxytetrahydrosilvans in 2-Methyltetrahydrofuranon-(4).** Leonhard Birkofer und Wolfgang Giessler. (Liebigs Ann. Chem. **665,** 125–31, 1963; Köln, Univ., Inst. für Organ. Chem.; dt.) — 4. vgl. C. **1963,** 9265. — Durch Hydrierung von α-Methoxylävulinaldehyddimethylacetal an Raney-Ni in CH_3OH bei 100° u. 100 at wird *2-Methoxy-4-hydroxyvaleraldehyddimethylacetal* (**I**) erhalten, das durch Fraktionieren in 2-Isomere (**Ia** bzw. **Ib**) getrennt wird. Durch Rk. von **Ia** bzw. **Ib** mit wenig H_2SO_4 in abs. CH_3OH werden die 4 Isomeren des *4.5-Dimethoxytetrahydrosilvans* (**II**) gebildet, das durch verd. H_2SO_4 zu *4-Methoxy-5-hydroxytetrahydrosilvan* (**III**) hydrolysiert wird. Durch wasserfreies $CaCl_2$ wird **III** bei 160–165° in *2-Methyltetrahydrofuranon-(4)* (**IV**) übergeführt, während bei 140–145° *Bis-[2-methyl-4-methoxytetrahydrofuryl-(5)]-äther* (**V**) entsteht. Die

Konstit. von **IV** wird durch Vgl. mit einem durch Oxydation von 2-Methyltetrahydrofuranol-(4) erhaltenen Präp., die Konstit. von **V** durch Rkk. u. die leichte Hydrolyse zu **III** festgestellt. Wahrscheinlich geht bei der Pyrolyse **III** zunächst in 4-Methoxy-2.3-dihydrosilvan (**VI**) über, das durch Addition von **III** in **V** übergeht; dieses wird dann zu 2 Mol **VI** dehydratisiert, das durch Hydrolyse in CH_3OH u. **IV** zerfällt. Die Annahme wird durch die Bldg. von je 1 Mol **II** u. **IV** aus **V** u. $CaCl_2$ bei 200° gestützt.

Versuche: *2-Methoxy-4-hydroxyvaleraldehyddimethylacetal* (**I**), *α-Form* (**Ia**), $C_8H_{18}O_4$, Kp.$_{11}$ 105°, Kp.$_2$ 73°, durch 24std. Hydrieren von frisch destilliertem α-Methoxylävulinaldehyddimethylacetal an Raney-Ni in CH_3OH bei 130° u. 100 at u. Fraktionieren des **I** [Kp.$_{13}$ 105—109°; 90% (Ausbeute)] über eine 1 m-Drehbandkolonne; n_D^{20} 1,4301; daneben *β-Form* (**Ib**), $C_8H_{18}O_4$, Kp.$_{11}$ 108,5°; n_D^{20} 1,4311. — *4.5-Dimethoxytetrahydrosilvan* (**II**), Kp.$_{12}$ 52°, durch 1std. Kochen von **III** u. Acetylchlorid in CH_3OH u. Neutralisieren mit $NaHCO_3$-Lsg.; 75%. *α-Form* (**IIa**), $C_7H_{14}O_3$, Kp.$_{20}$ 61,5°, als Gemisch mit 11,4% der *γ-Form* (**IIb**) durch Zugeben von 1 cm³ 0,5 n abs. methanol. H_2SO_4 zu 13,5 g **Ia**, 86std. Stehen bei Raumtemp. u. Neutralisieren mit CH_3ONa in CH_3OH; 10 g; nach Abtrennung von **IIb** durch Feinfraktionierung n_D^{20} 1,4188. *β-Form*, $C_7H_{14}O_3$, Kp.$_{20}$ 60—60,2°, als Gemisch mit 4,8% der *δ-Form* (**IIc**) durch Zugeben von 2 cm³ 0,5 n abs. methanol. H_2SO_4 zu 26,1 g **Ib** u. weiter wie bei **IIa**; 20 g; nach Abtrennen von **IIc** n_D^{20} 1,4184. — *4-Methoxy-5-hydroxytetrahydrosilvan* (**III**), Kp.$_4$ 75—76°, durch Hydrolyse von 7,7 g **V**; 5,8 g. *α-Form* (**IIIa**), $C_6H_{12}O_3$, Kp.$_4$ 75,5°, durch 7tägiges Stehen von 6,6 g **IIa** u. 100 cm³ 0,5 n H_2SO_4, Sättigen mit NaCl u. kontinuierliches Extrahieren mit Ae.; n_D^{20} 1,4404; 3,2 g. *β-Form* (**IIIb**), $C_6H_{12}O_3$, Kp.$_4$ 76,8°, analog **IIIa** aus 14,7 g **IIb** u. 120 cm³ 0,5 n H_2SO_4; n_D^{20} 1,4408; 4,3 g. — *2-Methyltetrahydrofuranon-(4)* (**IV**), $C_5H_8O_2$, Kp.$_{12}$ 40°, Kp.$_{100}$ 82,5° a) durch 6std. Erhitzen von 10 g **III** u. 1 g $CaCl_2$ auf 160—165° u. Fraktionieren; n_D^{20} 1,4301; 4 g; b) durch Erhitzen von **III** auf 200°, Zufügen von $CaCl_2$ u. Dest.; c) durch Zutropfen von K_2CrO_7 in verd. H_2SO_4 zu 6,4 g 4-Hydroxy-2-methyltetrahydrofuran in Ae. bei —20° in 3 Std. u. 22std. Rühren bei Raumtemperatur. *2.4-Dinitrophenylhydrazon*, $C_{11}H_{12}N_4 \cdot O_5$, F. 143°, aus A. goldgelbe Nadeln. — *Bis-[2-methyl-4-methoxytetrahydrofuryl-(5)]-äther* (**V**), $C_{12}H_{22}O_5$, Kp.$_{5,5}$ 126°, a) neben **IV** nach a); n_D^{20} 1,4457; b) aus **III** u. $CaCl_2$ bei 140—145° oder aus **III** u. Al-Grieß bei 165 bis 170°. — *4-Hydroxy-2-oxovaleraldehyd-bis-2.4-dinitrophenylhydrazon*, $C_{17}H_{16}N_8O_9$, F. 251°, a) durch 2tägiges Stehen von 1 g **IIIa**, 2.4-Dinitrophenylhydrazin u. verd. H_2SO_4 u. Auskochen des Nd. mit CH_3OH; aus Dioxan rote Tafeln; 120 mg; b) analog a) aus **IIIb**; 80 mg. — *2-Methoxy-4-hydroxyvaleraldehyd-2.4-dinitrophenylhydrazon*, *α-Form*, $C_{12}H_{16}N_4O_6$, F. 97—98° (CH_3OH), neben vorst. Verb. nach a); 1,12 g. *β-Form*, $C_{12}H_{16}N_4O_6$, F. 96—97° (CH_3OH), neben vorst. Verb. nach b); 1,33 g. — *Acetaldehyd*, Kp.$_{760}$ 21°, neben dem *Acetaldehyddiäthylacetal* (Kp.$_{760}$ 103°) durch 24std. Erhitzen von Vinyläthyläther, $CaCl_2$ u. wenig W. auf 200°.

F. Heller 3061◇

0865 **Über einige 5-Nitrobrenzschleimsäureanilide.** V. Fărcăsan und C. Makkay. (Rev. Chim. [Bucarest] **5**, 129—37, 1960; Cluj, Akad. der Rumän. Volksrepublik, Chem. Inst.; dt.) — Durch Rk. von 5-Nitrobrenzschleimsäurechlorid (**I**) mit Anilinen bzw. durch Chlorierung oder Nitrierung von 5-Nitrobrenzschleimsäureanilid (**II**) wird eine Reihe entsprechend substituierter *5-Nitrobrenzschleimsäureanilide* dargestellt. Die Darst. des 2'.4'.5.6'-Tetranitrobrenzschleimsäureanilids aus **I** u. Pikramid gelang nicht. **II** liefert durch Chlorierung *4'-Chlor-* bzw. *2'.4'-Dichlor-5-nitrobrenzschleimsäureanilid* (**IV**), jedoch kein 2'.4'.6'-Trichlor-Derivat. Mit **I** werden die entsprechenden Derivv. von 2-Chlor-, 4-Chlor- bzw. 2,4-Dichloranilin erhalten; das Kondens.-Prod. letzter Verb. wird zur Ausgangsverb. hydrolysiert. Nitrierung von **II** gibt *2'.5-* u. *4'.5-Dinitrobrenzschleimsäureanilid* als trennbares *Gemisch* u. mit HNO_3-Überschuß *2'.4'.5-Trinitrobrenzschleimsäureanilid* (**V**). Die Einführung von mehr als 3 Nitrogruppen gelingt durch direkte Nitrierung nicht. Die Struktur der erhaltenen Rk.-Prodd. wird durch entsprechende Synth. gesichert. Die durch Kondens. von **I** u. 4-Aminophenol (**VI**) erhaltene *Verb. vom F. 267°* wird durch chem. Rkk. als *4'-Hydroxy-5-nitrobrenzschleimsäureanilid* (**III**) erkannt. Bei der von Takahashi u. Mitarbeitern (J. pharmac. Soc. Japan [Yakugakuzasshi] **69**, [1949], 286) als **III** beschriebene Verb. (F. 143°) scheint es sich um 4-[5-Nitrofuroyl-(2)-oxy]-anilin zu handeln.

Versuche: 5-Nitrobrenzschleimsäureanilide, durch Zusetzen von **I** zu den entsprechenden Anilinen in Ae.: *4'-Methyl-*, $C_{12}H_{10}N_2O_4$, F. 162°, aus A. u. Essigsäure gelbe Prismen. — *4'-Brom-*, $C_{11}H_7BrN_2O_4$, F. 196°, aus A. glänzend gelbe Prismen. — *4'-Methoxy-*, $C_{12}H_{10}N_2O_5$, F. 185° (A.). — *4'-Carboxy-*, $C_{12}H_8N_2O_6$, F. > 250°, aus Methanol gelbe Prismen. — *4'-Rhodan-*, $C_{12}H_7 \cdot N_3O_4S$, F. 156°, aus A., Methanol u. Essigsäure amorph braungelb. — *2'.4'.6'-Trichlor-*, $C_{11}H_5Cl_3N_2O_4$, F. 172°, aus Aceton u. 80%ig. A. Prismen. — *4'-Chlor-*, $C_{11}H_7ClN_2O_4$, F. 181° (A.); auch durch 1std. Rühren von **II** mit Cl_2 in Eisessig u. Zusetzen von Wasser. — *2'-Chlor-*, $C_{11}H_7Cl \cdot N_2O_4$, F. 137°, aus A. u. 50%ig. Essigsäure grünstichige Nadeln. — *2'.4'-Dichlor-* (**IV**), $C_{11}H_6Cl_2N_2O_4$, F. 141 bis 142°, a) in Ae.–Pyridin unter Eiskühlung; b) durch Chlorieren von **II** wie vorst. in 2 Std.; c) durch 3std. Erhitzen von **II** u. Cl_2 in Eisessig auf 140—145° im Rohr u. Stehen über Nacht; d) durch 8std. Einleiten von Cl_2 in **II** in CCl_4 in Ggw. von Fe auf dem Wasserbad u. Stehen über Nacht; aus A. gelbe Nadeln. — *4'-Hydroxy-* (**III**), $C_{11}H_8N_2O_5$, F. 267°, a) durch Zusetzen von **I** in Ae. zu eiskaltem **VI** in Ggw. von Pyridin, 1std. Stehen bei Zimmertemp. u. Zusetzen von W.; b) durch ½—1std. Kochen des Acetats in verd. HCl; aus wss. A. orangegelbe Würfel. *Acetylderiv.*, $C_{13}H_{10}N_2O_6$, F. 213—214°, aus A. gelbgrüne Prismen. — *2'-Nitro-*, $C_{11}H_7N_3O_6$, F. 193—194°, durch Zusetzen von 2-Nitranilin u. Dimethylanilin zu 2 g **I** in Ae., Anreiben des Nd. mit A., Kochen des Rückstands mit A. u. Warmfiltration; aus Eisessig gelbgrüne Prismen; 2 g (Ausbeute). — *4'-Nitro-*, $C_{11}H_7 \cdot N_3O_6$, F. 255° (A.), a) durch langsames Zusetzen von **I** in Nitrobenzol zu 4-Nitranilin in Nitrobenzol; Zusetzen von Nitrobenzol in Methanol; b) durch 2tägiges Stehen des bei —10° angesetzten Rk.-Gemichs aus 2 g **II**, konz. HNO_3, H_3PO_4 u. Acetanhydrid bei Zimmertemp. u. Kochen des Nd. mit Bzl.; 0,25 g; aus A. federartige Nadeln; daneben 0,75 g vorst. Verb. (durch Eindampfen der Bzl.-Lsgg. u. Kochen in A.). — *2'.4'-Dinitro-* (**V**), $C_{11}H_6N_4O_8$, F. 175°, a) durch 3std. Erhitzen von 1,5 g **I** u. 1,5 g 2.4-Dinitranilin auf 135—145° im Rohr, Zusetzen von A. u. Fällen mit W.; aus Eisessig, Bzl. u. A., Lösen in Aceton u. Fällen mit W., gelbe Prismen; 0,5 g; b) durch Nitrieren von **II** mit konz. HNO_3 konz. H_2SO_4 bei 0°, ½std. Stehen u. Gießen auf Eiswasser; aus A.–Essigsäure u. Bzl. gelbe Prismen; c) durch analoge Nitrierung vorst. Verbindung. — *2.4-Dichloranilin*, F. 63—64°, durch 6std. Erhitzen von **IV** mit konz. HCl im Rohr u. Zusetzen von W., Alkalisieren u. Ausäthern des Filtrats, Lösen des Rückstands in A. u. Fällen mit Wasser. *Acetyl-Deriv.*, F. 142—143°. — *2.4-Dinitranilin*, F. 171—172°, durch 2std. Erhitzen von **V** u. konz. H_2SO_4 auf 118—120° u. Gießen auf Eis, Kochen des Nd. in Eisessig u. Eingießen des Filtrats in W., Lösen des Nd. in Essigester u. Einengen des Filtrats; gelbbraun.

H. Gleinig 3061◇

0866 **Untersuchungen über Benzofuran.** 10. Mitt. **Synthese von hydroxylierten 2.3-Dimethylbenzofuranen und von Tetramethyldifuranobenzolen.** René Royer, Emile Bisagni, Claude Hudry, Andrée Cheutin und Marie-Louise Desvoye. (Bull. Soc. chim. France **1963**, 1003—07; Paris, Fondat. Curie, Inst. du Radium, Labor. de Chim. Organ.; franz.) — 9. vgl. C. **1963**, 9292. — Durch H_2SO_4, $ZnCl_2$ u. bes. durch $POCl_3$ erfahren *3-[Methoxyphenoxy]-butanone-(2)* (**A**) unter Abspaltung von W. Cyclisierung zu am Bzl.-Kern *methoxylierten 2.3-Dimethylbenzofuranen* (**C**), deren CH_3O-Gruppen durch Pyridinhydrochlorid (**XI**) leicht in OH-Gruppen umgewandelt werden können. Die dabei erhaltenen am Bzl.-Kern *hydroxylierten 2.3-Dimethylbenzofurane* (**D**), die sich durch direkte Cyclodehydratisierung entsprechender 3-[Hydroxyphenoxy]-butanone-(2) mit

$POCl_3$ nicht synthetisieren lassen, reagieren mit 3-Chlorbutanon-(2) (**XII**) unter Bldg. von *3-[2.3-Dimethylbenzofuryloxy]-butanonen-(2)*, die man mit $POCl_3$ zu *Tetramethyldifuranobenzolen* cyclodehydratisiert. Die **A** gewinnt man durch Einw. von **XII** auf entsprechende *Methoxyphenole* (**B**) in Ggw. von K_2CO_3. Zur Aufklärung der Struktur der synthetisierten Verbb. werden deren IR-Spektren ausgewertet.

Versuche: *2.5-Dimethoxyphenol*, Kp.$_{14}$ 134—135°, durch 1std. Erwärmen der Lsg. von 2-Acetylhydrochinondimethyläther (**XIII**) u. Perbenzoesäure in Ggw. von p-Toluolsulfonsäure in $CHCl_3$ auf 45—50° unter Rühren, 17std. Aufbewahren bei Raumtemp., Einengen der mit Na_2CO_3 gewaschenen $CHCl_3$-Lsg., Dest. des $CHCl_3$-Rückstands im Vakuum, Abtrennen der bei Kp.$_{15}$ 155 bis 156° dest., aus **XIII**-*1-Acetoxy-2.5-dimethoxybenzol-Gemisch* bestehenden Fraktion, 15 Min. langes Kochen mit wss.-äthanol. KOH, Verdünnen mit W., Auswaschen von **XIII** mit $CHCl_3$, Ansäuern der alkal. wss. Lsg. mit HCl u. $CHCl_3$-Extraktion; gelbe Fl.; $n_D^{20,5}$ 1,5466; 58% (Ausbeute); daneben wenig *2.5-Dimethoxy-p-benzochinon*, $C_8H_8O_4$, Sublimationspunkt 220° (A.; grüne Plättchen). — *2.4-Dimethoxyphenol*, Kp.$_{18}$ 140—141°, analog vorst. Verb. aus Dimethylresacetophenon; gelbe Fl.; 57,5%. — 3-[Methoxyphenoxy]-butanone-(2) (**A**), durch Rk. des entsprechenden **B** mit **XII** nach der früher l. c. beschriebenen Meth.: *3-[3-Methoxyphenoxy]*- (**I**), Kp.$_{13}$ 141—142°, $n_D^{27,5}$ 1,5188; 69%. — *3-[4-Methoxyphenoxy]*- (**II**), Kp.$_{13}$ 146°, n_D^{22} 1,5122; 69%. — *3-[2-Methoxyphenoxy]*- (**III**), F. 17—18°, Kp.$_{13}$ 136—138°, n_D^{20} 1,5166; 73,5%. — *3-[3.5-Dimethoxyphenoxy]*- (**IV**), Kp.$_{15}$ 175°, n_D^{23} 1,5191; 74%. — *3-[2.5-Dimethoxyphenoxy]*- (**V**), Kp.$_{11}$ 162—163°, n_D^{21} 1,5201; 71%. — *3-[2.4-Dimethoxyphenoxy]*- (**VI**), Kp.$_{22}$ 179°, $n_D^{24,5}$ 1,5151; 73,5%. — *3-[2-Hydroxyphenoxy]*-, F. 75° (PAe./Cyclohexan; Prismen), Kp$_{14}$ 141—142°; 82%. — 2.3-Dimethylmethoxybenzofurane (**C**): *6-Methoxy*- (**XIV**)-*4-Methoxy*- (**XV**)-*Gemisch* (7:3), a) durch Rk. von **I** mit H_2SO_4 (D. 1,83 bis 1,84) nach der l. c. beschriebenen Meth.; 89%; b) analog a) aus **I** u. H_2SO_4 (D. 1,64—1,65); 72%; c) durch Rk. von **I** mit $ZnCl_2$ (vgl. l. c.); 77,5%; d) durch Einrühren von **I** in sd. $POCl_3$ im Überschuß, Gießen in W., $CHCl_3$-Extraktion u. Aufarbeitung der $CHCl_3$-Lsg.; 86,5%. **XIV**, Kp.$_9$ 128—129°, durch Entmethylierung des **XIV**–**XV**-Gemisches mit **XI** in der nachst. beschriebenen Weise, Trennung des erhaltenen **XVI**–**XVII**-Gemisches (vgl. l. c.) u. Methylierung von **XVI**; n_D^{20} 1,5594. **XV**, Kp.$_{11}$ 127°, analog **XIV** aus dem **XIV**–**XV**-Gemisch u. Methylierung von **XVII**; n_D^{21} 1,5600. — *5-Methoxy*-, Kp.$_{11}$ 133—134°, a) wie vorst. nach a) aus **II**; 77,5%; b) wie vorst. nach c) aus **II**; 74%; c) wie vorst. nach d) aus **II**; 81%; daneben geringe Mengen **XVIII**. — *7-Methoxy*-, F. 38,5° (CH_3OH; Nadeln), Kp.$_{12}$ 136°, a) aus **III** mit konz. H_2SO_4; 22%; b) aus **III** mit $ZnCl_2$; 31%; c) aus **III** mit $POCl_3$; 76,5%. — *4.6-Dimethoxy*-, F. 51,5° (PAe.; Prismen), Kp.$_{17}$ 169—170°, aus **IV** mit $POCl_3$; 84,5%. — *4.7-Dimethoxy*-, F. 75,5° (PAe.; Prismen), Kp.$_{18}$ 171 bis 172°, aus **V** mit $POCl_3$; 77%. — *5.7-Dimethoxy*-, F. 49° (PAe.; Prismen), Kp$_{21}$ 182—183°, aus **VI** u. $POCl_3$; 63%. — 2.3-Dimethylhydroxybenzofurane (**D**), durch ca. 20 Min. langes Kochen des entsprechenden **C** mit der doppelten Gew.-Menge **XI**, Gießen in mit HCl angesäuertes W., Ae.-Extraktion u. Aufarbeitung der Ae.-Lsg.; 70—90%: *6-Hydroxy*- (**XVI**), F. 107,5—108° (Cyclohexan). — *4-Hydroxy*- (**XVII**), F. 109—110° (Cyclohexan). — *5-Hydroxy*-, F. 80° (Cyclohexan). — *7-Hydroxy*-, F. 99,5° (Cyclohexan). — *4.6-Dihydroxy*-, F. 131—132° (Bzl./A.). — *4.7-Dihydroxy*-, F. 199—200° (Bzl./A.). — *5.7-Dihydroxy*-, F. 187° (Bzl./A.). — 3-[2.3-Dimethylbenzofuryloxy]-butanone-(2), analog **A** aus entsprechenden **D** u. **XII**: *3-[2.3-Dimethylbenzofuryl-(6)-oxy]*-(**VII**), $C_{14}H_{16}O_3$, F. 34° (CH_3OH; Prismen), Kp.$_{12}$ 179°; 76%. — *3-[2.3-Dimethylbenzofuryl-(4)-oxy]*-(**VIII**), $C_{14}H_{16}O_3$, F. 38° (CH_3OH; Prismen), Kp.$_{12}$ 173°; 71,5%. — *3-[2.3-Dimethylbenzofuryl-(5)-oxy]*- (**IX**), $C_{14}H_{16}O_3$, F. 41° (CH_3OH; Prismen), Kp.$_{14}$ 174°; 71,5%. — *3-[2.3-Dimethylbenzofuryl-(7)-oxy]*- (**X**), $C_{14}H_{16}O_3$, F. 57° (CH_3OH; Prismen), Kp.$_{12}$ 171°; 78,5%. — *2.3.7.8-Tetramethylbenzo-[1.2:b;3.4:b']-difuran*, $C_{14}H_{14}O_2$, F. 88,5°, Kp.$_{15}$ 175—178°, a) durch Cyclodehydratisierung **VIII** mit $POCl_3$ analog **C**; 83,5%; b) analog a) aus **VII**; 87% (Gesamtausbeute); daneben durch fraktionierte Kristallisation aus A. *2.3.5.6-Tetramethylbenzo-[1.2:b;5.4:b']-difuran*, $C_{14}H_{14}O_2$, F. 104°, Kp.$_{13}$ 174—176°. — *2.3.6.7-Tetramethylbenzo-[2.1:b;3.4:b']-difuran*, $C_{14}H_{14}O_2$, F. 162°, Kp.$_{17}$ 184—185°, wie vorst. aus **X**; 87,5%. — *1.2.7.8-Tetramethylbenzo-[1.2:b;4.3:b']-difuran* (**XVIII**)-*2.3.6.7-Tetramethylbenzo-[1.2:b;4.5:b']-difuran-Gemisch*, $C_{14}H_{14}O_2$, F. 145,5 (A.), Kp.$_{13}$ 184—186°, wie vorst. aus **IX**; 87%. H. Gleinig 3061◇

0867 **Nachweis von Dialkylaminodithienylbuten.** Shichiro Akiya, Yasuo Nakazawa und Shunji Ishikura. (J. pharmac. Soc. Japan [Yakugakuzasshi] **77**, 931—33, 1957; Tokyo, Medico-Dental Coll., Tokyo, Univ., Med. Fac., Pharmac. Inst.; jap., Auszug: engl.) — Eine Meth. zur Best. von Narcotica der Zus. 1.1-Bis-[thienyl-(2)]-3-dialkylaminobuten-(1) (**I**) u. zur Unterscheidung der Dimethyl-, Diäthyl- u. Methyläthylaminohomologen wird beschrieben. **I** wird mit 30%ig. H_2O_2 zersetzt. Es entstehen *Dialkylamin* (papierchromatograf. Nachw.) u. *Bis-[thienyl-(2)]-keton*, das als *2.4-Dinitrophenylhydrazon* papierchromatograf. u. spektrograf. identifiziert wurde. Zum Vgl. wurde Diphenylglykolsäure-2-dimethylaminoäthylesterhydrochlorid ebenso behandelt.

Versuche: *Bis-[thienyl-(2)]-keton*, $C_9H_6OS_2$, F. 87°. *2.4-Dinitrophenylhydrazon*, $C_{15}H_{10}N_4O_4S_2$, F. 218°. — *Dimethylaminhydrochlorid*, F. 171°. *Pikrat*, $C_8H_{10}N_4O_7$, F. 159°. — *Benzophenon-2.4-dinitrophenylhydrazon*, F. 238°. S. Hiller 3071△

0868 **Über eine Darstellungsmethode von 2-Alkyl- oder 2-Arylbenzothiophenen.** Lino Vio. (C. R. hebd. Séances Acad. Sci. **257**, 459—60, 1963; Paris, École Norm. Supér., Labor.; franz.) — Die aus Na-Thiophenolat u. entsprechenden α-Chloraldehyden mit 65—80%ig. Ausbeute gewonnenen *α-Phenylmercaptoaldehyde* (**A**) cyclisieren sich bei ½std. Einw. von P_2O_5 bei 180—200° unter Abspaltung von W. zu folgenden, in 2-Stellung substituierten Benzothiophenen (**B**): *2-Methyl*-, F. 51°; 73% (Ausbeute). — *2-Äthyl*-, Kp$_{93}$ 60°; 80%. — *2-Phenyl*-, F. 176°; 60%. Die aus den **A** in saurem Milieu entstehenden α-Phenylmercaptoketone cyclisieren sich zu Prodd., die sich bei der gaschromatograph. Analyse als von **B** verschieden erweisen. Wolfgang Schreiber 3071◇

0869 **Untersuchungen über die aktiven Komponenten von Digenea simplex Ag. und verwandte Verbindungen.** 53. Mitt. **Synthese von 2-Carboxy-3-carboxymethylpyrrolidin.** 1. Mitt. Masao Uchibayashi. (J. pharmac. Soc. Japan [Yakugakuzasshi] **78**, 845—49, 1958; Osaka, Takeda Pharmaceut. Ind., Ltd., Res. Labor.; jap., Auszug: engl.) — 52. vgl. J. pharmac. Soc. Japan [Yakugakuzasshi] **77**, [1957], 630. — Ausgehend von β-Aminopropionsäureäthylester werden über mehrere Stufen *1-Äthoxycarbonyl-2-methoxycarbonyl-3-methoxycarbonylmethyl*- (bzw. *-3-[bis-(methoxycarbonyl)-methyl)]-pyrrolidin* synthetisiert. IR-Spektren vgl. Original.

Versuche: *β-[Cyanmethylamino]-propionsäureäthylester*, $C_7H_{12}N_2O_2$, Kp.$_{1,3}$ 110—112°, durch Umsetzen von 32 g β-Aminopropionsäureäthylester mit Jodacetonitril bei 0°, 1std. Erhitzen auf 50°, Zugabe von K_2CO_3 u. Extrahieren mit Bzl.; 18 g (Ausbeute). — *β-[N-Cyanmethyl-N-äthoxycarbonylamino]-propionsäureäthylester* (**I**), $C_{10}H_{16}N_2O_4$, Kp.$_{0,3}$ 120—124°, durch Zutropfen von Chlorameisensäureäthylester zu 3,8 g vorst. Verb. bei 0°, Zugabe von Na_2CO_3, 1std. Erhitzen auf 50° u. Extrahieren mit Bzl.; 3,6 g. — Pyrrolidine: *1-Äthoxycarbonyl-2-cyan-3-oxo*- (**II**), $C_8H_{10}N_2O_3$, Kp.$_{0,3}$ 135—137°, durch Zutropfen von 4,56 g **I** zu NaH in Bzl. bei 0°, kurzes Erwärmen mit wenig A., Zugabe von Essigsäure u. Extrahieren mit Bzl.; 0,4 g. *2.4-Dinitrophenylhydrazon*, $C_{14}H_{14}N_6O_6$, F. 158° (Zers.); aus A. gelbe Körner. — *1-Äthoxycarbonyl-2-cyan-3-hydroxy*- (**III**), $C_8H_{12}N_2O_3$, Kp.$_{0,3}$ 160—165°, aus 22 g **I** analog **II** u. Red. mit $NaBH_4$ bei 15°, Einengen im Vakuum u. Extrahieren mit Bzl.; 3,5 g. — *1.2-Diäthoxycarbonyl-3-oxo*-, $C_{10}H_{15}NO_5$, Kp.$_{0,4}$ 130°, aus 6,85 g **I** analog **II**, Zugabe von Essigsäure, Filtrieren, Einengen durch Aufnehmen in A., Sättigen mit HCl, 3std. Erwärmen auf 60°, Filtrieren, Einengen im

Vakuum u. Extrahieren mit Bzl.; 0,7 g. — *1.2-Diäthoxycarbonyl-3-hydroxy-*, $C_{10}H_{17}NO_5$, Kp.$_{1}$ 161°, a) durch Red. von 7 g vorst. Verb. an Raney-Ni; 3,2 g; b) durch Einleiten von HCl in die äthanol. Lsg. von 3,5 g **III** bei 0°, 4std. Kochen, Filtrieren, Einengen u. Extrahieren mit Bzl.; 1,3 g. — *1-Äthoxycarbonyl-2-cyan-3-[äthoxycarbonylcyanmethyl]-*, $C_{13}H_{17}N_3O_4$, Kp.$_{1}$ 190°, aus 6,85 g **I** analog **II**, 6std. Kochen mit Cyanessigsäureäthylester, β-Alanin u. Essigsäure, Waschen mit W., Einengen im Vakuum u. Hydrieren in A. in Ggw. von Pd/Kohle; 0,8 g. — *2-Carboxy-3-carboxymethyl-* (**IV**), durch 8std. Kochen von 5,3 g vorst. Verb. mit äthanol. KOH, Einengen, 15std. Kochen mit W., Chromatographieren mit Amberlite IRC-50, Einengen im Vakuum, Papierchromatographie in Essigsäure/Butanol/W. (1 : 4 : 5) u. Trennen des Gemisches mittels Al_2O_3; 1,5 g; daneben *2-Carboxy-3-dicarboxymethyl-* (**V**), 1,5 g. — *1-Äthoxycarbonyl-2-methoxycarbonyl-3-methoxycarbonylmethyl-*, $C_{12}H_{19}NO_6$, Kp.$_{3}$ 150°, durch Verestern von 1,5 g **IV** mit methanol. HCl u. Umsetzen mit Chlorameisensäureäthylester; 0,7 g. — *1-Äthoxycarbonyl-2-methoxycarbonyl-3-[bis-(methoxycarbonyl)-methyl]-*, $C_{14}H_{21}NO_8$, Kp.$_{0,2}$ 165—170°, aus 1,5 g **V** analog vorst. Verb.; 0,8 g. H. Krause 3081△

0870 **Untersuchungen über die aktiven Komponenten von Digenea simplex Ag. und verwandte Verbindungen. 54. Mitt. Synthese von 2-Carboxy-3-carboxymethylpyrrolidin.** 2. Mitt. 1. Teil. Toshio Sugawa. (J. pharmac. Soc. Japan [Yakugakuzasshi] **78**, 849—53, 1958; jap., Auszug: engl.) — 53. bzw. 1. vgl. vorst. Referat. — Als Ausgangsmaterial für die Synth. von 2-Carboxy-3-carboxymethylpyrrolidin wird *γ-Cyancrotonsäureäthylester* (**I**) aus der entsprechenden Chlor- oder Bromverb. dargestellt. **I** kann auch aus β-Cyanäthylmalonsäurediäthylester (**III**) gewonnen werden. Die Synth. von *2-Oxopiperidin* u. *2-Oxo-3-äthoxycarbonylpiperidin* wird beschrieben. IR-Spektren vgl. Original.

Versuche: *γ-Cyancrotonsäureäthylester* (**I**), $C_7H_9 \cdot NO_2$, Kp.$_{17}$ 125—130°, a) durch 7std. Erhitzen von 22 g γ-Chlorcrotonsäureäthylester mit CuCN in Xylol auf 150—170°; 3 g (Ausbeute); b) durch 1std. Erhitzen von 150 g γ-Bromcrotonsäureäthylester mit CuCN in Ggw. von KJ auf 190—200°; 53 g; c) neben **II** (s. unten). — *α-Brom-γ-cyanbuttersäureäthylester*, $C_7H_{10}BrNO_2$, Kp.$_{2}$ 115 bis 116°, durch 2std. Kochen von 21,3 g **III** mit äthanol. KOH, Filtrieren, Waschen mit Aceton, Aufnehmen in W., Behandeln mit Br_2, Einengen im Vakuum, Behandeln mit A./konz. H_2SO_4, Filtrieren, 2std. Erhitzen des Filtrates mit konz. H_2SO_4 auf 100°, Einengen u. Extrahieren mit Bzl.; 6,5 g. — *4-Cyanbuten-(3)-säureäthylester* (**II**), $C_7H_9 \cdot NO_2$, Kp.$_{17}$ 120—123°, durch 3std. Erhitzen von 32 g vorst. Verb. mit Diäthylanilin auf 175—180°; 6,4 g. — *γ-Cyanbuttersäureäthylester*, $C_7H_{11}NO_2$, Kp.$_{17}$ 120—121°, a) durch Red. von 0,7 g **I** in A. in Ggw. von Pd/Kohle; 0,5 g; b) analog a) aus **II**. — *2-Oxopiperidin*, C_5H_9NO, Kp.$_{1}$ 95—100°; a) durch Red. von 5 g **I** in Ggw. von Raney-Ni; 2 g; b) analog a) aus 3 g **II**; 2 g. — *α-Brom-α-äthoxycarbonyl-γ-cyanbuttersäureäthylester*, $C_{10}H_{14}BrNO_4$, Kp.$_{0,65}$ 126—128°, durch Umsetzen von 17 g **III** in CCl_4 mit Br_2 bei 60°; 16 g. — *2-Äthoxycarbonyl-4-cyanbuten-(3)-säureäthylester* (**IV**), $C_{10}H_{13}NO_4$, Kp.$_{1,3}$ 111—117°, durch Zutropfen von 14,6 g vorst. Verb. zu Triäthylamin, Filtrieren, Einengen, Extrahieren mit Bzl. u. Waschen mit HCl u. $NaHCO_3$; 6,5 g. — *2-Carboxy-4-carbamoylbuten-(3)-säure*, $C_6H_7NO_5$, F. 173—175°, durch Behandeln von 8 g **IV** mit KOH; 2 g. — *2-Oxo-3-äthoxycarbonylpiperidin*, $C_8H_{13}NO_3$, Kp.$_{0,1}$ 150—160°, F. 78—80°, a) durch Red. von 10 g **III** in A. in Ggw. von Raney-Ni; 5,6 g; b) analog a) aus 3 g **IV**; 1,5 g. H. Krause 3081△

0871 **Untersuchungen über die aktiven Komponenten von Digenea simplex Ag. und verwandte Verbindungen. 55. Mitt. Synthese von 2-Carboxy-3-carboxymethylpyrrolidin.** 2. Mitt. 2. Teil. Toshio Sugawa. (J. pharmac. Soc. Japan [Yakugakuzasshi] **78**, 853—56, 1958; jap., Auszug: engl.) — 54. bzw. 2. Mitt. 1. Teil vgl. vorst. Referat.
Ausgehend von γ-Cyancrotonsäureäthylester wird die Synth. von *2-Carboxy-3-carboxymethylpyrrolidin* beschrieben u. dessen Identität durch Umwandlung in *1-Äthoxycarbonyl-2-methoxycarbonyl-3-methoxycarbonylmethylpyrrolidin* bestätigt.

Versuche: *2-Cyanmethyl-1.1.3.3-tetracarbäthoxypropan*, $C_{17}H_{25}NO_8$, Kp.$_{0,8-1,0}$ 192—198°, durch 5std. Kochen von 42,2 g 2-Äthoxycarbonyl-4-cyanbuten-(3)-säureäthylester mit Malonsäurediäthylester in Ggw. von Na-Äthylat, Einengen, Behandeln mit Essigsäure u. Extrahieren mit Bzl.; 34 g (Ausbeute). — *2-Oxo-3-äthoxycarbonyl-4-[bis-(äthoxycarbonyl)-methyl]-piperidin*, $C_{15}H_{23}NO_7$, Kp.$_{0,1}$ 180—183°, durch 5std. Erhitzen von 5,5 g vorst. Verb. in A. mit Triäthylamin in Ggw. von Raney-Ni u. H_2 (100 at) auf 150°; 1,5 g. — *1.1-Bis-[äthoxycarbonyl]-2-äthoxycarbonylmethyl-3-cyanpropan*, $C_{11}H_{21}NO_6$, Kp.$_{0,5}$ 158—160°, durch 3std. Rühren von 72 g γ-Cyancrotonsäureäthylester mit Malonsäurediäthylester in Ggw. von Na-Äthylat bei 40—50°, Einengen im Vakuum u. Extrahieren mit Ae.; 75 g. — *2-Oxo-3-äthoxycarbonyl-4-äthoxycarbonylmethylpiperidin*, $C_{12}H_{19} \cdot NO_5$, Kp.$_{0,3}$ 165—170°, F. 85—90°, durch 5std. Erhitzen von 24 g vorst. Verb. in A. in Ggw. von Raney-Ni u. H_2 (150 at) auf 150°; aus Bzl./PAe. Nadeln; 10 g. — *2-Oxo-3-äthoxycarbonyl-3-chlor-4-äthoxycarbonylmethylpiperidin*, durch Zutropfen von SO_2Cl_2 zu vorst. Verb. in Chlf., 2std. Kochen, Einengen u. Extrahieren mit Bzl.; gelbes Öl. — *2-Carboxy-3-carboxymethylpyrrolidin*, durch 3std. Kochen von 45 g vorst. Verb. mit $Ba(OH)_2$, Abtrennen des Ba-Salzes u. Behandeln mit H_2SO_4, Filtrieren, Behandeln mit Amberlite IR-45 bei pH = 2,8—3 u. Einengen; Sirup; 5 g. — *1-Äthoxycarbonyl-2-methoxycarbonyl-3-methoxycarbonylmethylpyrrolidin*, $C_{12}H_{19}NO_6$, Kp.$_{0,5}$ 120 bis 125°, durch Verestern von 1,5 g vorst. Verb. mit methanol. HCl u. anschließender Behandlung mit Chlorameisensäureäthylester; 1,5 g. H. Krause 3081△

0872 **Untersuchungen über die aktiven Komponenten von Digenea simplex Ag. und verwandte Verbindungen. 56. Mitt. Synthese von L-α-Dihydroallokainsäure.** 2. Mitt. 1. Teil. Toshio Sugawa. (J. pharmac. Soc. Japan [Yakugakuzasshi] **78**, 857—61, 1958; jap., Auszug: engl.) — 55. vgl. vorst. Referat. — Es wird die Synth. von *4-Cyan-5-methyl-trans-hexadien-(2.4)-säureäthylester* (**I**) durch Kondens. nach Knoevenagel aus 4-Cyancrotonsäureäthylester u. Aceton in Ggw. von β-Alanin u. von *4-Cyan-5-methyl-cis-hexen-(2)-säureäthylester* (**II**) aus 2-Cyan-3-methylbuten-(2)-säure beschrieben. UV- u. IR-Spektren vgl. Original.

Versuche: *4-Cyan-5-methyl-trans-hexadien-(2.4)-säureäthylester* (**I**), $C_{10}H_{13}NO_2$, Kp.$_{0,5}$ 100—105°, a) durch 3std. Kochen von γ-Cyancrotonsäureäthylester mit Aceton in Ggw. von Piperidin, Behandeln des Nd. in A. mit PAe., Filtrieren u. Einengen der Mutterlauge; daneben eine *Verb. vom F. 242°*; b) durch 5std. Kochen von 14 g γ-Cyancrotonsäureäthylester mit Aceton, Essigsäure u. Bzl. in Ggw. von β-Alanin; 12 g (Ausbeute). *Freie Säure*, $C_8H_9NO_2$, F. 140°, durch 5std. Kochen von 3 g **I** mit 20%ig. HCl; aus Essigsäureäthylester/PAe. Nadeln; 2 g. — *4-Cyan-5-methylhexansäure*, $C_8H_{13}NO_2$, Kp.$_{0,6}$ 133 bis 135°, durch Hydrieren von 300 mg vorst. Säure in Ggw. von Pd/Kohle; 200 mg. — *2-Cyan-3-methylbuten-(2)-säure*, $C_6H_7NO_2$, F. 134—135°, a) durch 5std. Kochen von 390 g Äthylester mit HCl; 105 g; b) aus 14,2 g Cyanessigsäure analog **I** nach b); aus W. Tafeln; 11,5 g. — *2-Cyan-3-methylbuten-(2)-säurechlorid*, Kp.$_{20}$ 120—123°, durch 5std. Erhitzen von 69 g vorst. Verb. mit $SOCl_2$ auf 100°; 70,5 g. — *2-Äthoxycarbonyl-3-oxo-4-cyan-5-methylhexen-(4)-säureäthylester*, $C_{13}H_{17}NO_5$, Kp.$_{0,3}$ 135—138° durch Behandeln von 9 g vorst. Verb. in Bzl. mit Malonsäurediäthylester in Ggw. von Mg-Äthylat unterhalb 30°; 10 g. — *3-Oxo-4-cyan-5-methylhexen-(4)-säureäthylester*, $C_{10}H_{13}NO_3$, Kp.$_{0,3}$ 110—113°, durch 2std. Kochen von 72 g vorst. Verb. mit Essigsäure in Ggw. von H_2SO_4, Einengen im Vakuum, Gießen auf Eis, Neutralisieren mit $NaHCO_3$ u. Extrahieren der öligen Phase mit $NaHCO_3$ u. Extrahieren der öligen Phase mit Bzl.; 28 g. — *3-Oxo-4-cyan-5-methylhexansäureäthylester*, $C_{10}H_{15}NO_3$, Kp.$_{1}$ 108°, durch Hydrieren von 1 g vorst. Verb. in A. in Ggw. von Pd/Kohle; 0,9 g. — *3-Hydroxy-4-cyan-5-methylhexansäureäthylester*, $C_{10}H_{17}NO_3$, Kp.$_{0,4}$ 120°, durch Rk. von 19,5 g vorst. Verb. in A. mit $NaBH_4$ bei 0°, Zugabe von Essigsäure, Einengen im Vakuum, Gießen auf Eis u. Extrahieren der öligen Phase mit Ae.; 10 g. *Acetylderiv.*, $C_{12}H_{19} \cdot NO_4$, Kp.$_{0,4}$ 115°. — *4-Cyan-5-methyl-cis-hexen-(2)-säure-*

äthylester (II), $C_{10}H_{15}NO_2$, Kp.$_{0,4}$ 85°, durch 30 Min. langes Erhitzen von 17 g vorst. Acetylderiv. in Ggw. von K-Acetat auf 200°; 10 g. — *4-Cyan-5-methylhexansäureäthylester*, $C_{10}H_{17}NO_2$, Kp.$_{0,5}$ 85—87°, a) durch Hydrieren von 1,8 g II in Ggw. von Pd/Kohle; 1,5 g; b) analog a) aus 540 mg I; 500 mg. — *2-Oxo-5-isopropylpiperidin*, C_8H_{15}·NO, F. 46—48°, a) durch hydrierende Cyclisierung von I in A. in Ggw. von Raney-Ni u. H_2 (100 at) bei 150°; b) analog a) aus II; aus PAe. Tafeln.

H. Krause 3081△

0873 **Untersuchungen über die aktiven Komponenten von Digenea simplex Ag. und verwandte Verbindungen.** 57. Mitt. **Synthese von L-α-Dihydroallokainsäure.** 2. Mitt. 2. Teil. Toshio Sugawa. (J. pharmac. Soc. Japan [Yakugakuzasshi] **78**, 862—67, 1958; jap., Auszug: engl.) — 56. bzw. 2. Mitt. 1. Teil vgl. vorst. Referat. — Es wird die Synth. von *L-α-Dihydroallokainsäure* aus 4-Cyan-5-methyl-trans-hexadien-(2.4)-säureäthylester (III) beschrieben. IR-Spektren vgl. Original.

Versuche: *2-Äthoxycarbonyl-3-äthoxycarbonylmethyl-4-cyan-5-methylhexansäureäthylester* (I), $C_{17}H_{27}NO_6$, Kp.$_{0,2}$ 150—155°, a) durch 2std. Rühren von 3 g 4-Cyan-5-methyl-cis-hexen-(2)-säureäthylester mit Malonsäurediäthylester in Ggw. von Na-Äthylat bei 60—65°, Zugabe von Essigsäure, Einengen, Gießen auf Eis u. Extrahieren mit Ae.; 4 g (Ausbeute); b) durch Hydrieren von 1,1 g II in Ggw. von Pd/Kohle; IR-Spektren von I nach a) u. b) differieren bei 8—9 μ; 1 g. — *2-Äthoxycarbonyl-3-äthoxycarbonylmethyl-4-cyan-5-methylhexen-(4)-säureäthylester* (II), $C_{17}H_{25}NO_6$, Kp.$_{0,3}$ 150—160°, a) aus 88 g III analog I unter a); 58 g; daneben *dimerer* III, $C_{20}H_{26}N_2O_4$, Kp.$_{0,1}$ 190—191°; 32 g; b) aus dem Dimeren von III analog a); 12 g. — *Aceton-2.4-dinitrophenylhydrazon*, F. 125°, aus II durch Ozonisieren u. Umsetzen mit 2.4-Dinitrophenylhydrazon. — *2-Oxo-4α-dicarbäthoxymethyl-5β-isopropylpiperidin* (V), $C_{15}H_{25}NO_5$, F. 100°, durch hydrierende Cyclisierung von 2 g I in Ggw. von Raney-Ni bei 100 at u. 150—160°; aus Bzl./Ae. Prismen; 1 g. — *2-Oxo-3β-äthoxycarbonyl-4α-äthoxycarbonylmethyl-5β-isopropylpiperidin* (IV), $C_{15}H_{25}NO_5$, Kp.$_{0,3}$ 185—190°, a) aus 10 g II analog vorst. Verb. in Ggw. von Triäthylamin; 5 g; b) analog a) aus 3 g I nach b); 1,5 g. — *2-Isopropyliden-3-carboxymethylglutarimid*, $C_{10}H_{13}NO_4$, F. 205—208° (Zers.), durch 4std. Kochen von II mit 7n HCl; aus A. Tafeln. — *2-Isopropyl-3-carboxymethylglutarimid*, $C_{10}H_{15}$·NO_4, F. 143—145°, durch Hydrieren vorst. Verb. in Ggw. von Pd/Kohle; aus W. Prismen. — *2-Oxo-4α-carboxymethyl-5β-isopropylpiperidin*, $C_{10}H_{17}NO_3$, F. 156—157°, a) durch Kochen von IV mit 20%ig. HCl; b) analog a) aus V; aus W. Prismen. — *2-Oxo-3α-äthoxycarbonyl-3β-chlor-4α-äthoxycarbonylmethyl-5β-isopropylpiperidin*, durch Umsetzen von IV in Chlf. mit SO_2Cl; Öl. — *DL-2β-Carboxy-3α-carboxymethyl-4β-isopropylpyrrolidin* (*DL-α-Dihydroallokainsäure*), $C_{10}H_{17}NO_4$, F. 213° (Zers.), durch 2std. Kochen vorst. Verb. mit $Ba(OH)_2$, Behandeln des Ba-Salzes mit H_2SO_4, Filtrieren, Behandeln der Lsg. mit Amberlite IR-45 bei pH 2,7—3 u. Einengen. — *L-α-Dihydroallokainsäure, l-Ephedrinsalz*, $C_{20}H_{32}N_2O_5$, F. 215 bis 216° (Zers.), durch Umsetzen von 970 mg vorst. Verb. mit l-Ephedrin; 700 mg.

H. Krause 3081△

0874 **Untersuchungen über die aktiven Komponenten von Digenea simplex Ag. und verwandte Verbindungen.** 58. Mitt. **Synthese von L-α-Allokainsäure.** 3. Mitt. Toshio Sugawa. (J. pharmac. Soc. Japan [Yakugakuzasshi] **78**, 867—72, 1958; jap., Auszug: engl.) — 57. bzw. 2. vgl. vorst. Referat. — Ausgehend von 1-Äthoxypropanol-(2) wird die Synthese von *L-α-Allokainsäure* über mehrere Zwischenstufen beschrieben. IR-Spektren vgl. Original.

Versuche: *2-Oxoäthoxypropan*, Kp.$_{15}$ 40—50°, durch Umsetzen von 260 g 1-Äthoxypropanol-(2) mit $Na_2Cr_2O_7$ u. konz. H_2SO_4 bei 20—25° u. Extrahieren mit Ae.; 125 g (Ausbeute). — *4-Cyan-5-methyl-6-äthoxy-trans-hexadien-(2.4)-säureäthylester* (I), $C_{12}H_{17}NO_3$, Kp.$_{0,3}$ 115 bis 118°, durch 5std. Kochen von 10 g vorst. Verb. mit 4-Cyancrotonsäureäthylester in Ggw. von Essigsäure u. β-Alanin u. Extrahieren mit Bzl.; 8 g. — *4-Cyan-5-methyl-6-äthoxyhexansäureäthylester* (II), $C_{12}H_{21}NO_3$, Kp.$_{0,5}$ 100—105°, durch Hydrieren von 3,5 g I in A. in Ggw. von Pd/Kohle; 3,5 g. — *2-Oxo-5-[1-methyl-2-äthoxyäthyl]-piperidin* (III), $C_{10}H_{19}NO_2$, Kp.$_{0,3}$ 140—145°, durch hydrierende Cyclisierung von 5 g I in Ggw. von Raney-Ni bei 100 at u. 150°; 2,3 g. — *2-Äthoxycarbonyl-3-äthoxycarbonylmethyl-4-cyan-5-methyl-6-äthoxyhexen-(4)-säureäthylester* (IV), $C_{19}H_{29}NO_7$, Kp.$_{0,2}$ 150—155°, a) durch 2std. Kochen von 60 g I mit Malonsäurediäthylester in Ggw. von Na-Äthylat, Einengen, Zugabe von Essigsäure u. Extrahieren mit Bzl.; 30 g; daneben *Dimeres von* I, Kp.$_{0,07}$ 185—190°; 12 g; b) analog a) aus 3 g Dimerem von I; 1,5 g. — *2-Äthoxycarbonyl-3-äthoxycarbonylmethyl-4-cyan-5-methyl-6-äthoxyhexansäureäthylester*, C_{19}·$H_{31}NO_7$, Kp.$_{0,3}$ 145°, aus 1,1 g IV analog II; 0,8 g. — *2-Oxo-3β-äthoxycarbonyl-4α-äthoxycarbonylmethyl-5β-[1-methyl-2-äthoxyäthyl]-piperidin*, $C_{17}H_{29}NO_6$, Kp.$_{0,1}$ 185 bis 190°, a) aus 25 g IV analog III bei 120 at; 20 g; b) analog a) aus 4 g vorst. Verb.; 2,5 g. — *2-Oxo-3β-äthoxycarbonyl-3α-chlor-4α-äthoxycarbonylmethyl-5β-[1-methyl-2-äthoxyäthyl]-piperidin*, durch 2std. Kochen von 18 g vorst. Verb. mit SO_2Cl_2 in Chlf., Einengen u. Extrahieren mit Bzl.; Öl; 20 g. — Pyrrolidine: *2β-Carboxy-3α-carboxymethyl-4β-[1-methyl-2-äthoxyäthyl]-* (V), durch 2std. Kochen von 20 g vorst. Verb. mit $Ba(OH)_2$, Umsetzen des Ba-Salzes mit H_2SO_4, Behandeln der Lsg. mit Amberlite IR-45 bei pH 2,8 u. Einengen; hygroskop. Pulver; 1,5 g. — *1-Äthoxycarbonyl-2β-methoxycarbonyl-3α-methoxycarbonylmethyl-4β-[1-methyl-2-äthoxyäthyl]-* (VI), $C_{17}H_{29}NO_7$, Kp.$_{0,4}$ 165°, durch Verestern von 1,5 g V mit methanol. HCl u. anschließende Umsetzung mit Chlorameisensäureäthylester; 1,2 g. — *2β-Carboxy-3α-carboxymethyl-4β-[1-methyl-2-hydroxyäthyl]-*, durch Rk. von V mit HBr. — *1-Äthoxycarbonyl-2β-methoxycarbonyl-3α-methoxycarbonylmethyl-4β-[1-methyl-2-hydroxyäthyl]-*, aus vorst. Verb. analog VI. — *1-Äthoxycarbonyl-2β-methoxycarbonyl-3α-methoxycarbonylmethyl-4β-[1-methyl-2-bromäthyl]-*, durch Umsetzen vorst. Verb. mit PBr_3. — *1-Äthoxycarbonyl-2β-methoxycarbonyl-3α-methoxycarbonylmethyl-4β-isopropenyl-*, aus vorst. Verb. durch Erhitzen mit Pyridin. — *2β-Carboxy-3α-carboxymethyl-4β-isopropenyl* (*DL-α-Allokainsäure*), F. 236—239° (Zers.), durch Behandeln vorst. Verb. mit KOH; Tafeln. — *L-α-Allokainsäure, l-Ephedrinsalz*, F. 206—209° (Zers.).

H. Krause 3081△

0875 **Untersuchungen über die aktiven Komponenten von Digenea simplex Ag. und verwandte Verbindungen.** 59. Mitt. **Synthese von α-Allokainsäure.** 4. Mitt. Mikio Honjo. (J. pharmac. Soc. Japan [Yakugakuzasshi] **78**, 888—95, 1958; jap., Auszug: engl.) — 58. bzw. 3. vgl. vorst. Referat. — Von Derivv. des Nipecotinsäureäthylesters ausgehend, wird die Synth. der *α-Allokainsäuren* beschrieben. IR-Spektren vgl. Original.

Versuche: Piperidine: *2-Oxo-3-brom-5-isopropyl-* (I), $C_8H_{14}BrNO$, F. 75—77°, a) durch Behandeln von 4,3 g 2-Oxo-5-isopropylnipecotinsäureäthylester (II) mit äthanol. KOH u. Umsetzen mit Br_2 unter Decarboxylierung; Tafeln; 3,6 g (Ausbeute); b) durch 3std. Kochen von 7,1 g V (s. unten) in CCl_4 mit Br_2 in Ggw. von rotem P; 2 g. — *2-Oxo-3-brom-5-[1-methyl-2-äthoxyäthyl]-* (III), aus 29,4 g 2-Oxo-5-[1-methyl-2-äthoxyäthyl]-nipecotinsäureäthylester (IV) analog I unter a); Öl; 15,6 g. — *2-Oxo-5-isopropyl-* (V), $C_8H_{15}NO$, Kp.$_{1,5}$ 133°, F. 42°, durch Rk. von 49,9 g II mit äthanol. KOH, Behandeln des K-Salzes mit verd. HCl, Einengen unter Decarboxylierung u. Extrahieren mit Chlf.; 20 g. — *2-Oxo-5-[1-methyl-2-äthoxyäthyl]-*, $C_{10}H_{19}NO_2$, Kp.$_3$ 155—156°, aus 10,2 g IV analog V; 3,3 g. — *2-Oxo-3-äthoxy-[1-methyl-2-äthoxyäthyl]-*, $C_{12}H_{23}NO_3$, Kp.$_{0,25}$ 133—135°, durch 3std. Kochen von III mit Na-Äthylat u. Extrahieren mit Benzol. — *1-Acetyl-2-oxo-3-acetoxy-5-[1-methyl-2-äthoxyäthyl]-*, $C_{14}H_{23}NO_5$, Kp.$_1$ 161—162°, durch Schmelzen von III mit K-Acetat, 3std. Kochen mit Acetanhydrid, Filtrieren, Einengen im Vakuum u. Extrahieren mit Äther. — *2-Oxo-4α-dicarbäthoxymethyl-5β-[1-methyl-2-äthoxyäthyl]-*, durch Behandeln von 26 g VII (s. unten) mit Malonsäurediäthylester in Ggw. von Na-Äthylat, Einengen u. Extrahieren mit Bzl.; rotes Öl; 34 g. — *2-Oxo-4α-[äthoxycarbonylcarboxymethyl]-5β-[1-methyl-2-äthoxyäthyl]-*, aus 14,3 g vorst. Verb. durch Umsetzen mit KOH bei 50°, Einengen, Aufnehmen in W., Waschen mit Ae., Ansäuern der äther. Phase mit 10%ig. HCl u. Extrahieren mit Essigsäureäthylester; rotes Öl; 8 g. — *2-Oxo-4α-*

äthoxycarbonylmethyl-5β-[1-methyl-2-äthoxyäthyl]-, $C_{14} \cdot H_{25}NO_4$, Kp.$_{1}$ 200—201°, durch 30 Min. langes Erhitzen von 8 g vorst. Verb. auf 160 g; 4,1°. — *2-Oxo-3ξ-brom-4α-äthoxycarbonylmethyl-5β-[1-methyl-2-äthoxyäthyl]-* (**VI**), durch 3std. Erhitzen von 14,7 g vorst. Verb. in CCl_4 mit Br_2 in Ggw. von rotem P auf 60°; rotes Öl; 10 g. — *2-Oxo-3-brom-3-äthoxycarbonylmethyl-5-isopropyl-*, $C_{12} \cdot H_{20}BrNO_3$, F. 98°, analog vorst. Verb. aus 1,6 g des 5-Isopropylderiv.; aus Ligroin Nadeln; 0,5 g. — *1-Acetyl-2-oxo-5-isopropyl-Δ³-piperidein*, $C_{10}H_{15}NO_2$, Kp.$_{19}$ 143°, durch 16std. Kochen von **I** mit Triäthylamin, Filtrieren, Einengen, Extrahieren mit Bzl. u. Acetylieren mit Acetanhydrid. — *1-Acetyl-2-oxo-5-[1-methyl-2-äthoxyäthyl]-Δ³-piperidein* (**VII**), $C_{12}H_{19}NO_3$, Kp.$_{3}$ 128°, analog vorst. Verb. aus 9,5 g **III**; 8,8 g. — *4-Isopropylprolin*, $C_8H_{15}NO_2$, F. 240—243° (Zers.), durch 4std. Kochen von 1,7 g **I** mit $Ba(OH)_2$, Behandeln des Ba-Salzes mit 10%ig. H_2SO_4, Filtrieren, Behandeln mit Amberlite IR-4B, Einengen im Vakuum, Erhitzen mit Cu-Acetat, Filtrieren u. Behandeln des Cu-Salzes mit H_2S; Nadeln; 0,3 g. — Pyrrolidine: *2β-Carboxy-3α-carboxymethyl-4β-[1-methyl-2-äthoxyäthyl]-* (**VIII**), a) analog vorst. Verb. aus 10 g **VI** u. 8std. Erhitzen der Amberlite-Lsg. im Autoklaven auf 180°; 7,7 g; b) durch 60std. Kochen von 10 g 1.2β-Dicarbäthoxy-3α-[dicarbäthoxymethyl]-4β-[1-methyl-2-äthoxyäthyl]-pyrrolidin mit KOH u. Reinigung an Amberlite IRC-50; gelbes Pulver; 5 g. — *1-Äthoxycarbonyl-2β-methoxycarbonyl-3α-methoxycarbonylmethyl-4β-[1-methyl-2-äthoxyäthyl]-*, $C_{17}H_{29}NO_7$, Kp.$_{0,5}$ 166—168°, durch Umsetzen von 1,7 g **VIII** mit methanol. HCl, Zugabe von Na_2CO_3, u. 1,5std. Erhitzen mit Chlorameisensäureäthylester auf 50°; 0,8 g. — *2β-Carboxy-3α-carboxymethyl-4β-[1-methyl-2-hydroxyäthyl]-*, durch 15 Min. langes Kochen von 12 g **VIII** mit 48%ig. HBr u. Behandeln mit Ag_2O; hygroskop.; 8,7 g. — *1-Äthoxycarbonyl-2β-methoxycarbonyl-3α-methoxycarbonylmethyl-4β-[1-methyl-2-hydroxyäthyl]-*, $C_{15}H_{25}NO_6$, Kp.$_{0,3}$ 195°, durch Einleiten von HCl in die methanol. Lsg. vorst. Verb. bei 0°, Einengen, Behandeln mit $NaHCO_3$ u. Chlorameisensäureäthylester u. 2std. Kochen mit Essigsäureäthylester. — *1-Äthoxycarbonyl-2β-methoxycarbonyl-3α-methoxycarbonylmethyl-4β-isopropenyl-*, $C_{15}H_{21}NO_6$, Kp.$_{1}$ 170—175°, durch Zutropfen von PBr_3 zu 8,1 g vorst. Verb. in Chlf. in Ggw. von Pyridin bei 0°, 5std. Kochen, Gießen auf Eis u. Extrahieren mit Ae. 1,6 g. — *2β-Carboxy-3α-carboxymethyl-4β-isopropenyl-*, $C_{10}H_{15}NO_4$, F. 230—234° (Zers.), durch 30std. Kochen von 0,8 g vorst. Verb. mit KOH, Filtrieren Reinigen an Amberlite IRC-50, Einengen, Erhitzen mit Cu-Acetat u. Behandeln mit H_2S; 270 mg. — *L-α-Allokainsäure, l-Ephedrinsalz*, F. 210—212° (Zers.), aus vorst. Verb. u. l-Ephedrin in Methanol; aus A. Nadeln; $[\alpha]_D^{15}$ — 17° (c = 0,5, W.). — *D-α-Allokainsäure*, F. 236° (Zers.), durch Behandeln des d-Ephedrinsalzes mit Cu-Acetat u. Sättigen der wss. Lsg. des Cu-Salzes mit H_2S; Tafeln; $[\alpha]_D^{15}$ + 6,7° (c = 3, W.). *d-Ephedrinsalz*, F. 210 bis 212°; Nadeln; $[\alpha]_D^{18}$ + 16° (c = 0,5; W.).

H. Krause 3081△

0876 **Untersuchungen über die aktiven Komponenten von Digenea simplex Ag. und verwandte Verbindungen.** 60. Mitt. **Die Bildung von α-Allokainsäure-γ-lacton.** 1. Mitt. Mikio Honjo. (J. pharmac. Soc. Japan [Yakugakuzasshi] **78**, 896—900, 1958; jap., Auszug: engl.) — 59. vgl. vorst. Referat. — Durch Erhitzen von 1.2β-Diäthoxycarbonyl-3α-[dicarbäthoxymethyl]-4β-[1-methyl-2-äthoxyäthyl]-pyrrolidin (**I**) mit HBr wird *DL-α-Allokainsäure-γ-lacton* (**II**) neben *α-Allokainsäure* u. *α-Isokainsäure* erhalten. Auf dem gleichen Wege erhält man aus 2β-Carboxy-3α-carboxymethyl-4α-[1-methyl-2-äthoxyäthyl]-pyrrolidin (**III**) ebenfalls **II**, obwohl bei dieser Verb. eine andere ster. Konfiguration als in **I** vorliegt. IR-Spektren vgl. Original.

Versuche: *DL-α-Allokainsäure-γ-lacton* (**II**; *2β-Carboxy-4α-hydroxy-5β-isopropylpyrrolidin-3α-ylessigsäure-γ-lacton*), $C_{10}H_{15}NO_4$, F. 283° (Zers.), a) durch 28std. Kochen von **I** mit HBr, Einengen im Vakuum u. Behandeln mit Ag_2CO_3 u. H_2S; aus W. Nadeln; b) durch 25std. Kochen von 11 g **III** mit HBr, Einengen, Behandeln mit Ag_2O, Filtrieren u. Reinigung an Amberlite IRC-50; 7 g (Ausbeute); c) durch 2std. Kochen von 1,1 g Methylester mit $Ba(OH)_2$; 0,5 g. *Methylester*, $C_{11}H_{17}NO_4$, Kp.$_{0,4}$ 140—142°, durch 4tägiges Stehen von 10 g **II** in Methanol u. in Ggw. von HBr bei 0°; 2 g. *N-Acetylderiv., Monohydrat*, $C_{12}H_{17}NO_5 \cdot H_2O$, F. 98°, durch 1,5std. Kochen von **II** mit Acetanhydrid; aus W. Nadeln; 0,9 g. — *N-Äthoxycarbonyl-DL-α-allokainsäure-γ-lactonmethylester*, $C_{14}H_{21}NO_6$, Kp.$_{0,3}$ 163°. a) aus 29 g **I** analog **II** u. 2std. Kochen mit Chlorameisensäureäthylester; 5 g; daneben *1-Äthoxycarbonyl-2β-methoxycarbonyl-3α-methoxycarbonylmethyl-4β-isopropenylpyrrolidin*, Kp.$_{0,3}$ 146—149°; 5,7 g; b) aus dem **II**-Methylester. — *N-Acetyl-DL-α-allokainsäuremethylester-γ-lacton*, $C_{13}H_{19}NO_5$, Kp.$_{0,15}$ 172—175°.

H. Krause 3081△

0877 **Untersuchungen über die aktiven Komponenten von Digenea simplex Ag. und verwandte Verbindungen.** 61. Mitt. **Die Bildung von α-Allokainsäure-γ-lacton.** 2. Mitt. Mikio Honjo. (J. pharmac. Soc. Japan [Yakugakuzasshi] **78**, 901—07, 1958; jap., Auszug: engl.) — 60. bzw. 1. vgl. vorst. Referat. — Durch längeres Erhitzen von L-α-Kainsäure (**I**), L-α-Allokainsäure, L-α-Isokainsäure (**II**), L-α-Kainsäure-δ-lacton (**III**) u. L-α-Allokainsäure-δ-lacton mit HBr wird jeweils *α-Allokainsäure-γ-lacton* [**IV**, F. 284° (Zers.)] erhalten. In gleicher Weise werden D-β-Kainsäure u. ihre Derivv. bei Behandlung mit HBr in **IV** umgewandelt. Während **I** bei der Rk. mit HCl oder H_2SO_4 nicht **IV** liefert, wird ein Teil von **III** beim Erhitzen mit HCl zu **II** umgelagert. Der Rk.-Mechanismus wird untersucht.

H. Krause 3081△

0878 **Die Darstellung von 3-Bromindol.** K. Piers, C. Meimaroglou, R. V. Jardine und R. K. Brown. (Canad. J. Chem. **41**, 2399—401, 1963; Edmonton, Alberta, Canada, Univ., Dep. of Chem.; engl.) — Durch Bromierung von Indol mit Pyridiniumbromidperbromid (**I**) oder Dioxandibromid (**II**) in Pyridin bei 0—2° wird *3-Bromindol* in guten Ausbeuten erhalten. Die Verb. ist sogar in sehr reiner Form zersetzlich u. wird am besten unter Pentan bei —20° aufbewahrt.

Versuche: *3-Bromindol*, F. 65—66° (Zers.; n-Heptan), durch langsames Zugeben von **I** bzw. **II** in Pyridin zu Indol in Pyridin < 2°, Gießen in kalten Ae., Filtrieren u. Aufarbeiten, 64 bzw. 48% Ausbeute.

G. O. Jäger 3081◇

0879 **Die Synthese von Melatonin (5-Methoxy-N-acetyltryptamin).** J. Supniewski und S. Misztal. (Bull. Acad. polon. Sci., Sér. Sci. biol. **8**, 479—81, 1960; Cracow, Poland, Polish Acad. of Sci., Pharmacol. Labor.; engl.) — Vff. geben einen Überblick über die Darstellung von Melatonin durch andere Autoren u. beschreiben dann ihre eigene Meth., die teilweise auf die von Speeter u. Anthony (C. **1950/54**, 8999 S) aufbaut. UV-Spektren von **IV** vgl. Original.

Versuche: *5-Methoxyindolyl-(3)-glyoxylsäureamid* (**I**), $C_{11}H_{10}O_3N_2$, F. 245—247° (A.) durch 10—15 Min. langes Mischen von 28%ig. NH_4OH mit 5-Methoxyindolyl-(3)-glyoxylsäurechlorid; 91% (Ausbeute). — *5-Methoxytryptamin, Hydrochlorid* (**II**), F. 247,5—248,5° (abs. A.) durch tropfenweises Eintragen von **I** in heißem Tetrahydrofuran gelöstem **I** in $LiAlH_4$-Dioxan, 38std. Kochen, Zersetzen des überschüssigen Red.-Mittels mit wss. Dioxan u. NaOH-Lsg. u. Behandeln des nach dem Abdestillieren der Lsg.-Mittel im Vakuum erhaltenen Prod. mit äthanol. HCl; 33%. — *5-Methoxytryptamin* (**III**), F. 121—122° (Chlf.), aus **II** durch Behandeln mit konz. NaOH. — *5-Methoxy-N-acetyl-tryptamin* (**IV**), F. 116—118°, durch kurzes Erwärmen von **III** mit Essigsäure/Essigsäureanhydrid auf 100°, Abdestillieren des Lsgm. im Vakuum u. Umkristallisieren aus abs. PAe.; 81%.

H. Köditz 3081△

0880 **Die Reaktionen von Diazoverbindungen.** 8. Mitt. **Die Reaktion von Diazomethan mit α,β-ungesättigten Sulfonen.** William E. Parham, Fredrick D. Blake und Donald R. Theissen. (J. org. Chemistry **27**, 2415 bis 2419, 6/7. 1962; Minneapolis, Minn., Univ. of Minnesota, School of Chem.; engl.) — 7. vgl. C. **1962**, 16304. — Die Rk. von α.β-ungesätt. Sulfonen (**A**) mit Diazomethan (**VIII**) wird untersucht. Neben der Rk. des C-Atoms von **VIII** mit dem β-C-Atom von **A** erfolgt bei verschiedenen **A** daneben eine Rk. mit dem α-C-Atom. Es wird angenommen, daß in Ggw. anderer mit der Doppelbindung konjugierter elektronegativer Gruppen der orientierende Einfl. der Sulfonylgruppe auf die Addition von **VIII** weniger ausgeprägt ist. Die entstehenden Δ^1- bzw. *Δ^2-Pyrazoline* werden durch IR-Spektren u. durch ihre Überführung in Pyrazole unterschieden. Die IR-Maxima sind angegeben.

Versuche: *β-Chloräthylphenylsulfid* (**I**), $Kp._{1,7}$ 85—87°, durch Rk. von Thiophenol (**XIX**) mit Äthylenchlorhydrin; n_D^{20} 1,5837; 90% (Ausbeute). — *Phenylvinylsulfid*, $Kp._{5,9}$ 66—68°, durch Rk. von **I** mit KOH; n_D^{25} 1,5863; 84%. — *Phenylvinylsulfon* (**II**), F. 66,5—68° (PAe./Methylenchlorid), durch $^1/_2$std. Kochen vorst. Verb. in Essigsäure mit 30%ig. H_2O_2, mehrstd. Stehen u. Verdünnen mit W.; 83%. — *trans-Phenylpropenylsulfon* (**III**), $C_9H_{10}O_2S$, F. 67—68° (A.), durch Rk. von trans-Phenylpropenylsulfid in Essigsäure mit 30%ig. H_2O_2; 40%. — *n-Dodecylallylsulfid* (**IV**), $Kp._{0,7}$ 114 bis 120°, aus Allylchlorid nach Hurd u. Greengard [1930]; n_D^{25} 1,4663—1,4677; 87%. — *trans-n-Dodecylpropenylsulfid*, $Kp._{0,7}$ 124—125°, durch 16std. Kochen von **IV** mit Na-Äthylat in abs. A. unter N_2, Verdünnen mit W. u. Ausäthern; n_D^{25} 1,4729; 39%. — *trans-n-Dodecylpropenylsulfon* (**V**), $C_{15}H_{30}O_2S$, F. 48 bis 48,5° (A.), durch Rk. vorst. Verb. in Essigsäure mit 30%ig. H_2O_2, Chromatographie des Rohprod. an Al_2O_3 u. Eluieren mit PAe. u. PAe./Bzl.; 72%. — *cis-n-Butyl-β-styrylsulfid*, $C_{12}H_{16}S$, $Kp._{0,17}$ 89°, durch Rk. von n-Butylmercaptan mit Phenylacetylen; n_D^{25} 1,5856; 25%. — *cis-n-Butyl-β-styrylsulfon* (**VI**), $C_{12}H_{16}O_2S$, F. 63° (A.), durch Oxydation vorst. Verb. in Essigsäure mit 30%ig. H_2O_2; 51%. — *ω-Styrylsulfonylchlorid*, F. 86—89°; 60%. — *trans-Methyl-β-styrylsulfon* (trans-**VII**), F. 78—79°, aus vorst. Verb. nach Truce u. Simms (C. **1957**, 645); 22%. — *cis-Methyl-β-styrylsulfon* (cis-**VII**), F. 65°, analog trans-**VII**. — *cis-Phenyl-β-styrylsulfon* (**IX**), F. 73—74°, a) durch Rk. von Methylphenylsulfon mit Benzaldehyd nach Field (J. Amer. chem. Soc. **74**, [1952], 3919); b) durch Oxydation von Phenyl-β-styrylsulfid mit H_2O_2. — *5-Benzolsulfonyl-Δ^2-pyrazolin* (**X**), $C_9H_{10}N_2O_2S$, F. 96 bis 97°, durch 48std. Rk. von **II** mit **VIII** in Ae. unter Kühlung; aus A. Nadeln; 88,6%. — *4-Methyl-5-benzolsulfonyl-Δ^2-pyrazolin* (**XI**), $C_{10}H_{12}N_2O_2S$, F. 93,5—95° (A.), durch Rk. von **III** mit **VIII** in Ae., Einengen u. 48std. Kühlung; 75,9%. — *4-Methyl-5-dodecansulfonyl-Δ^2-pyrazolin* (**XII**), $C_{16}H_{32}N_2O_2S$, F. 72—73° (A.), durch Rk. von **V** mit **VIII** in Ae. u. Chromatographie des Rohprod. in PAe. u. Bzl./PAe. an Al_2O_3; 85,7%. — *3-Phenyl-4-methansulfonyl-Δ^1-pyrazolin* (**XIIIa**), $C_{10}H_{12}N_2O_2S$, F. 82—83° (A.), durch 48std. Rk. von trans-**VII** in abs. Ae. mit **VIII** unter Kühlung, Einengen, 48std. Kühlen u. Filtrieren; 57,5%; daneben aus dem Filtrat 23,8% *4-Phenyl-5-methansulfonyl-Δ^2-pyrazolin* (**XIV**; $C_{10}H_{12}N_2$·O_2S, FF. 72—73° u. 124—125°, aus A. Nadeln). *Isomeres* (**XIIIb**), F. 109—110° (A.), durch Rk. von cis-**VII** mit **VIII** in Ae.; 60%; daneben 26,2% **XIV** (F. 124—126°). — *3-Phenyl-4-butansulfonyl-Δ^1-pyrazolin* (**XV**), F. 71 bis 72°, durch Rk. von **VI** mit **VIII** in Ae. unter Kühlung u. Einengen auf $^1/_2$ Vol.; 55,1%. — *4-Phenyl-5-butansulfonyl-Δ^2-pyrazolin* (**XVI**), F. 57—59°, neben **XV** ; 23,6%. — *3-Phenyl-4-benzolsulfonyl-Δ^1-pyrazolin* (**XVII**), $C_{15}H_{14}$·N_2O_2S, F. 131—132°, durch Rk. von **IX** mit **VIII** in Ae.; aus Aceton/W. Nadeln; 56,3%. — *4-Phenyl-5-benzolsulfonyl-Δ^2-pyrazolin* (**XVIII**), $C_{15}H_{14}N_2O_2S$, F. 110 bis 111° (Methanol), neben **XVII**; 19,6%. — Pyrazole, durch Rk. der Δ^1- oder Δ^2-Pyrazoline mit KOH in Methanol bei 0—15°: *Unsubstituiert*, $C_3H_4N_2$, F. 66,5—67° (PAe.), aus **X**; 73,5°. *Pikrat*, F. 158—160° (Methanol).— *4-Methyl-*, a) aus **XI**; 75,3%; b) aus **XII**; gibt durch $KMnO_4$-Oxydation *Pyrazol-4-carbonsäure* [F. 272—280° (W.)]. *Pikrat*, F. 140—142° (Methanol). *Ag-Doppelsalz*, F. 139—142°. — *3-Phenyl-*, F. 73° (PAe.), aus **XV**; 83,3%; b) aus **XIIIa**; 80%; c) aus **XIIIb**; 82%; d) aus **XVII**; 75%. — *4-Phenyl-*, F. 228—230° (Methanol), a) aus **XVI**; 76,4%; b) aus **XIV**; 78%; c) aus **XVIII**; 95%. W. Mucke 3122△

0881 **Reaktionen der ω-Diazofettsäureester.** S. Hauptmann und K. Hirschberg. (Z. Chem. **3**, 466, 1963; Leipzig, Univ., Inst. für organ. Chemie; dt.) — *ω*-Diazofettsäuremethylester $N_2CH(CH_2)_nCOOCH_3$ (**A**) mit n = 1, 2, 3 u. 4 wurden mit α,β-ungesätt. Estern umgesetzt. Mit Acetylendicarbonsäuredimethylester bilden sich sowohl bei der „ex situ"- als auch bei der „in situ"-Meth. in glatter Rk. *3.4-Dicarbomethoxypyrazolyl-(5)-essigsäure-, propionsäure-, -buttersäure-* bzw. *-valeriansäuremethylester*. Die gleichen Verbb. entstehen durch Dehydrierung der aus **A** u. Maleinsäuredimethylester in mehrstd. Rk. erhaltenen *Pyrazolinderivv.* mit Br_2. Phenylpropiolsäuremethylester reagiert sehr träge mit **A**. G. Fischer 3122◇

0882 **Decarboxylierung von 1.2.4-Oxadiazolonen-(5). 5. Mitt. Die Bildung von Benzimidazol-2-carbonsäureestern durch Photolyse von 3-Carbalkoxy-4-phenyl-1.2.4-oxadiazolonen-(5).** Tullio Bacchetti und Andreina Alemagna. (Gazz. chim. ital. **91**, 1475—78, 1961; Milano, Univ., Ist. di Chim. ind.; ital.) — 4. vgl. C. **1963**, 14672. — Bei der Bestrahlung von 4-Phenyl-5-oxo-1.2.4-oxadiazol-3-carbonsäure(**I**)-äthylester in abs. Dioxan mit UV-Licht wird unter CO_2-Abspaltung *Benzimidazol-2-carbonsäureäthylester* (**II**) gebildet.

Versuche: *Benzimidazol-2-carbonsäure*, neben *Benzimidazol* (F. 170°) durch Verseifen von **II**. *Äthylester* (**II**), F. 221° (A.), durch 5—6std. Erhitzen von **I**-Äthylester in abs. Dioxan im UV-Licht auf 40—50° unter N_2; 60—70%. *Isopropylester*, $C_{11}H_{12}N_2O_2$, F. 222° (verd. A.), analog **II** aus **I**-Isopropylester. *n-Butylester*, $C_{12}H_{14}N_2O_2$, F. 150° (verd. A.), analog **II** aus **I**-n-Butylester. *Cyclohexylester*, $C_{14}H_{16}N_2O_2$, F. 228° (verd. A.), analog **II** aus **I**-Cyclohexylester. F. Heller 3122◇

0883 **Synthese und Reaktionen von 2.6-disubstituierten 1.3-Diazaazulenen.** Tetsuo Nozoe, Toshio Mukai und Toyonobu Asao. (Bull. chem. Soc. Japan **35**, 1188—94, 1962; engl.) — Durch Rk. von Guanidin (**XIII**) mit entsprechend 5-substituierten Tropolonmethyläthern werden *6-Nitro-* (**I**), *6-Brom-* (**II**) bzw. *6-Chlor-2-amino-1.3-diazaazulene* (**III**) dargestellt. Erhitzen von **I** mit HCl auf 130° bzw. 200° liefert *2-Amino-6-hydroxy-* (**IV**) bzw. *2.6-Dihydroxy-1.3-diazaazulen* (**V**). **I** wird durch Erhitzen mit HBr/CH_3COOH in **II**, **IV** durch $POCl_3$ in Ggw. von Pyridin in **III** übergeführt. **II** u. **III** liefern durch Kochen mit 6 n HCl **IV**, während mit konz. HCl **V** entsteht. Durch Rk. von **II** mit CH_3OH, CH_3NH_2 bzw. $(CH_3)_2NH$ werden *6-Methoxy-* (**VI**), *6-Methylamino-* bzw. *6-Dimethylamino-2-amino-1.3-diazaazulen* erhalten. *2.6-Diamino-1.3-diazaazulen* (**IX**) wird durch katalyt. Red. von **I**, jedoch nicht durch Rk. von **II** bzw. **III** mit alkohol. oder fl. NH_3 erhalten. Durch Erhitzen von **IX** mit konz. HCl im Rohr wird **V**, mit 6 n HCl **IV** erhalten. **V** liefert mit $POCl_3$ in Ggw. von Pyridin *2.6-Dichlor-1.3-diazaazulen* (**X**) neben *6-Chlor-2-hydroxy-1.3-diazaazulen* (**XI**), das bei weiterer $POCl_3$-Einw. ebenfalls **X** ergibt. **X** u. **XI** werden durch Erhitzen mit HCl in **V** übergeführt. Durch Erhitzen von **X** mit 2 n CH_3COOH wird *2-Chlor-6-hydroxy-1.3-diazaazulen* (**XII**) erhalten, während mit methanol. NH_3 *6-Amino-2-chlor-1.3-diazaazulen* (**VIII**) entsteht. Das Diazoniumsalz aus **IV** kuppelt mit β-Naphthol zu *6-Hydroxy-2-[2-hydroxynaphthyl-(1)-azo]-1.3-diazaazulen*. Mit CH_2N_2 liefert **IV** neben **VI** *2-Amino-1-methylimidazolo-[4.5:d]-tropon* (**VII**). **IX** verbraucht bei der Diazotierung nur 1 Val Nitrit u. wird durch Sandmeyer-Rk. in **VIII** übergeführt. Die UV-Spektren von **I**, **V**, **IV**, **VI**, **VII**, **XI**, **XII**, **VIII**, **III** sowie von 2-Hydroxy-, 6-Hydroxy-, 6-Amino- u. 2-Amino-1.3-diazaazulen u. von 1-Methyl-1.2-dihydroxycycloheptimidazolon-(2) sind abgebildet. Die Verss. lassen den Schluß zu, daß die Elektronendichte der 6-Stellung von 2.6-disubstituierten 1.3-Diazaazulenen geringer ist als die der 2-Stellung. Die UV-Spektren zeigen, ebenso wie entsprechende Verss. u. IR-Spektren, daß die Tautomerie-Gleichgew. von **IV**, **V**, **IX**, **XI**, **XII** u. **VIII** auf der Seite der Keto- bzw. Lactimformen liegen.

Versuche: 1.3-Diazaazulene: *2-Amino-6-nitro-* (**I**), $C_8H_6N_4O_2$, F. > 300°, durch 3std. Kochen von 5-Nitrotropolonmethyläther, **XIII**-Hydrochlorid, u. KOH in A.; aus CH_3COOH gelbe Nadeln; 75% (Ausbeute). *Pikrat*, $C_{14}H_9N_7O_9$, Zers. bei 240° (Schwarzfärbung), orangefarbene Prismen. — *2-Amino-6-brom-* (**II**), C_8H_6·BrN_3, Zers. bei 240° (Schwärzung), a) analog **I** aus 240 mg 5-Bromtropolonmethyläther in 2 Std.; aus A. gelbe

Prismen; 320 mg; b) durch 5std. Erhitzen von **I** mit HBr-gesätt. CH_3COOH im Rohr auf 90° u. Neutralisieren des in W. gelösten Nd. mit $NaHCO_3$. *Pikrat*, $C_{14}H_9BrN_6O_7$, F. 262–263° (Zers.), orangegelbe Prismen. — *2-Amino-6-chlor-* (**III**), $C_8H_6ClN_3$, Zers. bei 247° (Schwärzung), a) analog **II** nach a) aus 2,8 g 5-Chlortropolonmethyläther; aus A. gelbe Prismen; 2,5 g; b) durch $2^1/_2$std. Erhitzen von 90 mg **IV** u. $POCl_3$ in Ggw. von Pyridin auf 105°, Einengen, Gießen auf Eis, Lösen des Nd. in verd. HCl u. Neutralisieren mit $NaHCO_3$; 60 mg. *Pikrat*, $C_{14}H_9ClN_6O_7$, Zers. bei 280° (Schwärzung), gelbes Pulver. — *2-Amino-6-hydroxy-* (**IV**), *Hydrat*, $C_8H_7N_3O \cdot H_2O$, Zers. bei 240° (Schwärzung), durch 12std. Erhitzen von **I** u. konz. HCl im Rohr auf 130°, Eindampfen, Lösen in W. u. Neutralisieren mit $NaHCO_3$; aus W. gelbe Nadeln; 330 mg. *Pikrat*, $C_{14}H_{10}N_6O_8$, Zers. bei 250° (Schwärzung), gelbes Pulver. — *2.6-Dihydroxy-* (**V**), *Hydrat*, $C_8H_6N_2O_2 \cdot H_2O$, F. > 300°, durch 24std. Erhitzen von 0,5 g **I** u. konz. HCl im Rohr auf 200° u. Eindampfen des Filtrats; aus W. gelbe Nadeln; 300 mg. *Diacetat*, $C_{12}H_{10}N_2O_4$, F. > 300°, blaßgelbe Nadeln. *Dimethyl-Deriv.*, $C_{10}H_{10}N_2O_2$, F. 254–255° (Zers.), mit CH_2N_2 in Methanol/Ae.; gelbe Nadeln; *Pikrat*, $C_{16}H_{13} \cdot N_5O_9$, F. 240–241° (Zers.), gelbe Nadeln. — *2-Amino-6-methoxy-* (**VI**), $C_9H_9N_3O$, F. 237–238° (Zers.), durch 6std. Kochen von **II** u. CH_3ONa in abs. Methanol u. Chromatographie an Al_2O_3; aus A. gelbe Nadeln. *Pikrat*, $C_{15}H_{12}N_6O_8$, F. 266–267° (Zers.), gelbes Pulver. — *2-Amino-6-methylamino-*, *Hydrat*, $C_9H_{10}N_4 \cdot H_2O$, F. 264–265° (Zers.), durch 6std. Erhitzen von 100 mg **II** mit $CH_3NH_2 \cdot HCl$ u. CH_3ONa in abs. Methanol im Rohr auf 160°, Eindampfen, Lösen in Methanol u. Filtrieren über Amberlite IRA-410; aus A. orangefarbene Prismen; 40 mg. — *2-Amino-6-dimethylamino-*, $C_{10}H_{12}N_4$, Zers. bei 240° (Schwärzung), analog vorst. Verb. mit $(CH_3)_2NH$; aus W. orangegelbe Prismen. — *2.6-Diamino-* (**IX**), $C_8H_8N_4$, F. > 300°, durch Hydrieren von 500 mg **I** in CH_3COOH über 59%ig. Pd/Kohle, Eindampfen, Lösen in A., Filtrieren über Amberlite IRA-4 B, Eindampfen u. Sublimieren unter Vakuum; aus W. gelbe Nadeln; 170 mg. *Dipikrat*, $C_{20}H_{14}N_{10}O_{14}$, F. > 300°, gelbes Pulver. *Dihydrochlorid*, $C_8H_8N_4 \cdot 2HCl$, F. > 300°, blaßgelbe Prismen. — *2.6-Dichlor-* (**X**), $C_8H_4Cl_2N_2$, F. 226–227° (Zers.), durch 3std. Rühren von 270 mg **V** mit $POCl_3$ u. Pyridin bei 110°, Einengen unter Vakuum, Gießen auf Eis, Entsäuern mit $NaHCO_3$, Extrahieren mit Chlf. u. Chromatographie an Al_2O_3; aus Bzl. Nadeln; 110 mg; daneben 80 mg *6-Chlor-2-hydroxy-1.3-diazaazulen* (**XI**), $C_8H_5ClN_2O$, Zers. bei 240° (Schwärzung), durch Alkalisieren der nach der Chlf.-Extraktion verbleibenden wss. Schicht mit $NaHCO_3$. — *2-Chlor-6-hydroxy-* (**XII**), $C_8H_5ClN_2O$, F. 237–237,5° (Zers.), durch $^1/_2$std. Kochen von 50 mg **X** mit A./2 n CH_3COOH u. Stehen im Kühlschrank; aus W. Nadeln; 30 mg. — *6-Amino-2-chlor-* (**VIII**), $C_8H_6ClN_3$, F. > 300°, a) durch 1std. Erhitzen von 40 mg **X** mit NH_3-gesätt. Methanol im Rohr auf 100°, Lösen in verd. HCl u. Neutralisieren mit $NaHCO_3$; gelbe Nadeln; 35 mg; b) durch Diazotieren von **IX** in CH_3COOH u. Gießen in CuCl/konz. HCl, Alkalisieren mit $NaHCO_3$ u. Extrahieren des Nd. mit A.; aus A. gelbe Nadeln. — *6-Hydroxy-2-[2-hydroxy-naphthyl-(1)-azo]-*, $C_{18}H_{12}N_4O_2$, F. > 300°, durch Diazotieren von 100 mg **IV** in 6 n HCl, Gießen in eine Lsg. von β-Naphthol in 3 n NaOH, Aussalzen, Lösen des Nd. in W. u. Neutralisieren mit verd. HCl; aus Pyridin braunviolette Nadeln; 60 mg. — *Verb.* $C_{14}H_{11(13)}N_5$, F. > 280°, durch 5std. Kochen von **IV** mit Phenylhydrazin in CH_3COOH; aus A. rote Nadeln. — *2-Amino-1-methyl-imidazolo-[4.5:d]-tropon* (**VII**), *Hydrat*, $C_9H_9N_3O \cdot H_2O$, Zers. bei 290° (Schwärzung), durch Stehen von 300 mg **IV** in CH_3OH u. CH_2N_2 in Ae. über Nacht; aus A. gelbe Prismen; 190 mg; daneben 50 mg **VI**. *Pikrat*, $C_{15}H_{12}N_6O_8$, Zers. bei 240° (Schwärzung), gelbe Nadeln.

H. Gleinig 3122◇

0884 **Die Reaktion von β-Hydroxyalkylcarbamaten mit Carbonylverbindungen.** Mira Rona und Dov Ben-Ishai. (J. org. Chemistry **26**, 1446–50, 1961; Haifa, Israel, Israel Inst. of Technol., Dep. of Chem.; engl.) — β-Hydroxyalkylcarbamate reagieren in Ggw. von p-Toluolsulfonsäure (**V**) mit Carbonyl-Verbb. unter Bldg. der entsprechenden *N-Carbalkoxyoxazolidine* (**A**). Die Unters. des Einfl. der Substituenten auf die Rk.-Geschw. zeigt, daß ster. Effekte von ausschlaggebender, elektron. Effekte dagegen von untergeordneter Bedeutung sind. Die Rk.-Fähigkeit nimmt in folgender Reihe ab: aliphat. Aldehyde > aromat. Aldehyde > aliphat. Ketone > aromat. Ketone. p-Methoxy- u. p-Nitrobenzaldehyd reagieren mit annähernd derselben Geschw., während eine Nitrogruppe in o-Stellung die Rk. stark verzögert. cis-β-Carbalkoxyaminocyclohexanole reagieren glatt mit Aldehyden u. Ketonen, die trans-Isomeren dagegen extrem langsam. Die erhaltenen **A** sind gegenüber Alkalien beständig, durch verd. Säuren werden die **A** zu den entsprechenden Ausgangs-Verbb. gespalten. Die IR-Maxima sind angegeben.

Versuche: *N-[β-Hydroxyäthyl]-carbaminsäure, Äthylester* (**III**), $Kp._{0,6}$ 112–114°, durch Schotten-Baumann-Rk. aus Äthanolamin (**I**) u. Chlorameisensäureäthylester (**II**), Ansäuern der wss. Lsg. u. 24std. Extraktion mit Chlf.; 79% (Ausbeute). *Benzylester* (**IV**), aus **I** u. Chlorameisensäurebenzylester nach Rose (J. Amer. chem. Soc. **69**, [1947], 1384). — *dl-cis-2-Carbäthoxyaminocyclohexanol*, $C_9H_{17}NO_3$, F. 61° (Essigester/Hexan), aus dl-cis-2-Aminocyclohexanol u. **II** nach Schotten-Baumann; 72%. *trans-Isomeres*, $C_9H_{17}NO_3$, F. 72° (Essigester/Hexan), aus dl-trans-Aminocyclohexanol nach Schotten-Baumann; 75%. — N-Äthoxycarbonyloxazolidine: *Unsubstituiert*, $C_6H_{11} \cdot NO_3$, $Kp._{0,2}$ 58°, durch $^1/_2$std. Kochen von **III** mit Formaldehyd in Ggw. von **V** in Bzl. am Wasserabscheider (Meth. **B**); n_D^{15} 1,4500; 83%. — *2-Methyl-*, $C_7H_{13}NO_3$, $Kp._{0,15}$ 57°, nach **B** ($1^1/_2$ Std.); n_D^{15} 1,4405; 73%. — *2-n-Propyl-*, $C_9H_{17}NO_3$, $Kp._{0,2}$ 68°, nach **B** (1,3 Std.); n_D^{15} 1,4472; 71%. — *2-Isopropyl-*, $C_9H_{17}NO_3$, $Kp._{0,1}$ 60°, nach **B** (2,3 Std.); n_D^{15} 1,4471; 82%. — *2-Phenäthyl-*, $C_{14}H_{19}NO_3$, $Kp._{0,3}$ 132°, nach **B** (1 Std.); n_D^{15} 1,5138; 80%. — *2-Styryl-*, $C_{14}H_{17}NO_3$, $Kp._{0,2}$ 148°, nach **B** (4 Std.); n_D^{15} 1,5490; 62%. — *2.2-Dimethyl-*, $C_8H_{15}NO_3$, $Kp._{0,3}$ 58°, nach **B** ($6^1/_2$ Std.); n_D^{25} 1,4410; 60%. — *2-Methyl-2-äthyl-*, $C_9H_{17}NO_3$, $Kp._{0,2}$ 74°, nach **B** (4 Std.); n_D^{15} 1,4452; 46%. — *2-Methyl-2-isobutyl-*, $C_{11}H_{21}NO_3$, $Kp._{0,1}$ 76°, nach **B** (20 Std.); n_D^{15} 1,4471; 30%. — *2.2-Pentamethylen-*, $C_{11}H_{19}NO_3$, $Kp._{0,8}$ 106°, nach **B** ($3^1/_2$ Std.); n_D^{15} 1,4471; 80%. — *2.2-Tetramethylen-*, $C_{10}H_{17}NO_3$, $Kp._{0,2}$ 76°, nach **B** ($5^1/_2$ Std.); n_D^{15} 1,4725; 65%. — *2-Phenyl-*, $C_{12}H_{15}NO_3$, $Kp._{0,2}$ 117°, nach **B** ($2^1/_2$ Std.); n_D^{15} 1,5162; 74%. — *2-[p-Nitrophenyl]-*, $C_{12}H_{14}N_2O_5$, $Kp._{0,2}$ 168°, nach **B** (2 Std.); n_D^{15} 1,5433; 70%. — *2-[p-Methoxyphenyl]-*, $C_{13}H_{17}NO_4$, $Kp._{0,1}$ 140°, nach **B** ($2^1/_2$ Std.); n_D^{15} 1,5210; 80%. — *2-[o-Nitrophenyl]-*, $C_{12}H_{14} \cdot N_2O_5$, F. 23°, $Kp._{0,1}$ 156°, nach **B** (11,5 Std.); 71%. — *2-[o-Methoxyphenyl]-*, $C_{13}H_{17}NO_4$, $Kp._{0,2}$ 140°, nach **B** (3 Std.); n_D^{15} 1,5300; 73%. — *2-Methyl-2-phenyl-*, $C_{13}H_{17}NO_3$, $Kp._{0,2}$ 116°, nach **B** (20 Std.); n_D^{15} 1,5120; 30%. — N-Benzoxycarbonyloxazolidine: *Unsubstituiert*, $C_{11}H_{13}NO_3$, $Kp._{0,15}$ 125°, nach **B** ($^1/_2$ Std.); n_D^{15} 1,5281; 70%. — *2-Isopropyl-*, $C_{14}H_{19}NO_3$, $Kp._{0,2}$ 124°, nach **B** (2 Std.); n_D^{15} 1,5120; 82%. — *2.2-Dimethyl-*, $C_{13}H_{17}NO_3$, $Kp._{0,2}$ 114°, nach **B** ($4^1/_2$ Std.); n_D^{15} 1,5142; 77%. — *2.2-Pentamethylen-*, $C_{16}H_{21}NO_3$, $Kp._{0,15}$ 148°, nach **B** (3,3 Std.); n_D^{15} 1,5318; 73%. — *2-Phenyl-*, $C_{17}H_{17}NO_3$, F. 60°, $Kp._{0,2}$ 174°, nach **B** (3 Std.); 82%. — N-Äthoxycarbonyl-4.5-cyclohexanooxazolidine: *Unsubstituiert*, $C_{10}H_{17}NO_3$, $Kp._{0,1}$ 82°, nach **B** (0,3 Std.); n_D^{15} 1,4748; 80%. — *2-Methyl-*, $C_{11}H_{19}NO_3$, $Kp._{0,1}$ 78°, nach **B** (1 Std.); n_D^{15} 1,4698; 85%. — *2-Isopropyl-*, $C_{13}H_{23}NO_3$, $Kp._{0,1}$ 96°, nach **B** ($1^1/_2$Std.); n_D^{15} 1,4705; 83%. — *2.2-Dimethyl-*, $C_{12}H_{21}NO_3$, F. 51°, $Kp._{0,1}$ 89°, nach **B** ($4^1/_2$ Std.); 73%. — *2-Methyl-2-äthyl-*, $C_{13}H_{23}NO_3$, $Kp._{0,2}$ 98°, nach **B** ($3^1/_2$Std.); n_D^{15} 1,4720; 45%. — *2.2-Pentamethylen-*, $C_{15}H_{25}NO_3$, $Kp._{0,1}$ 114°, nach **B** (3 Std.); n_D^{15} 1,4922; 70%. — *2.2-Tetramethylen-*, $C_{14}H_{23}NO_3$, $Kp._{0,1}$ 112°, nach **B** (4 Std.); n_D^{15} 1,4879; 50%. — *2-Phenyl-*, $C_{16}H_{21}NO_3$, $Kp._{0,3}$ 157°, nach **B** ($3^1/_2$Std.); n_D^{15} 1,5285; 81%. — N-Benzoxycarbonyl-4.5-cyclohexanooxazolidine: *Unsubstituiert*, $C_{15} \cdot H_{19}NO_3$, $Kp._{0,4}$ 159°, nach **B** (0,3 Std.); n_D^{15} 1,5321; 80%. — *2-Methyl-*, $C_{16}H_{21}NO_3$, $Kp._{0,4}$ 152°, nach **B** ($1^1/_2$Std.); n_D^{15} 1,5200; 75%. — *2-Isopropyl-*, $C_{18}H_{25}NO_3$, $Kp._{0,4}$ 148°, nach **B** ($2^1/_2$ Std.); n_D^{15} 1,5250; 90%. —

2.2-Dimethyl- (**VIII**), $C_{17}H_{23}NO_3$, Kp.$_{0,1}$ 138°, nach **B** (5$^1/_2$ Std.); n_D^{15} 1,5205; 70%. — *2-Methyl-2-äthyl-*, $C_{18}H_{25}NO_3$, Kp.$_{0,2}$ 150°, nach **B** (4$^1/_2$ Std.); n_D^{15} 1,5210; 40%. — *2.2-Pentamethylen-*, $C_{20}H_{27}NO_3$, F. 69°, Kp.$_{0,2}$ 178°, nach **B** (2$^1/_2$ Std.); 82%. — *2.2-Tetramethylen-*, $C_{19}H_{25}NO_3$, Kp.$_{0,5}$ 168°, nach **B** (4 Std.); n_D^{15} 1,5335; 80%. — *2-Phenyl-*, $C_{21}H_{23}NO_3$, F. 99°, nach **B** (4$^1/_2$ Std.); 79%. — N-Benzoxycarbonyloxazolidin-4-carbonsäuren: *2-Isopropyl-*, $C_{15}H_{19}NO_5$, F. 97° (Bzl./Methylcyclohexan), durch 3std. Kochen von N-Carbobenzoxy-dl-serin (**VI**) mit Isobutyraldehyd in Ggw. von **V** in Bzl. am Wasserabscheider, Extrahieren der Bzl.-Lsg. mit wss. $NaHCO_3$, Ansäuern der alkal. Lsg. mit Essigsäure u. Extrahieren mit Essigester; 70%; daneben aus der Bzl.-Lsg. *N-Benzoxycarbonyloxazolidon-(5)* (**VII**). — *2-Phenyl-*, $C_{18}H_{17}NO_5$, F. 135° (A.), analog durch 3$^1/_2$std. Kochen von **VI** mit Benzaldehyd in Ggw. von **V** in Bzl.; 75%. — *Unsubstituiert*, analog durch $^1/_2$std. Kochen von **VI** mit Paraformaldehyd in Ggw. von **V** in Bzl.; Öl; 3,81 g; daneben **VII**. *Benzylamid*, $C_{19}H_{20}N_2O_4$, F. 91—92° (Bzl./Methylcyclohexan), durch Rk. der Säure mit Benzylamin u. Dicyclohexylcarbodiimid; 55% (bezogen auf **VI**). — *N-[β-Hydroxyäthyl]-carbaminsäurebenzylester* (**IV**), durch 24std. Stehen von **VIII** in 2,5 n wss./alkohol. (1:1) HCl bei Raumtemp., Verdünnen mit W. u. Extrahieren mit Essigester; 82%. Klaus Lange 3132△

0885 **Untersuchungen über 1.2.3-Triazolderivate. 1. Mitt. Wirkung von Säure und Alkali auf 8-Azaguanin.** Shun'ichi Yamada, Tomishige Mizoguchi und Akira Ayata. (J. pharmac. Soc. Japan [Yakugakuzasshi] **77**, 441—42, 1957; Osaka, Gohei Tanabe & Co., Ltd., Res. Labor.; jap., Auszug: engl.) — 8-Azaguanin ist gegenüber Säuren u. Alkali stabil, erleidet jedoch Zers., wenn es damit im Bombenrohr erhitzt wird. Bei der alkal. Zers. entsteht *4-* bzw. *5-Amino-1.2.3-triazol* [*Hydrochlorid*, $C_2H_5ClN_4$, F. 142° (Zers.). *Pikrat*, $C_2H_4N_4 \cdot C_6H_3N_3O_7$, F. 178° (Zers.)]. — Vgl. C. **1963**, 21544.

Gottfried Schreiber 3153△

0886 **Untersuchung einiger Reaktionen von Hydroximsäurechloriden. Darstellung von disubstituierten 1.2.4-Oxadiazolen.** R. Lenaers und F. Eloy. (Helv. chim. Acta **46**, 1067—73, 1963; Bruxelles, Union Carbide Europ. Res. Assoc.; franz.) — *1.2.4-Oxadiazole* (**A**) werden durch längeres Kochen von Hydroximsäurechloriden mit aliphat. oder aromat. Nitrilen dargestellt. Auch Oxalsäureäthylesterhydroximsäurechlorid (**I**) läßt sich für vorst. Umsetzung verwenden. Die Rk. wird ohne Zusatz von tert. Basen durchgeführt, wodurch man die Bldg. von Nebenprodd., z. B. von Furoxanen, vermeidet. Der Rk.-Mechanismus, der der Bldg. der **A**, z. B. des *3-Phenyl-5-guanidino-1.2.4-oxadiazols* (**II**) aus Benzhydroximsäurechlorid (**IV**) u. Cyanguanidin (**III**), zugrunde liegt, wird diskutiert. Die Struktur von **II** wird durch dessen Darst. aus 3-Phenyl-5-trichlormethyl-1.2.4-oxadiazol (**V**) u. Guanidin (**VI**) gesichert. **II** liefert mit Acetanhydrid ein *Diacetylderivat*. Durch saure oder alkal. Hydrolyse wird aus **II** *3-Phenyl-5-hydroxy-1.2.4-oxadiazol* erhalten. **I** reagiert mit **III** unter Bldg. von *3-Äthoxycarbonyl-5-guanidino-1.2.4-oxadiazol* (**XII**), das sich in *Ammelin* umwandeln läßt. Einige **A** lassen sich auch durch Kondens. von Amidoximen mit Säurechloriden oder -anhydriden gewinnen.

Versuche (mit J. Piérard u. W. Rennertz): 1.2.4-Oxadiazole (**A**): *3-Phenyl-5-isobutyl-*, Kp.$_{0,04}$ 83 bis 84°, durch 24std. Kochen äquimol. Mengen **IV** u. Isovaleronitril in Toluol unter N_2, Abdest. von Toluol u. Dest. des Rückstands; 26% (Ausbeute). — *3.5-Diphenyl-*, F. 109° (wss. A.), analog vorst. Verb. aus **IV** u. Benzonitril (**VII**); 55%. — *3-Phenyl-5-[pyridyl-(4)]-*, F. 155° (Bzl.), aus **IV** u. 4-Cyanpyridin; 63%. — *3-Phenyl-5-trichlormethyl-* (**V**), F. 26—27°, Kp.$_{0,02}$ 91—92°, a) analog vorst. Verb. aus **IV** u. Trichloracetonitril; 65%; b) durch 15 Min. langes Erhitzen von 1 Mol Benzamidoxim mit 2 Mol Trichloracetanhydrid in Trichloressigsäure auf 110 bis 120°, Gießen in Eiswasser, Abtrennen der öligen organ. Phase, Aufnehmen in CCl_4, Neutralwaschen mit $NaHCO_3$-Lsg. u. Eindampfen; 94%. — *3-Trichlormethyl-5-phenyl-*, $C_9H_5Cl_3N_2O$, F. 70° (wss. A.), a) analog **V** nach a) aus Trichloracethydroximsäurechlorid u. **VII**; 7%; b) analog **V** nach b) durch 3std. Erhitzen von 1 Mol Trichloracetamidoxim mit 2 Mol Benzoesäureanhydrid auf 145 bis 150°, Verdünnen mit Methanol, Zugabe von $NaHCO_3$-Lsg. bis zur Beendigung der CO_2-Entw. u. Absaugen nach 24std. Aufbewahren; 80%. — *3-Phenyl-5-[5-nitrofuryl-(2)]-*, $C_{12}H_7N_3O_4$, F. 168° (Bzl.), analog **V** nach a) aus **IV** u. 2-Cyan-5-nitrofuran (**X**); 70%. — *3.5-Bis-[5-nitrofuryl-(2)]-*, $C_{10}H_4N_4O_7$, F. 171° (Essigsäure/Ae.), analog **V** nach a) aus **X** u. **XI**; 25%. — *3-Phenyl-5-guanidino-* (**II**), $C_9H_9N_5O$, F. 270° (Pyridin), a) durch 3std. Kochen äquimol. Mengen **IV** u. **III** in A. u. Absaugen des entstandenen Nd.; eine 2. Fraktion wird durch Einengen des Filtrats erhalten; 81%; b) durch 3std. Kochen von **V** mit aus seinem Hydrochlorid freigesetztem **VI** in A., Eindampfen u. Verreiben des Rückstandes mit W.; 75%. *Nitrat*, $C_9H_9N_5O \cdot HNO_3$, F. 242°. *Diacetylderiv.*, $C_{13}H_{15}N_5O_3$, F. 192°. — *3-Phenyl-5-hydroxy-*, F. 203° (W.), durch 4std. Kochen von **II** mit 6n HCl oder mit 2n NaOH. — *3-Äthoxycarbonyl-5-guanidino-* (**XII**), $C_6H_9N_5O_3$, F. 280° (Zers.; Pyridin/Ae.), durch 4std. Kochen von **I** u. **III** in A.; 16%. *Acetylderiv.*, $C_8H_{11}N_5O_4$. — *3-[5-Nitrofuryl-(2)]-5-guanidino-*, $C_7H_6N_6O_4$, F. > 340° (Dimethylformamid (DMF)/Ae.), durch 3std. Kochen von **XI** mit **III** in A. u. Absaugen; durch Einengen des Filtrats wird eine 2. Fraktion erhalten; 69%. — *1.4-Bis-[5-phenyl-1.2.4-oxadiazolyl-(3)]-benzol*, $C_{22}H_{14}N_4O_2$, F. 277° [W./DMF], a) analog **V** nach a) aus Terephthaldihydroximsäuredichlorid (**IX**) u. **VII**; 77%; b) durch Kochen von 1 Mol **VIII** mit 2 Mol Benzoylchlorid in DMF bis zur Bldg. eines Nd., Abkühlen u. Absaugen. — *[5-Nitrofuryl-(2)]-formhydroximsäurechlorid* (**XI**), $C_5H_3ClN_2O_4$, F. 150° (Zers.; PAe.), a) durch Einleiten von Cl_2 in 5-Nitrofurfuraldoxim in Chlf. bei 0°, Eindampfen u. Aufnehmen in CH_2Cl_2; 56%; b) analog a) mit Nitrosylchlorid an Stelle von Cl_2; 100%. — *Ammelin, Hydrochlorid*, $C_3H_5N_5O \cdot HCl$, durch Erwärmen von **XII** mit 2n NaOH auf dem Wasserbad, Absaugen u. Kristallisation aus verd. HCl. — *Terephthalsäurediamiddioxim* (**VIII**), F. 180° (Zers.), durch Zugabe von äthanol. NH_3 zu **IX** in A.; 100%. H. Gleinig 3163◇

0887 **Über gemischte Ester der phosphorigen Säure mit D-Weinsäureäthylester.** A. Je. Arbusow, W. M. Soroasstrowa und T. N. Mjassojedowa. (Nachr. Akad. Wiss. UdSSR, Abt. chem. Wiss. **1960**, 2127—34; Kasan, Univ., Chem. Butlerow-Forsch.-Inst. u. Chem.-Technol. Kirow-Inst.; russ.) — Durch Rk. von D-Weinsäurediäthylester (**I**) mit Phosphorigsäurealkylesterdichloriden („Menschutkin-Chloride") in Ggw. von Alkali werden *2-Alkoxy-4.5-bis-carbäthoxy-1.3.2-dioxaphospholane* (*Weinsäurediäthylester-O'-alkylphosphite*) dargestellt, die mit S die entsprechenden *P-Sulfide* u. mit Triphenylbrommethan (**II**) Addukte liefern, von denen zwei in reinem Zustand isoliert werden. Beim Erhitzen von 2-Äthoxy-4.5-bis-carbäthoxy-1.3.2-dioxaphospholan (**IV**) mit Äthyljodid oder der entsprechenden 2-Methoxyverb. (**III**) mit Methyljodid werden *Fumarsäurediäthylester*, in allen anderen Fällen polymere, gelbrote bis zimtfarbene Verbb. erhalten.

Versuche: 4.5-Bis-carbäthoxy-1.3.2-dioxaphospholane: *2-Methoxy-* (**III**), $C_9H_{15}O_7P$, Kp.$_{2,5}$ 129 bis 130°, durch Zutropfen von 55 g Phosphorigsäuremethylesterdichlorid im gleichen Vol. Ae. zu 86,5 g **I**, 83,67 g Triäthylamin u. 550 ml abs. Ae. in 1 Std.; n_D^{20} 1,4525; D_0^{20} 1,2439; $[\alpha]_D^{20}$ —96,47° (ohne Lsgm.) u. —80,88° (20%ig. Lsg. in Bzl.); 54,7% (Ausbeute). — *2-Äthoxy-* (**IV**), $C_{10}H_{17}O_7P$, Kp.$_2$ 132—133°, durch Zutropfen von 29,1 g Phosphorigsäureäthylesterdichlorid zu 41,8 g **I** u. 31,6 g Pyridin in 200 ml Ae. unter Kühlung; n_D^{20} 1,4500; D_0^{20} 1,2036; $[\alpha]_D^{20}$ —95,85° u. —77,93°; 85%. — *2-n-Propoxy-* (**V**), $C_{11}H_{19}O_7P$, Kp.$_{3,5}$ 137—138°, analog aus 78,1 g Phosphorigsäure-n-propylesterdichlorid, 102 g **I**, 77,1 g Pyridin u. 300 ml Ae. in 1$^1/_2$ Std., $^1/_2$std. Rühren; n_D^{20} 1,4505; D_0^{20} 1,1745; $[\alpha]_D^{20}$ —93,65° u. —75,9°; 71,3%. — *2-n-Butoxy-*, $C_{12}H_{21}O_7P$, Kp.$_{1-1,5}$ 143,5—144°, aus 26,8 g Phosphorigsäure-n-butylesterdichlorid, 33 g **I**, 31,9 g Triäthylamin u. 200 ml Ae.; n_D^{20} 1,4500; D_0^{20} 1,1511; $[\alpha]_D^{20}$ —89,18° u. —73,05°; 63,7%. — *2-Allyloxy-*, $C_{11}H_{17}O_7P$, Kp.$_{1,5}$ 136—137°, aus 38,7 g Phosphorigsäureallylesterdichlorid, 50,9 g **I** u. 49,2 g Triäthylamin; n_D^{20} 1,4600; D_0^{20} 1,2003; $[\alpha]_D^{20}$ —91,72° u. —74,8°; 51,8%. — *Fumarsäure, Diäthylester*, $C_8H_{12}O_4$,

a) Kp.$_{2,5}$ 65,5—66,5°, durch 7std. Erhitzen von 16 g **IV** mit 12 g Äthyljodid im Rohr auf 150°; n_D^{20} 1,4390; $D._0^{20}$ 1,0523; 4,6 g; b) Kp.$_7$ 75—76°, durch 10std. Erhitzen von 22 g **III** mit 11,7 g Methyljodid im Rohr auf 80—85°; n_D^{20} 1,4392; $D._0^{20}$ 1,0521; 3,75 g; daneben 4,1 g einer *Verb.* $C_9H_{15}O_7P$ [wahrscheinlich ein Isomeres von **III**, Kp.$_{2-2,5}$ 164—166°; n_D^{20} 1,4495; $D._0^{20}$ 1,2985]. *Dimethylester*, F. 105—107° (Methanol). *Diamid*, F. ~270° (Zers.; W.). — 4.5-Bis-carbäthoxy-1.3.2-dioxaphospholan-P-sulfide: Durch Erhitzen des entsprechenden Phosphits mit S (1 : 1 Mol) auf 130—170° bis zur Auflösung des größten Teils des S: *2-Methoxy-*, $C_9H_{15}O_7PS$, Kp.$_{4-4,5}$ 163—164°; n_D^{20} 1,4695; $D._0^{20}$ 1,3048; $[\alpha]_D^{20}$ —56,6° (ohne Lsgm.); 5,71 g. — *2-Äthoxy-*, $C_{10}H_{17}O_7PS$, Kp.$_{3,5}$ 159—160°; n_D^{20} 1,4680; $D._0^{20}$ 1,2603; $[\alpha]_D^{20}$ —37,61°; 4,1 g. — *2-n-Propoxy-*, $C_{11}H_{19}O_7PS$, Kp.$_{1,5-2}$ 158—160°; n_D^{20} 1,4685; $D._0^{20}$ 1,2282; $[\alpha]_D^{20}$ —38,43°; 3 g. — *2-n-Butoxy-*, $C_{12}H_{21}O_7PS$, Kp.$_{3,5}$ 177—178°; n_D^{20} 1,4690; $D._0^{20}$ 1,2060; $[\alpha]_D^{20}$ —36,74°; 4,5 g. — *2-Allyloxy-*, $C_{11}H_{17}O_7PS$, Kp.$_2$ 170—172°; n_D^{20} 1,4723; $D._0^{20}$ 1,2670; $[\alpha]_D^{20}$ —38,7°; 4,07 g. — *Addukt aus* **IV** *u. Triphenylbrommethan*, $C_{29}H_{32}BrO_7P$, F. 162—163° (Methanol), durch 1std. Kochen von 1,4 g **IV** mit 1,6 g **II** in abs. Bzl.; 0,5 g. — *Addukt aus* **V** *u. Triphenylbrommethan*, $C_{30}H_{34}BrO_7P$, F. 145,5—147° (A. u. W.; 2 : 1), durch 1½std. Kochen von 2,94 g **V** mit 3,23 g **II** in 10 ml abs. Xylol; Nadeln; 1,8 g. — *Triphenylmethylphosphonsäure*, F. ~275°, durch 8½std. Erhitzen von 0,2 g vorst. Verb. mit 10 ml 15%ig. HCl im Rohr auf 180—185°.

I. Schade 3194△

0888 **6.8-Dihydroxyflavon-Derivate.** T. H. Simpson. (J. org. Chemistry **28**, 2107—10, 1963; Aberdeen, Torry Res. Stat., Dep. of Sci. and Ind. Res.; engl.) — Durch Kuppeln von diazotierter Sulfanilsäure (**VI**) u. 2-Hydroxy-3-methoxyacetophenon (**VII**) u. Red. der erhaltenen Azo-Verb. wird *5-Amino-2-hydroxy-3-methoxyacetophenon* dargestellt, dessen Umsetzung zum 2.5-Dihydroxy-3-methoxyacetophenon nicht gelang. Elbs-Oxydation von **VII** u. Partialmethylierung des erhaltenen Hydrochinons liefert *2-Hydroxy-3.5-dimethoxyacetophenon* (**I**). Die durch Kondens. von **I** mit Benz- (**VIII**) bzw. Anisaldehyd (**IX**) erhaltenen *Chalkone* werden mit SeO_2 nach Mahal u. Venkataraman [1936] zu *Flavonen* bzw. mit NaOH–H_2O_2 nach Algar u. Flynn [1934] zu *Flavonolen* cyclisiert. Vorst. Verbb. werden mit HBr zu entsprechenden *Hydroxyflavonen* bzw. *-flavanolen* entmethyliert. 3-Hydroxy-4'.6.8-trimethoxyflavon (**V**), das sich mit HBr nur schwer entmethylieren läßt, gibt mit MgJ_2 die *Tetrahydroxy-Verbindung*. Unter milden Bedingungen führt die Entmethylierung von 6.8-Dimethoxy- (**II**), 3-Hydroxy-6.8-dimethoxy- (**IV**) bzw. 4'.6.8-Trimethoxyflavon (**III**) unter selektiver Spaltung der 6-Methoxygruppe zu den entsprechenden *Mono-* bzw. *Dimethyläthern*. Unter etwas schärferen Bedingungen gibt **III** *4'.6-Dihydroxy-8-methoxyflavon*. Synth. von *6-Hydroxy-8-methoxyflavonen* erfolgten analog aus 2-Hydroxy-3-methoxy-5-isopropoxyacetophenon durch Kondens. mit **VIII**, **IX** oder p-Isopropoxybenzaldehyd (**X**) zu den entsprechenden *Chalkonen*, Überführen in die entsprechenden *Isopropoxymethoxyflavone* bzw. *-flavonole* u. nachfolgende milde Desisopropylierung. *4'-Hydroxy-6.8-dimethoxyflavon* bzw. *-flavonol* werden analog aus 4-Benzyloxy-2'-hydroxy-3'.5'-dimethoxychalkon erhalten.

Versuche (FF. korr.): Acetophenone: *5-Amino-2-hydroxy-3-methoxy-*, $C_9H_{11}NO_3$, F. 145,5—147°, durch Diazotieren von **VI**, Zusetzen zu einer eiskalten Suspension von 0,2 g **VII** in 4%ig. NaOH, 1std. Stehen, Lösen der erhaltenen *Azo-Verb.* in 4%ig. NaOH, Red. mit $NaHSO_3$, Neutralisieren mit HCl, Sättigen mit $(NH_4)_2SO_4$ u. Ausäthern; aus Bzl.-PAe. gelbe Prismen; 0,09 g (Ausbeute). — *2.5-Dihydroxy-3-methoxy-*, F. 172—174°, durch Zusetzen von gesätt. $K_2S_2O_8$-Lsg. zu 10 g **VII** in 10%ig. NaOH u. 7 g Na_2SO_3, 20std. Rühren bei 0°, Neutralisieren mit HCl, Filtrieren, Waschen mit Ae., Zusetzen von Bzl. u. Na_2SO_3, starkes Ansäuern mit konz. HCl, 20 Min. langes Kochen, Ausäthern der wss. Schicht u. Eindampfen der vereinigten benzol. u. äther. Auszüge; aus Bzl. oder W. gelbe Prismen; 2,8 g. *Diacetat*, F. 127—128°, aus Methanol Platten. — *2-Hydroxy-3.5-dimethoxy-* (**I**), $C_8H_6O_2(OCH_3)_2$, F. 84—86°, durch 3std. Kochen von 5 g vorst. Verb. mit $(CH_3)_2SO_4$ u. K_2CO_3 in Aceton unter CO_2, Eindampfen des Filtrats im Vakuum, Lösen in Ae., Waschen mit 2%ig. Na_2CO_3-Lsg., Extrahieren mit 4%ig. NaOH u. Ansäuern; aus A. gelbe Nadeln; 2,9 g. *2.4-Dinitrophenylhydrazon*, $C_{16}H_{16}N_4O_7$, F. 246—248°, aus n-Butanol rote Nadeln. — *2-Hydroxy-3-methoxy-5-isopropoxy-*, $C_{12}H_{16}O_4$, F. 70—72°, analog **I** mit Diisopropylsulfat; aus wss. A. gelbe Prismen; 2,5 g. *2.4-Dinitrophenylhydrazon*, $C_{18}H_{20}N_4O_7$, F. 242—245°, rote Nadeln. — 2'-Hydroxychalkone, durch Zusetzen des entsprechenden 2-Hydroxyacetophenons in NaOH zu überschüssigem **VIII**, **IX**, **X** bzw. p-Benzyloxybenzaldehyd in A., 1std. Stehen, Zusetzen von W., Ansäuern u. Ausäthern, Waschen mit 2%ig. $NaHCO_3$-, 25%ig. $NaHSO_3$-Lsg. u. W., Eindampfen u. Kristallisieren der Methyläther aus A. bzw. der Isopropyläther aus PAe.: *3'.5'-Dimethoxy-*, $C_{17}H_{16}O_4$, F. 81—83°, granatfarbene Prismen; 80%. — *3'.5'.4-Trimethoxy-*, $C_{18}H_{18}O_5$, F. 121,5—122,5°, granatfarbene Prismen; 85%. — *3'-Methoxy-5'-isopropoxy-*, $C_{19}H_{20}O_4$, F. 73—74°, rote Prismen; 70%. — *3'.4-Dimethoxy-5'-isopropoxy-*, $C_{20}H_{22}O_5$, F. 112—113°, rote Nadeln; 70%. — *3'-Methoxy-4.5'-diisopropoxy-*, $C_{22}H_{26}O_5$, F. 92—94°, rote Nadeln; 70%. — *3'.5'-Dimethoxy-4-benzyloxy-*, $C_{24}H_{22}O_5$, F. 172—174°, rote Prismen; 60%. — Flavone, a) durch 18std. Kochen des entsprechenden Chalkons mit SeO_2 in Amylalkohol, Einleiten von Wasserdampf, Lösen in Chlf., Chromatographie an Al_2O_3 u. Kristallisieren aus A. u. PAe.; b) durch Entmethylierung von Flavonen durch 5std. Kochen mit 48%ig. HBr, Zusetzen von W., Teilneutralisieren mit NaOH, Aufarbeiten u. Kristallisieren aus wss. CH_3CO_2H u. wss. A.; c) durch Entisopropylieren von Methoxyisopropoxyflavonen durch Kochen in CH_3CO_2H, Zusetzen von sd. 48%ig. HBr u. weiteres 3 Min. langes Kochen, Gießen in W., Lösen in NaOH, Waschen mit Bzl. u. Kristallisieren aus wss. CH_3CO_2H bzw. wss. Methanol: *6.8-Dimethoxy-* (**II**), $C_{15}H_8O_2(OCH_3)_2$, F. 148—149° u. 152—153° (dimorph), cremefarbene Nadeln; 75%. — *4'.6.8-Trimethoxy-* (**III**), $C_{15}H_7O_2(OCH_3)_3$, F. 187—187,5°, cremefarbene Nadeln; 80%. — *6-Isopropoxy-8-methoxy-*, $C_{19}H_{18}O_4$, F. 150—151°, Nadeln; 70%. — *6-Isopropoxy-4'.8-dimethoxy-*, $C_{20}H_{20}O_5$, F. 182—183°, cremefarbene Prismen; 70%. — *4'.6-Diisopropoxy-8-methoxy-*, $C_{22}H_{24}O_5$, F. 94—96°, Prismen; 65%. — *4'-Benzyloxy-6.8-dimethoxy-* (**XII**), $C_{24}H_{20}O_5$, F. 183—185°, gelbe Nadeln; 70%. — *6.8-Dihydroxy-*, $C_{15}H_{10}O_4$, F. 278° (Zers.), gelbe Nadeln; 80%. *Diacetat*, $C_{19}H_{14}O_6$, F. 198—200°, Nadeln. — *4'.6.8-Trihydroxy-*, $C_{15}H_{10}O_5$, F. >300° (Zers.), gelbe Nadeln; 80%. *Triacetat*, $C_{21}H_{16}O_8$, F. 240—242°, Nadeln. — *4'.6.8-Triäthoxy-*, $C_{15}H_7O_2(OC_2H_5)_3$, F. 161—162°, Prismen. — *6-Hydroxy-8-methoxy-*, $C_{15}H_9O_3OCH_3$, F. 244 bis 245°, durch 12 Min. langes Kochen von **II** mit 48%ig. HBr in CH_3CO_2H, Zusetzen von W. u. NaOH, Waschen mit Ae., Ansäuern u. Kristallisieren aus wss. A. u. Bzl.; blaßgelbe Nadeln; 65%. *Acetat*, $C_{18}H_{14}O_5$, F. 190—192°, Nadeln. — *6-Hydroxy-4'.8-dimethoxy-*, $C_{15}H_8O_3(OCH_3)_2$, F. 257—259° (Zers.), durch 20 Min. langes Kochen von **III** mit HBr in CH_3CO_2H, Zusetzen von W. u. Einstellen auf pH 5 mit NaOH, Lösen des Nd. in sd. 50%ig. CH_3CO_2H u. Extrahieren mit sd. PAe.; aus Bzl.-PAe. u. wss. A. gelbe Nadeln; 60%. *Acetat*, $C_{19}H_{16}O_6$, F. 206 bis 209°, Nadeln. — *4'.6-Dihydroxy-8-methoxy-*, $C_{15}H_9O_4OCH_3$, F. >288° (Zers.), durch 40 Min. langes Kochen von **III** wie vorst. Verb., jedoch Extrahieren mit sd. Bzl. u. Behandeln des Nd. mit sd. Bzl.; aus wss. CH_3CO_2H gelbe Nadeln; 60%. *Diacetat*, $C_{20}H_{16}O_7$, F. 215—217°, Nadeln. — *4'-Hydroxy-6.8-dimethoxy-*, $C_{15}H_8O_3(OCH_3)_2$, F. 199—200°, durch 1std. Erwärmen von **XII** in CH_3CO_2H-konz. HCl auf dem Dampfbad u. Eindampfen im Vakuum; aus wss. A. blaßgelbe Prismen; 85%. *Acetat*, $C_{19}H_{16}O_6$, F. 172 bis 175°, Nadeln. — Flavonole, durch ¼std. Rk. der entsprechenden Chalkone mit 4%ig. NaOH u. H_2O_2 in heißem A., Ansäuern u. Kristallisieren des Nd. aus A.; Darst. der *Acetate* mit Pyridin–$(CH_3CO)_2O$ u. Kristallisieren aus A., der *Methyläther* mit $(CH_3)_2SO_4$ in wss.-alkohol. Na_2CO_3; Entmethylieren bzw. Entisopropylieren analog den Flavonen nach b) bzw. c), jedoch Lösen des Rk.-Prod. in sd. 50%ig. CH_3CO_2H u. Extrahieren mit sd. PAe.: *6.8-Dimethoxy-* (**IV**), $C_{15}H_8O_3(OCH_3)_2$, F. 198 bis 200°, cremefarbene Prismen; 66%. *Acetat*, $C_{19}H_{16}O_6$, F. 194—196°, Platten. *Methyläther*, $C_{15}H_7O_2(OCH_3)_3$,

F. 165—166°, Platten. — *4'.6.8-Trimethoxy-* (**V**), $C_{15}H_7 \cdot O_3(OCH_3)_3$, F. 218—220°, cremefarbene Prismen; 75%. *Acetat*, $C_{20}H_{18}O_7$, F. 119—122°, Nadeln. *Methyläther*, $C_{15}H_6O_2(OCH_3)_4$, F. 164—165° u. 167—168° (dimorph), Prismen. — *6-Isopropoxy-8-methoxy-*, $C_{19}H_{18}O_5$, F. 183 bis 184°, cremefarbene Nadeln; 60%. *Acetat*, $C_{21}H_{20}O_6$, F. 205—206°, Prismen. — *6-Isopropoxy-4'.8-dimethoxy-*, $C_{20}H_{20}O_6$, F. 163—164°, cremefarbene Prismen; 65%. *Acetat*, $C_{22}H_{22}O_7$, F. 178—180°, Prismen. — *4'.6-Diisopropoxy-8-methoxy-*, $C_{22}H_{24}O_6$, F. 152—155° u. 160—161° (dimorph), blaßgelbe Nadeln; 60%. *Acetat*, $C_{24}H_{26}O_7$, F. 155—156°, Nadeln. — *6.8-Dimethoxy-4'-benzyloxy-* (**XI**), $C_{24}H_{20}O_6$, F. 198—200°, gelbe Nadeln; 65%. *Acetat*, $C_{26}H_{22}O_7$, F. 191—193°, Prismen. — *6.8-Dihydroxy-*, $C_{15}H_{10}O_5$, F. 257—260°, gelbe Nadeln; 85%. *Triacetat*, $C_{21}H_{16}O_8$, F. 181—183°, Nadeln. — *4'.6.8-Trihydroxy-*, $C_{15}H_{10}O_6$, F. >300° (Zers.), durch Eindampfen von **V** in abs. Bzl. mit MgJ_2 in Ae. im Vakuum, 2std. Erhitzen auf 180°, Zers. mit verd. H_2SO_4 u. Lösen des Nd. in sd. W., Waschen mit sd. Bzl. u. Kühlen; blaßgelbe Nadeln; 55%. *Tetraacetat*, $C_{23}H_{18}O_{10}$, F. 211—213°, Nadeln. — *6-Hydroxy-8-methoxy-*, $C_{15}H_9O_4 \cdot OCH_3$, F. 258 bis 262° (Zers.), durch 1/4std. Kochen von **IV** mit HBr in CH_3CO_2H u. Lösen des Rk.-Prod. in sd. 50%ig. CH_3CO_2H, Waschen mit sd. PAe. u. Erhitzen mit Kohle; aus wss. A. Nadeln; 65%. *Diacetat*, $C_{20}H_{16}O_7$, F. 211 bis 212°, Nadeln. — *6-Hydroxy-4'.8-dimethoxy-*, $C_{15}H_8O_4 \cdot (OCH_3)_2$, F. 258—264° (Zers.), blaßgelbe Nadeln; 65%. *Diacetat*, $C_{21}H_{18}O_8$, F. 176° u. 194,5° (dimorph), Prismen. — *4'.6-Dihydroxy-8-methoxy-*, $C_{15}H_9O_5 \cdot OCH_3$, F. >300° (Zers.), blaßgelbe Nadeln; 65%. *Triacetat*, $C_{22}H_{18}O_9$, F. 219—222°, Nadeln. — *4'-Hydroxy-6.8-dimethoxy-*, $C_{15}H_8O_4(OCH_3)_2$, F. 260° (Zers.), durch 1std. Erhitzen von **XI** in CH_3CO_2H/konz. HCl auf dem Dampfbad u. Eindampfen im Vakuum; aus wss. A. blaßgelbe Nadeln; 80%. *Diacetat*, $C_{21}H_{18}O_8$, F. 188—191°, Nadeln.

H. Gleinig 3211◇

0889 **Von 4.5-Dimethyl-Δ⁴-tetrahydrophthalsäure abgeleitete Farbstoffe.** 1. Mitt. **Wirkung eingeführter Methylgruppen und die Abnahme der Ungesättigtheit im Phthalsäureanteil von Phthaleinfarbstoffen.** S. D. Loiwal und N. C. Jain. (J. Indian chem. Soc. **39**, 251—54, 1962; Pilani, Birla Coll., Dep. of Chem.; engl.) — Die Kondens. von 4.5-Dimethyl-Δ⁴-phthalsäureanhydrid (**I**) mit verschiedenen Phenolen u. mit m-Diäthylaminophenol (**III**) zu *Phthaleinfarbstoffen* wird beschrieben.

Versuche: *4.5-Dimethyl-Δ⁴-tetrahydrophthalsäureanhydrid* (**I**), F. 78—79° (PAe.), durch Kondens. von 2.3-Dimethylbutadien mit Maleinsäureanhydrid. — 4'.5'-Dimethyl-1'.2'.3'.6'-tetrahydrofluorane: *3.6-Dihydroxy-* (**II**), $C_{22}H_{20}O_5$, F. 210° (Zers.), durch 3std. Erhitzen von **I** mit Resorcin auf 160—180° in Ggw. von konz. H_2SO_4, Extrahieren mit verd. NaOH u. Fällen mit verd. HCl; in A. orangegrüne Fluorescenz. — *1.8-Dimethyl-3.6-dihydroxy-*, $C_{24}H_{24}O_5$, F. 200° (Zers.), durch 4std. Erhitzen von **I** u. Orcin auf 140—160° in Ggw. von konz. H_2SO_4; in Alkalien gelbgrüne Fluorescenz. — *1.3.6.8-Tetrahydroxy-*, $C_{22}H_{20}O_7$, F. 245° (Zers.), aus Phloroglucin; in Alkalien orangerote Farbe. — *3.4.5.6-Tetrahydroxy-*, $C_{22}H_{20}O_7$, F. 230° (Zers.), aus Pyrogallol; in Alkalien rotbraune Farbe. — *3.6-Bis-[diäthylamino]-*, $C_{30}H_{38}N_2O_3$, F. 300°, aus **III**; in verd. HCl purpurfarben. — *2.4.5.7-Tetrabrom-3.6-dihydroxy-*, $C_{22}H_{16}Br_4O_5$, F. 300°, durch Bromieren von **II**; in A. rosafarben. — *3.6-Diacetoxy-*, $C_{26}H_{24}O_7$, F. 150°, durch Acetylieren von **II** mit Acetanhydrid in Ggw. von Na-Acetat; aus A. braune Kristalle. — 5.6-Dimethyl-Δ⁵-tetrahydrophthalide: *3.3-Bis-[p-hydroxyphenyl]-*, $C_{22}H_{22}O_4$, F. 180°, durch 14std. Erhitzen von **I** mit Phenol in Ggw. von konz. H_2SO_4 auf 110—115°. — *3.3-Bis-[3-methyl-4-hydroxyphenyl]-*, $C_{24}H_{26}O_4$, F. 200° (Zers.), analog vorst. Verb. aus o-Kresol.

W. Hampel 3211△

0890 **Von 3-Methyl-Δ⁴-tetrahydrophthalsäure und 4-Methyl-Δ⁴-tetrahydrophthalsäure abgeleitete Farbstoffe.** 2. Mitt. **Wirkung der in verschiedenen Stellungen (3 oder 4) eingeführten Methylgruppe und die Abnahme der Ungesättigtheit im Phthalsäureanteil von Phthaleinfarbstoffen.** S. D. Loiwal und N. C. Jain. (J. Indian chem. Soc. **39**, 385—90, 1962; engl.) — 1. vgl. vorst. Referat. — Die Kondens. von 3-Methyl- (**I**) u. 4-Methyl-Δ⁴-tetrahydrophthalsäureanhydrid (**II**) mit verschiedenen Phenolen u. mit m-Diäthylaminophenol (**V**) zu *Phthaleinfarbstoffen* wird beschrieben. UV-Spektren vgl. Original.

Versuche: *3-Methyl-Δ⁴-tetrahydrophthalsäure*, F. 150—153°. *Anhydrid* (**I**), F. 61° (PAe.), durch Kondens. von Maleinsäureanhydrid mit trans-Piperylen (Kp. 41 bis 42°). — *4-Methyl-Δ⁴-tetrahydrophthalsäure*, F. 155°. *Anhydrid* (**II**), F. 63°, durch Kondens. von Isopren (Kp. 35—36°) analog **I**. — 1'.2'.3'.6'-Tetrahydrofluorane: *3'-Methyl-3.6-dihydroxy-* (**III**), $C_{21}H_{18}O_5$, F. 220°, durch 3std. Erhitzen von **I** mit Resorcin in Ggw. von konz. H_2SO_4 auf 160—180°. — *4'-Methyl-3.6-dihydroxy-* (**IV**), $C_{21}H_{18}O_5$, F. 240°, aus **II** analog **III**. — *1.8.3'-Trimethyl-3.6-dihydroxy-*, $C_{23}H_{22}O_5$, F. 160—165°, aus **I** u. Orcin. — *1.8.4'-Trimethyl-3.6-dihydroxy-*, $C_{23}H_{22}O_5$, F. 135°, aus **II** u. Orcin. — *1.3.6.8-Tetrahydroxy-3'-methyl-*, $C_{21}H_{18}O_7$, F. 290°, aus **I** u. Pohlroglucin. — *1.3.6.8-Tetrahydroxy-4'-methyl-*, $C_{21}H_{18}O_7$, F. 260°, aus **II** u. Phloroglucin. — *3.6-Bis-[diäthylamino]-3'-methyl-*, $C_{29}H_{36}N_2O_3$, F. 120°, aus **I** u. **V**. — *3.6-Bis-[diäthylamino]-4'-methyl-*, $C_{29}H_{36} \cdot N_2O_3$, F. 147°, aus **II** u. **V**. — *2.4.5.7-Tetrabrom-3.6-dihydroxy-3'-methyl-*, $C_{21}H_{14}Br_4O_5$, F. 300°, durch Bromieren von **III**. — *2.4.5.7-Tetrabrom-3.6-dihydroxy-4'-methyl-*, $C_{21}H_{14}Br_4O_5$, F. 300°, durch Bromieren von **IV**. — *3.6-Diacetoxy-3'-methyl-*, $C_{25}H_{22}O_7$, F. 145°, durch Erhitzen von **III** mit Acetanhydrid in Ggw. von Na-Acetat. — *3.6-Diacetoxy-4'-methyl-*, $C_{25}H_{22}O_7$, F. 155°, durch Acetylieren von **IV**. — Tetrahydro-Δ⁵-phthalide: *7-Methyl-3.3-bis-[p-hydroxyphenyl]-*, $C_{21}H_{20}O_4$, F. 125°, durch 14std. Erwärmen von **I** mit Phenol in Ggw. von konz. H_2SO_4 auf 110—115°; aus verd. A. rosafarbenes Pulver. — *6-Methyl-3.3-bis-[p-hydroxyphenyl]-*, $C_{21}H_{20}O_4$, F. 147°, aus **II** u. Phenol. — *7-Methyl-3.3-bis-[3-methyl-4-hydroxyphenyl]-*, $C_{23}H_{24}O_4$, F. 150°, aus **I** u. o-Kresol. — *6-Methyl-3.3-bis-[3-methyl-4-hydroxyphenyl]-*, $C_{23}H_{24}O_4$, aus **II** u. o-Kresol.

W. Hampel 3211△

0891 **Reduktive Alkylierung von Verbindungen mit sekundär gebundenem Stickstoff mit Carbonsäureestern: eine neue Anwendung von Lithiumaluminiumhydrid.** Augusto Segre, René Viterbo und Giovanni Parisi. (Ann. Chimica **47**, 1177—84, 1957; Neapel, Farmochim. Cutolo-Calosi S. p. A., Labor. di richerche; ital.) — Durch Rk. von Lactamen oder Aminen mit im Ring gebundenem N mit Carbonsäureestern u. $LiAlH_4$ werden *tert. Amine* gebildet. Eine neue Synth. für *δ-Conicein* (*Oktahydroindolizin*) wird beschrieben.

Versuche: *2-[β-Cyanäthyl]-cyclopentanon*, $C_8H_{11} \cdot NO$, Kp.$_{12}$ 142°, durch 2std. Kochen von Cyclopentanon mit Pyrrolidin (**I**) in abs. Bzl. unter Abscheidung des Rk.-Wassers, Eindampfen im Vakuum, Lösen in abs. Bzl., Zutropfen von Acrylnitril, 3std. Kochen, Eindampfen im Vakuum u. 2std. Kochen mit Methanol/W.; n_D^{17} 1,4658; 58,3% (Ausbeute). *2.4-Dinitrophenylhydrazon*, $C_{14}H_{15} \cdot N_5O_4$, F. 164° (Zers.). — *2-[β-Methoxycarbonyläthyl]-cyclopentanon*, $C_9H_{14}O_3$, Kp.$_{15}$ 120°, durch Tropfen vorst. Verb. in 20%ig. methanol. HCl u. 2std. Kochen mit wenig W.; n_D^{17} 1,4585; 88%. *2.4-Dinitrophenylhydrazon*, $C_{15}H_{18}N_4O_6$, F. 83° (Zers.). — *2-[β-Methoxycarbonyläthyl]-piperidon-(6)*, $C_9H_{15}NO_3$, Kp.$_{0,01}$ 130°, durch Zugabe von konz. H_2SO_4 zur Lsg. von 3,3 g vorst. Verb. in HN_3/Chlf. (5,8 mg/cm³) bei < 10°, 2std. Stehen bei 3—7°, Alkalisieren mit gesätt. $NaHCO_3$, Extrahieren mit Chlf. u. Chromatographieren in Bzl. an Al_2O_3; 0,82 g. — *Oktahydroindolizin*, $C_8H_{15}N$, Kp.$_{15}$ 50°, durch Zugabe der Lsg. von 4 g vorst. Verb. in abs. Ae. zur Suspension von $LiAlH_4$, 2std. Kochen u. vorsichtige Zers. mit W.; n_D^{25} 1,4692; 0,447 g; daneben 1,047 g *2-[γ-Hydroxypropyl]-piperidin* ($C_8H_{17}NO$, Kp.$_{15}$ 137—140°; n_D^{25} 1,485). *Pikrat*, $C_{14}H_{18}N_4O_7$, F. 226—227° (Zers.). — *N-Äthylpiperidin*, Kp. 120—128°, a) durch Eintragen der Lsg. von Piperidon-(2) u. Essigester in abs. Ae. in $LiAlH_4$/abs. Ae., 2std. Kochen u. vorsichtige Zers. mit W.; n_D^{24} 1,4457; 34%; b) analog aus Piperidin; 29%. *Pikrat*, F. 167° (Zers.). — *N-Benzylpiperidin*, Kp.$_{15}$ 109°, a) analog vorst. Verb. nach a) aus Benzoesäurebenzylester; 20%; b) analog vorst. Verb. nach b) durch 3std. Kochen; 48%. *Pikrat*, F. 170° (Zers.). — *N-Äthylpyrroli-*

din, Kp. 96°, aus **I** analog vorvorst. Verb. nach a); 28%. *Pikrat*, F. 180—182° (Zers.). H.-J. Weigmann 3231△

0892 **Kernsubstituierte 2-Amino-1-[pyridyl-(2)]-propane.** Alfred Burger und Helen Hu Ong. (J. med. Chem. **6**, 205—07, 1963; Charlottesville, Va., Univ., Dep. of Chem.; engl.) — 2-Methyl-6-dimethylaminopyridin (**I**) u. 2.3-Dimethylpyridin (**II**) werden nach der Metallierung mit CH_3Li mit Acetonitril (**III**) zu den *Li-Salzen* der entsprechenden *Ketimine* umgesetzt, die man durch Hydrolyse in das entsprechende *Keton* umwandelt, dessen *Oxim* sich zu *1-[3-Methylpyridyl-(2)]-* (**VI**) bzw. *1-[6-Dimethylaminopyridyl-(2)]-2-aminopropan* reduzieren läßt. Metallierung von 3.4-Dimethylpyridin (**VII**) mit C_6H_5Li führt zu 2 Verbb., in denen *3-Methyl-4-benzyl-* (**IX**) u. *2-Phenyl-3.4-dimethylpyridin* (**VIII**) vorzuliegen scheinen; bei ihrer Oxydation mit $KMnO_4$ wird als einziges Rk.-Prod. *Benzoesäure* isoliert. Für **VI** sind die Werte des IR-Spektrums, für **VIII** die des UV-Spektrums angegeben.

Versuche: *3-Methylpyridyl-(2)-aceton* (**V**), Kp.$_{0,5}$ 61—62°, durch Einrühren einer Ae.-Lsg. von **II** zu CH_3Li in Ae. unter N_2, 3std. Kochen, Eintropfen von **III** in Ae., 8std. Kochen, Gießen auf Eis u. Zers. mit 18%ig. HCl; gelbe Fl.; 65% (Ausbeute). *Pikrat*, $C_{15}H_{14}N_4O_8$, F. 149,5—151° (A.; gelbe Prismen). *Oxim*, $C_9H_{12}N_2O$, F. 93,5—95° (Nadeln); 78%. — *1-[3-Methylpyridyl-(2)]-2-aminopropan* (**VI**), Kp.$_{0,3}$ 52,5—53,5°, durch Einrühren der Lsg. von **V**-Oxim in abs. Ae. in eine Suspension von $LiAlH_4$ in Ae., 8std. Kochen, Zers. mit W. u. NaOH u. Aufarbeitung der Ae.-Phase; 66%. *Bis-diliturat*, $C_{17}H_{20} \cdot N_8O_{10}$, F. 260° (Zers.; W.), aus den Komponenten in W. u. Trocknen des *Monohydrats* bei 143°/0,5 mm über P_2O_5. — *2-Methyl-6-dimethylaminopyridin* (**I**), Kp.$_{7-8}$ 97,5—99,5°, durch Einrühren einer Lsg. von 2-Methyl-6-aminopyridin (**IV**) in Ae. in die Suspension von NaH in Ae. unter N_2, 5std. Kochen, Kochen mit $(CH_3)_2SO_4$ in Ae., Zers. mit Eis, Ae.-Extraktion, Schütteln des Ae. mit 18%ig. HCl, Alkalisieren der sauren Lsg. mit konz. NaOH, 24std. Extraktion mit Ae., 1std. Kochen des Ae.-Rückstands mit Acetanhydrid u. Dest.; 41%. *Pikrat*, $C_{14}H_{15}N_5O_7$, F. 162—163° (A.). — *Bis-[2-methyl-6-dimethylaminopyridyl-(5)]-methan* (?), F. 41—45°, durch Rk. von **IV** mit CH_2O u. HCOOH. — *6-Dimethylaminopyridyl-(2)-aceton*, Kp.$_{0,5}$ 107—108°, analog **V** aus **I**, CH_3Li u. **III**; 19%. *Pikrat*, $C_{16}H_{17}N_5O_8$, F. 136,5—137,5° (A.; Plättchen). *Oxim*, Öl. — *1-[6-Dimethylaminopyridyl-(2)]-2-aminopropan*, Kp.$_{1,3}$ 94—96°, analog **VI** aus vorst. Oxim; 78%. *Dihydrochlroid*, $C_{10}H_{19}Cl_2N_3$, F. 241—242,5° (Zers.; CH_3OH/Ae.). — *3-Methyl-4-benzylpyridin* (?; **IX**), Kp.$_{2,2}$ 113—115°, durch 19std. Rühren von 26 g **VII** u. C_6H_5Li in Ae. bei 25°, Zugabe von Eis, Extraktion der Ae.-Lsg. mit HCl, Alkalisieren der sauren Lsg., Ae.-Extraktion u. fraktionierte Dest. des Ae.-Rückstands; 2,1 g [*Pikrat*, $C_{19}H_{16}N_4O_7$, F. 204—205° (A.; Nadeln)]; daneben *2-Phenyl-3.4-dimethylpyridin* (?; **VIII**), Kp.$_{2,2}$ 124—129°; 2,3 g. *Hydrochlorid*, $C_{13}H_{14}ClN$, F. 235—236° (Zers.; CH_3OH; Nadeln). *Pikrat*, $C_{19}H_{16}N_4O_7$, F. 172,5 bis 174,5° (A.; Blättchen). — *Benzoesäure*, a) durch Oxydation von **IX** mit $KMnO_4$; 68%; b) durch Oxydation von **VIII** mit $KMnO_4$; 65,5%.

Wolfgang Schreiber 3231◇

0893 **Synthese von 2-[β-Phenyläthylamino]-pyridin und 2-[β-Phenyläthylamino]-thiazol.** Stanisław Biniecki und Wanda Modrzejewska. (Acta polon. pharmac. **19**, 103—07, 1962; Warszawa, Akad. Med., Zakł. Technol. chem. Środków leczn.; pol.) — Dargestellt wurden *2-[β-Phenyläthylamino]-pyridin* aus *2-Brompyridin* u. *β-Phenyläthylamin* sowie *2-[β-Phenyläthylamino]-thiazol* aus *2-Aminothiazol* (**I**) u. *β-Phenyläthylchlorid*.

Versuche: *2-Brompyridin*, Kp.$_{21}$ 84—87°, aus 2-Aminopyridin u. 48%ig. HBr; 75% (Ausbeute). — *β-Phenyläthylamin*, Kp.$_7$ 72—73°, durch Red. von Benzylcyanid mit Na in A.; 48% (als Sulfat). — *2-[β-Phenyläthylamino]-pyridin*, Kp.$_{0,3}$ 140—165°, F. 29°, aus vorst. u. vorvorst. Verb. im geschlossenen Rohr bei 130°; 48%. *Pikrat*, $C_{19}H_{17}N_5O_7$, F. 143—144° (W.); 87%. — *2-Aminothiazol* (**I**), Kp.$_{15}$ 115—118°, F. 90°, durch Chlorierung von Acetaldehyd in Methanol bei UV-Licht u. 20° zu *α.β-Dichloräthylmethyläther* u. dessen Kondens. mit Thioharnstoff in wss. Lsg. bei 50—55°, Zugabe von 45%ig. NaOH bis pH 8 u. Extraktion mit Ae.; 55%. — *β-Phenyläthylchlorid*, Kp.$_{12}$ 86°, durch Red. von Phenylessigsäureäthylester mit Na in Isoamylalkohol zum Alkohol u. 5std. Kochen mit HCl (D. 1,18) bei 140°; 84,3%. — *2-[β-Phenyläthylamino]-thiazol, Hydrochlorid*, aus vorst. Verb. u. **I** durch Erhitzen in abs. Pyridin, Überführen des Prod. in nachst. Pikrat u. Zers. mit 15%ig. HCl; hygroskop. glasige Masse. *Pikrat*, $C_{17}H_{15} \cdot N_5O_7S$, F. 147—149°; 76,5% (auf **I** bezogen).

F. Urban 3231◇

0894 **Die Chloraldehyd–Carbonsäurechlorid-Umlagerung von Perchlorpentadien-(1.3)-al-(5).** Alfred Roedig und Gottfried Märkl. (Liebigs Ann. Chem. **659**, 1—16, 1962; Würzburg, Univ., Chem. Inst.; dt.) — Durch Red. von Perchlorpentadien-(1.3)-säure-(5)-methylester mit $LiAlH_4$ unterhalb —70° entsteht *Perchlorpentadien-(1.3)-al-(5)* (**I**), das sowohl Rkk. eines Aldehyds als auch Rkk. eines Carbonsäurechlorids (**V**) zeigt. **I** u. dessen Derivv. erfahren aber überaus leicht einen α-Pyron- bzw. α-Pyridonringschluß. Auch die von dem Säurechlorid abgeleitete *Perchlorpentadien-(1.3)-säure-(5)* (**II**) bzw. deren Amide cyclisieren glatt zu *α-Pyronen* bzw. *α-Pyridonen*. Für das Isomerisierungsprod. von **I** wird die Struktur des *1H-Tetrachlorpentadien-(1.3)-säure-(5)-chlorids* (**V**) bewiesen u. ein cycl. Umlagerungsmechanismus vorgeschlagen. UV-Spektren vgl. Original.

Versuche: *1-Methoxytetrachlororthopentadien-(1.3)-säure-(5)-trimethylester*, $C_9H_{12}Cl_4O_4$, F. 97,5°, Kp.$_{0,4}$ 87,5—102,5°, durch Zugabe von Na-Methylat zu 86 g Perchlorpentadien-(1.3) (**IV**) in abs. Methanol bei Raumtemp., 144std. Stehen u. Zugabe zu verd. Essigsäure; aus PAe. Tafeln; 46,4 g (Ausbeute). — *6-Methoxy-3.4.5-trichlorpyron-(2)*, $C_6H_3Cl_3O_3$, F. 135—136° (Bzn.), durch 2std. Kochen von 34,4 g **IV** mit Na-Methylatlsg. u. Zugabe zu verd. Essigsäure; 2,9 g; daneben 3,8 g vorst. Ester. — *6-Äthoxy-3.4.5-trichlorpyron-(2)*, $C_7H_5Cl_3O_3$, Kp.$_{17}$ 150—180°, analog vorst. Verb. aus 0,1 Mol **IV** u. Na-Äthylat; 3,2 g. — *6-Propoxy-3.4.5-trichlorpyron-(2)*, $C_8H_7Cl_3O_3$, F. 75—75,5°, Kp.$_{12}$ 140—175°, durch 5std. Kochen von 0,1 Mol **IV** mit Na-n-Propylat in n-Propanol; aus PAe. Nadeln. — *Tetrachlor-N-phenylpyridon-(2)*, $C_{11}H_5Cl_4NO$, F. 151—151,5°, durch kurzes Kochen von 34,5 g **II**-Anilid mit PCl_5 in abs. Bzl. u. 2std. Stehen; aus Methanol Nadeln; daneben aus dem benzol. Filtrat eine *Verb.* $C_{11}H_6Cl_5NO$, F. 191—192°; aus Eisessig gelbe Spieße. — *N.N′-Bis-[perchlorpentadien-(1.3)-oyl-(5)]-hydrazin*, $C_{10}H_2Cl_{10}N_2O_2$, F. 161° (Bzn.), durch Zugabe von **II**-Säurechlorid zu Hydrazinhydrat in W. in der Kälte. — *Perchlorpentadien-(1.3)-säure-(5)* (**II**), *Methylester*, $C_6H_3Cl_5O_2$, Kp.$_{13}$ 118°, a) durch 24std. Kochen von **II** mit Methanol in Ggw. von konz. H_2SO_4; n_D^{20} 1,5419; Öl; 71%, b) aus **II**-Säurechlorid u. abs. Methanol unter Kühlen u. Rühren; 84%. *Äthylester*, $C_7H_5Cl_5O_2$, Kp.$_{17}$ 131—132°, durch 20std. Kochen von 11 g **II** mit A. in Ggw. von H_2SO_4; n_D^{20} 1,5204; Öl; 7,9 g. *n-Butylester*, $C_9H_9Cl_5O_2$, Kp.$_{0,2-0,4}$ 94—95°, durch Umsetzen von 14,4 g **II**-Säurechlorid mit n-Butanol in der Kälte u. ½std. Erwärmen auf 100°; n_D^{20} 1,5206; Öl; 10,4 g. — *Perchlorpentadien-(1.3)-ol-(5)* (**III**), $C_5H_3Cl_5O$, Kp.$_{0,3}$ 79 bis 80°, a) durch Zugabe von **II**-Säurechlorid in Ae. zu $LiAlH_4$ bei —10° u. Zers. mit Äthylacetat/2 n H_2SO_4; 73%; b) aus 40 g **II**-Methylester analog a); n_D^{20} 1,5655; 27,5 g. *Phenylurethan*, $C_{12}H_8Cl_5NO_2$, F. 69,5°, durch 6std. Erhitzen mit Phenylisocyanat in Ggw. von wasserfreier Soda auf 125—130° im Rohr; aus PAe. Nadeln. — *5.5-Di-H-hexachlorpentadien-(1.3)*, $C_5H_2Cl_6$, Kp.$_{14}$ 125 bis 126°, durch 2std. Erwärmen von 12,8 g **III** mit PCl_5 auf 120°; n_D^{20} 1,5614; Öl; 14,4 g. — *5.5-Di-H-5-brompentachlorpentadien-(1.3)*, $C_5H_2BrCl_5$, Kp.$_{14}$ 143°, analog vorst. Verb. durch 3std. Erhitzen mit PBr_3 auf 150—160°; n_D^{20} 1,5845; Öl; 10,6 g. — *3.4.5-Trichlorpyron-(2)* (**VI**), $C_5HCl_3O_2$, F. 102° (Bzn.), Kp.$_{1,5}$ 85—100°, a) durch ½std. Zugabe einer aus CrO_3 u. tert.-Butanol bereiteten Lsg. zu 51,2 g **III** in CCl_4 bei 5—10°, Waschen mit verd. $NaHSO_3$-Lsg. u. Eindampfen; 8 g; daneben **I** (*2.4-Dinitrophenylhydrazon*, F. 145°); b) durch 17std. Behandeln von 26,6 g **III** mit akt. $MnO_2 \cdot H_2O$ in Aceton u. Dest.; 7,6 g; daneben **I**; c) durch 10 Min. langes Erhitzen von 0,1 g 1 H-Tetrachlorpentadien-(1.3)-säure-(5) (**VII**) auf

150–160°; 75 mg. — *Perchlorpentadien-(1.3)-al-(5)* (I)-*1H-Tetrachlorpentadien-(1.3)-säure-(5)-chlorid* (V)-*Isomerengemisch*, C_5HCl_5O, Kp.$_{0,4}$ 62,5–63,5°, durch Zugabe von 28,5 g II-Methylester zu $LiAlH_4$ in Ae. bei – 78°, 1std. Rühren in der Kälte, Zugabe von 2 n H_2SO_4, Erwärmen auf Raumtemp., Eindampfen der äther. Lsg., Zugabe von $NaHSO_3$-Lsg., 12–15std. Schütteln, Zentrifugieren, Zers. mit 20%ig. H_2SO_4 bei 60° u. Extrahieren mit Ae.; n_D^{20} 1,5600; 14,4 g; daneben VI. *Dimethylmercaptal* von I, $C_7H_7Cl_5S_2$, F. 53,5° (Methanol), Kp.$_{0,2}$ 100–120°, durch Verreiben von 7,6 g des I/V-Isomerengemisches mit Methylmercaptan u. mehrstd. Stehen; 3,9 g. — *1-Ureido-3.4.5-trichlorpyridon-(2)*, $C_6H_4Cl_3N_3O_2$, Zers. bei 235°, durch $^1/_2$std. Erwärmen von 2,45 g I/V mit Semicarbazidhydrochlorid, Na-Acetat u. verd. A. auf 50–60°; aus Methanol oder Eisessig Nadeln; 1,9 g. — *1-Phenylamino-3.4.5-trichlorpyridon-(2)* (X), $C_{11}H_7Cl_3N_2O$, F. 173–174° (Bzn. oder Methanol), durch Zugabe von Phenylhydrazin zu 7,5 g I/V in Ae. bei 0°, Absaugen u. Eindampfen. — *1-[p-Nitrophenylamino]-3.4.5-trichlorpyridon-(2)*, $C_{11}H_6Cl_3N_3O_3$, F. 223–225°, durch Zugabe von p-Nitrophenylhydrazin zu 1,5 g I/V in Eisessig, Zugabe von W., Absaugen des I-*p-Nitrophenylhydrazons* (F. 138–140°) u. Kochen in Dioxan; aus Aceton/PAe. oder Eisessig Nadeln. — *Perchlorpentadien-(1.3)-al-(5)-2.4-dinitrophenylhydrazon*, $C_{11}H_5Cl_5N_4O_4$, Zers. bei 146 bis 147°, durch Schütteln von 2,5 g I/V mit 2.4-Dinitrophenylhydrazin in 2 n HCl bei Raumtemp.; aus Chlf./Ae. oder verd. Aceton bei < 40° orangegelbe Kristalle; 2,9 g. — *1-[2.4-Dinitrophenylamino]-3.4.5-trichlorpyridon-(2)*, $C_{11}H_5Cl_3N_4O_5$, Zers. bei 251–252°, durch kurzes Kochen vorst. Verb. in Eisessig; aus Eisessig citronengelbe Nadeln; 100%. — *1H-Tetrachlorpentadien-(1.3)-säure-(5)* (VII), $C_5H_2Cl_4O_2$, F. 80–82° (PAe.), a) durch 2tägiges Stehen von 3,2 g I/V in konz. H_2SO_4 bei 15–20° u. Zugabe von Eis; 2,2 g; b) durch 2tägiges Stehen von 1,25 g I/V mit 2 n NaOH, Extrahieren mit Ae. u. Ansäuern mit 2 n H_2SO_4; 0,8 g; c) durch Lösen von 0,5 g VII-Amid in konz. H_2SO_4 in der Kälte, Unterschichten mit gesätt. wss. $NaNO_2$-Lsg., kurzes Erwärmen auf 100°, Gießen auf Eis u. Extrahieren mit Äther. *Äthylester*, $C_7H_6Cl_4O_2$, Kp.$_{0,1-0,2}$ 72–75°, durch 3std. Stehen von 12,7 g I/V mit abs. A. u. Aufnehmen in Ae.; n_D^{20} 1,5252; gelbliches Öl; 11 g. *Amid*, $C_5H_3Cl_4NO$, F. 71–72°, a) durch $^1/_4$std. Schütteln von 3 g I/V mit konz. NH_4OH in Ae., Waschen mit W. u. 2 n HCl u. Eindampfen; aus Chlf./PAe. Nadeln; 1,9 g; b) durch kurzes Erwärmen von VII mit PCl_5, Aufnehmen in Chlf., Waschen mit W., Eindampfen u. Umsetzen mit NH_3 analog a). *N-Methylamid*, $C_6H_5Cl_4NO$, F. 86,5 bis 87,5°, a) analog vorst. Amid nach a) aus Methylamin; aus Chlf./PAe. Nadeln; b) analog vorst. Amid, nach b) aus Methylamin. *Anilid*, $C_{11}H_7Cl_4NO$, F. 96° (wss. Methanol oder PAe.), durch Erwärmen von 2,2 g I/V mit Anilin in Eisessig, Zugabe von Ae., Waschen mit W. u. 2 n HCl u. Eindampfen. *N-Methylanilid*, $C_{12}H_9Cl_4NO$, F. 42–44° (PAe.), durch Zugabe von N-Methylanilin zu I/V in Äther. — *N.N'-Bis-[1H-tetrachlorpentadien-(1.3)-oyl-(5)]-hydrazin* (VIII), $C_{10}H_4Cl_8N_2O_2$, F. 143°, durch 10 Min. langes Schütteln von 3 g I/V mit wss. Hydrazinhydrat in Ae.; aus Chlf./PAe. gelbe Kristalle; 2,2 g. — *N.N'-Bis-[1H-tetrachlorpentadien-(1.3)-oyl-(5)]-o-phenylendiamin*, $C_{16}H_8Cl_8N_2O_2$, F. 148°, durch $^1/_4$std. Kochen von 1,25 g I/V mit o-Phenylendiamin in Ae.; aus wss. Methanol schwachgelbe Nadeln; 0,6 g. — 3.4.5-Trichlorpyridone-(2): *Unsubstituiert*, $C_5H_2Cl_3NO$, F. 228 bis 229°, a) durch Erwärmen von VII-Amid auf 130° unter HCl-Abspaltung u. Sublimation bei 0,1 Torr; 100%; b) durch 36std. Kochen von VI mit NH_4-Acetat in Eisessig/Acetanhydrid, Einengen, Zugabe von Na-Acetat-lsg. u. Extrahieren mit Bzl.; aus Eisessig oder W. Nadeln. — *1-Methyl-* (IX), $C_6H_4Cl_3NO$, F. 193,5–194°, a) durch Erhitzen von VII-N-Methylamid auf 130° unter HCl-Abspaltung; aus wss. Methanol Nadeln; b) durch 3std. Kochen von 115 mg vorst. Verb. mit CH_3J in abs. A. in Ggw. von KOH, Einengen u. Verdünnen mit W.; 100 mg. — *1-Phenyl-*, $C_{11}H_6Cl_3NO$, F. 148–149° (Bzn.), durch Zugabe von 10%ig. NaOH zu 1 g VII-Anilid in A. u. 5 Min. langes Erwärmen auf 70–80°; 0,6 g. — *1.2-Bis-[3.4.5-trichlorpyridon-(2)-yl-(1)]-äthan*, $C_{12}H_6Cl_6N_2O_2$, F. 306–308° (Eisessig), durch Umsetzen von 3 g I/V mit Äthylendiamin analog dem VII-Amid, Absaugen, vorsichtiges Umkristallisieren mit Chlf./PAe. (F. 136–141°, wahrscheinlich VIII; 2 g) u. Kochen in Chloroform. — *Verb. C_5HCl_4NO*, F. 173,5°, durch $^1/_4$std. Erwärmen von 2,5 g I/V mit Hydroxylaminhydrochlorid in wss. A. in Ggw. von Na-Acetat auf 50–60°, Zugabe von W. u. Sublimieren bei 0,1 Torr; aus A. Tafeln; 1,2 g. — *Verb. $C_{13}H_{11}Cl_4O_3$*, F. 145–145,5°, durch 5std. Kochen von 1,3 g I/V mit 5.5-Dimethyldihydroresorcin (Dimedon) in 60%ig. A., Verdünnen mit W. u. 1std. Stehen in der Kälte; aus verd. A. Blättchen; 1,2 g. — *1.2.4-Trichlorcylcopenten-(1)-dion-(3.5)*, F. 67–68° (Bzn.), durch $1^1/_2$std. Erwärmen von 1 g VII mit konz. H_2SO_4 auf 55° unter HCl-Entw. u. Gießen auf Eis; 52%. — *3.5-Dichlorpyron-(2)*, F. 73–74° (PAe.), durch 10 Min. langes Kochen von 0,7 g VI mit Zn in Eisessig; 0,35 g. — *1-Methyl-3.5-dichlorpyridon-(2)*, $C_6H_5Cl_2NO$, F. 140–140,5°, durch 2std. Kochen von 270 mg IX mit Zn in 2 n H_2SO_4, Abpuffern mit Na-Acetat u. Extrahieren mit Bzl.; 0,2 g. — *3.5-Dichlor-4-hydroxy-1-phenylaminopyridon-(2)*, $C_{11}H_8Cl_2N_2O_2$, F. 249–250°, durch $^1/_2$std. Zugabe von 10%ig. NaOH zu 3 g X in A., $^1/_2$std. Kochen, Einengen im Vakuum u. Zugabe von verd. HCl; aus Eisessig Nadeln.

W. Hampel 3231△

0895 **Die Reaktivität von N-substituierten und tetrahydrierten 7-Methylchinolin-Verbindungen.** Gerhard Buchmann und Eberhard Schrötter. (Wiss. Z. Techn. Hochschule Chem. Leuna-Merseburg **4**, 27–35, 1961/62; Leuna-Merseburg, TH für Chemie, Inst. für organ. Chemie; dt. — C. **1964**, 3-0918.)

G. Fischer 3231◇

0896 **Die Reaktion zwischen β-Ketoestern und Arylaminen in Gegenwart von Polyphosphorsäure.** 1. Mitt. **Benzoylessigsäureäthylester und Arylamine.** B. Staskun und S. S. Israelstam. (J. org. Chemistry **26**, 3191–93, 1961; Johannesburg, Univ. of the Witwatersrand, Dep. of Chem.; engl.) — Durch Rk. von Benzoylessigsäureäthylester (I) mit Arylaminen in Ggw. von Polyphosphorsäure (II) bei 170° werden *2-Phenyl-4-hydroxychinoline* (C) erhalten; daneben werden Spuren der isomeren *4-Phenyl-2-hydroxychinoline* (D) isoliert. Bei 140° führt die Rk. zu einem Gemisch von *β-Arylaminozimtsäureäthylester* (A) u. dem entsprechenden *Benzoylacetanilid* (B); in Abwesenheit von II ist die Bldg. von B gegenüber der von A bevorzugt. Durch Erhitzen von A bzw. B mit der gleichen Menge an II werden C bzw. C u. geringe Mengen D erhalten. Die Bldg. der C aus B kann durch intermediäre Bldg. von o-Amino-ω-benzoylacetophenonen durch Fries-Rk. der B unter dem Einfl. der II u. anschließende Cyclisierung erklärt werden. Erhitzen der B mit der zehnfachen Menge II gibt D in guten Ausbeuten.

Versuche: *Benzoylacetanilid* (III), $C_{15}H_{13}NO_2$, F. 107–108°, a) durch 1std. Erhitzen von Anilin (IV) u. 1 Val I mit II auf 140°, Extraktion mit warmer 10%ig. NaOH, Filtrieren, Ansäuern mit CH_3COOH u. Kristallisieren aus verd. A.; 19,1% (Ausbeute); daneben 9,6% *β-Anilinozimtsäureäthylester*, (V) F. 71–72°, durch Waschen des mit NaOH extrahierten Rückstands mit W. u. 10%ig. HCl. Lösen in warmem A., Kühlen u. Kristallisieren des Nd. aus verd. A.; 9,6%; b) durch 1std. Erhitzen von IV u. 1 Val I ohne II auf 140–145° u. Aufarbeiten wie bei a); 63%; daneben 3,3% V. — Analog nach a) bzw. b) folgende Benzoylessigsäureanilide (B): *-o-toluidid*, F. 138–139°; 32 bzw. 65%. — *-p-toluidid*, F. 131–132°; 9,9 bzw. 71,5%. — *-p-anisidid* (VI), $C_{16}H_{15}NO_3$, F. 121°; 11,3 bzw. 75,5%. — *-p-chloranilid* (VII), F. 157–158°; 22,2 bzw. 70,3%. — *-2.4-dimethylanilid*, F. 157°; 11,65 bzw. 34,6%. — *-p-nitroanilid* (VIII), F. 175–180°, nach b); 38% (einziges Prod.). — Daneben jeweils folgende *β-Arylaminozimtsäureäthylester* (A): *β-[o-Toluidino]-*, F. 101 bis 102°; 16 bzw. 1%. — *β-[p-Toluidino]-*, F. 69–70°; 14,5% bzw. Spur. — *β-[p-Anisidino]-*, F. 113–114°; 12,1 bzw. 1%. — *β-[p-Chloranilino]-*, F. 111–113°; 11,9 bzw. 1%. — *β-[2.4-Dimethylanilino]-*, $C_{19}H_{21}NO_2$, F. 87,5–88,5°, 25 bzw. 9%. — *2-Phenyl-4-hydroxychinolin* (IX), F. 254°, a) durch Erhitzen von V mit der gleichen Menge II auf 170° bis zum Ende des Schäumens, Zugabe von 10%ig. NaOH, Ansäuern mit CH_3COOH u.

Kristallisieren aus verd. A. (80—90%; einziges Prod.); b) durch 20 Min. langes Erhitzen von III mit der doppelten Menge II auf 140°, Erwärmen mit 10%ig. NaOH, Filtrieren, Ansäuern mit CH_3COOH, Umfällen mit Säure aus alkal. Lsg. u. Umkristallisieren aus verd. A.; 20%; c) durch 1std. Erhitzen von IV u. 1 Val I mit II auf 170°, Behandeln mit 20%ig. HCl, Erwärmen mit 10%ig. NaOH, Filtrieren u. Ansäuern mit CH_3COOH; 35—40%; d) analog c) mit 2 Val I; 50—70%. — Analog folgende 2-Phenyl-4-hydroxychinoline (C): *8-Methyl-*, F. 226—227°. — *6-Methyl-*, F. 296—297°. — *6-Chlor-*, F. 351—352°. — *6-Methoxy-*, F. 306—307° [nur nach b), c) u. d)]. — *6.8-Dimethyl-*, F. 228° [nur nach b)]. — *4-Phenyl-2-hydroxychinolin*, F. 257—258°, a) durch 15—20 Min. langes Erhitzen von III mit der zehnfachen Menge II auf 140—150°, Waschen mit 10%ig. NaOH u. Kristallisation aus verd. A.; b) neben IX nach b). — Analog folgende 4-Phenyl-2-hydroxychinoline (D): *6-Methyl-*, F. 243—244°. — *8-Methyl-*, F. 221 bis 222°. — *6.8-Dimethyl-*, $C_{17}H_{15}NO$, F. 250—251°. — VI, VII u. VIII reagieren unter den Bedingungen der Rk. nach a) unter Zersetzung. — *2-Phenyl-4-hydroxy-6-nitrochinolin*, $C_{15}H_{10}N_2O_3$, F. 328—330°, durch 20 Min. langes Erhitzen von 4 g p-Nitroanilin u. 6 g I mit 10 g II auf 160°, Waschen mit heißer, verd. CH_3COOH, Extraktion mit warmer, 10%ig. NaOH, Filtrieren u. Ansäuern mit CH_3COOH; durch Umfällen mit CH_3COOH aus verd. NaOH hellgelbes, amorphes Pulver; 0,42 g; wird durch Rk. mit $POCl_3/PCl_5$ in *2-Phenyl-4-chlor-6-nitrochinolin*, $C_{15}H_9ClN_2O_2$, F. 168—169°, hellgelbe Nadeln, übergeführt. H. Pagel 3231◇

0897 **Synthesen mit Pyridin- und Chinolinaldehyden. 5. Mitt. Heterocyclisch substituierte Pyridondicarbonsäureester.** K. W. Merz und R. Haller. (Arch. Pharmaz. **296/68**, 134—40, 1963; Freiburg i. Br., Univ., Pharmazeut. Inst.; dt.) — 4. vgl. Pharmac. Acta Helvetiae **38**, [1963], 442; 3. vgl. C. **1963**, 20795; 2. vgl. C. **1963**, 20803. — Mittels $Ce(SO_4)_2$ werden Piperidon-(4)-dicarbonsäureester-(3.5) (A) im Gegensatz zu der mit CrO_3 arbeitenden Meth. von Petrenko-Kritschenko u. Petrow [1908] ohne Zers. in guten Ausbeuten zu den entsprechenden *Pyridon-(4)-dicarbonsäureestern-(3.5)* dehydriert. Die Dehydrierung der 1-Benzyl-2.6-bis-chinolyl-(6)-piperidon-(4)-dicarbonsäureester-(3.5) gelingt auch mit CrO_3 in Ggw. von konz. HCl, neben dem erwarteten *1-Benzyl-2.6-bis-chinolyl-(2)-pyridon-(4)-dicarbonsäureester-(3.5)* (B) wurde *2.6-Bis-chinolyl-(2)-pyridon-(4)-dicarbonsäureester-(3.5)* erhalten. Die Abspaltung des Benzylrests erfolgt auch in Abwesenheit von CrO_3 beim Erhitzen von B in Eisessig/HCl.

Versuche: Pyridon-(4)-dicarbonsäuren-(3.5), durch Zugabe von 10%ig. $Ce(SO_4)_2$-Lsg. in 2 n H_2SO_4 zum entsprechenden A in 1 n H_2SO_4 (Mol-Verhältnis 4:1), Verdünnen mit dem gleichen Vol. W., Einstellen mit Na_2CO_3 auf pH 2—3 (Meth. C) bzw. auf pH 7 (Meth. D) u. Extrahieren der erhaltenen Nd. mit heißem A. bzw. Methanol: *2.6-Bis-pyridyl-(2)-*, *Diäthylester* (V), $C_{21}H_{19}N_3O_5$, F. 170—172° (A.), nach C; 77,5% (Ausbeute). *Dimethylester*, $C_{19}H_{15}N_3O_5$, F. 167° (Essigester), nach C; 46,5%. *Freie Säure*, $C_{17}H_{11}N_3O_5$, F. 260—262° (Zers.), durch 1std. Kochen von V mit alkohol. KOH, Einengen, Verdünnen mit W. u. Einstellen mit konz. HCl auf pH 2; aus Dimethylformamid/W. (1:5) Nadeln; 94%. — *2.6-Bis-pyridyl-(3)-*, *Diäthylester*, $C_{21}H_{19}N_3O_5$, F. 146° (A.), nach C; 81,5%. — *2.6-Bis-pyridyl-(4)-*, *Diäthylestermonohydrat*, $C_{21}H_{19}N_3O_5 \cdot H_2O$, F. 268° (Zers.; A.), nach C; 61%. — *1-Methly-2.6-bis-pyridyl-(2)-*, *Diäthylester*, $C_{22}H_{21}N_3O_5$, F. 219—221° (A.), nach D; 32%. — *1-Methyl-2.6-bis-pyridyl-(4)-*, *Diäthylestermonohydrat*, $C_{22}H_{21}N_3O_5 \cdot H_2O$, F. 292° (Zers.; A.), nach D; 82%. *Diäthylesterdihydrochloridmonohydrat*, $C_{22}H_{21}N_3O_5 \cdot 2HCl \cdot H_2O$, Zers. bei 290°, durch Versetzen der Base mit konz. alkohol. HCl u. Ae.; hygroskop. Nadeln; 68%. — *1-Benzyl-2.6-bis-pyridyl-(2)-*, *Dimethylester*, $C_{26} \cdot H_{21}N_3O_5$, F. 210° (Methanol), nach D; 42%. — *1-Benzyl-2.6-bis-chinolyl-(2)-* (IV), *Diäthylester*, $C_{36}H_{29}N_3O_5$, F. 209—211° (A.), nach D; 79%. — *1-Benzyl-2.6-bis-pyridyl-(3)-*, *Diäthylester*, $C_{28}H_{25}N_3O_5$, F. 205—206° (Essigester), durch Kondens. von Pyridin-3-aldehyd mit Acetondicarbonsäurediäthylester (I) u. Benzylamin (II) u. Dehydrieren von 2,5 g des erhaltenen Harzes nach D; 0,41 g. — *1-Benzyl-2.6-bis-chinolyl-(4)-*, *Diäthylester*, $C_{36} \cdot H_{29}N_3O_5$, F. 260°, durch Kondens. von Chinolin-4-aldehyd mit I u. II, Umfällen des entstandenen Harzes aus HCl mit $NaHCO_3$ u. Dehydrieren von 3 g der erhaltenen amorphen Nd. nach D; aus A. Nadeln; 0,7 g. — *2.6-Bis-chinolyl-(2)-*, *Diäthylester*, $C_{29}H_{23}N_3O_5$, F. 184°, a) durch Zugabe von CrO_3 in heißem Eisessig zu 1-Benzyl-2.6-bis-chinolyl-(2)-piperidon-(4)-dicarbonsäurediäthylester-(3.5) (III) in Eisessig/wenig konz. HCl innerhalb von 10 Min. u. $^1/_2$std. Erhitzen auf 100°; aus A. Nadeln; 45%; b) durch Zugabe von CrO_3 in heißem Eisessig zu 2.95 g III in Eisessig/wenig konz. HCl, sofortiges Kühlen, Gießen in W. u. fraktionierte Kristallisation des erhaltenen Harzes aus A./W. (3:1); 0,8 g; daneben 0,5 g IV. *Dimethylester*, $C_{27}H_{19}N_3O_5$, F. 214°, aus 1-Benzyl-2.6-bis-chinolyl-(2)-piperidon-(4)-dicarbonsäuredimethylester-(3.5) analog vorst. Verb.; aus A. tafelförmige Kristalle; 26%. K. Lange 3231△

0898 **Umlagerung von N-Methyl-1.2-dihydropapaverin mit verdünnten Säuren.** J. Knabe, J. Kubitz und N. Ruppenthal. (Angew. Chem. **75**, 981, 1963; Braunschweig, TH, Inst. für Pharmazeut. Chem.; dt.) — N-Methyl-1.2-dihydropapaverin lagerte sich beim Erhitzen mit verd. Säuren auf dem Wasserbad um in das *Methosalz* des *6.7-Dimethoxy-3-[3.4-dimethoxybenzyl]-3.4-dihydroisochinolins* (I), das mit KCN ein „*Pseudocyanid*" vom F. 115—117° ergibt. Die Konstit. von I wurde wie folgt bewiesen: I lieferte mit $NaBH_4$, dann CH_3J das *Methojodid* von *6.7-Dimethoxy-3-[3.4-dimethoxybenzyl]-2-methyl-1.2.3.4-tetrahydroisochinolin*, das nach Hofmann zu *N.N-Dimethyl-4.5-dimethoxy-2-[3-(3.4-dimethoxyphenyl)-allyl]-benzylamin* (II) abgebaut wurde. Ozonspaltung von II gab *Veratrumaldehyd*; Hydrierung von II führte zu *N.N-Dimethyl-4.5-dimethoxy-2-[3-(3.4-dimethoxyphenyl)-propyl]-benzylamin*, das sich als phenyloges O.N-Diacetal mit Chlorameisensäureäthylester spalten ließ. Dabei entstand *4.5-Dimethoxy-2-[3-(3.4-dimethoxyphenyl)-propyl]-benzylalkohol*, der auch auf anderem Wege dargestellt u. durch das *Phenylurethan*, F. 115—116°, charakterisiert wurde. J. Rothe 3231◇

0899 **Hydrierung des 2.6-Dimethylpyrons-(4). Untersuchung von Heptandiol-(2.4): Bildung von Acetalen.** Olivier Riobé, Valentin Hérault und Lucien Gouin. (C. R. hebd. Séances Acad. Sci. **256**, 1542—44, 1963; Angers, Univ. Cathol. de l'Ouest, Labor. de Chim. organ.; franz.) — Bei der Hydrierung von 2.6-Dimethylpyron-(4) an Raney-Ni bei 100° u. 100 at in A. entsteht neben *2.6-Dimethyltetrahydropyranol-(4)*, *Heptandiol-(2.4)* [I; $C_7H_{16}O_2$, Kp.$_{13}$ 117°, $n_D^{16,5}$ 1,4420, $D._4^{16,5}$ 0,932; 30% (Ausbeute); *Diacetylderiv.*, $C_{11}H_{20}O_4$, Kp.$_{19}$ 117°, n_D^{18} 1,4240, $D._4^{18}$ 0,978; 93%; *Bis-phenylurethan*, $C_{21}H_{26}N_2O_4$, F. 109—110° (80%ig. A.)], bei dessen Umsetzung mit Acetaldehyd oder Methylalkylketonen in Ggw. von p-Toluolsulfonsäure in PAe. oder Bzl. neben unverändertem I folgende, durch verd. H_2SO_4 leicht wieder zu I spaltbare 4-Propyl-1.3-dioxane isoliert werden: *2.6-Dimethyl-*, $C_9H_{18}O_2$, Kp.$_{17}$ 69°, n_D^{17} 1,4260, $D._4^{17}$ 0,902; 79%. — *2.2.6-Trimethyl-*, $C_{10}H_{20}O_2$, Kp.$_{19}$ 68°, n_D^{16} 1,4270, $D._4^{16}$ 0,892. — *2.6-Dimethyl-2-äthyl-*, $C_{11}H_{22}O_2$, Kp.$_{17}$ 81°, n_D^{20} 1,4300, $D._4^{20}$ 0,893. — *2.6-Dimethyl-2-propyl-*, $C_{12}H_{24}O_2$, Kp.$_{25}$ 100°, n_D^{22} 1,4310, $D._4^{22}$ 0,883. Wolfgang Schreiber 3252◇

0900 **Nucleophile Substitution an den Pyridazinringkohlenstoffen. 2. Mitt. Synthese von Pyridazinonyl- und Bis-[pyridazinonyl]-pyridazinen.** Peter Coad und Raylene Adams Coad. (J. org. Chemistry **28**, 1919—21, 1963; Orange, Calif., Chapman Coll., Dep. of Chem.; engl.) — 1. vgl. C. **1963**, 16554. — 3.6-Dichlorpyridazin (I) wird durch Kochen mit NaOH bzw. HCl in *6-Chlor-2H-pyridazinon-(3)* (III) übergeführt. Erhitzen von I mit III auf 120° liefert *3-[3'-Chlor-1H-pyridazinon-(6')-yl-(1')]-6-chlorpyridazin* (II), daneben *3.6-Bis-[3'-chlor-1'H-pyridazinon-(6')-yl-(1')]-pyridazin*, das auch durch Änderung des Verhältnisses von I:III als Haupt-Prod. erhalten wird. Durch analoge Kondens. von I u. 2H-Pyridazinon-(3) (IV) werden *3-[1'H-Pyridazinon-(6')-yl-*

(1')]-6-chlor- (V) bzw. *3.6-Bis-[1'H-pyridazinon-(6')-yl-(1')]-pyridazin* erhalten. Die Rk. zu V liefert hauptsächlich polymeres Material sowie eine kleine Menge einer Verb., der nach chem. u. physikal. Unters. die Struktur *1.3-Bis-[3'-chlorpyridazinyl-(6')]-1H-pyridazinon-(6)* zuerkannt wird.

Versuche: *3.6-Dichlorpyridazin* (I), F. 67—68°, nach der l. c. beschriebenen Meth. durch Rk. von Maleinsäuredihydrazid mit $POCl_3$, Zusetzen von 1 Val NaCl, weiteres 1std. Erhitzen u. Aufarbeiten; 54% (Ausbeute). — *3-[3'-Chlor-1'H-pyridazinon-(6')-yl-(1')]-6-chlorpyridazin* (II), F. 151—152°, durch ½std. Erhitzen von 5,96 g I mit 5,35 g III auf 120° u. Abschrecken im Eisbad, Verreiben des gemahlenen Prod. mit kalter 1 n NaOH, Zugeben des Rückstands zu W. u. Neutralisieren der Fl. mit HCl, Extrahieren des Rückstands mit sd. W. u. Einengen des Filtrats; aus Cyclohexan Nadeln; 67%; daneben 1,5 g nachst. Verbindung. — *3.6-Bis-[3'-chlor-1'H-pyridazinon-(6')-yl-(1')]-pyridazin*, $C_{12}H_6Cl_2N_6O_2$, F. 263—264° (Dioxan), durch Erhitzen von 5,96 g I mit 10,44 g III auf 160° analog II, mehrfaches Kochen, Heißfiltration des neutralisierten Rk.-Gemischs u. 48std. Extrahieren des Rückstands mit Dioxan; 75%. — *4.5-Dichlor-2H-pyridazinon-(3)*, F. 200—202°, durch Zusetzen von konz. HCl zu 95%ig. Hydrazin in W. u. Kochen, Zusetzen von Mucochlorsäure in sd. W., 15 Min. langes Rühren u. Filtrieren; 95,2%. — *2H-Pyridazinon-(3)* (IV), F. 102—103°, durch Hydrieren von III bzw. vorst. Verb. in abs. A. u. konz. NH_4OH über 10%ig. Pd/Kohle, Einengen der Filtrate bei 120°, Zugabe von Xylol u. weitere Dest. bei 160° u. Filtrieren; blaßgelbe Nadeln; 85%. — *3-[1'H-Pyridazinon-(6')-yl-(1')]-6-chlorpyridazin* (V), $C_8H_5ClN_4O$, F. 173—174° (Butanol), a) durch Erhitzen von 29,8 g I in Tetralin auf 180—195° unter 1std. Zutropfen von 9,6 g IV in Tetralin u. 2std. weiteres Erhitzen, Filtrieren u. Stehen des Filtrats über Nacht u. Isolieren des stärker lösl. Prod.; 33%; daneben 1,5 g *1.3-Bis-[3'-chlorpyridazinyl-(6')]-1H-pyridazinon-(6)* [F. 239—240°, aus dem schwächer lösl. Prod.]; b) analog aus I u. IV im Verhältnis 1:1; 25%; c) durch Erhitzen von I auf 130° u. 45 Min. langes Zutropfen von 9,6 g IV, 4std. Extrahieren des gemahlenen Rk.-Prod., Kochen des Rückstands in abs. A. u. Filtrieren; 25%. — *3.6-Bis-[1'H-pyridazinon-(6')-yl-(1')]-pyridazin*, F. 244—245°, durch 10 Min. langes Erhitzen von 19,6 g IV mit 14,9 g I auf 118°, Auslaugen des gemahlenen Rk.-Prod. mit 3 n NH_4OH, abs. A. u. Ae. u. 48std. Extrahieren des Rückstands mit Dioxan; 1,3 g. H. Gleinig 3272◇

0901 **Eine Synthese von Tetracyclo-[2.2.1.0$^{2.6}$0.$^{3.5}$]-heptan (Quadricyclen) durch photochemische Zersetzung von 6.7-Diazatetracyclo-[3.2.1.1$^{3.8}$.0$^{2.4}$]-nonen-(6).** Robert M. Moriarty. (J. org. Chemistry **28**, 2385—87, 1963; Washington, D. C., Cathol. Univ., Chem. Dep.; engl.) — Das Prod. (IV) einer „homokonjugierten" Diels-Alder-Addition von Azodicarbonsäurediäthylester (I) an Norbornadien (II) wurde durch Verseifung, Decarboxylierung u. Oxydation in *6.7-Diazatetracyclo-[3.2.1.1$^{3.8}$.0$^{2.4}$]-nonen-(6)* (III) übergeführt. UV-, IR- u. KMR-Spektren von III werden diskutiert. Erhitzen von III gab II, UV-Bestrahlung von III lieferte *Quadricyclen.*

Versuche: *6.7-Diazatetracyclo-[3.2.1.1$^{3.8}$.0$^{2.4}$]-nonandicarbonsäure-(6.7)-diäthylester* (IV), $Kp._{0,1}$ 125°, durch 12std. Rk. von 17,4 g I u. II in Ggw. von Hydrochinon bei 130° im Rohr, Dest. bei 120—130°/0,001 Torr u. Chromatographie an Al_2O_3; ca. 10 g; daneben ca. 10 g; daneben *7.8-Diazatricyclo-[4.3.0.0$^{4.9}$]-nonen-(2)-dicarbonsäure-(7.8)-diäthylester*, $Kp._{0,4}$ 130—131°. — *6.7-Diazatetracyclo-[3.2.1.1$^{3.8}$.0$^{2.4}$]-nonan*, durch 5std. Rk. von 5 g IV in sd. methanol. KOH unter N_2, Filtrieren, Lösen des Nd. in W., Vereinigung mit der Lsg. u. 5std. Kochen unter N_2; braunes Öl; 2,5 g. *Diacetyl-Deriv.*, $C_{11}H_{14}N_2O_2$, F. 138—139°. — *6.7-Diazatetracyclo-[3.2.1.1$^{3.8}$.0$^{2.4}$]-nonen-(6)* (III), $C_7H_8N_2$, F. 98—100° (Pentan; sublimiert bei 95°/10 Torr), a) durch 2std. Rühren von 1 g vorst. Verb. u. $CuCl_2$ in W. bei Raum-Temp., Behandeln des erhaltenen hellroten *Cu(I)-Komplexes* mit NaOH; 0,6 g; b) aus 0,1 g vorst. Verb. u. HgO in Ae. (exotherm, dann 6std. Schütteln bei Raum-Temp.); 0,07 g; 14std. Erhitzen auf 140° im Rohr gab II. — *Tetracyclo-[2.2.1.0$^{2.6}$.0$^{3.5}$]-heptan* (*Quadricyclen*), Kp. 95°, durch 8½std. Bestrahlen von III in sd. Ae. u. Gaschromatographie. J. Rothe 3272◇

0902 **Thymin-Analoga. Synthese von 5-Difluormethyluracil.** Mathias P. Mertes und Souheil E. Saheb. (J. med. Chem. **6**, 619, 1963; Lawrence, Kans., Univ., School of Pharm., Dep. of Pharm. Chem.; engl.) — Das aus Uracil nach Reimer-Tiemann (vgl. Wiley u. Yamamoto, C. **1961**, 6858) erhältliche 5-Formyluracil (I) liefert bei der Rk. mit SF_4 in Ggw. von HF *5-Difluormethyluracil* (II). Für II sind die UV-Maxima angegeben.

Versuche: *5-Difluormethyluracil* (II), $C_5H_4F_2N_2O_2$, F. 285—300° (Zers.), durch Zugabe von SF_4 zu I u. W. unter Kühlung mit Aceton/CO_2, 15std. Rühren bei 50°, 10std. Rühren bei 100°, Abblasen der flüchtigen Anteile u. Sublimation des Rückstandes; 60% (Ausbeute). Hanfried Arnold 3272◇

0903 **Synthese von 2.4-Dimethoxy-6-aminopyrimidin und verwandten Verbindungen.** Jan Wojciechowski. (Acta polon. pharmac. **19**, 121—25, 1962; Warszawa, Inst. Farmac., Zakł. Synth. II; pol.) — *2.4-Dimethoxy-6-aminopyrimidin* (I) wurde aus 2.4-Dihydroxy-6-aminopyrimidin über die *2.4-Dichlorverb.* mit guter Ausbeute erhalten. I bildet eine 6-Acetylverbindung. Mit p-Toluolsulfoisocyanat (II) kondensiert, entsteht *N-[p-Toluolsulfonyl]-N'-[2.4-dimethoxypyrimidyl-(6)]-harnstoff*, mit p-Acetylaminobenzolsulfochlorid (III) in Ggw. von Trimethylamin *2.4-Dimethoxy-6-[bis-(p-acetylaminobenzolsulfonyl]-amino)-pyrimidin* (IV), in Ggw. von Pyridin jedoch *2.4-Dimethoxy-6-[p-acetylaminobenzolsulfonyl]-aminopyrimidin* (V). VI u. V liefern bei der Hydrolyse *2.4-Dimethoxy-6-sulfanilamidopyrimidin.* I wird durch Br_2 zu *2.4-Dimethoxy-5-brom-6-aminopyrimidin* bromiert. Das 5-Br-Atom reagiert auch unter drast. Bedingungen nicht mit wss. Aminen.

Versuche: *2.4-Dichlor-6-aminopyrimidin*, F. 268 bis 270° (Dioxan; Zers.), durch Kochen von 6-Aminouracil mit $POCl_3$ in Ggw. von N.N-Dimethylanilin, Abdestillieren von $POCl_3$ u. Eingießen des Rückstands in W.; 67% (Ausbeute). — *2.4-Dimethoxy-6-aminopyrimidin* (I), $C_6H_9N_3O_2$, F. 150—151,5° (50%ig. Methanol), aus vorst. Verb. mit Na-Methylat in Methanol in der Wärme; 80,2%. *Acetyl-Deriv.*, $C_8H_{11}N_3O_3$, F. 183—185° (A.; Nadeln). — *2.4-Dimethoxy-6-[p-acetylaminobenzolsulfonyl-amino]-pyrimidin* (V), $C_{14}H_{16}N_4O_5S$, F. 218—219° (50%ig. Essigsäure; Säulen), aus I u. III in abs. Pyridin; 83,8%. — *2.4-Dimethoxy-6-[bis-(p-acetylaminobenzolsulfonyl)-amino]-pyrimidin* (IV), F. 208—211° (Zers.), aus I u. III in Methylenchlorid in Ggw. von Trimethylamin; 81,2%. — *2.4-Dimethoxy-6-sulfanilamidopyrimidin*, $C_{12}H_{14}N_4O_4S$, F. 200—202° (wss. Aceton; Rhomben), durch Hydrolyse von IV oder V mit 2 n NaOH; 83,8 bzw. 71%. — *2.4-Dimethoxy-5-brom-6-aminopyrimidin*, $C_6H_8BrN_3O_2$, F. 170 bis 172° (50%ig. A.), aus I in Eisessig beim Eintropfen von Br_2; 59,8%. — *N-[p-Toluolsulfonyl]-N'-[2.4-dimethoxypyrimidyl-(6)]-harnstoff*, $C_{14}H_{16}N_4O_5S$, F. 167 bis 171° (50%ig. A.), beim Erwärmen von I u. II in Äthylenchlorid; 58,6%. F. Urban 3272◇

0904 **Synthese einiger neuer Barbiturate.** M. T. Dangjan und Ss. W. Arakeljan. (Nachr. Akad. Wiss. ArmenSSR, chem. Wiss. **12**, 211—13, 1959; Erewan, Univ., Lehrstuhl für organ. Chem.; russ.; Auszug: armen.) — Durch Rk. von p-Alkoxybenzylallylmalonsäurediäthylestern mit Harnstoff in Ggw. von Na-Äthylat werden die entsprechenden *5-[p-Alkoxybenzyl]-5-allylbarbitursäuren* dargestellt. Bei alkal. Hydrolyse liefern diese Barbiturate *p-Alkoxybenzylallylmalonsäuren.*

Versuche: 5-[p-Alkoxybenzyl]-5-allylbarbitursäuren: *p-Methoxy-*, F. 173° (wss. A.), man gibt zu Na-Äthylat (0,06 g-Atom Na, 15 ml A.) 0,04 Mol Harnstoff u. 0,026 Mol p-Methoxybenzylallylmalonsäurediäthylester in 20 ml A., erhitzt 10 Std. auf 110—120°, engt ein u. säuert den Rückstand an; 27,8% (Ausbeute). — *p-Äthoxy-*, F. 153°; 65,7%. — *p-Butoxy-*, F. 152°, 62,6%. — *p-Isobutoxy-*, F. 148°; 54,9%. G. Froelich 3272◇

0905 **Die Elektroreduktion als Methode der Eiweißuntersuchung. Reduktion einiger Diketopiperazine.** A. A. Akimowa und N. I. Gawrilow. (J. allg. Chem. [UdSSR]

31(93), 38–42, 1961; Moskau, Univ.; russ.) — Es wurden *Seryl-*(**I**), *Alanylseryl-*(**II**), *Glycylseryl-*(**III**, *Glycyltyrosyl-*(**IV**) u. *Tyrosylanhydrid* (**V**) dargestellt. Die Elektrored. von **I**–**V** lieferte *2.5-Bis-[hydroxymethylen]-*, *2-Methyl-5-hydroxymethylen-*, *2-Hydroxymethylen-*, *2-[p-Hydroxybenzyl]-* bzw. *2.5-Bis-[p-hydroxybenzyl]-piperazin*, deren R_f-Werte u. Bewegungs-Geschw. bei der Elektrophorese bestimmt wurden.

Versuche: *Serylanhydrid* (**I**), $C_6H_{10}N_2O_4$, F. 260 bis 266° (W.), durch 1std. Erhitzen von 6,5 g Serinäthylesterhydrochlorid (**VI**) in 3 ml A.; 1,2 g (Ausbeute). — *Alanylserylanhydrid* (**II**), $C_6H_{10}N_2O_3$, F. 224° (A., W.), durch 40std. Hydrieren von 5,9 g Cbo-alanylserinäthylester in 40 ml A., 3 ml W. u. 2 ml Essigsäure an 0,5 g Pd-Schwarz u. 12std. Kochen des Filtrats; 0,8 g. — *Glycylserylanhydrid* (**III**), $C_5H_8N_2O_3$, F. 227° (W.), durch 64std. Hydrierung von 5 g Cbo-Glycin (**VII**) u. 4,05 g **VI** in A. u. 16std. Kochen der alkohol. Lsg.; 0,4 g. — *Glycyltyrosylanhydrid* (**IV**), $C_{11}H_{12}N_2O_3$, F. 284° (W.), durch 40std. Hydrierung von 5 g **VII** u. 6,5 g Tyrosinmethylesterhydrochlorid in A. an Pd u. 8std. Kochen der alkohol. Lsg.; 1,5 g. — *Tyrosylanhydrid* (**V**), $C_{18}H_{18}N_2O_4$, F. 277–280° (W.), nach E. Fischer. — Piperazine: *2.5-Bis-[hydroxymethylen]-*, *Dipikrat*, $C_{18}H_{20}N_8O_{16}$, F. 250° (Zers.), durch Red. von 100 mg **I** in 80 ml W., 80 ml Essigsäure u. 40 ml 20%ig. HCl an der Hg-Kathode bei 15–20°/0,056 A/cm² (5–7 Std.), Eindampfen im Vakuum u. 24std. Erhitzen des Rückstandes mit 10 ml konz. HCl auf 115–120°; 90 mg (daneben *Serin* u. **I**). — Analog: *2-Hydroxymethylen-*, *Dipikrat*, $C_{17}H_{18}N_8O_{15}$, F. 310° (Zers.), aus 100 mg **III**; 108 mg (daneben *Glycin* u. *Serin*). — *2-Methyl-5-hydroxymethylen-*, *Dipikrat*, $C_{18}H_{20}N_8O_{15}$, F. 315° (Zers.), aus 100 mg **II**; 130 mg (daneben *Serin* u. *Alanin*). — *2-[p-Hydroxybenzyl]-*, *Dipikrat*, $C_{23}H_{22}N_8O_{15}$, F. 247° (Zers.; W.–Essigsäure), aus **IV** (daneben *Glycin* u. *Tyrosin*). — *2.5-Bis-[p-hydroxybenzyl]-*, *Dipikrat*, $C_{30}H_{28}N_8O_{16}$, F. 280° (Zers.; W.–Essigsäure), aus **V** (daneben *Tyrosin*). Helmut Schäfer 3272△

0906 **Cyclisierung N-cyanäthylierter α-Aminosäuren und ihrer Derivate.** P. F. Butzkuss. (Hochschulnachr. [Iwanowo], Chem. u. chem. Technol. **3**, Nr. 1, 124–26, 1960; Wilna, Kapsukas-Univ., Lehrstuhl für organ. Chemie; russ.) — Während N-[β-Cyanäthyl]- u. N.N-Bis-[β-cyanäthyl]-α-aminosäuren beim längeren Erhitzen in Äthylenglykol unter Abspaltung von Acrylonitril *2.5-Diketopiperazine* liefern, werden unter analogen Bedingungen N-[β-Cyanäthyl]-(**I**) u. N.N-Bis-[β-Cyanäthyl]-glycylglycin (**II**) unter Bldg. von *N-[β-Cyanäthyl]-2.5-diketopiperazin* cyclisiert. N-[β-Cyanäthyl]-glycin- u. alaninester liefern entsprechend *N.N'-Bis-[β-cyanäthyl]-2.5-diketopiperazine*, wobei die Methylester leichter reagieren als die Äthylester.

Versuche: 2.5-Diketopiperazine: durch 4 bis 5std. Erhitzen der N-[β-Cyanäthyl]- oder N.N-Bis-[β-cyanäthyl]-derivv. der entsprechenden α-Aminosäuren mit der 6fachen Menge Äthylenglykol auf 160–170°, Abdest. des Lsgm. im Vakuum: *unsubstituiert*, F. 311–312° (Zers.); aus N-[β-Cyanäthyl]-glycin; 23% (Ausbeute). — *3.6-Dimethyl-*, F. 276–278°; 26%. — *3.6-Diäthyl-*, F. 265 bis 266°; 31,2%. — *3.6-Diisopropyl-*, F. 301–302°; 34,3%. — *N-[β-Cyanäthyl]-*, $C_7H_9N_3O_2$, F. 177° (A.), a) aus 6 g **I**; 50%; b) aus 4,4 g **II**; 32,2%. — *N.N'-Bis-[β-Cyanäthyl]-*, F. 166° (W.), durch 80std. Erhitzen von 4 g N-[β-Cyanäthyl]-glycinmethylester auf 110–120°; 25,8%. I. Schade 3272△

0907 **Untersuchungen an Heterocyclen.** 8. Mitt. **Chinazoline und Pyrimidine.** George deStevens, Angelina Halamandaris, Patricia Wenk, R. A. Mull und E. Schlittler. (Arch. Biochem. Biophysics **83**, 141–51, 1959; Summit, N. J., Ciba Pharmaceut. Prodd. Inc., Res. Dep.; engl.) — 7. vgl. C. **1959**, **4463**; 4. vgl. C. **1958**, 14309. — Ausgehend von β-Aminoestern, β-Ketoestern u. β-Cyanaminen werden verschiedene *Cycloalkenopyrimidine* u. *-chinazoline* dargestellt. Durch Rk. von 2-Methylmercaptocyclopentenopyrimidon-(4) (**I**) mit Hydrazinhydrat (**II**) entsteht *Cyclopentanopyrazolon-(5)*, dessen Konstit. durch Synth. aus 2-Carbäthoxycyclopentanon (**IV**) u. **II** UV- u. IR-Spektrum gesichert wird. Analog wird 2-Methylmercapto-5.6.7.8-tetrahydrochinazolon-(4) zu *4.5.6.7-Tetrahydroindazolon-(3)* umgelagert. Der Umlagerungsmechanismus wird diskutiert.

Versuche: *3-Phenylcyclopentenopyrimidindion-(2.4)* (**VIII**), $C_{13}H_{12}N_2O_2$, F. 319–321° (A.), durch 2std. Kochen von 2-Aminocyclopenten-1-carbonsäureäthylester (**III**) mit Phenylisocyanat in Xylol in Ggw. von Pyridin mehrstd. Kühlen, Abfiltrieren von *N.N'-Diphenylharnstoff*, Einengen des Filtrats im Vakuum, Aufkochen des erhaltenen Öls mit wss. KOH u. Ansäuern mit verd. HCl; 35% (Ausbeute). *1-Methylderiv.* $C_{14}H_{14}N_2O_2$ F. 162–163° (A./W.; 3:1) durch ½std. Kochen 5 g **VIII** mit methanol. Na-Methylat, Zugabe von Methyljodid (**XI**) bei 45° unter Rühren, 4std. Kochen u. Eindampfen; 1,8 g. — *Cyclopentenopyrimidindion-(2.4)* (**IX**), $C_7H_8N_2O_2$, F. 305–307° (A.), durch 8std. Erhitzen von 10 g **IV** u. 3,92 g Harnstoff in alkohol. Na-Äthylat unter Druck auf 100°; 2,5 g. *1.3-Dimethylderiv.*, $C_9H_{12}N_2O_2$ F. 102–103°, durch Zutropfen von 2 Val Dimethylsulfat (**X**) zu 3 g **IX** in 10%ig. KOH bei 20°, 1std. Rühren u. Extrahieren mit Chlf.; 1,3 g. — *2-Mercapto-3-methylcyclopentenopyrimidon-(4)* (**V**), $C_8H_{10}N_2OS$ F. 300° (A.), durch 2std. Kochen von 3 g **III** mit Methylisothiocyanat in Xylol in Ggw. von Pyridin, Kühlen, Zugabe des erhaltenen *N-Methyl-N'-[2-carbäthoxycyclopentenyl]-thioharnstoffs* (F. 323°) zu sd. 5%ig. wss. KOH ½std. Kochen u. Ansäuern mit verd. HCl; 1,0 g. — *2-Mercaptocyclopentenopyrimidon-(4)* (**VI**), aus **IV** u. Thioharnstoff. — *2-Methylmercapto-3-methylcyclopentenopyrimidinon-(4)*, $C_9H_{12}N_2OS$, F. 82–84° (Hexan/Ae.), a) durch Zutropfen von **X** zu **V** in 2 n KOH unter Kühlen u. mehrstd. Kühlen; b) durch Zutropfen von **X** zu **VI** in 2 n NaOH bei 5–10° 2std. Rühren u. mehrstd. Kühlen; c) durch 4std. Kochen nachst. Verb. in methanol. Na-Methylat mit überschüssigem **XI**, Eindampfen im Vakuum u. Extrahieren mit Hexan/Ae.; 43%. — *2-Methylmercaptocyclopentenopyrimidon-(4)* (**I**), $C_8H_{10}N_2OS$, F. 268–270°, durch Zutropfen von **XI** zu 10 g **VI** in wss. NaOH bei 5°, ¼std. Rühren u. Ansäuern mit Eisessig; durch Umfällen aus verd. NaOH mit Eisessig Nadeln; 9,0 g (roh). — *Cyclopentanopyrazolon-(5)*, $C_6H_8N_2O$, F. 287–288° (A.), a) durch 24std. Erhitzen von **I** mit **II** auf 100°, Kühlen u. Ansäuern mit Eisessig; b) durch Kochen von **IV** mit **II**. — *4-Aminocyclopentenopyrimidin*, $C_7H_9N_3$, F. 238–239°, durch 3std. Kochen von 10,8 g 2-Aminocyclopentencarbonsäurenitril (**VII**) mit Formamid, Kühlen u. Verdünnen mit Aceton; aus A. Nadeln; 3,89 g. — *2-Hydroxy-4-aminocyclopentenopyrimidin*, $C_7H_9N_3O$, F. 288 bis 290°, durch 20 Min. langes Erhitzen von 10,8 g **VII** mit Harnstoff auf 200–205°, Kühlen, Lösen in 2 n NaOH, 10 Min. langes Kochen, heiß Filtrieren u. Ansäuern mit Eisessig; gelbes Pulver; 8,2 g. — *2-Mercapto-4-aminocyclopentenopyrimidin*, $C_7H_9N_3S$, F. 300–303° (Zers.), durch ½std. Erhitzen von 10.8 g **VII** mit Thioharnstoff auf 190–200° u. Fällen aus der sd. alkal. Lsg. mit Essigsäure; 8,8 g. *Methojodid*, $C_8H_{12}JN_3S$, F. 283–285°, durch 8std. Kochen von 4 g des Amins in Methanol mit **XI**; aus A. kub. Kristalle; 4,9 g. — *2-Methylmercapto-4-aminocyclopentenopyrimidin*, $C_8H_{11}N_3S$, F. 159–160°, durch Lösen vorst. Amins in wss. KOH, Zugabe von **XI** in Methanol u. 7std. Kochen; Nadeln. — *2-[3.4.5-Trimethoxybenzamido]-cyclopentencarbonsäurenitril*, $C_{16}H_{18}N_2O_4$, F. 160–161°, durch Zugabe von 9,2 g 3.4.5-Trimethoxybenzoylchlorid zu 4,2 g **VII** in Pyridin, 3std. Erhitzen auf 100°, Kühlen u. Gießen in kaltes NaOH-haltiges W.; 7,05 g. — *2-[3.4.5-Trimethoxyphenyl]-cyclopentenopyrimidon-(4)*, $C_{16}H_{18}N_2O_4$, F. 288° (A.), durch Versetzen von 4,4 g vorst. Verb. in Dioxan mit wss. NaOH, Zugabe von 30%ig. H_2O_2, 1½std. Kochen, Kühlen, Verdünnen mit W. u. Neutralisieren; 1,2 g. — *2-[p-Methoxybenzamido]-cyclopentencarbonsäurenitril*, $C_{14}H_{14}N_2O_2$, F. 109–110°. — *2-[p-Methoxyphenyl]-cyclopentenopyrimidon-(4)*, $C_{14}H_{14}N_2O_2$, F. 245–247°, aus vorst. Verbindung. — *3-[o-Chlorphenyl]-5.6.7.8-tetrahydrochinazolindion-(2.4)*, $C_{14}H_{13}ClN_2O_2$, F. 254–255° (A.), durch 2std. Kochen von 5 g 2-Aminocyclohexencarbonsäureäthylester in Xylol/wenig Pyridin mit 6 g o-Chlorphenylisocyanat, Eindampfen im Vakuum, 1std. Kochen des Rückstandes in 5%ig. KOH u. Ansäuern des Filtrats mit konz. HCl; 4,6 g. —

2-Mercapto-3-phenyl-5.6.7.8-tetrahydrochinazolon-(4), $C_{14} \cdot H_{14}N_2OS$, F. 310—313°, analog vorst. Verb.; 72%. — *2-Methylmercapto-3-phenyl-5.6.7.8-tetrahydrochinazolon-(4)*, $C_{15}H_{16}N_2OS$, F. 204—205° (A.), durch Zutropfen von **X** zu vorst. Verb. in 2 n NaOH bei 25—30°. — *2-Hydrazino-3-phenyl-5.6.7.8-tetrahydrochinazolon-(4)*, $C_{14}H_{16} \cdot N_4O$, F. 209—210° (A.), durch Zugabe von 3 g vorst. Verb. zu 5 ml 99%ig. **II** in A. u. 4std. Kochen; 1,8 g. — *4.5.6.7-Tetrahydroindazolon-(3)*, F. 298—299°, a) durch Erhitzen vorvorst. Verb. mit **II** im Bombenrohr; b) analog aus 2-Mercapto-5.6.7.8-tetrahydrochinazolon-(4); c) analog aus 2-Methylmercapto-5.6.7.8-tetrahydrochinazolon-(4); d) durch Kondens. von 2-Carbäthoxycyclohexanon mit Hydrazin. Klaus Lange 3272△

0908 **Die Darstellung einiger 1- und 2-β-D-Ribofuranosylpyrazolo-[3.4:d]-pyrimidine.** J. Davoll und K. A. Kerridge. (J. chem. Soc. [London] **1961,** 2589—91; Hounslow, Middlesex, Parke, Davis & Company, Res. Dep.; engl.) — Zwecks Unters. ihrer Wrkg. gegen Neoplasmen werden durch Kondens. der Chlormercuriderivv. von Pyrazolo-[3.4:d]-pyrimidinen mit Tri-O-benzoyl-D-ribofuranosylchlorid (**I**) u. anschließende Debenzoylierung die entsprechenden *1-* u. *2-β-D-Ribofuranosylpyrazolo-[3.4:d]-pyrimidine* dargestellt. Die Struktur wird durch Vgl. der UV-Spektren bewiesen.

Versuche: Pyrazolo-[3.4: d]-pyrimidine: *4.6-Diamino-*, F. 291° (W.), durch 40 Min. langes Erhitzen von 10,8 g 3-Amino-4-cyanpyrazol mit 27,3 g Guanidincarbonat auf 150—160°; 9,4 g (Ausbeute). — *4-Benzamido-, 1/4-Hydrat*, $C_{12}H_9N_5O \cdot 1/4\ H_2O$, F. 223 bis 224° durch 3/4std. Erhitzen von 22 g 4-Aminopyrazolo-[3.4:d]-pyrimidin mit 68 g Benzoesäureanhydrid (**II**) auf 180°, Anreiben mit Ae., Lösen des in Ae. unlösl. Prod. in 60%ig. A. u. Einengen; 22 g. — *4.6-Dibenzamido-*, $C_{19}H_{14}N_6O_2$, F. 286°, durch 3/4std. Erhitzen von 30 g vorvorst. Verb. mit **II** auf 200°; aus Butanol Nadeln; 33 g. — 1H-Pyrazolo-[3.4:d]-pyrimidine, durch Zugabe des entsprechenden Pyrazolo-[3.4:d]-pyrimidins zu einer Suspension von $HgCl_2$ in 50%ig. A., Zutropfen von 1 Val 1 n NaOH unter Rühren, 1/2std. Rühren mit Celite 545, Kondens. des erhaltenen *Chlormercuriderivs.* (80—90%) mit **I** u. Debenzoylieren nach Kissman u. Mitarbeitern C. **1958,** 7479): *1-β-D-Ribofuranosyl-*, $C_{10}H_{12}N_4O_4$, F. 216°, aus W. Nadeln; $[\alpha]_D^{23}$ — 65,5° (c = 0,98; W.). — *4-Amino-1-β-D-ribofuranosyl-*(**IV**), $C_{10}H_{13}N_5O_4$, F. 246°, aus W. Nadeln; $[\alpha]_D^{23}$ — 23,1° (c = 0,98; W.). — *4.6-Diamino-1-β-D-ribofuranosyl-*, $C_{10}H_{14}N_6O_4$, F. 253°, aus W. Nadeln; $[\alpha]_D^{23}$ — 84,5° (c = 0,49; W.). — *4.6-Diacetamido-1-tri-O-acetyl-β-D-ribofuranosyl-*, $C_{20}H_{24}N_6O_9$, F. 138—143° (Zers.), a) durch 3/4std. Kochen von 0,56 g vorst. Verb. mit Acetanhydrid (**III**) u. Eindampfen im Vakuum; aus A. Nadeln; 0,6 g; b) durch 2std. Erhitzen von vorst. Verb. mit **III**/Pyridin auf 100°. — *6-Acetamido-4-amino-1-β-D-ribofuranosyl-, Monohydrat*, $C_{12}H_{16}N_6O_5 \cdot H_2O$, F. 122 bis 126° (Zers.), durch Zugabe von mit NH_3 gesätt. Methanol zu 0,5 g vorst. Verb. in Methanol, 24std. Stehen bei 3° u. Eindampfen im Vakuum; aus W. Nadeln; 0,27 g. — *6-Acetamido-4-hydroxy-1-β-D-ribofuranosyl-*, $C_{12}H_{15}N_5 \cdot O_6$, F. 235°, durch Suspendieren von 0,42 g vorst. Verb. in wss. $NaNO_2$, Behandeln mit 10%ig. Essigsäure, 24std. Stehen bei Raum-Temp.; Eindampfen im Vakuum, Aufnehmen in A. u. Einengen; aus W. Nadeln; 0,25 g. — *6-Amino-4-hydroxy-1-β-D-ribofuranosyl-*, $C_{10}H_{13}N_5O_5$, F. 263°, durch 1/2std. Kochen von 0,4 g vorst. Verb. mit 0,3 n methanol. Na-Methylat, Neutralisieren mit 10%ig. Essigsäure u. Eindampfen im Vakuum; aus W. Nadeln; 0,3 g. — 2H-Pyrazolo-[3.4:d]-pyrimidine: *4-Amino-2-β-D-ribofuranosyl-*, $C_{10}H_{13}N_5O_4$, F. 137° (Zers.), neben **IV** durch fraktionierte Kristallisation; $[\alpha]_D^{21}$ — 76,6° (c = 0,39; W.); aus W. Nadeln. — *4.6-Diamino-2-β-D-ribofuranosyl-*, $C_{10}H_{14}N_6O_4$, F. 230° (Zers.; W.), $[\alpha]_D^{23}$ — 55,5° (c = 0,38; W.). Klaus Lange 3272△

0909 **Chemie der Allo- und Isoalloxazine.** W. M. Beresowski und T. W. Jeremenko. (Fortschr. Chem. [UdSSR] **32,** 671—706, 1963; Allunions-Vitamin-Forschungs-Inst.; russ.) — Überblick über Synth. u. Eigg. von *Allo-* u. *Isoalloxazinen* sowie über natürliche Vertreter dieser Gruppen mit pharmakolog. Wirkung. — 240 Literaturangaben. G. Froelich 3272◇

0910 **Darstellung und Reaktionen von N-Cyanamidinen.** K. Robert Huffman und Fred C. Schaefer. (J. org. Chemistry **28,** 1812—16, 1963; Stamford, Conn., Amer. Cyanamid Co., Cenwal Res. Div., Chem. Res. Dep.; engl.) — *N-Cyanamidine* (**A**) werden durch Rk. von NH_2CN mit Imidsäureestern (**B**) erhalten. *N-Cyanacet-* (**I**) bzw. *N-Cyanbenzamidin* (**II**) werden außerdem durch Rk. der entsprechenden Amidine mit NaNHCN dargestellt. Die **A** werden mit Nitrilen in Ggw. von Alkali, in besseren Ausbeuten mit Amidinhydrochloriden, bei 150—175° in *2-Amino-symm.-triazine*, bzw. mit Guanidin in A. in *Diamino-symm.-triazine* übergeführt. So liefert **II** mit Benzamidin (**III**)-Hydrochlorid *2-Amino-4.6-diphenyl-symm.-triazin*, das auch statt der erwarteten 4-Methyl-6-phenyl-Verb. aus **II** u. **III**-Acetat erhalten wird. **I** gibt mit Acetimidsäuremethylester (**VII**) *2-Amino-4.6-dimethyl-symm.-triazin* (**V**). Mit Benzimidsäuremethylester gelingt die Rk. nicht, während Trichloracetimidsäuremethylester *2-Amino-4.6-bis-[trichlormethyl]-symm.-triazin* liefert. Weitere Ringschlüsse zu *symm.-Triazinen* werden über Rkk. von **II** mit Acetanhydrid, Formamid u. Thioacetamid durchgeführt. Auch in diesen Rkk. wird der Verlust einer Cyanamidgruppe durch Dissoziation bzw. Umlagerung beobachtet. Im Zusammenhang damit wird die geringere Reaktivität der CN-Gruppe in den **A** gegenüber den Rkk. mit Cyanguanidinen für die niedrigeren Ausbeuten verantwortlich gemacht. So reagiert z. B. **II** mit Anilinhydrochlorid nicht, u. mit **I** wird nur *N-Cyan-N'-phenylacetamidin* erhalten. Die Nitrilgruppen der **A** werden im stark sauren Medium leicht hydrolysiert. Die **A** liefern mit HCl *N-Carbamoylamidinhydrochloride.* Verss., vorst. Verbb. zu 2-Hydroxy-symm.-triazinen umzusetzen, gelangen nicht u. führten nur zu Prodd., die die Carbamoylgruppe verloren haben. Durch Rkk. der **A** mit $N_2H_4 \cdot 2\ HCl$ bzw. $NH_2OH \cdot HCl$ werden entsprechende *1.2.4-Triazolinone* bzw. *1.2.4-Oxadiazole* erhalten.

Versuche: N-Cyanamidine (**A**), durch Rk. entsprechender **B** mit NH_2CN in Methanol < 50° bzw. durch Behandeln des entsprechenden Nitrils mit $NaOCH_3$, Neutralisieren der erhaltenen **B**-Lsg. mit CH_3CO_2H u. Zusetzen von NH_2CN wie vorst.: *-benz-*(**II**)-, $C_8H_7N_3$, F. 142—142,5° (A.-W.), durch 2std. Rk. von **III**-Hydrochlorid · 2 H_2O u. 75%ig. NaHNCN u. mehrstd. Stehen des Filtrats; 74% (Ausbeute). — *-acet-*(**I**), $C_3H_5N_3$, F. 135 bis 137° (A.), in 15 Min.; 72%; oder mit Acetamidin (**IV**)-Hydrochlorid wie vorst. u. Extrahieren des Nd. mit Aceton; 63%. — *-propion-*, $C_4H_7N_3$, F. 78,5—80° (Essigester), in 30 Min.; 53%. — *-chloracet-*, $C_3H_4ClN_3$, F. 110,5 bis 111,5° (CH_3CN), in 4 Std.; 59%. — *-trichloracet-*, $C_3H_2Cl_3N_3$, F. 166,5—168° (CH_3CN), in 3 Std.; 43%. — *-p-nitrobenz-*, $C_8H_6N_4O_2$, F. 233—234° (Zers.), in 15 Min. bei 50°; 52%. — *-picolinoyl-*, $C_7H_6N_4$, F. 224—226° (Methanol), in 16 Std.; 83%. — Symm.-Triazine: *2-Amino-4.6-diphenyl-*, F. 169—171° (A.-W.), a) durch 2,5std. Erhitzen von **II** mit **III** · HCl auf 175°; 17%; b) durch 2std. Kochen von **III** mit **II** in Methanol u. Stehen über Nacht; 15%; c) durch 4std. Kochen von **II**, Benzonitril u. NaOH in Butanol u. Eindampfen des Filtrats; 17%; d) durch 3 1/2std. Erhitzen von **I** mit **III**-Acetat auf 160—165°. — *2-Amino-4.6-dimethyl-* (**V**), F. 167—169° (CH_3CN), a) durch 4std. Erhitzen von **I** mit **IV** · HCl in 2-Methoxyäthanol auf 155°, Filtrieren u. Kristallisieren aus W.; 41%; b) durch Behandeln des Hydrochlorids mit wss. $NaHCO_3$. *Hydrochlorid*, durch Einleiten von HCl in das nachst. Salz in Alkohol. *N-Cyanacetamidinsalz*, $C_8H_{13}N_7$, F. 183—184,5° (Methanol), a) durch Zusetzen von NH_2CN in A. zu **VII**, 6std. Kochen u. Stehen bei Raumtemp. über Nacht; 42%; b) durch 6std. Kochen von **I** mit **VII** in Methanol u. Kühlen; 51%; c) durch Kristallisieren von äquimol. Mengen **I** u. **V** aus Methanol; 70%. — *2-Amino-4-methyl-6-phenyl-*, F. 148—152°, mit **III** · HCl · 2 H_2O u. **I** in 3 Std. bei 150°; aus W. hellbraun; 26%. — *2-Amino-4-phenyl-*, $C_9H_8N_4$, F. 203—204°, a) aus **II** u. Formamid in 2 Std. bei 180°; aus A. Flocken; 15%; b) aus N-Cyanformamidin u. **III** · HCl in 30 Min. bei 160°; 31%. — *2.4-Diamino-6-methyl-* F. 275—276°, durch 6std. Kochen von **I** mit methanol. Guanidin-Lsg., Kühlen u. Filtrieren; 53%. — *2.4-Diamino-6-phenyl-*, F. 219—223°, wie vorst. mit **II**;

15%. — *2-Amino-4-äthyl-6-methyl-, N-Cyanacetamidinsalz*, $C_9H_{15}N_7$, F. 158—159° (Methanol), durch 5,5std. Kochen von **I** mit Propionimidsäuremethylester in A.; 45%. — *2-Amino-4.6-bis-[trichlormethyl]-*, F. 165—167°, durch 1/2std. Rk. von Trichloracetonitril mit $NaOCH_3$ bei Raumtemp., Zusetzen von Essigsäure u. NH_2CN, 4,5std. Kochen u. Eindampfen; aus A./W. Prismen; 29%. — *2-Hydroxy-4-methyl-6-phenyl-*, $C_{10}H_9N_3O$, F. 243—245° (CH_3CN), durch 1std. Kochen von **II** mit Acetanhydrid; 14%. — *2-Methyl-4.6-diphenyl-*, F. 108—108,5 (W., A.-W.), a) neben vorst. Verb. aus der Acetanhydrid-Lsg.: 29%; b) durch 1std. Kochen von **VI** mit Na-Acetat-Essigsäure, Gießen in W. u. Neutralisieren mit $NaHCO_3$, Extrahieren mit Ae. u. Eindampfen unter Vakuum; 48%. — *2-Mercapto-4-methyl-6-phenyl-*, $C_{10}H_9N_3S$, F. 230, bis 233°, durch Einleiten von HCl in eine Lsg. von **II** u. Thioacetamid in Aceton, Dekantieren u. Zusetzen von W.; aus A. gelb; 19%. — *2-Phenyl-*, F. 62—63°, durch 2,5std. Kochen von **VI** mit symm.-Triazin in abs. A., Einengen u. Kristallisieren aus Methanol -CH_3CN, Eindampfen der Mutterlauge u. Zusetzen von W.; 59%; daneben ein *Hydrochlorid vom F. 77—79°* (aus der ersten Kristallisation). — *2.4-Diphenyl-*, F. 73—75° (wss. A.), durch 1std. Erhitzen von N-Carbamoylbenzamidin (F. 130 bis 132°) mit Formamid auf 180—185°, Extrahieren mit PAe. u. Eindampfen der dekantierten PAe.-Lsg.; 13%. — *N-Cyan-N'-phenylacetamidin*, F. 190—192° (A.), durch 3std. Erhitzen von 0,85 g **I** mit 1,3 g Anilinhydrochlorid in W. auf dem Dampfbad u. Zusetzen von wss. NaOH; 0,08 g. — *N-Carbamoylbenzamidinhydrochlorid* (**VI**), F. 192—194°, durch Einleiten von HCl im Überschuß in **II** in abs. A. auf dem Eisbad; 87%. — *N-Carbamoylacetamidinhydrochlorid*, $C_3H_7N_3O \cdot HCl$, F. 170—172° (A.), a) analog **VI** aus **I**; 60%; b) durch Zusetzen von kalter konz. HCl zu **I** u. Eindampfen; 78%. — *3-Phenyl-1.2.4-triazolinon-(5)*, F. 322—325° (50%ig. A.), durch 3std. Kochen von **II** mit $N_2H_4 \cdot 2\,HCl$ in 50%ig. Methanol u. Einengen, Zusetzen von $NaHCO_3$ zum Filtrat u. 24std. Stehen; 23%; daneben 15% *Benzoylharnstoff* (F. 210 bis 212°). — *3-Amino-5-phenyl-1.2.4-oxadiazol*, (F. 164 bis 165,5° (A.), durch 1/2std. Kochen von **II** mit $NH_2OH \cdot HCl$ in A. u. Pyridin u. Heißfiltration; 31%.

H. Gleinig 3313◇

0911 **N-Cyanimidsäureester.** K. Robert Huffman und Fred C. Schaefer. (J. org. Chemistry **28**, 1816—21, 1963; engl.) — Die Hydrochloride der Imidsäureester (**A**) reagieren mit NH_2CN (**I**) anders als die Ester selbst (vgl. vorst. Ref.) u. liefern unter Abspaltung von NH_4Cl entsprechende *N-Cyanimidsäureester* (**B**). Bei Rkk. von **A**–HCl, die andere als Alkylsubstituenten enthalten, lassen sich die **B** nicht isolieren. **A**–HCl, die α- bzw. β-Chlor-, α-Hydroxy- oder α-Cyangruppen enthalten, liefern Gemische verschiedener Produkte. Die Rk. von Acetimidsäureäthylester (**XI**) mit C.C'-Thiodiformamidindihydrochlorid (**XII**) liefert *N-Cyanacetimidsäureäthylester* (**II**). **B** werden weiter durch Rk. von Orthoestern mit **I** dargestellt. Um zu einem **B** mit akt. Methylengruppe zu gelangen, wurde 2-Carbäthoxyketendiäthylacetal mit **I** zu *2-Carbäthoxy-N-cyanacetimidsäureäthylester* (**III**) umgesetzt. Mit Chlorcyan liefern **A** entsprechende **B** in geringen Ausbeuten. Acetimidsäuremethylester (**XIII**) liefert so neben *N-Cyanacetimidsäuremethylester* (**IV**) hauptsächlich *2.4.6-Trimethyl-symm.-triazin*. Mit Amidinen liefern **B** *2-Amino-symm.-triazine*; mit **III** gelingt diese Rk. nicht. Rk. von Guanidin (**XIV**) mit N-Cyanformimidsäureäthylester (**V**) liefert *N-Cyan-N'-guanylformamidin* (**VI**), das durch das IR-Spektrum u. Überführung in *2.4-Diamino-symm.-triazin* identifiziert wird. Durch Rk. von 2-Carbäthoxyacetamidin u. **II** in Methanol wird unter Mitwrkg. des Lsgm. *2-Amino-4-carbomethoxymethyl-6-methyl-symm.-triazin* erhalten. Rk. von **III** u. Acetamidin (**XV**) liefern statt der 4-Carbäthoxy-Verb. *4-Cyanamino-6-hydroxy-2-methylpyrimidin-Acetamidinsalz*, dessen Struktur durch das IR-Spektrum, Analyse u. Säurehydrolyse zu *6-Hydroxy-2-methyl-1-ureidopyrimidin*, das mit Alkali in *4-Amino-6-hydroxy-2-methylpyrimidin* übergeführt wird, gesichert wird. Mit Benzamidin (**XVI**) gibt **III** das analoge *Phenyl-Derivat*. Durch Rk. mit **IV** werden Benz- bzw. Lactamidoxim in die *2-Amino-symm.-triazin-1-oxide* übergeführt. Die N-Oxido-2-amino-Struktur wird durch das IR-Spektrum begründet. Red. des Phenyl-Deriv. mit PCl_3 gibt *2-Amino-4-methyl-6-phenyl-symm.-triazin*. Behandeln von **B** mit NaHNCN führt zu *N.N'-Dicyanamidin-Na-Salzen*, die mit HCl in Aceton zu *2-Amino-4-chlor-6-methyl-symm.-triazinen* bzw. in Methanol zu *2-Amino-4-methoxy-6-methyl-symm.-triazin* cyclisiert werden. Mit $NH_2OH \cdot HCl$ in Ggw. von $(C_2H_5)_3N$ liefern **B** *5-Amino-1.2.4-oxadiazole*. Rk. von **IV** mit N_2H_4 liefert *3-Amino-5-methyl-1.2.4-triazol*. Durch Rk. von **IV** mit HCl in Methanol erfolgt Spaltung der Verb. unter Bldg. von *1-Chlorformamidin*. Ersatz der Methoxygruppe in **IV** mittels NH_3 bzw. Anilins führt zu *N-Cyanamidinen*. **IV**, das gegenüber Dest. im Vakuum stabil ist, erleidet bei 165° eine Chapman-Umlagerung zu *N-Cyan-N-methylacetamid*.

Versuche: *2-Chlororthoessigsäureester*, durch 1—3tägiges Stehen der entsprechenden **A**-HCl in Methanol bzw. A. bei 25°. — *2-Carbäthoxyketendiäthylacetal*, analog der Meth. von McElvain u. Schroeder (J. Amer. chem. Soc. **71**, [1949], 40) u. Redest. in Ggw. von p-Toluolsulfonsäure. — N-Cyanimidsäureester (**B**), durch Erhitzen von äquimol. Mengen **I** u. Orthoester in 2 Val Acetanhydrid auf 130—140° u. weiteres Erhitzen auf 135—150° bis zum Abdampfen des größten Teils von Alkylacetat u. Essigsäure sowie Dest. im Vakuum: *-acetamidsäureäthylester* (**II**), $C_5H_8N_2O$, Kp.$_{20}$ 90—95°, a) in 1 Std. bei 140°; 90% (Ausbeute); b) durch 20 Min. langes Zutropfen von **XI** zu **XII** in Methanol bei 55—60°, 1std. Erhitzen auf 65°, Kühlen u. Zusetzen von Ae., Dekantieren u. Dest. der Fl.; ~ 65%; daneben ~ 18% **IV**; c) durch 3std. Rk. von **XI**-Hydrochlorid mit **I** in A. u. Einengen des Filtrats; 65%. — *-formimidsäureäthylester* (**V**), $C_4H_6N_2O$, Kp.$_{0,1}$ 58—63°, in 1 Std. bei 140°; 90%. — *-2-carbäthoxyacetimidsäureäthylester* (**III**), $C_8H_{12}N_2O_3$, Kp.$_{0,2}$ 103—106°, in 15 Min. bei 150°; 74%. — *-benzimidsäuremethylester*, $C_9H_8N_2O$, Kp.$_{0,3}$ 115—125°, in 20 Min. bei 150°; 61%. — *-chloracetimidsäure, Methylester*, $C_4H_5ClN_2O$, Kp.$_{0,3}$ 76 bis 80°, in 30 Min. bei 130°; 75%. *Äthylester*, $C_5H_7ClN_2O$, Kp.$_{0,2}$ 87—90°, in 30 Min. bei 145°; 65%. — *-acetimidsäuremethylester* (**IV**), $C_4H_6N_2O$, Kp.$_{25}$ 98—99°, a) durch 3std. Rk. von **I** in abs. Methanol u. **XIII**-Hydrochlorid u. Einengen des Filtrats; 66%; b) durch Einleiten von ClCN in **XIII** in Ae. auf dem Eisbad, 6std. Stehen bei 0° u. bei Raumtemp. über Nacht u. Eindampfen; 23%; daneben 43% *2.4.6-Trimethyl-symm.-triazin* (Kp.$_{20}$ 63°). — 2-Amino-symm.-triazine, durch Zugabe einer Lsg. von CH_3ONa u. des entsprechenden Amidinhydrochlorids in Methanol zum entsprechenden **B**, ggf. Eindampfen u. Kristallisieren aus Essigester u. aus A.: *4.6-Dimethyl-*, $C_5H_8N_4$, F. 170—171°, aus **IV** in 3 Std.; 84%. — *6-Methyl-4-phenyl-*, $C_{10}H_{10}N_4$, F. 156,5—159°, a) aus **IV** in 3 Std.; 76%; b) aus N-Cyanbenzimidsäuremethylester; 54%; c) durch Kochen von **VIII** in PCl_3. — *4-Amino-6-methyl-*, $C_4H_7N_5$, F. 276—277°, in 30 Min.; 77% — *4-Carbomethoxymethyl-6-methyl-*, $C_7H_{10}N_4O_2$, F. 117,5 bis 119,5°, in 2 Std. ausgehend vom Äthylester bei 50°; 38%. — *4-Carbäthoxymethyl-6-methyl-*, $C_8H_{12}N_4O_2$, F. 125 bis 126°, in 18 Std. in A.; 27%. — *4-Methoxy-6-methyl-*, $C_5H_8N_4O$, F. 259—261°, in 2 Std.; 45%; oder durch Einleiten von HCl in **IX** in Methanol auf dem Eisbad; 65%; oder durch 10 Min. Schütteln von **VII** mit CH_3ONa in abs. Methanol u. 5 Min. Erwärmen auf dem Dampfbad u. Extrahieren des Nd. mit W.; 81%. — *4-p-Nitrophenyl-6-methyl-*, $C_{10}H_9N_5O_2$, F. 267—268°, in 2 Std. bei 50°; 60%. — *4-Amino-*, $C_3H_5N_5$, F. > 300°, durch Kristallisieren von **VI** aus W.; ~ 100%. — *4-Phenyl-*, $C_9H_8N_4$, F. 203,5 bis 204,5°, in 30 Min.; 29%. — *4-Phenyl-6-chlormethyl-*, $C_{10}H_9ClN_4$, F. 145—147°, in 30 Min.; 23%. — *4-Methoxy-6-chlormethyl-*, $C_5H_7ClN_4O$, F. 164—165°, in 15 Min.; 63%. — *4-Methyl-6-phenyl-, 1-Oxid* (**VIII**), $C_{10}H_{10}N_4O$, F. 219—221° (Ae.), durch 4std. Kochen von **IV** u. Benzamidoxim in A., Kühlen u. Waschen des Nd. mit Ae.; 45%. — *4-Methyl-6-[1-hydroxyäthyl]-, 1-Oxid*, $C_6H_{10}N_4O_2$, F. 172—173° (Methanol), analog in 2,5 Std. mit 1,95 g Lactamidoxim in Methanol, Eindampfen u. Kristallisieren aus CH_3CN; braun; 1,05 g. — *4-Chlor-6-methyl-* (**VII**), $C_4H_5ClN_4$, F. 206—207° (Äthylendichlorid), durch Einleiten von HCl in eine Lsg. von **IX** in Aceton auf dem Eisbad, Waschen des Nd. mit Ae., Zusetzen zu 5%ig. $NaHCO_3$ u. Waschen des Nd. mit W.; 90%. — *4-Chlor-*,

$C_3H_3ClN_4$, F. > 300°, analog **VII** aus **X**; 60%. — *N-Cyan-N'-guanylformamid* (**VI**), $C_3H_5N_5$, F. > 300°, durch Zusetzen von **V** zu **XIV** in Methanol, 1 std. Rk. u. Waschen des Nd. mit A.; 43%. — *4-Cyanamino-6-hydroxy-2 methylpyrimidin, Acetamidinsalz*, $C_6H_6N_4O \cdot C_2H_6N_2$, F. > 250° (Zers.; Verreiben mit Methanol), durch Zugabe von **XV** in Methanol zu **III** u. 3std. Erwärmen auf 50°; blaßgelb; 53%. — *4-Hydroxy-2-methyl-6-ureidopyrimidin*, F. > 275°, durch ½std. Erhitzen vorst. Verb. mit 6 n HCl u. Neutralisieren des *Hydrochlorids* mit wss. $NaHCO_3$. — *4-Amino-6-hydroxy-2-methylpyrimidin*, F. 298 bis 300° (Zers.), durch 2std. Erhitzen vorst. Verb. mit wss. KOH auf 90°. — *4-Cyanamino-6-hydroxy-2-phenylpyrimidin, Benzamidinsalz*, $C_{11}H_8N_4O \cdot C_7H_8N_2$, F. 192—193° (Zers.; W.), durch 3std. Erwärmen von **III** mit 1 Val **XVI** in Methanol bei 35—40°, Eindampfen u. Kristallisieren aus A.-Essigester; 66%. — *Na-N.N'-Dicyanacetamidin* (**IX**), $C_4H_3N_4 \cdot Na$, F. 244—245° (Zers.), durch 1std. Erwärmen von **IV** mit NaHNCN in Methanol auf 40°, Eindampfen im Vakuum u. Waschen des gelben Rückstands mit A.; 79%. — *Na-N.N'-Dicyanformamidin* (**X**), $C_3HN_4 \cdot Na$, F. 253—255° (Zers.), analog aus **V**; 93%. — *Na-2-Carbäthoxy-N.N'-dicyanacetamidin*, $C_7H_7N_4O_2 \cdot Na$, F. 155—165° (Zers.; Bzl.), analog aus **III** in 10 Min. bei 45—50°, Eindampfen im Vakuum, Behandeln mit Ae.; Lösen in CH_3CN u. Eindampfen des Filtrats; 80%. — 1.2.4-Oxadiazole: *5-Amino-3-methyl-*, $C_3H_5N_3O$, F. 159 bis 160,5°, durch Zutropfen von **IV** zu $NH_2OH \cdot HCl$ u. $(C_2H_5)_3N$ in A. < 40° u. Eindampfen nach 30 Min.; aus W. Nadeln; 69%. — *5-Amino-3-phenyl-*, F. 147—148° (W., Bzl.), analog mit N-Cyanbenzimidsäuremethylester; 88%. — *5-Amino-3-chlormethyl-*, $C_3H_4ClN_3O$, F. 125,5—127,5°, analog aus 2-Chlor-N-cyanacetimidsäuremethylester sowie Extrahieren der Mutterlaugen mit Ae.; 60%. — *5-Amino-1.2.4-oxadiazolessigsäure-(3)-äthylester*, $C_6H_9N_3 \cdot O_3$, F. 68—70° (W. Bzl.-PAe.), analog aus **III**, Lösen des Eindampfrückstandes in W., Ausäthern u. Stehen über Nacht; 70%. — *3-Amino-5-methyl-1.2.4-triazol*, F. 147 bis 148° (CH_3CN), durch Zutropfen von 98%ig. N_2H_4 zu **IV** in Methanol im Eisbad, Erwärmen auf Raumtemp. u. Eindampfen; 67%. — *N-Cyanacetamidin*, F. 132—135° (A.), durch 1std. Rk. von **IV** in Methanol mit NH_3-Gas u. Eindampfen; 77%. — *N-Cyan-N'-phenylacetamidin*, F. 191,5—193,5° (A.), durch 12std. Kochen von **IV** mit Anilin in A. u. Waschen des Nd. mit Ae.; 70%. — *N-Cyan-N-methylacetamid*, $C_4H_6N_2O$, F. 51,5—52,5° (Ae.-PAe.), durch 5std. Erhitzen von **IV** auf 160—165°, Dest., Kühlen der Fraktion vom Kp.$_{25}$ 87—91° u. Waschen des Nd. mit PAe./Ae.; zersetzlich. — *Chlorformamidinhydrochlorid*, F. 177—179° (Zers.), durch Einleiten von HCl in eine Lsg. von **II** in A.; 61%. H. Gleinig 3313◇

0912 **Chinazoline und 1.4-Benzodiazepine.** 13. Mitt. **Synthese von 7-Carbalkoxy-, 7-Carbamoyl- und 7-Cyan-5-phenyl-1.4-benzodiazepin-Derivaten.** L. H. Sternbach, G. Saucy, F. A. Smith, M. Müller und J. Lee. (Helv. chim. Acta **46**, 1720—29, 1963; Basel, Hoffmann-La Roche & Co. AG, Forschungsabt.; Nutley, N. J., Hoffmann-La Roche Inc., Res. Div., Dep. of Chem. Res.; dt.) — 4. vgl. C. **1963**, 3609. — Durch Rk. von entsprechend substituierten 2-Aminobenzophenonen (**A**) mit Bromacetylbromid (**XVI**) u. anschließenden Ringschluß durch Kondens. mittels methanol. NH_3 erhält man *7-substituierte 5-Phenylbenzo-1.4-diazepine*, die z. T. im Phenylring in o-Stellung zusätzlich noch ein Fluor- oder Chloratom tragen. **A** erhält man durch Kondens. von p-Toluidin (**I**) mit Benzoylchloriden. UV-Maxima sind angegeben.

Versuche: *o-Fluorbenzoylchlorid*, Kp.$_{12}$ 82—85°, durch 5std. Erhitzen von o-Fluorbenzoesäure (**IX**) mit $SOCl_2$. — *2-Amino-2'-fluor-5-methylbenzophenon*, $C_{14}H_{12} \cdot FNO$, F. 68,5—69,5°, durch ½std. Zutropfen von **I** zu 900 g vorst. Verb. bei 110° unter Rühren, Erhitzen auf 180° innerhalb von ½ Std., ½std. Zugabe von $ZnCl_2$, Erhitzen auf 225—230° innerhalb von 1 Std., 2std. Rk. bei dieser Temp., Abkühlen auf ca. 100°, langsame Zugabe von heißem W., ¼std. Kochen, 6std. Kochen des wasserunlösl. braunen Rückstands mit H_2SO_4/Essigsäure/W. u. Extrahieren mit Ae./PAe. (1:1); aus Bzl./Hexan gelbe Nadeln; 380 g (Ausbeute); daneben aus der wss. Lsg. **IX**. *N-Acetyl-Deriv.* (**II**), $C_{16}H_{14}FNO_2$, F. 162—163°, durch 2std. Erhitzen des Amins in Bzl. mit Acetanhydrid u. Pyridin aus Bzl. Prismen; 86%. — *2-Amino-5-methylbenzophenon*, analog aus Benzoylchlorid u. **I**. *N-Acetyl-Deriv.* (**III**). — *2-Amino-2'-chlor-5-methylbenzophenon* (**IV**), $C_{14}H_{12}ClNO$, F. 106—107°, analog; gelbe Nadeln. *N-Acetyl-Deriv.* (**XII**), $C_{16}H_{14}ClNO_2$, F. 158°. — 4-Acetamidobenzoesäuren: *3-[2-Fluorbenzoyl]-* (**V**), $C_{16}H_{12} \cdot FNO_4$, F. 251—252°, durch portionsweise Zugabe von 100 g $KMnO_4$ zur sd. Suspension von 50 g **II** u. 50 g $MgSO_4$ in 2,5 Liter W. innerhalb von 5 Std.; aus Methanol Nadeln; 19,2 g. *Amid*, $C_{16}H_{13}FN_2O_3$, F. 221—222°, durch 1std. Zutropfen von 12 g Chlorameisensäureäthylester in Chlf. bei 0—5° unter Rühren zu 30,1 g **V** u. 11 g Triäthylamin in Chlf., 3std. Rühren bei 20°, Kühlen auf 0—5°, 2std. Einleiten von NH_3 u. mehrstd. Rühren bei 20°; aus A. Platten; 20,3 g. *Nitril* (**VI**), $C_{16}H_{11}FN_2O_2$, F. 144—145°, durch 5std. Kochen von 38,09 g Amid mit 38 ml $POCl_3$ in Äthylenchlorid; aus Methanol blaßgelbe Nadeln; 33,3 g. — *3-Benzoyl-* (**VII**), $C_{16}H_{13}NO_4$, F. 211° analog durch Oxydation von **III**; Nadeln. *Amid*, $C_{16}H_{14}N_2O_3$, F. 207 bis 208,5°. *Nitril* (**VIII**), $C_{16}H_{12}N_2O_2$, F. 123—125°. — *3-[2-Chlorbenzoyl]-* (**IX**), $C_{16}H_{12}ClNO_4$, F. 263—265°, aus **XII**. *Amid*, $C_{16}H_{13}ClN_2O_3$, F. 216—217°; Prismen. *Nitril* (**X**), $C_{16}H_{11}ClN_2O_2$, F. 153—154°; Nadeln. — 4-Aminobenzonitrile: *3-[2-Fluorbenzoyl]-* (**XI**), $C_{14}H_9 \cdot FN_2O$, F. 128—129°, durch Zugabe von 3 n NaOH zur Suspension von 33,3 g **VI** in Methanol u. 60std. Rühren bei 20°; aus Bzl. gelbe Nadeln; 25,45 g. — *3-Benzoyl-* (**XIII**), $C_{14}H_{10}N_2O$, F. 165—166°, analog aus **VIII**. — *3-[2-Chlorbenzoyl]-* (**XIV**). $C_{14}H_9ClN_2O$, F. 151—152°, aus **X**; gelbe Prismen. — *4-Amino-3-benzoylbenzoesäuremethylester* (**XV**), $C_{15}H_{13}NO_3$, F. 173—174°, durch 24std. Kochen von 40 g **VII** in abs. Methanol mit 8 g p-Toluolsulfonsäure; aus Methanol Prismen; 33—35 g. *N-Bromacetyl-Deriv.* (**XVII**), $C_{17}H_{14}BrNO_4$, F. 151—152°, durch ½std. Zutropfen von 7,8 ml **XVI** in Dioxan bei 20° unter Rühren zu 20,4 g **XV** in Dioxan. 1std. Zugabe von 3 n NaOH u. mehrstd. Stehen; aus Aceton blaßgelbe Nadeln; 10,27 g. *Oxim*, (**XIX**), $C_{15}H_{14}N_2O_3$, F. 174—175° durch 20std. Kochen von 40 g **XV** mit 20 g Hydroxylaminhydrochlorid in Pyridin, Eindampfen im Vakuum, 10 Min. langes Erwärmen mit Methanol auf 65° u. mehrstd. Stehen bei 20°; aus Methanol/W. Nadeln; 17,01 g. — 4-Bromacetamidobenzonitrile: *3-[2-Fluorbenzoyl]-* (**XVIII**), $C_{16}H_{10}BrFN_2O_2$, F. 142—143°, durch ½std. Zutropfen der Lsg. von 25 g **XVI** in abs. Ae. bei 0—5° unter Rühren zu 24 g **XI** u. 7,9 ml Pyridin in abs. Ae., ½std. Rühren bei 0° u. 3 Std. bei 20°; aus Bzl. blaßgelbe Prismen; 27,5 g. — *3-Benzoyl-* (**XX**), $C_{16}H_{11}BrN_2O_2$, F. 144—145°, analog aus **XIII**. — *3-[2-Chlorbenzoyl]-* (**XXI**), $C_{16}H_{10}BrClN_2O_2$, F. 158—159°, aus **XIV**. — 4-Aminoacetamidobenzonitrile: *3-[2-Fluorbenzoyl]-* (**XXII**), $C_{16}H_{12}FN_3O_2$, F. 148—149°, durch 6std. Rühren von 5 g **XVIII** in fl. NH_3 beim Kp. des NH_3; durch Ausfällen aus HCl mit NaOH blaßgelbe Prismen; 4,4 g. — *3-[2-Chlorbenzoyl]-*, $C_{16}H_{12}ClN_3O_2$, analog aus **XXI**. — *1.3-Dihydro-2-oxo-5-phenyl-2 H-benzo-1.4-diazepin-7-carbonsäure, Methylester* (**XXIV**), $C_{17}H_{14}N_2O_3$, F. 219—220°, durch 20std. Stehen von 5 g **XVII** in mit NH_3 gesätt. Methanol u. Kristallisation des Eindampfrückstandes; aus Methanol oder Chromatographie an Alox, Akt. III („Woelm", neutral u. Elution mit Aceton; Prismen; 2,44 g. *Amid, Semihydrat*, $C_{16}H_{13}N_3O_2 \cdot ½ H_2O$, F. 268 bis 271°, durch Lösen von 4,275 g **XXIV** in Dioxan/Äthylenglykol unter Erwärmen, Zugabe von konz. $NH_4 \cdot OH$ u. 8tägiges Stehen bei 25°; 1,18 g. — 1.3-Dihydro-2-oxo-2H-benzo-1.4-diazepin-7-carbonitrile: *5-Phenyl-* (**XXIII**), $C_{16}H_{11}N_3O$, F. 256—257°, analog **XXIV** aus **XX**. — *5-[2-Chlorphenyl]-*, $C_{16}H_{10}ClN_3O$, F. 232—233°, aus **XXI**. — *5-[2-Fluorphenyl]-*, $C_{16}H_{10}FN_3O$, F. 239—240° aus **XXII**; Nadeln. — *5-[2-Chlorphenyl]-1.3-dihydro-7-methyl-2 H-benzo-1.4-diazepinon-(2)*, $C_{16}H_{13}ClN_2O$, F. 223 bis 224°, durch 17std. Erhitzen von 30 g **IV** mit Pyridin, wenig Piperidin u. Glycinäthylester; 3 g. — *1.3-Dihydro-1-methyl-2-oxo-5-phenyl-2 H-benzo-1.4-diazepin-7-carbonsäurenitril*, $C_{17}H_{13}N_3O$, F. 158,5—159,5° (Bzl./PAe.), durch Versetzen der Suspension von 8,5 g **XXIII** in Dioxan mit 4 g Dimethylsulfat u. anschließend bei 20° mit Na-Methylat; 3,8 g. — *2-Chlormethyl-4-phenylchinazolin-6-carbonsäuremethylester-3-oxid*, $C_{17}H_{13}ClN_2O_3$, F. 191 bis

192°, durch Zugabe von 7,5 ml Chloracetylchlorid zu 13,5 g **XIX** in Eisessig u. 2std. Erwärmen auf 70°; aus CH_2Cl_2/Bzl. gelbe Nadeln; 7,8 g. — *2-Methylamino-5-phenyl-3 H-benzo-1.4-diazepin-7-carbonsäuremethylester-4-oxid*, $C_{18}H_{17}N_3O_3$, F. 259—260°, durch $1^1/_2$std. Rk. von 3,14 g vorst. Verb. mit einer 7%ig. Lsg. von Methylamin in Methanol bei 25° u. 3tägiges Stehen bei 0°; Nadeln; 1,84 g. M. Krüger 3370△

0913 **Ringschlußreaktionen von o-Phenylendiaminen mit 1.4-Dihalogenbutenen.** 2. Mitt. W. Schroth u. Barbara Streckenbach. (Z. Chem. **3**, 465, 1963; Leipzig, Univ., Inst. für organ. Chem.; dt.) — 1. vgl. Z. Chem. **3**, [1963], 228. — N.N'-Dimethyl-o-phenylendiamin (I) bildet mit cis-1.4-Dichlorbuten-(2) 40—50% eines Gemisches aus *1.4-Dimethyl-2-vinyl-1.2.3.4-tetrahydrochinoxalin* (**II**, F. 36°) u. *1.4-Dimethyl-1.4-diaza-2.3-benzocyclooctadien-(2.6)* [**III**, Kp.$_{13}$ 140°; *Pikrat*, F. 180—182° (Zers.)]. Das Produktionsverhältnis **II**:**III** sinkt mit wachsender Polarität des Lsgm.; es beträgt in Aceton/K_2CO_3 15,90, in A./K_2CO_3 6,01, in Methanol/Triäthylamin 3,89. Aus **I** u. trans-1.4-Dichlorbuten-(2) bildet sich nur **II** (40%). **II** läßt sich zu *1.4-Dimethyl-2-äthyl-1.2.3.4-tetrahydrochinoxalin* (*Pikrat*, F. 126°) hydrieren, das auch aus **I** u. 1.2-Dibrombutan entsteht. **III** wird synthetisiert durch Hinsberg-Stetter-Rk. von N.N'-Ditosyl-o-phenylendiamin (**IV**) zu *1.4-Ditosyl-1.4-diaza-2.3-benzocyclooctadien-(2.6)* (F. 216°), Enttosylierung zu *1.4-Diaza-2.3-benzocyclooctadien-(2.6)* (**V**, F. 98°) u. Methylierung. **V** wird durch Hydrierung in *N.N'-Tetramethylen-o-phenylendiamin* (*N.N'-Diacetylderiv.*, F. 200°), dieses durch Methylierung in *N.N'-Dimethyl-N.N'-tetramethylen-o-phenylendiamin* (*Pikrat*, F. 146°) umgewandelt, das auch bei der Hydrierung von **III** entsteht. Aus **I** u. cis-1.4-Dibrom-2.3-dimethylbuten-(2) (cis-**VI**) bilden sich *1.3.4-Trimethyl-3-isopropenyl-1.2.3.4-tetrahydrochinoxalin* (**VII**, F. 39°) u. *1.4.6.7-Tetramethyl-1.4-diaza-2.3-benzocyclooctadien-(2.6)* (**VIII**, F. 55°) im Produktverhältnis 0,51, während **I** mit trans-**VI** nur **VII** bildet. **VIII** entsteht auch aus **IV** u. cis-**VI** durch Bldg. zu *N.N'-Ditosyl-6.7-dimethyl-1.4-diaza-2.3-benzocyclooctadien-(2.6)* (F. 187°), Enttosylierung zu *6.7-Dimethyl-1.4-diaza-2.3-benzocyclooctadien-(2.6)* (F. 156°) u. Methylierung. o-Xylylenbromid (**IX**) bildet mit **I** ca. 70% *1.4-Dimethyl-1.4-diaza-2.3;6.7-dibenzocyclooctadien-(2.6)* (F. 231°), das auch aus **IX** u. **IV** durch Kondens. zur *N.N'-Ditosylverb.* (F. 178°) des *1.4-Diaza-2.3;6.7-dibenzocyclooctadiens-(2.6)* (F. 198°), Enttosylierung u. Methylierung entsteht. Aus **IX** u. o-Phenylendiamin erhält man dagegen *N-[o-Aminophenyl]-isoindolin* (F. 102°), das zur *N'.N'-Dimethylverb.* (F. 48°) methyliert wird, die auch aus **IX** u. N.N-Dimethyl-o-phenylendiamin entsteht. G. Fischer 3380◇

0914 **Lineare und cyclische Oligomere. 8. Mitt. Beckmann- und Schmidt-Umlagerung alicyclischer Diketone. Synthese von Cyclodiamiden des mittleren Ringbereichs.** Manfred Rothe (unter Mitarbeit von Rolf Timler). (Chem. Ber. **95**, 783—94, 1962; Halle, Unv., Inst. für Organ. Chem.; Teltow-Seehof, Inst. für Faserstoff-Forsch. der dt. Akad. der Wiss. zu Berlin; dt.) — 7. vgl. C. **1962**, 14531. — Es wird die Anwendbarkeit der Beckmann- u. Schmidt-Umlagerung zur Ringpeptidsynth. am Beispiel des *Cyclohexandions-(1.4)* (**I**) u. *Cyclodecandions-(1.6)* (**III**) sowie dreier höherer Ringketone mit 18,20 u. 22 Ringatomen untersucht. Die Behandlung des Dioxims von **I** mit 18%ig. Oleum bei 110° lieferte *Cyclodi-β-alanyl* (**II**), das in reiner Form mit 30% Ausbeute isoliert werden konnte. Die Darst. von **II** ließ sich auch bei Verw. von $POCl_3$ in Pyridin sowie mit p-Tosylchlorid in Acetonitril durchführen, jedoch erwies sich die Aufarbeitung im ersteren Falle als schwierig. Ferner konnte **II** am geeignetsten durch Zugabe von **I** in konz. H_2SO_4 zur verd. Lsg. von N_3H in Chlf. mit 40% Ausbeute dargestellt werden. Zum Vgl. wurde **II** auch aus N-Carbobenzoxy-β-alanyl-β-alanin über den *Thiophenylester* des *Dipeptidhydrobromids* u. dessen Cyclisierung in Dimethylformamid (DMF) in Ggw. von Triäthylamin synthetisiert. Die Konstit. von **II** wurde papierchromatograph., durch das Debye-Scherrer-Diagramm sowie die alkal. Partialhydrolyse zu *β-Alanyl-β-alanin* u. *β-Alanin* bestätigt. **III** wurde aus Dekalinhydroperoxid, dessen Rk. mit Benzoylchlorid zum *Benzoat* von *1-Hydroxy-1.6-oxidocyclodecan* sowie anschließende Hydrolyse u. CrO_3-Oxydation gewonnen. Der Bis-p-tosylester des **III**-Dioxims lieferte mit Na-Acetat in Eisessig zu ca. gleichen Teilen *Cyclodi-ω-aminovaleryl* (**VIII**) u. *1.8-Diazacyclododecandion-(2.7)* (**VII**), die durch Chromatographie an Cellulosesäulen getrennt wurden. Analog **I** reagierten Cyclooctadecandion-(1.10) (**IV**), Cycloeikosandion-(1.11) (**V**) u. Cyclodokosandion-(1.12) (**VI**) mit N_3H zu Gemischen der entsprechenden Ringamide, in deren Hydrolysaten neben den zugehörigen *ω-Aminosäuren* die entsprechenden *Diamine* gefunden wurden. Zum Vgl. wurden aus Sebacinsäuredichlorid (**IX**) u. Oktamethylendiamin (**X**) bzw. aus Decandicarbonsäuredichlorid (**XI**) u. Dekamethylendiamin (**XII**) in Bzl. nach dem Verdünnungsprinzip *1.12-Diazacycloeikosandion-(2.11)* bzw. *1.14-Diazacyclotetrakosandion-(2.13)* dargestellt.

Versuche: *Cyclohexandion-(1.4)* (**I**), Kp.$_{12}$ 122°, F. 78,5°, durch Ketonspaltung von Succinylobernsteinsäureester mit W. in Autoklaven bei 200°; 83% (Ausbeute). — *Cyclodi-β-alanyl* (**II**), $C_6H_{10}N_2O_2$, F. 298—299° (Sublimation), a) aus **I** in konz. H_2SO_4 durch Zutropfen zu N_3H in Chlf. unter Eiskühlung u. 5—10 Min. Rühren, Zugabe des Rk.-Prod. zu Eis u. anschließende Behandlung mit Wofabite KPS 200 u. L 150; R_F 0,42 (Bzl.–Eisessig–W.); b) analog a) bei Raumtemp. oder 55°; c) aus **I**-Dioxim in konz. H_2SO_4 durch 25 Min. Erhitzen mit 18%ig. Oleum auf 110° im Ölbad; 29%; d) aus β-Alanyl-β-alaninthiophenylesterhydrobromid durch 3std. Kochen mit überschüssigem Triäthylamin in DMF u. Aufarbeitung unter Behandlung mit Wofabite u. Sublimation; 20%. — *Cyclodecandion-(1.6)* (**III**), F. 100° (Aceton), aus Cyclodecanol-(1)-on-(6) in Eisessig durch tropfenweise Zugabe von CrO_3 in Eisessig bei Raumtemp. innerhalb 20 Min. u. 2tägiges Stehen; 44%. *Dioxim*, F. 236°; *Di-p-Tosylat*, $C_{24}H_{30}N_2O_6S_2$, F. 109—111°, aus dem Dioxim u. Tosylchlorid in Pyridin bei —5°; 81%. — *Cyclodi-ω-aminovaleryl* (**VIII**), $C_{10}H_{18}N_2O_2$, F. 295—296°, aus vorst. Tosylat durch 25 Min. Erhitzen mit wasserfreiem Na-Acetat in Eisessig auf dem sd. Wasserbad, nach Aufarbeitung Sublimation bei 220°/0,5 Torr u. anschließende Trennung des erhaltenen *Gemisches* (F. 279—282°; 61%) an Cellulose in Tetrahydrofuran (THF)-Cyclohexan-W. (186:14:10); R_F 0,33, R_F 0,74 (Bzl.-Essigsäure-W.), R_F 0,42 (Essigsäure-A.-W.); ca. 30%. Daneben **VII**; ca. 30%. — *Gemisch vom F. 205—206°* (Aceton, Nadeln), aus **IV** analog **II** nach a) bei 55°; R_F 0,89 (Bzl.-Essigsäure-W.), R_F 0,87 (THF-Cyclohexan-W.), R_F 0,90 (Essigsäure-A.-W.); 40%. — *Cyclodiamid vom F. 233°*, aus **V** analog **II** nach a) u. nach Aufarbeitung Kristallisation des erhaltenen *Gemisches* (F. 231°) aus Aceton als nicht einheitliches Prod.; 33%. Daneben *Cyclodiamid vom F. 144—145°*; 6%. — *Gemisch vom F. 193°*, aus **VI** analog **II** nach a) bei 55°; R_F 0,92 (Bzl.-Essigsäure-W.), R_F 0,88 (THF-Cyclohexan-W.), R_F 0,92 (Essigsäure-A.-W.); 57%. — *1.8-Diazacyclododecandion-(2.7)* (**VII**), F. 305—306° (Essigester), a) aus Adipinsäuredichlorid (Kp.$_{10}$ 121—123°) u. Putrescin (Kp. 159°)beim Molverhältnis 1:2 in Bzl. in 9 Std. bei Raumtemp.; 20%; b) neben **VIII**; R_F 0,48 (THF-Cyclohexan-W.), R_F 0,77 (Bzl.-Essigsäure-W.), R_F 0,50 (Essigsäure-A.-W.). — *1.12-Diazacycloeikosandion-(2.11)*, $C_{18}H_{34}N_2O_2$, F. 201° (Aceton, Nadeln), aus **IX** (Kp.$_{10}$ 160 bis 163°) u. **X** [Kp.$_{12}$ 139—140°, R_F 0,35 (Bzl.-Essigsäure-W.)]; R_F 0,89 (Bzl.-Essigsäure-W.), R_F 0,87 (THF-Cyclohexan-W.); 42%. — *1.14-Diazacyclotetrakosandion-(2.13)*, $C_{22}H_{42}N_2O_2$, F. 195° (Aceton, Nadeln), aus **XI** (Kp.$_{10}$ 180—185°) u. **XII** [Kp.$_{12}$ 141°, R_F 0,48 (Bzl.-Essigsäure-W.)]; R_F 0,92 (Bzl.-Essigsäure-W.), R_F 0,88 (THF-Cyclohexan-W.); 47%.

E. Kretzschmar 3390◇

0915 **2-Desoxy-D-erythropentose. 9. Mitt. Einige Beziehungen zwischen den optischen Drehungen der acylierten Aldopentosen, Aldopentosylhalogenide und Anhydropentite.** Anil K. Bhattacharya, Robert K. Ness und Hewitt G. Fletcher jun. (J. org. Chemistry **28**, 428—35, 1963; Bethesda, Md., U. S. Dep. of Health, Education and Welfare, Public Health Service, Nat. Inst. of Health, Nat. Inst. of Arthritis and Metabolic Diseases; engl.) — 8. vgl. C. **1963**, 13180. — Die opt. Drehungen einer Anzahl bereits früher beschriebener sowie neuer

Pentosederivv. werden angeführt u. mit der Hudson- u. der Bose-Chatterjee-Regel verglichen. Dabei kann festgestellt werden, daß die 2A-Werte der vollständig benzoylierten Pentosen (**P**) entsprechend der Hudson-Regel bei den Pyranosiden mit Ausnahme des D-Lyxopyranosetetrabenzoatwertes größer als bei den Furanosen sind. Ist das $C_{(2)}$-Atom wie z. B. bei 2-Desoxyzuckern nicht substituiert, so liegen die $[M]_D^{20}$-Werte in der Pyranose- sowie in der Furanosereihe zwischen denen der entsprechenden $C_{(2)}$-Epimeren. Am $C_{(3)}$-Atom bringt eine D-Konfiguration bei **P** sowohl bei den Pyranosen als auch bei den Furanosen einen negativen Beitrag zum $[M]_D^{20}$-Wert. β-D-Ribofuranosetetrabenzoat dreht jedoch stärker rechts als β-D-Xylofuranosetetrabenzoat. Ein Vgl. der $C_{(4)}$-epimeren Zucker zeigt, daß D-Pentofuranosebenzoate stärker rechts drehen als die entsprechenden D-Pentopyranosebenzoate gleicher anomerer Konfiguration. Dagegen liegen die $[M]_D^{20}$-Werte der 1.4- u. 1.5-Anhydroglycite zwischen denen der entsprechenden anomeren Zucker. Da 1.5-Anhydro-D-lyxittribenzoat stärker links dreht als die D-Lyxopyranosetetrabenzoate, wird vermutet, daß das synthetisierte β-D-Lyxopyranosetetrabenzoat (β-**I**) durch α-Anomeres (α-**I**) verunreinigt ist. Bei den Estern des 1.4-Anhydro-2-desoxy-D-erythropentits findet man eine stärkere Rechtsdrehung als bei denen des 1.5-Anhydro-2-desoxy-D-erythropentits. Bei den Halogenderivv. drehen die Tri-O-benzoyl-D-pentofuranosylhalogenide stärker rechts als die entsprechenden Tri-O-benzoyl-D-pentopyranosylhalogenide mit der gleichen anomeren Konfiguration.

Versuche (FF. korr.): *β-D-Lyxopyranosetetrabenzoat* (β-**I**), $C_{33}H_{26}O_9$, F. 118—122°, a) aus D-Lyxose (**IX**) durch Benzoylieren nach Fletcher, Ness u. Hudson (C. **1952**, 3650), Lösen in Bzl., Chromatographie an Al_2O_3 u. Eluieren mit Bzl./Ae. (4:1); aus A. Nadeln; $[\alpha]_D^{20}$ —139° (c = 0,57; Chlf.); 61% (Ausbeute); daneben *α-Anomeres* (α-**I**); b) aus α-**I** über *Tri-O-benzoyl-D-lyxopyranosylbromid* u. *2.3.4-Tri-O-benzoyl-D-lyxopyranose*; 50%. *α-Anomeres* (α-**I**), F. 135—136°, durch Zugabe von 32%ig. essigsaurer HBr zu β-**I** in CH_2Cl_2 u. Rk. des erhaltenen *Tri-O-benzoyl-β-D-lyxopyranosylbromids* mit Ag-Benzoat (**X**); $[\alpha]_D^{20}$ —55° (Chlf.); 11%. — *α-D-Lyxofuranose, 1-O-Methyl-tri-O-benzoylderiv.* (**VI**), durch $2^1/_2$std. Rk. von **IX** in 0,254 n methanol HCl, Neutralisieren mit abs. Pyridin, Einengen u. Benzoylieren. *Tetrabenzoat* (**II**), $C_{33}H_{26}O_9$, F. 97—98° (A.), durch 40 Min. langes Stehen von **VI** in HBr/Eisessig bei Raum-Temp., Verdünnen mit CH_2Cl_2, Neutralwaschen u. Rk. mit **X**; $[\alpha]_D^{20}$ +55,3° (c = 1,3; Chlf.); 39%; gibt durch weitere Kristallisation aus A. die *dimorphe Form vom F. 131—132°* [$C_{33}H_{26}O_9$, $[\alpha]_D^{20}$ +55,1° (c = 1,94; Chlf.)]. *1-Methyläther* F. 95—97°, durch 2std. Stehen nachst. Verb. (**III**) in abs. Methanol bei Raum-Temp. u. $^1/_2$std. Debenzoylieren mit methanol. Ba-Methylat; aus Bzl. lange Platten; $[\alpha]_D^{20}$ +131° (c = 0,35; W.); 11%. — *Tri-O-benzoyl-D-lyxofuranosylbromid* (**III**), durch 1std. Rk. von **II** in HBr/Eisessig bei Raum-Temp.; Sirup. — *β-D-Lyxofuranose, Tribenzoat* (**VII**), durch $^1/_2$std. Stehen von **III** in wss. Aceton (1:10), Neutralisieren mit $NaHCO_3$, Einengen im Vakuum u. Zugabe von CH_2Cl_2; 0,857 g. *Tetrabenzoat,* $C_{33}H_{26}O_9$, F. 95—96° (A.), durch Benzoylieren von **VII** in Pyridin, mehrstd. Stehen bei 5°, Chromatographie an Al_2O_3 u. Eluieren mit Bzl./Ae.; $[\alpha]_D^{20}$ —32,8° (c = 0,96; Chlf.); 20%; daneben 0,369 g **II**. — *1.4-Anhydro-D-lyxit*, aus dem Tribenzoat durch 2std. Debenzoylierung mit Ba-Methylat in Methanol, Eindampfen u. Behandeln in W. mit Dowex 50 W-X8; Sirup; $[\alpha]_D^{20}$ —0,5° (c = 0,78; W.). *Tribenzoat,* $C_{26}H_{22}O_7$, F. 117—118° (Essigester/Pentan), durch 1std. Hydrieren von **III** in Essigester/Triäthylamin in Ggw. von Pd-Kohle u. Chromatographie in Bzl. an Al_2O_3; $[\alpha]_D^{20}$ —36,1° (c = 1,73; Chlf.); 45%. — *1.4-Anhydro-D-ribittribenzoat,* $C_{26}H_{22}O_7$, F. 73—75° (abs. A.), durch $3^1/_2$ Min. langes Einleiten von HBr in eine CH_2Cl_2-Lsg. von 1-O-Acetyl-2.3.5-tri-O-benzoyl-β-D-ribose, Eindampfen, 50 Min. langes Kochen in Ae. mit $LiAlH_4$, Zers. mit W., Neutralisieren mit CO_2, Extrahieren der Ae.-Lsg. mit W., Eindampfen der wss. Lsg., Aufnehmen des Rückstandes in sd. abs. A., Eindampfen u. Benzoylieren des erhaltenen *1.4-Anhydro-D-ribits*; $[\alpha]_D^{20}$ +107° (c = 1,71; Chlf.); 26%. — *1.4-Anhydro-D-arabittribenzoat,* $C_{26}H_{22}O_7$, durch 16std. Stehen von 1.4-Anhydro-D-arabit-tris-[p-nitrobenzoat] mit Ba-Methylat in Methanol, Neutralisieren mit CO_2, Eindampfen, Zugabe von W., Extrahieren von p-Nitrobenzoesäuremethylester mit CH_2Cl_2, Benzoylieren in Pyridin u. Chromatographie in Bzl./Cyclohexan (4:13) an Al_2O_3; $[\alpha]_D^{20}$ +77,5° (c = 0,64; $CHCl_3$); krist. nicht. — *2-Desoxy-D-erythropentit*, aus 5 g Tetrabenzoat [F. 130 bis 132°, $[\alpha]_D^{20}$ —14,5° (CH_2Cl_2)] durch Debenzoylieren mit Ba-Methylat in Methanol u. Reinigung über Amberlite IR-50; 1,45 g. — *1.4-Anhydro-2-desoxy-D-erythropentit* (**IV**), Kp.$_{0,02}$ 105—115°, aus vorst. Verb. durch 72std. Behandlung mit verd. HCl bei 95°; $[\alpha]_D^{20}$ +48,1° (c = 1,18; W.); 0,9 g. *Dibenzoat* (**V**), $C_{19}H_{18}O_5$, F. 47—48°, durch Benzoylieren von **IV** in Pyridin; aus Ae./Pentan Prismen; $[\alpha]_D^{20}$ —59,4° (c = 1,2; CH_2Cl_2). *Bis-p-chlorbenzoat,* $C_{19}H_{16}Cl_2O_5$, F. 60—61°, analog **V**, Chromatographie an Al_2O_3 u. Eluieren mit Cyclohexan/Bzl.; $[\alpha]_D^{20}$ +68,1° (c = 1,03; CH_2Cl_2). *Bis-p-nitrobenzoat,* $C_{19}H_{16}N_2O_9$, F. 137 bis 138°, analog **V**; aus A. gelbliche flache Nadeln; $[\alpha]_D^{20}$ +65° (c = 0,89; CH_2Cl_2); $[\alpha]_D^{20}$ +66,6° (c = 2,7; DMF); 92%. *Bis-p-methylbenzoat,* $C_{21}H_{22}O_5$, F. 63—65°, analog **V**; aus Ae./Pentan Nadeln; $[\alpha]_D^{20}$ +63,5° (c = 0,45; CH_2Cl_2); 58%. — *1.5-Anhydro-2-desoxy-D-erythropentit,* $C_5H_{10}O_3$, F. 42—44° (Essigester), aus 22 g Diacetat {$[\alpha]_D^{20}$ —47,3° (c = 4,78; Chlf.)} durch Desacetylieren mit Ba-Methylat in Methanol u. Deionisieren; $[\alpha]_D^{20}$ —51,4° (c = 1,85; W.); 13,2 g. *Dibenzoat,* $C_{19}H_{18}O_5$, F. 89—91°; aus Hexan viereckige Platten; $[\alpha]_D^{20}$ —65,1° (c = 0,78; Chlf.); 73%. *Bis-p-chlorbenzoat,* $C_{19}H_{16}Cl_2O_5$, F. 97—98°; aus Aceton/Methanol (1:2) Stäbchen; $[\alpha]_D^{20}$ —90,1° (c = 1,2; Chlf.); 77%. *Bis-p-nitrobenzoat,* $C_{19}H_{16}N_2O_9$, F. 117 bis 119° (Essigester/A.; 1:2); $[\alpha]_D^{20}$ —104,1° (c = 1,5; Chlf.); $[\alpha]_D^{20}$ —97,1° (c = 1,4; abs. Pyridin); 75%. *Bis-o-methylbenzoat,* $C_{21}H_{22}O_5$, F. 54—55° (Methanol); $[\alpha]_D^{20}$ —61,4° (c = 1,13; Chlf.); 43%. *Bis-p-methylbenzoat,* $C_{21}H_{22}O_5$, Kp.$_{0,002}$ 170° (Bad); $[\alpha]_D^{20}$ —73° (c = 0,53; Chlf.). — *1.3.5-Tri-O-benzoyl-β-L-arabinose* (**VIII**), F. 120 bis 122° (Ae./Pentan), aus 0,14 g nachst. Verb. in Aceton/W. (1:4) durch 20 Min. langes Stehen; $[\alpha]_D^{20}$ +10,1° (c = 1,09; Chlf.); 0,05 g. *2-Acetat,* F. 133—134° (Ae./Pentan), durch Acetylieren von **VIII** in abs. Pyridin; $[\alpha]_D^{20}$ +60,5° (c = 0,82; Chlf.). *2-Chlorid,* $C_{26}H_{21}ClO_7$, F. 133 bis 135° (Ae.), neben nachst. Verb. aus der Mutterlauge; $[\alpha]_D^{20}$ +112,8° (c = 0,96; CH_2Cl_2); 3,6%. — *Tri-O-benzoyl-α-L-arabinofuranosylchlorid,* $C_{26}H_{21}ClO_7$, F. 116 bis 117°, durch 4std. Einleiten von HCl in eine Suspension von Methyl-α-L-arabinofuranosidtribenzoat in Eisessig unter Kühlung, 68std. Rk. u. Verdünnen mit CH_2Cl_2; aus Ae. Prismen; $[\alpha]_D^{20}$ —30,6° (c = 1,2; CH_2Cl_2); 63%. — *Tri-O-benzoyl-α-D-arabinofuranosylfluorid,* $C_{26}H_{21}FO_7$, F. 129—130° (Ae.), analog vorst. Verb. mit HF; $[\alpha]_D^{20}$ —54,0° (c = 0,06; Chlf.); 67%. — *2-Desoxy-3.5-bis-O-[p-nitrobenzoyl]-D-erythropentosylbromid,* $C_{19}H_{15}BrN_2O_9$, F. 87—90° (Zers.; CH_2Cl_2/Ae./Pentan; 1:1:1), analog aus Methyl-2-desoxy-3.5-bis-O-[p-nitrobenzoyl]-β-D-erythropentosid mit HBr; $[\alpha]_D^{20}$ +94° (c = 1,6; abs. CH_2Cl_2, nach 20 Min.). G. Engler 3400△

0916 **2-Desoxy-D-erythropentose. 10. Mitt. Synthese von 1.4-Anhydro-3.5-di-O-benzoyl-2-desoxy-Δ^1-D-erythropentoseen. Ein Derivat eines Furanoseglycals.** Robert K. Ness und Hewitt G. Fletcher jun. (J. org. Chemistry **28**, 435—37, 1963; engl.) — 9. vgl. vorst. Referat. — Durch Zugabe von 3.5-Di-O-benzoyl-2-O-[p-nitrophenylsulfonyl]-β-D-ribosylbromid (**I**) zu NaJ in Aceton bei niedriger Temp. entsteht *1.4-Anhydro-3.5-di-O-benzoyl-2-desoxy-Δ^1-D-erythropentoseen* (**II**), daß in Ggw. von Pd-Kohle zu *1.4-Anhydro-3.5-di-O-benzoyl-D-erythropentit* (**III**) hydriert werden kann. Durch Debenzoylierung von **II** wird kein krist. Prod. erhalten. Läßt man wss. Aceton in Ggw. von wenig Essigsäure oder Pyridin auf **II** einwirken, so entsteht neben *Benzoesäure* (**V**) wahrscheinlich *Furfurylbenzoat.* Durch Rk. mit Methanol entsteht aus **II** *Methyl-5-O-benzoyl-2.3-didesoxy-Δ^2-D-glyceropentoseenfuranosid* (**IV**). Die KMR-Spektren von **I** u. **IV** sind angegeben.

Versuche: *1.4-Anhydro-3.5-di-O-benzoyl-2-desoxy-Δ^1-D-erythropentoseen* (**II**), $C_{19}H_{16}O_5$, F. 88—89° (Ae./Pentan; 1:2), durch Zugabe von **I** zu NaJ in Aceton u.

4std. Rühren bei + 5°; $[\alpha]_D^{20}$ + 294° (c = 0,5; CH_2Cl_2); 72% (Ausbeute). — *1.4-Anhydro-3.5-di-O-benzoyl-D-erythropentit* (**III**), F. 48—49° (Ae./Pentan), durch 4std. Hydrieren von **II** in Dioxan in Ggw. von Pd-Kohle bei Raumtemp., Chromatographie an Al_2O_3 u. Eluieren mit Bzl.; $[\alpha]_D^{20}$ + 59,1° (c = 0,45; CH_2Cl_2); 25%. — *Furfurylbenzoat(?)*, a) durch 18,3std. Stehen von 0,2086 g **II** in 5 ml Aceton/1 ml W. bei Raumtemp., Einengen u. Aufnehmen mit CH_2Cl_2; $[\alpha]_D^{20}$ — 0,83°; daneben 64% *Benzoesäure* (**V**); b) analog in Ggw. von 0,10 ml Pyridin bei 423 Min. langem Stehen; $[\alpha]_D^{20}$ — 0,50°; daneben **V**; c) analog in Ggw. von Essigsäure nach 6 Std.; $[\alpha]_D^{20}$ — 0,66°; daneben **V**. — *Methyl-5-O-benzoyl-2.3-didesoxy-Δ²-D-glyceropentoseenfuranosid* (**IV**), $C_{13}H_{14}O_4$, F. 45°, durch 23std. Stehen von **II** in CH_2Cl_2/abs. Methanol (1:3) bei Raumtemp.; $[\alpha]_D^{20}$ — 98° (c = 1,8; CH_2Cl_2), sublimiert bei 100°/0,2 Torr; 81%. G. Engler 3400△

0917 **Pentaerythrose.** T. G. Bonner, E. J. Bourne und J. Butler. (Chem. and Ind. **1961,** 750—51; Englefield Green, Egham, Surrey, Royal Holloway Coll., Chem. Dep.; engl.) — *Pentaerythrose* (*Tris-[hydroxymethyl]-acetaldehyd*, **I**) wird aus Acetaldehyd u. Formaldehyd synthetisiert. IR-Maxima sind angegeben.

Versuche: *Pentaerythrose* (**I**), $C_5H_{10}O_4$, F. 132 bis 134°, durch Rk. von Acetaldehyd u. Formaldehyd in alkal. Lsg. bei 0° u. Trennen an Celite. — *Pentaerythrit*, a) durch Rk. von **I** mit HCHO in wss. NaOH; b) durch Rk. von **I** mit wss. NaOH (Cannizzaro-Rk.); daneben *Tris-[hydroxymethyl]-essigsäure*; c) durch Red. von **I** mit $NaBH_4$. — *Verb.* $C_{11}H_{14}N_4O_7$, F. 197,5—198,2° (W.), durch Rk. von **I** mit 2.4-Dinitrophenylhydrazin in Dimethylsulfoxid/wenig wss. HCl bei 20°. E. Schraven 3400◇

0918 **Über einige Aldose-2.4-dinitrophenylhydrazone.** Á. Gerecs, L. Somogyi, A. Kónya und M. Bukovecz. (Acta chim. Acad. Sci. hung. **30,** 95—103, 1963; Budapest, L. Eötvös Univ., Chem.-Technol. Inst.; dt.) — *Per-O-acetylierte Aldose-2.4-dinitrophenylhydrazone* von D-Xylose, D-Arabinose, D-Glucose u. D-Galaktose entstehen durch Acetylierung der wasserfreien Hydrazone bei 0°, während aus den Hydrazonmonohydraten bei 0° die *Tri-O-* bzw. *Tetra-O-acetyl-* u. bei 100° die *Per-O-acetyl-Verbb.* gebildet werden.

Versuche: 2.4-Dinitrophenylhydrazone: *D-Xylose-* (**I**), $C_{11}H_{14}N_4O_8$, F. 156° (A.), durch 12std. Kochen von 1,5 g D-Xylose u. 2.4-Dinitrophenylhydrazin (**II**) in abs. A.; hellgelbe Nadeln; $[\alpha]_D^{20}$ — 20,5° (c = 0,805; Pyridin/Methanol 1:9); 1,1 g (Ausbeute). *Monohydrat*, F. 131—132° (Zers.; W.), durch 52std. Stehen von 1,60 g **I** in W. bei 40°; 0,65 g; b) durch 16std. Schütteln von 0,33 g **I** mit n-HCl bei 20°; 0,32 g (roh); c) durch Umkristallisieren von **I** aus W.; orangegelbe, dreieckige Kristalle. — *Tri-O-acetyl-D-xylose-*, $C_{17}H_{20}N_4O_{11}$, F. 174 bis 175° (Methanol), durch Acetylierung von 0,40 g **I**-Monohydrat mit Acetanhydrid in Pyridin bei 0°; schwefelgelbe Säulen; $[\alpha]_D^{20}$ — 7,8° (c = 1,983; Essigester); 0,35 g. — *Tetra-O-acetyl-al-D-xylose-*, $C_{19}H_{22}N_4O_{12}$, F. 165—166° (Methanol), a) durch Lösen von 0,25 g Tetra-O-acetyl-al-D-xylose u. 0,16 g **II** in Dioxan/50%ig. CH_3COOH u. Zugeben von W.; 0,296 g; b) durch Acetylierung von 0,33 g **I** bei 0°; 0,40 g; c) durch 1std. Kochen von 0,495 g vorst. Verb. in Pyridin/Acetanhydrid; hellgelbe Plättchen; $[\alpha]_D^{20}$ + 71,90° (c = 0,40; Essigester); 0,391 g. — *D-Glucose-*, (**III**), *Methanolat*, $C_{12}H_{16}N_4O_9 \cdot CH_3OH$, F. 103° (Zers.; Methanol), durch 13std. Kochen von 9,0 g D-Glucose u. 9,8 g **II** in abs. A., Zugeben von 0,5 g D-Glucose u. 2std. Kochen; hellgelbe Nadeln; 14,0 g. *Äthanolat*, $C_{12}H_{16}N_4O_9 \cdot C_2H_5OH$, F. 122—124° (Zers.; A.). *Monohydrat*, F. 112—114°, durch Lösen von 2,0 g **III**-Methanolat in W. bei 60°; orangegelbe, viereckige Plättchen; 1,62 g. — *Tetra-O-acetyl-D-glucose-*, $C_{20}H_{24}N_4O_{13}$, F. 145—147° (Methanol), durch Acetylierung von 1,8 g **III**-Methanolat bei 0°; hellgelbe Prismen; $[\alpha]_D^{20}$ 0° (c = 1,260; Chlf.); 1,35 g. — *Penta-O-acetyl-al-D-glucose-*, $C_{22}H_{26}N_4O_{14}$, F. 117° (Methanol u. Essigester/PAe.), a) durch 20 Min. lange Rk. von 0,781 g Penta-O-acetyl-al-D-glucose mit 0,396 g **II** in Dioxan/50%ig. CH_3COOH bei 20°; 0,911 g; b) durch 3std. Acetylierung von 1,8 g **III**-Methanolat bei 100°; 2,30 g; c) durch Acetylierung von 0,15 g vorst. Verb. analog b); $[\alpha]_D^{20}$ + 100,0° (c = 1,0; Chlf.); 0,085 g. — *D-Arabinose-*, F. 175—176° (96%ig. A.), durch 7std. Kochen von 1,50 g D-Arabinose u. 0,198 g **II** in abs. A.; 0,228 g. — *Tetra-O-acetyl-al-D-arabinose-*, $C_{19}H_{22}N_4O_{12}$, F. 154° (A.), aus 0,637 g Tetra-O-acetyl-al-D-arabinose u. 0,396 g **II** wie oben; 0,908 g; b) durch Acetylierung von 0,3 g vorst. Verb. bei 0°; hellgelbe Nadeln; $[\alpha]_D^{20}$ — 51,08° (c = 0,548; Essigester); 0,387 g. — *D-Galaktose-*, F. 170°, durch 8std. Kochen von 0,362 g D-Galaktose u. 0,395 g **II** in abs. A.; amorph; 0,65 g. — *Penta-O-acetyl-al-D-galaktose-*, $C_{22}H_{26}N_4O_{14}$, F. 166° (Essigester/Methanol), a) durch Lösen von 0,78 g Penta-O-acetyl-al-D-galaktose u. 0,040 g **II** in Dioxan/50%ig. CH_3COOH, Kühlen mit Eis u. Versetzen mit W.; 0,103 g; b) durch Acetylierung von 0,902 g vorst. Verb. bei 0°; $[\alpha]_D^{20}$ + 70,5° (c = 1,00; Essigester); 0,6 g. E. Schraven 3400◇

0919 **Reduktion von Zuckersulfaten mit $LiAlH_4$.** D. Grant und A. Holt. (Chem. and Ind. **1959,** 1492; Salford, Royal Techn. Coll.; engl.) — Durch Red. von Ba-1.2;5.6-Di-O-isopropyliden-D-glucose-3-sulfat (**I**) mit $LiAlH_4$ wird in glatter Rk. *1.2;5.6-Di-O-isopropyliden-D-glucose* erhalten. Analog werden die Ba-Salze von Methyl-D-glucofuranosid-3-sulfat, 1.2;3.4-Di-O-isopropyliden-D-galaktose-6-sulfat sowie Methyl-D-galaktosid-6- bzw. -2-sulfat reduziert. *1.2;5.6-Di-O-isopropyliden-D-glucose*, $C_{12}H_{20}O_6$, F. 108° (PAe.), durch 25std. Kochen von je 1,87 g **I** u. $LiAlH_4$ in Dioxan, Zugabe von weiteren 0,5 g $LiAlH_4$, 23std. Kochen, Zugabe von W., Ansäuern mit verd. H_2SO_4, Neutralisieren mit $BaCO_3$, Filtrieren, Extrahieren mit Ae., Eindampfen u. 1wöchiges Stehen; 0,65 g (roh). L. Lamza 3400△

0920 **Die Reaktion von Lävoglucosanestern mit Bromwasserstoff und mit Säurebromiden in Eisessig.** Z. Csürös, Gy. Deák und M. Haraszthy-Papp. (Acta chim. Acad. Sci. hung. **29,** 227—35, 1961; Budapest, TU, Inst. of Organ. Chem. Technol; engl.) — Die bei der Rk. von Tri-O-acetyllävoglucosan (**I**) mit HBr in Eisessig (**II**) gebildete *Acetobromglucose* (**III**) ist mit Neben-Prodd. verunreinigt, die die Reinigung durch Kristallisation verhindern. In Ggw. von Chlf. fallen diese Neben-Rkk. weg, so daß **III** in reiner Form anfällt. Die gleiche Rk. findet beim Einleiten von HBr in eine Lsg. von **I** in **II** oder in Ggw. eines Säureanhydrids statt. Zwischen **I** u. Säurebromiden ist in Chlf. keine Rk. festzustellen, in Ggw. von Fe wird jedoch das entsprechende *Tri-O-acetyl-6-O-acyl-glucosylbromid* gebildet. Die Rk. von Tri-O-benzoyllävoglucosan (**IV**) mit Butyrylbromid (**V**) läuft wahrscheinlich infolge ster. Hinderung nur in geringem Maße ab.

Versuche: *Acetobromglucose* (**III**), F. 87° (Ae./PAe.), a) durch 24std. Stehen von **I** in Chlf. mit HBr in **II**, Waschen mit Eis/W. u. $NaHCO_3$-Lsg., Eindampfen, Lösen in Ae. u. Zugabe von PAe.; $[\alpha]_D^{20}$ + 192° (Chlf.); 71% (Ausbeute); b) durch Sättigen einer Lsg. von 5 g **I** in Chlf. u. **II** mit HBr unter Kühlung u. Kristallisation aus Diisopropyläther (DIP); 1 g; c) durch Sättigen einer Lsg. von 3 g **I** in Chlf. in Ggw. von Acetanhydrid mit HBr; 1,6 g; d) durch Rk. von **I** in Chlf. mit Acetylbromid in Ggw. von Fe-Pulver in 12 Std. bei 28°; 63%. — 2.3.4-Tri-O-acetyl-1-brom-α-D-glucosen: *6-O-Propionyl-* (**VI**), $C_{15}H_{21}BrO_9$, F. 54° (PAe.), a) durch Sättigen einer Lsg. von **I** in Propionsäureanhydrid u. Chlf. mit HBr; $[\alpha]_D^{25}$ + 180° (Chlf.); 21%; b) analog **III** nach d); 87%. — *6-O-Butyryl-*, $C_{16}H_{23}BrO_9$, F. 89—90°, a) analog **VI** nach a); $[\alpha]_D^{25}$ + 195°; 33%; b) analog **III** nach d) mit **V**; 79%. — *6-O-Benzoyl-*, F. 52—53° (DIP), a) analog **VI** nach a); unrein; b) analog **III** nach d); $[\alpha]_D^{25}$ + 183°; 19%. — *Methyl-2.3.4-tri-O-acetyl-6-propionyl-β-glucosid*, $C_{16}H_{24}O_{10}$, F. 97—98° (Diisopropyläther), a) durch 4std. Rühren von **VI** u. Ag_2CO_3 in mit $CaSO_4$ getrocknetem Methanol, Filtrieren u. Eindampfen; 62%; b) analog aus 5 g Triacetylchlorglucose; 1 g. — *2.3.4-Tri-O-benzoyl-6-O-butyrylglucosylbromid*, durch Rk. von 2,4 g **IV** in Chlf. mit **V** in Ggw. von Fe in 330 Std.; $[\alpha]_D^{25}$ + 86,5°; 3 g. W. Holland 3400◇

0921 **Glucosylderivate von Cyclopentadien und Cyclopentan.** A. N. de Belder, E. J. Bourne und J. B. Pridham. (Chem. and Ind. **1961,** 432; Englefield Green, Surrey, Royal Holloway Coll., Chem. Dep.; engl.) — *1-[2.3.4.6-Tetra-O-acetyl-β-D-glucopyranosyl]-cyclopentadien-(1.3)* (I) wird aus 2.3.4.6-Tetra-O-acetyl-α-D-glucopyranosylbromid (II) u. Cyclopentadien (III) synthetisiert. I wird zum *Cyclopentanderiv.* hydriert.

Versuche: *1-[2.3.4.6-Tetra-O-acetyl-β-D-glucopyranosyl]-cyclopentadien-(1.3)* (I), $C_{19}H_{24}O_9$, F. 126 bis 128° (Isopropanol), durch Zugeben von 11,0 g III zu Äthylbromid u. Mg in Ae., 12std. Kochen, Zugeben von II in Ae. innerhalb 15 Min., 5std. Kochen, Gießen in eiskalte verd. CH_3COOH, Waschen mit verd. Alkali u. W., Neutralisieren der wss. Phase, Gefriertrocknen u. Acetylieren mit Acetanhydrid; $[\alpha]_D^{24}$ — 27° (c = 0,6; Chlf.); 1,5 g (Ausbeute). *Maleinsäureanhydrid-Addukt,* $C_{23}H_{26}O_{12}$, F. 216—217°. — *2.3.4.6-Tetra-O-acetyl-β-D-glucopyranosylcyclopentan,* $C_{19}H_{28}O_9$, F. 90—91°, durch Hydrierung von I über Adams-Katalysator; $[\alpha]_D^{20}$ — 15° (c = 1,2; Methanol). — *Cyclopentancarbonsäure,* durch Oxydation vorst. Verb. mit alkal. $KMnO_4$.

E. Schraven 3400◇

0922 **Derivate der 6-Desoxy-6-mercapto-D-fructose.** M. S. Feather und Roy L. Whistler. (J. org. Chemistry **28,** 1567—69, 1963; Lafayette, Ind., Purdue Univ., Dep. of Biochem.; engl.) — *6-Desoxy-2.3-O-isopropyliden-6-mercapto-D-fructofuranose* (I) u. *1.6-Didesoxy-2.3-O-isopropyliden-6-mercapto-D-fructofuranose* (II) werden aus 2.3-O-Isopropyliden-1.6-di-O-(p-tolylsulfonyl)-D-fructofuranose synthetisiert. Durch saure Hydrolyse entsteht aus I *6-Desoxy-6-mercapto-D-fructose,* während II in saurem Medium zu *Methylthienyl-(2)-keton* dehydratisiert.

Versuche: *2.3-O-Isopropyliden-1.6-di-O-[p-tolylsulfonyl]-D-fructofuranose,* F. 131° (Essigester/Hexan), aus D-Fructose nach Morgan u. Reichstein [1938]; $[\alpha]_D^{25}$ + 22,1° (c = 2,4; Chlf.). — *6-Desoxy-2.3-O-isopropyliden-6-benzylmercapto-1-O-[p-tolylsulfonyl]-D-fructofuranose* (III), $C_{23}H_{28}O_7S_2$, F. 120—121° (Essigester/Hexan), durch Rk. von Benzylmercaptan mit Na in abs. Methanol im O_2- u. wasserfreien N_2-Strom im Eisbad, Zugeben vorst. Verb., 4std. Kochen, Einengen, Verdünnen mit Chlf. u. Waschen mit W. u. $NaHCO_3$-Lsg.; $[\alpha]_D^{25}$ — 6,7° (c = 2,0; Chlf.); 74% (Ausbeute). — *1.6-Didesoxy-2.3-O-isopropyliden-6-benzylmercapto-D-fructofuranose* (IV), F. 93° (Essigester/Hexan), durch $^1/_2$std. Rk. von III in Tetrahydrofuran mit $LiAlH_4$ bei 0°, 2 Std. bei 25°, 48std. Kochen, Versetzen mit W., Zugeben von gesätt. wss. Na_2SO_4-Lsg., Ansäuern mit verd. HCl u. Extrahieren mit Chlf.; $[\alpha]_D^{25}$ — 34,8° (c = 2,0; Chlf.); 77,5%. — *1.6-Didesoxy-2.3-O-isopropyliden-D-fructofuranose,* F. 59—62° (Essigester/Hexan), durch 40std. Kochen von IV u. Raney-Ni in A. u. Sublimieren bei 60°/0,2 mm; $[\alpha]_D^{25}$ + 8,2° (c = 3,6; Methanol). — *6-Desoxy-2.3-O-isopropyliden-6-benzylmercapto-D-fructofuranose* (V), F. 95—96° (Essigester/Hexan), durch 2std. Rk. von III mit 5%ig. Na/Hg in Methanol, Zugeben von W., 24std. Rühren, Ansäuern mit 5 n HCl bei 0° u. Extrahieren mit Chlf.; $[\alpha]_D^{25}$ — 13,9° (c = 2,4; Methanol); 97%. — *6-Desoxy-2.3-O-isopropyliden-D-fructofuranose,* F. 114°, durch Rk. von V mit Raney-Ni wie vorvorst. Verb.; $[\alpha]_D^{25}$ + 6,5° (c = 3,2; Methanol). — *1.6-Didesoxy-2.3-O-isopropyliden-6-mercapto-D-fructofuranose* (II), $C_9H_{16}O_4S$, F. 70—72° (Essigester/Hexan), durch Zugeben von Na zu IV in fl. NH_3 bis die blaue Farbe 15 Min. bleibt, Versetzen mit NH_4Cl, Abtreiben des NH_3 mit N_2 u. Extrahieren mit Chlf.; $[\alpha]_D^{25}$ — 2,8° (c = 2,7; Chlf.); 82%. — *Methylthienyl-(2)-keton, 2.4-Dinitrophenylhydrazon,* F. 244—245° (Dimethylformamid), durch 5 Min. lange Rk. von II mit 2.4-Dinitrophenylhydrazin in 30%ig. $HClO_4$ bei 60°. — *6-Desoxy-2.3-O-isopropyliden-6-mercapto-D-fructofuranose* (I), $C_9H_{16}O_5S$, F. 76—77° (Hexan), durch Red. von V mit Na in fl. NH_3 wie oben; $[\alpha]_D^{25}$ + 4,9° (c = 2,1; Methanol); 81%. — *6-Desoxy-6-mercapto-D-fructose,* $C_6H_{12}O_5S$, durch 24std. Hydrolyse von I mit n HCl in 50%ig. Methanol bei 25°, Neutralisieren mit Amberlite IR-4B (OH), Eindampfen u. Reinigen an Celite mit wassergesätt. n-Butanol; $[\alpha]_D^{25}$ — 179° (c = 0,9; W.).

E. Schraven 3400◇

0923 **Synthese von Acetylhexosamin-1-phosphaten.** T. Y. Kim und E. A. Davidson. (J. org. Chemistry **28,** 2475—76, 1963; Durham, N. C., Duke Univ., Med. Center, Dep. of Biochem.; engl.) — Direkte Phosphorylierung der vollacetylierten Aminozucker mit H_3PO_4 führt zu den *Acetylhexosamin-1-phosphaten.*

Versuche: *N-[p-Methoxybenzyliden]-2-amino-2-desoxy-D-galaktose* (I), $C_{14}H_{19}NO_6$, F. 161°, durch 2std. Rühren von 9 g Galaktosaminhydrochlorid u. 50,3 ml Anisaldehyd in 1 n NaOH; 73% (Ausbeute). — *N-[p-Methoxybenzyliden]-tetra-O-acetyl-2-amino-2-desoxy-β-D-galaktopyranose* (II), $C_{22}H_{27}O_{10}N$, F. 187°, durch 3std. Stehen von I in Acetanhydrid/Pyridin bei 0°; $[\alpha]_{578}^{25}$ + 108,5° (c = 1; Chlf.); 75%. — *2-Aminotetra-O-acetyl-2-desoxy-β-D-galaktopyranose* (III), *Hydrochlorid,* $C_{14}H_{22} \cdot ClNO_9$, F. 205° (Zers.; Methanol), durch $^1/_4$std. Kochen von 8 g II mit 3,5 ml 5 n HCl in 400 ml Aceton, Zugabe von Ae. bei Raumtemp. u. Stehen über Nacht bei 4°; $[\alpha]_{578}^{25}$ + 34,7° (c = 1,5; W.); 100%. — *2-Acetamido-tetra-O-acetyl-2-desoxy-β-D-galaktopyranose* (IV), $C_{16}H_{23} \cdot NO_{10}$, F. 240° (A.-Chlf.), durch Rk. von III mit Na-Acetat u. Acetanhydrid in Chlf./W.; $[\alpha]_{578}^{25}$ + 2,6° (c = 1; Chlf.); 90%. — *2-Acetamido-2-desoxy-D-galaktopyranose-α-1-phosphat, Di-Li-Salz-Dihydrat* (V), $C_8H_{14}Li_2NO_9P \cdot 2H_2O$, aus IV durch Rk. mit H_3PO_4 nach MacDonald (vgl. C. **1963,** 7757), Entfernung des Li_3PO_4, Chromatographie an Dowex-1 × 8 (Cl^--Form) u. Aufarbeiten; $[\alpha]_{578}^{25}$ + 197° (c = 0,7; W.); 20—35%. — *2-Acetamido-2-desoxy-D-glucopyranose-α-1-phosphat, Di-Li-Salz-Dihydrat,* analog V; $[\alpha]_{578}^{25}$ + 144° (c = 0,88; W.).

K. Schoene 3400◇

0924 **Aminozucker. 34. Mitt. Synthese eines Glucosaminylmuraminsäuredisaccharids: Methyl-6-O-[2-acetamido-3.4.6-tri-O-acetyl-2-desoxy-β-D-glucopyranosyl]-2-acetamido-4-O-acetyl-2-desoxy-3-O-[D-1-(carbomethoxy)-äthyl]-α-D-glucopyranosid.** Harold M. Flowers und Roger W. Jeanloz. (J. org. Chemistry **28,** 1564 bis 1567, 1963; Boston, Mass., Harvard School; Massachusetts Gen. Hosp., Dep. of Biol. Chem. and Med., Labor. for Carbohydrate Res.; engl.) — 32. vgl. C. **1963,** 7758. — Mehrere Derivv. des *Methyl-2-amino-3-O-[D-1-carboxyäthyl]-2-desoxy-α-D-glucosids* u. des *Methyl-6-O-[2-acetamido-3.4.6-tri-O-acetyl-2-desoxy-β-D-glucopyranosyl]-2-acetamido-4-O-acetyl-2-desoxy-3-O-[D-1-(carbomethoxy)-äthyl]-α-D-glucopyranosids* werden synthetisiert.

Versuche: *Methyl-2-acetamido-4.6-O-benzyliden-2-desoxy-α-D-glucopyranosid* (I), F. 260—262°, durch 48std. Kochen von 2-Acetamido-2-desoxy-D-glucose in 2%ig. methanol. HCl, 12std. Rühren mit $PbCO_3$, Eindampfen, Lösen in W., Reinigen an Amberlite 45-R (Acetat-Form), Eindampfen, Lösen in Methanol, Versetzen mit Ag-Acetat, 12std. Rk. mit Acetanhydrid bei 20°, $^1/_2$std. Kochen u. Eindampfen {→ *Anomerengemisch,* F. 195°, $[\alpha]_D^{24}$ + 109° (W.)}, 20std. Schütteln mit Benzaldehyd u. $ZnCl_2$ bei 20° u. wiederholtes Versetzen mit Hexan u. W., $^1/_2$std. Schütteln; Nadeln aus W/Methanol; $[\alpha]_D^{24}$ + 40° (Chlf.); 49% (Ausbeute). *3-O-Acetyl-Verb.,* F. 209—210°, durch Acetylierung mit Acetanhydrid in Pyridin; $[\alpha]_D^{30}$ + 38° (c = 0,47; Chlf.). — *Methyl-2-acetamido-2-desoxy-α-D-glucopyranosid,* a) aus I durch katalyt. Hydrogenolyse; b) analog durch Hydrolyse mit 60%ig. CH_3COOH. — *Methyl-2-acetamido-4.6-O-benzyliden-3-O-[D-1-carboxyäthyl]-2-desoxy-α-D-glucopyranosid,* $C_{19}H_{25}NO_8$, F. 261—262°, aus I u. α-L-Chlorpropionsäure nach Matsushima u. Park (J. org. Chemistry, **27,** [1962], 3581); $[\alpha]_D^{18}$ + 115° (c = 1,28; Methanol); 75—80%. — *Methyl-2-acetamido-4.6-O-benzyliden-3-O-[D-1-(carbomethoxy)-äthyl]-2-desoxy-α-D-glucopyranosid,* $C_{20}H_{27}NO_8$, F. 210—211°, durch $^1/_2$std. Rk. vorst. Verb. mit äther. CH_2N_2 in Methanol bei 20°; Nadeln aus Methanol; $[\alpha]_D^{24}$ + 106° (c = 0,87; Chlf.); 85%. — *Methyl-2-acetamido-2-desoxy-3-O-[D-1-(carbomethoxy)-äthyl]-α-D-glucopyranosid* (II), $C_{13}H_{23}NO_8$, F. 151—152° (Essigester), durch $^1/_2$std. Hydrolyse vorst. Verb. mit 60%ig. CH_3COOH bei 100°; $[\alpha]_D^{27}$ + 129° (c = 0,65; Chlf.); 70%. — *Methyl-2-acetamido-2-desoxy-3-O-[D-1-[carbomethoxy)-äthyl]-6-O-triphenylmethyl-α-D-glucopyranosid,* $C_{32}H_{37}NO_8$, F. 217 bis 218° (Methanol), durch 24std. Rk. vorst. Verb. mit Triphenylchlormethan in abs. Pyridin bei 20°, 1 Std. bei 100°, Gießen auf Eis u. Extrahieren mit Chlf.; Prismen aus Bzl.; $[\alpha]_D^{25}$ + 70° (c = 1,10; Chlf.); 95%. — *Methyl-*

2-acetamido-4-O-acetyl-2-desoxy-3-O-[D-1-(carbomethoxy)-äthyl]-6-O-triphenylmethyl-α-D-glucopyranosid, $C_{34}H_{39}NO_9$, F. 213—215°, durch 12std. Rk. vorst. Verb. mit Acetanhydrid in Pyridin bei 20° u. 1 Std. bei 50°; Prismen aus Methanol; $[\alpha]_D^{26}$ + 67° (c = 1,74; Chlf.); 93%. — *Methyl-2-acetamido-4-O-acetyl-2-desoxy-3-O-[D-1-(carbomethoxy)-äthyl]-α-D-glucopyranosid* (III), $C_{15}H_{25}NO_9$, F. 140—142° (Essigester/Hexan), a) durch 1/4std. Hydrolyse vorst. Verb. mit 60%ig. CH_3COOH bei 100°; 92%; b) durch 12std. Rk. von II mit Triphenylchlormethan in Pyridin bei 20°, Erwärmen auf 100°, Zugeben von Acetanhydrid bei 100°, 24std. Stehen bei 20°; Gießen in Eiswasser, 1/4std. Rk. des Nd. mit 60%ig. CH_3COOH bei 100°, Eindampfen u. Extrahieren mit W.; Nadeln aus Bzl./Hexan; $[\alpha]_D^{27}$ + 119° (c = 3,12; Chlf.); 57%. — *Methyl-6-O-[2-acetamido-3.4.6-tri-O-acetyl-2-desoxy-β-D-glucopyranosyl]-2-acetamido-4-O-acetyl-2-desoxy-3-O-[D-1-(carbomethoxy)-äthyl]-α-D-glucopyranosid*, $C_{29}H_{44}N_2O_{17}$, F. 288—289°, a) durch Zugeben von 2-Acetamido-3.4.6-tri-O-acetyl-2-desoxy-α-D-glucopyranosylbromid (IV) in Chlf. u. $Hg(CN)_2$ zu III in als CH_3NO_2, 20std. Rk. bei 20°, Zugeben von IV u. $MgCCN)_2$, 24std. Rk., Verdünnen mit Chlf., Waschen mit $NaHCO_3$-Lsg. u. W., Eindampfen, Lösen in Essigester u. Trennen an Kieselsäure; 12%; b) durch Zugeben von Ag_2O, Drierite u. IV zu III in als Chlf. nach O u. 24 Std., weitere 24std. Rk. u. Behandeln wie unter a); Nadeln aus Aceton/Ae.; $[\alpha]_D^{25}$ + 54° (c = 2,02; Chlf.); 2%. E. Schraven 3400◇

0925 **Thioglykoside der 3-Amino-3-desoxy-D-mannose.** M. L. Wolfrom, D. Horton und H. G. Garg. (J. org. Chemistry **28**, 1569—72, 1963; Columbus, Ohio, Ohio State Univ., Dep. of Chem.; engl.) — *Äthyl-3-amino-3-desoxy-1-thio-α-* u. *-β-D-mannopyranosidhydrochlorid* (II) werden aus Methyl-3-amino-3-desoxy-α-D-mannopyranosidhydrochlorid (I) durch Rk. mit Äthylmercaptan u. konz. HCl synthetisiert. Die Anomeren werden über die *Tetraacetate* getrennt. Die Rk. von D-Mannose, 3-Amino-3-desoxy-D-mannosehydrochlorid, D-Glucose u. D-Galaktose mit Äthylmercaptan u. HCl bei 25° wird in Abhängigkeit von der Zeit untersucht.

Versuche: *Äthyl-3-amino-3-desoxy-1-thio-β-D-mannopyranosidhydrochlorid* (II), $C_8H_{18}ClNO_4S$, F. 240 bis 245° (Zers.), durch 24std. Schütteln von I u. Äthylmercaptan in konz. HCl bei 20°, Verdünnen mit A., Neutralisieren mit $PbCO_3$ u. Einengen {→ Gemisch (A); 71% (Ausbeute); $[\alpha]_D^{18}$ + 32 ± 1,5° (c = 0,4; W.)}; Nadeln nach wiederholter Kristallisation; $[\alpha]_D^{21}$ — 95 ± 6° (c = 1,7; W.). *α-Isomeres*, F. 218—220° (Zers.), aus den Mutterlaugen von II; Nadeln; $[\alpha]_D^{21}$ + 137 ± 1,8° (c = 0,55; W.). — *Äthyl-3-acetamido-2.4.6-tri-O-acetyl-3-desoxy-1-thio-β-D-mannopyranosid* (III), $C_{16}H_{25}NO_8S$, F. 162—164°, durch 24std. Rk. von A mit Acetanhydrid in Pyridin bei 20°, Gießen in Eiswasser, Extrahieren mit Chlf., Eindampfen u. Kristallisieren aus Ae.; Nadeln aus A.; $[\alpha]_D^{22}$ — 95 ± 1,3° (c = 0,76; Chlf.); 45%. *α-Isomeres* (IV), F. 122—124°, durch Eindampfen der äther. Mutterlaugen von III; Nadeln aus Ae.; $[\alpha]_D^{22}$ + 57° ± 0,9° (c = 0,52; Chfl.); 35%. — *Äthyl-3-acetamido-3-desoxy-1-thio-α-D-mannopyranosid*, $C_{10}H_{19}NO_5S$, F. 224 bis 226° (A.), durch 1/2std. Durchleiten von trockenem NH_3 durch eine Lsg. von IV in Methanol bei 0° u. 1std. Rk. bei 20°; $[\alpha]_D^{22}$ + 93 ± 1,5° (c = 0,34; Methanol); 74%. *β-Isomeres*, F. 234—235°, analog vorst. Verb. aus III; Nadeln aus A.; $[\alpha]_D^{22}$ — 146 ± 2° (c = 0,25; Methanol); 74%. E. Schraven 3400◇

0926 **Saccharosederivate.** 2. Mitt. **Einige Silyl- und Cyanäthyläther und ein Heptaacetal.** S. A. Barker, J. S. Brimacombe, M. R. Harnden und J. A. Jarvis. (J. chem. Soc. [London] **1963**, 3403—06; Edgbaston, Birmingham, Univ., Chem. Dep.; engl.) — 1. vgl. C. **1963**, 12810. — *Heptakis-O-[1-(10-vinyloxydecyloxy)-äthyl]-saccharose* wird durch Rk. von Saccharose (I) mit 1.10-Divinyloxydecan synthetisiert. *Tri-O-vinylsaccharose* entsteht durch Transvinylierung von I in Tetrahydrothiophendioxid (Tetramethylensulfphon, II). Durch Rk. von I mit Acrylonitril wird *Oktakis-O-[2-cyanäthyl]-saccharose* dargestellt.

Versuche: *Hexakis-O-[triphenylsilyl]-saccharose*, $C_{120}H_{106}O_{11}Si_6$, F. 105—110° (Ae./Methanol), durch Zugeben von 45,4 g Chlortriphenylsilan in Pyridin zu 5,2 g I in Pyridin innerhalb 20 Min., 20std. Schütteln bei 20°, 4std. Kochen bei 130° (Bad-Temp.), Eindampfen, Extrahieren mit Toluol/PAe. (→ Rückstand *Hexaphenyldisiloxan*, F. 222—224°; 11,6 g) u. Eindampfen; $[\alpha]_D^{20}$ + 22° (c = 3,5; Chlf.); 11,5 g (Ausbeute). — *6.1'.6'-Tris-O-[tricyclohexylsilyl]-saccharose*, $C_{66}H_{118}O_{11}Si_3$, F. 150—160°, durch Zugeben von 1,9 g Chlortricyclohexylsilan in abs. Pyridin zu 0,21 g I in abs. Pyridin innerhalb 10 Min., 20std. Schütteln bei 20°, 4std. Rk. bei 140° (Bad-Temp.), Gießen in Ae., Eindampfen, Extrahieren mit Methanol, Eindampfen u. Extrahieren mit Ae.; $[\alpha]_{5461}^{21}$ + 21° (c = 1,1; Pyridin); 0,52 g; daneben 1,1 g *Tricyclohexylsilanol*, F. 177—178°. — *Decandiol-(1.10)*, F. 71—72° (A./W.), durch Zugeben von Sebacinsäurediäthylester zu $LiAlH_4$ in Tetrahydrofuran innerhalb 1 Std., 1/2std. Kochen, Zugeben von Essigester u. 2 n HCl u. Eindampfen der oberen Phase; 90%. — *1.10-Divinyloxydecan*, $C_{14}H_{26}O_2$, Kp.$_{0,5}$ 92—98°, durch 48std. Rk. von 13,4 g vorst. Verb. mit Butylvinyläther u. Hg-Acetat bei 100°; 2,8 g. — *Heptakis-O-[1-(10-vinyloxydecyloxy)-äthyl]-saccharose*, $C_{110}H_{204}O_{25}$, durch Zugeben von konz. HCl zu 0,168 g I u. 1,02 g vorst. Verb. in Dimethylformamid unter Eiskühlung, 12std. Rk. bei 18° u. 3std. Schütteln; $[\alpha]_D^{26}$ + 14,85° (c = 0,674; Chlormethylcyanid); 0,681 mg. — *Tri-O-vinylsaccharose*, durch Lösen von I in II bei 140°, Zugeben von Butylvinyläther u. Mg-Acetat, 70std. Rk. bei 115°, Eindampfen zuerst bei 120°/15 mm u. dann bei 120°/5 mm, Extrahieren mit Ae. u. Lösen in Chlf.; daneben eine *Verb.* mit 4,55 Vinylgruppen aus der Ae.-Lösung. — *Oktakis-O-[2-cyanäthyl]-saccharose*, $C_{36}H_{46}N_8O_{11}$, durch 5std. Schütteln von 18,5 g I, 6 g Acrylonitril u. NaOH in W., Naeutralisieren mit HCl, Eindampfen, Extrahieren mit Methanol, A. u. Aceton, Eindampfen, 8std. Kochen mit Acrylonitril u. NaOH in W., Neutralisieren, Waschen mit W. bei 50°, Erwärmen bei 50°/5 mm, 4std. Rk. von 3,01 g mit Acrylonitril u. NaOH in W., Neutralisieren, Eindampfen, Trennen in eine Chlf.-lösl. {$[\alpha]_D^{16,4}$ + 29,1° (c = 0,86; Chlf.)} u. eine Ae.-lösl. Fraktion {$[\alpha]_D^{15,6}$ + 6,25° (c = 0,120; Aceton)}, Lösen der Chlf.-lösl. Anteile in Aceton u. fraktionierte Fällung mit W.; $[\alpha]_D^{18,8}$ + 36,4° (c = 0,08; Chlf.); 370 mg. E. Schraven 3400◇

0927 **Totalsynthese des Prunins, des Populnins und des Mumenins.** Henri Pachéco und Annie Grouiller. (C. R. hebd. Séances Acad. Sci. **256**, 4927—29, 1963; Villeurbanne, Inst. Nat. des Sci. appl., Serv. de Chim. biol.; franz.) — Durch Lösen von Isosakuranin [4'-O-Methylprunin (vgl. Zemphen u. Bognar, Ber. dtsch. chem. Ges. **75**, [1942], 1432)] in 2 n NaOH bei 0°, 24std. Aufbewahren mit 30%ig. H_2O_2 bei 0°, Einstellen mit Essigsäure auf pH 6 nach erneuter Zugabe von 30%ig. H_2O_2 u. 24std. Aufbewahren bei 0°, Zugabe von $NaHSO_3$ nach 48std. Aufbewahren bei 0°, 2std. Kochen u. Stehenlassen zur Kristallisation synthetisieren Vff. *Mumenin* [*7-O-Glucosylkämpferid* (I), F. 312° (50%ig. wss. CH_3OH; gelbgrüne Kristalle)]. Durch 3std. Kochen von 4'-O-Glucosyloxy-2'.6'.4-trihydroxychalkon mit 0,15%ig. HCl, Neutralisation der mit Ae. gewaschenen Lsg. u. Einengen im Vakuum wird eine Verb. erhalten, die sich als ident. mit dem aus *Prunus Mahaleb* isolierten *Prunin* (II; vgl. Pachéco u. Brachet, C. **1962**, 13441) erweist. Analog I entsteht aus II *Populnin* [*7-O-Glucosylkämpferol* (III), F. 278°]. Die UV-Maxima sind für I u. III angegeben. Ute Friese 3450◇

0928 **6'-Hydroxyconvallatoxin.** W. Werner Zorbach und Seitaro Saeki. (Naturwissenschaften **50**, 93, 1963; Washington, D. C., Georgetown Univ., Dep. of Chem.; dt.) — *6'-Hydroxyconvallatoxin* (*α-L-Mannopyranosid* von *Strophantidin*; DL_{50} = 0,069 mg · kg^{-1}) wird aus β-L-Mannose (I) synthetisiert.

Versuche: *1.2.3.4.6-Penta-O-acetyl-β-L-mannose*, $C_{16}H_{22}O_{11}$, F. 116—117°, durch Acetylierung von I bei 0°; $[\alpha]_D^{16}$ + 28,6° (c = 0,90; Chlf.); 51% (Ausbeute). — *2.3.4.6-Tetra-O-acetyl-α-L-mannosylbromid*, F. 56—58°, durch Rk. vorst. Verb. mit HBr/Eisessig; $[\alpha]_D^{17}$ — 138,9° (c = 0,80; Chlf.); 91%. — *6'-Hydroxyconvallatoxin*, $C_{29}H_{42}O_{11}$, F. 265—269°, durch Rk. vorst. Verb. mit Strophantidin in Ggw. von Ag_2CO_3, azeotrope Dest., Verseifung u. Extraktion mit Chlf./Methanol (9:1 u. 9:2). *Monohydrat*, F. 262—265°, $[\alpha]_D^{20}$ + 6,28° (c = 0,42; 90%ig. Methanol); 24%. *Tetra-O-acetat*, $C_{37}H_{50}O_{15}$, F. 128—133°. E. Schraven 3450◇

0929 **Untersuchungen über die Synthese von tubocurarinartigen Verbindungen.** 2. Mitt. Hideyo Kataoka. (Annu. Rep. ITSUU Lab. **1957**, 39—41; Tokyo, ITSUU Labor.; engl.) — 1. vgl. Annu. Rep. ITSUU Lab. **7**, [1956],37.— Die Darst. von *N-Methyldimethylcoclaurinmethojodid* (I) durch 5std. Rk. aus 1-[4-Hydroxybenzyl]-6-methoxy-7-hydroxy-N-methyl-1.2.3.4-tetrahydroisochinolin (II) wird beschrieben. Bei nur $^1/_2$std. Rk. entsteht eine ölige Verb., deren Papierchromatographie in Butanol/W./Essigsäure (67:27:10) u. Best. der Flecke im UV-Licht bzw. mittels Dragendorf-Reagenz eine Auftrennung in I, *1-[3-Brom-4-methoxybenzyl]-6.7-dimethoxy-8-brom-N-methyl-1.2.3.4-tetrahydroisochinolin* (III), *Isotetrandrin* u. *Dimethyltubocurarin* ergibt.

Versuche: *N-Methyldimethylcoclaurinmethojodid* (I), F. 136°, durch Zugabe von Methanol zu II u. K, 5std. Erhitzen mit III, Cu-Acetat u. Cu auf 190—200°, Extrahieren mit Chlf., Waschen mit 3%ig. KOH, Eindampfen, Lösen in 5%ig. HCl, Fällen mit NaOH, Extrahieren mit Ae. u. Zugabe von CH_3J. W. Hampel 3500△

0930 **Untersuchungen über die Alkaloide der Menispermaceen.** 154. Mitt. **Alkaloide aus Stephania japonica Miers. Über Hasubanonin.** 4. Mitt. **Über die Gegenwart einer Doppelbindung im dritten Ring.** Heisaburo Kondo und Masakichi Satomi. (Annu. Rep. ITSUU Lab. **1957**, 41—45; Tokyo, ITSUU Labor.; engl.) — 151. vgl. C. **1963**, 9310. — Derivv. von *Hasubanonin* (I) werden dargestellt. — Vgl. auch C. **1950/54**, 8473 S.

Versuche: *Hasubanonin* (I), *Semicarbazonacetat*, F. 228° (Zers.), durch 3std. Erwärmen von 0,5 g I mit Semicarbazidhydrochlorid in Ggw. von Na-Acetat in verd. A. auf 100° u. Einengen im Vakuum; Nadeln; 0,52 g (Ausbeute). *Semicarbazon*, F. 213—214°, durch Hydrolyse vorst. Deriv. mit 10%ig. Sodalsg.; aus Methanol Nadeln. *Methojodid*, F. 184° (Zers.). *Methin, Semicarbazon*, Zers. bei 236°, durch Hofmannschen Abbau vorst. Derivates. *Methinhydrobromid*, Zers. bei 120° bzw. 128—135° (durch Trocknen bei 100° im Vakuum), durch Zugabe von HBr zu I-Methin in Methanol u. Fällen mit Wasser. W. Hampel 3500△

0931 **Synthese von 3-Hydroxy-4.5.6-trimethoxyaporphin (Pseudocorydin).** Benjamin Frydman, Renate Bendisch, Jorge Comin und Venancio Deulofeu. (J. org. Chemistry **25**, 100—02. 1960; Martinez, Argentina, E. R. Squibb and Sons, Argentina, S. A., Labor. de Investigacíôn; engl.) — Aus N-[2-(3.4-Dimethoxyphenyl)-äthyl]-4-benzyloxy-3-methoxy-2-nitrophenylacetamid wird durch Bischler-Napieralski-Rk. zu *1-[4-Benzyloxy-3-methoxy-2-nitrobenzyl]-3.4-dihydro-6.7-dimethoxyisochinolinmethojodid*, dessen Red. zu *1-[2-Amino-4-benzyloxy-3-methoxybenzyl]-N-methyltetrahydro-6.7-dimethoxyisochinolin* u. anschließende Pschorr-Rk. in Ggw. von Cu wird *2-Hydroxy-4.5.6-trimethoxyaporphin*, für das der Name *Pseudocorydin* vorgeschlagen wird, neben wenig *Pseudocodamin* dargestellt. UV-Maxima s. Original.

Versuche: *4-Benzyloxy-3-methoxy-2-nitrophenylessigsäure*, F. 144°, durch $1^1/_2$std. Kochen von 4-Hydroxy-3-methoxy-2-nitrophenylessigsäure in Dioxan mit Benzylchlorid (I) u. K_2CO_3, Zugabe von W., Abtreiben von Dioxan u. I mit Wasserdampf, Kühlen auf 0°, Filtrieren (Lsg. **A**), $^1/_2$std. Kochen des erhaltenen *4-Benzyloxy-3-methoxy-2-nitrophenylessigsäurebenzylesters* in 4 n KOH/A. u. Ansäuern mit 2 n HCl sowie durch Ansäuren von **A** mit 2 n HCl; aus A./W. Nadeln; 55% (Ausbeute). *Säurechlorid*, $C_{16}H_{14}ClNO_5$, F. 133—134°, durch $1^1/_2$std. Kochen der Säure in Chlf. mit $SOCl_2$, Eindampfen im Vakuum u. Extrahieren mit sd. PAe.; lange Nadeln; 75%. — *3.4-Dimethoxyphenäthylamid*, F. 112°, nach Gulland u. Mitarbeitern [1931] in Chloroform. — *1-[4-Benzyloxy-3-methoxy-2-nitrobenzyl]-3.4-dihydro-6.7-dimethoxyisochinolin, Hydrochlorid*, F. 230—232°, durch Cyclisieren vorst. Amids nach einer modifizierten Meth. von Gulland u. Mitarbeitern [1931]; 85%. *Freie Base*, F. 144—145° (Zers.), durch Behandeln des Hydrochlorids in A. mit NH_4OH. *Methojodid*, $C_{26}H_{26}N_2O_6 \cdot CH_3J$, F. 193—194°, durch $^1/_2$std. Kochen von 11,8 g Base in A. mit Methyljodid; lange gelbe rechtwinklige Platten; 14 g. — *1-[4-Benzyloxy-3-methoxy-2-nitrobenzyl]-N-methyl-6.7-dimethoxytetrahydroisochinolin, Hydrojodid*, $C_{27}H_{30}N_2O_6 \cdot HJ$, F. 162°, durch Hydrieren von 3 g vorst. Methojodids in abs. A. in Ggw. von PtO_2, heiß Filtrieren, Einengen u. 24std. Stehen bei 5°; aus abs. A. Nadeln; 2,4 g. *Freie Base*, $C_{27}H_{30}N_2O_6$, F. 138°, durch Behandeln des Hydrojodids in warmem abs. A. mit konz. NH_4OH; aus abs. A. rechtwinklige Platten; 98%. — *1-[2-Amino-4-benzyloxy-3-methoxybenzyl]-N-methyltetrahydro-6.7-dimethoxyisochinolin, Dipikrolonat*, F. 208°, a) durch 7std. Hydrieren vorst. Hydrojodids in Methanol in Ggw. von PtO_2 bei 4 at, Eindampfen, Lösen in W., Alkalisieren mit NH_4OH, Ausäthern, Eindampfen u. Rk. der freien Base in A. mit Pikrolonsäure (II); 78%; b) durch Suspendieren vorst. freie Base in W., Einstellen mit 0,1n H_2SO_4 auf pH 2, Hydrieren bei Raum-Temp. u. bei 60° in Ggw. von PtO_2, Alkalisieren mit NH_4OH, Ausäthern, Eindampfen u. Rk. in abs. A. mit II; 67,5%. *Freie Base*, R_f 0,48 (Butanol/Essigsäure/W.; 80 : 3 P 17). — *Benzylpseudocorydinhydrojodid* (*3-Benzyloxy-4.5.6-trimethoxyaporphinhydrojodid*, $C_{27}H_{29}NO_4 \cdot HJ$, F. 237° (Zers.), durch Suspendieren von 1,2 g vorst. Dipikrolonats in Methanol, Zugabe von methanol. H_2SO_4, Abfiltrieren von II, Zugabe von wss. $NaNO_2$ zur gelben Lsg. bei 0°, Zugabe von W., mehrstd. Stehen bei 3—5°, Versetzen mit Cu, 1std. Stehen bei Raum-Temp., $^1/_2$std. Kochen, Verdünnen mit W., Ausäthern, Eindampfen der äther. Lsg., Chromatographie in Bzl. an Al_2O_3, Eluieren mit Bzl./0,1% A., Eindampfen, Lösen in warmem Methanol u. Versetzen mit wenig Essigsäure u. gesätt. NaJ-Lsg.; aus Methanol Prismen; 96 mg; daneben durch Eluieren mit Bzl./1% A., Eindampfen, $^3/_4$std. Kochen mit 20%ig. HCl, Alkalisieren mit NH_4OH u. Ausäthern *Pseudocodamin* (F. 130—131°, aus Cyclohexan Prismen. *Pikrat*, F. 156—157°). — *Pseudocorydin, Hydrochlorid*, $C_{20}H_{23}NO_4 \cdot HCl$, F. 268—269° (sintert ab 262°), durch Alkalisieren vorst. Hydrojodids in W. mit $NaHCO_3$, Ausäthern, Eindampfen, 1std. Kochen mit 20%ig. HCl u. Eindampfen im Vakuum; Nadeln; 30 mg. *Freie Base*, $C_{20}H_{23}NO_4$, F. 184—185°, durch Alkalisieren des Hydrochlorids in W. mit NH_4OH u. Ausäthern; aus Cyclohexan lange Prismen. *Pikrat*, $C_{20}H_{23}NO_4 \cdot C_6H_3N_3O_7$, F. 210—211°, aus A. Prismen. K. Lange 3500△

0932 **Untersuchungen über die Alkoloide aus Stemona.** 20. Mitt. **Tuberostemonin.** 9. Mitt. **Zinkstaubtrockendestillation und Lithiumaluminiumhydridreduktion von Tuberostemonin.** Heisaburo Kondo, Masakichi Satomi und Tsutomu Kaneko. (Annu. Rep. ITSUU Lab. **1957**, 51—53; Tokyo, ITSUU Labor.; engl.) — 25. bzw. 12. vgl. C. **1963**, 5072. — Die trockene Dest. von Tuberostemonin (I) liefert eine amorphe Substanz (II), deren Red. mit H_2 in A. an Pd-Schwarz bzw. in Bzl. unter Druck nicht möglich war. I zeigt eine positive Pyrrolrk., ergibt jedoch keine krist. Salze. Durch Hochdruckhydrierung nach Adkins entstehen aus 0,3 g II nur 20 mg einer bas. Substanz. Die Hydrierung von II unter Verw. von CuO/Cr_2O_3 als Katalysator durch 3,5std. Erhitzen auf 150—160° in A. bei 137—138 at lieferte keine bas. Substanz. Bei 3std. Erhitzen auf 200° bei 160 at entstand eine hellgelbe, siruopöse Base, die nicht kristallisierte. Das UV-Spektrum zeigt keine charakterist. Absorptionen. Da sich I durch Ag_2O u. $KMnO_4$ leicht oxydieren läßt, II aber einen Pyrrolring aufweist, erfolgt bei der Dest. mit Zn-Staub eine Überführung des Pyrrolidinskeletts in das Pyrrolskelett. I besitzt keine aktive, sondern nur eine inaktive CO-Gruppe, die in Form eines Lactonringes vorhanden ist. Die Red. von I mit $LiAlH_4$ ergibt eine amorphe Base (III). III zeigt eine positive Liebermannsche Nitrosaminrk. u. einen positiven Pyrroltest nach Ehrlich. Die Beseitigung des Lactonringes kann durch Hydrolyse von III mit alkohol. KOH nachgewiesen werden. Eine Rk. von III mit Methyljodid konnte weder in der Kälte noch in der Wärme beobachtet werden. Die UV-Spektren von III zeigen unabhängig vom Lsgm. keine charakterist. Absorption.

W. Hampel 3500△

0933 **Untersuchungen über die Synthese von Terpineol aus polnischen Terpentin.** Stanisław Rybiński. (Zeszyty naukowe Politechn. Gdańskiej, Chem. **3,** 85—102, 1959; Gdańsk, Politechn., Kat. Technol. chem. Drewna i Torfu; pol.) — Balsam- u. Extraktterpentin wurden in Ggw. von 60%ig. H_2SO_4, 12%ig. HNO_3, Toluolsulfonsäure (**I**), sowie eines Gemisches von H_2SO_4 u. **I** bei 16—21° hydratisiert. Die beste Ausbeute an *Terpinhydrat* (F. 113,5—116°) wurde bei Verw. von H_2SO_4 + **I** mit 44,2% erzielt. Durch Erhitzen von Terpinhydrat mit 0,3%ig. Oxalsäure (64% Ausbeute in 4,5 Std.) bzw. mit 5%ig. $(NH_4)_2SO_4$-Lsg. (67,2% in 160 Std. entsteht *Terpineol* ($Kp._{10-12}$ 97—100°). — 47 Literaturangaben.
F. Urban 3600◇

0934 **Synthese von 3-Oxo-7β-hydroxycassansäure.** Vishwa Prakash Arya. (J. sci. ind. Res. [New Delhi], Sect. B **21,** 149—50, März 1962; Stockholm, Royal Inst. of Technol., Inst. of Organ. Chem.; engl.) — Zur Synth. von *3-Oxo-7β-hydroxycassansäure* (Steroidzählung) wurde Cassainsäure (**I**) hydriert u. dann mit CrO_3 oxydiert. Die erhaltene *3.7-Dioxocassansäure* (**III**) reagiert mit Äthylenglykol säurekatalysiert zu *3.7-Dioxocassansäure-3-äthylenketal* (**II**), das zu *3-Oxo-7β-hydroxycassansäure* reduziert werden kann. UV- u. IR-Spektren vgl. Original.

Versuche: *3β.Hydroxy-7-oxocassansäure,* F. 255°, durch Hydrierung von **I** in Ggw. von Pd/Kohle in A., $[\alpha]_D$ 0°. — *3.7-Dioxocassansäure* (**III**), F. 222—224°, durch CrO_3-Oxydation von **I**; $[\alpha]_D$ — 42° (A.). — *3.7-Dioxocassansäure-3-äthylenketal* (**II**), amorph, durch Umsetzung von **III** mit Äthylenglykol in Ggw. von p-Toluolsulfonsäure. — *3-Oxo-7β-hydroxycassansäure,* $C_{20}H_{32}O_4$, F. 269°, durch Red. von **II** mit $NaBH_4$, Versetzen mit 90%ig. Essigsäure. K. Jasche 3600◇

0935 **Untersuchungen über Abietinsäurederivate.** 4. Mitt. **Aminoderivate des Desisopropylallodehydroabietinsäuremethylesters.** Michitoshi Ohta. (J. pharmac. Soc. Japan [Yakugakuzasshi] **77,** 924—26, 1957; Tokyo, Kowa Chem. Labor.; jap., Auszug: engl.) — 3. vgl. C. **1958,** **14034.** — *6-, 7-* u. *8-Aminodesisopropylallodehydroabietinsäuremethylester* wurden durch Nitrierung von Desisopropylallodehydroabietinsäuremethylester mit HNO_3 u. Essigsäureanhydrid u. katalyt. Red. des Gemischs der Mononitro-Verbb. hergestellt.

Versuche: *8-Aminodeisopropylallodehydroabietinsäuremethylester* (**I**), $C_{18}H_{25}NO_2$, F. 110—111°, durch Nitrieren von Desisopropylallodehydroabietinsäuremethylester u. Hydrieren an Pd; $[\alpha]_D^{20}$ — 12,4° (c = 3,380); 21% (Ausbeute). — *6-Acetaminodesisopropylallodehydroabietinsäuremethylester* (**II**), $C_{20}H_{27}NO_3$, F. 206,5—208°, analog **I** u. Acetylieren. — *6-Aminodesisopropylallodehydroabietinsäuremethylester* (**III**), $C_{18}H_{25}NO_2$, F. 127 bis 128°, aus **II** mit HCl; $[\alpha]_D^{20}$ — 7,8° (c = 2,448); 21%. — *7-Aminodesisopropylallodehydroabietinsäuremethylester,* $C_{18}H_{25}NO_2$, F. 134—135°, neben **III**; $[\alpha]_D^{20}$ — 9,5° (c = 2,010); 14%. — *6-Hydroxydesisopropylallodehydroabietinsäuremethylester* (**VI**), $C_{18}H_{24}O_3$, F. 121—122°, durch Diazotieren von **III** in 80%ig. H_2SO_4; 76%. — Analog: *7-Hydroxydesisopropylallodehydroabietinsäuremethylester* (**IV**), $C_{18}H_{24}O_3$, F. 188—189°; 85%. — *8-Hydroxydesisopropylallodehydroabietinsäuremethylester* (**VII**), $C_{18}H_{24}O_3$, F. 160—161°; 73%. — *7-Hydroxydesisopropyldehydroabietinsäuremethylester* (**V**), $C_{18}H_{24}O_3$, F. 150—152°; 81%. — *1-Methylphenanthrol-(6),* F. 160—161°, aus **VI**. — *1-Methyl-6-methoxyphenanthren,* F. 87—87,5°. — *1-Methylphenanthrol-(7),* F. 190—191°, a) aus **IV**; b) aus **V**. — *1-Methyl-7-acetoxyphenanthren,* $C_{17}H_{14}O_2$, F. 134—136°. — *1-Methylphenanthrol-(8),* F. 171—172°, aus **VII**. — *1-Methyl-8-methoxyphenanthren,* F. 121—123°.
S. Hiller 3600△

0936 **19-Norsteroide.** 4. Mitt. **Über die reduktive Ätherspaltung bei 5α-Halogen-6β.19-oxidosteroiden. Über Steroide.** 198. Mitt. J. Kalvoda, K. Heusler, H. Ueberwasser, G. Anner und A. Wettstein. (Helv. chim. Acta **46,** 1361—69, 1963; Basel, Ciba-AG, Forschungs-Labor., Pharm. Abt.; dt.) — 3. vgl. C. **1964,** 13-0902. — Es wird die reduktive Spaltung der Ätherbrücke von 5α-Chlor- u. 5α-Brom-6β.19-oxidosteroiden zu *19-Hydroxy-Δ⁵-steroiden* untersucht. Die reduktive Öffnung der 6β.19-Ätherbrücke erfolgt je nach Substitution in 5- oder 19-Stellung verschieden leicht. Während die Öffnung von 5α-Brom-6β.19-oxiden unter milden Bedingungen, z. B. mit Zn u. Essigsäure, gelingt, werden 5α-Chlor-6β.19-oxide nur mit Li in fl. NH_3 gespalten. Dennoch lassen sich letztere Steroide mit einem zusätzlichen elektronegativen Substituenten in 19-Stellung, wie die 5α-Chlor-6β.19-hemiacetale u. -lactone bereits mit Zn u. Essigsäure zu *Δ^5-19-Aldehyden* bzw. *-Säuren* reduzieren. Die Δ^5-Steroid-19-säuren können therm. zu *$\Delta^{5,10}$-19-Norsteroiden* decarboxyliert werden. IR-Maxima vgl. Original.

Versuche (FF. korr.; $[\alpha]_D$ in Chlf.]: *3β.20β-Diacetoxy-5α-brom-6β-hydroxypregnan* (**I**), $C_{25}H_{39}BrO_5$, F. 163 bis 164° (Zers.; Aceton-PAe.), durch ½std. Rühren von 18,8 g 3β.20-Diacetoxy-Δ^5-pregnen in Ae./verd. wss. $HClO_4$ mit N-Bromacetamid bei 20°, Kühlen auf 5°, Versetzen mit $Na_2S_2O_3$-Lsg., Verdünnen mit W. u. Ausäthern; $[\alpha]_D$ — 23° (c = 0,558); 16,68 g (Ausbeute). — *3β-Acetoxy-5α-brom-6β-hydroxycholestan* (**II**), $C_{29}H_{49}BrO_3$, F. 168 bis 169° (Methylenchlorid-Ae.-PAe.), durch analoge Bromierung von 20,0 g O-Acetylcholesterin in Dioxan bei < 20°; $[\alpha]_D^{25}$ — 40° (c = 0,793); 14,4 g. — *3β-Acetoxy-5α-brom-6β.19-oxido-17-oxoandrostan* (**III**), $C_{21}H_{29}BrO_4$, FF. 174—178°/184—187° (Ae.), durch 1std. Kochen von 7,63 g 3β-Acetoxy-5α-brom-6β-hydroxy-17-oxoandrostan mit einer vorgekochten Suspension von Eisessigfeuchtem Pb-Tetraacetat u. $CaCO_3$ in Cyclohexan unter Zugabe von J_2 (Meth. **A**), Absaugen, Waschen des Filtrats mit $Na_2S_2O_3$-Lsg. u. W. u. Eindampfen unter Belichten mit einer 500 W Lampe; $[\alpha]_D^{27}$ + 45° (c = 0,979); 3,06 g. — *3β.17β-Diacetoxy-5α-brom-6β.19-oxidoandrostan* (**IV**), $C_{23}\cdot H_{33}BrO_5$, F. 178—180° (Methylenchlorid/Ae.), nach **A** (75 Min.) aus 14,8 g 3β.17β-Diacetoxy-5α-brom-6β-hydroxyandrostan (**V**); $[\alpha]_D^{27}$ — 5,4° (c = 1,039); 6,75 g. — *3β.20β-Diacetoxy-5α-brom-6β.19-oxidopregnan* (**VI**), $C_{25}\cdot H_{37}NBrO_5$, F. 164—165° (Methylenchlorid-Ae.-PAe.), nach **A** (40 Min.) aus 19 g **I**; $[\alpha]_D$ + 21° (c = 0,663); 13,0 g. — *3β-Acetoxy-5α-brom-6β.19-oxidocholestan* (**VII**), $C_{29}H_{47}BrO_3$, F. 149° (Ae.-Methanol), nach **A** (40 Min.) aus 10,9 g **II**; $[\alpha]_D^{25}$ ± 0° (c = 0,234); 9,0 g. — *3β-Hydroxy-5α-brom-6β.19-oxido-17-oxoandrostan* (**VIII**), $C_{19}\cdot H_{27}BrO_3$, F. 214—215° (Umwandlung bei 208°; Methylenchlorid-Ae.), durch 1std. Kochen von 1,26 g **III** mit K_2CO_3 in Methanol/W., Einengen im Vakuum u. Isolierung mit Methylenchlorid; $[\alpha]_D^{27}$ + 47° (c = 0,966); 843 mg. — *3β.17β-Dihydroxy-5α-brom-6β.19-oxidoandrostan* (**IX**), $C_{19}H_{29}BrO_3$, F. 236—237° (Methanol), durch analoge Verseifung von 2,236 g **IV**, Eindampfen im Vakuum u. Extraktion mit Methylenchlorid-Methanol (4:1); $[\alpha]_D^{27}$ — 9° (c = 1,028); 1,836 g. — *3β-Acetoxy-5α-chlor-6β.19-oxidocholestan* (**X**), $C_{29}H_{47}ClO_3$, F. 142,5 bis 143,5° (Ae.-Methanol), nach **A** aus 10 g 3β-Acetoxy-5α-chlor-6β-hydroxycholestan; $[\alpha]_D^{25}$ + 8° (c = 1,156); 8,95 g. — *3β-Hydroxy-5α-chlor-6β.19-oxidocholestan,* $C_{27}\cdot H_{45}ClO_2$, F. 139—140° (Methanol), durch Verseifen von 140 mg **X**; $[\alpha]_D^{25}$ + 8° (c = 0,553); 116 mg. — *3β.19-Diacetoxy-17-oxo-Δ^5-androsten,* $C_{23}H_{32}O_5$, F. 103—105° (wss. Methanol), durch 12std. Rühren von 2,05 g **III** mit Zn in Eisessig bei 100°; $[\alpha]_D^{25}$ — 40° (c = 0,979); 1,16 g. — *3β.17β-Diacetoxy-19-hydroxy-Δ^5-androsten,* $C_{23}H_{34}O_5$, F. 150—151° (Methylenchlorid-PAe.), durch ¼std. Versetzen von 500 mg **V** in Essigsäure unter Rühren mit Zn, ½std. Rühren bei 40°, Filtrieren, Versetzen mit W., Aufnahme des Nd. in Ae. u. Eindampfen im Vakuum; $[\alpha]_D$ — 59° (c = 0,954); 350 mg. — *3β.20β-Diacetoxy-19-hydroxy-Δ^5-pregnen,* $C_{25}H_{38}O_5$, F. 132—133° (Methylenchlorid-Ae.-PAe.), durch ¼std. Versetzen von 11,57 g **VI** in wss. Essigsäure unter Rühren mit Zn bei 45°, 40 Min. langes Rühren, Filtrieren, Eindampfen im Vakuum, Aufnehmen in W. u. Methylenchlorid-Ae. (1:5) u. Eindampfen der organ. Phase im Vakuum (Meth. **B**); $[\alpha]_D^{25}$ — 27° (c = 0,693); 7,92 g. — *3β-Acetoxy-19-hydroxy-Δ^5-cholesten,* $C_{29}H_{48}O_3$, F. 119—120° (Methylenchlorid-Ae.-PAe.), nach **B** aus 8,9 g **VII**; $[\alpha]_D^{25}$ — 32° (c = 1,045); 6,6 g. — *19-Hydroxycholesterin,* $C_{27}H_{46}O_2$, F. 162—164° (Ae.-Methanol), a) durch 1std. Kochen von 6,45 g vorst. Verb. mit methanol. KOH; 5,35 g; b) durch Red. von 3 g **X** mit Li in fl. NH_3; $[\alpha]_D^{25}$ — 27° (c = 0,96); 2,5 g (roh). — *3.17-Dioxo-6β.19-oxido-Δ^4-androsten,* F. 184 bis 186° (Ae.), a) durch Oxydation von 500 mg **IX** in Aceton bei 0° mit 8 n CrO_3 in H_2SO_4, Versetzen mit Na-Acetat u.

Extraktion mit Bzl.; 409 mg; b) durch analoge Oxydation von 700 mg **VIII**; 550 mg. — *3β.11α.20β-Triacetoxy-19-oxo-Δ⁵-pregnen*, $C_{27}H_{38}O_7$, F. 176—178° (Zers.; Ae.), aus 2,304 g 3β.11α.20β-Triacetoxy-5α-chlor-6β.19-oxido-19-hydroxypregnan analog **B** (30 Min., 80°); $[\alpha]_D^{25}$ — 185° (c = 0,989); 1,94 g. — *3β-Acetoxy-5α-chlor-6β-hydroxy-17-oxoandrostan-19-säurelacton-(19 → 6)*, (**XI**) $C_{21}H_{27}ClO_5$, F. 198—199° (A.), durch $^3/_4$std. Oxydation von 5 g 3β-Acetoxy-5α-chlor-6β.19-oxido-17-oxoandrostan in Eisessig mit CrO_3 bei 85—90°, Verdünnen mit W. u. Extraktion mit Methylenchlorid; $[\alpha]_D^{25}$ —62° (c = 0,98); 2,2 g (roh). — *3β.17β-Diacetoxy-5α-chlor-6β-hydroxyandrostan-19-säurelacton-(19 → 6)* (**XII**), $C_{23}H_{31}ClO_6$, F. 185 bis 186° (Ae.–Methanol), durch analoge Oxydation von 1 g 3β.17β-Diacetoxy-5α-chlor-6β.19-oxidoandrostan; $[\alpha]_D^{25}$ — 30° (c = 1); 800 mg. — *3β-Acetoxy-17-oxo-Δ⁵-androsten-19-säure*, $C_{21}H_{28}O_5$, F. 252—253° (Methanol–Ae.), durch 2std. Kochen von **XI** in Eisessig mit aktiviertem Zn unter Rühren; $[\alpha]_D^{25}$ — 71° (c = 0,934);. — *3β.17β-Diacetoxy-Δ⁵-androsten-19-säure*, $C_{23}H_{32}O_6$, F. 201—202° (Methylenchlorid–Ae.–PAe.), durch 1std. Rühren von 1 g **XII** in Eisessig bei 100° mit Zn; $[\alpha]_D^{25}$ —114° (c = 0,925); 666 mg. — *3β.17β-Diacetoxy-Δ⁵,¹⁰-19-norandrosten*, durch $^1/_2$std. Erhitzen von 600 mg vorst. Verb. bei 50 Torr auf 240—250°, Dest. im Hochvakuum, Aufnahme in Ae., Neutralwaschen, Eindampfen im Vakuum, Chromatographie in PAe. an Al_2O_3 u. Elution mit PAe.–Bzl. u. Bzl.; amorph; 420 mg. — *3β.17β-Dihydroxy-Δ⁵,¹⁰-19-norandrosten*, $C_{18}H_{28}O_2$, F. 143—144° (Essigester), durch Verseifen von 330 mg vorst. Verb. mit methanol. KOH; $[\alpha]_D^{25}$ +108° (c = 0,491); 260 mg (roh). — *3.17-Dioxo-Δ⁵,¹⁰-19-norandrosten*, F. 128—134° (Ae.–PAe.), durch $^1/_3$std. Oxydation von 90 mg vorst. Verb. in Aceton mit 8 n CrO_3–H_2SO_4 u. Isolierung mit Ae.–Methylenchlorid (5:1); 42 mg; isomerisiert durch Chromatographie an Al_2O_3 zu *3.17-Dioxo-Δ⁴-19-norandrosten* (F. 164—166°). H.-D. Jacobi 3700△

0937 **Steroide.** 145. Mitt. **2-Methylandrostanderivate. Beweis der Wannenform bei der Bromierung von 3-Oxo-17β-hydroxy-2α-methylandrostan.** R. Mauli, H. J. Ringold und Carl Djerassi. (J. Amer. chem. Soc. **82**, 5494—5500, 1960; Mexico, Syntex S. A., Res. Labor.; engl.) — 144. vgl. C. **1962**, **7534**. — Bei der Red. von 3-Oxo-17β-hydroxy-2α-methylandrostan (**I**) mit $NaBH_4$ in CH_3OH entstehen im Verhältnis 6:1 *3β.17β-Dihydroxy-2α-methylandrostan* (**VI**) u. *3α.17β-Dihydroxy-2α-methylandrostan*. Aus den Differenzen der Mol.-Rotationen der Diole u. ihrer entsprechenden *Diacetylderivv.* ergibt sich, daß **VI** die 3β-Konfiguration zuerteilt werden muß. Bei der Red. von **I** mit $LiAlH_4$ wird als einziges Rk.-Prod. **VI** erhalten. Durch Red. von 3-Oxo-17β-hydroxy-2α.17α-dimethylandrostan (**X**) mit $LiAlH_4$ gewinnt man ausschließlich *3β.17β-Dihydroxy-2α.17α-dimethylandrostan*. Bromierung von **I** in CH_3COOH in Ggw. von Na-Acetat führt zu einem *Bromketon*, welches ohne vorherige Reinigung mit Kollidin unter HBr-Abspaltung *3-Oxo-17β-hydroxy-2-methyl-Δ¹-androsten* (**II**) liefert. Die Struktur von **II** wird durch Auswertung des IR-Spektrums u. durch Vgl. mit *2α-Methyltestosteron* (**XVI**) gesichert. Bromierung von **X** u. anschließende HBr-Abspaltung aus dem intermediären *Bromketon* mit $CaCO_3$ u. Dimethylacetamid (**XI**) ergeben *3-Oxo-17β-hydroxy-2.17α-dimethyl-Δ¹-androsten*. Mit 2 Val Brom entsteht aus **X** die *2.4-Dibromverb.*, welche mit $CaCO_3$ u. Dimethylformamid (DMF) unter HBr-Abspaltung in *3-Oxo-17β-hydroxy-2.17α-dimethyl-Δ¹,⁴-androstadien* (**XII**) übergeht. **XII** kann auch durch Dehydrierung von **X** mit SeO_2 in sd. tert.-Butanol erhalten werden. **I** läßt sich durch Kochen mit H_2SO_4 u. Essigsäureisopropenylester (**XIII**) in *3.17β-Diacetoxy-2-methyl-Δ²-androsten* (**IX**) umwandeln, aus dem man bei der Bromierung in Ggw. von Pyridin oder von Na-Acetat *3-Oxo-17β-acetoxy-2α-brom-2β-methylandrostan* (**III**; **XIV**-Acetylderiv.) erhält, das beim Kochen mit Kollidin in guter Ausbeute *3-Oxo-17β-acetoxy-2-methyl-Δ¹-androsten* (**VIII**; **II**-Acetylderiv.) ergibt. Die HBr-Abspaltung kann auch mit 2.4-Dinitrophenylhydrazin (**VII**) vollzogen werden, wobei **VIII** als *2.4-Dinitrophenylhydrazon* isoliert wird. Die Rotationsdispersionskurve von **III** zeigt einen negativen Cotton-Effekt. Daraus ergeben sich für **III** die 2α-Brom-2β-methylkonfiguration sowie Wannenform für Ring A. Durch tropfenweise Zugabe einer Br_2-Lsg., die 1 Mol Na-Acetat enthält, zu **I** in CH_3COOH in Ggw. von geringen Mengen HBr u. Gießen der Rk.-Lsg. in W. wird *3-Oxo-17β-hydroxy-2α-brom-2β-methylandrostan* (**XIV**) erhalten. **XIV** weist einen negativen Cotton-Effekt auf. **XIV** geht unter HBr-Abspaltung in **II** über. Mit Acetanhydrid (**XV**) in Pyridin reagiert **XIV** zu **III**, weshalb auch in **XIV** Ring A Wannenform besitzen muß. Bei 20std. Stehenlassen von **III** in CH_3COOH/HBr bei Raumtemp. tritt Isomerisierung zu *3-Oxo-17β-acetoxy-2β-brom-2α-methylandrostan* (**IV**) u. *3-Oxo-17β-acetoxy-4α-brom-2α-methylandrostan* (**V**) ein. Für **IV** wird ein positiver Cotton-Effekt u. für Ring A in **IV** Sesselform nachgewiesen. Abspaltung von HBr aus **IV** führt zu **VIII**. **V**, das einen schwach positiven Cotton-Effekt zeigt u. dessen Ring A Sesselform aufweist, gibt bei der Umsetzung mit Kollidin bzw. **VII** das *Acetat* von **XVI** bzw. dessen *2.4-Dinitrophenylhydrazon* (**XVII**). Durch 23std. Einw. von $CH_3 \cdot COOH$/HBr auf **III**, Behandeln der Rk.-Prod. mit Li_2CO_3/LiBr in sd. DMF u. chromatograph. Aufarbeitung werden gleiche Mengen **XVI**-*Acetat* u. **VIII** erhalten. Aus den vorst. Verss. folgt, daß **IV** thermodynam. stabiler ist als **III**. Beim Erhitzen von **V** mit **VII** in CH_3COOH entsteht als einziges Rk.-Prod. **XVII**. Erhitzen von **V** in CH_3COOH führt zu einem Gemisch von **VIII** u. **XVI**-Acetat; beide Verbb. werden durch Zusatz von **VII** als *Dinitrophenylhydrazone* charakterisiert. Bei der HBr-Abspaltung aus **III** mit Li_2CO_3/LiBr in DMF wird neben **VIII** ein weiteres Prod. isoliert, dem Vff. auf Grund seiner chem. u. physikal. Eigg. die Struktur eines *Dimeren* (**XVIII**) des *3-Oxo-17β-acetoxy-2-methylenandrostans* zuschreiben. **XVIII** bildet sich auch beim Durchlaufen von 3-Oxo-17β-hydroxy-2α-dimethylaminomethylandrostan (**XIX**) durch ein mit Al_2O_3 gefülltes Rohr u. anschließende Acetylierung des Rk.-Produktes. Daten der UV- u. IR-Spektren sind für die synthetisierten Verbb. angegeben.

Versuche ($[\alpha]_D$ in Chlf.): *3-Oxo-17β-acetoxy-2α-methylandrostan*, $C_{22}H_{34}O_3$, F. 160—163° (wss. CH_3OH), durch 2tägiges Stehenlassen von 280 mg **I** mit **XV** u. Pyridin bei 0° u. Eindampfen; $[\alpha]_D$ + 29°; 230 mg (Ausbeute). — *3β.17β-Dihydroxy-2α-methylandrostan* (**VI**), $C_{20}H_{34}O_2 \cdot {}^1/_2 H_2O$, F. 175—177° (wss. CH_3OH), a) durch Einrühren von $NaBH_4$ in die Lsg. von 0,91 g **I** in CH_3OH, 3std. Stehenlassen bei Raumtemp., Einengen, Zugabe von 1%ig. HCl, Absaugen, Chromatographie an Al_2O_3 u. Elution mit Bzl./Chlf. (19:1, 9:1 u. 4:1); $[\alpha]_D$ + 10°; 0,56 g [daneben *3α.17β-Dihydroxy-2α-methylandrostan*, $C_{20}H_{34}O_2$, F. 246—248° (CH_3OH), durch Elution mit Bzl./Chlf. (1:1); $[\alpha]_D$ + 22°; 0,99 g; *3α.17β-Diacetylderiv.*, $C_{24}H_{38}O_4$, F. 191—193° (CH_3OH), $[\alpha]_D$ + 38°]; b) durch Einrühren von $LiAlH_4$ in Tetrahydrofuran (THF) zu 0,91 g **I** in THF innerhalb von 30 Min., 2std. Rühren, Zugabe von Essigester u. 20%ig. H_2SO_4 unter N_2, Chlf.-Extraktion u. chromatograph. Reinigung des Chlf.-Rückstands analog a); 0,65 g. *3β.17β-Diacetylderiv.*, $C_{24}H_{38}O_4$, F. 148—153° u. 159—160°; $[\alpha]_D$ — 34°. — *3β.17β-Dihydroxy-2α.17α-dimethylandrostan*, $C_{21}H_{36}O_2 \cdot {}^1/_2 C_3H_6O$, F. 125—128° (Aceton/Hexan), durch 4std. Kochen von 2 g **X** mit $LiAlH_4$ in THF unter N_2, Zugabe von Aceton u. verd. H_2SO_4, Essigesterextraktion, Chromatographie an alkal. Al_2O_3 u. Elution mit Bzl.; $[\alpha]_D$ — 26°; 1 g. — *3-Oxo-17β-hydroxy-2.17α-dimethyl-Δ¹-androsten*, $C_{21}H_{32}O_2$, F. 146—151° (Aceton/Hexan), durch Zutropfen von Br_2 u. Na-Acetat in Eisessig zu 10 g **X** in CH_3COOH innerhalb von 40 Min., Einrühren in Eiswasser, Lösen des abfiltrierten Nd. in **XI**, Zugabe von $CaCO_3$, $^1/_2$std. Kochen unter Rühren, Einengen der filtrierten Lsg., Zugabe von W., Essigesterextraktion, Chromatographie an alkal. Al_2O_3 u. Elution mit Hexan/Bzl. (1:4); $[\alpha]_D$ + 29°; 2,3 g. — *3-Oxo-17β-hydroxy-2.17α-dimethyl-Δ¹,⁴-androstadien* (**XII**), $C_{21}H_{30}O_2$, F. 187 bis 191° (Aceton/Ae.), a) durch Zutropfen von Br_2 in Dioxan zu 1 g **X** in Dioxan innerhalb von 30 Min., Gießen in W., Umkristallisieren der abgesaugten, intermediären *2.4-Dibromverb.* (1,25 g) aus wss. CH_3OH, 1std. Kochen mit $CaCO_3$ in DMF, Eindampfen der filtrierten Lsg., Zugabe von W. u. Absaugen; $[\alpha]_D$ — 10°; 0,31 g; b) durch 96 std. Kochen u. Rühren von 0,5 g **X** mit SeO_2 u.

Pyridin in tert.-Butanol unter N_2, Filtrieren über Celite, Eindampfen u. Zugabe von W.; 0,18 g. — *3-Oxo-17β-hydroxy-2-methyl-Δ¹-androsten* (**II**), $C_{20}H_{30}O_2$, F. 155 bis 158° (Aceton/Hexan), a) durch Zugabe von 1 Tropfen HBr/CH_3COOH zu 2,8 g **I** in CH_3COOH, Einrühren von Br_2 u. Na-Acetat in CH_3COOH innerhalb von 30 Min., Zugabe von Eiswasser, 1std. Kochen des abfiltrierten Nd. mit Kollidin, Eindampfen der filtrierten Lsg. auf ein kleines Vol., Gießen in verd. H_2SO_4, Chromatographie des abfiltrierten Nd. an alkal. Al_2O_3 u. Elution mit Hexan/Bzl. (1:3); $[\alpha]_D$ +52°; 0,475 g; b) analog a) aus 1,1 g **XIV**; 0,4 g. *2.4-Dinitrophenylhydrazon*, $C_{26}H_{34}N_4O_5$, F. 266 bis 268° (Chlf./A.), a) durch Aufkochen von **II** u. **VII** in Eisessig unter N_2 u. Eindampfen unter N_2; b) analog a) aus **XIV** u. **VII** in sd. CH_3COOH. — *3-Oxo-17β-acetoxy-2-methyl-Δ¹-androsten* (**VIII**; **II**-17β-Acetylderiv.), $C_{22}H_{32}O_3$, F. 145—148° (Aceton/Hexan), a) durch 1std. Erhitzen von 1 g **II** mit **XV** u. Pyridin auf 90°; $[\alpha]_D$ +32°; 0,83 g; b) durch ½std. Kochen von 1 g **III** mit Kollidin, Verdünnen mit Essigester, Waschen mit verd. H_2SO_4 u. W., Eindampfen der organ. Phase, Chromatographie an Al_2O_3 u. Elution mit Hexan-Bzl. (19:1); 0,52 g; c) analog b) aus 1,42 g **IV**; 0,53 g; d) durch 23std. Aufbewahren von 0,9 g **III** mit HBr in CH_3COOH bei Raumtemp., 3½std. Kochen des Rk.-Prod. mit Li_2CO_3 u. LiBr in DMF unter N_2, Eindampfen der filtrierten Lsg. im Vakuum u. chromatograph. Reinigung an Silicagel; 163 mg (daneben **XVI**-*Acetat*, 129 mg); e) durch Aufkochen von 39 mg **V** in CH_3COOH, Zugabe von CH_3OH, Absaugen u. chromatograph. Reinigung an Al_2O_3; 16 mg (daneben **XVI**-*Acetat*; 11 mg). *2.4-Dinitrophenylhydrazon*, $C_{28}H_{36}N_4O_6$, F. 263—265° (CH_2Cl_2/A.), a) aus **VIII** u. **VII** in Eisessig; b) durch Erhitzen von **III** mit **VII** in CH_3COOH; c) analog b) aus **IV** u. **VII**. — *2α-Methyltestosteronacetat* (**XVI**-Acetat), $C_{22}H_{32}O_3$, F. 184 bis 186° (Aceton), a) durch Acetylierung von **XVI**; b) durch Kochen von 0,83 g **V** mit Kollidin, chromatograph. Adsorption des Rodprod. an Silicagel u. Elution mit Hexan/Bzl. (1:1); $[\alpha]_D$ +101°; 0,29 g. *2.4-Dinitrophenylhydrazon* (**XVII**), $C_{28}H_{36}N_4O_6$, F. 272—275°, a) aus **XVI**-Acetat u. **VII**; b) durch Kochen von **V** mit **VII** in $CH_3 \cdot COOH$. — *3.17β-Diacetoxy-2-methyl-Δ²-androsten* (**IX**), $C_{24}H_{36}O_4$, F. 171—173° (CH_3OH), durch 4std. Kochen von 5 g **I** mit konz. H_2SO_4 in **XIII**, Zugabe von Bzl., Einengen, Verdünnen mit Bzl. u. Eindampfen; $[\alpha]_D$ +45°; 4,15 g. — *3-Oxo-17β-acetoxy-2α-brom-2β-methylandrostan* (**III**; **XIV**-Acetylderiv.), $C_{22}H_{33}BrO_3$, F. 112—115° (Zers.; Hexan), a) durch 24std. Aufbewahren von 1 g **IX** mit Pyridin u. Br_2 in CH_3COOH bei Raumtemp., Gießen in Eiswasser u. Filtrieren; $[\alpha]_D$ —6°; 0,51 g; b) durch Einrühren von Br_2 u. Na-Acetat in CCl_4/CH_3COOH zu 2 g **IX** u. Na-Acetat in CCl_4/CH_3COOH innerhalb von ½ Std., Verdünnen mit W., Extraktion mit Hexan u. Eindampfen der neutralgewaschenen organ. Phase; 1,27 g; c) durch 16std. Stehenlassen von 0,26 g **XIV** mit **XV** u. Pyridin bei Raumtemp. u. Eindampfen im Vakuum; 0,18 g. — *3-Oxo-17β-hydroxy-2α-brom-2β-methylandrostan* (**XIV**), $C_{20}H_{31}BrO_2$, F. 130—132° (Zers.; CH_3OH), durch Versetzen von 3,04 g **I** in CH_3COOH mit 1 Tropfen HBr/CH_3COOH, Zutropfen von Br_2 u. Na-Acetat in CH_3COOH in ¾ Std., Einrühren von W. u. Absaugen; $[\alpha]_D$ —5°; 2,17 g. — *3-Oxo-17β-acetoxy-4α-brom-2α-methylandrostan* (**V**), $C_{22}H_{33}BrO_3$, F. 147—150° (Zers.; CH_2Cl_2/CH_3OH), durch 20std. Stehenlassen von 1 g **III** mit HBr/CH_3COOH bei Raumtemp., Ausfällen mit W., Absaugen, Trocknen, Aufkochen in Ae. u. Absaugen; $[\alpha]_D$ —28°; 0,12 g; daneben *3-Oxo-17β-acetoxy-2β-brom-2α-methylandrostan* (**IV**), $C_{22}H_{33}BrO_3$, F. 135—140° (Zers.; CH_2Cl_2/CH_3OH), aus dem Ae.-Filtrat von **V**; $[\alpha]_D$ +100°; 0,25 g. — *3-Oxo-17β-hydroxy-2α-dimethylaminomethylandrostan* (**XIX**), $C_{22}H_{37}NO_2$, F. 170—171° (Zers.; Aceton), durch 3½std. Kochen von 6 g 3-Oxo-17β-hydroxyandrostan mit Paraformaldehyd u. $(CH_3)_2 \cdot NH \cdot HCl$ in 96%ig. A., Einengen, Zugabe von W. u. konz. HCl, Alkalisieren der filtrierten Lsg. mit K_2CO_3 u. Ae.-Extraktion; 4,1 g. — *3-Oxo-17β-acetoxy-2-methylenandrostan-Dimeres* (**XVIII**), $C_{44}H_{64}O_6$, F. 249—250° (Aceton), a) durch 1¼std. Aufbewahren von **XIX** in Bzl. über alkal. Al_2O_3, Elution mit Chlf. u. 16std. Aufbewahren des Chlf.-Rückstandes mit **XV** u. Pyridin bei Raumtemp.; $[\alpha]_D$ +47°; b) durch 3½std. Kochen von 0,9 g **III** mit Li_2CO_3 u. LiBr in DMF unter N_2, Eindampfen der filtrierten Lsg., chromatograph. Adsorption an Silicagel u. Elution mit Chlf.; 0,165 g; daneben **VIII**, durch Elution mit Bzl./Chlf.; 0,26 g.

H. Knieß 3750□

0938 **Mikrobiologische Umwandlungen. 12. Mitt. Die Substratspezifität von Hydroxylierungen durch Penicillium A.T.C.C. 12556.** Robert C. Tweit, R. M. Dodson und R. D. Muir. (J. org. Chemistry **27**, 3654—58, 1962; Chicago, Ill., G. D. Searle & Co., Biol. and Chem. Res. Div.; engl.) — 11. vgl. gl. J. **27**, [1962], 2707. — Fermentierung von Progesteron (**I**) mit einer Penicilliumart (A.T.C.C. 12556, vgl. Dodson u. Mitarbeiter, C. **1962**, 15609), die C_{19}-Steroide 1α-hydroxylierte, lieferte *15β-Hydroxy-* (**VII**), *7β.15β-Dihydroxy-* (**VI**), *2β-Hydroxy-* u. *2β.15β-Dihydroxyprogesteron* sowie *6β-Hydroxy-Δ⁴-pregnen-3.15.20-trion*. 17α.21-Dihydroxy-Δ⁴-pregnen-3.20-dion (**II**) ergab analog in geringer Ausbeute ein Gemisch des *7β-* u. des *15β-Hydroxy-Deriv.*; auch 16α.17α-Epoxyprogesteron (**III**) wurde 7β-hydroxyliert. Aus Testosteron (**IV**) entstanden *6β-*, *15β-*, *1α-* u. *12β-Hydroxytestosteron* (**VIII**) sowie *1α.6β-Dihydroxytestosteron* (**IX**), dessen Struktur durch UV-Spektrum, Molrotation u. Dehydratation mit methanol. NaOH zu *6β.17β-Dihydroxy-Δ¹·⁴-androstadien-3-on* bewiesen wurde. Testololacton (**V**) ergab die 2β-hydroxylierte Verbindung. Die Strukturen wurden z. T. durch UV-, IR- u. NMR-Spektren bewiesen.

Versuche: *15β-Hydroxyprogesteron* (**VII**), F. 198 bis 202° (CH_2Cl_2/Aceton), durch 14std. Inkubation von 100 g **I** in Aceton mit einer Kultur von Penicillium sp. A.T.C.C. 12556, Extraktion mit CH_2Cl_2, Eindampfen u. Chromatographie an Silicagel; 18,75 g (Ausbeute); daneben 1,97 g *2β.15β-Dihydroxyprogesteron*, F. 217 bis 219° (CH_2Cl_2/Aceton), $[\alpha]_D$ —51,5°, 0,48 g *6β-Hydroxy-Δ⁴-pregnen-3.15.20-trion* [$C_{21}H_{28}O_4$, F. 280—286° (Chlf./CH_3OH), $[\alpha]_D$ +122 ± 8° (A.); *Acetat*, $C_{23}H_{30}O_5$, F. 198—199,5° (Aceton/PAe.); $[\alpha]_D$ +117° (A.); 0,07 g aus 0,1 g], 10,3 g *7β.15β-Dihydroxyprogesteron* [**VI**; $C_{21}H_{30}O_4$, F. 232—234° (Aceton), $[\alpha]_D$ +122°; *7β-Acetat*, $C_{23}H_{32}O_5$, F. 194—195°, $[\alpha]_D$ +132 ± 1°] u. *2β-Hydroxyprogesteron* [F. 184—186° (Aceton/Cyclohexan); *Acetat*, F. 124—126° (verd. Aceton)]. — Analog: *15β.17α.21-Trihydroxy-Δ⁴-pregnen-3.20-dion*, $C_{21}H_{30}O_5$, F. 233—235° (Aceton/Ae.), aus 10 g **II** in Aceton in 43 Std.; $[\alpha]_D$ +88° (A.); 0,21 g. — *7β.21-Diacetoxy-17α-hydroxy-Δ⁴-pregnen-3.20-dion*, $C_{25} \cdot H_{34}O_7$, F. 246—248° (Aceton/Ligroin), aus der Mutterlauge vorst. Verb. durch Einengen u. Stehen über Nacht mit Acetanhydrid/Pyridin; $[\alpha]_D$ +110°; 0,13 g. — *7β-Hydroxy-16α.17α-epoxyprogesteron*, $C_{21}H_{28}O_4$, F. 237 bis 239° (Aceton), aus 10 g **III** in A. in 27 Std.; $[\alpha]_D$ +156 ± 1°; 2,07 g. *Acetat*, $C_{23}H_{30}O_5$, F. 190—191° (Aceton/Ae.); $[\alpha]_D$ +156 ± 1°; 0,11 g aus 0,2 g. — *6β-Hydroxytestosteron*, $C_{19}H_{28}O_3$, F. 212—214° (Aceton/Ae.), aus 100 g **IV** in 24 Std.; $[\alpha]_D$ +30°; 11,8 g [*Diacetat* (**X**), $C_{23}H_{32}O_5$, F. 139—140°, $[\alpha]_D$ +29 ± 1°]; daneben 4,15 g *15β-Hydroxytestosteron*, F. 216—218° (CH_2Cl_2/Aceton), $[\alpha]_D$ +67° (A.), 0,76 g *1α-Hydroxytestosteron*, F. 239—240° (CH_3OH), *12β-Hydroxytestosteron* [**VIII**; F. 121—125° (Zers.), $[\alpha]_D$ +120°; *Diacetat*, F. 160—161°, $[\alpha]_D$ +89°] u. 0,19 g *1α.6β-Dihydroxytestosteron* (**IX**), $C_{19}H_{28}O_4$, F. 256—260° (Zers.; CH_3OH), $[\alpha]_D$ +19° (CH_3OH). — *2β-Hydroxytestololacton*, $C_{19}H_{28}O_4$, F. 180—182° (Aceton/Ae.), aus 6,5 g **V**; $[\alpha]_D$ —182 ± 2°; 0,33 g. — *15β-Hydroxy-Δ⁴·⁶-pregnadien-3.20-dion*, $C_{21}H_{28}O_3$, F. 221—222°, a) nach Tsuda u. Mitarbeitern (Chem. pharmac. Bull. [Tokyo] **6**, [1958], 387; **8**, [1960], 626) aus **VI**; b) durch Oxydation von **VII**. — *Δ⁴-Androsten-3.12.17-trion*, $C_{19} \cdot H_{24}O_3$, F. 213—215° (Aceton/Ae.), durch Oxydation von **VIII** mit CrO_3/Pyridin; $[\alpha]_D$ +297 ± 4°; b) aus 0,2 g 12α-Hydroxy-Δ⁴-androsten-3.17-dion u. CrO_3/H_2SO_4 in Aceton; 0,1 g. — *6β.17β-Dihydroxy-Δ¹·⁴-androstadien-3-on*, $C_{19}H_{26}O_3$, F. 194—195° (CH_2Cl_2/Aceton), durch Lösen von 0,1 g **IX** in CH_3OH, Zugabe von 5%ig. NaOH, 4std. Rühren, Verdünnen mit W. u. Extraktion mit CH_2Cl_2; $[\alpha]_D$ 21 ± 2° (CH_3OH); 43 mg; b) durch 18std. Rühren von 3 g des 17β-Acetats mit festem NaOH in CH_3OH, Neutralisieren mit CH_3COOH u. Eindampfen;

2,1 g. *17β-Acetat,* $C_{21}H_{28}O_4$, F. 264—266° (CH_2Cl_2/CH_3OH), durch Lösen von 11,6 g **X** in Bzl., Einengen der Lsg., Zugabe von 2.3-Dichlor-5.6-dicyanbenzochinon, 2tägiges Kochen, Kühlen, Filtrieren, Einengen im Vakuum, Lösen in Aceton/CH_3OH, Zugabe von NaOH, Erwärmen u. Abfiltrieren; $[\alpha]_D$ —10°; 4,8 g
P. H. Laur 3750◇

0939 **11-alkylierte Steroide. 4. Mitt. Synthese und Reaktionen der von 11β-Hydroxy-11-methyl-5β-pregnan-3.20-dion abgeleiteten Olefine.** William J. Wechter und George Slomp. (J. org. Chemistry **27**, 2549—54, 1962; Kalamazoo, Mich., Upjohn Co., Res. Labors.; engl.) — 3. vgl. C. **1961**, 15031. — Dehydratisierung von 11β-Hydroxy-11α-methyl-5β-pregnan-3.20-dion (**I**) mit N-Bromacetamid (NBA)/Pyridin/SO_2 gibt ein Gemisch von *11-Methyl-$\Delta^{9,11}$-* (**II**) u. *11-Methyl-Δ^{11}-5β-pregnen-3.20-dion* (**III**); das Mengenverhältnis **II**/**III** beträgt nach NMR-Unterss. ca. 85:15. Ozonolyse des **II**/**III**-Gemisches führt zu *11-Methyl-9.11-seco-5β-pregnan-3.9.11.20-tetron* (**IV**) u. einer nicht identifizierten *Ketosäure* sowie zu *11β-Methyl-9α.11α-epoxy-5β-pregnan-3.20-dion* (**V**), dessen Struktur durch Epoxydation von **II** u. durch seine Stabilität gegenüber $HClO_4$ bewiesen wird. Die Aldol-Kondens. von **IV** in Ggw. von Alkalien liefert *2-[6.7a-Dimethyl-3a.4.7.7a-tetrahydro-4-oxoindanyl-(1)]-* u. *2-[4.7a-Dimethyl-3a.6.7.7a-tetrahydro-6-oxoindanyl-(1)]-8aβ-methyl-1.6-dioxo-4aβ-dekahydronaphthalin,* deren Strukturen durch NMR-, IR-, UV- u. Röntgen-Unterss. gestützt werden. **V** wird durch Einw. von BF_3/Ae. zu einem Isomeren, wahrscheinlich *1α.2β.15β-Trimethyl-5.17-dioxo-14-acetyl-7β-tetracyclo-[8.6.1.$0^{2.7}$.$0^{11.15}$]-heptadecan* (**VI**), umgelagert; das IR-Spektrum von **VI** zeigt eine CO-Absorption bei 1683 cm^{-1}. Die 17-Ketogruppe von **VI** ließ sich nicht ketalisieren; **VI** u. das aus **VI** durch Einw. von Äthylenglykol (**VII**) u. p-Toluolsulfonsäure (**VIII**) erhältliche *5.14'-Bis-äthylenketal* gingen in Deuteroäthanol in Ggw. von CH_3ONa (72std. Kochen) keinen Deuteriumaustausch ein. — Die Rk. von **II** mit NBA in wss. Aceton gibt *8-Hydroxy-11-methyl-5β-$\Delta^{9,11}$-pregnen-3.20-dion,* dessen Struktur aus dem NMR-Spektrum u. der Resistenz gegen akt. MnO_2 u. $Na_2Cr_2O_7$ gefolgert wird. Die Red. von **II** führt zum entsprechenden *gesätt. Diol,* das durch Oxydation in *11β-Methyl-5β-pregnan-3.20-dion* übergeführt wird. — Die Dehydratisierung des Bis-äthylenketals von **I** mit NBA/Pyridin/SO_2 führt zu einem Prod., das nach Hydrolyse **II** u. **III** gibt. Ozonolyse des Bis-äthylenketals von **II** in Essigester liefert ein stabiles *Ozonid*; daneben wird das *Bis-äthylenketal* von **IV** isoliert, das keine Aldol-Rk. eingeht.

Versuche: *11-Methyl-$\Delta^{9,11}$-5β-pregnen-3.20-dion* (**II**), $C_{22}H_{32}O_2$, F. 143—144° (Essigester/PAe.), durch $^1/_4$std. Rk. von 110 g **I** in abs. Pyridin mit NBA bei Raumtemp., Überleiten von SO_2 bei 0° bis zur Entfärbung, Gießen in Eiswasser, langsame Kristallisation des Nd. aus Essigester u. Trennen von Hand; $[\alpha]_D$ +1290° (Aceton); 40,6 g (Ausbeute) [*Bis-äthylenketal,* $C_{26}H_{40}O_4$, F. 134—135°; aus PAe. Prismen; 68%; *Ozonid,* $C_{26}H_{40}O_7$, F. 149—151°, aus 5,52 g Bis-äthylenketal von **II** in Essigester bei —20° bis 10° (Aufarbeiten mit H_2O_2, Chromatographie); aus PAe./Ae. Prismen; 1,58 g]; daneben *11-Methyl-Δ^{11}-5β-pregnen-3.20-dion* (**III**), F. 171,8—178,5°. — *11-Methyl-9.11-seco-5β-pregnan-3.9.11.20-tetron* (**IV**), durch Einleiten von 2 Val O_3 in die Lsg. von **II** in Äthylacetat/Eisessig bei —10°, Zers. mit W./30% H_2O_2 bei Raumtemp., Verdünnen mit W., Extraktion mit Ae. u. Chromatographie an Florisil; Öl; 46%; daneben 3% einer Säure. — *2-[6(4).7a-Dimethyl-3a.4(6).7.7a-tetrahydro-4(6)-oxoindanyl-(1)]-8aβ-methyl-1.6-dioxo-4aβ-dekahydronaphthalin,* $C_{22}H_{30}O_3$, F. 188,8—190,6° (Essigester/PAe.), durch 3std. Rk. von **IV** in CH_3OH mit CH_3ONa, Verdünnen mit W., Extraktion mit Ae. u. Chromatographie an Florisil; $[\alpha]_D$ —71° (Chlf.); daneben *2-[4(6).7a-Dimethyl-3a.6(4).7.7a-tetrahydro-6(4)-oxoindanyl-(1)]-8aβ-methyl-1.6-dioxo-4aβ-dekahydronaphthalin,* F. 148,2—150,0° (Äthylacetat/PAe.), $[\alpha]_D$ +32°. — *11β-Methyl-9a.11α-epoxy-5β-pregnan-3.20-dion* (**V**), $C_{22}H_{32}O_3$, F. 168—169° (Essigester), a) durch Zugeben von Trifluorperessigsäure in CH_2Cl_2 zu **II** u. Na_2HPO_4 in CH_2Cl_2, 1std. Rühren bei Raumtemp., Zusatz von W., Aufarbeiten der CH_2Cl_2-Lsg., Kristallisation aus Essigester (→ *17β-Hydroxy-11β-methyl-9α.11α-epoxy-5β-androstan-3-onacetat,* $C_{22}H_{32}O_4$, F. 204—207°; 480 mg Roh-Prod.) u. Chromatographie der Mutterlauge an Florisil; 14%; b) neben **IV**; c) durch Zutropfen von 5%ig. $KMnO_4$-Lsg. zu 2 g **II** in 95%ig. CH_3COOH bei 10°, Aufarbeiten u. Chromatographie an Florisil; 50 mg; d) durch Rk. von 1 g **II** in Eisessig mit CrO_3 in 90%ig. CH_3COOH über Nacht bei Raumtemp. u. Verdünnen mit W.; 50 mg. — *1α.2β.15β-Trimethyl-5.17-dioxo-14β-acetyl-7β-tetracyclo-[8.6.1.$0^{2.7}$$0^{11.15}$]-heptadecan* (**VI**), $C_{22}H_{32}O_3$, F. 189,5—192° (PAe./Aceton), durch $3^1/_2$std. Stehen von **V** in Bzl./Ae. in Ggw. von BF_3/Ae. u. Chromatographie an Florisil; 75%. *5.14¹-Bis-äthylenketal,* $C_{26}H_{40}O_5$, F. 180,2—183,8° (PAe.), aus 380 mg **VI** durch 18std. Kochen mit **VII** u. **VIII** in Bzl. u. Chromatographie an Florisil; Hydrolyse von 35 mg Ketal mit Aceton/1 n H_2SO_4 über Nacht bei Raumtemp. lieferte 73% **VI**. — *8-Hydroxy-11-methyl-$\Delta^{9,11}$-5β-pregnen-3.20-dion,* $C_{22}H_{32}O_3$, F. 208—212,8° (Zers.), a) durch Rk. von **II** in Aceton mit NBA in W. über Nacht bei Raumtemp. u. Reinigung des Roh-Prod. (180 mg) mit Zn/95%ig. A./CH_3COOH; b) neben **V** nach c); 120 mg; Einw. von $Na_2Cr_2O_7 \cdot 2H_2O$ in Eisessig (über Nacht bei Raumtemp.) gibt nur Ausgangs-Prod. u. einen *Alkohol vom F. 154—156°.* — *11β-Methyl-5β-pregnan-3.20-dion,* $C_{22}H_{34}O_2$, F. 155 bis 156,5° (PAe.), durch Hydrierung von **II** an PtO_2 in CH_3COOH, 1std. Oxydation des Prod. in CH_3COOH mit CrO_3 in 90%ig. CH_3COOH u. Chromatographie an Florisil; 90%. P. H. Laur 3750◇

0940 **Ein neuer Weg zur Einführung der 16α-Methyl-Gruppe während der Synthese der Corticosteroidverbindungen.** Huang-Minlon, Chew-Hwa Wu, Zan-Wei Kin und Yuh-Cheng Chen. (Scientia sinica **11,** 1659—68, 1962; Acad. Sinica, organ.-chem. Inst.; dt.) — Die Synth. von *16α-Methyl-17α.21-dihydroxy-$\Delta^{1.4}$-pregnadien-3.20-dion* (**VIII**), einem Zwischen-Prod. der Synth. von Dexamethason, wird beschrieben. Das aus Diosgenin darstellbare *16-Methyl-3β-acetoxy-20-keto-$\Delta^{5.16}$-pregnadien* (**I**) wird in das *16α.17α-Epoxid* (**II**) übergeführt. Rk. von **II** mit p-Toluolsulfonsäure (**V**) bzw. mit HCl u. Acetylieren liefert *16-Methylen-3β-acetoxy-17α-hydroxy-20-keto-Δ^5-pregnen* (**III**) bzw. ein Gemisch von **III** u. *16-Methyl-3β-acetoxy-17α-hydroxy-20-keto-$\Delta^{5.15}$-pregnadien* (**IV**). Durch $LiAlH_4$-Red. von **III** bzw. **IV** zu den entsprechenden *Glykolen* u. Spaltung mit $NaJO_4$ zu *16-Methylendehydroepiandrosteron* bzw. *16-Methyl-$\Delta^{5.15}$-androstadien-3β-ol-17-on* wird die Lage der Doppelbindung gesichert. Katalyt. Hydrierung von **III** bzw. **IV** oder eines **III**/**IV**-Gemisches u. Hydrolyse liefern *16α-Methyl-3β.17α-dihydroxy-20-keto-Δ^5-pregnen* (**VII**). Durch Oxydation mit Kiliani-Lsg. wird **VII** in *16α-Methyl-17α-hydroxy-3.20-diketo-Δ^4-pregnen* übergeführt. Bromierung von **VII** u. anschließendes Behandeln mit NaJ u. K-Acetat führen zu *16α-Methyl-3β.17α-dihydroxy-20-keto-21-acetoxy-Δ^5-pregnen,* das mit Kiliani-Lsg. zu *16α-Methyl-17α-hydroxy-21-acetoxy-3.20-diketo-Δ^4-pregnen* oxydiert wird. Dehydrieren dieser Verb. mit Dicyandichlorbenzochinon (**VI**) u. Verseifen liefert **VIII**.

Versuche: *16β-Methyl-16α.17α-epoxy-3β-hydroxy-20-keto-Δ^5-pregnen,* F. 188—189°, durch 20 Min. langes Stehen von **I** in Methanol u. 30%ig. H_2O_2 in 4 n NaOH, $^3/_4$std. Kochen u. Einengen unter Vakuum; 92,5% (Ausbeute). *Acetat* (**II**), $C_{24}H_{34}O_4$, F. 178—179°, $[\alpha]_D$ —16,8° (c = 1,5). — *16-Methylen-3β-acetoxy-17α-hydroxy-20-keto-Δ^5-pregnen* (**III**), $C_{24}H_{34}O_4$, F. 201—202° (Chlf./Methanol), durch Einengen einer **II**/Bzl.-Lsg., Zusetzen von **V**, ca. 1std. Kochen u. Einengen bei 30—40° unter Vakuum; $[\alpha]_D$ —140,3° (c = 1,2); 86,7%. — *16-Methyl-3β.17α-dihydroxy-20-keto-$\Delta^{5.15}$-pregnadien,* F. 254—257° (Methanol), durch Zutropfen von konz. HCl zu 10,7 g **II** in Methanol u. 1std. Rühren; Plättchen; 10,4 g. *Acetat* (**IV**), $C_{24}H_{34}O_4$, F. 213—216° (Methanol), $[\alpha]_D$ —160° (c = 1,09); 56%; daneben **III**/**IV**-*Gemisch,* F. 185—188°. — *16-Methylendehydroepiandrosteron,* $C_{20}H_{28}O_2$, F. 178 bis 180° (Essigester), durch Red. von 0,6 g **III** mit $LiAlH_4$ in sd. Tetrahydrofuran (THF) zu *16-Methylen-3β.17α.20-trihydroxy-Δ^5-pregnen* [F. 196—198°, aus Methanol/Essigester Nadeln, $[\alpha]_D$ —160° (c = 0,9); 0,29 g],

Lösen von 0,25 g in Methanol, Zusetzen von $NaJO_4$-Lsg., Stehen bei 20—25° über Nacht, Filtrieren u. Einengen des Filtrats unter Vakuum; $[\alpha]_D$ — 56,6° (c = 1,2); 0,21 g. — *16-Methyl-Δ^5.15-bisdehydroepiandrosteron*, $C_{20}H_{28}O_2$, F. 197—199,5° (Essigester), analog vorst. Verb. aus 0,4 g **IV**; $[\alpha]_D$ — 178° (c = 0,8); 0,12 g. — *16α-Methyl-3β.17α-dihydroxy-20-keto-Δ^5-pregnen* (**VII**), F. 244°, durch Hydrieren von **IV** in 1.4-Dioxan u. Essigsäure über 10%ig. Pd/Kohle zum *3β-Acetat* [F. 200—203°, aus Methanol Platten; $[\alpha]_D$ — 77,2° (c = 2,14); 84,5%] u. Hydrolyse mit methanol. K_2CO_3. — *16α-Methyl-17α-hydroxy-3.20-diketo-Δ^4-pregnen*, $C_{22}H_{32}O_3$, F. 182—184° (Methanol), durch Zusetzen von 8 n Kiliani-Lsg. zu 50 mg **VII** in mit CrO_3 behandeltem Aceton bei 10°, 1std. Rühren bei 10°, Zusetzen von Methanol, Einengen, Gießen in gesätt. NaCl-Lsg., Lösen des Nd. in Methanol, Einengen u. 3 Min. langes Erwärmen in Ggw. von 1 n H_2SO_4; $[\alpha]_D$ + 77°; 20 mg. — *16α-Methyl-3β.17α-dihydroxy-20-keto-21-acetoxy-Δ^5-pregnen*, $C_{24}H_{36}O_5$, F. 181 bis 183°, durch langsames Zutropfen von Br_2 in Chlf. zu **VII** in HCl-gesätt. Chlf. bei ca. 15°, 20 Min. langes Rühren, Waschen mit 2%ig. $NaHCO_3$-Lsg. u. W., Einengen bei ca. 40° unter Vakuum, Lösen in Aceton, Zusetzen von NaJ, 12std. Stehen, Zusetzen von $Na_2S_2O_3$-Lsg., Lösen der erhaltenen *21-Jod-Verb.* (Zers. bei 122°) in abs. Aceton, 36std. Kochen mit K-Acetat u. Gießen in W.; aus Methanol Platten; $[\alpha]_D$ — 22,3° (c = 1,86); 62,5%. — *16α-Methyl-17α-hydroxy-21-acetoxy-3.20-diketo-Δ^4-pregnen*, $C_{24}H_{34}O_5$, F. 158—160,5° (Methanol), durch Zutropfen von 8 n Kiliani-Lsg. zu vorst. Verb. in Aceton bei 0°, 3/4std. Rühren bei 0°, Zusetzen von Methanol, Gießen in gesätt. NaCl-Lsg., Lösen des Nd. (F. 142—148°) in Methanol, Einengen, 3 Min. langes Erwärmen in Ggw. von 1 n H_2SO_4 u. Chromatographie an SiO_2; $[\alpha]_D$ + 88,5° (c = 0,87). — *16α-Methyl-17α.21-dihydroxy-Δ^1.4-pregnadien-3.20-dion* (**VIII**), $C_{22}H_{30}O_4$, F. 195—198° (Aceton), durch 48std. Kochen von 580 mg vorst. Verb. in abs. Bzl. mit **VI** unter N_2, Filtrieren, Waschen des Filtrats mit 2%ig. $NaHCO_3$-Lsg. u. W., Einengen unter Vakuum (→ *21-Acetat*; 440 mg) u. 1 1/2std. Rühren in Methanol in Ggw. von KOH unter N_2 bei 0°, Neutralisieren mit CH_3COOH, Gießen in W. u. Aufarbeiten; $[\alpha]_D$ + 45,5° (c = 1,67); 300 mg.

H. Gleinig 3750◇

0941 **Corticosteroid-17α-monoester aus cyclischen 17α.21-Orthoestern.** R. Gardi, R. Vitali und A. Ercoli. (Tetrahedron Letters [London] **1961**, Nr. 13, 448—51; Casatenova, Vister Res. Labor.; engl.) — *Cycl. 17α.21-Orthoester* (**A**) von *Corticosteroiden* (**B**), z. B. von Cortison (**I**), Cortisol u. deren Δ¹-Derivv., werden durch Dest. der entsprechenden 17α.21-Diole mit Orthocarbonsäurealkylestern in Bzl. in Ggw. von Säuren in Ausbeuten von 45—80% dargestellt. Bei der Darst. der **A** bilden sich wegen des neuentstandenen Asymmetriezentrums 2 Diastereoisomere (**C** u. **D**). Bei den *cycl. 17α.21-Orthoameisensäurealkylestern* (**E**) der **B** ist nicht nur die Trennung von **C** u. **D** möglich, sondern auch durch Auswahl eines geeigneten Katalysators deren stereospezif. Synth.: *Cortison-17α.21-äthylorthoformiat*, **C**, F. 164—166°, aus **I**, Orthoameisensäureäthylester (**II**) u. Pyridinhydrochlorid (**III**); $[\alpha]_D$ + 198°; **D**, F. 187—189°, aus **I**, **II** u. p-Toluolsulfonsäure (**IV**); $[\alpha]_D$ + 162°. — *Δ¹-Cortison-17α.21-äthylorthoformiat* (*Prednison-17α.21-äthylorthoformiat*), **C**, F. 157—159°, aus Δ¹-Cortison (Prednison; **V**), **II** u. **III**; $[\alpha]_D$ + 184°; **D**, F. 210—211°, aus **V**, **II** u. **IV**; $[\alpha]_D$ + 140°. — *Δ¹-Cortisol-17α.21-äthylorthoformiat*, **C**, F. 140 bis 142°, aus Δ¹-Cortisol (Prednisolon; **VI**), **II** u. **III**; $[\alpha]_D$ + 126°; **D**, F. 198—200°, aus **VI**, **II** u. **IV**; $[\alpha]_D$ + 85°. — Die gegenüber Alkali stabilen **A** werden durch Säuren hydrolysiert. Durch 10 Min. langes Erhitzen der **E** mit CH_3OH in Ggw. von 1 n HCl werden die entsprechenden 17α.21-Diole mit guter Ausbeute zurückerhalten. Hydrolyse der **E** mit HCl bei Raumtemp. oder Erhitzen der **E** mit Oxalsäure liefert ein durch fraktionierte Kristallisation trennbares *Gemisch* aus *17α-* u. *21-Monoformiat*. Auf diesem Wege wird *Prednisolon-17α-monoformiat* [F. 244—245°, $[\alpha]_D$ + 20° (Dioxan)] dargestellt. Analog synthetisieren Vff.: *Prednisolon-17α-monoacetat*, F. 240—242°, durch Hydrolyse von Prednisolon-17α.21-methylorthoacetat (F. 214—216°; $[\alpha]_D$ + 61°); $[\alpha]_D$ + 10°; daneben geringe Mengen *Prednisolon-21-monoacetat*. — *Cortisol-17α-monoacetat*, F. 234 bis 237°, analog vorst. Verb. aus dem entsprechenden 17α.21-Methylorthoacetat; $[\alpha]_D$ + 50°. — *Prednison-17α-monovalerat*, F. 198—201°, durch Hydrolyse von *Prednison-17α.21-methylorthovalerat* (F. 200—203°, $[\alpha]_D$ + 3,5°); $[\alpha]_D$ + 64°. — *Prednisolon-17α-monovalerat*, F. 210—213°, $[\alpha]_D$ + 3,5°. — Für die Hydrolyse der **A** zu den 17α-Monoestern schlagen Vff. einen Rk.-Mechanismus vor. Die neben den 17α-Monoestern in geringen Mengen aufgefundenen 21-Monoester entstehen vermutlich durch Umlagerung der ersteren. Bei der Rk. von **VI** mit **II** werden als Nebenprod. geringe Mengen von *11-O-Diäthoxymethylprednisolon-17α.21-äthylorthoformiat* (F. 144—148°, $[\alpha]_D$ + 116°) isoliert, die bei der Hydrolyse *Prednisolon-11-monoformiat* (F. 225—228°, $[\alpha]_D$ + 127°) liefern.

H. Gleinig 3750◇

0942 **Die Synthese 11.19-oxydierter Pregnane aus Ouabain.** John S. Baran. (Tetrahedron Letters [London] **1961**, Nr. 13, 425—28; Chicago, Ill., G. D. Searle & Co., Div. of Chem. Res.; engl.) — Die Umsetzung von Ouabain in die *Hemiketalform* von *19-Hydroxy-4.5α-dihydro-11-dehydrocorticosteron* bzw. *19-Hydroxy-5α-pregnan-3.11.20-trion* wird beschrieben. Ouabagenin-1.19-acetonid wird mit CrO_3 in Pyridin zum rohen *3.11-Diketon* oxydiert, das durch Behandeln mit bas. Al_2O_3 u. heißem A. in *5β.14.19-Trihydroxy-3.11-dioxo-5β-Δ^1.20,22-cardadienolid* [55% (Ausbeute)] übergeführt wird. Dies wird über Pd/Kohle in Methanol zu *5β.11α.14-Trihydroxy-11.19-epoxy-3-oxo-5β-Δ^20,22-cardenolid* (F. 178—181°, im Gleichgewicht mit *5β.14.19-Trihydroxy-3.11-dioxo-5β-Δ^20,22-cardenolid*) hydriert, das nach Filtrieren mit katalyt. Mengen p-Toluolsulfonsäure (**V**) zu *14-Hydroxy-11α-methoxy-11.19-epoxy-3-oxo-Δ^4.20,22-cardadienolid* [F. 258—260°, $[\alpha]_D$ + 149,8° (Chlf.)] umgesetzt wird. Dehydratisierung dieser Verb. mit $SOCl_2$ in Pyridin liefert *11α-Methoxy-11.19-epoxy-3-oxo-Δ^4.14.20,22-cardatrienolid* [F. 212—214°, $[\alpha]_D$ + 119,5° (Chlf.)], das über Pd/Kohle in Essigester/Methanol zu *11α-Methoxy-11.19-epoxy-3-oxo-5α.14α-Δ^20,22-cardenolid* [**I**; F. 192—194°, $[\alpha]_D$ + 126,5° (Chlf.); 90%] hydriert wird. Ozonolyse von **I** u. Hydrolyse des erhaltenen *21-Glyoxylsäureesters* mit wss. methanol. $KHCO_3$ führen zu *21-Hydroxy-11α-methoxy-11.19-epoxy-5α-pregnan-3.20-dion* [**II**, F. 178—180°, $[\alpha]_D$ + 134,5° (Chlf.); 18% bezogen auf Ouabain]. **II** wird mit wss. Aceton in Ggw. von **V** zu *11α.21-Dihydroxy-11.19-epoxy-5α-pregnan-3.20-dion* [F. 165—167°, $[\alpha]_D$ + 107° (Chlf.)] hydrolysiert. Die Behandlung von **II**-p-Toluolsulfonat mit NaJ in Aceton liefert das *21-Jod-Analogon*, das mit Zn in Essigsäure zu *11α-Methoxy-11.19-epoxy-5α-pregnan-3.20-dion* [**III**; F. 168—169°, $[\alpha]_D$ + 145° (Chlf.)] red. wird. Hydrolyse von **III** gibt *11α-Hydroxy-11.19-epoxy-5α-pregnan-3.20-dion* [F. 156—158°, $[\alpha]_D$ + 103° (Chlf.)], das in Methanol in Ggw. von **V** in *3.3.11α-Trimethoxy-11.19-epoxy-5α-pregnan-20-on* [**IV**; F. 111—112°, $[\alpha]_D$ + 107° (Methanol)] übergeführt wird. Die β-Konfiguration der 17-Acetyl-Gruppe von **IV** wird durch positiven Cotton-Effekt der Rotationsdispersionskurve gesichert. Da **IV** durch warme 1 n KOH in CH_3OH nicht epimerisiert wird u. da die Rotationsdispersion von **I** positiven Cotton-Effekt zeigt, wird auf trans-Verknüpfung der Ringe A/B bzw. C/D von **I** geschlossen.

H. Gleinig 3750◇

0943 **Einige Fettsäureester von α-Tocopherol.** P. F. G. Praill. (J. chem. Soc. [London] **1959**, 3100—01; London, Univ., Queen Elizabeth Coll.; engl.) — Die Darst. der Ester von D- u. DL-α-Tocopherol wird beschrieben.

Versuche: D-α-Tocopherylester, durch 1/4std. Zugabe von Säurechlorid in 1.2-Dichloräthan zu D-α-Tocopherol in 1.2-Dichloräthan in Ggw. von Pyridin, 20std. Stehen bei Raumtemp., Verdünnen mit W., Extrahieren mit Ae., Waschen mit 2 n HCl u. 2%ig. KOH, Eindampfen, Lösen in wenig Isopropanol u. Kühlen: *Essigsäure-*, F. 26,5—27,5°; n_D^{20} 1,5970, n_D^{50} 1,4860. — *Palmitinsäure-*, $C_{45}H_{80}O_3$, F. 42—43°; 50% (Ausbeute). — *Stearinsäure-*, $C_{47}H_{84}O_3$, F. 48,5°; n_D^{50} 1,4782; 90%. — *Ölsäure-*, $C_{47}H_{82}O_3$, n_D^{20} 1,4960, n_D^{50} 1,4875; 32%. — *Elaidinsäure-*, $C_{47}H_{82}O_3$, F. 27,5°; n_D^{50} 1,4814; 71%. — *Petroselinsäure-*, n_D^{20} 1,4928, n_D^{50}

1,4830; 42%. — *Erucasäure-*, $C_{51}H_{90}O_3$, F. — 6 bis — 4°; n_D^{20} 1,4946, n_D^{50} 1,4848; 46%. — *Brassidinsäure-*, F. 35,2°; n_D^{50} 1,4802; 61%. — *Linolsäure-*, $C_{47}H_{80}O_3$; n_D^{20} 1,4962, n_D^{50} 1,4888; 33%. — *Linolensäure-*, $C_{47}H_{78}O_3$; n_D^{20} 1,5007; 45%. — DL-α-Tocopherylester: *Essigsäure-*; n_D^{20} 1,4964, n_D^{50} 1,4860. — *Palmitinsäure-*, F. 36—38°. — *Stearinsäure-*, $C_{47}H_{84}O_3$, F. 40,5°; n_D^{50} 1,4760; 71%. — *Ölsäure-*, $C_{47}H_{82}O_3$; n_D^{20} 1,4918; 48%. — *Erucasäure-*, $C_{51}H_{90}O_3$; n_D^{20} 1,4898, n_D^{50} 1,4800; 42%. — *Brassidinsäure-*, F. 26,5°; n_D^{50} 1,4800; 82%. — *Linolsäure-*, $C_{47}H_{80}O_3$; n_D^{20} 1,4960; 48%.

W. Hampel 3800△

D. Makromolekulare Chemie

0944 **Bestimmung der Größe von Latexteilchen durch Lichtstreuung.** 1. Mitt. **Methode der kleinsten Intensität.** Samuel H. Maron und Max E. Elder. (J. Colloid Sci. **18,** 107—18, 1963; Cleveland, Ohio, Case Inst. of Technol., Dep. of Chem.; engl.) — Theoret. Berechnungen nach der Meth. der kleinsten Intensität ergaben, daß der Winkel Θ, unter dem das erste Minimum der Streuintensität erscheint, durch die Beziehung $D/\lambda_m \sin(\Theta_1/2) = 1{,}062 - 0{,}347\,m$ dargestellt wird ($D = \varnothing$ der streuenden Kugel, λ_m = Wellenlänge des Lichtes im Medium, m = Verhältnis der Refraktionsindices des streuenden Teilchens u. des Mediums). Die Beziehung gilt für m = 1,00 — 1,55. Unter Verw. dieser Beziehung wurden die Teilchendurchmesser für 23 synthet. Latices für D = 2080 — 10100 Å bei verschiedenen Wellenlängen bestimmt. In monodispersen Syst. ist D von λ_m unabhängig, in polydispersen Syst. steigt D mit λ_m an. Diese Meth. dient zur schnellen Best. von Durchmessern im Bereich von 0,18—4 Mikron.

H. Schroeder 4000◇

0945 **Eine Theorie über Einschlüsse in viscoelastischen Materialien.** J. R. M. Radok und Clement L. Tai. (J. appl. Polymer Sci. **6,** 518—28, 1962; Brooklyn, N. Y., Polytechn. Inst. of Brooklyn, Dep. of Aeronaut. Engng. and Appl. Mech.; engl.) — Der Einfl. von zylindr. u. kugelförmigen Einschlüssen in zwei- oder dreidimensional unendlichen Körpern, die einer uniaxialen Belastung unterworfen sind, wird mit der Viscoelastizitätstheorie untersucht. Dabei wird angenommen, daß die Einschlüsse entweder starr, vollkommen elast. oder viscoelast. sind u. daß ihre Oberfläche frei oder mit dem umgebenden Material verschmolzen ist. In allen Fällen unterscheidet sich das Verh. des viscoelast. Materials in der Umgebung der Einschlüsse wesentlich von dem des Materials ohne Einschlüsse. Es wird gezeigt, daß z. B. ein Ein-Parameter-Material einige Verzögerungs- u. Relaxationszeiten aufweisen wird. U. Stürzer 4000◇

0946 **Registriergerät zum Messen von Längsschrumpfungen.** Henry J. Scherr und William E. Palm. (J. appl. Polymer Sci. **7,** 1273—79, 1963; Philadelphia, Pa., Reg. Res. Labor. Eastern; engl.) — Die longitudinale Bewegung eines einseitig fixierten Prüfstreifens unter schwacher Belastung wird an der Verschiebung des Schattens einer Maske beobachtet, die an der beweglichen Klemme angebracht ist. Die Schattenwanderung wird über eine Photoröhre u. geeignete elektron. Hilfsapp. laufend registriert. Die App. dient zum Charakterisieren des Kriech- u. Wiedererholungs-Verh. von Polymerfilmen u. liefert übereinstimmende Werte mit Kathetometermessungen. M. Hagedorn 4000◇

0947 **Theorie eines nicht regellosen Abbaus linearer Kettenmoleküle.** Ayao Amemiya. (J. physic. Soc. Japan **17,** 1245—55, 1962; Tokyo, Univ., Fac. of Engng., Dep. of Appl. Phys.; engl.) — Vf. entwickelte Geschwindigkeitsgleichungen für einen nicht regellosen Abbau linearer Kettenmoll., wobei Gleichförmigkeit anfänglicher Mol.-Größenverteilung nicht angenommen wurde. Berechnet wurden als Funktionen der Zeit mittlere Polymerisationsgrade verschiedener Arten. C. Gottfried 4000△

0948 **Der Einfluß von Kettenverzweigung und Molekulargewicht von Polyäthylen auf seine Glasumwandlungstemperatur.** Kōji Tanaka. (Bull. chem. Soc. Japan **33,** 1133—37, 1960; Tokyo, Kagurazaka, Shinjuku-ku, Tokyo College of Sci., Fac. of Sci., Dep. of Chem.; engl.) — Die Glasumwandlungstemp. T_g erniedrigt sich mit steigendem Geh. an kurzen Seitenketten in *Polyäthylen* (**I**) nach $T_g = -4{,}6 \cdot N_c - 18{,}7$ (N_c = Verzweigungsindex an CH_3-Gruppen pro 100 CH_2-Gruppen). Ein Einfl. der Langkettenverzweigung auf T_g wurde nicht beobachtet. Mit steigendem Molgew. von **I** steigt T_g geringfügig an (um 2° bei Erhöhung des Molgew. von 10000 auf 50000). Die Vol.-Ausdehnung steigt oberhalb u. unterhalb von T_g mit wachsendem N_c an. Die Verss. wurden an 10 **I**-Präpp. (*Marlex 50–9, Ziegler*-**I** u. 8 *Hochdruck*-**I**-*Präpp.*) mit Molgew. zwischen ca. $10 \cdot 10^3$ u. $50 \cdot 10^3$ durchgeführt. Die N_c-Werte liegen zwischen 0,25 u. 3,2, die T_g-Werte zwischen — 16,0° u. — 34,0° u. die kub. Ausdehnungs-Koeff. zwischen $2{,}8 \cdot 10^{-4}$ u. $5{,}9 \cdot 10^{-4}$.

U. Stürzer 4010◇

0949 **Bestrahlungseinflüsse auf eine Polymermischung.** 1. Mitt. **Wirkungen auf eine Mischung aus Polyäthylen hoher und niedriger Dichte.** Sanyo Hori, Shozo Iida, Hiroshi Sakami und Toshiaki Adachi. (Rep. Government ind. Res. Inst., Nagoya **11,** 48—52, 1962; jap., Auszug: engl.) — Um durch Mischen von Polymeren Stoffe mit guten Daten zu erhalten, wird eine Mischtechnik untersucht, die im Vernetzen durch Bestrahlung besteht. Dadurch wird einem Entmischen vorgebeugt. Die Wirkungen der Bestrahlung von Gemischen aus *Polyäthylen* hoher (**I**) u. niedriger (**II**) Dichte in bezug auf Homogenität der Mischung werden an den spezif. Wärme/Temp.-Daten verfolgt. Die unbestrahlte (**A**) u. die bei Raum-Temp. bestrahlte (**B**) Mischung aus **I**/**II** weist beim F. für jedes Polyäthylen zwei Spitzen für die spezif. Wärme auf, die in der Schmelze bestrahlte (**C**) dagegen nur eine. **C** wird daher im Gegensatz zu **A** u. **B** als homogen angesehen. Eine Erklärung wird darin gesehen, daß unter normalen Umständen aus der zwar homogenen Schmelze nacheinander zuerst **I** u. dann **II** getrennt kristallisieren; die Vernetzung von **I** u. **II** unterbindet das getrennte Kristallisieren u. damit die Bldg. einer heterogenen **I**/**II**-Kristallitmischung.

M. Hagedorn 4010◇

0950 **Viscoelastisches Verhalten von Polyäthylen und Polypropylen.** Joseph A. Faucher. (Trans. Soc. Rheol. **3,** 81—93, 1959; South Charleston, W. Va., Union Carbide Chem., Co. Res. Dep.; engl.) — Vf. versucht die Theorie der red. Variablen auf kristallines *Polyäthylen* (**I**) u. *Polypropylen* (**II**) zu übertragen. Zur Gewinnung experimenteller Daten wurden Messungen der Dehnungsrelaxation von *Marlex-50-* u. *DYNH*-Proben (**I**) u. von **II** verschiedenen Kristallisationsgrades im Temp.-Bereich von — 60 bis + 100° in Intervallen von 10° während einer Zeit von 10—2000 s ausgeführt. Die berechneten Verteilungen der Relaxationszeiten sind für beide Polymere sehr ähnlich. Vgl. wurden auch mit amorphem **II** angestellt. H. Schroeder 4010◇

0951 **Eigenschaften von Äthylen–Propylen-Copolymeren und von Doppelbindungen enthaltenden Terpolymeren.** G. Natta und G. Crespi. (J. Polymer Sci. **61,** 83—95, 1962; Milano, Politecnico, Ist. di Chim. Ind.; engl.) — Vff. zeigen an nach verschiedenen Meth. hergestellten amorphen *Äthylen–Propylen-Copolymeren* die Zusammenhänge zwischen den Molgew.-Verteilungen u. den Verarbeitungseigg. sowie den Eigg. der erhaltenen Vulkanisate. Es wurde gefunden, daß die Prodd. sich dann gut verarbeiten lassen, wenn sie ein nicht zu hohes mittleres Molgew. besitzen (Mooney-Viscosität: 20—40). Andererseits muß dabei zur Erreichung guter mechan. Vulkanisateigg. eine möglichst enge Molgew.-Verteilung eingehalten werden. Beispiele werden angegeben. *Terpolymere*, welche durch Copolymerisation von *Äthylen*, *Propylen* u. geeigneten Diolefinen entstehen, sollen neben den oben angeführten Eigg. eine statist. Verteilung der Doppelbindungen aufweisen. Nach der Vulkanisation mit S u. Beschleunigern besitzen diese Prodd. (1—3%

ungesätt. Monomereinheiten) bei Erfüllung dieser Voraussetzungen die gleichen mechan. u. dynam. Eigg. wie die mit Peroxid vulkanisierten Äthylen–Propylen-Copolymeren. Die bes. gute Alterungsbeständigkeit der Copolymeren bleibt auch bei den Terpolymeren erhalten. H. Ehrhardt 4010◇

0952 **Die Untersuchung der Rißbildung und des Bruches von sphärolithischem isotaktischem Polypropylen.** Leo Barish. (J. appl. Polymer Sci. **6**, 617–23, 1962; Dedham, Mass., Fabric Res. Labor., Inc.; engl.) — Die Entstehung einer sphärolith. Struktur von bei 125° geschmolzenen *Polypropylen*-Filmen wurde photograph. registriert. Der Einfl. dieser Struktur auf die physikal. Eigg. (Elastizität, Reißfestigkeit, Spannungs–Dehnungs-Verh., Doppelbrechung) wurde untersucht. Völlig sphärolith. Proben ergaben an den Sphärolithgrenzen ohne vorherige Einschnürung einen sofortigen Bruch. Die Natur des Bruches wird bei völlig sphärolith. Proben durch die Dehnungs-Geschw. beeinflußt. Bei kleiner Dehnungs-Geschw. zeigen die Sphärolithe beim Bruch eine Tendenz zum „Herausziehen". Bei hoher Dehnungs-Geschw. ist der Bruch an den Grenzflächen der Sphärolithe scharf. H. Schroeder 4010◇

0953 **Fließeigenschaften von Polymersystemen.** 7. Mitt. **Scherviscositäten von Polyisobuten-Systemen. — Eine Untersuchung über Polymerverschlingung.** R. S. Porter und J. F. Johnson. (Polymer [London] **3**, 11–16, 1962; Richmond, Calif., Calif. Res. Corp.; engl.) — Die Viscosität von 0–100%ig. Lsgg. von elf *Polyisobuten*-Proben vom Molgew. 224 bis 71 000 in Cetan u. Tetralin wurden zwischen 100 u. 135° mit Capillaren u. Rotationsviscosimetern gemessen. Aus den Ergebnissen lassen sich durch Auftragen des Logarithmus der niedrigen Scherviscosität gegen den Logarithmus des Polyisobuten-Molgew. Lage u. Größe des Nicht-Newtonschen Fließens voraussagen. Der Übergang liegt bei einer krit. Polymer-Konz. u. einem Molgew., das den Bedingungen für ausgedehnte Mol.-Kettenverschlingung entspricht. Die Aktivierungsenergie des Fließens wird zu ca. 3–12 kcal/Mol berechnet. U. Stürzer 4010

0954 **Emulsionspolymerisation von Butadien.** U. Giannini, E. Ciampelli und G. Bruckner. (Makromolekulare Chem. **66**, 209–11, 1963; Milano, Politecnico, Ist. di Chim. ind.; Soc. Montecatini, Labor. Ric. Sett. Idrocarburi; engl.) — Zur IR-spektroskop. Best. des cis-1.4-Anteils in *Polybutadien* ist die Bande bei 13,6 μ nicht geeignet, wenn als Katalysator Fluorsilicate verwendet wurden, da in diesem Bereich eine Si–F-Bande liegt. Mit den üblichen Meth. gelang es den Vff. nicht, katalysatorfreie Butadienpolymerisate aus wss. Emulsion mit einem $CoSiF_6$-Katalysator zu erhalten. U. Müller 4010◇

0955 **Die Polymerisation von Isopren mit einem Zinntetraalkyl-Titantetrachlorid-Katalysator.** Nobuyuki Ashikari, Hirotaka Hirata und Kazuo Yanagisawa. (Bull. chem. Soc. Japan **35**, 1412–15, 1962; Musashino-shi, Tokyo, Nippon Telegraph and Telephone Public Corp., Electr. Communic. Labor.; engl.) — Durch Polymerisation von *Isopren* mit Mischkatalysatoren aus $TiCl_4$ (**II**) u. Tetraisopropyl-Sn (**III**) mit Sn/Ti-Verhältnissen von 0,22 bis 1,75 erhalten Vff. *Polyisoprene* (**I**) mit lösl. Anteilen von 70 bis 90% u. Molgew. von ca. 35000. Dem IR-Spektrum nach hat **I** vorwiegend trans-Struktur u. ähnelt bei Verw. eines Sn-reichen Katalysators dem α-Guttapercha. Eine Kristallinität von **I** ist im IR-Spektrum, nicht aber durch Röntgenstrahlen-Beugung nachweisbar. Die Polymerisations-Rk. ist 1. Ordnung mit einer Aktivierungsenergie von 13,6 kcal/mol. Aus den Ergebnissen schließen Vff., daß bei einem **II**-Überschuß am Mischkatalysator eine kation. u. bei einem **III**-Überschuß eine anion. Polymerisation abläuft. A. Gude 4010◇

0956 **Kinetik der „Polymerisation" von Isopren und Styrol mit n-Butyllithium als Katalysator.** 5. Mitt. Hans-jörg Sinn und Wilfried Hofmann. (Makromolekulare Chem. **56**, 234–36, 1962; München, TH., Inst. für Chem. Technol.; dt.) — 4. vgl. C. **1964**, 3-0977. — Die Brutto-Rk.-Geschw. der Polymerisation von *Isopren* mit Butyl-Li als Katalysator wurde in der Weise verfolgt, daß entnommene Proben durch Hydrolyse zersetzt wurden; die Menge des Butans u. noch vorhandenen Isoprens wird gaschromatograph. bestimmt. Aus den Werten erhält man die Zeit–Umsatzkurven für Isopren u. Butyl-Li. Vff. weisen darauf hin, daß die Vers.-Ergebnisse nur qual. Charakter wegen der Unsicherheit, mit der die Best. der Butyl-Li-Geh. durchgeführt werden kann, haben. H. Schroeder 4010◇

0957 **Wasserdampfdurchtritt durch poröse Filme.** Donatas Satas und Donald G. Carr. (J. appl. Polymer Sci. **6**, S 64–66, 1962; Chicago, Ill., Kendall Co., Chicago Div. Res. Labor.; engl.) — Die Vorstellung, daß der Wasserdampfdurchtritt durch Folien mit luftgefüllten Poren überwiegend als mol. Gasphasendiffusion verläuft, wird in einer beschriebenen Anordnung experimentell geprüft u. bestätigt. Die Unterss. werden an *Polyvinylchlorid*-Folien vorgenommen. H. Schroeder 4010◇

0958 **Adsorption von Polyvinylalkohol an durch Suspensionspolymerisation von Vinylchlorid hergestellten Polyvinylchloridpartikeln.** Ken-ichi Maemoto und Minoru Hirata. (Chem. High Polymers [Tokyo] **15**, 756–60, 1958; Niihama works, Sumitomo Chem. Co., Ltd., Res. Dep.; jap., Auszug: engl.) — Die Unters. der Suspensionspolymerisation von Vinylchlorid mit Dilaurylperoxid als Katalysator u. Polyvinylalkohol (**I**) als Stabilisator ergab, daß die von *Polyvinylchlorid* (**II**) adsorbierte **I**-Menge der **I**-Konz. im Polymerisations-Syst. nahezu proportional ist. Das adsorbierte **I** kann nicht mit heißem W. ausgewaschen werden. Die Beziehung zwischen mittlerer Größe der **II**-Partikel u. der **I**-Konz. wird erörtert. U. Stürzer 4010◇

0959 **Über den Aufbau von Polyvinylchlorid.** (Vorl. Mitt.) Hans Batzer und Anton Nisch. (Makromolekulare Chem. **16**, 69–70, 1955; Stuttgart, TH, Inst. für organ. Chem. u. organ.-chem. Technol.; dt.) H. Czech 4010◇

0960 **Über den Einfluß von Derivaten des symm.-Triazins auf die Stabilität von Polyvinylchlorid.** S. W. Popowa, D. M. Janowski, N. W. Koslowa und A. I. Krymowa. (J. angew. Chem. [UdSSR] **35**, 164–70, 1962; russ.) — Derivv. von symm.-Triazin werden als Verbb. mit beweglichen H-Atomen u. Befähigung zur Bldg. stabiler Radikale geringer Aktivität auf ihre Stabilisierwrkg. für *Polyvinylchlorid* (**I**) untersucht. Wirksame Licht- u. Alterungsstabilisatoren für **I** sind für sich oder im Gemisch mit HCl-Acceptoren *2.4.6-Triamino-*, *2.4.6-Trianilino-*, *-Tris-*[*o-* u. *-p-chloranilino*]-, *-Tris-*[*2.4-dichloranilino*]-, *-Tris-*[*o-* u. *-p-methylanilino*]- u. *-Tris-*[*p-aminosulfonylanilino*]*-1.3.5-triazin.* Die Stabilisierung wird bzgl. der Befähigung als Lichtfilter u. bzgl. der Verzögerung von Radikalketten-Rkk. bei der Photozers. von **I** untersucht. R. K. Müller 4010◇

0961 **Mechanismus der Entfärbung von bestrahltem Polyvinylchlorid.** Shun-ichi Ohnishi, Yoshiharu Nakajima und Isamu Nitta. (J. appl. Polymer Sci. **6**, 629–38, 1962; Neyagawa City, Osaka, Japan. Assoc. for Radiat. Res. on Polymers, Osaka Labor.; engl.) — *PVC*-Proben wurden im Vakuum bei der Temp. des fl. N_2 mit 1,5-MeV-Elektronen mit Dosen von $5 \cdot 10^6 - 1 \cdot 10^8$ rad bestrahlt, einige Proben auch mit ^{60}Co-γ-Strahlen bei Raumtemperatur. Die Bldg. freier Radikale wurde mit ESR-Messungen verfolgt. Gebildet wurden Radikale der Form $-CH_2-\dot{C}H-CH_2-$ (**I**) u. $-CHCl-\dot{C}H-CHCl-$ (**II**). **I** reagiert unter Vernetzung während der Bestrahlung, selbst bei −196°. Oberhalb −70° nehmen auch Radikale des Typs **II** an einer therm. induzierten Rk. unter Bldg. von Polyenyl-Radikalen (**III**) u. unter HCl-Abspaltung teil. Diese **III** bilden Ketten mit bis zu 9 Doppelbindungen u. sind für die Färbung verantwortlich. H. Schroeder 4010◇

0962 **Über die Ausnutzung der Energie ionisierender Strahlen während der Copolymerisation von Trifluorchloräthylen mit verschiedenen Monomeren.** A. W. Fokin, Je. W. Wolkowa und A. D. Ssorokin. (J. chem. Allunions-Mendelejew-Ges. [UdSSR] **5**, 120, 1960; russ.) — *Trifluorchloräthylen* (**I**) kann mit *Vinylidenfluorid* (**II**), *Perfluorpropylen* (**III**), *Tetrafluoräthylen* (**IV**) u. *Äthylenoxid* (**V**) unter der Einw. von γ-Strahlung aus ^{60}Co copolymerisiert werden. Bei gewöhnlicher Temp. werden äquimol. Mengen **I** u. **II** mit 16 r/s bestrahlt, wobei 100% eines durchsichtigen, farblosen, gummiähnlichen, in Alkoholen, Ölen u. HNO_3 stabilen, in Ae. u. Aceton lösl. Copolymeren entstehen. **I**—**III**-Gemische liefern 43,7% Copolymeres, F. 163°, **I**–**IV**-Gemische 99,0%, F. 227°, **I**–**V**-Gemische 40% eines festen, amorphen, inhomogenen Gemischs von 2 Copolymeren mit F. 192° u. 150° u. I : V = 1,5 : 1 bzw. 3,5 : 1. R. K. Müller 4010◇

0963 **Mit Alkyl- und Arylalkylchloriden ausgelöste Polymerisation von Styrol in flüssigem SO_2.** Niichiro Tokura und Tetsuyo Kawahara. (Bull. chem. Soc. Japan **35**, 1902—03, 1962; Katahiracho, Sendai, Tohoku Univ., Chem. Res. Inst. of Non-Aqueos Solutions; engl.) — Durch folgende Verbb. wurde in fl. SO_2 *Styrol* zur Polymerisation gebracht: Benzylchlorid, 1-Phenyl-1-chloräthan, n-Propyl-, iso-Propyl-, tert.-Butyl-, Äthyl- u. n-Butylchlorid (geordnet nach abnehmender Anfangsgeschw. der ausgelösten Polymerisation). Eine Lewis-Säure wurde nicht zugesetzt. Triphenylmethylchlorid u. HCl lösten die Polymerisation nicht aus. In allen Fällen wird außer der Anfangspolymerisationsgeschw. auch das Molgew. des Polymeren angegeben; die Werte liegen zwischen $1,1 \cdot 10^2$ u. $2,8 \cdot 10^2$ (viscosimetr. in Butanon bestimmt). U. Müller 4010

0964 **Über die kolligative Natur der spezifischen Brechungsinkremente statistischer Copolymerer.** J. B. Kinsinger, J. S. Bartlett und W. H. Rauscher. (J. appl. Polymer Sci. **6**, 529—32, 1962; East Lansing, Mich., Univ.; Troy, N. Y., Rensselaer Polytechn. Inst.; engl.) — Das spezif. Brechungsinkrement von *Copolymeren* aus *Styrol* u. *Methylmethacrylat* (0—100% Styrol) bei 60° mit Dibenzoylperoxid als Initiator in Substanz polymerisiert, wurde in Bzl., Äthylacetat u. Methyläthylketon bei 25° gemessen u. nach dem Verf. von Ross u. Fineman ausgewertet. Das spezif. Brechungsinkrement dn/dc ist kolligativer Natur u. ermöglicht eine Best. des Molenbruchs der Monomereneinheiten, die fast ebenso genau wie eine chem. C-Analyse ist. Die Meth. ist auf lösl. Copolymere beschränkt, bei denen sich die Brechungsinkremente nicht zu stark nähern. U. Stürzer 4010◇

0965 **Polymerisation von Cyclopentadien und einige Reaktionen von Polycyclopentadien.** Chuji Aso, Toyoki Kunitake und Sunao Ushio. (Chem. High Polymers [Tokyo] **19**, 734—40, 1962; Fukuoka, Kyushu Univ., Fac. of Engng., Dep. of Org. Synth.; jap., Auszug: engl.) — Cyclopentadien wurde mit Ziegler-Katalysatoren polymerisiert u. vom erhaltenen *Polycyclopentadien* das Verh. bei der Autoxydation, Hydrierung, Bromierung, Epoxydation u. γ-Bestrahlung sowie die Löslichkeit in verschiedenen Lsgm. untersucht. Die leicht erfolgende Autoxydation zu einem Prod., das ca. 1 Mol O_2 auf eine Cyclopentadieneinheit enthält, ist eine Rk. 1. Ordnung mit einer Aktivierungsenergie von 14,9 kcal/Mol. Das IR-Spektrum zeigt die Anwesenheit von OH- u. von α.β-ungesätt. CO-Gruppen; aus der chem. Analyse folgt die Anwesenheit von Hydroperoxidgruppen. Für den Verlauf der Autoxydation wird ein Mechanismus vorgeschlagen. Aus dem oxydierten Prod. kann mit *2-Methyl-5-vinylpyridin* ein *Pfropf*- oder *Blockcopolymeres* hergestellt werden. Bromiertes Polycyclopentadien wird nicht leicht autoxydiert. Die Epoxydation mit Benzoesäure verläuft am besten unterhalb 0°. U. Müller 4010◇

0966 **Thermische Effekte beim Benetzen von Polyvinylalkoholfasern.** Edward Balcerzyk, Pierre Boivinet, Édouard Calvet und Kazimierz Hempel. (C. R. hebd. Séances Acad. Sci. **256**, 4005—07, 1963; Marseille, C. N. R. S., Inst. de Microcalorimétrie et de Thermogenèse; franz.) — Vff. nehmen die Thermogramme von 3 verschiedenen *Polyvinylalkohol*-Fasern bei der Benetzung mit W., Methanol (**II**), Allylalkohol (**III**), Benzylalkohol (**IV**), Cyclohexanol (**I**) u. Bzl. mit dem Calvet-Calorimeter (vgl. C. R. hebd. Séances Acad. Sci. **256**, [1963], 1103) auf u. berechnen die integralen Benetzungswärmen [cal/g]. Die Werte sind für W. 8,8; **II** ca. 6,2; **III** ca. 7,1; **IV** 4,6; **I** ca. 4,7 u. Bzl. ca. 0,9 cal/g. Aufschlußreicher für die Oberflächenbeschaffenheit der Fasern scheinen die Thermogramme (Q = f(t) [cal/h]) zu sein, bes. die mit **III** als Benetzungs-Fl. aufgenommenen. So geben völlig trockene Fasern zu Beginn der Benetzung durch **III** ein hohes Maximum positiver Wärmetönung, das entweder über ein breites, flaches Maximum oder ohne dieses abklingt. Je höher der Wassergeh. der Fasern ist, desto stärker wird das erste Maximum verkleinert, während die Höhe des 2. prozentual nicht so stark verringert wird. Bei der Benetzung feuchter Fasern durch **II** bildet sich anfangs ein Maximum negativer Wärmetönung, ehe das Maximum positiver Wärmetönung auftritt. A. Gude 4010◇

0967 **Einwirkung von Ultraschall und γ-Strahlen von ^{60}Co auf Lösungen von Polyvinylalkohol.** M. A. Chenoch, Je. A. Kusitschewa, Ss. W. Awerjanow und W. F. Jewdokimow. (J. chem. Allunions-Mendelejew-Ges. [UdSSR] **5**, 105—06, 1960; Akad. der Wiss. der UdSSR, Ssetschenow-Inst. für Entwicklungsphysiol.; russ.) — Bei Einw. von Ultraschall (US, 435 kHz) auf 1—2%ig. wss. Lsg. von *Polyvinylalkohol* (**I**) nimmt die Viscosität ab, die Oberflächenspannung zu, der pH-Wert durch Bldg. von H_2CO_3 ab, die opt. Dichte bei 230—300 mμ zu, aber ohne Bldg. einer Absorptionsbande. Alle diese Effekte werden in der 1. Stunde beobachtet, dann erfolgt Einstellung auf konst. Werte, offenbar durch Erreichen eines Gleichgew.-Zustandes. Als Mechanismus könnte die Bldg. von H_2O_2 durch US bis zum Gleichgew. zwischen OH- u. HO_2-Radikalen angenommen werden. Bei Ggw. von 2—4 Vol.-% Ae. nehmen die Wrkgg. des US ab, was mit dem die Ionisation verzögernden Einfl. der Dampfdruckzunahme erklärt wird. Ähnlich wie US bewirkt auch die γ-Strahlung aus ^{60}Co bei 0,25%ig. **I**-Lsg. eine Abnahme von Viscosität u. pH u. Zunahme der Oberflächenspannung, bei höheren **I**-Konzz. erfolgt Vernetzung. Eine Anwendung von US u. γ-Strahlung bei der Herst. von Plasmaersatzmitteln u. a. medizin. Präpp. erscheint möglich. R. K. Müller 4010◇

0968 **Glasbildung von Polymeren und Phosphorescenz.** Je. W. Anufrijewa und A. D. Saitzewa. (Nachr. Akad. Wiss. UdSSR, physik. Ser. **24**, 755—58, 1960; Inst. für Hochpolymere der Akad. der Wiss. der UdSSR; russ.) — Vff. untersuchen die Temp.-Abhängigkeit der Phosphorescenz-Intensität verschiedener Farbstoffe in *Polyvinylalkohol* (**I**; Glas-Temp. Tg = 80°) zwischen 20 u. 100°. Bei T = Tg beobachtet man eine starke Verringerung der Phosphorescenz-Intensität. Diese Erscheinung hat reversiblen Charakter u. wird mit der bestimmenden Rolle der H-Bindungen bei der Auslösung der Phosphorescenz im Syst. Luminophor–Medium erklärt. Die Phosphorescenz-Intensität ändert sich in gleichem Maße wie die Konz. der gebundenen OH-Gruppen von **I**. Die Unters. des Einfl. der Temp. auf die Polarisation der Phosphorescenz u. Luminescenz zeigt, daß bei T = Tg sich die Phosphorescenz stark ändert, wogegen die Luminescenz keine Änderung zeigt. Daraus folgt, daß eine Änderung der gegenseitigen Lage der Makromoll. von **I** bei T = Tg in einer Zeit erfolgt, die der der Phosphorescenz gleich ist u. sich nicht in einer Zeitspanne vollzieht, die derjenigen der Fluorescenz entspricht. Ju. Panow 4010△

0969 **Neue Katalysatoren für die Polymerisation von Äthylenoxid.** O. W. Krylow und Ju. Je. Ssinjak. (Hochmolekulare Verbind. [UdSSR] **3**, 898—900, 1961; Akad. der Wiss. der UdSSR, Inst. für physikal. Chem.; russ., Auszug: engl.) — Die Polymerisation von *Äthylenoxid* wurde bei 75° an $Be(OH)_2$, $Mg(OH)_2$, BeO, $Ba(OH)_2 \cdot Sr(OH)_2$ u. $Ca(OH)_2$ untersucht. Als Katalysatoren sind $Be(OH)_2$, BeO u. $Mg(OH)_2$ geeignet. Das an $Mg(OH)_2$ nach 63 Std. erhaltene *Polyäthylenoxid* (**I**) hat ein Molgew. von 500000. Das Molgew. von **I** bei der Polymerisation an $Be(OH)_2$ beträgt nach 4 Std. 6200, nach 29 Std. 115000. Helmut Schäfer 4010△

0970 **Polymerisation von Vinylbutyläther im Ultraschallfeld.** W. W. Ssalnikow, S. K. Panschina, Je. A. Drujan und F. N. Makarowa. (J. angew. Chem. [UdSSR] **35**, 214—17, 1962; Uraler Forsttechn. Inst.; russ.) — Bei der Polymerisation von *Vinyl-n-butyläther* ist nach Schosstakowski [1943] die Hauptschwierigkeit die Verteilung kleiner Mengen des Katalysators

$FeCl_3$ (in 5%ig. Lsg. in Butanol) in der Gesamtmasse des Monomeren. In einem Ultraschallfeld wird das Gemisch sofort homogenisiert. Nach einer Induktionsperiode von 5—15 Sek. erfolgt teilweise Polymerisation (10—25%) in 45 Sek. bis 5 Min., vollständige Polymerisation in 6—9 Min. u. Stabilisierung des Polymeren in 90 Min. Die höchste Viscosität wird bei Zusatz von < 0,1% Butanol u. ca. 20° erreicht. R. K. Müller 4010◇

0971 **Phasenumwandlung in wässrigen Systemen der niedrigeren Polyäthylenoxid-Kondensate der Alkylphenole.** Kurze Mitt. B. Milićević. (Helv. chim. Acta **45,** 2494 bis 2495, 1962; Basel, Ciba AG, Zentr. f. Applikationstechn.; dt.) — Kondensationsprodd. des *Nonylphenols* (**I**) mit 5—6 *Äthylenoxid*(**II**)-Moll. bilden in wss. Syst. bei 18° sehr stabile Emulsionen, deren Trübungspunkt unter 0° liegt. Beim Erwärmen vereinigen sich die Emulsionstropfen zu einem opt. anisotropen Koazervat. Unter dem Polarisationsmikroskop sind die spindelförmigen doppelbrechenden Taktoide sichtbar. Beim Abkühlen wird das Koazervat metastabil u. kann in der Gleichgewichtsfl. emulgiert werden, wobei die Emulsionströpfchen opt. isotrop sind. Die Koalescenztemp. beträgt beim stöchiometr. Verhältnis von **I**:**II** (1:5) 40,9°. Das thermodynam. Verh. der **II**-Kondensate wird wie nachst. gedeutet: In wss. Syst. mit niedrigeren **II**-Kondensaten der Alkylphenole bilden sich nach Überschreitung der krit. Konz. relativ große Micellen, die stark hydratisiert sind u. eine anisometr. Gestalt haben. Mit der Temp.-Erhöhung wachsen die Micellen, wobei es zu einer gegenseitigen Behinderung in der Bewegungsfreiheit kommt. Aus Entropiegründen trennt sich das Syst. dann in zwei Phasen: emulgiertes Koazervat, das reich an hydratisierten Micellen ist, u. Gleichgewichtsfl. mit wenig verbliebenen Micellen. Die hohe Stabilität dieser Emulsionen wird so gedeutet, daß die thermodynam. zu erwartende Koalescenz der Emulsionstropfen eine Orientierung der Moll. im Koazervat erzwingt. Diese Entropieabnahme wird durch den bei Temp.-Erhöhung entstandenen Entropiezuwachs kompensiert. L. Träger 4010◇

0972 **Zur Phenolharzbildung.** 2. Mitt. **Kinetische Untersuchungen zur alkalischen Umsetzung von o-Kresol mit Formaldehyd.** Günther Schiemann und Edzard Hartmann. (Makromolekulare Chem. **63,** 162—81, 1963; Hannover, TH, Inst. für Techn. Chem.; dt.) — 1. vgl. C. **1963,** 11459. — Die Kinetik der Umsetzung von *o-Kresol* (**I**) mit *Formaldehyd* (**II**) bei 35° unter N_2 in alkal. Lsg. wurde papierchromatograph. verfolgt. Die Stabilität der Zwischen-Prodd. der Rk., *2-Hydroxy-3-hydroxymethyltoluol* (**III**) u. *2-Hydroxy-5-hydroxymethyltoluol* (**IV**) sowie *2-Hydroxy-3.5-bis-[hydroxymethyl]-toluol* (**V**) u. ihre Umsetzung mit **II** wird untersucht. Für die Rkk. **II** + **I** → **III** ist die Rk.-Geschw.-Konst. [Mol^{-1} · Liter · n^{-1}] k = 12,6 · 10^{-5}; für **II** + **I** → **IV** · k = 11,4 · 10^{-5}; für **III** + **II** → **V**: k = 18,0 · 10^{-5}; für **IV** + **II** → **V**: k = 8,4 · 10^{-5}. **III** u. **V** sind beständiger als **IV**. Für die weitere Umsetzung von **V** zu *3.3'-Dimethyl-4.4'-dihydroxy-5.5'-bis-[hydroxymethyl]-diphenylmethan* wurden stark schwankende Werte für k erhalten. Vff. schließen daraus auf eine zusammengesetzte Reaktion. Die Autokatalyse durch **II** wird diskutiert. I. Solf 4010◇

0973 **Dehydrierung von Phenolen.** 2. Mitt. **Polymere durch Dehydrierung von Guajacol.** Bengt O. Lindgren. (Acta chem. scand. **14,** 2089—96, 1960; Stockholm, Swedish Forest Prod. Res. Labor., Wood Chem. Dep.; engl.) — 1. vgl. C. **1962,** 15573. — Bei der Einw. von Ag_2O, $K_3[Fe(CN)_6]$, $Na_2S_2O_8$ oder einem O_2–Laccase-Syst. auf Guajacol (**I**) entstehen verschiedene polymere Dehydroverbindungen. Durch Oxydation von **I** mit Ag_2O oder $K_3[Fe(CN)_6]$ entsteht ein amorpher *Poly-o-methoxy-p'-phenyläther* (**II**), $[C_6H_3O(OCH_3)]_n$, vom maximalen Polymerisationsgrad 14 mit einer endständigen OH-Gruppe neben *3.3'-Dimethoxy-4.4'-dihydroxydiphenyl* (**III**), während mit $Na_2S_2O_8$ oder mit O_2 in Ggw. von Laccase ein sog. „*Tetraguajacochinon*" (**IV**) gebildet wird, dessen **I**-Einheiten in o.o'-, p.p'- oder o.p'-Stellung zu den OH-Gruppen miteinander verbunden sind. Die rote Färbung von **IV** wird durch die Bldg. einiger **I**-Einheiten zu *3.3'-Dimethoxydiphenochinon*-Einheiten verursacht.

Versuche: *Poly-o-methoxy-p'-phenyläther* (**II**), a) durch 48std. Schütteln von 15 g **I** in Bzl. mit Ag_2O, Extraktion des Filtrats mit 2 n NaOH, Eindampfen der benzol. Lsg. u. Fällen des in Chlf. gelösten Rückstandes mit PAe.; 1,4 g (Ausbeute); daneben durch Ansäuern der alkal. Lsg., Aufnehmen in Dioxan u. Fällen des in Chlf. gelösten Rückstandes mit PAe. 3,3 g eines lösl. **II**; b) durch 17std. Schütteln von 10 g **I** in 50 ml Dimethylformamid u. 30 ml Methyljodid unter portionsweiser Zugabe von 25 g Ag_2O, Verdünnen mit Bzl., Abtrennen des Nd., Extraktion mit 5%ig. $Na_2S_2O_3$-Lsg. u. W. u. Fällen mit PAe.; IR- u. UV-Spektrum ident. mit dem von **II**; daneben aus der Bzl.–PAe.-Lsg. *Veratrol*, F. 22°; c) durch 5std. Einw. von 30 g $K_3[Fe(CN)_6]$ in 100 ml W. auf 5 g **I** in 150 ml n-NaOH bei Zimmertemp., Extrahieren mit Chlf. u. Fällen mit PAe.; 0,3 g.; daneben durch Ansäuern der alkal. Lsg., Extrahieren mit Chlf. u. Fällen mit PAe 1,5 g eines alkalilösl. **II**. — *3.3'-Dimethoxy-4.4'-dihydroxydiphenyl* (**III**), $C_{14}H_{14}O_4$, F. 166—167° (Methanol), wie **II** aus 20 g **I** u. Ag_2O, Ansäuern des alkal. Extrakts, Aufnehmen in Bzl. u. Dest. bei 160 bis 180°/0,3 mm Hg; 0,15 g. — *3.3'.4.4'-Tetramethoxydiphenyl*, F. 129—130°, durch Methylierung von **III** mit Dimethylsulfat in KOH. — *Polymerisat* von **I**, durch Oxydation von **I** mit $Na_2S_2O_8$ nach Erdtmann (C. **1936,** II, 3648). Gibt mit Zn u. Essigsäureanhydrid ein *acetyliertes Polymerisat*. — „*Tetraguajacochinon*" (**IV**), durch 24std. Schütteln eines Dialysats von *Polyporus versicolor* mit 1 g **I** in 0,01 m Essigsäure/Na-Acetat-Puffer (pH 4,8). Reduktive Acetylierung wie oben gibt das **III**-*Diacetat*. S. Preiss 4010□

0974 **Copolymerisation von Acrylonitril mit einem $NaClO_3/Na_2SO_3$-Katalysator.** 1. Mitt. **Der Einfluß von 2-Methyl-5-vinylpyridin.** M. Wishman, F. E. Detoro, M. C. Botty, C. Felton, und R. E. Anderson. (J. appl. Polymer Sci. **7,** 833—45, 1963; Stamford, Conn., Amer. Cyanamid Co., Res. Labor.; engl.) — *Tripolymerisate* aus *Acrylonitril*, *Vinylacetat* u. *2-Methyl-5-vinylpyridin* (**MVP**), die in wss. Lsg. mit $NaClO_3/Na_2SO_3$ bei pH 2—3 hergestellt wurden, erfahren bei der Fraktionierung nach dem Molgew. oder nach der Korngröße gleichzeitig auch eine Fraktionierung nach dem **MVP**-Gehalt. Mit steigenden Molgew. nimmt der **MVP**-Geh. ab; zunehmende Korngröße geht mit einem Anstieg des **MVP**-Geh. u. einem Abfall des Molgew. parallel. Zur Erklärung wird ein Mechanismus vorgeschlagen, wonach zu Beginn der Polymerisation bevorzugt **MVP** polymerisiert, da es bei pH 2—3 als Kation vorliegt u. die Katalysatoranionen stärker anzieht; das Hydrogensulfition wirkt gleichzeitig als Kettenüberträger u. bedingt ein niedrigeres Molgewicht. Die Löslichkeitsverhältnisse der Monomeren haben einen ähnlichen Einfluß. **MVP**-reichere Makromoll. lagern sich auf Grund ihrer positiven Ladung u. größeren Löslichkeit später zusammen als andere u. ergeben kleinere Polymerkörnchen. Zur Prüfung dieser Anschauung wurden Größe, Form, Zusammenballung u. Art des Wachstums der Polymerenteilchen im Anfangsstadium eines Polymerisationsansatzes elektronen- u. UV-mkr. verfolgt. U. Müller 4010◇

0975 **Untersuchungen über Lösungen von Hochpolymeren.** 3. Mitt. **Temperaturabhängigkeit der Intrinsicviscosität von fraktioniertem Polymethylmethacrylat in Acetonlösung.** Tamotsu Ueyama. (Chem. High Polymers [Tokyo] **19,** 427—30, 1962; Ogawa, Shimodate, Ibaraki, Shimodate Works, Hitachi, Co., Ltd.; jap., Auszug: engl.) — 2. vgl. C. **1963,** 7007. — Im Ubbelohde-Viscosimeter bei 25—40° an *Polymethylmethacrylat* (**I**) in Aceton ermittelte Viscositäten werden mit denen von *Polystyrol* in Bzl. verglichen. Für **I** weist bei 30° die Intrinsicviscosität ein Maximum, die Huggins-Konst. ein Minimum auf. Die Temp.-Abhängigkeit konnte mit Hilfe der Einfl. der Solvatation u. der Kettenbeweglichkeit erklärt werden. M. Hagedorn 4010◇

0976 **Der Mechanismus der Emulsionspolymerisation.** 1. Mitt. **Untersuchungen der Polymerisation von Methylmethacrylat und n-Butylmethacrylat.** John G. Brodnyan, Joseph A. Cala, Thomas Konen und E. Lloyd Kelley. (J. Colloid Sci. **18,** 73—90, 1963; Bristol,

Pa., Rohm and Haas Co.; engl.) — Mit Na-Laurylsulfat als Emulgator u. $[NH_4]_2S_2O_8$ als Initiator wurde die Emulsionspolymerisation von *Methylmethacrylat* (Modellsubstanz für ein relativ gut wasserlösl. Monomeres) u. *n-Butylmethacrylat* (Modellsubstanz für ein relativ wasserunlösl. Monomeres) bei 30° kinet. untersucht. Die Teilchengrößenverteilung, die Abhängigkeit der Polymerisationsgeschw. (PG) u. des Molgew. von der Initiator-Konz. (C_I) u. der Emulgator-Konz. (C_E) u. die Abhängigkeit der spezif. Oberfläche von C_E wurden gemessen. Bei konst. C_I ist die PG/Einheitsoberfläche konst., die PG/Teilchen ist dagegen von C_E abhängig. Auf Grund der Änderung der Funktion der Teilchengrößenverteilung mit dem Verhältnis Oberfläche: Inhalt der Teilchen wird auf mehrere an der Polymerisation beteiligte Mechanismen geschlossen. Im untersuchten Bereich wird die Zahl der Teilchen N_w durch die Beziehung $N_w \triangleq C_E^{\sim 3,0} \cdot C_I^{\sim 0,0}\, C_M^{\sim 0,0}$ ausgedrückt. ($C_M \triangleq$ Konz. des Monomeren). Das Ergebnis ist mit bekannten Daten für Styrol, Vinylacetat, Vinylchlorid u. Vinylidenchlorid verträglich.
H. Schroeder 4010◇

0977 **Auslösung der Vinylpolymerisation mit Cobalt(III)-Ionen.** K. Jijie und V. Mahadevan. (Current Sci. [Bangalore] **32**, 303—04, 1963; Madras, Univ. of Madras, Dep. of phys. Chem.; engl.) — Vff. untersuchten die Kinetik der Polymerisation von *Methacrylsäuremethylester*, *Acrylsäuremethylester*, *Acrylonitril* u. *Acrylamid* mit Co(III)-Salzen. in wss. saurer Lösung. In H_2SO_4-Lsg. u. beim Acrylamid auch in $HClO_4$-Lsg. ist die Rk.-Geschw. proportional $[Co^{3+}]^{1/2}[M]^{3/2}$, in den anderen Fällen proportional $[M]^2$ u. unabhängig von $[Co^{3+}]$. In H_2SO_4- u. $HClO_4$-Lsg. ist die Rk.-Geschw. umgekehrt proportional der H^+-Konz., in HNO_3-Lsg. ist sie unabhängig davon.
U. Müller 4010◇

0978 **Synthese und Umwandlung der Äthanolaminvinyläther.** 13. Mitt. **Copolymerisation einiger Äthanolaminvinyläther und Methacrylsäuremethylester.** I. A. Tschekulajewa, M. F. Schosstakowski, W. A. Gladyschewskaja und I. W. Lipowitsch. (Hochmolekulare Verbind. [UdSSR] **3**, 901—07, 1961; Akad. der Wiss. der UdSSR, Zelinsky-Inst. für organ. Chem.; russ., Auszug: engl.) — 12. vgl. Nachr. Akad. Wiss. UdSSR, Abt. chem. Wiss. **1959**, 1830. — Durch Copolymerisation von *Methylmethacrylat* (**I**) mit *β-Dimethylaminoäthyl-* (**II**), *β-Diäthylaminoäthylvinyläther*, *Methyldiäthyl-[β-vinyloxyäthyl]-ammoniumjodid*, *Bis-[β-vinyloxyäthyl]-* (**III**) u. *Tris-[β-vinyloxyäthyl]-amin* in Ggw. von Azodiisobutyronitril wurden die entsprechenden *Copolymeren* erhalten. Dibenzoylperoxid initiiert die Copolymerisation nicht. Die Abhängigkeit der Ausbeute u. Zus. der Copolymeren vom Verhältnis der Monomeren wurde untersucht. Die Copolymeren enthalten maximal 50% Vinyläther. Bei der Copolymerisation von **I** mit **II** wird bei großem **I**-Überschuß neben dem Copolymeren auch polymeres **I** erhalten. Die Copolymeren aus **III** u. die Hydrolyseprodd. der Copolymeren haben eine räumliche Struktur u. enthalten freie Vinylgruppen. Die relativen Copolymerisations-Konst. wurden bestimmt. Helmut Schäfer 4010△

0979 **Synthese und Polymerisation von Diallyltartrat.** M. F. Schosstakowski, A. M. Chomutow, I. A. Tschekulajewa und N. M. Chomutowa. (Nachr. Akad. Wiss. UdSSR, Abt. chem. Wiss. **1961**, 2075—77, Nov.; Zelinsky-Inst. für org. Chemie der Akad. der Wiss. der UdSSR; russ.) — Die Polymerisation von *Diallyltartrat* wurde in Ggw. verschiedener Mengen Dibenzoylperoxid (**I**) bzw. Azodiisobutyronitril (**II**) bei 60,95 u. 120° u. bei verschiedenen Rk.-Zeiten (5, 18 bzw. 21 Std.) durchgeführt, wobei sich ein Gemisch aus *linearem* u. *vernetztem Polymerem* bildete. Eine Erhöhung der **I**-Konz. bewirkte eine Erhöhung der Ausbeute des Polymeren. Dabei verringerte sich die Ausbeute am linearen, u. es erhöhte sich der Anteil am vernetzten Polymeren. Eine Temp.-Erhöhung oder eine Verlängerung der Rk.-Dauer bewirkten ebenfalls eine Erhöhung der Ausbeute des Polymeren. — *Diallyltartrat*, $C_{10}H_{14}O_6$, $Kp._4$ 162°, durch 5std. Erhitzen von Weinsäure mit Allylalkohol in Ggw. von Hydrochinon u. H_2SO_4 in Bzl. auf 70°; n_D^{20} 1,4738; $D._4^{20}$ 1,1979; 56% Ausbeute. — Polymerisation: durch Rk. vorst. Verb. in Ggw. von **I** oder **II** in Glasampullen, Zugabe von Methanol, Trennung des Monomeren vom Polymeren mit Äther. H. Dalmer 4010△

0980 **Thermodynamische Charakteristik einiger ungesättigter Polyester.** I. M. Alschitz und I. Je. Fliss. (J. angew. Chem. [UdSSR] **34**, 644—52, 1961; russ.) — Die Werte der Enthalpieänderung (ΔH_{298}) u. des isobaren Potentials ($\Delta Z_{298}°$) für die Bldg. u. für die Verbrennung von Diäthylenglykol (**I**), Phthalsäureanhydrid (**II**), Maleinsäureanhydrid (**III**), Styrol (**IV**), Neopentylglykol (**V**), Pentaerythritdichlorhydrin (**VI**) u. -trichlorhydrin (**VII**) u. Chlorendicsäureanhydrid (**VIII**; 3.6-Endomethylen-3.4.5.6.7.7-hexachlor-Δ^4-cyclohexen-1.2-dicarbonsäureanhydrid) werden berechnet (Tabelle). Aus diesen Werten werden die thermodynam. Konst. der Polykondens.-Rk. in den Syst. 2 **I** + **II** + **III** + **IV**, 2 **I** + **VIII** + **III** + **IV**, 2 **V** + **II** + **III** + **IV**, 2 **VI** + **II** + **III** + **IV** u. 2 **VI** + **VIII** + **III** + **IV** berechnet. Bei diesen Prozessen beträgt $\Delta Z°$ (kcal/Glied) für die Copolymerisation u. (Werte in Klammern) ΔH (Copolymerisationswärme) — 72,7 (— 66,0); — 59,2 (— 173,5); — 61,6 (— 44,8); — 15,6 (+ 61,2); — 18,8 (— 116,3). Einführung von Cl erhöht die Stabilität der Polymeren.
R. K. Müller 4010◇

0981 **Statische Elektrizität in Polymeren.** 2. Mitt. **Chemische Struktur und antistatisches Verhalten.** Victor E. Shashoua. (J. Polymer Sci., Part A. **1**, 169—87, 1963; Wilmington, Del., E. I. du Pont de Nemours & Co., Inc., Textile Fibers Dep., Pioneering Res. Labor.; engl.) — 1. vgl. C. **1960**, 12355. — Die Geschw. des Aufbaues u. Abklingens positiver u. negativer Ladungen auf der Oberfläche von Polymeren u. Polykondensaten wurde untersucht. Polymere mit den funktionellen NaOOC-, NaO_3S-, $CH_3N(CHO)$-, $(C_2H_5)_2NCO$-, $[(CH_3)_2N]_2PO$-Gruppen, Imidazol u. γ-Lacton besitzen gute antistat. Eigg., wobei sie als Seitenkettensubstituenten ebenso wirksam sind wie als Teil der Hauptkette. Wasserlösliche Polymere wie *Polyvinylalkohol*, *Poly-N-acryloylmorpholin* sowie *Poly-N-acryloylpyrrolidin* u. wasserempfindliche Polymere wie *Poly-N.N'-diäthyl-N.N'-propylen-terephthaldiamid* zeigen keine antistat. Eigg., eine Beziehung zum hydrophilen Charakter fehlt also. Die bevorzugte Ladungspolarität der Polymeren wurde mittels ihrer Ladungsselektivität $\sigma = \tau^+ - \tau^- / \tau_{RMS}$ bestimmen, wobei τ^+ (τ^-) die Halbwertszeit des Ladungsabfalls für eine positive (negative) Ladung u. $\tau_{RMS} = \sqrt{(\tau^+)^2 + (\tau^-)^2/2}$ ist. Verunreinigungen beeinflussen den Ladungsabfall u. die Ladungsselektivität stark.

Versuche: *N-Acryloylmorpholin* (**I**), $C_7H_4NO_2$, $Kp._2$ 100°, durch Zugabe von 45 g Acrylylchlorid in 50 ml Bzl. in 1 Std. zu einer eiskalten Lsg. von 88 g Morpholin in 200 ml Bzl. u. 0,2 g S u. 1std. Stehen bei Raumtemperatur; 28 g (Ausbeute). — *N-Acryloylpyrrolidin* (**II**), $C_7H_{11}NO$, $Kp._1$ 90°, analog; 55%. — *Poly-N-[N.N-dimethylureidomethyl]-acrylamid*, durch 24std. Rühren von 104 g Polyacrylamid in 3 Liter dest. W. mit 110 ml 1 m Sodalsg. u. 130 ml 37%ig. wss. Formaldehyd-Lsg. bei 50°, anschließende Dialyse, 24std. Rühren von 100 ml dieser Lsg. aus *Poly-N-methylolacrylamid* mit 5 g 1.1-Dimethylharnstoff u. 1 ml H_3PO_4 auf dem Dampfbad u. Dialyse; 76% (Umsatz). — *Poly-N-vinyl-N.N'.N'.N''.N''-pentamethylphosphorsäuretriamid*, durch 16std. Erhitzen von 5,4 g Poly-N-vinyl-N-methylformamid in 190 ml dest. W. u. 11 ml konz. HCl, Dialyse des erhaltenen *Poly-N-methylvinylaminhydrochlorids*, Behandlung mit Amberlite IRA-400, 16std. Erhitzen der freien Base mit 9,4 g Bis-[dimethylamido]-phosphorylchlorid u. 7 g Triäthylamin in 300 ml Bzl., Einengen, azeotrope Dest. mit W. u. Bzl. u. Dialyse; 66% (Umsatz). — *Poly-Na-styrolsulfonat*, aus 50 g Na-Styrolsulfonat u. 0,2 g *α.α'-Azo-bis-[α.γ-dimethylvaleronitril]* (**III**) in 100 ml W. u. 100 ml tert.-Butanol (**IV**), 16 Std. bei 80°; 45%. — *Poly-Na-äthylensulfonat*, aus 40 g Na-Äthylensulfonat u. 0,2 g **III**, in 100 ml W. u. 100 ml **IV**, 16 Std. bei 80°; 70%. — *Polymethacrylsäure-β-dimethylaminoäthylester*, aus 20 g Monomerem u. 0,2 g **III** in 200 ml **IV**, 16 Std. bei 70°; 95%. — *Polystyrolsulfonamid*, aus 50 g Styrolsulfonamid in 300 ml **IV** in Ggw. von 0,5 g α.α'-Azo-bis-isobutyronitril (**V**), 16std. bei 80°; 65%. — *Poly-N.N-dimethylacrylamid*, aus 30 ml N.N-Dimethylacrylamid in 250 ml W. in Ggw. von 0,3 g $K_2S_2O_8$ u. 0,3 g $NaHSO_3$, 16 Std. bei 40°; 95%. — *Poly-N.N-diäthylacrylamid*, aus 30 g N.N-Diäthylacrylamid in 250 ml W. in Ggw. von 0,2 g $K_2S_2O_8$ u. 0,2 g $NaHSO_3$, 16 Std. bei 40°; 85%. — *Poly-N-tert.-butylacrylamid*, aus 10 g N-tert.-Butylacrylamid in 300 ml W. in Ggw. von 0,2 g $K_2S_2O_8$ u. 0,2 g $NaHSO_3$, 16 Std. bei 40°; 95%. — *Poly-N-vinyl-N-methylformamid*, aus 10 g N-Vinyl-N-methylformamid in 100 ml W. in Ggw. von 0,2 g **III**, 16 Std. bei 70°; 95%. — *Poly-N-acryloylmorpholin*, aus 20 ml **I** in 300 ml W. u. 2 g Na-Laurylsulfat in Ggw. von 0,2 g $K_2S_2O_8$ u. 0,2 g $NaHSO_3$, 16 Std. bei 40°; 70%. — *Poly-N-acryloylpyrrolidin*, aus 10 g **II** in 100 ml **IV** in Ggw. von 0,2 g **III**, 16 Std. bei 70°; 90%. — *Poly-N-vinylcaprolactam*, aus 10 g N-Vinylcaprolactam in 150 ml W. in Ggw. von 0,2 g **III**, 16 Std. bei 40°; 98%. — *Poly-methylvinylketon*, aus 39 g Vinylmethylketon in 100 ml W. u. 100 ml A., 1 ml 30%ig. H_2O_2 u. 0,2 g Thioharnstoff, 4 Std. bei 90°; 95%. — *Poly-N-vinylimidazol*, aus 10 g N-Vinylimidazol in 150 ml **IV** in Ggw. von 0,2 g **V**, 4 Std. bei 80°; 98%. U. Hutten 4010◇

0982 **Das Spannungs-Dehnungs-Verhalten bestrahlter Polyurethanelastomerer.** E. G. Fritz und Peggy M. Johnson. (J. appl. Polymer Sci. **7**, 1439—50, 1963; Fort Worth, Tex., Gen. Dynamics Corp.; engl.) — Die für Elastomere aufgestellte empir. Beziehung von Martin, Roth u. Stieler (MRS) zwischen Spannung (**A**) u. Dehnung (**B**) kann auch auf bestrahlte Polymere übertragen werden. Dies wird an 10 *Polyurethanelastomeren* (*Adriprene L-*, *Du Pont L-167-*, *Genthane S-General Tire polyurethane-* u. *Disogrin*-Typen) gezeigt, die bei —65°, 80 u. 260 °F mit γ-Strahlen von $2 \cdot 10^9$ bis $1{,}9 \cdot 10^{10}$ erg/g (in C) u. dem zusätzlichen Neutronenfluß bestrahlt werden. Das **A**/**B**-Verhältnis der bestrahlten Proben stimmt gut mit den Voraussagen der MRS-Gleichung überein; die **A**/**B**-Kurven werden (bis zur dreifachen **B**) durch die beiden Parameter der MRS-Gleichung E_0 (Tangentenmodul) u. K (Materialkonst.) charakterisiert. Eine systemat. Beziehung zwischen E_0, K u. der Strahlendosis D. zu erkennen u. Schlüsse auf die explizite Natur der Funktion E_0 (D.) u. K (D.) zu ziehen, ist noch nicht möglich; E_0 scheint sich exponentiell mit D. zu ändern, K nur langsam. M. Hagedorn 4010◇

0983 **Morphologische Strukturen des Poly-3.3-bis-[chlormethyl]-oxirans.** I. Heber. (Kolloid-Z., Z. Polymere **189**, 110—12, 1963; Darmstadt, Dt. Kunststoff-Inst.; dt.) — *Poly-3.3-bis-[chlormethyl]-oxiran* $-(CH_2-C(CH_2Cl)_2-CH_2-O)_n-$, Handelsname *Penton*, krist. aus der Schmelze (F.-Bereich 227°—240°) in Form von Sphärolithen mit „blumenblattartiger“ Struktur. Das für Sphärolithe typ. Auslöschungskreuz bei Beobachtung im Polarisationsmikroskop ist nicht immer klar ausgebildet, d. h. die Orientierung der Kristallite, die den Sphärolithen aufbauen, ist nicht immer zentralsymmetrisch. Aus einer mit Penton übersättigten Xylollsg. entstehen bei der Kristallisation rautenförmige Einkristalle. Die Auswertung des Elektronenbeugungsbildes unter der Annahme, daß die Molekülketten senkrecht zur Rautengrundfläche orientiert u. regelmäßig gefaltet sind, ergab eine orthorhomb. Elementarzelle mit den Achsen a = 17,85 Å u. b = 8,16 Å (c = 4,8 Å nach Farthing u. Reynolds). U. Stürzer 4010◇

0984 **Über die Strahlenpolymerisation von Triallylcyanurat und die thermische Umlagerung von strahlenpolymerisiertem Triallylcyanurat.** L. Wuckel und H. Wagner. (Makromolekulare Chem. **66**, 212—14, 1963; Dresden, Dt. Akad. der Wiss. zu Berlin, Forschungsgemeinschaft, Inst. für Angew. Phys. der Reinststoffe; dt.) — Durch IR-spektroskop. Unters. verschieden stark bestrahlter *Triallylcyanurat* (**I**)-Proben wurde gezeigt, daß die durch ^{60}Co γ-Strahlung induzierte Polymerisation von **I** bei Zimmertemp. zu keiner Isomerisierung der Triazinringe führt. Die Isomerisierung erfolgt erst bei Temp., bei denen die therm. Polymerisation von **I** mit merklicher Geschw. abläuft; die Isomerisierung ist auch nach der Polymerisation noch möglich. U. Müller 4010◇

0985 **Polymerisation von Dialkyldiallylsilanen am Komplex-Katalysator Triäthylaluminium-Titantetrachlorid.** A. W. Toptschijew, N. Ss. Nametkin, Ss. G. Durgarjan und Ss. Ss. Djankow. (Chem. prakt. Anwend. siliciumorg. Verbind., Konferenzber. [Leningrad] **1958**, Nr. 2, 118—24; russ.) — *Dimethyldiallyl-* (**I**; $D._4^{20}$ 0,7684; n_D^{20} 1,4410) u. *Diäthyldiallylsilan* ($D._4^{20}$ 0,8070; n_D^{20} 1,4584) wurden in Ggw. von Triäthyl-Al u. $TiCl_4$ polymerisiert, wobei teils fl., teils feste Polymere erhalten wurden. Die höchsten Ausbeuten an Polymeren (87,2%) wurden bei einem Verhältnis **I**:Triäthyl-Al: $TiCl_4$ = **13,7**:1:2,75 u. einer Temp. von 50° erzielt. Die fl. Polymeren sind Gemische, bestehend hauptsächlich aus Tri-, Tetra- u. Pentameren, u. sieden bei 200—300°/4—5 mm, die festen Polymeren zersetzen sich > 300°, sind quellbar in Heptan u. Decan u. sind unlösl. in Ae., Bzl., CCl_4 u. Dekalin. G. Froelich 4010◇

0986 **Phosphorhaltige Polyamide.** 1. Mitt. **Darstellung und Eigenschaften.** Joseph Pellon und W. G. Carpenter. (J. Polymer Sci., Part A **1**, 863—76, 1963; Stamford, Conn., Amer. Cyanamid Comp., Centr. Res. Div., Chem. Res. Dep.; engl.) — Es werden hochmolekulare P-haltige Polyamide mit P in der Hauptkette beschrieben, die durch 2std. Erhitzen der Komponenten im entlüfteten Druckrohr auf 200° u. anschließend 2 Std. auf 250° unter red. Druck dargestellt wurden. Von den folgenden Polyamiden wurde die Löslichkeit, red. Viscosität, Erweichungstemp. (Ew.), Fließtemp., Dichte, Reißfestigkeit, Dehnung, Scherfestigkeit u. -modul sowie die Klebefestigkeit bestimmt: *Poly-N.N'-hexamethylenadipindiamid* [Ew. 220°, aus Hexamethylendiamin (**I**) u. Adipinsäure (**II**)], *Poly-N.N'-heptamethylen-* (aus Heptamethylendiamin u. **II**), *Poly-N.N'-[4-phenyl-4-phosphaheptamethylen]-* [Ew. 72°, aus Bis-[3-aminopropyl]-phenylphosphin (**III**) u. **II**], *Poly-N.N'-[4-octyl-4-phosphaheptamethylen]-* [Ew. 135°, aus Bis-[3-aminopropyl]-n-octylphosphin (**IV**) u. **II**], *Poly-N.N'-[4-isobutyl-4-phosphaheptamethylen]-adipindiamid* (Ew. 100 bis 110°, aus Bis-[3-aminopropyl]-isobutylphosphin u. **II**), *Poly-N.N'-[4-phenyl-4-phosphaheptamethylen]-adipindiamid-P-oxid* (Ew. 100°, aus Bis-[3-aminopropyl]-phenylphosphinoxid u. **II**), *Poly-N.N'-[4-methyl-4-phosphaoktamethylen]-adipindiamid-P-oxid* (Ew. 70—80°, aus 3-Aminopropyl-4-aminobutylmethylphosphinoxid u. **II**), *Poly-N.N'-[4-methyl-4-phosphaheptamethylen]-adipindiamid-P-oxid* [Ew. 90—100°, aus Bis-[3-aminopropyl]-methylphosphinoxid (**V**) u. **II**], *Poly-N.N'-[4-methyl-4-azaheptamethylen]-adipindiamid* (Ew. 70—75°, aus N-Methyl-bis-[3-aminopropyl]-amin u. **II**), *Poly-N.N'-hexamethylen-β-methyladipindiamid* (Ew. 170°, aus **I** u. β-Methyladipinsäure), *Poly-N.N'-hexamethylen-4-phenyl-4-phosphapimelinsäurediamid-P-oxid* [Ew. 50—60°, aus **I** u. Bis-[β-carboxyäthyl]-phenylphosphinoxid (**VI**)], *Poly-N.N'-hexamethylentriphenylphosphinoxid-4.4'-bis-[carbonsäureamid]* [Ew. 228°, aus **I** u. Bis-[p-carboxyphenyl]-phenylphosphinoxid (**VII**)], *Poly-N.N'-hexamethylen-4-methyl-4-phosphapimelinsäurediamid-P-oxid* (Ew. 68—72°, aus **I** u. Bis-[β-carboxyäthyl]-methylphosphinoxid), *Poly-N.N'-hexamethylen-4-thiapimelinsäurediamid* (Ew. 203—205°, aus **I** u. β.β'-Thiodipropionsäure), *Poly-N.N'-[4-phenyl-4-phosphaheptamethylen]-sebazindiamid* (Ew. 37°, aus **III** u. Sebacinsäure), *Poly-N.N'-[4-phenyl-4-phosphaheptamethylen]-oxamid* [Ew. 74 bis 75°, aus **III** u. Oxalsäuredimethylester (**VIII**)], *Poly-N.N'-[4-phenyl-4-phosphaheptamethylen]-terephthalsäurediamid* (Ew. 135°, aus **III** u. Terephthalsäure), *Poly-N.N'-[4-octyl-4-phosphaheptamethylen]-oxamid* (Ew. 40 bis 42°, aus **IV** u. **VIII**), *Poly-4-phenyl-4-phosphapimelinsäurepiperazid-P-oxid* (Ew. 95—105°, aus **VI** u. Piperazin), *Poly-N.N'-dekamethylentriphenylphosphinoxid-4.4'-bis-[carbonsäureamid]* (Ew. 175°, aus Dekamethylendiamin u. **VII**), *Poly-N.N'-[4-methyl-4-phosphaheptamethylen]-sebacindiamid-P-oxid* (Ew. 35—40°, aus **V** u. Sebacinsäure) u. die *Polyamide aus* **I** *u. Bis-[β-cyanäthyl]-phenylphosphin* (Ew. 42—48°), *aus* **I** *u. Bis-[β-cyanäthyl]-phenylphosphinsulfid* (Ew. 65—70°) u. *aus* **III** *u. Harnstoff* (Ew. 84°). Dabei zeigte sich, daß die Polymerisation in Substanz besser ist als das Lösungs- oder Grenzflächen-Verfahren. Bei den Rk.-Prodd. handelt es sich um amorphe Stoffe mit niederem Ew. u. einem weiten Löslichkeitsbereich. In ameisensaurer Lsg. werden sie langsam abgebaut. Ein Vgl. der therm. Stabilität, der Klebefestigkeit u. des mechan. Verh. der Rk.-Prodd. mit denen des analogen Nylons ergab keine großen Unterschiede.

Versuche: *Bis-[3-aminopropyl]-phenylphosphin* (III), Kp.$_{0,1}$ 140—150°, n_D^{25} 1,5722, durch Addition von Phenylphosphin an Allylamin in Ggw. von Azodiisobutyronitril als Initiator. — *Bis-[3-aminopropyl]-n-octylphosphin* (IV), Kp.$_{0,5}$ 155—163°, n_D^{25} 1,4948, analog III mit n-Octylphosphin. — *Bis-[3-aminopropyl]-isobutylphosphin*, Kp.$_{0,2}$ 94°, n_D^{25} 1,5014, analog III mit Isobutylphosphin. — *Bis-[β-cyanäthyl]-phenylphosphin*, aus Phenylphosphin u. Acrylsäure analog III. *Sulfid*, F. 74—75°, durch Behandlung des Phosphins mit S. — *Bis-[3-aminopropyl]-phenylphosphinoxid*, Kp.$_{0,45}$ 290 bis 302°, n_D^{25} 1,5690, durch Oxydation von III mit H_2O_2. — *Bis-[3-aminopropyl]-methylphosphinoxid* (V), Kp.$_{0,2}$ 165—166°, n_D^{25} 1,5098, durch Oxydation von Bis-[β-cyanäthyl]-methylphosphin (IX) in Essigsäure mit H_2O_2 u. katalyt. Red. an Raney-Co in Äthanol. — *3-Aminopropyl-4-aminobutylmethylphosphinoxid*, Kp.$_{0,5}$ 186—188°, n_D^{25} 1,5060, analog V aus 3-Cyanpropyl-4-cyanbutylmethylphosphin. — *Bis-[β-carboxyäthyl]-phenylphosphinoxid* (VI), F. 203,5—205°, durch Hydrolyse von Bis-[β-cyanäthyl]-phenylphosphin in W. mit NaOH. — *Bis-[β-carboxyäthyl]-methylphosphinoxid*, F. 161—163°, analog VI aus IX. — *Bis-[p-carboxyphenyl]-phenylphosphinoxid* (VII), F. 334—336°, nach Morgan u. Herr (vgl. C. **1954**, 7399). U. Hutten 4010◇

0987 **Das Auftreten von Biegerissen in Polymeren.** F. H. D. Akkerman. (J. appl. Polymer Sci. **7**, 1425—38, 1963; Wayne, N. I., U. S. Rubber Co. Res. Center, Res. and Dev. Dep.; engl.) — Ein Verf. wird beschrieben, um bei Unterss. der Riß-Bldg. in Polymeren bei Biegebeanspruchungen den Widerstand gegen die Riß-Bldg. genau zu ermitteln. Gekerbte Filmstreifen werden in einer App. zur Prüfung der Längsbiege-Ermüdungsfestigkeit in Verbindung mit einer Filmkamera auf sichtbar werdende Ermüdungserscheinungen beobachtet; diese werden phänomenolog. beschrieben. Art u. Umfang der Schädigung u. das Wesen der Beanpsruchung werden besprochen. Am *Natur-* u. *SBR-Kautschuk* wird festgestellt: daß ein Alterungsschutzmittel gegen O_3-Abbau die Riß-Bldg. verzögert, ein Riß sich unter der Oberfläche ausbilden kann u. beim Rißwachstum die elast. Kraft der Hysteresiskraft äquivalent ist. M. Hagedorn 4030◇

0988 **Die Kristallinität von gestrecktem Guttapercha.** W. Cooper, F. R. Johnston und G. Vaughan. (Polymer [London] **4**, 409—12, 1963; Birmingham, Dunlop Res. Centre, Chem. Res. Dep.; engl.) — Dilatometr. Messungen an gestrecktem *β-Guttapercha* (I) zeigen das Vorliegen einer merklichen Menge an der höher schmelzenden α-Form (II) an. Beobachtungen an gestrecktem II zeigen dagegen in keinem Falle das Vorliegen von I. Dies entsteht im Gegensatz zu den Beobachtungen von Fisher (Proc. phys. Soc. **66**,[1953], 7), der bei verstreckten Proben stets ein Gleichgewicht vorfand, in dem I überwog. Diese Diskrepanz kann nur so erklärt werden, daß die Transformationsgeschw. von I in II langsam im Vgl. zur Aufheizungsgeschw. erfolgt. Die Beobachtungen zeigen allerdings, daß bei 52° die Umwandlung ziemlich schnell in gestreckten, nur unmerklich langsam dagegen in nicht verstreckten Proben erfolgt. K. Gröbe 4030◇

0989 **Kristallisation von Guttapercha und synthetischem trans-1.4-Polyisopren.** W. Cooper und G. Vaughan. (Polymer [London] **4**, 329—40, 1963; Birmingham, Dunlop Res. Centre, Central Res. Div.; engl.) — Durch Differentialthermoanalyse sowie Dilatometrie wurde die Kristallisation (Kr.) von *Guttapercha* (II) u. *trans-1.4-Polyisopren* (I) untersucht. Die Geschw.-Konst. der Kr. aus der Schmelze sowie der Umwandlung der isomorphen α- u. β-Formen ineinander werden ermittelt. Das synthet. Prod. mit dem höchsten trans-1.4-Geh. krist. mit der gleichen Geschw. u. im gleichen Ausmaß wie das natürliche Polymere. Im Bereich von 53—63° erfolgt schneller Übergang der β- in die α-Form. Polymere, die merkliche Mengen der β-Form enthalten, erleiden bei 40—45° eine Präkristallisation, die 25% der gesamten Kr. umfassen kann. Zufügen von *Naturkautschuk* zu I red. wohl die Kr.-Geschw., nicht dagegen den F. u. den Vol.-Teil von II, der kristallisiert. Die Red. der Kr.-Geschw. wird der Zunahme der Viscosität eines II–Kautschuk-Gemisches zugeschrieben. K. Gröbe 4030◇

0990 **Synthese und Eigenschaften von Chlormethylmethylsiloxankautschuk.** K. A. Rshendsinskaja und I. K. Stawitzki. (Chem. prakt. Anwend. siliciumorg. Verbind., Konferenzber. [Leningrad] **1958**, Nr. 2, 82—88; russ.) — Durch Chlorierung von Oktamethylcyclotetrasiloxan (I) unter Belichtung bei 35—40° wurden *Chloroktamethylcyclotetrasiloxane* mit verschiedenem Cl-Geh. erhalten. Durch fraktionierte Dest. der Rk.-Prodd. ließ sich in einigen Fällen *Chlormethylheptamethylcyclotetrasiloxan* isolieren. Die chlorierten I wurden mit Polydimethylsiloxan in einem solchen Verhältnis polykondensiert, daß Polykondensate mit einem Cl-Geh. von 2,3% erhalten wurden. Die Polykondensate wurden in Ggw. von Dibenzoylperoxid mit Füllstoffen vulkanisiert. Kälte- u. Hitzebeständigkeit der Vulkanisate waren besser als bei Vulkanisaten aus nichtchloriertem I. Auch die Haftfähigkeit an Metallen u. die Quellbarkeit in Bzn.–Bzl. (3:1)-Gemischen waren gegenüber Vulkanisaten aus nichtchloriertem I günstiger (Quellbarkeit 119; 180%). Dagegen waren die Zerreißfestigkeits- u. Dehnbarkeitswerte ungünstiger. G. Froelich 4030◇

0991 **Veränderungen des Aggregatzustandes von Polyorganosiloxanen während des Abbaus durch thermische Oxydation.** N. N. Ssokolow. (Chem. prakt. Anwend. siliciumorg. Verbind., Konferenzber. [Leningrad] **1958**, Nr. 2, 39—45; russ.) — Es werden elektronenmikroskop. die Strukturänderungen untersucht, die (auf Glasplatten aufgetragene) Polysiloxan-Filme während des thermooxydativen Abbaus bei 200° erleiden. Die Polysiloxane besitzen vor dem Erhitzen eine sphär. (globulare) Struktur, wobei der mittlere Durchmesser der Teilchen mit größerem Rest R am Si-Atom von 320 Å (R = Methyl) bis 500 Å (R = Äthyl) u. 800 Å (R = Phenyl) ansteigt. Die sphär. Struktur der Teilchen bleibt auch beim Erhitzen auf 200° längere Zeit erhalten. Eine Minderung der Thermoelastizität der Polysiloxane ist offenbar auf ein Eindringen von O_2 in die Teilchen u. auf die Bldg. neuer Siloxanbindungen zurückzuführen. Eine intensive Oxydation erfolgt an der Oberfläche der Teilchen, wobei ein langsames Zusammenwachsen der Teilchen zu größeren Kristalliten beobachtet wird. Ist jedoch der aufgetragene Polysiloxan-Film sehr dünn, u. sind die globularen Ketten voneinander weiter entfernt, so erfolgt der Abbau durch langsamen Zerfall der Ketten. Untersucht wurde *Polydimethylsiloxan-Kautschuk*, ein Copolymeres aus *Dimethyldichlor-* (I), *Methyltrichlor-* u. *Phenyltrichlorsilan* (II) mit einer Thermoelastizität von 17 Std., sowie ein Copolymeres aus I u. II mit einer Thermostabilität von 360 Stunden. G. Froelich 4030◇

0992 **Vulkanisation von Polydimethylsiloxanen bei Raumtemperatur in Anwesenheit von metallorganischen Verbindungen.** N. B. Baronowskaja, A. A. Berlin, M. S. Sacharowa und A. I. Misikin. (Chem. prakt. Anwend. siliciumorg. Verbind., Konferenzber. [Leningrad] **1958**, Nr. 2, 88—95; russ.) — Es wurde die Möglichkeit der Kaltvulkanisation fl. *Polydimethylsiloxane* mittels organ. Metallverbb. untersucht. Die günstigsten Ergebnisse wurden mit Organozinnverbb. der Struktur $R_2Sn \cdot (OCOR')_2$ mit R u. R' = Alkyl gemacht, die in Tetraäthoxysilan-Lsg. eingesetzt wurden. Die Vulkanisations-Geschw. steigt nach Durchlaufen einer Induktionsperiode, deren Dauer von der Menge an Organozinnverb. u. Tetraäthoxysilan abhängt, langsam bis zu einem Maximum an, u. die erhaltenen Vulkanisate sind hoch elast. u. besitzen günstige Schubspannungs-Werte. In Ggw. von Orthotitansäureestern steigt die Vulkanisations-Geschw. dagegen relativ schnell an, die erhaltenen Vulkanisate besitzen ungünstige Schubspannungs-Werte. In Ggw. von Orthokieselsäureestern allein verläuft die Vulkanisation sehr langsam u. ist erst nach 20—30 Tagen beendet. Der Mechanismus der Vulkanisation wird untersucht. G. Froelich 4030◇

0993 **Der Einfluß von Gammastrahlen auf Cellulose.** Masao Horio, Rikizo Imamura und Hideya Mizukami. (Bull. Inst. chem. Res., Kyoto Univ. **41**, 17—38, 1963; Kyoto Univ., Inst. for Chem. Res.; engl.) — Gereinigte *Baumwollinters* u. gereinigter *Holzzellstoff* werden einer Gammastrahlung verschiedener Dosierung unterworfen u. die Abnahme des durchschnittlichen Polymerisationsgrades (DP) gemessen. Die graph. Darst. der Differenz zwischen den reziproken DP-Werten der bestrahlten u. der ursprünglichen *Cellulose* (I) gegen die Strahlungsdosis ($5{,}2 \cdot 10^5$ bis $1{,}1 \cdot 10^8$) auf logarithm. Papier ergibt eine Gerade, wonach die Kettenspaltung proportional zu $R^{0,85}$ (R = Strahlungsdosis) anwächst. Die Kettenspaltung erfolgt in amorphen u. kristallinen Bereichen gleich schnell. Bei der Bestrahlung deuterierter I entwickelt sich ein Gas, das aus H_2, HD u. Spuren von CO, CO_2 u. CH_4 besteht. Die durch die Bestrahlung ausgelösten prim. Rkk. werden diskutiert. Die Bldg. von CO- u. COOH-Gruppen erfolgt während der Bestrahlung proportional zu $R^{0,85}$. Die bestrahlten Proben enthalten *Ameisensäureester*, wodurch die erhöhten Cu-Zahlen erklärt werden. Bei der papierchromatograph. Analyse des Hydrolysats stark bestrahlter I werden *Xylose, Arabinose, Glucuronsäure* u. *Glucose* gefunden. K. Schwabe 4050◇

0994 **Einwirkungen von γ-Strahlen auf Lignin und Holz.** Yoshikazu Hachihama und Setsuo Takamuku. (J. chem. Soc. Japan, ind. Chem. Sect. [Kogyo Kagaku Zasshi] **63**, 1043—46, 1960; Osaka-Daigaku, Kôgakubu, Ôyô-Kagaku-Kyôsitu; jap., Auszug: engl., S. A 57). — Vgl. C. **1963**, 15257. — *Brauns' natives Lignin* (I) u. Holzpulver (Rotkiefer, *Pinus densiflora* S. et Z.) werden an der Luft mit γ-Strahlen von ^{60}Co bei Raumtemp. bestrahlt. Die Wirkg. der Bestrahlung beginnt erst bei einer Strahlungsdosis von $4 \cdot 10^6$ rep. Während der Bestrahlung des Holzpulvers nimmt der Geh. an *Holocellulose* langsam ab; die Abnahme des Geh. an *α-Cellulose* (II) verläuft viel schneller. Bei einer Strahlungsdosis von 10^8 rep wird II kaum noch gefunden. Aus dem bis zur Strahlungsdosis von 10^8 rep bestrahlten Holzpulver wird ein *Lignin* (III) erhalten, das leicht mit 95%ig. A. oder Dioxan ausgezogen werden kann. Durch neutrale Sulfonierung des bestrahlten Holzpulvers wird dreimal soviel *Ligninsulfonsäure* gelöst wie bei dem analogen Vers. mit nicht bestrahltem. Das aus dem bestrahlten Holzpulver isolierte III zeigt prakt. dieselben chem. Eigg. wie das aus nicht bestrahltem Material; auch die Eigg. von I ändern sich kaum während der Bestrahlung (10^7 rep). Vff. schließen daraus, daß die Änderungen der Eigg. des Holzpulvers durch die Bestrahlung nicht auf der Änderung des Lignins, sondern auf dem Abbau der Kohlenhydrate u. dem Zerreißen der Bindung zwischen Lignin u. den Kohlenhydraten beruht.

E. Maekawa 4050□

0995 **Thermische Zersetzung von Lignin.** Toshikatsu Hasegawa. (J. chem. Soc. Japan, ind. Chem. Sect. [Kogyo Kagaku Zasshi] **63**, 1040—42, 1960; Sapporo Kotonityô, Hokkaidô-Kôgyô-Sikenzyo; jap., Auszug: engl., S. A 57). — Hydrotropes *Lignin* (I) schmilzt beim Erhitzen langsam zwischen 60° u. 350° u. zersetzt sich rasch an der Luft bei Temp. > 350°, im Vakuum schon bei 250°. Bei der Zers. im Vakuum wird die Entw. von Methan, CO u. Spuren H_2 gaschromatograph. festgestellt; an der Luft bildet sich daneben noch CO_2. Die therm. Zers. von hydrolysiertem I erfolgt bei viel niedrigerer Temp. ohne vorhergehendes Schmelzen.

E. Maekawa 4050□

0996 **Reaktion von Lignin mit Phenolsulfonsäuren.** Kouji Nakajima, Yoshikazu Hachihama und Friedrich Emil Brauns. (J. chem. Soc. Japan, ind. Chem. Sect. [Kogyo Kagaku Zasshi] **63**, 1046—50, 1960; Iwakuni, San'yô-Parupu KK, Iwakuni-Kôzyô u. Ôsaka-Daigaku, Kôgakubu, Ôyô-Kagaku-Kyôsitu; jap., Auszug: engl., S. A 57). — *Natives Lignin* (I) reagiert mit o-(II) bzw. p-Phenolsulfonsäure (III) unter Ausschluß von W. bei 50—70° unter Bldg. wasserlösl. Verbb. aus I u. II bzw. I u. III, wobei II reaktionsfähiger ist als III. Nach 3—6std. Erhitzen von Holzpulver aus *Pinus densiflora* S. et Z. mit II auf 60—80° können 95—99% eines *Lignins* mit W. herausgelöst werden. I u. das Rk.-Gemisch werden mit Nitrobenzol (IV) oxydiert u. die Prodd. wie üblich analysiert; die Ausbeute an *Vanillin* beträgt 21,3% (Oxydations-Prod. des Holzpulvers) bzw. 1% (aus dem Rk.-Gemisch). Aus dem Rk.-Gemisch werden bei der Oxydation mit IV als Neben-Prod. 5,3% *p-Hydroxybenzaldehyd* isoliert. Vff. schließen, daß II vorwiegend in p-Stellung zur Hydroxylgruppe mit der Vanillin-bildenden Gruppe des Lignins reagiert.

E. Maekawa 4050□

0997 **Die Lichtstreuung an Lösungen von Hydroxyäthylcellulose in den binären Gemischen Wasser–Dimethylsulfoxid und Wasser–Formamid.** F. Friedberg, W. Brown, D. Henley und J. Öhman. (Makromolekulare Chem. **66**, 168—79, 1963; Uppsala, Sweden, Univ. of Uppsala, Inst. of Phys. Chem.; engl.) — Die Vff. berichten über Lichtstreuungs- u. Viscositätsmessungen an Lsgg. von *Hydroxyäthylcellulose* (I) in den bin. Gemischen W.–Dimethylsulfoxid (II) u. W.–Formamid (III). Das Mischungsverhältnis wird im Bereich von 0—100 Vol.% II u. 0—80 Vol.% III variiert. Obgleich W. u. II jedes für sich ein gutes Lsgm. für I ist, ergeben die Messungen eine Aggregation des Polymeren in Mischungen dieser beiden Lsgm. mit einem Geh. von 30—75% II. Dieses Verh. ist eine Folge der starken Dipol–Dipol-Wechsel-Wrkg. zwischen W. u. II, die zu einer Lsgm.-Struktur mit stark verminderter Wechsel-Wrkg. zwischen Lsgm. u. Polymerem führt. I ist in reinem III bei Zimmer-Temp. unlösl., dagegen sind W.–III-Gemische mit einem III-Geh. bis zu 80 Vol.% gute Lösungsmittel. Lichtstreuungsmessungen zeigen in diesem Gebiet durchgehend hohe Knäuelstreckungen u. weiterhin, daß das gelöste Polymere die Moll. des besseren Lsgm. nicht bevorzugt anlagert. Dieses Verh. wird durch die stark assoziierte Struktur von III erklärt, die durch die Ggw. von W. wesentlich geändert wird. K. Schwabe 4050◇

0998 **Über die Untersuchung von Cellulosereaktionen mit Hilfe einer Adsorptionswaage.** I. Rusznák, Gy. Lévai und M. Tóth. (Periodica polytechn. [Budapest], chem. Ingenieurwes. **2**, 253—57, 1958; Budapest, Techn. Univ., Inst. für Prakt. Chem.; dt.) — Mit Hilfe einer speziellen App., die eine Adsorptionswaage enthält, wurde der Einfl. der Adsorption von NO_2 (aus NO u. O_2 hergestellt) bei der *Cellulose*-Oxydation mit NO_2 untersucht. Der Geh. an gebildeten COOH-Gruppen als Funktion des Feuchtigkeitsgeh. des Syst. durchläuft ein Maximum. In Abhängigkeit vom Feuchtigkeitsgeh. wurden drei Typen von Adsorptionsisothermen gefunden. Die abs. Werte der Gew.-Zunahme u. des COOH-Gruppen-Geh. liegen bei 50° niedriger als bei 18°. Vff. schließen aus den Ergebnissen der Adsorptionsmessungen u. aus nicht näher angeführten reaktionskinet. Messungen, daß die erste Stufe der Oxydation von Cellulose durch NO_2 eine Adsorption ist, danach wird eine intermediäre Substanz gebildet u. erst dann findet die eigentliche Oxydation statt. U. Stürzer 4050◇

0999 **Beitrag zur potentiometrischen Untersuchung von Carboxymethylcellulosen.** Michel Bouttemy. (C. R. hebd. Séances Acad. Sci. **250**, 2717—19, 1960; franz.) — Die polymeren *Carboxymethylcellulosen* (**CMC**) können in der monomeren Cellogucaneinheit theoret. 3 ionisierbare Carboxymethylgruppen (**A**) enthalten. Die potentiometr. Titration von 3 **CMC** mit 1,68, 2,03 u. 2,61 ionisierbaren **A** ergibt 3 Kurven für $pK = pH + \log (1 - \alpha)/\alpha$ in 0,0023 n Lsgg. bei 25°. Es wird festgestellt, daß der von Pals u. Hermans (Recueil Trav. chim. **71**, [1952], 513) gefundene Wert für $pK_0 = 3{,}45$ für die **CMC** eine Konst. ist. In allen **CMC** ist die Entfernung zwischen den nächsten ionisierbaren **A** ungefähr gleich, gleichgültig, ob sie zu gleichen oder zu benachbarten Celloglucaneinheiten gehören. Dieses Ergebnis widerspricht der räumlichen Formel der Cellulose nicht.

E. Rotter 4050◇

1000 **Ein Vergleich von Methoden zur Berechnung von Normalspannungen.** J. G. Savins. (J. appl. Polymer Sci. **6**, S 67—68, 1962; Dallas, Tex., Socony Mobil Oil Co., Inc., Field Res. Labor.; engl.) — Berechnungen an Hand experimenteller Daten von McIntosh (Dissertation; Sever Inst. of Washington Univ. [1960]). Den Untersuchungen liegt eine 2%ig. Lsg. von *Carboxymethylcellulose* zugrunde. H. Schroeder 4050◇

1001 **Über den Einfluß des Lösungsmittels auf den Trägheitsradius am Θ-Punkt bei Amylosetricarbanilat.** W. Burchard. (Makromolekulare Chem. **56**, 239—42, 1962; Freiburg i. Br., Univ., Inst. für makromol. Chem.; dt.) — Bei Streulichtmessungen an Lsgg. von *Amylosetricarbanilat* in verschiedenen Syst. (Methyläthylketon/34% Methanol (I), Diäthylketon/33% I, Dioxan/51% I), die Θ-Lsgm. darstellen, wurde gefunden, daß entgegen der Hypothese von Flory der Trägheitsradius des Mol. bei allen drei Θ-Lsgm. verschieden ist.
H. Schroeder 4050◇

1002 **Bestimmung des Molekulargewichts des Tamarindenkern-Polysaccharids.** I. B. Chakraverti, S. Nag und W. G. Macmillan. (Indian J. Technol. **1**, 216—17, 1963; Calcutta, Indian Jute Mills Association Res. Inst.; engl.) — Es wird das Molgew. des gereinigten, homogenen *Tamarindenkern-Polysaccharids* mittels der osmometr. Meth. u. der Endgruppen-Best. zu ca. 55000 ermittelt. Messungen der Intrinsicviscosität ergeben Werte von 4,17; 10,21 u. 3,25 dl/g für das ursprüngliche, das acetylierte u. das nitrierte Polysaccharid in W., Chlf. u. Aceton, woraus die Staudinger-Konst. zu $7{,}6 \cdot 10^{-5}$; $18{,}7 \cdot 10^{-5}$ u. $5{,}9 \cdot 10^{-5}$ berechnet werden.
K. Schwabe 4050◇

1003 **Über die zweidimensionale, geordnete Quellung von Salzen der Pektinsäure.** Armin Weiss und Eugen Michel. (Z. Naturforsch. **17b**, 133—34, 1962; Darmstadt, TH., Eduard-Zintl-Inst. für anorg. u. phys. Chem.; dt.) — Vff. untersuchten zum Vgl. der Quellung der *Poly-D-mannuronsäure* (I; *Alginsäure*) das Quellungsverh. von *Poly-D-galakturonsäure* (II; *Pektinsäure*). Beide Verbb. verhielten sich außerordentlich ähnlich. Mit Alkaliionen schritt die Quellung bis zur Aufteilung in einzelne Molekülfäden fort. Mit 2- u. mehrwertigen Kationen blieb die Quellung u. damit die Verknäuelung geringer. Die Alkylammoniumsalze von II ließen sich wie die entsprechenden I-Salze durch Kationenaustausch darstellen. Ein Vgl. der Faserabstände der getrockneten n-Alkylammoniumpektate (III)- u. -alginate (IV) zeigte keine wesentlichen Unterschiede. Bei der 2dimensionalen Quellung verhielten sich diese III ähnlich wie die entsprechenden IV. Der Unterschied der n-Dodecylammoniumproben betrug unter den verschiedensten Quellungsfl. im Faserabstand maximal 0,6 Å-Einheiten. Bei den Trimethylcetylammoniumproben traten etwas größere Unterschiede auf, unter W. 4,0 Å, unter Toluol 4,0 Å u. unter Butylacetat 5,4 Å. Die großen Unterschiede in der Konstitution der Polyuronsäurefäden wirkten sich also nur unwesentlich auf die Quellungseigg. aus. G. Bratfisch 4050◇

1004 **Eine Konformationsuntersuchung von Poly-D-alanin und Poly-DL-alanin in wäßriger Lösung.** Walter B. Gratzer und Paul Doty. (J. Amer. chem. Soc. **85**, 1193—97, 1963; Cambridge, Mass., Harvard Univ., Dep. of Chem.; engl.) — Es wird ein Blockpolymeres vom Typ *Poly-DL-glutaminsäure–Poly-L-alanin–Poly-DL-glutaminsäure* (I) synthetisiert u. mit den Eigg. von geringer mol. *Poly-DL-alanin* (II) verglichen. Zur I-Synth. wird *γ-Benzyl-DL-glutaminsäure-N-carboxyanhydrid* (III) in Ggw. von n-Hxylamin in Bzl. anpolymerisiert. Dann wird *L-Alanin-N-carboxyanhydrid* u. zum Schluß wieder III zugegeben. Das Endprod. wird mit HBr zu I debenzyliert, das wasserlösl. ist u. ein Molgew. von 62000 hat. Das Blockpolymere besteht aus 2 Endstücken mit jeweils ca. 163 *DL-Glutaminsäure*(IV)-Resten u. in der Mitte aus einem *Poly-L-alanin*(V)-Block mit ca. 175 *L-Alanin* (VI)-Resten. V allein ist wasserunlöslich. Nur die V-Region in I trägt zur spezif. Drehung des Blockpolymerisates in W. bei. Aus der Rotationsdispersion wird entnommen, daß der V-Bereich in einer α-Helix-Konformation vorliegt. Die Konformation wird durch Detergentien nicht u. durch 8 m Harnstoff-Lsg. oder 5 m Guanidinhydrochlorid-Lsg. schwach beeinflußt. Wird I in Hydrazin gelöst, so wird die α-Helix teilweise zerstört; in Trifluoressigsäure wird I nahezu vollständig bis zum ungeordneten Knäuel denaturiert. Wird I in 0,1 m Na_2HPO_4-Lsg. bis 95° erwärmt, so bleibt die opt. Drehung konstant. Demnach ist die V-Konformation bis zu dieser Temp. stabil. Wird ein Copolymeres aus IV u. VI mit Molgew. 7400 synthetisiert, so weist es keinerlei opt. Aktivität auf. Das Copolymere liegt demnach im Gegensatz zu I nur in ungeordnetem Knäuel vor. Die Konformation des racem. Polymeren II kann nicht durch Messung der opt. Aktivität geprüft werden. Vielmehr wird der Hypochronismus bei 190 mμ gemessen; danach liegt II zu 30—35% als Helix vor. L. Träger 4070◇

1005 **Stereospezifische Polymerisation von N-Carboxy-DL-alaninanhydrid.** Teiji Tsuruta, Shohei Inoue und Kazuo Matsuura. (Makromolekulare Chem. **63**, 219 bis 221, 1963; Kyoto, Japan, Kyoto Univ., Dep. of Synth. Chem.; engl.) — *N-Carboxy-DL-alaninanhydrid* (I) kann mit opt. akt. Alkoholen wie (+)-Borneol (II), (—)-Menthol (III) oder organ. Metallverbb. als Katalysatoren zu stereospezif. oder wasserunlösl. *Poly-DL-alanin* (IV) polymerisiert werden. Für mit II hergestelltes IV werden nachst. $[\alpha]_D$-Werte erhalten: 1. (wasserlösl. Teil) $[\alpha]_D$ $+0{,}4°$ [Dichloressigsäure (V)], $[\alpha]_D$ $-0{,}2°$ (Chlf./V), 2. (wasserunlösl. Teil) $[\alpha]_D$ $+1{,}3°$ (V), $[\alpha]_D$ $-1{,}0°$ (Chlf./V). Für mit III hergestelltes IV werden gemessen: $[\alpha]_D$ $+0{,}6°$ (V), $[\alpha]_D$ $-0{,}6°$ (Chlf./V). Wasserunlösl. IV wird aus I mit Trialkyl-Al, Trialkyl-Al/Alkohol oder Al-Triisopropylat als Katalysator erhalten. 8 andere metallorgan. Syst. ergeben kein wasserunlösl. Polymeres. Mit Triäthyl-Al/II hergestelltes IV ergibt $[\alpha]_D$ -Werte von: $+1{,}2°$ (V); u. $-0{,}4°$ (Chlf./V). I. Solf 4070◇

1006 **Struktur von Poly-L-prolin I.** W. Traub und U. Shmueli. (Nature [London] **198**, 1165—66, 1963; Rehovoth, Israel, Weizmann Inst. of Sci., Dep. of X-Ray Cristallograph.; engl.) — *Poly-L-prolin* (**pP.**) existiert in den beiden Formen I u. II, die verschiedene opt. Aktivität aufweisen, wobei Form I durch Mutarotation in Essigsäure oder anderen Lsgm. in Form II übergeht u. umgekehrt. Durch Röntgenstrahlenbeugung an **pP.** Form II ist bekannt, daß diese Modifikation in linksgängiger Helix mit trans-Peptidbindungen vorliegt. Pro Windung sind 3 *Prolin*(I)-Reste nachweisbar, der Abstand zwischen 2 Resten beträgt 3,12 Å. Röntgenstrahlenbeugungen an **pP.** Form I wurden an Proben mit Molgew. zwischen 10000 u. 15000 vorgenommen. Die Reflexionen werden einer hexagonalen oder pseudohexagonalen Einheitszelle mit a = 9,05 Å, c = 19,0 Å mit der Raumgruppe $P\,2_1$ zugeordnet. Die c-Achse fällt mit der Helixachse zusammen. 10 I-Reste befinden sich in einer Einheitszelle mit 3 Schraubenwindungen. **pP.** Form I liegt in einer rechtsgängigen Helix mit cis-Peptidbindungen vor.
L. Träger 4070◇

1007 **Synthese von Polyamiden durch Ozonolyse von Ölsäure.** Hiroshi Otsuki und Hideya Funahashi. (Advances Chem. Ser. **21**, 205—08, 1959; Tokyo, Japan, Nippon Ozone Co., Ltd.; engl.) — Durch Ozonolyse von Ölsäure, reduktive Spaltung des Ozonids mit Na_2SO_3 u. Red. des dabei neben *Nonanaldehyd* erhaltenen *Azelainsäurehalbaldehyds* (I) mit H_2 u. NH_3 unter Druck oder Red. des I-*Oxims* wird *ω-Aminononansäure* (II), das Ausgangsmaterial für die Herst. von *Nylon 9*, dargestellt. Der aus II erhaltene *Äthylester* wird durch Erhitzen bei vermindertem Druck unter A.-Abspaltung zu *Poly-ω-aminononansäure* (III, *Azelon*, F. 195—197°; spezif. Gew. 1,05) polymerisiert, die chem. resistenter als *Nylon 6* u. sehr hitzebeständig ist (keine Veränderung bei mehrstd. Schmelzen). Fasern aus III sind hydrophober als solche aus Nylon 6. K. Gröbe 4070

1008 **Die Dispersion der optischen Drehung von Polypeptiden und Proteinen.** Jen Tsi Yang. (Tetrahedron [London] **13**, 143—65, 1961; Hanover, N. H., Dartmouth Med. School, Dep. of Biochem.; engl.) — Übersicht. — 68 Literaturangaben. H. Czech 4070◇

1009 **Über die Bindung verschiedener Alkalisalze durch Casein.** Ursula Feitknecht, S. Gál und R. Signer. (Helv. chim. Acta **46**, 813—15, 1963; Bern, Univ., Inst. für org. Chem.; dt.) — Vgl. R. Signer u. St. Gál, C. **1963**, 18868. — Durch langsame Trocknung des Syst. *Casein*(I)–Salzwasser wird eine Elektrolytbindung erreicht, wobei der freie Elektrolyt durch die charakterist. Reflexe bei der Röntgenographie erkennbar ist. Danach findet man je nach verwendetem Alkalisalz große Unterschiede der durch **I** gebundenen Salzmenge. Die Zahl der geladenen Gruppen des isoelektr. **I** beträgt 110 Mol/10^5 g **I**. Es werden jedoch Werte zwischen 20 (Mol/10^5 g **I**) für LiF u. 1155 für LiCl gefunden. Dazwischen liegen NaF 25, Na_2SO_4 30, KCl 100, KF 115, NaCl 120, $NaNO_3$ 215, NaBr 240, NaJ 625, NaCNS 755. Demnach ist die Annahme einer stöchiometr. Bindung an die ion. Gruppen von **I** widerlegt. Dagegen ordnen sich die Bindungswerte völlig in die Reihe der Löslichkeiten der Salze in W. ein. Man denkt sich daher die Salze als in der Proteinphase gelöst, wobei das feste **I** für den Elektrolyten ein wasserähnliches Medium darstellt. Möglicherweise handelt es sich dabei um eine adsorptive Bindung.

L. Träger 4070◇

1010 **Spektroskopischer Beweis für die Beteiligung von Tryptophanresten bei der Bindung von Biotin durch Avidin.** N. M. Green. (Biochim. biophysica Acta [Amsterdam] **59**, 244—46, 1962; London, St. Mary's Hosp. Med. School, Dep. of Chem. Patholog.; engl.) — Das über Carboxymethylcellulose gereinigte Protein *Avidin* (**I**) bindet 11 μg *Biotin* (**II**)/mg **I**. Das Spektrum des freien **I** verschiebt sich nach der Bindung in Richtung längerer Wellenlängen. Diese Rotverschiebung wird als erster Hinweis für die Beteiligung des *Tryptophans* (**III**) an der **I**-**II**-Bindung angesehen. Wird ein Differenzspektrum von **I**-gebundenem **II** gegen freies **I** aufgenommen, so erhält man für **III** typ. UV-Maxima bei 233, 288 u. 293 mμ. Nur 5% der im Gebiet von 290 mμ gemessenen Extinktionen sind auf *Tyrosin* zurückzuführen. Die spektrale Verschiebung von **I** nach Bindung von **II** beruht wahrscheinlich auf einem Übergang des Indolchromophors aus der wss. Lsg. in das Protein, wobei ein hoher Brechungsindex wirksam wird. Die **III**-Beteiligung bei der **II**-Bindung wird ferner durch spektrophotometr. Titration von **I** mit 10^{-3} m N-Bromsuccinimid in 0,1 m Acetatpuffer, pH 4,6, verfolgt, wobei sehr rasch 12 oder 14 **III**-Reste in **I** oxydiert werden, u. die Absorption bei 282 mμ nimmt stark ab. Dabei wird spezif. nur **III** angegriffen. Wird auf gleiche Weise der **I**-**II**-Komplex oxydiert, so verändert sich das Spektrum nicht. Jedes gebundene **II**-Mol. schützt 4 **III**-Reste. Aus stereochem. Gründen ist es unwahrscheinlich, daß sich die 4 **III**-Reste direkt mit 1 **II**-Mol. in Wechselwrkg. befinden. Vielmehr werden sie in einer komplexähnlichen Anordnung mit sich selbst oder durch Wechselwrkg. mit weiteren Aminosäuren die hohe Stabilität des **I**-**II**-Komplexes ermöglichen.

L. Träger 4070◇

1011 **Die Eigenschaften von Thyreoglobulin.** 4. Mitt. **Denaturierungskinetik.** Henry Metzger und Harold Edelhoch. (J. Amer. chem. Soc. **83**, 1423—27, 1961; Bethesda, Md., Nat. Inst. of Health, Clin. Endocrinology Branch, Inst. of Arthritis and Metabolic Diseases; engl.) — 3. vgl. C. **1961**, 17968. — Vff. untersuchten die Denaturierung des *Thyreoglobulins* (**I**) in Abhängigkeit vom pH u. der Temp.; es wurden die folgenden Mittelwerte der Aktivierungsparameter für die nach der 1. Ordnung verlaufende Rk. erhalten: pH 8,1, 56—60°, ΔF^* —25,1 kcal/Mol, ΔH^* 160 kcal/Mol, ΔS^* 420 cal/Mol · $Grad^{-1}$; pH 11,8, 16—26°, ΔF^* —21,5, ΔH^* 80, ΔS^* 198. Der Zusatz von Salz beschleunigt die Denaturierung von **I**; es wurden folgende Wirksamkeitsreihenfolgen gefunden: $CNS^- > J^- > NO_3^- > Cl^- > SO_4^{2-}$ (fast unwirksam); $Hg^{2+} > Cu^{2+} > Ni^{2+} \gg Ba^{2+}$. Der Denaturierung von **I** geht eine Dissoziation voraus, deren Prodd. bei pH 5 unterhalb der für die therm. Denaturierung notwendigen Temp. (< 55°) u. unterhalb des für die alkal. Denaturierung notwendigen pH-Wertes (< 11,2) lösl. sind. Denaturiertes **I** wird bei pH 11,6, 22° in 0,1 m KNO_3-Lsg. 27mal schneller denaturiert als genuines **I**.

W. Walter 4070◇

1012 **Die Eigenschaften von Thyreoglobulin.** 5. Mitt. **Die Eigenschaften von denaturiertem Thyreoglobulin.** H. Edelhoch und H. Metzger. (J. Amer. chem. Soc. **83**, 1428—35, 1961; engl.) — 4. vgl. vorst. Referat. — Die Denaturierung von *Thyreoglobulin* (**I**; $S^0_{20,w}$ = 19,2) bei pH 11,4 führt zur Bldg. eines neuen Meniskus mit einem *S* der folgenden Größe u. Konz.-Abhängigkeit zwischen 0 u. 1%: 8,9 (1 — 0,17 c) · 10^{-3}. Bei pH 9,6 wird **I** zwischen 40 u. 55° mit steigender Temp. zunehmend in Bruchstücke mit den $S^0_{20,w}$-Werten 12,0 u. 17,1 aufgespalten; die letztere Komponente war in der 1. Mitt. (vgl. C. **1961**, 8006) durch $S^0_{20,w}$ = 15 charakterisiert worden. Die Dissoziation von **I** zwischen 40 u. 55° ist keine Gleichgewichts-Rk.; bei der oberhalb 55° beginnenden Denaturierung treten keine Komponenten mit niedrigeren *S* auf, in Abhängigkeit von der Ionenstärke bilden sich aber Komponenten mit $S^0_{20,w}$ > 19. Messungen der opt. Drehung zeigen, daß die Dissoziation von **I** nur von geringen konfigurativen Änderungen begleitet ist, da nur Abweichungen von etwa 5° von dem für genuines **I** charakterist. $[\alpha]_{550}$ von —62 bis 64° gefunden werden. Auch die durch Netzmittel hervorgerufenen Änderungen bleiben innerhalb dieser Grenzen; in 5,7 m Guanidin (**II**) bzw. 9,0 m Harnstoff (**III**) $[\alpha]_{550}$ für **I** auf —99°, in 5,3 m LiBr wurden —60 u. in 90—10% 2-Chloräthanol–Wasser Lsg. —39° gefunden. Nach Denaturierung mit Alkali erhielten Vff. $[\alpha]_{550}$ —71° (pH 11,4) u. —76° (pH 12,3). Die bei der alkal. Denaturierung auftretenden Viscositätsänderungen sind wesentlich geringer als die in Ggw. von **II** bzw. **III** auftretenden. Die Messungen der Lichtstreuung bestätigen die mit der Ultrazentrifuge erhaltenen Ergebnisse. Durch langsame Erniedrigung des pH-Wertes kann die Alkalidenaturierung weitgehend rückgängig gemacht werden, die mit der Denaturierung verbundene Konfigurationsänderung ist also gering. Die Ergebnisse der spektrophotometr. Titration der Tyrosingruppen zeigen, daß in der Ultrazentrifuge homogenes **I** Unterschiede in der Zus. aufweist, die sich in seinem Verh. bei der therm. bzw. alkal. Fragmentierung widerspiegeln.

W. Walter 4070◇

1013 **Die Eigenschaften von Thyreoglobulin.** 6. Mitt. **Die innere Starrheit von nativem und denaturiertem Thyreoglobulin.** R. F. Steiner und H. Edelhoch. (J. Amer. chem. Soc. **83**, 1435—44, 1961; engl.) — 5. vgl. vorst. Referat. — *Thyreoglobulin* wurde mit *1-Dimethylaminonaphthalinsulfochlorid-(5)* gekuppelt u. aus Messungen der Fluorescenzpolarisation dieser Verb. (**I**) die Rotations-Relaxationszeit ermittelt, von der aus auf die Starrheit des Mol. geschlossen werden kann. Natives **I** (Molgew. 6,7 · 10^5) erwies sich als starres Teilchen, diese Eig. verminderte sich durch therm. Denaturierung nicht, durch alkal. Denaturierung geht dagegen ein Teil der für natives **I** charakterist. Starrheit verloren. Durch Netzmittel wie Na-Decyl- bzw. Dodecylsulfat sowie durch Harnstoff (**II**) bzw. Guanidin (**III**) wird die Relaxationszeit von **I** merklich herabgesetzt; durch Verdünnen des Reagenzes wird die ursprüngliche Polarisation wieder hergestellt. Bei gleichzeitiger Einw. von Netzmittel u. **II** wird unterhalb einer Konz. von 9 m **II** die Polarisation noch weiter herabgesetzt als durch **II** allein. Während Red.-Mittel die Disulfidbrücken des nativen **I** nicht angreifen, führen sie in Ggw. von Netzmitteln zu einer weiteren Verminderung der Relaxationszeit; eine ähnliche zeitabhängige Abnahme der Polarisation wurde auch in Ggw. von 8 m **II** bzw. 5 m **III** beobachtet, die durch Alkali noch weiter vermindert wird. Im Gegensatz hierzu zeigt Alkali in Ggw. von Netzmitteln nur geringe Wrkg.; auch Erwärmung in Ggw. von Netzmitteln führt zu keinem weiteren Verlust an Starrheit. Zwischen pH 7 u. 3 wird die Polarisation von **I** in 8 m **II** nicht geändert. Aus den Änderungen der Polarisation ergibt sich, daß in Lsgg. von **I**, die Netzmittel enthalten, die kinet. Einheit nur noch etwa $^1/_{10}$ der Größe des intakt. Mol. beträgt.

W. Walter 4070◇

E. Biologische Chemie, Physiologie, Medizin

E_1. Allgemeine Biologie und Biochemie

1014 **Über Ursprung und Entwicklung lebender Maschinen.** Harold F. Blum. (Amer. Scientist **49**, 474 bis 501, 1961; engl.) — Vortrag. Chem. Evolution, Vermehrung lebender Syst., Ursprung u. Evolution, „lebende Moll.“ u. „nackte Gene“. — 18 Literaturangaben.
K. Maier 4100◇

1015 **Die Synthese von Purinen unter möglichen primitiven Erdbedingungen.** 1. Mitt. **Adenin aus Blausäure.** J. Oró und A. P. Kimball. (Arch. Biochem. Biophysics **94**, 217—27, 1961; Houston, Texas, Univ. of Houston, Dep. of Chem.; engl.) — Nach 1—7tägigem Erhitzen einer 1—15m HCN-Lsg. in wss. NH_3 auf 27—100° konnte aus dem rotbraunen Überstand chromatograph. *Adenin* (I) isoliert werden. Aus 1 Liter 11,1m HCN-Rk.-Gemisch (70°) wurden 685 mg I erhalten. Da HCN, NH_3 u. W. natürlich vorkommende Komponenten des Sonnensyst. sind, zeigen diese Verss. erstmals, daß eine spontane I-Synth. aus einfachen C- u. N-Verbb. unter Bedingungen, die vermutlich unter primitiven Erdbedingungen geherrscht haben, möglich ist. K. Maier 4100◇

1016 **Trennung und Fraktionierung von Makromolekülen und Partikeln. Neue oder verbesserte Trennungsverfahren liegen vielen wichtigen neueren Fortschritten in der Biochemie zugrunde.** Arne Tiselius, Jerker Porath und Per-Ake Albertsson. (Science [Washington] **141**, 13—20, 1963; Uppsala, Sweden, Univ. of Uppsala, Inst. of Biochem.; engl.) — Übersicht unter bes. Berücksichtigung von Elektrophorese (freie u. Trägerelektrophorese), Gelfiltration u. Verteilungsverfahren. — 37 Literaturangaben. G. Seltmann 4100◇

1017 **Herstellung von ^{14}C-Proteinschichten für die Radioaktivitätsmessung und Ermittlung einer Selbstabsorptionskurve für ^{14}C-Proteine.** W. Dirscherl und J. Strehlow. (Atompraxis **8**, 60—63, 1962; Bonn, Univ., Physiol.-Chem. Inst.; dt.) — Zur Best. der Aktivität ^{14}C-aktivierter Proteine werden dünne Schichten erzeugt, u. zwar durch Aufschlämmen der gereinigten, getrockneten u. pulverisierten Proteine in Cyclohexan, Ausgießen der Suspension in Schälchen u. Verdunsten des Suspensionsmittels. Es werden Aktivitätsmessungen an unterschiedlich starken Schichten durchgeführt, aus den Meßwerten wird rechner. der Bruchteil der maximal meßbaren Aktivität bei verschiedenen Schichtdicken abgeleitet u. damit die Korrektur der Meßwerte auf die Selbstabsorption ermittelt. Es werden Beobachtungen an verschiedenen ^{14}C-markierten Proteinen mitgeteilt. W. Reusse 4100◇

1018 **Die Chemie der Lichtemission.** W. D. McElroy und H. H. Seliger. (Advances Enzymol. **25**, 119—66, 1963; Baltimore, Md., Johns Hopkins Univ., McCollum-Pratt Inst., Dep. of Biol.; engl.) — Übersicht: Mechanismen der Chemoluminescenz-Rkk., Biolumineseenz-Rkk., [bei Leuchtkäfern, Bakterien, *Cypridina hilgendorfii*, *Renilla remiformis* — das See-Stiefmütterchen, andere Biolumineseenz-Rkk., *Odontosyllis enopla*, *Balanoglassus leiminiensis*, *Phola dactylus*, *Gonyaulax polyedra*]. — 160 Literaturangaben. I. Hähn 4102◇

1019 **Unterschiedliche mutagene Aktivität von l(+)- und d(—)-Diepoxybutan.** J. Moutschen-Dahmen, M. Moutschen-Dahmen und R. Loppes. (Nature [London] **199**, 406—07, 1963; Liège, Univ.; engl.) — Die Mutationsrate von *Penicillium multicolor G—M* u. *P* war in Ggw. von *l*(+)-*Diepoxybutan* (I) konstant höher als für die *d*(—)-Form (II). 0,1 m I (45 Min.) hat die gleiche Wrkg. wie 5 · 10^4 r. (Röntgenstrahlen), 0,1 m II die von 2,5 · 10^4 r. Bei I-Behandlung trockener *Vicia faber*-Bohnen waren die Chromosomenaberrationen zahlreicher als mit II. Dieser Effekt beruht vorwiegend auf einer größeren Häufigkeit von Chromosomenbrüchen. Die Austauschfrequenz war mit I ebenfalls größer als mit II. Die unterschiedliche Aktivität beider Verbb. hat vermutlich chromosomalen Ursprung. K. Maier 4130◇

1020 **Die mutationerzeugende Aktivität von Thiopyronin und Methylenblau in Verbindung mit sichtbarem Licht.** Helmut Böhme und Adolf Wacker. (Biochem. biophysic. Res. Commun. **12**, 137—39, 1963; Gatersleben, Kreis Aschersleben, Inst. für Kulturpflanzenforschung der DAdW zu Berlin u. Univ. von Frankfurt a. M.; engl.) — *Thiopyronin* (I) u. *Methylenblau* (II) erzeugen in Verbindung mit sichtbarem Licht in den beiden untersuchten Mutanten von *Proteus mirabilis* (VI/str.-d-3 u. VI/99) Mutationen. Für die photodynam. Inaktivierung einer bestimmten Fraktion von P. mirabilis-Zellen ist im Falle von II mehr Licht erforderlich als im Falle von I. Für VI/99 gilt dies auch für die Mutationsinduktion. Bei gleicher Größe der Lichtenergie ist die mutationserzeugende Wirksamkeit in VI/99 bei Ggw. von I größer. Ohne Lichteinw. sind beide Farbstoffe unwirksam. H. Köditz 4130◇

1021 **Weiterentwicklung der zellphysiologischen Methoden.** Otto Warburg. (Z. klin. Chem. **1**, 33—37, 1963; Berlin-Dahlem, Max-Planck-Inst. für Zellphysiol.; dt.) — Beschreibung neuer Meth. der biolog. Manometrie unter Besprechung der alten Manometrie, der Zweigefäß-Meth., der Eingefäß-Meth., sowie der Manometriegefäße einschließlich Abbildungen (Wannengefäße, Universalgefäß, Röntgenstrahlen-Actinometer). — 12 Literaturangaben. U. Tausendfreund 4150◇

1022 **Basisches Fuchsin als Farbstoff für Osmiumfixiertes, in Epon eingebettetes Gewebe.** Jerry Winkelstein, Max G. Menefee und Allen Bell. (Stain Technol. **38**, 202—04, 1963; Syracuse, N. Y., Upstate Med. Center, State Univ. of New York, Dep. of Anat.; Dep. of Surg.; engl.) — 1%ig. bas. Fuchsin in 50%ig. Aceton eignet sich zur Färbung von Os-fixiertem in Epoxykunstharz eingebetteten Gewebe.
K. Zingraf 4150◇

1023 **Eine Polychromfärbung zur Unterscheidung von Präkollagen und Kollagen.** C. Herovici. (Stain Technol. **38**, 204—05, 1963; Villejuif, Seine, Inst. Gustav Roussy, Labor. of Pathol. III; engl.) — Ein Gemisch von Pikrinsäure, Methylblau u. saurem Fuchsin ermöglicht eine Unterscheidung von *Präkollagen* (I) u. *Kollagen* (II), da es I blau u. II rot färbt. K. Zingraf 4150◇

1024 **Blockierung der Feulgen-Reaktion.** (Vorl. Mitt.) K. Jobst. (Acta morphol. Acad. Sci. hung. **11**, 285—86, 1962; Pécs, Univ. Med. School, Dep. of Pathol. Anatomy; engl.) — Die Feulgen-Rk. auf tier. *Nucleinsäuren* wird durch $NaBH_4$ blockiert, was auf eine größere Spezifität der Aldehydgruppe des *Desoxyribose*-Moleküls bei der Rk. hinweist. Auf die Bedeutung dieser Blockierung bei histochem. Unterss. wird hingewiesen.
Ekkehard Schmid 4150◇

1025 **Phosphatiddarstellung an Gewebsschnitten mit Astralblau.** M. Müller, E.-R. Welcker und I. Schlotterhoss. (Histochemie **3**, 208—13, 1963; Dresden, Med. Akad., Path. Inst.; dt.) — Zum Nachw. von *Phospholipoiden* wurde die von Klüver u. Barrera angegebene Kupferphthalocyanin-Rk. unter Anwendung alkohol. Astralblau-Lsg. modifiziert. Die Prüfung der Substratspezifität an Reinsubstanzen zeigte, daß sich diese Meth. zum quant. Nachw. von *Kephalin* u. *Lecithin* an Nativschnitten eignet. Da einige zur Lipidgruppe nicht gehörige Substanzen (Aminosäuren, Succinat, Lactat, Dextrose, Stärke) ebenfalls Färbungen ergaben, sind Kontrollschnitte unter Anwendung allg. Lipidfarbstoffe (Sudanschwarz) erforderlich, um Anhaltspunkte über Menge u. Verteilung der Lipide zu gewinnen.
L. Macher 4150◇

1026 **Kritisches zur Erfassung der freien Aminogruppen fixierter Proteine. Ein Vergleich verschiedener Methoden mit der o-Diacetylbenzol-Reaktion nach Voss.** Hans Günter Goslar. (Histochemie **3**, 249—56, 1963; Tübingen, Univ., Anatom. Inst.; dt.) — Um freie Aminosäuren fixierter Proteine zu erfassen, wurde die Vosssche Rk. mit *o-Diacetylbenzol* (I) mit der Ninhydrin- u. Acrolein-Schiff-Rk., mit *3-Hydroxy-2-naphthaldehyd-Echtblausalz B* (II), mit der *Tetrazolium-Rk-* (III) u. mit der *Hg-*

Bromphenolblaufärbung (IV) bei Gewebeschnitten der Rattenniere verglichen. I ließ eine stark positive Tingierung der gesamten Nierenparenchyms erkennen, so daß ihre hohe Spezifität erneut herausgestellt werden konnte. Mit II erzielt man gleich intensive Färbung, Weniger intensiv war das Bild der III. Die Acrolein-Schiff-Rk. eignet sich weniger für den Proteinnachw. u. die Anwendung der IV ist erheblich einzuschränken. Vorbehandlung mit HNO_2, Dinitrofluorbenzol, Benzoylchlorid usw. blockierten oder eliminierten nur wenig die freien Aminogruppen, so daß die Färbungen negativ ausfielen. Saure Hydrolyse vermehrte die Zahl der freien Aminogruppen u. somit auch die Farbintensität. L. Macher 4150◇

1027 **Färbung von Polysaccharidsulfaten mit Hilfe von Alcianblau.** Kazuyori Yamada. (Nature [London] **198**, 799—800, 1963; Nagoya-shi, Nagoya Univ., Dep. of Anat.; engl.) — *Chondroitinsulfat* (S-Geh. 6,0%), *Heparin* (11,1% S), *Glykogensulfat* (19,7% S), *Amylosesulfat* (15,76% S) u. 3 *Cellulosesulfate* (18,5, 16,4 u. 8,7% S) reagierten entsprechend ihrem S-Geh. mit *Alcianblau* (I). Da auch noch durch Methylierung (Hydrolyse von Sulfatestern) die Färbbarkeit abgeschwächt wurde, kann der S-Geh. für die Färbbarkeit verantwortlich gemacht werden. OH- u. NH_2-Gruppen können (wie aus Verss. mit Acetylierung u. Desacetylierung hervorgeht) die Färbbarkeit beeinflussen. Säure-Gruppen sind nach diesen Ergebnissen nicht mehr allein für die Färbbarkeit saurer Mucopolysaccharide mit I erforderlich.
U. Tausendfreund 4150◇

1028 **Über die Färbung von Serumproteinen mit Pikrinsäure.** K. Huhnstock. (Clin. chim. Acta [Amsterdam] **9**, 497—504, 1963; Heidelberg, Med. Univ.-Poliklinik; dt.) — Es wird die Anwendbarkeit der *Pikrinsäure* für die spezif. Anfärbung von *Paraproteinen* (I) auf den Elektropherogrammen untersucht. Eine Anfärbung der Albumine u. des γ-Globulins ist möglich, die Anfärbbarkeit ist jedoch abhängig von der aufgetragenen Eiweißmenge u. der Proteinkonz. pro Flächeneinheit des Filterpapiers. Die Befunde sind nach Meinung des Vf. nicht eindeutig genug, zm eine spezif. Anfärbung der I u. damit eine diagnost. Anwendung dieser Anfärbemeth. zuzulassen. G. Seltmann 4150◇

1029 **Der Färbedichroismus der Gliafibrillen.** R. Schnabel. (Histochemie **3**, 257—68, 1963; Magdeburg, Med. Akad., Inst. f. Path., Neuropath. Abt.; dt.) — Unterss. über die Färbungen bzw. Metallimprägnationen, welche sich als dichroit. Verbb. für Gliafibrillen des menschlichen Zentralnervensyst. eignen, ergaben positive Resultate für *Trypanblau, Kongorot, Gold*-Imprägnation u. insbes. für die Kanzlersche Gliafasertechnik mit *Kristallviolett* (I), *Gentianaviolett* u. *Methylviolett*. Diese genannten Triarylmethanfarbstoffe erteilten im weißen Licht der mit Phorphormolybdänsäure vorbehandelten Gliafibrille den Dichroismus blau–rotviolett. Bei Messungen mit monochromat. Licht bestand für I für rot u. gelb ein positiver, für grün u. blau ein negativer Dichroismus. Bei Doppelbrechung änderte sich in Abhängigkeit von der Wellenlänge des Meßlichtes das Vorzeichen zweimal; es ist in rot positiv, in grün u. gelb negativ, in blau wieder positiv; es kommen hierdurch anomale Kompensationsfarben zustande. L. Macher 4150◇

1030 **Untersuchungen über die Farbbindung und Metachromasie des Thymuskernes.** J. A. Szirmai und Pia C. van der Linde. (Histochemie **3**, 233—48, 1963; Leiden, Univ.-Hosp., Res. Labors., Dep. of Rheumat.; engl.) — Um die Bindung des kation. *Azur A-Farbstoffes* (I) durch nicht fixierte Gefrierschnitte des Kalbsthymus quant. zu verfolgen, ließ man *Polyanionen* (II) auf I einwirken, wobei ein II-Farbstoff-Komplex ausgefällt wurde. Die Messung der opt. Dichte des im Überstand befindlichen freien Farbstoffes ließ eine Schätzung des gebundenen Farbstoffanteiles zu. Durch Zusatz von 10—1000 mm NaCl zum Farbbad wurde ein Ansteigen der Farbbindung durch das Thymus-Gewebe festgestellt, insbes. bei gleichzeitiger Steigerung der I-Konz. Mit A., HCHO, OsO_4 fixierte Gewebe steigerten die Bindung des I. Mit fallendem pH oder durch die Ggw. größerer Neutralsalzanteile (0,5 m) ging die Bindung des I zurück.
L. Macher 4150◇

1031 **Essigsäure–Eisen–Hämatoxylin-Färbung für Pilzchromosomen.** Robert J. Lowry. (Stain Technol. **38**, 199—200, 1963; Ann Arbor., Mich., Univ. of Michigan, Dep. of Bot.; engl.) — Zur Färbung der *Chromosomen* von Pilzen eignet sich Essigsäure–Eisenalaun–Hämatoxylin nach vorheriger Säurehydrolyse des Materials.
K. Zingraf 4150◇

1032 **Rotblaue Färbung von hydrolysierten Nucleinsäuren in Paraffin-Schnitten.** D. W. Menzies. (Stain Technol. **38**, 157—60, 1963; Victoria, Australia, Univ. of Melbourne, Dep. of Pathol.; engl.) — Werden in Formol fixierte Paraffin-Schnitte 2—3 Min. bei 37° mit 10% HCl in Tetrahydrofuran behandelt, so wird *Desoxyribonucleinsäure* (DNS) hydrolysiert, während *Ribonucleinsäure* (RNS) erhalten bleibt. Bei der Färbung mit bas. Fuchsin-Thiazin oder Oxazin-Gemischen färbt dann das bas. Fuchsin die DNS, die RNS im Cytoplasma wird blau, aber die des Nucleolus bleibt nur schlecht erhalten. Empfohlen wird die Behandlung nach der Hydrolyse mit einem Gemisch von 15 ml 1% wss. Trimethylthionin, 4 ml 0,1% bas. Fuchsin u. 1 ml Eisessig für 15—30 Min., Entwässern in Aceton, Übertragung in Xylol u. Polystyrol. DNS färbt sich dann rot u. RNS blau.
M. Wiedemann 4150◇

1033 **Beteiligung von Ribonucleinsäure an der Proteinsynthese.** J. D. Watson. (Science [Washington] **140**, 17—26, 1963; Cambridge, Mass. Harvard Biological Laboratories; engl.) — Wiedergabe des Nobel-Vortrags, 11. XII. 1962. — In seinem Vortrag geht Vf. auf die Beteiligung der 3 *Ribonucleinsäure* (RNS)-Arten, der Ribosomen-RNS, der „messenger"-RNS („Boten"-RNS) u. der Acceptor- oder lösl. RNS bei der Proteinsynthese ein. Er behandelt die Röntgenuntersuchungen von RNS- u. RNS-haltigen Viren, die Struktur der Ribosomen, ihre Beteiligung an der Proteinsynthese, die Bldg. der Peptidbindung unter Beteiligung von Enzymen, das Vork. von „messenger"-RNS in mit Phagen infizierten u. in nicht-infizierten Bakterien, ihre Mitwirkung bei der Proteinsynth. im zellfreien Medium, ihre Anhaftung an die Ribosomen u. die Bindung von s-RNS an Ribosomen.
M. Wiedemann 4150◇

1034 **Quantitative Untersuchungen der Nucleinsäure der Linsen von Dithizon-diabetischen Kaninchen.** P. Mandel und C. A. Quaranta. (C. R. Séances Soc. Biol. Filiales **151**, 604—07, 1957; Strasbourg, Inst. de Chim. biol., Fac. de Méd.; Roma, Univ., Clin. Oculistica; franz.) — Beim durch *Dithizon*(I)-Injektionen (70 mg/kg) diabet. gemachten Kaninchen erleiden die *Ribo-* u. *Desoxyribonucleinsäuren* der Linse eine charakterist. Verringerung. Wegen der Beziehungen, die zwischen dem dynam. Zustand der Proteine u. der Ribonucleinsäure bestehen, vermutet man, daß die Verringerung der Nucleinsäuren bei der Trübung der Linse, die sehr häufig im Verlauf des I-Diabetes auftritt, eine Rolle spielt.
K. Böhm 4150◇

1035 **Durch isologe native Desoxyribonucleinsäure in UV-bestrahlten L-Zellen erzeugter Erholungseffekt.** O. Djordjević, Lj. Kostić und D. Kanazir. (Bull. Inst. nuclear. Sci. Boris Kidrich **14**, 59—65, 1963; engl.) — L-Zellen (von Säugetieren) wurden durch UV-Bestrahlung geschädigt, die Teilungsrate sank ab. Zugabe isologer *Desoxyribonucleinsäure* (DNS) erhöhte die Teilungsrate über die der nicht-bestrahlten u. nicht-behandelten Zellen. Der Effekt hing von der Menge der zugesetzten DNS ab. Heterologe (Bakterien-) DNS war ohne Einfluß. W. Wiedemann 4150◇

1036 **Untersuchungen über die Heterogenität von Messenger-Ribonucleinsäure aus Escherichia coli.** Roger Monier, Shiro Naono, Donal Hayes, Francoise Hayes und Francois Gros. (J. molecular Biol. **5**, 311—24, 1962; Paris, Inst. Pasteur; engl.) — Aus verschiedenen *E. coli*-Mutanten werden nach Kurzzeitmarkierung in Ggw. von $2 \cdot 10^{-5}$ m $^{14}C_{(2)}$-*Uracil* die Nucleinsäuren isoliert u. mit 90%ig. wss. Phenol enteiweißt. Durch A. werden die Nucleinsäuren wieder gefällt, wobei der Großteil der *Desoxyribonucleinsäure* aus der Suspension fadenförmig anfällt u. auf einem Stab aufgewickelt werden kann. Im Sediment verbleibt hauptsächlich *Ribonucleinsäure* (RNS), die noch durch 15 Min.

Inkubation mit *Desoxyribonuclease* bei 4° gereinigt wird. Das Gemisch wird mit Betonit bei p_H 5,5 geschüttelt, wobei die RNS im Überstand bleibt; daraus wird die RNS wieder durch A. (enthaltend 0,1 m NaCl) gefällt. Die RNS wird schließlich in 0,3 m NaCl gelöst u. auf Kieselgur chromatographiert. Dazu werden 16 g Kieselgur in 80 ml 0,3 m NaCl suspendiert, 4 ml 1%ig. wss. Lsg. von *methyliertem Serumalbumin* zugegeben u. das Gemisch wenige Min. geschüttelt. Die Suspension wird dann unter Druck in eine Glassäule gefüllt, mit 100 ml 0,3 m NaCl unter Druck gewaschen u. die RNS-Lsg. aufgegeben. Eluiert wird mit einem linearen Konz.-Gradient zwischen 0,3 u. 0,7 m NaCl. Alle NaCl-Lsgg. enthalten 0,025 m Trispuffer, pH 7. Es werden in diskreten Fraktionen lösl. RNS u. ribosomale RNS mit den Sedimentationskoeff. 4S, 16S u. 23S sowie *Messenger-RNS* (m-RNS) in einem breiten Band im Gebiet zwischen 4S u. 16S (m-RNS-α), 16S u. 23S (β) u. > 23S (γ) erhalten. Alle drei m-RNS-Fraktionen stimulieren in vitro in gleichem Maße den Einbau von Aminosäuren in Protein.

L. Träger. 4150◇

1037 **Trennung von neu-synthetisierter Desoxyribonucleinsäure von der Rest-Zell-Desoxyribonucleinsäure.** Tamar Ben-Porat, Athleen Stere und Albert S. Kaplan. (Biochim. biophysica Acta [Amsterdam] **61,** 150—52, 1962; Philadelphia, Pa., Albert Einstein Med. Center, Dep. of Microbiol., Res. Labor.; engl.) — Durch Verteilung der Radioaktivität bzw. *Desoxyribonucleinsäure* (DNS) zwischen Rückstand- u. Überstandsfraktionen von Kaninchennieren-Zellen wird gezeigt, daß neusynthetisierte DNS in der Zwischenphase nach der $CHCl_3$-Isoamylalkohol-Extraktion bleibt. DNS wird im frisch gebildeten Zustand bei der Deproteinisierung besser an Protein gebunden. Ch. Zimmer 4150◇

1038 **Strahlenempfindliches Molekulargewicht von „Single Stranded"-Virus-Nucleinsäuren.** William Ginoza. (Nature [London] **199,** 453—56, 1963; Univ. Park, Penn., Penn. State Univ.; engl.) — Die Inaktivierung bzw. Strahlenempfindlichkeit der Viren $\Phi \times 174$, R 17 u. deren *Nucleinsäuren* sowie die Strahlenschutzwrkg. durch Agentien wurde bei Röntgen- u. γ-Bestrahlung untersucht. $\Phi\times$-174-*Desoxyribonucelinsäure* zeigt ein strahlenempfindliches ($3,68 \cdot 10^5$ Röntgen) Mol.-Gew. von $1,82 \cdot 10^6$ u. R 17-*Ribonucleinsäure* ein Mol.-Gew. von $0,8 \cdot 10^6$ für 836 Kiloröntgen. *Glutathion* schützt vor Strahlenschäden, was von der Konz. des Agens abhängt. Es wird auf Grund der Ergebnisse angenommen, daß der Letalschaden in den Nucleinsäuren eine direkte Folge der Ionisation u. nicht ein therm. Effekt auf Grund der Absorption der Anregungsenergie ist.

Ch. Zimmer 4150◇

1039 **Über den anomalen Charakter des in Gegenwart von Ribonucleas esynthetisierten Phagenvorstufenproteins.** N. Dupont-Mairesse. (Biochim. biophysica Acta [Amsterdam] **61,** 129—34, 1962; Brüssel, Univ., Labor. de Physiol. animale; engl.) — Lösl. Antigene, die in UV-Licht induzierten *Bacillus-megatherium*-Zellen auftreten, besitzen die Eig. von Phagenvorstufenproteinen; *Ribonuclease* führt in den Zellen zu Änderungen im Verh. der lösl. Antigene, was auf einen enzymat. Abbau einer an die Phagenprotein-Synth. gebundenen *Ribonucleinsäure* zurückgeführt werden kann.

Ch. Zimmer 4150◇

1040 **Wirkung von 5-Fluoruracil auf die Regeneration bei Kaulquappen.** Allan E. Dumont und Norman Sohn. (Nature [London] **199,** 617—18, 1963; New York, New York Univ., School of Med., Dep. of Surg.; engl.) — Die Blastembldg. am regenerierenden Kaulquappenschwanz (an der der Einfl. von Purin- u. Pyrimidin-Analogen auf die Zellproliferation nach Verletzungen abgelesen werden kann) bleibt aus, wenn durch *5-Fluoruracil* die Methylierung von *Uracil* zu *Thymidin* (I) verhindert u. damit die *Desoxyribonucleinsäure*(DNS)-Bldg. gehemmt wird. I besitzt demnach ausschlaggebende Bedeutung bei der DNS-Synth. u. Regeneration.

U. Tausendfreund 4150◇

1041 **Chinolinsäure: ein Vorläufer des Nicotinamidadenindinucleotids in Escherichia coli.** Anthony J. Andreoli, Masayuki Ikeda, Yasutomi Nishizuka und Osamu Hayaishi. (Biochem. biophysic. Res. Commun. **12,** 92—97, 1963; Kyoto, Japan, Kyoto University, Faculty of Medicine, Dep. of Medical Chem.; engl.) — Vff. berichten über die von 5-Phosphoribosyl-1-pyrophosphat (I) abhängige Umwandlung von *Chinolinsäure* (II) zu *Nicotinsäureribonucleotid* (III) durch ein Enzympräp. aus *E. coli*, K-12, in einem Rk.-Gemisch aus I u. ^{14}C-II, das mit Phosphat auf 6,8 pH gepuffert ist. Nur in Ggw. von I wird $^{14}CO_2$ entwickelt. Radioakt. Prodd. werden in den Nicotinsäure-, III-, Nicotinsäureadenindinucleotid- u. *Nicotinamidadenindinucleotid* (IV)-Fraktionen nachgewiesen. In allen Fraktionen liegen beträchtliche Mengen von freier Nicotinsäure vor. Es zeigte sich ferner, daß die Bldg. von III der enzymat. entwickelten Menge von $^{14}CO_2$ entspricht, während die Bldg. von freier Nicotinsäure in einem etwas geringerem Verhältnis erfolgt. Aus Unterss. mit Nicotinsäure u. III als Cosubstrat von II folgt weiter, daß ^{14}C-III prakt. weder durch Austausch aus ^{14}C-Nicotinsäure noch in Ggw. von I gebildet wird. Nicotinsäure ist weder ein Zwischenprod. in der von I abhängigen Umwandlung von II zu III, noch in der Umwandlung von II zu IV in E. coli.

H. Köditz 4150◇

1042 **Mitochondrienveränderungen in der Leber von Mäusen mit Mangel an essentiellen Fettsäuren.** J. Walter Wilson und Elizabeth H. Leduc. (J. Cell Biol. **16,** 281—96, 1963; Providence, Brown Univ., Dep. of Biol.; engl.) — Befunde über stark vergrößerte Lebermitochondrien bei Mäusen im Verlaufe des Mangels an *essentiellen Fettsäuren* (I) führten zu ausgedehnteren Unterss. dieser Mitochondrien mit Licht- u. Elektronenmikroskopie. Die Beobachtungen über Mitochondrienvergrößerungen u. Cristae-Bldg. beim I-Mangel ohne normalerweise eintretende Mitochondrienteilung führen zu folgender These: durch I-Mangel kann die normale Zus. der Lipide in der Mitochondrienmembran nicht aufrechterhalten werden; I werden durch synthetisierbare *ungesätt. Fettsäuren* ersetzt; da die spezif. Rolle von I durch diese Fettsäuren nicht ausgeübt werden kann, kommt es zu einem bedeutsamen mol. Defekt, der zur Entkoppelung der oxydativen Phosphorylierung u. damit zur Insuffizienz einer *Adenosintriphosphat*-Bldg. führt; ohne diese Energiequelle schwellen die Mitochondrien bei Isolierung an. U. Tausendfreund 4150◇

1043 **Nucleolar-Koeffizient und Glykogengehalt von Lymphocyten bei chronischer Lymphadenose.** K. Smetana, F. Heřmanský und V. Pössnerová. (Neoplasma [Bratislava] **9,** 549—54, 1962; Prague, Charles Univ., Fac. of General Med., Inst. of Histol.; Charles Univ., First Dep. of Med., Labor. of Pathophysiol. of the Haemopoietic Syst. and Liver; engl.) — Bei 26 Patienten mit chron. Lymphadenose wird die Anzahl der Nucleolen sowie der Glykogengeh. der Lymphocyten des peripheren Blutes bestimmt. Dabei werden jeweils erhöhte Werte gefunden, die von der Malignität u. dem Krankheitsstadium unabhängig sind. M. Arnold 4160◇

1044 **Untersuchung der Affinität einiger carcinogener und nicht carcinogener Substanzen zu einer Nucleinsäure.** Jeanne Brigando. (Bull. Soc. chim. France [5] **1956,** 1797—1811; Paris, Fac. des Sciences, Lab. de Chimie Physique.) — Die Unters. der Affinität carcinogener u. nicht carcinogener Substanzen (polycycl. KW-Stoffe, Dibenzocarbazole, Methylbenzacridine, Fluorene, 3.4;5.6-Dibenzophenothiazin u. Stilbenderivv.) gegenüber Nucleinsäure werden die genannten Verbb. in einem flüchtigen Lsgm. (Bzl., PAe., Cyclohexan) auf eine wss. Lsg. gesprüht, die Nucleinsäure u. Cholesterin enthalten. Aus der Messung der Oberflächenspannnng des entstandenen Films auf manometr. Wege (Guastalla) ergab sich, daß zwischen carcinogener Wirksamkeit einer Substanz u. ihrer Affinität zu Nucleinsäure mit gewissen Ausnahmen eine Parallelität besteht. So zeigen in der Reihe der polycycl. KW-Stoffe die carcinogenen 20-Methylcholanthren u. 9.10-Dimethyl-1.2-benzanthracen zu Nucleinsäure eine Affinität, während das carcinogene 1.2;5.6-Dibenzanthracen u. die nichtcarcinogenen KW-Stoffe Anthracen, Phenanthren u. Benzanthracen nur eine geringe oder keine Affinitäten zeigen. Auch in den anderen genannten Verbindungsklassen wurde eine stärkere Abhängigkeit der Affinitäten von der carcinogenen Wirksamkeit als von der Konstit. beobachtet. Während die nicht carcinogenen 2-Nitro- u. 5.6-Dimethyl-1.2;7.8-dibenzocarbazol, sowie 6.10-Dimethyl-7.8-benzacridin, 2-Methyl-5.6-benzacridin, 5-Aminoacenaphthen u. trans-Stilben keine Affinitäten zeigen, kann von 2.3.10-Trimethyl-5.6-benzacridin u. 4-Aminostilben eine Rk. mit Nucleinsäure beobachtet werden. Von den nicht carcinogenen 9-Benzyliden- u. 9-Anisylidenfluorenen eine stärkere Affinität als die übrigen nicht carcinogenen Verbindungen. H. Gold 4160◇

1045 **Untersuchung der Affinität von einigen carcinogenen und nichtcarcinogenen Substanzen für eine Nucleinsäure in vitro.** Jeanne Brigando. (C. R. Séances Soc. Biol. Filiales **151,** 52—55, 1957; Paris, Fac. des Sciences, Labor. de Chimie Physique.) — Carcinogene Substanzen zeigen zu Ribonucleinsäure eine größere Affinität als nichtcarcinogene Substanzen, auch wenn sie der gleichen Stoffklasse angehören (vgl. vorst. Referat). H. Gold 4160◇

1046 **Krebs und die respiratorischen Grana.** Carl C. Lindegren. (Nature [London] **184,** 397—400, 8/8. 1959; Carbondale, Ill., Southern Illinois Univ., Biol. Res. Labor.; engl.) — Diskussion der Warburgschen Hypothese der Krebsentstehung. Es wird vorgeschlagen, den Respirationsapp. von Hefezellen zur Unters. der Atmungshemmung heranzuziehen. Dies könnte zu einer Prüfung auf carcinogene Wrkg. an einem einfachen Objekt führen. R. Preußmann 4160◇

1047 **Der carcinogene Effekt von Eiweiß, Eigelb und Fetten bei der Maus.** J. Szepsenwol. (Proc. Soc. exp. Biol. Med. **112,** 1073—76, 1963; San Juan, Puerto Rico, University of Puerto Rico, School of Med., Dep. of Anatomy; engl.) — Es scheint der Beweis erbracht, daß in Eiern mehr als eine *carcinogene Substanz* vorhanden ist, wobei eine, die Lymphsarkome und Lungencarcinome erzeugt, im Eiweiß u. Eigelb vorhanden ist, während eine andere, die Brustkrebs erzeugt, nur im Eidotter auftritt. Dies geht aus Verss. an Mäusen hervor, die nach 4 Wochen mit der Rockland-Rattendiät, vermehrt mit hart gekochtem Eiweiß, rohem Eigelb oder mit Cholesterin u. Schweinefett, gefüttert wurden. K. Dorfner 4160◇

1048 **Mechanismus experimenteller Tumorerzeugung. 7. Mitt. Ultrastrukturelle Veränderungen in der Mäuse-epidermis, erzeugt durch tumorfördernde Stoffe vom Glycerylstearat-Typ in Aceton und in Wasser.** Kai Setälä, Leo Stjernvall, Mauri Nyholm, Lauri Merenmies, Eino Erkki Niskanen und Yrjö Aho. (Acta pathol. microbiol. scand. **51,** 305—20, 1961; Helsinki, Univ. of Helsinki, Dep. of Pathol.; engl.) — 6. vgl. Acta pathol. microbiol. scand. **25,** [1960], 1155. — Laboratoriumsmäßig hergestelltes *Glyceryl-(1)-stearat* u. *Glyceryl-1.2-distearat,* beides Verbb. vom Span-60-Typ, sowie *Glyceryl-1-stearat-2.3-bis-[polyoxyäthylenäther]* u. *Glyceryl-1.2-distearat-3-polyoxyäthylenäther* als Verbb. vom Typ Tween 60, wurden in Aceton oder Wasser gelöst auf die Mäusehaut gebracht. Ein Teil der Tiere hatte zuvor eine einmalige Dosis (320 γ) von *9.10-Dimethyl-1.2-benzanthracen* erhalten. Gegenüber der wss. Lsg. war bei Verw. von Aceton nur $^1/_{100}$ der Dosis nötig, um Veränderungen der interfollikulären Epidermis hervorzurufen, die nach lichtmkr. histoquant. u. elektronenmkr. Unters. den von Tween 60 erzeugten ähnlich waren. Vff. schließen, daß die biolog. Wrkg. der genannten Substanzen nicht durch geringe Beimischung anderer Stoffe, sondern durch diese Verbb. selbst zustande kommt. W. Gutsche 4160□

1049 **Erzeugung maligner Tumoren im Meerschweinchen durch orale Verabreichung von Diäthylnitrosamin.** Mary F. Argus und Cornelia Hoch-Ligeti. (J. nat. Cancer Inst. **30,** 533—51, 1963; New Orleans, La., Tulane Univ. Med. School, Dep. of Med. [Biochem.], Seamen's Memorial Res. Labor., Public Health Service Hospital; Martinsburg, W. Va., Veterans Administration Center, Labor. Service u. Washington, D. C., George Washington Univ.; engl.) — Meerschweinchen (♂) erhielten im Trinkwasser bis zu **4,2** mg *Diäthylnitrosamin* (**I**) täglich. In 14 von 15 Tieren entwickelten sich nach 16 u. mehr Wochen Lebercarcinome. Bei höheren **I**-Gaben (insgesamt ca. 360 mg **I**) traten Metastasen (u. a. in Lunge, Niere) auf. W. Damerau 4160◇

1050 **Induktion von Sarkom in Ratten durch subkutane Injektion von 4-Hydroxylaminochinolin-N-oxid.** H. Endo und F. Kume. (Naturwissenschaften **50,** 525—26, 1963; Fukuoka, Kyushu Univ., Fac. of Med., Inst. for Cancer Res., Div. of Chem.; engl.) — Ratten erhalten eine 1%ig. Lsg. von *4-Hydroxylaminochinolin-N-oxid* (**I**) 10mal im Abstand von 10 Tagen in einer Einzeldosis von 1 mg injiziert. Nach 130 Tagen tragen die Tiere subkutane Tumoren. Vff. ziehen aus ihren Ergebnissen den Schluß, daß *4-Nitrochinolin-N-oxid* seine carcinogene Wrkg. durch seine red. Verb., d. h. durch **I** erhält. W. Hiller 4160◇

1051 **Wirkung bestimmter isolierter Thymusfraktionen auf die Embryogenese und die Entwicklung von transplantierten Tumoren auf Hühnerembryonen.** I. Potop, J. Biener, M. Balăceanu und A. Lupulescu. (Neoplasma [Bratislava] **9,** 563—78, 1962; Bucarest, Inst. d'Endocrinol. C. I. Parhon, Labor. de Biochem.; engl.) — Morpholog. u. biochem. wird die Wrkg. von Proteinfraktionen des Thymus auf die Hühnerembryogenese u. die Entw. des Guérin-Tumors sowie des Ehrlich-Ascitestumors, die getrennt auf die Embryonen transplantiert worden waren, untersucht. Dabei zeigt sich, daß die Thymusfraktionen hemmend auf das Wachstum der Embryonen u. der Tumoren wirken. Bei letzten werden außerdem Veränderungen der enzymat. Aktivitäten u. des elektrophoret. Verh. des Serums ermittelt. M. Arnold 4160◇

1052 **Ein Faktor im Serum von Tumorratten, welcher Zellen in Gewebskultur schädigt.** J. Watts. (Nature [London] **197,** 196—97, 1963; Langley, Court, Beckenham, Kent, Wellcome Res. Labor.; engl.) — Im Serum von Ratten vom isogenen John-Stamm mit einem transplantierbaren Rattencarcinom (S. C. K. 1) wurde ein dialysierbarer Faktor nachgewiesen, der Zellen in Zellkultur daran hindert, sich am Glas festzusetzen. K. Zingraf 4160◇

1053 **Multiplizität der Zellreaktion gegenüber dem BAI-Stamm-A-Vogeltumorvirus (Myeloblastose). 3. Mitt. Histologische Veränderung und Adenosintriphosphatase-Aktivität des Thymus von Küken mit Myeloblastose.** L. Arvy, J. R. Sommer, Guy de Thé, Ursula Heine, Hideo Ishiguro, Dorothy Beard und J. W. Beard. (J. nat. Cancer Inst. **30,** 401—13, 1963; Durham, N. C., Duke Univ., Med. Center Dep. of Surg. and Pathol.; engl.) — Nach i.v. Inokulation mit Myeloblastosevirus (BAI-Stamm-A) traten in der Thymusrinde von jungen Hühnern (Weißes Leghorn) blastenähnliche Elemente auf. Die *Adenosintriphosphatase*(**I**)-Aktivität war an diesen Stellen erhöht. Neoplast. Veränderungen wurden dagegen nicht festgestellt. Die **I**-Aktivität war in Leber, Milz u. anderen Organen unverändert u. wurde auch bei Tieren mit Erythroblasten normal gefunden. W. Damerau 4160◇

1054 **Multiplizität der Zellreaktion gegenüber dem BAI-Stamm-A-Vogeltumorvirus (Myeloblastose). 4. Mitt. Ultrastrukturelle Kennzeichen des Thymus bei Myeloblastose und der Adenosintriphosphatase-Aktivität von Thymuszellen und assoziiertem Virus.** Guy de Thé, Ursula Heine, J. R. Sommer, L. Arvy, Dorothy Beard und J. W. Beard. (J. nat. Cancer Inst. **30,** 415—55, 1963; engl.) — 3. vgl. vorst. Referat. — Die im vorst. Ref. erhaltenen Ergebnisse an Organen von Küken mit Myeloblastose wurden durch elektronenmkr. Unterss. unterstrichen. Die *Adenosintriphosphatase*-Aktivität war an der Oberfläche des einzelnen Virus bzw. in den Membranen der blastenähnlichen Zellen im Thymus erhöht. W. Damerau 4160◇

1055 **Bildung von Tumoren beim Syrischen Hamster nach oraler Verabreichung von Polyomavirus.** Elizabeth W. Chu und Alan S. Rabson. (Proc. Soc. exp. Biol. Med. **113,** 592—95, 1963; Bethesda, Md.; Nat. Cancer Inst., Pathologic Anatomy Branch; engl.) — In den Poliovirusvaccinen befindet sich Simianvirus 40, der zur Papovagruppe gehört. Da von Virusarten dieser Gruppe carcinogene Wrkg. bekannt sind, untersuchen Vff. die Wrkg. einer oralen Verabreichung von Polyomavirus bei Syrischen Hamstern. 4 von den 20 Hamstern, die oral Polyomavirus erhalten hatten, zeigen 14—44 Wochen nach dem Beginn der Behandlung subkutane Sarkoma. Tumoren im Gastrointestinaltrakt traten nicht auf. W. Hiller 4160◇

1056 **Faktoren mit Einfluß auf die Milchsäuredehydrogenase von Tumormäusen.** R. N. Arison, J. A. Cassaro und C. E. Shonk. (Proc. Soc. exp. Biol. Med. **113,** 497, 1963; Rahway, N. J., Merck Sharp & Dohme Res. Labor., Div. of Merck & Co. Inc.; engl.) — Die *Milchsäuredehydrogenase*(I)-Aktivität war bei Mäusen eine Woche oder mehr nach Transplantation eines Tumors erhöht, ganz gleich ob sie mit *Eperythrozoon coccoides* infiziert waren oder nicht. Die I-Aktivität des Plasmas wurde bei Tumormäusen durch Splenektomie erhöht, durch Anwendung von *2-Amino-4-arsenosophenol* dagegen verringert. K. Zingraf 4160◇

1057 **Selektive Hemmung der Atmung von pigmentierten S 91-Mäusemelanomen durch Phenyllactat und die möglicherweise verwandten Effekte auf das Wachstum.** Harry B. Demopoulos und Gabor Kaley. (J. nat. Cancer Inst. **30,** 611—33, 1963; Bethesda, Md., Nat. Inst. of Arthritis and Metabolic Diseases, Labor. of Exper. Pathol.; New York, N. Y., New York Univ., School of Med., Dep. of Pathol.; engl.) — Durch 1,5—4,5 mm *DL-β-Phenylmilchsäure* (I) wurde die O_2-Aufnahme von pigmentierten S 91-Melanomzellen in vitro (37°, ohne Tyrosin- u. Phenylalanin-Zusatz) gesenkt u. die aerobe Glykolyse erhöht. Der O_2-Verbrauch amelanot. Zellen desselben Tumors wurde dagegen nicht verändert. Pigmentierte Tumorexplantate wurden in der Gewebekultur durch 1—1,5 mm I im Wachstum gehindert, jedoch hatten größere I-Konzz. auch auf die amelanot. Zellen Einfluß. Frisch implantierte S 91-Melanome wurden in Mäusen (♂, DBA/2) durch gleichzeitige intraperitoneale oder subkutane Injektion von I-Lsg. (bis zu 45 mg I/Maus u. Tag) im Wachstum gehindert, während ihre somat. Gewebe nicht beeinflußt wurden. I hatte dagegen bei bereits festangewachsenen Tumoren keine Wrkg. mehr. — Da *Pilztyrosinase* (Substrat *L-Tyrosin* oder *L-3-[3.4-Dihydroxyphenyl]-alanin*) u. die *Tyrosinase* (II) in S 91-Homogenaten durch I gehemmt wurden, wird angenommen, daß II in den S 91-Melanomen für die Atmung eine große Rolle spielt. Das wird auch dadurch gestützt, daß 1,5 mm *p-Hydroxyphenylessigsäure* als II-Inhibitor eine Hemm-Wrkg. auf melanot. S 91-Kulturen besaß, nicht aber *β-2-Thienylalanin* (keine Hemm-Wrkg. auf II). — Die Stellung von II in der oxydativen Phosphorylierung wird diskutiert. W. Damerau 4160◇

1058 **Stoffwechsel von $^{14}C_{(4)}$-Östradiol in menschlichem Mamma-Carcinom.** Stanley Kushinsky, James A. Demetriou, Ian Macdonald, Lawrence G. Crowley und Jane Wu. (Acta endocrinol. [Copenhagen], Suppl. Nr. **51,** 745, 1960; Los Angeles, Calif., Univ. of Southern California School of Med., Dep. of Surgery.) H. Herper 4160□

1059 **Ein tumorhemmender Faktor in der Postkopulations-Uterusflüssigkeit.** Rachel Stein-Werblowsky. (Nature [London] **199,** 570—72, 1963; London, Royal Veterin. Coll., Dep. of Physiol.; engl.) — Ausgehend von der Beobachtung, daß Tumorzellen bei Ratten nach Implantation in ein Uterushorn innerhalb von 18 Std. nach einer Kopulation meist nicht zum Wachstum kommen, wird bei Wistar-Ratten nachgewiesen, daß die nach einer Kopulation im Uterus auftretende Fl. (Blutzellen, akt. Sperma, Östrus-Fl., Sperma-Fl., möglicherweise noch andere, nach der Insemination sezernierte Substanzen) einen Faktor enthält, welcher die Lebensfähigkeit u. Transplantierbarkeit noch nicht angehefteter Tumorzellen (hier übertragbarer Benzpyren-Tumor) in vivo u. in vitro hemmt. Die Tumorhemmung kommt allerdings erst 20 Min. nach der Kopulation zustande u. benötigt in vitro einen 6std. Kontakt der Fl. mit den Tumorzellen. Bei bereits etablierten Tumoren scheint die Fl. jedoch eher wachstumssteigernd zu wirken. Beim Fehlen von Spermatozoen u. Sperma-Fl. kommt es nicht zur Tumorhemmwirkung. U. Tausendfreund 4160◇

1060 **Zellwirkungen von Antikrebsmitteln.** David A. Karnofsky und Bayard D. Clarkson. (Annu. Rev. Pharmakol. **3,** 357—428, 1963; New York, Sloan-Kettering Inst. for Cancer Res.; James Ewing Hosp., Cornell Univ., Dep. of Med.; engl.) — Übersicht (bis Oktober 1962), Zellstruktur, Mitosecyclus, Zellfunktion, Arzneimitteleinfl. auf das Zellwachstum, Mitomycin C, Meractinomycin (Actinomycin D), 5-Brom-, 5-Jod- u. 5-Chlor-2'-desoxyuridin-Analoga, 5-Fluorpyrimidine, 8-Azaguanine, Puromycin, Folsäure-Antagonisten; Antimetabolite, die mit der Purin- u. Pyrimidin-Synth. u. dem Stoffwechsel interferieren; Mitosehemmer; Steroidhormone. — 776 Literaturangaben. P. Gregorzewski 4160◇

1061 **Die Wirkung von 5-Fluoruracil auf die Lebensfähigkeit der Eier der Hausfliege.** Wendell W. Kilgore und Ruth Robbins Painter. (J. econ. Entomol. **55,** 710—12, 1962; Davis, Cal., U. S. A., Univ. of California, Pesticide Residue Res.; engl.) — Hausfliegen (*Musca domestica L.*) wurden 36—48 Std. nach dem Schlüpfen mit einem *^{14}C-5-Fluoruracil*-enthaltendem Futter ernährt. Es reicherte sich eine signifikante Menge des Antimetaboliten oder eines Stoffwechselzwischenprodd. in den Eiern an. Die größte Menge radioakt. Materials in den Eiern wurde am ersten Tag der Eiablage gemessen, die Lebensfähigkeit war für die ersten 4 Tage der Eiablage gering u. erhöhte sich mit der Abnahme des radioakt. Materials in den folgenden Tagen. Ekkehard Schmid 4160◇

1062 **Schnelle Membranfiltrationstechnik zur Untersuchung der Wirkung von 6-Thioguanin auf Tumorzellen in vitro.** Frieda U. Brown, Morris Klein, T. S. Kandaswamy und H. George Mandel. (Cancer Res. **23,** Nr. 2, [Part I], 254—59, 1963; Washington, D. C., George Washington Univ., School of Med., Dep. of Pharmacol.; engl.) — Es wurde der Einfl. von *6-Thioguanin* (I) auf die Aufnahme u. zelluläre Verteilung von *^{14}C-Formiat* (II), *Na-$^{14}C_{(2)}$-Acetat* (III), *$^{14}C_{(CH_3)}$-Thymidin* (IV) u. *^{35}S-DL-Methionin* (V) in I-empfindlichen L 1210-Asciteszellen in vitro untersucht. Dazu wurde der Kultur-Fl. (Salze, Glucose) zwecks optimaler *^{14}C*-Aufnahme *Glutamin* zugesetzt u. an Kollodiummembranfiltern lösl. u. unlösl. Bestandteile der Zellsuspensionen getrennt. Durch I wurde die Aufnahme von II u. IV in die säureunlösl. Fraktionen der Zellen um ca. die Hälfte bzw. $^1/_3$ verringert, die Aufnahme von III u. V jedoch nicht beeinflußt. Während die II-Aufnahme in *Proteine* durch I nur gering reduziert wurde, wurde die I-Inkorporation in *Desoxyribonucleinsäure* (DNS) u. *Ribonucleinsäure* (RNS) prakt. gehemmt. Der Einbau von II in *Adenin* u. *Guanin* der RNS u. DNS war bedeutend geringer als in *Thymin* von DNS, wo der *^{14}C*-Geh. gegenüber den Kontrollen um ca. $^1/_3$ bis $^1/_2$ verringert war. W. Damerau 4160◇

1063 **Die Hemmung der immunologischen Reaktion durch Methylhydrazine, einer neuen Klasse von Antitumor-Mitteln.** W. Bollag. (Experientia [Basel] **19,** 304—05, 1963; Basel, Hoffmann-La Roche u. Co., Abt. f. exp. Med.; engl.) — In weiteren Unterss. zur Wrkg.-Weise der cytostat. *Methylhydrazin-Deriv.* wurde gefunden, daß die Gabe von *1-Methyl-2-[p-(isopropylcarbamoyl)-benzyl]-hydrazin-hydrochlorid* vor Tumorimplantation die Immunreaktion gegen heterologe Tumortransplantate hemmt. R. Preußmann 4160◇

1064 **Angaben über die schädigende Wirkung von Cristalloiodinin auf Ehrlich-Carcinom-Zellen.** Sajiro Makino, Yanagi Kimura und Tosi Irie. (Proc. Japan Acad. **39,** 59—64, 1963; Sapporo, Japan, Hokkaido Univ., Fac. of Sci., Dep. of Zool. and Dep. of Chem.; engl.) — *Cristalloiodinin A* (IA; *1.6-Dihydroxyphenazin-N-oxid*) u. IB (*1.6-Dihydroxyphenazin*) greifen nach intraperitonealer Applikation von 5—10 mg/kg in die Mitose der Ehrlich-Carcinom-Zellen weißer Mäuse ein. Sie verursachen Verklebung, Kontraktion oder Zerstreuung der Chromosomen in der Metaphase, Zurückbleiben der Brücken in der Anaphase u. anormale Ausbildung der Spindeln. IA ist stärker wirksam als IB. Trotzdem zeigen nur die

Tiere des em-braunen Stammes eine nennenswerte Verlängerung der Überlebensrate; bei den anderen tritt der Tumor wieder auf. K.-W. Glombitza 4160◇

1065 **Carcinostatische Wirkung von Polycarbonylverbindungen und deren Derivaten. 2. Mitt. Glyoxal-bis-[guanylhydrazon] und Derivate.** B. L. Freedlander und Frederic A. French. (Cancer Res. **18,** 360—63, April 1958; San Francisco, Calif., Mount Zion Hosp.) — 1. vgl. Cancer Res. **18,** [1958] 172. — *Glyoxal-bis-[guanylhydrazon]* (**I**) u. *Methylglyoxal-bis-[guanylhydrazon]* als Diacetate verlängern bei oraler Gabe die Lebenszeit von Tumortieren mit L 1210-Leukämie um das Doppelte der Kontrollen. Therapiebeginn am Tage nach der Tumorübertragung. *Glyoxal-bis-[thiosemicarbazon]* u. *Glyoxal-bis-[semicarbazon]* sowie *Aminoguanidin* waren am gleichen Tumor unwirksam, während *Glyoxal* selbst schwach akt. ist. **I** ist unwirksam gegen Sarkom 180 u. Neuroblastom C-1300. M. Preußmann 4160

1066 **Die carcinostatische Wirkung von Polycarbonylverbindungen und deren Derivaten. 3. Mitt. Hydroxymethylglyoxal-bis-[guanylhydrazon].** B. L. Freedlander und Frederic A. French, unter techn. Mitarb. von A. Hosking und J. French. (Cancer Res. **18,** 1286—89, 1958; engl.) — 2. vgl. vorst. Referat. — *Hydroxymethylglyoxal-bis-[guanylhydrazon]* als Sulfat zeigt bei oraler Gabe eine starke Wachstumshemmung des Adenocarcinoms 755 u. der Leukämie L 1210 der Maus. Bei sehr niedrigen Dosen wird das Wachstum des Adenocarcinoms dagegen beschleunigt. *Methylglyoxal-bis-[guanylhydrazon]* ist mäßig, *Glyoxal-bis-[guanylhydrazon]* schwach wirksam. Die Möglichkeit wird diskutiert, daß die Wrkg. auf einer Komplexbldg. mit Schwermetallen beruht. R. Preußmann 4160◇

1067 **Carcinostatische Wirkung von Polycarbonylverbindungen und deren Derivaten. 4. Mitt. Glyoxal-bis-[thiosemicarbazon] und Derivate.** Frederic A. French und B. L. Freedlander, unter techn. Mitarb. von A. Hosking und J. French. (Cancer Res. **18,** 1290—1300 1958; engl.) — 3. vgl. vorst. Referat. — Die *Bis-thiosemicarbazone* von *Glyoxal, Methylglyoxal* u. *Äthylglyoxal*; die *Bis-[N⁴-methylthiosemicarbazone] von Glyoxal, Methylglyoxal, Äthoxymethylglyoxal* u. *Hydroxymethylglyoxal*; *Hydroxymethylglyoxal-bis-[N⁴-äthylthiosemicarbazon], Hydroxymethylglyoxal-bis-[N⁴-allylthiosemicarbazon],* $\alpha.\alpha'$-*Pyridilmono-[thiosemicarbazon]* u. *Pyridinaldehyd-2-thiosemicarbazon* zeigen am Sarkom 180 bzw. der Leukämie L 1210 der Maus Hemmwrkgg. auf das Tumorwachstum, wobei die *N⁴-Methylthiosemicarbazone* die beste Wrkg. zeigten. R. Preußmann 4160◇

1068 **Aldehydhydrazonderivate in der Krebschemotherapie.** Richard H. Wiley und R. L. Clevenger. (J. med. pharmac. Chem. **5,** 1367—71, 1962; Louisville, Ky., Univ. of Louisville, Coll. of Arts and Sci., Dep. of Chem.; engl.) — Dargestellt werden verschiedene *Hydrazone* von *2-Methoxynaphthaldehyd-(1)* (**I**), *Indol-3-aldehyd* (**II**) u. *Pyridoxal* (**III**). Im Sarkom-180-Test erwiesen sich **II**-*p-Bromphenylhydrazon* u. **II**-*Benzthiazolyl-(2-)-hydrazon* als reproduzierbar akt., während **II**-Dimethylhydrazon, **III**-2.4-Dinitrophenylhydrazon u. **III**-Methylhydrazon nicht reproduzierbar akt. waren.

Versuche: *2-Methoxynaphthaldehyd-(1)* (**I**), *Nitroguanylhydrazon*, $C_{13}H_{13}N_5O_3$, F. 176° (Zers.; n-Butanol), durch Zugabe von 1-Amino-3-nitroguanidin (**IV**) in warmem W. zu **I** in heißem Methanol, Zugabe von Eisessig, Aufkochen u. Kühlen; 46% (Ausbeute). *Benzolsulfonylhydrazon*, $C_{18}H_{16}N_2O_3S$, F. 209° (Zers.; n-Butanol), durch Zugabe von Benzolsulfonylhydrazin (**V**) in wenig sd. A. zu **I** in heißem A., 5 Min. langes Kochen u. Kühlen (Meth. **A**); 60%. *4-Bromphenylhydrazon*, $C_{18}H_{15}BrN_2O$, F. 122° (A./W.), durch Zugabe von 4-Bromphenylhydrazinhydrochlorid (**VI**) in wenig heißem A. zu **I** in heißem A., Zugabe von gesätt. wss. Na-Acetat, 5 Min. langes Kochen u. Kühlen (Meth. **B**); 96%. *Trimethylammonioacetylhydrazonchlorid*, $C_{17}H_{22}ClN_3O_2$, F. 255° (Zers.; A.), aus Carboxymethyltrimethylammoniumchloridhydrazid (**VII**) nach **A**; 81%. *2.5-Dichlorphenylhydrazon*, $C_{18}H_{14}\cdot Cl_2N_2O$, F. 179° (Bzl./PAe.), aus 2.5-Dichlorphenylhydrazin (**VIII**) nach **A**; 68%. *2.4-Dinitrophenylhydrazon*, $C_{18}H_{14}N_4O_5$, F. 278° (Zers.; Eisessig), 86%. *4-Fluorphenylhydrazon*, $C_{18}H_{15}FN_2O$, F. 108° (A./W.), aus 4-Fluorphenylhydrazinhydrochlorid (**IX**) nach **B**; 43%. *4-Sulfonylphenylhydrazon*, $C_{18}H_{16}N_2O_4S$, F. 218° (Zers.; Methanol/konz. HCl), aus 4-Hydrazinobenzolsulfonsäure nach **A**; 98%. *4-Carboxyphenylhydrazon*, $C_{19}H_{16}N_2O_3$, F. 211° (Eisessig), aus 4-Hydrazinobenzoesäure (**X**); 92%. *Benzthiazolyl-(2)-hydrazon*, $C_{19}H_{15}N_3OS$, F. 240° (n-Butanol), aus 2-Hydrazinobenzthiazol (**XI**) nach **A**; 98%. *4-Nitrophenylhydrazon*, $C_{18}H_{15}N_3O_3$, F. 238° (Essigester), aus 4-Nitrophenylhydrazin (**XII**) nach **A**; 82%. — *Indol-3-aldehyd* (**II**), *Nitroguanylhydrazon*, $C_{10}H_{10}N_6O_2$, F. 235° (Zers.; A.), durch Zugabe von **IV** in wenig heißem A. zu **II** in heißem A., 5 Min. langes Kochen u. Kühlen (Meth. **C**); 72%, *Benzolsulfonylhydrazon*, $C_{15}H_{13}N_3O_2S$, F. 184° (Zers.; A.), aus **V** nach **C**; 85%. *4-Bromphenylhydrazon*, $C_{15}H_{12}BrN_3$, F. 182° (A.), aus **VI** nach **B**; 27%. *Pyridinioacetylhydrazonchlorid*, $C_{16}H_{15}ClN_4O$, F. 238° (A.), aus 1-Carboxymethylpyridiniumchloridhydrazid (**XIII**) nach **C**; 97%. *Trimethylammonioacetylhydrazonchlorid*, $C_{14}H_{19}ClN_4O$, F. 180° (A.), aus **VII** nach **C**; 100%. *2.5-Dichlorphenylhydrazon*, $C_{15}H_{11}Cl_2N_3$, F. 188° (Bzl./PAe.), aus **VIII** nach **C**; 72%. *2.4-Dinitrophenylhydrazon*, $C_{15}H_{11}N_5O_4$, F. 284° (A./Essigester), 58%. *2.4-Dinitrophenylsemicarbazon*, $C_{16}H_{12}N_6O_5$, F. 273° (Zers.; Nitrobenzol), aus 2.4-Dinitrophenylsemicarbazid nach **C**; 47%. *4-Äthoxycarbonylphenylhydrazon*, $C_{18}H_{17}N_3O_2$, F. 255° (Zers.; A.), aus 4-Hydrazinobenzoesäureäthylester nach **C**; 95%. *Benzthiazolyl-(2)-hydrazon*, $C_{16}H_{12}N_4S$, F. 277° (n-Butanol), aus **XI** nach **C**; 69%. *3-Nitrophenylhydrazon*, $C_{15}H_{12}N_4O_2$, F. 274° (Zers.; Nitrobenzol), aus 3-Nitrophenylhydrazin nach **B**; 70%. *4-Nitrophenylhydrazon*, $C_{15}H_{12}N_4O_2$, F. 265° (Zers.; A./W.), aus **XII** nach **B**; 62%. — *Pyridoxal* (**III**), *Guanylhydrazon*, $C_9H_{13}N_5O_2$, F. 178° (Methanol), durch Zugabe von Na-Acetat in heißem W. zu **III**-Hydrochlorid in heißem W., Zugabe der Lsg. zu Aminoguanidin in wenig heißem W., 5 Min. langes Kochen u. Kühlen (Meth. **D**); 86%. *Nitroguanylhydrazon*, $C_9H_{17}N_6O_4$, F. 249° (Zers.; Dioxan/W.), aus **IV** nach **D**; 63%. *4-Bromphenylhydrazon*, $C_{14}H_{14}BrN_3O_2$, F. 231° (Zers.; Methanol), aus **VI** nach **D**; 67%. *Pyridinioacetylhydrazonchloridhydrochlorid*, $C_{15}H_{18}Cl_2N_4O_3$, F. 288° (Zers.), durch Zugabe von **III**-Hydrochlorid in heißem W. zu **XIII** in wenig heißem A., 5 Min. langes Kochen u. Kühlen (Meth. **E**); 63%. *Trimethylammonioacetylhydrazonchlorid*, $C_{13}H_{22}Cl_2N_4O_3$, F. 265° (Zers.; Methanol), aus **VII** nach **E**; 92%. *2.5-Dichlorphenylhydrazon*, $C_{14}H_{13}Cl_2\cdot N_3O_2$, F. 279° (Zers.; Methanol), durch Zugabe von Na-Acetat in heißem W. zu **III**-Hydrochlorid in heißem A., Zugabe der Lsg. zu **VIII** in heißem A., 5 Min. langes Kochen u. Kühlen (Meth. **F**); 40%. *2.4-Dinitrophenylhydrazon, Hydrochlorid*, $C_{14}H_{13}N_5O_6\cdot HCl$, F. 260° (Zers.; A.), 88%. — *4-Fluorphenylhydrazon*, $C_{14}H_{14}FN_3O_2$, F. 215° (A.), aus **IX** nach **D**; 89%. *4-Sulfonylphenylhydrazon*, $C_{14}H_{15}N_3O_5S$, F. 290° (Zers.), aus **X** nach **D**; 88%. *Benzthiazolyl-(2)-hydrazon*, $C_{15}H_{14}N_4O_2S$, F. 320° (Zers.), aus **XI** nach **F**; 47%. Klaus Lange 4160△

1069 **Suche nach tumorhemmenden Verbindungen. 9. Mitt. Synthesen von N.N-Dimethylaminobutylaminobenzacridin und Bemerkungen zur Beziehung zwischen der tumorhemmenden Wirkung und der Konstitution einiger Acridin- und Chinolinderivate und einiger Substrate für die Synthese dieser Verbindungen.** Zygmunt Ledóchowski, Andrzej Ledóchowski, Czesław Radzikowski, Barbara Wysocka-Skrzela, Jerzy Konopa und Zbigniewa Jurkiewicz. (Roczniki Chem. [Ann. Soc. chim. Polonorum] **35,** 899—905, 1961; Gdańsk, Politechn., Zakł. Syntezy organicznej Pol. Akad. Nauk, Zakł. Anatom. patol. Akad. Med.; pol.) — 8. vgl. Roczniki Chem. [Ann. Soc. chim. Polonorum] **35,** [1961], 879. — Durch Umsetzung von *12-Chlorbenzacridin* (**I**) mit *4-Dimethylaminobutylamin* (**II**) in Phenol wird 12-[4'-Dimethylaminobutylamino]-benz-[a]-acridindihydrochlorid (**III**) in 27% Ausbeute erhalten, analog *7-[4'-Dimethylaminobutylamino]-benz-[c]-acridindihydrochlorid* (**IV**). **III** u. **IV** sind gegen das Crocker-Sarkom bei Mäusen wirksam.

Versuche: *12-[4'-Dimethylaminobutylamino]-benz-[a]-acridindihydrochlorid* (**III**): Einer in der Wärme hergestellten Lsg. von 4,0 g I in 15 g Phenol werden nach Abkühlung 1,8 g II zugesetzt. Nach 4std. Erhitzen auf dem Wasserbad wird alkalisiert u. mit der 5fachen Menge Ae. extrahiert, Acridon (0,9 g) abgetrennt u. das ölige Prod. 4mal aus abs. A. + Ae. umkrist., 1/2 Std. im Vakuum bei 100° über KOH u. einige Wochen über P_2O_5 getrocknet. **III**, orangefarbene Kristalle, $C_{23}H_{25}N_3 \cdot 2HCl$, F. ca. 214—218°, 27% (Ausbeute). — *7-[4'-Dimethylaminobutylamino]-benz-[c]-acridindihydrochlorid* (**IV**): Darst. analog vorst. Verb., nach 10maliger Kristallisation aus abs. A. + Ae. 0,6 g (10%) graugelbe Kristalle, $C_{23}H_{25}N_3 \cdot 2HCl \cdot H_2O$, F. 120—130°, Zers. bei ca. 260°. — **III** u. **IV** werden in ihrer tumorhemmenden Wrkg. mit den bisher dargestellten inakt. Acridin- u. Chinolinderivv. verglichen. R. K. Müller 4160◇

1070 **Nucleoside bei der Chemotherapie von Krebs.** Francisco Garcia Gonzalez und Jose Fernandez-Bolaños. (Medicamenta [Madrid] **25(13)**, Nr. 208, 247—50, 1961; Sevilla, Univ., Quím. Organ.; span.) — Übersicht: Verbb., die als Antagonisten beim Stoffwechsel der Nucleinsäuren wirksam sind, zeigen Antikrebs-Wirkung. *6-Mercaptopurin*, *6-Mercaptoguanin*, *8-Azaguanin*, *Adenin-N¹-oxid*, *6-Azauracil*, *6-Azathymidin*, *5-Bromuracil*, *5-Fluoruracil*, *5-Fluoruracil-6-carbonsäure*; -Purine: *6-Dimethylamino-9-[3-desoxy-3-amino-β-D-ribofuranosyl]-*, *6-Amino-9-D-psicofuranosyl-* u. folgende Zuckerderivv. des Adenins u. Dimethyladenins: *D-Glucofuranosyl-*, *D-Arabofuranosyl-*, *L-Talofuranosyl-*, *5-Desoxy-D-allofuranosyl-*, *6-Desoxy-D-glucofuranosyl-* u. *6-Desoxy-L-idofuranosyl-*. — 28 Literaturangaben. F. Zeidler 4160◇

E₂. Enzymologie, Gärung

1071 **Multiple Formen von Enzymen.** Theodor Wieland und Gerhard Pfleiderer. (Advances Enzymol. **25**, 329—68, 1963; Frankfurt/Main, Univ., Inst. für organ. Chem.; dt.) — Übersicht. Heteroenzyme [*Amylase*, *Ribonucleasen*, *Proteinasen*, *Lysozyme*, *Lactatdehydrogenase*, mitochondriale *Malatdehydrogenasen*, *Glycerinaldehydphosphatdehydrogenasen*, *Phosphoglyceratmutasen*, *Enolasen*, *Aldolasen*, *Arginasen*], Isozyme [Enzyme des Citronensäurecyclus, hydrolyt. Enzyme, glykolyt. Enzyme, Flavinenzyme, Oxydasen], Isoalloenzyme. — 115 Literaturangaben. I. Hähn 4200◇

1072 **Elementare Schritte in Enzymreaktionen (eine Untersuchung durch Relaxationsspektrometrie).** Manfred Eigen und Gordon G. Hammes. (Advances Enzymol. **25**, 1—38, 1963; Göttingen, Max Planck Inst. für physik. Chem. u. Cambridge, Mass., Massachuetts Inst. of Technol., Dep. of Chem.; engl.) — Übersicht, Meth. zur Unters. von Testrkk.; Geschw.-Maximum von chem. Umwandlungen; elementare Schritte in der Enzym-Substrat-Komplex-Bldg., Metallaktivierung in den strukturellen Konformationsveränderungen u. Isomerisierungen, Proton u. Elektronübertragung bei homogener Katalyse; enzymat. Umwandlungen. — 88 Literaturangaben. I. Hähn 4200◇

1073 **Ein makromolekulares Thiolfermentmodell.** L. Perényi. (Enzymologia [Den Haag] **22**, 201—07, 1960; Budapest, Univ., III. Med. Klin.; dt., Auszug: engl.) — Vf. stellt ein Modell für ein hochmol. *Thiolferment* (**I**) her u. vergleicht dessen Wrkg. mit der Wrkg. von früher (C. **1950/54**, 3814 S) beschriebenen niedermol. *Thiolfermentmodellen* (z. B. Cystein, Glutathion, 1.2-Dimercaptopropanol). **I** wurde durch Rk. des *Styrol/Maleinsäureanhydrid-Copolymeren* (Alfrey, Lavin, 1945) mit *Cystamin* in Peptidbindung erhalten. Nachfolgend wird zum *Cysteamin*(**II**)-Analogen reduziert. Bei Hydrolyse von *p-Nitrophenylphosphat* (pH 8,3; 25°) ist die Konz.-Abhängigkeit der katalyt. Aktivität bei **I** etwa um 3 Größenordnungen größer als bei freiem **II**. A. Hesse 4200◇

1074 **Über den Wirkungsmechanismus makromolekularer Fermentmodelle.** L. Perényi. (Enzymologia [Den Haag] **22**, 208—17, 1960; dt.) — Hochmol. Fermentmodelle (vgl. vorst. Referat) zeigen unter gleichen Bedingungen eine wesentlich höhere Aktivität als entsprechende „Kleinmoleküle". Diese Erscheinung ist der Beobachtung analog, daß einige Cofermente (Thiamin, Pyridoxal, Imidazol) eine wesentlich niedrigere Aktivität als die Fermente zeigen. Die Erhöhung der katalyt. Aktivität beim Übergang zur hochmol. Struktur kann mit der intramol. (polyfunktionalen) Katalyse nicht erklärt werden. Vf. nimmt an, daß die thermodynam. Stabilisierung u. die Herabsetzung der Aktivierungsenergie in den Ferment-Rkk. der Resonanzenergie des Katalysators zugeschrieben werden können. A. Hesse 4200◇

1075 **Rhodopseudomonas-spheroides-Cytochrom-553.** Joseph A. Orlando. (Biochim. biophysica Acta [Amsterdam] **57**, 373—75, 1962; Waltham, Mass., Brandeis Univ., Grad. Dep. of Biochem.; engl.) — Beschreibung einer Meth. zur Darst. von *Cytochrom-553* (**I**) aus *Rhodopseudomonas spheroides*. **I** ist nach seinen Eigg. zum Cytochrom-c-Typ zuzählen. Absorptionsmaxima: red. 553, 523, 418; oxydiert 520—530, 412. Molgew. 25000 ± 400; keine Denaturierung bei 100°, 5 Min., pH 7,0. In im Dunklen aerob wachsenden Zellen ist 4mal mehr **I** enthalten als in im Licht anaerob gewachsenen Zellen. Mit gewöhnlichen spektrophotometr. Mitteln kann kein *Flavin* aufgefunden werden. Die *Diaphorase*-Aktivität wird deutlich stimuliert durch *Riboflavin*, *Flavinmono-* u. *Flavinadenindinucleotid*, von letztem am stärksten; weder *red. Nicotinamidadenindinucleotidphosphat* noch *Succinat* können als Elektronendonatoren dienen. H. Aman 4210◇

1076 **Untersuchungen über das Elektronentransportsystem. 34. Mitt. Isolierung und Eigenschaften von Säugetier-Cytochrom.** Ralph Bomstein, Robert Goldberger und Howard Tisdale. (Biochim. biophysica Acta [Amsterdam] **50**, 527—43, 1961; Madison, Wisc., Univ. of Wisconsin, Inst. for Enzyme Res.; engl.) — 33. vgl. C. **1962**, 15262. — Es wird eine neue Arbeitsweise zur Isolierung u. Reinigung von *Cytochrom* c_1 (**I**) aus Rinderherzmitochondrien beschrieben, bei der in hoher Ausbeute **I**-Präpp mit 24,8 bzw. 27,2 μMol Häm oder Fe/g Protein erhalten wird. Der höhere Fe-Geh. (**IB**) wird nur in einzelnen Fällen erreicht, der andere (**IA**) jedoch routinemäßig. — **IA** bzw. **IB** enthalten $< 10^{-4}$ mμMol/g Gesamtflavin, keine nachweisbare Diaphorase-Wrkg., 3,6% Lipoid (bei **IA**), < 5 μg/mg Natriumcholat (das bei der Herst. verwendet wurde), ihre Mindest-Mol.-Gew. sind 40000 bzw. 37000; der auf Basis des Fe-Geh. berechnete millimolare Extinktionskoeffizient (554—540 mμ) beträgt bei **IA** u. **IB**: 17,5 · 10^{-3} cm^{-2}; die Absorptionsbanden beider Präpp. liegen bei: 554, 524, 418 u. 472 mμ; eine Spektralverschiebung durch CO erfolgt nicht. — Enzymat. Red. von gereinigtem **I** erfolgt mit einer Anzahl von Enzymen aus Herzmuskelmitochondrien, wenn Succinat, red. Diphosphopyridinnucleotid oder red. Coenzym Q als Substrat dienen. Diese Rk. wird durch *Antimycin A* gehemmt, wobei das Ausmaß der Hemmung von dem verwendeten Enzym-Syst. abhängt. — Oxydation von gereinigtem **I** verläuft rasch in Ggw. von *Cytochromoxydase* u. *Cytochrom c* (**II**); die Geschw. hängt von der **II**-Konz. ab. Vor einem Vers. zur Erklärung dieser Tatsache muß darauf hingewiesen werden, daß **II** u. **I** beim Vermischen ihrer Lsgg. miteinander reagieren. A. Hesse 4210◇

1077 **Der Elektrontransport in Corynebacterium diphtheriae.** P. B. Scholes und H. K. King. (Biochem. J. **87**, 10 P, 1963; Liverpool, Univ., Dep. of Biochem.; engl.) — Ein wss. Ultraschallextrakt aus gewaschenen Zellen des Vitamin-K_2-reichen toxinbildenden Park-Williams-Stammes CN 2000 von *C. diphtheriae* wurde bei 25000 · *g*, 55000 · *g* (rotes Sediment P-1) u. 140000 · *g* (Sediment P-2, schmale überlagernde rote Fl.-Schicht S-X, Überstand S-2) zentrifugiert. S-2 war fast frei von *Succinoxydase*(**I**)-Aktivität, enthielt aber 55% der *red. Nicotinamidadenindinucleotid* (*$NADH_2$*)-*Oxydase*(**II**)-Aktivität. P-1 + P-2 enthielten 68%, S-X 15% des Gesamtcytochroms, P-1 + P-2 + S-X 20—50% der **I**- u. 19,5% der **II**-Aktivität. **I**- u. **II**-Aktivität wurde durch Kombination aller 4 Fraktionen völlig wiederhergestellt. **II** von S-2 war gegen 6 · 10^{-3} m Cyanid unempfindlich, während die Aktivität der Partikelfraktion zu 30%

gehemmt wurde. Es liegen demnach für $NADH_2$ u. Succinat 2 verschiedene Elektronentransportsysteme vor: **II**, ein lösl. Flavoprotein, **I**, ein partikelgebundenes Cytochromsystem. K. Maier 4210◇

1078 **Coenzym A (Ubichinon).** Youssef Hatefi. (Advances Enzymol. **25**, 275–328, 1963; Shiraz, Iran, Pahlowi Univ., School of Med., Dep. of Biochem.; engl.) — Übersicht. Chemie des *Coenzyms A* (**I**) u. verwandter Verbb. **I**, eine Gruppe von Chinonen; Strukturunterss.; chem. u. physikal. Eigg., Chromenole u. Chromanole von **I**, Verbb., die in Struktur oder Funktion mit **I** verwandt sind, natürliches Vork. von **I** u. Derivv., Nachw., Best. u. Identifikation [spektroskop. Meth., Farbrkk., Papierchromatographie, enzymat. Meth.], Isolierung u. Reinigung, Biosynth., biochem. Funktion, [Oxydation u. Red. von **I** durch Mitochondrien u. in Mitochondrien, isolierte Enzymsyst., die **I** reduzieren können, die **I** oxydieren können, **I** als ein Teil des Elektronentransportsystems], mögliche Einw. von **I** auf die oxydative Phosphorylierung. — 152 Literaturangaben. I. Hähn 4210◇

1079 **Veränderungen des Coenzym-Q-(Ubichinon)-Spiegels im Rattengewebe durch verschiedene Behandlungen.** Robert E. Beyer, Walter M. Noble und Thomas L. Hirschfeld. (Biochim. biophysica Acta [Amsterdam] **57**, 376–79, 26/2. 1962; Boston, Mass., Tufts Univ. Scholl of Med., Dep. of Physiol.; engl.) — Es wurden die *Coenzym-Q*(**I**)-Spiegel in verschiedenen Rattengeweben bestimmt unter Bedingungen, von denen bekannt ist, daß sie den Wirkungsgrad der oxydativen Phosphorylierung in isolierten Rattenmitochondrien beeinflussen. Es zeigte sich, daß chron. Behandlung mit *Dinitrophenol*, Thyreotoxikose, Injektion von *Cortisonacetat* u. Hunger allg. die **I**-Spiegel in Leber, Niere, Herz u. Skelettmuskel erhöhen, nicht aber im Gehirn. Auch Entfernung des Nebennierenmarks verändert die **I**-Spiegel nicht. H. Aman 4210◇

1080 **Oxydative Enzyme in Embryonen von Hennen, die mit synthetischer und einer in der Praxis verwendeten Legediät gefüttert wurden.** C. R. Creger, R. E. Davies und J. R. Couch. (Proc. Soc. exp. Biol. Med. **113**, 506–08, 1963; College Station, A. u. M. Coll. of Texas, Dep. of Biochem. and Nutrition and Poulty Sci.; engl.) — Zusatz von Mais, Maisquellwasser u. Mais + Sojabohnenmehl zu einer Diät erhöht die Anzahl der geschlüpften Küken von 60 auf 80–90%. Die Aktivität der *Cytochrom-c-Reduktase*, *Bernsteinsäuredehydrogenase* u. *Cytochromoxydase* wird durch diese Zusätze erniedrigt, die Aktivität der *Bernsteinsäurereduktase* wird dagegen in den Embryonen erhöht. W. Hiller 4210◇

1081 **Einwirkung von Kälte auf einige biochemische und enzymatische Erscheinungen im Verlauf der Keimung. 3. Mitt. Einfluß von niedrigen Temperaturen auf die aus Triticum vulgare extrahierte Peroxydase.** Gianantonio Lanzani, Giuseppe Bellinzona und Luciana Tagliabue. (Ricerca sci. **30**, 2057–61, 1960; Milano, Univ., CNR, Sezione chimica, Centro di studio per la chim. e microbiol. delle fermentazione; ital., Auszüge: franz., engl., dt.) — Vff. ließen Weizenkörner (*Triticum vulgare*) in Petrischalen 3 Tage bei 20–22° bzw. so lange bei 0–3° keimen, bis die Keime die gleiche Länge wie die bei höherer Temp. gebildeten Keime (ca. 1,2 cm) erreicht hatten. Untersucht wurde die *Peroxydase* (**I**) der in Zucker-Lsg. homogenisierten Keime an der Wrkg. gegen Guajacol. Aus den kinet. Daten der mittels Calciumphosphat-Gel isolierten **I** ergab sich eine Bestätigung der Meinung von Tagawa (C. **1960**, 7547), wonach wahrscheinlich 2 verschiedene **I** vorliegen. A. Hesse 4210◇

1082 **Untersuchungen an Nitrit-oxydierenden Mikroorganismen. 1. Mitt. Nitritoxydation durch Nitrobacter.** Warren S. Silver. (Proc. Soil Sci. Soc. America **25**, 197–99, 1961; Florida Univ.; engl.) — Durch starke Belüftung in einer Mineralnährlösung konnten genügende Mengen *Nitrobacter winogradskyi* für Ganzzell- u. Enzymversuche herangezogen werden. Mit manometr., spektroskop. u. Hemmstoffverss. wird gezeigt, daß die Nitritoxydaseaktivität von gewaschenen Zellen u. Extrakten eng an das *Cytochrom*(**I**)-System gekoppelt ist. Die Nitritoxydation wurde durch die **I**-Hemmstoffe KCN u. NaN_3 gehemmt, nicht aber durch die Entkoppler 2.4-Dinitrophenol u. Oligomycin. Die Enzymaktivität zellfreier Extrakte lag erheblich unter der von gewaschenen Zellen. H.-G. Trüper 4210◇

1083 **Dosiskompensierung bei der Regulation der Glucose-6-phosphatdehydrogenase-Aktivität von Erythrocyten.** Ronald G. Davidson, Barbara Ruben Migeon, Margaret Borden und Barton Childs. (Bull. Johns Hopkins Hosp. **112**, 318–22, 1963; Baltimore, Md., Johns Hopkins Univ. School of Med., Dep. of Pediatr.; Johns Hopkins Hosp., Harriet Lane Home; engl.) — Bei 27 Patienten mit verschiedenartigen Abweichungen der X-Chromosomen überschritten die Schwankungen der Glucose-6-phosphatdehydrogenase-Aktivität der Erythrocyten nie die Grenzen des Normalbereiches. Es wird daher eine Dosiskompensation angenommen, die jedoch nicht vollständig sein kann, da in den Kontrollwerten ein geringer Geschlechtsunterschied besteht. K. Zingraf 4210◇

1084 **Zusammenhang zwischen Mangel an Glucose-6-phosphatdehydrogenase und Farbenblindheit.** I. H. Porter, J. Schulze und V. A. McKusick. (Nature [London] **193**, 506, 1962; Baltimore, Md., Johns Hopkins Hospital; engl.) — Vff. fanden durch Unters. von 8 Negerfamilien, die Farbenblindheit u. Mangel an *Glucose-6-phosphatdehydrogenase* aufwiesen, daß der Enzymmangel geschlechtsverbunden, nicht geschlechtsbeschränkt ist. Vgl. ihrer Ergebnisse mit Unterss. von Adam (C. **1961**, 16500) u. Siniscalco (C. **1962**, 2768) an Kaukasiern ergab keinen Beweis für mehr als einen genet. Ort, der geschlechtsgebunden u. für die Dehydrogenase zuständig ist. K. Heumann 4210◇

1085 **Untersuchungen über einige Wege der Reoxydation von reduziertem Triphosphopyridinnucleotid bei erhöhter Aktivität der Glucose-6-phosphatdehydrogenase und 6-Phosphogluconatdehydrogenase im Muskel.** F. Rossi, M. Zatti und A. Tartarini. (Sperimentale **113**, 15–23, 1963; Padova, Univ., Ist. di Patol. Gen.; Centro „G. Vernoni" del C.N.R. per lo Stud. della Fisiopatol.; ital.) — Im denervierten Muskel der Ratte tritt eine Aktivitätszunahme der *Glucose-6-phosphatdehydrogenase* u. der *6-Phosphogluconatdehydrogenase* u. eine Aktivitätsabnahme der *Milchsäuredehydrogenase* ein. Der Einbau von Acetat in Lipide ist gesteigert. K. Zingraf 4210◇

1086 **Untersuchungen über Flavine und D-Aminosäureoxydase in Leber und Niere von Vitamin-D-Mangelratten und hypervitaminotischen Tieren. 1. Mitt. Vitamin-D-Mangel.** Seiji Aoki. (Vitamins [Kyoto] **27**, 40–47, 1963; Nagoya, Nagoya Univ., School of Med., Orthopedic Dep.; jap., Auszug: engl.) — Der Gesamtgeh. an *Flavinen* ist bei den *Vitamin-D*(**I**)-Mangeltieren der gleiche wie bei den Kontrolltieren (**I**-Mangeldiät + **I**). Die normal ernährten Tiere (Standarddiät) zeigen hingegen höhere Flavinwerte als die beiden Gruppen. Bei der getrennten Best. der Flavine zeigt *Flavinadenindinucleotid* bei den **I**-Mangeltieren geringere Geh. als bei den anderen beiden Gruppen. Die Aktivität der *D-Aminosäureoxydase* ist bei den **I**-Mangeltieren am niedrigsten. W. Hiller 4210◇

1087 **Untersuchungen über Flavine und D-Aminosäureoxydase in Leber und Niere von Vitamin-D-Mangelratten und hyperitaminotischen Tieren. 2. Mitt. Hypervitaminosis.** Seiji Aoki. (Vitamins [Kyoto] **27**, 48–53, 1963; jap., Auszug: engl.) — 1. vgl. vorst. Referat. — Ratten erhalten *Vitamin-D*-Injektionen von 100000 oder 150000 I.E. Gegenüber von Normaltieren sind die Geh. an *Gesamtflavinen* u. *Flavinadenindinucleotid* in Leber u. Niere der hypervitaminotischen Tiere geringer. Die Aktivität der *D-Aminosäureoxydase* ist bei den hypervitaminotischen Tieren leicht erniedrigt. W. Hiller 4210◇

1088 **Enzymatische Hydrolyse von Uridindiphosphoglucuronat in Rattenhaut.** Burton M. Pogell und Clara R. Krisman. (Biochim. biophysica Acta [Amsterdam] **41**, 349–52, 1960; Buenos Aires, Inst. de Ingestigaciones Bioquím., Fundación Campomar; Fac. de Ciencias Exaktas y Naturales; engl.) — *Uridindiphospho-*

glucose (I) verschwindet nach Zusatz zu Extrakten oder Homogenaten aus Rattenhaut sehr rasch. Die papierchromatograph. Unters. der Rk.-Prodd. erweist die Ggw. von lösl. Enzymen, die folgende Rkk. katalysieren: I $\xrightarrow[\text{Pyrophosphatase}]{}$ *Uridinmonophosphat* (II) + *α-D-1-Phosphoglucuronat* (III); II $\xrightarrow[\text{Phosphatase}]{}$ Uridin + *Phosphat* (IV); III $\xrightarrow[\text{Phosphatase}]{}$ Glucuronat + IV. — Das Freisetzen von IV aus III erfolgt bei pH 9 rascher als bei pH 7; die Rk. wird von 0,001 m- bzw. 0,01 m-*Äthylendiamintetraacetat* zu 67 bzw. 98% gehemmt; 0,001 m-*8-Hydroxychinolin* bzw. -*α.α'-Dipyridyl* hemmen zu 27% bzw. 21%. Trotz dieser Wrkg. der Chelatbildner konnte keine Aktivierung durch irgendwelche Metalle nachgewiesen werden. — In 0,001 m-Konz. hemmen Zn^{2+}, Ni^{2+}, Co^{2+}, Cu^{2+}, Ca^{2+}, Mg^{2+}, Mn^{2+}, Fe^{2+}, Fe^{3+}. A. Hesse 4210◇

1089 **Reduktion von Proteindisulfidbindungen mit Natriumborhydrid.** W. Duane Brown. (Biochim. biophysica Acta [Amsterdam] **44**, 365—67, 1960; Berkeley, Calif., Univ. of California, Inst. of Marine Resources; engl.) — *$NaBH_4$* kann zur quant. Red. der Disulfide in Proteinen (z. B. *Ribonuclease* oder *Pepsin*) in wss. Medium unter relativ milden Bedingungen verwendet werden. In den meisten Fällen gestattet ein Zusatz von *Na-Dodecylsulfat* eine weitere Abschwächung der Reaktionsbedingungen. P. Gregorzewski 4200◇

1090 **Schnellbestimmungen von Nucleotidkinasen unter Verwendung von ^{14}C- oder ^{3}H-markierten Nucleotiden.** N. Purr Furlong. (Analyt. Biochem. [New York] **5**, 515—22, 1963; Houston, Tex., Univ. of Texas, Biochem. Dep. M. D. Anderson Hosp. & Tumor Inst.; engl.) — Beschreibung einer schnellen Meth. zur quant. Best. von *Nucleotidkinasen* unter Verw. von ^{14}C- oder ^{3}H-markierten *Nucleosidmonophosphaten* (I) als Substrate. Wenn das übrig gebliebene I durch eine Phosphatase selektiv zerstört wird, können die markierten *Nucleosiddi-* u. *-triphosphate* bestimmt werden, die auf mit 95%ig. A. gewaschenem Diäthylaminoäthylpapier zurückgehalten wurden. K. Zingraf 4210◇

1091 **Der Einfluß von 2.4-Dinitrophenol auf den Gehalt an säurelöslichen Phosphorverbindungen im Insektmuskel unter aeroben und anaeroben Bedingungen.** I. Novotný, V. Kubišta und M. Foustka. (Physiol. bohemosloven. **12**, 191—95, 1963; Prague, Charles Univ., Inst. of Zoology; engl.) — Unter aeroben Bedingungen führt die Einw. von 2.4-Dinitrophenol (DNP) auf die Metathoraxmuskulatur ♂ Schaben (Periplaneta americana) a) zur schnellen Steigerung des O_2-Verbrauchs, der aber schnell wieder zurückgeht; b) zur Vermehrung von ATP (AMP, ADP, ATP = Adenosin-mono-, -di-, -triphosphat), das später aber als Folge der Adenylatkinase-Rk. zu AMP abgebaut wird; c) zu einem Verlust an ATP, der jedoch der Zunahme von ADP nicht entspricht; die ATP-Abnahme ist von einer wesentlichen Vermehrung des Geh. an anorgan. P u. einem verstärktem Abbau von Phosphoarginin begleitet u. d) zum verstärkten Abbau von Glykogen. Unter anaeroben Bedingungen werden analoge Veränderungen des Geh. an lösl. P-Verbb. beobachtet. Der Glykogenabbau erfolgt doppelt so schnell wie in den Kontrollen; damit stimmt auch die größere Synth.-Geschw. von Phosphoglycerin überein. H. Köditz 4210◇

1092 **Der Nachweis von spezifischen und unspezifischen Phosphatasen des Nervensystems.** K. Felgenhauer. (Histochemie **3**, 222—32, 1963; Köln, Univ.-Nervenklinik, Neuropath. Labor.; dt.) — Da beim histochem. Nachw. spezif. *Phosphatasen* (I) in Gehirnschnitten mit den üblichen Pb-Meth. die Enzyme durch das Pb inaktiviert werden, wurden die optimalen Inkubationsbedingungen für Pb-Konzz. unter 10^{-3} m ermittelt. Dazu wurden bei organ. Phosphaten [Adenosinmonophosphat, Adenosindiphosphat, *Adenosintriphosphat* (ATP), *Nicotinamidadenindinucleotid* (NAD), Glucose-6-phosphat usw.] die opt. Substrat-Konzz. bei verschiedenem pH u. Puffer-Konz. bestimmt. Um hierbei unspezif. alkal. I im Interesse des Nachw., spezif. I (Adenosintriphosphatase, 5-Nucleotidase) auszuschalten, erwies sich eine Inkubation bei leicht saurem pH als günstig. Auf die Wrkg. einer Nucleotidpyro-I ist wohl die Spaltung von NAD zurückzuführen. Unter optimalen Bedingungen lassen sich die unspezif. Phosphomonoesterasen nachweisen. Durch niedrige Pb-Konz. u. kurze Inkubationszeit lassen sich unspezif. Anfärbungen von Geweben einschränken. L. Macher 4210◇

1093 **Alkalische Phosphatase-Reaktion bei gestörter Magenschleimhaut.** F. Kumagai. (Tokyo Jikeikai med. J. **76**, 1264—73, 1961; jap.) H. Herper 4210◇

1094 **Herkunft einer vermehrten alkalischen Phosphatase im Serum von Küken.** H. R. Wilson und F. H. Wilcox. (Proc. Soc. exp. Biol. Med. **113**, 413—15, 1963; College Park, Univ. of Maryland, Dep. of Poultry Science; engl.) — Bei Hühnern besteht eine Korrelation zwischen der Aktivität der *alkal. Phosphatase* (I) im Serum u. der Eiproduktion. Vff. untersuchen die Eigg. der I aus einem Stamm mit hoher I-Aktivität u. einem normalen Stamm. *$ZnCl_2$*, *Li-Oxalat*, *Na-Wolframat*, *$CdSO_4$*, *Arginin*, *Tyrosin*, *Cystein*, *Glycin*, *Alanin*, *Formaldehyd*, *Gluthathion*, *Äthylendiamintetraessigsäure*, *Jodacetat* u. *Na-Tetraborat-Dekahydrat* hemmen die Serum-I beider Stämme. Nur *Na-Tetrachlorat* hemmt die Serum-I in dem Stanm mit hoher I-Aktivität selektiv. Von den I der anderen Gewebe (Knochen, Dünndarm, Niere, Leber) wird nur die I aus dem Dünndarm von Na-Tetraborat gehemmt. Vff. folgern, daß bei den Stämmen mit hoher I-Aktivität (hohe Eiproduktion) die Quelle der im Serum vorkommenden I im Dünndarm ist. W. Hiller 4210◇

1095 **Phosphorylierung der Diglyceride durch Rattenhirn.** K. P. Strickland. (Canad. J. Biochem. Physiol. **40**, 247—59, 1962; London, Ontario, Univ. of Western Ontario, Dep. of Biochem.; engl.) — Durch Zusatz von *D-α.β-Dimyristin* (I) zu Homogenaten von Rattenhirn, die unter Bedingungen einer akt. anaeroben Glykolyse in Ggw. von anorgan. $^{32}PO_4^{3-}$ inkubiert werden, wird der ^{32}P-Einbau in die Phospholipide bis auf das 6fache erhöht. Bei der sanften alkal. Hydrolyse der Phospholipide wird die Radioaktivität vor allem im Glycerophosphat gefunden, was als Beweis für die direkte Bldg. von Phosphatidsäure aus Diglycerid u. akt. Phosphat gewertet wird. Ähnliche Wrkg. wie I besitzen *D-α.β-Dipalmitin*, *D-α.β-Diolein* u. natürliche Diglyceride aus Ei- u. Rückenmarkslecithin. Unwirksam bzw. nur schwach wirksam sind D-α.β-Distearin u. L-α.β-Diolein. Da bei Mg^{2+}-Mangel oder Zusatz von Glykolysehemmern (Fluorid, Jodacetat) die Stimulierung durch I unbedeutend ist, nehmen Vff. an, daß diese Stimulierung an die akt. Glykolyse geknüpft ist. P. Gregorzewski 4210◇

1096 **Phosphorylierung von Amylose mit β-Cyanoäthylphosphat.** J. L. Sannella und Roy L. Whistler. (Arch. Biochem. Biophysics **102**, 226—29, 1963; Lafayette, Ind., Purdue Univ., Dep. of Biochem.; engl.) — Direkte Phosphorylierung von *Amylose* mit *β-Cyanoäthylphosphat* u. *Dicyclohexylcarbodiimid* bis zu einem Substitutionsgrad von 1,0 führt zu einem Deriv., bei dem alle prim. Hydroxylgruppen durch eine Phosphatgruppe substituiert sind. Das gleiche Prod. wird erhalten, wenn *2.3-Di-O-acetylamylose* phosphoryliert wird. Bei der mit β-Cyanoäthylphosphat phosphorylierten Amylose kann die β-Cyanoäthylgruppe durch milde Behandlung mit Alkali abgespalten werden, wobei ein Phosphatdiester zurückbleibt, bei dem ein Ringhydroxyl (vermutlich $C_{(3)}$) phosphoryliert ist. Durch die erwähnte Meth. ist es möglich, die Phosphorylierung an bestimmten Orten von Polysacchariden durchzuführen.

Versuche: *6-O-Tritylamylose* (I), $(C_6H_9O_5 \cdot C_{19}H_{15})_n$, durch Erhitzen von Amylose u. Triphenylchlormethan in Pyridin. — *2.3-Di-O-acetyl-6-O-tritylamylose* (II), $(C_6H_7O_5 \cdot C_4H_6O_2 \cdot C_{19}H_{15})_n$ aus vorst. Verb. u. Acetanhydrid in trockenem Pyridin durch Erhitzen u. Fällen mit Methanol. — *2.3-Di-O-benzoyl-6-O-tritylamylose* (III), $(C_6H_7O_5 \cdot C_{14}H_{10}O_2 \cdot C_{19}H_{15})_n$, aus I u. Benzoylchlorid nach vorst. Methode. — *2.3-Di-O-phenylcarbamoyl-6-O-tritylamylose* (IV), $(C_6H_7O_5 \cdot C_{14}H_{12}N_2O_2 \cdot C_{19}H_{15})$, aus I u. Phenylisocyanat nach vorst. Methode. — *2.3-Di-O-acetyl-*, *2.3-Di-O-benzoyl-* u. *2.3-Di-O-carbamoylamylose* durch Detritylierung von II, III u. IV in salzsaurem Methanol (200 ml Methanol + 1 ml konz. HCl;

nach 7 Std. bei 25° weiteres Zufügen von 0,5 ml konz. HCl). — *Phosphorylierte Amylose*, $(C_6H_9O_5PO_3H_2)_n$ a) aus 2.3-Di-O-acetylamylose u. Dibenzylchlorphosphat (frisch bereitet aus Dibenzylphosphat u. N-Chlorsuccinimid in trockenem Benzol) durch Stehenlassen bei — 20° für 18 Std., Zusatz von 30%ig. Na_2CO_3-Lsg. bei 25°, Reinigen des entstandenen *2.3-Di-O-acetylamylose-6-dibenzylphosphats* mit Methanol. Nach mindestens 3 Phosphorylierungen ist ein Substitutionsgrad von 0,7 erreicht. Die Abspaltung des Benzyls erfolgt mit Na in fl. NH_3. b) aus *2.3-Di-O-acetylamylose* in trockenem Pyridin durch Zusatz von β-Cyanoäthylphosphat (aus Phosphoroxychlorid u. Hydracrylonitril) u. Dicyclohexylcarbodiimid u. Schütteln bei 25° für 72 Std., Reinigen des entstandenen *2.3-Di-O-acetylamylose-6-β-cyanoäthylphosphats* durch Dialyse der Rk.-Mischung gegen W. u. anschließend gegen Methanol. Die Abspaltung des β-Cyanoäthyls u. Acetyls erfolgt mit Na-Methoxid in Methanol. c) Durch Rk. von Amylose mit β-Cyanoäthylphosphat u. Dicyclohexylcarbodiimid in trockenem Pyridin bei 25° für 72 Std., Reinigen des Rk.-Prod. durch Dialyse gegen W. u. Methanol u. Abspalten der β-Cyanoäthylgruppe wie vorst. beschrieben. Bei Phosphorylierung von 2.3-Di-O-acetylamylose mit β-Cyanoäthylphosphat (Verhältnis 1:2) wird ein Phosphorylierungsgrad von 1,0 erreicht. Analyse ergab, daß alle prim. Hydroxylgruppen phosphoryliert sind. W. Hiller 4210◇

1097 **Der Krebscyclus bei den denitrifizierenden Bakterien.** F. Pichinoty, F. Mottet, J. Bigliardi-Rouvier und P. Forget. (Z. Naturforsch. **18b**, 492—94, 1963; Marseille, Centre Nat. de la Recherche Scient., Lab. de Chim. Bactérienne; franz.) — Der Krebs-Cyclus ist bei obligator. denitrifizierenden Bakterien, wie *Micrococcus denitrificans*, unter anaeroben wie aeroben Bedingungen wirksam. *M. denitrificans* entwickelt sich anaerob mit NO_3^- oder N_2O als H-Acceptor, aerob unter Verwertung von Pyruvat, Acetat (**I**), Succinat, Malat, Fumarat u. α-Ketoglutarat, niemals jedoch von Citrat (**II**). Bei fakultativ denitrifizierenden Bakterien, wie *Aerobacter aerogenes*, arbeitet der Cyclus nur in Ggw. von O_2. *A. aerogenes* wächst aerob auf allen geprüften Stufen, einschließlich **II**, des Cyclus, anaerob, mit oder ohne NO_3^-, nicht oder nur sehr geringfügig. In anaeroben *A. aerogenes*-Kulturen auf Glucose–Nitrat-Medium erfolgt Anreicherung von **I**. K. Maier 4210◇

1098 **Der Stoffwechsel von 2-Desoxy-2-fluorglycerinaldehyd.** D. H. Treble und B. A. Peters. (Biochem. J. **80**, 15P—16P, 1961; Cambridge, Univ., Dep. of Biochem.; engl.) — Die tox. Wrkg. von *2-Desoxy-2-fluorglycerinaldehyd* (**I**) in Säugetierorganismen beruht auf der Bldg. von *Fluorcitrat* (**II**), das als Inhibitor von *Aconitase* wirkt u. zur Citratanhäufung führt. Durch Unterss. der Wrkg. verschiedener oxydierender Fermente auf **I** wird festgestellt, daß **I** durch die *Aldehyddehydrogenase* der Leber zu dem ebenfalls tox. wirkenden *2-Desoxy-2-fluorglycerat* oxydiert wird, das bei Einw. von *Serinhydroxymethylase* in *Fluoracetat* übergeht. Durch die Wrkg. des „Acetat-aktivierenden Enzyms" u. des „condensing enzyme" kommt es zur Bldg. von **II**. H. P. Pietsch 4210

1099 **Faktoren für die Bildung von Zuckeralkoholen in der Augenlinse.** J. H. Kinoshita, S. Futterman, K. Satoh und L. O. Merola. (Biochim. biophysica Acta [Amsterdam] **74**, 340—50, 1963; Boston, Mass., Harvard Med. School, Howe Labor of Ophthalmol.; Massachusetts Eye and Ear Infirmary; engl.) — Bei der Unters. (an Linsen von Kalb, Ratte u. Kaninchen) der enzymat. Rkk., die die Bldg. von *Zuckeralkoholen* in der Augenlinse beeinflussen, ergab sich, daß der Hexosemonophosphat-„shunt"-Mechanismus mit der *Aldosereduktase*(**I**)-Rk. in enger Verb. steht. Wenn die Konz. von *Glucose* (**II**) im Inkubationsmedium erhöht wurde, so war die lineare Zunahme der Oxydation von $C_{(1)}$ aus **II** von einer Zunahme in der Erzeugung von *Sorbit* (**III**) begleitet. Auch *Galaktose* steigerte die erneute Oxydation des bei der Oxydation von $C_{(1)}$ aus **II** gebildeten reduzierten Triphosphopyridinnucleotids. Die Bldg. von **III** ist abhängig von einer adsorptiven Verdrängungsrk. zwischen **I** u. *Hexokinase* (**IV**) an **II**. Normalerweise wird **II** phosphoryliert u. nur ein kleiner Anteil wird in **III** umgewandelt; da jedoch der **IV**-Geh. in der Linse gering ist, genügt eine geringfügige Steigerung des **II**-Geh., um die Erzeugung von **III** zu fördern. Im Gegensatz zu **III** wird *Dulcit* in der Linse durch *Polyoldehydrogenase* nicht angegriffen. K. Zingraf 4210◇

1100 **Die Bildung von cis-Aconitsäuredecarboxylase in Aspergillus-terreus-Kulturen.** H. S. R. Pal und P. S. Krishnan. (Arch. Mikrobiol. **34**, 158—60, 1959; Lucknow, Indien, Univ., Chem. Dep., Sect. of Biochem.; engl.) — Bereits 3 Tage nach der Inkubation von *Aspergillus terreus* in einem Medium, das optimal für die Bldg. von Ithaconsäure zusammengesetzt ist, kann im Mycel *cis-Aconitdecarboxylase* (I) nachgewiesen werden. 1—2 Tage später wird das Maximum der Aktivität erreicht. P. Loch 4210

1101 **Mechanismen der gegenseitigen Umwandlung von Ribose-5-phosphat und Hexose-6-phosphat in Humanhämolysaten.** 2. Mitt. **Erythrose-4-phosphat als Zwischenstufe und Geschwindigkeitsregulator bei der gegenseitigen Umwandlung von Ribose-5-phosphat und Hexose-6-phosphat.** Z. Dische und D. Igals. (Arch. Biochem. Biophysics **93**, 201—10, 1961; New York, Columbia Univ., Coll. of Physicians and Surgeons, Dep. of Biochem.; engl.) — 1. vgl. C. **1961**, 10987. — *Erythrose-4-phosphat* (**I**) wird von Hämolysat rasch in einen unbekannten Ester umgewandelt, da keine der Farbrkk. der Tetrosen (Fructose–Cystein–H_2SO_4), Pentosen, Hexosen, Heptosen oder Octosen gibt. Die Rk. verläuft monomol. mit Gleichgewichtseinstellung nach ca. 1 Std. bei 33°. **I** reagiert mit einem Gemisch aus *Ribose-5-phosphat* u. *Ketopentose-5-phosphaten* (**II**) unter Bldg. einer Mischung aus *Glucose-6-phosphat* (**III**) u. *Fructose-6-phosphat*. Die Rk.-Geschw. ist oberhalb 0,12 μ-Mol/ml von der **II**-Konz. unabhängig, steigt aber mit der **I**-Konz. an. Diese Rk. ist reversivel, da dem Hämolysat zugesetztes **III** u. *Triosephosphat* (**IV**) annähernd äquivalente Mengen **I** u. **II** bilden. Neben diesen 2 Estern entsteht im Hämolysat bei Inkubation mit **III**, *Fructose-1.6-diphosphat* u. **IV** eine alkalilabile Verb., die mit Bials Reagens ein Prod. mit λ_{max} ca. 665 mμ liefert. Ein Ester mit ähnlicher Rk. entsteht auch bei 5 Min. Inkubation von **I** u. **II** mit Hämolysat. 0,33 μ-Mol **I**/ml hemmen stark die Enzyme *Transketolase* (**V**) u. **III**-*Isomerase*. Die Hemmung der **V**-Rk. zwischen **I** u. *Xylulose-5-phosphat* nimmt nach **I**-Zusatz zum Hämolysat stark zu u. beruht auf einem aus der Rk. zwischen **I** u. **II** stammenden Produkt. K. Maier 4210◇

1102 **Eine von den Enzymen Transketolase und Transaldolase katalysierte Umwandlung: D-Fructose-6-phosphat ⇌ Sedoheptulose-7-phosphat und D-Xylulose-5-phosphat.** A. Bonsignore, S. Pontremoli, G. Mangiarotti, A. De Flora und M. Mangiarotti. (J. biol. Chemistry **237**, 3597—3602, 1962; Genova, Italy, Univ. of Genova, Inst. of Biochem.; engl.) — Die Synth. von *Sedoheptulose-7-phosphat* (I) aus *D-Fructose-6-phosphat* (**II**) verläuft in Ggw. hochgereinigter, von Hexosephosphatisomerase freier *Transketolase*(**III**)- u. *Transaldolase*-(**IV**)-Präpp. reversibel nach: 2 **II** ⇌ **I** + D-Xylulose-5-phosphat (**V**). Der Mechanismus der Gesamtrkk., die unter Bldg. zweier intermediärer **III**-Dihydroxyaceton- u. **IV**-Glykolaldehyd-Komplexe verläuft, wird diskutiert. Bei Zusatz von **V**-*3-Epimerase* u. *D-Ribose-5-phosphat-Isomerase* läuft die Rk.-Folge auf andere Weise ab. **III** wurde aus Spinatblätterextrakt durch $(NH_4)_2SO_4$-Fraktionierung, $Ca_3(PO_4)_2$-Gel-Behandlung, Acetonfraktionierung u. Chromatographie an DEAE-Cellulose gereinigt. K. Maier 4210◇

1103 **Carbohydrasen eines Pansenstammes von Lactobacillus bifidus.** 2. Mitt. **Die intrazelluläre α-1 → 6-Glucosidase (Isomaltodextrase).** R. W. Bailey und A. M. Roberton. (Biochem. J. **82**, 272—77, Febr. 1962; Palmerston North, New Zealand, Plant Chemist. Division; engl.) — 1. vgl. C. **1959**, 16375. — Zellextrakte von *Lactobacillus bifidus*, Stamm D 13/294, der auf Dextran gewachsen war, enthalten eine *α-1 → 6-Glucosidase*, die Isomaltodextrine vom Polymerisationsgrad (PMG) 2 bis 9 schnell zu Glucose hydrolysiert. Diese Hydrolyse geschieht durch Abspaltung einzelner Glucoseeinheiten von dem nichtreduzierenden Ende des Moleküls. Isomaltodextrine des PMG 2 bis 5 werden in gleichem Maße hydrolysiert, steigt der PMG aber progressiv über 5, so sinkt die Hydrolysegeschw. ab. Das Aktivitätsoptimum des Enzyms liegt bei pH 5,5—6,5 u. im Temp.-Bereich von 36—41°. Isomaltodextrase kann auch als Transferase wirken, wenn genügend Isomaltodextrin vorhanden ist. Die Extrakte hydrolysieren auch Nigerose u. eine Anzahl β-verketteter Zucker, sie greifen aber kaum Melibiose, Maltose, Turanose, Leucrose, α.α-Trehalose oder Methyl-α-glucoside an. K. Heumann 4210◇

1104 **β-Glucuronidasereiche Cytoplasmapartikel in der androgenstimulierten Mäuseniere. Eine cytochemische Untersuchung.** Andrew G. Plaut und William H. Fishman. (J. Cell. Biol. **16**, 253—58, 1963; Boston, Mass., Tufts Univ., School of Med., Dep. of Pathol; New England Center Hosp., Cancer Res. Dep.; engl.) — Es wird ein Beitrag zur Klärung der Natur der Rk. von *β-Glucuronidase*(**I**) in der Niere der Maus gegenüber *Androgenen* (**II**) geliefert. Dabei zeigt sich, daß nach Stimulierung durch **II** (ausgelöst durch gonadotrope Hormone beim ♂ Tier) ein **I**-Anstieg bes. in der Fraktion **I** des Nierenhomogenats (Zentrifugierung in Saccharose-Medium) zustande kommt; diese flotierende Fraktion enthält Cytoplasmapartikel, möglicherweise Golgi-Membranmaterial. Das Auftreten von neu synthetisierter **I** in den verschiedenen Zellfraktionen ist vermutlich Folge einer Migration von **I** von Mikrosomen-Gebieten im Anschluß an die **I**-Bildung.
U. Tausendfreund 4210◇

1105 **Saccharase aus dem Rattendarm.** 1. Mitt. **Verteilung im Darm und Reaktionskinetik.** D. G. R. Blair und J. Tuba. (Canad. J. Biochem. Physiol. **41**, 905-16, 1963; Edmonton, Alberta, Univ. of Alberta, Dep. of Biochem.; engl.) — *Saccharase*- (*Invertase*-) Aktivität fand sich im Darm von ♂ Ratten im wesentlichen in der ersten Hälfte des Dünndarms; das Colon enthielt Spuren. Optimales pH 6,25, optimale Substrat-Konz. 0,12—0,5m Saccharose, Km 0,0128 m. K. Zingraf 4210◇

1106 **Saccharase aus dem Rattendarm.** 2. Mitt. **Die Wirkung des Alters und Geschlechts der Ratten sowie des Futters auf die Saccharase-Aktivität.** D. G. R. Blair, W. Yakimets und J. Tuba. (Canad. J. Biochem. Physiol. **41**, 917—29, 1963; engl.) — 1. vgl. vorst. Referat. — Die Aktivität der *Saccharase* aus dem Darm von Ratten variiert mit dem Alter, aber nicht mit dem Geschlecht; sie wird durch Fasten, Casein-reiches Futter u. 70% *Raffinose* im Futter verringert, durch 70% *Saccharose, Galaktose, Melizitose* oder *α-Methyl-D-glykosid, Fructose*(**I**), **I** + *Glucose*(**II**) u. *Maltose* erhöht u. durch **II**, *Mannose, Xylose* oder *Lactose* nicht beeinflußt.
K. Zingraf 4210◇

1107 **Eine intrazelluläre α-Amylase in Bacillus subtilis.** Michio Oishi, Hajime Takahashi und Bunji Maruo. (J. Bacteriol. **85**, 246—47, 1963; Tokyo, Univ. of Tokyo, Inst. of Applied Microbiol., Div. of Enzymology; engl.) — Vff. finden in *Bacterium subtilis* eine intrazelluläre *α-Amylase* (**I**), in nennenswerter Menge jedoch nur im Lysozymlysat von schnell gekühlten Zellen aus der stationären Phase. Zellen der exponentiellen Phase zeigen geringere **I**-Aktivität. Bei Inkubation der kältebehandelten Zellen bei 30° wird der größte Teil der **I**-Aktivität aus der Zelle ausgeschieden. Die Aussscheidung wird nicht durch *KCN* oder *2.4-Dinitrophenol* gehemmt. Die intrazelluläre **I** ist eine Vorstufe der Exo-**I**. **I** befindet sich in der Zelle zum größten Teil im lösl. Zustand.
W. Hiller 4210◇

1108 **Untersuchungen über die Beeinflußbarkeit des Blutamylasespiegels. Tierexperimentelle Untersuchungen.** K. Heinkel und Bernharde Bergenthal. (Z. ges. exp. Med. **136**, 582—88, 1963; Erlangen-Nürnberg, Univ., Med. Klin. und Poliklin.; dt.) — Der *Amylase*(**I**)-Spiegel des Blutes unterliegt bei Ratten einem Tagesrhythmus, dessen Nichtbeachtung bei kurzfristigen Verss. mit Blutferment-Best. zu Fehldeutungen führen kann. Futteraufnahme läßt den **I**-Spiegel ansteigen. *Adrenocorticotropes Hormon* u. *Prednisolon-Na-Succinat* verstärken die physiolog. **I**-Schwankungen.
U. Tausendfreund 4210◇

1109 **α-Amylase-Inaktivierung durch synthetische Detergentien.** Y. Pomeranz. (Biochim. biophysica Acta [Amsterdam] **73**, 105—112, 1963; Manhattan, Kans., Univ., Crops Res. Div., Agr. Res. Serv., Dep. of Agr., Dep. of Fluor and Feed Mill. Ind.; engl.) — Krist. *α-Amylasen* (**I**) pilzlichen oder pankreat. Ursprungs wurden durch Bebrüten mit hochmol. *quartären Ammoniumsalzen* (**II**), *kation. Farbstoffen* oder *Na-Laurylsulfat* (**III**) inaktiviert. Die Inaktivierung war nur wenig pH-abhängig u. spielte sich in weiterem pH-Bereich ab. Bakterielle **I** wurde nur zum Teil inaktiviert. Erst 0,1% übersteigende Konzz. der Detergentien führten zur Inaktivierung, wobei das Gewichtsverhältnis Detergent/Enzym maßgebend war. Mischungen kation. Detergentien mit **III** oder eines anion. Detergenten mit $CaCl_2$ bewirkten Inaktivationen, die proportional des Anteiles an freien synth. Detergentien ausfielen. Die durch **II** bewirkte Inaktivierung konnte durch nachfolgende Bebrütung mit **III** nicht rückgängig gemacht werden; durch anion. Detergentien bewirkte Inaktivierung konnte zum Teil durch $CaCl_2$ behoben werden.
L. Macher 4210◇

1110 **Untersuchungen über die glykolytische Aktivität des Blutes.** Y. Hayashi (Tokyo Jikeikai med. J. **76**, 379 bis 90, 1961; jap.) H. Guichard 4210◇

1111 **Verbesserte Methoden zur Darstellung und Charakterisierung von Myrothecium-Cellulase.** 2. Mitt. **Reinigungsmethoden.** D. R. Whitaker, K. R. Hanson und P. K. Datta. (Canad. J. Biochem. Physiol. **41**, 671—96, 1963; Ottawa, Can., Nat. Res. Council, Div. of Appl. Biol.; engl.) — Beschreibung zweier Meth. zur Reinigung von *Cellulase* aus konz. Kulturfiltraten von *Myrothecium verrucaria*. Die beiden Meth. geben Endprodd. mit ident. spezif. Aktivitäten gegen *Carboxymethylcellulose*; die Zunahme der spezif. Aktivität betrug ca. das 12fache.
H. Aman 4210◇

1112 **Untersuchungen über cellulolytische Enzyme.** 1. Mitt. **Isolierung einer Cellulase von niedrigem Molekulargewicht aus Polyporus versicolor.** G. Pettersson, E. B. Cowling und J. Porath. (Biochim. biophysica Acta [Amsterdam] **67**, 1—8, 1963; Uppsala, Univ. of Uppsala, Inst. of Biochem.; engl.) — Um die durch die hohe spezif. Affinität an alle cellulosehaltigen Materialien (wie Papierfilter etc.) entstehenden techn. Schwierigkeiten zu umgehen, wurde das Dextran Sephadex (Pharmacia, Uppsala) eingesetzt. *Polyporus vers.* (holzzerstörender Basidiomycet) wurde in Whitaker-Flaschen in einem modifizierten Norkrans-Medium kultiviert u. nach Flodin (1961) mit Sephadex von 85 Liter auf 315 ml ohne Aktivitätsverlust konzentriert. Nach Gel-Filtration durch 2 Sephadex G-75-Säulen u. Auffangen des Filtrats in 3 ml-Portionen wurde deren *Protein*(**I**)-Geh., *Cellulase* (**II**) u. *β-Glucosidase*(**III**)-Aktivität vergleichend verfolgt. 4 akt. Fraktionen (a bis d) wurden gefriergetrocknet. Die 4. Fraktion d zeigte einen einheitlichen Gipfel für **I**-Geh. u. **II**-Aktivität. Die Zentrifugationsmeth. nach Archibald ergab für diese sog. *Komponente d* ein Molgew. von 11400. Trennung durch Elektrophorese war techn. nicht erzielbar. *Hexose*-Geh. von d nach der Orcinolmeth. von Vasseur 33% (w/w). d ist monodispers, die Aktivität etwa 5 mal die des ursprünglichen Kulturfiltrats (auf Basis des **I**-Geh. berechnet). **II** ist davon völlig abgetrennt u. findet sich mit mindestens 2 anderen cellulolyt. Komponenten in den 3 anderen Fraktionen. W. Biehler 4210◇

1113 **Untersuchungen über cellulolytische Enzyme.** 2. Mitt. **Vielfalt cellulolytischer Enzyme bei Polyporus versicolor.** G. Pettersson und J. Porath. (Biochim. biophysica Acta [Amsterdam] **67**, 9—15, 1963; engl.) — 1 vgl. vorst. Referat. — Die 2 Fraktionen b u. c wurden durch Zonen-Elektrophorese über Pevikon C 870-Pulver gereinigt. Eine *Komponente* b_1 mit Molgew. 51000 ließ sich abtrennen. Ihr *Hexose*-Geh. betrug 1%; sie zeigte die gleiche *Cellulase*-Aktivität gegen reines Cellulosesol wie gegen Carbomethylcellulose. Eine halbquant. Analyse der Komponente b_1 (u. zum Vgl.: d Molgew. 11400, l. c.) ergab nach 14std. Hydrolyse (in μMol): Lysin 0,257 (0,029) Histidin 0,079 (0,015), Ammoniak 0,944 (0,395), Arginin 0,150 (0,030), Cystein 0,030 (0,017), Asparaginsäure 0,832 (0,1605), Methioninsulfat 0,098 (0,008), Threonin 0,493 (0,1051), Serin 0,516 (0,1041), Glutaminsäure 0,490 (0,1010), Prolin 0,210 (0,0779), Glycin 0,609 (0,0683), Alanin 0,415 (0,0703), Valin 0,265 (0,0744), Isoleucin 0,193 (0,0405), Leucin 0,341 (0,0726), Tyrosin 0,120 (?), Phenylalanin 0,223 (0,0288). Komponente b_1 zeigte in Pyridinacetatpuffer 5,0 eine einzelne Sedimentationsgrenze u. einen Sedimentationskoeff. s_{20w} von 4,21 S. Eine *Komponente b_2* schien ebenfalls homogen; ihre s_{20w} war 4,26 S. Für eine weitere *Komponente c_1* wurde (unter ungünstigen Bedingungen) ein Koeff. von 2,0 S u. für eine *Komponente c_2* von 1,9 S gefunden. Nach Ansicht der Vff. enthält *Polyporus versicolor* neben *β*-Glucosidase (Komponente a) mindestens 5 verschiedene cellulolyt. Komponenten ($b_1b_2c_1c_2d$), von welchen offenbar die höhermol. gegen Carboxycellulose, die niedrigermol. gegen Cellulose gerichtet sind. Es besteht also zwischen Ferment u. Substrat anscheinend eine umgekehrte Proportion hinsichtlich des Molekulargewichts. W. Biehler 4210◇

1114 **Bestimmung der Acetylcholinesterase-Aktivität in normalen und denervierten Sympathicusganglien der Katze. Ein biochemischer und histochemischer Vergleich.** B. Holmstedt, G. Lundgren und F. Sjöqvist. (Acta physiol. scand. **57**, 235—47, 1963; Stockholm, Karolinska Inst., Dep. of Pharmacol.; engl.) — Das obere Cervicalganglion, das Ganglion stellatum, das 7. Lumbarganglion u. das 1. Sacralganglion zeigten bei titrimetr. Best. eine höhere *Acetylcholinesterase*-(**I**)-Aktivität als die übrigen paravertebralen Ganglien; diese wurde durch präganglionäre Denervierung deutlich herabgesetzt. Die Restaktivität war der Zahl der histochem. stark gefärbten Zellkörperchen proportional. Spuren von **I** finden sich in andrenerg. u. in sensor. Ganglienzellen. K. Zingraf 4210◇

1115 **Eine Untersuchung der Cholinesterase-Spezifität im sich entwickelnden Hühnergehirn.** G. W. Atherton. (Histochemie **3**, 214—21, 1963; Cambridge, Univ., Dep. of Anatomy; engl.) — Unter Anwendung der Thiocholin-Technik ergab sich, daß sich das Verh. der *Cholinesterase* (**I**) des Hühnergehirns wesentlich von der **I** des Rattenhirnes unterscheidet. Aus diesem Grunde mußte die histochem. Technik modifiziert werden. Vergleichende photometr. Messungen der Intensität der mit *Acetylthiocholinjodid* bzw. mit *Propionylthiocholinjodid* (**II**) gewonnenen Färbungen wurden statist. ausgewertet. Es zeigte sich, daß **I** die mit **II** bewirkten Färbungen bevorzugt, ferner, daß Hühnergehirn Cu-Ionen gegenüber empfindlicher als die **I** des Rattenhirns ist u. somit eine völlige Chelatierung des Cu erforderlich ist, um die Enzym-Rkk. nicht zu hemmen. L. Macher 4210◇

1116 **Erythrocytenenzyme bei Anämie.** Pekka Vuopio. (Scand. J. clin. Lab. Invest., Suppl. **15**, Nr. 72, 7—90, 1963; Helsinki, Finnish Red Cross Blood Transfusion Serv.; engl.) — Die Aktivität der Erythrocytenenzyme, bes. der *Glutaminsäure-Oxalessigsäure-Transaminase* (**I**), war bei Anämie infolge von *Vitamin B_{12}*-Mangel, *Fe*-Mangel u. chron. Blutungen sowie bei verschiedenen Typen von hämolyt. Anämie erhöht u. bei paroxysmaler nächtlicher Hämoglobinurie oder akuter massiver Blutung normal. Bei Anämien mit verringerter Erythropoiese (Myelom, Lymphom, Leukämie) u. bei aplast. Anämie ist **I** in den Erythrocyten normal oder etwas verringert. Patienten mit Azotämie zeigten eine erhöhte *Glucose-6-phosphatdehydrogenase*(**II**)- u. *Aldolase*-Konz. in den Erythrocyten; auch bei Thyreotoxikose war die **II**-Aktivität erhöht. Bei Anämien haben **I** u. **II** diagnost. Wert. K. Zingraf 4210◇

1117 **Inkorporation von ^{14}C-Leucin in Rattenleber-Ribosomen. Wirkung der löslichen Muskelfraktion von normalen, diabetischen und Insulin-behandelten Ratten.** Ira G. Wool. (Biochim. biophysica Acta [Amsterdam] **68**, 411—17, 1963; Cambridge, Univ., Dep. of Biochem.; Chicago, Ill., Univ., Dep. of Physiol.; engl.) — Bei Tracer-Verss. mit ^{14}C-Leucin wurde festgestellt, daß die lösl. Fraktion des Rattenskelettmuskels die lösl. Leberfraktion bei der Inkorporierung von Leucin in die Leber-Ribosomen ersetzen kann, d. h. die Aktivierung der Aminosäuren, ihre Bindung an eine spezif. Receptor-Ribonucleinsäure (s-RNS) u. den Übergang von s-RNS in die Leber-Ribosomen beschleunigt. An Leber-Ribosomen normaler Ratten wurde die lösl. Muskelfraktion normaler, mit Insulin behandelter normaler u. Alloxandiabet. Ratten auf ihre Fähigkeit Aminosäuren in Protein zu inkorporieren untersucht. Dabei wurden zwischen den lösl. Fraktionen dieser 3 Quellen keine Unterschiede gefunden. U. Drehmann 4210◇

1118 **Verteilung von Glutamyltranspherase in reifendem Erbsensamen.** A. H. G. C. Rijven. (Austral. J. biol. Sci. **14**, 700—01, 1961; Canberra, Division of Plant Industry; engl.) — Das Enzym ist hauptsächlich in den Geweben des Samenmantels enthalten. Im Embryo des Samen selbst sind jedoch erhebliche Enzymaktivitäten nachweisbar. K. Heumann 4210◇

1119 **Hemmung der Tyrosinaseaktivität durch Riboflavin.** Kiyohide Sone. (Vitamins [Kyoto] **27**, 13—17, 1963; Sentai, Tohoku Univ., Fac. of Agricult., Dep. of Food Chem.; jap., Auszug: engl.) — *Riboflavin* u. seine Photolyseprodd. *Lumiflavin* u. *Lumichrom* hemmen im Licht die Aktivität der aus Kartoffelknollen isolierten *Tyrosinase* (**I**). Die stärkste Hemmung zeigt Lumiflavin, dann folgt Riboflavin u. die schwächste zeigt Lumichrom. Die **I**-Aktivität wird gehemmt durch *Na-Diäthyldithiocarbamat* (**II**) u *KCN* nicht jedoch durch Na-Äthylendiamintetraacetat. Zugabe von Cu^{2+} kehrt die Hemmwrkg. von **II** u. KCN auf die Aktivität der **I** um. Riboflavin zeigt in dieser Hinsicht keine Wirkung. W. Hiller 4210◇

1120 **Tyrosinaktivierung und -übertragung auf lösliche Ribonucleinsäuren. 1. Mitt. Reinigung und Untersuchung des Enzyms aus Schweinepankreas.** J. M. Clark jun. und Jaime P. Eyzaguirre. (J. biol. Chemistry **237**, 3698 bis 3702, 1962; Urbana, Ill., Univ. of Illinois, Biochem. Div.; engl.) — Das L-*Tyrosin* (**I**)-*aktivierende Enzym* (**II**) aus Schweinepankreas wurde aus Acetonpulverextrakt weiter angereichert ($Ca_3(PO_4)_2$-Gel-Eluat, $(NH_4)_2SO_4$-Fraktionierung, Säurefällung, pH 5,3, DEAE-Cellulose- u. $Ca_3(PO_4)_2$-Chromatographie. Bei der Reinigung nahmen die spezif. Aktivitäten für L-**I**-Aktivierung (Hydroxamatbldg.), anorgan. Pyrophosphataustausch u. L-**I**-Aktivierung mit Übertragung auf *lösl. Ribonucleinsäure* (**III**; aus Hefe) proportional zu, gehören also einem Enzym (**II**) an. Der Pyrophosphataustausch findet nur bei Zusatz von L-**I** oder schlechter bei *L-Phenylalanin* statt; K_m-Werte $4 \cdot 10^{-5}$ bzw. $2 \cdot 10^{-2}$ m. Der L-**I**-Einbau in lösl. **III** benötigt **II**, Adenosintriphosphat u. Mg^{2+}; K_m-Wert $3{,}2 \cdot 10^{-8}$ m. Die Einbaugeschw. von L-**I** in Hefe-**III** in Ggw. von Schweinepankreasenzym u. eines L-**I**-aktivierenden Enzyms aus Hefe waren im wesentlichen gleich (Verw. gleicher Hydroxamataktivität!). Pankreas-**II** überträgt auch L-**I** auf lösl. **III** aus Schweineleber, Rattenleber u. Spargelkohl (Broccoli), nicht aber auf eine *E. coli*-**III**, die in Ggw. von L-**I**-Aktivierungsenzymen aus *E. coli* wirksam ist. K. Maier 4210◇

1121 **Mutationsauswirkungen auf die Zusammensetzung und Eigenschaften des A Proteins der Tryptophansynthetase von Escherichia coli.** Charles Yanofsky, Donald R. Helinski und Barbara D. Maling. (Cold Spring Harbor Sympos. quantitat. Biol. **26**, 11—24, 1961; Stanford, Calif., Stanford Univ., Dep. of Biol. Sci.; engl.) — Das *Tryptophan* (**I**)-*Synthetasesyst.* von *Escherichia coli* besteht aus 2 Proteinkomponenten (A u. B). Ubiquitäre E. coli produzieren wenig A u. B. I-auxotrophe Mutanten haben 20—50 mal höheren A- u. B-Gehalt. Kreuzungsverss. zeigen Veränderungen der respektiven *Gene*, welche sich in der Peptidstruktur des jeweiligen Proteins auswirken. Die A- u. B-Gene liegen in E. coli Chromosomen nebeneinander. Die Zahl der untersuchten Mutanten ist noch zu gering um eine vermutete Parallelität von Aminosäure- u. Nucleotidsequenz festzustellen. Ekkehard Schmid 4210◇

1122 **Eine konjugierte Form der Aminopeptidase aus autolysierten Nierengewebeextrakten.** A. T. Matheson, S. Bjerre und C. S. Hanes. (Canad. J. Biochem. Physiol. **41**, 1741—70, 1963; Toronto, Ontario, Univ., Dep. of Biochem.; engl.) — Autolysierte *Schweinenieren*-

extrakte (I) zeigten mit *Leucinaminopeptidase* (II) viele gemeinsame Eigg. u. wiesen beachtenswerte Stabilität auf, wenn man sie mittels Chlf.-Octanol einer Emulgierung aussetzte. Durch DEAE-Cellulose-Chromatographie u. durch Sephadex-Gel wurde gezeigt, daß die II in I in einer konjugierten Form auftritt, die in einen enzymat. wirksamen Proteinanteil u. in eine Nucleinsäure enthaltende inakt. Fraktion dissoziiert. Die dissoziierte Form des Enzyms ist äußerst labil. Durch Stärkegel-Elektrophorese lassen sich in gereinigten Enzymfraktionen verschiedene enzymat. akt. Proteinbanden u. nur Spuren inakt. Proteins nachweisen. Man kann annehmen, daß die in den Überstand-Fraktionen nichtautolysierter Homogenate vorhandene II auch in einer geschützten, konjugierten Form auftritt. L. Macher 4210◇

1123 **Die Spezifizität der Protease aus Penicillium cyaneofulvum.** S. M. Martin, Kartar Singh, H. Ankel und A. H. Khan. (Canad. J. Biochem. Physiol. **40,** 237—46, Febr. 1962; Ottawa, Nat. Res. Council, Div. of Applied Biol.; engl.) — Aus dem Kulturmedium von *Penicillium cyaneo-fulvum* wird durch fraktionierte Fällung eine 140fach angereicherte extracelluläre *alkal. Protease* erhalten, die elektrophoret. u. in der Ultrazentrifuge als einheitlich erscheint. Bei der Verw. von Insulin als Substrat zeigt sich, daß I eine Endopeptidase geringer Spezifizität ist. P. Gregorzewski 4210◇

1124 **Über die Coeruloplasminoxydaseaktivität im Serum bei gesunden Kindern verschiedener Altersklassen.** Heinz Kleinbaum. (Z. Kinderheilkunde **88,** 11—21, 1963; Greifswald, Univ., Kinderklin.; dt.) — Bei Unters. der enzymat. Aktivität von *Coeruloplasmin* (I; als Polyphenoloxydase mit p-Phenylendiamin als Substrat im opt. Test) an gesunden Kindern verschiedener Altersklassen wurden die niedrigsten Aktivitäten bei Neugeborenen gefunden (durchschnittlich 93 Aktivitätseinheiten im Ansatz von 0,1 ml Serum in den ersten 14 Lebenstagen). Im Verlauf der Entw. gesunder Säuglinge steigt die I-Aktivität kontinuierlich an, um im 4. Vierteljahr die Normalwerte Erwachsener zu erreichen (396 E.). Der verringerte I-Geh. bei jungen Säuglingen wird als Zeichen morpholog. u. funktioneller Unreife der Leber angesehen, wodurch das Apoenzym noch nicht in ausreichendem Maße synthetisiert wird. U. Tausendfreund 4210◇

1125 **Reinigung der Lipase aus Pankreassaft des Schweines.** G. Marchis-Mouren, L. Sarda und P. Desnuelle. (Biochim. biophysica Acta [Amsterdam] **41,** 358—60; 1960; Marseille, Fac. des Sci., Labor. de Chim. Biol.; franz.) — Bei der Reinigung der *Lipase* (I) aus Schweinepankreassaft wird eine I erhalten, die im wesentlichen der in früher beschriebener Weise (C. **1958,** 2173, 7165.) I aus *Pankreatin* gleicht. A. Hesse 4210◇

1126 **Die postnatale Entwicklung der fettspaltenden Aktivität im Pankreas und im Dünndarm von Ratten.** J. Rokos, P. Hahn, O. Koldovský und P. Procházka. (Physiol. bohemosloven. **12,** 213—29, 1963; Prague, Czechoslovak Academy of Sciences, Inst. of Microbiology and Inst. of Physiology; engl.) — Vff. untersuchen die fettspaltende Aktivität im Pankreas, im Dünndarm, im Darminhalt u. in der Milch von Ratten nach der von Rokos u. Mitarbeitern angegebenen Meth. (Antibiotics and Chemotherapy, **9,** [1959], 600). Die fettspaltende Aktivität ist in allen untersuchten Fällen gering u. steigt erst mit dem Beginn der Entwöhnung. Die intramuskuläre Injektion von Cortison (1—2 mg/100 g Körpergew.) fördert bei 10 Tage alten Ratten die Aktivität im Pankreas, hat aber keinen Einfl. auf die im Dünndarm. — Aus den Ergebnissen kann geschlossen werden, daß in dem Darminhalt junger Ratten Triglyceride im geringeren Ausmaß gespalten werden als in dem ausgewachsener Ratten. H. Köditz 4210◇

1127 **Biologische Methylierung.** David M. Greenberg. (Advances Enzymol. **25,** 395—431, 1963; San Francisco, Calif., Univ. of California, School of Med., Dep. of Biochem.; engl.) — Übersicht. De novo Methylgruppensynth., [*Thymidylat*-Biosynth., *Methionin*-Biosynth.], Transmethylierung [*S-Adenosylmethionin* (I), *Methyltranspherase*-Rkk. mit I als Methylgruppendonator u. ohne I, andere Homocysteinmethyltransferasen. — 137 Literaturangaben. I. Hähn 4210◇

1128 **Eigenschaften einiger Selenverbindungen bei der Transmethylierung.** Jon Bremer und Yasuo Natori. (Biochim. biophysica Acta [Amsterdam] **44,** 367—70, 1960; San Francisco, Univ. of California School of Med., Dep. of Biochem.; engl.) — Bei der enzymat. Methylierung (Cholin-Biosynth. bzw. Sulfhydryl-Methylierung) erweist sich *Se-Adenosylselenomethionin* als ebenso guter Methyl-Donator wie *S-Adenosylmethionin* (I). Bei der Inkubation in Ggw. von I u. *Selenwasserstoff* (II) bzw. CH_3SeH (III) erweisen sich II u. III als gute Methylgruppenacceptoren. P. Gregorzewski 4210◇

1129 **Invitro-Effekte von substituierten Indophenolen auf die Brenzcatechinmethyltransferase.** A. D. Iorio und C. Mavrides. (Canad. J. Biochem. Physiol. **41,** 1779 bis 1784, 1963; Ottawa, Univ., Fac. of Med., Dep. of Biochem.; engl.) — Außer dem in früherer Arbeit festgestellten kompetitiv wirkenden Inhibitors der *Brenzcatechin-O-methyltransferase* (I), nämlich der *3.5-Dijod-4-hydroxybenzoesäure* (II), wurden weitere Verbb. auf ihre Hemmwirkung geprüft. So verhielt sich *O-Methyl*-II inakt., während *3.5-Dijodsalicylsäure* kompetitiv u. *3.5-Dijod-4-hydroxypyridin* nichtkompetitiv inhibierte. *3.5-Dijod-4-hydroxyphenylbrenztraubensäure* bewirkte eine progressive u. zum Teil reversible Inhibition; *3.5-Dijodtyrosin, m-Fluortyrosin, o-Fluorphenol* u. *o-Jodphenol* waren wirkungslos auf die Aktivität der I. Entgegen des früher verwendeten Rohenzympräp. wurde diesmal ein teilweise gereinigtes Enzym eingesetzt. L. Macher 4210◇

1130 **5-Hydroxytryptamin, 5-Hydroxytryptophandecarboxylase und Monoaminoxydase in Herzen von normalen, mit Schilddrüse oder Propylthiouracil gefütterten männlichen und weiblichen Ratten.** Ralph G. Skillen, Clinton H. Thienes und Lorrene Strain. (Endocrinology **70,** 743—46, 1962; Pasadena, Calif., Huntington Memor. Hosp., Inst. of Med. Res.; engl.) — Normale ♂ Ratten besaßen eine größere *Monoaminoxydase*(I)-Aktivität im Herzen als ♀; dagegen war der Geh. von *5-Hydroxytryptamin*(II) u. von *5-Hydroxytryptophandecarboxylase* (III) prakt. gleich. Verfütterung von Schilddrüse verringerte bei ♂ Tieren nur III, bei ♀ Tieren wurde dagegen eine Abnahme von II u. III u. eine Zunahme von I beobachtet. Verfütterung von Propylthiouracil bewirkte bei allen Tieren eine Zunahme von III u. bei ♂ Tieren eine Abnahme von I. K. Zingraf 4210◇

1131 **17α-Hydroxylierung von Steroiden in vitro durch Nebennieren von Ratten mit erhöhtem Blutdruck.** K. A. Brownell, S. L. Lee, R. R. Beck und P. K. Besch. (Endocrinology **72,** 167—68, 1963; Columbus, Ohio, Ohio State Univ., Dep. of Physiol.; Dep. of Obstetr. and Gynecol.; engl.) — Die Nebennierenrinde von ♀ Ratten, bei denen zuvor durch Ausschälung der Drüsen u. Zusatz von 1% NaCl zum Trinkwasser der Blutdruck erhöht wurde, war imstande, in vitro *17α-Hydroxyprogesteron* u. *11-Desoxy-17α-hydroxycorticosteron* aus *Progesteron* zu synthetisieren. K. Zingraf 4210◇

1132 **Hemmung der 19-Hydroxylase-Aktivität in der Nebenniere des Goldhamsters durch SU 4885.** K. Griffiths. (J. Endocrinology **26,** 445—46, 1963; Edinburgh, Univ., Dep. of Biochem.; engl.) — *2-Methyl-1.2-bis-[pyridyl-(3)]-propan-1-on* (*SU 4885*) hemmt in der Nebenniere des Goldhamsters die *11β-Hydroxylase-* u. die *19-Hydroxylase*-Aktivität. K. Zingraf 4210◇

1133 **Chemische Untersuchungen über Vitamin B_{12} und seine verwandten Verbindungen. 10. Mitt. Produktion von 5.6-Dimethylbenzimidazolylcobamid-Coenzym durch Kultur von Propionibacterium shermanii in Gegenwart von Cyanocobalamin.** Tadakatsu Kato, Shoichi Shimizu und Saburo Fukui. (Vitamins [Kyoto] **27,** 70—74, 1963; jap., Auszug: engl.) — 9. vgl. vorst. Referat. — *Propionibacterium shermanii* nutzt *Cyanocobalamin* (I) ebenso wie Hydroxocobalamin bei Zusatz zum Kulturmedium als Vorstufe für *5.6-Dimethylbenzimidazolylcobamidcoenzym* (II). Vff. entwickeln eine Meth. zur Gewinnung von II. *P. shermanii* wird in Ggw. von I kultiviert, die Zellen werden durch Zentrifugieren geerntet, homogenisiert, mit abs. A. extrahiert, die Extrakte unter vermindertem Druck konzentriert. Danach erfolgt Trennung auf einer DEAE-Cellulose- oder P-Cellulosesäule, Eluierung mit Phenol, durch Zugabe von Aceton erfolgt Kristallisation. W. Hiller 4210◇

1134 **Chemische Untersuchungen über Vitamin B_{12} und seine verwandten Verbindungen.** 9. Mitt. **Synthese von 5.6-Dimethylbenzimidazolylcobamid-Coenzym durch Kultur von Propionibacterium shermanii im Hydroxocobalamin enthaltenden Medium und durch Reinigung von Coenzym-reichen Zellen mit Hilfe einer vereinfachten Prozedur.** Tadakatsu Kato, Shoichi Shimizu und Saburo Fukui. (Vitamins [Kyoto] **27**, 64—69, 1963; Kyoto, Kyoto Univ., Fac. of Engineering, Dep. of Industrial Chem.; jap., Auszug: engl.) — Wird zu Zellkulturen von *Propionibacterium shermanii Hydroxocobalamin* gegeben, so erhöht sich die Biosynth. von *5.6-Dimethylbenzimidazolylcobamidcoenzym.* Von den so kultivierten Zellen kann krist. Coenzym leicht durch Chromatographie an Säulen von P-Cellulose gereinigt werden. W. Hiller 4210◇

1135 **Isolierung und Strukturaufklärung eines neuen transhydrolysierenden Coenzyms in Zellfragmenten von Acetobacter aceti.** Claudio Antoniani und Gian Antonio Lanzani. (Chimica [Milano] **35**, 601. 1959; Milano, Univ., Centro di Studi per la Quim. e microb. delle Fermentationi del C. N. R.; ital.) — Es handelt sich um eine Substanz, deren Mol-Gew. mit ca. 180 ermittelt wurde u. wahrscheinlich eine *3-Oxo-4-hydroxytetrahydropyran-2-carbonsäure* (mit der Enolform im Gleichgew.) ist. W. Forth 4210◇

1136 **Oxydation von Hypotaurin in der Rattenleber.** Koichiro Sumizu. (Biochim. biophysica Acta [Amsterdam] **63**, 210—12, 1962; Kyoto, Kyoto Univ., Fac. of Sci., Dep. of Chem.; engl.) — In der Rattenleber wurde das Vork. des von Diphosphopyridinnucleotid abhängigen Enzyms *Hypotaurindehydrogenase* nachgewiesen, welches *Hypotaurin* zu *Taurin* oxydiert. *BAL* (*2.3-Dimercaptopropanol*), *Cystein* oder *2-Mercaptoäthanolamin* wirkten aktivierend, während Phosphat, KCN oder $(NH_4)_2SO_4$ eine Hemmwrkg. besaßen. K. Zingraf 4210◇

1137 **Über die Acceptorspezifität von Rhodanese.** Bo Sörbo. (Acta chem. scand. **16**, 243—45, 1962; Stockholm, Nobel Med. Inst., Biochem. Dep.; engl.) — Vf. stellte fest, daß *Rhodanese* analog der von diesem Enzym katalysierten Schwefelaustausch-Rk. zwischen Thiosulfonaten u. Sulfit diese Rk. auch zwischen Thiosulfat u. Sulfit katalysiert. Unterss. an Sulfinaten mit spektrophotometr. Meth. zeigen, daß Transsulfurierungs-Rkk. zwischen aromat. Thiosulfonat u. aliphat. Sulfinat, sowie zwischen aliphat. Thiosulfonat u. aromat. Sulfinat durch das Enzym katalysiert werden. Untersucht werden die Rkk. zwischen p-Toluolthiosulfonat u. Hypotaurin, Cysteinsulfinat, sowie Sulfit, wobei Sulfit der bessere Acceptor ist. Die Rkk. zwischen p-Toluolthiosulfonat u. Hypotaurin, sowie p-Toluolsulfinat u. Thiotaurin sind reversibel; die Gleichgew.-Konst. ist 1,2, die Affinität für Schwefel ist also bei Aryl- u. Aminoalkylsulfinaten etwa gleich. Das Enzym hat keinen katalyt. Effekt auf anorgan. Sulfid, Cystein, Cysteamin oder Glutathion als Schwefelacceptoren. Eine geringe Rk. wurde mit Mercaptoäthanol u. Thioglykolat beobachtet. K. Heumann 4210◇

1138 **Isolierung von Cofaktoren und Inhibitoren der Indolyl-(3)-essigsäureoxydase aus Erbsen.** Masaki Furuya, Arthur W. Galston und Bruce B. Stowe. (Nature [London] **193**, 456—57, 1962; New Haven, Yale Univ., J. W. Gibbs. Res. Labor.; engl.) — Vff. isolierten aus grünen Blättern u. dunkelgelblichen Blattfedern von Erbsen akt. Substanzen, die sie z. T. als vier verschiedene Flavonolderivv. erkannten. Zwei scheinen neue Naturstoffe zu sein. — Die Extraktion erfolgte mit kochendem W. oder heißem Methanol. Die Präpp. sind lösl. in A., n-Butanol u. Aceton u. werden durch Pb-Acetat gefällt. Die Säulenchromatographie ergab aus grünen Blättern drei akt. Fraktionen: I = 9,6%; II = 53,2%; III = 31%; aus den Blattfedern erhielt man zwei akt. Fraktionen: IV = 55,6% u. V = 33%. Nach Red. mit Mg u. HCl in äthanol. Lsg. ergaben alle Substanzen typ. Anthocyan Absorptionsspektren. Die Präpp. wurden hydrolysiert u. die gefällten Aglykone durch UV Spektren, R_F-Werte sowie FF. in II u. III als Quercetin-, in I, IV u. V als Kämpferol-, Acetyl- oder Methylderivv. erkannt. Die verbleibenden Überstände der Präpp. III u. V zeigten keine Spitzen im UV-Spektrum; die von I u. IV hatten Maxima bei 311 u. 224 mμ, der Überstand von II bei 315 u. 227 mμ. Vff. nehmen an, daß die ersten beiden Maxima dem Glucosidyl-p-cumarat, die letzten beiden einem Ester eines Zimtsäurederiv. zuzuschreiben sind. Alle Überstände enthielten Glucose. Unterss. von I u. IV nach Hydrolyse mit der Meth. von Hörhammer ergab Ggw. von 1 Mol Kämpferol, 1 Mol Phenylpronanoid u. 3 Mol Glucose. Durch Vgl. der FF. u. UV-Spektren mit authent. Verbb. wurden nach Hydrolyse in II u. III *3-Hydroxy-3.'4'.5'.7-tetramethoxyflavon* (F. 191°) festgestellt, während I u. V *3-Hydroxy-4'.5.7-trimethoxyflavon* (F. 151°) enthalten. III ist daher wahrscheinlich ein *Quercetin-3-glucosid* u. V ein *Kämpferol-(3)-glucosid.* Alkal. Hydrolyse von I ergab Kämpferol-(3)-triglucosid u. p-Cumarsäure, so daß es sich bei I um Kämpferol-(3)-triglucosidyl-p-cumarat handelt. II ist vielleicht ein Quercetinkomplex ähnlichen Typs. Der Inhibitor- bzw. Cofaktoreffekt der Präpp. auf Indolyl-(3)-essigsäure wurde getestet. Die Quercetinderivv. haben nur hemmende Wrkg., während Kämpferolderivv. in physiolog. Konzz. als Cofaktor, in höheren Konzz. als Inhibitor wirken. K. Heumann 4210◇

1139 **Ein Hemmsystem für Indolyl-(3)-essigsäureoxydase in Bohnenschoten.** 1. Mitt. **Physiologische Bedeutung und Herkunft des Inhibitors.** Joseph A. Sacher. (Amer. J. Bot. **48**, 820—28, 1961; Los Angeles, Calif., State Coll., Dep. of Botany; engl.) — Vgl. vorst. Referat. — Es wird an Stangenbohnenschoten (Kentucky Wonder) die Verteilung der *Indolyl-(3)-essigsäureoxydase* (I) u. ihres Inhibitors im Endo- u. Exokarp, sowie die Beziehung dieser Verteilung zur Alterungsanfälligkeit der beiden Gewebe gezeigt. Die Quelle des Inhibitors u. die Wrkg. des Alterns auf den Hemmstoffgeh. des Endokarpgewebes wurden untersucht. — Die Gewebe haben die gleiche I-Aktivität; das Exokarp, welches resistent gegen Alterung ist, hat einen hohen Hemmstoffgeh. im Gegensatz zum Endokarp, das schnell altert. Naphthylessigsäure verzögert stärker als *Indolylessigsäure* (II) die Endokarpalterung; vermutlich liegt das an der endogenen Zerstörung des II. Die Endokarpalterung konnte jedoch nicht durch Zugabe des Inhibitors verlangsamt werden. Mit der Alterung stieg der Hemmstoffgeh. des Exokarps auf das 2—5fache an. Die Rk.-Lsg., die nichtdialysiertes Exokarpenzym enthielt, zeigte innerhalb 4½ Std. keine II-zersetzende Wrkg., während eine Rk.-Lsg. mit Exokarpteilchen eine schnelle Zers. des II bewirkte. Vf. schließt daraus, daß cytoplasmat. Partikel der Ursprung des dialysierbaren Inhibitors sind. Die physiolog. Bedeutung des Hemmstoffes wird diskutiert. K. Heumann 4210◇

1140 **Darstellung und Eigenschaften des Enzyms der Eisen–Protoporphyrin–Chelatbildung.** Robert F. Labbe und Nancy Hubbard. (Biochim. biophysica Acta [Amsterdam] **41**, 185—91, 1960; Seattle, Wash., Univ. of Washington, Dep. of Pediatrics; engl.) — Die letzte Stufe der Biosynth. von *Protohäm* umfaßt eine Chelat-Bldg. von Fe^{2+} durch *Protoporphyrin* (II) (C. **1960**, 13405). Das hierbei wirksame *Fe^{2+}-II-chelatbildende Enzym* (I) wurde in lösl. Form aus Mitochondrien der Rattenleber gewonnen. Nachweis u. Best. von I erfolgen spektrophotometr. am Verschwinden von II. — I ist ziemlich stabil u. entfaltet maximale Wrkg. bei pH 8,2 u. $2 \cdot 10^{-5}$m Fe^{2+}-Konz. u. $3 \cdot 10^{-5}$m-Konz. an II. — Die I-Wrkg. wird nicht stimuliert durch *Citronensäure, Adenosin, Inosin, Thymidin* oder *Vitamin B_{12}*; die früher (l. c.) gefundene Stimulierung durch *Histidin* erfolgt nur bei dem rohen Teilchen-Präp., nicht aber bei lösl. I. Dagegen erfolgt Stimulierung der lösl. I durch *Glutathion* (III), *Ascorbinsäure* (IV) u. *Ergothionein* (in Ggw. von Überschuß an III oder IV.) — Hemmung ($>$75%) der lösl. I erfolgt durch metallbindende Substanzen (wie *Cyanid, 2.3-Dimercapto-1-propanol, Äthylendiamintetraessigsäure*; Inaktivierung erfolgt durch O_2, *Oxydiertes* III, *Jodessigsäure, Jodacetamid, p-Chlormercuribenzoesäure.* — Anscheinend ist I ein SH-Enzym. A. Hesse 4210◇

1141 **Enzymatische Wirkung durch eine dünne Membran hindurch.** A. Rothen. (J. Colloid Sci. **17**, 124–35, Febr. 1962; New York, Rockefeller Inst.; engl.) — Trypsin (**I**) vermag eine **I**-undurchlässige Plastikmembran von 200 Å Dicke dann zu durchdringen, wenn sich unterhalb dieser eine 10–15 Å dicke Schicht von *Polylysin* (**II**) befindet. Die Experimente wurden in der Weise durchgeführt, daß auf eine Unterlage eine Fettsäureschicht, auf diese eine Schicht synthet. Polyaminosäuren (von denen sich allein **II** als wirksam erwies) u. darauf die *Formvar*-Decke aufgetragen wurde. Nach der Einw. des Enzyms (in einer geeigneten Puffer-Lsg.) wurde dessen Konz. jenseits der Plastikschicht entweder radiochem. (Indizierung mit Tritium) oder aus der enzymat. Wirksamkeit gegenüber **II** bestimmt. Das Durchdringen der Membran durch das Enzym ist an eine Wechselwrkg. mit dem Substrat gebunden. W. Betcke 4200□

1142 **Papierelektrophorese und Enzymaktivität.** 1. Mitt. **Untersuchungen über Urease, Katalase und Leucinaminopeptidase.** Johannes Methfessel. (Wiss. Z. Martin-Luther-Univ. Halle-Wittenberg, math.-naturwiss. R. **12**, 123–35, 1963; Halle, Univ., Med. Fak., Physiol.-chem. Inst.; dt.) — Es werden die Ursachen der Aktivitätseinbuße genannter Enzyme bei der Papierelektrophorese quant. untersucht. — Die bei der Elektrophorese verwendete Papiersorte verursacht durch Adsorption u. Schwermetallgeh. Verluste bei *Urease* (**I**) bis zu 75%, die sich durch Elution u. Verw. von Komplexbildnern verringern lassen. Reinenzyme werden stärker als Rohenzyme geschädigt u. um so mehr, je länger der Kontakt mit dem Papier dauert, je höher die Temp. u. die Spannung ist. Vergleichsweise werden nach 7$^1/_2$std. Elektrophorese bei 220 V u. 20° 42,3% Restaktivität von **I**, 26,3% von *Katalase* u. 31,2% von *Leucinaminopeptidase* (**II**) gemessen. Die Ionenstärke ist für Verluste weniger verantwortlich als die Leitfähigkeit, Zus. des Puffers u. das Elektrodenmaterial. — Durch Abwanderung der Aktivatoren Mg^{2+} oder Mn^{2+} tritt Aktivitätsschwund der **II** ein. — Mit der Ausnahme von **I** verlieren die Papierelektropherogramme der anderen beiden Enzyme schneller ihre Aktivität als enzymtragendes Papier, das nicht der Elektrophorese unterworfen wurde (geringere Enzymoberfläche). J. Methfessel 4210◇

1143 **Verteilung von Wachstum und Enzymaktivität im sich entwickelnden Weizenkorn.** A. H. G. C. Rijven und R. Cohen. (Austral. J. biol. Sci. **14**, 552–67, 1961; Canberra, Div. of Plant Industry; engl.) — Ähren von Feldweizen wurden zwischen Blüte u. Reife zu 12 Zeitpunkten geerntet. Ihr Frisch- u. Trockengew. sowie Gesamtstickstoffgeh. wurden bestimmt. Zu 8 Terminen wurden Körner in 4 Fraktionen zerlegt: zwei Kernmantelteile (*äußeres Perikarp* [A] u. *Rest des Kornmantels* [B]), *Endosperm* (C) u. *Embryo* (D). Die Fraktionen wurden untersucht auf Gesamt- u. lösl. Proteingeh., Chlorophyllgeh. sowie die Aktivitäten von *Glutamyltranspherase* (**I**), *saure Phosphatase* (**II**), *Alanin-Glutaminsäure-Transaminase* (**III**) u. *Alkoholdehydrogenase* (**IV**). Die Ergebnisse unterstreichen, daß die verschiedenen Kornanteile nacheinander ihre Wachstumscyclen beginnen u. verschiedene biochem. Differenzierung zeigen. **I** wird fast nur in AB gefunden. **III**-Aktivität ist in C sehr hoch, während D die höchste **IV**-Aktivität zeigt. **II**-Aktivität wird in allen Geweben gefunden, sie bleibt im Gegensatz zu **I** noch am 12. Tag nach der Blüte hoch. B hat den höchsten Chlorophyllgeh. u. ähnliche Enzymaktivitäten wie die anderen Teile. — Der Mechanismus der **I**-Verteilung wird diskutiert. K. Heumann 4210◇

1144 **Rasche Enzymbestimmungstechnik unter Verwendung von radioaktivem Substrat, Ionenaustauschpapier und Flüssigkeitsscintillationszähler.** John R. Sherman. (Analyt. Biochem. [New York] **5**, 548–54, 1963; Madison, Wis., Univ. of Wisconsin, Dep. of Biochem.; engl.) — Beschreibung einer Meth. zur Schnellbest. von Enzymen, wobei ein markiertes anion. Prod. mit Hilfe der Radioaktivität auf Anionenaustauschpapier nach Auswaschen des markierten Substrates bestimmt wird. Die Messung erfolgt durch Flüssigkeitsscintilation. Für das Auswaschen kommen absteigende Chromatographie, Extraktion mit W. oder direktes Auswaschen mit einem Millipore-Filtrierapp. in Frage. K. Zingraf 4210◇

E$_3$. Mikrobiologie, Bakteriologie, Immunologie

1145 **Die Ernährung der Bakterien.** 3. Mitt. Luis Pedemonte Oliver. (Medicamenta [Madrid] **25(13)**, Nr. 208, 251–56, 1961; span.) — Übersicht. — 33 Literaturangaben. F. Zeidler 4310◇

1146 **Ein definiertes Medium für Haemophilus influenzae Typ B.** Harold L. Wolin. (J. Bacteriol. **85**, 253–54, 1963; Jersey City, N. J., Seton Hall Coll. of Med. and Dent., Dep. of Microbiol.; engl.) — Vf. gibt nachstehendes definierte Medium für die Kultur *H. influenzae Typ B* an: *Trispuffer* 4340 (mg/Liter), *Glucose* 5000, *Glycin* 50, DL-*Isoleucin* 280, L-*Lysin* 290, L-*Leucin* 340, L-*Cystin* 50, L-*Methionin* 90, L-*Tyrosin* 220, L-*Tryptophan*, L-*Asparagin* 250, L-*Glutaminsäure* 750, L-*Arginin* 140, *Adenosin* 70, *Polyvinylalkohol* 600, *Tween 40*, 16, *Hämin* 10, $CaCl_2 \cdot 2H_2O$ 10, K_2HPO_4 670, $MgSO_4 \cdot 7H_2O$ 100, $NaHCO_3$ 270, *NaCl* 5340, *Inosit* 5, *Thiamin·HCl* 0,20, *Folsäure* 0,10, *Ca-Pantothenat* 1,5, *Biotin* 0,02, *Diphosphopyridinnucleotid* 1,0. W. Hiller 4310◇

1147 **Beziehungen zwischen Phagentype, Koagulase-, Hyaluronidase-, Phosphataseaktivität und Mercurichloridresistenz bei Staphylococcus aureus.** M. Fodor, F. Rozgonyi und Elisabeth Csépke. (Acta microbiol. Acad. Sci. hung. **10**, 19–25, 1963; Debrecen, Ungarn, Univ. Med. School, Inst. Microbiol.; engl.) — *S. aureus* der Phagengruppe I (bes. Type 80/81) haben eine geringe *Koagulase-* (**I**) u. *Hyaluronidase*(**II**)-, aber eine hohe *Phosphatase*(**III**)-Aktivität. Stämme der Gruppe II sind hoch in **I** u. **II**, aber mäßig in **III**. Phagengruppe III hat wenig **III**; **I** u. **II** sind mäßig. Die epidem. Stämme sind meist gegen *Mercurichlorid* resistent, doch besteht kein Zusammenhang zur Stärke der untersuchten Enzyme. Ekkehard Schmid 4315◇

1148 **Der Stoffwechsel der stickstoffhaltigen Substanzen bei den Actinomyceten.** A. M. Besborodow. (Antibiotika [UdSSR] **7**, Nr. 10, 936–47, 1962; Leningrad, Chem.-Pharm. Inst.; russ.) — Übersicht an Hand der Literatur — 89 Literaturangaben. O. Lebtag 4320△

1149 **Die Regulierung des Bakterienstoffwechsels.** P. G. de Haan. (Chem. Weekbl. **59**, 271–76, 1963; Utrecht, Rijksuniversiteit; niederl.) — Übersicht über die Entw. der Forschung auf dem Gebiet des Bakterienstoffwechsels u. seine enzymat. Regulierung. K. Dorfner 4320◇

1150 **Untersuchungen zum Säurestoffwechsel von Aspergillus niger.** 1. Mitt. **Nährstoffbedarf von auf Citronensäure kultiviertem Aspergillus niger.** V. K. Shah und C. V. Ramakrishnan. (Enzymologia [Den Haag] **25**, 367 bis 376, 1963; Baroda, India, M. S. Univ. of Baroda, Fac. of Sci., Dep. of Biochem.; engl.) — *Aspergillus niger* (Stamm NCIM 611) bildet normalerweise beim Wachstum auf *Zucker* (**I**) *Citronensäure* (**II**). Durch laufende Anpassung an steigende **II**-Konzz. konnte der Pilz dazu gebracht werden, nur auf **II** als einziger C-Quelle zu wachsen. Nach 10–12 Generationen hatte dann der Pilz seine Fähigkeit verloren, **II** aus **I** zu bilden. Optimales Wachstum des adaptierten Stammes wurde bei einem pH-Wert von 1,9–2,0, einer Temp. von 30–32° u. einer **II**-Konz. von 6% gefunden. Gleich gute N-Quellen beim Wachstum auf **II** sind: NH_4NO_3, $(NH_4)_2CO_3$, $(NH_4)_3PO_4$, KNO_3, Harnstoff, Glycin, Glutaminsäure, dl-Asparaginsäure, schlechte N-Quellen sind: $(NH_4)_2SO_4$, NH_4Cl, $NaNO_3$ u. die Nitrite. KH_2PO_4 ist die beste Phosphatquelle verglichen mit NaH_2PO_4 u. $(NH_4)H_2PO_4$. Von den getesteten Spurenelementen hat nur $ZnSO_4$ einen wachstumsfördernden Effekt. Die Zus. des Optimal-Mediums ist angegeben. M. Lorenz 4320◇

1151 **Oxydation von Äthanol durch Acetobacter rancens.** P. Dupuy und J. Maugenet. (Ann. Technol. agric. **11**, 219–225, 1962; Versailles, Stat. de Technol. végét.; franz.) — Weder bei der Kultur bei pH 6 noch pH 3,8 wurde in der Oxydation von A. durch *Acetobacter rancens* ein qual. Unterschied festgestellt. In beiden Fällen konnten nach Zerstörung der Zellen zwei Fraktionen mit verschiedenen Enzymaktivitäten abgetrennt werden. In der lösl. Fraktion war eine von *Nicotinamidadenindinucleotid* (NAD)-abhängige *Alkoholdehydrogenase* anwesend, akt. unter neutralen oder alkal. Bedingungen. Ein Elektronentransportsyst. wurde in der unlösl. Fraktion aufgefunden, welches befähigt war, A. in saurem Medium ohne Vermittlung eines lösl. Coenzyms zu oxydieren. Dieses Syst. konnte auch $NADH_2$ über pH 6 oxydieren. Hieraus erklärt sich, warum die Zellen von *A. rancens* A. im pH-Bereich von 3,8—8 mit mehr oder weniger konst. Geschw. oxydieren können. H. Aman 4320◇

1152 **Untersuchung des Einflusses gepulverter Tierkohle auf die Bildung von Butandiol-(2.3) in Saccharose (als Substrat)-enthaltenden Bacillus polymyxa-Kulturen.** Krishna Bahadur und S. Ranganayaki. (Indian J. appl. Chem. **22,** 69—72, 1959; Allahabad, Univ., Chem. Dep.; engl.) — K. Maier 4320□

1153 **Oligosaccharidabbau durch Candida solani.** E. K. Novák. (Acta microbiol. Acad. Sci. hung. **10,** 7—10, 1963; Budapest, Ungarn, State Inst. of Hygiene; engl.) — Der Abbau von *Saccharose* zu *Glucose* u. *Fructose* durch *C. solani* wurde chromatograph. verfolgt. Es ist ein intracellulärer Vorgang ohne Beteiligung von *Invertase* oder *Maltase* (*α-Glucosidase*). C. solani enthält diese Enzyme nicht. Das Eindringen der *Maltose* wird durch eine aerobe und anaerobe *Permease* (I) beschleunigt. Die anaerobe I ist ein adaptives Enzym. Ekkehard Schmid 4320◇

1154 **Über die Wirkung von homologen und analogen Verbindungen des Tryptophans auf die Tryptophanbiosynthese.** Franz Lingens. (Hoppe-Seyler's Z. physiol. Chem. **331,** 56—63, 1963; Tübingen, Univ., Biochem. Abt., Chem. Inst.; dt.) — Die Rückkopplungshemmung der *Indol*(I)-Bldg. durch *Tryptophan*(II)-ähnliche Verbb. im Vgl. zur D-II-Hemmung wurde an der I akkumulierenden *Salmonella typhimurium*-Mutante *try-7* (keine Bldg. von Tryptophanase) quant. untersucht. Geprüfte Verbb. (hemmstofffreier Vers. 100% I-Bldg.): D-II, 1 (γ/ml), 65% I; *2-Methyl-DL*-II, 1, 56; *4-Methyl-DL*-II, 0,1, 14; *5-Methyl-DL*-II, 0,1, 12; *6-Methyl-DL*-II, 1, 4; *7-Methyl-DL*-II, 1, 20; *5-Äthyl-DL*-II, 1, 10; *DL-Tryptazan*, 1, 79; [*Pyrazolyl-(3)*]-*DL-alanin*, 200, 100; *7-Aza-DL-tryptophan*, 1, 55; [*Indolizinyl-(1)*]-*DL-alanin*, 10, 54; *DL-Nor*-II, 200, 100; DL-Homo-II, 10, 67; *DL-Dihomo*-II, 1, 90; *1-Methyl-DL*-II, 200, 100; N^{α}-Acetyl-DL-II, 200, >100; *DL-Ornithin*, 200, 100. K. Maier 4320◇

1155 **Der von Na^+ abhängige Transport von α-Aminoisobuttersäure in Zellen der Meerespseudomonade.** Gabriel R. Drapeau und Robert A. MacLeod. (Biochem. biophysic. Res. Commun. **12,** 111—15, 1963; Quebec, McGill Univ., McDonald Coll., Dep. of Bacteriol.; engl.) — Zur Unters. der Rolle von Na^+ beim Transport von Substrat in die Zellen der Meerespseudomonade B-16 werden die Zellen in einem Medium aus KCl, $MgSO_4$, Tris-Puffer, pH 7,2, Galaktose, Chloramphenicol, $^{14}C_{(1)}$-α-Aminoisobuttersäure (I) u. unterschiedlichen Konzz. von NaCl suspendiert. Die Zellen nehmen bei der Inkubation mit I in Ggw., aber nicht in Abwesenheit von NaCl ^{14}C auf. Zusätze von nichtmarkierter I führen zur Verdrängung der Radioaktivität aus den Zellen. KCl, RbCl, NH_4Cl, LiCl u. Saccharose üben keinen merklichen Einfl. auf die Aufnahme von ^{14}C durch die Zellen aus. Neben NaCl muß ein oxydierbares Substrat (hier Galaktose) vorliegen, wenn die Zellen ^{14}C aufnehmen sollen. — Aus den Ergebnissen folgt, daß die Hauptfunktion von Na^+ in Meeresbakterien in der Ermöglichung des Transportes von Substrat in die Zellen besteht. H. Köditz 4320◇

1156 **Untersuchungen über die Biosynthese der Riboflavinylglucoside durch Ashbya gossypii.** Hiromichi Onozaki und Toshiko Takakuwa. (Vitamins [Kyoto] 28, 45—48, 1963; Nagoya, Sugiyama Woman's Senior Coll., Dep. of Food and Nutrition; jap., Auszug: engl.) — Werden gewaschene Zellen von *Ashbya gossypii* in *Maltose*-Lsg. inkubiert, so bilden sie sowohl *Riboflavinylglucosid* als auch *Riboflavin*. Eine maximale Bldg. erfolgt bei 20° u. pH 4,0 in Citratpuffer. In Ggw. von Acetat erfolgt nur eine geringe Synthese. W. Hiller 4320◇

1157 **Biosynthese des Biotins aus DL-Desthiobiotin durch gewaschene Zellen von Saccharomyces cerevisiae.** 3. Mitt. **Schwefelquellen bei der Biosynthese von Biotin. (2.) Verteilung von ^{35}S in den mit ^{35}S-Schwefelsäure inkubierten Zellen.** Toshio Niimura, Shigeru Inaba, Takao Suzuki und Yoshikazu Sahashi. (Vitamins [Kyoto] **28,** 38—40, 1963; Tokyo, Nat. Inst. of Hygienic Soc. and Tokyo Agricult. Univ.; jap., Auszug: engl.) — 2. vgl. ibid. **27,** [1963], 355. — Vff. bestimmen durch Radioautographie die Verteilung von ^{35}S in Biotin- u. S-Mangelzellen von *Saccharomyces cerevisiae*, die in einem Rk.-Gemisch mit $H_2{}^{35}SO_4$ u. Glucose für 1 Std. inkubiert waren. Die relative Menge der gemessenen Impulse von ^{35}S hatte folgende Höhe: *Methionin* 1054, *Methioninsulfoxid* 340, *Cysteinsäure* 120 u. *Cystin* 44. Andere Verbb. zeigen geringere Aktivität. W. Hiller 4320◇

1158 **Die Biogenese von Helminthosporal.** P. de Mayo, J. R. Robinson, E. Y. Spencer und R. W. White. (Experientia [Basel] 18, 359—60, 1962; London, Canada, Canada Dep. of Agric., Res. Inst.; Univ. of Western Ontario, Dep. of Chem.; engl.) — Aus in Ggw. von $^{14}C_{(2)}$-*Mevalonsäure* kultiviertem *Helminthosporium sativum* wird ^{14}*C-Helminthosporal* (I) isoliert u. zu ^{14}*C-1.7-Dimethyl-4-isopropyl-6-formyl-Δ^6-bicyclo-[3.2.1]-octen-8-carbonsäure* (II) oxydiert. II gibt bei der Ozonolyse unter Verlust der 6-Formylgruppe ^{14}*C-1.2-Dimethyl-5-isopropyl-8.11-dioxo-9.10-dioxatricyclo-[4.3.2.0$^{2.7}$]-undecan,* dessen Aktivität 62% der von II beträgt. Damit wird die Stellung der ^{14}C-Atome am $C_{(2)}$, der COOH-Gruppe u. am β-C-Atom der Isopropylgruppe von II wahrscheinlich gemacht. Wahrscheinlich erfolgt die Biosynth. von I aus einer Farnesyl-Vorstufe über ein *1.7-Dimethyl-4-isopropyl-$\Delta^{6.10}$-cyclodecadienyl-Ion*, das über *1-Methyl-4-isopropyl-10-methylentricyclo-(4.3.1.0$^{5.9}$)-decan* dann in I übergeht. F. Heller 4320◇

1159 **Untersuchung zur mikrobiellen Benzoloxydation.** 1. Mitt. **Nachweis und Chemismus des Benzolabbaus.** Th. Wieland, G. Griss und B. Haccius. (Arch. Mikrobiol. **28,** 383—93, 24/1. 1958; Frankfurt, Univ., Inst. f. Organ. Chemie; Mainz, Univ., Botan. Inst.; dt.) — Vff. beschreiben Züchtung u. Isolierung benzolverwertender Mikroorganismen. Der Stamm M 5, aus Gartenerdesuspensionen isoliert, kann Bzl. oxydativ abbauen. Bei der Züchtung auf Agar ergibt sich eine Adaptionszeit im Gegensatz zu M 5 auf Mineralsalzlösung mit Bzl., Abbauprod. ist *trans-trans-Muconsäure*. Brenzcatechin wird sofort, Phenol erst nach 4—5 Std. abgebaut, so daß der von Kleinzeller u. Fencl (1952) vermutete Bzl.-Abbau über Phenol zu Brenzcatechin und Muconsäure durch *Micrococcus sphaeroides* unwahrscheinlich, eine direkte Oxydation wahrscheinlich ist. Die Bzl.-Oxydase konnte nicht isoliert werden, lediglich eine gelbe, proteinhaltige Lösung mit Katalase, Brenzcatechinoxydase, aber ohne Phenoloxydase wurde erhalten. J. Miller 4320□

1160 **Untersuchungen zur mikrobiellen Benzoloxydation.** 2. Mitt. **Beschreibung und systematische Stellung benzolabbauender Mikroorganismen.** B. Haccius und O. Helfrich. (Arch. Mikrobiol. **28,** 394—403, 24/1. 1958; Mainz, Botan. Inst. Univ.; dt.) — 1. vgl. vorst. Referat. — Vff. beschreiben morpholog. u. physiolog. Eigg. von Stamm M 5 (aus Gartenerdesuspensionen) u. einen anderen Stamm F 1 (aus Abwasser überschwemmter Erden). F 1 wird als *Nocardia corallina* Waksman et Henrici identifiziert u. mit dem Göttinger Stamm *Nocardia corallina*, der Bzl. nicht abbaut, verglichen. M 5 wird als Nocardia spec. Stamm M 5 bezeichnet. M 5 u. F 1 sind befähigt, Paraffine u. Bzl.-Derivv. sowie Heterocyklen als KW-Stoff-Quelle zu benutzen. J. Miller 4320□

1161 **Untersuchungen von Spaltprodukten, die bei der Milchsäuregärung aus Azofarbstoffen entstehen.** 2. Mitt. **Oxydative Spaltprodukte von Azorubin und Echtrot E, welche aus den reduktiven durch die Einwirkung des Luftsauerstoffs entstehen.** J. Eisenbrand und H. O. Lohrscheid. (Arch. Pharmaz. Ber. dtsch. pharmaz. Ges. **292/64,** 709—22, 1959; dt.) — 1. vgl. C. **1961,** 4401. — Die in Gäransätzen von Milchsäurebakterien aus den zur Lebensmittelfärbung dienenden Azofarbstoffen *Azorubin* u. *Echtrot E* reduktiv gebildeten Spaltprodd. *1-Hydroxy-2-*

aminonaphthalin-4-sulfonsäure (I) bzw. *1-Amino-2-hydroxynaphthalin-6-sulfonsäure* (II) werden durch Zufuhr von Luft-O_2 in starke Gärungshemmer umgewandelt. Aus I wird bei der Oxydation spontan ein Teil der SO_3H-Gruppen abgespalten. Das Oxydationsprod., „*rote Substanz*" (III) gibt beim Stehen oder Erwärmen in alkal. Lsg. weitere SO_3H-Gruppen ab. Wahrscheinlich kondensiert unveränderte I mit einem entsulfonierten Mol. unter Indonaphtholbildung. Red. von III mit Zn-Staub u. Reoxydation an der Luft führt teilweise zu orangefarbenen Produkten. Die Luftoxydation von II führt vermutlich zu *Naphthochinon-* u. *Hydroxynaphthochinonsulfonsäuren*, wobei keine Abspaltung von SO_3H-Gruppen zu beobachten ist. I u. II sind unter N_2 prakt. wirkungslos, *Naphthionsäure* sowohl unter N_2 als auch bei Luftzufuhr. K. Maier 4320◇

1162 **Erdbakterien, welche auf Aminotriazin (Simazin) wachsen.** M. Charpentier und J. Pochon. (Ann. Inst. Pasteur **102**, 501–04, 1962; Inst. Pasteur, Service de Microbiologie du Sol.; franz.) — Das Herbicid *Simazin* (*2-Chlor-4.6-bis-[äthylamino]-symm.-triazin*; I) hat auf die Bodenflora von Pilzen u. Bakterien wenig Einfluß. I kann durch Keime von 5 Genera als einzige Kohlenstoff- u. Stickstoffquelle ausgenutzt werden. Aus I behandelter Erde wurden isoliert: 1 *Bakterium*, 1 *Mikrobakterium*, 2 *Achromobacter*, 2 *Actinobacter* u. 2 *Empedobacter*. Das Wachstum dieser Keime mit I ist weniger üppig als auf normalen Nährböden. Ekkehard Schmid 4330◇

1163 **Die sterilisierende Wirkung von Äthylenoxidgas auf verschiedene Mikroorganismen.** L. Z. J. Toth. (Arch. Microbiol. **32**, 409–10, 1959; Boston, Mass., Massachusetts Eye and Ear Infirmary, Dep. of Ophthalmology, Retina Found.; Harvard Med. School; engl.) — Die letale Gaskonz. von *Äthylenoxid* (I) ist um so kleiner, je länger die Einwirkungszeit ist. Sie beträgt für sporenbildende Bakterien ca. 350 mg I/Liter bei 16std. Einw. (22°, 30% relative Luftfeuchtigkeit). Für nicht Sporen bildende Bakterien ist sie halb so groß. Hefen u. Schimmelpilze sind noch empfindlicher. Ch. Jürgens 4330◇

1164 **Histochemischer Nachweis reduzierender Substanzen durch die Berliner-Blau-Reaktion in metall- und chinongeschädigten Pilzsporen.** Wolfram Braune. (Arch. Microbiol. **45**, 247–51, 1963; Jena, Deutschland, Friedrich-Schiller-Univ., Inst. allg. Botanik; dt.) — Die Stärke von Vergiftung u. Abtötung von Sporen von *Fusarium decemcellulare* ist mit der Berliner Blau-Rk. nachweisbar. Ekkehard Schmid 4330◇

1165 **Der Einfluß von Tetrazoliumsalzen auf ausgewählte Bakterienspecies.** Paul S. May, Joseph W. Winter, George H. Fried und William Antopol. (Proc. Soc. exp. Biol. Med. **105**, 364–66, Nov. 1960; New York City, Beth Israel Hosp.; engl.) — Untersucht werden die Wrkg. von *Triphenyltetrazoliumchlorid* (I), *2-[p-Jodphenyl]-3-[p-nitrophenyl]-5-phenyltetrazoliumchlorid* (II), *Neotetrazolium* (*p.p'-Biphenylen-bis-[3.5-diphenyltetrazolium-(2)-chlorid]*), *Blue tetrazolium* (*p.p'-[m.m'-Dimethoxybiphenylen]-bis-[2.5-diphenyltetrazolium-(3)-chlorid]*) u. *Nitroblue tetrazolium* (*p.p'-[m.m'-Dimethoxybiphenylen]-bis-[2-p-nitrophenyl-5-phenyltetrazolium-(3)-chlorid]*). Gramnegative Organismen zeigen gegenüber diesen Verbb. größere Resistenz als grampositive; I u. II sind weniger wirksam als die anderen Verbindungen. P. Gregorzewski 4330◇

1166 **Antifungus- und antibakterielle Wirkung des Bis-[4-chloracetylphenyl]-oxids.** J. Laplassotte. (Ann. Inst. Pasteur **102**, 492–97, 1962; Clin-Byla, Centre de Rech. des Etablissements; franz.) — *Bis-[4-chloracetylphenyl]-oxid* (2087 CB; I) wirkt bei *Dermatophyten* fungistat. u. fungicid, *Candidaarten* sind meistens resistent. Bei Bakterien wirkt I bei grampositiven Keimen u. *Parvobakterien*; *Enterobacteriaceae* (*Salmonella, Shigella, Proteus*) sind wenig empfindlich; *Pseudomonas* u. *Serratia* sind resistent. Pferdeserum setzt die Wrkg. von I herab. Ekkehard Schmid 4330◇

1167 **Der Einfluß der Struktur auf die Aktivität von Nucleosidantagonisten.** R. J. Suhadolnik und George Weinbaum. (Biochem. biophysic. Res. Commun. **12**, 83–86, 1963; Philadelphia, Pa., Albert Einstein Med. Center, Dep. of Biochem., Res. Labors.; engl.) — Aus *Psicofuranin* (*6-Amino-9-D-psicofuranosylpurin*; I) wird durch Diazotierung 6-Hydroxy-9-D-psicofuranosylpurin (II), $C_{11}H_{14}N_4O_6$, F. 166,5–168 (Zers.), erhalten. — Vff. untersuchen die bakteriostat. Wrkg. von I, II u. *6-Amino-9-D-fructofuranosylpurin* (III), das sich von I nur durch die stereochem. Konfiguration der OH-Gruppe am $C_{(3)}$ der Ketohexose unterscheidet, sowie von Hydroxypurinen (Inosin, Hypoxanthin u. Xanthosin) an Hand der Wachstumshemmung von E. coli. — 5 µg I/ml haben keine bakteriostat. Wrkg., doch wird die Aktivität der Inosinmonophosphatdehydrogenase u. die der Xanthosinmonophosphataminase erhöht; Zusätze von IV führten zu einer geringen Wachstumshemmung. 10–25 µg I/ml hemmen das Wachstum von E. coli; Zusätze von II u. IV haben dieselbe Wrkg. wie eine 5fache Konz.-Erhöhung von I. III allein (50 µg/ml) hat keine Wrkg.; es erhöht auch nicht die Wrkg. von I, d. h. die bakteriostat. Wrkg. hängt von dem Psicose-Anteil u. dem Vorhandensein der NH_2-Gruppe im Purin ab. Eine Kombination von II u. III führte zu keinem synergist. Effekt auf die Wachstumsinhibierung. Die durch I verhinderte Synth. von Guanosinmonophosphat wird durch Guanin-Zusatz aufgehoben; eine analoge aufhebende Wrkg. zeigt Guanidin auch in bezug auf den synergist. Effekt von Kombinationen aus I u. II bzw. IV. H. Köditz 4330◇

1168 **Synthese einiger Monoaminoalkine.** John L. Neumeyer und Joseph G. Cannon. (J. pharmac. Sci. **51**, 804, 1962; Madison, Univ. of Wisconsin, School of Pharm.; engl.) — Es wird eine Meth. zur Red. substituierter u. unsubstituierter Chinoline zu den entsprechenden Tetrahydro-Derivv. gegeben u. die Darst. von *N-Propargylchinolinen* aus den entsprechenden Chinolinen mit *Propargylbromid* (I) u. Chinolyl-(2)-Derivv. durch Behandlung von Chinaldinen mit n-Butyllithium u. anschließender Kondens. des Chinaldinlithiums mit I zu *2-[Butinyl-(3)]-chinolin* beschrieben. Einige Verbb. zeigen leichte fungicide Aktivität gegenüber *T. mentagrophytes*.

Versuche: 1.2.3.4-Tetrahydrochinoline: *8-Methoxy-*, $C_{10}H_{13}NO$, Kp.$_{0,75}$ 94–98°, durch Hydrierung von 8-Methoxychinolin (aus 8-Hydroxychinolin mit Dimethylsulfat, F. 45–46°, 53% (Ausbeute) in Methanol am Pt-Oxid-Katalysator; 87%. *Benzolsulfonamid*, $C_{16}H_{17}\cdot NO_3S$, F. 91,8–92,4° (A.), durch Behandeln des Amins mit NaOH u. Benzoylsulfonylchlorid. — *6-Methoxy-* (*Thallin*), F. 40–42° (A.), wie vorst. Verb. aus 6-Methoxychinolin. — Propine-(1): *3-[Diäthylamino]-*, Kp.$_{70}$ 52°, durch 12std. Kochen von Diäthylamin in Ae. mit I; 75%. *Hydrochlorid*, $C_7H_{14}ClN$, F. 194–195° (A.-Ae.). — *3-Pyrrolidino-*, Kp.$_{150}$ 92–94°, wie vorst. Verb.; 78%. *Hydrochlorid*, $C_7H_{12}ClN$, F. 151–151,5° (n-Butanol-Shelly B). — *3-[1.2.3.4-Tetrahydrochinolino]-*, $C_{12}H_{13}N$, Kp.$_{0,3}$ 92–94°, durch 2std. Kochen von 1.2.3.4-Tetrahydrochinolin u. I in Isopropanol, mehrstd. Stehen bei 4°; 86%. *Hydrochlorid*, $C_{12}H_{14}ClN$, F. 154–156° (Isopropanol). — *3-[8-Methoxy-1.2.3.4-tetrahydrochinolino]-*, $C_{13}\cdot H_{15}NO$, Kp.$_{0,07}$ 94–98°, F. 48–49° (Shelly A), wie vorst. Verb.; 75%. *Hydrochlorid*, $C_{13}H_{16}ClNO$, F. 155–157° (Isopropanol). — *3-[6-Methoxy-1.2.3.4-tetrahydrochinolino]-*, $C_{13}H_{15}NO$, Kp.$_{0,01}$ 100–102°, F. 45–46° (A.-W.), wie vorst. Verb.; 78%. *Hydrochlorid*, $C_{13}H_{16}ClNO$, F. 156 bis 158° (Isopropanol). — *4-[Chinolyl-(2)]-butin-(1)*, *Hydrochlorid*, $C_{13}H_{12}ClN$, F. 144,5–146° (A.-W.), durch Behandeln von 2-[Lithiummethyl]-chinolin in Ae. mit I. P. Gregorzewski 4330◇

1169 **Die Suche nach neuen Chemotherapeuticis.** 2. Mitt. **Bestimmung der bakteriostatischen und fungistatischen Wirkung von Phthalimid, 15 N-Arylphthalimiden und ihren entsprechenden Phthalamidsäuren.** Ole G. Clausen und Kai Kjeldgaard. (Arzneimittel-Forsch. **12**, 1181 bis 1183, 1962; Oslo, Univ., Inst. of Pharm., Dep. of Bacteriol.; engl.) — 1. vgl. C. **1964**, 13-1124. — *Phthalamidsäure*, *N-Phenylphthalamidsäure*, *N-[2-Methylphenyl]-phthalamidsäure*, *N-[4-Methylphenyl]-phthalamidsäure*, *N-[2-Chlorphenyl]-phthalamidsäure*, *N-[4-Chlorphenyl]-phthalamidsäure*, *N-[3-Chlor-2-methylphenyl]-phthalamidsäure*, *N-[5-Chlor-2-methylphenyl]-phthalamidsäure* u. *N-[2-Methoxyphenyl]-phthalamidsäure* zeigten prakt. keine bakteriostat. bzw. fungistat. Wrkg. gegen *E. coli*, *S.*

aureus, *C. albicans*, *Crypt. neoform.* u. *Asp. fumigatus*. Dagegen waren *N-[3-Chlorphenyl]-phthalamidsäure*, *N-[2.3-Dichlorphenyl]-phthalamidsäure*, *N-[2.5-Dichlorphenyl]-phthalamidsäure*, *N-[3.4-Dichlorphenyl]-phthalamidsäure*, *N-[3-Methylphenyl]-phthalamidsäure*, *N-[3-Chlor-4-methylphenyl]-phthalamidsäure* u. *N-[4-Nitrophenyl]-phthalamidsäure* gegen einige der Organismen wirksam. Phthalimid u. die 15 N-Phenylphthalimide, die den obigen Verbb. entsprechen, waren ebenfalls wirkungslos. K. Zingraf 4330◇

1170 **Biochemie der Penicillin-Fermentation.** V. N. Deshpande. (J. sci. ind. Res. [New Delhi], Sect. A **21,** 377—83, 1962; Pimpri, near Poona, Hindustan Antibiotics Ltd.; engl.) — Übersicht; die Rolle von *Penicillium chrysogenum* bei der *Penicillin*(**I**)-Fermentation, Phasen der **I**-Bldg., Balance der Kulturbestandteile, Kohlenhydrate während der **I**-Produktionsphase, Belüftung u. Bewegung, O_2-Versorgung, Zusatz von Vorstufen, Mineralstoffwechsel. — 27 Literaturangaben. P. Gregorzewski 4340◇

1171 **Die Aktivität von Ampicillin gegen Escherichia coli.** T. D. Turner und A. D. Russell. (J. Pharmacy Pharmacol. **14,** 395—96, 1962; Cardiff, Welsh Coll. of Advanced Technol., Welsh School of Pharm.; engl.) — Vff. untersuchen die antibiot. Wrkg. von *Ampicillin(6-[D(—)α-Aminophenylacetamido]-penicillansäure; Penbritin)*. Die Minimumkonz. für die Wachstumshemmung von *Escherichia coli* beträgt 10 μg/ml, die Minimumkonz. für die Induktion von Sphäroplasten ebenfalls 10 μg/ml. Durch Anwendung der Meth. von Robinson u. Stevens (Brit. med. J. **1,** [1961], 197) war es möglich, *E. coli* an Konzz. von 100 μg Ampicillin/ml zu gewöhnen. W. Hiller 4340◇

1172 **Temperaturbedingungen bei der Biosynthese von Oxytetracyclin.** I. G. Piwnjak. (Antibiotika [UdSSR] **8,** 27—29, 1963; Allunions-Forschungs-Inst. für Tierzucht; russ., Auszug: engl.) — Bei der submersen Fermentation von *Oxytetracyclin* (**I**) ist die Temp. im Nährboden bei einer Außentemp. von 27—28° um 2—4° höher. Erhöhung der Temp. des Nährbodens von 30—31° auf 31,0—32,5° ist ohne negativen Einfl. auf die **I**-Synthese. In den ersten 48—72 Std. wird die Biosynth. von **I** dadurch verstärkt. O. Lebtag 4340△

1173 **Biologisch aktive, wasserlösliche Derivate des Nystatins. Mikrobiologische Untersuchungen.** P. Cocchi und G. Rapi. (Chemotherapia [Basel] **6,** 319—25, 1963; Florence, Univ., Dep. of Pediatrics, Infect. Diseases Res. Labor. and Inst. of Org. Chem.; engl.) — Wasserlösl. *Nystatin*(**I**)-Derivv. (vgl. nachst. Ref.) wirken auf *Candida albicans* durchschnittlich etwas stärker hemmend als das reine **I**. Das antibiot. Spektrum der **I**-Derivv. stimmt weitgehend mit dem des **I** überein. Die Aktivität der **I**-Derivv. wird weder durch Serum noch nennenswert durch die Größe der Einsaat beeinflußt. Die **I**-Derivv. sind weniger tox. als **I** u. nur kurze Zeit haltbar. K.-W. Glombitza 4340◇

1174 **Biologisch aktive, wasserlösliche Nystatin-Derivate. — Chemische Untersuchungen.** G. Rapi, P. Cocchi und E. Belgodere. (Chemotherapia [Basel] **6,** 326—43, 1963; Florence, Univ., Dep. of Pediatrics, Infect. Diseases Res. Labor. and Inst. of Org. Chem.; engl.) — Vgl. vorst. Referat. — Zur Gewinnung in W. lösl. Derivv. wird eine methanol. Lsg. von *Nystatin* (**I**) im Dunkeln bei 2° in Ggw. von Hydrochinon mit alkohol. HCl versetzt ($C_{46}H_{77}NO_{19}$ · HCl, F. 110—120°, Zers. ab 125°, minimale Hemm-Konz. [MHK] auf *Candida albicans* 3—5 μg/ml). Bei gleichzeitiger Zugabe von *Isonicotinsäurehydrazid* (**II**) steigt die Ausbeute von 55—60% auf 80—82% (F. 110° [Zers.], MHK 0,13 bis 0,5 μg/ml) u. bei Verw. von **II**-2 · HCl statt methanol. HCl auf 90% (F. 95—100°). Bei den erhaltenen **I**-Derivv. handelt es sich nach Analysenwerten sowie UV- u. IR-Spektren um etwas verunreinigtes **I**-HCl mit einer Löslichkeit von 2—3,5% in Wasser. Eine partielle Reinigung ist durch vorsichtiges Ausschütteln butanol. Lsgg. der **I**-Derivv. mit W. möglich (MHK 0,15 μg/ml). Die wssr. Lsgg. des **I**-*HCl* verlieren bei Raumtemp. in 1 Tag 59% u. in 10 Tagen 88% ihrer mikrobiolog. Aktivität; die Aktivität des Trockenpulvers sinkt nach 30 Tagen um 20% u. nach 245 Tagen um 75%. Bei *Amphotericin* tritt unter ähnlichen Bedingungen keine Salz-Bldg. ein. K.-W. Glombitza 4340◇

1175 **Rifomycin.** 5. Mitt. **Rifomycin O, ein neues Antibioticum der Rifomycin-Familie.** P. Sensi, R. Ballotta und A. M. Greco. (Farmaco [Pavia], Ediz. sci. **15,** 228—34, 1960; Milano, Lepetit S.P.A., Res. Labors.; engl.) — Bei Oxydation von *Rifomycin B* (**I**) mit H_2O_2, HNO_2 u. anderen Oxydationsmitteln wird *Rifomycin O* (**II**) erhalten. Damit wird die Aktivierung der wss. Lsg. von **I** erklärt, die auch bei **II** beobachtet wird. **II** läßt sich leicht zu **I** reduzieren. **II** ist kaum sauer u. ergibt nur Monoacyl-Derivv. im Gegensatz zu **I**. Die Eigg. von **II** u. die Spektren werden angegeben. **II** ist antibakteriell wirksamer als **I**.

Versuche: *Rifomycin O* (**II**), $C_{39}H_{49}NO_{14}$, Zers. bei 160°, a) durch Zugabe von H_2O_2 zu 10 g **I** in Methanol u. W., ½std. Erwärmen auf 40—45° u. Kühlen auf 0°, $[\alpha]_{589}^{20}$ +71,5° (c = 1,0; Dioxan), gelbe Kristalle aus Methanol; 6 g (Ausbeute). b) durch Zugabe einer wss. Lsg. von 50 g $NaNO_2$ zu 10 g **I** in Methanol u. Zutropfen von verd. HCl; 9 g. c) aus **I** mit $K_2Cr_2O_7$, $(NH_4)_2S_2O_8$ oder $NaJO_4$ in wss. Lsg. d) durch Rk. von **I** mit Cl_2, Br_2 oder J_2 neben halogenhaltigen Produkten. Na-Salz, durch Rk. von **II** mit Na-Methylat in Methanol u. Einengen, rotbraunes unbeständiges Pulver. — *Rifomycin B* (**I**), durch Zugabe einer Lsg. von **II** in Dioxan zu Ascorbinsäure in Phosphatpuffer mit pH 7,5, Ansäuern auf pH 2, Extraktion mit Essigester u. Einengen. W. Holland 4340◇

1176 **Rifomycin.** 6. Mitt. **Chemische und biologische Beziehungen zwischen einigen Derivaten des Rifomycin B und des Rifomycin O.** P. Sensi, A. M. Greco, G. G. Gallo und M. T. Timbal. (Farmaco [Pavia], Ediz. sci. **15,** 235—42, 1960; engl.) — 5. vgl. vorst. Referat. — Die Monoacyl-Derivv. von *Rifomycin O* (**I**) zeigen beachtliche antibakterielle Wirkung. Durch Red. erhält man die ebenfalls bakteriell wirksamen Monoacyl-Derivv. des *Rifomycin B* (**II**), das durch direkte Acylierung nur die Triacyl-Verbb. gibt. Auch einige alkylierte Prodd. aus **II** werden dargestellt.

Versuche: Rifomycine O: *Monoacetyl-* (**III**), $C_{41}H_{51}NO_{15}$, F. 205—210° (Methanol), aus **I** u. Essigsäureanhydrid in Pyridin bei 0°, 4std. Stehen bei Raumtemp., Gießen auf Eis/W. u. Ansäuern, $[\alpha]_D^{20}$ +50° (c = 1; Dimethylformamid). — *Monopalmityl-* (**IV**), $C_{55}H_{79}NO_{15}$, F. 145—148°, aus 2 g **I** u. Palmitylchlorid in Pyridin bei 0—5° in 6 Std., Gießen in W., Ansäuern u. Extraktion mit Essigester, $[\alpha]_D^{20}$ +47° (c = 1; Dioxan); 1,94 g (Ausbeute). — *Monobenzoyl-* (**V**), $C_{46}H_{53}NO_{15}$, F. 185—188° (Cyclohexan), analog **IV** aus 1 g **I**, $[\alpha]_D^{20}$ +56° (c = 1; Methanol); 0,8 g. — *Monocarbäthoxy-*, $C_{42}H_{53}NO_{16}$, F. 213—214° (Zers.), durch Zutropfen von Chlorameisensäureäthylester bei —5° zu 1 g **I** in Pyridin, nach 6 Std. Gießen auf Eis/W. u. Ansäuern, $[\alpha]_D^{20}$ +59° (c = 0,5; Dimethylformamid); 0,7 g. — Rifomycine B: *Dimethyl-* (**VI**), $C_{41}H_{55}NO_{14}$, F. 130—135° (Methanol), durch Zugabe von CH_3J zu 1 g **II** in Methanol, 5std. Kochen u. Einengen, $[\alpha]_D^{20}$ —50° (c = 0,1; Dioxan); 0,4 g. — *Dimethyldiacetyl-*, $C_{45}H_{59}NO_{16}$, F. 90—95° (PAe.), analog **III** aus **VI**, $[\alpha]_D^{20}$ +18° (c = 1; Methanol). — *Acetyl-* (**VII**), $C_{41}H_{53}NO_{15}$, F. 150—154° (Isopropyläther), durch Zugabe von Ascorbinsäure in Phosphatpuffer (pH 7,5) zu 1 g **III** in Methanol, Ansäuern, Einengen u. Verdünnen mit W., $[\alpha]_D^{20}$ +91,5° (c = 1; Methanol); 0,65 g. — *Monopalmityl-*, $C_{55}H_{81}NO_{15}$, F. 121—124° (PAe.), aus 2 g **IV** analog **VII**, $[\alpha]_D^{20}$ +46° (c = 1; Methanol); 1,3 g. — *Monobenzoyl-*, $C_{46}H_{55}NO_{15}$, F. 175—180° (Zers.; Isopropyläther), analog aus 1 g **V**, $[\alpha]_D^{20}$ +78° (c = 1; Methanol). W. Holland 4340◇

1177 **Empfindlichkeit der Staphylokokken gegen Rifamycin SV.** P. Hauduroy und W. Rosset. (Chemotherapia [Basel] **6,** 315—18, 1963; Lausanne, Fac. de Med., Inst. de Bactériol. d'Hyg. et de Virol.; franz.) — *Rifamycin SV* wirkte auf 109 frisch isolierte Staphylokokkenstämme in Dosen von 0,0016—0,08 γ/ml (durchschnittlich 0,012 γ/ml) im Reihenverdünnungstest hemmend. K. W. Glombitza 4340◇

1178 **Corynebacterium barkeri, nov. spec., ein Pektinlösendes Bakterium mit Biotin-Folsäure Ersetzbarkeit.** F. F. Dias, M. H. Bilimoria und J. V. Bhat. (J. Indian Inst. Sci. **44,** 59—66, 1962; engl.) — Vff. berichten über die Isolierung einer neuen Bakterienart aus Abwasser, welche auf Grund der morpholog. Eigg. (grampositive Stäbchen, keine Sporen- oder Kapselbldg., Einschlußkörper, „Zündholzlagerung", keine Säurefestigkeit) u. fermentativ-chem. Eigg. in die Corynebakterien eingereiht wird. Junge Kulturen sind durch eine polare Geißel beweglich. — Als Wuchsstoff wurde *Biotin,* welches zum Teil durch *Folsäure* ersetzt werden konnte, benötigt. Das Bakterium hat starke pektinolyt. Eigenschaften. Ekkehard Schmid 4350◇

1179 **Die serologische Kreuzaktivität zwischen Teichosäure mit Ribitkomponente und einer Komponente von Escherichia coli.** J. J. Saukkonen, A. Lahti und T. Vainio. (Biochem. biophysic. Res. Commun. **12,** 126—31, 1963; Helsinki, Biochem. and Blood Grouping Lab. State Serum Inst.; engl.) — Vff. berichten über eine immunolog. Kreuz-Rk. zwischen einer gereinigten *Teichosäure mit Ribitkomponente* aus den Zellwänden von *Staph. aureus H* u. einem Antiserum aus zerstörten Zellen von *E. coli B.* — Das aus der Teichosäure u. dem Antiserum bei der Doppeldiffusion-Fällungsmeth. erhaltene Fällungsband muß, wie gezeigt wird, auf eine Wechsel-Wrkg. zwischen dem Polymeren u. einem Antikörper zurückgeführt werden, dessen Bldg. durch die Antigen-Determinante in der Teichosäure bedingt wird. Das Auftreten von Antikörpern, die mit Teichosäure aus Staph. aureus H reagieren, wird auf eine oder mehrere Komponenten in E. coli zurückgeführt, da eine bakterielle Verunreinigung äußerst unwahrscheinlich ist. Aus den Ergebnissen der Unters. ergibt sich allerdings nicht, ob E. coli-Zellen den Teichosäuren strukturell verwandte Verbb. enthalten oder ob der Immunkörper dieselben Determinanten enthält. H. Köditz 4370◇

1180 **Viren, Gene und Cistrone.** Carl C. Lindegren. (Nature [London] **197,** 566—68, 1963; Carbondale, Ill., Southern Illinois Univ., Biol. Res. Labor.; engl.) — Vf. erörtert Möglichkeiten der Virusvermehrung. Die Viren seien so angepaßt u. so abhängig vom Wirt, daß sie nicht Bestandteil einer vorbiot. Welt gewesen sein könnten. — Vf. geht dann auf seine Receptor-Hypothese der Genwirkung u. -struktur ein. Fernerhin betrachtet er die Viren als Fragmente von Gensyst., den Bakteriophagen sogar als End-zu-End-Folge von mehreren Gensystemen. Mutationen gingen meist innerhalb der einzelnen Gene vor sich u. selten durch Kreuzungen zwischen den Genen, so daß die Nucleotidfolge sich ändert. — Das Cistron ist eine begrenzte Region beim Bakteriophagen. Es handelt sich um den Teil der Nucleotidfolge, der die Aminosäurefolge in einem einzigen Protein spezifiert, welches entweder vor den cytoplasmat. Nucleasen schützt oder die Entw. eines reifen, infektiösen Teilchens. Die Rolle bei Mutationen wird besprochen. M. Schönberg 4374◇

1181 **Sialoresponsin: Neuraminsäure enthaltende, während der ersten Minuten der Virusinfektion in der Chorioallantoisflüssigkeit sich anreichernde Substanzen.** S. Bogoch, R. F. Gilfillan und P. Evans. (Nature [London] **196,** 649—51, 1962; Boston, Univ., School of Med., Foundation for Res. on the Nervous Syst. and Div. of Psychiatry; engl.) — In der Chorioallantoisfl. des intakten Wirtseies tritt in den ersten Min. nach Infektion mit Influenzavirus [*PR 8*) eine gebundene *Neuraminsäure* (**I**), *Sialoresponsin* (**II**), auf, aus der **I** mittels 0,1 n H_2SO_4 bei 80° abspaltbar ist. Während in virusinfizierten Tieren u. Kontrollen der *Desoxyribose*-Geh. relativ konst. ist, liegt die Konz. von Geamt-I u. gebundener **I** 5 u. 15 Min. nach Infektion signifikant über den Kontrollwerten. Nach 80 Min. nimmt die Konz. gebundener **I** nochmals zu. Eine akt. Virus-*Sialidase* spaltet **I** aus **II** ab, jedoch wird erstere nicht gespeichert (Hydrolyse oder Abtransport). **II** ist dialysabel (Unterschied zu den Interferonen u. anderen Virusinhibitoren), nach Ausschütteln mit Chlf. aufbewahrbar, an Dowex-1-Formiat von freier **I** abtrennbar, u. Bldg. u. Hydrolyse in Chorioallantoisfl. erfolgen in vitro wie in vivo. Die schnelle **II**-Bldg. stellt vielleicht eine der ersten Abwehrmechanismen des Wirts dar. K. Maier 4374◇

1182 **Reversible Hemmung der Vermehrung von Herpes-simplex-Virus in HEp-2 Zellen mit Phenäthylalkohol.** Bernard Roizman. (Virology **19,** 580—82, 1963; Baltimore, Md., Johns Hopkins Univ., School of Med.; School of Hyg. and Public Health, Dep. of Microbiol.; engl.) — *Phenäthylalkohol* (0,1—0,2%) hemmte die Vermehrung von Herpes simplex-Virus in HEp-2-Zellen. Er setzte die Synth. von Virusantigen herab, unterband sie aber nicht völlig. M. Wiedemann 4374◇

1183 **Biochemische Untersuchungen über die Wirkung von 2'-Desoxy-5-joduridin auf die Herpes-Simplex-Virus-Infektion bei HeLa-Zellen.** J. W. Cramer, A. Wacker und A. D. Welch. (Biochem. J. **87,** Nr. 2, Proc. biochem. Soc. 26 P, 1963; Frankfurt a. Main, Univ., Inst. Therap. Biochemie u. New Haven, Conn., Yale Univ., School of Medicine; engl.) — *2'-Desoxy-5-joduridin* (**I**) hemmt die Synth. des Herpes-simplex-Virus in HeLa-Zellen. 10^{-5} m **I** hemmt das Virus in den Kulturen vollständig. Ob die Hemmung des Virus durch Einbau von **I** in Virus-*Desoxyribonucleinsäure* bewirkt oder die Virus-Bldg. intracellulär unterdrückt wird, soll noch mit Hilfe von ^{14}C-**I** u. Dichtegradientenzentrifugation untersucht werden. Ch. Zimmer 4374◇

1184 **Dissoziation von Riesenzellbildung und Infektiosität des Herpes-simplex-Virus unter dem Einfluß von p-Fluorphenylalanin.** D. Falke. (Naturwissenschaften **50,** 507, 1963; Marburg/Lahn, Hyg. Inst. der Univ.; dt.) — Wurde 2 Std. nach der Infektion von Kaninchen-Nieren-Kulturen mit Herpes-simplex-Virus *p-Fluorphenylalanin* gegeben, so wurden statt kleiner Riesenzellen mit 2—10 Kernen Riesenzellen mit Hunderten von Kernen gebildet, ferner wurde die Synth. infektiöser Teilchen gehemmt. M. Wiedemann 4374◇

1185 **Vorläufige chemische Untersuchungen über das Herpes-Virus.** W. C. Russell, D. H. Watson und P. Wildy. (Biochem. J. **87,** Nr. 2, Proc. biochem. Soc. 26 P—27 P, 1963; Glasgow, Univ., Dep. of Virol. and Med. Res. Council f. Exp. Virus-Res.; engl.) — Herpes-Virus wurde mit Hilfe von HeLa-Zellen präpariert u. durch Ultrazentrifugation konzentriert. Elektronenmikroskop. u. chem. Analysen (*Kohlenhydrate, Protein, Lipoid-P*) wurden ausgeführt: 100 Teile *Desoxyribonucleinsäure,* 25 Teile *Kohlenhydrate* u. 320 Teile *Phospholipoide* kommen auf 1000 Teile *Protein.* Es wurde *alkal. Phosphatase*-Aktivität festgestellt. Ch. Zimmer 4374◇

1186 **Photodynamische Inaktivierung von Arborvirus durch Neutralrot und sichtbares Licht.** Yukihisa Tomita und Alfred M. Prince. (Proc. Soc. exp. Biol. Med. **112,** 887—90, 1963; San Francisco, Calif., U. S. Army Med. Command, Med. Gen. Labor., Dep. of Virus and Rickettsial Diseases; engl.) — Wird das Virus in einer *Neutralrot*-Lsg. (1:100000) suspendiert, so findet in Ggw. von Licht eine Inaktivierung statt. Die Wrkg. ist stark verringert bei Neutralrotkonzz. von 1:100000. Bei Fehlen von Licht findet keine Inaktivierung statt. W. Hiller 4374◇

1187 **Synthese von Virusprotein und Desoxyribonucleinsäure in mit Vaccinevirus infizierten HeLa-Zellkulturen.** Norman P. Salzman, Aaron J. Shatkin und Edwin D. Sebring. (Virology **19,** 542—50, 1963; Bethesda, Nat. Inst. of Health, Nat. Inst. of Allergy and Infectious Diseases, Labor. of Biol. of Viruses; engl.) — *5-Fluordesoxyuridin* hemmte die Vermehrung des Vaccinevirus vollkommen, nicht aber die des Poliovirus. Die Synth. der Virus-*Desoxyribonucleinsäure* ging der des infektiösen Vaccine-Virus um 2—3 Std., die des Virusproteins um 30—45 Min. voraus (Beweis mit *p-Fluorphenylalanin*). M. Wiedemann 4374◇

1188 **Desoxyribonucleinsäure-Synthese in mit Vaccine-Virus infizierten HeLa-Zellen.** Aaron J. Shatkin und Norman P. Salzman. (Virology **19,** 551—60, 1963; Bethesda, Nat. Inst. of Health, Nat. Inst. of Allergy and Infectious Diseases, Labor. of Biol. of Viruses; engl.) — Vgl. auch vorst. Referat. — Die Kinetik der Bldg. von Zell- u. Virus-*Desoxyribonucleinsäure* wurde durch Hem-

mung mit *5-Fluordesoxyuridin* u. Aufhebung der Hemmung mit *Thymidin* untersucht.
M. Wiedemann 4374◇

1189 **Die Wirkung von 5-Bromdesoxyuridin auf die Vermehrung des Vaccine-Virus.** K. B. Easterbrook und C. I. Davern. (Virology **19,** 509—20, 1963; engl.) — Ist *Bromdesoxyuridin* anwesend, während die Virus-*Desoxyribonucleinsäure* gebildet wird, so entstehen mißgebildete, nicht-infektiöse Teilchen des Vaccine-Virus.
M. Wiedemann 7374◇

1190 **Untersuchungen über die Lipide von Virus-infizierten Zellen.** 1. Mitt. **Lipid-Analyse eines löslichen Hämagglutinins von mit Vaccine-Virus infizierten Chorioallantois-Membranen.** Charles R. Gaush und J. S. Youngner. (Virology **19,** 573—79, 1963; Pittsburgh, Univ., School of Med., Dep. of Microbiol.; engl.) — Aus Chorioallantois-Membranen wurde nach Vaccine-Infektion durch Flotation ein lösl. *Hämagglutinin* isoliert, das sich durch hohen Geh. an *Neutralfett* u. *Phosphatidylcholin* als Haupt-Phosphatid auszeichnete.
M. Wiedemann 4374◇

1191 **Durch Poliovirus induzierte Ribonucleinsäure-Polymerase und die Wirkungen von virusspezifischen Inhibitoren auf ihre Erzeugung.** David Baltimore, Hans J. Eggers, Richard M. Franklin und Igor Tamm. (Proc. nat. Acad. Sci. USA **49,** 843—49, 1963; Rockefeller Inst.; engl.) — HeLa-Zellen wurden mit zwei Stämmen des Poliovirus infiziert. Bei dem gegenüber *Guanidin* u. *HBB(2-[α-Hydroxybenzyl]-benzimidazol)* empfindlichen Stamm wurde eine *Ribonucleinsäure*-(RNS)-abhängige *RNS-Polymerase* beobachtet, sie trat 2 Std. nach der Infektion auf u. erreichte ihr Maximum nach 4 Std.; geprüft wurde der Einbau von ^{14}C-Guanosintriphosphat. Durch Guanidin u. HBB wurde das Auftreten der Polymerase in infizierten Zellen gehemmt. Bei einem Poliostamm, der resistent gegen diese Inhibitoren war oder sie sogar benötigte, hatten sie auch auf die Bildung der Polymerase keinen Einfluß.
M. Wiedemann 4374◇

1192 **Inkorporierung von 5-Fluoruracil in das Poliovirus.** William Munyon und Norman P. Salzman. (Virology **18,** 95—101, 1962; Bethesda, Md., Nat. Inst. of Health, Nat. Inst. of Allergy and Infectious Diseases, Labor. of Biol. of Viruses, Cell Biology Station; engl.) — *5-Fluoruracil* wird als *5-Fluoruridylsäure* in die *Ribonucleinsäure* von Poliovirus eingebaut, es kann bis zu 36% des *Uracils* ersetzen. Unterschiede zwischen diesem u. dem Kontrollvirus wurden in vieler Hinsicht nicht festgestellt.
M. Wiedemann 4374◇

1193 **Extraktion von infektiöser Ribonucleinsäure aus dem Poliovirus mittels Natriumdodecylsulfat.** B. Loddo, B. Scarpa und S. Muntoni. (Experientia [Basel] **19,** 246, 1963; Cagliari, Univ., Inst. d'Igiene; engl.) — Aus Poliomyelitis-Virus-infizierten Kulturen von HeLa-Zellen ließ sich bei 65—90° mit *Dodecylsulfat* infektiöse *Ribonucleinsäure* extrahieren, sie war gegen Ribonuclease empfindlich.
M. Wiedemann 4374◇

1194 **Wirkung von 5-Halogenpyrimidinen auf die Zellproliferation und die Vermehrung von Adenovirus.** Lars Kjellén. (Virology **18,** 64—70, 1962; Malmö, Schweden, Allmänna Sjukhuset, Department of Virology; engl.) — Sowohl *5-Fluor-* als auch *5-Bromdesoxyuridin* hemmten die Proliferation eines Stammes menschlicher Zellen u. die Vermehrung von Adenovirus, Typ 5.
M. Wiedemann 4374◇

1195 **Strukturelle Beziehung der Sialidase zur Oberfläche des Influenza-Virus.** Hans Noll, Takaaki Aoyagi und Joseph Orlando. (Virology **18,** 154—57, 1962; Pittsburgh, Pa., Univ., School of Med., Dep. of Microbiol.; engl.) — Influenza-Virus (Lee-Stamm) wurde mit ^{32}P, ^{3}H oder auch ^{35}S markiert. Die Abspaltung der *Neuraminidase* (*Sialidase*; **I**) durch *Trypsin* wurde untersucht. Das Enzym hatte ein Molgew. von ca. 190000. Die Sedimentationskonst. des Virus sank bei der Abspaltung von 891 S auf 797 S. **I** dürfte 5—15% des Virusproteins ausmachen. Die Phospholipid-Protein-Membran des Virus wurde durch Trypsin nicht angegriffen. Vermutlich sitzen die I-Moleküle zwischen den Hämagglutininzacken der Influenza-Oberfläche.
M. Wiedemann 4374◇

1196 **Die Struktur der Influenzaviren.** 1. Mitt. **N-endständige Aminosäure-Analysen.** W. G. Laver. (Virology **18,** 19—32, 1962; Canberra, Nat. Univ. John Curtin School of Med. Res., Dep. of Microbiol.; engl.) — Zur Reinigung eines Influenzavirus-Stammes bewährte sich Chromatographie an Cellulosephosphat. Nach der Edman-Meth. über die ^{35}S-Phenylthiohydantoin-Derivv. wurden bei 4 Stämmen von Influenza A, einem von Influenza B, sowie bei Schweineinfluenza *Asparaginsäure* als N-endständige Amonisäure festgestellt. Wurden die Viren entfettet u. mit *Cuprammoniumsulfit* behandelt, erhielt Vf. eine lösl. Fraktion, die an N-endständiger Asparaginsäure angereichert war, u. einen unlösl. Rest, der daran verarmt war.
M. Wiedemann 4374◇

1197 **Encephalomyocarditis-Virus und seine Ribonucleinsäure: Sedimentations-Eigenschaften. Sedimentationskoeffizient des Encephalomyocarditis-Virus und seiner Ribonucleinsäure.** A. T. H. Burnes, A. D. Vizoso und F. W. Clothier. (Nature [London] **197,** 1177—78, 1963; Carshalton, Surrey, Med. Res. Council Labor.; engl.) — Es werden die Sedimentationskoeff. des Encephalomyocarditis(EMC)-Virus durch eine Modifikation des Verf. von Yphantis u. Waugh (Zelle mit Unterteilung) bestimmt, wobei das Material nicht rein zu sein braucht. Die infektiöse *Ribonucleinsäure* (RNS) wurde durch Phenylextraktion in Ggw. von Bentonit hergestellt. Der Sedimentationskoeff. des EMC-Virus ist 161 S ± 3,3 wie bei gereinigtem Virus. Bei der EMC-Virus-RNS ist der Sedimentationskoeff. 37 S ± 0,5, ähnlich dem von RNS bei anderen Viren. Vf. kommt zu der Vermutung, daß 1 Mol RNS mit dem Molgew. $3 \cdot 10^6$ pro EMC-Virus-Teilchen vorhanden ist.
M. Schönberg 4374◇

1198 **Encephalomyocarditis-Virus und seine Ribonucleinsäure: Sedimentationseigenschaften von infektiöser Ribonucleinsäure, extrahiert aus Encephalomyocarditis-Virus.** L. Montagnier und F. K. Sanders. (Nature [London] **197,** 1178—81, 1963; Carshalton, Surrey, Res. Council Labor.; engl.) — Vgl. vorst. Referat. — Die *Ribonucleinsäure* (RNS) des Encephalomyocarditis-Virus wurde mit der Isotopentechnik u. durch UV-Bestrahlung untersucht, indem sie zusammen mit der RNS von Krebs-2-Zellen sedimentiert wurde, auf denen sie sich in vitro vermehrt. — Bei der Extraktion der RNS werden die Virusteilchen nicht zerbrochen, der gesamte RNS-Geh. ist notwendig für die Vermehrung. Die geringere Infektiosität des RNS-Extraktes liegt an der Empfindlichkeit des Materials.
M. Schönberg 4374◇

1199 **Photooxydative Elimination des Kopfform-Übergangs im Bakteriophagen T_2.** Donald J. Cummings. (Virology **19,** 536—41, 1963; Bethesda, Nat. Inst. of Health, Labor. of Mol. Biol.; engl.) — Der Bakteriophage T_2 weist zwei verschiedene Sedimentationskonst., entsprechend verschiedener Kopfform, auf. Photooxydation mit *Methylenblau*, wodurch vorzugsweise *Histidin* angegriffen wird, verhindert den Übergang zur kurzen Kopfform, wie durch Unterss. in der Ultrazentrifuge, mit dem Elektronenmikroskop u. mit dem UV-Spektrometer gezeigt wurde.
M. Wiedemann 4374◇

1200 **Biophysikalische Charakteristik des Ribonucleinsäurehaltigen Bakteriophagen R 17.** M. D. Enger, E. A. Stubbs, S. Mitra und Paul Kaesberg. (Proc. nat. Acad. Sci. USA **49,** 857—60, 1963; Univ. of Wisconsin, Dep. of Biochem.; engl.) — Der Bakteriophage R 17 wurde auf *E. coli* K12 gezüchtet. Seine Sedimentationskonst. bei 20° betrug $77{,}4 \cdot 10^{-13}$ sec, die Diffusionskonst. $1{,}328 \cdot 10^{-7}$ cm²/sec, das spez. Vol. 0,67 cm³/g. Hieraus ergibt sich ein Molgew. von $4{,}19 \cdot 10^6$. Der Geh. an *Ribonucleinsäure* (RNS) ergab sich zu 31,7%, entsprechend einem Molgew. der RNS von $1{,}3 \cdot 10^6$.
M. Wiedemann 4374◇

1201 **Aminosäure-Aktivierung in mit Tabakmosaikvirus infizierten Tabakblättern.** Yukimasa Hayashi. (Virology **18,** 140—41, 1962; Anjo, Aichi-Ken, Japan, Nagoya-Univ., Fac. of Agricult., Plant Pathol. Labor.; engl.) — Die *Aminosäuren-aktivierenden Enzyme* befanden sich in

Tabakblättern hauptsächlich im Überstand der Mikrosomenfraktion, wie durch Hydroxamatbldg. nachgewiesen wurde. Die Infektion mit dem Tabakmosaikvirus erhöhte die Aktivität etwa um den Faktor 1,5.
M. Wiedemann 4374◇

1202 **Cytochemische Untersuchung von mit Tabakmosaikvirus infizierten Tabakblätter-Zellen.** Tsuyoshi Takahashi und Tokuzo Hirai. (Virology **19,** 431–40, 1963; Anjo, Nagoya Univ., Fac. of Agric., Plant. Pathol. Labor.; engl.) — Die Aktivitäten verschiedener *Enzyme* waren in Epidermiszellen von Tabakblättern, die Viruseinschlüsse aufwiesen, verändert.
M. Wiedemann 4374◇

1203 **Die inaktivierende und mutagene Wirkung von Hydroxylamin auf die Ribonucleinsäure des Tabakmosaikvirus.** Heinz Schuster und Heinz-Günter Wittmann. (Virology **19,** 421–30, 1963; Tübingen, Max-Planck-Inst. für Virusforschung und Max-Planck-Inst. für Biologie; engl.) — Die *Ribonucleinsäure* des Tabakmosaikvirus wurde bei pH 6,1 wie 9,1 durch *Hydroxylamin* in einer Rk. 1. Ordnung inaktiviert, während das intakte Virus (2 Stämme) resistent war. Bei pH 6,1, wo *Cytosin* verändert wurde, kam es zu einer Mutation, bei pH 9,1, wo *Uracil* eliminiert wurde, nur zu einem letalen Effekt. M. Wiedemann 4374◇

1204 **Verwendung von Schlangengift-Phosphodiesterase an Stelle von Pankreas-Ribonuclease zum Testen von Nucleinsäurepräparaten aus Tabakmosaikvirus.** T. O. Diener. (Nature [London] **189,** 687–88, 1961; Beltsville, Md., U. S. Dep. of Agric., Agric. Res. Serv., Crops Res. Div., Plant. Virol. Lab.; engl.) — *Nucleinsäure*-Präpp. aus Tabakmosaikvirus (TMV) werden normalerweise mit Pankreas-*Ribonuclease* (I) inkubiert, um zu zeigen, daß ihre Infektivität nicht durch restliche Viruspartikel bewirkt wird. Eine aus dem Gift der Diamantrücken-Klapperschlange gereinigte *Phosphodiesterase* (II) kann I in diesem Test ersetzen. Sie bewirkt vollständige Inaktivierung der TMV-Nucleinsäure. Die Infektion mit Viren selbst wird im Gegensatz zu I durch II nur schwach gehemmt. H.-G. Trüper 4374◇

1205 **Aminosäure-Analysen der Proteine zweier Stämme des Kartoffel-X-Virus.** J. G. Shaw, M. E. Reichmann und D. L. Hatt. (Virology **18,** 79–88, 1962; Vancouver, Canada Dep. of Agric. Res. Stat., Res. Branch.; engl.) — Durch Hydrolyse des *Proteins* u. Chromatographie an Amberlit wurde bei zwei Stämmen des Kartoffel-X-Virus die *Aminosäure*-Zus. bestimmt. Sie erwiesen sich als sehr ähnlich. Beide zeigten Proteinuntereinheiten vom Molgew. 52000 mit 463 Aminosäuren.
M. Wiedemann 4374◇

1206 **Die Wirkung von Kinetin auf die Teilungsgeschwindigkeit von Paramecien.** Mary Annunciata McManus und Kathleen Sullivan. (Proc. Iowa Acad. Sci. **67,** 501–06, 1960; Cedar Rapids, Iowa, Mount Mercy Coll.; engl.) — Vgl. C. **1962,** 4192. — Entgegen bisherigen Befunden wurde festgestellt, daß die Teilungsgeschw. von *Paramecium caudatum* durch *Kinetin* (*6-Furfurylaminopurin*) herabgesetzt wird. Die Teilungshemmung kann wiederum durch *Indolylessigsäure* aufgehoben werden.
H.-G. Trüper 4380◇

1207 **Über die Gegenwart von Chitin in den Membranen einiger Rotalgen: Ceramiaceen und Lomentariaceen.** Marcel Quillet und Marie-Louise Priou. (C. R. hebd. Séances Acad. Sci. **256,** 2903, 1963; Paris, Inst. Catholique, Laboratoire de Physiologie végétale u. Dinard, Muséum National d'Histoire, Laboratoire Maritime; franz.) — Durch Unterss. von Hydrolysaten wurde gefunden, daß das *Chitin* einiger Rotalgen ursprünglich als Acetylderiv. vorliegt. E. Lück 4380◇

E$_4$. Pflanzenchemie, Pflanzenphysiologie, Pflanzenpathologie

1208 **Erworbene Anpassung von Blättern an Hitze.** C. E. Yarwood. (Science [Washington] **134,** 941–42, 29/9. 1961; Berkeley, Univ. of Calif., Dep. of Plant Pathol.; engl.) — Erhitzt man Blätter von *Phaseolus vulgaris, Vigna sinensis, Cucumis sativus, Ficus carica* u. *Nicotiana tabacum,* 15–30 Sek. auf 50°, so können sie 12–48 Std. später eine Erwärmung auf 55° dreimal so lange vertragen. wie unbehandelte Blätter, ehe Hitzetod eintritt. Diese Anpassung kann große ökolog. Bedeutung haben. U. Mothes 4404◇

1209 **Die Bestandteile von Helemum mexicanum H. B. K.** A. Romo de Vivar und J. Romo. (Bol. Inst. Quím. Univ. nac. autónom. Mexico **12,** 31–33, 1960; Mexico, Univ. Nac. Autónoma, Inst. de Quím.; span.) — Span. Wiedergabe der C. **1963,** 12085 referierten Arbeit.
P. Golinske 4420△

1210 **Isolierung einer im Haffner-Test sehr wirksamen Substanz aus Rhizom und Wurzeln des indischen Baldrians (Valeriana wallichii D. C.).** 1. Mitt. Otto-Erich Schultz und Klaus Eckstein. (Arzneimittel-Forsch. **12,** 12–15, 1962; Kiel, Univ., Pharmazeut. Inst.; dt.) — Vff. isolieren aus dem PAe.-Extrakt von Rhizom u. Wurzeln durch Verteilungschromatographie u. Chromatographie an Acetylcellulose eine im Haffner-Test (1:40000; letale Wrkg. von 0,027–0,025 mg/Maus) sehr wirksame *Substanz F* (I), $C_{17}H_{24}O_6$, $[n]_D^{22,5}$ 1,4896. Die Droge enthält 0,6% I. I beginnt sich bei 80° zu verfärben u. zu zersetzen. Bei alkal. oder saurer Verseifung spaltet es *Isovaleriansäure* u. *Capronsäure* ab. Bei Hydrierung an Pt-Oxid wird 1 Mol H_2 pro Mol I verbraucht u. bei Bromierung in der Kälte 1 Mol Br_2 pro Mol I.
W. Hiller 4420◇

1211 **Beitrag zur chemischen Untersuchung von Eleusine coracana Gaertner.** A. Gayte-Sorbier, A. Saurat, F. Busson und P. Lunven. (J. Agric. trop. Bot. appl. **7,** 383–86, 1960; Marseille, Serv. de Santé des Troupes d'Outre-Mer, Labor. de Rech. biochim.; Guétalé, Nord Cameroun, Stat. de l'Agr.; franz.) — *Eleusine coracana* (E. c.) liefert Korn das im Durchschnitt 12,1% W., 73,6% Kohlenhydrate, 6,6% Eiweiß u. 1,4% Fett enthält. Der Ca/P-Quotient beträgt 1,4. Abgesehen von einem äußerst geringen Lysin-Geh., enthält E. c. die essentiellen Aminosäuren, bes. die S-haltigen, in ausgewogener Verteilung. K. Zingraf 4420◇

1212 **Untersuchungen des Protein-, Peptid- und freien Aminosäure-Gehaltes einiger Padina-Species von der Südostküste Indiens.** E. J. Lewis. (Current Sci. [Bangalore] **31,** 90–92, 1962; Bombay, Inst. of Sci.; engl.) — Es wird eine tabellar. Zusammenstellung über die Bestandteile der Proteinhydrolysate, der Peptidhydrolysate u. der freien Aminosäuren der Algen *Padina distromatica, P. gymnospora* u. *P. tetrastromatica* gegeben.
P. Gregorzewski 4420◇

1213 **Untersuchungen über die Proteine des Ricinussamens (Ricinus communis).** 2. Mitt. M. Mourgue, R. Baret, J. Reynaud und J. Bellini. (Bull. Soc. Chim. biol. **40,** 1453–63, 1958; Marseille, Fac. de Méd. et de Pharmac., Labor. de Chim. biol.; franz.) — 1. vgl. C. **1957,** 4155. — Wss. Extrakt aus Ricinussamen wurde fraktioniert nach Derrien ausgesalzen. Das im Filtrat bleibende Protein wurde spektrophotometr. bei 2750 Å bzw. durch N-Best. nach Kjeldahl erfaßt. Es wurde mit $(NH_4)_2SO_4$-Lsg. (70 g in 100 g W.) u. 3,5 m Phosphatpuffer steigenden pH-Wertes ausgesalzen. Bei pH 6,4 u. höher wird Ricin in 2 Fraktionen aufgespalten. Papierelektrophorese erbrachte bis zu 7 Eiweißkomponenten. Die tox. Albumine wandern zur Kathode u. überlagern sich mit dem Euglobulinrest. Durch Guanidylierung erfolgt z. T. Umlagerung von Lysin in Homoarginin.
W. Schönborn 4420◇

1214 **Lokalisierung des Ricins und vergleichende Untersuchungen über die Toxizität des Ricins und seiner Guanidyl-, Acetyl- und Benzoylderivate.** M. Mourgue, J. Delphaut, R. Baret und J. Bellini. (Bull. Soc. Chim. biol. **40,** 1465–78, 1958; Marseille, Fac. mixte de Méd. et de Pharm., Labors. de Chim. biol. et de Pharmac. galén.; franz.) — Vgl. vorst. Referat. — Ein wss. Extrakt aus Ricinussamen wurde mit einer $(NH_4)_2SO_4$-Lsg. (70 g in 100 g W.) bei pH 5,5 fraktioniert ausgesalzen u. die Fraktionen auf Toxizität gegenüber dem Süßwasserfisch *Gambusia holbrooki* untersucht. Es wurden 2 giftige Fraktionen erhalten, von denen die Fraktion b toxischer als c ist. Guanidylierung, Acetylierung u. Benzoylierung vermindern die Toxizität; dies weist auf die Rolle des Lysins für seine Toxizität hin.

W. Schönborn 4420◇

1215 **Über Daphnorin, ein neues Cumaringlucosid aus Daphne mezereum.** Rudolf Tschesche, Ulrich Schacht und Günter Legler. (Naturwissenschaften **50**, 521—22, 1963; Bonn, Organ.-Chem. Inst.; dt.) — Vff. isolieren aus Beeren von *Daphne mezereum* durch Extraktion mit Methanol, nachdem die Früchte vorher mit PAe. entfettet worden sind u. nach Ausschütteln mit Chlf. u. Aufnehmen des Chlf. Eindampfrückstandes mit Bzl./Chlf. 1:3, *Daphnorin* (I), $C_{25}H_{22}O_{12} \cdot H_2O$, F. 202 bis 204°, $[\alpha]_D^{20}$ — 78° (c 0,6 in W.). I ist *Daphnoretin-7-β-glucosidmonohydrat*. Hydrolyse von I (4 Std. Erhitzen mit 2 n H_2SO_4) ergibt *Daphnoretin* u. *Glucose*.

W. Hiller 4420◇

1216 **Eine chemische Prüfung von Emblica officinalis Gaertn.** P. P. Pillay und K. Mahadeva Iyer. (Current Sci. **27**, 266—67, 1958; Kerala, Univ. of Kerala, Appl. Chem. Dep.; engl.) — Aus dem getrockneten Perikarp von *Emblica* wird durch alkal. Extraktion bei pH 8 u. Umkrist. aus NH_4OH ca. 6,3% *Phyllemblinsäure*, $C_{16}H_{28} \cdot O_{17}(COOH)_8$, F. 222—224°, erhalten. — Aus dem Methanolextrakt des ausgeätherten Perikarps fällt ein Nd. aus, der durch Chromatographie an Al_2O_3 mit Methanol u. saurem Methanol, in 20 Fraktionen zerlegt, u. a. *Ellagsäure* ergab. Aus der Mutterlauge wurden krist. aus Methanol ca. 4,5% einer *Phenolsäure* u. ca. 24,47% *Emblicol*, $C_{20}H_{30}O_{19}(OCH_3)_6$, F. 191—194°, erhalten. Die Droge enthält ca. 6% *Fettbestandteile* u. 5% *Gallensäuren*.

W. Schönborn 4420◇

1217 **Chemische Bestandteile von Koniferien und verwandten Arten.** 20. Mitt. **Untersuchungen über die Bestandteile der Blätter von Metasequoia glyptostroboides Hu et Cheng.** 1. Mitt. Tatsuo Kariyone, Mitsuo Takahashi, Koichiro Isoi und Masahiro Yoshikura. (J. pharmac. Soc. Japan [Yakugakuzasshi] **78**, 801—02, 1958; Kyoto, Univ. of Kyoto, Med. Fac., Pharmac. Inst.; jap., Auszug: engl.) — Durch Extrahieren der Blätter von 3,1 kg *Metasequoia glyptostroboides* Hu et Cheng mit Methanol werden *Sequoyitol* [$C_7H_{14}O_6$, F. 238—239°; 2,2 g (Ausbeute). *Pentaacetylderiv.*, $C_{17}H_{24} \cdot O_{11}$, F. 200°] u. *Hinokiflavon* (F. 300°. *Hexaacetylderiv.*, F. 222—223°) gewonnen. Als glykosid. Bestandteile konnten *Glucose*, *Fructose*, *Galaktose* u. *Saccharose* mittels Papierchromatographie nachgewiesen werden.

W. Hampel 4420△

1218 **Die Biosynthese von Alkaloiden.** 2. Mitt. K. Mothes und H. R. Schütte. (Angew. Chem. **75**, 357—74, 1963; Halle/Saale, Inst. für Biochemie der Pflanzen der Dtsch. Akad. der Wissensch. zu Berlin; dt.) — 1. vgl. C. **1963**, 17748. — Zusammenfassender Bericht über die Unterss. zur Biosynth. von *Alkaloiden* mit radioakt. markierten Verbindungen.

F. Heller 4420◇

1219 **Zusammenhang zwischen dem Gehalt an Guanidinderivaten und Alkaloiden in den Samen bestimmter Leguminosenarten.** E. Nowacki, J. Przybylska und J. Hurich. (Bull. Acad. polon. Sci., Sér. Sci. biol. **8**, 445—49, 1960; Poznan, Poln. Akad. der Wissensch., Inst. f. Pflanzenzüchtg.; Inst. für Bodenkunde, Düngg. u. Pflanzenbau, Abt. f. Futterpflanzen; engl.) — Vff. ermitteln, daß es in Leguminosensamen mit niedrigem Alkaloid(I)-Geh. zur Anhäufung von Guanidinderivv. (II) kommt. Außer *Guanidin* werden in verschiedenen Arten an II gefunden: *Canavanin* (*α-Amino-O-guanidino-γ-hydroxybuttersäure*), *Divicin* (*2.4-Diamino-5.6-dihydroxypyrimidin*), ein nicht identifiziertes II u. eine unbekannte Aminosäure „y", evtl. ein II. In Arten mit hohem I-Geh. wurde außer in *Lupinus luteus* kein hoher Geh. an II nachgewiesen. *Faba minor* u. *Robinia pseudoacacia* enthalten eine I-ähnliche Substanz mit einem dem *N¹-Methylpyrrolidin* entsprechenden R_F-Wert. — Vielfältigkeit der II läßt nach Ansicht der Vff. keinen biogenet. Zusammenhang zwischen I u. II zu.

H. Becker 4420◇

1220 **Alkaloidumwandlung in Gelber Lupine nach Einführung von Spartein oder Lupinin.** H. Birecka und A. Scibor-Marchocka. (Bull. Acad. polon. Sci., Sér. Sci. biol. **8**, 449—55, 1960; Warschau, Hochsch. f. Landwirtsch. Abt. f. Pflanzenphysiol.; engl.) — Unterss. über Möglichkeiten der Umwandlung von *Spartein* (I) oder *Lupinin* (II) in einer Futterform von *Lupinus luteus* ergeben unmittelbar nach Applikation von I das Auftreten eines Alkaloids „a_x" (*Dehydrospartein?*) bei wurzellosen Pflanzen. Applikation von II hat einen Anstieg des Geh. an I zur Folge, nach einigen Tagen tritt ein unbekanntes Alkaloid „a_z" auf. Die Umwandlungsmöglichkeiten des I differieren, bisher besteht keine eindeutige Klärung. Beziehungen zwischen I u. II in der Biosynth. beider Verbb. werden vermutet, sind jedoch nicht bewiesen.

H. Becker 4420◇

1221 **Untersuchungen über einige einheimische Pflanzen der Pharmacopoe.** M. A. Wahid und M. A. Kazmi. (Pakistan J. sci. ind. Res. **3**, 59—63, 1960; Peshawar, Drugs Res. Div., North Reg. Labors., Pakistan Council of Sci. and Ind. Res.; engl.) — Vff. berichten über das Vork. u. über den Wirkstoffgeh. einiger einheim. Arzneipflanzen im Vgl. mit anderen Befunden. *Podophyllum emodi* (Himalaya, Kaghan u. a.) liefert 7—16% *Harz* bzw. etwa 4% *Podophyllotoxin*. Der Gesamtalkaloidgeh. (% *Hyoscyamin*) von *Atropa acuminata Royle es Lindley* (Kaghan, Shahid Pani) liegt zwischen 0,3 u. 0,67% (in sonstigen Species 0,45—0,47%), von *Datura Stramonium* L. (Baragali, Abbottabad) 0,23—0,32% (0,2—0,25), von *D. alba Nees* (Peshawar) 0,14—0,3% (0,23), von *D. fastuosa L.* (Peshawar) 0,109—0,260 (0,22) u. von *Hyoscyamus niger* (Kaghan, Darband) 0,015—0,058 (0,45).

B. Görlich 4420◇

1222 **Menispermaceen-Alkaloide.** 1. Mitt. **Die Alkaloide von Cissampelos pareira L. und die Herkunft von Radix pareirae Bravae.** S. Morris Kupchan, Naokata Yokoyama und Jack I. Beal. (J. Amer. pharmac. Assoc., sci. Edit. **49**, 727—31, Nov. 1960; Madison, Univ. of Wisconsin, Dep. of Pharmaceut. Chem., School of Pharmacy; engl.) — Nach einem angegebenen Aufarbeitungsschema werden aus getrocknetem Pflanzenmaterial von *Cissampelos pareira* L. folgende Alkaloide isoliert u. pharmakolog. getestet: *l-Curin*, F. 217—219°, $[\alpha]_D^{25}$ — 293° (A.), $[\alpha]_D^{26}$ — 317° (Chlf.) Nadeln aus Methanol. — *D-Isochondrodendrin*, F. 318—319° (Zers.), $[\alpha]_D^{28}$ + 59° (Pyridin); Methylierung ergibt *Cycleanin*, F. 273—274°, $[\alpha]_D^{23}$ — 8,5° (Chlf.). — *Hayatin*, F. 301—302°, $[\alpha]_D^{28}$ 0° (Pyridin).

D. Groß 4420◇

1223 **Aconitalkaloide.** 13. Mitt. **Basen, die in domestizierten Aconit-Species enthalten sind.** 7. Mitt. **Basen des sogenannten Aconitum japonicum Thunb.** Eiji Ochiai, Toshihiko Okamoto, Shin-ichiro Sakai, Masahide Kaneko, Keigo Fujisawa, Ukon Nagai und Hideo Tani. (J. pharmac. Soc. Japan [Yakugazassi] **76**, 550—53, 1956; Tokyo, Univ. of Tokyo, Med. Fac., Pharm. Inst.; jap., Auszug: engl.) — 11. vgl. ibid. **76**, [1956], 469. — Es werden die Basen von *Aconitum japonicum* Thunb. aus 2 verschiedenen Gegenden untersucht. Die Species aus Nobeyama, Shinshu, enthält *Aconitin Mesaconitin* u. wenig *Ignavin*; die aus Kogezawa, Mt. Takawo, enthält keine dieser Verbb., sondern *Takawo-Base I*, $C_{23}H_{27}NO_7$, F. 196—198°, $[\alpha]_D^{25}$: + 72,6° (Chlf.), *Takawo-Base II*, F. 260—261° (Zers.), $[\alpha]_D^{28}$: + 119,3° (Methanol), *Isohypognavin* (I), *Hydrochlorid*, $C_{27}H_{31}NO_5 \cdot HCl$, F. 195—198°, (Zers.) $[\alpha]_D^{15}$: + 110,3° (Methanol) u. *Shimoburo-Base II*, $C_{24}H_{37}NO_7$, F. 208 bis 213°, $[\alpha]_D^{15}$: + 31,3° (Chlf.). — Bei der Verseifung von I entstehen *Benzoesäure* u. *Anhydroisohypognavinol*, $C_{20} \cdot H_{27}NO_4$, F. 296°, $[\alpha]_D^{28}$: + 76,6° (Methanol). *Methojodid*, $C_{20}H_{25}NO_3 \cdot CH_3J$, F. 312° (Zers.).

P. Gregorzewski 4420◇

1224 **Untersuchungen über das Vorkommen von α- und β-Carotin in Pflanzen.** 2. Mitt. **Futterpflanzen-Lupine.** Anna Sykut und Zenon Wierzchowski. (Ann. Univ. Mariae Curie-Skłodowska, Sect. C **13**, 261—74, 1958, herausgeg. 1959; engl.) — Der Geh. an *Gesamt-Carotin* (I) in gelben Lupinen wurde über eine Vegetationsperiode verfolgt. In den Blättern erfolgte ein Anstieg bis zur Bldg. der ersten Schoten von 4,2 auf 7,4 mg%, auf Trockengew. bezogen. Dann erfolgte ein Abfall um ca. 28%. Der Geh. an *α-Carotin* (II) betrug 8—11,3% des I. In den Stengeln verminderte sich mit dem Frühjahrs-

wachstum der Geh. an I von 0,6 mg% auf 0,27 mg% u. blieb dann den Sommer über konstant. Die Gehh. an II u. *β-Carotin* veränderten sich gleichsinnig wie der I-Gehalt. Die Blüten enthielten 2 mg% I, davon 57% II; Chromatographie an der $Ca(OH)_2$-Säule erbrachte 8 distinkte Zonen gefärbter Xanthophylle.
W. Schönborn 4425◇

1225 **Carotinoidveränderungen bei verschiedenen Maisarten während der Reifung.** J. Zsolt, Gy. Schneider und B. Matkovics. (Canad. J. Biochem. Physiol. **41,** 481—86, 1963; Szeged, Univ. of Szeged, Inst. of Plant Physiol. and Inst. of Org. Chem.; engl.) — Die aus den Körnern extrahierten *Carotinoide* (I) wurden getrennt in benzollösl. (epiphas.) u. benzolunlösl. (hypophas.) Fraktionen, deren Bestandteile quant. gemessen u. isoliert wurden. Im Gegensatz zu den Unterschieden der Gesamtkonz. der I zeigte das Verhältnis der epiphas. u. hypophas. Farbstoffe eine gewisse Regelmäßigkeit, indem die Konz. der epiphas. Farbstoffe $^1/_3$ der Gesamtkonz. betrug. Die Ursache der charakterist. Farbe der Körner (weiß, gelb u. rot) ist die unterschiedliche Konz. von *Zeaxanthin*, dem Hauptbestandteil der hypophas. Fraktion. Folgende andere I wurden ebenfalls nachgewiesen: *β-Carotin*, vorherrschend in der epiphas. Fraktion, *β-Carotinmonoepoxid*, *Violaxanthin*, *β-Cryptoxanthin*, *Antheraxanthin*, *Xanthophyll*, *Xanthophyllmonoepoxid* u. α-Carotin.
H. Aman 4425◇

1226 **Eine spezifische Bestimmungsmethode für Tocopherole in pflanzlichem Gewebe.** R. A. Dilley und F. L. Crane. (Analyt. Biochem. [New York] **5,** 531—41, 1963; Lafayette, Ind., Purdue Univ., Dep. of Biol. Sci.; engl.) — Beschreibung einer spezif. Meth. (Verseifung oder direkte Extraktion mit kaltem Lsgm., dann Papier- oder Dünnschicht-chromatograph. Trennung) zur Best. von *Tocopherolen* in Pflanzengewebe. Ausbeute bei Verseifung 78 ± 3%, bei Extraktion 87 ± 3% *α-Tocopherol.*
K. Zingraf 4425◇

1227 **Der Einfluß des osmotischen Drucks einer Nährlösung auf die Phosphoraufnahme durch Wurzeln von Lycopersicon esculentum.** H. Linser, H. H. Mayr und C. Chwala. (Atompraxis **8,** 4—6, 1962; Linz/Donau, Österr. Stickstoffwerke, Biol. Forsch.-Abt.; dt.) — Während 2 Wochen in Knopscher Nährlösung kultivierte Tomaten wurden in Nährlsg. gleicher Zus., bei der jedoch das KH_2PO_4 durch ein mit ^{32}P markiertes mit einer spezif. Aktivität von 1—2 mc/g KH_2PO_4 ersetzt war, inkubiert. Der osmot. Druck der Lsg. wurde durch Zugabe entsprechender Mengen an Mannit variiert. Nach 4 Std. wurden die einzelnen Pflanzenteile auf ihren Geh. an ^{32}P untersucht. Es zeigte sich, daß die P-Aufnahme mit steigendem osmot. Druck abnimmt. Bezogen auf die Aufnahme pro g Trockensubstanz fällt die Aufnahme auf 2—8% des Anfangswertes, wenn die Mannit-Konz. etwa 0,4 m erreicht. Die Ergebnisse werden diskutiert.
W. Reusse 4450◇

1228 **Der Einfluß der Bodenfeuchtigkeit auf die Phosphat-Resorption, untersucht an abgeschnittenen Wurzeln.** L. A. Dean und V. H. Gledhill. (Soil Sci. **82,** 71—79, Juli 1956; Raleigh, North Carolina Agric. Expt. Station) — Der Ionenaustausch zwischen Wurzeln u. Boden wurde in kurzfristigen Verss. bestimmt, indem abgeschnittene Wurzeln von Reisschößlingen in dichter Lage auf verschied. stark befeuchtete Erde gepreßt wurden. Die Phosphat-Resorption der Wurzeln ist abhängig von ihrem physiolog. Zustand. Kommen sie aus schwach feuchter Atmosphäre auf trockenen Boden, so resorbieren sie stark, kommen sie aus nassen Böden auf trockene, resorbieren sie wenig Phosphat. Auch die Fähigkeit des Bodens, Phosphat abzugeben, ist vom Grad der Durchfeuchtung abhängig.
U. Mothes 4450□

1229 **Der Einfluß von Kationenverhältnis, Temperatur und Zeit auf Adsorption und Resorption von Ca und K durch Citrus und andere Pflanzenarten.** R. L. Smith und A. Wallace. (Soil Sci. **82,** 9—19, 1956; Los Angeles, Univ. of California.) — Mit Isotopen von Ca u. K wurde die Kationen-Aufnahme vor Wurzeln einiger Kulturpflanzen unter verschied. Bedingungen untersucht. Die Geschwindigkeit von Adsorption u. Resorption variiert bei den einzelnen Arten, so daß das Maximum der Ionenaufnahme zu verschied. Zeitpunkten erreicht wird. Durch K kann die Ca-Aufnahme bis zu 50% gehemmt werden. Die Q_{10}-Werte für die Resorption von Ca zwischen 7° u. 31° u. von K zwischen 18° u. 31° liegen im Bereich von etwa 0,6—1,3 für jedes Kation ohne Rücksicht auf die Ggw. des anderen. Diese Werte sind unabhängig von der Konz. der Nährlösung.
U. Mothes 4450□

1230 **Die Wirkung von Aminosäuren auf den Blattabfall bei Bohnenpflanzen.** B. Rubinstein und A. C. Leopold. (Plant Physiol. **37,** 398—401, Mai 1962; Lafayette, Ind., Pardue Univ. Horticult. Dep.; engl.) — Der Effekt von Methyldonatoren, Aminosäuren u. Blattextrakten wurde am Blattwurf von *Phaseolus vulgaris L.* überprüft. Als einziger Methyldonator ergab *Methionin*, *Natriumformiat*, *Formaldehyd* (I) u. *Glycin* I eine markante Reaktion. Die geringe Stimulation der übrigen Verbb. ist ihrer Fähigkeit, Methyl zu übertragen, nicht proportional. Es erscheint also fraglich, ob Methyldonatoren eine begrenzende Rolle beim Blattwurf spielen. *Alanin* (II) u. *Glutamin* sowie die Aminosäurefraktion von Blattextrakten fördern die Abwurfreaktion. *Auxin*, welches den Blattwurf inhibiert, hebt die stimulierende Wrkg. des II auf. Danach scheint es sicher, daß im alternden Blatt beim Nachlassen des Auxingehaltes eine Akkumulation von Aminosäuren stattfindet, die den Blattabwurf auslöst.
H. Schmiedeknecht 4450◇

1231 **Freie Aminosäuren in Apfelpollen vom Standpunkt seiner Fertilität.** Jaroslav Tupý. (Biol. Plantarum [Praha] **5,** 154—60, 1963; Prag, Inst. exp. Bot., Tschech. Akad. Wiss.; engl.) — Zwecks Ermittlung des biochem. Kriteriums der Pollenfertilität wurden mit Hilfe der quant. Papierchromatographie folgende Aminosäuren im Pollen von diploiden u. triploiden Apfelbaumabarten untersucht: *Alanin*, *γ-Aminobuttersäure*, *Asparaginsäure*, *Asparagin* (I), *Arginin*, *Cystein*, *Cystin*, *Phenylalanin*, *Glutaminsäure*, *Glutamin*, *Histidin* (II), *Leucin*, *Isoleucin*, *Prolin* (III), *Serin*, *Threonin* u. *Valin*. Es wurde am meisten I u. III festgestellt. Der Pollen der diploiden Abarten enthielt mehr III u. weniger II als der Pollen der triploiden Abarten. Das Verhältnis III/II gilt als Kriterium der Pollenfertilität: bei den 7 triploiden Abarten betrug es 1,2 bis 8,1, bei den 7 diploiden Abarten 17,5 bis 53,3. Im Geh. der anderen Aminosäuren wurden im Rahmen des untersuchten Materials keine signifikanten Unterschiede festgestellt.
Z. Šesták 4452◇

1232 **Die Anthocyanproduktion in den Blüten von Impatiens balsamina L. nach akuter Bestrahlung der noch nicht verfärbten Kronblätter.** Eva Klozová. (Biol. Plantarum [Praha] **5,** 120—23, 1963; Prag, Inst. exp. Bot., Tschech. Akad. Wiss.; engl.) — Isolierte, noch nicht verfärbte Kronblätter von *Impatiens balsamina L.* wurden mit der Dosis 1000 r mit Röntgenstrahlen bestrahlt u. dann auf Whites Medium mit $CuSO_4$ u. $CoNO_3$ im Lichte kultiviert. Mit Hilfe der Papierchromatographie u. Kolorimetrie wurden keine Veränderungen in der qual. Zus. der *Anthocyane* (I) festgestellt, nach dreiwöchiger Kultivierung war jedoch der Gesamtgeh. an I in den bestrahlten Kronblättern um 43—45% niedriger.
Z. Šesták 4460◇

1233 **Produktion von Herzglykosiden durch Pflanzengewebskulturen.** 1. Mitt. **Ernährungserfordernisse in Gewebskulturen von Digitalis lanata und Digitalis purpurea.** E. John Staba. (J. pharmac. Sci. **51,** 249—54, 1962; Lincoln, Nebr., Univ., Coll. of Pharm.; engl.) — Zur Klärung der Frage, ob die Biosynth. von *Herzglykosiden* (I) durch Gewebskulturen von I-enthaltenden Pflanzen möglich ist, untersuchte Vf. verschiedene Kulturmedien auf ihre Eignung zur Anzucht von Kallusgeweben aus Samen u. Wurzeln von *D. lanata* u. *D. purpurea*. Die Zus. der Nährböden wird beschrieben. Besonderes Augenmerk ist den Konz.-Einfl. der Auxine, *2.4-Dichlorphenoxyessigsäure*, *Benzothiazolyl-(2)-oxyessigsäure* u. *Naphthyl-(1)-essigsäure* gewidmet. Auffallend war, daß auf Nährböden, die enzymhydrolysiertes Caseinhydrolysat enthielten, das Wachstum gekeimter Digitalissamen gehemmt wurde.
H. Nürnberger 4460◇

1234 **Untersuchungen über die Beziehungen zwischen der Chlorophyll- und Fe-Porphyrinbildung in höheren Pflanzen.** B. A. Rubin, I. A. Chernavina und V. F. Gavrilov. (Biol. Plantarum [Praha] **5**, 228–37, 1963; Moscow, Lomonosov State Univ., Inst. Plant Physiol.; engl.) — Behandlung der Blätter mit CO inhibiert die Bldg. von *Chlorophyll a* (**I**) u. *b* (**II**) bei 7tägigen etiolierten Weizenpflanzen ausdrucksvoll im roten u. nur wenig im blauen Licht. Bei denselben Pflänzchen hemmt die Infiltration mit 0,01 m *Malonat* (**III**) die **I**- u. **II**-Bldg., die Infiltration mit 0,01 m *Succinat* (**IV**) stimuliert diese etwas mehr als die gleichzeitige Infiltration mit **III** + **IV**. In Verss. mit verschiedenen Dosen Fe, Mn, u. EDTA-Na-Salz wird bewiesen, daß die günstige Einw. von überschüssigem Mn auf die **I**- u. **II**-Bldg. durch Zugabe von EDTA aufgehoben werden kann. In Verss. mit panaschierten *Chlorophytum comosum* wurde in den grünen Blatteilen mehr *Cytochromoxydase* (**V**) u. *Protohämatin* (**VI**) u. weniger Fe, P (der Gesamtgeh. u. die anorgan. Form) u. Adenosintriphosphatase als in den albinoiden Blatteilen festgestellt. Isolierte Wurzeln von *Vicia faba* L., *Lupinus angustifolius* L., *Pisum sativum* L. u. *Helianthus annuus* L. bilden im Lichte 3–10mal mehr **I** u. **II** als die Wurzeln von *Nasturtium officinale* A. Br., *Zea mays* L., sogar von *Cucumis sativus* L., übereinstimmende Unterschiede zeigen sich in der **VI**-Synthese. Pfropfungsverss. bewiesen den engen Zusammenhang zwischen der Bldg. von **I**, **II** u. der Katalase- u. **V**-Aktivität.
Z. Šesták 4460◇

1235 **Photosynthese: Energetische und verwandte Themen.** J. A. Bassham. (Advances Enzymol. **25**, 39–117, 1963; Berkeley, Calif., Univ. of California, Lawrence Radiation Labor.; engl.) — Übersicht, behandelt werden der Energieumsatz, die Photoelektron-Transport-Rk. u. ihre physikal. u. chem. Eigenheiten, die Oxydation von W., der Cyclus der C-Red. u. die damit verbundenen Energieänderungen. — 328 Literaturangaben.
I. Hähn 4460◇

1236 **Das Verhalten photosynthetischen Pyridinnucleotids gegenüber Licht und Substraten.** H. Lundegårdh. (Biochim. biophysica Acta [Amsterdam] **75**, 70–87, 1963; Penningby, Schweden; engl.) — Unterss. an Spinatchloroplasten u. *Chlorella ellipsoidea* ergaben: Die reduzierenden (*Triphosphopyridinnucleotid*[*TPN*]-*TPNH*) u. die oxydierenden (*Cytochrome, Adenosintriphosphat*-Bldg.) Anteile des photosynthet. Cyclus lassen sich gesondert regeln, sind aber durch die b-Cytochrome miteinander verbunden. Die Konz. des TPNH ist normalerweise 20- bis 40mal höher als die der einzelnen Cytochrome. Weißes Licht (Projektionslampe) vermag den Gleichgewichtszustand zugunsten der Oxydation oder Red. des TPNH zu verändern, was aber von der Lichtintensität, O_2, N_2, CO_2, Temp., *TPN-Photoreduktase* usw. abhängig ist. Die relative photosynthet. Aktivität erhöht sich mit ansteigender Verdunnung der Chloroplasten-Suspension. *Ferricyanid* eignet sich für die bei konstanter Lichtwirkung erfolgende Messung der Red.-Aktivität besser als TPN. Bei Blitzlicht wirkt die Konz. der TPN-Photoreduktase nicht begrenzend. Die TPN-Red. erfolgt in zwei Stufen: 1. ein wohl mit *Chlorophyll a* verketteter Reduktant bewirkt zunächst eine rapide Red.; 2. ein *Reduktase*-Syst. wirkt sodann langsamer u. überträgt Elektronen vom anfänglichen Reduktanten auf das TPN. Die Rk.-Geschw. sind bei Blitzlicht höher als bei weißem Projektionslicht. Spinat-Chloroplasten u. Chlorella zeigten annähernd die gleichen Aktivitäten.
L. Macher 4460◇

1237 **Die Beziehung der β-D-Fructofuranose im Molekül von Saccharose und Raffinose zu deren spezifischen Wirkung auf das Wachstum und die Respiration von Pollenschläuchen des Apfelbaumes.** E. Hrabětová und J. Tupý. (Biol. Plantarum [Praha] **5**, 216–20, 1963; Praha, Czechosl. Acad. Sci., Inst. Exp. Bot.; engl.) — Von den 20 untersuchten Zuckern [*Raffinose* (**I**), *Cellobiose*, *Lactose*, *Maltose*, *Melibiose*, *Saccharose* (**II**), *Trehalose*, *Turanose* (**III**), *Galaktose*, *Mannose*, *Rhamnose*, *Sorbose*, *Talose*, *Tagatose*, *Arabinose*, *Ribose*, *Xylose*, *Dulcit*, *Mannit*, *Sorbit*] ist **I** das beste Substrat für das Wachstum u. die Atmung der Pollenschläuche von Apfelbäumen: in einer **I**-Lsg. kommt es nicht mal nach 6std. oder längerer Kultivierung zur Verlangsamung des Wachstums u. der Atmungsintensität wie in der **II**-Lösung. Die Pollenschläuche hydrolysieren **I** langsamer als **II** u. deshalb können die Hydrolysenprodd. stetiger einwirken. In einer **III**-Lsg. keimt der Pollen überhaupt nicht. Der wirksame Bestandteil für das Pollenschlauchwachstum ist wahrscheinlich die *β-D-Fructofuranose*.
Z. Šesták 4480◇

1238 **Untersuchungen über Polyfructosane.** 61. Mitt. **Der Kohlenhydratstoffwechsel im jungen Roggen.** Hans Heinrich Schlubach und Margot Grehn. (Liebigs Ann. Chem. **662**, 202–05, 1963; München, Univ., Physiolog.-chem. Inst.; dt.) — Bei der Best. des *Oligo*- u. *Polysaccharid*-Geh. in tetraploidem Petkuser Winterroggen (Aussaat 29. 9.) vor der Blüte im Mai u. Juni ergab sich ein Maximalwert an lösl. Kohlenhydraten Mitte Mai bei einer Halmlänge von 80 cm, der höchste Eiweißgeh. wurde Anfang Juni bei einer Halmlänge von 120 cm gefunden. Folgerungen für die günstigste Zeit des Futterschnittes werden gezogen.
H. Rossow 4480◇

1239 **Der Einfluß von Huminsäure auf Wachstum und Veränderungen des freien Zuckergehaltes bei Winterweizenpflanzen, die im Dunkeln kultiviert wurden.** Alena Činčerová. (Biol. Plantarum [Praha] **5**, 109–19, 1963; Prag, Karls-Univ., Lehrstuhl f. Pflanzenphys. u. Bodenbiol.; dt.) — Die Zugabe von 100 mg *Huminsäure* (**I**)/Liter in dest. W., in welchem die Weizenpflanzen bis zur Phase des zweiten Blattes kultiviert wurden, stimulierte das Frischgewicht, das Trockengewicht u. die Länge des oberird. Pflanzenteiles im Lichte u. im Dunkeln, bei den Wurzeln nur im Lichte. Bei der Kultivierung in der Nährlsg. nach Knop (1:3 verd.) wurde keine stimulierende Wrkg. von **I** festgestellt. Die quant. chromatograph. Best. des Geh. an *freien Zuckern* (**II**) — Fructosane, Raffinose, Saccharose, Glucose, Fructose, Maltose u. der nicht identifizierte „N"-Zucker — zeigte, daß durch **I** der Geh. an **II** im Dunkeln in den oberird. Pflanzenteilen u. in den Wurzeln sinkt. Im Lichte sinkt der **II**-Geh., aber nur in den oberird. Pflanzenteilen, u. er steigt in den Wurzeln.
Z. Šesták 4480◇

1240 **Einfluß der Ackerquecke (Agropyrum repens L.) auf die Wachstums- und Atmungsvorgänge der Weizenpflanzen.** Z. Hadašová und F. Plhák. (Biol. Plantarum [Praha] **5**, 167–74, 1963; Brno, Purkyně-Univ., Naturwiss. Fak.; dt.) — Frühjahrsweizenpflanzen werden zusammen mit der Ackerquecke in Gefäß- u. Feldverss. kultiviert. Das intensivere Queckenwachstum wird vom Absinken des Trockengew. u. hauptsächlich des Frischgew. der Weizenpflanzen begleitet. Der Saccharosegeh. u. der Geh. an reduzierenden Zuckern in den Blättern sinkt, die Atmungsintensität steigt bei kleineren Queckenmengen an u. sinkt bei größerer Queckendichte. Die Atmungsproduktivität wird bei der Kultivierung mit Quecken bedeutend herabgesetzt.
Z. Šesták 4480◇

1241 **Durch Gibberellsäure bei Mentha spicata hervorgerufene Stoffwechsel- und morphologische Veränderungen.** Edward E. Gonzales und Gunnar Gjerstad. (J. Amer. pharmac. Assoc., sci. Edit. **49**, 782–85, Dez. 1960; Austin, Univ. of Texas, Coll. of Pharmacy; engl.) — *Mentha-spicata*-Pflanzen, die während der Wachstumsperiode einmal mit Blattsprays einer *Gibberellsäure*-(**I**)-Lsg. (50 p.p.m.) behandelt worden waren, zeigten 258% Zunahme des Höhenwachstums, entwickelten sehr dicke, holzähnliche Stengel mit erweiterter Xylemzone, wobei die Rippen fehlten. Die Trockensubstanz der Gewebe nahm zu, der Wassergeh. ab. **I**-Behandlung verminderte den %-Geh. an flüchtigem Öl ohne den *Carron*-Geh. zu verändern. Der *Chlorophyll*-Gesamtgeh. nahm ab.
K. Maier 4485□

1242 **Durch Gibberellin hervorgerufene Veränderungen der Glykolyse und des Fettstoffwechsels bei Weizenblättern.** Jiří Luštinec und V. Pokorná. (Biol. Plantarum [Praha] **5**, 181–89, 1963; Praha, Czech. Acad. Sci., Inst. Exp. Bot.; engl.) — Nach 4–10tägiger Kultivierung in *Gibberellsäurelsgg.* (**I**; 10–20 mg/Liter) wird mit Hilfe der Papierchromatographie eine Erhöhung des *Fructose-1.6-diphosphates* im Verhältnis zur *3-Phosphoglycerinsäure* (**II**) u. zur *Phosphoenolbrenztraubensäure* u. eine

Erhöhung des II-Spiegels im Verhältnis zu einem bisher noch nicht identifizierten Phosphorsäureester festgestellt. Diese Unterschiede werden bei verschieden langer Exposition der Blätter im Licht (15—75 Min.) u. im Dunkeln (15—240 Min.) beobachtet. Es wird angenommen, daß eine Wechselwrkg. zwischen der Glykolyse u. den Rkk. besteht, welche die Zwischenprodd. der Glykolyse zur Lipidensynth. als Folge der I-Wirkung verbrauchen. Zum Beweis dieser Annahme wurde die Inkorporation der $^{14}C_{(1)}$-Glucose u. $^{14}C_{(6)}$-Glucose in die Lipide der Blätter von 3—7tägigen Weizenpflänzchen, welche in Lsgg. mit oder ohne I kultiviert werden, verfolgt. I verringert die Inkorporation von $^{14}C_{(1)}$ im Vgl. zu $^{14}C_{(6)}$ in die Lipide. Die Gesamtmenge der mit Ae. extrahierbaren Stoffe wird durch I aber nicht verändert.

Z. Šesták 4485

1243 **Die Wirkungen von Stickstoff, Phosphor, Kalium und Gibberellsäure auf Blattfläche und Zellteilung bei der Kartoffelsorte Majestic.** E. C. Humphries und S. A. W. French. (Ann. appl. Biol. **52**, 149—62, 1963; Harpenden, Herts., Rothamoted Exp. Stat.; engl.) — Die Gesamtblattfläche der Blätter am Hauptstengel wird durch *N* stärker beeinflußt als durch *Gibberellsäure* (I). I allein vergrößert das Vol. der Einzelzelle u. unterdrückt die Bldg. von Seitentrieben. *K* erhöht die Gesamttrockensubstanz u. die Assimilationsgeschwindigkeit. Zwischen dem Produkt Blattfläche · Dauer u. dem Trockensubstanzertrag besteht eine lineare Korrelation (1 g Trockensubstanz wird produziert von 3—4 dm² · Woche).

W. Hiller 4485◇

1244 **Die Aufnahme von Hexöstrol durch Pflanzenwurzeln und seine Retention bei Anwendung als Blattsprüh.** R. F. Glascoock. (Ann. appl. Biol. **52**, 163—74, 1963; Shinfield-Reading, Univ., Nat. Inst. for Res. in Dairying; engl.) — Vf. besprüht Pflanzen (Senf, Kohl, Klee, Gräser) mit *^{3}H-Hexöstrol* (I) oder verabreicht es über die Wurzeln. Nach 37 Tagen kann bei Aufnahme über die Wurzeln weniger als 5% der Aktivität aus den Pflanzen isoliert werden. Weniger als $^1/_{10}$ liegt davon als I vor. Die Ggw. von Pflanzen im Boden begünstigt eine I-Umbldg. in nicht phenol. Verbindungen. Die von den Wurzeln aufgenommenen geringen I-Mengen werden in die Blätter transportiert. Wird I auf die Pflanzen gesprüht, so werden 3—70% retiniert; die Hälfte davon wird innerhalb weniger Stunden in andere Verbb. überführt. Das über die Wurzeln aufgenommene I wird relativ schneller abgebaut als das über die Blätter aufgenommene I. Vf. folgert, daß die im Boden evtl. vorhandenen I-Mengen (von Maststieren evtl. stammend) keine Gefahr für die Gesundheit des Menschen darstellen.

W. Hiller 4485◇

1245 **Azobenzolderivate zur Samenbehandlung.** H. M. Fox, M. J. Geoghegan, J. A. Silk und L. A. Summers. (Ann. appl. Biol. **53**, 33—44, 1963; Bracknell, Berks., Jealotts Hill Res. Stat., Plant Protection Ltd.; engl.) — Vff. testen Azobenzole auf ihre fungicide Wrkg. gegen *Pythium ultimum* durch Samenbeizung an Erbsen. Folgende Ergebnisse wurden erhalten: 4-Aminoazobenzole: *4'Hydroxy-* 500 (angewandte Konz. in p.p.m.), 70 (gekeimte Samen in %), 43 (Krankheitsfall, unbehandelte Kontrollen = 100); *Unsubstituiert* 500, 5, 99; *4'-Methoxy-* 500, 0, 100; *2'-Hydroxy-5-methyl-* 500, 11, 96; *p.p'-Dihydroxyazobenzol* 500, 33, 84; *p-Dimethylamino-p'-hydroxyazobenzol* 500, 3, 99; *4-[p-Aminophenylazo]-naphthol-(1)* 500, 65, 45; *1-[p-Aminophenylazo]-naphthol-(2)* 500, 18, 94; *4-[p-Hydroxyphenylazo]-α-naphthylamin* 500, 18, 914; *5-[p-Aminophenylazo]-8-hydroxychinolin* 500, 11, 94; *p-Aminophenol* 500, 1, 99; *Tetramethylthiuramdisulfid* 500, 26, 88; 4-Amino-4'-hydroxyazobenzole: *2'-Hydroxy-* 500, 70, 38; *3'-Carboxy-* 500, 4, 98; *3'.5'-Dimethyl-* 500; 90, 16; *3'-Methyl-* 500, 43, 59; *3'-Methyl-* 500, 33, 72; *3'-Methoxy-* 500, 57, 50; *3'-Chlor-* 500, 16, 91; *2'-Amino-* 500, 50, 54; *3'.5'-Dimethyl-* 500, 60, 17—57 (Standardsubstanz bei den einzelnen Versuchsgruppen); *3'-Äthoxy-* 500, 26, 80; *3'-Isopropyl-* 500, 6, 97; *3'.5'-Dimethoxy-* 500, 56, 50; *2'-Methyl-3'-isopropyl-* 500, 16, 89; *3'.5'-Diisopropyl-* 500, 1, 99; *2'-Methoxy-* 500, 85, 31; *2.5-Dimethyl-3'-methoxy-* 500, 73, 49; *2.5.3'.5'-Tetramethyl-* 500, 84, 26; *2-Äthyl-3'-methoxy-* 500, 80, 37; *2-Methyl-* 200, 78, 34; *3-Methyl-* 200, 80, 31; *2-Chlor-* 200, 93, 71; *2.3'-Dichlor-* 200, 50, 61; *2.2'-Dimethyl-* 200, 77, 41; *2-Methyl-2'-methoxy-* 200, 95, 16; *3-Methoxy-* 200, 65, 52; *2.3'-Dimethyl-* 200, 84, 29; *2-Methyl-3-methoxy-* 200, 92, 21; *3.3'-Dimethoxy-* 200, 72, 57; *2-Chlor-3'-methoxy-* 200, 60, 64; *2-Methoxy-* 200, 67, 65; *2.3'.5'-Trimethyl-* 200, 87, 27; *2-Methyl-3'-chlor-* 200, 80, 51; *2-Chlor-3'.5'-dimethyl-* 200, 69, 57; *3.3'.5'-Trimethyl-* 200, 94, 32; *2-Methyl-3'-äthyl-* 200, 94, 12; *2-Methyl-2'-hydroxy-* 200, 93, 17; *2-Methyl-3'-äthoxy-* 100, 62, 48; *3-Methoxy-3'.5'-dimethyl-* 100, 60, 57; *4-Methylamino-3'-methoxy-4'-hydroxyazobenzol*, 500, 0, 100; *4-Nitro-2.3'-dimethyl-4-hydroxyazobenzol* 500, 32, 104; 4.4'-Diaminoazobenzole: *Unsubstituiert* 500, 54, 82; *3-Methyl-* 500, 63, 67; *2-Methyl-* 500, 57, 73; *3-Methoxy-* 500, 59, 67; *2'.3.5-Trimethyl-* 100, 72, 36; *2-Amino-* 500, 67, 43; *3.3'-Diaminoazobenzol* 500, 1, 100. Die getesteten Verbb. sind auch akt. gegen *Tilletia caries* auf Weizen, jedoch inakt. gegen *Fusarium culmorum* auf Weizen, *Rhizoctonia solani* auf Baumwolle, *Ustilago* auf Hafer u. *Helminthosporium avenae* auf Hafer.

W. Hiller 4490◇

1246 **Die Verticilliumwelke der Tomaten. Weitere Versuche über die Rolle der pektischen und cellulolytischen Enzyme.** Frances M. Blackhurst und R. K. W. Wood. (Ann. appl. Biol. **52**, 89—96, 1963; London, Imperial Coll., Bot. Dep.; engl.) — *Verticillium albo-atrum* produziert *pekt.* u. *cellulolyt. Enzyme* bei Kultur auf sterilisiertem Tomatenstengelgewebe. Die durch den Pilz gebildete *Polygalakturonase* (I) wird von dem sterilisiertem Stengel aufgenommen, kann durch 0,2 m NaCl wieder eluiert werden. Wird die gebildete I jedoch von lebendem Gewebe (Stecklinge) aufgenommen, so wird nur eine geringe I-Menge durch Elution wiedererhalten, was eine Inaktivierung von I durch lebendes Gewebe beweist. Ein Unterschied zwischen resistenten u. anfälligen Tomatensorten besteht in der Rk. gegenüber cellulolyt. Enzymen nicht.

W. Hiller 4490◇

1247 **Gewächshausprüfung von Chemikalien zur Mehltaubekämpfung.** 3. Mitt. **Versuche mit oberflächenaktiven Mitteln.** A. H. M. Kirby und E. L. Frick. (Ann. appl. Biol. **52**, 45—54, 1963; Maidstone, Kent.; East Malling Res. Stat.; engl.) — Vff. untersuchen die Wirksamkeit verschiedener oberflächenakt. Mittel gegen *Erysiphe graminis*. Unter den geprüften Verbb. zeigen *Dodecyldimethylammoniumbromid* u. *Domiphen* die beste Wirkung. Gegen Gerstenmehltau sind nur die Mittel wirksam, die eine gute Benetzungsfähigkeit besitzen. Bei Apfelmehltau ist eine gute Benetzungsfähigkeit nicht Voraussetzung für eine gute Wirkung. W. Hiller 4490◇

1248 **Feldversuche mit für den Versuch hergestellten und handelsüblichen Bodenentseuchungsmitteln gegen das Kartoffelwurzelälchen Heterodera rostochiensis Woll.** J. E. Peachey, G. N. Rao und Margaret R. Chapman. (Ann. appl. Biol. **52**, 19—31, 1963; Harpenden, Herts., Rothamsted Exp. Stat.; engl.) — Von den verschiedenen angewandten Verbb. zeigt *Methylbromid* (89 g/10 sq.ft.) die stärkste Wirkung. *Methylbromid, Metham-Natrium, Dazomet* u. *Methylisothiocyanat* zeigen in den Wochen nach der Anwendung herbicide Wirkung.

W. Hiller 4490◇

1249 **Über die Beziehungen zwischen der Wirksamkeit und der chemischen Struktur einiger Phenoxyessigsäuren.** Olga Makovcová und Pavel Vaculík. (Biol. Plantarum [Praha] **5**, 129—34, 1963; Prag, Inst. exp. Bot., Tschech. Akad. Wiss.; dt.) — An Keimpflanzen von *Sinapsis alba L.* wurde die herbicide Wrkg. von 1 mg/Liter-Lsgg. von verschiedenen Phenoxyessigsäurederivv. untersucht: 2-Hydroxyphenoxyessigsäure-Derivv., *-phenylamid, -2'-chlorphenylamid, 3'-chlorphenylamid, -4'-chlorphenylamid, -2'-methoxyphenylamid; -2-Methoxyphenoxyessigsäureisopropylester*, 2-Methoxy-4.5-dichlorphenoxyessigsäureester: *-methylester, -äthylester, -n-propylester, -isopropylester, -n-butylester*; — 2-Methoxy-3.4.5.6-tetrachlorphenoxyessigsäure-Derivv.: Unsubstituiert, *-äthylester, -isopropylester, -n-butylester, -2-Acetoxy-3.4.5.6-tetrachlorphenoxyessigsäure, -2-Äthylacetoxy-3.4.5.6-tetrachlorphenoxyessigsäureäthylester*, — *3-Chlor-4-äthylacetoxy-4'-chlorazobenzol*, — 3-

Methoxyphenoxyessigsäureäthylester, — *4-Methoxyphenoxyessigsäureäthylester*. Im Vgl. zum Standardherbicid, der *2.4-Dichlorphenoxyessigsäure*, wies keiner der getesteten Stoffe in der Konz. 1 mg/Liter eine herbicide Wrkg. auf die Keimpflanzen von *Sinapis alba L.* auf. Die Wirkungslosigkeit ist wahrscheinlich durch die Ggw. von ungeeigneten Substituenten am Phenylkern verursacht. Z. Šesták 4490◇

1250 **Sorbosetoxizität bei Neurospora.** H. E. Brockman und F. J. de Serres. (Amer. J. Bot. **50**, 709—14, 1963; Oak Ridge, Tenn., Oak Ridge Nat. Labor., Biol. Div.; engl.) — Konidien u. Ascosporen von Neurospora zeigen eine stark verringerte Kolonienbldg. in einem 1,5—3% Sorbose enthaltendem Medium in Ggw. von Saccharose. Die Hemmung ist jedoch weniger stark in Ggw. von Glucose + Fructose. Ascosporen sind empfindlicher als Konidien. W. Hiller 4495◇

E_5. Tierchemie, Tierphysiologie, Tierpathologie

1251 **Der Einfluß von Fluorid auf den Citratgehalt der Knochen wachsender Ratten.** I. Zipkin, R. Schraer, H. Schraer und W. A. Lee. (Arch. oral. Biol. **8**, 119—26, 1963; Bethesda, Md., Nat. Inst. of Health, Nat. Inst. of Dental Res., Biochem. Lab.; University Park, Pa., Pennsylvanian State Univ., Dep. of Physics, Biophysics Labor.; engl.) — Vff. untersuchen den Einfl. von F^- (bis 100 ppm täglich) bei einer Vers.-Dauer von 144 Tagen) auf den *Citrat*(**I**)-Geh. von Vertebra, Tibia-Fibula u. Mandibula der Ratte. Während in den Kontrolltieren die **I**-Konz. mit dem Alter abnimmt, steigt die **I**-Konz. in den Vers.-Tieren progressiv mit wachsender F^--Konz. in den untersuchten Knochen an. Als wahrscheinliche Erklärung für diese inverse Beziehung zwischen dem **I**- u. dem F^--Geh. der Knochen wird der Einfl. des F^- auf die „Kristallinität" von Knochenapatit angesehen. H. Köditz 4510◇

1252 **Der relative Spiegel von Citronen- und Milchsäure in einigen mineralisierten Geweben.** A. G. Leaver, J. T. Triffitt und R. L. Hartles. (Arch. oral. Biol. **8**, 23—26, 1963; Liverpool, Univ. of Liverpool, School of Dental Medicine, Biochemistry Dep.; engl.) — Der Geh. an *Citronensäure* u. *Milchsäure* wird im Femur u. Dentin des Menschen, in der Tibia des Rindes, im Femur, den Molaren u. Incisiven der Ratte sowie in der Epiphyse u. Diaphyse der Röhrenknochen junger u. ausgewachsener Kaninchen bestimmt. Nur in den Incisiven der Ratte überwiegt der Geh. an Milchsäure den an Citronensäure, die in den Incisiven nur in äußerst geringer Konz. vorliegt. Ähnliche Verhältnisse werden im Epiphyseknochen des jungen Kaninchens beobachtet. Die Phänomene werden mit der regen Stoffwechselaktivität dieser Hartgewebe in Verbindung gebracht. H. Köditz 4520◇

1253 **Untersuchung des Zinks in den Zähnen des Menschen.** F. Brudevold, L. T. Steadman, M. A. Spinelli, B. H. Amdur und P. Gron. (Arch. oral. Biol. **8**, 135—44, 1963; Boston, Mass., Forsyth Dental Infirmary; Havard School of Dental Med.; Rochester, N. Y., Univ. of Rochester; engl.) — Die *Zn*-Konz. ist in den obersten Schichten des Schmelzes am größten u. nimmt in den darunter liegenden Schichten ab. Das Verteilungsbild ähnelt den von F u. Pb. In der Schmelze akkumuliert Zn wahrscheinlich bereits vor dem eigentlichen Zahndurchbruch. In der Nähe des Zahnmarks steigt die Zn-Konz. im Dentin stark an u. entspricht fast der im Schmelz. — Zn wird von synthet. Hydroxyapatit leicht aufgenommen, wahrscheinlich im Austausch gegen Ca. Die Ablagerung von Zn im Schmelz erfolgt wahrscheinlich in analogen Stufen wie die von F. Doch läßt sich über die Bedeutung des Vorliegens von Zn in den Zähnen nichts aussagen, solange seine Rolle bei der Zahnbildung u. Mineralisierung sowie die Beziehungen zwischen Zn-Konz. im Schmelz u. dem Auftreten der Caries nicht geklärt sind. H. Köditz 4510◇

1254 **Neue Entwicklungen in der Biochemie von Aminozuckern.** Roger W. Jeanloz. (Advances Enzymol. **25**, 433—56, 1963; Boston, Mass., Harvard Med. School and Massachusetts General Hospital, Deps. of Biolog. Chem. and Med. Labor. for Carbohydrat Res.; engl.) — Übersicht. Glykosaminoglykuronglykane [saure Mucopolysaccharide] von Bindegewebe [*Hyaluronsäure, Chondroitinsulfat, Dermatansulfat* (enthält L-Iduronsäure-Einheiten an Stelle von D-Glucuronsäureeinheiten beim analogen Chondroitinsulfat)] die Bindung der Aminozucker in Glykoproteinen [die Natur der Sialsäurebindung in Glykoproteinen, die Bindung von *Glucosamin* u. *Galaktosamin* in der Kette, die Kohlenhydrat-Proteinbindung]. — 102 Literaturangaben. I. Hähn 4520◇

1255 **Übertragung hydrophiler Kationen aus der wäßrigen in die lipophile Phase durch Phosphatidsäuren.** H. A. Ward und P. Fantl. (Arch. Biochem. Biophysics **100**, 338—39, 1963; Melbourne, Victoria, Labor Med. Res. Inst.; engl.) — In Ggw. von *Phosphatidsäuren* (**I**; erhalten aus Eigelbphospholipiden mit Phospholipase D) werden hydrophile Metallionen, wie K^+, Na^+, Ca^{2+}, Mg^{2+}, Mn^{2+}, aus wss. Acetatpufferlsg. mit Ae. extrahiert. **I** sind möglicherweise am Na^+-Transport in Geweben beteiligt. K. Maier 4520◇

1256 **Über Ommochrome.** 20. Mitt. **Zur Verbreitung der Ommatine im Tierreich. Neue Methoden zu ihrer Identifizierung und quantitativen Bestimmung.** Adolf Butenandt, Ernst Bickert, Helga Kübler und Bernt Linzen. (Hoppe-Seyler's Z. physiol. Chem. **319**, 238 bis 256, 1960; München, Max-Planck-Inst. f. Biochem.; dt.) — 18. vgl. C. **1962**, 136. — 19. vgl. Liebigs Ann. Chem. **632**, [1960], 143. — Zur Identifizierung von *Ommatinen* (**I**), von denen bisher *Rhodommatin* (**II**), *Xanthommatin* (**III**) u. *Ommatin D* (**IV**) bekannt sind, dienen Löslichkeit, R_F-Werte u. UV-Spektren. Alle bekannten **I** geben bei alkal. oder saurer Spaltung fluorescierende Abbauprodd., die zur papierchromatograph. Identifizierung herangezogen werden. **I** sind präparativ schonend durch Chromatographie an Perlonpulver (z. B. Ultramid MB 2 K 228, BASF) in Phosphatpuffer trennbar. Zur quant. Trennung kleiner **I**-Mengen (noch $< 50\,\gamma$) eignet sich die säulenchromatograph. Trennung an der schwach adsorbierenden Austauschercellulose „Ecteola" in Phosphatpuffer unter Elution mit 3 m Pyridin-Essigsäure-Puffer u. anschließende Extinktionsmessung. **II** ist ein weitverbreiteter Augenfarbstoff (*Gustacea, Insecta*), während **III** u. **IV** auf die Lepidopteren beschränkt sind u. niemals in den Augen, sondern als Flügelfarbstoffe, in manchen Fällen als Exkretpigmente auftreten. Das Vork. von **II** in Schlupfsekreten beruht wahrscheinlich auf einer **IV**-Umwandlung. Die biol. Funktion von **I** ist noch unbestimmt. K. Maier 4520◇

1257 **Identifizierung von Isoamylacetat als aktive Komponente des Stachel-Pheromons der Honigbiene.** R. Boch, D. A. Shearer und B. C. Stone. (Nature [London] **195**, 1018—20, 1962; Ottawa, Canada Dep. of Agric., Analyt. Chem. Res. Serv.; engl.) — 30 frisch entfernte Bienenstacheln wurden in 20 μ Liter CS_2 macerisiert, in Trockeneis gefroren u. zentrifugiert. 5 μ Liter der Lsg. wurden gaschromatographiert. Die Trennung erfolgte bei 130° in einer Kolonne, die 10% Carbowax 1500 als fl. Phase über einem 160—170-maschigen Anakrom-U-Träger enthielt, mit N_2 als Trägergas. In der 4. Fraktion, die nach 1,75 Min. erhalten wurde, konnte *Isoamylacetat* (**I**) durch sein IR-Spektrum identifiziert werden. **I** läßt sich auch durch seinen Geruch im Gift von reifen Arbeiter-Bienen nachweisen. Wach-Bienen werden durch **I** angeregt, jedoch nicht zum Stechen veranlaßt, wie dies bei frisch entfernten, duftenden Stacheln der Fall ist. Vff. schließen daraus, daß **I** nur eine der akt. Komponenten des Bienenstachel-Pheromoms ist. Stacheln von Königinnen u. sehr jungen Bienen enthalten kein **I**. G. Görlich 4520◇

1258 **Untersuchungen über Lipoaminosäuren.** 2. Mitt. **Die biologische Bedeutung von Lipoaminosäuren.** Toshiro Tsubone. (Seikagaku [Biochemie, Tokyo] **35**, 128 bis 134, 1963; Fukuoka, Kyushu Univ., Fac. of Med., Dep. of Med. Chem.; jap.) — 1. vgl. ibid. **35**, [1963] 67. — Unterss. an den Beispielen *N-Lauroyl-L-threonin, N-Acetyl-* u. *N-Caproyl-L-tryptophan.* M. Arnold 4520◇

1259 **Zeitliche Schwankungen des Kollagens, Nicht-Kollagen-Proteins und Hexosamins in Uterus und Vagina.** Charles F. Morgan. (Proc. Soc. exp. Biol. Med. **112**, 690—94, 1963; Minneapolis, Univ. of Minnesota Med.

School, Dep. of Anat.; engl.) — Im Rattenuterus, nicht jedoch in der Vagina, wurden rhythm. Schwankungen des Geh. von *Kollagen*(I) u. *Hexosamin* während des Östruscyclus beobachtet. Konz. u. Gesamtmenge von *Nicht*-I-*Protein* war im Uterus von intakten Tieren höher als im Uterus von Kastrierten. K. Zingraf 4520◇

1260 **Untersuchungen über Sphingosine, Isolierung und vorläufige Identifizierung einiger präparativer Nebenprodukte von C_{18}-Sphingosin.** Karl-Anders Karlsson. (Acta chem. scand. **17**, 903, 1963; Göteborg, Univ., Dep. of Med. Biochem.; engl.) — Bei Isolierung von *Sphingosin* (I) nach einer von Vf. bereits beschriebenen Meth. (C. **1961**, 6912) in Verbindung mit Kieselsäuresäulen u. Dünnschichtchromatographie erhielt Vf. mehrere Nebenprodukte. 2 dieser Prodd. schienen durch Isomerisation der Allylgruppe in I entstanden zu sein. 2 weitere Prodd. sind wahrscheinlich Dehydrationsprodd. von I u. der Allylisomere. G. Bratfisch 4520◇

1261 **Isolierung von nativen Plasmalogenen.** O. Renkonen. (Acta chem. scand. **17**, 634—40, 1963; Helsinki, Univ., Dep. of Serol. and Bacteriol; engl.) — Vf. beschreibt eine allg. Meth. zur Isolierung von nativen *Plasmalogenen* (Pl.) wie *Cholin-Pl.* aus Lecithin vom Rinderherz u. *Äthanolamin-Pl.* aus Äthanolamincephalin vom Rinderhirn. Die Meth. basiert auf einer selektiven Desacylierung der natürlichen Pl.-Gemische u. der entsprechenden Diacylphosphatide durch milde alkal. Behandlung. Vf. zeigt, daß die Diacylderivv. von Glycerophophorylcholin u. Glycerophosphoryläthanolamin hierbei weit schneller desacyliert werden als die entsprechenden Plasmalogene. Die isolierte Pl. sind noch mit geringen Mengen an entsprechenden acylierten Alkoxyphosphatiden verunreinigt. G. Bratfisch 4520◇

1262 **Synthese von Antikörpern durch Blutleukocyten des Kaninchens.** Lotte Hulliger und Ernst Sorkin. (Nature [London] **198**, 299, 1963; Davos, Schweizerisches Forschungsinst., Med. Abt.; engl.) — Vorl. Mitt. Leukocyten aus dem kreisenden Blut von immunisierten Kaninchen bilden (4 Tage nach einer Auffrischungsinjektion) überraschend große Mengen von Antikörpern gegen lösl. heterologes Antigen in vitro. Wird die Zahl der zirkulierenden Leukocyten in Betracht gezogen, so erscheint die Bedeutung der Leukocyten bei der Antikörper-Bldg. ebenso groß wie die der Milz. Beim Vgl. der verschiedenen Zelltypen erweist sich ein hoher Grad von Antikörper-Bldg. im Blut als mit einem hohen Prozentsatz an Plasmazellen einhergehend.
U. Tausendfreund 4551◇

1263 **Einbau von jodierten Anti-Ratten-Hirnglobulin und normalem Globulin in Rattenorgane.** Clara H. Williams und Ben Rothfeld. (Proc. Soc. exp. Biol. Med. **113**, 613—16, 1963; Perry Point, Md., VA Hosp., Psychophysiol. Labor. and Radioisotope Labor.; engl.) — ^{131}*J-Anti-Rattenhirnglobulin*(I) konnte nach i.v. oder intrathekaler Injektion nicht im Hirn von Ratten lokalisiert werden. Normales *Globulin* von Kaninchen wird durch das Hirn der Ratte in größerer Menge aufgenommen als I. Das Antiserum wird auch durch die Leber nicht aufgenommen. K. Zingraf 4551◇

1264 **Wirkung von Mercaptoäthanol auf das Komplementbindevermögen von menschlichem 7S-γ-Globulin.** Gerhard Wiedermann, Peter A. Miescher und Edward C. Franklin. (Proc. Soc. exp. Biol. Med. **113**, 609—13, 1963; New York, New York Univ. School of Med., Dep. of Med., Bellevue Hosp., Third and Fourth Med. Div.; engl.) — Menschliches *7S-Immunglobulin* verband sich auch nach Behandlung mit *Mercaptoäthanol* (I) weiter mit Antigen. Nach Behandlung mit I war eine Aggregation von menschlichem *γ-Globulin*(II) durch Wärme möglich. Das Komplementbindungsvermögen von 7S-Antikörpern nach Rk. mit Antigen oder von II nach unspezif. Wärmeaggregation wurde durch Behandlung mit I aufgehoben. K. Zingraf 4551◇

1265 **Die Immunreaktion der Ratte mit Lathyrismus.** J. Kenneth Herd und J. Lowell Orbison. (Proc. Soc. exp. Biol. Med. **113**, 589—92, 1963; Rochester, N. Y., Univ. of Rochester School of Med., Dep. of Pathol; engl.) — Es bestand kein Unterschied in der Immunreaktion von intakten Ratten u. von Tieren mit Lathyrismus auf Injektionen von menschlichen Erythrocyten.
K. Zingraf 4551◇

1266 **Vorkommen von Kininen in Epinephrin-inducierten Lungenödemen bei Kaninchen.** P. Di Mattei. (Arch. int. Pharmacodynam. Thérap. **140**, 368—73, Dez. 1962; Univ. di Roma, Ist. di Farmacol.; engl.) — Während des Epinephrin-induzierten akuten Lungenödems (ALÖ) bei Kaninchen treten große Mengen akt. *Kinine*(I) im Kreislauf, in Lunge u. Leber sowie in der Tracheobronchialfl. auf. Ligation der Lebervenen verhindert die ALÖ-Bldg. u. die I-Erhöhung in Plasma u. Lunge. Unwirksame Epinephrin-Gaben erzeugen in Kombination mit Bradykinin tödliche ALÖ, Bradykinin allein ist unwirksam.
P. Gregorzewski 4552◇

1267 **Merkmale einer submaxillaren, mucoiden Drüse des Hundes.** F. J. Draus. (Arch. oral. Biol. **8**, 219—21, 1963; Pittsburgh, Pa., University of Pittsburgh, School of Dentistry; engl.) — Nach den von Draus u. Keung (Arch. oral Biol., **3**, [1960] 35) angegebenen Verf. wird eine mucoide Drüse aus der Submaxillaris des Hundes isoliert. Sie ist elektrophoret. homogen bei pH 8,6 in Veronalpuffer u. bei pH 10,3 in Phosphatpuffer; Beweglichkeit: $-9{,}29 \cdot 10^{-5}$ cm²/V · sec. $-11 \cdot 10^{-5}$ cm²/V · sec. Papierchromatograph. werden neben Spuren von Uronsäure, Sialsäure (11,8%), Hexosamin (17,7%), das hauptsächlich als Galaktosamin vorliegt, Fucose (12,0%), Hexose (14,8%) u. Protein (38,1%) nachgewiesen. Folgende Aminosäuren werden papierchromatograph. identifiziert: Cystin, Arginin, Serin, Glycin, Asparaginsäure, Glutaminsäure, Threonin, Alanin, Prolin, Tyrosin, Valin, Leucin, Isoleucin u. Phenylalanin. H. Köditz 4555◇

1268 **Die Sekretion von ^{14}C-Glucose durch die Glandula parotis des Hundes.** L. L. Langley, R. W. Hanson, O. R. Grimes jun., D. F. Cockrell jun. und L. A. Knight. (Arch. oral. Biol. **8**, 127—33, 1963; Birmingham, Ala., Univ. of Alabama Medical Center, Dep. of Physiology and Pharmacology; engl.) — Injizierte ^{14}C-Glucose (I) wird, wie die Radioisotopenchromatographie zeigt, teilweise (3—4% der I-Konz. im Plasma) mit dem Speichel dieser Drüse wieder ausgeschieden. Mit steigendem Speichelfluß nimmt auch die I-Sekretion zu. Unterbrechung des Speichelflusses (nach Langley u. Brown, C. **1961**, 9091) läßt erkennen, daß der Übergang von I im Plasma zum Speichel hauptsächlich in den intralubulären Ducti erfolgt. H. Köditz 4555◇

1269 **Vorläufige Mitteilung über die Schweißsekretion des Menschen infolge von Adrenalin.** Yas Kuno, Toshio Yamada und Kokichi Ohara. (Proc. Japan Acad. **38**, 227—29, 1962; Kyoto, Kyoto Prefect. Med. Univ., Dep. of Physiol.; Nagoya, Nagoya City Univ., Dep. of Physiol.; engl.) — Im Ruhezustand der Schweißdrüsen löst subcutane Injektion von *Adrenalin* keine Schweißsekretion aus. Wenn die Schweißdrüsen jedoch bereits in Tätigkeit sind, wird die Sekretion durch 0,5—0,7 mg gehemmt (Vasokonstriktion der Schweißdrüsen), durch 0,1—0,3 mg dagegen deutlich erhöht.
K. Zingraf 4555◇

1270 **Wechselwirkungen von Arzneimitteln mit Endocrinen Drüsen.** Robert Gaunt, J. J. Chart und A. A. Renzi. (Annu. Rev. Pharmacol. **3**, 109—28, 1963; Summit, N. J., Ciba Pharm. Comp.; engl.) — Übersicht (bis Juli 1962); Arzneimittel, die die Reproduktion, die gonadotropen Funktionen beeinflussen; Beeinflussung der Brustdrüsen u. gewöhnliche Wrkg. diverser Arzneimittel auf Reproduktionsprozesse, Arzneimittel u. antidiuret. Hormon, Beeinflussung der Nebennierenrinde. — 224 Literaturangaben. P. Gregorzewski 4558◇

1271 **Zeitunterschiede in der Reaktion der männlichen sekundären Geschlechtsmerkmale auf Androgene: Stirnhöcker und Penis der Moschusente (Cairina moschata).** Hans von Faber. (Endocrinology **72**, 169, 1963; Stuttgart-Hohenheim, Landw. Hochsch., Zool. Inst.; engl.) — Nach 2wöchiger Behandlung mit *Testosteron*-Deriv. trat bei jungen ♂ Moschusenten bis zum Alter von 32 Tagen keine Entw. des Stirnhöckers auf, während das Gew. des Penis 10 mal so hoch war wie bei nichtbehandelten Tieren. K. Zingraf 4559◇

1272 **Wirkung von anabolischen Androgenen auf die Erzeugung von Granulationsgewebe beim Kaninchen.** C. Cavallero, A. Maurizio, C. Baroni und V. Lami. (Experientia [Basel] **19,** 429—30, 1963; Pavia, Univ., Ist. di Anat. e Istol. Patol.; engl.) — *Methandrostenolon, Östrenol* u. *Oxymesteron* beeinflußten allein die Bldg. von Granulationsgewebe in Hautwunden von Kaninchen nicht. In hohen Dosen verstärkten sie die Hemmwrkg. von *Fluprednisolon,* in niedrigen Dosen waren sie unwirksam. K. Zingraf 4559◇

1273 **Steroide.** 9. Mitt. **Synthese einiger Thiazolosteroide.** Norman J. Doorenbos und Conrad P. Dorn jun. (J. pharmac. Sci. **51,** 414—17, 1962; Baltimore, Univ. of Maryland, School of Pharm.; engl.) — 8. vgl. J. pharmac. Sci. **50,** [1961], 628. — Auf der Suche nach neuen anabolen Steroiden mit geringer androgener Aktivität gelang die Synth. von *Thiazolo-(5.4:b]-5α.Δ²-cholesten* u. *Thiazolo-[5.4:b]-17α-methyl-5α.Δ²-androsten-17β-ol* u. mehreren 2′-Derivaten. Die substituierten Thiazolverbb. werden aus Bromketosteroiden u. Thioamiden durch mehrstd. Kochen in A. oder Chlf. erhalten. Vorl. Unterss. zeigen, daß *2′*-Methylthiazolo-[5.4:b]-17α-methyl-5α.Δ²-androsten-17β-ol gute anabole Eigg. besitzt.

Versuche: *Thiazolo-[5.4:b]-5α.Δ²-cholesten,* $C_{28}\cdot H_{45}NS$, F. 166—168° (Dimethylformamid-Aceton), $[\alpha]_D^{25}$ + 55,3 (Chlf.); a) durch 1std. Kochen von Formamid u. P_2S_5, Zusetzen von *2α-Brom-5α-cholestan-3-on* (I) in Bzl. u. 5std. Kochen, 3,5%; b) durch 4tägiges Stehen eines Gemisches aus Thioformamid u. I, gelöst in Chlf.-A. (1:1) im Eisschrank, dann 2 Wochen bei Raumtemp., 48%. — Thiazolo-[5.4:b]-5α.Δ²-cholestene: *2′-Methyl-,* $C_{29}H_{47}NS$, F. 168,5—169,5°, $[\alpha]_D^{25}$ + 52,9° (Chlf.), durch 5std. Kochen von I mit Thioacetamid in Chlf.-A. (1:1), 22%; *2′-Amino-,* $C_{28}H_{46}N_2S$, F. 271—271,5° (A.), $[\alpha]_D^{25}$ + 58,3° (Chlf.), durch 5std. Kochen von I u. Thioharnstoff in Chlf.-A., 79%; *2′-Phenylamino-,* $C_{34}H_{50}\cdot N_2S$, F. 194,5—195,5° (A.), $[\alpha]_D^{25}$ + 62,9° (Chlf.), durch 6std. Kochen von I u. N-Phenylthioharnstoff in A., 45%; *2′-Allylamino-,* $C_{31}H_{50}N_2S$, F. 189,5—192° (Chlf.-Methanol), $[\alpha]_D^{25}$ + 57,4° (Chlf.); durch 3std. Kochen von I u. N-Allylthioharnstoff in A., 50%. *17α-Methyl-5α-androstan-17β-ol-3-on,* F. 192—194° (Methanol), durch Lösen von 17α-Methyltestosteron in Dioxan-Ae. (1:1) u. ½std. Einwirken einer Li-Lsg. in NH_3, 90%. — *2α-Brom-17α-methyl-5α-androstan-17β-ol-3-on* (II), $C_{20}H_{31}BrO_2$, F. 185—187° (Äthylacetat-PAe.; braun), durch Einw. von Pyridinhydrobromidperbromid auf vorst. Verb. in Tetrahydrofuran, 41%. — Thiazolo-[5.4:b]-17α-methyl-5α.Δ²-androsten-17β-ole: *Unsubstituiertes,* $C_{21}H_{31}NOS$, F. 177 bis 179° (Ae.-PAe.), $[\alpha]_D$ + 48,8°, durch 5tägiges Einwirken von Fluorformamid auf II in Chlf.-A. (1:1) im Eisschrank, dann 6 Wochen bei Raumtemp., 33%; *2′-Methyl-,* $C_{22}H_{33}NOS$, F. 198—199,5° (Aceton, gelbweiße Nadeln) $[\alpha]_D$ + 35,6°, durch 5std. Kochen von II u. Thioacetamid in A., 49%; *2′-Amino-,* $C_{21}H_{32}N_2OS$, F. 270—272° (Methanol-W.; Platten); durch 5std. Kochen von II u. Thioharnstoff in A., 57%; *2′-Phenylamino-,* $C_{27}H_{36}N_2OS$, F. 250—252° (A.; Platten); durch 3std. Kochen von II u. N-Phenylthioharnstoff in A., 35%, *2′-Allylamino-,* $C_{24}H_{36}\cdot N_2OS$, F. 232—234° (A.-W.; Nadeln), $[\alpha]_D$ + 50,5°; durch 3std. Kochen von II u. N-Allylthioharnstoff in A., 71%. P. Gregorzewski 4559◇

1274 **Steroide.** 10. Mitt. **Darstellung von Azasteroiden aus Cholestenon und Progesteron.** Norman J. Doorenbos und Harkishan Singh. (J. pharmac. Sci. **51,** 418—20, 1962; engl.) — 9. vgl. vorst. Referat. — Cholestenon wird mit Hilfe der Schmidt-Rk. in Polyphosphorsäure in *3-Aza-A-homo-Δ^{4a}-cholesten-4-on* (I) umgewandelt. Die Struktur wird durch UV-Spektrum, Hydrolysebeständigkeit u. die Hydrierungsprodd. *3-Aza-A-homo-5α-cholestan-4-on* u. *3-Aza-A-homo-5β-cholestan-4-on* sichergestellt. Bei der gleichen Rk. liefert Progesteron in Abhängigkeit von der angewendeten Na-Azid-Menge *17β-Acetylamino-Δ⁴-androsten-3-on* oder *17β-Acetylamino-3-aza-A-homo-Δ^{4a}-androsten-4-on* (II). Die Struktur von II wird durch die Bldg. von *17β-Acetylamino-Δ⁵-androsten-3β-ol* bei der Oppenauer-Oxydation gesichert.

Versuche: *3-Aza-A-homo-Δ^{4a}-cholesten-4-on* (I), $C_{27}H_{45}NO$, F. 255—260° (Bzl.-Aceton), $[\alpha]_D^{27}$ + 20,0°, durch 10std. Erwärmen von Δ⁴-Cholesten-3-on u. NaN_3 in Polyphosphorsäure auf 50—60°, auf Eis gießen, Neutralisieren u. Chromatographie des Chlf.-Extraktes (Elution mit Bzl., dann mit Chlf.-Bzl. (1:19), 60%, (Ausbeute). — *3-Aza-A-homo-5α* (bzw. *5β*)*-cholestan-4-on,* F. 263—269° (A.), durch katalyt. Hydrierung vorst. Verb. an PtO_2 in Eisessig bei 72° u. 60 lb. Druck in 9 Std., Chromatographie. — *17β-Acetylamino-Δ⁴-androsten-3-on,* $C_{21}H_{31}\cdot NO_2$, F. 275—278° (Aceton), $[\alpha]_D^{27}$ + 58,0; a) wie I aus Progesteron (2,0 g) u. 0,4 g NaN_3 in Polyphosphorsäure, 35%; b) durch 44std. Kochen von 17β-Acetylamino-Δ⁵-androsten-3β-ol mit Al-Isopropylat in Bzl.-Aceton. — *17β-Acetylamino-3-aza-A-homo-Δ^{4a}-androsten-4-on* (II), $C_{21}H_{32}N_2O_2$, F. 289—291° (Methanol-Aceton), $[\alpha]_D^{27}$ — 2,0, wie I aus 1,6 g Progesteron u. 800 mg NaN_3 in 60 g Polyphosphorsäure, 29%. P. Gregorzewski 4559◇

1275 **Glucuronidbildung beim Transport von Testosteron und Androstendion durch den Rattendarm.** M. J. Kreek, F. G. Guggenheim, J. E. Ross und D. F. Tapley. (Biochim. biophysica Acta [Amsterdam] **74,** 418—27, 1963; New York, N. Y., Columbia Univ. Coll. of Physicians and Surgeons, Dep. of Med.; engl.) — Bei der Inkubation von *$^{14}C_{(4)}$-Testosteron* (I) oder *Δ⁴-Androsten-3.17-dion* (II) mit umgestülpten Darmsäcken der Ratte wurde ein Nettotransport von Radioaktivität zur Serosaseite hin beobachtet. Nach 3 Std. war Radioaktivität auf beiden Seiten des Darmsackes in I, II, *Androstan-7.17-dion, Androsteron* u. *Androstan-3α.17β-diol* (III) enthalten. Auf der Serosaseite lag III hauptsächlich als Glucuronsäurekonjugat vor. Da kein anderes Steroid in dieser konjugierten Form vorlag, war das III-Konjugat für den Transport der Radioaktivität verantwortlich. K. Zingraf 4559◇

1276 **Untersuchungen über die hormonale Regulation der Squalensynthese in der Vorhautdrüse und der Haut der Ratte.** Timothy L. Burgess und Jean D. Wilson. (Proc. Soc. exp. Biol. Med. **113,** 747—50, 1963; Dallas, Univ. of Texas Southwestern Med. School, Dep. of Int. Med.; engl.) — *Testosteron* (I) u. *Progesteron,* nicht jedoch Östradiol, erhöhten den *Squalen*-Geh. in der Vorhautdrüse u. in der Haut der kastrierten Ratte. I steigerte auch die Synth. von *Fettsäuren* aus $^{14}C_{(2)}$-Acetat in der Drüse. K. Zingraf 4559◇

1277 **Steroide.** 182. Mitt. **Progestative Wirksamkeit von 6.21-disubstituierten 17α-Acetoxyprogesteron-Derivaten. Teil 2.** Fred A. Kincl. (Endokrinologie **42,** 51—54, Jan. 1962; Mexico, D. F., Res. Labor. Syntex, S. A.; dt.) — Nach der McPhail-Meth. (vgl. 181. Mitt.) wurde an Kaninchen die orale progestative Wirksamkeit von *17α.21-Diacetoxyprogesteron* u. 5 Derivv. desselben geprüft. Vf. konnte zeigen, daß die Einführung einer 6α-Chlor- oder Methylgruppe die progestative Wirksamkeit um etwa das 30fache erhöht, die durch zusätzliche Ungesättigtheit des Moleküls nicht weiter verstärkt wird. Gegenüber den 17α-Acetoxyprogesteron-Derivv. verringert die Einführung einer 21-Acetoxy-Funktion den progestativen Effekt um 95 bis 15%. R. Illhardt 4559□

1278 **Die Wirkungen von oral verabreichten progesteronartigen Verbindungen auf das Brustdrüsenwachstum bei Ratten.** David R. Griffith, Ralph Williams und C. W. Turner. (Proc. Soc. exp. Biol. Med. **113,** 401—03, 1963; Columbia, Univ. of Missouri, Dep. of Dairy Husbandry; engl.) — Ovarektomierte Ratten erhalten progesteronähnliche Verbb., anschließend wird die Entw. der Brustdrüsen bestimmt (Kriterium: mg totale Desoxyribonucleinsäure pro 100 g Körpergew.) Folgende Werte wurden erhalten: 18—20 Tage Trächtigkeit 7,69; 1 μg *Östradiolbenzoat* (I) + 0,14 mg *Norlutin* (II) 3,70; 1 μg + 0,28 mg II 3,94; 1 μg I + 2,8 mg II 3,74; 1 μg + 2,7 mg *Norlutat* 3,90; 1 μg I + 2,98 mg *Lutoral* 6,19; 1 μg I + 5,2 mg *Provera* 7,70 (alles oral verabreicht). Auch eine Injektion von I + *Norlutinönanthat* ist wirksam. W. Hiller 4559◇

1279 **Die Biosynthese von Allopregnan-3β.16α.20β-triol aus $^{14}C_{(1)}$-Acetat in der trächtigen Stute.** H. I. Bolker, R. D. H. Heard und V. J. O'Donnell. (Endocrinology **60,** 214—18, 1957; Montreal, McGill Univ., Dep. of Biochem.; engl.) — Aus dem Harn einer trächtigen, mit $^{14}C_{(1)}$-*Acetat* behandelten Stute wurde ^{14}C-*Allopregnan-3β.16α.20β-triol* (I), F. 300° (Zers.), isoliert; *Triacetat,* F. 168—169°. Die spezif. Aktivität von I u. gleichzeitig ausgeschiedenem *Östron* waren annähernd gleich. K. Maier 4559◇

1280 **Östrogen-Antagonismen: Hemmung des Östrogen-induzierten Uteruswachstums und der Vaginalschleimveränderungen mit Testosteronderivaten.** Richard A. Edgren. (Proc. Soc. exp. Biol. Med. **104,** 662—64, Aug./Sept. 1960; Chicago, Ill., G. D. Searle and Co.; engl.) — Untersucht werden *Testosteron* u. *17-Methyl-*(I), *17-Äthyl-*, *17-Vinyl-* u. *17-Äthinyltestosteron.* I ist der wirksamste Östrogen-Antagonist. P. Gregorzewski 4559◇

1281 **Östrogen-Antagonismen: Einflüsse verschiedener Steroid-Spirolactone auf das Östrogen-induzierte Uteruswachstum von Mäusen.** Richard A. Edgren und Richard L. Elton. (Proc. Soc. exp. Biol. Med. **104,** 664—65, Aug./Sept. 1960; Chicago, Ill., G. D. Searle and Co. Div. Div. of Biol. Res.; engl.) — Vgl. vorst. Referat. — Eine Reihe von Steroiden mit Spirolacton-Struktur mit Aldosteronhemmwrkg. werden an Mäusen auf ihre Östrogen-antagonist. Wrkg. untersucht. Die wirksamste Verb. ist: *19-Nor-3-[3-oxo-17β-hydroxy-Δ^4-androstenyl-(17α)]-propionsäure-γ-lacton.* P. Gregorzewski 4559◇

1282 **Biologischer Nachweis für Östrogen und recurrierender Östrus bei ovarektomierten Schafen.** Manika Wodzicka-Tomaszewska. (Nature [London] **198,** 299—301, 1963; Hamilton, New Zealand, Dep. of Agric., Whatawhata Hill Country Res. Station; engl.) — Messung der Vagina-Erweiterungsfähigkeit beim ovarektomierten Schaf wird als ausbaufähige Meth. zur biolog. Best. der Aktivität *östrogener Substanzen* angesehen; es müssen jedoch frisch ovarektomierte Tiere Verw. finden, da die Vagina im Laufe der Zeit ihre Rk.-Fähigkeit gegenüber den Östrogenen verliert. Das bei diesen Verss. beobachtete mehrmalige Wiederauftreten eines Östrus ohne weitergeführte Östrogeninjektion bedarf noch einer Erklärung; möglicherweise wird durch die initiale Injektion die Sekretion östrogener Substanzen durch andere Drüsen (Nebennieren?) angeregt. U. Tausendfreund 4559◇

1283 **Erhöhung der alkalischen Phosphatase-Aktivität in Vaginal-Epithel kultiviert in vitro als Folge einer hochspezifischen Reaktion auf Östradiol.** Kazimierz Dux und Jadwiga Koziorowska. (Acta endocrinol. [Copenhagen], Suppl. Nr. **51,** 991, 1960; Warszawa, Inst. of Onkology; engl.) H. Herper 4559□

1284 **Schädigende Wirkung von Choriongonadotropin auf den Hoden der ausgewachsenen Ratte.** F. Morabito und G. Strazzulla. (Sperimentale **113,** 175—82, 1963; Firenze, Univ., Ist. di Semeiot. Med.; Ist. di Istol ed Embriol. Generale; ital.) — Hohe Dosen *Choriongonadotropin* lösen bei ausgewachsenen Ratten Schädigungen des Samenleiters im Hoden aus, die nach 24 Std. ihr Maximum erreicht haben; nach 48 Std. zeigten die Hoden bereits wieder normale Funktion. K. Zingraf 4559◇

1285 **Die Wirkung eines Derivates von Dithiocarbamoylhydrazin auf die Tibia der hypophysektomierten Ratte.** Helen E. C. Cargill Thompson. (J. Endocrinology **26,** 447—48, 1963; Edinburgh, Univ., Clin. Endocr. Res. Unit (M. R. C.); engl.) — Das *Dithiocarbamoylhydrazin-Deriv. Compound 33828* verringerte das Wachstum der Epiphysenknorpelplatte der Tibia von unreifen ♀ hypophysektomierten Ratten u. hemmte die Wrkg. von Rinder-Wachstumshormon auf das Wachstum der Knorpelplatte. K. Zingraf 4560◇

1286 **Die Wirkung von menschlichem Wachstumshormon auf das Zellwachstum in Gewebekulturen.** Henry D. Moon, Virginia L. Jentoft und Choh Hao Li. (Endocrinology **70,** 31—38, 1962; San Francisco, Univ. of California School of Med., Cancer Res. Inst. and Dep. of Pathol. and Berkeley, Calif.; Univ. of California, Hormon Res. Labor.; engl.) — Präpp. von menschlichem *Wachstumshormon* (I) aus der Hypophyse verursachen bei menschlichen Leberzellkulturen eine Zunahme der Vermehrung der Zellkerne. Die Zunahme ist proportional der I-Konz. u. der Inkubationszeit. Menschliches Albumin, menschliches γ-Globulin u. Rindersomatotropin zeigen diese Wrkg. nicht. I-Antikörper heben die I-Wrkg. auf. W. Hiller 4560◇

1287 **Stoffwechselaktive und auf die Niere gerichtete Wirkungen von humanem Wachstumshormon bei Krankheit.** Herbert Gershberg. (J. clin. Endocrinol. Metabolism **20,** 1107—1119, 1960; Acta endocrinol. [Copenhagen] Suppl. **51,** [1960], 255; New York, N. Y., Univ., Coll. of Med., Deps. of Med. and Physiol.; Bellevue Hosp.; engl.) — Patienten mit Hypopituarismus, Hypoadrenalismus, Glomerulonephritis u. Laennec'-Cirrhose erhalten, von 1—10 mg steigend, ein aus biopt. Material hergestelltes *Wachstumshormon*-Präparat. Hierauf kommt es zur prompten Senkung des *Harnstoff*-Spiegels u. der Harnstoff- u. der Phosphat-Ausscheidung. Der Phosphat- u. Glucose-Geh. des Blutes steigt an, u. als Folge einer renotropen Wrkg. wird die endogene Kreatinin-Clearance sowie die Phosphatreadsorption erhöht. — Bei der mit Hypocholesterinämie u. Hypoalbuminämie einhergehenden Lebercirrhose kommt es unter dieser Therapie zur Stimulation der Leberfunktion, die sich in einem Anstieg des Albumin- u. Cholesterin-Geh. im Serum bemerkbar macht. — Vgl. C. **1964, 11**-1304. Manfred Schmidt 4560◇

1288 **Die Wirkung von Wachstums- und Schilddrüsenhormonen auf die Eliminierung von Calcium und Strontium aus dem Skelett der Ratte durch intraperitoneale Spülung.** F. W. Lengemann, R. H. Wasserman und C. L. Comar. (Endocrinology **67,** 535—39, 1960; Ithaca, N. Y., Cornell Univ., New York State Veterin. Coll., Dep. of Physiol., Labor. of Radiation Biol.; engl.) — Durch *Wachstumshormon* (I)-Substitution geht bei hypophysektomierten Ratten die, 24 Std. (günstigster Zeitpunkt) nach Zufuhr von ^{85}*Sr* u. ^{45}*Ca,* durch intraperitoneale Spülung eleminierbare Menge an ^{85}Sr u. ^{45}Ca zurück. Durch Hemmung der *Schilddrüsenhormon*-Bldg. mittels Thiouracil steigt die eliminierbare ^{85}Sr- u. ^{45}Ca-Menge, nicht jedoch wenn die hypophysektomierten Tiere gleichzeitig I erhalten. U. Tausendfreund 4560◇

1289 **Sekretion von thyreotropem Hormon durch Hypophysentransplantate bei einem Teleosten.** John N. Ball, Madeleine Olivereau und Klaus D. Kallman. (Nature [London] **199,** 618—20, 1963; Liverpool, Univ., Dep. of Zool.; Paris, Inst. Océanograph., Labor. de Physiol.; New York, N. Y., New York Zool. Soc., Amer. Museum of Natural Hist., Genetics Labor.; engl.) — Wird die Hypophyse des Cyprinodonten *Mollienesia formosa* (Girard) aus der normalen Verbindung mit dem Hypothalamus gelöst, so bleibt die Fähigkeit zur Sekretion beträchtlicher Mengen von *Thyreotropin* (I) erhalten, so daß bei Teleost-Fischen die Hypothalamus-Hypophysen-Beziehung bzgl. I von der bei Säugern abweicht. U. Tausendfreund 4560◇

1290 **Ein Hypothalamus-Faktor aktiviert die saure Phosphatase der Hypophyse und wahrscheinlich auch die Sekretion von thyreoidstimulierendem Hormon.** V. Schreiber, J. Charvát, Z. Lojda, M. Rybák und V. Jirgl. (Acta endocrinol. [Copenhagen], Suppl. Nr. **51,** 91, 1960; Prague, Czechoslovakia, Med. School and Inst. of Hematol.; engl.) H. Herper 4560□

1291 **Wirkung von thyreotropem Hormon auf die Jodidfreisetzung durch die Schilddrüse.** I. N. Rosenberg, J. C. Athans und A. Behar. (Endocrinology **66,** 185—99, 1960; Boston, Mass., Boston City Hosp., 5th and 6th Med. Serv., Res. Labor.; 3rd Surg. Serv.; Boston Univ. School of Med., Deps. of Med. and Surg.; engl.) — Bei Pentobarbital-narkotisierten Hunden, bei denen das *J* der Schilddrüse 2—6 Tage vorher durch Anwendung von ^{131}J markiert worden war, bewirkte die Injektion von *thyreotropem Hormon* (I) eine Freisetzung von Protein-gebundenem ^{131}J, $^{131}J^-$ u. $^{127}J^-$ aus der Schilddrüse. Die Freisetzung von J^- innerhalb von 30 Min. nach Anwendung von I konnte durch Anwendung von Perchlorat gesteigert werden. K. Zingraf 4560◇

1292 **Weitere Untersuchungen über die Regulation von Adrenocorticotropem Hormon in der Hypophyse von Ratten mit Hypothalamusschädigung.** S. M. McCann und Paul Haberland. (Endocrinology **66,** 217–21, 1960; Philadelphia, Pa., Univ. of Pennsylvania School of Med., Dep. of Physiol.; engl.) — „Akute" oder „chron." Schädigungen der Eminentia medialis kann die Verringerung des *Ascorbinsäure* (I)-Geh. in der Nebenniere, die bei Ratten normalerweise 1–4 Std. nach einseitiger Adrenalektomie eintritt, blockieren. Es kann bei solchen Schädigungen zu einer Atrophie der Nebenniere bei normaler Hodengröße kommen. Der I-Geh. der Nebennieren von Tieren mit Atrophie schwankt, u. manche von ihnen haben keinen Diabetes insipidus. Bei akuten Schädigungen ist der Geh. von *Adrenocorticotropem* Hormon in der Hypophyse normal, bei chron. sinkt er auf 50% ab. K. Zingraf 4560◇

1293 **Adrenocorticotropes Hormon freisetzende Aktivität von Rinderhypophysenhinterlappen.** H. W. Rumsfeld jun. und John C. Porter. (Endocrinology **70,** 62–67, 1962; Dallas, Tex.; Univ. of Texas, Southwestern Med. School, Dep. of Biochem. and Physiol.; engl.) — Vff. bestimmen die *Adrenocorticotropes Hormon*(I)-freisetzende Aktivität (adrenale Ascorbinsäure vermindernde Aktivität in mit Cortisol behandelten Ratten minus adrenale Ascorbinsäure vermindernde Aktivität in hypophysektomierten Ratten) von Extrakten u. Fraktionen von Rinderhypophysenhinterlappen. Die I-freisetzende Aktivität bzw. die Pressoraktivität beträgt beim Essigsäureextrakt 295 (Einheiten per 600 Hypophysenhinterlappen, U. S. P. corticotropin reference standard) bzw. 50,222; beim Trichloressigsäureextrakt 27 bzw. 4,471 u. bei Fraktion 12 beträgt sie 10 bzw. 2,347 (Adsorption des Trichloressigsäureextraktes an eine Säule u. nachfolgende Gradientenelution). Die entsprechenden Werte für *Arginin-Vasopressin* sind 1,0 bzw. 164 per mg. Bei der Chromatographie wurden 12 Fraktionen erhalten. Die I-freisetzende Aktivität fand sich nur in Fraktion 12. W. Hiller 4560◇

1294 **Untersuchungen über Ultrazentrifugenfraktionen des Hypophysenvorderlappens mit besonderer Berücksichtigung von Adrenocorticotropem Hormon.** J. H. U. Brown und Frode Ulvedal. (Endocrinology **66,** 175 bis 184, 1960; Atlanta, Ga., Emory Univ., Dep. of Physiol.; engl.) — Die Hormone des Hypophysenvorderlappens kommen in verschiedenen subcellulären Ultrazentrifugenfraktionen vor: *Luteinisierungshormon* (I) u. *Wachstumshormon* (II) in den sekretor. Granula, *Thyreotropes Hormon* (III) in den Mitochondrien u. *Adrenocorticotropes Hormon* (IV in den Mikrosomen u. im Überstand. *Follikelreifungshormon* (V) findet sich in mehreren Fraktionen. II wird durch Alkalien (VI), nicht jedoch durch Säuren (VII) zerstört. III wird durch VI u. VII zerstört. VII erhöht die Aktivität von V u. zerstört I. VI verringern die Aktivität von I u. V. Die Aktivität von IV wird durch VII gesteigert u. durch VI geringfügig herabgesetzt. K. Zingraf 4560◇

1295 **Über die Wirkung von synthetischem ACTH (β^{1-24}Corticotropin) beim Menschen.** A. Walser und F. Koller. (Experientia [Basel] **19,** 320–22, 1963; Basel, Med. Univ.-Klin.; dt.) — Synthet. *β^{1-24}Corticotropin* (CIBA *30920-Ba*; I), welches 8 Std. lang bei Menschen i.v. infundiert wurde, bewirkte eine deutliche Zunahme der freien *17-Hydroxycorticoide*(II) im Plasma, der II im Harn u. der *17-Ketosteroide.* Die logarithm. Dosis-Wirkungskurve der II im Harn verlief von 3–25 Einheiten linear. Die Wrkg. von I setzte schneller ein u. war von kürzerer Dauer als die von natürlichem *Adrenocorticotropem Hormon.* K. Zingraf 4560◇

1296 **Die Einflüsse von 2.2-Bis-[p-chlorphenyl]-1.1-dichloräthan auf die Steroid-Reaktion und den Blutfluß durch die Nebennieren nach Adrenocorticotropingaben.** John Nichols und Alfred W. Richardson. (Proc. Soc. exp. Biol. Med. **104,** 539–42, 1960; St. Louis Univ. School of Med.; Univ. of Kansas School of Med. and of Physiology, Dep. of Pathol. and Oncolog.; engl.) — Verfütterung von 200 mg *2.2-Bis-[p-chlorphenyl]-1.1-dichloräthan* (*DDT*, I) pro kg täglich verursacht bei Hunden nach 3tägiger Verabreichung histolog. normale Nebennieren, erhöhte Durchblutung u. verringerte 17-Hydroxycorticosteroid-Sekretion, die auch durch Adrenocorticotropin (ACTH)-Verabreichung nicht erhöht wird. 18 Tage nach dieser Behandlung mit I sind histolog. atroph. Veränderungen an den Nebennierenrinden festzustellen, aber sowohl die Durchblutung als auch die Steroidsekretion reagieren auf ACTH normal. Hieraus wird gefolgert, daß das verwendete ACTH eine gefäßerweiternde Komponente u. eine oder mehrere die Steroid-Bldg. bzw. -freisetzung stimulierende Komponenten enthält. P. Gregorzewski 4561◇

1297 **Dissoziation corticotropinhemmender Aktivität von den eosinopenischen und hyperglykämischen Aktivitäten bei Corticosteroidanalogen.** John W. Kendall jun., Grant W. Liddle, Charles F. Federspiel und Jerome Cornfield. (J. clin. Invest. **42,** 396–403, 1963; Nashville, Tenn., Vanderbilt Univ., School of Med. Dep. of Med. and Prevent. Med.; Bethesda, Md., Nat. Heart Inst.; engl.) — Im Gegensatz zu der bisherigen Anschauung einer unbedingten Zusammengehörigkeit der ACTH-unterdrückenden, eosinopen. u. hyperglykäm. Wrkg. von Nebennierenrindensteroiden konnte bei den 3 Cortisol-Analogen *9α-Fluor-11β.17α-dihydroxy-$\Delta^{1.4}$-pregnen-3.20-dion,* *9α.21-Difluor-11β.17α-dihydroxy-Δ^{4}-pregnen-3.20-dion* u. *6α-Methyl-9α-fluor-11β.17-dihydroxy-$\Delta^{1.4}$-pregnen-3.20-dion-21-mesylat* im Vgl. mit *9α-Fluor-11β.17α.21-trihydroxy-$\Delta^{1.4}$-pregnen-3.20-dion* (als biolog. Standard) nur eine (wenn auch verminderte) ACTH-unterdrückende Aktivität, jedoch keine eosinopen. oder hyperglykäm. Wrkg. konstatiert werden. Diese Dissoziation war bei höheren Dosen ausgeprägter. U. Tausendfreund 4561◇

1298 **Cortison und die Regulierung der Gluconeogenese der Leber.** Bernard R. Landau, Robert Mahler, James Ashmore, David Elwyn, A. Baird Hastings und Sylvia Zottu. (Endocrinology **70,** 47–53, 1962; Boston, Mass.; Harvard Med. School, Dep. of Biol. Chem.; engl.) — Vff. inkubieren Leberschnitte von normalen u. mit *Cortison* (I) behandelten Ratten mit *$^{14}C_{(2)}$-Pyruvat* (II) u. *$^{14}CO_2$* (a) oder injizieren II u. CO_2 den Tieren (b). Bei a erfolgt durch I ein relativ stärkerer Einbau in *Glucose* im Vgl. zu *Glykogen.* Vff. führen dies auf eine Erhöhung der *Glucose-6-phosphatase*-Aktivität zurück durch I. Der Gesamteinbau von II u. CO_2 in Glucose u. Glykogen steigt durch I bei a auf das Doppelte bei geringen I-Konzz. (0,6 mm). Die Ergebnisse bei b sind ähnlich. Der Einbau steigt durch I hier auf das 2–3fache. W. Hiller 4561◇

1299 **Wiederherstellung der hepatotropen Cystinwirkung und der Synthese des Leber-Glutathions durch Cortison bei adrenalektomierten Ratten unter Proteinmangel.** A. Aschkenasy und G. Wellers. (C. R. Séances Soc. Biol. Filiales **152,** 1080–83, 15/12. 1958; Paris, Fac. de Méd., Hôpital de la Pitié et Labor. de Physilogie; franz.) — Bei uni-adrenalektomierten, eine Woche proteinfrei ernährten Ratten steigt das Gew. der Leber unter *Cystin*-Gaben. Bei bi-adrenalektomierten Tieren ist das nicht der Fall, doch kann dieser Effekt durch gleichzeitige Zufuhr von *Cortison* (I) erzielt werden. I aktiviert ferner bei adrenalektomierten Tieren die *Glutathion*-Synthese. O. Selisko 4561◇

1300 **Untersuchung über die Rolle der Leber im Hydrocortisonabbau beim Kinde.** J. Bertrand, B. Lauras und B. Cautenet. (C. R. Séances Soc. Biol. Filiales **152,** 1134–37, 1958; Lyon, Clinique méd. infantile; Institut Pasteur; franz.) — Der kindliche Organismus baut *Hydrocortison* schneller ab als der des Erwachsenen. Andererseits wird der Abbau von *Cortisol* beim Kinde durch Lebererkrankungen verzögert. O. Selisko 4561◇

1301 **Der Einfluß von Adrenalektomie und Cortison auf die Durchbruchsgeschwindigkeit der Schneidezähne junger weiblicher Albinoratten.** L. V. Domm und W. A. Wellband. (Proc. Soc. exp. Biol. Med. **104,** 582–84, Aug./Sept. 1960; Chicago, Ill., Loyola Univ., Stritch School of Med., Dep. of Anat.; engl.) — Adrenalektomie verringert die Durchbruchsgeschw. um 28% gegenüber

den Kontrollen, *Cortison*-Gaben erhöhen sie signifikant gegenüber unbehandelten intakten Tieren.
P. Gregorzewski 4561◇

1302 **Klinische und biochemische Probleme einer jahrelangen Glucocorticoidverabreichung.** A. Rosenkranz und E. Zweymüller. (Z. Kinderheilkunde **88**, 91–106, 1963; Wien, Univ., Kinderklin.; dt.) — Die unter Umständen aus vitaler Indikation erforderliche langjährige, teilweise hochdosierte Verabreichung von Glucocorticosteroiden bei Rheumatikern (hier *Prednison* bei 1 Fall), kann neben dem Cushing-Erscheinungsbild zu generalisierter Osteoporose u. Harnstein-Bldg. mit folgendem Erbrechen u. daraus resultierenden Elektrolytstörungen führen. Die im beschriebenen Fall außerdem noch auftretende Nephropathie u. ein Diabetes mellitus renalis lassen sich möglicherweise ebenfalls auf die Steroidtherapie zurückführen. U. Tausendfreund 4561◇

1303 **Untersuchungen über die Wirkung neuer Glucocorticoid-Präparate in Abhängigkeit von Applikationsart und Lösungsmittel.** U. Laschet und W. Hohlweg. (Acta endocrinol. [Copenhagen], Suppl. Nr. **51**, 779, 1960; Berlin, Charité, Inst. für experimentelle Endokrinol.; dt.)
H. Herper 4561□

1304 **Einfluß von Cortison auf mit Chromogen und mit Isoniazid-resistenten Tuberkelbacillen infizierten Mäusen.** Florence K. FitzPatrick. (Proc. Soc. exp. Biol. Med. **105**, 558–60, Aug./Sept. 1960; Rahway, N. J., Merck Inst. for Therapeut. Res.; engl.) — *Cortison*-Behandlung von Mäusen erhöht die Virulenz verschiedener Isoniazid-resistenter Tuberkelstämme für diese Tiere.
P. Gregorzewski 4561◇

1305 **Reaktion des Markes und der Rinde der Nebenniere von Hunden mit isolierter Hypophyse auf Trauma.** Richard H. Egdahl. (Endocrinology **66**, 200–16, 1960; Richmond, Va., Med. Coll. of Virginia, Dep. of Surg.; engl.) — Bei enthirnten Hunden mit der Hypophyse in situ wurde noch 5 Tage nach der Enthirnung ein hoher *Corticosteroid*(**I**)-Geh. im Ruhezustand nachgewiesen u. $^2/_3$ der Tiere sprachen auf Verbrennungstrauma mit erhöhter **I**-Ausschüttung an. Die *Brenzcatechinamin*-Freisetzung im Ruhezustand war bei diesen Tieren gering, nahm aber bei Verbrennungstrauma in normaler Weise zu. K. Zingraf 4561◇

1306 **Die biologische Aktivität einer neuen Corticoid-Familie in der Ratte: 21-Methylfluorprednisolone.** J. G. Llaurado, S. Y. P'an und J. A. Schneider. (Acta endocrinol. [Copenhagen], Suppl. Nr. **51**, 763, 1960; Groton, Conn., Chas. Pfizer & Co., Inc. Res. Labor., Dep. of Macrobiol.) H. Herper 4561□

1307 **Testicularreaktion bei Küken nach starken Corticosteroid-Dosen.** Pierre Leroy. (Acta endocrinol. [Copenhagen], Suppl. Nr. **51**, 769, 1960; Paris, Collège de France, Labor. d'Histophysiol.; franz.)
H. Herper 4561□

1308 **Lokalisierung der Nebennierensteroid-Wirkung auf den Natrium- und Kalium-Transfer in der Hundeohrspeicheldrüse.** L. L. Langley und R. S. Brown. (Acta endocrinol. [Copenhagen], Suppl. Nr. **51**, 807, 1960; Birmingham, Ala., Univ. of Alabama, Med. Center; engl.)
H. Herper 4561□

1309 **Wirkung auf das Kalium in den Zellen. Die Rolle der Ribonucleinsäuren.** Alain Reinberg und Joseph Stolkowski. (Acta endocrinol. Copenhagen, Suppl. Nr. **51**, 809, 1960; Paris, Fac. de Sci., Physiol. Chim.; franz.) H. Herper 4561□

1310 **Das Verhalten der adrenalen Ascorbinsäure, der Corticoide des Plasmas und der Nebennierenrinde bei fastenden jungen Ratten.** Grant G. Slater (unter techn. Mitarb. v. Susan Wyrembek). (Endocrinology **70**, 18–23, 1962; Los Angeles, Calif., Univ. of California med. Center, School of Med., Dep. of Psychiatry and Physiolog. Chem.; engl.) — Vf. bestimmt bei fastenden Ratten die Konz. der *Ascorbinsäure* in der Nebenniere (a), der Plasmacorticoide im Blut (b) u. der adrenalen Corticoide (c) der rechten Nebenniere. b u. c nimmt durch das Fasten zu. Die Zunahme ist dem Gew.-Verlust der Tiere nahezu proportional. Durch Injektion von *Nembutal* vermindert sich b u. c, a bleibt unverändert. Ein akuter Stress (Milzektomie) verursacht Abnahme von a (die Abnahme ist umgekehrt proportional dem vorausgehenden Gew.-Verlust) u. dreifache Zunahme von c u. Zunahme von b. W. Hiller 4561◇

1311 **Eine mögliche Rolle der Ascorbinsäure bei der Biosynthese von Corticoiden in Nebennieren-Gewebe.** S. B. Koritz und F. G. Péron. (Acta endocrinol. [Copenhagen], Suppl. Nr. **51**, 703–04, 1960; Pittsburgh, Pa., Univ. of Pittsburgh, School of Med., Biochem. Dep. and Shrewsbury, Mass., Worcester Found. for Experimental Biol.) H. Herper 4561□

1312 **Stimulation der Nebennierenrinde durch Freisetzung von endogenem Histamin.** J. Lecomte, H. van Cauwenberge und M. Vliers. (C. R. Séances Soc. Biol. Filiales **152**, 1215–17, 15/12. 1958; Liège, Univ. de Liège, Inst., Léon Fredericq, Inst. de Clin. et de Pathol. méd., Labor. de Chimie méd.; franz.) — Der Geh. des menschlichen Plasmas an Gesamtcorticosteroiden nach Freisetzung von *Histamin* durch i.v.-Gabe eines äquimol. Gemisches von *4-[4-Hydroxyphenyl]-4-[4-hydroxy-3-methylphenyl]-butyl-(2)-amin* (*1935 L.*, Labaz, Brüssel) u. seiner dehydrierten Form erzeugt das Bild einer Hypercorticoidämie. Freies Histamin scheint demnach ein Corticostimulans zu sein. O. Selisko 4561◇

1313 **Wechselbeziehungen zwischen anabolischen und antiinflammatorischen Steroiden.** G. Sala, G. Baldratti und A. Cesana. (Acta endocrinol. [Copenhagen], Suppl. Nr. **51**, 781, 1960; Milano, Univ. di Milano, Clinica Med. Labor. Ricerche Farmitalia; engl.)
H. Herper 4561□

1314 **Die Pharmakologie der Steroide mit anaboler Wirkung.** Paul Lechat. (Thérapie **17**, 827–25, 1962; Paris, pharmakolog. Institut; franz.) — Übersicht. — Meth. zur Bewertung der den Proteinaufbau fördernden Wrkg., Nebenwrkgg., Beziehungen zur chem. Struktur. — 52 Literaturangaben. Manfred Schmidt 4561◇

1315 **Die Wirkung von 4-Methyltropolon auf den Adrenalinstoffwechsel.** C. Mavrides, K. Missala und A. D'-Iorio. (Canad. J. Biochem. Physiol. **41**, 1581–87, 1963; Ottawa, Univ. of Ottawa, Fac. of Med., Dep. of Biochem; engl.) — Es wurde nachgewiesen, daß es sich bei der Hemmung der *O-Methyltranspherase* der Rattenleber durch *4-Methyltropolon* (**I**) um eine adsorptive Verdrängung handelt. Durch Zusatz von Substrat kann die Hemmung verringert werden. Nach Vorbehandlung mit **I** war bei Ratten die Ausscheidung von ^{14}C-*Metanephrin* nach Injektion von ^{14}*C-Adrenalin* verringert.
K. Zingraf 4561◇

1316 **Die Biosynthese des Schilddrüsenhormons im Meerschweinchen bei der Fütterung mit Kohl.** V. Štolc und P. Langer. (Physiol. bohemosloven. **12**, 251–57, 1963; Bratislava, Slavak Academy of Sciences, Inst. of Endocrinology; engl.) — Vff. verfolgen den Einfl. einer die Kropfbldg. fördernden Futterpflanze auf die Biosynth. des *Schilddrüsenhormons* mit Hilfe von radioakt. (^{131}J) u. stabilem (^{127}J), intraperitonal einige Std. vor der Tötung der Tiere injiziertem Jod. Die Meerschweinchen wurden mit *Kohl*, die Kontrollen mit Mohrrüben gefüttert. — 6 bis 72 Std. nach der Injektion von ^{131}J war der %-Geh. an Dijodtyrosin in der Schilddrüse der Tiere niedriger, der an Monojodtyrosin, Thyroxin u. Trijodtyrosin höher als der in den Kontrollen. In Ggw. von ^{127}J ist jedoch der J-Geh. in der Schilddrüse niedriger als in den Kontrollen. An Hand einer Modellvorstellung der Schilddrüse entwickeln Vff. die These, daß diese Unterschiede auf die funktionelle Heterogenität der Schilddrüse zurückzuführen sind. H. Köditz 4562◇

1317 **Ernährung und endokrines System. 1. Mitt. Der Einfluß der Ernährung auf die Schilddrüse.** G. Pose. (Ernährungsforschung **8**, 241–62, 1963; Potsdam-Rehbrücke, Inst. für Ernährung; dt.) — Übersicht. — 145 Literaturangaben. M. Ulmann 4562◇

1318 **Die Abhängigkeit der Radiojodspeicherung der Schilddrüse von der Applikationsform.** Erich Moll und Wilhelm Börner. (Strahlentherapie **117**, 112–18, 1962; Würzburg, Univ., Med. Poliklin.; dt.) — Bei 84 oral u. 52 i.v. mit 50 μc ^{131}J versorgten Personen wurde die

Radiojodaufnahme der Schilddrüse verfolgt u. die Speicherwerte nach 2—48 Std. ermittelt. Es zeigte sich, daß bei oraler Gabe die Radiojodspeicherung geringer ist sowie daß außerdem die relative Streuung der Meßwerte größer ist als bei i.v. Applikation.
W. Reusse 4562◇

1319 **Konzentrationsgradienten für Radiojod in nichtblockierten Rattenschilddrüsen: Einfluß des Perchlorats.** Sidney H. Ingbar und Norbert Freinkel. (Endocrinology **58,** 95—103, Jan. 1956; Boston, Mass., Boston City Hosp., Second and Fourth Med. Services, Thorndike Memorial Labor., Harvard Med. School, Dep. of Med.; Miami, Fla., Howard Hughes Med. Inst.) — Mit Hilfe der Tieftemp.-Dialyse in menschlichem Serum gelingt es, aus exzidierten Rattenschilddrüsen das anorgan. vom organ. gebundenen Radiojod zu trennen u. die Konzentrationsgradienten für das *anorgan.* ^{131}J in den Rattenschilddrüsen, in denen die organ. Jodierung nicht blockiert ist, zu bestimmen. Es kann gleichzeitig gezeigt werden, daß die Konzentrationsgradienten durch Injektion von *Na-Perchlorat* gehemmt werden. Es wird gefolgert, daß die thyroidalen organ. bindenden Rkk. begrenzt sind u. als solche bei der Hormon-Synth. eine Rolle spielen können.
H. P. Fiedler 4562

1320 **Einfluß von Schilddrüsenhormonen auf die Glucoseaufnahme und die Atmung in Vogelerythrocyten in vitro.** W. Winkelmann. (Z. ges. exp. Med. **136,** 556—62, 1963; Gießen, Justus-Liebig-Univ., Pharmakol. Inst.; dt.) — *Thyroxin* (I), *Trijodthyronin* u. (in geringerem Maße) *Dijodthyronin* sowie *2.4-Dinitrophenol* (II) steigern in Abhängigkeit von der Konz. die Aufnahme von *Glucose* (III) durch Hühnererythrocyten; die an sich bereits höhere Aufnahme von *2-Desoxyglucose* bleibt unverändert. Unter anaeroben Bedingungen, unter denen keine Hexoseaufnahme erfolgt, hat I keinen Einfluß. Die Atmung der Erythrocyten erweist sich nach Vorinkubation mit I u. II als erhöht. Die durch I bewirkte Vermehrung der III-Aufnahme wird auf erhöhten Zellstoffwechsel zurückgeführt. Die Wrkg. der Schilddrüsenhormone greift vermutlich nicht an der Erythrocytenmembran an.
U. Tausendfreund 4562◇

1321 **Wirkung und Stoffwechsel der Schilddrüsenhormone und jodabgebender Substanzen.** 1. Mitt. **Lebermitochondrien.** J. E. Rall, R. Michel, J. Roche, O. Michel und S. Varrone. (J. biol. Chemistry **238,** 1848—54, 1963; Paris, Coll. de France, Biochim. Gén. et Comparée; engl.) — *^{131}J-Thyroxin* (I) u. *^{131}J-Trijodthyronin* (II) führen selbst in so geringen Konzz. wie $5 \cdot 10^{-7}$ m I bzw. 10^{-7} m II zur Schwellung von Lebermitochondrien ohne nachweisbare chem. Veränderung. Die Bindung von I u. II durch die Rattenlebermitochondrien ist weitgehend konzentrationsunabhängig (im Bereich von 10^{-5} bis 10^{-9} m) u. somit wohl unspezifisch. Auch $5 \cdot 10^{-6}$ m J_2 u. 10^{-6} m *JCN* bewirken Schwellung der Lebermitochondrien der Ratte; diese Schwellung wird durch $5 \cdot 10^{-3}$ m *Adenosintriphosphat* rückgängig gemacht. *Amytal, Antimycin A, Cyanid, Äthylendiamintetraessigsäure* u. *Dinitrophenol* verhüten die durch I, J_2 u. JCN hervorgerufene Schwellung unabhängig vom Redoxzustand der Atemkette. $8 \cdot 10^{-5}$ m J_2 löst einen Anstieg des O_2-Verbrauchs der Lebermitochondrien u. eine leichte Verminderung des P/O-Quotienten mit Succinat als Substrat aus; $4 \cdot 10^{-4}$ m J_2 hemmt Atmung u. Phosphorylierung. $4 \cdot 10^{-5}$ m JCN vermindert den P/O-Quotienten bei gleichzeitiger Abnahme des O_2-Verbrauchs.
U. Tausendfreund 4562◇

1322 **Menschliche Lipoproteine: Ihre Rolle beim Transport von Schilddrüsenhormonen.** E. Toro-Goyco und Marta Cancio. (Science [Washington] **139,** 761—62, 1963; San Juan, Vet. Admin. Hosp., Univ. of Puerto Rico, School of Med., Dep. of Biochem. and Nutr.; engl.) — *Lipoproteine* (I) von Patienten, die ^{131}J erhielten, wurden bezüglich der Bindung von zirkulierenden *Schilddrüsenhormonen* (II) untersucht. β-I (von geringer Dichte) banden fast keine II, α-I (von größerer Dichte) banden größere Mengen II. Die Hauptmenge von II wurde durch I mit einer Dichte von mehr als 1,23 g/ml gebunden.
K. Zingraf 4562◇

1323 **Der Stoffwechsel des Acetylcholins im Gehirn bei experimentellem Hyperthyreoidismus.** S. Tuček und F. Diepold. (Physiol. bohemosloven. **12,** 258—62, 1963; Plzeň, Charles Univ., Faculty of Medicine, Inst. of Physiol.; engl.) — Hyperthyreoidismus in ♀ u. ♂ weißen Ratten, erzeugt durch 0,1—0,2 g *Thyreoidin Spofa* pro Tag u. Tier, hat keinen Einfl. auf den Geh. an *Acetylcholin* im Cortex u. der weißen Masse des Gehirns, während die Synth. im Vgl. zu den Kontrolltieren wesentlich wird. Die *Cholinesterase*-Aktivität wird im Cortex nicht, im Hirnstamm, Medulla oblongata u. basal ganglia unwesentlich erhöht. Aus den Verss. kann kein eindeutiger Schluß über die spezif. Wrkg. des Schilddrüsenhormons auf den Acetylcholin-Stoffwechsel im Gehirn gezogen werden.
H. Köditz 4562◇

1324 **Die Wirkung von Propylthiouracil auf exokrine Drüsen.** Leo M. Sreebny, Bertram S. Kraus und Barbara Wanamaker. (Endocrinology **70,** 24—30, 1962; Seattle, Wash.; Univ. of Washington, Schools of Med. and Dent.; engl.) — Ratten erhalten im Trinkwasser 0,075% *Propylthiouracil* (I). Die Tiere mit I im W. nehmen 23—30% weniger Futter auf, sie zeigen eine Zunahme des relativen Gew. u. Abnahme des absol. Gew. der Submaxillardrüse u. des Pankreas, keine Veränderung der *Protease*-Aktivität in der Submaxillardrüse u. im Pankreas. Die *Amylase*-Aktivität von Pankreas u. Parotis wird durch die I-Fütterung erniedrigt.
W. Hiller 4562◇

1325 **Einige statistische Aspekte der Blutzuckerregulation.** Eugène Schreider. (Nature [London] **199,** 388, 1963; Paris, Ecole des Hautes Et., Labor. d'Anthropol. Phys.; Centre Nat. de la Rech. Sci., Labor. de Biométrie Humaine; engl.) — 2 Std. nach Zufuhr von 30 g *Glucose* sank der Blutzuckerwert bei 52 Frauen geringfügig unter den Nüchternwert ab. Die möglichen Gründe für dieses Verh. werden diskutiert.
K. Zingraf 4564◇

1326 **Über den Mechanismus einiger Funktionen des Insulins im Stoffwechsel.** M. F. Guly, R. G. Degtjar und G. Ch. Matzuka. (Ber. Akad. Wiss. UdSSR **140,** 1448—51, 21/10. 1961; russ.) — Bei i.v. Zufuhr von $CH_3{}^{14}COONa$ (I) u. gleichzeitiger subkutaner Zufuhr von $CH_2FCOONa$ (II) beobachtet man im Kaninchen-Vers. eine Blockierung der Rkk. des Tricarboncyclus (TC) unter Zunahme des Blut-Geh. an Glucose (III) als Folge der verstärkten III-Synthese. Der I-Einbau in III wird sehr stark erhöht. Die gleichen diabet. Erscheinungen treten bei Anwendung von NH_4Cl (statt II) auf. Bei Zufuhr von Malonsäure, welche den TC durch Blockierung der Succinoxydase hemmt, wird der III-Geh. im Blut nur wenig erhöht. Durch *Insulin* (IV) in der Verd. 1:150000 wird die Acetylierung der p-Aminobenzoesäure im undialysierten Leberhomogenat des Kaninchens aktiviert, die Hemmung der Acetylierung durch Glyoxylsäure im Leberhomogenat des Kaninchens u. im Ferment-Präp. der Taubenleber fast völlig aufgehoben. Die Aktivierung der Transacetylierung durch IV erklärt zum Teil die Störung des TC u. der Fett-Synth. u. das Auftreten von Ketosen bei Diabetes.
O. Lebtag 4564△

1327 **Eine einfache und effektive Methode zur ^{131}J-Markierung von Insulin und Glukagon.** J. J. Haxhe und P. J. Kestens. (Clin. chim. Acta [Amsterdam] **8,** 302—05, 1963; Louvain, Labor. of Experim. Surgery.; engl.) — Beschreibung einer Meth. zur ^{131}J-Markierung von *Insulin* u. *Glukagon* unter Verw. von ^{131}J + *JCl* in Glycinpuffer.
K. Zingraf 4564◇

1328 **Zuckerbelastungsuntersuchungen an Alkoholikern.** Magdolna B. Bedö, I. Bálint und Agnes T. Zsinka. (Dtsch. Z. Verdauungs- u. Stoffwechselkrankh. **23,** 29—36, 1963; Budapest, Inst. für Ernährungswissenschaft u. Inst. für Arbeitshygiene; dt.) — Bei chron. Alkoholikern wurde vor u. nach der Entziehungskur eine doppelte Zuckerbelastungsprobe durchgeführt, um den Einfl. von *Alkohol* auf den Kohlenhydratstoffwechsel zu klären. Bei einem Teil der Patienten wurden vor der Kur erhöhte Nüchternblutzucker- u. Blutzuckerwerte nach Zuckerbelastung gefunden, die sich mit der Behandlung normalisierten. Ein anderer Teil zeigte vor der Behand-

lung normale Werte, nach der Kur aber noch nicht erklärbare diabet. Symptome. Bei der letzten Gruppe war der Kohlenhydratstoffwechsel nicht gestört.
P. Lange 4564◇

1329 **Vergleichende Blutzuckeruntersuchungen mit verschiedenen Methoden als Beitrag zum Problem der Bestimmung der „wahren" Glucose und zum Verhalten der Restreduktion.** J. Dabels und G. Bast. (Dtsch. Z. Verdauungs- u. Stoffwechselkrankh. **23,** 43–53, 1963; Rostock, Univ., Med. Klin.; dt.) — Vff. vergleichen die Spezifität der bekannten *Glucose*-Bestimmungs-Meth. nach Hagedorn-Jensen (HJ), Frank-Kirberger (FK) u. den Nachw. mit dem Glucoseoxydase-Peroxydase (GOD-POD)-Verfahren. Der HJ-Test u. das GOD-POD-Verf. werden nach der Originalvorschrift durchgeführt. Die FK-Meth. läuft in folgender Modifikation ab: 1 ml isoton. Na_2SO_4 + 0,1 ml Blut + 0,2 ml Na_2WO_4; davon 0,5 ml Überstand nach Zentrifugieren + 1,5 ml Cu-Reagens; 10 Min. Kochen; nach Abkühlen Zusatz von 3 ml Arsenmolybdän-Reagens; stufenphotometr. Best. mit Filter S 72. — Die Restred. bei der HJ-Meth. im Vgl. mit der GOD-POD-Meth. beträgt bei Gesunden 0–40 mg% u. bei Diabetikern 0–80 mg%. Eine Konstanz der Restred. im Blutzuckertagesprofil findet sich weder bei Gesunden noch bei Diabetikern. Das FK-Verf. liefert bei Gesunden mit der GOD-POD-Meth. übereinstimmende Werte, bei Diabetikern dagegen liefert sie zu hohe Werte (Differenz 20 mg% ± 19,73 mg%). Die Ursache dafür ist unbekannt. P. Lange 4564◇

1330 **Wirkung von Diabetes und Insulin auf die Aktivität der Myocard- und Fettgewebe-Lipoproteinlipase von Ratten.** Jacques I. Kessler. (J. clin. Invest, **42,** 362 bis 367, 1963; New York, N. Y., Mount Sinai Hosp., Dep. of Med. and Nutrit. Labor.; engl.) — Da vermutlich die Aktivität der *Lipoproteinlipase* (I) in peripheren Geweben nicht nur von der zur Verfügung stehenden *Kohlenhydrat*(II)-Menge, sondern auch von der Fähigkeit des Organismus zur II-Verwertung abhängt, wurde der Einfl. von Diabetes u. Insulin (III) auf die I-Aktivität in Myocard u. Fettgewebe (von Ratten) untersucht. Während bei normalen Ratten die I-Aktivität im Fettgewebe höher als im Myocard ist, sinkt beim (Alloxan-)Diabetes die I-Aktivität im Fettgewebe u. steigt im Myocard an. Für die Erhaltung normaler I-Aktivität ist demnach vermutlich die Aufnahme u. Verwertung einer krit. II-Menge erforderlich; ob III eine direkte Wrkg. auf die I-Aktivität ausübt, ist noch unklar. Die Erhöhung der I-Aktivität im Herzmuskel dient möglicherweise zur Umleitung von *Triglyceridfettsäuren* zum Herzmuskel statt zum Fettgewebe, da die Herzmuskulatur bei II-Mangel ihren Energiebedarf vorwiegend aus freien Fettsäuren deckt.
U. Tausendfreund 4564◇

1331 **Mobilisierung von Fettkörperglykogen durch einen Extrakt aus Corpus cardiacum.** W. S. Bowers und S. Friedman. (Nature [London] **198,** 685, 1963; West Lafayette, Ind., Purdue Univ., Dep. of Entomol.; engl.) — Vff. untersuchten die Mobilisierung des Fettkörper-*Glykogen* (I) durch Corpus cardiacum-Extrakt (II). Hierzu wurde Schaben intraabdominal II-Extrakt injiziert; 5 Std. nach der Injektion wurde der Geh. an *Trehalose* (III) u. *Glucose* (IV) im Blut (aus dem Fühler entnommen) bestimmt. Vff. fanden nach der Injektion des II-Extraktes einen deutlichen Anstieg von III u. IV. Die Injektion eines Extraktes aus Corpus allatum war ohne Wirkung. Nach Injektion des II-Extraktes wurde gleichzeitig ein wesentlicher Abfall an I beobachtet. Vff. stellten die Hypothese auf, daß II-Extrakte wahrscheinlich die I-Synth. u./oder den Abbau im Fettkörper beeinflussen. G. Bratfisch 4564◇

1332 **Untersuchungen über die diabetogene Wirkung von Glukagon.** M. Abe, T. Morita, M. Nakahara, Y. Matsushima, S. Yoshikata, H. Maehara, H. Suzuki, K. Matsuzaki und T. Suzuki. (Tokyo Jikeikai med. J. **76,** 1292–1302, 1961; Tokyo, Jikeikai School of Med.; jap.) M. Arnold 4564◇

1333 **Freie Radikale bei der Reaktion von Alloxan mit Glutathion und Ascorbinsäure.** Carl Lagercrantz und Margareta Yhland. (Acta chem. scand. **17,** 904–05, 1963; Göteborg, Sweden, Univ., Dep. of Med. Physics.; engl.) — Bei Rk. von 0,01 m *Alloxan* (I) gelöst in Phosphat- oder Barbituratpuffer mit SH-Verbb. wie *Glutathion* (II) oder *Cystein-HCl* oder *Ascorbinsäure* (III) beobachteten Vff. die Bldg. freier Radikale. Die Best. erfolgte durch Messung des Resonanzspektrums mit dem Varian 100 kc. Spektrometer. Bei Abwesenheit der SH-Verbb. oder III konnte keine Bldg. von Radikalen festgestellt werden. Die Bldg. von Radikalen konnte im pH-Bereich zwischen 4,6 u. 8,6, maximal bei pH 7,6 beobachtet werden. Die Radikale zerfallen im alkal. weit schneller als im sauren Medium: 50%ig. Zers. bei pH 8,4 in 6 (Min.), bei 6,9 in 18. Die Konz. an Radikalen steigt an mit steigender Konz. an II. Optimale Radikalausbeute fanden Vff. bei einem Mol-Verh. von II zu I wie 0,75. Die Radikalkonz. nimmt langsam ab mit der Zeit. Das Resonanzspektrum zeigt eine Hyperfeinstruktur u. besteht aus 7 Linien mit gleichem Abstand. Die äußerste Weite des Spektrums betrug 3,0 Gauß. Das Intensitätsverhältnis war 1:4:8:10:8:4:1. G. Bratfisch 4564◇

1334 **Verkalkung der Langerhansschen Inseln und des Nierenrindentubularepithels bei Alloxan-behandelten Ratten.** V. Koďousková, R. Koďousek und J. Dušek. (Experientia [Basel] **19,** 314, 1963; Olomouc, Czechoslovakia, Palacký Univ., Dep. of Pathol.; Labor, of Analyt. Cytol. and Histol., 1st Med. Clin.; engl.) — Bei calciphylakt. Alloxan-behandelten Ratten wurde akute Verkalkung der Langerhansschen Inseln u. des Nierentubularepithels beobachtet. K. Zingraf 4564◇

1335 **Blut-α-Ketosäuren bei klinischen Typen von Diabetes.** M. S. El Ridi, Anwar El Mofty, M. Khatab und H. M. Abou Issa. (Acta endocrinol. [Copenhagen], Suppl. Nr. **51,** 1257, 1960; Cairo, Univ., Fac. of Med., Dep. of Biochem.; engl.) H. Herper 4564□

1336 **Zahncaries bei kindlichen und jugendlichen Diabetikern. Ein Beitrag zur Zurückhaltung von Vitamin C durch Insulin.** Hertha Hafer. (Int. Z. Vitaminforsch. **29,** 385–95, 1959; Mainz a. Rhein.) — Die Ergebnisse des Vf. stehen in Übereinstimmung mit den von Ott erzielten (Int. Z. Vitaminforsch. **29,** [1958], 83). Lediglich in den Schlußfolgerungen drückt Vf. aus, daß die von Ott angenommenen einfachen Beziehungen zwischen der *Ascorbinsäure* u. Cariesanfälligkeit u. -Resistenz sehr viel komplizierter sind. Cariesresistente Menschen zeigen im Speichel eine hohe Pufferung gegen Säuren, Lactobacillen fehlen ganz u. Streptokokken treten vermindert auf. Cariesfreie oder cariesarme Menschen findet man bei rein fleischessenden Völkern u. bei unter Nahrungsmangel stehenden Naturvölkern, außerdem ist eine konstitutionelle Cariesresistenz möglich. W. Feldheim 4564

1337 **Neue orale hypoglykämische Mittel.** P. N. Luthra und J. N. Tayal. (J. Pharmacy Pharmacol. **14,** 396, 1962; Stores, Kanpur, U. P. (Indien); Defence Res. Labor.; engl.) — Kaninchen erhalten die 6 hergestellten Verbb. in einer Dosis von 15 mg/kg mit Hilfe einer Magensonde, anschließend wird die maximale Abnahme des Blutzuckers u. die Dauer seiner Abnahme bestimmt. Folgende Verbb. wurden geprüft: 2-Hydroxybenzoesäuren: *4-Methyl-* 24,4% (maximale Abnahme des Blutzuckers), 2,6 Std. (Zeit der maximalen Abnahme); *3-Äthyl-* 27,8%, 1,66 Std.; *5-Propyl-* 24,0%, 3,3 Std.; *3-Propyl-* 33,24%, 1,33 Std.; *β-Resorcylsäure* 9,6%, 3,3 Std.; *2.4-Diacetylresorcylsäure* 18,9%, 4,5 Stunden.
W. Hiller 4564◇

1338 **Hemmung der hypoglykämischen Wirkung des Rastinons beim Menschen durch Megaphen und ihre Aufhebung durch Pendiomid.** M. Hüdepohl und K. Lederbogen. (Klin. Wschr. **41,** 245–46, 1963; Osnabrück, Städt. Krankenanstalten, Med. Klinik; dt.) — Durch Verabreichung von 7 mg *Tolbutamid* (I; *Rastinon*)/kg Körper-Gew./Std. an 6 stoffwechselgesunden Personen wurde der *Blutzucker*-Spiegel nach 2 Std. auf 47% erniedrigt, durch *Chlorpromazin* (II; *Megaphen*, 0,5 mg II/kg/Std.) schwach erhöht. Kombination von I u. II hob die I-Wrkg. auf. Die I-Wrkg. war jedoch bei gleichzeitiger Gabe von I u. II sowie 1 mg *Pendiomid*/kg/Std. unvermindert. W. Damerau 4564◇

1339 **Zur Verwendung von Tolbutamid für die Sekretionsprüfung des Pankreas.** M. Gülzow, K. Diwok und H. J. Trettin. (Dtsch. Z. Verdauungs- u. Stoffwechselkrankh. **23,** 7—12, 1963; Rostock, Med. Univ. Klin.; dt.) — Unterss. am Menschen u. an der Ratte zeigen, daß *Tolbutamid* die Enzymsekretion des Pankreas in den Darm schwächer u. unregelmäßiger anregt als *Mecholyl* u. deshalb zur Funktionsprüfung ungeeignet ist.
P. Lange 4564◇

1340 **Klinischer Beitrag zum Sekundärversagen der Sulfonylharnstoff-Therapie des Diabetes mellitus in Abhängigkeit von der endogenen Insulinreserve.** G. Pense und G. Panzram. (Dtsch. Z. Verdauungs- u. Stoffwechselkrankh. **23,** 12—17, 1963; Erfurt, Med. Klin. der Med. Akad. u. der Kreis-Diabetikerzentrale; dt.) — Vff. untersuchten bei 437 Diabetikern mit unterschiedlicher *Carbutamid-* oder *Tolbutamid*-Behandlungsdauer den Zusammenhang zwischen dem Versagen der oralen Diabetestherapie u. der endogenen Insulinreserve. Der Anteil der Versager pro Jahr betrug bei Aufschlüsselung nach Behandlungsjahren gleichmäßig 9%. Die Insulinproduktion, ausgedrückt in Blut- u. Urinzuckerwerten, fällt kontinuierlich mit der Zeitdauer der Behandlung mit Sulfonylharnstoffen. P. Lange 4564◇

1341 **Die Wirkung einer Tryptophanmangeldiät auf den Spiegel des Gehirnserotonins und Plasmatryptophans.** W. J. Culley, R. N. Saunders, E. T. Mertz und D. H. Jolly. (Proc. Soc. exp. Biol. Med. **113,** 645—48, 1963; Buttlerville, Ind.; Muscatatuck State School, Mental Retardation Res. Labor.; Lafayette, Ind.; Purdue Univ., Dep. of Biochem.; engl.) — Vff. untersuchen die Frage, ob *Tryptophan* (**I**) eine *Serotonin* (**II**)-Vorstufe ist. Zu diesem Zwecke erhalten Ratten eine normale u. eine **I**-Mangeldiät. 2 bis 32 Tage nach Versuchsbeginn werden die Tiere getötet u. der **I**-Geh. im Plasma u. der **II**-Geh. im Gehirn bestimmt. Der Geh. an Plasma-**I** sinkt bei den Mangeltieren vom 2. bis 32. Versuchstag von 84 auf 16% im Vgl. zu Normaltieren ab. Der **II**-Geh. im Hirn sinkt im gleichen Zeitraum von 96 auf 36%. W. Hiller 4569◇

1342 **Vergleichende Untersuchungen über Resorption und Stoffwechsel von 5-Hydroxytryptophan und Serotonin bei oraler und rectaler Applikation.** E. Schmid, F. Bauer und H. Schön. (Z. ges. exp. Med. **136,** 630—35, 1963; Erlangen—Nürnberg, Univ., Med. Klin.; dt.) — Wegen enger Verwandtschaft von *5-Hydroxytryptophan* u. *5-Hydroxytryptamin* zu Tryptophan u. zu Indol-Derivv., die durch bakterielle Tätigkeit im Darm entstehen, sind Vgl.-Unterss. über Resorption u. Stoffwechsel beider Substanzen nach peroraler u. rektaler Zufuhr von Interesse. An Hand der Ausscheidung von *Hydroxyindolylessigsäure* kann beim Menschen eine rasche Resorption u. Umsetzung beider Substanzen nach peroraler Verabreichung angenommen werden. Da serotoninbedingte Rkk. fehlen, ist an eine Inaktivierung bereits in der Schleimhaut des Magendarmtraktes u. in der Leber zu denken. Bei rektaler Verabreichung kann Resorption nicht oder nur in geringem Maße beobachtet werden, was im Hinblick auf Entgiftung der im Colon gebildeten Amine u. Indole sinnvoll erscheint.
U. Tausendfreund 4569◇

1343 **Über die Korrelation der Wirkung von Adenosintriphosphat und Acetylcholin auf den Dünndarm des Kaninchens.** Halina Krysicka-Doczkał. (Dissertat. pharmac. [Warszawa] **14,** 1—11, 1962; Warszawa, Zakł. Farmakol., Inst. Leków; pol.) — *Adenosintriphosphat* (ATP) potenziert die Kontraktionen des isolierten Kaninchendünndarms, die durch *Acetylcholin* (**I**) bzw. $BaCl_2$ hervorgerufen worden sind. Die Wrkg. ist der ATP-Konz. direkt, der **I**-Konz. umgekehrt proportional. Einer 10fachen Konz.-Erhöhung an ATP entspricht eine 1,16-fache Potenzierung. Adenosinmonophosphat u. Adenosin selbst potenzieren schwächer. Keine Wrkg. zeigen Adenin u. Pyrophosphat. F. Urban 4569◇

1344 **Fötales Hämoglobin: Verbesserte Trennung durch modifizierte Agargelelektrophorese.** J. Lawrence Naiman und Park S. Gerald. (J. Lab. clin. Med. **61,** 508—17, 1963; Boston, Mass., Children's Hosp. Med. Center, Hematol. Res. Div., Clin. Genet. Labor.; Harvard Med. School, Dep. of Pediatr.; engl.) — Durch Agargelelektrophorese von *Hämoglobin* (**I**) kann die rasch laufende „Fötalbande" der bisherigen Meth. in 3 Komponenten getrennt werden. Es handelt sich (nach steigender Beweglichkeit zur Kathode hin geordnet) um Fötal-**I**, Nicht-Häm-Protein u. **I** A_3. Mit dieser Meth. tritt in Hämolysaten, in denen die Konz. von Alkali-resistentem **I** ca. 3—4% beträgt, eine Bande von Fötal-**I** auf.
K. Zingraf 4572◇

1345 **Bildung der α- und β-Ketten des Kaninchenhämoglobins.** I. Rychlik und F. Šorm. (Collect. czechoslov. chem. Commun. **27,** 2433—43, Okt. 1962; Prague, Czechoslov. Acad. of Sci., Inst. of Organ. Chem. and Biochem.; engl.) — Vff. untersuchten den Mechanismus, mit dem die Aminosäuren in den polypeptid. Ketten verknüpft werden, mit Hilfe der Analyse u. des Vgl. der spezif. Radioaktivität der inkorporierten, markierten, C-endständigen Aminosäuregruppe mit der Radioaktivität der übrigen entsprechenden nicht C-endständigen Reste. Da das Kaninchenhämoglobin (**I**) unterschiedliche C-Endgruppen enthält, ermöglicht die verwendete Technik die gleichzeitige Unters. der Synth. seiner α- sowie β-Kette. Aus den Verss. geht hervor, daß die beiden Ketten in der Zelle vom Aminoende zum Carboxylende stufenweise synthetisiert werden. Im **I**-Mol. wurden 12-Arginin- u. 38 Histidin-Reste quant. festgestellt. Arginin ist die Carboxylendgruppe der α-Kette u. Histidin der β-Kette. Auf Grund von Inkubationsverss. mit Carboxypeptidase A bzw. B werden die teilweisen C-endständigen Sequenzen Lys · Tyr · Arg · OH u. Lys · Tyr · His · OH für die α-, bzw. β-Kette in Übereinstimmung mit dem menschlichen Hämoglobin vorgeschlagen. Die **I**-Synth. erfolgte ohne Lag-Periode. Die spezif. Radioaktivität nahm mit der Zeit vom Anfang an linear zu. J. Vaněček/Prag 4572△

1346 **Warburg-Untersuchungen mit Coccidioidin.** Evelyn B. Wallraff. (Proc. Soc. exp. Biol. Med. **113,** 650—52, 1963; Tucson, Ariz., Vet. Admin. Hosp., Res. Labor.; engl.) — Der O_2-Verbrauch von Vollblut in vitro stieg nach Zusatz von *Coccidioidin* (*Smith Lot 64 D4*) geringfügig aber statist. signifikant an; dagegen wurde an Leukocyten keine Wrkg. beobachtet.
K. Zingraf 4572◇

1347 **Untersuchungen der Reduktion von Methämoglobin und Hämoglobin-SH.** K. Tawada. (Tokyo Jikeikai med. J. **76,** 1198—1204, 1961; jap.) H. Herper 4572◇

1348 **Die Oxydation von Sulfid durch die Hämkomponenten aus dem Blut von Arenicola marina.** Shakunt Patel und C. P. Spencer. (J. Marine biol. Assoc. United Kingdom **43,** 167—75, 1963; Anglesey, Menai Bridge, Marine Sci. Lab.; engl.) — Im Zusammenhang mit der vergleichsweise hohen Unempfindlichkeit von *Arenicola marina* (A. m.), gegenüber S^{2-} steht die Tatsache, daß das Blut dieses Wurmes mit H_2S kein Sulfhämoglobin bildet. Das Oxydations-Prod. des Hämoglobins (Hb) vom A. m., sogenanntes braunes Pigment, ist im Vgl. mit Met-Hb vom Säugetier ein ausgezeichneter Katalysator bei der Sulfidoxydation; braunes Pigment ist in vivo nachweisbar. Für die bes. Eigg. des beschriebenen Hb soll auf Grund spezif. Veränderungen der Bindungen zwischen prosthet. Gruppe u. Protein, ein leichter autoxydables Fe verantwortlich sein, das sich durch Veränderung oder Lösen der Bindung Protein-prosthet. Gruppe bilden könnte. P. Lange 4572◇

1349 **Genetische Kontrolle der Spezifität von Hämerythrin bei einem marinen Wurm.** Clyde Manwell. (Science [Washington] **139,** 755—58, 1963; Urbana, Univ. of Illinois, Illinois Marine Biol. Ass., Mol. Biol. Labor., Dep. of Physiol. and Biophys.; engl.) — *Golfingia gouldii* besitzt ein elektrophoret. schnell u. ein langsam wanderndes *Hämerythrin* (**I**) im Coelom; beide unterscheiden sich in ihrem O_2-Gleichgew. u. in der Zus. (wahrscheinlich durch einen Aminosäurerest; Aufteilung in Trypsin- u. Chymotrypsin-Digestate). Alle Individuen dieser Art besitzen das gleich Gefäß-**I**, das von den Coelom-**I** elektrophoret. verschieden ist. Andere Sipunculiden, so z. B. *Dendrostomum cymodoceae*, besitzen wieder andere **I**.
K. Zingraf 4572◇

1350 **Untersuchungen über den Stoffwechsel von ^{131}J-markiertem menschlichen Transferrin.** Michiyasu Awai und Elmer B. Brown. (J. Lab. clin. Med. **61**, 363—96, **1963**; Washington, Univ. School of Med., Dep. of internal Med.; engl.) — Zahlreiche Unterss. an gesunden u. kranken Menschen, denen menschliches *^{131}J-Transferrin* injiziert worden war, (Abbau, Verteilung im Körper) brachten keine wesentlich neuen Erkenntnisse, bestätigten aber die Beobachtungen, daß der Transferrin-Stoffwechsel dem des Albumins sehr ähnlich ist.
U. Drehmann 4572◇

1351 **Die Aminosäure-Zusammensetzung von Human- und Rinder-Lactotransferrin.** B. Blanc, E. Bujard und J. Mauron. (Experientia [Basel] **19**, 299—301, 1963; Lausanne, Univ., Inst. de Biochimie, Vevey, Produits Nestle, Labor. de Rech.; engl.) — Durch Hydrolyse u. Chromatographie mit dem automat. Aminosäureanalysator wurde bei Human- u. Rinder-*Lactotransferrin* die Aminosäurezus. bestimmt. Die Ergebnisse waren ähnlich, Unterschiede wurden nur bei *Tryptophan, Methionin, Arginin, Asparaginsäure, Glycin* u. *Alanin* gefunden.
M. Wiedemann 4573◇

1352 **Der Plasma-Zell-Cyclus von Transferrin.** James H. Jandl und Jay H. Katz. (J. clin. Invest. **42**, 314—26, 1963; Boston, Mass., Boston City Hosp., Thorndike Mem. Labor.; 2. and 4. (Harvard) Med. Serv.; Harvard Med. School, Dep. of Med.; Boston Veter. Admin. Hosp., Radioisotope and Med. Serv.; Boston Univ., School of Med., Dep. of Med.; engl.) — Nähere Unters. der Beziehung zwischen menschlichen Erythrocyten u. menschlichem *Transferrin* (**I**; während der Verss. mit ^{131}J markiert) läßt eine größere Affinität des *Fe*-beladenen **I** als von Fe-freiem **I** gegenüber den unreifen Erythrocyten erkennen. Die Ablieferung des Fe an die unreife Zelle geht vermutlich folgendermaßen vor sich: Fe-haltiges Plasma-**I** heftet sich selektiv an der Oberfläche der unreifen Zelle an; dadurch kann Fe akt. durch die Zelle aufgenommen werden; Fe-freies **I** wird durch neues Fe-haltiges **I** ersetzt u. wandert von der Zelle zu den Fe-Depots; dort erfolgt erneute Fe-Aufnahme durch **I**; der Plasma-Zell-Cyclus von **I** kann wiederholt werden.
U. Tausendfreund 4573◇

1353 **Die Wanderung von Leukocyten, verursacht durch eine leukotaxinähnliche Substanz und der Einfluß von Arzneimitteln auf diesen Vorgang.** H. Kawada. (Tokyo Jikeikai med. J. **76**, 1312—25, 1961; Tokyo, Jikeikai School of Med.; jap.) M. Arnold 4573◇

1354 **Radiochrom-markierte Lymphocyten bei der Ratte.** William L. Bunting, Joseph M. Kiely und Charles A. Owen, jun. (Proc. Soc. exp. Biol. Med. **113**, 370—74, 1963; Rochester, Minn., Mayo Clin. and Mayo Found; engl.) — Beschreibung einer Meth. zur Markierung der Lymphocyten aus der Darmlymphe der Ratte mit $Na_2 \cdot {}^{51}CrO_4$ ohne Verringerung ihrer Beweglichkeit. Nach i.v. Verabreichung verschwanden diese Lymphocyten rasch aus dem Blut, traten in beschränktem Maße nach 6 Std. wieder auf u. nahmen dann mit einer Geschw. von 1,1%/Std. wieder ab. Wenn eine Sonde in den Darmlymphstamm von Ratten eingeführt wurde, so erschienen 4—7% der markierten Lymphocyten innerhalb von 4 Tagen in der Lymphe (Maximale Radioaktivität in der Lymphe innerhalb von 24 Std. bis 36 Stunden).
K. Zingraf 4573◇

1355 **Fähigkeit einiger Erythrocytenstrukturen zu Wechselwirkungen mit basischen Proteinen. 2. Mitt. Wechselwirkung von Stromata und von Protidextrakten von Erythrocytenstromata des Rindes mit Salmin, Lysozym und Thymohiston.** A. E. Brusca, D. Patrono und A. L. Ardoino. (Sperimentale **113**, 24—41, 1963; Palermo, Univ., Ist. di Patol. Gen.; ital.) — Gelatine, Serumalbumin u. Eiklar veränderten Suspensionen der Stromen von Rindererythrocyten u. ihre Protein(**I**)-Extrakte nicht, bas. Proteine (**II**; *Salmin, Lysozym, Thymohiston*) bewirkten eine deutliche Agglutination der Stromen, Trübungserscheinungen u. die Bldg. von unlösl. Komplexen durch Wechselwrkg. mit dem **I** der Stromen. Es wurde festgestellt, daß das Stroma eine Fraktion von **I** enthält, die mit $(NH_4)_2SO_4$ bei niedriger Salzkonz. wie die Globuline ausgefällt werden kann; diese **I** reagieren bes. leicht mit den bas. **II**. K. Zingraf 4573◇

1356 **Die Verdünnungsräume von ^{51}Cr-markierten Erythrocyten, des ^{131}J-Fibrinogens und von T-1824.** Carleton H. Baker. (Amer. J. Physiol. **204**, 176—80, 1963; Augusta, Ga., Med. Coll. of Georgia, Dep. of Physiol.; engl.) — Bei narkotisierten splenektomierten Hunden machte der Verdünnungsraum der *^{51}Cr*-markierten Erythrocyten im Durchschnitt 63,9 ml/kg aus. Das Blutvol., bestimmt als Summe des Erythrocytenvol. u. des *T-1824* (Vitalfarbstoff)-Raumes, betrug 73,8 ml/kg. u. bestimmt als Summe des Erythrocytenvol. u. des *^{131}J-Fibrinogen*-Raumes 67,9 ml/kg. K. Zingraf 4573◇

1357 **In vitro-Hämoglobinsynthese in Kaninchenreticulocyten.** Henry Borsook. (Nat. Acad. Sci.-Nat. Res. Council, Publ. Nr. **557**, 111—30, 1958; Pasadena, Calif., California Inst. of Technol., Atomic Energy Commission, Div. of Biol.; engl.) — Die in vitro-Proteinsynth. (Globin; **III**) in Kaninchenreticulocyten wird durch eine Reihe von Faktoren, wie *Aminosäuren* (**I**), **I** + *Fe, Transferrin* (kombiniert mit **I**, Fe, *Glucose* [**II**]), **II**, beschleunigt. 9 von 19 wirkten geschwindigkeitsbestimmend. *Co* (als $CoCl_2$) beschleunigte die Proteinsynth. schwächer als Fe. In Ggw. von 10^{-4} m Fe wirkten 0,2—1,0 · 10^{-4} m *Al, Mn, Mo* u. *Zn* schwach hemmend, bei kleineren Fe-Konzz. waren sie unwirksam. Eine *K*-Nährlsg. hemmte, wobei *Na* die K-Wrkg. aufhob. Die Hemmwrkg. von *Phosphat* wurde durch *Mg* neutralisiert, die von *Ca* durch *Citrat*. *Pb* (als Acetat) hemmte viel stärker als *Sb, Au* oder *Hg*. Von geprüften Antibiotica hemmten *Aureomycin* u. *Chloramphenicol* am stärksten. Die Geschw. der Hämsynth. u. des Glycineinbaus in **III** waren gleich. *Glycin, Histidin, Leucin* u. *Lysin* wurden gleich rasch in **III** eingebaut. K. Maier 4573◇

1358 **Der Glycineinbau in Globin und die Hämsynthese in Entenerythrocyten und Kaninchenreticulocyten.** Irving M. London, Helena Morell und Anton Kassenaar. (Nat. Acad. Sci.-Nat. Res. Council, Publ. Nr. **557**, 131—43, 1958; Leiden, Univ., Dep. of Endocrin.; engl.) — Der in vitro-Einbau von *$^{14}C_{(2)}$-Glycin* (**I**) in *Globulin* (**II**) u. Hämsynth. durch gewaschene Entenerythrocyten (Phosphatpuffer, pH 7,4, Aminosäuregemisch-Glucose) hängen von Inkubationszeit, Temp., Toxizität der Lsg., Metall- u. Nucleosidzusätzen ab u. werden durch diese Faktoren unterschiedlich beeinflußt. — Diskussion. K. Maier 4573◇

1359 **Die Funktion des Kupfers bei der Erythropoiese.** George E. Cartwright, Clark J. Gubler und Maxwell M. Wintrobe. (Nat. Acad. Sci.-Nat. Res. Council, Publ. Nr. **557**, 100—10, 1958; engl.) — Übersicht. Beschreibung der Anämie, Blut- u. Gewebe-Cu u. Rk. auf *Cu, Fe*-Stoffwechsel, Erythrocytenlebensdauer, Funktion von Cu bei der Erythropoiese; Schweine entwickeln bei Cu-Mangel eine schwere, morpholog. nicht von der Fe-Mangelanämie unterscheidbare Anämie. Sie entwickelt sich anscheinend in Abwesenheit von Cu infolge der begrenzten Kapazität des Marks zur Zellbildung. Vermutlich ist an den Veränderungen in Erythrocytenbldg. u. -lebensdauer die in den Erythrocyten enthaltene Cu-Verb. Erythrocuprein beteiligt. — 14 Literaturangaben. Diskussion. K. Maier 4573◇

1360 **Bildung von Erythropoetin durch anoxische Perfusion der isolierten Hundeniere.** E. O. Zangheri, H. Campana, F. Ponce, J. C. Silva, F. O. Fernández und J. R. E. Suárez. (Nature [London] **199**, 572—73, 1963; Mendoza, Argentinien, Univ. Nac. d Cuyo, Dep. de Fisiol.; engl.) — Im Rahmen weiterer Verss. zur Unters. der Rolle der Niere als Bdlg.-Ort von *Erythropoetin* (**I**) wird an (Nembutal-narkotisierten) Hunden (unter Heparin-Einw.) bewiesen, daß in der hypox. isolierten Niere **I** gebildet wird. Trotzdem ist dadurch noch kein Schluß bzgl. dieses Weges als des normalen **I**-Bldg.-Mechanismus möglich, da unter Umständen eine Autolyse des Nierengewebes infolge der Hypoxie zur Freisetzung von **I** führte.
U. Tausendfreund 4574◇

1361 **Veränderung des Serumglykoproteins während der Schwangerschaft.** Richard E. Mansfield und M. R.

Shetlar. (Proc. Soc. exp. Biol. Med. **112**, 891—94, 1963; Oklahoma City, Univ. of Oklahoma School of Med., Dep. of Biochem.; engl.) — Im Verlauf der Schwangerschaft nimmt der Geh. an Gesamtserumprotein u. Serum-*Albumin* ab, der an α- u. β-*Globulin* zu; der Geh. an γ-*Globulin* bleibt konstant. Das gesamte *Glykoprotein* des Serums (bestimmt als an Protein gebundene Hexose) steigt während der Schwangerschaft ebenfalls an. Die Glykoproteine von Albumin u. γ-Globulin nehmen relativ zu u. die von α_1-, α_2- u. β-Globulin relativ ab. Kurz nach der Entbindung nehmen die Glykoproteine von Albumin u. γ-Globulin ab u. die von α_1-, α_2- u. β-Globulin zu.
W. Hiller 4574◇

1362 **Der Kupfergehalt des Blutes bei älteren und alten Menschen.** M. M. Korobenkowa. (Ber. Akad. Wiss. BelorussSSR **6**, 196—98, März 1962; Sektor Gerontol. der WeißrussSSR; russ.) — Die Unters. des *Cu*-Geh. im Blut von 340 Männern u. Frauen im Alter von 50—106 Jahren u. von 32 Personen im Alter von 20—25 Jahren ergab, daß der Cu-Geh. beim alten Menschen im Vgl. zum jungen etwas niedriger ist. In allen Altersgruppen ist der Cu-Geh. des Blutes bei Männern u. Frauen fast der gleiche. O. Lebtag 4574△

1363 **Der Aminosäuregehalt des Blutes im Normalzustand und bei einigen pathologischen Fällen.** M. Elisa Relvas und F. G. Prior Ferraz. (Clin. chim. Acta [Amsterdam] **8**, 533—37, 1963; Lisbonne, Labor. Nat. de Rech. Vet., Serv. de Biochim.; franz.) — Im normalen menschlichen Blut ergaben sich für den Geh. an einzelnen Aminosäuren folgende Mittelwerte (in mg%)- *Glutaminsäure* 2,67; α-*Aminobuttersäure* 0,17; *Glycin* 2,61; *Alanin* 3,11; *Serin* 1,80; *Threonin* 1,65; *Prolin* 7,07; *Methionin* 0,54; *Valin* 1,84; *Tyrosin* 1,60; *Phenylalanin* 1,46; *Leucine* 2,10; *Tryptophan* 0,65; *Glutamin* 3,34; *Colamin* 0,12; *Arginin* 0,86; *Lysin* 2,82; *Ornithin* 1,86 u. *Histidin* 0,47. Signifikante Unterschiede bestanden bei Myelom, Nephrosklerose, Dibaetes u. Anämie.
K. Zingraf 4574◇

1364 **Das cytolysierende Prinzip von Serumkomplement.** H. Fischer und I. Haupt. (Z. Naturforsch. **16b**, 312 bis 328, 1961; Frankfurt a. M., I. Med. Univ.-Klin.; dt.) — Beim Altern von *Serumkomplement* (C'; I) u. bei I fixierenden Antigen-Antikörper-Rkk., entsteht im Serum eine Substanz, die zellschädigend u. -auflösend wirkt. Die *Cytolysin*-Bldg. tritt nicht mehr auf in Seren, in denen durch mehr oder weniger spezif. Vorbehandlung I oder eine seiner Komponenten ausgeschaltet wurden. Bei dem cytolyt. Prinzip handelt es sich um Lysolecithin.
K. Zingraf 4574◇

1365 **Zur Urethan-Gel-Reaktion von Paraproteinen.** K. Huhnstock und A. Distler. (Klin. Wschr. **41**, 246—48, 1963; Heidelberg, Med. Univ.-Poliklinik; dt.) — Nach Hinzufügen von 1 ml Serum von normalen Patienten (A.), Patienten mit α_1- u. α_2- (B) bzw. β- u. γ-*Globulin* Vermehrung (C) oder mit Paraproteinämien (D; Plasmocytome u. a.) zu 200 mg *Urethan* u. Durchschütteln der Mischung wurde die eventuelle Gel-Bldg. in dieser Lsg. beobachtet. Trat diese Gel-Bldg. innerhalb von 30 Min. ein, wurde die Rk. als positiv bewertet. Die Rk. war bei A in 4,4% von 90 Fällen, bei B (22 Patienten) in 18,2%, bei C (70) in 18,6% u. bei D (18 Patienten) zu 33,3% positiv. Obwohl sich der höchste Prozentsatz der positiven Rkk. bei D befindet, scheint sich die Rk. zum Nachw. von Plasmacytomseren, wie das von Loutsides (Nouv. Rev. franc. Hémat. **2**, [1962], 608) berichtet wurde, nicht zu eignen. W. Damerau 4574◇

1366 **Untersuchungen über die wachstumsfördernde Glykoproteinfraktion des foetalen Kalbserums.** A. G. M. Marr, J. A. Owen und G. S. Wilson. (Biochim. biophysica Acta [Amsterdam] **63**, 276—85, 24/9. 1962; Melbourne, Commonwealth. Serum Labor. and St. Vincent Hosp.; engl.) — Aus dem foetalen Kalbserum wird durch Ammoniumsulfatfällung eine das Wachstum fördernde Glykoproteinfraktion isoliert, die aus 2 Hauptkomponenten α-*Makroglobulin*(I) u. *Fetuin*(II) besteht. Die Isolierung der beiden Komponenten erfolgt durch Ultrazentrifugieren (16 Std., 54000 · *g*), wobei die resultierenden Fraktionen, eine „schwere" (I) u. eine „leichte" (II), erneut zentrifugiert werden (16 Std., 138000 · *g*). I: Molgew. 1000000; Isoelektr. Punkt bei pH 4,5—5,0; Analyse ergibt als charakterist. Bestandteil *Tyrosin* u. *Tryptophan*. Gegenüber II werden Unterschiede im N-, Hexose- u. Hexoseamingeh. gefunden; P-Geh. < 0,01. II: Molgew. 50000; Isoelektr. Punkt bei pH 4,0—4,5; Analyse ergibt bes. Sialsäure. P-Geh. < 0,01. Es wird weiter das chromatograph.- u. elektrophoret. Verh. von I u. II untersucht. Beide Verbb. aktivieren das Wachstum von HeLa-Zellen. Die Ergebnisse werden im Hinblick auf ihre physiolog. Funktion diskutiert. A. Täufel 4574◇

1367 **Schärfere Trennung von Lipoproteinarten durch Papierelektrophorese in Albumin-haltigem Puffer.** Robert S. Lees und Frederick T. Hatch. (J. Lab. clin. Med. **61**, 518—28, 1963; Boston, Mass., Massachusetts General Hosp., Med. Serv., Arteriosclerosis Unit; Harvard Med. School, Dep. of Med.; engl.) — Beschreibung einer Meth. der Papierelektrophorese von Serum oder Serumfraktionen in einem Puffer mit einem Geh. von 1% (Gew./Vol.) *Albumin*. Mit *Oilred O* gefärbte *Lipoprotein*(I)-Fraktionen werden deutlicher abgegrenzt u. getrennt, da die Adsorption von I mit sehr geringer Dichte an das Papier herabgesetzt wird.
K. Zingraf 4574◇

1368 **Eine neue Methode zur Bestimmung des an die α- und β-Lipoproteine des Serums gebundenen Cholesterins.** M. Burstein und J. Samaille. (Clin. chim. Acta [Amsterdam] **3**, 320—27, 1958; Paris, Centre Nat. de Transfus. Sanguine) — In Ggw. von $CaCl_2$ fällt *Dextransulfat* selektiv die β-*Lipoproteine* von normalem u. patholog. Serum, während die α-*Lipoproteine* in Lsg. bleiben. Durch Best. vor u. nach der Fällung können die an beide Stoffe gebundenen *Cholesterin*(I)-Mengen ermittelt werden. Normalwerte: Gesamt-I 1,50—3 g/Liter davon 15 bis 45% α-I u. 55—85% β-I. Bei Hypercholesterinämie ist stets der Anteil von β-I erhöht. K. Zingraf 4576◇

1369 **Pathophysiologie des Plasminsystems.** 2. Mitt. **Fibrinolyse und Plasmin (Aktivator)/Inhibitor-Quotient.** Masahiro Maki und Kazuma Nagasawa. (Tohoku J. exp. Med. **78**, 363—69, 1963; Hirosaki, Univ., Fac. of Med., Dep. of Obstet. and Gyn.; engl.) — 1. Vgl. Tohoku J. exp. Med. **78**, [1962], 264. — Die Fibrinolyse von Seren erwies sich als abhängig von der Höhe des *Plasmin* (bzw. *Plasminaktivator*)/*Plasmininhibitor*-Quotienten; bei Werten über 1,0 kann Fibrinolyse beobachtet werden, bei Werten unter 1,0 nicht. Die proteolyt. Aktivität der *Euglobulin*-Fraktion bewies keine enge Korrelation zur Fibrinolyse; eher noch die Ggw. von *Trypsininhibitor*.
U. Tausendfreund 4574◇

1370 **Umwandlung von Fibrinogen in Fibrin.** 3. Mitt. **Kinetik der pH-Veränderung bei der Gewinnung von Fibrinogen.** Elomer Mihalyi und Irvin H. Billick. (Biochim. biophysica Acta [Amsterdam] **71**, 97—108, 1963; Bethesda, Md., Nat. Inst. of Health, Nat. Heart Inst., Labor. of Cellular Physiol. and Metab.; engl.) — 2. vgl. C. **1955**, **4869**. — Die pH-Veränderung, welche die Umwandlung von Fibrinogen in *Fibrin* begleitet, folgt den Gesetzen für eine Rk. erster Ordnung, wenn der ursprüngliche pH > 8 ist, so treten 2 Rkk. auf, von denen die eine H^+ erzeugte, die andere dagegen aufnimmt; es handelt sich um 2 aufeinanderfolgende Rkk. erster Ordnung. (Proteolyse- u. Polymerisationsstufe).
K. Zingraf 4574◇

1371 **In vivo-Verhalten von ^{131}J-Fibrinogen.** A. S. McFarlane. (J. clin. Invest. **42**, 346—61, 1963; London, Mill Hill, Nat. Inst. for Med. Res.; engl.) — Es wird über Herst. von nichtdenaturiertem ^{131}*J-Fibrinogen*, Gesamtkörper-Radioaktivität, zurückgehaltenes Jodid, Plasma-Radioaktivitäten sowie Abbaugeschw. des Fibrinogens beim Kaninchen berichtet.
U. Tausendfreund 4574◇

1372 **Vergleich der gerinnungshemmenden Wirksamkeit von drei Polysaccharidsulfaten.** W. M. Doane und Roy L. Whistler. (Arch. Biochem. Biophysics **101**, 436 bis 438, 1963; Lafayette, Ind., Purdue Univ., Dep. of Biochem.; engl.) — Bei der Prüfung der gerinnungshemmenden Wirksamkeit der *Schwefelsäureester*(I) von *Amylose*, *Amylopektin*(II) u. *Guaran* in vitro, ergab sich, daß die Wirksamkeit durch das Mol.-Gew. nur wenig beeinflußt wird, dagegen mit dem I-Geh. zunimmt; sie ist bei II am stärksten, aber noch wesentlich geringer als die von *Heparin*. K. Zingraf 4574◇

1373 **Chemischer Bau der Hämostatica, Antihämorrhagica und Antikoagulantia.** Jose Oca Pastor. (Medicamenta [Madrid] **27(14)**, 159–65, 1962; Saragossa, Acad. real de Med.; span.) — Übersicht über die chem. u. biolog. Eigg. der Hämostatica: Prothrombin, Thrombin, Thromboplastin, Vitamin K, Ca^{2+}, Fibrinogen, Hämocoagulase, Digitalissteroide, Na-α-Naphthylamin-4-sulfonat, Cyclonamin, Kongorot; der Vasoconstrictoren: Adrenalin, Serotonin, Mutterkornalkaloide (Ergotin, Ergotamin, Methylergobasin); der Antihämorrhagica: Flavonheteroside (Vitamin P, Rutin), Ascorbinsäure, Carbazochrom; der Anticoagulantia: Heparin, Protamin, Toluidinblau, Dicumarol, Tromexan, Warfarin-Na, Phenylindandion, Pepton, Chicagoblau 6B, Niagarablau, Chlorazol-Himmelblau, Chlorazol-BKS-Rosa, Pontamin-Rosa, Kobragift. W. Biehler 4574◇

1374 **Die Wirkung der ε-Aminocapronsäure auf Blutungen in der Chirurgie der Harnwege.** P. Aboulker, J. Lassner, M. Samama und Casubolo. (Anesthésie, Analgésie Réanimat, **20**, 581–95, 1963; Paris; franz.) — Bei Prostatektomie verringerte prophylakt. Anwendung von 4 g *ε-Aminocapronsäure*(I) den Blutverlust während der Operation nicht, dagegen verringert es die postoperative Blutung nach Ausschälung oder endoskop. Resektion der Prostata; dabei erfolgte die Anwendung von I i. v., oral, oder in Form von Blasenspülungen mit 2‰ I in isoton. Salzlösung. Auch Patienten mit Hämaturien verschiedener Ursache wurden mit Erfolg behandelt. K. Zingraf 4574◇

1375 **Chromatographische Trennung eines Hinterhirn-Induktionsstoffes in Mesoderm- und neural induzierende Unterfraktionen.** Heinz Tiedemann, Ursula Becker und Hildegard Tiedemann. (Biochim. biophysica Acta [Amsterdam] **74**, 557–60, 1963; Heiligenberg/Baden, Heiligenberg-Inst.; engl.) — Eine Protein-Fraktion von Hühnerembryonen, die an Gastrulae von *Triturus alpestris* die Entw. von Hinterhirn u. Ohrenblasen induzierte, konnte chromatograph. auf Diäthylaminoäthylcellulose in 2 Unterfraktionen aufgetrennt werden, wovon die eine die Entw. mesodermaler Strukturen, die andere die neuraler Strukturen induzierte. K. Zingraf 4583◇

1376 **Auslösung von Blastopathien beim Säugetier durch Cyclophosphamid und Thalidomid.** G. H. M. Gottschewski und W. Zimmermann. (Naturwissenschaften **50**, 525, 1963; Mariensee/Trenthorst, Max-Planck-Inst. für Tierzucht und Tierernährung, Abt. für Entwicklungsphysiol.; dt.) — Erhalten Kaninchen eine einmalige i. v. Injektion von 40 mg/kg Körpergew. *Cyclophosphamid* 9 Tage post coitum, so treten Organverdoppelungen, Fehlbildungen u. Organausfälle auf. — Bei Injektionen vor dem 6. Tag post coitum wurden vor allem Mißbldg. des Hirnschädels u. grobe Fehlleistungen der Kopfanlage beobachtet, weiterhin bilaterale gleichsinnige Defekte der Kiemenbögen, Augen, Ohren, Nase, Somiten, Vorder- u. Hintergliedmaßen u. des Schwanzes. Bei Gaben nach dem 9. Tag post coitum traten vorwiegend unilaterale Defekte an Organen auf. Vf. schließen aus ihren Ergebnissen, daß die Pharmaca schon auf die Blastula u. nicht erst auf den Fötus einwirken. Die Substanzen wirken spezif. auf die Entwicklungsphase, sie sind nicht organspezifisch. W. Hiller 4583◇

1377 **Wirkungen von polykationischen Substanzen auf die Embryonaldeterminierung des Seeigels Paracentrotus lividus.** Roger Lallier. (C. R. hebd. Seances Acad. Sci. **257**, 5409–12, 1963; Villefranche-sur-mer, Alpes-Maritimes, Stat. Zool.; franz.) — *Putrescin*, *Cadaverin*, *Spermidin*, *Spermin*, *Histon*, *Salminsulfat*, *Polylysine* u. *Tetrakobalt-*(**III**)*-hexolhexaäthylendiaminnitrat* ($\{Co[(OH)_2 \cdot Co(H_2N\text{–}CH_2\text{–}CH_2\text{–}NH_2)_2]_3\}(NO_3)_6$) bewirken infolge ihrer Neigung, sich mit Nucleinsäuren zu kombinieren, eine Animalisierung von Seeigellarven bzw. die Bldg. von Larvenformen mit radialer Symmetrie. K. Zingraf 4583◇

1378 **Die Verteilung der freien Aminosäuren im Schwanz der Kaulquappe.** R. L. Brahmachary. (Experientia [Basel] **19**, 322–23, 1963; Calcutta (India), Indian Statist. Inst., Res. and Training School; engl.) — Im Schwanz der Kaulquappe von *Bufo melanostictus* nehmen die *freien Aminosäuren*(I) beim Fasten rasch ab; das ist bei Schnecken nicht der Fall. Dagegen tritt bei den Kaulquappen im Gegensatz zu denen von *Xenopus laevis* bei der Metamorphose keine Veränderung der I ein. K. Zingraf 4583◇

1379 **Die Verwendung von Tieren in der Ernährungsforschung.** T. Moore. (Lab. Pract. **12**, 643–46, 1963; Cambridge, Univ., Dunn Nutr. Labor.; Med. Res. Council; engl.) — Obwohl Tierverss. in der Ernährungsforschung weitgehend durch chem. Teste ersetzt werden konnten, ist dies doch nicht in allen Fällen möglich. So war die Entdeckung der Rolle von *Se* als Spurenelement u. des *Cu*-Mangels bei Ernährung mit rohem Fleisch nur mit Hilfe von Tierverss. möglich. K. Zingraf 4585◇

1380 **Der Einfluß einiger Kohlenhydrate auf die experimentelle Caries dentium der Ratte.** T. H. Grenby. (Arch. oral. Biol. **8**, 27–30, 1963; St. Albans, Hertfordshire, England, Res. Ass. of Brit. Fluor-Mills; engl.) — Stephans Diät (66% Saccharose, 32% Magermilchpulver, 2% getrocknetes Leberpulver) erzeugt in ♀ u. ♂ Wistar-Ratten in der 5. bis zur 14. Woche nach der Entwöhnung Caries dentium (23 Cariesfälle von 36 Versuchstieren in der 10. Woche). Wird in dieser Diät, ohne den Ernährungswert zu ändern, Saccharose durch Glucose ersetzt, dann geht die Zahl der Cariesfälle zurück. Dieser Rückgang ist noch ausgeprägter, wenn an Stelle von Saccharose Weizenstärke gefüttert wird. H. Köditz 4585◇

1381 **Einfluß von Inosithexanicotinat auf das Diphosphopyridinnucleotid in der Leber bei Cholesterinsteatose.** F. Melani, P. Chiarini und L. Donnini. (Sperimentale **113**, 54–60, 1963; Firenze, Univ., Ist. di Semeiot. Med.; ital.) — Bei Kaninchen, die ein cholesterinreiches Futter erhalten, tritt nach 15 Tagen eine Verringerung des red. u. nicht red. *Diphosphopyridinnucleotids* (**I**) in der Leber auf, obwohl noch keine histolog. Anzeichen einer Steatose vorliegen. Wenn dieses Futter 90 Tage lang verabreicht wird, bildet sich eine Steatose mit weiterem Absinken von **I** aus. Bei gleichzeitiger Verabreichung von Inosithexanicotinat ist nach 15 Tagen keine u. nach 90 Tagen eine geringere Abnahme von **I** in der Leber zu beobachten, obwohl die Steatose nicht beeinflußt wird. K. Zingraf 4585◇

1382 **Phosphor- und Calcium-Stoffwechsel der Legehennen bei P- oder bei Ca- und P-Mangeldiäten.** Hiroshi Nozaki, Satoshi Horii und Yukio Takei. (Bull. nat. Inst. agric. Sci. [Chiba, Japan), Ser. G **1959**, Nr. 18, 169–77, Nov.; japan., Auszug: engl.) — In Fütterungsverss. mit ^{45}Ca u. ^{32}P an Legehennen bewirkte eine P-Mangeldiät, Senkung der Legeleistung, Entfärbung u. Schrumpfen des Kammes sowie frühzeitigen Federausfall. Nach Übergang zur vollwertigen P-Diät kommt die Henne wieder in normale Kondition u. deponiert bei ^{32}P-Applikation im Vgl. zu normalen Legehennen 6mal mehr ^{32}P in den Knochen u. 35mal mehr ^{32}P im Eigelb. Nach einer Ca- + P-Mangeldiät zeigte sich eine stärkere Gewichtsabnahme ohne sofortige Beeinträchtigung der Legeleistung. Erst allmählich nehmen Schalendicke der Eier u. Legeleistung ab. Bei Übergang zur normalen Diät braucht die Henne längere Zeit zur Wiedererlangung ihrer normalen Kondition. H. D. Bock 4585◇

1383 **Die Beziehung zwischen Fluorid und Jod im Trinkwasser beim Kropf.** I. Gedalia und N. Brand. (Arch. int. Pharmacodynam. Thérap. **142**, 312–15, 1963; Jerusalem, Hebrew Univ., Hadassah Med. School, Dep. of Prevent. Med.; engl.) — Unterss. an 2685 Mädchen aus verschiedenen Regionen Israels zeigen, daß in Ober- u. West-Galiläa bei einer *J*-Aufnahme von weniger als 7 γ J/Liter Trinkwasser endem. Kropf herrscht (17 u. 30%ig. Vork.) u. daß bei adäquater J-Zufuhr (in Küstengebieten mit 8–100 γ/Liter) eine erhöhte *F*-Konz. im

Trinkwasser (bis 0,9 ppm) gegenüber J u. Schilddrüsenfunktion nicht antagonist. wirkt.
U. Tausendfreund 4585◇

1384 **Beobachtungen bei experimenteller Magnesiumverarmung.** R. Whang und L. G. Welt. (J. clin. Invest. **42,** 305—13, 1963; Chapel Hill, N. C., Univ. of North Carolina, School of Med., Dep. of Med.; engl.) — *Mg*-Mangel (durch entsprechende Diät hervorgerufen) führte bei Ratten zur Verminderung des Mg-Geh. im Blut, in Erythrocyten, in der Muskulatur u. im Gesamtorganismus, ferner zu einer Vermehrung des *Ca*-Geh. im Blut, zu einer Verarmung der Muskulatur an *K* bei gleichbleibendem Serum-K-Geh., Serum-PO_4 oder Serum-CO_2, ferner zu erhöhter K-Ausscheidung mit dem Harn u. erhöhter PO_4-Ausscheidung mit dem Harn; die *N*-Ausscheidung mit dem Harn blieb gleich; Azotämie trat in Verbindung mit *Ca*-Ablagerungen in Harnweglumina auf. Der K-Verlust wird als Folge eines Mg-Einfl. im zellulären Bereich u. nicht als Folge eines Nierentubulusdefektes angesehen. U. Tausendfreund 4585◇

1385 **Skelett- und Weichgewebe-Magnesium in Mangelperioden bei erwachsenen Ratten.** L. Martindale und F. W. Heaton. (Biochem. J. 88, 21P, 1963; Leeds, General Infirmary, Med. Res. Counc. Unit. for Metabolic Disturbances in Surgery; engl.) — Der Knochen stellt die Hauptreserve für mobiles *Magnesium* bei Ratten in Mangelperioden dar, aber auch die Leber gibt Mg ab (18% bzw. 12% der ursprünglichen Konz.). Herz u. Nieren zeigen keinen signifikanten Wechsel des Mg-Gehaltes. H. Newesely 4585◇

1386 **Stoffwechsel von Thiamin und seinen verwandten Verbindungen.** 6. Mitt. **Stoffwechsel und biologische Aktivität von Benzolsulfonylthiamindisulfid.** Chikataro Kawasaki, Isao Tomita und Tomio Nagayama. (Vitamins [Kyoto] **27,** 59—63, 1963; Toyonaka, Osaka Univ., School of Pharm.; jap., Auszug: engl.) — 5. vgl. C. **1962,** 4230. — Intraperitoneale Verabreichung von *Benzolsulfonylthiamindisulfid* {**I**; *1.10-Bis-[2-methyl-4-aminopyrimidyl-(5)]-2.9-diformyl-3.8-dimethyl-4.7-bis-[β-(benzolsulfonyloxy)-äthyl]-2.9-diaza-5.6-dithiadecadien-(3.7)*} in Dosen von 5 mg (Äquivalente zu Thiaminhydrochlorid) an Ratten verursacht eine geringe *Thiamin*-Ausscheidung im Urin. Nur 3% werden in 24 Std. ausgeschieden. Dies deutet auf eine Zerstörung von **I** hin u. nicht auf eine Red. zu *Benzolsulfonylthiamin* (**II**; *N-[2-Methyl-4-aminopyrimidyl-(5)-methyl]-4-methyl-5-[β-(benzolsulfonyloxy)-äthyl]-thiazol*). Bei Inkubation von **I** mit Rattenleberhomogenaten bei pH 6 für 3 Std. wird der größte Teil von **I** abgebaut u. es werden weniger als 10% wiedererhalten. Bei Inkubation bei pH 4,5 ist **I** dagegen stabiler, mehr als 75% von **I** werden als **II** wiedererhalten. Diese Rk. ist nicht enzymat., da gekochte Homogenate ebenso zur Zerstörung u. Red. von **I** fähig sind. Vff. prüfen die Red. von **I** zu **II** durch *Cystein* oder *Thioglykolsäure* im pH-Bereich von 3—8 genauer nach. Eine quant. Ausbeute an **II** wird nur bei pH 3—4 erhalten. Bei pH-Werten über 6 werden dagegen geringere Ausbeuten als 10% erhalten. Hierbei wird gleichzeitig *Thiaminanhydrid* F. 110° erhalten. Vff. prüfen weiterhin die biolog. Aktivität von **I** an Thiaminmangelratten. **I** gibt keine Wachstumsstimulation bei Gaben von 20 µg (äquivalent zu Thiamin · HCl) täglich. — Bei Gaben von 200 µg ist **I** bei oraler u. intraperitonealer Verabreichung wirksam.
W. Hiller 4587◇

1387 **Untersuchungen über die Anti-Nicotin-Wirkung des Vitamin B_1.** 2. Mitt. Iwao Yamamoto, Heitaroh Iwata, Yasuo Tamori und Masami Hirayama. (Folia pharmacol. japon. **53,** 307—10, 20/3. 1957; Kashiwara, Nara Med. Coll., Dep. of Pharmacol.; japan., Auszug: engl.) — Bei Mäusen wird die DL_{50} von *Nicotin* (**I**; intraperitoneal) von 10,05 ± 1,1 mg/kg um 30% erhöht, wenn 1/2 Std. vor **I** 100 mg *Vitamin* B_1 (**II**)/kg gegeben werden. Unwirksam ist **II**, wenn es 1 Std. vor **I**, oder wenn nur 50 mg **II** 1/2 Std. vor **I** verabfolgt wird. — 100 mg *Thiaminpropyldisulfid*/kg führt, wenn es 1/2 oder 1 Std. vor **I** verabfolgt wird, ebenfalls zu einer 30%ig. Erhöhung der mittleren letalen Dosis.
P. Loch 4587◇

1388 **Über den Mechanismus der Krampfwirkung von Thiamin und Folsäure.** G. La Grutta, S. Abbadessa, T. Ajello und V. La Grutta. (Arch. Scienze biol. **46,** 35—55, Jan.-März 1962; Palermo, Univ., Ist. di Fisiol umana; ital.) — Bei lokaler Anwendung an verschiedenen Neuronenaggregaten (Hirnrinde der Katze, Tauben- u. Froschhirn) besitzen *Thiamin* (**I**) u. *Folsäure* (**II**) eine hypersynchronisierende Wrkg., die vom Typ des Neuronenaggregats u. von der Vitaminwrkg. von **I** u. **II** unabhängig ist, u. offenbar von spezif. Strukturwellenkonfigurationen in den Moll. von **I** u. **II** abläuft. Am Mechanismus dieser Wrkg. scheint eine Hemmung der echten u. *Pseudocholinesterase* beteiligt zu sein.
K. Zingraf 4587□

1389 **Klinische und experimentelle Untersuchungen über Riboflavin. Veränderungen des Riboflavingehaltes.** Kinzō Sato. (Vitamins [Kyoto] **28,** 10—20, 1963; Hirosaki, Hirosaki Univ., Fac. of Med., Dep. of Internal Med.; jap., Auszug: engl.) — *Riboflavin* findet sich in Blutzellen hauptsächlich in veresterter Form. Der Geh. an *verestertem Riboflavin* ist bei den meisten Krankheiten in den Blutzellen gering. Massenverabreichung von freiem *Riboflavin* bewirkt eine Steigerung des Gesamtriboflavins im Blut bis zu 15 µg/dl. 1/3 bis 2/3 der oral verabreichten u. 3/4 der i. v. verabreichten Dosis werden mit dem Urin ausgeschieden. Tägliche Verabreichung von 20 bis 40 mg Adenosintriphosphat beschleunigt die Veresterung von Riboflavin im Blut. Starke Verabreichung von *Thiamin* oder seinen Derivv. (50—100 mg pro Tag) senkt den Riboflavinspiegel im Blut innerhalb von 1—2 Wochen. Zugabe von Riboflavin (10% der verabreichten Thiamindosis) verhindert die Abnahme des Riboflavingeh. u. erhöht den Anteil der veresterten Form.
W. Hiller 4587◇

1390 **Ergänzende Untersuchungen über den Niacin-Stoffwechsel.** 3. Mitt. **Wirkungen von Riboflavin und Flavinadeninnucleotid auf den Niacin-Stoffwechsel.** Kōzō Obata. (Jap. Arch. intern. Med. **5,** 169—71, 1958; Kyoto Univ., Med. Fac., 1. Med. Clin.; jap., Auszug: engl.) — 1. vgl. C. **1960,** 203. — Die kombinierte Verabreichung von *Riboflavin* (**I**) u. *Nicotinamid* (**II**) oder *Flavinadeninnucleotid* (**III**) u. **II** an Patienten mit gestörtem *Nicotinsäure*(**IV**)-Stoffwechsel führt nicht zur Veränderung der urinalen **IV**-Exkretion. Dagegen steigt die Exkretion von *N-Methylnicotinamid* (**V**) in ähnlicher Weise wie nach Applikation von **II** allein an. Die gleiche Beobachtung wurde nach wiederholter **I**-Verabreichung gemacht. Die Exkretionsrelation von *N-Methylpyridon-(6)-3-carbonsäureamid* zu **V** wird durch die **I** + **II**- bzw. **II** + **III**-Kombinationen nicht verändert. Vf. schließt aus seinen Ergebnissen, daß **I** die Überführung von **II** in **V** im **IV**-Stoffwechsel fördert. F. Krusen 4587□

1391 **Spontane Ausscheidung von Nicotinsäure, Biotin und Vitamin B_6 durch die Niere nach Behandlung mit p-[Dipropylaminosulfonyl]-benzoesäure.** Auli Toivanen, Toivo Markkanen und Paavo Toivanen. (Z. Vitamin-, Hormon- u. Fermentforsch. [Wien] **13,** 35—39, 1963; Turku, Finnland, Universität Dep. Med. Microbiology; engl.) — Vff. untersuchen den Einfl. von *Probenecid* (p-[Dipropylaminosulphonyl]-benzoesäure) auf die renale Ausscheidung von Nicotinsäure (**I**)-, Pyridoxin(**II**)- u. Biotin(**III**)-Stoffwechselprodd. an Kaninchen u. Menschen. Es zeigt sich, daß die **II**- u. **III**-Ausscheidung nicht, u. die **I**-Ausscheidung im Sinne einer Abnahme (besonders beim Menschen) beeinflußt wird. Die statist. Auswertung zeigt, daß der Unterschied nicht signifikant ist. K. H. Lohs 4587◇

1392 **Bestimmung der Folsäure-Aktivität im Serum mit einer verbesserten Lactobacillus-casei-Methode.** Jack M. Cooperman, A. Leonard Luhby und Catherine M. Avery. (Proc. Soc. exp. Biol. Med. **104,** 536—39, 1960; New York City, N. Y. Med. Coll., Dep. of Ped., Hemat. and Nutrit Labor.; engl.) — Durch Änderungen in der Züchtung der Teststämme wird eine Erhöhung der Empfindlichkeit u. eine Verringerung der benötigten Serummenge für die *Folsäure*(**I**)-Best. erreicht. Bei normalen Erwachsenen werden 15,9 ± 9,5, bei **I**-Mangel 9,9 ± 6,4 mµg/ml gefunden. Wegen der großen Überlappung der Werte, ist die Meth. zur klin. Best. von I-Mangel nicht geeignet. P. Gregorzewski 4587◇

1393 **Über die Erzeugung einer Phenylketonurie bei Ratten und deren Beeinflussung durch Folsäure und andere Pteridinderivate.** R. Müller und A. Knapp. (Ernährungsforschung **8**, 303—13, 1963; Potsdam-Rehbrücke, Inst. für Ernährung; dt.) — Bei Ratten ließ sich durch 0,06% *Daraprim*(**I**)-Zusatz zur Diät eine Phenylketonurie erzeugen. Da dieses Malariamittel ein spezif. Biopterinantagonist ist, lag die Vermutung nahe, daß bei der Oxydation des Phenylalanins zu Tyrosin Pterinderivv. beteiligt sein könnten; d. h. Vertreter der Folsäuregruppe. Verss. in dieser Richtung, die Phenylketonurie durch Folsäurederivv. zu beeinflussen, schlugen fehl. Es zeigte sich aber, daß **I** die Umwandlung von Folsäure in *Tetrahydrofolsäure* (**II**) blockiert. Unter **I**-Behandlung auftretende mangelnde Entw. wachsender Tiere mit letalem Ausgang konnte durch **II** bzw. Trockenhefe verhindert werden. Inwieweit der Hefefaktor mit der **II** ident. ist, kann noch nicht entschieden werden; möglicherweise liegt in der Hefe ein wirksameres Pterinderiv. als **II** vor. M. Ulmann 4587◇

1394 **Untersuchungen über Pantothensäureaufnahme.** 1. Mitt. **Pantothensäuregehalt in japanischen Nahrungsmitteln.** Kôzô Ishiguro. (Tohoku J. exp. Med. **78**, 375—80, 1963; Sendai, Tohoku Univ., School of Med., Dep. of Hyg.; engl.) — Reich an gebundener *Pantothensäure* bzw. Gesamt-*Panthethin* sind in Japan außer einigen Fisch-Sorten u. Fleisch süße Kartoffeln, „Natto", Sardinen, Austern, Lauch u. Knoblauch. U. Tausendfreund 4587◇

1395 **Die Rolle von Pyridoxin bei der Behandlung der motorischen Schwäche.** W. Bettschart. (Praxis [Bern] **52**, 1012—15, 1963; Lausanne, Off. méd.-pédagog. vaudois; franz.) — Bei einer Verabreichung von 300 mg *Pyridoxin* täglich oral, mindestens 3 Monate lang, konnte bei Kindern mit motor. Schwäche (Duprésches Syndrom mit psychomotor. Störungen) eine Verringerung der Instabilität u. eine Besserung der Bewegungs- u. Energiekoordination, der Rhythmuswiederherstellung u. der Schrift beobachtet werden. K. Zingraf 4587◇

1396 **Ein einfacher therapeutischer Vitamin-B_6-Suchtest zur Aufdeckung eines Pyridoxin-Mangeldiabetes.** Georg Otto Schlütz. (Z. klin. Chem. **1**, 57—58, 1963; Damascus, Syrian Arab Univ., Dep. of Biochem. and Nutrit., Div. of Clin. Chem.; dt.) — Als einfacher *Vitamin B_6*(**I**)-Suchtest zur Aufdeckung von *Pyridoxin*-Mangeldiabetes wird die perorale **I**-Zufuhr bei gleichzeitig kohlenhydratreicher Kost empfohlen. Handelt es sich um einen echten Pyridoxin-Mangeldiabetes, so verschwinden innerhalb von 5 Tagen Glucosurie u. Glykämie. Akzidentelle Glucosurien verschiedener Genese wurden ausgeschlossen. U. Tausendfreund 4587◇

1397 **Synthetische Untersuchungen von Vitamin-B_6-Derivaten.** 1. Mitt. **Synthese von Schwefelsäureestern der Vitamin-B_6-Gruppe.** Toshio Kuroda. (Vitamins [Kyoto] **28**, 21—28, 1963; Tokyo, Wakamoto Pharmaceut. Co., Ltd., Technical Dep.; jap., Auszug: engl.) — Um *Vitamin-B_6*-Antagonisten zu erhalten, werden folgende Verbb. synthetisiert: *Pyridoxal-5-sulfat, Pyridoxamin-5-sulfat, Pyridoxin-5-sulfat, Desoxypyridoxin-5-sulfat* u. *Pyridoxalmonoäthylacetal-3-sulfat.* Rkk. zwischen Pyridoxinanalogen u. Chlorsulfonsäure werden beschrieben. W. Hiller 4587◇

1398 **Untersuchungen über Orotsäure.** 5. Mitt. **Die Wirkung von Orotsäure auf Plasmaproteine bei operativem Stress.** Takeo Kinoshita, Yoshizumi Yamaguti, Takeshi Hashizume, Yasutoshi Doi, Tooru Haraguti und Kenzo Sasaki. (Vitamins [Kyoto] **27**, 10—12, 1963; Kumamoto, Kumamoto Univ., Fac. of Med., Dep. of Surgery; jap., Auszug: engl.) — 4. vgl. Vitamins [Kyoto] **26**, [1962], 411; 3. vgl. C. **1963**, 12106. — Bei Proteinmangelratten sinkt nach operativem Stress der Geh. an *Gesamtplasmaprotein* u. *Albumin.* Verabreichung von *Orotsäure* verbessert diese postoperative Abnahme u. die postoperative Zunahme von *α-* u. *β-Globulin* wird unterdrückt. W. Hiller 4587◇

1399 **Über einen vereinfachten Nachweis des Vitamin B_{12} mit Poteriochromonas stipitata.** H. Haenel. (Ernährungsforschung **8**, 276—81, 1963; Potsdam-Rehbrücke, Inst. für Ernährung; dt.) — Beim Nachw. von *Vitamin B_{12}* mit *P. stipitata* kann NH_4NO_3 an Stelle eines Gemisches von 4 Aminosäuren im Nährboden eingesetzt werden. Außerdem empfiehlt es sich, die Kulturen in geneigten Reagensröhrchen anzusetzen; auch kann auf Abzentrifugieren der Vorkultur u. Sterilisierung durch Momentautoklavierung verzichtet werden. M. Ulmann 4587◇

1400 **Die Wirkung von Vitamin B_{12} auf den Kohlenhydratstoffwechsel beim Diabetes mellitus.** Cs. Hadnagy, E. Horváth und I. Bodó. (Z. Vitamin-, Hormon- u. Fermentforsch. [Wien] **13**, 22—34, 1963; Tg. Mures-Marosvásárhely, Rumänien, II. Med. Univers.-Klinik; dt.) — Vff. untersuchten den Einfl. von *Vitamin B_{12}* (**I**) in Dosen zwischen 1000—2000 γ auf den Blutzuckerspiegel von nüchternen Diabetikern u. auf die Insulinempfindlichkeit (20 E. Insulin s.c.) sowie die Wrkg. des Vitamins auf die Glucosetoleranz (oral u. i.v.). Die Verss. ergaben bei den meisten Kranken mit verminderter Insulinempfindlichkeit, daß **I** eine Steigerung der Insulinwirkung hervorruft u. die Glykogenolyse in der Leber hemmt. K. H. Lohs 4587◇

1401 **Immunologische Untersuchungen mit Intrinsicfactor beim Menschen.** Manuel E. Kaplan, Ralph Zalusky, Jack Remington und Victor Herbert. (J. clin. Invest. **42**, 368—82, 1963; Boston, Mass., Boston City Hosp., Thorndike Mem. Labor.; 2. and 4. (Harvard) Med. Serv.; Harvard Med. School, Dep. of Med.; engl.) — Da das Refraktärwerden von Patienten mit perniciöser Anämie gegenüber Schweine-*Intrinsicfactor*(**I**)-Konzentraten verschiedentlich auf immunolog. Ursachen zurückgeführt worden ist, wurden Verss. zum Nachw. einer Beziehung zwischen Immunisierung gegenüber **I** u. Refraktärzustand durchgeführt. Dabei konnte jedoch keine Korrelation zwischen dem Ausmaß der system. Sensibilisierung gegenüber **I** bei individuellen Patienten u. der Fähigkeit von **I** zur Steigerung der *Vitamin-B_{12}*-Resorption nachgewiesen werden. Der Refraktärzustand dürfte demnach wohl durch lokale Faktoren in der Magendarmschleimhaut bedingt sein. U. Tausendfreund 4587◇

1402 **Dünnschichtchromatographie von fettlöslichen Vitaminen.** 1. Mitt. **Nachweis von Vitamin A, D, E, K und ihren verwandten Verbindungen.** Goichiro Katsui, Seiji Ishikawa, Michiko Shimizu und Yukio Nishimoto. (Vitamins [Kyoto] **28**, 41—44, 1963; Tokyo, Eisai Co., Ltd., Res. Labor.; jap., Auszug: engl.) — Vff. benutzen als chromatograph. Platten Kieselgel G u. Aluminiumoxid G, u. als Solvens Chlf. u. Benzol. Für den Nachw. nach der chromatograph. Trennung wird 60% $HClO_4$, 95% H_2SO_4, 65% HNO_3, Antimontrichloridreagens u. Emmerie-Engel-Reagens benutzt. 95%ig. H_2SO_4 ist für den Universalnachw. aller durch diese Meth. getrennten *fettlösl. Vitamine* geeignet. Diese Meth. ist vorteilhaft, weil bei ihr $HClO_4$ u. H_2SO_4 als Nachweisreagentien benutzt werden können u. weil die erforderliche Zeit zur Trennung kürzer ist als der bei Papierchromatographie. W. Hiller 4587◇

1403 **Einfluß von Vitamin A bei experimenteller Kniegelenk-Tbc beim Meerschweinchen (pathologischer Befund des befallenen Gelenks).** F. Yamada. (Tokyo Jikeikai med. J. **76**, 255—73, 1961; jap.) H. Gnichard 4587◇

1404 **Akute A-Hypervitaminose beim Meerschweinchen.** 1. Mitt. **Wirkungen auf Säurehydrolasen.** Gerald Weissmann, Jonathan W. Uhr und Lewis Thomas. (Proc. Soc. exp. Biol. Med. **112**, 284—87, 1963; New York, N. Y., New York Univ., School of Med., Dep. of Med.; engl.) — *Vitamin A* führt bei Überdosierung (2mal 80 mg) zu einer Freisetzung der Enzyme aus Leberlysosomen in vivo (Meerschweinchen); es kommt nicht nur zur Veränderung der subzellulären Verteilung von Lysosomenenzymen, sondern auch zu einer leichteren Abgabe von *β-Glucuronidase* (**I**) u. *Kathepsin* (**II**) in das Inkubationsmedium in vitro; in Leberhomogenaten (0,25 m Saccharose) ist der größte Teil der Aktivität von *saurer Phosphatase*, I u. II bei 15000 · *g* nicht mehr sedimentierbar. Offenbar wird durch das Vitamin die Oberfläche der Lysosomen angegriffen; auch die Erhöhung des Serum-I-Spiegels ist mit direkter Wrkg. auf die Lysosomen vereinbar. U. Tausendfreund 4587◇

1405 **Akute A-Hypervitaminose beim Meerschweinchen. 2. Mitt. Wirkungen auf verzögerte Hypersensibilität.** Jonathan W. Uhr, Gerald Weissmann und Lewis Thomas. (Proc. Soc. exp. Biol. Med. **112,** 287—91, 1963; engl.) — 1. vgl. vorst. Referat. — *Vitamin A* kann bei Überdosierung beim Meerschweinchen entzündliche Rkk. mäßiger Stärke der Haut hemmen; diese Wrkg. ist vermutlich als Folge des Einfl. auf die Lysosomen anzusehen. Eine Wrkg. auf die Clearance von Bakteriophagen (*Φ*X 174) aus dem Kreislauf oder auf die Antikörper-Bldg. gegenüber den Phagen besteht nicht.
U. Tausendfreund 4587◇

1406 **Münzförmige Ekzeme mit Beziehung zu Vitamin A.** Y. Maruyama. (Tokyo Jikeikai med. J. **76,** 1418—24, 1961; Tokyo, Jikeikai School of Med.; jap.)
M. Arnold 4587◇

1407 **Untersuchungen über Nahrungsfette und Vitamin-D-Toxizität bei der Ratte.** T. K. Murray und J. L. Beare. (Canad. J. Biochem. Physiol. **41,** 1785—92, 1963; Ottawa, Dep. of Nat. Health and Welf., Food and Drug Labor.; engl.) — Zufuhr von *Linoleat* (I) verlängert bei Ratten mit Mangel an essentiellen Fettsäuren, denen Letaldosen von *Vitamin D* (II) verabreicht wurden, die Überlebensdauer (wahrscheinlich unspezif. Wirkung). Der *Ca*-Geh. im Plasma u. die Verkalkung der Nieren, die durch II erhöht wurden, wurden durch I nicht beeinflußt, dagegen wurde die Ausscheidung von Ca in den Faeces durch jeden Fettzusatz zum Futter herabgesetzt. Die Zus. des Körperfettes wurde durch kleine Mengen I, nicht jedoch durch hohe Dosen II beeinflußt.
K. Zingraf 4587◇

1408 **Über den Gehalt von α-, β + γ- und δ-Tocopherol im Magen-Darm-Trakt, Blut und Urin von Ratten.** I. Kaludin, H. Schmandke und H.-A. Ketz. (Ernährungsforschung **8,** 214—26, 1963; Potsdam-Rehbrücke, Inst. für Ernährung; dt.) — Nach peroraler u. intraduodenaler Belastung von Wistarratten mit *Tocopherol* (I) (10 mg eines Gemisches von 43% α-, 45% β + γ- u. 12% δ-I in 0,5 ml Leinöl) ist der Anteil des δ-I im Dünndarm bei den Kontrolltieren größer als im gesamten Magen-Darm-Trakt. Im Portalvenenblut steigt die Menge des gesamten I nach der intraduodenalen u. peroralen Verabreichung. Das Verhältnis der einzelnen I bei den Kontrolltieren ist: $\alpha:\beta + \gamma:\delta = 1:0,62:0,22$; bei den mit I behandelten Tieren 1:0,41:0,25. Im peripheren Blut ist der gesamte I-Geh. kleiner als im Portalvenenblut. Das Verhältnis im peripheren Blut der Kontrolltiere ist $\alpha:\beta + \gamma:\delta = 0,51:1:0,55$; bei den mit I belasteten Tieren 0,67:1:0,82. Im Urin wurde nur δ-I gefunden. M. Ulmann 4587◇

1409 **Geschlechtsunterschiede im α-Tocopherolbedarf von Ratten nachgewiesen mit dem Hämolysetest.** R. J. Ward. (Brit. J. Nutrit. **17,** 135—39, 1963; Cambridge, Univ., Dunn Nutr. Labor.; Med. Res. Council; engl.) — Der Hämolysetest von Erythrocyten in vitro ergab für ♂ Ratten einen wöchentlichen *α-Tocopherol*-Bedarf von 3,5 mg/kg, für ♀ Ratten dagegen von 2,5 mg/kg.
K. Zingraf 4587◇

1410 **Der Einfluß diätetischer Mengen Vitamin E und Selen auf die Verteilung von ^{75}Se im Küken.** Leo S. Jensen, Elmer D. Walter und Jack S. Dunlap. (Proc. Soc. exp. Biol. Med. **112,** 899—901, 1963; Pullman, Washington State Univ., Dep. of Poultry Sci. and Veter. Pathol.; engl.) — Drei Wochen alte Küken, die vorher in einer Versuchsreihe mit *Vitamin E*(I)-reicher u. in der zweiten mit I-armer Nahrung gefüttert wurden, erhielten intraperitoneal 0,5 ml $H_2{}^{75}SeO_3$ (5 μc) in neutraler Lsg. injiziert. Die Verteilung von ^{75}*Se* in verschiedenen Geweben wurde nach 24, 48 u. 168 Std. bestimmt. Bei zwei Wochen alten Küken wurden oral 10 μc ^{75}Se verabreicht u. die Isotopenverteilung nach 24 u. 168 Std. ermittelt. I hatte keinen Einfl. auf die Verteilung des ^{75}Se, doch zeigte Se selbst einen bemerkenswerten Einfl. auf die Aufnahme u. die Retention des Isotops. Die Hälfte der Dosis wurde bei solchen Tieren zurückgehalten, die seit 7 Tagen kein Se mehr erhalten hatten, während jene, denen täglich 1 p.p.m. verabreicht wurde, nur $^1/_5$ zurückhielten. Die größte Anreicherung fand im Cerebellum statt. K. Dorfner 4587◇

1411 **Wirkung von Tocopherolmangel auf den Nucleinsäure- und Kreatingehalt des Muskels beim Frosch.** Ross A. Gortner, jun. und Ann F. Milano. (Amer. J. Physiol. **204,** 168—70, 1963; Middletown, Conn., Wesleyan Univ., Shanklin Labor. of Biol.; engl.) — Zwangsfütterung von Fröschen mit *Tocopherol*-Mangelfutter 120 Tage lang bewirkte keine Degeneration des Gastrocnemius-Muskels oder der Hoden u. keine Veränderung des *Ribonucleinsäure*- u. *Desoxyribonucleinsäure*-Geh. im Muskel, setzt aber den *Kreatin*-Geh. des Muskels deutlich herab. K. Zingraf 4587◇

1412 **Die renale Steroidausscheidung bei experimentellem Vitamin-E-Mangel.** H.-A. Ketz. (Ernährungsforschung **8,** 206—13, 1963; Potsdam-Rehbrücke, Inst. für Ernährung; dt.) — Es wird bei weiblichen Wistarratten, bei experimentellem Mangel an *Vitamin E* (I), der Gesamt-Geh. der Leber an *Tocopherol*, sowie die renale Ausscheidung der neutralen u. phenol. *Steroide* bestimmt. Im Vgl. zu Kontrolltieren wurden niedrigere Werte gefunden. Diese Ergebnisse werden im Zusammenhang mit bisherigen Befunden über den Einfl. von I auf das Hypophysen-Nebennierenrindensyst. u. die Produktion von Keimdrüsenhormonen diskutiert. M. Ulmann 4587◇

1413 **Die Ausscheidung von ^{35}S nach der Injektion von ^{35}S-Liposäure bei Normalpersonen und Patienten mit Ekzemen.** Katsu Takenouchi, Kazuo Aso, Ko Utsumi und Ryuya Kobayashi. (Vitamins [Kyoto] **27,** 33—39, 1963; Chiba, Chiba Univ., School of Med., Dep. of Dermatol.; jap., Auszug: engl.) — Bei Normalpersonen wird innerhalb von 24 Std. 91—99% der injizierten ^{35}*S-Liposäure* (I) durch den Urin ausgeschieden. Bei intraperitonealen I-Gaben bei Mäusen dringt ^{35}S rasch in die Gewebe ein u. verschwindet auch rasch aus diesen wieder. Bei Patienten mit Ekzemen ist die Ausscheidung geringer im Vgl. zu Normalpersonen u. auf dem Papierchromatogramm sind 5 unbekannte Flecke mit ^{35}S-Aktivität vorhanden. Vff. vermuten, daß Beziehungen existieren zwischen der Störung des I-Stoffwechsels u. der Dysfunktion von Leber, Niere u. Nebenniere u. der Störung des Serunprotein- u. Blutzuckerspiegels.
W. Hiller 4587◇

1414 **Experimentelle Untersuchungen über den Stoffwechsel der Magenschleimhaut unter besonderer Berücksichtigung der Atmungskette. 1. Mitt. Untersuchung über örtliche Beziehungen des Stoffwechsels der Magenschleimhaut besonders bei lokaler Veranlagung.** H. Ōsima. (Tokyo Jikeikai med. J. **76,** 357—68, 1961; jap.)
H. Guischard 4594◇

1415 **Experimentelle Untersuchungen über den Stoffwechsel der Magenschleimhaut unter besonderer Berücksichtigung der Atmungskette. 2. Mitt. Untersuchung über Veränderungen des Stoffwechsels der Magenschleimhaut durch sekretive Reizstoffe.** H. Ōsima. (Tokyo Jikeikai med. J. **76,** 369—78, 1961; jap.) — 1. vgl. vorst. Referat.
H. Guischard 4594◇

1416 **Darmresorption von Kalium beim Hund mit Thiry-Vella-Fistel.** V. Donnet, M. Jacquin und J. Fondarai. (C. R. Séances Soc. Biol. Filiales **157,** 322—25, 1963; Marseille, Univ., Fac. de Méd., Labor. de Méd. expérim.; franz.) — Beim Hund mit Thiry-Vella-Fistel tritt nur dann eine Resorption von *KCl* aus dem Darm ein, wenn die anfängliche KCl-Konz. der Durchströmungslsg. höher als die des Blutes ist. K. Zingraf 4594◇

1417 **Resorption von $^{14}C_{(1)}$-Lignocerinsäure bei der Ratte.** M. Fields (Gellei) und S. Gatt. (Nature [London] **198,** 994—95, 1963; Jerusalem, Hebrew Univ., Hadassah Med. School, Dep. of Biochem.; engl.) — ♂ Ratten erhielten 24 Std. lang eine fettreiche Nahrung, blieben danach über Nacht nüchtern u. bekamen nun eine neutralisierte, wss. Suspension von $^{14}C_{(1)}$-*Lignocerinsäure* (I) entweder per Magensonde oder durch intraduodenale Injektion. Die gesammelte Lymphe wurde analysiert. 15% der Radioaktivität wurden im Zeitraum von 24 bis 40 Std. darin wiedergefunden. Vereinzelt ließ sich eine Resorption von 25—30% der verabfolgten I feststellen. Tötet man die Tiere 40 Std. nach Vers.-Beginn, so können über 5% der Radioaktivität im Magen u. Darm u. mehr als 30% im Stuhl nachgewiesen werden. Auf Grund der Magenentleerung wurde eine Resorptionsverzögerung um 4 Std. ermittelt. Die Fraktionierung der Lymphlipide ergab, daß über 85—95% der verabfolgten Radioaktivität in den Neutralfetten, über 3% in den Phospholipiden u. 3—10% in den freien Fettsäuren enthalten waren. Das steht im Einklang mit den Ergebnissen bei Fettsäuren mit kürzerer Kette. — Die Unterss. machen wahrscheinlich, daß die Nahrungs-I zur Leber transportiert wird. Dort erfolgt dann Hydrolyse. Schließlich wird die freie I entweder oxydiert oder in Sphingolipide oder Glyceride wieder eingebaut. H. Zöllner 4594◇

1418 **Aktiver Transport einiger Pyrimidine durch das Darmepithel von Ratten.** Lewis S. Schanker und Dominick J. Tocco. (J. Pharmacol. exp. Therapeut. **128,** 115—21, 1960; Bethesda, Md., Nat. Inst. of Health, Nat. Heart Inst., Labor. of Chem. Pharmacol.; engl.) — Die Resorption von *Thymin* (**I**) u. *Uracil* (**II**) durch das Darmepithel der narkotisierten Ratte erfolgt durch Kombination eines spezialisierten Transportprozesses, der durch Sättigungskinetik u. Verdrängung durch andere Substanzen gekennzeichnet ist, mit passiver Diffusion, deren Geschw. durch die Ggw. anderer Substanzen nicht beeinflußt wird. Es besteht Verdrängung zwischen **I** u. **II**; beide zeigen gleiche Affinität zum Transportmechanismus. In vitro werden **I** u. **II** akt. durch die Darmwand transportiert. Hypoxanthin, 6-Azauracil, 6-Azathymin, u. Cytosin, nicht jedoch D-Glucose u. L-Histidin, hemmen den Transport von **I**. K. Zingraf 4594◇

1419 **Reifung, Eisenmangel und Liganden beim Radioeisentransport im Darm in vitro.** W. S. Ruliffson und J. M. Hopping. (Amer. J. Physiol. **204,** 171—75, 1963; Manhattan, Kans., Kansas State Univ., Dep. of Biochem.; engl.) — Ausgestülpte Darmsäcke von jungen Ratten transportierten mehr ^{59}*Fe* als Darmsäcke von alten Tieren. Säcke des proximalen Jejunums von anäm. Tieren zeigten einen höheren ^{59}Fe-Transport als ähnliche Säcke nichtanäm. Tiere, während die Säcke des proximalen Duodenums das umgekehrte Verh. zeigten. F^- in Medien, welche *Ascorbinsäure* (**I**) oder *Citrat* (**II**) enthielten, u. anaerobe Inkubation in **I**-haltigen Medien verringerte den Transport, anaerobe Inkubation in Ggw. von *Äthylendiamintetraessigsäure* (**III**) steigerte ihn. **I**, **II** u. **III** steigerten die Konz. von ^{59}Fe im Medium, auf der Serosa-Seite. K. Zingraf 4594◇

1420 **Wirkung einiger Aminosäuren auf den Energiestoffwechsel.** M. Igarashi. (Tokyo Jikeikai med. J. **76,** 319—33, 1961; jap.) H. Guischard 4595◇

1421 **Der Einfluß verschiedener Pharmaca auf den Schwimmtest bei der weißen Ratte.** H. Laborit, R. Moynier, G. Guiot, C. Baron und P. Niaussat. (C. R. Séances Soc. Biol. Filiales **152,** 486—87, 24/9. 1958; Labor. de Physiol. du Travail; franz.) — Am wirksamsten ist eine Kombination von Adenosintriphosphat u. dem K- bzw. Mg-Salz der *Asparaginsäure* auf die Verlängerung der Schwimmdauer. O. Selisko 4595◇

1422 **Elektrolyt- und Mineralstoffwechsel.** Howard M. Myers. (Annu. Rev. Pharmacol. **3,** 307—34, 1963; San Francisco, Calif., Univ. of California, School of Dent.; Chicago, Ill., Amer. Dental Association; engl.) — Übersicht (bis März 1962); Elektrolytstoffwechsel, selektive Membranpermeabilität, Ionenaustausch, selektive Bindung von Ionen an Zellbestandteile, Energiebedarf des Transports, der Einfl. von Arzneimitteln auf den Transport, Ioneneinfl. auf biochem. Prozesse; Mineralstoffwechsel, Calcifikation, Fluoride, Cd, Cr, Co, Cu, Fe, Mg, Mn, Mo, Se, Zn, der Einfl. von Vitamin D auf die Kationenresorption, Chelatbildung. — 224 Literaturangaben. P. Gregorzewski 4596◇

1423 **Radiochemische Untersuchung des Transports von Calcium- und Phosphationen im Zahnschmelz.** C. Delaude und J. Govaerts. (Bull. Soc. roy. Sci. Liège **31,** 445—57, 1962; franz.) — Das Verh. des Zahnschmelzes beim Austausch von Ca^{2+} u. PO_4^{3-} in Lsgg. von $^{45}CaCl_2$ oder $Na_2H^{32}PO_4$ wird durch das seiner Hauptbestandteile, nämlich *Hydroxylapatit* (84%) u. *α-Phosphat* (16%) bestimmt. K. Zingraf 4596◇

1424 **Ein Vergleich der Mineralisation von Keratin mit der Schmelzmatrix.** F. G. E. Pautard. (Nature [London] **199,** 531—35, 1963; Leeds, Univ., Astbury Dep. of Biophysics; engl.) — Ein Hauptfaktor für Form u. Funktion von Haaren, Hufen, Klauen, Schnäbeln u. Zähnen ist das Erhärtungsmuster von *Keratin* mit Calciumsalzen u. a.; lichtmkr. u. röntgenograph. Unters. zeigten, daß Haare, Federn, Hufe, Nägel u. Klauen wenig u. durch sehr feinteiliges Material (vor allem *Calciumphosphate*) mineralisiert sind, während für Schnäbel u. bes. die Barten der Wale (ausgenommen Grönlandwale) scharfe Röntgendiagramme von *Hydroxylapatit*, gewöhnlich mit bevorzugter Orientierung, vorliegen. Zähne (Zahnschmelz) ergaben ein orientiertes *Apatit*-Diagramm, das einem typ. *α-Keratin*-ähnlichen Diagramm überlagert ist. H. Newesely 4596◇

1425 **Untersuchungen zum Kohlenhydratstoffwechsel bei Niereninsuffizienz.** A. Teuscher, S. Fankhauser und F. R. Küffer. (Klin. Wschr. **41,** 706—15, 1963; Bern, Univ., Med. Polyklin.; dt.) — Bei Patienten mit Niereninsuffizienz besteht eine signifikante Korrelation zwischen der Zunahme des Rest-N (über 150 mg%) u. des *Blutzuckers*. Auch wenn noch keine Nüchternhyperglykämie vorhanden ist, besteht bei solchen Patienten eine verminderte Kohlenhydrattoleranz. Bei Rest-N-Elimination durch Hämodialyse verändert sich die Insulinempfindlichkeit nicht. 20 Min., nicht jedoch 30 Min. nach i.v. Injektion von Tolbutamid ist der Blutzuckerabfall bei Niereninsuffizienz gegenüber der Norm leicht verringert. Es besteht keine Korrelation zwischen der *α-Amylase*-Konz. im Serum u. der Hypoglykämie. Bei einzelnen Fällen von Niereninsuffizienz sind die *Plasmaketon*-Werte erhöht. K. Zingraf 4596◇

1426 **Über die Veränderung des Kohlenhydrat-Phosphorumsatzes im Gehirn bei traumatischem Schock.** I. R. Petrow. (Pathol. Physiol. exp. Therap. [UdSSR] **6,** Nr. 5, 12—22, 1962; Militärmed. Kirow-Akad., Lehrstuhl für pathol. Physiol.; russ.) — Unmittelbar nach Eintritt des Schocks durch mechan. Trauma im Kaninchen-Vers. tritt im Hirngewebe eine Abnahme des *Kreatinphosphat*(**II**)-Geh. von 5,44 (beim gesunden Tier) auf 4,23—5,03 mg-% ein. Der Geh. an *Adenosintriphosphat* (**II**) u. *anorgan. P* (**III**) vermindert sich nur wenig oder wird sogar erhöht. Der Geh. an *Milchsäure* nimmt von 28,4 auf 106—232 mg-% zu. Die Veränderungen im Geh. an **I**, **II**, **III** u. **IV** werden auch in der torpiden Phase beobachtet, jedoch weniger ausgeprägt. Nach komplexer Heilbehandlung wird der Geh. an **I**, **II** u. **III** normalisiert. Der Geh. an **IV** bleibt hoch. O. Lebtag 4596△

1427 **Hexosaminstoffwechsel. 1. Mitt. Der Stoffwechsel in vivo und in vitro von $^{4}C_{(1)}$-D-Glucosamin und $^{14}C_{(1)}$-N-Acetyl-D-glucosamin in Rattenleber.** John F. McGarrahan und Frank Maley. (J. biol. Chemistry **237,** 2458 bis 2465, 1962; Albany, N. Y., New York State Dep. of Health, Div. of Labor. and Res. and Albany, Med. Coll.; engl.) — Zur Aufklärung des Metabolismus von *D-Glucosamin* (**I**) vor allem in vivo wurden die Prodd. analysiert, die nach intraportaler Injektion von $^{14}C_{(1)}$-**I** u. $^{14}C_{(1)}$-*N-Acetyl*-**I** in Rattenleber auftraten. Durch Trennung an Dowex-1-Formiat u. Papierchromatographie konnten N-Acetyl-**I**, *N-Acetyl*-**I**-*6-phosphat* u. ein Gemisch von *Uridindiphosphat-N-acetyl*-**I** u. *Uridindiphosphat-N-acetylgalaktosamin* nachgewiesen werden. Geringe oder keine Radioaktivität wurde in den Hexosen, Hexosephosphaten oder in Uridindiphosphatglucose festgestellt. Verss., die Phosphorylierung von **I** in den Extrakten zu verfolgen, führte in den meisten Fällen nicht zu eindeutigen Ergebnissen. Wahrscheinlich ist dabei der Geh. an freier *Glucose* (**II**) im Extrakt hoch genug, um die Phosphorylierung von **I** unter diesen Bedingungen zu inhibieren. K_i (Hemmkonst.) für **II** wurde zu $1{,}1 \cdot 10^{-4}$ m, K_m für die **I**-Phosphorylierung zu $5{,}5 \cdot 10^{-4}$ m ermittelt. Der Geh.

an freier **II** der Rattenleber steigt innerhalb 2 Min. nach Entfernen aus dem Organismus an, außer wenn das Glykogen durch Fasten verbraucht wird. Die geschwindigkeitsbestimmenden Schritte im **I**-Metabolismus in Rattenleber sind der Beginn der Acetylierung zu Acetyl-**I** u. die Phosphorylierung zu **I**-6-Phosphat. Vff. nehmen wegen des hohen Geh. an freier **II** u. der damit verbundenen Inhibierung des Phosphorylierungsvorganges als Hauptweg des Metabolismus eine Acetylierung an.
Bernd Johannsen 4596◇

1428 **Biochemische Untersuchungen über β-Phenyläthylamin.** 1. Mitt. **Die Bildung von β-Phenyläthylamin in Säugetieren.** Teruo Nakajima. (Seikagaku [Biochemie, Tokyo] **35**, 121–27, 1963; Osaka, Osaka Univ. Med. School, Dep. of Neuropsychiatry; jap.)
M. Arnold 4596◇

1429 **Die Umwandlung von Phenylalanin zu Phenäthylamin bei Patienten mit Phenylketonurie.** John A. Oates, Perola Z. Nirenberg, John B. Jepson, Albert Sjoerdsma und Sidney Udenfriend. (Proc. Soc. exp. Biol. Med. **112**, 1078–81, 1963; Bethesda, Md., National Heart Inst.; Exp. Therapeutics Branch and Labor. of Clinical Biochem.; engl.) — Vff. zeigen, daß bei Patienten mit Phenylketonurie *Phenäthylamin* (**I**) vermehrt auftritt. Da diese Tatsache aus der Einw. von *L-Aminodecarboxylase* (**II**) auf Phenylalanin erklärt werden kann, wurde den Patienten der Enzyminhibitor *α-Methyl-3.4-dihydroxy-DL-phenylalanin* verabreicht. Dadurch ging die Bldg. von **I** bedeutend zurück. Da **II** im Hirn vorkommt, kann angenommen werden, daß bei Patienten mit Phenylketonurie die vermehrte Synth. von **I** im Zentralnervensyst. stattfindet. K. Dorfner 4596◇

1430 **Der Stoffwechsel von mit Isotopen markiertem Uracil und Uridin beim Menschen.** S. M. Weissman, M. Lewis und M. Karon. (Metabolism, clin. and exp. **12**, 60–67, 1963; Bethesda, Md., Nat. Cancer Inst., Metabol. Serv.; engl.) — Prüfung der Ausscheidung u. $^{14}CO_2$-Ausatmung nach Verabreichung von *^{14}C-Uracil* u. *^{14}C-Uridin* führt zu Ergebnissen, die auf völliges Fehlen einer Wiederverwertung von Uracil unter purinfreier Kost schließen lassen. Bei Uridin kommt es dagegen zu Wiederverwertung kleiner Mengen für die Nucleinsäure-Synth. sowie auch zu einer deutlichen renalen Retention.
U. Tausendfreund 4596◇

1431 **Unterbrechung im Elektrocardiogramm bei Ratten mit Mangel an essentiellen Fettsäuren.** W. O. Caster und Philip Ahn. (Science [Washington] **139**, 1213, 1963; St. Paul, Univ. of Minnesota, Dep. of Physiol. Chem.; engl.) — Im EKG von Ratten mit Mangel an *essentiellen Fettsäuren* tritt eine Unterbrechung im QRS-Komplex auf. Diese kann durch Zusatz kleiner Mengen *Linolsäure, Linolensäure* oder *Arachidonsäure* zum Futter der Tiere verhütet werden. K. Zingraf 4596◇

1432 **Die Lipide von Darm und Faeces der Ratte während langanhaltender lipidfreier Diät.** J. Clément (unter techn. Mitarbeit von J. Abadie-Debat). (Arch. Sci. physiol. **15**, 345–61, 1961; Villejuif (Seine), Centre de Recherches physiol. sur la cellule normale et cancéreuse; franz.) — In Übereinstimmung mit anderen Unterss. wurde festgestellt, daß *Lipid*(**I**)- u. *Fettsäure*(**II**)-Geh. der Rattenfaeces von dem des Futters unabhängig ist. Monatelang **I**-frei ernährte Tiere scheiden noch erhebliche Fettmengen aus. Die Faeceslipide enthalten neben Seifen, freien **II** u. Sterinen unabhängig von der Diät wechselnde Mengen von Tri-, Di- u. Monoglyceriden. Im Darminhalt **I**-frei ernährter Ratten sind Fettmengen von der Größenordnung wie die aufgenommenen. Die prozentuale **I**- u. **II**-Zus. in Darminhalt u. Schleimhaut ist bei **I**-frei ernährten u. bei Kontrolltieren annähernd gleich. Die **I**-frei ernährten Ratten besitzen eine akt. *Lipase* u. eine akt. *Cholesterinase*, ferner scheiden sie eine nicht zu vernachlässigende Menge von Polyensäuren aus.
K. Maier 4596◇

1433 **Intensität des Umsatzes der einzelnen Phospholipidfraktionen im Gehirn.** I. F. Dumitru. (Nachr. Leningrader Univ. **17**, Nr. 21, [Ser. Biol.] Nr. 4, 94–105, 1962; russ., Auszug: engl.) — Mit Hilfe der Chromatographie an Silicagel wird gezeigt, daß im Gehirn der weißen Ratte der Anteil der einzelnen *Phospholipide* (**I**) der folgende ist: *cholinhaltige* **I** 45%; *äthanolhaltige* **I** 20,4%; *Sphingomyelin* (**II**) 7,2%; *Phosphatidsäuren* (**III**) 2,1%; der Rest sind *Serinphospholipide* (**IV**) + *Diphosphoinositide* (**V**). Mit Hilfe von ^{14}C läßt sich nachweisen, daß die Geschw. der Erneuerung in der folgenden Reihe abnimmt: cholinhaltige-**I** > äthanolhaltige-**I** > **III** > **IV** + **V** > **II**. O. Lebtag 4596△

1434 **Mechanismus der phosphatidinduzierten Hypercholesterinämie.** Sanford O. Byers, Meyer Friedman und Toshiko Sugiyama. (J. biol. Chemistry **237**, 3375 bis 3380, Nov. 1962; San Francisco, Calif., Mount Zion Hospital Center, Harold Brunn Institute; engl.) — Kontinuierliche Injektionen einer 5%ig. Suspension von *Sojalecithin* bzw. *Sojaphosphatid* Nr. 8 in 5%ig. Dextrose-Lsg. (2 ml während der ersten 15 Sek., dann stündlich 1 ml) während 20 Min. bzw. 4 bzw. 8 bzw. 24 bzw. 26 Std. u. eine Injektion von 1 ml einer 0,9%ig. NaCl-Lsg., die 80 μc Na-$^{14}C_{(1)}$-Acetat (spezif. Aktivität 77,7 bzw. 66 μc/mg) enthält, 15 Min. (beim 20 Min.-Vers.) bzw. 2 Std. vor dem Ende der Phosphatidinjektion u. Unters. von Blut, Leber, Darm, Lunge, ausgeatmeter Luft u. Harn von Ratten ergaben, daß nach 8std. Injektion Hypercholesterinämie auftrat, während dieser Zeit das Na-$^{14}C_{(1)}$-Acetat in Leber u. Darm bei den Vers.-Tieren in gleicher Menge gefunden wurde wie beim Blind-Vers., nach 24std. Injektion aber das *Cholesterin* (**I**) der Phosphatid-Tiere einen höheren Acetat-Geh. aufwies als beim Blindversuch. (Resultate in Tabellen im Original). Vff. schließen daraus, daß die Zunahme des **I** nur eine indirekte Wrkg. des Phosphatids zu sein scheint u. die direkte Wrkg. wahrscheinlich auf dem Übergang von **I** aus den Geweben in das Blut entweder durch eine direkte Mobilisierung aus den Geweben oder im Zusammenwirken mit der normalen Abgabe von **I** aus dem Plasma an die Gewebe beruht. G. Vogel 4596◇

1435 **Synthetische Chelatbildner beim Eisenstoffwechsel.** Frans Cleton, Adam Turnbull und Clement A. Finch. (J. clin. Invest. **42**, 327–37, 1963; Seattle, Wash., Univ. of Washington, School of Med., Dep. of Med.; engl.) — Unterss. über die kompetitive Bindung von Chelaten bei Rkk. des *Fe*-Transportes ergaben, daß *Äthylendiamintetraessigsäure* (EDTA), *Äthylendiamindi-[o-hydroxyphenylessigsäure]* (EDDHA) u. *Diäthylentriaminpentaessigsäure* (DTPA) in vitro weniger stark Fe binden als *Transferrin* (**I**). Bei i.v. Injektion werden die synthet. Chelatbildner im Extrazellulärraum verteilt u. rasch ausgeschieden. Fe–Chelat-Komplexe werden in vivo teilweise aufgespalten u. Fe an **I** weitergegeben. Am normalen Fe-Austausch zwischen Donorgeweben u. Rezeptorzellen im roten Knochenmark nehmen die Chelate nicht teil; sie entfernen auch kein Fe von **I**. Da die Chelate jedoch Fe aus anderen Plasmaproteinbindungen sowie nichtzirkulierendes Fe binden u. zur Ausscheidung bringen, lassen die Chelatbildner sich zur Behandlung von akuten oder chron. Fe-Überladungen verwenden.
U. Tausendfreund 4596◇

1436 **Glykogengehalt des Myocards bei Fetus, Kleinkind und Kind.** Benjamin Wittels. (A. M. A. Arch. Pathol. **75**, 127–38, 1963; Durham, N. C., Duke Univ. Medical Center, Dep. of Pathol.; engl.) — Bei 17 Feten (< 0,5 kg) lag in 94,1% der Fälle der *Glykogen*(**I**)-Geh. über 200 mg%, in der Mehrzahl (58,8%) über 1000 mg%. In allen Fällen über 10 kg (Kinder) lag die Konz. unter 200 mg%; bei Kleinkindern (4 Tage bis 1 Jahr) zwischen 200 u. 1000 mg%. Während der ersten 4 Lebenstage wird der **I**-Geh. krit. vom Zustand der Lunge beeinflußt: bei Pneumonie oder Erkrankung der hyalinen Membran liegt die Glykogenkonz. immer unter, bei gesunder Lunge über 200 mg%. Das mit zunehmendem Alter einhergehende Sinken der Glykogenkonz. ist Ausdruck einer fortlaufenden Veränderung in der Enzymatik des Glykogenstoffwechsels im Herzen. W. Biehler 4597◇

1437 **Kreatinverluste und Kreatinaufnahme durch isolierte Herzen bei Durchströmung mit kreatinhaltigen Lösungen.** Fritz Menne, Sybille Carnier und Mahfuz Rashwan Soliman. (Klin. Wschr. **41**, 234–39, 1963; Münster i. Westf., Univ., Physiol.-Chem. Inst.; dt.) — Da Kreatinphosphat als Energiespeicher in Frage kommt, wurde *Kreatin*(I)-Aufnahme bzw. I-Verlust am isolierten Rattenherzen untersucht. Der I-Verlust bei Durchströmung mit Krebs-Ringer-Phosphat-Lsg. war um so geringer, je schonender die Herzen isoliert worden waren. Bei Zugabe von 3 bzw. 5 mg I/100 ml Durchfluß wurden innerhalb 30 Min. 400 bzw. 830 γ I/g Trockengew. aufgenommen. Erhöhung der I-Konz. oder *Glucose*-Zusatz hatten keine Wrkg., während durch *Insulin* (II) die I-Aufnahme gesteigert wurde. Aus dem mit I versetzten Durchstrom wurde *Phosphat* (III) aufgenommen. Die K^+-Aufnahme war unübersichtlich, jedoch wurde von geschädigten Herzen am meisten K^+ aufgenommen. Für die Effekte an I, II u. III werden Zusammenhänge angenommen. W. Damerau 4597◇

1438 **Die durch Dinitrophenol verursachte Kontraktion des Sartorius der Kröte.** M. Iwatani und S. Kuramoto. (Tokyo Jikeikai med. J. **76,** 1473–76, 1961; Tokyo, Jikeikai School of Med.; jap.) M. Arnold 4597◇

1439 **Strukturelle Einheit und Adenosintriphosphatase-Aktivität der Myofibrillen. Wirkung von Desoxycholat.** G. Dobrilla. (Sperimentale **113,** 149–58, 1963; Padova, Univ., Ist. di Patol. Generale, Centro „G. Vernoni" del C. N. R. per lo Studio della Fisiopatol.; ital.) — In Ggw. von Mg^{2+}, nicht jedoch in Ggw. von Ca^{2+}, bewirkt *Desoxycholat* (I) eine deutliche Verringerung der *Adenosintriphosphatase*(II)-Aktivität u. der opt. Dichte der Myofibrillen. Auch Oxalat u. Äthylendiamintetraacetat, die die II-Aktivität in Ggw. von Mg^{2+} u. I stark verringern, sind in Ggw. von Ca^{2+} u. I wirkungslos. K. Zingraf 4597◇

1440 **Die Verlängerung und Dissoziation von Myosin B durch Pyrophosphat.** Tai-Ichi Nihei und Yuji Tonomura. (J. Biochemistry [Tokyo] **46,** 1355–66, 1959; Sapporo, Hokkaido Univ., Res. Inst. for Catalysis; engl.) — Vff. bestimmten die Winkel-Verteilung von durch *Myosin B* (I) zerstreutem Licht. Es wurde gefunden, daß die Hauptkomponenten von I wurmähnliche Ketten mit einer Länge von etwa 7500 Å sind. Mittels der Lichtstreuungs-Meth. zeigten Vff., daß durch Zusatz von *Pyrophosphat* (II) das durchschnittliche Mol.-Gew. im wesentlichen konstant blieb, der Radius der Kreisbewegung aber stark zunahm, das heißt, daß bei Zusatz von II das I-Mol. verlängert wurde. Eine gleiche Wrkg. wurde nach Zusatz von Salyrgan zu I gefunden. Nach Zusatz von II zu I u. Ultrazentrifugation nach Verdünnung oder Aufbewahrung wurde eine beträchtliche Abnahme des Mol.-Gew. beobachtet. Durch Trennung mit der Ultrazentrifuge konnten Vff. zeigen, daß der Geh. an *Myosin A* (III) in I nach Zufügen von II von 10 auf 30% zunimmt. Auf Grund dieser Ergebnisse schließen Vff., daß I aus folgenden 3 Teilen besteht: III (10%), Klasse der Hauptkomponenten (70%), die bei II-Zugabe verlängert wird u. die Klasse (20%), die durch II dissoziiert. Im weiteren bestimmten Vff. die Viskosität von I als Funktion des Gradienten in Ggw. u. Abwesenheit von II. Es konnte gezeigt werden, daß die Viskosität der dissoziierbaren Komponenten viel höher war als die der Hauptkomponenten u. daß die mittlere Quadratwurzel der Entfernung von einem Ende zum anderen der verlängerten Komponenten, hergeleitet von der inneren Viskosität am O-Gradienten in Ggw. von II, gut mit dem Radius der Kreisbewegung aus der Lichtstreuung übereinstimmt. G. Bratfisch 4597□

1441 **Die Bindungen von Pyrophosphat an Myosin A und Myosin B.** Yuji Tonomura und Fumi Morita. (J. Biochemistry [Tokyo] **46,** 1367–78, 1959; engl.) — Vgl. vorst. Referat. — Vff. bestimmten in Ggw. verschiedener Konzz. an $MgCl_2$ die kleinsten Mengen an *Adenosintriphosphat* (ATP), die notwendig sind, um die maximale Veränderung in der Lichtstreuung durch *Myosin B* (I) herbeizuführen. Durch Extrapolation zu genügend hoher $MgCl_2$-Konz. wurde gefunden, daß 1 Mol ATP in der Lage ist, die maximale Veränderung von $4-6 \cdot 10^5$ g I herbeizuführen. Die Bindungen von Pyrophosphat (II) an Myosin A (III) u. I wurden durch die Gleichgewichts-Dialyse untersucht. Vff. konnten bestätigen, daß III 1 Mol II durch $2,3 \cdot 10^5$ g Protein binden kann. Es gibt also 2 Bindungsstellen für ein III-Molekül. Die schwere Komponente von I bindet 1 Mol per $5,6 \cdot 10^5$ g Protein. Auf Grund dieser Ergebnisse schließen Vff., daß eine der zwei Stellen des III-Mol. durch Actin besetzt ist u. daß II sich mit der anderen verbinden kann. G. Bratfisch 4597□

1442 **Bestimmung des Natrium- und Kaliumgehaltes in isolierten Muskelgeweben mit Hilfe der Spektralanalyse.** L. A. Woronowa. (Nachr. Leningrader Univ. **17,** Nr. 21 [Ser. Biol]., Nr. 4, 86–93, 1962; russ., Auszug: engl.) — Nach den spektralanalyt. Ergebnissen beträgt im ruhenden Musculus ileofibularis des Frosches bei 1,5 bis 2std. Behandlung mit Ringer-Lsg. vor der Analyse der mittlere K^+-Geh. 94 ± 8 (mMol/Liter) der Na^+-Geh. 56 ± 6. 10 Min. lange Reizung der Muskelfaser durch einen Induktionsstrom von 60 Impulsen/s vermindert den K^+-Geh. auf 66 ± 4 u. erhöht den Na^+-Geh. auf 69 ± 7. Eine Äquivalenz zwischen K^+-Abnahme u. Na^+-Zunahme beim Reiz durch den Strom besteht nicht. O. Lebtag 4597△

1443 **Anaerobe und postanaerobe Veränderungen löslicher Phosphorverbindungen im Insektenmuskel.** V. Kubišta und M. Foustka. (Physiol. bohemosloven. **12,** 183–90, 1963; Prague, Charles Univ., Inst. of Zoology; engl.) — Vff. untersuchen Veränderungen des Geh. an anorgan. P, Adenosindi- u. -triphosphat (ADP u. ATP), Phosphoarginin (PA) u. Glycerinphosphorsäure (GP) in der Metathoraxmuskulatur der Schabe Periplaneta americana unter anaeroben Bedingungen u. im Verlauf der erneuten O_2-Zufuhr. — Unter anaeroben Bedingungen wird GP aus PA u. ATP synthetisiert, bleibt der Geh. an anorgan. P unverändert, während der Geh. an ADP parallel zum ATP-Geh. abnimmt. Bei erneuter Zufuhr von O_2 nimmt GP langsam ab (Oxydation), der Geh. an anorgan. P sinkt zunächst fast auf die Hälfte seines Anfangswertes, um dann schnell wieder anzusteigen, während der Geh. an PA durch Resynth. bald wieder seinen Anfangswert erreicht. H. Köditz 4597◇

1444 **Ausscheidung von Glycerin als Maß der Leberdurchblutung bei der Katze.** Jens Anker Larsen. (Acta physiol. scand. **57,** 224–34, 1963; Copenhagen, Univ., Inst. of Med. Physiol.; engl.) — Bei Nembutal-narkotisierten Katzen wurde *Glycerin* (I) nach einer Einzelinjektion bis herunter zu arteriellen Konzz. von 100 bis 150 mg/Liter Blut mit konst. Geschw. von 257,5 mg/kg/Std. ausgeschieden. Unterhalb dieser Konzz. war die Extraktion in der Leber vollständig. Extrahepat. wurden 2,38 mg/Min. ausgeschieden. Bei Dauerinfusion von I wurde die Leberdurchblutung zu durchschnittlich 57,2 ml/kg/Min. ermittelt. K. Zingraf 4597◇

1445 **Ausscheidung von Äthanol als Maß der Leberdurchblutung bei der Katze.** 1. Mitt. **Versuche mit Einzelinjektion von Äthanol.** Jens Anker Larsen. (Acta physiol. scand. **57,** 201–08, 1963; Copenhagen, Univ., Inst. of Med. Physiol.; engl.) — Bei Nembutal-narkotisierten Katzen war die Ausscheidung nach einer Einzelinjektion von 0,25 g *A.*/kg konst. bis herunter zu arteriellen Konzz. von 40–60 mg A./Liter, bei einem Mittelwert von 103,1 mg/kg/Stunde. Bei noch niedrigerer Konz. war die Extraktion in der Leber fast völlständig u. die in der Leber abgebaute Menge hing von der Konz. u. von der Durchblutung der Leber ab; diese konnte aus der Ausscheidungskurve zu durchschnittlich **34,4** ml/kg/Min. berechnet werden. K. Zingraf 4597◇

1446 **Ausscheidung von Äthanol als Maß der Leberdurchblutung bei der Katze.** 2. Mitt. **Die Bedeutung der extrahepatischen Ausscheidung von Äthanol.** Jens Anker Larsen. (Acta physiol. scand. **57,** 209–23, 1963; Copenhagen, Univ., Inst. of Med. Physiol.; engl.) — Bei Dauerinfusion kleiner Mengen von *A.* bei Katzen konnte eine extrahepat. Ausscheidung von A. nachgewiesen werden, die 0,94 mg/Min. betrug. 35% davon wurden durch die Nieren ausgeschieden. Die extrahepat. Ausscheidung war bis herunter zu arteriellen Konzz. von 10–15 mg/Liter Blut fast konstant. Die Durchblutung der Leber wurde zu 26,8 ml/kg/Min. ermittelt; sie wurde durch *Nembutal* oder *Chloralose* als Narkosemittel nicht beeinflußt, durch *Ae.* dagegen herabgesetzt. — 1. vgl. vorst. Referat. K. Zingraf 4597◇

1447 **Wirkung des Arginins auf den erhöhten Blutspiegel an Ammonium bei Patienten mit schwerer Leberinsuffizienz.** V. Mannino, F. Giglio und L. Pagliaro. (Boll. Soc. ital. Biol. sperim. **39**, 144, 1963; ital.) — 20 g *Arginin* führen in allen Fällen bei Patienten mit Zirrhose u. viraler Hepatitis zu einer Herabsetzung des erhöhten Blutspiegels an Ammoniumionen. F. Kren 4597◇

1448 **Experimentelle Pyelonephritis. Morphologie und quantitative Histochemie der Glomeruli bei Pyelonephritisnarben bei der Ratte.** R. H. Heptinstall, J. M. Kissane und W. J. S. Still. (Bull. Johns Hopkins Hosp. **112**, 299—311, 1963; St. Louis, Mo., Johns Hopkins Univ. School of Med. and Hosp., Dep. of Pathol.; Washington Univ. School of Med.; engl.) — Glomeruli aus Pyelonephritisnarben bei Ratten, bei denen die Infektion seit 6 Monaten bestand, waren durch festeres Aussehen, verdickte Bowmansche Kapseln u. Hervortreten der Epithelzellen des Saumes u. elektronenmkr. durch Verschmelzung der Pedunculi, Verdickung der Lamina densa u. das Vork. von Proteintröpfchen in den Epithelzellen des Büschels charakterisiert. Die Aktivitäten von *Milchsäure-*, *Äpfelsäure-*, *Glutaminsäure-* u. *Glucose-6-phosphatdehydrogenase*, *Glutaminsäure-Oxalessigsäure-Transaminase*, *alkal.* u. *saurer Phosphatase* waren nicht verändert, dagegen war die Konz. von *Desoxyribonucleinsäure* erhöht. K. Zingraf 4597◇

1449 **Die Wirkungen von Heparin, Nicotinsäure und ACTH auf experimentelle Nephrose.** Khalil G. Wakim, Bernard F. McKenzie, Warren F. McGuckin, Arnold L. Brown jun. und Archie H. Baggenstoss. (Amer. J. med. Sci. **245**, 259—76, 1963; Rochester, Minn., Mayo Clin. and Mayo Found.; engl.) — Während weder *Heparin* (6 mg/Tag) noch *Nicotinsäure* (50 mg/Tag) einen Einfl. auf den Verlauf oder die patholog. Befunde bei experimenteller Nephrose (Hund, Ratte; durch Serum sensibilisierter Kaninchen) nehmen, wird durch *adrenocorticotropes Hormon* (ACTH, 40 E/Tag) die Proteinurie u. Hypoproteinämie vermindert, die Verringerung der β-Glykoproteine u. Erhöhung der β-Lipoproteine des Serums verhütet u. eine klin. Besserung bei der experim. Nephrose erzielt. Die Glomerulumschädigung wird durch ACTH verlangsamt. Die Wrkg. von ACTH beruht auf der Steigerung der *Nebennierenrindensteroid*-Sekretion (Erhaltung der physiolog. Integrität der Zellen, ihrer Wandungen u. des Interzellulärzements). U. Tausendfreund 4597◇

1450 **Aminosäureanreicherung im Rattenzwerchfell als Reaktion auf Verletzung und einige Stoffwechselhemmstoffe.** W. D. Peckham und E. Knobil. (Biochim. biophysica Acta [Amsterdam] **63**, 207—09, 1962; Pittsburgh, Pa., Univ. of Pittsburgh School of Med., Dep. of Physiol.; engl.) — Als Rk. auf Verletzung trat im isolierten Rattenzwerchfell eine Anreicherung von *α-Aminoisobuttersäure* (I), *L-Methionin* u. *L-Phenylalanin* ein. Auf *Jodacetat* reagierte das Zwerchfell mit einer Anreicherung von I u. *L-Leucin*. Der I-Geh. des Zwerchfells wurde durch Anaerobiose verringert, durch *Cyanid* u. *2.4-Dinitrophenol* nicht beeinflußt. K. Zingraf 4597◇

1451 **Stoffwechsel des Bindegewebes. 1. Mitt. Hyaluronsäuresynthese durch zellfreie Extrakte menschlicher Gewebe.** Charles H. Altshuler, George Kinsman und John Bareta. (A. M. A. Arch. Pathol. **75**, 206—11, Milwaukee, Wis., St. Joseph's Hospital, Dep. of Pathology; engl.) — Die Nucleotide Uridindiphosphat-N-acetylglucosamin (UDPNAG) u. Uridindiphosphoglucuronsäure (UDPGS) nehmen an der Bldg. von *Hyaluronsäure* (I) teil, wahrscheinlich nach der Formel: n UDPGS + n UDPNAG → I + 2n UDP (Uridindiphosphat). Auch menschliche zellfreie Extrakte von Synovia, embryonalem Endochondralmark, Vorhaut-Fibroblasten-Kultur u. Fibrochondrosarkom katalysieren diese I-Synthese. Auf Sephadex G-50 chromatographiert ist das Muster der Synovia ein anderes, als das z. B. des Rous-Sarkoms. Die Synovial-Hyaluronsäure ist stärker dispers als das saure Mucopolysaccharid aus anderen Systemen. W. Biehler 4597◇

1452 **Der Einfluß von Natriumarsenat auf die Erhaltung der Spinalreflexe und der Aktivität des Atmungszentrums nach der Dekapitation von Ratten während ihrer postnatalen Entwicklung.** L. Jílek, L. Krulich und S. Trojan. (Physiol. bohemosloven. **12**, 242—47, 1963; Prague, Charles Univ., Faculty of General Medicine, Inst. of Physiology; engl.) — Aus der Einw. von Natriumarsenat (1 ml einer 10^{-3} m Lsg./100 g Körpergew.) auf die Erhaltung der spontanen Motorik sowie der taktilen und nociceptiven Reflexe von Spinalpräpp. von bis 9 Tage alten Ratten u. der bleibenden Aktivität des Atmungszentrums, das noch nach der Dekapitation von 25 Tage alten Ratten beobachtet wurde, schließen Vff., daß das Nervengewebe junger Ratten sich ungünstigen Lebensbedingungen durch Verstärkung der Intensität der anaeroben Prozesse schnell anpassen kann. H. Köditz 4598◇

1453 **Gehirn-Amine und Elektroschockschwelle.** A. F. De Schaepdryver, Y. Piette und A. L. Delaunois. (Arch. int. Pharmacodynam. Thérap. **140**, 358—67, Dez. 1962; Univ. of Ghent, J. F. Heymans Inst. of Pharmacol.; engl.) — Es wird der Einfl. des Geh. an *Serotonin*, *Noradrenalin* u. *Dopamin* (I) im Gehirn auf die Elektroschockschwelle (E. S.) von Kaninchen untersucht. Bei Erniedrigung der Gesamtamine durch Reserpin wird E. S. merklich erniedrigt. Bei selektiver I-Erhöhung tritt eine deutliche E. S.-Erhöhung auf. Es wird gefolgert, daß Änderungen des E. S. über Veränderungen des I-Spiegels vermittelt werden. P. Gregorzewski 4598◇

1454 **Geruch optischer Isomeren.** R. H. Wright. (Nature [London] **198**, 782, 1963; Vancouver, British Columbia Res. Council; engl.) — Da opt. Antipoden so regelmäßig die gleichen (oder nahezu die gleichen) Geruchsqualitäten u. -intensitäten aufweisen, fällt es schwer zu glauben, daß bei der bekannten Stereospezifität von Enzymen die Aufnahme von Duftstoffen von enzymat. Vorgängen abhängig ist. Falls Duftstoffe die Stereospezifität der Enzyme überrennen könnten, müßten sie in unspezif. Weise sehr tox. sein; eine Eig., die den Duftstoffen im allg. nicht zugesprochen werden kann. Der Beginn des Geruchsvorganges muß demnach eher von einem physikal. als von einem chem. Prozeß abhängen; Enzyme könnten dann sekundär bei der Wiederherst. u. Reaktivierung der Geruchzellen beteiligt sein, nachdem die Duftmoll. ihre Tätigkeit getan haben. U. Tausendfreund 4598◇

E_6. Pharmakologie, Therapie, Toxikologie, Hygiene

1455 **Enzyme als primäre Angriffspunkte von Arzneimitteln.** E. Albert Zeller und James R. Fouts. (Annu. Rev. Pharmacol. **3**, 9—32, 1963; Chicago, Ill., Northwestern Univ. Med. School, Dep. of Biochem.; Iowa City, Iowa, Univ. of Iowa, Coll. of Med., Dep. of Pharmacol.; engl.) — Übersicht (bis Mai 1962); Arzneimittel als Inhibitoren der *Cholinesterasen*, Probleme der Anticholinesterase-Unters., Cholinesterasehemmer, *Monoaminoxydase* (I) u. I-Inhibitoren, in vitro Inhibition, Stoffwechsel der I-Inhibitoren, in vivo Hemmung; Folgen der I-Hemmung für den Aminostoffwechsel, für die Aktivität des Nervensyst., Einfl. der I-Hemmung auf die Verfügbarkeit intrazellulärer Amine. — 152 Literaturangaben. P. Gregorzewski 4600◇

1456 **Die biologische Umwandlung von Arzneimitteln und Giftstoffen.** R. Fabre. (Farmaco [Pavia], Ediz. sci. **15**, 243—91, 1960; Paris, Fac. de Pharmacie; franz.) — Übersicht über den Stoffwechsel von *Bzl.*, *Toluol*, *Xylol*, *Cyclohexan*, *polycycl. Aromaten*, *Trichloräthylen*, *Dichlordiphenyltrichloräthan*, *Chloramphenicol*, *Alkoholen*, *Nitrilen*, *Nitrobenzol*, *Nitrophenolen*, *Anilin*, *Toluidinen*, *Acetanilid*, *β-Naphthylamin*, *Benzidin*, Verbb. vom *Adrenalintyp*, *Pyridinbasen*, *Barbitursäuren* u. *Alkaloiden* in biolog., therapeut., hygien. u. analyt. Sicht. W. Holland 4600◇

1457 **Stoffwechsel von Arzneimitteln.** F. E. Shideman und G. J. Mannering. (Annu. Rev. Pharmacol. **3**, 33—58, 1963; Madison, Wis., Univ. of Wisconsin, Dep. of Pharmacol. and Toxicol.; engl.) — Übersicht (bis Mai 1962), allg. Stoffwechsel-Rkk.; Faktoren, die den Arzneimittel-Stoffwechsel beeinflussen, Depressantien des Zen-

tralnervensyst. (Barbiturate, A., Methanol, Meprobamat, narkot. Analgetica, Mebutamat); Antiepileptica; Substanzen von psychopharmakolog. Interesse (Tranquillizer, Antidepressantien, Halluzinogene); autonome Arzneimittel; Histamin; orale Hypoglykämica, Chemotherapeutica. — 200 Literaturangaben.
P. Gregorzewski 4600◇

1458 **Arzneimittel und Nervenleitung.** A. M. Shanes. (Annu. Rev. Pharmacol. **3**, 185—204, 1963; Philadelphia, Pa., Univ. of Pennsylvania, Schools of Med., Dep. of Pharmacol.; engl.) — Übersicht (bis Juli 1962); Komponenten des Aktionspotentials (Spitze, Nachpotential); mol. Modelle der Arzneiwirkung. — 119 Literaturangaben. P. Gregorzewski 4600◇

1459 **Physiologische Techniken in der Pharmakologie.** James R. Weeks. (Annu. Rev. Pharmacol. **3**, 335—42, 1963; Kalamazoo, Mich., Upjohn Comp.; engl.) — Übersicht (bis Juli 1962) bei nicht anästhetisierten Tieren angewendete Techniken, Cardiovascular-Technik; Gastrointestinal-Motilität, Ulcera, isolierte Muskeln, Nieren u. Elektrolyte, Anästhesie kleiner Tiere. — 79 Literaturangaben. P. Gregorzewski 4600◇

1460 **Überblick über Übersichtsarbeiten.** Chauncey D. Leake. (Annu. Rev. Pharmacol. **3**, 429, 1963; San Francisco, Calif., Univ. of Med. Center, Dep. of Pharmacol.; engl.) — Eine Zusammenstellung von Übersichtsarbeiten auf dem Gebiet der Pharmakologie bis zum August 1962 (allg. Pharmakologie, Chemotherapie, autonome Arzneimittel, zentrale Stimulantien u. Depressantien). — 73 Literaturangaben.
P. Gregorzewski 4600◇

1461 **Strahlenbedingte Frühveränderungen an Zellkern-Proteinen. 1. Mitt. Histone und nucleare Globuline von Thymus und Milz.** Hanna Ernst. (Z. Naturforsch. **16b**, 329—33, 1961; Heiligenberg/Baden, Heiligenberg-Inst., Biophys. Abt.; dt.) — Eine Std. nach Bestrahlung von Ratten mit 1000 r ist in den Zellkernen aus Milz u. Thymus der Tiere die *Globulin*(**I**)-Fraktion um die Hälfte u. die *Histon*-Fraktion um ein Viertel verringert. In den nächsten 1—2 Std. normalisiert sich der *Protein*(**II**)-Geh., in den darauffolgenden 20 Std. erfolgt ein gleichmäßiger **II**-Abbau, an dem jedoch die **I**-Albumin-Fraktion der Milz nicht beteiligt ist. Der *Desoxyribonucleinsäure*-Geh. der Gewebe bleibt in den ersten 6 Std. unverändert, verringert sich dann aber rasch. K. Zingraf 4601◇

1462 **Untersuchungen über die Entstehung der Thymusatrophie nach Röntgenbestrahlung.** 3. Mitt. **Die Bindungen zwischen Desoxyribonucleinsäure und Protein im strahlengeschädigten Zellkern.** Ulrich Hagen. (Strahlentherapie **117**, 119—28, 1962; Freiburg/Br., Radiol. Inst. u. Heiligenberg/Baden, Heiligenberg-Inst., Biophys. Abt.; dt.) — 2. vgl. C. **1963**, 20884. — Durch Isolierung von Chromosin, Desoxyribonucleoprotein (globulin- oder histonfreie Kerne) u. Desoxyribonucleinsäure (DNS) aus Thymuszellenhomogenat von Ratten (Beschreibung der verschiedenen Meth.) kann gezeigt werden, daß nach einer Ganzbestrahlung die Bindungen zwischen DNS u. Protein gelockert oder zerstört werden u. daß diese strahlengeschädigten Bindungen eine wesentliche Rolle zur Erhaltung der Chromosomenstruktur spielen. Zugabe von Ca-Ionen zum geschädigten Nucleoprotein hebt die Strahlen-Wrkg. wieder auf. W. Reusse 4601◇

1463 **Über den Mechanismus der erhöhten Ribonuclease-Aktivität in lymphatischen Zellen nach Ganzkörperbestrahlung.** Dalia Maor und Peter Alexander. (Int. J. Radiat. Biol. **6**, 93—103, 1963; Rehovoth, Israel, Weizmann Inst., Israel Atomic Energy Comm., Radioisotop Training Center; London, Royal Cancer Hosp., Chester Beatty Res. Inst., Inst. of Cancer Res.; engl.) — Nach Ganzkörperbestrahlung von Ratten mit 400 r oder 1000 r wird der Geh. an *Ribonuclease* (**I**) in verschiedenen Organen gemessen. In Leber u. Niere werden keine, im Gehirn nur schwache Veränderungen des **I**-Geh. gemessen. In der Milz steigt die **I**-Aktivität pro Gesamtorgan nicht an. Jedoch steigt die **I**-Konz. pro Zelle um das 4fache an. Ebenfalls steigt der **I**-Geh. in der Thymusdrüse wegen der hohen Zerstörung nach Bestrahlung mit 1000 r pro Zelle um das 400fache an. Die in Milz u. Thymus innerhalb 9 Tagen neu gebildeten Zellen weisen normalen **I**-Geh. auf. Der Anstieg des **I**-Geh. in der Milz wird auch dann beobachtet, wenn nur der Kopf bestrahlt wird u. der übrige Körper abgedeckt wird. Überdies verändert sich der **I**-Geh. der Milz nur wenig, wenn bei Ganzkörperbestrahlung der Kopf abgedeckt wird. Der gleiche, wenn auch etwas schwächer ausgeprägte Effekt wird bei der Messung des **I**-Geh. der Thymusdrüse beobachtet. Die Zerstörung der Zellmasse bleibt bei Ganzkörperbestrahlung u. abgedecktem Kopf in Milz u. Thymus unverändert hoch. Es wird angenommen, daß der Anstieg des **I**-Geh. in den überlebenden Zellen von Milz u. Thymus auf die ansteigende strahleninduzierte **I**-Synth. im neuroendokrinen Syst. zurückzuführen ist. Die Veränderungen im **I**-Geh. dürften daher bei der Abtötung der lymphat. Zellen von Milz u. Thymus keine Bedeutung haben. L. Träger 4601◇

1464 **Nachweis von cerebralen Strahlenschäden mit radioaktiven Substanzen.** Sigurd Wende. (Acta radiol. [Stockholm], Therapy, Physics, Biol. **1**, 122—28, 1963; Berlin, Freie Univ., Strahleninst., Neuroradiol. Abt.; dt.) — Es wird über Unterss. mit der Gamma-Encephalographie bei Patienten mit bösartigen Hirntumoren (Astrocytome) sowie an Kaninchen berichtet, um den Einfl. einer Röntgen-Tiefentherapie auf die Blut-Hirn-Schranke zu ermitteln. Bei den Tierversuchen wurden vor jeder Unters. zur Blockierung der Schilddrüse 100 μc radioaktives jodiertes Kaninchen-Serum-Albumin i.v. injiziert. Es ergab sich, daß nach lokaler Röntgenbestrahlung u. gleichzeitiger jodierter Kaninchen-Serum-Albumin (RIKSA)-Injektion Impulszunahmen eintreten, die als Permeabilitätsstörungen der Blut-Hirn-Schranke interpretiert werden. W. Reusse 4601◇

1465 **Vergleich der zentralen Hemmwirkung von Medinal, Barbamyl und Thiopental bei der akuten Strahlenkrankheit von Ratten und Kaninchen.** M. Dosstal. (Pathol. Physiol. exp. Therap. **6**, Nr. 5, 60—62, Sept./Okt. 1962; Hradec Kralove/ČSR, Militärmed. Inst. für Ärztefortbildung; russ.) — Durch Verss. an Ratten u. Kaninchen, die einer Röntgenbestrahlung von 600 bzw. 900 r ausgesetzt waren, wurde die Wrkg. von *Medinal*, *Barbamyl* u. *Thiopental* bei i.v. u. intraperitonealer Zufuhr untersucht. Die Ergebnisse bestätigen, daß Stärke u. Dauer der Wrkg. jener Verbb., die in der Leber zersetzt werden, durch die Röntgenbestrahlung erhöht werden. O. Lebtag 4601△

1466 **Toxikologie: Radioaktive Metalle.** A. Catsch. (Annu. Rev. Pharmacol. **3**, 243—66, 1963; Karlsruhe, Nuclear Res. Center, Inst. of Radiobiol.; engl.) — Übersicht (bis März 1962); allg. Erwägungen, individuelle Radiometalle. — 171 Literaturangaben.
P. Gregorzewski 4601◇

1467 **Wirkungen eines künstlichen ^{90}Sr-Fallout auf Pflanzen. 2. Mitt. Strahlenbiologische Wirkungen.** E. G. Niemann. (Atompraxis **8**, 51—56, 1962; Hannover, T.H., Inst. für Strahlenbiol.; dt.) — 1. vgl. ibid. **7**, [1961], 370. — Bei den weiteren Unterss. wurden die mit ^{90}*Sr* besprühten Pflanzen auf Generationsdauer, Wachstum u. morpholog. Veränderungen geprüft. In u. unmittelbar über der Wurzel ist das Sr/Ca-Verhältnis etwa gleich dem des Erdbodens, in den Blättern entspricht es dem des Sprühwassers. Nachweisbare, jedoch nicht dauerhafte Strahlenwrkg. traten bei einer Dosisleistung von etwa 1 rad/Generation auf. Als Erklärung für die Wrkg. des ^{90}Sr-Fallout muß wahrscheinlich neben der Strahlen-Wrkg. auch der Isotopenumwandlungseffekt herangezogen werden. W. Reusse 4601◇

1468 **Über die Mobilisierung von inkorporiertem Radiostrontium bei Ratten während der Lactation.** H. Kriegel und G. K. Neumann. (Atompraxis **8**, 59—60, 1962; Heiligenberg/Baden, Heiligenberg-Inst., Biophys. Abt. u. Gießen, Univ., Zool. Inst.; dt.) — Unters. von Femur u. Restkörper von lactierenden Albinoratten auf ihren ^{90}*Sr*-Geh. zeigte, daß der Geh. um ca. 50% geringer ist als bei Kontrolltieren. Vff. diskutieren diesen Befund mit einer während der Lactationsperiode auftretenden Mobilisierung des ^{90}Sr-Geh. im Knochen, die sich auch in der

Gewichtsabnahme des Femur um 20% bei der laktierenden Ratte äußert. W. Reusse 4601◇

1469 **Der Gehalt menschlicher Knochen und Gewebe an radioaktivem Strontium in der Bundesrepublik Deutschland in den Jahren 1958–1962.** O. Pribilla. (Dtsch. med. Wschr. **88,** 1560–64, 1963; Kiel, Univ., Inst. f. gerichtl. u. soz. Med.; dt.) — Der ^{90}Sr-Geh. der Knochen von Neugeborenen zeigte von 1958–1961 einen leichten Rückgang, stieg aber 1962 erneut an; er steht in direktem Gleichgew. mit der mütterlichen Ernährung. Die Werte in den Knochen der Föten waren immer höher als in den Knochen der Mütter, dagegen sind die Placenten stärker mit ^{90}Sr kontaminiert als die Knochen der Neugeborenen. In der 2. Hälfte 1962 stieg die Nahrungskontamination mit ^{90}Sr stark an. Das Ergebnis war eine Verdoppelung der ^{90}Sr-Monatsdurchschnittswerte der menschlichen Placenten bis zu 2,7 pc/g Ca. K. Zingraf 4601◇

1470 **^{90}Sr-Gehalt menschlicher Knochen und Gewebe.** O. Pribilla. (Atompraxis **8,** 47–50, 1962; Kiel, Univ., Inst. für gerichtl. u. soziale Med.; dt.) — Best. des ^{90}*Sr*-Geh. in Knochen von Personen verschiedenen Alters, sowie von Totgeburten, die seit dem Jahre 1956 in der BRD nach der von Bryant u. Mitarb. angegebenen Meth. durchgeführt wurden, ergaben maximalen Geh. in der Altersgruppe 0–5 Jahre (nahezu 2 pc/g Ca). Bei den Totgeburten liegen die Werte nur wenig, bei den Erwachsenen um den Faktor 8–10 niedriger. Der Diskriminierungsfaktor von der Milch zum Knochen des Neugeborenen (Verlust an ^{90}Sr über den mütterlichen Organismus u. die Placenta bis zum Fötus) wird zu 0,158 bestimmt. W. Reusse 4601◇

1471 **Untersuchungen mit radioaktivem Gold.** J. S. Lawrence. (Ann. rheumatic Diseases **20,** 341–52, 1961; Manchester, Salford Royal Hosp.; Walkden Clin.; engl.) — Nach i.m. Injektion von 10 mg ^{198}*Au-Aurothiomalat* schwankte die Konz. von Au im Plasma von Patienten mit rheumatoider Arthritis am ersten Tag zwischen 0,11 u. 0,17 mg% u. sank bis zum Ende der 2. Woche auf 0,02 mg% ab. Am geringsten war die Au-Konz. im Plasma von Personen mit Überempfindlichkeit gegen Au. Au war im Plasma anscheinend restlos an Protein, hauptsächlich Fibrinogen, gebunden. In der ersten Woche wurden 15% u. bis zum Ende der 2. Woche 20% des injizierten Au im Harn ausgeschieden. In entzündeten Gelenken wurden höhere Au-Konzz. nachgewiesen als in gesunden. K. Zingraf 4601◇

1472 **Radium in Menschenzähnen. Eine quantitative autoradiographische Studie.** R. E. Rowland. (Arch. oral. Biol. **8,** 13–21, 1963; Argonne, Ill., Argonne Nat. Lab., Radiological Physics Div.; engl.) — Die autoradiograph. Unters. der Zähne von Frauen, die viele Jahre vor der Unters. *Ra* im Körper aufgenommen hatten, zeigt, daß das Verhältnis (Ra/Ca)Zahn:(Ra/Ca)Knochengerüst bei Zähnen, die zur Zeit der Vergiftung noch nicht ausgebildet waren, viel größer ist als bei ausgebildeten Zähnen. Das Ra:Ca-Verhältnis in einzelnen ausgebildeten Zähnen hängt u. a. vom Verhältnis des Dentins zum Zahnemail ab. Unter Berücksichtigung dieser Tatsachen können aus dem Ra-Geh. von Zähnen Rückschlüsse auf den Ra-Geh. des Knochengerüsts gezogen werden. Die Unters.-Ergebnisse deuten darauf hin, daß im Blut befindliches Ra vorzugsweise überall im Körper angelagert wird, wo Hartgebilde entstehen. Die gleiche Überlegung gilt auch für Ca, Sr u. Ba, die ebenfalls von Zähnen durch Austauschprozesse aufgenommen werden können. Aus ihrem Geh. in den Zähnen kann auf den Gesamtgeh. des Knochengerüsts geschlossen werden. H. Köditz 4601◇

1473 **Nachweis und Bestimmung von Plutonium-239 in Pflanzen.** F. Ludwieg. (Atompraxis **8,** 57–58, 1962; Berlin-Dahlem, Biol. Bundesanst. für Land- u. Forstwirtschaft; dt.) — Best des ^{239}*Pu*-Geh. von Heuproben aus dem Odenwald in den Jahren 1954–1960 ergab Werte zwischen 1,0 ± 0,2 (1954) u. 5,9 ± 0,5 pc ^{239}Pu/100 g Heu. Der Geh. wird vorwiegend durch Aufnahme aus dem Fallout über die oberirdischen Pflanzenteile erzeugt. Es wird eine eingehende Arbeitsanleitung zur Best. von ^{239}Pu in Pflanzen mitgeteilt. W. Reusse 4601◇

1474 **Chemischer Schutz gegen ionisierende Strahlung.** Robert L. Straube und Harvey M. Patt. (Annu. Rev. Pharmacol. **3,** 293–306, 1963; Argonne, Ill., Argonne Nat. Labor., Div. of Biol. and Med. Res.; engl.) — Übersicht (bis März 1962). — 131 Literaturangaben. P. Gregorzewski 4601◇

1475 **Untersuchungen zum chemischen Strahlenschutz in Japan.** Masasi Fukuda. (Strahlentherapie **117,** 142–46, 1962; Kyoto, Japan, Univ., Radiol. Inst.; engl.) — Zusammenfassender Bericht über Unterss. mit folgenden Stoffen als Strahlenschutzmittel: Cystein, Homocystein, Glutathion, β-Mercaptoäthylamin, β-Aminoäthylisothiuroniumsalz, Mercaptoäthylguanidin, Thiouracil, 5-Hydroxytryptamin, Reserpin, l-Methionin, Interenin, Vitamine (B_1-, K- u. Pantothensäure), Noradrenalin, Atropin, Cocain, Philopon (Ephedrin-Deriv.), Histamin, Thyramin, Sinomenine, Phenylephrine, Naphazoline, Tetrahydrozoline, Phenyläthylamin, Methoxamine, Glucuronsäure, Dimethyldithiocarbaminsäure, Austern-Extrakt, neutrales Fett u. Proteine. Während mit diesen Stoffen bei Anwendung vor der Bestrahlung Strahlenschutz-Wrkg. beobachtet wurde, bleiben folgende Stoffe wirkungslos: Cystamin, Penicillamin, Diphenylhydramine, Ephedrin, Coffein, Cortison, reine Aminosäure-Präpp., Orotsäure, ε-Aminocapronsäure, Na-Formiat u. Milzextrakte. — 45 Literaturangaben. W. Reusse 4601◇

1476 **Der Mechanismus des Strahlenschutzes durch Cysteamin. Untersuchung mit Hilfe der Elektronenspinresonanz.** M. G. Ormerod und P. Alexander. (Radiat. Res. **18,** 495–509, 1963; Shrivenham, Berks., Roy. Milit. Coll. of Sci. u. London, Chester Bealty Res. Inst., Inst. of Cancer Res.; engl.) — Aus Lachssperma gewonnene Desoxyribonucleinsäure (DNS) u. das niedermol. bas. Protein Salmin wurden unter Vakuum mit der γ-Strahlung von ^{60}Co bei einer Dosisleistung von $6 \cdot 10^6$ rad/h bestrahlt u. die bestrahlten Stoffe auf ihre Elektronenspinresonanz-Spektren untersucht. Es zeigte sich, daß es zu einer Vernetzung der DNS kommt, die durch zugefügtes Cysteamin dadurch rückgängig gemacht wird, daß ein H-Atom der SH-Gruppe auf die aus der DNS entstandenen Radikale übergeht. Die Ergebnisse werden unter dem Gesichtspunkt des chem. Strahlenschutzes diskutiert. W. Reusse 4601◇

1477 **Der Übergang strahlungsinduzierter unpaariger Spins von Proteinen auf Schwefelverbindungen.** Thormod Henriksen, Tore Sanner und Alexander Pihl. (Radiat. Res. **18,** 163–76, 1963; Oslo, Montebello, Norsk Hydro's Inst. for Cancer Res.; engl.) — Vgl. vorst. Referat. — Die Unters. in gleicher Weise präparierter u. bestrahlter Gemische von Proteinen u. ihre Unters. mit Hilfe einer Elektronenspinresonanz-Spektrometers ergab, daß die Ausbeute an Radikalen nach Bestrahlung der Gemische bei 77°K gleich ist dem gewichteten Mittelwert, den man erhält, wenn die Gemischkomponenten separat bestrahlt werden. Wärmebehandlung der bestrahlten Gemische bewirkte eine so hohe Konz. an Schwefel-Radikalen, daß man Wechselwrkgg. zwischen den Komponenten annehmen muß. Es wird gezeigt, daß anfangs im Protein induzierte unpaarige Spins übertragen werden. Verss. mit ^{35}S-Cysteamin zeigten, daß der Übergang unpaariger Spins ausschließlich auf S-Verbb. erfolgt, die nicht kovalent gebunden sind. W. Reusse 4601◇

1478 **Das Glycerinphosphat in der experimentell erzeugten Nephrocalcinose bei der Ratte.** Paul Lindsay. (Rev. canad. Biol. **18,** 95–99, 1959; Montréal, Canada, Univ., Inst. de Méd. et de Chirurg. expérim.; franz.) — Durch einen Überschuß von Na^+ u. PO_4^{3-} nach Verabreichung von Na_2HPO_4 wird normalerweise bei Ratten eine mehr oder weniger schwere Nephrocalcinose hervorgerufen. Die Entstehung eines solchen Schadens läßt sich weitgehend vermeiden, wenn an Stelle des Na_2HPO_4 Dinatriumglycerinphosphat verabreicht wird. A. Eben 4606◇

1479 **Die gleichzeitige Wirkung der Chloride von Calcium und Kalium auf das Muskelgewebe des Frosches zu verschiedenen Jahreszeiten.** N. W. Sander. (Cytologie **4,** 204–08, März/April 1962; Leningrad, Univ., Physiol.

Inst.; russ.) — Bei gleichzeitiger Einw. von *KCl* u. $CaCl_2$ auf den Beugemuskel des Froschschenkels zeigt sich im Winter eine stärkere „Heil"-Wrkg. bei KCl, im Frühjahr bei $CaCl_2$. Dies hängt wahrscheinlich mit der jahreszeitlichen Veränderung des Muskeltonus zusammen. O. Lebtag 4606△

1480 **Die Einwirkung von Kobaltchlorid und Synthalin A auf den Blutzucker von Kaninchen.** M. Matsuda. (Tokyo Jikeikai med. J. **76**, 1303—11, 1961; Tokyo, Jikeikai School of Med.; jap.) M. Arnold 4606◇

1481 **Über den Einfluß einiger unspezifischer Stimulatoren des aktiven Mesenchyms auf das Shwarzman-Phänomen.** T. I. Kairjukschtiss. (Pathol. Physiol. exp. Therap. **6**, Nr. 5, 71—73, Sept./Okt. 1962; Inst. für experim. Med. der Akad. der Wiss. der LitSSR; russ.) — In Verss. an 23 Kaninchen wurde nach intramuskulärer Zufuhr eines Gemisches von *Hexan* (**I**) u. *Heptan* (**II**) in der Dosis 0,3 ml (entsprechend 0,3—0,4 ml/kg Neobenzinol) einmal 2 bzw. 8 Tage oder dreimal in Abständen von 2 Tagen vor der Injektion von *Bacterium dysent. coli communis* festgestellt, daß nach **I** + **II** die Nekrose nur halb so stark auftritt wie in der Norm. Die Gesamt-Rk. der Tiere wird jedoch durch **I** + **II** stark verstärkt. Die phagocytäre Funktion wird durch **I** + **II** intensiviert. O. Lebtag 4607△

1482 **Toxikologie organischer Verbindungen: Ein Überblick über gegenwärtige Probleme.** David W. Fassett. (Annu. Rev. Pharmacol. **3**, 267—92, 1963; Rochester, N. Y., Eastman Kodak Comp.; engl.) — Übersicht (bis Juni 1962), halogenierte KW-Stoffe, Alkohole u. Glykole, neurotox. Phosphorsäureester, Amide u. verwandte Verbb., Dialkylnitrosamine. — 143 Literaturangaben. P. Gregorzewski 4607◇

1483 **Einbau von Halophenylcysteinen in Proteine.** John T. Smith und John L. Wood. (Proc. Soc. exp. Biol. Med. **113**, 751—54, 1963; Memphis, Univ. of Tennessee, Med. Units, Dep. of Biochem.; engl.) — Es wurde nachgewiesen, daß *Jodbenzol* u. *p-Chlorphenylcystein* in konjugierte Proteine u. lösl. Ribonucleinsäure-Fraktionen der Leber u. des Darmes von Ratten eingebaut werden. K. Zingraf 4607◇

1484 **Biochemische Grundlage für Äthioninwirkungen auf Gewebe.** Jakob A. Stekol. (Advances Enzymol. **25**, 369—93, 1963; Philadelphia, Pa., Inst. for Cancer Res.; engl.) — Übersicht. Unterss. an intakten menschlichen u. anderen Organismen, [Ernährungsunterss., histolog. Beobachtungen, Nachweisunterss.], Unterss. mit Gewebepräpp. u. individuellen Enzymen, [Hemmung der enzymat. Aktivitäten durch *Äthionin*(**I**)-Verabreichung, enzymat. Synth. von *S-Adenosyl-L*-**I** u. **I**-*Acyladenylat*]. — 146 Literaturangaben. I. Hähn 4607◇

1485 **Der Mechanismus der antilipotropen Wirkung von Äthionin.** Pål Björnstad und Jon Bremer. (Acta chem. scand. **17**, 903—04, 1963; Oslo, Norway, Univ., Rikshosp., Inst. of Clin. Biochem.; engl.) — Vff. untersuchten den Mechanismus der antilipotropen Wrkg. von *Äthionin* (**I**). Hierzu wurden ♀ Ratten nach 0 u. $1^1/_2$ Std. 100 mg **I** subcutan injiziert. Kontrolltiere erhielten entsprechend 0,9%ig. NaCl-Lösung. Nach 2 Std. wurden den Ratten intraperitoneal entweder $^{14}C_{(CH_3)}$-*Methionin* (**II**) oder $^{14}C_{(C_2H_4)}$-*Cholin* (**III**) verabreicht. Nach 5 Std. wurde die spezif. Aktivität von *Cholin* (**IV**) in den **IV**-enthaltenden *Phospholipoiden* (**V**) in Leber u. Plasma der getöteten Tiere nach Extraktion mit Chlf./Methanol (2:1) u. anschließende Hydrolyse der **V** bestimmt. Bei Injektion von **II** oder **III** war die spezif. Aktivität des Blut-*Lecithins* (**VI**) zu der des Leber-**VI** nahezu die gleiche. Die Hemmwrkg. von **I** auf die Inkorporation der Radioaktivität in das Leber-**VI** war mit Methionin als Vorläufer stärker. Bei mit **I** behandelten Ratten war die Einstellung des Gleichgewichtes zwischen Leber-**VI** u. Plasma-**VI** verzögert. Der Geh. an Plasma-**V**-**IV** war im Vgl. zu den Kontrolltieren auf die Hälfte reduziert, während der Geh. an Leber-**V**-**IV** unverändert blieb. Vff. sind der Ansicht, daß die antilipotrope Wrkg. von **I** einer Störung mit der Synth. des Proteinteils der Plasmalipoproteine in der Leber zuzuschreiben ist. Dieser Schluß steht in Übereinstimmung mit der Tatsache, daß **IV** keine Wrkg. auf die Fettleber bei mit **I**-behandelten Ratten zeigt. G. Bratfisch 4607◇

1486 **Arzneimittel und Lipidstoffwechsel.** S. Garattini und R. Paoletti. (Annu. Rev. Pharmacol. **3**, 91—108, 1963; Univ. of Milano, Med. School, Dep. of Pharmacol.; engl.) — Übersicht (bis Juni 1962). Akt. auf den Lipidstoffwechsel wirkende Arzneimittel, mit dem Lipidstoffwechsel u. der Exkretion interferierende Arzneimittel, den Lipidtransport modifizierende Mittel. — 179 Literaturangaben. P. Gregorzewski 4607◇

1487 **5-Hydroxytryptamin- und Noradrenalin-Spiegel im Gehirn von Mäusen nach Nialamid, Ro-4-1530 und Ro-4-2308.** J. G. Leroy und J. B. Van Der Schoot. (Arch. int. Pharmacodynam. Thérap. **140**, 374—79, Dez. 1962; Univ. of Ghent, J. F. Heymans Inst. of Pharmacol.; engl.) — *Nialamid* (**I**), *Ro-4-1530* ($N^1.N^2$-*Diisopropylsemicarbazid*) u. *Ro-4-2308* (N^1-[α-*Hydroxypropionyl*]-$N^1.N^2$-*diisopropylhydrazin*) erhöhen bei Mäusen den *5-Hydroxytryptamin*- u. in stärkerem Maße den *Noradrenalin*-Spiegel. Bei **I** ist diese Erhöhung mit einer verstärkten motor. Aktivität verbunden. P. Gregorzewski 4607◇

1488 **Endokrinologische Untersuchungen der Enantiomere eines racemischen Dodekahydrophenanthren-Derivates.** Alfred Boris. (Endocrinology **70**, 752—53, 1962; Nutley, N. J., Hoffmann-La Roche Inc., Dep. of Pharmacol.; engl.) — Racem. *2-Acetyl-7-oxo-1.2.3.4.4a.4b.5.6.7.9.10.10a-dodekahydrophenanthren* (**I**) besitzt anabol., Androgen-, Antiandrogen- u. Antigonadotropinwirkung. Es wurde nachgewiesen, daß d-**I** für diese Wrkgg. verantwortlich u. l-**I** inakt. ist. K. Zingraf 4607◇

1489 **Die Wirkung von Zigarettenrauch auf die Epinephrinsekretion im Hund.** Thomas C. Westfall und Daniel T. Watts. (Proc. Soc. exp. Biol. Med. **112**, 843 bis 847, 1963; Morgantown, West Virginia Univ. Med. Center, Dep. of Pharmacol.; engl.) — Mit Pentobarbital anästhetisierte Hunde erhalten *Zigarettenrauch* (**I**) inhaliert. **I** verursacht eine signifikante Zunahme der *Epinephrin*-Menge im Blut von Nebennierenvene, Vena cava, Arteria femoralis u. Vena femoralis. Bei **I**-Inhalation über eine lange Periode (vergleichbar mit einer Zigarettenlänge) steigt der Blutdruck u. der Epinephringeh. in der Arterie an. Im peripheren arteriellen Blut steigt der Epinephringeh. nach **I**-Inhalation von 1,2 auf 96,8 μg/Liter u. der Geh. an Norepinephrin von 1 auf 20,2 μg/Liter an. W. Hiller 4607◇

1490 **Wirkungen subletaler Dosen von Dieldrin auf den Moskito Aedes aegypti L. nach der Behandlung.** John Duncan. (Ann. appl. Biol. **52**, 1—6, 1963; Porton Down near Salisbury, Wilts. Tropical Pesticides Res. Unit; engl.) — Subletale Dosen von *Dieldrin* (0,0075 μg/Insekt) stoppen bei *Aedes aegypti* die Nahrungsaufnahme, unterbrechen nach 96 Std. die Eiablage u. verkürzen die Lebenszeit. W. Hiller 4607◇

1491 **Resistenz von Hausfliegen gegen Insekticide und die Überempfindlichkeit der Nerven gegen Insekticide.** 17. Mitt. **Untersuchungen über den Wirkungsmechanismus von Insekticiden.** Teruo Yamasaki und Toshio Narahashi. (Botyu-Kagaku [Sci. Insect Control] **23**, 146—57, Aug. 1958; Tokio, Univ. of Tokio, Fac. of Agric., Labor. of Appl. Entomol.; engl.) — Die Toxizitäten von *p.p'-DDT* (**I**), *γ-BHC* (**II**) u. *Dieldrin* (**III**) wurde bei top. Applikation bei Hausfliegen (Takatsuki- u. Hikone-Stamm) bestimmt. **I** war äußerst unwirksam gegen beide Stämme bei vielmehr als 5 mg/g bei 30°. **II** u. **III** waren weniger wirksam gegen den Hikone-Stamm als gegen den Takatsuki-Stamm. Die DL_{50}-Werte für **II** in Takatsuki- u. Hikone-Stämmen waren 10,0 γ/g u. 51,1 γ/g u. für **III** 2,38 γ/g bzw. 96,4 γ/g. — 78 Literaturangaben. G. Kimmerle 4607◇

1492 **Reaktion der Fruchtfliege Anastropha ludens (Loew) auf eiweißhaltige und vergärbare Lockmittel.** Fernando López D. und Leonard M. Spishakoff. (Ciencia [Mexico] **22**, 113—14, 1963; Ciudad de Mexico; span.) — Bisher war das wirksamste Lockmittel für die Fruchtfliege *Anastrepha ludens* ein *saures Proteinhydrolysat* (**I**) von Mais (Staleys Insecticide Bait Nr. 7) neben einem vergärbaren Präp. aus Bierhefe u. raffiniertem Zucker. Wirksam sind auch enzymat. I von Casein, Fleisch, Soja u. Baumwollsamen. Die meisten dieser I faulen, jedoch ist bei I von Baumwollsamen ein Zusatz von Borax zur Stabilisierung möglich, ohne die Fliegen abzuschrecken. K. Zingraf 4607◇

1493 **Die geschmacksabweisende Wirkung einiger Cumarinderivate.** Hans-Joachim Telle. (Nachrichtenbl. dtsch. Pflanzenschutzdienstes [Braunschweig] **15**, 70—73, 1963; Stade, Abt. f. hyg. Schädlingsbekämpf. Niedersachsen; dt.) — Ratten nehmen Fertigköder auf Cumarinbasis wegen ihrer geschmacksabweisenden Wrkg. oft nicht an. 0,03—0,05% *Warfarin* (I) u. *Cumachlor* (II) waren bei der Wanderratte deutlich geschmacksabweisend. 0,005%ig. I u. 0,01%ig. II wurde gegenüber der Kontrolle nicht mehr unterschieden. 0,05%ig. *3-[α-Tetralyl]-4-hydroxycumarin* u. 0,05%ig. eines *Pyranocumarin*-Deriv. zeigten keine Geschmacksbeeinflussung. K. Zingraf 4608◇

1494 **Der Einfluß intravenöser Nicotingaben auf den Gehalt der Nebenniere von Ratten an Brenzcatechinaminen.** Marcelle Beauvallet und Jeanne Fugazza. (C. R. Séances Soc. Biol. Filiales **152**, 456—58, 24/9. 1958; franz.) — Intravenöse *Nicotin*-Gaben — auch wenn bis zum Exitus fortgesetzt — rufen bei der Ratte nur eine geringe relative Abnahme der *Brenzcatechinamine* hervor, wobei *Adrenalin* stets vorherrschend bleibt. O. Selisko 4608◇

1495 **Wirkungen von Endotoxin auf die Hämodynamik des Magens.** Eugene D. Jacobson, Elmo S. Dooley, Jerry B. Scott und Edward D. Frohlich. (J. clin. Invest. **42**, 391—95, 1963; Fort Knox, Ky., US-Army Med. Res. Labor., Environmental Med. Div.; engl.) — Es wurde versucht, direkte hämodynam. Wrkg. von *Endotoxin* (I; *Salmonella typhosa*) am Magen des Hundes von den indirekten neurohumoralen Einfll. zu unterscheiden. Jedoch konnte nur bei in situ belassenen Magen-Präpp. eine Steigerung des Magengefäßwiderstandes durch I ausgelöst werden, wobei die Verabreichung in die Femoralvene ebenso wirksam war wie diejenige in die linke Magenarterie; lokale Infusion von Phentolamin blockierte die Rk. auf I. System. oder lokale I-Verabreichung war am isolierten Magengefäßbett ohne Wirkung. Es wird deshalb angenommen, daß die Erhöhung des Magengefäßwiderstandes nach I durch vasoakt. Substanzen vermittelt wird, die außerhalb des Magens gebildet werden. U. Tausendfreund 4608◇

1496 **Anticoccidiale Aktivität von Halogennitrobenzamiden.** S. J. Ball und E. W. Parnell. (Nature [London] **199**, 612, 1963; Ancar, Essex, May and Baker, Ltd., Vet. Res. Div., Dagenham, Essex, Res. Labor.; engl.) — Neu synthetisierte *Halogennitrobenzamide* wurden bei infizierten Küken (Verfütterung von 0,01—0,02%, 8 Tage) auf prophylakt. Wrkg. gegen *Eimeria tenella* geprüft. *2-Chlor-4-nitrobenzamid* (I) zeigte allein u. bes. in Mischung mit Sulfachinoxalin gegen exp. Infektionen mit *E. tenella*, *E. necatrix* u. *E. acervulina* Wirksamkeit. Geprüfte 2-Chlor-4-nitrobenzamide: I, 0,01%, relative Aktivität (Nitrofurazon, 0,01% 3+), 3+; *-methylamid*, 0,02%, +; *-äthylamid*, 0,02%, 3+; *-propylamid*, 0,02%, +; *-isopropylamid*, 0,02%, 2+; *-n-butylamid*, 0,02%, 0; *-dimethylamid*, 0,02%, +; *-diäthylamid*, 0,02%, 3+; 2-Brom-4-nitrobenzamide- *-amid*, 0,01%, 2+; *-methylamid*, 0,01%, 2+; *-äthylamid*, 0,02%, 3+; *-dimethylamid*, 0,02%, +; 5-Nitro-3-halogenbenzamide: *-3-chlorbenzamid*, 0,01%, 3+; *-3-brombenzmethylamid*, 0,02%, 3+; *-3-brombenzamid*, 0,01%, 2+; *-3-jodbenzamid*, 0,01%, 3+. K. Maier 4610◇

1497 **Über die Retention, den Abbau und die Ausscheidung von 2-Thiontetrahydro-1.3.5-thiadiazinen.** B. Gassmann, H. Schmandke und R. Noack. (Ernährungsforschung **8**, 227—40, 1963; Potsdam-Rehbrücke, Inst. für Ernährung; dt.) — Unters. des Stoffwechsels von *³⁵S-3-Benzyl-5-β-hydroxyäthyltetrahydro-1.3.5-thiadiazinthion-(2)* (*D 4733*; I) bei Ratten ergab, daß oral verabfolgtes I schnell (30 Min.) u. gut (70%) resorbiert u. rasch umgesetzt wird. Nach 12 Std. sind schon nahezu 50% der Radioaktivität, das sind 70% der retinierten Menge, mit dem Harn ausgeschieden. 8 Tage nach der Verabfolgung sind nur noch 1,4% des Isotops im Organismus inkorporiert. Nur ein geringer Teil der Verb. erscheint im Harn. Der überwiegende Teil wird abgebaut, wobei unter anderem Benzylsenföl u. Rhodanid entstehen. Der S des I wird vornehmlich zum Sulfat oxydiert u. in dieser Form mit dem Harn ausgeschieden, oder bei Inkorporation hauptsächlich in Mucoproteide eingebaut. In die S-haltigen Aminosäuren gehen nur unbedeutende S-Mengen über. Es bleibt offen, ob Rhodanid endogen aus ^{35}S-haltigen Abbauprodd. des I gebildet wird, oder im Organismus aus abgespaltenem Isothiocyanat entsteht u. die von anderer Seite beobachteten Wachstumswrkgg. antimikrobiellen oder antithyreoidalen Ursprungs sind. M. Ulmann 4610◇

1498 **Über einige biologische Eigenschaften der Methyl-methoxy-Derivate des 2-Sulfanilamidopyrazins und des 2-Sulfanilamidopyrimidins.** M. Ghione, C. Bertazzoli, A. Buogo, T. Chieli und V. Zavaglio. (Chemotherapia [Basel] **6**, 344—62, 1963; Mailand, Farmitalia, Forsch.-Labor.; dt.) — Bei In-vitro-Verss. mit 13 verschiedenen gramnegativen u. grampositiven Bakterienarten ist *4-Sulfanilamido-6-methoxypyrimidin* (I) durchschnittlich 1—3,5mal wirksamer als *3-Methoxy-2-sulfanilamidopyrazin* (II); Kelfizino). Alle folgenden Sulfonamide sind erheblich weniger oder vereinzelt nur gegen spezielle Arten wirksamer als I oder II. 2-Sulfanilamidopyrazine (III): *3-Methyl-*, *5-Methyl-*, *5.6-Dimethyl-*, *3-Methoxy-*, *5-Methoxy-*, *6-Methoxy-*, *3-Methoxy-5-methyl-*, *3-Methoxy-6-methyl-*, *3-Methoxy-5.6-dimethyl-*, *5-Methoxy-6-methyl-*, *5-Methyl-6-methoxy-*, *3.5-Dimethoxy-6-methyl-* sowie *2-Sulfanilamido-5-methoxypyrimidin* u. *2-Sulfanilamido-5-methylpyrimidin*. Die Wirksamkeit der Substanzen in vitro ist ihrer Heil-Wrkg. bei experimentellen Infektionen nicht proportional. II ist gegen Pneumokokken-, Staphylokokken-, Salmonellen- u. Shigellen-Infektionen der Maus in Dosen von 25—200 mg/kg oral meist besser oder mindestens genau so wirksam wie I. Dies liegt an der schlechteren Resorption (maximale Blutspiegel am Menschen nach 1 g oral: I 50 μg/ml, II 55 μg/ml), der rascheren Ausscheidung (I ist nach 160 Std. u. II nach 260 Std. ganz ausgeschieden) u. der stärkeren Eiweißbindung (I ca. 65%, II ca. 50%) des I im Verhältnis zu II. Innerhalb der 3 isomeren Methoxy-Derivv. nimmt die Wrkg. in vivo in der Reihenfolge II > *5-Methoxy*-III > *6-Methoxy*-III ab. K.-W. Glombitza 4610◇

1499 **Die Sulfonamid–Protein-Bindung.** G. Salvi und A. C. Plancher. (Farmaco [Pavia], Ediz. Sci. **17**, 773 bis 785, 1962; Parma, Univ., Ist. di Clin. Med. Generale e Terap. Med.; ital.) — Die *Sulfonamid*(I)-Bindung an Serumeiweißkörper variiert von Präp. zur Präp. u. ist vom *Albumin* (II)-Geh. des Serums abhängig, da sich I fast nur mit II verbinden. Für die Bindung an II wurden folgende Werte ermittelt: *3-Sulfanilamido-6-methoxypyridazin* 48%, *Sulfaphenylpyrazol* 90%, *5-Methylsulfodiazin* 60% u. *2-Sulfanilamido-4.6-dimethylpyrimidin* 29%. Die langsame Ausscheidung lang wirkender I ist wahrscheinlich nicht hauptsächlich auf die I-Proteinbindung zurückzuführen. K. Zingraf 4610◇

1500 **Dauerschädigung durch intrathekale Eubasinapplikation.** Walter Neugebauer. (Arch. Toxikol. **18**, 296 bis 299, 1960; Münster i. W., Landesversorgungsamt Westfalen; dt.) — Nach einer intrathekalen *Eubasin*-Injektion kam es zu einer schlagartigen Conus- u. Cauda equina-Schädigung. Die Beobachtung zeigt, daß intrathekale *Sulfonamid*-Anwendung zu Dauerschäden der Kranken führen kann. O. Jansen 4610◇

1501 **Die Kondensation von antituberkulösen Hydraziden mit den Furanring enthaltenden Ketonen.** C. Musante und A. Stener. (Farmaco [Pavia], Ediz. sci. **15**, 221—27, 1960; Triest, Univ., Ist. di Chim. farmaceut.; ital.) — Einige Hydrazone aus *Isonicotinsäurehydrazid* (I), I-*N-Oxid* (II) u. *Cyanacetylhydrazid* (III) mit *Furyl-(2)-methylketon-* (IV), *Furfuralaceton* (V), *1-[Furfural]-äthylmethylketon* (VI) u. *Cumaronyl-(2)-methylketon* (VII) werden dargestellt.

Versuche: Isonicotinoyl-(N-oxid)-hydrazone: *Furyl-(2)-methylketon-*, $C_{12}H_{11}N_3O_3$, F. 229—231°, durch 2std. Kochen von **II** u. **IV** in A. u. W., hellgelbe Kristalle. — *Furfuralaceton-*, $C_{14}H_{13}N_3O_3$, F. 211—212° (A.), analog aus **II** u. **V**. — *1-[Furfural]-äthylmethylketon-*, $C_{15}H_{15}N_3O_3$, F. 210—211° (A.), aus **II** u. **VI** in 4 Stunden. — *Cumaronyl-(2)-methylketon-*, $C_{16}H_{13}N_3O_3$, F. 250—251° (A.), aus **II** u. **VII** in A. u. Wasser. — Isonicotinoylhydrazone: *1-[Furfural]-äthylmethylketon-*, $C_{15}H_{15}N_3O_2$, F. 188—189° (A.), durch 4std. Kochen von **I** u. **IV** in A. u. Einengen. — *Cumaronyl-(2)-methylketon-*, $C_{16}H_{13}N_3O_2$, F. 231—232° (Dioxan/W.), aus **I** u. **VII** in A. in 1 Std. — Cyanacetylhydrazone: *Furyl-(2)-methylketon-*, $C_9H_9 \cdot N_3O_2$, F. 164—165,5° (A.), aus **III** u. **IV** in Alkohol. — *Furfuralaceton-*, $C_{11}H_{11}N_3O_2$, F. 164—165° (Dioxan), aus **III** u. **V** in Alkohol. — *Cumaronyl-(2)-methylketon-*, $C_{13}H_{11}N_3O_2$, F. 194—196° (Dioxan), aus **III** u. **VII**. — *1-[Furfural]-äthylmethylketon-*, $C_{12}H_{13}N_3O_2$, F. 200—202° (A.), aus **III** u. **VI** in 30 Minuten. W. Holland 4610◇

1502 **Die Toxizität von Benzylpenicillin bei Tieren unter Vitamin-A-Mangeltestkost U.S.P. XIV.** Eldon M. Boyd, Dorothy A. Mulrooney und Everett J. Sargeant. (Canad. J. Biochem. Physiol. **40**, 1685—92, 1962; Kingston, Canada, Queen's Univ., Dep. of Pharmacol.; engl.) — Junge u. erwachsene Albino-Mäuse u. -Ratten werden nach 1monatiger Verfütterung der *Vitamin-A*(**I**)-*Mangel-Test-Kost U. S. P. XIV* empfindlicher gegenüber der tox. Wrkg. von *Benzylpenicillin* (gemessen an DL_{50}-Werten). Zulage von **I** (peroral oder i.m.) oder eines Multivitamingemisches (**I**, *Vitamin D, Thiamin, Riboflavin, Pyridoxin, Niacinamid, Ascorbinsäure, Cyanocobalamin, Folsäure, d-α-Tocopherolsäuresuccinat*) verändert die erhöhte Empfindlichkeit nicht, ebenso kann mit Verfütterung einer rachitogenen Kost keine höhere Empfindlichkeit erweckt werden. Es müssen demnach noch unbekannte Faktoren in der U.S.P. XIV-Mangelkost für die Empfindlichkeitszunahme verantwortlich sein. U. Tausendfreund 4611◇

1503 **Entwicklung und biologische Grundlagen von Penimepicyclin.** Boris Gradnik. (Medicamenta [Madrid] **29**(**15**), 249—59, 1963; Milán, Inst. de Invest. Midy; span.) — Vgl. C. **1963**, 21601. — *Mepicyclin* (**I**) hemmt die Erzeugung von *Penicillinase* (**II**) durch *Staphylococcus aureus*. Die äquimol. Verb. von **I** u. *Phenoxymethylpenicilli.ı* (*Penimepicyclin*; **III**) schützt Penicillin gegen die schon gebildete **II**. **III** wirkt gegen S. aureus bakterieid, während **I** nur bakteriostat. wirkt u. Penicillin unwirksam ist. Die baktericide Wrkg. von **III** wurde auch in vivo nachgewiesen. K. Zingraf 4611◇

1504 **Chinacillin: ein neues Penicillin mit ungewöhnlichen Eigenschaften.** H. C. Richards, J. R. Housley und D. F. Spooner. (Nature [London] **199**, 354—56, 1963; Nottingham, Boots Bure Drug Co.; engl.) — Bei der Suche nach neuen Penicillinderivv. erweist sich unter mehreren hergestellten Verbb. *Chinacillin* (**I**), erhalten als *Bis-[triäthylammoniumsalz]-Monohydrat*, $C_{30}H_{46}N_6O_6S \cdot H_2O$, F. 135—137° (Zers.), $[\alpha]_D^{20}$ +142° (c 0,376; W.), als bes. wirksam. **I** wird schnell erhalten durch Kondens. von Chinoxalin-2.3-dicarbonsäureanhydrid mit 6-Aminopenicillansäure in Dimethylformamid u. Triäthylamin. Behandlung des Bis-triäthylammoniumsalzes von **I** mit gesätt. wss. Na-Acetat ergibt **I**, $C_{18}H_{14}N_4Na_2O_6S$, F. 261 bis 262° (Zers.), $[\alpha]_D^{23}$ +183,5°. **I** entwickelt in starkem Sonnenlicht eine hellgelbe Farbe, es ist bei 100° für 3 Monate stabil. Eine 25%ig. **I**-Lsg. ist bei 0° für 2 Monate stabil u. hat bei 37° eine Halbwertszeit von 12 Tagen. Die Halbwertszeit in 50%ig. alkohol. 0,1n HCl ist 290 Minuten. **I** zeigt für Penicilline ungewöhnliche Eigenschaften: Höchste Aktivität gegen *Staphylococcus aureus*, keine hohe Bindung an Serumproteine, die Aktivität steigt mit sinkendem pH-Wert. **I** wirkt gegen Penicillinresistente u. Penicillin-sensitive Stämme. Erfolgt die Kondens. mit Monoestern der Chinoxalin-2.3-dicarbonsäure, so entstehen Verbb. mit teilweise verminderter Aktivität. Geprüfte Verbb.: **I** 0,4 (minimale Hemmkonz. bei Stämmen von *Staphylococcus aureus* mit hoher Resistenz), 0,4 (desgl. bei Stämmen mittlerer Resistenz); 6-[3-(Alkyloxycarbonyl- bzw. Aminocarbonyl)-chinoxalinyl-(2)-carbonylamino]-penicillansäuren: *Methoxy-* 1,2, 0,4; *Äthoxy-* 1,2, 0,4; *Propoxy-* 1,2, 0,4; *Isopropoxy-* 11,1, 1,2; *Butoxy-* 3,7, 0,4; *Decyloxy-* >100, 33,3; *β-Dimethylaminoäthoxy-* 3,7, 1,2; *Phenoxy-* 1,2, 0,4; *Cyclohexyloxy-* 100, 11,1; *Benzyloxy-* 1,2, 0,4; *Amino-* 100, 3,7; *Dimethylamino-* 100, 3,7; *Propylamino-* >100, 1,2; *Piperidino-* 33, 1,2; *Phenylamino-* >100, 3,7 u. *N-Phenyl-N-methylamino-* 11,1, 1,2. W. Hiller 4611◇

1505 **Pharmakotherapeutische Untersuchung über ein neues Penicillin.** Lucas Bermudo Fernandez. (Medicamenta [Madrid] **27**(**14**), 252—55, 1962; Sevilla; span.) — Es wird über Darst. u. Verw. von *Ampicillin* berichtet. W. Biehler 4611◇

1506 **Ampicillin: 6-[D-(—)-α-Amino-α-phenylacetamido]-penicillansäure. Antibakterielle Aktivität und Wirkstoffkonzentrationen in vivo.** Peter Naumann. (Arzneimittel-Forsch. **12**, 984—92, 1962; Hamburg, Univ., Inst. f. klin. Bakteriologie & Serologie; dt.) — Das halbsynthet. Penicillin *Ampicillin* (**I**) ist säurestabil, aber nicht *Penicillinase*-fest u. induziert *Penicillinase*-Bldg. bei *Staphylokokken* u. anderen Keimen. **I** wirkt bakteriostat. u. bakterieid in meist eng benachbarten Konzentrationen. Von den gramnegativen Keimen werden Proteus u. Salmonellen in therapeut. erreichbaren Konzz. beeinflußt, resistent sind Aerobacter, Pseudomonas u. Klebsiella. Bei Escherichien streuen die Ergebnisse besonders bei Dyspepsiestämmen stark. **I** hat geringe Bindung an Menschen- oder Rinderserum (ca. 20%). Bei oraler Verabreichung von 500 mg werden Serumspiegel bis zu 6 Std. von 2 μg/ml bis 0,1 μg/ml fallend erreicht, Spitzenwerte 2 Std. nach Verabreichung bis zu 5 μg/ml. Bei Dauertherapie (500 mg alle 6 Std.) tritt Kumulierung auf. — **I** wird relativ rasch durch die Nieren ausgeschieden, 25% innerhalb von 6 Std., 30% in 24 Stunden. Im Urin werden hohe Konzz. von 800—2600 μg/ml erreicht. **I** tritt nicht in den Liquor cerebrospinalis über, kann aber intrathecal verabreicht werden. Resistenzentwicklung gegen **I** während der Therapie wurde beobachtet. Ekkehard Schmid 4611◇

1507 **Negativer Einfluß des Chlortetracyclins auf die Quick-Pytel-Probe bei Kranken mit akuter bakterieller Dysenterie und Methoden seiner Verhinderung.** G. Ss. Mironow. (Antibiotika [UdSSR] **8**, 87—90, 1963; Militärmed. Kirow-Akad., Lehrstuhl für Infektionskrankheiten; russ.; Auszug: engl.) — Die Beobachtungen an 134 Kranken mit leichter bakterieller Dysenterie ergaben, daß bei Anwendung von 12 g *Chlortetracyclin* (**I**) je Kur in Kombination mit geringen Dosen Ascorbinsäure (**II**) u. Thiamin die antitox. Kennzahlen der Leber um 8 bzw. 23% im Vgl. zum Wert vor der **I**-Behandlung bzw. zur Norm abnehmen. Werden 12 g **I** je Kur mit ausreichenden Dosen von **II** u. Nicotinsäure kombiniert, so ist die antitox. Funktion der Leber um 5 bzw. 10% vermindert. Intramuskuläre Zufuhr von 225 E. ACTH u. 300 mg Cortison (**III**) 6 Tage lang in Kombination mit 12 g **I** verhindert die „Arzneikrankheit". Zur Vermeidung der durch **I** verursachten Nebenerscheinungen u. der „Arzneikrankheit" wird empfohlen, gleichzeitig mit **I** Vitamine, Hormonpräpp. u. geringe Dosen von **III** zu verabreichen. O. Lebtag 4611△

1508 **Gehalt des Monomycins in der Galle und seine Wirksamkeit bei Entzündungen und Chirurgie der Gallenwege.** M. Ss. Poljak. (Antibiotika [UdSSR] **8**, 83—87, 1963; Leningrad, Inst. für Antibiotica; russ., Auszug: engl.) — Nach den Beobachtungen an 35 Kranken mit chron. Cholecystocholangitis empfiehlt sich die Anwendung von *Monomycin* (**I**) zur Heilung von chron. Cholecystitis u. zur Vermeidung von infektiösen Prozessen nach Operation der Gallenwege. Bei Zufuhr von je 250000 E. **I** alle 6—8 Std. wird eine ausreichende **I**-Konz. in der Galle erzielt. O. Lebtag 4611△

1509 **Einflüsse gepufferter und ungepufferter Acetylsalicylsäure auf die Magenacidität normaler Personen.** Clarke Davison, Benjamin W. Smith und Paul K. Smith. (J. pharmac. Sci. **51**, 759—63, 1962; Washington, D. C., George Washington Univ., School of Med., Dep. of Pharmacol. and Biochem.; engl.) — *Acetylsalicylsäure* in Form von Tabletten u. gepufferten Tabletten hat keinen Einfl. auf die Acidität des Magens; dagegen erniedrigen gepufferte, mit Brausepulver versehene Tabletten die Acidität u. erhöhen den pH-Wert signifikant für etwa 30 Minuten. P. Gregorzewski 4615◇

1510 **Pharmakologie des autonomen Nervensystems.** Robert L. Volle. (Annu. Rev. Pharmacol. **3**, 129—52, 1963; Philadelphia, Pa., Univ. of Pennsylvania, School of Med., Dep. of Pharmacol.; engl.) — Übersicht (bis Mai 1962) Übertragung in autonomen Ganglien, im Nebennierenmark; periphere Wrkg. ganglienblockierender Agentien, Übertragung an sympath. Nervenendungen, Nerrvenwachstumsfaktor u. Entw. des sympath. Nervensystems. — 245 Literaturangaben.
P. Gregorzewski 4620◇

1511 **Einige Aspekte der Pharmakologie des Zentralnervensystems.** James E. P. Toman. (Annu. Rev. Pharmacol. **3**, 153—84, 1963; Chicago, Ill., Chicago Med. School, Dep. of Pharmacol.; engl.) — Übersicht (bis Mai 1962); theoret. Erwägungen über die Arzneiwrkg. auf zentrale Neuronen u. Synapsen, indirekter pharmakolog. Beweis für zentrale Mediatoren u. Modulatoren; andere zentral wirkende Arzneimittel. — 140 Literaturangaben. P. Gregorzewski 4620◇

1512 **Arzneimittelwirkungen auf das Verhalten.** Leonard Cook. (Annu. Rev. Pharmacol. **3**, 205—22, 1963; Philadelphia, Pa., Smith Kline and French Labor., Dep. of Neurol. and Cardiol.; engl.) — Übersicht (bis Juli 1962); Zähmung von Affen, Wrkg. auf die spontane motor. Aktivität, experimentell verursachtes agressives Verh., bedingter Reflex (Abneigung), Unterdrückung bedingter Reflexe; Unterss. an Menschen. — 96 Literaturangaben.
P. Gregorzewski 4620◇

1513 **Die kationenzurückhaltende Wirkung sympathomimetischer Substanzen bei der Ratte.** Josep G. Llaurado. (Chemotherapia [Basel] **6**, 363—81, 1963; Groton, Conn., Chas Pfizer & Co., Dep. of Pharmacol., Med. Res. Labors.; engl.) — Zur Prüfung der *K*- u. *Na*-Retention nach der Applikation sympathomimet. wirksamer Substanzen wird der Urin adrenalektomierter oder nicht operierter Ratten quant. aufgefangen u. der Na- u. K-Geh. flammenphotometr. bestimmt. Die Retention wird durch den Kationenretentionsindex $U = \sqrt{[Na^+] \cdot [K^+]}$ ausgedrückt, der bei den wirksamen Substanzen im Bereich von ca. 0,04—3 mg auf halblogarithm. Papier eine lineare Dosisabhängigkeit zeigt. Er ist um so niedriger, je wirksamer die Substanz ist. Der Effekt ist bei adrenalektomierten Ratten deutlicher als bei nicht operierten. Bis auf die Substanzen **I** u. **II** ist die K–Na-Retention mit einer deutlichen Oligurie verbunden. Im allg. werden die K- u. die Na-Ausscheidung nicht im gleichen Verhältnis, sondern in unterschiedlichem Maß gesenkt. Am wirksamsten sind bei operierten Tieren u. s.c. Anwendung [( ) [Dosis in mg/Tier u. Wert für U, Kontrolle U = 300]: *l-Epinephrin* (**I**, 0,40; 146), *d-Amphetamin* (0,4; 193), *m-Trifluormethylamphetamin* (P 1908, 0,4; 149), *p-Trifluormethylamphetamin* (P 1727, 0,4; 189), *trans-2-Phenylcyclopropylamin* (1,6; 97), *m-Methylmercaptoamphetamin* (P 2313; 1,6; 119), *1-[α-Naphthyl]-2-aminopropan* (P 1953; 1,6; 150), *1-[Cyclohexen-(3)-yl]-2-aminopropan* (P 1980; 1,6; 187); schwächer wirksam sind *Phenethylamin* (1,6; 202), *1-Phenyl-2-[carbäthoxyamino]-propan* (P 1883; 1,6; 219), *1-Phenyl-1-hydroxy-2-aminopropan* (**II**, Propadrin, 1,6; 228), *1-Phenyl-1-methoxy-2-aminopropan* (P 1897; 1,6; 241), kaum noch oder gar nicht wirksam: *Tyramin* (1,6; 250), *Ephedrin* (1,6; 253), *Tryptamin* (1,6; 255), *o-Trifluormethylamphetamin* (P 2170; 1,6; 259), *Äthylamin* (1,6; 267), *3-Methoxy-4-hydroxy-ω-hydroxyacetophenon* (Substanz Z, 0,1; 274), *1-[p-Trifluormethylphenyl]-propanon-(2)* (P 2446, 1,6; 286), *Benzimidazol* (1,0; 296) *Benzocain* (1,6; 309). K. W. Glombitza 4620◇

1514 **Myocard-Schädigungen, zirkulatorische und elektrocardiographische Veränderungen durch Isoproterenol beim Hund.** G. Rona, T. Zsoter, C. Chappel und R. Gaudry. (Rev. canad. Biol. **18**, 83—94, 1959; Montreal, Ayerst, Mc Kenna and Harrison, Res. Lab.; engl.) — Die subkutane Verabreichung von 2,5 mg *1-[3.4-Dihydroxyphenyl]-2-isopropylaminoäthanolhydrochlorid* (**I**)/kg verursacht beim Hund Apicalinfarkt-ähnliche Myocardnekrose oder verbreitete Focalnekrose mit geringer Mortalität. Bei der Sektion (2, 4 u. 6 Wochen nach Behandlungsbeginn) von Tieren, die eine 10tägige Behandlung mit **I** überstanden hatten, zeigte sich eine Heilung der Myocard-Läsionen mit Narbenbildung.
A. Eben 4620◇

1515 **Pharmakologische Untersuchungen von Hallucinogenen.** 1. Mitt. Teil 3. **Bibliographische Betrachtungen von Mezcalin.** Hideo Hoshikawa. (Folia pharmacol. japon. **58**, 275—88, 20/5. 1962; jap., Auszug: engl. S. 14*.) — Teil 2 vgl. C. **1964**, 1-1526. — Übersicht. 158 Literaturangaben. W. Hiller 4620◇

1516 **Reserpin, ein Vergleich zwischen der chronischen Toxizität bei Tieren mit der klinischen Toxizität.** J. M. Parker und C. W. Murphy. (Canad. med. Assoc. J. **84**, 1177—80, 1961; Dorval, Que., CIBA Comp. Limited; engl.) — Am Beispiel des *Reserpins* (**I**) zeigen die Vff., daß die häufigsten Nebenwrkgg. (letharg. Stadium, Diarrhoen, Parkinson-ähnliches Syndrom, pept. Ulcera, Depressionen), die bei der klin. Erprobung von **I** auftraten, durch Tierexperimente vorherzusagen waren. Sorgfältige Unterss. der pharmakol. Wrkgg. eines neuen Mittels am Menschen u. an Tieren sind daher die besten Meth., um solche Voraussagen machen zu können. Zumindestens im Falle des **I** hätten Toxizitätsunterss., die länger als 3 Monate gedauert hätten, auch nicht mehr für die Toxizität des **I** am Menschen erbringen können, als es die Verss. an Ratten, Hunden u. Affen, die vor der Einführung des **I** ausgeführt wurden, erbrachten.
K. Böhm 4620◇

1517 **Tranquillizer und andere psychotrope Arzneimittel in der klinischen Praxis.** H. E. Lehmann. (Acta ci. venezolana **11**, 27—33, 1960; span.) — Übersicht.
K. Zingraf 4620◇

1518 **Synergismus von Gastropin (N-p-Phenylbenzylatropiniumbromid) und Trioxazin (N-[3.4.5-Trimethoxybenzoyl]-tetrahydro-1.4-oxazin).** E. Komlós und Lujza E. Petöcz. (Acta physiol. Acad. Sci. hung. **19**, 179—87, 1961; Budapest, United Works of pharm. and dietetic Produkts, Pharmacol. Lab.; engl.) — Die Toxizitäten von *Gastropin* (**I**) u. *Trioxazin* (**II**) addieren sich bei gleichzeitiger Gabe. In der Beschränkung der Magensäuresekretion wirken **I** u. **II** synergist., gleichfalls im Antagonismus gegen acetylcholinerregte Darmspasmen am isolierten Rattendarm u. durch Amphetamin erzeugte Hypermotilität. Auf die Pupillenerweiterung, anästhet. Eigg. u. Dauer der Anästhesie nach Hexobarbital haben **I** u. **II** keine gegenseitige Wirkung.
W. Holland 4620□

1519 **Aminomethylchromone, Stimulantien des Hirnstammes und Pentobarbital-Antagonisten.** I. Setnikar, W. Murmann, M. J. Magistretti und P. da Re. (J. Pharmacol. exp. Therapeut. **128**, 176—81, 1960; Milan, Recordati Labor. Farmacol. S.p.A., Res. Dep.; engl.) — *2.3-Dimethyl-7-methoxymorpholinomethylchromonhydrochlorid* (*Rec. 7-0105*; **I**) u. *3-Methyl-7-methoxy-8-dimethylaminomethylflavonhydrochlorid* (*Rec. 7-0267*, *Dimefline*; **II**) erregen den Hirnstamm u. wirken antagonist. gegen *Pentobarbital* (**III**). Nur Hirnstamm-erregende Mittel sollen imstande sein, einen echten Antagonismus gegen **III** auszuüben. **I** u. **II** waren wirksamer als Bemegrid, Pikrotoxin u. Metrazol. Geprüft wurde auch *N-Crotonyl-α-propylaminobuttersäure*, *3-Äthoxy-4-hydroxybenzoesäurediäthylamid*, *Nikethamid*, *d-Amphetaminsulfat*, *Strychnin* u. *Lobelinhydrochlorid*. K. Zingraf 4622◇

1520 **Wirkung einiger Ganglion-stimulierenden Substanzen auf die Speichelsekretion aus der Submandibularis-Drüse.** B. Gomez Alonso De La Sierra. (Brit. J. Pharmacol. Chemotherapy **18**, 501—09, 1962; Boston, Mass., Harvard Med. School, Dep. of Pharmacology; engl.) — An Spinalkatzen wurde der Einfl. von *Pilocarpin* (**I**), *4-[m-Chlorphenylcarbamoyloxy]-2-butinyltrimethylammoniumchlorid* (**II**) u. *Dimethylphenylpiperaziniumjodid* (**III**) vor u. nach Zerstörung des oberen Halsganglion, vor u. nach Adrenalektomie u. vor u. nach Zufuhr von Substanzen, die mit der Ganglion-stimulierenden Wrkg. von **I**, **II** u. **III** interferieren, auf die Speichelsekretion untersucht. Zerstörung des oberen Halsganglion u. Adrenalektomie konnten den stimulierenden Effekt von **I** u. **II** nicht verringern. Die Ganglion-stimulierenden Eigg. von **I** u. **II** sind demnach nicht an der Speichelfreisetzung beteiligt. Auch *Cocain, Methadon,* u. *Cholin-2.6-xylylätherbromid* waren ohne Einfluß. **III**, eine Nicotin-ähnlich Ganglion-stimulierende Substanz, bewirkte Speichelfluß durch Stimulation des Nebennierenmarkes u. auch der parasympath. Zellen. **III** wirkt nicht durch Reizung des oberen Halsganglion auf die Speichelsekretion. K. Böhm 4622◇

1521 **Pharmakologische Untersuchungen einiger Bis-[β-chloräthyl]-amin-Derivate.** Gozô Kamiya. (Folia pharmacol. japon. **53**, 190—206, 20/3. 1957; Tokyo, Univ. of Tokyo, Fac. of Med., Dep. of Pharmacol.; jap., Auszug: engl. S. 11.) — Es wird die adrenerg. blockierende u. die antihistamin. Wrkg. folgender Verbb. (*Hydrochloride*) untersucht: *β-Chloräthyldiäthylamin* u. dessen *N-Oxid, N.N'-Bis-[β-chloräthyl]-piperazin* u. dessen *N.N'-Dioxid, Tris-[β-chloräthyl]-amin* u. dessen *N-Oxid, Benzyl-bis-[β-chloräthyl]-amin* (**I**) u. dessen *N-Oxid, Dibenzyl-β-chloräthylamin-N-oxid, Naphthyl-(1)-methyl-bis-[β-chloräthyl]-amin* (**II**), *4-[β-Chloräthyl]-morpholin-N-oxid, N.N'-Bis-[β-chloräthyl]-N.N'-dimethylpiperaziniumdichlorid, Isoamyl-bis-[β-chloräthyl]-amin-N-oxid* u. *Methyl-bis-[β-chloräthyl]-amin.* — Unter diesen haben besonders **I** u. **II** eine bemerkenswert starke adrenerg. blockierende u. antihistamin. Wirkung. P. Loch 4625◇

1522 **Untersuchungen über die intravenöse Anästhesie, besonders ihre Beziehung zur Gewebeatmung.** 1. Mitt. **Der Einfluß intravenöser Narkotica auf die Gewebeatmung einiger Organe.** K. Satō. (Tokyo Jikeikai med. J. **76**, 397—411, 1961; jap.) H. Guischard 4627◇

1523 **Untersuchungen über die intravenöse Anästhesie besonders ihre Beziehung zur Gewebeatmung.** 2. Mitt. **Der Einfluß von Barbiturat auf das Atmungssystem der Großhirnrinde.** K. Satō. (Tokyo Jikeikai med. J. **76**, 412—22, 1961; jap.) — 1. vgl. vorst. Referat. H. Guischard 4627◇

1524 **Verwendung eines Atropinersatzmittels, Propyromazine, in der Anästhesiologie: Bericht über 544 Fälle.** C. Body. (Anesthésie, Analgésie Réanimat. **20**, 641—47, 1963; Rennes, Hôp. Pontchaillou, Serv. de Chir. Thorac.; franz.) — Prämedikation mit *10-[2-Pyrrolidinopropionyl]-phenthiazinmethobromid* (**I**; *SD 104-19, Propyromazine, Diaspasmyl,* Labors Diamant) vor der Operation übt eine deutlich neurovegetative Schutzwrkg. aus u. verringert postoperatives Erbrechen u. Nausea. Während Magen- u. Gallenoperationen kann der Vagovagalreflex durch **I** ausgeschaltet werden. Postoperativ verabreicht behebt **I** Spasmen im Verdauungskanal. K. Zingraf 4627◇

1525 **Analgetische Wirkung von in der Prämedikation benutzten Stoffen. Experimentelle Untersuchung an Ratten.** E. Racenberg und J. Buda. (Českoslov. Farmac. **10**, 228—34, Juni 1961; Praha-Krč, Úst. klin. a experimentálni chirurgie; tschech.) — Vff. arbeiteten eine neue Meth. zur Prüfung von Analgeticis an Ratten aus u. prüften 10 Narkotica u. deren DL_{50}. Mit der Meth. wird gefunden, daß *Dinarkon* unter Berücksichtigung der Toxizität das wirksamste Analgeticum ist. H.-W. Wache 4627◇

1526 **Wirkung von Äthyl-m-aminobenzoat auf das Elasmobranchenelektrocardiogramm.** G. D. Campbell und D. H. Davies. (Nature [London] **198**, 302, 1963; Durban, Oceanographic Res. Inst.; engl.) — *Äthyl-m-aminobenzoat* (*MS 222*) führte an Stachelrochen u. Haifischen in Dosen von 80—100 ml einer Konz. von 1,7 Teilen auf 1000 Teile W./Tier von 70 cm Länge innerhalb von 45 Sek. zu einer 15—20 Min. anhaltenden Anästhesie. Dabei konnte eine Bradycardie beobachtet werden (Rückgang von 50 auf 30 Herzschläge/Min.), gleichzeitig kam es zur Verminderung der Atemfrequenz. Das Elektrocardiogramm erfuhr in seinem Ablauf keine Veränderung. Bei i.m. Injektion von *Coramin* kam es innerhalb von 30 Sek. zu einer akuten ST-Anhebung, gefolgt von schwerer Bradycardie (3/Min.), später Rückkehr auf 10/Min. u. Verenden. U. Tausendfreund 4627◇

1527 **Eine neue Gruppe potenzierender Stoffe: 1-Benzyl-3-β-substituierte [amino]-äthyl-5.5-dialkylsubstituierte 2.4.6-trioxohexahydropyrimidin-Derivate.** Finn Sandberg. (Arzneimittel-Forsch. **13**, 530—34, 1963; Stockholm, Kungl. Farmaceutiska Inst., Dep. of Pharmcognosy engl.) — Vf. synthetisiert folgende 1-Benzyl-5-propen-(2)-yl-2.4.6-trioxohexahydropyrimidine: *3-β-Diäthylaminoäthyl-5-propen-(2)-yl-, Hydrochlorid* (**I**), F. 150—151; *3-β-Diäthylaminoäthyl-5-isopropyl-, Hydrochlorid* (**II**), F. 136—137°; *3-β-Dimethylaminoäthyl-5-isopropyl-, Hydrochlorid* (**III**), F. 134—136°; *3-β-Dimethylaminoäthyl-5-phenyl-, Hydrochlorid* (**IV**), F. 171—173°, *3-β-Morpholinoäthyl-5-isopropyl-, Hydrochlorid* (**V**), F. 152—156°; *3-β-Piperidinoäthyl-5-isopropyl-, Hydrobromid* (**VI**), F. 119—123°; *3-β-[N.N-Diäthyl-N-methylammonio]-äthyl-5-propen-(2)-yl-, Jodid* (**VII**), F. 135—136°; *3-β-[N.N-Diäthyl-N-methylammonio]-äthyl-5-isopropyl-, Jodid* (**VIII**), F. 136—137°. Die Substanzen zeigen bei intraperitonealer Injektion bei Mäusen folgende DL_{50}: **VIII** 130 (mg/kg), **VII** 170, **I** 330, **II** 350, **VI** 460, **IV** 480, **III** 540, **V** 570. Alle Verbb. zeigen eine Verlängerung der Hexobarbitalanästhesie. ♀ Ratten zeigen bei Gaben von 50 mg/kg i.p. Hexobarbital folgende Verlängerung der Anästhesie, wenn die Verbb. (20 mg/kg i.p.) 30 Min. vor dem Hexobarbital gegeben werden: **I** 89%, **II** 215%, **III** 261%, **IV** 89%, **V** 45%, **VI** 66%, **VII** 38% u. **VIII** 16%. In hohen Dosen wirken die Verbb. als Sedativa u. Ataractica. Sie wirken nicht nur verlängernd, sondern potenzierend auf die Narkose. Die quartären Ammoniumverbb. (**VII** u. **VIII**) sind hier jedoch weniger wirksam. Alle Verbb. zeigen vasodepressor. Wirkung. Die Verbb. zeigen eine temperatursenkende Wrkg., wobei folgende Reihenfolge besteht: **V** (schwächste Wrkg.), **VI**, **I**, **II**, **IV**, **III**. W. Hiller 4627◇

1528 **Über einige pharmakologische Eigenschaften eines Procain-Analogen.** R. Hazard, R. Giudicelli, M. Beauvallet, P. Chabrier und H. Najer. (C. R. Séances Soc. Biol. Filiales **152**, 403—06, 24/9. 1958; Paris, Faculté de Médecine, Laboratoire de Pharmacologie; franz.) — Das *Hydrochlorid* des *p-Aminobenzoesäure-β-[1.2.3.5-tetrahydropyridino]-äthylesters* (*LD 1841*) zeigt im allg. die Eigg. des *Procains*, weist aber außerdem Nicotincharakter auf. O. Selisko 4627◇

1529 **Untersuchung des Einflusses antifasciculärer Verbindungen auf die Dauer der refraktären Phase des Froschherzens.** A. Teitel und E. Popescu. (Physiol. bohemosloven. **12**, 228—32, 1963; Romania, Bucurest, Scientific Medical Society; engl.) — Vff. untersuchen quant. die Wrkg. von *Procain* (**I**) u. *Procainamid* (**II**), deren Stoffwechselprodd. (*p-Aminobenzoesäure* u. *Diäthylaminoäthanol*), sowie von *Dimethylaminoäthanol* auf die Dauer der refraktären Phase des Froschherzens mit dem Ziel, eine Beziehung zwischen der Struktur u. dem Wrkg.-Mechanismus zu finden. Die Ergebnisse lassen erkennen, daß die durch **I** u. **II** bedingte Verlängerung der refraktären Phase im wesentlichen auf die Wrkg. von Diäthylamin-Radikalen zurückzuführen ist, die durch Hydrolyse von **I** u. **II** gebildet werden. H. Köditz 4627◇

1530 **Die Blutcarboanhydraseaktivität beim anästhetisierten Menschen.** George Christian und Nicholas M. Greene. (Anesthesiology **23**, 179—86, 1962; New Haven, Conn. Yale Univ., School of Med. Sect. of Anesthesiol. and Dep. of Anesthesiol., Grace-New Haven Comm. Hosp.; engl.) — Bei 29 anästhetisierten Patienten unter klin. Bedingungen wurde mit *Ae.* u. *Thiopental-N_2O* verminderte Blut-*Carboanhydrase*(**I**)-Aktivität gefunden, im Gegensatz zu *Cyclopropan*, das Normalwerte zeigte. Die Inhibierung betrifft sowohl die Hydratisierung von CO_2 als auch die Dehydratisierung von H_2CO_3. Die Erhöhung des arteriellen P_{CO_2} gegenüber dem alveolen u. der auftretenden Differenz werden zur **I**-Inhibierung angeführt, auch andere Rk.-Mechanismen werden diskutiert. Die **I**-Inhibierung ist statist. signifikant, aber nicht physiolog., da der physikal. CO_2-Transport u. die Nierenfunktion mit von Einfluß sind. Die Best. der **I** erfolgte nach Krebs u. Roughton, C. **1948**, **E 1640**. R. Rothe 4627◇

1531 **Neue Lokalanästhetica.** 2. Mitt. **Derivate von 5-Morpholino-(und 5-Piperidino)-acetylamino-2-arylimino-3-arylthiazolidonen-(4).** P. N. Bhargava und P. R.

Singh. (J. sci. ind. Res. [New Delhi], Sect. C **21**, 158–60, 1962; Varanasí, Banaras Hindu Univ., Chem. Dep.; engl.) — 1. vgl. C. **1962**, 14606. — 20 neue Verbb. werden synthetisiert u. einem Screening-Test unterworfen. Die 5-Morpholino-Deriv. sind lokalanästhet. aktiver als die entsprechenden Piperidin-Derivate. Die wirksamste Verb. ist *5-Morpholinoacetylamino-2-p-tolylimino-3-p-tolylthiazolidon-(4)-hydrochlorid*.

Versuche: Durch 4–5std. Kochen der entsprechenden 5-Chloracetylamino-2-arylimino-3-arylthiazolidone-(4) mit Morpholin bzw. Piperidin in abs. A. u. Umkrist. aus Benzol: 5-Morpholinoacetylaminothiazolidone-(4): *2-Phenylimino-3-phenyl-*, $C_{21}H_{22}N_4O_3S$, F. 170°, 69% (Ausbeute). — *2-p-Chlorphenylimino-3-p-chlorphenyl-*, $C_{21}H_{20}Cl_2N_4O_3S$, F. 174°, 56%. — *2-o-Tolylimino-3-o-tolyl-*, $C_{23}H_{26}N_4O_3S$, F. 155°, 57%. — *2-m-Tolylimino-3-m-tolyl-*, $C_{23}H_{26}N_4O_3S$, F. 159°, 62%. — *2-p-Tolylimino-3-p-tolyl-*, $C_{23}H_{26}N_4O_3S$, F. 115°, 80%. — *2-o-Anisylimino-3-o-anisyl-*, $C_{23}H_{26}N_4O_5S$, F. 185°, 62%. — *2-p-Anisylimino-3-p-anisyl-*, $C_{23}H_{26}N_4O_5S$, F. 118°, 65%. — *2-o-Phenetylimino-3-o-phenetyl-*, $C_{25}H_{30}N_4O_5S$, F. 115°, 57%. — *2-α-Naphthylimino-3-α-naphthyl-*, $C_{29}H_{26}N_4O_3S$, F. 165°, 78%. — *2-β-Naphthylimino-3-β-naphthyl-*, $C_{29}H_{26}N_4O_3S$, F. 145°, 71%. — 5-Piperidinoacetylaminothiazolidone-(4): *2-Phenylimino-3-phenyl-*, $C_{22}H_{24}N_4O_2S$, F. 178°, 81%. — *2-p-Chlorphenylimino-3-p-chlorphenyl-*, $C_{22}H_{22}Cl_2N_4O_2S$, F. 170°, 69%. — *2-o-Tolylimino-3-o-tolyl-*, $C_{24}H_{28}N_4O_2S$, F. 162°, 74%. — *2-m-Tolylimino-3-m-tolyl-*, $C_{24}H_{28}N_4O_2S$, F. 86°, 61%. — *2-p-Tolylimino-3-p-tolyl-*, $C_{24}H_{28}N_4O_2S$, F. 230°, 70%. — *2-o-Anisylimino-3-o-anisyl-*, $C_{24}H_{28}N_4O_4S$, F. 193°, 60%. — *2-p-Anisylimino-3-p-anisyl-*, $C_{24}H_{28}N_4O_4S$, F. 118°, 65%. — *2-o-Phenetylimino-3-o-phenetyl-*, $C_{26}H_{32}N_4O_4S$, F. 124°, 53%. — *2-α-Naphthylimino-3-α-naphthyl-*, $C_{30}H_{28}N_4O_2S$, F. 150°, 76%. — *2-β-Naphthylimino-3-β-naphthyl-*, $C_{30}H_{28}N_4O_2S$, F. 148°, 79%.

P. Gregorzewski 4627◇

1532 **Die Wirkung der Natriumpentobarbital- und Natriumhexobarbitalanästhesie auf die Sekretionsgeschwindigkeit der 17-Hydroxycorticosteroide der Nebenniere des Hundes.** Tatuzi Szuki, Kazukuni Yamashita, Masayoshi Kamo und Kenji Hirai. (Endocrinology **70**, 71–74, 1962; Nagasaki; Nagasaki-Univ. School of Med., Dep. of Physiol.; engl.) — Werden Hunde mit *Natriumhexobarbital* (*Evipan*) u. *Natriumpentobarbital* (*Nembutal*) anästhesiert, so sinkt die Sekretionsgeschw. der *17-Hydroxycorticosteroide* auf ca. $^1/_{10}$ der Sekretion vor der Narkose ab.

W. Hiller 4627◇

1533 **Artunterschiede bei der Wirkung des Körpergewichtes auf den pentobarbitalinduzierten Schlaf.** Ralph W. Morris. (Arch. int. Pharmacodynam. Thérap. **142**, 550–55, 1963; Chicago, Ill., Univ. of Illinois, Coll. of Pharmacy, Dep. of Pharmacognosy and Pharmacol.; engl.) — Da außer der Temp. auch das Körpergew. (bei Meerschweinchen u. Kaninchen, nicht bei Mäusen) eine Rolle bei der durch *Pentobarbital* hervorgerufenen Schlafdauer spielt, müssen in Zukunft bei Testen unter Einbeziehung des barbituratinduzierten Schlafes auch diese Faktoren berücksichtigt u. zur statist. Auswertung festgehalten werden. U. Tausendfreund 4627◇

1534 **Potenzierung der hypnotischen Effekte eines Barbiturates (Secobarbital) durch 3-Methylpentin-(1)-ol-(3)-carbamat.** B. N. Halpern und J. Meyer. (C. R. Séances Soc. Biol. Filiales **152**, 450–51, 24/9. 1958; Paris, Centre de Rech. allerg. de l'Association Claude Bernard; Centre National de la Rech. Scientifique, Labor. de Méd. exp. de Clinique Méd. propédeutique, Hôpital Broussais; franz.) — *3-Methylpentin-(1)-ol-(3)-carbamat* (**I**) verstärkt die hypnot. Wirksamkeit von *Secobarbital* (**II**) im Sinne einer Schlafverlängerung u. Schlafvertiefung. Da **I** nur geringe Toxizität aufweist, wird der Organismus der Vers.-Tiere (Ratten) durch die Kombination von **I** u. **II** weit weniger belastet als durch **II** allein.

D. Selisko 4627◇

1535 **Abnormalitäten bei Kükenembryonen als Folge von Thalidomide und anderen unlöslichen Verbindungen im Amnion.** Alice Polk Williamson, Russell J. Blattner und Henrietta Reuyl Lutz. (Proc. Soc. exp. Biol. Med. **112**, 1022–25, 1963; Houston, Texas, Baylor Univ. Coll. of Med., Dep. of Pediatrics; engl.) — Die Schädigungen durch *Thalidomide* (**I**) auf Küken unterscheiden sich von den beim Menschen. **I** blieb im Amnion der Kükenembryonen für einige Tage ungelöst. Unlösl. Kontrollverbindungen, wie Sand, Aluminiumoxyd, Ton u. Glas verhielten sich genauso wie **I**.

K. Dorfner 4627◇

1536 **Pharmakologische Untersuchung über die Wirkung von Morphin auf den Blutdruck.** Fumio Tanaka. (Folia pharmacol. japon. **53**, 145–64, 1957; Osaka, Osaka City Univ., Med. School, Dep. of Pharmacol.; jap., Auszug: engl. S. 10.) — In ausgedehnten Verss. wird festgestellt, daß *Morphin* (i.v.) blutdruckerniedrigend wirkt, wobei das Zentralnervensystem eine ausschlaggebende Rolle spielt. — Wiederholt gegeben entwickelt Morphin bezüglich dieser Wrkg. eine vorübergehende Toleranz. P. Loch 4627◇

1537 **Neuromuskuläre Pharmakologie: Arzneimittel und Muskelspindeln.** Cedric M. Smith. (Annu. Rev. Pharmacol. **3**, 223–42, 1963; Chicago, Ill., Univ. of Illinois Coll. of Med., Dep. of Pharmacol.; engl.) — Übersicht (bis Mai 1962). — 148 Literaturangaben.

P. Gregorzewski 4628◇

1538 **Wechselwirkung zwischen Atropin und Aminosäuren.** Stephen I. Oroszlan und Gertrude D. Maengwyn-Davies. (Biochim. biophysica Acta [Amsterdam] **63**, 117–27, 1962; Washington, D. C., Georgetown Univ., Schools of Med. and Dent., Dep. of Pharmacol.; engl.) — *Atropin* (**I**) bildet in wss. Lsg. bei Zimmertemp. u. pH-Optimum 6,5 mit *Aminosäuren* einen Komplex, der die UV-Absorption auf 270–320 (Maximum 290–295 mμ) steigert. Diese Wrkg. von **I** wird durch SH-Aminosäuren, *Hydroxylamin*, *Semicarbazid* u. *p-Chlormercuribenzoat* gehemmt. Eine Rk. geben auch einfache Amine, N-acetylierte Aminosäuren reagieren jedoch nicht, so daß die freie Aminogruppe der Aminosäuren wesentlich ist. Die Rk.-Fähigkeit kann durch zusätzliche funktionelle Gruppen wie *Imidazol*, ε-NH_2, *Guanidin* u. OH gesteigert werden. Durch die Komplexbldg. wird die cholinolyt. Wrkg. von **I** nicht vermindert.

U. Tausendfreund 4628◇

1539 **Untersuchungen über den Einfluß von Atropin auf die Fermentbildung im Pankreas.** K. Heinkel und H. Rubin. (Z. ges. exp. Med. **136**, 571–81, 1963; Erlangen-Nürnberg, Univ., Med. Klin. und Poliklin.; dt.) — *Atropin* führt bei der Albinoratte in Abhängigkeit von Dosis u. Zeit zu einer Verringerung des *Amylase*(**I**)- u. *Lipase* (*Tributyrinase*; **II**)-Geh. im Blut. Parallel dazu steigt die **I**- u. **II**-Konz. im Pankreasgewebe, wobei sich beide Aktivitäten allerdings nicht in gleichem Maße verändern. Bei höherer Dosierung u. längerer Verabreichung kommt es schließlich zu einer Verminderung des **I**- u. **II**-Geh. im Pankreas (vermutlich Synth.-Hemmung infolge Anhäufung von **I** u. **II** in den Drüsenzellen).

U. Tausendfreund 4628◇

1540 **Charakterisierung des Acetylcholinreceptors durch quantitative Untersuchungen des Antagonismus von Heilmitteln (Versuche an der isolierten Samenblase von Meerschweinchen).** Juichi Kanazawa. (Folia pharmacol. japon. **53**, 207–22, 20/3. 1957; jap., Auszug: engl. S. 11.) — Für die Pharmaca *Probanthine* (**I**), *Atropin*, *Homatropin*, *Syntropan*, *Parpon*, *Finalin* u. *Banthine*, die kompetitive Antagonisten des *Acetylcholins* (**II**) sind, werden Konz.-Wirkungs(Hemmung)-Kurven aufgestellt. Danach lassen sich die genannten Verbb. in 2 Gruppen einteilen, die sich voneinander durch den Angriffsort unterscheiden. Zur einen gehört **I**, zur zweiten alle anderen genannten Verbindungen. Außer der Feststellung zweier Receptororte für **II** wird die grundsätzliche Anwendbarkeit des Massenwirkungsgesetzes erkannt. P. Loch 4628◇

1541 **Einige Gesichtspunkte zur Pharmakologie des Orphenadrins.** G. Onuaguluchi und J. J. Lewis. (J. Pharmacy Pharmacol. **15**, 239–36, 1963; Glasgow, Univ., Inst. of Physiol., Div. of Experim. Pharmacol. and Dep. of Materia Med. and Therapeut.; engl.) — Vff. untersuchen die Wrkgg. von *Ophenadrine* (**I**; *2-Methylbenzhydryl-β-dimethylaminoäthylätherhydrochlorid*) auf

Gastrocnemius-Muskel-Ischias-Nerv-Präpp. des Hühnchens (a) u. der Katze (b) sowie den Rectus-Abdominis-Muskel des Frosches (c) u. das isolierte Hirnnerven-Diaphragma-Präp. der Ratte (d). Es zeigt sich, daß I (3 mg/kg) bei a Ausmaß u. Dauer der durch *Suxamethonium* (II, 12,5—25 kg/µg) induzierten Kontraktionen vermindert u. die Inhibitionszeit der Krampfschwelle erhöht. Die Vorbehandlung mit I (3—6 mg/kg) steigert dagegen das Ausmaß u. die Dauer des durch II hervorgerufenen neuromuskulären Blocks, der durch Zufuhr von *Neostigmin* (60 u. 90 µg/kg) antagonisiert wird. In gleicher Weise steigert I auch die durch *Tubocurarin* (III, 200 bis 300 µg/kg) induzierte Muskelrelaxation. Die Rk. auf eine indirekte Tetanisierung der a- u. b-Muskelpräpp. wird durch I nicht beeinflußt. Bei b ruft I (3—6 mg/kg) keine Muskelrelaxation hervor, antagonisiert jedoch den durch II (50—150 µg/kg) induzierten neuromuskulären Block u. steigert Dauer u. Amplitude des III-Blocks. Durch *Acetylcholin* verursachte Kontraktionen zu c werden durch I (25 µg/ml) aufgehoben. Die Wrkg. von III scheint mit der von I additiv zu sein. I erniedrigt die Krampfschwelle bei d nach direkter Stimulation, seine Wirksamkeit entspricht $^1/_8$ bis $^1/_{15}$ der von III. Die Wrkgg. von I auf die Patellarsehne u. die gekreuzten Extensor-Reflexe bei der Spinalkatze sind unterschiedlich. Die Häufigkeit des Auftretens von Krämpfen nach *Leptazol*-Zufuhr (20—60 mg/kg) wird durch I nicht verändert; Elektroschockschädigungen werden nur durch hohe I-Dosen (12 u. 15 mg/kg) abgeschwächt (Verss. an Mäusen). Aus den Ergebnissen geht hervor, daß I die Wrkgg. eines nicht dopolarisierenden, neuromuskulären Blockierungsstoffes entfaltet, wobei es an der Synapse durch Kompetition mit Acetylcholin u. anderen depolarisierenden Wirkstoffen angreift. P. Fahrnlaender 4628◇

1542 **Untersuchungen über synthetische Anticonvulsantien. 10. Mitt. Die Wirkung einiger verätherter Glycerylester der Carbamin- und Phenylcarbaminsäure.** Jun'ei Narusawa, Shoji Shibata und Hajime Yamada. (Folia pharmacol. japon. **53**, 165—72, 1957; jap., Auszug: engl. S. 10.) — An Mäusen als Versuchstiere wird die anticonvulsive Wrkg. der folgenden Verbb. geprüft u. mit *Myanesin* (I; 1-[o-Tolyloxy]-2.3-dihydroxypropan) verglichen: Carbaminsäure-3-aryloxy-2-hydroxypropylester: *-3-[o-tolyloxy]-*, *-3-[o-methoxyphenoxy]-*, *-3-[1.2.3.4-tetrahydronaphthyl-(7)-oxy]-*; Bis-[carbaminsäure]-3-aryloxypropylen-1.2-diester: *-3-[o-tolyloxy]-*, *-3-[o-methoxyphenoxy]-*, *-3-[1.2.3.4-tetrahydronaphthyl-(7)-oxy]-*, Phenylcarbaminsäure-3-aryloxy-2-hydroxypropylester: *-3-[p-tolyloxy]-*, *-3-[o-methoxyphenoxy]-*, *-3-[1.2.3.4-tetrahydronaphthyl-(7)-oxy]-*; Bis-[phenylcarbaminsäure]-3-aryloxypropylen-1.2-diester: *-3-[o-tolyloxy]-*, *-3-[o-methoxyphenoxy]-*, *-3-[1.2.3.4-tetrahydronaphthyl-(7)-oxy]-*. Die beiden ersten Verbb. waren ebenso wirksam wie I, die dritte sogar noch besser. P. Loch 4628◇

1543 **Untersuchungen über synthetische Anticonvulsantien. 11. Mitt. Die Wirkung einiger α-Benzylsuccinimide.** Jun'ei Narusawa, Shoji Shibata und Hajime Yamada. (Folia pharmacol. japon. **53**, 173—76, 1957; Kyoto, Kyoto Univ., Fac. of Med., Dep. of Pharmacol.; jap., Auszug: engl. S. 10.) — 10. vgl. vorst. Referat. — Folgende α-Benzylsuccinimide werden in Mäuseverss. auf Toxizität u. anticonvulsiv. Wirksamkeit geprüft: *Unsubstituiert*, *N-Methyl]-*, *N-Äthyl-*, *N-Butyl-*, *N-Dodecyl-*, *N-Phenyl-*, *N-[β-Naphthyl]-*, sowie *α-[p-Methylbenzyl]-succinimid* (I) u. mit *Milontin* (*N-Methyl-α-phenylsuccinimid*) verglichen. Nur I hat anticonvulsiv. Wirksamkeit, die jedoch nicht an die von Milontin heranreicht. P. Loch 4628◇

1544 **Tierexperimentelle Untersuchungen mit ³⁵S-markiertem N-[4'-Sulfamylphenyl]-butansultam-(1.4).** Bernhard Duhm, Walter Maul, Hans Medenwald, Karl Patzschke und Lutz-Axel Wegner. (Z. Naturforsch. **18b**, 475—92, 1963; Elberfeld, Farbenfabriken Bayer AG., Isotopenlabor., Werk Elberfeld; dt.) — Tierexperimentelle Unterss. mit markiertem (^{35}S) *Ospolot* (*N-[4'-Sulfanylphenyl]-butansultam-(1.4)*, Farbenfabriken Bayer AG., Leverkusen; I), einem Antiepilepticum einer neuen Stoffklasse, an Ratten ergaben schnelle u. fast vollständige Resorption, wobei der Austritt aus dem Magen geschwindigkeitsbestimmend ist. Von Dosen zwischen 0,1 u. 10 mg/kg werden 80—90% der Aktivität mit dem Harn, 20—10% mit den Fäces ausgeschieden. Im Harn waren neben unverändertem I 2 Stoffwechselprodd. nachweisbar, von denen *B*, das auch aus Patientenharn nach I-Behandlung isolierbar war, als *2-* oder *3-Hydroxy*-I erkannt wird. Die Best. der Aktivitätsverteilung während 8 Tagen nach Zufuhr von 10 mg I/kg p.o. ergab um den Faktor 100 sich unterscheidende Konzentrationen. Die ^{35}S-Ausscheidung erfolgt mit biol. Halbwertszeiten zwischen 3 u. 30 Std. I ist nach in vitro Verss. mit Rattenblut konzentrationsabhängig auf Erythrocyten u. Serum verteilt. Nach Inkubation mit Ratten-, Rinder- oder Menschenvollblut findet sich I bei kleinen Konzz. fast auschließlich in den Erythrocyten, bei höheren annähernd gleichmäßig auf Erythrocyten u. Plasma verteilt. 6 Std. nach Zufuhr von 10 mg/kg (p.o.) war I in den verschiedenen Bereichen des Zentralnervensystems der Katze annähernd gleichmäßig verteilt, lediglich der Hypothalamus enthielt kleinere Konzentrationen.

Versuche: *³⁵S-Chlorsulfonsäure*, aus ^{35}S-$NaSO_4$ u. $ClSO_3H$ durch 7tägiges Stehen. — *³⁵S-N⁴-Carbobutoxysulfanilsäurechlorid*, aus $SOCl_2$ durch Eintropfen von N-Phenylcarbaminsäurebutylester in CH_2Cl_2 unter Wasserkühlung, dann 1 u. 2 Std. bei 30 u. 45°, Zusatz von $SOCl_2$-Dimethylformamid, 2 Std. Kochen unter Rückfl. u. Fällen mit Eis. — *³⁵S-N⁴-Carbobutoxysulfanilamid*, F. 166—167°, aus vorst. feuchtem Prod. in Aceton u. wss. 25%ig. NH_3 bei 20° u. 20 Min. bei 40°. — *³⁵S-Sulfanilamid*, F. 161—162°, aus vorst. Verb. mit W., 2 n NaOH u. Pyridin u. Wasserdampf-Dest. von Butanol u. Pyridin; 57% (Ausbeute bez. auf $ClSO_3H$). — *N⁴-[4-Chlor-n-butylsulfonyl]-³⁵S-sulfanilamid* (III), F. 150—152°, aus vorst. Verb. u. 4-Chlor-n-butansulfonsäure-(1)-chlorid in sd. Pyridin–CH_2Cl_2 (4 Std.); Nadeln (W.); 79%. — *N⁴-[³⁵S-4'-Sulfamylphenyl]-butansultam-(1.4)*, F. 181 bis 182°, aus vorst. Verb. durch 90 Min. Kochen mit 2 n NaOH; Nädelchen (W.); 94% bzw. 42% (bez. auf $ClSO_3H$). — *Stoffwechselprod. B* (II), *2-* oder *3-Hydroxy-N-[4'-sulfamylphenyl]-butansultam-(1.4)*, $C_{10}H_{14}N_2O_5S_2$, F. 187°, aus Rattenharn nach I-Zufuhr durch Extraktion mit Diäthylketon, Eindampfen des Extrakts, Extraktion mit Aceton u. sd. W., Abtrennen von I aus wss. Konzentrat u. Papierchromatographie des eingedampften Filtrats (n-Butanol–W.–NH_3, 12:15:3). — *N⁴-[4-Hydroxy-n-butylsulfonyl]-sulfanilamid*, $C_{10}H_{16}N_2O_5S_2$, F. 140—143°, aus inakt. III mit Ag-Acetat–Alkali; ähnliches IR-Spektrum im NH- u. OH-Valenzschwingungsbereich wie II. K. Maier 4628◇

1545 **Wirkung von Natriumdiphenylhydantoinat auf die Mundschleimhäute der Ratte.** B. R. Bhussry und Saroja Rao. (Proc. Soc. exp. Biol. Med. **113**, 595—99, 1963; Washington, D. C., Georgetown Univ. School of Med. and Dentistry; engl.) — Durch intraperitoneale Injektion von 100 mg *Dilantin-Natrium* (*5.5-Diphenylhydantoin, Na-Salz*)/kg wurde bei jungen Ratten die Keratinisierung der Mundschleimhaut gefördert. Das Bindegewebe der Schleimhaut zeigte eine erhöhte Fibrinoblastenaktivität mit ausgeprägter Kollagenfaserbildung. In den Epithelzellenschichten wurden die *Mucopolysaccharide* durch Glykoproteine ersetzt. K. Zingraf 4628◇

1546 **Cardiovascularpharmakologie.** George Fawaz. (Annu. Rev. Pharmacol. **3**, 57—90, 1963; Beirut, Amer. Univ. of Beirut, School of Med., Dep. of Pharmacol.; engl.) — Übersicht (bis Mai 1962); Herzglykoside, Wirkungsmechanismus, Digitalis u. Energiestoffwechsel, Stoffwechsel u. Struktur-Aktivitäts-Beziehungen. Adrenerge Arzneimittel, adrenerge Blockade, Brenzcatechinamide, Norepinephrin-„Depots", Arzneimittel, die Norepinephrin aus Depots freisetzen, Nicht-Brenzcatechinamine u. deren Wirkungsmechanismus, Arzneimittel, die die Aufnahme u. die Freisetzung der Brenzcatechinamine aus den Depots beeinflussen; hämodynam. Wrkg. von Guanethidine u. Bretylium, α-Methyldopa; Dipyridamole (Persantin); Angiotensin. — 199 Literaturangaben. P. Gregorzewski 4630◇

1547 **Durch Coronarthrombose während Hypothermie an Hunden hervorgerufenes Herzkammerflattern und die Wirkungen von Chinidin, Chinacrin und Oxytocin.** D. R. Varma und K. I. Melville. (Canad. J. Biochem. Physiol. **41**, 511—17, 1963; Montreal, Quebec, McGill Univ., Dep. of Pharmacol.; engl.) — An Hunden bewirkte akute Okklusion des vorderen, absteigenden Astes der linken Kranzarterie bei normaler Körpertemp. bei 30% der Tiere Herzkammerflimmern, bei Hypothermie durch Oberflächenkühlung aber bei 40% der Tiere. Andrerseits führte vorübergehende Coronarthrombose mit Hypothermie bei 23° ösophagealer Temp. innerhalb von ca. 5,4 Min. beständig zu Herzkammerflimmern. Vorherige Injektionen von *Chinidin* u. *Chinacrin* schützten 40 bzw. 70% der Tiere vor diesem Typ des Herzkammerflimmerns. *Oxytocin* (1—2 I.E./kg) bot weder Schutz, noch hob es bestehendes Flimmern auf. Es wird angenommen, daß vorübergehende Coronarthrombose bei 23° ösophagealer Temp. eine wirksame Meth. darstellt, um an Hunden Herzkammerflimmern hervorzurufen. H. Aman 4630◇

1548 **Wirkung von Diazoxide auf die Gefäßreaktionen nach Norepinephrin in der Wade von Normalpersonen.** Santiago A. Pereda, John W. Eckstein und Francois M. Abboud. (Proc. Soc. exp. Biol. Med. **112**, 709 bis 712, 1963; Iowa Cita, State Univ. of Iowa Coll. of Med., Dep. of Int. Med., Cardiovasc. Res. Labor.; engl.) — Tägliche Verabreichung von 300 mg *Diazoxide* (**I**; *7-Chlor-3-methyl-1.2.4-benzothiadiazin-1.1-dioxid*) 7 Tage lang, beeinflußte bei Normalpersonen die Rk. von Blutdruck oder Herzfrequenz auf *Noradrenalin* (**II**) nicht. Dagegen erhöhte **I** die Durchblutung der Wade u. verringerte den Gefäßwiderstand nach **II**. Das Körpergew. nahm während der Behandlungsdauer zu, während der Hämatokrit-Wert eine leichte Abnahme zeigte. K. Zingraf 4630◇

1549 **Die Wirksamkeit eines aus dem Dünndarm resorbierten Extraktes des gesamten Herzens (Recosen) auf den Coronar-Strom.** Guenter Grupp. (Rev. canad. Biol. **18**, 70—76, 1959; Freiburg, Pharmacolog. Inst. der Univ.; engl.) — Ein Herzextrakt in Tablettenform (*Recosen*, Robafarm, Basel) wurde in Tyrode-Lsg. suspendiert u. Hunden intraduodenal verabreicht (0,1 g/kg). Man beobachtete für 34—62 Min. eine Verbesserung des Blutstromes durch den absteigenden Zweig der linken Coronar-Arterie. Der Blutdruck stieg für kurze Zeit um ca. 11 mm. Vorinkubation mit Magensaft änderte die Wirksamkeit des Extraktes nicht. Auf Grund seiner Unterss. weist Vf. darauf hin, daß Recosen im Magen nicht zerstört, aus dem Dünndarm resorbiert u. somit peroral verabreicht werden kann. A. Eben 4630◇

1550 **Höhe des Plasmachinidingehaltes nach peroraler Einzeldosis von Chinidinpolygalakturonat.** Rostam Khorsandian, Raymond F. Caplan, Leonard J. Feinberg und Samuel Bellet. (Amer. J. med. Sci. **245**, 311—16, 1963; Philadelphia, Pa., Philadelphia Gen. Hosp., Div. of Cardiol.; Univ. of Pennsylvania, Grad. Hosp.; engl.) — Werden die Plasmawerte für *Chinidin* (**I**) nach verschiedenen Einzeldosen von **I**-*Polygalakturonat* (Dosen von 400—1000 mg **I**-*Sulfat* entsprechend) mit den Werten nach entsprechenden Dosen von **I**-Sulfat verglichen, so ergeben sich vergleichbare Plasma-**I**-Werte. **I**-Polygalakturonat ist demnach von diesem Standpunkt aus dem **I**-Sulfat nicht überlegen. U. Tausendfreund 4630◇

1551 **Neue Entwicklungen in der Chemie der Indolalkaloide aus Rauwolfia serpentina Benth.** A. Chatterjee und A. B. Ray. (J. sci. ind. Res. [New Delhi], Sect. **A 21**, 515, 1962; Calcutta, Univ. Coll. of Sci., Dep. of Pure Chem.; engl.) — Übersicht. Verzeichnis der *Rauwolfia serpentina* Benth.-Alkaloide, tert. Indolalkaloide, tert. Indole mit Tetrahydro-β-carbolin-Skelett, Stereochemie von Ajmalicin, Reserpinin u. Reserpilin, tert. Indolbasen (Anhydronium-Typ). — 169 Literaturangaben. P. Gregorzewski 4630◇

1552 **Die Pressorwirkung von Tyramin beim Menschen und ihre Modifikation durch Reserpinvorbehandlung.** William A. Mahon und Maurice L. Mashford. (J. clin. Invest. **42**, 338—45, 1963; Boston, Mass., Dep. of Public Health, Lemuel Shattuck Hosp., Clin. Pharmacol. Div.; Harvard Med. School, Dep. of Pharmacol.; engl.) — Als Beitrag zur Unters. der Wrkg.-Mechanismen von *Tyramin* (**I**) u. *Reserpin* (**II**) werden Ergebnisse mitgeteilt, die den Schluß einer **I**-Wrkg. über Freisetzung von endogenem *Norepinephrin* (**III**) zulassen; therapeut. **II**-Dosen verringern die Rk. auf **I** über Verkleinerung der endogenen **III**-Depots. Im einzelnen konnte an 6 Personen durch Vorbehandlung mit 0,06 mg **II**/kg eine Verminderung der Blutdruck-Rk. gegenüber 0,2 mg **I**/kg bewirkt werden; der durch **I** ausgelöste Anstieg des peripheren Widerstandes wurde mittels **II** verringert; **II** veränderte in dieser Dosis das Ruhe-Herz-Min.-Vol. nicht, der durchschnittliche Ruhe-Blutdruck wurde jedoch reduziert. U. Tausendfreund 4630◇

1553 **Modifizierung der chronotropen Wirkung sympathomimetischer Amine am Reserpin-vorbehandelten Herz-Lungen-Präparat durch Guanethidine.** M. H. Alper und J. Schmier. (J. Pharmacol. exp. Therapeut. **137**, 235—41, Aug. 1962; Boston, Mass., Harvard Med. School, Dep. of Pharmacol.; engl.) — Durch > 1 mg *Guanethidin* (**I**) wird die Empfindlichkeit des Schrittmachers Reserpin-vorbehandelter Herz-Lungen-Präpp. von Hunden gegenüber *Adrenalin* u. *Noradrenalin* auf das 5—10fache gesteigert. Die Wrkg. von *Synephrin* oder *Phenylephrin* wird durch **I** nicht beeinflußt, die von *Ephedrin* geschwächt. P. Gregorzewski 4630◇

1554 **Einfluß des Strophanthins auf die Aktivität der Adenosintriphosphatase der Niere.** A. Ss. Oganessjan. (Ber. Akad. Wiss. ArmenSSR **35**, 177—80, 1962; Biochem. Inst. der Akad. der Wiss. der ArmenSSR; russ., Auszug: armen.) — Die Unterss. über die Teilnahme der *Adenosintriphosphatase* (**I**) am Transport der Glucose (**II**) u. der Na-Ionen in der Niere von Kaninchen u. weißen Ratten ergaben, daß die **I**-Aktivität durch 10^{-3} m *Strophantin* (**III**) im Ratten-Vers. in der Nierenrinde von 0,52 (ausgeschiedene P-Menge in mg/h · g Gewebe) auf 0,40, im Nierenmark von 0,49 auf 0,38 gesenkt wird. Im Kaninchen-Vers. erfolgt durch **III** eine Senkung von 0,34 auf 0,24 bzw. von 0,49 auf 0,31. Da **III** den Transport von **II** u. Na^+ in der Niere hemmt, ist aus den Vers.-Ergebnissen zu schließen, daß **I** an diesem Prozeß in Nierenkanälchen beteiligt ist. Die verstärkte Na^--Ausscheidung unter der Einw. von **III** ist von einer verstärkten Diurese begleitet. Vf. hält es für möglich, daß die Wrkg. einiger Diuretica zu einem großen Teil auf der teilweisen Inaktivierung der **I** in den Nierenkanälchen beruht. O. Lebtag 4630△

1555 **Die Einflüsse von Guanethidine auf das Nebennierenmark.** William J. Athos, Burton P. McHugh, S. Edwin Fineberg und James G. Hilton. (J. Pharmacol. exp. Therapeut. **137**, 229—34, Aug. 1962; New York, N. Y., St. Luke's Hosp.; engl.) — Durch direkte Perfusion eines isolierten denervierten Nebennierenpräp. (Hund) mit *Guanethidine* wird die Sekretion der Brenzcatechinamine nicht beeinflußt. Beim intakten Tier tritt dagegen ein deutlicher Anstieg des peripheren Blutdrucks auf, der von einem gleichwertigen 50%ig. Abfall der *Adrenalin*-Sekretion begleitet wird. Die Noradrenalin-Sekretion bleibt unbeeinflußt. P. Gregorzewski 4630◇

1556 **Wirkung von Chlorothiazide auf Blutdruck und Elektrolyte von normotensiven und hypertensiven Ratten.** John M. Weller und Arthur S. Haight. (Proc. Soc. exp. Biol. Med. **112**, 820—25, 1963; Ann Arbor, Mich.; Univ. of Michigan Med. School, Dep. of Internal Med.; engl.) — Normale u. renal hypertensive Ratten (Nephrektomie) erhalten 50 mg *Chlorothiazide* (**I**) pro kg. Die Tiere zeigen durch die **I**-Verabreichung einen verminderten Blutdruck. Die Stärke u. Dauer der Verminderung ist unterschiedlich. **I** verändert nicht den Geh. an *Na, K, Cl* u. *W.* von Plasma, Skelett- u. Herzmuskel u. Aorta bei normalen u. hypertensiven Tieren. W. Hiller 4634◇

1557 **Erfahrungen mit Polythiazid (Renese), einem Diuretikum aus der Chlorothiazidreihe.** H. Wenzl. (Praxis [Bern] **52**, 1010—12, 1963; Zürich, Med. Univ., Poliklin.; dt.) — Mit einer Behandlung mit durchschnittlich 2 mg *Polythiazid* täglich konnte bei 26 Patienten mit Ödemen eine Gew.-Abnahme (maximal 11,7 kg nach

9 Tagen) erzielt werden. Bei 3 Patienten mit Lebercirrhose trat Hypokalämie auf. Weitere Nebenwrkg. bestanden in Erbrechen u. generalisiertem hämorrhag. Exanthem. K. Zingraf 4634◇

1558 **Chinazolinonsulfonamide mit diuretischer Wirkung.** A. La Manna. (Farmaco [Pavia], Ediz. sci. **15,** 292—93, 1960; ital.) — In einer vorläufigen Mitt. wird die Abhängigkeit der diuret. Wrkg. vom Alkylrest in 2-Stellung im *7-Chlor-6-sulfamoyl-(3H)-chinazolinon-(4)* (I) bzw. im *7-Chlor-6-sulfamoyl-1.2.3.4-tetrahydrochinazolinon-(4)* (II) aufgezeigt. II hat stärkere Wrkg. als I. Der Synth.-Weg zu I wird skizziert, die Red. zu II erfolgt mit $NaBH_4$ in Ggw. von $AlCl_3$. W. Holland 4634◇

1559 **Einige 1.2.3.4-Benzothiatriazin-1.1-dioxide.** Scott J. Childress. (J. pharmac. Sci. **51,** 806—07, 1962; Radnor, Pa., Wyeth Labor., Inc.; engl.) — Durch Behandlung der entsprechenden *5-Chlor-2.4-bis-[alkylsulfamyl]-aniline* mit Salpetrigsäure werden einige *1.2.3.4-Benzothiatriazin-1.1-dioxide* dargestellt; sie zeigen statist. signifikant diuret. Aktivität bei Ratten.

Versuche: 5-Chlor-2.4-bis-[alkylsulfamyl]-aniline: Durch Behandlung von 4 Äquivalenten des entsprechenden Amins mit 5-Chlor-2.4-bis-[chlorsulfonyl]-anilin nach der Meth. von Novello (A. P. 2809194); 5-Chloraniline: *2.4-Bis-[methylsulfamyl]-*, $C_8H_{12}ClN_3O_4S_2$, F. 181—182° (A.), *2.4-Bis-[isopropylsulfamyl]-*, $C_{12}H_{20}ClN_3O_4S_2$, F. 232—234° (A.), *2.4-Bis-[benzylsulfamyl]-*, (I) $C_{20}H_{20}ClN_3O_4S_2$, F. 146—147° (A.), *2.4-Bis-[cyclohexylsulfamyl]-*, $C_{18}H_{28}ClN_3O_4S_2$, F. 192—194° (A.), *2-Benzyl-7-benzylsulfamyl-6-chlor-1.2.3.4-benzothiatriazin-1.1-dioxid*, $C_{20}H_{17}ClN_4O_4S_2$, F. 158° (Aceton-W.,; Zers.), durch Behandeln von 7,8 g I in Aceton-W. (22:1) mit einer Lsg. von $NaNO_2$ in H_2SO_4 bei 20°, 5,5 g cremefarbene Kristalle. Ebenso 6-Chlor-1.2.3.4-benzothiatriazin-1.1-dioxide: *2-Methyl-7-methylsulfamyl-*, $C_8H_9ClN_4O_4S_2$, F. 176° (Zers.), *2-Isopropyl-7-isopropylsulfamyl-*, $C_{12}H_{17}ClN_4O_4S_2$, F. 134° (Zers.), *2-Cyclohexyl-7-cyclohexylsulfamyl-*, $C_{18}H_{25}ClN_4O_4S_2$, F. 165° (Zers.). P. Gregorzewski 4634◇

1560 **Kurze Mitteilung über die Beständigkeit der Trifluormethylgruppe des Bendroflumethiazids in Ratten.** G. Hasselmann und K. Roholt. (J. Pharmacy Pharmacol. **15,** 339—40, 1963; Copenhagen, Leo Pharmaceut. Prodd., Biol. Dep.; engl.) — Vff. geben Albinoratten eine die Caries stimulierende Kost u. *Bendroflumethiazid* (I, 15 mg pro Tag, entsprechend 2 mg F, oral) sowie zum Vgl. NaF (2 bzw. 22 mg). Nach 85 Versuchstagen werden die Zähne der Tiere mkr. untersucht u. das Ausmaß der eingetretenen Zahnfäule bestimmt. Während NaF auch in geringen Dosen die Carieserscheinungen stark unterdrückt, ist I wirkungslos. Daraus geht hervor, daß kein F aus der Trifluormethylgruppe des I-Mol. abgegeben wird. P. Fahrnlaender 4634◇

1561 **Prüfung des 5-Stunden- und 24-Stunden-Harn zur Bestimmung der diuretischen Aktivität bei Ratten.** K. N. Modi, M. N. Vartak und U. K. Sheth. (Arch. int. Pharmacodynam. Thérap. **142,** 539—49, 1963; Bombay, Seth G. S. Med. Coll., Dep. of Pharmacol.; engl.) — Es wird gezeigt, daß zur Best. der diuret. Aktivität unbekannter Substanzen bei Ratten nur der 24-Std.-Harn zu korrekten Ergebnissen führt, da nur dann auch verzögertes Einsetzen der Wrkg., verzögerte Resorption oder prolongierte Wrkg.-Dauer richtig erfaßt werden können. 5-Std.-Harn führt zu fehlerhaften Beurteilungen. U. Tausendfreund 4634◇

1562 **Die Wirkung von Magnesiumthiosulfat auf die durch Thioacetamid geschädigte Rattenleber.** H. Petzold und K. Schauer. (Dtsch. Z. Verdauungs- u. Stoffwechselkrankh. **23,** 37—43, 1963; Rostock, Med. Univ. Klin.; dt.) — Vff. versuchen die günstige Wrkg. von MgS_2O_3 (I) auf die Lebercirrhose beim Menschen im Vers. an Ratten zu ergründen. Die tägliche Gabe von 1 ml 1%ig. Lsg. I führt an der ungeschädigten Leber zu einer Steigerung der Aktivität der alkal. u. der sauren Phosphatase im Parenchym. Bei der Erzeugung einer *Thioacetamid* (II)-Nekrose der Leber vermindert die gleichzeitige I-Gabe die Proliferation des Bindegewebes nicht, führt aber zu einer Erhöhung der abgesunkenen Aktivität der alkal. u. sauren Phosphatase im Parenchym. Wird I erst nach der II-Schädigung verabreicht, so ist die Bindegewebsproliferation geringer als bei den Kontrollen. Die alkal. Phosphatase u. die Cytochromoxydase sind im Proliferationsgewebe nicht nachweisbar. Im Parenchym steigt ferner die abgesunkene Aktivität der Cytochromoxydase, Succinodehydrase u. Lipase. P. Lange 4640◇

1563 **Peristaltik-anregende und fäkal-hydratisierende Eigenschaften von Bis-[2-äthylhexyl]-Na-sulfosuccinat, Dantheron und Cascara-Extrakten bei Maus und Ratte.** Paul M. Lish und Kendrick W. Dungan. (J. Amer. pharmac. Assoc., Sci. Edit. **47,** 371—75, 1958; Evansville, Ind., Mead Johnson Res. Labor.; engl.) — An Mäusen u. Ratten wurden die fäkal-hydratisierenden u. Peristaltik-anregenden Eigg. von *Colace* (*Bis-[2-äthylhexyl]-Na-sulfosuccinat*; I), *Danthron N. F.* (*1.8-Dihydroxyanthrachinon*; II), *Peristim* (III: *Isopropanol*-lösl. *Casanthranol B* u. *Isopropanol*-unlösl. *Casanthranol A*) u. *Cascara-Sagrada Extrakt N. F.* (IV) untersucht. III ist etwa 3mal so wirksam wie IV u. eignet sich am besten als Zusatz zu I. Die Peristaltik-anregende Wrkg. von III wurde an Normalratten, an Ratten mit postoperativer Intestinalstase u. nach Ganglionblockade [*Atropin* (V), *Chlorisondamin* (VI), *Phenoxybenzamin*, *Meprobamat*, *Pyrilamin*] geprüft. II hat keine Peristaltik-stimulierenden Eigg. bei Ratten, es hat aber wie III die Fähigkeit, die Faeces zu durchfeuchten. Diese II-Wrkg. wird im Gegensatz zu der von III durch Ganglionblockade bei Mäusen gehemmt. I war ungefähr 3,5- u. 2,2mal so wirksam bei Mäusen u. Ratten, die Faeces zu durchfeuchten, wie III. Bei Mäusen u. Ratten wurde diese I-Wrkg. durch V u. VI, nicht aber durch Gallengangsdrainage bei der Ratte gehemmt. Die Wrkg. von III u. I addieren sich, nicht aber die von II u. I. K. Böhm 4647◇

1564 **Untersuchungen über die Toxizität und hustenstillende Wirkung von Natrium-2.6-di-tert.-butylnaphthalindisulfonat.** Arnulfo Sánchez. (Ciencia [Mexico] **22,** 115—17, 1963; México, D. F., Esc. Nac. de Ci. Biol., I. P. N., Labor. de Fisiol.; span.) — *Natrium-2.6-di-tert.-butylnaphthalindisulfonat* besitzt bei niedrigerer Toxizität die gleiche hustenstillende Wrkg. wie *Natrium-2.6-di-tert.-butylnaphthalinmonosulfonat.* K. Zingraf 4650◇

1565 **Die Behandliung des Sjögren-Syndroms mit Hydroxychlorochin.** J. M. Heaton. (Amer. J. Ophthalmol. **55,** 983—86, 1963; London, Moorfields Eye Hosp., Inst. of Ophthalmol.; engl.) — Im Doppel-Blind-Verf. konnte in 12 von 15 Fällen mit (dem in Beziehung zu rheumat. Arthritis u. syst. Lupus erythematodes stehenden) Sjögren-Syndrom durch 800 mg *Hydroxychlorochin* (I)/Tag eine Besserung der Symtome erzielte werden; bei Placebo-Verabreichung kann es in 6 Fällen zu Besserungen. Eine Halbierung der I-Dosis kann bei Erfolg für länger fortzusetzende Behandlung in Betracht gezogen werden. U. Tausendfreund 4670◇

1566 **Tödliche Kohlendioxidgasvergiftung.** Walter Neugebauer. (Arch. Toxikol. **18,** 269—71, 1960; Münster i. W., Landesversorgungsamt Westfalen; dt.) — Vf. berichtet über einen tödlichen Unfall durch CO_2-Vergiftung in einem ungesicherten Futtersilo. O. Jansen 4675◇

1567 **Tödliche Cliradonvergiftung. Nachweis in Leichenteilen.** J. Schmidlin-Mészáros und H. Hartmann. (Arch. Toxikol. **18,** 259—68, 1960; Zürich, Gerichtlichmedizinisches Inst. d. Univ.; dt.) — Vff. berichten über eine tödliche Vergiftung mit 100—150 mg *Cliradon* (*1-Methyl-4-[3-hydroxyphenyl]-piperidyl-(4)-äthylketon*), welches nach Anreicherung in alkal. Chlf.-Auszügen papierchromatograph., Alkaloidfällungs-Rkk., durch Vakuumsublimation u. durch die UV-Spektren in allen Organen nachgewiesen wurde. Über die Verteilung im Körper gibt die papierchromatograph. Gehaltsbest. Aufschluß. *Cliradon* u. *Morphin* verhalten sich biolog. ähnlich, doch ist *Cliradon* bedeutend toxischer. O. Jansen 4675◇

1568 **Vergiftung durch Strophoralkonzentrat.** Walter Neugebauer. (Arch. Toxikol. **18,** 272—74, 1960;

Münster i. W., Landesversorgungsamt Westfalen; dt.) — Durch Verwechslung mit Polamidon nimmt ein Patient 20 Tropfen *Strophoralkonzentrat* (2 Tropfen = 1 mg Strophoral), wodurch es nach anfänglichem Herzblock innerhalb von 30 Minuten zum Exitus kommt.
O. Jansen 4675◇

1569 **Die Behandlung der Strychnin-Vergiftung mit Mephenesin.** Jay Jacoby und John Boyle. (J. Lab. clin. Med. **48**, 770—73, 1956; Columbus, Ohio, Ohio State Univ., Dep. of Surgery (Anesthesia); engl.) — Eine *Strychnin*-Vergiftung bei einem 2 Jahre alten Kind wurde mit *Mephenesin* (I)-Injektionen behandelt, um die Konvulsionen u. den Opisthotonus zu beherrschen, u. *Na-Phenobarbital* wurde gegeben, um die Unruhe zu dämpfen. I soll langsam i.v. u. die Wrkg. beobachtet werden, um Überdosierung zu vermeiden. K. Böhm 4675◇

1570 **Pharmakologie und Toxikologie der Umgebung.** John A. Zapp jun. und J. Wesley Clayton jun. (Annu. Rev. Pharmacol. **3**, 343—65, 1963; Wilmington, Dela., E. I. du Pont de Nemours and Comp.; engl.) — Übersicht (bis Juli 1962); Pharmakologie u. Toxikologie der Nahrungsmittel, des Wassers, der Luft. — 83 Literaturangaben. P. Gregorzewski 4680◇

1571 **Die Wirkung der Luftverunreinigung auf die menschliche Gesundheit.** Wolfgang T. Ulmer. (Staub **23**, 141—47, 1963; Bochum, Inst. für Lungenfunktionsforsch.; dt.) — Allg. Ausführungen. — 55 Literaturangaben. H. Thieme-Schneider 4680◇

1572 **Forderungen der Humanmedizin an die Luftreinhaltung vom Standpunkt des Toxikologen.** Wilhelm Neumann. (Staub **23**, 130—35, 1963; Würzburg, Univ., Inst. für Pharmakol. und Toxikol.; dt.) — Vf. gibt Geruchs- u. Reizschwellen sowie maximale Immissions-Konzentrationen wichtiger gasförmiger Luftverunreinigungen an. H. Thieme-Schneider 4680◇

F. Pharmazeutische Chemie, Desinfektion

1573 **Studien über Tabletten.** 2. Mitt. **Zur Bewertung der Tablettierhilfsstoffe, insbesondere der Gleit- und Schmiermittel.** Ph. Mr. J. Malý. (Pharmaz. Ind. **25**, 257—62, 1963; Bratislava, ČSSR, Univ., Pharm. Fak., Inst. Galen. Pharm.; dt.) — 1. vgl. C. **1964**, 10-1553. — Vf. berichtet über ein komplexes Verf. zur Prüfung der verschiedensten Gleitstoffe (Fettalkohole, Fettsäuren u. Metallstearate) auf Eignung als Tablettierhilfsstoffe.
H. W. Wache 4760◇

1574 **Die Tablettenfertigung nach strengen Grundsätzen.** 3. Mitt. **Zugleich Erfahrungen über die Möglichkeit, eine Granulation der Tablettenmasse zu vermeiden.** W. Awe und K. H. Stepke. (Pharmaz. Ztg. verein. Apotheker-Ztg. **106**, 1251—58, 1961; Braunschweig, TH., Inst. Pharmaz. Technol.; dt.) — 2. vgl. C. **1963**, 18168. — Verss. zur Herst. von Tabletten mit 0,5 g *Acetylsalicylsäure* (I) 0,3 g *Dimethylaminophenazon*, 0,01 g *Kodeinphosphat* (II) 0,5 g *Phenylchinolincarbonsäure* (III), 0,5 g III-*Methylester*, 0,2 g *Chinin · HCl* bzw. 0,25 g I + 0,25 g Phenacetin + 0,01 g II werden ausführlich diskutiert. Für Apotheken geeignete Vorschriften werden empfohlen. Mit Ausnahme von II-Tabletten betrug die Menge an Tablettierhilfsstoffen 8—20%. Nur im Falle der III-Tabletten war eine Granulierung notwendig.
S. Erbe 4766◇

1575 **Über die Herstellung von Milchzuckertabletten. Bemerkungen von E. Scholz zu diesem Artikel.** Erhard Scholz. (Schweiz. Apotheker-Ztg. **99**, 623—26, 1961; Karlsruhe-Durlach; dt.) — Vgl. C. **1962**, 14236. — Vf. empfiehlt die Verw. von Facettenstempeln zur Herst. homöopath. Tabletten. Die Verw. von *Carbowax 6000* (I) wird abgelehnt, da der Zusatz von I den Vorschriften des HAB nicht entspricht u. I nicht mit Sicherheit als therapeut. unwirksam bezeichnet werden kann. Das Verpressen von reinem *Milchzucker* (II) ergibt Tabletten mit rauher Oberfläche, die eine günstige verkürzte Zerfallszeit bedingt. Stellungnahme von K. Münzel zu den Bemerkungen von E. Scholz: Die Einwände gegen I werden entkräftet. Die Reaktivität von I u. II werden gegenübergestellt. Die Notwendigkeit einer verkürzten Zerfallszeit wird bestritten u. die Resorptionsverhältnisse von reinen II-Tabletten u. II-Tabletten mit einem Zusatz von I diskutiert. Die Bedeutung moderner Meth. für den Fortschritt in der Homöopathie wird nachdrücklich unterstrichen. S. Erbe 4766◇

1576 **Untersuchung der Wirkstoffabgabe aus festen Stoffen.** 3. Mitt. **Die Wirkung einer Änderung des Verhältnisses Oberfläche–Gewicht auf die Auflösungsgeschwindigkeit.** Dale E. Wurster und James A. Seitz. (J. Amer. pharmac. Assoc., sci. Edit. **49**, 335—38, 1960; Madison, Univ., School of Pharm.; engl.) — 2. vgl. C. **1963**, 6321. — Die Auflösungsgeschw. von porenhaltigen *Benzoesäuretabletten* (I) in dest. W. u. in 0,2%ig. Na-Laurylsulfat-Lsg. (II) wurde mit der von vom Gas befreiten I in W. verglichen. Da in den Poren Luft eingeschlossen bleibt, nimmt bei der Auflösung in W. nicht die gesamte Oberfläche am Lsg.-Prozeß teil. In II ist die Lsg.-Geschw. erhöht, was auf das Eindringen des Lsgm. niedrigerer Oberflächenspannung in die Poren zurückgeführt wird. Wird die Luft durch Evakuieren aus den Poren der I entfernt, so ist die Auflösungsgeschw. in W. etwa gleich der in II. Von Bedeutung für die Lsg.-Geschw. bei porösen Partikeln ist die Verfügbarkeit (Benetzbarkeit) der inneren Oberfläche. S. Erbe 4766◇

1577 **Der Einfluß der Giberellinsäure auf Arzneipflanzen.** Leo A. Sciuchetti. (J. pharmac. Sci. **50**, 981—98, 1961; Corvallis, Oregon State Univ., School of Pharm., Pharmacogn. Dep.; engl.) — Überblick über die Geschichte, die Chemie u. die physiolog. Wrkg. der *Giberellinsäure* auf Arzneipflanzen, bes. auf solche, die äther. Öle, Glykoside u. Alkaloide enthalten. — 198 Literaturangaben. F. v. Gizycki 4782◇

1578 **Drogenstabilität in Lösungen.** Edward R. Garrett. (Indian J. Pharmacy **25**, 285—96, 1963; Gainesville, Fla., Univ., J. Hillis Miller Health Center, Coll. of Pharm.; engl.) — Theoret. u. physikal.-chem. Betrachtungen über die Einfl. von Lsgm. auf Drogen u. Übersicht über die einschlägige Literatur. — 104 Literaturangaben.
U. Drehmann 4782◇

1579 **Die Flavanoide der Platane (Platanus occidentalis L.). Isolierung von Tilirosid aus den Blättern und von Hyperosid aus den männlichen Blüten.** A. Stambouli und R. Paris. (Ann. pharmac. franç. **19**, 732—39, 1961; Paris, Fac. de Pharm., Labor. Mat. méd.; franz.) — Aus dem äther. Auszuge der Blätter von *Platanus occidentalis L.* konnten *Tilirosid* (7-p-Cumaroylkampferol-3-glucosid), F. 242°, u. aus den männlichen Blüten *Hyperosid* (Quercetin-3-D-galaktosid) isoliert werden. Einzelheiten der Identifizierung im Original. G. v. Gizycki 4782◇

1580 **Isolierung von (+)-Peganin aus der Geißraute, Galega officinalis L.** K. Schreiber, O. Aurich und K. Pufahl. (Arch. Pharmaz. Ber. dtsch. pharmaz. Ges. **295/67**, 271—75, 1962; Quedlinburg, Inst. f. Pflanzenzüchtung u. Mühlhausen/Thür., Forschungsstelle Dtsch. Akad. Landwirtschaftswiss. Berlin; dt.) — Bei der Aufarbeitung eines A.-Auszuges aus dem Kraut von *Galega officinalis L.* gewannen Vff. das Alkaloid *Peganin* (I) in der bisher in der Natur noch nicht gefundenen (+)-Form. I ist vermutlich mit an der tox. Wrkg. u. dem bitteren Geschmack der Pflanze beteiligt.
F. v. Gizycki 4782◇

1581 **Untersuchungen über Veratrum-Alkaloide.** 1. Mitt. **Synain, Verin und Rubiverin, drei neue, aus Veratrum album L. isolierte Alkaloide.** Emil Cionga und Viorica Cucu. (Comun. Acad. Republ. Populare romîne **8**, 171—75, 1958; rum. — C. **1960**, 8265.)
R. K. Müller 4782◇

1582 **Die Aufklärung eines unbekannten Inhaltsstoffs aus Ammi visnaga L. als Phytosterolingemisch.** E. Graf,

G. J. Labudde und E. Skalla. (Arch. Pharmaz. Ber. dtsch. pharmaz. Ges. **295/67,** 586—97, 1962; Würzburg, Univ., Inst. f. Pharm. u. Lebensmittelchem. u. Tübingen, Univ., Pharm.-Chem. Inst.; dt.) — Vff. fanden, daß die aus den Früchten von *Ammi Visnaga L.* von H. W. Voigtländer u. W. Rosenberg (C. **1958,** 13302) isolierte, bisher unbekannte Substanz $C_{35}H_{58}O_6$, F. 290°, $[\alpha]_D^{20}$ —40,3° (Pyridin; c = 2,0), ein Gemisch von *Stigmasteringlucosid* u. *α-Spinasteringlucosid* ist.
F. v. Gizycki 4782◇

1583 **Zulassungsprobenahme für fertige pharmazeutische Produkte.** H. Latham Breunig und E. P. King. (J. pharmac. Sci. **51,** 1187—94, 1962; Indianapolis, Ind., Eli Lilly and Comp.; engl.) — Es werden statist. Meth. aufgeführt, die es ermöglichen, zu entscheiden, ob die bei einer Probenahme gewählten Bedingungen geeignet sind, die Übereinstimmung einer gefertigten Charge eines pharmazeut. Prod. mit der vorgesehenen Rezeptur sicherzustellen.
H. P. Fiedler 4790◇

1584 **Die Ö/W-Emulsionen in der Dermatotherapie.** W. Merz. (Fette, Seifen, Anstrichmittel **64,** 845—47, 1962; Reutlingen; dt.) — Übersicht über die Herst. von Ö/W-Emulsionen unter Verw. verschiedener anionakt. u. nichtionogener Emulgatoren u. Angabe von Rahmenrezepten für Salben u. Cremes. Die anionakt. Emulgatoren sind mit kationenakt. Arzneimitteln unverträglich u. umgekehrt.
H. P. Fiedler 4792◇

1585 **Physikalische Eigenschaften der in der Pharmazie verwendeten Lipide.** 2. Mitt. **Verwendung von Erhitzungs-Abkühlungskurven zur Untersuchung von Lipiden.** Stuart P. Eriksen, Davis R. Reese und Joseph V. Swintosky. (J. pharmac. Sci. **51,** 843—50, 1962; Philadelphia, **Pa.,** Smith Kline & French Laboratories, Res. and Dev. Div.; engl.) — 1. vgl. C. **1961,** 224. — Zur Charakterisierung der Eigg. von in der Pharmazie verwendeten Lipiden (**I**) eignen sich u. a. die bei der Erhitzung bzw. der nachfolgenden Abkühlung der **I** erhaltenen Temp.-Kurven, wobei die Interpretation der Kurven dadurch erleichtert wird, daß die Temp.-Werte logarithm. gegen die Zeitwerte im normalen Maßtab aufgetragen werden. Untersucht wurden Glycerinmono-, di- u. tristearat, Kakaofett, Walrat, weiße Vaseline u. Cetylalkohol. Die ermittelten Kurven werden diskutiert. — 21 Literaturangaben.
H. P. Fiedler 4792◇

1586 **Prüfung von Verbandgaze aus reiner Baumwolle und mit Kunstfaserbeimischung.** 1. Mitt. **Zugfestigkeit. Gewebeschrumpfung.** E. Steinegger, H. Spengler und A. Claren. (Pharmac. Acta Helvetiae **38,** 717—30, 1963; Bern, Univ., Pharm. Inst., Pharmakogn. Abt.; dt.) — Unterss. an Verbandgazen aus reiner Baumwolle, aus Baumwolle mit 25—75% Zellwollzusatz u. aus reiner Zellwolle ergaben, daß die Reißfestigkeit bei trockenem Gewebe mit steigendem Zellwoll-Geh. zunächst sinkt u. dann wieder ansteigt, mit zunehmender Feuchtigkeit kontinuierlich sinkt u. bei 25—33% Zellwoll-Geh. im trocknen u. feuchten Zustand etwa gleich ist. Bei der Sterilisation in gespanntem Wasserdampf nimmt die Zugfestigkeit nur wenig ab, beim 6std. Erhitzen im Trockenschrank sinkt sie dagegen um $^1/_4$ bis $^1/_3$. Durch Witterungs-Einfl., Pressungen u. Waschen wurde die Zugfestigkeit der Mischgewebe wenig, die von reiner Zellwolle stark beeinflußt. Zellwollhaltige Gewebe schrumpfen bei der Sterilisation viel stärker als reine Baumwollgazen. Maßveränderungen durch Schrumpfung sind bei der Behandlung mit wss. Fll. am stärksten, A. hat geringere Längenänderungen zur Folge. Mit steigendem Zellwoll-Geh. wird eine Zunahme dieser Veränderungen beobachtet.
U. Drehmann 4794◇

1587 **Neue Arzneimittel.** Anonym. (Mod. Drugs **1961,** 739—62; engl.) — *Alphadrol* (Upjohn, USA): Tabletten mit 0,75 mg u. 1,5 mg 6α-Fluorprednisolon. Antirheumaticum. — *Americaine Suppositories* (Arnar-Stone, Suppositorien mit 20% Benzocain. Antihaemorrhoidalium. — *Betatrin* (Gateway, USA): Dragees mit 2 (mg) Thiaminhydrochlorid, 3 Riboflavin, 10 Niacinamid, 1 Pyridoxinhydrochlorid, 5 μg Cyanocobalamin, 50 Ascorbinsäure, 10 Fe-Fumarat. Gegen Hypovitaminosen. — *Covangesic* (Van Pelt & Brown, USA): Tabletten mit 7,5 (mg) Phenylephrinhydrochlorid, 12,5 Phenylpropanolaminhydrochlorid, 2 Chlorpheniraminmaleat, 12,5 Pyrilaminmaleat, 324 Acetylsalicylsäure. Analgeticum. — *Cutemol emollient* (Summers, USA): Salbe mit 0,2% Allantoin. Dermaticum. — *DBI-TD* (U. S. Vitamin & Pharm., USA): Kapseln mit 50 mg Phenforminhydrochlorid. Antidiabeticum. — *Enzymet* (Lloyd, Dabney & Westerfield, USA): Dragees mit 300 (mg) Pankreatin, 200 Pepsin, 40 Taurocholsäure. Digestivum. — *Furon* (Metro Med, USA): Suspension mit Fe-Fumarat, Ascorbinsäure. Antianämicum. — *Gestest* (Squibb, USA): Tabletten mit 2,5(mg) Norethisteron, 0,05 Äthinylöstradiol. Diagnosticum. — *Iberet* (Abbott, USA): Tabletten mit 525 Fe-Sulfat, 25 μg Cyanocobalamin, 6 Thiaminmononitrat, 6 Riboflavin, 30 Nicotinamid, 5 Pyridoxinhydrochlorid, 10 Ca-Pantothenat, 150 Ascorbinsäure. Antianaemicum. — *Kanumodic* (Dorsey, USA): Tabletten mit 2 (mg) Methscopolaminnitrat, 8 Pentobarbital, 9,14 Cellulase (Dorase), 150 Pepsin, 200 Glutaminsäurehydrochlorid, 500 Pankreatin, 100 Fel Tauri (Ochsengalleextrakt), Antispasmodicum. — *Lubasporin* (Burroughs Wellcome, USA): Polymyxin B-sulfat (Aerospoxin), Benzalkoniumchlorid. Antibioticum. — *Marax* (Roerig, USA): Sirup mit Hydroxyzinhydrochlorid, Ephedrinsulfat, Theophyllin, Antasthmaticum. — *Noscomel compound* (Squibb, USA): Sirup mit 10 (mg) Noscapin, 0,66 Chlorpheniraminmaleat, 1,66 Phenylephrinhydrochlorid, 50 Ammoniumchlorid, 0,2 Menthol je 5 ml. Antitussicum. — *Nu-Estro* (Gateway, USA): Tabletten mit Östradiolbenzoat, Diäthylstilböstrol. Östrogen. — *Quinidex L-A* (Whittier USA): Tabletten mit 300 mg Chinidinsulfat. Cardiacum. — *Renovist* (Squibb, USA): Ampullen mit 35(%) Na-Diatrizoat, 34,3 Methylglucamindiatrizoat, 0,3 Na-Citrat, 0,04 Dinatriumsalz der Äthylendiamintetraessigsäure, 0,1 Methylparaben, 0,03 Propylparaben. Diagnosticum. — *Sebacetin* (Summers, USA): Salbe mit 3(%) koll. Schwefel, 2 Salicylsäure, 1 Hexachlorophen. Antiseborrhoicum. — *Setra-V* (Warren, USA): Tabletten mit 10 (mg) Thiamin, 10 Riboflavin, 5 Pyridoxin, 50 Nicotinamid, 10 Ca-Pantothenat, 100 Ascorbinsäure, 100 Bioflavanoid-Komplex. Gegen Hypovitaminosen. — *Silicote Cream* (Arnar-Stone, USA): Salbe mit 30(%) Silicon (Dimethicon), 1 Ti-Dioxid. Dermaticum. — *Vacuall* (Domsco, USA): Suppositorien mit Na-Bicarbonat, Na-Pyrophosphat, Na-Diphosphat. Laxans.
K. Gerecke 4800◇

1588 **Neue Arzneimittel.** Anonym. (Subsidia med. [Wien] **13,** 18—25, 1961; dt.) — *Aldacton* (Searle, USA): 3-[3′-Oxo-7′α-thioacetyl-17′β-hydroxy-Δ^4-androsten-17′α-yl]-propionsäure-γ-lacton. Diureticum. — *Furaltadon* (Eaton, USA): 5-Morpholinylmethyl-3-[5′-nitro-2′-furfurylidenamino]-oxazolidinon-(2) (Altafur). Chemotherapeuticum. — *1-Methyl-d-Lysergsäurebutanolamid* (Sandoz, Schweiz). Gegen Migräne. — *Orthokresotinat.* Antidiabeticum. — *Paromomycin* (Parke, Davis, USA): Kapseln u. Sirup mit Paromomycin (Humatin). Antibioticum.
K. Gerecke 4800◇

1589 **Neue Arzneimittel.** Anonym. (Subsidia med. [Wien] **13,** 77—85, 1961; dt.) — *Lucofen* (Lundbeck, Dänemark): Tabletten mit 25 mg 1-[p-Chlorphenyl]-2-methyl-2-aminopropanhydrochlorid. Appetitzügler. — *Penbritin* (Beecham, England): 6-[D-(—)-α-Amino-phenylacetamido]-penicillansäure. Antibioticum. — *Segontin* (Hoechst, BRD): Dragees mit 15 (mg), Suppositorien mit 50 N-[3′-Phenylpropyl-(2′)]-1.1-diphenyl-propyl-(3)-aminlactat; *Segontin S*: Dragees mit Phenylamin, Phenobarbital. Angioticum.
K. Gerecke 4800◇

1590 **Neue Arzneimittel.** Anonym. (Subsidia med. [Wien] **13,** 116—19, 1961; dt.) — *Aquo-Cobalamin* (Merck, BRD): Ampullen mit 0,5 mg Hydroxocobalamin. Antianämicum. — *Gastripon* (Sanabo, Österreich): Ampullen mit 2 (mg), Tabletten mit 5 N-[p-Phenylbenzyl]-atropiniumbromid. Anticholinergicum.
K. Gerecke 4800◇

1591 **Neue Arzneimittel.** Anonym. (Subsidia med. [Wien] **13,** 156—57, 1961; dt.) — *Anapolon* (ICI,

England): 2-Hydroxymethylen-17-α-methyl-17β-hydroxy-3-androstanon (Oxymetholon). Anabolicum.
K. Gerecke 4800◇

1592 **Neue Arzneimittel.** Anonym. (Pharmaz. Ztg. verein. Apotheker-Ztg. **106,** 29, 1961; dt.) — *Asthma Homobion A 13* (Fides, BRD): Dragees mit Wirkstoffen aus Rad. Pimpinellae, Herba Lobeliae, Fol. Uvae ursi, Herba Equiseti. Antasthmaticum. — *Dolorsan* (Opfermann, BRD): Dragees mit 4-Salicylamidophenazon, N-Acetyl-p-aminophenol, Coff. natr. benz. Analgeticum. — *Dolosan P* (Opfermann, BRD): Dragees mit 4-Salicylamidophenazon, Prednison. Antrheumaticum. — *Hegulax* (Hegupharm, BRD): Dragees mit Extr. Aloe, Extr. Cardui, Extr. Frangulae, Rad. Gentianae, Sapo medicat., Diphenylisatin. Laxans. — *Kapece* (Müller, BRD): Dragees mit Ascorbinsäure, Vitamin K, Bioflavonen. Gegen Colitis ulcerosa. — *Parasanol* (Dr. Schwarz, BRD): Tabletten mit N-Diphenylmethylatropiniumbromid, Meprobamat, Al-Glycinat. Gegen Gastritis. — *Rheucastin* (Herbert, BRD): Tabletten mit Naphodyl, Paracetamol, Äthoxybenzamid, Coffein, Aneurin. Analgeticum. — *Sanatol* (Müller, BRD): Lsg. von Ascorbinsäure, Bioflavonen. Gegen Hypovitaminosen. — *Sodisal* (Togal-Werk, BRD): Tabletten mit Al-Hydroxid, Na-Bicarbonat, Azulen, Cort. Condurango, Cort. Frangulae, Rhiz. Calami, Ol. Citri. Antacidum. — *Ultexiv* (Müller, BRD): Tabletten mit Al–Mg-Silicat, Succus Liquiritiae, Methylmethioninsulfoniumchlorid, Mg-Oxid. Gegen Ulcus ventriculi.
K. Gerecke 4800◇

1593 **Neue Arzneimittel.** Anonym. (Pharmaz. Ztg. verein. Apotheker-Ztg. **106,** 88, 1961; dt.) — *Afran* (Hoechst, BRD): Dragees mit Prednison, Diphenylpiperidinopropanhydrochlorid, Suprifen, Pyramidon, Coffein. Antasthmaticum. — *Amytal-Natrium* (Lilly, BRD): Kapseln mit 5-Äthyl-5-isoamylbarbitursaurem Natrium. Hypnoticum. — *Aquamycetin* (Dr. Winzer, BRD): Lsg. von 1% Chloramphenicol. Antibioticum, Ophthalmicum. — *Contrapein mit Vitamin C* (Hamelmann, BRD): Kapseln mit Dimethylaminophenazon, Saliphenazon, Phenacetin, Coffein, Chininsulfat, Mg-Peroxid, Mg-Trisilicat, Rhiz. Rhei, Ascorbinsäure. Gegen Grippe. — *Co-Pyronil* (Lilly, BRD): Kapseln mit Pyrrobutamin, Methapyrilenhydrochlorid, Cyclopentaminhydrochlorid. Antiallergicum. — *Darvon* (Lilly, BRD): Kapseln mit α-D-4-Dimethylamino-1.2-diphenyl-3-methyl-2-propionoxybutanhydrochlorid. Analgeticum. — *Darvon compositum* (Lilly, BRD): Kapseln mit α-D-4-Dimethylamino-1.2-diphenyl-3-methyl-2-propionoxybutanhydrochlorid, Phenacetin, Acetylsalicylsäure, Coffein. Analgeticum. — *Germachin* (Germania-Apotheke, BRD): Dragees mit Ascorbinsäure, Chininhydrochlorid, Salicylamid. Gegen Grippe. — *Germadon* (Germania-Apotheke, BRD): Tabletten mit Coffein, Phenacetin, Migränin; *Germadon forte*: Tabletten mit Coffein, Phenacetin, Migränin, Isoamyläthylbarbitursäure. Analgeticum. — *Germadorm* (Germania-Apotheke, BRD): Tabletten mit Aminophenazon, Adalin. Hypnoticum. — *Germalax* (Germania-Apotheke, BRD): Dragees mit 1.8-Dihydroxyanthrachinon, Extr. Rhei compositum, Extr. Aloes, Phenolphthalein, Diphesatin, Lacertan. Laxans. — *Germaton forte* (Germania-Apotheke, BRD): Lsg. von Ephedrinhydrochlorid, Codein, K-Jodid, Extr. Senegae, Tinct. Lobeliae, Tinct. Ipecacuanhae, Tinct. Camph. benz., Tinct. Pimpinellae, Liqu. Ammon. anisati. Antitussicum. — *Germaval* (Germani-Apotheke, BRD): Dragees mit Extr. Humuli Lupuli, Extr. Valerianae, Extr. Crataegi, Extr. Visci. Sedativum. Nervinum. — *Lenotan* (Merrel, BRD): Tabletten mit Biscyclohexylcarbonsäurediäthylaminoäthylesterhydrochlorid, Doxylaminsuccinat, Pyridoxinhydrochlorid. Antiemeticum. — *Liquipect* (Müller, BRD): Sirup mit Succus Liquiritiae, Ammoniumchlorid, äther. Öle. Gegen Bronchitis. — *Lonarid* (Boehringer-Ingelheim, BRD): Suppositorien u. Tabletten mit Benzilsäure-β-dimethyloctylammoniumäthylesterbromid, 4-Acetylaminophenol, Amobarbital, Codein, Coffein. Analgeticum. — *Seconal-Natrium* (Lilly, BRD): Kapseln mit 5-Allyl-5-[1′-methylbutyl]-barbitursaurem Na, Hypnocitum. — *Sedatum* (Müller, BRD): Lsg. von Extr. Valerianae, Extr. Humuli Lupuli, Extr. Aurantii, Na-Bromid. Sedativum. — *Stominth* (Hamelmann, BRD): Pulver mit Rhiz. Rhei, Bi-Subnitrat, Bi-Subgallat, Bi-Subsalicylat, Al-Hydroxid, Na-Bicarbonat, Ca-Carbonat, Mg-Peroxid, Mg-Trisilicat, Ol. Menthae pip., Ol. Carvi, Ol. Calami, Ol. Absinthii, Ol. Valerianae, Ol. Foeniculi. Antacidum. — *Tuinal* (Lilly, BRD): Kapseln mit Na-Salzen der 5-Allyl-5-[1′-methylbutyl]-barbitursäure, 5-Äthyl-5-isoamylbarbitursäure. Hypnoticum. — *Vondar* (Lilly, BRD): Kapseln mit α-D-4-Dimethylamino-1.2-diphenyl-3-methyl-2-propionoxybutanhydrochlorid, Acetylsalicylsäure, 2-p-Chlorphenyl-3-methylbutandiol-(2.3). Analgeticum.
K. Gerecke 4800◇

1594 **Neue Arzneimittel.** Anonym. (Pharmaz. Ztg. verein. Apotheker-Ztg. **106,** 123, 1961; dt.) — *Cedilanid c. Theophyllin* (Sandoz, BRD): Lsg. u. Suppositorien mit Lanatosid C, Hydroxypropyltheophyllin. Cardiacum. — *Celocurin-HAF* (Ethicon, BRD): Ampullen mit Succinylcholinchlorid. Myorelaxans. — *Curarin-HAF* (Ethicon, BRD): Ampullen mit d-Tubocurarinchlorid. Myorelaxans. — *Gamophen* (Ethicon, BRD): Seife mit Hexachlorophen. Händedesinfiziens. — *Marplan* (Hoffmann-La Roche, BRD): Tabletten mit 1-Benzyl-2-(5-methyl-3-isoxazolylcarbonyl)-hydrazin. Antidepressivum. — *Methyl-Curarin HAF* (Ethicon, BRD): Ampullen mit Dimethyl-d-tubocurarinjodid. Myorelaxans. — *Millevit* (Nordmark-Werke, BRD): Suppositorien mit Cyanocobalamin. Antianämicum. — *Nuncital* (Kabi, BRD): Dragees mit 1-Äthyl-1-methylpropylcarbamat. Ataracticum. — *Preims* (Tradica, BRD): Tabletten mit Ca-Carbonat, Mg-Carbonat, Al-Hydroxid, Mg-Trisilicat, Dicyclominhydrochlorid, Ol. Menthae pip., Benzoesäuresulfimid-Na. Antacidum. — *Sulfuno-Saft* (Nordmark-Werke, BRD): Suspension mit 2-[p-Aminobenzolsulfonamido]-4.5-dimethyloxazol. Chemotherapeuticum. — *Winthrop-Spenitol* (Winthrop, BRD): Tabletten mit N.N-Anhydro-bis-[β-hydroxyäthyl]-biguanidhydrochlorid. Virostaticum.
K. Gerecke 4800◇

1595 **Neue Arzneimittel.** Anonym. (Pharmaz. Ztg. verein. Apotheker-Ztg. **106,** 310, 1961; dt.) — *Aldactone* (Boehringer-Mannheim, BRD): Tabletten mit Spironolactone. Diureticum. — *Modenol* (Boehringer-Mannheim, BRD): Dragees mit Thiabutazid, Reserpin, Rescinnamin, Raubasin, K-Chlorid. Antihypertonicum. *Multilax* (Dr. Steffens, BRD): Dragees mit Extr. Rhei comp., Aloe, Diacetyldihydroxyphenylisatin, Fucus vesiculosus. Laxans. — *Perniobrom* (Rats-Apotheke Einbeck, BRD): Pinselung mit Äthyljodid, Campher, Monochlorbenzol, Ricinusöl, Kollodium. Gegen Frostschäden. — *Saltucin* (Boehringer-Mannheim, BRD): 3-Isobutylhydrochlorothiazid (Thiabutazid). Diureticum. — *Thianeuron* (Bad. Arzneimittelgesellschaft, BRD): Dragees mit Dithiopropylthiamin. Analgeticum. — *Unilobin* (Bad. Arzneimittelgesellschaft, BRD): Tabletten mit Lobelinsulfat. Antinicotinicum. — *Vaso-Jurabiole* (Jura, BRD): Ampullen mit Extr. Aesculi, Echinacea-Plasmatrat, Adenosin, phosphorylierte Adenosinverbindungen, Vitamin B_1, Nicotinamid. Angioticum.
K. Gerecke 4800◇

1596 **Neue Arzneimittel.** Anonym. (Pharmaz. Ztg. verein. Apotheker-Ztg. **106,** 334–35, 1961; dt.) — *Bephen* (Dr. Thilo, BRD): Tabletten mit Vitamin B_1, Phenacetin. Gegen intraoculare Entzündungen. — *Dilombrin* (Roerig, BRD): Dragees mit 3.3′-Diäthylthiadicarbocyaninjodid (Dithiazaninjodid). Anthelminthicum. — *Marol* (Jaeger; BRD): Tabletten mit Kalksalzen, Fluor, Ascorbinsäure, Calciferol. Gegen Kalkmangelerscheinungen. — *Masmoran* (Roerig, BRD): Tabletten mit Hydroxyzinpamoat. Ataracticum. — *Ophthesin* (Dr. Thilo, BRD): Ampullen mit Tetracain-Base, Procain-Base, Benzocain, p-Aminobenzoesäurebutylester in öliger Lösung. Depotanaestheticum. — *Ortosol* (Roha-Werk, BRD): Lsg. von Salicylsäure, Isopropylalkohol, Benzoesäure, Thymol, Methylsalicylat, Chlf., Phenol, Glycerin. Dematicum. — *Pernionin-Teil-Bad* (Krewel, BRD): Lsg. von Methylsalicylat, Pyridin-3-aldehyd, Histamin, Extr. Aes-culi Hippocastani. Gegen Frostschäden. — *Polymedia VD* (Polymedia, BRD): Extr. Crataegi, Extr. Belladonnae, Extr. Secalis cornuti, Phen obarbital. Gegen vegetative Dystonien. — *Prednisulmid* (Dr. Thilo, BRD): Augensalbe mit Prednisolon, Sulfacetamid-Na, Glucose. Ophthalmicum. — *Regepithel* (Dr. Thilo, BRD): Salbe mit Vitamin A—B_1, Ca-Pantothenat. Ophthalmicum. — *Vitatonin C* (Curta, BRD): Dragees mit Hefe-Vitamin-Autolysat, Extr. Hepatitis, Coffein, Ascorbinsäure, Extr. Colae. Roborans. — *Afran* (Hoechst, BRD): Dragees mit 1,5 (mg) Prednison, 10 Diphenylpiperidinopropanhydrochlorid, 51-[p-Hydroxyphenyl]-2-methylaminopropanol-(1)-hydrochlorid (Suprifen), 100 Aminophenazon. Antasthmaticum. —*Isopral* (Curta, BRD): Pulver mit 2,4 (g) p-Aminosalicylsäure, 0,6 Kalium, 0,075 Isoniacid. Tuberculostaticum. — *Randolectil* (Bayer, BRD): Ampullen, Tabletten u. Lsg. von N-[γ-(4-Methylpiperazino]-propyl]-3-n-butyrylphenothiazin (Butyrylperazin). Gegen Psychosen. — *Seretin* (Behring-Werke, BRD): Humanserum. Gegen Schock- u. Kollapszustände. K. Gerecke 4800◇

1597 **Neue Arzneimittel.** Anonym. (Pharmaz. Ztg. verein. Apotheker-Ztg. **106,** 368—69, 1961; dt.) — *Arphos Vitamin B_{12}* (Fournier, BRD): Trinkampullen mit Cyanocobalamin, o-Phosphorsäure, Ca-Glucoheptonat. Roborans. — *Rhytmocor* (Eggochemia, Österreich): Dragees mit Chinidincamphosulfonat, Bromdiäthylacetylcarbamid. Cardiacum. — *Peribilan* (Hefa, BRD): Suppositorien mit Fel Tauri et suis, Atropinsulfat, p-Aminobenzoesäureäthylester. Gegen Darmatonie. — *Stutgin* (Dr. Janssen, BRD): Tabletten mit N-Benzhydryl-N'-cinnamylpiperazin (Cinnarizin). Antiallergicum. — *Truxal* (Troponwerke, BRD): Saft mit 2-Chlor-9-[3'-dimethylaminopropyliden]-thioxanthenacetat. Gegen Psychosen. — *Vivimed* (Dr. Mann, Berlin-West): Tabletten mit Isopropylphenazon, Phenyldimethylpyrazolonmethylaminomethansulfonsaures Na, Phenacetin, β-Hydroxybutyryl-p-phenetidin, Coffein, Vitamin B_1. Analgeticum. K. Gerecke 4800◇

1598 **Neue Arzneimittel.** Anonym. (Pharmaz. Ztg. verein. Apotheker-Ztg. **106,** 540—41, 1961; dt.) — *Adospartin* (Dr. Janka, BRD): Lsg. von Adonisglykosiden, Scopolaminhydrobromid, Spartium-Alkaloiden, Erythroltetranitrat. Angioticum. — *Carbutamid* (Sanhelios, Berlin-West): Tabletten mit N^1-Sulfanilyl-N^2-butylharnstoff Antidiabeticum. — *Derma-Bestose* (O. W. G.-Chemie, BRD): Salbe mit Colchicin, Ephedrinhydrochlorid, Hyaluronidase, Cholinstearat. Gegen Präcancerose. — *Dermido* (Byk-Gulden, BRD): Lsg. eines Kondens.-Prod. aus Metakresolsulfonsäure u. Methanol. Dermaticum. — *Double-mycin „on" Prontojector* (Heyl, Berlin-West): Procain-Penicillin G, Dihydrostreptomycin. Antibioticum. — *Hyperidyst* (Vogel & Weber, BRD). Neuer Name, früher Rauwosan: Lsg. von Anamirta cocc., Arnica montana, Gold-Na-Chlorid, Rauwolfia serpentina, Solidago, Viscum album. Antihypertonicum. — *Iridocin* (Bayer, RBD): Tabletten u. Suppositorien mit 2-Äthylthioisonicotinsäureamid. Tuberculostaticum. — *Neurobion* (Merck, BRD): Ampullen u. Dragees mit Thiamin, Pyridoxin, Cyanocobalamin. Antineuralgicum. — *Nipodal* (Bayer, BRD): Tabletten mit N-[γ-(4-Methylpiperazino)-propyl]-3-chlorphenothiazin. Antiemeticum-. *Osbil* (Byk-Gulden, BRD): Tabletten mit N-[3-Amino-2.4.6-trijodbenzoyl]-N-phenyl-β-aminopropionsäure. Diagnosticum. — *Sedapon* (Byk-Gulden, BRD): Suppositorien mit Meprobamat, Yohimboasäure, Belladonna-Reinalkaloiden. Psychotherapeuticum. — *Sorgoa* (Scheurich, BRD): Salbe u. Lsg. von Udecylensäure-β-hydroxyäthylamid, Na-Propionat, p-Hydroxybenzoesäure-n-butylester, 5-Chlor-8-hydroxychinolin. Antimycoticum. — *Thymoloverm* (Heyl, Berlin-West): Ampullen mit Palmitinsäurethymolester. — *Tryptizol* (Merck, USA): Ampullen u. Tabletten mit 5-[3'-Dimethylaminopropyliden]-dibenzo-[α.d]-1.4-cycloheptadienhydrochlorid. Antidepressivum. — *Concentrin* (Chem. Fabrik Tempelhof, Berlin-West): Einreibung mit Aescin + Flavonol + Phosphatid-Komplex in 1.2-Propylenglykol. Gegen Ödeme. — *Elsava Emb. 112* (Hefa, BRD): Hydrolysat eines 9-Tage-Carell-Hühnerembryos. Gegen Erschöpfungszustände. — *Ergo-Kranit* (Krewel-Leuffen, BRD): Tabletten mit Ergotamintartrat, Belladonna-Reinalkaloiden, Äthylpapaverin, Coffein, Chinin, Hydroxyäthyltheophyllin, Dimethylaminophenazon, Phenacetin mol. Verb. von Phenazon mit Phenobarbital. Analgeticum. — *Modenium* (Hefa, RRD): Ampullen mit Gelée royale, Extr. Ginseng, Tocopherol. Roborans. — *Muskel-Trancopal compositum* (Winthrop, BRD): Tabletten mit Chlormezanon, Paracetamol. Myorelaxans, Analgeticum. — *Protitis* (Sanumedica, BRD): Dragees mit Extr. Echinaceae, Extr. Equiseti, Extr. Chelidonii, Extr. Hippocastani, Axerophthol, Thiamin, Ascorbinsäure, Rutin, Phenylglykolsäurebenzylester, Dioctylnatriumsulfosuccinat. Gegen Entzündungen im Urogenitaltrakt. — *Intordorm* (Schittny, BRD): Tabletten mit Bromdiäthylacetylharnstoff, 2.4-Dioxo-3.3-diäthyltetrahydropyridin. Hypnoticum. — *Milgamma* (Ankermann, Berlin-West): Ampullen mit Cyanocobalamin, Thiamin, Pyridoxin, Adenosin-5-monophosphorsäure, Procain. Gegen Hypovitaminosen. — *Primobolan* (Schering, Berlin-West): Ampullen mit 1-Methyl-Δ^1-androstenolonacetat; *Primobolan-Depot*: 1-Methyl-Δ^1-androstenolonoenanthat. Anabolicum. — *Sanoma* (Merck, BRD): Perlen mit N-Isopropyl-2-methyl-2-n-propyl-1.3-propandioldicarbamat. Myotonolyticum. — *Stamycon* (Stada BRD): Pinselung mit 5-Chlor-8-hydroxychinolin, Benzylalkohol, Isopropylalkohol. Antimycoticum. — *Vesitan* (Boehringer-Mannheim, BRD): Ampullen u. Dragees mit Thiopropazathydrochlorid, Chlorphencyclanhydrochlorid. Psychotherapeuticum. K. Gerecke 4800◇

1599 **Die Pharmazeutik des Penicillins.** M. A. Schwartz und F. H. Buckwalter. (J. pharmac. Sci. **51,** 1119—28, 1962; Syracuse, N. Y., Bristol Laboratories, Res. Div.; engl.) — Übersicht über die Stabilität u. die Inkompatibilitäten des Penicillins. — 119 Literaturangaben. H. P. Fiedler 4810◇

1600 **Beeinflussung der Abrasivität von Zahnpastenputzkörpern durch Quell- und Verdickungsstoffe.** O. Pfrengle und Ch. Pietruck. (Fette, Seifen, Anstrichmittel **64,** 847—51, 1962; Budenheim b. Mainz/Rhein, Chem. Fabrik Budenheim Rudolf A. Oetker, Abt. Entw. u. Forsch.; dt.) — Aus Modellabrasions-Verss. geht hervor, daß die in Zahnpasten enthaltenen organ. Verdickungsmittel, wie Carboxymethylcellulose, Traganth oder Carrageenate, u. zwar oft bei einem bestimmten Zusatz, die Abrasivität beträchtlich erhöhen. Die anorgan. Verdickungsmittel verhalten sich anders. Sie können, dies trifft vor allem für die hochvoluminöse Kieselsäure zu, die Abrasivität merklich herabsetzen. Die fertigen Zahnpasten können höhere Abrasionszahlen ergeben als die für die Fertigung der Pasten verwendeten Putzkörper. H. P. Fiedler 4822◇

1601 **Jodophore.** E. D. Hurt. (Chem. Products Aerosol News. **26,** 48—50, 1963; Ciba Labor. Ltd. Pesticide Dep.; engl.) — Jodophore, Kombinationen von J mit oberflächenakt. Stoffen, werden als vielseitige Desinfektionsmittel für die Haut, für Einrichtungsgegenstände u. Oberflächen aller Art gebraucht. U. Drehmann 4832◇

1602 **Über eine Verbindung von Theophyllin und Phenylquecksilberhydroxid.** A. Mirimanoff, M. Andrey und P. Grumbach. (Pharmac. Acta Helvetiae **38,** 754—57, 1963; Genève, Univ., Labor. de Pharm. galén.; franz.) — Bei der Analyse einer neu synthetisierten, salzartigen Additions-Verb. zwischen *Theophyllin* u. *Phenylquecksilberhydroxid* wurde die Formel $C_6H_5HgC_7H_7O_2N_4$ u. das Molgew. 456,88 gefunden. Die Verb. hat die gleiche wachstumshemmende Wrkg. auf *Aspergillus niger* u. *Sarcina lutea* wie Phenylquecksilberborat, ihre Anwendung wird jedoch durch ihre geringe Löslichkeit stark beeinträchtigt. U. Drehmann 4832◇

1603 **Dünnschichtchromatographie in der Arzneimittelanalyse. 1. Mitt. Identifizierungsverfahren für verschiedene Sulfonamide in pharmazeutischen Kombinationen.** Sheldon Klein und B. T. Kho. (J. Amer. pharmac.

Assoc., sci. Edit. **51,** 966—70, 1962; Philadelphia, Pa., Div. of Merck and Co., Inc., Merck Sharp and Dome, Quality Control Sect.; engl.) — Die *Sulfonamide* (I) *Sulfacetamid, Sulfadiazin, Sulfathiazol, Sulfanilamid, Sulfamethazin, Sulfachinoxalin* u. *Na-Sulfabromomethazin* lassen sich dünnschichtchromatograph. auf einer Strecke von 15 cm an Silicagel G voneinander trennen. Als Fließmittel dient Chlf.-A.-Heptan (1:1:1) mit 1,2 bis 1,8 Vol. % Wasser. Für orientierende Verss. können die I auf Fluorescein-haltigen Platten getrennt u. im UV-Licht (257 nm) an ihren dunklen Flecken auf fluorescierendem Untergrund erkannt werden. Empfindlicher ist das Besprühen der Platten mit Bratton–Marshall- oder Ehrlich-Reagens. Winfried Krüger 4880◇

1604 **Neue Methoden im pharmakognostischen Unterricht.** 5. Mitt. **Zur Chromatographie von Folia Farfarae und Folia Petasites.** L. Hörhammer und H. Wagner (unter Mitarb. v. B. Lay). (Dtsch. Apotheker-Ztg. **103,** 429—31, 1963; München, Univ., Inst. Pharmaz. Arzneimittellehre; dt.) — 4. vgl. **1964,** 5-1541. — Verfälschungen von *Folia Farfarae* mit verschiedenen Arten von *Folia Petasites* können durch Dünnschichtchromatographie auf Kieselgelplatten mit einem modifizierten Kägi-Mischer-Reagens (Anisaldehyd/Eisessig 0,5:10 u. 96%ig. H_2SO_4) einwandfrei durch den Nachw. des für Petasites-Arten typ. *Petasins* erkannt werden. U. Drehmann 4880◇

1605 **Neue Methoden im pharmakognostischen Unterricht.** 6. Mitt. **Chromatographie der Inhaltsstoffe von Strophanthussamen und ihrer Arzneizubereitungen.** L. Hörhammer und H. Wagner (unter Mitarb. v. H. König). (Dtsch. Apotheker-Ztg. **103,** 502—04, 1963; dt.) — 5. vgl. vorst. Referat. — Die Übertragung des dünnschichtchromatograph. Verf. von Steinegger u. Walt (Trennung der Cardenolidglykoside der roten u. weißen Meerzwiebel) auf die Analyse von Strophanthusglykosiden ergibt eine für das Apotheken-Labor. geeignete Schnell-Meth.; mit Äthylacetat-Pyridin-W. (5:1:4; Oberphase) gelingt der Nachw. der wesentlichen Haupt- u. Nebenglykoside verschiedener Strophanthusarten in Drogenauszügen u. Spezialitäten. — 28 Literaturangaben. U. Drehmann 4880◇

1606 **Vergleichende Untersuchungen über den Glykosidgehalt von Convallaria majalis (Frischpflanzen, Trockendrogen und aus ihnen hergestellte Tinkturen).** 2. Mitt. **Über Convallaria-Glykoside.** M. Wichtl, G. Peithner und L. Fuchs. (Planta med. [Stuttgart] **10,** 459—73, 1962; Wien, Univ., Pharmakognost. Inst.; dt.) — 1. vgl. C. **1964,** 10-1580. — Drei an verschiedenen Standorten geerntete Proben von *Convallaria manjalis* u. daraus hergestellte Tinkturen werden auf *Gesamtglykosid-* (I) u. *Convallatoxin* -(II)-Geh. geprüft. Die lufttrockne Droge zeigte stets einen höheren I-Geh. als die Frischpflanze (immer auf Trockensubstanz berechnet). Bei der Herst. von Tinkturen aus lufttrockener Droge wurden etwa 80% der herzwirksamen Glykoside extrahiert. Frischpflanzentinkturen ergaben keine höheren Ausbeuten, jedoch wurde in ihnen ein höherer II-Geh. gefunden, was auf den Abbau von zuckerreicheren Glykosiden während der zehntägigen Maceration schließen läßt. H. Althoff 4880△

1607 **Ein Verfahren zur Bestimmung von Thyroxin und Trijodthyronin nach der papierchromatographischen Trennung.** E. T. Backer. (Pharmac. Weekbl. **98,** 754—62, 1963; Utrecht, Labor. der Nederl. Apothekers; niederl.) — Ein Verf. zur Best. von *Thyroxin*(I) u. *Trijodthyronin* (II) nach der papierchromatograph. Trennung wird beschrieben. Es beruht auf der Verbrennung der Jod enthaltenden Chromatogramme in der Schönigerschen O_2-Flasche in der anschließenden Jod-Best. auf Grund seines katalyt. Einfl. auf die Ce^{4+}–As_2O_3-Reaktion. Die Arbeitsweise wird zur Best. von I u. II in getrocknetem Schilddrüsenpulver, das unter Verw. von Trypsin u. Erepsin hydrolysiert worden ist, angewandt. W. Wesly 4880◇

1608 **Spektrophotometrische Bestimmung von Chloramphenicol und Tetracyclinhydrochlorid in Gemischen.** R. C. Shah, P. V. Raman und B. M. Shah. (J. pharmac. Sci. **52,** 167—68, 1963; Bombay, Kirol, Mac. Labor. Private Ltd.; engl.) — Gemische von *Tetracyclin* (I) u. *Chloramphenicol* (II) lassen sich in 0,1 n NH_4OH spektrophotometr. bestimmen. Zur Ermittlung des I mißt man die Extinktion bei 380 mμ (2—18 μg/ml). Der II-Geh. (2—18 μg/ml) berechnet sich aus der Differenz der Extinktion bei 233 u. 282 mμ($\Delta E_{1cm}^{1\%}$ 190). K.-W. Glombitza 4880◇

1609 Julian Laboratories, Inc., Franklin Park, übert. von: Percy L. Julian, Oak Park, Ill., V. St. A., **Abtrennung von Sapogeninen.** Man hydrolysiert das entsprechende steroidsapogenin-glykosidhaltige Pflanzenmaterial mit verd. wss. Mineralsäure, versetzt das Rk.-Gemisch mit Alkali bis zur ca. neutralen Rk., setzt ein mit W. nicht mischbares organ. Lsgm., z. B. Trichloräthylen, hinzu, erhitzt, trennt nach dem Absitzen die wss. Phase ab u. gewinnt aus der organ. Lsg. das gewünschte Sapogenin, z. B. *Diosgenin,* F. 201—203° (als Rohprod.) aus Dioscorea barbasco. — Analog: läßt sich *Sarsasapogenin* aus Yuccablättern gewinnen. (**A. P. 3019220** vom 17/7. 1958, ausg. 30/1. 1962.) U. Sievers 4791

1610 Aktieselskabet GEA, Frederiksberg, Dänemark, **Herstellung von 1-[Chlorphenyl]-2-isopropylaminoäthanolverbindungen.** Man behandelt Chlorphenylnitroäthanol u. Aceton mit H_2 in Ggw. eines Katalysators bei 60 atü u. 80—90°. Aus dem Rk.-Gemisch wird *1-[Chlorphenyl]-2-isopropylaminoäthanol* als *Hydrochlorid* ausgefällt. F. 165—167°. — *Heilmittel* mit bronchienerweiternder Wirkung. (**Dän. P. 88876** vom 12/8. 1958, ausg. 18/7. 1960.) K. H. Kähler 4807

1611 Farbwerke Hoechst Akt.-Ges. vormals Meister Lucius & Brüning, Frankfurt/M.-Hoechst, **Herstellung von Harnstoffderivaten** der Formel *R–SO₂–NH–CO–NH–CH₂–CH₂–SZ* (Z = H oder ein Rest R–SO_2–NH–CO–NH–CH_2–CH_2–S–; R = ggf. durch eine oder zwei C_{-4}-Alkyl- u./oder C_{-4}-Alkoxy-Gruppen u./oder Halogenatome substituierter Phenylrest oder C_{6-7}-Cycloalkyl- oder C_{6-7}-Cycloalkylalkylrest) durch Behandlung von Sulfonylurethanen der Formel R–SO_2–NH–$COOR_1$ (R_1 = niedriger Alkylrest) oder von Sulfonylacylharnstoffen der Formel R–SO_2–NH–CO–NH–Acyl mit Cysteamin(I) bzw. mit Cystamin(II) u. ggf. Oxydation der gebildeten N-Sulfonyl-N'-[β-mercaptoäthyl]-harnstoffe zu entsprechenden Disulfiden oder durch Rk. von Sulfonylisocyanaten der Formel R–SO_2–N=C=O mit I. N-[2-Mercaptoäthyl]-harnstoffe: *N'-[p-Toluolsulfonyl]-* (III), F. 159° (A.), aus p-Toluolsulfonylcarbaminsäureäthylester u. I durch 15 Min. Schmelzen bei 130—135°. — Analog: *N'-Cyclohexylsulfonyl-*(IV), F. 176—178° (Acetonitril), aus N-Cyclohexylsulfonylcarbaminsäuremethylester. — *N'-[4-Äthylbenzolsulfonyl]-*, F. 145—147° (Acetonitril), aus 18,6 (g) N-[p-Äthylbenzolsulfonyl]-carbaminsäuremethylester u. 17 I durch 45 Min. Erhitzen auf 140—150°; 50 g (Ausbeute). — *N'-[4-Chlorbenzolsulfonyl]-* F. 181—183° (Acetonitril), aus N-[p-Chlorbenzolsulfonyl]-carbaminsäuremethylester. — *N'-[3.4-Dimethylbenzolsulfonyl]-*, F. 153—155° (Acetonitril), aus N-[3.4-Dimethylbenzolsulfonyl]-carbaminsäuremethylester. — *N'-[4-Methylbenzolsulfonyl]-*, F. 154 bis 155° (A.), aus 22,5 N-[p-Methylbenzolsulfonyl]-N'-acetylharnstoff u. 10 I durch Schmelzen bei 180°, 1,5std. Erhitzen auf 130° u. Behandeln der erhaltenen Schmelze mit 1%ig. NH_4OH; 15 g. — *Disulfide* (*R–NH–CO–NH–CH₂–CH₂–S*)₂: *R = p-Toluolsulfonyl-*, F. 193°, aus III in 8%ig. wss. $NaHCO_3$-Lsg. durch Rk. mit wss. J_2/KJ-Lösung. — *R = Cyclohexylsulfonyl-*, F. 198—201°, aus IV in A. durch 15—20 Min. Kochen mit 30%ig. wss. H_2O_2. — *R = p-Isopropylsulfonyl-*, F. 147—148° (CH_3OH; Zers.), aus N-[p-Isopropylbenzolsulfonyl]-carbaminsäuremethylester u. II durch Erhitzen auf 125—130°. — *Antidiabetica.* (**Oe. P. 210893** vom 29/7. 1958, ausg. 25/8. 1960. **F. P. 1235327** vom 31/7. 1958, ausg. 8/11. 1960. Beide D. Prior. 31/7. 1957.) Eberhard Riedel 4807

1612 Chas. Pfizer & Co., Inc., New York, übert. von: William M. McLamore, Kew Gardens, und Gerald D. Laubach, Jackson Heights, N. Y., V. St. A., **Neue Aralkensulfonylharnstoffverbindungen** der allg. Formel

$RCH{=}CHSO_2$–NH–C(=O)–NHR′ (R = Phenyl-, Thienyl- oder Pyridylrest, von denen jeder mit Halogen, einem niedrigmol. Alkyl- oder Alkoxy-, NO_2- oder Acetylaminorest substituiert sein kann; R′ = Alkyl (C_{1-10})-, Alkenyl (C_{3-8})-, Cycloalkyl (C_{3-6})-, Cycloalkylalkyl (C_{4-9})-, Phenyl-, p-Chlor-, p-Brom-, p-Nitro-, p-Acetylaminophenyl-, p-Tolyl-, p-Anisyl-, 2-Thienyl- oder 2-Pyridylrest) erhält man durch Rk. eines Aralkensulfonamids mit einem Isocyanat nach bekannten Meth. oder durch Rk. eines Monoalkali -oder Erdalkalisalzes des betreffenden Aralkensulfonamids mit einem N.N-diaryl-N′-substituierten Harnstoff in einem inerten organ. Lösungsmittel. — Man setzt z. B. eine Lsg. von 0,035 (Mol) n-Butylisocyanat in 10 ml wasserfreiem Dimethylformamid während 15 Min. unter Rühren einer Lsg. von 0,030 β-Styrolsulfonamid in 15 (ml) wasserfreiem Triäthylamin zu, läßt nach schwach exothermer Rk. ca. 5 Tage bei Raumtemp. stehen, rührt das Gemisch während $^1/_2$ Std. in 500 gekühlte 70%ig. Essigsäure ein, löst die gebildeten Kristalle in 200 kalter 5%ig. Na_2CO_3-Lsg. u. fällt mit 500 20%ig. Essigsäure → *N-[β-Styrolsulfonyl]-N′-n-butylharnstoff* (I), $C_{13}H_{18}N_2O_3S$, F. 127,3—128° (aus Chlf.-Ae.). Analog erhält man folgende Harnstoffverbindungen: *N-[β-Styrolsulfonyl]-N′-n-propyl-* (II), $C_{12}H_{16}N_2O_3S$, F. 157—175,5°; keine physikal. Daten sind angegeben für N-[p-Chlor-β-styrolsulfonyl]-N′-p-chlorphenyl-; N-[p-Brom-β-styrolsulfonyl]-N′-cyclohexyl-; N-[p-Methyl-β-styrolsulfonyl]-N′-p-anisyl-; N-[β-Styrolsulfonyl]-N′-methyl-; N-[p-Fluor-β-styrolsulfonyl]-N′-äthyl-; N-[p-Chlor-β-styrolsulfonyl]-N′-n-propyl-; N-[p-Brom-β-styrolsulfonyl]-N′-n-butyl-; N-[p-Nitro-β-styrolsulfonyl]-N′-tert.-butyl-; N-[p-Acetylamino-β-styrolsulfonyl]-N′-n-amyl-; N-[p-Methyl-β-styrolsulfonyl]-N′-n-hexyl-; N-[p-Methoxy-β-styrolsulfonyl]-N′-n-octyl-; N-[2.4-Dimethyl-β-styrolsulfonyl]-N′-n-decyl-; N-[2.5-Dimethyl-β-styrolsulfonyl]-N′-cyclopropyl-; N-[3.4-Dichlor-β-styrolsulfonyl]-N′-cyclobutyl-; N-[3-Chlor-p-methyl-β-styrolsulfonyl]-N′-cyclopentyl-; N-[2-Thienyläthen-1-sulfonyl]-N′-n-propyl-; N-[2-Thienyläthen-1-sulfonyl]-N′-cyclohexyl-; N-[5-Chlor-2-thienyläthen-1-sulfonyl]-N′-allyl-; N-[5-Brom-2-thienyläthen-1-sulfonyl]-N′-2-amylen-; N-[5-Methyl-2-thienyläthen-1-sulfonyl]-N′-2-octylen-; N-[4-Methyl-2-thienyläthen-1-sulfonyl]-N′-cyclopropylmethyl-; N-[5-tert.-Butyl-2-thienyläthen-1-sulfonyl]-N′-cyclopentyläthyl-; N-[2-Pyridyläthen-1-sulfonyl]-N′-cyclohexylpropyl-; N-[6-Methyl-2-pyridyläthen-1-sulfonyl]-N′-phenyl-; N-[4.6-Dimethyl-2-pyridyläthen-1-sulfonyl]-N′-p-chlorphenyl-; N-[β-Styrolsulfonyl]-N′-p-bromphenyl-; N-[p-Fluor-β-styrolsulfonyl]-N′-p-nitrophenyl-; N-[p-Chlor-β-styrolsulfonyl]-N′-p-acetylaminophenyl-; N-[p-Brom-β-styrolsulfonyl]-N′-p-tolyl-; N-[p-Nitro-β-styrolsulfonyl]-N′-p-anisyl-; N-[p-Acetylamino-β-styrolsulfonyl]-N′-[2-thienyl]-; N-[p-Methyl-β-styrolsulfonyl]-N′-[2-pyridyl]-; aus 0,03 (Mol) Na-[β-Styrolsulfonamid u. 0,04 N.N-Diphenyl-N′-n-butylharnstoff in 25 ml Dimethylformamid (trocken) durch ca. 5std. Erhitzen Verdünnen mit 20 ml W., alkalisieren mit 10%ig. NaOH, Extrahieren mit Ae. u. Eingießen der wss. Schicht in Salzsäure → **I.** Analog erhält man N-[p-Chlor-β-styrolsulfonyl]-N′-äthyl-; N-[p-Fluor-β-styrolsulfonyl]-N′-methyl-; N-[p-Brom-β-styrolsulfonyl]-N′-phenyl-; N-[p-Brom-β-styrolsulfonyl]-N′-p-chlorphenyl-; N-[p-Nitro-β-styrolsulfonyl]-N′-p-tolyl-; N-[p-Chlor-β-styrolsulfonyl]-N′-p-anisyl-; N-[p-Methyl-β-styrolsulfonyl]-N′-n-propyl-; N-[p-Methoxy-β-styrolsulfonyl]-N′-tert.-butyl-; N-[2.4-Dimethyl-β-styrolsulfonyl]-N′-cyclohexyl-; N-[2.5-Dimethyl-β-styrolsulfonyl]-N′-cyclobutyl-; N-[3.4-Dichlor-β-styrolsulfonyl]-N′-allyl-; N-[3-Chlor-p-methyl-β-styrolsulfonyl]-N′-[2-amylen]-; N-[2-Thienyläthen-1-sulfonyl]-N′-cyclopropyl-; N-[5-Chlor-2-thienyläthen-1-sulfonyl]-N′-cyclopropylmethyl-; N-[5-Brom-2-thienyläthen-1-sulfonyl]-N′-cyclopentyläthyl-; N-[5-Methyl-2-thienyläthen-1-sulfonyl]-N′-cyclohexylpropyl-; N-[4-Methyl-2-thienyläthen-1-sulfonyl]-N′-cyclobutyl-; N-[5-tert.-Butyl-2-thienyläthen-1-sulfonyl]-N′-cyclobutyl-; N-[2.5-Dichlor-3-thienyläthen-1-sulfonyl]-N′-n-heptyl-; N-[2.5-Dimethyl-3-thienyläthen-1-sulfonyl]-N′-p-bromphenyl-; N-[5-Chlor-2-methyl-3-thienyläthen-1-sulfonyl]-N′-n-decyl-; N-[2-Pyridyläthen-1-sulfonyl]-N′-p-anisyl-; N-[6-Methyl-2-pyridyläthen-1-sulfonyl]-N′-n-hexyl-; N-[4.6-Dimethyl-2-pyridyläthen-1-sulfonyl]-N′-n-octylharnstoff. — *Bei oraler Anwendung Blutzuckergehalt senkende Mittel.* (**A. P. 2979437** vom 2/9. 1958, ausg. 11/4. 1961.) G. Vogel 4807

1613 C. F. Boehringer & Söhne G.m.b.H., Mannheim, übert. von: Erich Haack, Heidelberg, Adolf Hagerdorn, Wilhelm Peschke, Mannheim, Walter Aumueller und Hans Wagner, Frankfurt/M., **Sulfonylharnstoffderivate** der allg. Formel: Hal(X)–C_6H_3–SO_2–NH–C(=O)–NH–R (Hal = Cl oder Br; X = H, niedrigmol. Alkyl- oder Alkoxyrest, Cl oder Brom; R = aliphat. oder cycloaliphat. KW-Stoff-Rest mit 3—8 C-Atomen, dessen Kette ggf. durch ein [Hetero-]O-Atom unterbrochen ist) oder deren Salze mit Alkalien, Erdalkalien, NH_3 oder organ. Basen erhält man a) durch Rk. eines halogen- u. X-substituierten Benzolsulfonsäureamids, bes. als Na- oder K-Salz, mit einem Isocyansäureester oder dessen Vorstufen (substituierten Carbaminsäurehalogeniden, Urethanen, N″-substituierten Harnstoff-Verbb. u. deren N′-Acyl-Derivv., die bes. einen Acetyl-, Propionyl-, Butyroyl- oder Benzoylrest enthalten) oder b) durch Rk. eines halogen- u. X-substituierten Benzolsulfonylisocyanats (aus einem Phenolsulfonsäureamid-Deriv.) oder einer Sulfonylurethan-, Sulfonylthiourethan-, Sulfonylcarbaminsäurehalogenid-, Sulfonylharnstoff-Verb. oder deren N″-Acyl-Deriv., bes. einer Disulfonylharnstoff-Verb. oder einer N′-substituierten Sulfonylharnstoff-Verb., die am N″-Atom eine niedrigmol. Acylgruppe enthält, mit einem Amin der allg. Formel R–NH_2 oder c) durch Rk. eines halogen- u. X-substituierten Benzolsulfonsäurechlorids mit einem substituierten Isoharnstoffalkyläther u. Abspaltung eines Alkylhalogenids aus dem Rk.-Prod. durch HCl usw. oder d) aus einer entsprechenden Sulfonylthioharnstoff-Verb. nach dem wahrscheinlichen Schema: Hal(X)–C_6H_3–SO_2–NH–C(=S)–NH–R ⇌ Hal(X)–C_6H_3–SO_2–NH–C(SH)=N–R + $^1/_2O_2$ $\xrightarrow[-H_2O]{-S}$ Hal(X)–C_6H_3–SO_2–N=C=N–R $\xrightarrow{+H_2O}$ Hal(X)–C_6H_3–SO_2–NH–C(=O)–NH–R. — Man suspendiert z. B. 29 g Bis-[chlorbenzolsulfonyl]-harnstoff (aus p-Chlorbenzolsulfonsäureamid u. $COCl_2$) in 79 ml W., setzt 19 3-Methoxypropylamin (I) zu u. läßt einige Std. stehen → 88 3-Methoxypropylaminsalz von Bis-[4-chlorbenzolsulfonyl]-harnstoff, F. 132—137° (Zers.). — Daraus durch Erhitzen (82 Min.) im Ölbad auf 116°, Mischen der klaren Schmelze mit 200 ml W. u. 10 ml konz. NH_4OH-Lsg., Filtrieren des Neben-Prod. (Chlorbenzolsulfonsäureamid), Erhitzen des Filtrats auf 40°, Reinigen der auf pH 6 eingestellten Lsg. mit Kohle u. Ansäuern → 39 *N′-[4-Chlorbenzolsulfonyl]-N″-[3-methoxypropyl]-harnstoff* (II), F. 109—111°. — Analog aus 2-Äthoxyäthylamin → *N′-[4-Chlorbenzolsulfonyl]-N″-[2-äthoxyäthyl]-harnstoff*, F. 108—110°. Aus p-Chlorbenzolsulfonsäureamid u. Chlorameisensäureäthylester (**III**) in Aceton in Ggw. von K_2CO_3 → N-[4-Chlorbenzolsulfonyl]-carbaminsäureäthylester, F. 92—93°; daraus mit **I** → **II** F. 111—112° (Acetonitril). — Aus 2-Chlortoluol-4-sulfonsäureamid u. **III** → N-[3-Chlor-4-methylbenzolsulfonyl]-carbaminsäureäthylester, F. 81—83°; daraus mit **I** → *N′-[3-Chlor-4-methylbenzolsulfonyl]-N″-[3-methoxypropyl]-harnstoff*, F. 106—107° (Acetonitril). — Aus 4-Methoxy-3-chlorbenzolsulfonsäureamid u. Chlorameisensäuremethylester (**IV**) → N-[3-Chlor-4-methoxybenzolsulfonyl]-carbaminsäuremethylester (**V**), F. 142 bis 144°; daraus mit **I** → *N′-[3-Chlor-4-methoxybenzolsulfonyl]-N″-[3-methoxypropyl]-harnstoff*, F. 120—122° (wss. A.). — Aus **V** u. 3-Äthoxypropylamin → *N′-[3-Chlor-4-methoxybenzolsulfonyl]-N″-[3-äthoxypropyl]-harnstoff*, F. 135—137° (wss. A.). — Aus [3-Chlor-4-toluolsulfonyl]-äthylurethan u. 3-Methoxybutylamin in Dimethylformamid → *N′-[3-Chlor-4-toluolsulfonyl]-N″-[3-methoxybutyl]-harnstoff*, F. 126—127° (Propanol), 70% Ausbeute. — Aus N-[4-Brombenzolsulfonyl]-carbaminsäuremethylester u. **I** → *N′-[4-Brombenzolsulfonyl]-N″-[3-methoxypropyl]-harnstoff*, F. 110—112° (wss. CH_3OH). — Aus 2-Methyl-6-chlorbenzolsulfonsäureamid u. **IV** → 2-Methyl-6-chlorbenzolsulfonylcarbaminsäuremethylester, F. 180—181°; daraus mit **I** → *N′-[2-Methyl-6-chlorbenzolsulfonyl]-N″-[3-methoxypropyl]-harnstoff.* — Aus 4-Chlorbenzolsulfonsäureamid u. $COCl_2$ → 4-Chlorbenzolsulfonylisocyanat, $Kp._{0,18}$ 110—111°; daraus mit I → II, F. 111—112° (Acetonitril). — Aus N'-[3.4-Dichlorbenzolsulfonyl]-N''-butyrylharnstoff → Salz, F. ca. 173°; daraus durch Erhitzen → *N'-[3.4-Dichlorbenzolsulfonyl]-N''-[3-methoxypropyl]-harnstoff*, F. 111—112° (wss. A.). — Aus 4-Chlorbenzolsulfonsäureamid u. KOCN → p-Chlorbenzolsulfonylharnstoff, F. 180—182°; daraus mit I-Hydrochlorid → II, F. 109—111°. — Aus 4-Chlorbenzolsulfonsäureamid u. α-Tetrahydrofurfurylisothiocyanat ($Kp._{30-35}$ 130—134°) → N'-[4-Chlorbenzolsulfonyl]-N''-[α-tetrahydrofurfuryl]-thioharnstoff; daraus mit $NaNO_2$ u. verd. Essigsäure, Zusatz von W., Lösen des gebildeten Nd. in wss. NH_3, Filtrieren des S u. Ansäuern des Filtrats mit verd. HCl → *N'-[4-Chlorbenzolsulfonyl]-N''-[α-tetrahydrofurfuryl]-harnstoff*, F. 125—127° (50%ig. wss. CH_3OH). — Aus 2-Methyl-6-chlorbenzolsulfamid u. N'-Acetyl-N''-[3-methoxypropyl]-harnstoff in Ggw. von K_2CO_3 durch Erhitzen auf 150°, Verreiben des Rk.-Prod. mit 1%ig. NH_3-Lsg., Filtrieren u. Ansäuern des Filtrats mit verd. Salzsäure → *N'-[2-Methyl-6-chlorbenzolsulfonyl]-N''-[3-methoxypropyl]-harnstoff*, F. 128—130° (A.). — Aus N-[3-Methoxypropyl]-harnstoff u. $(CH_3)_2SO_4$ durch Lösen des viscosen Rk.-Prod. in W., Zusatz von 3.4-Dichlorbenzolsulfonylchlorid, Waschen des öligen Prod. mit W., Erhitzen mit konz. Salzsäure auf 60°, Waschen des Rückstands mit W. u. Lösen in 1%ig. NH_3 u. Fällen mit verd. HCl → *N'-[3.4-Dichlorbenzolsulfonyl]-N''-[3-methoxypropyl]-harnstoff*, F. 111—112°. Als –NH–R-Reste im Prod. sind noch genannt: 3-[n-Propoxy]-[n-propyl]-amino -u. 3-[n-Propoxy]-äthylamino-. — *Orale Mittel gegen Diabetes*, DL_{50} von II = 1,85 g/kg (Maus). — Mengenbeispiele für Tabletten, Kapseln, Suppositorien u. Getränke. Vgl. D. A. S. 1011413; C. **1958**, 13582. (**A. P. 2953578** vom 2/12. 1957, ausg. 20/9. 1960. D. Prior. 5/12. 1956.) G. Vogel 4807

1614 Ohio State University Research Foundation, Columbus, Ohio, übert. von: George M. Omietanski, Tonawanda, N. Y., V. St. A., **Hydraziniumsalze** der allg. Formel: $[R(R')(R'')N-NH_2]^+Cl^-$ (R = Hydroxyalkyl-, prim. Aminoalkyl- oder Arylenaminoalkyl-Rest; R' u. R'' = Alkyl; alle Alkylreste niedrigmol.) erhält man durch Rk. von Chloramin mit einem tert. Amin, das man bes. vorher in einem inerten organ. Lsgm. löst. Das Rk.-Medium kann je nach Art des Amins wss. oder wasserfrei sein oder aus dem (fl.) Amin selbst bestehen, wobei das Prod. aus wasserfreien Medien selbst bzw. aus wss. nach Konz. der ggf. stabilisierten Lsgg. ausfällt. — Man leitet einen Gasstrom aus Chloramin, NH_3 u. N_2 in fl. N.N-Dimethylaminoäthanol bei 25° ein u. kühlt die Fl. → krist. Nd., *1.1-Dimethyl-1-[2-hydroxyäthyl]-hydraziniumchlorid*, F. 160—163° (A.-Äthylacetat). — Analog erhält man folgende *Hydraziniumchloride*: *1.1-Diäthyl-1-1-[2-hydroxyäthyl]*-, Paste, aus A. krist. hygroskop. Prod., 99% Ausbeute, identifiziert als *Pikrat* (F. 179,5°). — *1.1-Diäthyl-1-[3-hydroxypropyl]*-, F. 115—116° (A.-Ae.). — *1.1-Diäthyl-1-[2-benzylidenaminoäthyl]*- (I), halbfest. — *1.1-Diäthyl-1-[2-aminoäthyl]*-. — *1.1-Dimethyl-1-[3-aminopropyl]*-, hygroskop. Öl, nicht kristallisierbar. — *Zwischenprodd. für Pharmazeutica*, teils mit antihistamin., anticholinerg. oder curareähnlicher Wirkung. Aus I u. Thioglykolsäureestern → krampfverhütende u. -lösende Mittel. Alle Prodd. sind ferner *Reinigungsmittel* für natürliche, in W. unlösl. Carbonyl-Verbb., wie Ketosteroide (Wrkg. auf der Bldg. von Schiffschen Basen beruhend, zu denen I gehört). (**A. P. 2945884** vom 7/8. 1958, ausg. 19/7. 1960.) G. Vogel 4807

1615 Ciba Ltd., Basel, Schweiz, **Herstellung von Hydrazonverbindungen.** 8,2 (g) Aminoguanidinbicarbonat (II) werden in 15 W. suspendiert, mit 10 cm³ 6 n-HCl versetzt u. bis zur Lsg. erwärmt, worauf 12,8 p-Biguanidoacetophenon-hydrochlorid u. 20 W. zugegeben u. das Gemisch 1 Std. auf 80° erhitzt wird. Nach dem Abkühlen wird mit 100 W. verd., HNO_3 (30 cm³, D. 1,38) zugegeben, der sich bildende Kristallbrei abgetrennt u. aus W.-CH_3OH (1:2) umkristallisiert: *p-Biguanido-acetophenonguanylhydrazon-trinitrat* (I), F. 189—191° (Zers.), aus dessen wss. Lsg. durch Zusatz von verd. NH_4OH das *Dinitrat*, F. 223—226° (Zers.), u. mit 2 n NaOH die *freie Base*, F. 213—215°, erhältlich ist. Analog aus p-Biguanido-butyrophenon → *p-Biguanido-butyrophenonguanylhydrazon-trinitrat*, F. 237—238°, u. *-dihydrochlorid*, F. 246—248° I ist auch erhältlich aus II u. p-Aminoacetophenon (III) über III-Guanylhydrazon-hydrochlorid, F. 184—188°, das mit Dicyandiamid in HCl 3 Std. gekocht wird, worauf filtriert, das Filtrat im Vakuum eingedampft, der Rückstand in W. gelöst u. I mit 2 n-HNO_3 gefällt wird. — Bes. gegen Trypanosomen wirksame *Pharmazeutica*. (**Ind. P. 68624** vom 3/8. 1959.) C. Lüttgen 4807

1616 Cilag-Chemie Akt.-Ges., Schaffhausen, übert. von: Henry Martin, Zürich, Schweiz, **Substituierte Acylanilide** der allg. Formel: $Ar–N(R_3)–C(=O)–R_2–X–R_1–Am$ erhält man durch Rk. von Aminen der allg. Formel: $Ar–NH–R_3$ oder deren Salzen usw. mit Säuren der allg. Formel: $HOOC–R_2–X–R_1–Am$ oder deren Halogeniden, Anhydriden usw. (Ar = in 2- oder in 2- u. 6-Stellung mit einem niedrigmol. Alkyl- oder Alkoxy-Rest oder Halogen substituierter Arylrest; R_1 u. R_2 = lineare oder verzweigte Alkylenreste; R_3 = H, aliphat. oder araliphat. Rest; X = –O–, –S–, –SO–, –NH– oder durch einen niedrigmol. Alkyl-, Aralkyl-, Halogenaralkyl- oder Aryloxyalkylrest substituierter –N-Rest; Am = ggf. substituierter Aminorest) in Ggw. von W. entziehenden Verbb., wie P_2O_5, PCl_3, PCl_5 usw., oder durch Rk. von aus den entsprechenden Anilinen, Phosphazo-Verbb., Phosphorsäure- oder Arsensäureaniliden erhaltenen Isocyanaten oder Carbaminsäurehalogeniden mit vorst. Säuren oder durch Rk. von Aminomercapto-, Aminoalkylsulfoxy-, Aminoalkylsulfonyl- oder Aminoalkylaminosäuren mit vorst. Anilinen, deren Isomeren oder Homologen oder durch Rk. einer Säure mit einem Anilin u. Rk. des Anilids der allg. Formel: $Ar–N(R_3)–C·(=O)–R_2–X_1$ mit einer Verb. der allg. Formel: $X_2–R_1–Am$ (Ar, R_1, R_2, R_3 u. Am wie oben; X_1 u. X_2 Rk.-fähige Reste, davon einer = Halogen u. der andere = Heteroatom oder -gruppe mit einem H-Atom oder einem anderen abspaltbaren Rest oder umgekehrt). Geeignet sind di- u. monosubstituierte Aminoalkoxysäuren. Man stellt bes. Verbb. der allg. Formel: $Y–NH–C(=O)–R_2–X–R_1–Z$ durch Erhitzen von Verbb. der allg. Formel: $Y–NH–C·(=O)–R_2–Hal$ mit einer Verb. der allg. Formel: $V–X–R_1–Z$ her (Y = Am, Z = niedrigmol. Alkylamino-, Dialkylamino-, Pyrrolidino- oder Piperidino-Rest; V = H oder Alkalimetall) in einem Alkanol oder Dioxan her. - Man erhitzt z. B. 350 ml Diäthylaminoäthanol auf 50 bis 60°, löst darin 7,6 g metall. Na, setzt der Lsg. langsam 66 g Chloressigsäure-2.6-dimethylanilid (I) zu u. erhitzt das Gemisch 8 Std. auf 150—160° → 23 g *β-Diäthylaminoäthoxyessigsäure-2.6-dimethylanilid* (II), $Kp._{0,05}$142 bis 144°, gelbes Öl. *Hydrochlorid*, F. 143—146°. — Aus 1 (Mol) β-Chloräthoxyacetylchlorid u. 1 2.6-Dimethylanilin in Ggw. von K_2CO_3 → β-Chloräthoxyessigsäure-2.6-dimethylanilid (III); daraus durch Erhitzen mit 2 Diäthylamin in Bzl. im Autoklav → II. — Analog erhält man aus Chloressigsäure-2-chlor-6-methylanilid (IV) → *β-Diäthylaminoäthoxyessigsäure-2-chlor-6-methylanilid*, $Kp._{0,04}$ 135—137°, Öl. *Hydrochlorid*, F. 131,5—133,5°. — Analoge *2-Brom-Verb.*, $Kp._{0,05}$ 139—141°. — Aus α-Chlorpropionsäure-2-chlor-6-methylanilid u. 3-[N-Pyrrolidino]-propanol → *α-[3-(N-Pyrrolidino)-propoxy]-propionsäure-[2-chlor-6-methyl]-anilid*, $Kp._{0,03}$ 140—145°, Öl. — Aus I, 2-[N-Piperidino]-äthanol u. Na → *2-[N-Piperidino]-äthoxyessigsäure-2.6-dimethylanilid*, $Kp._{0,02}$ 130 bis 135°. — Aus III u. n-Butylamin → *β-[n-Butyl]-aminoäthoxyessigsäure-2.6-dimethylanilid*, $Kp._{0,02}$ 130 bis 135°, Öl; vorst. Prod. auch aus β-Aminoäthoxyessigsäure-2.6-dimethylanilid u. n-Butyraldehyd in A. in Ggw. von Raney-Ni u. H_2. — Aus Mercaptoessigsäure-2-chlor-6-methylanilid durch Rk. mit Na in A. u. dann mit β-Diäthylaminoäthylchlorid → *β-Diäthylaminoäthylthioessigsäure-2-chlor-6-methylanilid*, $Kp._{0,05}$ 155—158°, Öl. — Aus IV u. Diäthylaminoäthylamin → *Diäthylaminoäthylaminoessigsäure-2-chlor-6-methylanilid*, $Kp._{0,11}$ 177°. *Dihydrochlorid*, F. 202—203°. — Aus IV u. N-[β-Aminopropyl]-pyrrolidin → *β-[N-Pyrrolidino]-propylaminoessigsäure-2-chlor-6-methylanilid*, $Kp._{0,05}$ 159—161°. — Aus *Dimethylaminoäthylmercaptoessigsäure-2.6-dimethylanilid* ($Kp._{0,04}$ 140—145°) u. H_2O_2 in Eisessig u. dann mit

HCl in Ae. → *Diäthylaminosulfonylessigsäure-2.6-dimethylanilidhydrochlorid*, F. 210—215° (Zers.). — Aus **IV** u. 2-Diäthylaminoäthylmethylamin nach Zusatz von HCl → *N-β-Diäthylaminoäthyl-N-methylaminoessigsäure-2-chlor-6-methylaniliddihydrochlorid*, F. 206—208°. — Aus **IV** u. 2-Diäthylaminoäthyläthylamin → *N-β-Diäthylaminoäthyl-N-äthylamino-essigsäure-2-chlor-6-methylanilid*, $Kp._{0,15}$ 165,5—167°. *Dihydrochlorid*, pH 6,5 in 2%ig. wss. Lösung. — Aus **IV** u. N-β-Aminopropylpyrrolidin → *β-[N-Pyrrolidino]-propylaminoessigsäure-2-chlor-6-methylanilid*, $Kp._{0,05}$ 159—161°, 65% Ausbeute. — Aus **IV** u. β-Diäthylaminoäthylbenzylamin (**V**) → *N-β-Diäthylaminoäthyl-N-benzylaminoessigsäure-2-chlor-6-methylanilid*, $Kp._{0,06}$ 213°, Öl. *Dihydrochlorid*, pH 6,5 in 2%ig. wss. Lösung. — Aus **IV** u. γ-Diäthylaminopropylbenzylamin → *N-γ-Diäthylaminopropyl-N-benzylaminoessigsäure-2-chlor-6-methylanilid*, $Kp._{0,06}$ 224°, hellgelbes Öl. — Aus **I** u. **V** → *N-β-Diäthylaminoäthyl-N-benzylaminoessigsäure-2.6-dimethylanilid*, F. 68—69° (PAe.). — Aus N-[n-Octyl]-aminoessigsäure-2-chlor-6-methyl-anilidhydrochlorid u. β-Diäthylaminoäthylchloridhydrochlorid in abs. A. u. in Ggw. von Na_2CO_3 → *N-β-Diäthylaminoäthyl-N-[n-octyl]-aminoessigsäure-2-chlor-6-methylanilid*, $Kp._{0,06}$ 210°. Dihydrochlorid, F. 84,5—86°. — Aus **I** u. β-Pyrrolidinoäthyl-4′-chlorbenzylamin → *N-β-Pyrrolidinoäthyl-N-4′-chlorbenzylaminoessigsäure-2.6-dimethylanilid*, F. 118,5—120,5°. *Dihydrochlorid*, F. 188,5—190°.— Analog aus **IV** das entsprechende *2-Chlor-6-methylanilid*, F. 98° (PAe.). *Dihydrochlorid*, F. 194—195°. — Aus **IV** u. β-Phenoxyäthylaminoäthyldiäthylamin → *N-β-Diäthylaminoäthyl-N-β-phenoxyäthylaminoessigsäure-2-chlor-6-methylanilid*, $Kp._{0,05}$ 234—236°. *Dihydrochlorid*, pH 6,5 in 2%ig. wss. Lösung. — Aus **I** u. N-β-Diäthylaminoäthyl-N-4′-chlorbenzylamin (**VI**) → *N-β-diäthylaminoäthyl-N-4′-chlorbenzylaminoessigsäure-2.6-dimethylanilid*, F. 87—89. *Dihydrochlorid*, F. ca. 100° (unscharf). — Aus **IV** u. **VI** → *N-β-Diäthylaminoäthyl-N-4′-chlorbenzylaminoessigsäure-2-chlor-6-methylanilid*, F. 80—84°. Dihydrochlorid, F. ca. 100° (unscharf). — Ferner: folgende *2.4.6-Trimethylanilide*: *N-β-Dimethylaminoäthyl-N-äthylaminoessigsäure-*, $Kp._{0,05}$ 140—142°. — *N-β-Dimethylaminoäthyl-N-butylaminoessigsäure-*, $Kp._{0,15}$ 171 bis 172°. — *N-β-Pyrrolidinoäthyl-N-benzylaminoessigsäure-*, $Kp._{0,06}$ 218—220°. — *N-β-Piperidinoäthyl-N-4′-chlorbenzylaminoessigsäure-*, $Kp._{0,05}$ 225—227°. — *β-[N-(n-Butyl)-amino]-äthoxyessigsäure-*, $Kp._{0,02}$ 131—133°. — *β-[N-Diäthylamino]-äthoxyessigsäure-*, $Kp._{0,05}$ 144—145°. — Aus 1 (Mol) Chloressigsäure-2-chloranilid u. 2 Pyrrolidinoäthylbenzylamin → *N-β-Pyrrolidinoäthyl-N-benzylaminoessigsäure-2-chloranilid*. *Dihydrochlorid*, F. 178 bis 180°, hygroskop. Pulver. — Aus 1 Methylaminoessigsäure-2-chloranilid (**VII**) u. 1 Piperidionoäthylchlorid → *N-β-Piperidinoäthyl-N-methylaminoessigsäure-2-chloranilid*. *Dihydrochlorid*, F. 218—220° (Zers.). — Aus 1 α-Brompropionsäure-2-chloranilid u. 1 β-Pyrrolidinoäthylmethylamin → *N-β-Pyrrolidinoäthyl-N-methyl-α-aminopropionsäure-2-chloranilid*. *Dihydrochlorid*, F. 167,5 bis 170°. — Ferner folgende *2-Chloranilide*: *N-β-Diäthylaminoäthyl-N-methyl-α-aminopropionsäure*. *Dihydrochlorid*, F. 157—160° (Zers.). — Aus **VII** u. Diäthylaminoäthylchlorid in Ggw. von K_2CO_3 → *N-β-Diäthylaminoäthyl-N-methylaminoessigsäure*.- *Dihydrochlorid*, F. 160 bis 161,5° (Zers.). — *N-Diäthylaminoäthyl-N-methylaminoessigsäure-*, *Dihydrochlorid*, F. 160—161,5° (Zers.). — *Pyrrolidinoäthyl-N-äthylaminoessigsäure-*. *Dihydrochlorid*, F. 161—163° (Zers.). — *Pyrrolidinoäthyl-N-methylaminoessigsäure-*, *Dihydrochlorid*, F. 201—203° (Zers.). — *Piperidinoäthyl-N-äthylaminoessigsäure-*, *Dihydrochlorid*, F. 174—177° (Zers.). — *N-Diäthylaminoäthyl-N-äthylaminoessigsäure-*, $Kp._{0,1}$ 158°. *Dihydrochlorid*, pH 7,3 in 2%ig. wss. Lösung. — *N-Dimethylaminoäthyl-N-methylaminoessigsäure-*. *Dihydrochlorid*, F. 185—187,5°. — *N-Dimethylaminoäthyl-N-äthylaminoessigsäure-*, $Kp._{0,01}$ 125°. *Dihydrochlorid*, pH 5,9 in 2%ig. wss. Lösung. — *β-Diäthylaminoäthylthioessigsäure-*, $Kp._{0,04}$ 150—152°. — *2-Bromanilide*: Aus Chloressigsäure-2-bromanilid u. Diäthylaminoäthylmethylamin → *N-β-Diäthylaminoäthyl-N-methylaminoessigsäure-*. *Dihydrochlorid*, F. 210—220° (unscharf, Zers.). — *Pyrrolidinoäthyl-N-äthylaminoessigsäure*.- *Dihydrochlorid*, F. 180—182° (Zers.). — *2-Chlor-6-methylanilide*: Aus **IV** u. Pyrrolidinoäthylisopropylamin → *N-β-pyrrolidinoäthyl-N-isopropylaminoessigsäure-*. *Dihydrochlorid*, F. 182—186° (Zers.). — *Pyrrolidinoäthyl-N-methylaminoessigsäure-*. *Dihydrochlorid*, F. 216,5—220° (Zers.). — *Pyrrolidinoäthyl-N-methylaminoessigsäure-2-chlor-5-methylanilid*. *Dihydrochlorid*, F. 197—198° (Zers.). — *2-Methoxyanilide*: *N-Diäthylaminoäthyl-N-methylaminoessigsäure-*, $Kp._{0,005}$ 145°. *Dihydrochlorid*, pH 7,0 in 2%ig. wss. Lösung. — *Pyrrolidinoäthyl-N-methylaminoessigsäure-*. *Dihydrochlorid*, F. 218—222°. — *2.6-Dimethylanilide*: *β-Pyrrolidinoäthylthioessigsäure-*, $Kp._{0,04}$ 160 bis 161°. — *β-Piperidinoäthylthioessigsäure-*, $Kp._{0,06}$ 165 bis 167°. — Aus Chloressigsäure-4-äthoxyanilid u. **V** → *β-N-Diäthylaminoäthyl-N-benzylaminoessigsäure-4-äthoxyanilid*, F. 49—50°. — *2.4.6-Trichloranilide*: *β-N-Diäthylaminoäthyl-N-äthylaminoessigsäure-*, $Kp._{0,03}$ 167°. — *β-N-Diäthylaminoäthyl-N-benzylaminoessigsäure-*, $Kp._{0,01}$ 150—153°. — Durch Rk. von Thioessigsäure-2.4.6-trichloraniliden oder den analogen Tribrom-Verbb. mit β-Diäthylaminoäthyl-, β-Pyrrolidinoäthyl-, β-Piperidinoäthyl-, γ-Dimethylaminopropyl-, γ-Diäthylaminopropyl-, γ-Pyrrolidinopropyl- oder γ-Piperidinopropylchlorid erhält man fungistat. u. fungicide β-tert.-*Aminoäthyl-* bzw. *γ-tert.-Aminopropyl-mercaptoessigsäure-2.4.6-trichlor-anilide* bzw. *-tribromanilide*. Diese Prodd. erhält man auch durch Rk. von Chloressigsäure-2.4.6-trichlor(brom)-anilid u. dem entsprechenden tert. oder sek. Aminoalkylthiol, wie β-Methylaminoäthyl-, β-Äthylaminoäthyl-, β-[n-Butyl]-aminoäthyl-, γ-Äthylaminopropyl-, [n-Butyl]-aminopropylthiol usw. — *Anästhetica*. *Bakterieide* gegen pathogene *Hautpilze*. Tabelle mit letalen Dosen. (**A. P. 2948736** vom 5/8. 1957, ausg. 9/8. 1960.)

G. Vogel 4807

1617 Lepetit S. p. A., Mailand, Italien (Erfinder: Emilio Testa), **Herstellung von 3.3-disubstituierten 2.4-Azetidindionen und 2.4-Azetidinen** durch Rk. von einem α.α-disubstituierten Malonsäureamid (**I**) mit $SOCl_2$ (**II**) im Überschuß in Ggw. eines tert. Amins, ggf. Behandeln des Rk.-Prod. mit einem Alkylierungsmittel u. Hydrieren des Azetidindions. — Zu einem Gemisch von 7,2 g α-Phenyl-α-äthyl-**I** u. 29 (ml) **II** werden bei ≦ 10° langam 2,9 wasserfreies Pyridin getropft, worauf das Gemisch 1/2 Std. bei 18—20° gerührt, 1/2 Std. gekocht u. das überschüssige **II** abdest. wird. Der Rückstand wird mit W. versetzt, mit Ae. extrahiert u. der äther. Extrakt dest. → *3-Phenyl-3-äthyl-2.4-azetidindion* (**III**), $Kp._{0,5-0,7}$ 135 bis 145°. Analog folgende 2.4-Azetidindione: *3.3-Dipropyl-*, F. 73—75°; *3-Phenyl-3-methyl-*, $Kp._{0,8}$ 130—135°, F. 68—70°; *3-Phenyl-3-propyl-*, $Kp._{0,8}$ $Kp._{0,8}$ 135—140°, F. 61—63°; *3.3-Diäthyl-*, $Kp._{0,6}$ 80—85°; *3.3-Dibutyl-*, $Kp._{0,6}$ 120—125°, F. 65—66°; *3.3-Diisopropyl-*, $Kp._{0,6}$ 90 bis 95°; *3.3-Di-n-amyl-*, $Kp._{0,2}$ 120—125°, F. 73—74°, *3-Cyclohexyl-3-isopropyl-*, $Kp._{0,5}$ 125—130°, u. *3-Cyclohexyl-3-propyl-* $Kp._{0,4-0,6}$ 120°. — Zu einer Lsg. von 5 g **III** in 20 wasserfreiem Ae. wird unter Kühlen langsam eine Lsg. von Diazomethan in 180 Ae., die frisch aus 20,6 g Nitrosomethylharnstoff hergestellt wurde, zugetropft u. das Gemisch mehrere Std. stehen gelassen, worauf es zu einem dicken Öl eingedampft wird, das dest. wird. Die bei 105—110° u. 0,4 mm Hg sd. Fraktion wird in 10 CH_3OH gelöst, mit W. versetzt u. gekühlt. Es krist. 3 g *1-Methyl-3-phenyl-3-äthyl-2.4-azedindion*, F. 54—57°, aus. — Analog: *1-Methyl-3.3-dipropyl-2.4-azetidindion*, F. 51 bis 55°. — Zu einer Suspension von 3 g $LiAlH_4$ in 75 wasserfreiem Ae. wird unter Kühlen eine Lsg. von 3 g **III** in 50 Ae. getropft, das Gemisch 3 Std. gekocht u. nach Zugabe von 15 20%ig. NH_4Cl-Lsg. filtriert. Die äther. Lsg. wird aufgearbeitet → 1,32 g *3-Phenyl-3-äthyl-2.4-azetidin*, $Kp._{0,2}$ 85—88°. — Analog: *3.3-Dipropyl-2.4-azetidin*, $Kp._{20}$ 85—88°. — *Pharmazeutika* u. *Zwischenprodukte*. (**E. P. 880392** vom 7/7. 1959, ausg. 18/10. 1961.)

C. Lüttgen 4807

1618 Peter Stoltenberg, Chemische Fabrik, übert. von: Ernst Kriege, Hamburg, **Herstellung von 4-[Pyridincarbonsäureamido]-1-phenyl-2.3-dimethylpyrazolonen-(5).** Zu D. A. S. 1046058; C. **1959**, 5236 ist nachzutragen: Analog werden hergestellt: Aus Nicotinsäurechlorid u. 4-Methylamino-1-phenyl-2.3-dimethylpyrazolon → *4-[Pyridin-3-carbonsäuremethylamido]-1-phenyl-*

2.3-dimethylpyrazolon-(5), F. 182—183° (Methyläthylketon), 75% (Ausbeute), gelblich. — Aus Chinolinsäure chlorid u. 4-Amino-1-phenyl-2.3-dimethylpyrazolon → *4-[Pyridin-2-carbonsäure-3-carbonsäureamido]-1-phenyl-2.3-dimethylpyrazolon-(5)*, F. 150°, 74%, rosa. (**A. P. 2951845** vom 5/2. 1958, ausg. 6/9. 1960. D. Prior. 8/2. 1957.) G. Vogel 4807

1619 Ciba Pharmaceutical Products, Inc., Summit, übert. von: Charles Ferdinand Huebner, Chatham, N.J., V. St. A., **1-[Acyloxyäthyl]-4-[arylcarbamyl]-piperazine** der Formel **I** R · CO · O · CH_2 · N⟨ ⟩N–CO–NH · Ar in der R = CH_3-, $CH_3CH_2CH_2$-, C_6H_5NH-, C_6H_5–, u. Ar = C_6H_5- u. $C_{10}H_7$- bedeutet, erhält man durch Acylierung der 2-Hydroxyäthylverbb. mit Säureanhydriden oder Arylisocyanaten. — Beispiele: *1-(2-Acetoxyäthyl)-4-(N-phenyl-carbamyl)-piperazin-hydrochlorid*, F. 170—171°; *1-(2-n-Butyroxyäthyl)-4-(N-phenyl-carbamyl)-piperazin-hydrochlorid*, F. 172—175° (210°). *1-(2-Axcetoyäthyl)-4-[N-naphthyl-(1)-carbamyl]-piperazin-hydrochlorid*, F. 228—229°; *1-(2-Acetoxyäthyl)-4-(N.N-dimethylcarbamyl)-piperazin-oxalat*, F. 159—160°; *1-[2-(N-Phenylcarbamyl)-oxyäthyl]-4-(N-phenylcarbamyl)-piperazin*, F. 180°; *1-(2-Benzoyloxyäthyl)-4-(N-phenylcarbamyl)-piperazinhydrochlorid*, F. 228—230°. — *Therapeutica*. (**A. P. 2977362** vom 18/12. 1957, ausg. 28/3. 1961.) F. Obermeier 4807

1620 Upjohn Co., übert. von: Roman P. Holysz, Kalamazoo, Richard V. Heinzelman, Kalamazoo Township, Douglas A. Shepherd und Patrick H. Seay, Kalamazoo, Mich., V. St. A., **Herstellung von Cycloalkylaminsalzen von Pyrimidinessigsäuren.** Eine Lsg. von 4,45 (g) DL-*Alanin* u. 2,08 NaOH in 10 W. wird mit 10,5 α-Cyan-β-äthoxy-N-äthoxycarbonylacrylamid in 6 heißem A. versetzt, 4 Std. unter Rückfluß gekocht, mit 5 ml konz. HCl neutralisiert u. im Vakuum konzentriert. Der halbfeste Rückstand wird in 30 ml sd. A. gelöst, die Lsg. filtriert u. im Vakuum konz., der ölige Rückstand nochmals gelöst, filtriert u. auf 20 ml konz., worauf 6 Cyclohexylamin (**I**) zugesetzt u. das auskrist. **I**-*Salz der* DL-*5-cyan-3.4-dihydro-α-methyl-2.4-dioxo-1(2H)-pyrimidinessigsäure*, F. 250° (Zers.) (aus CH_3OH), abgetrennt wird. — Analog das *Cycloheptyl-* u. *-octylaminsalz* u. die *Salze* der entsprechenden *α-Äthyl-*, *-Propyl-* u. *Butylpyrimidinessigsäuren*. — *Arzneimittel* zur Behandlung der Hypersekretion des Magens. (**A. P. 2987516** vom 23/10. 1959, ausg. 6/6. 1961.) C. Lüttgen 4807

1621 F. Hoffmann-La Roche & Co. Akt.-Ges., Basel, Schweiz (Erfinder: Earl Reeder, Nutley, Leo Henryk Sternbach, Upper Montclair, Oscar Keller, Clifton, Norber Steiger, Nutley, Rodney Ian Fryor, Wost Orange, N. J., V. St. A., Gabriel Saucy, Riehen, Schweiz, und Werner J. Metlesics, Nutleiy, N. J., V. St. A.), **2-Oxo-4-hydroxy-1.2.4.5-tetrahydro-1.4-benzodiazepine** der allg. Formel **I** erhält man durch Rk. von 2-Oxo-1.2-dihydro-1.4-benzodiazepin-4-oxiden (**II**) mit

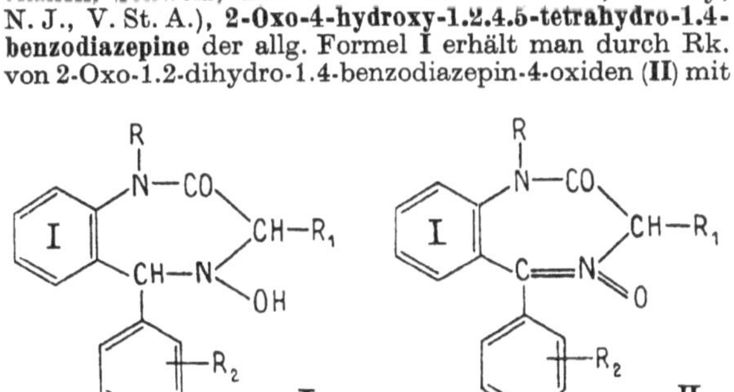

I II

H_2 in Ggw. eines Pt-Katalysators u. Eisessig u. ggf. Überführung von **I** in die Salze mittels Säuren (R = H, Alkyl, Hydroxyalkyl; R_1 = H, Alkyl; R_2 = H, Halogen, Alkyl, Alkoxy, CF_3; Ring **I** ist ggf. durch CF_3 monosubstituiert oder durch Halogen, Alkyl, Alkoxy, Alkylmercapto, Hydroxylalkylmercapto, OH, NH_2 mono- oder disubstituiert). — 7-Chlor-5-phenyl-2-oxo-1.2-dihydro-1.4-benzodiazepin-4-oxid → *7-Chlor-5-phenyl-4-hydroxy-2-oxo-1.2.4.5-tetrahydro-1.4-benzodiazepin*, farblose Nadeln, F. 215—216°. — *Sedativa, Muskelrelaxantien, Anticonvulsiva*. (**D. A. S. 1150990** Kl. 12p vom 7/12. 1960, ausg. 4/7. 1963. A. Prior. 10/12. 1959.) A. Jahn 4807

1622 Soc. An. Oletta, Luxemburg, Luxemburg, **Indolalkaloide** erhält man durch Extraktion der mit 20%ig. wss. NH_3 oder 10%ig. wss. Na_2CO_3 alkal. gemachten zerkleinerten Pflanzenteile von *Gabunea* (Apocynacea) *eglandulosa*, brachypoda, crispiflora, gentilii, glandullosa, latifolia, longiflora, psorocarpa, odoratissima u. dorotheae mit Ae., Bzl., Chlf., Äthylacetat in üblicher Weise. Durch Chromatographieren des Extraktes werden *3-Alkaloide* gewonnen, F. 131°; IR-Spektrum stimmt mit dem von *Voacangin* überein; F. 158°; F. 265°. — *Heilmittel;* IR-Spektren; Zeichnungen. (**Belg. P. 555059** vom 16/2. 1957, ausg. 12/2. 1960.) G. Krauß 4807

1623 Soc. An. Oletta, Luxemburg, Luxemburg, **5 Neue Alkaloide** werden durch Extraktion der mit 20%ig. NH_3 oder 10%ig. wss. Na_2CO_3 alkal. gemachten Pflanzenteile (Früchte, Blätter, Wurzeln, Rinde) von *Funtumia* (Euphorbiacea), bes. latifolia erhalten. Die Pflanzenteile werden zuerst mit PAe. u. dann mit Ae., Bzl., Chlf. oder Äthylacetat ausgezogen. $C_{21}H_{37}NO$, F. 182°; OH- u. NH-Banden im IR. — $C_{11}H_{17}O_6$, F. 192°. — *Alkaloid*, F. 150°, *Hydrochlorid*, F. 292°; *Acetat*, F. 120°; OH-, NH- u. CO-Banden im IR. — *Alkaloid*, F. 287°; OH- u. NH-Bande, keine CO-Bande im IR. — *Alkaloid*, F. 325°. — Herstellbar sind noch: Tartrate, Citrate, Acetate, Gluconate, Camphorate u. Camphosulfonate. — *Heilmittel* für Mensch u. Tier. (**Belg. P. 561173** vom 27/9. 1957, ausg. 20/5. 1960.) G. Krauß 4807

1624 Sorelux Soc. An. und Oletta Soc. An., Luxemburg (Erfinder: Robert Goutarel, Leon Gillo, Jean Mainil und Maurice Marie Janot), **Gewinnung von 5-Voacanga-Alkaloiden.** Zu Aust. P. 217841; C. **1960,** 15495 u. A. P. 2866784; C. **1963,** 18181 ist nachzutragen: Die Extraktion von Pflanzenteilen, bes. der Wurzeln u. Rinden, der Voacanga-Arten erfolgt mit alkal., wss. Fll. oder mit alkohol. NH_3 oder Alkohol u. Essigsäure. Der Extrakt wird dann mit Lsgm. u. anorgan. oder organ. Säuren behandelt, hierauf werden die Alkaloide mit NH_3 oder Alkalicarbonat ausgefällt u. anschließend chromatograph. oder mit Ionenaustauschern aus Aminophenolen, Aminosulfonsäuren, Carbonsäuren u. quatern. Ammoniumsalzen getrennt. Man kann auch die Pflanzenteile, ggf. nach vorherigem Behandeln mit alkal. Mitteln, mit polaren oder nichtpolaren, mit W. nur wenig mischbaren Lsgm. (Bzl., Toluol, PAe., Dichloräthan, Chlf., Trichloräthylen, Äthyl- u. Isopropyläther, Methyl- u. Äthylacetat u. -propionat oder deren Mischungen) ausziehen u. die Auszüge bei normalem Druck oder im Vakuum einengen oder unmittelbar weiter verarbeiten. *Alkaloid A*, $C_{22}H_{28}N_2O_3$; *Alkaloid B*, $C_{42}H_{52}N_4O_5$, (im vorst. Aust. P. u. nachst. Belg. P. ist $C_{45}H_{56}N_4O_6$ angegeben); *Alkaloid C*, $C_{20}H_{26}N_2O_3$; *Alkaloid D*, $C_{45}H_{54}N_4O_8$; *Alkaloid E*, $C_{44}H_{52}N_4O_6$. — Die *Herzwirksamkeit* der Verbb. entspricht der des Digitoxins, sie sind jedoch weniger giftig (100—200 mg je kg Tier) als Digitalin, Strophantin u. Scillarenosid. (**E. PP. 806691** vom 2/6. 1955, ausg. 31/12. 1958 u. **806692** vom 30/6. 1955, ausg. 31/12. 1958. **Belg. P. 548323** vom 2/6. 1956, ausg. 6/11. 1959. E. Prior. 2/6., 30/6. 1955, 3/1. u. 6/2. 1956.) G. Krauß 4807

1625 Robert H. Sifferd, Joliet, Ill., V. St. A., **Cyanocobalamin** (**I**, = *Vitamin* B_{12}). Vitamin B_{12}-Analoge, bes. Hydroxocobalalamin, werden an ein Methacrylsäureharz adsorbiert; das Adsorbat wird mit einer Mischung aus 3—10% eines wasserlösl. Äthers (Ae., Tetrahydrofuran, Dioxan, Glykoläther, wie „Cellosolve" u. „Dowanol") u. einer wss., sauren HCN-Lsg. mit pH höchstens 4 behandelt u. anschließend das **I** aus dem Harz ausgewaschen. — 100 (Liter) Sulfitcobalamin werden mit 22 „Amberlite XE97 oder IRC50" behandelt; das Adsorbat wird mit 80 0,1 n-H_2SO_4 gewaschen, dann mit einer Mischung aus 1,65 Dioxan, 43 g HCN u. 9 50 g H_2SO_4 enthaltendem W. umgesetzt, hierauf mit 20 0,1 n-H_2SO_4 gewaschen u. **I** mit 25 einer Lsg. 30%ig. wss. 125 g H_2SO_4 enthaltendem Tetrahydrofuran ausgewaschen. (**A. P. 2931799** vom 6/6. 1958, ausg. 5/4. 1960.) G. Krauß 4809

1626 F. Hoffmann-La Roche & Co. Akt.-Ges., Basel, Schweiz, **Herstellung von 5.6-Dimethylbenzimidazol-cobalamin.** Man behandelt unvollständige saure Cobalamine, z. B. Faktor I b oder **III**, in Ggw. von 5.6-Dimethylbenzimidazol mit Kulturen von Mikroorganismen, bes. Propionibacterium shermanii unter anaerob. Bedingungen. (**Ind. P. 66787** vom 19/2. 1959, ausg. 20/12. 1961.) C. Lüttgen 4809

1627 Ciba Pharmaceutical Products, Inc., Summit, N. J., V. St. A., übert. von: Albert Wettstein, Basel, Robert Neher, Binningen, Pierre-Antoine De Saulles, Oberwil, Ernst Vischer und Peter Wieland, Basel, Schweiz, **16-Hydroxyverbindungen der Pregnanreihe.** Man setzt z. B. 16α.17α-Epoxy-allopregnan-3β-ol-20-on-3-monobenzoat in Ggw. von Eisessig mit Chrom(II)-acetat (I) um → *Allopregnan-3β.16α-diol-20-on-3-monobenzoat.* — Analog: *Allopregnan-3β.16α-diol-20-on-3-trimethylacetat,* F. 194—198°. — Alternativ kann man Allopregnan-3β, 16α.20β-triol-3.16-diacetat mit CrO_3/Essigsäure oxydieren → *Allopregnan-3β.16α-diol-20-on-3.16-diacetat,* F. 175—177°. — 16α.17α-Epoxy-allopregnan-3β-ol-11.20-dion + I → *Allopregnan-3β.16α-diol-11.20-dion,* F. 246—248°. — Δ^5-Pregnen-3β.16α-diol-20-on läßt sich mit H_2/Pd–$CaCO_3$ katalyt. hydrieren → *Pregnan-3β.16α-diol-20-on,* F. 198—199°. — *16α.17α-*Epoxyallopregnan-3β-ol-20-on-3-monoacetat + **I** → *Allopregnan-3β.16α-diol-20-on-3-monoacetat,* F. 183—185°. — Analog: *Allopregnan-3β.16α-diol-20-on* (**II**), F. 250 bis 254°. — Man kann auch Allopregnan-3β-ol-20-on unter üblichen aeroben u. submersen Bedingungen mit einer Kultur von *Streptomyces sp. A-7747* hydroxylieren → **II**. — Analog: Allopregnan-3β-ol-11.20-dion + *Pestalotia funera* → *Allopregnan-3β.16α-diol-20-on.* — Allopregnan-3β.11β-diol-20-on + *Didymella vodakii* → *Allopregnan-3β.11β-16α-triol-20-on,* F. 257—260°. — *Heilmittel.* (**A. P. 3033748** vom 17/12. 1958, ausg. 8/5. 1962. Schwz. Prior 14/8. 1956.) U. Sievers 4809

1628 Smith, Kline & French Laboratories, Philadelphia, übert. von: James F. Kerwin, Broomall, Pa., V. St. A., **18-Dichlorsteroide bzw. 18-Hydroxyconaninverbindungen.** Man hydriert z. B. Progesteron-3-monoäthylenketal mit H_2/PtO in Ggw. von Methylamin katalyt. → *3-Keto-20α-methylamino-Δ^4-pregnen* (nach Spaltung der Ketalgruppe), F. 159—166°, welches sich durch Rk. mit NaOCl überführen läßt → *3-Keto-20α-N-chlormethylamino-Δ^4-pregnen,* F. 135,5° (Zers.); daraus durch Rk. mit Trifluoressigsäure (**Ia**) unter UV-Bestrahlung → *3-Keto-18-chlor-20α-methylamino-Δ^4-pregnen-trifluoracetat,* F. 185—192°, welches sich durch Rk. mit NaOCl in Methylenchlorid überführen läßt → *3-Keto-18-chlor-20α-N-chlormethylamino-Δ^4-pregnen,* F. 128° (Zers.); $[\alpha]_D^{25}$ 103,2°; daraus durch Rk. mit **Ia** unter N_2 u. Bestrahlung mit UV-Licht → *3-Keto-18-dichlor-20α-methylamino-Δ^4-pregnen-trifluoracetat* (**I**), welches sich durch Rk. mit methanol. NaOH unter Rückfluß überführen läßt → *18-Hydroxy-4-conanen-3-on,* F. 174—178°. — **I** läßt sich durch Rk. mit NaOCl in CH_2Cl_2 überführen → *3-Keto-18-dichlor-20α-N-chlormethylamino-Δ^4-pregnen,* F. 145° (Zers.). Analog: 3β-Hydroxy-20-(N-chlor-N-α-methylamino)-allopregnan-11-on + **Ia** unter UV-Bestrahlung → *18-Chlorestersalz,* F. 164—169°; daraus durch Rk. mit NaOCl → *3β-Trifluoracetoxy-18-chlor-20-N-chlormethylaminoallopregnan-11-on,* F. 149° (Zers.), welches sich durch nochmalige Rk. mit **Ia** unter den vorst. Bedingungen überführen läßt → *3β-Trifluoracetoxy-18-dichlor-20-methylaminoallopregnan-11-on,* F. 209—214° Zers.). — *Heilmittel* sowie Zwischenprodd. zu deren Herstellung. (**A. P. 3017408** vom 9/2. 1961, ausg. 16/1. 1962.) U. Sievers 4809

1629 Ciba Soc. An., Schweiz. **16α-Methyl-21-acetoxy-$\Delta^{1.4}$-pregnadien-11α.17α-diol-3.20-dion,** F. 140—148° bzw. 188—190° $[\alpha]_D^{27}$ 51°; *21-Acetat,* F. 226—226,5°; $[\alpha]_D^{24}$ 81°, erhält man durch Bromierung von 16α-Methyl-21-acetoxy-allopregnan-11α.17α-diol-3.20-dion mit Br_2 in Ggw. von HBr u. Dehydrobromierung der erhaltenen 2.4-Dibromverb. mit Kollidin oder Li_2CO_3–LiBr in Dimethylformamid. — *Zwischenprodd.* zur Herst. von *Heilmitteln.* (**F. P. 1274420** vom 15/12. 1959, ausg. 16/2. 1962. Schwz. Prior. 10/2. 1959.) U. Sievers 4809

1630 Ciba Soc. An., Schweiz, **16α-Methylpregnadiene.** Man dehydriert z. B. 16α-Methyl-9α-fluor-21-acetoxy-allopregnan-11β.17α-diol-3.20-dion mit SeO_2 in tert. Butanol u. in Ggw. von Pyridin → *$\Delta^{1.4}$-16α-Methyl-9α-fluor-21-acetoxypregnadien-11β.17α-diol-3.20-dion* (**I**). — Analog: *$\Delta^{1.4}$-16α-Methyl-21-acetoxy-pregnadien-11β.17α-diol-3.20-dion*; *$\Delta^{1.4}$-16α-Methyl-9α-chlor-21-acetoxy-pregnadien-11β.17α-diol-3.20-dion*; *$\Delta^{1.4}$-16α-Methyl-pregnadien-17α-ol-3.20-dion,* F. 178—180°. — *$\Delta^{1.4.9.11}$-16α-Methyl-pregnatrien-17α-ol-3.20-dion-21-acetat,* F. 210 bis 211°. — Die entsprechenden freien 21-Alkohole können in üblicher Weise in ihre 21-Acylate übergeführt werden: *1-Dehydro-9α-fluor-16α-methyl-hydrocortison-21-hemisuccinat,* F. 165—166°. — *1-Dehydro-9α-fluor-16α-methyl-cortisol* (**II**)*-21-β-phenylpropionat,* F. 211—213°; *-21-n-valerianat,* F. 215—216°. — **I** läßt sich mit methanol. K-Acetat verseifen → *1-Dehydro-9α-fluor-16α-methyl-cortisol,* F. 257—258°; $[\alpha]_D$ 78°. — **II**-*21-Hemi-β.β-dimethylglutarat,* F. 206—208°. — *16α*-Methyl-allopregnan-11β.17α.21-triol-3.20-dion-21-acetat + N-Bromsuccinimid in Pyridin → *$\Delta^{9,11}$-16α-Methylallopregnen-17α.21-diol-3.20-dion-21-acetat,* F. 219—224°, welches sich durch Anlagerung von HOBr, Abspaltung von HBr u. Spaltung des erhaltenen 9.11-Epoxids mit HCl überführen läßt → *16α-Methyl-9α-chlor-allopregnan-11β.17α.21-triol-3.20-dion-21-acetat* bzw. durch anschließende CrO_3-Oxydation der 11-Ketogruppe → *16α-Methyl-9α-fluor-allopregnan-17α.21-diol-3.11.20-trion-21-acetat.* — *Zwischenprodd.* zur Herst. von *Heilmitteln, Heilmittel.* (**F. P. 1272487** vom 2/7. 1959, ausg. 29/1. 1962. Schwz. Prior. 4/7. u. 24/12. 1958 u. 10/2. 1959.) U. Sievers 4809

1631 Smith, Kline & French Laboratories, Philadelphia, Pa., übert. von: Vlasios Georgian, Belmont, Mass., und James F. Kerwin, Broomall, Pa., V. St. A., **20-Amino-12,18-cyclopregnanverbindungen.** Man hydriert z. B. 3α-Hydroxypregnan-11.20-dion katalyt. mit H_2/PtO in Ggw. von Methylamin → *3α-Hydroxy-20-methylaminopregnan-11-on,* F. 136—143°, welches sich durch Rk. mit NaOCl in Chlf. überführen läßt → *3α-Hydroxy-20-(N-methyl-N-chloramino)-pregnan-11-on*; daraus durch Rk. mit Trifluoressigsäure unter Bestrahlung mit UV-Licht → *3α-Hydroxy-18-chlor-20-methylaminopregnan-11-on* (als Estersalz), aus welchem man durch Rk. mit äthanol. Na-Äthylat das *20α-* u. das *20β-Isomere des 3α-Hydroxy-20-methylamino-12.18-cyclopregnan-11-ons* erhält. — Analog: *3β-Hydroxy-18-chlor-20-methylaminoallopregnan-11-on-Estersalz* (**I**), F. 164 bis 169°; *3β-Hydroxy-20α-methylamino-12.18-cycloallopregnan-11-on,* F. 228—231°. — *3.11-Diketo-20α-methylamino-12.18-cyclo-Δ^4-pregnen,* F. 128—130°. — *3β.11β-Dihydroxy-20α-methylamino-12.18-cycloallopregnan,* F. 220 bis 240°. — *3β-Hydroxy-20α-methylamino-12.18-cycloallopregnan,* F. 192—194,5°. — *3β-Hydroxy-20α-methylamino-12.18-cyclopregnan-11-on,* F. 181—184°; *Jodmethylat,* F. > 240°. — *Heilmittel* sowie Zwischenprodd. zu deren Herstellung. (**A. P. 3019236** vom 31/7. 1961, ausg. 30/1. 1962.) U. Sievers 4809

1632 Schering Corp., Bloomfield, N. J., V. St. A., übert. von: Derek H. R. Barton, Northwood, England, und Cecil H. Robinson, Cedar Grove, N. J., V. St. A., **5.9-Cyclosteroide der Androstan- oder Pregnanreihe** erhält man durch Rk. eines entsprechenden 3-Oxo-9α-halo-11β-acyloxy-$\Delta^{1.4}$-diens mit $CrCl_2$ in einem inerten organ. Lsgm. u. anschließende katalyt. Hydrierung. — Man setzt z. B. 9α-Brom-$\Delta^{1.4}$-pregnadien-11β.17α.21-triol-3.20-dion-11.21-diacetat in Aceton bei normaler Temp. mit $CrCl_2$ um → *5.9-Cyclo-Δ^1-pregnen-11β.17α.21-triol-3.20-dion-11β.21-diacetat,* F. 186—191°; $[\alpha]_D$ 254°, welches sich durch katalyt. Hydrierung mit H_2/Pd–$CaCO_3$ überführen läßt → *5.9-Cyclopregnan-11β-17α.21-triol-3.20-dion-11.21-diacetat,* F. 163—164°; $[\alpha]_D$; 59°; daraus durch Dehydratisierung mit HCl → *$\Delta^{4.9.11}$-Pregnadien-17α.21-diol-3.20-dion-21-acetat,* F. 230 bis 235°; $[\alpha]_D$ 122°. — Analog: *5.9-Cyclo-Δ^1-pregnen-11β.17α-21-triol-3.20-dion-11β-formiat-21-acetat,* F. 189—193°; $[\alpha]_D$ 254°. — *5.9-Cyclo-Δ^1-androsten-11β.17β-diol-3-on-11-acetat,* F. 138—143°; $[\alpha]_D$ 184°; *5.9-Cycloandrostan-11β.17β-diol-3-on-11-acetat-17-propionat,* F. 124—126°; $[\alpha]_D$ —150°; *$\Delta^{4.9.11}$-Androstadien-17β-ol-3-on-17-propio-*

nat, F. 104—110°. — *Zwischenprodd.* zur Herst. von *Heilmitteln.* (**A. P. 3026337** vom 2/2. 1961, ausg. 20/3. 1962.) U. Sievers 4809

1633 Schering Corp., Bloomfield, übert. von: David H. Gould, Leonia, und Cecil H. Robinson, Clifton, N. J., V. St. A., **9.11-Dihalogenverbindungen der Androstanreihe** erhält man durch oxydativen Abbau der Seitenkette der entsprechenden 9.11-Dihalogenpregnanverbindungen. — Man setzt z. B. 9α.11β-Dichlor-Δ^4-pregnen-17α.21-diol-3.20-dion in wss. Essigsäure mit Na-Wismuthat um → *9α.11β-Dichlor-Δ^4-androsten-3.17-dion* (I). — Alternativ kann man $\Delta^{4.9,11}$-Androstadien-3.17-dion durch Rk. mit Cl_2 in Tetrahydrofuran u. in Ggw. von Essigsäure u. LiCl überführen → I. — Analog: *9α,11β-Dichlor-$\Delta^{1.4}$-androstadien-3.17-dion*, F. 227—231°; $[\alpha]_D$ 173°. — *9α-Brom-11β-fluor-$\Delta^{1.4}$-androstadien-3.17-dion*, F. 194—196° (Zers.); $[\alpha]_D$ 118°. — Die Herst. entsprechender 6-Methyl-, 6-Fluor- sowie von 19-Norverbb. wird, jedoch ohne Angabe pyhsikal. Daten, beschrieben. — *Heilmittel.* (**A. P. 3032564** vom 1/6. 1959, ausg. 1/5. 1962.) U. Sievers 4809

1634 Ciba Corp., übert. von: Martin Eric Kuehne, Summit, N. J., V. St. A., **Steroid-1.3-oxazine** erhält man durch Rk. eines im Ring A aromat. Steroids mit einem prim. Amin in Ggw. von Formaldehyd. — Man setzt z. B. 17α-Äthinylöstradiol in Ggw. von Trioxymethylen u. KOH sowie in n-Propanol als Lsgm. mit Benzylamin unter Rückfluß um → *3'-Benzyl-2'.4'-dihydro-17α-äthinyl-17β-hydroxy-$\Delta^{1.3.5,10}$-östratrieno[2.3:e]-1'.3'-oxazin*, F. 100 bis 101°, neben *3'-Benzyl-2'.4'-dihydro-17α-äthinyl-17β-hydroxy-$\Delta^{1.3.5,10}$-östratrieno[3.4:e]-1'.3'.oxazin*, amorph. — Analog: *3'.-Cyclohexyl-2'.4'-dihydro-17α-äthinyl-17β-hydroxy-$\Delta^{1.3.5,10}$-östratrieno[3.4:e]-1'.3'-oxazin*, F. 141 bis 143°, neben *3'-Cyclohexyl-2'.4'-dihydro-17α-äthinyl-17β-hydroxy-$\Delta^{1.3.5,10}$-östratrieno[2.3:e]-1'.3'-oxazin* — *2'.4'-Dihydro-17α-äthinyl-17β-hydroxy-3'-(2-phenyläthyl)-$\Delta^{1.3.5,10}$-östratrieno[3.4:e]-1'.3'-oxazin*, F. 141—142° neben der *[2.3:e]-Verbindung.* — *2'.4'-Dihydro-3'-methyl-17-oxo-$\Delta^{1.3.5,10}$-8-östrapenteno[3.4:e]-1'.3'-oxazin*, F. 190—192°; *3'-Benzylderiv.*, F. 188—190°; *3'-Cyclohexylderiv.*, F. 192 bis 193°; *3'-(2-Phenyläthyl)-deriv.*, F. 148—149°. — *Heilmittel.* (**A. P. 3033860** vom 19/2. 1960, ausg. 8/5. 1962.) U. Sievers 4809

1635 Lannacher Heilmittelgesellschaft m. b. H., Österreich (Erfinder: Konrad Lothar Zirm und Helmut Weichsel), **Nicotinsäureester von Steroidhormonen** erhält man durch übliche Veresterung der freien Alkohole mit einem reaktionsfähigen Deriv. der Nicotinsäure. — Es werden beschrieben: *Testosteron-17-nicotinat*, F. 187—188°. — *Östron-3-nicotinat*, F. 198—200°. — *Östradiol-3.17-bis-nicotinat*, F. 150—152°. — *Cortison-21-nicotinat*, F. 240—241°. — *Heilmittel.* (**F. P. 1281017** vom 14/2. 1961, ausg. 14/5. 1962 Oe. Prior. 19/2. u. 10/8. 1960.) U. Sievers 4809

1636 Glaxo Laboratories Ltd., Greenford, England, **Arzneimittel** mit adrenocorticotroper Wrkg., enthaltend sek. 21-Phosphatester des Hydrocortisons (I) u. Prednisolons (II), bes. I-Benzyl-, I-21-(2-Hydroxyäthyl)-, I-21-Phenyl-, I-21-Isopropyl-, II-21-Benzyl-, II-21-Phenyl-, I-21-p-Nitrobenzyl-, II-21-p-Nitrobenzyl-, I-o-Methylphenyl-, I-21-p-Methoxyphenyl-, II-21-p-Brombenzylhydrogenphosphat u. deren Salze. (**Ind. P. 71731** vom 13/11. 1958, ausg. 25/10. 1961.) C. Lüttgen 4809

1637 Nyegaard & Co. A/S, Oslo, Norwegen (Erfinder: Søren Gustav Moe Laland), **Herstellung von ACTH-Präparaten mit protrahierender Wirkung.** Man läßt ACTH u. Hyaluronsäure in einer wss. Dextran-Lsg. bei pH 4,5 miteinander reagieren, wobei sich eine salzartige Komplexverb. bildet. (**Norw. P. 97467** vom 27/5. 1959, ausg. 6/2. 1961.) K. H. Kähler 4809

1638 Rheinpreussen Akt.-Ges. für Bergbau und Chemie, Homberg, übert. von: Walter Grimme, Utford, Werner Keil, Moers, und Heinrich Schmitz, Moers-Meerbeck, **Penicillinsalze.** — Zu D. B. P. 866040; C. **1953**, 3609, sind folgende Penicillin G. (I) u. Penicillin K-(II)-Salze nachzutragen: I-*Salz von 2-Oxy-4-aminobenzoesäure-γ-piperidinopropylester*, $C_{31}H_{40}N_4O_7S$, F. > 50° (Zers.). — I-*Salz von 2-Oxy-4-n-butylaminobenzoesäure-piperidinoäthylester*, $C_{34}H_{46}N_4O_7S$, F. > 45° (Zers.). — I-*Salz von 2-Oxy-4-n-propylaminobenzoesäure-α-methyl-γ-piperidinopropylester*, $C_{35}H_{48}N_4O_7S$, F. 45—50°, Zers. > 50°. — II-*Salz vom 2-Oxy-4-benzylaminobenzoesäure-piperidinoäthylester*, $C_{37}H_{44}N_4O_7S$, F. > 45° (Zers.). — (**A. P. 2969357** vom 31/8. 1954, ausg. 24/1. 1961. D. Prior. 16/11. 1950.) F. Hirsch 4811

1639 Chas. Pfizer & Co., Inc., Brooklyn, N. Y., V. St. A., **Gewinnung von amphoteren Penicillinderivaten.** In üblicher Weise durch Züchten von P. chrysogenum gewonnene u. gereinigte Penicillin-Lsg., die auf einen pH-Wert von 7,5 eingestellt u. mit $NaHCO_3$ gepuffert ist, wird mit Carbobenzoxychlorid, versetzt, 1/2 Std. bei 20° gerührt u. nach Einstellen des pH-Wertes auf 2,2 mit H_3PO_4 mit Butylacetat(I) extrahiert. Der Extrakt wird durch eine Kolonne mit Silica-Gel, das einen Phosphatpuffer bis pH 6,2 enthält, geschickt, wobei mit S. gesätt. I eluiert wird. Die das Carbobenzoxy-Deriv. enthaltenden Fraktionen werden konz. u. mit wss. NaOH (pH 6,0) extrahiert. Die wss. Phase wird lyophilisiert, das erhaltene Na-Salz in W., das eine Spur Essigsäure enthält, gelöst u. die Lsg. in Ggw. eines Pd-Tierkohle-Katalysators mit H_2 red., bis die CO_2-Entw. aufhört, worauf die Lsg. filtriert u. das Filtrat bei 30° im Vakuum konz. wird. Es krist. *6-Aminopenicillansäure* aus. In analoger Weise erhält man aus in Ggw. von p-Aminophenylessigsäure bebrüteten Extrakten *p-Aminobenzylpenicillin* u. aus nach Bhuyand u. Johnson erhaltenen Extrakten *(4-Amino-4-carboxy-n-butyl)-penicillin.* — (**Ind. P. 68381** vom 14/7. 1959, ausg. 25/10. 1961.) C. Lüttgen 4811

1640 Beecham Research Laboratories Ltd., Brentford, England, **ω-Cyclohexylalkylpenicilline** u. deren Salze, worin die Alkylenbrücke 2—4 C-Atome aufweist, werden erhalten durch Rk. von 6-Aminopenicillansäure, bes. in Form ihrer Neutralsalze, mit einem Säurechlorid oder einem gemischten Säureanhydrid (eines Kohlensäurealkylesters) der entsprechenden ω-Cyclohexylalkylcarbonsäure bes. in wss. Lösung. — Die *Kaliumsalze* folgender ω-Cyclohexylalkylpenicilline wurden hergestellt: *-n-butyl-*, F. 204—206° (Zers.); *-äthyl-*, F. 213—215°; *-n-propyl-*, F. 201—203° (Zers.). — *Antibioticum.* (**E. P. 874414** vom 11/5. 1960, ausg. 10/8. 1961. A. Prior. 25/5. 1959.) F. Hirsch 4811

1641 Beecham Research Laboratories Ltd., Brentford, England, **β-Phenyläthylpenicilline (I),** deren Benzolkern ggf. substituiert ist mit 1—3 der folgenden einander gleichen oder verschiedenen Substituenten: Chlor-, Brom-, Jodatome, NO_2-, NH_2-, NH(R)-, $N(R)_2$-, RCONH-, R-, RO-, HO-, Sulfamylgruppen [R = niedermol. Alkylgruppe] werden erhalten durch Rk. von 6-Aminopenicillansäure mit einem reaktionsfähigen funktionellen Deriv. der entsprechenden β-Phenylpropionsäure. — I-*Kalium*, $C_{17}H_{19}N_2O_4SK$, F. 195—200° (nach Trocknen über P_2O_5). — *β-[p-Chlorphenyl]-äthylpenicillin-Kalium.* — Weitere I werden ohne nähere Kennzeichnung aufgeführt. — *Antibiotica.* (**E. P. 874416** vom 11/5. 1960, ausg. 10/8. 1961. A. Prior. 25/5. 1959.) F. Hirsch 4811

1642 Beecham Research Laboratories Ltd., Brentford, England, **6-Sorbamidopenicillansäure** (I) wird erhalten durch Rk. von 6-Aminopenicillansäure mit Sorbylchlorid oder dessen funktionell reagierenden Derivaten. — I-*Kalium*, $C_{14}H_{17}N_2O_4SK$, F. > 90° (Zers.). — *Antibioticum.* (**E. P. 877323** vom 5/7. 1960, ausg. 13/9. 1961. A. Prior. 17/7. 1959.) F. Hirsch 4811

1643 Beecham Research Laboratories Ltd., Brentford, England (Erfinder: Frank Peter Doyle, John Herbert Charles Nayler und George Newbolt Rolinson), **6-Zimtsäureamidopenicillansäuren (I)** die durch 1—3 gleiche oder verschiedene Reste [NO_2, NH_2, RNH, R(R)N, RCONH, R, Cl, Br, J, RO, OH, Sulfamyl; R = Alkyl] am Phenylrest substituiert sein können u. deren Salze werden hergestellt durch Rk. von 6-Aminopenicillansäure oder deren Neutralsalze mit einem acylierend wirkenden Deriv. der entsprechenden Zimtsäure. — Es werden die *Kaliumsalze* von am Benzolring durch folgende Reste substituierten **I** hergestellt: *2'-Chlor-*; *4'-Chlor-*, F. 165–175° (Verfärbung > 130°); *2'.3'-Dimethoxy-*, Zers. 165–175° (Verfärbung > 120°); *4'-Sulfamyl-*; *3'.4'-Dimethoxy-*; *4'-Methoxy-*; *3'-Methyl-*; *3'-Dimethylamino-*; *2'-Methoxy-*; *3' 4' 5'-Trimethoxy-*; *2'.4'-Dichlor-*; *2'-Nitro-*; *4'-Methylamino-*; *2'-Acetamido-*; *2'.4'-Dimethyl-*; *2'.4'.5'-Trimethyl-*; *4'-Isopropyl-*; *3'-Brom-*; *2'-Jod-*; *2'-Äthylamino-*; *2'.5'-Dihydroxy-*; *3'.5'-Dichlor-*; *3'.4'-Dichlor-*; *2'-Methyl-*; *4'-Hydroxy-*; *2'-Hydroxy-*; *3'-Methoxy-4'-hydroxy-*. — *Antibiotica*. (**E. P. 882335** vom 2/7. 1959, ausg. 15/11. 1961. **Zusatz zu E. P. 870395; C. 1963, 20909.**) F. Hirsch 4811

1644 Beecham Research Laboratories Ltd., Brentford, England, **6.6'-[D-Camphoryl]-bis-aminopenicillansäure** (**I**) u. ihre Salze werden erhalten durch Rk. von 6-Aminopenicillansäure oder eines ihrer Salze mit einen acylierend wirkenden funktionellen Deriv. der Kampfersäure. — **I**-*Dikaliumsalz*, F. 220° (Zers.). — *Antibioticum*. (**E. P. 885425** vom 25/5. 1960, ausg. 28/12. 1961. A. Prior. 15/6. 1959.) F. Hirsch 4811

1645 Farbwerke Hoechst Akt.-Ges. vormals Meister Lucius & Brüning, Frankfurt/M. (Erfinder: Manfred Schorr, Rudolf Fußgänger, Frankfurt/M., Fritz Bauer, Bad Soden, und Georg Nesemann, Frankfurt/M.), **Herstellung von tertiären und quaternären Diäthanolaminen** durch Umsetzung prim. Amine der allg. Formel **I**, worin R_1 R_2 u. R_3 = H oder Halogen bedeuten, mit Äthylenchlorhydrin oder Äthylenoxid u. ggf.

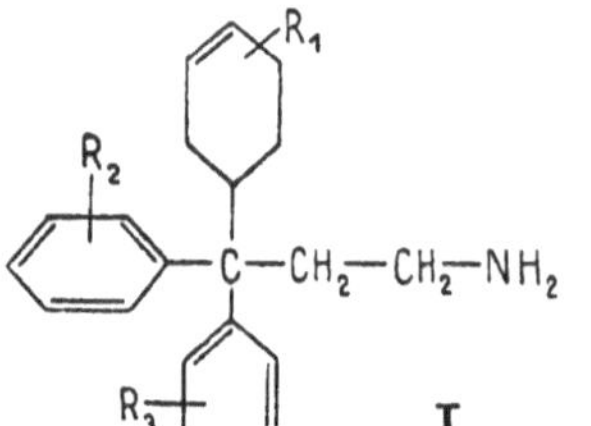

I

auf die gebildeten Amine einen reaktionsfähigen Ester eines Alkohols der Formel R_4–OH einwirken läßt, in der R_4 einen Alkylrest, einen niederen Hydroxyalkylrest, einen Alkenylrest oder einen ggf. halogen substituierten Benzylrest bedeutet. — Beispiele: *N-[γ.γ.γ-Tri-(4'-chlorphenyl)-propyl]-N.N-bis-(β-hydroxyäthyl)-amin*, F. 109–110°, *Hydrochlorid*, F. 208–211°; *N-[γ-(3'-Fluorphenyl)-γ.γ-bis-(4''-chlorphenyl)-propyl]-N.N-bis-(β-hydroxyäthyl)-amin*; *N-[γ.γ.γ-Tri-(4'-chlorphenyl)-propyl]-N.N-bis-(β-hydroxyäthyl)-N-methylammonium-methylsulfat*, F. 111–113°; *N-[γ.γ.γ-Tri-(4'-chlorphenyl)-propyl]-N.N-bis-(β-hydroxyäthyl)-N-allylammonium-bromid*, F. 210–211°; *N-[γ-(3'-Fluorphenyl)-γ.γ-bis-(4''-chlorphenyl)-propyl]-N.N-bis-(β-hydroxyäthyl)-N-allylammonium-bromid*, F. 193–194°; *N-[γ.γ.γ-Tri-(4'-chlorphenyl)-propyl]-N.N-bis-(β-hydroxyäthyl)-N-äthyl-ammonium-p-toluolsulfonat*, F. 157–158°; *N-[γ.γ.γ-Tri-(4'-chlorphenyl)-propyl]-N.N-bis-(β-hydroxyäthyl)-N-(p-chlorbenzyl)-ammoniumchlorid*, F. 208–210°; *N-[γ.γ.γ-Tri-(4-chlorphenyl)-propyl]-N.N.N-tri-(β-hydroxyäthyl)-ammonium-chlorid*, F. 233–235°. — *Bacteriostatica, Bactericide, Fungistatica, Fungicide*. (**D. A. S. 1124048** Kl. 12q vom 31/10. 1959, ausg. 22/2. 1962.) R. Bauereis 4833

1646 Deutsche Akademie der Wissenschaften zu Berlin, Berlin (Erfinder: Alfred Rieche, Günter Hilgetag, Anneliese Martini, Berlin, und Olfried Nejedly, Erfurt), **Fungicide 2-Thionotetrahydro-1.3.5-thiadiazine** der allg. Formel **I** (R = H oder Alkyl;

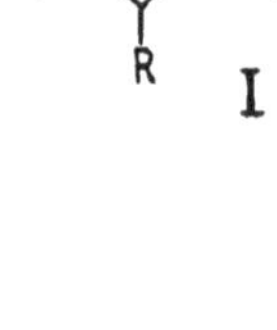

I

R_1 = Aralkyl; R_1' = Alkyl oder Aralkyl) erhält man nach 3 an sich bekannten Verff. 1. Rk. von 1 (Mol) CS_2 mit 2 Aralkylamin der allg. Formel R_1NH_2 (**II**) u. 1 Aldehyd der allg. Formel RCHO. 2. Rk. von 1 Dithiocarbamat der allg. Formel $[R_1NH–CS_2]^{\ominus}[H_3N–R_1]^{\oplus}$ mit 2 Aldehyd der allg. Formel RCHO (**III**). 3. Rk. von CS_2 in Ggw. von Alkali- oder Erdalkalihydroxids bzw. Na_2CO_3 mit **II** u. weitere Rk. von 1 (Mol) des erhaltenen Alkali- oder Erdalkalisalzes einer Dithiocarbaminsäure der allg. Formel $R_1NH–CSSH$ mit 2 **III** u. 1 eines neutralen Salzes eines Amins der allg Formel $R_1'NH_2$. — Es wurden die *2-Thiono-1.3.5-thiadiazine* erhalten: *3.5-Bis-(phenyläthyl)-tetrahydro*, F. 107° (Aceton-Methanol). *3-Benzyl-5-methyltetrahydro-*, F. 102° (Methanol). *3.5-Dibenzyl-*, *4.6-dimethyldihydro-*, F. 113°. *3-Phenyläthyl-5-methyltetrahydro-*, F. 112° (Aceton–Methanol). — Gegen *pathogene Hautpilze*. (**D. A. S. 1145624** Kl. 12p vom 18/8. 1958, ausg. 21/3. 1963.) A. Jahn 4833

1647 **Abbott Laboratories**, North Chicago, Ill., V. St. A., *Dragierlösung für feste Arzneimittelpräparate*. (**Ind. P. 73397** vom 16/9. 1960. — C. **1962**, 12386 [D. A. S. 1118932].)

1648 **Sandoz Soc. An.**, Schweiz, *Herstellung von Glucosiden aus Podophyllumarten*. (**F. P. 1261856** vom 27/4. 1955, ausg. 15/9. 1961. Schwz. Prior. 28/4., 13/10. u. 12/11. 1954 u. 18/1. 1955. — C. **1958**, 4869 [Oe. P. 191085].)

1649 **American Home Products Corp.**, V. St. A. (Erfinder: **Gerhard Rudolf Wendt**), *N-Propylharnstoffderivate*. (**F. P. 1266461** vom 21/8. 1956, 10/11. 1961. A. Prior. 25/8. 1955. — C. **1959**, 5235 [A. P. 2800471].)

1650 **Farbenfabriken Bayer Akt.-Ges.**, Leverkusen, *Herstellung von N-[4-Sulfonamidophenyl]-butansultam*. (**Oe. P. 216005** vom 10/3. 1960, ausg. 10/7. 1961. D. Prior. 28/3. 1959. — C. **1962**, 3186 [D. A. S. 1111191].)

1651 **C. F. Boehringer & Söhne G. m. b. H.**, Mannheim, *Herstellung von basischen Äthern*. (**Oe. P. 219561** vom 16/12. 1960, ausg. 12/2. 1962. D. Prior. 29/1. 1960. — C. **1962**, 9819 [D. A. S. 1108684].)

1652 **Lääketehdas Orion Oy** (Erfinder: **Jaakko Juhani Hukki, Erkki Juhani Honkanen** und **Joachim Alberty**), Helsinki, Finnland, *Herstellung von aromatischen, in den beiden Orthostellungen substituierten Säureamiden*. (**D. A. S. 1156080** Kl. 12q vom 2/2. 1960, ausg. 24/10. 1963. Finn. Prior. 7/2. 1959. — C. **1963**, 18944 [E. P. 877846].)

1653 **Norwich Pharmacal Co.** (Erfinder: **Alexander Bold Neill**), *o-Aminophenylacetamide*. (**Aust. P. 239543** vom 16/9. 1959, ausg. 9/8. 1962. A. Prior. 23/9. 1958. — C. **1963**, 613 [E. P. 873301].)

1654 **Knoll Akt.-Ges., Chemische Fabriken**, Ludwigshafen/Rh., *Basische Salicylamidderivate*. (**Oe. P. 205492** vom 19/8. 1957, ausg. 25/9. 1959. D. Prior. 5/9. 1956. — C. **1962**, 7254 [F. P. 1213425] u. C. **1963**, 14414 [Belg. P. 560462].)

1655 **Deutsche Gold- und Silber-Scheideanstalt vormals Roessler**, Frankfurt/M., *Herstellung von N-Dialkylphosphorylhomocysteinthiolactonen*. (**Oe. P. 219055** vom 21/7. 1960, ausg. 10/1. 1962. D. Prior. 11/8. 1959. — C. **1961**, 12183 [D. A. S. 1093376].)

1656 **Miles Laboratories, Inc.**, V. St. A., *Herstellung von substituierten Polyaminen*. (**F. P. 1266459** vom 6/8. 1956, ausg. 10/11. 1961. — C. **1962**, 6134 [E. P. 791718].)

1657 **Merck & Co., Inc.**, Rahway, N. J., V. St. A., *N-[3.3-Diphenyl-3-hydroxypropionyl]-N'-acylhydrazine*. (**Oe. P. 205487** vom 13/10. 1958, ausg. 25/9. 1959. A. Prior. 15/10. 1957. — C. **1963**, 16280 [Aust. P. 232669].)

1658 **Merck & Co., Inc.**, Rahway, N. J., V. St. A., *N-[3-Phenylcinnamoyl]-N'acylhydrazine*. (**Oe. P. 205488** vom 14/10. 1958, ausg. 25/9. 1959. A. Prior. 15/10. 1957. — C. **1963**, 15903 [A. P. 2953598].)

1659 **Nordmark-Werke G. m. b. H.**, Deutschland, *Herstellung von 2-[p-Aminobenzolsulfonamido]-4.5-dimethyloxazol und seiner Salze*. (**F. P. 1261865** vom 2/7. 1956, ausg. 15/9. 1961. D. Prior. 28/7. 1955. — C. **1957**, 10013 [D. A. S. 1003737].)

1660 **Haco Akt.-Ges.**, Gümligen, Schweiz, *4-Isoxazolin-3-one und deren Herstellung*. (**E. P. 923059** vom 7/3. 1961, ausg. 10/4. 1963. Schwz. Prior. 9/3. 1960. — C. **1963**, 21649 [D. A. S. 1146494].)

1661 **Dr. Karl Thomae G. m. b. H.**, Deutschland, *4.4'-Dihydroxydiphenylpyridylmethane*. (**F. P. 75159** vom 21/3. 1956, ausg. 8/9. 1961. D. Prior. 22/3. 1955. Zusatz zu F. P. 1236501; C. 1963. 15157. — C. **1958**, 9299 [Oe. P. 191897].)

1662 **Dr. Karl Thomae G. m. b. H.**, Deutschland, *Herstellung von 4.4'-Dihydroxydiphenylpyridylmethanen*. (**F. P. 75260** vom 28/7. 1958, ausg. 4/10. 1961. D. Prior. 2/8. 1957. Zusatz zu F. P. 1236501; C. 1963. 15157. — C. **1960**, 17542 [D. A. S. 1068714].)

1663 **F. Hoffmann-La Roche & Co. Akt.-Ges.**, Basel, Schweiz, *Herstellung von Pyridylmethyldibenzylaminen*. (**Ind. P. 69627** vom 9/11. 1959, ausg. 28/2. 1962. — C. **1962**, 3352 [A. P. 2965646].)

1664 **Adolf Christian Josef Opfermann**, Deutschland, *Herstellung von quaternären Pyridiniumverbindungen*. (**F. P. 1261866** vom 18/2. 1957, ausg. 15/9. 1961. D. Prior. 23/2. 1956. — C. **1961**, 17666 [D. P. [DDR] 16311].)

1665 **May & Baker Ltd.**, Dagenham, Essex, England, *Herstellung von Piperidinsubstitutionsprodukten*. (**Oe. P. 204038** vom 22/3. 1958, ausg. 25/6. 1959. E. Prior. 22/3. 1957. — C. **1962**, 16062 [F. P. 1216260].)

1666 **Imperial Chemical Industries Ltd.**, England, *Herstellung von Chinolinderivaten*. (**F. P. 1266457** vom 31/5. 1956, ausg. 10/11. 1961. E. Prior. 3/6. 1955 u. 20/4. 1956. — C. **1959**, 10340 [D. A. S. 1035142].)

1667 **Imperial Chemical Industries Ltd.** (Erfinder: **Norman Greenhalgh**), *Piperazinsalze*. (**Aust. P. 239573** vom 13/1. 1960, ausg. 9/8. 1962. E. Prior. 11/2. 1959. — C. **1963**, 11352 [E. P. 864786].)

1668 **Sandoz Soc. An.**, Schweiz, *Herstellung von Pyridazinderivaten*. (**F. P. 1248429** vom 6/2. 1959, ausg. 9/3. 1961. Schwz. Prior. 10/2., 31/3., 2/4., 23/4. u. 12/9. 1958. — C. **1963**, 21276 [Oe. P. 215422].)

1669 **Sterling Drug, Inc.**, V. St. A. (Erfinder: **Alexander Robert Surrey**), *Herstellung von 2-Aryl-1.3-thiazanonen-(4)*. (**F. P. 1266464** vom 15/7. 1957, ausg. 10/11. 1961. A. Prior. 20/7. 1956. — C. **1961**, 15205 [Aust. P. 219672] u. C. **1962**, 15037 [D. A. S. 1111192].)

1670 **Soc. des Usines Chimiques Rhône-Poulenc**, Seine, Frankreich (Erfinder: **Robert Michel Jacob** und **Jacques Georges Robert**), *Herstellung* *von Phenothiazinverbindungen.* (**F. P. 1261878** vom 22/4. 1958, ausg. 15/9. 1961. — C. **1961,** 12934 [D. A. S. 1100635].)

1671 **Merck & Co., Inc.,** Rahway, N. J., V. St. A., *3.4-Dihydro-1.2.4-benzthiadiazin-1.1-dioxide.* (**Ind. P. 69827** vom 25/11. 1959. Can. Prior. 13/2. 1959. — C. **1963,** 13291 [D. A. S. 1112523].)

1672 **Ciba Ltd.,** Basel, Schweiz (Erfinder: **Emil Schlittler**), *Reserpsäurediester.* (**Aust. P. 235922** vom 7/11. 1958, ausg. 16/11. 1961. A. Prior. 14/11. 1957. Zusatz zu Aust. F. 203896; C. 1961, 18797. — **1962,** 5024 [F. P. 1217029].)

1673 **Ciba Ltd.,** Basel, Schweiz (Erfinder: **Emil Schlittler**), *Reserpsäureester.* (**Aust. P. 235923** vom 7/11. 1958, ausg. 16/11. 1961. A. Prior. 14/11. 1957. Zusatz zu Aust. F. 203896; C. 1961, 18797. — C. **1961,** 2373 [E. P. 837947].)

1674 **Österreichische Stickstoffwerke Akt.-Ges.,** Österreich, *Herstellung von Polymethylen- oder Phenylen-bis-*[*carbaminsäureestern*]. (**F. P. 1219902** vom 14/4. 1959, ausg. 20/5. 1960. Oe. Prior. 24/4. 1958. — C. **1961,** 18785 [Oe. P. 205508].)

1675 **F. Hoffmann-La Roche & Cie. Soc. An.,** Schweiz, *Herstellung von Polyschwefelsäureestern des Chitosans.* (**F. P. 1266453** vom 18/1. 1955, ausg. 10/11. 1961. Schwz. Prior. 22/1. 1954. — C. **1957,** 13432 [D. B. P. 963507].)

1676 **Heyl & Co. Chemisch-Pharmazeutische Fabrik,** Deutschland, *Isolierung von Cobalaminen.* (**F. P. 1261873** vom 1/10. 1957, ausg. 15/9. 1961. D. Prior. 2/10. 1956. — C. **1959,** 11667 [D. A. S. 1049538].)

1677 **Ciba Soc. An.,** Schweiz, *Herstellung von 9.11-Dehydrosteroiden.* (**F. P. 1280582** vom 21/12. 1959, ausg. 9/5. 1962. Schwz. Prior. 24/12. 1958 u. 10/2. 1959. — C. **1963,** 618 [D. A. S. 1127895].)

1678 **Ciba Akt.-Ges.,** Basel (Erfinder: **Oskar Jeger,** Zürich, **Jaroslav Kalvoda,** Basel, und **Paul Buchschacher,** Schwarzenbach), Schweiz, *Herstellung von Aminosteroiden.* (**Schwz. P. 368163** vom 7/8. 1958, ausg. 15/5. 1963. — C. **1963,** 10198 [A. P. 3004968].)

1679 **American Cyanamid Co.,** New York, N. Y., V. St. A., *Herstellung von 16α.17α-Alkylidendioxysteroiden.* (**E. P. 909126** vom 11/3. 1959, ausg. 24/10. 1962. A. Prior. 11/3. u. 18/6. 1958. — C. **1963,** 5570 [A. P. 2990401].)

1680 **Farmaceutici Italia Soc. An.** (Erfinder: **Bruno Camerino, Bianca Patelli** und **Alberto Vercellone**), Mailand, Italien, *Herstellung von in 4-Stellung substituierten Steroiden.* (**Schwz. P. 368795** vom 22/10. 1956, ausg. 15/6. 1963. It. Prior. 29/3. 1956. — C. **1959,** 11009 [A. P. 2842571].)

1681 **American Cyanamid Co.,** New York, N. Y., V. St. A., *Herstellung von in 21-Stellung durch Stickstoff substituierten Steroiden der Pregnanreihe.* (**E. P. 919439** vom 10/3. 1961, ausg. 27/2. 1963. A. Prior. 7/6. 1960. — C. **1964,** 6/7-1602 [A. P. 3020275].)

1682 **E. Merck Akt.-Ges.,** *Herstellung von Steroid-21-orthophosphaten und von deren Salzen.* (**F. P. 1275197** vom 26/11. 1960, ausg. 26/2. 1962. D. Prior. 25/11. 1959. — C. **1963,** 9813 [D. A. S. 1134075].)

1683 **Ciba Soc. An.,** Schweiz, *Herstellung von 11β.18-Oxidosteroiden.* (**F. P. 1288720** vom 5/2. 1960, ausg. 10/8. 1962. Schwz. Prior. 12/2. 1959. — C. **1963,** 14051 [D. A. S. 1140573].)

1684 **Ciba Soc. An.,** Schweiz, *Herstellung von 11.18-oxigenierten Steroiden.* (**F. P. 1272499** vom 7/10. 1959, ausg. 29/1. 1962. Schwz. Prior. 10/10. 1958. — C. **1963,** 8653 [D. A. S. 1127355].)

1685 **Chinoin Gyògyszerés Vegyészeti Termékek Gyára R. T.,** Budapest, Ungarn, *Mikrobiologische Oxydation von Steroiden.* (**E. P. 918736** vom 5/6. 1959, ausg. 20/2. 1963. Ung. Prior. 5/6. 1958. — C. **1964,** 1—1618 [D. A. S. 1137436].)

1686 **Sterling Drug, Inc.** (Erfinder: **Raymond Otto Clinton** und **Andrew John Manson**), New York, N. Y., V. St. A., *Herstellung von Steroid-*[*2.3:d*]*-isoxazolen bzw. von entsprechenden 2-Cyansteroid-3-ketonen oder deren Salzen.* (**D. A. S. 1148544** Kl. 12o vom 17/7. 1959, ausg. 16/5. 1963. **E. PP. 905844** u. **905845** vom 2/7. 1959, ausg. 12/9. 1962. Alle A. Prior. 23/7. 1958. — **1964,** 6/7-1615 [F. P. 1272489].)

1687 **Syntex Soc. An.,** Mexico, Mexico, *Herstellung von Verbindungen der Pregnanreihe.* (**E. P. 920503** vom 15/6. 1959, ausg. 6/3. 1963. Mexican. Prior. 13/6. 1958. — C. **1963,** 8655 [D. A. S. 1131213].)

1688 **Roussel-Uclaf,** Paris (Erfinder: **Georges Muller,** Nongent-sur-Marne, und **Milutin Stefanovic,** Paris), Frankreich, *Herstellung von 16α-Methoxymethylsteroiden der Pregnanreihe.* (**D. A. S. 1155124** Kl. 12o vom 16/5. 1960, ausg. 3/10. 1963. F. Prior. 22/5. 1959. — C. **1963,** 4819 [A. P. 2980714].)

1689 **Ciba Soc. An.,** Schweiz, *Herstellung von Aminoverbindungen der Pregnanreihe.* (**F. P. 1265442** vom 15/6. 1960, ausg. 27/10. 1961. Schwz. Prior. 17/6. 17/6. 1959 u. 13/5. 1960. — C. **1963,** 14051 [D. A. S. 1142361].)

1690 **Ciba Soc. An.,** Schweiz, *Herstellung von in 21-Stellung unsubstituierten 11β.17α-Dihydroxy-20-oxo-pregnanen.* (**F. P. 1283829** vom 15/1. 1960, ausg. 27/6. 1962. Schwz. Prior. 22/1. 1959. — **1963,** 13292 [D. A. S. 1140932].)

1691 **Ciba Akt.-Ges.** (Erfinder: **Albert Wettstein, Georg Anner,** Basel, **Charles Meystre,** Arlesheim, **Peter Wieland, Ludwig Ehmann, Karl Heusler, Alfred Hunger** und **Jindrich Kebrle,** Basel), Schweiz, *Herstellung* von *16α-Methyl-allopregnan-3β.11α-17α-trilo-20-on.* (**D. A. S. 1146052** Kl. 12o vom 14/12. 1959, ausg. 28/3. 1963. Schwz. Prior. 24/12. 1958. — C. **1964,** 6/7—1606 [A. P. 3026340].)

1692 **Ciba Soc. An.,** Schweiz, *Herstellung von 18.20-Cyclo-20-oxo-21-nor-pregnanen.* (**F. P. 1281233** vom 30/12. 1959, ausg. 18/5. 1962. Schwz. Prior. 12/1. u. 30/9. 1959. — C. **1963,** 17423 [D. A. S. 1142604].)

1693 **Roussel-Uclaf,** Paris (Erfinder: **Georges Muller,** Nogent-sur-Marne, und **André Poittevin,** Les Lilas), Frankreich, *Herstellung von 16α-Methyl-3.20-diketo-11β.18-oxido-Δ^4-pregnen.* (**D. A. S. 1154101** Kl. 12o vom 27/7. 1961, ausg. 12/9. 1963. F. Prior. 29/7. 1960. — C. **1963,** 19338 [A. P. 3018283].)

1694 **Ciba Soc. An.,** Schweiz, *Herstellung des 18.20-Lactons* von *3-Oxo-11α-acyloxy-20-hydroxy-Δ^4-pregnen-18-säuren.* (**F. P. 1287019** vom 14/3. 1961, ausg. 27/7. 1962. Schweiz. Prior. 21/7. 1960. — C. **1963,** 22430 [A. P. 3014032].)

1695 **Ciba Soc. An.,** Schweiz, *Herstellung von 16-Alkyl-17α-hydroxy-$\Delta^{9,11}$-pregnen-20-onen.* (**F. P. 1283830** vom 15/1. 1960, ausg. 27/6. 1962. Schwz. Prior. 22/1. u. 10/2. 1959. — C. **1963,** 14050 [D. A. S. 1142360].)

1696 **British Drug Houses Ltd.,** London, England, *Herstellung von 3β-Acyloxy- und 3β-Hydroxy-6-methyl-$\Delta^{5,16}$-pregnadien-20-onen.* (**Oe. P. 225858** vom 28/8. 1958, ausg. 11/2. 1963. E. Prior. 28/8. 1957. — C. **1963,** 11747 [A. P. 3004966].)

1697 **Ciba Akt.-Ges.,** Basel (Erfinder: **Albert Wettstein,** Riehen, **Georg Anner** und **Ludwig Ehmann,** Basel), Schweiz, *Herstellung von Halogenandrostanen.* (**Schwz. P. 367824** vom 25/6. 1958, ausg. 30/4. 1963. **E. P. 920639** vom 23/6. 1959, ausg. 13/3. 1963. Schwz. Prior. 25/6. 1958. — C. **1964,** 4-1613 [A. P. 3012941].)

1698 **Farmaceutici Italia Soc. An.** (Erfinder: **Bruno Camerino, Renato Modelli** und **Bianca Patelli**), Mailand, Italien, *Herstellung von 4-Hydroxy-3-keto-Δ^4-abdrostenen.* (**Oe. P. 226384** vom 27/2. 1961, ausg. 11/3. 1963. It. Prior. 1/3. 1960. — C. **1963,** 6704 [A. P. 2999870].)

1699 **Ciba Soc. An.,** Schweiz, *Herstellung von 3β.17β-Dihydroxy-9α.11β-dihalogen-androstenen und von deren Estern.* (**F. P. 1295364** vom 5/7. 1960, ausg. 31/10. 1962. Schwz. Prior. 9/7. 1959. — C **1964,** 4-1611 [A. P. 3012939].)

1700 **Chinoin Gyógyszerés Vegyészeti Termékek Gyara R. T.,** Budapest, Ungarn, *Herstellung von $\Delta^{1,4}$-Androstadien-3.17-dion.* (**E. P. 918960** vom 8/8. 1960, ausg. 20/2. 1963. Ung. Prior. 12/8. 1959. — C. **1964,** 1-1616 [D. A. S. 1135455].)

1701 **Ciba Soc. An.,** Schweiz (Erfinder: **Alfred Hunger** und **John Benjamin Ziegler**), *Reinigung von 1-Dehydro-17α-methyltestosteron.* (**F. P. 1275570** vom 25/11. 1960, ausg. 5/3. 1962. A. Prior. 3/12. 1959. — C. **1964,** 5-1583 [E. P. 894029].)

1702 **Ciba Akt.-Ges.,** Basel (Erfinder: **Albert Wettstein,** Riehen, und **Ernst Vischer,** Basel), Schweiz, *Herstellung von 11α-Hydroxy-17α-methyltestosteron* (**Schwz. P. 368166** vom 31/7. 1958, ausg. 15/5. 1963. — C. **1963,** 8654 [D. A. S. 1130442].)

1703 **Aktiebolaget Leo,** Hälsingborg, Schweden (Erfinder: **Egon Richard Diczfalusy, Ove Birger Fernö, Hans Jakob Fex** und **Knut Bertil Högberg**), *Herstellung von Corticosteroid-estern.* (**E. P. 919830** vom 16/7. 1959, ausg. 27/2. 1963. — C. **1963,** 20526 [D. A. S. 1131668].)

1704 **Ciba Ltd.** bzw. **Ciba Soc. An.,** Basel, Schweiz, *Herstellung von Estern des Dexamethasons.* (**E. P. 920421** vom 3/7. 1959, ausg. 6/3. 1963. **F. P. 1269586** vom 2/7. 1959, ausg. 20/12. 1961. Beide Schwz. Prior. 4/7. u. 24/12. 1958 u. 2/6. 1959. — C. **1964,** 6/7 — 1601 [A. P. 3033881].)

1705 **G. D. Searle & Co.,** Chicago, Ill., V. St. A., *Herstellung von 16-Alkenyl- und 16-Alkinylöstratrien-3.16.17-triolen und von deren Äthern.* (**E. P. 913589** vom 31/7. 1961, ausg. 19/12. 1962. A. Prior. 16/8. 1960. — C. **1963,** 8264 [A. P. 3002008].)

G. Analyse, Laboratorium

1706 **Ein Gerät zum sicheren Handhaben und kontrollierten Öffnen verschlossener Glaskolben, in denen sich Gas unter einem Druck von 280 lb · in.$^{-2}$ befindet.** A. R. Blake und R. A. Redford. (J. sci. Instruments **40,** 199—200, 1963; Berkeley, Gloucestershire, Berkeley Nuclear Labor., Central Electr. Generating Board; engl.) — Das Prinzip beruht darauf, daß ein Metallring die Glaskapsel umschließt, der beim Erhitzen infolge Ausdehnung auf eine dickere Stelle der Kapsel rutscht u. dort beim Abkühlen infolge Kontraktion das Glas zerbricht. Die Kapsel mit Ring befindet sich unter Vakuum in einem Schutzbehälter, die Erwärmung des Ringes erfolgt von außen durch einen Heizdraht. F. Voigt 5010◇

1707 **Verwendung von Eis und Wasser als Füllstoff während des Biegens und Flachpressens von Metallröhren.** R. B. Thorness und Alfred O. Nier. (Rev. sci. Instruments **33,** 1116—18, 1962; Minneapolis, Minn., Univ., School of Phys.; engl.) — Beschreibung des Verf. zur Verw. für Labor.-Geräte. C. Gottfried 5010△

1708 **Thermistoren-Registrierdurchflußmesser.** Jaroslav Veprek. (Chem. Listy **56,** 1437—42, 1962; Brno, Čs. akad. věd, Ústav přístroj. techn.; tschech.) — Beschreibung der Konstruktion von Registrierdurchflußmessern mit Thermistorgeber für sehr kleine Mengen von Gasen oder Fll. (0,1—20 Liter/Std. bei Gasen, 0,005—0,4 Liter/Std. bei Fll.). M. Ryba 5014△

1709 **Thermoelektrische Instabilität einiger Edelmetall-thermopaare bei hohen Temperaturen.** B. E. Walker, C. T. Ewing und R.-R. Miller. (Rev. sci. Instruments **33,** 1029—40, 1962; Washington, D. C., U. S. Naval Res. Labor. Chem. Div., Inorg. Chem. and Nuclear Chem. Branch; engl.) — Untersucht wurden die Thermopaare u. -elemente *Pt, Rh, Ir,* Ir — 50% Rh u. verschiedene Pt–Rh-Legg. im Temp.-Bereich 1000—1700° in neutraler u. oxydierender Atmosphäre. Die stärksten Fehlerquellen bildeten Verunreinigungen aus den keram. Schutzröhren. Diskutiert werden die Bedingungen für eine maximal thermoelektr. Stabilität. K. Jaeger 5016◇

1710 **Fehler bei der Temperaturmessung von Helium-Dampfdrücken.** H. Montgomery und G. P. Pells. (Brit. J. appl. Physics **14,** 525—26, 1963; Harwell, Berks., Atomic Energy Res. Establ., Solid State Phys.

Div.; engl.) — Durch Verss. wird gezeigt, daß eine ^{4}He-Dampfdruckblase eine fälschlich zu hohe Temp.-Messung $< 2,2$ °K infolge des Kapitza-Widerstandes an der Grenzfläche Feststoff-Fl. ergibt. Die zur Vermeidung dieses Fehlers dienenden Maßnahmen werden erörtert.
W. Wesly 5016◇

1711 **Ein verbesserter Mikroskopheiztisch.** E. Kohn, H. Medina jun. und J. V. Cavender. (J. appl. Polymer Sci. **5**, S 13—S 14, 1961; Texas, City, Tex., Monsanto, Chem. Co.; engl.) — Die gebräuchliche Kofler-App. wurde durch Aufbringen eines zweiten Heizblocks verbessert, wodurch es möglich ist, F.-Best. von kristallinen Polymeren mit definierten FF. mit einer Genauigkeit von $\pm$ 0,1° vorzunehmen. Der Temp.-Anstieg beträgt $<$ 0,2°/Minute. H. Strauch 5018◇

1712 **Anomale Capillarschmelzpunkte bei Zuckern durch Verwendung von Capillaren aus Borosilicatglas.** Leon Segal und David J. Stanonis. (Analytic. Chem. **35**, 1750—51, 1963; New Orleans, La., U. S. Dep. of Agricult., Southern Utilization Res. and Dev. Div., Plant Fibers Pioneering Res. Labor.; engl.) — Die FF. organ. Verbb. hängen stark von der Zus. des Glases der Schmelzpunktcapillaren ab. Capillaren aus Borosilicatglas beeinflussen normalerweise die Schmelztemp. von Verbb. nicht. Nur bei einigen Zuckern wird ein Einfl. auf die FF. in Capillaren aus Borosilicatglas beobachtet.
W. Hegenberg 5018◇

1713 **Über die Anwendbarkeit der Mikrotorsionswaage 1700 zur Mikrogrammanalyse.** G. Gorbach. (Analytica chim. Acta [Amsterdam] **29**, 453—59, 1963; Graz, TH, Inst. für Technol., Lebensmittelchem. u. Mikrochem.; dt.) — Prüfung der Torsionsmikrowaage Sartorius 1700 u. Beschreibung einer statist. Wägemethodik zur Steigerung der Wägegenauigkeit von $\pm$ 10 μg auf $\pm$ 1 μg bei Belastungen bis zu 1,5 g. O. Henning 5022◇

1714 **Trockenapparat für Pulver.** Cyril Solomons und Gerald Schlosser. (Rev. sci. Instruments **33**, 1287—88, 1962; Hopkins, Minn., Minneapolis-Honeywell Res. Center; engl.) — Beschreibung des Trockenapp. dessen Arbeitsweise im Prinzip darin besteht, das zu trocknende Pulver abwechselnd einem Vakuum auszusetzen u. mit einem trocknen Gas zu durchspülen, wobei das Gas von unten dem Trockengefäß zugeführt wird.
C. Gottfried 5022△

1715 **Langlebige Vakuumkühlfalle mit hohem Wirkungsgrad.** J. W. Butler. (Nuclear Instruments Methods [Amsterdam] **8**, 211—16, 1960; Washington, D. C., U. S. Nav. Res. Labor., Nucleon. Div.; engl.) — Beschreibung einer Kühlfalle, deren Kapazität von 16 Liter fl. N_2 für 5 Tage ausreicht. H. Roschkowski 5026◇

1716 **Einführung einer Hochspannungsleitung in ein Vakuumsystem.** W. E. Bron, R. Mannheimer und G. Taylor. (Rev. sci. Instruments **33**, 1287, 1962; Yorktown Heights, N. J., JBM Res. Center; engl.) — Beschreibung der Leitungszuführung zu einem Vakuum-Syst., die sich bei Verss. im Vakuum ($> 10^{-3}$ mm Hg) u. Gleichstromspannungen bis zu 30 kV gut bewährt hat.
C. Gottfried 5026△

1717 **Ionisations-Manometer mit Photostromunterdrükkung.** W. C. Schuemann. (Rev. sci. Instruments **34**, 700—02, 1963; Urbana, Ill., Univ. of Illinois, Coordinated Sci. Labor.; engl.) — Eingehende Beschreibung eines Meßinstrumentes für ultrahohes Vakuum nach dem Prinzip der Unterdrückung von lichtelektr. Strömen aus dem Ionensammler; nach beigefügten Kontrolldaten werden derartige Störströme bei der Variierung von Drücken im Größenbereich $1 \cdot 10^{-9}$ bis $1 \cdot 10^{-12}$ Torr völlig unterdrückt.
R. Kaiser 5026◇

1718 **Restgaskonzentrationen in evakuierten Kammern.** Joseph C. Bowe. (Rev. sci. Instruments **34**, 443—44, 1963; Argonne, Ill., Argonne Nat. Labor., Radiolog. Phys. Div.; engl.) — Eine Gleichung für die Abnahme von Verunreinigungen in Restgasen durch Spülen u. Evakuieren geschlossener Syst. wurde entwickelt, woraus prakt. Folgerungen für kontinuierliche u. cycl. Reinigungsverff. bei Hoch- u. Niederdruckverss. abgeleitet werden. W. Luchsinger 5026◇

1719 **Modifizierter Ofen Typ TWW mit Wolframheizung für Untersuchungen bei Temperaturen bis 2800°.** W. Ja. Tschechowskoi und A. Je. Scheindlin. (Betriebs-Lab. [UdSSR] **29**, 1258—59, 1963; Moskau, Energie-Inst., Forsch.-Inst. für hohe Temp.; russ.)
H. Roschkowski 5028◇

1720 **Temperaturregler für flüssiges Helium.** C. Blake und C. E. Chase. (Rev. sci. Instruments **34**, 984—87, 1963; Lexington, Mass., MJT, Lincoln Labor.; engl.) — Ausführliches Schaltbild u. Beschreibung der Wirkungsweise eines elektron. Temp.-Reglers für flüssiges He, der die Temp. für einige Min. bis auf 10^{-5} Grad konst. hält. Der Regler arbeitet mit einer Brücke aus Widerstandsthermometern. A. Helms/Merseburg 5046◇

1721 **Elektrischer Hochvakuumeinführungsisolator zum Gebrauch in Kryostaten.** Norman G. Einspruch und William R. Wisseman. (Rev. sci. Instruments **34**, 929—30, 1963; Dallas, Tex., Texas Instrum., Inc.; engl.)
H. Roschkowski 5046◇

1722 **Einfache Technik zur Herstellung haltbarer, zur Verwendung bei 4,2 °K geeigneter Lötkontakte aus dünnen Schichten.** Paul R. Gould und John J. Finnegan. (Rev. sci. Instruments *33*, 767—69, 1962; Fort Monmouth, N. J., US Army Signal Res. and Dev. Labor.; engl.) — Von den Legg. Mn-Cu, Mn-Au, Al-Au u. Mn-Ag hat sich letztere mit einer Zus. von 20 Gew.% Mn u. 80 Gew.% Ag als bes. günstig bzgl. Verarbeitung, Adhäsion auf der Unterlage (Glas, Quarz), Verzicht auf ein Fließmittel, eines kleinen elektr. Widerstands usw. erwiesen. R. Nink 5048◇

1723 **Radiochemische Schnellanalyse.** Yuzuru Kusaka. (Kagaku-no-Ryôiki [J. Jap. Chem.] **16**, 525—32, 1962; Kônan-Daigaku, Rigakubu; jap.) — Übersicht. — 92 Literaturangaben. E. Maekawa 5052◇

1724 **Das Isotopenverdünnungsverfahren.** Takuji Komori. (Japan Analyst **11**, 772—79, 1962; Nippon Atomkraft Forsch.-Labor.; jap.) — Übersicht.
L. Schuler 5052◇

1725 **Über die Isotopenanalyse von Stickstoff durch elektronenparamagnetische Resonanz.** O. L. Lebedew, M. L. Chidekel und G. A. Rasunajew. (Ber. Akad. Wiss. UdSSR **140**, 1327—29, 1961; Gorki, Lobatschewski-Univ., Frosch.-Inst. für Chem. u. Gorki, polytechn. Shdanow-Inst.; russ.) — Die Möglichkeiten der N-Isotopenanalyse (^{14}N, ^{15}N) durch EMR in N-Verbb., die stabile Radikale bilden, wurde am Beispiel des Radikals *2.2.6.6-Tetramethyl-N-dehydropiperidon-4-oxid-1* (**I**) gezeigt. Die Unterss. wurden in W.–A.-Lsgg. von **I**, in denen **I** mehrere Wochen an Luft beständig ist, bei ca. 9000 MHz bei einem ^{15}N-Geh. von 3,2—28 Gew.% durchgeführt. Die Analyse erfolgt durch Auswertung der Flächen der Triplett(^{14}N)- u. Dublett(^{15}N)-Signale. Der Abstand zwischen den Linien des Tripletts beträgt 15,7 Oe, der des Dubletts 21,9 Oe. Das Zentrum des EMR-Spektrums von **I** ist 2,9 Oe nach höheren Feldstärken gegen 1.1-Diphenyl-2-pikrylhydrazyl verschoben. — Darst. von **I**: Zu 1 ml 0,2 mm wss. Lsg. von NH_4NO_3 wurden 0,02 ml 25%ig. alkohol. Phoronlsg., 0,4 ml 0,4n NaOH-Lsg. u. 0,5 ml A. zugefügt. Das Gemisch wurde 15 Min. lang in abgeschmolzener Ampulle auf 100° erhitzt. Nach Zufügen von 0,2—1 ml EDTA-Lsg., 0,2 ml 30%ig. H_2O_2 u. 0,1 ml 1 m Na-Wolframatlsg. wurde erneut 15 Min. lang auf 50° erhitzt. 0,01 ml der Lsg. wurden untersucht. G. Winkhaus 5052◇

1726 **Zeeman-Modulator für die Kernquadrupolresonanzspektroskopie.** Eric D. Jones. (Rev. sci. Instruments **33**, 775—76, 1962; Seattle, Wash., Univ. of Washington, Dep. of Phys.; engl.) — Beschreibung der Apparatur.
H. Roschkowski 5052◇

1727 **Herstellung von deuterierten Lösungsmitteln für die magnetische Kernresonanzspektrometrie.** P. J. Paulsen und W. D. Cooke. (Analytic. Chem. **35**, 1560, 1963; Ithaca, N. Y., Cornell Univ., Baker Labor.; engl.) — *Chlf.*: 265 g Hexachloraceton, 40 ml D_2O u. 10 ml Pyridin werden in einen Dest.-Kolben gegeben. Bei vorsichtigem Erhitzen dest. eine Mischung von $CDCl_3$, D_2O u. Pyridin ab. Das $CDCl_3$ wird erneut dest., getrocknet ($CaSO_4$) u. wieder destilliert. Ausbeute: 190 g. Kühl auf-

bewahren, Stabilisierung durch kleine Mengen an deuteriertem Alkohol. — *Aceton*: 50 ml Aceton, 100 ml D_2O u. 0,4 ml einer gesätt. Lsg. von LiOD in D_2O werden zusammengegeben u. 30 Min. lang stehen gelassen. Aceton wird abdest. u. erneut mit 100 ml D_2O versetzt (insgesamt viermal, die Wasserfraktionen können für neue Ansätze wieder verwendet werden).
W. Rehner 5052◇

1728 **Elektrolytische Erzeugung von Sulfat für Fällungsuntersuchungen.** David H. Klein und Bernardo Fontal. (Talanta [London] **10,** 808—10, 1963; Los Angeles, Calif., Los Angeles State Coll., Dep. of Chem.; engl.) — Die elektrolyt. Erzeugung von SO_4^{2-} aus SCN^-- u. Ba^{2+}-haltiger Lsg. verläuft im pH-Bereich von 1—5,2 mit 100%ig. Stromausbeute bei Strömen bis zu ca. 50 mA. Für übliche coulometr. Titrationen ist die Meth. wegen der Langsamkeit der Fällung wahrscheinlich wertlos. P. Kurzmann 5054◇

1729 **Elektronische Vierelektrodenbrücke zur Bestimmung der Impedanz von Elektrolyten.** Clifford D. Ferris. (Rev. sci. Instruments **34,** 109—11, 1963; Washington, D. C., Univ. Center for Measur. Sci.; engl.) — Vf. beschreibt eine elektron. Brücke, mit der stromlos zur Vermeidung von Polarisationsimpedanzen mit 4 Elektroden die Impedanz von Elektrolyt-Lsgg. auch bei niedrigen Frequenzen gemessen werden kann. G. Krien 5054◇

1730 **Bau und Arbeitsweise von Potentiostaten.** A. Bewick und M. Fleischmann. (Electrochim. Acta [London] *8,* 89—106, 1963; Newcastle-upon-Tyne, King's Coll., Chem. Dep.; engl.) — Erörterung der für die Auslegung von Potentiostaten wichtigen Faktoren u. Beschreibung von Potentiostaten für Messungen bei sehr kurzen Zeiten. W. Wesly 5054◇

1731 **Elektrostatisches Voltmeter für die Messung von Oberflächenpotentialen.** T. L. Ashcraft, John Riney und N. Hackerman. (Rev. sci. Instruments **34,** 5—7, 1963; Austin, Tex., Univ. of Texas, Dep. of Chem.; engl.) — Das Voltmeter enthält eine Gold-Vgl.-Oberfläche u. eine Vorr. zum Aufdämpfen der zu untersuchenden Oberfläche auf eine rotierende Metallplatte. Eine Schaltung zur Messung der Oberflächenpotentialdifferenz zwischen den beiden Metallflächen wird beschrieben. Als Ergebnis werden die Anfangsänderungen der Potentialdifferenzen bei der Sorption von O_2 auf aufgedampftem Fe mitgeteilt. Das Voltmeter kann für entsprechende Messungen an Einkristallen oder Kontaktoberflächen modifiziert werden. G. Krien 5054◇

1732 **Einrichtung zur Untersuchung der isothermen Umwandlungen durch die Methode des elektrischen Widerstandes.** I. N. Kidin, A. W. Panow und M. A. Schtremel. (Betriebs-Lab. [UdSSR] **26,** 1009—12, 1960; Moskau, Stalin-Inst. für Stahl; russ.) — Beschreibung der Konstruktion u. Arbeitsweise einer App. zur Best. der isothermen Umwandlungen von Legg. nach der Meth. des elektr. Widerstandes. S. Baryschnikow 5060

1733 **Elektrolytisches Verjüngen von Metallen: Laboratoriumstechnik.** C. Chalin. (J. Physique Radium **22,** 59S—60S, 1961; Montpellier, Fac. des Sci.; franz.) — Vf. bespricht die Maßregeln, die zu beachten sind, wenn durch elektrolyt. Abätzen gleichmäßige dünne Metallplättchen hergestellt werden. C. Gottfried 5060△

1734 **Darstellung eines Silicagels für Chromatographie.** J. Pitra und J. Štěrba. (Chem. Listy **56,** 544—47, 1962; Praha, Výzkumný ústav přírodních léčiv; tschech.) — Vf. zur Herst. von Silicagel mit abgestufter Porengröße. Die verschiedenen Porengrößen wurden durch Zusatz unterschiedlicher NH_4HCO_3-Mengen zum Kieselsäuresol erzielt. Das Prod. wurde durch empir. Best. der maximalen Wassersorption geprüft.
V. Holeyšovský 5062△

1735 **Fluorescierende Bestandteile in Ionenaustauscherharzen.** M. J. Saxby. (Chem. and Ind. **1963,** 1725; Salisbury, Southern Rhodesia, Elia Salzman Rhodesia Tobacco Sci. Inst.; engl.) — Vf. extrahiert Zeocarb 226 mit 20% wss. Isopropanollsg. u. nimmt von dem Eluat ein Papierchromatogramm in 15% Essigsäurelsg. auf. Es zeigt eine nahezu stationäre gelbe u. eine bewegliche blaue Fluorescenzbande (Rf = 0,73). Auch bei anderen Austauscherharzen werden fluorescierende Banden beobachtet, die bei der Analyse von Pflanzenextrakten leicht zu Verwechslungen Anlaß geben können.
G. Kynast 5062◇

1736 **Fluoroskop zur visuellen Kontrolle chromatographischer Trennungen.** A. W. Borowkow. (Betriebs-Lab. [UdSSR] **29,** 1012, 1963; Botan. Komarow-Inst. der Akad. der Wiss. der UdSSR; russ.) — Als einfache Vorr. zur Beobachtung von fluorescierenden Stoffen in Chromatographie-Säulen ohne Verdunkeln des Raumes wird vorgeschlagen. R. Gerbatsch 5062◇

1737 **Gerät für die automatische Aufbringung von Substanz auf das chromatographische Papier.** M. M. Saalischwili und F. O. Schraibman. (Biochemie [UdSSR] **28,** 9—12, 1963; Tbilissi, Physiol. Inst. der Akad. der Wiss. der GrusinSSR; russ., Auszug: engl.) — Beschreibung eines Gerätes für die automat. Auftragung der zu untersuchenden Substanz in Form einzelner Flecken oder Streifen auf das chromatograph. Papier, bei welchem mit Hilfe eines Elektronenmechanismus sowohl die Dauer der Berührung mit dem Papier (gewünschter Durchmesser des Fleckens) wie die Geschw. der Auftragung (gewünschte Breite des Streifens) reguliert werden können. Auch die Zeitabstände zwischen den einzelnen Auftragungen lassen sich regulieren.
O. Lebtag 5062△

1738 **Über die Anwendungsmöglichkeit der Methode von Schöniger in der Papierchromatographie.** G. W. Jefremow und W. W. Djatlowa. (Nachr. Leningrader Univ., **17,** Nr. 10, Ser. Physik Chem. Nr. 2, 159—60, 1962; russ., Auszug: engl.) — Vff. ziehen die Verbrennungs-Meth. im O_2-Kolben zur Best. von Ti, Hg, Ni, Cu, Fe u. Co in Mikromengen auf chromatograph. Papier heran.
P. Kurzmann 5062◇

1739 **Einfluß der Pufferlösungen auf den Kurvenverlauf Rf = f(pH) in der Chromatographie organischer Elektrolyte auf gepuffertem Chromatogrammpapier.** Andrzej Waksmundzki, Edward Soczewiński und Leon Jusiak. (Ann. Univ. Mariae Curie-Skłodowska, Sect. AA, **15,** 1—11, 1960; Kat. Chem. Nieorg. Wydzialu, Farmaceut. A. M. u. Lublinie; pol.) — Angefeuchtetes Chromatogrammpapier mit dem Anfeuchtungskoeff. 1,5 schränkt die Veränderung des pH-Wertes beim Trocknen ein. Als Lsgm. dienen $CHCl_3$, aliphat. u. arom. KW-Stoffe. Aufzutragen sind kleinste Substanzmengen, um eine Änderung des pH-Wertes zu erzielen u. den Adsorptionseffekt des Papiers einzudämmen. P. Kadach 5062◇

1740 **Diffusion anionischer Metalltartratkomplexe durch Filterpapier.** 1. Mitt. **Wäßriges Äthanol als Lösungsmittel.** Eric John Singh und Arun K. Dey. (Proc. nat. Acad. Sci., India, Sect. A **28,** 43—51, 1959; Allahabad, Univ., Chem. Labor.; engl.) — 2. vgl. C. **1963,** 20147. — Es wird eine Trennung durch aufsteigende Papierchromatographie in 50 bzw. 60%ig. wss. A. von Cu(II), Ni(II), Cd(II) u. Co(II) (jeweils 0,05 m) mit Weinsäure als Komplexbildner versucht. Eine Trennung der bin. Gemische ist möglich, wenn Metall : Weinsäure = 1 : 0,9. Bei tern. Mischungen wird das Verhältnis 1:0,6 gehalten. Es wurden die R_F-Werte bestimmt u. daraus die R_M-, R_L- u. R_T-Werte berechnet. Sie sind für jede Mischung verschieden. Im Falle der quartern. Mischung (je 0,042 m) mit 1:0,65 ließ sich nur eine Trennung des Cu^{2+} von Co^{2+}, Ni^{2+} u. Cd^{2+} erreichen. K. Huste 5062◇

1741 **Untersuchungen über analytische Anwendungen von Reflexionsbestimmungen.** 5. Mitt. **Beziehung zwischen Reflexion und Menge eines auf Filtrierpapier getüpfelten Farbstoffes.** Kazutaka Yamaguchi, Seigo Fukushima und Miyoko Ito. (J. pharmac. Soc. Japan [Yakugakuzasshi] **75,** 556—59, 1955; Tokyo, Nat. Hyg. Labor.; jap., Auszug: engl.) — 4. vgl. J. pharmac. Soc. Japan [Yakugakuzasshi] **74,** [1954], 2335. — Die Lsgg. verschiedener Farbstoffe werden auf Filtrierpapier getüpfelt u. die Beziehung zwischen Konz. (c = mg/100 ml) u. minimalem Reflexionsvermögen (R %) untersucht. Das Diagramm 2-log R gegen $\sqrt{c}$ ist innerhalb eines gewissen Konz.-Bereiches annähernd linear. Die gleiche Beziehung gilt auch zwischen R u. der Farbstoffmenge pro Fleck. L. Lamza 5062△

1742 **Atomares Absorptionsvermögen.** Guilio Milazzo. (Chim. e Ind. [Milano] **44,** 493–500, 1962; Roma, Ist. Sup. di San., Labor. di Chim.; ital.) — Allg. Überblick an Hand des Schrifttums mit spezieller Berücksichtigung der Verw. des atomaren Absorptionsvermögens für analyt. Zwecke. C. Gottfried 5063△

1743 **Analytische Chemie. Apparative analytische Methoden.** 2. Mitt. F. Bermejo Martínez. (Quím. e Ind. [Bilbao] **10,** 39–42, 1963; span.) — Übersicht über die Atomarabsorptionsspektrophotometrie. P. Kurzmann 5063◇

1744 **Vereinfachtes Atomabsorptionsspektrophotometer.** G. A. Rechnitz. (J. chem. Educat. **39,** 475–76, 1962; Philadelphia, Pa., Univ. of Pennsylvania; engl.) — Das Gerät ist u. a. zur Best. von Na im Bereich 5–180 ppm NaCl geeignet. Beschreibung des Gerätes. Ch. Weiske 5063◇

1745 **Apparatur zur Atomabsorptions-Flammenspektrophotometrie.** N. Ss. Poluektow und Ss. E. Grinsaid. (Betriebs-Lab. [UdSSR] **29,** 998–1000, 1963; Odessa, Labor. des Inst. für allg. u. anorg. Chem. der Akad. der Wiss. der UkrainSSR; russ.) — Eine auf übliche Weise auf der Basis eines Spektrophotometers SsF-4 konstruierte App. zur Atomabsorptions-Flammenphotometrie wird beschrieben. R. Gerbatsch 5063◇

1746 **Atomarabsorptionsanalyse in Flammenabgasen.** Ju. W. Seljukowa und N. Ss. Poluektow. (J. analyt. Chem. [UdSSR] **18,** 435–39, 1963; Odessa, Akad. der Wiss. der UkrainSSR, Inst. für allg. u. anorg. Chem., Labor. in Odessa; russ., Auszug: engl.) — Vff. untersuchten mit Hilfe der Atomarabsorptionsspektrophotometrie die Lebensdauer der freien Atome von Na, Cu, Ag, Au, Mg, Cd, Hg, In, Tl, Pb u. Ni in den Abgasen einer Propan–Butan–Luft-Flamme. Freie Atome von Cu, Ag, Au u. Cd existieren außerhalb der Flammenzone u. können zur Best. dieser Metalle in den Flammenabgasen dienen. P. Kurzmann 5063◇

1747 **Einfluß der Spaltbreite eines Spektrometers auf die Intensität der Atomemissionslinien bei der Emissionsflammenphotometrie und Einfluß der Breite der Resonanzlinie auf die Extinktion atomarer Absorptionslinien bei der Absorptionsflammenphotometrie.** J. D. Winefordner. (Appl. Spectroscopy **17,** 109–11, 1963; Gainesville, Fla., Univ. of Florida, Dep. of Chem.; engl.) — Theoret. Untersuchungen. W. Herfurth 5063◇

1748 **Die Bedeutung des Zerstäubungsgrades bei der Flammenphotometrie.** E. Pungor und M. Mahr. (Talanta [London] **10,** 537–42, 1963; Budapest, L. Eötvös Univ., Inst. for Inorg. and Analyt. Chem.; engl.) — Es wurde nachgewiesen, daß bei konzentr. Zerstäubern die Flächendruckkomponente nach dem Hagen-Poiseuilleschen Gesetz mit dem Turbulenzgrad des Gasstromes wechselt. Die durch die Capillare fließende Fl.-Menge ist daher von der Viscosität der Lsg. u. mehr oder weniger auch von der Oberflächenspannung abhängig. Bei nichtkonzentr. Zerstäubern hat die Oberflächenspannung auf den Wirkungsgrad des Zerstäubers keinen Einfluß. Für konzentr. Zerstäuber können die Unters.-Ergebnisse auch quant. behandelt werden. H. Kuchenbecker 5063◇

1749 **Durchflußmengen pneumatischer Ringspaltzerstäuber für Flammenphotometer.** W. Lang und R. Herrmann. (Optik **20,** 391–98, 1963; Gießen, Univ.-Hautklinik, Labor. für Med. Phys.; dt.) — Es werden die experimentell ermittelten Durchflußmengen an Preßluft u. Analysenfl. für pneumat. Ringspaltzerstäuber an Flammenphotometern durch eine allg. Durchflußgleichung als Funktion des Preßluftwirkdruckes wiedergegeben. Die relative Durchflußmengenänderung infolge einer Preßluftdruckänderung wird aus der Durchflußgleichung abgeleitet. H. Jehne 5063◇

1750 **Ergänzende Daten über Störungen bei der Flammenphotometrie.** N. S. Poluektov. (Analyt. Chem. Proc. int. Sympos., Birmingham Univ. [U. K.] **1962,** 302–06, 1963; Odessa, Akad. der Wiss. der Ukraine, Inst. für allg. u. anorg. Chem.; engl.) — Vf. untersuchte den Einfl. verschiedener Säuren u. Salze auf die Emissionsintensität von Metallionen bei der Flammenphotometrie. Zusätze von H_3PO_4 erniedrigen die Intensität der Li-, Na-, K-, Rb- u. Cs-Linien stark um den Faktor 2 bis 2,5 bei 0,5 m H_3PO_4 u. 0,01 m Metall-Lsgg., erhöhen jedoch die elektr. Leitfähigkeit der Flamme stark (um den Faktor 1,5 bis 3 bei Me:H_3PO_4 = 1:1000). Die Emissionsdämpfung bei Ca u. Sr in Ggw. von Al, Zr, Ti, Mo u. V wurde in Abhängigkeit von der Zus. quant. gemessen u. aus der Zus. bei größter Dämpfung auf die für die Dämpfung verantwortlichen schwerflüchtigen Verbb. geschlossen (wahrscheinlich $CaAl_2O_4$, $CaZrO_3$, $CaTiO_3$, $CaMoO_4$, $Ca_2V_2O_7$ bzw. die entsprechenden Sr-Verbindungen). Entsprechend sind für die durch SO_4^{2-}- bzw. PO_4^{3-}-Zusatz hervorgerufene Emissionsdämpfung bei den Seltenerdmetallen Er u. Y die gebildeten Sulfate $Me_2 \cdot (SO_4)_3$, bei Eu u. Yb die Sulfate $MeSO_4$ bzw. bei allen vier Metallen die Phosphate $MePO_4$ verantwortlich. B. Krebs 5063◇

1751 **Von Tüpfelproben zur Tüpfelcolorimetrie.** Hanns Malissa. (Analyt. Chem. Proc. int. Sympos., Birmingham Univ. [U. K.] **1962,** 80–92, 1963; Wien, TH, Inst. für analyt. Chem. u. Mikrochem.; engl.) — Überblick über die Möglichkeiten, mit Hilfe colorimetr., photometr. u. autoradiograph. Meth. zu reproduzierbaren quant. Aussagen zu gelangen. Eine der Hauptfehlerquellen ist durch die Unterschiedlichkeit der verwendeten Papiersorten bedingt. — 30 Literaturangaben. H. Kuchenbecker 5065◇

1752 **Thermochemische Titrationen.** Joseph Jordan. (Chimia [Aarau, Schweiz] **17,** 101–09, 1963; University Park, Pa., Pennsylvania State Univ.; engl.) — Ausführliche Beschreibung der Meth. der „Enthalpie-Titrationen", dafür entwickelter App. u. der Anwendbarkeit auf Säure-Base-Titrationen, Redox-Titrationen, Fällungs- u. Chelatbldg.-Reaktionen. G. Günzler 5066◇

1753 **Automatische thermometrische Titrationen.** P. T. Priestley, W. S. Sebborn und R. F. W. Selman. (Analyst **88,** 797–804, 1963; Wealdstone, Harrow, Middlesex, Kodak Ltd., Res. Labor.; engl.) — Die Grundlagen u. analyt. Anwendungen thermometr. Meth. werden unter bes. Berücksichtigung automat. volumetr. Routineanalysen behandelt, wobei Neutralisations-, Fällungs-, Redox-, Komplexbldg.- u. Substitutions-Analysen sowie die Verw. gemischter Titrations-Lsgg. zur Best. mehrerer Komponenten in einer Lsg. diskutiert werden. Gerhard Schulze 5066◇

1754 **Theoretische Grundlagen und wechselseitige Beziehungen der elektrometrischen Methoden der chemischen Analyse.** P. K. Agassjan und Je. R. Nikolajewa. (Betriebs-Lab. [UdSSR] **29,** 773–81, 1963; russ.) — Übersicht. Theorie der Elektrodenprozesse u. der Transportprozesse im Elektrolyten u. ihre Anwendung für die einzelnen auf Elektrolyseprozessen an metall. Elektroden beruhenden Analysenverfahren. — 17 Literaturzitate. R. Gerbatsch 5066◇

1755 **Über eine statistische Methode zur Berechnung des Äquivalenzpunktes bei physikochemischen Titrationen.** C. Liteanu. (Rev. Chim. [Bucarest] **7,** 291–301, 1962; Cluj, Univ. „Babes-Bolyai", Fac. de Chim.; franz.) — Meth. zur statist. Berechnung des Äquivalenzpunktes bei konduktometr., potentiometr., amperometr. u. a. Titrationen nach einer einzigen Titration. Bei linearen Titrationen (konduktometr., amperometr.) werden aus fortlaufend abgelesenen Werten die Konst. A_0 u. A_1 der Titrationskurve $y = A_0 + A_1x$ sowohl vor als auch nach dem Äquivalenzpunkt berechnet u. daraus der Punkt selbst analyt. ermittelt. Bei potentiometr. Titrationen muß die Kurve erst linearisiert werden. B. Krebs 5066◇

1756 **Oxydationspotentiale in der qualitativen Analyse.** Robert A. Chalmers. (Analyt. Chem., Proc. int. Sympos., Birmingham Univ. [U. K.] **1962,** 45–47, 1963; Aberdeen, Univ., Chem. Dep.; engl.) — Allg. Ausführungen über die Verw. von Redoxindicatoren sowie über die Prüfung auf Red.- u. Oxydationsmittel in der qual. Analyse. Gerhard Schulze 5068◇

1757 **Der Einfluß von γ-Strahlung auf wäßrige Lösungen von Äthylendiamintetraessigsäure.** H. E. Zittel. (Analytic. Chem. **35**, 1528—31, 1963; Oak Ridge, Tenn., Oak Ridge Nat. Labor., Anal. Chem. Div.; engl.) — EDTA unterliegt der Radiolyse, u. zwar werden unabhängig von pH, EDTA-Konz. u. Stärke der Strahlung ca. $1{,}4 \cdot 10^{-9}$ mMol/ml · r zerstört. Die Zers.-Prodd. wurden nicht identifiziert. Die gebräuchlichen Indicatoren Eriochromschwarz T, Alizarin S u. Xylenolorange sind ziemlich unempfindlich gegen Strahlung bis zu 10^5 r.
Ulrike Schmidt 5072◇

1758 **Jodmonochlorid in wasserfreiem Eisessig als Oxydationsmittel.** Giovanni Piccardi und Paola Cellini. (Analytica chim. Acta [Amsterdam] **29**, 107—13, 1963; Florenz, Univ., Inst. of analyt. Chem.; engl.) — Vff. untersuchen die Redox-Rk. von JCl mit SO_3^{2-}, $HgClO_4$, $AsCl_3$, $SbCl_3$ u. $Fe(ClO_4)_2$ u. verfolgen den Rk.-Verlauf potentiometr. u. amperometrisch.
A. M. Fretzdorff 5072◇

1759 **Methoden und Apparaturen zur Messung und Regelung der Feuchtigkeit.** W. I. Isstomin. (Betriebs-Lab. [UdSSR] **29**, 568—74, 1963; russ.) — Übersicht. — 27 Literaturangaben. H. Roschkowski 5074◇

1760 **Das elektrochemische Verhalten und die analytischen Anwendungen des Systems $Pt–P_2O_5–H_2O$.** Michael Czuha jun., Kenneth W. Gardiner und Donald T. Sawyer. (J. electroanalyt. Chem. [Amsterdam] **4**, 51—58, 1962; Pasadena, Calif., Bell & Howell Res. Center; Riverside, Calif., Univ. of California, Dep. of Chem.; engl.) — Zur Best. von *W.* in Gasen wird die von Keidel (A. P. 2830945) beschriebene Zelle näher untersucht. Sie besteht aus einem mit einem P_2O_5-Belag versehenen Glascapillarrohr, welches eine Doppelwendel aus Pt-Draht enthält u. von dem Gas durchströmt wird. An den Pt-Elektroden liegt eine Spannung von ca. 60—70 V, Aufnahme von W. durch das P_2O_5 bewirkt unter Regeneration des P_2O_5 u. Bldg. von H_2 u. O_2 einen elektrolyt. Stromfluß, dessen Höhe dem Wassergeh. proportional ist. Die an den Elektroden-Rkk. beteiligten Einzelvorgänge werden diskutiert; der Stromfluß beruht überwiegend auf der elektrophoret. Beweglichkeit der H^+-Ionen in dem durch Wasser-Absorption gebildeten Film von Polyphosphorsäure. In Ggw. von H_2-Gas treten anomale Stromwerte auf, die auf Radikal-Bldg., anod. Oxydation von H_2 oder sek. Rkk. von Pt-Oxiden beruhen können. E. Moisar 5074◇

1761 **Neuer „Orsat"-Präzissions-Analysator.** L. Charpenet. (Chim. analytique **45**, 367—72, 1963; C. N. A. M., Wärmelabor.; franz.) — Es wird ein „Orsat"-Gasanalysengerät beschrieben, das sich von dem klass. Typ im wesentlichen dadurch unterscheidet, daß die Vol.-Messung trocken über Hg geschieht, die Absorptionsgefäße abgewandelt sind, um mit einer kleinen Reagensmenge bei größerer Oberfläche auszukommen, u. die Verbrennungsanalyse in einem Metalleudiometer ausgeführt wird.
W. Luchsinger 5086◇

1762 **Der „Gradienttaucher" — ein Registriergerät für die Mikrogasanalyse.** Arne Løvlie und Erik Zeuthen. (C. R. Trav. Lab. Carlsberg **32**, 513—34, 1962; Copenhagen, Biol. Inst. of the Carlsberg Foundation; engl.) — Hauptbestandteil der beschriebenen App. ist ein Schwebekörper, der sich in einer Fl. unterschiedlicher Dichte befindet. Druck- bzw. Gas-Vol.-Änderungen bewirken eine vertikale Wanderung des Tauchers, die direkt oder photograph. gemessen wird. Der abs. Fehler der Meth. beträgt 10^{-5} μl/Std., die Ablesegenauigkeit liegt bei 10^{-7} μl; App. u. Arbeitsweise werden genau beschrieben.
F. Voigt 5086◇

1763 **Gerät zur Reinigung des Wasserstoffs von Sauerstoffspuren.** Wiktor Kemula und Roman Sioda. (Chem. analit. [Warszawa] **8**, 629—32, 1963; Warszawa, Polish Acad. of Sci., Inst. of Phys. Chem.; pol.) — Elektrolyt. erzeugtes H_2 wird durch einen Rohrreaktor geleitet, der mit einem Pd-Katalysator, Molekularsieb A-5 u. mit durch Co-Salz angefärbtem Silicagel gefüllt ist. Das Rk.-Gefäß wird elektr. auf 200° aufgeheizt, wobei das im H_2 enthaltene O_2 red. wird; das entstehende W. wird vom Molekularsieb absorbiert. Zur Regenerierung des Molekularsiebes erhitzt man auf 350° u. entfernt das W. im H_2-Strom. Die gleiche Vorr. kann auch zur Entfernung von H_2-Spuren aus elektrolyt. erzeugtem O_2 dienen. H. Kuchenbecker 5086◇

1764 **Probenahme für Fluorwasserstoff in der Luft mit imprägnierten Filterpapier.** C. Huygen. (Analytica chim. Acta [Amsterdam] **29**, 448—52, 1963; Utrecht, Reichsinst. für Volksgesundheit; engl.) — Zur Best. von HF in der Luft wird vorgeschlagen, die Luft durch Papierfilter (wirksamer ⌀ 4 bzw. 1,5 cm) mit einer Geschw. von 1 m^3/Std. durchzusaugen. Die Filter wurden mit wss. 20%ig. KOH-Lsg. u. 10% Glycerin oder Triäthanolamin imprägniert. W. Luchsinger 5088◇

1765 **Bestimmung von Nitrat oder Nitrat plus Nitrit mit 1-Aminopyren. Anwendung auf Luftverunreinigung.** Eugene Sawicki, Henry Johnson und T. W. Stanley. (Analytic. Chem. **35**, 1934—36, 1963; Cincinnati, Ohio, R. A. Taft Sanitary Engng. Center, Div. of Air Pollution; engl.) — Es wird eine spektrophotometr. Meth. zur Best. von Nitrat oder Nitrat + Nitrit beschrieben, bei der die wss. Probe mit einer Lsg. von 0,01 g 1-Aminopyren in 100 ml konz. H_2SO_4 umgesetzt u. bei 456 nm photometriert wird. Zur Best. von Nitrat in Ggw. von Nitrit wird das Nitrit vorher mit Sulfaminsäure zerstört. Diese Meth. wird mit den bekannten Nitrit-Meth. (2.4- bzw. 2.6-Xylenol, Brucin, Chromotropsäure) verglichen. Anwendung auf Nitritbest. in Luftproben. W. Luchsinger 5088◇

a) Analyse der Elemente und anorganischen Verbindungen

1766 **Thorium-Chelat von β-SNADNS-6 in der Papierchromatographie von Anionen.** Sachindra Kumar Datta. (Z. analyt. Chem. **199**, 19—23, 1964; Cooch Behar, West Bengal, Victoria Coll., Dep. of Chem.; engl.) — Vgl. C. **1963**, 14797. — Zur papierchromatographischen Trennung von F^-, SO_4^{2-}, PO_4^{3-}, $(COO^-)_2$, SeO_4^{2-}, MoO_4^{2-} u. Citrat wurden verschiedene Lsgm.-Gemische geprüft, von denen sich Aceton–A.–n-Butanol–W.–NH_3 (40:20:10:30:2) am besten bewährt. 50—100 μg des Anions wurden aufsteigend auf vorgewaschenem Papier chromatographiert. Die luftgetrockneten Chromatogramme wurden mit einer $2{,}5 \cdot 10^{-3}$ m Lsg. des Th-Chelates von β-SNADNS besprüht, wobei durch die chelierende Wrkg. der Anionen Th aus dem Farbkomplex verdrängt wird. Es entstehen rosarote Flecken auf blauem Untergrunde. K. Stammbach 5106◇

1767 **Papierchromatographische Untersuchung der Phenoxyacetate von Mn^{2+}, Co^{2+}, Ni^{2+}, Cu^{2+}, Zn^{2+} und Cd^{2+}.** Simon Fişel und Diana Giurgiu. (Studii Cercetări ştiinţ. [Iaşi], Chim. **11**, 181—92, 1960; Iaşi, Fil. Acad. RPR, Inst. de chim. Petru Poni; rum.) — Das papierchromatograph. Verh. der Phenoxyacetate (PA) 2-wertiger Metalle (Me^{2+}) in Ggw. von Phenoxyessigsäure (**I**) oder Basen (NH_4OH, Äthylendiamin, Pyridin) wird untersucht. Zur Darst. der PA wird eine wss. Lsg. von Na–PA mit **I** auf pH 7 neutralisiert, mit einer äquivalenten Menge von $MeSO_4$, $MeCl_2$ oder $Me(NO_3)_2$ versetzt, der Nd. im Vakuum filtriert, mit W. gewaschen, getrocknet u. in Pyridin zu 0,01 m Konz. gelöst. Tropfen (5 μ Liter) dieser Lsg. werden auf Streifen (24 · 16 cm) von Whatman-Papier Nr. 1 aufgebracht, an der Luft getrocknet, 30 Min. auf 130—140° erhitzt (um aus den Komplexen Pyridin auszutreiben) u. bei 25 ± 0,3° entwickelt. Die für die Trennung der Kationenpaare verwendeten Lsgm. sind: Ni–Cd, Co–Cd, Ni–Cu, Co–Cu: mit W. gesätt. Butanol + 0,05 m **I**; Cu–Mn, Cu–Ni: 50 ml A. + 50 ml W. + 0,008 m **I**; Co–Ni, Co–Cu, Co–Zn, Mn–Ni, Mn–Cu, Mn–Zn: mit 1 n NH_4OH gesätt. Butanol + 0,05 m **I**; Co–Ni, Co–Cd, Mn–Ni, Mn–Cu, Mn–Zn: 50 ml A. + 50 ml 2 n NH_4OH + 0,05 m **I**; Mn-Co, Mn–Ni, Mn–Cu, Mn–Zn, Mn–Cd: 50 ml A. + 50 ml 10 n Äthylendiamin + 0,05 m **I**. Nach der Entw. werden die Chromatogramme bei Zimmertemp. getrocknet u. bei Co-, Ni- u. Cu–PA mit 0,1%ig. Lsg. von Rubeanwasserstoffsäure in A. + W. (1:1), bei Zn- u. Cd–PA mit 1%ig. Lsg. von Diphenylcarbazon in A., bei Mn–PA mit 1%ig. Lsg. von Diphenylcarbazid in A. besprüht, dann NH_3-Gas ausgesetzt. Kurven für R_M = log [(1/R_F) — 1] in Abhängigkeit von -log n (n = Normalität) lassen Fälle erkennen, in denen die Gleichung von Kertes (C. **1958,** 12898) gilt, wobei die Äste der Kurven parallele Gerade sind. Die Kurven der in alkohol. Lsgg. mit NH_4OH oder Pyridin entwickelten Verbb. geben waagerechte Stufen, die verschiedenen Verbb., je nach der Zahl der zugesetzten Basenmoll. entsprechen. R. K. Müller 5106◇

1768 **Neues Medium für das Tropfenfall-Verfahren der Analyse von verdünntem, schwerem Wasser.** Te-chiu Chin und Tsing-lien Chang. (Scientia sinica **12,** 147—48, 1963; Peking, Univ., Dep. of Chem.; engl.) — Als Medium für das Tropfenfall-Verf. bei der Analyse von 0—4%ig. D_2O bei 20,5° wird Benzoesäureisobutylester, für 0—10,5%ig. D_2O bei 22—33,5° Benzoesäure-n-butylester vorgeschlagen. W. Wesly G 240◇

1769 **Analyse von Ammoniak-Hydrazin-Gemischen für beide Komponenten.** Stanley S. Yamamura und John Sikes. (Analytic. Chem. **35,** 1958—60, 1963; Idaho Falls, Idaho Phillips Petroleum Co., Atomic Energy Div.; engl.) — Einfache u. zuverlässige oxydimetr. Titrations-Meth. zur Best. von NH_3 u. Hydrazin (**I**) in ihren Gemischen. **I** wird in saurer Lsg. mit überschüssigem Br oxydiert. Der Rest von Br wird dann zur Oxydation von NH_3 mit NaOH in Hypobromit übergeführt, wobei sich bildende HNO_2 durch Zusatz eines prim. aromat. Amins, z. B. Anilin, durch Diazo-Rk. ausgeschaltet wird. Die relativen Standardabweichungen sind $< 0,36\%$. Die Meth. hat bes. Interesse bei der I-Herst. aus NH_3 durch Beschuß mit atomaren Spaltprodd. in Vers.-Reaktoren, da sie sich zur spektrometr. ausführbaren Fernanalyse eignet. W. Morneweg G 243◇

1770 **Aktivierungsanalyse von Jod (Jod-127 → Jod 128) auf Papierchromatogrammen.** Alice Dimitriadou, P. C. R. Turner und Russell Fraser. (Nature [London] **198,** 576—77, 1963; London, Postgraduate Med. School and Med. Res. Council Cyclotron Unit, Dep. of Med. engl.) — Vgl. C. **1964,** 1725. — Serienunterss. in verschiedenen Zeitabständen nach der Aktivierung ergeben, daß die Intensitätsbest. von ^{128}J durch ^{24}Na gestört wird. Die hierdurch verursachte Fehlmessung wird durch Dest., z. B. 40 Min. nach Bestrahlung auf ca. 3% des Standards, herabgesetzt. F.-M. Friedrich-Anderseck G 249◇

1771 **Beiträge zum Nachweis von Selen mit 3.3'-Diaminobenzidin.** Lajos Barcza. (Magyar Kémiai Folyóirat [Ung. Z. Chem.] **69,** 248—51, 1963; Budapest, L. Eötvös Univ., Lehrst. für anorg. u. analyt. Chem.; ung.) — Vf. untersuchte die Wrkg. von Anionen auf den von Hoste empfohlenen Nachw. des Se mit 3.3'-Diaminobenzidin. Der Nachw. wird durch viele Anionen gestört, daher ist eine vorangehende Dest. des Se aus der H_2SO_4, Br_2 u. KBr enthaltenden Lsgg. erforderlich. Das mit dem Reagens versetzte Destillat wird mit Na-Acetat auf pH 6—8 gebracht u. mit Toluol ausgeschüttelt. Eine citronengelbe Färbung des Toluols weist spezif. auf Se. Erfassungsgrenze 0,05 μg Se/ml. J. Plank G 254△

1772 **Bestimmung einiger Mikrobeimengungen im Selen von hoher Reinheit.** O. Je. Swjaginzew und W. I. Schamajew. (J. analyt. Chem. [UdSSR] **14,** 603—05, 1959; Moskau, Chem. Technol. Mendelejew-Inst.; russ., Auszug: engl.) — Meth. zur neutronenaktivierungs-analyt. Best. von Te-, Cu-, As-, Ga-, Sb- u. Cd-Spuren in Se. Die Genauigkeit der Best. der einzelnen Elemente beträgt 10—25%. E. Steinberg G 254◇

1773 **Untersuchung der colorimetrischen Methode zur Mikrobestimmung von Bor mit Curcumin.** A. D. Goltman und W. G. Gurewitsch. (Ukrain. chem. J. **24,** 244 bis 250, 1958; Charkow, Pharmazeut. Inst.; russ.) — Ein Verf. zur Steigerung der Empfindlichkeit der B-Best. mit Curcumin (**I**) wird angegeben. Beim Colorimetrieren wurde ein Filterphotometer u. ein Grünfilter mit maximaler Durchlässigkeit bei 533 μm benutzt. Die zu analysierende Lsg. wird mit 2 ml gesätt. Ca(OH)-Lsg. eingedampft, dann gibt man 0,4 ml niner Lsg. von 0,7 g Oxalsäure + 15 ml 2,4 m HCl u. zuletzt 1 ml alkohol. **I**-Lsg. (100 γ **I**, 4fache **I**-Menge in Mol. genügend für 0,8 γ B) zur gekühlten Lsg., dampft auf dem Wasserbad bei 55 ± 3° ein, trocknet bei derselben Temp. noch 15 Min. lang, setzt 95%ig. A. zu, filtriert u. füllt auf 5 ml auf (darin optimale B-Konz. 0,14—1,3 γ). Die colorimetr. Kurve verläuft bis zum Geh. von 0,8 γ B, dem Beerschen Gesetz gemäß. Die gefärbten B + **I**-Lsgg. sind bedeckt im Dunkeln einige Zeit haltbar. Der molare Extinktionskoeff. beträgt 6,3 · 10^4. Bei der Tüpfelanalyse auf Filtrierpapier muß zur Verhinderung der Entfärbung das Papier einige Sek. lang in geschmolzenes Paraffin bei 60° eingetaucht werden; man gibt 1 Tropfen alkohol. **I**-Lsg. auf das Papier, läßt bei Zimmertemp. trocknen, fügt 1 Tropfen $B(OH)_3$ (in wenigstens 2,7 m HCl) zu u. trocknet bei 35° 10 Minuten lang. Optimale Konz. beim Tüpfelverf. 0,90—0,070 γ B/0,01 ml. — Beim Veraschen von Pflanzen (500—550°) verflüchtigen sich ca. 12% B, die in dest. W. aufgefangen werden. Man verascht 2 gleichgroße Proben (0,1—1 g) Pflanzenmaterial, entfernt aus der Asche der einen Einwaage B mit konz. HCl + CH_3OH auf dem Wasserbad, säuert den Rückstand mit 0,1 n HCl tropfenweisen an u. füllt auf 10 ml auf. Die Asche der 2. Einwaage wird mit 0,1 n HCl extrahiert u. gleichfalls auf 10 ml aufgefüllt. Man bestimmt den B-Geh. unter Hinzuziehung von Standard-Lsgg. u. Verw. aliquoter Mengen der Lsgg. bzw. spektrophotometr. gegen eine Standard-Null-Lsg. die aus der B-freien Asche hergestellt wurde. Zusätze anderer Ionen vermindern die Empfindlichkeit der B-Best.: von den störenden Ionen K^+, Na^+, Mg^{2+}, Ca^{2+}, Fe^{3+}, Cl^-, NO_3^-, SO_4^{2-}, PO_4^{3-}, $C_2O_4^{2-}$ senken Nitrat-, Phosphat-, K- u. Fe-Ionen die Empfindlichkeit am stärksten. Die Fehler beim Colorimetrieren (mit Standards) sind $< 10\%$, beim Tüpfeln $< 30\%$, bei Best. mit Standard-Lsgg. beträgt die Empfindlichkeit 1 γ B/Liter. A. v. Wilpert G 258□

1774 **Bestimmung von Phosphor in Siliciumcarbid durch Aktivierungsanalyse.** H. Schmied und U. Bergamin. (Microtecnic [Lausanne] **17,** 125—26, 1963; Baden/Schweiz, Brown, Bovery u. Co.; dt.) — Die mit 1,2 · 10^{12} n/cm² s 14 Tage lang bestrahlten SiC-Proben werden mit einem Gemisch aus 3 Teilen Na_2CO_3 u. Borax im Pt-Tiegel aufgeschlossen, in verd. HCl gelöst, mit 10 mg P als Trägersubstanz in Form von $(NH_4)_3PO_4$ versetzt u. eingedampft. SiO_2 wird durch mehrmaliges Rösten ausgefällt u. nach dem Wiederaufnehmen mit HCl abfiltriert. Im Filtrat wird P nach mehrmaligem Umfällen als $MgNH_4PO_4$ gefällt. Durch Vgl. mit der am Anfang der Trennung zugegebenen P-Menge ermittelt man die Ausbeute. Die Präpp. werden mit einer dünnen Schicht Zaponlack gedeckt, mit einem Methan-Durchfluß-Proportionalzähler ausgezählt u. mit Standardpräp. verglichen. Ein Vgl.-Aufschluß mit strömendem Cl_2 im Graphitschiffchen bei 1000° bestätigte die quant. Ausbeute des Soda-Borax-Aufschlusses. Die bei der Bestrahlung ablaufende Neben-Rk. $^{30}Si(n, \gamma)^{31}Si \rightarrow {}^{31}P$ ist für P-Geh. über 0,1 ppm ohne Bedeutung. H. Nentwig G 264◇

1775 **Durchführung der oxydativen inneren Elektrolyse ohne Diaphragma.** 3. Mitt. **Quantitative Bestimmung von Arsen.** A. Lipčinsky und I. Kuleff. (Z. analyt. Chem. **195,** 401—05, 1963; Sofia, Hochschule für Med., Pharmazeut. Fak.; dt.) — 2. vgl. C. **1963, 14433.** — Vff. beschreiben ein Verf. zur quant. Best. von As durch Oxydation von As (III) zu As(V) mit dem diaphragmalosen Gerät für oxydative innere Elektrolyse u. durch anschließende photometr. Best. von AsO_4^{3-} mit $(NH_4)_2$ · MoO_4 u. Hydraziniumsulfat. Der maximale relative Fehler des Verf. war für den untersuchten Konz.-Bereich (10—70 μg As) ± 2%. J. Kraetsch G 265◇

1776 **Bestimmung des Natriums in reinem Kalkstein durch Atomarabsorptionsspektroskopie.** I. Rubeška, B. Moldan und Z. Valný. (Analytica chim. Acta [Amsterdam] **29,** 206—10, 1963; Prag, Centralgeolog. Inst.; engl.) — Vff. diskutieren Störungen, die durch Cl^- u. Ca^{2+} hervorgerufen werden. Cl^- beeinflußt das Dissoziationsgleichgew., Ca^{2+} erniedrigt die Verdampfungs-Geschw. des Na. Die Empfindlichkeit der Meth. beträgt 0,15 ppm Na. R. John-Bilal G 274◇

1777 **Schnellbestimmung von Rubidium in Cäsiumnitrat durch Neutronenaktivierung.** Minoru Okada. (Nature [London] **198,** 577, 1963; Tokyo, Government Chem. Ind. Res. Inst.; engl.) — Das γ-Spektrum der Probe wird mehrfach während 15 Sek. nach je 9,5 Sek. langer Bestrahlung ($3 \cdot 10^{11}$ n $\cdot$ cm^{-2} $\cdot$ s^{-1}) aufgenommen u. der Geh. an ^{86m}Rb aus γ-Intensität u. Halbwertszeit ermittelt. Bei geringen Rb-Geh. empfehlen sich Bestrahlungszeiten bis zu einer Minute.
F. M. Friedrich-Anderseck G 276◇

1778 **Schnellmethode zur Abtrennung von Radiumisotopen für die Emanationsmessung.** P. I. Tschaikin und N. W. Golubew. (Radiochemie [UdSSR] **5,** 397 bis 399, 1963; russ.) — Vff. beschreiben eine Abtrennungs-Meth. für Ra, die auf dem Schmelzaufschluß (600—700°) der Probe mit Na_2O_2 beruht. Das Prod. des Aufschlusses wird in einer $NaCO_3$/NaOH-Lsg. erwärmt, der Auszug wird abfiltriert, der Nd. in Citronensäure unter Erwärmung gelöst u. die Lsg. filtriert. Durch diese Lsg. wird 10 Min. lang ein Gas geblasen u. anschließend wird ThX bestimmt. Danach wird das Gefäß zur Speicherung von Rn zugeschmolzen. Diese Meth. wird zur Best. von Ra in Gesteinen (Feldspat, Granit, Porphyr, Kalkstein, Ton, Diorit, nonazithaltiges Gestein) verwendet. Die geringste nachweisbare Ra-Konz. hatte die Größenordnung von $2 \cdot 10^{-12}$ g/g Gestein. G. Ewald G 286◇

1779 **Bestimmung von MsThI nach der Methode der Messung der β-Strahlung von MsThII in einem von fremden Radioelementen gereinigten Radiumpräparat.** N. G. Ssyromjatnikow, F. A. Mukaschew und L. A. Kapatzinskaja. (Radiochemie [UdSSR] **5,** 356—60, 1963; russ.) — Vff. entwickelten eine Meth. der Mitfällung von MsThI (^{228}Ra) mit $BaSO_4$ bei pH 4,5—5, in Ggw. von Komplexon III, wobei Th-, Pb- u. Bi-Isotope nicht mitgefällt werden. Nach einem Sodaaufschluß wird 20—25 Tage später Radon aus der Lsg. entfernt u. der MsThI-Geh. nach der MsThII-β-Strahlung (^{228}Ac) durch Vgl. mit einem Standardpräp. bestimmt. Empfindlichkeit: $0{,}5 \cdot 10^{-4}$ g MsThI. Eine Korrektur auf die β-Aktivität der Zerfalls-Prodd. von ^{226}Ra wird hinfällig. Bestimmt wurde der MsThI-Geh. in Feldspalt-W. von Granitoiden u. im W. von Uran-Lagerstätten. G. Ewald G 286◇

1780 **Anwendung eines automatischen Analysengerätes auf die Bestimmung von Zink in Bodenproben und Sedimenten.** R. E. Stanton und Alison J. McDonald. (Analyst **88,** 608—13, 1963; London, Imp. Coll. of Sci. and Technol.; engl.) — Vff. beschreiben die Anwendung des automat. Analysengerätes „Technicon Auto Analyzer" für die Best. von Zn mit Dithizon in Bodenproben. Eine Solventextraktion mit Bzl. wird bei den Analysen von Lsgg. mit $> 0{,}1$ μg Zn/ml durchgeführt. 250 Proben am Tage können mit einer Reproduzierbarkeit von $\pm$ 5 bis $\pm$ 10% bei 95% statist. Sicherheit analysiert werden.
J. Kraetsch G 288◇

1781 **Amperometrische Titration von Hg(II) mit Tetraphenylphosphoniumbromid.** Hiroshi Matsuo und Shiokichi Chaki. (Japan Analyst **11,** 762—63, 1962; Hiroshima, Univ.; jap.) — Tetraphenylphosphoniumbromid (I), das im Bereich von $5 \cdot 10^{-5}$ bis $1 \cdot 10^{-3}$ m Konz. ein Halbstufenpotential von $-1{,}81$ V aufweist, bildet mit Hg(II)-Salzen ein komplexes Kation. Mit KJ, KBr u. KCNS (je 0,1 m), als Leitelektrolyt u. Zusatz von **I** ($1 \cdot 10^{-3}$ m) läßt sich Hg(II) amperometr. mit $\pm$ 1% Fehler titrieren. L. Schuler G 290◇

1782 **Bestimmung von Sulfat und Aluminium in einem salpetersauren Sulfat desoxydationsbad durch Emissionsspektrographie.** George A. Miller. (Plating **50,** 310 bis 313, 1963; Bethpage, N. J., Grumman Aircraft Engng. Corp.; engl.) — Es wird ein Verf. zur Best. von Na_2SO_4 in Al in HNO_3-sauren sulfathaltigen Desoxydationsbädern durch Emissionsspektrographie beschrieben.
F. Vior G 294

1783 **Röntgenspektrographische Analyse von Silicium-di- und Aluminiumoxid-Katalysatoren nach einer Schmelzfluß-Scheibenguß-Methode.** J. E. Townsend. (Appl. Spectroscopy **17,** 37—39, 1963; Lake Charles, La., Cities Service Res. and Dev. Co.; engl.) — Zur Best. des Metall-Geh. von Trägerkatalysatoren werden die Proben in einer Schmelze von $Na_2B_4O_7$ gelöst u. zu flachen Scheiben gegossen, die nach dem Polieren der Oberfläche zur Röntgenspektralanalyse benutzt werden. Standardproben werden auf dem gleichen Wege unter Verw. der in Frage kommenden Metalloxide (verd. mit Li_2CO_3) hergestellt. Bei Benutzung der üblichen Geräte ist das Verf. auf die Elemente der Ordnungszahlen 23—42 beschränkt.
W. Herfurt G 294◇

1784 **Die Analyse von intermetallischen Aluminiumverbindungen mit dem Elektronensonde-Mikroanalysator.** D. B. Clayton. (Brit. J. appl. Physics **14,** 117—18, 1963; Lanesfield, G. K. V. Group Res. Labor.; engl.) — Vf. beobachtete bei Messungen des Al-Geh. von $MnAl_6$, $FeAl_3$, Co_2Al_9, $NiAl_3$, Al_3Mg_2 u. $CuAl_2$ mit dem Elektronensonde-Mikroanalysator bei 10; 15 u. 29 kV, daß bei der gleichen Leg. verschiedene Werte bei den verschiedenen kV-Werten erhalten wurden. Während die Analyse auf Al bei 10 kV gut mit der stöchiometr. Zus. der Verbb. übereinstimmte, lieferten Messungen bei höheren kV-Werten wesentlich niedrigere Werte. Wäre in den Verbb. nur das Al zu bestimmen, so wäre das Problem insofern einfach, indem die Messungen nur bei 10 kV durchgeführt würden. Da es jedoch wünschenswert wäre auch die schwereren Elemente mit dem gleichen kV-Wert zu bestimmen, was jedoch in den vorliegenden Fall nicht möglich ist, da die schweren Elemente bei 10 kV nicht angeregt werden, stellte Vf. Eichkurven für höhere kV-Werte her, um die Absorptionsdifferenzen auszuschalten. Best. der schweren Elemente der obigen Verbb. bei 15 u. 29 kV ergaben Übereinstimmung zwischen experimentellen u. theoret. Werten.
C. Gottfried G 294△

1785 **Chromatographische Trennung von ^{90}Sr und ^{90}Y im Nitrat-Medium.** S. Ajuria, C. Archundia und A. M. Martínez. (Rev. Soc. quím. México **7,** 159—60, 1963; Mexico, Com. Nac. de Energía Nuclear; span.) — Vff. beschreiben die papierchromatograph. Trennung von ^{90}Sr u. ^{90}Y unter Verw. von Elutionsmitteln, die durch Schütteln von n-Butanol mit wss. salpetersauren Lsgg. von $LiNO_3$, $Ca(NO_3)_2$, $Al(NO_3)_3$ u. NH_4NO_3 dargestellt wurden. Die Wirksamkeit der Trennung nimmt in der Reihenfolge Li^+, Ca^{2+}, Al^{3+}, NH_4^+ ab.
P. Kurzmann G 300◇

1786 **Extraktion von Zirkonium in Mikrogrammengen mit N-Benzoyl-N-phenylhydroxylamin.** Che-Ming Nee, Chung-Fun Chu und Shu-Chuan Liang. (Scientia sinica **12,** 1239—39, 1963; Peking, Acad. Sinica, Inst. of Chem.; engl.) — Geringe Mengen Zr werden mit Lsgg. von N-Benzoyl-N-phenylhydroxylamin (BPHA) in $CHCl_3$ extrahiert u. mit einer Lsg. von Xylenolorange in A. photometr. bestimmt. Sowohl die Säure-Konz. der wss. Lsg. als auch die Konz. der BPHA-Lsg. beeinflussen die Vollständigkeit der Extraktion. Bei 6 mg BPHA/ml $CHCl_3$ ist die Extraktion in saurer Lsg. von 0,3—10 n HCl vollständig. Durch Zusatz von NH_4SCN oder NH_4NO_3 wird die für die Extraktion nötige BPHA-Menge weiter red., was für die nachfolgende photometr. Best. günstig ist. Mit zunehmender BPHA-Konz. bei gleicher Zr-Konz. nimmt die Extinktion ab u. die für die Ausbildung der Farbe nötige Zeit zu. Für Eichkurve u. Best. müssen die gleiche Konzz. (auch der Xylenolorange-Lsg.) benutzt werden. Die optimale Säure-Konz. muß je nach der Art der anwesenden Fremdionen gewählt werden, da Ti u. Nb bei höheren, Sn bei niedrigeren Säure-Konzz. ebenfalls reagieren. Geringe Mengen von F^- u. Oxalat stören stark. R. Drautzburg G 322◇

1787 **Die Schnellanalyse von $ZrSiO_4$ und ZrO_2.** Bohuš Brežný und Alexandra Kurcová. (Hutnické Listy **18,** 204—06, 1963; Bratislava, Výsk. ústav pre hut. keramiku; slowak.) — Die Probe (0,5 g $ZrSiO_4$ oder 0,2 g ZrO_2) wird mit 5 g eines Gemischs aus 4 Teilen Na_2CO_3 u. 1 Teil Borax aufgeschlossen u. in W. mit 60 ml H_2SO_4 (1:1) gelöst. Bei ZrO_2 wird die Gesamtmenge, bei $ZrSiO_4$ ein äquivalenter Teil analysiert. — SiO_2 wird mit Gelatine gravimetr. oder mit KF titrimetr. bestimmt. Al_2O_3 wird komplexometr. nach Entfernung des Zr mit Cupferron u. $CHCl_3$-Extraktion ermittelt. ZrO_2 wird gleichfalls komplexometr. gegen Xylenolorange titriert. Fe_2O_3 wird colorimetr. mit KSCN, TiO_2 mit H_2O_2 ermittelt.

Die Summe MgO + CaO wird komplexometr. gegen Eriochromschwarz T bestimmt; CaO ebenfalls komplexometr. gegen Fluorexon u. MgO berechnet.
J. Tůmová G 322◇

1788 **Gleichzeitige Bestimmung von C und H in Ta und Zr.** Nakaaki Oda, Masaji Kubo und Tadahiko Yamagishi. (Japan Analyst **11**, 214—20, 1962; Nippon Soda Co., Ltd., Takaoka Plant.; jap., Auszug: engl.) — In einem näher beschriebenen Gerät (mit Widerstandsofen) wird die Probe (Ta bzw. Zr mit Cu) im O_2-Strom bei 1300° verbrannt. Die Geh. an C u. H ergeben sich aus den erhaltenen Mengen CO_2 u. H_2O. Die Schwankungen der Ergebnisse betragen 6%; die untere Best.-Grenze für C u. H beträgt 0,005%. Die für die Analyse erforderliche Zeit beläuft sich auf 20 Minuten. Die Bedingungen für die Verbrennung von C im Hochfrequenzofen werden ermittelt. Die bei Verw. eines Hochfrequenzofens erhaltenen Werte stimmen gut mit denen überein, die sich mit einem Widerstandsofen bzw. beim Vakuumschmelz-Verf. ergeben. W. Wesly G 332◇

1789 **Genaue coulometrische Bestimmung von Kaliumdichromat.** George Marinenko und John K. Taylor. (J. Res. nat. Bur. Standards, A **67**, 453—59, 1963; engl.) — Nach der beschriebenen Meth. werden Proben von 0,5 g $K_2Cr_2O_7$ mit einer Standardabweichung von 0,003% bestimmt. Im kathod. Teil einer Diaphragma-Zelle werden aus 0,4 m $FeNH_4(SO_4)_2$-Lsg. mit konst. Stromdichte $\leq$ 0,6 mA/cm² an einer Pt-Elektrode Fe^{2+}-Ionen erzeugt, die das $Cr_2O_7^{2-}$ reduzieren. Nach dem Endpunkt auftretendes Fe^{2+} wird amperometr. von einer Pt-Anode bei einem Potential von + 0,85 V (bezogen auf die gesätt. Kalomel-Elektrode) angezeigt. Trägerelektrolyt ist 2 m H_2SO_4. Die beste Genauigkeit erzielt man nicht mit frischer Fe-Lsg. sondern nach mehrmaliger Red. u. Oxydation. R. Drautzburg G 335◇

1790 **Natrium-Alizarin-3-sulfonat als chromophores Reagens.** 3. Mitt. **Colorimetrische Bestimmung von Thorium (IV) und Molybdän (VI).** Surendra Nath Sinha und Arun K. Dey. (Z. analyt. Chem. **195**, 416—23, 1963; Allahabad, India, Univ., Chem. Labor.; engl.) — 2. vgl. C. **1963**, 2567. — Th(IV) u. Mo(VI) bilden mit Alizarinrot S (I) rote, wasserlösl. 1:2-Chelate, die sich bei einem optimalen pH-Wert von 5,0 colorimetr. bestimmen lassen. Das Beersche Gesetz wird für Th(IV) im Bereich von 0,23—16,70 ppm u. für Mo(VI) von 0,19—6,90 ppm erfüllt. Verschiedene Metallionen stören die Best. u. müssen vorher abgetrennt werden. Die Unterss. wurden mit einem photoelektr. Colorimeter nach Klett-Summerson unter Verw. des blauen Klettfilters 44 durchgeführt. H. Nentwig G 336◇

1791 **Analytische Chemie der α-Benzinoxim-Komplexe von Molybdän, Wolfram und Vanadin.** Henry J. Hoenes und K. G. Stone. (Talanta [London] **4**, 250—63, 1960; East Lasing, Mich., Michigan State Univ., Dep. of Chem.; engl.) — Mo(VI) wird aus sauren Lsgg. (pH 2 bis 5 Vol.-% H_2SO_4) durch α-Benzoinoxim (I) als $MoO_2(C_{14}H_{12}O_2N)_2$ gefällt. Die von Knowles angegebene Meth. zur Best. von Mo in Stählen wird modifiziert, wobei Ndd. erhalten werden, die ausgewogen werden können. Eine Verbrennung zum Oxid ist nicht erforderlich. Bei der Extraktion des Mo-Komplexes in $CHCl_3$ (II) stören W u. V. Diese Störung wird durch Zugabe von $H_2PO_4^-$ u. Fe^{2+} ausgeschaltet. W (VI) bildet bei Zugabe von I zu Wolframat-lsgg., die frisch mit H_2SO_4 angesäuert sind, $WO_2(C_{14}H_{12} \cdot O_2N)_2$. Die Fällung ist in Ggw. von F^- oder PO_4^{3-} nicht vollständig. Eine Extraktion des W-Komplexes in **II** ist wegen der begrenzten Löslichkeit nicht möglich. V(V) bildet mit **I** bei pH 3 einen gelben, bei langem Stehen bei pH 1,5 einen weißen Niederschlag. Die gelbe Fällung geht mit der Zeit in den weißen Nd. über, dessen Zus. $VO_2(C_{14}H_{12}O_2N)_2$ ist u. der stets durch überschüssiges Reagens verunreinigt ist. Als **I**-Komplex kann V(V) bei pH 2,2 mit **II** extrahiert u. zur Best. in den Oxin-Komplex übergeführt werden. Bi, Sb(III) u. Uranylionen stören. Cr(VI) in sauren Lsgg. oxydiert **I** so rasch, daß eine Unters. dieser Rk. nicht möglich war.
E. Miessgang G 337◇

1792 **Flammenspektren des Vanadins, Niobs, Rheniums, Titans, Molybdäns und Wolframs.** Velmer A. Fassel, Robert B. Myers und Richard N. Kniseley. (Spectrochim. Acta [London] **19**, 1187—94, 1963; Ames, Iowa, Iowa State Univ., Inst. for Atom. Res. and Dep. of Chem.; engl.) — Bei Anregung in brennstoffreicher O_2/C_2H_2-Flamme geben V, Nb, Ti, Mo u. Re Linienspektren, deren Intensität zum Nachw. im 1—10 ppm-Bereich ausreicht. Für die stärksten W-Linien beträgt die Nachw.-Empfindlichkeit 90 ppm. Auch Zr, Hf, Os, Ta u. U geben schwache Linien. Die Wellenlängen der stärksten Linien sind in Tabellen angegeben.
H. Kuchenbecker G 352◇

1793 **Untersuchung über Acetylaceton als Indikator.** 3. Mitt. **Kontinuierliche Bestimmung von Eisen(III) und Aluminium.** Kunihiro Mori. (Japan Analyst **11**, 763—64, 1962; Toyo Rikagaku Kenkyujo; jap.) — 2. vgl. Japan Analyst **11**, [1962], 690. — Fe^{3+} u. Al^{3+} lassen sich in der gleichen Probe in einem Arbeitsgang nach folgenden Verff. bestimmen. 50 ml einer etwa 10%ig. Lsg. an Fe + Al werden mit NH_4-Acetat (**I**) auf pH 2—2,5 eingestellt u. nach Zusatz von ca. 1 ml Acetylaceton mit n/20 EDTA-Lsg. bei Raumtemp. (bis zum Umschlag rotgelb) Fe^{3+} titriert. Dann wird gegenüber Al ein Überschuß an EDTA-Lsg. zugegeben, nach 2 Min. langem Sieden u. Kühlen mit **I** auf pH 5,5—6,2 eingestellt u. der EDTA-Überschuß mit n/20 Fe^{3+}-Lsg. zurücktitriert. Genauigkeit: ± 0,5—1%. Störende Ionen müssen wie l. c. entfernt werden. Mit Cu-1-(*2-Pyridylazo*)-*2-naphthol* (= Cu-PAN) als Indicator kann in analoger Weise verfahren werden. L. Schuler G 354◇

1794 **Über die Komplexbildung von Eisen(III) mit Mannit.** A. W. Pawlinowa und N. M. Tscherkassowa. (J. analyt. Chem. [UdSSR] **16**, 733—35, 1961; russ., Auszug: engl.) — Durch Rk. von $FeCl_3$ mit Mannit (Man) entstehen bei pH < $3Fe_2Man_3$, bei pH > 3— ~ $7Fe_2(OH)_2Man_3$ u. bei pH ~ $9Fe_4(OH)_6Man$. In Ggw. eines Überschusses an Man kann Fe gegen Phenolphthalein mit Lauge titriert werden. Die Best. von Al wird durch die Ggw. von Man nicht beeinflußt. In einer Na–K-Tartrat enthaltenden Lsg. wird der Man-Komplex z. T. zerstört u. in den Tartrat-Komplex umgewandelt.
S. Baryschnikow G 354

1795 **Hochfrequenztitrationen mit Ascorbinsäure-Maßlösung.** 2. Mitt. **Bestimmung von Eisen(III)-Ionen.** L. Erdey und M. T. Vándorffy. (Acta chim. Acad. Sci. hung. **37**, 17—26, 1963; Budapest, TU, Inst. für Allg. Chem.; dt.) — 1. vgl. gl. J. **35**, [1963], 381. — Fe^{3+}-Ionen im Konz.-Bereichen von 10^{-4}—10^{-3} m werden mit 0,1 n Ascorbinsäure-Lsg. titriert, wobei der Endpunkt mit einem 5 MHz-Hochfrequenztitriergerät oder mit einem 130 MHz-Radiofrequenztitrimeter angezeigt wird. Die Konz. an Fremdionen darf die 4fache Fe^{3+}-Konz. nicht übersteigen. In Ggw. von Komplexbildnern dürfen Fremdionen in 10—30facher Konz. vorhanden sein. Man erhält um so steilere Titrationskurven u. um so schärfere Endpunkte, je stabiler die betreffenden Fe-Komplexe sind. Am wirksamsten sind NH_4SCN u. NaF, dann folgen o-Phenanthrolin, Oxalsäure u. Essigsäure. Der Fehler der Best. beträgt 1—2% bei 10^{-4} u. 0,5% bei 10^{-3} Mol Fe^{3+}/Liter. R. Drautzburg G 354◇

1796 **Analyse mit Fluorotitansäure-Wasserstoffperoxid als Reagens.** 6. Mitt. **Photometrische Bestimmung von Eisen(III).** Hisao Fukamauchi, Ryuko Enohara, Mitsuko Uehara und Chiyo Inotsume. (Japan Analyst **10**, 363—65, 1961; Tokyo, Coll. of Pharm., Women's Dep.; engl.) — 5. vgl. C. **1963**, 5584. — Fügt man Fe(III) zu einer Mischung aus H_2TiF_6 u. H_2O_2, so wird durch Bldg. des stabileren $[FeF_6]^{3-}$ eine entsprechende Menge Ti freigesetzt, die mit dem H_2O_2 reagiert. Die Extinktion des farbigen Peroxo-Ti-Komplexes ist in einem bestimmten Konz.-Bereich der Fe(III)-Konz. proportional. Als Reagens dient eine 1 n HNO_3-Lsg. von Na_2TiF_6, NaF u. H_2O_2 (Molverhältnis 1:4:1), die 0,1 m an Ti ist. Das Fe(III) wird ebenfalls in 1 n HNO_3-Lsg. zugegeben. Alle Gefäße sollten aus Kunststoff bestehen.
R. John-Bilal G 354◇

1797 **Die Trennung des Eisens von Kobalt und des Aluminiums von Beryllium durch die Ionenaustauschmethode.** R. N. Golowaty und M. N. Kotowskaja.

(Ukrain. chem. J. **25,** 791—94, 1959; Lwow, Franko Univ.; russ.) — Eisen bildet mit Brenzcatechin (PC) bei pH > 5 Komplexe der Form $[Fe(PC)_2]^-$ u. $[Fe(PC)_3]^{2-}$. Ähnliche Komplexe entstehen auch mit Brenzcatechin-3.5-disulfonsäure (**II**) u. Fe^{3+}, Al^{3+}, Co^{2+} u. Be^{2+}. Bei pH = 8 liegen in einer **II** enthaltenden Lsg. Fe^{3+} u. Al^{3+} praktisch völlig als Komplexe, Co^{2+} u. Be^{2+} als Kationen vor. Diese Tatsache wird zur Trennung ausgenutzt, indem die **II**-haltige gepufferte Lsg. von Fe^{3+}/Co^{2+} (pH = 10) über einen Kationenaustauscher SBS-1 in der NH_4^+-Form gegeben wird. Die Trennung Al^{3+}/Be^{2+} erfolgt bei pH = 8—9.
K.-D. Schubert G 355◇

1798 **Tüpfelanalytischer Nachweis von Cer und Kobalt.** V. Pandu Ranga Rao und D. Satyanarayana. (Z. analyt. Chem. **197,** 409—12, 1963; Waltair India, Andhra Univ., Dep. of Chem.; dt.) — Sulfosalicylsäure bildet mit Cer(IV) bei pH 11 einen rotbraunen Komplex. Unter pH 6 u. über pH 13 beobachtet man keine charakterist. Farbe mehr. Mit Cer(III) verläuft die Rk. nur langsam, wird aber durch Ggw. von Co^{2+} beschleunigt, was gleichzeitig zum Nachw. von Co benutzt wird. Noch 0,7 μg Ce u. 0,03 μg Co können auf der Tüpfelplatte nachgewiesen werden. Fe(III) u. Mn(II) stören.
R. John-Bilal G 355◇

1799 **Grenzen und Möglichkeit der Kobaltbestimmung mit Rubeanwasserstoffsäure.** R. Bondivenne, G. Beau, N. Busch und R. Y. Mauvernay. (Chim. analytique **44,** 114—21, 1962; Riom, Puy-de-Dôme, Centre Européen de Rech. fond. et appl.; franz.) — Die spektrometr. aufgenommenen Absorptionskurven verschieden konz. Lsgg. des Co-Komplexes von Rubeanwasserstoffsäure werden untersucht. Demzufolge läßt sich Co in Konzz. bis zu 0,2 μg/ml quant. bestimmen. Bei geringeren Co-Konzz. verschiebt sich das Absorptionsmaximum, wobei die Genauigkeit stark abnimmt. In Lsgg. mit weniger als 1—1,5 μg/ml wird der Fehler größer als 5%. Von 100 bis herab zu 4 μg/ml beträgt die mittlere Abweichung vom Lambert-Beerschen Gesetz 1,2%.
K. Scheffler G 355◇

1800 **Anwendungen der chelatometrischen Titration.** 1. Mitt. **Titrimetrische Bestimmung von Cu und Zn mit EDTA.** Minoru Aoki, Hiroyuki Kimura und Tokio Yamauchi. (Bull. Nagoya Inst. Technol. **13,** 260—64, 1961; jap., Auszug: engl.) — Infolge der unterschiedlichen Konst. für die Chelat-Bldg. von Cu-EDTA ($10^{18,8}$) u. Zn-EDTA ($10^{16,5}$) kann man beide Ionen in derselben Lsg. nacheinander titrieren, u. zwar Cu bei pH 5,1—5,4 (Puffer CH_3COOH/CH_3COONa) u. Zn bei pH ca. 9 (Puffer NH_4Cl/NH_4OH). Indicator ist Brenzcatechinviolett. Dabei soll die Zn-Menge kleiner sein als die Cu-Menge, weil sonst etwas Zn mit dem Cu titriert wird. Fe^{3+}, Al^{3+}, Pb^{2+}, Sn^{4+}, Cd^{2+}, Mn^{2+} u. Ni^{2+} müssen vorher entfernt oder maskiert werden. Die Meth. liefert gute Ergebnisse bei der Best. von Cu u. Zn in Bronze u. Messing.
R. Drautzburg G 358◇

1801 **Anwendung der spanlosen Methode zur Untersuchung der Inhomogenität bei Legierungen.** N. A. Tananajew und A. P. Lochwitzkaja. (Ukrain. chem. J. **24,** 240—43, 1958; russ.) — Beim spanlosen Analysen-Verf. von Ti- bzw. C-haltigem Gußeisen werden in von Paraffin begrenzte Mulden auf der Probe je 1 Tropfen HNO_3 (1:1) u. konz. HCl eingebracht. Nach Beendigung der Rk. werden die erhaltenen Lsgg. colorimetriert. Dabei ergab es sich, daß die an verschiedenen Stellen der Metalloberfläche bzw. in verschiedener Tiefe von ihr erhaltenen Lsgg. beim Colorimetrieren große Abweichungen aufwiesen, die bei der Ti-Best. bis zu über 50% betrugen. Ti liegt bei C-Überschuß prakt. völlig als TiC vor, das sich bei größeren TiC-Kristallen nicht vollständig auflöst. Damit wird die Inhomogenität dieses Ti-Zusatzes (verschieden große Kristalle an unterschiedlichen Stellen) bewiesen. Bei größeren Proben (Einwaage von Spänen) läßt sich diese Inhomogenität nicht nachweisen, die bei der spanlosen Meth. auch bei Ti-Al-Legg. gelang; Mn allerdings erwies sich auch beim spanlosen Verf. als homogen verteilt.
A. v. Wilpert 5280□

1802 **Polarographische Bestimmung der Verunreinigungen von Lagermetallen und Lötzinn.** Ildikó Miklós. (Fémipari Kutató Intézet Közleményei [Mitt. Forsch.-Inst. NE-Metalle] **6,** 379—83, 1962; Budapest, Forsch.-Inst. NE-Metalle; ung.) — Meth. zur Best. von kleinen Mengen Cd, Ni, Zn, Cu u. Bi aus einer Einwaage. Die Einzelheiten der Analyse werden ausführlich angegeben. Genauigkeit ± 5%. Das Abrauchen der Lsg. mit Br + HBr nach Auflösen in HNO_3 ist überflüssig.
L. Zombory 5282△

b) Analyse organischer Verbindungen

1803 **Funktionelle organische Analyse. Instrumentelle oder chemische Methoden?** Stig Veibel. (Chim. analytique **45,** 157—61, 1963; Kopenhagen, TU, Labor. für organ. Chem.; franz.) — Übersichtsbericht, in dem die gegenseitige Ergänzung der Unters.-Meth. für Forschungs- u. Kontroll-Labor. an typ. Beispielen aufgezeigt wird.
W. Kupfer 5350◇

1804 **Schnellverfahren zur volumetrischen Bestimmung des organischen Kohlenstoffes in Form von Cyanwasserstoff.** 2. Mitt. **Über die theoretischen Grundlagen der Kohlenstoffumsetzung.** S. Mlinkó. (Mikrochim. ichnoanalyt. Acta [Wien] **1963,** 759—68, Budapest, Ungar. Akad. der Wiss., Zentralforschungsinst. für Chem.; dt.) — 1. vgl. C. **1963,** 22851. — Vf. untersucht die Pyrolyse organ. Verbb. in stömendem NH_3 u. die Umsetzung der Pyrolyse-Prodd. zu HCN mit folgenden Ergebnissen: Die Umsetzung des bei der Pyrolyse gebildeten CH_4 erfolgt mit größter Geschw. u. kann mit einem geringen NH_3-Überschuß vollzogen werden. Die Umsetzung von CO verläuft über CH_4 als Zwischenprodukt. Die Geschw. der autokatalyt. Rk. nimmt in Ggw. von HCN zu. HCN ist bei hohen Temp. in Ggw. von W. nicht stabil. An Pt-Katalysatoren geht die Hydrolyse indessen langsam vor sich. Bei Gas-Geschw. über 350 ml/min kommt es zu keiner Hydrolyse mehr. Zur katalyt. Umsetzung der C-Oxide u. der KW-Stoffe erweist sich Pt-Wolle als am besten geeignet. Die Aktivierung des Katalysators erfolgt mit einer Mikrosubstanzprobe bei 1150°. Die HCN-Bldg.-Geschw. aus elementarem C u. NH_3 nimmt mit der Temp. zu. 3—4 Min. genügen zur vollständigen Umsetzung des C bei 1150°. Die Absorption des HCN erfolgt in kalter wasserfreier methanol. KOH-Lösung. Das bei der Analyse von Azo-Verbb. entstehende HN_3 läßt sich am einfachsten durch Oxydation mit J_2 zersetzen.
J. Peters 5352◇

1805 **Über eine Schnellmethode zur Stickstoffbestimmung.** Helmut Trutnovsky. (Z. analyt. Chem. **198,** 331—44, 1963; Kopenhagen, Novo Terapeutisk A/S, Mikroanalyt. Labor.; dt.) — Es wird über eine automat. Mikro-N-Best. durch Verbrennung im reinen O_2-Strom an Kobaltoxidkontakt berichtet. Das Magnetventil einer CO_2-Bombe sowie eines O_2-Elektrolytgenerators sind mit dem beweglichen Brenner des Ofens gekoppelt. Während des Verbrennungsvorganges erfolgt Spülung mit O_2, danach wird automat. auf CO_2-Spülung umgeschaltet. Zur Absorption des überschüssigen O_2 befindet sich im abnehmbaren Teil des Verbrennungsrohres Cu auf porösem Träger, das für 60—80 Analysen ausreicht. Dauer einer Analyse 8 Minuten.
Dieter Lehmann 5352◇

1806 **Organische Mikroelementaranalyse.** 1. Mitt. **Beobachtungen über die Stickstoffbestimmung nach Dumas bei Substanzen mit hohem Stickstoffgehalt.** Toshikazu Inoue, Kazunori Sayama und Toshihiro Takata. (Japan Analyst **11,** 771, 1962; Toho Reyon K. K.; jap.) — Bei Verbrennungsöfen von 15—18 bzw. 20 cm Länge u. Temp. von 750—800° bzw. 800—940° mit drahtförmigem Cu auf 7—10 cm Länge (550°) ergeben sich nach dem üblichen Verf. bei Substanzen mit 17—31% N (Pikrinsäure, Dimethylglyoxim, Adipinsäuredihydrazid) meist analyt. N-Verluste von 0,40—0,80%. Vff. erhalten genauere Werte (Fehler — 0,01 bis — 0,18%) in einem 30 cm langen Ofen, Verw. von zerriebenem CuO-Draht (60 bis 100 Maschensieb) u. Temp. von 900—930°.
L. Schuler 5352◇

1807 **Erfahrungen mit der von Zuwerkalow vereinfachten Apparatur von van Slyke zur volumetrischen Bestimmung des Aminostickstoffs.** H. Schaefer. (Clin.

chim. Acta [Amsterdam] 8, 476—78, 1963; Helgoland, Biol. Anstalt; dt.) — Vf. modifizierte die App. nach Zuwerkalow u. erhielt mit Aminostickstoffmengen bis zu 1,7 mg bei Reihenunterss. (Dauer je Vers. 15—20 Min.) gut übereinstimmende Resultate. Die App. besteht aus einer 3 ml fassenden Glasbürette, die mit dem Rk.-Gefäß verschmolzen, auf einem durch einen Motor beweglichen Brett montiert u. mit einer Hg-Niveaubirne verbunden ist. Analysenfl. u. Eisessig werden eingegeben, 30%ig. $NaNO_3$-Lsg. u. dann etwas W. nachgefüllt u. die App. 3 Min. lang geschüttelt. Die gebildeten N-Oxide werden in $KMnO_4$-Lsg. (50 g $KMnO_4$ + 25 g NaOH in 1 Liter W.) aufgenommen. Der N-Geh. der Probe wird aus der gebildeten Gasmenge nach der Van Slyke-Tabelle berechnet. J. Trupke 5352◇

1808 **Direkte Analyse von Sauerstoff-18 in organischen Verbindungen.** C. Gardner Swain, Gen-Ichi Tsuchihashi und Lynn J. Taylor. (Analytic. Chem. **35,** 1415 bis 1417, 1963; Cambridge, Mass., MIT, Dep. of Chem. and Labor. for Nuclear Sci.; engl.) — Beschreibung eines Verf. zur Best. von ^{18}O in organ. Verbb. ohne vorherige Verbrennung der Substanz. Das zu untersuchende Material wird in einen registrierenden Massenspektrographen gebracht u. der Molgew.-Bereich des Spektrums mehrfach, 10—20mal, abgetastet. Das Verf. ist nur anwendbar auf Verbb., die für die massenspektrograph. Analyse hinreichend flüchtig sind. Untersucht werden Benzylalkohol, Phenol u. Benzylphenyläther.
A. M. Fretzdorff 5352◇

1809 **Elementaranalyse organischer quecksilberhaltiger Substanzen.** 6. Mitt. **Semimikrobestimmung von Quecksilber und Halogenen aus nur einer Einwaage.** V. Pechanec. (Collect. czechoslov. chem. Commun. **27,** 2976—79, 1962; Praha, Tschechoslow. Akad. der Wiss., Inst. für org. Chem. u. Biochem.; dt.) — 5. vgl. C. **1964,** 10-1823. — Zur gleichzeitigen Halbmikro-Best. von Hg u. Halogenen in einer einzigen Einwaage wird die Probe im N_2-Strom verbrannt, das Halogen am Zers.-Prod. von $KMnO_4$ auf einem Träger als Halogenid festgehalten u. das freigesetzte Hg am Ag-Schwamm aufgefangen. Die Halogene werden nach dem Auslaugen titrimetr. bestimmt, das Hg wird gewogen, wobei einer Hg-Oxydation durch eine N_2-Atmosphäre vorgebeugt wird. Zusammen mit den Halogenen werden die störenden Elemente (S, As, P, N-Oxide u. a.) absorbiert, das Adsorptionsmittel bewirkt zugleich die Oxydation der pyrolyt. Proben-Prodd. zu CO_2 u. H_2O. Die im Pt-Schiffchen befindliche Probe (14—18 mg) wird im Verbrennungsrohr im N_2-Strom (10—15 ml/min) mit einem verschiebbaren elektr. Ofen auf 700—750° erwärmt, so daß die Pyrolyse sowie Halogen- u. Hg-Absorption in ca. 15—20 Min. beendet sind. Unter diesen Bedingungen werden im koksartigen Pyrolyt. Rückstand keine Halogene zurückgehalten. Die Auslauge-Fl. bei der Cl- bzw. Br-Best. wird mit verd. HNO_3 (1 : 1) sowie 30%ig. H_2O_2 zur Red. von Spuren des mitgerissenen Adsorptionsmittels versetzt u. gegen $Hg(NO_3)_2$-Lsg. mit Na-Nitroprussiat als Indicator titriert. Bei der J-Best. werden der Auslauge-Lsg. 10%ig. Na_2SO_3-Lsg. u. verd. Essigsäure (1 : 3) zugesetzt, wonach die Fl. gegen $AgNO_3$-Lsg. mit Eosin als Indicator titriert wird. Die Analyse dauert ca. 45 Min., die Fehler übersteigen die übliche Grenze von ± 0,30% nicht.
K. Kámen 5352△

1810 **Anwendung von Lithiumaluminiumhydrid in der Analyse.** 1. Mitt. **Bestimmung von aktivem Wasserstoff in organischen Substanzen in Äthyläther-Lösungen.** A. P. Terentjew, G. G. Larikowa und Je. A. Bondarewskaja. (J. analyt. Chem. [UdSSR] **18,** 514, 1963; Moskau, Lomonossov-Univ.; russ., Auszug: engl.) — Vff. verwendeten in Ae. gelöstes $LiAlH_4$ zur Best. von akt. H in Hydroxy- u. Amino-Verbindungen. Zur Aufbewahrung u. Dosierung wird eine mit Hg arbeitende Bürette angegeben, zur Analyse ein Gerät, in dem H_2 durch Ae.-Dampf verdrängt wird. Der experimentelle Fehler beträgt ca. 3 Rel.-%. P. Kurzmann 5352◇

1811 **Über eine Modifikation der Methode zur Bestimmung des aktiven Wasserstoffs. Laboratoriumsmitteilung.** Constantin Albu. (An. Univ. „C. I. Parhon", Ser. ştiinnţ. naturii, Chim. **9,** 195—98, 1960; Fac. de Chim., Labor. de chim. org.; rum.) — Für das Verf. von Zerewitinoff [1907—1914] wird ein neues Gefäß (Kolben mit am Hals angesetzter Kugel) beschrieben. Eine andere App. ist ein Flachbodenkolben mit durch Schliff angesetzter Zu- u. Ableitung, wobei durch einen Hahnansatz das Grignard-Reagens mit einer Injektionsspritze eingeführt wird, während das andere Rohr mit einem Makronitrometer mit 50%ig. wss. A. verbunden ist. Die Probe wird im Kolben in abs. Ae. gelöst, dessen Dampfdruck bei der Berechnung des entwickelten CH_4 zu berücksichtigen ist. R. K. Müller 5352◇

1812 **Nachweis und Charakterisierung von Olefinen als 2.4-Dinitrophenylhydrazone der durch Friedel-Crafts-Acetylierung entstandenen Methylketone.** Jacob G. Sharefkin und Theodore Sulzberg. (Analytic. Chem. **32,** 993—95, 1960; Brooklyn, N. Y., Brooklyn Coll., Dep. of Chem.; engl.) — Das Verf. umfaßt die Acetylierung der Olefine mit CH_3COCl [Katalysator $SnCl_4$, Polyphosphorsäure (I)] zu ungesätt. Methylketonen, Isolierung als 2.4-Dinitrophenylhydrazone (**II**) u. deren Nachw. durch die nach Zusatz von alkohol. KOH-Lsg. auftretende Rot-, Purpur- oder Blaufärbung. Die Acetylierungsrk. wird durch anwesende Elektronendonatorgruppen gefördert, durch benachbarte Cl- oder NO_2-Gruppen verhindert. Bei Anwesenheit konjugierter Doppelbindungen tritt Polymerisation ein. Die Erfassungsgrenze liegt bei 50 ng. Die Acetylierung mit Katalysatoren abgestufter Wirksamkeit ($AlCl_3$, $SnCl_4$, **I**) wurde zur Aufstellung eines Spektrums der Olefinelektronegativität benutzt. Das Verf. wurde angewendet zum Nachw. von F. des **II**; F. des Semicarbazons; Ausbeute [%]): *Äthylen* (— ; 138°; 27), *Propylen* (153°; 140—142°; 61), *Buten-(2)* (198°; 185°; 50), *2-Methylpropen* [198—199°; 162°; 52 (Katalysator $SnCl_4$) u. 47 (**I**)], *Penten-(1)* (124—125°; 122,5—123,0°; 38), *2.2.4-Trimethylpenten-(1)* (162°; —; 27), *Cyclopenten* (201°; 210°; 41), *Cyclohexen* [200°; 218°; 62 ($SnCl_4$) u. 56,5 (**I**)], *α-Methylstyrol* (173°; 185°; 57), *trans-Stilben* (Oxim: 151°; Halogenameisensäure: 133 bis 134°), *Campher* (— ; 195—196°; < 10; Halogenamseisensäure: 123°), *4-Methylcyclohexen* (—; 187,5°; 41), *1.1-Diphenyläthylen* (149°; —; 67,5). Die gleiche Rk. geben: *Dodecen-(1), Bzl., Toluol, Naphthalin, Allyl-* u. *Zimtalkohol, 2-Methyl-3-buten-2-ol, Allylbenzol, 2-Methylhexen-(1), Oleinsäure, Zimtsäure, Zimtsäureäthylester, Diphenyläther* u. *ω-Nitrostyrol.* U. Uhlich G 520□

1813 **Bestimmung von 3-Methylpenten-(2)-in-(4)-ol-(1) in Gegenwart von 3-Methylpenten-(1)-in-(4)-ol-(3).** I. A. Ssolunina, R. A. Ssorokina und W. A. Dewjatin. (Med. Ind. [UdSSR] **15,** Nr. 5, 60—61, 1961; Allunions Forschungs-Inst. für Vitamine; russ.) — Die quant. Best. von *3-Methylpenten-(2)-in-(4)-ol-(1)* (**I**) in Ggw. von 3-Methylpenten-(1)-in-(4)-ol-(3) (**II**), die als Ausgangs-Prod. bei der Herst. von Vitamin A dienen, beruht darauf, daß **I** bei Zimmertemp. innerhalb 2 Std. in trockenem Pyridin zu 98% acetyliert wird, während **II** durch Essigsäureanhydrid nicht acetyliert wird. Die Einwaage von **I** (0,1 g) wird mit 1 ml Essigsäureanhydrid in abs. trockenem Pyridin (5 : 7) 2 Std. stehengelassen, mit 35 ml dest. W. versetzt u. in Ggw. von Phenolphthalein mit 1 n KOH-Lsg. titriert. O. Lebtag G 550△

1814 **Nachweis von Schwefelverbindungen auf Papierchromatogrammen.** Carlo de Marco. (Nature [London] **198,** 683, 1963; Roma, Univ., Ist. di Chim. Biol.; engl.) — Als Reagens auf Sulfoxide ist salzsaure KJ-Lsg. nicht spezif., sondern spricht auf folgende Verb.-Typen an: $R{-}SO_2H$, $R{-}SO_2{-}S{-}R$, $R{-}SO_2{-}S{-}H$, $R{-}SO{-}R$ [R = $CH_2CH(NH_2)COOH$ oder $CH_2CH_2NH_2$]. Die Nachw.-Grenze liegt bei 5 μg.
F. M. Friedrich-Anderseck G 600◇

1815 **Bestimmung der Acetale, Ketale und Vinyläther.** Břetislav Buděšinský und Jiří Körbl. (Mikrochim. Acta [Wien] **1960,** 697—702; Prag, Forsch.-Inst. für Pharm. u. Biochem.; dt.) — Angegeben wird eine Meth. zur Best. sonst schwer verseifbarer Acetale, Ketale u. Vinyläther, bei der die Verbb. durch konz. HBr gespalten, die entstehenden Carbonylverbb. mit Hydroxylamin (**I**) oximiniert u. der **I**-Überschuß anschließend durch potentiometr. Titration (Elektroden: Pt–gesätt. Hg_2Cl_2, Inflexionspotential ca. -200 mV) mit $K_3[Fe(CN)_6]$ zurückgenommen wird. Das Verf. wurde angewendet zur Best. von: *2.4.4-Triäthoxypentan*; *4.4-Diäthoxypenten-(2)*; *Diaceton-2-keto-L-gulonsäure*; *Paraldehyd*; *1-Methoxyäthanol*; *1-Brom-2.2-diäthoxyäthan*; *2.2-Diäthoxyäthan*; *2-Methoxy-2.2'-diäthoxyisobutyronitril*; *β-Äthoxy-β'-methoxymethacrylonitril* u. *β.β'-Dimethoxymethacrylsäuremethylester*. U. Uhlich G 700◇

1816 **Einige Schwierigkeiten bei gaschromatographichen Untersuchungen.** R. L. Stedman und R. L. Miller. (J. Chromatogr. [Amsterdam] **11**, 409–11, 1963; Philadelphia, Pa., Dep. of Agric., Agric. Res. Serv., Eastern Utilization Res. and Developm. Div.; engl.) — Es wird aus Verss. mit äther. Lsgg. von *Methylpropionat*, *Methylacetat*, *Methylcapronat* u. *Methylcaprylat* auf die zum Teil 95% betragenden Verluste hingewiesen, die beim Eindampfen derartiger Lsg. an der zu bestimmenden Komponente auftreten können. Eine weitere Schwierigkeit stellen die Spurenverunreinigungen der Lsgm. dar, die ebenfalls konz. u. dann gaschromatograph. mit erfaßt werden. K. Dorfner G. 810◇

1817 **Coulometrische Bestimmung von Carbonsäurehydraziden.** Alan F. Krivis, Eugene S. Gazda, George R. Supp und Perry Kippur. (Analytic. Chem. **35**, 1955–57, 1963; New Haven, Conn., Olin Mathieson Chem. Corp., Olin Res. Center; engl.) — Die coulometr. Bromierung von *Essigsäure-*, *Diacetyl-*, *Adipinsäuredi-* u. *-mono-*, *Stearinsäure-*, *Distearyl-*, *Diglycolsäuredi-*, *Cyclopropancarbonsäure-*, *Kohlensäure-*, *Thiokohlensäure-*, *Isophthalsäuredi-*, *Terephthalsäuredi-*, *Monomethylterephthalsäure-*, *Salicylsäure-* (**I**), *m-Nitrobenzoesäure-* u. *Isonicotinsäurehydrazid* wurde untersucht. Bromierungs-Lsgg., die Essigsäure enthielten, konnten nicht verwendet werden, scheinbar wegen der Bldg. sek. Hydrazide, die nicht so leicht oxydiert werden. Wss. oder methanol. salzsaure KBr-Lsgg. ergaben genaue Ergebnisse. Vier Br werden pro Mol Monohydrazid verbraucht: $RCON_2H_3 + 4Br + H_2O \rightarrow RCOOH + N_2 + 4HBr$. Einige Verbb., die S oder einen aktivierten Benzolring enthielten verbrauchten noch mehr Br, z. B. Thiosäurehydrazide 12 Br oder **I** 6 Br pro Mol. Die häufigsten Begleitstoffe, die symm. sek. Hydrazide scheinen bei der Analyse nicht zu stören, jedoch bilden sich in manchen Fällen Halbhydrate der Hydrazide, was bei der Auswertung der Analysen zu berücksichtigen ist. W. Morneweg 810◇

1818 **Bestimmung kleiner Mengen langkettiger, aliphatischer Amine in wässerigen Lösungen.** 2. Mitt. **Einige Beobachtungen mit der Kobaltthiocyanatmethode.** M. W. Desai und T. K. S. Murthy. (Indian J. Chem. **1**, 106–08, 1963; Trombay, Bombay, Atom. Establ., Chem. Engng. Div.; engl.) 1. vgl. Analyst **88**, [1963], 322. Vff. beschreiben eine Abwandlung der Meth. von Ashbrook (C. **1961**, 8058) zur Best. einiger tert. Amine (Triisooctyl- u. Trinonylamin), die zur Extraktion von U verwendet werden. Der blaue Aminkomplex (**A**) vom Typ $[R_3NH^+]_4[Co(SCN)_6]^{4-}$ wird eingehend untersucht. Um Störungen durch andere Bestandteile beim Nachweis von Aminen in extrahierten Fll. zu vermeiden, wird empfohlen, das Amin mit CCl_4 zuerst zu extrahieren u. dann mit wss. $Co(SCN)_2$-Lsg. zu versetzen. Ferner wird die Wrkg. organ. Lsgm. (Chlf., CCl_4, Kerosin, Bzl., Toluol, Cyclohexan u. m-Xylol) auf die Extraktion von **A** untersucht. Chlf. eignet sich sowohl zur Extraktion tert. als auch sek. Amine, dagegen sind die anderen Lsgm. für die Extraktion symm. tert. Amine verwendbar. W. Pruß G 910◇

1819 **Untersuchungen über Polyamine.** 1. Mitt. **Eine neue fluorometrische Bestimmungsmethode für Spermin und Spermidin.** Tsutomu Unemoto, Keiko Ikeda, Makoto Hayashi und Komei Miyaki. (Chem. pharmac. Bull. [Tokyo] **11**, 148–51, 1963; Okubo, Narashino, Chiba-Univ., Inst. of Food Microbiol.; engl.) — Die Oxydationsprodd. des Spermins (**I**) u. des Spermidins (**II**) mit Rinderplasma-Aminoxydase reagieren mit Resorcin unter Bldg. einer fluorescierenden Verbindung. — Enzym-Darst.: Plasma wird mit $(NH_4)_2SO_4$ fraktioniert. Die zwischen 30 u. 50% Sättigung anfallenden Ndd. werden gegen 0,05 m Phosphatpuffer (pH 7) dialysiert. Mit W. wird auf die Hälfte des Ausgangsvol. des Plasmas aufgefüllt.

Versuche: Zu 2 ml der neutralen Lsg. mit 0,2 bis 0,6 μmol **I** oder 0,4–1,0 μmol **II** werden 0,5 ml Phosphatpuffer, 0,3 ml 0,1 m Resorcin-Lsg. u. 0,2 ml Enzym-Lsg. zugesetzt. Die Inkubationszeiten sind 1 Std. bei 37° u. dann 15 Min. bei 60°. Danach wird 1,5 ml 1 m Essigsäure zugegeben u. die Fluorescenzintensität bei 520 nm gemessen. Die Meth. wird durch 2-Aminoäthanol, 2-Aminopropanol, 3-Aminopropanol, 1.3-Diaminopropan, 1.4-Diaminobutan, 1.5-Diaminopentan, 1.6-Diaminohexan u. Alanin nicht gestört. — Bei Unters. von Rattenlebern muß die Meth. variiert werden. Es ist eine Auftrennung des Leberextraktes an Amberlite XE-64 Na^+-Form) notwendig. Die **II**-Fraktion wird mit 0,05 n Essigsäure, die **I**-Fraktion mit 5 ml 0,1 n HCl eluiert. W. Rehner G 910◇

1820 **Anthron als Reagens für die Bestimmung von S-Carboxymethylcystein in Proteinen.** M. A. Jermyn. (Analyt. Biochem. [New York] **5**, 433–42, 1963; Parkville [Melbourne], Victoria, Australia, C.S.I.R.O., Wool Res. Labor., Div. of Protein Chem.; engl.) — S-Carboxymethylcystein gibt bei 1std. Erhitzen mit 0,02%ig. Anthronlsg. in 63%ig. H_2SO_4 eine Farb-Rk., die zur Best. des gesamten Disulfids u. Sulfhydrils in Protein ausgenutzt werden kann. Die opt. Dichte wird bei 443 nm gegen das nicht carboxymethylierte Protein gemessen. Das 2. Maximum bei 542 nm fällt mit dem der geringen unspezif. Protein-Rk. u. dem der Tryptophanfärbung zusammen, die mit 0,1 m H_3PO_4 durch Ausschalten des katalyt. wirkenden Fe^{3+} reproduzierbar gemacht wird. J. Balke G 950◇

1821 **Untersuchungen über die Verteilungsgaschromatographie.** 1. Mitt. **Einfluß der stationären flüssigen Phase auf die Trennung isomerer Xylole.** Takeo Araki, Ryozo Goto und Sunao Munemiya. (J. chem. Soc. Japan, pure Chem. Sect. [Nippon Kagaku Zasshi] **81**, 1315–17, 1960; Kyôto-Daigaku, Rigakubu, Kagaku-Kyôsitu; jap., Auszug: engl., S. A 90). — Zur gaschromatograph. Trennung von Xylolen werden verschiedene aromat. Verbb. als fl. stationäre Phase auf ihre Eignung hin untersucht. Fein pulverisiertes Ziegelmehl (japan. Norm: JM SiO-O-Gel, C-22) dient als gut brauchbare Trägersubstanz. Für die Wirksamkeit der Trennung von Äthylbenzol u. p-Xylol (**I**) besteht folgende Reihenfolge für die fl. Phase: Carbonyl-Verbb. > KW-Stoffe, Phthalsäureester > Nitro-Verbb., während eine umgekehrte Reihenfolge bei den Verss. mit dem Syst. **I**–m-Xylol (**II**) beobachtet wird. Eine prakt. Trennung von **I** u. **II** ist mit Benzophenon als stationärer Phase möglich. E. Maekawa G 1010□

1822 **Untersuchungen über die Verteilungsgaschromatographie.** 2. Mitt. **Trennung der isomeren Xylole mit gemischten Flüssigkeiten als stationärer Phase.** Takeo Araki, Ryozo Goto und Aoi Ono. (J. chem. Soc. Japan, pure Chem. Sect. [Nippon Kagaku Zasshi] **81**, 1318–20, 1960; jap., Auszug: engl. S. A 90.) — 1. vgl. vorst. Referat. — Die Trennung von -o, m- (**I**), p-Xylol (**II**) u. Äthylbenzol (**III**) kann gaschromatograph. sowohl mit einem 1 : 1-Gemisch aus β-Naphthylamin (**IV**) u. Fluorenon (**V**) als auch mit einem 1 : 2-Gemisch aus **IV** u. p-Chlorbenzophenon (**VI**) prakt. durchgeführt werden. Die Trennungsfaktoren S_{12} betragen im **IV**/**V**-Gemische 0,077 (**I** u. **II** bei 80°) u. 0,104 (**II** u. **III** bei 80°) bzw. im **IV**/**VI**-Gemisch 0,061 (**I** u. **II** bei 84°) u. 0,078 (**II** u. **III** bei 84°). E. Maekawa G 1010□

1823 **Bestimmung von Äthylbenzol in C_8-Alkylbenzolen mit Hilfe der Infrarotspektroskopie.** Jaroslav Knížek. (Chem. Prûmysl **12**(**37**), 609–11, 1962; Pardubice-Rybítví, Výzk. ústav organ. syntéz; tschech.; Auszug: russ. u. engl.) — Für die Best. von Äthylbenzol (**I**) im Gemisch techn. Xylole eignet sich die Absorption bei 556 cm^{-1}. Da der Extinktionskoeff. verhältnismäßig niedrig ist ($\varepsilon^a_{556} = 3{,}9$), muß eine hohe **I**-Konz. benutzt werden; die Eichkurve zeigt einen linearen Verlauf. — Bei der Best. wird 1 ml der Probe mit 5 ml CS_2 verd. u. in 1 cm-KBr-Küvetten gemessen. Genauigkeit $\pm 0{,}3\%$ bei 20 Vol.-% **I**. Die Best. stört nicht: o-Xylol $< 50\%$;

m-Xylol < 70%; Toluol < 10%; 1.3.5- u. 1.2.4-Trimethylbenzol < 10% sowie Bzl., p-Xylol u. ein geringer Geh. an nichtaromat. KW-Stoffen (< 20%).
J. Tůmová G 1010◇

1824 **Spektrophotometrische Bestimmung des Hydrochinonmethlyäthers in Äthylacrylat in Gegenwart von Hydrochinon.** Jack C. Stone. (Analytic. Chem. **35,** 1552–53, 1963; Philadelphia, Pa., Rohm & Haas Co.; engl.) — Zur Best. von 72,8–9,1 ppm Hydrochinonmethyläther (**I**) in Acrylsäureäthylester (**II**) in Ggw. von 2000 ppm Hydrochinon (**III**) extrahiert man 5 ml **II** mit 5 ml 1n NaOH, säuert die wss. Phase mit 0,6 ml konz. HCl an, trennt **I** von **II** säulenchromatograph. an einer Celitsäule ab u. eluiert **I** mit Benzol. Aus dem Bzl.-Eluat wird **I** erneut mit 5 ml NaOH extrahiert u. in 2 ml aliquoten Teilen nach Zugabe von 18 ml 0,4m Borsäure + 0,1 ml 0,1m NaOH, 0,1 ml 3% Aminoantipyrinlsg. u. 0,2 ml 10% $K_3[Fe(CN)_6]$ u. 5 Min. langem Stehen spektrophotometr. bei 520 nm bestimmt. Die Reproduzierbarkeit der Meth. beträgt 85 ± 2%.
A. M. Fretzdorff G 1060◇

1825 **Spektrophotometrische Bestimmung von 1-Naphthol.** George A. Pearse jun. (Analytic. Chem. **35,** 1954 bis 1955, 1963; Syracuse, N. Y., LeMoyne Coll., Chem. Dep.; engl.) — Es wird eine Meth. zur Best. von 1-Naphthol in Ggw. von 2-Naphthol u. anderen Phenolen beschrieben. Die Meth. beruht auf der gleichzeitigen Bldg. u. Extraktion des erhaltenen gefärbten Prod. beim Schütteln von 1-Naphthol in Ggw. von J_2, NaOH u. einem mit W. unmischbaren Lsgm., am besten Xylol. Die Extinktion der nicht-wss. Phase wird bei 528 nm gemessen. Die Meth., die um relativ 1,00–2,00% zu niedrige Werte ergibt, ist bei Konzz. von 5–35‰ anwendbar. Phenol, Brenzcatechin, Resorcin, Hydrochinon u. Phloroglucin stören nicht.
W. Morneweg G 2700◇

1826 **Störung der photometrischen Bestimmung von Prolin durch Aminosäuren und Peptide.** Michael Messer. (Analyt. Biochem. [New York] **2,** 353–59, 1961; Melbourne, Royal Children's Hospital, Clinical Res. Umit.; engl.) — Von 18 untersuchten α-Aminosäuren stören alle außer Asparaginsäure die Best. von Prolin nach der Chinardschen Meth., von 17 untersuchten Di- u. Tripeptiden störten nur Prolylglycin u. die N-Glycylpeptide. Die Störung durch Peptide ist sek. Natur, hervorgerufen durch deren Hydrolyse zu Aminosäuren während der Bestimmung. Durch Zugabe von Glycin zu den zu analysierenden Proben konnte die Störung bei 10 Aminosäuren u. bei allen Peptiden außer Glycylpyrolin beseitigt u. die Empfindlichkeit der Meth. um 50% gesteigert werden. A. Gabert G 3081◇

1827 **Lepidoide Kieselsäure als Filterhilfsmittel bei der säulenchromatographischen Trennung von Saccharidgemischen an Kohle.** H. Ruttloff, A. Täufel und W. Hinz. (J. prakt. Chem. [4] **20,** 142–50, 1963; Potsdam-Rehbrücke, Dt. Akad. der Wiss., Inst. für Ernährung; Berlin, Inst. für Angew. Silicatforsch.; dt.) — In der Trennung von Mono- u. Oligosacchariden sind Säulenfüllungen aus Kohle u. lepidoider Kieselsäure den Kohle–Celite-Säulen gleichwertig. Die ersteren ermöglichen u. U. auch druckloses Arbeiten. Kieselgur, Aerosil, Ton, Seesand, Glaspulver oder Al_2O_3 sind dagegen ungeeignet.
F.-M. Friedrich-Anderseck G 3400◇

1828 **Bestimmung von Invertzucker nach der Methode von Lane-Eynon unter Anwendung von Kaliumhexacyanoferrat(II).** A. Ss. Ssuschkowa. (Ukrain. chem. J. **24,** 251–53, 1958; Inst. für org. Chem. der Akad. der Wiss. der UkrainSSR, Labor. für Chem. der Kohlehydrate; russ.) — In einem Rundkolben gibt man je 12,5 ml der Fehling-Lsgg. I u. II (I: 84 g Cu-Sulfat im Liter; II: 419,6 g Seignette-Salz u. 121,3 g NaOH/Liter), mischt u. gibt 0,4 g $K_4[Fe(CN)_6]$ hinzu. Dann gibt man 1/5 der zu untersuchenden Zuckerlsg. (4–5 ml) bei Zimmertemp. hinzu, erhitzt zum Sieden u. titriert tropfenweise mit dem Rest der Zuckerlsg. unter Sieden 2 bis 2,5 Min. lang, gegen Ende unter Zugabe von 2–3 Tropfen 1%ig. Methylenblau-Lsg. bis zum Übergang Blau → Strohgelb. Reproduzierbare Ergebnisse erhält man wenn man die Zucker-Lsgg. an den Titer der Fehling-Lsg. angleicht. A. v. Wilpert G 3400◇

1829 **Die Desoxyzucker (Desosen) und ihre Farbreaktionen.** 2. Mitt. L. Rosenthaler. (Pharmaz. Ztg. verein. Apotheker-Ztg. **106,** 87–88, 1961; dt.) — 1. vgl. C. **1960,** 12456. — Angabe weiterer in der Literatur beschriebener Farb-Rkk. von Desosen. Aufgeführt sind Rkk. nach Webb u. Levy (zitiert nach Nagata, Tamm u. Reichstein (C. **1958,** 7761), Edwards u. Waldron (J. chem. Soc. [London] **1952,** 3631, J. biol. Chemistry **191,** [1951], 95), Frèrejaque u. Durgeat (C. **1953,** 9581), S. U. Partridge mit einer Lsg. von Anilin u. Phthalsäure in mit W. gesätt. Butanol, MacLennan u. Randall (C. **1960,** 7276) u. nach Wyss-Huber, Jäger u. Weiss (C. **1961,** 4835).
Ph. Fresenius G 3400◇

1830 **Zur Kenntnis der Vitali-Reaktion.** W. Awe, W. Wiegrebe, H. A. M. El-Shibini und M. E. Su. (Naturwissenschaften **49,** 540, 1962; Braunschweig, TH., Inst. für Pharmazeut. Technol.; dt.) — Die quant. photometr. Best. von *Homatropin* gelingt durch Abdampfen der zu prüfenden Substanz mit rauchender HNO_3/Essigsäureanhydrid (4:3), Lösen des Rückstandes in Aceton, Zugabe von 5%ig. methanol. $(CH_3)_4NOH$-Lsg. u. Messen der Farbintensität, die 6–8 Min. konst. bleibt, bei 570 nm. Aus dem Abdampfrückstand kann *3.5-Dinitrobenzoesäure* isoliert werden, die als farbgebende Komponente bezeichnet wird. H. Krause G 3500△

1831 **Eine neue Trennflüssigkeit für gaschromatographische Trennungen von Steroiden.** W. J. A. Van den Heuvel, E. O. A. Haahti und E. C. Horning. (J. Amer. chem. Soc. **83,** 1513–14, 1961; Bethesda, Md., Nat. Heart Inst., Labor. of Chem. of Natural Prod.; engl.) — Vgl. C. **1961,** 11660. — Polare u. unpolare Fluoralkylsilicone können bei einer Konz. von 1% erfolgreich als Trennfl. für Sterine eingesetzt werden. Die Wirksamkeit wurde als Trennfaktor für zwei CH_2-Gruppen bestimmt. Relative Retentionszeiten werden für *Cholestan, Cholestanol, Cholesterin, Cholestan-3-on, Cholestanyltrifluoracetat, -acetat, -methyläther, 5α-Pregnan-3β-20β-diol, -3β.20α-diol, -3β-ol-20-on, -20β-ol-3-on, -3.20-dion* im Vgl. zu Neopentylglykolsuccinat bei 195–210° angegeben. G. v. Waldeyer-Hartz G 3700□

1832 **Dünnschichtchromatographischer Nachweis von Gallensäuren.** David Kritchevsky, Dolores S. Martak und George H. Rothblat. (Analyt. Biochem. [New York] **5,** 388–92, 1963; Philadelphia, Pa., Wistar Inst. of Anatomy and Biol.; engl.) — Vff. trennten *Lithocholsäure, Hyodesoxycholsäure, Chenodesoxycholsäure, Desoxycholsäure* u. *Cholsäure* auf Silicagel-G-Dünnschichtplatten mit dem Lsgm.-Gemisch Ae.–PAe.–Methanol–Eisessig (70:30:8:1) oder Isooctan–Isopropylester–Eisessig (2:1:1), besprühten das entwickelte Chromatogramm mit einer Lsg. von 0,5 ml Anisaldehyd (**I**), 50 ml Eisessig u. 1 ml konz. H_2SO_4, erhitzten die Platte 10 Min. lang auf 125° u. betrachteten die sehr unterschiedlich gefärbten Gallensäuren im sichtbaren u. UV/3660 Å)-Licht. Mengen bis zu 1 μg waren noch nachweisbar. Bei Verw. von Salicylaldehyd statt **I** wurden ebenfalls verschieden gefärbte Verbb. erhalten, während mit Benzaldehyd u. Furfurol keine Farbunterschiede erreicht wurden. S. Hothorn G 3700◇

1833 **Zur Analyse einiger Zwischenprodukte der Cortisonsynthese. 1. Mitt. Analyse von 3α-Pregnanol-11.20-dion.** A. K. Rushenzewa, A. A. Tschemerisskaja und I. Ss. Tubina. (Med. Ind. UdSSR **14,** Nr. 12, 38 bis 40, 1960; Allunions Ordshonikidse Chem.-Pharmazeut. Forsch.-Inst.; russ.) — Quant. Best.-Meth. für Zwischenprodd. der Cortison–Acetat-Synth.: 3α-Pregnanol-11.20-dion (**I**) u. Pregnan-3.11.20-trion (**II**). Zur **I**-Best. werden 0,2 g der zu untersuchenden Substanz mit 7,5 ml alkal. Hydroxylammoniumchlorid-Lsg.(**III**) versetzt (4 g **III** in 8 ml W. + 80 ml A. lösen; 60 ml alkohol. 0,5 n KOH- u. 10 ml 0,4%ig. Bromphenolblau-Lsg. zufügen). Nach Kochen (10 Min.; Rückflußkühler) wird abgekühlt u. mit 0,1 n HCl- titriert, bis eine gelblich-grüne Farbe erreicht ist. Die **II**-Best. erfolgt nach der Meth. der vergleichenden absteigenden Papierchromatographie. 0,1 g Substanz werden in 2 ml A. gelöst. Je 0,02 ml der vorst. u. der II-Vgl.-Lsgg. werden auf Papierstreifen aufgetragen. Als Laufmittel wird n-Heptan–Methanol–W. (5:4:1), als Entwickler 0,4%ig. 2.4-Dinitrophenylhydrazin-Lsg. in 8%ig. HCl angewandt. S. Baryschnikow G 3750△

1834 **Elatographie. 3. Mitt. Bestimmung einiger pharmazeutischer Wirksubstanzen mit phenolischen Hydroxylgruppen als Eisen(III)-Verbindungen.** H. Deppeler und A. Becker. (Z. analyt. Chem. **198,** 344–47, 1963; Basel, Ciba-A.G., Analyt. Abt.; dt.) – 2. vgl. C. **1963,** 3709. – Die Identifizierung des Vitamins B_6 (Pyridoxin) u. seine Trennung von den Vitaminen B_1, B_2, B_{12}, C, A-Acetat, E-Acetat u. Nicotinsäureamid sowie des Vitamins P_4 (Trihydroxyäthylrutosid) von 5-Chlor-7-jod-8-hydroxychinolin ist durch Elatographie möglich. Das dazu benutzte Filterpapier wird mit einem $FeCl_3$-Streifen versehen u. die Lsg. des zu untersuchenden Gemischs unterhalb dieser Zone aufgetropft. Beim Aufsteigen des Fließmittels bilden sich grüne u. rote Fe(III)-Verbb., die sich rasch trennen. Durch Vgl. von Farbintensität u. Fleckengröße ist eine halbquant. Best. im Bereich von 1 μg bis 100 μg möglich. Pyridoxal u. Pyridoxamin lassen sich auf die gleiche Weise trennen. Als Fließmittel eignet sich eine Lsg. von 5 g $FeCl_3$, · 5 H_2O in einer Mischung von 50 cm^3 n-Butanol, 20 cm^3 A. u. 20 cm^3 H_2O.
H. Nentwig G 3800◇

1835 **Untersuchungen über Antibiotica. 8. Mitt. Qualitative Trennung von Tetracyclinen und Vitamin B_{12} durch Papierchromatographie.** Akira Miyake und Tomoji Kinoshita. (J. pharmac. Soc. Japan [Yakugakuzasshi] **75,** 1358–61, 1955; Ōsaka, Takeda A.G. für pharmazeut. Präpp.; jap., Auszug: engl.) – 7. vgl. J. pharmac. Soc. Japan [Yakugakuzasshi] **75,** [1955], 1276; 6. vgl. C. **1950/54,** 7480 S; 9. vgl. C. **1961,** 17587; vgl. auch C. **1963,** 12561. – Papierchromatograph. Trennung von *Chlortetracyclin, Tetracyclin, Oxytetracyclin* u. *Vitamin B_{12}* durch Verw. von mit Theorell-Pufferlsg. (pH 3,5–6,2) getränktem Filterpapier u. Entw. mit Butanol–Essigsäure–W. (4:1:5). F. Mossner G 3900

c) Bestandteile von Pflanzen und Tieren

1836 **Fluorescenzmethoden als Untersuchungsverfahren in der Botanik.** Rosario Fraíno. (Acta ci. venezolana **14,** 3–9, 1963; Univ. Central, Fac. de Ci., Esc. de Biol.; span.) – Übersicht über die analyt. Anwendung von Fluorescenz-Meth. in der Botanik. – 129 Literaturhinweise. P. Kurzmann 5660◇

1837 **Aufschluß von biologischem Material zur anorganischen Analyse: Nasse Oxydation und trockene Veraschung.** Shoji Kubo. (Japan Analyst **11,** 864–71, 1962; Minist. Land. u. Forstwirtsch., Labor. Nahrungsm.-Chem.; jap.) – Vgl.-Übersicht über 2 Aufschlußverff. für biolog. Material, dessen allg. normale Zus., bes. hinsichtlich anorgan. Elemente, deren Meth. im einzelnen u. Vorschläge für einige Modifikationen. L. Schuler 5664◇

1838 **Bestimmung von Schwefeldioxid auf Pflanzenteilen mit Hilfe der Polarographie.** H.-G. Dässler und E. Ewert. (Pharmazie **18,** 355–57, 1963; Dresden, TU, Inst. für Pflanzenchem. in Tharandt; dt.) – Es wird eine polarograph. Meth. beschrieben, mit der SO_2 (**I**) als phytotox. Bestandteil der Industrie- u. Rauchgase auf der Oberfläche von Pflanzen ermittelt wird. Waschlsgg. können ohne **I**-Verlust vorsichtig im Vakuum eingeengt werden. Die bei –1,3 V auftretende sek. Red.-Stufe kann nicht quant. ausgewertet werden. Beim Aufbewahren von **I**-beladenen Pflanzenteilen in **I**-freier Luft findet an der Oberfläche eine kontinuierliche Abnahme von **I** statt. Mit der Meth. lassen sich Zusammenhänge zwischen **I**-Geh. der Luft, **I**-Auflage auf den Pflanzen, Entfernung von der Rauchquelle u. Windrichtung eindeutig ermitteln. E. Doye 5661◇

1839 **Untersuchungen über die Methoden zur chemischen Analyse der Spurenelemente in biologischen Körpern.** 22. Mitt. **Mitfällung von Silber durch Tellur.** Kiyoshi Kudô. (J. chem. Soc. Japan, pure Chem. Sect. [Nippon Kagaku Zasshi] **81,** 570–72, 1960; Sendai, Tôhoku-Daigaku, Rigakubu, Kagaku-Kyôsitu; jap., Auszug: engl., S. A. 40.) – 21. vgl. Suzuki, C. **1963,** 19360. – Die Bedingungen zur Mitfällung von Ag durch Te werden mit ^{110m}Ag untersucht. Am besten wird eine sd. Lsg. von 1–8 μg Ag u. von 1 mg Te in 10 ml 1 n HCl mit einer Lsg. von 3 g $SnCl_2$ in 10 ml 1 n HCl versetzt, wobei die maximale Ausbeute an zurückgewonnenen Ag 98% beträgt. Sowohl bei höherer als auch bei niedrigerer Acidität nimmt die Ausbeute ab. Die Ausbeute nimmt auch mit sinkender Temp. stark ab. Verw. von SO_2 oder N_2H_4 als Red.-Mittel gab nur unbefriedigende Ergebnisse. In Ggw. von anderen anorgan. Säuren ist die Ausbeute geringer. E. Maekawa 5664□

1840 **Eine Methode für die Isolierung und Trennung von Brenzcatechinaminen und ihren Umwandlungsprodukten aus biologischen Medien.** Miasnig Hagopian, Ralph I. Dorfman und Marcel Gut. (Analyt. Biochem. [New York] **2,** 387–90, 1961; Worcester, Mass. Univ., Dep. of Chem.; engl.) – Brenzcatechinamine in biolog. Material werden vor Extraktion direkt in der wss. Phase acetyliert, dann anschließend mit einem organ. Lsgm. (Äthylacetat, Methylenchlorid) extrahiert u. papierchromatograph. mit Propylenglykol gesätt. Toluol getrennt. Die Anwendbarkeit der Meth. wird gezeigt.
A. Gabert 5666◇

d) Medizinische und toxikologische Analyse

1841 **Frequenz-Ordinatenschreiber zur linearen Registrierung von Tropfzahlen und niedrigen Frequenzen.** Joachim Lutz. (Naunyn-Schmiedebergs Arch. exp. Pathol. Pharmakol. **244,** 161–71, 1962; Würzburg, Univ., Physiol. Inst.; dt.) – Es wird ein Ordinatenschreiber beschrieben, der es gestattet, niedrige Frequenzen linear aufzuzeichnen u. der in Verbindung mit einer geschlossenen Tropfenkammer die zeitvolumenproportionale Registrierung von Durchblutungsgrößen bis zu etwa 40 ml/Min. ermöglicht. G. Kimmerle 5727△

1842 **Universalmethode zur titrimetrischen Bestimmung der Trübung.** P. Janew und L. Boboschewski. (Laboratoriumswesen [UdSSR] **7,** Nr. 6, 24–26, 1961; Bulgarien; Stadtkrankenhaus Pangjurischte; russ.) – Zur Best. von Thymol, Phenol u. $ZnSO_4$ im Blut benutzt man eine 0,1 n NaOH-Lösung. Zu dem durch das Reagens getrübten Blutplasma fügt man aus einer Mikrobürette tropfenweise unter stetem Umrühren NaOH-Lsg. bis zum Verschwinden der Trübung. Als Vgl. dient ein Reagensglas mit dem Reagens allein. Bei der Cd-Best. mit 1 n NaOH-Lsg. müssen 0,2 ml einer 0,70%ig. NaCl-Lsg. zugesetzt werden. E. Steinberg 5727□

1843 **Dünnschichtchromatographische Bestimmung der Aminosäuren im Blut.** 1. Mitt. **Qualitative Analyse.** G. Pataki und M. Keller. (Z. klin. Chem. **1,** 157–58, 1963; Basel, Univ.-Frauenklinik, Labor.; dt.) – Die im Serum enthaltenden Aminosäuren werden dinitrophenyliert u. in dieser Form auf Kieselgel-G-Schichten chromatographiert. Gefunden wurden in größeren Mengen: *Alanin, Glutamin, Glycin, Prolin, Valin*; in mittleren Mengen: *Glutaminsäure, Ornithin, Serin, Threonin*; in kleinen Mengen: *Leucin, Lysin, Isoleucin, Methionin, Phenylalanin, Tyrosin,* in Spuren: *α-Aminoisobuttersäure, Cysteinsäure, Arginin, Asparaginsäure, Methioninsulfon* u. *Taurin.* Die Ergebnisse werden denen anderer Autoren gegenübergestellt. G. Seltmann 5727◇

1844 **Bestimmung der Zuckerkonzentration im Blut mit Hilfe von Photoelektrocolorimeter FEK-M.** I. Ja. Woloschina und A. I. Alperin. (Laboratoriumswesen [UdSSR] **9,** Nr. 10, 36–37, 1963; russ.) – Eine modifizierte colorimetr., von Borissow (C. **1963,** 1801) beschriebene Zucker-Best.-Meth. im Blut nach Krezelius-Seiffert. Das Gemisch „hämolysiertes Blut–Pikrinsäure-Lsg." wird 10 Min. lang bei 1000 U/min zentrifugiert. Die colorimetr. Zucker-Best. erfolgt im Zentrifugat. 10 Best. können in 25–30 Min. durchgeführt werden. S. Baryschnikow 5727△

1845 **Über die quantitative Glykogenbestimmung im Blut.** M. Je. Preobrashenskaja und W. M. Kusnetzowa. (Fragen med. Chem. [UdSSR] **9,** 303–09,

1963; Moskau, Inst. für biol. u. med. Chemie der Akad. der med. Wiss. der UdSSR; russ., Auszug: engl.) — Die Unters. der Genauigkeit der *Glykogen*(I)-Best. in den aus dem Blut durch Laugenbehandlung u. Ausfällung mit A. erhaltenen Präpp. nach verschiedenen Meth. (Reduktometrie nach Hagedorn-Jensen, Anthron-Fällung u. Best. nach Lukomskaja u. Gorodetzki mit Glucoseoxydase) ergab, daß nach Hagedorn-Jensen u. mit Anthron um 100% erhöhte I-Werte erhalten werden. Chromatograph. sind in den Hydrolysaten Galaktose, Mannose u. ein unbekanntes Disaccharid nachweisbar, die mitbestimmt werden. Die I-Best. im Blut ist deshalb nur mit Hilfe der Glucoseoxydase (vgl. C. **1962**, 7965) möglich. Für die I-Best. in den Leukocyten eignen sich alle 3 Methoden. O. Lebtag 5727△

1846 **Untersuchungen über zwei Methoden für die direkte photometrische Bestimmung von Totalcholesterin im Serum mit Hilfe der Liebermann-Reaktion.** P. Fleury und R. Eberhard. (Ann. pharmac. franç. **20**, 864—71, 1963; Paris, Fac. de Pharm., Labor. de Chim. biol.; Centre techn. de la Coop. pharm. franç.; franz.) — Bei Einwrkg. von p-Toluoylsulfonsäure (I), Sulfosalicylsäure (II), 2.5-Dimethylbenzoylsulfonsäure (III) auf Serum kann man die Liebermann-Rk. ohne Abtrennung des Cholesterins direkt ausführen. Die Sulfosäuren katalysieren weiterhin die Rk., die so bei niedriger Temp. verläuft. Wegen Explosionsgefahr wird I nicht mehr benutzt. Für die Entw. der roten Farbe ist eine Temp. von 37° optimal. II erlaubt, mit wenig Serum zu arbeiten (0,2 ml) u. reagiert schneller (12 Min.). R. Heindl 5728◇

1847 **Die Bestimmung von Di- und Trihydroxycholansäuren in Galle.** Edward J. Singer und Wynfrith H. Fitschen. (Analyt. Biochem. [New York] **2**, 292—302, 1961; New York, N. Y., Mount Sinai Hospital, Dep. of Pathol.; engl.) — Vff. beschreiben eine differentialphotometr. Meth. zur Best. der Gallensäuren, die eine gleichzeitige quant. Best. von unhydrolysierten Di- u. Trihydroxycholansäuren gestattet. Durch entsprechende Wahl der Vers.-Bedingungen (Temp., Rk.-Zeit etc.) sind die mit dem Minibeck-Reagens (9:1 konz. H_2SO_4, Eisessig) gebildeten Rk.-Prodd. stabil u. zeigen bei 310 u. 390 nm gute Übereinstimmung mit dem Lambert-Beerschen Gesetz. Durch Best. reiner Gallensäuren in synth. Gemischen als auch Zusatz dieser zu Galle vom Mensch, Kaninchen u. Ratte wird Anwendbarkeit der Meth. bestätigt. A. Gabert 5731◇

1848 **Beobachtungen zur Spezifität der Bestimmung von 5-hydroxyindolessigsäure im Urin mit 1-Nitroso-2-Naphthol.** E. Pitkänen, M. M. Airaksinen, O. O. Mustala und J. Paloheimo. (Scand. J. clin. Lab. Invest. **14**, 571—77, 1962; Helsinki, Univ., Dep. of Pharmakol. and First Med. Clinic.; engl.) — In Ggw. von Nitrit reagiert 5-Hydroxyindolessigsäure (I) mit 1-Nitroso-2-naphthol in saurer Lsg. unter rotvioletter Färbung. Die Rk. ist unspezif., außer den bereits beschriebenen störenden Verbb. geben auch 2 Stoffwechsel-Prodd. des Mono-Glycerylguajakoläthers die Reaktion. Es wurden 9 Verbb. gefunden, die eine positive I–HNO_3 oder HNO_2-Rk. geben (*p-Hydroxyphenylpropionsäure, Vanillinsäure, Homovanillinsäure, Ferulasäure, Thymol, m-Kresol, Guajakol, p-Hydroxyphenylessigsäure, N-Acetylaminophenol*), einige davon sind normale Urinbestandteile. Ein anderer Teil läßt sich auch nicht mit Äthylacetat extrahieren, wie das von Udenfriend (C. **1956**, 8134) für die I-Best. vorgeschlagen wurde. Zur Sicherung der Ergebnisse wird vorgeschlagen, bei hohem I-Geh. eine Bestätigung der Unters. durch Chromatographie oder Best. von *5-Hydroxytryptamin* im Urin oder Blut auszuführen. W. Rehner 5732◇

1849 **Eine direkte maßanalytische Methode für die Mikrobestimmung von Stickstoff in biologischen Materialien.** Mohammad Ashraf, Mehboob Illahi, M. K. Bhatty und R. A. Shah. (Pakistan J. sci. ind. Res. **6**, 17—19, 1963; Lahore, Panjab Univ., Pharm. Dep.; Pakistan Council of Sci. and Ind. Res., West Regional Labor. u. Karachi, Central Labor.; engl.) — N kann in biolog. Material (Milch, Faeces) ohne vorherige Dest. durch Titration bestimmt werden. Die Probe wird 40 Min. lang mit H_2SO_4, $HgSO_4$ u. K_2SO_4 erhitzt u. nach dem Abkühlen bis zur Abscheidung von HgO mit $NaHCO_3$ versetzt, mit KBr bis zur klaren Lsg. geschüttelt u. mit überschüssiger 0,02 n NaClO-Lsg. bis zur fahlen Gelbfärbung versetzt. Nach 5 Min. wird eine bekannte Menge von 0,02 n As_2O_3-Lsg. zugefügt u. der Überschuß mit NaOCl-Lsg. gegen Tartrazin zurücktitriert. Die Werte wurden mit denen der Meth. von Koch u. McMeekin verglichen. Die Differenz war unbedeutend. I. Balke 5734◇

1850 **Die direkte Mikrobestimmung von Calcium im Gewebe durch Flammenphotometrie.** Robert P. Geyer und Ethel J. Bowie. (Analyt. Biochem. [New York] **2**, 360—69, 1961; Boston, Mass., Harvard School of Publ. Health, Dep. of Nutrit.; engl.) — Zur direkten Mikroflammenphotometr. Best. von Ca in Geweben werden etwa 100 mg frisches Gewebe, das 0,5—3,0 μg Ca enthält, mit Trichloressigsäure-Lsg. extrahiert u. der Extrakt nach Zugabe von 5 m Val. Na/Liter 1 m Val K/Liter u. Isopropanol analysiert. Unter diesen Bedingungen riefen Na, K u. Phosphat keine signifikanten Störungen hervor. Die erhaltenen Werte (frische Rattenleber 3,96 $\pm$ 0,11 μg Ca/100 mg; Herz 3,95 $\pm$ 0,06 μg Ca/100 mg; Niere 5,52 $\pm$ 0,18 μg Ca/100 mg u. Zwerchfellmuskel 4,83 $\pm$ 0,23 μg Ca/100 mg) stimmen gut mit den Werten nach der Meth. von Clark u. Collip überein. A. Gabert 5750◇

1851 **Gerichtlich-chemische Beiträge zu den Vergiftungen mit Methylalkohol.** N. Ioanid, Gh. Borş, I. Popa, L. Armaşescu und N. Popovici. (Dtsch. Z. ges. gerichtl. Med. **53**, 79—86, 1962; Bukarest, Inst. für med.-gerichtl. Forsch. u. Labor. für gerichtl. Chem.; dt.) — Die chem.-toxikol. Unters. von 10 tödlichen Vergiftungsfällen mit Methanol (I) führte zu folgenden Schlußfolgerungen: die Colorimetr. Meth. unter Verw. von Chromotropsäure ist für die Best. von I viel empfindlicher als die Meth. mit Schiff-Reagenz. Formaldehyd (II) wurde im Blut, Magen, Hirn, Nieren, Leber u. Eingeweiden in fallender Reihenfolge vorgefunden. Ameisensäure konnte nur in einem Fall im Magen, Leber, Nieren u. Eingeweiden nachgewiesen werden. Das Auftreten von II, falls I in den Weichteilen verschwindet, erbringt den sicheren Beweis eines Todes durch I-Vergiftung. I wird im Organismus langsam ausgeschieden u. wird langsam oxydiert. G. Kimmerle 5762◇

1852 **Nachweis von Methanol in biologischem Material.** Ss. I. Woschkina, T. G. Malinina und W. D. Jablotschkin. (Hyg. u. Sanitätswes. [UdSSR] **28**, Nr. 9, 61—62, 1963; Moskau, 1. Mediz. Ssetschenow-Inst., Lehrstuhl für gerichtliche Med.; russ.) — Die Meth. beruht auf der Red. der gelb gefärbten Methylviolettschwefligen Säure (I) durch HCHO. 100 g des zu untersuchenden, fein zerkleinerten biolog. Materials (A) werden mit 100 ml W. gemischt u. mit Oxalsäure bis pH 3,0 versetzt. Aus dem Gemisch werden sofort 15 ml abdest. (Wasserdampfdest.), mit 2—3 ml 1%ig. $KMnO_4$-Lsg. u. 2 ml 10%ig. H_2SO_4-Lsg. versetzt u. 30 Min. lang stehengelassen. Nach Entfärbung des Gemisches mit Na_2SO_3 werden 15 ml I-Lsg. zugefügt u. 20—25 Min. lang stehengelassen. Die Empfindlichkeit der Meth. beträgt 0,01 g Methanol pro 100 g **A.** $\leq$ 1 g A., Isoamyl- u. Butylalkohol stören nicht. S. Baryschnikow 5762△

1853 **Quantitative Bestimmung von Methanol in biologischen Flüssigkeiten.** Jørgen Hindberg und Jens Otto Wieth. (J. Lab. clin. Med. **61**, 355—62, 1963; Copenhagen, Kommunehosp., Central Clin. Labor.; engl.) — Die Behandlung der Methanolvergiftung setzt eine schnelle quant. u. empfindliche Methanol-Best.-Meth. voraus. Die beschriebene Meth. ermöglicht eine Analyse in 45 Minuten. Zugesetzte Mengen werden zu 100,6 $\pm$ 1,8% wiedergefunden. — 3 ml Plasma oder Serum werden in einen Erlenmeyerkolben mit Schliff gebracht. Der Kolben wird mit einem Kühlfinger, der etwa bis 5 mm über den Kolbenboden hineinreicht u. der mit 2 ml Aceton u. soviel Trockeneis gefüllt wird, daß eine Temp. von —80° herrscht, verschlossen. Der

Kolben wird in ein sd. Wasserbad gestellt u. so lange dest., bis sich alle Fl. als dünne Eisschicht auf dem Kühlfinger niedergeschlagen hat. 1 ml des abgetauten Destillats wird mit 1 ml 8,1%ig. A. u. 5 ml einer wss. Lsg. von 15,8 g $KMnO_4$ u. 14 ml 85%ig. H_3PO_4 in 500 ml Gesamtvol. versetzt. Nach 10 Min. werden 2,5 ml 5%ig. $NaHSO_3$-Lsg. u. danach 0,5 ml 85%ig. H_2SO_4 zugegeben. Zu 1 ml der Mischung werden 1 ml Reagenzlsg. (750 mg Chromotropsäure mit W. auf 50 ml aufgefüllt) u. 8 ml 95%ig. H_2SO_4 hinzugefügt. Nach 5 Min. langem Erwärmen im Wasserbad u. Wiederabkühlen wird bei 570 nm spektrophotometriert. W. Rehner 5762◇

1854 **Quantitative Alkaloidbestimmung im biologischen Material.** W. P. Kramarenko. (Pharmaz. J. [UdSSR] **18,** Nr. 4, 65—70, 1963; Lwow, Med. Inst., Lehrst. für forens. u. analyt. Chem.; ukrain., Auszug: russ.) — Krit. Übersicht über die forens. u. toxikolog. quant. Analyse der Alkaloide im biolog. Material unter Hervorhebung der Vor- u. Nachteile der einzelnen Methoden. Auf Grund des Literaturmaterials wird nachgewiesen, daß die maßanalyt., gravimetr. u. nephelometr. Meth. hierfür wenig geeignet sind. Besser sind die colorimetr., photometr. u. spektrophotometr. Methoden. — 61 Literaturangaben. O. Lebtag 5762△

1855 **Trennung, Reinigung und Identifizierung einiger üblicher Barbiturate in der toxikologischen Analyse.** R. C. Gupta und J. Kofoed. (Nature [London] **198,** 384, 1963; Toronto, Attorney General's Labor., Toxicol. Sect.; engl.) — Nach Extraktion der Barbiturate (I) aus biolog. Material werden sie nach üblichen Meth. an Whatman-Papier Nr. 1 oder besser durch Verteilungs-Chromatographie in Dioxan als stationärer Phase getrennt. Dabei fallen *Barbital, Phenobarbital, Butabarbital, Sandoptal, Seconal, Amobarbital* (II), *Pentobarbital* (III) u. *Cyclopal* als reine Fraktionen an, lediglich Mischungen von II u. III werden nicht klar getrennt. In einer Mikro-App. werden die speziellen I nach Ausschneiden der Flecke vom Papier sublimiert. Die Sublimate werden mit Mikro-Rkk. (Verh. gegen NH_3 u. konz. H_2SO_4) mkr. identifiziert. W. Kupfer 5764◇

1856 **Untersuchungen über die Toxikologie von Barium. 1. Mitt. Einführung einer Bestimmungsmethode für biologisches Material.** René Fabre, René Truhaut und François Berrod. (Ann. pharmac. franç. **20,** 505—22, 1962; Paris, Fac. de Pharm., Labor. de Toxicol. et d'Hygiéne ind.; franz.) — Es wird eine Mikrobest.-Meth. von Ba in biol. Material beschrieben. Nach Mineralisation mit HNO_3–H_2SO_4 wird Ba in A.–Aceton bei pH 5,5—6,0 als $BaCrO_4$ gefällt. Entfernung der Sulfate mit Komplexon III in konz. NH_3 in der Wärme. Nach Abdampfen wird CrO_4^{2-} im Nd. durch Farbrk. mit Diphenylcarbazid bestimmt. Die Empfindlichkeit der Meth. beträgt einige μg. Pb stört nicht, aber große Ca-Mengen vermindern die Empfindlichkeit. G. Kimmerle 5764△

H. Angewandte Chemie

H_1. Allgemeine chemische Technologie

1857 **Experimentelle Rheologie des kondensierten Zustandes.** K. Gamski. (Bull. Soc. franç. Céram. **1963,** Nr. 58, 3—12; Liège, Univ.; franz.) — Die Rk. im kondensierten Zustand bei Einw. eines Verformungstensors wird diskutiert. Der Übergang vom fl. über den kondensierten zum festen Zustand kann durch Messung der Fortpflanzungs-Geschw. von Ultraschallwellen ermittelt werden. Das dazu verwendete Gerät wird beschrieben. Die Ergebnisse zeigen die Leistungsfähigkeit dieses Verf., mit dem auch die Änderung der Feststoffparameter mit der Temp. zu erkennen ist. J. Heinze 5800◇

1858 **Die Strömung außerhalb einer nicht-Newtonschen Grenzschicht.** J. C. Slattery. (Chem. Engng. Sci. **17,** 689—91, 1962; Evanston, Ill., Dep. Chem. Engng.; engl.) — Für eine nichtkreisende Strömung einer inkompressiblen nicht-Newtonschen Fl. sind die Viscositätsterme ungleich Null. Vf. leitet daraus ab, daß die Lsg. für eine nicht-Newtonsche Grenzschicht das wahre Verh. besser beschreibt als die entsprechende Lsg. für eine Newtonsche Flüssigkeit. J. Martins 5800◇

1859 **Zweiphasenströmung in einem vertikalen Rohr.** E. Q. Bashforth, J. B. P. Fraser, H. P. Hutchison und R. M. Nedderman. (Chem. Engng. Sci. **18,** 41—46, 1963; Cambridge, Dep. of Chem. Engng.; engl.) — In einem senkrecht stehenden Rohr wird durch ein nach oben strömendes Gas ein Fl.-Film an der Rohrwand im Gleichgewicht gehalten. Es wird eine theoret. Beziehung zwischen Druckabfall des Gases u. zurückgehaltener Fl.-Menge abgeleitet u. für das Syst. Luft–W. mit experimentellen Daten verglichen. G. Günther 5800◇

1860 **Berechnung der instationären Teilchenbewegung in strömenden Gasen oder Flüssigkeiten mit Hilfe eines elektronischen Analogrechners.** Heinz Viehweg und Hans Jürgen Jäschke. (Chem. Techn. **15,** 536—39, 1963; Leipzig; dt.) — Die Unters. der instationären Teilchenbewegung in strömenden Medien führt zu Differentialgleichungen höherer Ordnung. Um Zeit zu sparen, wurde dieses Problem einer Behandlung mit der elektron. Rechenmaschine zugänglich gemacht. Als bes. günstig erwiesen sich die einfache Programmierung u. die anschauliche Ausgabeform der Lösungen. Die theoret. Grundlagen der Strömungsverhältnisse im Gaswirbel, bei aufwärts gerichteter Strömung u. der Wärmeübergang werden beschrieben. Herbert Hoffmann 5800◇

1861 **Einige Verfahren zur Untersuchung der unstetigen molekularen Gasströmung durch ein mikroporöses Medium** E. T. Nelson und P. L. Walker jun. (J. appl. Chem. **11,** 358—64, 1961; University Park, Pa., Pennsylvania State Univ.; engl.) — Ein Gerät zur Best. der unstetigen, mol. Strömung kleiner Gas-Vol. durch ein mikroporöses Medium wird beschrieben, wobei die zu untersuchende Probe auf einen über den atmosphär. liegenden Druck gebracht u. die unstetig-stetige Entspannung des Gases nach der plötzlichen Verminderung des Druckes auf den atmosphär. Wert gemessen wird. Zur Auswertung dienen Komputor-Verff., die auf die Diffusions-Geschw. mehrerer Gase durch synthet. Zeolithe angewandt werden. W. Wesly 5800◇

1862 **Das „beste" Profil für Trichter für kohäsive Materialien.** G. C. Gardner. (Chem. Engng. Sci. **18,** 35—39, 1963; London, Central Electricity Generating Board; engl.) — Es wird eine Theorie entwickelt über die Brückenbldg. in körnigem, haftendem Schüttgut. Das beste Profil für einen Silo zur Aufbewahrung von körnigem Schüttgut läßt sich von der krit. Brückenweite ableiten. Es hat einen minimalen Abstand der Wände am unteren Ausgang u. dehnt sich nicht über die krit. Brückenweite aus. G. Günther 5802◇

1863 **Wärmeübergang in Ringräumen. Allgemeine Formulierung des Problems bei willkürlich vorgegebenen Wandtemperaturen oder Wärmefluß.** W. C. Reynolds, R. E. Lundberg und P. A. McCuen. (Int. J. Heat Mass Transfer **6,** 483—93, 1963; Stanford, Calif., Stanford Univ.; Menlo Park, Calif., Stanford Res. Inst.; Palo Alto, Calif., Vidya Inc.; engl.) — Zusammenfassender Forschungsbericht über Arbeiten mit Ringräumen (RR). Beschreibung der Vers.-Anordnung zur Best. des Wärmeüberganges in RR. Entw. allg. Formulierungen u. Wiedergabe der verschiedenen Phasen des Programms. — 39 Literaturzitate. G. Gattow 5816◇

1864 **Wärmeübergang in Ringräumen. Hydrodynamisch ausgebildete laminare Strömung mit willkürlich vorgegebenen Wandtemperaturen oder Wärmefluß.** R. E. Lundberg, P. A. McCuen und W. C. Reynolds. (Int. J. Heat Mass Transfer **6,** 495—529, 1963; engl.) — Vgl. vorst. Referat. — Vff. geben eine vollständige Analyse des therm. Problems in hydrodynam. ausgebildeter Strömung an, die die Auswertung der vier Grundlösungen in den therm. Energiebereichen durch Lösung des Eigenwertproblems einschließlich der Entw. asymptot. Ausdrücke für höhere Eigenwerte umfaßt. Die berechneten Werte stehen in bester Übereinstimmung mit den experimentellen Daten; die Werte sind tabelliert u. graph. wiedergegeben. G. Gattow 5816◇

1865 **Untersuchungen über den Wärmeübergang an einige stabile organische Flüssigkeiten in einem Kreislauf mit erzwungener Konvektion.** J. P. Stone, C. T. Ewing und R. R. Miller. (J. chem. Engng. Data **7**, 519—25, 1962; Washington, U. S. Naval Res. Labor., Chem. Div.; engl.) — Unterss. über die Wärmeübertragungs-Eigg. von Monoisopropylbiphenyl, Biphenyl, Terphenyl, n-Hexadecan, Adipinsäure-bis-[2-äthylhexyl]-ester sowie eutekt. Gemischen dieser Verbb. bei Temp. bis 850°F, Strömungs-Geschw. bis 50 ft./sec u. Wärmeströmen bis 500000 BTU/hr.sq.foot. Es werden die physikal. Eigg. der Stoffe u. Gemische, wie Dichte, Viscosität, spezif. Wärme u. Wärmeleitfähigkeit, sowie die Filmwärmeübergangs-Koeff. gemessen u. Kenngrößenbeziehungen für den Wärmeübergang aufgestellt. Außerdem wird die Möglichkeit der Verschmutzung der Wärmeübertragungsflächen durch pyrolyt. Zers. der Fl. untersucht. Inge Vieweg 5816◇

1866 **Einfluß eines querverlaufenden magnetischen Feldes auf den Wärmeübergang an eine elektrisch leitende und wärmestrahlende Flüssigkeitsströmung in einem aus parallelen Platten gebildeten Kanal.** Raymond Viskanta. (Z. angew. Math. Physik [Basel] **14**, 353—68, 1963; Argonne, Ill., Argonne Nat. Labor.; engl.) — Senkrecht zur Strömungsrichtung eines aus parallelen Platten bestehenden Kanals, dessen Wände auf konst. Temp. gehalten wurden u. der laminar von einer elektr. leitenden, wärmestrahlenden, zähen u. inkompressiblen Fl. durchströmt wurde, wurde ein konst. äußeres magnet. Feld angelegt. Bei Strahlung u. diffuser Reflektion der Wärme durch die Kanalwände wurde der Wärmeübergang rechner. verfolgt. Der Temp.-Verlauf wurde unter Variierung interessierender Parameter für das ganze Gebiet der Hartmannschen Zahl berechnet, die Nusselt-Zahlen sind für den Wärmeübergang zwischen Kanalwand u. Fl. tabellar. angegeben. Es ergibt sich, daß der Wärmeübergang durch Leitung u. Strahlung durch das Magnetfeld geringfügig vergrößert wird. Inge Vieweg 5816◇

1867 **Physikalische Zusammenhänge bei Mischvorgängen.** R. Kleinsteuber. (Aufbereitungs-Techn, **1**, 82—85, 385—87, 532—33, 1960; Kassel; dt.) — Nach einer kurzen Erörterung statist. Probleme, die als Grundlage für die Erörterung der physikal. Zusammenhänge bei Mischprozessen u. deren Beurteilung dienen, geht Vf. auf das Maxwellsche Verteilungsgesetz, dem Impuls- u. Energiesatz für die Bewegung der Atome u. Moll. ein u. bringt einige Ergänzungen zur mechan. Stoßtheorie. Er präzisiert die Begriffe maximale Stoßkraft, Stoßdauer, Stoßgeschw. u. Stoßweg, um von ihnen eine rechner. Vorstellung zu vermitteln. Abschließend wird die Granulierung von Thermoplasten auf trockenem Wege diskutiert. J. Köditz 5822△

1868 **Grundlagen des Sedimentationsprozesses.** Bryant Fitch. (Trans. Soc. Mining Engr. AIME **223**, 129 bis 137, 1962; Westport, Conn., Dorr-Oliver, Inc.; engl.) — Die Sedimentation von Suspensionen kann unterteilt werden in 2 unterschiedliche Klärungszonen u. je 1 Senkungs- u. Verdichtungszone. Vf. untersucht theoret. u. experimentell die Eigg. dieser 4 Zonen u. errechnet daraus die Faktoren, die die Kapazität der Anlage bestimmen. Bei hydratisierten koll. Fällungen wirkt sich das Durchmischen mit rechenartigen Rührarmen auf die Verdichtung des Nd. günstig aus. R. Truckseß 5824◇

1869 **Ionenaustauscheigenschaften von Oxidhydraten.** K. A. Kraus, H. O. Philipps, T. A. Carlson und J. S. Johnson. (Progr. nuclear Energy, Ser. IV **2**, 73—91, 1960; Oak Ridge, Tenn., Oak Ridge Nat. Labor.; engl.) — Vff. geben eine Zusammenfassung einiger Ergebnisse der allg. Unters. der Adsorptions- u. Ionenaustausch-Eigg. von unlösl. Oxidhydraten, z. B. von Cr(III), Zr(IV), Sn (IV), Th(IV), Nb(V), V(V), Mo(VI) u. W (VI). Sie behandeln im einzelnen: Darst., Umkehrbarkeit der Adsorptions-Rk., Austauschvermögen, Einfl. der Trocknungs-Temp. auf die Austausch-Eigg., Selektivität der Oxidhydrate für mehrwertige Anionen u. ihre Verw. zur Trennung von negativ geladenen Komplexen, der Alkalimetalle untereinander u. von den Erdalkalien. J. Köditz 5826

1870 **Synthese asymmetrischer Ionenaustauschharze aus L-Tyrosin.** N. W. Chromow-Borissow und Ss. P. Koshewnikow. (J. allg. Chem. **31(93)**, 2926—30, Sept. 1961; Inst. für exp. Med. der Akad. der med. Wiss. der UdSSR; russ.) — Durch Kondens. von L-Tyrosin (**I**) mit Formaldehyd (**II**) oder mit **II** u. Phenoxyessigsäure (**III**) in Ggw. von HCl, H_2SO_4 oder NaOH werden Polymere erhalten, die asymmetr. C-Atome enthalten. Die Polymere sind unlösl. in Säuren, Laugen, Dioxan, Bzl., Aceton u. Wasser. Sie sind *Kationenaustauscher* mit schwach ausgeprägter Anionenaustauschfähigkeit. Die Unlöslichkeit rührt daher, daß die durch Kondens. von **II** mit dem Phenolkern von **I** erhaltenen Linearpolymeren weiter vernetzt werden, indem die Aminogruppen mit **II** unter Bldg. von Methylen- oder Methylenätherbrücken reagieren. Der Quellungskoeff. u. die statist. Austauschkapazität werden festgestellt. Die H^+-Form läßt sich mehrmals in die Na^+-Form u. umgekehrt überführen, ohne daß die Eigg. der Harze verändert werden. Die Darst. einiger Harze aus **I**, **II** bzw. **II** u. **III** wird beschrieben. Helmut Schäfer 5826

1871 **Flotationsproblematik nach der Theorie von Leja und Schulman.** Andrzej Pomianowski. (Zeszyty naukowe Uniw. jagiellońskiego, Prace chem. **1959**, 67—85, Kraków, Uniw. Jagiell., Kat. Chem. fiz.; pol, Auszug: engl.) — Übersicht. — 57 Literaturangaben. F. Urban 5828□

1872 **Kinetik der Flotation.** C. H. G. Bushell. (Trans. Soc. Mining Engr. AIME **221**, 266—78, 1962; Trail, B. C. Canada, Consolidated Min. and Smelt. Co. of Canada Ltd.; engl.) — Die Selektivität hängt teilweise mit der unterschiedlichen Flotations-Geschw. zusammen, die der Häufigkeit der Partikel-Blasen-Kollisionen direkt proportional ist. Die vom Vf. modifizierte Gleichung: $-dC_A/dt = K(C_A - C_T)$ (C_A = Gesamt-Konz. des Minerals A, C_T = nicht flotierbarer Rückstand, K = Flotations-Geschw.-Konst., t = Zeit) wurde durch experimentelle Unterss. bestätigt, die mit reinem Quarz u. im Großvers. mit normalen Erzen, mit n-Decylaminacetat als Sammler, NaOH für die pH-Einstellung u. KH_2PO_4 als Puffer durchgeführt wurden. Dabei wurde gefunden, daß K unabhängig von der Partikelgröße ist, C_T erhöht sich mit zunehmender Partikelgröße u. im sauren u. stark alkal. (> 10) pH-Bereich, verringert sich jedoch bei Erhöhung der Sammlermenge, für die es einen Maximalwert gibt. R. Truckseß 5828◇

1873 **Neutrale Moleküle in Flotationssammlern.** D. W. Fuerstenau und B. J. Yamada. (Trans. Soc. Mining Engr. AIME **223**, 50—52, 1962; Berkeley, Calif., Univ. of California, u. Sacramento, Calif., Aerojet Gen. Corp.; engl.) — Infolge Adsorption von Sammlerionen u. neutralen Moll. erhöht die Ggw. neutraler, langkettiger Moll. wie Decylalkohol die Flotations-Geschw. von Korund mit Na-Dodecylsulfat u. Trimethyldodecylammoniumchlorid als Sammler. Vff. führen diese Erscheinung darauf zurück, daß zuerst die Sammlerionen elektrostat. u. anschließend neutrale organ. Moll. durch van der Waalssche Anziehung adsorbiert werden. Der Flotationseffekt der Sammler wird dadurch bereits bei viel geringerer Trübe-Konz. wirksam u. die Wrkg-Breite erstreckt sich über einen größeren pH-Bereich. R. Truckseß 5828◇

1874 **Ableitung einer grundlegenden Formel über die Leistung bei Konzentrierungsvorgängen.** E. Douglas. (Bull. Instn. Mining Metallurgy Nr. 670, Trans. **71**, 697—704, 1962; Stevenage, Warren Spring Labor; engl.) — Es wird eine grundlegende Formel abgeleitet, welche die Leistung bei Konzentrierungsvorgängen angibt, bei denen die Bestandteile einer aus 2 Komponenten bestehenden Mischung mit physikal. Meth. getrennt werden. Die Formel ist auf alle Gemische, unabhängig von deren Konz., anzuwenden u. hat gegenüber der Formel von Stevens u. Collins vor allem in der Anwendung auf hochkonz. Gemische Vorteile. Am Beispiel von Klassier- u. Siebvorgängen wird die Anwendung der Formel erläutert. I. Vieweg 5828◇

1875 **Quantitative Untersuchungen an Textilfiltern.** H. Haupt. (Z. Chem. **3**, 72, 1963; VEB Jenapharm, wiss. Labor.; dt.) — Zur Ermittlung der Filter-Eigg. wird die Teilchendurchlässigkeit von Pulver- u. Faserstoffen in Abhängigkeit vom mittleren Korndurchmesser bzw. der mittleren Fadenstärke u. der Durchströmungs-Geschw. untersucht. — Die Lage der maximalen Durchlässigkeit ist von den geometr. Größen des verwendeten Filtermaterials u. von der Durchströmungs-Geschw. abhängig. I. Köditz 5830

1876 **Der Zeitverlauf der Entwässerung durch Druckfiltrierung.** Milan Bolek. (Rudy **10**, 160—64, 1962; Ostrava-Kunčičky, Pokusné prádlo; tschech.) J. Spinka 5830◇

1877 **Zur nichtstationären Gasabsorption mit chemischer Reaktion.** W. N. Gill und R. J. Nunge. (Chem. Engng. Sci. **17**, 683—88, 1962; Syracuse, Univ., Dep. Chem. Engng.; engl.) — Mit Hilfe der erweiterten Meth. von Dankwerts u. des Duhamel-Theorems entwickeln Vff. eine modifizierte Diffusionsgleichung für den Fall einer Rk. in 1. Ordnung zwischen Gelöstem u. Lösungsmittel. Unter Annahme eines einfachen Verweilszeitspektrums der Gasblasen in der Fl. werden die Ergebnisse in Beziehung gesetzt zu den Diffusionseffekten der fl. Phase in Rührreaktoren, in denen sich die allg. Gasabsorptions-Geschw. als von folgenden vier Parametern abhängig erweisen: α (= Quotient aus Anfangs-Konz. u. Gleichgewichts-Gas-Konz. an der Phasengrenzfläche), Dt/d^2, Ad/V u. kd^2/D (D = Diffusions-Koeff. für das Gas in der Fl., t = Zeit, d = Filmdicke, A = Gesamtfilmfläche senkrecht zur Diffusionsrichtung, V = Vol. der Fl. außerhalb des Films u. k = Rk.-Geschw.-Konstante). J. Martins 5848◇

1878 **Die Auswirkungen einer sich mischenden flüssigen Phase auf eine chemische Absorptionsreaktion. 1. Ordnung in einer Füllkörpersäule.** G. Astarita und W. J. Beek. (Chem. Engng. Sci. **17**, 665—74, 1962; Neapel, Univ., Ist. di Chim. Ind.; engl.) — Theoret. Ableitung des Problems für einen Absorber mit Kugelschnüren u. Unters. der Anwendbarkeit auf regellose Füllkörperschüttungen, bes. für den Fall, in dem die Rk.-Zeit größer als die Diffusionszeit, aber kleiner als die Gesamtverweilzeit der Fl. ist. Es besteht gute Übereinstimmung mit experimentellen Ergebnissen. J. Martins 5848◇

1879 **Adiabatische Absorption von Chlorwasserstoff.** Zbigniew Szyroki. (Zeszyty naukowe Politechn. Szczecińskiej, Chem. **1961**, 29—61; Szczecin, Politechn., Kat. Technol. chem. nieorg.; pol.) — Übersicht über Theorie u. prakt. Anwendung der isothermen u. adiabat. Absorption von HCl in Wasser. In einer Labor.-App. wird die adiabat. Absorption von reinem u. mit Inertgas verd. HCl-Gas in Abhängigkeit von der Gaszus., der Temp., der Konz. der sich bildenden Säure u. der theoret. Bodenzahl der Kolonne untersucht. Außer dem Syst. $HCl-H_2O$ wird die Abtrennung von HCl von Cl_2 u. organ. Substanzen durch adiabat. Absorption behandelt. Die Unterschiede zwischen isothermer u. adiabat. Absorption werden erörtert. Die Ergebnisse werden in Tabellen u. Diagrammen dargestellt. F. Urban 5848◇

1880 **Einsatz von Absorptionskälteanlagen in der Chemieindustrie.** Karl-Lothar Rümenapp und Leo Neumann. (Chem. Techn. **15**, 549—53, 1963; Merseburg u. Halle; dt.) — Übersicht über Einsatzgebiete für Absorptionskälteanlagen u. ihre wärmewirtschaftlichen Vorteile. Das Prinzip u. der Aufbau einiger Anlagen werden beschrieben. Herbert Hoffmann 5858◇

1881 **Bestimmung und Verhinderung des Pilzbefalls von Kühltürmen.** William Yoel. (Mater. Protect. **2**, Nr. 4, 65—68, 1963; Cleveland, Ohio, Standard Oil Comp.; engl.) — Allg. Überblick über die Erscheinungen des Pilzbefalls von Kühltürmen aus Rotholz u. die chem. Behandlungsmöglichkeiten des Holzes zur Verhinderung der Zers. durch Pilze. Durch entsprechende Behandlung läßt sich die duchschnittliche Haltbarkeitsdauer von 15 auf 40 Jahre erhöhen. I. Köditz 5858

1882 **Mechanismus des Stoffüberganges in einem Rührbehälter.** W. J. Howarth. (Chem. Engng. Sci. **18**, 47 bis 49, 1963; Brisbane, Univ., Dep. of Chem. Engng.; engl.) — Vf. befaßt sich mit dem Ablauf einer fl.-fl.-Extraktion in einem Mischer-Absetz-System. Es werden 2 Mechanismen diskutiert. Bei einem behalten die Tropfen der dispersen Phase ihre Identität, bei dem anderen finden Koalescenz- u. Redispersionsvorgänge statt. Für beide Mechanismen werden Gleichungen abgeleitet, die den Mischeffekt als Funktion von Betriebsvariabeln darstellen. An Daten von Flynn u. Treybal (Amer. Inst. Chem. Engrs. J. **1**, [1955], 324) für die Extraktion von Benzoesäure aus W. durch Kerosin wird wahrscheinlich gemacht, daß die Gleichungen Grenzfällle für kleine bzw. große Werte des Verhältnisses V/U (V = Vol.-Anteil der dispersen Phase, U = Raumgeschw. der dispersen Phase) darstellen. G. Günther 5862◇

1883 **Neue Gleichungen für das McCabe-Thiele-Diagramm.** Ning Hsing Chen. (Chem. Process Engng. atomic Wld. **44**, 302—05, 1963; El Segundo, Calif., Aerospace Corp.; engl.) — Eine neue zuverlässige u. schnelle numer. Meth. zur Berechnung der Zahl der theoret. Böden. J. Martins 5864◇

1884 **Zur Projektierung von Dünnschichtdestillationsanlagen.** Ansgar Schiffers. (Chemiker-Ztg. — Chem. Apparatur **86**, 189—92, 1962; Aachen; dt.) — Übersicht über die in der Meth. der Dünnschichtdest. liegenden Möglichkeiten einer Übertragung von Labor.-Verss. auf großtechn. Anlagen. W. Wesly 5684□

1885 **Leistungen einer Gegenstromapparatur für Direktdestillation.** G. C. Angelino, B. Brigoli, und M. Silvestri. (Energia nucleare **10**, 85—97, 1963; Segrate/Milano, Labor. CISE; engl.) — Beschreibung des Prinzips u. der Theorie einer Dest.-Kolonne für direkte Wasser/Wasserdampf-Berührung im Gegenstrom bei einer hohen spezif. Massenfließgeschw., die etwa um eine Zehnerpotenz größer ist als bei den üblichen Sprudelkopfkolonnen. Der neue Dest.-Typ hat auf Grund genauer Unterss. an einer 23-Böden-Kolonne den Vorzug erheblicher Einsparungen an Höhe u. Querschnitt. R. Kaiser 5864◇

1886 **Wirkung der ungleichmäßigen Verteilung auf die Leistung von Füllkörperkolonnen.** N. D. Changez und H. Sawistowski. (Ind. Chemist. **39**, 181—85, 1963; engl.) — Bei der Berieselung von Füllkörperkolonnen breitet sich die Fl. allmählich in radialer Richtung zur Wand aus, so daß eine flüssigkeitsarme zentrale u. eine flüssigkeitsreiche ringförmige Zone entsteht, während die Gasverteilung fast gleichmäßig über den Kolonnenquerschnitt erfolgt. Vff. untersuchten den Einfl. dieser Gas/Fl.-Verhältnisse auf den Wrkg.-Grad der Kolonne mit den bin. Syst. Aceton/Bzl. u. n-Hexan/Benzol. Die Leistung der Kolonne fällt ab mit steigendem Verteilungsgrad, bes. zwischen 1,5 u. 4 entsprechend einem Gas/Fl.-Verhältnis von 60/40 bis 80/20. Über 5 wird der Abfall geringer u. nähert sich asymptot. dem Leistungsfaktor von 0,4. Die Ergebnisse werden mit der Mullinschen Meth. verglichen, die jedoch auf der Annahme eines durchschnittlichen Gas/Fl.-Verhältnisses beruht, die nicht berechtigt ist. Nach der Meth. der Vff. kann die ungleichmäßige Verteilung in die Berechnung eingeschlossen werden, wie an Hand eines prakt. Beispiels gezeigt wird. R. Truckseß 5864◇

1887 **Laminare zweiphasige Grenzschichten beim Filmsieden unter den Bedingungen natürlicher Konvektion.** Traugott H. K. Frederking. (Z. angew. Math. Physik [Basel] **14**, 207—18, 1963; Zürich, Inst. für kalor. App. u. Kältetechn., ETH; engl.) — Die stationäre laminare zweiphasige Grenzschicht bei der Diffusion von Wärme von Festkörpern (vertikale Platte u. horizontales Rohr) oberhalb des Leidenfrostschen Punktes wird behandelt. Die Lösungen der Gleichungen des Filmsiedens berücksichtigen dabei den Einfl. der Impulsübertragung an der Phasengrenzfläche u. erfassen den gesamten Bereich der Dampfüberhitzung bis zu den Werten, die bei rein konvektivem Wärmeübergang physikal. noch möglich sind. Die Ergebnisse werden mit experimentellen Daten verglichen. J. Martins 5864◇

1888 **Die Verdampfung von Wassertropfen von einer „Teflon"-Fläche.** R. F. Mangel jun. und E. Baer. (Chem. Engng. Sci. **17,** 705—06, 1962; Urbana, Ill., Dep. of Chem. and Chem. Engng.; engl.) — Quant. Unters. des Mechanismus u. der Geschw. der Verdampfung. Der Berührungswinkel bleibt während der Verdampfung nach anfänglicher Abnahme (bei konst. Berührungsfläche) konst. (86 ± 5°; Fläche nimmt ab) u. wird erst kurz vor Ende des Prozesses schnell kleiner. Der Diffusions-Koeff. errechnet sich zu 0,25 ± 0,02 cm^2/s bei 30°. Messungen der Tropfenstabilität an geneigten Teflonflächen schließen sich an. J. Martins 5864◇

1889 **Automatisches Zählen und Sortieren von Teilchen.** P. Connor. (Ind. Chemist. **39,** 69—74, 1963; Harwell Atomic Energy Res. Establishment; engl.) — Eine krit. Übersicht über die zur Zeit bestehenden Meth. der Teilchenzählung u. -sortierung. — 47 Literaturangaben. R. Kaiser 5888◇

1890 **Berücksichtigung der Reaktorsicherheit bei der Planung.** W. B. Lewis. (Progr. nuclear Energy, Ser. IV **2,** 653—57, 1960; Chalk River, Ont., Atomic Energy of Canada; engl.) — Allg. Hinweise auf Sicherheitsvorschriften für den Reaktorbetrieb. I. Köditz 5894

1891 **Reaktor-containment.** R. O. Brittan und J. C. Heap. (Progr. nuclear Energy, Ser. IV **2,** 679—702, 1960; Lemont, Ill., Argonne Nat. Labor.; engl.) — Vff. diskutieren die Ursachen, die durch mechan. u. Strahlungsbelastung innerhalb der Reaktoranlage zu Unfällen in Verbindung mit dem Entweichen von radioakt. Material in die Umgebung führen können sowie die Maßnahmen zur Verhinderung solcher Unfälle u. deren Kosten. Abschließend geben sie einen Überblick über die Entw. verschiedener Reaktorbehälter, die in den USA für die verschiedenen Reaktortypen entwickelt worden sind. I. Köditz 5894

1892 **Experimentelle Untersuchung des natürlichen Umlaufsiedens u. die Anwendung auf die Leistung von Siedewasserreaktoren.** P. A. Lottes, J. F. Marchaterre, R. Viskanta, J. A. Thie, M. Petrick, R. J. Weatherhead, B. M. Hoglund und W. S. Flinn. (Progr. nuclear Energy Ser. IV **2,** 617—49, 1960; Lemont, Ill., Argonne Nat. Labor.; engl.) — Überblick über die Ergebnisse von Unterss. über die natürliche Konvektion in sd. Syst. sowie eine Zusammenfassung der Analyse der erhaltenen Ergebnisse. Die angeführten Analyse-Meth. ermöglichen, Konstruktionsentwürfe der Siedewasserreaktoren abzuschätzen. I. Köditz 5894

1893 **Thoriumoxidsuspensionen.** D. G. Thomas, E. L. Compere und J. P. McBride. (Nucleonics **18,** 104—10, 1960; Oak Ridge, Tenn., Oak Ridge Nat. Labor.; engl.) — Übersicht über Korrosions–Erosions-Probleme, Teilchengröße, Fließ-Eigg. u. Fördereinrichtungen bei der Verw. wss. ThO_2-Suspensionen in Reaktoren. — 15 Literaturangaben. H. Roschkowski 5894◇

1894 **Der Einfluß der Druckröhrenkonstruktion auf die Überschußreaktivität eines gasgekühlten, schwerwassermoderierten Natururanreaktors.** H. N. Schludi. (Atompraxis **7,** 378—84, 1961; München; dt.) — In einem CO_2-gekühlten schwerwassermoderierten Natururanreaktor mit einer vorgegebenen Nettoleistung von 100 MW wurden 3 verschiedene Druckrohrkonstruktionen untersucht. Verglichen wurde das konventionelle, heiße Druckrohr mit Calandriarohr mit einem kalten Druckrohr mit Zweifachdurchströmung. u. einem kalten Druckrohr mit Einfachdurchströmung. Die vergleichende Unters. ergab eine deutliche reaktorphysikal. Überlegenheit der kalten Druckrohrkonstruktion mit Einfachdurchströmung dem konventionellen heißen Druckrohr gegenüber. G. Schmidt 5894◇

1895 **Stoffdiffusion und isotherme katalytische Selektivität.** J. J. Carberry. (Chem. Engng. Sci. **17,** 675—81, 1962; Notre Dame, Ind., Univ., Dep. Chem. Engng.; engl.) — Eine einfache Analyse führt zu einem allg. Ausdruck für die isotherme Selektivität bei der Rk.-Folge 1. Ordnung A → B → C in Ggw. von gekörntem Katalysator (mit Makro- u. von diesen sich abzweigenden Mikroporen). Die Selektivität (Ausbeute an B) wird direkt bezogen auf die Rk.-Geschw.-Konst., die Faktoren der Porenwirksamkeit u. die Transport-Koeff. der jeweiligen Komponenten in der fl. Phase. Bedingungen, für die die Selektivität $\leqq 0$ ist, werden durch die effektiven Geschw.-Koeff. u. Verhältnisse der inneren Diffusion bei bekannter wahrer (Oberflächen-)Selektivität ausgedrückt. J. Martins 5904◇

1896 **Wärmeleitfähigkeit poröser Katalysatorkügelchen.** Shinobu Masamune und J. M. Smith. (J. chem. Engng. Data **8,** 54—58, 1963; Davis, Calif.; Univ. of Calif.; engl.) — Der Wrkg.-Grad einer Rk. an der inneren Oberfläche eines Katalysatorkügelchens hängt von der Temp. u. den Konz.-Profilen in ihm ab. Zur Beurteilung der Temp. im Katalysator wird die Wärmeleitfähigkeit für einen Ag-Katalysator, welcher aus zu Kügelchen geformten mikroporösen Pulverteilchen besteht, mit Hilfe einer Vgl.-Meth. gemessen. Die Verss. ergaben sehr geringe Leitfähigkeiten von 0,1 bis 0,4 BTU/hr.ft.°F im Vgl. zum festen Ag, was sowohl an großen wie auch kleinen Zwischenräumen zwischen den einzelnen Pulverteilchen liegt. Messungen bei verschiedenen Drücken (1×10^{-2} bis 760 mm Hg) lassen darauf schließen, daß der Wärmetransport durch freie Molekel der prim. Mechanismus in in diesen Bereichen ist. Die Größe der Mikroporen wird auf 1500—5000 Å geschätzt. M. Engel 5904◇

1897 **Einige Bemerkungen zur Berechnung heterogener Katalysen.** Ch. Vandange. (Ind. chimique **49,** 415—27, 1962; franz.) — Übersicht der Theorie u. prakt. Anwendung der heterogenen Katalyse. In der Praxis erlaubt die Abschätzung der Größenordnung physikal. Konst. häufig eine Vereinfachung komplizierter Berechnungsformeln, die am Beispiel der Synth. von SO_3, NH_3 u. CH_3OH ausführlich beschrieben wird. — 35 Literaturangaben. S. Arnhold 5904◇

1898 **Transportphänomene und heterogene Katalyse.** J. J. Carberry. (Chem. Process Engng. atomic. Wld. **44,** 306—15, 1963; Notre Dame, Ind., Univ., Dep. Chem. Engng.; engl.) — Kurze Darst. des Wissensstandes der heterogenen Katalyse: Verschiedene Einfl. auf Katalysatoraktivität u. Selektivität, Beziehungen für beide Größen für den Fall von Makro- u. Mikroporen im Katalysator nebeneinander u. kinet. Betrachtungen der Katalysatorvergiftung. — 55 Literaturangaben. J. Martins 5904◇

1899 **Analogie zwischen der Klassierung durch Luft und durch Destillation.** N. Gopal Krishna und M. N. Rao. (Indian J. Technol. **1,** 178—79, 1963; New Delhi, Coll. of Engng. and Technol. und Kharagpur, Indian, Inst. of Technol.; engl.) — Nach der Betrachtungsweise des Vf. über die Klassierung von Feststoffkorngrößen durch einen Luftstrom im Fließbett als Analogon der Trennung von Fll. verschiedenen Siedebereichs durch Dest. werden auch die Formeln von Leva u. von Rayleigh auf eine gleichartige Form gebracht; $\ln C/C_0 = -K'\Theta$ u. $\ln X/X_0 = -K''\Theta$, in denen C die Konz. des Feinkorn zur Zeit Θ u. C_0 die Konz. zur Zeit O, X die Konz. des leicht siedenden Anteils eines Fl.-Gemisches zur Zeit Θ u. X_0 zur Zeit O ist. Infolgedessen ähneln sich die Geschw.-Kurven beider Trennarten ebenfalls. R. Kaiser 5904◇

1900 **Über das Ausströmen gewirbelter Feststoff-Gas-Systeme in Öfen großen Durchmessers aus Löchern quadratischen und rechteckigen Querschnitts.** Leopoldo Massimilla, Gianluigi Vitagliano und Renato Chianese. (Rend. Accad. Sci. fisiche mat., Napoli [4] *27(99),* 281—422, 1960; Napoli, Ist. di Chim. ind. dell' Univ.; ital.) — In einer Kolonne von 19 cm ⌀ u. 270 cm Höhe wurden Sand, granulierter Kalkstein u. Eisensand mit Luft gewirbelt, das Ausströmen von Feststoff u. Gas durch kleine Löcher in der Kolonnenwand wurde untersucht. Der Lochdurchmesser lag bei 7—20 mm, daneben wurden quadrat. u. rechteckige Öffnungen mit äquivalenter Fläche untersucht; der Ausströmdruck variierte von 200—5400 mmWassersäule. Die Vers.-Ergebnisse wurden in dimensionslosen Parametern angegeben. Zur Interpretation der Ergebnisse wurden Kenngrößenbeziehungen dieser Parameter abgeleitet. I. Vieweg 5904◇

1901 **Grundlegende Beobachtungen über den Einfluß elektrostatischer Erscheinungen auf den Wirbelprozeß.** Janusz Ciborowski und Andrzej Włodarski. (Chem. stosowana **3**, 339—52, 1959; Warszawa, Politechn., PAN, Zakł. Inz. chem.; pol.) — Wirbel-Verss. mit trockenem u. feuchtem Sand zeigen, daß die krit. Luftgeschw. nicht für das gewirbelte Material allein charakterist. ist, sondern auch von elektrostat. Erscheinungen abhängt. Unter dem Einfl. elektrostat. Erscheinungen bilden sich im Wirbelbett meist Kanäle u. die Wände werden mit einer unbeweglichen Sandschicht bedeckt. — 21 Literaturangaben. F. Urban 5904□

H_2. Betriebsschutz, Feuerschutz

1902 **Die Arbeit in radioaktiver Umgebung und ihre Probleme.** J. Rodier, R. Estournel, H. Bouzigues und J. Chassany. (Energie nucléaire **5**, 291—300, 1963; franz.) — Übersicht über Meth. u. Durchführung der Arbeitsüberwachung unter bes. Berücksichtigung des modernen Arbeitsschutzes in Kernenergieanlagen. W.-D. Heußner 5932◇

1903 **Strahlungsschutz-Normen.** Lauriston S. Taylor. (Nucleonics [New York] **21**, 58—60, 1963; Washington, D. C., Nat. Bur. of Standards; engl.) — Eine Übersicht über die Entw. der Normen für den Strahlungsschutz u. der höchst zulässigen Strahlendosen zeigt, daß diese Normen subjektiv sind. — 13 Literaturangaben. W. Wesly 5932◇

1904 **Staubmessung und Staubüberwachung in der Reinluft von Filtern mit automatischen Geräten.** Erwin Walter. (Staub **23**, 112—14, 1963; Bonn, Staub-Forsch.-Inst. des Hauptverbandes der gewerblichen Berufsgenossenschaften e. V.; dt.) I. Köditz 5940△

1905 **Faserstoffilter in der Zementindustrie.** Gerhard Funke. (Staub **23**, 107—12, 1963; Düsseldorf, Forsch.-Inst. der Zement-Ind.; dt.) I. Köditz 5940△

1906 **Untersuchung des Gehaltes der in verschiedenen Arbeitsgängen von Gießereien entwickelten Stäube an freier Kieselsäure.** Pierre Nicolas und Maurice Martin. (Fonderie **1962**, 142—47, Centre techn. des Ind. de la Fonderie; franz.) — Die Geh. der Atmosphäre von Gießereien (Gußputzerei, Sandformerei, Formerei, Kernformerei, Schleiferei, Sandstrahlerei) an freier SiO_2 werden ermittelt u. erörtert. W. Wesly 5940◇

1907 **Beitrag zur Untersuchung des von bestimmten Gießereibindemitteln entwickelten Rauches vom hygienischen Standpunkt.** Pierre Nicolas und Maurice Martin. (Fonderie **1962**, 247—51, Centre techn. des Ind. de la Fonderie; franz.) — Übersicht über Herkunft u. Bekämpfungs-Verss. des in Gießereien auftretenden „blauen Rauches" aus Ölkügelchen u. Acrolein (aus Sikkativöl u. synthet. Harzen, bes. Phenoplasten, die beim Formmaskenguß benötigt werden) durch katalyt. Verbrennung, Neutralisation u. Auffangen. W. Wesly 5940◇

1908 **Erfahrung mit Toluylendiisocyanat in Massachusetts.** Hervey B. Elkins, George W. McCarl, Heinrich G. Brugsch und John P. Fahy. (Amer. ind. Hyg. Assoc. J. **23**, 265—72, 1962; Boston, Mass., Massachusetts, Dep. of Labor and Ind., Div. of Occupational Hygiene; engl.) — Bericht über Gesundheitsverhältnisse in Fabriken, die Polyurethan aus Toluylendiisocyanat herstellen. G. Kimmerle 5940△

1909 **Bestimmung von Olefinen in Verbrennungsgasen und in der Atmosphäre.** Aubrey P. Altshuller, Lois J. Lage und Stanley F. Sleva. (Amer. ind. Hyg. Assoc. J. **23**, 289—95, 1962; Cincinnati, Ohio, U. S. Public Health, Service, R. A. Taft Sanit. Engng. Center, Div. of Air Pollution, Labor. of Engng. and Physic. Sci.; engl.) — Olefine mit 4 C-Atomen u. höherem Mol-Gew. (*1-Buten, cis-2-Buten, trans-2-Buten, Isobutylen, 2.3-Butadien, 1-Penten, cis-2-Penten, 2-Methyl-1-buten, 2-Methyl-2-buten, 2-Methyl-1.3-butadien, 1-Hexen, 2-Methyl-1-penten, 2-Methyl-2-penten*) aus Verbrennungsgasen können in der Gasphase durch Rk. mit p-Dimethylaminobenzaldehyd in konz. H_2SO_4, Erhitzen auf 100° u. Messung der Absorption bei 500 mμ quant. bestimmt werden. Weniger als 0,1 ppm gasförmiger Olefine können so bestimmt werden. Formaldehyd u. größere Mengen aromat. Kohlenwasserstoffe u. Phenole stören das Verfahren. G. Kimmerle 5942△

1910 **Kontrolle der Luftverunreinigung durch Nebelabscheider mit Faserpackung.** J. A. Brink, jun. (Chem. in Canada **14**, Nr. 12, 28, 1962; St. Louis, Monsanto Chem. Co.; engl.) — Es wird ein röhrenförmiger Abscheider beschrieben, der aus mit Säurenebeltröpfchen beladenem Gas 99,98% der mitgeführten Nebeltröpfchen $< 3\ \mu$m an der korrosionsbeständigen Faseroberfläche abscheidet u. über einen Flüssigkeitsverschluß am Boden entfernt. Anwendung für korrosive Säure- u. Alkalinebel, Abscheidung giftiger Stäube u. Zurückhaltung von Bakterien aus der Luft. S. Grempe 5942◇

1911 **Bestimmung von Spurenmengen Schwefelwasserstoff in Industrie-Atmosphären.** A. F. Smith, D. G. Jenkins und D. E. Cunningworth. (J. appl. Chem. **11**, 317—29, 1961; Hengoed, Glam., Nat. Coal Board, Div. Labor.; engl.) — Ein krit. Vgl. mehrerer Verff. (p-Aminodimethylanilin, As_2S_3-Sol. $AgNO_3$-Lsg., Pb-Acetat-Papier, $AgNO_3$-Papier) zur Best. von H_2S in der Luft zeigt, daß das $AgNO_3$-Papier-Verf. am empfindlichsten ist u. durch SO_2 nicht beeinflußt wird. Ein näher beschriebenes, auf diesem Verf. beruhendes Gerät, vermag noch 10^{-4} ppm. H_2S zu erfassen. W. Wesly 5942◇

1912 **Verseuchung von bakteriologischen Laboratorien aus der Luft.** S. B. Thomas, Kay P. King, Janet M. Griffiths, J. B. Foulkes, Elin Mackenzie, R. G. Jones und D. L. Bowen. (Lab. Pract. **12**, 345—48, 1963; Trawscoed, Aberystwyth, Nat. Agricult. Advisory Service; Milk Testing Service Lab.; engl.) — Die durch die Luft verursachte Verseuchung bei Routinearbeiten in bakteriolog. Labor. ist bisher wenig beachtet worden. Ergebnisse von Parallelunterss. in 11 Labor. der Milchwirtschaft Großbritanniens über das Ausmaß der Verseuchung durch die Luft werden mitgeteilt. S. Grempe 5942◇

1913 **Luftgehalte an Blei aus Kraftwagenmotoren.** Richard S. Brief. (Arch. enviromental Health **5**, 527—31, 1962; Esso Res. and Engng. Co., Med. Res. Div.; engl.) — Ein Vgl. der Geh. der Luft innerhalb u. außerhalb von verschiedenen Kraftwagen, deren Motoren mit $Pb(CH_3)_4$ bzw. $Pb(C_2H_5)_4$ enthaltenden Brennstoffen betrieben werden, zeigt, daß kein merklicher Unterschied der Pb-Geh. bei verschiedenen Vers.-Bedingungen auftritt. W. Wesly 5942◇

1914 **Die Einhaltung der Verordnung zur Luftreinhaltung: Verminderung des Staubauswurfes industrieller Kesselanlagen.** John Sharp. (J. Inst. Fuel **36**, 459—63, 1963; McLellan and Partners; engl.) — Vgl. Bulcraig, J. Inst. Fuel **36**, [1963], 253. — Allg. Hinweise, wie der Staubauswurf industrieller Feuerungsanlagen vermindert werden kann. F. Rosendahl 5942△

1915 **Immer noch Benzinbrände durch menschliches Versagen.** G. Brakel und Ernst Zehner. (Färber-Ztg. **16**, 14—18, 1963; dt.) — Überblick über Mittel zur Brandverhütung u. -bekämpfung (Rauchverbot, Erdung, Dampflöschung, Trockenschaumlöscher, feuersichere Türen) in chem. Reinigungen. S. Grempe 5944◇

H_3. Elektrotechnik

1916 **Die elektrische Leitfähigkeit von glasartigen Halbleitern.** R. L. Mjuller. (J. angew. Chem. [UdSSR] **35**, 541—50, 1962; russ.) — Auf Grund der Annahmen über den diskreten Charakter der Elektronenpaarbindungen zwischen den Atomen wird ein Modell des Mechanismus der Eigenleitfähigkeit von *Halbleitern* mit wenig beweglichen Stromträgern vorgeschlagen. Die auf Grund dieses Modells hergeleitete theoret. Bedeutung der vorexponentiellen Größe σ_0 fällt mit den bei kristall. u. amorphen anorg. Polymeren mit geringer Beweglichkeit des Stromträgers (u. bei Berücksichtigung struktureller Besonderheiten) experimentell gefundenen Größen zusammen. Es wird auf die Identität der Ionenleitfähigkeit der Dielektrika u. der Elektronenleitfähigkeit bei Halbleitern mit kleiner Beweglichkeit des Stromträgers hingewiesen. F. Kapler 5952△

1917 **Abgabekoeffizient und Ausnutzung der Ladekapazität von Eisen–Nickel-Akkumulatoren.** K. Raschewitz. (Nachr. Akad. Wiss. LettSSR **1960,** Nr. 11, 73–80; Inst. für Energetik u. Elektrotechnik der Akad. der Wiss. der LettSSR; russ., Auszug: lett.) — Vf. erläutert die theoret. Grundlagen der Kapazität von *NiFe-Akkumulatoren* u. untersucht die Ausnutzung des Ladestromes durch Best. der bei der Aufladung an den einzelnen Elektroden entwickelten Gase. Eine bessere Ausnutzung des Ladestromes zeigt die Fe-Platte, bes. bei mittleren Ladeströmen. Es wird empfohlen, die Intensität des Ladestromes mit dem steigenden Potential des Akkumulators zu verkleinern. Die dargestellten Kurven der Ausnutzung des Ladestromes gestatten einen ökonomischeren Betrieb von elektr. Verkehrsmitteln. J. Tůmová 5970◇

1918 G. & W. H. Corson, Inc., Plymouth Meeting, übert. von: William F. Meyers, Bluebell, Pa., V. St. A., **Galvanisches Primärelement mit flüssigem Ammoniak als Elektrolytflüssigkeit.** Als Lösungsmetall können alle Metalle verwendet werden, die oberhalb von Fe in der Spannungsreihe stehen, als bes. brauchbar sind Li, Ca, Mg u. Zn genannt. Positive Elektrode ist ein Stab aus gepreßtem C-Pulver, dem als Depolarisator feines S-Pulver oder ein Gemisch aus S u. Graphit anliegt. Zur Verbesserung der Leitfähigkeit kann dem fl. NH_3 NH_4SCN hinzugefügt werden. — Zeichnungen. (**A. P. 2996562** vom 17/4. 1959, ausg. 15/8. 1961. **E. P. 894461** vom 9/5. 1960, ausg. 26/4. 1962.) F. Laaß 5971

1919 National Lead Co., New York, N. Y., übert. von: Joseph A. Orsino, Mountain Lakes, N. J., und Charles E. Mandel, Ridgewood, N. Y., V. St. A., **Separatoren für Akkumulatoren** mit fl. Elektrolyt bestehen aus kristallinem Polypropylen (**I**) mit einem Kristallisationsgrad von wenigstens 60%. Das mit Hilfe von $TiCl_3$ oder $TiCl_4$ u. einer organ. Metall-Verb. hergestellte **I** wird fein gemahlen u. zu Platten gesintert. Die Separatoren weisen eine hohe Permeabilität auf, wobei der elektr. Widerstand gering ist, z. B. 0,049 Ohm/sq.in. (**A. P. 3002040** vom 25/2. 1959, ausg. 26/9. 1961. **E. P. 920975** vom 12/2. 1960, ausg. 13/3. 1963. A. Prior. 25/2. 1959.) F. Laaß 5971

1920 Accumulatoren-Fabrik Akt.-Ges., Hagen, **Negative Elektroden für alkalische Akkumulatoren.** Eine Mischung aus Ni-Pulver u. Fe- u. Fe_2O_3-Pulver u./oder $Fe(OH)_3$ wird gepreßt u. zwischen 500 u. 700° in reduzierender Atmosphäre gesintert. Dabei erfolgt ein Versintern eines Teiles des durch Red. entstandenen hochdispersen sinterakt. Fe-Pulvers mit dem als Leitmaterial dienendem Ni-Pulver zu einem Trägergerüst, dessen Poren die akt. Masse in Gestalt der nicht red. Fe-Verbb. u. des nicht mit dem Ni legierten red. Fe enthalten. (**E. P. 878253** vom 24/7. 1959, ausg. 27/9. 1961. D. Prior. 30/10. 1958.) F. Laaß 5971

1921 Union Carbide Corp., New York, N. Y., V. St. A., **Brennstoffelement, welches mit Chlorgas und Wasserstoff betrieben wird.** Die porösen Elektroden sind Röhrchen aus aktivierter Kohle, welche außen mit einem porösen Film aus Na-Carboxymethylcellulose überzogen sind. Die H_2-Elektrode ist mit einem H_2-Dissoziationskatalysator, z. B. Pt, Rh, Pd, Ir, Ru oder Os, oberflächlich imprägniert. Als Elektrolyt dient 4n HCl. Die Oberfläche der H_2-Elektrode (**I**) ist 5–19% größer gehalten als die der Cl_2-Elektrode (**II**) u. die Anordnung der Elektroden im Gehäuse ist derart, daß eine **I** von 2 oder **4 II** umgeben ist oder umgekehrt. Die Porosität der Kohleröhrchen beträgt 30–35%. (**Ind. P. 69433** vom 22/10. 1959. Can. Prior. 8/6. 1959.) F. Laaß 5971

1922 Thorn Electrical Industries Ltd., London, England (Erfinder: Stanley Thomas Henderson), **Leuchtstoff für Fluorescenzlampen,** bestehend aus wenigstens 15 (Gew.-%) eines ersten Luminescenzmaterials mit einer Spitzenemission von 6500–6700 Å, aus wenigstens 15 eines zweiten Luminescenzmaterials mit einer Spitzenemission von 6000–6500 Å, wobei die beiden Materialien nicht mehr als 70 Gew.-% des gesamten Leuchtstoffs betragen, u. aus wenigstens einem weiteren Luminescenzmaterial mit einem breiten Band innerhalb des sichtbaren Spektrums. — Beispiel: Ein Gemisch aus 29 (Gew.-Teilen) manganaktiviertem Mg-Fluorogermanat, 29 Ca-Silicat (Pb, Mn), 5,1 Ca-Halophosphat (Sb, Mn), 34,1 Ba–Ti-Phosphat u. Zn-Silicat (Mn) wird zusammen mit einem Nitrocellulosebinder gemahlen u. in üblicher Weise auf die Lampenröhren aufgebracht. (**E. P. 888337** vom 26/6. 1959. 31/1. 1962.) K. Demmler 5975

1923 Sylvania Electric Products, Inc., Wilmington, Del., übert. von: Richard W. Mooney und Francis N. Shaffer, Towanda, Pa., V. St. A., **Herstellung von Pb-aktivierten Bariumdisilicatleuchtstoffen** durch Zumischen eines Flußmittels (Erdalkalichloride) zu dem geglühten u. zerkleinerten Gemisch der zur Bldg. des Leuchtstoffes erforderlichen Ausgangsstoffe, Glühen des Gemisches aus Leuchtstoff u. Flußmittel, Zerkleinern u. Waschen des Glühprod. bis zur Chloridfreiheit des erhaltenen Leuchtstoffs. (**A. P. 3043781** vom 30/6. **1958,** ausg. 10/7. 1962.) K. Demmler 5975

1924 Westinghouse Electric Corp. Pittsbourgh, Pa., übert. von: Anselm Wachtel, Parlin, N. J., V. St. A., **Elektroluminescierende Leuchtstoffe,** bestehend aus Zn–Hg- oder Zn–Cd–Hg-Sulfiden u. Cu als Aktivator, wobei das Atomverhältnis Zn:Hg = 100:1 bis 3:1, das von Cd:Hg < 1,5:1 u. Cu im Rohgemisch in Mengen von 0,00075–0,035 Grammatom/Grammol. Metallsulfid anwesend ist, werden hergestellt durch Glühen entsprechend zusammengesetzter Rohgemische für wenigstens 10 Min. bei 600–1100°. (**A. P. 3039972** vom 11/1. 1961, ausg. 19/6. 1962.) K. Demmler 5975

H_4. Wasser, Abwasser

1925 **Die Wasserversorgung in geschlossenen Kreisläufen und das Problem der Wasserkühlung in Werken der Eisenmetallurgie.** I. Beeckmans de West-Meerbeeck. (Tribune du Cebedeau **16, 174**–83, 1963; franz.) — Es werden beschrieben, 1. die Wasserversorgung mittels offener, geschlossener oder kombinierter Kreisläufe, wobei die Vor- u. Nachteile des geschlossenen Kreislaufs bes. herausgearbeitet werden; 2. die Wasserkühlung durch partielle Verdunstung mittels Luftkühlern, sei es solchen mit natürlichem Zug oder mit Ventilatoren; 3. die Verdampfungskühlung mit ihren Vor- u. Nachteilen; 4. die Anwendung der Kühlwässer, a) ohne Verschmutzung bei der Wärmeaufnahme, z. B. bei Düsen von Hoch- u. Martinöfen, bei Gleitbahnen in Walzwerken, bei elektr. Öfen, Kondensatoren von Turbinen u. Dampfmaschinen, in Kühlern für Schmieröl, von Verbrennungsmotoren, Luftkompressoren usw., b) unter Verunreinigung bei der Wärmeaufnahme, z. B. bei der Kühlung u. Wäsche des Gichtgases u. bei der Schlackengranulierung. Die Reinigung dieser im geschlossenen Kreislauf gefahrenen Kühlwässer wird beschrieben, die bei den Kühlwässern auftretenden Probleme des Wärmeaustauschs erörtert u. tabellar. Angaben über die Erfordernisse an die Rückkühlwässer in einem Stahlwerk gemacht. Es werden ferner beschrieben, 5. die Kreislaufführung der W. mit ihrer wirtschaftlichen Bedeutung für die eisenmetallurg. Industrie (1 t Walzstahl erfordert 120–150 m^3 W.) u. die Schwierigkeiten wie Kesselsteinbldg., Korrosion u. lebende Organismen (Bakterien, Algen, Mollusken), wofür die hauptsächlichsten Gegenmaßnahmen angegeben werden; 6. physikal. u. chem. Behandlung der Kreislaufwässer; 7. die verschiedenen Verlustmöglichkeiten an Kühlwasser im Kreislauf u. die formelmäßige Errechnung der Dauer der Betriebsperioden u. der Menge an Zusatzwasser, um einen festgesetzten Härtegrenzwert, sei es bei absatzweiser oder kontinuierlicher Einspeisung, nicht zu überschreiten. W. Morneweg 6014◇

1926 **Süßwassergewinnung durch Destillation.** R. S. Silver. (Bull. mens., Centre belge Étude Doc. Eaux **1060,** 237–45; Cathcart-Glasgow; franz.) — Neuere Entw. haben das Dest.-Verf. wirtschaftlich verbessert. Eine auf Guernsey in Betrieb genommene Anlage für 2,275 m^3/d benötigt 50 kcal/kg W. mit 80–100 ppm Salz-Geh. Entscheidend ist die Verw. der Abwärme.

Kopplung mit einem Kraftwerk ist günstig, wenn mindestens 2600 kWh/m³ W. erzeugt werden. Mehrstufenverdampfung üblicher Art gestattet, den Wärmeverbrauch bis auf 90 kcal, mehrstufige Flash-Verdampfung („multiflash") bis auf 50 kcal/kg dest. W. zu drücken. Thermokompression kommt nur für Kleinanlagen in Frage. Spezif. Energieverbrauch u. Investitionskosten sind gegenläufig, die örtlichen Energiekosten sind für die Auslegung der Anlage entscheidend.
H. Hegenbarth 6014◇

1927 **Enthärtung von Wasser mit Wasserstoff-Natrium-Kationenaustauschern.** Ss. Ss. Kosstenko. (Spiritus-Ind. [UdSSR] **27,** Nr. 5, 35–36, 1961; russ.) — Diese Meth. wird in A.-Gewinnungsanlagen angewandt, da in diesen techn. H_2SO_4 (1,5–1,8%ig.) für die Regenerierung der Filter (⌀ 1030 mm) vorhanden ist. Der Ionenaustausch erfolgt in 2 Stufen. Die Filter der 1. Stufe arbeiten 12–13 Std. mit einer Leistung von 9–10 m³/h W., die der 2. Stufe 40 Std. mit 18–20 m³/h W. Ihre Austauschfähigkeit beträgt ca. 300 Val/m³.
I. Weber 6020◇

1928 **Wasseraufbereitung in Bassins.** Karel Bělský. (Vodní Hospodářství **1961,** 161–63; Praha, Závod pro úpravu vody; tschech.) — Zur Wasserreinigung werden 5–10 mg/Liter $Al_2(SO_4)_3$ u. zur Desinfektion 0,1 mg/Liter Cl_2 verwendet; pH-Wert des W. = 7,0. $^1/_{10}$ des Bassininhaltes sollte täglich durch frisches W. ersetzt, ein vollständiger Austausch nach 30–42 Tagen vorgenommen werden. Verwendet werden Druckschnellfilter u. Haarfänger; Algen werden durch $CuSO_4$ unschädlich gemacht. J. Špinka 6024◇

1929 **Über einige allgemeine Gesetze der Elektrodialyse.** E. Wegelin. (Bull. mens., Centre belge Étude Doc. Eaux **1960,** 227–32; Inst. Centrale Technique T. N. O.; franz.) — Die Produktionskosten der Wasserentsalzung durch Elektrodialyse werden vor allem von den Energiekosten u. der Anlagengröße bestimmt. Es werden Formeln abgeleitet, nach welchen unter den jeweiligen Bedingungen die optimale Flächenbelastung der Zelle berechnet werden kann. Der Zusammenhang zwischen spezif. Investitionskosten, Betriebskosten u. optimaler Zellenbelastung sind in einem Nomogramm dargestellt.
R. Hegenbarth 6028◇

1930 **Elektrodialyse.** W. M. T. Boby und C. H. de Whalley. (Bull. mens., Centre belge Étude Doc. Eaux **1960,** 233–37; franz.) — Es wird über eine in Tobruk errichtete Wasserentsalzungsanlage berichtet, welche Brackwasser mit 4600 mg Trockenrückstand/Liter verarbeitet. Mit 400 Membranen zu 0,5 · 1,5 m, einer Zellenbreite von 1,3 mm u. einem Gleichrichter für 400 V, 100 A erbringt sie 450 m³ Trinkwasser/d mit 500 mg Rückstand/Liter. Die Anlage arbeitet diskontinuierlich, d. h. das W. wird so lange über die Zellen u. einen Zwischenbehälter im Kreislauf geführt, bis es die gewünschte Reinheit erreicht hat, dann abgezogen u. durch Rohwasser ersetzt. Verkrustungen (vor allem durch Ca- u. Mg-Verbb.) wird begegnet durch Ansäuern des Konzentrat- u. Katholytkreislaufes sowie kurzfristiges Umkehren der Stromrichtung u. des Wasserflusses.
R. Hegenbarth 6028◇

1931 **Wasseraufbereitung durch Elektrodialyse.** E. Wegelin, G. S. Solt und C. V. C. Chapmann. (Chemiker-Ztg./Chem. Apparatur **87,** 277–84, 1963; Rickmansworth u. Amsterdam, Boby-Bronswerk N. V.; dt.) — Anwendung der Elektrodialyse zur Wasser-Aufbereitung, auf Vorgänge des Konzentrierens, Verdünnens u. bei Trennungsvorgängen.
H. Lütgert 6028◇

1932 **Die Wirkung eines Zusatzmittels auf Taupunktkorrosion und Rohrbeläge im Dampfkessel.** W. D. Wall. (Mitt. Vereinig. Großkesselbesitzer **1963,** 39–41; Forchheim; dt.) — Fl. Zusatzmittel (1:4000) sollen einen besseren Aufschluß des Heizöles bei der Zerstäubung u. damit eine bessere Verbrennung bewirken: die staubförmigen Zusatzmittel alkal. Art binden das SO_2 u. verhindern damit die Korrosion. Bes. bewährt hat sich MgO, das durch Verlängerung der Reisezeit der Kessel u. Verminderung der Ansätze eine Brennstoffeinsparung von 6% bringt. H. Dorsch 6030◇

1933 **Probleme kleiner Wasserreinigungs- und Abwasserreinigungsanlagen.** K. Kohoutek. (Gaz, Woda Techn. sanit. **34,** 178–83, 1960; Prag, Ministerium der Energie- u. Wasserwirtschaft; pol.) — Für die Reinigung von Oberflächengewässern kleiner Siedlungen sind langsame Filter u. Chloranlagen geeignet; die Filtrationsgeschw. beträgt 10–20 cm/Stunde. Als Filtermaterial dient Flußsand (Granulation 0,3–1,0 mm). Das gereinigte W. muß desinfiziert werden. Die Leistung der kleinen Wasseranlagen beträgt 2 Liter/Sekunde. — Als kleine Abwasseranlagen werden gewöhnliche Klärbecken (50 Einwohner) gebaut, das kleinste Klärbecken faßt 3,0 m³ Inhalt. S. Paprotny 6040◇

1934 **Laboratoriumsuntersuchungen der Behandlung von Abwässern der Strohzellstoffherstellung mit der Natriumhydrogensulfit-Methode.** Jerzy Zieliński und Janina Szulicka. (Przegląd papierniczy **19,** 246–49, 1963; Gliwice, Oddział, C. B. S. u. P. B. W. „Hydroprojekt"; pol.) — Die $NaHSO_3$-Meth. unter Verw. der Koagulantien $Ca(OH)_2$, H_2SO_4 u. $Al_2(SO_4)_3$ ist für die untersuchten Abwässer auf Grund der erforderlichen großen Chemikalienmengen (2000 mg/Liter) nicht geeignet. Die Anwendung biolog. Meth. ermöglicht eine Senkung des CSB um 25% u. von BSB_5 um 65% bzw. des CSB um 30–40% u. des BSB_5 um 40% bei der Anwendung des Belebtschlammverfahrens. Die biolog. Meth. ermöglicht jedoch keine Farbausbleichung dieser Abwässer.
I. Köditz 6042△

1935 **Anwendung von synthetischen Flockungsmitteln für die Abwasserreinigung.** Wacław Szulakowski. (Przegląd Gorniczy **17(48),** Str. 5–Str. 8, 1961; pol.) — Die Flockungsmittel *Separan 2610, Sedipur PK 3, Flokal 101, Flokal 152, Flokal PAM* u. *Akrynax 66* führen bei Verbrauch von 0,5–1 g/m³ zur Ausflockung der Abwasser-Schwebstoffe in 30–60 Sekunden. Ohne Flockungsmittel beträgt die Absetzzeit 1,5–2 Stunden. Die im W. gelösten anorgan. Salze fördern die Koagulation u. vergrößern die Fällgeschwindigkeit. Mit dem Anstieg der Flockungsintensität verringert sich das Vol.-Gew. der gefällten Schwebestoffe. Eine Aggregation u. Sedimentation der Schwebestoffe erfolgt nur bei stehendem W. oder bei laminarer Bewegung. Nach einigen Monaten verändern sich die Eigg. des ausgeschiedenen Schlamms im Absetzbecken. H. Pluta 6042◇

1936 **Anwendung von Polyelektrolyten für das Ausbringen von Gold aus Abwässern.** I. Kutil, F. Juratschka und I. Schimek. (J. angew. Chem. [UdSSR] **34,** 2430–35, 1961; Prag, Inst. für Edelmetalle, Pardubice, Forsch.-Inst. für synthet. Farben u. Lacke; russ.) — Zwecks einer besseren Verwertung der Abwässer der Schmuckindustrie, bes. der Goldschleifereien, die bis 200 mg/Liter enthalten, wurde in der ČSSR eine neue Meth. erarbeitet. Durch Zusatz von gleichen Mengen Polyelektrolyten beschriebener Zus. (*ST* oder *SP*) u. 20%ig. KOH-Lsg. wird eine deutliche Koagulation erzielt. Der Nd. wird zentrifugiert, getrocknet u. zur weiteren Verarbeitung verwendet. Als Polyelektrolyten wurden Polystyrole mit quart. Aminogruppen verwendet. Niedrigmol. Polystyrol wird nach Jones durch 5std. Polymerisation (70–90°) von 50%ig. Styrol in Toluol in Ggw. von Benzoylperoxid erhalten. Durch Einführung von Chlormethylgruppen u. Aminierung mit Trimethylamin oder Pyridin entstehen Polystyrole, die als Polyelektrolyten verwendet werden. S. Paprotny 6042◇

1937 **Über Erfahrungen mit Oxydationsgräben.** Josef Muskat. (Gesundheits-Ing. **81,** 14–23, 1960; Michelbach, Nassau; dt.) — Überblick über die Entw. der Oxydationsgräben, der Vor- u. Nachteile der bisherigen Grabentypen sowie über die mit den einzelnen Grabentypen gemachten Erfahrungen. Abschließend wird ein Vorschlag zu einer Systematik gemacht, die durch folgende Punkte begründet wird: Gute Beherrschung der Strömungsverhältnisse, bequeme Erweiterungsmöglichkeit in bau- sowie maschinentechn. Hinsicht u. anzustrebende Vereinheitlichung. Die vorgeschlagene Kombination der Grabentypen ermöglicht Erweiterungen ohne große Änderungen u. gewährleistet die einwandfreie

Behandlung der Abwässer bis zu 2500 EWG in einem in sich abgeschlossenen Klärsystem.
I. Köditz 6044

1938 **Der chemische Sauerstoffbedarf von Gerbereiabwässern.** Jaromír Ludvík. (Kožařství **13,** 187—90, 1963; Gottwaldov, Výzk. úst. kož.; tschech.) — Untersucht wurden Rk.-Bedingungen, bes. Zeit, Oxydations-Temp. u. der Verbrauch der optimalen $KMnO_4$-Menge.
E. Knopp 6044◇

1939 **Übersicht über die anaerobe Behandlung von Kartoffelschnitzel-Abwässern.** Ervin Hindin. (Bull. Washington State Inst. Technol. Divis. ind. Res. **1961,** Nr. 255, 1—27; Washington State Univ.; engl.) — Die gewöhnlichen Abwasser-Behandlungsanlagen sind oft nicht geeignet, sich mit den festen Abfällen zu befassen, die bei der Erzeugung von Kartoffelschnitzeln anfallen. Für die Unters. wurden Behandlungsanlagen im Laborausmaß verwendet, um Herkunft u. Zus. der Abfälle festzustellen sowie den Verlauf der Gärung u. den maximalen Prozentsatz an Kartoffelschnitzelabfall, der durch anaerobe Behandlung bearbeitet werden kann. Es wurden Abwässer mit verschiedenen Prozentsätzen an Kartoffelschnitzelabfall untersucht. Die Ergebnisse zeigen, daß Mischungen bis zu 50% Kartoffelschnitzel auf anaerobem Weg zufriedenstellend behandelt werden können. Anlagen mit häuslichen Abwässern müssen darauf eingestellt werden, Abfälle zu vergären, die mehr als 10% fester Kartoffelschnitzel enthalten.
Karl Richter 6044◇

1940 **Der biologische Abbau von anionaktiven Waschmitteln.** C. Borstlap. (Chem. Weekbl. **59,** 538—40, 1963; Amsterdam, Koninklijke/Shell-Labor./Shell Internat. Res. Maatschappig N. V.; niederl.) — Übersicht über Labor-, halbtechn. u. techn. Verss. zur Unters. des biolog. Abbaus von Detergentien in Abwässern u. Aufstellung eines Rk.-Mechanismus. F. Rosendahl 6044△

1941 **Methangärung des Schlammes der städtischen Abwässer in Hochbelastungskammern.** Zbigniew Mandes. (Gaz, Woda Techn. sanit. **35,** 55—57, 1961; Inst. Gospodarski Komunalnej; pol.) — Die beschriebene Schnellmeth. zur Gärung des Abwasserschlammes ist rentabel, effektiv u. liefert einen gut verarbeiteten Rückstand, sie hat bes. Bedeutung für die Reinigung von Großstadabwässern (Großindustrie) mit hohem Schlammanfall. Die Gärungsdauer beträgt 10—12 Tage.
S. Paprotny 6048◇

1942 **Chemische Aspekte der Koagulation.** Werner Stumm und James J. Morgan. (J. Amer. Water Works Assoc. **54,** 971—94, 1962; Cambridge, Mass., Div. of Eng. u. Appl. Physics, Harvard Univ.; engl.) — Es wird der Chemismus der zur Wasseraufbereitung gebräuchlichen Koagulantien Fe(III) u. Al(III), im bes. mit Verbb., die Carboxyl-, Phenol- u. Phosphatgruppen enthalten, betrachtet. Für Koagulationsunterss. im Labor.-Maßstab wird ein Verf. vorgeschlagen, welches es gestattet, mit konst. pH-Werten zu arbeiten. Die Präzipitate von Fe- u. Al-Hydroxiden innerhalb des pH-Bereiches 4—7 werden als 3- oder 4fach positive mehrkernige Komplexe angesehen. Sowohl die chem. Struktur als auch die Ladung der Koll. sind stark pH-abhängig. — Diskussion. B. Franz 6054◇

1943 **Bestimmung der Beweglichkeit kolloidaler Teilchen durch Mikroelektrophorese.** A. P. Black und Annie L. Smith. (J. Amer. Water Works Assoc. **54,** 926—34, 1962; Gainesville, Fla., Univ. of Florida, Dep. of Chem.; engl.) — Für die elektrophoret. Unterss. der Flockung bei der Koagulation wird die flache Mikroelektrophoresezelle von Briggs verwendet. Die App. sowie die Vorbereitung, Durchführung u. Auswertung der Verss. werden eingehend beschrieben. Die Bewegung wird als positiv angenommen, wenn die Wanderung zum negativen Pol hin erfolgt u. umgekehrt. Der Punkt, bei dem die Teilchenwanderung aufhört, wird als isoelektr. Punkt bezeichnet. Die Bewegungsgröße Ω ergibt sich aus der Gleichung $\Omega = dX/tIR_s$, worin d die der Kantenlänge eines Quadrats in der Howard-Zählkammer bei gegebener Vergrößerung entsprechende Länge in μ, X der Querschnitt der Zelle in cm^2, t die Zeit in s, I die Stromstärke in A u. R_s der spezif. Widerstand der Suspension in Ohm · cm sind. B. Franz 6054◇

1944 **Bestimmung der Strömungsrichtung des Grundwassers in einem einzigen Bohrloch mit Hilfe radioaktiver Elemente.** H. Mairhofer. (Atompraxis **9,** 2—4, 1963; Wien, Bundesversuchs- u. Forschungsanstalt Arsenal; dt.) — Beschreibung der Arbeitsweise einer Scintillationsdrehsonde zur direkten Strahlungsmessung in Bohrlöchern. Als Radionuclid wurde ^{131}J verwendet.
H. Schroeder 6056◇

1945 **Einfluß von Polyäthylen auf die Qualität des Wassers.** Jadwiga Kelus. (Gaz, Woda Techn. sanit. **35,** 398—400, 1961; Warszawa, Państwowy Zakład Higieny, Zakład Higieny Kommunalnej; pol.) — Nach den Unterss. haben Rohrleitungen u. a. Anlagen, die aus Polyäthylen hergestellt werden, keinen Einfl. auf die chem. Zus. des Trinkwassers, da die organolept., chem. u. sanitären Eigg. des W. durch Polyäthylen nicht beeinflußt werden.
S. Paprotny 6060◇

1946 **Der Fluoridgehalt dalmatinischer Trinkwässer.** Dragutin Tomič. (Gesundheits-Ing. **81,** 24—26, 1960; Zagreb, Med. Fak., Pharmakolog. Inst.; dt.) — Vgl. C. **1960,** 8302 u. C. **1960,** 5606. — Bericht über die Ergebnisse der Unters. des Trinkwassers des dalmatin. Küstenlandes u. des Inselgebiets auf ihren Mineral-Geh. unter bes. Berücksichtigung des Fluorid-Geh. sowie über die Beziehungen zwischen dem F-Geh. u. der Zahnkariesfrequenz. I. Köditz 6060

1947 **Statistische Prüfung einer Methode zur Bestimmung nicht-ionisierter Detergentien.** F. Edeline und G. Lambert. (Tribune du Cebedeau **16,** 190, 1963; Labor. du CEBEDEAU; franz.) — Die Meth. von Etienne zur „Best. kleiner Mengen oberflächenakt. Polyglykole in Wässern" (Bull. Trim. du Cebedeau Nr. **40,** [1958] II, 159—66) wird einer statist. Prüfung unterworfen. Es werden 10 Best. mit einem Geh. von 2 mg nicht-ionisiertem Prod. in 100 ml dest. W. unter gleichen Bedingungen untersucht. Es ist notwendig, zwei Verss. durchzuführen, um eine Genauigkeit von 5% zu erhalten, bzw. 12 Verss. für eine Genauigkeit von 2%. Falls beim Doppel-Vers. die Abweichung mehr als 20% beträgt, ist eine dritte Best. durchzuführen, die am besten übereinstimmenden Werte werden gemittelt.
W. Morneweg 6060◇

1948 **Untersuchungen über die Desinfizierung von Abwässern, die Sporen von Mikroorganismen enthalten.** Jan Just, Wiera Dożańska und Stefania Ziemińska. (Gaz, Woda Techn. sanit. **35,** 458—63, 1961; Warszawa, Państwowy Zakład Higieny, Zakład Higieny Komunalnej; pol.) — In Vgl.-Unterss. über die Desinfizierung von Sporen *B. anthracis*, *B. cereus* u. *B. subtilis* mit Chlor wurden freie Chlormenge, Kontaktdauer, Temp. u. pH gemessen, sobei der Widerstand der Bakterien von *B. subtilis* zu *B. anthracis* sinkt. Höhere pH-Werte, Temp., Kontaktzeiten u. Chlormengen beschleunigen die Desinfektion.
S. Paprotny 6064◇

1949 **Die BSB-Bestimmung in Vergangenheit, Gegenwart und Zukunft.** Georges van Beneden. (Tribune du Cebedeau **15,** 615—24, 1962; Lüttich; franz.) — Vf. gibt einen krit. Überblick über die BSB-Best. 1. bei Flußwasseranalysen u. 2. bei Erforschung der Voraussetzungen der biolog. Entw. u. Selbstreinigung von Flüssen mit mehr oder weniger starker Abwasserbelastung. Er nimmt ausführlich Stellung zu a) BSB-Best. nach der Verdünnungsmeth., b) Berechnung der Wiederaufnahme von O_2, c) BSB-Best. ohne Verdünnung, d) Fäulnisprobe mit Methylenblau, e) Beziehung zwischen BSB u. Geh. an assimilierbarem N_2, f) A–Z-Test nach Knöpp u. weist auf Vor- u. Nachteile jedes Verf. hin. Keines kann erschöpfende Auskunft über biolog. Vorgänge u. das Ausmaß der Selbstreinigungskraft eines Flusses geben. Eine Vielzahl von Faktoren müßte zusätzlich untersucht werden, um alle, z. Z. großenteils noch nicht faßbaren Einfl. in die Kontrolle einzubeziehen u. Unsicherheiten zu eliminieren. Solche Unterss. sind jedoch rein wissenschaftlicher Routinemessungen hinaus. — 24 Literaturangaben. M. Bittmann 6068◇

1950 **Quantitative Bestimmung von Blut in Abwässern durch Bestimmung des Protoporphyringehaltes.** P. Lejeune, J. Bouquiaux und A. Lafontaine. (Tribune du Cebedeau **15**, 600–04, 1962; Brüssel, Hygiene-Inst.; franz.) — Das Verf. soll zur Überwachung von Wasserverunreinigungen durch Blut aus Schlachthöfen dienen. Weil Eiweißsubstrate in W. dem mikrobiellen Abbau ausgesetzt sind, wodurch ihre Best. problemat. wird, ermitteln Vff. den Geh. des stabilen *Protoporphyrins* (**I**) u. berechnen daraus die Blutkonz. der Probe. 22,5 mg/Liter I entsprechen 6,0 ml Rinderblut bei 4,7 ml Schweinblut bzw. 6,4 ml Hammelblut. Der relativ aufwendige Analysengang wird in Einzelheiten mitgeteilt. Er umfaßt Fällung u. Abtrennung des *Oxyhämoglobins*, Extraktion des *Hämins*, Umwandlung in **I** u. Veresterung, Extraktion des **I** u. spektrophotometr. Messung bei 409 nm. Die Grenze der Empfindlichkeit liegt bei 0,01 mg Blut/Liter Wasser. M. Bittmann 6068◇

1951 **Umgebungs-Radionuclide in städtischen Abwässern.** S. K. Bhagat und E. F. Gloyna. (Water Sewage Works **110**, 205–09, 1963; Austin, Univ. of Texas; engl.) — In der Zeit vom 13. Dezember 1960 bis zum 13. März 1961 wurden an der Wasser-Aufbereitungsanlage (Biosorption-Belebtschlamm-Typ) je 30 Proben von unbehandeltem Abwasser (Einfluß), Belebtschlamm u. behandeltem Abwasser (Ausfluß) radiometr. auf ^{90}Sr, ^{226}Ra u. harte β-Strahler untersucht. Die Ergebnisse zeigen, daß die Anlage 38% ^{90}Sr, 38% harte β-Strahler u. 18% ^{226}Ra aus dem fl. Anteil eliminiert. Die durchschnittliche Verminderung des BSB_5 u. der suspendierten Festkörper betrug 62% bzw. 78%. U. Drehmann 6068◇

1952 **Stadt Düsseldorf**, Deutschland, *Aufbereitung von Brauchwasser.* (**F. P. 1255238** vom 23/4. 1960, ausg. 7/6. 1961. D. Prior. 24/4. 1959. — C. **1963**, 15183 [E. P. 888784].)

1953 **National Aluminate Corp.**, V. St. A. (Erfinder: **Carl Erick Johnson**), *Antischaummittel für Wasserverdampfer.* (**F. P. 1172876** vom 7/3. 1957, ausg. 17/2. 1959. A. Prior. 7/3. 1956. — C. **1963**, 11389 [E. P. 821169].)

1954 **Gewerkschaft Auguste Viktoria**, Deutschland (Erfinder: **Paul Kaunert und Hasso Doering**), *Reinigung von HCN und H_2S enthaltenden Abwässern.* (**F. P. 1254188** vom 13/4. 1960, ausg. 24/5. 1961. D. Prior. 13/4. 1959. — C. **1963**, 253 [Oe. P. 215916].)

1955 **Knapsack-Griesheim Akt.-Ges.**, Deutschland, *Aufbereitung von bei der Phosphorgewinnung anfallendem Abwasser.* (**F. P. 1255726** vom 29/4. 1960, ausg. 14/6. 1961. D. Prior. 14/5. 1959. — C. **1963**, 14084 [E. P. 888085].

H_5. Anorganische Industrie

1956 **Silberne und silberplattierte chemische Anlagen.** F. R. Whitt. (Ind. Chemist **39**, 310–13, 1963; engl.) — Mitgeteilt werden prakt. Erfahrungen mit App. aus Ag u. mit Ag-Auskleidungen auf Schmiedeeisen u. Cu, bes. Kondensatoren, Behälter, Rohrarbeiten u. Ventile u. die hierfür geeigneten Verbindungsstücke u. Dichtungsmittel. Einzelheiten über die Dimensionen sind in einer Tabelle zusammengefaßt. R. Truckseß 6070◇

1957 **Selektive Adsorption und Rückgewinnung von Schwefeldioxid aus industriellen Gasen mit Hilfe synthetischer Zeolithe.** D. A. Martin und F. E. Brantley. (US Dep. Interior, Bur. Mines, Rep. Invest. **6321**, 1–15, 1963; Salt Lake City, Utah, Bur. Mines, Salt Lake City Metallurgy Res. Center; engl.) — Synthet. Zeolithe (**I**) können als Molekularsiebe zur Adsorption von SO_2 aus künstlichen Gasgemischen u. aus industriellen Gasen verwendet werden, wie sie z. B. bei der Zers. von Gips anfallen. Das Gas muß jedoch vorher getrocknet u. gekühlt werden. Das zurückgewonnene SO_2 ist so rein, daß es gleich verflüssigt werden kann. Mit geringen Ausnahmen nimmt die Aufnahmefähigkeit der **I** allmählich ab. Auch bei einem geringen Geh. an H_2S im Rohgas der Gips-Zers. wird eine gute Adsorption des SO_2 erzielt. Die Verw. von **I** in der Technik wird diskutiert. F. Rosendahl H 253△

1958 **Der Einfluß von Verunreinigungen auf die Viscosität und Dichte von wäßrigen Lösungen der Phosphorsäure.** Sven-Eric Dahlgren. (Acta polytechn. scand., Chem. includ. Metallurgy Ser. **19**, 1–21, 1962; Landskrona, AB Förenade Superfosfatfabr., Res. and Dev. Dep.; engl.) — Auf der Grundlage der Lsg.-Theorie von Forslind wurde der Einfl. von anorgan. Zusätzen auf die Viscosität von H_3PO_4-Lsgg. im Konz.-Bereich des Naßproduktionsprozesses der Säure systemat. untersucht. Es wurde eine additive Regel der Viscosität aufgestellt. Ein Ansteigen der Temp. verminderte den relativen Einfl. der Verunreinigungen. Bei konst. Temp. u. konst. Verhältnis von Verunreinigungen zu P_2O_5 führt ein Steigen der Säure-Konz. zum steilen Ansteigen der Viscosität. Der Einfl. organ. Stoffe auf die Viscosität beim Naßprozeß wurde aus dem Unterschied berechneter u. gemessener Viscosität bestimmt. Eine rheolog. Unters. von synthet. Gemischen u. Naß-Prozeß-Säuren zeigte, daß sich reine H_3PO_4-Lsgg. bei hohen Konzz. dilatant verhalten. In Anwesenheit von Verunreinigungen tritt die Dilatanz erst bei beträchtlich kleineren Konzz. von H_3PO_4 auf. K. Huste H 264◇

1959 **Verfahren und Praxis bei dem Abbau, der Verarbeitung und Verwendung von Ton bei der Kraftile Co., Fremont, California.** Alfred Wild und Wallace W. Key. (US Dep. Interior, Bur. Mines, Inform. Circ. **8194**, 1–44, 1963; San Francisco, Calif., Bur. Mines, Area VI Resource Office, u. Denver, Colo., Denver Fire Brick and Pipe Co.; engl.) — Übersicht. F. Rosendahl H 283△

1960 **Regenerierungsverfahren für Bleicherden.** Christos Thomopoulos und Constantin Liapis. (Rev. franç. Corps gras **9**, 611–15, 1962; Athen, Université Technique Nationale, Labor. der Chimie et Technol. Alimentaire; franz.) — Bleicherden für vegetabile Öle (z. B. Olivenöl (**I**) u. Baumwollöl (**II**)) ließen sich nach folgendem Verf. weitgehend wiederverwendbar machen. Die Entölung der Farbkuchen erfolgte durch Waschen mit oberflächenakt. Lsg., wie z. B. 2%ig. Na-Tripolyphosphat-Lösung. Durch Oxydation der entölten Erde mit Cl_2 oder Peroxiden, Auswaschen u. Trocknen bei 70° konnte ein Regenerat bei **I**-Erden mit 98%, bei **II**-Erden mit 95% Bleicherfolg gewonnen werden. Als Vgl. diente frische Tonsilerde. R. Kaiser 6156◇

1961 Food Machinery and Chemical Corp., New York, N. Y., V. St. A., **Herstellung von Wasserstoffperoxid nach dem Anthrachinonverfahren.** Man benutzt als Anthrachinonverb. einen Ester einer Anthrachinon- oder Tetrahydroanthrachinoncarbonsäure mit 1 oder 2 Carbonsäuregruppen u. eines aliphat. oder cycloaliphat. Alkohols, z. B. 2-Anthrachinoncarbonsäure-2-octylester, 2-Anthrachinoncarbonsäure-2-äthylhexylester, 2.3-Anthrachinondicarbonsäure-bis-(2-äthylhexyl)-diester. (**E. P. 908193** vom 6/7. 1960, ausg. 17/10. 1962. D. Prior. 8/7. 1959.) K. Demmler H 241

1962 Kizo Hiratsuko, Kanagawa-ken; Shiro Matsumura, Masatsugi Matsuda, Kiyoshi Takagi und Zenichiro Kasawara, Tokyo: Tadao Oono, Saitma-ken; Tetsuya Abe, Tokyo; Noriaki Ozawa, Kanagawa-ken, Japan, **Herstellung von Wasserstoffperoxid nach dem Anthrachinonverfahren.** Man benutzt als organ. Verb. ein Gemisch aus 50–60 (Gew.%) 2-tert.-Amylanthrachinon u. 50–5 2-Iso-sek.-amylanthrachinon u. als Lsgm. ein Gemisch aus 40–60 (Vol.-Teilen) ggf. substituiertem Bzl. oder alkylsubstituiertem Naphthalin, bes. Xylol, u. 60–40 eines aliphat. Alkohols mit 7–11 C-Atomen oder eines Alkylcyclohexanols, bes. Diisobutylcarbinol. (**A. P. 3038786** vom 16/12. 1959, ausg. 12/6. 1962. Jap. Prior. 19/12. 1958.) K. Demmler H 241

1963 Shell Internationale Research Mij. N. V., Den Haag, Niederlande, **Herstellung von Chlor** durch Rk. von HCl mit O_2. Man benutzt einen Katalysator, der a) ein oder mehrere Cu-Chloride, b) ein oder mehrere Chloride der Seltenerdmetalle, wobei das Atomverhältnis von Seltenerdmetall zu Cu wenigstens 0,1:1 beträgt, u. c) ein oder mehrere Alkalichloride enthält; das Atomverhältnis von Alkalimetall zu Cu liegt zwischen 0,6:1 u. 3:1, bes. bei 0,8 = 1 bis 1,2:1. (**E. P. 908022** vom 18/1. 1961, ausg. 10/10. 1962. Niederl. Prior. 20/1. 1960.) K. Demmler H 247

1964 Oronzio de Nora, Mailand, Italien, **Platinanoden für die elektrolytische Herstellung von Chlor** werden gegen anod. Angriffe geschützt durch eine Schicht von Magnetit, die in 2 Stufen, nämlich durch

Oxydation einer auf das Pt aufgebrachten Fe-Schicht bei 600—900°, erzeugt wird. (**E. P. 902023** vom 11/7. 1960, ausg. 25/7. 1962. D. Prior. 10/10. 1959.)
K. Demmler H 247

1965 Dominion Tar & Chemical Co. Ltd., Montreal, Quebec, Canada (Erfinder: Alvin Donald Huffman und John Joseph Leydon), **Herstellung flockenförmigen Natriumchlorids.** Granal-NaCl wird, bes., nachdem sein Feuchtigkeitsgeh. auf 0,005—0,5% eingestellt u. es anschließend auf 200—270 °F erhitzt wurde, durch Druck, bes. zwischen Walzen, zu einem Blatt einer Dicke < 0,03 inch verpreßt, worauf das Blatt langsam abgekühlt u. dann zu Flocken zerbrochen wird. Das Flockensalz dient bes. zur Bereitung von Butter oder Käse. — Verf.-Schema. (**E. P. 911130** vom 10/11. 1959, ausg. 21/11. 1962.)
K. Wolk H 247

1966 Minister of Aviation, London, England (Erfinder: Ronald Percy Ayerst), **Herstellung von Ammoniumperchlorat.** Man behandelt eine $NaClO_4$-Lsg. mit CO_2 u. NH_3, trennt das ausgefallene NH_4ClO_4 ab, wäscht mit W., setzt das Waschwasser zu der Na_2CO_3 enthaltenden Mutterlauge u. gewinnt durch Einleiten von CO_2 $NaHCO_3$ als Nebenprodukte. (**E. P. 812953** vom 8/5. 1959, ausg. 12/12. 1962.) K. Demmler H 247

1967 Dow Chemical Co., übert. von: Elmer L. McMaster und Floyd B. Nagle, Midland, Mich., V. St. A., **Metall nicht korrodierendes freifließendes Ammoniumbromid,** gek. durch einen Geh. von 0,5—15, bes. 1—3 Gew.% N-β-Cocosaminobuttersäure. Herst. durch Sprühtrocknung. (**A. P. 3037842** vom 17/2. 1960, ausg. 5/6. 1962.) K. Demmler H 248

1968 Bataafse Petroleum Mij. N. V., Den Haag, Niederlande, **Herstellung von Jod** aus HJ durch Rk. mit mol. O_2, dad. gek., daß ein Gemisch aus HJ u. O_2 oder O_2-haltigen Gasen bei 50—500°, bes. 200—400°, über ein inertes Material mit großer Oberfläche, bes. ein calciniertes Ton—Diatomeenerde-Gemisch, geleitet wird. (**Ind. P. 69049** vom 12/9. 1959, ausg. 3/1. 1962.) C. Lüttgen H 249

1969 Shell Internationale Research Mij. N. V. (Erfinder: Albert Peter Paul), **Gewinnung von elementarem Jod** aus einem J, HJ u. W. enthaltenden Kondensat, in dem das Gew.-Verhältnis von W.:HJ zwischen 1:1 u. 50:1 liegt, indem man ein inertes Gas, bes. Luft oder Dampf, durch das Kondensat leitet u. das abströmende gasförmige I-Wasser-Gemisch kondensiert. (**Aust. P. 237209** vom 29/1. 1960, ausg. 15/2. 1962.)
K. Demmler H 249

1970 National Lead Co., New York, N. Y., übert. von: Bryce H. McMullen, Matawan, und Robert D. Toomey, Little Silver, N. K., V. St. A., **Behandeln von Abfallschwefelsäure,** die Fe-, Mg- u. Ti-Verbb. u. 3-wertige alaunbildende Kationen gelöst enthält, zur Herst. einer Säurerestlsg., die zu einem feststofffreien Säurekonzentrat konz. werden kann. Es wird eine Verb. mit einem einwertigen alaunbildenden Kation zugesetzt. Anschließend wird die Fl. auf eine ausreichend niedrige Temp. gekühlt, wobei Alaun u. der Hautanteil der Fe-, Mg- u. Ti-Verbb. ausgeschieden werden. Die Kristalle werden von der Fl. abgetrennt, wobei die Kühltemp. so eingestellt wird, daß die im Filtrat noch vorliegenden Fe-, Mg- u. Ti-Verbb. in einem solchen molaren Verhältnis vorhanden sind, daß sie bei Konzentrierung des Filtrats als Komplexsalz ausfallen. Die Konz. an H_2SO_4 in der sauren Abfallfl. wird vor dem Abkühlen auf 18—26% eingestellt. Die Fl. wird auf — 26 bis — 32° für eine Säurekonz. von 26% u. auf — 41 bis — 47° für eine Säurekonz. von 18% abgekühlt. (**A. P. 2982615** vom 9/5. 1957, ausg. 2/5. 1961. **D. A. S. 1090645** Kl. 12i vom 8/5. 1958, ausg. 13/10. 1960 **Zusatz zu D. A. S. 1022564; C. 1958,** 9595. **E. P. 880359** vom 2/5. 1958, ausg. 18/10. 1961. Beide A. Prior. 9/5. 1957.)
E. Miessgang H 253

1971 Mole Norton S. p. A., Corsico, Mailand, Italien, **Herstellung von reinem Bor.** Natürliches oder bes. durch Rk. von Cl_2 u. B_4C bei 300 bis 2000° erhaltenes BCl_3 wird mit der 2- bis 10fachen mol. Menge H_2 bei 1000 bis 1600° über C, B_4C oder SiC geleitet. Die Rk.-Gase (BCl_3, H_2HCl) werden auf — 40 bis — 107° gekühlt (Entfernung von 90% des BCl_3 u. über CaO geleitet (Entfernung von HCl). Das zurückgewonnene BCl_3 u. H_2 werden dem Prozeß wieder zugeführt. — Vorr., Zeichnungen. (**It. P. 556514** vom 20/12. 1955. A. Prior. 20/12. 1954.)
K. Koebke H 258

1972 Diamond Alkali Co., V. St. A. (Erfinder: Roger L. Annis), **Gewinnung und Reinigung von Bortrichlorid.** B_2O_3 wird in Ggw. von C als Red.-Mittel bei 600—800° mit Cl_2 behandelt. Die BCl_3-haltigen Abgase werden nach Verlassen des Rk.-Gefäßes auf ca. 20° abgekühlt u. in einer Absorptionskolonne mit CCl_4 im Gegenstrom behandelt, die nicht absorbierten Anteile an BCl_3 werden in einem nachgeschalteten Kondens.-Gefäß abgefangen u. mit dem BCl_3–CCl_4-Gemisch vereinigt, worauf anschließend Trennung durch Dest. erfolgt. An Stelle von CCl_4 können auch Di-, Tri- oder Tetrachloräthylen verwendet werden. — Schema der Anlage. (**F. P. 1234951** vom 1/9. 1959, ausg. 7/11. 1960. A. Prior. 2/9. 1958.) W. Wittholz H 258

1973 Continental Oil Co., Ponca City, Okla., V. St. A., **Borazane** der allg. Formel $R_3N \cdot BH_3$ (R = Alkyl mit 1—10 C-Atomen, Aryl) werden hergestellt durch Rk. eines tert. Amins mit einem Borsäureester in Ggw. von H_2, einem Erdalkalimetall u. $HgCl_2$, MgJ_2 oder einem Alkylhalogenid oder einem Gillman-Katalysator [Rec. Trav. Chim. **54,** 577 (1935)] bei Temp. von 220 bis 400° u. Drücken von 800—5000 lbs./sq.in. — Auf 1,5 g-Atom-Mg, 1 (Mol) $B(OC_4Hg\text{-iso})_3$, 1 $N(C_2H_6)_3$, wenig $HgCl_2$ u. 1,2 Methylcyclohexan preßt man 1825 lbs./sq.in. H_2, erhitzt $1^1/_2$std. auf 300° unter Rühren u. Dest. → *N-Triäthylborazan,* 75% Ausbeute. — Analog erhält man *N-Trimethylborazan, N-Tripropylborazan.* — Verw. zur Herst. von Diboran durch Rk. mit starken Lewis-Säuren. (**E. P. 907459** vom 11/7. 1960, ausg. 3/10. 1962. A. Prior. 3/8. 1959.) A. Debo H 258

1974 Phillips Petroleum Co., übert. von: Harry W. Parker, Bartlesville, Okla., V. St. A., **Herstellung von Ruß.** Man trennt von dem vom erzeugten Ruß befreiten Abgas einen Teil ab, verbrennt diesen Teil, bringt das so erzeugte heiße Verbrennungsgas in Wärmeaustausch mit dem zur Erzeugung des Rußes dienenden Rohöl, streift von dem verdampften Rohöl die nicht verdampften Bestandteile ab u. führt das verdampfte Öl in den Rußverbrennungsofen. — Verfahrensschemata. (**A. P. 3044859** vom 16/6. 1960, ausg. 17/7. 1962.)
K. Demmler H 260

1975 Robert S. Aries, Stamford, Conn., V. St. A., **Herstellung von hochreinem kristallinem Silicium** durch Red. von Si-Halogeniden mit Alkalimetallen oder Zn in Ggw. inerter Gase bei Temp. von etwa 800° bis 1150°, wobei das Si-Halogenid vorher gereinigt wird, indem man es dampfförmig mit feinverteiltem SiO_2 u. gleich anschließend mit fein verteiltem Si bei Temp. zwischen etwa 900 bis 1200° behandelt. (**A. P. 3041145** vom 15/7 1957, ausg. 26/6. 1962.) K. Zimmermann H 261

1976 Texas Instruments, Inc., Dallas, Tex., V. St. A., **Herstellung von reinem Silicium,** dad. gek., daß man Trihalogensilan, $SiBr_4$ oder SiJ_4 u. H_2 bei ca. 1100 bis 1300° reagieren läßt, wobei sich Si niederschlägt, worauf man das Gasgemisch mit unverbrauchtem Si-Halogenid, H_2 u. Halogenwasserstoff abführt, den Halogenwasserstoff abtrennt. u. das Restgas der Reaktionszone wieder zuführt. — 8 Zeichnungen. — (**E. P. 901269** vom 23/12. 1958, ausg. 18/7. 1962. A. Prior. 31/12. 1957. **Zusatz zu E. P. 799876; C. 1959, 10694.**)
R. Zimmermann H 261

1977 Monsanto Chemical Co., St. Louis, übert. von: Daniel P. Roman und Thomas A. Taulli, Florissant, Mo., V. St. A., **Herstellung stabiler Kieselsäuresole,** hierzu wird 2 n alkal. Kieselsäuresolen ein Dialdehyd der allg. Formel OHC · R · CHO, bes. *Glutaraldehyd,* zugesetzt. (**A. P. 3046234** vom 7/12. 1959, ausg. 24/7. 1962.)
R. Zimmermann H 261

1978 Chemische Fabrik Kalk G. m. b. H., Köln, übert. von: Fritz Brandt, Refrath, Hugo Nees und Klaus Liebrecht, Köln, **Aufschluß von Rohphosphaten** durch Gemische von HNO_3 mit H_2SO_4 oder H_3PO_4, indem man das Aufschlußgemisch unter Rühren kontinuierlich durch eine Kaskade zusammenhängender Kessel leitet u. einen Teil des Aufschlußgemisches aus dem letzten Kessel wieder in den ersten Kessel zurückgibt, wobei zur Vermeidung von Stickstoffverlusten vor Rückführung in den ersten Kessel frisches Säuregemisch zugesetzt wird. Das Rohphosphat wird kontinuierlich in den ersten Kessel gegeben. (**A. P. 3032407** vom 20/10. 1955, ausg. 1/5. 1962. D. Prior. 6/11. 1954.) R. Zimmermann H 264

1979 Monsanto Chemical Co., St. Louis, Mo., übert. von: Forrest V. Williams, Dayton, Ohio, V. St. A., **Reinigung von Phosphor,** der Fluor-, Chlor- oder Schwefelverunreinigungen enthält. Hierzu wird der P gasförmig in Abwesenheit anderer Gase mit H_2 bei Temp. von 850 bis 1000° behandelt. Aus dem Gasgemisch wird dann durch Kühlung der reine Phosphor kondensiert. (**A. P. 2039854** vom 22/6. 1959, ausg. 19/6. 1962.) R. Zimmermann H 264

1980 I. A. Jakubowitsch und O. D. Kirillow, **Extraktion** lösl. Stoffe aus wss. sauren Lsgg. oder Emulsionen, bes. von *Metallen* aus HNO_3-sauren Lsgg., mit 20%ig. Tributylphosphat-Lsgg. in Kerosin durch 3—5 Min. lange Behandlung mit Ultraschall von 20—30 kHz, ggf. in mehreren Stufen. — Tabelle. (**UdSSR. P. 133464** vom 14/1. 1960.) L. Großner H 270

1981 Siemens & Halske Akt.-Ges., Berlin und München (Erfinder: Alfred Politzycki, München), **Herstellung hochreiner Alkalihydroxide durch Elektrolyse nach dem Amalgamverfahren** erfolgt dadurch, daß zwischen der das Alkaliamalgam bildenden Zelle u. der es unter Verw. hochreinen W. zersetzenden Zelle mindestens eine weitere, mit hochreinem W. gefüllte, je eine Kathode u. Anode aus fl. Hg aufweisende Zelle derart geschaltet ist, daß die Hg-Anode jeder der zwischengeschalteten Zellen mit der Hg-Kathode der jeweils vorgeschalteten Zelle, die Hg-Kathode jeder der zwischengeschalteten Zellen mit einer in der jeweils nachgeschalteten Zelle angeordneten Hg-Menge kommuniziert, so daß das Alkalimetall aus der vorgeschalteten Zelle in die nachgeschaltete Zelle nur über das Hg gelangen kann, u. daß die Betriebsspannungen zwischen den Hg-Elektroden der einzelnen Zellen derart eingestellt werden, daß das Alkalimetall durch Diffusion des gebildeten Amalgams im Hg u. durch elektrolyt. Abscheidung aus der sich in den einzelnen Zellen bildenden Alkalilauge an den Hg-Kathoden der einzelnen Zellen aus der ersten Amalgambildungszelle in die Zersetzungszelle gelangt. Das hochreine Hydroxid findet bei der Herst. von Halbleiteranordnungen Verwendung. — Zeichnung. (**Schwz. P. 362402** vom 22/1. 1955, ausg. 31/7. 1962.) K. Wolk H 272

1982 Callery Chemical Co., Pittsburgh, Pa., übert. von: Louis R. Grant und Moddie D. Taylor, Washington, D. C.), V. St. A., **Herstellung wasserfreier Lithiumhalogenide, beziehungsweise Pseudohalogenide** [Cyanide (**I**), Thiocyanate (**II**)], erfolgt dadurch, daß man LiH mit Halogenen **I** oder **II** bei Normal-Temp. in Ggw. von Ae., Pyridin oder Tetrahydrofuran, die das sich bildende Li-Salz lösen, reagieren läßt u. das Lsgm. dann abdampft. Bes. wird LiJ unter Verw. von Ae. hergestellt. (**A. P. 3049406** vom 12/5. 1955, ausg. 14/8. 1962.) K. Wolk H 273

1983 W. P. Tschwiruk, **Reinigen von NaOH** aus dem Amalgam-Verf. auf einen Geh. von $2{,}5 \cdot 10^{-4}$ (%) Fe, $5 \cdot 10^{-5}$ Schwermetallen u. $3 \cdot 10^{-6}$ Hg durch Elektroosmose, wobei eine Lsg. von 600 g/Liter NaOH bei 90° u. einer Vol.-Stromdichte von 60 A/Liter zwischen Ni-Elektroden so durch eine Diaphragmazelle fließt, daß 15% der Lsg. durch das Diaphragma gehen u. den Kathoden- u. Anodenraum mit erhöhtem Geh. an Verunreinigungen verlassen. (**UdSSR. P. 129192** vom 24/7. 1959.) L. Großner H 274

1984 M. G. Manweljan, G. O. Grigorjan, Ss. A. Gasarjan und G. Ss. Papjan, **Verminderung des Klumpens von KCl** durch Zusatz von 1—7% $CaSiO_3$ u./oder carbonisiertem $CaSiO_3$. (**UdSSR. P. 129648** vom 12/9. 1959.) L. Großner H 275

1985 G. P. Aleksandrow, **Gewinnung von K_2SO_4 aus Kaluschit** (I) ($K_2SO_4 \cdot CaSO_4 \cdot H_2O$) durch 2—3std. Kochen des aus gesätt. Kalisalzlsgg. mit Gips erhaltenen I mit der 5—6fachen Menge W. u. Kristallisieren des Filtrats, während der Nd. von Gips erneut zur Herst. von I verwendet wird. — Tabelle. (**UdSSR. P. 133868** vom 18/2. 1960.) L. Großner H 275

1986 United States Atomic Energy Commission, übert. von: David O. Campbell, Oak Ridge, und George J. Cathers, Knoxville, Tenn., V. St. A., **Abtrennen eines Fluorids des Berylliums** u. eines Alkalimetalls von einer mit Neutronen beschossenen Verb., die neben BeF_4, wenigstens ein Alkalimetallfluorid, Spaltprod.-Fluoride von mit Neutronen beschossenem U u. ein lösl. Fluorid des U, Th oder Pu enthält. Man schüttelt das Gemisch mit einer wss. HF-Lsg., die höchstens 30 Gew.% W. enthält. Die Konz. an Alkalimetallfluorid dosiert man so, daß eine gesätt. Lsg. entsteht. Man trennt zum Schluß eine fl. Phase ab, die die Fluoride des Be u. anderer lösl. Metallverbb. enthält. (**A. P. 3039847** vom 23/9. 1959, ausg. 19/6. 1962.) H. Nebelsiek H 281

1987 Roumanian Ministry of Petroleum and Chemical Industry (Erfinder: Tudor Ionescu und Alexandro Branisi), Bukarest, Rumänien, **Gewinnung von Magnesiumoxid** aus Mg-Salze enthaltenden Lsgg., bes. Meerwasser. Um zuerst freies CO_2 oder vorhandene Bicarbonate zu beseitigen, versetzt man die Lsg. mit verd. Kalkmilch u. trennt die ausgefüllten Ca-Carbonate ab. Anschließend fällt man in üblicher Weise $Mg(OH)_2$ u. setzt dabei ein Flockungsmittel, z. B. aus einem salz- oder schwefelsauren Extrakt einer metallurg. Schlacke u. einer wss. Aufschlämmung von gemahlenem Mg-Silicat mit 5—15% $MgSiO_3$ zu. Zum Schluß sintert man bei Tempp. < 1800°. (**E. P. 904871** vom 11/1. 1960, ausg. 5/9. 1962.) H. Nebelsiek H 282

1988 FMC Corp., New York, N. Y., V. St. A. (Erfinder: John Arthur Scarlett), **Gewinnung von Bariumoxid.** Man erhitzt ein Gemisch aus $BaCO_3$ u. C im Lichtbogen bei 1800—2200° u. zieht das Rk.-Prod., das zu 85% aus BaO besteht, aus der Rk.-Zone ab. Anschließend erhitzt man das Rk.-Prod. im Vakuum auf > 1000°, bes. 1150—1300°, u. erhält ein Prod., das zu 93—99% aus BaO besteht. (**E. P. 914023** vom 14/4. 1960, ausg. 28/12. 1962. A. Prior. 14/8. 1959.) H. Nebelsiek H 285

1989 Anaconda Co., New York, N. Y., V. St. A., **Rösten von Zinksulfidkonzentrat** in oxydierender Atmosphäre unter Zusatz von 0,5—1 Gew.% $ZnSO_4$, wobei der Oxydationsgrad des Sulfidschwefels wesentlich verbessert wird. (**E. P. 911833** von 2/1. 1961, ausg. 28/11. 1962. A. Prior. 17/2. 1960.) K. Demmler H 288

1990 Shri Dhar, Firozabad, Indien, **Herstellung von Cadmiumsulfid** aus Metall. Cd durch Oxydation, Lösen des CdO in H_2SO_4 u. Fällen des CdS mit H_2S oder Na_2S nach Ind. P. 52652 dad. gek., daß die Oxydation des Cd durch ein Chlorat oder Perchlorat, bes. $KClO_4$, bei einer Temp. von ca. 321° durchgeführt wird. (**Ind. P. 58264** vom 27/8. 1956, ausg. 9/8. 1962. **Zusatz zu Ind. P. 52652; C. 1961, 4487.**) C. Lüttgen H 289

1991 Peter Spence & Sons Ltd. (Erfinder: Hans Biegler), **Herstellung von katalytisch aktivem Aluminiumoxid,** bes. η-Al_2O_3, durch Erhitzen von Bayerit ($Al_2O_3 \cdot 3H_2O$) oder seinen Gemischen mit Gibbsit in einer Korngröße bes. von 2—6 μ auf 150—600, bes. 150 bis 240°, wobei durch Spülen mit einem inerten Gas, bes. N_2, das ausgetriebene W. entfernt wird. (**Aust. P. 238016** vom 20/2. 1959, ausg. 12/4. 1962. D. Prior. 21/2. 1958.) K. Demmler H 294

1992 Béla Lőcsei, Budapest, Ungarn, **Herstellung von α-Aluminiumoxid** (**α-Korund**) als Kristallplättchen durch Hydrolyse von AlF_3 u./oder AlOF in einem 20—30 Vol.-% Wasserdampf enthaltenden Medium bei 800 bis 1000°. Der bei der Rk. frei werdende HF wird mit $Al(OH)_3$ oder Al-Oxidhydrat bei 250—300° wieder in AlF_3 oder AlOF umgewandelt. Die Hydrolyse wird im Fließbett durchgeführt u. die Rk.-Temp. durch die Wärme des ent-

weichenden Gases aufrecht erhalten. (**Ung. P. 150839** vom 15/7. 1961, ausg. 20/6. 1963.)
F. Landsberger H 294

1993 Commonwealth Scientific and Industrial Research Organization, Melbourne, Australien, **Gewinnung von reiner Tonerde** aus Al-haltigem Material, wie z. B. Bauxit u. Tonen, durch Aufschluß mit SO_2, dad. gek., daß man in der erhaltenen Lsg. das Gew.-Verhältnis von SO_3:Al_2O_3 auf < 2,35 red., z. B. durch Auflösen von Al oder Al-Verbb., die Lsg. durch Erhitzen auf 180—250° hydrolysiert, das dabei ausfallende bas. Al-Sulfat abtrennt u. calciniert. (**Ind. P. 68785** vom 19/8. 1959. Aust. Prior. 21/8. 1958.)
C. Lüttgen H 294

1994 E. I. du Pont de Nemours & Co., übert. von: John Bugosh, Wilmington, Del., V. St. A., **Herstellung kolloidaler Tonerde.** Man vermischt eine Al-Verb. mit einem mehrwertigen Anion, z. B. bas. Al-Diacetat, mit W. u. fügt dazu Na_2SO_4 bei ca. 25°. Dabei soll der Al_2O_3-Geh. der Suspension 0,05 bis 1,5 (mol.) u. die Konz. des Säurerestes 0,05 bis 4,2 betragen. Anschließend erhitzt man das Gemisch bzw. die Suspension auf 120—250°, z. B. 160° u. erhält, nachdem man die Temp. ca. $^1/_2$ Std. gehalten hat, beim Abkühlen einer Nd., der sich bald absetzt u. nachdem Filtrieren u. Trocknen bei 60—130° ein freifließendes Al_2O_3-Pulver. (**A. P. 3031418** vom 30/11. 1959, ausg. 24/4. 1962.) H. Nebelsiek H 294

1995 Universal Oil Products Co., Des Plaines, Ill., V. St. A., **Herstellung sphäroider Tonerdeteilchen.** Man vermischt eine wss. $Al_2(SO_4)_3$-Lsg. unter Aufrechterhaltung eines pH-Wertes von 5,5—6,5 mit einer wss. NH_4·OH-Lsg. u. trennt das dabei ausgefällte bas. Al-Sulfat ab. Letzteres vermischt man mit einem $AlCl_3$-Hydrosol, deren Al_2O_3-Gehalte sich wie 1 : 1 bis 3 : 2 verhalten. Dann fügt man Harnstoff in einer Gewichtsmenge zu, daß sich dessen Al_2O_3-Geh. zu dem des bas. Al-Sulfats wie 1 : 1,5 bis 1 : 3,5 verhält. Nach dem Zusatz von Hexamethylentetramin läßt man die Mischung in ein Ölbad tropfen u. hält das gebildete Hydrogel darin, bis es Kugelgestalt angenommen hat. Anschließend trennt man die Hydrogelkügelchen ab, trocknet u. calciniert sie. (**E. P. 907910** vom 7/9. 1960, ausg. 10/10. 1962. A. Prior. 8/12. 1959.)
H. Nebelsiek H 294

1996 VEB Farbenfabrik Wolfen (Erfinder: Friedrich Wolf und Horst Matthias), **Herstellung von Tonerde für metallurgische Zwecke** aus Alkalimetallaluminatlaugen. Man läßt auf die Lauge bei 100—150° u. unter einem Druck von 10—30 at CO_2 oder ein CO_2-haltiges Gas einwirken. Es fällt $Al(OH)_3$, das nach dem Calcinieren in Al_2O_3 übergeht, während die Verunreinigungen in Lsg. bleiben. (**E. P. 898097** vom 28/1. 1960, ausg. 6/6. 1962.) H. Nebelsiek H 294

1997 Engelhard Industries, Inc. (Erfinder: Karl Donald Keith), Newark, N. J., V. St. A., **Herstellung von Tonerdehydrat** durch Ausfällen aus einer wss. Al-Salzlsg. z. B. mit einer wss. NH_4OH-Lsg. u. anschließendes Stabilisieren des ausgefällten Hydrats mit CO_2. Man suspendiert dazu das Hydrat, das aus Mono- u. Trihydrat besteht, in W. u. sättigt mit CO_2. (**E. P. 904411** vom 8/6. 1959, ausg. 29/8. 1962.)
H. Nebelsiek H 294

1998 Je. I. Ssilina, M. S. Pljuschkin, F. E. Molotschnikowa, I. A. Jakubowitsch, M. P. Wiljanski und N. P. Passchin, **Entfärben von Tonerdeschlamm** mit hochmol. wasserlösl. Polyacrylamiden (Reagens AMF 168) in Mengen von 50 g/t Trockenschlamm. (**UdSSR. P. 129649** vom 28/9. 1959.) L. Großner H 294

1999 Kaiser Aluminum & Chemical Corp., Oakland, übert. von: Donald C. Gernes, Los Gatos, und William R. King, Sunnyvale, Calif., V. St. A., **Herstellung von Aluminiumfluorid.** Man bringt feinteiliges Al_2O_3-Hydrat mit einer einen stöchiometr. Überschuß an H_2SiF_6 enthaltenden u. ein F/Si-Molverhältnis von < 6 aufweisenden Lsg. bei 60—70° zur Rk., trennt nach vollendeter Umsetzung zu AlF_3 u. SiO_2 letztere ab u. krist. AlF_3 aus. Die Konz. der H_2SiF_6 in der Rk.-Lsg. beträgt z. B. 8%, wobei der stöchiometr. Überschuß 5% beträgt. — Schemata. (**A. P. 3057681** vom 13/1. 1960, ausg. 9/10. 1962.) K. Demmler H 294

2000 Rohm & Haas Co., Philadelphia, Pa., V. St. A., **Gewinnung von reinen Aluminiumchloridlösungen** aus $FeCl_3$–$AlCl_3$–HCl-Lösungen. Man behandelt die Lsgg. mit einem Amin, bes. Dodecenyl-tert.-dodecylamin, Triisooctylamin, Didodecenyl-n-butylamin, $C_{18-22}H_{37-45}NH_2$ u. n-$(C_8H_{17}$–$C_{10}H_{21})_3N$, das in einem mit W. nicht mischbaren Lsgm. gelöst ist, u. trennt die wss. $AlCl_3$-haltige Phase von der organ. Phase, die das $FeCl_3$ neben Aminhydrochlorid enthält. (**Ind. P. 69562** vom 3/11. 1959.) C. Lüttgen H 294

2001 Ethyl Corp., New York, N. Y., übert. von: Albert P. Giraitis, Baton Rouge, La., V. St. A., **Komplexe Metallkohlenwasserstoffhydride** der allg. Formel $MAlH_4 \cdot nM'(R)_3$ (M = Alkalimetall; M' = Metall der III. Hauptgruppe; R = Alkyl, Cycloalkyl, Alkenyl, Aryl; n = 0,5—4) werden hergestellt durch Mischen von $MAlH_4$ mit der erforderlichen Menge $M'(R)_3$, ggf. unter Erwärmen. — 90 (Teile) $Al(C_2H_5)_3$ u. 10 $NaAlH_4$ (95%ig.) werden gemischt, das überschüssige $Al(C_2H_5)_3$ dekantiert man ab → $NaAlH_4 \cdot 3\,Al(C_2H_5)_3$, analog erhält man bei 100° → $NaAlH_4 \cdot 4\,Al(C_2H_5)_3$. — Ähnlich erhält man: $NaAlH_4 \cdot Al(CH_3)_3$; $2\,LiAlH_4 \cdot Al(C_2H_5)_3$; $LiAlH_4 \cdot 2\,Al(C_2H_5)_3$, spezif. Leitfähigkeit (= L) = 0,00146 Ω^{-1} cm^{-1} bei 100°; $LiAlH_4 \cdot 3\,Al(C_2H_5)_3$, L = 0,00255 Ω^{-1} cm^{-1} bei 100°, F. < −40°; $LiAlH_4 \cdot 4\,Al(C_2H_5)_3$, $D._4^{100}$ 0,7799, Viscosität 4,93 cP bei 100°, L = 0,00372 Ω^{-1} · cm^{-1} bei 100°; $LiAlH_4 \cdot 4\,Al(CH_3)_3$; $NaAlH_4 \cdot Al(C_4H_9$-*iso*$)_3$; $KAlH_4 \cdot 4\,Al(C_2H_5)_3$; $RbAlH_4 \cdot 4\,Al(C_2H_5)_3$; $LiAlH_4 \cdot 2\,Al(C_8H_{17})_3$; $LiAlH_4 \cdot 2\,Al(C_{18}H_{37})_3$; $LiAlH_4 \cdot 4\,Al(C_6 \cdot H_{11})_3$; $LiAlH_4 \cdot 4\,Al$ (*Hexenyl-5*)$_3$; $LiAlH_4 \cdot 4\,Al(C_6H_5)_3$; $LiAlH_4 \cdot 4\,In(C_2H_5)_3$; $LiAlH_4 \cdot 2\,Tl(C_2H_5)_3$. — *Red.-Mittel*; *Zusätze zu Elektrolyten*; *Lsgm.* für metallorgan. Komplexe; Verw. für elektr. Batterien, zur H_2-Erzeugung u. zur Rk. mit Äthylen. (**A. P. 3030400** vom 26/7. 1960, ausg. 17/4. 1962.) A. Debo H 294

2002 G. W. Ssamssonow und Ss. W. Radsikowskaja, **Herstellung von CeS** durch Erhitzen von CeO_2 mit H_2S auf 900—1000°, Brikettierung des erhaltenen Ce_2S_3 mit äquimol. Mengen CeO_2 u. der doppelt-mol. Menge C u. 1—2std. Erhitzen auf 1500—1600° unter 5 · 10^{2-} Torr. Die im Rk.-Prod. enthaltenen Beimengungen von C u. O werden durch erneutes Erhitzen mit 70% Ce_2S_3 auf 1650—1700° oder durch Anwendung eines 70%ig. stöchiometr. Überschusses von Ce_2S_3 in der 2. Verf.-Stufe beseitigt. — Verf.-Schema. (**UdSSR. P. 133470** vom 22/2. 1960.) L. Großner H 304

2003 Monsanto Chemical Co., St. Louis, Mo., V. St. A., **Herstellung von Titantetrachlorid.** Ein mindestens z. T. aus Cl_2 bestehendes Gas wird zusammen mit festen Agglomeraten (I) (0,074—2,38 mm Partikelgröße), die aus einem TiO_2-haltigen Material, einem feinzerteilten, C-haltigen Red.-Mittel u. einem anorgan. Bindemittel (Na-Silicat) bestehen, im Gleichstrom aufwärts durch eine auf 700—950°, bes. 750—900° erhitzte Rk.-Zone geleitet, wobei die Strömungs-Geschw. so groß ist, daß die **I** in einem turbulenten Schwebezustand gehalten werden. (**Schwz. P. 364768** vom 26/11. 1956, ausg. 30/11. 1962.) H. Roos H 321

2004 Comp. de St. Gobain, Paris, übert. von: Jaques Suchet, Gif-sur-Yvette, Frankreich, **Herstellung von Nitriden von Metallen der IV. bis VI. Gruppe des Periodensystems der Elemente,** bes. von B, Si, Ti. Eine Halogenverb. des betreffenden Metalls (BCl_3, $SiCl_4$, $TiCl_4$) wird im Gemisch mit N_2 u. einem reduzierenden Gas (H_2) einer hochfrequenten elektr. Entladung mit einem Frequenzminimum von ∼ 1 MHz/s ausgesetzt. Das gebildete Nitrid (BN, Si_3N_4, Ti_3N_4) wird aus den Rk.-Prodd. abgetrennt. — Vorrichtung. — Vgl. A. P. 2952598; C. **1962,** 2533. (**A. P. 2952599** vom 15/7. 1958, ausg. 13/9. 1960, F. Prior. 17/7. 1957.) E. Miessgang H 321

2005 Texas Instruments, Inc. (Erfinder: Ernest Maria Jost), **Wiedergewinnung von Zirkonium** aus Zr-Abfällen *durch Elektrolyse* einer die Abfall-Zr-Verbb. u. Cl-, F- u. Alkalimetall-Ionen enthaltenden Salzschmelze, die z. B. aus NaCl, KF u. K_2ZrF_6 besteht, u. bei 1300 bis

1500 °F elektrolysiert wird. (**Aust. P. 237211** vom 14/3. 1960, ausg. 15/2. 1962. A. Prior. 12/3. u. 13/5. 1959.) K. Demmler H 322

2006 Associated Lead Manufacturers Ltd. (Erfinder: John Kenneth Olby), England, **Herstellung von Zirkoniumoxid,** das frei von P ist, aus Zirkonmineralien durch Schmelzen mit Na_2CO_3 oder K_2CO_3. Dabei bildet sich Zirkonylsilicat u. Na- oder K-Silicat u. wasserlösl. Alkaliphosphat. Letzteres wird vor der Zers. der Silicate mit Säure durch W. herausgelöst. Na_2ZrSiO_5 bildet, mit HCl behandelt, $ZrOCl_2 + 2\,NaCl + SiO_2 + 2\,H_2O$. Nach dem Abtrennen des gefällten SiO_2 wird die $ZrOCl_2$-Lsg. mit H_2SO_4 erhitzt unter Bldg. von bas. Zr-Sulfat, welches durch Zers. *Zr-Oxid* bildet. (**F. P. 1290559** vom 17/5. 1961, ausg. 5/9. 1962. E. Prior. 24/5. 1960.) M. F. Müller H 322

2007 Carborundum Co., Niagara Falls, N. Y., V. St. A., **Herstellung von Zirkoniumborid.** Man stellt eine Schmelze aus 40—70 (Gew.%) $ZrSO_4$, 15—35 C u. dem Rest aus B_2O_3 her u. läßt die Komponenten bei Lichtbogentemp., d. h. bei > 1750°, reagieren. Nach mehreren Std. Rk.-Dauer, d. h. je nach angewandter Rk.- Temp., erhält man $ZrBr_2$. (**E. P. 911062** vom 16/2. 1961, ausg. 21/11. 1962. A. Prior. 21/3. 1960.) H. Nebelsiek H 322

2008 British Titan Products Co. Ltd., Durham, übert. von: William Hughes, Fairfield, Stockton-on-Tees, und Arthur Wallace Evans, Nemthorpe, Middlesbrough, England, **Gewinnung von Zirkonium- und Hafniumoxiden** nach dem Wirbelschichtverfahren. Man leitet in ein Wirbelbett aus feinstgemahlenem Zirkonmineral O_2 u. ein Halogenid des Zr u./oder Hf u. zieht oben das gebildete, entweichende Oxid des Zr u./oder Hf ab. Dabei leitet man das Halogenid bzw. das Tetrahalogenid von einer tieferen Stelle unterhalb des Bettes mit einem solchen Druck ein, daß eine Wirbelbettbewegung aufrecht erhalten wird. (**A. P. 3043656** vom 19/2. 1962, ausg. 10/7. 1962. E. Prior. 6/8. 1953.) H. Nebelsiek H 323

2009 Dow Chemical Co., übert. von: Clifford W. Khine und Wallis R. Bennett, Midland, Mich., V. St. A., **Reinigung von rohem Thoriumsulfat,** das Sulfate des Fe, Y u. der Seltenen Erden enthält, durch Lösen in W. bei 20—50°, so daß man eine wss. 0,75—5 Gew.% $Th(SO_4)_2$ enthaltende Lsg. erhält. Diese Lsg. hält man einige Zeit auf 80° bis zum Kp. der Lsg., bis ein Teil des $Th(SO_4)_2$ als Heptahydrat auszukristallisieren beginnt. Die reinen Kristalle trennt man durch Dekantieren oder Filtrieren ab. (**A. P. 3047359** vom 16/6. 1958, ausg. 31/7. 1962.) H. Nebelsiek H 324

2010 Standard Telephones and Cables Pty. Ltd. (Erfinder: Henly Frank Sterling), **Herstellung von reaktionsstarken Materialien des Siliciums, Germaniums und Bors.** Man erhitzt in einem von einem Kühlmittel durchflossenen, hohlwandigen Behälter, dessen Wände aus einem Metall gefertigt und, das eine Wärmeleitfähigkeit von nicht weniger als 0,49 cal/s/cm² (0°) u. einen spezif. elektr. Widerstand von nicht mehr als 2,665 $\mu\Omega\,cm^3$ (0°) aufweist, mittels durch elektr. Ströme von Radiofrequenz erzeugter Wirbelströme das Material zum Schmelzen u. führt ein gasförmiges Hydrid des betreffenden Materials, z. B. Silan, auf die Schmelze, auf der es sich zersetzt. (**Aust. P. 234446** vom 26/2. 1959, ausg. 27/7. 1961. E. Prior. 25/3. 1958.) K. Demmler H 326

2011 Monsanto Chemical Co., St. Louis, Mo., übert. von: William K. Johnson, Dayton, Ohio, V. St. A., **Trialkylzinnhalogenide und Zinntetraalkyle** werden hergestellt durch Rk. von Sn-Verbb. der allg. Formeln $RSnX_3$, R_2SnX_2 u. R_3SnX (R = Alkyl mit ≦ 20 C-Atomen; X = Cl, Br) u. deren Mischungen mit Al-Verbb. der allg. Formeln $RAlX_2$, R_2AlX oder R_3Al u. deren Mischungen unter wasserfreien Bedingungen. — Zu 78 (g) $(CH_3)_2SnCl_2$ in 100 ml Isooctan tropft man innerhalb 30 Min. 17 $(CH_3)_3Al$, kocht 13 Std. unter Rückfluß, kühlt, trennt die ölige Phase ab, wäscht sie mit W. → 20 *Tetramethylzinn* u. 31 *Trimethylzinnchlorid.* Aus der vorst. Verb. mit KF → $(CH_3)_3SnF$, C_3H_9FSn. — Analog: 42,5 $(C_4H_9)_2SnCl_2$ u. 19 (iso-$C_4H_9)_3Al$ → Mischung von *Dibutyl-diisobutylzinn*, $C_{16}H_{36}Sn$, u. *Dibutylisobutylzinnchlorid*, $C_{12}H_{27}ClSn$, hieraus mit KF → iso-$C_4H_9(C_4H_9)_2\cdot SnF$, F. 264—265° (aus A.). — 84,6 $C_4H_9SnCl_3$ u. 64 $(C_4H_9)_3Al$ → 86 *Tributylzinnchlorid*, $C_{12}H_{27}ClSn$, Kp.$_{15}$ 155—160°, n_D^{25} 1,4880. — $(C_4H_9)_3SnCl$ u. $(C_4H_9)_3Al$ → *Tetrabutylzinn*, $C_{16}H_{36}Sn$, Kp.$_{20}$ 160—165°, n_D^{25} 1,4711. — $(C_4H_9)_2SnCl_2$ u. (n-$C_8H_{17})_3Al$ → Mischung von *Dibutyldioctylzinn* u. *Dibutyloctylzinnchlorid.* — 120 (n-$C_8H_{17})_2\cdot SnCl_2$ u. 74 $(C_8H_{17})_3Al$ → 149 einer Mischung von *Trioctylzinnchlorid*, $C_{24}H_{51}ClSn$, u. *Tetraoctylzinn*, $C_{32}H_{68}Sn$, Kp.$_{0,4}$ 240°, n_D^{25} 1,4758 (Mischung). — 114 $(C_4H_9)_2SnCl_2$ u. 28 $(C_2H_5)_3Al$ → 100 *Dibutyläthylzinnchlorid*, $C_{10}H_{23}\cdot ClSn$. — 75 $C_2H_5SnCl_3$ u. 77 $(C_2H_5)_3Al_2Cl_3$ → 52 *Triäthylzinnchlorid*, $C_6H_{15}ClSn$, n_D^{25} 1,5042. — *Zwischenprodd., Biocide, Holzschutzmittel, Stabilisatoren für PVC, Antiozonreagens für Isocyanatschaum.* (**A. P. 3036103** vom 21/5. 1959, ausg. 22/5. 1962.) A. Debo H 327

2012 Ethyl Corp., New York, N. Y., übert. von: Gene C. Robinson, Baton Rouge, La., V. St. A., **Bleikohlenwasserstoffe** werden hergestellt durch Rk. von Pb mit einem Alkali- oder Erdalkalihydrid, einem Ester, bes. Alkanolester von H_2SO_4, H_3PO_4 oder einer Halogenwasserstoffsäure u. einem Olefin mit bis 18 C-Atomen in Ggw. einer Verb. der allg. Formel MA_x (M = Metall der II. Neben- oder III. Hauptgruppe; A = KW-Stoff mit bis 18 C-Atomen, Alkoxyrest mit bis 18 C-Atomen, Halogen, H; x = Wertigkeit von M) bei 25—150°. — Auf 20 (Teile) feinzerteiltes Pb, 10 NaH u. 1 $Al(CH_3)_3$ preßt man bei 70° 45 C_2H_4 u. 27 C_2H_5Cl bis 500 lbs./sq. in hält 1 Std. dabei, kühlt, gibt 10 Isopropanol zu, wäscht mit W. u. dekantiert → *Bleitetraäthyl*, Kp.$_{13}$ 82°. — Ähnlich erhält man *Bleitetracyclohexyl*; *Bleitetraoctyl*; *Bleitetraisobutyl* u. gemischte Phenyläthylbleiverbindungen. — *Antiklopfmittel, Polymerisationskatalysatoren* u. *Zwischenprodukte.* (**A. P. 3057897** vom 5/1. 1959, ausg. 9/10. 1962.) A. Debo H 328

2013 Ciba Ltd. (Erfinder: Jean Renard und Walter Scheller), **Herstellung von Niobium und Tantal oder einer Legierung der beiden** mit sehr niedrigem O_2-Geh. von ≦ 0,01%, dad. gek., daß man die Metalle in einer H_2-Atmosphäre auf 600—1200° erhitzt u. in einer Atmosphäre, die frei von H_2 u. O_2 ist, abkühlen läßt. (**Aust. P. 236694** vom 7/4. 1959, ausg. 11/1. 1962. Schwz. Prior. 24/4. 1958.) C. Lüttgen H 331

2014 **Deutsche Akademie der Wissenschaften zu Berlin, Forschungsgemeinschaft, Institut für physikalische Stofftrennung,** Deutschland, *Anreicherung von Deuterium durch chemischen Austausch.* (**F. P. 1253501** vom 18/3. 1960, ausg. 24/5. 1961. — C. **1964,** 6/7-2059 [DP. [DDR] 25046].)

2015 **Ruhrchemie Akt.-Ges.** und **Steinkohlen-Elektrizität Akt.-Ges.,** Deutschland (Erfinder: **August Winsel** und **Eduard Justi**), *Gewinnung von mit Deuterium angereichertem Wasser.* (**F. P. 1256969** vom 17/5. 1960, ausg. 7/7. 1961. D. Prior. 22/5. 1959. — C. **1963,** 2967 [Oe. P. 216470].)

2016 **British Titan Products Co. Ltd.,** England, *Herstellung von SO_2 durch Röstung von wasserhaltigem Fe-(II)-Sulfat.* (**F. P. 1255318** vom 9/4. 1958, ausg. 9/6. 1961. E. Prior. 10/4. 1957. — C. **1963,** 6738 [Aust. P. 230356].)

2017 **Solvay & Cie.,** Brüssel, Belgien, *Natriumperborat.* (**E. P. 913688** vom 28/4. 1959, ausg. 28/12. 1962. Belg. Prior. 28/4. 1958. — C. **1962,** 2868 [D. A. S. 1109152].)

2018 **British Titan Products Co. Ltd.,** Billinham, übert. von: **William Hughes,** Stockton-on-Tees, **Arthur Wallace Evans** und **Bernard Harris,** Middlesbrough, England, *Herstellung von Siliciumdioxid.* (**A. P. 3043659** vom 10/3. 1958, ausg. 10/7. 1962. E. Prior. 25/7. 1955. — C. **1962,** 2131 [Schwz. P. 352315].)

H_6. Silicatchemie, Baustoffe

2019 **Neue Schutzschichten für Glasbehälter.** L. P. Poole und H. C. Snyder. (Glass Ind. **43,** 175—79, 208, 1962; Brockway Glass Co., Inc.; engl.) — Es wird eine Schutzschicht für Behälterglas aus einem Silanderivat des Polyvinylalkohols angegeben, die mögliche Giftigkeit, die Aufbringung u. Vorkehrungen zur Verhinderung einer Bedeckung der inneren Behälterflächen, die Wasserlöslichkeit (nach dem Einbrennen fast Null), die Verträglichkeit mit verschiedenen Klebstoffen der Etiketten werden behandelt. Für die Verhinderung der Beschädigung durch gegenseitige Reibung beim Aufbringen der Schutzschicht u. bei späterer Bearbeitung werden Verff. angegeben. L. Kühnert 6168◇

2020 **Der Glaszustand.** P. Tarte. (Ind. chim. belge **26,** 1545—53, 1961; **27,** 4—15, 1962; Liège, Univ., Inst. de

Chim.; franz.) — Es werden die wichtigsten Grundlagen aus der physikal. Chemie u. die Bedingungen zum Erreichen u. Erhalten des Glaszustandes angegeben. Der Zusammenhang von Viscosität u. Struktur wird am Beispiel einfacher Alkohole u. S behandelt. Es werden die beiden gegenwärtig in verschiedenen Abwandlungen herrschenden Theorien der Glasstruktur (1. die des zufallsbedingten, ungeordneten Netzwerkes u. 2. die der Kristallite) krit. geprüft an Hand von Ergebnissen der Unters. durch Elektronenmikroskopie, IR-Spektrum, Röntgendiagramme u. Änderung des Brechungsindex mit der Temperatur. Die Kristallittheorie ist für einfache Gläser verwendbar, für kompliziert zusammengesetzte ist jedoch die Theorie des ungeordneten Netzwerkes von Warren-Zachariasen durch ihre Anpassung an Sonderbedingungen besser geeignet. L. Kühnert 6200◇

2021 **Die Löslichkeit von Gasen in Glas — ein Überblick über die hierzu veröffentlichten Arbeiten.** T. J. Harper. (Class Technol. **3**, 171—75, 1962; Sheffield, Brit. Glass Ind., Res. Assoc.; engl.) — Es wird herausgestellt, daß als Grundlage für die Unterss. der Glaszus., die Ofenatmosphäre beim Schmelzen, das Gleichgew. Gas/Glas, die Vers.-Temp. sowie Meth. u. Genauigkeit der Analyse von Einfl. sind. Behandelt werden die Löslichkeit von W., CO_2, SO_2 u. O_2 im Glas. L. Kühnert 6200◇

2022 **Elektrische Eigenschaften von Gläsern.** R. L. Mjuller. (J. chem. Allunions-Mendelejew-Ges. [UdSSR] **8,** 197—204, 1963; russ.) — An Hand der mkr. Struktur der *Gläser*, wobei bes. auf den Bau der polaren Struktureinheiten Wert gelegt wird, werden Polarisation, Ionenleitfähigkeit u. dielektr. Eigg. behandelt. Dabei werden die aufgezählten Eigg. auch quant. behandelt u. an Hand bestehender Theorien gedeutet. (Mit 124 Literaturangaben.) Albert Krause 6200◇

2023 **Moderne keramische Praxis.** A. J. Dale. (Ceramics **12,** Nr. 146, 21—28; Nr. 147, 30, 32, 35—37; Nr. 148, 25—26, 29—30, 33; Nr. 149, 33—34, 37, 39; Nr. 150, 31—33, 34, 37—38; Nr. 151, 21—24, 26; Nr. 152, 64 bis 70; Nr. 153, 25—27, 28, 30; Nr. 154, 35, 37—38, 40—41, 1961; Nr. 155, 27—28, 31—32, 34; Nr. 156, 22, 24, 27 bis 28, 30; Nr. 157, 23—26, 29; Nr. 158, 34, 37—38, 40, 42—43; Nr. 159, 23—24, 27—29, 1962; engl.) — Fortsetzung der C. **1963,** 6747 referierten Arbeit. H. Schumann 6206

2024 **Fortschritte der Emailindustrie und Emailforschung in Indien.** S. S. Verma. (Centr. Glass. ceram. Res. Inst., Bull. [Calcutta] **10,** Nr. 1, 23—30, 1963; Calcutta, India, Centr. Glass and Ceram. Res. Inst.; engl.) — Übersicht. — 26 Literaturangaben. H. Ziegler 6212◇

2025 **Das Emaillieren von Stahlblechen.** Günther Frank. (Blech **9,** 669—73, 1962; dt.) — Übersicht über die die Wahl der (zum Emaillieren bestimmten) Stahlbleche bestimmenden Faktoren, die Beziehung zwischen C-Geh. der Bleche u. ihrer Emaillierbarkeit, die Vorbehandlung der Bleche, die an die Emailschicht gestellten Anforderungen, die chem. beständigen Emailüberzüge u. die Fehlerquellen beim Emaillieren. W. Wesly 6212◇

2026 **Ägyptische Tonminerale.** 1. Mitt. **Ein kurzer Überblick über die Strukturen und Eigenschaften von Tonen.** H. Safwat Ahmad und M. Y. Bakr. (Silicates ind. **28,** 197—205, 1963; Alexandria, Alexandria Univ., Fac. of Engng., Chem. Engng. Dep.; engl.) — 25 Literaturangaben. J. Heinze 6216◇

2027 **Über den Einfluß der Ausbildung des Mullits auf die Erweichungseigenschaften von Schamottesteinen.** K. Konopicky. (Ber. dtsch. keram. Ges. e.V. **40,** 327 bis 329, 1963; Bonn, Forsch.-Inst. der Feuerfest-Ind.; dt.) — Es wird der Einfl. von Brenn-Temp. u. -Dauer durch Unterss. an heißgepreßtem Metakaolin u. gebrauchten Schamottesteinen aus einem überhitzten Winderhitzer studiert. Die Ausbldg. des Mullits u. der Einfl. auf das Erweichungsverh. werden gezeigt. J. Heinze 6218◇

2028 **Grundlagen des Sinterungsmechanismus.** G. Cizeron. (Silicates ind. **28,** 383—400, 1963; Paris, l'École des Mines, Centre de Rech. Métallurgiques; franz.) — Die Sinterung zwischen 2 pulverförmigen Partikeln als thermodynam. irreversibler Vorgang wird theoret. unter Voraussetzung möglichst vereinfachter Modellvorstellungen erläutert. Vier Mechanismen der Sinterung werden der Betrachtung unterzogen: Autodiffusion der Oberfläche u. die des Vol., viscoses Fließen von Newtonschen Körpern, Verdampfung u. Kondensation. Ein bes. Abschnitt ist der Frage der Eliminierung von Lücken u. Poren bei der Sinterung gewidmet, welche ein ebenso komplexes Syst. darstellt wie der Sinterungsvorgang selbst u. zu befriedigender Endlösung noch weiterer Unterss. bedarf. R. Kaiser 6220◇

2029 **Beitrag zum Problem der Mullitbildung.** W. L. de Keyser. (Ber. dtsch. keram. Ges. e.V. **40,** 304—15, 1963; Bruxelles, Univ. Libre de Bruxelles, Fac. des Sci. Appl. Serv. Chim. Ind.; dt.) — Literaturübersicht zu Arbeiten des Vf. u. seiner Mitarbeiter. Über erste Ergebnisse der Unters. der Mullit-Bldg. an Berührungsflächen von SiO_2 u. Al_2O_3 wird berichtet. — 12 Literaturangaben. J. Heinze 6220◇

2030 **Erstarrungsverhalten größerer Mullitmengen.** H. R. Müller. (Ber. dtsch. keram. Ges. e. V. **40,** 316—19, 1963; Ranzel, Dynamit Nobel AG, Werk Feldmühl Lülsdorf; dt.) — Beobachtungen beim Erstarren größerer Mullitmengen deuten auf inkongruentes Schmelz-Verh. hin. Die Al_2O_3-reiche Grenze des Homogenitätsfeldes von Mullit liegt bei 21% SiO_2. J. Heinze 6220◇

2031 **Synthetischer Sintermullit, Eigenschaften und Anwendung.** J. P. Kiehl. (Ber. dtsch. keram. Ges. e. V. **40,** 332—36, 1963; Paris, Soc. Génér. de Prod. Réfractaires; dt.) — Bei der Mullit-Synth. durch Sintern können Rohstoffe hergestellt werden, die zu > 90% aus kristallinem Mullit bestehen. Die Porosität dieser Schamotte ist in einigen Fällen genau so niedrig wie die der elektrogeschmolzenen Erzeugnisse. Der Einfl. von Verunreinigungen auf die Menge des gebildeten Mullits ist unterschiedlich. Fe_2O_3- u. TiO_2-Geh. bis zu 2 oder 3% haben prakt. keinen Einfl., während Alkali- u. Erdalkali-Geh. von > 1% die Mullitisierung merklich herabsetzen. J. Heinze 6220◇

2032 **Zur Frage des synthetischen Mullits.** K. Konopicky, W. Lohre und G. Routschka. (Ber. dtsch. keram. Ges. e. V. **40,** 337—43, 1963; Bonn, Forsch.-Inst. der Feuerfest-Ind.; dt.) — Es wurden das Dichtbrenn-Verh. u. die Mullitisierung von Mischungen mit 63—72% Al_2O_3 in Abhängigkeit von der Brenn-Temp. (bis zu 1750°) u. -dauer (bis zu 1 h) u. der Einfl. der Formgebungs-Verff. u. der Mahlfeinheit untersucht. J. Heinze 6220◇

2033 **Die theoretischen Grundlagen der Synthese von Sitallen aus Schlacken.** I. I. Kitaigorodski. (J. chem. Allunions-Mendelejew-Ges. [UdSSR] **8,** 192—97, 1963; russ.) — Die Herst. von glasig-kristallinen Materialien („*Sitallen*") wird beschrieben. Dabei wird unterschieden zwischen Glas-Zement-Keramik, die 5—15% glasige Phase enthält, Mineral-Keramik mit höchstens 1% glasiger Phase u. Mineral-Metall-Keramik, die in der kristallinen Phase Metalle u. Metalloxide enthält. Die Unterschiede zwischen Sitallen u. „Pyrokeram" werden genannt u. Eigg. u. Verw. dieser Stoffe werden erläutert. Bes. wird die Herst. billiger, in großer Menge darstellbarer Sitalle aus metallurg. Schlacken behandelt. Albert Krause 6220◇

2034 **Entwicklung und Stand der Untersuchungen über das System Al_2O_3–SiO_2.** H. Müller-Hesse. (Ber. dtsch. keram. Ges. e. V. **40,** 281—85, 1963; Mettlach/Saar, Villeroy & Boch, Keram. Vers.-Anstalt; dt.) — Literaturübersicht, 22 Literaturhinweise. J. Heinze 6220◇

2035 **Diskussionsbemerkung zum Schmelzdiagramm Al_2O_3–SiO_2.** K. Konopicky. (Ber. dtsch. keram. Ges. e. V. **40,** 286, 1963; Bonn, Forsch.-Inst. der Feuerfest-Ind.; dt.) — Mullitpulver verliert beim Glühen in O_2 bei 1150° 1,6% an Gewicht. Beim Ätzen von Mullit-einkristallen mit HF-saurer AgF-Lsg. kommt es zur epitakt. Abscheidung von Ag. Vf. hält danach das Schmelzdiagramm Al_2O_3–SiO_2 bei hohen Temp. für nicht binär. J. Heinze 6220◇

2036 **Das Schmelzverhalten im System UO_2–PuO_2.** T. D. Chikalla. (J. Amer. ceram. Soc. **46,** 323—28, 1963;

Richland, Wash., Gen. Electr. Co., Hanford Atomic Prod. Operat., Hanford Labor., Reactor and Fuels Res. and Dev., Plutonium Metallurgy; engl.) — FF. von UO_2 u. PuO_2 in He-Atmosphäre liegen bei 2730 ± 30° u. 2280 ± 30°. Mit Ausnahme eines Schmelzmaximums bei 90% UO_2 bis 10% PuO_2 stimmen die gemessenen Daten mit den aus thermodynam. Werten berechneten überein. Beim Schmelzen wird O_2 frei, jedoch entsteht kein Pu-Suboxid. Das Atomverhältnis O/Pu beträgt in geschmolzenem PuO_2 1,62, so daß F. = 2280° das Ergebnis einer Dissoziations-Rk. ist u. als Pseudo-F. betrachtet wird. Die Gitter-Konst. des Syst. UO_2–PuO_2 ändern sich linear mit der Zus., sind aber wegen O_2-Unterschuß ca. 0,2% größer als berechnet.
J. Heinze 6220◇

2037 **Beton in industriellen Anlagen.** A. G. A. Saul. (Chem. Process Engng. atomic Wld. **44**, 237–42, 1963; Cement and Concrete Assoc.; engl.) — Angaben über Beton, wie er für Fundamente, Straßen, unterird. Rohrleitungen, Tanks etc. verwendet wird, seine stat. u. chem. Eigg. in Abhängigkeit von der Zusammensetzung.
J. Martins 6224◇

2038 **Versuche mit Leichtbetonen aus der Asche von Kraftwerken.** O. Mîrşu. (Studii Cercetări [Timişoara], Ştiinţe tehn. **9**, 63–88, 1962; rum.) — Verss. mit Leichtbetonen aus der Asche des Kraftwerks Anina zur Verw. als Baumaterial sowie die prakt. Erprobung werden ausführlich beschrieben. Außerdem werden folgende Probleme behandelt: Dosierung des Zements, das Verhältnis W.–Zement, die Konsistenz, die Dichte von Fließbeton u. a. H. Guischard 6224◇

2039 **Über die Eigenschaften von Beton mit Zugabe von Furfuryl-Anilinharz.** W. E. Leirich, I. T. Antonowa, Ju. A. Ssawwina, R. Ja. Fisskina und G. Ss. Brodski. (Plast. Massen [UdSSR] **1960**, Nr. 10, 38–42; russ.) — Monomerer *Furfurylalkohol* wurde dem Anmachwasser von Beton beigegeben. Die Polymerisation wird durch Zugabe von Anilinhydrochlorid zur Betonmischung ausgelöst. Zur Beschleunigung der Polymerisation u. der Erhärtung des Betons diente KCl. Die Polymerisation ist exotherm. Angaben über Mischungsverhältnisse u. die techn. Durchführung werden gebracht. Alle Eigg. des Betons werden durch das Verf. verbessert, bes. die Undurchlässigkeit gegen Fll., Beständigkeit in aggressiven Medien, Elastizität, der Ausdehnungs-Koeff., die Empfindlichkeit gegen dynam. Einwirkungen. Daher ist der mit Furfuryl-Anilinharz imprägnierte Beton bes. geeignet für die Erdölindustrie, für unterird.- u. Hafenbauten sowie für Fundamente u. Bauwerke, die starken dynam. Erschütterungen ausgesetzt sind.
Horst Braun 6224◇

2040 **Stand der Ölfeuerungstechnik bei Kalkschachtöfen.** F. Hoffmann. (Zement-Kalk-Gips **16(52)**, 227–36, 1963; Wülfrath; dt.) — Alte u. neue Veröff. des Kalkbrennens mit Hilfe der Ölfeuerung werden unter Einbeziehung zahlreicher Skizzen eingehend erläutert, wobei grundsätzliche Ansichten über den Einbau der Ölverbrennung im Ofen, Lage der Entsäuerungszone u. Verw. von Querstrom- u. Doppelschachtöfen vertreten werden. H. Schumann 6226◇

2041 **Theorie des Brennens von kleinstückigem Kalkstein.** J. Wuhrer. (Zement-Kalk-Gips **16(52)**, 219–26, 1963; Wülfrath; dt.) — In koksbeheizten Schachtöfen ist keine Leistungssteigerung durch Einsatz von kleinstückigem Material möglich, da je kleiner der Stein ist, desto schneller das Hartbrennen durch überhöhte Temp. erfolgen kann. Außerdem nimmt mit steigender Leistung bei Zuführung erhöhter Wärmemengen die Strahlung gegenüber der Konvektion um ein Mehrfaches zu, so daß die Gefahr besteht, durch die größere Strahlung den in Nähe des Kokses befindlichen Kalkstein zu überbrennen. Die Ofenhöhe läßt sich entsprechend der Stückengröße reduzieren. Für mit Gas u. Öl beheizte Schachtöfen sowie Drehrohröfen treffen diese Ausführungen nicht zu, da hier eine gleichmäßigere Befeuerung möglich ist.
H. Schumann 6226◇

2042 **Über die Art der Calciumcarbid-Beschickung von Kupolöfen.** Susumu Minowa, Yoshiharu Yamada und Yasuichi Oshima. (Rep. Government ind. Res. Inst., Nagoya **12**, 116–22, 1963; jap., Auszug: engl.) — Ein Vgl. der in mehreren Anlagen angewandten Arten der Beschickung von Kupolöfen mit CaC_2 zeigt, daß Verbrennung u. Schmelzausbeute durch Beschickung mit ca. 2% CaC_2 gesteigert werden.
W. Wesly 6226◇

2043 **Marbolite, ein neuer synthetischer Werkstoff.** 1. Mitt. Mohammad Aslam, Riaz Ali Shah, S. Tehzibul Hassan und Khurshid N. Zaidi. (Pakistan J. sci. ind. Res. **6**, 46–48, 1963; Karachi, Pakistan Council of Sci. and Ind. Res., Build. Mat. Div.; engl.) — Als Ersatz für Marmor (I) dient *Marbolite*, ein synthet. Werkstoff, der durch Brennen eines Gemisches von Baryt u. Cölestin unter Zusatz von Flußmitteln (Na_2CO_3, Na_2SO_4) oder Bindemitteln (Silicagel, Ton) u. Na_2SiO_3 gewonnen wird. Seine Eigg. werden mit denen von I verglichen. Die Möglichkeiten der Verw. werden erörtert.
W. Wesly 6228◇

2044 **Probleme bei der Verwendung schluffiger und toniger Böden als Baustoff im Erd- und Straßenbau.** W. Brand. (Zement-Kalk-Gips **16(52)**, 237–43, 1963; Köln; dt.) — Schluffige u. tonige Böden können durch Zusatz von CaO oder $Ca(OH)_2$ zu Baustoffen mit wohldefinierten Qualitätseigg. umgewandelt werden. Die hierbei auftretenden Mineralbldg. sind auf irreversible Rkk. zurückzuführen u. mkr., elektronenmkr., durch Röntgenbeugung u. DTA nachweisbar.
H. Schumann 6230◇

2045 **Untersuchungen an indischem Vermiculit.** S. B. Roy und S. K. Chakravorty. (Centr. Glass ceram. Res. Inst., Bull. [Calcutta] **10**, Nr. 1, 1–13, 1963; Calcutta, India, Centr. Glass and Ceram. Res. Inst.; engl.) — Nach einem Überblick über Vork., Eigg. u. Verw. der *Vermiculite* werden die Ergebnisse von Bläh-Verss. an einer importierten u. 9 ind. Vermiculit-Proben als Rohstoffe diskutiert. Die Verss. sollten den Einfl. von Teilchengröße, Grad der Verunreinigung sowie Brenn-Temp. u. -dauer auf die Eigg. des geblähten Prod. (bes. Grad der Blähung u. Schüttdichte) feststellen.
H. Ziegler 6240◇

2046 **Dielektrische Eigenschaften von Aluminiumoxid bei hohen Temperaturen.** John V. Florio. (J. Amer. ceram. Soc. **43**, 262–67, 1960; Bayside, N. Y., Gen. Telephone & Electronics Labor.; engl.) — DK u. Streufaktor von einkristallinem (Saphir) u. polykristallinem Al_2O_3 werden bei 900–1300° mit den Frequenzen 10^2–$3 \cdot 10^5$ Hz gemessen. Materialreinheit u. Schaltskizze für den Meßstromkreis werden angegeben. Der dielektr. Verlust wird der elektron. Leitfähigkeit zugeschrieben, die Leitfähigkeit aus den erhaltenen Hochfrequenzdaten berechnet. Der höhere Wert für polykristallines Al_2O_3 wird Materialverunreinigungen zugeordnet.
L. Kühnert 6240◇

2047 **Glas- und Keramikforschung bei der O.R.F.** A. E. R. Westman. (Glass Ind. **44**, 129–32, 172, 1963; Toronto, Ontario Res. Found.; engl.) — Krist. Na-Phosphate u. Grahamsches Salz der Bruttoformel $Na_{(n+2)}P_nO_{(3n+1)}$ lassen sich durch zweidimensionale Papierchromatographie (PC) trennen. Bei glasigen Phosphaten mit verschiedenen Alkali-(Na, K, Li)/Phosphorverhältnissen können durch PC die Gläser mit ketten- oder ringförmiger Struktur getrennt werden. Durch Erhöhung des Alkaligeh. werden die Ketten der linearen Polymere verkürzt u. cycl. zum Verschwinden gebracht. Aus den Verss. ist auf die Molekularstruktur der Phosphatgläser zu schließen, gewisse anomale Erscheinungen im Phasendiagramm lassen sich erklären.
L. Kühnert 6242◇

2048 **Bildung und Eigenschaften niedrig schmelzender Gläser der ternären Systeme As–Tl–S, As–Tl–Se und As–Se–S.** Steward S. Flaschen, A. David Pearson und William R. Northover. (J. Amer. ceram. Soc. **43**, 274–78, 1960; Murray Hill, N. J., Bell Telephone Labor.; engl.) — Für die vor Feuchtigkeit sichere Aufbewahrung von Kondensatoren, Widerständen u. Halbleitern werden Verss. mit Gläsern der angegebenen Zus. angestellt, wobei auf die Giftgefahren bei der Herst. hingewiesen wird. Durch sehr langsames Abkühlen der verschiedenen Schmelzen werden Zus. mit der Neigung zum Auskristallisieren erhalten. As–Tl–S weist im Dreistoffdiagramm ein ziemlich großes Gebiet der Glasbldg. auf (Erweichungstemp. zwischen 50 u. 170°, Umwandlungstemp. z. T. nicht viel über Raumtemp.). Das Verbinden mit Metallen verschiedener Ausdehnung ist möglich, ohne daß Risse entstehen. Die Leitfähigkeit ist vorwiegend elektron., die DK ist von der Zus. abhängig. In der chem. Beständigkeit ähneln diese Gläser den Schwermetallsulfiden (geringe Löslichkeit in W. u. verd. Säuren). Die Durchlässigkeit für Luft u. Feuchtigkeit, bes. auch der Glas–Metall-Verschmelzung, wurde über 8000 Std. geprüft. Entglasung wurde nicht beobachtet. Die Gläser der Syst. As–Tl–Se u. As–Se–S zeigen ähnliche Eigenschaften. L. Kühnert 6242◇

2049 **Bestimmung von Bor in Borsilicatgläsern durch Neutronentransmission.** Peter R. Segatto. (J. Amer. ceram. Soc. **43,** 278–80, 1960; Corning, N. Y., Corning Glass Works, Res. and Dev. Div.; engl.) — Zur Durchführung der Analyse wird das Glas in 48%ig. HF gelöst, die Lsg. in einen Polyäthylen-Behälter gebracht, der das Zählrohr ringförmig umgibt u. zusammen mit der Neutronenquelle in Paraffin eingebettet ist. Eine Eichkurve wird mit Hilfe von BF_3 hergestellt. Die in einer Tabelle aufgestellten Meßresultate werden mit der chem. Analyse verglichen, wobei ein Fehler von maximal $\pm 1\%$ festgestellt wird. Evtl. vorhandener Li_2O-Geh. muß korrigiert werden. Für B_2O_3-Geh. unter 10% wird die Meth. weniger genau. Dauer der Best.: 40 Minuten. L. Kühnert 6242◇

2050 **Untersuchung der statischen Ermüdung des Glases mit Hilfe der Ausbildung von Sekundärbrüchen in vorgespanntem Glas.** P. Acloque und M. Morain. (Silicates ind. **28,** 411–15, 1963; Paris, Comp. de Saint-Gobain, Labor. de Rech. fondamentale; franz.) — Die Ursache für den rasch fortschreitenden Zerfall eines abgeschreckten Glases nach Ausübung einer Erschütterung u. Entstehung eines prim. Risses wird experimentell zu klären gesucht. Unter Verw. einer mikrophon. Einrichtung wird eine Glasscheibe von 30 cm ⌀ u. 5,7 mm Stärke unter bestimmten Vorsichtsmaßregeln durch einen Impuls von > 8000 Hz unter graph. Aufzeichnung des Impulses u. der nachfolgenden Bruchwellen erschüttert. Da der Kasten mit der Glasscheibe völlig abgeschlossen werden kann, lassen sich die Sek.-Brüche unter verschiedenen Vers.-Bedingungen (Vakuum, feuchtes u. trocknes Gas, Temp.) verfolgen. Als Ergebnis folgt, daß die Anzahl sek. Brüche mit der stat. Ermüdung des Glases wächst u. daß sie in den ersten Sek. nach erfolgtem Schlag in feuchter Umgebung größer sind als in trockner. R. Kaiser 6242◇

2051 **Festigkeits- und Biegungscharakteristiken von großen rechteckigen Glasplatten unter gleichmäßigem Druck.** R. Bowles und B. Sugarman. (Class Technol. **3,** 156–70, 1962; Sheffield, Brit. Glass Ind., Res. Assoc.; engl.) — In einer eingehend beschriebenen App. werden durch gleichmäßig gesteigerten Wasserdruck belastete Glasscheiben (1 · 1 m) auf Verformung bis zum Bruch geprüft u die Meßergebnisse kinematograph. aufgezeichnet. Es ergeben sich höhere Festigkeiten, als nach der Formel von Marcus zu erwarten sind, daher werden empir. Gleichungen für die Beziehung von Verformung zu angewandtem Druck aufgestellt. Plattenober- u. Unterseite zeigen verschieden gute Übereinstimmung mit dieser Formel. L. Kühnert 6242◇

2052 **Untersuchungen über die Gefügeausbildung im Porzellan.** 4. Mitt. **Die Kristallisation von Mullit in Abhängigkeit von Masseversatz und Brennbedingungen.** K. Schüller. (Ber. dtsch. keram. Ges. e.V. **40,** 320–26, 1963; Lauf/Pegnitz, Steatit-Magnesia AG, Zentrallabor.; dt.) — 3. vgl. C. **1962,** 18599. — An verschiedenen Porzellanversätzen mit unterschiedlichem Quarz- bzw. Korundanteil wurden Brenn-Verss. durchgeführt, bei denen Aufheiz- u. Abkühl-Geschw. in weiten Grenzen variiert wurden. Die elektronenmkr. Unters. dieser Proben zeigte den starken Einfl., den diese Größen auf die Ausbldg. von Mullit sowie seine Rkk. mit der Glasphase ausüben. In den quarzreichen Porzellanen tritt eine vollkommene Umkristallisation des prim. Mullits ein. In den quarzfreien Proben dagegen unterbleibt der Angriff der Schmelze auf die prim. Mullitaggregate auch bei langer Brenndauer. Es wird eine theoret. Deutung gegeben, die sich an die Verhältnisse in Glasschmelzwannen anlehnt u. die die möglichen Zusammenhänge der Struktur von Schmelzen berücksichtigt. J. Heinze 6246◇

2053 **Die Druckfestigkeit von verpreßtem Niagara-Ton.** D. J. Bazett und S. W. Smotrych. (Proc. Amer. Soc. Testing Mater. **60,** 1124–31, 1960; Ontario, Canada, Soils Sect., Struct. Res. Dep.; engl.) — Triaxialtests von entwässertem u. nicht entwässertem gepreßten Niagara-Ton unterscheiden sich bei normaler Verdichtung oder gleichem maximalen Verdichtungsdruck nur wenig. Alle Proben wurden bis zur Fließgrenze mit W. versetzt, wobei die Fließgrenze dieses Tones bei 41, die Plastizitätsgrenze bei 20 u. die Dichte bei 2,76 liegt. Die Messung erfolgte mit einer Triaxialzellen, die über eine Gummimembran mit dem Fuß der Probe verbunden war. Als maximale Zelldrücke werden 80–100 lbs./sq. in. angegeben, die sich für überverdichtete Proben bis auf 5–10 lbs./sq. in. reduzieren. H. Schumann 6248◇

2054 **Auskleidungen in Drehrohröfen. Versuch bei wechselnden Temperaturen.** P. Terrier. (Ber. dtsch. keram. Ges. e. V. **40,** 330–31, 1963; Paris, Centre d'Études et de Rech. de l'Inst. de Liants Hydraul.; dt.) — Der Einfl. von Temp.-Schwankungen wurde mit Hilfe eines neu entwickelten Gerätes gemessen. Am Beispiel der Unters. von 3 Steinqualitäten mit hohem Al_2O_3-Geh. wird das Verf. beschrieben. J. Heinze 6248◇

2055 **Reaktionen in basischen Ofensteinen.** G. R. Rigby, R. F. Hutton und B. G. Hamilton. (J. Amer. ceram. Soc. **46,** 332–42, 1963; Marelan, Que., Canadian Refract. Ltd., Res. Labor.; engl.) — Die in bas. Feuerfeststeinen möglichen Rkk. wurden an Hand der Unterss. von Proben aus bin. Mischungen von Sesquioxiden oder Mg-Spinellen u. von Forsterit, Monticellit u. Dicalciumsilicat verfolgt. Hinweise auf günstige Zus. für verschiedene Verw. werden gegeben. J. Heinze 6248◇

2056 **Die Reaktionen von Zirkoniumdioxid und Titan bei erhöhten Temperaturen.** Robert Ruh. (J. Amer. ceram. Soc. **46,** 301–07, 1963; Wright-Patterson Air Force Base, Ohio, Aeronaut. Res. Labor., Office of Aerospace Res.; engl.) — 12 Proben der Zus. zwischen reinem ZrO_2 u. reinem Ti wurden zwischen 1200 u. 2000° im Vakuum geglüht u. anschließend chem., mkr., röntgenograph., metallograph. auf ihre Eignung in Feuerfestmaterialien untersucht. Bis zu 4 Atom-% Ti können bei Zimmer-Temp. in Form von Substitutionsmischkristallen im ZrO_2-Gitter eingebaut werden. In bin. Ti-reichen Legg. können bis zu 10 Mol-% Zr im Ti aufgenommen werden. Dabei bildet das Zr im Ti-Gitter Substitutionsmischkristalle, während O_2 auf Zwischengitterplätzen sitzt. J. Heinze 6248◇

2057 **Die Kristallstruktur der Mullitmischkristallreihe und ihre Beziehung zur Struktur des Sillimanits.** S. Ďurovič. (Ber. dtsch. keram. Ges. e. V. **40,** 287–93, 1963; Bratislava, Slowak. Akad. der Wiss., Inst. für Anorg. Chem.; dt.) — Eine erneute Unters. der Strukturen von Sillimanit u. Mullit ($Al_2O_3 : SiO_2 = 1{,}71 : 1$) mit Hilfe von Fourier-Projektionen in Richtung der c-Achse ergibt für Sillimanit eine geordnete u. für Mullit eine ungeordnete Struktur. Der untersuchte Mullit liegt nach der chem. Zus. zwischen der 3 : 2- u. der 2 : 1-Verb.; mit steigendem SiO_2-Geh. ändern sich die strukturellen Verhältnisse auf den Sillimanit hin, u. das Al/Si-Verhältnis in tetraedr. Koordination geht gegen 1. Gleichzeitig nimmt die Größe der Gitter-Konst. ab, während Brechungsindizes u. spezif. Gew. ansteigen. Vom strukturellen Gesichtspunkt gibt es daher keinen Grund, die Existenz von Zwischengliedern in einer isomorphen Reihe Mullit-Sillimanit auszuschließen. In gleicher Weise wird die Stellung des 2 : 1-Mullits diskutiert. J. Heinze 6248◇

2058 **Beitrag der Röntgenmikrophotographie und der Elektronenmikrosonde zur Untersuchung der scheinbaren Struktur von Mullitfeuerfestmaterial.** A. Bertrand. (Ber.

dtsch. keram. Ges. e. V. **40**, 294—99, 1963; Paris, Soc. Franc. de Céram.; dt.) — Die Technik der Röntgenkontaktphotographie u. der Röntgenemissionsmikrospektralanalyse (REMSA) wurde auf Al_2O_3-haltiges Feuerfestmaterial angewendet. Auf das Analysenprinzip u. die App. wird hingewiesen. Es werden zwei Beispiele für die Ermittlung der Art von Einschlüssen eines in reduzierender Atmosphäre gealterten Feuerfest-Prod. u. für die Änderung der Mullitstruktur eines bei hoher Temp. behandelten Prod. gegeben. J. Heinze 6248◇

2059 **Beitrag zur quantitativen röntgenographischen Mullitbestimmung.** I. Patzak. (Ber. tdsch. keram. Ges. e. V. **40**, 300—03, 1963; Bonn, Forsch.-Inst. der Feuerfest-Ind.; dt.) — Die günstigsten Präparationsbedingungen sowie Röntgenbeugungsinterferenzen für die quant. röntgenograph. Phasenanalyse von 2 : 1-Sinter- u. Schmelzmullit wurden ermittelt. Auf die Abhängigkeit der Intensitäten von der chem. Zus. wird verwiesen. J. Heinze 6248◇

2060 **Die Mahlbarkeit von Drehofenklinkern.** F. Gille und W. Ruhland. (Zement-Kalk-Gips **16(52)**, 170—76, 1963; Düsseldorf, Forsch.-Inst. der Zementind.; dt.) — Die Unterss. des spezif. Arbeitsaufwandes zum Mahlen von 17 Klinkerproben aus Lepol- u. Schwebegasvorwärmeröfen auf eine Oberfläche von 2500 (3600) cm^2/g ergaben beim Lepolofenklinker 21,5—26,5 (38,5—45,5) kWh/t u. beim Klinker des Schwebegasvorwärmerofens 22,5—27,5 (39,5—51,0) kWh/t. Die Ursachen für die bessere Mahlbarkeit des Lepolofenklinkers sind die hier vorhandenen vielen feinen Poren, wobei dieser Vorteil durch den höheren Geh. an freiem Kalk gegenüber den dichteren Klinkern des Schwebegasvorwärmerofens wieder aufgehoben wird. H. Schumann 6252◇

2061 **Quantitative Ermittlung des hydraulischen Wertes einer Hochofenschlacke; modifiziert nach dem Vorschlag von Gutmann und Weisse.** Miguel Pérez Pahisa. (Afinidad **20**, 71—74, 1963; span.) — Als Maß für das Hydratationsvermögen wird die Farbaufnahme einer feinzerriebenen u. durch Behandlung mit 5%ig. KOH hydratisierten Schlackenprobe aus zugefügter 0,5%ig. Methylenblau-Lsg. angesehen. Die Entfärbung der Lsg. wird colorimetr. gemessen, woraus im Vgl. mit Schlacken von bekannten Festigkeitswerten u. entsprechendem Entfärbevermögen Schlüsse auf zu erwartende ähnliche hydraul. Eigg. gezogen werden. R. Kaiser 6252◇

2062 **Betonfestigkeit, Pastenfestigkeit, Zement-Hydratation und Reiferegel.** K. M. Alexander und J. H. Taplin. (Austral. J. appl. Sci. **13**, 277—83, 1962; Melbourne, Div. of Appl. Mineralogy, C.S.I.R.O. Chem. Res. Labors.; engl.) — Die Reiferegel: $\Sigma A(T + 10) = const.$ (A = Alter des Betons; T = Temp. in °C) gibt den Einfl. der Temp. für kurze Reifezeiten zu gering an, während bei längeren Reifezeiten die Temp. zu hoch eingeschätzt wird. Sehr deutlich ist die Abweichung in der Druckfestigkeit bei geringen W./Zement-Faktoren festzustellen. Die Betonfestigkeiten bei hohen W./Zement-Faktoren u. die Pasten-Festigkeit sowie Hydratation bei kleinen W./Zement-Faktoren zeigen ähnliche, wenn auch weniger hervortretende Tendenzen. H. Schumann 6252◇

2063 **Adiabatisches Kalorimeter zur Bestimmung der Hydratationswärme eines Zementes.** K. H. Karsch und H. E. Schwiete. (Zement-Kalk-Gips **16(52)**, 165—69, 1963; Aachen, TH Aachen, Inst. für Gesteinshüttenkunde; dt.) — Das beschriebene adiabat. Kalorimeter arbeitet auf der Grundlage, daß die freiwerdende Rk.-Wärme nur zur Enthalpieerhöhung der Substanzen im Rk.-Raum benutzt wird. Das verwendete Isoliergefäß gestattet die Temp.-Differenzen zwischen Rk.-Raum u. Umgebung des Isoliergefäßes kleiner als $\pm 0{,}1°$ zu halten. Eichung des Kalorimeters, Vers.-Durchführung u. Ergebnisse verschiedener Zemente werden erläutert. H. Schumann 6252◇

2064 **Dielektrische Untersuchungen am Hydratationsprozeß von Zementpaste.** Kosaburo Watanabe, Takaharu Sasaki und Iwao Maki. (Kolloid-Z., Z. Polymere **189**, 59—63, 1963; Ube-shi, Yamaguchi-Ken/Japan, Ube Ind., Ltd., Central Res. Inst.; engl.) — Veränderungen der Quasistruktur der Lsg. durch Zunahme des Ionen-Konz. u. Bldg. hydratisierter Ionen oder Ionen-Adsorptionsschichten beeinflussen die dielektr. Orientierung der Wassermoll., was DK-Änderungen zur Folge hat. Vff. bestimmen den Hochfrequenz-Verlustwinkel bei 35 u. 20 MHz von Ca_3SiO_5 (**I**), von mit 0,5% B_2O_3 stabilisiertem β-Ca_2SiO_4 (**II**) u. 5 verschiedenen Zementsorten mit unterschiedlichen $2CaSO_4 \cdot H_2O$- u. P_2O_5-Geh. in Pastenform mit einem Wasser–Zement-Faktor von 0,4, wobei die Elektroden direkt in die Proben eingeführt sind. Daneben wird die elektr. Leitfähigkeit der Pasten gemessen. Die graph. Darst. des Verlustwinkels in Abhängigkeit von der Hydratationszeit zeigt bei **I** einen starken Abfall bis 100 Std., der danach geringer wird, bei **II** einen starken Anstieg mit einem Maximum nach 300 Std. u. danach langsamen Abfall, bei den Zementpasten zunächst starken Abfall u. nach etwa 200 Std. ein flaches Maximum. Die elektr. Leitfähigkeit nimmt bei **I** u. den Zementen mit der Zeit ab, bei **II** tritt nach 100 Std. ein Maximum auf. Die Verkleinerung des Verlustwinkels u. Abnahme der Leitfähigkeit bei **I** wird auf eine Verringerung der Ionenzahl durch Fixierung der Ionen an gebildete Mizellen zurückgeführt. Als Ursache für das Maximum bei **II** wird eine dielektr. Polarisation in den Ionenmizellen u. der Ionen-Adsorptionsschicht angesehen. Die Zementkurven zeigen eine Überlagerung beider Effekte. O. Henning 6252◇

2065 **Röntgen-Strahlenfluorometrie als neuere analytische Methode — Anwendung auf die Analyse von Zement.** Hiroshi Uchikawa. (Chem. and chem. Ind. [Kagaku to Kôgyô] **16**, 1127—34, Okt. 1963; Onoda-Sement, Tyûô-Kenkyûzyo; jap.) — Übersicht. — 6 Literaturangaben. E. Maekawa 6252◇

2066 **Zur Frage der Bestimmung des Gehalts in freiem Kalk und freiem Magnesiumoxid im Klinker.** M. Kiiler und S. Marmor. (Zement-Kalk-Gips **16(52)**, 247—48, 1963; Tallinn/EstnischeSSR; dt.) — Für die Best. von freiem Kalk nach Emley ist die Verw. von 96%ig. A. unzulässig, da bereits mit geringen Mengen W. eine Hydratation der vorhandenen Mineralbestandteile einsetzt. Für die Best. von freiem MgO darf ebenfalls nur abs. A. eingesetzt werden, da auch hier bereits wenige Prozente W. im A. so viel des MgO lösen, daß das Ergebnis bis zu 10% verfälscht werden kann. H. Schumann 6254◇

2067 **Hydratationsprodukte der Kalk-Puzzolan-Bindemittel.** J. Jambor. (Zement-Kalk-Gips **16(52)**, 177—86, 1963; Bratislava/CSSR, Inst. für Bauwesen u. Architektur der Akad. der Wiss. der CSSR; dt.) — Röntgenograph., therm., mkr. u. chem. Unterss. der Rk.-Prodd. von 5 Puzzolanen mit $Ca(OH)_2$ u. der Hydratationsprodd. haben in verd. Suspensionen bei normalen Temp. ergeben, daß das Anfangsprod. als gelartiges CSH I (Calciumsilicathydrat = $C_{0,8-1,5} \cdot S \cdot H_{1,0-2,0}$) anfällt. Dieses Rk.-Prod. wandelt sich allmählich in feine, filmartige bis blättrige, dem Tobermorit ähnliche Phasen um. Aus dem aktivierten Kaolin entsteht außerdem durch Rk. mit $Ca(OH)_2$ als Hauptprod. Gehlenithydrat. Die Rk.-Prodd. der Puzzolane in Suspensionen sind kristallchem. von gleicher Zus., dagegen sind die Kristalle in den Pasten kleiner u. unregelmäßiger, wobei die Gesamtmenge der Rk.-Prodd. von der Aktivität der Puzzolane abhängig ist. H. Schumann 6254◇

2068 **Reaktionskinetik von Porzellanemail/Metall-Systemen.** R. M. Spriggs und A. L. Friedberg. (J. Amer. ceram. Soc. **43**, 252—62, 1960; Urbana, Ill., Univ. of Illinois, Dep. of Ceram. Engng.; engl.) — Um das Verh. der Bestandteile von Prozellanemails zu untersuchen, wird ein Grundglas Na_2O–B_2O_3–$3SiO_2$ mit den Oxiden von Cu, Ni, Co u. Fe in 0,10; 0,30 u. 0,50 molaren Mengen in Vers.-Öfen 1 Std. lang auf 1177 bis 1204° erhitzt, abgeschreckt u. gemahlen, mit reinen Metallpulvern gemischt, zu Vers.-Körpern gepreßt u. nach dem Erhitzen mit Röntgenstrahlen untersucht. Die Red. der Oxide durch die zugesetzten Metalle wird auf Rk.-Geschw., Temp.-Abhängigkeit u. Aktivierungsenergie untersucht. Eine Umkehr des Rk.-Verlaufes kann für die Haftfestigkeit günstig sein. L. Kühnert 6260◇

2069 Armstrong Cork Co., Lancaster, übert. von: Alfred E. Booth, East Hempfield Township, Lancaster County, und Robert L. Hess, Clearfield, Pa., V. St. A., **Poröse Formkörper aus silicatischen Mineralien.** Poröse, harte u. feste, weiße Formkörper werden hergestellt aus z. B. feingemahlenem Bims oder Obsidian, 1—10% vom Gew. des Minerals an Al_2O_3 u. Fluß- u. Treibmitteln bei 1400—2000°F. — Zum Beispiel werden 40 (Teile) eines vulkanischen Glases fein gemahlen u. nach Zusatz von 7 einer Lsg. von 2 $NaNO_3$ u. 5 NaOH in 7 W. gemischt getrocknet, auf 1500°F erhitzt, wobei die Masse expandiert, abgekühlt, gemahlen mit 3% Al_2O_3 gemischt, geformt, bei 1500—1550° gebrannt u. getempert wird. D. = 11 lbs./sq. foot. (**A. P. 2956891** vom 9/3. 1959, ausg. 18/10. 1960.) G. Frikell 6221

2070 Minerals and Chemicals Corp. of America, Menlo Park, übert. von: Deyton Wheeler, Red Bank, N. J., V. St. A., **Herstellung von gefärbten Granulaten,** die Verw. zur Bestreuung von Asphaltdächern finden. Synthet. oder natürliche SiO_2 enthaltende gekörnte Massen werden zunächst mit einem in W. lösl. anion. oder nichtion. Netzmittel, wie Na-Sulfobernsteinsäureester, Polyoxyalkylenäther, Alkylarylsulfonat, in 0,0001 bis 5,0, bes. 0,1—1,0% u. Lsg. u. anschließend mit Na-Silicat u. Ton, dem noch andere Pigmente, wie TiO_2, Al_2O_3, ZnO beigemengt sein können, behandelt. Nach erfolgter Rk. zwischen den Überzugs-Komponenten wird auf 450—1200, bes. 900—1000°F, erhitzt unter Bldg. einer unlösl. opaken Oberflächenschicht. (**A. P. 2953474** vom 4/3. 1958, ausg. 20/9. 1960.) G. Frikell 6221

2071 American Lava Corp., übert. von: Manville J. Mayfield, Chattanooga, Tenn., V. St. A., **Cermets.** Zur Herst. dichter, harter, zäher u. verschleißfester Formkörper wird ein pulvriges Gemisch aus mindestens 80 (Gew.-%) α-Al_2O_3 u. 0,1—7 Ni geformt u. in Ggw. von O_2 bei Temp. über 600° aber unter Kegel 31 gebrannt, um das Ni in sein Oxid umzuwandeln. Anschließend wird in reduzierender Atmosphäre bei mindestens 1680° das NiO völlig oder z. T. zum Metall reduziert. Die aus einer kontinuierlichen keram. u. einer nicht-kontinuierlichen metall. Phase bestehende Masse eignet sich bes. zur Herst. von Schneidkörpern. (**A. P. 2961325** vom 21/6. 1957, ausg. 22/11. 1960.) G. Frikell 6221

2072 Andrea Alemanno, Turin, Italien, **Herstellung von Portlandzement** unter Gewinnung von Schwefeldioxid. Ein Gemisch aus $CaSO_4$ u. Ton wird mit ca. 18 bis 20% S versetzt u. im Röstofen gebrannt. Das entweichende SO_2 kann zur Gewinnung von H_2SO_4 verwendet werden. (**It. P. 553448** vom 16/2. 1956.) K. Koebke 6223

2073 Roland Martin, Frankreich, **Erhöhung der Beständigkeit von Zementüberzügen gegenüber aggressiven Wässern.** Durch Zusatz lösl. Tartrate, z. B. Al-Tartrat, wird der freie Kalk des Zementmörtels in unlösl. Ca-Verbb. übergeführt. (**F. P. 1281471** vom 1/12. 1960, ausg. 23/5. 1962.) Hans Hoffmann 6227

2074 Knapsack-Griesheim Akt.-Ges., Deutschland, **Brikettieren von gebrannten Kalkabfällen.** Verschiedenartige Siebfraktionen von gebrannten Kalkabfällen, bes. 30—70% einer Fraktion von 0—1 mm Korngröße u. 70—30% einer Fraktion von 1—3 mm Korngröße, werden in Formen gepreßt, welche mit einem Gleitmittel, mit einer wss. Graphit-Suspension, oder mit MoS_2 oder $Ca(OH)_2$ überzogen sind. (**F. P. 1278265** vom 16/12. 1960, ausg. 6/4. 1962. D. Prior. 16/12. 1959.) Hans Hoffmann 6227

2075 Franco Levi und Cesare Castiglia, Turin, Italien, **Bruchfeste Ziegel** erhält man durch Beimischen von Asbest- oder anderen mineral. Fasern zum angeteigten Ton. Die Beimischung verringert auch den Brandschwund. (**It. P. 560736** vom 20/9. 1956.) K. Koebke 6229

2076 Key & Kramer Asphalt Ruberoid N. V., Rotterdam, Niederlande, **Herstellung eines Gemisches aus Mineralaggregaten (I) und einem Bitumen (II),** dem Füllmittel zugesetzt sind, bes. für die Anfertigung von *Hohlformlingen*, wie Platten, Rohren, Hohlsteinen, dad. gek., daß **I** zunächst bis auf eine Temp. erhitzt wird, die über dem Erweichungspunkt des **II** liegt, u. daß diesem erhitzten **I** sodann ein nicht erhitztes pulverförmiges **I**- u. **II**-Gemisch (mit einem **II** von hohem Erweichungspunkt beigegeben wird u. die Bestandteile solange innig vermischt werden, bis das durch das heiße **I** zum Schmelzen gekommene **II** zusammen mit den Füllstoffen das **I** umhüllt. (**D. A. S. 1134014,** Kl. 80b vom 6/9. 1958, ausg. 26/7. 1962. Niederl. Prior. 22/7. 1958.) M. Böttcher 6229

2077 Charles Ritter, Frankreich, **Herstellung von Ausbesserungssteinen.** Ein gepulverter oolith. weißer Kalkstein von großer Härte wird mit 20% weißem Zement unter Zusatz von W. zu einer breiigen Masse vermischt, die unter Rütten verformt wird. Die gewonnenen Kunststeine werden anschließend durch Polieren bearbeitet. (**F. P. 1277866** vom 19/1. 1961, ausg. 4/4. 1962.) Hans Hoffmann 6229

2078 Severino Pillon und Cesare Giora, Padua, Italien, **Baustein zur wärmeisolierenden Außenverkleidung von Gebäuden,** bestehend aus einer inneren Schicht von Asbestzement, einer Zwischenschicht von weißem Zement u. einer äußeren Schicht von Glas- oder Keramik-Körnchen, ggf. mit Farbeffekten. (**It. P. 560763** vom 12/10. 1956.) K. Koebke 6229

2079 Puusementti OY, Joutseno, Finnland (Erfinder: Tuomas Valdemar Rannila), **Herstellung von feuerfesten Holzwolleplatten.** Holzwolle wird zunächst mit $CaCl_2$ oder Wasserglas behandelt, in gleicher Weise wird Torf behandelt, der zusätzlich neutralisiert wird. Beide Stoffe werden dann mit Zement vermischt u. zu Platten verpreßt. (**Finn. P. 31193** vom 25/2. 1955, ausg. 31/1. 1961.) K. H. Kähler 6229

2080 Ludovico Fiore, Rom, Italien, **Herstellung von künstlichem Marmor** ohne Anwendung von Druck u. Wärme, dad. gek., daß man ein Gemisch von 1,5 (kg) Weißzement, 0,5 Quarzit, 0,2 $CaCO_3$, 0,01 Bentonit, 0,01 Kaolin, 0,01 TiO_2 mit einer Lsg. von 100 (g) Casein u. 35 Ammoniaklsg. in 2,5 Liter W. anteigt, nach 8 Min. in die Form gießt u. 3 Tage trocknen läßt. Ein Teil der Masse kann mit Farben (Erden, Oxide) angemacht werden. Die getrockneten Stücke taucht man in eine 10%ig. wss. Lsg. von Zn-Fluorosilikat. (**It. P. 558415** vom 25/2. 1956.) K. Koebke 6229

2081 Ermanno Kreuzer und Ahmed Sadaoui, Monaco, **Herstellung von Kunstmarmorsteinen.** In eine mit einem Glasboden oder einer ähnlichen glatten Unterlage versehene Form wird eine aus weißem Zement u. weißen mineral. Füllstoffen mit hohem SiO_2-Geh. bestehende, evtl. mit Cr-Oxiden gefärbte Mörtelmasse unter Rütteln eingefüllt u. verformt. (**F. P. 1278467** vom 26/1. 1961, ausg. 11/4. 1962. Monegass. Priorr. 27/10. u. 28/12. 1960.) Hans Hoffmann 6229

2082 Mario Pieri, Pisa, Italien, **Behandlung von Marmor.** Um die Farbe zu verändern, erhitzt man den Marmor in inerter (N_2), oxydierender (O_2) oder reduzierender (CO, H_2S) Atmosphäre, in einer 1. Phase in einigen Std. von 15 auf 120° u. in einer 2. Phase mehrere Std. bis Tage bis auf ca. 300° u. bringt ihn in einer 3. Phase in Ggw. des angesendeten Gases langsam auf 15° zurück. Bei dem Verf. kann auch Überdruck angewandt werden. (**It. P. 559166** vom 5/9. 1956.) K. Koebke 6229

2083 Fernando Lorenzi, Rom, Italien, **Herstellung von dekorativen Belägen, insbesondere zur Imitation von Marmor oder Holz.** Aus 1 (kg) Maurerkalk, 0,5 Weißzement, 0,1 Leim „Wineval" wird mit W. eine halb fl. Paste angeteigt, die mit Farbpasten zusammen in der gewünschten Zeichnung u. Farbe auf eine Glasunterlage aufgebracht wird, die auf der zu belegenden Fläche befestigt wird. (**It. P. 559325** vom 25/7. 1956.) K. Koebke 6229

2084 Comp. de Produits Chimiques „Boston", England, übert. von: B. B. Chemical Co. Ltd., **Masse zum Verzieren unbeweglicher Oberflächen,** wie Hauswänden, aus feinverteilten, evtl. gefärbten mineral. Füllstoffen (**I**) im Gemisch mit einer wss. Emulsion von Polyvinylacetat (**II**) u. einem thixotropen Verdickungsmittel, wie Mg-Montmorillonit (**III**). — Beispiel: 74

(Gew.-Teile) I, 6 II u. 0,4 III (**F. P. 1278769** vom 17/11. 1960, ausg. 16/4. 1962. E. Prior. 18/11. 1959.) Hans Hoffmann 6229

2085 A. E. Sarubitzki, **Herstellung von Verkleidungsplatten** aus Kunstharzen, Weichmachern u. Füllstoffen. Zur Erhöhung der Elastizität, Wärmebeständigkeit u. Festigkeit der Platten werden als Komponenten 14—16 (Gew.-%) Erdölschieferharze 6—8 Cumaronharze, 3—4 Kautschuk (SKS-3), 72—77 Füllstoffe u. Pigmente verwendet. Das Erdölschieferharz erhält man aus 50 Erdölgoudron, 50 Schieferöl, 5—10 Formalin u. 1 HCl. Bei der Herst. der Platten werden zunächst die Komponenten in einer Mischmaschine bei 150—160° in 20—25 Min. gemischt, danach im Mischwalzwerk bei 140—150° in 8—10 Min. (Zwischenraum zwischen den Rollen = 1—2 mm). Die erhaltene Platte wird bei 110—120° geglättet, u. aus ihr werden die Verkleidungsplatten bei 70—77° herausgeschnitten. Sie sind elast. u. können leicht mit Bitumenmastixkitt angeklebt werden. (**UdSSR. P. 148345** vom 29/4. 1960.) L. B. 6229

2086 Alberto Pellegrini und Vincenzo Marchetti, Neapel, Italien, **Überzugsmaterialien für Bauzwecke** erhält man aus einem Gemisch von 35,2(%) $MgCl_2$, 23,5 $MgCO_3$ u. 41,3 Marmorpulver, Bimssteinpulver u. Sägespänen. (**It. P. 553428** vom 8/11. 1955.) K. Koebke 6229

2087 A. W. Tschuiko, E. S. Tschuiko, W. W. Janow und N. W. Mironow, **Herstellung eines farbigen Holzplastes** aus Sägemehl ohne Bindemittel mit wasserbeständiger Oberfläche dunkelbrauner Farbe. Sägemehl einer Teilchengröße von 0,25—1 mm, das 18—20% Feuchtigkeit enthält, bearbeitet man mit einer 5%ig. wss. Lsg. von Hydroxylaminsulfat, bewahrt die Masse danach 20—24 Std. zur Hydrolyse auf, trocknet bei 60° auf eine Restfeuchtigkeit von 5—6% u. preßt bei ca. 150° u. 250 kg/cm² 1 Min. auf 1 mm Stärke; Raumgew. bis 1350 kg/m³, Grenze der Druckbelastbarkeit 500—800 kg/cm², Wärmeleitfähigkeits-Koeff. 0,258—0,267 kcal/m · Grad · h. — Ersatz für Parkett u. Verkleidungskeramik. (**UdSSR. P. 142014** vom 30/3. 1961.) L. B. 6229

2088 A. W. Tschuiko und E. S. Tschuiko, **Herstellung von farbigen Platten aus Sägespänen** ohne Bindemittel mit einer hell-orangefarbigen wasserbeständigen Oberfläche ohne Farbstoffzusatz. Sägemehl einer Teilchengröße von 0,25—1 mm u. einem Feuchtigkeitsgeh. von 18—20% wird mit einer 3%ig. wss. Lsg. von Hydrazinsulfat unter Zusatz von $\leqq$ 2% techn. Furfurol bearbeitet u. die Masse 20—24 Std. stehengelassen. Danach wird bei 60° auf eine Restfeuchtigkeit von 5—6% getrocknet, u. die Platten werden bei 90—100° u. ca. 100 kg/cm² in 1 Min. auf 1 mm Dicke gepreßt; Raumgew. 1350 kg/cm³, Druckbelastungsgrenze 600—800 kg/cm², Wärmeleitfähigkeits-Koeff. 0,258—0,267 kcal/m · Grad · h. — Ersatz für Parkett u. Verkleidungskeramik. (**UdSSR. P. 142015** vom 30/3. 1961.) A. Ch. 6229

2089 W. W. Janow, N. W. Mironow, N. W. Tschuiko und E. S. Tschuiko, **Herstellung von Holzplast** aus Sägemehl ohne Bindemittel. Den Plast mit wasserbeständiger gelb-roter Oberfläche erhält man durch Bearbeitung von Sägemehl einer Teilchengröße von 0,25—1 mm u. einer Feuchtigkeit von 18—20% mit einer 5%ig. wss. Lsg. von Anilinhydrochlorid u. 20 bis 24std. Aufbewahren zur Hydrolyse. Die Masse wird bei 60° auf 5—6% Restfeuchtigkeit getrocknet u. bei 140—150° u. 100—250 kg/cm² 1 Min. auf eine Stärke von 1 mm gepreßt: Raum-Gew. 1350 kg/m³, Grenze der Druckbelastbarkeit 500—800 kg/cm², Wärmeleitfähigkeits-Koeff. 0,258—0,267 kcal/m · Grad · h. — Geeignet für Fußbodenparkett u. zur Verkleidung der Innenwände von Räumen. (**UdSSR. P. 142016** vom 30/3. 1961.) L. B. 6229

2090 Yrjö Väinö Waldemar Keinänen, Helsinki, Finnland (Erfinder: Niilo Keinänen), **Herstellung von Isolierplatten aus Torf.** Roher Torf wird mit wasserlösl. Alkali- oder Ammoniumverbb. bei 0—100° zwecks Quellung behandelt u. nach Zusatz von Salzen von zwei- oder mehrwertigen Metallen, z. B. Wolframat, zu Platten verpreßt u. getrocknet. (**Finn. P. 31181** vom 26/1. 1955, ausg. 28/2. 1961.) H. K. Kähler 6229

2091 Owens-Corning Fiberglas Corp., übert. von: William C. Taylor, Toledo, Ohio, V. St. A., **Wärmeisoliermasse** aus krist. Ca-Hydrosilicat (I) mit verbesserter Isolierwrkg. wird hergestellt aus einem Schlikker, dessen $CaO:SiO_2$-Verhältnis 0,6:1 bis 1:1 beträgt mit einem Wasser: Feststoff-Verhältnis von 0,75:1 bis 5:1, einem Geh. an Asbestfasern von höchstens (20 Gew.-%, bezogen auf I) u. einem Zusatz von 5—25 inerten Füllstoffen, wie Kohle, $MgCO_3$, ZrO_2, $BaSO_4$, Chromit u. a., mit Teilchengröße < 74 μ. Die Wrkg. steigt mit fallender Korngröße. (**A. P. 3001882** vom 30/12. 1957, ausg. 26/9. 1961.) G. Frikell 6229

2092 O. W. Spiwak-Slonitzki, M. A. Altschuler und A. G. Swiridow, **Wärmeisolierendes Material** aus porösen Füllstoffen, z. B. Perlit (I), Wasserglas (II) u. $CaCl_2$ (III). Durch eine mit I gefüllte Form mit netzartigem Boden wird nacheinander II, Heißluft, III-Lsg. u. Heißluft gesaugt. Eigg. des Materials: Vol.-Gew. 180—220 kg/m³; Biegefestigkeit 8—10 kg/cm²; Wärmeleitfähigkeit 0,06—0,08 kcal/m · h · Grad; Verbrauch an II 90, an III 30—40 kg/m³. (**UdSSR. P. 129528** vom 18/9. 1959.) L. Großner 6229

2093 Métallisation du Sud-Ouest und Robert Duchamp, Frankreich, **Schallisolierendes Material** aus einer Mischung aus Stoffen mit verschiedenartiger D. u. Körnung, welche der allg. Formel $\dfrac{\Sigma\left(\frac{x}{D}\right)}{\Sigma\left(\frac{y}{d}\right)} \neq 1$ genügen, in der x einen Stoff darstellt mit erhöhtem D, wie Zement, u. y einen Stoff mit kleinem d, wie Cellulosemehl, bedeutet. Die Mischung wird durch Zusatz von W. zum Erhärten gebracht, ggf. unter Zusatz von Vinylharzen. (**F. P. 1279335** vom 7/11. 1960, ausg. 20/4. 1962,) Hans Hoffmann 6229

2094 Minnesota and Ontario Paper Co., Minneapolis, übert. von: John C. Hart und Edgar A. Lauring, International Falls, Minn., V. St. A., **Herstellung von schallisolierenden Schichten.** Auf eine Grundschicht (Cellulosefasern, Glasfasern, synthet. Fasern, Mineralplatten) wird eine Aufschlämmung in Schaumform aufgebracht u. bei 250—300°F getrocknet, so daß sich Hohlsäume in dem Überzug ausbilden, die sich von der Oberfläche nach Innen erstrecken. Die Aufschlämmung enthält Holzfasern, 5—15 (Teile) Bentonit, 20—35 eines nichtöligen Binders (Latex, Protein, Stärke, Harnstoff-Formaldehyd) u. Füllmittel (Ton, TiO_2, $CaCO_3$). (**A. P. 2947647** vom 24/9. 1958, ausg. 2/8. 1960.) P. Mayer 6229

2095 Magyar Állam (Erfinder: Franz Aba, Anton Földi, Johann Koppel, Barnabas Kun und Michael Novák), Budapest, Ungarn, **Bodenbelag** besteht aus 85—75 (Bew.-Teilen) harten PVC-Abfällen, 3—6 Farbstoff u. 12—20 eines Weichmachers. Die Bestandteile werden bei höherer Temp. (100°) homogenisiert u. kalandriert. Je nach dem Verwendungszweck ändert man die Zusammensetzung. An Stelle des harten PVC kann man auch weiche PVC-Abfälle anwenden u. auch andere Abfälle, wie Stoffreste, zusetzen. Als Weichmacher werden Dibutylphthalat u. Ricinusöl angewendet. (**Ung. P. 143742** vom 3/10. 1953, ausg. 15/10. 1957.) G. König 6229

2096 Villeroy & Boch Keramische Werke G.m.b.H., Deutschland, **Herstellung elektrisch leitender Fußbodenplatten.** Zum Ableiten von stat. Elektrizität in Operationssälen werden gebrannte keram. Fußbodenplatten verwendet, denen durch Zusatz von Fe_2O_3 u. dgl. Oxiden eine gewisse Leitfähigkeit gegeben wird. (**F. P. 1280460** vom 20/2. 1961, ausg. 9/5. 1962.) Hans Hoffmann 6229

2097 British Oxygen Research and Development Ltd., London, England (Erfinder: Francis Peter Grimshaw und Arthur Cecil Kennett), **Verfahren zur Vergrößerung der Widerstandsfähigkeit**

einer lockeren Oberfläche (I) von Mineralstoffteilchen gegen Witterungseinflüsse, dad. gek., daß man die I mit einer wss. Emulsion eines plastifizierten Polyvinylacetats übersprüht. Das Verf. eignet sich für Pfade, Tennisplätze u. dergleichen. (**E. P. 856261** vom 29/7. 1958, ausg. 14/12. 1960.) M. Böttcher 6229

2098 Guilio Barzano, Bergamo, Italien, **Herstellung von wasserdichten haltbaren Abdeckplatten für Bauzwecke.** *Asbest* wird gereinigt u. auf Faserlängen von 2—200 mm zerkleinert, mit 2—60% einer Emulsion oder Suspension von Teer oder Bitumen vermischt, zu Platten oder Bändern verformt, getrocknet u. ggf. unter Anwendung von Wärme gewalzt. (**It. P. 551515** vom 29/3.1956.) K. Koebke 6235

2099 Babcock & Wilcox Co., New York, N. Y., übert. von: Frederick J. Hartwig, Alliance, Ohio, V. St. A., **Hitzebeständige Glaswolle.** Diese wird hergestellt aus der Schmelze eines Gemisches aus 70—95 (Gew.-%) SiO_2 u. 5—30 eines viscositätserniedrigenden Mittels wie MgO, CaO, Al_2O_3, TiO_2, Cr_2O_3 u. ZrO_2. (**A. P. 3007806** vom 30/12. 1957, ausg. 7/11. 1961.) Hans Hoffmann 6235

2100 Montecatini Soc. Gen. per l'Industria Mineraria e Chimica, Mailand, Italien, **Herstellung von wärme- und schallisolierenden Materialien aus Mineralwolle** (Glas-, Stein-, Schlackenwolle), dad. gek., daß man die Fäden, um sie vor dem Eindringen von Feuchtigkeit zu schützen, mit einem Kunststoffilm (Polyäthylen, Polyvinylchorid, Cellluloseacetat) überzieht. Man kann die Kunstharze in geschmolzenem oder gelöstem Zustand aufbringen oder ein Bindemittel anwenden. Man kann auch über den Film oder direkt auf die Steinwolle eine Al-Folie von 0,03—0,05 mm aufbringen, wobei Polyisobutylen oder Polyvinylalkohol als Bindemittel dienen. (**It. P. 558414** vom 22/2. 1956.) K. Koebke 6235

2101 Colvilles Ltd. (Erfinder: William Bauld Young Miller), **Herstellung von harten, nichtporösen Schlackenteilen** aus geschmolzener Schlacke. Man gießt die Schmelze in ein offenes Gefäß, läßt sie zu einer noch heißen, festen Schicht abkühlen, gibt W. nur auf die freie Oberfläche der Schlacke u. erhält durch die auftretenden Spannungen ein Mosaik nicht poröser harter Schlackenfragmente. (**Aust. P. 233121** vom 10/12. 1958, ausg. 27/4. 1961.) K. Demmler 6235

2102 François David und Jean David, Frankreich, **Flüssiges Schleif-, Polier- und Avivagemittel,** aus einem wss. Gemisch von Stearin oder Stearinsäure mit Triäthanolamin u. W. u. ggf. Paraffin u. Glycerin. Als Schleifmittel kommen z. B. Schmirgel, Talk oder Al_2O_3 in Betracht. — 0,125 (kg) eines Gemisches aus 10 Stearin, 28 Glycerin, 3,1 Triäthanolamin u. 40 W. werden mit 0,25 W., welches 20% Glycerin enthält, verrührt u. dabei 0,25—1 eines Schleifmittels zugegeben. (**F. P. 1284054** vom 29/12. 1960, ausg. 30/6. 1962.) M. F. Müller 6239

H$_7$. Agrikulturchemie, Schädlingsbekämpfung

2103 **Verbesserung des Wasserhaushalts von Sandböden mit Bentonit-Suspensionen.** Lajos Sárosi. (Hidrol. Közlöny [Z. Hydrol.] **43,** 308—09, 1963; Budapest, TU., Lehrst. Wasserbau; ung.) — Die durch Injizieren von Ca-Bentonit-Suspension verbesserte Vers.-Parzelle lieferte einen 120—160% betragenden Mehrertrag an Mais u. Sonnenblume. Der Ca-Bentonit wurde durch Zugabe von Soda im Boden in den wirksamen Na-Bentonit umgewandelt. G. Csajághy 6302△

2104 **Auswirkung unterschiedlicher Bodenwasserspannungen auf Gras- und Leguminosen-Species.** B. J. Finn, S. J. Bourget, K. F. Nielsen und B. K. Dow. (Canad. J. Soil Sci. **41,** 16—23, 1961; Ottawa, Canada Dep. of Agric., Soil Res. Inst.; engl.) — In Gewächshausunterss. wurde der Einfl. steigender Bodenwasserspannung (0, 25 u. 40 cm) auf Wachstum u. Ertrag von je 3 Gras- u. Kleearten geprüft. Die Leguminosen erwiesen sich als anfälliger für hohe Bodenfeuchtigkeit (Überflutung) als die Gräser. Messungen der O_2-Diffusion im Boden ergaben eine negative Beziehung zwischen dem Feuchtigkeitsgeh. u. der O_2-Diffusion. Die Klee-Erträge stiegen mit zunehmender O_2-Verfügbarkeit an, die Graserträge hingegen wiesen eine abnehmende Tendenz auf. Wilfried Werner 6302◇

2105 **Tonmineralien von „Kuroboku"-Böden in Takakusa Hill, Yaizu City, Präfektur Shizuoka, Zentraljapan.** Yoshiro Kato. (J. Sci. Soil Manure, Japan [Nippon Dojohiryogaku Zasshi] **33,** 517—20, 1962; jap.) R. Grundmann 6304◇

2106 **Tonmineralien von „Kuroboku"-Böden in Shinshiro-City, Präfektur Aich, Zentraljapan.** Yoshiro Kato. (J. Sci. Soil Manure, Japan [Nippon Dojohiryogaku Zasshi] **33,** 513—16, 1962; jap.) R. Grundmann 6304◇

2107 **Chemische und mineralogische Zusammensetzung der mechanischen Fraktionen im Bodenkomplex der hellen kastanienfarbigen Unterböden.** A. D. Woronin. (Wiss. Hochschulber. [Moskau] biol. Wiss. **1962,** Nr. 1, 193—99; Moskau, Lomonossow-Univ., Lehrstuhl für Physik. u. Melioration der Böden; russ.) — Unterss. erstreckten sich auf mechan. Fraktionen der Horizonte A_1–B_1–C_1–C_3 von hellen kastanienfarbigen Böden, Krusten-Ssolonez (KSB) u. kastanienfarbigen Wiesenböden (KWB). Unter dem Einfl. des Bodenbildungsprozesses verändert sich die chem. Zus. der mechan. Fraktionen sowohl mit der Erhöhung der Dispersität als auch in Fraktionen von gleichem Durchmesser. In oberen Horizonten ist die staubförmige Fraktion mit Humus angereichert. Dies bezieht sich hauptsächlich auf KWB, am wenigsten auf KSB. Carbonate kommen in kleinen Mengen in allen Fraktionen vor, ihr Geh. erreicht das Maximum in der sog. „Beloglazka"-(Weißäuglein-)Schicht. Die Hauptmasse der Carbonate konzentriert sich in Fraktionen $< 0,001$ mm, woraus folgt, daß sie sek. Entstehung sind. Den größten Veränderungen unterliegen die Fraktionen 0,1—0,05 u. 0,05—0,01 mm in KWB. M. Gordienko 6304◇

2108 **Einige chemische Eigenschaften einer solonetzartigen Bodenserie bei Vegreville, Alberta, unter Berücksichtigung ihrer möglichen Verbesserung.** R. R. Cairns. (Canad. J. Soil Sci. **41.** 24—34, 1961; Vegreville, Alberta, Canada Dep. of Agric.; engl.) — Eine Unters. der wichtigsten morpholog. u. chem. Eigg. von 5 Bodenprofilen, welche die verschiedenen Glieder der Duagh-Wetaskiwin-Malmo-Bodenserie repräsentieren, zeigte, daß es sich um eine typ. Solonetz-Entwicklungsserie handelt, wie sie häufig in der Literatur beschrieben wurde. Eine Ausnahme machte lediglich das Solonetz-Glied, das im A-Horizont einen höheren Geh. an lösl. Salzen aufwies. An Hand der Unters.-Ergebnisse erörtert Vff. die Möglichkeiten einer Verbesserung dieser Böden. Es wird angenommen, daß die besten Erfolge durch Tiefpflügen auf 45 oder 60 cm erzielt werden können. Die Gips-Meth. wird auf Grund der schlechten Wasserdurchlässigkeit der Böden, die Schwefel-Meth. wegen der damit verbundenen starken Bodenversauerung abgelehnt. Wilfried Werner 6304◇

2109 **Der Einfluß von Basensättigung und Düngungsmaßnahmen auf Ertrag und Kationenzusammensetzung der Ernteprodukte auf zwei humusreichen Böden von Britisch-Kolumbien.** 1. Mitt. **Hafer.** J. D. Beaton, Neville A. Gough und C. A. Rowles. (Canad. J. Soil Sci. **41,** 52—67, 1961; Vancouver, Univ. of British Columbia, Dep. of Soil Sci.; engl.) — Zwei Böden unterschiedlicher Austauschkapazität u. unterschiedlichen Geh. an organ. Substanz (Boden **a**: 75,3 mVal/100 g Boden bzw. 67,7%, Boden **b**: 49,3 mVal/100 g Boden bzw. 18,3%) wurden in einem Gefäßvers. mit Hafer auf eine Basensättigung von 30 u. 90% aufgekalkt u. mit steigenden N-, P_2O_5- u. K_2O-Mengen gedüngt. Mit zunehmender Basensättigung stiegen auf **a** der Ertrag, auf **a** u. **b** die Ca-Aufnahme der Pflanzen, auf **b** die Mg-Aufnahme u. auf **a** der K-Geh. der Pflanzen signifikant an. Durch die N-Düngung wurde auf **a** der Ertrag vermindert, auf **b** die Ca-Aufnahme erhöht, während die K- u. Mg-Geh. unbeeinflußt blieben. P-Zufuhr bewirkte auf beiden Böden einen Ertragsanstieg u. eine erhöhte Ca-Aufnahme; die Mg-Aufnahme wurde nur auf **b** gefördert. K-Düngung beeinflußte die Erträge leicht negativ; erhöhte aber auf beiden Böden die K-Aufnahme u. auf b auch den Mg-Gehalt. Wilfried Werner 6304◇

2110 **Die schweren Böden Bayerns in geologischer und bodengeschichtlicher Sicht.** Karl Brunnacker. (Bayer. landwirtsch. Jb. **40**, 322–33, 1963; München; dt.) — Behandelt werden: „Schwere" u. „schwierige" Böden, Gliederung u. Genese der schweren Böden, systemat. Stellung der schweren Böden, Nutzung der schweren Böden, Verbreitung der schweren Böden in Bayern. — 28 Literaturangaben. M. Winiker 6304◇

2111 **Das Verhalten der Pflanzen gegenüber Calcium-polyphosphat-Glas und einige seiner Abbauprodukte.** G. L. Terman und J. D. DeMent. (Agronomy J. **54**, 433–37, 1962; Wilson, Dam, Ala., Div. of Agric. Developm., Soils and Fertilizer Res. Branch; engl.) — In Gewächshausverss. wurde der Einfl. von $Ca(H_2PO_4)_2$ (**I**), *konz. Superphosphat* (**II**), **II** + NH_4NO_3 (**III**), *ammonisiertem* **II**, $CaHPO_4$ + **III**, $Ca(PO_3)_2$*-Glas*, $Ca(PO_3)_2$ (teilhydrolysiert, granuliert), $Ca(NH_4)_2P_2O_7 \cdot H_2O$ (**IV**), Mischung von **IV** + $Ca(PO_3)_2$*-Glas* + $Ca_2P_2O_7$), $Ca_3(NH_4)_2 \cdot (P_2O_7)_2 \cdot 6\,H_2O$ (**V**) u. $Ca_2P_2O_7 \cdot 2\,H_2O$ (**VI**) auf Pflanzen untersucht. Der P des $Ca(PO_3)_2$-Glases u. der Pyrophosphat-Dünger beeinflußte das Pflanzenwachstum im allg. weniger als der P des **II**. Die Unterschiede waren bei Verw. grober Granula größer als beim Einsatz feinen Düngematerials. Kein Unterschied bestand in der Wrkg. des teilhydrolysierten, granulierten $Ca(PO_3)_2$ mit 14 bis 18% wasserlösl. P u. ammonisiertem **II** mit 57% wasserlösl. P auf Hafer. Die Verwertbarkeit von **II** u. ammonisiertem **II** durch die Pflanzen nahm bei pH 7,5 auf gekalktem Boden mit der Rk.-Zeit ab, während sich die Verwertbarkeit von granuliertem $Ca(PO_3)_2$ innerhalb von 3–6 Monaten nicht wesentlich veränderte. **IV** u. **V** verhielten sich als P-Quelle ähnlich wie das granulierte $Ca(PO_3)_2$. Als nur wenig verwertbar erwies sich **VI**. Bei der Düngung von Hafer mit **IV** u. **V** war die N-Aufnahme innerhalb von 7 Tagen ebenso groß wie beim Einsatz von $(NH_4)_2SO_4$ als N-Quelle. Die granulierten Rk.-Prodd. von NH_3 u. teilhydrolysiertem $Ca(PO_3)_2$ lieferten, verglichen mit $(NH_4)_2SO_4$, nur 73–86% verwertbaren N. W. Kreipe 6304◇

2112 **Der Einfluß einer Phosphatdüngung auf Ertrag und Marktqualität beim Gemüse.** 1. Mitt. **Blatt- und Zwiebelgemüse.** Ernst Mühlendyck und Werner Schuphan. (Gartenbauwissenschaft **28(10.)**, 139–56, 1963; Geisenheim/Rhg., Bundesanst. für Qualitätsforsch. pflanzlicher Erzeugnisse; dt.) — Vff. führten in 2 je 20 Parzellen umfassenden Betonkastenanlagen Phosphatdüngungsverss. zu Blatt- u. Lauchgemüse auf einem sandigen Lehm u. einem tonigen Lehm durch. Die P-Reihen umfaßten, abgesehen von der P-Mangel-Reihe, 4 P-Steigerungen (60, 120, 180 u. 240 kg P_2O_5/ha) sowie eine Reihe, die mit der höchsten P-Gabe die doppelte N-Menge erhalten hatte. Im Verlauf der Verss. (Dauer: 5 Jahre) wurden im wesentlichen folgende Ergebnisse erzielt: Auf den P-Mangel-Parzellen nahm auf beiden Böden der Ertrag zunehmend ab. Bei steigenden P-Gaben zeigte sich bei wiederholtem Anbau der gleichen Kultur hinsichtlich der Ertragssteigerung ein weitgehend konst. Düngungseffekt. Die besten Resultate wurden auf dem sandigen Lehm erzielt. Die verschiedenen Kulturen hatten ein unterschiedliches P-Bedürfnis. Bei fast allen Verss. wurde durch doppelte N-Gabe zur höchsten P-Stufe ein weiterer Ertragszuwachs erzielt. Allg. wurden durch steigende P-Gaben nicht nur höhere Erträge, sondern auch Verbesserungen der Marktqualität erzielt. Außerdem war eine wesentliche Vorverlegung der Ernten festzustellen. M. Winiker 6304◇

2113 **Über die Wanderung, Löslichkeit und Aufnahme der Phosphorsäure im Grünlandboden.** A. Süß und O. Schweighart. (Bayer. landwirtsch. Jb. **40**, 306–13, 1963; München, Bayer. Landesanst. für Bodenkultur, Pflanzenbau u. Pflanzenschutz; dt.) — Vff. untersuchten die Nährstoffdynamik in einem Grünlandboden u. stellten dabei fest, daß der Nährstoffzustand des Bodens die Phosphatwanderung, die Phosphoraufnahme, die Löslichkeit u. den Rücktausch der Phosphorsäure beeinflußt. M. Winiker 6304◇

2114 **Düngungsversuche auf Marschböden.** Viggo Nielsen, C. M. Kjellerup und K. Dorph-Petersen. (Tidsskr. Planteavl **65**, 640–70, 1962; Ribe M, Højer u. Lyngby; dän.) — P_2O_5-Düngung in Form von *Superphosphat* (**I**) wirkt bei Marschböden erst im Laufe der Zeit. Zur Aufrechterhaltung eines Höchstertrages an Weizen, Gerste, Rüben u. Klee sind jährlich 40 + 50 kg P_2O_5/ha in Form von *Stalldung* oder **I** erforderlich. Da die Marschböden reich an K-Salzen sind, ist auch der K_2O-Geh. der angebauten Pflanzen höher als normal. *N*-Düngung ist in gleichem Maße erforderlich wie bei anderen tonreichen Böden. R. K. Müller 6304◇

2115 **Der Einfluß von Stickstoff auf die Phosphorabsorption von Mais.** William F. Bennett, John Pesek und John Hanway. (Agronomy J. **54**, 437–42, 1962; Ames, Iowa, Iowa Agric. and Home Economics Exp. Stat.; engl.) — In Gewächshausverss. wurden in Form von Nährlsgg. Bodenkulturen mit 100, 200, 300, 400 u. 500 ppm N sowie 65 u. 130 ppm P, Sandkulturen mit 100, 200 u. 300 ppm N sowie 28 u. 53 ppm P bei gleichbleibender Konz. von 165 ppm K gedüngt. Der Trockensubstanzgeh. der Sandkulturen stieg mit zunehmender Konz. an N (bis 100–200 ppm) u. P (53 ppm). Der höchste Trockensubstanzgeh. der Bodenkulturen lag zwischen 100–200 ppm N u. bei 65 ppm P. Ohne P-Gaben führten Konzz. über 100 ppm N zum Absterben der Maispflanzen. In allen Fällen stiegen mit den N- u. P-Düngerkonzz. auch der Gesamt-N- u. NO_3-N-Prozent-Geh. der Pflanzen. N besaß einen hoch signifikanten Einfl. auf den P-Geh., der jedoch in den verschiedenen Pflanzenteilen verschieden hoch war u. auch von den P-Zusätzen abhing. Unterschiede bestanden ferner zwischen den Sand- u. Bodenkulturen. Der K-Geh. der Pflanzen wurde unterschiedlich (Pflanzenteile, Nahrstoffkonz., Sand- oder Bodenkultur) durch die N-Zufuhr beeinflußt. Es wird versucht, die Beeinflussung der P-Aufnahme durch die N-Düngung zu erklären. W. Kreipe 6304◇

2116 **Die Nährstoffaufnahme und ihr Einfluß auf den Ertrag bei der Reispflanze.** Megh Nath Basak. (Agronomy J. **54**, 373–76, 1962; Calcutta, Govt. of West Bengal, Dep. of Agric. and Food Production; engl.) — In Feldverss. wurden Reispflanzen mit 30 lb. N, 9 lb. P u. 17 lb K pro acre einzeln oder kombiniert gedüngt. Zwischen der Trockensubstanzsynth., der N- u. P_2O_5-Aufnahme einerseits u. dem Kornertrag andererseits bestand eine hohe Korrelation. Diese war jedoch in einigen Fällen während der intermediären Stadien des Wachstums u. der Entw. der Pflanzen gestört, was eine etwa 30–40%ig. Ertragsminderung zur Folge hatte. Die Aufnahme u. Assimilation des P_2O_5 waren abhängig von denen des N. W. Kreipe 6304◇

2117 **Beobachtungen bei einem Düngungsversuch zu einer Fruchtfolge.** J. Chouteau, A. Mounat, H. Hitier und A. Renier. (Ann. Inst. exp. Tabac Bergerac **3**, 729 bis 755, 1961; franz.) — Vff. berichten über 5jährige Erfahrungen mit unterschiedlichen Kombinationen von *N*-, *P* u. *K*-Dünger zu einer Tabak, Weizen u. Luzerne (verschiedene Reihenfolgen) umfassenden Fruchtfolge auf jungem Alluvialboden (Dordogne) mit uneinheitlichen physikal. (der Nordteil des Vers.-Felds war stärker tonhaltig als der Südteil) u. chem. Eigg. (unterschiedliche Geh. an Gesamt-N, assimilierbarem P_2O_5 u. austauschbarem K_2O). Einen positiven Einfl. auf den Tabakertrag hatte nur der N-Dünger. Die Beeinflussung der Tabakqualität war auf die Uneinheitlichkeit der Bodeneigg. zurückzuführen. So hatte der Tabak den niedrigsten Marktwert, der auf dem Teil des Vers.-Feldes, der den höchsten Ton-Geh. aufwies, angebaut worden war. Bei gleichem Geh. des Bodens an Gesamt-N u. assimilierbarem P_2O_5 nahm die Qualität des Tabaks mit dem Geh. des Bodens an austauschbarem K_2O zu. Diese Beziehung war allerdings nicht in allen Fällen statist. gesichert. Der Geh. des Bodens an P_2O_5 wirkte sich nicht eindeutig auf den Marktwert des Tabaks aus. M. Winiker 6304◇

2118 **Die Auswirkung von N, P, K und Stallmist auf Wachstum und Ertrag von Jutepflanzen.** M. Kasel Ali und S. D. Chaudhuri. (Pakistan J. biol. agric. Sci. **4**,

32—35, 1961; Dacca, Jute Res. Inst.; engl.) — Auf einer laterit. Roterde, die leicht sauer war u. N-Mangel aufwies, wurden Wachstum u. Ertrag von Jutepflanzen durch $(NH_4)_2SO_4$, *KCl* u. bes. *Stallmist* signifikant verbessert. M. Winiker 6304◇

2119 **Die Auswirkung von Düngemitteln auf das Auflaufen von Getreidearten, Flachs und Raps.** M. Nyborg. (Canad. J. Soil Sci. **41,** 89—98, 1961; Beaverlodge, Alberta, Canada Dep. of Agric.; engl.) — Samen verschiedener Pflanzenarten wurden in Gefäßverss. bei variierter Bodentemp. (45, 55 u. 65°F) u. Bodenfeuchtigkeit (1/4, 1/3 u. 1/1 Feldkapazität) ohne bzw. zusammen mit einer Reihendüngung mit NH_4NO_3 (**I**), *Ammoniumphosphat* (**II**) u. *Tripelphosphat* (**III**) in Gaben von 40 lb. N bzw. 80 lb. P_2O_5/acre ausgesät. Keimgeschw. u./oder Keimzahl wurden durch die Reihendüngung vermindert, wobei hinsichtlich der Empfindlichkeit der Samen folgende Reihenfolge bestand: Flachs > Raps ≧ Weizen > Gerste > Hafer. **I** wirkte stärker schädigend als **II** u. **III**. Die Keimschädigungen nahmen mit abnehmender Bodenfeuchtigkeit zu (bes. bei **I**) u. stiegen auch mit abnehmender Bodentemp. an (bes. bei **III**). Bei breitwürfiger Ausbringung der Dünger oder bei Banddüngung (> 2,5 cm neben die Samen) wurden keine Keimschädigungen beobachtet. Wilfried Werner 6304◇

2120 **Schädliche Auswirkungen einer gemeinsamen Ausbringung von Mineraldüngern und Samen auf das Auflaufen von Flachs.** E. S. Molberg. (Canad. J. Soil Sci. **41,** 35—43, 1961; Regina, Saskatchewan, Canada Dep. of Agric.; engl.) — In Feldverss. wurden bei einer *N*-Reihendüngung schon bei Gaben von 20 lb. N/acre als NH_4NO_3 starke Auflaufschäden verursacht, die sich auch depressiv auf den Ertrag auswirkten. Bei Breitwurfdüngung wurden bis zur höchsten N-Gabe (80 lb./acre) die Erträge verbessert, ohne daß Keimungsschäden festgestellt wurden. In Gewächshausverss. konnten 15 lb. N/acre ohne Keimschäden als Reihendüngung verabreicht werden, sofern der Boden ausreichend feucht war. Eine P_2O_5-Reihendüngung in Höhe von 5—20 lb. P_2O_5/acre als $NH_4H_2PO_4$ erwies sich als unbedenklich. Verss. mit $Ca(H_2PO_4)_2$ brachten keine sicheren Ergebnisse. Aus den Vers.-Ergebnissen wird gefolgert, daß auch normale Mengen an Handelsdünger zu Flachs nicht in Form einer Reihendüngung gegeben werden sollten, wenn nicht genügend Bodenfeuchtigkeit vorhanden ist. Wilfried Werner 6304◇

2121 **Die Auswirkung von Bodentyp, Bodenfeuchtigkeit und Stickstoffdüngung auf das Wachstum von Sommerweizen.** S. Dubetz. (Canad. J. Soil Sci. **41,** 44—51, 1961; Lethbridge, Alberta, Canada Dep. of Agric. Res. Stat.; engl.) — Auf einem Lehm- u. einem lemigen Sandboden wurde in Gefäßverss. die Wrkg. steigender *N*-Gaben (0—90 lb./acre) in Abhängigkeit von der Bodenfeuchtigkeit (1/4, 1/2 u. 3/4 der Feldkapazität) auf Wachstum, Ertrag u. Eiweiß-Geh. von Sommerweizen geprüft. Auf beiden Böden stieg der Kornertrag mit zunehmender N-Gabe signifikant an; der Eiweiß-Geh. wurde dagegen nur auf dem Lehmboden erhöht. Der Feuchtigkeitsgeh. war bei dem sandigen Lehmboden ohne Einfl. auf Ertrag u. Eiweiß-Geh., wogegen beide Größen bei dem Lehmboden mit zunehmender Feuchtigkeit anstiegen. Diese Ergebnisse lassen erkennen, daß es wichtig ist, bei Düngungs- u. Bewässerungsverss. stets den Bodentyp zu beachten. Wilfried Werner 6304◇

2122 **Eine Untersuchung der Wasserspeicherung und Nitratanreicherung im Boden in Beziehung zu den Weizenerträgen bei vier Fruchtfolgen.** W. Michalyna und R. A. Hedlin. (Canad. J. Soil Sci. **41,** 5—15, 1961; Winnipeg, Univ. of Manitoba, Dep. of Soil Sci.; engl.) — Vff. untersuchten an den Parzellen eines Dauerfruchtfolgevers. auf Tonboden die Beziehungen zwischen Fruchtfolgeart, NO_3- u. Wasseranreicherung im Boden u. den Weizenerträgen. In Fruchtfolgen mit Brache wurden im allg. höhere Erträge erzielt als bei kontinuierlichem Weizenanbau, was auf eine NO_3-Anreicherung des Bodens im Brachejahr zurückgeführt werden kann. Durch Anwendung von Mineraldüngern u. Stallmist wurden die Ertragsunterschiede zwischen den verschiedenen Arten von Fruchtfolgen vermindert oder gänzlich aufgehoben. Der Geh. des Bodens an verfügbarem W. zu Beginn der Vegetation war nach Brache nur geringfügig erhöht. Vff. folgern, daß bei Verw. von Mineraldüngern im Unters.-Gebiet auch ohne Einschaltung von Brache hohe Erträge erzielt werden können. Wilfried Werner 6304◇

2123 **Versuche über die Ausbringzeit für Kalksalpeter bei Tulpen 1950—1960.** H. Bagge und Erling Rasmussen. (Tidsskr. Planteavl **66,** 470—88, 1962; Aarslev; dän.) — Bei der Düngung von Tulpenzwiebeln mit $Ca(NO_3)_2$ werden gute Ergebnisse mit 600 kg/ha erzielt, bes. wenn je 150 kg/ha etwa am 1. Oktober, 1. November, 1. Januar u. 1. April zugeführt werden. R. K. Müller 6304◇

2124 **Wirkung von Kaliumchlorid auf die Nitratbildung in humusreichem Boden durch Anwendung von Stickstoffverbindungen.** S. G. Ghosh. (Proc. nat. Inst. Sci. India, Part B **25,** 307—14, 1959; Calcutta, State Agricult. Res. Inst.; engl.) — Es wurde die Wrkg. von *KCl* auf die NO_3'-Bldg. aus *Harnstoff* (**I**) u. $(NH_4)_2SO_4$ (**II**) in humusreichen Böden bestimmt. Ohne *KCl* war bei **II** die NO_3'-Bldg. im Dunkeln stärker als im Licht, bei **I** dagegen umgekehrt. Die NO_3'-Bldg. war bei niedrigen NH_3-Konzz. stärker als bei höheren. KCl steigerte die NO_3'-Bldg.; höhere KCl-Konzz. hatten hierbei eine größere Wrkg. als niedrigere. — Die Wrkg. von KCl wird auf die Bldg. von KNO_2 durch NO_2', das aus NH_3 u. Luft-O_2 entsteht, zurückgeführt. Während NH_4NO_2 stark exotherm in H_2O u. N_2 zerfällt, ist KNO_2 stabiler u. wird langsam durch Luft-O_2 zu KNO_3 oxydiert. W. Damerau 6304◇

2125 **Mehrnährstoffdünger auf der Mähweide.** H. Staehler und B. Steuerer. (Bayer. landwirtsch. Jb. **40,** 314 bis 321, 1963; München; dt.) — In einem Vergleichsvers. zwischen Einzel- u. Mehrnährstoffdüngern zu Mähweide wurden mit Volldünger ausgezeichnete Ergebnisse erzielt. Im Mittel wurde die Weideleistung gegenüber Einzeldünger um 18% gesteigert, auch wurden der Nährstoffgeh. des Bodens u. die Zus. des Pflanzenbestandes günstig beeinflußt. M. Winiker 6304◇

2126 **Versuche mit Natriumdüngung von Flachs.** Asger Larsen. (Tidsskr. Planteavl **66,** 336—52, 1962; Aarslev; dän.) — Bei Düngung mit $NaNO_3$ nimmt der Faserertrag von Flachs etwas stärker zu als bei Düngung mit $Ca(NO_3)_2$ oder $Ca(NO_3)_2$–Na_2SO_4-Gemisch. Die günstige Wrkg. von $NaNO_3$ wird auf einen spezif. Einfl. von Na^+ zurückgeführt, der bei Verw. von Na^+ in Verb. mit SO_4^{2-} nicht zur Geltung kommt. R. K. Müller 6304◇

2127 **Salzwasserberieselung einiger Gemüsearten in verschiedenen Wachstumsstadien.** 1. Mitt. **Wirkung auf die Erträge.** J. Lunin, M. H. Gallatin und A. R. Batchelder. (Agronomy J. **55,** 107—10, 1963; Norfolk, Va., Virginia Truck Exp. Stat.; engl.) — An Blumenkohl, Tomaten, Spinat, Rüben, Zwiebeln u. Pfeffer wurde in Gewächshausverss. die Salztoleranz untersucht. Bei Erhöhung des Salzgeh. zeigten alle Pflanzen Ertragsminderung. Bei Tomaten u. Pfeffer war die Salzwrkg. stark abhängig vom Wachstumsstadium der Pflanzen. Rüben, Zwiebeln u. Pfeffer reiften bei Salzbewässerung nicht aus. H. Goebel 6304◇

2128 **Salzwasserberieselung einiger Gemüsearten in verschiedenen Wachstumsstadien.** 2. Mitt. **Wirkung auf die Kationenzusammensetzung von Pflanzen und Böden.** A. R. Batchelder, J. Lunin und M. H. Gallatin. (Agronomy J. **55,** 111—14, 1963; engl.) — 1. vgl. vorst. Referat. — Tomaten, Blumenkohl, Zwiebeln u. Pfeffer, Rüben u. Spinat wurden im Gewächshaus gezogen u. der Einfl. von Berieselung mit Seewasser in verschiedenen Wachstumsstadien auf Wachstum u. Kationengeh. der Pflanzen untersucht. Der Zeitpunkt der Salzanwendung hatte wenig Einfl.; die Kationenaufnahme war abhängig von Salzangebot u. den physiolog. Charakteristika der Pflanzenart. H. Goebel 6304◇

2129 **Einfluß von Temperatur- und Lichtbedingungen auf Trockenmasseverteilung, Entwicklungsgeschwindigkeit und Ertrag von Ackerfrüchten.** W. H. van Dobben. (Netherl. J. agric. Sci. **10,** 377—89, 1962; Wageningen,

Inst. für Biol. and Chem. Res. on Field Crops and Herbage; engl.) — Die Trockenmasseverteilung auf die verschiedenen Pflanzenteile ist nicht nur für die Qualität des Prod., sondern ebenso für Wachstumsgeschw. u. Ertrag wichtig. Diesbezügliche Unterschiede zwischen Arten u. Varietäten sind zum großen Teil auf die Geschw. der Überführung der produzierten Substanz in assimilierendes Gewebe u. auf das Verhältnis grüne Blattfläche/Trockengew. zurückzuführen. Sproß/Wurzel-Verhältnis sowie Wassergeh. stehen zur Wachstumsgeschw. in gewisser Beziehung wie Verss. über Temp.- u. Lichteinfl. zeigten. Die Temp. hat voneinander unabhängige Auswrkg. auf die Wachstums- u. die Entwicklungsgeschw. u. bestimmt damit die Endgröße der Pflanze. Bei Feldfrüchten der gemäßigten Zone bewirkt warmes Klima (25°) eine Verkürzung der Vegetationsperiode ohne ausgleichende Wachstumsbeschleunigung. Daher bleiben die Pflanzen kleiner als bei kühlem Klima. Subtrop. Pflanzen (Mais, Bohnen) wachsen dagegen in warmem Klima so viel schneller, daß sie trotz kurzer Vegetationsdauer größer werden. Das üppige Wachstum bei hohen Tempp. ist auf ein vergrößertes Sproß/Wurzel-Verhältnis zurückzuführen, das bei Pflanzen der gemäßigten Zone nicht festzustellen ist. Der Tag/Nacht-Wechsel bedingt schubweise Entwicklung. Optimale Taglänge ergibt bei schneller Entw. eine zu kurze Wachstumsperiode. Beste Erträge werden unter den Lichtverhältnissen der Subtropen erzielt. Hans Thiele 6304◇

2130 **Wirksamkeit der Nitraginbehandlung von Leguminosen.** O. Je. Awrow. (Ackerbau [UdSSR] **25**, Nr. 5, 55—57, 1963; Allunions-Forsch.-Inst. für landwirtschaftl. Mikrobiologie; russ.) — Auf torfigen Neulandböden wurden Verss. vorgenommen, bei denen das Saatgut (Erbsen) vor der Aussaat mit *Nitragin* (**I**) behandelt wurde. Während der Knospenbldg. erfolgte Nachdüngung mit Superphosphat (45 kg P_2P_5/ha). Verw. von **I** vergrößerte nicht nur die Erträge, sondern auch den Futterwert der Grünmasse. Außerdem wurde durch verstärkte Knöllchen-Bldg. der Boden mit N angereichert. Die Herst. von **I** erfolgte aus bes. Bakterien-Stämmen der Futterbohnen-Knöllchen. Phänolog. Beobachtungen ergaben, daß **I** stimulierend auf das Wachstum der Futterbohnen wirkt u. die Erträge steigert. H. Findeisen 6304◇

2131 **Der Einfluß von Mikroorganismen auf die Phosphatmobilisierung in Niedermoorböden.** Wolfgang Hirte. (Zbl. Bakteriol., Parasitenkunde Infektionskrankh. Hyg., II. Abt. **116**, 485—01, 1963; Großbeeren, Inst. für Gartenbau der DAL; dt.) — Vf. untersuchte in einem Bebrütungsvers. mit extrem unterschiedlicher Mikroorganismentätigkeit den Einfl. von Mikroben auf die Fe-gebundene Phosphorsäure in Niedermoorboden mit hohem Fe-Geh. u. in gärtner. Wirtschaftskompost mit geringerem Fe-Gehalt. Durch Vgl. eines sterilen Bodens mit einem superinfizierten mit luxurierender Mikroflora konnte Vf. Unterschiede in der Höhe Fe-gebundener Phosphorsäure feststellen. Je größer die Mikroorganismentätigkeit war, um so niedriger wurden die Werte an Fe-gebundener Phosphorsäure u. gleichzeitig stiegen die Geh. an lactatlösl. u. wasserlösl. Phosphorsäure an. In mit Bakterien (Bac. cereus var. mycoides) infizierten Böden war der Geh. an lactatlösl. Phosphorsäure im allg. höher als in mit Pilzen (Penicillium nigricans) infizierten. In superinfizierten Böden stieg der Geh. an Fe-gebundener Phosphorsäure nach Abtötung der Mikroorganismen wieder an, da das reichlich in ihnen vorhandene Fe sich neu mit Phosphorsäure verbinden konnte. Die Übertragbarkeit dieser Befunde auf die Gegebenheiten der Praxis wird eingehend diskutiert. M. Winiker 6306◇

2132 **Über die Zersetzung organisch-mineralischer Verbindungen in podsolhaltigen Böden.** T. W. Arisstowskaja. (Bodenkunde [UdSSR] **1963**, Nr. 1, 30—43; Dokutschajew-Zentral-Museum für Bodenkunde; russ., Auszug: engl.) — Die Zersetzung von Komplexen aus Humusstoffen u. Sesquioxiden erfolgt durch zwei Gruppen von Mikroorganismen (MO): 1. heterotrophe MO zerstören die Verbb., ohne Fe zu konzentrieren, z. B. selibera stellata Arist. et Parink u. a., 2. MO, welche das bei der Zers. freiwerdende Fe u. Mn akkumulieren. Diese Gruppe schließt wenig bekannte u. neue MO ein, von denen als neue *Pedomicrobium podzolicum* neben *Pedomicrobium ferrugineum Arist.* u. *manganicum Arist.* bereits differenziert wurden. In Sandböden entwickeln sich Fe–Mn-Bakterien vorherrschend in alluvialen u. z. T. in Podsolschichten, während sie sich bei Lehmböden meist in Podsol-, mitunter auch in Akkumulationsschichten bilden. Durch ihre Lebenstätigkeit kommt es in diesen Böden zur Entw. von Fe–Mn-Zentren u. Streifen mit Fe- u. Mn-Hydroxiden. H. Findeisen 6306◇

2133 **Herbicide bei der Erzeugung von Futtermitteln.** Viktor Bobák. (Za socialist. Zemědělství **13**, 290—95, 1963; Stred. polnohosp. techn. škola v Orav. Podzámku; slowak.) — Zwecks Unters. der Wrkg. hormonaler Herbicide auf die Entw. von Mais als grüner Futterpflanze, hat Vf. die Herbicide *Simazin* (2 kg/ha), *Dikotex* (1 kg/ha) u. *Agrion* (1 kg/ha) unter verschiedenen Bedingungen (mit oder ohne mechan. Vorbereitung des Bodens, mit oder ohne Einsatz einer Jätmaschine) erprobt. Es wurde festgestellt, daß die Herbicide, bes. aber Simazin, ohne Einsatz einer Jätmaschine die Menge an Grünmasse um 112—144 Zentner/ha erhöhten. J. Špinka 6312◇

2134 **Unkrautbekämpfung bei Erbsen.** Anne Hammarlund. (Tidsskr. Planteavl **65**, 671—83, 1962; dän.) — Erbsen können zur Unkrautbekämpfung jederzeit bis zum Erreichen von 10—15 cm Höhe gespritzt werden. Am besten ist die Wrkg. von 3 Liter 20%ig. Lsg. von *Dinoseb* (*Dinitro-sek.-butylphenol*) + 1 Liter 25%ig. Lsg. von *M-Hormon* (*4-Chlor-2-methylphenoxyessigsäure*) bei einer Pflanzenhöhe von ca. 5 cm; hierbei geht der Unkrautbestand auf 20% zurück. *M-Buttersäure* (*4-Chlor-2-methylphenoxybuttersäure*) u. *D-Buttersäure* (*2.4-Dichlorphenoxybuttersäure*) sind als Unkrautmittel bei Erbsen ungeeignet, da sie den Ertrag schädigen, das Unkraut aber zu wenig angreifen. R. K. Müller 6312◇

2135 **Vergleich von pflanzlichen und tierischen Ölen bei der Entgeizung von Tabak.** A. Mounat, H. Hitier und A. Renier. (Ann. Inst. exp. Tabac Bergerac **3**, 719—28, 1961; franz.) — Bei Verss. zur Entgeizung von Paraguay-Tabak hatten 2 *Fischöle* (**I**) eine bessere Wrkg. als reines *Rapsöl* (**II**), das seinerseits weniger wirksam war als reines *Nußöl* (**III**). Bzgl. der physikal. Eigg. nahmen die mit **I** behandelten Tabakpflanzen eine Mittelstellung zwischen den mit **II** u. **III** behandelten ein. Der Alkaloid-Geh. der Pflanzen wurde durch keines der Öle merklich beeinflußt. Bei zu hoher Dosierung von **I** (> 1 ccm/Pflanze) besteht die Gefahr einer Schädigung der Pflanzen. M. Winiker 6312◇

2136 **Verwendung von Ölen zur Verhütung der Bildung von Seitentrieben bei entgipfelten Tabakpflanzen.** D. Cremaschi. (Tabacco **66**, 407—19, 1962; Bovolone, Sez. Veronese dell' Ist. Sci. Speriment. per i Tabacchi; ital.) — Bei Verss. zur Entgeizung von Tabakpflanzen (Sorte: Nostrano del Brenta) wurden mit 3 *Ölen* des Handels (*Ebourgol, Stop Bourgeon, Germ'oil E. S.*) gute Erfolge erzielt. Die Reifung der Blätter wurde durch die Öle etwas verzögert. Ertrag u. Qualität des Tabaks erfuhren eine merkliche Verbesserung, während sein Alkaloid-Geh. meist vermindert wurde. M. Winiker 6312◇

2137 **Versuche zur Bekämpfung von Kartoffelschorf und Wurzeltöterkrankheit.** H. Mygind. (Tidsskr. Planteavl **66**, 423—57, 1962; dän.) — Als wirksamstes Mittel gegen Kartoffelschorf (Streptomyces scabies) u. Wurzeltöterkrankheit) (Rhizoctonia solani) hat sich *Pentachlornitrobenzol* (*PCNB*, **I**) erwiesen. **I** wird als 60%ig. Pulver (Brassicol super konc.) in einer Dosis von 100 kg/ha zur Bodendesinfektion benutzt, auch im Gemisch mit Düngemittel oder mit feuchtem Sand. Der Schorfbefall wird auf ca. 50%, bestenfalls 33% red., die Wrkg. wird durch Zusatz von $(NH_4)_2SO_4$ etwas verstärkt. Gegen die Wurzeltöterkrankheit ist **I** weitgehender wirksam. Über Geschmacksschädigung durch **I** kann noch nichts Endgültiges gesagt werden. R. K. Müller 6312◇

2138 **Spritzversuch gegen Kartoffelblattschimmel 1961.** Folke Andrén und Börje Olofsson. (Statens Växtskyddsanst., Växtskyddsnotiser **26**, 18—21, 1962; schwed.) — Vgl. C. **1962**, 16813. — Gegen Kartoffelblattschimmel sind in erster Linie *Maneb*- (**I**) u. *Sn*-Präpp. wirksam. Gegen Braunfäule zeigen Sn-Präpp. die beste Wrkg., gefolgt von *Cu*-Mitteln. Der Mehrertrag (t/ha) beträgt bei **I** ca. 8,5, bei *Zineb* + *Cu-Oxychlorid* ca. 5,5, bei $MnSO_4$ nur ca. 1. Die vorbeugende Spritzung soll möglichst früh einsetzen, ergänzt durch Blattentfernung nach Feststellung der Infektion. R. K. Müller 6312◇

2139 **Das Beizen von Samen mit gut haftenden Konzentraten alkoholischer Sulfitschlempe.** A. I. Kulikow, I. M. Poljakow, M. Ss. Cholodnjuk und S. A. Botschkarewa. (Pflanzenschutz **7**, Nr. 12, 26—27, 1962; russ.) — Die im Gießereiwesen, in der Zement- u. Bauindustrie benutzte alkohol. Sulfitschlempe ist ein Abfall-Prod. der Cellulose-Herst. u. dient als Stabilisator für Insekticid-Emulsionen bzw. Suspensionen u. zur Saatbeize. Beim Beizvorgang überzieht das Konzentrat die Samen mit einem dünnen Film. Die Konzentrat-Menge ist vom Typ des Saatgutes u. der benutzten App. abhängig. Das Konzentrat reagiert neutral u. ist mit anderen Stoffen (Dünger, Spurenelemente, Wachstumsstimulatoren, Farbstoffen usw.) mischbar. Mit dem Konzentrat gebeizte Samen zeigen bessere Keimfähigkeit u. stärkeres Wachstum. Verss. ergaben bei Verw. von 40(%) TMTD + 10 Heptachlor + 20 Konzentrat + 30 Kaolin in wss. Suspension 1:4 (5 Liter/t Saatgut) beste Resultate. H. Findeisen 6312◇

2140 **Die Erhöhung der Widerstandsfähigkeit gegenüber Krankheiten und des Ernteertrages von Mais durch Zink.** G. M. Ignatowitsch und G. L. Mokrijewtisch. (Pflanzenschutz [UdSSR] **7**, Nr. 4, 35—36, 1962; Landwirtschaftsinst. für d. Don-Gebiet; russ.) — Verss. wurden mit organ. (Zineb, Ziram u. a.) u. anorgan. Zn-Verbb. ($ZnSO_4$, ZnO, Zn-Fritte, $ZnCr_2O_4$, Abfälle aus der Zinkweiß-Herst.) durchgeführt. Mais braucht, bes. in der Keimperiode, viel Zn. Pudern mit Zn-Staub ergab gute Keime u. starke Wurzelbildung. Die Samen wurden nicht von Schimmelpilzen befallen, u. die sich entwickelnden Pflanzen waren gegen Bodenschädlinge bedeutend weniger anfällig. Zur Anwendung gelangten 100—500 g/ha Zn-Präpp. bei gleichzeitiger Verw. von *Granosan*, *Germisan*, *TMTD* (**I**). Mit **I** gebeizte u. mit Zn-Präpp. gepuderte Samen können bis zur Aussaat einige Monate lagern, ohne jede qual. Minderung des Saatgutes. Auf stark carbonathaltigen Böden ist Zn-Fritte wenig wirksam, während die organ. Zn-Verbb. ständig gute Ergebnisse hatten. Analysen zeigten die Abhängigkeit der Wrkg. von Zn-Präpp. vom Geh. des Bodens an $CaCO_3$. H. Findeisen 6312◇

2141 **Neuere Erfahrungen bei der Bekämpfung von Maikäfern, Melolontha melolontha L.).** Jørgen Jørgensen. (Tidsskr. Planteavl **65**, 615—24, 1962; dän.) — Nach Vorverss. mit *Lindan*, *Chlordan* u. *Aldrin* (**I**) wurde die Maikäferbekämpfung vor dem Anbau von Rüben nur noch mit **I** (2 u. 4 kg akt. Substanz/ha) durchgeführt, wobei eine Ertragssteigerung um 32—37% (mit 2 kg/ha) bzw. 17—40% (bei 4 kg/ha) erzielt wurde. R. K. Müller 6312◇

2142 **Über die Bekämpfung freilebender Nematoden mit einem Thiophosphat-Mittel.** Hilde Niedieck. (Statens Växtskyddsanst., Växtskyddsnotiser **26**, 31—32, 1962; schwed.) — An Haferpflanzen wird ein Rückgang wurzelschädigender Nematoden (Aphelenchoides, Aphelenchus, Ditylenchus, Typenchus, Tylenchorhynchus, Pratylenchus) u. auch nichtparasitärer Arten (Saprozoen) um 97,9% bei Anwendung von *ENT-18133* in einer Dosierung von 16 kg/ha festgestellt. R. K. Müller 6312◇

2143 **Über die Bekämpfung von Fritfliegen.** Erik Johansson. (Statens Växtskyddsanst., Växtskyddsnotiser **26**, 25—28, 1962; schwed.) — Bei genügend hoher Dosierung (16 kg/ha) hann die Schädigung von Hafer durch Fritfliegen durch 5%ig. *ENT-18133* von 83% (Kontrolle) auf 3,3% herabgesetzt werden. Mit 20%ig. *Lindan* u. 35%ig. *Cyclodan* wird nur ein Rückgang auf 70,0 bzw. 73,8% erreicht. R. K. Müller 6312◇

2144 **Ergebnisse eines 1962 zur chemischen Bekämpfung von Costelytra zealandica (Wh.) (Melolonthinae, Scarabaeidae) durchgeführten Freilandversuchs.** P. G. Fenemore. (New. Zealand J. agric. Res. **6**, 104—11, 1963; New Plymouth, Ivon Watkins Ltd.; Nelson, Dep. of Sci. and Ind. Res., Entomol. Div.; engl.) — Gute Bekämpfungserfolge wurden mit 2 u. 4 (lb./acre) *Diazinon*, 4 *Äthylazinphos* (**I**) u. 2 *Heptachlor* erzielt. Weniger wirksam waren 2 **I** u. 2 *UC 10854* (*Carbamat*-Mittel), während 2 *DDT* versagten. M. Winiker 6312◇

2145 **Die Verwendung von Pyrethrumpulvern in der Tomatenkonserven-Industrie der USA.** Carl N. Watts. (Pyrethrum Post [Nakuru, Kenya] **6**, Nr. 4, 3—6, 1962; Baltimore, Md., FMC Corp., Fairfield Chem.; engl.) — Übersicht. — 8 Literaturangaben. W. Wesly 6312◇

2146 **Orientierende Versuche über die Beständigkeit von Pyrethrinen in wäßriger Emulsion.** D. R. Maciver. (Pyrethrum Post [Nakuru, Kenya] **6**, 20—21, 1962., Nr. 4, Pyrethrum Board of Kenya, Res. Labor.; engl.) — Eine wss. Pyrethrum-Emulsion zeigte nach 1jähriger Aufbewahrung in dunklen Gläsern einen hohen Grad von Beständigkeit, wie aus Vgl.-Verss. mit frischer Emulsion an Moskitos hervorgeht. W. Wesly 6312◇

2147 **Wert der Blattanalyse beim Robusta-Kaffeebaum.** J. Forestier. (Café, Cacao, Thé **6**, 191—206, 1962; Suppl. zu: Agronom. tropicale; Boukoko, Centre de Rech. Agron.; franz.) — Beim Robusta-Kaffeebaum erwies sich die Blattanalyse als brauchbares Hilfsmittel zur Feststellung von ausgeprägtem Mangel an Nährstoffen (N, K, Ca, Mg). M. Winiker 6320◇

2148 **Verwendung eines Bodenverbesserungsmittels zur Erhöhung der Genauigkeit von Untersuchungen der Bodenfruchtbarkeit.** J. J. Doyle und A. A. MacLean. (Canad. J. Soil Sci. **41**, 86—88, 1961; Fredericton, New Brunswick, Canada Dep. of Agric., Res. Stat.; engl.) — Bodenproben von den verschiedenen Parzellen eines langjährigen Düngungsvers. wurden im Gefäßvers. im Hinblick auf die P_2O_5-Nachwrkg. zu Ladino-Klee untersucht, wobei einige der Proben zur Ausschaltung der aus der langjährigen unterschiedlichen Düngung resultierenden Unterschiede in der Aggregatstabilität mit *Krilium* (**I**) behandelt wurden. Es zeigte sich, daß durch die Anwendung von **I** die Versuchsergebnisse eine größere Genauigkeit aufwiesen. Der varianzanalyt. ermittelte Variationskoeff. betrug 33,9% bei den Varianten ohne **I** im Vgl. zu 19,7% bei den Varianten mit **I**. Wilfried Werner 6324◇

2149 **Zur Chemie von Polyhalocyclopentadienen und verwandten Verbindungen. 14. Mitt. Über die quantitative Bestimmung von Thiodan.** Randolph Riemschneider und Jean-Claude Hilscher. (Z. analyt. Chem. **165**, 278—80, 1959; Berlin, FU.; dt.) — 12. vgl. C. **1959**, 7098. — Zur Best. von *Thiodan* (**I**) (Umsetzungsprod. von Hexachlorbicyclohepten-bis-hydroxymethylen mit Thionylchlorid) reduzieren Vff. den **I**-S in saurem Medium zu H_2S u. best. dieses nach Abscheidung als CdS jodometrisch. Ausführung: 17—26 mg **I** werden in einem 100 ml Schliffkolben mit 5 ml A. gelöst. Nach Zugabe von 8 g Zn-Staub läßt man konz. HCl in die Lösung eintropfen. Das entstehende Gasgemisch (H_2 + H_2S) wird durch eine Gaswaschflasche geleitet, die mit Cd-Acetatlsg. (50 g Cd-Acetat · $2H_2O$ u. 400 g Na-Acetat · $3H_2O$ pro 1000 ml wss. Lsg.) beschickt ist. Nach Beendigung der Gasentw. werden 5 ml 0,02 n Jodlsg. in die Waschflasche gegeben u. milliliterweise verd. H_2SO_4 (1 Teil konz. H_2SO_4 + 6 Teile W.) zugefügt, bis alles CdS gelöst ist. Dann wird das überschüssige J mit 0,02 n $Na_2S_2O_3$-Lsg. zurücktitriert. 1 ml 0,02 n Jodlsg. entspricht 4,0694 mg **I**. Größere Mengen **I** (60—120 mg) werden zweckmäßiger durch Oxydation des S zu H_2SO_4 mit H_2O_2 in 50%ig. alkoh. KOH bestimmt. K. Pavel 6328

2150 Ciba Ltd., Basel, Schweiz, **Eisenkomplexsalze** von freien substituierten Iminodicarbonsäuren der allg. Formel $(HO)_z$–R–[–CH_2–N($C_xH_{2x}COOH)_2]_y$ (R — ggf. substituierter Arylrest, x = 1 oder 2, y < 4 u. z < 3) oder von Salzen dieser Säuren mit salzbildenden Kationen können hergestellt werden durch Rk. von Iminodicarbonsäuren mit Fe-Salzen in wss. Lsg. in Ggw. von salzbildenden Kationen, wie Alkali-, Erdalkali- oder NH_4-Ionen. Mit üblichen Trägerstoffen als alkalibeständige *Pflanzenschutzmittel* bei Eisenmangelkrank-

heiten verwendbar. (**E. P. 882987** vom 10/8. 1959, ausg. 22/11. 1961. Schwz. Prior. 8/8. 1958.)
R. Bauereis 6313

2151 Diamond Alkali Co., Cleveland, übert. von: Russell Bimber, Painesville, Ohio, V. St. A., **α-Halogenaldehydderivate von Thiazolidinonen, Oxazolidinonen und den entsprechenden Thionen** der allg. Formel I

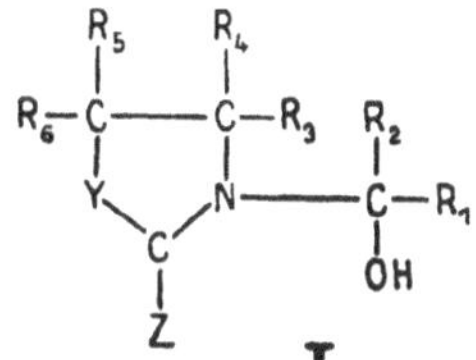

I

(Z u. Y = O oder S; R_1 u. R_2 = H oder Halogenalkyl; R_3, R_4, R_5 u. R_6 = H, Alkyl, Aryl, Thienyl, Aralkyl, Alkaryl mit höchstens 10 C-Atomen, bes. deren Halogen-Verbb.), bes. Verbb. der allg. Formel **II** (Y u. Z = O

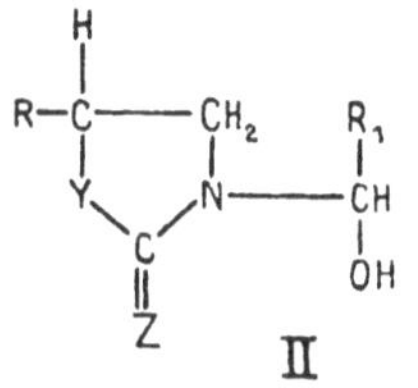

II

oder S; R = H, Alkyl, Aralkyl, Alkaryl, Aryl, Halogenalkyl oder deren Halogen-Derivv., alle mit höchstens 10 C-Atomen; R_1 = Halogenalkyl), erhält man durch Rk. von Verbb. der allg. Formel **III** mit einem α-Halogen-

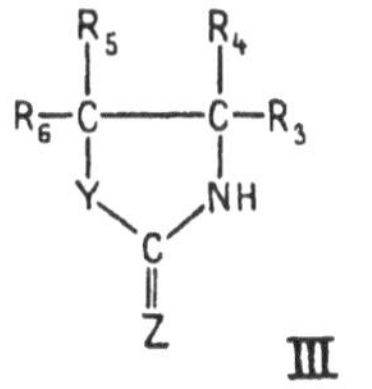

III

aldehyd, bes. in Ggw. eines Lsgm. (Bzl., Chlf., Heptan, Trichlorbenzol), ggf. durch Kühlen der exothermen Rk. auf eine Temp. < Kp. des Aldehyds (Chloral). — Man erhitzt z. B. ein Gemisch aus 75 (g) 1-Aminopropanal-(2) u. 60 feinverteiltem Harnstoff unter Rühren ca. 20 Std. bei einer von 125 auf 180° ansteigenden Temp. u. dest. das orangegelbe rohe Öl unter Vakuum → 5-Methyloxazolidin-2-on, F. 20—22°, $n_D^{24,5}$ 1,4590. Man gibt 102 des Prod. zu 1 Mol (= 100 ml) Chloral unter Kühlung, läßt das Gemisch bei Raumtemp. fest werden, verd. den öligen Schlamm mit einem Chlf.–PAe.(1:2)-Gemisch, filtriert den orangegelben klebrigen Rückstand u. reinigt ihn mit CCl_4 → 85,8 *3-[2.2.2-Trichlor-1-hydroxyäthyl]-5-methyloxazolidin-2-on*, $C_6H_8Cl_3NO_3$, F. 134—136° (CCl_4). — Analog erhält man aus 2 (Mol) Isopropanolamin u. 4 CS_2 → 5-Methylthiazolidin-2-thion, F. 87,5—88,5°; daraus mit Chloral → *3-[2.2.2-Trichlor-1-hydroxyäthyl]-5-methylthiazolidin-2-thion*, $C_6H_8Cl_3NOS_2$, F. 104—105°. — Aus Isopropanolamin, CS_2 u. methanol. J_2-Lsg. → 5-Methyloxazolidin-2-thion, F. 74—76°; daraus mit Chloral → *3-[2.2.2-Trichlor-1-hydroxyäthyl]-5-methyloxazolidin-2-thion*, F. 117—123°, $C_6H_8Cl_3NO_2S$, F. 117—123°. — Aus 0,25 Thiazolidin-2-thion u. 0,25 Chloral → *3-[2.2.2-Trichlor-1-hydroxyäthyl]-thiazolidin-2-thion*, $C_5H_6Cl_3NOS_2$, F. 97—98° (Chlf.). — Mengenbeispiele mit letalen Dosen für die Wrkg. als *Fungicide* (gegen Alternaria solani u. oleracea, Phytophthora infestans, Monilinia fructicola auf Tomatenpflanzen), *Parasiticide* (gegen Kakerlaken usw.) bzw. *Herbicide* (für Weizen-, Baumwollpflanzungen usw.). (**A. P. 2973366** vom 17/10. 1957, ausg. 28/2. 1961.)
G. Vogel 6313

2152 Imperial Chemical Industries Ltd., London, England (Erfinder: Robert Coles Brian), **Herbicide Präparate, welche korrosionsverhütende Mittel enthalten.** Zur Verhütung der Korrosion von Behältern u. Spritz-Vorr. aus Zn, Al oder galvanisiertem Fe werden Herbiciden, welche als Wirkstoff quaternäre Dipyridyliumsalze, z. B. *1.1'-Äthylen-2.2'-dipyridyliumdibromid* oder *dichlorid* *1.1'-Dimethyl-4.4'-dipyridyliumdi(methylsulfat)* oder *-dichlorid* u. *1.1'-Di-β-hydroxyäthyl-4.4'-dipyridyliumdichlorid*, enthalten, ca. 1—20, bes. 5—15(%) eines Mono- oder Diorthophosphats des K, Na, Ca oder NH_4 u. ca. 0,1—2. bes. 0,2—1, eines wasserlösl. Molybdats, bes. des Na, berechnet auf die Wirkstoffmenge, zugesetzt. Die Korrosion von Zn-, Fe- u. Al-Behältern wird zu ca. 80—99% verhindert. Tabellen mit Ergebnissen aus Vgl.-Versuchen. (**E. P. 913413** vom 9/6. 1960, ausg. 19/12. 1962.)
H. Karst 6313

2153 Deutsche Gold- und Silber-Scheideanstalt vormals Roessler, Frankfurt/M. (Erfinder: Hans Huemer, Königstein/Taunus), **Mittel zur Beeinflussung des Pflanzenwachstums**, gek. durch einen Geh. an einem oder mehreren Perchlormethylmercaptoaminotriazinen

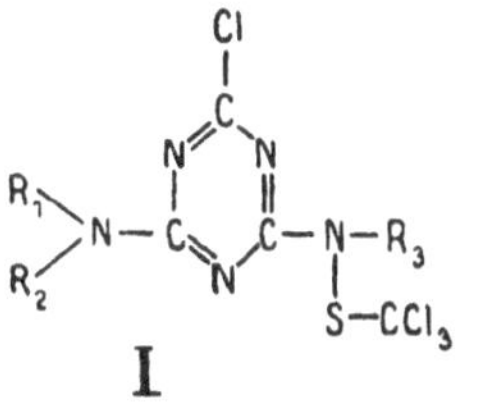

I

der allg. Formel als Wirkstoff, in der R_1 vorzugsweise H, aber auch eine Alkylgruppe bedeutet, R_2 u. R_3 Alkylgruppen, vorzugsweise eine Methylgruppe, bedeuten. Als Wirkstoffe zur Ausrottung oder selektiven Unterdrückung von Unkräutern unter Kulturpflanzen oder auch zur vollständigen Abtötung u. Verhinderung unerwünschten Pflanzenwuchses bzw. zur Entblätterung, Verminderung des Fruchtansatzes, Verzögerung der Blüte u. zum Sterilisieren des Bodens dienen z. B. *2-(N-Trichlormethylmercapto-N-methylamino)-4-methylamino-6-chlor-1.3.5-triazin* u. die entsprechenden *4-Äthylamino-*, *4-Isopropylamino-*, *4-n-Propylamino-*, *4-tert.-Butylamino-*, *4-Isobutylamino-* u. *4-n-Butylamino-6-chlor-1.3.5-triazin*-Verbb., die in W. nur wenig, in organ. Lsgm., z. B. Ketonen, Toluol, Chlornaphthalin, Estern, Mineralölen, Pflanzenölen u. dgl., gut lösl. sind. Die Wirkstoffe können auch im Gemisch mit festen, inerten Trägerstoffen, Insekticiden, Fungiciden oder Düngemitteln in Mengen von ca. 1—12 kg/ha verwendet werden. Ergebnisse aus Vgl.-Verss. mit verschiedenen Unkrautarten. (**D. A. S. 1138978** Kl. 45 l vom 12/5. 1960, ausg. 31/10. 1962.)
H. Karst 6313

2154 American Cyanamid Co., New York, N. Y., übert. von: Sucille Theresa Morin und Ken Matsuda, Stamford, Conn., V. St. A., **Herstellung von 3-Cyan-5-methyl-1.2.4-triazol (I)**, F. 132—134° und **5-Cyantetrazol (II)**, F. 95° (bei 103° Zers.), dad. gek., daß man 5 (Teile) 1-Cyanformimidsäurehydrazid (**III**) [F. 83—86°; hergestellt durch Rk. von 156 $(CN)_2$ mit 96 Hydrazin in Dioxan–CH_3OH bei 3—10°] mit 70 $(CH_3 \cdot COO)_2$ bei 140° unter Rückfluß erhitzt, wobei sich aus dem prim. erhaltenen 1-Cyanformimidsäure-(2-acetylhydrazid), F. 217°, unter Ringschluß das **I** bildet, bzw. aus 2 (Teile) **III** durch Rk. mit 20 verd. HNO_3, 4 $AgNO_3$ u. 15 konz. HNO_3 sowie 1,7 $NaNO_2$ über das Ag-Salz des 5-Cyantetrazols durch Behandeln mit H_2S das **II** herstellt. — *Herbicides bzw. insekticides Mittel.* (**A. PP. 3021336** u. **3021337** vom 6/5. 1960, ausg. 13/2. 1962.)
W. Heyer 6313

2155 United States Borax & Chemical Corp., Los Angeles, übert. von: Howard Steinberg, Fullerton, und Don L. Hunter, Long Beach, Calif., V. St. A., **Herstellung von 2.6-Di-tert.-Alkylphenoxybordihalogeniden** erfolgt durch Rk. einer Dispersion eines Alkali-

metalls in einem inerten KW-Stoff, z. B. Na in Toluol, mit einem 2.6-Di-tert.-Alkylphenol, Kühlen des Gemisches auf −60° u. Rk. mit einem B-Trihalogenid, worauf man das bei Raumtemp. abgeschiedene feste Endprod. abfiltriert. Beispiele zur Herst. von *2.6-Di-tert.-butylphenoxybordichlorid, 2.6-Di-tert.-butyl-4-methylphenoxybordibromid* u. die entsprechende *Di-tert.-amyl-Verb., 2.4.6-Tri-tert.-amylphenoxybordichlorid.* — Die Prodd. dienen zur Herst. von stabilen Borsäureestern u. als *Herbicide* u. *Insekticide.* (**A. P. 3027397** vom 7/11. 1960, ausg. 27/3. 1963.)
O. Müller-Meiningen 6313

2156 United States Borax and Chemical Corp., Los Angeles, Calif., V. St. A., **Herstellung von Acyloxyboranen** der allg. Formel $(R)nB(OOCR')_{3-n}$ erfolgt durch Rk. von Estern der Zus. $RnB(OR)_{3-n}$ mit einem Carbonsäureanhydrid $[R'CO)_2O$ (R = C_1-C_5-alkyl oder Aryl; R' = ggf. halogensubstituiertes Alkyl; n = 0, 1 oder 2), indem man z. B. 226 (g) Isopropylborat (**I**) mit 370 $(CH_3CO)_2O$ (**II**) unter Abdest. von 346,4 (94,2%) Isopropylacetat unter Rückfluß erhitzt u. durch Umkristallisieren des Rk.-Prod. aus **II** 126,4 (77%) *Oxy-bis-(diacetoxyboran)*, $C_8H_{12}B_2O_9$, erhält. — **I** + Propionsäureanhydrid → 82% *Tripropionoxyboran*, $C_9H_{15}BO_6$. — Äthyldiäthoxyboran + **II** → 85% *Äthyldiacetoxyboran*, $C_6H_{11}BO_4$. — Dipropyläthoxyboran + **II** → 83,8% *Dipropylacetoxyboran*, $C_8H_{17}BO_2$. — Zwischenprodd., *Fungicide, Insekticide, Herbicide.* (**E. P. 901567** vom 27/1. 1961, ausg. 18/7. 1962. A. Prior. 15/2. 1960.)
O. Müller-Meiningen 6313

2157 American Cyanamid Co., New York, N. Y., V. St. A., **Herstellung von tertiären Phosphinsulfiden** der allg. Formel $S{=}X{-}C(OH)\langle^{Rx}_{Ry}$ (**I**), worin Rx = H, Alkyl oder Aryl, Ry = H, Alkyl, Aryl oder Rx u. Ry zusammen einen alocycl. Ring u. X einen substituierten Phosphinrest bedeutet, durch Rk. eines sek. Phosphinsulfids mit einer Carbonylverb. bei 0—200°. — Beispiel: 2 (g) Di-n-butylphosphinsulfid werden in 2 ml Bzl. mit 1,2 Benzaldehyd versetzt. Nach Stehen über Nacht wird das Lsgm. entfernt, es hinterbleibt *Di-(n-butyl)-1-hydroxy-1-phenylmethylphosphinsulfid,* F. 59—62°; analog *Diphenyl-1-hydroxy-1-methyläthylphosphinsulfid,* F. 118—120°. — *Herbicide.* (**E. P. 907497** vom 29/11. 1960, ausg. 3/10. 1962. A. Prior. 2/12. 1959.)
R. Bauereis 6313

2158 Virginia-Carolina Chemical Corp., Richmond, übert. von: Thomas Mason Melton, Richmond, Va., V. St. A., **Phosphoniumphosphate** der allg. Formel $[R_3R'PX]_mP(:X)(XR'')_n$ (R = niederer Alkylrest mit 1—5 C-Atomen, der ggf. durch OH oder Halogen substituiert ist, ggf. durch Halogen substituierter Phenyl- bzw. Benzylrest, Naphthylrest; R u. R'' = Alkylreste mit 1—12 C-Atomen, ggf. durch niedere Alkylreste oder Halogen substituierte Phenylreste; X = O oder S; m u. n = 1—2, m + n = 3) erhält man durch Rk. von Phosphoniumhalogeniden der allg. Formel $[R_3PR']Y$ (Y = Halogen) mit einer Verb. der allg. Formel $(HX)_mP(:X)\cdot(XR'')_n$, ggf. in einem inerten Lsgm. ggf. in Ggw. eines H-Acceptors. — 33,9 g $(C_4H_9)_4PBr$, 24,2 g Dithiophosphorsäure-O.O-dibutylester u. 10,1 g $(C_2H_5)_3N$ in 44 g Bzl. werden unter schwach exothermer Rk. umgesetzt u. das Rk.-Gemisch wird 48 Std. stehengelassen. Nach dem Aufarbeiten in 86%ig. Ausbeute. *Tetrabutylphosphonium-O.O-dibutyldithiophosphat,* n_D^{27} 1,5104, D_4^{20} = 1,033; 2.4-Dichlorbenzyltributylphosphoniumchlorid + Phosphorsäurebis-(2-äthylhexyl)-ester → *2.4-Dichlorbenzyltributylphosphonium-bis-(2-äthylhexyl)-phosphat,* n_D^{27} 1,4927, D_4^{20} 1,055. $[2.4\text{-}Cl_2C_6H_3CH_2P(C_4H_9)_3]Cl + (HO)_2\cdot P(:O)OC_8H_{17}$ + NaOH → $[2.4\text{-}Cl_2C_6H_3CH_2P(C_4H_9)_3]_2\cdot O_2P(:O)OC_8H_{17}$ sehr viskose Flüssigkeit. — *Herbicide.* (**A. P. 3050543** vom 24/11. 1961, ausg. 21/8. 1962.)
A. Jahn 6313

2159 Dow Chemical Co., übert. von: Henry Tolkmith, Midland, Mich., V. St. A., **1.2-Bis-(thiophosphinyl)-hydrazine** der allg. Formel $R(R')P(:S){-}NH{-}NH{-}P(:S)\cdot(R)R'$ erhält man durch Rk. von $NH_2{-}NH_2$ mit einem Thiophosphinylhalogenid der allg. Formel $R(R')P(:S)X$ (R u. R' = Alkoxy-, Alkylamino-, Dialkylaminogruppen, wobei der Alkylrest 1—4 C-Atome enthält; X = Halogen) bes. in Ggw. eines säurebindenden Mittels (tert. Amin). — Es wurden erhalten: *1.2-Bis-(diäthoxythiophosphinyl)-hydrazin,* F. 82°; *1.2-Bis-(dimethoxythiophosphinyl)- hydrazin,* F. 66—68°; *1.2-Bis-[bis-(dimethylamino)-thiophosphinyl]-hydrazin,* F. 89—91°; *1.2-Bis-(methoxy-methylaminothiophosphinyl)-hydrazin,* F. 99—100°. — *Herbicide, system. Insekticide.* (**A. P. 3047624** vom 30/4. 1959, ausg. 31/7. 1962.)
A. Jahn 6313

2160 Dow Chemical Co., übert. von: Herman O. Senkbeil, Midland, Mich., V. St. A., **Thiophosphorsäure-O-alkyl-S-chloralkylesteramide** der allg. Formel $RS{-}P(:O)[N(R')R'']{-}OR'''$ erhält man durch Rk. der Säurechloride der allg. Formel $RS{-}P(:O)[N(R')R'']Cl$ mit einem Alkoholat der allg. Formel R'''OMe (R = 2- oder 3-Chlorallyl; R' u. R'' = H oder niedermol. Alkylrest, R''' = niedermol. Alkylrest; Me = Alkalimetall). — Es wurden erhalten: *Thiophosphorsäure-O-methyl-S-(2-chlorallyl)-ester-N-methylamid,* viskose, bräunliche Fl., n_D^{25} 1,5410. — *Thiophosphorsäure-O-äthyl-S-(2-chlorallyl)-ester-N-methylamid,* viskose bräunliche Fl., n_D^{25} 1,5338. — *Thiophosphorsäure-O-isopropyl-S-(3-chlorallyl)-ester-N.N-dibutylamid,* viskose braune Fl., n_D^{25} 1,500. — *Herbicide, Insekticide.* (**A. P. 3038925** vom 16/12. 1960, ausg. 12/6. 1962.)
A. Jahn 6313

2161 Phillips Petroleum Co., übert. von: Lyle D. Goodhue, Bartlesville, Okla., V. St. A., **Entblätterung von Pflanzenkulturen mit Trithiophosphiten.** Die reifen Baumwoll-, Tomaten- oder Bohnenpflanzen werden mit Dispersionen, Emulsionen, Lsgg., Aerosolen, Nebeln oder Stäuben von Tri-tert.-alkyl-trithiophosphiten, bes. *Tri-tert.-butyl-trithiophosphit,* in isoparaffin. KW-Stoff-Fraktionen mit Kp. 126—426° besprüht oder bestäubt. Die Konzz. an dem Wirkstoff betragen 0,01—50% u. die verwendeten Mengen 0,009—22,5 kg, bes. 0,09—4,5 kg/4050 m². Dem Wirkstoff können noch Hexyl-, Octyl-, Decyl-, Butyl-di-, -tri- oder -polysulfide u. dgl. zugesetzt werden. Als Trägerstoffe oder Lsgm. sind auch Kerosin, Naphtha, Diesel- oder Heizöle verwendbar. Die mechan. Ernte wird erleichtert, die Reifung beschleunigt u. eine Insektenbekämpfung erzielt. (**A. P. 3006752** vom 22/4. 1958, ausg. 31/10. 1961.)
H. Karst 6313

2162 Virginia-Carolina Chemical Corp., übert. von: Lewis Eckard Goyette, Richmond, Va., V. St. A., **Herstellung von Alkylarylthiophosphiten** der allg. Formeln $ArOP(SR)_2$, $ArOP(SR)(SR')$, $(ArO)_2PSR$ u. $Ar{-}S{-}P(SR)_2$ (Ar = Phenyl, halogen-, alkyl- oder arylsubstituiertes Phenyl; R u. R' = niedermol. Alkyl) erfolgt z. B. nach folgenden Gleichungen: PCl_3 + o–CH_3–C_6H_4–OH → o–CH_3–$C_6\cdot H_4$–O–PCl_2 (**I**) + HCl; **I** + C_4H_9SH + 2 $N(C_2H_5)_3$ (**II**) → 2 **II**·HCl + o–CH_3–C_6H_4–$OP(SC_4H_9)_2$ = *S.S-Dibutyl-O-o-tolylphosphordithioit*; $Kp._{0,05}$ 158—163° $D._4^{20}$ 1,053; n_D^{24} 1,5574. — Analog werden erhalten: $C_6H_5OP(SC_3H_7)_2$, $Kp._{0,5}$ 122—127°; $D._4^{20}$ 1,125; n_D^{23} 1,5709. — $C_6H_5OP(SC_4\cdot H_9)_2$, $Kp._{1,2}$ 164°; $D._4^{20}$ 1,069; n_D^{23} 1,5588. — p-$ClC_6H_4OP\cdot(SC_3H_7)_2$, roh; $D._4^{20}$ 1,167; n_D^{23} 1,5728. — p-$ClC_6H_4OP\cdot(SC_4H_9)_2$, roh; $D._4^{20}$ 1,116; n_D^{25} 1,5562. — 2.4-$Cl_2C_6H_3OP\cdot(SC_3H_7)_2$; Zers. beim Schmelzen. — 2,4-$Cl_2C_6H_3OP(SC_4H_9)_2$, F. 40—45°, halbfest. — 2.4.5-$Cl_3C_6H_2OP(SC_3H_7)_2$, roh. — p-$CH_3C_6H_4OP(SC_2H_5)_2$, roh; $D._4^{20}$ 1,120; n_D^{23} 1,5811. — m-$CH_3C_6H_4OP(SC_4H_9)_2$, $Kp._{0,05}$ 148—152°; $D._4^{20}$ 1,164; n_D^{27} 1,5516. — p-$CH_3C_6H_4OP(SC_4H_9)_2$, roh; $D._4^{20}$ 1,125; n_D^{26} 1,5564. — 2.6-(iso-$C_3H_7)_2C_6H_3OP(SC_4H_9)_2$, $Kp._{0,01}$ 146°, $D._4^{20}$ 1,011; n_D^{22} 1,5411. — p-$(CH_3)_3CC_6H_4OP(SC_4H_9)_2$, $Kp._{0,05}$ 146—156°; $D._4^{20}$ 1,026; n_D^{23} 1,5462. — p-$C_8H_{17}\cdot C_6H_4OP(SC_4H_9)_2$, roh; $D._4^{20}$ 1,003; n_D^{23} 1,4379. — p-$C_6H_5C_6H_4OP(SC_3H_7)_2$, roh; $D._4^{20}$ 1,122; n_D^{22} 1,6101. — p-$C_6H_5C_6H_4OP(SC_4H_9)_2$, roh; $D._4^{20}$ 1,105; n_D^{22} 1,5930. — PCl_3 + C_3H_7SH → $C_3H_7SPCl_2$ (**III**) + HCl; **III** + C_4H_9SH → $C_3H_7SP(SC_4H_9)Cl$ (**IV**) + HCl; **IV** + p-CH_3–C_6H_4OH + **II** → **II**·HCl + p-$CH_3C_6H_4OP(SC_4H_9)(SC_3H_7)$ = *S-Butyl-S-propyl-p-tolylphosphordithioit,* $Kp._{0,15}$ 153—163°; $D._4^{20}$ 1,075; n_D^{23} 1,5612. — Analog: $C_6H_5OP(SC_3H_7)\cdot(SC_4H_9)$, $Kp._{0,2}$ 144—145°; $D._4^{20}$ 1,252; n_D^{27} 1,5635. — o-$CH_3C_6H_4OP(SC_3H_7)(SC_4H_9)$, $Kp._{0,2}$ 147—148°; $D._4^{20}$ 1,227; n_D^{27} 1,5526. — *m-Verb.,* $Kp._{0,2}$ 159—163; D_4^{20}

1,279; n_D^{27} 1,5541. — $5PCl_3 + 6C_6H_5OH \rightarrow 4C_6H_5 \cdot OPCl_3 + (C_6H_5O)_2PCl$ (**V**) + 6HCl; **V** + C_4H_9SH + **II** → **II**·HCl + $(C_6H_5O)_2PSC_4H_9$ = *S-Butyldiphenylphosphorthioit*, $Kp._{0,1}$ 163—171°; D_4^{20} 1,155; n_D^{23} 1,5736. — $(C_6H_5O)_2PSC_3H_7$, $Kp._{0,05}$ 153—157°; D_4^{20} 1,320; n_D^{27} 1,5738. — $2PCl_3 + 3C_4H_9SH \rightarrow C_4H_9SPCl_2 + (C_4H_9S)_2 \cdot PCl$ (**VI**) + 3HCl; **VI** + C_6H_5SH + **II** → **II**·HCl + $(C_4H_9S)_2PSC_6H_5$ = *Dibutylphenylphosphortrithioit*, $Kp._{0,1}$ 128°; D_4^{20} 1,088; n_D^{22} 1,5968. — Analog: $CH_3C_6H_4SP \cdot (SC_4H_9)_2$, $Kp._{0,1}$ 150—167°; D_4^{20} 1,045; n_D^{23} 1,5741. — $CH_3CH_3C_6H_3SP(SC_4H_9)_2$, $Kp._{0,1}$ 156—163°; D_4^{20} 1,060; n_D^{21} 1,5828. — Die Verbb. dienen als *Entblätterungsmittel*. (**A. P. 3037043** vom 9/9. 1959, ausg. 29/5. 1962.)

O. Müller-Meiningen 6313

2163 N. V. Philips' Gloeilampenfabrieken, Eindhoven, Niederlande, **Herstellung von Bis-[dialkylamido]-chlorphenylphosphaten und -thiolphosphaten** der allg. Formel **I**, in welcher X = O- oder S-, R_1, R_2, R_3 u. R_4 =

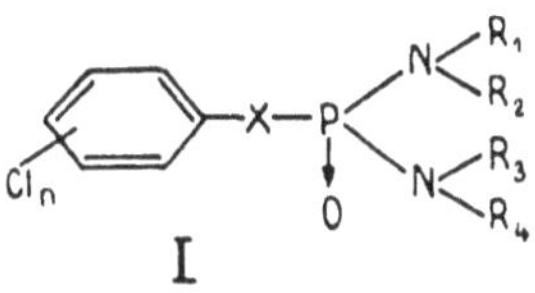

I

Alkylgruppen mit 1—5 C-Atomen, n = 3—5, wenn X = O u. n = 1—5, falls X = S ist, dad. gek., daß eine Verb. der allg. Formel **II** mit einer Verb. Halogen–P(O)$(Y_1)Y_2$ um-

II

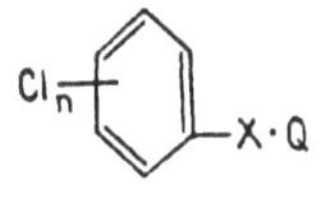

gesetzt wird, wobei Q = H oder Alkalimetall (bes. Na) u. Y_1, Y_2 = Chloratome oder die entsprechenden Dialkylaminogruppen. Bei Verw. von Pentachlorphenylderivv. verdünnt man mit Bzl., Acetonitril oder Aceton. — 134 (g) Na-Pentachlorphenolat werden in 1 Liter Aceton mit 85 Bis-[N.N-dimethylamido]-phosphorylchlorid langsam zur Siedetemp. erhitzt. Nach 30 Min. sind ca. 600 ml Aceton abdest., dann werden ca. 100 W. zugesetzt, mit 2n NaOH wird auf pH 10 gebracht, dann werden 5 Liter W. zugegeben u. wird erneut auf pH 10 eingestellt. Es krist. 120 *Bis-[N.N-dimethylamido]-pentachlorphenylphosphat*, F. 144°. — Analog folgende Phosphate: *Bis-[N.N-dimethylamido]-pentachlorphenylthio-*, F. 133°. — *Bis-[N.N-dimethylamido]-4-chlorphenylthio-*, $Kp._1$ 173 bis 175°. — *Bis-[N.N-dimethylamido]-2.5-dichlorphenylthio-*, $Kp._{1,2}$ 170°, F. 40°. — *Bis-[N.N-dimethylamido]-2.4.6-trichlorphenylthio-*, F. 63°. — *Bis-[N.N-dimethylamido]-2.4.5-trichlorphenylthio-*, $Kp._{0,4}$ 150—160°. — *Bis-[N.N-dimethylamido]-2.4.6-trichlorphenyl-*, $Kp._{0,4}$ 146—147°. — *Bis-[N.N-dimethylamido]-2.4.6-trichlorphenylthio-*, $Kp._3$ 189—192°, F. 101°. — *Bis-[N.N-diäthylamido]-pentachlorphenyl-*, F. 152°. — *Bis-[N.N-dimethylamido]-2.3.4.6-tetrachlorphenyl-*, F. 122°. — *Fungicide, Insekticide*. (**Oe. P. 214941** vom 23/2. 1959, ausg. 10/5. 1961. Niederl. Prior. 24/2. 1958.) H.-J. Stan 6313

2164 Dow Chemical Co., übert. von: Stanley J. Strycker und Joseph E. Dunbar, Midland, Mich., V. St. A., **10-Phenoxarsinylester** von Alkandithiolcarbonsäuren, Thiolalkansäuren, Alkylxanthogensäuren, niedere Alkenylxanthogensäuren, Cyclohexylxanthogensäuren, Cyclohexylthiolalkansäuren, Phenylthiolalkansäuren, Phenoxythioalkansäuren u. von substituierten niederen Thioalkansäuren, wobei die Substituenten Chlorphenoxy-, Chlorphenyl-, Bromphenyl-, Bromphenoxy-, niedere Alkoxyphenoxy-, niedere Alkylphenoxy-, niedere Alkoxyphenyl- oder niedere Alkylphenyl-Gruppen sind, können hergestellt werden durch Rk. von 10.10'-Oxybisphenoxarsin mit entsprechenden Säuren in einem inerten Lsgm. Beispiele: *S-(10-Phenoxarsinyl)ester*: *Thiolacetat*, F. 91,5—92,5°; *Thiolvalerat*, F. 68,5—69,5°; *Thiolcaprylat*, F. 45°, *Thiolnonanoat*, F. 46—48°; *Thiollaurat*, F. 59,5—60,5°; *β-Cyclohexylthiolpropionat*, F. 84—84,5°; *Phenylthiolacetat*, F. 122—123°; *Äthylxanthat*, F. 79—81°; *Octylxanthat*, F. 47—48°; *Cyclohexylxanthat*, F. 90—91°; *Allylxanthat*, F. 99—100°; *Phenoxythiolacetat*, F. 108 bis 108,5°; *2.4-Dichlorphenoxythiolacetat*, F. 128,5—129,5°; *4-Äthoxyphenoxythiolacetat*, F. 108—109°; *2-Methoxythiolbenzoat*, F. 134,5—135,5°; *4-Butoxythiolbenzoat*, F. 89,5—90,5°; *3.4.5-Trimethoxythiolbenzoat*, F. 142—144°; *4-Amyloxythiolbenzoat*, F. 102—103°. *Bis-[S-(10-phenoxarsinyl)]-dithioloxalat*, F. 183—184°. *Parasiticide* zur Bekämpfung von *Milben*, *Insekten*, *Bakterien* u. *Pilzen*. (**A. P. 3038921** vom 3/1. 1961, ausg. 12/6. 1962.)

R. Bauereis 6313

2165 J. R. Geigy Akt.-Ges., Basel (Erfinder: Jakob Bindler, Riehen, und Ernst Model, Basel), Schweiz, **Fungicide Mittel** nach D. A. S. 1023627, gek. durch einen Geh. an *4.5.6.7-Tetrachlor-2.3-dihydro-benzoxazol-2-on*, das man aus 4.5.6.7-Tetrachlor-2-aminophenol durch Rk. mit Phosgen erhält. (**D. A. S. 1147007** Kl. 30i vom 16/8. 1960, ausg. 11/4. 1963. Schwz. Prior. 17/8. 1959. **Zusatz zu D. A. S. 1023657**; C. **1958**, 11990.)

K. Koebke 6313

2166 Rhône-Poulenc Soc. An., Paris (Erfinder: Pierre Lafont, Lyon, und Henri Francois Albert Menand, Saint-Fons), Frankreich, **Antifungicide Mittel**, gek., durch einen Geh. an Cyclododecylguanidin (**I**) oder seinen Salzen mit organ. u. anorgan. Säuren. Man erhält die Wirkstoffe durch Erhitzen von Cyanamid mit einem organ. oder anorgan. Cyclododecylaminsalz in wasserfreiem Lsgm., **I**-*Acetat*, F. 213—214°, **I**-*Base*, F. 142 bis 143°, **I**-*Hydrochlorid*, F. 227—229°, **I**-*Sulfat*, F. 280 bis 281°. (**D. A. S. 1149938** Kl. 45l vom 17/4. 1961, ausg. 6. 6. 1963. F. Prior. 27/7. 1960.) K. Koebke 6313

2167 Farbenfabriken Bayer Akt.-Ges., (Erfinder: Ferdinand Grewe, Engelbert Kühle, Köln und Richard Wegler), Leverkusen, **Pilzbekämpfungsmittel**, enthaltend β-Aryl- oder β-heterocycl.-substituierte β-Amino-acryl- bzw. β-Aminopropionsäure-Derivv. der Formel (**I**), in der R_1 einen gegebenenfalls substituierten

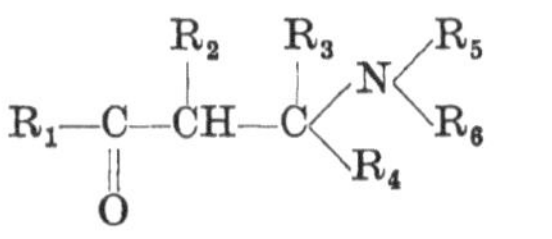

I

Alkoxy-, Aroxy- oder Aralkoxyrest, eine ggf. durch aliphat., aromat. oder heterocycl. Reste substituierte Aminogruppe, ferner einen Hydroxylamin- oder einen ggf. substituierten Hydrazinrest bedeutet, R_2 u. R_3 für H oder eine zusätzliche –C–C-Bindung stehen, R_2 darüber hinaus auch ein Alkylrest sein kann u. in der R_4 für einen ggf. substituierten Aryl- oder heterocycl. Rest steht, während R_5 u. R_6, die gleich oder voneinander verschieden sein können, für Alkylreste stehen u. R_5 auch H bedeuten kann, z. B. *β-Dodecylamino-β-phenylacrylsäuremethylester*. (**D. A. S. 1137896** Kl. 45l vom 11/11. 1959, ausg. 11/10. 1962.) K. Koebke 6313

2168 Richfield Oil Corp., Los Angeles, übert. von: John W. Wagner, Westminster, Calif., V. St. A., **Chlorierte Naphthaline.** Naphthalin (**I**) u. deren Homologe in gekracktem Petroleum werden in fl. Phase mit Cl_2 in Ggw. eines Lewis-Katalysators in der Weise chloriert, daß man den Katalysator erst zugibt, wenn 1/4 Mol Cl_2 mit 1 Mol **I** bereits reagiert haben. Dadurch wird die Bldg. viscoser Teere verhindert. Die Prodd. dienen als *Insekticide*, *Fungicide*, *Unkrautbekämpfungs-* u. *Holzimprägnierungsmittel*. (**A. P. 3051763** vom 22/7. 1960, ausg. 28/8. 1962.) J. Mühleisen 6313

2169 Dow Chemical Co., Midland, Mich., übert. von: Alexander T. Shulgien, Berkeley, Calif., V. St. A., **α-Aminosubstituierte Methylenmalonitrile** mit dem Strukturelement > N–CH=C(CN)$_2$, in der die beiden Valenzen zusammen mit dem N-Atom einen 3—6gliedrigen heterocycl. Ring mit ≦ 2 N-Atomen, aber ohne NH-Gruppe bedeuten, der ggf. an Stelle des zweiten N-Atoms auf O oder S enthalten u. ggf. durch 1 niedere Alkylgruppe substituiert sein kann, erhält man durch Rk. von Alkoxymethylenmalonitrilen mit einem sek.

heterocycl. Amin, bes. bei 0—50°. — 2,8 g Piperidin in 5 ml A. wird auf einmal zu 4,1 g Äthoxymethylenmalonitril in 10 ml A. von 40° zugegeben, wodurch die Temp. auf 80° steigt. Nach dem Aufarbeiten erhält man *Piperidinylmethylenmalonitril*, F. 90—92° (A.). — *1-Pyrrolidinylmethylenmalonitril*, F. 88—90°. *Morpholinylmethylenmalonitril*, F. 148—150°. —*Parasiticide*. (**A. P. 3057864** vom 28/8. 1959, ausg. 9/10. 1962.) A. Jahn 6313

2170 Stamicarbon N. V., Heerlen, übert. von: Johannes H. Ottenheym, Sittard, und Johan P. H. von den Hoff, Geleen, Niederlande, **Herstellung von 3-Nitro-azacyclo-2.3-hepten-2-chlor-N-carbonsäurechlorid** durch Behandeln von Azacyclo-2.3-hepten-2-chlor-N-carbonsäurechlorid mit Nitriersäure. — *Insekticid*. (**A. P. 3031443** vom 10/9. 1959, ausg. 24/4. 1962. **E. P. 867268** vom 18/9. 1959, ausg. 3/5. 1961. Beide Niederl. Prior. 29/9. 1958.) C. Lüttgen 6313

2171 Rohm & Haas Co., Philadelphia, Pa. (Erfinder: Reynold Clayton Fuson, Urbana, Ill., und Bruno Martino Vittimberga, Jenkintown, Pa., V. St. A., **Diarylketone** der allg. Formel **I** erhält man durch Rk. von 2 Mol einer Verb. der allg. Formel **II** mit 1 Mol einer Verb. der allg. Formel **III** bei 25—235° in Ggw. eines Carboxylgruppen beseitigenden Katalysators (P_2O_5, min-

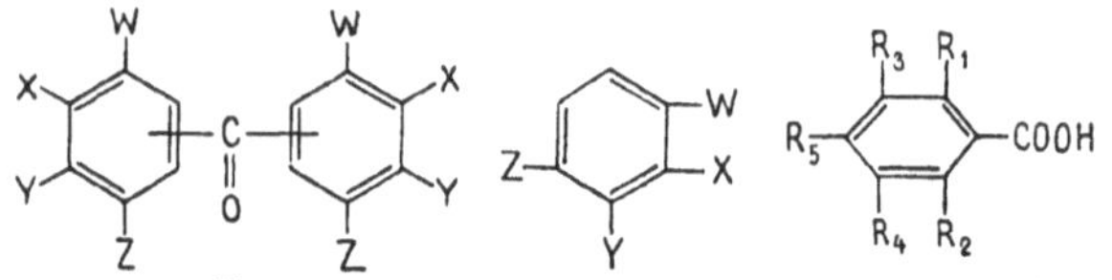

I II III

destens 85%ig. H_3PO_4, $ZnCl_2$, $FeCl_3$, $HgCl_2$, $SnCl_4$, $AlCl_3$, BF_3, sowie dessen Komplexverbb. oder Ätherate)W, X, Y, Z = H, CH_3, C_2H_5, $(CH_3)_2CH$, tert. Alkylgruppen mit 1—12 C-Atomen, Cl, Br, n-Alkoxygruppen mit 1—21 C-Atomen, die durch 1—5 o- u. p-weisende Gruppen substituiert sind mit der Maßgabe, daß die Substituenten n-Alkoxy, Phenoxy, substituiertes Phenoxy, Cl oder Br nur vorkommen können, wenn 2 oder 3 der Reste W, X, Y, Z mit H-Atomen besetzt sind; R_1 u. R_2 = einzeln CH_3, C_2H_5, $(CH_3)_2CH$; R_3, R_4, R_5 = W, X, Y, Z jedoch mit der Maßgabe, daß — falls R_3 u. R_4 = H — R_5 zusätzlich eine Alkylgruppe mit 3—12 C-Atomen bedeutet u. mindestens eines der Paare R_3—R_5 u. R_4—R_5 gemeinsam eine Brücke der allg. Formel $-O-(CH_2)_n-O-$, wobei n = ganze Zahl von 1—10, u. mindestens eines der Paare R_1–R_3 u. R_2–R_4 gemeinsam Brücken mit 3—13 C-Atomen darstellen, die ggf. durch 1—2 O-, S- u. N-Atome unterbrochen sein kann, mit der Einschränkung, daß mindestens 2 C-Atome zwischen 2 der genannten Heteroatome stehen, u. der weiteren Einschränkung, daß die Anzahl der C-Atome von 2 Brückengliedern zusammen mindestens 7 beträgt, wobei jedoch in jedem Fall mindestens einer der Substituenten W, X, Y, Z kein H-Atom darstellt. — 35 g warme Polyphosphorsäure (**IV**), 2 g Duronsäure u. 35 g Anisol werden 1 Std. kräftig gerührt, dabei wird die Temp. auf 80° erhöht. Dann wird die Temp. 4 Std. auf 80° gehalten, auf 160° erhöht u. dabei 7 Std. gehalten. Das Rk.-Gemisch wird in 100 g W. gegossen u. aufgearbeitet. Es wird in 55—60%ig. Ausbeute *Di-p-anisylketon*, F. 140—143° (A.) erhalten. 4-Phenoxy-2.3.4.5-tetramethylbenzoesäure + **IV** + Diphenyläther → *4.4'-Bis-(p-phenoxybenzoyl)-diphenyläther*, F. 208 bis 212°. Chlorbenzol + 1.2.3.4.5.6.7.8-Oktahydroanthracen-9-carbonsäure + **IV** → *4.4'-Dichlorbenzophenon*, F. 145 bis 147° (A.). 2.3.4.5.6.7.8-Heptahydro-1-thiaanthracen-10-carbonsäure + 2.4-Di-tert.-butylbenzol + **IV** → *2.4.2'.4'-Tetra-tert.-butylbenzophenon*, $Kp._5$ 172—175°. m-Xylol + Duronsäure + **IV** → *2.4.2'.4'-Tetramethylbenzophenon*, orangerotes Öl, $Kp._{10}$ 190°, n_D^{26} 1,5853. 2.6-Dimethyl-3.4-methylendioxybenzoesäure + 1.2.3.4-Tetramethylbenzol + **IV** → *2.3.4.5.2'.3'.4'.5'-Oktamethylbenzophenon*. 1-Methyl-3-tert.-dodecylbenzol + 1.2.3.4.5.6.7.8-Oktahydro-2-azaanthracen-9-carbonsäure + **IV** → *2.2'-Dimethyl-4.4'-di-tert.-dodecylbenzophenon*. — *Insekticide*, *Fungicide*. (**D. A. S. 1139111** Kl. 12o vom 20/7. 1959, ausg. 8/11. 1962. A. Prior. 29/7. 1958. **A. P. 3031506** vom 29/7. 1958, ausg. 24/4. 1962.) A. Jahn 6313

2172 Shell Internationale Research Mij., N. V., Den Haag, Niederlande, **Herstellung von bicyclischen Lactonen** der allg. Formel **I**, in der A eine ggf. durch eine oder mehrere Alkylreste mit 1—7 C-Atomen substituierte drei- oder viergliedrige Methylenbrücke u. R_1 ein H-Atom oder einen niedrigmol. Alkylrest mit 1—7 C-Atomen bedeutet, dad. gek., daß man einen α, β-ungesätt. carbocycl. Aldehyd der allg. Formel **II**, in der A die oben

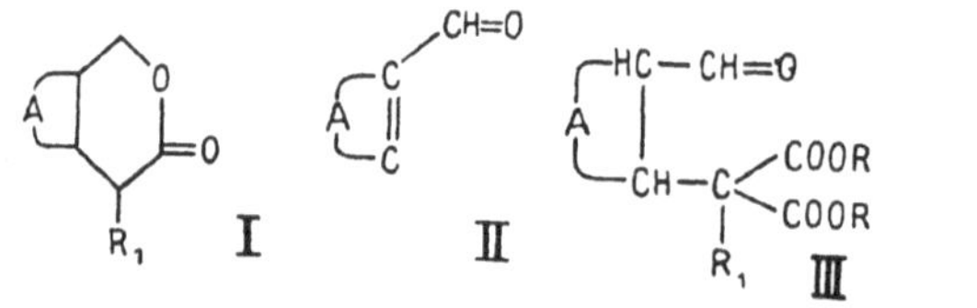

I II III

angegebene Bedeutung hat, mit einem Malonester in alkohol.-alkal. Medium in einer Additionsreaktion in eine Verb. der allg. Formel **III** überführt, diese in Ggw. von Raney-Ni zur entsprechenden α-Hydroxymethylverb. red., das so erhaltene Rk.-Prod. zur Dicarbonsäure verseift u. diese unter sauren Bedingungen gleichzeitig decarboxyliert u. cyclisiert. — Beispiel: 0,04 (g) Na u. 200 ml abs. A. werden mit 63 Methylmalonsäurediäthylester versetzt, auf 0° gekühlt u. 37 Cyclopenten-1-aldehyd zugegeben. Nach 2 Std. Rühren, Stehen über Nacht wird mit Eisessig neutralisiert, A. abdest., der Rückstand in 200 ml Bzl. aufgenommen, mit W. gewaschen, getrocknet u. destilliert: α-Methyl-α-(2-formylcyclopentyl-1)-malonsäurediäthylester, $Kp._{0,2}$ 102°. — 66 dieses Prod. werden in 300 ml als A. mit 15 Raney-Ni bei 150° u. 125 atm. 6 Std. hydriert u. das Rk.-Prod. wird fraktioniert destilliert. α-Methyl-α-(2-oxymethyl-cyclopentyl-1)-malonsäurediäthylester, $Kp._{0,4}$ 125°; 25 dieses Esters werden mit 30 KOH u. 105 ml Methanol 7 Std. unter Rückfluß erhitzt u. 10 Std. bei Raum-Temp. gerührt. Nach Zugabe von W. wird mit Ae. ausgeschüttelt, die wss. Lsg. mit Salzsäure versetzt u. wieder mit Ae. extrahiert. Nach Abdest. des Ae. wird mit 2 n-H_2SO_4-Lsg. 3 Std. auf 115° erhitzt, das Rk.-Gemisch ausgeäthert u. fraktioniert dest.: *Lacton* der *α-(2-Hydroxymethyl-cyclopentyl-1)-propionsäure*, $Kp._{0,2}$ 70—71°; analog: *Lacton* der *α-[2-Hydroxymethyl-cyclohexyl-1)-propionsäure*, $Kp._{0,001}$ 82°. — *Insekticide*. (**D. A. S. 1145179** Kl. 12g von 29/10. 1958, ausg. 14/3. 1963.) R. Bauereis 6313

2173 Dow Chemical Co., Midland, Mich., übert. von: Howard Johnston, Concord, Calif., V. St. A., **Hexabromdimethylsulfon (I)**. $(CH_3)_2SO$, Br_2 u. Alkali in wss. Medium bei 0—10° → **I**, F. 133—134°, 75% Ausbeute. — *Miticid*, *Fungicid*, *Nematocid*, *Insekticid*, *Parasiticid*. (**A. P. 3051757** vom 11/5. 1960, ausg. 28/8. 1962.) A. Debo 6313

2174 Badische Anilin- & Soda-Fabrik Akt.-Ges. (Erfinder: Günther Weiss), Ludwigshafen/Rh., **β-Halogenalkylsulfensäureamide** der allg. Formel RCH(Hal) · $CH(R^1)SN(R^2)(R^3)$ [Hal = Cl, Br; R = ggf. substituiertes Alkyl, R^1 = H, ggf. substituiertes Alkyl oder R, R^1 = Bestandteile eines Cycloalkyls; R^2, R^3 = ggf. substituiertes Alkyl, Cycloalkyl, oder NR^2R^3 = Heterocyclus] werden hergestellt durch Rk. von Hal–S–$N(R^2)(R^3)$ mit Alkenen oder Cycloalkenen bei erniedrigter Temp., ggf. in Ggw. von $AlCl_3$, BCl_3, $SbCl_5$. — In 33,5 (Gew.-Teile) $ClSN(CH_3)_2$, 50 CH_2Cl_2 u. 0,3 $AlCl_3$ leitet man bei — 20° 16 Propylen ein u. dest. → 36 *β-Chlorpropylsulfensäuredimethylamid*, $Kp._7$ 49°, 78% (Ausbeute). — Analog erhält man: *β-Chlorbutylsulfensäuredimethylamid*, $Kp._{0,4}$ 42°, 73% — *β-Chlorcyclohexylsulfensäuredimethylamid*, $Kp._{0,5}$ 68—70°, gelbes Öl. — *β-Chlorpropylsulfensäurepiperidid*, $Kp._{0,15}$ 72—74°, 79%. — *Zwischenprodd.*, bes. für *Schädlingsbekämpfungsmittel*. (**D. A. S. 1153744** K. 12o vom 18/10. 1961, ausg. 5/9. 1963.) A. Debo 6313

2175 Farbenfabriken Bayer Akt.-Ges., Leverkusen, **Nematocide Mittel für den Pflanzenschutz**, enthaltend als Wirkstoff eine Verb. der allg. Formel RHN–C(S)–S–$COOR_1$, worin R ein Alkyl u. R_1 ein Alkyl oder Halogenalkyl ist. (**E. P. 913594** vom 9/1. 1961, ausg. 19/12. 1962. D. Prior. 9/1. 1960.) K. Koebke 6313

2176 Farbwerke Hoechst Akt.-Ges. vormals Meister Lucius & Brüning, Frankfurt/M. (Erfinder: Maximilian Czech, Hofheim, und Ludwig Emmel, Bergen-Enkheim), **Schädlingsbekämpfungsmittel** mit akariciden u. oviciden Eigg., gek. durch den Geh. an einer Kombination eines Esters des *4.6-Dinitro-2-sek. butylphenols,* bes. des *Dimethylacrylsäureesters des 4.6-Dinitro-2-sek.butylphenols,* u. eines Fluoracetylharnstoffs, bes. des *N-Monofluoracetyl-N'-phenylharnstoffs,* im Verhältnis 1 bis 4 zu 1 bis 2 in den üblichen spritzfähigen Zubereitungen. — Synergismus. — (**D. A. S. 1151405** Kl. 451 vom 13/12. 1961, ausg. 11/7. 1963.) K. Koebke 6313

2177 George Andrew Olah und Alexes Alexander Oswald, Sarnia, Ontario, Canada, **Halogenarsenigsäure-N-alkylimide** der allg. Formel R–N=As–X (R = niedermol. Alkyl; X = F, Cl) werden hergestellt durch Rk. von mindestens 2 Mol eines Alkylamins mit AsF_3 oder $AsCl_3$. — 0,21 (g-Mol) Äthylamin in 50 ml Toluol dispergiert gibt man bei 0—10° innerhalb 1/3 Std. unter Rühren zu 0,1 $AsCl_3$ in 150 ml Toluol, rührt 1 Std. bei Raumtemp. nach, filtriert u. dest. → *Chlorarsenigsäure* (**I**)-*N-äthylimid,* F. 90—95°, $Kp._{10}$ 155°. — Analog erhält man: **I**-*N-tert.-butylimid,* $Kp._{10}$ 114—115°. — **I**-*N-isopropylimid,* $Kp._{10}$ 152—153°, n_D^{20} 1,9564. — *Fluorarsenigsäure* (**II**)-*N-äthylimid,* $Kp._{12}$ 180—182°, n_D^{20} 1,5752. — **II**-*N-isopropylimid,* $Kp._9$ 150—155°, n_D^{20} 1,5492. — **II**-*N-tert.-butylimid,* $Kp._8$ 91—92°. — **I**-*N-methylimid,* **I**-*N-n-propylimid,* **II**-N-amylimid. — *Parasiticide.* (**A. P. 3024261** vom 13/7. 1959, ausg. 6/3. 1962.) A. Debo 6313

2178 Badische Anilin- & Soda-Fabrik Akt.-Ges. Ludwigshafen/Rh. (Erfinder: Heinrich Adolphi, Limburgerhof, Herbert Stummeyer, Mannheim, Friedrich Becke, Heidelberg, und Heinrich Sperber, Ludwigshafen/Rh.), **Mittel zur Bekämpfung von Insekten,** gekennzeichnet durch einen Geh. an *N-Methylcarbaminsäure-α-naphthylester* u. dem *2.3.3.3.2'.3'-3' 3'-Oktachlordipropyläther.* (**D. A. S. 1145421** Kl. 451 vom 29/11. 1960, ausg. 14/3. 1963.) K. Koebke 6313

2179 Farbenfabriken Bayer Akt.-Ges., Leverkusen (Erfinder: Arnold Hausweiler, Klaus Schwarzer, Köln, Günter Unterstenhöfer, Opladen, und Wolfgang Behrens, Wuppertal), **Mittel zur Bekämpfung von Ektoparasiten an Haustieren,** bes. zur Bekämpfung von Zecken, enthalten N-Methyl- oder N.N-Dimethylcarbaminsäureester von Cyclohexylphenolen z. B. *2-Cyclohexylphenyl-N-methylcarbamat.* Die Herst. der Wirkstoffe kann z. B. durch Überführung entsprechender substituierter Phenole in die Halogensäureester u. nachfolgende Umsetzung mit Mono- oder Dimethylamin oder durch Rk. der Phenole mit Mono- oder Dimethylcarbaminsäurehalogeniden oder durch Rk. der Phenole mit N-Methylisocyanaten erfolgen. (**D. A. S. 1136869** Kl. 451 vom 27/1. 1961, ausg. 20/9. 1962.) K. Koebke 6313

2180 Schering Akt.-Ges. (Erfinder: Albert Jäger und Horst Peißker), Berlin, **Insektenbekämpfungsmittel,** enthaltend synergist. Mischungen von *Carbamaten* der allg. Formel $(R^1)(R^2)N–COOR^3$, in der R^1 u. R^2 H oder niedermol. Alkyl u. R^3 ggf. alkylsubstituiertes Aryl oder einen heterocycl. Rest bedeuten, mit *Amidophosphorsäureestern* der allg. Formel $(R^4O)(R^5O)(P(X)–N(R^6)(R^7)$, in der R^4 u. R^5 niedermol. Alkyl, X O oder S, R^6 u. R^7 niedermol. Alkyl, Aryl, Alkaryl, Cycloalkyl oder Glieder eines ggf. noch weitere Heteroatome enthaltenden Ringes sind u. R^6 auch H sein kann. (**D A. S. 1147438** Kl. 451 vom 15/2. 1961, ausg. 18/4. 1963.) K. Koebke 6313

2181 Union Carbide Corp., V. St. A. (Erfinder: Samuel Weaver Tinsley und Paul Spencer Starcher), **Herstellung von exo-Dicyclopentadiendioxid** (**I**), $C_{10}H_{12}O_2$, D. 39—42°, $Kp._4$ 119—121°, n_D^{30} 1,5170 bis 1,5173, aus endo-Dicyclopentadien (**II**) durch Rk. mit wss. HJ bei 100°, dann mit einem Alkalihydroxid (KOH) u. Epoxidierung des entstehenden Prod., z. B. mit Peressigsäure. — *exo-Dicyclopentadien,* $Kp._{12}$ 56°, n_D^{30} 1,5050, durch 6std. Erhitzen von 550 (g) **II** u. 1135 47%ig. HJ auf 100°, Dest. der öligen Schicht unter Gewinnung von 761 Joddihydroexo-dicyclopentadien ($Kp._{10}$ 120—136°), 23std. Kochen der Verb. mit 392 KOH in 1570 ml 95%ig. A., Verdünnen mit W. u. Ausäthern; Ausbeute 33%. — **I**, in 75%ig. Ausbeute durch 5std. Erwärmen von 178 vorst. Verb. mit 882 27,9%ig. Peressigsäure-Lsg. in Essigester. — IR-Spektren. — *Bodendesinfektionsmittel.* (**F. P. 1246362** vom 23/10. 1959, ausg. 10/2. 1961. A. Prior. 30/10. 1958.) H.-J. Nitzschke 6313

2182 Fruitgrowers Chemical Co. Ltd. (Erfinder: Geoffrey Gordon Taylor), **Bekämpfung von Bodenschädlingen und -krankheiten,** indem man Insekticide u. Fungicide dem Boden in Form von Körnern verabreicht, die aus einem inerten mineral. Kern, z. B. aus Marmor, bestehen, der mit einer Schicht aus einem Gemisch des Insekticides oder Fungicides mit einem Füllstoff, z. B. Ton, einem Netzmittel, z. B. Na-Benzolsulfonat, u. Sulfitablauge überzogen ist. (**Aust. P. 236082** vom 29/7. 1957, ausg. 23/11. 1961.) Neuseeländ. Prior. 30/7. 1956.) K. Demmler 6313

2183 Dow Chemical Co., Midland, Mich., übert. von: Donald H. Wolfe, Lake Jackson, Tex., V. St. A., **Herstellung von Propargylchlorid** (3-Chlorpropin) durch Rk. von $COCl_2$ in einem inerten Lsgm., bes. Xylol (auch Toluol, Cumol, Äthylbenzol, Octan, Naphtha oder chlorierte KW-Stoffe) mit zugesetztem Propargylalkohol (**I**) bei < 40°, bes. — 10° bis + 5°, wobei zweckmäßig auf 1 (Mol) **I** 1,05 $COCl_2$ angewendet werden. Zu der Lsg. des gebildeten Propargylchlorcarbonats wird ein tert. Amin (Dimethylanilin, Triäthyl- oder Triäthanolamin) in Mengen von 5—10 Gew.-% zugesetzt u. auf 75—95° u. dann bis 100° erhitzt, wobei CO_2 sich entwickelt u. $HC≡C–CH_2Cl$ abdestilliert. — Verw. in in der Landwirtschaft gebrauchten *Räuchermitteln.* (**A. P. 2926204** vom 28/8. 1958, ausg. 23/2. 1960.) W. Gräger 6313

2184 A. Ch. Takidse, N. W. Alexandrow, S. L. Popow und W. A. Jurjew. **Räucherung von Landwirtschafts- und anderen Produkten.** Um Räucherungsmittel (z. B. CH_3Br) zu sparen, die Verunreinigung der Luft zu verringern, gleichmäßig die Arbeitskraft u. Ausrüstung zu belasten u. die Ausgaben für die Ausrüstung zu verringern, werden die zu räuchernden Prodd. in eine Kammer gebracht, in der ein ~ 95%ig. Vakuum erzeugt wird, wonach das Räucherungsmittel im Gemisch mit Luft zugegeben wird (bis zu ~ 50%ig. Vakuum). Nach einiger Zeit wird das Räuchermittel in eine zweite Kammer gelassen, wobei eine frische Portion hinzugefügt wird. (**UdSSR. P. 140989** vom 30/12. 1959.) A. R. 6313

2185 Österreichische Stickstoffwerke Akt.-Ges. Linz, Österreich, **Räuchermittel zur Bekämpfung von Insekten oder Pilzen,** enthaltend neben einem Wirkstoff als Treibmittel Hexamethylentetramindinitrat u. ggf. NH_4NO_3 u. ein Füllmittel, wie Holzmehl, Kieselgur oder Tabakstaub. (**E. P. 911209** vom 13/4. 1961, ausg. 21/11. 1962. Oe. Prior. 13/4. 1960.) K. Koebke 6313

2186 James Thomas Bradley, Cinderhill, Nottingham, England, **Insekticide und fungicide Düngemittel.** Das Düngemittel besteht aus einer wss. Lsg. von amerikan. Guano, Stärke, insekticiden u. fungiciden Mitteln, bes. Carbolsäure, „Aldrin" u. dgl., einem Netzmittel u. einem natürlichen Gummi, bes. Akaziengummi. Zur Herst. der Düngemittel werden ca. 0,9 (kg) Amerika-Guano u. ca. 0,56 Stärke mit einer Gallone dest. W. vermischt, 71,5 Min. gekocht, mit 0,340 einer Akaziengummi-Lsg., die ca. 62 g Gummi enthält, versetzt u. die Masse durch Kühlung abgeschreckt, worauf Carbolsäure, „Aldrin", gepulverte Seife zugefügt u. das Gemisch nach Abkühlung in Behälter gefüllt wird. (**E. P. 920730** vom 3/1. 1962, ausg. 13/3. 1963.) H. Karst 6313

2187 United States of America, Secretary of Agriculture, übert. von: Robert S. McKinney, Metairie und Leo A. Goldblatt, New Orleans, La.,

V. St. A., **Insektenbekämpfungsmittel** in Form von versprühbaren Fll., die festhaftende Filme ergeben, erhält man durch Verw. von Ammoniumseifen der Fettsäuren des Tungöls (Nußöl von Aleurites fordii) als Emulgator u. Haftmittel. Zur Herst. der Seifen wird 1 (Teil) Tungöl, 1 wasserfreies Glycerin, 5 Pyridin u. 0,02 $NaOCH_3$ 5 Min. auf 80° erhitzt, die Lsg. mit verd. HCl behandelt u. die sich abscheidende obere Schicht mit NaCl-Lsg. gewaschen. Man erhält ein Prod. mit 78,2(%) Monoglyceriden, 7,57 Hydroxyl- u. 63,0 konjugierten Trienbindungen. (**A. P. 3032467** vom 29/10. 1958, ausg. 1/5. 1962.)

K. Koebke 6313

2188 Mayor & Co. (Erfinder: Jean Mayor), Lausanne, Schweiz, **Konservieren von Pflanzen oder Pflanzenteilen.** Die Wurzeln oder die unteren Enden von Zweigen werden in einen undurchlässigen Umschlag mit einer Nähr-Lsg. gegeben u. das pflanzliche Material in einen Behälter gebracht, auf dessen Boden ein feuchter Kunststoff-Schwamm u. Polystyrol-Schaum liegt. Nach dem Einbringen der Pflanze wird im Behälter S verbrannt. Der Polystyrol-Schaum adsorbiert von der Pflanze produziertes C_2H_4 u. CO_2. (**Schw. P. 356952** vom 11/6. 1959, ausg. 31/10. 1961.) K. Koebke 6313

2189 **Fisons Ltd.**, Felixtowe, Suffolk, England, *Herstellung von NPK-Düngemitteln.* (**Oe. P. 221550** vom 1/4. 1959, ausg. 12/6. 1962. E. Prior. 1/4. 1958. — C. **1963**, 2978 [D. A. S. 1125955].)

2190 **Imperial Chemical Industries Ltd.**, England, *Harnstoffhaltige Düngemittelgemische.* (**F. P. 1244186** vom 31/12. 1959, ausg. 20/1. 1961. E. Prior. 31/12. 1958, 19/1., 8/7. u. 31/7. 1959. — C. **1963,** 18227 [Aust. P. 231924].)

2191 **Farbenfabriken Bayer Akt.-Ges.**, Deutschland (Erfinder: **Rudolf Hiltmann, Hartmund Wollweber** und **Ludwig Eue**), *Selektiv herbicid wirksame Harnstoffderivate.* (**F. P. 1245291** vom 14/1. 1960. ausg. 1/2. 1961. D. Prior. 15/1. 1959. — C. **1962,** 18981 [D. A. S. 1081453].)

2192 **Farbenfabriken Bayer Akt.-Ges.** (Erfinder: **Engelbert Kühle, Ludwig Eue** und **Richard Wegler**), Leverkusen, *Herstellung von Isoharnstoff-Derivaten* (**Oe. P. 219053** vom 2/6. 1960, ausg. 10/1. 1962. D. Prior. 4/6. 1959. C. **1963,** 17849 [D. A. S. 1138039].)

2193 **F. Hoffmann-La Roche & Co., Akt.-Ges.**, Basel, Schweiz, *Herstellung ungesättigter, gegebenenfalls veresterter Alkohole.* (**Ind. P. 70632** vom 4/2. 1960. — C. **1962,** 5820 [D. A. S. 1111615].)

2194 **Schering Akt.-Ges.**, Deutschland, *Nematocid.* (**F. P. 1256242** vom 8/4. 1960, ausg. 28/6. 1961. D. Prior. 9/4. 1959. — C. **1963**, 5635 [Oe. P. 216826].)

2195 **Farbenfabriken Bayer Akt.-Ges.**, Leverkusen, *Sulfoxidgruppen enthaltende Thiophosphorsäureester.* (**E. P. 834354** vom 13/11. 1957, ausg. 4/5. 1960. D. Prior. 1/12. 1956. **Zusatz zu E. P. 795860**: C. **1959,** 8415. — C. **1959,** 7930 [D. A. S. 1039511].)

2196 **Farbenfabriken Bayer Akt.-Ges.**, Leverkusen (Erfinder: **August Dörken** und **Gerhard Schrader,** Wuppertal), *Thiophosphorsäureester.* (**Schwz. P. 367823** vom 11/11. 1957, ausg. 30/4. 1963. D. Prior. 10/12. 1956. — C. **1962,** 6185 [D. A. S. 1063153].)

2197 **Farbenfabriken Bayer Akt.-Ges.**, Leverkusen (Erfinder: **Hans-Gerd Schicke** und **Gerhard Schrader,** Wuppertal), *Thiophosphorsäureester.* (**E. P. 924044** vom 6/11. 1961, ausg. 18/4. 1963. D. Prior. 5/11. 1960. — C. **1964,** 5-2067 [D. A. S. 1138050].)

2198 **American Cyanamid Co.,** New York, N. Y. (Erfinder: **Simon Frank,** Stamford, und **George Nicholas Gagliardi,** Springdale, Conn.), V. St. A., *Geruchsverbesserung von Dithiophosphorsäureestern.* (**D. A. S. 1154094** Kl. 12o vom 13/6. 1960, ausg. 12/9. 1963. — C. **1963,** 7151 [A. P. 2980723].)

H_8. Metallurgie, Korrosion

2199 **Die Manganlagerstätten Brasiliens, ihre Entstehung, Reserven und Export.** Heitor Façanha Costa. (Engenharia, Mineração Metalurg. **34,** 229—34, 1961; port.) — Aus den brasilian. Vork. von Mn-Erzen werden nach den letzten Zahlen ca. 6,8% der Weltproduktion gedeckt. Die Lage der Vork., ihre Mächtigkeit u. ihre Verwertung werden besprochen.

R. K. Müller 6354◇

2200 **Kupferhaltiger Torf — ein embryonales Kupfererz?** D. C. Fraser. (Trans. Canad. Inst. Mining Metallurgy Mining Soc. Nova Scotia **64,** 301—04, 1961; Toronto, Ont., Kerr Addison Gold Mines Ltd.; engl.) — Vgl. C. **1963,** 5403. — Der Sumpf Tantramar, New Brunswick, enthält bis 10% feinverteiltes Cu im Waldtorf. Im Gegensatz zu anderen Cu-haltigen Sümpfen liegt der pH-Wert nahe dem Neutralpunkt. Chelat-Bldg. ist vermutlich für die Fixierung des Cu verantwortlich. Es wird angenommen, daß diese Chelat-Bldg. bei der Entstehung bestimmter Cu-Lagerstätten in der geolog. Vergangenheit eine Rolle gespielt hat. J. Heinze 6354◇

2201 **Resultate vergleichender Probennahmemethoden während der Erkundungsphase auf der Kilembe Mine, Uganda.** G. R. Davis. (Bull. Instn. Mining Metallurgy Nr. **673,** Trans. **72,** 145—64, Diskussion 457—65, 1962; **73,** 782—85, 1963; Falconbridge of Africa Ltd., Southern Africa Div.; engl.) — Schlitzproben aus einer Wand ergaben eine mittlere Abweichung von 15—20% vom wahrscheinlichen Wert, während bei Probennahmen aus beiden Wänden die Abweichung auf ca. 10% sank. Kontrollierte Probennahme aus Hunten ergab mittlere Abweichungen von 6%, während Werte aus Bohrmaterial Abweichungen von 15% zeigten. Die Geh. von ca. 2,0% *Cu* u. 0,2% *Co*, die nach den Unterss. als wahrscheinlich für das Erz angenommen wurden, sind durch die Ergebnisse während des Abbaus bestätigt worden.

J. Heinze 6354◇

2202 **Ähnlichkeitskriterien und das Vergrößern von Flotationskonditionierungsanlagen.** J. W. H. Chi und E. F. Young jun. (Bull. Instn. Mining Metallurgy Nr. **673,** Trans. **72,** 181—90, 1962; Large, Pa., Westinghouse Electric Corp., Astro-nuclear Labor.; Jones & Laughlin Steel Corp.; engl.) — Drei geometr. ähnliche Modelle einer Flotationskonditionierungsanlage wurden zur Best. der Ähnlichkeitskriterien beim Wechseln von Pilot- zu Großanlagen, bes. für *Fe*-Erze, herangezogen. Die Froude-Zahl DN^2/g erweist sich als am günstigsten zur Kontrolle des Aufbereitungsgrades. Diese dimensionslose Zahl ist demnach das verlangte Ähnlichkeitskriterium. J. Heinze 6362◇

2203 **Kinetik der Flotationskonditionierung eines Hämatiterzes.** J. W. H. Chi und E. F. Young jun. (Bull. Instn. Mining Metallurgy Nr. **673,** Trans. **72,** 169—80, 1962; engl.) — Vgl. vorst. Referat. — Der Geschw. der Konditionierung wurde hinsichtlich der Beziehungen zwischen Einfl. der Flotationszeit u. dem Ausbringen von *Fe* u. Ganggestein, unter Verw. von *Fettsäuren*, untersucht. An Hand der Daten werden durch eine Analogrechenmaschine ein Mechanismus der Vorgänge u. eine Gleichung abgeleitet. J. Heinze 6362◇

2204 **Verschleißfeste Materialien für Teile der Begichtungsanlage von Hochöfen.** I. M. Nikberg und B. Ja. Iwnitzki. (Stahl [UdSSR] **23,** 205—06, 1963; Allunions-Forsch.-Inst. für das Eisenhüttenwes.; russ.) — Zur Erhöhung der Verschleißfestigkeit von Hochöfen-Begichtungsteilen, bes. der Oberfläche des Begichtungskegels u. -tellers, wird eine Hand-Auftragsschweißung unter Verw. von *Cr*-Carbid als Elektroden [12,0—13,8(%) C, 85,7 bis 86,4 Cr oder 11 C, 69,3 Cr u. 14,0 Ni] verwendet.

H. Hochstein 6370◇

2205 **Das Schmelzen von Kupfer- und Nickelsulfiderzen und -konzentraten im elektrischen Ofen.** Otto Barth. (Freiberger Forsch.-H., Reihe B Heft **67,** 35—55, 1962; Stockholm; dt.) — Beschrieben werden die Widerstandsöfen zum Schmelzen von Cu- u. Ni-Sulfiderzen u. -konzentraten, wobei die Schlacken die Wärme auf die Beschickung übertragen, in Skandinavien, Uganda, Nordrhodesien, Österreich u. Kanada (Cu-Ofen) UdSSR u. Kanada (Ni-Öfen). F. Vier 6370◇

2206 **Die Erhöhung der kinetischen Energie des Windes als eine große Reserve für die Vergrößerung der Roheisengewinnung.** L. G. Schumakow. (Stahl [UdSSR] **23,** 202—05, 1963; russ.) — Die Erhöhung der kinet. Windenergie in *Hochöfen* muß einen normalen Betrieb der Hochöfen unter Senkung des spezif. Koksverbauchs, bester Ausnutzung der Gasenergie, Erhöhung der Schmelzintensität des Kokses bis auf 1,3—1,4 t/m³ je 24 Std. u. Erhöhung des Gasdruckes unter der Ofenglocke bis auf 2,5—3,0 atü gewährleisten.

H. Hochstein 6370◇

2207 **Der Hochofen und seine Erzeugungskapazitäten.** William O. Bishop. (Iron Steel Engr. **40,** Nr. 2, 79—81, 1963; East Chicago, Ill., Inland Co.; engl.) — Überblick mit geschichtlichem Rückblick. — Diskussion.

H. Hochstein 6370◇

2208 **Die Probleme der elektrischen Reinigung von Hochofengasen.** F. Lardit. (Métallurgie Construct. mécan. **94,** 559, 560, 563, 565—67, 569—70; 677, 679—83, 765, 766, 769, 771, 773, 775—76; 995—96, 999, 1001, 1003—04, 1962; franz.) — Übersicht über die theoret. Grundlagen der elektr. Trocken- u. Naß-Reinigung von Hochofengasen u. ihre techn. Ausführung.

W. Wesly 6370◇

2209 **Gesetzmäßigkeiten des Druckes der Beschickung auf die flüssigen Produkte einer Schmelze.** W. K. Kropotow. (Hochschulnachr. [Moskau], Eisenmetallurgie **1960,** 22—28; russ.) — Die Koksverteilung im Herdraum eines Hochofens bei der Gußeisenerzeugung wird untersucht. Es wird festgestellt, daß die Eintauchtiefe des Kokses im Gußeisen durch die Reibung der Charge an den Ofenwänden bestimmt wird. Die geringste Eintauchtiefe wird am Ende des Absticbes, die größte vor dem Abstich beobachtet. J. Schneider 6370◇

2210 **Röstgeschwindigkeiten und elementare Vorgänge.** E. Peters. (Trans. Canad. Inst. Mining Metallurgy Mining Soc. Nova Scotia **64,** 316—20, 1961; Vancouver, B. C., Univ. of British Columbia, Dep. of Mining and Metallurgy; engl.) — Vgl. C. **1962,** 18613. J. Heinze 6378◇

2211 **Wirbelbettröstung in Red Lake Camp.** K. P. Wright. (Trans. Canad. Inst. Mining Metallurgy Mining Soc. Nova Scotia **64,** 331—36, 1961; Balmertown, Ont. Campbell Red Lake Mines Ltd.; engl.) — Vgl. C. **1962,** 18614. — In drei Gruben des Reviers sind seit Jahren Ein- bzw. Zweistufenwirbelschichtröster zur Gewinnung von *Au* im Betrieb. Das Erz besteht aus feinkörnigem, innig verwachsenen Au u. Arsenopyrit, daneben Pyrit, Pyrrhotin, Stibnit, Zinkblende u. Quarz, Carbonaten u. Talk als Gangart. Die leicht voneinander abweichenden Prod.-Gänge der drei Gruben werden erläutert. J. Heinze 6378◇

2212 **Rösten bei International Nickel.** R. R. Saddington, W. Curlook und H. J. Roorda. (Trans. Canad. Inst. Mining Metallurgy Mining Soc. Nova Scotia **64,** 359—66, 1961; Copper Cliff, Ont. Internat. Nickel Co. of Canada Ltd.; engl.) — Vgl. C. **1962,** 18614. — Die Teilröstung von *Ni*-Konzentraten aus Mahlanlagen in Vielfachherdröstern, die teilweise Wirbelschichtröstung von Ni-Konzentraten, das Rösten von *Pyrrhotin* für die *Fe*-Erzgewinnung u. das Wirbelschichtrösten von Pyrrhotin u. *NiS* werden an Hand von Stammbäumen beschrieben. J. Heinze 6378◇

2213 **Der Falconbridge-Prozeß zur Aufbereitung von Eisenerz.** P. G. Thornhill. (Trans. Canad. Inst. Mining Metallurgy Mining Soc. Nova Scotia. **64,** 337—44, 1961; Falconbridge, Falconbridge Nickel Mines Ltd., Metallurg. Res.; engl.) — Vgl. C. **1962,** 18616. — Ein Verf. zur Sulfatröstung u. Auslaugung von *Ni*-haltigen *Pyrrhotin*-konzentraten wird beschrieben, das Arbeitsschema u. die Ergebnisse einer Pilotanlage mit 200 tpd Durchsatz werden vorgelegt. J. Heinze 6378◇

2214 **Mehrfaches Herdrösten von Sulfiden in der Zink-Röstanlage der Hudson Bay Mining and Smelting Co., Ltd., Flin Flon, Manitoba.** Ben Schneider. (Trans. Canad. Inst. Mining Metallurgy Mining Soc. Nova Scotia **64,** 321—24, 1961; engl.) C. **1962,** 18614. J. Heinze 6378◇

2215 **Suspensionsrösten von Zinkkonzentrat bei Trail, British Columbia.** R. E. Eyre. (Trans. Canad. Inst. Mining Metallurgy Mining Soc. Nova Scotia **64,** 325—30, 1961; Cons. Mining and Smelting Co. of Canada Ltd., Zinc Dep.; engl.) — Vgl. C. **1962,** 18614. — Das „Cominco"-Verf. u. seine Anwendung bei Trail werden beschrieben. Der Betrieb verarbeitet nasse *ZnS*-Konzentrate mit 5—12% Feuchtigkeit u. einem *S*-Geh. von 31,8% zu Röstgut mit 2,3% S. Zusätzliche O_2-Zufuhr steigert das S-Ausbringen u. den Wärmegewinn aus den Röstgasen. J. Heinze 6378◇

2216 **Sinterung von Zinksulfid.** H. J. McQueen und G. C. Kuczynski. (J. Amer. ceram. Soc. **45,** 343—46, 1962; Notre Dame, Ind., Univ. of Indiana; engl.) — Zur Unters. des Sintervorgangs von ZnS wurden präparierte *Sphalerit*körnchen von 0,245—0,35 mm ⌀ im Hochvakuum, in Zn-Dampf u. in Ar-Atmosphäre auf 450—650°, Sinterzeit 200 Std., erhitzt, u. der Beginn der Hals-Bldg. zwischen den Körnchen mkr. gemessen. Unter Zugrundelegung der modifizierten Gleichungen von Kuczynski (1949) u. von Kingery & Berg (1955 vgl. C. **1958,** 1221) wurde festgestellt, daß der Mechanismus der Sinterung von ZnS im Hochvakuum oberhalb 600° als Vol.-Diffusion verläuft; zwischen 550 u. 650° vornehmlich als Oberflächendiffusion. In Ar findet bei 750° Vol.-Diffusion statt. R. Kaiser 6378◇

2217 **Die kontinuierliche Kontrolle der Agglomeratsinterung durch Gammastrahlung.** A. W. Pugatschew, W. A. Baschkow und A. M. Jampolski. (Stahl [UdSSR] **23,** 195—97, 1963; russ.) — Eine Vorr. zur kontinuierlichen Überwachung des Sinterungsgrades von Agglomerat auf Grund der Absorption von γ-Strahlen in der Sinterschicht im Vgl. zur Absorption der Rohschicht wurde im laufenden Betrieb auf ihre Wirksamkeit untersucht; sie ergibt eine ausweichende Stabilität u. Genauigkeit der Angaben u. kann zur Automatisierung von Agglomeriermaschinen unter der Voraussetzung einer automat. Kompensation des Einfl. der Schichthöhe verwendet werden. H. Hochstein 6378◇

2218 **Genaues Vorgießen von Kokillen.** Jeři Kadlec. (Gießereitechnik **8,** 367—69, 1962; dt.) — Die Herst. von Kokillen mittels Vorgießens in vorgehärtete Formstoffmischungen ermöglicht das Kokillengießverf. auch bei kleineren Gußstückserien erfolgreich anzuwenden. K. Hillinger 6382◇

2219 **Verwendung von Schlichten bei der Zubereitung von Formsandmischungen.** Jiři Ornst. (Slévárenství **10,** 427—30, 1962; Brno, Stát. výzk. ústav mater. a technol.; tschech.) J. Tůmová 6382◇

2220 **Prüfmethoden und -geräte zur Qualitätskontrolle bei Modell- und Formstoffmaterialien für das Keramik-Formverfahren.** Heinz Hoffmann. (Gießereitechnik **8,** 361—66, 1962; dt.) — Technolog. Prüfverff. für Modellwachse, Äthylsilicat, Binder-Lsg. u. -Suspension sowie Prüfvorschriften zur Ermittlung von Verunreinigungen in Quarzmehl u. -sanden. K. Hillinger 6382◇

2221 **Lunkerprüfung mit γ-Strahlen an heißen Vorblöcken.** Hans Ermert, August Herwig und Josef Winert. (Stahl u. Eisen **83,** 594—97, 1963; Dortmund-Hörde; dt.) — Eine automat. Lunkermeßanlage wird beschrieben, die mit γ-Strahlen des ^{60}Co arbeitet u. zwischen Block- u. Fertigstraße angeordnet ist. Die Anlage besteht in der Hauptsache aus einem Isotopenbehälter mit Strahlenquelle ^{60}Co, dem Strahlenempfänger (Szintillationszähler) den Zähl- u. Meßgeräten sowie einem Schaltschrank u. zwei Impulszellen zur automat. Steuerung der Anlage. Die γ-Strahlen eines Isotops gehen dabei durch den zu prüfenden Vorblock hindurch u. erzeugen je nach der Vorblockdichte verschieden hohe Impulsraten, die über ein Meßgerät in einem Diagramm aufgezeichnet werden. In einem Prüfverf. an einem künstlichen Block wird die Empfindlichkeit untersucht. Ein Lunker von 5,5 mm Höhe ist aus dem Diagramm einwandfrei zu erkennen. Einige kennzeichnende Diagramme von Vorblöcken mit Lunkern werden gezeigt. Mit der Anlage wird der durchschnittliche Kopfschrottanfall von Vorblöcken, die in zwei verschiedenen Kokillen vergossen waren, ermittelt, so daß eine der beiden Kokillen als weniger gut erkannt werden konnte. H. Hochstein 6382◇

2222 **Über spezifische Merkmale von verfestigten Metallen.** G. V. Kurdjumov. (Trans. metallurg. Soc. AIME **224,** 402—15, 1962; Moskau, Akad. der Wiss., Metallograph. u. metallphysikal. Inst.; engl.) — Überblick über die Feinstruktur u. Härte von abgeschreckten *Stählen,* über die Bedeutung von Mikrospannungen für die Festigkeit von Metallen, über Mikrodehnungen als Anzeichen der mechan. Eigg. von Kristallen von Mikrobereichen, über den Einfl. von Kornsubstruktur u. die Einfl. von Kristallen auf die Festigkeit, über die Verfestigung durch Neutronen-Bestrahlung sowie über die Verfestigung von *Zweiphasen-Fe-C-Legg.* durch Kaltverformung. — 29 Literaturangaben. H. Hochstein 6388◇

2223 **Rösten in der Eisen- und Stahlindustrie.** H. U. Ross. (Trans. Canad. Inst. Mining Metallurgy Mining Soc. Nova Scotia **64,** 345—50, 1961; Toronto, Univ. of Toronto; engl.) — Vgl. C. **1962,** 18616. — Faßt man den Vorgang „Rösten" als eine chem. Rk. zwischen gasförmigen u. festen Stoffen bei erhöhter Temp. auf, so sind derartige Prozesse nicht nur auf die Aufbereitung von Sulfiden beschränkt. Unter dieser Voraussetzung

betrachtet der Vf. das Rösten von *Siderit* zu Fe_2O_3 bzw. Fe_3O_4, von *Pyrit* u. *Pyrrhotin* zu Fe_2O_3 u. von *Hämatit* zu *Magnetit* sowie die SO_2-Gewinnung. Die Faktoren, die die Prozesse beeinflussen, werden diskutiert.
J. Heinze 6390◇

2224 **Die Rolle von gemischten Reagentien bei der Entwässerung von Eisenkonzentraten.** F. Ss. Menschtschikow. (Berg-J. [UdSSR] **1960,** Nr. 12, 47—49; russ.) — Geringer Zusatz (10—20 g/t) von reinen oder sulfonierten Polyacrylamiden (**I**) zur Trübe von *Fe*-Konzentraten bei 350 Torr vergrößert die Filtrationsgeschw. des W. um das 2—3fache u. senkt die Restfeuchtigkeit des Rückstandes. Gleichzeitige Verw. von **I**, Polymer-Destillaten, *IM 6—8* (synthet. Prod. aus einem Gemisch aliphat. Alkohole mit 6,7 u. 8 C-Atomen im Mol.) u. Kerosin senkt die Restfeuchtigkeit bis auf 8% u. vermindert den Verbrauch von **I** auf 5—10 g/t. J. Lehmberg 6390△

2225 **Die Anreicherung oxydierter Eisenerze unter Gewinnung von metallisches Eisen enthaltenden Konzentraten.** N. A. Jarcho und G. I. Kontorowitsch. (Berg-J. [UdSSR] **1960,** Nr. 12, 44—46; Mining Congr. J. **47,** Nr. 9, 57—59, Sept. 1961; engl.; Moskau, Zentr. Forsch.-Inst. für Eisenmetallurgie; russ.) — Als Ausgangsmaterial für die Anreicherung dient Quarzitabbrand, Brauneisenerz u. Schlamm mit 20—24(%) Fe. Durch Rösten der Erze bei 110—1200° wird ein Konzentrat mit 90—93 Fe (davon 78—85 metall. Fe), bei 79—97 Fe-Ausbeute erhalten; das Schlammkonzentrat enthält 70 Fe (davon 65 metall. Fe) bei 82% Ausbeute. Durch Magnetscheidung von gerösteten natürlich legierten Fe–Cr–Ni-Erzen werden 95% *Ni* u. 28—30% *Cr* abgeschieden. Durch Konzentrieren der Chargen im Prozeß der Stückigmachung wird in Folge der Erhöhung der Wärmeleitfähigkeit eine 5—7mal schnellere Red. erreicht. Das Stückigmachen der erhaltenen Konzentrate erfolgt durch Brikettierung oder Sinterung im inerten oder reduzierenden Medium. J. Lehmberg 6390△

2226 **Prüfung der Reduzierbarkeit von Erzen, Sintern und Pellets im Zweistufenversuch.** Helmut Krainer, Manfred Wahlster und Theodor Lettmann. (Stahl u. Eisen **83,** 578—85, 1963; Essen; dt.) — Die Reduzierbarkeit wird an 7 Erzsorten, einer Pelletsorte u. 8 Sintern (Thomas- u. Stahlsinter aus 6 Werken) untersucht. Hierbei zeigt sich, daß der Einfl. der an der Rk. nicht beteiligten Bestandteile eines Red.-Gasgemisches nicht so groß ist, daß er zu berücksichtigen wäre. Es genügt, die Red.-Geschw. auf den Partialdruck der reduzierenden Gase zu beziehen. Der Einfl. des H_2-Geh. ist bei den untersuchten Materialien unterschiedlich u. nicht in den beiden Red.-Stufen gleich. Die festgestellte Erhöhung der Red.-Geschw. durch H_2 im Red.-Gas ist größer als entsprechend dem Anteil dieses Gases am gesamten Red.-Gas. Erze u. Sinter zeigen beträchtliche Abweichungen im Red.-Verhalten; im Zweistufenverf. reagieren die Sinter in der 1. Stufe auffallend träge, sind jedoch in der zweiten Stufe verhältnismäßig reaktionsfreudig. Bei den meisten Erzen ist die Vorred. bis zum *Wüstit* (1. Stufe) nur von geringem Einfl. auf die weitere Red. des Wüstits zu metall. *Fe*. Bei Sinter dagegen werden merkbare Unterschiede beobachtet. Es wird bestätigt, daß von Erz zu Erz ein verschiedenartiger Einfl. der Korngröße auftritt. Auch die geschwindigkeitserhöhende Wrkg. des H_2 hängt von der Korngröße ab. H. Hochstein 6390◇

2227 **Kinetik der Graphitisierung von Temperguß mit hohem und niedrigem Schwefel:Mangan-Verhältnis und des daraus isolierten Zementits.** R. A. Ssidorenko, A. Ss. Kossnarew und F. A. Ssidorenko. (Metallphysik u. Metallkunde [UdSSR] **15,** 788—91, 1963; Uraler polytechn. Kirow-Inst.; russ.) — Ein Vgl. der kinet. Graphitisierungskurven von Temperguß mit einem hohen u. einem niedrigen Wert für das S/Mn-Verhältnis u. des aus dem Tempereisen isolierten Zementits bestätigt, daß die Verlangsamung des Graphitisierungsprozesses des Tempereisens, die bei einem hohen S/Mn-Verhältnis beobachtet wird, durch den Einfl. von S auf den Zustand der Grundmasse des Tempereisens, u. nicht durch Erhöhung der Stabilität des Zementits hervorgerufen wird.
H. Hochstein 6406◇

2228 **Über das pneumatische Abschlacken von Stahlbädern als Hilfsmittel in der Metallurgie.** Erwin Eickworth, Eckehard Förster und Paul Goldstein. (Stahl u. Eisen **12,** 693—701, 1963; Dortmund; dt.) — Ein pneumat. Abschlackgerät bewirkt im Thomas-Konverter bei Anwendung des Zwei-Schlacken-Verf. durch weitgehendes Entfernen der Erstschlacke eine Verdünnung der P_2O_5-Konz. in der Zweitschlacke um 3—5% P_2O_5. Die dad. verbesserte Entphosphorung ist darüber hinaus bes. gut, wenn außerdem *Soda* der Zweitschlacke zugegeben wird. Eine Verbesserung der Entschwefelung durch pneumat. Abschlacken wird nicht festgestellt. Die nach dem Verf. hergestellten Thomas-Schmelzen besitzen im Fertigstahl höchstens 0,015% *P* bei einer Treffsicherheit von 90%. Das aus solchen Schmelzen gefertigte Kaltband zeichnet sich durch niedrige Streckgrenzenwerte von nur 20 kg/mm² aus. — Diskussion. H. Hochstein 6408◇

2229 **Der Sauerstoff im beruhigten und halbberuhigten Stahl.** Joachim Koenitzer und Rudolf Hammer. (Stahl u. Eisen **83,** 569—77, 1963; Duisburg-Hamborn; dt.) — Für eine Desoxydation mit *Si*, *Mn* u. *Al* bei beruhigten u. halbberuhigten, weichen u. C-reicheren Stählen wird der *O*-Geh. von der Ofenprobe bis zur Gießprobe bestimmt. Die langsamste Abscheidung tritt bei einer reinen Si-Desoxydation auf. Bes. der O-Anfangsgeh. bestimmt den erreichbaren Endgehalt. Die Zugabezeit des Si während des Abstiches sowie die Abstich- u. Abhängezeit spielen eine merkliche Rolle, während der Einfl. der Schmelztemp. unbedeutender ist. Bei gemeinsamer Desoxydation mit Si u. Mn u. mit anteilig wachsenden Mn-Geh. erhöht sich die Abscheidungsgeschw. während des Füllens der Pfanne; dabei führt auch eine steigende Abstichtemp. zu deutlich rascherer Abscheidung. Zeitpunkt der Zugabe u. Abstichdauer sind ebenfalls wirksam. Demgegenüber tritt der Einfl. des O-Ausgangsgeh. zurück. Ein Abhängenlassen des Stahles in der Pfanne hat ebenfalls einen schwächeren Einfluß. Bei einer Desoxydation mit Al allein erfolgt stets bereits während des Abstichs eine so rasche u. weitgehende Abscheidung, daß weder der O-Ausgangsgeh. sich auswirkt, noch das Abhängenlassen eine merkliche Änderung des O-Geh. der Gießproben bewirkt. Bei einer gemeinsamen Desoxydation mit Al u. Si führt eine Vorhergabe des Al zu niedrigeren O-Gehalten. — 14 Literaturangaben.
H. Hochstein 6408◇

2230 **Ein billiger Stahl für tiefe Temperaturen.** J. D. Heffernan. (Materials Design Engng. **58,** 82, 1963; Lükens Steel Co.; engl.) — Zur Verw. bei Temp. von —75°F wird Stahl *LT 75* [*LT-75 N* (normalisiert), *LT-75 QT* (abgeschreckt u. angelassen)] mit 0,20 (%/*C*, 0,70—1,35 *Mn*, 0,04 *P*, 0,05 *S*, 0,15—0,30 *Si* auf Grund seiner mechan. Eigg. empfohlen. W. Wesly 6408◇

2231 **Löslichkeit und Ausscheidung von Bornitrid in Eisen–Bor-Legierungen.** R. W. Fountain und John Chipman. (Trans. metallurg. Soc. AIME **224,** 599—606, 1962; Niagara Falls, N. Y., Union Carbide Metals Co. u. Cambridge, Mass.; engl.) — Die Löslichkeit von N in Fe–B-Legg. (0,001—0,91% B) wird durch die Technik nach Sieverts für Temp. von 950—1150° bestimmt. Der Aktivitätskoeff. von N wird durch B erniedrigt. Das Dreiphasen-Gleichgew. zwischen γ-Fe, BN u. Gas wird ebenso wie das Vierphasen-Gleichgew. zwischen γ-Fe, BN, Fe_2B u. Gas eingestellt. Diese Gleichgew. werden auch für α-Fe berechnet. Die Beziehung dieser Werte zur Härtbarkeit u. mechan. Alterung von mit B behandelten Stählen wird erörtert. — 18 Literaturangaben.
H. Hochstein 6410◇

2232 **Der Einfluß der Zusammensetzung auf die Eigenschaften von Stählen mit 5% Cr.** E. G. Schempp und W. A. Morgan. (Trans. metallurg. Soc. AIME **224,** 420—29, 1962; Ottawa, Canada, Dep. Mines and Technical Surveys u. Welland, Ontario, Atlas Steels Ltd.; engl.) — Der Einfl. von Veränderungen der *Mo*- u. *V*-Geh. u. in einem beschränkten Umfang der *C*- u. *B*-Geh. in einem Warmarbeits-Stahl mit der Grundzus. 5(%) Cr, 0,75 Mo u. 1,0 V wurde in Bezug auf die Härtbarkeit, Kornvergröberungstemp. u. Anlaßcharakteristik untersucht. Die Zugfestigkeit, Kerbschlagzähigkeit u. Dauerfestigkeit wurden für die aussichtsreichsten Stahlzuss. ermittelt. Eine Stahlleg. mit 0,43 C, 4,97 Cr, 0,33 Si, 2,25 Mo u. 1,00 V hatte die günstigste Zus. der untersuchten Stahllegg. in Bezug auf die Warmfestigkeit nach einem Anlassen bei 1100°F.

H. Hochstein 6410◇

2233 **Der Einfluß von Metallen der Seltenen Erden auf die Eigenschaften von Chromnickelstahl.** Ja. Je. Goldstein, W. I. Seldowitsch, A. I. Komissarow und Je. L. Korotkewitsch. (Stahl [UdSSR] **32**, 354—58, 1963; Tscheljabinsk, Forsch.-Inst. für Metallurgie u. Hüttenwerk; russ.) — Ein Legieren des Stahles *40 ChN* mit *Ferrocer* in einer Menge bis 0,25% zeigt keinen merklichen Einfl. auf seine Durchhärtbarkeit. Ein Zusatz von 0,6% Ferrocer erhöht die Durchhärtbarkeit des Stahles. Zusätze von Ferrocer zeigen einen positiven Einfl. auf die plast. Eigg. u. Kerbschlagzähigkeit des Stahles. Die günstigste Zusatzmenge hängt von der Art der vorzunehmenden Wärmebehandlung ab. So werden bei einem abgeschreckten u. bei einem bei niedriger Temp. angelassenem *40 ChN* die maximalen Werte an Kerbschlagzähigkeit bei einem Zusatz von 0,25% u. für denselben Stahl nach einem Hochtemp.-Anlassen bei 0,1% Ferrocer erzielt. Eine Besonderheit des mit Ferrocer behandelten Stahles ist eine erhöhte Isotropie der mechan. Eigg. u. zwar der plast. Eigg. u. der Kerbschlagzähigkeit. Der geringste Anisotropie-Koeff. wird bei einem Zusatz von 0,25% Ferrocer erzielt. Trotz der Verschlechterung der Festigkeitseigg. des mit großen (0,6%) Ferrocerzusätzen behandelten Stahles nimmt seine Kältebeständigkeit zu, was durch die maximale Reinigung des Stahles von H u. O u. nichtmetall. Einschlüssen (Sulfiden) sowie aber auch durch die große Kornverfeinerung u. Gleichmäßigkeit der dendrit. Kristallisation bewirkt wird.

H. Hochstein 6410◇

2234 **Einwirkungen der Lösungsbehandlung auf die Hochtemperatur-Eigenschaften von 18 Cr-8 Ni-Ti-Stahl.** Kenji Ono, Tadashi Nemoto und Ryoichi Sasaki. (Tetsu to Hagané [J. Iron Steel Inst. Japan] **48**, 148 bis 155, 1962; jap., Auszug: engl.) — Unterss. über den Einfl. der Lösungsbehandlung (1 Std. bei 800—1200°, Abkühlung in W. bei 1100°, bei einigen Proben 2—100std. Erwärmung auf 1000—800°) auf die Eigg. von rostfreiem Stahl *321* zeigen, daß bei tiefer Temp. wärmebehandelte Proben durch sehr feines Korn u. niedrige Bruchfestigkeit gek. sind. Steigende Lsg.-Temp. vergröbert das Korn, steigert die Festigkeit u. vermindert die Bruchdehnung, die bei Stahl mit 18 (%) Cr u. 8 Ni kleiner als bei Proben 18 Cr, 8 Ni u. Ti ist. Dieser Stahl zeigt nach Wasser- oder Ofenabkühlung bei 1100°, Lösungsbehandlung bei 1100° u. Wiedererwärmung auf 1000 oder 900° beträchtliche Unterschiede in der Carbid-Ausscheidung im Gefüge. Nach Wasserkühlung bei 1100° 100 Std. auf 800° erhitzte Proben zeigen eine geringere Kriechbruchfestigkeit als wassergekühlte Proben.

W. Wesly 6410◇

2235 **Austenitstabilisierung durch Martensit-Wechselumwandlungen.** George Krauss jun. und Morris Cohen. (Trans. metallurg. Soc. AIME **227**, 278—80, 1963; Düsseldorf, MPI für Eisenforsch. u. Cambridge, Mass., Massachusetts Inst. for Technol.; engl.) — Durch wiederholte Austenit–Martensit-Umwandlungen von *Fe–Ni*-Legg. mit 30,5; 31,7 u. 33,5% *Ni* durch mehrmaliges Erhitzen auf 450 bzw. 475° mit nachfolgender Unterkühlung auf —195° wird eine Austenitstabilisierung erzielt. Obgleich dabei Martensit vollständig zu Austenit durch rasches Erhitzen auf 450—475° umgewandelt wird, wird der *Ferrit*, der sich aus dem Martensit während einer langsamen Erwärmung entwickelt, nicht leicht zu Austenit bei diesen Temp. umgewandelt. Je mehr Ferrit sich derart bildet, desto höher ist der Ni-Geh. des Austenits u. desto größer die Austenitstabilisierung.

H. Hochstein 6410◇

2236 **Über den Zerfall der Ferrosilicium-Legierungen. Das Teilsystem FeSi–Si.** K. Wefers. (Metall **17**, 446—51, 1963; Bonn, Vereinigte Aluminiumwerke Akt.-Ges.; dt.) — Vf. untersucht die Ursachen des Zerrieselns von Ferrosilicium. Die Unterss. zeigen, daß das bisher bekannte Zustandsdiagramm des Teil-Syst. FeSi–Si unvollständig ist. Die ξ-Phase, die mit den Randkomponenten je ein eutekt. Teil-Syst. bildet, ist nur oberhalb 900° beständig. Sie hat die Zus. Fe_2Si_5 u. zerfällt bei tieferer Temp. eutektoid in $FeSi_2 + Si$. $FeSi_2$ bildet sich peritektoid aus *FeSi* u. Fe_2Si_5. Aus den Daten von Pulveraufnahmen kann man für $FeSi_2$ auf ein rhomb. Schichtgitter schließen. Die gefundenen Liquidus- u. Soliduslinien stimmen mit nur geringen Abweichungen mit den bisher bekannten überein. Hoch-Temp.-Röntgenaufnahmen bestätigen die Beständigkeit von FeSi bis 1200°. Bei raschem Abkühlen der Si-reichen Legg. aus der Schmelze oder nach längerem Tempern oberhalb 1100° ergibt sich eine Löslichkeit von maximal 4% Fe im Si. Unterhalb 1000° wird vom Si-Gitter kein Fe mehr aufgenommen, wie Rückstrahlaufnahmen ergaben. Beim eutektoiden Zerfall von Fe_2Si_5 vergrößert sich das Vol. um 4—5%, wie durch Dichtemessungen festgestellt wurde. Das spezif. Gew. einer abgeschreckten Probe mit 55% Si verringert sich nach eintägigem Tempern von 4,8 auf ca. 4,6 g cm^{-3}. Diese Vol.-Vergrößerung führt zu starken Spannungen u. Rissen, bei Legg. mit überwiegendem Fe_2Si_5-Anteil zerfällt das Gefüge völlig. In den Rissen oxydiert sich das ausgeschiedene hochdisperse Si unter weiterer Vol.-Vergrößerung an der Luft zu SiO_2. In schnell abgekühlten, sehr reinen Ferrosilicium-Legg. zerfällt Fe_2Si_5 bei Zimmer-Temp. nur sehr langsam. Techn. Legg. zerfallen schneller, da die nichtgelösten Verunreinigungen als Fremdkeime die Umwandlung beschleunigen. Durch die um ein Vielfaches durch den Zerfall vergrößerten spezif. Oberfläche der Legg. werden *Phosphide* u. *Arsenide* im techn. Ferrosilicium freigelegt u. reagieren mit der Luftfeuchtigkeit unter Bldg. von PH_3 bzw. AsH_3. Diese sind also nicht — wie vielfach angenommen — Ursache sondern Folge des Zerrieselns.

F. Vier 6418◇

2237 **Das Erschmelzen von raffiniertem Ferrochrom in Öfen mit geneigtem und sich drehendem Schmelzbad.** M. A. Ryss und Ss. Je. Pigassow. (Stahl [UdSSR] **23**, 334—35, 1963; russ.) — Angaben über die neuzeitliche Entw., die Betriebsführung u. Wirtschaftlichkeit von raffiniertem Ferrochrom der Marken *Cr 000* u. *Cr 0000* in elektr. beheizten Drehöfen mit geneigter Badfläche.

H. Hochstein 6418◇

2238 **Wägen und Dosierung der beim Schmelzen von Zink gebrauchten Materialien.** E. I. Lowe. (Trans. Instn. chem. Engr. **40**, 325—32, 1962; Avonmouth, Bristol, Imp. Smelting Corp. Ltd.; engl.) — Die Ungenauigkeit einer volumetr. Abmessung von festen Materialien wird dargestellt u. die Entw. einer elektropneumat. Wägeeinrichtung für konst. Materialzuführung. Der Hauptbestandteil des Syst. zum Wägen ist die Belastungsmeß-Ladezelle, die kurz beschrieben u. mit Abb. erläutert wird. Die in 2 Zn-Schmelzanlagen installierte Einrichtung unter Anwendung elektron. Wäge-Verff. u. für den Transport werden beschrieben, die ganze Beschickung mit Koks, Sintermaterial u. Kalksteinen wird programmiert u. läuft dann vollautomat. ab. Auf die Wichtigkeit genauer Überprüfungs-Meth. wird hingewiesen.

F. Zeidler 6426◇

2239 **Ultraschallanalyse von Blei–Antimon- und Blei–Zinn-Legierungen.** Kornel Wesołowski und Zdzisław Kiedrzyński. (Zeszyty naukowe Akad. górniczo-hutniczej [Kraków], Metallurgia Odlewnictwo **1961**, Nr. 37, 207—20; Warszawa, Politechn., Kat. Metalozn.; pol.) — An zahlreichen Pb-Sb- u. Pb-Sn-Legg. ausgeführte Unterss. zeigen, daß die Geschw. der longitudinalen Ultraschallwellen im Bereich der Gemische geradlinig verläuft, aber im Bereich der α- u. β-Lsgg. extreme Werte aufweist. Die Ergebnisse werden erörtert.

W. Wesly 6430◇

2240 **Kupfer und Kupferlegierungen.** 19. Mitt. **Kupferlegierungen als Federwerkstoff.** W. G. R. de Jager. (Metalen **14**, 284—86, 321—24, 364—68, 401—05, 1959; Metaalinst., T. N. O.; niederl.) — 18. vgl. C. **1961**, 12982. — Übersicht über Zus. der zur Herst. von Federn dienenden Cu-Legg., deren Formgebung, Verarbeitung u. Eigenschaften. — 22 Literaturangaben.

W. Wesly 6432◇

2241 **Die Erscheinung einer umgekehrten Alterung in Legierungen. (Über zwei Arten der Alterung von Legierungen.)** G. I. Pogodin-Alexejew. (Metallphysik u. Metallkunde [UdSSR] **15**, 793—95, 1963; Moskau, Werk für die Behandlung von Buntmetallen; russ.) — Bei Messing *B 62* werden zwei Arten von Alterung unterschieden, nämlich 1. Alterung als Zerfall der übersätt. Lsg. u. 2. als Auflsg. überschüssiger Phasen. Das Auftreten letzterer muß bei der Festsetzung der Wärmebehandlung u. Abkühlung solcher Legg. sowie auch bei der nachfolgenden Anwendung der aus ihnen hergestellten Teile, bes. wenn diese unter erhöhter Temp. verläuft, berücksichtigt werden. H. Hochstein 6432◇

2242 **Mechanische Eigenschaften von Stellite-Kobalt-Gußlegierungen.** H. Griffiths und R. E. Phelps. (Metallurgia Manchester **68**, 3—6, 1963; Deloro Stellite Ltd.; engl.) — Die mechan. Eigg. von 5%-W-Cr-C-Legg. werden behandelt. Zur richtigen Wahl bei der industriellen Anwendung werden die Unterss. an verschiedenen sandgegossenen *Stellite*-Legg. mit 0,1—2,5 (%) *C*, 33,0—26,0 *Cr*, 14,0—5,0 *W* u. 66,0—50,0 *Co* mitgeteilt. F. Vier 6434◇

2243 **Silicothermische Gewinnung von metallischem Chrom bei einem teilweisen Schmelzen der Oxide der Charge.** G. F. Ignatenko, Ju. L. Pliner, Ss. I. Lappo und A. F. Konew. (Stahl [UdSSR] **23**, 226—27, 1963; russ.) — Niedriggekohltes metall. *Cr* kann nach dem silicotherm. Verf. unter Schmelzen eines Teiles der Oxide der Beschickung (ca. 60%) in einem Elektroofen hergestellt werden. Der größte Auszug an Cr wird bei einer Basizität der Schlacke von 2 u. bei einer Körnigkeit des kristallinen Si von 0,7 bis 1,0 mm erzielt. H. Hochstein 6440◇

2244 **Beobachtungen über die durch Glühen beeinflußte Bildsamkeit von vielkristallinem Wolfram.** Ronald C. Koo. (Trans. metallurg. Soc. AIME **227**, 280 bis 282, 1963; Bloomfield, N. J., Westinghouse Electric Corp.; engl.) — Durch Verss. wird nachgewiesen, daß zumindest in rekristallisiertem W von handelsüblicher Reinheit der Unterschied in der Versprödungs-Übergangstemp. von bei verschiedenen Temp. geglühten Proben mehr ein Ergebnis einer Veränderung in der Verteilung von Verunreinigungen als eines Unterschiedes in der durch das Glühen bewirkten Korngröße ist. — 16 Literaturangaben. H. Hochstein 6440◇

2245 **Bau-Beryllium.** B. B. Muvdi. (Proc. Amer. Soc. Testing Mater. **60**, 812—24, 1960; Houghton, Mich., Coll. of Mining and Techn.; engl.) — Versucht wird die Herst. von Be, das hinreichende Bau-Kennwerte besitzt. Proben aus Be-Platten aus fünf verschiedenen Fabrikationsmeth. wurden durch metallograph. Prüfung, Textur-Analyse u. mechan. Prüfungen miteinander verglichen. Vom Bau-Standpunkt wurde die beste Kombination von ein- u. zweiachsigen Eigg. vom *QMV-Be*-Pulver, das kalt verdichtet u. dann warm gestaucht wurde, erhalten. Ein weiterer Vorteil dieses Prozesses im Vgl. zu den vier anderen ist die Tatsache, daß er verhältnismäßig einfach u. wirtschaftlich ist sowie eine vergleichsweise gute Oberflächenbearbeitung zuläßt. Die mechan. Prüfungen ergeben für warm gestauchtes Be eine plast. Verformung vor dem Bruch, auch unter biachsialen Bedingungen. Die Dauerfestigkeit betrug bei 10^7 Lastwechseln ca. 45% der Zugfestigkeit. — Diskussion. H. Hochstein 6442◇

2246 **Über Perspektiven der Entwicklung des silicothermischen Verfahrens zur Magnesiumherstellung.** I. W. Frischberg und A. Ss. Mikulinski. (Nachr. sibir. Abt. Akad. Wiss. UdSSR] **1962**, Nr. 2, 63—66; Zweigstelle der Akad. Wiss. UdSSR im Ural, Swerdlowsk; russ.) — Die Auswahl des technolog. u. apparativen Schemas des obigen Verf. ist von dem gewählten Syst.-Druck (Vakuum oder Atmosphärendruck) abhängig. Die Möglichkeit der Kondens. der *Mg*-Dämpfe in Höhe von 80—85% wurde bei Verss. unter Atmosphärendruck nachgewiesen. K.-D. Lemke 6444◇

2247 **Graphische Methode zur Feststellung der günstigsten Aufschlußkonzentration in der Tonerdeindustrie.** Zoltán Osvald. (Fémipari Kutató Intézet Közleményei [Mitt. Forsch.-Inst. NE-Metalle] **6**, 39—63, 2 Tafeln, 1962; Budapest, Forsch.-Inst. NE-Metalle; ung.) — Mittels einer von Vf. ausgearbeiteten Rechenmeth. wurde der Einfl. der Aufschlußkonz. von verschiedene Mengen Na_2O enthaltenden Laugen auf die sich mit der Konz. ändernden Kosten — unter wechselnden Umständen — untersucht. Es wurde festgesetllt, daß — abhängig von der Konz. — ein Mindestwert der Kosten auftritt, welcher durch die Waschwassermenge u. auch durch die Art der Kühlung beeinflußt wird. Bewertung der heutigen u. der zu erwartenden optimalen Aufschlußkonz. 240—260 g/Liter bzw. 150—160 g/Liter kaust. Na_2O. L. Zombory 6446△

2248 **Betriebsversuche zum kontinuierlichen Ausrühren der Aluminatlaugen.** Péter Nagy und Lászlo Frank. (Fémipari Kutató Intézet Közleményei [Mitt. Forsch.-Inst. NE-Metalle] **6**, 65—74, 1962; Budapest, Forsch.-Inst. NE-Metalle; ung.) — Auf Grund der in der Ajkaer Tonerdefabrik mittels einer aus 300 m³ Luftausrührer-Behälter bestehenden Ausrührer-Reihe durchgeführten Unterss. wurden die Vorteile des kontinuierlichen Ausrührens im Folgenden festgestellt: Kontinuität der Tonerde-Herst., bessere Ausnützung des Ausrühr-Vol., bedeutend einfacherer Betrieb, kleinere Schwankung der Hydrat-Qualität, Identität des Molverhältnisses der am Ende des Ausrührens gewonnenen Aluminatlaugen, Abnahme des Luftverbrauches u. vollkommene Automatisierbarkeit des Prozesses. L. Zombory 6446△

2249 **Einfluß des Impfverhältnisses und des aktiven Impfmittels auf das Ausrühren der Aluminatlaugen.** Károly Solymár und László Huszár. (Fémipari Kutató Intézet Közleményei [Mitt. Forsch.-Inst. NE-Metalle] **6**, 75—89, 1962; Budapest, Forsch.-Inst. NE-Metalle; ung.) — Es wurde festgestellt, daß das während einer angegebenen Zeitdauer erreichbare Molverhältnis, weiterhin der Wrkg.-Grad des Kreislaufes der Tonerdefabrikation durch die Erhöhung der Impfmittelmenge gesteigert wird. Die optimale Menge des Impfmittels hängt von mehreren Parametern des Ausrührprozesses, vor allem vom Temp.-Ablauf des Ausrührens u. von der Konz. der Aluminatlauge ab. Die Erhöhung des Impfverhältnisses übt bes. bei den hochgesätt. Aluminatlaugen eine günstige Wrkg. aus. Die mit den aus der Selbstzersetzung gewonnenen sog. aktiven Impfhydraten ausgeführten Verss. zeigten, daß deren Verw. nicht zu empfehlen ist. 29 Literaturangaben. L. Zombory 6446△

2250 **Untersuchung der Zonenreinigung des Aluminiums mit Hilfe des ^{65}Zn-Isotops.** Ernő Bujdosó, Ernő Czoboly und Ferenc Magyary. (Fémipari Kutató Intézet Közleményei [Mitt. Forsch.-Inst. NE-Metalle] **6**, 283 bis 303, 1962; Budapest, Forsch.-Inst. NE-Metalle; ung.) — Stäbe aus mit ^{65}Zn legiertem Al wurden einer Zonenreinigung unterworfen. Die Aktivitätsverteilung wurde im ursprünglich 0,0044% Zn enthaltendem Grundmaterial mit einem von Vff. zusammengestellten kontinuierlich registrierenden Meß-App. verfolgt. Es wurden der richtige Trennungs-Koeff. der Zn-Verunreinigung, der entsprechende σ/D-Wert u. die in gegebenen Fall günstigste Zonenreinigungs-Meth. bzw. die Parameter letzterer bestimmt. L. Zombory 6446△

2251 **Herstellung einer Al-Ti-Vorlegierung aus $TiCl_4$.** Gyula Emőd. (Fémipari Kutató Intézet Közleményei [Mitt. Forsch.-Inst. NE-Metalle] **6**, 249—55, 1962; Budapest, Forsch.-Inst. NE-Metalle; ung.) — Die Red. mit metall. Al verläuft in Ar-Atmosphäre befriedigend, aber das entstehende $AlCl_3$ verursacht Schwierigkeiten. L. Zombory 6446△

2252 **Kalthärtung einer Cu_3Au-Ordnungslegierung.** M. J. Hordon. (Trans. metallurg. Soc. AIME **227**, 260—62; 1963; Cambridge, Mass., Alloyed Electronics Corp.; engl.) — Messungen der 10^{-3} Streckspannung von vielkristallinem Ordnungs- u. Unordnungs-Cu_3Au wurden auf die geordnete Antiphase-Domänengröße, bestimmt durch Widerstandsmessungen, bezogen. Für unverformtes Material wurde ein Streckspannungs-Maximum bei einem krist. Domänendurchmeser von ca. 40 Å erhalten. Plast. Verformung ergab eine ausgeprägte Erhöhung der

Streckspannung u. der elektr. Widerstandswerte der Ordnungsleg. im Vgl. zur Unordnungsleg., wobei die Kalthärtungsgeschw. mit der ursprünglichen Antiphase-Domänengröße zunahm. Die Härtung der Ordnungsleg. wurde von einer scharfen Größeabnahme der ursprünglich größeren Domänen begleitet.
H. Hochstein 6460◇

2253 **Der Einfluß des Schmiermittelgehaltes auf die Packungsdichte von Metallpulvern.** D. Yarnton und T. J. Davies. (Metallurgia [Manchester] **66**, 153—58, 1962; Rotherham Coll. of Technol.; engl.) — Die Pakkungsdichte eines freifallenden Metallpulvers kann bis zu 20% erhöht werden, wenn die Pulver mit einer monomolekularen Schmiermittelschicht überzogen werden. Stärkere Schmiermittel-Geh. verringern dagegen die Packungsdichte. Die Ergebnisse konnten durch bessere Gleitung infolge des Schmiermittel-Einfl. erklärt werden. In den mathemat. Gleichungen tritt demgemäß ein Schmiermittelfaktor (Gleitung) u. ein Korngrößenfaktor auf. Berechnung der Schmiermittelfilmdicke.
H. Fahlenbrach 6474◇

2254 **Herstellung und Eigenschaften von chemisch gereinigtem, in Wasserstoff niedergeschlagenem Kupferpulver.** Jack F. Whitaker. (Wire and Wire Products **36**, 1346—1457, 1961; Kansas City, Miss., Whitacker Cable Corp.; engl.) — Der Herst.-Prozeß besteht aus: 1. Auslaugen aus einer Lsg. von NH_3, CO_2 u. Wasser. 2. Reinigung beim Auslaugen. 3. Red. in H_2. 4. Trocknen, Zerkleinern u. Sortieren nach der Korngröße. 5. Prüfen. Das Cu-Pulver hat einen Reinheitsgrad von 99,8%.
H. Fahlenbrach 6474◇

2255 **Anormale Ausdehnung von Cu-Sn-Pulverpreßlingen während der Sinterung.** Hiroyasu Mitani. (Trans. Japan Inst. Metals **3**, 244—51, 1962; Sakai, Osaka, Univ. of Osaka Pref.; engl.) — An Preßlingen von Cu-Sn-Pulvern mit einem *Sn*-Geh. von 10% u. mit einem Bindemittel-Geh. von 0,5% aus *Zn-Stearat* wird die Sinterkinetik mit dem Dilatometer untersucht. Bei 798°, der höchsten peritekt. Temp. im Syst. Cu-Sn, beginnt die anomale Ausdehnung (Quellung), die mit zunehmender Erwärmungsgeschw. zunimmt. Aus Mkr.-Unters. wird geschlossen, daß dicht unterhalb der peritekt. Temp. ein großer Betrag an fl. Phase im Preßling zurückgehalten wird, der neben der β-Phase existiert. Bei der gleichen Temp. oder dicht darüber zerfällt die β-Phase wahrscheinlich in die α-Phase u. die fl. Phase, wodurch die Diffusionsgeschw. u. die Erstarrung beschleunigt wird. Durch diese schnelle Erstarrung werden die in der fl. Phase absorbierten Gase bei der peritekt. Temp. bei der Sinterung ausgestoßen. Solches H_2-Gas konnte in der Sinteratmosphäre chem. nachgewiesen werden.
Fahlenbrach 6474◇

2256 **Die Oxydationsgeschwindigkeit im Sauerstoff-Gas und die Röntgenstrahl-Linienverbreiterung an Wolfram-Pulver.** Shigetoshi Takayanagi. (Trans. Japan Inst. Metals **3**, 94—99, 1962; Takatsuki, Osaka, Matsushita Electronics Corp.; engl.) — Vgl. C. **1963**, 273. — An W-Pulvern wird die Röntgenstrahl-Linienbreite in Abhängigkeit von der Oxydationsgeschw. untersucht. Im Diagramm $\beta \cos \theta$ gegen $\sin \theta$ (β = Halbwertsbreite der Röntgenlinien, θ = Braggscher Winkel) ergeben sich Zick-Zack-Linien, die im Mittel zur $\sin \theta$-Achse geneigt sind. Dabei hängt der mittlere Neigungswinkel u. die Größe von $\beta \cos \theta$ von der Oxydationsgeschw. ab. Die Form der Zick-Zack-Linie u. die Oxydationsgeschw. waren von der Korngröße u. dem gelösten O-Geh. des W-Pulvers unabhängig, woraus geschlossen wird, daß die Kristallstruktur in allen Teilen des Pulverkorns homogen war. Es wird vermutet, daß die Erscheinung der Linienverbreiterung von der Kristallgröße u. von Störungen u. Unregelmäßigkeiten im Gitter, die die chem. Aktivität stark beeinflussen, abhängt. Fahlenbrach 6474◇

2257 **Sinter-Kinetik bei Wolfram-Pulver.** N. C. Kothari. (J. less.-common Metals [Amsterdam] **5**, 140—50, 1963; Brisbane, Queensland, Australien Univ. of Queensland, Dep. of Mining and Metall. Engin.; engl.) — Die Kinetik des Sinterbeginns von W-Pulver bei 1100—1500° wird experimentell untersucht. Dabei wird die Abhängigkeit der Dichte vom Preßdruck u. von der Sinterzeit u. Sintertemp. gemessen. Damit wird der Sintergrad δ aus der Zeit-Temp.-Beziehung u. die Sintergeschw. aus der Abhängigkeit der Vol.-Änderung von der Sinterzeit bekannt. Aus den δ-Werten ergibt sich eine Aktivierungsenergie von 100 $\pm$ 5 kcal/Mol. aus der Sintergeschw. von 192 $\pm$ 2 kcal/Mol. Mit diesem Wert für die Aktivierungsenergie wird geschlossen, daß der für die Sinterung von W-Pulvern maßgebende Vorgang die Korngrenzendiffusion u. nicht die Vol.-Selbstdiffusion ist.
H. Fahlenbrach 6474◇

2258 **W-UO_2 hoher Dichte durch aktivierte Sinterung.** W. H. Lenz und P. R. Mundinger. (J. less, common metals [Amsterdam] **5**, 101—11, 1963; Los Alamos, N. M. Los Alamos Scient. Labor.; engl.) — Gemische von W- u. UO_2-Pulvern (50 Vol%) wurden bei verschiedenen Korngrößen bei Ggw. kleiner Mengen von *Ni*- u./oder TiO_2 (Aktivierungszusätze) bei verschiedenen Temp. in H_2 gesintert. Eine Sinterung bei 1700° führte dabei in einigen Fällen schon in 1—4 Stunden nahezu zur theoret. Dichte. Ein Vgl. der Ergebnisse nach H_2- u. nach Vakuumsinterungen wird in Beziehung zu ähnlichen Erscheinungen bei W- u. bei *Re*-Pulvern gesetzt. In allen Fällen führt die Vakuumsinterung zu niedrigeren Dichtewerten.
H. Fahlenbrach 6474◇

2259 **Die Metallurgie nickelüberzogener Verbundpulver.** B. Meddings, J. Lund und V. N. Mackiw. (Metall **17**, 451—56, 1963; Fort Saskatchewan, Alberta, Canada, Sherritt Gordon Mines Ltd.; dt.) — Die Herst. von Ni- oder Co-Überzügen auf Kernpulver durch Red. ammoniakal. Ni-oder Co-Lsgg. mit H_2 u. das Verf. zur Herst. der *Sherritt-Verbundpulver* an mit Ni überzogenem *Cr*-Pulver bei Verw. eines *Anthrachinon*-Katalysators werden beschrieben u. die Verw. derart oberflächenaktivierter Pulver, wie mit Ni überzogenen *Al*-, *WC*-, *Graphit* u. *P*-sowie mit Co überzogenem WC-Pulver erörtert. — Diskussion. F. Vier 6474◇

2260 **Die Gewinnung von Zirkoniumborid.** W. F. Funke und Ss. I. Judkowski. (Pulvermetallurgie [UdSSR] **3**, Nr. 4, 49—53, 1963; Allunions Forsch.-Inst. für Hartmetalle; russ., Auszug: engl.) — Die Möglichkeit der Herst. von ZrB_2 von stöchiometr. Zus. mit einem unwesentlichen Geh. an Beimengungen aus B_4C u. ZrO_2 wird nachgewiesen. Der Einfl. der chem. Zus. u. der Dispersität des anfänglichen B_4C auf die chem. u. die Phasen-Zus. des entstehenden ZrB_2 wird untersucht. Wie im Falle von TiB_2 ist es zur Herst. von ZrB_2 mittels der B_4C-Meth. zweckmäßig, B_4C mit einem maximalen Geh. an gebundenem C zu verwenden. Bei der Herst. von ZrB_2 durch die Vakuum-Wärme-Behandlung tritt eine Feinreinigung des Borids von Beimengungen auf, die in den Ausgangsmaterialien enthalten sind. H. Hochstein 6476◇

2261 **Qualitäten und Gefüge von Stählen und Metallen. Einfluß des geometrischen Faktors bei ihren qualitativen und quantitativen Bestimmungen.** Gabriel Arregui. (Metalurgía y Electr. **24**, Nr. 272, 140—44, Nr. 273, 229—35, **25**, Nr. 274, 73—75 u. 77—78, 1960; span.) — Übersicht über den Einfl. von geometr. Elementen (Korngröße, Homogenität, Kristallstruktur usw.) auf das Gefüge u. die physikal. u. mechan. Eigg. von Metallen.
R. K. Müller 6480◇

2262 **Die Zugfestigkeitseigenschaften von einigen technischen Werkstoffen bei hohen Dehnungsgeschwindigkeiten.** Arthur L. Austin und Robert F. Steidel jun. (Proc. Amer. Soc. Testing Mater. **59**, 1292—1308, 1959; Livermore, Calif., Univ., Lawrence Radiation Labor.; engl.) — Entwickelt wird eine Experimentalmeth. zur Best. der dynam. Zugfestigkeitseigg. von techn. Werkstoffen bei hohen Dehnungsgeschwindigkeiten. Ein Explosions-Schlag-Zug-Prüfgerät, das Vorr. zur direkten Messung von Belastung, Schlaggeschw. u. augenblicklichen Probendurchmesseränderungen besitzt, wird verwendet. Die Bruchfestigkeiten, Einschnürung u. Dehnung von kaltgewalztem SAE *1018*-Stahl, von der *6061-T6 Al*-Leg. sowie den *C120-AV*, *A110-AT*- u. *A55-Ti*-Legg. werden für Dehnungsgeschw. bis zu 22000/sec bei Raumtemp. gemessen. Dabei wird festgestellt, daß im allg. die dynam. Festigkeit u. das

dynam. Verformungsvermögen dieser Werkstoffe mit steigender Dehnungsgeschw. zunimmt. — Diskussion.
H. Hochstein 6480◇

2263 **Zugfestigkeitsverhalten von zonengeschmolzenen Molybdän-Rhenium-Einkristallen.** A. Lawley und R. Maddin. (Trans. metallurg. Soc. AIME **224**, 573—83, 1962; Philadelphia, Pa.; Univ. u. Franklin-Inst.; engl.) — Einkristalle aus Mo–Re-Legg. (99,99% Reinheit), gewachsen durch eine Elektronenbestrahlungs-Zonenschmelz-Erhitzung, wurden unter Zug bei Temp. zwischen — 196 bis 200° verformt. Bei — 196° werden die Mo-Legg. mit 6% Re u. mit 20% Re unter Gleiten auf Syst. der Art [$\bar{1}$01] [111] verformt. Oberhalb — 78° ist das Arbeitsgleitsyst. von der Art (1$\bar{1}$2) [111], ($\bar{1}$01) [111] oder ($\bar{2}$11) [111] in Abhängigkeit von der Orientierung. Eine Mo-Leg. mit 39% Re verformt sich durch Zwillingsbldg. u. gleitet bei allen Prüftemp. mit einem (1$\bar{1}$2) [111]-artigen Zwillingssystem. Eine krit. aufgelöste Scherspannung zum Gleiten u. zur Zwillingsbldg. wird in Abhängigkeit von der Zus. u. Temp. berechnet u. die mechan. Eigg. werden mit denen von weniger reinen, vielkristallinen Legg. verglichen. H. Hochstein 6480◇

2264 **Einfluß der Vorspannungstemperatur auf die Reckalterung von α-Eisen.** E. Lautenschlager und J. O. Brittain. (Trans. metallurg. Soc. AIME **224**, 606—10, 1962; West Allis, Wisc., Allis-Chalmers Mfg. Co. u. Evanston, Ill., Northwestern Univ.; engl.) — Streckgrenze-Messungen wurden an vielkristallinen Proben aus um verschiedene Grade verformten α-Fe, das bei 77, 195 oder 273 °K gealtert u. bei 77, 195 oder 273 °K wieder verformt war, angestellt. Wenn die Vorspannungstemp. tiefer als die der nachfolgenden Alterung ist, wird die Streckgrenzen-Wiederkehr unterdrückt. Die Art der Unterdrückung ist abhängig von der Größe der Vorspannung bei der niedrigen Temp. u. von dem Unterschied zwischen den Verformungstemp. vor u. nach der Alterung. Es wird vorgeschlagen, daß die Unterdrückung durch die Bldg. von Versetzungshemmnissen während der anfänglichen Niedertemp.-Verformung verursacht wird. Die Alterungskinetik von vielkristallinen α-Fe-Drähten, die bei 77 oder 303 °K verformt waren, wurden bei 44 u. 64 °C durch Messung der inneren Reibung untersucht. Keine Änderung wurde als Ergebnis des Unterschiedes in der Vorspannungstemp. bemerkt.
H. Hochstein 6480◇

2265 **Druckprüfung bei konstanten wahren Dehngeschwindigkeiten.** J. E. Hockett. (Proc. Amer. Soc. Testing Mater. **59**, 1309—19, 1959; Berkeley, Calif., Univ.; engl.) — Verwendet wird ein Mitnehmer-Plastometer zur Prüfung von Metallproben auf Druck in einem Bereich von konst. wahren Dehnungsgeschw. u. innerhalb eines bestimmten Temp.-Bereichs. — Diskussion.
H. Hochstein 6480

2266 **Stetiger Kriechzustand in einer Ni_3Fe-Legierung.** R. G. Davies. (Trans. metallurg. Soc. AIME **227**, 277—78, 1963; Dearborn, Mich., Ford Motor Co.; engl.) — In Abweichung von dem Unters.-Ergebnis von Suzuki u. Yamamoto (C. **1960**, 13621) wird bei einer Ni_3Fe-Leg. eine andere Form der Kriechkurven (log Kriechgeschw./log Spannung-Kurven) entdeckt; die auftretenden Unterschiede werden durch das Außerachtlassen des stetigen Kriechzustandes durch Suzuki u. Yamamoto zu erklären versucht. H. Hochstein 6480◇

2267 **Über das Bruchverhalten von Stahl bei schlagartiger und zügiger Beanspruchung.** W. Felix. (Schweiz. Arch. angew. Wiss. Techn. **28**, 102—11, 1962; Winterthur, Gebr. Sulzer A. G.; dt.) — Die Beurteilung der Sprödbruchneigung eines Stahles geschieht häufig auf Grund der Temp. des Steilabfalles der Kerbzähigkeit. Diese Kenngröße erlaubt zwar eine Klassifizierung der Stähle nach ihrer Sprödbruchempfindlichkeit, läßt jedoch nur bedingt Schlüsse über das Bruchverh. unter zügiger Beanspruchung zu. Die hierbei bestehenden Zusammenhänge werden untersucht u. das Bruchverh. gekerbter Proben im Zug- u. Biegevers. bei Raumtemp. geprüft, wobei Stähle verwendet werden, deren Steilabfall der Kerbzähigkeit in weiten Grenzen variiert wurde. Die Unters.-Ergebnisse lassen zwischen Steilabfalltemp. u. dem Bruchverh. unter zügiger Beanspruchung Zusammenhänge erkennen, welche gewisse Rückschlüsse über die im konstruktiven Verband bestehende Sprödbruchgefahr zulassen. H. Hochstein 6480◇

2268 **Forderungen für verbesserte zerstörungsfreie Prüfverfahren.** A. Nemet. (Metallurgia [Manchester] **68**, 7—9, 1963; engl.) — Die von der stromerzeugenden, der Luftfahrt- u. der Eisen- u. Stahl-Industrie an die Werkstoffprüfung zu stellenden Erfordernisse werden erörtert.
F. Vier 6480◇

2269 **Elastische Wellen an der Oberfläche fester, insbesondere geschichteter Medien, und ihre Anwendung auf die zerstörungsfreie Werkstoffprüfung.** Eberhard Häusler. (Materialprüfung **2**, 51—55, 1960; Sarrbrücken, Univ. des Saarlandes, Inst. für angew. Phys. u. Elektrotechn.; dt.) — 11 Literaturangaben. W. Wesly 6480◇

2270 **Fehlerortung in Feinblechen durch Ultraschall-Plattenwellen.** Heinrich Wiegand und Horst Hentze. (Materialprüfung **2**, 45—50, 1960; Darmstadt, Mat.-Prüf.-Amt.; dt.) — Unterss. über die Grenzen der Fehlererkennbarkeit an Tiefziehblechen mit Hilfe von Ultraschall-Plattenwellen zeigen, daß Risse u. Welligkeit am Blechrand, Dopplungen, Überwalzungen u. durch unsachgemäßes Bürsten „verbrannte" Stellen gut geortet werden. Dagegen werden kleine Schlackeneinschlüsse ($\leqq$ 0,03 mm) nicht genau genug angezeigt. Der Einfl. „künstlicher Fehler" (Bohrungen, Wasserschichten auf dem Blech) auf das Meßergebnis wird untersucht.
W. Wesly 6480◇

2271 **Das Polieren von metallurgischen und geologischen Proben für die mikroskopische Untersuchung.** R. J. Swan. (Metallurgia [Manchester] **68**, 47—50, 1963; Engis, Ltd.; engl.) — Beschreibung eines zum Polieren verwendbaren Diamantpulvers, das in 12 verschiedene Korngrößen von 0,1—90 μ zur Verfügung steht, u. einer neuen Läppmaschine. F. Vier 6482◇

2272 **Der Nachweis von Makro- und Mikrostrukturen von Schweißnähten der Verbindungen von Stahl mit Aluminium.** A. W. Nikitina, W. R. Rjabow und D. M. Rabkin. (Automat. Schweißen [UdSSR] **16**, Nr. 4, 83—85, 1963; russ.) — Zur Herst. von Makroschliffen von Stahlschweißverbindungen mit Al wird als Ätzmittel eine Lsg. von drei Teilen einer 57%ig. HNO_3, einem Teil einer 37%ig. techn. konz. *HCl* u. einem Teil W. empfohlen. Zur elektrolyt. Herst. von Mikroschliffbildern des Gefüges solcher Schweißverbindungen werden 3 Ätzmittel empfohlen. (10%ig. wss. Lsg. von Oxalsäure, 10%ig. wss. Lsg. von Chromsäure u. 20%ig. wss. Lsg. von NH_4-Acetat). H. Hochstein 6482◇

2273 **Die Verzweigung von Rissen in Stahl.** W. M. Finkel, I. A. Kutkin und W. F. Belorukow. (Metallphysik u. Metallkunde [UdSSR] **15**, 754—64, 1963; Sibir. metallurg. Inst.; russ.) — Das Erscheinen der Rißverzweigung in einem gehärteten Stahl wird untersucht. Für die Unters. der Kinetik dieses Prozesses wird eine Schnell-Kinokamera verwendet. Mkr. wird damit die Bewegung eines Risses verfolgt. Es wird die Möglichkeit der gegenseitigen Beeinflussung naher Risse, bes. eines Hauptleitungs- u. eines „Strahl"-Risses, nachgewiesen. Der Aufbau eines sich verzweigenden Risses im Innern eines Metalles wird betrachtet. H. Hochstein 6482◇

2274 **Ätzgrübchen in Uran-Monocarbid.** C. G. Rhodes. (Trans. metallurg. Soc. AIME **227**, 286—88, 1963; Canoga Park, Calif., Atomics International; engl.) — Durch Ätzen mit konz., auf 50—60° angewärmter H_3PO_4 entstehen auf der polierten Oberfläche von kub. flächenzentrierten UC (vom NaCl-Strukturtyp) Ätzgrübchen. Es werden die Gründe dargelegt, aus denen die Ätzgrübchen mit Versetzungen in Zusammenhang stehen. Die auf den Spaltflächen beobachteten Versetzungen sind im UC-Kristall bereits vor dem Spalten vorhanden. Ein diffusionsabhängiger Färbungseffekt ist zur Sichtbarmachung von solchen Versetzungen nicht erforderlich.
H. Hochstein 6482◇

2275 **Wachstum-Feinstkorngefüge in schnell erstarrten Zn–Au-Legierungen mit 2% Au.** F. Weinberg. (Trans. metallurg. Soc. AIME **227**, 276—77, 1963; Ottawa, Can., Dep. of Mines & Techn. Surveys; engl.) —

An einer aus dem Schmelzfluß in kaltes W. gegossenen Zn–Au-Leg. mit 2% Au wird nach einer Ätzung mit CrO_3 ein außerordentlich reglmäßiges Zellenmuster auf der geätzten Oberfläche beobachtet. Bei stärkerer Vergrößerung werden längs der Zellengrenzen in regelmäßigen Abständen Ätzgrübchen entdeckt. Das Zelleninnere scheint an dem gelösten Element angereichert zu sein, während die Zellengrenzen tiefer geätzt sind. Auf Grund weiterer Unterss. wird nachgewiesen, daß die Zellenstruktur nur für die Zn–Au-Leg. mit 2% Au charakterist. ist. Die bevorzugte Ätzung an den Zellenwänden wird auf dort vorhandene Mikroporosität zurückgeführt. Die Reproduzierbarkeit u. Regelmäßigkeit der Ätzgrübchenmuster lassen vermuten, daß die Grübchen auf in den Zellenwänden vorhandene Versetzungen zurückzuführen sind, wobei die Versetzungen in Anpassung an die Gitterverformungen entstehen. H. Hochstein 6482◇

2276 **Die Bedeutung der Röntgen-Dickenmessung.** J. W. Wallace. (Blast Furnace Steel Plant **51**, 32—33, 1963; East Pittsburg, Pa., Westinghouse Electric. Corp.; engl.) — Die automat. Dicken-Kontrolle von Kaltwalzgut durch eine Röntgenstrahl-Dickenmeßvorr., die näher beschrieben wird, ergibt ein durch geringere Toleranzen verbessertes Bandmaterial. H. Hochstein 6484◇

2277 **Untersuchungen über die Fehlerprüfung an dicken Stahlblechen mit γ-Strahlen.** Heinrich Dresia, Werner Sengpiel und Ingo Geflitter. (Stahl u. Eisen **83**, 585—93, 1963; Essen, Isotopen-Labor der staatl. Ing.-Schule für Maschinenwes.; dt.) — Stahlbleche von 20—100 mm Dicke werden mit der γ-Strahlung von ^{60}Co u. ^{137}Cs durchstrahlt u. die geschwächte Strahlung mit einem Szintillationszähler u. einem Impulsmeßgerät gemessen. Die Bleche wurden punktförmig abgetastet. Es zeigt sich, daß Dopplungen bis ca. 0,1 mm Höhe u. Gefügelockerungen am günstigsten mit dem Parallelstrahlverf. nachgewiesen werden können. Durch Schliffproben von 3 mit γ-Strahlen geprüften Blechen wird gezeigt, daß das γ-Durchstrahlungsverf. geeignet ist, die Fehlerverteilung in Blechen berührungslos zu ermitteln. Das Verf. liefert zahlenmäßige Angaben über die Maße des ermittelten Fehlers u. eignet sich auch zur Prüfung von Werkstoffen bei erhöhten Temperaturen. Eine Prüfung mit Ultraschall dagegen ist unter diesen Bedingungen nicht möglich. Dickenschwankungen am Blech können weitgehend von echten Werkstoffehlern unterschieden werden. Für Bleche unter 50 mm Dicke ist die energieschwächere γ-Strahlung von ^{137}Cs geeigneter als die härtere γ-Strahlung von ^{60}Co. γ-Strahlen-Unterss. ermöglichen Rückschlüsse über den Aufbau, die Meßgenauigkeit u. die Meßgeschw. bei der kontinuierlichen Fehlerprüfung von kalten u. warmen Blechen. Für die kontinuierliche Prüfung können mehrere Meßstellen, bestehend aus je einem Szintillationszähler u. einer Strahlungsquelle, in Parallelschaltung verwendet werden. H. Hochstein 6484◇

2278 **Korngrenzenseigerung von Thallium im Zinn.** F. Weinberg. (Trans. metallurg. Soc. AIME **227**, 223—30, 1963; Ottawa, Can., Dep. of Mines and Techn. Surveys; engl.) — Korngrenzenseigerung von Tl im Sn wird in Bikristallen von Sn–Tl-Legg. mittels autoradiograph. Meth. unter Verw. von ^{204}Tl beobachtet. Der Seigerungsbetrag ist vom Korngrenzenwinkel für Kleinwinkelkorngrenzen $\geq 10°$ u. für Wachstumsgeschw. ≥ 5 cm/h verhältnismäßig unabhängig. Eine etwas stärkere Seigerung tritt bei Großwinkelkorngrenzen auf u. eine noch stärkere Seigerung in langsam gewachsenen (0,6 cm/h) Bikristallen. Eine Seigerung, die annähernd 3—140 Atom-Ebenen von reinem Tl entspricht, wird an der Korngrenze für verschiedene Wachstumsbedingungen u. Korngrenzenwinkel beobachtet. Die Konz. u. Verteilung von Tl auf der Oberfläche eines gewachsenen Bikristalls sind merklich von denen des Hauptmassematerials verschieden. Korngrenzenseigerung wird in ausgeglühten Bikristallen bei den angewandten Vers.-Zeiten (70—234 Std.) u. Vers.-Temp. (160—220°) nicht festgestellt. — 16 Literaturangaben. H. Hochstein 6484◇

2279 **Beitrag zum Problem der Erzeugung des Elektronenstrahles für Schmelzen, Verdampfen, Schweißen und Bohren mit Elektronenstrahlen.** E. B. Bas, G. Cremosnik und H. Lerch. (Schweiz. Arch. angew. Wiss. Techn. **28**, 112—21, 1962; Zürich, ETH; dt.) — Nach theoret. Betrachtungen über die Bedeutung des Elektronen-Vollstrahl-Strahlerzeugungssyst. für die Eigg. einer Elektronenkanone mit Bolzenkathode u. Ionentrennung wird ein 25-kV-Elektronenstrahlsyst. für verschiedene Anwendungen u. ein Elektronenschweißgerät sowie eine universelle Anlage für Schmelzen, Schweißen u. Aufdampfen mit Elektronenstrahlen beschrieben, wobei die Herst. von Tiefschweißungen auch bei niedrigeren Beschleunigungsspannungen besprochen wird. H. Hochstein 6490◇

2280 **Vakuum-Wärmebehandlung.** F. J. Becket und P. Burtenshaw. (Metallurgia [Manchester] **65**, 107—11, 181—85, 1962; Wild Barfield, Ltd.; engl.) — Übersicht über Begriff des Vakuums, das Verh. von Metallen u. Metalloxiden im Vakuum, die zur Ausführung von metallurg. Vakuum-Verff. dienenden Öfen, die zur Vakuumerzeugung verwendeten Pumpen u. die Anwendung der Vakuum-Wärmebehandlung zum Härten, Anlassen, Sintern u Hartlöten. W. Wesly 6492◇

2281 **Brennhärten von weißem und perlitischem Temperguß.** Albrecht Geiß. (Werkstatt u. Betrieb **96**, 506—08, 1963; Gevelsberg; dt.) — Weißer u. perlit. Temperguß sind für die Brennhärtung geeignete Werkstoffe, die als örtlich auf Verschleiß beanspruchte Bauteile dienen. W. Wesly 6492◇

2282 **Die Einführung und Verbesserung der Technologie einer Wärmebehandlung von Stahl DI-1.** W. Ss. Pakulewa, A. A. Chudenkich und A. Ss. Barichin. (Stahl [UdSSR] **23**, 358—60, 1963; Tscheljabinsk, Hüttenwerk; russ.) — Die erhöhte Härte des Stahles *DI-1* u. der durch Wärmerisse hervorgerufene Ausschuß werden durch eine fehlerhafte Unterkühlung des Stahles vor dem Einsatz in den Ofen zum Zwecke des Anlassens, bes. des Hochtemp.-Anlassens, bedingt. Vor dem Anlassen darf der Stahl nicht unter 50° abkühlen u. muß bei 650° ± 10° mit einer Haltezeit nicht unter 20 Std. angelassen werden. Das Ausschmieden soll bei einer Temp. nicht über 950° beendet werden. H. Hochstein 6492◇

2283 **Die Untersuchung der Durchhärtbarkeit von Lagerstahl des Tscheljabinsker Hüttenwerks.** N. W. Keis, A. I. Komissarow, G. Je. Myssina und R. N. Donetz. (Stahl [UdSSR] **23**, 360—62, 1963; russ.) — Die Durchhärtbarkeit von *Kugellagerstahl* hängt nicht nur von der chem. Zus. u. dem Gefügezustand des Stahles, sondern auch von der Behandlung (Erhitzen auf Abschrecktemp., Dauer der Temp.-Aufrechterhaltung, Umwandlungscharakter während der Temp.-Haltedauer u. Art der voraufgegangenen Wärmebehandlung) ab. Stähle mit 0,85—0,93(%) C, 1,5—1,55 Mn, 0,65 Si, 1,5—2,0 Cr, 0,10—0,20 Ni, 0,05—0,25 Mo, ohne oder mit 0,12 V, 0,004—0,006 S, bis 0,02 P besitzen eine hohe Durchhärtbarkeit u. sind als Werkstoffe zur Herst. von Kugellagerstählen geeignet. H. Hochstein 6492◇

2284 **Der Einfluß leicht schmelzbarer Metallüberzüge auf die mechanischen Eigenschaften hochschmelzender Metalle nach einer Wechsel-Wärmebehandlung.** N. W. Ssawtschenko. (Metallphysik u. Metallkunde [UdSSR] **15**, 765—72, 1963; Woronesh, staatl. pädagog. Inst.; russ.) — Die mechan. Eigg. hochschmelzender Metalle, die mit leicht schmelzbare, oberflächenakt. Stoffe enthaltenden Mitteln in Berührung stehen, werden während einer Wärme-Wechselbeanspruchung im Vgl. zu den gleichen Werkstoffen, welche diese Berührung nicht aufweisen, stark erniedrigt. Diese Abnahme hängt in starkem Maße von der Anzahl der Temp.-Wechsel ab. Die Ursache für die schnelle Abnahme der mechan. Eigg. sind die Auflockerung des Metalles u. die Erniedrigung der Festigkeit u. Plastizität, deren Mechanismus durch den Robinder-Effekt erklärt wird. H. Hochstein 6492◇

2285 **Einfluß der Polarisation auf die Dauerfestigkeit von Stahl in Nitrat-Nitrit-Schmelzen.** M. I. Tschajewski und W. F. Schatinski. (Metallphysik u. Metallkunde [UdSSR] **15**, 697—702, 1963; Lwow, Inst. für Maschinenkunde u. Automatik der Akad. der Wiss. der

UkrainSSR; russ.) — Der Einfl. einer *Nitrat-Nitrit*-Schmelze auf einen durch Wechselbeanspruchung verformten *Stahl* wird untersucht. Es zeigt sich, daß bei der Rk. der Salzschmelze mit dem verformten Stahl Adsorptions-, Diffusions- u. Korrosions-Prozesse auftreten, die man mittels Anlegung eines Potentials leiten kann. Stähle vom Typ *20 Ch* können zur Herst. von Maschinenteilen, die sich in Berührung mit einer Nitrat-Nitrit-Schmelze befinden, bis zu 500—550° verwendet werden. Bei noch höheren Temp. verlaufen die Korrosionsprozesse sehr intensiv. Bei Wechselbeanspruchung von *20 Ch* in einer Nitrat-Nitrit-Salzschmelze bei 500° wird eine Erhöhung der Dauerfestigkeit beobachtet, die auf eine Nitrierung der Oberflächenschichten zurückgeführt wird. Eine Kathoden-Polarisation mit einem Potential unter dem der Na- u. K-Ionen-Entladung bildet einen Schutz u. bewirkt eine Erweiterung des Temp.-Bereichs der Verw. von *20 Ch* in solchen Schmelzen bei Wechselbeanspruchungen bis zu 600°. Es wird gezeigt, daß die Anwendung von Kathodenprozessen, bei denen auf der Probe aus der Salzschmelze ein chem., mit dem Stahl unter Bldg. einer intermetall. Schicht reagierendes Metall abgeschieden wird, zur Verbesserung der Leistungseigg. von Stahlteilen empfohlen werden kann.
H. Hochstein 6492◇

2286 **Das Schweißen des vollaustenitischen Stahles EP 126.** Je. P. Lwowa. (Schweißtechn. Fertig. [UdSSR] **1963,** Nr. 8, 2—5; Zentr. Forsch.-Inst. für Technologie u. Maschinenbau; russ.) — Es wird die Möglichkeit einer elektr. Lichtbogenschweißung des vollaustenit. Stahles *EP 126* mit 0,07(%) C, 0,38 Si, 0,77 Mn, 20,25 Cr, 26,40 Ni, 4,85 W, 2,47 Mo, 0,88 Nb, 0,0045 B, 0,008 S, 0,008 P unter Verw. von Elektroden *ZT-22* mit 0,07 C, 0,21 Si 4,32 Mn, 17 Cr, 31,95 Ni, 6,74 W, 3,25 Mo, 0,39 Nb 0,8 Ti, 0,27 Al, 0,010 S, 0,003 P (die Geh. an N u. B sind nicht angegeben) nachgewiesen. Die so hergestellten Schweißverbindungen besitzen sowohl bei Raumtemp. als auch bei hohen Temp. (700—800°) genügend hohe Festigkeits- u. Plastizitäts-Eigenschaften.
H. Hochstein 6506◇

2287 **Die Modifizierung von Titanschweißnähten.** Ss M. Gurewitsch. (Automat. Schweißen [UdSSR] **16,** Nr. 3, 34—39, 1963; Paton-Inst. für Elektroschweißung der Akad. der Wiss. der UkrainSSR; russ.) — Untersucht wird der Einfl. der Modifikatoren *Re* u. *B* auf die Struktur u. Festigkeitseigg. von Ti-Schweißnahtverbindungen, die unter einem Flußmittel ausgeführt worden sind. Hierbei wird festgestellt, daß der wirksamste Modifikator für eine solche Ti-Schweißnaht *Re* in einer Menge von ca. 0,2% ist. H. Hochstein 6506◇

2288 **Anwendungen des Gasschweißens beim Hartpanzern und Werkzeugauftragsschweißen.** P. Ehlers. (Schweißen u. Schneiden **15, 419—24, 1963**; Frankfurt/Main; dt.) — Überblick u. Zusammenstellung der Zusatzwerkstoffe. F. Vier 6506◇

2289 **Die Berechnung der Kristallisationsisotherme beim Stumpfschweißen von Platten.** A. Ss. Masstrjukowa und N. N. Prochorow. (Schweißtechn. Fertig. [UdSSR] **1963,** Nr. 8, 5—7; MWTU „Baumann"; russ.) — Geprüft wird die Anwendbarkeit von Formeln des Grenzzustandes der Wärmeausdehnung beim Stumpfschweißen von Platten für die Berechnung von Kristallisations-Isothermen. Es wird vorgeschlagen, den Ausdruck der Kristallisations-Isotherme auf Grund eines Vgl. von Berechnungs- u. von experimentellen, auf dem Wege der Einführung von Korrekturkoeff. erhaltenen Werten zu präzisieren. H. Hochstein 6506◇

2290 **Brüche durch unsachgemäßes Schweißen.** E. Kauczor. (Schweißen u. Schneiden **15, 430—34,** 1963; Hamburg, Werkstoffprüfamt; dt.) — Es wird über durch nachträgliche Gefügeänderung, nicht schweißgerechte Konstruktion u. Korrosion verursachte Brüche berichtet.
F. Vier 6506◇

2291 **Die Menge und die Zusammensetzung von oxidischen Einschlüssen im Metall der Schweißnaht bei der Lichtbogenschweißung.** N. M. Nowoshilow und A. M. Ssokolowa. (Schweißtechn. Fertig. [UdSSR] **1963,** Nr. 8, 16—19; Zentr. Forsch.-Inst. für Technologie u. Maschinenbau; russ.) — Die Unters.-Ergebnisse der Best. der Menge u. Zus. oxid. nichtmetall. Einschlüsse (Silicate u. Spinelle) im Metall von unter Anwendung einer elektr. halbautomat. Lichtbogenschweißung, unter CO_2 u. Verw. des Flußmittels *OSsZ-45* sowie unter Verw. von sauer, bas. oder mit Rutil ummantelten Elektroden hergestellten Stahl-Schweißnähten werden mitgeteilt. Die geringste Menge (0,025—0,031%) an oxid. nichtmetall. Einschlüssen hat der Stahl in unter CO_2 ausgeführten Schweißnähten, die größte Menge dagegen (0,099%) bei Verw. der Elektrode *ZM-7*. Schweißnähte mit geringster Menge an solche Einschlüssen besitzen die höchsten *Si* (0,47%)- u. *Mn*(0,94—1,20%)-Gehalte. Die oxid. Einschlüsse besitzen in ihrer Zus. einen verhältnismäßig hohen Geh. an Al_2O_3 (14,07—44,59%), der aus dem Zusatz aus den Schweißdrähten, Flußmitteln u. Ummantelungen herrührt. Eine überragende Menge der sich beim Schweißen in CO_2 bildenden Desoxydationsprodd. entsteht an der Stahloberfläche oder scheidet sich in Form einer Schlacke aus. In der Schweißnaht verbleibt ein unbedeutender Teil von Schlackeneinschlüssen (ca. 1—2%), die stark an Al_2O_3 angereichert sind.
H. Hochstein 6506◇

2292 **Über die Abtrennbarkeit der Schlackenkruste beim Schweißen von Kupfer unter einem Silicat-Flußmittel.** Ju. M. Korenjuk. (Automat. Schweißen [UdSSR] **16,** Nr. 3, 40—44, 1963; Paton-Inst. für Elektroschweißung der Akad. der Wiss. der UkrainSSR; russ.) — Die Gründe für ein Zurückhalten der Schlackenkruste auf der Schweißnaht werden erörtert. Es wird der Einfl. von O in der Metallnaht u. in der Flußmittel-Zus. auf die Adhäsion der Schlacke an der Naht untersucht. Hierbei zeigt sich, daß das mechan. Festhalten der Schlacke auf der Naht beim Schweißen von Cu eine zweitrangige Bedeutung hat. Die Hauptrolle spielt die chem. Adhäsion der Cu_2O-Haut, die auf der Nahtoberfläche infolge des Zerfalls der festen Lsg. von O im Cu ausgeschieden wird. Bei Zusatz eines Desoxydationsmittels oder von oberflächenakt. Stoffen in die Schweißnaht nimmt das Haftvermögen der Schlacke an der Naht ab. Bei Verw. von Silicat-Flußmitteln wird dieses Haften mit Erhöhung der Flußmittel-Basizität verringert.
H. Hochstein 6506◇

2293 **Trommelputz-Mischungen.** Wataru Funabashi. (Rep. Government ind. Res. Inst., Nagoya **11,** 146—51, 1962; jap., Auszug: engl.) — Unterss. über den Mechanismus der Glanz-Bldg. beim Trommelputzen mit 2%ig. Lsgg. von *Na-Laureat, -Palmitat, -Stearat* (**I**), *-Behenat, -Oleat* (**II**), *-Myristat, Toiletteseife* (**III**), *Sojabohnenölseife* (**IV**) u. *Leinsamenölseife* zeigen, daß **I, III, IV** u. **II** mit NaOH die beste Zurichtung ergeben. Ein Gemisch von 1,6(%) **I** u. 0,4 **II** beseitigt selbst die geringsten Oberflächenunebenheiten. W. Wesly 6510◇

2294 **Die Wirkungen einiger Zusatzmittel bei der Glanzvernickelung.** T. Shimuzu und K. Azada. (Electroplating Metal Finishing **14,** 126—28, 1961; Nagoya, Nagoya Municip. Inst.; engl.) — Unterss. über den Einfl. organ. Zusatzmittel auf die Eigg. von Ni-Überzügen zeigen, daß Verbb. mit 3-fach Bindung: 3-Methylpentin-1-ol-3, Butyn-1-ol-3 u. 2-Butyn-1.4-diol (**I**) hochglänzende Ni-Überzüge verursachen u. in Ggw. von *Saccharin* (**II**) oder *Naphthalin-Na-Sulfonat* (**III**) eine ausgezeichnete, einebnende Wrkg. haben. Der Einebnungsgrad steigt mit der **I**-Konz. u. fällt mit steigender Stromdichte u. der zunehmenden Schärfe u. Tiefe von Kratzern. *Gelatine, Äthylcyanhydrin* u. **I** verursachen Zugspannungen, **II** u. **III** Druckspannungen in den Überzügen. Gemische beider Gruppen von Zusatzmittel vermindern die Restspannungen. W. Wesly 6520◇

2295 **Ein Jahr dauernde Bewitterungsversuche an anodisch behandelten Aluminium.** J. A. Whittaker und J. M. Kape. (Trans. Inst. Metal Finishing **38,** 66—74, Diskussion 109—12, 1961; Buckinghamshire Fulmer Res. Inst. u. Banbury, Aluminium Labor. Ltd.; engl.) — 12 Bleche aus Al-Legg. u. 5 Proben aus stranggepreßten Al-Legg., unter handelsüblichen Bedingungen mit anod. Filmen verschiedener Dicke überzogen, wurden 1 Jahr lang in Industrie-Atmosphäre u. im Seeklima bewittert. Die Schutz-Wrkg. der anod. Schicht steigt mit ihrer Dicke an u. ist größer im freien Raum als unter Dach. Je reiner die Legg. sind, umso geringer braucht die Schichtdicke zu sein. F. Vier 6538◇

2296 **Verträglichkeit des gesinterten Magnesiums mit Kohlendioxyd unter Druck bei erhöhten Temperaturen.** D. Leclercq, R. David und R. Darras. (J. nuclear Mater. [Amsterdam] **8,** 41—48, 1963; Grenoble, Frankreich, CEN; franz.) — Gesintertes Mg nach franz. Herst. wurde einer längeren Korrosion in CO_2 bei erhöhten Temp. ausgesetzt. Die Korrosionsbeständigkeit ist ausreichend, jedoch nicht so gut wie bei den Mg-Legg., insbes. bei *Mg–Zr*. In Kontakt mit Graphit bleibt Sinter-Mg noch bis 500° formbeständig u. verliert dabei nicht an mechan. Qualität, bes. wenn der Druck niedriger ist. H. Fahlenbrach 6538◇

2297 **Korrosionsbeständigkeit von rostfreien Stählen und Legierungen in den organischen Säuren.** J. Bourrat. (Corrosion et Anticorrosion **11,** 140—46, 1963; Unieux (Loire), CAFL, Dep. de Rech.; franz.) — Die Bedingungen, unter denen *Al*(-Legg.), *Cu*(-Legg.) u. rostfreie Stähle durch *Essig-*, *Ameisen-*, *Milch-*, *Citronen-* u. *Weinsäure* Korrosionen erleiden u. die dabei auftretenden Korrosionsarten werden erörtert. W. Wesly 6538◇

2298 **Untersuchungen über die Korrosion von Bleianoden in Zinksulfat-Lösung.** 6. Mitt. **Einfluß von Manganion im Elektrolyten.** Tetsuo Shibano. (J. Mining metallurg. Inst. Japan **78,** 403—06, 1962; jap., Auszug: engl.) — 5. vgl. C. **1963,** 20596. — Unterss. über die anod. Korrosion von Pb-Anoden bei der Zn-Elektrolyse zeigen, daß Mn^{2+} bei Konzz. bis 0,20 (g)/Liter) u. darüber keinen Einfl. auf das Anodenpotential ausübt; es nimmt bei Anoden mit < 0,20(%) Ag u. Konzz. > 0,20 Mn^{2+} ab u. bei > 0,20 Ag zu. Die Menge Anodenschlamm steigt mit der Mn^{2+}-Konz. von 0,05 auf 5 g/Liter. Bei Ag-Geh. der Pb-Anode < 0,20% zeigt der mittlere Pb-Geh. des abgeschiedenen Zn ein Maximum bei 0,20 (g/Liter) Mn^{2+}; bei > 0,20 Mn^{2+} fällt der Pb-Geh. der Kathode beträchtlich. Bei Anstieg des Ag-Geh. der Anode auf > 0,51% fällt der Pb-Geh. der Kathode mit steigender Mn^{2+}-Konz. des Elektrolyten. W. Wesly 6538◇

2299 **Untersuchungen über die Korrosion von Bleianoden in Zinksulfat-Lösung.** 7. Mitt. **Einfluß von Kobaltion im Elektrolyten.** Tetsuo Shibano. (J. Mining metallurg. Inst. Japan **78,** 475—78, 1962; jap., Auszug: engl.) — 6. vgl. vorst. Referat. — Unterss. über den Einfl. von 0,5—50 mg/Liter Co^{2+} im Elektrolyten auf die Korrosion von reinen u. Ag enthaltenden Pb-Anoden zeigen, daß die Bldg. von PbO_2 auf der Anodenoberfläche, das Anodenpotential, die Menge Anodenschlamm u. der Pb-Geh. der Kathode, durch Steigerung der Co^{2+}-Konz. vermindert werden. Die Pb-Verteilung im kathod. abgeschiedenen Zn ist bei allen angewandten Anoden fast gleich, sofern die Co^{2+}-Konz. > 5 mg/Liter beträgt. W. Wesly 6538◇

2300 **Die Inhibitoren in der Dampfphase.** H. Gambert. (Corrosion et Anticorrosion **11,** 125—30, 1963; Nanterre, Soc. Shell Saint-Gobain; franz.) — Übersicht über die Theorie der Inhibitoren in der Dampfphase, die als Inhibitoren dienenden organ. Salze u. ihre Verw. zum Schutz von Fe- u. Nichteisenmetallen vor atmosphär. Korrosion. W. Wesly 6538◇

2301 **Binäre Zirkonium–Niob-Legierungen für Siedewasserreaktoren.** 1. Mitt. **Korrosionsbeständigkeit.** H. H. Klepfer. (J. nuclear Mater. [Amsterdam] **9,** 65—76, **1963;** Pleasanton, Calif., General Electric Co., Atomic Power Equipment Dep. Vallecitos Atomic Labor.; engl.) — Die Legg. enthielten bis zu 4,2 Gew.-% Nb. β-Behandlungen sind nachteilig für die Korrosionsbeständigkeit (KB). Diese ist am besten nach Herst. des Gleichgew. durch Wärmebehandlung (WB). 2phasige Legg. mit optimaler WB haben geringere KB als *Zr-2* bei 288, 360, 400° in stat. W. u. Dampf. Bei 482° ist es umgekehrt. Bei 288° sind die Legg. sehr empfindlich gegen N-Verunreinigungen; bei höheren Temp. wird die KB durch N-Geh. von ~ 170 ppm nicht verschlechtert. Die Empfindlichkeit gegen WB u. gegen N-Verunreinigung ist ungünstig für die Verw. der bin. Legg. in Siedewasserreaktoren. — 16 Literaturangaben. F. Hochstetter 6538◇

2302 **Binäre Zirkonium–Niob-Legierungen für Siedewasserreaktoren.** 2. Mitt. **Korrosionsversprödung durch Wasserstoff.** H. H. Klepfer. (J. nuclear Mater. [Amsterdam] **9,** 77—84, **1963;** engl.) — 1. vgl. vorst. Referat. — Dünne Korrosionsfilme lassen in W. u. Dampf ~ 12% des bei der Korrosion erzeugten H in das Grundmetall durchdringen. Bei β-behandelten Legg. dringen infolge dicker Oxidfilme nur ~ 454 mg/dm² ein, dagegen bei α-behandelten in Dampf ~ 25%. Der gesamte H-Gew.-Zuwachs war immer etwa gleich wie bei *Zircaloy-2*. Anscheinend ist die H-Löslichkeit in Zr–Nb-Legg. höher als in *Zircaloy-2*. Bei manchen Unterss. waren α-behandelte Zr–Nb-Legg. nur gering empfindlich gegen Korrosionsversprödung durch H. In einem imitierten Siedewasserreaktor-Vers. war die Korrosion der bin. Legg. gering. Die durchschnittlichen Hydridisierungsraten waren bei Legg. höherer Ordnung mit Zusätzen von *Fe*, *Cr* u. *Sb* nicht niedriger als bei den bin. Zr–Nb-Legierungen. — 11 Literaturangaben. F. Hochstetter 6538◇

2303 **Untersuchungen über das Verhalten von Metallklebverbindungen bei korrosiven Einflüssen.** Friedrich Mittrop. (Schweißtechnik [Wien] **17,** 81—82, 1963; Aachen, Rhein.-Westf. TH; dt.) — Ohne zusätzliche Belastung durchgeführte Lager-Verss. in verschiedenen Atmosphären, Leitungswasser, Getriebeölen u. Treibstoffen ergaben, daß dem Anwendungsgebiet des Metallklebens gewisse Grenzen gesetzt sind u. daß die innere u. äußere Alterung der Klebverbindung bei der Konstruktion berücksichtigt werden muß. Vor allen Dingen muß eine optimale Adhäsion zwischen Klebstoff u. Fügeteilwerkstoff bestehen. F. Vier 6538◇

2304 **Hüttenwerk Oberhausen Akt.-Ges.**, Oberhausen/Rhld., *Behandlung von feinkörnigen Metalloxiden.* (**E. P. 864399** vom 22/9. 1959, ausg. 6/4. 1961. D. Prior. 29/10. 1958. — C. **1962,** 6954 [F. P. 1239066].)

2305 **United Kingdom Atomic Energy Authority**, London, England (Erfinder: **David Anthony Everest, Ronald Alfred Wells** und **Arthur John Head**), *Metallgewinnung durch Anionen-Austausch.* (**E. P. 893286** vom 2/12. 1958, ausg. 4/4. 1962. — C. **1962,** 6955 [F. P. 1242538].)

2306 **Georg Fischer Akt.-Ges.**, Schaffhausen, Schweiz,] *Behandlung von geschmolzenem Metall.* (**E. P. 908348** vom 31/3. 1959, ausg. 17/10. 1962. Schwz. Prior. 28/3. 1958. — C. **1960,** 2714 [D. A. S. 1057342].)

2307 **Centre Technique des Industries de la Fonderie**, Paris, Frankreich, *Entschwefelung eines Metallbades.* (**E. P. 911066** vom 17/7. 1961, ausg. 21/11. 1962. F. Prior. 18/8. 1960. — C. **1963,** 13739 [F. P. 1274499].)

2308 **Soc. Nex**, Levallois-Penet, Frankreich, *Hochofenpraxis.* (**E. P. 920715** vom 23/5. 1960, ausg. 13/3. 1963. F. Prior. 27/5. 1959. — C. **1962,** 3617 [F. P. 1235489].)

2309 **Sherritt Gordon Mines Ltd.**, Toronto, Ontario, Canada, *Zinkherstellung.* (**E. P. 908768** vom 26/5. 1959, ausg. 24/10. 1962. Can. Prior. 22/1. 1959. — C. **1962,** 3619 [F. P. 1233781].)

2310 **Metallurgical Processes Ltd.**, Nassau, Bahamas, übert. von: **John Lumsden** und **Patrick Alexander Tempest Keeping**, Avonmonth, England *Schmelzen von zinkhaltigem Material im Schachtofen.* (**A. P. 3073696** vom 25/11. 1958, ausg. 15/1. 1963. E. Prior. 17/12. 1957. — C. **1962,** 3618 [E. P. 849372].)

2311 **Sherritt Gordon Mines Ltd.**, Toronto, Canada, *Bleigewinnung.* (**Oe. P. 225948** vom 27/11. 1959, ausg. 25/2. 1963. Can. Prior. 8/5. 1959. — C. **1962,** 6957 [F. P. 1247655].)

2312 **Magnesium Thermique „Magnetherm"** (Erfinder: **Jean Artur** und **Jacques Marchal**), *Elektrothermische Herstellung von Magnesium.* (**Aust. P. 235974** vom 7/4. 1959, ausg. 16/11. 1961. F. Prior. 9/4. 1958. — C. **1963,** 21338 [F. P. 1194556].)

2313 **United States Atomic Energy Commission**, V. St. A. (Erfinder: **Ralph G. Donnely, Ralph G. Gilliland** und **Gerald M. Slaughter**), *Legierung zum Hartlöten.* (**F. P. 1297411** vom 24/7. 1961, ausg. 19/11. 1962. A. Prior. 25/7. 1960. — C. **1963,** 14846 [A. P. 3022162].)

2314 **British Aluminium Co. Ltd.**, London, England (Erfinder: **Robert William Thomas** und **Reginald Searles Young**), *Vergrößern der wirksamen Oberfläche von Aluminium durch elektrolytische Behandlung.* (**E. P. 902827** vom 20/2. 1959, ausg. 9/8. 1962. — C. **1962,** 16482 [F. P. 1248959].)

2315 **Dehydag Deutsche Hydrierwerke G. m. b. H.** (Erfinder: **Wolfgang Gündel, Wennemar Strauss** und **Hermann Haas**), Düsseldorf, *Herstellen von galvanischen Metallüberzügen.* (**D. A. S. 1149961** Kl. 48a vom 28/10. 1954, ausg. 6/6. 1963. — C. **1961,** 5962 [A. P. 2892760].)

2316 **Dehydag Deutsche Hydrierwerke G. m. b. H.**, Düsseldorf, *Saures galvanisches Kupferbad.* (**E. P. 902082** vom 21/10. 1958, ausg. 25/7. 1962. D. Prior. 30/11. 1957. — C. **1961,** 17381 [F. P. 1227239].)

2317 **Thompson Ramo Wooldridge, Inc.**, Cleveland, Ohio, V. St. A., *Spritzmetallisieren.* (**E. P. 907355** vom 15/5. 1959, ausg. 3/10. 1962. A. Prior. 13/6. 1958. — C. **1962,** 15014 [F. P. 1226166].)

2318 **Aktiebolaget Kanthal**, übert. von: **Nils Gustav Schrervelius**, Hallstahammar, Schweden, *Herstellung von korrosionsbeständigen Metallüberzügen nach dem Flammenspritzverfahren.* (**A. P. 3025182** vom 3/3. 1958, ausg. 13/3. 1962. Schwed. Prior. 5/3. 1957. — C. **1962,** 6959 [E. P. 842280].)

2319 **Hanson-Van Winkle-Munning Co.**, Matawan, N. J., V. St. A. (Erfinder: **Donald Gardner Foulke, Otto Kardos** und **Herman Koretzky**), *Galvanisches Nickelbad zur Erzeugung besonders korrosionsbeständiger Überzüge.* (**Aust. P. 235890** vom 9/12. 1959, ausg. 9/11. 1961. A. Prior. 26/2. 1959. — C. **1963,** 4876 [E. P. 871276].)

2320 **Harshaw Chemical Co.**, Cleveland, Ohio, V. St. A., *Saures Glanznickelbad.* (**E. P. 898774** vom 4/4. 1961, ausg. 14/6. 1962. A. Prior. 22/4. 1960. — C. **1963**, 13359 [A. P. 2994648].)

2321 **General American Transportation Corp.**, Chicago, Ill., V. St. A., *Stromloses Vernickeln.* (**E. P. 886737** vom 26/6. 1958, ausg. 10/1. 1962. A. Prior. 7/11. 1957. — C. **1960**, 16930 [A. P. 2874073].)

2322 **Metallgesellschaft Akt.-Ges.**, Frankfurt/M. (Erfinder: **Ann Maureen Triggle**, Buffalo, N. Y., V. St. A., und **Herbert Arthur Jenkins**, Hounslow, Middlesex, England), *Bildung von Überzügen auf Zink und seinen Legierungen.* (**D. A. S. 1152591** Kl. 48d vom 24/5. 1960, ausg. 8/8. 1963. E. Prior. 27/5. 1959. — C. **1962**, 14315 [E. P. 869395].)

2323 **Amchem Products, Inc.**, Ambler (Erfinder: **Frank Palin Spruance jun.**, Garnison), Pa., V. St. A., *Erzeugen von Überzügen auf Aluminium.* (**D. B. P. 976375** Kl. 48d vom 19/6. 1953, ausg. 25/7. 1963. Anmeldung bekanntgemacht 7/10. 1954. A. Prior. 10/3. 1953. — C. **1956**, 12970 [E. P. 735819].)

2324 **Montecatini Soc. Gen. per l'Industria Mineraria e Chimica**, Mailand, Italien, *Konservieren von Phosphatierungsbädern.* (**It. P. 532546** vom 20/4. 1955. — C. **1959**, 16476 [Oe. P. 196199].)

H9. Organische Industrie

2325 **Die Fortschritte der Petrolchemie.** Maurice Moulin. (Bull. Assoc. franç. Techniciens Pétrole **1962,** 719—36; Esso Standard, S. A. F.; franz.) — Die Grenzen der Petrolchemie im Rahmen der chem. Industrie werden aufgezeigt. Die Ursprünge der Petrolchemie in den USA u. Europa werden beschrieben u. die Verschiedenartigkeit der Rohstoffe herausgestellt, die sie der Industrie zur Verfügung stellt. Es werden Angaben über die Menge an bereits produzierten synthet. Chemikalien, sowie die immer wachsende Bedeutung der Petrolchemie innerhalb der chem. Industrie gemacht. Bes. wird, auch tabellar., auf die franz. Petrolchemie mit ihren Anlagen, App. u. Erzeugnissen, sowie auf die seit dem 2. Weltkrieg zurückgelegten Entw.-Stufen dieser Industrie eingegangen u. ein Ausblick auf die Ausdehnungsmöglichkeiten der franz. Petrolchemie gegeben. W. Morneweg 6550◇

2326 **Kohlenwasserstoffe des Erdöls als Rohstoff für die chemische Industrie.** Byouk Blouri. (J. Rech. Centre nat. Rech. sci. **61,** 375—85, 1963; Centre d'Etudes et de Rech. de Chim. Organ. Appl.; franz.) — Die Ursachen für die gegenwärtige Entw. der Petrochemie, die Identifizierung u. Trennung der KW-Stoffe des Erdöls sowie die wesentlichen Meth. der Umwandlung durch Cracken, Halogenieren, Oxydieren, Nitrieren u. Aromatisieren werden beschrieben. — 65 Literaturhinweise. H. Miele 6550◇

2327 **Ein polyazeotropes System, das aus Toluol mit der homologen Reihe von Paraffinkohlenwasserstoffen der Benzinfraktion 100—125 °C und Isopropanol gebildet wird.** 1. Mitt. Maria Kominek-Szczepanik. (Roczniki Chem. [Ann. Soc. chim. Polonorum] **32,** 283—94, 1958; Warszawa, Polsk. Akad. Nauk, Inst. Chem. Fiz.; pol.) — Eine Reihe von tern. azeotropen Gemischen bildet die homologe Reihe der gesätt. KW-Stoffe aus der Bzn.-Fraktion 110—125°, bei der Dest. mit Toluol u. Isopropanol, im Gegensatz zu den Verbb. der homologen Reihe der Paraffin- u. Naphthen-KW-Stoffe der Bzn.-Fraktion 100—110°. K. Pluta 6550◇

2328 **Die Herstellung fester aromatischer und aliphatischer Kohlenwasserstoffe unter Verwendung von Pressen.** W. Evers. (Techn. Mitt. Krupp, Werksber. **20,** 255—61, 1962; Hamburg-Harburg, Friedrich Krupp Harburger Eisen- u. Bronzewerke; dt.) — Die Herst. wichtiger, fester KW-Stoffe auf Steinkohlen- u. Mineralölbasis (Naphthalin, p-Dichlorbenzol, p-Xylol, Weich-, Mittel- u. Hartparaffin) wird seit langem mit Erfolg mittels mechan. Preßvorgänge betrieben. Entsprechende Verff. u. die dabei hauptsächlich verwendeten Maschinen werden beschrieben u. Erwägungen über die Wirtschaftlichkeit angestellt. R. Grundmann 6556◇

2329 **Untersuchungen über die Bildung von Harnstoffeinschlußverbindungen mit Wollfettalkoholen.** Zenon Piasek. (Przemysł chem. **41,** 637—39, 1962; Warszawa, PAN, Zakładu Synt. Org.; pol.) — Eine neue Meth. zur Trennung von Wollfettalkoholen unter Verw. von Harnstoff wird beschrieben. Dabei werden mit einer Ausbeute von ~15% Triterpenalkohole, sowie 15% einer Fraktion vom Typ des Emulgators Euceryt u. bis zu 20% Cholesterin erhalten. Die Anwendung der IR-Spektroskopie zur Unters. der Harnstoffeinschlußverbb. wird ebenfalls beschrieben. K. Pluta H 560◇

2330 **Die Oxydation von Äthylenglykol und ihre Verhinderung.** Tadaaki Bitô, Hiromitsu Horikoshi und Nobuo Fujimoto. (Bull. Nagoya Inst. Technol. **14,** 320—25, 1962; jap., Auszug: engl.) — Als Antioxydantien für Äthylenglykol (I) sind in Übereinstimmung mit papierchromatograph. Unterss. in folgender Reihenfolge wirksam: Trimethylhydrochinon, p-Aminophenol, α-Naphthol (II), β-Naphthol (III), Pyrogallol, Hydrochinon, α-Naphthylamin, Diphenylamin, Brenzcatechin, Resorcin. Die Ergebnisse der Polarisationskurven-Meth. zeigen, daß Temp.-Steigerung eine Zunahme sowohl der durch Oxydation von **I** gebildeten Säure als auch der antioxydativen Wrkg. von **II** u. **III** bewirkt, während Amine im Gegensatz zu Phenolen im ganzen Temp.-Bereich mit Sicherheit wirksam sind. Der Antirosteffekt von **I** gegenüber Fe wird durch Zusatz von Antioxydantien in gleicher Weise beeinflußt; die Wirksamkeit der Antioxydantien steigt mit zunehmender Konzentration. H. Miele H 570◇

2331 **Extraktion von Glycerin aus wässeriger Lösung.** Feliks Polak und Jan Ejsymont. (Zeszyty naukowe Univ. jagiellońskiego, Prace chem. **1959,** Nr. 5, 119—32; Kraków, Univ. Jagielloński, Kat. Technol. Chem.; pol.) — Aus dem experimentell erhaltenen Extraktionsdiagramm des Syst. W./Glycerin (I)/Isobutanol (II) folgt, daß **II** eine negative Selektivität für **I** hat. **II** ist somit zur Extraktion von **I** aus Gärlsgg. ungeeignet. Dagegen läßt sich durch Anwendung von **II** ein Na_2SO_3-freies **I** gewinnen, da Na_2SO_3 vollständig in die wss. Phase geht. — 21 Literaturangaben. F. Urban H 580□

2332 **Dehydrierung von Isopropylalkohol in Gegenwart von Kupfer-Mischkontakten.** L. I. Sauciuc. (Bul. ştiinţ. tehn. Inst. politehn. Timişoara [N.S. 2] **5(19),** 341—44, 1960; rum.) — Die Kontakt-Wrkg. von Cu/CuO aus Oxalatmischsalzen bei der Dehydrierung von Isopropylalkohol wird untersucht u. festgestellt, daß die Ggw. von 60% Cu-Oxalat im Gemisch den Katalysator bei 275° sehr aktivieren. J. Lehmberg H 710◇

2333 **Die Chemie der Fettsäuren.** Georges Cusinberche. (Rev. franç. Corps gras **9,** 671—77, 1962; Clichy (Seine), Ets Cusinberche; franz.) — Die wichtigsten Fettsäuren hinsichtlich Vork., Verw. u. Derivv. werden beschrieben. Synth. von Fettsäuren, Isomerieerscheinungen, Rkk. an den Doppelbindungen wie Oxydation, Polymerisation, Hydrierung, Halogenierung, Sulfonierung, Rkk. an der HOOC-Gruppe, wie die Bldg. von Seifen u. Salzen, Säurechloriden, Estern, Säureanhydriden, Ketonen u. Aldehyden, Fettalkoholen, Amiden, Nitrilen u. Aminen werden besprochen. Einige Hinweise auf die techn. Bedeutung der Fettsäuren u. deren Derivv. werden gegeben. H. Hammitzsch H 810◇

2334 **Herstellung von Aluminiumseifen nach einem kontinuierlichen Verfahren.** 3. Mitt. **Aluminium-2-äthylhexoat.** D. E. Woods und A. J. Taylor. (J. appl. Chem. **10,** 197—99, 1960; London, War Office; engl.) — 2. vgl. gl. J. **8,** [1958], 247. — In der früher (l. c.) beschriebenen Weise wird Al-Bis-[2-äthylhexoat] in kontinuierlichem Betrieb aus Na-2-Äthylhexoat u. $Al_2 \cdot (SO_4)_3$ als Gel hergestellt. Gute in KW-Stoffen stabile Prodd. werden bei pH 3,6—4,1 bei 50° erhalten. W. Wesly H 810◇

2335 **Herstellung von Aluminiumseifen nach einem kontinuierlichen Verfahren. 4. Mitt. Aluminiumseifen von Gemischen synthetischer, aliphatischer Säuren mit geraden und verzweigten Ketten.** D. E. Woods und A. J. Taylor. (J. appl. Chem. **10,** 200—03, 1960; engl.) — 3. vgl. vorst. Referat. — Die Herst. von Gemischen von Al-Diseifen von aliphat. Säuren mit 8—12 C-Atomen u. geraden u. verzweigten Ketten wird beschrieben. Gute Prodd. werden bei pH **3,7—4,0** u. 58—60° erhalten. Die Gelstärke (in KW-Stoff) von Al-Seifen steht in umgekehrtem Verhältnis zum Molgew. der Säuren. W. Wesly H 810◇

2336 **Über die Dehydrierungsreaktion von Cyclohexan.** Takatoshi Yoshida, Ikuho Yamada und Setsuo

Takemoto. (Bull. Nagoya Inst. Technol. **14,** 334—38, 1962; jap., Auszug: engl.) — Die Dehydrierung von Cyclohexan zu Bzl. an Pd–C in einem röhrenförmigen Reaktor (Zeichnung) wird als Oberflächenkatalyse angesehen u. verläuft bei einem Durchsatz von 22,27 [g/ h·cm²] nach der 1. Ordnung. Für die Geschw.-Konst. kp wird nach Arrhenius kp = A exp (E_0/RT) = 3,08 · 10^6 exp (— 17,26/RT) ermittelt. H. Miele H 1010◇

2337 **Verwendung der inaktiven Isomeren von 1.2.3.4.5.6-Hexachlorcyclohexan. Die Herstellung von 1.2.4-Trichlorbenzol durch Wirkung schwacher Alkalien.** Edward Chodkowski, Janina Kaszubska und Władysław Staniewski. (Zeszyty naukowe Politechn. Szczecińskiej, Chem. **1960,** Nr. 14, 39—49; Politechn. Szczecińskiej, Zakład Technol. Org. I; pol.) — Das Optimum der HCl-Abspaltung aus 1.2.3.4.5.6-Hexachlorcyclohexan mit Ammoniakwasser (5%ig. NH_4OH) liegt bei 200° u. erhöhtem Druck. Nach 3 Std. werden 98,6% der theoret. Ausbeute an Trichlorbenzol erreicht. Bei Verw. von 10%ig. $Ca(OH)_2$ beträgt die optimale Rk.-Temp. 160°; die Rk.-Zeit ist länger, die Ausbeute geringer. Nach Dest. der gewonnenen fl. Prodd. enthält die Fraktion 208—209° 75,3% rohes 1.2.4-Trichlorbenzol. K. Pluta H 1010◇

2338 **Die Bildung von Cyclopentadien bei der Herstellung von Isopren durch zweistufige Dehydrierung von Isopentan.** W. M. Ssobolew, N. W. Schtscherbakowa und W. Ss. Schmarlin. (J. angew. Chem. [UdSSR] **36,** 428—30, 1963; Wiss. Forschungs-Inst. der Monomeren für synthet. Kautschuk; russ.) — Vff. schlagen ein Schema der Cyclopentadien(I)-Bldg. aus Isopentan vor, das der katalyt. Dehydrierung unterworfen wird. Bei Zerlegung der Isopentan-Isoamylen-Fraktion geht die Hauptmenge des darin enthaltenen **I** mit Isoamylen über. Bei Fraktionierung des Isoamylen-Isopren-Gemisches ist der überwiegende Teil von **I** in der *Isopren*-Fraktion enthalten. K. Jasche H 1810◇

2339 Engelhard Industries Inc., Newark, N. J., übert. von: Emmett H. Burk jun., Hazel Crest, und John Mori, Homewood, Ill., V. St. A., **Herstellung eines Kohlenwasserstoffumwandlungs-Katalysators,** der 0,01 bis 2% Pt-Metall, 5—50% Al-Halogenid u. 40—95% akt. Tonerde enthält. Unter Fernhaltung von Feuchtigkeit wird ein Pt-Tonerde-Katalysator mit einer nicht-wss. Lsg. einer Al-Alkylverb. bei 40—350 °F in Kontakt gebracht u. als Gemisch dann mit einem Halogenierungsmittel behandelt. — Geeignet für Isomerisierung, z. B. von n-Butan. (**A. P. 3047514** vom 7/8. 1959, ausg. 31/7. 1962.) E. Kahles H 500

2340 Phillips Petroleum Co., übert. von: John W. Nyers, Bartlesville, Okla., V. St. A., **Hydrocracken von C_5- und schwereren Kohlenwasserstoffen.** Diese werden zusammen mit H_2 unter Hydrocrackbedingungen mit einem Pt-Metallkatalysator, der 0,1—10 Gew.-% Pt, Pd, Ir oder Rh auf einem Träger von 2—30 Gew.-% B-Oxid u. 60—98 Gew.-% Zr-Oxid aufweist, in Kontakt gebracht. (**A. P. 3046317** vom 21/3. 1960, ausg. 24/7. 1962.) E. Kahles H 500

2341 British Petroleum Co., Ltd., London, übert. von: Kenneth Hugh Bourne und Peter Desmond Holmes, Sunbury-on-Thames, England, **Behandlung von Kohlenwasserstoffgemischen,** die Olefine enthalten, zwecks Gewinnung von Paraffinen. Das Gemisch wird dampfförmig mit einem H_2-haltigen Gas bei 20—100° über einen Katalysator geleitet, der durch Imprägnieren von Sepiolith mit einem wasserlösl. Ni-Komplex, der durch Lösen von Ni-Formiat in NH_3-Lsg. gebildet worden ist, u. Behandlung des imprägnierten Tons mit einem nichtoxydierenden Gas bei 150—300° u. einer Raumströmungs-Geschw. über 250 Vol./Vol.·Std. erhalten worden ist. (**A. P. 3041385** vom 17/12. 1959, ausg. 26/6. 1962. E. Prior. 6/1. 1959.) E. Kahles H 510

2342 E. I. du Pont de Nemours & Co., Wilmington, übert. von: Herbert Otto Wolf, Mill Creek Hundred, Del., V. St. A., **Herstellung von Monochlor-1.1-difluoräthanen (I).** Man erhitzt eine Lsg., die 0,2—0,9 (Mol) Cl_2, 1 1.1-Difluoräthan (**II**) u. 0,05—1 Gew.-% Azo-bis-isobutyronitril, berechnet auf **II**, enthält, unter einem Druck von 375—550 lbs./sq.in. auf 70—100° zur Einleitung der Rk. u. erhitzt dann weiter auf 150—200°. Die **I** werden aus dem Prod. nach Aufhebung des Drucks, Auswaschen von HCl aus dem Gas mit wss. Alkali-Lsg. durch Dest. gewonnen. Als Haupt-Prod. fällt *1.1.1-Chlordifluoräthan*, Kp. — 9°, neben einer geringeren Menge des isomeren *1.1-Difluor-2-chloräthans*, Kp. 35°, an. — Vorrichtung. (**A. P. 3047642** vom 17/2. 1960, ausg. 31/7. 1962.) J. Mühleisen H 510

2343 Scientific Design Co., Inc., New York, übert. von: Charles N. Winnick, Great Neck, N. Y., V. St. A., **Dimeres Propylen,** C_6-Olefine, erhält man durch Polymerisieren von Propylen im Dampfzustand in Ggw. von W. oder dessen Dampf im Verhältnis 2,5—30, bes. 3,5 bis 6:1 bei 550—1000, bes. 750—850 °F u. normalem Druck bis 250, bes. 50—75 lbs./sq.in., in Ggw. eines sauren Tones (natürlicher oder synthet. Zeolith) oder SiO_2–Al_2O_3, das bes. mit wss. Na_2CO_3 neutralisiert u. mit W. neutral gewaschen wurde, als Katalysator bei einer Raumgeschw. von 550—3300, bes. 700—950 Vol. je Std. je Vol. Katalysator. An Stelle von W. kann auch Methanol, A. oder Isopropanol zugesetzt werden. (**A. P. 3047644** vom 2/10. 1958, ausg. 31/7. 1962.) G. Krauß H 520

2344 Pennsalt Chemicals Corp., Philadelphia, Pa., übert. von: Milton Braid, Springfield Iownship, Montgomery Country, und Francis Lawlor, Philadelphia, Pa., V. St. A., **Trifluoracetaldehyd und Trifluoressigsäure** erhält man durch Oxydation von Trifluoräthanol (**I**) mit O_2, O_3 oder einer organ. oder anorgan. Peroxy-Verb., wie H_2O_2, $K_2S_2O_8$, Na-Perborat, Trifluorperessigsäure, Benzoylperoxid, Cumolperoxid bei ca. 200—300° in Ggw. von V-, Cr-, Mo-, W- oder U-Oxid. Die Trennung des Gemisches erfolgt mit Alkalien. — Man leitet 100 g **I** innerhalb 70 Min. über einen Katalysator mit 7,5% V_2O_5 auf Al_2O_3 bei 263—282° u. erhält bei 17,7%ig. Umwandlung u. 100%ig. Ausbeute *Trifluoracetaldehydhydrat.* (**A. P. 3038936** vom 25/6. 1957, ausg. 12/6. 1962.) A. Jahn H 670

2345 British Hydrocarbon Chemicals Ltd., London, übert. von: Leslie Ernest Addy, Dollar, Schottland, England, **Ketone** erhält man durch Rk. von Isopropanol (**I**) oder sek.-Butanol in der Dampfphase bei 100—300°, bes. 150—250° mit einem Ni-Katalysator auf Kieselgur (**II**), der durch Tränken von Ni-Oxid auf **II** mit einer wss. Lsg. eines Alkalioxids, -hydroxids, -carbonats, -bicarbonats, -acetals oder deren Mischungen u. anschließendes Erhitzen (300—340°) im H_2-Strom hergestellt wurde. Die Rk. kann in Ggw. von Verdünnungsmitteln u. Olefinen, bes. Propylen, Buten, Isobuten, Pentenen, Cyclohexen, Acetylen, aromat. Verbb., bes. Bzl. oder Chinon, als H-Acceptoren durchgeführt werden. Die Hauptprodd., ausgehend vom **I** sind neben *Aceton* u. *Methylbutylketon*, *Isobutylcarbinol* u. *Diisobutylketon.* (**A. P. 3047630** vom 15/6. 1959, ausg. 31/7. 1962. E. Prior. 7/7. 1958.) A. Jahn H 710

2346 Esso Research and Engineering Co., übert. von: Daniel S. Maisel, Union, John F. Ryan, Westfield, und Joseph Hamilton Cox, Spotswood, H. I., V. St. A., **Herstellung von Hydracetylaceton (I)** als wertvolles Nebenprod. bei der Diacetonalkoholherstellung. Man setzt Aceton (**II**) zusammen mit 0,5—5 Mol-% Acetaldehyd (**III**), bezogen auf **II** bei — 20 bis + 50° unter Ausschluß wesentlicher Wassermengen in Ggw. von ca. 0,005—0,08 Gew.-%, bezogen auf die Gesamtmischung, Alkalimetallhydroxiden u. $Ba(OH)_2$ bei Rk.-Zeiten von 0,5—5 Std., bes. 1—2 Std. um, trennt **II**, **I** u. Diacetonalkohol (**IV**) voneinander und führt **II** in das Verf. zurück. Durch die Verw. sehr kleiner Mengen an **III** steigt der Umsatz von **III** → **I** von 60—70% auf ca. > 90%. — Man setzt **II** zusammen mit 1 Mol-% **III** u. 0,03 Gew.-% $Ba(OH)_2$, bezogen auf die Rk.-Mischung, 1 Std. bei 0° um u. dehydratisiert den abdest. **IV** in Ggw. einer Spur 20 Gew.-%ig. H_2SO_4 bei 100° zu Mesityloxid, das weiter in Ggw. von 1 Gew.-% Pt auf Al_2O_3 bei 300° u. 2 atü mit H_2 → *Methylisobutylketon* hydriert wird. **I** wird nach Entfernung höherer Kondens.-Prodd. in der Dampfphase bei 300° u. 1 atü in Ggw. eines Katalysators aus 94 Gew.-%

ZnO + 6 Gew.-% Na_2CO_3 auf Koks dehydriert → *Acetylaceton.* — Zeichnung. (**A. P. 3045048** vom 12/8. 1959, ausg. 17/7. 1962.) A. Jahn H 740

2347 Saltec Corp., Concord, N. H., übert. von: Robert H. Sifferd, Joliet, Ill., V. St. A., **Gemischte anorganisch-organische Salze** der allg. Formel $M-(Z-W-Z'-X)_n$ (W = KW-Stoff-Rest mit 2—22 C-Atomen; M = 2- oder 3wertiges Metall; X = organ. NH_4 eines prim., sek., tert. Amins, heterocycl. Amins oder Polyamins bzw. quatern. NH_4-Rest; n = 2 oder 3; Z u. Z' = SO_3H u. –COOH, –SO_3H u. phenol. –OH, –COOH u. phenol. –OH, –COOH u. Arsonsäure), bes. der allg. Formeln $M-Z'-W-Z-NH(R')_2-W-NH(R')_2-Z-W-Z'-M$; $(M-Z'-W-Z)-(R-N(R)_2-W-N(R)_2-R)-(Z-W-Z'-M)$ (R = Alkyl mit < 4 C-Atomen; R' = H oder R; W = KW-Stoff-Rest mit wenigstens 10 C-Atomen). — *Trimethyloctadecylammonium-(α-Ca-sulfonat)-stearat* erhält man durch Rk. von 36,4 g α-Sulfostearinsäure in 750 ml W. (5%ig. Lsg.) mit 3,7 g Ca $(OH)_2$ in W. u. weiterer Rk. des entstandenen *Ca-(Heptadecyl-1-carboxyl)-sulfonats* mit 32,9 g wss. Trimethyloctadecylammoniumhydroxid. — α-Sulfopalmitinsäure in Methyläthylketon u. Trimethylamin → *Trimethylammonium-(pentadecyl-1-carboxyl)-sulfonat* + wss. $Cu(OH)_2$ → *Trimethylammonium-(α-Cu-sulfonat)-palmitat.* — **Toa**-*(α-Cu-sulfonat)-stearat* (**Toa** = Trimethyloctadecylammonium). — **Toa**-*(heptadecyl-1-Cu-carboxylat)-sulfonat.* — **Toa**-*(α-Cd-sulfonat)-stearat.* — **Toa**-*(α-Co-sulfonat)-stearat.* — **Toa**-*(α-Hg-sulfonat)-stearat.* — *Piperazinium-(α-Cu-sulfonat)-stearat.* — Sulfoessigsäure + Anilin + $Co(OH)_2$ → *Co-(α-Anilinsulfonat)-acetat.* — α-Sulfooctansäure + Didodecyldimethylammoniumhydroxid + $CuSO_4$ → *Cu-(α-Didodecyldimethylammoniumsulfonat)-octanoat.* — 1-Phenol-4-sulfonsäure + Pyridin + $Ca(OH)_2$ → *1-Ca-(4-Pyridinsulfonat)-phenolat.* — Salicylsäure + Diäthylamin + $Mg(OH)_2$ → *Diäthylammonium-(Mg-phenolat)-carboxylat.* — β-Sulfopropionsäure + n-Butylamin + $^1/_3$ Mol $Fe(OH)_3$ → *Fe(III)-(β-n-Butylammoniumsulfonat)-propionat.* — α-Sulfobuttersäure + Piperidin + $^1/_3$ Mol $Al(OH)_3$ → *Al-(α-Piperidinsulfonat)-butyrat.* — Das Verf. dient zur *Gewinnung* u. *Abtrennung* mehrwertiger, anorgan. Kationen, bes. der seltenen *Erd-* u. *radioakt. mehrwertigen Metalle.* Die Verbb. *fördern* oder *verhindern* das *Wachstum* von *Mikroorganismen*, bes. von: *Saccharomyces cerevisiae* u. *fragilis, Penicillium glaucum, Aspergillus fonsecaens, Escherichia coli* u. *Micrococcus albus*; vgl. Tabellen. (**A. P. 3038899** vom 16/11. 1959, ausg. 12/6. 1962.) G. Krauß H 910

2348 Stamicarbon N. V., Heerlen, übert. von: Willem Pesch und Ulrich Verstrijden, Geleen, Niederlande, **Reinigen von rohen α-Aminolactamen,** dad. gek., daß man die bei der Herst. aus α-Nitrolactam (I) in Ggw. von Raney-Ni anfallenden Lsgg., die Lysin (III) u. I enthalten, in einem Umlaufverdampfer bei 40° im Vakuum bis zu einen Festgeh. von 90% konz., mit Toluol (II) mischt u. das W. azeotrop. abdestilliert. Die erhaltene II-Lsg., aus der die Verunreinigungen ausgefallen sind, wird filtriert u. das II abdestilliert. Das erhaltene α-Aminolactam enthält nur noch 0,5% III u. kein I mehr. (**A. P. 3047564** vom 12/9. 1960, ausg. 31/7. 1962. Niederl. Prior. 15/9. 1959.) C. Lüttgen H 950

2349 Monsanto Chemical Co., St. Louis, Mo., übert. von: William T. Cave, Dayton, Ohio, V. St. A., **Gewinnung von optischen Isomeren aus d,l-Glutaminsäuremonohydrat (I),** dad. gek., daß man 100 Teile I u. bis zu 30 Teile *l*-Glutaminsäuremonohydrat (II) in W. löst, so daß die Lsg. 0,24—0,45 (g) I, d. h. mehr als bei der späteren Krist.-Temp. u. -Zeit lösl. ist, enthält, nach Krist. einer größeren als der eingesetzten II-Menge u. vor Eintreten des Gleichgew. die Krist. unterbricht u. II gewinnt. [Maximaler Sättigungsgrad bei 20° nach 45 Min. = ca. 0,22 (g I/10 ml) bzw. nach 30 Min. = ca. 0,23—0,24]. — Man löst z. B. 0,5 I u. 0,15 II bei 40° in 40 ml W., kühlt die Lsg. auf 0°, impft mit II u. tropft während 15 Min. bei 0° 5 ml A. zu → 0,2034 Kristalle, davon 0,1835 II, was aus $[\alpha]_D$ = 3,55 des Prod. in 3 ml einer 1,75 n HCl hervorgeht, gegenüber 0,1674 eingesetztem II. — Herst. von *Nahrungs-* u. *Arzneimitteln.* — Mengenbeispiele. Ausbeutetabellen für I-II-Gemische, Temp., Krist.-Zeiten u. Reinheitsgrade. (**A. P. 3038937** vom 13/12. 1956, ausg. 12/6. 1962.) G. Vogel H 950

2350 Monsanto Chemical Co., St. Louis, Mo., übert. von: Gail H. Birum, Dayton, Ohio, V. St. A., **Organophosphate** der allg. Formeln (RO)(R'O)P(:E)–O–CH(Z)–P(:O)$(OR')_2$ bzw. Polyester

$$(RO)(R'O)P(:E)-[OCH(Z)-P(:O)(OR')]_n OCH(Z)-P(:O)(OR')_2$$

[R = Halogenalkyl-, Halogenalkenyl-, Alkoxyhalogenalkyl- oder Aryloxyhalogenalkylrest mit 1—12 C-Atomen, wobei Halogen = Cl oder Br; R' = R, Hydrocarbyl- oder Halogenhydrocarbylrest mit 1—12 C-Atomen; Z = Hydrocarbyl-, Halogenhydrocarbyl-, Cyanhydrocarbyl-, Carbalkoxyhydrocarbyl-, Alkoxyhydrocarbyl- oder Alkylthiohydrocarbylrest mit 1—17 C-Atomen, Thienyl- oder Furylrest; n = ≧ 1; E = O oder S] erhält man aus der entspr. 3wertigen P-Verb., in der E fehlt, durch Oxydation mit O_2, O_3, H_2O_2, einer Peroxyverb.; N_2O_4 bei ca. — 70 bis + 20°, bzw. durch Sulfidierung mit S zunächst bei 50—100°, dann bei 130—180°. — 108 g 1-[Bis-(2-chloräthoxy)-phosphinyl]-äthyl-bis-(2-chloräthyl)-phosphit wurde bei 10—20° mit 0,18 Mol/Std. O_3 umgesetzt, 100 ml CH_2Cl_2 zugesetzt u. die O_3-Behandlung 2 Std. fortgesetzt. Nach dem Aufarbeiten wurde *1-[Bis-(2-chloräthoxy)-phosphinyl]-äthyl-bis-(2-chloräthyl)-phosphat* erhalten. Ferner wurden erhalten: *1-[Bis-(2-chloräthoxy)-phosphinyl]-2-äthylhexyl-bis-(2-chloräthyl)-phosphat,* gelbliche Fl.; *1-[Bis-(2-chloräthoxy)-phosphinyl]-äthyl-bis-(2-chloräthyl)-thionophosphat,* n_D^{25} 1,4989; *1-[Bis-(2-chlorpropoxy)-phosphinyl]-butyl-bis-(2-chlorpropyl)-thionophosphat; 1-[Bis-(2-chlorpropoxy)-phosphinyl]-propyl-bis-(2-chlorpropyl)-thionophosphat; 1-[Bis-(2-chlorpropoxy)-phosphinyl]-heptyl-bis-(2-chlorpropyl)-thionophosphat,* n_D^{25} 1,4824; *1-[Bis-(2-chlorpropoxy)-phosphinyl]-propyl-bis-(2-chlorpropyl)-phosphat; α-[Bis-(2-chloräthoxy)-phosphinyl]-benzyl-bis-(2-chloräthyl)-thionophosphat; 1-[Bis-(2.3-dichlorpropoxy)-phosphinyl]-2-phenyläthyl-bis-(2.3-dichlorpropyl)-thionophosphat; 1-[Bis-(2-chlor-3-butenyloxy)-phosphinyl]-propyl-bis-(2-chlor-3-butenyl)-thionophosphat,* viskose Fl.; *1-[Bis-(2-chlor-3-isopropoxypropoxy)-phosphinyl]-äthyl-bis-(2-chlor-3-isopropoxypropyl)-thionophosphat; 1-[Bis-(2-chlorpropoxy)-phosphinyl]-2-chloräthyl-bis-(2-chlorpropyl)-thionophosphat,* viskose farblose Flüssigkeit. — *Schmierölzusätze, Treibstoffzusätze gegen Frühzündung, Herbicide, Biocide, Flammschutzmittel.* (**A. P. 3042701** vom 21/10. 1959, ausg. 3/7. 1961.) A. Jahn H 980

2351 Monsanto Chemical Co., St. Louis, Mo., übert. von: Gail H. Birum, Dayton, Ohio, V. St. A., **Organophosphorverbindungen** der allg. Formel $R-(X)_n-P(:E)-[OCH(R')-P(:O)(Y)_2]_2$ (R = KW-Stoff-Rest mit 1—12 C-Atomen, frei von aliphat. Ungesättigtheit; R' = H, KW-Stoff-Rest mit 1—11 C-Atomen, frei von aliphat. Ungesättigtheit; Y = R, Hydrocarbyloxy, Halogenhydrocarbyl, Halogenhydrocarbyloxy, mit jeweils 1—12 C-Atomen frei von aliphat. Ungesättigtheit, X u. E = O oder S, n = 0 u. 1. erhält man aus den entsprechenden 3wertigen P-Verbb. durch Oxydation (O_2, O_3, H_2O_2, Peroxycarbonsäuren, Hydroperoxide, N_2O_4, $KMnO_4$, CrO_3) bei ca. — 70 bis + 20° oder durch Sulfidierung mit S bei anfangs 50—100° u. zuletzt 110—180°. Es wurden erhalten *Phenylthionophosphonsäure-O.O-bis-{α-[bis-(2-chloräthoxy)-phosphinyl]-benzyl}-ester,* viskose Fl., *Phenylthionophosphonsäure-O.O-bis-[1-(äthoxyphenylphosphinyl)-äthyl]-ester. Phenylphosphonsäure-bis-[1-(diäthoxyphosphinyl)-propyl]-ester,* gelbliches Öl. — Weichmacher, Fungicide, Biocide, Zusätze zu Schmierölen u. Treibstoffen, Flammschutzmittel. (**A. PP. 3042702** vom 12/11. 1959, ausg. 3/7. 1962, u. **3042698** vom 22/9. 1959, ausg. 3/7. 1962.) A. Jahn H 980

2352 Weston Chemical Corp., Newark, N. J., übert. von: Lester Friedman, Whitestone, N. Y., und Henry Gould, West Orange, N. J., V. St. A., **Phosphite** von hochsd. Alkoholen werden hergestellt durch Umesterung von Triarylphosphiten in Ggw. von Dialkyl- oder Diarylphosphiten als Katalysatoren in Mengen von 0,1—1% u. Abdest. der Phenole unter vermindertem Druck. Als hochsd. Alkohole können auch Polyäthylenglykole oder Alkoxyalkanole verwendet werden. Mit 1,2- oder 1,3-Glykolen werden die entsprechenden Dioxaphospholane u. Dioxaphosphorinane erhalten u. mit Pentaerythrit die Tetraoxadiphosphaspiroalkane. Durch schrittweise Umesterung können auch gemischte Ester hergestellt werden. *Stabilisatoren* für Polymere u. *Flammschutzmittel.* (**A. P. 3047608** vom 15/9. 1960, ausg. 31/7. 1962.) R. Bauereis H 980

2353 Rohm & Haas Co., Philadelphia, übert. von: William S. Wadsworth jun., Elkins Park, Pa., V.St.A., **1-Cyanvinylphosphonsäuredialkylester** der allg. Formel $R{-}CH{=}C(CN)P({:}O)(OR')_2$, deren Polymere u. Copolymere erhält man durch Kondens. von Aldehyden der allg. Formel R–CHO mit Cyanmethylphosphonsäureestern der allg. Formel $NC{-}CH_2{-}P({:}O)(OR')_2$ in Ggw. einer Base (R = H, Alkylrest mit 1—4 C-Atomen, der Phenyl- oder Styrylrest; R′ = Alkylrest mit 1—4 C-Atomen). Falls R = H erhält man direkt das Polymere, das durch Erhitzen in das Monomere überführbar ist. Die Monomeren werden in bekannter Weise (Peroxide) polymerisiert. — 0,26 Mol Paraformaldehyd werden mit 100 ml wasserfreiem Methanol (I) u. 10 Tropfen Piperidin bis zur Auflösung erhitzt, 40 Tropfen Eisessig zugegeben u. dann unter Rühren 0,2 Mol Cyanmethylphosphonsäurediäthylester zugegeben. Die Rk.-Mischung wird 4 Std. unter Rückfluß erhitzt, I abdest. u. das Rk.-Wasser mit 1000 ml Bzl. aceotrop. abdestilliert. Das nach dem Aufarbeiten erhaltene viscose, klare Polymere wird bei 200° u. 1 Torr gecrackt u. 35 g *1-Cyanvinylphosphonsäurediäthylester*, $Kp._{0,5}$ 63—65°, erhalten. — Analog erhält man *2-Phenyl-1-cyanvinylphosphonsäurediäthylester*, $Kp._{0,5}$ 165°. — *Zwischenprodd.* bzw. *flammfeste Polymere.* (**A. P. 3047606** vom 1/12. 1958, ausg. 31/7. 1962.) A. Jahn H 980

2354 Donald F. Othmer, Coudersport, Pa., und Denis K. Huang, Brooklyn, N. Y., V. St. A., **Dehydrocyclisierung von Paraffinen** mit ≧ 6 C-Atomen zu Aromaten. Diese Paraffine werden bei Normaldruck auf 840—1100° F in Ggw. von Pt u. Nd-Oxid oder Didymoxid erhitzt. — Zeichnungen. (**A. P. 3023254** vom 23/1. 1958, ausg. 27/2. 1962.) E. Kahles H 1010

2355 United States of America, Secretary of the Navy, übert. von: Walter J. Pummer, Rockville, Md., und Leo A. Wall, Washington, D. C., V. St. A., **Herstellung von Pentafluorjodbenzol (I).** Man stellt aus Pentafluorbrombenzol (II) das Grignard-Reagens (III) her u. setzt dieses mit 1.1.2-Trifluor-1-chlor-2-jodäthan (IV) oder mit Trifluorjodäthan um. — Das aus 0,04 (Mol) II erhaltene III wird mit 0,04 IV in 5 ml Ae. 3 Std. unter Rückfluß erhitzt, über Nacht stehengelassen u. das Prod. mit 50 ml 6 n-HCl zersetzt. Die Ae.-Schicht wird abgetrennt, getrocknet u. dest., wobei man in 50%ig. Ausbeute I $Kp._{35}$ 77—78°, n_D^{20} 1,4990 erhält. I kann auch durch Jodierung von Pentafluorbenzol in 65%ig. Oleum mit J erhalten werden. Weiter wird die Herst. folgender Verbb. beschrieben: *Perfluordiphenyl*, F. 67,5—68° (aus Methanol u. durch Sublimation bei 50°/1 mm) durch Ullmann-Kondens. von II bzw. durch Grignard-Kupplung von II in Ggw. von $CoCl_2$; *Perfluorbenzonitril*, gelb, unrein, Kp. 185—190°, $n_D^{23,8}$ 1,4764, ergibt bei der Hydrolyse bei 180° *Pentafluorbenzoesäure*, F. 101—103°; *Pentafluorphenyl-α-äthanol* (V), $Kp._{37}$ 80—82°, n_D^{20} 1,4426, aus III u. Acetaldehyd, *Tetrakis-[pentafluorphenyl]-silan*, kurze Nadeln, F. 246—248°, aus III u. $SiCl_4$; *Tris-[pentafluorphenyl]-phosphin*, nadelähnliche Kristalle, F. 114—115° aus III u. PCl_3 u. durch Oxydation daraus mit $Na_2Cr_2O_7$ in H_2SO_4 u. Eisessig *Tris-[pentafluorphenyl]-phosphinoxid*, nadelähnliche Kristalle, F. 167—168°; *Pentafluorstyrol*, Kp. 140—141, n_D^{20} 1,4414, aus V mit Al_2O_3 bei 345—350°. — Ausgangsstoffe für die Herst. von Polymeren u. Schmiermitteln. (**A. P. 3046313** vom 3/5. 1960, ausg. 24/7. 1962.) J. Mühleisen H 1010

2356 Farbenfabriken Bayer Akt.-Ges. (Erfinder: Kurt Ley), Leverkusen, **Herstellung von aromatischen 1.2-Dihydroxy-3-thioäthern,** dad. gek., daß in 4- u. 6-Stellung durch tert.-Butyl-, tert.-Amyl-, tert.-Octyl- oder Methylcyclohexylgruppen oder Br substituierte o-Benzochinone mit Mercaptanen, Thiophenolen oder Mercaptosäuren im Molverhältnis 1:1 in Ggw. eines inerten Lsgm. umgesetzt werden, wobei ggf. ein geringer Überschuß an Mercaptoverb. verwendet werden kann. — Zur Lsg. von 44 (g) 4.6-Di-[tert.-butyl]-benzochinon-(1.2) in Ae. werden 25 $C_6H_5CH_2SH$ getropft u. nach Entfernen des Lsgm. u. Umlösen des Rückstands aus CH_3OH 60 *1.2-Dihydroxy-4.6-di-[tert.-butyl]-3-benzylmercaptobenzol* (I) $C_{21}H_{28}O_2S$, F. 93—94°, erhalten. — Analog folgende 1.2-Dihydroxy-4.6-di-[tert.-butyl]-benzole: *3-[o-Chlorbenzylmercapto]-*, $C_{21}H_{27}ClO_2S$; F. 108—109°. — *3-[Dodecylmercapto]-*, $C_{26}H_{46}O_2S$; Öl. — *3-[Carboxymethylmercapto]-*, $C_{16}H_{24}O_4S$; F. 135°. — *3-[β-Hydroxyäthylmercapto]-*, $C_{16}H_{26}O_3S$; F. 111—113°. — *3-[3.4-Dichlorphenylmercapto]-*, $C_{20}H_{24}Cl_2O_2S$; F. 152—154°. — *4.6-Di-[α-methylcyclohexyl]-3-benzylmercapto-1.2-dihydroxybenzol*, $C_{27}H_{36}O_2S$; F. 112—114°. — *4.6-Di-[α-methylcyclohexyl]-3-*

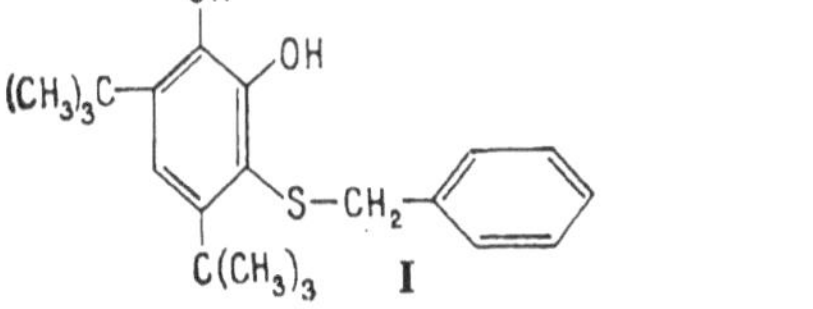

I

carboxymethylmercapto-1.2-dihydroxybenzol, $C_{22}H_{32}O_4S$; Öl. — (**D. A. S. 1140944** Kl. 12q vom 30/8. 1960, ausg. 13/12. 1962.) O. Müller-Meiningen H 1090

2357 Union Oil Co. of California, Los Angeles, übert. von: Curtis G. Christian, Anaheim, Calif., V. St. A., **Herstellung von Terephthalsäure aus Toluol.** Man alkyliert Toluol mit Propylen in Ggw. von P_2O_5 bei 20—110°, bis 1,3—2 Mol Propylen pro Mol Toluol aufgenommen sind, wobei man eine Mischung aus Toluol, Cumol u. 1.2.4-Diisopropyltoluol erhält, aus der Toluol durch Dest. entfernt wird. Die Mischung aus Cumol u. Diisopropyltoluol wird in bekannter Weise mit O_2 in Ggw. von Schwermetalloxydationskatalysatoren zu einer Mischung aus Isophthalsäure, Terephthalsäure u. Trimellitsäure oxydiert. Trimellitsäure wird dann durch Erhitzen auf 250—400° in Ggw. von W. monodecarboxyliert, wobei weitere Mengen an Iso- u. Terephthalsäure erhalten werden. (**A. P. 3047620** vom 5/4. 1954, ausg. 31/7. 1962.) L. Stadelmann H 1220

2358 Esso Research and Engineering Co., Elizabeth, N. J., übert. von: Robert E. Pennington, Baytown, Tex., V. St. A., **Kontinuierliche Herstellung von Carbalkoxybenzolen** durch katalyt. Oxydation von Alkylbenzolen mit O_2 in fl. Phase in Ggw. von Methanol. Man zieht den Dampfstrom aus dem Reaktor ab, kondensiert, versetzt die fl. Phase mit W. u. frischem Alkylbenzol, trennt die wss. Phase zur weiteren Aufarbeitung ab u. führt die nichtwss. Phase in den Rk.-Raum zurück. — Herst. von *Dimethylterephthalat.* (**A. P. 3047613** vom 29/3. 1960, ausg. 31/7. 1962.) L. Stadelmann H 1220

2359 Foster Wheeler Corp., New York, übert. von: William N. Hoyte, Staten Island, N. Y., V. St. A., **Gewinnung von Polycarbonsäureanhydriden** aus dem gasförmigen Rk.-Strom. Man bringt den Gasstrom in Kontakt mit Paraffinwachs oder Tetraalkylsilicaten, kühlt die Mischung ab, wobei ein großer Teil des Anhydrids krist., filtriert u. arbeitet den Filterkuchen u. die Mutterlauge in üblicher Weise auf. — Beispiel: *Phthalsäureanhydrid.* (**A. P. 3040059** vom 2/7. 1959, ausg. 19/6. 1962.) L. Stadelmann H 1220

2360 Consolidation Coal Co., übert. von: Metro D. Kulik, Pittsburgh, Pa., V. St. A., **Gewinnung von Phthalsäureanhydrid** aus dem Rückstand der Dest. von rohem Phthalsäureanhydrid. Man extrahiert den Rückstand mit niedermol. Alkylketonen, wie Aceton oder Alkylacetaten unter Bedingungen der Fest-Flüssig-Extraktion bei einer Temp. unter ca. 150°, wobei selektiv

Phthalsäureanhydrid extrahiert wird. (**A. P. 3040060** vom 23/5. 1960, ausg. 19/6. 1962.)
L. Stadelmann H 1220

2361 American Cyanamid Co., New York, N. Y., übert. von: Donald L. Bevets, Raymond A. Hermann, Stanford, Conn., und Harry A. van Brocklin, Pittsburgh, Pa., V. St. A., **Herstellung von Phthalsäureanhydrid.** Man oxydiert Naphthalin bei 320—425° mit Luft oder O_2 in Ggw. eines Flüssigbett-Katalysators, der aus mit einer Mischung von V_2O_5 u. $K_2S_2O_7$ imprägniertem Silicagel besteht, in den im verflüssigten Zustand 1—3% gepulvertes Silicagel zusätzlich eingebracht wurden. Die Porosität u. damit die katalyt. Aktivität des Katalysators bleibt dadurch länger erhalten. (**A. P. 3038911** vom 5/8. 1959, ausg. 12/6. 1962.)
L. Stadelmann H 1220

2362 Esso Research and Engineering Co., Elizabeth, N. J., übert. von: Robert E. Pennington und Louis T. Yule, Daytown, und Charles F. Snyder, Houston, Tex., V. St. A., **Herstellung von Methylestern aromatischer Polycarbonsäuren.** Man setzt einen polyalkylierten aromat. KW-Stoff in Ggw. von Methanol mit O_2 in Ggw. von Schwermetalloxydationskatalysatoren bei 140—250° u. erhöhtem Druck um, wobei das Methanol durch Regelung von Temp. u. Druck in fl. Phase gehalten wird. Hierdurch wird der oxydative Abbau von Methanol vermindert. — Hergestellt wurden die *Methylester* von *Phthalsäure, Terephthalsäure* u. *Trimesinsäure.* (**A. P. 3047612** vom 7/11. 1958, ausg. 31/7. 1962.)
L. Stadelmann H 1220

2363 California Research Corp., San Francisco, übert. von: Wilton H. Lind, Walnut Creek, und John B. Wilkes, Albany, Calif., V. St. A., **Aromatische Nitrile** erhält man durch Rk. von methyliertem Bzl. oder Naphthalin mit NH_3 u. S in der Dampfphase, in Ggw. von Oxiden von Al, Si oder Th als Katalysatoren, bei 450—600°. Aus m-Xylol erhält man z. B. eine Mischung aus Isophthalonitril, m-Tolunitril u. Benzonitril. (**A. P. 3041368** vom 25/9. 1958, ausg. 26/6. 1962.)
L. Stadelmann H 1220

2364 Monsanto Chemical Co., übert. von: Cilton W. Tate, Decatur, Ala., V. St. A., **Reinigung von Phthalsäure.** Man behandelt die rohe Phthalsäure in alkal. Lsg. 30—180 Min. bei 0—100° mit mindestens 3% Alkalidichromat oder Permanganat, dann mit Aktivkohle, filtriert u. fällt die gereinigte Phthalsäure in bekannter Weise aus (**A. P. 3047621** vom 6/4. 1959, ausg. 31/7. 1962.)
L. Stadelmann H 1220

2365 Esso Research and Engineering Co., Elizabeth, N. J., übert. von: Robert E. Pennington und James K. Niekerson, Baytown, Tex., V. St. A., **Kondensatrückgewinnung bei der Oxydation von Alkylbenzolen** mit O_2 in Ggw. von Methanol. Man kondensiert den Dampfstrom aus dem Oxydationsreaktor, setzt W. zu dem Kondensat, trennt die wss. Phase von der organ. Phase ab, dest. aus der wss. Phase Methanol u. Methanol-Oxydationsprodd. ab, vermischt die wss. Phase mit der organ. Phase, trennt dann die organ. Phase, die nicht umgesetztes Alkylbenzol u. Alkylbenzol-Oxydationsprodd. enthält, ab u. führt sie in den Oxydationsreaktor zurück. — Herst. von *Dimethylterephthalat.* (**A. P. 3047614** vom 5/7. 1960, ausg. 31/7. 1962.)
L. Stadelmann H 1220

2366 Dow Chemical Co., übert. von: Fred Bryner und Andrew J. Dietzler, Midland, Mich., V. St. A., **Herstellung von p.p'-Isopropylidendiphenoldisalicylat,** dad. gek., daß man p.p'-Isopropylidendiphenol mit Salicylsäurechlorid in einem interten organ. Lsgm., wie CCl_4, in Ggw. katalyt. Mengen eines tert. Amins bei 40—60° umsetzt. Beispiel: 75,5 (g) Salicylsäure, 150 ml CCl_4, 63,7 $SOCl_2$ u. 0,15 wasserfreies $AlCl_3$ werden unter Rühren 6 Std. auf 45—50° erwärmt. Die Rk.-Mischung wird mit N_2 behandelt u. dann mit 57,1 p.p'-Isopropylidendiphenol u. 0,7 Chinolin versetzt. Unter Rühren wird 17 Std. auf 45—50° erhitzt. Nach Zugabe von 100 ml CCl_4 wird 20 Min. N_2 eingeleitet, gekühlt u. filtriert. Ausbeute 79,4%. *p.p'-Isopropylidendiphenoldisalicylat,* F. 154—157°. (**A. P. 3041370** vom 3/7. 1959, ausg. 26/6. 1962.)
R. Bauereis H 1250

2367 Monsanto Chemical Co., St. Louis, übert. von: John H. Hahn, Mehlville, und John F. Quinn, Kirkwood, Mo., V. St. A., **Reinigung von N-Acetylaminophenol,** dad. gek., daß die wss. Lsg. des rohen N-Acetylaminophenols mit einer Mineralsäure auf pH 1—5 gebracht, die Lsg. bei 50—100° gefiltert u. zu dem abgekühlten Filtrat mindestens 0,05 (Teile) Sulfitlösung pro 100 N-Acetylaminophenol zugegeben wird. Alle Verf.-Schritte werden unter einer nichtoxydierenden Atmosphäre vorgenommen. (**A. P. 3042719** vom 29/2. 1960, ausg. 3/7. 1962.) R. Bauereis H 1320

2368 E. I. du Pont de Nemours & Co. (Erfinder: William Scott Struve, Chatham, N. J., und Albert Dudley Reidinger), Wilmington, Del., V. St. A., **Herstellung von 2.5-Diarylaminoterephthalsäuren** der allg. Formel **III** oder deren Alkalisalzen durch Oxydation von 2.5-Diarylamino-3.6-dihydroterephthalsäure(**I**)-dialkylestern u. Verseifung des Rk.-Prod., dad. gek., daß man einen **I**-Dialkylester in einer Na-m-Nitrobenzolsulfonat (**II**) als Oxydationsmittel enthaltenden wss. Lsg. eines Alkalihydroxids erhitzt u. das Rk.-Gemisch ggf. ansäuert. — Es werden z. B. zu 320 (Teilen) A. 100 2.5-Dianilino-**I**-diäthylester, dann 75 **II** in 100 W. u. 30 NaOH in 120 W. zugegeben, 30 Min. zum Sieden erhitzt, in ca. 2000 kaltes W. gegossen, mit ca. 95 konz. HCl angesäuert (pH < ca. 3,0), nach 15 Min. Rühren der Nd. abfiltriert, mit W. gewaschen u. bei 60° getrocknet. Ausbeute ca. 85 (99,2%) *2.5-Dianilinoterephthalsäure,* F. 323—324°. — Weitere **III** mit folgenden Arylaminogruppen: *o-Chloranilin,* F. 343 bis 345°. — *m-Chloranilin,* F. 320—326°. — *p-Chloranilin,* F. 334°. — *o-Toluidin,* F. 342—344°. — *p-Toluidin,* F. 337°. — *p-Anisidin,* F. 301—306°. — *α-Naph-*

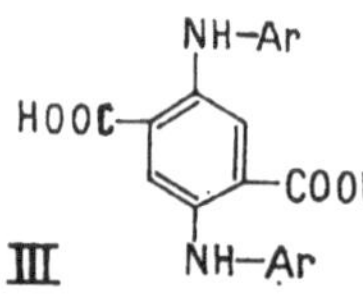

III

thylamin, F. 348°. — *β-Naphthylamin,* F. 326—330°. (**D. A. S. 1141993** Kl. 12q vom 12/6. 1958, ausg. 3/1. 1963. A. Prior. 16/6. 1958.)
O. Müller-Meiningen H 1350

2369 Standard Oil Co., Chicago, Ill., übert. von: Carl Serres jun., Hammond, Ind., und Ellis K. Fields, Chicago, Ill., V. St. A., **Herstellung von Diarylmethanen,** wie Di-p-xylylmethan oder Di-monochlorphenylmethan. Ein Polyarylmethan der Formel $A{-}CH_2{-}(Ar{-}CH_2{-})_nA$, worin A einen Arylrest bedeutet u. Ar ein von A verschied. Arylenrest u. n 1 bis 4 sind, wird mit einem aromat. KW-Stoff in Ggw. einer Lewis-Säure behandelt. (**A. P. 3043886** vom 21/8. 1959, ausg. 10/7. 1962.)
E. Kahles H 2210

2370 Joseph Harast, Broadoiew, Ill., V. St. A., **Herstellung von aromatischen Aminen aus Nitroverbindungen,** dad. gek., daß ein Strom von Wasserdampf u. aromat. Nitroverb. (Nitrobenzol, Nitronaphthalin) bei 200—400° über feinverteilte Kohle in einen Hydrierungskatalysator geleitet wird u. die Nitroverbindung durch nascierenden H zum Amin red. wird. (**A. P. 3041377** vom 17/11. 1958, ausg. 26/6. 1962.) R. Bauereis H 2510

2371 Union Oil Co. of California, Los Angeles, übert. von: Art C. McKinnis, Long Beach, Calif., V. St. A., **Gewinnung von praktisch reinem Naphthalin** aus einer Erdölfraktion vom Kp. 400°F. Diese Fraktion wird zusammen mit Butyrolacton azeotrop. destilliert. Als Bodenfraktion bleibt das Naphthalin zurück. — Zeichnungen. (**A. P. 3043890** vom 4/4. 1960, ausg. 10/7. 1962.) E. Kahles H 2700

2372 Atlas Chemical Industries, Inc., Wilmington, Del., übert. von: Ralph A. Hales, West Chester, Pa., V. St. A., **Herstellung von 2.5-Bis-hydroxymethyltetrahydrofuran** durch Hydrierung von 5-Hydroxymethylfurfurol in wss. Lsg. in Ggw. eines Hydrierungskatalysators (Ni) bei 45—100°, einem H_2-Druck von 1000 bis 3000 lbs./sq. in, dad. gek., daß das 5 Hydroxymethylfurfurol dem Hydrierungssystem so zugegeben wird, daß die Absorption der wss. Lsg. bei 2230 Å den Wert 37 nicht überschreitet. (**A. P. 3040062** vom 14/11. 1960, ausg. 19/6. 1962.) R. Bauereis H 3061

2373 Air Reduction Co., Inc., New York, N. Y., übert. von: Victor A. Sims, Bayonne, N. J., V. St. A., **Herstellung von N-Vinylpyrrol,** $Kp._{155}$ 77°, dad. gek., daß man Pyrrol (I) u. Acetylen (II) in Dampfform bei 150—350° im Mol-Verhältnis **II** : **I** wie 1 : 1—3 über einem aus MgO-CaO bestehenden Katalysator, der mit 5—15 Gew.-% KOH imprägniert ist, zur Rk. bringt. Analog können auch Indol, Carbazol u. Imidazol mit **II** umgesetzt werden. (**A. P. 3047583** vom 22/12. 1959, ausg. 31/7. 1962.) W. Heyer H 3081

2374 United States Steel Corp., übert. von: Gerald Gilbert, Pittsburgh, Pa., V. St. A., **Gewinnung von Carbazol aus Anthracenöl,** dad. gek., daß man das Ausgangsmaterial im Vakuum verdampft u. den Dampf bei ca. 300° in einer Kolonne über mit KOH aktivierten Asbest schickt, kondensiert u. aus dem wss. Kondensat das Carbazol isoliert. Die Asbestfüllung wird hergestellt, indem man z. B. 80 (g) Asbest mit 100 KOH u. 250 W. vermischt u. das W. im Vakuum abdampft. (**A. P. 3025304** vom 7/3. 1960, ausg. 13/3. 1962.) W. Heyer H 3081

2375 Hills Bros. Coffee, Inc., San Francisco, übert. von: Lee Nutting, Berkeley, Robert M. Silverstein und Chester M. Himel, Menlo Park, Calif., V. St. A., **Herstellung von heterocyclischen Mercaptanverbindungen,** dad. gek., daß man z. B. Cumarilsäure in Ae.-Suspension mit $LiAlH_4$ zum entsprechenden Alkohol red. ($Kp._{13}$ 140—145°), diesen mit $SOCl_2$ umsetzt u. das Rk.-Prod. mit Thioharnstoff (I) behandelt → *2-Benzofurfurylmercaptan,* $Kp._4$ 108—110°; aus **I** u. 3-Chlormethylthionaphthen → *3-Thionaphthylmethylmercaptan,* $Kp._{9,5}$ 156°; aus Bis-(3-indolmethyl)-disulfid durch Red. mit Al-Amalgam → *3-Indolmethylmercaptan,* $Kp._1$ 125—127°; analog aus Bis-(2-pyrrolmethyl)-disulfid → *2-Pyrrolmethylmercaptan,* $Kp._2$ 72° u. aus Bis-[N-methyl-2-pyrrolmethyl]-disulfid → *N-Methyl-2-pyrrolmethylmercaptan,* $Kp._2$ 63 bis 64°. — Zwischenprodukte. — (**A. P. 3041351** vom 4/11. 1955, ausg. 26/6. 1962.) W. Heyer H 3081

2376 Socony Mobil Oil Co., Inc., New York, N. Y., übert. von: Lyle A. Hamilton, Pitman, und Phillip S. Landis, Woodbury, N. J., V. St. A., **Herstellung von 1.2-Dithiol-3-thionen aus aromatischen o-Methylthiolen** durch Rk. mit S bei 180—250°. Beispiel: *4.5-Benzo-1.2-dithiol-3-thion,* F. 98°. *Zusatzmittel für Schmieröle u. Gummi. Reinigungsmittel.* (**A. P. 3040057** vom 25/8. 1959, ausg. 19/6. 1962.) R. Bauereis H 3112

2377 Robert S. Aries, Stamford, Conn., V. St. A., **Herstellung von Pyridinalkoholen,** dad. gek., daß man ein Alkylpyridin wie 2-Picolin, 4-Picolin u. 5-Äthyl-2-methylpyridin mit CH_2O im Mol-Verhältnis 1 : 0,35 bis 1 : 0,65 in Ggw. eines Inertgases bei 200—320° u. einem Druck von 1—150 at ca. 3—7 Min. umsetzt, das Rk.-Prod. schnell auf ca. 100° abkühlt u. das Monomethylol-Deriv. isoliert. Es werden hergestellt das *Monomethylol-3-picolin, Monomethylol-4-picolin* u. *5-Äthyl-2-hydroxyäthylpyridin.* (**A. P. 3042682** vom 12/9. 1958, ausg. 3/7. 1962.) W. Heyer H 3231

2378 Imperial Chemical Industries Ltd., London, übert. von: Anthony Howden Jubb, Norton-on-Tees, England, **Herstellung von 2.2'-Bipyridyl,** dad. gek., daß man Pyridin bei 270—340° in Ggw. eines Halogenids, bes. des Chlorids des Zn, Cd oder Hg im Mol-Verhältnis 1 : 2 bis 25 : 1 kondensiert. Die Rk. kann auch kontinuierlich durchgeführt werden. (**A. P. 3040052** vom 4/9. 1959, ausg. 19/6. 1962. E. Prior. 18/9. 1958.) W. Heyer H 3231

2379 Quaker Oats Co., Chicago, übert. von: Andrew P. Dunlop, Riverside, und Daniel S. P. Eftax, Barrington, Ill., V. St. A., **Herstellung von 1-Hydroxymethyl-6.8-dioxabicyclo-(3.2.1)-octan** (I), dad. gek., daß man 2.2-Bis-(hydroxymethyl)-tetrahydropyran (**II**) mit sauren Katalysatoren behandelt. Beispiel: 14,4 (g) **II** gelöst in 25 Ae. werden unter Rühren zu einer Lsg. von 0,34 BF_3 in 6 Ae. gegeben. Nach 2 Std. Kochen unter Rückfluß wird 1 konz. NH_3 zugegeben, filtriert u. dest. → **I**, $Kp._{0,2}$ 65°, $Kp._{0,05}$ 45°, n_D^{25} 1,4790; *p-Nitrobenzoesäureester von* **I**, F. 94,5—95°. *Hochtemperaturschmierstoffe, Gefrierschutzmittel, Lösungsmittel für Kosmetika.* (**A. P. 3047586** vom 30/3. 1959, ausg. 31/7. 1962.) R. Bauereis H 3252

2380 Jefferson Chemical Co., Inc., Honston übert. von: Norman B. Godfrey, Austin, Tex., V. St. A., **Trennung von Gemischen aus offenkettigen primären oder sekundären Polyaminen,** deren Aminogruppen durch eine Alkylenkette mit nicht mehr als 3 C-Atomen verbunden sind, u. Piperazinen, die an einem N-Atom durch CH_3-, C_2H_5-, $HOCH_2CH_2$- oder $H_2NCH_2 \cdot CH_2$-substituiert sein können, erreicht man dadurch, daß man zu den Gemischen Ni-, Co- oder Zn-Chloride oder Sulfate zufügt, die dabei entstandenen Metallsalzkomplexe abfiltriert u. den Rückstand fraktioniert dest. oder das Rk.-Gemisch zur Abtrennung der Piperazine mit üblichen Lsgm. extrahiert. (**A. P. 3038904** vom 23/9. 1959, ausg. 12/6. 1962.) F. Obermeier H 3272

2381 E. I. du Pont de Nemours & Co., Wilmington, Del., übert. von: Arthur O. Rogers, Lewiston, N. Y., V. St. A., **Herstellung von α-Chlor-ε-caprolactam,** dad. gek., daß man N-Chlor-ε-caprolactam, bes. in einem inerten Verdünnungsmittel, 1—2 Std. auf 115—150°, bes. 120—130°, erhitzt. (**A. P. 3045009** vom 26/5. 1958, ausg. 17/7. 1962.) C. Lüttgen H 3370

2382 **Farbwerke Hoechst Akt.-Ges. vormals Meister Lucius & Brüning,** Deutschland, *Herstellung von Vinylestern.* (**F. P. 1252416** vom 25/3. 1960, ausg. 3/5. 1961. D. Prior. 25/3. 1959. — C. **1963,** 4130 [D. A. S. 1134665].)

2383 **Esso Research and Engineering Co.,** V. St. A. (Erfinder: **Charles Newton Kimberlin jun.** und **William Judson Mattox**), *Abtrennen von Bestandteilen mit höherer Octanzahl aus Schwerbenzinen.* (**F. P. 1188635** vom 22/11. 1957, ausg. 24/9. 1959. A. Prior. 7/12. 1956. C. **1960,** 10058 [E. P. 812680].)

2384 **Imperial Chemical Industries Ltd.,** England, *Herstellung von Alkylhalogeniden.* (**F. P. 1250707** vom 17/12. 1959, ausg. 10/4. 1961. E. Prior. 17/12. 1958. — C. **1963,** 5219 [D. A. S. 1125895].)

2385 **Deutsche Erdöl-Akt.-Ges.,** Deutschland (Erfinder: **Herbert Pietsch**), *Spalten von Kohlenwasserstoffen.* (**F. P. 1193281** vom 14/3. 1958, ausg. 2/11. 1959. D. Prior. 20/3. 1957. — C. **1959,** 15188 [D. A. S. 1061317].)

2386 **Imperial Chemical Industries Ltd.,** England, *Selektive Hydrierung von Olefinen.* (**F. P. 1250705** vom 17/2. 1959, ausg. 10/4. 1961. E. Prior. 17/12. 1958 u. 4/12. 1959. — C. **1962,** 19003 [D. A. S. 1114183].)

2387 **Distillers Co. Ltd.,** Schottland (Erfinder: **Stefan Kazimierz Lachowicz**), *Chloroprenherstellung.* (**F. P. 1251841** vom 23/3. 1960, ausg. 24/4. 1961. E. Prior. 2/4. 1959. — C. **1963,** 1481 [E. P. 873221].)

2388 **Pechiney Comp. de Products Chimiques et Electrométallurgiques,** Frankreich (Erfinder: **Georges Wetroff** und **André Bergier**), *Isoprenherstellung.* (**F. P. 1250416** vom 4/2. 1958, ausg. 31/3. 1961. — C. **1962,** 13941 [Oe. P. 211290].)

2389 **Albert Grimm** und **Manfred Schlöffel,** Deutschland, *Herstellung von Vinylacetylen.* (**UdSSR P. 134260** vom 5/3. 1960. — C. **1962,** 12830 [D. P. DDR] 22385].)

2390 **Farbenfabriken Bayer Akt.-Ges.,** Leverkusen, übert. von: **Kurt Bauer,** Holzminden, **Harry Danziger** und **Gottfried Schulze,** Krefeld und **Eleonore Bertha Katharina Schulze,** Leverkusen, *Trimethylolpropan.* (**A. P. 3082259** vom 22/11. 1955, ausg. 19/3. 1962. D. Prior. 23/11. 1954. — C. **1959,** 6056 [D. A. S. 1031298].)

2391 **Stauffer Chemical Co.,** V. St. A. (Erfinder: **Edward N. Walsh**), *Herstellung von Dialkylphosphiten.* (**F. P. 1251994** vom 28/3. 1960, ausg. 26/4. 1961. A. Prior. 30/3. 1959. — C. **1963,** 4135 [D. A. S. 1131652].)

2392 **Badische Anilin- & Soda-Fabrik Akt.-Ges.,** Deutschland, (Erfinder: **Harry Distler** und **Karlhugo Kuespert**), *α.β-Ungesättigte Sulfonsäureester.* (**F. P. 1250 929** vom 4/3. 1960, ausg. 12/4. 1961. D. Prior. 5/3. 1959. — C. **1961,** 8469 [D. A. S. 1091104].)

2393 **Ciba Corp.,** V. St. A., übert. von: **Vladimir Prelog,** Zürich, Schweiz, *Aliphatische Aldehyde.* (**A. P. 3076847** vom 14/1. 1959, ausg. 5/2. 1963. Schwz. Prior. 17/1. 1958. — C. **1963,** 20124 [D. A. S. 1136995].)

2394 **Consortium für Elektrochemische Industrie G. m. b. H.,** München, übert. von: **Jürgen Schmidt, Walter Hafner** und **Reinhard Jira,** München, *Herstellung von Aldehyden und Ketonen.* (**A. P. 3080425** vom 23/6. 1958, ausg. 5/3. 1963. D. Prior. 28/6. 1957. C. **1961,** 3811 [D. A. S. 1080944].)

2395 **Dow Chemical Co.** (Erfinder: **Harry F. Brust** und **Herman O. Senkbeil**), Midland, Mich., V. St. A., *α.α-Dichlorpropionsäure.* (**D. A. S. 1155767** Kl. 12o vom 28/9. 1954, ausg. 17/10. 1963. A. Prior. 15/10. 1953. — C. **1958,** 1427 [F. P. 1112474].).

2396 **Montecatini Soc. Gen. per l'Industria Mineraria e Chimica,** Italien (Erfinder: **Francesco Minisci**), *Herstellung von Halogencarbonsäureestern.* (**F. P. 1252260** vom 10/2. 1960, ausg. 28/4. 1961. It. Prior. 13/2. 1959. — C. **1963,** 5228 [D. A. S. 1126370].)

2397 **Imperial Chemical Industries Ltd.,** England, *Pivalinsäureherstellung.* (**F. P. 1251646** vom 17/3. 1960, ausg. 21/4. 1961. E. Prior. 25/3. 1959 u. 17/2. 1960. — C. **1962,** 14322 [E. P. 868573].)

2398 **Distillers Co. Ltd.,** England (Erfinder: **Edward James Gasson**), *11-Bromundecansäure.* [**F. P. 1252404** vom 30/3. 1960, ausg. 3/5. 1961. E. Prior. 2/4. 1959. — C. **1962,** 14322 [E. P. 867549].)

2399 **Bergwerksgesellschaft Hibernia Akt.-Ges.,** Herne, *Trialkyladipinsäuren.* (**E. P. 915510** vom 8/6. 1960, ausg. 16/1. 1963. D. Prior. 25/7., 26/9. u. 31/12. 1959. — C. **1962,** 12458 [D. A. S. 1111163].)

2400 **Farbwerke Hoechst Akt.-Ges. vormals Meister Lucius & Brüning** Deutschland, *Chlorbernsteinsäuredichloride.* (**F. P. 1250298** vom 7/3. 1960, ausg. 27/3. 1961. D. Prior. 6/3. 1959. — C. **1962,** 13944 [D. A. S. 1116647].)

2401 **Badische Anilin- & Soda-Fabrik Akt.-Ges.** (Erfinder: **Karl Adam, Wolfgang Arend, Reinhold Frick** und **Hans Haas**), Ludwigshafen/Rh., *Reinigung aliphatischer Dinitrile.* (**E. P. 917788** vom 9/12 1960, ausg. 6/2. 1963. D. Prior. 15/12. 1959. — C. **1962**, 12839 [D. A. S. 1116646].)

2402 **Wacker-Chemie G. m. b. H.**, München, *β-Alkoxycarbonsäurealkylester.* (**E. P. 923341** vom 29/7. 1959, ausg. 10/4. 1963. D. Prior. 4/8. 1958. — C. **1960**, 8010 [D. A. S. 1067798].)

2403 **Distillers Co. Ltd.**, Edinburgh, Schottland (Erfinder: **William Josef Fox**, Hull, England, *β-Alkoxypropionsäurealkylester.* (**D. A. S. 1154083** Kl. 12o vom 13/5. 1958, ausg. 12/9. 1963. E. Prior. 16/5. u. 19/9. 1957. — C. **1961**, 12646 [E. P. 828371] u. C. **1960**, 13844 [A. P. 2910 503].)

2404 **Inventa Akt.-Ges. für Forschung und Patentverwertung Zürich**, Zürich (Erfinder: **Wilhelm Braun**, Luzern), Schweiz, *Herstellung von Harnstoff.* (**Schwz. P. 370762** vom 20/5. 1958, ausg. 13/9. 1963. — C. **1961**, 8470 [D. A. S. 1094730].)

2405 **Montecatini Soc. Gen. per l'Industria Mineraria e Chimica**, Italien (Erfinder: **Robert Hügel** und **Adolfo Pasetti**), *Methioninsynthese.* (**F. P. 1252252** vom 2/2. 1960, ausg. 28/4. 1961. It. Prior. 4/2. u. 16/10. 1959. — C. **1962**, 13946 [E. P. 867966].)

2406 **General Mills, Inc.**, Del., übert. von: **Edgar R. Rogier**, Hopkins, Minn., V. St. A., *Aminohydroxynitrile.* (**A. P. 3081304** vom 29/10. 1959, ausg. 12/3. 1963. — C. **1963**, 5233 [D. A. S. 1125441].)

2407 **Stamicarbon N. V.**, Heerlen (Erfinder: **Johannes Hubertus Ottenheym**, Sittard), Niederlande, *Gewinnung von ω-Aminocapronitril aus Gemischen, die neben diesem Nitril noch ω-Caprolactam und Wasser enthalten.* (**Schwz. P. 370094** vom 19/12. 1957, ausg. 15/8. 1963. Niederl. Prior. 21/12. 1956. — C. **1960**, 300 [D. A. S. 1053516].)

2408 **Ciba Corp.**, Del., V. St. A., übert. von: **Max Brenner**, Riehen, Schweiz, *Herstellung von Acylaminocarbonsäureamiden.* (**A. P. 3072723** vom 21/7. 1958, ausg. 8/1. 1963. Schwz. Prior. 22/7. 1957. — C. **1960**, 7684 [D. A. S. 1068721].)

2409 **Kali-Chemie Akt.-Ges.**, übert. von: **Herbert Zenkner**, Hannover, *Metallorganische Verbindungen.* (**A. P. 3072697** vom 12/5. 1955, ausg. 8/1. 1963. D. Prior. 19/5. 1954. — C. **1958**, 9346 [F. P. 1120344].)

2410 **Dow Chemical Co.**, übert. von: **Mark R. Kinter** und **Charles R. Pfeifer**, Midland, Mich., V. St. A., *Alkylaluminiumverbindungen.* (**A. P. 3076006** vom 15/6. 1955, ausg. 29/1. 1963. — C. **1959**, 4628 [F. P. 1153997].)

2411 **Dynamit Nobel Akt.-Ges.**, Deutschland, *Entsäuerung von Kieselsäureestern.* (**F. P. 1253178** vom 6/4. 1960, ausg. 15/5. 1961. D. Prior. 7/4. 1959. — C. **1961**, 14098 [D. A. S. 1093343].)

2412 **Deutsche Gold- und Silber-Scheideanstalt vormals Roessler**, Frankfurt/M., *Herstellung von m- und p-Difluorbenzol.* (**E. P. 917974** vom 28/1. 1960, ausg. 13/2. 1963. D. Prior. 5/2. 1959. — C. **1961**, 10365 [D. A. S. 1096889].)

2413 **Farbenfabriken Bayer Akt.-Ges.**, Leverkusen, übert. von: **Karl-Heinrich Meyer**, und **Hermann Schnell**, Krefeld, *Rückgewinnung von Phenolen, Ketonen oder Aldehyden aus Bisphenol-Kondensationsprodukten.* (**A. P. 3075015** vom 22/12. 1959, ausg. 22/1. 1963. D. Prior. 31/12. 1958. — C. **1961**, 8117 [D. A. S. 1094759].)

2414 **Dow Chemical Co.** V. St. A. (Erfinder: **Alfred Fredrick Steinhauer**), *Herstellung von Alkyldiphenylätherasulfonaten.* (**F. P. 1192291** vom 20/11. 1957, ausg. 26/10. 1959. A. Prior. 20/11. 1956. — C. **1963**, 298 [D. A. S. 1096914].)

2415 **Deutsche Gold- und Silber-Scheideanstalt vormals Roessler**, Frankfurt/M., *Herstellung von Monofluorphthalsäure.* (**E. P. 918283** vom 14/1. 1960, ausg. 13/2. 1963. D. Prior. 17/1. 1959. — C. **1961**, 9978 [D. A. S. 1095803].)

2416 **E. I. du Pont de Nemours & Co.**, V. St. A. (Erfinder: **Louis Spiegler**), *Reduktion aromatischer Nitrohalogenverbindungen.* (**F. P. 1250453** vom 10/9. 1959, ausg. 31/3. 1961. A. Prior. 17/9. 1958. — C. **1963**, 689 [E. P. 859251].)

2417 **Comp. Française Thomson-Houston**, Frankreich (Erfinder: **Ben Alfred Bluestein**), *β-Cyanäthylphenyldichlorsilan.* (**F. P. 1252474** vom 30/3. 1960, ausg. 3/5. 1961. A. Prior. 30/3. 1959. — C. **1962**, 15406 [A. P. 2971972].)

2418 **Badische Anilin- & Soda-Fabrik Akt.-Ges.**, Deutschland, (Erfinder: **Otto von Schich** und **Horst Metzger**), *Cyclododecanon.* (**F. P. 1250749** vom 7/1. 1960, ausg. 10/4. 1961. D. Prior. 9/1. 1959. — C. **1961**, 8473 [D. A. S. 1080102].)

2419 **Food Machinery and Chemical Corp.**, New York, N. Y., V. St. A., *Herstellung von Bis-phenolen.* (**Oe. P. 205495** vom 29/5. 1958, ausg. 25/9. 1959. A. Prior. 29/5. 1957. — C. **1963**, 15988 [F. P. 1210701].)

2420 **Solvay & Cie.**, Belgien, *Herstellung von α-Epichlorhydrin.* (**F. P. 1250862** vom 26/2. 1960, ausg. 10/4. 1961. Belg. Prior. 29/4. 1959. — C. **1963**, 4147 [D. A. S. 1131654].)

2421 **E. I. du Pont de Nemours and Co.**, Wilmington, Del., V. St. A., *Substituierte Pyrazole.* (**E. P. 923734** vom 16/6. 1959, ausg. 18/4. 1963. A. Prior. 18/6. 1958 u. 25/5. 1959. — C. **1962**, 17929 [F. P. 1233188].)

2422 **Badische Anilin- & Soda-Fabrik Akt.-Ges.**, Ludwigshafen/Rh. (Erfinder: **Ernst Bartholome**, Heidelberg, **Hans Nienburg, Richard Sinn Karl Scharf** und **Adolf Kreyer**, Ludwigshafen/Rh.), *Oxydation organischer Verbindungen.* (**E. P. 918969** vom 12/1. 1961, ausg. 20/2. 1963. D. Prior. 14/1. 1960. — C. **1962**, 14329 [D. A. S. 1119842].)

2423 **E. I. du Pont de Nemours & Co.**, V. St. A. (Erfinder: **Dale Clifton Blomstrom** und **William Channing Smith**), *1.4-Dithia-2.3.5.6-tetracyancyclohexadien-(2.5).* (**F. P. 1250287** vom 7/3. 1960, ausg. 27/3. 1961. A. Prior. 10/3. 1959. — C. **1963**, 14126 [A. P. 3008967].)

2424 **Farbenfabriken Bayer Akt.-Ges.**, Leverkusen, *2-Amino-3-mercaptochinoxalinderivate.* (**E. P. 928494** vom 23/1. 1961, ausg. 12/6. 1963. D. Prior. 22/1. 1960. — C. **1962**, 19015 [D. A. S. 1117568].)

2425 **Carbogen Corp.**, V. St. A. (Erfinder: **Ludwig J. Christmann**), *Herstellung von Cyanursäure.* (**F. P. 1250425** vom 28/8. 1958, ausg. 31/3. 1961. A. Prior. 17/12. 1957. — C. **1963**, 15989 [Oe. P. 212839].)

2426 **Farbenfabriken Bayer Akt.-Ges.**, Leverkusen, übert. von: **Adolf von Friedrich** und **Paul Schmitz**, Leverkusen, *Herstellung von Cyanursäure aus tetramerem Chlorcyan.* (**A. P. 3080367** vom 11/10. 1960, ausg. 5/3. 1963. D. Prior. 28/10. 1959. — C. **1961**, 16285 [D. A. S. 1098518].)

2427 **Studiengesellschaft Kohle m. b. H.**, Mülheim, *Herstellung von N-Trialkylborazanen.* (**Niederl. P. 104136** vom 31/1. 1958, ausg. 15/3. 1963. D. Prior. 5/2. 1957. — C. **1961**, 2447 [D. A. S. 1052406].)

2428 **Badische Anilin- & Soda-Fabrik Akt.-Ges.** (Erfinder **Otto von Schickh** und **Horst Metzger**), Deutschland, *Herstellung von ω-Laurinolactam.* (**F. P. 1250164** vom 16/2. 1960, ausg. 27/3. 1961. D. Prior. 26/2. 1959. — C. **1961**, 7053 [D. A. S. 1092921].)

2429 **E. F. Drew & Co.**, V. St. A. (Erfinder: **Vigen K. Babayen** und **Atik Agop K. Atikian**), *Reinigung von Zuckerestern.* (**F. P. 1250065** vom 11/1. 1960, ausg. 24/3. 1961. A. Prior. 14/1. 1959. — C. **1961**, 8120 [A. P. 2948717].)

H_{10}. Färberei, Organische Farbstoffe

2430 **Neuere Experimente zum Chemismus der Hydrotropie.** H. Rath, J. Rau, D. Wagner und H. Wörner. (De Tex **21**, 535—44, 1962; Stuttgart-Reutlingen; dt. — C. **1963**, 7175.) A. Seuffert 7002◇

2431 **Farbstoffe und Textilhilfsmittel.** Anonym. (SVF Fachorg. Textilveredl. **17**, 231—32, 1962; dt.) — Sandoz AG, Basel: *Finish LCR* ist ein Reaktant-Kunstharz-Vorkondensat für die Hochveredlung von Textilien. Es eignet sich bes. für die permanente, formbeständige Ausrüstung von Geweben aus Cellulosefasern. — *Imerol DCA* ist ein Trockenreinigungsverstärker mit hoher Wasserdispergierfähigkeit. — *Lyogen WD* ist ein neuartiges, farbstoffaffines Egalisier- u. Durchfärbemittel, das beim Direktfärben von Cellulosefaser-Textilien in allen Verarbeitungsstadien wertvolle Dienste leistet. — *Ratifix D*, eine wss. Kunstharzdispersion, ist ein waschbeständiges Appreturmittel mit vielseitigen Anwendungsmöglichkeiten. — *Leukophor PAF* ist ein opt. Aufheller für Polyamidfasern u. Mischgewebe Polyamidfasern/Baumwolle. Es besitzt gute Licht-, Wasch- u. Thermofixierechtheit. — *Printofixviolett BL Teig* zeichnet sich durch hervorragende Lichtechtheit sowie allg. höchste Echtheiten aus. — *Xylentürkisblau G*, zirkular **Nr. 1437**, wird zum Färben u. Bedrucken von Wolle u. Seide empfohlen. Es zeichnet sich durch gute Licht-, Reib- u. Naßechtheit aus. — *Forongrau GL ultradispers*, Musterkarte Nr. 1298, wird zum Färben von Polyesterfasern verwendet. Der Farbstoff eignet sich auch für die HT-Färbung u. besitzt ausgezeichnete Echtheitseigenschaften. — *Foronbraun 3RL ultradispers, Foronbraun 2BL ultradispers*, Musterkarte Nr. 1298, sind 2 neue Farbstoffe zum Färben von Polyesterfasern; ihre Echtheitseigg. genügen höchsten Ansprüchen. — *Foronschwarz 2BL ultradispers* besitzt hervorragende Licht-, Thermofixier-, Plissier-, Naß- u. Waschechtheiten. — *Foronblau BGL ultradispers* ist ein schwach rotstichiges Dispersionsblau mit sehr guter Licht- u. Naßechtheit sowie perfekter Sublimier- u. Rauchgasechtheit auf Polyesterfasern. — *Lanasynreinorange GL*, Musterkarte Nr. 1279, Band II, gibt echte u. brillante Orangenuancen auf Wolle, Seide u. synthet. Polyamidfasern in Färbung u. Druck. — J. R. Geigy AG, Basel: *Trag- u. fabrikationsechte Eriochrom-Färbungen* werden in der Musterkarte Nr. 1320 besprochen. I. Beßer 7018◇

2432 **Cibacron-Farbstoffe im Ausziehverfahren unter Mitverwendung von Cibacron-Katalysator CCB.** M. Peter. (SVF Fachorg. Textilveredl. **18**, 426—32, **1963**; Basel, CIBA AG.; dt.) — C. **1964**, 3—2543. I. Beßer 7020

2433 **Schutz der mechanischen Eigenschaften von Wolle durch Formaldehyd beim Hochtemperaturfärben.** P. Ponchel, G. Mazingue und M. Van Overbèke. (Bull. Inst. Textile France **1962**, Nr. 103, 1155—73; Roubaix, Chambre de Commerce et d'Ind., Centre Text. de Controle et de Rech. Sci.; franz.) — Das Behandeln mit CH_2O (**I**) kann durch dessen Zusatz zum Färbebad oder durch vorheriges Vernetzen von Wolle (**A**) mit **I** durchgeführt werden. Der so erteilte Schutz wird in beiden Fällen durch die Änderungen der Bruchfestigkeit u. -dehnung der Garne verfolgt. Die Best. werden auf dem automat. Uster-Dynamometer ausgeführt. Berücksichtigt wird der Einfl. von Behandlungsdauer, pH, **I**-Konz. u. Temperatur. Die Unters. zeigt, daß die wesentlichen mechan. Eigg. von **A** bei hoher Temp. u. verschiedenem pH durch **I** erhalten bleiben. L. Jentgen 7020◇

2434 **Färbeversuche bei hoher Temperatur mit einem Seide–Nylon-Mischgarn.** S. Pierret und R. Bellaton. (Bull. Inst. Textile France **1962**, Nr. 103, 1223—31; Lyon, Centre de Rech. de La Soierie et des Ind. Text.; franz.) — Die Verw. von Mischgarnen (ein Faden Rohseide, ein Faden Nylon) war die Veranlassung, um das Verh. von entbasteter u. Rohseide, die vorher mit Formol (**A**) behandelt sind, beim Färben bei hoher Temp. zu untersuchen. Es zeigt sich, daß unter den Vers.-Bedingungen vorher mit **A** behandelte entbastete oder Rohseide während normaler Färbezeiten bei 105° gefärbt werden können, ohne daß ein Abbau von

Fibroin auftritt oder die Rohseide teilweise entbastet wird. L. Jentgen 7020◇

2435 **Die Bestimmung der Oberflächenfarben.** J. Jacquemart. (Bull. Inst. Textile France **1962**, Nr. 103, 1115–35; Inst. Text. de France, Labor. de Phys.; franz.) — Der Begriff der Farbmessung, ihre Anwendung, das internationale trichromat. Syst. der Commission Internationale de l'Eclairage (C.I.E.), sowie die räumliche Darstellung der Farben nach Munsell werden erklärt. Die von der C.I.E. festgelegten, der Farbmessung zugrunde liegenden internationalen Standards betreffen den Bezugsbeobachter (künstliches Auge), die Lichtquelle u. die Grundfarben. Das Grundprinzip der Colorimetrie, die spektrophotometr. Analyse u. das trichromat. Colorimeter von Hunter werden erörtert u. krit. betrachtet. Einige prakt. textile Anwendungsbeispiele werden aufgeführt. L. Jentgen 7086◇

2436 **Prüfverfahren zum Feststellen der Ursache von Farbstreifigkeit in Web- und Wirkwaren aus Viscosefasern.** Karel Schwertassek. (Textil [Praha] **16**, 55–57, 98–99, 1962; Brno, Výzkumný ústav pletařský; tschech. — C. **1963**, 9118.) R. Grundmann 7086◇

2437 Cranston Print Works Co., Cranston, übert. von: Erling Owren, Foster, R. I., V. St. A., **Öl-in-Wasser-Emulsion für den Textildruck** enthält in der wss. Phase ein bekanntes Emulgiermittel der allg. Formel $X{-}O_3S{-}R(CO{-}OX_1)(CO{-}NZ{-}R_1)$ oder ein Gemisch aus einer Ammoniumseife einer Fettsäure u. einem nichtionogenen oberflächenakt. Polyoxyäthylen-Deriv. u. als innere Phase (15–80 Gew.-% der Emulsion) eine 2- bis 5%ig. Lsg. eines wasserunlösl. Celluloseäthers, z. B. Äthylcellulose, in einem bei 300–400° sd. KW-Stoff (X, X_1 = H oder anderes Kation; R = gesätt. KW-Stoff-Rest einer aliphat. Polycarbonsäure; R_1 = Alkyl, Hydroxyalkyl oder Alkoxyalkyl; Z = H oder $R_2OOC{-}CH{-}CH_2{-}COOR_3$; R_2, R_3 = H, anderes Kation oder Alkyl). (**A. P. 3047354** vom 15/7. 1959, ausg. 31/7. 1962.) F. Böhm 7007

2438 Ciba Corp., übert. von: Jacques Wegmann, Basel, und Josef Renggli, Riehen, Schweiz, **Färben von Cellulose mit Reaktivfarbstoffen.** Man imprägniert mit der wss. Lsg. eines Reaktivfarbstoffes, der eine Schwefelsäureester-, Arylamino-, β-Chlorpropionylamino-, β-Chloräthylsulfon-, β-Chloräthylamid-, Dichlorpyrimidin- oder Monochlor-1.3.5-triazingruppe enthält, u. eines säurebindenden Mittels, das stärker alkal. als Na_3PO_4 ist, quetscht ab u. beläßt das imprägnierte Material mindestens 2 Std. in feuchtem Zustand, wobei die Rk. des Farbstoffes mit der Faser stattfindet. — Vgl. F. P. 1232348; C. **1963**, 1442. (**A. P. 3043650** vom 26/3. 1959, ausg. 10/7. 1962. Schwz. Prior. 28/3. 1958.) F. Böhm 7021

2439 Martin-Marietta Corp., Chicago, Ill., übert. von: Glenn F. Womble, Danville, Va., V. St. A., **Färben von Cellulosefasern mit dem Schwefelfarbstoff „Indocarbon-Black".** Chlor- u. peroxidbeständige Färbungen werden erhalten, wenn man das Färbegut mit der Leuko-Verb. des Farbstoffes imprägniert, der Wrkg. eines Oxydationsmittels, bes. Luft, aussetzt u. dann unter nicht-oxydierenden Bedingungen mit einem diazotierten Amin, z. B. diazotiertem 2.5-Dichloranilin, behandelt. (**A. P. 3043645** vom 22/7. 1959, ausg. 10/7. 1962.) F. Böhm 7021

2440 Comp. Française des Matières Colorantes, Paris, übert. von: Georges Kopp, Mont-Saint-Aignan, René Eugène Marcel Gangneux, Rouen, und Alfred Maxime Edouard Baron, Paris, Frankreich, **Bedrucken von Polyäthylenterephthalat-Textilmaterial.** Es werden Dispersionsfarbstoffe der allg. Formel I verwendet

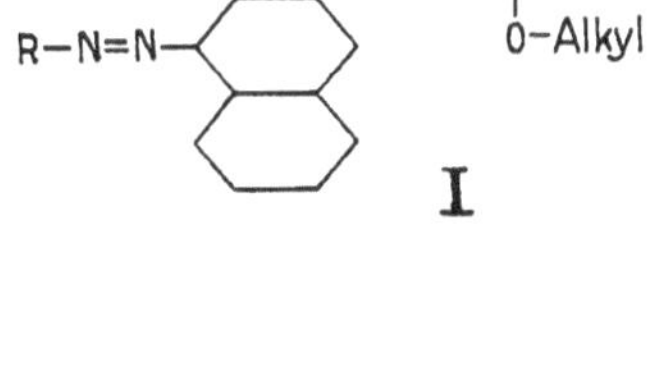

I

u. das bedruckte Material unter Druck mit Dampf von 101–150° behandelt (R = Phenyl, ggf. substituiert durch Halogenatome, Alkoxy-, NO_2-, CN-, Phenylamino-, Benzolazo- oder Alkoxyphenylaminogruppen). — Vgl. F. P. 1164365; C. **1960**, 5652. (**A. P. 3043647** vom 3/1. 1958, ausg. 10/7. 1962. F. Prior. 5/1. 1957.) F. Böhm 7023

2441 E. I. du Pont de Nemours and Co., übert. von: John K. Williams, Wilmington, Del., V. St. A., **4-Amido-1.1.2-tricyano-1,3-butadiene** der allg. Zus. $A{-}C(R_1){=}C(R_2){-}C(CN){=}C(CN)_2$ [R_1 u. R_2 = H oder gesätt. KW-Stoff-Reste, A = $R{-}Z{-}N(R_3){-}$, Z = $-C(:O)-$ oder $-S(O_2)-$, R_3 = gesätt. KW-Stoff-Rest, R = gesätt. KW-Stoff-Rest, wenn Z = $-S(O_2)-$ ist, u. R = H oder gesätt. KW-Stoff-Rest, wenn Z = $-C(=O)-$ ist, oder R u. R_3 zusammen = Methylengruppe (in diesem Fall kann A z. B. die Pyrrolidonylgruppe sein)] *geeignet zum Färben* von Wolle (**B**), Seide (**C**), Celluloseacetat (**E**) oder Polyamiden, erhält man durch Ringsprengung von 3-Amido-1.1.2.2-tetracyanocyclobutanen, die man durch Kondens. von Tetracyanoäthylen (**I**) mit den entsprechenden Amidoäthylenen erhalten kann, durch Erhitzen mit Alkoholen wie Methanol oder A. bei 25–200°, vorteilhaft 50–100°. — Zu einer auf 0° gekühlten Lsg. von 250 (Gew.-Teilen) **I** in 888 Tetrahydrofuran gibt man 250 1-Vinyl-2-pyrrolidon u. erhält N-(2.2.3.3-Tetracyanocyclobutyl)-2-pyrrolidon (**II**), Kristalle aus Acetonitril + Ae., F. 130–130,5°. Durch 1std. Erhitzen von 27 **II** in 160 Methanol unter Rückfluß erhält man *4-(N-Pyrrolidonyl)-1.1.2-tricyano-1.3-butadien*, gelbe Kristalle aus Acetonitril, F. 174–175°, Absorptionsmaxima (**AM**) einer Acetonitril-Lsg. 245, 250, 265 u. 298 mμ, färbt **E** gelb, Polyamide u. **B** braun, **C** beige. In ähnlicher Weise erhält man aus dem hellgelben N-Methyl-N-(2.2.3.3.-tetracyanocyclobutyl)-benzolsulfonamid [F. 130–135° (Zers.)]. *4-(N-Methylbenzolsulfonamido)-1.1.2-tricyano-1.3-butadien*, F. 174–176°, **AM** 385 mμ. — Tabelle weiterer Rk.-Prodd. ohne Angaben von Konstanten. — Färbebeispiel. (**A. P. 3040056** vom 25/4. 1960, ausg. 19/6. 1962.) O. Roick 7049

2442 E. I. du Pont de Nemours and Co., Wilmington, Del., übert. von: Julius Jackson, Westfield, N. J., V. St. A., **Phthalocyanin- und Chinacridonpigmente** in fein verteilter Form erhält man durch 12–24std. Vermahlen von 1 (Gew.-Teil) der rohen Farbstoffpigmente bei Temp. unter 75° mit 4–10 eines $Al_2(SO_4)_3$ mit 7–18 Mol Kristallwasser in Ggw. von 0,1–0,4 kristallisationsfähigem Lsgm. mit einem Kp. von 50–220°, wie Nitrobenzol, KW-Stoffe oder chlorierte KW-Stoffe, wie Tetrachloräthylen, u. anschließendem Entfernen des $Al_2(SO_4)_3$ u. des Lösungsmittels. Cu-Phthalocyanin wird in der β-Phase u. Chinacridonin der γ-Phase erhalten. (**A. P. 3030370** vom 24/8. 1959, ausg. 17/4. 1962.) O. Roick 7073

2443 Fred'k H. Levey Co., Inc., New York, N. Y., übert. von: Geoffrey R. Buckwalter, Flemington, N. J., V. St. A., **Phthalocyaninpigmente,** kristallisationsbeständig, von weichem Griff u. großer Farbstärke, bes. geeignet für Druckfarben, erhält man aus rohen Phthalocyaninen (**I**) ohne Säureverpastung durch Vermahlen von **I** mit 7–10 (Teilen) pro 1 **I** eines feinstpulverisierten, wasserlösl. Mahlhilfsmittels, wie NaCl, u. mindestens der gleichen Menge 2-Methyl-2.4-pentandiol, bezogen auf **I**, bei Temp. < 80° in einer Mahlvorr. mit kräftiger scherender Wrkg., Auswaschen des erhaltenen Prod. mit W. u. Trocknen. (**A. P. 3046282** vom 29/6. 1960, ausg. 24/7. 1962.) O. Roick 7073

2444 E. I. du Pont de Nemours and Co., Wilmington, Del., übert. von: Edward F. Klenke jun., Summit, N. J., V. St. A., **Sulfonierte Phthalocyanine.** Ein inniges Gemisch von 4 (Mol.) Phthalonitril, ca. 1 eines Cu-Salzes, wie $CuSO_4$, oder $CuCl_2$, u. 8 Na- oder K-Bisulfat erhitzt man auf 190–260°. Man erhält ein 2–3 SO_3H-Gruppen enthaltendes Cu-Phthalocyanin, das sich in W. leicht löst u. die gleichen Eigg. aufweist wie ein handelsübliches sulfoniertes Cu-Phthalocyanin. (**A. P. 3041347** vom 6/12. 1960, ausg. 26/6. 1962.) O. Roick 7073

2445 **Ciba Ltd.**, Basel, Schweiz, *Färben und Bedrucken von Textilmaterial.* (**Niederl. P. 103896** vom 1/8. 1958, ausg. 15/2. 1963. Schwz. Prior. 2/8. 1957. — C. **1962,** 4353 [F. P. 1212797].)

2446 **Ciba Ltd.**, Basel, übert. von: **Peter Jaeger, Eugen Johann Koller,** Binningen, **Jacques Wegmann,** Basel, und **Heinrich Zollinger,** Binningen, Schweiz, *Erzeugung echter Färbungen auf hydroxylgruppen enthaltendem Material.* (**A. P. 3073662** vom 25/8. 1958, ausg. 15/1. 1963. Schwz. Prior. 4/9. 1957. — C. **1961,** 8480 [D. A. S. 1091980].)

2447 **Farbwerke Hoechst Akt.-Ges. vormals Meister Lucius & Brüning,** Frankfurt/M., *Färben und Bedrucken geformter Gebilde aus linearen aromatischen Polyestern oder Polyamiden.* (**E. P. 917611** vom 2/12. 1960, ausg. 6/2. 1963. D. Prior. 8/12. 1959. — C. **1963,** 14495 [D. A. S. 1131639].)

2448 **Farbwerke Hoechst Akt.-Ges. vormals Meister Lucius & Brüning,** Frankfurt/M., *Nachbehandlung von Färbungen mit Eisfarben.* (**Niederl. P. 104147** vom 3/4. 1958, ausg. 15/3. 1963. D. Prior. 13/4. 1957. — C. **1960,** 3047 [D. A. S. 1057559].)

2449 **Imperial Chemical Industries Ltd.**, London, übert. von: **Gerald Both** und **Donald Pryce Hudson,** Manchester, England, *Organische Farbstoffe.* (**A. P. 3084166** vom 27/10. 1958, ausg. 2/4. 1963. E. Prior. 1/11. 1957. — C. **1963,** 697 [E. P. 830847].)

2450 **J. R. Geigy Akt.-Ges.**, Basel, Schweiz, *Wasserlösliche Reaktivfarbstoffe.* (**E. P. 922829** vom 19/10. 1959, ausg. 3/4. 1963. Schwz. Prior. 21/10. 1958. — C. **1963,** 15240 [Oe. P. 220268].)

2451 **J. R. Geigy Akt.-Ges.**, Basel (Erfinder: **Jacques Voltz,** Basel, und **Werner Bossard,** Riehen), Schweiz, *Farbsalze.* (**E. P. 917454** vom 3/6. 1959, ausg. 6/2. 1963. **A. P. 3055881** vom 1/6. 1959, ausg. 25/9. 1962. Beide Schwz. Prior. 4/6. 1958. — C. **1963,** 7957 [D. A. S. 1109808].)

2452 **Farbenfabriken Bayer Akt.-Ges.**, Leverkusen (Erfinder: **Dietrich Liebsch,** Leverkusen, und **Detlef Welfs,** Opladen), *Azofarbstoffe.* (**E. P. 921319** vom 14/3. 1960, ausg. 20/3. 1963. D. Prior. 14/3. 1959. — C. **1963,** 14496 [D. A. S. 1133051].)

2453 **Imperial Chemical Industries Ltd.**, London, übert. von: **Herbert Francis Andrew,** Manchester, England, *Monoazofarbstoffe.* (**A. P. 3084152** vom 10/2. 1958, ausg. 2/4. 1963. **Schwz. P. 369533** vom 21/2. 1958, ausg. 15/7. 1963. Beide E. Prior. 25/2. 1957. — C. **1963,** 18273 [F. P. 1198036].)

2454 **Sandoz Ltd.**, Basel, Schweiz, *Monoazofarbstoffe.* (**E. P. 924933** vom 17/8. 1959, ausg. 1/5. 1963. Schwz. Prior. 20/8. 1958. — C. **1962,** 16142 [D. A. S. 1119433].)

2455 **L. B. Holliday & Co. Ltd.** (Erfinder: **Albert Meller North** und **Frederick Walker**), Huddersfield, England, *Monoazofarbstoffe.* (**Schwz. P. 369840** vom 12/5. 1958, ausg. 31/7. 1963. E. Prior. 13/5. 1957. **E. P. 844216** vom 13/5. 1957, ausg. 10/8. 1960. — C. **1962,** 2916 [Niederl. P. 96438].)

2456 **Comp. Française des Matières Colorantes** (Erfinder: **Claude Gerard** und **Maurice Auguste Jacques Lenoir**), Paris, Frankreich, *Basische Salze von Monoazofarbstoffen.* (**E. P. 918292** vom 22/5. 1959, ausg. 13/2. 1963. F. Prior. 23/5. 1958. — C. **1961,** 8480 [F. P. 1199654].)

2457 **Ciba Akt.-Ges.** (Erfinder: **Fritz Oesterlein**), Basel, Schweiz, *Metallkomplexverbindungen von Monoazofarbstoffen.* (**Schwz. P. 365815** vom 10/10. 1957, ausg. 15/1. 1963. **E. P. 902726** vom 10/10. 1958, ausg. 9/8. 1962. Schwz. Prior. 10/10. 1957 u. 29/8. 1958. — C. **1961,** 18139 [D. A. S. 1106896].)

2458 **Farbenfabriken Bayer Akt.-Ges.**, Leverkusen (Erfinder: **Walther Benade, Gerhard Dittmar,** Leverkusen, und **Walter Scholl,** Köln), *Chromhaltige Monoazofarbstoffe.* (**Schwz. P. 369841** vom 18/7. 1958, ausg. 31/7. 1963. D. Prior. 7/8., 18/10. 1957 u. 24/5. 1958. — C. **1961,** 16664 [F. P. 1211508].)

2459 **Farbwerke Hoechst Akt.-Ges. vormals Meister Lucius & Brüning,** Frankfurt/M., *Wasserunlösliche Disazofarbstoffe.* (**E. P. 915711** vom 12/3. 1959, ausg. 16/1. 1963. D. Prior. 12/3. 1958. — C. **1962,** 2915 [D. A. S. 1086833].)

2460 **Ciba Akt.-Ges.**, Basel (Erfinder: **Walter Hauhart,** Riehen), Schweiz, *Polyazofarbstoffe.* (**Schwz. P. 369844** vom 6/8. 1958, ausg. 31/7. 1963. **E. P. 902228** vom 15/7. 1959, ausg. 1/8. 1962. **A. P. 3078266** vom 20/7. 1959, ausg. 19/2. 1963. Beide Schwz. Prior. 6/8. 1958. — C. **1963,** 22915 [D. A. S. 1135596].)

2461 **Badische Anilin- & Soda-Fabrik Akt.-Ges.**, Ludwigshafen/Rh., *Herstellung von 1:2-Metallkomplexfarbstoffen.* (**Niederl. P. 104129** vom 21/12. 1957, ausg. 15/3. 1963. D. Prior. 22/12. 1956. — C. **1961,** 17761 [D. A. SS. 1098641 u. 1098646].)

2462 **Badische Anilin- & Soda-Fabrik Akt.-Ges.**, Ludwigshafen/Rh., übert. von: **Willy Braun** und **Ernst Hartwig,** Heidelberg, *Farbstoffe der Anthrachinonreihe.* (**A. P. 3078281** vom 28/3. 1960, ausg. 19/2. 1963. D. Prior. 28/3. 1959. — C. **1962,** 8429 [D. A. S. 1113052].)

2463 **E. I. du Pont de Nemours and Co.** übert von: **Edwin C. Buxbaum** und **Robert H. Terss,** Wilmington, Del., V. St. A., *Substituierte Dihydroxyanthrachinone.* (**A. P. 3082218** vom 26/5. 1959, ausg. 19/3. 1963. — C. **1963,** 16368 [F. P. 1259159].)

2464 **Farbwerke Hoechst Akt.-Ges. vormals Meister Lucius & Brüning,** übert. von: **Otto Fuchs** und **Fritz Meininger,** Frankfurt/M., *Leukoschwefelsäureester von Küpenfarbstoffen.* (**A. P. 3079398** vom 26/7. 1960, ausg. 26/2. 1963. D. Prior. 8/8. 1959. — C. **1963,** 3769 [D. A. S. 1121247].)

H_{11a}. Farben, Anstriche, Lacke, Naturharze

2465 **Fortschritte in der Technologie der Emulsionspolymerisation.** Harold Naidus. (Off. Digest Federat. Soc. Paint Technol. **33,** Nr. 443, 1582—93, 1961; Peabody, Mass., Polyvinyls Chemicals, Inc.; engl.) — Grundlagen der Emulsionspolymerisation, techn. Entw. u. Anwendungen auf dem Gebiet des Oberflächenschutzes. L. Kempf 7090◇

2466 **Die Bedeutung der Verdünnung für Filmbildung und Anwendungstechnik.** C. F. Spieß. (Ind.-Lackier-Betr. **31,** 40—42, 1963; Oberrahmede/Westf.; dt.) — Vf. wendet sich gegen die Auffassung, daß die Wahl eines Verdünnungsmittels zur Einstellung der Verarbeitungskonsistenz nebensächlich sei. Fehlermöglichkeiten u. Anforderungen an geeignete Verdünner werden besprochen. R. Zeisberger 7096◇

2467 **Übersicht über die Metallnaphthenate einschließlich der seltenen Erden als Trockner.** C. R. Chessman. (Paint Technol. **27,** Nr. 10, 31—35, 1963; engl.) — Übersicht über die Verw. der Metallnaphthenate als Trockner für Anstriche u. Lacke aus trocknenden Ölen, ihre Herst., Chemie des Trockenprozesses u. Vgl. der Trockner bzgl. ihrer Aktivität. G. Clauß 7096◇

2468 **Einige Betrachtungen zur heutigen Anstrichtechnologie.** H. Lemaire. (Trav. de Peinture **18,** 295—98, 327—29, 1963; Liège, École de Peinture de la Ville de Liège; franz.) — Allg. Ausführungen zu den neueren synthet. Harzen, zu Polymerisations- u. Kondens.-Vorgängen, zu Latex allg., zu Latexfarben u. -anstrichen u. deren Eigenschaften. M. Hagedorn 7106◇

2469 **Wetterschutzfarben für Wohnbauten.** W. G. Vannoy. (Off. Digest Federat. Soc. Paint Technol. **33,** Nr. 443, 1611—15, 1961; Wilmington, Del., E. I. du Pont de Nemours & Comp.; engl.) — Allg. Einführung u. Hinweis auf die Anwendung der Emulsionsfarben als Anstriche für Wohnbauten. L. Kempf 7106◇

2470 **Acrylharzemulsionsfarben für Wohnbauten.** Gerould Allyn. (Off. Digest Federat. Soc. Paint Technol. **33,** Nr. 443, 1615—17, 1961; Philadelphia, Pa., Rohm & Haas Comp.; engl.) — Vor- u. Nachteile von Acrylharzemulsionsfarben als Wetterschutz bei Holzhäusern. L. Kempf 7106◇

2471 **Neue Substrate für Wohnbautenfarben.** Richard J. Anderson. (Off. Digest Federat. Soc. Paint Technol. **33,** Nr. 443, 1618—24, 1961; Chicago, Ill., De Soto Chem. Coatings Inc.; engl.) — Überblick über neue Möglichkeiten der Anstrichtechnik von Holz- oder Metall-Verkleidungen an Wohnhäusern, z. B. durch fabrikmäßig hergestellte Grundierungen der Holzplatten. L. Kempf 7106◇

2472 **Wasserlösliche Ölfarben für Wohnbauten.** Dan K. Farstad. (Off. Digest Federat. Soc. Paint Technol. **33,** Nr. 443, 1625—29, 1961; Buffalo, N. Y., Spencer Kellogg Div. of Textron Inc.; engl.) — Bericht über den zweckmäßigen Einsatz wasserlösl. Ölfarben (modifiziertes Leinöl) für den Wetterschutz von Holzhäusern. L. Kempf 7106◇

2473 **Polyvinylacetat-Emulsionsfarben als Wetterschutz für Wohnbauten.** John H. Fickenscher. (Off. Digest Federat. Soc. Paint Technol. **33,** Nr. 443, 1630—34, 1961; Cleveland, Ohio, Air Reduction Chem. and Carbide Comp.; engl.) — Vf. diskutiert Latexfarben für Außenanstriche, wobei auf die bes. Vorteile u. die Vermeidung bestimmter Anstrichmängel hingewiesen wird. L. Kempf 7106◇

2474 **Alkydharzfarben für Wohnhäuser.** Richard G. Fortener. (Off. Digest Federat. Soc. Paint Technol. **33,** Nr. 443, 1634—37, 1961; Louisville, Ky., Devoe & Raynolds Co., Inc.; engl.) — Empfehlung der Anwendung von Alkydharzfarben als Anstriche für Wohnhäuser bes. bei Feuchtigkeit im Innern. L. Kempf 7106◇

2475 **Weitere Entwicklungen bei den Polyäther-Ester-Harzen.** H. W. Chatfield. (Paint Technol. **27,** Nr. 10, 25—29, 1963; Chatfield, Appl. Res. Labor. Ltd.; engl.) — Das einfache Polyäther-Esterharz (I) läßt sich leicht aus Tetrahydrophthalsäureanhydrid u. Trimethylolpropandiallyläther, vorzugsweise in einem azeotropen Prozeß, bei 190—240° herstellen. Das Prod. trocknet an der Luft unter Zusatz üblicher Trockner befriedigend, gibt Glanz u. feste Überzüge u. läßt sich mit Titandioxid gut pigmentieren ohne merkliche Minderung des Glanzes. Die Wasser-Beständigkeit ist gut, bes. aber der Widerstand gegen die Bldg. von Trübungen. Zusatz des Harzes zu einem langkettigen u. an der Luft trocknenden Ölalkydharz beeinflußt günstig dessen Eigenschaften. Die gute Verträglichkeit mit Nitrocellulose führt zu einer brauchbaren Anwendung in Nitro-Lacken u. Emails. G. Clauß 7106◇

2476 **Bericht zum AISI-Forschungsprojekt über die Anstreichbarkeit von verzinktem Stahl.** Joseph Bigos, Harold H. Greene und George R. Hoover. (Nat. Acad. Sci. — Nat. Res. Council, Publ. Nr. **1005,** 1—34, 1963; U. S. Steel Corp., Appl. Res. Labor. Organic Coatings Sect.; Republic Steel Corp.; Armco Steel Corp., Res.

and Technol.; engl.) — Um Fehlschlägen (wie Abblättern des Lackfilms) beim Anstreichen von verzinktem Stahl (**A**) durch Kleinverbraucher vorzubeugen, wurde von der US. Stahlindustrie ein großes Prüfprogramm mit Anstrichen mit Zn-staubhaltigen, mit Portlandzement-in-Öl-Farben u. mit im örtlichen Handel käuflichen Farben darunter auch wss. Emulsionsfarben, durchgeführt. Das Programm wird durchgesprochen u. im Gesamtergebnis festgestellt, daß bei Verw. von Farben auf obiger Basis auf unbehandeltem wie auch auf nachbehandeltem **A** genügende Haftfestigkeit erzielt werden kann. Der Einfl. der Nachbehandlung von **A** (zur Erhöhung der Wetterfestigkeit) ist auf das Haften nur gering. Im einzelnen können wegen der Mannigfaltigkeit der Handelsfarben Abweichungen auftreten. — Diskussionsbemerkungen. M. Hagedorn 7106◇

2477 **Über antikorrosive Lackfarben auf Basis von Zinkstaub: Betrachtungen und neue Gesichtspunkte.** Edgardo Montorsi. (Pitture e Vernici **39,** 291—94, 1963; Genua; ital.) — Überblick über chem. Zus. von Metallgrundierungen mit Zn-Staub u. Zn-Staub–Zn-Oxid, über wärmebeständige sowie korrosionsfeste u. seewasserbeständige zinkhaltige Anstrichfarben. B. Scheifele 7106◇

2478 **Prüfung der Eigenschaften antikorrosiver Farben für Schiffsrümpfe.** H. W. Talen, W. J. Pfeiffer und A. M. van Londen. (Pitture e Vernici **39,** 257—71, 1963; Delft (Niederlande), Verf.- u. Metaalinst. T.N.O.; ital.) — Inhaltlich ident. mit der C. **1963,** 7521 referierten Arbeit. B. Scheifele 7106◇

2479 **Mikrowachs und seine Verwendung in Überzugmischungen.** B. J. Sterk. (Adhäsion **7,** 277—82, 1963; Brooklyn, N. J., Socony Mobil Oil Co., Res. Dep.; dt.) — Übersicht über die verschiedenen Typen der Mikrowachse, ihre Zus. u. Eigg., ihre Verw. für wasserbeständige Laminate u. evtl. unter Verarbeitung von Zusatzmitteln (Butylkautschuk, Polyäthylene), als Überzüge für Kartons u. ähnliches Verpackungsmaterial, bes. in der Lebensmittelindustrie. G. Clauß 7106◇

2480 **Zusammenhänge zwischen Oberflächenspannung, Dichte und Viscosität organischer (besonders lacktechnischer) Flüssigkeiten bei übereinstimmenden Temperaturen.** Georg Marwedel. (Farbe u. Lack **69,** 437—51, 516—27, 1963; Schramberg, Lackfabrik Dr. I. Marwedel; dt.) — Nach Ausführungen zur Bedeutung bestimmter physikal. Größen für die mikrobewegungstechn. Vorgänge im Innern frischer Lackschichten, zum Spreitungsdruck u. zur Oberflächenspannung (**A**) im Zusammenhang mit Viscosität u. Dichte werden Konst. für 123 lacktechn. wichtige Fll. angeführt. Die Meß-Meth. für **A** mittels Interfacialtensiometer u. Stalagmometer werden beschrieben, die Temp.-Funktion von **A**, der Dichte u. Viscosität bestimmt u. Zusammenhänge zwischen ihnen in Gleichungen gegeben. Für die Konz.-Funktion von **A** von bin. Gemischen wird ebenfalls eine Gleichung aufgestellt, die auf mehrere Gemische angewendet wird. — 35 Literaturangaben. M. Hagedorn 7154◇

2481 **Die Kontrolle der Gewinnung siliciumorganischer Flüssigkeiten und Lacke.** 2. Mitt. **Die Kontrolle der Synthese der Äthyläthoxysilane.** W. T. Schemjatenkowa, N. A. Palamartschuk, A. A. Chwoschtschewskaja und Ss. W. Ssjawzillo. (Plast. Mass. [UdSSR] **1960,** Nr. 4, 15—17; russ.) — 1. vgl. C. **1963,** 19800. — Zur Best. von *Äthylenmagnesiumchlorid* (**I**) u. metall. *Mg* in dem Rk.-Gemisch bei der Synth. von *Äthylenäthoxysilan* (Herst. von Lacken) wird eine *gasometr.* Meth. ausgearbeitet, die auf der Wrkg. von W. auf die Mg-organ. Verbb. u. der nachfolgenden KW-Stoffe-Abscheidung basiert. $RMgX + H_2O \rightarrow RH + (OH)MgX$. Der **I**-Geh. wird nach dem C_2H_5-Vol. ausgerechnet; restliches Mg wird nach dem H_2-Vol. berechnet, da bei der Rk. mit H_2SO_4 $Mg + H_2SO_4 \rightarrow H_2 + MgSO_4$ entsteht. Nadja Winkler 7154△

2482 **Zur Kenntnis des rheologischen Verhaltens von Polyvinylacetatdispersionen.** W. Põge. (Plaste u. Kautschuk **9,** 508—11, 557—60, 619—20, 1962; Schkopau über Merseburg; VEB Chem. Werke Buna; dt.) — *Polyvinylacetatdispersionen* (**A**) mit Polyvinylalkohol als Schutzkolloid zeigen Thixotropie. Messungen unter Verw. von **3** Viscosimetertypen zur Kennzeichnung des rheolog. Verh. von **A** (a) Messung mit konst. Beanspruchung bis zum Endwert; b) Aufnahme der Hysteresisschleife) u. Ergebnisse werden besprochen. Vgl.-Prüfungen ergeben, daß für wissenschaftliche Unterss. nur die Aufnahme der Hysteresisschleife (mit dem „Rheotest" z. B.) zu empfehlen ist, während Meth. a) für Reihenmessungen geeignet ist. Die Reproduzierbarkeit der Ergebnisse ist an gleiche Arbeitsbedingungen u. gleiche Vorgeschichte des Materials geknüpft. Das rheolog. Verh. von **A** bei Temp.-Erhöhung, Weichmacherzusatz u. unter dem Einfl. von Verunreinigungen sowie die mathemat. Auswertung der Resultate werden erörtert. Die thixotropen Eigg. von **A** werden mit dem Vorhandensein einer Struktur zwischen den Polymerisatteilchen erklärt, die mechan. abgebaut u. therm. regeneriert werden kann. M. Hagedorn 7158◇

2483 **Der Einfluß von überschüssigem Polyalkohol und der Dimerisation von Fettsäureketten auf die Filmeigenschaften von ölmodifizierten Alkydharzen.** R. Bult. (Off. Digest Federat. Soc. Paint Technol. **33,** Nr. **443,** 1594—1610, 1961; Rijswijk, Netherlands Paint Res. Inst. T.N.O.; engl.) — Die Unterss. an 2 Leinöl-modifizierten Alkydharzserien ergaben, daß die Filmeigg., wie Härte, Elastizität u. Wetterfestigkeit, von der Hydroxylzahl abhängig sind u. nicht von der Dimerisation der Fettsäureketten bzw. Viscosität der betreffenden Harze. L. Kempf 7158◇

2484 **Sandoz Soc. An.**, Schweiz, *Verwendung von Anthrachinonfarbstoffen als Farbpigment in plastischen Massen.* (**F. P. 1211532** vom 13/8. 1958, ausg. 16/3. 1960. Schwz. Prior. 16/8. 1957 u. 25/6. 1958. — C. **1961,** 15938 [Schwz. P. 370747] u. C. **1963,** 18647 [Schwz. P. 358183].)

H_{11b}. Plaste (Kunstharze, Plastische Massen)

2485 **Die Isomerginsäuren und ihre Derivate.** J. Lamy. (Ind. Plast. mod. **13,** Nr. 10, 18—20, 1961; franz.) — Chem. Aufbau u. bes. Eigg. der Isomerginsäuren (erhalten durch Isomerisieren von langkettigen, mehrfach ungesätt. Fettsäuren) u. ihrer Derivv. sowie ihre Anwendung zur Herst. von Alkydharzen, Epoxiden u. Polyestern. L. Kempf 7170◇

2486 **Fortschrittsbericht. Extrudieren von Folien, Platten und Hohlkörpern.** Hans Domininghaus. (Kunststoffe **52,** 685—88, 1962; Frankfurt/M.-Höchst, Farbwerke Hoechst AG, vorm. Meister Lucius & Brüning; dt.) — Vgl. C. **1964,** 2-2365. — Übersicht. K. Gröbe 7170◇

2487 **Preßluftformung von Kunststoff-Folien.** W. Neitzert. (Plastverarbeiter **12,** 61—66, 101—04, 132 bis 135, 195—201, 239—41, 288—90, 355—56, 411—14, 469—74, 519—21, 556—58, 1961; **13,** 30—32, 67—69, 124—25, 1962; Leeds; dt.) — Formungsverhalten u. Prüfung von Kunststoff-Folien auf Polyvinylchlorid- u. Polystyrolbasis sowie von Celluloseacetat-, Polycarbonat-, Niederdruckpolyäthylen- u. Polypropylen-Folien. Im Anschluß folgt eine Übersicht über die europäischen Thermo-Formungsmaschinen. J. Lehmberg 7170◇

2488 **Festigkeit von Kunststoffen.** 4. Mitt. **Verschiedene Typen der Festigkeit.** 5. Mitt. **Wirkung des Einkerbens.** P. I. Vincent. (Plastics **27,** Nr. 292, 117—19, Nr. 294, 116—17, 1962; ICI, Plastics Div., Res. Dep.; engl.) — 3. vgl. C. **1963,** 7531. — Nach einer Übersicht über die verschiedenen Typen der Festigkeit werden auf Grund physikal. Überlegungen u. experimenteller Verss. an gekerbten Stäben aus Polymethylmethacrylat u. einem Polycarbonat die Beziehungen zwischen Kerbtiefe einerseits u. Sprödigkeit u. Streckgrenze andererseits bei Zug- u. Druckbeanspruchung untersucht. Es wird festgestellt, daß die Kerben einen Sprödbruch dadurch verursachen, daß sie eine triaxiale Verteilung der auf die Probe einwirkenden Kräfte bewirken. Nach einer krit. Bewertung der nach Schlagverss. an gekerbten Proben erhaltenen Ergebnisse wird diese Form der Schlagfestigkeitsprüfung, bes. wegen der ungenügenden Übereinstimmung dieser Werte mit dem Verh. des Kunststoffs unter den Bedingungen der Praxis, abgelehnt. H. Sontag 7170◇

2489 **Festigkeit von Kunststoffen.** 6. Mitt. **Schlagzerreißfestigkeitsprüfungen.** P. I. Vincent. (Plastics **27**, Nr. 295, 133–35, 1962; engl.) – 5. vgl. vorst. Referat. – Vor- u. Nachteile der verschiedenen Prüfmeth. werden unter Anführung bisher veröffentlichter Ergebnisse erörtert, wobei die Fallgewichtsmeth. der Pendelschlagmeth. vorgezogen wird, da die nach letzterer erhaltenen Ergebnisse Fehler bis zu 300% u. mehr aufweisen können. Von 23 Polymeren werden die in 4jährigen Unterss. gesammelten Ergebnisse der Schlagzerreißfestigkeitsprüfung angegeben; diese Werte variieren bei den einzelnen Vertretern je nach Form der Probe, Herst.-Bedingungen, Molgew. usw. in weiten Grenzen. H. Sontag 7170◇

2490 **Festigkeit von Kunststoffen.** 7. Mitt. **Schlagbiegefestigkeitsprüfungen.** P. I. Vincent. (Plastics **27**, Nr. 296, 136–38, 1962; engl.) – 6. vgl. vorst. Referat. – Die Meth. der Schlagbiegefestigkeitsprüfungen, bei denen die Proben je nach ihrer Lagerung uni- oder biaxial belastet werden, wird erörtert. Nach statist. Auswertung bisher veröffentlichter Ergebnisse werden Vor- u. Nachteile dieser Meth. erörtert, wonach sie als geeignet zu routinemäßigen Festigkeitskontrollen erscheinen. Von 16 Polymeren werden die bei biaxialer Beanspruchung erhaltenen Schlagbiegefestigkeitswerte unter Hinweis auf die Relativität ihrer Gültigkeit angegeben. H. Sontag 7170◇

2491 **Festigkeit von Kunststoffen.** 8. Mitt. **Prüfung bei konstantem Deformationsgrad.** P. I. Vincent. (Plastics **27**, Nr. 297, 110–12, 1962; engl.) – 7. vgl. vorst. Referat. – Als zur Festigkeitsprüfung von Kunststoffen am besten geeignet werden die Zugfestigkeit bestimmende App. genannt, die den gesamten Deformierungsverlauf bis zum Bruch aufzeichnen u. über einen weiten Temp.-Bereich anwendbar sind. Als Vorteile dieses Prüfgerättyps, dessen techn. Einzelheiten an einem bestimmten Beispiel erläutert werden, gegenüber Schlagpendeln wird die größere Genauigkeit der Ergebnisse u. die Möglichkeit, der Verw. von Proben unter Druck- oder Biegebelastung, angeführt. Es wird eine Prüfmeth. beschrieben, die dad. gek. ist, daß die zum Brechen des untersuchten Materials nötige Energie nach Eintauchen der Proben in fl. N_2 unter Biegebelastung bei $-180°$ bestimmt wird. Von 26 Kunststoffen u. 4 anderen Werkstoffen werden die nach dieser Meth. ermittelten Werte der Bruchbiegungsenergie für $-180°$ bis $+20°$ angegeben. Bei Anwendung des Verf. zur Betriebskontrolle, für die die Durchführung der Prüfung innerhalb eines begrenzten Temp.-Bereichs genügt, lassen diese, materialbedingt stark streuenden Werte den zur Prüfung dieser Stoffe jeweils optimalen Temp.-Bereich erkennen. H. Sontag 7170◇

2492 **Festigkeit von Kunststoffen.** 9. Mitt. **Polymere von Methacrylsäureestern.** P. I. Vincent. (Plastics **27**, Nr. 298, 105–10, 1962; engl.) – 8. vgl. vorst. Referat. – Auf Grund von Literaturangaben werden die Einfl. der Prüfbedingungen (Temp., Belastungsdauer), des Molgew. u. der Mol.-Orientierung auf die Festigkeitseigg. von Polymethacrylsäureestern erörtert. H. Sontag 7170◇

2493 **Festigkeit von Kunststoffen.** 10. Mitt. **Styrol-Kunststoffe.** P. I. Vincent. (Plastics **28**, Nr. 304, 109 bis 110, 113, 1963; engl.) – 9. vgl. vorst. Referat. – In Auswertung bekannter Unters.-Ergebnisse werden die geringe Versprödungsfestigkeit u. die hohe Fließspannung von Polystyrol als Ursachen für die Zerbrechlichkeit dieses Kunststoffs angeführt. Es wird gezeigt, daß sich die Fließspannung durch Einarbeiten von Butadien erniedrigen, die Versprödungsfestigkeit durch Copolymerisation mit Acrylonitril oder Methylacrylmethacrylat erhöhen läßt. Der Einfl. dieser beiden Eigg. auf die Wetterfestigkeit von Polystyrol wird dargelegt u. auf die Notwendigkeit verwiesen, bei Best. der Wetterechtheit den Einfl. der Bewitterung sowohl auf die Versprödungsfestigkeit als auch auf die Fließspannung zu untersuchen. H. Sontag 7170◇

2494 **Verhalten von Kunststoffen unter den Bedingungen des Wiedereintritts eines Raumfahrzeuges in die Atmosphäre.** D. L. Schmidt. (Materie plast. **28**, 30–39, 248–57, 1962; ital. – C. **1962**, 15783.) B. Scheifele 7170◇

2495 **Leicht wie Schaum: Das Styropor.** A. Rivelin. (Ind. Plast. mod. **13**, Nr. 10, 42–44, 1961; franz.) – Herst., bes. Eigg. u. Einsatzgebiete von Styropor. L. Kempf 7172◇

2496 **Untersuchung der Möglichkeit der Copolymerisation von Äthylen und Acrylonitril an metallorganischen Komplexen.** Maria Nowakowska und Włodzimierz Dahlig. (Polimery – Tworzywa wielkoczasteczkowe **7**, 125–28, 1962; Inst. Ciężkiej Synt. Organ. w Blachowní Sląs Kiej; Zakład Technol. Org. í Politechn. Warszawskiej.; pol.) – Die Mischpolymerisation von C_2H_4 (**I**) u. $CH_2{=}CHCN$ (**II**) wird in Ggw. verschiedener metallorgan. Komplexe untersucht. **II**, das die verwendeten Katalysatoren desaktiviert, wird in die Polyäthylenkette eingeführt, wodurch die Polymerisation von **I** unterbrochen wird. Die auf diesem Wege erhaltenen Polymerprodd. enthalten bis zu 3% **II**. I. Köditz 7172

2497 **Die Suspensionspolymerisation von Vinylchlorid.** Kazimierz Bik. (Polimery-Tworzywa wielkocząsteczkowe **7**, 242–43, 1962; Oświęcim, Zakłady chem., Zakł. nauk.-bad.; pol.) – Von den untersuchten Polymerisationsinitiatoren bei der Emulsionspolymerisation von Vinylchlorid ist Dilauroylperoxid besser geeignet als Porofor N oder Dibenzoylperoxid. Die Dispergiermittel Gelatine bzw. „Povimal" (Copolymerisat von Styrol u. Maleinsäure) liefern gegenüber Vinylalkohol oder Methylcellulose einheitliche, runde PVC-Körner. Durch Zugabe von $Cl_2C{=}CHCl$ (1% bzgl. Monomeres) wird auch bei niedriger Polymerisationstemp. (60–62°) noch ein k-Wert von 55 erhalten. Unter vergleichbaren Bedingungen ist das mittlere Molgew. bei der Suspensionspolymerisation höher als bei der Emulsionspolymerisation. F. Urban 7172◇

2498 **Die Blockfällungspolymerisation von Vinylchlorid.** Kazimierz Bik. (Polimery-Tworzywa wielkocząsteczkowe **7**, 244, 1962; pol.) – Vgl. vorst. Referat. – Bei der Block-Fällungspolymerisation von Vinylchlorid wird mit Porofor N eine größere Rk.-Geschw. erreicht, als mit Dilauroyl- u. Dibenzoylperoxid. Der Polymerisationsgrad ist unter vergleichbaren Bedingungen höher als bei der Suspensions- u. Emulsionspolymerisation. Die Molgew.-Verteilung ist breiter, da die Polymerisationswärme schlechter abgeführt wird. Um HCl zu binden, müssen schon bei der Polymerisation Stabilisatoren zugesetzt werden. Geeignet sind Cd- u. Ca-Stearat. Amine hemmen die Polymerisation. Das Monomere muß eine hohe Reinheit haben. Luft-O_2 stört ebenfalls. Beim Entgasen von PVC bei höherer Temp. wird das pulverförmige Prod. durch Nachpolymerisation in Brocken übergeführt. Das Entgasen bei tiefer Temp. geht zu langsam. F. Urban 7172◇

2499 **Alkylbenzol als Verdünnungsmittel in Polyvinylchloridmischungen.** Daniela Zielińska, Zbigniew Roszkowski und Marek Wajnryb. (Polimery-Tworzywa wielkocząsteczkowe **7**, 249–51, 1962; Inst. Tworz. sztuczn.; pol.) – Alkylbenzol (C_{10}–C_{13}-Seitenketten) kann die gleiche Menge Weichmacher (**A**) in PVC nicht ersetzen. Vorteile bringt sein Zusatz nur dann, wenn **A** mit geringer Kältefestigkeit verwendet werden sollen, oder in PVC-Pasten. F. Urban 7172◇

2500 **Neue Stabilisatoren für Polyvinylchlorid.** Józefa Miśkowiec. (Polimery-Tworzywa wielkocząsteczkowe **7**, 255–56, 1962; Oświęcim, Zakłady chem., Zakł. nauk.-bad.; pol.) – Ausgehend von Di-n-butyl-Sn-Oxid werden Di-n-butyl-bis-[n-butylmaleinat]-Sn $[(C_4H_9)_2Sn \cdot (OOC{-}CH{=}CH{-}COOC_4H_9)_2]$ (aus Maleinsäuremonobutylester; gelbes Öl, D. 1,26, n_D^{20} 1,4927), Di-n-butyl-Sn-maleinat (aus Maleinsäureanhydrid) u. Di-n-butyl-bis-[isooctylthioglykolat]-Sn $[C_4H_9)_2Sn(S{-}CH_2{-}COOC_8 \cdot H_{17})_2]$ (**I**; aus 2-Äthylhexylthioglykolat; gelbes Öl) erhalten. Alle Verbb., bes. **I**, sind gute Stabilisatoren für PVC. **I** ist schwach toxisch. F. Urban 7172◇

2501 **Innerlich weichgemachtes, hochschlagfestes Polyvinylchlorid.** M. Tokarzewska und B. Sikora. (Polimery-Tworzywa wielkocząsteczkowe **7**, 259–61, 1962; Oświęcim, Zakłady chem., Zakł. nauk.-bad.; pol.) – Hergestellt werden Copolymerisate von Vinylchlorid mit

10, 15 u. 20% Methylacrylat durch Emulsionspolymerisation mit dem Redox-Syst. $(NH_4)_2S_2O_8$ + $NaHSO_3$. Das stabilisierte Prod. ist als Ersatz für Celluloid in der Kartographie geeignet. F. Urban 7172◇

2502 **Das Kalandrieren weichgemachter PVC-Folien, die nicht für Bodenbeläge bestimmt sind.** P. Chaignet. (Ind. Plast. mod. **14,** Nr. 1, 41–44, 1962; Paris, Soc. La Cellophane; franz.) — Die Entw. u. die Probleme der Herst. von PVC-Folien, bes. die Mischungsherst., ihre Analyse, das Plastifizieren, die Fütterung des Kalanders, das Kalandrieren, das Abkühlen u. das Aufwickeln werden beschrieben. H. Reimers 7172◇

2503 **Eine Abhandlung über das Schraubenstrangpressen von Thermoplasten.** 5. Mitt. **Pulverstrangpressen von Polyvinylchlorid.** Tsuyoshi Hattori, Rikuo Sogi und Akira Tamai. (Trans. Japan Soc. mechan. Engr. **27,** 175–83, 1961; jap., Auszug: engl.) — 4. vgl. ibid. **26,** [1960], 709. — Die Entladungseigg. der Pulverstrangpressung von PVC u. die Zugfestigkeiten der stranggepreßten Proben werden bestimmt u. die Ergebnisse erörtert. W. Wesly 7172◇

2504 **Polymere auf Grundlage von Kondensationsprodukten von Furfurol mit Aceton.** 1. Mitt. **Die Gewinnung von Furfuryliden- und Difurfurylidenaceton und Harzen auf deren Grundlage bei Gegenwart eines Alkalikatalysators.** I. W. Kamenski und N. W. Ungurean. (Plastische Massen [UdSSR] **1960,** Nr. 8, 17–19; russ.) — Beschrieben wird die Synth. von *Difurfurylidenaceton* (**I**) u. *Furfurilidenaceton* (**II**) aus Furfurol u. Aceton unter entsprechenden Bedingungen. Es erwies sich, daß die Verharzung von **I** im alkal. Medium eine Folge der Polymerisation an der Äthylen-Doppelbindung ist. Bei der Verharzung von **II** wird eine Kondens. zwischen den Methylen- u. Carboxylgruppen beobachtet. Die vorst. Harze kann man noch ihren physikal. Eigg. (sehr spröde, leicht, schmelzbar, lösl. in organ. Lsgm.) mit Novolakharzen aus Phenol-Formaldehyd vergleichen. Nadja Winkler 7176△

2505 **Phenole aus der thermischen Verarbeitung fester Brennstoffe.** M. K. Djakowa und N. A. Dawtjan. (Plast. Massen [UdSSR] **1960,** Nr. 3, 55–57; russ.) — Die Verss. über die Gewinnung von *Phenolen* (**I**) durch therm. Verarbeitung von festen Brennstoffen werden mit Steinkohle, Braunkohle u. dgl. vorgenommen. Die Ergebnisse zeigen, daß **I** aus dem nichtpyrolisierten Harz der kontinuierlichen Verkokung von Gaskohle im Vgl. zu **I** aus Harzen der Halbverkokung zu mehr als 50% den Fraktionen mit Kpp. $\leqq 225°$ angehören u. einen wertvollen Rohstoff für die Industrie der *plast. Massen* darstellen. J. Lehmberg 7176△

2506 **Anwendung der Dimensionstheorie zur Entwicklung einer Fließgleichung für Phenol-Formaldehyd-Preßmassen.** L. Ja. Zipess. (Plast. Massen [UdSSR] **1960,** Nr. 4, 27–30; russ.) — Bei der Herst. von Behältern aus *Phenoplasten* auf Grundlage von Novolak-Harzen wird die Verformung in Abhängigkeit von der Preßgeschw., Viscosität u. Temp. der Preßmasse mathemat. abgeleitet. Nadja Winkler 7176△

2507 **Die Härtung von Polyesterharzen und der allgemeine Mechanismus der weiteren Stufen der polyfunktionellen Polyaddition.** Manfred Gordon und Lan D. McMillan. (Makromolekulare Chem. **23,** 188–206, 1957; Manchester, England; Coll. of Sci. and Technol.; engl.) — Die Kinetik des 2. Stadiums bei der Blockpolymerisation eines ungesätt. Polyesterharzes wird im wesentlichen an der Modellsubstanz Polyäthylenfumarat (**I**)/Methylmethacrylat (**II**), aber auch für die industriell angewandten Syst. Polyester auf Styrolbasis (**III**)/*Triallylcyanurat* (**IV**) u. *Polypropylenfumarat/-phthalat/Styrol* bei 42–70° untersucht. Für die Unters. müssen verschiedene theoret. Modelle zugrunde gelegt werden. Während für das Syst. **I/II** das Gordon-Roesche Modell für die Kinetik des 2. Stadiums (der Diffusionskontrolle der Abbruchrk. nach dem Gelpunkt) angewandt werden kann, gilt es nicht für Syst. mit relativ kurzem Primärketten (z. B. **III** u. **IV**). Bei letzteren Syst. setzt die Diffusionskontrolle der Abbruchrk. nicht am viscoelast. Gelpunkt ein. Die Messung des endgültigen Polymerisationsumsatzes bei 62° erfolgt als Funktion des Verhältnisses R der **I/II**-Doppelbindungen. Die Rk. setzt in erster Näherung aus, wenn die Einfriertemp. gleich der Polymerisationstemp. wird. Das erfolgt meist für R = 10 : 90, d. h. danach sind die **II**-Doppelbindungen für die Polymerisation entscheidend. Aus den Erweichungstempp. ergibt sich in 2. Näherung ein variablerer Endzustand der Härtung als Funktion von R. Zur Klärung dieses Verh. werden 3 Parameter herangezogen: Konz. der Vernetzungen, von unpolymerisiertem **II** u. derjenigen der noch freien Kondens.-Ketten. Die statist. Auswertung dieser Modellannahme läßt für den endgültigen Härtungszustand die entscheidende Abhängigkeit der Weichmacherwrkg. von restlichem **II** deutlich werden. O. Kramm 7176◇

2508 **Über die Verarbeitung von Polyäthylenterephthalat zu Filmen.** N. W. Andrianowa, L. G. Batalowa und I. F. Kanawetz. (Plast. Massen [UdSSR] **1960,** Nr. 4, 18–27; russ.) — Untersucht werden die Bedingungen für die Herst. u. Stabilisierung von nicht schrumpfenden *Polyäthylenterephthalatfilmen.* Mit einem von Vff. entwickelten *Elastometer* kann man den Mechanismus des Fließprozesses, die Elastizität u. Viscosität der Filme bei unterschiedlicher Temp. u. Dehnungsgeschw. untersuchen. Nadja Winkler 7176△

2509 **Über Antifriktionseigenschaften von Kapron.** P. A. Michailow, Ju. W. Duplenko und P. N. Malyschew. (Plast. Massen [UdSSR] **1960,** Nr. 4, 38–42; russ.) — Der Reibungskoeff. von Kapron an Stahl mit Schmierung ohne Abkühlung unterscheidet sich von den Koeff. einiger Bronzen unwesentlich; jedoch ist die Intensität des Verschleißes von Kapronlagern gegen Stahlwalzen bei Verw. von Schmiermitteln um ein Mehrfaches geringer als von Bronzekugeln. Die Belastungsfähigkeit metall. Kugeln mit einer dünnen Kapronschicht ist erheblich größer als bei Kugeln aus reinem Kapron. Die Kapronkugellager können bei einer Temp. bis 80–85° des Schmieröls zufriedenstellend funktionieren. Die Antifriktionseigg. von Kapron hängen von der Technologie seiner Verarbeitung ab. Das Härten von Kapronproben in sd. W. verschlechtert seine Antifriktionseigenschaften. Die Zugabe von Al- u. Bronzepulvern zu Kapron verringert die Schrumpfung der Kapronerzeugnisse, erhöht ihre Wärmebeständigkeit, verbessert jedoch ihre Antifriktionseigg. nicht. K. Wekua 7180□

2510 **Alkenylsilane.** 2. Mitt. **Polymerisation.** Tadeusz Wojnarowski. (Polimery–Tworzywa wielkoczasteczkowe **7,** 113–19, 1962; Warszawa, Wydz. Chem. Polit. Zaklad Technol. org.; pol.) — 1. vgl. C. **1964,** 4-2361. — Meth. für die Polymerisation von Alkenylsilanen (**A**) werden beschrieben u. die Eigg. der erhaltenen Polymeren untersucht. Stereoreguläre Polymere lassen sich besser durch die Polymerisation in Ggw. von Ziegler-Natta-Katalysator erhalten als durch die Radikalpolymerisation von **A.** — 100 Literaturzitate. I. Köditz 7188

2511 **Silanole und ihre Umwandlung.** 1. Mitt. **Diphenylsilandiol und dessen Umwandlung.** Ss. M. Shiwuchin und E. D. Dudikowa. (Plast. Massen [UdSSR] **1960,** Nr. 8, 23–25; russ.) — *Diphenylsilandiol* (**I**) wird durch die Hydrolyse von Diphenyldichlorsilan in einem Toluol-, W.- u. Isoamylalkoholgemisch bei 0–5° hergestellt. Untersucht werden Prodd. der Kondens. von **I** mit Adipin-, Azelain- u. Sebacinsäure. Nadja Winkler 7188△

2512 **Eigenschaften und Anwendungen von Äthylcellulose.** P. Stuchlik. (Ind. Plast. mod. **14,** Nr. 1, 37–40, 1962; Soc. La Bellignite; franz.) — Die Herst. von Äthylcellulose (**A**), ihre Mahleigg., ihre gute Schlagfestigkeit, ihre Verträglichkeit gegen Basen u. Salze u. ihre Verarbeitbarkeit nach dem Spritzgußverf. u. durch Kalandrieren werden beschrieben. Als Lackrohstoff muß der C_2H_5O-Anteil von **A** von normalerweise 45–47 auf 47,5 bis 49% erhöht werden. H. Reimers 7198◇

2513 **Die Adhäsion von Polymeren gegenüber Glasfasern verschiedener chemischer Zusammensetzung.** M. Ss. Asslanowa. (Plast. Massen [UdSSR] **1960,** Nr. 8,

31–33; russ.) — Ein Alkali-Geh. schwächt die Adhäsionseigg. (AE) der Glasfasern (Phosphat-, Borat-, Cd-Borat- u. Pb-Silicat-Glas). Die AE von alkalifreien Al–B-Silicatgläsern sind prakt. von der Ionenpolarisation unabhängig, obwohl durch einen Pb-Zusatz in einem Na–Ca-Silicatglas die AE bedeutend erhöht werden. Die Haftfestigkeit ist von der Imprägnierung der Glasoberfläche sowie den mechan. u. elektr. Eigg. des Glases stark abhängig u. muß bei der Technologie der glasfaserverstärkten Kunststoffe berücksichtigt werden. Nadja Winkler 7204△

2514 **Der Einfluß von Feuchtigkeit auf die physikalisch-mechanischen Eigenschaften von glasfaserverstärkten Kunststoffen.** 1. Mitt. **Einfluß der Dauer der Lagerung in Wasser auf die Festigkeitseigenschaften von glasfaserverstärkten Kunststoffen.** K. W. Panferow und I. G. Romanenkow. (Plast. Massen [UdSSR] **1960**, Nr. 4, 35–37; russ.) — Die größte Verminderung der Festigkeit wurde an glasfaserverstärkten Kunststoffen (gfK) in den ersten 240 Std. beobachtet. Bei weiterer Lagerung in W. nimmt die Intensität der Festigkeitsverminderung langsam ab. Nach 960 Std. vermindert sich die Zugfestigkeit um 12–34% u. die Biegefestigkeit um 20–43%. Die Ergebnisse der Verss. unter Variierung der Bindemittel u. Füllstoffe verschiedener gfK werden beschrieben. K. Wekua 7204□

2515 **Qualitätskontrolle bei Preßmassen und Formteilen in Deutschland.** E. Römer. (Ind. Plast. mod. **13**, Nr. 10, 25–28, 1961; Darmstadt; franz.) — Überblick über die bes. in DIN 7708 festgelegten Prüfverfahren. L. Kempf 7210◇

2516 **Messung des elektrischen Widerstandes von Plastmassen mit einer elektrometrischen Methode.** Ss. N. Antonow. (Plast. Massen [UdSSR] **1960**, Nr. 8, 59–60; russ.) — Beschreibung der Konstruktion u. Arbeitsweise eines *Elektrometers*, das eine Messung des elektr. Widerstandes von Plastmassen ϱ_s bis $1 \cdot 10^{18}$ Ω u. ϱ_v bis $1 \cdot 10^{18}$ $\Omega \cdot$ cm bei einem ∅ der Proben von 2 mm gestattet. Nadja Winkler 7210△

2517 **Quantitative Bestimmung von Polyvinylchlorid.** Antonio Usai und Lucia Corazzi. (Rass. Chim. **11**, Nr. 3, 16–17, 1959; Roma, Univ., Fac. di Econom. e Commerc., Ist. di Merceol.; ital.) — Beschreibung einer einfachen u. raschen Meth. zur Best. von Cl in PVC. Nach Zers. mit konz. H_2SO_4 u. Dest. von HCl in 3%ig. NaOH wird Cl nach Volhard titriert. G. Piekarski 7210◇

2518 **Untersuchung der Qualität von PVC-Pasten mit Hilfe der beschleunigten Alterung.** Danuta Kalińska. (Polimery–Tworzywa wielkoczasteczkowe **7**, 251–55, 1962; Inst. Tworz. sztuczn.; pol.) — Beim Alterungstet von PVC-Pasten wird die Viscosität der Mischung von PVC u. Weichmacher (1 : 1) bei 25 u. 45° in kurzen Abständen gemessen. Die Alterungskurven verlaufen bei Emulsions-PVC sehr unterschiedlich. Grund ist die verschiedene Form u. Größe der PVC-Körner. Stabilisatoren, bes. Sn-organ. Verbb., erniedrigen nachhaltig die Viscosität. Nach 2–4 h stellt sich in allen stabilisierten Pasten (Ausnahme bei Stabilisierung mit Stearaten, vor allem Pb-Stearat) eine konst. Viscosität ein. F. Urban 7210◇

2519 **Nephelometrie von Polyvinylchlorid-Lösungen.** Sz. Krozer und A. Kolendowicz. (Polimery–Tworzywa wielkoczasteczkowe **7**, 261–65, 1962; Inst. Tworz. sztuczn., Zakład Fiz.-Chem.; pol.) — Die Molgew.-Verteilung von PVC wird nephelometr. nach Fällung mit n-Heptan aus einer Lsg. in Cyclohexan ermittelt. Die Meth. ist schnell u. reproduzierbar. Mit Tetrahydrofuran als Lsgm. ist das Ergebnis nicht reproduzierbar, da PVC in Tetrahydrofuran assoziert. Die Assoziation nimmt mit steigendem Molgew. zu. Die Verw. von n-Heptan mit 10% CCl_4 als Fällungsmittel bringt zu kleine Unterschiede der mittleren Molgew. der Fraktionen bei verschiedenen PVC-Arten. F. Urban 7210◇

2520 **Bestimmung der Beständigkeit von Folien aus weichgemachtem PVC gegen tiefe Temperaturen.** Wiesław Płaczek. (Polimery-Tworzywa wielkocząsteczkowe **7**, 266–71, 1962; Inst. Tworz. sztuczn.; Zakład Ocen i Pomiarów; pol.) — Krit. Vgl. der Reiß- u. Schlingenmeth. von Mehnert u. Schultz (Kunststoffe **39**, [1949], 157). Die Reißmeth. ist nach Ansicht des Vf. objektiver. — 14 Literaturangaben. F. Urban 7210◇

2521 **Untersuchung der Mikrohärte harter PVC-Folien.** Zbigniew Sobiczewski. (Polimery-Tworzywa wielkocząsteczkowe **7**, 283–84, 1962; Inst. Tworz. sztuczn.; pol.) — Die Mikrohärte harter PVC-Folien, gemessen mit der App. von Hanemann, hängt nicht nur von der angewandten Kraft, sondern auch von der Art der Oberfläche ab. Die Härte ist, senkrecht zur Foliendicke gemessen, größer als auf der Stirnfläche der Folie. F. Urban 7210◇

2522 **Anwendung der Mikrostrukturanalyse zur Untersuchung von glasfaserverstärkten Kunststoffen.** W. M. Guterman, A. M. Kogan und M. M. Kotina. (Plast. Massen [UdSSR] **1960**, Nr. 4, 58–66; russ.) — Untersucht werden farbige Glasfaserverstärkte Kunststoffe u. ihre Füllstoffe (meistens Glasfasern) u. Bindemittel (Polyester) in normalem Zustand u. nach dem Strecken. Für diese Analysen wurden außer dem Mikroskop auch die Punkt-Meth. u. Lichtpolarisation herangezogen. Nadja Winkler 7210△

2523 E. I. du Pont de Nemours & Co., Wilmington, Del., übert. von: Donald Drake Coffman, West Chester, Pa., V. St. A., **Polymerisationskatalysatoren** für die Polymerisation von äthylen. ungesätt. Monomeren sind Polyfluorazoalkane der allg. Formel $R{-}CF_2{-}N{=}N{-}CF_2{-}R$, worin R für F, einen Perfluorkohlenstoffrest oder einen Perfluorkohlenwasserstoffrest steht, z. B. Perfluorazoäthan, -propan, -butan, ω-Hydroperfluorazopentan oder Perfluorazodecan. Die Polymerisationen in Ggw. dieser Katalysatoren wird in sonst üblicher Weise durchgeführt. (**A. P. 3047553** vom 30/11. 1959, ausg. 31/7. 1962.) L. Stadelmann 7173

2524 Eastman Kodak Co., Rochester, N. Y., übert. von: Harry W. Coover jun., Kingsport, Tenn., V. St. A., **Polymerisation α-olefinischer Kohlenwasserstoffe.** Die verwendete Katalysatormischung enthält 1. eine Verb. der allg. Formel $RAlX_2$, worin R ein Alkyl-, Phenyl- oder Benzylrest ist u. X für Cl, Br oder J steht, 2. ein Alkoxid oder Phenoxid von Ti u. 3. NaF, KF oder LiF. Das molare Verhältnis der Al-Verb. zur Ti-Verb. ist 1 : 0,25 bis 1 : 2, das molare Verhältnis der Al-Verb. zur F-Verb. ist 1 : 1 bis 1 : 0,2. — Herst. von hochkristallinem *Polypropylen.* (**A. P. 3038892** vom 3/4. 1958, ausg. 12/6. 1962.) L. Stadelmann 7173

2525 Esso Research and Engineering Co., übert. von: Arthur W. Langer jun., Watchung, und Erik Tornquist, Westfield, N. J., V. St. A., **Niederdruckpolymerisation von α-Olefinen** in Ggw. einer Katalysatormischung aus einem Al-Alkyl u. partiell red. Ti-Halogenid, das ein Al-Halogenid mit krist. enthält, bei 0–100° u. einem Gesamtdruck von 15–200 lbs./sq. in. in mehreren Stufen, wobei man die Konz. an Monomeren so einstellt, daß der Monomeren-Partialdruck 5–100 lbs./sq. in. beträgt u. dann den Partialdruck mit fortschreitender Polymerisation durch Zufuhr von Monomerem innerhalb der genannten Grenzen erhöht, ohne den Gesamtdruck wesentlich zu erniedrigen. Man erhält Polymerisate mit verbesserter Kristallinität. — Beispiele mit *Propylen.* (**A. P. 3047558** vom 15/5. 1959, ausg. 31/7. 1962.) L. Stadelmann 7173

2526 Union Carbide Corp., New York, übert. von: Frank Joseph Welch, Charleston, W. Va., V. St. A., **Polymerisation von α.β-ungesättigten Monomeren** der allg. Formel $CH_2{=}C(A,B)$, worin A für H, Halogen oder eine Alkylgruppe mit 1–4 C-Atomen u. B für die Gruppe $-CN$, $-CO{-}OR$, $-CO{-}NH_3$ oder $-CO{-}NR_2$ steht, worin R eine Alkylgruppe mit 1–4 C-Atomen ist, z. B. Methylmethacrylat oder Acrylnitril. Man polymerisiert das Monomere bei –20 bis +150° in einem inerten organ. Lsgm. in Ggw. eines Erdalkaliamids, z. B. $Ca(NH_2)_2$ oder $Mg(NH_2)_2$, wobei Polymerisate von erhöhtem Molgew. erhalten werden. (**A. P. 3048572** vom 11/9. 1959, ausg. 7/8. 1962.) L. Stadelmann 7173

2527 I. T. Baker Chemical Co., Phillipsburg, N. J., übert. von: Morris Zief und Charles H. Schramm,

Easton Pa., V. St. A., **Herstellung von Vinylenkarbonaten**, dad. gek., daß die HCl-Abspaltung aus Monochloräthylencarbonaten in Äthylacetat vorgenommen wird in Ggw. eines tert. Amins bei 20—90°. *Zwischenprod. für Polymere.* (**A. P. 3041353** vom 26/8. 1960, ausg. 26/6. 1962.) R. Bauereis 7173

2528 Bell Telephone Laboratories, Inc., New York, N. Y., übert. von: Walter L. Hawkins, Montclair, und Field H. Winslow, Springdale, N. J., V. St. A., **Stabilisieren von gesättigten KW-Stoff-Polymerisaten gegen Oxydation.** Polymerisaten, wie Polyäthylen, Polypropylen, Polybuten(1) u. a. werden 0,5—5 Gew.-% Rußteilchen einer maximalen Größe von 1000 Å zugesetzt. Die Rußteilchen sind durch oxydierende oder sulfurierende Behandlung in der Weise präpariert, daß die mit O_2 behandelten Teilchen einen flüchtigen Anteil von mindestens 10% aufweisen u. die mit S behandelten Teile mindestens 1 Gew.-% S enthalten. — Diagramme. (**A. P. 3042649** vom 2/5. 1958, ausg. 3/7. 1962.) F. Markhoff 7173

2529 Eastman Kodak Co., Rochester, N. Y., übert. von: Alan Bell, M. B. Knowles und Clarence E. Tholstrup, Kingsport, Tenn., V. St. A., **Stabilisator für Poly-α-olefine** besteht aus einer Kombination eines Diesters einer 3.3′-Thiodipropionsäure der Formel I

$$S(CH_2CH_2\overset{\overset{O}{\|}}{C}OR)_2 \qquad I$$

in der R eine Alkylgruppe mit mindestens 4 C-Atomen ist, mit einem Alkylendioxy-bis-(alkylphenol) der Formel II. In dieser bedeuten R_1 u. R_2 H u. eine Alkylgruppe

II

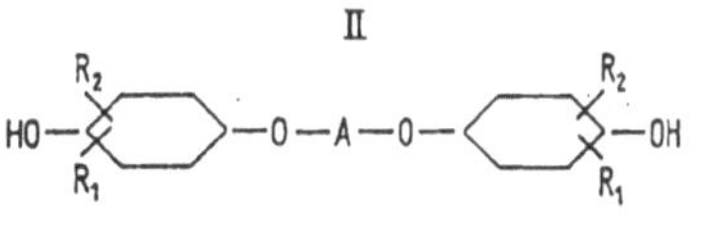

mit 1—18 C-Atomen u. A. eine Alkylengruppe mit 2 bis 20 C-Atomen. Zum Beispiel besteht das Gemisch aus Dilauryl-3.3′-thiodipropionat u. 4.4′-Äthylendioxy-bis-(2-tert.-butylphenol). Es werden je 0,0005 Gew.-% zugesetzt. (**A. P. 3038878** vom 29/7. 1960, ausg. 12/6. 1962.) F. Markhoff 7173

2530 Weston Chemical Corp., Newark, N. J., übert. von: Lester Friedman, Whitestone, N. Y., V. St. A., **Stabilisator für feste Olifinpolymerisate mit 2—3-C-Atomen** besteht aus einem Gemisch 1. eines Phenols mit KW-Stoff-Substituenten von 4—24 C-Atomen, 2.2′-Methylen-bis-4.6-dialkylphenolen, 2.2′-Bis-(p-hydroxyphenol)-propan oder 2.2′-Thio-bis-4.6-dialkylphenolen mit 2. einem tert. KW-Stoff-Thiophosphit, das frei von ungesätt. Bindungen außer im Bzl.-Ring ist, z. B. mit 2-Alkoxy-1.3.2-dioxaphosphorinan. — Polypropylen wird stabilisiert mit einem Gemisch aus 3.9-Distearyloxy-2.4.8.10-tetraoxa-3.9-diphosphaspiro-[5.5]-undecan u. 2.2′-Methylen-bis-(4-methyl-6-tert.-butylphenol). (**A. P. 3039993** vom 10/5. 1960, ausg. 19/6. 1962.) F. Markhoff 7173

2531 Union Carbide Corp., übert. von: Robert H. Hackhel, Berwyn, und William Sacks, Park Forest, Ill., V. St. A., **Verhindern des Beschlagens von Polyolefinfilmen mit Feuchtigkeit.** Es wird ein Äthylenoxidderiv. der Formel $R'O[CH_2CH_2O]_xR$ zugesetzt. In dieser hat x den Wert von 1—23. R ist eine Acylgruppe, die sich von einer fettbildenden Fettsäure mit 12—22 C-Atomen ableitet oder eine einwertige aliphat. Gruppe mit 12—22 C-Atomen. R′ bedeutet H oder die Gruppe $R[OCH_2CH_2]_x$, in der R u. x die oben angegebenen Bedeutungen haben. Eine solche Verb. ist z. B. Polyoxyäthylenmonostearat mit ca. 8—13 Äthylenoxidgruppen. (**A. P. 3048266** vom 29/3. 1961, ausg. 7/8. 1962.) F. Markhoff 7173

2532 Shell Oil Co., übert. von: Edward A. Youngman, Lafayette, und William A. Hewett, Oakland, Calif., V. St. A., **Vulkanisieren von elastomeren Mischpolymerisaten aus Äthylen und einem anderen Mono-α-olefin mit bis zu 6 C-Atomen.** 100 (Teile) Mischpolymerisat, das frei von äthylen. ungesätt. Bindungen ist, werden mit 0,1—10 eines organ. Peroxides u. 0,1—4 eines mehrkernigen aromat. KW-Stoffes mit 3—8 kondensierten Ringen oder einer analogen N-heterocycl. Verb. oder einer Mischung beider Verbb. vermischt. Das Gemisch wird bei erhöhter Temp. vulkanisiert. — Zum Beispiel setzt man Dicumylperoxid u. Benzanthracen zu. (**A. P. 3041321** vom 27/8. 1959, ausg. 26/6. 1962.) F. Markhoff 7173

2533 Shell Oil Co., übert. von: Richard J. Reynolds, Walnut Creek, und Sven H. Ruetman, Oakland, Calif., V. St. A., **Vulkanisieren von elastomeren Mischpolymerisaten von Mono-α-olefinen mit bis zu 6 C-Atomen.** 100 (Gew.-Teile) des Polymerisats, das frei von äthylen. ungesätt. Bindungen ist u. 25—90 Mol-% polymerisiertes Äthylen enthält, werden gemischt mit 0,1—10 eines organ. Peroxides mit einer Zers.-Temp. von 100—200°, z. B. Dicumylperoxid, u. mit 0,1—4 einer Verb., wie Chinon, Hydrochinon, Chinhydron oder Gemischen dieser Verbb., z. B. mit 1.4-Benzochinon, u. dann vulkanisiert. (**A. P. 3047552** vom 25/5. 1959, ausg. 31/7. 1962.) F. Markhoff 7173

2534 Phillips Petroleum Co., Del., übert. von: Robert T. Werkmann und Peter J. Canterino, Bartlesville, Okla., V. St. A., **Klebemittel zur Verklebung von Poly-1-olefinen mit Metallen,** wobei das Polymere aus 1-Olefinen mit je 2—8 C-Atomen erhalten wurde, besteht im wesentlichen aus einem halogenierten Äthylenpolymeren (I), das 20—60 (Gew.-%) Halogen (Cl oder Br) enthält. I hat eine Kristallinität von wenigstens 70, eine Dichte von 0.94 u. besteht zum mindesten aus 50% Äthyleneinheiten. Temp. des I bei der Verklebung nicht über 400°F, jedoch über F. von I. Festigkeit der Verklebung von 500—900psi. (**A. P. 3049455** vom 27/9. 1957, ausg. 14/8. 1962.) G. Czerwony 7173

2535 B. F. Goodrich Co., New York, N. Y., übert. von: Robert Y. Garrett, Avon Lake, Ohio, V. St. A., **Herstellung von Mischpolymerisaten konjugierter Diolefine.** Eine Mischung aus 1. 50—93% eines konjugierten Diolefins mit 4—9 C-Atomen, 2. 4—49,8% eines Esters einer Säure der allg. Formel $CH_2{=}C(R){-}COOR'$, in der R für H, eine Alkylgruppe mit 1—6 C-Atomen, Halogen oder eine CN-Gruppe u. R′ für einen KW-Stoff-Rest mit 1—12 C-Atomen steht, 4. 0—5% einer monovinylaromat. Verb. mit 8—18 C-Atomen, 5. 0,1—5% N-Methylolacrylamid oder -methacrylamid u. 6. 0,1—10% einer α.β-monoolefin. ungesätt. Monocarbonsäure mit 3—6 C-Atomen wird bei —30 bis +100° in wss. Dispersion in Ggw. üblicher Emulgatoren u. Katalysatoren polymerisiert. — Beispiel: Mischpolymerisat aus 64 (Teilen) Butadien, 10 Äthylacrylat, 20 Methylmethacrylat, 3 Acrylnitril, 1,2 Acrylsäure, 1,8 N-Methylolacrylamid. — Verw. des Latex als *Überzugs-* u. *Imprägniermittel,* des Feststoffes zur Herst. kautschuktechn. Artikel. (**A. P. 3047548** vom 31/3. 1960, ausg. 31/7. 1962.) L. Stadelmann 7173

2536 Hercules Powder Co., übert. von: Richard F. Heck, Wilmington, Del., V. St. A., **Polypropenylalkyläther** erhält man durch Polymerisation der Monomeren, z. B. Propenylmethyläther, bei —50 bis +100° in Ggw. eines Katalysators, der durch Rk. eines Al-Alkyls oder Al-Alkoxids oder eines Ti-Alkyls oder Ti-Alkoxids mit H_2SO_4 oder $Al_2(SO_4)_3$ erhalten wurde. Die Polymerisate haben hohen cis-Geh., hohes Molgew. u. werden zur *Herst. von Filmen, Fasern* u. *Formartikeln* verwendet. (**A. P. 3048573** vom 14/9. 1959, ausg. 7/8. 1962.) L. Stadelmann 7173

2537 Dow Chemical Co., übert. von: Alex K. Jahn und Ernest J. Gillard, Midland, Mich., V. St. A., **Suspensionspolymerisation alkenylaromatischer Verbindungen.** Man dispergiert die alkenylaromat. Verbb., bes. Styrol, oder deren Mischung, mit 0,01—0,5% eines divinylaromat. KW-Stoffs in einem wss. Medium, das 0,017—0,4% eines Alkalisalzes eines in W. lösl. sulfonierten Polyvinyltoluols enthält u. polymerisiert bei 70—120° in Ggw. eines Peroxids bis zum 8—60%ig. Monomerenumsatz, setzt dann 0,005—0,5% eines anion.

oder nichtion. oberflächenakt. Mittels, z. B. Na-Stearat oder Alkylphenoxypolyoxyäthylenäthanol, zu u. polymerisiert zu Ende. Man erhält ein körniges, nicht zusammenklebendes Polymerisat. (**A. P. 3043817** vom 19/9. 1958, ausg. 10/7. 1962.) L. Stadelmann 7173

2538 W. R. Grace & Co., Clarksville, übert. von: Calvin J. Benning, Kensington, Md., V. St. A., **Polydivinylbenzol** erhält man durch Polymerisation von Divinylbenzol in einem inerten KW-Stoff in Abwesenheit von O_2 u. W., u. in Ggw. von $TiCl_3$ bei 25—100°. (**A. P. 3049525** vom 25/6. 1959, ausg. 14/8. 1962.) L. Stadelmann 7173

2539 Dow Chemical Co., Midland, Mich., übert. von: George W. Stanton, Walnut Creek, und Teddy G. Traylor, Concord, Calif., V. St. A., **Herstellung von Pfropfpolymerisaten** aus Polymerisaten nichtaromat. monoolefin. KW-Stoffe u. N-Vinyllactam, bes. N-Vinylpyrrolidon oder N-Vinylcaprolactam. Als Stammpolymerisat wird in den Beispielen Polypropylen verwendet. Die Pfropfung wird in Ggw. von Peroxiden oder energiereicher Strahlung bei 0—200° durchgeführt. — Leicht färbbare Prodd., *Herst. von Fasern*, u. *Formartikeln*. (**A. P. 3049507** vom 29/1. 1958, ausg. 14/8. 1962.) L. Stadelmann 7173

2540 Dow Chemical Co., Midland, Mich., übert. von: George W. Stanton, Walnut Creek, und Teddy G. Traylor, Concord, Calif., V. St. A., **Herstellung von Pfropfpolymerisaten** aus Polymerisaten von nichtaromat. Monoolefinen mit 2—6 C-Atomen u. N enthaltenden Monomeren, nämlich Vinylpyridinen, Vinylbenzylammoniumverbb., z. B. 4-Vinylbenzylamin, u. Aminoäthylacrylaten, z. B. 2-Aminoäthylacrylat. Als Stammpolymerisat wird in den Beispielen Polypropylen verwendet. Die Pfropfung wird bei 0—200° mit ozonisierten Polymerisaten oder unter der Einw. energiereicher Strahlung durchgeführt. Die Prodd. sind bes. leicht färbbar. — Herst. von *Fasern* u. *Formartikeln*. (**A. P. 3049508** vom 29/1. 1958, ausg. 14/8. 1962.) L. Stadelmann 7173

2541 Sun Oil Co., Philadelphia, Pa., übert. von: Thomas S. Mertes, Wilmington, Del., und Thomas J. Kelly, Newton Square, Pa., V. St. A., **Herabsetzen der Kältefestigkeitstemperatur von festem, in Heptan unlöslichem Polypropylen.** Man löst Polypropylen (I) bei über 130° in einem fl. KW-Stoff mit 8—12 C-Atomen. Diese Lsg. wird gemischt mit einer Schmiermittelfraktion von Petroleum, wobei das Gew.-Verhältnis von **I** zu dem Schmieröl zwischen 1:5 u. 2:1 ist. Dieses Gemisch wird mit dem in Heptan (**II**) unlösl. **I** versetzt. Das Gew.-Verhältnis des in **II** unlösl. **I** zu dem Gemisch aus Schmieröl u. in **II** lösl. **I** soll 50:50 bis 90:10 betragen. Dann wird das Lsgm. entfernt. Das zurückbleibende Gemisch aus in **II** lösl. u. unlösl. **I** sowie dem Schmieröl besitzt dann eine Kältefestigkeit von unter —10°. (**A. P. 3043793** vom 8/1. 1958, ausg. 10/7. 1962.) F. Markhoff 7173

2542 Union Carbide Corp., übert. von: Bernard O. Baum, Plainfield, N. J., V. St. A., **Stabilisator für festes Polypropylen gegen Hitzeeinwirkung** besteht aus

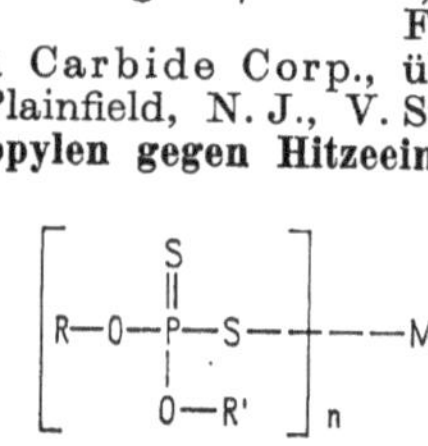

I

einem Dithiophosphat der allg. Formel **I**. In dieser bedeuten R u. R′ Alkylgruppen mit 1—16 C-Atomen, einwertige aromat. KW-Stoff-Gruppen mit 6—16 C-Atomen oder einwertige Cycloalkyl-KW-Stoff-Gruppen mit 5—16 C-Atomen. M ist ein Metall aus den Gruppen IA, IIA, IIB u. IVB des period. Syst. u. n ist gleich der Wertigkeit des Metalls. Ein solches Salz ist z. B. K-Diisopropyldithiophosphat. An die Stelle von K kann auch Zn oder Cd treten. (**A. P. 3041311** vom 3/12. 1958, ausg. 26/6. 1962.) F. Markhoff 7173

2543 General Electric Co., übert. von: Warren O. Eastman, Derby, Conn., V. St. A., **Härtbare Polyäthylenzusammensetzung** besteht aus 30 bis 65 (Gew.-%) Polyäthylen, bis zu 4 eines tert. Peroxides, wobei jedes Peroxy-O-Atom direkt mit einem tert. C-Atom verbunden sein soll. Die übrigen Valenzen der tert. C-Atome sind mit Alkyl-, Cycloalkyl-, Alkylcycloalkyl-, Aryl- oder Aralkylgruppen besetzt; der Rest des Gemisches besteht aus $Pb_3(CO_3)_2(OH)_2$. Das Peroxid ist z. B. Di-α-cumylperoxid. Als Antioxydationsmittel kann 0,25 bis 0,375 eines Polymerisats von 1.3-Dihydro-2.2.4-trimethylchinolin zugesetzt werden. (**A. P. 3039989** vom 18/6. 1959, ausg. 19/6. 1962.) F. Markhoff 7173

2544 E. I. du Pont de Nemours & Co., Wilmington, übert. von: John F. Smith, Brandywine Hundred, Del., V. St. A., **Härten von Fluorkohlenstoffelastomeren.** 100 (Gew.-Teile) eines Mischpolymerisats aus Vinylidenfluorid-Hexafluorpropen oder Vinylidenfluorid-Hexafluorpropen-Tetrafluoräthylen werden versetzt a) mit 0,5 bis 3 eines Carbamats eines Alkylendiamins mit 2 bis 6 C-Atomen oder mit 0,5 bis 3 eines N.N′-Diarylidendiamins der Formel Ar–CH=N–R–N=CH–Ar, in der R eine gesätt. aliphat. oder cycloaliphat. KW-Stoffgruppe mit 4 bis 18 C-Atomen u. Ar einen aromat. Rest der Bzl.-Reihe bedeuten, oder mit 0,2 bis 2 eines organ. Dithiols in Verbindung mit 0,2 bis 1 eines tert. aliphat. Amins u. b) mit 10 bis 30 eines anorgan. Sulfids, wie BaS, CaS oder SrS. Das Gemisch wird zur Härtung auf 100 bis 200° erhitzt. (**A. P. 3039992** vom 17/5. 1960, ausg. 19/6. 1962.) F. Markhoff 7173

2545 Roy R. Divis, Westchester, Ill., V. St. A., **Stabilisierung von festem Polychlortrifluoräthylen** gegen Verfärbung u. Molgew.-Abbau bei der Verarbeitung. Man behandelt das Polymerisat bei —29 bis +350°F mit Cl_2 unter erhöhtem Druck u. erhitzt es dann zur Entfernung von überschüssigem Cl_2. (**A. P. 3045000** vom 20/5. 1959, ausg. 17/7. 1962.) L. Stadelmann 7173

2546 E. I. du Pont de Nemours and Co., übert. von: Harold Earl Whitlock, Wilmington, Del., V. St. A., **Koagulieren von kolloidalen Polytetrafluoräthylendispersionen.** Die 5 bis 50 Gew.-% Polytetrafluoräthylen (I) enthaltenden Dispersionen werden 1. einer intensiven Bewegung unterworfen, wobei an Energie pro Gallone Dispersion 1 bis 100 PS-Sekunden aufgewendet werden. Dann wird 2. die Dispersion durch ein sich verengendes Kapillarrohr gepreßt, wobei ein Druck von 0,25 bis 20 psi. erreicht wird. 3. Danach wird die Dispersion einer Bewegung in Ggw. von Luft unterworfen, wobei pro Gallone 0,25 bis 50 PS-Sekunden aufgewendet werden. 4. Von dem erhaltenen Prod. wird die wss. Phase abgetrennt. Es verbleibt ein körniges, freibewegliches Pulver aus **I**. — Abbildungen. (**A. P. 3046263** vom 10/7. 1959, ausg. 24/7. 1962.) F. Markhoff 7173

2547 United States of America, United States Air Force, übert. von: Warren R. Griffin, Dayton, Ohio, V. St. A., **Herstellen von vulkanisierten Mischpolymerisaten aus Hexafluorpropylen-Vinylidenfluorid oder Trifluorchloräthylen-Vinylidenfluorid bei Raumtemperatur.** Das Mischpolymerisat wird mit einer Verb. gemischt, die fähig ist, dieses zu modifizieren, u. zwar durch Bldg. chem. reaktionsfähiger Gruppen, wie mit Äthylamin, Propylamin, Allylamin, Diäthylamin, Triäthylamin, Tetramethylguanidin. Das Gemisch wird auf 250 bis 310° erhitzt, dann auf Zimmertemp. abgekühlt u. mit einem Vernetzungsmittel, wie Hexamethylendithiol, Glykoldimercaptoacetat, Piperazin oder N.N′-Dimethylhexamethylendiamin, u. einem Amin-Katalysator vermischt, so daß eine Rk. zwischen den Bestandteilen des Gemisches eintritt, die sich bei Zimmertemp. fortsetzt. Das Polymerisat dient zum Auskleiden u. Überziehen von Flugzeugteilen. — Diagramm. (**A. P. 3041316** vom 9/10. 1959, ausg. 26/6. 1962.) F. Markhoff 7173

2548 Monsanto Chemical Co., St. Louis, Mo., V. St. A., übert. von: Joachim Dazzi, Basel, Schweiz, **Weichmacher für Polyvinylharze,** wie Polyvinylchlorid, besteht aus einem Addukt der Formel **I**. In dieser bedeutet R Reste von Styrol, Vinyltoluol, α-Methylstyrol oder dimerem α-Methylstyrol. Y u. Y′

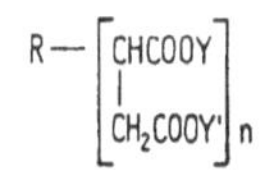

sind Alkylgruppen mit 1 bis 8 C-Atomen oder Alkoxyalkylgruppen mit 3 bis 8 C-Atomen. n ist eine ganze Zahl von 1 bis 3. In dem Gemisch ist der Weichmacher in einer Menge von 5 bis 50 Gew.-% enthalten. (**A. P. 3048558** vom 21/5. 1959, ausg. 7/8. 1962.) F. Markhoff 7173

2549 Eastman Kodak Co., Rochester, N. Y., übert. von: James C. Martin und Kent C. Brannock, Kingsport, Tenn., V. St. A., **Weichmacher für Polyvinylchloridharze** besteht aus einer Verb. der Formel I. In dieser steht

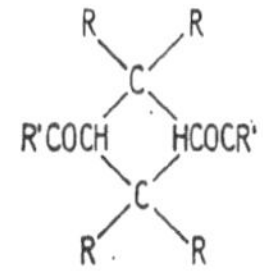

I

R für Alkyl mit 1 bis 2 C-Atomen u. R' für H oder Alkyl mit 1 bis 3 C-Atomen. Das Gemisch aus Polyvinylchlorid u. Weichmacher enthält 40 bis 70 Gew.-% des Weichmachers, der z. B. 2.2.4.4-Tetramethylcyclobutan-diol-(1.3)-diisobutyrat sein kann. (**A. P. 3043791** vom 28/9. 1959, ausg. 10/7. 1962.) F. Markhoff 7173

2550 Esso Research and Engineering Co., Del., übert. von: Howard L. Wilson, Arcola, Ill., Fred W. Banes und Joseph F. Nelson, Westfield, N. J., V. St. A., **Weichmacher für Polyvinylchlorid und Mischpolymerisate aus Vinylchlorid und Vinylacetat** besteht aus einem Gemisch neutraler Ester der Phthalsäure mit C_8-, C_9- u. C_{10}-Alkoholen. Diese Alkohole werden erhalten durch Hydrieren der durch Oxosynth. zugänglichen Aldehyde aus C_7-, C_8- u. C_9-α-Olefinen, die ihrerseits erhalten wurden durch therm. Cracken einer Paraffinwachs enthaltenden Petroleumfraktion. Das Estergemisch soll enthalten: mindestens 35 (Gew.-%) Ester mit C_8-Alkoholen, mindestens 30 Ester mit C_9-Alkoholen; der Rest besteht aus Estern mit C_{10}-Alkoholen. (**A. P. 3046247** vom 9/4. 1959, ausg. 24/7. 1962.) F. Markhoff 7173

2551 Rohm & Haas Co., Philadelphia, übert. von: Marvin J. Hurwitz, Elkins Park, Pa., V. St. A., **Weichmacher für Polymerisate des Vinylchlorids und Mischpolymerisate des Vinylchlorids mit äthylenisch ungesättigten Monomeren** besteht aus Trimesinsäuretri-(alkyl)-estern, deren Alkylgruppen 7 bis 8 C-Atome enthalten, z. B. aus dem Tri-(2-äthylhexyl)-ester. Der Weichmacher wird in Mengen von 10 bis 200 Gew.-% dem Polymerisat zugesetzt. (**A. P. 3043792** vom 3/1. 1958, ausg. 10/7. 1962.) F. Markhoff 7173

2552 Sicedison S. p. A., übert. von: Giorgio Gatta und Gianni Benetta, Mailand, Italien, **Herstellung eines Suspendiermittels für die Vinylchloridpolymerisation.** Man erhitzt 70—97 (Teile) Vinylacetat mit 3—30 Allylalkohol in 25—400 W., das ein organ. polymeres Suspendiermittel, bes. ein Mischpolymerisat aus Vinylacetat u. Maleinsäureanhydrid, enthält, in Ggw. von freie Radikale bildenden Katalysatoren unter Rückfluß auf 40—67°. Unter Verw. des erhaltenen Mischpolymerisats als Suspendiermittel bei der Vinylchloridpolymerisation erhält man körniges, hochporöses, fischaugenfreies Polyvinylchlorid. (**A. P. 3049520** vom 27/8. 1959, ausg. 14/8. 1962. It. Prior. 17/12. 1958.) L. Stadelmann 7173

2553 Dublon, Inc., Newark, N. J., übert. von: William J. Rosenfelder und Jacob J. Rosen, New York, N. Y., V. St. A., **Harzgemisch** besteht aus a) 5 bis 50(%) Vinylchloridharz, wie Polyvinylchlorid, einem Mischpolymerisat von Vinylchlorid mit geringen Mengen eines Vinylesters einer gesätt. Fettsäure mit bis zu 4 C-Atomen, Vinylidenchlorid, Acrylnitril, Styrol, niedrigem Alkylmaleat u. -fumarat mit 1 bis 4 C-Atomen in der Alkylgruppe oder Maleinsäureanhydrid u. b) 95 bis 50 eines Polymerisats eines Monoolefins mit 2 bis 3 C-Atomen. Auf 100 (Teile) Vinylchloridharz sind 10 bis 100 Weichmacher enthalten. (**A. P. 3046237** vom 12/12. 1961, ausg. 24/7. 1962.) F. Markhoff 7173

2554 William C. Calvert, Gary, Ind., V. St. A., **Ein gegen Stoß widerstandsfähiges Kunstharzgemisch** besteht aus Polyvinylchlorid oder einem Mischpolymerisat aus mindestens 80 (Gew.-%) Vinylchlorid u. einer anderen Vinylverb., u. einem gepfropften Mischpolymerisat, das gebildet ist durch Polymerisation eines Gemisches aus Vinylbenzol, -toluol, -xylol, α-Methylvinylbenzol, -toluol, -xylol mit Acrylnitril, Methacrylnitril, Äthacrylnitril in Ggw. eines Mischpolymerisats aus einem konjugierten Diolefin u. einem Alkylacrylat, wobei der Alkylsubstituent 1 bis 8 C-Atome aufweist. (**A. P. 3047533** vom 3/8. 1959, ausg. 31/7. 1962.) F. Markhoff 7173

2555 Monsanto Chemical Co., St. Louis, Mo., übert. von: Richard H. Martin jun., Springfield, Mass., V. St. A., **Polyvinylchlorid** mit verbesserten physikal. Eigg. erhält man durch Polymerisation von Vinylchlorid mit 0,003—0,3% eines Polyallylphosphatesters, z. B. Diallylmonomethylphosphat, Diallylmonobenzylphosphat, in der für die Homopolymerisation von Vinylchlorid bekannten Weise. (**A. P. 3047550** vom 31/7. 1959, ausg. 31/7. 1962.) L. Stadelmann 7173

2556 Dow Chemical Co., übert. von: Carleton W. Roberts, Midland, und Daniel H. Haigh, Beaverton, Mich., V. St. A., **Herstellen einer transparenten, auf Polyvinylchlorid aufbauenden Kunststoffzusammensetzung.** Ein harzartiges thermoplast. Mischpolymerisat aus 65 bis 75 (Gew.-%) eines alkenylaromat. KW-Stoffes der Formel Ar–CH=CH_2, in der Ar eine aromat. KW-Stoffgruppe der Bzl.-Reihe ist, u. 35 bis 25 Acrylnitril wird bei 140 bis 240° plastifiziert u. ein Addukt von Hexachlorcyclopentadien u. einer vinylaromat. Verb., wie Divinylbenzol u. monvinylaromat. KW-Stoffen der Bzl.-Reihe mit den Mischpolymerisat innig vermischt. Das entstandene Gemisch wird dann mit Polyvinylchlorid (I) bei 160 bis 240° vermischt. Mengenmäßig werden verwendet: 95 bis 80 (Gew.-%) **I** u. 5 bis 20 des Mischpolymerisats. Zu diesem Gemisch werden 5 bis 20 des Adduktes zugesetzt, bezogen auf die Summe der beiden anderen Bestandteile. Das Prod. läßt sich bes. gut verarbeiten. (**A. P. 3043795** vom 27/3. 1959, ausg. 10/7. 1962.) F. Markhoff 7173

2557 Reynolds Metals Co., Richmond, übert. von: Reginald K. Burkhart, Waynesboro, Woodrow J. Vogel, Henrico County, Va., und James M. Black, Gary, Ind., V. St. A., **Herstellen von Umhüllungen aus Polyvinylchlorid.** Es werden gemischt 100 (Gew.-Teile) Polyvinylchlorid, 36 bis 38 eines epoxydierten langkettigen Fettsäureesters u. 310 bis 320 Tetrahydrofuran (I). Das Gemisch wird unter Rühren auf 160 bis 180°F erhitzt, bis das Polyvinylharz vollständig gelöst ist. Dann wird die Lsg. durch Filtrieren von den festen Verunreinigungen befreit. Das Filtrat wird zu einem dünnen Film von ca. 4 mls vergossen u. das **I** verdampft. Der Film wird bei 180 bis 225°F gestreckt. Verfahrensschema. (**A. P. 3039147** vom 29/1. 1960, ausg. 19/6. 1962.) F. Markhoff 7173

2558 Monsanto Chemical Co., St. Louis, übert. von: Elmer E. Cowell, Webster Groves, und Joseph R. Darby, St. Louis, Mo., V. St. A., **Plastisol** besteht aus einer Dispersion eines Polymerisats von Vinyliden- oder Vinylhalogenverbb. oder eines Mischpolymerisats dieser Verbb. mit anderen äthylen. ungesätt. Monomeren, die mindestens 80% der Vinyliden- oder Vinylhalogenverbb. enthalten, in 52 bis 150 (Gew.-Teilen) eines prim. fl. Weichmachers auf 100 des Polymerisats u. in 1 bis 25 eines hochsd. fl. aromat. KW-Stoff-Gemisches. Der Kp. des Gemisches soll über dem des Nonylbenzols liegen. Man erhält dieses Gemisch als hochsd. Rückstand eines Alkylierungsprod. eines KW-Stoffes der Bzl.-Reihe, wobei als Alkylierungsmittel Olefine oder Alkylhalogene mit 9 bis 18 C-Atomen dienen, z. B. niedriges acycl. Propylenpolymerisat mit 9 bis 18 C-Atomen. Als Weichmacher dient z. B. Di-(2-äthylhexyl)-phthalat. (**A. P. 3042644** vom 28/11. 1958, ausg. 3/7. 1962.) F. Markhoff 7173

2559 Rohm & Haas Co., Philadelphia (Erfinder: Thomas G. Fox jun., Pittsburgh, William Edward Goode, Yardley, und James Daniel Stroupe, Newton), Pa., V. St. A., **Herstellung von kristallinen Polymeren der Alkyl- und Cycloalkylacrylate und -methacrylate,** dad. gek., daß man in der 1. Stufe das Monomere (I) unter Auswahl solcher Bedingungen polymerisiert, die eine geordnete u. regelmäßige Anordnung der Einzelbausteine innerhalb der Polymerketten begünstigen, u. in einer 2. Stufe das so erhaltene Polymerisat (II) mit einem mit ihm verträglichen organ. Kristallisations-Lsgm. (III), das einen Löslichkeitsparameter δ von 8—10 u. mindestens ein Molarvol. eines Mindestwertes entsprechend diesem Parameter u. dem zu erwartenden krist. Charakter des II besitzt, bei einer Kristallisationstemp. zwischen 0 u. 130° bis zur Ausbldg. eines krist. Charakters des II behandelt u. das III unterhalb des F. des Syst. von II u. III entfernt. Als I dienen Acrylester der allg. Formel $CH_2{=}CHCOOC(R_1)(R_2)R_3$, worin R_1 = H oder CH_3, R_2 u. R_3 je für sich = CH_3 oder C_2H_5 oder gemeinsam = zweiwertige KW-Stoff-Kette mit 4 bzw. 5 C-Atomen, die zusammen mit dem anschließenden C-Atom einen Cyclopentyl- oder Cyclohexylrest bilden. Man polymerisiert in der 1. Stufe das I in fl. Phase $< 0°$ in Ggw. von 10—30% $Al(C_2H_5)_3$ oder $< 40°$ in einem polaren solvatisierenden Lsgm. in Ggw. eines Katalysators auf Basis Alkali- oder Erdalkalimetall oder eines quatern. Ammoniumsalzes einer Säure des pK_a-Wertes von 20—35 oder in einem nichtpolaren, nichtsolvatisierenden Medium bei —90 bis +100° in Ggw. eines Katalysators auf Basis Li, Erdalkalien oder gealterter Grignard-Reagenzien. Ferner werden in der 1. Stufe die katalysierenden freien Radikale unter Einw. von aktin. Licht u. in Ggw. eines Photosensibilisators gebildet. Das III der 2. Stufe soll neben δ von 8—10 ein Molarvol. von $\geqq 50$, bes. 114—450, das einen Mindestwert gegenüber δ darstellt, besitzen. In zahlreichen Beispielen werden als Katalysatoren $NaNH_2$, $Ba(NH_2)_2$, Fluorenyl-(9)-Li, Trityltetramethylammonium (aus Tetramethylammoniumbromid u. Triphenylmethyl-Na in Ae. unter N_2), Fluorenyl-(9)-tetramethylammonium, Phenyl-MgBr, n-Butyl-MgCl u. Benzyl-MgBr angegeben. Als III werden außerdem in den Beispielen angegebenen Heptanon-(4) als gleich wirksam genannt: Heptanon-(2), Methylcyclohexanon, Methylisobutylketon, n-Butyl- u. Isobutylacetat u. Isopropylacetat. Die Temp., bei der die Kristallisation herbeigeführt wird, ist in weitem Umfang veränderlich, sofern sie < F. des Syst. aus II u. III ist. Statt mit Hilfe von aktin. Licht kann die Polymerisation z. B. auch mit β- oder γ-Strahlen selbst bei niedrigen Temp. bewirkt werden. Die nach den Beispielen hergestellten II haben Molgew. bis zu 800000 u. zeigen typ. Röntgendiagramme (Abb.) u. haben bes. Eigg. u. Verw.-Möglichkeiten, z. B. als *Lacke* mit guter Haftung auf Glas oder als *Schutzüberzüge* auf Blitzlichtlampen. — Tabellen über Lsgm. zur Entw. des krist. Zustandes. — Vgl. D. A. S. 1067218; C. **1962,** 12117. (**D. A. S. 1106077** Kl. 39c vom 11/4. 1958, ausg. 4/5. 1961. A. Prior. 11/4. 1957.) H. Schindler 7173

2560 Rohm & Haas Co., Philadelphia, Pa., übert. von: William E. Goode, Beverly, N. J., V. St. A., **Polymerisation von Vinylidenmonomeren** der allg. Formel $CH_2 = C(X)Y$, worin X = H oder niederer Alkylrest u. Y = Cyan-, Carbalkoxy-, Acetyl-, Propionyl- oder Nitrogruppen unter wasser- u. sauerstofffreien Bedingungen bei —90 bis +100° in Ggw. einer quatern. Ammoniumverb. der Formel I als Initiator, worin R_1—R_4 = Alkyl,

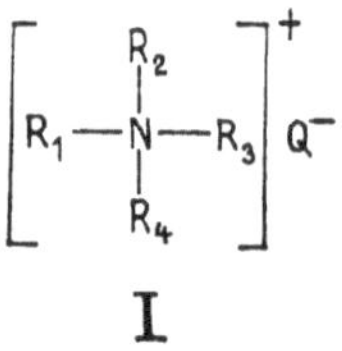

I

Cycloalkyl, Aralkyl oder Phenyl bzw. wenn 2 von ihnen = $-(CH_2)_4-$, $-CH(_2)_5-$ oder $-(CH_2)_2O(CH_2)_2-$, bilden sie mit dem N-Atom einen heterocycl. Ring; Q = Anion einer schwachen organ. Säure mit einem pK_a-Wert von 20 bis 35. — Nach den Beispielen wird Methylmethacrylat in Ggw. von Trityltetramethylammonium (II) Fluorenyl-1.2-dimethyl-1-äthylpiperidinium, Fluorenyl-(9)-tetraäthylammonium, Fluorenyl-(9)-trimethylphenylammonium, Äthylmethylphenylbenzylammonium, Äthylacrylat mit Fluorenyl-(9)-tetraäthylammonium, II oder Trityldimethyläthylbenzylammonium, polymerisiert, ebenso (Meth-)Acrylnitril, Methyl- u. tert.-Butylacrylat. Die Polymerisate haben Molgew. von 60000 bis 880000 bei prakt. quant. Ausbeute, sind fest, halbfest bis viscos u. eignen sich als *Überzugsmittel* u. *Zusätze zu Schmiermitteln* sowie zur Herst. von Formartikeln. — Vgl. D. A. S. 1106077; vorst. Referat. (**A. P. 3032542** vom 11/4. 1957, ausg. 1/5. 1962.) H. Schindler 7173

2561 Jay F. Strawinski, Baltimore, Md., V. St. A., **Herstellen von Polyvinylalkoholfilmen von hoher Zugfestigkeit, die für Verpackungszwecke geeignet sind.** Der Polyvinylalkoholfilm wird in einer wss. Lsg. von Na-Lactat u. Glycerin auf das Fünffache oder mehr seiner ursprünglichen Länge gestreckt u. nach dem Entfernen aus dem Bade an der Luft bei 70 bis 90°F nochmals auf das Sechsfache oder mehr gestreckt. (**A. P. 3048511** vom 5/1. 1959, ausg. 7/8. 1962.) F. Markhoff 7173

2562 W. R. Grace & Co., Conn., V. St. A., übert. von: Johann Wolfgang Breitenbach und Helmut Edelhauser, Wien, Österreich, **Herstellung von Styrol-Acrylsäure-Blockmischpolymerisaten.** Man stellt eine homogene Mischung aus 2 Mol Styrol, 1 Mol Acrylsäure u. so viel W. her, daß das Molverhältnis von Styrol zu W. 1:0,2—0,4 beträgt u. polymerisiert in Abwesenheit um O_2 u. in Ggw. von ca. 0,2% Benzoylperoxid. Die erhaltenen Mischpolymerisate haben eine geringe Wasserlöslichkeit. (**A. P. 3040011** vom 5/4. 1955, ausg. 19/6. 1962.) L. Stadelmann 7173

2563 Soc. des Usines Chimiques Rhône-Poulenc, Paris, übert. von: André Fournet und Hubert Lemoine, Lyon, Frankreich, **Polymerisate von Vinyloxyarylsulfonsäuren** der Formel $CH_2 = CH{-}O{-}Ar(SO_3R)_n$, worin Ar ein aromat. KW-Stoff, der durch Alkyl, Cycloalkyl, Aryl oder Halogen substituiert sein kann, R H, ein Metallatom oder eine KW-Stoffgruppe u. n 1—3 ist, erhält man durch Polymerisation in wss. Medium in Ggw. von üblichen Katalysatoren. Die Alkalisalze der Homo- oder Mischpolymerisate sind in W. lösl. *Emulgatoren.* Mischpolymerisate mit Acrylnitril sind gut färbbar. (**A. P. 3049512** vom 9/2. 1960, ausg. 14/8. 1962. F. Prior. 11/2. 1959.) L. Stadelmann 7173

2564 American Cyanamid Co., New York, N. Y., übert. von: Witold R. Kocay, Stamford, Conn., und Marvin Wishman, White Plains, N. Y., V. St. A., **Herstellung von Polyacrylnitril.** Man polymerisiert Acrylnitril im wss. sauren Medium bei pH nicht über 4 in Ggw. eines Redox-Katalysators aus Chlorat- u. Sulfitionen bei 20—70°, wobei man das mittlere Molgew. des Polymerisates durch Regulierung der Polymerisationstemp. steuert. Auf gleiche Weise werden auch Mischpolymerisate von Acrylnitril hergestellt. (**A. P. 3040007** vom 25/8. 1960, ausg. 19/6. 1962.) L. Stadelmann 7173

2565 American Cyanamid Co., New York, N. Y., übert. von: Charles E. Lewis, Somerville, N. J., V. St. A., **Gefärbtes Acrylnitril-Polymerisat** besteht aus 85 bis 100% Acrylnitril (I) u. 0 bis 15 mindestens eines nichtbas. monoäthylen. Monomeren, das mit I ein Mischpolymerisat bildet. Als Farbstoff wird verwendet 2.4-Diamino-5-(p-anisylazo)-6-hydroxypyrimidin oder 2.4-Diamino-5-(p-tolylazo)-6-hydroxypyrimidin. (**A. P. 3042648** vom 11/1. 1957, ausg. 3/7. 1962.) F. Markhoff 7173

2566 American Cyanamid Co., New York, N. Y., übert. von: Janson M. Salsbury, Watchung, Samuel Kaizerman, North Plainfield, und Guido Mino, Plainfield, N. J., V. St. A., **Pfropfpolymerisation auf Baumwollfasern, -gewebe, Papier, Regeneratcellulosefolien, Viscoseseide.** Man imprägniert das Gut mit einer wss. sauren Lsg. eines Cerisalzes u. bedampft es — z. B. in einer abgebildeten kontinuierlich arbeitenden Vorr. —

mit polymerisierbaren monomeren Verbb., die die $CH_2 = C <$-Gruppe enthalten. — Ein wss. Katalysatorbad ist 0,01 molar an Cer-NH_4-Sulfat u. 0,1 molar an H_2SO_4. Ein mit 110% Katalysatorflotte beladenes Baumwollgewebe wird durch eine Kammer geführt, in die ein azeotrop verdampfendes Gemisch aus Acrylnitril u. W. eingeführt ist, Verweilzeit 2 Min. Beladung des Gewebes nach dem Waschen mit 21,7% Harz. — Andere aufpfbare Verb. sind Methyl- bis Butyl-(Meth)acrylate, Vinyl(iden)ester u. -äther, Vinylidenchlorid, Vinyläthyläther, Divinylsulfid, Allylalkohol oder -acetat. — Die Eigg. des behandelten Gutes werden verändert. (**A. P. 3046078** vom 18/3. 1958, ausg. 24/7. 1962.)
H. Möllering 7173

2567 E. I. du Pont de Nemours and Co. übert. von: David C. England, Wilmington, Del., V. St. A., **Herstellung von 6.6.7.7-Tetrafluor-5.5-dihalogen-1-oxaspiro-[3.3]-heptanen** der allg. Formel **I** (X = Halogen mit

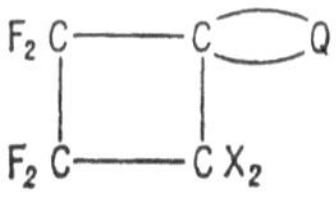
I

der Atomnummer 9—35, Q = Radikal der Formel -O-C(a, b)-c(A)$_2$-, worin A = H oder Halogen oder Valenzbindungen, a u. b = doppelt gebundener O, eine OR-Gruppe oder X, wobei R = Alkylgruppe mit 1—8 C-Atomen) durch Cycloaddition von Polyfluorperhalogencyclobutanonen mit Verbb., die eine einzige endständige Äthylendoppelbindung haben, wobei eines der doppelt gebundenen C-Atome direkt mit einem O-Atom verbunden ist. Beispiel: Unter Kühlung mit fl. N_2 werden 47 (Teile) Perfluorcyclobutanon u. 40 Methyltrifluorvinyläther gemischt. Im geschlossenen Gefäß läßt man auf Zimmertemp. erwärmen u. erhitzt über Nacht auf dem Wasserbad. Unter Kühlung mit fl. N_2 wird das Rk.-Gefäß geöffnet u. der Inhalt durch Dest. getrennt. → *2.3.3.5.5.6.6.7.7-Nonafluor-2-methoxy-1-oxaspiro-[3.3]-heptan*, Kp. 98°. Weitere Beispiele: *5.5.6.6.7.7-Hexafluor-2-oxo-1-oxaspiro-[3.3]-heptan*, Kp.$_{30}$ 45—47°; *3-Acetyloxy-5.5.6.6.7.7-hexafluor-1-oxaspiro-[3.3]-heptan*, Kp.$_{10}$ 69°; *2-Benzoyloxy-5.5.6.6.7.7-hexafluor-1-oxaspiro-[3.3]-heptan*, F. 97,0—98,5°; *2-Propionyloxy-5.5.6.6.7.7-hexafluor-1-oxaspiro-[3.3]-heptan*, Kp.$_{10}$ 79°; *5-Chlor-2.3.3.5.6.6.7.7-oktafluor-2-methoxy-1-oxaspiro-[3.3]-heptan*, Kp. 111 bis 112°. *Lösungsmittel für hochfluorierte Polymere.* (**A. P. 3040058** vom 9/2. 1959, ausg. 19/6. 1962.)
R. Bauereis 7173

2568 American Metal Climax, Inc., New York, N. Y., übert. von: Melvin Leo Larson, Royal Oak, Mich., V. St. A., **Herstellung von Molybdän-Carboxylatverbindungen.** Man setzt 1 Mol $MoCl_5$ mit 1—5 Mol Benzoesäure oder substituierter Benzoesäure in einem nichtpolaren organ. Lsgm. bei 60—210° unter Rückfluß um u. erhält krist. Prodd. z. B. der Zus. $(C_6H_5COO)_3Mo_2 \cdot O_2Cl$. — Verw. als *Polymerisationskatalysatoren.* (**A. P. 3042694** vom 2/4. 1959, ausg. 3/7. 1962.)
L. Stadelmann 7171

2569 Miles Laboratories, Inc. übert. von: Willard J. Croxall und Norman D. Dawson, Elkhart, Ind., V. St. A., **Herstellung von 2-Kohlenwasserstoff-2-dioxenen** der allg. Formel **I**, worin R_1 = H, niederes

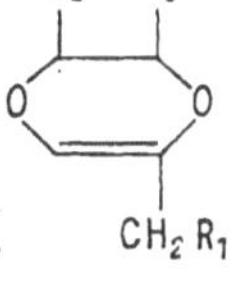
I

Alkyl, Alkenyl oder Phenyl, R_2 u. R_3 = H, niederes Alkyl oder Phenyl, durch Erhitzen einer Verb. der allg. Formel $R_1C{\equiv}C-CH_2-O-CH(R_2)-CH(R_3)-OH$ auf 100—200° mit Kaliumhydroxid in einem organ. Lsgm. u. Dest. des Rk.-Prod. Beispiel: *2-Methyl-2-Dioxen*, Kp. 114—115°, n_D^{25} 1,4375. *Zwischenprodukte, Polymere, Copolymere.* (**A. P. 3048598** vom 23/2. 1960, ausg. 7/8. 1962.)
R. Bauereis 7171

2570 United States Stonewear Co., Tallmadge, übert. von: Don F. Siddall, Akron, Ohio, V. St. A., **Mischen eines feinverteilten Harzes mit einem darin löslichen Weichmacher.** Das in einem flexiblen Behälter, z. B. hergestellt aus Glasfasergespinst, befindliche Harz, z. B. ein Vinylharz, wird mit dem Weichmacher besprüht, der von den Harzteilchen absorbiert wird, während ein Heizgas, z. B. heiße Luft, in den Behälter geleitet wird. Der flexible Behälter befindet sich in einer rotierenden Trommel, wodurch die Harzteilchen feinverteilt bleiben. Die flexible Behälterwandung verhindert ein Anbacken der Harzteilchen. — Abbildungen. (**A. P. 3048557** vom 25/1. 1960, ausg. 7/8. 1962.)
F. Markhoff 7171

2571 Eastman Kodak Co., Rochester, N. Y., übert. von: Robert C. Harrington jun. und James L. Smith, Kingsport, Tenn., V. St. A., **Dialkylzinn-bis-polyhalogenphenolate** (**I**) werden hergestellt durch Rk. von Dialkyl-$SnCl_2$ mit dem entsprechenden Alkalipolyhalogenphenolat. — Zu 50 g $(C_4H_9)_2SnCl_2$ in 500 ml Toluol tropft man unter Rühren 100 g $NaOC_6Cl_5$, kocht 2 Std. unter Rückfluß, filtriert, engt ein, filtriert u. krist. aus A. um → *Di-n-butylzinn-bis-pentachlorphenolat.* — Analog: *Diäthylzinn-bis-tribromphenolat.* — *UV-Stabilisatoren* für halogenhaltige Polymere, bes. PVC, Polyacrylnitril/PVC, N-Alkylacrylamid/PVC u. N-Alkylmethacrylamid/PVC. Zugesetzt werden 0,05—3% **I.** Wrkg. u. Vgl.-Verss. sind angegeben. (**A. P. 3038877** vom 18/2. 1960, ausg. 12/6. 1962.)
A. Debo 7177

2572 Farbenfabriken Bayer Akt.-Ges., Leverkusen (Erfinder: Rudolf Merten, Köln), **Herstellung von Polyäthern** durch Rk. von Verbb. mit leicht reagierenden C:C-Bindungen u. Verbb. der Formeln

$$R\text{-}[OC(R^1)_2OR]_n$$

oder

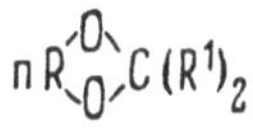

(R = organ. Atomgruppe; R^1 = H oder R; n = ganze Zahl) in Ggw. saurer Katalysatoren nach

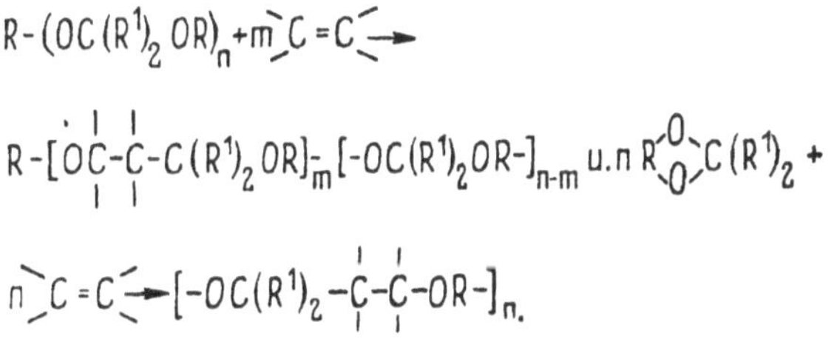

— 498 g Polyacetal aus dioxyalkyliertem Butandiol-(1.4) u. HCHO werden 30 Min. im Vakuum bei 90° unter Wasserabspaltung gehalten, bei 70° 20 ml BF_3-Ätherat, dann 262 g frisch dest. Styrol in 2 Std. zugetropft u. 10 Std. bei 70° gehalten. Man setzt 70 g NaOH in 500 ml W. zu, rührt 30 Min. bei 60—70°, trennt möglichst heiß vom W. u. bei 110—120° im Vakuum von Styrol, filtriert anorgan. Anteile ab u. erhält ein wasserunlösl. Öl; n_D^{20} ca. 1,5020, OH-Zahl ca. 45,5. 75 g des Polyacetatäthers u. 100 ml 0,5 n HCl, 6 Std. unter Rückfluß gekocht, geben nach Entfernung der wasserlösl. Schicht u. alkal. mechan. ein wasserunlösl. Öl der OH-Zahl 131; n 1,5142. (**Jap. A. S. 3385/1961** vom 24/10. 1958, ausg. 18/4. 1961. D. Prior. 24/10. u. 4/12. 1959.)
M. Pankow 7177

2573 Shell Oil Co., übert. von: Edward C. Shokal, Walnut Creek, und A. Devlin, Paul De Loss E. Winkler, Orinda, Calif., V. St. A., **Mischpolymerisate von Allylglycidylmonoäther** bes. mit Styrol, Diallyläther oder Vinylacetat erhält man durch Polymerisation der Monomerenmischung in fl. Phase, ggf. in Ggw. eines inerten Lsgm., bei 50—300°, bes. 125—250°, in Ggw.

eines organ. Peroxids oder von O_2. – Epoxidgruppen enthaltende, durch Erhitzen mit bas. oder sauren Verbb. härtbare Mischpolymerisate. Durch Erhitzen mit Phenol-Formaldehydharzen erhält man geruchlose Produkte. – *Formartikel, Überzüge.* (**A. P. 3040010** vom 24/3. 1958, ausg. 19/6. 1962.) L. Stadelmann 7177

2574 Dow Chemical Co., übert. von: James D. Doedens, Midland, und Earl H. Rosenbrock, Auburn, Mich., V. St. A., **Gehärtete Schaumkörper** erhält man durch Erhitzen eines Gemisches aus einem Polychlormethyl- oder -brommethyl-Gruppen enthaltenden Diphenyläther (I), der eine Funktionalität von 1,5–4 aufweist, u. 0,5–20 Gew.-% eines Mono- oder Diphenols, das in o- oder p-Stellung zu der oder den OH-Gruppen mindestens 1 H-Atom im Kern aufweist, mit einer zur Härtung ausreichenden Menge eines Friedel-Crafts-Katalysators auf mindestens 90°. I kann z. B. sein: Di-, Tri- u. Tetra-(chlormethyl)- bzw. -(brommethyl)-diphenyloxid u. Dichlormethyl-p-ditolyläther. Geeignete Phenole sind: Phenol, Resorcin, m-Kresol, 2.4-Xylol, tert. Butylphenol u. m-Chlorphenol. – 45 Teile eines Gemisches, das 17,3% Diphenyloxid, 48,2% Mono-, 31,4% Di-, 2,3% Tri- u. 0,5% Tetra-(chlormethyl)-diphenyloxid enthält, werden mit 5 Teilen Phenol u. 0,5 Teilen Ferrophosphat innig vermischt. Beim Erhitzen auf 125° erhält man in kurzer Zeit einen gehärteten Schaum. (**A. P. 3047518** vom 2/11. 1960, ausg. 31/7. 1962.) J. Mühleisen 7177

2575 Dow Chemical Co., Midland, Mich., übert. von: Wilbur Lee Bressler, Lake Jackson, und Wayne E. Presley, Freeport, Tex., V. St. A., **Epoxyharz-Formmasse** enthält 1–25 ppm eines Metallsalzes (Mn), 0,05 bis 0,2% eines tert. Amins (N-Methylmorpholin), sowie eine mehrfach ungesätt. langkettige Fettsäure (Rizinusölfettsäure). (**A. P. 3043788** vom 2/10. 1958, ausg. 10/7. 1962.) F. Koch 7177

2576 Dow Chemical Co., Midland, Mich., übert. von: Bobby Legler, Lake Jackson, Tex., V. St. A., **Epoxyharz-Formmasse** enthält 1/1 bis 10/1 Hexamethylentetramin, bezogen auf das außerdem enthaltene Epoxyätherharz, u. härtet bei 24–100° C. (**A. P. 3047537** vom 25/6. 1959, ausg. 31/7. 1962.) F. Koch 7177

2577 Tennessee Corp., New York, N. Y., übert. von: John E. Singley, Atlanta, und Arvid Christiansen, East Point, Ga., V. St. A., **Epoxyd-Formmassen** enthalten neben Phthalsäureanhydrid Diepoxide der Formel:

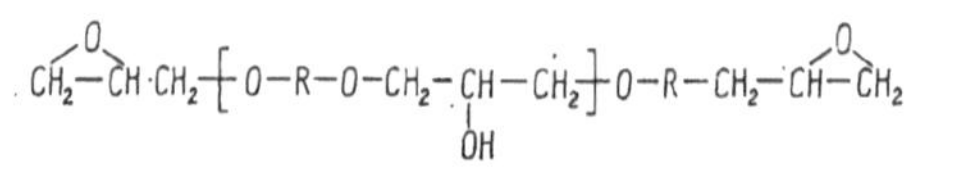

worin n = ganze Zahl, 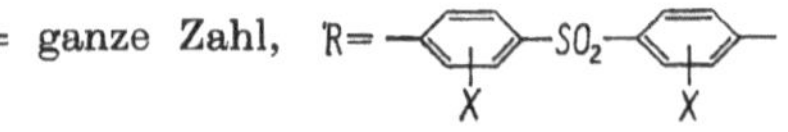

X = OH-, Alkyl-Gruppe, Halogenatom. (**A. P. 3044983** vom 22/7. 1958, ausg. 17/7. 1962.) F. Koch 7177

2578 Commonwealth Engineering Co. of Ohio, Dayton, Ohio, übert. von: Leo J. Novak, Elizabeth, N. J., und James G. McCallum, New York., N. Y., V. St. A., **Epoxy-Formmasse** enthält Glasfasern, die durch eine Vorbehandlung in inerter N-Atmosphäre oberflächlich mit metall. Al überzogen worden sind. (**A. P. 3043796** vom 19/6. 1956, ausg. 10/7. 1962.) F. Koch 7177

2579 Goodyear Tire & Rubber Co., Akron, übert. von: Aleksander Piirma, Stow, Ohio, V. St. A., **Herstellung von Polyestern** aus Glykolestern von Dicarbonsäuren, wobei Glykol abgespalten wird. Als Katalysator wird eine Ti-Verb. verwendet, in der das Ti über eine O-Brücke mit organ. Gruppen verbunden ist. Zum Beispiel Tetramethylenglykoltitansäureester. (**A. P. 3047515** vom 9/7. 1956, ausg. 31/7. 1962.) F. Koch 7177

2580 Goodyear Tire & Rubber Co., Akron, übert. von: Brian W. Pengilly, Stow, Ohio, V. St. A., **Polyester** werden in Ggw. einer Sb-Verb. der allg. Formel $Sb(R_1)(R_2)(R_3)$ hergestellt. R_1, R_2, R_3 sind organ. Reste. – Zum Beispiel werden 81 (lbs.) Dimethylterephthalat, 54 Dimethylisophthalat, 86 Äthylenglykol, 0,0405 Zn-Acetat, 0,00688 Mn-Acetat, 0,0675 $(C_6H_5)_3Sb$ 2 Std. im Autoklaven auf 230° C erhitzt. (**A. P. 3047539** vom 28/11. 1958, ausg. 31/7. 1962.) F. Koch 7177

2581 Standard Oil Co., Chicago, Ill., übert. von: Norman J. Bowman, Philadelphia, Pa., V. St. A., **Polyester** sind Homopolykondensate der Glykolsäure. – Zum Beispiel werden 500 g Glykolsäure (**I**) (70%ig. wss. Lsg.) auf 150° C erhitzt. W. destilliert ab u. die Temp. fällt auf 115–130° C. Die Temp. steigt dann wieder an u. die Polykondensation findet statt; zu diesem Zeitpunkt wird der Druck auf 10–25 mm Hg red., die Temp. auf 170° C erhöht. Nach dem Abkühlen auf 125° C werden 75 g Äthylenglykol (bzw. n-Butanol) zugesetzt. Die Prodd. haben FF. von ca. 115° C. (**A. P. 3047524** 30/9. 1957, ausg. 31/7. 1962.) F. Koch 7177

2582 Universal Oil Products Co., Des Plaines, übert. von: William K. T. Gleim, Island Lake, Ill., V. St. A., **Ein polymerer Ester** entsteht durch Erhitzen von Hydroxybenzoesäure oder dem Alkylester der Acetoxybenzoesäure, die auch substituiert sein können, in Ggw. eines tert. Amins. – 30 g des Methylester der p-Acetoxybenzoesäure werden in 100 Tri-N-butylamin gelöst u. 16 Std. auf 208° C erhitzt. Dabei destilliert Methylacetat ab. Nach dem Abfiltrieren bzw. Vakuumdest. des Amins wird ein pulverförmiges Polymeres mit F. 450° C erhalten. (**A. P. 3039994** vom 11/5. 1960, ausg. 19/6. 1962.) F. Koch 7177

2583 California Research Corp., San Francisco, übert. von: Louis L. Ferstandig, El Cerrito, und Philips S. Magee, San Rafael, Calif., V. St. A., **Ein Polyester** wird bei 190–300° C hergestellt [aus etwa äquivalenten Mengen eines Glykols u. 2-Ketopimelin- oder 4-Ketopimelinsäure. Die entstehende fl., einen Ketoester enthaltende Mischung, die eine SZ von 100–145 hat, wird nach Zusatz eines mehrwertigen Amins ausgehärtet. (**A. P. 3039996** vom 2/9. 1959, ausg. 19/6. 1962.) F. Koch 7177

2584 Standard Oil Co., Chicago, Ill., übert. von: James R. Stephens, Gary, und Richard E. Van, Griffith, Ind., und Ronald L. Broadhead, Park Forest, Ill., V. St. A., **Polyester,** die wie üblich aus Trimethylsäure hergestellt worden sind, wobei auch Allylalkohol eingebaut wurde, werden mit Hilfe von Ammoniak oder aliphat. Aminen oder Alkanolaminen (z. B. 2-Amino-2-methyl-1-propanol) in dest. W., das ggf. Glycerin u. TiO_2 enthält, dispergiert. Dieses Prod. wird auf Glasplatten gestrichen u. härtet bei 290–300° F. in einer Std. zu einem harten Überzug. (**A. P. 3040000** vom 28/5. 1959, ausg. 19/6. 1962.) F. Koch 7177

2585 Dow Chemical Co., übert. von: David A. Gordon, Midland, Mich., V. St. A., **Polyester** der allg. Formel: worin G = H-Atom oder OH-Gruppe; X u. Y =

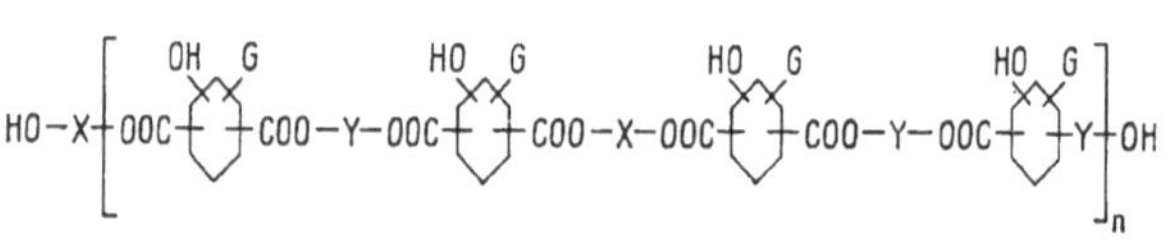

zweiwertige Gruppen mit 2–10 C-Atomen; n = eine solche Größe, daß der Polyester ein Mol.-Gew. von mindestens 5000 bekommt. (**A. P. 3047536** vom 5/2. 1957, ausg. 31/7. 1962.) F. Koch 7177

2586 Olin Mathieson Chemical Corp., übert. von: Gerhard F. Ottmann, Hamden, Conn., V. St. A., **Polyester** werden hergestellt aus einem Alkylester der 2.5-Dihydroxyhexahydroterephthalsäure u. Glykolen der Formel $HOCH_2(CF_2)_nCH_2OH$, wobei n für eine Zahl von 1 bis 4 steht. (**A. P. 3044988** vom 19/12. 1960, ausg. 17/7. 1962.) F. Koch 7177

2587 Rohm & Haas Co., Philadelphia, Pa., übert. von: Theodore E. Bockstrahler, Moorestown, N. J.,

V. St. A., **„Block“-Polyester** entstehen in zwei Stufen aus einem gesätt. u. einem ungesätt. Polyester in Ggw. von z. B. $ZnCl_2$ u. Erhitzen. — Zum Beispiel werden 508 (Teile) Propylenglykol, 783 Adipinsäure, sowie $ZnCl_2$ erhitzt u. ergeben den Polyester a mit S. Z. 1,1; 804 Äthylenglykol, 225 Maleinsäure ergeben beim Erhitzen den Ester b mit einer S. Z. 350; nun werden 407 a, 393 b u. 0,86 (Lsg. von 72° Be) $ZnCl_2$ im Vakuum erhitzt (200°, 5 mm Hg) bis zu einer S. Z. 6,7 u. dann in Styrol gelöst. (**A. P. 3042650** vom 16/6. 1958, ausg. 3/7. 1962.) F. Koch 7177

2588 Standard Oil Co., Chicago, übert. von: Ronald L. Broadhead, Park Forest, Ill., V. St. A., **Wachsartiges Polyesterharz** entsteht durch Rk. des Monoesters einer Säure (Benzoltricarbonsäure) u. eines höheren Alkohols mit 18—30 C-Atomen, mit einem Dialkohol von 2—6 C-Atomen (der nur C-, H- u. O-Atome enthält) in einem Verhältnis von 1,0:1 bis 1,25:1 bei 125—225°. Die Prodd. haben eine S. Z. < 30. (**A. P. 3040001** vom 24/9. 1959, ausg. 19/6. 1962.) F. Koch 7177

2589 Eastman Kodak Co., Rochester, N. Y., V. St. A., übert. von: Roger Paul Joseph Gaston Thiebaut und Yves Pierre Marie Etienne, Vincennes, Frankreich, **Lineare Polyester** entstehen aus Dimethylmalonsäure oder einer anderen gesätt. Dicarbonsäure mit 2—10 C-Atomen oder Mischungen sowie einem 4.4′-Alkylendiphenol (Alkylgruppen mit 1—6 C-Atomen) oder einem Dihydroxybenzol. (**A. P. 3043799** vom 3/1. 1961, ausg. 10/7. 1962.) F. Koch 7177

2590 Eastman Kodak Co., Rochester, N. Y., übert. von: John R. Caldwell, Kingsport, Tenn., V. St. A., **Lineare Polyester** werden hergestellt aus einem Glykol u. dem Dimethylester der Malonsäure. (**A. P. 3043806** vom 20/3. 1956, ausg. 10/7. 1962.) F. Koch 7177

2591 Eastman Kodak Co., Rochester, N. Y., übert. von: Hugh J. Hagemeyer jun., Longview, Tex., V. St. A., **Lineare Polyester** werden hergestellt aus Dimethylmalonsäure u. 2.2-Dimethyl-1.3-propandiol in Ggw. von Pphosphorsäure. Sie haben einen F. > 240° u. ergeben Fäden oder Folien. (**A. P. 3043808** vom 20/5. 1959, ausg. 10/7. 1962.) F. Koch 7177

2592 Celanese Corp. of America, New York, N. Y., übert. von: Robert G. Linville, Summit, Robert J. Osborne, Scotch Plains, und Charles L. Smart, Millington, N. J., V. St. A., **Lineare Polyester,** die zur Fadenherst. geeignet sind, entstehen durch Kondens. eines fl. Diglykolesters der Terephthalsäure mit Äthylenglykol in Ggw. von 0,005—0,5 Gew.-% $ZnCl_2$, $ZnCO_3$, Li-, Mg-, Mn-Acetat, Li_2CO_3 oder ZnO u. 0,005—2% des Metallsalzes der Unterphosphorigen Säure (Mg, Ca, Mn). (**A. P. 3039000** vom 15/4. 1958, ausg. 19/6. 1962.) F. Koch 7177

2593 Interchemical Corp., New York, N. Y., ubert. von: Daniel J. Carlick, Berkeley Heights, N. J., Norman J. Kennedy, Manhasset, Leon Kutik, Jackson Heights, und Howard T. Roth, Ridgewood, N. Y., V. St. A., **Ein in organischen Lösungsmitteln löslicher Polyester** ist das Rk.-Prod. aus Isophthalsäure; einer einbas. aliphat. Säure mit 8—12 C-Atomen, Benzoesäure oder p-tert.-Butylbenzoesäure; Neopentyl- oder 1.3-Butylenglykol; sowie einem mehrwertigen Alkohol mit wenigstens 3 OH-Gruppen. Die Verhältnisse der 4 Rk.-Partner stehen in einer bestimmten, in einer graph. Darstellung gekennzeichneten Beziehung. (**A. P. 3039979** vom 25/11. 1959, ausg. 19/6. 1962.) F. Koch 7177

2594 Monsanto Chemical Co., übert. von: Hobson D. De Witt, New Wilmington, Pa., und Arthur B. Beindorff, Chapel Hill, N. C., V. St. A., **Lösungsmittel für lineare Polyester** sind Verbb. der Formeln **I** oder **II**

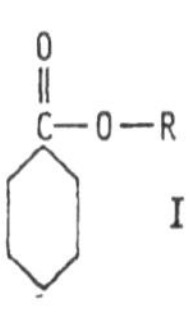
I

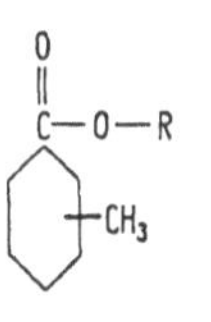
II

wobei R = CH_3- oder -C_2H_5-Gruppe; (z. B. Benzoesäuremethylester, -äthylester) ebenfalls geeignet sind Phenylaceto- oder α-Phenylpropionnitril; endlich auch α.α′-dihalogenierte aliphat. Ketone mit 3—5 C-Atomen. (**A. PP. 3039982, 3039983, 3039984** u. **3039985** vom 4/3. 1960, ausg. 19/6. 1962.) F. Koch 7177

2595 Monsanto Chemical Co., übert. von: Arthur B. Beindorff, Decatur, Ala., und Hobson D. De Witt, New Wilmington, Pa., V. St. A., **Lösungsmittel für lineare Polyester** sind Bis-(2-chloräthyl)-formal oder Mischungen derselben mit 3—50% Phenol. (**A. P. 3042646** vom 23/7. 1959, ausg. 3/7. 1962.) F. Koch 7177

2596 American Cyanamid Co., New York, N. Y., übert. von: Lennart A. Lundberg, Stamford, Conn., V. St. A., **Polyesterformmassen,** die als anpolymerisierbare Monomere Triallylcyanurat oder -isocyanurat enthalten, weisen 1—5% eines Amides als Stabilisator auf. — Beispiel: Harnstoff, dessen Alkyl-, Aryl-, N.N-Diallyl- oder N.N′-Diallylderivv.; Melamin bzw. dessen Derivv.; Guanamine, Propionamide, Milchsäureamid, Adipin-, Phthal- oder Salicylsäureamide. (**A. P. 3044913** vom 27/5. 1958, ausg. 17/7. 1962.) F. Koch 7177

2597 Sherwin-Williams Co., Cleveland, übert. von: Charles R. Martens, Parma Heights, Ohio, V. St. A., **Polyesterformmassen** enthalten 60 (Gew.-Teile) lineare, ungesätt. Polyester (S. Z. 25—80) gelöst in 2—35 Teilen eines Acrylsäureesters, u. 0,1—2 des Esters einer gesätt. Säure (C_{10}–C_{20}) mit Vinylalkohol. (**A. P. 3042651** vom 19/6. 1959, ausg. 3/7. 1962.) F. Koch 7177

2598 Kurt Herberts & Co., übert. von: Gustav Hagele, Wilhelm Meyer und Friedrich Johannsen, Wuppertal, **Polyester-Formmassen** enthalten einen Polyester, der aus einem mehrwertigen Alkohol, einer ungesätt. Dicarbonsäure sowie einem einwertigen Endomethylentetrahydrophenylalkohol (1.4-Methanbicyclo-[4.3.0]-nonenyl-; 1.4-Methan-bicyclo-[4.3.0]-nonylakohol) aufgebaut ist. (**A. P. 3044978** vom 4/5. 1959, ausg. 17/7. 1962. D. Prior. 21/5. 1958.) F. Koch 7177

2599 Texas Butadiene & Chemical Corp., übert. von: Irving E. Muskat, Miami, Fla., V. St. A., **Polyester-Formmasse** enthält als akt. Weichmacher ein monomeres organ. Epoxid mit 1 Epoxygruppe oder ein Polyglycidyläther eines mehrwertigen Alkohols, z. B. Phenylglycidyläther, Styroloxid, Epichlorhydrin. (**A. P. 3046246** vom 23/1. 1958, ausg. 24/7. 1962.) F. Koch 7177

2600 Pittsburgh Plate Glass Co., übert. von: Franklin Strain, Barberton, Henry C. Stevens, Akron, Ohio, und George E. Foltz, Pittsburgh, Pa., V. St. A., **Polycarbonate** werden aus einem gesätt. zweiwertigen Alkohol u. einem Dihalogenformal eines zweiwertigen Alkohols hergestellt in einem Lsgm., das eine wss. alkal. Phase u. ein organ. in W. unlösl. Lsgm. für Polycarbonate (Nitroalkane, Dialkyläther, teilweise chlorierte aliphat. KW-Stoffe) enthält. (**A. P. 3046255** vom 20/6. 1957, ausg. 24/7. 1962.) F. Koch 7177

2601 Shawinigan Resins Corp., Springfield, übert. von: Edward Lavin, Longmeadow und Saul Cohen, Springfield, Mass., V. St. A., **Polyspiranharz,** z. B. das Prod. aus äquimol. Mengen von Glutar- u. 3-Methylglutaraldehyd mit einer Mischung von 88 (Gew.-Teilen) Monopentaerythrit u. 12 Dipentaerythrit, wird mit einem mehrwertigen Isocyanat gehärtet. (**A. P. 3041313** vom 16/4. 1958, ausg. 26/6. 1962.) F. Koch 7177

2602 Shawinigan Resins Corp., Spingfield, übert. von: Albert H. Markhart, Wilbraham, Charles F. Hunt und Saul M. Cohen, Springfield, Mass., V. St. A., **Polyspiranharze,** z. B. aus einem Aldehyd, wie Glutar-, 3-Methylglutaraldehyd, Terephthaldehyd, Malonaldehyd, u. einer Mischung von 50—88 Gew.-Teilen Monopentaerythrit mit 50—12 Dipentaerythrit gewonnen, werden mit nichtflüchtigen Säuren mit Dissoziationskonstanten < $3{,}8 \times 10^{-2}$ bei 240—400° gehärtet. (**A. P. 3048560** vom 7/8. 1958, ausg. 7/8. 1962.) F. Koch 7177

2603 Dow Chemical Co., übert. von: Leonard A. Mattano, Midland, Mich., V. St. A., **Herstellung von chelatbildenden Harzen** erfolgt durch Rk. eines mit Divinylbenzol vernetzten Polyvinylbenzylamins mit Glykolnitril (**I**) bei 15—60°, wobei das Polymere in üblichen Quellmitteln angequollen wurde u. **I** in situ aus HCN u. CH_2O gebildet wird. Das erhaltene Polyvinylbenzylaminoacetonitril wird dann bei 80—90° mit verd. H_2SO_4 verseift. Die Endprodd. gaben nach dem Auswaschen u. Puffern mit Na-Acetat u. Essigsäure charakterist. blaue Cu-Chelate. (**A. P. 3043809** vom 29/7. 1958, ausg. 10/7. 1962.) H. Schindler 7181

2604 American Viscose Corp., Philadelphia, übert. von: Robert D. Evans, West Chester, und Arthur J. Yu, Swarthmore, Pa., V. St. A., **Mischpolyamide** werden erhalten aus 5—95 Mol% eines dicarbonsauren Salzes von Octamethylendiamin, u. 95—5 eines dicarbonsauren Salzes von 2.2-p-Phenylen-bis-äthylamin, indem man diese Ammoniumsalze mit m-Kresol bedeckt, dann auf Kondens.-Temp. erhitzt u. das freiwerdende W. mit dem Kresol abdestilliert. Die Ammoniumsalze werden aus den entsprechenden Diaminen mit Dicarbonsäuren der allg. Formel $HOOC(CH_2)_nCOOH$ hergestellt, (n = 4—10). — Octamethylendiamin u. 2.2′-p-Phenylen-bis-äthylamin werden getrennt mit Sebacinsäure zu den Ammoniumsalzen umgesetzt. Dann werden 60 (Mol-%) des Octamethylendiammoniumsebacates u. 40 des 2.2′-p-Phenylen-bis-äthylammoiumsebacates gemischt, mit m-Kresol bedeckt u. in einem Siliconölbad zunächst innerhalb 15—30 Min. auf 100° erhitzt, dann 2 Std. auf 160—180°, dann bei vermindertem Druck auf 230—260°. Bei 0,5 mm Hg wird dann noch bis 280—320° erwärmt. Der F. des erhaltenen Mischpolymeren ist 242°. (**A. P. 3046256** vom 6/4. 1959, ausg. 24/7. 1962.) A. Dandl 7181

2605 Eastman Kodak Co., Rochester, N. Y., übert. von: James C. Martin und Edward U. Elam, Kingsport, Tenn., V. St. A., **Lineare Polyurethane** erhält man aus 1. Glykolen mit 2—20 C-Atomen, wovon mindestens 50 Mol-% vom cis-trans Isomeren des 2.2.4.4-Tetraalkyl-1.3-cyclobutandiols gebildet sind (mit Alkylresten von 1–4 C-Atomen) u. 2. aliphat. oder aromat. Diisocyanaten von 2—25 C-Atomen. — Faserbildendende Polyurethane mit F. 150—350°, einer Viskosität von wenigstens ca. 0,3 (in Dimethylformamid). — Beispiel: Einer Schmelze von 14,4 g 2.2.4.4-Tetramethyl-1.3-cyclobutandiol (Gemisch des cis-trans Isomeren) werden 25 g p.p′-Methylen-bis-(phenylisocyanat) innerhalb 1 Std. zugefügt, während die Temp. langsam auf 300° steigt. Das Rühren wird unterbrochen u. für 15 Min. auf 300° weitererhitzt. Die Masse wird in heißem Dimethylformamid gelöst. Durch Zusatz von Methylalkohol wird das Polymerisat ausgefällt; es hat eine Viskosität von 0,53 m Dimethylformamid, F. 235—255°. (**A. P. 3038884** vom 25/1. 1960, ausg. 12/6. 1962.) E. Dörfel 7181

2606 E. I. du Pont de Nemours & Co., Wilmington, Del., übert. von: Walter Steuber, Springfield, Pa., V. St. A., **Im wesentlichen lineare, segmentierte, faserbildende Polyurethane** der allg. Formel $\{L{-}U{-}L{-}A_q\}_p$, worin q mindestens 1, p eine größere ganze Zahl, U = Segmente der ersten Art, A_q = Segmente der zweiten Art, L = Urethanbindungen, bestehen aus polymeren Resten N-alkylierter Urethane mit F. von ca. 60°, Mol.-Gew. > ca. 600, u. Resten faserbildender Polymerer mit F. > 200°, wie Polyamide, Polyharnstoffe oder Polyurethane, auch aus Bis-chlorameisensäureester u. Diaminen hergestellt. — Herst. von Teppichen oder groben Decken (auch im Gemisch mit Acetat- oder Viscosefasern). (**A. P. 3044990** vom 18/11. 1958, ausg. 17/7. 1962.) E. Dörfel 7181

2607 Wyandotte Chemicals Corp., Wyandotte, übert. von: Adolfas Damusis, Detroit, Mich., V. St. A., **Durch Hydroxylgruppen modifizierte Polyurethane** erhält man durch Rk. von Polypropylenglykolen u. Arylendiisocyanaten im Molverhältnis 1:2 u. weitere Rk. der Rk.-Prodd. mit tert. N-Atome enthaltenden Polyolen (poly(misch)alkoxylierte Alkanolamine oder Polyamine oder Piperazine) im Molverhältnis 1:2. (**A. P. 3049514** vom 26/3. 1959, ausg. 14/8. 1962.) E. Dörfel 7181

2608 Wyandotte Chemicals Corp., Wyandotte, übert. von: Adolfas Damusis, Detroit, und Kurt C. Frisch, Grosse Ile, Mich., V. St. A., **Isocyanatmodifizierte Polyätherurethane** erhält man durch Rk. von polypropoxylierten, niedrigen aliphat. Alkoholen mit wenigstens 3 u. nicht mehr als 6 OH-Gruppen mit Diisocyanaten im mol. Verhältnis u. anschließende Rk. der Rk-Prodd. mit Polypropylenglykol, Mol.-Gew. 134—1000, im Verhältnis 1/1. Die Prodd. reagieren, ggf. im inerten Lsgm., als Lacke u. Überzüge unter Einw. der Luftfeuchtigkeit. (**A. P. 3049513** vom 26/3. 1959, ausg. 14/8. 1962.) E. Dörfel 7181

2609 Imperial Chemical Industries Ltd., London, England (Erfinder: Harold France und Arthur Lowe), **Carbaminsäureester** erhält man durch Rk. von Polyisocyanaten mit Phenolen (einwertige, wie Phenol, Kresol, Xylol, Naphthole, auch alkoxy- oder halogensubstituiert) oder deren Gemischen u. Polyäthylenglykolen, gleichzeitig oder nacheinander, zu NCO-freien Addukten mit wenigstens je einer Carbaminestergruppe vom Phenol u. einer vom Glykol abgeleitet. Die Rk. kann in Lsgm. durchgeführt werden (Alkylacetate, Ketone, Chlf. oder Benzol-KW.-Stoffe) oder katalyt. beschleunigt werden (tert. Amine, deren Salze, Alkali-Erdalkalioxide, Carbonate, Enolate, Alkoholate, Phenolate, Metallsalze oder nicht basische Chelate). Die Rk.-Prodd. sind viscose Öle oder Festkörper, die in W. lösl. bis dispergierbar sind. — Herst. von Imprägnierungen oder Überzügen zur Verringerung von elektrostatischer Aufladung. — (**E. P. 891009** vom 27/5. 1959, ausg. 7/3. 1962.) E. Dörfel 7181

2610 Standard Products Co., Cleveland, übert. von: James S. Reid, Hudson, Ohio, V. St. A., **Elastomere Schaumstoffe** erhält man aus 100 Teilen eines fl. Elastomeren aus Polyurethan oder plastifiziertem PVC u. 20—150 Teilen zerreibbaren Lehmhohlkügelchen durch Verformen zu einem starrem Gefüge in einer Form aus diesem elastomeren Material, Verdichten bis zum Zerdrücken der Kügelchen u. Verwandeln zu einem Pulver, ohne dabei die Form zu zerstören, u. Erzeugung eines elast. Zellmaterials. — Ein fl. Polyesterurethan wird mit Lehmkügelchen gemischt. Das Härtungsmittel 4.4′-Methylen-bis(-2-chloranilin) wird in Weichmacher gelöst. Bei 212°F werden Polyurethan u. Härter–Weichmacher miteinander vermischt. Es wird in Gießformen gebracht u. 30—45 Min. bei 212°F gehärtet; außerhalb der Formen wird noch 4 Std. bei dieser Temp. nachgehärtet. Das Material wird zerquetscht, ohne daß dabei das Polyurethangefüge zerstört werden darf. Das Aufschwimmen der Lehmkügelchen im Polyurethan kann durch Rotation vermieden werden. Ähnlich werden PVC-Zellkörper mit Epoxyharzen als Stabilisatoren hergestellt. — Herst. von Schuhsohlen, Absätzen u. geschlossenzelligen Produkten. (**A. P. 3046172** vom 26/3. 1959, ausg. 24/7. 1962.) E. Dörfel 7181

2611 Sinclair Research, Inc., New York, übert. von: Leonard Feiler, Brooklyn, Arnold H. Gruben, Bronx, N. Y., und Howard H. Leiner, New Brunswick, N. J., V. St. A., **Lösungen von mit Diisocyanaten modifizierten synthetischen Harzen vom Novolak-Typ** die für *Isolierlacke* bes. zum Tränken von Schichtstoffen, dienen; die Novolake werden durch Kondens. von Alkylphenolen, z. B. Heptyl-, Ronylphenol, mit Formaldehyd gewonnen u. bes. mit 2.4-Tolluylendiisocyanat behandelt. (**A. P. 3043794** vom 22/1. 1958, ausg. 10/7. 1962.) M. Böttcher 7181

2612 Universal Oil Products Co., Des Plaines, übert. von: Louis Schmerling, Riverside, Ill., V. St. A., **Herstellung von polymeren Cyanuraten.** Man erhitzt ein Cyanurat der allg. Formel **I** worin mindestens ein R ein

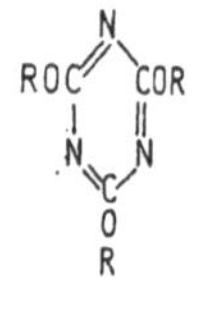

I

olefin. Rest mit 2—12 C-Atomen ist u. die übrigen R für H stehen, mit einem Paraffin oder Cycloparaffin, das 3—16 C-Atome enthält, in Ggw. eines freie Radikale bildenden Katalysators, bes. eines Peroxids. — Beispiele: Mischpolymerisate von Triallylcyanurat mit Methylcyclohexan, Isopentan, n-Pentan, Decahydronaphthalin, Hexadecan. — *Plast. Massen*, Herst. von *Formartikeln, Schichtkörpern, Überzügen*. (**A. P. 3046253** vom 11/4. 1960, ausg. 24/7. 1962.) L. Stadelmann 7181

2613 Olin Mathieson Chemical Corp., übert. von: Ehrenfried H. Korber, Rudi F. W. Rätz, Hamden, und Henri Ulrich, New Haven, Conn., V. St. A., **Herstellung von fluorierten Pyrrolin- und Piperidin-Derivaten** der allg. Formel **I** ($n = 2-4$, R = H, Alkylgruppe mit > 15 C-Atomen, Aminogruppe oder eine ggf.

I

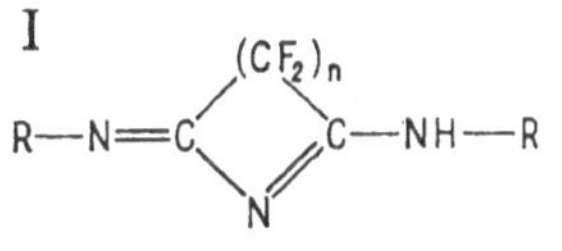

durch ein Halogen oder eine NO_2-Gruppe substituierte Arylgruppe mit > 8 C-Atomen, z. B. Phenyl, Tolyl oder Xylyl), dad. gek., daß man eine Verb. der allg. Formel **II** (X = Halogen), mit NH_3, Hydrazin oder

II

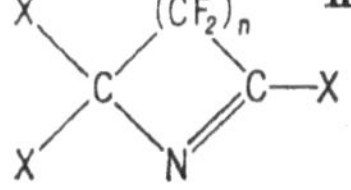

einem aliphat. oder aromat. prim. Amin bei ca. −120° bis ca. +130° zur Rk. bringt. — Aus 5,9 (g) Anilin in 80 Ae. u. 3 2.5.5-Trichlor-3.3.4.4-tetrafluor-1-pyrrolin → *2-N-Phenylamino-5-N-phenylimino-3.3.4.4-tetrafluor-1-pyrrolin*, F. 130—132°; analog: *2-N-Phenylamino-6-N-phenylimino-3.3.4.4.5.5-hexafluor-1-piperidin*, F. 144 bis 146°; *2-N-Dodecylamino-6-N-dodecylimino-3.3.4.4.5.5-hexafluor-1-piperidin*, F. 57—58°; *2-Hydrazino-6-hydrazono-3.3.4.4.5.5-hexafluor-1-piperidin*, F. 161—172°; *2-Amino-6-imino-3.3.4.4.5.5-hexafluor-1-piperidin*, F. 162°. *2-Amino-5-imino-3.3.4.4-tetrafluor-1-pyrrolin*. — Zwischenprodd. für die Herst. von hitzestabilen Polymeren. (**A. P. 3041346** vom 12/9. 1960, ausg. 26/6. 1962.) W. Heyer 7181

2614 Coe Laboratories, Inc., Chicago, übert. von: Eugene J. Molnar, La Grange, Ill., V. St. A., **Elastomere aus Polythiopolymercaptanen** mit einem Mol-Gew. von 500—12000, werden durch Härten mit Verbb. (hauptsächlich Oxiden oder Hydroxiden) der Metalle Cu, Li, Sb, Sr, Cd, Zn, Sn, Cr, Mn, Ni, Fe, Co, Ba, Pb, Ce (ggf. ist S zugegen) erzeugt. (**A. P. 3046248** vom 10/6. 1959, ausg. 24/7. 1962.) F. Koch 7185

2615 Dow Corning Corp., Midland, Mich., übert. von: Robert L. Merker, Pittsburgh, Pa., V. St. A., **Cyclische Siläthylensiloxane und deren Polymere** der allg. Formen $(R)_2Si-CH_2-CH_2-Si(R)_2-O$ (R = Phenyl, Cyclohexyl oder Alkyl, mindestens 3 der R mit 1—6 C-Atomen) können hergestellt werden durch Hydrolyse der entsprechenden 1.2-Di-(diorganochlorsilyl)-äthane u. therm. Crackung des Hydrolysats in Ggw. eines Alkalihydroxids. Die Disilyläthan-Verb. wird erhalten durch Rk. des entsprechenden $(R)_2HSiCl$ mit $(CH_2 = CH)(R)_2SiCl$ in Ggw. von H_2PtCl_6 als Katalysator bei 100—175°. Beispiel: 483 (Teile) CH_2-$CHSi(CH_3)_2Cl$ u. eine Lsg. von $H_2PtCl_6 \cdot 6H_2O$ in Isopropanol werden auf 75° erhitzt u. mit 378 $(CH_3)_2SiHCl$ versetzt, wobei die Temp. 110—120° nicht übersteigen soll, → $Cl(CH_3)_2SiCH_2CH_2Si(CH_3)_2Cl$, $Kp._{734}$ 198°. Dieses wird warm in die gleiche Menge W. gegossen u. 1 Std. gerührt. Nach Zugabe von Toluol wird säurefrei gewaschen u. das Lsgm. abdest. 137 dieses Hydrolysats werden mit 0,45 KOH auf 200—250° erhitzt u. die flüchtigen Prodd. fraktioniert dest. → *$(CH_3)_2SiCH_2CH_2Si(CH_3)_2O$*, $Kp._{743}$ 125°; Weitere Beispiele *$(C_6H_5)(CH_3)SiCH_2CH_2Si(CH_3)_2O$*, $Kp._{50}$ 146°; *$(C_6H_5)(CH_3)SiCH_2CH_2Si(C_6H_5)(CH_3)O$*, $Kp._{10}$ 182°; *$(C_6H_5)_2SiCH_2CH_2Si(C_6H_5)_2O$*, F. 80—81°; *$(C_6H_5)\cdot SiCH_2CH_2Si(CH_3)_2O$*, $Kp._{11}$ 181°; *$(C_6H_5)_2SiCH_2CH_2Si\cdot(C_6H_5)(Me)O$*, $Kp._{11}$ 241°. Die Verbb. sind leicht zu polymerisieren bei niederen Temp. oder mit schwachen Katalysatoren zu Homopolymeren oder Copolymeren, die wie übliche *Organosiloxane* verwendet werden können. (**A. P. 3041362** vom 14/8. 1959, ausg. 26/6. 1962.) R. Bauereis 7189

2616 Union Carbide Corp., New York, übert. von: Victor B. Jex, Kenmore, und Donald L. Bailey, Snyder, N. Y., V. St. A., **Aminoalkylpolysiloxane** der allg. Formel $[H_2N-C_aH_{2a}SiO_{3-c/2}X_c]_n$ (C_aH_{2a} = Alkylengruppe; a ≧ 3, X = OH oder Alkoxy; c = 0,3—2; n ≧ 2; N ist mindestens über 3 C-Atome an Si gebunden) werden hergestellt, indem man ein Aminoalkyltrialoxysilan der Formel $[H_2NC_aH_{2a}Si(OR)_{3a}]_{3-x}$ (R = Alkyl; C_aH_{2a} = Alkylen; a ≧ 3; x = 0—2) in äquimol. Menge mit W. versetzt. — Ein Mol γ-Aminopropyltriäthoxysilan wird mit 0,6 Mol dest. W. versetzt u. nach 24 Std. leicht erhitzt. (**A. P. 3044982** vom 12/11. 1957, ausg. 17/7. 1962.) A. Dandl 7189

2617 Peninsular Chem Research, Inc., übert. von: George B. Butler, Gainesville, Fla., V. St. A., **Lineare, filmbildende Polymere** enthalten Struktureinheiten der Formeln **I** u. **II**, wobei B für -C(=O)-, $-Si(CH_2)_2-$, $-P-(CH_3)-$, $-C(CO_2$ Äthyl$)_2-$, $-C(COCH_3)\cdot$(CO Äthyl)–; R′ für Halo-

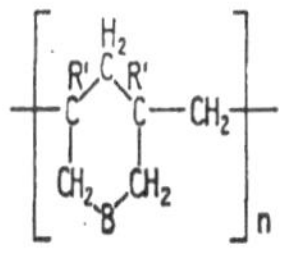

I u II

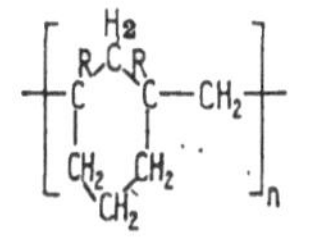

II

gen-, Chlorcyan-, Phenyl- oder Methylgruppe; R für CH_3-; n für eine positive Zahl stehen. (**A. P. 3044986** vom 10/3. 1938, ausg. 17/7. 1962.) F. Koch 7189

2618 Richardson Co., Melrose Park, übert. von: Hyman M. Molotsky, Chicago, William M. Boyer, Tinley Park, und Harlan E. Tarbell jun., Elmhurst, Ill., V. St. A., **Organopolysiloxan-Formmassen**, mit den Einheiten -Si–N–Si- enthalten einen hydratisierten anorgan. Füllstoff; z. B. Asbest. (**A. P. 3047527** vom 10/11. 1958, ausg. 31/7. 1962.) F. Koch 7189

2619 Dow Corning Corp., übert. von: John W. Gilkey, Midland, Mich., V. St. A., **Massen aus Aluminiumalkoholaten und Siloxangemischen** bestehen aus 1. 2—50% Verbb. der Formel $Al(OR)_3$ u. Teilhydrolysaten davon (R = Alkylrest mit höchstens 12 C-Atomen oder ein Hydroxyalkylrest mit weniger als 4 OH-Gruppen), 2. 5—70% Methylpolysiloxanen, bestehend aus Trimethylsiloxaneinheiten u. SiO_2-Einheiten in einem solchen Verhältnis, daß Methylreste zu Si-Atomen in einem Verhältnis von 0,8:1—1,5:1 vorliegen, u. 3) 15 bis 80% Polysiloxanen, im wesentlichen aus Einheiten der Formel $Z_nSiO_{4-n/2}$ (Z = einwertiger KW-Stoffrest mit höchstens 6 C-Atomen, n = 1—3). (**A. P. 3046241** vom 24/8. 1960, ausg. 24/7. 1962.) E. Dörfel. 7189

2620 Standard Oil Co., Cleveland, übert. von: Donald D. Emrick, Shaker Heights, und Samuel M. Darling, Lyndhurst, Ohio, V. St. A., **Monomere und polymere Borsäureester.** Die Monomeren besitzen die allg. Formel **I** (R = Alkyl- oder Alkenylgruppe mit 1—21° C-Atomen, x = 1—3, R′ = -CH- oder $-C(CH_3)=$, werden

I

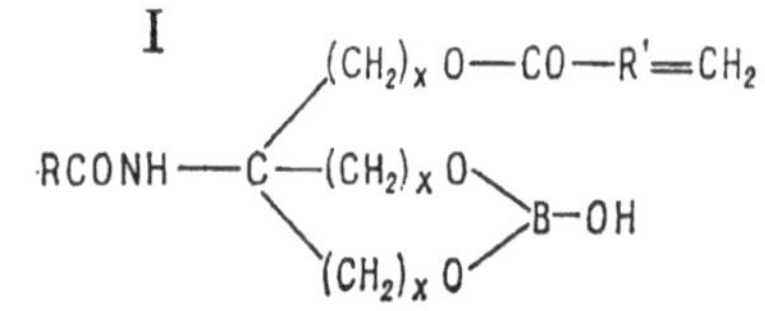

durch Rk. eines Tris-[hydroxyalkyl]-aminomethan mit einer Fettsäure oder derem Chlorid, Veresterung einer Hydroxylgruppe mit Acrylsäure oder Methacrylsäure u. Veresterung mit Borsäure erhalten. Die Polymerisate sind als *Zusatzmittel für Motoröle* u. für *Schutzüberzüge* geeignet. (**A. P. 3044998** vom 13/11. 1958, ausg. 17/7. 1962.)

R. Bauereis 7189

2621 Furane Plastics, Inc., Los Angeles, übert. von: John Delmonte, Glendale, Calif., V. St. A., **Härtung von flüssigen Furanverbindungen oder -harzen,** wie von Furfurylalkohol (**I**), Polymeren aus Furfurol (**II**) u. CH_2O oder aus **I** u. **II**, in Ggw. von sauren Katalysatoren erfolgt unter Zusatz 1—50 Gew.-%, berechnet auf die fl. Verb., Triphenylphosphit (**III**). Die Härtung erfolgt schneller u. mit weniger Säure u. die Prodd. weisen eine bessere Widerstandsfähigkeit gegen Hitze u. Chemikalien u. bessere Festigkeit auf. — 100 Teile eines partiellen Polymerisats von 1—2 (Mol) **I** auf 2—1 **II** mit einer Viskosität von < 1000 cP, versetzt mit 10 (Teilen) Chlormaleinsäureanhydrid u. 10 **III**, gelieren in 3 Std, bei Raumtemperatur. Ein damit imprägnierter Glasgewebeschichtstoff weist nach 24std. Härten eine Biegefestigkeit von 3300 psi. auf. — *Bindemittel für Schichtstoffe.* (**A. P. 3043804** vom 17/7. 1959, ausg. 10/7. 1962.)

J. Mühleisen 7205

2622 **Badische Anilin- & Soda-Fabrik Akt.-Ges.** (Erfinder: **Karl Wisseroth, Hans Georg Trieschmann** und **Heinrich Weber**), Ludwigshafen/Rh., *Abführen der Polymerisationswärme.* (**E. P. 922400** vom 3/2. 1960, ausg. 3/4. 1963. D. Prior. 5/2. 1959. Zusatz zu E. P. 826053; C. 1961, 4910. — C. **1961,** 4536 [D. A. S. 1071338].)

2623 **Roussel-Uclaf,** Paris, Frankreich, *Thioglykolsäurederivate.* (**Niederl. P. 104124** vom 14/11. 1957, ausg. 15/3. 1963. F. Prior. 28/11. 1956. — C. **1960,** 6673 [F. P. 1161857].)

2624 **Carlisle Chemical Works, Inc.,** Reading, Ohio, übert. von: **Gerry P. Mack,** Jackson Heights, und **Emery Parker,** New York, N. Y., V. St. A., *Stabilisieren von halogenhaltigen Harzen.* (**A. P. 3082189** vom 8/1. 1954, ausg. 19/3. 1963. — C. **1962,** 1432 [E. P. 803081].)

2625 **N. V. de Bataafsche Petroleum Mij.,** Den Haag, Niederlande, *Polymerisation von Olefinen.* (**Niederl. P. 103885** vom 29/5. 1958, ausg. 15/2. 1963. E. Prior. 31/5. 1957. — C. **1963,** 3784 [E. P. 837711].)

2626 **N. V. de Bataafsche Petroleum Mij.,** Den Haag, Niederlande, *Polymerisation von Olefinen.* (**Niederl. P. 103886** vom 29/5. 1958, ausg. 15/2. 1963. E. Prior. 31/5. 1957. — C. **1963,** 3784 [E. P. 838720].)

2627 **N. V. de Bataafsche Petroleum Mij.,** Den Haag (Erfinder: **William Frederik Engel** und **Pieter Krijger,** Amsterdam), Niederlande, *Polymerisation von Olefinen.* (**Niederl. PP. 104127** u. **104128** vom 16/12. 1957, ausg. 15/3. 1963. — C. **1961,** 9223 [Oe. P. 208584].)

2628 **Celanese Corp. of America,** New York, N. Y., übert. von: **William C. Mills,** Pasadena, Tex., V. St. A., *Herstellung von Olefinpolymeren.* (**A. P. 3084150** vom 18/11. 1957, ausg. 2/4. 1963. — C. **1962,** 12115 [F. P. 1193465].)

2629 **Ruhrchemie Akt.-Ges.,** Deutschland (Erfinder: **Helmut Kolling** und **Nikolaus Geiser**), *Reinigen von für die Herstellung von Polyolefinen verwendeten Hilfsflüssigkeiten.* (**F. P. 1189049** vom 27/12. 1957, ausg. 28/9. 1959. D. Prior. 14/1. 1957. — C. **1960,** 5990 [D. A. S. 1047355].)

2630 **United States Rubber Co.,** V. St. A. (Erfinder: **Pliny Otto Tawney**), *N-Carbamylmaleimid-Mischpolymerisat.* (**F. P. 1226850** vom 5/6. 1959, ausg. 16/8. 1960. A. Prior. 8/7. 1958. — C. **1961,** 15219 [D. A. S. 1100288].)

2631 **Ruhrchemie Akt.-Ges.,** Oberhausen, *Herstellung von Polyäthylen.* (**Niederl. P. 104123** vom 13/11. 1957, ausg. 15/3. 1963. — C. **1962,** 18291 [D. A. S. 1128141].)

2632 **Celanese Corp. of America,** New York, N. Y., V. St. A., *Polymerisierung von Äthylen.* (**Niederl. P. 103884** vom 27/5. 1958, ausg. 15/2. 1963. A. Prior. 7/6. 1957. — C. **1963,** 12622 [E. P. 840916].)

2633 **Snia Viscosa Soc. Nazionale Industria Aplicazioni Viscosa S. p. A.,** Mailand, Italien, *Polymerisierung von Äthylen.* (**Niederl. P. 103998** vom 22/3. 1957, ausg. 15/2. 1963. It. Prior. 23/3. 1956. — C. **1962,** 18656 [E. P. 851723].)

2634 **British Insulated Callender's Cables Ltd.,** England (Erfinder: **Bernard John Lyons**), *Polyäthylenstabilisierung.* (**F. P. 1234328** vom 16/6. 1959, ausg. 17/10. 1960. E. Prior. 20/6. 1958. — C. **1963,** 17880 [E. P. 874330].)

2635 **General Electric Co.,** übert. von: **Frank M. Procopio** und **Alfred R. Gilbert,** Schenectady, N. Y., V. St. A., *Mittels Peroxid gehärtetes Polyäthylen.* (**A. P. 3079370** vom 18/5. 1955, ausg. 26/2. 1963. — C. **1960,** 15589 [Jap. A. S. 6095/1958].)

2636 **United States Rubber Co.,** V. St. A. (Erfinder: **Lewis Dewey**), *Härten von Fluorvinyliden-Elastomeren.* (**F. P. 1221362** vom 19/3. 1959, ausg. 1/6. 1960. A. Prior. 19/3. 1958. — C. **1963,** 1095 [A. P. 2941987].)

2637 **Farbwerke Hoechst Akt.-Ges. vormals Meister Lucius & Brüning,** Frankfurt/M., *Herstellung chlorierter Polyäthylene.* (**E. P. 922382** vom 8/6. 1959, ausg. 27/3. 1963. D. Prior. 7/6. 1958. — C. **1963,** 7189 [F. P. 1237755].)

2638 **United States Rubber Co.,** V. St. A. (Erfinder: **Wendell Vandervort Smith**), *Bestrahlen von Vinylchloridmischpolymerisaten.* (**F. P. 1220200** vom 4/2. 1959, ausg. 23/5. 1960. A. Prior. 17/3. 1958. — C. **1963,** 3038 [E. P. 866846].)

2639 **United States Rubber Co.,** V. St. A. (Erfinder: **Lawrence Eugène Daly**), *Schlagfeste Polyvinylchloridmischung.* (**F. P. 1226270** vom 3/6. 1959, ausg. 11/7. 1960. A. Prior. 17/6. 1958. — C. **1963,** 708 [E. P. 847782].)

2640 **Deutsche Gold- und Silber-Scheideanstalt vormals Roessler,** Frankfurt/M., *Herstellung von Acroleinpolymeren.* (**E. P. 916089** vom 1/6. 1960, ausg. 16/1. 1963. D. Prior. 5/6. 1959. — C. **1961,** 4903 [D. A. S. 1071339].)

2641 **Union Rheinische Braunkohlen Kraftstoff Akt.-Ges.,** Wesseling b. Köln, *Polymerisation von Acrylnitril.* (**E. P. 917847** vom 15/8. 1961, ausg. 6/2. 1963. D. Prior. 16/8. 1960. — C. **1963,** 13384 [D. A. S. 1141457].)

2642 **Styrene Products Ltd.,** England, *Herstellung von gefärbtem Polystyrol.* (**F. P. 1239540** vom 20/10. 1959, ausg. 7/12. 1960. E. Prior. 22/10. 1958. — C. **1963,** 17886 [E. P. 864799].)

2643 **Chemische Werke Albert,** Deutschland, *Copolymere von Acrolein.* (**F. P. 1251891** vom 24/3. 1960, ausg. 24/4. 1961. D. Prior. 28/3. 1959. — C. **1963,** 3044 [Oe. P. 215669].)

2644 **Farbenfabriken Bayer Akt.-Ges.** Leverkusen, übert. von: **Helmuth Kritzler,** Köln, und **Kuno Wagner,** Leverkusen, *Formaldehyd-Polymerisation.* (**A. P. 3072610** vom 9/2. 1960, ausg. 8/1 .1963. D. Prior. 14/2. 1959. — C. **1963,** 1887 [E. P. 867967].)

2645 **Vereinigte Glanzstoff-Fabriken Akt.-Ges.,** Wuppertal, übert. von: **Eberhard Siggel,** Laudenbach, und **Lothar Riehl,** Obernburg, *Polyäthylenterephthalat.* (**A. P. 3073801** vom 29/4. 1959, ausg. 15/1. 1963. D. Prior. 13/6. 1958. — C. **1961,** 14117 [D. A. S. 1088713].)

2646 **Rohm & Haas Co.,** Philadelphia, Pa., V. St. A., *Polyester* (**E. P. 924624** vom 10/6. 1959, ausg. 24/4. 1963. A. Prior. 16/6. 1958. — C. **1963,** 7191 [F. P. 1228605 u. Jap. A. S. 18198/1960].)

2647 **Badische Anilin- & Soda-Fabrik Akt.-Ges.** (Erfinder: **Alfred Müller** und **Horst Schmele**), Ludwigshafen/Rh., *Ungesättigte Polyester.* (**E. P. 914426** vom 13/1. 1961, ausg. 2/1. 1963. D. Prior. 16/1. 1960. — C. **1962,** 3646 [D. A. S. 1110409].)

2648 **Esso Research and Engineering Co.,** V. St. A. (Erfinder: **Raymond L. Heinrich, David A. Berry, Richard J. Dick** und **Robert L. Christian**), *Alkydharzmischung.* (**F. P. 1241746** vom 20/7. 1959, ausg. 28/12. 1960. A. Prior. 28/8. 1958. — C. **1963,** 17890 [E. P. 868574].)

2649 **Reichhold-Beckacite,** Seine-et-Oise, Frankreich, *Herstellung von Melamin-Formaldehydharzen.* (**F. P. 1216038** vom 31/1. 1959, ausg. 21/4. 1960. D. Prior. 1/2. 1958. — C. **1963,** 17891 [D. A. S. 1127083].)

2650 **Bombrini Parodi-Delfino S. p. A.,** Italien, *Herstellung und Verarbeitung von 2-Hydroxy-6-aminohexansäure und deren Lactam zu Mischpolyamiden.* (**F. P. 1233177** vom 12/6. 1959, ausg. 12/10. 1960. It. Prior. 14/6. 1958 u. 19/5. 1959. — C. **1963,** 17892 [E. P. 871443].)

2651 **Farbenfabriken Bayer Akt.-Ges.,** Leverkusen, *Herstellung vernetzter Kunststoffe aus Poly-N.N-Äthylenharnstoffen.* (**E. P. 919861** vom 16/6. 1960, ausg. 27/2. 1963. D. Prior. 19/6. 1959. — C. **1962,** 4005 [D. A. S. 1112286].)

2652 **Union Carbide Corp.,** New York, N. Y., V. St. A., *Durchführung von Reaktionen mit organischen Verbindungen, die mindestens einen Isocyanat- oder Isothiocyanatrest enthalten.* (**Niederl. P. 103899** vom 24/9. 1958, ausg. 15/2. 1963. A. Prior. 25/9. 1957. — C. **1962,** 2194 [E. P. 845827].)

2653 **Shawinigan Resins Corp.,** Springfield, Mass., V. St. A., *Polyurethane aus Polyspiranen.* (**E. P. 921041** vom 16/4. 1959, ausg. 13/3. 1963. A. Prior. 16/4. 1958. — C. **1962,** 11389 [D. A. S. 1123104].)

2654 **Farbenfabriken Bayer Akt.-Ges.,** Leverkusen, und **Mobay Chemical Co.,** Pittsburgh, Pa., V. St. A., *Herstellung von Polyurethanen.* (**E. P. 923404** vom 4/9. 1959, ausg. 10/4. 1963. A. Prior. 4/9. 1958. — C. **1961,** 17408 [D. A. S. 1101752].)

2655 **Farbenfabriken Bayer Akt.-Ges.,** Leverkusen, und **Mobay Chemical Co.,** Pittsburgh, Pa., V. St. A., übert. von: **Günther Loew,** Köln, **Wilhelm Thoma,** Leichlingen, und **Hermann Bernhard,** Köln, *Herstellung von Polyurethanschaumstoffen.* (**A. P. 3074894** vom 10/9. 1957, ausg. 22/1. 1963. D. Prior. 13/9. 1956. — C. **1959,** 16803 [D. A. S. 1047419].)

2656 **Farbenfabriken Bayer Akt.-Ges.,** Leverkusen, *Herstellung von Polyurethanschaumstoffen.* (**E. P. 920394** vom 8/6. 1961, ausg. 6/3. 1963. D. Prior. 10/6. 1960. — C. **1962,** 7721 [D. A. S. 1112828].)

2657 **Mobay Chemical Co.,** Pittsburgh., Pa., V. St. A., *Herstellung von Polyurethanschaumstoffen.* (**E. P. 923403** vom 4/9. 1959, ausg. 10/4. 1963. A. Prior. 4/9. 1958. — C. **1961,** 17409 [D. A. S. 1104690].)

2658 **Union Carbide Corp.,** New York, N. Y., V. St. A. (Erfinder: **Fritz Hostettler** und **Eugene Floyd Cox**), *Herstellung von Polyurethanschaumstoffen.* (**E. P. 914579** vom 20/11. 1959, ausg. 2/1. 1963. A. Prior. 24/11. 1958. — C. **1962,** 7721 [F. P. 1245085].)

2659 **Farbenfabriken Bayer Akt.-Ges.,** Leverkusen, *Herstellung von Polyurethanfasern-, -folien oder -überzügen.* (**E. P. 917450** vom 11/8. 1961, ausg. 6/2. 1963. D. Prior. 12/8. 1960. — C. **1962,** 13597 [D. A. S. 1123467].)

2660 **Farbenfabriken Bayer Akt.-Ges.,** Leverkusen, *Herstellung von Polyurethangießmassen.* (**E. P. 919406** vom 30/5. 1961, ausg. 27/2. 1963. D. Prior. 31/5. 1960. — C. **1962,** 12485 [D. A. S. 1114318].)

2661 **Lubrizol Corp.,** V. St. A. (Erfinder: **Clark Ober Miller**), *Modifikation von Olefinpolymeren.* (**F. P. 1185534** vom 29/10. 1957, ausg. 31/7. 1959. A. Prior. 10/12. 1956. — C. **1960,** 13212 [A. P. 2900378].)

2662 **Wacker-Chemie G. m. b. H.,** Deutschland, *Herstellung von Siliconelastomeren.* (**F. P. 1235156** vom 12/9. 1959, ausg. 26/10. 1960. D. Prior. 12/9. 1958. — C. **1963,** 17895 [D. A. S. 1127586].)

2663 **Farbenfabriken Bayer Akt.-Ges.,** Leverkusen (Erfinder: **Walter Noll,** Leverkusen, **Oskar Glenz** und **Werner Langmann,** Köln), *Selbstemulgierende Organopolysiloxan-Lösungen.* (**E. P. 915787** vom 10/11. 1960, ausg. 16/1. 1963. D. Prior. 13/11. 1959 u. 9/2. 1960. — C. **1962,** 8445 [D. A. S. 1106070].)

2664 **Dow Corning Corp.,** übert von: **Donald E. Weyer,** Midland, Mich., V. St. A., *Herstellung von Silikonschaumstoffen.* (**A. P. 3079349** vom 4/10. 1954, ausg. 26/2. 1963. — C. **1959,** 7311 [F. P. 1130307].)

2665 **Chemische Werke Hüls Akt.-Ges.,** Marl, *Feuerbeständige Polyolefinmischungen.* (**E. P. 918723** vom 25/9. 1961, ausg. 20/2. 1963. D. Prior. 30/9. 1960. — C. **1963,** 7562 [D. A. S. 1127582].)

2666 **Godfrey L. Cabot, Inc.,** V. St. A. (Erfinder: **Merill E. Jordan** und **Frank R. Williams**), *Polyäthylenmischung.* (**F. P. 1207825** vom 16/7. 1958, ausg. 18/2. 1960. A. Prior. 17/7. 1957. — C. **1963,** 17896 [E. P. 875081].)

2667 **Farbenfabriken Bayer Akt.-Ges.,** Leverkusen, *Herstellung von Polyurethanschaumstoffen.* (**E. P. 924878** vom 24/9. 1959, ausg. 1/5. 1963. D. Prior. 1/10. 1958. — C. **1960,** 16611 [D. A. S. 1071949].)

H_{12}. Kautschuk

2668 **Beziehungen zwischen der Umformung von $^{14}C_{(2)}$-Natriumacetat in cis-Polyisopren und dem Auftreten von Malonsäure.** Paul Fournier, Jean d'Auzac, Serge Pujarniscle und Tuong Chi Cuong. (C. R. hebd. Séances Acad. Sci. **252,** 796—98, 1961; Paris, Inst. Français du Caoutchouc; franz.) — Die Ausbeute an *cis-Polyisopren* aus mit $^{14}C_{(2)}$-CH_3COONa versetztem frischen Latexsaft von *Hevea brasiliensis* ist um so höher, je weniger Malonsäure (I) gebildet wird. I ist als Hemmer im Krebs-Cyclus bekannt, u. die Bldg. von I hängt vom Zapfzustand des Baumes ab.
Ekkehard Schmid 7222◇

2669 **Verstärkerfüllstoffe für Kautschuk.** H. Westlinning. (Kautschuk u. Gummi **15,** WT 475—81, 1962; Kalscheuren, Degussa Gummilabor.; dt.) — Überblick über die wesentlichsten Entw. auf dem Gebiet der Verstärkerfüllstoffe-Masterbatch-Verf., neue Rußqualitäten, wie Ruße mit niederer bzw. hoher Struktur, u. helle Verstärkerfüllstoffe u. über die Grundzüge der Struktur verstärkter Vulkanisate, die sich auf die Auffassungen über die Struktur hochmol. Stoffe stützt.
I. Köditz 7226

2670 **Über die Aroxylstruktur der Chinongruppen und der freien Radikale auf der Oberfläche von Rußen.** 2. Mitt. **Die thermische Polymerisation von Styrol in Gegenwart von Ruß.** J. B. Donnet, G. Henrich und G. Riess. (Rev. gén. Cacoutchouc **39,** 583—91, 1962; Mulhouse, Ecole Supér. de Chim.; franz.) — 1. vgl. C. **1962,** 10302. — Die Inhibierungs- u. Beschleunigungsvorgänge die beim therm. Polymerisieren von Styrol in Ggw. von unbehandelten Rußen bzw. mit solchen die vorher mit Isobuttersäurenitril oder Laurylsäureradikalen behandelt wurden, werden erläutert. Vorwiegend ist hierfür die Aroxylstruktur der Chinongruppen u. der freien Radikale maßgebend.
N. Peters 7226◇

2671 **Über die technische Anwendung von Benzoylperoxid.** N. N. Ssokolow, W. W. Asstachin und K. A. Andrianow. (Plast. Massen [UdSSR] **1960,** Nr. 8, 48 bis 49; russ.) — *Dibenzoylperoxid* (I) wird für die Vulkanisation von Si-organ. *Kautschuk* verwendet. Beschrieben werden die Meth. der Einführung von handelsüblichem I (20—35% Wassergeh.) in die Kautschuk-Mischung.
Nadja Winkler 7228△

2672 **Untersuchungen über Tetramethylthiuramdisulfid.** 1. Mitt. **Reaktion von Tetramethylthiuramdisulfid mit Diphenylmethan.** J. Tsurugi, T. Matsuda und A. Yabe. (J. Soc. Rubber Ind., Japan (Nippon Gomo Kyokai Shi) **35,** 826—31, 1962; Univ. of Osaka Prefecture; jap., Auszug: engl.) — Aus Tetramethylthiuramdisulfid, Diphenylmethan, fettsaurem Zn u. ZnO entstehen bei 140° Zn-Dimethyldithiocarbamat (I), Fettsäure (A.) u. kleine Mengen S, ZnS u. Benzhydryldimethyldithiocarbamat (II). Bei 100° entstehen Tetramethylthiurammonosulfid u. II neben I u. A, aber kein ZnS u. S. Zur Interpretierung dieser Ergebnisse wird ein Radikalmechanismus vorgeschlagen.
H. Reimers 7228◇

2673 **Untersuchungen über Tetramethylthiuramidsulfid.** 2. Mitt. **Reaktion zwischen Tetramethylthiuramidsulfid, Schwefel und Diphenylmethan.** J. Tsurugi und Y. Yamamoto. (J. Soc. Rubber Ind., Japan (Nippon Gomu Kyokai Shi) **35,** 831—35, 1962; jap., Auszug: engl.) — 1. vgl. vorst. Referat. — Aus Tetramethylthiuramdisulfid (I), S, Diphenylmethan u. Zn-Butyrat oder ZnO entstehen bei 140° Zn-Dimethyldithiocarbamat (II), CS_2 u. wenig ZnS. Gelegentlich wird auch wenig Thiobenzophenon gefunden. Wird an Stelle von I dem Rk.-Gemisch II zugegeben, so werden neben unverändertem II wenig I, ZnS, CS_2 u. Spuren von Tetramethylthioharnstoff erhalten. Die Rk.-Prodd. werden nach einem bestimmten Zeitintervall bestimmt u. gegen die Rk.-Zeit aufgetragen. In Ggw. von fettsaurem Zn entsteht mehr CS_2 als in Ggw. von ZnO.
H. Reimers 7228◇

2674 **Untersuchungen über die Aktivierungsenergie und dem Vulkanisationstemperaturkoeffizienten.** 1. Mitt. **Aktivierungsenergie und Temperaturkoeffizient bei der indirekten Vulkanisation.** K. Ikkaku und K. Ko. (J. Soc. Rubber Ind., Japan (Nippon Gomu Kyokai Shi) **35,** 898 bis 913, 1962; Sakai Chem. Ind. Co., Ltd.; jap., Auszug: engl.) — An 3 Naturkautschukmischungen werden die Aktivierungsenergien u. die Temp.-Koeff. bei der indirekten Vulkanisation durch Messung des Moduls ermittelt. Aktivierungsenergie u. Temp.-Koeff. dürften die gleichen Werte haben wie bei der Presse-Vulkanisation, jedoch ist ein Vgl. wegen der längeren Vorwärmzeit nicht zulässig.
H. Reimers 7228◇

2675 **Untersuchungen über die Aktivierungsenergie und den Vulkanisationstemperaturkoeffizienten.** 2. Mitt. **Aktivierungsenergie und Vulkanisationstemperaturkoeffizient, berechnet aus der Mooney-Scorch-Zeit.** K. Ikkaku. (J. Soc. Rubber Ind., Japan (Nippon Gomu Kyokai Shi) **35,** 913—18, 1962; jap., Auszug: engl.) — 1. vgl. vorst. Referat. — An 3 Naturkautschukmischungen werden die Aktivierungsenergien u. die Temp.-Koeff. bei der Presse-Vulkanisation durch die Messung der Scorch-Zeit ermittelt. Der log der Scorch-Zeit steht in linearer Beziehung zur reziproken abs. Temperatur. Wegen der einfacheren Durchführung u. des kleineren Fehlers ist diese Meth. der Best. durch den Modul überlegen.
H. Reimers 7228◇

2676 **Die Wirkung freier Radikale im Gummi.** 19. Mitt. **Über den Reaktionsmechanismus neuer Mittel zur Verhinderung der Vulkanisation.** J. Furukawa, T. Kotani und S. Yamashita. (J. Soc. Rubber Ind., Japan (Nippon Gomu Kyokai Shi) **34,** 82—84, 1961; Kyoto, Univ., Fac. of Engng., Dep. of synth. Chem.; jap., Auszug engl.) — 18. vgl. C. **1963,** 20625. — Der Rk.-Mechanismus der Antiscorch-(An.)-Wrkg. einer Reihe von Sulfenylchloriden (*p-Chlorbenzol-, p-Toluol-, Benzol-, o-Carboxybenzol, o-Nitrobenzol-, Trichlormethan-*) wird untersucht. Die An.-Zeit wird von Menge u. Art der Agentien beeinflußt. Neben der Möglichkeit zur vollständigen Verhinderung der Vulkanisation werden noch 2 Arten der Rk.-Verzögerung unterschieden. Es wird festgestellt, daß die An.-Zeit der Rk.-Geschw.-Konst. direkt proportional (wenn das An.-Mittel zum Zeitpunkt des Beginns der Vulkanisation noch in großen Mengen im Gummi zu finden ist) oder umgekehrt proportional sein kann (nur noch geringe Reste des An.-Mittels). Die Verss. beweisen die direkte Proportionalität.
K. Gröbe 7228◇

2677 **Die Wirkung freier Radikale im Gummi.** 20. Mitt. **Quantenmechanische Interpretierung der Reaktion von Sulfenylchloriden als Mittel zur Verhinderung der Vulkanisation.** J. Furukawa, T. Kotani und S. Yamashita. (J. Soc. Rubber Ind., Japan (Nippon Gomu Kyokai Shi) **34,** 85—88, 1961; jap., Auszug: engl.) — 19. vgl. vorst. Referat. — Auf der Basis der LCAO-MO-Theorie wird die Rk. der Sulfenylchloride (vgl. vorst. Ref.) als Vulkanisationsverhinderer (Antiscorchmittel) untersucht. Je instabiler die höchsten besetzten Energieniveaus sind, um so kürzer ist die Antiscorchzeit (An.). Der log von An., log $(t-t_0)$, steht in Beziehung zum höchsten besetzten Energieniveau X_{1v} (t_0 u. t sind die Vulkanisationszeiten der Vergleichsprobe u. der untersuchten Probe). Es ist jedoch bemerkenswert, daß X_{1v} im Falle der Verzögerung stabiler als notwendig ist. Als Ergebnis können folgende Rk.-Folgen angenommen werden: $A\,NH_2 + S_8 \xrightarrow{k_1} An\overset{+\delta}{N}H_2 \cdot \overset{-\delta}{S} \cdot S \ldots S$; $2\,An\overset{+\delta}{N}H_2 \cdot \overset{-\delta}{S} \cdot S \ldots S + R \cdot SCl \xrightarrow{k_2} AnNH \cdot S \cdot S \ldots S \cdot SR + AnNH_2 \cdot S \cdot S \ldots SCl$; $An\overset{+\delta}{N}H_2 \cdot \overset{-\delta}{S} \cdot S \ldots S + \text{Kautschuk} \xrightarrow{k_3} \text{Vulkanisation}$ ($AnNH_2$ = Vulkanisationsbeschleuniger; $R \cdot SCl$ = Antiscorchmittel).
K. Gröbe 7228◇

2678 **Latex von Stereo-Kautschuken.** T. H. Rogers, A. O. Ryan und K. C. Hecker. (Rubber Wld. **147,** Nr. 1, 86—90, 1962; Acron, Ohio, Goodyear Tire u. Rubber Co.; engl.) — Die Eigg. von Latex aus cis-1.4-Polyisopren (**A,** Natsyn) u. cis-1.4-Polybutadien (**B,** Budene) mit Naturkautschuklatex (**C**), werden mit Latex aus redispergiertem ungereinigtem (**D**), gereinigtem Naturkautschuk (**E**) u. dem Latex aus einem Li-katalysierten cis-1.4-Polyisopren (**F**) verglichen. Die Redispersion wird durch Auflösen von Kautschuk mit einer seifenbildenden Säure u. Zusatz von W. mit zur Seifenbldg. ausreichendem Alkalizusatz erreicht. Nach dem Zusatz von Vulkanisierhilfsmitteln u. einem Alterungsschutzmittel werden unter kontrollierten Bedingungen Filme hergestellt, die bei 100° in Warmluft vulkanisiert werden u. deren Eigg. verglichen werden. Die Unterss. zeigen, daß bzgl. der Vulkanisationsgeschw., der Zugfestigkeit u. des Moduls bei 100% Dehnung Filme aus **C** am günstigsten sind. Bei etwas geringerer Vulkanisationsgeschw. erreicht **A** fast die Zugfestigkeitswerte von **C** während die von **F** sehr viel geringer bei sehr langsamer Vulkanisationsgeschw. sind. Auch beim Vgl. des Modul (100%) fallen die Vulkanisationsgeschw. in der Reihenfolge **C** > **A** > **F** während der Modul in der Reihenfolge **C** > **F** > **A** abnimmt. Mit einem stärker beschleunigten Vulkanisiersyst. verringern sich die Unterschiede im Modul u. in der Vulkanisationsgeschw. ohne daß sich die Reihenfolge verändert. Die Zugfestigkeit im gleichen Syst. nimmt bei etwa gleicher Vulkanisationsgeschw. nun in der Reihe **A** > **C** > **F** ab. Beim Vgl. von **A** mit 0% u. von **A** mit 28% Gelgeh. mit **C** zeigt sich, daß der Modul (100%) von **A** mit 28% Gel den von **C** übertrifft, während die Zugfestigkeit von **A** mit 0% Gel höher liegt, als die von **C**-Vulkanisaten. Der Vgl. von **C** mit **B** zeigt, daß die Vulkanisationsgeschw. von **C** bedeutend höher als von **B** ist. Dabei erzielt **B** eine wesentlich geringere Zugfestigkeit aber einen höheren Modul (100%) als **C**. Während die O_2-Aufnahme von vulkanisierten Filmen aus **C**, **A** u. **F** etwa gleich ist, liegt die von **B** wesentlich tiefer u. etwa in der Höhe von Styrol–Butadien–Kautschuk. Da beim Vgl. der untersuchten Eigg. auch für **C**, **D**, u. **E** Vulkanisate aus **F** etwa ähnliche Eigenschaften zeigen wie Vulkanisate aus **A** wird gehofft im Entw.-Stadium befindlichen **A** u. **B** noch naturkautschukähnlichere Eigg. geben zu können. A. Gude 7228◇

2679 **Untersuchung von Weichmachern für elektrisch isolierende Styrol-Butadien-Kautschukmischungen.** Y. Fujishima, H. Nishizawa und Y. Furuhata. (J. Soc. Rubber Ind., Japan (Nippon Gomu Kyokai Shi) **35,** 818–26, 1962; Showa Electric Wire & Cable Co. Ltd.; jap., Auszug: engl.) — Zur Verbesserung der Verarbeitbarkeit von Styrol-Butadienkautschuk ist der Zusatz von Weichmachern erforderlich. Eine Beziehung zwischen den Eigg. von Kautschuk, dem VGC-Wert, dem Anilinpunkt u. dem Rostlerwert wird gefunden. H. Reiners 7230◇

2680 **Untersuchung der Verlustarbeit, der Wärme- und Temperatur-Entwicklung bei der Wechselzug-Verformung von Gummi.** Günter Kemmnitz. (Kautschuk u. Gummi **15,** WT 221–27, 1962; dt.) — Ein Verf. wird angegeben, nach dem aus den bei der Wechselzugbeanspruchung elast. Werkstoffe (bes. Gummi) entstehenden Hysteresis-Schleifen mechan. u. calor. Daten für den Werkstoff errechnet werden können. Das Verf. soll auch für andere Werkstoffe, die einer nichtlinearen Beanspruchung ausgesetzt sind anwendbar sein, auch für Verbundsyst. wie Gummi/Reifencord soll es gelten. A. Gude 7230◇

2681 **Neopren genügt modernen Anforderungen in der Handhabung der aromatischen Reihe.** B. F. Anderson. (Ion [Madrid] **22,** 750–51, 747, 1962; span.) — Untersuchung der Beständigkeit von Neopren-Schläuchen gegenüber dem Aromatengeh. von Kraftstoffen. J. Günther/Jena 7230◇

2682 **Verschneiden von Naturkautschuk mit SBR.** 1. Mitt. **Verschneiden von ungefülltem Kautschuk auf der Walze.** M. Imoto, Y. Minoura, T. Ishihara, A. Kawamata, T. Goto, R. Konno, S. Shinagawa, M. Shundo, K. Hagiwara und T. Hayasaka. (J. Soc. Rubber Ind., Japan (Nippon Gemu Kyokai Shi) **35,** 836–40, 1962; Osaka, City Univ., Fac. of Engng.; Urawa, Fujikura Rubber Co. Ltd., Japan Synth., Rubber Co. Ltd.; Nippon Rubber Co.; Hayakawa Rubber Co. Ltd.; Sakai Chem. Ind. Co. Ltd.; Kōkoku Chem. Ind. Co. Ltd.; Koshin Rubber Co. Ltd.; jap., Auszug: engl.) — Naturkautschuk u. Styrol-Butadien-Kautschuk werden sorgfältig auf der Walze verschnitten u. die Eigg. der Mischungen u. Vulkanisate beobachtet. Die Eigg. ändern sich ungefähr mit dem Verschnitverhältnis. Die Reißfestigkeit dient als Kriterium für gute Durchmischung. Die Mischtemp. ist nur von geringem Einfluß. H. Reimers 7230◇

2683 **Verschneiden von Naturkautschuk mit SBR.** 2. Mitt. **Verschneiden von Kautschukmischungen auf der Walze.** M. Imoto, Y. Minoura, T. Ishihara, A. Kawamata, T. Goto, R. Konno, S. Shinagawa, M. Shundo, K. Hagiwara und T. Hayasaka. (J. Soc. Rubber Ind., Japan [Nippon Gemu Kyokai Shi] **35,** 841–44, 1962; jap., Auszug: engl.) — 1. vgl. vorst. Referat. — Eine Naturkautschuk- u. eine Styrol-Butadienkautschukmischung werden getrennt gemischt u. dann miteinander verschnitten. Aus den Prüfergebnissen ergibt sich, daß das Verschneiden von Mischungen leichter ist als das von Kautschuk. Die Homogenitäten der Verschnitte ist besser u. die Eigg. ändern sich in besserer Übereinstimmung mit dem Verschnittverhältnis. H. Reimers 7230◇

2684 **Verschneiden von Naturkautschuk mit SBR.** 3. Mitt. **Walzen von Kautschukverschnitten.** M. Imoto, Y. Minoura, T. Ishihara, A. Kawamata, T. Goto, R. Konno, S. Shinagawa, M. Shundo, K. Hagiwara und T. Hayaska. (J. Soc. Rubber Ind., Japan [Nippon Gomu Kyrokai Shi] **35,** 844–52, 1962; jap., Auszug: engl.) — 2. vgl. vorst. Referat. — Beim Verschneiden von Naturkautschuk u. Styrol-Butadien-Kautschuk wird die Plastizitätsänderung u. das Verhältnis zwischen dem Walzenspalt u. der Verarbeitungsgeschw. gemessen u. die Änderung der Scherkräfte untersucht. Für die Mooney-Viscosität gilt: $\log M = A–B_n$, wobei n die Intensität des Walzens angibt, u. $M = a + b \log L$, wobei L den Walzenspalt bedeutet. Ferner gilt: $\log D = k \log L + \log C$, wobei D die verarbeitete Menge angibt u. k u. C Konst. sind. Mooney-Wert und Mooney-Viertel-Wert sind ungefähr proportional. H. Reimers 7230◇

2685 **Verschneiden von Naturkautschuk mit SBR.** 4. Mitt. **Verschneiden in Bambury-Mischer.** M. Imoto, Y. Minoura, T. Ishihara, A. Kawamata, T. Goto, R. Konno, S. Shinagawa, M. Shundo, K. Hagiwara und T. Hayasaka. (J. Soc. Rubber Ind., Japan (Nippon Gomu Kyokai Shi) **35,** 852–56, 1962; jap., Auszug: engl.) — 3. vgl. vorst. Referat. — Um das Verschneiden von Naturkautschuk u. Styrol–Butadien-Kautschuk (**A**) im Bambury-Mischer zu untersuchen, wird die Änderung der Eigg. in Abhängigkeit vom Energieverbrauch ermittelt. Der Energieverbrauch steigt mit zunehmendem Anteil an **A**. Die physikal. Eigg. streuen stärker, woraus sich ergibt, daß der erreichte Homogenitätsgrad im Bambury-Mischer geringer ist als auf der Walze. H. Reimers 7230◇

2686 **Verschneiden von Naturkautschuk mit SBR.** 5. Mitt. **Verschneiden von Naturkautschuk mit Styrol-Butadien-Kautschuk durch gemeinsame Fällung aus dem Latex oder der Lösung.** M. Imoto, Y. Minoura, T. Ishihara, A. Kawamata, T. Goto, R. Konno, S. Shinagawa, M. Shundo, K. Hagiwara und T. Hayasaka. (J. Soc. Rubber Ind., Japan [Nippon Gomu Kyokai Shi] **35,** 856–61, 1962; jap., Auszug: engl.) — 4. vgl. vorst. Referat. — Die durch gemeinsame Fällung erhaltenen Verschnitte werden auf die Änderung der Löslichkeit u. die physikal. Eigg. hin untersucht. Wegen der sehr guten Homogenität ändern sich die Eigg. genau linear mit dem Verschnittverhältnis, was allerdings nach anderen Verf. auch der Fall sein kann. H. Reimers 7230◇

2687 **Verschneiden von Naturkautschuk mit SBR.** 6. Mitt. **Einfluß von Ton und Calciumcarbonat auf die Eigenschaften von Verschnitten aus Naturkautschuk und Styrol-Butadien-Kautschuk.** M. Imoto, Y. Minoura, T. Ishihara, A. Kawamata, T. Goto, R. Konno, S. Shinagawa, M. Shundo, K. Hagiwara und T. Hayasaka. (J. Soc. Rubber Ind., Japan [Nippon Gomu Kyokai Shi] **35,** 918–24, 1962; jap., Auszug: engl.) — 5. vgl. vorst. Referat. — Das Verh. der Füllstoffe (**A**) Ton u. $CaCO_3$ auf Verschnitte aus Naturkautschuk u. Styrol-Butadien-Kautschuk verschiedener Zus. wird an Hand der physikal. Eigg. der vulkanisierten u. unvulkanisierten Mischungen untersucht. Ein starkes Ansteigen der Mooney-Werte wird beobachtet, wenn der **A**-Geh. 100 (Teile) auf 100 synth. Kautschuk (**B**) übersteigt. Die Reißfestigkeit weist bei bestimmtem **A**-Geh. ein Maximum auf. Mit steigendem Geh. an **B** verschiebt sich dieses Maximum zum höheren **A**-Gehalt. H. Reimers 7230◇

2688 **Verschneiden von Naturkautschuk mit SBR.** 7. Mitt. **Der Einfluß von hellen Verstärkerfüllstoffen auf die Eigenschaften von Verschnitten aus Naturkautschuk und Styrol-Butadien-Kautschuk.** M. Imoto, Y. Minoura, T. Ishihara, A. Kawamata, T. Goto, R. Konno, S. Shinagawa, M. Shundo, K. Hagiwara und T. Hayasaka. (J. Soc. Rubber Ind., Japan [Nippon Gomu Kyokai Shi] **35,** 924—28, 1962; jap., Auszug: engl.) — 6. vgl. vorst. Referat. — Der Einfl. heller Verstärkerfüllstoffe (**A**), wie VN-3, auf die Eigg. von Verschnitten aus Naturkautschuk u. Styrol-Butadien-Kautschuk wird untersucht. Mit steigendem **A**-Geh. steigen die Mooney-Werte. Das Mischen wird schwierig, wenn der Anteil an synth. Kautschuk 50% übersteigt. Die Festigkeit zeigt ein Maximum. Modul u. Härte verändern sich linear mit dem **A**-Gehalt. H. Reimers 7230◇

2689 **Verschneiden von Naturkautschuk mit SBR.** 8. Mitt. **Der Einfluß von Ruß auf die Eigenschaften von Verschnitten aus Naturkautschuk und Styrol-Butadien-Kautschuk.** M. Imoto, Y. Minoura, T. Ishihara, A. Kawamata, T. Goto, R. Konno, S. Shinagawa, M. Shundo, K. Hagiwara und T. Hayasaka. (J. Soc. Rubber Ind., Japan [Nippon Gomu Kyokai Shi] **35,** 929—39, 1962; jap., Auszug: engl.) — 7. vgl. vorst. Referat. — Ofen- u. Kanalruße werden auf der Laborwalze, der Fabrikationswalze u. im Bambury-Mischer eingemischt. Es werden ähnliche Ergebnisse bei der Unters. der Eigg. festgestellt wie bei Ton u. Kreide. Ein Einfl. von Ölsäure u. Naphthensäure wurde nicht festgestellt. H. Reimers 7230◇

2690 **Silicon-Kautschuke und Silicon-Basismischungen zur Herstellung von Mischungen durch den Verarbeiter.** Robert D. Shipps. (Rubber Wld. **146,** Nr. 6, 69—72, 1962; Midland, Mich., Dow Corning Corp.; engl.) — Als Gründe für den Einsatz von Silicon-Kautschuk (**A**) u. Silicon-Basismischungen (**B**) werden deren bessere Lagerfähigkeit u. die geringere Replastifizierungsdauer gegenüber fertig eingemischt gelagerten **A**-Mischungen genannt. Ein weiterer Vorteil ist für den Verarbeiter die Möglichkeit aus einer Anzahl **B** durch geeignete Rezepturen Mischungen herstellen zu können, die bestimmten bes. Anforderungen genügen. Aus Dimethyl-**A** können durch entsprechende Rezeptur Vulkanisate mit Shore-Härten von 40—80 Shore A hergestellt werden. Dimethyl-**A**-Typen mit hohem Vinylgruppen-Geh. geben Vulkanisate mit niedriger bleibender Druckverformung bei hohen Temperaturen. Vulkanisate mit geringer Quellung in Lsgm. lassen sich durch Verw. der Trifluorpropylpolysiloxane (**C**) bzw. durch Verschnitte aus Dimethyl-**A** u. **C** oder durch Verw. des neuen Copolymeren Trifluorpropyldimethylpolysiloxan (**D**) herstellen. Durch Verw. von Phenyldimethyl-**A** oder **D** lassen sich Vulkanisate mit guter Tieftemp.-Elastizität herstellen. Für alle genannten Anwendungsmöglichkeiten u. Mischungen hoher Zerreißfestigkeit ($\leqq$ 100 kg/cm²) werden Richtrezepturen angegeben. A. Gude 7230◇

2691 **Antimikrobiell ausgerüstete Gummiartikel.** Werner Hofmann. (Kautschuk u. Gummi **15,** WT 501—02, 505, 1962; Prakt. Chem. [Wien] **14,** 22—26, 1963; Leverkusen; dt.) — Überblick über antimikrobiell wirksame Verbb. u. die Anwendungsgebiete antimikrobielle ausgerüsteter Gummiartikel sowie die Prüfung der antimikrobiellen Wirkung. I. Köditz 7230

2692 **Bestimmung des Gesamtgehaltes an Schwefel in Kautschuk-Mischungen und deren Vulkanisaten.** F. Mocker, I. Old und G. Walther. (Kautschuk u. Gummi **15,** WT 197—98, 1962; Höchst/Odw., Veith-Gummiwerke AG.; dt.) — Der Gesamt-S-Geh. von Kautschukmischungen, Gummi u. Faktis wird durch Verbrennen einer Probemenge von ~ 100 mg mit Na_2O_2 unter Zusatz von ~ 160 mg Glykol in einer zur besseren Abdichtung leicht geänderten Wurzschmitt-Bombe bestimmt. Die nach Auslaugen der Bombe erhaltene alkal. Lsg. wird mit HNO_3 angesäuert. 5 ml der Probelsg. werden mit 4 ml einer Lsg. aus 3,3123 g $Pb(NO_3)_2$/250 ml W. + 250 ml CH_3OH versetzt; nach der Fällung werden 5 ml einer Lsg. aus 2 g Koloresin + 17 g $NaNO_3$/500 ml W. hinzugesetzt. Die Probe-Lsg. wird polarographiert u. die Abnahme der Stufenhöhe durch in der Lsg. vorhandenes SO_4^{2-} festgestellt. Aus einer Eichkurve in der die Abnahme der Stufenhöhe als Funktion vom S-Geh. aufgetragen ist, wird der S-Geh. mit einem Fehler von < ± 1% bestimmt. Eine Best. dauert 2—3 h. A. Gude 7248◇

2693 **Wetterfeste cis-Polybutadien- und cis-Polyisopren-Vulkanisate.** J. C. Ambelang und B. W. Habeck. (Rubber Wld. **146,** Nr. 6, 55—62, 1962; Goodyear Tire & Rubber Comp.; engl.) — Die Wrkg. verschiedener Alterungsschutzmittel auf p-Phenylendiamin-Basis in Gummimischungen für Reifenseitenwände auf der Basis Styrol-Butadien-Kautschuk (SBR) bzw. SBR/cis-Polybutadien (Budene 500) (1:1), in Mischungen für PKW-Reifen-Laufflächen mit SBR bzw. SBR/Budene 500 u. in Laufflächen-Mischungen für Lastwagen auf Naturkautschuk (Nk)-Basis bzw. auf der Basis Nk/Budene 500 bzw. cis-Polyisopren (Natsyn 200)/Budene 500 wird untersucht. Von den untersuchten Antiozonantien Wing-Stay 100, Wing Stay 300 X u. 400 X sowie dem Lichtschutzwachs Sunolite 240 eignet sich für Reifen-Seitenwand-Mischungen am besten eine Kombination von 2,75 (Gew.-Teilen) Wing Stay 100 + 300 X (1:1) mit 3,5 Sunolite 240/100 Elastomeres. Für PKW-Laufflächen-Mischungen sind 3 Wing Stay 100 + 300 X (1:1) u. 3 Sunolite 240 am geeignetsten. Für Lastwagenlaufflächen eignet sich eine Kombination von 3,5 Wing Stay 100 + 400 X (1:1) u. 2 Sunolite 240 am besten. Zwischen den SBR u. Nk-Mischungen u. den aus Verschnitten mit Budene 500 u. Natsyn 200 aufgebauten Mischungen zeigen sich nur geringfügige Unterschiede. Die Prüfung erstreckt sich auf eine stat. u. dynam. (60 Biegungen/min) natürliche Bewitterung, Alterung unter O_3 (48 h, 38°, 0—11% Dehnung, 50 pphm O_3 u. 48 h, 38°, 10% Dehnung, 30 Biegungen/min, 25 pphm O_3) des Originalvulkanisats, bzw. des Vulkanisats nach einer 24std. Alterung in der O_2-Bombe, bzw. des Vulkanisats nach 48std. Alterung bei 100° im Geer-Ofen. A. Gude 7248◇

2694 **Die Untersuchung der Alterung von Kautschuk mit einem hermetisch geschlossenen Viscosimeter.** Maurycy Kalfus. (Polimery — Tworzywa wielkocząsteczkowe **7,** 136—39, Labor. Fis.-Chem. Zakładu, Naukowo-Badawczego Zakładów Chem. w Oświęcímíu; pol.) — In einem hermet. geschlossenen Viscosimeter wird die Alterung von Butadien-Styrol-Kautschuk in Bzl. bei Raumtemp. u. bei 99° in Ggw. verschiedener rostfreier Stabilisatoren untersucht. Die Wirksamkeit von Stabilisatoren läßt sich aus der Abnahme der Viscosität bei höherer Temp. ausgezeichnet vergleichen. Die poln. Stabilisatoren erweisen sich als ebenso wirkungsvoll wie der engl. „WSL"- u. der deutsche „Y"-Stabilisator. I. Köditz 7248

2695 Phillips Petroleum Co., übert. von: William B. Reynolds, Bartlesville, Okla., V. St. A., **Herstellung von synthetischem Kautschuk** durch Redox-Polymerisation von konjugierten Dienen in wss. Emulsion bei 10° bis — 40°. Als oxydierende Komponente verwendet man Arylcyclohexylhydroperoxide, z. B. 1-Phenyl-1-hydroperoxycyclohexan, 1-Phenyl-1-hydroperoxydecahydronaphthalin oder 1-(1-Naphthyl)-1-hydroperoxycyclohexan. — Erhöhte Polymerisationsgeschwindigkeit. (**A. P. 3049519** vom 27/6. 1949, ausg. 14/8. 1962.) L. Stadelmann 7225

2696 Dow Chemical Co., Midland, übert. von: George B. Sterling, Midland, Mich., V. St. A., **Herstellung von Butadienpolymerisaten.** Man polymerisiert eine Monomerenmischung aus mindestens 40% Butadien u. höchstens 60% eines monoolefin. ungesätt. Monomeren in wss. Emulsion bei pH 8—12 u. 40—110° in Ggw. eines Peroxidkatalysators u. 0,195—0,205% (bezogen auf die Monomeren) Harnstoff, der als Polymerisationsbeschleuniger wirkt. (**A. P. 3052651** vom 17/11. 1958, ausg. 4/9. 1962.) L. Stadelmann 7225

2697 United States Rubber Co., New York, N. Y., V. St. A., **Polymerisation von 1.3-Butadien.** Man mischt eine Verb. der allg. Formel AlR_3, worin R ein Alkyl- oder Aralkylrest mit 1—12 C-Atomen ist, mit $TiBr_4$ im Verhältnis 1,75:1 bis 5:1 in einem inerten fl. KW-Stoff, altert den Katalysator 3—200 Min. bei 0—60° u. polymerisiert Butadien, das in einem aromat. KW-Stoff gelöst ist, in Ggw. des Katalysators bei 0—60°. Man erhält *gelfreies Polybutadien* von hohem cis-1.4-Gehalt. (**E. P. 919244** vom 29/9. 1961, ausg. 20/2. 1963. A. Prior. 13/3. 1961.) L. Stadelmann 7225

2698 Phillips Petroleum Co., übert. von: Lyle W. Pollock, Bartlesville, Okla., V. St. A., **Herstellung von cis-1.4-Polybutadien** durch Poylmerisation von Butadien in einem Mehrstufen-Verf. in Ggw. eines Katalysators aus einer metallorgan. Verb. u. TiY_4 u. einer Mischung aus Toluol u. Bzl. als Verdünnungsmittel. Man kühlt Toluol von 30—50°F durch Zusatz von gefrorenem Bzl. auf —100 bis 10°F herunter u. führt diese Mischung in die erste Polymerisationsstufe ein mit einer solchen Geschw., daß die Polymerisationstemp. auf —25 bis 30°F gehalten wird, zieht aus dieser 1. Stufe einen Verdünnungsmittel, Polybutadien, Butadien u. Katalysator enthaltenden Strom mit einer solchen Geschw. ab, daß 10—40% des eingesetzten Butadiens polymerisiert werden, führt diesen Strom in die 2. Polymerisationsstufe u. polymerisiert hier bei —25 bis 30°F weiter. Polybutadien u. Verdünnungsmittel werden dann durch Dest. getrennt. Das Verf. kann auch in 3 oder mehr Stufen durchgeführt werden. (**A. P. 3057840** vom 23/2. 1960, ausg. 9/10. 1962.) L. Stadelmann 7225

2699 United States Rubber Co., New York, N. Y., übert. von: Jack S. Lasky, East Orange, N. J., V. St. A., **Trans-1.4-Polyisopren** erhält man durch Polymerisation von Isopren in Ggw. eines Katalysators aus VCl_3, das auf einem inerten Träger aufgebracht ist, u. einem Al-Trialkyl, wobei das Verhältnis von Al-Trialkyl zu VCl_3 3:1 bis 20:1 beträgt. (**A. P. 3054754** vom 16/3. 1959, ausg. 18/9. 1962.) L. Stadelmann 7225

2700 Neiko J. Vassileff, Lakewood, Ohio, V. St. A., **Butadien-Styrol-Emulsionspolymerisation** in Ggw. von Fe^{II}-haltigen Redox-Katalysatoren nach dem Kaltkautschuk-Verfahren. Zur Regulierung des Fe^{II}-Geh. setzt man der Rk.-Mischung eine Mischung aus 5—45 (Teilen) eines Alkali- oder NH_4-Salzes einer aliphat. Polyhydroxymonocarbonsäure, bes. Na-Gluconat, 15—18 eines Alkali- oder NH_4-Salzes einer Hydroxyalkylalkylendiaminpolycarbonsäure, z. B. das Na-Salz der Hydroxyäthyläthylendiamintetraessigsäure u. 10—75 eines Alkali-, Eisen- oder NH_4-Salzes einer Polyaminpolycarbonsäure, z. B. das Na-Salz der Äthylendiamintetraessigsäure zu. — Schnelle Polymerisation, farblose Polymerisate. (**A. P. 3061596** vom 31/7. 1959, ausg. 30/10. 1962.) L. Stadelmann 7225

2701 Esso Research and Engineering Co., Del., übert. von: Delmer L. Cottle, Highland Park., Leon S. Minckler jun., Metuchen, und Theodore Lemiszka, Roselle, N. J., V. St. A., **Halogenieren von Butylkautschuk, bestehend aus einem größeren Anteil C_4 bis C_8-Isoolefin und einem kleineren Anteil C_4 bis C_{14}-Multiolefin.** Der Kautschuk wird gelöst, z. B. in Hexan, wobei auf 100 (Gew.-Teile) Kautschuk 0,01—40 eines Stabilisators, wie aliphat. Alkohole, aliphat. Äther zugemischt wird. Diese Lsg. wird dann halogeniert. (**A. P. 3042662** vom 26/5. 1959, ausg. 3/7. 1962.) F. Markhoff 7225

2702 Esso Research and Engineering Co., Del., übert. von: Irwin J. Gardner, Roselle Park, Samuel B. Robinson, Roselle, und Henry S. Makowski, Carteret, N. J., V. St. A., **Härten von halogeniertem Butylkautschuk.** Halogenierte Mischpolymerisate aus 85—99,5 (Gew.-%) C_4- bis C_7-Isoolefinen u. 15—0,5 Multiolefinen mit 4—14 C-Atomen, bes. bromierte u. chlorierte, werden mit 0,1—15 (Gew.-Teilen) auf 100 Kautschuk einer organ. Polythiolverbb. versetzt, wie 1.2-Äthandithiol. 1.6-Hexandithiol, Glykoldimercaptoacetat oder 1.2.3-Propantrithiol. Das Gemisch wird auf ca. 250—400°F erhitzt. (**A. P. 3041304** vom 23/10. 1958, ausg. 26/6. 1962.) F. Markhoff 7225

2703 United States Rubber Co., New York, N. Y., übert. von: Louis H. Howland, Watertown, Victor S. Chambers, Naugatuck, und Edmund J. Aleksa, Southbury, Conn., V. St. A., **Teilchenvergröberung** in wss. Dispersionen von *synthet. Kautschuk* durch Zusatz von $\leqq$ 1(%) Polyvinylmethyläther mit einer spezif. Viscosität von 0,015—1,1 u. von 0,2—2 eines Salzes von Na, K, NH_4 oder Amin, bezogen auf Festkautschuk. (**A. P. 3049500** vom 28/1. 1960, ausg. 14/8. 1962. **E. P. 889731** vom 30/11. 1960, ausg. 21/2. 1962. A. Prior. 28/1. 1960.) W. Overbeck 7225

2704 United States Rubber Co., New York, N. Y., übert. von: Woodrow W. White, Oxford, Conn., V. St. A., **Kautschukpulver** aus Natur- oder Synthesekautschuk von 10—200 Maschen-Größe wird dadurch hergestellt, daß man die wss. Kautschukdispersion ausflockt u. auf den nach feuchten Flocken ein Phenol-, Resorcin-, Harnstoff-, Melamin- oder Anilin-Harz mit CH_2O oder CH_3CHO niederschlägt, worauf das W. entfernt wird u. die Flocken zu einem freifließenden Kautschukpulver getrocknet werden. (**A. P. 3042633** vom 19/4. 1957, ausg. 3/7. 1962.) W. Overbeck 7225

2705 Phillips Petroleum Co., übert. von: James W. Cleary, Bartlesville, Okla., V. St. A., **Selbstvulkanisierende Polymerisate** erhält man durch Rk. von Polymerisaten, die endständig Alkalimetallatome tragen, mit cycl. Disulfiden, bes. 1.2-Dithiacyclopentan, -cyclohexan oder -cycloheptan, bei —100 bis +100°, bes. —30 bis +50°, u. nachfolgender Hydrolyse mit Mineralsäuren oder organ. Säuren. Die Mercaptogruppen enthaltenden Rk.-Prodd. werden durch Erhitzen vulkanisiert. — Beispiele mit *Polybutadien.* (**A. P. 3048568** vom 13/7. 1959, ausg. 7/8. 1962.) L. Stadelmann 7225

2706 Cosden Petroleum Corp., übert. von: Robert H. Dyer und Rene P. Brown, Big Spring, Tex., V. St. A., **Pfropfpolymerisate** erhält man durch Suspendieren einer Lsg. eines kautschukartigen Polymerisats in einem fl. äthylen. ungesätt. Monomeren in einem heißen wss. Medium, das 0,001—5% Polyvinylalkohol u. 0,01—5% Ca-, Ba- oder Mg-Phosphat, ferner einen Peroxid-Katalysator enthält, unter starkem Rühren. — Beispiel: Pfropfen von Styrol auf ein Butadien-Styrol-Mischpolymerisat. (**A. P. 3047534** vom 7/10. 1959, ausg. 31/7. 1962.) L. Stadelmann 7225

2707 Pennsalt Chemicals Corp., Philadelphia, übert. von: Harry Albert, Lafayette, Hill, Pa., V. St. A., **Abstoppmittel für die Emulsionspolymerisation kautschukbildender Monomerer** sind die Alkalisalze von Mono-n-butylcarbamat oder Monoamyldithiocarbamat. Diese Stoppmittel beeinflussen die Vulkanisationsgeschw. der hergestellten Kautschuke nicht. (**A. P. 3060158** vom 16/12. 1959, ausg. 23/10. 1962.) L. Stadelmann 7225

2708 Copolymer Rubber and Chemical Corp., übert. von: William P. Denson jun., Baton Rouge, La., V. St. A., **Rückgewinnung von Monomeren aus synthetischem Kautschuklatex.** Man versetzt den Latex vor oder nach der Polymerisation mit 0,001—2,0% (bezogen auf Kautschukfestsubstanz) eines aliphat. Alkohols, der 14—25 C-Atome enthält, z. B. Cetyl- u. Stearylalkohol oder deren Mischung, u. verdampft das Monomere in üblicher Weise. Man erhält einen flockenfreien mechan. stabilen Latex. (**A. P. 3042645** vom 31/12. 1957, ausg. 4/9. 1962.) L. Stadelmann 7225

2709 United Rubber and Chemical Co., übert. von: Pritchard P. Ells, Baytown, Tex., V. St. A., **Mischverfahren.** Bei der Herst. von schwarzen Vormischungen, bei der eine wss. dispergiermittelfreie Rußdispersion mit einer wss. Synthesekautschuk-Dispersion gemischt u. koaguliert wird, wird zur Verminderung der Sedimentation des Rußes vor dem Zusatz zur Kautschukdispersion die Rußdispersion mit $\geqq$ 5% (auf Ruß) naphthen., aromat. oder hocharomat. Mineralöl, ggf. wss. Emulsion, versetzt. (**A. P. 3060050** vom 11/5. 1960, ausg. 23/10. 1962.) W. Overbeck 7227

2710 United States Rubber Co., New York., N. Y., übert. von: Everett V. Anderson, Bethany, Conn., V. St. A., **Vulkanisierverfahren.** Bei der Vulkanisation von Naturkautschukmilch oder -dispersionen wird ohne ZnO u. ohne S mit einem Zusatz von 0,5—2% (auf Trockenkautschuk) 4.4'-Dithiodimorpholin bei 50—60° 16—24 Std. vulkanisiert. Die Vulkanisate sind sehr lichtbeständig. (**A. P. 3038949** vom 1/5. 1959, ausg. 12/6. 1962.) W. Overbeck 7229

2711 Hercules Powder Co., Wilmington, Del., übert. von: Lyle O. Amberg, Landenberg, Pa., V. St. A., **Herstellen von Schichtpreßstoffen.** Die drei Schichten bestehen aus Kautschuk oder kautschukartigen Kunststoffen, u. zwar 1. aus einem mit S vulkanisierten Naturkautschuk oder synthet. kautschukartigen Polymeren, die mindestens ein konjugiertes Diolefin oder Chloropren enthalten; 2. aus einem vulkanisierten, kautschukartigen, teilweise bromierten Isoolefin-Polyolefin-Mischpolymeren u. 3. aus einem vernetzten kautschukartigen Mischpolymerisat aus Äthylen u. Propylen. Bei der Herst. wird der Schicht 2 ein Vulkanisationsmittel u. der Schicht 3 ein Vernetzungsmittel, wie ein organ. Peroxid zugesetzt u. die 3 Schichten werden dann unter Hitzeeinw. miteinander verpreßt. Die Schicht 2 bewirkt eine feste Bindung der 3 Schichten untereinander. (**A. P. 3058859** vom 2/12. 1959, ausg. 16/10. 1962.) F. Markhoff 7231

2712 Olin Mathieson Chemical Corp., übert. von: Chester M. White, Rochester, N. Y., V. St. A., **Kautschuk-Regenerieröl-Herstellung.** Tallöl wird bei 100 bis 150° mit Luft geblasen u. so in ein Oxydations-Prod. mit der Viscosität von 350—700 cSt bei 100°F (= ca. 38°) übergeführt. Das Prod. wird mit einem naphthen. Mineralöl verd., das etwa Schmierölkonsistenz hat, u. es wird ein Gemisch erhalten, das eine Viscosität von 250 bis 600 cSt bei 100°F hat bei einem Säurewert von ≧ 120, wobei das Prod. zu 80—95% in der Mischung enthalten ist. (**A. P. 3043786** vom 22/10. 1958, ausg. 10/7. 1962.) W. Overbeck 7233

2713 **Montecatini Soc. Gen. per l'Industria Mineraria e Chimica**, Mailand, Italien, *Polymerisation von Diolefinen.* (**E. P. 916000** vom 5/2. 1959, ausg. 16/1. 1963. It. Prior. 11/2., 24/4. u. 20/5. 1958. — C. **1963**, 7564 [F. P. 1227292].)

2714 **United States Rubber Co.**, V. St. A. (Erfinder: **James Adelbert Reynolds**), *Teilchenvergrößerung in synthetischen Kautschukdispersionen.* (**F. P. 1214439** vom 3/12. 1958, ausg. 8/4. 1960. A. Prior. 10/1. 1958. — C. **1962**, 3652 [E. P. 841758].)

2715 **United States Rubber Co.**, New York, N. Y., übert. von: **James A. Reynolds**, Naugatuck, Conn., V. St. A., *Teilchenvergröberung von synthetischen Kautschukdispersionen.* (**A. P. 3081275** vom 10/1. 1958, ausg. 12/3. 1963. — C. **1962**, 3652 [E. P. 841758].)

2716 **United States Rubber Co.**, V. St. A. (Erfinder: **James Urquhart Mann**), *Herstellung plastischer kautschukartiger Massen.* (**F. P. 1221888** vom 21/1. 1959, ausg. 7/6. 1960. A. Prior. 14/2. 1958. — C. **1963**, 9141 [E. P. 850458].)

2717 **United States Rubber Co.**, V. St. A. (Erfinder: **Pliny Otto Fawney, George Herbert Brice** und **Paul Viohl**), *Vulkanisieren von Butylkautschuk mit Nitrophenolen.* (**F. P. 1233872** vom 17/8. 1959, ausg. 12/10. 1960. A. Prior. 7/10. 1958. — C. **1963**, 2256 [E. P. 859398].)

2718 **Régie Nationale des Usines Renault**, Billancourt, Frankreich, *Kobaltkomplex von Mercaptobenzthiazol.* (**E. P. 919109** vom 4/6. 1959, ausg. 20/2. 1963. F. Prior. 7/7. 1958. — C. **1961**, 18899 [F. P. 1201638].)

H_{13}. Ätherische Öle, Parfümerie, Kosmetik

2719 **Citronenöl-Produktion in der Welt. — Ein Überblick.** Ernest Guenther. (Perfum. essent. Oil Rec. **54**, 645—76, 1963; New York, Fritzsche Brothers, Inc.; engl.) — 61 Literaturangaben. H. Franzen 7262◇

2720 **Die fluorescierenden Bestandteile in den ölführenden Zellen der Citrusfrüchte.** Louis Peyron. (Soap, Perfum. Cosmet. **36**, 673—75, 1963; engl.; Riv. ital. Essenze, Profumi, Piante officin., Aromi, Saponi, Cosmet. **45**, 331—34, 1963; Grasse, Etabliss. Antoine Chiris, Labor.; ital.) — In den ölführenden Zellen von Citrusfrüchten konnten als fluorescierende Bestandteile bisher nachgewiesen werden: Bergapten, Citropten, Anthranilsäuremethylester, Methylanthranilsäuremethylester, Bergaptol, Umbelliferon u. Methylumbelliferon. — 33 Literaturangaben. H. P. Fiedler 7262◇

2721 **Abbaustudien an den Sesquiterpenen aus dem Öl von Piper longum.** K. L. Handa, M. C. Nigam und M. L. Sharma. (Parfümerie u. Kosmet. **44**, 261—62, 1963; Jammu-Tawi, India, Reg. Res. Labor.; dt.) — Aus dem äther. Öl von *Piper longum* wurden in einer Ausbeute von 15,5 bzw 11,1% zwei neue monocycl. Sesquiterpene Kp.$_{730}$ 235° u. 247°, isoliert. Auf Grund der Ozonolyse, der Dehydrierung u. der IR-spektrophotometr. Unters. werden versuchsweise Strukturformeln für die beiden KW-Stoffe entwickelt. H. P. Fiedler 7262◇

2722 **Neues Verfahren zur Herstellung von Kupfer-Chlorophyllin-Natrium.** M. Grimberg. (Riechstoffe u. Aromen **13**, 305, 1963; Paris, Univ.; dt.) — Das durch Rum. P. 41968 geschützte Verf. zur Herst. von *Cu-Chlorophyllin-Na* mit geringem Geh. an Mg-Chlorophyllin-Na ist dad. gek., daß Chlorophyll (I) in Glycerin oder Aceton gelöst, die Lsg. mit NH_4OH behandelt, das anfallende Mg-Chlorophyllin-NH_4 mit einer $CuSO_4$- oder Cu-Acetat-Lsg. gefällt, der Nd. filtriert, mit 96% A. im Verhältnis 1:10 suspendiert u. mit NaOH behandelt wird. Dank der schonenden Verf.-Bedingungen sind biolog. Eigg., Absorptionsmaxima u. Geruch des nach diesem Verf. gewonnenen, wegen seiner therapeut. Eigg. u. Farbkraft geschätzten, wasserlösl. I-Deriv. annähernd die gleichen wie die des nativen I. Die Chlorophylline werden in der Kosmetik als Zusätze zu Seifen, Cremes u. Zahnpasten verwendet. H. Sontag 7284◇

2723 **Haarlacksysteme und ihre Brauchbarkeit.** R. C. Harris. (J. Soc. Cosmet. Chemists **14**, 469—90, 1963; Wellington, England, Swallowfield Aerosols Ltd.; engl.) — Übersicht über die verschiedenen Bestandteile der Haarlacke: Lsgm. wie A., Isopropanol; Filmbildner wie Schellack, Äthylcellulose, Polyvinylpyrrolidon [PVP], Vinylacetat-Copolymere [VAC], PVP-VAC u. Acrylharze, über Ventile u. Behälter, die für Aerosol-Haarlacke Verw. finden. Geeignete Rezepte u. brauchbare Labor.-Meth. werden angegeben. Abschließend wird auf die Toxizität der Filmbildner u. die Entflammbarkeit der verwendeten Aerosoltreibstoffe näher eingegangen. — 31 Literaturangaben. J. Seidemann 7284◇

2724 **Waschmittel für Shampoos und Toilettepräparate.** K. R. Dutton und W. B. Reinisch. (Manufact. Chemist **34**, 4—10, 1963; engl.) — Übersicht. Bes. werden die Eigg. u. Einsatzmöglichkeiten der Sulfosuccinate (Condanol SB) in Shampoos u. Toilettepräpp. erörtert. K. Hinterauer 7284◇

2725 **Synthese von Guanidinthioglykolat und sein Einsatz in Kaltwellmitteln.** Albert Shansky. (Amer. Perfumer Cosmet. **78**, Nr. 8, 32—34, 1963; Rilling Dermetics Company; engl.) — Das neue Verf. ist dad. gek., daß durch Neutralisation von $ClCH_2COOH$ mit $NaHCO_3$ gewonnenes $ClCH_2COONa$ mit Thioharnstoff in wss. Lsg. umgesetzt, das ausgefällte Thiohydantoin in wss. NH_4OH (20% NH_3) aufgeschlämmt, die Aufschlämmung im Bombenrohr unter Druck auf 95—100° erhitzt u. überschüssiges NH_3 im Vakuum abdestilliert wird. Nach diesem Verf. gewonnenes *Guanidinthioglykolat* (I) zeichnet sich gegenüber nach dem bekannten Verf. durch Rk. von Guanidincarbonat mit Thioglykolsäure anfallendem I durch einen höheren Reinheitsgrad aus. Es wird gezeigt, daß die in Lsg. in Jonenform vorliegenden Verunreinigungen (CO_3^{2-}) eine puffernde Wrkg. ausüben, wodurch der zum Kaltwollen erforderlicher pH-Wert der Lsgg. verändert wird u. ihre Kaltwellwrkg. verloren geht. Vgl.-Unterss. von Kaltwell-Lsgg. auf Bais des nach dem neuen Verf. hergestellten I mit solchen auf Basis von Ammoniumthioglykolat (II) zeigen, daß zur Einstellung des zur Erzielung einer Kaltwellwrkg. erforderlichen pH-Wertes im Fall der II-Lsgg. ein merklich höherer Alkalizusatz nötig ist als bei den I-Lsgg.; infolgedessen sind Kaltwell-Lsgg. auf Basis von I weniger hautreizend als solche auf Basis von II. H. Sontag 7284◇

2726 **Reaktionen der Thioglykolsäure in Verbindung mit Haarkeratin.** H.-J. Henk. (Fette, Seifen, Anstrichmittel **65**, 94—95, 1963; Mülheim/Ruhr; dt.) — Übersicht über die beim Kaltwell-Verf. mit Thioglykolsäure auftretende Vielzahl an Umsetzungen. J. Seidemann 7284

2727 **Fette und Seifen in Aerosol-Verpackungen.** H. Kübler. (Fette, Seifen, Anstrichmittel **64**, 852—54, 1963; Weil/Rhein; dt.) — Übersicht über Zus. von Haarspray-Präpp., Sonnenschutz-Sprays, Aerosol-Rasiercremes. — 20 Literaturangaben. K. Hinterauer 7284◇

2728 **Neue Entwicklungen in der Aerosol-Technik.** Cl. Bauschinger. (Fette, Seifen, Anstrichmittel **65**, 424 bis 427, 1963; Frankfurt/Main, J. G. Mouson & Co., Aerosol-abt.; dt.) — Vortrag. Beschreibung neuer Techniken auf dem Gebiet der Aerosolabfüllung, der Arbeitsweise

eines Prüfbades für Aerosoldosen u. der charakterist. Merkmale der Kälte- u. der Druckfüllmethode.
H. P. Fiedler 7284◇

2729 **Frigen — das vielseitige Sicherheitstreibmittel — Einige Grundlagen.** B. Hoffmann. (Fette, Seifen, Anstrichmittel **65**, 427—31, 1963; Frankfurt(M)-Höchst, Farbwerke Höchst A. G., vorm. Meister Lucius & Brüning; dt.) — Besprechung der verschiedenen in Aerosol-Prodd. als Treibmittel verwendeten *Frigen*(I)-Typen u. -Gemische u. der Möglichkeiten der Errechnung des Dampfdruckes von I-Gemischen. Hieran schließen sich Betrachtungen über die Zus. der über fl. I-Gemischen befindlichen Dampfphase an. H. P. Fiedler 7284◇

2730 **Die Infrarot-Spektren von Jononen und Methyljononen.** Ernst T. Theimer, Willard T. Somerville, Bernard M. Mitzner und Seymour Lemberg. (Amer. Perfumer Cosmet. **78**, 27—31, 1963; International Flavors & Fragrances Inc.; engl.) — Die Spektren der isomeren Jonone u. Methyljonone werden an Hand der Kurvenbilder erläutert, wobei bes. auf die Eignung der IR-Spektroskopie zur Isomerieaufklärung dieser Verbb. hingewiesen wird. Heinz Sontag 7286

2731 **Unterscheidung des von Hand bzw. maschinell hergestellten ätherischen Citronenöles mittels Gaschromatographie.** Angelo Di Giacomo und Giuseppe Rispoli. (Essenze Deriv. Agrumari **32**, 260—73, 1962; Messina, W. Sanderson et Sons, Labor. Chim.; ital.) — Mittels Gaschromatographie kann Methylheptenon (I) als typ. Bestandteil des durch Handpressung gewonnenen äther. Citronenöles(II) nachgewiesen werden. I ist in durch maschinelle Pressung gewonnenem II nur in Spuren nachweisbar. Ferner kann nachgewiesen werden, daß in maschinell gewonnenem II der Geh. an Neral, Geranial u. Linalool deutlich red. ist. H. P. Fiedler 7286◇

2732 **Ätherische Öle. Bestimmung der botanischen und geographischen Herkunft von Frauenminzen-Ölen mittels Gaschromatographie- und Ultraviolett-Analyse.** D. Morison Smith, William Skakum und Leo Levi. (J. agric. Food Chem. **11**, 268—76, 1963; Ottawa, Canada, Food and Drug Direct., Dep. of National Health and Welfare; engl.) — Übersicht. — 25 Literaturangaben.
H. Franzen 7286◇

2733 **Über die Zusammensetzung des kalabrischen Neroliöles.** Maria Calvarano. (Essenze Deriv. Agrumari **33**, 5—21, 1963; Reggio Calabria, Centro Stud. Essenze C. N. R. Staz. Speriment.; ital.) — Untersucht wurden 6 Muster von im Jahre 1962 aus den Blüten von *Citrus aurantium Linn.*, subsp. *amara Linn.*, durch Wasserdampf-Dest. gewonnenen kalabr. Neroliölen; Ausbeute 0,94 g/kg Blüten. Kennzahlen: $D.^{15}$ 0,8751—0,8905, $[\alpha]_D$ — 0,8 bis + 6,10°, n_D^{20} 1,4695—1,4732, SZ. 1,25 bis 1,52, Ester-Geh. (berechnet als Linalylacetat) 11,98 bis 25,99%, Gesamtalkohole (berechnet als Linalool) 60,93 bis 78,30%, freie Alkohole (berechnet als Linalool) 49,14 bis 58,75%, Aldehyde (berechnet als C_{10}) 0,62—1,06%, Anthranilsäuremethylester 0—0,72%, Indol 0,08—0,10%, Löslichkeit in 80%ig. A. 1:1 bis 1:2. Die Proben wurden UV- u. IR-spektrophotometr. u. gaschromatograph. untersucht. Nachgewiesen wurden Linalool, d-α-Terpineol, Geraniol, Nerol, sämtlich frei u. verestert, ferner Phenyläthylalkohol, Nerolidol u. Farnesol, Anthranilsäuremethylester u. Methylanthranilsäuremethylester. Gaschromatograph. konnten 14,97(%) Gesamtterpene nachgewiesen werden, u. zwar 0,15 α-Pinen, 6,09 β-Pinen, 0,8 Myrcen, 5,25 d-Limonen, 0,15 γ-Terpinen u. 2,53 p-Cymol, ferner Nonylaldehyd u. Citral. — 21 Literaturangaben. H. P. Fiedler 7286◇

2734 **Das ätherische Öl von Salvia triloba.** Gaetano La Bruto. (Essenze Deriv. Agrumari **32**, 236—59, 1962; Messina, Univ., Fac. Econ. e Comm., Ist di Merceol.; ital.) — Untersucht wurde das äther. Öl von *Salvia triloba*, das aus der blühenden Pflanze durch Dest. gewonnen wurde; Ernte: April–Mai 1961 in Avola, Syrakus. Kennzahlen: $D.^{15}$ 0,9049, $[\alpha]_D^{20}$ — 3°15′, n_D^{15} 1,4498, SZ. 0,29, VZ. 15,79, VZ. nach Acetylierung 44,0, Ester-Geh. (berechnet als Linalylacetat) 5,53%, nach Acetylierung 15,41%, freie Alkohole 4,54%, Gesamtalkohole 20,84%, Ketone (berechnet als Thujon) 7,18—7,67%, Löslichkeit in 80%ig. A. 1:1. Die erhaltenen Kennzahlen werden mit denen verglichen, die für andere Salvia-Arten ermittelt wurden. — 34 Literaturangaben.
H. P. Fiedler 7286◇

2735 **Chemische Untersuchung des aus den Rhizomen von Alpinia galanga Willd gewonnenen Öles.** S. S. Nigam und C. Radhakrishnan. (Riechstoffe u. Aromen **13**, 293—98, 1963; Jodhpur, The Univ., Chemistry Dep.; dt.) — Das aus den Rhizomen der in Indien verbreitet vorkommenden u. in der Volksmedizin angewendeten Pflanze *Alpinia galagna Willd* gewonnene leicht gelbliche Öl wurde aus einer aus Bangalore stammenden Pflanze gewonnen. Es unterscheidet sich sowohl hinsichtlich seiner physikal. Kennzahlen als auch seiner chem. Zus. wesentlich von dem des Öles einer aus Java stammenden Pflanze, dessen physikal. u. chem. Prüfergebnisse bereits bekannt sind. Das Öl der aus Bangalore stammenden Pflanze ist durch folgende Werte gek.: spezif. Gew. 0,8743, $[\alpha]_D$ — 3,27°, n_D^{20} 1,4822, SZ. 4,6, VZ. 49,4. Chem. konnten *Cineol* (5,6%), *Methylcinnamat* (2,6%) sowie eine Anzahl nicht identifizierter Sesquiterpenverbb. in dem Öl nachgewiesen werden. Heinz Sontag 7286◇

2736 **Indische Tagetesöle.** I. C. Chopra, M. C. Nigam, L. D. Kapoor und K. L. Handa. (Soap, Perfum. Cosmet. **36**, 686—89, 1963; Jammu, India, Reg. Res. Labor.; engl.) — Untersucht wurden 4 Tagetes-Arten, die in Indien kultiviert werden: *T. patula* (Tp.), *T. erecta* (Te), *T. signata* (Ts) u. *T. minuta* (Tm). Ausbeute (bezogen auf Trockengewicht): 0,45 (%) Tp, 0,06 Te, 0,10 Ts u. 1,C0 Tm. Kennzahlen (sie werden für die 4 Arten in der gleichen Reihenfolge wiedergegeben): $D._{20}^{20}$ 0,8859, 0,9184, 0,8807 u. 0,8705; n_D^{20} 1,4979, 1,4944, 1,4905 u. 1,4954; $[\alpha]_D$ — 2,46°, — 3,00°, — 5,11° u. + 5,11°, SZ. 1,58, 3,54, 1,78 u. 0,37, EZ. 26,01, 31,73, 32,65 u. 20,23 u. Carbonylgeh. (berechnet als Tageton) 17,38, 13,90, 13,49 u. 45,30%. Zus. der Öle(%): Te: 32,0 d-Limonen(I), 25,6 Ocimen(II), 12,7 l-Linalylacetat, (III), 9,8 l-Linalool (IV), 6,2 Tageton(V) u. 2,4 n-Nonylaldehyd; Ts: 18,4 Aromadendren(VI) 13,5 V, 11,0 II, 9,1 Phenyläthylalkohol (VII), 8,8 α-Terpineol, 3,6 Eudesmol (VIII), 2,7 I u. 2,1 Phenyläthylmethyläther; Tm: 17,3 VI, 15,4 V, 15,4 VII, 15,0 II, 7,9 Salicyldehyd, 3,5 Phenylacetaldehyd, 3,5-Hexen-(2)-al-(1), 2,2 VIII, 1,8 III u. 5,0 einer nichtidentifizierten Carbonyl-Verb., ferner Spuren von I u. IV; Tp: 40,38 V, 21,14 IV, 14,03 I, 13,75 III u. 8,50 II.
H. P. Fiedler 7286◇

2737 **Tenside für kosmetische Zubereitung und ihre qualitative Beurteilung.** F. J. Gohlke. (Fette, Seifen, Anstrichmittel, **65**, 753—55, Nr. 9, 1963; Frankfurt/M.; dt.) — Es wird eine von H. Wilmsmann u. A. Marks (Fa. Ondal GmbH, Darmstadt) modifizierte Schaum-Best.-App. nach Schlachter-Dierckes beschrieben, bei der eine mit konst. Geschw. sich drehende Perlonbürste den Schaum erzeugt u. die es gestattet, das Anschäumvermögen (aus der Verschäumzeit), das Schaumvol., die Schaumviscosität (aus dem Viscositätsverh. im Strukturviscosimeter nach E. Helmes), die Schaumbeständigkeit bzw. Entwässerung u. die Fettbelastbarkeit eines Shampoos zu beurteilen. Das Viscositäts-Verh. bzw. die Verschäumzeiten (150 ml 1%ig. Lsg. auf 1500 ml Schaum bei 40°) ohne u. mit Fettbelastung für Na-Stearat-Aerosol-Schaum, Na-Oleat-Shampoo-Schaum, Cocosfettsäuresarkosid (Medialan KF), Na-Cocosfettsäuremethyltaurid (Hostapon CT Teig; I, eine Kombination aus 80% I u. 20% Na-Stearinfettsäuremethyltaurid (Hostapon STT Teig), Na-Laurylalkoholäthersulfat (Genapol LRO) u. Triäthanolamin-Laurylalkoholsulfat (Genapol LRT) werden angegeben. I. Ohme 7294◇

2738 Sunkist Growers, Inc., Los Angeles, übert. von: Horton E. Swisher, Upland, Calif., V. St. A., **Verfestigen von ätherischen Ölen.** Fester Stärkesirup wird mit Glycerin u./oder einem ungiftigen Glykol bis zur Verflüssigung erhitzt, mit einem Emulgator, wie einem Mono- oder Diglycerid des Na-Sulfoacetats, u. dem äther. Öl vermischt u. nach dem Abkühlen zerkleinert. — Verf.-Schema. (**A. P. 3041180** vom 11/10. 1957, ausg. 26/6. 1962.) C. Lüttgen 7263

2739 Givaudan Corp., New York, N. Y., übert. von: Habib-Emile Eschinazi, Montclair, N. J., V. St. A., **L-Methyl-[4-isopropyl-1-cyclopentyl]-keton** (I), $Kp._3$ 80 bis 81°; lange Nadeln, F. 17,5°; n_D^{20} 1,4720; $[\alpha]_D^{20}$ −18°, erhält man durch Ozonisieren von z. B. 205 (g) p-Menthen in 205 Essigsäure mit einem Strom von O_2, der ca. 70 bis 75 mg O_3/Liter enthält, bei −70 bis +50°, Zers. des gebildeten Ozonids mit z. B. 80 Zn-Pulver u. 750 cm^3 W. bei 0−100°, bes 30−35°, Extraktion der unteren Schicht mit Bzl. (100 cm^3), Waschen der organ. Schicht mit W. u. 100 cm^3 einer 20%ig. Na_2CO_3-Lsg. u. gesätt. NaCl-Lsg., Abdampfen des Bzl., Vakuumdest., Erhitzen von z. B. 100 des gebildeten *L-3-Isopropyl-6-oxoheptanals*, $Kp._3$ 98−100°; n_D^{20} 1,4515; $[\alpha]_D^{20}$ −6°; IR-Absorptionsbanden bei 5,85; 6,85; 7,1; 7,25; 7,35 u. 8,6 μ; Ausbeute 150−160, mit wss. Alkali oder wss. Säure, z. B. 1 p-Toluolsulfonsäure, in 100 cm^3 Bzl. oder 750 cm^3 10%ig. H_2SO_4, bes. unter Rückfluß u. Abtrennen von z. B. 75 des Rk.-Prod. durch Destillation. — *Zwischenprod.* zur Herst. von *Riechstoffen* mit bes. blumiger Note. — Zum Beispiel kann I in Ggw. eines Cu-Chromit-Katalysators bei 250−400 lbs./sq. in. u. 150° zu *L-1-[3-Isopropylcyclopentyl]-1-äthanol*, $Kp._2$ 69°; n_D^{20} 1,4568; $[\alpha]_D^{20}$ −8°; riecht lilienähnlich; *Acetat*, $Kp._3$ 82°; n_D^{20} 1,4407; $[\alpha]_D^{20}$ −6°30′; riecht ähnlich wie Linalylacetat, hydriert werden. — Red. von 200 I in 400 cm^3 Ae. mit 15 $LiAlH_4$ in 400 cm^3 Ae. liefert *1-[4-Isopropyl-1-cyclopentenyl]-1-äthanol*, $Kp._3$ 70°; n_D^{20} 1,4670; $[\alpha]_D^{20}$ −3°; riecht terpineol-, minzeartig. — Hydrieren von 200 I bei 60−80° u. 200 bis 250 lbs./sq. in. in Ggw. von 2 eines 5%ig. Pd–C-Katalysators liefert *Methyl-[3-isopropylcyclopentyl]-keton*, $Kp._3$ 56°; n_D^{20} 1,4471; $[\alpha]_D^{20}$ 3°; riecht rosenähnlich, beim Verdünnen nach Orangenblüten. — (**A. P. 2946823** vom 28/4. 1958, ausg. 26/7. 1960.) R. Hauß 7277

2740 Colgate-Palmolive Co., New York, N. Y. übert. von: Robert James Mehaffey, River Edge, N. J., V. St. A., **Transparentes flüssiges Hautpflegemittel,** welches Gase, wie O_2, eingeschlossen enthält, dad. gek., daß man z. B. 5 (Teile) Polyglykol, 8 A., 2 eines nicht-ion. oberflächenakt. Mittels, bes. Polyalkylanäther von höheren Fettalkoholen, ggf. zusammen mit einem Lichtschutzmittel z. B. 2.2′.4.4′-Tetrahydroxybenzophenon, innig vermischt, das Gemisch mit einem Carboxyvinyl-Polymer, bes. dem Mischpolymerisat aus Acrylsäure u. dem Polyallyläther der Saccharose, in einer Menge von 30 als 1%ig. Lsg., sowie mit 6 in Form einer 2%ig. Lsg. eines Mischpolymerisats aus Methylvinyläther u. Maleinsäureanhydrid u. 45 W. versetzt, die Lsg. homogenisert u. mit NH_4OH auf ein pH von 6,1 einstellt. Das Prod. wird mit N_2, Schwefelhexafluorid oder O_2 imprägniert. (**A. P. 3011950** vom 19/5. 1959, ausg. 5/12. 1961.) W. Heyer 7285

2741 Colgate-Palmolive Co., New York, N. Y., übert. von: Ling Wei, East Brunswick, N. J., V. St. A., **Hautpflegemittel,** enthaltend als Wirkstoff in einer Öl-in-W.-Emulsion, hergestellt z. B. aus 1,5 (%) eines quatern. NH_4-Salzes, 0,5 Polyäthylenglykol 1500, 5 Propylenglykol, 0,03 Polyalkylenester, 80 W. (Lsg. A) u. 1 Mineralöl, 0,5 Lanolin; 0,5 Cetylalkohol, 1 Polymethylsiloxan u. 1 Äthylenoxid-Fettalkohol (Lsg. B), *Gluconsäuregluconat* oder *Gluconsäurelacton*. Die Emulsion wird auf pH 3−6 abgepuffert. (**A. P. 3060096** vom 14/7. 1959, ausg. 23/10. 1962.) W. Heyer 7285

2742 Kolmar Laboratories, Inc., Milwaukee, Wis., V. St. A., übert. von: Otto Karl Jacobi, Wiesbaden, **Hautpflegemittel** zur Erhaltung des Hautturgors u. Normalisierung des Wassergeh. der Haut, enthaltend in einer geeigneten Hautcremegrundlage 1−95% einer wasserlösl. Wirkstoffsubstanz, die aus keratinhaltigem Material, wie Rinderhufe, Rinderhorn oder Nägeln, gewonnen wurde. Die Substanz wird z. B. wie folgt erhalten: 100 (g) gemahlene Rinderhufe werden mit 1000 W. unter Rückfluß auf ca. 55° ca. 8 Std. erwärmt, die wss. Lsg. wird abgetrennt, ein gleiches Vol. CCl_4 zugesetzt, erneut ca. 5 Std. unter Rückfluß bei ca. 50° erhitzt u. die von dem CCl_4 befreite wss. Lsg. mit NH_4OH auf ein pH von ca. 9 eingestellt. Das pH der Lsg. wird dann mit CH_3COOH auf ca. 7,2 gebracht, die dabei ausfallenden Schwefelverbb. werden durch Filtration entfernt, die klare Lsg. wird im Vakuum auf einen Feststoff-Geh. von ca. 70% gebracht u. das Konzentrat in A. gelöst. Geht man von zerkleinertem Rinderhorn aus, so extrahiert man 200 (g) davon mit 2000 80%ig. CH_3OH, bei ca. 50° entfernt aus dem Extrakt den CH_3OH durch Dest., versetzt den Rückstand mit Ae. unter Erwärmen auf ca. 40° u. arbeitet die wss. Lsg. wie beschrieben bei den angegebenen pH-Werten auf. (**A. P. 3033755** vom 14/4. 1961, ausg. 8/5. 1962.) W. Heyer 7285

2743 Dover Chemical Corp., übert. von: Robert S. Cohen, Dover, Ohio, V. St. A., **Handeinreibemittel,** bes. für Sportler, welches beim Waschen oder durch Feuchtigkeit nur schwer entfernt wird, enthaltend als Wirkstoff ein *chloriertes Paraffin* mit 18−22 C-Atomen u. einem Cl-Geh. von ca. 60% zusammen mit koll. SiO_2 als Trägermasse. (**A. P. 3035988** vom 19/3. 1958, ausg. 22/5. 1962.) W. Heyer 7285

2744 Doris Williams, und Edwin W. Williams, New York, N. Y., V. St. A., **Mittel zum Härten der Fingernägel,** enthaltend ein wss. Lsg. 1−5(%) Al-, Zn- oder Sr-Salz in Form des Sulfats, Chlorids oder Acetats sowie 1−25 Glycerin, Äthylen- oder Propylenglykol. (**A. P. 3034966** vom 9/2. 1959, ausg. 15/5. 1962.) W. Heyer 7285

2745 Evelyne Wenden, Salisbury, Süd-Rhodesien, **Enthaarungspaste,** bestehend aus $\geq$60(%) Zucker u. $\leq$40 W., Glycerin u. Citronensäure oder Citronensaft. Die Masse wird im erwärmten Zustand auf die Haut gestrichen u. nach dem Erhärten mit den eingeschlossenen Haaren abgerissen. — (**E. P. 901624** vom 30/1. 1961, ausg. 18/7. 1962. Prior. der Föderation von Rhodesia u. Nyasaland 5/11. 1960.) C. Lüttgen 7285

2746 Colgate-Palmolive Co., New York, N. Y., V. St. A., **Flüssiges Haarwaschmittel,** das einen wasserlösl. anion. oder nichtionogenen waschakt. Stoff in wss. Lsg. enthält, gek. durch einen Geh. an Glycerin oder Sorbit als Gefrierschutzmittel. (**E. P. 911214** vom 6/9. 1961, ausg. 21/11. 1962. A. Prior. 28/10. 1960.) C. Lüttgen 7285

2747 A/B Catzy Produkter, Åstorp, Schweden, **Mittel zum Legen der Haare.** Man verwendet eine wss. Lsg. von stark depolymerisiertem Pektin in einer Konz. von 0,1−10, bes. 1−2%, der 25−50% Zucker, bezogen auf das Pektingew. sowie A. zugesetzt werden. (**Norw. P. 98199** vom 11/3. 1960, ausg. 26/6. 1961. Schwed. Prior. 16/3. 1959.) K. H. Kähler 7285

2748 Thomas Hedley & Co. Ltd., Newcastle-upon-Tyne, England, **Mittel zum Kaltwellen,** enthaltend 10 (Teile) einer Mercaptoverb., bes. Thioglykolsäure (I) u. Mercaptopropionsäure, 1−10 einer Verb. der allg. Formel X–Z–Y[X u. Y = $-CONH_2$ oder $-C{\equiv}N$, Z = $-CH(CH_3)CH_2-$, $-CH_2CH(CH_3)CH_2-$, $CH(CH_3)CH_2CH_2-$ oder $-(CH_2)_n-$, n = 1−4, wenn X u. Y = $-C{\equiv}N$, n = 2], bes. Malon-, Adipin-, Glutarsäureamid oder Bernsteinsäureamid oder -nitril, u. einen alkal. Stoff, der der Gebrauchslösung einen pH-Wert von 7−10 erteilt u. $\geq$0,6% I äquivalent ist, bes. NH_4OH, Mono-, Diäthanolamin, 2-Amino-2-methyl-1.3-propandiol u./oder Tris-(hydroxymethyl)-aminoäthan. (**E. P. 902888** vom 31/12. 1959, ausg. 9/8. 1962. A. Prior. 31/12. 1958.) C. Lüttgen 7285

2749 L'Oréal, Paris, Frankreich, **Färben von Haaren** durch Behandeln mit einer wss. Lsg. von Diketonen, bes. 1.2-Diacetylbenzol, 4-Nitro-1.2-diacetylbenzol, 5.6-Dimethoxy-2-acetylpropiophenon u. 1.2-Diacetylcyclohexen-(4) u. ggf. einer Lsg. einer Aminoverb., z. B. Äthanolamin, $(NH_4)_2CO_3$, Äthylendiamin, Piperazincarbonat. (**E. P. 911210** vom 2/6. 1961, ausg. 21/11. 1962. F. Prior. 2/6. 1960.) C. Lüttgen 7285

2750 **F. Hoffmann-La Roche & Cie. Soc. An.**, Schweiz (Erfinder: **Joseph Donald Surmatis**), *Polyolefinische Alkohole und Ester*. (**F. P. 1180351** vom 30/7. 1957, ausg. 3/6. 1959. A. Prior. 30/7. u. 13/8. 1956. — C. **1963**, 15250 [E. P. 814636].)

2751 **Dr. Vogt & Co. Chemische Fabrik**, Deutschland, *Silberhaltige kosmetische Präparate*. (**F. P. 1288489** vom 3/5. 1961, ausg. 8/8. 1962. D. Prior. 4/5. 1960. — C. **1962**, 8820 [D. A. S. 1120636].)

2752 **Bristol-Myers Co.**, V. St. A. (Erfinder: **John Joseph Clarey**) *Kosmetische Mittel*. (**F. P. 1287303** vom 18/5. 1956, ausg. 30/7. 1962. A. Prior. 20/5. 1955. — C. **1960**, 16963 [D. A. S. 1063761].

2753 **Dr. Karl Thomae G. m. b. H.**, Deutschland, *Schönheitscremes aus Organextrakten.* (**F. P. 1287310** vom 18/10. 1958, ausg. 30/7. 1962. D. Prior. 21/10. 1957 u. 10/9. 1958. — C. **1959**, 16734 [D. A. S. 1061035], u. C. **1961**, 11925 [D. A. S. 1099129].)

2754 **Ella Elisabeth Baché-Brummer** geb. **Laszlo**, Seine, Frankreich, *Haarentfernungsmittel.* (**F. P. 1287305** vom 28/5. 1957, ausg. 30/7. 1962. — C. **1959**, 6319 [D. A. S. 1036472].)

H_{14}. Zucker, Kohlenhydrate, Stärke

2755 **Enzymatisch-spektrophotometrische Bestimmung von Rohrzucker in U. S. P.-Sirupen.** J. P. Comer und H. F. Brickley. (Analytic. Chem. **31**, 109—10, 1959; Indianapolis, Ind., Eli Lilly and Co., Anal. Dep.; engl.) — 5 ml Sirup werden mit 25 ml W. verd. u. nach Zusatz von 5 ml konz. HCl 30 Min. lang auf dem Dampfbad hydrolysiert. Die Lsg. wird verd. u. auf pH 5,6 eingestellt. Je 1 ml verschiedener Verdünnungen des Hydrolysats wird mit 1 ml einer Enzym-Lsg. (2900 Einheiten Glucoseoxydase, 0,125 g Dianisidincitrat, 0,200 g Citronensäure u. 1,20 g Na-Citratdihydrat in 500 ml Lsg.) versetzt. Nach genau 10 Min. wird die enzymat. Rk. durch Zusatz von 1 ml HCl (1:1) unterbrochen. Die Extinktion bei 400 mμ wird mit der von entsprechend behandelten Glucose-Standard-Lsgg. verglichen.
W. Betcke 7476◇

2756 **Präparative Untersuchung über die Oxydation der Maisstärke zwecks Gewinnung von Zuckersäure.** Romuald Bogoczek und Czesława Troszkiewicz. (Zeszyty naukowe Politechn. Śląskiej, Chem. **1961**, Nr. 5, 77—89; Gliwice, Politechn. Śląska, Kat. Chem. ogóln. organ.; pol.) — Stärke wird mit HNO_3 bei 85° zu d-Zuckersäure (**I**) oxydiert. Die **I**-Ausbeute nimmt mit abnehmender HNO_3-Konz. zu. Bei < 17% oxydiert HNO_3 nicht mehr. Mit 17%ig. Säure wird die maximale Ausbeute von 42% erreicht. Dabei werden 2 Mol HNO_3/Mol Glucose-Einheit verbraucht. Die Oxydation verläuft nur dann leicht, wenn techn. HNO_3 verwendet wird. Zusatz von Fe_2O_3 oder V_2O_5 zur chem. reinen Säure hat keine katalyt. Wirkung. Die **I**-Ausbeute kann auf 72% gesteigert werden, wenn vorgelegte 20%ig. HNO_3 auf 60° erwärmt wird u. die Rk. beim Abklingen immer wieder durch kurzes Heizen in Gang gehalten wird. Bei dieser Meth. werden 5 Mol HNO_3/Mol Glucose-Einheit verbraucht.
F. Urban 7448◇

H_{15}. Gärungsindustrie

2757 **Die Beurteilung des Hopfens.** 8. Mitt. **Anmerkung zur Bereitung von Extrakten bei der Bestimmung der α-Säuren.** J. R. Hudson. (J. Inst. Brewing **65** ([N. S.] **56**), 422—23, 1959; Nutfield, Surrey, Brew. Ind. Res. Found.; engl.) — 7. vgl. C. **1961**, 688. — 15 g Hopfen werden in einer Dose (Durchmesser u. Höhe je ca. 12 cm) mit 100 ml Toluol u. ca. 12 Keramikkugeln (Durchmesser ca. 2,5 cm, Gew. ca. 16 g) nach Entfernen der Luft durch Stickstoff u. Verschluß durch einen dichten Deckel 3 Min. lang von Hand geschüttelt. Bei unvollständiger Zerkleinerung wird das Schütteln 2 Min. lang wiederholt. Nach Filtration durch Glaswolle wird ein aliquoter Teil zur konduktometr. oder (gegebenenfalls mit Bzl. als Lsgm.) zur spektrophotometr. Best. der α-Säuren verwendet. Die Übereinstimmung mit der normalen Mazeration war sehr gut.
H. G. Schultze-Berndt 7598◇

2758 Chr. Hansen's Laboratory, Inc., Milwaukee, übert. von: Hans E. Dan, Wauwatosa, Wis., V. St. A., **Gewinnung von Leberkatalase,** dad. gek., daß man das zerkleinerte Gewebe mit n-Butyl-, sek.-Butyl-, Isobutyl- oder tert.-Butylalkohol mischt, dann nacheinander Chlf. u. W. zumischt u. die Katalase beim ursprünglichen pH der Leber extrahiert. Man mischt z. B. 10 lbs. Ochsenleber bei Raumtemp. mit 900 (ml) n-Butanol, rührt 10 Min., setzt 900 Chlf. zu, rührt 10 Min., setzt 4500 W. zu, läßt die Masse unter zeitweisem Rühren 2 Std. stehen, gießt sie in Kanevasbeutel, preßt 6600 Fl. ab, verwirft davon 260 organ. Phase, fällt den trüben braunen Extrakt mit 4400 Aceton, zentrifugiert den Nd. (Katalase u. etwas Protein) ab, suspendiert ihn in 1000 5%ig. Kochsalz-Lsg. u. zentrifugiert das ungelöste Protein nach 2 Std. von der Katalase-Lsg. ab. Verw. bei der Herst. von Lebensmitteln u. in der Pharmakologie. (**A. P. 2992167** vom 27/2. 1959, ausg. 11/7. 1961.)
G. Vogel 7509

2759 Brewing Patents Ltd., London, und James Richard Allan Pollock, Nutfield, Surrey, England, **Erzeugung von Gerstenmalz,** dad. gek., daß man die Gerste bis zu einem Wassergeh. von mindestens 30% weicht, die Keime auf ca. $^1/_4$ bis $^1/_2$ der üblichen Länge wachsen läßt, das angekeimte Gut nochmals weicht u. wie üblich darrt u. putzt. — Beispiele. (**E. P. 881248** vom 23/3. 1959, ausg. 1/11. 1961.) G. Vogel 7541

2760 Heinr. Auer Mühlenwerke KG. auf Aktien, Köln, **Hopfen von Bierwürze,** dad. gek., daß Aufschlämmungen von Hopfen in einer Teilmenge Würze bei möglichst kurzer Verweilzeit, bes. bei mäßig erhöhter Temp. (z. B. 50—100°), durch unter der Bezeichnung Kreiselgeräte bekannte hochtourige (ca. 3000 U/min) Rotationszerkleinerungsgeräte geführt werden, die aus einem feststehenden Stator u. einem umlaufenden Rotor oder aus 2 mit verschiedener Geschw. in gleicher oder entgegengesetzter Richtung rotierenden Teilen bestehen. In ihrer Wrkg.-Zone wird das Gut durch wechselnde Spannungs- u. Entspannungsvorgänge in eine Würze-Hopfen-Dispersion übergeführt, u. diese wird zur Hopfung der Würze im Brauereibetriebe verwendet. — Zeichnung. (**Oe. P. 214880** vom 9/3. 1957, ausg. 25/4. 1961. D. Prior. 7/4. 1956.) T. Oppermann 7545

2761 Ernst Komm, München. **Zubereitung von Maische** für die Herst. von Gärungsgetränken, bes. *Bier*, aus Malz, dad. gek., daß 10—30% des zur Einmaischung gelangenden Malzes durch ein Prod. ersetzt werden, welches erhalten wird, wenn man das gesamte Gersten- u. bzw. oder Weizenkorn ohne schälmühlentechn. Vorbehandlung ganz, geschrotet oder vermahlen in W. von ca. 40—60° kurze Zeit einrührt, wobei die Wassermenge bes. die 3—5fache Menge des Getreidegutes beträgt, u. die erhaltene wss. Suspension in dünner Schicht kurzzeitig indirekt auf Temp. etwa im Temp.-Bereich gespannten Wasserdampfes von 6—10 at unter Verdampfung des W. bis zum Erhalten eines Trockenprod. erhitzt. (**Oe. P. 212246** vom 25/5. 1954, ausg. 12/12. 1960. D. Prior. 29/5. 1953.) T. Oppermann 7551

2762 Dominion Breweries Ltd., (Erfinder: Morton William Coutts), **Herstellung von Bier und Ale.** Vor dem Abfüllen wird Bier gefroren, wieder aufgetaut (Wärmeaustauscher), ggf. mit Filterhilfsmitteln, wie Bentonit oder Asbest, versetzt u. durch Filtrieren von geschmacksabträglichen, durch das Gefrieren koagulierten Bestandteilen befreit. (**Aust. P. 224576** vom 19/8. 1958, ausg. 5/11. 1959. Neuseeländ. Prior. 26/8. 1957.) H. Möllering 7551

2763 Hunt Foods, Inc., Fullerton, übert. von: Ernst Mayer, Hayward, Calif., V. St. A., **Erzeugung von Essigsäure und Essig,** dad. gek., daß man ein A.–W.-Gemisch fortlaufend einer nahezu völlig vergorenen, W., Essigsäure (**I**) u. Acetobacter enthaltenden Fl. zufließen läßt, an der Stelle des Lufteintritts im Essigbilder (durch die Achse des Rührwerks) so heftig rührt, daß die Luft durch Kavitations-Wrkg. sofort in der Fl. in optimaler Menge verteilt wird u. die Fl. rasch zirkuliert, den Ablauf der **I**-Lsg. auf den Zulauf des A.–W.-Gemisches abstimmt u. bes. im ganzen Syst. eine Temp. zwischen 80 u. 95°F einhält. — Man füllt z. B. einen 3400-(Gallonen)-Bilder mit vergorenem Apfelsaft, der 6% A. u. eine Acetobacter-Kultur enthält, rührt mit ca. 600 U/min, führt 200 cubic feet/min Frischluft zu, so daß 300 Gär-Fl./min umlaufen u. das Gut schließlich eine Konz. von ca. 60 Gran („grains") **I** besitzt, beginnt dann mit dem Zulauf des A.–W.-Gemisches (aus Apfelsaft gewonnen) u. zieht entsprechend dem Zulauf 0,75 Fl./min ab. Der **I**-Bilder kann monatelang arbeiten. Als Rohstoffe sind noch Destillate aus Malz- oder Maismaischen u. Wein genannt. — Zeichnung. (**A. P. 2997424** vom 11/9. 1958, ausg. 22/8. 1961.) G. Vogel 7565

2764 Miles Laboratories, Inc., übert. von: Leonard B. Schweiger, Elkhart, Ind., V. St. A., **Gewinnung von Aspergillus niger-Sporen für die submerse Citronen-**

säuregärung, dad. gek., daß man mit W. benetzte Maiskleie steril mit solchen Sporen impft u. die Kultur in Ggw. von Luft vermehrt. Man schüttelt z. B. 1200 g Maiskleie u. ca. 1 Liter dest. W. in einer Flasche, sterilisiert diese mit dem Inhalt 1,5—2 Std. im Autoklav mit Dampf von 20 psi., kühlt bis unterhalb 50°, zerteilt die Kleieklumpen durch Schütteln, führt eine Suspension von auf Agar gezüchteten Sporen in 200 ml dest. W. u. etwas Netzmittel (Sorbitanmonooleat) asept. in die Flasche ein, leitet bei ca. 28—30° 7—14 Tage bei 1 U/Tag sterile Luft ein, zerteilt die Masse nach Zusatz von 12 Litern dest. W. u. 10 ml Netzmittel durch Schütteln u. führt sie dem Gärbottich zu. — Zeichnung. (**A. P. 3000791** vom 25/3. 1958, ausg. 19/9. 1961. **E. P. 885747** vom 17/3. 1959, ausg. 28/12. 1961. A. Prior. 25/3. 1958.) G. Vogel 7579

2765 Eli Lilly & Co., übert. von: Bernard Malin, Indianapolis, Ind., V. St. A., **l-Tryptophan** erhält man durch aerobe submerse Vergärung Indol (**II**) enthaltender Nähr-Lsgg. mit Pilzen der Klassen *Ascomyceta*, *Basidiomyceta*, *Fungi imperfecti* oder *Phycomyceta*, indem man der Würze 0,01% **II** zusetzt u. **II** während der Gärung ergänzt, bis die Würze mehr als 0,1% *l-Tryptophan* (**I**) enthält. Als Pilze sind *Claviceps purpurea*, *Rhizopus oryzae*, *Ustilago avenae* u. *Cladiosporium* bes. genannt. Man bringt z. B. eine vegetative Kultur von *Claviceps purpurea* (Stamm C-IM = NRRL 2583) steril in 20 Liter einer Nähr-Lsg., die 0,508(%) $Na_2HPO_4 \cdot 12H_2O$, 0,2 $(NH_4)_2SO_4$, 0,294 KH_2PO_4, 0,01 $CaCl_2$, 0,05 $MgSO_4$, 0,01 $FeSO_4 \cdot 7H_2O$, 2 Dextrose, 0,15 Glycin u. 0,1 μg Biotin in dest. W. enthält, gärt bei 26° u. pH ca. 6,4—6,5 unter dauerndem Rühren u. Belüften, setzt nach 48, 70, 96 u. 120 Std. (nach Verbrauch des **II**) jeweils eine Lsg. von 2 g **II** in 125 ml 95%ig. A. u. 375 ml dest. W. zu u. unterbricht die Gärung nach 146 Std. Gesamtzeit bei einem Endvol. von 12 Litern. Eine Probe mit *L. arabinosus* zeigt, daß aus 8 g **II** 6 g **I** (= 500 mcg./ml) entstanden sind. Man digeriert die vergorene Lsg. bei pH ca. 4,8 mit akt. Kohle, filtriert die Masse, eluiert aus dem gewaschenen Filterkuchen **I** bei pH 9,6—9,7 mit Butanol-W.-A.-Mischung, löst das eingedampfte Eluat mit 80%ig. A. u. krist. daraus bei 0° 97 mg nahezu reines **I** (aus 1200 ml Gär-Lsg.), oder man lyophilisiert die filtrierte vergorene Fl. u. gewinnt 628 mg Pulver mit 4,9% **I** (aus 40 Litern Gärfl.). Zusatz für *Schweine-* u. *Geflügelfutter*. — Mengenbeispiele u. Tabellen für vorst. genannte Pilze mit verschiedenen Nährlsgg., Gärzeiten usw. (**A. P. 2999051** vom 6/2. 1957, ausg. 5/9. 1961.) G. Vogel 7579

2766 Imperial Chemical Industries Ltd., London, übert. von: Christopher Towers Calam und Ian Stewart Nixon, Alderley Park, Macclesfield, England, **Erzeugung von Gibberellinsäure (I)** durch Vergären eines Nährsubstrats mit einem akt. Stamm von *Gibberella fujikuroi*, dad. gek., daß man als N-Quelle pflanzliche Mehle verwendet. Genannt sind bes. Soja-, Weizen-, Leinkuchen- u. Baumwollsaatmehl. Man stellt einen Ansatz aus 120 (g) Glucosemonohydrat (**II**), 4,8 NH_4NO_3, 1 $MgSO_4$, 5 KH_2PO_4, 0,01 $FeSO_4 \cdot 7H_2O$, 0,01 $MnSO_4 \cdot 4H_2O$, 0,01 $ZnSO_4 \cdot 7H_2O$, 0,001 $CuSO_4 \cdot 5H_2O$ im Liter her, impft die wss. Lsg. mit dem Stamm *Gibberella fujikuroi* Nr. 917 bei 24°. Die Hauptmaische (30 Liter wss. Lsg.) enthält 6000 **II**, 30 $MgSO_4$, 30 NH_4NO_3, 150 KH_2PO_4, je 0,3 der vorst. Fe-, Mn-, Zn- u. Cu-Verbb. u. Maisweichwasser mit 450 Trockensubstanz. Die Ausbeute beträgt z. B. nach 12 Tagen 547 mg **I**/Liter im Vgl. zu 431 mg **I**/Liter bei Verw. von zusätzlichem NH_4NO_3 an Stelle von Maisbestandteilen. — Mengenbeispiele, Tabellen für Ausbeuten u. Nährlsgg. im Vgl. mit anderen organ. N-Quellen (Hefe- u. Fleischextrakt, Pepton). (**A. P. 2990337** vom 29/8. 1958, ausg. 27/6. 1961. **Ind. P. 65063** vom 26/8. 1958, ausg. 26/4. 1961. Beide E. Prior. 9/9. 1957.) G. Vogel 7579

2767 Oil Seed Products, Inc., Lethbridge, Alberta, Canada, übert. von: Kenneth J. Goering, Bozeman, Mont., V. St. A., **Erzeugung von Galakturonsäure** aus Samen von Kreuzblütlern, z. B. der Arten *Brassica* (gelber u. brauner Senf, Raps), *Cochlearia* (Meerrettich), *Raphanus* (Rettich) oder *Tropaeolum* (Kresse), dad. gek., daß man in den vom Öl befreiten Rückständen die Glucoside hydrolysiert, die Maische mit Dampf dest., die abgetrennte Fl. mit Backhefe vergärt u. aus der vergorenen Fl. *Galakturonsäure* (**I**) gewinnt. Man mischt z. B. Ölkuchen (aus reifem Senf) mit der 6fachen Wassermenge von 50°, rührt ca. 1 Std. bei 50° in einem Gefäß mit Kondensator, so daß das Glucosid Sinigrin bei pH 5,1—5,5 (Optimum für Myrosin) hydrolysiert wird u. ein flüchtiges Öl (Allylisothiocyanat) übergeht, erhitzt die Maische auf 90—100°, treibt bei 100° die flüchtigen Öle usw. (ca. 10—30 Min.) ab, trennt die festen Rückstände ab, setzt mit der wss. Lsg. wie vorst. wiederholt Senfmaischen an, bis man eine dicke Lsg. mit ca. 8—10% Aminosäuren, 20—25% Kohlenhydraten, bes. Glucose u. Saccharose (im Verhältnis 3:5) u. wenig (gärfähige) Tri- u. Tetrasaccharide sowie **I**, erhält, stellt mit Backhefe an, belüftet die Maische ca. 4—6 Std. bei 30°, bes. unter Zusatz von wenig Harnstoff, zentrifugiert die Hefezellen, filtriert nach Kochen die gefällten Proteine ab u. verdampft die Lsg. im Vakuum zur Trockne; Ausbeute 1,6% 90%ig. **I** aus 100 Anstellwürze. Man kann auch eine vergorene Fl. aus 1 Liter Anstellwürze zentrifugieren, die Fl. mit 3,84 g $SrCO_3$ bei 70° umsetzen, nach Zusatz von 2,21 g $NaHCO_3$ kochen, klären, durch Vakuumdest. bei Temp. bis 50° auf ca. 250 ml eindampfen, kühlen u. bei ca. 4° mit einem Sr-Galakturonatkristall impfen $\rightarrow$ 17,5 g Kristalle = 61,5% Ausbeute. Die Mutterlauge führt man zu einer vergorenen Fl. zurück. Man kann die vergorene u. geklärte Fl. auch auf 30° kühlen, durch einen Ionenaustauscher („Amberlite IR 4 B" mit Cl-Ionen-Kreislauf) führen, die Säule mit W. waschen, **I** mit ca. 200 ml 0,1 n Salzsäure eluieren (95% Ausbeute), das Eluat auf ca. 5 ml einengen, den Sirup auf 4° kühlen u. mit wenigen **I**-Kristallen impfen, so daß 64% der **I** kristallisieren, u. die Mutterlauge einem Eluat zuführen. (**A. P. 2987448** vom 11/12. 1959, ausg. 6/6. 1961.) G. Vogel 7579

H_{16}. Nahrungs-, Genuß- und Futtermittel

2768 **Kobalt- und Nickelgehalt in einigen Lebensmitteln Grusiniens.** Ss. D. Taktakischwili. (Fragen der Ernähr. [UdSSR] **22**, Nr. 6, 73—74, 1963; Tbilissi, Forschungs-Inst. für Sanitätswesen u. Hygiene des Gesundheitsmin. der GrusinSSR; russ.) — Die Unterss. über den *Ni-* u. *Co*-Geh. von Getreide u. Getreide-Prodd., Kartoffeln, Gemüsearten, Obst, Beeren, Hülsenfrüchten, Südfrüchten, Nüssen, Fleisch, Milch u. Käse Grusiniens ergaben, daß von den pflanzlichen Prodd. Bohnen u. Nüsse am reichsten an Co u. Ni sind; unter den tier. Prodd. ist es die Leber. Arm an Co u. Ni sind Milch, Gurke u. Wassermelone. O. Lebtag 7630△

2769 **Thermische Eigenschaften von Lebensmitteln bei tiefen Temperaturen.** 1. Mitt. **Spezifische Wärme.** S. W. Moline, J. A. Sawdye, A. J. Short und A. P. Rinfret. (Food Technol. **15**, 228—31, 1961; Tonawanda, N. Y., Linde Co., Div. of Union Carbide Corp.; engl.) — Zur Best. der spezif. Wärme (**a**) von Lebensmitteln wurden Vers. durch Kühlung mit flüssigem N_2 von — 160° bis 0° durchgeführt. Bei diesen Temp. wurde kontinuierlich die **a** von Fetten, Gelatine u. W. gemessen. Aus den so gewonnenen Zahlen wurde die **a** von Lebensmitteln (Fleisch, Käse) auf Grundlage der Zus. geschätzt. Der Vgl. mit den für diese Lebensmittel tatsächlich ermittelten Zahlen für **a** ermöglichte die Aufstellung von Korrektur-Faktoren. K. Schleich 7630◇

2770 **Die Lagerfähigkeit von Gefrierlebensmitteln.** G. C. Walker. (Food Preservat. Quart. **23**, 20—21, 1963; North Ryde, N. S. W., C. S. I. R. O., Div. of Food Preservat.; engl.) — Bei 0°F haben Pfirsiche eine Lagerfähigkeit von 12 (Monaten), gezuckerte Erdbeeren 12, Himbeeren 36, Boysenbeeren 12, grüne Bohnen 12, Erbsen 10, Spinat 7, Brathuhn nach dem Backen 2, küchenfertiges Hühnchen 2 u. tischfertiges Truthahn-Dinner mit Erbsen 6. Eine Erhöhung der Lagertemp. von 5°F führt bereits zu beträchtlichen Verkürzungen der möglichen Lagerzeiten. E. Lück 7630◇

2771 **Denaturierung der Nahrungsproteine und Zerstörung von Aminosäuren durch die thermische Behandlung von**

Lebensmitteln. K. Lang. (Acta chim. Acad. Sci. hung. **23,** 241—45, 1960; Mainz, Univ., Physiol. Chem. Inst.; dt.) — Vf. beschäftigt sich zusammenfassend mit der therm. Denaturierung der Nahrungsproteine im Hinblick auf die erwünschten Veränderungen (Verbesserung der biol. Wertigkeit) u. die unerwünschten Veränderungen (Bldg. tox. Maillard-Verbb.). Beim Erhitzen von *Nucleinsäuren* entstehen ebenfalls Verbb. mit tox. Wirkung.
A. Täufel 7630◇

2772 **Hitzewirkung bei der Konservierung von Lebensmitteln, Auswirkungen auf ihren Nährwert, ihre Verdaulichkeit und ihre organoleptischen Eigenschaften.** H. Simonnet. (Acta chim. Acad. Sci. hung. **23,** 143—57, 1960; Alfort, Ecole Nat. Veter. Paris, Inst. Nat. Agron.; franz.) — Übersicht über die bei der Hitzebehandlung von Lebensmitteln zu berücksichtigenden Faktoren wie Temp., Dauer u. Geschwindigkeit der Erhitzung, Vitaminverluste, Bldg. von Antimetaboliten, Verdaulichkeit in günstiger u. ungünstiger Richtung, organolept. Eigg. u. Farbveränderungen. — 29 Literaturhinweise.
A. Täufel 7634◇

2773 **Wachstum von Psychrophilen.** 1. Mitt. **Lipidveränderungen in Abhängigkeit von der Erniedrigung der Wachstums-Temperatur.** Frank E. Wells, Stanley E. Hartsell und William J. Stadelman. (J. Food Sci. **28,** 140—44, 1963; Lafayette, Ind., Purdue Univ., Dep. of Animal Sci. and Dep. of Biolog. Sci.; engl.) — Unterss. über Lipidveränderungen an Bakterien, die von kaltgelagertem Geflügelfleisch isoliert wurden, ergaben bei niederen Temp. keine Lipidveränderungen bei repräsentativen psychrophilen Arten. Demgegenüber ergaben sich beträchtliche Veränderungen bzgl. der Lipide bei grampositiven Stäbchen, deren Wachstum bei 4° gegenüber dem bei 25° erniedrigt ist. *Chlortetracyclin* verursacht bei allen Stämmen eine Lipiderhöhung.
G. Heder 7650◇

2774 **Das Bräunungs- und Reduktionsvermögen von erhitzten Zuckerlösungen in Anwesenheit von Aminosäuren.** Z. Markuze. (Acta chim. Acad. Sci. hung. **23,** 247—54, 1960; Warsaw, State Inst. of Hyg., Dep. of Food Control; engl.) — Aminosäure-Lsgg. (0,001; 0,005 u. 0,01 m) werden in Ggw. von *Glucose* (0,1 m) bei pH 7 über 4 Std. auf 97° erhitzt u. Reduktionsvermögen (**a**) sowie Bräunung (**b**) ermittelt. Es wird festgestellt, daß **a** u. **b** mit steigender Aminosäure-Konz. zunehmen. *Lysin, Tryptophan* u. *Arginin* weisen die höchsten, *Glutaminsäure* u. *Prolin* die niedrigsten Werte auf. Durch *Cystin* wird die Bräunung von Lysin unterbunden. Mit der Verminderung des pH von 7 auf 6 verringern sich **a** u. **b**. Der Einfl. anderer Saccharide (*Fructose, Lactose*) auf **b** wird untersucht.
A. Täufel 7658◇

2775 **Stabilisierte Rosinen für trockene Getreideprodukte.** G. G. Watters und John E. Brekke. (Food Technol. **15,** 236—38, 1961; Albany, Calif., Western Reg. Res. Labor.; engl.) — Wenn Rosinen (**A**) mit 14—18% W. als Zusatz zu Frühstücks-Getreideflocken (3% W.) verwendet werden, besteht die Gefahr, daß wegen des Wasseraustausches die **A** hart u. ungenießbar, die Flocken feucht u. unansehnlich werden. Nach den durchgeführten Verss. kann die Wasserabgabe stark vermindert werden, wenn die **A** zuerst mit Stärke bestäubt u. dann mit einem Überzug aus Bienenwachs (1,2—2% des Gewichtes der **A**) versehen werden.
K. Schleich 7660◇

2776 **Die Wirkung von Heptan und Hexan als Brotverbesserungsmittel.** J. G. Ponte jun., S. T. Titcomb und R. H. Cotton. (Cereal Chem. **40,** 285—87, 1963; New York, Rye Continental Baking Comp.; engl.) — Durch Anwendung von 0,65% *n-Hexan* u. 0,43% *n-Heptan* — bezogen auf die Mehlmenge — wurden Textur u. Farbe der Krume verbessert. Die Gasentwicklung in den ersten 2 Std. der Gärung stieg um etwa 10% an.
H. Haevecker 7674◇

2777 **Die Rolle von Phytin für die Textur von gekochten Kartoffeln.** H. G. Wager. (J. Sci. Food Agric. **14,** 583—86, 1963; engl.) — Die Möglichkeit, daß die Fällung von Ca durch *Phytin* (**I**) die Hauptursache für das Weichwerden von *Kartoffeln* während des Kochens darstellt, wird erwogen. Alte Kartoffeln werden weder weich nach Entfernung von **I** noch bei pH-Werten, unterhalb derer Ca-Phytat gefällt wird. Das ausbleibende Weichwerden von neuen Kartoffeln wird mit der festeren Bindung des Ca an Pektin in Zusammenhang gebracht.
G. Heder 7678◇

2778 **Über die Abhängigkeit des Kupfer- und Mangangehaltes der Bohnen von ihrer Farbe.** T. Ss. Ssamofal. (Fragen d. Ernähr. [UdSSR] **22,** Nr. 6, 70—71, 1963; Iwano-Franko, Med. Inst.; russ.) — Die Unterss. über den *Cu-* u. *Mn*-Geh. in Weizen, Kartoffeln, Mais, Kohl, Rüben, Milch, Eiern u. W. aus 14 verschiedenen Dörfern u. Städten ergab keine Abhängigkeit des Cu-Geh. vom Standort. Der Mn-Geh. zeigte eine direkte Abhängigkeit vom J-Geh. der Umgebung u. eine umgekehrte Beziehung zur Höhenlage u. zur Häufigkeit des endem. Kropfes. Eine Beziehung zwischen der Häufigkeit des endem. Kropfes u. dem Mn-Geh. von Bohnen ergab sich nicht. Der Mn-Geh. war mit 1027 γ% in blauen Bohnen am höchsten, mit 3,6 γ% in weißen Bohnen am geringsten. Gesprenkelte Bohnen enthalten 231 γ% Mn. Der Cu-Geh. beträgt 10,0; 44,0; 84,0 γ%.
O. Lebtag 7684△

2779 **Durch Abbrühen verursachte Veränderungen von grünen Brechbohnen aus Wisconsin.** Leonard M. Kaczmarzyk, O. Fennema und William D. Powrie. (Food Technol. **17,** Nr. 7, 123—26, 1963; Madison, Wis., Univ. of Wisconsin, Dep. of Dairy and Food Ind.; engl.) — *Pektinmethylesterase* u./oder Ca^{2+} fördern die wünschenswerten Textur-Eigg. eingedoster, grüner Bohnen, bes. wenn ihre Eigg. durch Abbrühen bei > 180°F gelitten haben.
W. Wesly 7684◇

2780 **Verwendungen und Eigenschaften von Sojabohnenprotein.** 1. Mitt. **Verwendung als Lebensmittel.** Allan K. Smith und Walter J. Wolf. (Food Technol. **15,** 4—10, 1961; Peoria, Ill., Northern Reg. Res. Labor.; engl.) — Für Lebensmittel werden aus Sojabohnen (**A**) verschiedene Proteinpräparate hergestellt. Als „Sojabohnenprotein" wird im Handel oft entfettetes Sojamehl bezeichnet, das aber nur 44—50% N-Substanz (N × 6,25) enthält; es wird u. a. als Zusatzstoff zu Brot verwendet. Seit 1936 wird „isoliertes Sojabohnenprotein" durch Ausfällen bei pH 4,5 aus dem schwach alkal. Extrakt von entfetteten **A** gewonnen; es enthält bis 79% der N-Substanz der **A**. „Proteinkonzentrat" entsteht durch Extraktion von entfettetem **A**-Mehl mit verd. Säure bei pH 4,5, wobei lösl. Zucker, Nicht-Protein-N u. andere, auch geschmackgebende Stoffe entfernt werden, u. Trocknung des Rückstandes; es enthält 70% Protein. „Gelsoy" ist ein wasserlösl. u. geschmackloses Emulgierungsmittel mit 55% Protein; es wird durch Waschen von hexan-extrahierten **A**-Flocken mit A., Entfernen des A., Waschen mit W. u. Sprühtrocknen der Flocken hergestellt.
K. Schleich 7684◇

2781 **Verwendungen und Eigenschaften von Sojabohnenprotein.** 2. Mitt. **Physikalische und chemische Eigenschaften.** Walter J. Wolf und Allan K. Smith. (Food Technol. **15,** 12—34, 1961; Peoria, Ill., Northern Reg. Res. Labor.; engl.) — 1. vgl. vorst. Referat. — Das Sojabohnenprotein (**A**) stellt ein sehr kompliziertes biolog. Syst. dar. Durch Elektrophorese war festgestellt worden, daß es 5—7 verschiedene Protein-Komponenten enthält. Die *Glycinin*-Fraktion bildet ungefähr 70% des Gesamtproteins. Durch Ultrazentrifugierung bei pH 7,6 bis 7,8 u. 0,5 Ionenstärke wurden aus **A** 4 Fraktionen mit verschiedenen Sedimentations-Konst. erhalten. Die eingehende Unters. ergab Unterfraktionen, die verschiedenartige Proteine darzustellen scheinen.
K. Schleich 7684◇

2782 **Die Beziehung zwischen „Antitrypsin-Faktoren" einiger pflanzlicher Eiweißnahrungsmittel und den durch Trichloressigsäure fällbaren Proteolysenprodukten.** Rachel Bielorai und A. Bondi. (J. Sci. Food Agric. **14,** 124—32, 1963; Rehovot, Israel, Nat. Univ., Inst. of Agric.; engl.) — Das nach modellmäßiger pankreat. Verdauung einiger pflanzlicher Proteine mit *Trichloressigsäure* (**I**) fällbare Eiweiß steht in deutlicher Beziehung zu der zu erwartenden Menge an Antitrypsin-Faktoren (ATF). Der nach der Verdauung fällbare Rest ist hoch bei rohem Sojamehl, wird jedoch durch Hitzebehandlung desselben reduziert, wodurch sich die Zerstörung des ATF andeutet. Bei tier.

Protein u. Baumwollsaatmehl wurden diese Verhältnisse nicht beobachtet. Die Menge des mit I nach der enzymat. Verdauung fällbaren Eiweißrestes im Falle der Anwesenheit von ATF hängt vom Verhältnis der Mengen des Enzyminhibitors u. des Enzyms ab. Die Modell-Verss. ließen sich in vivo mit Hühnchen als Vers.-Tiere bestätigen. G. Heder 7684◇

2783 **Maiscarotinoide: Wirkung von Temperatur und Feuchtigkeit auf Verluste während der Lagerung.** F. W. Quackenbush. (Cereal Chem. **40,** 266—69, 1963; Lafayette, Ind., Purdue Univ., Agric. Exper. Stat.; engl.) — Bericht über Lagerungsverss. von Mais über 3 Jahre im Dunkeln bei 3 u. 11% Feuchtigkeit u. zwischen 7 u. 25°. Die Verluste an gesamtcarotinoiden Pigmenten verlaufen verhältnismäßig schnell zu Beginn der Lagerungszeit annähernd in einer logarithm. Funktion zur Zeit. Der Einfl. der Temp. ist größer als der des Feuchtigkeitsgehaltes. H. Haevecker 7686◇

2784 **Carotinoid-, Öl- und Tocopherolgehalt von Mais.** F. W. Quackenbush, Jean G. Firch, A. M. Brunson und L. R. House. (Cereal Chem. **40,** 250—59, 1963; Lafayette, Ind., Purdue Univ., Agric. Exper. Stat.; engl.) — Analysentabellen über 125 Maismuster der Ernte 1958 werden mitgeteilt. H. Haevecker 7686◇

2785 **Ein kurzfristiger Witterungseinfluß auf den Äpfelsäuregehalt in Ananas-Früchten.** Willis A. Gortner. (J. Food Sci. **28,** 191—92, 1963; Honolulu, Hawaii, Fruit Characteristics and Utilization Sect., Pineapple Res. Inst.; engl.) — Während der Geh. an *Citronensäure* in Ananasfrüchten durch die Fruchtentwicklung bestimmt ist, zeigt der Geh. an *Äpfelsäure* beträchtliche Schwankungen, die andeuten, daß diese während Perioden mit hoher Intensität der Sonnenlichtstrahlung (SB) metabolisiert wird, sie sich dagegen anhäuft, wenn die SB schwach u. die mit der Verdampfung verbundene Transpiration der Früchte gering ist. G. Heder 7688◇

2786 **Nichtflüchtige organische Säuren der „Dwarf Cavendish" (chinesische Bananensorte).** C. L. Miller und Edward Ross. (J. Food Sci. **28,** 193—94, 1963; Honolulu, Univ. of Hawaii, Dep. of Food Sci. and Technol.; engl.) — Die nichtflüchtigen organ. Säuren der chines. „Dwarf-Cavendish"-Bananen bestehen zu mehr als 80% aus *Citronen-* u. *Äpfelsäure.* G. Heder 7688◇

2787 **Erdnuß-Lipoprotein.** 1. Mitt. **Ein basischer, neuer Zusatzstoff für die Nahrungsmittelindustrie.** L. M. Waldt, E. J. Debreczeni, M. Schwarcz und T. O'Keefe. (Food Technol. **17,** Nr. 7, 107—11, 1963; Clifton, N. J., Shulton, Inc.; engl.) — Übersicht über Vork., Eigg., Gewinnung u. Verw. von Erdnuß-Lipoprotein als Ersatz oder Ergänzung natürlicher *Lipoproteine* in Nahrungsmitteln. — 14 Literaturangaben. W. Wesly 7692◇

2788 **Der Gehalt an freien Aminosäuren in einigen Honigsorten.** T. Ja. Ssolowjewa und W. I. Basarowa. (Fragen d. Ernähr. [UdSSR] 22, Nr. 6, 69—70, 1963; Leningrad, Engels-Inst. für Sowjethandel; russ.) — Papierchromatograph. werden in den Proteinen von *Lindenblütenhonig* (a) u. *Buchweizenblütenhonig* (b) die nachstehenden freien Aminosäuren nachgewiesen: *Asparagin, Lysin, Histidin, Arginin, Serin, Glycin, Glutaminsäure, Threonin, α-Alanin, γ-Aminobuttersäure, Tyrosin, Valin, Methionin, Tryptophan, Phenylalanin, Leucin* u. *Isoleucin.* Die Proteine von b enthalten außerdem *Cystin, Cystein, Asparaginsäure* u. *Prolin.* In a ist der Geh. an einigen Aminosäuren viel geringer als in b: Glutaminsäure + Threonin 5,7mal; Leucin + Isoleucin 4,2mal; Valin + Methionin 3,6mal; α-Alanin 7mal. O. Lebtag 7700△

2789 **Eine direkte mikroskopische Technik zur Feststellung lebensfähiger Hefezellen in pasteurisiertem Orangengetränk.** V. R. McDonald. (J. Food Sci. **28,** 135 bis 139, 1963; Melbourne, Dodol Dairy Ind. Ltd.; engl.) — Mit einer näher beschriebenen Färbe-Meth. gelingt es, lebende von toten Hefezellen zu unterscheiden. Die Entdeckung dieser Hefezellen gelingt bei Zugabe einer lebensfähigen Hefezelle zu 190 ml pasteurisiertem Orangengetränk nach einer Wachstumszeit von 24—36 Stunden. G. Heder 7706◇

2790 **Beständigkeit von Vitamin C in eingedostem, gekühltem Apfel- und Orangensaft.** G. L. Noel und M. T. Robberstad. (Food Technol. **17,** Nr. 7, 127, 1963; Halifax, N. S., Reg. Food and Drug Labor.; engl.) — *Vitamin C* in Orangensaft, der sich in einem offenen Behälter im Kühlschrank (40°F) befindet, ist wesentlich beständiger als in ebenso aufbewahrtem Apfelsaft. W. Wesly 7706◇

2791 **Untersuchung von gemahlenen Gewürzen.** W. Spoon. (Chem. Weekbl. **59,** 399—400, 1963; Bussum, Niederlande; niederl.) — Die pH-Werte wss. Lsgg. (2 g in 25 ml W. von 25°) einer Reihe von Gewürzen, ihre geograph. u. botan. Herkunft werden angegeben. W. Wesly 7714◇

2792 **Feste Geschmacksstoffe von Citrusölen.** H. E. Swisher. (Food Technol. **17,** Nr. 7, 103—05, 1963; Ontario, Calif., Sunkist Growers, Inc., Res. and Dev. Dep.; engl.) — Zur Gewinnung von Geschmacksstoffen aus Citrus- u. a. äther. Ölen in fester Form werden die Öle als kleinste Kügelchen in einer hauptsächlich aus Maissirup-Feststoffen u. Glycerin bestehenden Schmelze aufgefangen u. in ein Kühlmittel stranggepreßt u. die erhaltenen Fasern in A. durch Stoß zerkleinert. Die Hauptaufgabe des A. besteht in der Beseitigung von Citrusöl von der Oberfläche. Nach dem W. beseitigt man den A. durch Vakuumtrocknung. Die hygroskop. Geschmacksstoffe halten sich bei luftdichter Aufbewahrung in wasserfreien Citrusgetränken jahrelang. W. Wesly 7714◇

2793 **Über das Vorkommen von Polyhydroxyphenolen in Schokoladenmassen und ihre Verhalten beim Conchieren.** W. Mohr. (Fette, Seifen, Anstrichmittel **64,** 739—44, 1962; München, Inst. für Lebensmitteltechnol. u. -verpackung; dt.) — Unterss. ergaben, daß die in unfermentierten Kakaobohnen enthaltenen monomeren *Polyhydroxyphenole* u. *Anthocyanidine* auch in Schokoladenmassen vorhanden sind. Die geringe Konzentrationsänderung der Komponenten ergibt, daß sie in geschmacklicher Hinsicht keinen Einfluß auf die Conchierwirkungen haben. K. Kappeller 7726◇

2794 **Untersuchungen über das Fließen angeblasener Kuvertüreschichten.** 1. Mitt. **Einwirkung eines parallel über horizontale Kuvertüreschichten geführten Luftstromes.** W. Bartusch, R. Heiss und P. Görling. (Fette, Seifen, Anstrichmittel **64,** 1109—14, 1962; München, Inst. für Lebensmitteltechnol. u. -verpackung; dt.) — Unterss. über die beim Anblasen an der Flüssigkeitsoberfläche erzeugte Schubspannung. Berechnung der Schubspannung bei gegebener Luftgeschwindigkeit zur Kenntnis der Zusammenhänge zwischen Luftgeschwindigkeit u. Schleppkraft. K. Kappeller 7726◇

2795 **Untersuchungen über die Fermentation von Tabakblättern.** 1. Mitt. **Aktivitätswechsel einiger Enzyme während der Fermentation von Tabakblättern.** Hideo Tomita und Einosuke Tamaki. (J. agric. chem. Soc. Japan [Nippon Nôgei-Kagaku Kaishi] **36,** 704—10, 1962; Japan Monopoly Corp., Central Res. Inst.; jap.) J. Lehmberg 7734◇

2796 **Beständigkeit handelsüblich hergestellter, gefrorener Fruchtpasteten.** D. G. Guadagni, Jean Harris und Sumiko Okano. (Food Technol. **17,** Nr. 7, 114—18, 1963; Albany, Calif., USDA, Agric. Res. Div., Western Utiliz. Res. and Dev. Div., Western Reg. Res. Labor.; engl.) — Die Beständigkeit von verschiedenen Pasteten aus gefrorenen Früchten, wie Pfirsichen, Äpfeln, Kirschen, Heidelbeeren usw., beim Lagern bei 0—30°F wird (Zahlentafeln, Diagramme) wiedergegeben. W. Wesly 7742◇

2797 **Die chemische Zusammensetzung von Ahorn-Zucker-Abscheidungen.** W. A. Gould und C. O. Willits. (J. Food Sci. **28,** 182—90, 1963; Wooster, Ohio, Agric. Exp. Stat.; engl.) — Die Abscheidung von Zuckerkristallen aus Ahornsirup (a) steht in deutlich positiver Korrelation zum Geh. an *Ca, Äpfelsäure* (I) u. *Ca-Malat,* wobei der Geh. an Äpfelsäure für die Kristallausbeute bedeutender als der Geh. der beiden anderen ist. Negative Korrelation bzgl. der abgeschiedenen Kristallmenge aus a besteht zum Geh. an Fe, Cu u. B, während die Ggw. von K, Mg u. Mo diesbzgl. von geringem Einfluß ist. An nichtflüchtigen organ. Säuren werden in a-Zuckerabscheidungen I, *Citronen-*, *Bernstein-* u. *Fumarsäure* neben 3 nicht näher identifizierten organ. Säuren papierchromatograph. nachgewiesen. G. Heder 7742◇

2798 **Wärmeleitfähigkeit von Fleisch, Fett, Gelatinegel und Eis.** C. P. Lentz. (Food Technol. **15,** 243–47, 1961; Ottawa, Canada, National Res. Council, Div. of Applied Biology; engl.) — Die Wärmeleitfähigkeit (WF) von Fleisch (Rind, Schwein, Truthahn, Lachs usw.), verschiedenen Fettarten, Gelatinegelen u. Eis wurde in einem modifizierten Apparat über den Temp.-Bereich von 5° bis — 25° bestimmt. Die WF der Fette variierte in diesem Bereich sehr wenig. Die Fleischarten hatten über 0° fast alle die gleiche WF, etwa 10% niedriger als W.; unter 0° zeigten sich jedoch erhebliche Unterschiede. Aus der Zus. der Fleischarten berechnete Zahlen für WF stimmten nicht mit den beobachteten Werten überein, da die WF offenbar auch von der Richtung der Fasern abhängig ist. K. Schleich 7746◇

2799 **Untersuchungen über die Zubereitung von Corned beef und eingedostem Luncheon Meat.** Tutomu Yasui, W. B. Esselen, Toshiyuki Fukazawa und Hashimoto. (Agric. biol. Chem. [Tokyo] **25,** 632–36, 1961; Sopporo, Hokkaido Univ., Fac. of Agric.; engl.) — Corned beef u. Luncheon Meat mit ca. 30% Fettgeh. eignet sich am besten zum Eindosen. Erhitzen auf 250°F erwies sich für die Struktur als günstiger als ein Erhitzen auf 235–240°F. Der Fettgeh. war auch für die Wärmeleitung im Fleisch während des Sterilisationsprozesses entscheidend. E. Lück 7750◇

2800 **Beziehung zwischen post mortem auftretender Säure und Temperatur bei Fleisch.** J. Wismer-Pedersen und E. J. Briskey. (Food Technol. **15,** 232–36, 1961; Roskilde, Danish Meat Res. Inst.; engl.) — Wenn Schweinefleisch (**A**) post mortem bei 25° bleibt, sinkt der pH auf ungefähr 5,4, wobei **A** weich wird u. zur Exsudation neigt, was auf anaerobe Glykolyse zurückzuführen ist. In den Verss. wurde **A** post mortem schnell auf 3° oder 0° abgekühlt. Dabei sank der pH viel weniger, u. **A** blieb fest u. rot. K. Schleich 7750◇

2801 **Das Wachstum von Escherichia coli und Staphylococcus aureus auf bestrahlten Hühnern.** M. Solberg und J. T. R. Nickerson. (Food Technol. **17,** N. 7, 119–23, 1963; Cambridge, Mass., MIT, Dep. of Nutrit., Food Sci. and Technol.; engl.) — Unterss. über das Wachstum von *Escherichia coli* (EC) u. *Staphylococcus aureus* (SA) auf dem unbehandelten u. bestrahlten Fleisch von Hühnern zeigen, daß während der logarithm. Wachstumsphase von EC die Bldg.-Zeit bei bestrahlten u. wärmebehandelten Proben kürzer, dagegen bei SA länger als bei unbehandelten Proben ist. Als Hygiene-Index für bestrahltes, wärmebehandeltes u. unbehandeltes Hühnerfleisch dient die EC-Zahl. W. Wesly 7750◇

2802 **Beobachtungen über „grünen" Thunfisch.** A. M. Dollar, A. M. Goldner, W. Duane Brown und H. S. Olcott. (Food Technol. **15,** 253–55, 1961; Berkeley, Univ. of Calif., Dep. of Food. Sci. and Technol., Inst. of Marine Resources; engl.) — Fleisch von Thunfisch (**A**) ist rosa; es kann aber mit der Zeit gelbbraun bis grün werden u. ist dann unbrauchbar für die Herst. von Konserven. Vff. suchten nach Kennzeichen für das kommende „Grünen" im rohen **A**. Die Werte für pH, reduzierende Substanzen, SH-Gruppen, Gesamtfett u. Thiobarbitursäure-Rk. zeigten fast keine Unterschiede zwischen brauchbarem u. verdorbenem **A**. Hingegen hatten die verdorbenen **A** dunklere Nieren-Aufschwemmungen, weniger Blutpigment u. höheren *Peroxid*-Geh. im Fett als brauchbare **A**. Jedoch waren die Unterschiede von **A** zu **A** so groß, daß daraus nicht auf das drohende „Grünen" geschlossen werden kann. K. Schleich 7752◇

2803 **Herstellung von für die Gefrierlagerung geeigneten Mayonnaisen.** Helen L. Hanson und Lorraine R. Fletcher. (Food Technol. **15,** 256–62, 1961; Albany, Calif., Western Reg. Res. Labor.; engl.) — Für eine *Mayonnaise*, die bei +20° bis —50°F gelagert werden kann u. beim Auftauen vor dem Gebrauch keine Ausscheidungen zeigt, wird am besten Saflorõl, Reismehl als Verdickungsmittel, Eigelb zur Stabilisierung u. bis 1,7% NaCl verwendet. Erhöhung des Geh. an Öl–Eigelb-Emulsion bewirkt die Gefahr der Ölabscheidung, Erhöhung an Stärkemehl–Wasser-Paste die Tendenz zur Wasserausscheidung. K. Schleich 7754◇

2804 **Strahlenkonservierung von Milch und Milchprodukten.** 12. Mitt. **Sterilisation von Milch durch Bestrahlung in einem Apparat mit Rotationssscheibe.** G. D. Saravacos, J. E. Hoff, S. A. Goldblith und E. L. Wick. (Food Technol. **15,** 239–41, 1961; Cambridge, Mass., Inst. of Technol., Dep. of Food Technol.; engl.) — 11. vgl. C. **1961,** 17043. — Die in dem beschriebenen Apparat sterilisierte konz. Milch (3 : 1) hat keinen Nebengeschmack u. bleibt bei 30° über 6 Monate steril ohne Gelbildung. K. Schleich 7756◇

2805 **Die Aminosäurezusammensetzung der Milchproteine nach den Abmelkfraktionen.** P. W. Kugenew und M. N. Medwedewa. (Nachr. Landwirtsch.-Wiss. [UdSSR] **6,** Nr. 2, 52–56, 1961; Moskau, Landwirtsch. Timirjasew-Akad.; russ., Auszug: engl.) — Durch Vgl. der 1. Fraktion von *Kuhmilch* (a) u. der Restmilch (b), abgemolken nach Injektion von Pituitrin, wird festgestellt, daß b 4mal mehr Fett enthält als a. Bei 11 von 14 vorkommenden *Aminosäuren* (I) ist der Geh. im Casein bei b höher oder der gleiche wie bei a. Der Geh. an Methionin u. Leucin + Isoleucin ist in b geringer als in a (1,6 bzw. 2,1 u. 10,6 bzw. 11,0%). Die in W. lösl. Proteine enthalten in b 5% weniger I. Der bes. wichtige Lysin-Geh. ist beim Casein in b etwas höher als in a, in den in W. lösl. Proteinen in b etwas geringer. Am meisten Lysin findet sich in der Fraktion Albumin + Globulin. O. Lebtag 7756△

2806 **Die Einwirkung der Salze des Wassers auf gewisse Eigenschaften von rekonstituierter Trockenmagermilch.** A. V. Moore und J. G. Kapsalis. (Food Technol. **17,** Nr. 7, 100–02, 1963; College Station, Tex., Texas Agric. Exper. Station, Dep. of Dairy Sci.; engl.) — Die CO_3^{2-}- u. HCO_3^--Alkalität des zur Rekonstitution von Trockenmagermilch verwendeten W. kann zur Verlängerung der Lab-Koagulierungszeit u. zu geringer Bruchfestigkeit bei der Käse-Herst. führen. Na^+ des W. ersetzt Ca^{2+} unter Bldg. von *Na-Caseinat* mit höherer Affinität zu Wasser. Ein solcher Bruch entsteht langsamer u. ist weicher. Die Säure-Bldg. durch Impfen mit 1% Milchsäurekulturen wird hauptsächlich durch $NaHCO_3$ gebremst. Bei Impfung mit 5% Milchsäurekulturen entsteht Säure mit fast normaler Geschwindigkeit. W. Wesly 7756◇

2807 **Mikrobiologische Kontrolle der kontinuierlichen Herstellung von Sauerrahmbutter nach dem Fettkonzentrat-Kühlverfahren mit einer Alfa-Anlage.** Friedrich Wasserfall, Eberhard Voß und Otto Nagel. (Kieler milchwirtsch. Forsch.-Ber. **14,** 417–34, 1962; Kiel, Bundes-Forsch.-Anst. für Milchwirtsch., Bakteriol. Inst. u. Chem. Inst.; dt.) — Vff. stellten eine „pasteurisierte Alfa-Sauerrahmbutter" her, deren Ausgangs-Fettkonzentrat (80% Fett) 16–20 Std. bei 20–25° sauer gereift u. anschließend in einem Plattenerhitzer bei 90–100° pasteurisiert wurde. Dadurch wurde eine drast. Reduzierung der Keimzahl auf < 100/ml u. damit eine erhöhte Lagerfähigkeit erreicht. Vff. weisen jedoch auf verschiedene Infektionsquellen der Alfa-Anlage hin, die einer bes. gründlichen Reinigung u. Desinfektion bedürfen, damit keine Reinfektion, bes. bei der Verarbeitung von Gemischen aus süß u. sauer gereiften Fettkonzentraten eintritt. Winfried Krüger 7758◇

2808 **Betrachtungen über Phospholipide und ihre Oxydation.** Per Swartling und Sonja Mattson. (Acta polytechn. scand. Nr. 16, Chem. includ. Metallurgy Ser. [N. S.] Nr. **21,** 7–12, 1962; Alnarp, Schweden, State Dairy Res. Station; engl.) — Unterss. über die Autoxydation der in Milch u. Butter enthaltenen *Phospholipide* (I) werden mitgeteilt und die unterschiedliche Autoxydationsgeschw. mit dem unterschiedlich ungesättigten Charakter der I in Verbindung gebracht. W. Wesly 7758◇

2809 **Nährstoffverdaulichkeit und vergleichende Bestimmungen der Futterenergie des Futters von Sauen mit verschiedenen Energie- und Eiweißspiegeln während**

Wachstum, Trächtigkeit und Säugezeit. S. Zivkovic und J. P. Bowland. (Canad. J. Animal Sci. **43**, 86—97, 1963; Edmonton, Univ. of Alberta, Dep. of Anim. Sci.; engl.) — An Sauen ausgeführte Fütterungs-Verss. mit Rationen von verschiedenen Energie- u. *Eiweiß*(I)-Geh. zeigen, daß die scheinbare I-Verdaulichkeit von 76% bei Wachstum, Trächtigkeit u. Säugezeit nicht schwankt, wohl aber die Verdaulichkeit anderer Nährstoffe; die von Rohfett beträgt 46—74, die nach 15% Talg-Zusatz >94%. Die Verdaulichkeit von Trockensubstanz, I u. Rohfasern wird verbessert, die von N-freiem Extrakt vermindert, wenn die Sauen zusätzlich Fett erhalten. Steigende I-Geh. des Futters steigern die I-Verdaulichkeit. Der Ferkelwurf beeinflußt die Verdaulichkeit von I, Fett u. Gesamt-Nährstoffen. Die berechneten u. gefundenen Werte für Verdaulichkeitsenergie u. Gesamtverdaulichkeit der Nährstoffe weichen nicht signifikant voneinander ab.
W. Wesly 7780◇

2810 **Wachstum und chemische Zusammensetzung von einigen Gräsern im Frühling und Frühsommer.** Sanfrid Olfsson. (Kungl. Lantbrukshögskolan Statens Lantbruksförsök, Statens Jordbruksförsök, Medd. **135**, 1—123, 1962; schwed.) — Das Wachstum u. die Zus. verschiedener Grasarten werden unter verschiedenen Bedingungen der N-Düngung mit $Ca(NO_3)_2$ untersucht. Die Unterschiede im Geh. an Rohprotein (I) schwanken zwischen 1,5 u. 12,9%. Bei hoher N-Düngung werden I-Geh. von 39% der Trockensubstanz erreicht. Beim I-Maximum ist auch der Amidgeh. von I am höchsten. Der Geh. an Nitrat-N ist zu Beginn des Wachstums am höchsten u. nimmt dann ab, bei niedriger Temp. u. geringer Sonnenenergie jedoch wenig. Düngung mit $Ca(NO_3)_2$ u./oder NH_4NO_3 erhöhten ihn; Gefahr für Weidetiere besteht bei 300 kg/ha nicht. Der Mn-Geh. nimmt mit dem Wachstum ab, wird aber durch N-Düngung u. pH des Bodens beeinflußt. Der Rohfasergeh. ist im Stengel höher als in den Blattscheiden. — 134 Literaturhinweise. R. K. Müller 7782◇

2811 **Lagerung von Heu.** 4. Mitt. **Einwirkung der Lagerung unter Stickstoff auf die Gehalte von Raygras an löslichem Zucker und Trockensubstanz.** Jean F. Melvin. (J. Sci. Food Agric. **14**, 281—83, 1963; Highett, Victoria, Commonw. Sci. and Ind. Res. Organ., Fodder Conserv. Sect.; engl.) — 3. vgl. C. **1962**, 688. — Unters. über das Verh. von zerkleinertem, bei 25° u. ca. 76% relativer Feuchtigkeit unter N_2 bzw. Luft gelagertem *Raygras* zeigen, daß (bei jährlicher Analyse) die Geh. an *Fructosanen* u. *Oligosacchariden* unverändert bleiben. In 21 Wochen wird *Saccharose* fast vollständig zu *Glucose* (I) u. *Fructose* (II) hydrolysiert. Unter N_2 erleiden die Hexosen keine nennenswerte Veränderung; jedoch beginnen nach 21 Wochen die I- u. II-Geh. abzunehmen; nach 45 Wochen sind nur noch Spuren vorhanden. Diese Verluste beruhen hauptsächlich auf der Einw. von Schimmel. Die Verluste an Trockensubstanz sind geringer. W. Wesly 7786◇

2812 **Voraussagen über die Qualität von Eiweißkonzentraten durch Laboratoriumsversuche, welche mit der Bestimmung von löslichem Stickstoff im Zusammenhang stehen.** M. McC. Barnes und A. A. Woodham. (J. Sci. Food Agric. **14**, 109—10, 1963; Liverpool, Univ. of Liverpool, Biochem. Dep.; engl.) — Bei vergleichenden Unterss. über die auf Grund verschiedener Löslichkeits-Verff. von N-Substanz ermittelten Eiweißqualitäts-Werte u. durch Eiweiß bedingte „Wachstumswerte", die auf biolog. Grundlage ermittelt werden, besteht zwischen Eiweißqualität u. Wachstumswerten gute Korrelation bei Walfleischmehl, während für Fisch- u. Fleischmehl eine derartige Beziehung nicht existiert. Gleiche Korrelationen wurden bei Anwendung einfacher Löslichkeitstests an Mehlen von Ölsaaten gefunden. Diesbzgl. werden die deutlichsten Beziehungen bei Baumwollsaatmehl gefunden. Der Einfluß variierender äußerer Bedingungen auf die Löslichkeiten wird näher untersucht u. beschrieben.
G. Heder 7786◇

2813 **Objektive Farbmessungen.** J. F. Kefford. (Food Preservat. Quart. **23**, 8—19, 1963; North Ryde, N. S. W., C. S. I. R. O., Div. of Food Preservat.; engl.) — Übersicht über die Meth. zur objektiven Farbmessung unter Berücksichtigung von Farbvergleichsverff., Colorimetrie, Spektralphotometrie usw. und ihre Anwendung in der Lebensmittelchemie. — 50 Literaturhinweise.
E. Lück 7788◇

2814 **Zur Standardisierung der Niacin-Bestimmung in Getreide und Getreideprodukten.** B. Gassmann und J. Janicki. (Ernährungsforschung **8**, 377—86, 1963; Potsdam-Rehbrücke, Inst. für Ernährung; dt.) — Vergleichsunters. der *Bromcyan*-Meth. zur chem. Best. von *Niacin* in Weizen in 16 verschiedenen Labor. ergab, daß das Verf. der amerikan. Assoc. of Vitamin Chem., welches mit einem sauren Aufschluß des Unters.-Materials verbunden ist, die besten Ergebnisse liefert. Durch Anwendung von *Procain* statt *Metol* zur Ringspaltung von *N-Cyan-3-carbonsäure-pyridiniumbromid* wird die Genauigkeit der Best. noch erhöht. Für den Variabilitätskoeffizienten wurde 3,98% berechnet. Bei Weizenmehl war das Verf. weniger gut: Variabilitätskoeffizient 10,9%.
M. Ulmann 7796◇

2815 **Eine Methode zur Bestimmung von Butylhydroxyanisol und Butylhydroxytoluol in Getreide-Produkten.** R. H. Anderson und J. P. Nelson. (Food Technol. **17**, Nr. 7, 95—96, 1963; Minneapolis, Minn., General Mills, Inc., Centr. Res. Labor.; engl.) — Ein Verf. zur Best. von *Butylhydroxyanisol* u. *Butylhydroxytoluol* in Getreide-Prodd. mit relativ hoher Empfindlichkeit wird beschrieben. Der Ae.-Extrakt der zu untersuchenden Probe wird in ein mit einer Vorrichtung zur Best. der Wärmeleitfähigkeit versehenes Gaschromatographiegerät unter bestimmten Bedingungen eingeführt. Die Säule ist für einen bestimmten Temp.-Bereich programmiert.
W. Wesly 7796◇

2816 **Die Proteinzusammensetzung windgesichteter Mehlfraktionen.** C. W. Wrigley. (J. Sci. Food Agric. **14**, 120—24, 1963; North Ryde, New South Wales, C.S.I.R.O., Wheat Res. Unit.; engl.) — Aus Unterss. an windgesichteten Mehlen geht hervor, daß der Eiweiß-Geh. in der feinen Fraktion am höchsten ist. Bei anschließender Extraktion der Fraktionen, bei der nacheinander 0,01m Na-Pyrophosphat-Lsgg., 0,05n Essigsäure u. 0,1n NaOH zur Anwendung kommen, liegt jeweils der das Gluten repräsentierende Eiweiß-Geh. der Essigsäurefraktion am höchsten. Die weitere chromatograph. Unters. dieser Fraktion an Carboxymethylcellulose zeigt annähernd konst. prozentuale N-Verteilung in den chromatograph. getrennten Fraktionen für alle windgesichteten Fraktionen. G. Heder 7798◇

2817 **Zur Feuchtkleber- bzw. Rohproteinbestimmung.** E. F. Wolf. (Bayer. landwirtsch. Jb., Sonderh. **40**, Nr. 1, 286—89, 1963; dt.) — Wegen der höheren Reproduzierbarkeit einer Protein-Best. gegenüber einer Kleber-Best. schlägt der Vf. vor, die erstgenannte Meth. zur Qualitätsbeurteilung von *Weizenmehlen* heranzuziehen.
G. Heder 7798◇

2818 **Bestimmung der Feuchtigkeit von Weizen, Mehl, Teig und getrockneten Früchten durch kernmagnetische Resonanz (NMR) und Erhitzen.** Byron S. Miller und Haven D. Kaslow. (Food Technol. **17**, Nr. 5, 142—45, 1963; Minneapolis, Minn., General Mills, Inc., Central Res. Labor.; engl.) — Die Best. der Feuchtigkeit von Weizen, Mehl, Teig u. getrockneten Früchten durch die NMR-Technik ergibt bei Verw. von Eichkurven Werte mit einer mittleren Abweichung von 0,06%. Die gefundenen Werte stimmen mit den Werten anderer Verff. überein. Das Verf. der Erhitzung sollte nicht als Bezugs-Verf. zur Feuchtigkeits-Best. herangezogen werden.
W. Wesly 7798◇

2819 **Quantitative Bestimmung von Dicarbonsäuren im Brot.** L. N. Kasanskaja und A. G. Jegorowa. (Brot- u. Konditorei-Ind. [UdSSR] **7**, Nr. 9, 1—5, 1963; Leningrad, Abt. der Zentr. Forsch.-Inst. für Brotindustrie; russ.) — Die organolept. Eigg. von *Roggenbrot* werden durch die Ggw. von *Wein*(I)-, *Citronen*-, *Äpfel*- u. *Bernsteinsäure* (II) bedeutend beeinflußt. Die getrennte Best. der vorst. Verbb. erfolgt nach eingehend beschriebener papierchromatograph. Meth., die es ermöglicht, den Geh. der Säuren im Prod. mit einer Fehlergrenze von $\pm 3-5\%$ zu ermitteln. Der Geh. an **I** u. **II** sowie an titrierbaren u. flüchtigen Säuren in 11 Brotsorten, die mit Hilfe von 11 verschiedenen Milchsäurebakterienstämmen bereitet wurden, u. die organolept. Bewertung der erhaltenen Prodd. ist angegeben. S. Baryschnikow 7800△

2820 **Isolierung von Gramm-Mengen eines Rhamnoglucosides von Apigenin aus Grapefruit.** K. M. Rowell und C. G. Beisel. (J. Food Sci. **28,** 195—97, 1963; Ontario, Calif. Orange Products Div., Sunkist Growers, Inc.; engl.) — Aus Grapefruitschalen gewonnenes *Naringin* läßt sich durch Red. mit KBH_4 in *Apigenin-7-rhamnoglucosid* überführen, das auf Grund spektralanalyt. Unterss. im IR als mit *Rhoifolin* ident. angesehen werden kann. G. Heder 7808◇

2821 **Einfluß des pH auf die Stabilität von Chlorophyll in grünen Gemüsen.** J. P. Sweeney und M. E. Martin. (Food Technol. **15,** 263—66, 1961; Washington, D. C., U. S. Dep. of Agric., Human Nutrit. Res. Div.; engl.) — Aus dem Handel bezogene tiefgekühlte Gemüse zeigten große Unterschiede in der Grünfärbung, was offenbar auf die teilweise Umwandlung von *Chlorophyll* (**I**) in *Phäophytin* während der Zubereitung zurückzuführen war. Die Stabilität von **I** konnte verbessert werden, wenn dem Kochwasser Citrat–Phosphat-Puffer beigegeben wurde; mit steigendem pH von 6,2 bis 7,0 wurde Zunahme der Grünfärbung gefunden. Über pH 7 trat zwar eine gewisse Verbesserung der Farbe, zugleich aber geschmackliche Schädigung des Gemüses auf. K. Schleich 7810◇

2822 **Gas-Flüssigkeits-Chromatographie von Capsicum-Amiden.** Paul H. Todd jun. und Czeslaw Perun. (Food Technol. **15,** 270—72, 1961; Kalamazoo, Mich., Kalamazoo Spice Extraction Co.; engl.) — Aus dem Ae.-Extrakt von *Capsicum* wurde *Capsaicin* (**I**) in kristallisierter Form gewonnen, daraus in Methanol-Lsg. mit H_2SO_4 der *Decylensäuremethylester* (**II**) dargestellt, der dann der Gas-Fl.-Chromatographie mit He als Trägergas unterworfen wurde. Dabei wurde eine charakterist. Retentionszeit für **II** gemessen. Das Verf. dient zur Best. von **I** u. zur Unterscheidung von den im Handel vorkommenden synthet. Produkten. K. Schleich 7826◇

2823 **Ein Beitrag zur Methodik der Senfölbestimmung in Brassica-Samen.** A. Moll. (Züchter **33,** 109—13, 1963; Groß-Lüsewitz, Deutsche Akad. der Landwirtschaftswiss. zu Berlin, Inst. für Pflanzenzüchtung; dt.) — Zur Best. des Geh. an *Senföl* (**I**) werden *Brassica*-Samen in feingemahlenem Zustand mit siedendem W. übergossen u. **I** anschließend durch *Myrosinase* in Freiheit gesetzt. Dest. in eine mit alkohol. NH_3 gefüllte Vorlage ermöglicht den Umsatz zu *Allylthioharnstoff* (**II**). Nach Entfernung des A. u. des NH_3 wird die Probe mit Boratpuffer auf pH 8,1—8,2 gebracht u. mit Grotes' Reagens versetzt. Zu dessen Herst. werden 0,5 g Nitroprussidnatrium in 10 ml W. gelöst u. mit 0,5 g Hydroxylaminhydrochlorid versetzt, nach Zugabe von 1 g $NaHCO_3$ werden nach 15 Min. 2 Tropfen Br zugegeben u. nach weiteren 15 Min. wird das Br mittels Durchsaugen eines Luftstromes entfernt. Danach wird auf 25 ml mit W. aufgefüllt. Die beim Umsatz von **II** mit diesem Reagens entstehende Färbung läßt sich photometr. auswerten. G. Heder 7842◇

2824 **Bestimmung von Rückständen von Thiophosphorsäuredimethyl-2.4.5-trichlorphenylester in Ochsenfleisch und -fett.** A. Magat. (Bull. Assoc. franç. Ing., Chimistes Techniciens Ind. Cuir Doc. Inform. Centre techn. Cuir **25,** 291—97, 1963; Centre Techn. du Cuir, Serv. de Parasitol.; franz.) — Zur Best. von *Thiophosphorsäuredimethyl-2.4.5-trichlorphenylester* in Ochsenfleisch u. -fett extrahiert man die Probe mit Ae. u. danach mit Acetonitril, verseift mit Alkali, treibt das entstandene *2.4.5-Trichlorphenol* mit Wasserdampf ab u. chromatographiert auf Anionenaustauscherharz. Die spektrophotometr. Best. wird bei 315 nm ausgeführt. W. Wesly 7850◇

2825 **Polarographische Untersuchung des Milchproteins. 1. Mitt. Die Unterschiede zwischen Human- und Kuhmilchcasein.** Masahisa Maeno, sao Kiyosawa und Kunisuke Kuwahara. (J. agric. chem. Soc. Japan [Nippon Nôgei-Kagaku Kaishi] **36,** 710—15, 1962; Morinaga Milk Ind. Co., Central Res. Labor.; jap.) J. Lehmberg 7856◇

2826 **Grundlegende Untersuchungen über die Kontamination von Milch durch radioaktives Strontium, insbesondere über den Mechanismus der Kontamination.** Akira Yuyama. (J. Fac. Agric., Iwate Univ. [Japan] **6,** 49—80, 1962; jap., Auszug: engl.) — Zum Vgl. mit der Kontamination lactierender Kühe durch ^{90}Sr wurde lactierenden Ziegen ^{89}Sr u. ^{45}Ca verabreicht u. die Verteilung dieser Isotope in Milch, Harn, Faeces u. Knochen gemessen. ^{89}Sr u. ^{45}Ca werden gleichmäßig in der Milch angereichert, wobei das Casein 80% des ^{89}Sr u. 40% des ^{45}Ca enthält. Die Verteilung der Sr- u. Ca-Isotope zwischen den obengenannten Körperbestandteilen wird durch Verhältniszahlen („beobachtetes Sr/Ca-Verhältnis") bzw. Ausscheidungsfaktoren wiedergegeben, die ein Maß für den bevorzugten Einbau bzw. die Ausscheidung der Isotope darstellen. An Kühen, deren natürliches Futter eine Aktivität an ^{90}Sr von 254 $\mu\mu c/g$ Ca aufwies, wurden vergleichbare Werte erhalten. Die Verabreichung von *Oxytocin* an Ziegen führt zu einem Anstieg der ^{89}Sr- u. bes. der ^{45}Ca-Geh. in der Milch. Durch Erzeugung einer künstlichen Acidose infolge von NH_4Cl-Gaben steigt nur die ^{45}Ca-Ausscheidung im Harn. Eine durch $NaHCO_3$-Zufuhr erzeugte Alkalose führt keine Änderungen herbei. *Chloralhydrat* ergibt als Anästheticum eine Abnahme des ^{89}Sr- u. ^{45}Ca-Geh. in Blut u. Milch, nicht aber im Urin. Vf. erklärt die Beeinflussung der Einbauraten durch die genannten Substanzen mit ihren spezif. Wrkg. auf die Milchdrüse, die Nieren bzw. den Verdauungstraktus. Winfried Krüger 7856◇

2827 Elmer H. Le Mense, Hemet, Calif., V. St. A., **Züchten von Mikroorganismen auf halbfesten Nährböden,** dad. gek., daß man fein verteilte Feststoffe (Prodd. u. Abfälle der Müllerei, bzw. von Bohnen, Kartoffeln, Rüben, Baumwollsaat, ferner Treber, Trester, poröse Steine, wie Perlit, Bims, Holzkohle, usw.) mit einer fl. Kultur des zu züchtenden Mikroorganismus mischt, die Masse auf einem porösen Bett ca. 3 Fuß tief ohne Andrücken ausbreitet, Luft (im Kreislauf) mit einem Druck von ca. 6 inch (Wassersäule) hindurchleitet, die man vorher mit Dampfstrahlen befeuchtet, mit Wasserstrahlen gewaschen, gekühlt, in einer Schlange vom W. befreit hat, u. zur Unterbrechung des Wachstums einen Heißluftstrom durch die Masse leitet. Das Verf. ermöglicht eine genaue Kontrolle der Temp., Feuchtigkeit u. Belüftung u. dient bes. zur Herst. von Futtermitteln (mit Wuchsstoffen, z. B. für Geflügel) mit oder ohne Trennung der Organismen vom Träger bzw. in fl. Phase oder als Pulver zum Besprühen von Pflanzen. — Zeichnung der Anlage. (**A. P. 3028312** vom 21/9. 1959, ausg. 3/4. 1962.) G. Vogel 7651

2828 Československá Socialistická Republika (Erfinder: Jan Olšanský, Václav Sochor und Gustav Schneider, Brünn), Tschechoslowakei, **Cremeherstellung auf kaltem Wege.** Hierzu wird ein Gemisch von z. B. 37,8 (Teilen) Weizenmehl + 0,5 Kartoffelstärke + 5,5 Glucose + 8,2 Saccharose + 0,1 NaCl + 0,5 Aromaten + 0,1 Schokoladenfarbe + 47 W., das bei 40—50(%) Trockensubstanzgehalt 6—8 Protein u. 25 Zucker aufweist, auf Trockenwalzen bei 130—150° vermahlen, gesiebt u. vermischt. (**Tschech. P. 99843** vom 13/6. 1960, ausg. 15/6. 1961.) L. Macher 7659

2829 Herman Budding (Erfinder: Arjen Sjollema), **Herstellung eines sich schnell mit kaltem oder warmem Wasser befeuchtenden Milchpulvers** durch Zusatz von 0,2—4 Gew.-% wasserfreien *Lecithins,* wobei bes. das Milchpulver u. das feste oder halbfeste Lecithin vor dem Vermischen auf über dem F. des Lecithins liegende Temp. erhitzt wird. (**Aust. P. 234444** vom 23/2. 1959, ausg. 27/7. 1961. Niederl. Prior. 11/3. 1958.) K. Demmler 7757

2830 E. I. du Pont de Nemours & Co., Wilmington, übert. von: Norman Laurance Hause, West Chester, Pa., und William Haworth Todd, Wilmington, Del.,

V. St. A., **Anreicherung des L-Lysin-Gehaltes von Futtermitteln.** Die Futtermittel werden innig mit *L-Lysinsuccinat*, *L-Lysinhydrogensuccinat* oder *L-Lysinhydrogenadipat* vermischt. Der Protein-Geh. der Futtermittel wird erhöht u. ihr Geschmack verbessert. Da die L-Lysinsalze einen NaCl-ähnlichen, salzigen Geschmack aufweisen, kann der NaCl-Geh. der Futtermittel herabgesetzt werden. (**A. P. 3015567** vom 20/3. 1959, ausg. 2/1. 1962.) H. Karst 7781

H_{17}. Fette, Seifen, Wasch- u. Reinigungsmittel, Wachse, Bohnermassen usw.

2831 **Zur Carbonylbildung bei autoxydierten Fettsäureestern.** K. Täufel und G. Heder. (Fette, Seifen, Anstrichmittel **65**, 85—91, 1963; Berlin, Humboldt-Univ., Inst. Lebensmittelchemie u. -technol.; dt.) — Bei der Autoxydation von Fettsäureestern findet neben der Heterolyse gebildeter Hydroperoxide auch deren Homolyse statt, die zu Aldehyden führt. Der Einfl. von Metallen u. HCl auf die Carbonyl-Bldg. bei Ölsäuremethyl-, Linolsäuremethylester u. 2 Raffinaten von Sonnenblumenöl wird untersucht. Flüchtige Carbonyl-Verbb. werden mit Wasserdampf dest., als 2.4-Dinitrophenylhydrazone abgefangen, papierchromatograph. aufsteigend mit PAe. getrennt, mit Bzl. eluiert u. die Lsg. spektralanalyt. ausgewertet. Ggw. von HCl oder Bleicherde erhöht beträchtlich die Carbonyl-Bldg. in autoxydierten olefin. Fettsäureestern, während der Einfl. von Metallen weniger stark ausgeprägt ist. W. Melloh 7878◇

2832 **Einfluß von Bilirubin und Vitamin E auf die Oxydation ungesättigter Fettsäuren durch UV-Bestrahlung** Vorläufige Mitteilung. H. Beer und K. Bernhard. (Chimica [Schweiz] **13**, 291—92, 1959; Basel, Univ. Physiol.-Chem. Anst.; dt.) — Vff. untersuchten die Hemmung der Autoxydation des Fettsäuregemischs von verseiftem Sonnenblumenöl bei UV-Bestrahlung durch Zusatz von *Bilirubin* (**I**) u. *DL-η-Tocopherolacetat* (**II**). Die Hemmung erfolgt abhängig von der zugesetzten Menge, wobei **I** wirksamer zu sein scheint als **II**. Die Peroxid-Best. wurde jodometr. u. colorimetr. durchgeführt. U. Schüßler 7878□

2833 **Merkmale von Olivenölprodukten aus der Provinz Pesaro.** Emma Cecchini Cioppi und Michele Scrima. (Boll. Lab. chim. provinc. **12**, 459—71, 1961; Labor. Chim. Prov. Pesaro; ital.) J. Lehmberg 7894◇

2834 **Untersuchungen über konjugierte Hydrierung.** H. N. Basu und M. M. Chakrabarty. (J. sci. ind. Res. [New Delhi], Sect. D **21**, 467—68, 1962; Calcutta, Dep. of Appl. Chem., Oil Technol. Labor.; engl.) — Unterss. über die konjugierte Hydrierung von raffiniertem u. gebleichtem *Erdnußöl* mit A. u. Isopropylalkohol (**I**) als H_2-Donatoren bei 200—250° u. 90—200 psi Druck in Ggw. eines Ni-Katalysators zeigen, daß mit A. nach 6 Std. langer Rk. die Gleichgew.-JZ. (64—71) erreicht wird. Bei Verw. von **I** stellt sich diese (25) nach 3—4 Std. ein. Trans-Säuren bilden sich in geringerem Umfang als bei gewöhnlicher Hydrierung. W. Wesly 7894◇

2835 **Die chemischen und physikalischen Veränderungen von Schweineschmalz und Butter beim Erhitzen.** R. Ondreička, W. Simko und A. Bučko. (Fragen d. Ernähr. [UdSSR] **22**, Nr. 6, 43—46, 1963; Bratislava, Forschungs-Inst. für Ernährung; russ., Auszug: engl.) — Durch 30—120 Min. langes Erhitzen von *Schweineschmalz* u. *Butter* auf 170° erfolgt eine Zunahme des Brechungsindex, der Viscosität, der Peroxidzahl, der Acidität u. des Geh. an Acrolein u. CO-Verbb. sowie Abnahme der JZ. u. des Geh. an Linol- u. Linolensäure. Der Geh. an konjugierten Dienen u. Trienen wird im Schweineschmalz erhöht, in der Butter vermindert. Bei der genannten Temp. ist demnach die Bldg. von Acrolein, Peroxiden u. polymeren Verbb. möglich. O. Lebtag 7896△

2836 **Neuzeitliche Margarine-Herstellung.** 1. Mitt. A. Heesch. (Fette, Seifen, Anstrichmittel **65**, 125—37, 1963; Hamburg, Margarine-Union G.m.b.H., Werk Kleve; dt.) — 2. vgl. C. **1964**, 5-2732. — Die moderne Verf.-Technik auf dem Margarine-Gebiet wird geschildert. Bes. finden die apparative Ausrüstung mit Rohrkühlern u. die Kristallisationsvorgänge Berücksichtigung. W. Melloh 7900◇

2837 **Beobachtungen über den Aldehydwert und Peroxidwert während der Raffination von pflanzlichen Margarinerohstoffen.** A. Tananger. (Acta polytechn. scand. Nr. 16, Chem. includ. Metallurgy Ser. [N.S.] Nr. **21**, 64—65, 1962; Oslo, A/S De-No-Fa og Lilleborg Fabr.; engl.) — Die Lagerfähigkeiten zahlreicher Palm- u. Sojabohnenöle mit verschiedenen Aldehydwerten zeigen keine signifikanten Unterschiede. Der Übergangsfaktor für Peroxide der Öle beträgt 2,4—3,2; die Übergangs-Geschw. schwankt zwischen den Ölen. W. Wesly 7900◇

2838 **Faktoren, die die Herstellung von Margarine guter Haltbarkeit beeinflussen.** C. Vrang und G. Als. (Acta polytechn. scand. Nr. 16, Chem. includ. Metallurgy Ser. [N.S.] Nr. **21**, 83—86, 1962; Viby, Dänemark, Aktiselbsk. Grindstedvaerket; engl.) — Die die Haltbarkeit von Margarine beeinflussenden Faktoren (Umwandlung des in der Margarine enthaltenen Milcheiweißes, mikrobiolog. Vorgänge in der Margarine, Löslichkeit von Gasen in Ölen u. Fetten, Herst. der Margarine-Emulsion) werden erörtert. W. Wesly 7900◇

2839 **Nebenprodukte des Sojabohnenöls und ihr Nutzen. (Theoretisch-praktische Untersuchung.)** F. Ramos. (Grasas y Aceites **14**, 171—81, 1963; Sevilla, Inst. de la Grasa y sus Deriv., Dep. Indust.; span.) — Die bei der Sojabohnenöl-Raffination anfallenden Neben-Prodd., bes. die Seifenstöcke, werden bzgl. Verwertung für die Seifenfabrikation untersucht. H. Franzen 7910◇

2840 **Metallkatalyse der Oxydation von Seife.** Aage Lund. (Acta polytechn. scand. Nr. 16, Chem. includ. Metallurgy Ser. [N.S.] Nr. **21**, 66—70, 1962; Oslo, A/S De-No-Fa og Lilleborg Fabr.; engl.) — Der Einfl. von Cu auf den Grad der Oxydation von Seife u. die Peroxidzahlen von Toiletteseife nach 5wöchiger Lagerung werden wiedergegeben. W. Wesly 7910◇

2841 **Die Entwicklung der grenzflächenaktiven Stoffe und ihrer Rohstoffquellen.** F. Püschel. (Z. Chem. **3**, 338—46, 1963; Berlin-Adlershof, DAW Berlin, Inst. f. Fettchem.; dt.) — Zeitabschnittliche Übersicht über die in der Seifen-, Wasch- u. Reinigungsmittelindustrie angewendeten grenzflächenakt. Stoffe, bes. über Entw., Typ, Konstit., charakterist. Prodd. u. Rohstoffquellen. H. Franzen 7912◇

2842 **Verhalten von eisenhaltigem Wasser gegenüber Textilien.** O. Oldenroth. (Fette, Seifen, Anstrichmittel **65**, 418—24, 1963; Krefeld, Wäschereiforsch. Krefeld e.V.; dt.) — Der Weißgrad von Wäsche kann von dem im W. befindlichen Fe-Salzen, aber auch durch die in der Gebrauchswäsche vorhandenen wasserlösl. Fe-Salze beeinflußt werden. Zur Bindung des Fe eignet sich ein geringer Zusatz eines polymeren Spezialphosphates (0,5 g/Liter) bes. in Ggw. von Metasilicat sowie von Seife. Ein sehr gutes Bindungsvermögen weisen die Salze der Nitrilotriessigsäure u. der Äthylendiaminotetraessigsäure auf, letztere bes. in Ggw. kleiner Phosphatmengen (0,5 g/Liter) in sodaalkal. Lösung. H. P. Fiedler 7912◇

2843 **Das Cuticula-Wachs der kubanischen Palme, Copernicia hospita.** E. D. Kitzke und E. A. Wilder. (J. Amer. Oil Chemists' Soc. **38**, 699—700, 1961; Racine, Wis., S. C. Johnson & Son, Basic Res. Dep.; engl.) — Der Vergleich des Wachses der *Copernicia hospita* (**I**) mit dem kommerziellen Carnauba-Wachs (**II**) (Copernicia cerifera) zeigt weitgehende Gleichheit oder Ähnlichkeit der Eigg. (F. **I** 86°, F. **II** 82—85°; SZ. 16,6—12; VZ. 101, 70—85; Hydroxylzahl 59, 55) u. eine ähnliche Verwendbarkeit in Polituren gemischen. N. Trzebowski 7924◇

2844 **Die Rückgewinnung von Wollfett aus der Waschflotte von Rohwolle durch Beschäumen mit Luft.** Tatsuo Shinozaki und Takuo Omi. (Bull. Nagoya Inst. Technol. **14**, 292—95, 1962; jap., Auszug: engl.) — Die Rückgewinnung von Lanolin aus der Waschflotte von Rohwolle gelingt zu 90%, wenn Luft in eine solche Flotte eingeblasen wird, die durch Auswahl von pH-

Wert, Waschmittel- u. Lanolin-Konz. gerade noch eine stabile Emulsion bildet. G.-D. Gollnisch 7924◇

2845 **Untersuchung eines Reinigungseffektes an höhermolekularen, primären, normalen, aliphatischen Alkoholen.** G. Renner und H. Schildknecht. (Fette, Seifen, Anstrichmittel **65**, 91—94, 1963; Erlangen, Univ., Inst. Organ. Chem.; dt.) — Nahezu reine, längerkettige aliphat. Alkohole (Wachsalkohole) lassen sich durch einfaches Verdampfen ihrer Lsgg. in die Komponenten bzw. deren einfachere Gemische trennen. Zur Anwendung kommen im allgemeinen nicht mehr als 100 mg Substanz u. nicht mehr als 10 ml Lsgm. wie Aceton, n-Heptan, CCl_4 u. $CHCl_3$. Eindampf-Temp. sind 27 u. 35°. Es müssen annähernd gleiche Substanzmengen, Lsgm., Lsgm.-Vol. u. Temp. eingehalten werden. Eine Mischung zweier Alkohole ließ sich nicht auf diesem Wege trennen. Die Verss. sind noch nicht abgeschlossen. W. Melloh 7924◇

2846 **Faktoren der Wirksamkeit von Poliermitteln.** H. K. Stryker und D. L. Burdick. (Soap chem. Specialties **39**, Nr. 8, 83—87, 1963; Merriam, Kans., Spencer Chemical Co. 90—91, 104—05; engl.) — Eine große Anzahl von Acrylsäure(I)-Poliermitteln wird beurteilt nach ihrer Zus.: Latex X (harte I), Latex Y (weiche I), Harz-Typ, Wachs-Konz., Plastizier-Gemisch, Geh. an 1-Octanol, u. deren Einfl. auf mehrere Eigg. der zugerichteten Produkte. W. Wesly 7926◇

2847 **Die Identifizierung von Peaks in der Gas-Flüssigkeit-Chromatographie.** T. K. Miwa. (J. Amer. Oil Chemists' Soc. **40**, 309—13, 1963; Peoria, Ill., Northern Reg. Res. Labor.; engl.) — Die grundlegenden Meth. der Identifizierung von Substanzen werden unter bes. Berücksichtigung von Fettsäuremethylestern u. Fettalkoholen zusammenfassend beschrieben. — 24 Literaturangaben. W. Melloh 7930◇

2848 **Neueste Entwicklungen in der Gaschromatographie und ihre Anwendung bei der Fettanalyse.** Arnaldo Liberti. (Boll. Lab. chim. provinc. **12**, 411—21, 1961; Napoli, Univ., Ist. Chim. Analit.; ital.) J. Lehmberg 7932◇

2849 **Kernresonanzspektren zur Bestimmung des Ölgehaltes in Samen.** T. F. Conway und F. R. Earle. (J. Amer. Oil Chemist's Soc. **40**, 265—68, 1963; Argo, Ill., Corn Products Co., Res. Labor.; Peoria, Ill., Northern Reg. Res. Labor.; engl.) — Mittels Kernresonanzspektren lassen sich Ölgeh. in Samen in ca. 3 Min. mit einer Genauigkeit bestimmen, die den derzeitigen Extraktionsmeth. vergleichbar ist. Das Verf. wird am Beispiel 18 verschiedener Proben mit Ölgeh. zwischen 1,5—53% beschrieben. W. Melloh 7932◇

2850 **Über das Öl der Johannisbrot-Kerne.** A. Gad und Z. E. Shoeb. (Fette, Seifen, Anstrichmittel **65**, 138, 1963; Münster (Westf.), Deutsches Inst. für Fettforschung; dt.) — Die Zus. der Früchte des Johannisbrotbaums (*Ceratonia siliqua*) wird angegeben. Eine Analyse des Kernöls ergab die Kennzahlen: VZ. 194,8, SZ. 4,2, Unverseifbares 1,2, n_D^{20} 1,4668, JZ. (Kaufmann) 104,1, RhZ. 68,1. Zus. der Fettsäuren des Öls in %: Stearin- 4,7, Palmitin- 18,7, Öl- 33,9, Linol- 41,0, Linolensäure 1,7. W. Melloh 7932◇

2851 **Charakterisierung der Cyclopropensäuren in ausgewählten Samenölen.** T. L. Wilson, C. R. Smith jun. und K. L. Mikolajczak. (J. Amer. Oil Chemists' Soc. **38**, 696—99, 1961; Peoria, Ill., Northern Reg. Res. Labor.; engl.) — In dem verseifbaren Anteil der Samenöle von *Sterculia foetida* (**I**), *Hibiscus syriacus* (**II**) u. *Lavatera trimestris* (**III**) lassen sich durch Gas-Fl.-Chromatographie (GFC) der Methylester der Fettsäuren (unhydriert u. hydriert) 2 Cyclopropensäuren *Sterculsäure*, $C_{19}H_{34}O_2$ (**IV**) u. *Malvalsäure*, $C_{18}H_{32}O_2$ (**V**) nachweisen. Die erhaltenen Werte (**I**: 54,5% **IV**, 6,7% **V**; **II**: 3,4%, 16,3%; **III**: 0,6%, 7,7%) stimmen mit den durch Titration mit HBr erhaltenen überein. Die Charakterisierung von **IV** u. **V** erfolgte durch Hydrierung u. durch Oxydation (zu den β-dioxo-Säuren mit anschließender Spaltung durch Peressigsäure), wobei die Rk.-Prodd. durch GFC u. UV-Spektren bestimmt wurden. — 24 Literaturangaben. N. Trzebowski 7932◇

2852 **Insekticide und Herbicide in Fetten und Ölen.** J. W. Cook. (J. Amer. Oil Chemists' Soc. **40**, 313—18, 1963; Washington, D. C., Div. of Food, Food and Drug Admin.; engl.) — Der augenblickliche Stand der Unters.-Meth. zur Best. von Insekticiden, Herbiciden u. a. Pesticiden in Fette u. Öle enthaltenden Nahrungsmitteln wird eingehend diskutiert. W. Melloh 7932◇

2853 **Bestimmung der Farbe von Speiseölen nach der Dreifarben-Methode.** Walter Ciusa und Goffredo Fiorenzi. (Rassegna Chim. **13**, Nr. 2, 3—13, 1961; Bologna, Univ., Ist. di Merceol.; ital.) — Eine Meth. zur Best. der Färbung von Speiseölen auf Grund spektrophotometr. Messungen (im Bereich von 380 bis 730 mμ) wird beschrieben. Die Farbe wird durch einen Punkt im von der C.I.I. vorgeschlagenen Farbdreieck dargestellt. Auf Grund der Ergebnisse werden die Auswahl des Belichters, Beobachtungen, Anzahl der Ablesungen u. Reproduzierbarkeit diskutiert. Als Beispiel werden die Farbpunkte zusammen mit den wichtigsten warenkundlichen Eigg. von 16 Öltypen des Handels u. auch die Farbänderung von 7 Ölen in Abhängigkeit von der Zeit u. verschiedenen technolog. Behandlungen wiedergegeben. G. Platzer 7932◇

2854 **Eine Methode zur Bestimmung des Carbonylwertes thermisch oxydierter Fette.** V. R. Bhalerao, J. G. Endres und F. A. Kummerow. (J. Amer. Oil Chemists' Soc. **38**, 689—91, 1961; Urbana, Ill., Univ. of Ill., Dep. of Food Techn.; engl.) — Vff. verbessern die Best.-Meth. des Carbonylwertes (CW) therm. oxydiertes Fette (**F**) nach Bryant u. Smith [1935], bei der die bei der Rk. des **F** mit Hydroxylaminhydrochlorid (**I**) freigesetzte HCl gegen Bromphenol in A. titriert wird, indem Vff. die Titration potentiometr. als Differenz-Meth. (gleichzeitige Titration einer fettfreien Probe) in n-Octylalkohol durchführen. CW wird nach 24std. Rk.-Zeit bei Raumtemp. bestimmt. An reinen aliphat. Aldehyden u. Ketonen wird die Brauchbarkeit der Meth. (Erfassung des Carbonylsauerstoffs zu 98% u. mehr) u. bei oxydiertem Kernöl, Baumwollsamenöl u. Cocosnußöl ihre Anwendbarkeit gezeigt. Anwesende Fettsäuren (n-Valeriansäure u. höhere Homologe) stören nicht. N. Trzebowski 7932◇

2855 **Die Verteilung von Kupfer in verschiedenen Sojabohnenlecithinfraktionen und der Einfluß dieser Fraktionen auf die Haltbarkeit von Margarine.** O. Tolboe und N. Krog. (Acta polytechn. scand. Nr. 16, Chem. includ. Metallurgy Ser. [N. S.] Nr. **21**, 77—82, 1962; Aarhus, Dänemark, Aktieselsk. Grindstedvaerket.; engl.) — Ein Sojabohnenphosphatid mit 11,2 mg/kg Cu wird durch Fällung mit 2(%) Eisessig (**I**) u. 1,5 W. enthaltendem Aceton u. Fraktionierung mit A., **I** u. Chlf.-A.-Gemisch (1:2) angereichert. Der Cu-Geh. der Fraktionen u. deren Geh. an P u. N werden bestimmt. Der Einfl. des Cu-Geh. der einzelnen Fraktionen auf die Haltbarkeit von Margarine ergibt sich aus Geschmacksproben u. den Peroxid- u. CO-Werten. W. Wesly 7934◇

2856 **Über das Verhalten der stationären Phase bei der Analyse von Fettsäuremethylestern mit besonderer Berücksichtigung der Trennung von Linolensäure-Arachinsäure unter Anwendung einer neuen gaschromatographischen Kolonne.** Franco Poy. (Boll. Lab. chim. provinc. **12**, 445—51, 1961; Milano, Serv. Tecn. Carlo Erba S.p.A., Div. Appar. Sci.; ital.) — Vgl. C. **1963**, 10696. J. Lehmberg 7936◇

2857 **Zur Analytik der Linol- und Linolensäure.** Cl. Franzke und G. Ittrich. (Seifen-Öle-Fette-Wachse **83**, 477—78, 503—05, 529—30, 1957; Berlin, Humboldt-Univ., Inst. f. Lebensmittelchem.- u. technol.; dt.) — Übersicht über verschiedene Verff. zur Best. der *Linol-* u. *Linolensäure* (Oxydation, Bromaddition, Rhodanometrie, Spektralanalyse, Adsorption). — 61 Literaturangaben. H. Franzen 7936◇

2858 **Die Dünnschicht-Chromatographie auf dem Fettgebiet. 9. Mitt. Die Analyse der Esterwachse.** H. P. Kaufmann und B. Das. (Fette, Seifen, Anstrichmittel **65**, 398—402, 1963; Münster (Westf.), Dtsch. Inst. f. Fettforsch.; dt.) — 8. vgl. C. **1963**, 18301. — Für die dünnschichtchromatograph. Trennung der Wachskomponen-

ten in Stoffklassen wurden mit Kieselgel G beschichtete Platten verwendet, die Wachse in Chlf.-Lsg. aufgetropft u. als Fließmittel Trichloräthylen-Chlf. (3:1) eingesetzt, angefärbt wurde mit einer 0,05%ig. wss. Lsg. von Rhodamin B; man erhält im UV-Licht rotbraune Flecken auf gelbem Hintergrund. Untersucht wurden Bienenwachs, Carnaubawachs, Schellack, Wollwachs (Fließmittel: Trichloräthylen-Chlf. [5:2]) u. Sonnenblumensamenwachs. Die Trennung der Wachssäuren erfolgte auf mit Tetradecan imprägnierten Platten, als Fließmittel wird Isopropanol–A.–Eisessig–W. (8:3:4:1,3) u. zur Abfärbung eine 1%ig. Lsg. von α-Cyclodextrin in 30%ig. A. verwendet. Nach dem Trocknen wird mit Jod-Dampf behandelt: weiße Flecken auf braunem Hintergrund. Eine stöchiometr. Anfärbung der Säuren erreicht man bei der Behandlung mit Cu-Acetat u. Rubeanwasserstoff: dunkelgrüne Flecken auf weißem Hintergrund. Es können so Fettsäuren bis zu 36 C-Atomen getrennt werden. Die Trennung der Wachsalkohole erfolgt auf mit Tetradecan imprägnierten Platten; Fließmittel Isopropanol–A.–Eisessig–W. (8:3:4:2), Anfärbung mit einer 0,1%ig. Lsg. von Rhodamin B. — 42 Literaturangaben.
H. P. Fiedler 7944◇

2859 Council of Scientific and Industrial Research, Neu-Delhi (Erfinder: Balawant Shankar Joshi, Poona), Indien, **Kennzeichnung von Fetten und Ölen** durch Zusatz geringer Mengen alkylierter Methylenchinone, bes. 2.6.3'.5'-Tetra-tert.-butyl-4'-hydroxyphenyl-4-methylen-2.5-cyclohexadien-1-on. Die mit dem Zusatz versehenen Fette geben gelbe bis dunkelpurpurne Färbungen, wenn sie mit A. u. NaOH, NH_4OH Soda oder $Ca(OH)_2$ geschüttelt werden. Der Zweck ist, Verfälschungen teurer Fette durch billige leicht festzustellen. (**Ind. P. 70318** vom 8/1. 1960.) C. Lüttgen 7871

2860 Bombay Chemicals Private Ltd., Bombay, Indien, **Gewinnung von Ölen und Fetten aus gebrauchten Bleicherden, Aktivkohlen und Ni-Katalysatoren** durch Behandeln mit fettspaltenden Enzymen, z. B. Lipase, in wss. Dispersion, Abtrennen der Festbestandteile auf mechan. Wege oder durch Extraktion der Fettsäuren mit Alkali u. Aufarbeiten der anfallenden Fll. in üblicher Weise zu Fettsäuren u. Glycerin. Die entölten Rückstände werden regeneriert. (**Ind. P. 69921** vom 3/12. 1959.) C. Lüttgen 7873

2861 Council of Scientific and Industrial Research, Neu-Delhi (Erfinder: Viaoor Parthasarathy Harigopal, Kongandra Thammu Achaya, Shankerrao Amritrao Saletore und Syed Husain Zaheer, Heidarabad), Indien, **Raffinieren von Ricinusöl.** Man behandelt das rohe Öl in der Kälte unter starkem Rühren, bes. $^1/_2$ Std., mit einem Überschuß (100—300%) wss. Soda-Lsg., erhitzt $^1/_2$ Std. auf 80—100°, trennt den Soapstock ab u. wäscht das Öl mit warmem Wasser. (**Ind. P. 69393** vom 19/10. 1959.) C. Lüttgen 7895

2862 Armour & Co., Chicago, übert. von: Paul Speer, La Grange, Ill., Charles Griggs, Mason City, Io., und Daniel J. McAvoy, Downers-Grove, Ill., V. St. A., **Verarbeiten von ungenießbaren Schlachthofabfällen** in kontinuierlichem Verfahren. Die festen Teile werden zerkleinert, mit gefäßreichen Teilen (I) vermischt, auf 100—212°F erhitzt, um die **I** aufzuschließen u. den Wassergeh. des Gemisches zu erniedrigen. Die Masse wird weiter zerkleinert, z. B. in einem Desintegrator, auf 220—270°F erhitzt, um die Fettzellen zu sprengen, den Wassergeh. weiter zu verringern u. Fäulniskeime zu zerstören, u. heiß durch Zentrifugieren in Fett u. ein Fleischmehl–Knochenmehl-Gemisch getrennt. — Verf.-Schema. (**A. P. 3046286** vom 6/2. 1959, ausg. 24/7. 1962.)
C. Lüttgen 7905

2863 Armour & Co., übert. von: Emmett P. Glynn, Chicago, und Carl O. Hebenstreit, North Lake, Ill., V. St. A., **Herstellung von Toiletteseife.** Die Pilierfähigkeit von anorgan., kürzende Salze enthaltender Na-Seife läßt sich durch Zusatz von 0,5—10% wasserlösl. Äthern der allg. Formel $R-(OR')_xOH$ (R = C-C_3-Alkyl, R' = C_2—C_3-Alkylen, x = 1—3), bes. Diäthylenglykolmonobutyl- oder -äthyläther oder Dipropylenglykolmonomethyläther, verbessern. (**A. P. 3023505** vom 13/7. 1955, ausg. 1/5. 1962.)
C. Lüttgen 7911

2864 Yardney International Corp., übert. von: Carl Horowitz, Brooklyn, und Meyer Mendelsohn, New York, N. Y., V. St. A., **Antiseptische Seife,** gek. durch einen Geh. an 1—10% eines Ag-Salzes einer depolymerisierten Alginsäure, die in 5%ig. wss. Lsg. eine Viscosität von 1,25—1,75 cP aufweist. (**A. P. 3050467** vom 8/11. 1957, ausg. 21/8. 1962.) C. Lüttgen 7911

2865 Cowles Chemical Co. (Erfinder: Frederic C. Jelen), **Herstellung von staubfreiem freifließendem Alkalisilicathydraten,** bes. Na-Metasilicatpentahydrat, durch Mischen mit wenigstens gleichen Teilen mit einem chem. ähnlichen Alkalisilicat in fl., bes. geschmolzener Form u. Kristallisieren des fl. Alkalisilicats auf den festen Teilchen des Ausgangsprod., wobei dem Gemisch noch nichtion. oberflächenakt. Stoffe, Carbonate, Phosphate, Farb- u. Duftstoffe zugesetzt werden können. — *Netzmittel.* (**Aust. P. 238056** vom 19/2. 1959, ausg. 12/4. 1962. A. Prior. 10/3. 1958.) K. Demmler 7913

2866 Stamford Chemical Industries, Inc., übert. von: Edwin B. Michaels, Stamford, Conn., V. St. A., **Grobwaschmittel,** bestehend aus 1—3 (Teilen) eines nichtkation. Waschrohstoffs, 1—3 eines C_8—C_{12}-Alkylphenolglykoläthers (**I**), 1—3 eines Polypropylen- oder -butylenglykols u. 1—10 Alkalipolyphosphat, z. B. 14 Kondensat aus 10—11 (Mol) Äthylenoxid (**II**) u. 1 Mol Nonylphenol (**III**), 6 (Teilen) Kondensat aus äquimol. Mengen **II** u. **III**, 12 Polypropylenglykoläther, Mol-Gew. 1025, u. 25 $K_4P_2O_7$. An Stelle von I können auch Polyglykoläther von ungesätt. Alkoholen verwendet werden. Das Prod. ist über einem weiten Temp.-Bereich wirksam. (**A. P. 3034989** vom 22/11. 1957, ausg. 15/5. 1962.)
C. Lüttgen 7913

2867 Victor Mills, Wyoming, und Edwin O. Korpi und Procter & Gamble Co., Cincinnati, Ohio, V. St. A., **Pilierte Waschmittel,** bestehend aus ≧ 75(%) eines Gemisches aus 15—55 Na- oder K-Salzen von anionakt. Waschrohstoffen auf Sulfonat- oder Sulfatbasis, von denen ≧ 50 als Alkylglyceryläthersulfonate (**I**) u. von diesen wiederum 10—30 als Alkyldiglyceryläthersulfonate (**II**) vorliegen müssen u. deren Alkylreste 10—20 C-Atome enthalten, 5—50 Seife u. 20—70 frisch gefällter Ca- oder Mg-Seife, Stärke oder wachsartigen Stoffen als plastifizierendem Material. Das Prod. ist sumpffest u. bildet keinen Badewannenrand. — Beispiel: 36 **I** aus Cocosnußölalkoholen der mittleren Fraktion mit etwa 10 **II**, 16 Talg-, 16 Cocosseife, 18 gehärtes Baumwollöl, enthaltend 38 Mono-, 43 Di- u. 19 Triglyceride, u. 14 W. u. NaCl (von der Herst. der I herrührend). (**A. P. 2988511** vom 29/7. 1957, ausg. 13/6. 1961.) C. Lüttgen 7913

2868 Koninklijke Industriale Mij. voorhen Noury & van der Lande N.V., Deventer, Niederlande (Erfinder: Herbert Frederick Maddox, Wilhelmus Johannes Cornelis Viveen und Cornelis Ugo Kloosterman), **Wasch- und Bleichmittel** mit Geh. an anorgan. Peroxid-Verbb., gek. durch einen Zusatz einer Verb., die ein oder mehrere N-Atome mit ≧ 2 Acylgruppen an demselben N-Atom aufweist, als Aktivator (**I**), z. B. Tripropionylhydrazin, N.N.N'.N'-Tetraacetylmethylendiamin, Triacetamid, N.N.N'-Triacetylmethylendiamin, Tetra- u. Triacetylhydrazin. Nach E. P. 907358 kann der I mit einer, in der Waschflotte lösl. Schicht, z. B. aus Stearin, Polyglykol, Äthylenoxid- u. Propylenoxid-Kondensaten, Carboxymethylcellulose oder Cetylalkohol überzogen sein. (**E. PP. 907356** vom 10/6. 1959 u. **907358** vom 13/5. 1960, beide ausg. 3/10. 1962.) C. Lüttgen 7913

2869 General Aniline & Film Corp., New York, N. Y., übert. von: Frederic R. Huber, Ramsey, und Leslie M. Schenk, Mountainside, N. J., V. St. A., **N-Acyltauride** erhält man nach A. P. 3013035 durch Kondens. von 1 (Mol) eines Metallsalzes einer 2-Aminoalkansulfonsäure der allg. Formel HN(R')-CH(R)-CH(R)-SO_3M (R = H, CH_3 oder C_2H_5; R' = H oder gesätt. KW-Stoffrest mit 1—20 C-Atomen; M = Alkali-

oder Erdalkalimetall) mit 1 eines Monocarbonsäurechlorids mit 6—22 C-Atomen in Ggw. von 0,25—2% eines oberflächenakt. u. dispergierenden Stoffes anderer Art als N-Acyltauride u. von genügend Alkali (Na- oder K-Hydroxid, -carbonat, -phosphat usw), gleichzeitig oder absatzweise zugesetzt, um die Kondens.-Rk. bei pH > 7 u. bei 15—90°, bes. 15—40°, zu halten. — Man verd. z. B. eine 33,8%ig. wss. Lsg. von 0,62 (Mol) des Na-Salzes von N-Methyltaurin mit 361 g W., kühlt auf 25°, setzt 9 g „Tamol NNO" als Dispergiermittel u. dann tropfenweise unter Rühren während 2 Std. bei 25—30° u. von 10,94 auf 6,95 sinkendem pH 0,0296 Talgfettsäurechlorid (93%ig) zu, setzt das gebildete Methyltaurinhydrochlorid mit 30%ig. wss. KOH bis pH 10,5 frei, setzt tropfenweise weitere 0,147 Talgfettsäurechlorid (pH 10,5 → 7,14), dann 30%ig. wss. KOH, um Methyltaurin aus seinem Salz freizusetzen, dann wieder Säurechlorid (pH 10,1 → 7,0) zu u. wiederholt diese Zusätze bis insgesamt 0,593 Talgfettsäurechlorid bis zum Ende der Rk. zugesetzt sind → *Na-Salz* von 254 g *N-Talgfettsäure-N-methyltaurid*, 100° (Ausbeute, **auf das Talgfettsäurechlorid** bezogen) u. 4,07% freie Talgfettsäure (ohne Dispergiermittel 94,3%). Analog erhält man aus Palmitinsäurechlorid u. N-Cyclohexyltaurin (Na-Salz) → *Na-Salz* des *N-Palmitoyl-N-cyclohexyltaurids*, 99,6% u. etwas Palmitinsäure; ferner *Na-Salz* von *N-Cocosfettsäure-N-methyltaurid*, 100%; *Na-Salz* von *N-Cocosfettsäuretaurid*, 97,2%; *K-Salz* von *N-Cocosfettsäure-N-butyltaurid*, 99,8%; *Na-Salz* des *N-Talgsäure-N-propyltaurids*, 97%. Als oberflächenakt. Mittel sind noch genannt: „Prestabit Oil" (sulfoniertes Rotöl), Na-Toluolsulfonat, „Nekal" (Na-Alkylnaphthalinsulfonat), „Marasperse" (Ligninsulfonat), „Igepal" (Polyglykoläther eines Alkylphenols) „PVP" (Polyvinylpyrrolidon) u. „Alipal CO-436" (sulfatierter Polyglykoläther eines Alkylphenols). — Nach A. P. 3013036 setzt man 1 der Taurin-Verb. mit 0,5 des Säurechlorids in Abwesenheit eines oberflächenakt. Mittels u. freier Alkalihydroxide bei pH ca. 7 um, neutralisiert das Na-Salz des N-Methyltaurinhydrochlorids mit äquimol. Mengen eines Alkalihydroxids, um Taurin usw. zur Rk. mit weiterem Acylchlorid freizumachen, setzt abwechselnd Hydroxid u. Acylchlorid zu u. hält pH in den Grenzen 6,8—10,6, in denen die Na-Salze der Taurin- u. der Taurinhydrochlorid-Verb. gemeinsam anwesend sind u. das Gleichgew. dieser Stoffe als Puffer-Syst. wirkt. — Man erhält z. B. aus 0,706 Methyltaurin (als 32,5%ig. wss. Lsg.) u. 0,34 Ölsäurechlorid (91%ig) → *Na-Salz* des *Oleylmethyltaurids*, 97,5% (bisher 91,8% bei pH 12,2—13); *Talgfettsäuremethyltaurid*, 94,3%; *Na-Salz* des *Palmitoyl-N-cyclohexyltaurids*, 84%; *Na-Salz* des *Cocosfettsäuremethyltaurids*, 96,2%; *Na-Salz* des *Cocosfettsäuretaurids*, 92,8%; *K-Salz* des *Cocosfettsäure-N-butyltaurids*, 97,9%; *Na-Salz* des *Oleylpropyltaurids*, 98%. Als Taurin-Verbb. sind bes. genannt: Ditaurin, N-Methyldi-, N-Äthyl-, N-Isopropyl-, N-Isobutyl-, N-tert.-Butyl-, N-Amyl-, N-Hexyl-, N-Phenyl-, N-Heptyl- u. N-Octyltaurin. — *Netz-, Reinigungs-, Weichmachungs-* u. *Dispersionsmittel*. (**A. PP. 3013035** u. **3013036** vom 1/12. 1959, ausg. 12/12. 1961.) G. Vogel 7913

2870 Universal Detergents, Inc., Fort Worth, Tex., übert. von: David H. Greene, Long Beach, Calif., V. St. A., **Wasch- und Reinigungsmittel,** enthaltend 40—55 (Teile) eines Gemisches aus Alkylarylsulfonaten, bes. Na-Dodecylbenzolsulfonat, u. Alkali-α- u. β-Methyl- u. dimethylnaphthalinsulfonaten, 30—38 Polyphosphaten u. 20—30 $(NH_4)_2SO_4$. Das Prod. ist bis zu 48% in W. löslich. (**A. P. 3042623** vom 24/8. 1959, ausg. 3/7. 1962.) C. Lüttgen 7917

2871 Foster D. Snell, Inc., New York, übert. von: Bernard Berkeley, Valley Stream, und Daniel Schoenholz, Bayswater, N. Y., V. St. A., **Zweiphasenreiniger,** bestehend aus 59,0—98,5(%) Petroleum (**I**), Flammpunkt ≧ 80°F, ggf. im Gemisch mit ≦ 25 CH_2Cl_2 oder Trichloräthan, 1—6 eines Gemisches aus W. u. einem Gefrierpunkt herabsetzenden Mittel, z. B. einem Alkohol oder Glykol, u. 0,3—35 ölsaurem C_2–C_8-Alkylamin oder C_2–C_3-Alkanolamin, z. B. 88,3 **I**, 3 Diäthylamin-, 6 Triäthanolaminoleat, 1,5 W. u. 1,2 Äthylenglykol. Das Prod. ist bes. zum Reinigen von Flugzeugen bestimmt u. bei jedem Wetter, bes. bei Gefrier-Temp. anwendbar. (**A. P. 3057804** vom 28/5. 1958, ausg. 9/10. 1962.) C. Lüttgen 7917

2872 Sun Oil Co., Philadelphia, übert. von: John D. Tench, Prospect Park, Pa., V. St. A., **Wachskomposition für Kerzen** besteht aus: (A) 45—55 (Gew.-%) eines Paraffinwachses mit F. 125—132°F, einem Penetrationsgrad bei 100°F von 80—120 u. einer Viscosität bei 210°F von 38—40 SUS, uas (B) 32—42 eines Paraffinwachses mit F. 130—136°F, einem Penetrationsgrad bei 100°F von 30—50 u. einer Viscosität bei 210°F von 36—39 SUS u. aus (C) 10—16 eines Paraffinwachses mit F. 149—155°F, einem Penetrationsgrad bei 130°F von 35—65 u. einer Viscosität bei 210°F von 42—46 SUS. (**A. P. 3046101** vom 20/1. 1959, ausg. 24/7. 1962.) K. Demmler 7921

2873 **N. V. de Bataafsche Petroleum Mij,** Den Haag, Niederlande (Erfinder: **Cornelis Kortland** und **Pieter Leendert Kooijman**), *Konzentrierte flüssige Lösungen von oberflächenaktiven Mitteln*. (**E. P. 813971** vom 22/8. 1957, ausg. 27/5. 1959. **F. P. 1189134** vom 26/8. 1957, ausg. 29/9. 1959. — C. **1961,** 7442 [Belg. P. 560024].)

2874 **California Research Corp.,** V. St. A. (Erfinder: **Richard D. Stayner**), *Reinigungsmittelgemische*. (**F. P. 1173270** vom 21/3. 1957, ausg. 23/2. 1959. A. Prior. 21/3. 1956. — C. **1961,** 5648 [D. A. S. 1089906].)

H_{18a}. Holz, Cellulose, Zellstoff, Papier, Papierdruck, Celluloid, Linoleum

2875 **Holzforschungszentrum und Forschung während eines Jahrzehnts. Holzchemie.** Av Bengt Lindberg. (Svensk Papperstidn. **65,** 403—09, 1962; Stockholm, Svenska Träforskningsinst. Träkemiskaavdelningen; schwed.) — Übersicht über die seit 1951 im Svenska Träforskningsinstitutet durchgeführten Arbeiten über Faserbau der Cellulose, über Hemicellulose, Lignin, Extraktstoffe sowie Sulfit- u. Sulfataufschluß. E. Borchers 7950◇

2876 **Probleme der Holzchemie.** K. Kratzl. (Holzforsch. u. Holzverwert. [Wien] **15,** 23—30, 1963; Wien, Österr. Holzforsch.-Inst.; Univ., Organ.-Chem. Inst.; dt.) — Über die neueren Richtungen, die sich bei der chem. Umwandlung des Holzes abzeichnen, wird eine umfangreiche Übersicht gegeben. Die zahlreichen Verff. zur Nutzbarmachung des in hochmol. Zustand anfallenden Lignins u. seiner durch Zers. erhältlichen niedermol. Prodd. werden beschrieben. Der Dimethylsulfidprozeß in den USA wird behandelt. Die Verff. zur kontinuierlichen Zellstoffherst., z. B. das Kamyr-Verf., gewinnen immer mehr an Boden, die Herst. der Hochausbeute-Zellstoffe nutzt den Rohstoff Holz bedeutend mehr aus als die bisher üblichen Aufschlußverfahren. Eingehend wird auf die Pfropf-Polymerisation der Cellulose eingegangen u. die Eigg. der mit ihr erhaltenen Prodd. beschrieben. Die Polykondens. der Cellulose mit zahlreichen Partnern, z. B. Butadienepoxid, Isocyanaten, β-Propiolacton u. a. wird erwähnt; angestrebt wird eine Polykondens. der Cellulose mit Nylon u. Perlon. F. Zeidler 7952◇

2877 **Feuchtigkeitsschwankungen in Buschwerk: Abhängigkeit von der Klimaänderung.** A. R. King und M. Linton. (Austral. J. appl. Sci. **14,** 38—49, 1963; Div. of Phys. Chem., C.S.I.R.O. Chem. Research Laboratories, Melbourne; engl.) — Die Abhängigkeit des Feuchtigkeitsgeh. von Holz von Temp.- u. Feuchtigkeitsänderungen der Umgebung wird bes. im Hinblick auf die für Australien typ. Busch- u. Waldbrände untersucht. M.-L. Kehren 7952◇

2878 **Über den Einfluß der Zerfaserung auf die Heterogenität der Alkalicellulose.** Vlado J. Mašura. (Svensk Papperstidn. **66,** 394—402, 1963; Bratislava, Tschech. Akad. der Wiss., Inst. für Holz, Cellulose u. Chemiefasern; dt.) — Die Zerfaserung von Alkalicellulose (AC) im Werner-Pfleiderer-Schaufelzerfaserer mit geringer u. im Eirich-Zerfaserer mit hoher Umdrehungszahl wird durch mechan. Auftrennung der regenerierten AC in 7 Siebfraktionen untersucht. Es wird gefunden, daß die Zerfaserung in den genannten App. die mol. Uneinheitlichkeit der AC erhöht. Die Zerfaserungsprodd. enthalten staubartige u. knollenartige Anteile. Die staubartigen haben niedrigere Viscosität bzw. DP als die knollenartigen, u. zwar vor u. nach der Vorreife. Im staubartigen Anteil sind mehr niedermol. Bestandteile enthalten. Der knollenartige Anteil der AC wird ungleichmäßig abgebaut u. es verbleibt eine bestimmte Menge prakt. unangegriffener Ketten. Die Fraktionen staubartigen Charakters der AC aus einem Gemisch von Buchensulfat- u. Fichtensulfitzellstoff weisen nach Vorreife auf den entsprechenden DP-Wert eine höhere Viscosität auf als der knollenartige Anteil, weil erstere aus dem langsamer abbauenden Buchensulfatzellstoff bestehen. Die beiden vorst. genannten App. sind für die Erzielung mol. einheitlicher AC für die Herst. von Viscosestapel, Reyon u. Cord nicht bes. geeignet. In einem nach dem Prinzip des Hydropulpers arbeitenden Zerfaserer wird die AC in Form eines „Flaums" erhalten, der keine unabgebauten Bestandteile enthält.

F. Zeidler 7954◇

2879 **Die Grundlagen der Filterverstopfungsneigung.** Walter Meskat. (Svensk Papperstidn. **65**, 247—65, 1962; Leverkusen, Farbenfabriken Bayer A.G.; dt.) — Ausgehend von einer krit. Erörterung der Hermans u. Bredéeschen-Filtrationsbeziehungen wird die Gleichung für ein weiteres Modell eines Filtrationsvorgangs (**A**) abgeleitet, das bisher als sog. Zwischengesetz bekannt geworden ist, u. auf die mögliche Ableitung weiterer Modellgesetze der Filtration (**B**) aufmerksam gemacht. Diese Überlegungen führen zu einer Erweiterung des Begriffs des Filterwertes (**C**) u. zu einer Modifizierung der **C**-Bestimmung. Weiter wird am Beispiel der Abpressung von Alkalicellulosebrei die formale Übereinstimmung der Beziehungen für die Abpreßvorgänge mit den **B**-Gleichungen gezeigt u. dabei werden die Abpreßkennwerte diskutiert. Neue Wege werden zur Berücksichtigung des Einfl. der Strukturviscosität auf den **A** eingeschlagen u. die darauf beruhenden Best. von spezif. **C** erörtert. Schließlich werden die Gesetzmäßigkeiten für die **B** bei konst. **B**-Geschw. abgeleitet u. ein allg. Verf. zur Best. der Kennfunktionen angegeben, die beim **A** unter Betriebsbedingungen auftreten können, wenn die Gültigkeit der beschreibenden **B**-Beziehungen jeweils nur auf Teile des gesamten **B**-Ablaufs beschränkt ist.

F. Zeidler 7956◇

2880 **Versuche zur Gewinnung von Cellulose aus xylitischen Kohlen.** Erich Preu und Joachim Dietze. (Freiberger Forsch.-H., Reihe A, Nr. **236**, 5—12, 1961; Dt. Brennstoffinst., Abt. Chem. Brennstoffveredlung; dt.) — Aus Xyliten werden durch alkal. Aufschluß bedeutende Mengen Cellulose in befriedigender Reinheit erhalten. Bei Anwendung des Verf. im großtechn. Maßstab könnten in Deutschland etwa 1 Million jato Zellstoff gewonnen werden. A. Seuffert 7956◇

2881 **Die Wirkung gasförmiger Reagentien auf Cellulosematerialien.** 1. Mitt. **Ozonisierung und Abbau von ungebleichtem Kraftzellstoff.** Zenjiro Osawa und Conrad Schuerch. (Tappi **46**, 79—84, 1963; Syracuse, N. Y., State Univ. Coll. of Forestry, Dep. of Chem.; engl.) — Die Ozonisierung von Kraftstoff(**I**)-Suspensionen wird in W., organ. Lsgm. u. Mischungen beider durchgeführt, desgleichen wird **I** nach Zugabe der gleichen Gew.-Menge Lsgm. in einer Gasatmosphäre ozonisiert. Der Abbau von Cellulose u. Lignin bewirkt eine Abnahme der Viscosität u. Ausbeute bei Erhöhung des Weißegrades. Lsgm., die bes. Lignin benetzen, erhöhen nicht den spezif. Angriff auf Lignin, erhöhen jedoch insgesamt den Abbau. Der höchste Ozonisierungsgrad wird in der Gasphase erhalten, wenn der Fasersättigungspunkt weit überschritten ist. Die Ozonisierung erfolgt langsamer bei Fasersuspensionen in Wasser–CH_3NO_2-Lsgg. u. viel langsamer bei reinen Wassersuspensionen. Ganz trockene Fasern sind gegen den Angriff sehr widerstandsfähig. Behandlung ozonisierter Fasern mit $NaBH_4$ ergibt vorzugsweise durch Red. von CO-Gruppen charakterisierte Veränderungen. Es ist augenscheinlich, daß O_3 durch eine Fl. aus der Gasphase absorbiert u. daß dieser Prozeß umsatzbestimmend bei der Ozonisierung der Faser in der Gasphase ist. Daß eine in CH_3NO_2-Wasser suspendierte Faser leichter von O_3 angegriffen wird, als eine wss. Suspension, wird auf die im ersten Fall dünnere Fl.-Filmdicke zurückgeführt, wobei die Fl.-Dicke umsatzbestimmend ist. F. Zeidler 7956◇

2882 **Die Wirkung gasförmiger Reagentien auf Cellulose-Materialien.** 2. Mitt. **Zellstoff aus Holz mittels Ozon.** Zenjiro Osawa, William A. Erby, Kyosti V. Sarkanen, Eleanor Carpenter und Conrad Schuerch. (Tappi **46**, 84—88, 1963; engl.) — 1. vgl. vorst. Referat. — Aus Holz in Form von Mehl, Spänen, Schnitzeln oder Stücken kann bei Raumtemp. mittels O_3 Zellstoff hergestellt werden. Die Rk. verläuft sehr schnell u. gleichmäßig, wenn die Ozonisierung des Holzes, das 100% W. enthält, in der Gasphase erfolgt, bes., wenn das Gas unter sich ändernden Druckverhältnissen u. nicht durch Diffusion bei konst. Druck einwirkt. Der Rk.-Verlauf wird von der Permeabilität des Holzes stark beeinflußt. Die Unterschiede in der Wrkg. auf verschiedene Holzarten, Gewebe u. Teilchengrößen werden durch Unterschiede in der Gaspermeabilität der Materialien bestimmt. Ein vereinfachtes Rk.-Modell wird vorgeschlagen, um zu erklären, welcher Übergangs- oder chem. Prozeß unter spezif. Bedingungen umsatzbestimmend ist. O_3 baut wie andere Delignifizierungsmittel die Kohlenhydratanteile von Holz ab, dringt jedoch nicht in die Kristallite der Cellulose ein. Es kann daher zur Best. des durchschnittlichen Polymerisationsgrades nativer Holzcellulose benutzt werden. In Bastholz u. norweg. Fichte beträgt er nahezu 400, ein Wert, der höher liegt als der für chem. Zellstoffe charakteristische.

F. Zeidler 7956◇

2883 **Mischung von Holzschnitzeln statt Mischung von Zellstoffen.** P. Colombo, D. Corbetta, A. Pirotta und G. Ruffini. (Svensk Papperstidn. **66**, 383—93, 1963; Milano, Italy, Cartiera Vita Mayer and C., Res. Div.; engl.) — Nadelholzschnitzel, die bei der Sortierung 1 × 1 cm Siebmaschen passieren u. für den Sulfataufschluß ungeeignet sind, sollen in Mischung mit Laubholzschnitzeln zu Na-Sulfitzellstoff aufgeschlossen werden. Durch Neutralsulfit (NS)- u. Bisulfit (BS)-Kochung werden a) normale, b) in einer Walzenpresse gepreßte normale u. c) Schnitzel, die ein 1 × 1 cm Sieb passieren, aufgeschlossen. Bei NS-Kochung auf die gleiche Ausbeute ist die Kochdauer für Schnitzel c) $<$ 50 min, für Schnitzel b) $<$ 30 min. Der Zellstoff (**I**) aus Schnitzeln b) ist homogener, sie scheinen daher für NS-Kochungen geeigneter zu sein. Bei BS-Kochung (pH 4,2) ist die Geamtkochzeit für Schnitzel b) u. c) $<$ 45 min. Die Reißfestigkeit nimmt bei **I** aus b) sehr stark ab, der beste Wert wird aus c) erhalten. Der Aufschluß eines Holzgemisches (*Pinus silvestris* u. *Populus*) bei pH 5,5 bzw. 4,2 ergibt gut filtrierbare **I**. Die Reiß- u. Berstfestigkeit liegt bei aus den Holzmischungen bei pH 5,5 gewonnenen **I** um ca. 14%, bei den bei pH 4,4 erhaltenen um 7% niedriger als bei den separat gekochten Hölzern.

F. Zeidler 7962◇

2884 **Der Einfluß der Holzverdichtung auf saure Bisulfitzellstoffe aus Frühlings- und Sommerholz.** Nils Hartler. (Svensk Papperstidn. **66**, 526—32, 1963; Stockholm, Central Labor. of the Swed. Cellulose Ind.; engl.) — Aus einem Fichtenstamm mit ziemlich breiten Jahresringen werden von Hand Hackspäne hergestellt, die den Spätholzanteil eines Jahresringes u. den Frühholzanteil des folgenden enthalten. Das Holz wird entweder axial in Form eines Holzblockes oder radial in Form eines Hackspanstapels komprimiert. Die resultierende Festigkeitsabnahme bei den daraus hergestellten Bisulfitzellstoffen ist stärker ausgeprägt bei dem Frühholz- als bei dem Spätholzanteil. Bei Frühholz wirkt eine radiale Stauchung schädlicher als eine axiale, bei Spätholz liegen die Verhältnisse umgekehrt. Mikrotomschnitte von gepreßtem Holz zeigen im durchfallenden polarisierten Licht, daß die Stauchschäden im Frühholz zahlreicher sind u. eine gleichmäßigere Verteilung über die Schnittfläche aufweisen als im Spätholz. Dies kann die Ursache dafür sein, daß Zellstoffe aus Frühholz empfindlicher gegen Stauchschäden reagieren als solche aus Spätholz.

F. Zeidler 7962◇

2885 **Beziehung zwischen der Faserstruktur und der Papierqualität aus tropischen Hölzern, die im halbchemi-**

schen Neutralsulfit-Verfahren aufgeschlossen sind. A. Mottet. (Svensk Papperstidn **66,** 521–25, 1963, Gembloux, Belgium, Inst. Agronomique de l'Etat.; engl.) — 40 trop. Holzarten werden im Labor. dem halbchem. Neutralsulfitaufschluß unterworfen. Der Lignin- u. Pentosangeh. der Hölzer u. ihr spezif. Gew. werden bestimmt. Die Zusammenhänge, die zwischen den einzelnen Parametern, wie Biegsamkeit u. Verfilzungskoeff., spezif. Gew., Lignin- u. Pentosangeh., ferner Papier-Eigg., wie Zug- u. Reißfestigkeit bestehen, werden berechnet. Die Unters.-Ergebnisse zeigen, daß das Verhältnis Pentosan/Lignin bei der Herst. halbchem. Zellstoffe aus trop. Hölzern eine größere Rolle spielt als ihre Rohwichte.
F. Zeidler 7962◇

2886 **Adsorption der aus Sulfitkochlaugen isolierten Hemicellulose an Cellulosefasern.** Eddie Eriksson, Olof Samuelson und Augustin Viale. (Svensk Papperstidn. **66,** 403–06, 1963; Göteborg, Chalmers Tekniska Högskola, Dep. of Engng. Chem.; engl.) — Große Mengen abgebauter Hemicellulose (I), aus der Aufschlußfl. einer sauren Sulfitkochung isoliert, werden an Cellulosefasern adsorbiert. Die Adsorptionsgeschw. ist bei Zimmertemp. relativ gering, steigt jedoch mit zunehmender Temperatur. Selbst nach einer Kontaktzeit von 25 Std. ist die Aufnahme bei 80° höher als bei 27°. Salze, wie z. B. Na_2SO_4 u. $MgSO_4$ haben einen geringen Einfl. auf die Adsorption (**II**), $Na_2B_4O_7$ setzt sie herab. Die **II** ist bedeutend kleiner in NaOH als in W., jedoch hat das pH bei einem Wert von 1–11 nur einen geringen Einfluß. Die adsorbierte **I** ist mit W. nicht auswaschbar, jedoch erfolgt mit 10%ig. NaOH eine vollständige Desorption.
F. Zeidler 7962◇

2887 **Isolierung von Hemicellulose aus Sulfitkochlaugen.** 2. Mitt. **Bisulfitkochung.** Eddie Eriksson und Olof Samuelson. (Svensk Papperstidn. **66,** 407–11, 1963; Göteborg, Chalmers Tekniska Högskola, Dep. of Engng. Chem.; engl.) — 1. vgl. C. **1964,** 3-2859. — Große Mengen Hemicellulose (**I**) können während einer Bisulfitkochung aus der Aufschlußfl. ausgefällt werden. Eine modifizierte Fällungsmeth. verwendet A. + NH_4Cl. Die in einem frühen Aufschlußstadium isolierte **I** enthält große Mengen an Galaktose- u. Arabinoseeinheiten. Im weiteren Verlauf der Bisulfitkochung ist die Kohlenhydratzus. annähernd analog der einer **I**, die bei einem sauren Sulfitaufschluß isoliert wird. Die wichtigsten Bausteine sind Mannose, Glucose u. Galaktose; auch Uronsäureeinheiten kommen vor. Die Endgruppen bestehen aus CO- u. COOH-Gruppen.
F. Zeidler 7962◇

2888 **Die Kinetik der Bildung von Thiosulfat, Polythionaten und Sulfat durch thermischen Zerfall von Sulfitkochflüssigkeiten.** Nils-Herman Schöön. (Svensk Papperstidn. **65,** 729–54, 1962; Göteborg, Chalmers Tekniska Högskola, Dep. of Engng. Chem.; engl.) — Die Bldg. von Thiosulfat (**I**), Polythionat (**II**) u. Sulfat (**III**) beim therm. Zerfall von saurer $NaHSO_3$-Lsg. wird bei 110, 123, 135 u. 148° bei verschiedenen Basen-, SO_2- u. **I**-Konzz. untersucht. Die Bldg. von **I** u. **III** verläuft gemäß den Formeln:

$$\frac{dc_{S_2O_3}}{dt} = k\,c_{S_2O_3}\,[H^+] - 2\frac{dc_{S_4O_6}}{dt} - 3\frac{dc_{S_5O_6}}{dt}$$

u.

$$\frac{dc_{SO_4}}{dt} = 2\,k\,c_{S_2O_3}\,[H^+] - \frac{dc_{S_4O_6}}{dt} - \frac{dc_{S_5O_6}}{dt},$$

wobei die Konst. k in beiden Gleichungen dieselbe ist. k ist stark temperaturabhängig, bei einem Temp.-Anstieg von 10° erhöht sie sich auf das 4fache. Die Abweichungen von den angeführten kinet. Gleichungen werden bei hohem **I**-Geh. u. hohem pH beobachtet. Der Rk.-Verlauf ist in diesem Fall bzgl. des **I**-Geh. von 2. oder höherer Ordnung. Die Bldg. von **I** aus Aldose u. Bisulfit wird bei verschiedenen pH-Werten, verschiedenen Geh. an Aldosen (Glucose, Mannose u. Xylose) bei den angegebenen Temp. untersucht. Die **I**-Bldg. kann folgendermaßen formuliert werden: $\frac{dc_{S_2O_3}}{dt} = k_a$ [Aldose] $[HSO_3^-]$. Bei einem Temp.-Anstieg von 10° verdoppelt sich ungefähr der Wert der Rk.-Konst. — 62 Literaturangaben.
F. Zeidler 7962◇

2889 **Verbesserung der Eigenschaften von kondensierter Sulfitzellstoffablauge.** Tadashi Yoshihara, Shimpei Ozaki, Ryoichi Tatematsu und Hiroshi Kasai. (Rep. Government ind. Res. Inst., Nagoya **9,** 217–20, 1960; jap., Auszug: engl.) — Vgl. gl. J. **8,** [1959], 119. — Bindemittel aus Sulfitzellstoffablauge für Formen werden durch Behandlung mit $(NH_4)_2SO_4$ verbessert, wobei sich bessere Eigg. als bei Behandlung mit H_2SO_4 ergeben.
W. Wesly 7962◇

2890 **Über die chemische Veränderung des Ligninanteils eines Xylits bei Druckkochungen mit verdünnter Natronlauge.** Erich Preu und Joachim Dietze. (Freiberger Forsch.-H., Reihe A, Nr. **236,** 13–36, 1961; Dt. Brennstoffinst., Abt. Chem. Brennstoffveredlung; dt.) — Alkalilignine (**A**) aus Xyliten (**B**) kommen als Dispergierungsmittel in Betracht. Der chem. Aufbau dieser **A** u. seine Veränderung bei unterschiedlichen Kochbedingungen wird untersucht. Da die **B** einen gegenüber Holz stark erhöhten Methoxylgeh. aufweisen, muß angenommen werden, daß die Cellulose bei fortschreitender Inkohlung rascher zerstört wird als der Ligninanteil des Holzes.
A. Seuffert 7966◇

2891 **Chlorierung von Alkalisulfit-Lignin (ASL).** 2. Mitt. Ján Polčin. (Sborník výzkumných Prací Oboru Celulosy Papíru **2,** 173–83, 1957; Bratislava, VÚPC; slowak.) — 1. vgl. C. **1963,** 7209. — Die elementare Zus. u. der Geh. von charakterist. Funktionsgruppen des mit gasförmigem Cl_2 in W., CH_3OH u. CCl_4 chlorierten ASL wird mit der Zus. der Ausgangspräpp. des ASL verglichen. Aus der H-Abnahme während der Chlorierung ist zu schließen, daß Cl_2 außer durch Addition auch durch Substitution gebunden wird. Die in W. u. CH_3OH chlorierten Präpp. haben einen erhöhten O-Geh., was im 1. Fall mit der Oxydation des Lignins u. im 2. mit der Zunahme der OCH_3-Gruppen zusammenhängt. S u. N werden bes. in wss. Lsg. abgespalten. Der Mechanismus der Abspaltung von OCH_3-Gruppen in W. u. CCl_4 wird besprochen. Die Unters. der Verteilung von Cl in den Präpp. zeigt, daß mehr in der Seitenkette als aromat. gebunden ist.
F. Zeidler 7966◇

2892 **Hydrolyse von Cellolignin durch 44–45%ige Lösungen von Salzsäure in einer Diffusionsbatterie.** N. W. Tschalow, A. Je. Leschtschuk, N. W. Korotkow, Je. F. Gorjatschich, A. Ch. Aman, L. B. Paassikiwi und O. A. Alexandrowa. (J. angew. Chem. [UdSSR] **34,** 2737–45, 1961; Staatl. Forschungsinst. der Hydrolysen- u. Sulfitalkohol-Ind.; russ.) — Mit Hilfe einer Diffusionsbatterie wird ein Verf. zur beschleunigten Hydrolyse von *Cellolignin* durch eine mit HCl gesätt. wss. Lsg. bei 20° u. 1 at entwickelt. Die notwendige 44–45%ig. HCl ließ sich durch Erniedrigung von deren Dampfspannung in wss. Lsg. durch einen Zusatz von Zucker in verwendbarer Form gewinnen. Während des Arbeitens der Diffusionsbatterie, wobei das Hydrolysat in einem an HCl gesätt. Zustand gehalten wird, steigt der Zuckergeh. nach 8 Std. bis auf 22,5% an, während der Geh. an schwer hydrolysierbaren Polysacchariden von 58,35% auf 7,5% abfällt. Unter den von Vff. eingehaltenen Rk.-Bedingungen folgt der Hydrolysenprozeß der Gleichung einer monomol. Reaktion. Nach dem neuen Rk.-Schema wird die Gesamthydrolysendauer der Polysaccharide gegenüber früher von 36 auf 16 Std. verkürzt u. die Arbeitskapazität der Diffusionsbatterien um 1,8mal erhöht, bei Gewinnung eines Hydrolysates mit hohem Zuckergeh. bei gleichzeitiger Verringerung der notwendigen HCl-Menge.
M. Ulmann 7968◇

2893 **Über die Anwendung von weißem Bentonit in der Papierindustrie.** G. C. de Angelis und G. Novelli. (Rass. chim. **14,** Nr. 3, 107–11, 1962; Roma, Soc. SAMIP, Ufficio Tecn. e Labor. Chim.; ital.) — Ausführungen über die Verw. italien. Ca- u. Na-Bentonite als Füllstoffe bei der Papierherst. u. Vgl. mit Kaolin u. Talkum. — 47 Literaturangaben.
J. Lehmberg 7978◇

2894 **Untersuchung der Capillareigenschaften des Zellstoffblattes.** L. Kuniak. (Svensk Papperstidn. **65,** 760 bis 766, 1962; Bratislava, Slowak. Akad. der Wiss., Inst. für Holz, Cellulose u. Chemiefasern; dt.) — Die Capillar-eigg. von Zellstoffblättern werden durch kinet. Verfolgung des Wasser-Ansaugungsvorgangs u. der Änderung des Wertes des Prod. aus dem Radius der Zwischenfaser-Capillaren u. dem Benetzungswinkel (Φ) untersucht. Für die Geschw. der Wasser-Ansaugung ist nicht nur der Radius (r) der Capillaren maßgebend, sondern dieser Vorgang wird von weiteren Faktoren wesentlich beeinflußt: Wert des Benetzungswinkels, Geh. an extrahierbaren Stoffen, Dichte der Faser-Faser-Bindungen, Hemicellulosegeh. usw. Bei 3 verschiedenen Zellstoffproben wird ein indirektes logarithm. Verhältnis zwischen dem Wert von $r \cdot \cos \Phi$ u. der Dauer der intensiven Defibration der Zellstoffsuspension festgestellt. Bei unrichtig durchgeführter mechan. Behandlung ist ein nachteiliger Einfl. auf die Capillar-Eigg. festzustellen. Ein indirektes logarithm. Verhältnis zwischen dem Naßpreßdruck u. dem Wert $r \cdot \cos \Phi$ wird für den Druckbereich von 3—1000 kg/cm² bestätigt. F. Zeidler 7984◇

2895 **Die polarographische Bestimmung des Gehaltes an Furfurol in holzchemischen Produkten.** Ju. W. Wodsinski und A. N. Bagajew. (Hydrolysen- u. Holzchem. Ind. [UdSSR] **13**, Nr. 8, 7—9, 1960; Leningrad, Zentr. Forsch.-Inst. für Holzchem.; russ.) — Eine polarograph. Best. von *Furfurol* in Ggw. von Acetaldehyd, Formaldehyd, Aceton u. Methanol ist möglich, wenn man in alkal. Medium (0,1 n NaOH) arbeitet u. die zu analysierenden Lsgg. nicht später als 7—10 Min. nach der Herst. der Lsg. analysiert. Der Furfurol-Geh. wird auf Grund einer Eichkurve ermittelt. Die maximale Abweichung der Ergebnisse von denjenigen einer gravimetr. Best. mit Barbitursäure lag unter ± 2%. 25 ml eines zu analysierenden Kondensats werden in einen 100-ml-Meßkolben eingefüllt u. dann auf 100 ml mit dest. W. verdünnt. 1 ml der hergestellten Lsg. wird mit 6 ml 0,1 n NaOH verdünnt u. dann polarographiert. T. Lukanoff 8002□

2896 **Anpassung der Methode der Verbrennung in Sauerstoff auf die Veraschung von Cellulosematerial.** J. C. Paulson (Analytic. Chem. **35**, 1558—59, 1963; Memphis, Tenn., Buckeye Cellulose Corp.; engl.) — Die Verbrennung im Muffelofen führt bei der Veraschung von Cellulose zu Verlusten an Fe, Na, Ca u. Cu. Das hier vorgeschlagene geschlossene Syst. der mit O_2 gefüllten Glasflasche setzt die Verluste herab. Die Meth. wird für die Best. von Fe, Cu u. Cl in Holzzellstoff u. Filterpapier verwendet. Zugesetztes Fe wird zu 89—103% wiedergefunden. W. Rehner 8006◇

2897 **Reaktionswärme bei der Oxydation von Schwarzlauge.** Ingemar Lindblom und Lennart Stockman. (Svensk Papperstidn. **65**, 755—59, 1962; Stockholm, Cellulosaind. Centr.-Labor.; schwed.) — Die bei der Oxydation von Schwarzlauge (I) mit O_2 freiwerdende Wärme wird für verschiedene I von verschiedenem Oxydationsgrad bei gleichzeitiger Best. des O_2-Verbrauchs ermittelt. In der I werden 6 verschiedene S-Verbb. vor u. nach der Oxydation bestimmt. Die gemessene Wärmemenge bzw. der O_2-Verbrauch werden mit den entsprechenden berechneten Werten verglichen, die unter der Annahme erhalten sind, daß teils nur eine Oxydation von Sulfid zu Thiosulfat erfolgt, teils, daß nur Sulfid zu den durch die Analyse bestimmten S-Verbb. oxydiert wird. Dadurch ist es möglich, die Menge organ. Substanz, die oxydiert wird, abzuschätzen. F. Zeidler 8008◇

2898 Canadian International Paper Co., Montreal, übert. von: Donald B. Mutton, Hawkesbury, Canada, **Entharzen von Holzpülpe,** dad. gek., daß der mit ClO_2 vorbehandelten Pülpe die wss. Lsg. eines Fe-Salzes zugesetzt u. diese der Einw. von freiem O_2 ausgesetzt wird, worauf die Pülpe mit einer wss. alkal. Lsg. extrahiert wird. (**A. P. 3061504** vom 21/3. 1960, ausg. 30/10. 1962.) A. Gradl 7965

2899 Scott Paper Co., Chester, übert. von: Thomas P. Czepiel, Media, Pa., V. St. A., **Herstellung von Papierganzzeug** aus zerteiltem Harnstoff-CH_2O-Harzschaum u. Holzzellstoff, dad. gek., daß der Schaum unter Vakuum entlüftet u. dann mit dem Holzzellstoff gemischt wird. — 25 (Teile) eines $2^1/_2$ Std. bei 90° gehärteten u. in einem Stofflöser geschlagenen Harnstoff-CH_2O-Schaumes wurden z. B. bei einer Stoffdichte von 0,22% unter Rühren während 3 Std. 8mal einem Vakuum von 17 in. Hg ausgesetzt, mit 75 gebleichtem Tannensulfitzellstoff gemischt u. auf dem Rundsieb zu maschinenglattem Papier von 21,1 lbs./Ries (2880 sq. ft) bei 8std. Betrieb ohne Schaumstörungen in Bütten bzw. im Stoffauflauf verarbeitet. Ohne Entlüftung trat schon nach 5 Min. Ausschuß auf. (**A. P. 3038867** vom 22/10. 1959, ausg. 12/6. 1962.) G. Vogel 7977

2900 American Cyanamid Co., New York, N. Y., übert. von: Herbert G. Arlt jun., Glenbrook, Conn., V. St. A., **Leimen von Papier** mit erhöhter Trocken- u./oder Naßfestigkeit im Stoff, dad. gek., daß man einem wss. Papierstoff, bes. aus einem schwerleimbaren (50 : 50)-Gemisch aus gebleichtem Sulfit- u. gebleichtem Hartholzsulfatzellstoff, auf 100 (Teile) Trockenfaser bezogen, eine Emulsion von 0,1—3 eines hydrophoben Ketendimerisats in einem wss. Medium zusetzt, die 0,25—3 eines wärmehärtbaren kation. Amid–Aldehyd–Kondens.-Prod. in sauer kondensiertem, noch hydrophilem Zustande enthält, so daß beide organ. Verbb. auf der Faseroberfläche adsorbiert werden, bei pH 4,5 eine Bahn bildet u. diese durch Erhitzen aushärtet. Als Emulgiermittel sind bes. 3 Arten von höhermol. Kondens.-Prodd. geeignet: a) wasserlösl. kation. nichtwärmehärtbare Polyalkylenpolyamine, bes. Polyäthylenimin, bzw. Kondens.-Prodd. aus niedrigmol. Polyäthylenpolyaminen u. 1.3-Dichlorpropan, bzw. aus NH_3 oder niedrigmol. Polyalkylenpolyaminen u. Epichlorhydrin bzw. aus Methylen-bis-acrylsäureamid u. Äthylendiamin; b) wasserlösl. nichtwärmehärtbare höhermol. Polymere mit linearer C-Kette u. genügend kation. (Amido-) Gruppen, bes. in folgenden Mengenverhältnissen: quatern. Reste: Amidoresten = ca. 20 : 80 bis 5 : 95 bzw. Summe der quatern. Reste + Amidoreste zu C-Atomen der Kette = ca. $^1/_8$: 1 bis $^2/_3$: 1, bes. ein Rk.-Prod. aus Trimethylamin u. einem Mischpolymerisat aus 1 (Mol) p-Chlormethylstyrol u. 9 Acrylsäureamid zur Umwandlung der Chlormethyl- in quatern. NH_4-Reste; c) teilweise polymerisierte, hydrophile, kation. Kondens.-Prodd. aus Melamin, Guanamin, Harnstoff, Ammelin, Formoguanamin oder Acetoguanamin u. CH_2O, bes. in Ggw. eines wasserlösl. Polyalkylenpolyamins, zuerst in alkal., dann in saurem Medium bis zur gewünschten Viscosität hergestellt, oder wasserlösl. Harze aus Harnstoff u. CH_2O in Ggw. von wenig Glycidyldimethyl-3-ureidopropylammoniumchlorid hergestellt, oder Kondens.-Prodd. aus nichtion. oder kation. nichtwärmehärtbaren polymeren Verbb. mit linearer C-Kette, die nur unsubstituierte Amidogruppen besitzt, u. äquimol. Mengen eines der vorst. kation. wärmehärtbaren Polymeren. Die cellulosesubstantiven Prodd. besitzen ein Molgew. von 500 bis 1500 vor bzw. > 10000 nach der Aushärtung. — Man setzt z. B. einem aus 7,2 ml einer 35%ig. Lsg. von Octadecanamidopropyldimethyl - 2 - hydroxyäthylammoniumdihydrogenphosphat in wss. Isopropanol u. W. bei 65° hergestellten Emulgator langsam unter starkem Rühren 25 g geschmolzenes Hexadecylketendimerisat bei 60° zu u. kühlt die Emulsion rasch auf Raumtemperatur. — Mengenbeispiele, Tabelle für Wasserabsorption, Milchsäure- u. Tinteneindringungszeit, Trocken- u. Naßfestigkeit der Produkte. (**A. P. 3046186** vom 12/6. 1957, ausg. 24/7. 1962.) G. Vogel 7979

2901 Raybestos-Manhattan, Inc., Passaic, N. J., übert. von: Izador J. Novak, Trumbull, Conn., V. St. A., **Herstellen von Asbestfaser-Suspensionen** für die Papiererzeugung, dad. gek., daß die wss. Suspension aus Faseragglomeraten unter Zusatz kolloidierend wirkender Stoffe, wie Arylalkylsulfonate, Ammoniumoleat, Dioctylnatriumsulfosuccinat, hergestellt wird. (**A. P. 3062701** vom 11/3. 1959, ausg. 6/11. 1962.) A. Gradl 7985

2902 United States of America, Secretary of Agriculture, übert. von: Bernard T. Hofreiter, George Earle Hamerstrand und Charles Louis Mehltretter, Peoria, Ill., V. St. A., **Herstellung von**

Papier mit verbesserter Naß- und Trockenfestigkeit, dad. gek., daß auf die Fasern 0,3—1% eines wasserdispergierbaren, polymeren, z. T. depolymerisierten Dialdehyds aufgebracht wird. Der Dialdehyd wird erhalten durch Erhitzen einer mit Perjodsäure zu 70—100% oxydierten Stärke auf 92° für 30—90 Min. in wss. Suspension unter Zusatz von 0,15 Teilen $NaHSO_3$ pro Teil Stärke. Mindestens 80% des Dialdehyds haben sodann ein Molgew. von 300000—5000000. (**A. P. 3062703** vom 10/12. 1959, ausg. 6/11. 1962.) A. Gradl 7987

2903 W. & R. Balston Ltd., Maidstone, Kent. England (Erfinder: Colin Sutherland Knight), **Papier für chromatographische Zwecke,** gek. durch einen Geh. von 45—65% mindestens eines Ionenaustauscherharzes, wobei dieses Harz in Form von Teilchen, deren Größe mindestens in einer Dimension dem ∅ der Papierfasern entspricht, im Papier gleichmäßig verteilt ist. (**E. P. 911820** vom 23/9. 1960, ausg. 28/11. 1962.) A. Gradl 7987

2904 Jan Mackenzie Livingstone, London, England, **Erzeugen von Wasserzeichen im Papier,** dad. gek., daß die Zeichen mit einem Cyclohexanonharz gelöst in einem flüchtigen Lsgm. in fertiges Papier eingepreßt werden. (**A. P. 3048100** vom 25/5. 1961, ausg. 7/8. 1962.) A. Gradl 7987

2905 American Cyanamid Co., New York, N. Y., übert. von: Harold Trachtenburg, Stamford, und Danied D. Ritson, Riverside, Conn., V. St. A., **Streichmasse,** gek. durch folgende Bestandteile: wasserunlösl., hydrophiles, anorgan., mineral. Pigment, wasserlösl., anion., geradkettiger, polymerer Klebstoff u. wasserlösl. Komplex von Alaun mit einem Stabilisiermittel. — Beispiel: Ton, Copolymerisat von Acrylamid mit Acrylsäure, Komplex von Alaun mit N.N-Di-(2-hydroxyäthyl)-glycin. (**A. P. 3057811** vom 25/4. 1958, ausg. 9/10. 1962.) A. Gradl 7987

2906 Champion Papers, Inc., Hamilton, übert. von: Edgar Warner, Middletown, Ohio, V. St. A., **Herstellung von Streichpapier,** dad. gek., daß der Papierträger mit einer wss. Suspension eines mineral. Pigments u. einem in W. dispergierbaren, hydrophilen Binder gestrichen u. nach Abstreifen der überschüssigen Streichmasse ein 2. Mal, solange die Papierbahn noch mit W. gesätt. ist, mit der gleichen oder einer ähnlichen Streichmasse gestrichen u. anschließend auf einem Walzentrockner getrocknet wird. — Zeichnung. (**A. P. 3044896** vom 4/3. 1959, ausg. 17/7. 1962.) A. Gradl 7987

H_{18b}. Textilfasern

2907 **Eine nicht abwaschbare Appretur aus Kolloidlösungen von Melaminformaldehydharz für Baumwollgewebe.** P. W. Moryganow, B. N. Melnikow, Ss. I. Kudrjawzew und R. Ss. Owtschinnikowa. (Hochschulnachr. [Iwanowo] Technol. Textil-Ind. **1960,** Nr. 2, 91—96; Iwanowo, Chem.- Technol. Inst.; russ.) — Untersucht wird die Verw. von sauren koll. Lsgg. von *Metazin* (**I,** Gemisch von Estern des Penta- u. Hexamethylolmelamins) zur Bldg. waschfester Appreturen auf Baumwollgeweben. Der wss. **I**-Lsg. wird 78%ig. CH_3COOH zugesetzt u. die angesäuerte Lsg. bis zur Bldg. des Kolloids 4—5 Std. stehengelassen. Schon bei 100° bildet sich auf dem mit dem Kolloid behandelten Baumwollgewebe waschfestes Harz. Die Festigkeit des Gewebes wird nicht beeinträchtigt u. die Waschechtheit von Schwefelfarbstoffen wird erhöht. J. Lehmberg 8044△

2908 **Der Einfluß der Aufbereitung des Rohstoffs auf die Eigenschaften von Hanfwaren und ihre Widerstandsfähigkeit gegenüber Zerstörung bei Lagerung unter feuchten Bedingungen.** B. W. Lessik und W. Ja. Tugolukowa. (Hochschulnachr. [Iwanowo] Technol. Textil-Ind. **1960,** Nr. 2, 36—40; Unionsforsch.-Inst. für Bastkulturen; russ.) — Der Herst.-Prozeß von *Hanffasern* aus ausgebreitetem u. gedämpftem Stroh geht zwar schneller vor sich, aber die Prodd. sind vor allem unter feuchten Bedingungen weniger widerstandsfähig als die Erzeugnisse aus Fasern, die nach der üblichen biolog. Kaltwasserröstmeth. hergestellt werden. J. Lehmberg 8050△

2909 **Über die Ausrüstung von Wolle mit Epoxidharzen.** Hiroshi Sasaki, Yoshikata Suzuki und Takao Ise. (Bull. Nagoya Inst. Technol. **14,** 303—10, 1962; jap., Auszug: engl.) — Bei der Behandlung von Wolle mit Diepoxiden wird die Faser durch die Ausbldg. zusätzlicher Peptidbrücken schrumpfbeständiger, durch die Bldg. eines dünnen Films um die Faser mottenfest. Der erzielte Effekt ist geringer als bei mechan. Behandlung oder Einw. von $NaHSO_3$. G.-D. Gollnisch 8060◇

2910 **Infrarot-Untersuchungen an gebeiztem Kaninhaar.** H. G. Fröhlich und J. Rau. (SVF Fachorg. Textilveredl. **18,** 433—39, 1963; Mönchen-Gladbach, Forsch.-Inst. der Hutindustrie; Reutlingen-Stuttgart, Dt. Forsch.-Inst. für Text.-Ind.; dt. — C. **1964, 4**-2935.) I. Beßer 8066

2911 **Untersuchungen über die Bakterien, die an Schäden in den Ausrüstungsbädern der Viscosefaserproduktion beteiligt sind.** 1. Mitt. **Mikrobiologische Untersuchung der an den Schäden beteiligten Mikroorganismen.** Noboru Fujii. (Bull. Fac. Agric., Univ. Miyazaki **8,** 1—6, 1962; jap., Auszug: engl.) — Die aus den Bädern isolierten Bakterien konnten als Eisen- u. Schwefelbakterien identifiziert werden. Für die auftretenden Schäden werden bes. *Sphaerotilus dichotomus* (Cohn) Migula u. *Thiothrix* sp. verantwortlich gemacht. G.-D. Gollnisch 8074◇

2912 **Über die Quellung von Synthesefasern.** Yoshikata Suzuki und Hiroshi Sasaki. (Bull. Nagoya Inst. Technol. **13,** 284—87, 1961; jap., Auszug: engl.) — Die Einw. von organ. Lsgm. auf synthet. Fasern (Quellung, Auflsg.) wird mkr. untersucht. G.-D. Gollnisch 8080◇

2913 **Die Veränderungen der Feinstruktur von Saran-Fasern beim Strangpressen und Dehnen.** 1. Mitt. **Das Strangpressen von Saran und das Herstellen der Proben.** Yoshio Tsunoda, Yuji Kobayashi und Itsuho Aishima. (Chem. High Polymers [Tokyo] **16,** 409—12, 1959; Asaki-Dow, Ltd. Nobeoka plant.; jap., Auszug: engl.) — Isotrope amorphe, Standard- u. anisotrope, kristalline Saran-Fasern werden bei verschiedenen Werten von Dehnungsverhältnis, Kühlbadtemp., Dehnungstemp. u. Düsentemp. hergestellt. W. Wesly 8080◇

2914 **Die Unterscheidung von Fasern durch Lösungs- und Farbreaktionen.** Yoshikata Suzuki, Hiroshi Sasaki und Tamihiko Kato. (Bull. Nagoya Inst. Technol. **14,** 311—19, 1962; jap., Auszug: engl.) — Ausarbeitung eines Trennungsganges für synthet. Fasern unter Benutzung von Lsg.- u. Farbreaktionen. Ausführliche Tabellen in japan. Sprache. G.-D. Gollnisch 8100◇

2915 **Identifizierung synthetischer Fasern gemäß ihrer Löslichkeit.** Maria-Lotte Bumiller. (Chemiefasern **13,** 488—97, 1963; Deutsche Rhodiaceta AG, Forsch.-Labor.; dt.) — An einem auf Grund des Löslichkeit-Verh. der verschiedenen Faserarten aufgebauten Best.-Schema werden die Nachw.-Möglichkeiten der einzelnen Fasern erläutert u. die Schwierigkeiten u. Abweichungen aufgezeigt, die bei der Durchführung der Löslichkeitsrkk. u. des Analysenvorganges auftreten können. Die Durchführung der Verss. wird ausführlich beschrieben. I. Beßer 8100◇

2916 **Erfahrungswerte für die Beurteilung von Textilien.** 3. Mitt. **Hemden-Popeline (ohne Knitterfest-Ausrüstung).** H. Bock, W. Neubert und W. Kaulfersch. (Z. ges. Textilind. **65,** 609—12, 1963; dt.) — 2. vgl. C. **1964, 4**-2950. — Erfahrungswerte, die sich aus der statist. Auswertung der Prüfungsergebnisse von 32 ungezwirnten Hemden-Popelinen aus Baumwolle ohne Knitterfest-Ausrüstung ergeben, werden angegeben. Die erforderlichen Formeln zur Berechnung der Mittelwerte, der Standardabweichung, der Variationskoeff. u. die relative Weite des Vertrauensbereiches werden aufgeführt. Aus den Korrelationskoeff. ergibt sich, wie die Konstruktions-Varianten (Dichten, Nummern), die Reißlasten u. die Scheuerfestigkeit beeinflußt haben. I. Beßer 8102◇

2917 Dow Chemical Co., übert. von: Robert R. Dreisbach und John F. Mulloy, Midland, Mich., V. St. A., **Nicht korrodierendes Schlichtemittel für Natur-**

und Synthesefasern, bestehend aus 10–20%ig. wss. Lsg. eines *Acrylsäurepolymeren* (I), das mit einem Amin(II)-Salz von H_3BO_3 oder H_3PO_4 auf pH 0,5–2 eingestellt ist. Als I geeignet ist ein tern. Polymeres aus 60–79(%) (Meth)Acrylsäure, 20–39 Vinylalkyläther (C_1- bis C_4-Alkylrest) u. 1–8 SO_2. Als II geeignet sind Polyäthylen- oder Polypropylenamin. — 15 (Teile) Diäthylentriamin, 4,4 H_3BO_3 u. 4,7 H_3PO_4 werden in W. zu einer 25%ig. Lsg. gelöst. In die Lsg. wird ein Mischpolymeres aus 76,12(%) Acrylsäure, 17 Vinylmethyläther u. 6,88 SO_2 eingerührt, bis der pH-Wert von 5 erreicht ist. Zum Schlichten wird der Ansatz auf eine wss. 10%ig. Lsg. verdünnt. (**A. P. 3048554** vom 13/9. 1956, ausg. 7/8. 1962.) H. Möllering 8031

2918 Arthur D. Little, Inc., Cambridge, übert. von: Thomas Raphael, Winchester, und Laurence R. B. Hervey, West Concord, Mass., V. St. A., **Wasserabstoßendmachen von faserigen Gegenständen,** dad. gek., daß man die Gegenstände mit einer 15–35%ig. (niedrigmol.) alkohol.-wss. Lsg. eines acetonlösl. Rk.-Prod. aus einer CH_2O-Quelle u. einem substituierten Phenol ein- oder beidseitig imprägniert, wobei man die Kondens. des Harzes mit CH_2O usw. in Ggw. eines niedrigmol. einwertigen Alkohols als Lsgm. bei Rückfluß-Tempp. < ca. 200°F ausführt, ein substituiertes Phenol verwendet, das höchstens 2 Methylolreste addieren kann, u. als Substituent einen gesätt. oder ungesätt. aliphat. Rest mit 6–12 C-Atomen oder einen gesätt. oder ungesätt. cycl. KW-Stoff-Rest verwendet, der nach der Substitution kein Prod. mit durchwegs konjugierten –C=C-Bindungen bildet, das Lsgm. aus dem Gegenstand entfernt u. das absorbierte Harz bei ca. 275–400°F härtet. — Man erhitzt z. B. ein Gemisch aus 120 (g) Nonylphenol, 22,8 NaOH (96%ig.), 45 CH_2O-Lsg. (37%ig.), 300 W. u. 100 Isopropanol 6 Std. unter Rückfluß auf 188°F, neutralisiert mit Essigsäure bis pH 6, wäscht, löst die viscose Fl. in Isopropanol zu einer 25%ig. Lsg., taucht einen Streifen *Lumpenpapier* ca. $^1/_2$ Std. in die Lsg. u. trocknet ihn ca. 1 Std. bei 300°F (Gew.-Zunahme 5%). Analog enthalten behandelte *Gewebe aus Baumwolle* 50, *Wolle* 57, *Acrylfasern* 28 bzw. 15, *Celluloseester* 28 bzw. *Polyamid* 55% Harz. Das Verhältnis Phenol : CH_2O kann statt 1 : 1 auch 1,5 : 1 oder 2 : 1 betragen. — Kurven für die Funktionen Harz-Geh. : W.-Absorption (4 Std. bei 70° F) für schwere Lumpenpapiere bei Verw. von Octyl-, Nonyl-, Dodecyl-, Benzyl- u. Cyclohexylphenol. (**A. P. 3039894** vom 22/1. 1959, ausg. 19/6. 1962.) G. Vogel 8037

2919 United States of America, Secretary of Agriculture, übert. von: Wilson A. Reeves, Rita M. Perkins und Leon H. Chance, New Orleans, La., V. St. A., **Krumpf-, knitterfreie und tragfeste Baumwolltextilien.** Man taucht das Gut bei > 45° in eine organ., in W. lösl. Fl. [Aceton, Diäthylenglykol, Dimethyläther, Tetrahydrofuran (ggf. mit Geh. an *Xylol*), Ameisen-, Essig-, Propion- oder Milchsäure] mit einem Geh. von 1–10(%) Aldehyd (CH_2O, Glyoxal, Glutar-, Adipin-, Acet- oder Benzaldehyd) u. 1–17 Mineralsäure als Katalysator (HCl, H_2SO_4 oder H_3PO_4) sowie 8–40 Wasser. Es wird eine Aufnahme von mindestens 0,25% (bezogen auf Textilgew.) an Aldehyd verlangt. — In ein Gemisch aus 3,6(%) CH_2O, 3 HCl, 16,4 W. u. 77 CH_3COOH von 20–45° wird gebleichtes mercerisiertes Gewebe 5–90 Min. eingetaucht, gewaschen u. getrocknet. (**A. P. 3046079** vom 24/5. 1960, ausg. 24/7. 1962.) H. Möllering 8045

2920 Reeves Brothers, Inc., übert. von: Victor L. Erlich, New York, N. Y., V. St. A., **Versteifen, Verkleben, Doublieren von Geweben oder Verhaften von Faservliesen aus Poly-α-olefinen,** wie Polymeren von Äthylen, Propylen, (Iso)Buten, 3-Methylbuten erfolgt mit Poly-α-olefinen, die einen mindestens 25° niedrigeren F. aufweisen. Bes. geeignet ist ein Polyäthylen vom Mol-Gew. 1000 bis 2000 (F. 85–95°). — Ein Gewebe aus Polyäthylenfäden (F. 130°) wird mit einer wss. Emulsion eines niedrigmol. Polyäthylens imprägniert u. mit heißer Luft von 110–112° getrocknet. Das Gewebe ist versteift u. schiebefest. — Stapelfasern aus Polypropylen (F. 165°) werden mit einem Pulver aus niedrigmol. Polyäthylen getrommelt, daraus ein Vlies gebildet u. dieses auf 135 bis 140° erwärmt, wobei Faserverhaftung erfolgt. (**A. P. 3049466** vom 23/4. 1957, ausg. 14/8. 1962.) H. Möllering 8081

2921 Union Carbide Corp., übert. von: Robert J. Lisanke, Buffalo, und Donald L. Bailey, Snyder, N. Y., V. St. A., **N-Aminoalkylaminoalkylsilane** werden hergestellt durch Rk. eines Silans der allg. Formel $NC(C_aH_{2a})Si(R_b)A_{3-b}$(R = KW-Stoffrest ohne aliphat. Doppel- oder Dreifachbindung mit 1–10 C-Atomen; A = Alkoxy mit 1–8 C-Atomen; a = 2–5; b = 0, 1) mit einem Diamin der allg. Formel $H_2NC_rH_{2r}NGG'$ [r = 2–6; G = H, CH_2CH_2OH, Alkyl mit 1–6 C-Atomen, $(CH_2CH_2NH)_sH$ (s = 1–3); G' = H, $CH_2CH_2NH_2$, CH_2CH_2OH; Alkyl mit 1–6 C-Atomen] in Ggw. von Hydrierungskatalysatoren u. H_2 bei mindestens 100 psig. Ausgangsdruck bei 50–300°, bes. bei 145 bis 175° u. 1500–2500 psig. u. Ni auf SiO_2 als Katalysator unter wasserfreien Bedingungen. — 109 (g) $NCCH_2 \cdot CH_2Si(OC_2H_5)_3$, 90 Äthylendiamin u. 10 Girdler-Katalysator bei 1850 psig. u. 150° → *11 N-(β-Aminoäthyl)-γ-aminopropyltriäthoxysilan*, Kp.$_{0,1-1,1}$ 115–124°, n_D^{25} 1,4365; in Ggw. von W. erhält man nur ein Harz. — Analog *N-(β-Aminoäthyl)-γ-aminoisobutylmethyldiäthoxysilan.* — *Schlichten* für *Glasfasern.* (**A. P. 3046295** vom 21/6. 1960, ausg. 24/7. 1962.) A. Debo 8083

2922 **Farbwerke Hoechst Akt.-Ges. vormals Meister Lucius & Brüning,** Frankfurt/M., *Substituierte 1,3-Oxazole.* (**E. P. 915263** vom 13/3. 1959, ausg. 9/1. 1963. D. Prior. 13/3. 1958. — C. **1962**, 15455 [F. P. 1227469].)

2923 **Vereinigte Glanzstoff-Fabriken Akt.-Ges.,** Wuppertal, *Verbesserung der Hitzestabilität von Polyamiden.* (**E. P. 924085** vom 2/12. 1959, ausg. 24/4. 1963. D. Prior. 14/1. 1959. — C. **1961**, 16331 [D. A. S. 1101757].)

2924 **Farbenfabriken Bayer Akt.-Ges.,** Leverkusen, und **Mobay Chemical** Co., Pittsburgh, Pd., V. St. A., übert. von: **Heinrich Rinke** und **Otto Bayer,** Leverkusen, *Herstellung von Polyurethanborsten.* (**A. P. 3078257** vom 7/7. 1958, ausg. 19/2. 1963. D. Prior. 6/7. 1957. — C. **1959**, 13671 [D. A. S. 1053720].)

2925 **Ciba Soc. An.,** Schweiz, *Färben hochschmelzender spinnbarer organischer Stoffe mit wasserunlöslichen organischen Farbstoffen.* (**F. P. 1234534** vom 2/9. 1959, ausg. 18/10. 1960. Schwz. Prior. 6/10. 1958. — C. **1963**, 18682 [D. A. S. 1130110].)

H_{19}. Brennstoffe, Erdöl, Mineralöle

2926 **Die Entwicklung flüchtiger Kohlenwasserstoffe bei der Lagerung von Kohle.** R. P. W. Scott und G. W. Girling. (Chem. and Ind. **1961**, 1570–71; Watford, Herts., Benzole Producers Ltd.; engl.) — Aus einem Gaskohlehaufen werden Luftproben entnommen u. gaschromatograph. untersucht. An den Entnahmestellen herrschen Temp. von 40–80° über der Außentemperatur. Den größten Anteil an den entwickelten Gasen hat Toluol, gefolgt von Xylol (o-, m-, p-), Bzl., Methylcyclohexan, n-Heptan u. geringen Mengen anderer KW-Stoffe. K. Strenge 8126◇

2927 **Über die Abhängigkeit der elektrischen Leitfähigkeit fossiler Kohlen des Südteiles des Küstengebietes der UdSSR von geologischen Faktoren.** Ss. A. Toporetz. (Geol. u. Geophysik [UdSSR] **1962**, Nr. 9, 60–68, Leningrad, Labor. für Kohlegeol. ddr Akad. der Wiss. der UdSSR; russ., Auszug: engl.) — Die verschiedenen petrograph. Kohletypen zeigen z. T. beträchtliche Unterschiede in ihren elektr. Eigg.: Kohlen, die geringer u. mittlerer Metamorphose unterlagen, besitzen höheren elektr. Widerstand. Der spezif. Widerstand der Rabdopissite schwankt in weiten Grenzen: 10^6–10^9 $\Omega \cdot$ cm. M. Hähnert 8126◇

2928 **Die Wirkung von vermindertem Druck und verminderter Luftzufuhr auf Diffusionsflammen an einer flüssigen Oberfläche.** R. Hirst und D. Sutton. (Combust. and. Flame **5**, 319–30, 1961; Westcott, Aylesbury, Bucks., Rocket Propulsion Establ.; engl.) — Der Einfl. des Druckes u. der Luftzufuhr auf Diffusionsflammen, die von fl. Oberflächen brennen, wird an Isododecan u. Flug-Kerosin als Brennmaterial untersucht. Für Drücke von 0,5–0,04 at werden der Einfl. der Brenngröße, die Temp. der Flammen u. des Brennermaterials, die Geschw. des Verbrauchs des Brennmaterials sowie die Luftgeschw. in der Umgebung der Flammen u. die Geschw. der verbrauchten Luft ermittelt. Aus den Unterss. wird geschlossen, daß die Wahrscheinlichkeit einer stetigen Verbrennung von Kraftstoff in einem Flugzeug, das in einer Höhe von ca. 40000 (ft), entsprechend einem Druck von 0,19 atm, fliegt, genügend groß ist, aber in einer Höhe von 60000, entsprechend einem Druck von 0,04 atm, bereits prakt. 0 ist. Wolfgang Krüger 8128◇

2929 **Untersuchungen über die Anwendung von Bogensieben zur Entwässerung feiner Kohlekörner.** Zygfryd Nowak und Jan Olszowski. (Prace Głównego Inst. Górnictwa, Komunikat **283**, 3—11, 1962; pol.) — Bogensiebe arbeiten bei Belastungen von 100—300 m^3/m^2 h zufriedenstellend. Der Wassergeh. sinkt auf 30—50% u. ist von der Körnung abhängig; der Leistungsgrad (L.) beträgt 70%. Doppelsiebe geben L. von 80% u. niedrigeren Wassergehalt. Bogensiebe sind stabil, erfordern weniger Platz u. sind wesentlich billiger als bewegliche Siebe. K. Strenge 8134◇

2930 **Tieftemperaturverkokung der Kohle im Fließbett.** Vl. Charvát. (Práce Ústavu Výzkum Paliv **4**, 318—56, 1962; tschech.) — Eine einfache, nach dem Fließbettverf. arbeitende Verkokungskolonne wird beschrieben. Die Ergebnisse einer mit dieser Kolonne durchgeführten Vers.-Reihe werden mathemat. bearbeitet. Es wird gezeigt, daß die Menge von in einer einfachen Kondens. gewonnenem Teer (**A**) in einem hyperbol. Verhältnis zu seiner Konz. in der Dampfphase steht. Die abgeleiteten Koeff. der Gleichungen der untersuchten Temp.- u. Verweilzeitbereiche weisen auf einen gleichlaufenden Mechanismus aller untersuchter Rkk. hin. Für alle Gleichungen wird die Lage der Extremwerte der flüchtigen Bestandteile sowie von **A** im Temp.- u. Zeitverlauf bestimmt. Die Einfl., die die Änderung der Körnung während der Verkokung verursachen, werden besprochen. Die Verkleinerung des Korns ist linear vom Wassergeh. der Kohle abhängig. K. Strenge 8140◇

2931 **Untersuchungen über die Veredelung, besonders die Entschwefelung, westpakistanischer Steinkohle.** Horst H. von Hoessle und Syed Aziz Ahmed Quadri. (Pakistan J. sci. ind. Res. **5**, 119—23, 1962; Karachi, Pakistan Council of Sci. and Ind. Res., Centr. Labor., Fuel Res. Div.; engl.) — Durch Schwefeln in Ggw. von überhitztem Wasserdampf bei 300—600° lassen sich die flüchtigen Bestandteile u. der S-Geh. (Pyrit-S, Sulfat u. organ. gebundenes S) in westpakistan. Steinkohle beträchtlich verringern. Bei einer Dampftemp. von 600° werden > 90% der flüchtigen Bestandteile, 95% von Pyrit-S u. 60—70% von organ. gebundenem S u. von Sulfat entfernt. Aus minderwertigen Steinkohlen lassen sich so rauchlose Brennstoffe erzeugen, die gewerblichen Ansprüchen genügen. Das gebildete Schwelgas kann nach Entfernen von S als Heizquelle für den Prozeß verwendet werden. Die fl. Nebenprodd., Teer u. Öl, lassen sich durch Dest. in verschiedene Mineralöl- u. Pechfraktionen zerlegen. I. Köditz 8140

2932 **Tätigkeitsbericht der Versuchsstation Marienau für 1961.** R. Loison und P. Foch. (Rev. Ind. minérale **44**, 701—38, 1962; franz.) — Der Bericht umfaßt die 2 Hauptgebiete a) *Koksofentechnik*: Schwelkoks als Mittel gegen Rißbldg. bei Einsatz von Gaskohlen, die Ursachen der Schaumbldg., Erhöhung der mechan. Festigkeit von Koks, Möglichkeiten zur Beeinflussung der Produktionskapazität, therm. Bilanzen von Ofenbatterien, Ofenbeschickung mit heißer Kohle; b) *Fließbett-Technik*: Gewinnung von Koksgrus durch Fließbettverff. u. sein Einsatz zum Agglomerieren von Eisenerz, Trocknung von Flotationsschlämmen. R. Hegenbarth 8142◇

2933 **Ausbeuteerhöhung an Kohlenwertstoffen bei der Verkokung.** J. Holub. (Práce Ústavu Výzkum Paliv **4**, 258—92, 1962; tschech.) — Die Korngröße der Kohle sowie ein Wassergeh. von 7—11% haben keinen Einfl. auf die Ausbeute an chem. Produkten. Mit einer Temp.-Erhöhung des Gassammelraumes (durch Änderung der Heizzugtemp.) sinken die Anteile an C_2H_4, CH_4 u. Bzl. im Gas; der H_2-Geh. steigt. Durch Beimischen von ~5% Motorenöl zum Gasgemisch im Sammelraum (im letzten Drittel der Garungszeit) kann ebenfalls eine Verbesserung des Gases erzielt werden. Die Ergebnisse werden an einem Vers.-Ofen des Instituts erhalten. K. Strenge 8142◇

2934 **Verkokungsbedingungen und Koksqualität.** J. Kunc. (Práce Ústavu Výzkum Paliv, **4**, 293—317, 1962; tschech.) — Verss. im halbtechn. Maßstab zeigen, daß ein Wassergeh. von 8—13% keinen Einfl. auf die Qualität von Koks hat, vorausgesetzt, daß er gut ausgegart ist. Eine Verlängerung der Verkokungsdauer bedingt eine Senkung der Abriebfestigkeit. Ungenügendes Ausgaren hat ebenfalls ein Absinken der Festigkeit u. der Abriebfestigkeit zur Folge. Bei einer Steigerung der Verkokungsgeschw. sinken der Anteil des stückigen Kokses u. seine Festigkeit; die Abriebfestigkeit dagegen nimmt zu. K. Strenge 8142◇

2935 **Untersuchung der thermischen Beständigkeit von Koks.** O. W. Werbitzkaja und K. I. Ssysskow. (Nachr. Akad. Wiss. UdSSR, Abt. techn. Wiss., Metallurg. Brennstoffe) **1959**, Nr. 6, 172—74, Nov./Dez.; Moskau; russ.) — Vgl. C. **1959**, 9772. — Es wird die Festigkeit von Koks untersucht, wenn erzhaltige Kohle für die Verkokung verwendet wird. Diese Verss. werden ausführlich beschrieben. Herbert Hoffmann 8144◇

2936 **Ergebnisse der unterirdischen Braunkohlenvergasung im nordböhmischen Revier.** Oldřich Glivický. (Bergbautechnik **12**, 99—101, 1962; Most, Braunkohlenforsch.-Inst.; dt. — C. **1962**, 11783.) R. Grundmann 8148◇

2937 **Untersuchung der katalysierten Wassergas-Reaktion. 2. Mitt. Die kinetische Berechnung des adiabatischen CO-Konverters.** Gedeon Almásy und Pál Szolcsányi. (Veszprémi Vegyipari Egyetem Közleményei [Mitt. Univ. chem. Ind. Veszprém] **5**, 15—24, 1961; Lehrst. physikal. Chem.; ung.) — 1. vgl. C. **1963**, 19067. — Unter Annahme einer linearen Temp.-Abhängigkeit wird die exakte kinet. Berechnungsmeth. adiabat. Reaktoren auf die Gleichgew.-Konz. erweitert. Bei Rkk. 1. Ordnung ohne Molzahländerung weicht die zur Berechnung dienende Gleichung von der für die in einer Richtung verlaufende Rkk. verwendeten nur in der an die Kontaktzeit gebundenen „Geschw.-Zahl" ab. Die aus Labor.-Verss. u. Großbetriebsangaben berechneten Gleichgew.-Konst. weichen nur infolge ungenauer Temp.-Messungen wenig ab. J. Plank 8152

2938 **Untersuchung der katalysierten Wassergas-Reaktion. 3. Mitt. Einrichtung und Methode zur Untersuchung von heterogenen katalytischen Reaktionen in der Gasphase.** Pál Benedek, Ödön Szabadka und László Töll. (Veszprémi Vegyipari Egyetem Közleményei [Mitt. Univ. chem. Ind. Veszprém.] **5**, 25—32, 1961; ung.) — 2. vgl. vorst. Referat. — In einem Mikroreaktor wird die Konversion der katalysierten Wassergas-Rk. in Abwesenheit u. Ggw. verschiedener H_2S- bzw. O_2-Mengen untersucht. Es wird festgestellt, daß H_2S im O_2-freien Gasgemisch die Aktivität des Katalysators auch in 10facher, der im Betrieb erlaubten Menge nicht stört; O_2 vermindert aber die Konversion infolge irreversibler Strukturänderung des Katalysators schon in geringen Mengen. Der Mikroreaktor erweist sich zur Ausführung kinet. Vergleichsunterss. geeignet. J. Plank 8152

2939 **Untersuchung der katalysierten Wassergas-Reaktion. 4. Mitt. Morphologische Untersuchung des Katalysators.** Ödön Szabadka. (Veszprémi Vegyipari Egyetem Közleményei [Mitt. Univ. chem. Ind. Veszprém] **5**, 33—40, 1961; ung.) — Zwecks Feststellung der Aktivitätsabnahme des Katalysators werden dessen physikal. Eigg. untersucht. Es zeigt sich, daß im gebrauchten Katalysator eine Hämatit-Magnetit-Umwandlung u. eine Porenstruktur-Änderung verlaufen, wodurch Vol., Druckfestigkeit u. chem. Dichte verändert werden. Aus den letzten Schichten des Katalysators entnommene Proben weisen darauf hin, daß diese prakt. an der Konversion kaum teilnehmen. — 3. vgl. vorst. Referat. J. Plank 8152

2940 **Hochdruckgastrocknung mit Triäthylenglykol.** V. Minko. (Práce Ústavu Výzkum Paliv **4**, 233—57, 1962; tschech.) — Die Eignung von Triäthylenglykol als Trockenmittel für Kokereigas unter Druck wird durch langfristige Verss. in Pilot-Anlagen bewiesen. Nach diesem Verf. erfolgt die Festlegung der wichtigsten Parameter für die Hochdruck-Gastrocknung. Ökonom. Be-

rechnungen zeigen, daß die Anwendung dieses Verf. auch in dieser Hinsicht gute Ergebnisse liefert.
K. Strenge 8156◇

2941 **Untersuchung über Erdgasumwandlung und Umwandlungskatalysatoren.** J. Klíma und F. Knor. (Práce Ústavu Výzkum Paliv **4**, 142—68, **1962**; tschech.) — Als Katalysator für die Rk. von Erdgas (CH_4) mit Wasserdampf u. Luft zur Erzeugung von Stadtgas wird eine mit Ni imprägnierte slowak. Magnesitmasse vorgeschlagen. Diese Kombination hat eine größere Aktivität u. mechan. Festigkeit als die bisher verwendeten Katalysatoren, ist jedoch wesentlich billiger. Die Verss. werden sowohl im Labor- als auch im Industriemaßstab durchgeführt.
K. Strenge 8156◇

2942 **Entschwefelung von Koksofengas mit Aktivkohle.** M. Brychta. (Práce Ústavu Výzkum Paliv **4**, 169—232, 1962; tschech.) — Die Reinigung von Koksofengas durch Adsorption von S an Aktivkohle (Typ F) wird beschrieben. Die Kohle wird durch Extraktion mit Xylol wieder regeneriert. Der Bericht enthält alle erforderlichen Parameter für die Projektierung einer Betriebsanlage u. gibt eine ausführliche Beschreibung des technolog. Verf. der Adsorption u. Regeneration. K. Strenge 8172◇

2943 **Das Erdgas in Frankreich und in der Sahara und seine chemische Verwendung.** Jean Ville. (Bull. Assoc. Franç. Techniciens Pétrole **1962**, 227—52, S. N. P. A., Dép. Rech.; franz.) — Eine Übersicht über die Geschichte der Entdeckung des Erdgases auf der Welt, sowie, auch graph., über seine Gewinnung in den einzelnen Ländern wird gegeben. Tabellar. wird die Zus. des Erdgases einzelner Lagerstätten in Italien, Rumänien, der UdSSR u. in den USA der Zus. von Vorkommen in Frankreich (Saint-Marcet, Lacq) u. der Sahara (Hassi-R'Mel) gegenübergestellt. Eine Übersicht des Verbrauchs auf den verschiedenen Anwendungsgebieten in Italien, Rumänien, UdSSR u. Frankreich wird gegeben. Bes. werden die Anlagen u. Leistungen von Saint-Marcet, Lacq u. Hassi-R'Mel beschrieben u. vom chem. Gesichtspunkt aus betrachtet.
W. Morneweg 8186◇

2944 **Zusammensetzung der Gase von Methan bis Pentan in der UkrainSSR.** N. N. Masur, Ju. F. Ladyka und M. B. Stepanenko. (Erdöl- u. Gasind. [UdSSR] **1962**, Nr. 4, 38—41; Ukrain. Forsch.-Inst. für geolog. Erkundung; russ.) — Zusammenstellungen der mittleren chem. Zus. von Gasen verschiedener ukrain. Fundstätten sowie der Vorräte an CH_4–C_5H_{12}, CO_2, N_2, Ar, Kr, He u. Ne. J. Lehmberg 8186△

2945 **Die in den Benzinfraktionen des Ukrainer Erdöls enthaltenen Paraffin-Kohlenwasserstoffe normaler Struktur.** W. Ss. Gutyrja, L. A. Kuprijanowa und A. G. Fadeitschewa. (Erdöl- u. Gasind. [UdSSR] **1962**, Nr. 4, 42—44; Inst. für Chemie d. Polymere u. Monomere der Akad. der Wiss. der UkrainSSR; russ.) — Aus der 50—200°-Bzn.-Fraktion des Bitkower u. Doliner Erdöls werden n-Paraffin-KW-Stoffe ausgeschieden u. untersucht. Nach der chromatograph. Entaromatisierung der Bzn.-Fraktion wird festgestellt, daß Doliner Eozän-Erdöl 0,61% der 50°-Fraktion mit 49,5% n-Paraffinen enthält, Menilith-Erdöl 3,7% mit 40% n-Paraffinen. Die Entparaffinierung wird in einer 400 mm hohen Kolonne mit 25 mm ⌀ vorgenommen u. ergibt eine Ausbeute von 19,67—21,73% n-Paraffinen bei unterschiedlichem Geh. der einzelnen Komponenten. Bitkower Erdöl enthält 1,42% C_6H_{12}, Doliner Erdöl 2,18—3,40%. In Bitkower u. Doliner-Eozän-Erdölen sind 3,40 u. 3,80% C_7H_{16} enthalten, im Doliner Menilith-Erdöl 4,57%. Am höchsten ist in den Bitkower Menilith- u. Doliner Eozän-Erdölen der Geh. an C_8H_{18}. J. Lehmberg 8188△

2946 **Über die Zusammensetzung von naphthen-aromatischen Ölfraktionen aus bituminösen Stoffen und einigen Roherdölen.** K. F. Rodionowa, Ju. I. Kortschagina und W. W. Iljinskaja. (Geol. Erdöls Gases [UdSSR] **7**, Nr. 1, 33—40, 1963; russ.) — Vff. geben die Zus. von Fraktionen verschiedener Roherdöle u. bituminöser Stoffe aus dem Wolga–Ural-Gebiet an u. klassifizieren den möglichen Typ der in jeder Probe enthaltenen KW-Stoffe. S. Grempe 8188◇

2947 **Stabilisierung von Tondispersionen.** F. D. Owtscharenko und W. Ju. Tretinnik. (Erdöl- u. Gasind. [UdSSR] **1962**, Nr. 4, 16—19; Inst. für Angewandte u. Anorgan. Chemie der Akad. der Wiss. der UdSSR; russ.) — Die Verss. erfolgen mit 5 u. 10%ig. wss. Suspensionen (Spülfl. für Erdölbohrlöcher) aus Tscherkassker *Palygorskit-Ton* u. Gorbsker *Bentonit* mit 1% $CaCl_2$- u. 10—25% NaCl-Gehalt. Zugesetzt werden die Präpp. *K-4* (Polyacrylonitril: NaOH = 2,5:1), *K-6* (Polyacrylonitril: Na_4SiO_4 = 2,5:1) u. *Carboxymethylcellulose* (**I**). Die stabilisierende Wrkg. aller 3 Zusätze in salzarmen Suspensionen ist gut, wobei **I** am wirksamsten ist. In mineralisierten Suspensionen hat K-4 dagegen die größte Wrkg.; ein 1%ig. Zusatz zu einer 5%ig. Palygorskit-Suspension mit einem Geh. von 25% NaCl erniedrigt die Wasserabgabe um das 15,5fache. Geringer ist die Wrkg. von K-6. Bei Zusatz verschiedener Schutzkolloide zu den Lsgg. können die Peptisation u. die Koagulationsbindungen im Syst. Ton-W. gesteuert werden.
J. Lehmberg 8190△

2948 **Tonfreie Stärke-Silicat-Lösung.** G. A. Letunowski. (Erdöl- u. Gasind. [UdSSR] **1962**, Nr. 4, 20—22; russ.) — Die Verss. werden mit einer Lsg. aus 3 (%) Stärke, 1 NaOH, 15—20 Na_2SO_3 u. 80—85 W. durchgeführt, die bei 20° ein Spezif. Gew. von 1,12, eine Wasser-Abgabe von 4 bzw. 5 cm^3/30 Min. u. stat. Schubspannung von 21,4/21,4 mg/cm^2 aufweist. Die Änderung der Kennziffern bei verschiedener Zus. der Komponenten, verschiedenen Temp. u. Zusätzen von NaCl sind in Tabellen zusammengefaßt. Der Zusatz von Erdöl vergrößert die Viscosität u. verringert die Wasserabgabe unbedeutend. Zusatz von Agrillit, Aleurolith, Schiefer, Kalkstein ändert die Eigg. der Lsg. nicht. Zusatz von Baryt u. bes. von Hämatit zur Erhöhung des Spezif. Gew. verbessert die Wrkg. der *Spülflüssigkeit* bedeutend.
J. Lehmberg 8190△

2949 **Die Überwachung der Verbrennung in der Raffinerie.** M. Chapotel. (Bull. Assoc. franç. Techniciens Pétrole **1962**, 739—52; Raffinerie de Provence C. F. R.; franz.) — Der in den Erdölraffinerien verbrauchte Brennstoff stellt einen beträchtlichen Anteil des gesamten franz. Energieverbrauchs dar. Die Ausgaben hierfür müssen so niedrig wie möglich gehalten werden. Brennstoffverluste durch heiße Abgase sind sehr häufig u. müssen systemat. gemessen werden, wozu ein Programm aufgestellt wird. Hierbei werden die klass. Meth. den in Erdölraffinerien verwendeten Brennstoffen angepaßt. Die bei der Aufstellung einer Wärmebilanz auftretenden Probleme werden aufgezeigt. Es wird eine Schnellmeth. zur Best. der Kaminverluste an fühlbarer Wärme angegeben, der lediglich die Messung der Außentemp. u. Rauchgastemp. sowie eine Gasanalyse u. die Benutzung zweier im Bericht wiedergegebener Rechentafeln zugrunde liegen. Die Gasanalyse wird mit einem App. ausgeführt, der einfacher als ein Orsat-App. zu handhaben sein soll. Die Überwachung muß durch Festlegung der wirtschaftlichsten Fahrweise, d. h. durch niedrigsten Brennstoffverbrauch pro t Einsatzgut, ergänzt werden. U. a. ist es notwendig über ein bzgl. Druck u. Heizwert stabiles Brenngas verfügen zu können. Hierzu werden Maßnahmen, z. B. ein Schema für automat. Gasdruckregelung, beschrieben, sowie die Anbringung von Mengenmessern, Reglern für den Heizwert oder besser für die Wobbe-Zahl nahegelegt. W. Morneweg 8194◇

2950 **Überlegungen zum kontinuierlichen katalytischen Reformieren von Butan durch das Otto-Verfahren.** S. G. Vane und J. E. Morris. (Instn. Gas Engr., J. **2**, 689 bis 714, 1962; Channel Islands, Guernsey Gas Light Co. Ltd.; engl.) — Betriebserfahrungen hinsichtlich der Butanlagerung, der Prozeßführung u. der Ökonomie werden mitgeteilt. K. Strenge 8200e◇

2951 **Die Gewinnung tiefstockender Dieselöle aus Fergana-Erdöl durch Harnstoff-Entparaffinierung.** W. W. Ussatschew, P. P. Dmitrijew und Ss. I. Geifen. (Usbek. chem. J. **6**, 67—78, 1962; Inst. f. Treibstoffanwendung der Akad. der Wiss. u. des Volkswirtschaftsrats der UsbSSR, Inst. für Chemie der Akad. der Wiss. der UsbekSSR; russ., Auszug: usbek.) — *Dieselöl* (**I**) aus Fergana-Erdöl, Ep. — 2°, D_4^{20} = 0,8304, wurde mit

10 bis 200% Harnstoff (II) unter Zugabe von 3% Methylalkohol (bezogen auf II-Gew.) als Aktivator behandelt. II wurde in Kristallform zugegeben; als Lsgm. diente Bzn. (80—110°). Es erfolgte Auswaschen des erhaltenen Komplexes (Km.) durch 4—5malige Zugabe von Bzn. u. Abtrennen von Bzn. unter Vakuum. Km. wurde mit W. bei 80° zerlegt. Die Rückführung der aus Km. extrahierten KW-Stoffe zum entparaffinierten I erhöht dessen Ausbeute, ohne dessen Qualität wesentlich zu beeinträchtigen. Beim Auswaschen von Km. mit Bzl., Ae. oder Leichtbenzin werden n-Paraffine in gleichen Mengen u. Qualitäten erhalten. Soweit die Gewinnung definierter Paraffine nicht erforderlich ist, sind nur die Kosten für die Wahl des Lsgm. bestimmend. Die Bedingungen werden angegeben, unter denen aus Fergana-Erdöl I in Sommer-, Winter- u. Polarqualität mit Epp. — 10°, — 35°, — 45° u. — 60° erzeugt werden kann. Für die genannten Sorten beträgt der Einsatz an II 10, 20, 52 u. 94%. Bei der Gewinnung von I mit Ep. — 60° dürfen die aus Km. extrahierten KW-Stoffe nicht zum entparaffinierten I zurückgeführt werden. S. Grempe 8212◇

2952 **Arbeiten zur Verbesserung der Katalysatoren für die hydrierende Raffination von Teeren und Mittelölen.** Ernst Münzing, Hermann Blume und Emanuel Pindur. (Z. Chem. **2**, 76—83, 1962; Leuna, VEB Leuna-Werke „Walter Ulbricht"; dt.) — Überblick über die Geschichte der Raffinationskontakte u. deren weitere Entw. über die Schwefelung von Mo- u. W-Kontakten, den Austausch von W in Hydrierkatalysatoren durch Mo u. die Entw. von Kontakten für die Mitteldruckraffination von Bzn. u. Dieselölen. R. Grundmann 8214◇

2953 **Über die Schmierung von Dampfturbinen.** Robert Loi. (Ind. Pétrole **30**, Nr. 9, 51—52, 1962; franz.) — Die bes. Beanspruchung von Schmieröl in Dampfturbinen macht den Zusatz von Spezialprodd. gegen Schäumen u. Emulsionsbldg. empfehlenswert. R. Hegenbarth 8220◇

2954 **Gleitlacke auf Molybdändisulfid-Basis.** P. Lonsky. (Fette, Seifen, Anstrichmittel **64**, 336—38, 1962; München; dt.) — Bericht über MoS_2-Gleitlacke, die an Bauteilen zur Dauerschmierung oder als zusätzlicher Notlaufschmierfilm eingesetzt werden können. Exakte Aufbringung u. richtige Oberflächen-Vorbehandlung sind für die Verw. in der Praxis von bes. Bedeutung. R. Grundmann 8220◇

2955 **Der Einfluß einer tiefgehenden thermischen Umwandlung des Rohstoffes auf die Eigenschaften oxydierter Bitumina.** Ss. F. Moisseikow. (Nachr. Akad. Wiss. TurkmenSSR, physik.-techn., chem. geol. Wiss. **1963**, 38—42; Allunions-Forsch.-Inst., Turkmenische Zweigstelle; russ.) — Die Eigg. von *Bitumina* werden nicht nur durch die Oxydationsbedingungen bestimmt, sondern auch vom Grad der therm. Umwandlung, dem der als Rohstoff dienende Crackrückstand vorher unterworfen war. An Proben des Crackrückstands aus dem Krasnowodsker Erdölverarbeitungswerk (4,0—11,0% Asphaltene, Spezif. Gew. = 0,920—0,975, Kokstest 4,8—11,9%, 8—26% mit Kp. bis 350°) werden die Herst.-Bedingungen für Straßen- u. Baubitumina erörtert. S. Grempe 8224◇

2956 **Die Verwendung von Bitumen im Wasserbau.** A. Blandinières. (Bull. Assoc. franç. Techniciens Pétrole **1962**, 279—90; Soc. des Pétroles Shéll-Berre; franz.) — An verschiedenen Beispielen wird die Bedeutung von Bitumen (**A**) für den Wasserbau erläutert. Die Plastizität verleiht bituminösen Bauelementen Vorteile wie Kontinuität u. Fügsamkeit, gegenüber Nachteilen wie Kriechdehnung an Hängen u. Schub durch Pflanzenwuchs. Decken aus Bitumen halten fest bei Gefällen bis zu 33° sowie auf ungenügend festen Gründungen. Die im Wasserbau zur Anwendung gelangenden bituminösen Bauelemente sind: 1. Gußbelag, bes. auch in Form von „versenkten Dichtungsschleiern", die durch Ausgießen von geblasenem **A** von sehr hoher Penetration in einer Schichtdicke von 6—10 mm erhalten werden u. zum Schutz etwa 20 cm hoch mit Erde bedeckt werden; 2. mit Bitumen umhüllte oder getränkte Baustoffe, z. B. bei Dämmen u. Kanalbauten; 3. **A**-Kitte. Eigg. u. Herst. dieser Bauelemente werden beschrieben. Um die Vorteile voll ausnutzen zu können, müssen Hilfsmaterial u. Gerätschaften dem **A** angepaßt werden. W. Morneweg 8224◇

2957 **Charakteristik niedrigschmelzender Paraffine aus den Filtraten der Paraffin-Produktion.** P. Je. Olekssin, Ja. I. Ssereda und T. Ss. Pawlik. (Erdöl- u. Gasind. [UdSSR] **1962**, Nr. 4, 44—47; Inst. für Geol. foss. Brennstoffe der Akad. der Wiss. der UkrainSSR; russ.) — Die Verss. erfolgen mit Filtraten aus Paraffin-Destillaten eines Gemisches von Doliner u. Borislawer Erdöl (80:20) mit einem Geh. an n-*Paraffinen* von 15,1%, F. 31,5°, u. erstrecken sich auf die Fraktionen 256—480° in Abständen von 25°. Neben der Ausbeute u. den Eigg. der Ausgangsparaffine sind die Kennzahlen auch für die raffinierten n-Paraffine u. deren saure Fraktionen zusammengestellt, von denen 75% in den 310—410°-Fraktionen enthalten sind. Die Ausbeute der KW-Stoffe, die mit Harnstoff keine Komplexe bilden, beträgt 84%. 20% n-Paraffine entfallen auf die Fraktionen bis 325° u. 24,5% auf die Fraktionen von 325—400°. Der Geh. in den Fraktionen über 400° fällt rasch ab. Die FF. der n-Paraffine aus der Filtration liegen durch die in ihnen enthaltenen Isoalkane u. cycl. KW-Stoffe mit langen Alkylseitenketten höher als die der einzelnen n-Alkane. Die Geh.-Best. von n-Alkanen in raffinierten n-Paraffinen ergibt im Durchschnitt 70,7%. J. Lehmberg 8226△

2958 **Die Wirkung von Temperatur und Feuchtigkeit auf die Oxydation von an der Luft verblasenem Asphalt.** P. G. Campbell, J. R. Wright und P. B. Bowman. (Mater. Res. Standards **2**, 988—95, 1962; Washington, D. C., Nat. Bur. of Standards, Org. Building Mat. Sect.; engl.) — Unterss. über die Oxydation von an der Luft verblasenem Dach-Asphalt (Best. der IR-Absorption im CO-Band, hervorgerufen durch C-Lichtbogenbestrahlung) zeigen, daß Temp. u. relative Feuchtigkeit die Geschw. der Oxydation beeinflussen. Die Empfindlichkeit von Asphalt gegen Änderungen von Temp. u. relativer Feuchtigkeit schwankt mit seiner Herkunft u. Dauerhaftigkeit. Die Ergebnisse der Bestrahlungsverss. stimmen im allg. mit denen der im Freien ausgeführten Unterss. überein. W. Wesly 8228◇

2959 **Über die physikalischen Grundlagen der Bestimmung der Torffeuchtigkeit mit der Neutronenmethode.** Ja. Tschudars und N. Skworzowa. (Nachr. Akad. Wiss. LettSSR **1962**, Nr. 5, 75—83; russ., Auszug: engl.) — Die theoret. Grundlagen der Feuchtigkeitsbest. im *Torf* mit langsamen Neutronen werden ausführlich beschrieben. Als Neutronenquelle dient eine Po-Be-Kanone. Die Verss. ergeben, daß W. 1,76 mal stärker die Neutronen bremst als Torf. Die Verss. werden graph. ausgewertet; die Ergebnisse stimmen gut mit denen anderer Autoren überein. Herbert Hoffmann 8244◇

2960 **Zur Kenntnis der chemischen Zusammensetzung von Torfen aus Vorkommen in der Deutschen Demokratischen Republik. 3. Mitt. Qualitativer papierchromatographischer Nachweis von Aminosäuren und Kohlenhydraten in Torfen.** Ralf Kadner, Wolfgang Fischer und Günter Schlungbaum. (Freiberger Forsch.-H., Reihe A **263**, 159—73, 1962; Rostock; dt.) — 2. vgl. C. **1964**, 1-2991. — In einigen Proben werden bis zu 12 Aminosäuren nachgewiesen werden (Glycin, β-Alanin, Lysin, Alanin, Valin, Leucin, Isoleucin, Glutaminsäure, Asparaginsäure, Threonin, Arginin, Prolin u. die Aminozucker Glucosamin u. Galaktosamin). K. Strenge 8244◇

2961 **Huminsäuren in tschechoslowakischen Braunkohlen und ihre Bestimmung.** J. Hubáček und M. Lustigová. (Práce Ústavu Výzkum Paliv **4**, 357—80, 1962; tschech. — C. **1962**, 14741.) K. Strenge 8244◇

2962 **Bestimmung von Asche in Kohle durch Röntgenstreuung.** Hisashi Mori und Sadaichiro Taira. (Japan Analyst **11**, 764—67, 1962; Yawaty Steelw. K. K.; jap.) — Durch einen Röntgenstrahl von einer Co-Antikathode, mit 10°-Bündelung u. 155° Streuwinkel (nach Durchgang) wird in *Kohle*pulverproben ($<$ 0,15mm fein) in einem Plastikgefäß von 9 mm Höhe eine Streustrahlung erregt, die durch einen Geiger-Zähler mit automat. Aufschreibung (5 Min. Perioden; Zählrate 480 cps) zur Best. des Aschegeh. ausgewertet wird, u. zwar auf der Grundlage von Eichlinien von verschiedenen Norm-Kohleproben. Die Genauigkeit ist größer als beim β-Strahlverfahren. L. Schuler 8246◇

2963 **Untersuchung der Destillationsfraktion 300° bis 340° eines Hochtemperaturteers.** A. F. Boyer und P. Payen. (Chim. analytique **44,** 107—13, 1962; Labor. du Centre d'Études et Recherches des Charbonnages de France; franz.) — Die Teerfraktion zwischen 298° u. 337° wird quant. u. qual. durch Gaschromatographie mit einer polaren u. einer unpolaren Trägerphase analysiert. Es werden 26 verschiedene Verbb., entsprechend 88% der untersuchten Fraktion, isoliert, 12% sind noch nicht identifiziert. 3 Verbb. werden erstmalig in einem Hochtemp.-Teer erkannt: 9-Methyl- u. 4-Methylfluoren u. Oktahydroanthracen. ~40% der Fraktion bestehen aus Methylderivv. von Diphenylenoxid. K. Scheffler 8248◇

2964 **Physikalische Untersuchungsmethoden auf dem Wege vom Brennstoff zum Abgas.** G. Wagner. (Gaswärme **11,** 32—43, 1962; Langenberg/Rhld., Gaswärme-Inst. Essen; dt.) — Die physikal. Grundlagen der verschiedenen Gasanalysemeth. werden dargestellt, u. die Wrkg.-Art der Geräte wird schemat. angedeutet. Das gaschromatograph. u. das massenspektrometr. Verf. werden bes. behandelt. R. Grundmann 8250◇

2965 **Bestimmung von Cyclopentadien.** J. Kavan und Z. Vlčková. (Práce Ústavu Výzkum Paliv **4,** 381—91, 1962; tschech.) — Die Best.-Meth. für Cyclopentadien (**I**) in Schwelgasen u. Verkokungsprodd. werden geprüft. Die Titriermeth. nach Bergmann [1948] eignet sich für die Best. von Dicyclopentadien (**II**) in Fl. mit höherem **II**-Geh., die Fulvenmeth. ist nicht nur zur Best. von **I** in Gasen sondern auch in Fl. mit geringerem **II**-Geh. geeignet, wenn dieses vorher depolymerisiert wird. K. Strenge 8250◇

2966 **Die Ermittlung der Wobbe-Zahl von Gasgemischen auf graphischem Weg.** I. Škunca. (Gaswärme **11,** 386 bis 90, 1962; Essen, Gaswärme-Inst.; dt.) — Für die manchmal umständliche rechner. Auswertung der Beziehungen zwischen Wobbe-Zahl als wichtigster Größe zur Kennzeichnung des Brennverh. von Gasen, Brenn- oder Heizwärme u. Dichte oder Dichteverhältnis für Gasgemische werden graph. Lsg.-Möglichkeiten in allg. Form u. für bestimmte Einzelfälle als Beispiele gezeigt. R. Bätz 8250◇

2967 **Acetylenbestimmung in Flammengasen von 1820 °K durch Infrarotanalyse.** R. C. Millikan. (Combust. and Flame **5,** 349—57, 1961; Schenectady, N. Y., Gen. Electric Res. Labor.; engl.) — Eine Meth. zur Best. von C_2H_2 in Flammengasen von 1820 °K unter Verw. der Absorption bei 730 cm^{-1} wird beschrieben. Als unterste bestimmbare Grenze wird ein Geh. von 0,02 Vol.-% angegeben. Wolfgang Krüger 8250◇

2968 **Über die Entwicklung von Mikromethoden in der Mineralölanalytik.** Peter Berthold, Johannes Teubel und Eberhard Leibnitz. (Freiberger Forsch.-H., Reihe A Heft **250,** 9—18, 1962; Zeitz, VEB Hydrierwerk, Forsch.- u. Entw.-Stelle; Leipzig, Dt. Akad. der Wiss. zu Berlin, Inst. für Verf.-Techn. der org. Chem.; dt.) — Beschreibung von Mikrometh. zur Best. von Molmasse (kryoskop. in Cyclohexan; Genauigkeit ± 0,5—1,5%), Dichte (verbesserte Tropfensteigmeth. nach Nettesheim; (C. **1957,** 13521) Genauigkeit ± 0,02 — 0,06%) u. *Viscosität* (Capillarviscosimeter; Fehler bei m-Werten von 3—4 ± 0,5%) an feingetrennten KW-Stoff-Fraktionen für die Strukturgruppenanalyse. Für die 3 Kennzahlen zuzüglich der Refraktion werden ~0,3 g Substanz benötigt. M. Finke 8252◇

2969 **Eine Untersuchungsmethode für Xylolfraktionen, die aus Tieftemperaturkoksteerleichtöl abgetrennt wurden.** H. Markowska-Majewska und J. Werle. (Bull. Acad. polon. Sci., Sér. Sci. chim. **10,** 303—09, 1962; Pol. Acad. of Sci., Inst. of Phys. Chem.; engl.) — Durch azeotrope Dest. mit Pyridin (**I**), CH_3NO_2, CH_3COOH u. CH_3COOH/2-Picolin können die Xylolfraktionen (**A**) entaromatisiert werden. Bester Azeotropbildner ist **I**. Die Geh. an aromat. KW-Stoffen in den verschiedenen **A** werden bestimmt u. in Tabellenform angegeben. K. Strenge 8254◇

2970 **Untersuchungen über die Oxydation von flüssigen Kohlenwasserstoffen durch IR-Absorptionsspektren.** Rempei Gotoh, Tohru Takenaka und Soichi Hayashi. (J. chem. Soc. Japan, ind. Chem. Sect. [Kōgyō Kagaku Zassi] **63,** 729—34, 1960; Takatuki, Kyôto-Daigaku, Kagaku-Kenkyûzyo; jap., Auszug: engl. S. A 38) — Fl. Paraffin wird im N_2-Strom auf 100 bis 450° erhitzt. Erst bei 300° wird die Bldg. der Vinyliden-, Vinyl- u. trans-Vinylen-Gruppen IR-spektroskop. nachgewiesen; die Intensität der Absorptionen durch diese Gruppen nimmt mit steigender Rk.-Temp. bis 400° zu, jedoch bei > 400° ab. Die Menge an entstehenden ungesätt. Gruppen ist dabei klein. Die ungesätt. Gruppen bilden sich auch beim Erhitzen an der Luft. Bei > 100° werden Absorptionen durch Hydroperoxide, Ketone, Carbonsäuren, Aldehyde u. Ester beobachtet. Die Intensität der Absorptionen durch Carbonyl-Gruppen sowie durch OH-Gruppen nimmt mit steigender Temp. zu, oberhalb einer Grenztemp. von 270° (beim Erhitzen in ruhiger Luft) bzw. bei 350° (beim Erhitzen im Luft-Strom) ab u. bei viel höheren Temp. (> 400°) wieder zu. Als gasförmige Prodd. werden Aceton(**I**), CH_3CHO (**II**), n-Butylen-(1), Isobutylen, C_2H_4, andere ungesätt. KW-Stoffe, CO_2, CO u. CH_4 festgestellt; die Ausbeute an gasförmigen Prodd., ausschließlich **I** u. **II**, nimmt mit steigender Temp. linear zu. E. Maekawa 8262□

2971 **Zur analytischen Differenzierung von Teerpech und Bitumen.** G. Frenz. (Farbe u. Lack **68,** 613—15, 1962; Zürich, Inter-Keller AG.; dt.) — Methylglykolacetat verhält sich gegenüber Teerpech wie Xylol, Bitumen bleibt ungelöst u. das Filterpapier bei reinem Bitumen ungefärbt. Bei anschließender Bromphenolblauindicator-Behandlung entstehen bei Teerpech Mischfarben verschiedener charakterist. Nuancen. Geringe Anteile an Teerpech oder Teeröl-Verschnitt werden so im Bitumen nachweisbar. R. Grundmann 8264◇

2972 George R. Morris, Tulsa, Okla., V. St. A., **Bohrspülung.** Der Bohrspülung wird ein Zusatzstoff zugegeben, der hauptsächlich aus gemahlenen Kernen von Pfirsichen, Oliven, Kirschen, Aprikosen, Avogato-Birnen oder Pflaumen in Korngrößen von etwa 4—200 „mesh" besteht, die zuerst mit einer Lsg. aus W. u. beträchtlichen Mengen NaOH u. Quebracho, sodann mit einem zweiten Überzug aus *Carboxymethylcellulose* überzogen werden. Der Zusatzstoff verhindert bzw. verringert sowohl Fl.- als auch Spülungsverluste u. wirkt gleichzeitig als Spülungsverdünner. (**A. P. 3042607** vom 6/1. 1960, ausg. 3/7. 1962.) St. Zimmer 8191

2973 Crosselt Chemical Co., übert. von: James E. Douham, Crosselt, Arz., V. St. A., **Bohrspülung.** Einer Bohrspülung, die hauptsächlich aus feststoff-freiem W. besteht, werden in Mengen von 0,04 bis etwa 0,5 Gew.-% sog. „floading soaps", d. h. *Tallöl-Seifen* oder ähnliche Prodd. in trockener Form zugesetzt, die schon in kleinen Zusatzmengen der Spülung Hochdruck-Schmier-Eigg. verleihen. (**A. P. 3049490** vom 27/8. 1959, ausg. 14/8. 1962.) St. Zimmer 8191

2974 Crosselt Chemical Co., übert. von: James E. Douham, Crosselt, Ark., V. St. A., **Bohrspülung.** Einer Tonsüßwasserspülung werden sog. „floating soaps", d. h. *Tallöl-Seifen* oder ähnliche Prodd. in Mengen von 0,04—0,25 Gew.-% zugegeben. Dieser Zusatz ist ausreichend um der Spülung gute Hochdruckschmier-Eigg. zu verleihen. Der Zusatz ist nicht nur auf Tonsüßwasserspülungen beschränkt, sondern kann auch bei anderen wasserbas. Spülungen erfolgen. (**A. P. 3049491** vom 27/8. 1959, ausg. 14/8. 1962.) St. Zimmer 8191

2975 Phillips Petroleum Co., übert. von: Alfred D. Reichle, Baton Rouge, La., V. St. A., **Ölgewinnung aus kohlenstoffhaltigen Schichten,** wie Öl- oder Teersanden durch eine Verbrennung in situ eines Teiles der ölführenden Schicht. Man führt das Verbrennungsmedium zu dem Zündabschnitt durch die Schicht von einem Zündraum, der von der Bohrung entfernt ist, verbrennt einen

Teil der KW-Stoffe u. treibt die anderen dadurch aus. In das Gas wird gleichzeitig dispergiertes Fe-Carbonyl eingeführt. Das durch Zersetzung entstehende Fe dient als Katalysator der Verbrennung. Luft u. Fe-Carbonyl in Dampfform werden gemischt in das die Verbrennung unterhaltende Gas eingeführt. (**A. P. 3048225** vom 28/8. 1959, ausg. 7/8. 1962.) W. Hauswald 8191

2976 Jersey Production Research Co., übert. von: Victor G. Meadows, Tulsa, Okla., V. St. A., **Sekundärgewinnung von Erdöl.** In das ölführende Reservoir wird zunächst bei einem ausgewählten Punkt eine Menge von Alkylenoxid u. hierauf W. eingeführt u. das Öl an einer anderen Stelle gewonnen. Das Alkylenoxid, das Aethylen-, Propylen- oder Butylenoxid sein kann, wird in wss. Lsg. eingeführt. Seine Menge beträgt 0,0001 bis 0,1 je Porenvolumen der zwischen den beiden Punkten liegenden Formation. (**A. P. 3047062** vom 29/4. 1959, ausg. 31/7. 1962.) W. Hauswald 8191

2977 Continental Oil Co., Ponca City, Okla., übert. von: Achyut K. Phansalkar, Ponca City, Okla., Albert H. Roebuck, Midland, Tex., und James S. Scott, Ponca City, Okla., V. St. A., **Zusatzstoff für „Frac-" Flüssigkeiten.** Dem die Basis bildenden Öl für Erdölsonden wird zur Regulierung des Fl.-Verlustes ein Zusatzstoff beigefügt, der ein erstes Stopfmaterial in Mengen von 30—70 Gew.-% aus feingemahlenen, ölunlöslichen Feststoffen enthält, die wenigstens zu 0,20% kleiner als 10 μ sind, u. 70—30 Gew.-% eines zweiten wasserunlöslichen Stopfmaterials, das in Öl eine solche weiche Konsistenz aufweist, daß es die Zwischenräume des ersten Stopfmaterials ausfüllt. Das zweite Stopfmaterial besteht aus *Erdwachs*, *Asbest-*, *Plastik-*, *Cellulose-* oder *Gummifasern* oder Fettsäureseifen mehrwertiger Metalle. Außerdem erfolgt ein Zusatz öllöslicher Dispergiermittel. (**A. P. 3046222** vom 28/7. 1958, ausg. 24/7. 1962.) St. Zimmer 8191

2978 Sinclair Research, Inc., New York, N. Y., übert. von: Kenneth A. Smith, Homewood, Ill., und William I. Tomsie, Brea, Calif., V. St. A., **Cracken von Erdöl-Kohlenwaasserstoffen.** Zuerst wird eine Suspension von feinverteiltem Katalysator in den KW-Stoffdämpfen mit einer Dichte von 5—10 lbs./Kubikfuß hergestellt. Diese Suspension wird mit einer linearen Geschw. von 12—15 Fuß/Sek. aufwärts durch eine langgestreckte senkrechte Rk.-Zone, deren Durchmesser von unten nach oben zunimmt, geführt. — Vorr. Zeichnung. (**A. P. 3041273** vom 9/9. 1953, ausg. 26/6. 1962.) E. Kables 8197

2979 Atlantic Refining Co., Philadelphia, übert. von Leonard N. Leum, Media, James E. Counor jun., Drexel Hill, John I. Rothrock, Ambler, und Clifford S. Shipley, Aldan, Pa., V. St. A., **Katalytisches Cracken von Kohlenwasserstoffen.** Der aus SiO_2–Al_2O_3 bestehende Katalysator wird vergiftet. Nach dem Abtrennen wird der Katalysator mit einem Kationenaustauschharz in Kontakt gebracht. — Zeichnung. (**A. P. 3041270** vom 1/3. 1960, ausg. 26/6. 1962.) E. Kahles 8197

2980 California Research Corp., San Francisco, übert. von: Robert H. Kozlowaski, Berkeley, Clif., V. St. A., **Katalytische Umwandlung von Kohlenwasserstoffdestillaten.** Ein Erdöldestillat vom Kp. 325—395°F mit einem Undecan-Geh. u. H_2 wird bei 350—800°F u. > 400 psig. mit einem Katalysator in Kontakt gebracht, der einen Hydrieranteil auf einem Crackträger enthält. Aus dem Rücklauf wird Undecan abgezogen, bevor dieser der Rk.-Zone wieder zugeleitet wird. — Zeichnung. (**A. P. 3044953** vom 30/3. 1959, ausg. 17/7. 1962.) E. Kahles 8199

2981 M. W. Kellogg Co., Jersey City, N. J., übert. von: Marvin F. Nathan, New York, N. Y., Everett W. Howard, Glen Rock, und Henry G. McGrath, Union, N. J., V. St. A., **Destruktive Hydrierung von schweren Rückstandsölen,** die bei einer Vakuumdest. anfallen u. eine API-Schwere von < 20° u. einen C-Rückstand von > 0,6 Gew.-% haben. Das Rückstandsöl wird mit einem Katalysator aus NiO u. W-Oxid auf einem Al_2O_3-Träger bei 750—850°F, 500—1500 psig. in Ggw. von 2500—30000 Standard-Kubikfuß H_2 in Kontakt gebracht. — Kurve u. Vorr.-Zeichnungen. (**A. P. 3043769** vom 19/10. 1953, ausg. 10/7. 1962.) E. Kahles 8199

2982 Phillips Petroleum Co., übert. von: Joe Van Pool und Paul D. Hann, Bartlesville, Okla., V. St. A., **Herstellung eines Kohlenwasserstoff-Brennstoffes.** Ein Isoparaffin wird mit einem Olefin in Ggw. eines HF-Katalysators alkyliert. Das Alkylierungsprod. wird durch ein Molekularsieb geführt, u. die organ. Fluoride u. n-Paraffine werden entfernt. Das Alkylat wird abgezogen. Schwerbenzin wird katalyt. reformiert. Das Reformat wird vom H_2-haltigen Gasstrom abgetrennt u. ein Teil dieses Gasstromes durch das Molekülsieb geleitet, u. dadurch werden die organ. Fluoride u. n-Paraffine desorbiert. Die n-Paraffine werden der Reformierungszone zugeleitet. — Zeichnung. (**A. P. 3045055** vom 1/2. 1960, ausg. 17/7. 1962.) E. Kahles 8201

2983 Pure Oil Co., übert. von: George W. Ayers, Chicago, und William A. Krewer, Arlington Heights, Ill., V. St. A., **Alkylieren von Kohlenwasserstoffen mit Isobutylen oder Isobutylen enthaltenden Gemischen.** Das Gemisch von Isoparaffin u. Olefin wird mit einem Säurekatalysator aus konz. H_2SO_4 u. 4,5—20 Gew.-% Essigsäure u. < 6 Gew.-% W. bei 10—80°F zusammengebracht. Der Katalysator, der tert. Butylacetat enthält, wird kontinuierlich von der Rk.-Zone abgezogen u. dann genügend Essigsäureanhydrid zum Säurekatalysator zugegeben, wobei die Temp. so gehalten wird, daß das tert. Butylacetat zersetzt wird. Der Katalysator wird der Rk.-Zone wieder zugeleitet. — *Treibstoffe*. (**A. P. 3046318** vom 29/2. 1960, ausg. 24/7. 1962.) E. Kahles 8201

Redaktionsschluß: 7. Februar 1964

Herausgeber: Prof. Dr. Heinrich Bertsch, Berlin, u. Prof. Dr. Dr. h. c. Wilhelm Klemm, Münster.
Chefredakteure und verantwortlich für den Inhalt: Dr. Eugen Klever, 1 Berlin 30, Geisbergstraße 39, Fernsprecher: 249541
und Prof. Dr.-Ing. Eberhard Leibnitz, Berlin N 4, Schiffbauerdamm 19, Fernsprecher: 425571.

Verlag: Akademie-Verlag GmbH, Berlin W 8, Leipziger Str. 3—4 (Fernsprecher: 220441, Telex-Nr. 011773, Postscheckkonto Berlin 35021), und Verlag Chemie, GmbH, Weinheim/Bergstr. (Fernsprecher: Weinheim 3635 [Sammelnummer]; Fernschreiber: 0465516 chemieverlwhn; Postscheckkonten: Frankfurt/M. 145314 u. Berlin[West] 7430). Bestellnummer: 1007/135. Das Chemische Zentralblatt erscheint wöchentlich. Preis des Jahrganges einschl. Autoren-, Patent-, Sach- u. Formelregister: DM 1800,—; einseitig bedruckte Ausgabe: DM 2200,—. Abgabe der Zeitschrift nur mit sämtlichen Registern. Abbestellungen nur bis spätestens 6 Wochen vor Ablauf des Kalenderjahres.

Satz u. Druck: VEB Druckhaus „Maxim Gorki", Altenburg u. VEB Leipziger Druckhaus, Leipzig, III/18/203. VIII. 63.
Veröffentlicht unter der Lizenznummer 1273 des Presseamtes beim Vorsitzenden des Ministerrates.
Printed in Germany.

Kolibri 360 GmbH
Ferdinand-Jühlke-Straße 7
99095 Erfurt, Deutschland
produktsicherheit@kolibri360.de